NR. 1

REFERAT 0001—3013

SEITE 1—304

1964

8. JANUAR

CHEMISCHES ZENTRALBLATT

1830 gegründet

1897—1945 von der Deutschen Chemischen Gesellschaft fortgeführt

Herausgegeben im Auftrage
der Deutschen Akademie der Wissenschaften zu Berlin,
der Chemischen Gesellschaft in der DDR,
der Akademie der Wissenschaften zu Göttingen
und der Gesellschaft Deutscher Chemiker
von Prof. Dr. HEINRICH BERTSCH und Prof. Dr. Dr. h. c. WILHELM KLEMM

Chefredakteure
Dr. EUGEN KLEVER und Prof. Dr.-Ing. EBERHARD LEIBNITZ

135. JAHRGANG

1964

AKADEMIE-VERLAG GMBH · BERLIN · VERLAG CHEMIE GMBH · WEINHEIM · BERGSTRASSE

Inhalt

Namenregister

Ein vollständiger oder gekürzter Abdruck der Referate ist ohne Genehmigung der Redaktion und des Verlages verboten!

Patentregister

Amerikanische Patente (A.P.)

Nr.	Ref.-Nr.
2917515	1605
2936426	2202
2964522	1603
2967875	2057
2971826	2363
2972604	2718
2975039	2370
2975040	2371
2975127	1910
2976220	1607
2976279	1644
2980595	2374
2980717	2852
2981609	2366
2981643	2367
2983035	2376
2983634	2375
2984244	2838
2984592	2378
2984608	2589
2984894	2362
2985604	2654
2986482	2382
2987183	2051
2987417	2383
2988440	2197
2988490	1633
2988527	2712
2988544	2523
2988572	2620
2988577	2395
2989519	2886
2989520	2448
2991197	2377
2992208	2609
2992272	2410
2992728	2394
2992992	2863
2993065	2492
2993847	2381
2994596	2385
2994620	2884
2994665	2856
2994717	2428
2995523	2859
2996475	2642
2996550	2617
2997429	2365
2998399	2649
2998409	2624
2999010	2054
2999079	2723
2999773	2727
2999862	2490
3000087	2361
3000790	2762
3000875	2889
3000897	2491
3001912	2445
3001961	2615
3001963	2892
3001966	2611
3002891	2758
3002909	2386
3002992	2737
3003896	2368
3003930	2711
3003967	2369
3003971	2938
3004002	2651
3004003	2635
3004013	2586
3004016	2678
3004822	1913
3004915	3013
3004957	2436
3005028	1621
3005714	2757
3005757	2759
3005799	2610
3005805	2714
3006815	2756
3006827	2364
3006893	2612
3006894	2942
3006936	2634
3006966	2401
3007825	2891
3007852	2715
3007889	2724
3007918	2447
3007931	2435
3007985	2397
3008806	2052
3008885	2663
3009003	2418
3009578	1903
3009849	2372
3009904	2725
3009970	2430
3010870	2200
3010881	2760
3011912	2380
3011978	2895
3012031	2489
3012047	2853
3012058	2422
3012059	2409
3012893	2834
3012996	2679
3012997	2664
3012998	2664
3013003	2666
3013042	2058
3013070	2412
3013933	2888
3013940	2208
3013981	1906
3014009	2644
3014016	2667
3014018	2680
3014019	2665
3014031	1608
3014068	2426
3014778	2056
3014781	2055
3014845	1630
3014846	1630
3014892	2643
3014925	2431
3017279	2152
3017396	2587
3019118	2534
3019272	2451
3021335	2471
3021357	2590
3022196	2532
3023187	2607
3023200	2604
3024125	2154
3024180	2605
3025286	2602
3028372	2598
3028426	2458
3029280	2462
3029281	2463
3030212	2832
3030341	2599
3030346	2603
3031432	2594
3031435	2583
3031440	2574
3032543	2581
3032544	2601
3033840	2579
3033844	2571
3033845	2580
3034899	2830
3034903	2833
3035036	2582
3035937	2150
3036111	2606
3036118	2860
3036980	2661
3047592	1622
3051706	1647
3057866	1658

Australische Patente (Austr.P.)

Nr.	Ref.-Nr.
231404	1902
233113	2717
233245	1909
233273	2575
233306	2646
233360	2578
233568	2205
233702	2887
233705	2890
233707	2827
233993	2438
234049	2596
234386	2720
234390	2379
234449	2207
234477	2419
234610	2840
234723	2439
234742	2647
235077	2641
235402	2677
236168	2697
236300	2839
236876	2007
238085	1667
238092	1671

Belgische Patente (Belg.P.)

Nr.	Ref.-Nr.
571220	2529
571735	2486
572189	2659
572383	1615
588018	2622

Canadische Patente (Can.P.)

Nr.	Ref.-Nr.
569275	1651
633964	2842
634042	2198
634044	2494
634403	2596
634493	2149
635270	2836
635273	2836
635335	2835
635336	2835
635451	2566
635597	2567
635257	2828
635392	2656
635448	2899
635486	2657

Dänische Patente (Dän.P.)

Nr.	Ref.-Nr.
90520	1660

Auslegeschriften der Patentanmeldungen des Deutschen Patentamtes München (D.A.S.)

Nr.	Ref.-Nr.
353366	1605
1097580	1912
1105421	1605
1105422	1605
1107829	1995
1109269	1993
1109282	1954
1110767	1973
1111301	1981
1111738	1996
1112590	1967
1115835	1994
1116322	1979
1116410	2701
1116822	1991
1116823	1997
1116833	1911
1117772	1992
1120445	2428
1120605	1974
1121222	1990
1121226	1941
1121227	1980
1121733	1986
1121735	1942
1121736	1934
1122635	1944
1123333	2442
1123400	1988
1124155	1946
1124415	2155
1125079	1984
1125080	1985
1125084	1935
1125550	2000
1125555	1937
1126033	1999
1126514	1949
1126516	1936
1126998	1947
1127478	2001
1127479	1987
1127481	1983
1127509	1955
1127861	2939
1128047	1939
1128048	1940
1128051	1978
1128425	1615
1128923	1950
1129627	1948
1130078	1938
1130785	2446
1130930	1989
1131221	1601
1131813	1975
1132337	1953
1132663	1940
1133383	2432
1133395	1600
1133478	1976
1133830	1998
1133835	1971
1134389	1640
1134390	1629
1134684	1629
1134766	1968
1134774	1956
1135007	1597
1135168	2158
1135389	2748
1135455	1616
1135475	2433
1136019	1977
1136261	2153
1136290	2747
1136326	1595
1136698	1642
1137205	2595
1137436	1618
1138026	1593
1138040	2414
1138733	2937
1138769	1619
1138870	1970
1139108	1596
1139469	2944
1139489	2411
1140567	2404
1140577	2417
1140917	2396
1140921	2406
1140922	2425
1140923	2423
1140928	2398
1140934	2416
1140938	2441
1141074	2885
1141269	3012
1141271	2400
1141273	2408
1141276	2424
1141278	2415
1141360	2407
1141393	1958
1141631	2403
1141728	1969
1141740	2488
1141932	2155
1141933	2156
1142538	2157
1142539	2157
1143031	1957
1143549	1963
1143550	1962
1143588	1943
1143805	1599
1143810	1614
1143876	2006
1144259	1598
1144270	1622
1144271	1620
1144723	1612
1144803	1952
1145144	1964
1145181	1627
1145245	1951
1145287	2011
1145609	1609
1145679	1959
1145680	1960
1146063	1602
1146151	1961
1146424	2003
1146488	1594
1146562	1966
1146563	1965
1146592	1945
1146594	1972
1147343	1982
1147580	1611
1148545	1617
1148546	1613
1148547	1610
1148989	1636
1149138	1939
1149494	1592
1149495	1638
1149702	1635
1149709	1606
1149856	1591
1149857	1637
1150077	1604
1150391	1641
1151097	1680
1151514	1663

Deutsche Patente [München] (D.B.P.)

Nr.	Ref.-Nr.
970782	2053
974632	2053
975712	2420
975919	1664

Deutsche Patente (D.P.[DDR])

Nr.	Ref.-Nr.
24145	2936
24154	2940
24831	2002

Englische Patente (E.P.)

Nr.	Ref.-Nr.
801791	1655
801792	1655
865258	1979
865391	1908
865973	1605
865974	1605
871260	1981
871686	2593
871924	2726
873251	2199
874157	2151
875841	1652
876083	2570
876939	2648
877324	2653
878749	2716
879087	2206
879694	2722
880575	2486
882540	2627
883244	2633
883619	2629
883763	2685
884753	2355
885332	2854
885749	2645
886777	2352
886987	2530
887686	2468
887753	2503
887921	2527
888207	2531
888568	2469
888969	2525
889022	2588
889041	2861
889046	2460
889113	2527
889120	2358
889183	2533
889562	2535
889652	2857
889766	1666
890084	2862
890465	2536
890642	2564
891231	2523
891318	2359
891932	2524
893129	2858
893166	2501
894169	2454
894239	2599
894649	2572
894735	2428
894756	2600
894855	2584
895456	2859
896112	2502
896363	2837
897098	2569
897707	2506
899389	2577
899709	2504
900021	1615
900022	1615
900973	2597
901059	2498
901202	2954
901622	2467
902631	2949
902682	2452
903159	2201
904423	2749
905369	2470
907867	2865
908317	2473
909600	2955
910371	2453
911227	2951

Französische Patente (F.P.)

Nr.	Ref.-Nr.
73657	2673
74784	2348
75027	2502
75381	2705
75931	2608
1157203	2348
1207027	2672
1210555	1997
1220192	2704
1227602	1618
1229748	2523
1231983	2709
1237969	2706
1240745	2625
1243679	2721
1244289	2686
1246145	2950
1247284	1979
1248339	2373
1248642	2354
1250392	2621
1256816	2689
1257063	2350
1257899	1901
1258926	2349
1259570	2650
1261037	2694
1261116	2683
1263668	2695
1266082	2952
1266562	2351
1266800	2484
1267992	1616
1268280	2684
1280589	1670
1281079	2384
1281627	2897
1282261	2353
1283569	2495
1285699	2496

Indische Patente (Ind.P.)

Nr.	Ref.-Nr.
65072	1649
65973	2591
66218	1645
66927	1659
67070	1650
67096	1907
67506	2690
67507	1634
67807	2720
68232	1653
68856	2205
69555	1679
70046	1646
74569	1662

Japanische Auslegeschriften (Jap.A.S.)

Nr.	Ref.-Nr.
18384/1960	2669
444/1961	2706
782/1961	2652
1287/1961	2573
2034/1961	2592
2195/1961	2613
2349/1961	2637
2696/1961	2693
2845/1961	2628
2846/1961	2628
2942/1961	2619
3383/1961	2640
3386/1961	2568
3387/1961	2576

Nr.	Ref.-Nr.
3394/1961	2616
3395/1961	2614
3596/1961	2631
3696/1961	2639
3835/1961	2638
3840/1961	2636
3884/1961	2707
3888/1961	2700
3891/1961	2585
3899/1961	2650
3997/1961	2672
4241/1961	2671
4249/1961	2618
4533/1961	2632
4540/1961	2709
4541/1961	2625
4542/1961	2630
4543/1961	2626
4736/1961	2721
4737/1961	2731
4745/1961	2686
4746/1961	1905
4747/1961	2708
4832/1961	2729
4837/1961	2698
4838/1961	2713
5296/1961	2719
5297/1961	2728
5384/1961	2730
5389/1961	2670
5390/1961	1904
5391/1061	2704
5710/1961	2688
5885/1961	2898
5893/1961	2662
5894/1961	2692
6193/1961	2675
6194/1961	2676
6195/1961	2681
6197/1961	2702
6654/1961	2687
6655/1961	2696
6686/1961	2699
6688/1961	2682
6689/1961	2674
6690/1961	2691
6693/1961	2953
6791/1961	2703

Niederländische Patente (Niederl.P.)

Nr.	Ref.-Nr.
101355	2526
101897	2660
102386	2012
102411	2658
102489	2455
102507	2461
102518	2457
102522	2456
102550	2499
102557	2505
102563	2500
102608	2947
102617	2948
102619	2946
102631	2464
102649	2449
102665	2450
102681	2465
102695	2497
102967	2010
102980	2008
102992	2004
103239	2009

Norwegische Patente (Norw.P.)

Nr.	Ref.-Nr.
98158	1678

Österreichische Patente (Oe.P.)

Nr.	Ref.-Nr.
204656	1976
213410	2669
214914	2945
215386	2761
215428	2668
216488	2459
216498	2466
216506	2472
218252	2623
218451	2831
219008	3011
219285	2360
219286	2355
219287	2357
220643	2203
220810	2655
220812	2941
220835	2356
221024	2826
221187	1973
221217	2943
221540	2896
222810	2738
223575	2484
223628	2893
223631	2894
223825	2493

Schweizer Patente (Schwz.P.)

Nr.	Ref.-Nr.
351970	1605
352675	1605
354187	2485
358787	2402
359139	1661
360369	2486
360381	2421
360746	2487
361068	2485
361877	2855
365726	2204
366231	2005
366286	2841
367168	1674
367490	1675
367491	1673
367492	1676
367493	1672
367494	1677
367495	1665
367496	1669
367498	1668
368169	1648
368170	1656
368172	1654
368173	1657
368193	1643

Sowjetische Patente (UdSSR.P.)

Nr.	Ref.-Nr.
126423	2670

Tschechoslowakische Patente (Tschech.P.)

Nr.	Ref.-Nr.
98493	1632
99130	1631

Ungarische Patente (Ung.P.)

Nr.	Ref.-Nr.
150242	1623
150243	1624
150244	1625
150245	1626
150364	2565
150372	2440
150395	2443
150412	2405
150430	2427
150451	2429
150458	2444
150469	2413
150475	2437
150501	2399
150517	2434
150545	2829

CHEMISCHES ZENTRALBLATT

Nr. 1 · 8. Januar 1964
Referat 0001–3013
Seite 1–304

Geschichte, Unterricht

0001 **Kurt H. Fischbeck.** F. Patat. (Ber. Bunsenges. physik. Chem. **67,** 537–38, 1963; dt.) — Glückwunschadresse zum 65. Geburtstag von Prof. Dr. K. H. Fischbeck (geb. 15/8. 1898). Kurze Beschreibung des wissenschaftlichen Werdeganges. — Bild. Ch. Weiske. 1◇

0002 **Alexander Savvich Predvoditelev.** A. V. Luikov. (Int. J. Heat Mass Transfer **6,** 79–89, 1963; Minsk, Akad. der Wiss. der Beloruss. SSR, Inst. für Energetik; engl.) — Glückwunschadresse zum 70. Geburtstag von Prof. A. S. Predvoditelev u. Würdigung seiner Arbeiten auf dem Gebiete der Thermodynamik. Ch. Weiske. 1◇

0003 **Francis P. J. Dwyer.** D. P. Mellor. (Chem. and Ind. **1963,** 980–81; engl.) — Nachruf auf F. P. J. Dwyer (gest. 22/6. 1962), Prof. für biolog. anorgan. Chemie der austral. National-Universität in Canberra. Er untersuchte Organometallkomplexe u. deren biolog. Effekte. Ch. Weiske. 1◇

0004 **Franz Faltis.** F. Vieböck. (Österr. Chemiker-Ztg. **64,** 165–68, 1963; Wien; dt.) — Nachruf auf den emeritierten Ordinarius für Pharmazeut. Chemie F. Faltis (geb. 22/6. 1885 in Frankenmarkt, gest. 19/2. 1963). Befaßte sich mit der Unters. der Chondodendrin-Alkaloide. Ch. Weiske. 1◇

0005 **Hans Kopfermann.** R. Ritschl. (Ann. Physik [7] **10,** 345–46, 1963; dt.) — Nachruf auf H. Kopfermann (geb. 26/4. 1895, gest. 28/1. 1963), zuletzt Leiter des I. Physikal. Instituts der Univ. Heidelberg. Kurzer Abriß seiner wissenschaftlichen Laufbahn. Würdigung seiner Arbeiten auf dem Gebiet der opt. Hyperfeinstrukturmessungen. — Bild. Ch. Weiske. 1◇

0006 **Georgi G. Lemmlein.** D. P. Grigorjew. (Schr. mineralog. Allunions-Ges. [UdSSR] [2] **92,** 302–14, 1963; russ.) — Nachruf auf den Mineralogen G. G. Lemmlein (geb. 23/8. 1901, gest. 15/11. 1962). Würdigung der wissenschaftlichen Arbeiten. Angabe aller Veröffentlichungen. — Bild. Ch. Weiske. 1◇

0007 **Joseph Fraunhofer und seine Stellung in der Geschichte der Optik.** W. Gerlach. (Optik **20,** 279–92, 1963; München; dt.) W. Pump. 1◇

0008 **Zur 100. Wiederkehr des Geburtstages von Philipp Lenard.** Franz Wolf. (Naturwissenschaften **49,** 245–47, 1962; Karlsruhe, TH, Inst. für Theoret. Phys.; dt.) — Würdigung des Werks Lenards (1862–1947), bes. seiner Unterss. über die Kathodenstrahlung, für die ihm 1905 der Nobelpreis zuerkannt wurde. — Bild. A. Blaschette. 1◇

0009 **Walter Noddack (1893–1960).** Otto Bayer, Ludwig Holleck, John Eggert und Heinrich Remy. (Chem. Ber. **96,** XXVII–LI, 1963; Leverkusen; Bamberg; Zürich; Hamburg; dt.) — Würdigung von Leben u. Werk Noddacks (geb. 17/8. 1893 in Berlin; gest. 7/12. 1960), bekannt durch die Entdeckung des Re (1925) sowie durch Unters. über Seltenerdmetalle u. zur Geochemie u. Photochemie. — Chronolog. Verzeichnis von 109 Veröffentlichungen. A. Blaschette. 1◇

0010 **Das lebendige Werk Jean Perrins auf dem Gebiet der physikalischen Chemie.** Yvette Cauchois. (J. Chim. physique Physico-Chim. biol. **60,** 593–98, 1963; Paris, Fac. des Sci.; franz.) — Gedenkrede zum 20. Todestag des bekannten französ. Physikochemikers u. Nobelpreisträgers 1926. A. Blaschette. 1◇

0011 **Jean Perrin und die Biologie.** René Wurmser. (J. Chim. physique Physico-Chim. biol. **60,** 605–07, 1963; franz.) — Vgl. vorst. Referat. A. Blaschette. 1◇

0012 **Erinnerungen an Sir William Ramsay und sein Werk.** Cyril J. Berkeley. (Chem. in Canada **14,** 16–18, 1962; Nanaimo, B. C.; engl.) — Persönliche Erinnerungen des Vf. an die Entdeckung der Edelgase durch Ramsay. A. Blaschette. 1◇

0013 **Henry Clifton Sorby.** Harold Moore. (J. Iron Steel Inst. **201,** 305–09, 1963; engl.) — Leben u. Werk des 1826 in Sheffield geborenen, 1908 verstorbenen Gelehrten u. Entdeckers H. C. Sorby, der die mikroskop. Petrographie u. Metallographie einführte u. Arbeiten über chem., biolog., meteorolog., archäolog. u. andere Probleme veröffentlichte. M. Gehlen-Keller. 1◇

0014 **Das wissenschaftliche Werk von William Weber Coblentz.** Earle K. Plyler. (Appl. Spectroscopy **16,** 73–77, 1962; Washington, D. C., Nat. Bur. of Stand.; engl.) — Würdigung der Unterss. des amerikan. Physikers (geb. 20/11. 1873 in North Lima, Ohio) über Absorptionsspektren, den schwarzen Körper, die Kalibrierung u. Eichung von Lichtströmen, die Entw. IR-empfindlicher Stoffe, die O_3-Verteilung in der Atmosphäre, die UV-Strahlung der Sonne u. a. — Bild. A. Blaschette. 1◇

0015 **Der Geistesblitz.** 17. Mitt. **Die Entdeckung des Transistors: W. Shockley, J. Bardeen und W. Brattain.** Alfred B. Garrett. (J. chem. Educat. **40,** 302–03, 1963; Columbus, Ohio, State Univ.; engl.) A. Blaschette. 2◇

0016 **Die großen Entdeckungen der analytischen Chemie im Jahre 1862.** Jean-Pierre Labbé. (Chim. analytique **44,** 533–37, 1962; E. N. S. C. P., Labor. de Rech. microanalyt.; franz.) — Histor. Betrachtung (Entdeckung des MWG durch Berthelot u. Saint-Gilles; Synth. von 2-Propanol aus Aceton durch Friedel; Unters. des neuen Elements Tl durch Lamy; Entw. der „Capillaranalyse" durch Goppelsröder). — 20 Literaturangaben. A. Blaschette. 2◇

0017 **100 Jahre Spektralanalyse mit der Flamme.** Hans Joachim Höfert. (Chem. Rdsch. [Solothurn] **16,** 335, 1963; dt.) — Histor. Überblick. Gerhard Schulze. 2◇

0018 **Physikalische Methoden in der Archäologie.** M. J. Aitken. (Contemporary Physics **3,** 161–76, 1962; Oxford, Univ. of Oxford, Res. Labor. for Archaeolog. and History of Art; engl.) — Übersicht über die Meth. (Radiokohlenstoff-Datierung, Thermoluminescenz-Datierung, Analysen-Verff., wie Emissionsspektroskopie, Röntgenfluorescenzanalyse, Neutronenaktivierungsanalyse, β-Strahlen-Rückstreuung). Ch. Weiske. 2◇

0019 **Frühgeschichte von Kohlenstoff-14.** Martin D. Kamen. (Science [Washington] **140,** 584–90, 1963; engl.) — Betrachtung der Zeit von 1934–1940. Ch. Weiske. 2◇

0020 **Das Dispensatorium Valerii Cordi in der Tschechoslowakei.** J. Hladik und R. Fundárek. (Dtsch. Apotheker-Ztg. **103,** Nr. 15, Beil.: Geschichte d. Pharmaz. Nr. 1, 1–5, 1963; Bratislava; dt.) — Beschreibung von Exemplaren aus den Jahren 1547–1608. Ch. Weiske. 2◇

0021 **Die Anfänge der Synthesefarbenindustrie.** 4. Mitt. **Die Gründe für das britische Mißlingen.** R. D. Welham. (J. Soc. Dyers Colourists **79,** 229–37, 1963; Birmingham, Foseco Int. Ltd.; engl.) — Kritische Betrachtung der Verhältnisse in England u. Deutschland von 1860 ab (Patentfragen, Probleme des Chemikernachwuchses). Ch. Weiske. 2◇

0022 **Die Zuckerindustrie vor hundert Jahren.** Paul Andres. (Z. Zuckerind. **13** (88), 79–84, 1963; dt.) R. Grundmann. 2◇

0023 **Dokumentation von Daten zur Differentialthermoanalyse.** Fritz Scholl. (Ziegelindustrie **16,** 427–28, 1963; dt.) — Im Verlag Cleaver-Hume Press. Ltd., London, erschien eine Datensammlung in Form einer Randlochkartei (Format 10,5 × 15,5 cm) über Extremwerte der Temp.-Differenz/Temp.-Kurven bei der DTA. Die erste Ausgabe umfaßt 1012 Mineralien, 287 anorgan. u. 311 organ. Stoffe. Die Karten enthalten neben dem Namen u. der Summenformel der Substanzen ein Literaturzitat, nähere Angaben über die Extremwerte u. bei Mineralien die Schlüsselzahl nach Hey. Verschlüsselt wurden die Temp. des stärksten u. des zweitstärksten Ausschlags. Platz für weitere Verschlüsselungen ist vorhanden. F. Ehrhardt. 4◇

0024 **Die Informations- und Bibliotheksdienste des Iron and Steel Institute.** M. L. Pearl. (J. Iron Steel Inst. **201,** 310—16, 1963; Iron and Steel Inst., Information Dep.; engl.) M. Gehlen-Keller. 4◇

0025 **Die Änderung des Dampfdrucks mit dem Gesamtdruck.** Norman O. Smith. (J. chem. Educat. **40,** 317—18, 1963; New York, N. Y., Fordham Univ.; engl.) — Ableitung thermodynam. Beziehungen für Unterrichtszwecke. A. Blaschette. 6◇

0026 **Strenge Ableitung der kinetischen Gleichung für den Druck eines idealen Gases.** M. W. C. Dharmawardhana und K. G. A. Dharmawardane. (J. chem. Educat. **40,** 318—19, 1963; Colombo, Ceylon, Univ. of Ceylon; engl.) — Ableitung der Gleichung $PV = {}^1/_3\, \Sigma\, mc^2$ mit Hilfe der Virialmeth. nach Clausius (für Unterrichtszwecke). A. Blaschette. 6◇

A. Allgemeine, physikalische und anorganische Chemie

0027 **Über den Ursprung der Elemente, die schwerer sind als Calcium.** G. Ss. Malkiel. (Astronom. J. [UdSSR] **40,** 268—76, 1963; Inst. für Atomenergie der Akad. der Wiss. der UdSSR; russ.) — Die Bldg. der Kerne mit $Z > 20$ kann durch Einfang von Protonen u. Neutronen erklärt werden. Die Temp. muß dabei $0{,}8 \cdot 10^9$ °K u. die Neutronendichte $10^{16}/cm^3$ betragen. M. Wiedemann. 10◇

0028 **Synthese der Elemente im Bereich $A = 60—74$ durch schnellen Kernprozeß.** Hiroyuki Tsuji. (Progr. theoret. Physics [Kyoto] **27,** 608—09, 1962; Kyoto, Univ., Dep. of Nucl. Sci.; engl.) — Rechner. wird gezeigt, daß der schnelle Proton-Einfang-Prozeß, ausgehend von ^{56}Fe, für die Synth. von Elementen mit $A = 60—74$ wirksam sein kann. M. Wiedemann. 10◇

0029 **Die schwersten Elemente. Curium und die Transcurium-Elemente.** Mieczyslaw Taube. (Wiadomości chem. **17,** 69—90, 1963; Warszawa, PAN, Labor. Transuranowców Zakładu Radiochem. Inst. Badań Jadrowych; pol.) — Übersicht über die chem. u. Kern-Eigg. von Cm u. der folgenden Elemente sowie über die Möglichkeiten zur Synth. der nach *No* folgenden Elemente. H. Roschkowski. 10◇

A_1. Kernphysik und Kernchemie

0030 **Die relative Häufigkeit von Kernen, die schwerer als Lithium sind, in der primären Höhenstrahlung.** K. Kristiansson, O. Mathiesen und A. Stenman. (Ark. Fysik **23,** 479—504, 1963; Lund, Univ., Dep. of Phys.; engl.) — Ein Emulsionsstapel wurde etwa 6 Std. auf 30 km Höhe u. 41°N geflogen. 362 Spuren schwerer Primärteilchen ($Z > 3$) wurden photometr. vermessen u. zusammen mit 60 weiteren Spuren analysiert. Extrapoliert auf die obere Grenze der Atmosphäre ergaben sich folgende Resultate: $N(Z = 5)/N(Z > 5) = 0{,}18 \pm 0{,}04$; relative Anteile an C, N, O $= 0{,}75:0{,}22:1{,}00$; $N(Z > 9)/N(6 \leq Z \leq 9) = 0{,}55 \pm 0{,}06$; $N(Z \geq 17)/N(10 \leq Z \leq 16) = 0{,}36 \pm 0{,}07$. Im Bereich $Z = 10—16$ sind Elemente mit gerader Ladung häufiger als solche mit ungerader. Teilchen mit $Z = 17—21$ sind seltener als solche mit $Z > 21$. Im Bereich über $Z = 22$ dominieren Cr u. Fe. M. Wiedemann. 85◇

0031 **Schnelle Heliumkerne aus hochenergetischen Kernzertrümmerungen.** M. Yasin. (Nuovo Cimento [10] **28,** 935—42, 1963; Srinagar, India, Reg. Engng. Coll.; engl.) — Wiedergabe der Verss. über sek. He-Kerne mit Energien zwischen 80 u. 500 MeV aus Höhenstrahlzertrümmerungen. Massen-Best. dieser Teilchen zeigen an, daß deren Mehrzahl ^{3}He-Kerne sind. Gerhard Schmidt. 85◇

0032 **Partielle und totale Einfangwahrscheinlichkeiten negativer Myonen durch ^{12}C.** M. Ruel und J. G. Brennan. (Physic. Rev. [2] **129,** 866—69, 1963; Washington, D. C., Cathol. Univ. of America, Dep. of Phys.; engl.) — Die Einfangwahrscheinlichkeit bei der Rk. $\mu^- + {}^{12}C \rightarrow {}^{12}B + \nu$ wird als eine Summe partieller Übergangsraten zu den einzelnen Niveaus von ^{12}B berechnet. Die Berechnung gründet sich auf ein extremes Einzelteilchen-Schalenmodell u. stellt eine Anwendung des von Morita u. Fujii (C. **1960,** 15978) entwickelten allg. Formalismus zur Vorhersage der Übergangsrate zwischen 2 bestimmten Kernzuständen dar. Gerhard Schmidt. 90◇

0033 **Verzweigungsverhältnisse von Reaktionen von in Wasserstoff und Deuterium gebremsten π^--Mesonen.** James W. Ryan. (Physic. Rev. [2] **130,** 1554—67, 1963; Berkeley, Calif., Univ. of California, Lawrence Radiat. Labor.; engl.) — Messung des Panofsky-Verhältnisses $P = \omega(\pi^- + p \rightarrow \pi^0 + n)/\omega(\pi^- + p \rightarrow \gamma + n)$ u. des Verzweigungsverhältnisses $S = \omega(\pi^- + d \rightarrow n + n)/\omega(\pi^- + d \rightarrow \gamma + n + n)$ durch Nachw. der erzeugten γ-Strahlen. Es wurden $P = 1{,}51 \pm 0{,}04$ u. $S = 3{,}16 \pm 0{,}12$ erhalten. Herbert Weber. 90◇

0034 **Pionenabsorption in wasserstoffhaltigen Substanzen.** V. I. Petrukhin und Yu. D. Prokoshkin. (Nuovo Cimento [10] **28,** 99—106, 1963; Dubna, USSR, Joint Inst. for Nucl. Res.; engl.) — Für π^--Mesonen von 75 MeV wird der Übertragungsprozeß von H auf andere Kerne in H-haltigen Substanzen (LiH, CH_2, CH, $C_4O_2H_8$, H_2O, TiH_2 u. H_2) untersucht. Die Intensität dieser Übertragung nimmt stark mit dem Z-Wert des Atoms zu, das chem. an H gebunden ist. Herbert Weber. 90◇

0035 **Einfang negativer Pionen in Helium.** S. G. Eckstein. (Physic. Rev. [2] **129,** 413—26, 1963; Chicago, Ill., Univ. of Chicago, Enrico Fermi Inst. for Nucl. Stud. and Dep. of Phys.; engl.) — Die Einfangraten für die 3 Rkk. $\pi^- + {}^4He \rightarrow t + n$, $\pi^- + {}^4He \rightarrow d + 2n$ u. $\pi^- + {}^4He \rightarrow p + 3n$ werden unter Benutzung eines Zweinucleoneneinfangmodells phänomenolog. berechnet. Herbert Weber. 90◇

0036 **Über den Mechanismus des π^--Meson-Einfangs durch leichte Kerne.** I. Ss. Schapiro und W. M. Kolybassow. (J. exp. theoret. Physik [UdSSR] **44,** 270 bis 271, 1963; russ., Auszug: engl.) — Vff. diskutieren auf der Grundlage der Dispersionstheorie für direkte Kern-Rkk. den Einfang von abgebremsten π^--Mesonen durch leichte Kerne (^{12}C, ^{16}O) unter Bldg. von Protonen, Deuteronen u. Tritonen. Es zeigt sich, daß hierbei der Einfang durch α-Teilchengruppen der dominierende Prozeß ist. G. Ewald. 90◇

0037 **Beweis von Kernstrukturen aus Absorption von K^--Mesonen.** G. T. Condo und R. D. Hill. (Physic. Rev. [2] **129,** 388—99, 1963; Urbana, Ill., Univ. of Illinois, Dep. of Phys.; engl.) — Die Eigg. des Multinucleoneneinfangs von K^--Mesonen wurden in normalen u. wassergetränkten G5-Kernemulsionen untersucht. Es wurde gefunden, daß die Rk. $K^- + (n, n) \rightarrow \Sigma^- + n$ von vergleichbarer Intensität mit der Rk. $K^- + (n, p) \rightarrow \Sigma^- + p$ ist u. daß die Hauptart der Multinucleonenabsorption von K^- in *C*, *N* u. *O* an einem Paar von Nucleonen in einem α-Teilchen-Cluster stattzufinden scheint. α-Teilchen-Cluster scheinen in *Ag* u. *Br* weniger häufig beteiligt zu sein als in leichten Kernen (C, N, O). Herbert Weber. 90◇

0038 **Erzeugung von Hyperfragmenten bei Wechselwirkungen von 50—300-MeV/c-K^--Mesonen mit Emulsionskernen.** J. P. Lagnaux, J. Lemonne, J. Sacton, L. Bishara, D. H. Davis und M. A. Hussain. (Physics Letters [Amsterdam] **4,** 341—43, 1963; Bruxelles, Univ. Libre, Labor. de Phys. Nucl.; London, Univ. Coll., Phys. Dep.; engl.) — In einem Emulsionsstapel, der dem 300-MeV/c-K^--Strahl ausgesetzt war, wurden unter

1500 Wechselwirkungen u. Zerfällen im Flug 66 Doppelsterne als Erzeugung u. Zerfall von Hyperfragmenten identifiziert. Die Reichweiten-Verteilung der Hyperfragmente wurde bestimmt; bei denen mit $\leq 2\,\mu m$ dürfte es sich um schwere Spallationshyperfragmente von Ag u. Br handeln, bei denen zwischen $2-10\,\mu m$ vielfach um Spallationsprodukte leichter Kerne.
M. Wiedemann. 90◇

0039 **Untersuchung der Eigenschaften und des Mechanismus der Emission der Hyperfragmente, die durch 25-GeV/c-Protonen in den Kernen der ionographischen Emulsion erzeugt worden sind.** G. Baumann, H. Braun und P. Cüer. (J. Physique Radium **24,** 103–07, 1963; Strasbourg-Cronenbourg, Centre de Rech. Nucl., Dep. de Phys. Corpuscul.; franz.) – Die nichtmeson. Aufspaltung der Hyperfragmente wird in bes. Hinsicht auf die Unters. des Zerfallsmechanismus verfolgt. Der Mechanismus der Hyperfragmentemission scheint dem schwerer Ionen zu ähneln. Gerhard Schmidt. 90◇

0040 **Beweis des mesonischen Zerfalls schwerer Hyperfragmente.** A. Perlmutter. (Physics Letters [Amsterdam] **4,** 336–38, 1963; Rehovoth, Weizmann Inst. of Sci., Israel Atom. Energy Commiss.; engl.) – Unter 200 Wechselwrkg. von 800-MeV/c-K^- mit einem Stapel Ilford-K5-Emulsionen wurden zwei Doppelsterne mit sehr kurzen Verbindungsspuren beobachtet, die auf Massen von ≥ 60 hinweisen. Die Daten der im ersten Stern emittierten geladenen Teilchen sind zusammengestellt, unter den Prodd. des sek. Sterns befindet sich in beiden Fällen ein langsames Pion.
M. Wiedemann. 90◇

0041 **Bindungsenergie von Λ^0-Hyperonen in schweren Hyperkernen ($60 < A < 100$).** D. H. Davis, R. Levi Setti, M. Raymund, O. Skjeggestad, G. Tomasini, J. Lemonne, P. Renard und J. Sacton. (Physic. Rev. Letters **9,** 464–66, 1962; Chicago, Ill., Univ., Enrico Fermi Inst. for Nucl. Stud. and Phys. Dep.; Bruxelles, Univ. Libre; engl.) – Ilford-K5-Emulsionen wurden dem 800-MeV/c-K^--Strahl ausgesetzt u. unter 17000 Sternen u. ca. 900 Hyperfragmenten 470 nichtmeson. Zerfälle von Spallations-Hyperfragmenten vermessen. Die mittlere Bindungsenergie des Λ^0 für Massen zwischen $A = 60$ u. $A = 100$ ergab sich zu $26{,}0 \pm 2{,}5$ MeV. M. Wiedemann. 90◇

0042 **Bindungsenergie von $_\Lambda{}^{13}C$.** A. Z. M. Ismail, I. R. Kenyon, A. W. Key, S. Lokanathan und Y. Prakash. (Nuovo Cimento [10] **28,** 219–20, 1963; Oxford, Univ. of Oxford, Nucl. Phys. Labor.; engl.) – Aus dem meson. Zerfall von $_\Lambda{}^{13}C$ nach $\pi^- + {}^{13}N$ ergibt sich die Bindungsenergie B_Λ zu $(11{,}35 \pm 0{,}50)$ MeV.
Gerhard Schmidt. 90◇

0043 **Ein Beispiel des $_\Lambda{}^7$Be-Zerfalls durch π^--Emission.** R. G. Ammar, M. Holland, J. H. Roberts und E. N. Shipley. (Nuovo Cimento [10] **27,** 769–73, 1963; Evanston, Ill., Northwest. Univ., Phys. Dep.; engl.) – Der $_\Lambda{}^7$Be-Zerfall nach $\pi^- + {}^1H + {}^1H + {}^4He + {}^1H$ wurde experimentell festgestellt (Mikrophotographie). Die Bindungsenergie B_Λ wurde zu $(4{,}9 \pm 0{,}5)$ MeV bestimmt.
H. Schroeder. 90◇

0044 **Elektromagnetische Korrekturen zu schwachen Wechselwirkungen. Die β-Zerfälle von Myon, Neutron und ^{14}O.** Loyal Durand, Leon F. Landovitz und Robert B. Marr. (Physic. Rev. [2] **130,** 1188–1209, 1963; Upton, N. Y., Brookhaven Nat. Labor.; New Haven, Conn., Yale Univ.; New York, N. Y., Yeshiva Univ.; engl.) – Berechnung unter Benutzung der Verff. der Dispersionstheorie. Die bekannten theoret. Korrekturen zu den Zerfallsraten für die $0^+ \to 0^+$-Übergänge $^{14}O(\beta^+) \cdot {}^{14}N^*$, $^{26}Al^*(\beta^+)^{26}Mg$ u. $^{34}Cl(\beta^+)^{34}S$ werden zusammengefaßt. Herbert Weber. 90◇

0045 **Das Löschen von ortho-Positronium in Helium.** B. G. Duff und F. F. Heymann. (Proc. Roy. Soc. [London], Ser. A **270,** 517–24, 1962; London, Univ. Coll.; engl.) – Vff. berichten über Messungen der Lebensdauer von ortho-Positronium in He bei hohen Drücken. Es ergibt sich eine mittlere Lösch-Geschw. pro at von $0{,}0123\,\Lambda_0$, wobei Λ_0 die natürliche Vernichtungs-Geschw. ist. Vff. erklären diese kleine Löschrate durch einen piek-off-Prozeß, bei dem das Positron des Positroniumatoms mit einem Elektron des He-Atoms während des Zusammenstoßes vernichtet wird. Verss. in Ar-Atmosphäre ergaben eine Lösch-Geschw. von 0,035 $\Lambda_0 at^{-1}$. G. M. Neumann. 90◇

0046 **Magnetische elastische Streuung von Elektronen an leichten Kernen.** J. Goldemberg und Y. Torizuka. (Physic. Rev. [2] **129,** 312–15, 1963; Stanford, Calif., Stanford Univ., High-Energy Phys. Labor.; engl.) – Die elast. Streuung von 41,5-MeV-Elektronen wurde unter ca. 180° für H, D, ^{4}He, ^{6}Li, ^{7}Li, ^{9}Be, ^{10}B, ^{11}B, ^{12}C, ^{14}N, ^{16}O, ^{19}F, ^{20}Ne, ^{23}Na, Mg, ^{27}Al, ^{31}P, ^{40}Ar, ^{39}K u. ^{40}Ca gemessen. Es wird gezeigt, daß die Ergebnisse mit Berechnungen auf der Grundlage von Streuung durch das magnet. Moment des Kerns in Einklang sind.
Herbert Weber. 90◇

0047 **Untersuchung der unelastischen Streuung kalter Neutronen an einigen wasserstoffhaltigen Materialien.** M. G. Semljanow und N. A. Tschernoplekow. (Atomenergie [UdSSR] **14,** Nr. **3,** 257–63, **1963**; russ.) – Proben von 0,1 cm Dicke von Bzl., Diphenyl, bestrahltem u. nichtbestrahltem Polyäthylen wurden unter 45° bei 20° kalten Neutronen ausgesetzt. Das Spektrum der gestreuten Neutronen wurde mittels Be-Filter nach der Flugzeit-Meth. bestimmt. M. Wiedemann. 90◇

0048 **Untersuchung der Neutronendiffusion in gesintertem BeO mittels der Impulstechnik.** I. F. Shesherun. (Atomenergie [UdSSR] **14,** Nr. 2, 193–99, 1963; russ.) – Der BeO-Block war von Cd, Borcarbid u. Paraffin umgeben. Die Neutronenimpulse dauerten ca. 1 μs, die Frequenz lag bei 50 oder 100 Hz. Als Neutronendetektor diente ein BF_3-Proportionalzähler. Bei der Neutronendiffusion wurden folgende Konst. bestimmt: Diffusionslänge $29{,}9 \pm 1{,}0$ cm, Diffusionszeit $6750 \pm 200\,\mu s$; Absorptionsquerschnitt für 2200 m/s $11{,}8 \pm 0{,}4$ mbarn u. Thermalisationszeit 120 μs. M. Wiedemann. 90◇

0049 **Streuung von 19,2-GeV/c-Protonen an freien Protonen in Kernemulsionen.** V. A. Bull und D. A. Garbutt. (Physic. Rev. [2] **130,** 1182–87, 1963; London, Univ. Coll., Phys. Dep.; engl.) – Für elast. p–p-Streuung wird der totale Querschnitt von $9{,}4 \pm 1{,}3$ mb erhalten. Die Daten sprechen für die Existenz eines Realteils der Vorwärtsstreuamplitude oder eine Spinabhängigkeit des totalen p–p-Querschnitts.
Herbert Weber. 90◇

0050 **Eine Messung des Spin-Korrelationskoeffizienten C_{KP} in der p–p-Streuung bei 52 MeV.** Keigo Nisimura, Jumpei Sanada, Shinsaku Kobayashi, Kiyoji Fukunaga, Norio Ryu, Hiromi Hasai, D. C. Worth, Hitoshi Imada, Yukio Hiratate und Takeo Hasegawa. (Progr. theoret. Physics [Kyoto] **29,** 616–17, 1963; Tokyo, Univ. of Tokyo, Inst. for Nucl. Stud. and Inst. for Solid State Phys.; Kyoto, Kyoto Univ., Keage Labor. of Nucl. Sci.; Hiroshima, Hiroshima Univ., Dep. of Appl. Sci.; Mitaka, Internat. Christian Univ.; Sendai, Tohoku Univ., Dep. of Phys.; engl.) – Aus Messungen mit Protonenenergien von 52,3 MeV wird ein C_{KP}-Wert von $0{,}10 \pm 0{,}14$ erhalten. Gerhard Schmidt. 90◇

0051 **Proton–Proton-Streuung bei 52 MeV.** Norio Hoshizaki, Shoichiro Otsuki, Ryozo Tamagaki und Wataro Watari. (Progr. theoret. Physics [Kyoto] **29,** 617–19, 1963; Kyoto, Univ.; Nagoya, Univ.; Hokkaido, Univ.; Osaka, City Univ.; engl.) – Vgl. vorst. Referat. – Sechs-Parameter-Phasenverschiebungsanalyse unter der Annahme, daß die Partialwellen mit $L \geq 3$ durch den Einpionenaustauschbeitrag $(f^2/4\pi = 0{,}08)$ korrekt wiedergegeben werden. Gerhard Schmidt. 90◇

0052 **Die Messung der Polarisation von an C elastisch gestreuten Protonen.** P. Bém, J. Habanec, O. Karban und J. Němec. (Czechoslov. J. Physics **12,** 660–64, 1962; russ., Auszug: engl.) – Die folgenden Winkelverteilungen wurden innerhalb des Energieintervalls von 3,60–4,52 MeV gefunden: P(40° lab) = $0{,}30 \pm 0{,}05$; P(45° lab) = $0{,}36 \pm 0{,}07$; P(50° lab) = $0{,}33 \pm 0{,}06$; P(60° lab) = $0{,}20 \pm 0{,}05$. O. Jansen. 90◇

0053 **Differentielle Querschnitte für Proton–Sauerstoff-Streuung. 3. Mitt.** G. Hardie, R. L. Dangle und L. D. Oppliger. (Physic. Rev. [2] **129,** 353–61, 1963; Madison, Wis., Univ. of Wisconsin; engl.) — 2. vgl. Salisbury u. Mitarbeiter, C. **1963,** 17942. — Mit einem dünnen Gastarget (~2,5 keV) wurden die elast. p–O-Streuquerschnitte in 2,5-keV-Stufen bei Θ (c. m.) = 166°52′ für 8,5 $\leq E_p \leq$ 13,6 MeV gemessen. Winkelverteilungen wurden bei Energien von 4,792; 5,870 u. 7,009 MeV aufgenommen. Differentielle Querschnitte für ^{16}O (p, p_i)$^{16}O^*$ wurden für $p_i = p_1 + p_2$ u. $p_i = p_3 + p_4$ bei Θ (lab) = 166°00′ u. 86°24′ gemessen. Die Lagen u. Breiten von 18 Niveaus in ^{17}F wurden aus den Anregungskurven ermittelt. Herbert Weber. 90◇

0054 **Elastische Streuung von Protonen durch ^{24}Mg-Kerne.** A. K. Walter, W. Je. Storishko und A. I. Popow. (J. exp. theoret. Physik [UdSSR] **44,** 57–62, 1963; Charkow, Univ. und Physik.-techn. Inst. der Akad. der Wiss. der UkrainSSR; russ., Auszug: engl.) — Vff. untersuchen die elast. u. unelast. Streuung ^{24}Mg(p, p)^{24}Mg im Protonenenergieintervall 1450–2700 keV unter 90° u. im Intervall 2700–4200 keV unter 90, 125 u. 141°. Vff. beobachten Resonanzen bei den Protonenenergien von 1495, 1624, 1670, 2015, 2410, 2920, 3140, 3669 u. 4022 keV, die den Kernniveaus von ^{25}Al mit den Anregungsenergien von 3,725; 3,850; 3,893; 4,224; 4,604; 5,093; 5,304; 5,812 u. 6,151 MeV entsprechen. Die Einniveaunäherung der Dispersionstheorie zeigt, daß die breite Resonanz bei E_p = 3140 keV mit dem Einfang eines Protons im Zustand $l = 0$ verbunden ist. Das entsprechende ^{25}Al-Niveau mit der Energie 5,304 MeV hat Spin u. Parität $1/2^+$. Spin u. Parität des 5,812-MeV-Niveaus betragen $3/2^+$ oder $5/2^+$ u. des 6,151-MeV-Niveaus $3/2^+$. Die Protonen werden durch diese Niveaus im Zustand $l = 2$ eingefangen. G. Ewald. 90◇

0055 **Elastische Streuung von 12,8-MeV-Deuteronen an einigen leichten Kernen.** L. Freindl, H. Niewodniczański, J. Nurzyński, M. Słapa und A. Strzałkowski. (Acta physica polon. **23,** 619–28, 1963; Cracow, Inst. of Nucl. Phys.; engl.) — Mittels eines Zählerteleskops wird die Winkelverteilung für elast. Streuung der 12,8-MeV-Deuteronen an *Be-*, *C-*, *Mg-* u. *Ca*-Kernen in 5°-Intervallen von 15–145° (Labor.-Syst.) gemessen. In allen Fällen zeigen die Verteilungen eine ausgeprägte Beugungsbande. Gerhard Schmidt. 90◇

0056 **Neutronenerzeugung aus einem stationären Deuteriumplasma mit heißen Elektronen.** W. B. Ard, M. C. Becker, R. A. Dandl, H. O. Eason, A. C. England und R. J. Kerr. (Physic. Rev. Letters **10,** 87–89, 1963; Oak Ridge, Tenn., Oak Ridge, Nat. Labor.; engl.) — Aus einem Deuteriumplasma konnten bei einer Mikrowellenleistung von 2 kW etwa 10^6 Neutronen/s gewonnen werden. Die Stärke der Neutronenquelle nahm etwa mit dem Quadrat der angewandten Leistung zu. 10–40% der Neutronen hatten Energien > 1 MeV. Wichtig ist wohl die Coulomb- oder Elektrodissoziation des Deuterons durch energiereiche Elektronen nach $e + d \rightarrow e + n + p$. M. Wiedemann. 90◇

0057 **Untersuchung von d–d-Reaktionen in Aluminiumselbsttargets.** Alfred Hofmann. (Z. Physik **174,** 57–67, 1963; Erlangen-Nürnberg, Univ., Phys. Inst.; dt.) — Die Beladung von Al mit D beim Beschuß mit Deuteronen (bis 100 keV) wird untersucht. Gemessen wird die Neutronenausbeute der Rk. ^{2}H(d, n)^{3}He + 3,26 MeV in diesem Selbsttarget in Abhängigkeit von Bestrahlungszeit, Targettemp., Beschleunigungsspannung u. vor allem Stromdichte. Die Ergebnisse werden mit Hilfe einfacher Diffusionsvorstellungen gedeutet. H. Jehne. 90◇

0058 **Polarisation der Neutronen aus der Photospaltung von Deuterium.** W. Bertozzi, P. T. Demos, S. Kowalski, C. P. Sargent, W. Turchinetz, R. Fullwood und J. Russell. (Physic. Rev. Letters **10,** 106 bis 108, 1963; Cambridge, Mass., MIT, Dep. of Phys. and Labor. for Nucl. Sci.; Troy, N. Y., Rensselaer Polytechn. Inst., Dep. of Nucl. Engng. and Sci.; engl.) — Bremsstrahlung wurde mit E_e = 30 MeV an einem Ta-Target erzeugt, sie fiel auf ein CD_2-Target u., um den Einfl. von C zu substrahieren, auch auf CH_2. Das Neutronenspektrometer-Polarimeter bestand aus einem mit He–Xe gefüllten Gas-Scintillationszähler, umgeben von 8 Fl.-Scintillations-Neutronendetektoren. Die Polarisation der Photo-Neutronen aus D nahm mit der Photonenenergie (13–25 MeV) zu. M. Wiedemann. 90◇

0059 **Polarisation von Neutronen aus der Photozertrümmerung von Deuterium.** David E. Frederick. (Physic. Rev. [2] **130,** 1131–39, 1963; Urbana, Ill., Univ. of Illinois; engl.) — Messungen der Polarisationen in den vier E_γ-Intervallen von 12,0–12,9 MeV; 13,0 bis 15,9 MeV; 16,0–17,9 MeV u. 18,0–22,9 MeV. Herbert Weber. 90◇

0060 **Kernpolarisation von ^{54}Mn in Eisen.** J. A. Cameron, R. A. G. Lines, B. G. Turrel und P. J. Wilson. (Physics Letters [Amsterdam] **4,** 323–25, 1963; Oxford, Clarendon Labor.; engl.) — In Fe wurden 10 μc ^{54}Mn u. 2μc ^{60}Co gelöst. Die Probe wurde in 1 kOe zur Sättigung magnetisiert. Bei 0,1 °K wurde die Intensität der 0,84-MeV-γ-Strahlung von ^{54}Mn u. der 1,17- u. 1,33-MeV-γ von ^{60}Co parallel u. senkrecht zur Feldachse bestimmt. Unter Annahme eines Hyperfeinfelds $|H_{eff}|$ von 290 kOe für Co in Fe wurde für Mn in Fe $|H_{eff}|$ = 146 ± 5 kOe bestimmt. M. Wiedemann. 95◇

0061 **Messung des g-Faktors des 247-keV-Zustands in ^{111}Cd mit der Differentialmethode.** E. C. O. Bonacalza und G. B. Holm. (Physics Letters [Amsterdam] **4,** 343–44, 1963; Stockholm, Nobel Inst. of Phys.; Royal Inst. of Technol., Phys. Dep.; engl.) — ^{111}In wurde durch Beschuß von Cd-Pulver mit 6-MeV-Protonen erhalten. Die Koinzidenzen zwischen der 172-keV- u. der 247-keV-γ-Strahlung wurden mittels Impulshöhenkonverter analysiert. So wurde der g-Faktor des 247-keV-Zustands von ^{111}Cd (84,1 ns) ermittelt. Es ergab sich μ = – (0,794 ± 0,006) nm. M. Wiedemann. 95◇

0062 **Mössbauer-Absorption der 77-keV-γ-Strahlung von ^{197}Au in metallischem Gold.** H. J. Andrä, C. M. H. Hashmi, P. Kienle und F. W. Stanek. (Z. Naturforsch. **18a,** 687–89, 1963; München, TH, Labor. für Techn. Phys.; dt.) — Mit Hilfe des Mössbauer-Effektes wurde die Kernresonanzabsorption der 77-keV-γ-Strahlung des ^{197}Au in metall. Au-Absorbern verschiedener Dicke untersucht. Die Linienbreite wurde zu Γ = (2,06 ± 0,21) · 10^{-7} eV bestimmt; dies entspricht einer Halbwertzeit von (2,2 ± 0,3) · 10^{-9} sec in Übereinstimmung mit direkten Messungen. Ferner wurde eine Isomerieverschiebung beobachtet. Die Energie der Emissionslinie (^{197}Au in Pt) ist um (3,04 ± 0,05) · 10^{-7} eV größer als die der Absorptionslinie (^{197}Au in metall. Au). Aus Absorptionsmessungen bei 80 °K, 20,4 °K u. 4,2 °K ergeben sich die Debye-Temp. für Quelle u. Absorber zu Θ_{Pt} = (197 ± 16) u. Θ_{Au} = (171 ± 8)° K. H. Jehne. 95◇

0063 **Grundzustands-Gleichgewichtsdeformationen instabiler Kerne im Transurangebiet.** Z. Szymański. (Acta physica polon. **23,** 543–51, 1963; Warsaw, Inst. for Nucl. Res.; engl.) — Vgl. C. **1963,** 1153. — Frühere Berechnungen der Gleichgewichts-Deformationen u. der Quadrupolmomente werden auf den gesamten Bereich instabiler Kerne mit $84 \leq Z \leq 100$ u. $130 \leq N \leq 152$ ausgedehnt. Gerhard Schmidt. 95◇

0064 **Winkelverteilung der Deuteronen der Reaktion ^{6}Li(α, d_0)^{8}Be nahe 24 MeV.** G. Demortier, J. B. Dossin, G. A. Savariraj und G. Deconninck. (Ann. Soc. sci. Bruxelles, Ser. I, **77,** 81–93, 1963; Louvain, Univ., Centre de Phys. nucl.; franz.) — α-Teilchen mit 24,5 u. 23,7 MeV fielen auf ein ^{6}Li-Target. Die zum Grundzustand des ^{8}Be führenden Deuteronen wurden mit einem CsJ-Detektor nachgewiesen u. nach der Meth. der variablen Kristalldicke untersucht. Die Struktur der Winkelverteilung wird durch Überlagerung von Knockout u. Stripping schwerer Teilchen gedeutet. M. Wiedemann. 103◇

0065 **Interferenzeffekte bei der Reaktion ^{12}C(p, γ)^{13}N.** F. C. Young, J. C. Armstrong und J. B. Marion. (Nuclear Physics [Amsterdam] **44,** 486–98, 1963; College Park, Md., Univ. of Maryland; Washington, D. C., US Naval Res. Labor.; engl.) — Der Grundzustandsübergang bei obiger Rk. wird für E_p = 1,5–2,0 MeV untersucht. Die Winkelverteilungen zeigen große Asymmetrien, die stark energieabhängig sind. Durch Berechnungen mit einem Resonanzeinfangmechanismus wird angezeigt, daß die Winkelverteilungen u. die Energieabhängigkeit des Querschnittes befriedigend durch die 1,70-MeV-Resonanz ($^{13}N^* = 3,51$ MeV) wiedergegeben werden können. Diese Resonanz interferiert mit der 0,46-MeV-Resonanz ($^{13}N^* = 2,37$ MeV). Ein Beitrag aus dem 3,56-MeV-Niveau in ^{13}N zum Querschnitt kann bei keiner der Anregungskurven oder Winkelverteilungen nachgewiesen werden. Gerhard Schmidt. 103◇

0066 **Energie- und Winkelverteilungen der Neutronen aus der Strippingreaktion $^{12}C(d, n)^{13}N$.** N. Kolonko, Z. Lewandowski, M. Makowska-Rzeszutko, H. Niewodniczański, S. Wiktor und Z. Wróbel. (Acta physica polon. **23,** 225—34, 1963; Cracow, Inst. of Nucl. Phys.; Jagellonian Univ., Inst. of Phys.; engl.) — Die Messungen erfolgen bei 15 Winkeln von 0 bis 161° (Schwerpunkts-Syst.) bei $E_d = (13,00 \pm 0,16)$ MeV. Drei Neutronengruppen, die mit dem Grund-, ersten u. dritten angeregten Zustand des Endkerns ^{13}N gekoppelt sind, werden aufgelöst. Die Neutronen werden nach der Kernemulsionstechnik registriert. Bestimmt werden die abs. Werte der differentiellen Querschnitte für die 3 Neutronengruppen sowie die red. Breiten der entsprechenden ^{13}N-Niveaus, letztere nach der Butler–Born-Approximation der ebenen Welle. Gerhard Schmidt. 103◇

0067 **Spins und partielle Breiten von quasimolekularen Resonanzen bei $^{12}C + ^{12}C$-Wechselwirkungen.** E. Almqvist, D. A. Bromley, J. A. Kuehner und B. Whalen. (Physic. Rev. [2] **130,** 1140—52, 1963; Chalk River, Ontario, Atom. Energy of Canada Ltd.; engl.) — Winkelverteilungen für die Rk. $^{12}C(^{12}C, \alpha)^{20}$*Ne* zu Niveaus in ^{20}Ne bei 0; 1,63; 4,25 u. 4,97 MeV u. einem unaufgelösten Dublett bei 5,63—5,80 MeV wurden bei Beschußenergien nahe 6 MeV im Schwerpunkts-Syst. untersucht. Die Ergebnisse sprechen für die Spins 2 u. 4 für die „quasimol." Zustände bei 19,5 u. 19,9 MeV Anregung in ^{24}*Mg*. Herbert Weber. 103◇

0068 **Resonanzen mit hohem Spin in $^{12}C(^{12}C, \alpha)^{20}Ne$.** J. A. Kuehner, J. D. Prentice und E. Almqvist. (Physics Letters [Amsterdam] **4,** 332—35, 1963; engl.) — Vgl. vorst. Referat. — Für die Rk. $^{12}C(^{12}C, \alpha)^{20}$Ne zum Grundzustand (Q = 4,6 MeV) wie zum ersten angeregten Zustand 2^+ von ^{20}Ne wurden Winkelverteilungen u. Wirkungsquerschnitte für verschiedene Energien (10,6; 10,75; 11,4 u. 12,35 MeV im Schwerpunktssystem) bestimmt. Zum Nachw. der α-Teilchen dienten Zähler aus Feststoffen. Die Hauptresonanz bei 11,4 MeV in der Grundzustand-Rk. hat einen außerordentlich großen Wirkungsquerschnitt (ca. 55 mb; „quasimol." Resonanz). M. Wiedemann. 103◇

0069 **Winkelverteilung von Kohlenstoffkernen aus der α-induzierten Spaltung von Neon-20.** N. O. Lassen. (Physics Letters [Amsterdam] **1,** 65—66, 1962; Copenhagen, Univ., Inst. of Theoret. Phys.; engl.) — Vorläufige Messungen der Winkelverteilung der *C*-Ionen aus der Rk. $^{20}Ne + ^{4}He \rightarrow ^{12}C + ^{12}C$ bei $E_\alpha \sim 19,5$ MeV. O. Jansen. 103◇

0070 **Resonanzen bei der α-induzierten Spaltung des Neon-20.** N. O. Lassen. (Physics Letters [Amsterdam] **1,** 161—62, 1962; engl.) — Vgl. vorst. Referat. — Diskussion der erhaltenen Ausbeutekurve für die Rk. $^{20}Ne + ^{4}He \rightarrow ^{24}Mg \rightarrow ^{12}C + ^{12}C$ für α-Energien (Schwerpunktssystem) von 12,6 bis 16,7 MeV u. der ^{12}*C*-Winkelverteilungen. O. Jansen. 103◇

0071 **Die Reaktion $^{20}Ne(\alpha, ^{12}C)^{12}C$.** N. O. Lassen und Janus Staun Olsen. (Kong. danske Vidensk. Selsk., mat.-fysiske Medd. **33,** 1—19, 1963; engl.) — Vgl. vorst. Referate. — Das natürliche Ne wurde mit α-Teilchen von 12 bis 20 MeV beschossen. Das Ne-Gas, welches als Target diente, wurde gleichzeitig als Füllgas für eine Gitter-Elektronenabsaugungs-Ionisationskammer zur Messung der emittierten C-Ionen benutzt. Differentielle Querschnitte u. Winkelverteilungen wurden gemessen. Die Rk. $^{28}Si(\alpha, ^{16}O)^{16}$*O*, wobei SiH_4 in der Kammer verwendet wurde, konnte nicht nachgewiesen werden. O. Jansen. 103◇

0072 **Messungen der Zirkularpolarisation beim β-Zerfall von ^{24}Na u. ^{24}Al.** E. L. Haase, H. A. Hill und D. B. Knudsen. (Physics Letters [Amsterdam] **4,** 338—40, 1963; Princeton Univ., Palmer Phys. Labor.; engl.) — ^{24}Al wurde nach $^{24}Mg(p, n)$ gewonnen. Der Grad der Zirkularpolarisation der nach dem β_1^+-Zerfall des ^{24}Al u. nach dem β_1^--Zerfall des ^{24}Na (die beide zum 4,12-MeV-4^+-Zustand des ^{24}*Mg* führen) emittierten γ-Strahlung wurde bestimmt. Die β-γ-Zirkularpolarisationskorrelation entspricht der Hypothese der Erhaltung des Vektorstroms. M. Wiedemann. 103◇

0073 **Anregungskurven für die Reaktionen $^{27}Al(n, \alpha)^{24}Na$ und $^{24}Mg(n, p)^{24}Na$.** J. P. Butler und D. C. Santry. (Canad. J. Physics **41,** 372—83, 1963; Chalk River, Ontario, Atom. Energy of Canada Ltd., Res. Chem. Branch; engl.) — Mittels Linearbeschleuniger wurden monoenerget. Neutronen erzeugt u. mit diesen nach der Aktivierungs-Meth. obige Rkk. untersucht. Die Wirkungsquerschnitte der beiden Rkk. beginnen bei 5 MeV über 0,02 mbarn zu steigen u. erreichen bei 13,5 MeV Maxima von 126 bzw. 205 mbarn. M. Wiedemann. 103◇

0074 **Energie- und Winkelverteilungen für die Reaktion $^{27}Al(n, \alpha)^{24}Na$ mit 14-MeV-Neutronen.** C. J. D. Jarvis, W. R. Dixon und R. S. Storey. (Nuclear Physics [Amsterdam] **44,** 680—93, 1963; Ottawa, Nat. Res. Council; engl.) — Die Rk. wurde mit der Kernspurplattentechnik untersucht; mit dem beschriebenen Verf. konnte eine Energieauflösung von 4% bei 9 MeV erhalten werden. Die Energieverteilung der α-Teilchen zeigt Peaks, die den ersten angeregten Niveaus von ^{24}Na entsprechen. Im Bereich niedriger α-Energie ist die Emission der Teilchen isotrop, bei höherer Energie ist eine Bevorzugung der Vorwärtsrichtung zu erkennen. H. Schroeder. 103◇

0075 **Gammaspektren aus dem Strahleneinfang von 14-MeV-Neutronen in ^{27}Al.** F. Cvelbar, A. Hudoklin, M. V. Mihailović, M. Najžer und V. Ramšak. (Physics Letters [Amsterdam] **3,** 364—66, 1963; Ljubljana, Nucl. Inst. „Jožef Stefan"; engl.) — Mit einem teleskopartigen Scintillationspaarspektrometer wurde das γ-Spektrum gemessen; für den über die γ-Quanten mit Energien > 14 MeV integrierten Wrkg.-Querschnitt wurde ein Wert von $0,26 \pm 0,05$ mbarn erhalten. γ-Energien bis ca. 21 MeV wurden nachgewiesen. H. Schroeder. 103◇

0076 **Die Energie- und Winkelverteilung von Protonen aus 14,8-MeV-Neutronenreaktionen mit ^{27}Al und ^{59}Co.** R. K. Mohindra und H. S. Hans. (Nuclear Physics [Amsterdam] **44,** 597—606, 1963; Aligarh, U. P., India, Muslim Univ., Dep. of Phys.; engl.) — Die mit Dreifachkoinzidenz- u. Antikoinzidenz-Protonenscintillationsspektrometern beobachteten Spektren wurden mit auf der Grundlage der direkten Wechselwrkg. u. statist. Modelle berechneten Daten verglichen. Verschiedene Niveaudichteformeln, die auf der Fermi-Gas-Vorstellung des Kerns beruhen, wurden untersucht. H. Schroeder. 103◇

0077 **Struktur der Riesenresonanz bei der $^{31}P(p, \gamma)$-Reaktion.** M. Kimura, K. Shoda, N. Mutsuro, M. Sugawara, K. Abe, K. Kageyama, M. Mishina, A. Ono, T. Ishizuka, S. Mori, N. Kawamura, T. Nakagawa und E. Tanaka. (J. physic. Soc. Japan **18,** 477—82, 1963; Sendai, Tohoku Univ., Fac. of Sci., Dep. of Phys.; engl.) — Die Änderung des Querschnittes für die Rkk. $^{31}P(p, \gamma_0)$ u. $^{31}P(p, \gamma_1)^{32}S$ mit E_p von 7,8—14,2 MeV wird mit NaJ(Tl)-Kristallspektrometern gemessen. Die γ-Strahlen, die Übergängen zum Grundzustand u. ersten angeregten Zustand von ^{32}S entsprechen, zeigen Riesenresonanzen mit komplizierten Strukturen, die im einzelnen diskutiert werden. Gerhard Schmidt. 103◇

0078 **Beim Beschuß von Chlor-, Kalium- und Calciumkernen mit 150-MeV-Protonen auftretende γ-Strahlung.** G. L. Salmon, K. J. Foley und A. B. Clegg. (Nuclear Physics [Amsterdam] **41,** 364—71, 1963; Oxford, Clarendon Labor.; engl.) — Folgende γ-Energien u. Wrkg.-Querschnitte wurden nach Bestrahlung der angegebenen Nuclide gemessen (Nuclid, γ-Energie in MeV, Wrkg.-Querschnitt in mbarn, mögliche Rk.): Cl 1,01, $8,3 \pm 2,0$; 1,29, 34 ± 7, $^{35}Cl(p, p')$; 1,75, $22 \pm 4,5$, ^{35}Cl oder ^{37}Cl · (p, p'); 2,03, $14,5 \pm 5$; 2,21, $36,6 \pm 9$, $^{35}Cl(p, pt)^{32}S$; ^{39}K 0,99, 9 ± 2; 1,22, $13 \pm 3,0$; 1,64, 35 ± 5, $(p, 2p)^{38}Ar$, $(p, pf)^{20}$*Ne*; 2,00, $31,5 \pm 6$, $(p, pt)^{36}Ar$; 2,18, 78 ± 14, (p, 2p)^{38}Ar, (p, ptα)^{32}*S*; 2,53 + 2,82, 21 ± 7, (p, p')^{39}K, (p, pt)^{36}Ar; ^{40}Ca 0,75, 16 ± 7; 0,97, 4 ± 2; 1,22, 7 ±4; 1,64, 32 ± 4,5, (p, 3p)^{38}Ar, (p, pf)^{20}Ne; 1,99, 37 ± 6, (p, pα)^{36}Ar; 2,21, 65 ± 9, (p, 3p)^{38}Ar, (p, p, 2α)^{32}S; 2,53 + 2,28, 35 ± 10, (p, 2p)^{39}K, (p, pn)^{39}Ca; 3,73, 13 ± 4, (p, p')^{40}Ca. Das Auftreten relativ weniger γ-Energien wird mit dem Vorherrschen einfacher direkter Rkk. erklärt. H. Schroeder. 103◇

0079 **Versuch über die Reaktion ^{54}Fe(p, γ)^{55}Co.** Kun-Kuang Huang, Sinji Matumoto, Masayuki Sekiguchi, Hajime Ohnuma, Akira Sugawara und Yozo Nogami. (J. physic. Soc. Japan **18,** 594–95, 1963; Tokyo, Univ. of Tokyo, Fac. of Sci., Dep. of Phys.; engl.) — Obige Rk. wird im Energiebereich von E_p = 770–1100 keV untersucht. Die γ-Strahlen werden mit NaJ(Tl)-Kristallen nachgewiesen. Die γ-Spektren werden mit einem 20-Kanal-Impulshöhenanalysator analysiert. Als Targets dienen angereichertes ^{54}Fe, ^{57}Fe u. natürliches Fe. Drei Resonanzniveaus von ^{55}Co werden bei E_p = 883, 961 u. 1107 keV beobachtet. γ-Spektren werden bei E_p = 1107 keV unter Verw. eines Targets von ca. 4 keV Dicke für 1-MeV-Protonen beobachtet. Das Spektrum bei 1,5 cm Abstand sowie die Energien u. Intensitäten der γ-Strahlen werden wiedergegeben. Gerhard Schmidt. 103◇

0080 **Halbwertszeit von ^{85}Kr.** J. Lerner. (J. inorg. nuclear Chem. **25,** 749–57, 1963; Argonne, Ill., Argonne Nat. Labor.; engl.) — Die Halbwertszeit des ^{85}Kr wurde durch Messung des Aktivitätsabfalls der 0,7-MeV-β-Strahlung über einen Zeitraum von 10 Jahren zu 10,76 ± 0,02 a bestimmt. Das verwendete ^{85}Kr stammte aus Spaltprodd. des natürlichen Urans. Meßeinrichtung, Meßmeth., Auswertung u. Fehlermöglichkeiten werden ausführlich besprochen. Die ermittelte Halbwertszeit wird mit vorhandenen Literaturwerten verglichen. W. Wiechmann. 103◇

0081 **Analyse der Daten für die β-Zerfälle ^{86}Rb → ^{86}Sr und ^{84}Rb → ^{84}Kr.** J. Eichler und S. Wahlborn. (Physics Letters [Amsterdam] **4,** 344–47, Pasadena, Calif., California Inst. of Technol.; engl.) — Die Daten über die Winkelverteilung der zirkular polarisierten γ-Strahlung, die den ersten verbotenen β-Zerfällen des ^{86}Rb(β^-) u. ^{84}Rb(β^+) folgt, werden analysiert. M. Wiedemann. 103◇

0082 **Suche nach der Emission verzögerter Neutronen beim ^{86}Br-Zerfall.** Ellis P. Steinberg und Larry L. Schwartz. (Physic. Rev. [2] **130,** 1472–74, 1963; Argonne, Ill., Argonne Nat. Labor.; engl.) — Beim Zerfall des 54-Sek.-^{86}Br wird keine statist. signifikante Aktivität beobachtet, für die Neutronenverzweigung wird eine obere Grenze von ca. 0,25% angesetzt. Diese Grenze entspricht einem Maximum von ca. 10% für den möglichen Beitrag des ^{86}Br zur 55-Sek.-Halbwertszeit der verzögerten Neutronen, die bei der therm. Spaltung von ^{235}U beobachtet u. ^{87}Br zugeschrieben wird. Gerhard Schmidt. 103◇

0083 **Strahlungseinfangquerschnitte für Tellurisotope in Abhängigkeit von der Neutronenenergie bis 1,5 keV.** L. Ss. Daneljan und B. W. Jefimow. (Atomenergie [UdSSR] **14,** Nr. 3, 264–72, 1963; russ.) — An in ^{122}Te, ^{123}Te, ^{124}Te u. ^{125}Te stark angereicherten Proben wurden die Strahlungseinfangquerschnitte bestimmt. Zum Nachw. der γ-Strahlung diente ein NaJ(Tl)-Kristall. Es wurde eine Reihe von Niveaus festgestellt, ihre Charakteristika u. Parameter sind wiedergegeben. M. Wiedemann. 103◇

0084 **Die Energieniveaus von ^{129}J.** G. N. Rao, V. R. Potnis und H. S. Hans. (Nuclear Physics [Amsterdam] **44,** 443–52, 1963; Aligarh, U. P., Muslim Univ., Phys. Dep.; engl.) — Unter Verw. von 2 NaJ(Tl)-Scintillationsspektrometern in Koinzidenzschaltung werden die Energieniveaus von ^{129}J über den β^--Zerfall von ^{129m}Te u. ^{129}Te untersucht. Neben der Bestätigung bekannter γ-Strahlen von 27, 212, 475, 720 u. 1120 keV wird der Nachw. für 7 neue γ-Strahlen erbracht, die Energien von 448, 450, 625, 693, 1073, 1320 u. 1520 keV besitzen. Aus den Koinzidenz-Verss. wird ein Energieniveauschema für ^{129}J vorgeschlagen. Gerhard Schmidt. 103◇

0085 **Halbwertszeiten von Cäsium-137 und Cäsium-134 aus massenspektrometrischen Messungen.** L. A. Dietz, C. F. Pachucki und G. A. Land. (Analytic. Chem. **35,** 797–99, 1963; Schenectady, N. Y., General Electric Co., Knolls Atomic Power Labor.; engl.) — Die Halbwertszeit von ^{137}Cs wurde zu 30,35 ± 0,38 a, die von ^{134}Cs zu 2,046 ± 0,004 a bestimmt. U. Wenzel. 103◇

0086 **Zerfall von Neodym-141.** W. L. Alford, D. R. Koehler und R. G. Polk. (Nuclear Physics [Amsterdam] **44,** 439–42, 1963; Alabama, Redstone Arsenal, Army Missile Command; engl.) — Bei der experimentellen Unters. der ^{141}Nd-Aktivität aus dem Beschuß von ^{142}Nd mit 14-MeV-Neutronen zeigt sich, daß der ^{141}Nd-Zerfall hauptsächlich durch Elektroneneinfang mit Positronenemission erfolgt, die angenähert während 3% der Zeit auftritt. γ-Strahlen mit Energien von 1,30, 1,16, 1,13 u. 0,14 MeV werden beobachtet. In Übereinstimmung mit Unterss. unelast. gestreuter Deuteronen wird der Nachw. für ein Niveau in ^{141}Pr bei 1,13 MeV erbracht. Gerhard Schmidt. 103◇

0087 **K/(L + M)-Konversionsverhältnisse beim Zerfall von ^{148}Pm → ^{148}Sm.** T. J. Kurey jun. und R. R. Roy. (Nuclear Physics [Amsterdam] **44,** 670–79, 1963; University Park, Pa., Pennsylvania State Univ., Nucl. Phys. Labor.; engl.) — Die Messungen der K/(L + M)-Konversionsverhältnisse (**I**) der Übergänge von 286, 550 u. 627 keV wurden mit einem p-n-Si-Halbleiter in β-γ-Koinzidenz durchgeführt. Ergebnisse: $\mathbf{I}_{286}$ = 7,0 ± 1,0; $\mathbf{I}_{550}$ = 5,1 ± 0,3; $\mathbf{I}_{627}$ = 5,4 ± 0,4. Es ergibt sich ein $6^+ \to 6^+$-Übergang zwischen den Niveaus von 2,19 u. 1,90 MeV in ^{148}Sm. Die Anwendbarkeit des Halbleiterdetektors für die Unters. wurde durch Messungen der bekannten **I**-Verhältnisse von ^{137}Cs, ^{198}Au, ^{203}Hg u. ^{207}Bi überprüft. H. Schroeder. 103◇

0088 **Das Positronenspektrum von ^{155}Dy.** L. Persson, H. Ryde und K. Oelsner-Ryde. (Nuclear Physics [Amsterdam] **44,** 653–63, 1963; Stockholm, Nobel Inst. of Phys.; engl.) — Das Positronenspektrum von ^{155}Dy (10,2 h) [durch eine (p, 5n)-Rk. von ^{159}Tb mit 55-MeV-Protonen hergestellt], wurde mit einem doppeltfokussierenden β-Spektrometer u. einem Zwischenbild-β-Spektrometer untersucht. 2 Komponenten mit E_{max} = 850 ± 6 bzw. 1075 ± 8 keV konnten nachgewiesen werden. Aus Positronen-γ-Koinzidenzmessungen folgt, daß der Positronenverzweigungszerfall über das 227-keV-Niveau in ^{155}*Tb* erfolgt. Der erhaltene Wert für die Gesamtzerfallsenergie von 2099 ± 6 keV wurde mit einem aus einer halbempir. Massenformel errechneten Wert u. der Zerfallsenergie anderer Dy-Isotope mit ungerader Masse verglichen. Das K/β^+-Verhältnis für den β-Übergang zum 227-keV-Niveau beträgt 44 ± 5 (erlaubter Übergang). Spin, Parität u. asymptot. Quantenzahlen des Grundzustands von ^{155}Dy werden diskutiert; die wahrscheinlichsten Werte sind 3/2$^-$ [521]. Ein partielles Zerfallsschema ist angegeben. H. Schroeder. 103◇

0089 **Zerfallsenergie von ^{161}Tb.** P. F. M. Koehler, L. Slack und N. B. Gove. (Physic. Rev. [2] **130,** 1503–04, 1963; Washington, D. C., George Washington Univ.; Nat. Acad. of Sci.–Nat. Res. Counc., Nucl. Data Project; engl.) — Bei der Unters. des β-Zerfalls des 7,1-d-^{161}Tb mit einem doppeltfokussierenden Magnetspektrometer ergibt sich der Endpunkt der höchsten β-Gruppe zu 584 ± 6 keV. Gerhard Schmidt. 103◇

0090 **Winkelkorrelationen von Kaskaden-γ-Strahlen beim Zerfall von ^{172}Lu.** Margaret M. Stautberg, E. Brooks Shera und Karl J. Casper. (Physic. Rev. [2] **130,** 1901–06, 1963; Cleveland, Ohio, Western Reserve Univ., Dep. of Phys.; engl.) — Winkelkorrelationsmessungen werden an den 1095–78,7-, 901–1095-, 901–78,7- u. 1586–78,7-keV-γ-Kaskaden durchgeführt. Die Ergebnisse der Richtungs- u. Polarisations-Korrelationsmessungen an den 1095–78,7-keV-γ-Strahlen setzen Spin u. Parität des 1174-keV-Zustandes zu 3^+ fest. Gerhard Schmidt. 103◇

0091 **Über die Übergänge von den angeregten Niveaus von ^{187}Re.** K. S. Han, S. C. Pancholi und Y. Grunditz. (Ark. Fysik **23,** 505–13, 1963; Uppsala, Univ., Inst. of Phys.; engl.) — Durch Bestrahlung von W mit Neutronen wurde ^{187}W ($T_{1/2}$ = 24 h) erhalten. Das Spek-

trum der inneren Konversionslinien des ^{187}Re wurde mittels eines doppelfokussierenden magnet. β-Spektrometers hoher Auflösung aufgenommen. Auch die Intensitäten u. Koeffizienten der inneren Konversion wurden bestimmt. 14 früher gefundene γ-Übergänge wurden bestätigt. Multipolaritäten wurden zugeordnet u. das Termschema mit Spins u. Paritäten aufgestellt.
M. Wiedemann. 103◇

0092 **Die Messung des totalen inneren Konversionskoeffizienten des 279-keV-Überganges, welcher dem Zerfall von ^{203}Hg folgt, mittels einer neuen Koinzidenzmethode.** J. G. V. Taylor. (Canad. J. Physics **40,** 383 bis 392, 1962; Chalk River, Ontario, Atom. Energy of Canada Ltd., Phys. Div.; engl.) — Die 4π-β-γ-Koinzidenz-Meth. beruht auf der differentiellen Absorption der β-Teilchen u. der Konversionselektronen in 4π-Geometrie. Zur Best. der absoluten Wirksamkeiten von γ-Strahl-Spektrometern oder Ionisationskammern hat die Meth. den Vorteil, direkt eine Zahl der γ-Quanten zu liefern, welche pro Zerfall des ^{203}Hg emittiert werden, ohne irgendeine Kenntnis der K:L:M-Konversionsverhältnisse zu fordern. Der erhaltene totale innere Konversions-Koeff. ist $\alpha = 0{,}2262 \pm 0{,}0019$ (oder $\gamma/\beta = 0{,}8155 \pm 0{,}0015$). Ferner wird $\alpha_K = 0{,}1633 \pm 0{,}0017$ abgeleitet.
O. Jansen. 103◇

0093 **Der β-Zweig von ^{207}Tl zum $p_{3/2}$-Niveau in ^{207}Pb.** P. R. Christensen, O. B. Nielsen und H. Nordby. (Physics Letters [Amsterdam] **4,** 318—19, 1963; Copenhagen, Univ., Inst. for Theoret. Phys.; engl.) — ^{207}Tl (4,79 min) wurde radiochem. von dem Mutternuclid ^{211}Pb (36 min) abgetrennt, entweder über eine Dowex-Kationenaustauschersäule u. Extraktion mit 1% KJ in 1 n HCl oder durch Extraktion der 6 n HCl-Lösung mit Äthyläther. Die Spektren u. ihre Zeitabhängigkeit der beiden Elemente wurden mit einem NaJ-Kristall gemessen. Danach ist der Anteil des β-Zerfalls des ^{207}Tl zum 900-keV-Niveau des ^{207}Pb $0{,}115 \pm 0{,}020\%$, log $f_0t = 6{,}47 \pm 0{,}06$. M. Wiedemann. 103◇

0094 **Resonanzen im Neutronenquerschnitt von Wismut.** F. W. K. Firk, J. E. Lynn und M. C. Moxon. (Nuclear Physics [Amsterdam] **44,** 431—38, 1963; Harwell, Berks., A.E.R.E.; engl.) — Bei der Messung des totalen Neutronenquerschnitts von ^{209}Bi bis zu einer Energie von 19 keV werden 5 Resonanzen beobachtet. Die Neutronenbreiten u. totalen Drehimpulse dieser Resonanzen werden gemessen. Die Resonanzen bei 0,784 u. 5,08 keV haben $J = 5$, die Resonanzen bei 2,23, 12,0 u. 15,5 keV $J = 4$. Aus diesen Werten läßt sich eine untere Grenze für den Spin-Dispersionsfaktor angeben.
Gerhard Schmidt. 103◇

0095 **Neue Isomere von Astat-212.** W. Barclay Jones. (Physic. Rev. [2] **130,** 2042—43, 1963; Berkeley, Calif., Univ. of California, Lawrence Radiat. Labor.; engl.) — ^{212}At aus der Rk. ^{209}Bi (α, n) zerfällt durch α-Emission. Beobachtet werden eine α-Zerfallsgruppe von 7,60 u. 7,66 MeV mit $T_{1/2} = 0{,}305$ s u. eine weitere Gruppe von 7,82 u. 7,88 MeV mit $T_{1/2} = 0{,}120$ s. Für beide Isomere werden die relativen Anregungsfunktionen erhalten. Ein Energie-Niveau-Diagramm für den α-Zerfall von ^{212}At wird vorgeschlagen. Gerhard Schmidt. 103◇

0096 **Massenverteilung und Kinetik der durch thermische Neutronen induzierten Dreiteilchen-Spaltung von ^{235}U.** H. W. Schmitt, J. H. Neiler, F. J. Walter und A. Chetcham-Strode. (Physic. Rev. Letters **9,** 427 bis 429, 1962; Oak Ridge, Tenn., Oak Ridge Nat. Labor.; engl.) — Die Energien der beiden schweren Spaltfragmente u. eines leichten Teilchens (z. B. α-Teilchen) wurden in einem Korrelationsexperiment in Koinzidenz gemessen. Ein Vgl. der Ergebnisse zwei- u. dreifacher Spaltung zeigt, daß die hochenerget. α-Teilchen bei fastsymm. Spaltung von den leichten Fragmenten u. bei asymm. Spaltung von den schweren Fragmenten herrühren. Ein starker Einfl. der abgeschlossenen Schalen bei N = 50 u. 82 ist erkennbar. Die Spaltfragmentausbeute als Funktion der Energie des dritten Fragments u. die durchschnittliche totale kinet. Fragmentenergie in Abhängigkeit vom Massenverhältnis sind im Diagramm dargestellt. Die über alle Massenverhältnisse u. alle α-Teilchenenergien gemittelte totale kinet. Fragmentenergie beträgt 155 ± 2 MeV. H. Schroeder. 103◇

0097 **Die Winkelverteilung von γ-Strahlen aus der ^{235}U-Spaltung.** S. Dési, G. Graff, A. Lajtai und L. Nagy. (Physics Letters [Amsterdam] **3,** 343—44, 1963; Budapest, Gen. Res. Inst. of Phys.; engl.) — Die Intensität der γ-Strahlung (> 70 keV) wurde unter 90; 112,5; 135; 157,5 u. 180° zur Spaltfragmentrichtung in einer beschriebenen Apparatur, bei der der γ-Zähler fixiert u. die U-Probe (auf 96% angereichertes ^{235}U) beweglich angeordnet war, gemessen; es ergaben sich folgende Werte: (Winkel, γ-Intensität relativ zum 90°-Wert): 112,5°, $0{,}959 \pm 0{,}012$; 135°, $1{,}033 \pm 0{,}013$; 157,5°, $1{,}126 \pm 0{,}013$; 180°, $1{,}148 \pm 0{,}009$. Für γ-Energien > 250 keV ergab sich ein Wert von $1{,}153 \pm 0{,}012$ für 180°.
H. Schroeder. 103◇

0098 **Über die Möglichkeit der Untersuchung der Spaltung bei definierter Anregungsenergie des Compoundkerns.** W. M. Pankratow und W. M. Strutinski. (Atomenergie [UdSSR] **14,** Nr. 2, 171—76, 1963; russ.) — Als Beispiel werden die mittels der Flugzeitmeth. erhaltenen Ergebnisse über die Spaltung von ^{233}U u. ^{232}Th mit α-Teilchen herangezogen. Bei einer Anregungsenergie von 25 MeV ist die Spaltung asymmetrisch.
M. Wiedemann. 103◇

0099 **Die Spaltquerschnitte von ^{232}Th, ^{233}U, ^{235}U, ^{237}Np und ^{238}U mit Neutronen von 5—37 MeV.** W. M. Pankratow. (Atomenergie [UdSSR] **14,** Nr. 2, 177—84, 1963; russ.) — Vgl. vorst. Referat. — Zur Selektion der Neutronen diente die Flugzeit-Meth., zum Nachw. der Spaltung Gasscintillationszähler. Die Wirkungsquerschnitte nahmen im allg. mit steigender Neutronenenergie zu, aber nicht stetig. M. Wiedemann. 103◇

0100 **Die experimentelle Bestimmung der Korrekturfaktoren k(t) für die Messungen der Schnellspaltfaktoren.** E. Erdik. (Istanbul Üniv. Fen. Fak. Mecmuasi [Rev. Fac. Sci. Univ. Istanbul], Ser. C **27,** 16—24, 1962; Ankara, Univ., Inst. of Exper. Phys.; engl.) — Mittels einer Doppelspaltkammer wurden die Faktoren für die Umwandlung des gemessenen Verhältnisses der β-Aktivitäten der Spaltprodd. von ^{238}U/^{235}U in das wahre Spaltverhältnis in Abhängigkeit von der Zeit nach dem Ende der Exposition bestimmt. M. Wiedemann. 103◇

0101 **Spezielle Ausbeute von Isobaren mit der Massenzahl A = 138.** A. N. Apollonowa, I. T. Krissjuk und W. N. Uschatski. (Radiochemie [UdSSR] **4,** 711—15, 1962; russ.) — Vff. bestimmten die speziellen Ausbeuten der bei der Bestrahlung von ^{238}U mit 14-MeV-Protonen durch Kernspaltung direkt gebildeten Isotope ^{138}*J*, ^{138}*Xe* u. ^{138}*Cs*. Die Zerfallskette ist ^{138}J (5,9 s) → ^{138}Xe (17 min) → ^{138}Cs (32 min) → ^{138}Ba (stabil). Die Ausbeute von direkt durch Teilung gebildetem ^{138}Cs wurde durch Best. der Aktivität von Cs in einer Lsg. ermittelt, aus der während der Bestrahlung alles entstehende Xe mit Ar ausgeblasen wurde. Aus dieser Lsg. wurde Cs abgetrennt. Xe wurde in einer Kühlfalle (— 197°) aufgefangen, aus der nach Zugabe von Trägern Cs abgetrennt wurde. Nach beiden Präpp. wurde die Sättigungsaktivität von Xe u. Cs bestimmt u. daraus die spezielle Ausbeute von Cs zu $(8{,}3 \pm 0{,}5)\%$ errechnet. Die speziellen Ausbeuten von ^{138}Xe u. ^{138}J wurden nach der in zwei Kühlfallen vorgefundenen ^{138}Cs-Aktivität bestimmt.
G. Ewald. 104◇

0102 **Eine Schnellmethode zur Messung von ^{131}J in neutronenbestrahltem Tellur.** E. Hatzopoulos und S. Tsiklis. (Int. J. appl. Radiat. Isotopes **13,** 101—03, 1962; Saclay, Gif-sur-Yvette, C. E. N.; franz.) — Die Probensubstanz wurde nach der Neutronenbestrahlung in dest. W. gelöst u. 3 Tage stehengelassen. Während dieser Zeit ist die von den kurzlebigen Te-Isotopen ausgehende β-Strahlung weitgehend abgeklungen. Durch Messung verschiedenkonzentrierter Te- u. J-Lsgg. mit u. ohne Al-Abschirmung konnten für eine bestimmte Verdünnung die entsprechenden Absorptionskoeff. für die β-Strahlung des Te u. J sowie eine optimale Absorberdicke bestimmt werden. Es ergab sich ein Zusammenhang zwischen der durch die Proben mit u. ohne Absorber erzeugten Gesamtspannung u. dem Spannungsteil, der der β^--Strahlung des ^{131}J entsprach. Aus der Spannungsanzeige der

Ionisationskammer konnte der ^{131}J-Geh. direkt in mc bestimmt werden. W. Wiechmann. 104◇

0103 **Forschungsreaktor SsM von 50 MW.** S. M. Feinberg, S. T. Konobeevskii, N. A. Dollezhal', I. Y. Emel'ianov, V. A. Tsikanov, Y. M. Bulkin, A. D. Zhirnov, A. G. Filippov, O. L. Shchipakin, V. P. Perfil'ev, A. G. Samoilov und V. I. Ageenkov. (Reactor Sci. Technol. **16**, 533–42, 1962; engl. – C. **1961**, 17468.) Gerhard Schmidt. 110◇

0104 **Der Einfluß der Plutoniumkonversion auf den prompten Temperaturkoeffizienten des Triga.** Kari Varsila. (Acta polytechn. scand., Physics includ. Nucleonics Ser. **1962**, 1–22; engl.) – Die reaktorphysikal. Aspekte des Triga Mark II – eines wassergekühlten, Zirkoniumhydrid-moderierten Forschungsreaktors mit 20% angereichertem Uran als Brennstoff – werden untersucht. Die Neutronenstreuung in Moderatoren mit harmon. gebundenem Wasserstoff wurde berechnet. Weiterhin ermittelte man eine Gleichung für die Abhängigkeit der Wirkungsquerschnitte von der Brennstofftemperatur. Daraus konnten die temp.-abhängigen Wirkunsquerschnitte der Elemente *H*, *Al*, *Zr* u. ^{238}U sowie verschiedener langlebiger Reaktorgifte bestimmt werden.

W. Wiechmann. 110◇

0105 **Der Mechanismus der Ionenquelle für das 88-inch-Cyclotron in Berkeley.** J. M. Haughian und R. J. Burleigh. (Nuclear Instruments Methods [Amsterdam] **18/19**, 559–61, 1962; Berkeley, Calif., Univ. of California, Lawrence Radiat. Labor.; engl.) – Die Ionenquelle für das 88-in.-Cyclotron ist vertikal durch das Magnetjoch eingeführt, sie kann durch drei motorgetriebene Mechanismen justiert werden. Die Vorteile dieser Anordnung werden erörtert. W. Reusse. 112◇

0106 **Die Extraktion eines Bündels negativer Wasserstoffionen aus einer Duo-Plasmotronquelle.** A. B. Wittkower, R. P. Bastide, N. B. Brooks und P. H. Rose. (Physics Letters [Amsterdam] **3**, 336–37, 1963; Burlington, Mass., High Voltage Engng. Corp., Res. Tandem Group; engl.) – Ein Ionenquellen-Syst. zur Erzeugung eines H^--Bündels mit 70 μA bei 20 keV wird beschrieben (Schnittzeichnung). Die Abhängigkeit des Stroms der negativen Ionen vom Abstand der intermediären Elektrode zur Anode u. von der von der Quelle abgegebenen Gasmenge werden untersucht. H. Schroeder. 112◇

0107 **Eine Ionenquelle mit elektrostatischer Fokussierung und ihr Einbau in eine abgeschmolzene Gleichstrom-Neutronenquelle.** J. D. L. H. Wood und A. G. Crocker. (Nuclear Instruments Methods [Amsterdam] **21**, 47–48, 1963; Baldock, Herts., Services Electronics Res. Labor.; engl.) – Es wird eine modifizierte Penning-Ionenquelle beschrieben, bei der das fokussierende Längsmagnetfeld durch eine aus konzentr. Elektroden bestehende elektrostat. Fokussierung ersetzt ist. Bei ihrer Anwendung in einer Neutronenquelle wird D_2-Gas von 10–40 μ Druck u. ein T-beladenes Target benutzt (10^8 n/s).

W. Reusse. 112◇

0108 **Abgeschmolzene 14-MeV-Neutronenquelle mit eingebautem Festkörper-Alphateilchen-Detektor.** J. D. L. H. Wood. (Nuclear Instruments Methods [Amsterdam] **21**, 49–52, 1963; engl.) – Vgl. vorst. Referat. – Als Monitor für die Intensität der Neutronenemission einer auf der Rk. $T + D \rightarrow n + \alpha + 17{,}6$ MeV basierenden abgeschmolzenen Neutronenquelle ist in der Nähe des T-Targets ein mit P dotierter *Si*-Halbleiter-Detektor für die α-Teilchen eingebaut. Es wird gezeigt, daß Proportionalität zwischen der Anzahl α-Teilchen u. dem Neutronenfluß im Intensitätsbereich 10^4–10^6 Neutronen/s besteht. Die Möglichkeit einer Regelung der Neutronenemission durch den α-Strahlpegel wird diskutiert.

W. Reusse. 112◇

0109 **Neue Anordnung von Massenspektrometer-Festkörperquellen für die gleichzeitige Analyse von zwei Proben.** H. Patterson und H. W. Wilson. (J. sci. Instruments **39**, 84–85, 1962; Aldermaston, Atom. Weapons Res. Establishm.; engl.) – Beschreibung des Spektrometers, mit dem man gleichzeitig die zu untersuchende Probe u. zu Vergleichszwecken eine Standardprobe untersuchen kann. Als Beispiel wird die Best. des Verhältnisses $^{235}U/^{238}U$ von 2 *Urannitratproben* sehr verschiedener isotop. Zus. gebracht. C. Gottfried. 112△

0110 **Einige Betriebsmerkmale des C. E. C. 21-103 C-Massenspektrometers unter Benutzung von Bortrifluorid.** K. N. Bhide und S. C. Saxena. (Indian J. Physics Proc. Indian Assoc. Cultivat. Sci. **36** (**45**), 224–36, 1962; Bombay, Atom. Energy Establishm. Trombay; engl.) – Die Abhängigkeit des Ionenstromes von der Energie der ionisierenden Elektronen, dem Ionisationsstrom, dem Probendruck u. dem magnet. Strom wird besprochen. Die Bldg. von B^+, BF^+, BF_2^+ u. BF_3^+ wird untersucht.

O. Jansen. 112◇

0111 **Bestimmung der Massenzahl in einem Massenspektrometer mit Hilfe eines Hallgenerators.** H. Gutbier. (Z. Instrumentenkunde **71**, 74–76; 1963; Erlangen, Siemens-Schuckertwerke AG, Forsch.-Labor.; dt.) – Die Verwendbarkeit einer einfachen Hall-Generator-Meßanordnung zur Best. der Massenzahl von Ionensorten in einem Massenspektrometer wird untersucht. Es wird festgestellt, daß mit einer solchen Anordnung eine Genauigkeit in der Massenbest. von etwa $\pm$ 0,07% erzielt werden kann. H. Jehne. 112◇

0112 **Wirksamkeit des Čerenkov-Zählers mit Radiatoren aus Bleigläsern zur Registrierung von γ-Strahlen hoher Energie.** A. Ss. Beloussow, Ss. W. Russakow, Je. I. Tamm und L. Ss. Tatarinskaja. (Versuchsgeräte u. Versuchstechn. [UdSSR] **7**, 125–27; Physik. Inst. der Akad. der Wiss. der UdSSR.; russ.) – Die Empfindlichkeit eines zylindr. Čerenkov-Zählers von 100 mm Länge u. 100 mm Durchmesser wurde bestimmt. Der Zähler hatte einen Radiator aus Pb-Glas mit 3,87 g/cm^3 Dichte u. 1,548 Brechungsindex. Die Empfindlichkeit stieg im Bereich von 25 bis 150 MeV γ-Energie von 25 auf 50%.

M. Wiedemann. 112◇

0113 **Photographie von durch einzelne Teilchen in einem Gas erzeugten Čerenkov-Ringen.** D. M. Binnie, M. R. Jane, J. A. Newth, D. C. Potter und J. Walters. (Nuclear Instruments Methods [Amsterdam] **21**, 81–84, 1963; London, Imp. Coll., Phys. Dep.; engl.) – Zur Best. von Teilchen-Geschw. u. -Bewegungsrichtung wird das Čerenkov-Leuchten verwendet, das unter einem bestimmten Winkel kon. um den Teilchenstrahl emittiert wird. Der Winkel ist durch die Geschw. u. den Brechungsindex des Mediums bestimmt. Es wird eine auf dieser Grundlage konstruierte Čerenkov-Kamera mit ringförmiger Abbildung beschrieben u. über Versuchsergebnisse mit Mesonen berichtet. W. Reusse. 112◇

0114 **Schema der Belichtung der Wasserstoff-Blasenkammer zum Photographieren von Blasen geringer Größe.** W. M. Gorbunkow. (Versuchsgeräte u. Versuchstechn. [UdSSR] **7**, 41–45, 1962; russ.) – Ausgehend von der Beugungstheorie der Abb. u. der photometr. Analyse der Änderung der Lichtstärke über das Gesichtsfeld u. die Tiefe werden Meth. zur Verringerung des Durchmessers der Blasen erörtert, die die Empfindlichkeit erhöhen sollen. M. Wiedemann. 112◇

0115 **Die mit Blasenkammern verbundenen Gefahren durch flüssigen Wasserstoff.** A. A. Weintraub und M. S. Weinstein. (Health Physics **8**, 11–15, 1962; New York, N. Y., U. S. AEC, Health and Safety Labor.; engl.) – Als Hauptgefahrenquelle wird das Versagen der Anlage durch Freigabe von Gas in die Atmosphäre mit Bldg. eines explosiven H_2-Luft-Gemisches angesehen.

Gerhard Schmidt. 112◇

0116 **Impulsdetektor für 0,3-eV-Resonanzneutronen.** I. F. Shesherun, I. I. Ssadikow und A. A. Tschernyschow. (Versuchsgeräte u. Versuchstechn. [UdSSR] **7**, Nr. 3, 43–47, 1962; Inst. für Atomenergie der Akad. der Wiss. der UdSSR; russ.) – Als Detektor für Neutronen von 0,3 eV wurde eine Ionisationskammer mit ^{239}Pu u. eine geeignete Kombination von Sm- u. Gd-Filtern benutzt. Die Konstruktion u. die Spannungscharakteristik des Detektors sind wiedergegeben, ebenso die spektrale Empfindlichkeit für verschiedene Filterkombinationen.

M. Wiedemann. 112◇

0117 **Verwendung von Toluol-Argon- und n-Heptan-Argon-Gemischen in der Impulsionisationskammer.** W. F. Michailow. (Versuchsgeräte u. Versuchstechn. [UdSSR]

7, Nr. 3, 189—90, 1962; Geolog. Inst. der Akad. der Wiss. der UdSSR; russ.) — Die Impulsamplituden von U-α-Teilchen wurden bei Zusatz von Toluol bzw. von n-Heptan zur Ar-Füllung etwa um den Faktor 1,5 vergrößert. M. Wiedemann. 112◇

0118 **Charakteristische Parameter von Geiger-Müller-Zählrohrgasen. Propan-Argon- und Propan-Helium-Gemische.** Richard G. Pannbacker und Robert W. Kiser. (Appl. sci. Res. [The Hague], B **10,** 41—48, 1963; Manhattan, Kans., Kansas State Univ., Dep. of Chem.; engl.) — Die Theorie des Geiger-Müller-Zählers von Storrs u. Kiser führt zu einer theoret. Beziehung zwischen dem Gas-Multiplikationsfaktor einerseits u. den Dimensionen des Zählers, der Spannung am Zähler sowie Parametern andererseits, die aus der Gaszusammensetzung resultieren. Eine Unters. der Gültigkeit dieser Beziehung an Geiger-Zählern verschiedener Form sowie wahlweise mit Ar/Propan u. He/Propan (Propan-Geh. jeweils von 0,8—10% variiert) als Zählgas ergab die Bestätigung der physikal. Beziehung der theoret. Parameter zum Ionisationsquerschnitt u. zu der für die Bldg. eines Ionenpaares erforderlichen Energie im verwendeten Edelgas. W. Reusse. 112◇

0119 **Ungereinigtes Kohlendioxid als Füllgas für Zählrohre.** B. Kalab und E. Broda. (Int. J. appl. Radiat. Isotopes **13,** 191—203, 1962; Wien, Univ., Inst. für phys. Chem.; engl.) — Es wird gezeigt, daß es mit einem passenden elektron. Zählgerät möglich ist, bei Füllung eines Gaszählrohres mit ungereinigtem u. zusatzfreiem CO_2 gute Konstanzbereiche zu erhalten. Der Konstanzbereich ist z. B. bei einem Fülldruck von 300 Torr 600 V lang u. hat eine Steigung von nur 0,35%/100V. Bei 760 Torr sind die Werte 1200 V u. 0,25%/100 V. Der Einfl. von äußerer Verstärkung, von elektron. Löschung u. von Zusätzen von Luft, H_2O-, Bzl.- oder CS_2-Dampf auf das Plateau wurde untersucht. Die Abhängigkeit der Gasverstärkung von der Zählrohrspannung wurde abgeschätzt. Die Einfachheit der Zählrohrfüllung u. die Güte des Plateaus erlauben rasche, empfindliche u. genaue Serienbest. der Aktivität von Radiokohlenstoff nach der beschriebenen Methode. H. Jehne. 112◇

0120 **Photoempfindlichkeit eines NaJ(Tl)-Kristalls für nichtkollimierte γ-Strahlung.** Ju. Ss. Korda, G. F. Timoschewski und W. W. Remajew. (Atomenergie [UdSSR] **14,** Nr. 3, 319—20, 1963; russ.) — Nach der stochast. Meth. wird die Photoempfindlichkeit eines NaJ-Kristalls für ein von einer punktförmigen Quelle ausgehendes divergierendes γ-Bündel mit 60 keV bis 1,5 MeV berechnet. Die auf Photoeffekt sowie auf Compton-Effekt beruhenden Kurven sind angegeben. M. Wiedemann. 112◇

0121 **Impulsform-Diskrimination mit einem Glasscintillator.** C. Coceva. (Nuclear Instruments Methods [Amsterdam] **21,** 93—96, 1963; Ispra, C.N.E.N.; engl.)—Um das Problem des Nachw. langsamer Neutronen bei gleichzeitigem hohem γ-Untergrund zu lösen, wird als Detektor ein *Li*-halt. Glas verwendet, in dem es bei Neutroneneinfall zu der Rk. $^6Li(n, \alpha)^3H$ kommt. Die dabei entstehenden Lichtimpulse sind leicht gegen die durch γ-Quanten erregten zu diskriminieren. Die für diesen Zweck geeigneten Gläser enthalten Li_2O, SiO_2 u. Ca_2O_3. W. Reusse. 112◇

0122 **Organische Kristalle als Neutronendetektoren.** P. N. Wjugow, W. Ss. Dementi, Ss. Ss. Kalinitschenko und W. W. Zybulski. (Versuchsgeräte u. Versuchstechn. [UdSSR] **7,** Nr. 3, 65—66, 1962; Physik.-Techn. Inst. der Akad. der Wiss. der UdSSR; russ.) — Als Detektoren für Neutronen, auch bei γ-Untergrund, wurden Kristalle aus Stilben, Naphthalin u. Tolan, ferner Scintillatoren auf Polystyrol-Basis verwandt. Zur Diskrimination diente ein Integrations-Schema mit RC-Ketten. Als Quelle wurden (Po + Be)-Neutronen u. ein ^{60}Co-γ-Strahler benutzt. M. Wiedemann. 112◇

0123 **Teilchendetektoren auf Halbleiterbasis.** G. L. Miller, W. M. Gibson und P. D. Donovan. (Annu. Rev. nuclear Sci. **12,** 189—220, 1962; Upton, Long Island, N. Y., Brookhaven Nat. Labor.; Murray Hill, N. J., Bell Telephone Labor., Inc.; engl.) — Übersicht (Funktion, Eigg. u. Herst.; elektron. Zubehör; Anwendungen). — 231 Literaturangaben. A. Blaschette. 112◇

0124 **Halbleitersperrverbindungen als Detektoren für Kernstrahlungen.** Ludwik Kowalski und Pierre Radvanyi. (Postępy Fizyki **13,** 463—92, 1962; Warszawa, Politechn., Kat. Radiol. u. Orsay, Labor. phys. nucl.; pol.) — Zusammenfassende Darst. der Grundlagen, Ausführungsformen u. Anwendungen. — 118 Literaturangaben. R. K. Müller. 112◇

0125 **Über die induzierte Ladung in Halbleiter-Detektoren.** G. Cavalleri, G. Fabri, E. Gatti und V. Svelto. (Nuclear Instruments Methods [Amsterdam] **21,** 177—78, 1963; Milano, Labor. CISE; engl.) — Theoret. Behandlung der durch die Bewegung geladener Teilchen in einer pn-Schicht bewirkten Störungen der Raumladung; Vgl. mit der Wirkungsweise der Ionisationskammer. W. Reusse. 112◇

0126 **Die Präparierung von Li-gedrifteten Halbleiter-Teilchendetektoren.** C. A. J. Ammerlaan und K. Mulder. (Nuclear Instruments Methods [Amsterdam] **21,** 97—100, 1963; Amsterdam, Inst. for Nucl. Res.; engl.) — Als Teilchendetektor wurde ein Halbleiter aus *Si* mit *B*-Dotierung entwickelt. In diesen p-Leiter wird durch Diffusion von Li ein n-leitender Bereich eingebracht u. zwischen n- u. p-Bereich nach dem Verf. von Pell eine eigenleitende Zone präpariert. Die Herst. dieser p-i-n-Detektoren wird mit allen chem. u. physikal. Einzelheiten u. der Kontaktierung beschrieben. Sie werden in verschiedenen Dicken (0,7—4,4 mm) hergestellt, die optimale Energieauflösung wird für Teilchenenergien oberhalb 20 MeV mit 1% gefunden. Die Linienbreite ist ca. 100 keV. W. Reusse. 112◇

0127 **Untersuchung der Empfindlichkeit ionographischer Emulsionen in Abhängigkeit von der Temperatur und Anwendung auf die Korpuskularphysik.** Monique Debeauvais-Wack. (Ann. Physique [13] **8,** 41—66, 7 Abb., 1963; Strasbourg, Centre de Rech. Nucl., Dep. de Phys. Corpuscul.; franz.) — Allg. Betrachtungen über die verschiedenen Theorien der Bldg. des latenten Bildes u. Unterss. der Wrkg. niedriger Temperaturen. Die tieferen Temp. dienen zu einer besseren Diskriminierung zwischen Teilchen bei hohen Energien. Die Empfindlichkeitskurven der ionograph. Emulsionen G_5, K_5, C_2 u. K_2 gegenüber den verschiedenen Strahlungen werden als Funktion der Temp. zwischen + 30° u. — 200° wiedergegeben. 51 Literaturhinweise. Gerhard Schmidt. 112◇

0128 **Ionisationsmessungen an den sehr stark eindringenden Bahnen einfach geladener schneller Teilchen in Kernemulsionen.** P. Ciok. (Acta physica polon. **23,** 613—17, 1963; Warsaw, Pol. Acad. of Sci., Inst. of Nucl. Res.; engl.) — Best. des Exponenten der Lückenlängenverteilung an 24-GeV-Protonenbahnen senkrecht zur Emulsionsebene. Gerhard Schmidt. 112◇

0129 **Die Verwendung von Sekundärelektronenemission in der Filmdosimetrie.** G. K. Schweitzer und E. A. Lloyd. (Int. J. appl. Radiat. Isotopes **14,** 87—95, 1963; Knoxville, Tenn., Univ. of Tennessee, Dep. of Chem.; engl.) — Die Kenndaten der von Metallen verschiedener Dicke unter Bestrahlung von Photonen mit Energien zwischen 35 u. 1250 keV emittierten sek. Elektronen wurden untersucht. Der von einer bestimmten Dosis erzeugte photograph. Effekt wurde mehr als verdreifacht, wenn die sek. Elektronen aus dem Metall den Film erreichen konnten. Es scheint, daß ein auf dieser Basis konstruiertes Filmdosimeter eine beträchtliche Verbesserung gegenüber der normalen Bauart darstellen würde. H. Jehne. 112◇

0130 **Tiefenmesser zu Untersuchungen an Emulsionen.** G. Bosoki und Je. Tichani. (Versuchsgeräte u. Versuchstechn. [UdSSR] **7,** Nr. 3, 47—49, 1962; Budapest, Staatsuniv., Zentralinst. für phys. Unters.; russ.) — Vgl. Heughebaert, C. **1961,** 16727. — Der Tiefenmesser hoher Genauigkeit arbeitet nach dem Prinzip der Änderung der Länge des opt. Wegs. Theoret. u. experimentelle Eichkurven stimmen überein, die Genauigkeit liegt bei 0,02—0,1 Mikron. M. Wiedemann. 112◇

0131 **Über die quantitative Auswertung von Autoradiogrammen.** Hilde Levi, A. W. Rogers, M. Weis Bentzon und Arne Nielsen. (Kong. danske Vidensk. Selsk., Mat.-fysiske Medd. **33**, Nr. 11, 1—50, 1963; Copenhagen, Univ., Zoophysiol. Labor. A; Birmingham, England, Univ., Med. School, Dep. of Anatomy; Copenhagen, Statens Seruminst., Dep. of Bio-Statistics; Univ. Inst. of Human Genetics; engl.) — Vff. untersuchten die β-Spuren, welche von ^{14}C, ^{45}Ca u. ^{36}Cl in der Ilford-G 5-Emulsion erzeugt werden, in Hinblick auf die Möglichkeit einer quant. Interpretation von Autoradiogrammen auf der Basis von Korn- oder Spurenzählung.
O. Jansen. 112◇

0132 **Korrektur der Kornzählung in der Autoradiographie.** J. Stillström. (Int. J. appl. Radiat. Isotopes **14**, 113—18, 1963; Uppsala, Univ. of Uppsala, Histolog. Dep.; engl.) — Formeln zur Berechnung des wahren Anteils an markierten Zellen u. deren mittleren Kornzählung sowie der Verteilung der Kornzählung in Autoradiogrammen werden angegeben. Dasselbe Material wurde für Vers. u. Kontrolle benutzt. Das Verf. hat zur Folge, daß alle mit einem oder mehreren Körnern markierten Zellen einbegriffen werden. Dementsprechend werden Zellen mit geringer Kornzahl nicht wie früher ausgeschaltet. Eine Unters. der Anwendungsmöglichkeit der Formeln zeigt, daß sie in den meisten Markierungsfällen gebraucht werden sollten. Sie sind nur unnötig in Fällen, wo die Vers.-Markierung außergewöhnlich hoch oder die Kontrollmarkierung außergewöhnlich niedrig ist.
H. Jehne. 112◇

0133 **Zum Mechanismus des Eindringens radioaktiver Isotope in Kernemulsionen.** K. B. Saborenko, W. I. Korobkow und K. A. Radowitsch. (Radiochemie [UdSSR] **4**, 715—20, 1962; russ.) — Vff. untersuchten den Mechanismus der Absorption von radioakt. Nucliden durch Photoemulsionen bei ihrer Tränkung mit einer das Nuclid (^{234}Th, ^{89}Sr u. ^{141}Ce) enthaltenden Pufferlösung. Das Eindringen der Nuclide in die Emulsion hängt vom pH u. von der Na-Acetat-Konz. in der Puffer-Lsg. ab. Die kinet. Kurven zeigen, daß die Quellung der Emulsion nach 60—70 Min. beendet ist, die Absorption jedoch erst nach 800—900 Min. ihr Gleichgewicht erreicht. Der Charakter der Abhängigkeit ist für Ce u. Sr analog, für Th von diesen unterschiedlich. Das Eindringen von ^{89}Sr in die Emulsion wurde in Abhängigkeit von der Konz. der Fremdionen Sr^{2+}, Na^+ u. H^+ untersucht. Im pH-Bereich 2—5 ist die Absorption von ^{89}Sr stark erhöht. Das Eindringen der Nuclide in die Emulsion erfogt durch Ionenaustausch zwischen der Lsg. u. den funktionellen Gruppen der Gelatine.
G. Ewald. 112◇

0134 **Die Messung der radioaktiven Kontamination an Händen und Füßen.** A. R. Jones. (Nuclear Instruments Methods [Amsterdam] **21**, 75—80, 1963; Chalk River, Ontario, Atom. Energy of Canada Ltd.; engl.) — Es werden Monitoren für die Kontaminationsprüfung an Händen u. Füßen auf β- u. α-Strahlen beschrieben. Als Detektoren werden großflächige dünne Scintillatorschichten (plast. Scintillatoren für β-, ZnS für α-Teilchen) verwendet, auf die die zu prüfenden Körperteile gelegt werden. Die in Photomultipliern erzeugten Impulse werden integriert, bei Überschreitung eines voreingestellten Höchstwertes für den Integrationsstrom erfolgt Alarmgabe.
W. Reusse. 112◇

0135 **Bestimmung der Konzentration β-aktiver Gase in der Luft.** A. W. Jelpidinski und Ss. F. Rosslik. (Versuchsgeräte u. Versuchstechn. [UdSSR] **7**, Nr. 3, 71—72, 1962; Physik. Inst. der Akad. der Wiss. der UdSSR; russ.) — Es wurde ein Radiometer konstruiert zur kontinuierlichen Kontrolle der β-Aktivität der Luft. Bei einer Ionisationskammer von 14 Litern konnten noch nachgewiesen werden: $0{,}7 \cdot 10^{-8}$ Curie/Liter T, $1{,}3 \cdot 10^{-9}$ Curie/Liter ^{14}C u. $0{,}8 \cdot 10^{-9}$ Curie/Liter von ^{133}Xe.
M. Wiedemann. 112◇

0136 **Radioaktive Verunreinigungen in der Luft über dem Indischen und Pazifischen Ozean in 1959—1960.** W. N. Lawrentschik, G. N. Ssofijew und W. M. Schubko. (Atomenergie [UdSSR] **14**, Nr. 3, 309—13, 1963; russ.) — Aus der Korrelation zwischen der Höhe der radioakt. Verunreinigung u. dem atmosphär. Druck wird geschlossen, daß die meridionale Zirkulation entscheidend ist.
M. Wiedemann. 112◇

A_2. Optisches Verhalten der Materie

0137 **Absorptionskoeffizienten in Atmosphären von Sternen des M-Typs.** Yasumasa Yamashita. (Publ. astronom. Soc. Japan **14**, 390—416, 1962; Univ. of Tokyo, Dep. of Astronomy; engl.) — Der Absorptions-Koeff. wird in Abhängigkeit von der Wellenlänge, der Temp. u. dem Gasdruck gegeben. Hierzu werden folgende Effekte als Ursachen der Opazität der Sternatmosphäre summiert: gebunden-frei- u. frei-frei-Absorption des H^--Ions, Rayleigh-Streuung des H-Atoms u. H_2-Mol., Absorptionslinien von Metallatomen, Elektronenbanden von TiO_2, Rotationslinien von CO u. OH, Schwingungs-Rotations-Banden von CO_2 sowie Schwingungs-Rotations-Banden u. Rotationslinien von H_2O-Dampf.
M. Wiedemann. 113◇

0138 **Effektive Temperatur und Schwerebeschleunigung der Weißen Zwerge.** Volker Weidemann. (Z. Astrophysik **57**, 87—116, 1963; California Inst. of Technol., Carnegie Inst. of Washington, Mount Wilson and Palomar Observ.; dt.) — Für die weißen Zwerge werden für den entsprechenden Bereich von effektiver Temp. u. Schwerebeschleunigung Modell-Atmosphären entwickelt. Die Änderung der atmosphär. Zustandsgrößen mit der Häufigkeit von H bzw. He wird diskutiert.
M. Wiedemann. 113◇

0139 **Ableitung orthogonaler Mehrelektronengruppenbahnen und der Einfluß einer geringen äußeren Anregung auf ein System, das aus locker gebundenen Elektronengruppen besteht.** E. Kapuy. (Acta physica Acad. Sci. hung. **15**, 177—83, 1962; Budapest, Hungarian Acad. of Sci., Res. Group for theoret. Phys.; engl.)
R. Worbis. 114◇

0140 **Über die Reihenfolge der Besetzung der Quantenzustände in Atomen.** A. Kónya. (Acta physica Acad. Sci. hung. **13**, 219—31, 1961; Budapest, Forschungsgruppe für Theoret. Phys. der Ungar. Akad. der Wiss.; dt.) — Aus der statist. Theorie des Atoms kann man die Mittelwerte des Drehimpulsquadrats der Elektronen, des abs. Betrags des Drehimpulsvektors u. des abs. Betrags der Komponente dieses Vektors in einer Achsenrichtung als Funktionen der Ordnungszahl bestimmen. Es ist auch möglich, aus dem wellenmechan. Schalenmodell für dieselben Mittelwerte asymptot. Formeln herzuleiten. In diesen Formeln sind die Koeff. von der Reihenfolge abhängig, die für die Besetzung der Einelektronquantenzustände der Atome angenommen wird. Aus dem Vgl. der Ergebnisse gelangt man zu der Folgerung, daß das statist. Thomas-Fermi-Atommodell die verspätete Besetzung der Quantenzustände mit höheren Nebenquantenzahlen richtig wiedergibt.
W. Pump. 114◇

0141 **Elektronkern-Hyperfeinwechselwirkung in Atomen.** Richard A. Ferrell. (Amer. J. Physics **28**, 484 bis 486, 1960; College Park, Md., Univ. of Maryland; engl.) — Vf. zeigt, daß die Hyperfeinwechselwrkg. zwischen dem magnet. Moment des Kerns u. den Spins der umgebenden Elektronen im Ursprung vollkommen klassisch ist. Die Quantenmechanik ist irrelevant u. zum Verständnis dieser Kopplung unnötig. Eine einfache Ableitung, welche allein auf dem klass. stat. Magnetismus beruht, wird für die Fermische Formel der Wechselwirkungsenergie gegeben.
O. Jansen. 114◇

0142 **Ableitung atomarer Abschirmkonstanten aus SCF-Funktionen.** E. Clementi und D. L. Raimond. (J. chem. Physics **38**, 2686—89, 1963; San José, Calif., IBM Corp., San José Res. Labor.; engl.) — Die SCF-Funktionen für Atome mit 2 bis 36 Elektronen werden ausgehend von einem STO-Minimumsatz mit optimalen Orbitalexponenten (Energieminimum) berechnet u. zur Ermittlung der elektron. Abschirmkonst. der 1s-, 2s-, 3s-, 4s-, 2p-, 3p-, 4p- u. 3d-Konfiguration benutzt. Die Analyse der Abschirmkonst. u. Orbitalexponenten wird sodann auf angeregte Zustände der Grundkonfiguration u. auf positive Ionen ausgedehnt.
A. Blaschette. 114◇

0143 **Konvergenz der Wellenfunktionen des Wasserstoffatoms.** B. F. Gray, G. Hunter und H. O. Pritchard. (J. chem. Physics **38,** 2790, 1963; Santa Barbara, Calif., Def. Res. Corp.; Manchester, England, Univ., Chem. Dep.; engl.) A. Blaschette. 114◇

0144 **Die Bestimmung der Elektronendichte des J-Atoms auf Grund des statistischen Atommodells.** Z. Füzessy. (Acta physica Acad. Sci. hung. **13,** 211—18, 1961; Budapest, TU, Phys. Inst.; dt.) — Für die Berechnung der Elektronendichte wird die durch die kinet. Weizsäcker-Energiekorrektur erweiterte statist. Grundgleichung gelöst. Die Elektronenverteilung stimmt mit der für die äußeren Gebiete des Atoms zu erwartenden wellenmechan. Verteilung überein. Die erhaltenen Resultate werden mit der aus der Thomas-Fermi-Gleichung berechneten Elektronenverteilung verglichen. W. Pump. 114◇

0145 **Bemerkungen zu „Potentialenergiefunktion für zweiatomige Moleküle".** N. R. Tawde und M. R. Katti. (J. chem. Physics **37,** 674—75, 1962; Dharwar, India, Karnatak Univ., Dep. of Phys.; engl.) — Bemerkungen zu einer Notiz von Hulburt u. Hirschfelder (J. chem. Physics **35,** [1961], 1901) u. Berichtigung der von Tawde u. Gopalakrishnan (C. **1950/54,** 7729 S) berechneten Schwingungsübergänge im Swan-Syst. des C_2. A. Blaschette. 114□

0146 **Isosbestische Punkte in Absorptionsspektren.** J. R. Morrey. (J. physic. Chem. **67,** 1569, 1963; Richland, Wash., General Electric Co., Hanford Labor.; engl.) — Theoret. Ausführungen zum Auftreten isosbest. Punkte in den Spektren von Syst. mit mehr als zwei absorbierenden Teilchenarten sowie in temparaturabhängigen Systemen. Gerhard Schulze. 114◇

0147 **Protonenasymmetrie bei der Bremsstrahlung von transversal polarisierten Elektronen.** E. S. Sobolak und P. Stehle. (Physic. Rev. [2] **129,** 403—12, 1963; Pittsburgh, Pa., Univ. of Pittsburgh; engl.) — Berechnung nach der 2. Bornschen Näherung. Herbert Weber. 116◇

0148 **Form und Breite von Röntgenemissionslinien.** Armin Meisel und Wadim Nefedow. (Z. Chem. **1,** 337—44, 1961; Leipzig, Karl-Marx-Univ., Phys.-Chem. Inst.; dt.) — Vgl. C. **1963, 2708.** — Mit Hilfe eines fokussierenden Röntgenspektrographen [Glimmerkristall, (001)-Ebene, d = 9942,72 X, Krümmungsradius des Kristallhalters R = 1300 mm] wurden nach der Johann-Meth. die Halbwertsbreiten u. Asymmetrieindizes der Linien des $K\alpha$-Dubletts der Elemente Ti bis Sn (Sekundäranregung) u. von W $L\alpha_1\beta_1$ (Primäranregung) bestimmt. Die unkorrigierten Linienbreiten sind um 20% kleiner als die bisher veröffentlichten Werte. Für die $K\alpha_1$-Halbwertsbreiten gilt über einen großen Z-Bereich ein $(Z + \beta)^4$-Gesetz. Die symm. Linien haben Dispersionsform. W. Wiechmann. 116◇

0149 **Röntgenmassenabsorptionskoeffizienten.** Howard M. Stainer. (U. S. Dep. Interior, Bur. Mines, Inform. Circ. **1963,** Nr. 8166, 1—124; College Park, Md., Bur. of Mines, College Park Metallurg. Res. Center; engl.) — Röntgenmassenabsorptions-Koeff. von 87 Elementen (einschließlich Pu; ausgenommen Pm, Po, At, Fr, Ac, Pa u. Np) aus dem λ-Bereich 0,01—68 Å wurden tabelliert u. für *Li, N, Fe, Ag, Ho* u. *U* graph. dargestellt. 37 Literaturangaben. R. Uttech. 116◇

0150 **Lyman-Alpha-Erzeugung bei Stößen zwischen Protonen und Edelgasen.** Donavon Pretzer, Bert Van Zyl und Ronald Geballe. (Physic. Rev. Letters **10,** 340—45; 1963; Seattle, Wash., Univ of Washington, Dep. of Phys.; engl.) — Bei Stößen von Protonen von 1—25 keV mit Edelgasen wurde die Lyman-α-Strahlung beobachtet u. zwar mit 2 Maxima in den Systemen H^+ + Ne, H^+ + Ar u. H^+ + Kr; in den Systemen mit He u. mit Xe fand sich nur die Andeutung eines zweiten Maximums. Die Gasdrücke betrugen $3 \cdot 10^{-4}$ bis $1{,}5 \cdot 10^{-5}$ mm Hg. Zum Nachweis diente ein He–J-Photozähler. M. Wiedemann. 118◇

0151 **Spektrum des doppelt ionisierten Gadoliniums.** Wm. R. Callahan. (J. opt. Soc. America **53,** 695—700, 1963; Baltimore, Md., Johns Hopkins Univ.; engl.) — Das Spektrum von Gd II wurde im Bereich von 1900 bis 12000 Å photographiert u. vermessen. Die Übergänge $4f^7$ ($^8S_{7/2}$) 6s—6p u. $4f^7$ ($^8S_{7/2}$) 5d—6p, die 18 Niveaus u. 42 Linien einschließen, wurden klassifiziert. Die Coulomb- u. Spin-Bahn-Matrixelemente der f^7($^8S_{7/2}$) l-Zustände wurden bestimmt u. die Energieniveaus berechnet. Die berechneten u. experimentellen Werte stimmen gut überein. Die Berechnungen zeigen, daß die J_1j-Kopplung die $4f^7$ ($^8S_{7/2}$) 6p-Zustände am besten beschreibt, während die $4f^7$ ($^8S_{7/2}$) 5d-Zustände am besten durch die LS-Kopplung beschrieben werden. Gerhard Schulze. 118◇

0152 **Das Spektrum von Titannitrid.** W. H. Parkinson und E. M. Reeves. (Canad. J. Physics **41,** 702—04, 1963; Cambridge, Mass., Harvard Coll. Observ.; engl.) — TiN u. Ti in Ggw. von N_2 geben nach dem Auftreffen einer Stoßwelle (maximale Intensität nach 600 μs) mehrere Absorptionsbanden bei ca. 3100 Å, die jedoch für weitere Analysen nicht genügend aufgelöst waren. Sie lassen sich auch in einer Stickstoffentladung bei Zusatz von $TiCl_4$ beobachten. H. Bürger. 118◇

0153 **Lösungsmittelskala für Spektren des Ladungsübergangs zum Lösungsmittel von Anionen.** Itamar Burak und Avner Treinin. (Trans. Faraday Soc. **59,** 1490—96, 1963; Jerusalem, Hebrew Univ., Dep. of Phys. Chem.; engl.) — Die Spektren von J^-, Br^- u. Cl^- wurden in folgenden Lsgm. untersucht: Äthylenglykol, 10 m wss. KF-Lsg., A., 4 m wss. KF-Lsg., 1 m wss. Saccharose-Lsg., W., W. + 76, 90, 95 u. 97,5% CH_3CN, CH_3CN u. W. + 25% NH_3. Es ließen sich typ. Lsgm.-Effekte nachweisen, die in ihrer Art von den durch intramol. Übergänge hervorgerufenen verschieden sind. Die auftretenden Regelmäßigkeiten liefern die Grundlage zur Aufstellung einer bes. „Lsgm.-Skala" für die durch Ladungsübergänge zum Lsgm. bedingten Spektren einwertiger Anionen. Die Theorie der neuen Skala wird erörtert. Gerhard Schulze. 118◇

0154 **Absorptionsspektren des Protactiniums in wäßriger Lösung.** R. Guillaumont, R. Muxart, G. Bouissierès und M. Haïssinsky. (J. Chim. physique Physico-Chim. biol. **57,** 1019—1028, 1960; Paris, Labor Curie; franz.) — Die UV-Spektren von Pa(V) in $HClO_4$, H_2SO_4 u. HCl sowie von Pa(IV) in H_2SO_4 u. HCl wurden unter Variation von Kation, Anion u. der Acidität aufgenommen. Die Absorptionsbande in der Nähe von 210 nm, die bei allen Pa(V)-Verbb. auftritt, wird der Pa–O-Gruppe zugeordnet. Bei 260 nm tritt in HCl-Lsg. eine Bande auf, die der Pa(V)–Cl-Gruppe zugeordnet wird. Die Abwesenheit der Bande bei 210 nm bei den Pa(IV)-Verbb. zeigt, daß bei den untersuchten Aciditäten keine Pa(IV)–O-Doppelbindung vorhanden ist. Die Spektren des Pa(IV) werden nur wenig vom Anion oder von der Acidität beeinflußt. K. Roß. 118◇

0155 **Der Einfluß des Drucks auf die Elektronenstruktur.** H. G. Drickamer und J. C. Zahner. (Advances chem. Physics **4,** 161—200, 1962; Urbana, Ill., Univ. of Illinois, Dep. of Chem. and Chem. Engng.; engl.) — Bericht über Unterss. des Druckeinfl. (bis 160 kbar) auf die Elektronenabsorptionsspektren von Festkörpern: PrF_3, $PrCl_3$, $Pr(C_2H_5SO_4)_3 \cdot 9\,H_2O$, 2% Pr^{3+} in $LaCl_3$, NdF_3, $NdCl_3$, $Nd(C_2H_5SO_4)_3 \cdot 9\,H_2O$, $NdCl_3 \cdot 6\,H_2O$, $Sm(C_2H_5SO_4)_3 \cdot 9\,H_2O$, $HoCl_3$, $ErCl_3$, $Er(C_2H_5SO_4)_3 \cdot 9\,H_2O$, $TmCl_3$, $Ni(gly)_3$, *NiO*, $Ni(SCN)_2(en)_2$, *Bis-[dimethylglyoximato]-Ni(II)*. *-Pd(II)* u. *-Pt(II)*, Phosphore (*NaCl, NaBr, NaJ, KCl, KBr, KJ, RbCl, RbBr, RbJ, CsCl* u. *CsJ* mit Tl^+ bzw. Pb^{2+}), Farbzentren in NaCl, NaBr u. KCl. — 30 Literaturangaben. A. Blaschette. 118◇

0156 **Untersuchung der optischen Absorption in bestrahltem CsF.** Floyd Hughes und Herbert Rabin. (J. Physics Chem. Solids **24,** 586—89, 1963; Washington, D. C., US Naval Res. Labor.; engl.) — CsF-Einkristalle werden mit Röntgenstrahlen (W-Antikathode, 50 kV, 40 mA) bzw. durch Erhitzen in Cs-Dampf bei 625° additiv verfärbt u. anschließend die opt. Absorptionsspektren zwischen 500 u. 750 nm bei 18, 80 u. 295°K aufgenommen. In allen Spektren wird ein Triplett bei 636, 667 u. 707 (nm) u. eine zusätzliche Absorptionsbande bei 570 beobachtet. Das Intensitätsverhältnis der Triplettbanden bleibt bei verschiedenen Bestrahlungs-Temp. u. opt. Bleich-Verss. erhalten. Der Zusammenhang zwi-

schen den beobachteten Absorptionsbanden u. der Absorption durch F-Zentren wird diskutiert.
Herbert Müller. 119◇

0157 **Spektren und Eigenschaften des Excitons in Kristallen.** Serge Nikitine. (Sci. Photogr., Proc. int. Colloquim, Liége **1959,** 57—74, 1962; Strasbourg, Univ.; Inst. de Phys., Labor. de Spectroscopie d'Opt. du Corps Solide; franz.) — Übersicht. 36 Literaturangaben.
H. Roschkowski. 119◇

0158 **Beobachtung zweier neuer schwacher Linien im Spektrum von Cuprit bei 4,2°K. Deutungsversuch.** J. L. Deiss, J. B. Grun und S. Nikitine. (J. Physique **24,** 206—08, 1963; Univ. de Strasbourg, Inst. de Phys., Labor. de Spectroscopie et d'Opt. du Corps Solide; franz.) — Bei 4,2°K wurden im Spektrum von Cu_2O zwei neue schwache Linien bei 5798 u. 5829 Å beobachtet, von denen die erste als verbotener Übergang zum Exciton-Niveau 2 S der gelben Serie u. die letzte als verbotener Übergang zum Zustand n = 1 der grünen Serie gedeutet wird.
M. Wiedemann. 119◇

0159 **Bleichen und Symmetrieeigenschaften des V_4-Zentrums.** J. D. Kingsley. (Physics Chem. Solids **23, 949** bis **953,** 1962; Urbana, Ill., Univ. of Illinois, Dep. of Phys.; engl.) — Werden *KBr*-Einkristalle bei 175°K 10—20 Min. mit Röntgenstrahlen (50 kV, 20 mA) bestrahlt, so weist das Absorptionsspektrum der bestrahlten Kristalle zwischen 2000 u. 2700 Å die Banden von V_4-, V_7- u. F-Zentren auf. Das V_4-Zentrum kann bei 80°K teilweise opt. gebleicht werden; eine Restauration der Absorptionsbande ist durch Erwärmen der Kristalle auf > 164°K oder durch Bestrahlung mit Licht von Energien $<$ **3,0** eV u. $>$ 5,3 eV möglich. Die Symmetrie des V_4-Zentrums folgt aus der dichroit. Erzeugung u. dem Bleichen mit polarisiertem Licht. Das V_4-Zentrum wird mit Licht, das in der [100]-Richtung des Kristalls polarisiert ist, stark u. bei Bestrahlung mit orthogonal zur [100]-Richtung polarisiertem Licht schwach angeregt. Offenbar ist das V_4-Zentrum das Antimorphe des F-Zentrums (Känzig, Physic. Rev. Letters **4,** [1960], 117).
Herbert Müller. 119◇

0160 **Durch Druck und Temperatur entstandene Farbzentren in NaCl.** L. Malicskó und Z. Morlin. (Physica Statussolidi [Berlin] **2,** 325—35, 1962; Budapest, TU für die Bauind., Inst. für Exp. Phys.; dt. — C. **1963,** 7615.)
H. Schibilla. 119◇

0161 **Aluminium als Verunreinigung auf Gitter- und Zwischengitterplätzen im Quarz; Beziehungen zwischen Struktur und Farbzentrum.** A. J. Cohen. (Physics Chem. Solids **18,** 321—25, 1960; Pittsburgh, Pa., Mellon Inst.; engl.) — Al tritt in α-Quarz auf Gitter u. Zwischengitterplätzen auf. Es ist immer von Li u./oder Na begleitet. Al in verschiedenen Konzz. ist in allen Wachstumsebenen vorhanden mit Ausnahme von (0001), wo es höchstens auf Zwischengitterplätzen auftritt. Nur in Ggw. von Ge vermag Al auch in (0001) auf Gitterplätzen aufzutreten. Die Alkali-Konzz. entsprechen in den einzelnen Ebenen den Al-Konzz. auf Gitterplätzen. Durch Temperprozesse kann das Al der Zwischengitterplätze bei der α-β-Umwandlung ausgeschieden werden. Die Farbzentren des Quarz-Spektrums bei 460 u. 625 mμ sind allein auf Gitter-Al, nicht auf Zwischengitter-Al zurückzuführen.
K. Jaeger. 119◇

0162 **Diffuse Reflexionsspektren von Kaliumjodat und einigen Quecksilber(II)-jodid-Komplexen.** T. R. Griffiths. (Analytic. Chem. **35,** 1077—79, 1963; Colchester, North East Essex Techn. Coll.; engl.) — Vf. untersuchte diffuse Reflexionsspektren im UV-Bereich. Mit LiF verd. KJO_3 kann bei Wellenlängen von bis hinunter zu 220 nm unter gewissen Vorsichtsmaßregeln (Korngröße u. Wellenlänge betreffend) halbquant. bestimmt werden. Die Spektren von $KHgJ_3 \cdot H_2O$ u. K_2HgJ_4 stimmen im wesentlichen überein. Es wird gefolgert, daß die Verbb. ähnliche tetraedr. Strukturen besitzen.
P. Kurzmann. 119◇

0163 **Die optischen Eigenschaften von flüssigem Germanium, Zinn und Blei.** J. N. Hodgson. (Philos. Mag. [8] **6,** 509—15, 1961; Keele, Staffs., Univ. Coll.; engl.) — Nach der Reflexionsmeth. wurden die opt. Konst. für fl. Ge, Sn u. Pb sowie die Temp.-Abhängigkeit dieser Konst. für Sn u. Pb bestimmt. Die Ergebnisse werden durch N_0 (Anzahl der freien Elektronen pro Atom) u. τ (Relaxationszeit) beschrieben. N_0 liegt für die fl. Metalle bei 4,3—4,7 u. zeigt eine leichte Temp.-Abhängigkeit. Bei festen Metallen wurde für N_0 1,2—1,4 gefunden. Die Werte für die stat. Leitfähigkeit, die aus N_0 u. τ berechnet wurden, liegen alle unter den elektr. gemessenen Werten, wobei die Differenz in der Reihe Ge, Sn, Pb abnimmt.
K. Roß. 119◇

0164 **Einige optische Eigenschaften von Cadmiumtellurid.** Č. Koňák. (Physica Status solidi [Berlin] **3,** 1274—78, 1963; Prag, Karls-Univ., Mathem.-Phys. Fak., Lehrst. für Festkörperphys.; dt.) — Es wird die Temp.-Abhängigkeit des Absorptionskoeff. im Bereich der Grundgitterabsorptionskante (zwischen 0,7 u. 1 nm) untersucht. Aus den Ergebnissen wird die Breite der verbotenen Zone bei Zimmertemp. zu 1,39 eV, deren Temp.-Verschiebung im Temp.-Bereich zwischen 116°K u. 453°K zu $-4{,}1 \cdot 10^{-4}$ eV/Grad u. die Energie der bei indirekten Übergängen beteiligten Phononen zu 0,03 eV ermittelt. Aus den Ergebnissen der Reflexionsmessungen bei Zimmer-Temp. wurden der Reflexionskoeff. u. der Brechungsindex errechnet.
W. Pump. 119◇

0165 **Durchgang des Lichtes durch anisotrope Blättchen bei normalem Einfall.** A. P. Chapaljuk. (Kristallographie [UdSSR] **7,** 581—88, 1962; Beloruss. Lenin-Univ.; russ.) — Untersucht werden mit Hilfe der Maxwellschen Gleichungen Durchlässigkeit u. Reflexion des Lichtes an anisotropen Blättchen ($\mu = 1$), die von isotropen Medien umgeben sind. Die opt. Eigg. des Blättchens werden durch einen beliebigen Tensor für die DK beschrieben, der meist komplex, unsymmetr. u. nichthermitesch ist. Abgeleitet werden Gleichungen für die Amplituden-Koeff. der Durchlässigkeit u. Reflexion. Die Bedingungen der Erhaltung der Polarisation in Transmission u. Reflexion wurden formuliert. Eingehend wird der Fall der Transmission durch ein Blättchen eines monoklinen Kristalles diskutiert.
K. Jaeger. 119◇

0166 **Durchgang von Licht durch die Grenze Kristall–isotropes Medium.** A. P. Chapaljuk. (Ber. Akad. Wiss. BelorussSSR **4,** 505—09, 1960; Inst. für Phys. der Akad. der Wiss. der BelorussSSR; russ.) Ch. Weiske. 119◇

0167 **Theoretische Analyse der Lichtstreuung durch unregelmäßige Versetzungsanordnungen.** O. Theimer und J. Canfield. (J. appl. Physics **33,** 570—74, 1962; University Park, N. Mex., New Mexico State Univ., Res. Centre; Dep. of Phys.; engl.)
H. Roschkowski. 119◇

0168 **Faraday-Rotation bei Halbleitern.** Manuel Cardona. (Halbleiterprobleme **7,** 72—88, 1962; Zurich, Switzerland, Labor. RCA Ltd.; engl.) — Überblick über Theorie u. experimentelle Beobachtungen des Effekts bei InSb u. InAs, GaAs, InP, GaSb, Ge, Bi_2Te_3 u. anderen Verbb. an Hand von 48 Literaturangaben.
H. Roschkowski. 119◇

0169 **Einwirkung von Gammastrahlen auf Cer-haltige Phosphatgläser.** Perry B. Alers. (J. opt. Soc. America **51,** 1251—54, 1961; Washington, D. C., U. S. Naval Res. Labor.; engl.) — Ce-haltige Phosphatgläser werden vor u. nach einer γ-Bestrahlung (10^6—10^8 r) bei Temp. des fl. He in Magnetfeldern von 70 k Gauß magnetoopt. (Faraday-Effekt) untersucht. Aus den Absorptionskurven läßt sich eine Änderung der Faraday-Rotation nicht entnehmen, aber die Höhe eines strahlungsinduzierten Absorptionsmaximums bei 3200—3400 Å ist umgekehrt proportional der vorhandenen Ce-Menge.
I. Zoll. 119◇

0170 **Theoretische Gesichtspunkte der optischen Aktivität. 1. Mitt. Kleine Moleküle.** Albert Moscowitz. (Advances chem. Physics **4,** 67—112, 1962; Minneapolis, Minn., Univ. of Minnesota, Dep. of Chem.; engl.) — Übersicht über neuere Ergebnisse. — 42 Literaturangaben.
A. Blaschette. 119◇

0171 **Theoretische Gesichtspunkte der optischen Aktivität. 2. Mitt. Polymere.** Ignacio Tinoco jun. (Advances chem. Physics **4,** 113—60, 1962; Berkeley, Calif., Univ. of California, Dep. of Chem.; engl.) — 1. vgl. vorst. Referat. — 36 Literaturangaben.
A. Blaschette. 119◇

0172 **Optische Eigenschaften flüssigkeitsgetränkter Feststoffe.** J. Braunbeck. (Acta physica austriaca **15, 99** bis 117, 1962; Überlingen/Bodensee; dt.) — Die bisher wenig beachtete Erscheinung des Fettflecks wurde im IR untersucht. Dabei zeigte es sich, daß Fettflecken auf Papier im nahen IR den Christiansen-Effekt zeigen. Bei bestimmten Feststoff-Fl.-Kombinationen tritt eine bisher noch nicht beschriebene Erhöhung der Trübung durch Tränkung mit Fl. auf, für die der Name „anormaler Fettfleck" gewählt wurde. Unterss. an Modellen poröser Feststoffe zeigten, daß die Reflexion als Trübungsursache gegenüber der Brechung vernachlässigbar ist. Bei der Lichtschwächung durch Kristallpulver hängt der Beitrag eines einzelnen Kornes wesentlich von seiner Stellung im Lichtstrahl ab. Druckgetrübte NaCl-Kristalle verhalten sich opt. wie poröse Körper aus NaCl u. zeigen den Christianssen-Effekt bei der dem System NaCl–Luft entsprechenden Wellenlänge. Mit Hilfe dieses Effektes konnte nachgewiesen werden, daß sich bei der in der Spektroskopie üblichen KBr-Preßtechnik die Brechungsindizes der den Preßling bildenden Bestandteile durch den Preßdruck ändern.
W. Pump. 119◇

0173 **Optische Maser in Wissenschaft und Technologie.** G. C. Dacey. (Science [Washington] **135, 71**–74, 1962; engl.) — Übersicht über Eigg. u. Verw. opt. Maser. — 15 Literaturangaben. M. Wiedemann. 119□

0174 **Infrarotspektroskopischer Nachweis des HO_2-Radikals.** Dolphus E. Milligan und Marilyn E. Jacox. (J. chem. Physics **38,** 2627–31, 1963; Pittsburgh, Pa., Mellon Inst.; engl.) — Das IR-Spektrum von HO_2 bzw. seiner isotopensubstituierten Homologen konnte nach der Photolyse nachst. Syst. in einer Ar-Matrix bei 4° K nachgewiesen werden: O_2–HBr, O_2–HJ, $^{18}O_2$–HJ, O_2–DBr, O_2–DJ, $^{18}O_2$–DJ. Die beiden O-Atome des HO_2 sind mit Sicherheit nicht äquivalent, doch ist eine exakte Best. des Valenzwinkels zur Zeit nicht möglich. Die Kraftkonst. F_{HO}, F_{OO} u. F_{HOO} werden für Winkel von 90° u. 120° berechnet, ebenso die thermodynam. Daten im Bereich 273,16–3000° K. Für 298,16° K u. ∢ HOO = 120° ist C_p^0 = 8,34, $(H^0\text{-}H_0^0)/T$ = 8,02, $-(G^0\text{-}H_0^0)/T$ = 44,96 u. S^0 = 52,98 cal/Mol · Grad. Alle Größen sind nur geringfügig vom Valenzwinkel abhängig.
A. Blaschette. 120◇

0175 **Das Infrarotspektrum von gasförmigem Schwefeltrioxid.** R. Bent und W. R. Ladner. (Spectrochim. Acta [London] **19,** 931–35, 1963; Leatherhead, Surrey, England, Brit. Coal Utilizat. Res. Assoc.; engl.) — Im Spektrum (400–4000 cm^{-1}) werden drei IR-aktive Grundschwingungen (ν_2 496 cm^{-1}, ν_3 1391 cm^{-1} u. ν_4 529 cm^{-1}) beobachtet. Die allg. geforderte Mol.-Symmetrie D_{3h} steht damit im Einklang.
D. Kunath. 120◇

0176 **Infrarotspektren von festem Boroxol.** Suresh K. Gupta und Richard F. Porter. (J. physic. Chem. **67,** 1286–88, 1963; Ithaca, N. Y., Cornell Univ., Dep. of Chem.; engl.) — In einer Tieftemp.-IR-Küvette werden die Spektren von festen $B_3O_3H_3$- u. $B_3O_3D_3$-Filmen bei der Temp. des fl. N_2 aufgenommen. Die IR-Spektren enthalten die charakterist. Frequenzen des Boroxol-Sechserringes; sie deuten gleichzeitig auf einen nichtebenen Ring hin. Es werden beim Erwärmen keine strukturellen Veränderungen festgestellt, während B_2H_6 entweicht. Das thermische Zersetzungsprodukt bei 25° hat die wahrscheinliche Zusammensetzung $B_4O_5H_2$. Die Zersetzung von $B_3O_3H_3$ wird mit der seiner Trifluor- u. Trichlorderivate verglichen. — $B_3O_3H_3$ bzw. $B_3O_3D_3$ wurden durch Rk. eines Gemisches von B u. B_2O_3 mit H_2O (g) bzw. D_2O (g) bei 1350° bis 1400 °K u. Ausfrieren des Rk.-Prod. dargestellt. D. Kunath. 120◇

0177 **Die Infrarotspektren von phenylsubstituierten Borazolen.** J. E. Burch, W. Gerrard, M. Goldstein, E. F. Mooney, D. E. Pratt und H. A. Willis. (Spectrochim. Acta [London] **19,** 889–903, 1963; London, Northern Polytechnic; engl.) — Vgl. C. **1963,** 12741. — Die IR-Spektren nachst. Borazole werden im Bereich 400–4000 cm^{-1} gemessen (CCl_4- u. CS_2-Lsgg.): *B-Triphenyl-, B-Tri-o-tolyl-, B-Tri-m-tolyl-, B-Tri-p-tolyl-N-trimethylborazol, B-Trimethyl-N-triphenyl-, B-Trimethyl-N-tri-o-tolyl-, B-Trimethyl-N-tri-m-tolyl-, B-Trimethyl-N-tri-p-tolylborazol.* Die beobachteten B–N-Ringfrequenzen werden mit der Struktur der Borazole in Korrelation gebracht. In N-Methylborazolen ist die CH_3-Spreiz-Schwingung die stärkste Bande u. nicht die B–N-Ringfrequenzen. Diese Beobachtungen werden bewiesen durch Vgl. mit einer Reihe von B-Triphenyl-N-trialkylborazolen vom Typ $(PhBNR)_3$, wobei R = C_2H_5, n-C_3H_7 u. n-C_4H_9 ist. Die Hyperkonjugation zwischen N u. den B–CH_3-Gruppen u. die aromat. Schwingungen werden diskutiert. D. Kunath. 120◇

0178 **Die Infrarotspektren von Arylbordihalogeniden.** F. K. Butcher, W. Gerrard, M. Howarth, E. F. Mooney und H. A. Willis. (Spectrochim. Acta [London] **19,** 905–13, 1963; engl.) — Vgl. vorst. Referat. — Die IR-Spektren einer Reihe von *Arylbordichloriden (Aryl = Phenyl, o-, m-, p-Tolyl, p-Chlor-* u. *p-Bromphenyl)* sowie von *Phenyl-* u. *p-Tolylbordibromid* werden im Bereich von 400–4000 cm^{-1} gemessen (CCl_4- u. Cyclohexan-Lsgg.). Eine vollständige Zuordnung der Frequenzen wird angegeben. Die Zuordnung der B–X-Valenzfrequenzen (X = Cl, Br) bereitet einige Schwierigkeit, da symm. u. antisymm. Schwingungsfrequenzen sehr eng beieinander liegen. Die B–X-Spreizschwingungen werden den Bereichen 560 ± 12 cm^{-1} (B–Cl) u. 526 ± 3 cm^{-1} (B–Br) zugeordnet. Einige Betrachtungen über charakterist. Aromaten-Schwingungen werden angestellt.
D. Kunath. 120◇

0179 **Infrarot-Spektren von Organosiliciumverbindungen im CsBr-Bereich.** A. Lee Smith. (Spectrochim. Acta [London] **19,** 849–61, 1963; Midland, Mich., Dow Corning Corp., Spectr. Labor.; engl.) — Zusammenstellung u. krit. Sichtung der IR-Spektren von SiCl-, SiOSi-, SiOC-, $Si(C_6H_5)_n$-, SiCH=CH_2-, $Si(CH_3)_3$-, SiH_2-, SiH_3-, SiBr- u. SiJ-Gruppen enthaltenden Verbb. im Bereich von 15 bis 38 μ mit Zuordnung von Grundschwingungen u. tabellar. Aufstellung charakterist. Frequenzen. — 51 Literaturangaben.
H. Bürger. 120◇

0180 **Die Infrarotabsorption von ^{18}O-markierten Salzen.** 2. Mitt. **Natriumsulfit.** E. Petreanu, S. Pinchas und David Samuel. (J. chem. Soc. [London] **1963,** 2822–23, Rehovoth, Israel, Weizmann Inst. of Sci.; engl.) — 1. vgl. C. **1960,** 9108. — Die IR-Absorptionen von Na_2SO_3 u. $Na_2S^{16}O^{18}O_2$ (57 Atom-% ^{18}O) in Nujol werden im Bereich von 400–3700 cm^{-1} mitgeteilt. Die Zuordnung der ν_3-Schwingung des SO_3^{2-}-Ions wird diskutiert u. die Frequenz von 1164 cm^{-1} dafür vorgeschlagen. Sowohl die ν_3- als auch die ν_4-Schwingungsbande des SO_3^{2-}-Ions spaltet im Falle $S^{16}O^{18}O_2^{2-}$ auf Grund von Symmetrie-Erniedrigung auf. Die beobachteten Frequenzen der Ionen $S^{16}O_3^{2-}$ u. $S^{16}O^{18}O_2^{2-}$ werden mit theoret. Frequenz-Berechnungen verglichen. Die Übereinstimmung ist nur mäßig. D. Kunath. 120◇

0181 **Infrarot-Untersuchungen von Strukturen des Aragonit-, Calcit- und Vaterittyps bei Boraten, Carbonaten und Nitraten.** C. E. Weir und Ellis R. Lippincott. (J. Res. nat. Bur. Standards, A **65,** 173–83, 1961; engl.) — Die IR-Absorptionsspektren einer Reihe von in den angegebenen Strukturtypen kristallisierenden Salzen werden größtenteils graph. angegeben. Tabellar. zusammengestellt sind die Absorptionsmaxima sowie die aus der Literatur bekannten Kraft-Konst., Kationenradien u. Gitter-Konst. der im Calcittyp kristallisierenden Verbb. *$LiNO_3$, $NaNO_3$, $MgCO_3$, $CoCO_3$, $ZnCO_3$, $FeCO_3$, $MnCO_3$, $CdCO_3$, $MgCa(CO_3)_2$; $CaCO_3$, $InBO_3$, $LuBO_3$*; der im Aragonittyp kristallisierenden Salze *KNO_3, $CaCO_3$, $SrCO_3$, $PbCO_3$, $BaCO_3$, $NdBO_3$* u. *$LaBO_3$*, der Verbb. *$CaCO_3$, $LuBO_3$, $YbBO_3$, $TmBO_3$, $ErBO_3$, $HoBO_3$, $DyBO_3$, YBO_3, $GdBO_3$, $EuBO_3$* u. *$SmBO_3$* mit Vateritstruktur sowie von $LaBO_3$-, $NdBO_3$-, $SmBO_3$- u. $EuBO_3$-Hochtemp.-Phasen mit nicht bekannter Struktur niedriger Symmetrie. Mit Ausnahme der Carbonate u. Borate mit Vateritstruktur zeigen ähnliche Strukturen ähnliche Spektren. Die bei den Vateritstrukturen auftretenden Differenzen werden eingehender besprochen. Die durch Kationensubstitution verursachten Frequenzverschiebungen werden der Abstoßung zwischen gefüllten Elektronenschalen von Sauerstoffatomen zugeschrieben. Diese abstoßenden Kräfte scheinen den Strukturtyp bei den Seltenerdmetallboraten zu bestimmen.

H. Roschkowski. 120◇

0182 **Infrarotabsorptionsspektren der Chlorate einiger Metalle.** V. E. Sahini, Marina Feldman und Ileana Pîrcălăbescu. (An. Univ. „C. I. Parhon" București, Ser., Științ. Naturii **10**, 43–47, 1961; Labor. de Chim.-fiz.; rum.) — Die in Nujol oder Tripen (Hexachlorbutadien) aufgenommenen IR-Spektren zeigen folgende Maxima (cm^{-1}): $NaClO_3$ 480, 625, 940, 957, 980; $KClO_3$ 477, 617, 940, 960, 977; $RbClO_3$ 485, 610, 920, 945, 980; $CsClO_3$: 480, 610, 920, 950, 980; $Sr(ClO_3)_2$ 475, 512, 610, 915, 960, 980, 1040; $Ba(ClO_3)_2$ 480, 505, 615, 920, 940, 975, 1040; $AgClO_3$ 473, 495, 615, 940, 960, 980. Die Zuordnung der Frequenzen ergibt, daß das Ion ClO_3^- bei den Alkalichloraten die Symmetrie C_{3v}, bei den übrigen Chloraten C_s hat; dies wird auf den partiell-kovalenten Charakter der Metall-Anion-Bindung zurückgeführt.

R. K. Müller. 120◇

0183 **Absorptionsspektren von einigen komplexen Halogeniden des Molybdäns und Wolframs im fernen Infrarot.** D. M. Adams, H. A. Gebbie und R. D. Peacock. (Nature [London] **190**, 278, 1963; Leicester, Univ., Dep. of Chem.; Teddington, Middlesex, Nat. Phys. Labor., Basic Phys. Div.; Birmingham, Univ., Dep. of Chem.; engl.) — K_2WCl_6, Rb_2WCl_6 u. Cs_2WCl_6 haben Absorptionsbanden bei ca. 315 cm^{-1} (ν_3), 165 cm^{-1} (ν_4) u. 70 cm^{-1} (Gitterschwingung); K_2MoCl_6, Rb_2MoCl_6 u. Cs_2MoCl_6 bei ca. 330 cm^{-1} (ν_3), 170 cm^{-1} (ν_4) u. 70 cm^{-1} (Gitterschwingung); K_2WBr_6, Rb_2WBr_6 u. Cs_2WBr_6 bei ca. 220 cm^{-1} (ν_3) u. 75 cm^{-1} (ν_4). ν_3 wird der Metall-Halogen-Valenzschwingung u. ν_4 der Metall-Halogen-Spreizschwingung zugeordnet. D. Kunath. 120◇

0184 **Die Infrarotabsorption einiger kristalliner anorganischer Formiate.** K. B. Harvey, B. A. Morrow und H. F. Shurvell. (Canad. J. Chem. **41**, 1181–87, 1963; Vancouver, B. C., Univ. of British Columbia, Dep. of Chem.; engl.) — Die IR-Absorptionsspektren von polykristallinem $LiHCO_2$, $NaHCO_2$, $KHCO_2$, $NaDCO_2$, $Ca(HCO_2)_2$, $Sr(HCO_2)_2$, $Ba(HCO_2)_2$, $Ba(DCO_2)_2$ u. $Pb \cdot (HCO_2)_2$ (KBr-Preßlinge) wurden im Bereich 500 bis 3000 cm^{-1} gemessen. Die beobachteten Aufspaltungen der Formiat-Grundschwingungen wurden einer Schwingungsanalyse unterzogen u. unter dem Gesichtspunkt der Symmetriegruppenänderung (Kristallsymmetrie → „site"-Symmetrie → Mol.-Symmetrie) diskutiert.

D. Kunath. 120◇

0185 **Infrarotspektren von einigen wasserfreien komplexen Cyanometallsäuren.** D. Jones und D. F. Evans. (Nature [London] **199**, 277–78, 1963; London, Imp. Coll. of Sci. and Techn., Inorg. Chem. Res. Labor.; engl.) — IR-Spektren (CaF_2-, NaCl- u. KBr-Prisma) von $H_3 \cdot [Co(CN)_6]$, $D_3[Co(CN)_6]$, $H_4[Fe(CN)_6]$, $D_4[Fe(CN)_6]$, $H[Au(CN)_2]$ u. $D[Au(CN)_2]$ (suspendiert in Nujol oder Fluorkarbonöl) werden gemessen u. die N ≡ C-, H–N-, D–N-Valenz- u. einige H–N- u. D–N-Deformationsschwingungen zugeordnet. D. Kunath. 120◇

0186 **Umgebungseinflüsse auf die Infrarotspektren von festem NOCl und NOBr.** I. C. Hisatsune und Paul Miller jun. (J. chem. Physics **38**, 49–54, 1963; University Park, Pa., Pennsylvania State Univ., Dep. of Chem.; engl.) — Die IR-Spektren von festem NOCl u. NOBr in NO-, Cl_2- u. Br_2-Matrizen bei 80–90 °K werden numer. u. teilweise graph. mitgeteilt u. diskutiert. Die Art der Spektren ist stark von der Matrix u. ihrer Vorgeschichte abhängig. NO u. Cl_2 reagieren bei schichtweisem Auskondensieren auf mit fl. N_2 gekühlten Flächen erst beim Erwärmen unter NOCl-Bldg., NO u. Br_2 reagieren bereits beim Auskondensieren in Schichten. Die Grundschwingungen der festen Verbb. sind gegenüber denen der gasförmigen Verbb. sehr stark verschoben, das Mol. NOCl muß in festem Zustand stark ion. Charakter (NO^+Cl^-) aufweisen. In Abhängigkeit von den Matrixbildnern treten starke Satellitenbanden auf, bes. Cl_2 scheint mit NOCl schwache Komplexe auszubilden.

P. Sartori. 120◇

0187 **Die Chemie des Aluminiumwasserstoffs.** 1. Mitt. **Einige Beobachtungen über den Einfluß einer komplexgebundenen Base auf die Aluminium–Wasserstoff-Infrarotabsorption.** Robert Ehrlich, Archie R. Young II, Bernard M. Lichstein und Donald D. Perry. (Inorg. Chem. [Washington] **2**, 650–52, 1963; Denville, N. J., Thiokol Chem. Corp., React. Motors Div., Chem. Dep.; engl.) — Die IR-Absorptionsbande der Al–H-Schwingung wurde in Komplexen von AlH_3 mit den Lewis-Basen *Ae.*, *Tetrahydrofuran* u. $(CH_3)_3N$ in Ae.-, Tetrahydrofuran- u. Bzl.-Lsgg. gemessen. Es wird versucht, Frequenzverschiebungen der Al–H-Frequenz in Korrelation mit der Stärke der Lewis-Base u. dem Lsgm. zu bringen. Die AlH_3-Komplexe wurden hergestellt nach $3 LiAlH_4 + AlCl_3 + 4B: \rightarrow 4 H_3Al:B + 3 LiCl$ (B: = Lewis-Base).

D. Kunath. 120◇

0188 **Schwingungsspektrum und Struktur von $AlH_3 \cdot 2N(CH_3)_3$.** C. W. Heitsch und R. N. Kniseley. (Spectrochim. Acta [London] **19**, 1385–89, 1963; Ames, Iowa, Iowa State Univ., Inst. for Atomic and Dep. of Chem. Res.; engl.) — Die IR-Spektren von $AlH_3 \cdot 2N(CH_3)_3$ u. $AlD_3 \cdot 2N(CH_3)_3$ sowie das Raman-Spektrum der ersten Verb. wurden untersucht u. die Schwingungen zugeordnet. Die Spektren lassen auf die Struktur einer verzerrten trigonalen Bipyramide (D_3-Symmetrie) schließen. Die Zuordnung der Al–N-Deformationsschwingung zu einer niedrigen Frequenz stützt die frühere Annahme einer anomalen Atompolarisation für diese Verbindung.

Gerhard Schulze. 120◇

0189 **Die Frequenz der Ge-H-Valenzschwingung in einigen cyclischen Germanen.** R. Mathis und P. Mazerolles. (Bull. Soc. chim. France **1962**, 1913–14; Toulouse, Fac. des Sci., Labor. de chim. Agrégat.; franz.) — Die Frequenz der Ge–H-Schwingung nachst. cycl. u. linearer Germane des Typs R_2GeHX wird mitgeteilt: $(n\text{-}C_4H_9)_2GeHX$ (X = Alkyl, C_6H_5, H, J); $(CH_2)_5GeHX$ (X = Alkyl, C_6H_5, H, J); $(CH_2)_4GeHX$ (X = C_6H_5, H, J); $(CH_2)_5Ge(H)\text{-}O\text{-}Ge(H) \cdot (CH_2)_5$. Die Wellenzahlen nehmen in der Reihe R = C_4H_9-, -C_5H_{10}-, -C_4H_8- sowie X = Alkyl, Phenyl, H, J zu. Substituenteneffekte werden diskutiert.

H. Bürger. 120◇

0190 **Die langwelligen Schwingungen des Cu_2O-Gitters.** Kun Huang. (Z. Physik **171**, 213–25, 1963; Peking, Univ.; engl.) — Die Symmetriekoordinaten der langwelligen Schwingungen des Cu_2O-Gitters werden abgeleitet u. die Auswahlregeln für opt. Effekte 1. Ordnung angegeben. Durch makroskop. Feldeffekte bedingte Entartungen lassen sich nicht allein auf Symmetriegründe zurückführen. So werden 9 statt 7 verschiedene Frequenzen erhalten. Eine Abschätzung der Frequenzen anhand eines einfachen Ionenmodells ergibt in guter Übereinstimmung mit der beobachteten Lage des stärksten Absorptionsmaximums für eine der opt. akt. Schwingungsarten den Wert 16,5 μ. Elektr. Polarisationseffekte der Ionen u. mögliche Verzerrungen der Bindungswinkel werden kurz diskutiert.

H.-J. Altmann. 120◇

0191 **Die Schwingungsspektren von mit Natriumcarbonat und Natriumhydroxid dotiertem Natriumchlorid.** A. Vaško. (Czechoslov. J. Physics **13**, 358–63, 1963; Praha, Českoslov. akad. věd, Labor. optiky; engl.) — Absorptions- u. Reflexionsspektren im Bereich 2 bis 25 μ wurden von NaCl-Einkristallen gemessen, die mit 0,1 bis 1 Mol% Na_2CO_3 u. NaOH dotiert waren. Ein Zusammenhang zwischen den beobachteten Absorptionsbanden mit denen der CO_3^{2-}- u. OH^--Ionen wurde festgestellt. Es konnte auch gezeigt werden, daß dotiertes NaOH beim Kristallzieh-Verf. nach Kyropoulos in Luftatmosphäre sich vollständig in Na_2CO_3 umwandelt.

D. Kunath. 120◇

0192 **Schwingungsspektren und Struktur der Thiocyanatokomplexe.** 1. Mitt. **Veränderung des Spektrums des SCN^--Ions.** Andrzej Tramer. (J. Chim. physique Physico-Chim. biol. **59**, 232–40, 1962; Paris, Sorbonne, Labor. des Rech. Phys.; franz.) — Untersucht wurden IR-Spektren von Kristallpulvern, suspendiert in Vaseline u. Hexachlorbutadien, IR- u. Raman-Spektren von wss. u. aceton. Lsgg. sowie IR- u. Raman-Spektren von orientierten Einkristallen. Die IR- u. Raman-Frequenzen sind tabelliert. In den Spektren des SCN^- finden sich die Valenzschwingung ν_1 (C ≡ N) 2055 cm^{-1}, ν_3 (C–S-)

749 cm^{-1} u. die Deformationsschwingung ν_2 (C–S-) 475 cm^{-1}. Bei der Bldg. des X–SCN-Komplexes erhöht sich ν_1 um 50–70 cm^{-1} u. ν_3 vermindert sich um 20 bis 55 cm^{-1}. Im Y–NCS-Komplex erhöht sich ν_1 um 30 bis 40 cm^{-1} u. ν_3 um 60–90 cm^{-1}. Beim X–SCN–Y-Komplex verhalten sich die obigen $\Delta\nu$ additiv, d. h. ν_1 erhöht sich um 70–120 cm^{-1}, während die Variation von ν_3 –20 bis +50 cm^{-1} beträgt. — Im einzelnen wurden untersucht: HNCS, KSCN, RbSCN, CsSCN, TlSCN, $Pb(SCN)_2$, $Ba(SCN)_2 \cdot 2H_2O$, NH_4SCN, $Hg(SCN)_2$, Hg · (SCN)Cl, $K_2[Hg(SCN)_4]$, $(NH_4)_2[Hg(SCN)_4]$, $(NH_4)_2[Hg \cdot (SCN)_2Cl_2]$, $(NH_4)_2[Hg(SCN)_2Br_2]$, $K_2[Hg(SCN)_2Cl_2]$, $K_2[Hg(SCN)_2Br_2]$, $K_2[Hg(SCN)_2J_2]$, $Co[Hg(SCN)_4]$, $Zn \cdot [Hg(SCN)_4]$, $Cu[Hg(SCN)_4]$, $Cd[Hg(SCN)_4]$, $Ni[Hg(SCN)_4]$, $Mn[Hg(SCN)_4]$, $Tl_2[Hg(SCN)_4]$, $Pb[Hg(SCN)_4]$, $(NH_4)_2 \cdot [Pt(SCN)_6]$, $K_2[Pt(SCN)_6]$, $Co[Pt(SCN)_6]$, $Zn[Pt(SCN)_6]$, $Hg[Pt(SCN)_6]$, $Pb[Pt(SCN)_6]$, $Cd(SCN)_2$, $K_2[Cd(SCN)_4] \cdot 2H_2O$, $Co[Cd(SCN)_4]$, AgSCN, $NH_4[Ag(SCN)_2]$, $K[Ag \cdot (SCN)_2]$, $K_2[Ag(SCN)_3]$, $Co[Ag(SCN)_2]_2$, $Cu[Ag(SCN)_2]_2$, $Zn(NCS)_2$, $K_2[Zn(NCS)_4] \cdot 4H_2O$, $Co(NCS)_2 \cdot n(C_2H_5)_2O$, $Co(NCS)_2$, $K_2[Co(NCS)_4] \cdot 4H_2O$, $K_2[Co(NCS)_4]$, $K_3[Cr \cdot (NCS)_6] \cdot 4H_2O$, $Ag_3[Cr(NCS)_6]$, $Hg_3[Cr(NCS)_6]_2$, $Pb_3 \cdot [Cr(NCS)_6]_2$, $Mg(SCN)_2 \cdot 4H_2O$, $Ca(SCN)_2 \cdot 3H_2O$, $Ni \cdot (SCN)_2 \cdot H_2O$, $K_2[Ni(NSC)_4]$, $K_4[Ni(SCN)_6] \cdot H_2O$, $Mn \cdot (SCN)_2 \cdot n(C_2H_5)_2O$, $Mn(SCN)_2$, CuSCN, $Cu(SCN)_2$.

K. Roß. 120◇

0193 **Schwingungsspektren und Struktur der Thiocyanatokomplexe. 2. Mitt. Methoden und allgemeine Ergebnisse der Untersuchung an Einkristallen.** Andrzej Tramer. (J. Chim. physique Physico-Chim. biol. **59,** 241–48, 1962; franz.) — 1. vgl. vorst. Referat. — IR- u. Raman-Spektren von orientierten Einkristallen werden untersucht. Aus den Spektren können der Charakter der Wechselwrkg., die Struktur der komplexen Ionen u. die Orientierung des SCN^- im Kristallgitter bestimmt werden. Der Einfl. der Umgebung, die Wechselwrkg. der inneren Schwingungen u. der Charakter der Grundfrequenzen wird diskutiert. Ein Vgl. mit Komplexen, deren Struktur durch Röntgenanalyse bekannt war, zeigt teilweise eine vollständige Übereinstimmung der nach beiden Meth. ermittelten Strukturen, während bei einigen Substanzen sich die ermittelten Strukturen widersprechen. K. Roß. 120◇

0194 **Löschung und Schwingungsenergieübertragung bei angeregten Jodmolekülen.** B. Stevens. (Canad. J. Chem. **37,** 831–34, 1959; Sheffield, Univ., Dep. of Chem.; engl.) — Vf. ermittelt für die Lebensdauer des strahlenden, angeregten J_2-Mol. $\tau_0 = 1,6 \; 10^{-6}$ s; der Wert sich von früheren unterscheidet. Koeff. für den Übergang von Schwingungsenergie angeregter J_2-Moll. bei 20° werden berechnet. Als Stoßpartner dienen He, Ne, Ar u. O_2 bzw. H_2 u. D_2 (bei 27°). M. Walther. 120◇

0195 **Simultane elektronische und Schwingungsübergänge in Spektren des hydratisierten Ni(II)-Ions.** T. S. Piper und Noretta Koertge. (J. chem. Physics **32,** 559–61, 1960; Urbana, Ill., Univ. of Illinois, William Albert Noyes Labor. of Chem.; engl.) — Bei 77°K wurden die Spektren im Sichtbaren von $Ni(BrO_3)_2 \cdot 6H_2O$ (I), $NiSO_4 \cdot 7H_2O$, $NiSeO_4 \cdot 6H_2O$ u. $NiSiF_6 \cdot 6H_2O$ an Einkristallen u. das von $NiCl_2 \cdot 2H_2O$ an einem vielkristallinem Preßling aufgenommen. Es wurde eine Gruppe schwacher Banden mit vier scharfen Maxima bei 15674, 15813, 16167 u. 16287 cm^{-1} beobachtet. Deuterierung ergibt eine Verschiebung der angegebenen Banden in Richtung kürzerer Wellenlängen. Gleichzeitig wird der Isotopieeffekt im IR-Spektrum des I gemessen. Vff. nehmen an, daß es sich bei den schwachen Banden um den elektron. Übergang $^3A_{1g} \rightarrow {}^3T_{1g}$ mit gleichzeitiger Anregung der OH-Valenzschwingung handelt.

M. Walther. 120◇

0196 **Das Ramanspektrum von Bariumfluorid.** R. S. Krishnan und P. S. Narayanan. (Indian J. pure appl. Physics **1,** 196–97, 1963; Bangalore, Indian Inst. of Sci., Dep. of Phys.; engl.) — Das Raman-Spektrum eines BaF_2-Einkristalls (Anregerlinie Hg 2536,5 Å) enthält eine starke Raman-Frequenz von 244 cm^{-1}. Diese beobachtete Frequenz stimmt überein mit einer Begleitlinie der Sm^{2+}-Fluorescenzbande des Sm^{2+}-dotierten BaF_2. Kraftkonst. von CaF_2 u. BaF_2 werden abgeschätzt.

D. Kunath. 120◇

0197 **Eine vergleichende Untersuchung der Raman-Spektren von wasserfreien Sulfaten und die Abschätzung von Kristallkräften.** V. Ananthanarayanan. (Indian J. pure appl. Physics **1,** 58–61, 1963; Bangalore, Indian Inst. of Sci., Dep. of Phys.; engl.) — Raman-Spektren von Li_2SO_4, Na_2SO_4, K_2SO_4, $(NH_4)_2SO_4$, Rb_2SO_4, Cs_2SO_4, $BeSO_4$, $MgSO_4$, $CaSO_4$, $SrSO_4$, $BaSO_4$, $ZnSO_4$, $CdSO_4$, $HgSO_4$ u. $PbSO_4$ werden mitgeteilt, soweit sie bekannt sind. Der Einfl. der Kristallkräfte u. der Natur des Kations auf das Sulfation wird mit Hilfe der Wilsonschen Matrix-Meth. aus den beobachteten Sulfat-Frequenzen abgeschätzt. Es wurde gefunden, daß die Wechselwrkg.-Kraftkonst. mehr beeinflußt werden durch Kristalleffekte als die Spreiz- u. Valenz-Kraftkonstanten. Veränderungen in den S–O-Abständen u. den O–S–O-Winkeln werden durch Kristallkräfte verursacht. Ihre Größe wird abgeschätzt u. diskutiert. — 24 Literaturangaben. D. Kunath. 120◇

0198 **Intensität und Breite der Linien der Ramanstreuung in künstlichem Quarz.** W. G. Subow und L. P. Ossipowa. (Kristallographie [UdSSR] **7,** 630–31, 1962; Moskau, Lomonossow-Univ.; russ.) — Gemessen wurden Intensität u. Linienbreite der Raman-Linien von künstlichem Quarz mit den Wellenzahlen 128, 206, 266, 357, 466, 696, 795–805, 1061–1081 u. 1159 cm^{-1}. Die Raman-Spektren des künstlichen u. des natürlichen Quarz werden verglichen. K. Jaeger. 120◇

0199 **Verhältnis der elektrischen Quadrupolmomente der Kerne von ^{137}Ba und ^{135}Ba.** R. M. Williams und J. W. McGrath. (Physic. Rev. [2] **127,** 184–86, 1962; Kent, Ohio, Kent State Univ., Dep. of Phys.; engl.) — Vff. berichten über Messungen der Zeeman-Aufspaltung der Quadrupolresonanzen von ^{137}Ba u. ^{135}Ba in $BaBr_2 \cdot 2H_2O$ durch Messungen der Vergrößerung der protonenmagnet. Resonanz im Koinzidenzfall. Das Verhältnis Q_{137}/Q_{135} wurde zu 1,543 ± 0,003 u. der Asymmetrieparameter des elektr. Feldgradienten am Ba-Gitterplatz zu 0,726 ± 0,006 bestimmt. G. M. Neumann. 121□

0200 **Optische Gas-Maser mit äußeren konkaven Spiegeln.** W. W. Rigrod, H. Kogelnik, D. J. Brangaccio und D. R. Herriott. (J. appl. Physics **33,** 743–44, 1962; Murray Hill, N. J., Bell Telephone Labor., Inc.; engl.) — Ein opt. He–Ne-Maser arbeitete erfolgreich mit konkaven Spiegeln außerhalb der Entladungsröhre. Die letztere ist an beiden Enden mit opt. flachen Fenstern unter dem Brewster-Winkel zur Strahlenachse verschlossen. Diese Anordnung vereinfacht die Röhrenkonstruktion u. erhöht ihre Vielseitigkeit. Das Ausrichten von konkaven Spiegeln ist weniger schwierig als das ebener Spiegel.

J. M. Spaeth. 121◇

0201 **Anregungsspektren von ZnS-Phosphoren.** 1. Mitt. **Theoretische Analyse.** Gy. Gergely. (J. Physic. Chem. Solids **24,** 681–85, 1963; Budapest, Ind. Res. Inst. for Telecommunicat. Techn.; engl.) — Die theoret. Betrachtung basiert auf dem Modell von Schön-Klasens u. setzt wellenlängenunabhängige Quantenausbeute voraus. Die Diffusion u. Oberflächenrekombination der von den Photonen erzeugten Ladungsträger werden betrachtet. Der Empfindlichkeitsabfall an der kurzwelligen Seite des Anregungsspektrums wird mit der Oberflächenrekombination der Ladungsträger erklärt. Der langwellige Ausläufer wird mit der Anregung von Aktivator-Zentren in Verbindung gebracht.

K. H. Härdtl. 125◇

0202 **Anregungsspektren von ZnS-Phosphoren.** 2. Mitt. **Experimentelle Ergebnisse.** Gy. Gergely, J. Adam und Gy. T. Bauer. (J. Physic. Chem. Solids **24,** 687–91, 1963; engl.) — 1. vgl. vorst. Referat. — Die Anregungsspektren mehrerer ZnS- u. ZnCdS-Phosphore werden in verschiedenen Gasatmosphären untersucht. Der kurzwellige Ausläufer der Spektren wird durch Mahlen stark reduziert. Die Verschiebung des langwelligen Ausläufers mit der Kristallkorngröße entspricht den theoret. Erwartungen. Die Anregungsspektren ändern sich nicht in verschiedenen Gasatmosphären. Die Oberflächenrekombinationsgeschw. von ZnS u. ZnCdS lag zwischen $2 \cdot 10^3$–$1,4 \cdot 10^5$ bzw. $7 \cdot 10^5$–$2 \cdot 10^6$ cm/s.

K. H. Härdtl. 125◇

0203 **Angeregte Emission von Ultraviolettstrahlung von mit Gadolinium aktiviertem Glas.** H. W. Gandy und R. J. Ginther. (Appl. Physics Letters **1**, 25—27, 1962; Washington, D. C., U. S. Naval Res. Labor.; engl.) — Vff. berichten über UV-Unterss. an mit 1 Mol-% Gd^{3+}, (das 3 ppm *Eu* enthält), aktiviertem $Li–Mg–Al–SiO_3$-Glas. Die angeregte UV-Emission (Abb., Tabelle) zeigt bei Zimmer-Temp. eine Luminescenzbande (aus einem Resonanzübergang) bei 3125 Å von 55 Å Breite. Aus der Oscillatorstärke der 3125 Å-Absorptionsbande wurde die Lebensdauer der Strahlung zu 9 ms berechnet u. die Abklingzeit bei 300 u. 78 °K zu 4 ms gemessen. Die durch die beschriebene Luminescenz von Gd^{3+} angeregte Eu^{2+}-Emission besteht aus einer breiten Bande bei 4200 bis 4400 Å u. hat bei 78 °K eine Abklingzeit $< 5\,\mu s$. — Die Gd^{3+}-Emission wird also nicht nur von der Eu^{2+}-(oder Eu^{3+}-)Absorption des prim. angeregten Lichtes gestört, sondern auch von der Kaskadenabsorption der Gd^{3+}-Luminescenz u. vielleicht auch noch von einem Resonanz-Energieübergang zu Eu. W. Sobieski. 125◇

A$_3$. Elektrizität, Magnetismus, Elektrochemie

0204 **Das Vakuum als elektrischer Isolator.** L. Cranberg und R. Hawley. (Res. appl. in Ind. **15**, 347—52, 1962; Los Alamos, N. Mex., Univ. of California, Los Alamos Sci. Labor.; Newcastle-upon-Tyne, Carsons and Co. Ltd., Nucl. Res. Centre; engl.) — Übersicht (Verw. in Teilchenbeschleunigern u. bei der Raumfahrt, Probleme der Zusammenbruchsspannung). H. Roschkowski. 130◇

0205 **Berechnung der Interferenz bei der Ionisation des Wasserstoffatoms durch Elektronen.** R. K. Peterkop. (J. exp. theoret. Physik [UdSSR] **41**, 1938—39, 1961; Inst. für Phys. der Akad. der Wiss. der Lett. SSR; russ., Auszug: engl.) — Die Berechnung erfolgte mit der Bornschen Näherung. I. Zoll. 131◇

0206 **Die Beweglichkeit der H-Ionen.** Robert N. Varney. (Physic. Rev. Letters **5**, 559—60, 1960; St. Louis, Mo., Washington Univ., Dep. of Phys.; engl.) — Die Aussagen von Mason u. Vanderslice (vgl. Physic. Rev. [2] **114**, [1959], 497) u. Stevenson u. Schissler (vgl. J. chem. Physics **29**, [1958], 282) über die H_3^+-Ionen werden diskutiert u. Änderungen für die Theorie der Beweglichkeit der Ionen in H-Gas vorgeschlagen: I. Das H_2^+-Ion ist niemals in Beweglichkeits-Unterss. beobachtet worden. 2. Das H_3^+-Ion besitzt eine geringere Beweglichkeit als von Mason u. Vanderslice vorgeschlagen. Diese Aussagen werden begründet. H. Schibilla. 131□

0207 **Bestimmung von Anlagerungs- und Ionisationskoeffizienten in Luft.** J. Dutton, F. M. Harris und F. Llewellyn Jones. (Proc. physic. Soc. **81**, 52—64, 1963; Swansea, Univ. Coll., Dep. of Phys.; engl.) — Aus Messungen des räumlichen Anwachsens von Ionisationsströmen im stationären Zustand in Luft bei E/p-Werten von 30—38 V/cm · mmHg u. $100 < p < 300$ mmHg wurden die prim. Ionisations-(α) u. Anlagerungs-Koeff. (a_t) in Luft mit verschiedener Feuchtigkeit bestimmt. Eine krit. analyt. Unters. der Genauigkeit solcher Best. bei gleichzeitigem Vorliegen von Ionisation u. Anlagerung zeigt, daß bei experimenteller u. rechner. Ermittlung der Werte große Schwankungen auftreten können. Vgl. der Werte von $\alpha' = \alpha - a_t$ mit solchen bei höheren Gasdrücken von Prasad u. Craggs erhaltenen (C. **1961**, 13083 u. früher) bestätigen, daß die Ähnlichkeitsbeziehung $\alpha'/p = f(E/p)$ für $E/p \simeq 35$ V/cm · mmHg im Druckbereich $100 < p < 100$ mmHg nicht gilt. W. Sobieski. 131◇

0208 **Beobachtungen von ionischen Schallwellen in Plasmen: Ihre Eigenschaften und Anwendungen.** I. Alexeff und R. V. Neidigh. (Physic. Rev. [2] **129**, 516—27, 1963; Oak Ridge, Tenn., ORNL.; engl.) — Vff. untersuchten ion. Schallwellen (Tonks u. Langmuir, 1929), bei denen es sich um longitudinale Kompressionswellen mit einem Impuls infolge der Massendichte u. einer Rückstellkraft infolge des therm. Drucks handelt. Es wurden selbsterregte Schwingungen in magnet. getragenen Plasmasäulen u. in sphär. Entladungsröhren beobachtet. Der therm. Elektronendruck wurde mit einer Torsionswaage gemessen (Physic. Rev. [2] **127**, [1962], 1). In den Plasmasäulen wurden Resonanzeffekte zwischen dem ion. Schall u. der Ionen-Cyclotronfrequenz beobachtet. Als prakt. Anwendungen wurden die Elektronentemp. eines Plasmas aus der Frequenz einer stehenden Welle u. die Dichte des neutralen Gases aus der Dämpfung stehender Wellen bestimmt. H. Liepack. 131◇

0209 **Resonanzeigenschaften und Fluktuationen bei der Verstärkung von Hochfrequenzoscillationen im System Plasma–Elektronenbündel.** G. A. Bernaševskij und Z. S. Černov. (Českoslov. Časopis Fysiku **12**, 686—90, 1962; Moskau, Akad. der Wiss. der UdSSR, Inst. für Radiotechn. u. Elektronik; tschech.) — In einem longitudinalen Magnetfeld kommen experimentell die Resonanzeigg. des Syst. Plasma–Elektronenbündel weniger scharf zum Ausdruck als in der Theorie. Es wird angenommen, daß die Höhe des Rauschpegels im Syst. durch Fluktuationen im Elektronenbündel bestimmt wird, daß diese aber wenig Einfl. auf das Plasma haben. R. K. Müller. 131◇

0210 **Wärmediagramme von Argonplasma bis 10^5 °K mit Anwendungsbeispielen.** Karl-Friedrich Knoche. (Abh. braunschweig. wiss. Ges. **13**, 73—108, 1961; dt.) — Für Argonplasma wird ein Mollier-Enthalpie-Entropie-Diagramm im Temp.-Bereich bis über 90000 °K u. für Drücke von 0,01 bis 100 bar angegeben. Die thermodynam. Zustandsgrößen sind unter der Voraussetzung thermodynam. Gleichgewichts mit bes. Berücksichtigung der Hohlraumstrahlung berechnet worden. Das Diagramm ist mit zusätzlichen Hilfsskalen versehen, um ebene thermogasdynam. Vorgänge leichter graph. verfolgen zu können. Weiter werden die Fragen der Einstellung des thermodynam. Gleichgewichts diskutiert. Für Argonplasma wird bis 100000 °K ein spezielles Nichtgleichgewichts-Enthalpie-Entropie–Diagramm berechnet u. aufgezeichnet. Für dieses Diagramm werden Anwendungsmöglichkeiten beschrieben. W. Pump. 131◇

0211 **Anwendung und Erforschung hoher Temperaturen in Plasmabrennern.** Jean Cézaire. (Nature-Sci. Progr. [Paris] **1963**, 20—26; franz.) — Übersicht über Grundlagen, Zubehör u. Anwendung von Plasmabrennern. W. Wesly. 131◇

0212 **Über Ionisierungsgleichgewichte und Intensitäten von Spektrallinien in thermischen Mehrstoffplasmen.** M. Riemann. (Z. Physik **164**, 507—12, 1961; Meiningen, Heinrich-Beck-Inst. für Lichtbogenforsch. der Dt. Akad. der Wiss. zu Berlin; dt.) — Die üblichen Lichtquellen für den spektroskop. Nachw. von Metallen enthalten therm. Mehrstoffplasmen der Art Füllgas (bzw. Luft) — Metalldampf. Durch den großen Unterschied der Ionisierungsenergien von Füllgas u. Metalldampf tritt eine „Ionisierungspufferung" im Plasma analog der Pufferung schwacher Elektrolyte auf. Der Temp.-Verlauf der Intensität von Metallinien kann stark vom Mischungsverhältnis abhängig werden. W. Pump. 131◇

0213 **Pinch-Effekt.** R. J. Bickerton. (Rend. Scuola int. Fisica „Enrico Fermi", Corso XIII **1959**, 126—44, 1960; Harwell, A. E. R. E; engl.) — Theoret. Überblick (Wirkungsweise u. Berechnungsmöglichkeiten). — 23 Literaturangaben. H. Schroeder. 131◇

0214 **Stabilitätsuntersuchungen.** R. J. Bickerton. (Rend. Scuola int. Fisica „Enrico Fermi", Corso XIII **1959**, 145—50, 1960; engl.) — Vgl. vorst. Referat. — Beschreibung der experimentellen Bedingungen u. Parameter für Pinch-Apparaturen. H. Schroeder. 131◇

0215 **Der Verlauf der Feldstärke und der Ionenkonzentration mit der Zeit in der Funkenentladung.** Á. Bardócz, T. Vörös und U. M. Vanyek. (Spectrochim. Acta [London] **17**, 642—49, 1961; Budapest, Hung. Acad. of Sci., Central Res. Inst. for Phys., Dep. for Spectroscopy; engl.) — Vff. berechneten aus experimentell bestimmten Wellenlängenverschiebungen von Spektrallinien nach Gleichungen von Unsöld u. Holtsmark die Feldstärken u. Ionen-Konzz. in einer Funkenentladung. In den Funkenkanälen von Mg, Zn, Cd u. Hg betrug die höchste

beobachtete Feldstärke ca. 600 kV/cm bei einer Ionen-Konz. von ca. 10^{18} Ionen/cm³. Mit zeitaufgelösten Spektren wurden die Änderungen der Feldstärke u. der Ionen-Konz. mit der Zeit bestimmt. Die größten Linienverschiebungen treten im Anfangsstadium der Entladung auf, wodurch angezeigt wird, daß dort Feldstärke, Ionen-Konz. u. Stark-Effekt ihre höchsten Werte haben. Mit fortschreitender Zeit nehmen die Temp. des Funkenkanales, die Feldstärke u. die Ionen-Konz. ab. Die normalen Wellenlängen treten auf, nachdem die Feldstärke einen bestimmten Wert unterschritten hat.
P. Kurzmann. 131◇

0216 **Zur Feldbogentheorie bei kalten, verdampfenden Kathoden.** 1. Mitt. A. Bauer. (Z. Physik **164,** 563—73, 1961; Augsburg, Osram Studienges. für elektr. Beleuchtung; dt.) — Mit der Feldbogentheorie wird eine Beschreibung der Vorgänge an kalten, verdampfenden Metallkathoden gegeben. Im ersten Teil der Arbeit wird das Kanalmodell zugrunde gelegt. Die hohe Stromdichte in dem kleinen Gasvol. des Brennflecks bedingt extrem hohe Teilchendichten. Die Druck- u. Impulsverhältnisse werden diskutiert. Ferner wird auf den kathod. Gasstrahl u. auf die Rückstoßkräfte auf die Kathode bei den verschiedenen Gasdrücken näher eingegangen.
W. Pump. 131◇

0217 **Anteil der photoelektrischen Emission einer Kathode an den Sekundärprozessen einer sich selbst entladenden Kaltkathodenglimmentladung.** V. T. Chiplonkar und Shri Anant Nadkarni. (J. sci. ind. Res. [New Delhi], Sect. B **20,** 342, 1961; Bombay, Inst. of Sci., Phys. Dep.; engl.) — Im normalen Zustand einer Kaltkathodenglimmentladung erweisen sich die Anteile der photoelektr. Emission der Kathode (hervorgerufen durch Photonen, die bei der Entladung erzeugt werden) für die Bedingungen der selbständigen Entladung als unwesentlich. Diese Anteile werden jedoch für die anomalen u. unselbständigen Entladungen wesentlich. Diese Tatsachen werden an der Entladung in Luft u. in Wasserstoff in Abhängigkeit vom Elektrodenabstand u. vom Druck (1—5 mm Hg bei Luft u. 1,5—3 mm Hg bei H_2) nachgewiesen. Es wird mit Entladungsröhren aus Pyrexglas (∅ 30 mm) einmal mit ebenen u. zum anderen mit durchlöcherten Scheibenkathoden aus Al-Guß gearbeitet.
H. Schibilla. 131◇

0218 **Eigenschaften und Parameterabhängigkeit der Temperaturverteilung und der Charakteristik eines zylindersymmetrischen Stickstoffbogens.** G. Schmitz, H. J. Patt und J. Uhlenbusch. (Z. Physik **173,** 552—67, 1963; Aachen, TH, Phys. Inst.; dt.)
W. Pump. 131◇

0219 **Einfluß der Röhrenwände auf die Zündspannung in Jod-Dampf.** P. K. Tikoo. (Physics Letters [Amsterdam] **4,** 21, 1963; Banaras, Hindu Univ., Phys. Chem.; Dep.; engl.) — Die Abhängigkeit der Zündspannung (V_s) in Jod-Dampf ($p = 0{,}47$ mm Hg) vom Durchmesser der Geissler-Röhren ($d = 10, 15, 19, 25, 32$ mm) wird bei Anregung mit Wechselspannung untersucht. Bei konst. Jod-Dampfdruck u. konst. Elektrodenabstand nimmt V_s mit zunehmendem d ab. Die Verluste sind jedoch nur bei kleineren d wesentlich, da bei 25 u. 32 mm die gleichen Werte erhalten werden. Die Ergebnisse stimmen mit den Unterss. anderer Autoren bei niedrigerem Druck, in *Ne*, *Ar* u. in Ar–Ne-Mischungen, überein.
H. Schibilla. 131◇

0220 **Einfluß eines Magnetfelds auf Vorgänge in Dioden mit Cäsiumdampf.** N. D. Morguliss und Ju. I. Tschutow. (Ukrain. physik. J. **7,** 1003—14, 1962; Kiew, Schewtschenko-Univ.; ukrain., Auszug: russ.) — Der Einfl. eines Magnetfeldes auf den elektron. Kurzschlußstrom u. die Charakteristik dieses Stroms im hemmenden elektr. Feld einer Cs-Dampf-Diode wird als Modell für einen thermoelektronischen Energiewandler experimentell untersucht.
H. Roschkowski. 131◇

0221 **Bestimmung der maximalen Gitter-Kettenenergie aus Zerstäubungsausbeutekurven.** Don E. Harrison jun. (J. appl. Physics **32,** 924—27, 1961; Toledo, Ohio, Univ.; engl.) — Vgl. C. **1961,** 3562. — Vf. zeigt auf theoret. Wege, daß die sog. „ankle energy", d. h. die Energie, bei der die experimentelle Kurve des Zerstäubungsverhältnisses (Atome pro einfallendes Ion) gegen die Energie der einfallenden Ionen beginnt, mit kleineren Energien abzufallen, diejenige maximale Energie ist, die das Metallgitter in einer dichtgepackten Richtung fortbewegen kann. Der Effekt scheint nur von dem Aufladen einer Verkettungs-Schwelle abhängig zu sein u. nicht von dem mathemat. Modell des Zerstäubungsprozesses.
C. Gottfried. 131

0222 **Führung und Kollimation von versprühten Wolfram-Teilchen.** Carl A. Ludeke. (J. appl. Physics **32,** 1400 bis 1401, 1961; Cincinnati, Ohio, Univ. of Cincinnati, Graduate School of Arts and Sci.; Gen. Electr. Co., Large Jet Engine Dep.; engl.) — Die Zerstäubung von W-Teilchen von einer nadelförmigen W-Kathode in einer Glimmentladung (Ar; $1{,}5 \cdot 10^{-5}$ Torr) in sehr kleine Löcher (0,004 in.) in nichtrostendem Stahl wird untersucht. Es ist möglich, die W-Teilchen in eine kleine, als Anode geschaltete Öffnung zu führen.
J. M. Spaeth. 131□

0223 **Massenspektrometrie anorganischer freier Radikale.** S. N. Foner und R. L. Hudson. (Advances Chem. Ser. **36,** 34—49, 1962; Silver Spring, Md., Johns Hopkins Univ., Appl. Phys. Labor.; engl.) — Übersicht über die von Vff. durchgeführten Unterss. an freien Radikalen, die in einem gesonderten Rk.-Syst. erzeugt (vorwiegend durch elektr. Entladungen in Gasen) u. in Form eines stoßfreien Molekularstrahls in das Massenspektrometer eingebracht werden. Die Meth. ermöglicht den Nachw. der Radikale, die Best. ihrer Konz., ihres Ionisationspotentials, ihrer Bindungsdissoziationsenergie u. ihres chem.-kinet. Verh. sowie die Unters. angeregter Zustände. Untersucht wurden: O-Atome, HO_2, CH_3, HO, N-Atome, NH_2, N_2H_3, $HN_2(CH_3)_2$, N_2H_2, N_3H_3, N_4H_4, HN_2CH_3, angeregte Zustände von N, N_2 u. He.
A. Blaschette. 131◇

0224 **Theoretische Grundlagen der experimentellen Bestimmung der Vergrößerung der Polarisationskonstante von Kristallen.** W. A. Schamburow. (Kristallographie [UdSSR] **7,** 593—99, 1962; Akad. der Wiss. der UdSSR, Inst. für Kristallograph.; russ.) — Angegeben werden die theoret. Grundlagen zur Messung der Polarisations-Konst. an würfelförmigen Kristallen beliebiger Größe. App. u. Meth. der Beobachtung werden beschrieben.
K. Jaeger. 132◇

0225 **Der einfachste Fehlstellendipol in Silberhalogeniden mit zweiwertigen Anionenzusätzen.** 1. Mitt. Manfred Höhne. (Ann. Physik [7] **9,** 179—95, 1962; Berlin-Adlershof, Dt. Akad. der Wiss. zu Berlin, Inst. für Kristallphys.; dt.) — Die dielektr. Verluste von Ag-Halogenid-Kristallen, die zweiwertige Verunreinigungen (z. B. Se^{2-}, Te^{2-}, O^{2-}, Cd^{2+}) enthalten, wurden zwischen 20°K u. etwa 150°K gemessen. Im Falle von Anionenzusätzen besteht der einfachste durch Überschußladung erzeugte Dipol aus einem Ag-Zwischengitter-Ion u. einem zweiwertigen Fremd-Ion. Die Aktivierungsenergie für die Umorientierung dieses Dipols hängt stark von der Art des Zusatzes sowie des Grundgitters ab. Die Ionenleitfähigkeiten von *AgBr* u. *AgCl* u. die Beweglichkeiten von Zwischengitterionen u. Leerstellen in diesen Verbb. werden verglichen.
G. Talsky. 132◇

0226 **Veränderungen von Fehlstellendipolen in Silberhalogeniden mit zweiwertigen Anionenzusätzen.** 2. Mitt. Manfred Höhne. (Ann. Physik [7] **9,** 196—211, 1962; dt.) — 1. vgl. vorst. Referat. — Das Verlustfaktorverhalten von dotierten Ag-Halogeniden wird durch Bestrahlung oder therm. Behandlung bei 200—400° beeinflußt. Bestrahlung mit sichtbarem Licht oder Lagerung bei Zimmertemp. erzeugt außer Ag-Kolloid ein bisher nicht bekanntes, auf opt. Wege nicht feststellbares mol. Zentrum, welches kein Ausscheidungs-Prod., sondern höchstens eine Vorstufe zur Ausscheidung darstellt u. beim photograph. Grundprozeß eine wichtige Rolle spielt.
G. Talsky. 132◇

0227 **Dielektrizitätskonstante und Brechungsindex des mit schnellen Neutronen bestrahlten Quarzes.** W. G. Subow und A. P. Grischina. (Kristallographie [UdSSR] **7,** 238—41, 1962; Moskau, Lomonossow-Univ.; russ.) —

Gemessen wurden die DKε u. der Brechungsindex n von Quarzproben, die integralen Strahlungsdosen von $2 \cdot 10^{19}$ n/cm^2 ausgesetzt worden waren. Die Dichte ϱ nach der Bestrahlung betrug 2,644 g/cm^3 (vorher 2,649 g/cm^3.) Die Änderungen der Parameter nach der Bestrahlung betrugen: $\Delta\,\varepsilon_\perp = 0{,}07$ senkrecht zur opt. Achse u. $\Delta\,\varepsilon_{||} = 0{,}03$ parallel zur opt. Achse, $\Delta\,n_0 = 0{,}0005$ für den ordentlichen Strahl u. $\Delta\,n_a = 0{,}0008$ für den außerordentlichen Strahl. Diese Werte entsprechen folgenden relativen Änderungen: $\Delta\,\varrho = 0{,}18\%$. $\Delta\,\varepsilon_\perp = 1{,}5\%$, $\Delta\,\varepsilon_{||} = 0{,}7\%$, $\Delta\,n_0 = 0{,}03\%$, $\Delta\,n_a = 0{,}05\%$.
K. Jaeger. 132◇

0228 **Elektrische Leitung flüssiger Dielektrika in starken Feldern. Elektrische Durchschläge.** I. Adamczewski. (Postępy Fizyki **13**, 253—99, 1962; Gdańsk, Politechn., Kat. II Fiz.; pol.) — Übersicht. — 93 Literaturangaben.
R. K. Müller. 132◇

0229 **Gitterverzerrungen in einem $SrTiO_3$-Einkristall-Elektret.** H. Weik und V. L. Lambert. (Physic. Rev. Letters **10**, 51—53, 1963; Cincinnati, Ohio, Univ. of Cincinnati, Dep. of Phys.; engl.) — Die an einigen polykristallinen anorgan. Substanzen beobachtete elektr. Polarisierung in starken elektr. Feldern u. die damit verbundenen Gitterverzerrungen werden an $SrTiO_3$-Einkristallen in Abhängigkeit von der Zeit untersucht. Die Proben wurden senkrecht zu den (110)-Flächen in einem elektr. Feld von 30 kV/cm polarisiert u. die Winkeländerungen zwischen den (100)- u. {110} Flächenpolen röntgenograph. gemessen. D. Noack. 132◇

0230 **Polarisation, Pyroelektrizität und Ferroelektrizität von Ionenkristallen.** Kêitsiro Aizu. (Rev. mod. Physics **34**, 550—76, 1962; Kokibunzi, Tokyo, Hitachi Central Res., Labor.; engl.) — Zusammenstellung der theoret. Grundlagen. H. Roschkowski. 133◇

0231 **Bewegung von 180°-Wänden bei $BaTiO_3$ unter dem Einfluß einer Reihe von Spannungs-Impulsen.** Robert C. Miller und Albert Savage. (J. appl. Physics **32**, 714 bis 721, 1961; Murray Hill, N. J., Bell Telephone Labor.; engl.) — Vgl. C. **1963**, 21816. — An Einkristallen aus $BaTiO_3$ zeigte sich, daß die Geschw. der 180°-Wandbewegung der ferroelektr. Elementarbereiche in Abhängigkeit von der Amplitude, der Breite u. der Geschw. der Spannungsimpulse durch das Oberflächenschichten-Modell von Drougard u. Landauer (C. **1962**, 2260) gut erklärt werden kann. Die anomalen Oberflächenschichten des $BaTiO_3$-Modells besitzen danach eine Dicke von 2000 Å. Nach dem Durchlaufen dieser Schicht durch die 180°-Wand wird die Geschw. der Wandbewegung konstant. Die anomale Oberflächenschicht mit elektr. Ladungen gibt hinter der 180°-Wand Anlaß zu einem elektr. Feld E_b, das bei dünnen Kristallen ohne äußeres elektr. Feld eine Wandverschiebung um 100 Å entgegen der Richtung der Wandbewegung zur Erzeugung von E_b Anlaß geben kann. Unterss. an Kristallen mit verschiedenen Konz. an Verunreinigungen u. verschiedenen Elektroden-Werkstoffen zeigen, daß die Relaxation von E_b u. die Ausbildung der anomalen Oberflächenschichten nicht von diesen beiden Varianten abhängen. Für eine Wandgeschw. von 10^{-3} cm/s beträgt der Potentialabfall der Oberflächenschicht $1{,}0 \pm 0{,}1$ V, wieder unabhängig vom Reinheitsgrad u. vom Elektroden-Material. Diese Unabhängigkeiten sind mit dem Modell von Drougard u. Landauer schwer zu verstehen.
H. Fahlenbrach. 133◇

0232 **Elektrische Polarisation pyroelektrischer Kristalle bei hydrostatischer Kompression (Spannung).** I. Ss. Sheludew und M. M. Tagijewa. (Kristallographie [UdSSR] **7**, 589—92, 1962; Akad. der Wiss. der UdSSR, Inst. für Kristallograph.; russ.) — Gemessen wurden die piezoelektr. Moduln der hydrostat. Kompression (hydrostat. Spannung) $d_{\text{hydr.}}$ für Kristalle von *Turmalin* ($12 \cdot 10^8$), *Kaliumtartrat* ($3 \cdot 10^8$), Li_2SO_4 ($42 \cdot 10^8$) u. *Rhamnose* ($21 \cdot 10^8$). Mit diesen Werten wurde die spontane Polarisation der Kristalle berechnet. Untersucht wurde an *Seignettesalz*-Proben die Flächenabhängigkeit der Unipolarität. K. Jaeger. 133◇

0233 **Elektrische Effekte bei der cyclischen Beanspruchung von Natriumchlorid.** S. Amelinckx, J. Vennik und G. Remaut. (Physics Chem. Solids **11**, 170—71, Sept. 1959; Gent, Belgien, Labor. voor Kristalkde.; engl.) — Vgl. Eshelby u. Mitarbeiter, C. **1959**, 2377. — Ein eingespannter, gebogener NaCl-Kristall wurde durch einen Lautsprecher zu Schwingungen von 10—100 Hz angeregt. Die beobachteten elektr. Aufladungen an der Oberfläche lassen sich durch Dipolschwingungen von Versetzungen erklären. G. Winkhaus. 133◇

0234 **Einkristalle von Seignetteelektrika mit großen Piezomodulen.** A. L. Chodakow und M. L. Scholochowitsch. (Kristallographie [UdSSR] **7**, 320, 1962; Rostow/Don, Univ.; russ.) — Gezüchtet wurden Einkristalle von $BaTiO_3$-$BaHfO_3$ (mit 1% $BaHfO_3$), die starke Nichtlinearität zeigten u. gute piezoelektr. Parameter. Bei 50 Hz u. 8 kV/cm betrug der piezoelektr. Modul $d_{33} = 50-60 \cdot 10^{-6}$ elektrostat. E. Für konst. Felder von 5 kV/cm beträgt bei Zimmer-Temp. über 0,5 h $d_{33} = 50-110 \cdot 10^{-6}$ elektrostat. E., das ist der etwa 10fache Wert des reinen $BaTiO_3$. Charakterist. ist, daß diejenigen Kristalle mit der größten Nichtlinearität auch die höchsten d_{33}-Werte besitzen. Für gute Hysteresen beträgt die Intensität des Koerzitiv-Feldes 0,7—1 kV/cm. Für Kristalle mit bis zu 2% $BaHfO_3$ betragen die d_{33}-Werte bis zu $8 \cdot 10^{-6}$ elektrostat. E. K. Jaeger. 133◇

0235 **T–F-Theorie der Elektronen-Emission in Starkstrombögen.** T. H. Lee. (J. appl. Physics **30**, 166—71, 1959; Philadelphia, Pa., Gen. Electric Co.; engl.) — Vgl. C. **1962**, 7787. — Die Elektronenemission wird als Funktion des elektr. Feldes, der Temp. u. der Austrittsarbeit numer. auf einem Digital-Rechner über einen weiten Bereich dieser Variablen berechnet. Die Ergebnisse werden dann mit der Raumladungsgleichung kombiniert um zu zeigen, daß die Elektronenemission aus der Kathode eines Starkstrombogens (10^5-10^6 bei A/cm^2) bei niedrig siedenden Materialien wie *Cu* u. *Ag* nach dem T–F-Mechanismus (Temp.-Feld-Emission nach Dolan u. Dyhe) erklärt werden kann. Es kann weiter gezeigt werden, daß die Dichte des positiven Ionenstroms, wie sie durch die Elektronenemissionsverhältnisse gefordert wird, groß genug ist, um dem Energiegleichgewichtsverhältnis an der Kathode zu genügen. D. Noack. 134◇

0236 **Exoelektronenemission von Ionenkristallen.** A. Bohun. (Physica Status solidi [Berlin] **3**, 779—804, 1963; Prag, Inst. für Festkörperphys. der Tschechoslow. Akad. der Wiss.; dt.) — Übersicht. — 186 Literaturangaben.
W. Pump. 134◇

0237 **Exoelektronen-Emissionsspektren an Alkalichloriden.** P. Petrescu. (Physica Status solidi [Berlin] **3**, 950—60, 1963; Bukarest, Phys. Inst. der Akad. der Rumän. Volksrep.; dt.) — Die Exoelektronen-Emissionsspektren (Emission als Funktion der Wellenlänge der stimulierenden Strahlung) von polykristallinen *NaCl-*, *KCl-*, *RbCl-* u. *CsCl*-Proben wurden analysiert. Die Niveaus der Hauptzentren (F-Zentren), der Sekundärzentren (M-Zentren usw.) u. deren Bldg. u. Entwicklung unter der Bestrahlungseinw. wurden untersucht. Desgleichen wurden auch die F- u. M-Zentren an RbCl–KCl-Mischkristallen beobachtet. W. Pump. 134◇

0238 **Photoelektrische Emission von Cadmiumtellurid.** J. J. Scheer und J. van Laar. (Philips Res. Rep. **16**, 323—28, 1961; Eindhoven, Netherlands; engl.) — Die lichtelektr. Emission wird an Einkristallen u. an aufgedampften Schichten von CdTe gemessen. Die Kurven, die die Abhängigkeit des Photostroms von der Photonenenergie darstellen, können in zwei Teile aufgespalten werden, wobei der langwellige Teil auf Verunreinigungen zurückgeführt wird. Es wird geschlossen, daß der beste Wert der Austrittsarbeit bei Messungen an frisch gespaltenen Einkristallen erhalten wird. Eine mögliche Beziehung zwischen den Photoemissions-Eigg. von CdTe u. denen von *CdS* wird diskutiert. H. Schibilla. 134◇

0239 **Zur Dispersion des photoelektrischen Koeffizienten r_{63} in ADP- und KDP-Kristallen.** O. G. Wloch. (Kristallographie [UdSSR] **7**, 632—33, 1962; Lwow, Franko-Univ.; russ.) — Gemessen wurde die Dispersion (400—780 nm) des photoelektr. Koeff. r_{63} von $(NH_4)H_2 \cdot PO_4$ (ADP)- u. KH_2PO_4 (KDP)-Kristallen.
K. Jaeger. 134◇

0240 **Über die Theorie des photomagnetischen Effekts im starken Magnetfeld.** Ju. I. Rawitsch. (Festkörperphysik

[UdSSR] **4**, 1928–37, 1962; Leningrad, Inst. für Halbleiter der Akad. der Wiss. der UdSSR; russ.) — Vf. diskutiert den photomagnet. Effekt im Halbleiter im starken Magnetfeld in Ggw. eines longitudinalen elektr. Kompensationsfeldes. Der Einfl. dieses Feldes auf die Konz. der Minoritätsladungsträger wird eingehend untersucht u. ist wichtig bes. für den eigenleitenden Fall u. hohe Belichtungsniveaus. A. Kumm. 135◇

0241 **Galvanothermomagnetische Effekte in entarteten Halbleitern und Halbmetallen mit nichtparabolischen Bandformen. 2. Mitt. Allgemeine Theorie.** T. C. Harman und J. M. Honig. (Physics Chem. Solids **23**, 913–22, 1962; Lexington, Mass., MIT, Lincoln Labor.; engl.) — Für galvanothermomagnet. Erscheinungen in Halbleitern mit kugelsymm. Energieflächen wird eine allg. Theorie abgeleitet. Wenn die Energie der Ladungsträger relativ zur entsprechenden Bandkante $\varepsilon(k)$ opt. ohne Unters. der Transporterscheinungen erhalten wird, können die therm. Gitterleitfähigkeit $\varkappa_L$ sowie die atomist. Parameter τ_0 der Relaxationszeit, $\eta = \mu_B/kT$ (μ_B Fermi-Zustand relativ zur entsprechenden Bandkante, k Boltzmann-Faktor, T Temp.) u. r der Ladungsträgerstreuung aus Meßwerten der elektr. Leitfähigkeit, der thermoelektr. Kraft u. der Wärmeleitfähigkeit berechnet u. bei Kenntnis von Magnetfeldstärke H u. den entsprechenden Werten von η, r u. $\varepsilon(k)$ die Integralgleichungen für Wärme- u. Ladungsträgerstrom ermittelt werden. Die Theorie ermöglicht, galvanothermomagnet. Effekte als Funktion von H, T u. dem Dotierungsgrad der Proben mit Hilfe weniger Messungen vorauszuberechnen. Herbert Müller. 135◇

0242 **Streuung an ionisierten Verunreinigungen in Halbleitern.** G. L. Hall. (Physics Chem. Solids **23**, 1147–51, 1962; Manhattan, Kans., Kansas State Univ.; engl.) — Vf. gibt einer Erweiterung der Gleichungen von Conwell u. Weisskopf (C. **1950**, II, 2887), Brooks (C. **1954**, 1412) u. Takimoto (J. physic. Soc. Japan **14**, [1959], 1142) für die Beweglichkeit der Leitungselektronen in Halbleitern an. Herbert Müller. 135◇

0243 **Richtlinien für die Voraussage von Halbleitereigenschaften bei Verbindungen aus Übergangselementen.** J. P. Suchet. (Physica Status solidi [Berlin] **2**, 167–87, 1962; Bellevue/Meudon, C. N. R. S., Labor. de Magnétisme et de Phys. du Solide; franz.) — Die Zusammenhänge zwischen den elektr., magnet. u. kristallograph. Eigg. bei Verbb. aus Übergangselementen (bin. Verbb. vom Typ TB: *NaCl*, *NiAs*, *MnP*; Verbb. T_2B_3 u. TB_2 wie FeS_2 u. $FeAs_2$) werden diskutiert, indem sämtliche Eigg. auf die Natur der zwischenatomaren Bindungen bezogen werden. In allen betrachteten Fällen kann durch die Anwendung des magnet. Kriteriums u. der verallgemeinerten Regel von Mooser u. Pearson sowie durch die Berechnung des Ionisationsgrades im Kristall das metall. oder Halbleiter-Verh. der Verbb. vorausbestimmt werden. Die Größenordnung der Aktivierungsenergie u. die Möglichkeit, eine erhöhte Elektronenbeweglichkeit zu erhalten, werden behandelt. Die Anwendung der Meth. auf tern. u. quatern. Verbb. wird diskutiert. H. Schibilla. 135◇

0244 **Festkörper-Anordnungen.** I. J. Richmond. (Res. appl. in Ind. **12**, 374–80, 1959; Chislehurst, Brit. Sci. Instrum. Res. Assoc.; engl.) — Übersicht über Verw. von Halbleitern (bes. InSb) in der Technik. — 24 Literaturangaben. H. Roschkowski. 135◇

0245 **Kapazitätsmessungen an Selengleichrichtern.** U. Dolega. (Z. Physik **167**, 46–52, 1962; Stuttgart-Zuffenhausen, Standard Elektr. Lorenz AG; dt.) — Aus der Kapazitätsmessung an Se-Gleichrichtern kann die Acceptorendichte in Se in Abhängigkeit von einer in Sperrichtung angelegten Gleichspannung bestimmt werden. Der Einfl. der Schicht, die sich zwischen der metall. Deckelektrode u. dem p-leitenden Se bildet (= gitterfremder n-p-Kontakt *CdSe*–Se), auf den Sperrmechanismus wird behandelt. Die Unterss. ergeben, daß unter bes. Voraussetzungen aus der Kapazitätsmessung auch auf die Donatorendichte im CdSe u. auf die Dicke der CdSe-Schicht geschlossen werden kann. H. Schibilla. 135◇

0246 **Abweichungen vom Ohmschen Gesetz in Germanium und Silicium.** M. A. C. S. Brown. (Physics Chem. Solids **19**, 218–27, 1961; Malvern, Worcs., U. K. Royal Radar Establ.; engl.) — Gemessen wurde die Abweichung vom Ohmschen Gesetz für Ge u. Si bei hohen elektr. Feldern u. Zimmertemperatur. Die Abweichungen hängen vom Leitungstyp (n oder p), Widerstand u. von der kristallograph. Orientierung der Proben im elektr. Feld ab. Kleine Abweichungen von der quadrat. Abhängigkeit der Ladungsträger-Beweglichkeiten von der Feldstärke wurden beobachtet. Zur Deutung der Meßergebnisse wurde eine Theorie entwickelt, die u. a. ein Anwachsen der effektiven Massen der freien Ladungsträger postuliert, u. zwar für p-Ge zwischen 4 u. 300°K um (40 ± 5)%, für n-Ge zwischen 100 u. 300°K um (4 ± 2) % u. für n- u. p-Si zwischen 100 u. 300°K um (40 ± 20) %. K. Jaeger. 135◇

0247 **Driftgeschwindigkeit und Anisotropie „heißer" Elektronen in n-Germanium.** H. G. Reik und H. Risken. (Physic. Rev. [2] **126**, 1737–46, 1962; Aachen, Philips Res. Labor.; engl.) — Die Driftgeschw. u. der Winkel zwischen Richtung des Drifts u. elektr. Feld werden als Funktion von Feldstärke, Kristallorientierung u. Gittertemp. berechnet. Durch ein Anpassungsverfahren wird gute Übereinstimmung der Theorie mit bekannten experimentellen Werten erreicht. R. Nink. 135□

0248 **Wärme- und Ladungstransport in n-Indiumarsenid bei tiefen Temperaturen.** Ss. Ss. Schalyt. (Festkörperphysik [UdSSR] **4**, 1915–27, 1962; Leningrad, Inst. für Halbleiter der Akad. der Wiss. der UdSSR; russ.) — Vf. untersucht die Streuung von Elektronen in InAs bei 77°K an einer Probe mit der Elektronenkonz. $3 \cdot 10^{16}$ cm^{-3} durch Messung der Leitfähigkeit des Hall-Effekts, der magnet. Widerstandsänderung, der therm. EMK u. des longitudinalen u. transversalen Nernst-Ettingshausen-Effekts. Dazu wurden die therm. Leitfähigkeit u. die Thermo-EMK als Funktion der Temp. zwischen 4 u. 100°K gemessen. Auch der Einfl. der Probengröße auf die magnet. Widerstandsänderung u. den longitudinalen Nernst-Ettingshausen-Effekt wird untersucht. A. Kumm. 135◇

0249 **Photoleitfähigkeit von Bleioxidschichten.** L. Heijne. (Philips Res. Rep. Suppl. **1961**, Nr. 4, 1–161; engl.) — Umfassende Unters. der elektr. u. lichtelektr. Eigg. von PbO; theoret. Behandlung der Elektronenvorgänge (Halbleitertheorie), Herst.-Technik u. Anwendung. I. Zoll. 135◇

0250 **Der Einfluß von Ionenbeschuß auf die elektrischen und photoelektrischen Eigenschaften von PbS.** O. M. Artamonow, R. Ja. Berlaga und M. G. Winogradow. (Festkörperphysik [UdSSR] **5**, 959–61, 1963; Leningrad, Univ.; russ.) — Es werden der zeitliche Verlauf der elektr. u. der lichtelektr. Leitfähigkeit sowie die Richtung der Thermokraft an 0,6 μ dicken PbS-Schichten beim Beschuß mit *Ar*-Ionen (100–400 eV, 10^{-6}–10^{-8} A) gemessen. Der elektr. Widerstand durchläuft ein Maximum u. wird stetig kleiner. Nach Abschalten des Ionenstroms steigt er wieder an. Der Beschuß mit *H*- oder *O*-Ionen hat die gleiche Wirkung. S. Krause. 135◇

0251 **Wirkung der Spinbahnaufspaltung auf die Fermi-Flächen der hexagonal dicht gepackten Metalle.** Morrel H. Cohen und L. M. Falicov. (Physic Rev. Letters **5**, 544–46, 1960; Chicago, Ill., Univ. of Chicago, Inst. for the Study of Metals; engl.) — Vff. verallgemeinern die Elliottsche Analyse (C. **1955**, 8554) auf einen allgemeinen Punkt der hexagonalen Fläche u. zeigen, daß die Entartung aufgehoben wird. Für *Mg* werden die Aufspaltungen (am Punkte H der 1. Brillouin-Zone) berechnet; aus dem näherungsweise gleichen Verhältnis der Aufspaltungen in den Kristall- zu den atomaren Spinbahnkopplungsparametern für alle hexagonal dicht gepackten Metalle folgt, daß die Spinbahnaufspaltungen für *Be*, *Zn*, *Cd* bzw. *Tl* 0,05, 9,5, 28 bzw. 129mal so groß wie für Mg sind. Die bekannten Leg.-Theorien erfahren durch die Spinbahnaufspaltung keine wesentliche Änderung, da die Aufspaltung im Zentrum der hexagonalen Fläche verschwindet u. in einem großen Bereich um das Zentrum herum sehr klein ist. Die topolog. Eigg. der Fermi-

Flächen der reinen Metalle werden jedoch grundlegend verändert, u. das gewöhnlich zu ihrer Deutung verwendete Doppelzonenschema verliert seine Gültigkeit.
D. Jörchel. 136◇

0252 **Bestimmung spezifischer elektrischer Widerstände von Metallen mit der Methode der magnetischen Dämpfung.** K. D. Baveja. (J. sci. ind. Res. [New Delhi], Sect. B **20**, 343–44, 1961; New Delhi, Nat. Phys. Labor.; engl.) — Der elektr. Widerstand (ϱ) einer metall. Platte, die in einem homogenen Magnetfeld schwingt, wird unter der Annahme einer best. Verteilung der induzierten Ströme in Abhängigkeit vom Koeff. der magnet. Dämpfung (f), von der Stärke des Magnetfeldes (H) u. der Dimensionen der Platte (a = Radius, d = Dicke) abgeleitet: $\varrho = (\pi\, d\, a^4\, H^2/16\, f) \cdot 10^{-9}\ \Omega$ cm. Die Annahme der bes. Verteilung der induzierten Ströme wird experimentell an *Cu-*, *Al-*, *Mg-*, *Zn*-Platten bei 26° gemessen. Die berechneten u. gemessenen Werte stimmen annähernd überein.
H. Schibilla. 136◇

0253 **Widerstandsmessungen an Permalloy-Filmen.** A. van Itterbeek, A. Dupré und G. Brandt. (Appl. sci. Res. [The Hague], B **9**, 470–76, 1963; Leuven, Belgien, Inst. voor Lage Temp. en Techn. Fys.; engl.) — Durch Vakuumverdampfung wurden dünne Filme von Permalloy (75,5% Ni, 21,5% Fe) auf Glas erzeugt. Die Dicke variierte zwischen 100 u. 800 Å. Elektr. Widerstandsmessungen zwischen 1,5 u. ca. 300 °K ergaben nur eine sehr geringe Temp.-Abhängigkeit. Best. der Koerzitivkraft durch Messung der magnet. Widerstandsänderung ergab wie bei massivem Permalloy relativ niedrige Werte (ca. 7 Oested). W. Reusse. 136◇

0254 **Kontakt-Widerstand bei hohem senkrechtem Druck.** L. F. Wereschtschagin, Je. W. Subowa und W. A. Schapotschkin. (J. techn. Physik [UdSSR] **32**, 230–32, 1962; Moskau, Inst. für Hochdruckphys. der Akad. der Wiss. der UdSSR; russ.) — Mit Hilfe einer Kompensationsmeth. wurde bis zu 100000 kg/cm² Druck der elektr. Kontaktwiderstand gemessen. Als Material diente Stahl SchCh 15 oder eine Metallkeramikleg. Wk 6. Der Widerstand fiel im Bereich von 0 bis 10000–15000 kg/cm² stark ab, was auf eine Änderung der tatsächlichen Kontaktfläche beruht. M. Wiedemann. 136◇

0255 **Magnetische Widerstandsänderung von Kupfer, Silber und Gold.** M. G. Priestley. (Philos. Mag. [8] **5**, 111–14, 1960; Cambridge, Royal Soc. Mond Labor.; engl.) — Vf. zeigt, daß die Messungen der magnet. Widerstandsänderung von Cu-, Ag- u. Au-Einkristallen durch Alexejewski u. Gaidukow (J. exp. theoret. Physik [UdSSR] **37**, [1959], 672 u. 1281) mit den Fermi-Flächen dieser Metalle, wie sie auf Grund des anomalen Skin-Effekts u. von Messungen des de Haas-van Alphen-Effekts vorgeschlagen worden sind, verträglich sind. D. Jörchel. 136□

0256 **Anisotropie der Änderung des elektrischen Widerstandes bei der Magnetisierung eines Nickelferrateinkristalls.** A. W. Salesski. (Kristallographie [UdSSR] **7**, 321–22, 1962; Akad. der Wiss. der UdSSR, Inst. für Kristallograph.; russ.) — Bericht über die Anisotropie der Änderung des elektr. Widerstandes bei der Magnetisierung von $Ni_{0,78}\,Fe_{0,12}^{2+}\,Fe_{2,07}^{3+}O_4$ bei Zimmertemperatur. $\Delta R/R$ wurde potentiometr. in einem Elektromagneten gemessen. Für acht Orientierungen stimmen experimentelle u. berechnete Werte recht gut überein.
K. Jaeger. 136◇

0257 **Über schmutzige Supraleiter.** Toshihiko Tsuneto. (Progr. theoret. Physics [Kyoto] **28**, 857–69, 1962; Kyoto, Univ., Res. Inst. for Fundamental Phys.; engl.) — Werden Störstellen von vornherein in das Elektron-Phonon-Syst. mit einbezogen, ändert sich die Übergangstemp. nicht. Für einen Supraleiter mit anisotroper Energielücke wird der Effekt im einzelnen theoret. untersucht. Die Streuung führt hier zu einer Verringerung der Übergangstemp., erst linear, dann logarithmisch. Sobald die mittlere freie Weglänge kleiner ist als die kohärente Länge, wird die Lücke im Anregungsspektrum isotrop.
M. Wiedemann. 136◇

0258 **Supraleitender Nb_3-Sn-Streifen.** A. C. Barber und P. H. Morton. (Nature [London] **198**, 82, 1963; Witton, Imp. Metal Ind. Ltd., Res. Dep.; engl.) — Zur Darst. der intermetall. Phase Nb_3Sn wird eine dünne Schicht Sn mit Nb umgeben u. wiederholt zu einer Folie ausgerollt. Der hergestellte Streifen wird dann auf eine im voraus bestimmte Temp. gebracht. Leitfähigkeitsmessungen an diesen Streifen ergaben einen Strom von 130 A in einem Feld von 78 kGauss bei 4,2 °K. Die Nb_3Sn-Streifen waren ca. 0,025 mm dick; die Stromdichte hatte die Größenordnung von $10 \cdot 10^4$ A/cm². Nach einer zweiten Meth. hergsstellte Nb_3Sn-Streifen ergaben ähnliche Resultate.
E. Schulte. 136◇

0259 **Supraleitfähigkeit bei Antiferromagneten.** W. Baltensperger und S. Strässler. (Physik. kondens. Materie **1**, 20–26, 1963; Zürich, ETH, Labor. für Festkörperphys.; engl.) — Für einen Antiferromagneten mit zwei vollkommenen inversen Spingittern werden neue BCS-Elektronenpaare (vgl. Bardeen u. Mitarbeiter, C. **1958**, 5576) beschrieben, deren Kopplung gegenüber einem nichtmagnet. Körper nur leicht vermindert ist. Durch Anregung virtueller Spinwellen tritt eine abstoßende Wechselwrkg. zwischen den Elektronen auf, so daß es von der relativen Größe der beiden Effekte abhängt, ob Supraleitung auftreten kann oder nicht.
H. Roschkowski. 136◇

0260 **Über die Möglichkeit absoluter magnetischer Kernpolarisation durch Impulsmethode.** U. Ch. Kopwillem und R. W. Schubina. (Festkörperphysik [UdSSR] **4**, 1717–27, 1962; Kasan, Akad. der Wiss. der UdSSR; russ.) — Die Schrödinger-Gleichung wird für ein Elektronen- u. Kernspinsyst. gelöst, das unter der Einw. von zwei pulsierenden Magnet- oder Ultraschallfeldern steht, die getrennt oder nacheinander angewandt wurden. Es werden Ausdrücke abgeleitet für die Anfangsamplitude der freien Elektron- u. Kerninduktion u. die magnet. Polarisation. Zwei Meth. werden vorgeschlagen, mit denen man eine gleichförmige Polarisation des Kernspinsyst. in diamagnet. u. paramagnet. Kristallen bei He-Temp. erhält. Diese Meth. sind vom Relaxationsmechanismus unabhängig u. für Unters. instabiler angeregter Zustände verwendbar. Substanzen, in denen eine gleichförmige Polarisation von Cr^-, Fe^- u. Mn-Ionen möglich scheint, werden tabelliert. A. Kumm. 137◇

0261 **Subnormales magnetisches Moment der Additionsverbindung von Kupfer(II)-formiat mit Harnstoff.** Michihiko Kishita und Masaji Kubo. (Naturwissenschaften **49**, 230–31, 1962; Chikusa, Nagoya, Univ., Chem. Dep.; engl.) — Das magnet. Moment von $Cu(HCO_2)_2 \cdot (NH_2)_2CO$ (**I**) wurde bei Raumtemp. zu 1,08 BM bestimmt. Dieser subnormale Wert führt zu der berechtigten Annahme, daß gepaarte Cu-Atome (geringer Cu–Cu-Abstand) u. somit zweikernige Komplexe vorliegen. Die Cu-Atome werden vermutlich brückenartig durch 4 Formiatgruppen verbunden; die beiden Harnstoff-Moll. besetzen die endständigen Positionen. Es wird eine ähnliche Atomanordnung vorliegen, wie sie bereits im $Cu(CH_3CO_2)_2 \cdot H_2O$ (van Niekerk u. Schoening, C. **1955**, 7857) gefunden wurde. $Cu(HCO_2)_2 \cdot 2(NH_2)_2CO \cdot 2H_2O$ (**II**) zeigt wie $Cu(HCO_2)_2 \cdot 4H_2O$ (**III**) ein normales magnet. Moment von 1,67 BM. Es ist zu erwarten, daß **II** denselben strukturellen Aufbau wie **III** (Kiriyama, Ibamoto u. Matsuo, C. **1955**, **4555**) besitzt (keine gepaarten Cu-Atome). $Cu(CH_3CO_2)_2 \cdot (NH_2)_2CO \cdot H_2O$ u. $Cu(CH_3 \cdot CO_2)_2$ weisen wiederum subnormale magnet. Momente von 1,39 u. 1,37 BM auf u. deuten auf zweikernige Komplexe mit gepaarten Cu-Atomen mit einer ähnlichen Atomanordnung wie in **I** hin. G. Gattow. 137□

0262 **Galvanomagnetische Eigenschaften der ferri-magnetischen Verbindung Mn_5Ge_2.** Ss. Ss. Lewina, W. N. Nowogrudski und I. G. Fakidow. (Metallphysik u. Metallkunde [UdSSR] **13**, 782–83, 1962; Inst. für Metallphys. der Akad. der Wiss. der UdSSR; russ.) — Zur Klärung der physikal. Natur der Ferrimagnetika ist die Unters. des Kompensationspunktes von Bedeutung. Am Kompensationspunkt gleichen sich die magnet. Momente der Untergitter aus. Vff. beschreiben die Temp.-Abhängigkeit des transversalen galvanomagnet. Effektes in Mn_5Ge_2 (**I**). **I** zeigt metallähnlichen Verlauf der Leitfähigkeit mit der Temperatur. Der transversale galvanomagnet. Effekt kehrt sein Vorzeichen beim Durchgang durch die Kompensationstemp. um. Ähnliches Verh. des entsprechenden longitudinalen Effekts wurde in Ferriten wie $Li_2O \cdot 2{,}5\ Fe_2O_3 \cdot 2{,}5\ Cr_2O_3$ bereits früher gefunden, so daß es als typ. für eine Reihe von Ferrimagnetika mit Kompensationspunkt gelten kann. I. Berger. 137◇

0263 **Untersuchung dünner Permalloyfilme in schwachen Ummagnetisierungsfeldern.** T. N. Nikitina. (Nachr. Moskauer Univ., Ser. III **17**, Nr. 6, 59—62, 1962; Lehrst. für allg. Phys.; russ.) — Es werden Messungen der Ummagnetisierungszeit u. der Amplitude des Signals bei der Ummagnetisierung von Permalloyfilmen in Feldern mitgeteilt, die kleiner als die Koerzitivkraft sind oder annähernd dieser entsprechen. Im ersteren Falle erfolgt die Änderung der Magnetisierung in sehr kurzer Zeit u. mit kleiner Signalamplitude. Das Gebiet, in dem der Film durch Verschiebung der Domänengrenzen ummagnetisiert wird, hängt von der Filmdicke ab. Reversible Prozesse der Änderung der Magnetisierung werden in allen Ummagnetisierungsfeldern beobachtet; dabei ändern sich Signalamplitude u. -dauer bei zunehmender Feldstärke nicht. R. K. Müller. 137◇

0264 **Spinwellen-Resonanz in Schichten, die parallel zur Oberfläche magnetisiert sind.** Peter Wolf. (J. appl. Physics **34**, 1139, 1963; Switzerland, Zürich, Res. Labor., International Business Machines Corp.; engl.) — Vorl. Mitteilung. Die theoret. Absorptionskurven für Permalloy-Filme mit $4\pi M\gamma \approx 2\pi \cdot 30$ GHz werden für 10 u. 30 GHz u. verschiedene Dicken berechnet. J. Blume. 137◇

0265 **Über die Green-Funktionen der Heisenberg-Spinsysteme.** Kyozi Kawasaki und Hazime Mori. (Progr. theoret. Physics [Kyoto] **28**, 690—710, 1962; Kyoto, Univ., Res. Inst. for Fundament. Phys.; engl.) — Mittels Green-Funktionen wird die stat. Spin-Paar-Korrelation untersucht. Im Verh. der Susceptibilitäten von Ferromagnetika ergeben sich starke Unterschiede, je nachdem ob anisotrope oder isotrope Austausch-Wechselwrkg. vorliegt. M. Wiedemann. 137◇

0266 **Über die Temperaturabhängigkeit der Spin-Gitter-Relaxationszeiten.** A. A. Manenkow und A. M. Prochorow. (J. exp. theoret. Physik [UdSSR] **42**, 1371—74, 1962; Akad. der Wiss. der UdSSR, Physikal. Lebedew-Inst.; russ., Auszug: engl.) — Die Temp.-Abhängigkeit der Spin-Gitter-Relaxationszeiten (T_1) bei paramagnet. Kristallen für direkte Resonanzprozesse des Energieaustausches eines Spinsyst. mit dem Gitter wird stark durch die Struktur der Energieniveaus des Spinsyst., ihre Aufspaltungen im Vgl. mit der Gittertemp. (kT) u. das Verhältnis der Wahrscheinlichkeiten der Relaxationsübergänge zwischen den verschiedenen Niveaus bestimmt. Wenn die Aufspaltungen der Niveaus wesentlich kleiner als kT sind, gilt für die Relaxationszeiten $T_1 \sim T^{-1}$, während bei größeren Niveauaufspaltungen ($>$ kT) eine schwächere oder eine stärkere (exponentielle) Temp.-Abhängigkeit von T_1 beobachtet wird. R. K. Müller. 137◇

0267 **Spinwellen-Beitrag zur spezifischen Wärme und zur Magnetisierung von verkanteten Spinanordnungen.** Henry Unruh jun. und Frederick J. Milford. (Physic. Rev. [2] **123**, 1619—26, 1961; Cleveland, Ohio, Case Inst. of Techn.; Columbus, Ohio, Battelle Memorial Inst.; engl.) — Es wird das Dispersionsgesetz der Spinwellen für kub. verkantete Spinanordnungen abgeleitet. Damit ergeben sich die Spinwellenbeiträge zur spezif. Wärme u. zur Magnetisierung. Im Sonderfall wechselt der Spinwellenbeitrag von der $T^{3/2}$-Abhängigkeit bei tiefen Temp. zur T^2-Abhängigkeit bei höheren Temperaturen. H. Fahlenbrach. 137◇

0268 **Bild der Fermi-Oberfläche in Spinwellen-Spektren der Seltenerdmetalle.** Edwin J. Woll jun. und Stephen J. Nettel. (Physic. Rev. [2] **123**, 796—99, 1961; San Diego, Calif., Univ. of California, Dep. of Phys.; engl.) — Im Raum der Spinwellen-Vektoren **q** sind Oberflächen vorhanden, auf denen die Frequenzen einen unendlichen Gradienten in bezug auf **q** besitzen. Der Ort dieser Unstetigkeiten wird durch die Form der Fermi-Oberfläche bestimmt. Unter der Annahme, daß die Wechselwrkg. zwischen den Ionen-Spins prim. über die Austausch-Streuung der Leitungselektronen erfolgt, wird das Spinwellen-Spektrum — ähnlich wie die Wechselwrkg. der Kernspins nach Rudermann u. Kittel — berechnet. Spinwellen-Streukurven in zwei Richtungen hoher Symmetrie werden numer. berechnet. Die Rechnungen sind für ferromagnet. Stoffe durchgeführt worden, lassen sich aber auch auf Antiferromagnetika mit spiralförmiger Spinstruktur ausdehnen. H. Fahlenbrach. 137◇

0269 **g-Verschiebung und anomaler Hall-Effekt in Gadolinium-Metallen.** Jun Kondo. (Progr. theoret. Physics [Kyoto] **28**, 846—56, 1962; Tokyo, Azabu, Univ., Inst. for Solid State Phys.; engl.) — Infolge der kovalenten Mischung kann die Kopplung zwischen den Spins der Leitfähigkeits- u. der lokalisierten Elektronen durch eine Austauschwechselwrkg. mit negativem Vorzeichen (antiferromagnet.) ausgedrückt werden. Wird die Spin-Bahn-Kopplung der lokalisierten Elektronen beachtet, ergibt sich eine anisotrope Wechselwrkg. zwischen ihnen u. den Leitfähigkeitselektronen. Die große negative g-Verschiebung der lokalisierten Spins ist auf die Mischung zurückzuführen. Die anisotrope Wechselwrkg. bewirkt den großen anomalen Hall-Effekt. M. Wiedemann. 137◇

0270 **Über den Einfluß der Molekülform auf die Geschwindigkeit der magnetischen Relaxation in Flüssigkeiten.** K. A. Walijew und M. M. Saripow. (J. exp. theoret. Physik [UdSSR] **42**, 503—10, 1962; Kasan, Pädagog. Inst.; russ., Auszug: engl.) — Es wird die Geschw. der magnet. Relaxation, die auf der Brownschen Rotation nichtsphär. Fl.-Mol. beruht, berechnet. I. Zoll. 137◇

0271 **Einfluß der Spin-Spin-Wechselwirkung auf Neutronenstreuung in Paramagnetika.** B. M. Chabibullin. (Festkörperphysik [UdSSR] **4**, 1826—32, 1962; Kasan, Physik. Inst. der Akad. der Wiss. der UdSSR; russ.) — Mit einigen besonderen Annahmen untersucht Vf. den Einfl. der Phonon-induzierten Spin-Spin-Wechselwrkg. auf die Energieverteilung von gestreuten Elektronen. Die gefundene Veränderlichkeit der peaks in der Energieverteilung ist in der gleichen Größenordnung wie die bei Relaxationseffekten. A. Kumm. 137◇

0272 **Elektronenspin-Austausch in wäßrigen Lösungen von $K_2(SO_3)_2NO$.** M. T. Jones. (J. chem. Physics **38**, 2892—95, 1963; Wilmington, Del., E. I. du Pont de Nemours & Co., Exp. Stat., Central Res. Dep.; engl.) — Die Elektronenspin-Austauschfrequenz ω wurde an O_2-freien u. -haltigen, 10^{-4} bis 10^{-1} m Lsgg. von $K_2(SO_3)_2NO$ in $5 \cdot 10^{-2}$ m wss. K_2CO_3 mit Hilfe der ESR-Meth. gemessen (Berechnung aus den Linienbreiten u. -abständen mit Hilfe der Bloch-Gleichungen). Der Zusammenhang mit der Konz. ist $\omega = b \cdot C^m$ mit m = ca. 1. O_2 bewirkt eine Linienverbreiterung. Bei niedrigen Konzz. zeigt die Linienform Abweichungen von der Lorentz-Kurve. A. Blaschette. 137◇

0273 **Paramagnetische Elektronenresonanz eines pyrolytischen Kohlenstoffs.** Michèle Cerutti, Jean-Gérard Théobald und Jean Uebersfeld. (C. R. hebd. Séances Acad. Sci. **256**, 3029—30, 1963; Besançon, Fac. des Sci., Labor. de Spectroscopie hertzienne; franz.) — Es werden die Resonanzkurven von pyrolyt. bei 2100° auf Graphit abgeschiedenen C-Schichten als Funktion des Winkels α zwischen äußerem Magnetfeld u. der Schichtnormalen aufgenommen. Der Landé-Faktor fällt von $g = 2{,}055 \pm 0{,}0005$ für $\alpha = 0$ auf $g = 2{,}005 \pm 0{,}0005$ für $\alpha = \pi/2$ u. erreicht bei $\alpha = \pi/4$ ein flaches Maximum. Die Meßergebnisse werden unter Berücksichtigung der Schichtstruktur diskutiert. Herbert Müller. 137◇

0274 **Paramagnetische Elektronenresonanz für Metalle mit zwei Leitungsbändern.** Tsuyoshi Murao. (J. physic. Soc. Japan **16**, 1940—47, 1961; Sendai, Tohoku Univ., Dep. of Phys.; engl.) — Unter der Annahme, daß die Gleichungen vom Bloch-Typ mit Zwischenband-Kreuztermen u. Diffusionstermen anwendbar sind, gelingt eine Herleitung von theoret. Ausdrücken für die obengenannte Resonanzabsorption. An einigen typ. Beispielen wird die Absorptionskurve analysiert, um aus den erwähnten Termen Aussagen über den Zwischenband-Kreuzeffekt u. über den Diffusionseffekt zu gewinnen. Dabei

ergibt sich auch die Möglichkeit einer Best. der Diffusionskonst. der 3d-Elektronen bei Übergangsmetallen.
H. Fahlenbrach. 137◇

0275 **Untersuchung der Besonderheiten der Isomorphie von Fe^{3+}-Ionen in Andalusit mit der paramagnetischen Resonanzmethode.** W. M. Winokurow, M. M. Saripow, Ju. Je. Polski, W. G. Stepanow, G. K. Tschirkin und L. Ja. Schekun. (Kristallographie [UdSSR] **7,** 318—20, 1962; Kasan, Uljanow-Lenin-Univ.; russ.) — Röntgenograph. Unters. zeigen zwei gleiche, mit ihren Hauptachsen jedoch um 59,37° gegeneinander geneigte oktaedr. Baugruppen von AlO_6. Wird Al isomorph durch Fe vertreten, so beträgt die Neigung der beiden Fe-Baugruppen 59,9° gegeneinander. Dennoch zeigt die paramagnet. Resonanz nur eine Fe-Frequenz, was wahrscheinlich auf eine Rotation der Fe-Baugruppen um die c-Achse u. damit auch einen Fortfall der Unterscheidung zweier verschiedener Baugruppen zurückgeht. Ob diese Eig. auch bei reinem Al_2SiO_5 auftritt oder eine spezif. Eig. der isomorphen FeO_6-Baugruppen im Andalusit ist, konnte noch nicht entschieden werden.
K. Jaeger. 137◇

0276 **Paramagnetische Resonanz von Platin-Ionen in $BaTiO_3$-Einkristallen mit geringen Niobgehalten.** Z. Šroubek, K. Žďánský und E. Šimánek. (Physica Status solidi [Berlin] **3,** kurze Orig.-Mitt. K 1—K 4, 1963; Prague, Czechoslovac. Acad. of Sci. Inst. of Radio Eng., Inst. of Phys.; engl.) — An $BaTiO_3$-Einkristallen, die aus Pt-Tiegeln gezogen wurden u. Nb-Geh. von 0,2 Mol% besaßen, gelang die Messung der paramagnet. Resonanz der Pt^{3+}-Ionen. Die Messungen wurden bei 78° K u. 10^4 MHz durchgeführt. Das beobachtete Spektrum konnte durch eine Spin-Hamilton-Funktion: $H = g_{\parallel}\beta H_z S_z + g_{\perp}\beta(H_x S_x + H_y S_y) + AS_z I_z + B(S_x I_x + S_y I_y)$ mit $g_{\parallel} = 1{,}935 \pm 0{,}005$, $g_{\perp} = 2{,}51 \pm 0{,}02)$ A $< 0{,}0028\ cm^{-1}$ u. $B = 0{,}0135 \pm 0{,}001\ cm^{-1}$ beschrieben werden. Daß die Resonanz ohne Anwesenheit von Nb nicht beobachtet werden konnte, wird dem Auftreten von Pt^{4+}- anstelle von Pt^{3+}-Ionen zugeschrieben.
H. Fahlenbrach. 137◇

0277 **Elektronenspin-Resonanz in Pulvern.** Gerald Burns. (J. appl. Physics **32,** 2048—50, 1961; Yorktown, N. Y., IBM Corp., Res. Center; engl.) — Am Beispiel von Cr^{3+} in $NH_4(99\,Al + 1\,Cr)(SO_4)_2 \cdot 12H_2O$ u. Mn^{2+} in $(98\,Zn + 2\,Mn)SiF_6$ wird die Nützlichkeit von ESR-Messungen an Pulvern aufgezeigt bei Materialien, die einen allgemeineren Hamilton-Operator haben.
J. M. Spaeth. 137◇

0278 **Elektronenspin-Resonanz in neutronenbestrahltem Quarz.** Robert H. Silsbee. (J. appl. Physics **32,** 1459 bis 1462, 1961; Ithaca, N. Y., Cornell Univ., Labor. of Atomic and Solid State Phys. and Dep. of Phys.; engl.) — Die Elektronenspin-Resonanz einer durch Bestrahlung mit schnellen Neutronen in kristallinem Quarz erzeugten Fehlstelle wird analysiert. Die von diesen Ergebnissen abgeleiteten g- u. Hyperfein-Tensoren besagen, daß das Defektelektron sich in einem nichtbindenden tetraedr. Hybrid an einem Si-Atom befindet. Es wird vermutet, daß die Instabilität des Gitters bei hohen Dosen zum Teil von der Anwesenheit dieser Fehlstellen herrührt.
J. M. Spaeth. 137◇

0279 **Radioaktive Erzeugung von Störstellen in Festkörpern.** John Lambe. (Physic. Rev. [2] **120,** 1208—11, 1960; Dearborn, Mich., Ford Motor Co., Sci. Labor.; engl.) — Mit den Rkk. $^3H_2 \xrightarrow{\beta} {}^3He + {}^3H$ u. $^{85}Kr \xrightarrow{\beta} {}^{85}Rb$ wurden festes *He* u. festes *Kr* mit atomaren Störstellen dargestellt, die mit Hilfe der paramagnet. Resonanz untersucht wurden (4,2° K). Für ^3H konnte eine charakterist. Hyperfeinaufspaltung von 543 Gauss gefunden werden. Die paramagnet. Resonanz von ^{85}Rb ließ sich nicht nachweisen.
K. Jaeger. 137◇

0280 **Paramagnetische Resonanz von Fehlstellen, die nahe an der Oberfläche von Festkörpern durch mechanische Schädigungen erzeugt wurden.** G. K. Walters und T. L. Estle. (J. appl. Physics **32,** 1854—59, 1961; Dallas, Tex., Texas Instruments, Inc., Central Res. Labor.; engl.) — Es werden ESR-Charakteristika einer Zahl von Materialien beobachtet, die mechan. stark beansprucht wurden. Eine in *Si* beobachtete Linie mit g = 2,0055 wurde Fehlstellen zugeschrieben, die in Nähe der Oberfläche durch mechan. Schädigung erzeugt wurden. Die Resonanz-Eigg. werden nicht durch Wechselwirkung der Si-Oberfläche mit atmosphär. Gasen beeinflußt. Ähnliche Linien erscheinen bei *Ge*, *SiC* u. *Diamant*. Die durch mechan. Schädigung hervorgerufene vorherrschende Linie des *MgO* wird F-Zentren zugeschrieben. Ähnliche Linien werden bei anderen II-VI-Verbb. (*CaO*, *CaS*, *ZnO*, *ZnS* u. *SrO*) beobachtet. Auch für SiO_2, TiO_2, Al_2O_3, *Te* u. $MgAl_2O_4$ werden Ergebnisse mitgeteilt. Keine Resonanz konnte bei pulverisiertem $CaCO_3$, CaF_2, *GaAs*, *Se*, *KCl*, *LiF*, Bi_2Te_3 u. *PbTe* festgestellt werden. Es besteht Ähnlichkeit zwischen mechan. u. durch schnelle Neutronen erzeugten Fehlstellen.
J. M. Spaeth. 137◇

0281 **Hochfrequenzspektroskopische Orientierung von Kristallen.** B. I. Zukerman, M. L. Meilman und L. P. Ssorokina. (Kristallographie [UdSSR] **7,** 224—28, 1962; russ.) — Die Anisotropie der ESR-Spektren wird zur Orientierung paramagnet. Kristalle benutzt. Beschrieben werden das benutzte Goniometer u. die Probenkugel sowie die wichtigsten Schritte zur Ableitung der Koordinaten der Symmetrieelemente. Die Orientierung kann auf etwa 1′ angegeben werden. Die Meth. kann zur qual. Analyse paramagnet. Verunreinigungen herangezogen werden.
K. Jaeger. 137◇

0282 **Der paramagnetische Anteil der Susceptibilität und seine Isotopenverschiebung in LiF.** Allan M. Russell. (J. chem. Physics **37,** 214—16, 1962; Riverside, Calif., Univ. of California, Dep. of Phys.; engl.) — Aus Messungen des IR-Spektrums von ^6LiF u. ^7LiF ergibt sich für den paramagnet. Anteil $\chi^{HF} = (1{,}25 \pm 0{,}02) \cdot 10^{-5}$ [erg/G^2 · Mol]. Daraus u. aus Messungen der magnet. Rotationsmomente wird eine Isotopenverschiebung $\Delta\chi^{HF}$ von $(5{,}0 \pm 0{,}5) \cdot 10^{-8}$ bzw. eine Abnahme von 0,4% von ^6LiF zu ^7LiF ermittelt. Das elektr. Dipolmoment von ^6LiF ergibt sich zu $\mu_e = 6{,}40 \pm 0{,}04$ D ($\nu = 0$).
G. M. Neumann. 137◇

0283 **Die superparamagnetische Anfangssusceptibilität bei beliebiger Anisotropie der Einzelkörner.** Artur Hahn. (Z. angew. Physik **13,** 165—67, 1961; Marburg, Univ., Phys. Inst., Abt. für Metallphys.; dt.) — Die superparamagnet. Susceptibilität ist unter sehr weiten Voraussetzungen unabhängig von der Anisotropie der Einzelkörner. Wesentliche Voraussetzung ist die bei Proben ohne Textur stets erfüllte Bedingung einer „pauschalen Isotropie" der Teilchengesamtheit. K. Reichel. 137□

0284 **Kernmagnetische Resonanz.** R. E. Richards. (Pure appl. Chem. **4,** 175—83, 1962; Oxford, Univ., Lincoln Coll.; engl.) — Übersicht über neuere Unterss. chem. Strukturprobleme mit Hilfe von KMR-Methoden. — 30 Literaturangaben.
A. Blaschette. 137◇

0285 **Das kernmagnetische Resonanzspektrum von Schwefeltetrafluorid.** J. Bacon, R. J. Gillespie und J. W. Quail. (Canad. J. Chem. **41,** 1016—18, 1963; Hamilton, Ont., McMaster Univ., Dep. of Chem.; engl.) — Das KMR-Spektrum von SF_4 spaltet bei — 60° in zwei Tripletts, die bei — 90° selbst wieder in Dubletts aufspalten. Die Analyse des Spektrums unter Zugrundelegung eines A_2B_2-Syst. mit gleichwertigen Kopplungskonst. zwischen ungleichwertigen Kernen ergibt bei — 101° folgende Werte: $J = 76{,}3 \pm 0{,}3$ Hz; $\nu_0\delta$ (56,4 MHz) $= 2935 \pm 10$ Hz $= 52{,}1$ ppm; $J/\nu_0\delta = 0{,}0260$.
P. Sartori. 137◇

0286 **Kernmagnetische Resonanz von ^{57}Fe in feinem Eisenpulver.** Shizuko Ogawa und Setsu Morimoto. (J. physic. Soc. Japan **16,** 2065—66, 1961; Tokyo, Ochanomizu Univ., Phys. Dep.; engl.) — An handelsüblichen Fe-Pulvern (Korngröße ca. 10^6 Å), an nachgemahlenen Pulvern (ca. 10^4 Å) u. an durch elektrolyt. Abscheidung an der Hg-Elektrode hergestellten Pulvern (250—800 Å) wird die magnet. Kernresonanz von ^{57}Fe gemessen. Die Linienbreite der Resonanz hängt vom Betrage der inneren Spannungen linear ab. Bei Korngrößen < 1000 Å wird außerdem eine starke Zunahme der Linienbreite mit abnehmender Korngröße beobachtet, die nur qual. mit der Meiklejohn-Kurve übereinstimmt.
H. Fahlenbrach. 137□

0287 **Kernmagnetische Resonanzspektren von Adenosindi- und Adenosintriphosphat. 2. Mitt. Einfluß der Komplexbildung mit zweiwertigen Metallionen.** Mildred Cohn und Thomas R. Hughes jun. (J. biol. Chemistry **237,** 176–81, 1962; St. Louis, Mo., Washington Univ., Dep. of Biol. Chem. and Dep. of Phys.; Philadelphia, Pa., Univ. of Pennsylvania, Johnson Res. Foundation; engl.) — 1. vgl. C. **1961,** 7532. — Der Einfl. verschiedener zweiwertiger Ionen auf die kernmagnet. Resonanzspektren des P- u. des H-Kerns in Adenosindiphosphat (**I**) u. Adenosintriphosphat (**II**) wurde bis herab zu Konz. von $5 \cdot 10^{-5}$ m untersucht, um Aufschluß über die Struktur der Komplexe mit diesen Metallen zu erhalten. Demnach bilden Mg^{2+}, Ca^{2+} u. Zn^{2+} Komplexe mit den β- u. γ-Phosphatgruppen von **II** u. den α- u. β-Phosphatgruppen von **I**. Eine Verschiebung der Protonenresonanz bewirkt nur Zn^{2+}. Cu^{2+} reagiert nur mit den α- oder β-Phosphatgruppen, Mn^{2+} u. Co^{2+} mit den α-, β- u. γ-Gruppen von **II**. Bei **I** reagieren Mn^{2+} u. Cu^{2+} mit den α- u. β-Phosphatgruppen. M. Wiedemann. 137□

0288 **Über die Spin–Gitter-Relaxation der Kerne bei der Kernresonanz in Ferromagnetika.** L. L. Buischwili und N. P. Giorgadse. (J. exp. theoret. Physik [UdSSR] **42,** 499–502, 1962; Akad. der Wiss. der GrusinSSR, Inst. für Phys. u. Inst. für Kybernetik; russ., Auszug: engl.) — Es wird ein Mechanismus für die Spin-Gitter-Relaxation der Kerne bei der Kernresonanz in ferromagnet. Substanzen vorgeschlagen. Die Ergebnisse stimmen zufriedenstellend mit den experimentellen Daten überein. I. Zoll. 137◇

0289 **Modell des indirekten Austausches für ferromagnetische Metalle.** S. H. Liu. (Physic. Rev. [2] **123,** 470–74, 1961; Yorktown Heights, N. Y., IBM, Res. Center; engl.) — Mit dem Modell werden die ferromagnet. Eigg. der Seltenen Erden u. ihrer Legg. berechnet. Bei der Berechnung der Curie-Temp. der Metalle mit der Molekularfeld-Näherung zeigt sich die Anwendbarkeit der einfachen Theorien von Fröhlich, von Nabarro u. von Zener. Die von Ruderman u. Kittel, von Kasuya u. von Yosida berechneten Energieterme zweiter Ordnung sind für die Eigg. bei tiefen Temp. von großer Bedeutung. Die Theorie wird durch experimentelle Ergebnisse bestätigt. H. Fahlenbrach. 137◇

0290 **Ein Verfahren zur Messung des Streufelds über Bloch-Wandkanten ferromagnetischer Einkristalle.** Christoph Schwink. (Z. Physik **173,** 542–51, 1963; München, Univ., 2. Phys. Inst.; dt.) — Es wird ein Verf. angegeben, mit Elektronenstrahlen die magnet. Streufelder über den Bloch- Wandkanten geeignet gewählter Nickeleinkristalle auszumessen. Die dazu nötigen Voraussetzungen werden beschrieben, die für eine quant. Auswertung erforderlichen Formeln abgeleitet. Das neue Verf. ermöglicht die Messung bisher kaum zugänglicher Magnetfelder u. wahrscheinlich auch die Unters. von Bereichsstrukturen an Kristalloberflächen in einem weiten Temp.-Bereich. W. Pump. 137◇

0291 **Gewinnung von γ-Fe_2O_3 mit hohen ferromagnetischen Eigenschaften.** O. St. Cărnorečki und I. St. Aršinkov. (C.R. Acad. bulg. Sci. **13,** 171–74, 1960; Sofia, Wissenschaftliches Photo-Kino-Inst.; dt., Auszug: russ.) — Das nach bekannten Verff. gewonnene $FeC_2O_4 \cdot 2H_2O$ wird in Küvetten, welche mit Düsen versehen sind, unter O_2-Überschuß 24 Std. lang bei 330–340° erhitzt. In einem Arbeitsgang erhält man so γ-Fe_2O_3, das nur geringfügig durch α-Fe_2O_3 verunreinigt ist. Die Koerzitivkraft des erhaltenen Prod. beträgt 230–240 Oe u. die Remanenz 330–340 Gauß $\cdot$ cm^3/g. H. Kuchenbecker. 137◇

0292 **Beitrag der statischen Kristallfeldeffekte zur Linienbreite in mit Seltenerdmetallen dotiertem Yttriumeisengranat.** P. D. De Gennes, F. Hartmann-Boutron, P. A. Pincus und D. Saint-James. (Physics Letters [Amsterdam] **1,** 273–74, 1962; Gif-sur-Yvette, France, C.E.N. Saclay; engl.) — Es wird theoret. gezeigt, daß bei sehr tiefen Temp. ($\sim 1°K$) in mit Tb dotiertem Yttriumeisengranat die stat. Kristallfeld-Effekte beträchtlich zur ferromagnet. Resonanzlinienbreite beitragen können. J. M. Spaeth. 137◇

0293 **Die Frequenzabhängigkeit der ferromagnetischen Kristallanisotropie von $Ni_xFe_{3-x}O_4$.** Seiji Usami, Nahonori Miyata und Zenya Funatogawa. (J. physic. Soc. Japan **16,** 2064, 1961; Yokohama, Nat. Univ., Dep. of Phys.; engl.) — An $Ni_xFe_{3-x}O_4$ mit x = 0,20; 0,35; 0,52 u. 0,75 werden die K_1- u. g-Werte der ferromagnet. Kristallanisotropie aus der ferromagnet. Resonanz bei 9300 MHz bestimmt u. mit entsprechenden K_1-Werten, die mit Hilfe der Drehmoment-Meth. erhalten wurden, verglichen. Die Unterschiede ΔK_1 bei 90°K nehmen mit zunehmendem x ab u. scheinen bei x = 1 (reiner Ni-Ferrit) zu verschwinden. Die gegenüber Literaturangaben unterschiedlichen Ergebnisse werden auf eine verschiedene Dichte der Fe^{2+}-Ionen bei den unterschiedlich hergestellten Proben zurückgeführt. H. Fahlenbrach. 137□

0294 **Magnetische Anisotropie und chemische Bindung des Ferrocens.** L. N. Mulay und Mary Eleanor Fox. (J. chem. Physics **38,** 760–64, 1963; Cincinnati, Ohio, Univ. of Cincinnati, Dep. of Chem.; engl.) — Vgl. C. **1962,** 14413. — *Ferrocen*-Einkristalle wurden nach der Meth. von Krishnan (Flip-angle-Methode) magnet. mit 1,5–9 kG vermessen. Die mol. Susceptibilitäten K_1, K_2 u. K_3 ergaben sich zu −105, −112 u. −158; $\psi = 22°$ (K_3 Molekülachse als Normale zu der Ebene durch die Massenschwerpunkte der Ringe). Die Anisotropie zwischen K_3 u. K_1 bzw. K_2 in Höhe von $49{,}5 \cdot 10^6$ (cgs-Einheiten) deutet auf eine einfache $d\pi$-$p\pi$-Bindung zwischen jedem Ring u. dem Zentralatom. Aus der Larmor-Langevin-Funktion ergibt sich für die Anisotropie ein Wert von $48{,}4 \cdot 10^{-6}$. Im Fall des einfachen Ferrocens läßt sich auch Paulings Resonanzstruktur-Theorie mit den magnet. Messungen in Einklang bringen. P. Sartori. 137◇

0295 **Belastungseffekt in Kobalt beim Abkühlen.** Takashi Sambongi und Tadayasu Mitui. (J. physic. Soc. Japan **16,** 2066, 1961; Sapporo, Hokkaido Univ., Fac. of Sci., Dep. of Phys.; engl.) — Belastung (ca. 4 kg/mm^2) von Co beim Abkühlen führt zu einer ähnlichen induzierten Anisotropie wie eine Abkühlung im Magnetfeld. (Vgl. C. **1963,** 5721). Die Co-Proben (9,1 mm ⌀, 50 mm lang) wurden nach 2std. Tempern bei 600°C unter Belastung auf 350° abgekühlt. Im Drehmagneten wurde danach die Anisotropie in Ebenen parallel u. senkrecht zum angewendeten Druck gemessen. Die Richtung des Druckes bei der Abkühlung ist eine einachsige magnet. Vorzugsrichtung. Die Anisotropiekonstante K_u nimmt mit zunehmender Druckspannung zu u. erreicht bei ca. 10 kg/mm^2 einen Grenzwert. H. Fahlenbrach. 137□

0296 **Die einachsige magnetische Anisotropie von kubisch flächenzentrierten Kobalt-Ausfällungen in Kupfer.** C. W. Berghout. (J. Physics Chem. Solids **24,** 507–16, 1963; Eindhoven, N. V. Philips' Gloeilampenfabr., Philips Res. Labor.; engl.) — Aus Cu-Legg. mit 2,5% Co werden nach Czochralski 5 mm dicke Einkristallstäbe gezogen, diese 100 Std. lang bei 1050° angelassen u. mit < 10°/Min. auf die Fällungstemp. von 820–660° gekühlt. Während der Fällung wird parallel zu den Richtungen [001], [110] bzw. [111] ein Magnetfeld H von 6,5 kOe aufrecht erhalten. Die magnet. Anisotropie wird nach der Wärmebehandlung mit einer Torsionswaage bestimmt. Bei Temperung im feldfreien Raum wird lediglich eine kub. Anisotropie beobachtet. In Ggw. von H wird den Co-Kristalliten zusätzlich zur kub. eine einachsige Anisotropie in Würfelrichtung aufgeprägt, die den kleinsten Winkel mit der Richtung von H bildet. In der Abhängigkeit der einachsigen Anisotropie vom Teilchendurchmesser d wird für $d = 5 \cdot 10^{-6}$ cm ein scharfes Maximum beobachtet; die entsprechende Anisotropie-Konst. ist um den Faktor 10 größer als der nach der Theorie von Néel berechnete Wert. Das Maximum wird unter Berücksichtigung der Umwandlung der Co-Teilchen vom kohärenten in einen nichtkohärenten Zustand u. der dabei auftretenden elast. Spannungen diskutiert. Herbert Müller. 137◇

0297 **Über die Richtungsabhängigkeit der kritischen Amplitude der Mikrowellenfeldstärke bei Nebenresonanz und Senkrechtfeld.** W. Haubenreisser und D. Linzen. (Physica Status solidi [Berlin] **3,** 133–139, 1963; Jena,

Dt. Akad. der Wissensch. zu Berlin, Inst. f. Magnet. Werkst.; dt.) — Die Richtungsabhängigkeit der krit. Amplitude der Mikrowellenfeldstärke bei Nebenresonanz u. Senkrechtfeld wird mit der Sühlschen Theorie berechnet, wobei die Anisotropiefelder der Kittel-Mode u. der $k \neq 0$-Spinwellen berücksichtigt werden. Dabei kann die an einer *Mn–Mg–Co-Ferrit*-Einkristallkugel experimentell gefundene Anisotropie der äußeren stat. Magnetfeldstärke quantitativ erklärt werden. Die Richtungsabhängigkeit der krit. Amplitude wird durch die magnet. Anisotropie der $k = 0$-Spinwelle u. der $k \neq 0$-Spinwellen hervorgerufen. H. Fahlenbrach. 137◇

0298 **Über die Möglichkeit des Auftretens von intrinsiken Verlusten an den Ecken von Ferriten.** R. A. Hurd. (Canad. J. Physics **40,** 1067—76, 1962; Ottawa, Nat. Res. Council, Div. of Radio and Electr. Eng.; engl.) — Mit Hilfe der Maxwellschen Gleichungen u. üblicher Näherungsverf. der magneto-dynam. Gleichung wird man auf eine besondere Art elektromagnet. Verluste geführt, die bei den Übergängen: Ferrit–Luft–Metall auftreten können. Selbst wenn der Ferrit formal verlustfrei wäre, würde ein solcher Verlust von null verschieden sein. Mit solchen Verlusten ist beim Eintritt in eine ferritgeladene Wellenführung nennenswert zu rechnen. Intrinsike Verluste können auch das thermodynam. Paradoxon von Button u. Lax verständlich machen. H. Fahlenbrach. 137◇

0299 **Mössbauer-Untersuchung von Hyperfeinfeldern und Isomerenverschiebungen in Fe_4N und $(Fe, Ni)_4N$.** G. Shirane, W. J. Takei und S. L. Ruby. (Physic. Rev. [2] **126,** 49—52, 1962; Pittsburgh, Pa., Westinghouse Central Labor.; engl.) — Es werden Mössbauer-Messungen von ^{57}Fe an ferromagnet. Fe_4N durchgeführt, das eine flächenzentrierte kub. Anordnung von Fe-Atomen mit Stickstoff im Raumzentrum hat. Die Hyperfeinfelder sind **345 kOe** für die Ecken-Fe u. 215 kOe für die 3Fe im Flächenzentrum u. näherungsweise proportional zu deren magnet. Momenten, $3\mu_B$ u. $2\mu_B$. Die Isomerenverschiebungen, gemessen gegen eine Probe aus rostfreiem Stahl, sind 0,30 mm/s für die Ecken-Fe, u. 0,45 mm/s für die Fe im Fächenzentrum. Diese Werte stimmen mit den vorgeschlagenen elektron. Konfigurationen $3d^7 4s$ u. $3d^8 4s$ überein, die unter der Annahme abgeleitet sind, daß das N-Atom im Raumzentrum als Elektronendonator für das Fe im Flächenzentrum wirkt. Die Mössbauer-Spektren von $(Fe_{3,6}Ni_{0,4})N$ u. $(Fe_3Ni)N$ sind konsistent mit ihren geordneten Strukturen, in denen Ni vorzugsweise die Ecken-Fe ersetzt. J. M. Spaeth. 137◇

0300 **Der antiferromagnetische Curiepunkt von α-Fe_2O_3.** S. Freier, M. Greenshpan, P. Hillman und H. Shechter. (Physics Letters [Amsterdam] **2,** 191—92, 1962; Rehovoth, Israel, Weizmann Inst. of Sci., Dep. of Phys.; engl.) — Zur Erörterung der Frage, ob bei α-Fe_2O_3 ein Unterschied zwischen dem Curie-Punkt des Satelliten-Ferromagnetismus u. dem Néel-Punkt des Antiferromagnetismus besteht, werden die bisherigen Ergebnisse über die Wärmeausdehnung, die Neutronenbeugung, die Sättigungsmagnetisierung u. den Mössbauer-Effekt diskutiert. Eigene Versuche des Mössbauer-Effektes im krit. Gebiet zwischen 670 u. 725°K zeigen, daß die Zeeman-Aufspaltung des ^{57}Fe-Kernes in α-Fe_2O_3 (entsprechend einem Néel-Punkt) bei 690 $\pm$ 5° (in Übereinstimmung mit der Wärmeausdehnung) verschwindet u. daher kein Unterschied zwischen diesem Néel-Punkt u. dem Curie-Punkt des Satelliten-Ferromagnetismus zu bestehen scheint. H. Fahlenbrach. 137◇

0301 **Antiferromagnetische Susceptibilität der ebenen Isingschen Quadrat- und Honigwabengitter.** M. F. Sykes und Michael E. Fisher. (Physica [Utrecht] **28,** 919—38, 1962; London, King's Coll., Wheatstone Phys. Labor.; engl.) — Die Berechnungen erfolgten mit exakten Reihenentwicklungen. In der Umgebung der Curie-Temp. T_c betrug die Genauigkeit der Susceptibilitätsberechnung 0,5%, bei anderen Tempp. kleiner als 0,1%. In der Umgebung von T_c läßt sich die Temp.-Abhängigkeit $\chi(T) = (Nm^2/kT)$ $\{\xi_c + B[1-(T_c/T)]\ln[1-(T_cT]\}$ schreiben, wobei für das Quadratgitter $\xi_c = 0{,}1570$ u. $B = 0{,}280$, für das Honigwabengitter: $\xi_c = 0{,}1214$ u. $B = 0{,}252$ ist. $\chi(T)$ besitzt bei $T_m = 1{,}537\ T_c$ für das ebene Quadratgitter u. bei $T_m = 1{,}688\ T_c$ für das Honigwabengitter ein flaches Maximum. H. Fahlenbrach. 137◇

0302 **Antiferromagnetische Susceptibilitäten der einfachen kubischen und der kubisch raumzentrierten Ising-Gitter.** Michael E. Fisher und M. F. Sykes. (Physica [Utrecht] **28,** 939—56, 1962; engl.) — Vgl. vorst. Referat — Im Anschluß an die vorst. referierte Arbeit ergibt sich für die Temp. Abhängigkeit der Susceptibilität $(\chi_{(T)})$ in der Umgebung des Curie-Punktes T_c für die obengenannten Gitter die gleiche Formel mit Ausnahme, daß statt B $B_\pm$ zu setzen ist. Für einfach kub. Gitter ist dabei $\xi_c = 0{,}3397$, $B_+ = 0{,}11\ (T > T_c)$ u. $B_- \sim 0{,}29\ (T < T_c)$, für kub. raumzentrierte Gitter: $\xi_c = 0{,}3692$, $B_+ = 0{,}11$ u. $B_- \sim 0{,}31$. Verglichen mit den ebenen Gitter ist die Amplitude der Singularität sehr viel größer u. asymm. um T_c. Bei T_c ist $\partial\chi/\partial T = \infty$. Scharfe Maxima sind bei $T_m = 1{,}098\ T_c$ für das einfach kub. Gitter u. bei $T_m = 1{,}065\ T_c$ für das kub. raumzentrierte Gitter vorhanden. Die Theorie stimmt mit den experimentellen Werten der Parallelsusceptibilität von $MnCl_2 \cdot 4H_2O$ am Curie-Punkt gut überein. Für die drei kub. Gitter werden die Energien der Ordnungen kurzer Reichweite abgeschätzt. H. Fahlenbrach. 137◇

0303 **Diamagnetische Susceptibilität des pyrolytischen Graphits.** D. B. Fischbach. (Physic. Rev. [2] **123,** 1613—14, 1961; Pasadena, Calif., California Inst. of Techn., Jet Propuls. Labor.; engl.) — Mit der Faraday-schen Waage wird die Susceptibilität einiger bei 2100 bis 2300° niedergeschlagener orientierter Kohlenstoffe (pyrolyt. Graphit) bei 20° gemessen. Dabei wird eine wesentlich größere diamagnet. Susceptibilität als bei Einkristall-Graphiten gefunden. Wärmebehandlungen bei Temp. oberhalb 2300°, die zur besseren Ausgraphitisierung führen, verkleinern demgemäß den Diamagnetismus wieder. Dabei wird aber bei Wärmebehandlungen um 3000° ein Minimum durchlaufen u. erst bei Tempp. oberhalb 3200° wird ein konst. Susceptibilitätswert erreicht. Das Susceptibilitätsverh. wird mit den Strukturen in den verschiedenen Stadien der Graphitisierung gedeutet. H. Fahlenbrach. 137◇

0304 **Wirkung einer Spannung auf die Reptation unsymmetrischer Hystereseschleifen.** N. van Dang. (Physica Status solidi [Berlin] **3,** 128—32, 1963; Grenoble, Labor. d'Electrostat. et de Phys. du Métal; franz.) — Vgl. C. **1963,** 20294. — Um die bei der Reptation (Verschiebung unsymm. Hystereseschleifen bei mehrmaligem Durchlaufen dieser Schleifen) ablaufenden Wandverschiebungen näher zu erforschen, werden Verss. bei angelegten äußeren Spannungen, die nur 90°-Wand- u. keine 180°-Wandverschiebungen veranlassen, durchgeführt. Dabei ist die Reptation kleiner, wenn zuerst ein Magnetfeld, dann eine mechan. Spannung einwirkt als im umgekehrten Fall. Der selektive Einfl. der Spannungen auf die 90°-Wände scheint die Anzahl der Bereiche zu vermindern, die fähig sind, den Prozeß der statist. Neuordnung zu beschleunigen. Die Verss. wurden an Stahl- u. an Permalloydrähten durchgeführt u. gestatten noch keine exakten Aussagen über die Wandverschiebungen bei der Reptation. H. Fahlenbrach. 137◇

0305 **Theorie der magnetoakustischen Effekte in Metallen.** 1. Mitt. H. Stolz. (Physica Status solidi [Berlin] **3,** 1153—1200, 1963; Berlin, Dt. Akad. der Wiss., Phys. Techn. Inst.; dt.) — Übersicht. — 56 Literaturangaben. W. Pump. 137◇

0306 **Zur Quantentheorie der magnetoakustischen Effekte in Metallen.** Hubertus Stolz. (Physica Status solidi [Berlin], **1,** 328—44, 1961; Berlin, Phys. Techn. Inst. der Dt. Akad. der Wiss.; dt.) — Es wird eine Theorie der Absorption von Ultraschallwellen durch die Elektronen eines Metalls in einem Magnetfeld entwickelt, die wesentlich auf quantenmechan. Begriffen beruht. Die Elektronen werden als frei behandelt. Für das Gitter wird die Kontinuumsnäherung zugrunde gelegt, wobei von jeder Anisotropie im ersten Stadium der Unterss. abgesehen wird. In den fünf Fällen relativer orthogonaler Orientierung des Magnetfeldes u. des Wellenvektors sowie des Polarisationsvektors der Ultraschallwelle können die meisten Ergebnisse auf die Resultate früherer halbklass. Rechnungen zurückgeführt werden. Abgesehen von Oszillationen vom de-Haas-van-Alphen-Typ, die typ. Quantenphänomene darstellen, treten in gewissen Fällen Unterschiede auf, die offensichtlich von der unbefriedigenden Behandlung der elektron. Abschirmung in der vorliegenden Arbeit herrühren. W. Pump. 137◇

0307 **Zur Quantentheorie transversaler akustischer Schwingungen im Plasmamodell der Metalle.** Hubertus Stolz. (Physica Status solidi [Berlin] **1,** 451—55, 1961; dt.) — Vgl. vorst. Referat. — Wenn man einem entarteten Elektronen-Ionen-Plasma einen elast. Schubmodul zuschreibt, so kann man eine Theorie transversaler akust. Wellen formulieren, die ein adäquates Modell zur Beschreibung der Absorption u. Dispersion transversaler Schallwellen in Metallen darstellt. Besonderheiten dieser Meth. sind ihre Analogie zur Plasmatheorie longitudinaler Wellen u. ihrer Anwendbarkeit auf den Fall eines äußeren Magnetfeldes. W. Pump. 137◇

0308 **Untersuchung des Gesetzes der Sättigungsnäherung an Einkristallen von Silicium-Eisen bei verschiedenen Temperaturen.** L. W. Kirenski und W. P. Rjabinin. (Kristallographie [UdSSR] **7,** 634—37, 1962; UdSSR, Akad. der Wiss. der UdSSR, Sibir. Abt., Inst. für Phys.; Krasnojarsk, Päd. Inst.; russ.) — Gemessen u. diskutiert wird der Einfl. der Temp. auf das Erreichen der Sättigungsmagnerisierung in starken magnet. Feldern (880—1920 Oe) an Einkristallen (bis zu 50—60 cm^2) von Siliciumeisen (2,8—2,9% Si). K. Jaeger. 137◇

0309 **Antiferromagnetismus von Eisen–Mangan-Legierungen.** W. L. Ssedow. (J. exp. theoret. Physik [UdSSR] **42,** 124—26, 1962; Moskau, Univ.; russ., Auszug: engl.) — In flächenzentrierten Fe–Mn-Legg. mit einem Mn-Geh. von 13—43,9% wird die Temp.-Abhängigkeit der Susceptibilität untersucht. Diese Legg. sind antiferromagnetisch. Reines γ-Fe scheint antiferromagnet. zu sein mit einem Curie-Punkt bei tiefen Temperaturen. I. Zoll. 137◇

0310 **Untersuchung der magnetischen Eigenschaften und Struktur einer Legierung von Fe mit 27% V.** M. I. Sacharowa und P. N. Stetzenko. (Nachr. Moskauer Univ., Ser. Math., Mechan., Astronom., Physik, Chem. **12,** Nr. 5. 47—52, 1957; Lehrst. für Magnetismus; russ.) — Eine Unters. der magnet. Kenngrößen einer Fe–V-Leg. mit 27% V im abgeschreckten Zustand ergab, daß die Sättigungsmagnetisierung 164 Gauß/g, die Remanenz 10,6 Gauß/g u. die Koerzitivkraft 7,3 Oe betragen. Mit Zunahme der Anlaßzeit bei 975° wird in Abhängigkeit von der Ausscheidung der Sekundärphase aus dem α-Mischkristall die Sättigungsmagnetisierung allmählich verringert u. erreicht bei Annäherung an den Gleichgew.-Zustand einen Wert von 130 Gauß/g. Diese Abnahme weist darauf hin, daß mit Zunahme der Anlaßzeit die Menge der sich ausscheidenden paramagnet. σ-Phase vergrößert wird. Der Gleichgew.-Zustand wird bei 975° nach einer 70std. Glühung erreicht. Die Koerzitivkraft nimmt mit zunehmender Glühdauer von 7,3 auf 3,8 Oe ab, was durch die Koagulation der Kristalle der σ-Phase bestimmt wird. Nach einer Abschreckung von 1350° wurde die Fe–V-Leg. bei 1150°; 1050°; 950°; 850°; 750° u. 650° geglüht, wobei die Glühdauer mit abnehmender Glühtemp. entsprechend zunahm. Die Abhängigkeit der Sättigungsmagnetisierung, der Remanenz u. Koerzitivkraft von der Temp.weist auf die magnet. Einphasigkeit im gesamten Unters.-Temp.-Gebiet hin. Von Interesse ist ein bes. Phasenprozeß, der im „Hysterese-Bereich" zwischen 1000 u. 1150° auftrat, wo der Umwandlungsvorgang $\alpha \rightarrow (\alpha + \sigma)$ trotz der hohen Diffusionsgeschw. der Atome bei diesen Temperaturen stark verlangsamt wird. Eine 35std. Glühung bei 1050° bewirkt keine Veränderung der Sättigungsmagnetisierung. Bei niedrigeren Temp. verläuft der Prozeß wieder mit großer Geschw. u. eine 60std. Glühung bei 850° führt zum Gleichgew.-Wert der magnet. Sättigung von 130 Gauß/g. H. Hochstein. 137◇

0311 **Phasenumwandlungen in Fe–V-Legierungen.** M. I. Sacharowa und P. N. Stetzenko. (Nachr. Moskauer Univ., Ser. Math., Mechan., Astronom., Physik, Chem. **12,** Nr. 5, 53—60, 1957; Lehrst. für Magnetismus; russ.) — Unterss. der magnet. Charakterisitk u. ihres Temp.-Verlaufs ergaben, daß sich unter bestimmten Bedingungen der Wärmebehandlung in einer Fe–V-Leg. mit 0,054(%) C, 0,47 Si, 0,02 S u. 47 V eine ferromagnet. Sekundärphase bildet. Dies erklärt eine Reihe von Erscheinungen, die bisher auf Grund der beiden aus der Literatur bekannten α- u. σ-Phasen nicht gedeutet werden konnten. Auf die Bedeutung des Prozesses der Hochtemp.-Glühung wird hingewiesen, in dessen Ablauf eine Veränderung der Elektronenkonfiguration der Atome auftritt, die zu neuen Phasenzuständen beim nachfolgenden Anlassen der Leg. führt. — 12 Literaturangaben. H. Hochstein. 137◇

0312 **Wärmebehandlung einer fünfzigprozentigen Eisen–Nickel-Legierung mit und ohne Magnetfeld bei Temperaturen unter 400°.** H. Fahlenbrach. (Techn. Mitt. Krupp **19,** 219—22, 1961; Essen, Fried. Krupp WIDIA-Fabrik; dt.) — Die Anfangspermeabilität einer 50%ig. *Fe–Ni-*Leg. bei Temp. zwischen 20 u. 400° wird gemessen u. die Nachwrkg. sowie die Einfl. von Behandlungen mit u. ohne Magnetfeld bei diesen Temp. werden untersucht. Hierbei zeigt sich, daß die Permeabilität zwischen 200 u. 400° unter dem Einfl. des Magnetfeldes ansteigt, ohne Magnetfeld aber abfällt. Der zeitliche Permeabilitätsabfall nach der Wechselfeldmagnetisierung infolge von magnet. Nachwrkg. nimmt mit zunehmender Behandlungszeit sowohl mit als auch ohne Magnetfeld gegen Null ab. Parallel-Unterss. an einer 3%ig. Fe–Si-Leg. ohne Textur zeigen diesen Zusammenhang nicht. H. Hochstein. 137□

0313 **Zur magnetischen Struktur austenitischen Stahls.** G. Ss. Shdanow, Ss. W. Kisselew und R. P. Oserow. (Kristallographie [UdSSR] **7,** 619—20, 1962; Phys.-chem. Karpow-Inst.; russ.) — Bei Zimmertemp. u. 20 °K wurden von Fe-18%Ni-9% Cr Neutronenbeugungsdiagramme hergestellt. Im Gegensatz zu den Vermutungen anderer Autoren, austenit. Stahl sei unterhalb 40 °K antiferromagnet., konnte bei 20 °K keine antiferromagnet. Kopplung beobachtet werden. K. Jaeger. 137◇

0314 **Magnetische Charakteristik von texturiertem Siliciumstahl in Abhängigkeit von der Frequenz des Magnetfeldes und der Dicke der Proben.** K. Stoiński und B. Wysłocki. (Prace Inst. Hutniczych **13,** 123—29, 1961; Inst. Metal. Żelaza; pol.) — Untersucht wurden Proben von *Anisoperm 2,* die bei 1150° in H_2-Atmosphäre ausgeglüht worden waren. Mit steigender Frequenz des Magnetfeldes (50—8000 Hz) nimmt die Permeabilität ab u. der magnet. Verlust zu. Je dünner die Proben sind, desto kleiner wird der Verlust, der durch Wirbelströme hervorgerufen wird u. desto größer ist der Verlust, der durch die Hysterese verursacht wird. F. Urban. 137◇

0315 **Messung der magnetischen Susceptibilität von Gesteinen in situ mit Hilfe eines transportablen Apparats mit Halbleitern.** P. Ghelfan. (Petrol și Gaze **13,** 89—90, 1962; rum.) — Für die Messung von Sensibilitäten der Größenordnung $5 \cdot 10^{-6}$ (oder bis zu $5 \cdot 10^{-5}$) CGS-Einheiten bei Sedimentärgesteinen wird auf Grund einer Gleichung eine App. mit einer Arbeitsfrequenz bis zu 1000 Hz u. Differentialregelung der Induktanz beschrieben R. K. Müller. 137◇

0316 **Probleme, die bei der Messung kleiner magnetischer Kräfte bei tiefen Temperaturen nach der Faraday-Methode auftreten.** A. N. Gerritsen und D. H. Damon. (Rev. sci. Instruments **33,** 301—07, 1962; West Lafayette, Ind. Purdue Univ., Dep. of Phys.; engl.) — Bei der Messung der magnet. Susceptibilität von Ge bei Temp. unter 4,2 °K wurde gefunden, daß das Verh. des Austausch-Gases das Meßergebnis erheblich beeinflussen kann. Dabei werden sowohl die Kräfte als auch die Temp. der Messung gestört. Diese Fehlerquelle kann in tragbaren Grenzen gehalten werden, wenn die Abmessungen der Aufhängung u. der Gasdruck in der Faraday-Waage geeignet gewählt werden. H. Fahlenbrach. 137◇

0317 **Anwendung eines Gegentorsion-Quarzfadens bei der magnetischen Waage vom Curie-Chéneveau-Typ.** M. C. Day, L. D. Hulett und D. E. Willis. (Rev. sci. Instruments **31,** 1142—45, 1960; Baton Rouge, La., Louisiana State Univ., Cates Chem. Labor.; engl.) —

Es wird eine zur Messung diamagnet. Susceptibilitäten genügend empfindliche Torsionswaage beschrieben, bei der ein Dauermagnet verwendet wird u. die Torsionskräfte, die der Magnet auf die Probe ausübt, durch Verdrillung von Quarz- oder Vycor-Fäden ausbalanziert werden. Die magnet. Feldstärke des Gerätes kann verändert werden.

H. Fahlenbrach. 137◇

0318 **Wassergekühlte Magnete.** F. Bitter. (Rev. sci. Instruments **33,** 342–49, 1962; Cambridge, Mass., Mass. Inst. of Techn., Nat. Magnet Labor.; engl.) — Wassergekühlte Solenoide mit elektr. Leistungen von 1–100 MW u. zylindr. Arbeitsräumen mit Durchmesser von 2–20 cm werden beschrieben. Eine erste Grenze der Leistungserhöhung wird dabei durch die Geschw. der Oberflächenkühlung gesetzt. Erreicht wurde eine Leistungsdichte von $1{,}5 \cdot 10^4$ W/cm³ bei der Kühlungsgeschw. von $1{,}510^3$ W/cm². Dabei wurden Magnetfelder zwischen 100 u. 250 k Oe erreicht. Für Magnetfelder zwischen 200 u. 300 k Oe werden zur Vermeidung plast. Deformationen an der inneren Oberfläche Zr–Cu- oder Cr–Cu-Legg. empfohlen. Für kernmagnet. Resonanzvers. wird ein Magnet hoher Präzision ausgelegt, bei dem auch die Spannungsbeanspruchung u. die Kühlung für höhere elektr. Leistungen erörtert wird.

H. Fahlenbrach. 137◇

0319 **Über die Natur von Salzschmelzen.** P. I. Protzenko und N. P. Popowskaja. (Hochschulnachr. [Iwanowo], Chem. chem. Technol. **4,** 345–48, 1961; Rostow/Don, Univ., Lehrst. für allg. u. organ. Chem.; russ.) — Vff. untersuchen die elektrolyt. Leitfähigkeit (eL) von Schmelzen der Syst. *$CdCl_2/KCl$* (A; 25–75 (Mol-%)KCl; 440–540°) u. *$CdCl_2/TlCl$* (B; 0–65 $CdCl_2$; 460–500°). Im Syst. A nimmt eL mit steigendem KCl-Zusatz ab, im Syst. B durchläuft sie ein Minimum bei ca. 40 $CdCl_2$. Es werden keine Komplexionen in beiden Syst. gebildet.

D. Hoene. 138◇

0320 **Untersuchung der chemischen Wechselwirkung zwischen Indium und Tellur in flüssigem Zustand.** Ss. N. Tschishewskaja und W. M. Glasow. (Ber. Akad. Wiss. UdSSR **145,** 115–18, 1962; Metallurg. Baikow-Inst.; russ.) — In einem breiten Temp.-Intervall werden die Viscosität u. die elektr. Leitfähigkeit von In–Te-Schmelzen verschiedener Zus. untersucht. Die untersuchten Schmelzen sind in zwei Gruppen einteilbar: Gebiet der Kristallisation des InTe u. Gebiet der Kristallisation des In_2Te_3; die Bereiche unterscheiden sich bes. in ihrem Viscositäts-Temp.-Verh. stark. In den Kurven Viscosität-Zus. u. elektr. Leitfähigkeit-Zus. treten ausgeprägte Maxima bzw. Minima auf. Aus dem Charakter dieser Extrema schließen Vff. auf den Bindungszustand. Im In_2Te_3 liegt eine hömoopolare Bindung vor, während InTe in der Schmelze teilweise dissoziiert vorliegt.

B. Parlitz. 138◇

0321 **Elektroübergang des Wolframs im Kobalt.** D. F. Kalinowitsch, I. I. Kowenski und M. D. Smolin. (Metallphysik u. Metallkunde [UdSSR] **13,** 930–31, 1962; Inst. für Metallkeramik u. Speziallegg. der Akad. der Wiss. der UkrainSSR; russ.) — Co (99,48%) wurde durch Diffusion mit 0,82 Gew.-% W legiert. Mit Hilfe des radioakt. ^{185}W wurde der Elektroübergang des W im Co im Temp.-Bereich 1100–1300° gemessen. In allen untersuchten Proben wurde ein Ionenübergang des W nach der Kathode festgestellt. Um einen möglichen Effekt durch eine Oberflächenwanderung auszuschließen, wurden mehrere Schichten durchgemessen. Die Höhe der effektiven Ionenladung des W kann mit Hilfe der Einsteinschen Beziehung zeD = BkT abgeschätzt werden (z = Ionenladung in Ladungseinheiten, e = Ladung des Elektrons, D = Diffusions-Koeff., B = Beweglichkeit der Ionen im Feld 1 V/cm, k = Boltzmann-Konst., T = abs. Temperatur). — 7 Literaturangaben. I. Berger. 138◇

0322 **Vergleichselektroden und Spannungen.** Giulio Milazzo und Giuseppe Bombara. (J. electroanalyt. Chem. [Amsterdam] **1,** 265–84, 1960; Rome, Ist. Superiore di Sanità, Labor. di Chim.; S. Donato Milanese, E. N. I., Labor. Riuniti Studi e Ric.; engl.) — In Form einer Übersicht werden Verff. zur Unters. der abs. Elektrodenspannungen, der auf die Standard-H-Elektrode bezogenen Spannungen, der Genauigkeit der Best. von Spannungen der H-, Ag/AgCl- u. Kalomelelektroden, der Aktivitäts-Koeff. einzelner Ionenarten, der Diffusionsspannungen an fl. Verbindungen zwischen verschiedenen Lsgg., der isothermen u. nicht isothermen Temp.-Koeff. von Bezugselektroden sowie in nichtwss. Medien beschrieben. — 63 Literaturangaben.

Gerhard Schulze. 140◇

0323 **Ergänzung zum Potential-pH-Diagramm von Mangan.** J. P. Brenet, J. P. Gabano und J. Reynaud. (Electrochim. Acta London **8,** 207–16; 1963, Strasbourg, Fac. des Sci., Labor d'Electrochim.; franz.) — Das früher aufgestellte theoret. Potential-pH-Diagramm für Mn wurde auf Grund neuer Resultate über das elektrochem. Verh. der verschiedenen MnO_2-Arten etwas abgeändert. Auf Grund der besseren Kenntnis der nichtstöchiometr. Phasen der allg. Zus. $MnO_x(OH)_{4-2x}$ wurden sämtliche Rkk. neu formuliert. Rkk., bei denen die Manganit-Phase eine Rolle spielt, wurden ebenfalls in Betracht gezogen. Diese Phase war nicht in dem früheren Diagramm berücksichtigt worden. Dem neuen theoret. Diagramm liegen extrapolierte experimentelle Resultate zugrunde; trotzdem erlaubt es eine allg. Betrachtung gewisser Gleichgew., bes. solcher, bei denen die verschiedenen, nichtstöchiometr. Arten des Dioxids eine Rolle spielen. In der früheren Arbeit war nur die β-Form berücksichtigt worden.

H. Jehne. 140◇

0324 **Standard-Potentiale der Teilreaktionen mit Gold(I) und -(III) in Chloridlösung. Gleichgewichtskonstante der Reaktion $[AuCl_4]^- + 2\,Au + 2\,Cl^- \rightleftharpoons 3\,[AuCl_2]^-$.** James J. Lingane. (J. electroanalyt. Chem. [Amsterdam] **4,** 332–42, 1962; Cambridge, Mass., Harvard Univ., Dep. of Chem.; engl.) — Der potentialbestimmende Vorgang an einer in eine Lsg. von $[AuCl_4]^-$ u. HCl eintauchende Au-Elektrode ist nicht die Rk. $[AuCl_4]^- + 3\,e^- \rightleftharpoons Au + 4\,Cl^-$ (vgl. Bjerrum, Bull. Soc. chim. belges **57,** [1948], 432), sondern $[AuCl_4]^- + 2\,Au + 2\,Cl^- \rightleftharpoons 3\,[AuCl_2]^-$. Durch spektrophotometr. Best. der $[AuCl_4]^-$-Konz. bei verschiedenen HCl-Konzz. wurde die Gleichgew.-Konst. der letztgenannten Rk. zu $1{,}8\ (\pm 0{,}3) \cdot 10^{-8}$ bei 25°, auf unendliche Verdünnung extrapoliert, bestimmt. Das Standardpotential wurde zu + 1,154 V (gegen H_2-Standardelektrode) ermittelt. Daraus u. aus der Gleichgew.-Konst. ergaben sich die Standardpotentiale für die Elektrodenvorgänge $[AuCl_4]^-/[AuCl_2]^-$ zu + 0,926 V u. $[AuCl_4]^-/Au$ zu + 1,002 V. E. Moisar. 140◇

0325 **Untersuchungen der möglichen Beziehungen zwischen Elektrodenpotentialen in geschmolzenen Salzen und in wäßrigen Lösungen.** M. Abraham. (Electrochim. Acta [London] **8,** 115–24, 1963; Strasbourg, Fac. des Sci., Labor. d'Electrochim.; franz.) — Die klass. Vereinbarung, nach welcher das Potential der H_2-Elektrode bei jeder Temp. gleich Null ist, führt zu keinerlei bes. Schwierigkeiten in der Elektrochemie wss. Lsgg., weil das in Frage kommende Temp.-Gebiet klein ist. Dies gilt nicht mehr für Elektroden in geschmolzenen Salzen. Es scheint thermodynam. eher gerechtfertigt, das Potential einer Bezugselektrode bei einer bestimmten Temp. gleich Null zu setzen. Bei einer solchen Definition wird die Aufstellung einer auf der Unters. von Thermoelementen beruhenden elektrochem. Klassifikation notwendig, obwohl hier die Reversibilität schwieriger zu erreichen ist als im Falle der isothermen Elemente. Außerdem wirft der Übergang von den geschmolzenen Salzen zu den wss. Lsgg. das Problem der Fl.-Potentialdifferenzen auf, wenn die Art des Lsgm. geändert wird. Einige von Vf. ausgeführte Verss. konnten zeigen, inwieweit es möglich ist, eine allg. elektrochem. Skala aufzustellen, welche auf der Annahme einer gemeinsamen Bezugselektrode basiert.

H. Jehne. 140◇

0326 **Beitrag zur thermodynamischen und elektrochemischen Untersuchung von geschmolzenen Salzen.** M. Abraham, J. Dupuy, J. Guion und J. P. Brenet. (Electrochim. Acta [London] **8,** 125–41, 1963; franz.) —. Vgl. vorst. Referat. — Die Schreibweise der elektrochem. Rk. u. die thermodynam. Formulierung für geschmolzene Salze stehen unter dem Einfl. der von der Elektrochemie wss. Lsgg. übernommenen Begriffe. Es erscheint wünschenswert, diese Begriffe zu revidieren, wobei die Kenntnisse über die Struktur der geschmolzenen Salze in Betracht zu ziehen sind. Bes. Gew. wird auf die Benützung der verschiedenartigsten physikal. Meth. gelegt, um die elektrochem. Eigg. zu ermitteln. Ein typ. Beispiel ist die Unters. der Entropie-Kriterien zur Einführung des Begriffs der Leerstellendichte. Die bei Temp.-Erhöhung beobachteten Abweichungen vom Faradayschen Gesetz werden häufig auf anormale Wertigkeiten zurückgeführt u. es ist naheliegend, daß ein zur Hauptsache elektrochem. Mechanismus vorliegt, der sich eventuell beim Problem der Elektrolyse u. Festsetzung der Elektrodenpotentiale verallgemeinern läßt. H. Jehne. 140◇

0327 **Elektrodenpotentiale im geschmolzenen Eutektikum aus Magnesiumchlorid, Natriumchlorid und Kaliumchlorid.** H. C. Gaur und W. K. Behl. (Electrochim. Acta [London] **8**, 107—14, 1963; Delhi, Univ. of Delhi, Dep. of Chem.; engl.) — Die Normalpotentiale der Syst. Cr(III)/Cr(O), Cr(III)/Cr(II), Cr(II)/Cr(O), Fe(III)/Fe(O), Fe(III)/Fe(II), Fe(II)/Fe(O), Cu(II)/Cu(O), Cu(II)/Cu(I), Cu(I)/Cu(O) sind in geschmolzenen eutekt. Gemisch $MgCl_2$ (50 Mol-%)-NaCl (30)-KCl(20) bei 475° gemessen worden. Es wurden die folgende Werte erhalten: — 1,131 u. — 1,159, — 0,602 u. — 0,685, — 1,396 u. — 1,396, — 0,852 u. — 0,880, — 0,190 u. 0,274, — 1,183 u. — 1,183, — 0,519 u. — 0,519, — 0,091 u. — 0,091 u. — 0,175, — 0,947 u. — 0,863 V. (wobei die erste Zahl für die Skala der Molalitäten, die zweite für die Molenbrüche gilt). Alle Werte sind auf die Pt(II)/Pt(O)-Normalelektrode bezogen. H. Jehne. 140◇

0328 **Einfluß mechanischer Wirkungen auf die elektromotorische Kraft.** Florica Bărbulescu. (An. Univ. „C. I. Parhon" București, Ser. Științ. Naturii **10**, 17—21, 1961; Labor. de Chim. fiz.; rum.) — Für die Beziehung zwischen EMK (E) u. Druck p (kg/cm^2) werden die nach $E_0 = A \cdot p - B \cdot p^2$ berechneten Werte für eine Reihe von galvan. Elementen mit dem Vers. übereinstimmend gefunden: Cu/1 m $CuSO_4$ A = 2,47 ($\cdot 10^{-6}$), B = 2,17 ($\cdot 10^{-11}$); Cu/0,1 m $CuSO_4$ 6,34, 73,4; Zn/1 m $ZnSO_4$ 2,9, 7,2; Zn/0,1 m $ZnSO_4$ 9,94, 107; Ag/1 m $AgNO_3$ 0,45, 0,048; Ag/0,1 m $AgNO_3$ 6,1, 14,9; Zn/0,01 m $ZnSO_4$ 42, 480. Die p-Werte liegen zwischen 800 u. 5000. R. K. Müller. 140◇

0329 **Katalyse, Elektrokatalyse und Kohlenwasserstoff-Brennstoffelemente.** W. T. Grubb. (Nature [London] **198**, 883—84, 1963; Schenectady, N. Y., Gen. Electr. Res. Labor.; engl.) — Vf. unterscheidet die normale Katalyse von der Elektrokatalyse, unter der die Erhöhung der Geschw. einer elektrochem. Rk. verstanden wird; letztere erfolgt durch eine Substanz, den Elektrokatalysator, die durch die Umsetzung nicht verbraucht wird. Es wurden elektrokatalyt. Effekte bei der Oxydation von KW-Stoffen in Brennstoffelementen untersucht. Dabei wurde festgestellt, daß sich Propan bei 65° elektrochem. bis zum CO_2 oxydieren läßt. Mit Erhöhung der Temp. läßt sich natürlich auch die Rk.-Geschw. erhöhen. Über 65° zersetzt sich aber Propan am Pt-Kontakt u. anderen Katalysatoren der Übergangsmetalle unter Bldg. von Methan, das sich im Vgl. zu den anderen KW-Stoffen noch schwerer oxydieren läßt. Es konnte aber festgestellt werden, daß ohne elektr. Belastung an den Elektroden die Zers.-Rk. abläuft, daß sie aber bei Belastung der Elemente gehemmt wird. Auf die prakt. Bedeutung dieses Effektes für KW-Stoff-Brennstoffelemente wird hingewiesen. E. Winkler. 140◇

0330 **Die Darstellung von metallischem Uran und Beryllium durch Salzschmelzenelektrolyse.** Tadashi Kuroda, Osamu Matsumoto, Tadashi Suzuki und Shigeo Hasegawa. (Bull. Tokyo Inst. Technol. **1962**, 195—203; Tokyo, Inst. of Technol. Electrotechn. Labor.; engl.) — Die Darst. von dendrit. U u. Be durch Schmelzflußelektrolyse im halbtechn. Maßstab wird beschrieben. — Uran: Mit Acetylenruß vermischtes u. brikettiertes UO_2 bzw. U_3O_8 wird im Cl_2-Strom zu UCl_4 umgesetzt u. dieses in geeigneten Salzschmelzen elektrolysiert. Es wurden die folgenden Elektrolyte untersucht: UCl_4–LiCl-KCl-NaCl (UCl_4-Charge 0,32—68,3 kg, vermischt mit 0,745—130,8 kg LiCl-KCl-NaCl; 6—20 V; 8—600 A; 450—750°; Graphitanode u. Molybdänkathode; Metallausbeuten 56—89%; Stromausbeuten 45—78%; UCl_4–$CaCl_2$–NaCl (UCl_4-Charge 50—1050 g, vermischt mit 250—1765 g $CaCl_2$–NaCl; 5,6—13 A; 3,7—20 V; 530 bis 650°; Metallausbeute 24—98%; Stromausbeute 44 bis 84%); UCl_4–$BaCl_2$–KCl–NaCl (UCl_4-Charge 12,4 bzw. 25,5 g, gelöst in 70 bzw. 59,5 g $BaCl_2$–KCl–NaCl-Schmelze; 6,2—8,8 V; 2,0 A; 620°; Metallausbeute 94 bzw. 36%; Stromausbeute 84 bzw. 63%); UCl_4–$MgCl_2$–KCl–NaCl (UCl_4-Charge 300 bzw. 900 g gelöst in 1710 bzw. 1300 g $MgCl_2$–KCl–NaCl-Schmelze; 8,2–9,5 V; 25 A; 850°; Metallausbeute 82 bzw. 68%; Stromausbeute 59 bzw. 44%). — Beryllium: Mit Acetylenruß brikettiertes BeO wurde im Cl_2-Strom in $BeCl_2$ überführt u. dieses in einer LiCl–KCl–NaCl-Schmelze elektrolysiert ($BeCl_2$-Charge 100—1130 g, gelöst in 50—850 g der Schmelze; 5,5—11 V; 6—20 A; 350—500°; Metallausbeute 18,6—70,5%; Stromausbeute 77,7—99,1%). Einzelheiten der Chlorierungsapp. u. Elektrolysezellen vgl. Original. F. Weigel. 141◇

0331 **Potentiokinetische und intensitokinetische Untersuchung der Wirkung des Zn^{2+}-Ions auf die elektrolytische Abscheidung des Nickels.** Jerzy Mindowicz, Carmen Capel-Boute und Claude Decroly. (C. R. hebd. Séances Acad. Sci. **256**, 148—50, 1963; Bruxelles, Univ. Libre, Fac. des Sci. appl., Labor. d'Électrochim. et Métallurg.; franz.) — Die kathod. Ni-Abscheidung in 2 m Cl^--haltiger Lsg. bei pH **3,6** wurde für verschiedene Ni^{2+}/Zn^{2+}-Konz.-Verhältnisse bei Temp. von 20—60° untersucht. Die Inhibitor-Wrkg. des Zn^{2+} auf die Ni-Abscheidung steigt mit steigender Konz. des Zn^{2+} u. mit fallender Temperatur. Die Hypothese der sek. Bldg. eines Hydroxidfilms, begünstigt durch eine oberflächliche Adsorption des Zn^{2+}, wird durch die Ergebnisse gestützt. K. Roß. 141◇

0332 **Der Einfluß des Lösungsmittels auf die Differentialkapazität der elektrischen Doppelschicht.** 1. Mitt. **Cäsiumchloridlösungen in Formamid, Wasser und Methanol.** Stefan Minc und Jadwiga Jastrzebska. (Roczniki Chem. [Ann. Soc. chim. Polonorum] **36**, 1901—07, 1962; Warszawa, Univ., Dep. of Phys. Chem.; engl.) — Die Differentialkapazität ($\mu F/cm^2$) von CsCl in Lösungsmitteln verschiedener DK wurde für verschiedene CsCl-Konzz. (0,0004—1,0 m) u. Temp. (25; 50; 75°) an der ideal polarisierbaren Hg-Tropfelektrode unter Verw. einer Wechselstrombrückenschaltung bestimmt. Untersucht wurden Formamid (**I**), H_2O (**II**) u. Methanol (**III**). In sehr verd. Lsgg. u. bei Potentialen in der Nähe des elektrocapillaren Nullpotentials wird für alle drei Lsgm. ein charakterist. Abfall der Differentialkapazität beobachtet, was seinen Grund in dem starken Anwachsen des Kapazitätsanteiles der diffusen Doppelschicht hat. Bei höheren CsCl-Konzz. verschwindet das Minimum völlig, wobei die entsprechende CsCl-Konz. geringfügig vom Lsgm. abhängt. In **I**-Lsgg. erhöhen Anionen, die am Quecksilber adsorbiert werden, die Differentialkapazität in folgender Reihenfolge: $SO_4^{2-} < Cl^- < Br^- < J^-$. In der Nähe des charakterist. Minimums u. im Bereich steigender kathod. Polarisation ist der Einfl. der Temp. auf die Kapazität nicht signifikant. Das elektrocapillare Nullpotential, das aus dem Minimum der Differentialkapazität bestimmt wurde, liegt für $4 \cdot 10^{-3}$m CsCl in **I** bei — 0,50 V (SCE), in **II** bei — 0,45 V u. in **III** bei — 0,40 V. E. Beyerle. 142◇

0333 **Der Einfluß des Lösungsmittels auf die Differentialkapazität der elektrischen Doppelschicht.** 2. Mitt. **Veränderung der Differentialkapazität in Zweikomponenten-Lösungsmitteln.** Stefan Minc und Maria Brzostowska. (Roczniki Chem. [Ann. Soc. chim. Polonorum] **36**, 1909—14, 1962; engl.) — 1. vgl. vorst. Referat. — Unter Verw. von 0,1 m LiCl bzw. CsCl als Elektrolyt wurde die Differentialkapazität der Doppelschicht in folgenden Zweikomponenten-Syst. bei 25° gemessen: W.-Äthanol, W.-Dimethylformamid (**I**), W.-Aceton u. Methanol-**I**. Bei allen wss. Lsgg. führte der Zusatz einer kleinen Menge der organ. Verb. in Nähe des elektrocapillaren Nullpotentials zu schnellem Absinken der Kapazität auf den für das reine organ. Lsgm. gefundenen Wert. Es besteht dabei keine Proportionalität zwischen der DK u. dem Kapazitätsabfall, wie sie für die reinen Lsgm. beobachtet wurde. Die Potentialabhängigkeit der Kapazität bei konst. Polarisation beruht auf der konkurrierenden

Wirkung beider Lsgm. u. der Cl^--Ionen in der Mischung. Die kleinste Kapazität, entsprechend einer maximalen Äthanol-Adsorption, wird bei $-0{,}6$ bis $-0{,}8$ V (SCE) gefunden; die $\mu F/cm^2$-V-Kurve hat in 25% Äthanol einen sehr charakterist. Verlauf mit deutlichem Maximum bei $-1{,}5$ V. Diese für Desorptionsvorgänge typ. Änderung der Differentialkapazität ist für das Syst. W.-Aceton bei allen Konz.-Verhältnissen beobachtet worden. E. Beyerle. 142◇

0334 **Über anodische Sperrschichten am Quecksilber.** K. Schwabe und Chau Dieu-Ai. (Electrochim. Acta [London] **7**, 1—17, 1962; Dresden, Inst. für Elektrochem. u. phys. Chem. der T. U.; dt.) — Mittels amperiostat. Stromdichtepotentialkurven wurde das anod. Verh. von Hg in verschiedenen 0,5 m Elektrolyten (NaCl–Br, –F, –J, –CN, –SCN, $-SO_4$, $-NO_3$, $-ClO_4$) untersucht. Sowohl mit der Sonden- wie mit der Unterbrechermeth. wurden bei anod. Bldg. schwerlösl. Hg-Salze hohe Polarisationen zwischen + 2 u. + 10 V gemessen. Für die anod. Deckschichten in NaCl-Lsg. wird durch Zugabe von Redoxsyst. (Chinon/Hydrochinon, $K_3[Fe(CN)_6]/K_4[Fe(CN)_6]$) u. durch Diskussion der amperiostat. Einschaltkurven nachgewiesen, daß es sich um ionenleitende Schichten handelt, die im Sinne von Boult u. Thirsk in der Metalloberfläche verankert sind. Die Ausschaltkurven lassen drei Polarisationsanteile erkennen. Die extrapolierte Rk.-Polarisation von + 0,27 V läßt sich durch direkte Bldg. festen Salzes deuten, die minimale Schichtdicke der Hg_2Cl_2-Sperrschicht wird zu 10 Å abgeschätzt. H.-P. Rettig. 142◇

0335 **Untersuchung der Phasengrenzimpedanz an porösen hochaktiven Nickelelektroden und an platinierten Platinelektroden im Gebiet der Wasserstoffadsorption.** L. Kandler, D. Roemer und E. Häusler. (Electrochim. Acta [London] **8**, 233—53, 1963; München, TH, Phys.-chem. u. elektrochem. Inst.; dt.) — Um die Ergebnisse der Verss. mit früheren Messungen an blanken Pt-Drahtelektroden vergleichen zu können, wurde die Phasengrenzimpedanz von platinierten Pt-Drahtelektroden in 8 n H_2SO_4 u. 1 n KOH bestimmt, da platinierte Elektroden gleichartige Oberflächenstruktur aufweisen, wie die porösen Ni-Elektroden. Es zeigte sich, daß akt., poröse Ni-Elektroden bei H_2-Bespülung sich ähnlich verhalten, wie akt. Pt-Elektroden, d. h. sie stellen das H_2-Potential ein, es tritt ein anod. H_2-Diffusionsgrenzstrom auf u. es werden H_2-Moll. aufgespalten u. als atomares H adsorbiert. Der Einfl. dehydrierbarer Alkohole (Methanol, A., n-Butanol, Isobutanol, Glykol, Glycerin) auf die Aktivität der porösen Ni-Elektroden wurde mit stationären kathod. u. anod. U/I-Kurven u. durch Best. der Phasengrenzimpedanz im H-Adsorptionsgebiet untersucht. Durch Zusatz von *Glykol* u. *Glycerin* zum Elektrolyten (1 n KOH) tritt bei kathod. Potentialen vollständige Inhibition der H_2-Entw. auf. Durch Erhöhung des negativen Potentials kann die Inhibition wieder rückgängig gemacht werden. Bei anod. Belastung wird durch Oxydationsprodd. der zugesetzten Alkohole, mit Ausnahme von Äthanol, die Aktivität der Ni-Elektrode verringert u. zum Teil die reversible H-Adsorption inhibiert. H. Jehne. 142◇

0336 **Untersuchung der Elektrodenvorgänge während des anodischen Polierens von Kupfer in Phosphorsäure-Lösung.** Marie-Claude Petit. (Elektrochim. Acta [London] **8**, 217—26, 1963; Bordeaux, Fac. des Sci., Labor de Phys. SPCN et Electrotechn.; franz.) — Beim Elektropolieren von Cu in einer Lsg. von H_3PO_4 besteht ein direkter Zusammenhang zwischen der Einebnung der Oberfläche u. den Diffusionsvorgängen in der Lösung. Durch analyt. Best. der Phosphationen-Konz. einerseits u. des H_2O-Geh. mittels Partialdruckmessung andererseits war es möglich, während der anod. Polarisation des Cu die Zus. des Anolyts u. des Lsg.-Innern laufend zu verfolgen. Es gelang so der direkte Nachw. der sehr wichtigen Funktion, die die Diffusion von W. hat. Indem man die Elektrodenoberfläche als Quelle eines ebenen Diffusionsprozesses u. die Anodenstromdichte als Maß für die Diffusionsgeschw. betrachtet, können die allg. Diffusionsgesetze auf den vorliegenden Fall angewendet werden. Der Einebnungsprozeß beim Elektropolieren von Cu wird kontrolliert durch die gleichzeitige Diffusion von Phosphationen („Akzeptoren" für Cu-Ionen) zur Anode u. von W. in das Lsg.-Innere. H. Jehne. 142◇

0337 **Untersuchung des elektrochemischen Verhaltens des Rutheniumelektroden-Katalysators nach der Methode der Aufladungskurven.** T. N. Stojanowskaja, G. A. Chomtschenko und G. D. Wowtschenko. (Nachr. Moskauer Univ., Ser. II **17**, Nr. 5, 30—33, 1962; Moskau, Lomonossow-Univ. Lehrst. für allg. Chem.; russ.) — Vff. untersuchen durch Aufnahme von Ladungskurven die Adsorption von O u. H an Ru-Elektroden. 20—25 mg Ru wurden elektrolyt. auf beiden Seiten von Pt-Elektroden (Oberfläche 24 cm²) bei 45° mit $2 \cdot 10^{-3}$ A/cm² aus einer durch Umsetzung von HNO_3 mit Ru-Chlorid erhaltenen 1,5% Nitrosorutheniumchlorid-Lsg. abgeschieden. Unter Verw. dieser Elektroden wurden in 0,1 n Lsgg. von KOH (**I**), H_2SO_4 (**II**), HCl (**III**), u. HBr (**IV**) Ladungskurven aufgenommen, die in ihrem Verlauf den in entsprechenden Lsgg. mit Os-Elektroden gewonnenen Kurven ähneln. Im Vgl. zu Pt-Elektroden wird ein Anstieg der Kapazität des Doppelschicht(H)-Bereiches festgestellt. Die Zus. des Elektrolyten hat wesentlichen Einfl. auf die Form der Kurven. In **I** u. **II** endet der H-Bereich bei 0,22 (V), in **III** bei 0,14 u. in **IV** bei 0,12. Die größte Ausdehnung des H-Bereiches wurde bei **I** gefunden, sie sinkt in der Reihenfolge **II**-**III**-**IV** ab. Die Bindung von O beginnt in **I** bei 0,7; in **II** bei 0,65; in **III** u. **IV** bei 0,35. Der Einfl. der Stromdichte auf die Ladungskurven wurde in **II** bei 0,8 (10^{-5} A/cm²), 4 u. 8 untersucht. Eine Verringerung der Stromdichte führt keine wesentlichen Veränderungen bezüglich der Reversibilität herbei. Die Irreversibilität der Ladungskurven bleibt auch bis zu sehr geringen Potentialwerten anod. Polarisation erhalten. Der Einfl. der Elektrolyt-Zus. drückt sich auch in der Menge adsorbierten Wasserstoffs aus. Auf 1 cm² scheinbarer Oberfläche wurden adsorbiert: **I** = 0,9 (10^{18} Atome); **II** = 0,45; **III** = 0,30 u. **IV** = 0,20. E. Winkler. 142◇

0338 **Sekundäre Reaktionen bei der Coulometrie mit kontrolliertem Potential.** 2. Mitt. **Sekundäre Elektrodenreaktionen.** Allen J. Bard und Jaspal S. Mayell. (J. physic. Chem. **66**, 2173—79, 1962; Austin, Tex., Univ. of Texas, Dep. of Chem.; engl.) — 1. vgl. C. **1960**, **4142**. — Theoret. untersucht wurden coulometr. Vorgänge bei kontrolliertem Potential, bei denen das Prod. der prim. Elektroden-Rk. sek. chem. Rkk. unterliegt unter Bldg. einer elektroakt. Substanz. Der Einfl. dieser Sekundär-Rkk. auf $n_{app.}$ (die scheinbare Zahl der Faradays pro Mol elektroakt. Substanz) u. auf die i-t-Charakteristik wird mathemat. behandelt. Die Verw. der coulostat. Daten bei kontrolliertem Potential für die Best. der Zahl der bei Elektrodenprozessen beteiligten Elektronen, für die Aufklärung des Brutto-Rk.-Mechanismus u. zur Best. der Geschw.-Konst. der zwischengelagerten chem. Rkk. wird beschrieben. Dabei werden die Elektrooxydation von *Hydrazin* an einer Platin-Elektrode, die Elektrored. des K-Salzes von *2-Carboxybenzaldehyd* sowie von *Benzyldimethylaniliniumbromid* beschrieben. E. Beyerle. 142◇

0339 **Der Einfluß von an der Elektrode gebildeten Hydroxidionen auf die polarographische Reduktion von Zink.** Barbara Behr, Jerzy Chodkowski und Agnieszka Lichosik-Orlikowska. (Roczniki Chem. [Ann. Soc. chim. Polonorum] **36**, 1551—61, 1962; Warszawa, Polish Acad. of Sci., Inst. of Phys. Chem., Labor. of Phys. Chem. Analyt. Methods; Med. Acad., Fac. of Pharm., Dep. of Inorg. and Analyt. Chem.; engl.) — Bei der Unters. der Bedingungen, die bei der polarograph. Red. von Zn^{2+} zur Ausbildung zweier Red.-Stufen führen, wurde festgestellt, daß, sobald OH^--Ionen an der Hg-Elektrode gebildet werden, eine zweite Stufe bei negativerem Potential auftritt. Waren die Vers.-Lsgg. nicht entlüftet, ließ sich die 2. Zn-Stufe wegen der interferierenden 2. Sauerstoff-Stufe kaum erkennen; enthielten die Lsgg. hingegen Chinon (**I**) statt Sauerstoff, verschwand die störende Sauerstoff-Stufe u. beide Zn-Stufen waren deutlicher ausgebildet. Bei kleinen **I**-Konzz. ist die 1. Zn-Stufe auf Zn^{2+} u. $[Zn(OH)]^+$.

Ionen, die 2. Zn-Stufe auf $[Zn(OH)_3]^-$ u. $[Zn(OH)_4]^{2-}$-Ionen zurückzuführen. Die Verss. wurden in Lsgg. mit 10^{-3} m $ZnSO_4$, 0,2 m KCl oder KNO_3 in Ggw. von $0-1,5 \cdot 10^{-3}$ m I durchgeführt. In $1,5 \cdot 10^{-3}$ m I liegt das Halbstufenpotential der 2. Stufe bei $-1,35$ V (SCE). In KNO_3-Lsg. trat die 2. Zn-Stufe bei I-Konzz. von $7,5 \cdot 10^{-4}$ m auf u. war wesentlich besser definiert als in KCl-Lsg. Die am hängenden Hg-Tropfen nach Kemula u. Kublik aufgenommenen voltamperometr. Kurven zeigten einen 3. Red.-Peak, der wahrscheinlich der Red. von adsorbiertem $Zn(OH)_2$ entspricht.
E. Beyerle. 142◇

0340 **Polarographische Untersuchung einiger Molybdänkomplexe.** Edward W. Zahnow und Rex J. Robinson. (J. electroanalyt. Chem. [Amsterdam] **3**, 263—73, 1962; Seattle, Wash., Univ. of Washington, Dep. of Chem.; engl.) — Die bei der katalyt. Red. von ClO_4^- in Ggw. von Mo(IV) u. von NO_3^- in Ggw. von Mo(III) auftretenden katalyt. Stufen nehmen bei Komplexierung der Mo-Ionen ab. Aus den katalyt. Strömen wurden die Stabilitäts-Konst. der Mo(IV) bzw. Mo(III)-Komplexe mit *Citronen-*, *Wein-* u. *Phosphorsäure* in $HClO_4$ bzw. HNO_3 ermittelt. Außerdem wurde die Beziehung zwischen dem katalyt. Strom u. der Komplexbildner-Konz. abgeleitet. Die formalen Stabilitätskonst. K der Mo(IV)-Komplexe in 1 m $HClO_4$ u. der Mo(III)-Komplexe in 0,2 m Na_2SO_4–0,1 m H_2SO_4–0,04 m KNO_3 sind mit folgenden Liganden: Citronensäure $3,8 \cdot 10^{-3}$ bzw. $3,4 \cdot 10^{-4}$; Weinsäure $8,7 \cdot 10^{-3}$ bzw. $6,8 \cdot 10^{-4}$; Phosphorsäure $6,9 \cdot 10^{-2}$. Sämtliche Komplexe sind 1:1-Komplexe. In 0,1 m HCl lieferte das Syst. Oxalsäure–Mo(VI) einen katalyt. Strom, der der Red. von Oxalsäure durch Mo(IV) zugeschrieben wird. Die entsprechende Oxalsäure–Mo(IV)-Stabilitäts-Konst. ließ sich nicht mit Hilfe dieser Meth. ermitteln. Die quant. Best. von Mo in $HClO_4$ oder HNO_3 hängt von der Reproduzierbarkeit der Lösungsbedingungen ab, d. h. der genauen Kontrolle der Säurestärke, der Perchlorat- u. Nitratkonzz. Bei vollständiger Unterdrückung der katalyt. Ströme durch Komplexierung erscheint die normale polarograph. Stufe mit linearer Beziehung zwischen Mo-Konz. u. Diffusionsstrom, jedoch unter gleichzeitiger Verringerung der Empfindlichkeit.
E. Beyerle. 142◇

0341 **Polarographisches Verhalten von Technetium.** G. B. S. Salaria, Charles L. Rulfs und Philip J. Elving. (J. chem. Soc. [London] **1963**, 2479—84; Ann Arbor, Mich., Univ. of Michigan, Dep. of Chem.; engl.) — Polarograph. u. coulometr. wurde über den pH-Bereich — 0,6 bis 13,30 die elektrochem. Red. von Tc-Ionen verschiedener Wertigkeitsstufen untersucht. Im sauren, ungepufferten Elektrolyten (pH < 4) wird Tc (VII) entsprechend $TcO_4^- + 8H^+ + 4e^- \rightarrow Tc^{3+} + 4H_2O$ (I) in einem 4-Elektronen-Prozeß unter Ausbildung einer irreversiblen, diffusionsbestimmten Stufe red., deren Halbstufenpotential $E_{1/2}$ pH-abhängig ist: $E_{1/2} = 0,12 - 0,11_3$pH (0,25m $K_2SO_4 + H_2SO_4$); $E_{1/2} = 0,50 - 0,12_4$ pH (0,5 m KCl + HCl) (SCE). Bei $E_{1/2} = -0,93$ V tritt eine zweite, pH-unabhängige, irreversible Stufe auf, die der Red. von Tc (III) zum Metall entspricht. Bei der niederen H^+-Konz. in Elektrolyten von pH > 4 ist die Rk. I zugunsten einer pH-unabhängigen 3-Elektronen-Red. Tc (VIII) $\rightarrow$ Tc (IV) bei $E_{1/2} = -0,78$ V zurückgedrängt. Diese Stufe ist irreversibel u. bei pH $> 4,5$ (HCl) bzw. 5,0 (H_2SO_4) diffusionsbedingt. Nachfolgende Red. verläuft bis zum metall. Tc. In Lsgg. mit pH 11—13 spaltet sich die Red.-Stufe Tc (IV) $\rightarrow$ Tc (Metall) in zwei Stufen auf: der Red. von Tc (III) zum Metall ist bei $-1,02$ V eine adsorptionsbedingte Tc (IV) $\rightarrow$ Tc (III)-Stufe vorgelagert.
E. Beyerle. 142◇

0342 **Über die Form katalytischer Stufen in Gegenwart von Cystein und Nickel in ammoniakalischen Pufferlösungen.** Antoni Basiński, Marian Kuik und Józef Ceynowa. (Roczniki Chem. [Ann. Soc. chim. Polonorum] **36**, 1889—93, 1962; Toruń, Copernicus Univ., Dep. of Phys. Chem.; engl.) — Die von Brdička ausführlich behandelten, katalyt. Stufen wurden unter folgenden Bedingungen untersucht: $0,5 \cdot 10^{-3}$ m $NiSO_4$, $0,1 \cdot 10^{-3}$ m Cystein, 0,5 m $(NH_4)_2SO_4$, 0,027 m NH_3, 0,005% Gelatine (I) u. $0,1 \cdot 10^{-3}$ m $NiSO_4$, $1,0 \cdot 10^{-3}$ Cystein, 0,5 m $(NH_4)_2SO_4$, 0,82 m NH_3, 0,005% Gelatine (II). Dabei entstand in Fall I eine vom Hg-Niveau unabhängige, typ. katalyt. Stufe, während in Fall II bei Cystein-Konzz. $>$ $NiSO_4$-Konz. die polarograph. Stufe durch Diffusionsstrom bestimmt ist.
E. Beyerle. 142◇

0343 **Optische Untersuchung der Bildung und des Durchschlags passiver Filme, die auf Eiseneinkristalloberflächen in Lösungen anorganischer Inhibitoren gebildet wurden.** Jerome Kruger. (J. electrochem. Soc. **110**, 654—63; 1963; Washington, D. C., Nat. Bur. of Standards; engl.) — Schichtdicke u. opt. Eigg. von Passivfilmen werden bei ihrer Bldg. in K_2CrO_4-, $NaNO_2$-, Na_2SO_4- u. Na_2SO_4/KOH-Lsg. mit Hilfe von polarisiertem Licht bei gleichzeitigen elektrochem. Messungen untersucht. Bei Schichtdicken von 15—20 Å tritt eine Änderung des Filmwachstums ein, die mit dem Passivpotential in Zusammenhang steht. Darauf gilt ein logarithm. Gesetz für das Wachstum der halbleitenden Schicht, ohne daß die kristallograph. Orientierung einen wesentlichen Einfl. hat. Bei Passivierung von im Ultrahochvakuum (ca. 10^{-9} Torr) hergestellten Fe-Oberflächen in luftgesätt. $NaNO_2$-Lsgg. entsteht sofort ein 20 Å starker Film, der dann aufgelöst wird, worauf die Bldg. eines neuen Films erfolgt. In O_2-gesätt. Lsgg. wächst dagegen der ursprünglich gebildete Film weiter, bis bei Schichtdicken von ca. 40 Å Passivierung erfolgt. In gasfreien Lsg. tritt die erste Wachstumsstufe nicht auf. Durchschlagsunterss. ergeben, daß lediglich der unmittelbar auf dem Metall gebildete, 20—30 Å dicke Film passivierend wirkt, auch in Ggw. dickerer Schichten. Die Anzahl der Bereiche, an denen Durchschlag erfolgt, ist für Filme auf (110)-Flächen am höchsten, die Bereiche stehen nicht in Zusammenhang mit Stellen, an denen Versetzungen die Fläche schneiden. Die Ergebnisse stützen die Oxidfilmtheorie der Passivität.
P. Frenzel. 143◇

A$_4$. Thermodynamik, Thermochemie

0344 **Statistische Mechanik des Gleichgewichts für inhomogene Flüssigkeiten.** Frank H. Stillinger jun. und Frank P. Buff. (J. chem. Physics **37**, 1—12, 1962; Murray Hill, N. J., Bell Telephone Labor., Inc.; engl.) — Unter Benutzung der Cluster-Technik werden die thermodynam. u. strukturellen Eigg. klass. einkomponentiger Fll. untersucht. Bes. werden Entwicklungen für den lokalen Druck u. die Verteilungsfunktion der Dichte angegeben. Anwendungsmöglichkeiten werden besprochen.
W. Ebeling. 146◇

0345 **Kraftkorrelationen und kollektive Bewegung in klassischen Flüssigkeiten.** R. Eisenschitz und M. J. Wilford. (Proc. physic. Soc. **80**, 1078—90, 1962; London, Univ., Queen Mary Coll.; engl.) — Die therm. Bewegung in einer Fl. wird nach der Meth. der kollektiven Koordinaten als Fortpflanzung von Dichte-Wellen dargestellt. Unter der Ausnahme, daß die Kopplung zwischen diesen Wellen schwach ist, wird die spezif. Wärme in guter Übereinstimmung mit dem Experiment berechnet. Mit Hilfe einer Störungstheorie wird die zeitliche Korrelationsfunktion der mkr. Kraft auf ein Teilchen u. daraus nach der Kirkwood-Theorie die Reibungskonst. berechnet.
W. Ebeling. 146◇

0346 **Thermodynamik irreversibler Prozesse an Oberflächensystemen. 1. Mitt. Die Erhaltungssätze sowie die Gibbssche Gleichung für mehrkomponentige einmolekulare Schichten an homogenen und isotropen Oberflächen.** B. Baranowski und J. Popielawski. (Bull. Acad. polon. Sci., Ser. Sci. chim. **10**, 445—50, 1962; Warsaw, Pol. Acad. of Sci., Inst. of Phys. Chem.; engl.) — Ableitung der Erhaltungssätze für die Masse, den Impuls u. die Energie sowie der Gibbsschen Gleichung unter bes. Berücksichtigung der thermodynam. Verhältnisse an einmol., aus mehreren Komponenten zusammengesetzten Schichten.
D. Forst. 146◇

0347 **Zur Theorie der Temperaturabhängigkeit des Kompressionsmoduls von Metallen.** K. H. Schramm. (Z. Physik **167**, 29—38, 1962; Frankfurt/M., Battelle-Inst. e. V.; dt.) — Vgl. C. **1963**, 5729. — Durch Benutzung bekannter Näherungsansätze der Metalltheorie wird die

Temp.-Abhängigkeit des Kompressionsmoduls polykristalliner, quasiisotroper Metalle auf diejenige des Wärmeausdehnungskoeff. zurückgeführt.
H. Jehne. 148◇

0348 **Änderung der Dichte des Zinks bei periodischen Temperaturwechseln.** W. A. Lichatschew und G. A. Malygin. (Metallphysik u. Metallkunde [UdSSR] **12,** 365—71, 1961; Phys.-techn. Inst. der Akad. der Wiss. der UdSSR; russ.) — Vff. untersuchen die Änderung der Dichte von Zn, Cd, Sn u. Legg. aus Cd mit Sn(60:40) u. Cd mit Zn (50:50) in Abhängigkeit von der Zahl der Temp.-Cyclen, der Temp.-Differenz u. der Textur. Die Dichteverringerung ist bei der Legg. größer als bei den reinen Metallen. D. Hoene. 148◇

0349 **Linearer Ausdehnungskoeffizient von bestrahlten Alkalihalogenidkristallen.** I. N. Anochina, I. G. Bersina und P. A. Ssawinzew. (Kristallographie [UdSSR] **7,** 637—39, 1962; Tomsk, Polytechn. Kirow-Inst.; russ.) — *NaCl-*, *KCl-* u. *KBr*-Kristalle (25 · 5 · 5 mm) wurden bei Zimmer-Temp. mit Neutronen- u. γ-Strahlen ($4 \cdot 10^{10}$ n/cm^2 u. 750 r/cm^2; Ra-α-Be-Quelle) bestrahlt. Die Änderungen des linearen Ausdehnungs-Koeff. wurden zwischen 100 u. 500° gemessen. Die Koeff. der bestrahlten Proben liegen höher als diejenigen der unbestrahlten Kristalle, was auf Störstellen-Bldg. zurückgeführt wird (größere Versetzungsdichten).
K. Jaeger. 148◇

0350 **Über die Zustandsgleichung von Stishovit.** R. G. McQueen, J. N. Fritz und S. P. Marsh. (J. geophys. Res. **68,** 2319—22, 1963; Los Alamos, N. Mex., Univ. of California, Los Alamos Sci. Labor.; engl.) — Für Stishovit, eine Hochdruckform von SiO_2, wurde eine Hugoniotsche Zustandsgleichung aufgestellt. Das Material zeigt ein Grüneisen-Verhältnis $V (\delta P/\delta E)_v = 0{,}9$, eine Bldg.-Wärme von $1{,}5 \cdot 10^{10}$ erg/g relativ zu Quarz u. eine Schall-Geschw. von ca. 10 km/s. J. Heinze. 148◇

0351 **Über die Inversion des Joule-Effekts.** A. Schaber. (Allg. Wärmetechn. **11,** 146—49, 1962/63; Karlsruhe, TH, Thermodynam. Inst.; dt.) — Im Zusammenhang mit der Boyle-Kurve, der Idealkurve u. der Joule-Thomson-Kurve wird die Möglichkeit der Definition weiterer für das thermodynam. Verh. der Gase charakterist. Kurven untersucht. Dabei wird der Begriff einer verallgemeinerten „Ideal-Kurve" eingeführt. Es wird damit jede Kurve bezeichnet, auf der ein reales Gas eine bestimmte thermodynam. Eig. mit dem idealen Gas gemeinsam hat. Die Inversion des Joule-Effekts wird gesondert behandelt. Soweit die vorhandenen Meßdaten es zulassen, werden die Inversionskurven für *He*, *Ne*, H_2 u. D_2 angegeben. H. Jehne. 149◇

0352 **Abweichungen der Kompressibilität polarer Gase.** N. A. Hall und W. E. Ibele. (Trans. ASME **77,** 1003 bis 1009, 1955; Minneapolis, Minn., Univ. of Minnesota; engl.) — Die Abweichung der Kompressibilitätsfaktoren polarer Gase von den verallgemeinerten Kompressibilitätstabellen machen diese Tabellen unbrauchbar für polare Gase. Ein erweitertes Prinzip der übereinstimmenden Zustände wurde zum Beweis herangezogen, daß diese Abweichungen mit dem red. Dipolmoment verbunden sind, einem Parameter, der eng auf das mol. Dipolmoment eines einzelnen polaren Gases bezogen ist. Es werden Tabellen angegeben, die die Berechnung der Kompressibilitätsfaktoren mit Hilfe einer Polaritäts-Korrektur der Kompressibilitätswerte des Standard-Tabellen ermöglichen. Es werden Werte für NH_3, *Freon-11*, *-12*, *-21* u. *-22*; *A.*, *Ae.*, H_2S, *Methanol*, CH_3Cl, CH_3F, C_3H_6 u. *W.* angegeben. W. Pump. 149◇

0353 **Viscosität von Stickstoff bei niedrigen Temperaturen und hohen Drücken.** K. Goldman. (Physica [Utrecht] **29,** 499—516, 1963; London, British Oxygen Co. Ltd.; engl.) — Es wird ein neues Gasviscosimeter beschrieben, bei dem das Gas durch eine kalibrierte Capillare strömt. Der Druckabfall in der Capillare u. die Strömungsgeschw. des Gases werden mit einem Ölmanometer gemessen, das auf 25° thermostatiert wurde. Die Capillare befand sich in einem Kryostaten, dessen Temp. von — 61,3° auf — 78,5° geändert werden konnte. Der Druck betrug 127 atm. Es wird die Theorie der Methode entwickelt. Die Meßergebnisse stimmen bis 120 atm gut mit der Enskog-Theorie überein. Der Durchmesser des N_2-Mol. ergibt sich danach zu 3,1 Å bei — 78,5°.
K. Strenge. 149◇

0354 **Gastrennung mit der Molekularpumpe.** 1. Mitt. **Trennfaktor und Trennpotential einer Molekularpumpe mit ortsunabhängiger Spalthöhe.** Otto Böttger und Hans Pingel. (Z. angew. Physik **15,** 320—25, 1963; Frankfurt/M., AEG Forsch.-Inst.; dt.) — Trennfaktor u. Trennpotential einer Molekularpumpe mit konst. Nuthöhe werden für eine Gasmischung aus zwei Komponenten berechnet. Dabei wird Knudsen-Strömung vorausgesetzt. Für UF_6 werden für Trennfaktor u. Trennpotential numer. Werte angegeben. H. Jehne. 149◇

0355 **Über die kinetische Theorie dichter Flüssigkeiten.** 13. Mitt. **Die Beweglichkeit negativer Ionen in flüssigem Ar, Kr, Xe.** H. T. Davis, Stuart A. Rice und Lothar Meyer. (J. chem. Physics **37,** 2470—72, 1962; Chicago, Ill., Univ. of Chicago, Dep. of Chem.; engl.) — 12. vgl. J. chem. Physics **37,** [1962], 1521; 9. vgl. C. **1962,** 12196. — Ein Vgl. experimenteller Daten mit statist. Berechnungen nach der Theorie von Rice-Allnatt zeigt befriedigende Übereinstimmung. Eine detailliertere Bestätigung erfordert noch genauere Kenntnisse über das Ion-Atom-Wechselwirkungspotential und die bin. Verteilungsfunktion. W. Ebeling. 149◇

0356 **Magnetische Ablenkung positiver Ionen in flüssigem Helium bei 0,2°K.** G. Careri, F. Dupré und I. Modena. (Nuovo Cimento [10] **22,** 318—25, 1961; Padua, Ist. Naz. di Fis. Nucl.; Univ., Ist. di Fis.; engl.) — Die Beweglichkeit positiver Ionen in fl. He bei ca. 0,2°K wird mit Hilfe der magnet. Ablenkung eines Ionenstrahles gemessen. Sie ist wesentlich geringer (8,5 m/s) als die von Meyer u. Reif erhaltene (40 m/s) (vgl. C. **1961,** 10842). Sie ist unabhängig vom elektr. Feld. Es wird bei B = 17 kGauss gearbeitet. Die Fehler der Messungen wird auf Grund der experimentellen Ungenauigkeit mit ca. 30% angenommen. Da eine konst. Drift-Geschw. gefunden wird, schließen Vff. auf einen anderen Erzeugungsprozeß der Rotonen bei niedriger Energie als von Landau angenommen wird. H. Schibilla. 149◇

0357 **Molvolumen und Ausdehnungskoeffizient von flüssigem ^{3}He.** Eugene C. Kerr und R. Dean Taylor. (Ann. Physics **20,** 450—63, 1962; Los Alamos, N. Mex., Univ. of California, Los Alamos Sci. Labor.; engl.) — Direktmessungen des Molvol. von fl. ^{3}He unter seinem eigenen Dampfdruck im Bereich 0,16—1,8°K ergeben eine anfängliche Abnahme des Ausdehnungs-Koeff. mit steigender Temp. vom Wert 0 bei 0°K (extrapoliert) bis zu einem Minimum mit dem Wert — 0,01039°K^{-1} (das einem Molvol. von 36,783 cm^3 entspricht), worauf ein bald geradlinig werdender Anstieg mit einem Durchgang durch 0 bei 0,502°K folgt. Der Verlauf der Kurve stimmt gut mit dem nach der Theorie von Goldstein zu erwartenden überein. W. Betcke. 149◇

0358 **Flüssiges Helium-3.** J. G. Daunt. (Science [Washington] **131,** 579—85, 1960; Columbus, Ohio, Ohio State Univ.; engl.) — Übersicht. — 44 Literaturangaben.
A. Blaschette. 149◇

0359 **Messung des Dampfdruckes von Alkalimetallen mit dem Ionisationsmanometer nach Bayard-Alpert.** Alfred Benninghoven. (Z. angew. Physik **15,** 326—27, 1963; Köln, Univ., I. Phys. Inst.; dt.) — Um eine störungsfreie Messung durchführen zu können, muß auf eine bes. Isolierung des Ionenfängers geachtet werden. Außerdem muß die Temp. des Glühfadens so niedrig sein, daß kein störender Photoeffekt auftritt. In der vorliegenden Arbeit wird die Messung des Dampfdruckes von *Cs* genauer beschrieben. H. Jehne. 150◇

0360 **Verdampfung von Lithiumoxid aus der festen Lösung von Lithiumoxid in Nickeloxid.** Yoshio Iida. (J. Amer. ceram. Soc. **43,** 171—72, 1960; Nagoya, Japan, Kita-Ku, Gov. Ind. Res. Inst.; engl.) — Vgl. C. **1961,** 3587. — Inhaltlich identisch mit der C. **1963,** 9592 referierten Arbeit. R. G. Kaiser. 150◇

0361 **Torsionseffusions-Apparatur zur Untersuchung der Dampfdrücke von Legierungen.** J. N. Pratt und A. T. Aldred. (J. sci. Instruments **36,** 465—68, 1959;

Birmingham, Univ., Dep. of Phys. Metallurg.; engl.) — Wird eine Effusionszelle aus Graphit an einem $5 \cdot 10^{-3}$ cm dicken W-Draht, der auf einer Verdickung einen Galvanometerspiegel trägt, aufgehängt u. nach Beschicken mit der zu untersuchenden Leg. im Vakuum ($5 \cdot 10^{-6}$ Torr) auf $\leq 1000°$ erhitzt, so wird der W-Draht durch den austretenden Metalldampf tordiert. Der Torsionswinkel ist nach einer von Volmer [1931] angegebenen Gleichung dem Dampfdruck proportional. Das Verf. gestattet die Messung von Dampfdrücken von 10^{-5}—10^{-2} Torr mit einem Fehler von 10—1%. Die Dimensionen der Öffnung der Effusionszelle müssen das Vorliegen von Mol.-Strömungen gewährleisten, jedoch ist die Kenntnis des Mol.-Gew. des Dampfes nicht notwendig. Die Anwendung des Verf. auf die Dampfdruck-Best. von *Bi* bzw. *Mg* in *Ag-Legg.* mit 39,3 u. 67,0 (Atom-%) Bi bzw. 19,4 u. 35,8 Mg ist beschrieben. Herbert Müller. 150□

0362 **Die Aktivitätskoeffizienten verdünnter Lösungen in Lösungsmittelgemischen.** H. Flood und K. Gamlem. (Rev. Chim. [Bucarest] **7**, 189—201, 1962; Trondheim, Norges TH, Tekn.-Naturvid.-Forskningsrads, Inst. for Silikatforsk.; dt.) — Es wird nachst. vereinfachte Formel für die Berechnung von Aktivitätskoeff. in verd. Lsgg. gemischter Lsgm. γ (AB), aus den Aktivitätskoeff. in den reinen Lsgm.-Komponenten, γ (A) u. γ (B), gegeben: $\ln \gamma\,(AB) = N_A \ln \gamma\,(A) + N_B \ln \gamma\,(B) + N_B \log k^z - z \log (N_A - kN_B)$, wo N_A u. N_B die Molenbrüche von A u. B im Lsgm.-Gemisch, z die Koordinationszahl u. $K = [\gamma\,(A/\gamma(B)]^{1/z}$ darstellen. Die Formel ist für folgende Syst. geprüft worden: J_2 in CS_2 — CCl_4, Br_2 in CS_2 — CCl_4, J_2 in C_6H_6 — CH_3COOH, S_8 in C_6H_6 — CH_3COOH, J_2 in *Glycerin-W.*, $HgCl_2$ in *Äthyläther* — $CHCl_3$, H_3BO_3 in *Amylalkohol* — CS_2, O_2 in *Fe* — *Ni*.

H. Jehne. 150◇

0363 **Thermodynamische und thermodynamisch-statistische Betrachtungen über das kryoskopische Verhalten verschiedener Salze in geschmolzenem Silbernitrat.** Cesare Sinistri. (Ric. sci., Parte II, Sez. A, [2] **1**, 327—37, 1961; Univ. di Pavia, Ist. di Chim. fis.; ital.) — Kryoskop. Messungen in geschmolzenem $AgNO_3$ werden auf Grund einer allg. thermodynam. Gleichung besprochen, die fähig ist, die verschiedenen Effekte zu unterscheiden, welche zur Kennzeichnung des Verlaufs des Verhältnisses $\Delta T/X$ als Funktion des stöchiometr. Molenbruches X führen. Es wird nachgewiesen, daß für gewisse Salzgruppen die Möglichkeit einer Beziehung der Neigung dieser Funktionen mit der statist. abgeleiteten Wechselwrkg.-Energie in Zusammenhang gebracht werden kann. Auf diese Weise wird eine Wechselwrkg.-Energie berechnet, die für Syst. mit einem gemeinsamen Ion, wie es für die Reihe der Alkalinitrate im geschmolzenen $AgNO_3$ der Fall ist, einen Verlauf zeigt, der befriedigend mit der elektrochem. abgeleiteten Wechselwrkg.-Energie übereinstimmt. Für gelöste Salze der Art MSO_4 wird eine teilweise Dissoziation angenommen. Es wird nachgewiesen, daß zwischen der Gleichgewichtskonst. dieser Dissoziation u. der Neigung der kryoskop. Kurve eine exakte Beziehung besteht. Es werden kryoskop. Messungen an $RbNO_3$ u. $CsNO_3$ in geschmolzenem $AgNO_3$ aufgeführt. H. Jehne. 150◇

0364 **Eine statistische Annäherung an Gleichgewichts-Diagramme.** L. F. Mondolfo. (Trans. metallurg. Soc. AIME **224**, 164—80, 1962; Chicago, Ill., Illinois Inst. of Technol.; engl.) — Bei einer Unters. der Beziehung zwischen den Eigg. der Elemente u. den Typen bin. Gleichgewichtsdiagramme dieser Elemente zeigte sich, daß für jeden Typ eines Gleichgew.-Diagrammes die Faktoren für die Größe, Valenz, Elektronegativität, Periode, F., Schmelzentropien u. die für jedes Elementenpaar berechnete Sublimation einen weiten Bereich von Werten einnehmen. Jedoch zeigen diese Faktoren eine ausreichende Beziehung zum Gleichgew.-Diagramm, so daß die Wechselbeziehung von mehreren von ihnen verwendet werden kann, um den Typ des entsprechenden Diagramms vorauszusagen oder wenigstens die Wahl auf nur wenigen Typen zu beschränken. 16 Literaturangaben. H. Hochstein. 150◇

0365 **Bestimmung der thermodynamischen Funktionen der Legierungen von Cadmium mit Wismut und von Thallium mit Wismut und mit Antimon nach dem Potentiometerverfahren.** J. Vřešťál. (Czechoslov. J. Physics **13**, 286—95, 1963; Brno, Ceskoslov. akad. věd, Labor. pro stud. vlastnosti kovů; dt.) — Es wurde die EMK der Elemente $Cd/Cd^{2+}/Cd$–Bi, $Tl/Tl^+/Tl$–Bi u. $Tl/Tl^+/Tl$–Sb gemessen. Aus den EMK-Werten wurden die Aktivitätskoeff. von Cd. bzw. Tl berechnet. Bei den Legg. Cd–Bi wurden auch die Aktivitätskoeff. von Bi u. die molaren Zusatzentropie in Abhängigkeit von der Konz. im Temp.-Bereich von 400 bis 500° bestimmt. Bei der Leg. Cd–Bi wechselt das Vorzeichen der Abweichung der Aktivität vom idealen Verlauf in Abhängigkeit von der Konz.-Änderung. Die Zus., bei der der Vorzeichenwechsel eintritt, ist von der Temp. abhängig. Die Größe der negativen Abweichungen nimmt mit der Temp. zu. Bei beiden Tl-Legg. sind die Abweichungen der Aktivitäten vom idealen Verlauf negativ.

H. Jehne. 150◇

0366 **Über die Kurven der Differenzthermoanalyse.** Franz Sauerwald, S. Hösel und M. Wobst. (Wiss. Z. Martin-Luther-Univ. Halle-Wittenberg, math.-naturwiss. R. **11**, 879—90, 1962; Inst. für physikal. Chem. mit Metall- u. Werkstofflabor.; dt.) — Vff. diskutieren die Änderung der Differenzkurven bei Verschiebung der T-Zeitkurven gegeneinander für konst. ΔT ($0 \leq \Delta T \leq 0$), für mit der Zeit steigendes bzw. fallendes bzw. sein Vorzeichen änderndes ΔT. Weiterhin werden Anfangsstörungen beim Aufheizen u. Beseitigungsmöglichkeiten besprochen. Einige Realfälle werden schemat. aufgezeigt.

H. G. Moslé. 150◇

0367 **Apparatur zur gleichzeitigen thermographimetrischen und differentialthermischen Analyse.** J. Papailhau. (Bull. Soc. franç. Minéralog. Cristallogr. **82**, 367—73, 1959; Toulouse, Fac. des Sci., Labor. de Miner.; franz.) — Beschreibung der App., mit der Unters. bis zu Temp. um 1250° durchgeführt werden können. Die Messungen können entweder in definierter Atmosphäre oder in einem kontrollierten Gasstrom durchgeführt werden. Als Anwendungsbeispiele werden die Kurven von *Kaolinit*, $MnPO_4 \cdot 2H_2O$, *Dolomit*, *Eisenspat* u. *Calcit* wiedergegeben u. besprochen. C. Gottfried. 150△

0368 **Thermodynamische Funktionen einiger Treibstoffe.** S. Sundaram. (Z. physik. Chem. [Frankfurt/M.] **36**, 376—77, 1963; Saskatoon, Canada, Univ. of Saskatchewan, Dep. of Mechan. Engng.; engl.) — In Hinblick auf die Verw. als Raketentreibstoffe wurden die thermodynam. Daten nachst. Verbb. nach den gebräuchlichen Meth. der statist. Mechanik zwischen 100 u. 2500°K berechnet; die Werte sind tabelliert. Für 298,16°K werden angegeben: B_2H_6 $C_p^0 = 13{,}33$, $(H^0-E_0^0)/T = 9{,}51$ u. $S^0 = 55{,}45$; B_2D_6 16,77, 10,81 u. 59,06; C_2H_4O (Äthylenoxid) 11,45, 8,71 u. 58,03; C_2D_4O: 13,89, 9,53 u. 60,17; C_5H_{10} (Cyclopentan) 21,46, 12,24 u. 65,13; C_5D_{10} 28,48, 14,85 u. 69,95; H_3BO_3 16,99, 11,82 u. 66,12; NF_3 12,75, 9,50 u. 62,28 cal/Grad · Mol. G. Gattow. 151◇

0369 **Anomale spezifische Gitterwärme von Gold und Zink bei Temperaturen des flüssigen Heliums.** J. E. Zimmerman und L. T. Crane. (Physic. Rev. [2] **126**, 513—16, 1962; Dearborn, Mich., Ford Motor Co., Sci. Labor.; engl.) — Von Poly- und Einkristallen aus 99,99%ig. Au bzw. Zn wird zwischen 1,5 u. 4,2°K die spezif. Wärme C bestimmt. Die Meßwerte für Au-Einkristalle werden mit $C = (767 \pm 13) \cdot T + (439 \pm 1) \cdot T^3$ (m Joule/Grad · Mol) beschrieben, während für polykristallines Au $C = (740 \pm 10) \cdot T + (440{,}5 \pm 0{,}8) \cdot T^3$ gilt; die entsprechenden Debye-Temp. T_D sind 164,2 bzw. 164,0°K. Für Zn-Einkristalle folgen die Meßwerte $C = 658 \cdot T + 51{,}0 \cdot T^3 + 1{,}13 \cdot T^5$; aus dem Koeff. von T^3 wird $T_D = 337$°K erhalten. Unterhalb 3°K stimmen die Meßwerte für Zn-Ein- u. Polykristalle auf ± 1% überein, während für > 3°K Abweichungen bis 4% beobachtet werden. Die Unterschiede in T_D die aus Messungen von C bzw. den elast. Konst. folgen, werden diskutiert. Herbert Müller. 151◇

0370 **Molekulare und hydrodynamische Effusion von Quecksilberdampf aus einer Knudsen-Zelle.** K. Douglas Carlson, Paul W. Gilles und R. J. Thorn. (J. chem. Physics **38**, 2725—35, 1963; Argonne, Ill., Argonne Nat.

Labor., Chem. Div.; Lawrence, Kans., Univ. of Kansas, Dep. of Chem.; engl.) — In einer ausführlich beschriebenen App. untersuchten Vff. die Effusion von gesätt. Hg-Dampf durch zylinderförmige Kanäle aus nichtrostendem Stahl u. scharfkantigen Öffnungen in ein Vakuum im Druckbereich von 10^{-6} bis 1 atm zwischen 300 u. 630°K. Die Ergebnisse lassen sich in 1. Näherung durch die halbtheoret. Gleichung von Knudsen beschreiben; bei einem Radius der Kanäle von 0,02 mm u. einem Verhältnis von Länge:Radius = 60—100 liegt zwischen 10^{-6} u. $5 \cdot 10^{-4}$ atm gute Übereinstimmung mit den experimentellen Werten vor. Für scharfkantige Öffnungen geht die mol. in eine nahezu isotherme hydrodynam. Strömung über. Aus den Vers.-Ergebnissen wurde unter Verw. bekannter thermodynam. Daten die Verdampfungswärme u. -entropie von Hg berechnet: $\Delta H_0^0 = 15394 \pm 58$ cal/g-Atom u. $\Delta S_{325}^0 = 23,45 \pm 0,18$ cal/g-Atom · Grad. G. Gattow. 155◇

0371 **Über einen Nachschmelzeffekt in reinen Metallen.** Bruno Predel. (Z. Metallkunde **54,** 206—12, 1963; Münster, Univ., Inst. für Metallforsch.; dt.) — Ausführliche Mitt. zu C. **1963, 9980.** H. Jehne. 155◇

0372 **Zur Berechnung der Freien Mischungsenthalpie und der Aktivitätskoeffizienten beschränkt mischbarer Systeme aus der Löslichkeitskurve.** A. Neckel. (Mh. Chem. **92,** 468—91, 1961; Wien, Univ., Inst. für Phys. Chem.; dt.) — Die in dieser Arbeit vorgeschlagene Meth. gestattet, die Änderungen der freien Zusatzenthalpie mit der Konz. ($\partial \Delta G_z/\partial x$) bei der krit. Lsg.-Temp. auf Grund der Löslichkeitskurve beschränkt mischbarer Syst. innerhalb des Konz.-Bereiches der Mischungslücke zu berechnen, sofern Daten für die Zusatzentropie ΔS_z u. für die Zusatzwerte zu den Molwärmen $\Delta C_{p,z}$ bekannt sind. Durch numer. Integration von ($\partial \Delta G_z/\partial x$) erhält man die Werte für die Freie Zusatzenthalpie ΔG_z bei der krit. Lsg.-Temperatur. Die Meth. wird zur Berechnung von ΔG_z der Syst. *n-Pentan–Aceton* u. *Ni–Au* herangezogen. An diesen Beispielen wird der Einfluß der näherungsweisen Vernachlässigung von ΔS_z u. $C_{p,z}$ untersucht. H. Jehne. 156◇

0373 **Ein Beispiel für die Berechnung der Dissoziationsenergien von zweiatomigen Molekülen.** Enrico Clementi. (J. chem. Physics **38,** 2780—82, 1963; San José, Calif., IBM Corp., San José Res. Labor.; engl.) — Es wird am Beispiel des *LiF* gezeigt, daß es auch ohne genaue Wellenfunktionen möglich ist, die Dissoziationsenergien durch Kombination von SCF- u. atomaren Korrelationsenergien exakt zu berechnen. G. Gattow. 156◇

0374 **YH_3 und YD_3: Molwärmen und thermodynamische Funktionen von 15° bis 350°K sowie Infrarot-Absorptionsspektren.** Howard E. Flotow, Darrell W. Osborne, Klaus Otto und Bernard M. Abraham. (J. chem. Physics **38,** 2620—26, 1963; Argonne, Ill., Argonne Nat. Labor.; engl.) — Durch Rk. von H_2 bzw. D_2 mit YH_2 bzw. YD_2 bis 350 → 200° (p = 350 Torr) wurden YH_3 (**I**; H:Y = 3,000 ± 0,006) bzw. YD_3 (**II**; D:Y = 2,990 ± 0,006) hergestellt. **I** u. **II** krist. in einer hexagonal-dichtesten Packung mit $a_0 = 3,672 \pm 0,002$ u. $3,659 \pm 0,002$ Å, $c_0 = 6,625 \pm 0,018$ u. $6,586 \pm 0,019$ Å; Röntgendichten 3,946 u. 4,129 g/cm³. Die Best. der Molwärmen (MW) erfolgte zwischen 15 u. 350°K in einem adiabat. Calorimeter; die Werte sind tabelliert. Die MW (in cal/Grad · Mol) lassen sich < 15°K durch die Gleichungen $C_p = 1,275 \cdot 10^{-5}T^3$ (für **I**) u. $C_p = 1,336 \cdot 10^{-5}T^3$ (für **II**) beschreiben. Für 298,15°K werden nachst. thermodynam. Daten von **I** u. **II** angegeben: $C_p = 10,363 \pm 0,021$ u. $13,727 \pm 0,028$; $S^0 = 10,019 \pm 0,020$ u. $12,028 \pm 0,024$; $(H^0-H_0^0)/T = 5,411 \pm 0,011$ u. $6,791 \pm 0,014$; $-(G^0-H_0^0)/T = 4,608 \pm 0,009$ u. $5,237 \pm 0,010$ cal/Grad · Mol; $H^0-H_0^0 = 1613,3 \pm 3,2$ u. $2024,8 \pm 4,0$ cal/Mol. Die zwischen 320 u. 360°K bestimmten Dissoziationsdrücke von **I** u. **II** stimmen innerhalb der Fehlerbreite (± 0,1 mm Hg) überein: log p = — 4370/T + 10,10. Im Bereich von 400—4000 cm⁻¹ zeigen die IR-Spektren je drei Banden bei 1295, 920, 640 cm⁻¹ (**I**) u. $1295/\sqrt{2}$, $920/\sqrt{2}$, $640/\sqrt{2}$ cm⁻¹ (**II**), aus denen die Werte von C_p(I)-C_p (II) berechnet werden. Die Differenzen der Bldg. Wärmen von **I** u. **II** betragen 1,03 ± 0,20 kcal/Mol (bei 0°K) u. 0,65 ± 0,20 (bei 298,15°K), die der Freien Bldg.-Energien — 0,27 ± 0,20 kcal/Mol (bei 298,15°K). G. Gattow. 156◇

0375 **Bildungsenthalpien von Zirkoniumhydrid und Zirkoniumdeuterid.** Donald R. Fredrickson, Ralph L. Nuttall, Howard E. Flotow und Ward N. Hubbard. (J. physic. Chem. **67,** 1506—09, 1963; engl.) — Vgl. vorst. Referat. — In einer ausführlich beschriebenen Verbrennungszelle wurden die Bldg.-Enthalpien von $ZrH_{2,000}$ (**I**) u. $ZrD_{2,000}$ (**II**) bombencalorimetr. (O_2-Druck: 15 atm; Sentina: 1 ml H_2O) bei 298,15°K bestimmt: $\Delta H_f^0 = -38,90 \pm 0,31$ (**I**) u. $-40,22 \pm 0,27$ (**II**) kcal/Mol. Unter Verw. bekannter thermodynam. Kenngrößen errechnen sich die Freien Bldg.-Energien u. -Entropien bei 298,15°K zu $\Delta G_f^0 = -29,32 \pm 0,31$ (**I**) bzw. $-29,86 \pm 0,27$ (**II**) kcal/Mol u. $\Delta S_f^0 = -32,13 \pm 0,04$ (**I**) bzw. $-34,75 \pm 0,04$ (**II**) cal/Grad · Mol. G. Gattow. 156◇

0376 **Standardbildungswärme höherer Niob- und Tantalcarbide.** A. N. Kornilow, W. Ja. Leonidow und Ss. M. Skuratow. (Nachr. Moskauer Univ., Ser. II **17,** Nr. 6, 48—49, 1962; Lehrst. für phys. Chem.; russ.) — Für folgende Carbide wurden ΔH^0 (in kcal/Mol) berechnet: $NbC_{0,913}$ (— 31,0 ± 0,6), $NbC_{1,00}$ (— 34,0 ± 0,6), $TaC_{0,982}$ (— 33,7 ± 1,0) u. $TaC_{1,00}$ (— 34,3 ± 1,0). Ch. Weiske. 156◇

0377 **Bestimmung des Sublimationsdruckes von Mangan-(II)-fluorid nach der Langmuir-Methode.** Renato G. Bautista und John L. Margrave. (J. physic. Chem. **67,** 1564—65, 1963; Madison, Wis., Univ. of Wisconsin, Dep. of Chem.; engl.) — Mit Hilfe der Langmuir-Meth. wurden die Sublimationsdrücke von MnF_2 (**I**) zwischen 887 u. 982°K zu $\Delta H_{298}^0 = 76,4 \pm 0,5$ kcal/Mol bestimmt. Daraus errechnen sich unter Benutzung bekannter Literaturwerte die Atomisierungsenergie zu 217 kcal/Mol für gasförmiges **I** u. die mittlere Bindungsenergie zu 108,5 kcal/Mol. G. Gattow. 156◇

0378 **Zur Anlagerung von Schwefel aus der Dampfphase an festes Ag_2S bei 400°C.** Neil Birks und Hans Rickert. (Ber. Bunsenges. physik. Chem. **67,** 501—05, 1963; Göttingen, MPI für Phys. Chem.; dt.) — Die Anlagerungsgeschw. des S aus S-Dampf an festes Ag_2S wird bei 400° als Funktion des chem. Potentials des S sowohl in der Dampfphase als auch im festen Ag_2S auf elektrochem. Wege gemessen. Dabei werden drei Festkörperketten der Form Pt/Ag/AgJ/Ag_2S/Pt mit AgJ als prakt. reinem Ionenleiter benutzt. Eine Kette dient zur Messung der Anlagerungsgeschw. u. des chem. Potentials $\mu_s(Ag_2S)$ des S im Ag_2S, die zweite zur Messung des chem. Potentials μ_s (g) des S in der Dampfphase. Mit der dritten Kette wird S in fremdgasfreien Dampfraum hineingebracht. Für $\mu_s(Ag_2S) \ll \mu_s(g)$ ist gegenüber der Anlagerung des S die Verdampfung zu vernachlässigen. Die theoret. Analyse zeigt, daß die Aufspaltung der adsorbierten S-Moll. für die Anlagerung geschwindigkeitsbestimmend ist. Für $\mu_s(Ag_2S)$ vergleichbar mit μ_s (g) ist neben der Anlagerung die Verdampfung zu berücksichtigen. Dieser Fall wird ebenfalls theoret. u. experimentell untersucht. H. Jehne. 156◇

0379 **Die Wärmeleitfähigkeit und ihre Veränderung mit Temperatur und Druck.** L. S. Kowalczyk. (Trans. ASME **77,** 1021—35, 1955; Detroit, Mich., Univ. of Detroit; engl.) — Der Einfl. der Materialstruktur, der Temp. u. des Druckes auf die Wärmeleitfähigkeit λ einer Probe in den 3 Aggregatzuständen wird erörtert u. die Theorie mit Vers.-Ergebnissen verglichen. λ hängt erheblich von der Struktur ab; strukturell geordnetere Stoffe zeigen höhere λ-Werte. λ steigt in folgender Reihenfolge an: Gase, Fll., amorphe u. glasartige Stoffe, Kristalle. Feste u. geschmolzene Metalle haben höheres λ als dielektr. Feststoffe u. nichtmetall. Fll., da die Wärmeleitung in Metallen durch atomare Schwingungen (Gitter-Leitung) stark durch die Elektronenleitung verstärkt wird. Bei einem Stoff, der in einer Kristall- u. einer amorphen festen Phase auftritt, kann die Temp.-Abhängigkeit von λ in den 3 Phasen bei Atmosphärendruck in einem allg. Schema ausgedrückt werden. Die allg. Neigung von λ zur Änderung mit der Temp. wurde durch Theorie u. Verss. bestätigt. Mit dem allg. Schema u. der bekannten Struktur der festen Proben kann die Abhängigkeit von λ von der Temp. vorausgesagt werden. Im allg. wächst λ aller Stoffe mit dem Druck, mit Ausnahme einiger Metalle. W. Pump. 158◇

0380 **Einfluß der Strahlungsverluste bei Wärmeleitfähigkeitsmessungen nach Kohlrausch.** Karl-Heinz Bode. (Z. angew. Physik **15**, 327—30, 1963; Braunschweig, Phys.-Techn. Bundesanstalt; dt.) — Kohlrauschs Lösung für die Temp.-Verteilung eines stromerwärmten Leiters setzt eine adiabate Leiteroberfläche voraus. Durch die unvermeidbaren Wärmeverluste werden bei der Messung der Wärmeleitfähigkeiten nach Kohlrausch Fehler verursacht, über deren Größe bisher keine sicheren Angaben gemacht werden konnten. Für einen stromerwärmten, strahlenden Draht im Vakuum wird die Abweichung der gemessenen Wärmeleitfähigkeit von der wahren bestimmt. Ein Diagramm ermöglicht eine orientierende Übersicht. H. Jehne. 158◇

0381 **Einfluß der Thomson-Wärme bei Wärmeleitfähigkeitsmessungen an stromerwärmten Leitern.** Karl-Heinz Bode. (Allg. Wärmetechn. **11**, 150—53, 1962/63; dt.) — Vgl. vorst. Referat. — Es wird nachgewiesen, daß die Berücksichtigung des Thomson-Effektes keinen Einfl. auf die allg. Gleichung für die Wärmeleitfähigkeit hat. H. Jehne. 158◇

0382 **Eine Untersuchung von Wärme- und Massenübergangsprozessen an der Grenzphase Gas–Festkörper.** S. Bretsznajder und I. Mościcka. (Bull. Acad. polon. Sci., Ser. Sci. chim. **10**, 457—61, 1962; Warsaw, Pol. Acad. of Sci., Inst. of Phys. Chem., Dep. of Fundament. Phys.-Chem. Probl. in Technol.; Warsaw, TU, Dep. of Technol. Design; engl.) — Ausgehend von der Annahme, daß die Menge eines Indicators, die pro Zeiteinheit von einer bestimmten Gasmenge weg an die umliegenden Oberflächen adsorbiert wird, im wesentlichen von der Dicke der Grenzschicht an der jeweiligen Oberfläche u. damit von der Reynoldsschen Zahl abhängt, entwickeln Vff. eine Meth. zur Best. der lokalen Wärmeübergangskoeff. aus den entsprechenden Massenübergangskoeffizienten. Am Beispiel von NH_3 wird die Brauchbarkeit der Meth. unter Beweis gestellt. D. Forst. 158◇

A$_5$. Kolloidchemie, Grenzschichtforschung

0383 **Das Druckfiltrat von kolloiden Suspensionen.** 1. Mitt. **Theoretische Betrachtungen.** G. H. Bolt. (Kolloid-Z. **175**, 33—39, 1961; Wageningen, Netherlands, Agric. State Univ., Labor. of Soils and Fertilizers; engl.) — Der Einfl., den die Kolloide durch die negative Adsorption von Nebenionen auf die Zus. des Druckfiltrats von Kolloidsuspensionen ausüben, ist für verschiedene Fälle berechnet worden. Auch die Folgen der partiellen Zurückhaltung der Elektrolyte durch das Filter wurden betrachtet. H. Jehne. 162◇

0384 **Oberflächenspannung von ^{3}He—^{4}He-Lösungen.** B. N. Jesselsson, W. G. Iwanzow und A. D. Schwetz. (J. exp. theoret. Physik [UdSSR] **44**, 483—86, 1963; russ., Auszug: engl.) — Die Oberflächenspannung (α) fl. He-Isotopengemische mit 9,5; 15,0; 19,0; 50,0 u. 75,7% ^{3}He wird bei Temp. von 1,3—4,2°K gemessen. Die Größe von α nimmt mit Anwachsen des ^{3}-He-Geh. allmählich ab, wobei die Werte niedriger sind als auf Grund der Additivität erwartet wird. W. Pump. 166◇

0385 **Elektrischer Oberflächenwiderstand der mit Siliconöl behandelten Glasplatte und Kontaktwinkel sowie Gleitwinkel des Wassertropfens auf dieser Platte.** Toshizo Uriu und Hiroyoshi Yamamoto. (J. chem. Soc. Japan, ind. Chem. Sect. [Kōgyō Kagaku Zassi] **62**, 1418—20, 1959; Tōkyō-Ôta, Sin'etu-Kagaku, Tyûô-Kenkyûzyo; jap., Auszug: engl. S. A 88.) — Glasplatten wurden mit Siloxanüberzügen versehen, die durch Hydrolyse u. Kondens. von Lsgg. mit verschiedenen Gemischen aus CH_3SiCl_3 (**I**) u. $(CH_3)_2SiCl_2$ (**II**) hergestellt wurden, u. der spezif. elektr. Oberflächenwiderstand R, der Kontakt-Θ sowie der Gleitwinkel α v. W. auf den Platten gemessen. $1 + \cos\Theta$ u. $\sin(\alpha)$ sind charakterist. für die hydrophilen Eigg. der Oberfläche, — log R ist ein Maß für die Menge an adsorbiertem H_2O. Zwischen sin α u. — log R besteht angenähert eine Parallelität, Θ nimmt nur bei Gemischen mit relativ größerer Menge **II** zu u. zeigt für größere Konz. an **I** außergewöhnlich hohe Werte. Die anomale Zunahme von Θ wird der Rauhigkeit der mit **I**-reichen Lsgg. behandelten Glasoberfläche zugeschrieben. E. Maekawa. 166□

0386 **Untersuchung dünner flüssiger Schichten auf Quecksilber.** A. Scheludko und D. Platikanov. (Kolloid-Z. **175**, 150—58, 1961; Sofia, Bulg. Akad. der Wiss., Inst. für Phys. Chem.; dt.) — Die Meth. für Schaumfilme wird zur Unters. der Eigg. fl. Schichten auf Unterlagen angewandt. Die Theorie dieser Meth. wird in bezug auf das Verdünnungsverh. solcher Schichten erweitert. Es werden Beobachtungen über Schichten verschiedener Fll. auf Hg durchgeführt. Es wird die Erscheinung des spontanen Durchbruchs der Schicht bei wss. Lsg. von KNO_3 beschrieben. Es werden mit Bzl. quant. Verss. durchgeführt u. die Isotherme des zusätzlichen Drucks für ein breites Intervall der Schichtdicken erhalten. Es wurde gezeigt, daß in diesem Falle der zusätzliche Druck bei großen Dicken ($>$ 1000 Å) positiv ist. Bei Verminderung der Dicke wird der zusätzliche Druck beträchtlich negativ (die größten negativen Werte liegen bei einer Dicke von 320 Å) u. endlich wieder positiv bei einer Dicke von ca. 240 Å, wobei sich eine Gleichgew.-Schicht von Bzl. auf Hg bildet. H. Jehne. 166◇

0387 **Über die Ausbreitung von Quecksilber auf der freien Oberfläche von Zink in Verbindung mit der Festigkeitserniedrigung durch Adsorption.** B. D. Ssumm, Ju. W. Gorjunow, N. W. Perzow und Je. D. Schtschukin. (Ber. Akad. Wiss. UdSSR **137**, 1413—15, 1961; Moskau, Lomonossow-Univ.; russ.) — Die Unters. über die Ausbreitung von Hg auf horizontalen oder vertikalen Zn-Platten bei Zimmer-Temp. bei Fehlen von mechan. Spannungen ergaben 3 Phasen der Ausbreitung (ähnlich wie bei der Ausbreitung von Rissen in der Zn-Platte bei Auftragung von Hg). Die Kinetik des Prozesses wird bestimmt durch Oberflächenwanderung u. Diffusion des Hg in das Innere. Wird kurz nach Beendigung der 2. Phase auf den Fleck ein neuer Hg-Tropfen aufgetragen, so ist die Wrkg. auf die Endgröße des Hg-Flecks additiv. Diese Additivität tritt nicht ein, wenn die Auftragung nach beendeter 3. Phase erfolgt. Die Hg-Ausbreitung auf der Zn-Oberfläche erfolgt nur, wenn die Bldg. einer Oxidhaut durch die Ggw. von 10—20%ig. Ammoniak-Lsg., 5%ig. HCl- bzw. NaOH-Lösung ausgeschlossen wird. O. Lebtag. 166△

0388 **Flugbahn und Haftung von Teilchen an zylindrischen klebrigen Oberflächen.** J. Rosinski und C. Nagamoto. (Kolloid-Z. **175**, 29—33, 1961; Chicago, Ill., Armour Res. Foundation, Fine Particles Res. Sect.; engl.) — Eine Gleichung zur Best. der Zahl der Teilchen, die an einer zylindr., klebrigen Oberfläche niedergeschlagen werden, wird abgeleitet. Die Bahnen der Teilchen wurden experimentell festgestellt. Auswrkg. etwaiger elektrostat. Effekte wurde soweit wie möglich vermieden, sowohl an der klebrigen Auffangfläche als auch für die Teilchen. Unter diesen Bedingungen wurde die Entstehung einer einfachen Nd.-Schicht von Teilchen beobachtet. H. Jehne. 166◇

0389 **Die maschinelle Berechnung der Weglängendifferenzfunktion für die Berechnung der Diffusionskoeffizienten nach der Gouyschen Methode.** W. J. Thomas und I. A. Furzer. (J. physic. Chem. **65**, 438—40, 1961; London, Battersea Coll. of Technol., Chem. Engng. Dep.; engl.) P. Frenzel. 171◇

0390 **Kontinuierliche Messung der Diffusionskoeffizienten von Gasen in Flüssigkeiten mit Hilfe von Glas-Scintillatoren.** L. H. Bodnar und D. M. Himmelblau. (Int. J. appl. Radiat. Isotopes **13**, 1—6, 1962; Univ. of Texas, Dep. of Chem. Engng.; engl.) — In verschmolzenen Diffusionscapillaren wurde mit Hilfe von Glas-Scintillatoren die Diffusion von $^{14}CO_2$ in W. gemessen. Diese Scintillatoren sind relativ inert u. nicht absorbierend. Sie liefern für ^{14}C jedoch nur 10% der Ausbeute von Plastik-Scintillatoren. Mit Hilfe radioakt. Indicatoren u. einer Standardmeßanordnung war es möglich, den langsamen Prozeß der Diffusion mehrere 100 Std. hindurch zu verfolgen, ohne daß es dazu nötig war, das Syst. durch Probenentnahme zu stören. Der Diffusionskoeff., welcher für CO_2 bei 30° erhalten wurde, stimmt gut überein mit den in der Literatur angegebenen früher bestimmten Werten. H. Jehne. 171◇

0391 **Untersuchungen der Diffusion von Flüssigkeiten durch Neutronenstreuung.** P. A. Egelstaff. (Advances in Physics **11**, 203—32, 1962; Harwell, A.E.R.E.; engl.) — Vf. untersucht krit. anhand von experimentellen Daten aus der Literatur die zur Erklärung der Fl.-Diffusion entwickelten Modelle für freie u. sprunghafte Diffusion. Anhand von eigenen Verss. über die Streuung von 4 Å-Neutronen durch *W.* bei Zimmertemp. vergleicht Vf. qual. die theoret. u. experimentellen Ergebnisse. C. Gottfried. 171△

0392 **Über die Diffusion des Wasserstoffs in geschmolzenen Schlacken.** I. A. Nowochatski, O. A. Jessin und Ss. K. Tschutschmarew. (Ber. Akad. Wiss. UdSSR **136**, 868—70, 1961; Swerdlowsk, Polytechn. Kirow-Inst.; russ.) — Durch fl. Schlacken mit 16,5—53,0% CaO, 8,2—41,0% Al_2O_3 u. 6,0—58,3% SiO_2 wurde getrocknetes N_2-Gas geleitet; die Menge des aus der Schlacke ausgeschiedenen W. wurde am Hygrometer bestimmt. Bei Filmdicken von 1,3; 1,8; 2,6 mm ergaben sich für die Wasserstoff-Diffusion die D_H-Werte 1,0; 1,1; 0,9 $(\cdot 10^{-5})$ cm^2/s. Die unter Vermeidung einer Konvektion durchgeführten Verss. ergaben D_H-Werte, die um mindestens eine Größenordnung von den Werten für Ca, Fe, P, S u. Si abweichen. Danach wandert H in der Schlacke in Form eines Protons, das von einem Sauerstoff-Ion auf ein anderes Sauerstoff-Ion übertragen wird. In den SiO_2-reichen Schmelzen ist D_H abhängig von der Temperatur. Mit steigender CaO-Konz. nimmt D_H u. gleichzeitig auch die Aktivierungsenergie zu. O. Lebtag. 171△

0393 **Eine graphische Methode zur Bestimmung des Viscositätskoeffizienten von Newton-Flüssigkeiten mit Hilfe eines oscillierenden Zylinder-Viscometers.** Ali Abdel Kerim Ibrahim. (Z. angew. Math. Physik [Basel] **8**, 74—75, 1957; Alexandria, Egypt, Univ. of Alexandria, Fac. of Sci., Phys. Dep.; engl.) — W. Pump. 172◇

0394 **Über die Arbeit von A. P. Toropow und G. A. Brodskaja „Über die genauere Formel von G. M. Pantschenkow zur Berechnung der Viscosität von Flüssigkeiten".** G. M. Pantschenkow. (J. physik. Chem. [UdSSR] **34**, 1883—84, 1960; Moskau, Lomonossow-Univ.; russ.) — Die von Toropow u. Brodskaja (vgl. C. **1961**, 15667) benutzten Formeln für die Berechnung der Werte von A′ u. ε_0 als Beweis für die Temp.-Abhängigkeit dieser Werte in der von Pantschenkow aufgestellten Formel für die Viscositätsberechnung von Fll. (vgl. C. **1951**, II 1249) werden als unrichtig abgelehnt. O. Lebtag. 172△

0395 **Messung der Druckabhängigkeit der Viscosität des Wassers im Druckbereich bis 500 kp/cm² und Temperaturen bis 160°C.** Wolf Weber. (Z. angew. Physik **15**, 342—52, 1963; Braunschweig, Phys.-Techn. Bundesanst.; dt.) — Es wird eine Vers.-App. zur Messung der Druckabhängigkeit der Viscosität nach dem Kugelfall-Verf. mit geneigtem Fallrohr beschrieben, bei der die Vers.-Fl. von der druckerzeugenden Fl. getrennt ist. Jeder beliebige Neigungswinkel des Fallrohres ist schnell u. reproduzierbar einzustellen. Im Temp.-Bereich zwischen 20 u. 160° wurde die Druckabhängigkeit der Viscosität des W. bei Drücken bis 500 kp/cm^2 gemessen. Unter 32° ist der Druckkoeff. negativ, darüber hinaus positiv u. oberhalb 50° steigt die Viscosität bis 500 kp/cm^2 linear mit dem Druck an. Bei 160° u. 500 kp/cm^2 ist die Viscosität 6,2% höher als beim Sättigungsdruck. Die Meßwerte werden mit den Ergebnissen anderer Vff. verglichen. H. Jehne. 172◇

0396 **Die Viscosität von Emulsionen.** P. Sherman. (Rheol. Acta [Ergänzungsh. z. Kolloid-Z.] **2**, Nr. 1, 74 bis 82, 1962; Acton, London, T. Wall & Sons Ltd.; engl.) — Die veröffentlichten Viscositätsgleichungen werden zusammengestellt. Für konzentrierte Emulsionen kann die korrekte Interpretation von η_0 u. der Vol.-Konz. der dispersen Phase φ schwierig werden. Die Struktur des stabilisierenden Films an der Öl–W.-Grenzfläche muß berücksichtigt werden. Keine der Viscositätsgleichungen berücksichtigt den Einfl. der Konz. des Emulgators C auf η. Bei Werten von C oberhalb einer krit. Micell-Konz. (C.M.C.) beobachtet man einen ausgeprägten Effekt, der wahrscheinlich von der Ausbldg. polymol. Adsorptionsschichten an den Grenzflächen herrührt. φ bestimmt die Größe dieses Effektes; es wächst mit dem Größerwerden der vorigen Größe schnell an. Es wird eine Exponentialbeziehung $\ln \eta/\eta_0 = AC\varphi + B$ aufgestellt, in welcher A u. B Konst. zur Anpassung der beobachteten Werte darstellen. Diese Gleichung, die für den ganzen prakt. Bereich von φ anwendbar ist, gibt die veröffentlichten Viscositätsdaten gut wieder. — 48 Literaturangaben. H. Jehne. 172◇

0397 **Deformationsbeständige, elastische und Relaxations-Eigenschaften der flüssigplastischen kolloiden Systeme.** A. A. Trapeznikoff. (Rheol. Acta [Ergänzungsh. z. Kolloid-Z.] **1**, Nr. 4/6, 617—29, 1961; Akad. der Wiss. der UdSSR, Inst. für Phys. Chem.; dt.) — Es wurde gezeigt, daß es zweckmäßig ist, die strukturierten koll. Syst. in fest-plast. u. fl.-plast. Syst. einzuteilen, weil beide Syst. einen übereinstimmenden Eig.-Komplex aufweisen, sich jedoch quant. durch die Relaxationszeiten ϑ im Schubspannungsbereich unterhalb der unteren Fließgrenze $P < P_k$ unterscheiden. Es wurde darauf hingewiesen, daß für beide Syst. die Spannungsdeformationskurven sehr charakterist. sind. Die Kurven werden unter der Bedingung der konst. Deformationsgeschw. $\dot{\varepsilon}$ erhalten, wobei ihre Form von der gegenseitigen Beziehung von $\dot{\varepsilon}$ u. $\dot{\varepsilon}_k$ abhängt u. mit den Strukturelementtypen, die durch ε_{ki} u. ϑ_i charakterisiert sind, im Zusammenhang stehen. Die Meth., die zur Messung der elast. Deformation im breiten Bereich $\dot{\varepsilon}$ längs der Kurve $P(\varepsilon)$ bei ε sowohl kleiner als auch größer ε_r entsprechend der krit. Schubspannung P_r angewandt werden können, wurden entwickelt. Dabei wurde gezeigt, daß die Kurve $\varepsilon_0(\varepsilon)$ durch das Maximum ε_m hindurchgeht. Der Einfluß von $\dot{\varepsilon}$ auf die krit. Deformation ε_r der Strukturzerstörung u. auf die maximale Rückfederung $\varepsilon_{e\,max}$, die ihrerseits wiederum von der Gelkonz. abhängen, wurde eingehend untersucht. Es wurden die Zahlenwerte der Grenzviscosität der Nachwrkg. bestimmt u. die Abhängigkeit der Geschw. der Relaxation der elast. Deformation von der gesamten u. der elast. Deformation ermittelt. Weiter wurde gezeigt, daß die größte elast. Deformation $\varepsilon_{e\,max}$ des Syst. größer als die krit. Deformation ε_r der Strukturzerstörung, die dem Maximum der krit. Schubspannung der Struktur entspricht, sein kann. H. Jehne. 173◇

0398 **Die Isotherme der Dissoziationsadsorption von Wasserstoff unter Berücksichtigung einer abstoßenden Wechselwirkung zwischen den adsorbierten Atomen.** Juro Horiuti und Kozo Hirota. (J. Res. Inst. Catalysis, Hokkaido Univ. **8**, 51—72, 1960; Sapporo, Japan, Hokkaido Univ., Res. Inst. for Catalysis; Osaka, Japan, Osaka Univ., Dep. of Chem.; engl.) — Die Isotherme der Dissoziationsadsorption von H_2 an Ni wird mittels der statist. Mechanik auf Grund eines Modells der Kristalloberfläche hergeleitet, u. dabei wird eine abstoßende Wechselwrkg. zwischen den adsorbierten H-Atomen berücksichtigt. Alle Adsorptionsstellen der H-Atome des Modells sind untereinander gleichwertig, u. jede einzelne Stelle entspricht einem Gitterpunkt der (110)-Ebene des flächenzentrierten kub. Ni-Gitters. Die Wechselwirkungsenergie zwischen zwei adsorbierten H-Atomen wird halbempir. zu −35% der Morse-Funktion berechnet. Die Isotherme der Dissoziationsadsorption wird auf vier stufenweise verschiedene Näherungsarten u. durch eine „Proportional"-Näherung berechnet. Bei der nullten Näherung werden keine abstoßenden Wechselwrkg. zugelassen. Bei der 1. Näherung werden abstoßende Wechselwrkg. zwischen den erstnächsten Gitternachbarn, bei der 2. Näherung zwischen den erstnächsten und den zweitnächsten Gitternachbarn, bei der 3. Näherung zwischen den erstnächsten, zweitnächsten und den drittnächsten Gitternachbarn gestattet. Bei der „Proportional"-Näherung wird die Abstoßungsenergie eines adsorbierten H-Atoms nur proportional dem bedeckten

Anteil Θ an Adsorptionsstellen angenommen. Für den Gleichgewichtsfall der isothermen Dissoziationsadsorption wird $\Theta = \Theta(\gamma)$ ausgearbeitet, wobei γ eine mittels der statist. Mechanik erhaltene Funktion ist, die der Quadratwurzel des Wasserstoffdruckes P proportional ist; die Proportionalitätskonst. enthält die Adsorptionsenergie $\Delta\varepsilon$ (= halbe Energie des Grundzustandes des H_2-Mol. abzüglich der Energie des Grundzustandes des adsorbierten H-Atoms), die Schwingungszahl des adsorbierten H-Atoms und die Mol.-Konst. des H_2-Moleküls. Das Ergebnis ist, daß die vier Isothermen in der Reihenfolge der Näherungen 0, 1, 2, 3 immer ähnlicher werden; d. h. die 2. Näherung ist in ihrem Kurvenverlauf fast deckungsgleich mit der 3. Näherung. Das theoret. abgeleitete Ergebnis wird in guter Übereinstimmung mit dem Experiment gefunden. M. Dal Ri. 176◇

0399 **Untersuchung der Adsorption des Jods an glattem Platin und der Desorption mit der Methode der markierten Atome.** W. Je. Kasarinow und N. A. Balaschowa. (Ber. Akad. Wiss. UdSSR **134**, 864–67, 1960; russ.) — Unter Anwendung von ^{131}J u. ^{193}Pt wird festgestellt, daß die maximale irreversible Adsorption des J^- aus der 1 n H_2SO_4-Lsg. + 0,001 n KJ unter N_2 ca. $5 \cdot 10^{-9}$ g-Ion/cm^2 scheinbare Oberfläche beträgt, entsprechend der Bldg. einer Monoschicht. Die J^--Adsorption in Luft oder H_2 aus 10^{-3} n saurer Lsg. ist im Bereich von 10 Sek. bis mehrere Std. von der Adsorptionsdauer prakt. unabhängig. In weniger konz. Lsg. besteht diese Abhängigkeit als Folge der erschwerten Diffusion. Im Konz.-Bereich 10^{-6}–10^{-4} n ist die irreversible J^--Adsorption in Luft, N_2 oder H_2 eine lineare Funktion der Konzentration. Die Desorption des J^- nimmt mit steigendem Potential zunächst langsam, dann sehr rasch zu. Die Desorption in H_2SO_4, NaOH oder NaJ ist eine logarithm. Funktion der Zeit. Bei der Adsorption aus saurer Lsg. tritt eine Verschiebung des Potentials ein; die Hauptmasse des J wird durch Chemisorption fest an Pt gebunden. Bei der Adsorption aus alkal. Lsg. wird die J^--Adsorption bei Pt-Potentialen negativer als 1,0 V durch OH^- verhindert. Bei hohen Anodenpotentialen erfolgt eine starke J^--Adsorption, bedingt durch die Bldg. einer beständigen chem. Verb. von J u. Pt-Oxiden. O. Lebtag. 176△

0400 **Effekte der diskreten Natur der Ladung und der Eigenschaften der Doppelschicht an der Grenze Metall–Lösung (Berechnung der diskreten Struktur der Ladung spezifisch adsorbierter Ionenschichten).** W. G. Lewitsch, W. A. Kirjanow und W. Ss. Krylow. (Ber. Akad. Wiss. UdSSR **135**, 1425–28, 1960; Inst. für Elektrochem. der Akad. der Wiss. der UdSSR; russ.) — Vgl. C. **1963**, 410. — Ableitung von Gleichungen für die quant. Beziehungen der diskreten Natur einer Ladung in der elektr. Doppelschicht an der Grenzfläche Metall–Elektrolyt. Im untersuchten Bereich der Oberflächenbesetzung stimmen die Ergebnisse mit den von Grahame (1947) entwickelten qual. Vorstellungen über die Struktur der diskreten Doppelschicht überein. O. Lebtag. 176△

0401 **Adsorptions- und Ionenaustauscheigenschaften von Kieselsäuren, die durch Radikale mit sauren Funktionen modifiziert wurden.** I. Je. Neimark und W. M. Tschertow. (Ber. Akad. Wiss. UdSSR **138**, 877–79, 1/6. 1961; Pissarshewski-Inst. für phys. Chem. der Akad. der Wiss. der UkrainSSR; russ.) — Homogen-großporiges *Silicagel* (**I**) u. hochdisperses *Aerosil* (**II**) wurden 2 Std. bei 200° getrocknet, zunächst mit Diphenyldichlorsilan, dann mit H_2SO_4 behandelt u. bei 180–200° getrocknet. Beim Ionenaustausch mit der 1 n NaCl-Lsg. tritt an **I** u. **II** das Gleichgewicht beim pH 4,0 bzw. 4,3 ein, am sulfonierten **I** bzw. **II** beim pH 1,8 bzw. 2,1. Die Adsorption der Dämpfe von Bzl., Heptan, CH_3OH u. Diäthylamin erfolgt am phenylierten **II** weniger intensiv als am Ausgangs-**II**. Am sulfonierten **II** ist die Adsorption von Bzl. u. Heptan etwas schwächer als am phenylierten. Die Adsorption von CH_3OH u. Diäthylamin ist stärker als am Ausgangs-**II**. O. Lebtag. 177△

0402 **Nichtstöchiometrische Hydrate.** 1. Mitt. **Sorptionsgleichgewichte und Kinetik des Wasserverlustes für Zeolithe der Faujasitgruppe mit ausgetauschten Ionen.** R. M. Barrer und G. C. Bratt. (Physics Chem. Solids **12**, 130–45, 1960; London, Imp. Coll., Chem. Dep., Phys., Chem. Labor.; engl.) — Aus synthet. Zeolith der Faujasitgruppe (Linde Mol.-Sieb X; Na^+- bzw. Ca^{2+}-Form) der Zus. $Na_2O \cdot Al_2O_3 \cdot 2{,}67\,SiO_2 \cdot 6\,H_2O$ (voll hydratisiert) wurden durch Kationenaustausch die entsprechenden *Li-, K-, Rb-, Cs-, Ca-, Sr-, Ba-, Cu-, Co-* u. *Ni-Faujasite* hergestellt. Der Wasser-Geh. der verschiedenen Kristalle wurde thermogravimetr. nach Gleichgew.-Einstellung über gesätt. $Ca(NO_3)_2$-Lsg. bestimmt. Trägt man die Wasser-Geh. gegen das Kationengesamt-Vol. graph. auf, dann erhält man 3 verschiedene Kurven: für Li, Na, K, Cs; für Ca, Sr, Ba bzw. für Co, Ni, Cu. Durch Extrapolation erhält man 0,53; 0,57 u. 0,72 g W./ml Kristall. DK-Messungen an wasserfreiem Na-Faujasit u. solchen mit verschiedenem H_2O-Geh. ergeben eine Aktivierungsenergie für die Dipolrotation des W. von ca. 9,9 kcal/Mol. Die Kinetik des Wasserverlustes wurde thermogravimetr., mittels DTA u. Messung der Gleichgewichtsdampfdrücke untersucht. Einige der ausgetauschten Formen wurden durch Wasserdampf bei höheren Temp. verändert, andere dagegen waren widerstandsfähiger. Die erhaltenen Isothermen, bei denen reversible Sorption auftritt, konnten nicht durch ein einfaches isothermes Modell erklärt werden. Die Änderung des chem. Potentials in Abhängigkeit von der Aufnahme von W. (Na-, Ca-, K-, Cs–Ca-Faujasit) u. NH_3 (Na-Faujasit) wird erörtert. C. Gottfried. 177△

0403 **Nichtstöchiometrische Hydrate.** 2. Mitt. **Einige Enthalpie- und Entropiewerte für Wasser und Ammoniak in Faujasiten mit ausgetauschten Ionen.** R. M. Barrer und G. C. Bratt. (Physics Chem. Solids **12**, 146–53, 1960; engl.) — 1. vgl. vorst. Referat. — Unter Zugrundelegung der l. c. erhaltenen DTA-Kurven berechneten Vff. die differentielle Wärme u. die Entropie für die Abgabe u. Sorptionsgleichgew. von zeolith. W. in *Li-, Na-, K-, Cs-* u. *Ca-Faujasit* sowie von zeolith. NH_3 in *Na-Faujasit.* Diese Werte können durch Dispersionskräfte u. Wechselwrkg. von Moll. mit elektrostat. Feldern u. Feldgradienten in den Kristallen erklärt werden. Es wird als möglich angesehen, daß anfänglich in einem gewissen Umfang Heterogenität vorhanden ist, die eine Funktion des sorbierten Mol. u. des intrakristallin vorhandenen Kations ist. Diese Heterogenität wird einer relativ kleinen Anzahl von Ionenzentren zugeschrieben, die mit hohen lokalen elektrostat. Feldern u. Feldgradienten in Zusammenhang stehen. C. Gottfried. 177△

0404 **Nichtstöchiometrische Hydrate.** 3. Mitt. **Die relative Bedeutung der Kationen und des Anionengitterwerks bei der Bestimmung der energetischen Eigenschaften von zeolithischem Wasser.** R. M. Barrer und G. C. Bratt. (Physics Chem. Solids **12**, 154–66, 1960; engl.) — 2. vgl. vorst. Referat. — Die Wechselbeziehung zwischen den Sorptionswärmen im zeolith. W. in den austauschenden *Faujasiten* u. den elektrostat. Energien, die zwischen den Wasser-Dipolen, verschiedenen ausgetauschten Kationen u. der anion. Umgebung bestehen, werden erörtert. Zwischen der Sorptionswärme des zeolith. W. u. dem ausgetauschten Kation besteht keine eindeutige Beziehung. Die Polarisationsenergie, die entweder einer Ladungsabschirmung oder der Sättigung induzierter Polarisation zuzuschreiben ist, liefert nur einen kleinen Beitrag zur Sorptionsenergie von W. oder NH_3. Obwohl die Feld-Dipol-Energie für W. oder NH_3 beträchtlich unter dem Wert liegt, der für Wechselwrkg. mit isolierten Ionen zu erwarten ist, spielt sie trotzdem eine wichtige Rolle. In porösen, O-reichen Kristallen mit mehreren Kationen bestimmt der anion. Sauerstoff die Sorptionsenergie von W., Ar u. N_2. C. Gottfried. 177△

0405 **Austauschacidität im Montmorillonit und Halloysit.** Toshio Higashi. (Soil Sci. Plant Nutrit. [Tokyo] **7**, 133–38, 1961; Fukuoka, Kyushu Univ., Fac. of Agricult.; engl.) — Vf. untersuchte an einem Montmorillonit (**I**) u. 2 hydratisierten Halloysiten (**II**; aus Ichihochi-Halloysit bzw. Nojiri-Ton) den Einfl. des Tongeh. u. der Sättigung mit Ca^{2+} auf das Verhältnis der Gesamtacidität c zur Austauschacidität y_1. y_1 eines Tonminerals rührt hauptsächlich von austauschbarem H^+ u. Al^{3+} her. c/y_1 von **I** beträgt ca. 2,3 bei 50% des entsprechenden Tongeh. u. wird stark durch den Tongeh. beeinflußt, bei **II**

beträgt es 2,7 u. nimmt mit dem Tongeh. zu. Weiterhin nimmt c/y_1 nur bei **II** mit dem Grad der Basensättigung zu. Al^{3+} u. H^+ zeigen im **I** ähnliche Austauschfähigkeit, in **II** ist Al^{3+} etwas leichter austauschbar als H^+.
C. Gottfried. 177△

0406 **Beziehung zwischen den Aktivierungsenergien für die Diffusion von Deuteriumoxid und der spezifischen elektrischen Leitfähigkeit austauschbarer Ionen in Tonsystemen.** Gordon R. Dutt und Philip F. Low. (Soil Sci. **93**, 195–203, 1962; Lafayette, Ind., Purdue Univ., Agric. Exper. Station; engl.) — Der Diffusionskoeff. D für die Diffusion von D_2O durch Pasten von *Li*-, *Na*- u. *K*-Ton sowie die spezif. elektr. Leitfähigkeit λ dieser Pasten wurden bei 15, 25 u. 35° bestimmt. Aus den Werten von D wurden die Aktivierungsenergien E für die Diffusion berechnet. Sie ergaben sich zu 4,9 (kcal/Mol) für den Li-Ton u. 4,0 für die beiden anderen Tone. Da E für die D_2O-Diffusion in reines W. 4,6 kcal/Mol beträgt, wurde angenommen, daß im Li-Ton das W. viscoser als reines W., aber weniger viscos als dieses in den beiden anderen Tonen war. Aus den Werten für λ wurden die E-Werte für die Wanderung dieser Ionen bestimmt, sie entsprachen etwa denen für die D_2O-Diffusion. Es wurde angenommen, daß die Wanderungs-Geschw. der austauschbaren Ionen u. vermutlich auch die Diffusions-Geschw. der Ionen durch die Geschw. bestimmt wird, mit der die adsorbierten W.-Moll. von einer Gleichgewichtslage zur anderen übergehen. C. Gottfried. 177△

0407 **Darstellung der Calciumform des Zeoliths A (Molekularsieb 5 A Linde).** Feliks Polak, Jan Wilkosz und Lechosława Wilkosz. (Przemysł chem. **41**, 331–33, 1962; Kraków, Uniw. Jagiell., Kat. Technol. chem.; pol.) — Aus Wasserglas, $NaAlO_2$ u. NaOH wurde ein Na-Zeolith der Zus. 0,93 (Mol) Na_2O:1,00 Al_2O_3: 1,84 SiO_2 (getrocknet bei 350°) erhalten. Er entspricht dem Linde-Molekularsieb 4A. Durch Umsetzung mit 1%ig. $CaCl_2$-Lsg. wird 85%ig. Austausch der Kationen erzielt. Der so erhaltene Ca-Zeolith entspricht dem Linde-Molekularsieb 5A, adsorbiert aber besser A. u. n-Heptan aus Bzl. u. nimmt mehr Wasserdampf auf.
F. Urban. 177◇

0408 **Eine experimentelle Untersuchung über die Anfangsstufen der Aufwirbelung von Staub durch Stoßwellen.** J. H. Gerrard. (Brit. J. appl. Physics **14**, 186–92, 1963; Manchester, Univ., Dep. of Mech. of Fluids; engl.) — Das Aufwirbeln von Staub (z. B. Kalkstaub), der eine in einem Rohr horizontal liegende Fläche bedeckt, durch eine Stoßwelle wird während einiger hundert μs nach dem Durchgang der Welle photograph. festgehalten. Zwischen dem Durchgang der Stoßwelle u. dem Hochwirbeln des Staubes tritt eine kleine Verzögerung ein, deren Dauer von der Tiefe der Staubschicht abhängt. Die Form der Staubwolke ist von der Geschw. der Stoßwelle unabhängig. W. Betcke. 180◇

A_6. Strukturforschung

0409 **Elektromagnetischer Stigmator für magnetische Linsen.** M. Watanabe und T. Someya. (Optik **20**, 99–108, 1963; Mitaka, Tokyo, Japan Electron Optics Labor.; engl.) — Der Stigmator besteht aus zwei Sätzen elektromagnet. Quadrupolsysteme. Durch Änderung von Größe u. Verhältnis der erregenden Ströme der Magnetsyst. können Amplitude u. Orientierung des Korrektionsfeldes unabhängig voneinander geändert werden. Der Einfl. der Stabilität der Stromversorgung u. der Genauigkeit der mechan. Konstruktion auf die Auflösung wird diskutiert. H. Jehne. 181◇

0410 **Beobachtung von Elektronen-Biprisma-Interferenzen im Elmiskop.** Antoni Feltynowski. (Z. angew. Physik **15**, 312–15, 1963; Warszawa, Poln. Akad. der Wiss., Inst. für Phys.; dt.) — Die Verw. einer Spitzenkathode ermöglicht es, die Interferenzen am Biprisma visuell zu beobachten. Die Grenze des kohärent ausgeleuchteten Bereiches liegt bei etwa 5 μm. Die Feinheit der verkleinerten Elektronenquelle u. die davon abhängige Intensität konnte in weiten Grenzen variiert werden. Der Intensitätsbereich entspricht dabei Belichtungszeiten von weniger als einer bis 600 s. Die Abb. des Interferenzfeldes mit rotationssymm. Linsen ermöglicht eine unverzerrte geometr.-ähnliche Vergrößerung der Interferenzerscheinung. Soweit Teile dieser Interferenzerscheinung den sie verursachenden geometr., elektr. oder magnet. Objekteigg. direkt zugeordnet werden können, bleibt diese Zuordnung bei der Nachvergrößerung erhalten. H. Jehne. 181◇

0411 **Eine Methode zur Messung der Dicke von dünnen gebogenen Folien durch elektronenmikroskopische Durchstrahlungsversuche.** P. Delavignette und R. W. Vook. (Physica Status solidi [Berlin] **3**, 648–53, 1963; Philadelphia, Pa., Franklin Inst. Labor.; engl.) — Es wird eine neue Meth. zur Dickenbest. dünner monokristalliner Folien im Bereich von etwa 1000 Å angegeben. Diese Meth. beruht auf der Beobachtung von Kossel-Möllenstedt-Streifen bei elektronenmkr. Durchstrahlungsverss. u. unterscheidet sich von der klass. Kossel-Möllenstedt-Meth. der Elektronenbeugung dadurch, daß kein divergentes Strahlenbündel benötigt wird. Die Folie muß jedoch gebogen werden, die Meth. beruht auf der Messung des Krümmungsradius. H. Jehne. 181◇

0412 **Ein einfaches Verfahren für die Zielpräparation in der Elektronenmikroskopie.** U. Zorll. (Optik **20**, 156–60, 1963; Stuttgart, Forsch.-Inst. für Pigmente u. Lacke e. V., dt.) — Die Umgebung der Zielstelle wird auf dem Oberflächenabdruckfilm vor dessen Bedampfung mit einer Lochblende aus Al-Folie abgedeckt. Die Zielstelle selbst liegt etwa in der Mitte des Loches von 0,3 bis 0,5mm ∅. Nach dem Bedampfen u. Weglösen des Abdruckfilms läßt sich in dem kreisförmigen Häutchen leicht die eigentliche Zielstelle im Elektronenmikroskop finden. Durch einfache zusätzliche Maßnahmen wird gewährleistet, daß die Richtung der Schrägbedampfung im Laufe der Präparation im Häutchen stets bekannt bleibt.
H. Jehne. 181◇

0413 **Streuung von Röntgenstrahlen in Gasen, Flüssigkeiten und amorphen Körpern.** P. A. Besirganjan. (J. techn. Physik [UdSSR] **32**, 753–58, 1962; Erewan, Univ.; russ.) — Das Problem der Intensität der durch ein Gas, eine Fl. oder einen amorphen Körper gestreuten Röntgenstrahlen wird unter Berücksichtigung der zusätzlichen Phasenunterschiede behandelt, die infolge der Parallelität der durch verschiedene Atome des bestrahlten Vol. in Richtung des Beobachtungspunktes entstehen. Die nach den erhaltenen Gleichungen errechneten Ergebnisse werden mit den nach James (C. **1950**, I. 256) berechneten verglichen. Beim Streuwinkel Null ist nach den neuen Gleichungen die Gesamtamplitude kleiner als die Summe der Einzelamplituden. Bei einem Beispiel mit $\lambda = 1,54$ Å ergibt sich die Winkelbreite kleiner Streuwinkel zu 8,88′ gegenüber 0,22″ nach James.
R. K. Müller. 181◇

0414 **Dynamische Effekte der Röntgeninterferenz in Siliciumeinkristallen.** M. Lefeld-Sosnowska und E. Zielińska-Rohozińska. (Acta physica polon. **21**, 329–38, 1962; Warsaw, Pol. Acad. of Sci., Inst. of Phys.; engl.) — Mit Hilfe der dynam. Theorie der Röntgeninterferenzen von Ewald u. Laue wurden die Transmissions- u. Reflexionskurven für ideale Si-Einkristalle verschiedener Dicke berechnet. Hierbei ergab sich anomal schwache Absorption für 1,6–3,0 mm dicke Kristalle u. anomal starke Absorption für 0,2–1,6 mm dicke Kristalle. Experimentelle Unterss. an Si-Einkristallen mit ($2\bar{2}0$) als reflektierender Ebene bestätigten die Ggw. des sog. „Strahlenfächers“ anomaler Absorption.
C. Gottfried. 181△

0415 **Probenwechsler für röntgenographische Untersuchungen.** R.-W. Schliephake und W. Grimberg. (Z. Instrumentenkunde **69**, 106–09, 1961; Essen, Petrograph.-Mineral. Labor. der Bergbau-Forschung GmbH.; Forschungsinst. des Steinkohlenbergbauvereins; dt.) — Beschreibung eines automat. Probenwechslers für Reihenunterss. mit Zählrohrgoniometer. Es wird ein prismat. Probenhalter benutzt u. eine zusätzliche Schwenkmöglichkeit der Probe um den Glanzwinkel geschaffen. L. Roth. 181◇

0416 **Eine einfache Probehalterung unter kontrollierter Atmosphäre für ein Röntgenbeugungsgoniometer.** M. A.

Thompson und G. R. Mallett. (J. sci. Instruments **40,** 335, 1963; Denver, Colo,, Dow Chem. Co., Rocky Flats Div.; engl.) — Die Vorr. wurde für ein Norelco-Goniometer entworfen u. hält eine kontrollierte, konst. Atmosphäre über einer festen Probe aufrecht. Das Syst. eignet sich für Unterss. kontrollierter Oxidationen an metall. Oberflächen. R. Uttech. 181◇

0417 **Einfluß der Anzeigeträgheit bei der Röntgeninterferenzmessung mit einem registrierenden Zählrohrgoniometer.** Horst Ebel und Johann Jax. (Z. angew. Physik **15,** 340—42, 1963; Wien, TH, Inst. für Angew. Phys.; Wien, Semperit, Österr.-Amerik. Gummiwerke A. G.; dt.) — Vgl. C. **1963,** 16827. — Durch den Einfl. der Anzeigeträgheit ergeben sich bei der automat. Registrierung von Röntgeninterferenzen Abweichungen der Registrierkurve vom tatsächlichen Intensitätsverlauf hinsichtlich der Kurvenform, der Lage der Maxima u. der Flächenschwerpunkte. Es wird ein graph. Verf. angegeben, das es ermöglicht, die Registrierkurve zu korrigieren. Abschließend wird die Theorie dieses Verf. behandelt. H. Jehne. 181◇

0418 **Eine Abwandlung der Philips-Pulverkamera zur Benutzung für Einkristalle.** F. L. Carter und A. S. Venturino. (J. sci. Instruments **40,** 328—29, 1963; Pittsburgh, Pa., Westinghouse Res. Labor.; engl.) — Es wird ein Zusatz beschrieben, der die Benutzung der Philips-Pulverkamera (Durchmesser 114,59 mm) mit einem Einkristallgoniometerkopf erlaubt. Die Filmanordnung u. das Kollimator-Syst. bleiben dabei unverändert. Die Vorr. gestattet die genaue Bestimmung der Bragg-Winkel von Reflexen der nullten Schicht einer Weissenberg-Aufnahme. R. Uttech. 181◇

0419 **Zubehör für den Umbau einer Einkristallschwenkkamera zur Aufzeichnung von Röntgentexturdiagrammen auf einem bewegten Film.** H. S. Villarroel. (J. sci. Instruments **40,** 336, 1963; Santiago, Chile, Univ. de Chile, Inst. de Fis. y Mat., Centro de Invest. de Cristalografia; engl.) — Das beschriebene einfache Zubehör gestattet eine mit der 15°-Oscillation synchronisierte Bewegung des flachen Films. Eine damit erhaltene Aufnahme von gediegenem Cu wird gezeigt. R. Uttech. 181◇

0420 **Direkte Schmelzpunktkalibrierung einer Hochtemperaturröntgenkamera.** J. D. Wilkinson und L. D. Calvert. (Rev. sci. Instruments **34,** 545—50, 1963; Ottawa, Canada, Nat. Res. Council of Canada, Div. of Appl. Chem.; engl.) — Die Hochtemp.-Pulverkamera Unicam S 150 wurde unter Verw. polarisierten Lichtes durch opt. Beobachtung des Schmelzvorganges an 8 verschiedenen in Quarzkapillaren eingeschlossenen Proben zwischen Raum-Temp. u. 800° auf $\pm$ 1° geeicht. Die therm. Gradienten innerhalb der Probe wurden gemessen u. durch einen Strahlenschutz von 7 auf 2° bei 600° reduziert. Bei Benutzung beweglicher Thermoelemente ergaben sich fehlerhafte Werte. R. Uttech. 181◇

0421 **Röntgendiffraktometer zur Untersuchung von Flüssigkeitsstrukturen.** Roy Kaplow und B. L. Averbach. (Rev. sci. Instruments **34,** 579—81, 1963; Cambridge, Mass., MIT, Dep. of Metallurg.; engl.) — In dem automat. Diffraktometer wird die Probe in horizontaler Lage gehalten, während Röntgenquelle u. Zählrohr in einer vertikalen Ebene um den Mittelpunkt der Probeoberfläche rotieren. Dabei werden Einfalls- u. Beugungswinkel gleich u. d (sin ∅)/dt konst. gehalten. In den einfallenden oder in den gebeugten Strahl kann ein Kristallmonochromator eingebracht werden. Die Probehalterung ist auswechselbar. Eine Ausführung für hohe Temp. mit minimaler Dampfkondensation wird beschrieben. R. Uttech. 181◇

0422 **Die Röntgenbestimmung der axialsymmetrischen Faserverteilungen bei bevorzugten Orientierungen.** E. J. W. Whittaker. (Acta crystallogr. [Copenhagen] **16,** 585—88, 1963; Stockport, England, Ferodo Ltd., Chapel-en-le-Frith; engl.) — Die Intensitätsverteilung bei Reflexion an symm. um eine Achse verteilten Fasern wird nach den Häufigkeiten der Faserrichtungen analysiert. Eine passende numer. Meth. für die Umwandlung einer solchen Intensitätsverteilung in eine entsprechende Häufigkeitsverteilung wird entwickelt. Vf. verweist auf die vorteilhafte Geometrie der koaxialen Kamera von Hawes bei derartigen Unterss. über die bevorzugte Orientierung. R. Uttech. 181◇

0423 **Monitorgesteuerte Anordnung zum punktweisen vollautomatischen Registrieren von Röntgenbeugungsdiagrammen.** Hans Peisl. (Z. angew. Physik **15,** 338 bis 340, 1963; München, TH, Phys. Inst.; dt.) — Die Genauigkeitsmessungen der Lage u. Intensität von Röntgenbeugungsdiagrammen läßt sich durch punktweises Auszählen so weit steigern, daß der statist. Fehler keine Rolle mehr spielt. Der Fehler, der durch ein Schwanken der Primärintensität der Röntgenröhre entsteht, wird durch ein Monitorsyst. im selben Strahlengang gemessen. Eine einfache, nach diesem Prinzip arbeitende, vollautomat. App. wird beschrieben u. durch Vers.-Messungen an *Au*-Pulver erprobt. H. Jehne. 181◇

0424 **Die Herstellung von Positivkopien von Röntgenbeugungsnegativen.** L. R. Nassimbeni, E. G. Prout und G. S. Woods. (J. sci. Instruments **40,** 333, 1963; Grahamstown, South Africa, Rhodes Univ., Dep. of Chem.; engl.) — Vff. empfehlen den Kodak-Industrex-D-Film für die Röntgenkristallanalyse u. geben für die von Dawton (1938) entwickelte Meth. der Messung integrierter Röntgenbeugungsintensitäten über Positivkopien eine Belichtungs- u. Entwicklungsvorschrift für die Negative (Industrex D) sowie Positive (Kodak Commercial Ortho Film) an. R. Uttech. 181◇

0425 **Programme für Digitalrechner zur Analyse der Verbreiterung von Beugungsmaxima.** R. J. De Angelis und L. H. Schwartz. (Acta crystallogr. [Copenhagen] **16,** 705—06, 1963; Evanston, Ill., Northwestern Univ., Technol. Inst., Materials Res. Center and Dep. of Materials Sci.; engl.) — Nach einem von Stokes (Proc. physic. Soc. **61,** [1948], 382) mitgeteilten Verf. wurde für die IBM 650 u. 709 ein Programm entwickelt, das die Einfl. der von der App. stammenden Verbreiterung vom Beugungsprofil zu eliminieren gestattet; Darst. des Flußdiagramms. R. Uttech. 181◇

0426 **Über praktische Berechnungen mit Reflexionskurven für vollkommene Kristalle.** A. Fingerland. (Czechoslov. J. Physics **12,** 264—77, 1962; Prague, Czechoslov. Acad. of Sci., Inst. of Solid State Phys.; engl.) — Eine Näherungsgleichung zur einfachen Berechnung der Konst. der Prins-Funktion für perfekte Kristalle wird abgeleitet. Berechnete Werte für die integrale Reflexion an *Calcit* u. Ge stimmen gut mit experimentellen Werten überein. C. Gottfried. 181 △

0427 **Ausdehnung des abbildbaren reziproken Gitters durch zusammengesetzte Präzessionsaufnahmen.** Yuan-Lung Chang. (Sci. Rec. [Peking] **4,** 65—69, 1960; Academia Sinica, Inst. of Geol.; engl.) — Am Beispiel des *Uwarowits* demonstriert Vf. eine Ausdehnung des von der 0. Schicht aufnehmbaren Bereichs ohne eine Vergrößerung des Präzessionswinkels durch geeignete Neigung des Kristalls gegen die Präzessionsachse u. durch Einstellung von Film u. Schichtlinienblende auf die 1. Schicht. Auf der einen Filmhälfte werden sonst nicht zugängliche Reflexe der 0. Schicht, auf der anderen Reflexe der 2. Schicht u. im mittleren Bereich Reflexe der 1. Schicht gleichzeitig abgebildet. R. Uttech. 181◇

0428 **Wahrscheinlichkeitsverteilung in Verbindung mit den Strukturamplituden zweier verwandter Kristalle.** 1. Mitt. **Wahrscheinlichkeitsverteilung der Differenz.** G. N. Ramachandran, R. Srinivasan und V. Raghupathy Sarma. (Acta crystallogr. [Copenhagen] **16,** 662—66, 1963; Madras, India, Univ. of Madras, Dep. of Phys.; engl.) — Vff. behandeln die Wahrscheinlichkeitsverteilung der Differenzen von Strukturamplituden zweier Kristalle mit N u. P Atomen (PLN). Es werden zwei Fälle betrachtet: (a) wenn P ein Teil von N ist u. (b) wenn die beiden Atomsätze vollständig unabhängig voneinander sind. Der zentrosymm. u. der nicht zentrosymm. Fall werden besprochen. Daraus wird eine auf die Intensitätsdaten gestützte Meth. entwickelt, die einen Test auf Isomorphie gestattet. Ferner wird auf eine neue Möglichkeit zur Best. des relativen Skalierungsfaktors für die Daten zweier isomorpher Kristalle verwiesen. R. Uttech. 181◇

0429 **Ungleichungen vierter und höherer Ordnung.** R. Diamond. (Acta crystallogr. [Copenhagen] **16,** 627 bis 639, 1963; Manchester, Coll. of Sci. and Technol., Phys. Dep.; engl.) — Zur direkten Strukturbest. mit Hilfe der von Karle u. Hauptman [1950] eingeführten Ungleichungen behandelt der Vf. die Verw. eines Digitalrechners auf die Ungleichungen aller Ordnungen. Bes. auf den Fall vierter Ordnung u. auf die Auffindung einer Näherung wird eingegangen. Die Anwendung wird an einem kleinen Problem demonstriert. R. Uttech. 181◇

0430 **Eine Analyse möglicher Methoden zur Verfeinerung einer nichtzentrosymmetrischen Struktur mit einem teilweisen Symmetriezentrum.** A. I. M. Rae und E. N. Maslen. (Acta crystallogr. [Copenhagen] **16,** 703—04, 1963; Nedlands, Western Australia, Univ. of Western Australia, Dep. of Phys.) — Es wird für verschiedene Meth. („full-matrix least-squares", „diagonal least squares") u. für die Fourier-Meth. gezeigt, daß bei Strukturen mit inverser Überlappung eine genaue Verfeinerung der Parameter überlappender Atome nicht möglich ist. R. Uttech. 181◇

0431 **Zur Topologie, Metrik und Symmetrie der einfachen Kristallformen.** Alfred Niggli. (Schweiz. mineralog. petrogr. Mitt. **43,** 49—58, 1963; Zürich, ETH u. Univ., Inst. für Kristallogr. u. Petrogr.; dt.) — Es wird gezeigt, daß es nachst. Formen gibt: 30 topolog. verschiedene Formen, wovon 17 geschlossene u. 13 offene; 47 metr. Sorten der Kristallformen nach Delauney (+ 9 mit kristallograph. Symmetrie verträgliche nichtkristallograph. Formen), wovon 30 (+ 5) geschlossen u. 17 (+ 4) offene; 164 (+ 16) Symmetriefälle einfacher Formen, wovon 75 (+ 6) geschlossene u. 89 (+ 10) offene. Am Rande werden auch die nichtkristallograph. Formen endlicher Flächenzahl behandelt. H. Jehne. 181◇

0432 **Elektronegativität.** 4. Mitt. **Orbitalelektronegativitäten der neutralen Atome der Perioden IIIA und IVA und positiver Ionen der Perioden I und II.** Jürgen Hinze und H. H. Jaffé. (J. physic. Chem. **67,** 1501—06, 1963; Cincinnati, Ohio, Univ. of Cincinnati, Dep. of Chem.; engl.) — 3. vgl. C. **1963,** 21448. — Die l. c. u. früher definierten Orbitalelektronegativitäten werden für nachst. Atome bzw. Ionen berechnet u. diskutiert: K, Ca, Ga, Ge, As, Se, Br, Rb, Sr, In, Sn, Sb, Te, J, Be^+, B^+, C^+, N^+, O^+, Mg^+, Al^+, Si^+, P^+, S^+. A. Blaschette. 182◇

0433 **Kristallfeldtheorie von Halogenkationen.** Robert F. Pasternack und T. S. Piper. (Inorgan. Chem. [Washington] **2,** 429—30, 1963; Urbana, Ill., Univ. of Illinois, Noyes Labor. of Chem.; engl.) — In Erwiderung auf eine Arbeit von Arotsky u. Symons (C. **1963,** 14968) wird das Spektrum des J^+ in Oleum im sichtbaren Bereich interpretiert. Das beobachtete magnet. Moment von 1,5 BM zwingt zur Annahme eines Triplett-Zustandes ($^3\pi$), jedoch wird bei Δ = ca. 5000 cm^{-1} der Grundzustand ein Singulett-Term ($^1\Sigma$). Vff. weisen darauf hin, daß das Kristallfeld-Modell die Spektren des J^+ unter der Annahme axialer Symmetrie nur dann deuten kann, wenn mehr als eine Teilchenart angenommen wird. P. Sartori. 182◇

0434 **Absolute Konfiguration und Ringkonformation der optisch aktiven Komplexe von Kobalt (III) mit Propylendiamintetraacetat und Äthylendiamintetraacetat.** Daryle H. Busch und Dean W. Cooke. (J. inorg. nuclear Chem. **23,** 145—48, 1961; Columbus, Ohio, Ohio State Univ., Evans and McPherson Chem. Labor.; engl.) — Vgl. C. **1964,** 1—0506. — Aus den Konfigurationsbeziehungen bei chem. Umlagerungen untereinander sowie bei Überführung in $[Co(en)_3]^{3+}$ werden theoret. die abs. Konfigurationen von L-(—)-$[Co(EDTA)]^-$ (H_4EDTA-Äthylendiamintetraessigsäure) u. L-(+)-$[Co(EDTA)X]^{2-}$ (X = Cl, Br) abgeleitet. Da $[Co(PDTA)]^-$ (H_4PDTA = Propylendiamintetraessigsäure) die gleiche opt. Drehung ($[\alpha]_{5461}$ ± 1000°) u. ähnliche spektrale Eigg. wie $[Co(EDTA)]^-$ besitzt, wird angenommen, daß auch die Konfigurationen dieser beiden eng verwandten Verbb. übereinstimmen. P. Scharner. 182◇

0435 **Keimbildung bei Dampfniederschlägen.** D. Walton. (J. chem. Physics **37,** 2182—88, 1962; Ithaca, N. Y., Cornell Univ., Dep. of Engng. Phys.; engl.) — Da die krit. Keimgröße bei der Bldg. von Metall-Ndd. aus der Dampfphase auf kalten Substraten sehr klein ist, ergeben sich bei der Behandlung nach dem Tröpfchenmodell u. der Abschätzung der Oberflächenenergie nach den Keimbildungs-Theorien von Volmer u. Weber sowie Becker u. Döring zu große Ungenauigkeiten. Vf. entwickelt einen Ausdruck für die Dichte von Atomanhäufungen nach Meth. der statist. Mechanik. Aus dieser Beziehung wird die Keimbildungsgeschw. auf kinet. Basis ermittelt. Unter Berücksichtigung der krit. Keimgröße können gewisse Orientierungseffekte in dem Nd. erklärt werden. D. Noack. 190◇

0436 **Ein neues Verfahren zur Kristallzüchtung von hochschmelzenden Stoffen.** Peter Gerthsen. (Z. angew. Physik **15,** 301—07, 1963; Aachen, Philips Zentrallabor. GmbH, Labor.; dt.) — Bei der Anwendung des tiegelfreien Zonenschmelzens zur Kristallzüchtung von Stoffen hoher Schmelztemp. kann der Lichtbogen zur Erzeugung der geschmolzenen Zone dienen, indem das Schmelzgut selbst als Bogenelektrode dient. Bei elektr. schlecht leitendem Schmelzgut verwendet man zwei Bögen, wobei das Schmelzgut als Anode des einen u. Kathode des zweiten Bogens dient. Der Wrkg.-Grad dieses elektrod. Heizverf. erweist sich als bes. hoch, da die im Anodenfall bzw. Kathodenfall umgesetzte Energie prakt. vollständig der geschmolzenen Zone als Wärme zugeführt wird. Die Probleme der Stabilität der geschmolzenen Zone u. der Bogenentladung sowie der Zündung der Entladungen werden diskutiert u. durch Beispiele erläutert. H. Jehne. 190◇

0437 **Wachstumsformen von einkristallinem, aus der Gasphase abgeschiedenem Silicium und ihre atomistische Deutung.** Erhard Sirtl und Werner Spielmann. (Z. angew. Physik **15,** 295—300, 1963; München, Siemens & Halske A. G., Forsch.-Labor.; dt.) — Si scheidet sich aus dem Gasraum auf stabförmigem Keimmaterial in charakterist. Wachstumsformen ab. Das Wechselspiel zwischen den kinet. Vorgängen auf der Kristalloberfläche u. dem Chemismus der Gas-Rk. bevorzugt je nach Staborientierung bestimmte Begrenzungsflächen. Eine nähere Unters. des atomist. Aufbaus der niedrigindizierten Mantelflächen führt zu einer Deutung des Wachstumsgeschehens. Mit bes. Vorteil läßt sich die atomist.-kinet. Betrachtungsweise zur Erklärung des Auftretens von Wachstumsstörungen heranziehen. H. Jehne. 190◇

0438 **Wachstumsvielllinge bei Tridymit.** Otto W. Flörke. (Schweiz. mineralog. petrogr. Mitt. **43,** 105—10, 1963; Zürich, ETH, Inst. für Kristallogr. u. Petrogr.; dt.) — Die Wachstumsvielllinge lassen sich durch die experimentell gestützte Annahme deuten, daß die Tridymitkristalle aus Cristobalitkeimen herauswachsen. Die {0001}-Flächen der Tridymitindividuen legen sich dabei parallel zu den {111}-Flächen der Cristobalitkeime. Das ergibt das Zwillingsgesetz nach $\{30\bar{3}4\}$. Ist der Cristobalitkeim selbst nach {111} verzwillingt, dann verzwillingen die daraus weiterwachsenden Tridymitindividuen nach $\{10\bar{1}6\}$, weil sich hier die O-Teilgitter der Zwillingsindividuen am günstigsten fortsetzen. Auch ideal ausgebildete hexagonale Tridymittafeln sind oft nach diesen Gesetzen polysynthet. verzwillingt. H. Jehne. 190◇

0439 **Über die Darstellung von $BaTiO_3$-Einkristallen durch eine Verdampfungsmethode.** H. T. Arend. (Czechoslov. J. Physics **10,** 971, 1960; Prague, Czechoslov. Acad. of Sci., Inst. of Phys.; engl.) — O_2 wird bei 1200—1300° über eine Lsg. aus 1,5 Mol $BaCO_3$ u. 1 Mol TiO_2 in 3 Mol $BaCl_2$ im Korundtiegel geleitet. Während der Verdampfung des Lsgm. wachsen auf der Oberfläche der Schmelze reguläre plattenähnliche Kristalle der ferroelektr. Modifikation von $BaTiO_3$ mit gut entwickelten (100)-Flächen. C. Gottfried. 190△

0440 **Kobaltferriteinkristalle.** A. Ferretti, R. J. Arnott, E. Delaney und A. Wold. (J. appl. Physics **32,** 905, 1961; Lexington, Mass., MIT, Lincoln Labor.; engl.) — Vgl. C. **1963,** 16831. — Zur Darst. von $CoFe_2O_4$ wurde ein 1:2-Gemisch von $CoCO_3$ u. Fe_2O_3 zunächst auf 600° u. nach Mahlen nochmals 24 Std. auf 1000° er-

hitzt. Fe/Co betrug 2,017:1; Fe(II) war nicht nachweisbar; F. 1575°. Das Ferritpulver wurde hierauf zu Kügelchen gepreßt, bei O_2-Partialdrücken p von 3—615 psi auf 1510° erhitzt u. mit einer Geschw. um 350°/min. abgeschreckt. Die Rk.-Prod. wurden hierauf röntgenograph. u. der Geh. an Fe(II) analyt. bestimmt. Er fiel bei den obigen Verss. von 1,45 auf 0%. Analoge Verss. wurden bei 1600° u. p = 3—1200 psi durchgeführt. Der Geh. an Fe(II) fiel hierbei von 9,68 auf 0,51%. Ein Einkristall von $CoFe_2O_4$ mit 1,3% Fe(II) wurde aus der Schmelze bei 1600° u. p = 790 psi erhalten. Bei 1510° reicht p = 600 psi aus, um die Zers. des Ferrits zu verhindern.
C. Gottfried. 190△

0441 **Über die Gleichgewichtsform von Kristallen mit Versetzungen.** D. Nenow. (Physica Status solidi [Berlin] **3**, 654—57, 1963; Sofia, Bulgarian Acad. of Sci., Inst. of Phys. Chem.; engl.) — Es wird die Gleichgewichtsform einer auf der Kristalloberfläche liegenden Stufe untersucht, die durch das Hervortreten einer Schraubenversetzung entstanden ist. Die von Frank durchgeführten Berechnungen werden verallgemeinert, wobei die Übersättigung (bzw. Untersättigung) von Null verschieden u. die spezif. Oberflächenenergie von der kristallograph. Richtung unabhängig sind. Die Funktion, die die Gleichgew.-Form beschreibt u. die Bedingungen, unter denen diese Form auftreten kann, werden angegeben.
H. Jehne. 190◇

0442 **Kaskadentheorie der Defekterzeugung.** D. Heinrich und R. Lenk. (Physica Status solidi [Berlin] **3**, 676—91, 1963; Rossendorf bei Dresden, Zentralinst. für Kernphys.; dt.) — Es wird eine sehr allg., zunächst winkelabhängige Formulierung dieser Theorie gegeben, die neben der winkelabhängigen Schwellenenergie noch einen weiteren Energieparameter enthält. Die Winkelintegration führt auf die kontinuierliche Auslagerungswahrscheinlichkeit. Das entstehende Modell enthält die wesentlichsten in der Literatur behandelten Modelle als Spezialfälle, erlaubt also, zwischen ihnen zu interpolieren. Der Fall kontinuierlicher Auslagerungswahrscheinlichkeit wird mathemat. auf den Fall scharfer Schwellenenergien zurückgeführt. Dieses Verf. ist ganz allg. anwendbar u. kann physikal. interpretiert werden. Als Test wird die Harte-Kugel-Streuung behandelt.
H. Jehne. 190◇

0443 **Strukturelle Veränderungen in bestrahltem BeO.** Harry L. Yakel und Bernard Borie. (Acta crystallogr. [Copenhagen] **16**, 589—93, 1963; Oak Ridge, Tenn., Oak Ridge Nat. Labor., Metals and Ceramics Div.; engl.) — Mit $1{,}5 \cdot 10^{21}$ nvt ($E_n > 1$ Mev) bei 110° bestrahltes, polykristallines BeO wurde röntgenograph. untersucht. (hkl)-Reflexe, $l \neq 0$, zeigen eine selektive symm. u. asymm. Verbreiterung. Eine Verschiebung der Reflexe läßt eine eindeutige Best. der Gitter-Konst. a_3 nicht mehr zu. Vf. gibt eine Erklärung durch statist. auftretende, anomal große Netzebenenabstände zwischen benachbarten, dichtgepackten hexagonalen Schichten, die durch Anhäufungen auf Zwischengitterplätzen bedingt werden; Diskussion physikal. Folgerungen. R. Uttech. 190◇

0444 **Änderung der Versetzungsdichte, Geschwindigkeit des Kontaktschmelzens und Lösungsgeschwindigkeit von bestrahlten Kristallen.** I. G. Bersina und I. B. Berman. (Kristallographie [UdSSR] **7**, 330—32, 1962; Tomsk, UdSSR, Polytechn. S. M. Kirow-Inst.; russ.) — Untersucht wurde der Einfl. einer Bestrahlung (n u. γ von einer Ra-α-Be-Quelle mit $4{,}8 \cdot 10^6$ n/s u. 10 r/min $\triangleq \overline{E}\gamma =$ 2 MeV) auf die Änderung des Kontaktschmelzens von *Sn*–*Bi*, Sn–*In*, Sn–*Pb*, Sn–*Cd*, Bi–Pb, Bi–In u. Bi–Cd (jeweils die zweite Komponente wurde bestrahlt), auf die Änderung der Versetzungsdichte in KCl-Kristallen u. schließlich auf die Änderung der Lsg.-Geschw. von *NaCl*. Alle Größen streben Sättigungswerte an.
K. Jaeger. 190◇

0445 **Die allgemeine Gleichung für die Wanderungsgeschwindigkeit der Marke in Überführungsprozessen.** B. Baranowski und A. S. Cukrowski. (Bull. Acad. polon. Sci., Sér. Sci. chim. **9**, 253—56, 1961; Pol. Acad. of Sci., Inst. of Phys. Chem.; engl.) — Eine allg. Gleichung für ein kondensiertes Mehrkomponentensystem wird abgeleitet, die den Einfl. der Temp., der Konz. u. des elektrostat. Potentials als Ursache von Überführungsprozessen berücksichtigt. H. Harenz. 190◇

0446 **Diffusionsprozesse bei tiefen Temperaturen.** A. B. Lidiard und K. Tharmalingam. (Discuss. Faraday Soc. **1959**, Nr. 28, 64—68; Reading, Berks., Univ., Dep. of Phys.; engl.) — Mit Hilfe der Kenntnisse über Gitterfehlstellen in Alkali- u. Silberhalogenid-Kristallen kann der Temp.-Einfl. u. der Einfl. von Verunreinigungen auf das Diffusionsvermögen der Anionen vorhergesagt werden. Es zeigt sich, daß durch Kationenverunreinigungen mit höheren Oxydationsstufen die Konz. der Anionen-Leerstellen bes. bei tiefen Temp. herabgesetzt wird, so daß andere Defekte, wie Versetzungen u. Leerstellen an Ionenpaaren, für die Anionen-Diffusion maßgebend sind. Die Best. von Diffusions-Koeff. durch Austausch-Experimente, sowie erhaltene Ergebnisse an Alkali- u. Silberhalogeniden werden diskutiert.
H.-D. Freyer. 190◇

0447 **Die Wirkung der Oberflächenorientierung auf die Graphitisierung von Diamant.** M. Seal. (Physica Status solidi [Berlin] **3**, 658—64, 1963; Cambridge, Cavendish Labor., Phys. and Chem. of Solids; Newark, N. J., Engelhard Hanovia, Inc.) — Es wird der Einfl. der Orientierung der Kristalloberfläche auf die Graphitisierung von Diamant untersucht, der im Vakuum bis 1700° erhitzt wurde. Die Graphitisierungsgeschw. ist am größten in der ⟨110⟩-Richtung u. am geringsten in der ⟨001⟩-Richtung. H. Jehne. 190◇

0448 **Strukturelle Beziehungen zwischen den Typen α-PbO_2, $FeWO_4$ (Wolframit) und $FeNb_2O_6$ (Columbit), und über die Polymorphie des $FeNbO_4$.** F. Laves, G. Bayer und A. Panagos. (Schweiz. mineralog. petrogr. Mitt. **43**, 217—34, 1963; Zürich, ETH, Inst. für Kristallogr. u. Petrogr.; dt.) — Der von Zasslawski u. Tolkatschew [1952] gefundene neue Strukturtyp des α-PbO_2 wird im Hinblick auf seine strukturelle Verwandtschaft zu den Typen des Brookits, Wolframits u. Columbits diskutiert. Er läßt sich einerseits als ein „Halbbrookit"-Typ auffassen, anderseits als „Grundstruktur" der Typen des Wolframits u. Columbits die als „Ordnungsstrukturen" des α-PbO_2-Typ aufgefaßt werden können. Im Wolframit ($FeWO_4$) führt die ungleichwertige Besetzung der Oktaeder zu einer „Spaltstruktur", im Columbit ($FeNb_2O_6$) zu einer „Überstruktur" des α-PbO_2-Typs. Im Hinblick auf diese Verwandtschaft wird die Polymorphie des $FeNbO_4$ (u. $GaTaO_4$) diskutiert. Für $FeNbO_4$ (u. $GaTaO_4$) wurde Trimorphie gefunden. Mit steigender Temp. stellen sich folgende Modifikationen ein: Wolframit-Typ (geordnete Kationen-Verteilung), α-PbO_2 (ungeordnete Kationen-Verteilung), Rutiltyp (ungeordnete Kationen-Verteilung). H. Jehne. 190◇

0449 **Phasenumwandlung in synthetischem und natürlichem Leucit.** George T. Faust. (Schweiz. mineralog. petrogr. Mitt. **43**, 165—95, 1963; Univ. of Michigan, Miner. Labor.; U. S. Geol. Surv.; engl.) — Die polymorphe Umwandlung des *Leucits* wird mit Hilfe der DTA untersucht. Die Umwandlung ist umkehrbar aber nicht isotherm. Sie besteht aus zwei Vorgängen, von denen der erste schnell ist u. ein scharfes Minimum ergibt, während dem zweiten ein breites, abgerundetes Minimum entspricht. Diese Daten deuten auf das Vorhandensein einer vorübergehenden polymorphen Phase oder einer Al-Si-Ordnung-Unordnung-Beziehung. Die Röntgendaten von Pulverdiagrammen für einen synthet. Leucit, sechs natürliche Leucite u. einen synthet. Fe-Leucit werden angegeben. Eine genauere Best. der Daten konnte mit einer Meth. der kleinsten Quadrate durchgeführt werden. Auf Grund dieser Berechnungen wurden die entsprechenden (hkl) u. Zelldimensionen erhalten. Die Bedeutung der polymorphen Umwandlung in der Theorie der Petrogenese wird erörtert. Leucit krist. im Magma bei einer Temp. von wahrscheinlich über 700°. Die Größe der Kristalle u. die Entw. ihrer Skelette weisen darauf hin, daß Leucite in fl. Schmelzen sehr schnell wachsen. H. Jehne. 190◇

0450 **Vergleich der Bindungslängen in $(NSF)_4$, $(NSCl)_3$ und α-$(NSOCl)_3$.** G. A. Wiegers und Aafje Vos. (Proc. chem. Soc. [London] **1962**, 387—88; Groningen, Rijks-Univ., Labor. voor Structuur chem.; engl.) — Die mittels dreidimensionaler Meth. ermittelten Gitterkonst. (Å) sind für $(NSF)_4$: a = 9,193 ± 0,005, c = 4,299 ± 0,003; Z = 2; $P\bar{4}\,2_1c$; für α-$(NSOCl)_3$: a = 7,552 ± 0,002, b = 11,540 ± 0,002, c = 10,078 ± 0,003; Z = 4; Pnma oder $Pn2_1a$; für $(NSCl)_3$; a = 5,49 ± 0,03, b = 11,14 ± 0,05, c = 6,05 ± 0,03, β = 98,4° ± 0,4°; Z = 2; $P2_1/m$ oder $P2_1$. Für α-$(NSOCl)_3$ wurden anisotrope, für $(NSCl)_3$ u. $(NSF)_4$ nur isotrope Temp.-Faktoren berücksichtigt. Sowohl $(NSCl)_3$ als auch α-$(NSOCl)_3$ haben Sesselstruktur. Die N-Atome befinden sich im Mittel 0,18 bzw. 0,25 Å außerhalb der von den S-Atomen gebildeten Ebene. Alle Cl-Atome liegen axial. Die Bindungslängen u. -winkel betragen in der Reihenfolge $(NSF)_4$, α-$(NSOCl)_3$ u. α-$(NSCl)_3$: N-S 1,660 bzw. 1,540 ± 0,01, 1,564 ± 0,008, 1,605 ± 0,01; S-Halogen 1,602 ± 0,006, 1,995 ± 0,004, 2,150 bzw. 2,084 ± 0,01; S-O-, 1,403 ± 0,008, —; N-S-N 111,7° ± 0,6°, 113° ± 0,5°, 113,4° ± 0,5°; S-N-S 123,9° ± 0,6°, 122,0° ± 0,5°, 123,8° ± 0,5°; N-S-O —, 111,8° ± 0,5°, —; N-S-Halogen 91,5° bzw. 106,2 ± 0,4°, 106,4° ± 0,4°, 113,8° ± 0,5°; O-S-Halogen —, 107,0° ± 0,4°, —. H. Kuckertz. 195◇

0451 **Die Kristallstruktur von Lithiumäthyl.** Hans Dietrich. (Acta crystallogr. [Copenhagen] **16,** 681—89, 1963; Berlin-Dahlem, MPG, Fritz-Haber-Inst.; dt.) — LiC_2H_5 krist. orthorhomb., a = 7,24, b = 8,27, c = 18,11 Å; Pcan (D_{2h}^{14}); Z = 16, Liste der Atomkoordinaten, -Abstände u. Bindungslängen nach Patterson-, Fourier- u. Error-Synth. sowie Verfeinerung durch Differenz-Synth. u. Kleinste-Quadrate-Meth. auf Grund dreidimensionaler Weissenberg-Multifilmdaten. Vier Li bilden einen fast regulären Tetraeder im Zentrum von $(C_2H_5Li)_4$-Einheiten mit der Symmetrie 222. Die Tetrameren bauen sich aus stärker in sich assoziierten Dimeren auf u. bilden Schichten senkrecht zu c, deren Außenflächen von Methylgruppen gebildet werden. Für die Struktur wird ein komplexes Syst. von elektronenunterschüssigen Bindungen diskutiert. R. Uttech. 195◇

0452 **Die Bindungslängen in der Natriummetaboratstruktur.** M. Marezio, H. A. Plettinger und W. H., Zachariasen. (Acta crystallogr. [Copenhagen] **16,** 594—95, 1963; Univ. of Chicago; Argonne Nat. Labor. Dep. of Phys.; engl.) — In einer Nacharbeit wurde die von Fang, Z. Kristallogr. **99,** [1938], 1, mitgeteilte Struktur bestätigt; a = 11,925 ± 0,001, c = 6,439 ± 0,001Å bei hexagonaler Indizierung; Liste der Atomparameter nach einer Kleinste-Quadrate-Verfeinerung auf Grund neuer (hk0) u. (hk1)-Werte; Angabe der Bindungslängen u. -stärken. R. Uttech. 195◇

0453 **Die Kristallstruktur von Bis-[histidinato]-zinkpentahydrat.** Marjorie M. Harding und Sabina J. Cole. (Acta crystallogr. [Copenhagen] **16,** 643—50, 1963; Oxford, England, Chem. Crystallography Labor.; engl.) — $Zn(C_6H_8N_3O_2)_2 \cdot 5H_2O$ (**I**) krist. monoklin; (a = 16,41, b = 14,755, c = 10,99) ± 0,015 Å, β = 129,6 ± 0,15°; C 2/c; Z = 4, D. (experimentell) $1{,}50_4$, D. (röntgenograph.) $1{,}50_2 \cdot cm^{-3}$; Liste der Atomkoordinaten, Bindungslängen u. -winkel nach Patterson-Synth. u. Verfeinerung über Differenz-Synth. u. Kleinste-Quadrate-Meth. auf Grund dreidimensionaler Äquiinklinations-Weissenberg-Daten. Die auf zweizähligen Achsen liegenden Zn-Atome werden in erster Sphäre verzerrt tetraedr. von den beiden Histidingruppen durch je ein Amino-N (2,05 Å), u. je ein Imidazol-N (2,00 Å) u. über schwächere Bindungen in zweiter Sphäre von je einem Sauerstoffatom der Histidingruppe (2,91 Å) koordiniert. Die Moll. v. Bis-[histidinato]-zink u. die W.-Moll. gehen ein H-Bindungs-Syst. ein, das die Struktur zusammenhält. R. Uttech. 195◇

0454 **Die Kristall- und Molekülstruktur von Bis-[L-histidinato]-zink(II)-dihydrat.** R. H. Kretsinger, F. A. Cotton und R. F. Bryan. (Acta crystallogr. [Copenhagen] **16,** 651—57, 1963; Cambridge, Mass., MIT; Baltimore, Md., Johns Hopkins Univ., School of Med.; engl.) — Vgl. vorst. Referat. — $Zn(C_6H_8N_3O_2)_2 \cdot 2H_2O$ krist. tetragonal, a = 7,53 ± 0,02, c = 30,41 ± 0,05 Å; $P\,4_12_12$; Z = 4, D. (experimentell) = D. (röntgenograph.) = 1,57; Liste der Atomkoordinaten, Bindungslängen u. -winkel nach Patterson- u. Fourier-Synth. u. Verfeinerung nach der Kleinste-Quadrate-Meth. auf Grund von Äquiinklinations-Weissenberg- u. Drehaufnahmen. Zwei Histidin-Reste sind je über ein α-Amino-N (2,05 Å) u. ein Imidazol-N(2) (2,04 Å) an das Zn prim., angenähert tetraedr. gebunden, das noch in sek. Koordination von je einem Carboxyl-O (2,79 Å) umgeben wird. In einem komplizierten Syst. von H-Bindungen sind die Wasser-Moll. mit eingeschlossen. R. Uttech. 195◇

0455 **Über Ammoniumuranate.** 2. Mitt. **Röntgenuntersuchung der Verbindungen im System NH_3–UO_3–H_2O.** P. C. Debets und B. O. Loopstra. (J. inorg. nuclear Chem. **25,** 945—53, 1963; Petten, Reactorcentrum Nederland; engl.) — 1. vgl. Cordfunke, C. **1963,** 8478. — Röntgenpulveraufnahmen ergeben, daß β-$UO_3 \cdot 2H_2O$ orthorhomb., a = 13,977 ± 0,004, b = 16,696 ± 0,004, c = 14,672 ± 0,004 Å; $3UO_3 \cdot NH_3 \cdot 5H_2O$ orthorhomb., a = 7,220 ± 0,003, b = 12,198 ± 0,003, c = 15,072 ± 0,004 Å; $2UO_3 \cdot NH_3 \cdot 3H_2O$ hexagonal, a = 14,087 ± 0,004, c = 14,494 ± 0,005 Å, $3UO_3 \cdot 2NH_3 \cdot 4H_2O$ hexagonal, a = 4,031 ± 0,004, c = 14,58 ± 0,01 Å krist.; Tabellen der indizierten Linien mit Intensitätsangaben. Die Strukturen bestehen aus hexagonalen oder pseudohexagonalen Schichten der Zus. $UO_2(O_2)_\infty$, wobei die O- u. N-Atome von H_2O u. NH_3 zwischen diesen Schichten eingelagert sind. R. Uttech. 195◇

0456 **Kristallstruktur des $[BrMn(CO)_4]_2$.** Lawrence F. Dahl und Chin-Hsuan Wei. (Acta crystallogr. [Copenhagen] **16,** 611—16, 1963; Madison, Wis., Univ. of Wisconsin, Dep. of Chem.; engl.) — $[BrMn(CO)_4]_2$ krist. monoklin, a = 9,57 ± 0,01, b = 11,79 ± 0,02, c = 12,91 ± 0,02 Å; β = 109° 30′ ± 10′; $P\,2_1/c$; Z = 4, D. (experimentell) 2,39, D. (röntgenograph.) 2,35 gcm^{-3}, Liste der Atomparameter, Bindungslängen u. -winkel nach der Schweratom-Meth. u. Verfeinerung nach der Meth. der kleinsten Quadrate auf Grund dreidimensionaler Daten der Multifilm-Äquiinklinations-Weissenberg-Technik. Die Struktur baut sich aus dimeren Mol. auf, die aus zwei über eine Kante verknüpften $MnBr_2(CO)_4$-Oktaedern mit gemeinsamen Br-Brücken bestehen. Die Mol.-Symmetrie ist D_{2h}, die mittlere Bindungslänge Mn–Br 2,526 ± 0,005 Å. R. Uttech. 195◇

0457 **Untersuchungen über TTA-Komplexe mit Metallionen.** 2. Mitt. **Untersuchungen an vierwertigen Komplexen im festen Zustand.** Y. Baskin und N. S. Krishna Prasad. (J. inorg. nuclear Chem. **25,** 1011—19, 1963; Argonne, Ill., Argonne Nat. Labor., Metallurg. Div.; engl.) — 1. vgl. C. **1963,** 815. — Es wurden Einkristalle der Thenoyltrifluoraceton-(HA)-Chelate von vierwertigem U, Th, Hf, Zr, Ce u. Pu dargestellt. Sie kristallisieren orthorhomb. mit gleicher Struktur, Z = 4, D_2^3–$P\,2_12_12$ oder C_{2v}^4–Pma 2; UA_4, a = 17,701, b = 20,446, c = 10,736 (Å), D. röntg. 1,919, D. exp. 1,87 (g/ml); F. 250°, n_ω^{25} (gemittelt, $[\alpha\beta\gamma]^{1/3}$) = 1, 669 braun; ThA_4, a = 17,842, b = 20,630, c = 10,698, D. röntg. 1,883, D. exp. 1,89; F. 235°, n_ω^{25} = 1,653, hellgelb; HfA_4, a = 17,258, b = 20,393, c = 10,794, D. röntg. 1,859, D. exp. 1,80, F. 240°, n_ω^{25} 1,664, farblos; ZrA_4, a = 17,271, b = 20,422, c = 10,779, D. röntg. 1,705, D. exp. 1,67, F. 240°, n_ω^{25} 1,664, farblos; CeA_4, a = 17,532, b = 20,719, c = 10,710, D. röntg. 1,749, D. exp. 1,76, F. 190, n_ω^{25} 1,692, rötlichbraun; PuA_4 a = 17,53, b = 20,72, c = 10,71, D. röntg. 1,92, braun. UA_4 ist pleochroit. (tiefbraun bis strohgelb), alle Verbb. zeigen positive Doppelbrechung. Weitere opt. Daten werden tabellar. mitgeteilt. Die IR-Spektren im Bereich von 1800—550 cm^{-1} sind sehr ähnlich, die starke Absorption bei 1650—1550 cm^{-1} wird der C–O-Valenzschwingung, die Aufspaltung u. Verschiebung dieser Schwingung für HA bei 1650 cm^{-1} in den Chelaten der Metall–O-Bindung zugeordnet. Die FF. (± 10°) wurden mit Hilfe der DTA erhalten (Kurven). Exotherme Maxima bei ca. 300° werden der Oxydation von S, bei 400—450° der Oxydation von CO u. möglicherweise C zugeschrieben. R. Uttech. 195◇

0458 **Die Zelldimensionen und Symmetrie der Schichtgittersilicate.** 5. Mitt. **Grenzen der Zusammensetzung.** E. W. Radoslovich. (Amer. Mineralogist **48,** 348—67, 1963; Adelaide, Australia, C.S.I.R.O., Div. of Soils; engl.) — 4. vgl. Amer. Mineralogist **48,** [1963], 76. — Übersicht über die Grenzzus. von Schichtsilicaten auf Grund begrenzter tolerierter innerer Spannung, sowie über die Grenzen der Zus. natürlicher Glimmer.

R. Uttech. 195◇

0459 **Die Zelldimensionen und Symmetrie der Schichtgittersilikate. 6. Mitt. Morphologie von Serpentin und Kaolin.** E. W. Radoslovich. (Amer. Mineralogist **48,** 368–78, 1963; engl.) — 5. vgl. vorst. Referat. — Vf. behandelt die Morphologie der Serpentine auf Grund der Bindungslängen u. -winkel u. der daraus abgeleiteten Kraftwirkungen zwischen tetraedr. u. oktaedr. Lagen. Auf frühere Arbeiten, die die Oberflächenhydroxylbindungen in bas. Hydroxidschichtstrukturen behandeln, u. auf die bes. empfindliche Stellung der Al-Ionen in Kaolinmineralien wird eingegangen. R. Uttech. 195◇

0460 **Eine radioaktive Methode zur kontinuierlichen Messung von Filmdicken bei im Vakuum deponierten Goldfilmen.** T. P. Flanagan und J. A. Bennett. (Int. J. appl. Radiat. Isotopes **13,** 19–26, 1 Tafel, 1962; Chislehurst, Kent, Brit. Sci. Instrum. Res. Assoc.; engl.) — Ein bei der Unters. dünner Filme immer wieder auftretendes Problem ist die Messung der Filmdicke während der Ablagerung der Schichten. Über eine befriedigende Lsg. dieses Problems wird hier für den Fall von Goldfilmen berichtet. Dabei wird ^{198}Au verwendet u. die Aktivität des Films wird während des Beschichtungsprozesses gemessen, wodurch das Flächengew. zu jedem Zeitpunkt bestimmt werden kann. H. Jehne. 196◇

0461 **Röntgenfeinstruktur-Untersuchungen zur Bestimmung der Kristallitgröße und des Mittelwertes der Eigenspannungen 2. und 3. Art an dünnen Metallschichten.** Armin Segmüller. (Z. Metallkunde **54,** 247–51, 1963; Adliswil-Zürich, IBM Forsch.-Labor.; dt.) — Die Fourier-Analyse des Linienprofils eignet sich zur Best. der mittleren Kristallitgröße u. des Mittelwertes der Eigenspannungen 2. u. 3. Art in dünnen Ni-Aufdampfschichten, die dick genug sind für die Messung der 2. Ordnung der (111)- oder (200)-Interferenz. Ni-Schichten, die auf Unterlagen mit Temp. zwischen 200 u. 300° aufgedampft werden, haben Kristallitgrößen, die vergleichbar sind mit denen von kaltverformten u. von unterhalb 400° erholtem Ni, während die Spannungen kleiner sind als im entsprechenden Blockmaterial. Bei Auslagerung oberhalb der Aufdampftemp. werden die Schichten umkristallisiert, auch bei Temp., bei denen im verformten Blockmaterial noch keine Rekristallisation röntgenograph. beobachtet wird. Während dieser Umkristallisation tritt häufig bevorzugte Bldg. u. Wachstum von Kristallen mit der Würfelfläche in der Schichtebene auf. H. Jehne. 196◇

0462 **Zur Bestimmung der Massendicke von Metall-Aufdampfschichten aus der Streuung von Elektronen.** Dieter Kantelhardt und Ottmar Schott. (Z. angew. Physik **15,** 307–09, 1963; Darmstadt, TH, Phys. Inst.; dt.) — An *Al-*, *Ag-* u. *Ni*-Aufdampfschichten mit einer Massendicke von $3 \cdot 10^{-6}$ bis $30 \cdot 10^{-6}$ g/cm² wurde ein Streuvermögen für Elektronen von 22–50 keV gemessen. Die Ergebnisse lassen sich mit der von Haefer nach der Theorie von Lenz berechneten Durchlässigkeit für Elektronen beschreiben. Die Best. der Massendicke aus der Streuung ist nur an amorphen oder feinkristallinen Schichten oder Schichten dickenunabhängiger Kristallitgröße möglich u. erfordert eine Eichung.

H. Jehne. 196◇

0463 **Der Einfluß der Mikrosegregation auf die Erzeugung von Versetzungen in Zinkeinkristallen.** P. Kratochvíl. (Czechoslov. J. Physics **10,** 927–30, 1960; Prague, Charles Univ., Dep. of Solid State Phys.; engl.) — Zur Überprüfung des Tillerschen Modells der Bldg. von Versetzungen wurden Cu-, Cd- u. Pb-dotierte Zn-Einkristalle [ca. (0,1–3) · 10^{-3} Atom-%] mit verschiedenen Ziehgeschw. (38–138 cm/Std.) nach Czochralski gezogen, in Richtung senkrecht zur Wachstumsrichtung zerschnitten, nach Gilman chem. poliert u. 90 Sek. lang bei Zimmertemp. in einer 6,5%ig. wss. HNO_3-Lsg. geätzt. Bei der mkr. Unters. ergab sich, daß die Dichte der Versetzungen, die während der Mikrosegregation der Verunreinigungen auftraten, mit zunehmender Wachstumsgeschw. als Folge einer entsprechenden Veränderung des effektiven Verteilungskoeff. zunahm.

C. Gottfried. 197△

0464 **Elektronenmikroskopische Untersuchungen von Versetzungen in verformtem Zirkonium.** J. E. Bailey. (J. nuclear Mater. [Amsterdam] **7,** 300–10, 1962; Berkeley, Gloucestershire, Central Electr. Generating Board, Berkeley Nucl. Labor.; engl.) — Die Versetzungsanordnungen in verformtem Zr hängen nach elektronenmkr. Beobachtungen vom O- u. N-Geh. des Metalls ab. In Zr mit einem O- u. N-Geh. von etwa 0,03 Gew.-% wurden Verflechtungen von Versetzungen, Versetzungsdipole u. Schleifen beobachtet. In Zr mit einem O- u. N-Geh. von 0,1 Gew.-% sind die Versetzungen verhältnismäßig geordnet u. scheinen größtenteils auf die (10$\bar{1}$0)-Flächen beschränkt zu sein. Diese Beobachtungen können aus den Spannungsverhältnissen beim Versetzungsgleiten in (10$\bar{1}$0)-Ebenen erklärt werden. Diese nehmen weniger stark zu als beim Gleiten in den Grundflächen bei zunehmendem O- u. N-Gehalt. Unterss. über die Versetzungsbewegungen u. ihre Spuren während einer Elektronenstrahlerhitzung u. Erhitzungskammerexperimente im Mikroskop bei Temp. über 400° zeigen, daß das Klettern der Versetzungen ein bedeutsamer Prozeß ist. Die Beobachtungen ergeben außerdem, daß bei Temp. von ungefähr $T_m/2$ in Zr eine Selbstdiffusion stattfindet (T_m = Schmelzpunkt des Zr). H. Jehne. 197◇

0465 **Experimentelle Untersuchung einer Anisotropie des elektrischen Widerstands, die auf eine Versetzung in Wismut zurückzuführen ist.** Shuichi Otake. (J. Sci. Hiroshima Univ., Ser. A **25,** 385–405, 1962; Azabu, Minatoku, Tokyo, Univ. of Tokyo, Inst. for Solid State Phys.; engl.) — Das Ansteigen des elektr. Widerstandes entlang den Hauptachsen der Anisotropie nach Biegen von Bi-Kristallen wurde bei 273 u. 77°K gemessen, u. die Zunahme der Anzahl der Stufenversetzungen durch Ätzen bestimmt. Der pro Versetzungslinie beobachtete elektr. Widerstand ist unabhängig von der Temp.; die Matthiessensche Regel hat keine Gültigkeit. Die beobachtete Anisotropie des Versetzungswiderstands entspricht in keiner Weise der Hunter-Nabarro-Theorie, die Komponente entlang der Versetzungsachse ist nicht Null. F. Vier. 197◇

0466 **Über die Möglichkeit einer Voraussage der Bedingungen für das Whiskerwachstum aus dem Dampfdruck des Metalls im gebildeten Temperaturgradient.** J. Mazur und J. Rafałowicz. (Acta physica. polon. **21,** 365–70, 1962; Wroclaw, Pol. Acad. of Sci., Inst. of Phys., Low Temperature Labor.; Univ., Dep. of Exper. Phys.; engl.) — Analog der Searschen Meth. zur Best. der optimalen Temp. für das Wachstum von Zn-, Cd- u. Ag-Whiskern werden diese Temp. für *Cu* u. *Au* zu 1292 bzw. 1375°K berechnet. C. Gottfried. 197△

0467 **Beobachtungen über die Phasenbildung bei der Kathodenzerstäubung von Metallen.** P. A. Thiessen und Chr. Stolpe. (Mber. dtsch. Akad. Wiss. Berlin **3,** 26–29, 1961; Dtsch. Akad. der Wiss., Inst. für phys. Chem., Forschungsgemeinschaft; dt.) — Vff. berichten über systemat. Unterss. der Kathodenzerstäubung von *Pt* u. *Au* in einer Atmosphäre von reinstem N_2. Als Unterlagen dienten Filme aus Al_2O_3, submkr. Feinstasbestfasern u. unterkühltem Eis (∼ 200°K). In letzterem Fall wurde nach bestimmten Belegungsdichten das Eis aufgeschmolzen. Aus dem entstandenen Metallhydrosol wurden die Teilchen durch Adsorption auf Al_2O_3-Filmen u. Asbestfasern gesammelt. Aus den elektronenmkr. Beobachtungen ergab sich, daß die Grundvorstellungen über die Phasenbldg. bei der Kathodenzerstäubung von Metallen zutreffen u. daß die Kathodenzerstäubung bei sehr geringen Zerstäubungsleistungen zur Herst. von Dünnschichteinkristallen extremer Ungleicheitsformen geeignet ist. C. Gottfried. 197△

0468 **Der Einfluß von Stapelfehlertetraedern auf das Volumen und den elektrischen Widerstand von Edelmetallen.** G. Schottky. (Physica Status solidi [Berlin] **3,** 744–59; 1963; Stuttgart, MPI für Metallforsch.; TH, Inst. für Theoret. u. Angew. Phys.; dt.) — Stapelfehlertetraeder stellen einen Eigenspannungszustand dar. Mit Hilfe eines Gedankens von Zener kann man ihre nichtlineare Vol.-Dilatation auf Grund der linearen Elastizitätstheorie berechnen. Es wird das nicht ge-

schlossen lösbare kub.-anisotrope Problem behandelt; ein von Kröner stammender Näherungsansatz führt nach umfangreichen Zwischenrechnungen zu handlichen Ausdrücken. Für das Spannungsfeld in großem Abstand r vom Tetraeder wird eine Entwicklung nach fallenden Potenzen von r angegeben. Die Erhöhung des elektr. Widerstandes durch die Stapelfehler wird abgeschätzt. Bei geringen Abmessungen der Tetraeder sind die elast. Energie u. in gewissen Fällen auch die Vol.-Dilatation nicht zu vernachlässigen gegenüber den Effekten der Leerstellen selbst. Der Einfl. auf den Widerstand ist vergleichbar mit dem der isolierten Leerstellen. Wenn Leerstellen durch Bldg. von Tetraedern ausheilen, sollte man ein größeres Verhältnis von Vol.- u. Widerstandsabnahme beobachten, als wenn das Ausheilen an festen Senken (Sprüngen in Versetzungslinien) erfolgt.
H. Jehne. 197◇

0469 **Bestimmung der Natur von Stapelfehlern in flächenzentrierten kubischen Legierungen durch Kontrasteffekte im Elektronenmikroskop.** A. Art, R. Gevers und S. Amelinckx. (Physica Status solidi [Berlin] **3**, 697—711, 1963; Mol, S.C.K.—C.E.N., Solid State Phys. Dep.; engl.) — Die analyt. begründete Meth. beruht auf einem Vgl. zwischen Hell- u. Dunkelfeldbildern von Stapelfehlerkontrasten für Stapelfehler, die gegen die Folienebene geneigt sind. Die Anwendung der Meth. auf eine *Cu–Ga*-Leg. (15% Ga) führt zu dem Ergebnis, daß alle Stapelfehler in dieser Leg. vom „intrinsic"-Typ sind.
H. Jehne. 197◇

0470 **Anmerkungen zu den Kristallstrukturen des Ba_2Mg_{17} und Sr_2Mg_{17}.** Frederick E. Wang, Frank A. Kanda, Charles F. Miskell und Aden J. King. (Acta crystallogr. [Copenhagen] **16**, 697—98, 1963; Syracuse, N. Y., Syracuse Univ., Chem. Dep.; engl.) — Nach Schwenk- u. Weissenberg-Aufnahmen am Ba_2Mg_{17} u. $BaMg_9$ löst sich Mg in einer Nahordnung durch Substitution in der Überstruktur des Ba_2Mg_{17}. Der dadurch verursachte Unordnungseffekt kann an Pulveraufnahmen nicht beobachtet werden. Die Isomorphie der Struktur des Sr_2Mg_{17} mit der des Th_2Ni_{17} wird bestätigt.
R. Uttech. 197◇

0471 **Diffusion von Cadmium in einer Magnesium–Cadmium-Legierung mit einer Zusammensetzung nahe derjenigen der Legierung MgCd.** Władysław Chomka. (Nukleonika [Warszawa] **7**, 75—79, 1962; Gdansk-Wrzeszcz, Politechn., Kat. II Fiz.; pol., Auszug: engl.) — Vgl. C. **1963**, 15708. — Aus einem Einkristall einer Cd–Mg-Leg. (85:14,5 Gew.%) werden Proben hergestellt, die elektrolyt. mit ^{115}Cd überzogen u. 1—9 Tage lang in Ar auf 180—320° erhitzt werden. Die Diffusionskoeff. D werden nach der Meth. des integralen Rückstands bestimmt. Sie folgen bei > 252° der Gleichung $D_1 = 0{,}018 \exp(-17500/RT)$, bei < 252° $D_2 = 0{,}29 \exp(-19500/RT)$. Bei 252 ± 3° ist die Funktion diskontinuierlich.
R. K. Müller. 197◇

0472 **Beitrag zur Untersuchung von aushärtbaren Aluminium-Legierungen durch Messung des elektrischen Widerstandes.** A. Ersümer. (Metall **15**, 219—20, 1961; Istanbul, Türkei, TH; dt.) — Bei der Kaltaushärtung von Al–Cu-Legg. steigt der Widerstand bis zu einem Maximum an, bleibt einige Zeit konst. u. fällt dann wieder ab. Der Anstieg bis zum Maximum u. der folgende Abstieg verlaufen proportional der Zeit laut der Beziehung $t_0R = R_0 + \alpha \log t\ (t - t_0/t_0)$, wobei t_0 die Anlaufzeit bezeichnet. Der Widerstand ist abhängig von der Homogenisierungs-Temp., dem Abschreckmedium, der Auslagerungs-Temp., dem Cu-Geh. u. den Verunreinigungen. Der Widerstand u. sein Temp.-Koeff. sind bei der langsam abgekühlten Leg. (mechan. Gemenge) von der Zus. der Leg. u. dem Verteilungsgrad der Komponenten abhängig. Durch Messung des Widerstandes der Al–Cu-Leg. bei verschiedenen Temp. wurden die Löslichkeit des Cu in Al, die Temp.-Abhängigkeit des Widerstandes, die Homogenisierungs-Temp. u. die Abkühlungs-Geschw. beim Abschrecken bestimmt.
W. Pump. 197◇

0473 **Die Bedeutung der Eutektiumforschung in Anwendung auf quaternäre eutektische Legierungen des Aluminiums.** H. Spengler. (Metall **15**, 225—27, 1961; dt.) — Die quatern. eutekt. Legg. werden in drei Gruppen, nämlich die sog. normalen, anomalen u. völlig entarteten Eutektiken eingeteilt. Diese Unterteilung beruht auf ihren Unterschieden in den eutekt. Koordinaten, Kristallisationsmechanismen, Makro- u. Mikrostruktur u. in den Eigenschaften. Es wird gezeigt, welche Bldg.-Bedingungen für das Auftreten der drei Grundtypen gelten. Die gemeinsamen kennzeichnenden Eigg. u. bestehenden Unterschiede innerhalb der drei Grundtypen werden am Beispiel der quatern.-eutekt. Al-Legg. aufgezeigt.
W. Pump. 197◇

0474 **Wachstumszwillinge in Indiumantimonid.** R. K. Mueller und R. L. Jacobson. (J. appl. Physics **32**, 550—51, 1961; Minneapolis, Minn., Gen. Mills, Inc., Mech. Div.; engl.) — In Sb-Kristalle wurden in einem horizontalen Ionenschmelzofen parallel zur [110]-, [111]- u. [211]-Achse gezüchtet. In allen Kristallen traten kohärente Zwillingsgrenzen parallel zu (111) auf. Diese Zwillingsgrenzen hatten im allg. ihren Anfang auf der Oberfläche der Probe, breiteten sich über die ganze Fläche aus u. endeten entweder an der äußeren Oberfläche oder an einem Schnittpunkt mit einer anderen Zwillingsgrenze. Die Häufigkeit des Auftretens der Zwillinge war unabhängig von der Wachstumsgeschw. u. der Konz. von Verunreinigungen. Die nach chem. Ätzen beobachtete Ätzgrübchendichte betrug nur 10^2—10^3/cm^2, woraus hervorgeht, daß mechan. Spannungen nicht auftreten.
C. Gottfried. 197△

0475 **Zur Kenntnis des Systems PbTe–AgSbTe$_2$.** Richard Georg Maier. (Z. Metallkunde **54**, 311—12, 1963; Erlangen, Siemens-Schuckertwerke AG, Forsch.-Labor.; dt.) — Es werden Korrekturen an den quasibin. Schnitten Ag_2Te–Sb_2Te_3 u. PbTe–$AgSbTe_2$ angebracht. Die Temp. des eutektoiden Zerfalls der Kristallart M' in $Ag_2Te + Sb_2Te_3$, die Temp. der Umwandlung von α-Ag_2Te in β-Ag_2Te u. die Löslichkeitsgrenze der Mischkristalle M für β-Ag_2Te oberhalb 400° wurden bestimmt. Weiterhin wurde die Soliduslinie des quasibin. Schnittes PbTe–$AgSb \cdot Te_2$ festgelegt.
H. Jehne. 197◇

0476 **Diffusion und Mischkristallbildung von Gold in Wismuttellurid-Einkristallen.** J. D. Keys und H. M. Dutton. (J. appl. Physics **34**, 1830—31, 1963; Ottawa, Canada, Mines Branch, Dep. of Mines and Techn. Surv.; engl.) — Die Unterss. werden an p-Bi_2Te_3 mit Hilfe von ^{198}Au als Tracer durchgeführt. Für den Diffusionskoeff. senkrecht bzw. parallel zu den Spaltflächen ergibt sich $D = 3{,}86 \cdot 10^{-3} \exp(-0{,}56\ eV/kT)$ bzw. $D' = 1{,}13 \cdot 10^{-3} \exp(-0{,}20\ eV/kT)$. Die Löslichkeit von Au in Bi_2Te_3, untersucht im Bereich von 198—569°, liegt zwischen $5{,}2 \cdot 10^{16}$ bei 198° u. $4{,}7 \cdot 10^{18}$ Atome/cm^3 bei 400°, sie nimmt im Bereich von 400—550° allmählich u. darauf steil ab. DTA-Unterss. an einer Au–Bi–Te-Leg. ergeben zwei endotherme Effekte, die vermutlich dem F. von $AuBi_2Te_5$ (bei 460°) bzw. der Bldg. dieser Phase aus $AuTe_2$ u. Bi_2Te_3 (bei 400°) zuzuschreiben sind.
P. Frenzel. 197◇

0477 **Bemerkungen über die Struktur von Martensit in β-Kupfer–Zink und Kupfer–Zink–Gallium.** D. Bruce Masson und Ratan K. Govila. (Z. Metallkunde **54**, 293—95, 1963; Pullman, Wash. Washington State Univ., Dep. of Metallurg.; engl.) — Messungen zeigen, daß die M_s-Temp. der martensit. Umwandlung von β-Messing durch Zusatz eines dritten Elementes (hier z. B. Ga) auf über 300 °K angehoben werden kann. Will man das Arbeiten mit fl. Luft bei 77 °K vermeiden, so dürfte diese Tatsache für weitere Unterss. der Umwandlung von Nutzen sein. Die vorliegenden Tieftemp.-Röntgenaufnahmen stimmen nicht mit den Elementarzellen überein, die Kunze (1962) für den Martensit vorschlägt, der durch Abschrecken von β-Messing in fl. Luft entsteht.
H. Jehne. 197◇

0478 **Diffusion und Löslichkeit von Wasserstoff in kaltverformtem Kupfer.** Walter Carnuth. (Z. angew. Physik **15**, 291—95, 1963; München, TH, Labor. für Techn. Phys.; dt.) — Kaltverformte Cu-Proben wurden bei 160° mit radioakt. Wasserstoff beladen u. anschließend mit 100 bis 400 Grad/h zeitlich linear bis 950° aufgeheizt. Die freigewordene H_2-Menge wird währenddessen fortlaufend mit einem Zählrohr gemessen. Die Löslichkeit des H_2 steigt mit dem Verformungsgrad V stark an u. hat

bei V = 3,5 einen Wert von $6 \cdot 10^{-2}$ Atom-%. Dieser Wert liegt um rund 4 Zehnerpotenzen höher, als bei reiner Zwischengitterlöslichkeit zu erwarten wäre. Die gefundenen effektiven Diffusionskoeff. liegen bei 10^{-12} cm² s⁻¹ (für 160°) u. damit um ebenfalls rund 4 Zehnerpotenzen niedriger als in unverformtem Cu gefunden worden ist. Die Verlangsamung der Diffusion u. die Erhöhung der Löslichkeit werden dadurch erklärt, daß die bei der Verformung entstehenden Gitterfehler als Haftstellen für die H-Atome wirken. Die Entgasungsgeschw. der Proben bei linearer Aufheizung hat zwei Maxima bei etwa 500 u. 800°. Diese lassen sich mit der prim. u. sek. Rekristallisation in Beziehung bringen.
H. Jehne. 197◇

0479 **Einige Ergebnisse von Diffusionsversuchen im System Titan–Silber.** Rudolf Reinbach und Dieter Fischmann. (Z. Metallkunde **54**, 314—16, 1963; Hanau, Vacuumschmelze AG, Labor.; dt.) — Aus Diffusionsverss. zwischen den Komponenten Ag u. Ti im Temp.-Bereich zwischen 600 u. 900° wird die Existenz der Phasen $AgTi_3$ u. AgTi bestätigt u. die Löslichkeit von Ag in Ti neu bestimmt. Das Diffusionsverh. in diesem Syst. läßt sich durch Zugrundelegung einer ungestörten Vol.-Diffusion nicht beschreiben, so daß eine Best. des Diffusionskoeff. unterbleiben mußte. H. Jehne. 197◇

0480 **Die Niob–Ruthenium-Legierungen.** Ernst Raub und Walter Fritzsche. (Z. Metallkunde **54**, 317—19, 1963; Schwäb. Gmünd, Forsch.-Inst. für Edelmetalle u. Metallchem.; dt.) — Der Aufbau der festen Nb–Ru-Legg. wurde im gesamten Bereich der Zus. röntgenograph. u. mkr. untersucht. In dem Syst. wurde die von Beck u. Greenfield (1956) beobachtete tetragonale Phase bestätigt. Diese tritt etwa zwischen 41 u. 46,5 At.-% Ru homogen auf. Daneben ist eine zweite Phase mit allseits flächenzentriert rhomb. Grundzelle zu beobachten, die etwa zwischen 47 u. 58 At.-% Ru homogen ist. Die Grenzmischkonz. liegt bei 17 At.-% Nb, die der niobreichen Grenzmischkristalle bei 40 At.-% Ru. Jedenfalls ist ebenso wie bei den V–Ru-Legg. das Gebiet der ungeordneten niobreichen Mischkristalle wesentlich enger begrenzt, weil wahrscheinlich bei höheren Ru-Geh. die geordnete B 2-Struktur auftritt. Es dürfte in dieser Hinsicht eine weitgehende Analogie zu den V–Ru-Legg. bestehen. H. Jehne. 197◇

0481 **Messungen der gespeicherten Energie in plastisch-verformtem Kupfer.** Helmut Wenzl. (Z. angew. Physik **15**, 286—91, 1963; München, TH, Labor. für Techn. Phys.; dt.) — Nach plast. Verformung bei Zimmertemp. wurden Cu-Proben (ca. 3 g) verschiedener Reinheit (99,7, 99,98, 99,999% Cu) in einem Erholungscalorimeter von Zimmertemp. bis 450° aufgeheizt (3 Grad/min.). Die gespeicherte Energie wird bei allen Proben in einem einzigen Temp.-Intervall von rund 50 Grad Breite freigegeben. Das Erholungsmaximum liegt mit zunehmender Verunreinigung bei immer höheren Temp., bei schwacher Verformung zwischen 300 u. 400°, bei starker Verformung zwischen 180 u. 300°. Die gespeicherte Energie wächst langsamer als proportional mit dem Verformungsgrad u. nähert sich bei starker Verformung mit rund 20 cal/Mol einer Sättigung, nahezu unabhängig vom Reinheitsgrad. Härtemessungen u. Mikrobild zeigen, daß in der beobachteten Erholungsstufe die Proben rekristallisieren. Einfache Ansätze zur Best. der Aktivierungsenergie ergeben bei nicht zu schwacher Verformung ($V > 0,6$) u. reinem Material über nahezu das gesamte Erholungsgebiet eine einheitliche Aktivierungsenergie von rund 1,1 eV H. Jehne. 200◇

0482 **Plastische Verformung und Bruch von Uraneinkristallen unter Zug bei — 196°.** A. Lemogne und P. Lacombe. (J. nuclear Mater. [Amsterdam] **8**, 116—25, 1963; Paris, École des Mines, Centre de Rech. Metallurg.; franz.) — Ausführliche Mitt. zu C. **1963**, 16098.
H. Jehne. 200◇

0483 **Untersuchungen des Gefügeeinflusses auf die Extinktion von Ultraschall bei Aluminium und Aluminiumlegierungen mittels der Ultraschall-Impulsmethode.** K. Nitzsche und R. Mäder. (Wiss. Z. Hochschule Elektrotechn. Ilmenau **8**, 279—83, 1962; Inst. für Werkstoffkde.; dt.) — Eine Veränderung der Extinktion von Ultraschallwellen u. der Schallgeschw. während der Aushärtung von *AlCuMg* (2,5—3,5% Cu; 0,6—1,5 Mg; 0,2—0,7 Si) bei verschiedenen Temp. ist im Frequenzbereich bis zu 6 MHz nicht festzustellen. Mit wachsendem Korndurchmesser wird der Extinktions-Koeff. größer. Bei Al ist der Anstieg allerdings infolge der kleinen elast. Anisotropie nur gering. Ferner ist der Extinktions-Koeff. von der Glüh-Temp. u. -Dauer abhängig. Mit zunehmender Ausscheidung entlang der Korngrenzen ist bei *Hydronalium* (AlMg mit 7% Mg) eine Vergrößerung des Extinktions-Koeff. zu beobachten. F. Vier. 200◇

A₇. Gleichgewichte, Kinetik

0484 **Charge-Transfer-Komplexe von Jod und anorganischen Anionen in Lösung.** Dan Meyerstein und Avner Treinin. (Trans. Faraday Soc. **59**, 1114—20, 1963; Jerusalem, Israel, Hebrew Univ., Dep. of Phys. Chem.; engl.) — Die Absorptionsspektren von Lsgg. von J_2 in verschiedenen Elektrolyten bzw. Lsgg. von KJ_3 mit hohem Elektrolytzusatz wurden zwischen 220 u. 400 nm in Abhängigkeit von der Konz. gemessen. Die Stabilitätskonst. der Komplexe J_3^-, J_2Cl^-, J_2Br^-, J_2CNS^- wurden bei 22—25° zu 800; 12,5; 3,5; u. 94 Liter · Mol⁻¹, ihre Bldg.-Enthalpien zu — 3,6; — 1,6; 1,0; u. — 8,1 kcal · Mol⁻¹ bestimmt. Die Komplexe J_2CNS^- u. $J_2N_3^-$ sind instabil, die Zers. von J_2CNS^- läßt sich durch größere Ionenstärke u. niedrigeren pH-Wert unterdrücken. In Ggw. von NO_3^-, SO_4^{2-}, ClO_4^- u. ClO_3^- ergaben sich keine Anzeichen für Komplex-Bildung. Die Struktur u. Photochemie der als Charge-Transfer-Komplexe formulierten Verbb. u. ihre Eignung zur Identifizierung von „Charge-transfer-to-solvent"-Spektren wird diskutiert.
P. Sartori. 223◇

0485 **Komplexbildung zwischen dem Fe^{3+}-Ion und einigen substituierten Phenolen.** 1. Mitt. **Spektrophotometrische Bestimmung der Beständigkeitskonstanten von Eisensalicylat.** Z. L. Ernst und J. Menashi. (Trans. Faraday Soc. **59**, 1794—1802, 1963; London, Battersea Coll. of Technol., Dep. of Chem.; engl.) — Theoret. Grundlagen zur photometr. Meth. der kontinuierlichen Variation für die Unters. von Komplexen werden diskutiert. In diesem Zusammenhang wird eine neue Meth. beschrieben, die es erlaubt, neben den Gleichgew.-Konzz. auch den pH-Wert der Lsg. mit ausreichender Genauigkeit zu bestimmen. Die Stabilitäts-Konst. des Eisensalicylats wurde zu $K = 2,73 \cdot 10^{17}$ (25°) ermittelt.
H. Kuchenbecker. 223◇

0486 **Untersuchungen zur Komplexchemie der Brenztraubensäure.** 3. Mitt. **Struktur und Eigenschaften von Brenztraubensäurekomplexen.** Alfred Schellenberger und Kurt Winter. (Chem. Ber. **92**, 793—806, 1959; Halle/Saale, Univ., Inst. für Org. Chem.; dt.) — 2. vgl. C. **1959**, 8835. — Komplex gebundene *Brenztraubensäure* (**I**) besitzt verschiedene andere Eigg. als die freie Säure. Das Substitutionsvermögen gegenüber Halogen nimmt, besonders in Ggw. guter Komplexbildner, erheblich zu, z. B. beim Al-Komplex gegenüber J_2 fast um das 4000-fache. Die Abstufung der Entfärbungszeiten für J_2 in Ggw. verschiedener Komplexbildner entspricht, ausgenommen Pb u. Zn, der Reihenfolge der Komplexstabilitäten nach Mellor u. Maley (Nature [London] **161**, [1948], 436 u. früher). Die Anionen der verwendeten Metallsalze scheinen einen Einfl. auf die J_2-Substitution auszuüben. Die Jodierungsgeschw. von **I** wird in Beziehung gesetzt zu den Stabilitätskonst. (potentiometr. ermittelt) der Komplexe von **I** mit $BaCl_2$, $SrCl_2$, $CaCl_2$, $MgSO_4$, $MnSO_4$, $CdSO_4$, $CoSO_4$, $LaCl_3$, $ZnSO_4$, $NiSO_4$, $Pb(OOCCH_3)_2$, $CuSO_4$ u. $Al_2(SO_4)_3$. Sie nimmt (Ni-Komplex ausgenommen) mit steigender Komplexstabilität ab. Die Struktur der Komplexe u. der Mechanismus der Substitution von **I** durch J_2 werden diskutiert. Unter Berücksichtigung der Zweizähnigkeit des **I**-Liganden besitzen alle Komplexe, abgesehen vom Al-Komplex, die Koordinationszahl 4. Die momentan auftretende blutrote Färbung beim Versetzen wss. **I**-Lsg. mit Fe(II)-Salzen deutet auf eine relativ schnelle Einstellung des Gleichgew. zwischen freiem u. komplexgebundenem **I**.
K. Maier. 223◇

0487 **Neuartige Spektren und Basizitäten einiger sterisch unkomplizierter Basen bei Gleichgewichten zwischen Metallhalogeniden und Stickstoffbasen.** D. P. N. Satchell und J. L. Wardell. (Proc. chem. Soc. [London] **1963,** 86; London, Univ. of London, King's Coll., Dep. of Chem.; engl.) — Nitroaniline (B) reagieren mit $SnCl_4$ in o-Dichlorbenzol reversibel zu 1:1-Komplexen (C). Die Lsgg. der Komplexe besitzen kaum Radikalcharakter, doch gleichen die Spektren nicht immer denen von Lsgg. der entsprechenden Aniliniumionen. Es wird oft eine neue Absorptionsbande zwischen 410 u. 480 nm beobachtet, die als Charge-transfer-Bande gedeutet wird. Die Komplexe werden als Charge-transfer-Komplexe angesehen. Bei großen Konzz. werden farbige Verbb. ausgefällt; bei 2-Nitro-, 4-Nitro- u. 4-Chlor-2-nitroanilin haben diese die Zus. 2 B:1 $SnCl_4$. Sie lösen sich jedoch in überschüssigem Lsgm. unter Bldg. der angegebenen Gleichgewichte. Von folgenden Anilin-Derivv. wurden die pK-Werte (K = [C]/[B] · [$SnCl_4$]) bei 20 ± 2° bestimmt: *3-Nitro-*: —3,60; *4-Nitro-*: —3,18; *4-Methyl-2-nitro-*: —2,50; *2-Nitro-*: —2,30; *2-Chlor-4-nitro*: —0,70; *4-Chlor-2-nitro-*: —0,71; *5-Chlor-2-nitro-*: —0,34; *2.5-Dichlor-4-nitro-*: 0,15; *N-Phenyl-4-nitro-*: —0,96; *2.6-Dichlor-4-nitro-*: 0,53. P. Scharner. 223◇

0488 **Physikalisch-chemische Untersuchung von ternären wässerigen Elektrolytlösungen.** 4. Mitt. **Untersuchung der Löslichkeit von Lithiumchlorid und der festen Gleichgewichtsphase in salzsauren Lösungen bei 25°.** E. Berecz und Gy. Horányi. (Acta chim. Acad. Sci. hung. **29,** 75—83, 1961; Budapest, L. Eötvös Univ., Lehrst. für Phys. Chem. u. Radiologie; dt. — C. **1962,** 412). — 3. vgl. C. **1961,** 17841. H. Jehne. 224◇

0489 **Löslichkeitsisotherme im System $NaOH$–$NaBH_4$–$NaCl$–H_2O bei 25°.** Je. I. Lukjanowa und W. F. Kochowa. (J. anorg. Chem. [UdSSR] **8,** 218—25, 1963; russ.) — Die Löslichkeiten in den Syst. *$NaOH$–$NaBH_4$–H_2O, $NaCl$–$NaBH_4$–H_2O* u. *$NaOH$–$NaBH_4$–$NaCl$–H_2O* wurden bei 25° bestimmt. Die Grenzen der Kristallisation von $NaOH \cdot H_2O$ u. NaCl u. der Bldg. fester Lsgg. $NaBH_4 \cdot 2\,H_2O$ mit NaCl auf der Basis $NaBH_4 \cdot 2\,H_2O$ in letzterem Syst. wurden bestimmt. Die Eutektika entsprechen den Zus. 1) 49,02 (%) (NaOH), 12,92 ($NaBH_4$) u. 0,93 (NaCl); 2) 11,48, 31,45 u. 0,75. Das Löslichkeitsdiagramm zeigt, daß aus alkal. $NaBH_4$-Lsgg. NaCl fast quant. ausgeschieden werden kann: Bei einer NaOH-Konz. von 11—49% beträgt der Geh. an NaCl in der Lsg. 0,4—0,7%. G. Winkhaus. 224◇

0490 **Die Löslichkeit von Calcit in wässerigen Lösungen.** 1. Mitt. **Die Löslichkeit von Calcit in Wasser zwischen 75 und 200° bei CO_2-Drücken bis zu 60 atm.** E. R. Segnit, H. D. Holland und C. J. Biscardi. (Geochim. cosmochim. Acta [London] **26,** 1301—31, 1962; Princeton, N. J., Princeton Univ.; engl.) — Die bestimmten Löslichkeiten stimmen mit denen von Ellis überein, sind jedoch oberhalb 10 atm höher als die von Miller. Die Löslichkeitsisothermen stimmen mit den nach der Debye-Hückel-Theorie berechneten gut überein, bes. die Abnahme der Löslichkeit von Calcit bei höheren Temp. war nach den thermodynam. Daten zu erwarten. Die Ausfällung von Calcit läßt sich deshalb nicht durch Abkühlung hydrothermaler Lsgg. erklären. Verlust der gasförmigen Phase kann für die Calcit-Ausscheidung bestimmter epi- u. mesothermaler Lagerstätten wichtig sein, jedoch trifft das anscheinend nicht für die große Menge der Erzlagerstätten zu. J. Heinze. 224◇

0491 **Untersuchungen über die Löslichkeit von P_2O_5 des Natriumcalciumphosphats in konventionellen Lösungsmitteln.** Włodzimierz Bobrownicki und Józef Kubicki. (Przemysł chem. **41,** 303—05, 1962; Wrocław, Politechn., Kat. Technol. nieorgan.; PAN, Inst. Chem. fiz.; pol.). — $NaCaPO_4$ (**I**) wurde durch Schmelzen von $Ca_2P_2O_7$ mit Na_2CO_3 bei 1000° erhalten. Die Löslichkeit des P_2O_5 von **I** in NH_4-Citrat-Lsg. ist 90—96%ig., in 2%ig. Citronensäure dagegen 100%. Die Löslichkeit von P_2O_5 ist bei der Hoch- u. Tieftemperaturmodifikation von **I** (Umwandlung bei 660 bzw. 690° je nach der Richtung des Temp.-Übergangs) gleich gut. In Ggw. von NaF (1,5—3% F im Gemisch) wird die Löslichkeit von P_2O_5 erniedrigt. Ca_2SiO_4 verändert sie nicht, hebt aber den ungünstigen Einfl. von NaF auf die Löslichkeit von P_2O_5 in **I** wieder auf. F. Urban. 224◇

0492 **Über die Auflösung fester Körper in Flüssigkeiten.** 1. Mitt. **Die Auflösung von Zinkoxid in Natronlauge.** R. Landsberg, H. Fürtig und L. Müller. (Z. physik. Chem. [Leipzig] **216,** 199—211, 1961; Leuna-Merseburg, TH, Inst. für phys. Chem.; dt.) — Ausführliche Mitt. zu C. **1962,** 8542. H. Jehne. 224◇

0493 **Über die Auflösung fester Körper in Flüssigkeiten.** 2. Mitt. **Die Potentialabhängigkeit der Auflösung von ZnO in Natronlauge.** R. Landsberg und H. Fürtig. (Z. physik. Chem. [Leipzig] **216,** 212—14, 1961; dt.) — 1. vgl. vorst. Referat; vgl. C. **1962,** 8542. H. Jehne. 224◇

0494 **Löslichkeitsprodukte von Uranyl-, Beryllium- und Cerphosphat.** W. G. Tschuchlanzew und K. W. Aljamowskaja. (Hochschulnachr. [Iwanowo], Chem. chem. Technol. **4,** 359—63, 1961; Uraler polytechn. Kirow-Inst., Lehrst. für Radiochem.; russ.) — Vff. bestimmen die Löslichkeiten von *$(UO_2)_3(PO_4)_2$* (**I**), *$Be_3(PO_4)_2$* (**II**), *$CePO_4$* (**III**), *$Ce_3(PO_4)_4$* (**IV**) u. *$BeNH_4PO_4$* (**V**) in verd. HNO_3 bzw. HCl bei pH ca. 2,4—1,6 u. 19—20°. Die Löslichkeits-Prodd. sind für **I**: $(8{,}2 \pm 5{,}5) \cdot 10^{-50}$, **II**: $(1{,}9 \pm 0{,}8) \cdot 10^{-38}$, **V**: $(2{,}2 \pm 1{,}0) \cdot 10^{-20}$, **III**: $(4{,}7 \pm 1{,}2) \cdot 10^{-22}$ u. **IV**: $(7{,}2 \pm 5{,}3) \cdot 10^{-91}$. D. Hoene. 224◇

0495 **Untersuchungen über die Aktivitätskoeffizienten von Nichtelektrolyten in wäßrigen Salzlösungen.** 4. Mitt. **Einflüsse einiger anorganischer Salze auf die Löslichkeit von Tetrachlorkohlenstoff in Wasser.** Jui-Ling Liu und Tzu-Ching Huang. (Acta chim. sinica **27,** 119—28, 1961; Peking, Univ., Dep. of Chem.; chin., Auszug: engl. — C. **1963,** 8852.) W. Wesly. 224◇

0496 **Eine Methode zur Bestimmung der Löslichkeit von Wasser in Silicatschmelzen.** C. Wayne Burnham und Richard H. Jahns. (Amer. J. Sci. **260,** 721—45, 1962; University Park, Pa., Pennsylvania State Univ., Div. of Earth Sci.; engl.) — Messung der Löslichkeit von W. in aus Albit geschmolzenem Glas u. dem Pegmatit von Harding, N. Mex., bei Drücken bis 10000 bar. In der Pegmatitschmelze lösen sich bei 10000 bar (655°) 4,6 Gew.-% W., bei 5000 bar (650°) 11,2% u. bei 10000 bar (675°) nahezu 20%. Die entsprechenden Werte für Albit liegen bei 4,2% (930°), 9,9% (750°) u. 16,8% (700°). Der Temp.-Koeff. der Löslichkeit im Pegmatit liegt bei 0,2 Gew.-%/100° zwischen 650 u. 850°. Die Ergebnisse weichen von denen älterer Autoren ab, die nach der Glühverlustmeth. gearbeitet haben. Wassergeh. von mehr als 10%, gelöst in Silicatschmelzen, können bei Drücken über 5000 bar erhalten werden. Das entspricht einer Tiefe von mehr als 20 km unter der Erdoberfläche. I. Berger. 224◇

0497 **Untersuchung der Extraktion von Heteropolysäuren. Molybdatokieselsäure.** A. K. Babko und Ju. F. Schkarawski. (Hochschulnachr. [Iwanowo], Chem. chem. Technol. **4,** 370—73, 1961; Kiew, Schewtschenko-Univ., Lehrst. für analyt. Chem.; russ.) — Die Löslichkeit von Molybdatokieselsäure, $H_8[Si(Mo_2O_7)_6] \cdot 16\,H_2O$ (**I**), beträgt bei 20° (281 ± 13) g **I**/100 g W. u. (178 ± 17) g **I**/100 g Butanol-(1) (**II**). Es wurde die Verteilung von **I** zwischen W. u. **II** in Abhängigkeit von der **I**-Konz. u. der HNO_3- u. $NaNO_3$-Konz. untersucht. Ferner wurde die Abhängigkeit der Verteilung von **I** u. *Molybdatophosphorsäure* in Gemischen aus HNO_3–**II**–Chlf. vom **II**-Geh. ermittelt. Der optimale Verteilungsbereich liegt bei 20—25 Vol.-% Butanol-(1). D. Hoene. 224◇

0498 **Numerische Differentiation und Integration in der chemischen Kinetik.** Kate Bak. (Acta chem. scand. **17,** 985—91, 1963; Copenhagen, Univ., H. C. Ørsted Inst., Chem. Labor. IV; engl.) — Verf. zur Best. des Zeitpunkts des Rk.-Beginns aus kinet. Messungen kurz nach diesem Beginn; Formeln zur Entschmierung kinet. Daten (Messungen in gleichen Zeitabständen) unter Verw. der Meth. der kleinsten Quadrate; Zurückführung des kinet. wichtigen Integrals $e^{-\lambda t} \int_0^t \varphi(t) \cdot e^{\lambda t}\,dt$ auf Differenzen von φ. A. Blaschette. 225◇

0499 **Kinetik des thermischen Zerfalls von Salpetersäuredampf.** 4. Mitt. **Eine Untersuchung im Stoßwellenrohr**

zwischen 800 und 1200°K. Halstead Harrison, H. S. Johnston und E. R. Hardwick. (J. Amer. chem. Soc. **84,** 2478–82, 1962; Stanford, Calif., Stanford Univ., Chem. Dep.; Berkeley, Calif., Univ. of California, Chem. Dep.; Los Angeles, Calif.; engl.) — 3. vgl. C. **1956,** 6323. — Die Zers. von HNO_3-Dampf in überschüssigem Ar in einem Stoßwellenrohr bei 800–1200 °K wird in Abhängigkeit vom Auftreten von NO_2 u. dem Auftreten u. Verschwinden des Zwischen-Prod. NO_3 untersucht. Bei Gesamt.-Konzz. von ca. 10^{-5} Mol/ml erscheint die monomol. Rk. $M + HNO_3 \rightarrow HO + NO_2 + M$ in der Nähe ihrer bei niedrigen Konzz. liegenden Grenze der 2. Ordnung als geschwindigkeitsbestimmender Schritt; log a = (15,2 ± 1,0) — (30,6 ± 1,8) · 10^3/2,303 RT $cm^3 \cdot Mol^{-1} s^{-1}$; E_0 = 47,3 kcal/Mol. F. Huber. 225◇

0500 **Wechselwirkung von Boranen. Eine Tracer-Untersuchung der Diboran-Pentaboran-9-Reaktion.** Manny Hillman, Donald J. Mangold und John H. Norman. (Advances Chem. Ser. **1961,** Nr. 32, 151–56; Niagara Falls, N. Y., Olin Mathieson Chem. Corp., Energy Div.; engl.) — Bei der Rk. von B_2H_6 (I) (93% ^{10}B) u. B_5H_9 (II) (80% ^{11}B) bei 77,6° entstehen in 24 Std.: I (71% ^{10}B), II (74,6% ^{11}B), eine geringe Menge Dekaboran (III) u. eine große Menge Polymere. Aus der Analyse der Isotopen-Zus. wird geschlossen, daß weniger als 2,5% von II während der Rk. aus I entstanden, daß eine Austausch-Rk. von II mit I erfolgte, bei der 2 B-Atome jeweils gleichzeitig beteiligt sind, u. daß wenigstens 92% von III aus einer Kombination von je 5 B-Atomen aus I u. II u. weniger als 8% von III aus dem eingesetzten I resultierten. Die monoisotop. Massenspektren bei ca. 13 V Ionisationsspannung von II u. III werden mitgeteilt. Weitere Verss. mit II (92,6% ^{10}B) u. I natürlicher Isotopen-Zus. bestätigten, daß II Zwischen-Prod. bei einer Folge von Rkk. von I zu III ist. Folgender Rk.-Weg wird vorgeschlagen: II + I $\rightarrow B_7H_{13} + H_2$; $B_7H_{13} \leftrightharpoons B_6H_{10} + BH_3$; aus B_6H_{10} u. B_7H_{13} wird stufenweise III aufgebaut. F. Huber. 225◇

0501 **Mechanismus der Diphosphatbildung aus Amidophosphorsäureestern.** V. M. Clark und S. G. Warren. (Proc. chem. Soc. [London] **1963,** 178–79; Cambridge, Univ., Chem. Labor.; engl.) — Die Bldg. von *symm. Diammoniumdibenzyldiphosphat* (I) aus Benzylhydrogenamidophosphat (II; vgl. C. **1958,** 9230) folgt, wie kinet. Messungen auf Grund des IR-Spektrums in Dioxan bei 70° ergaben, bzgl. [II] einem Gesetz 2. Ordnung. Die Bldg. eines Metaphosphat-Zwischenprod. ist dabei unwahrscheinlich. Da durch Wasserzusatz eine sich der Rk. vorlagernde Induktionsperiode (1 Std.) aufgehoben wird u. gleichzeitig im Rk.-Gemisch Benzylhydrogenphosphat (III) nachweisbar ist, nehmen Vff. an, daß der P–O–P-Verknüpfung eine Hydrolyse unter teilweiser Bldg. von III vorausgeht. III reagiert dann mit noch vorhandenem II, welches in der Betainform vorliegt, unter Bldg. von I u. NH_4^+. Sehr wahrscheinlich verläuft auch die Kettenverlängerung von Adenosinmono- u. -triphosphat mittels Amidophosphorsäureestern nach dem gleichen Mechanismus ohne Bldg. einer Metaphosphat-Zwischenverb., deren Auftreten bei der Rk. von Amidophosphorsäurediäthylester mit HCl (Bldg. von Diäthylchlorophosphat) u. mit Phenyldihydrogenphosphat (Bldg. eines Diphosphorsäureesters) ebenfalls unwahrscheinlich ist. W. Feldmann. 225◇

0502 **Spektraluntersuchung der Veränderung von verdünnten Jodlösungen in Alkohol und Dioxan.** Jean Cantacuzène. (J. Chim. physique Physico-Chim. biol. **58,** 475–79, 1961; Paris, E. N. S., Labor. de Chim.; franz.) — Die UV-Analyse von J_2-Lsgg. in A. u. wss. Dioxan zeigt eine langsame Red. $J_2 \rightarrow 2 J^-$, die von einem sich schnell einstellenden Gleichgew. $J_2 + J^- \rightleftharpoons J_3^-$ begleitet ist. Formeln, die die Kinetik dieser Rkk. beschreiben, gestatten die quant. Best. der $[J_2]$-Abnahme, der $[J^-]$-Zunahme u. des Maximums von $[J_3^-]$. K. Roß. 225◇

0503 **Die Kinetik der Reaktion zwischen Plutonium(VI) und Eisen(II).** T. W. Newton und F. B. Baker. (J. physic. Chem. **67,** 1425–32, 1963; Los Alamos, N. Mex., Univ. of California, Los Alamos Sci. Labor.; engl.) — Vgl. C. **1960,** 12270. — Die Kinetik der Rk. Pu(VI) + Fe(II) → Pu(V) + Fe(III) wurde an Hand der Absorptionsspektren in saurer Perchloratlösung zwischen 0° u. 25° untersucht. Die Rk.-Geschw. läßt sich durch die Gleichung $- d[Pu(VI)]/dt = [Pu(VI)][Fe(II)]\{A + (B + C[H^+])^{-1}\}$ (A, B u. C Konst.) im Bereich 0,05–2,0 m $HClO_4$ bei μ = 2,0 darstellen. Das beobachtete Geschw.-Gesetz deutet auf die Ggw. eines metastabilen, zweikernigen Zwischenprod. hin, vermutlich Pu(V)Fe(III). Werte für die thermodynam. Funktionen ΔH^* und ΔS^* wurden für die Bldg. der nach dem Geschw.-Gesetz zu fordernden aktivierten Komplexe berechnet. Der Einfl. der Ionenstärke im Bereich 0,05–2,0 m $HClO_4$ u. der Effekt von 0,10 m Cl^- wurde bestimmt. F. Weigel. 225◇

0504 **Die Kinetik der Disproportionierung von Americium(V).** James S. Coleman. (Inorg. Chem. [Washington] **2,** 53–57, 1963; Los Alamos, N. Mex., Univ. of California, Los Alamos Sci. Labor.; engl.) — Vf. untersucht den Mechanismus der Disproportionierung von Am(V), wobei störende radiolyt. Effekte durch Verw. des langlebigen Nuclids ^{243}Am ($T_{1/2}$ = 7951 Jahre) ausgeschaltet wurden. Die Konz. von Am(III), Am(V) u. Am(VI) wurde spektralphotometr. bestimmt. Zur Herst. der Am(V)-Lsgg. wurde Am(III) nach dem Verf. von Coleman u. Mitarbeitern (C. **1964,** 1–0591) in 2 m Na_2CO_3 mit O_3 bei Zimmertemp. zu einem lösl. Am(VI)-Carbonatokomplex oxydiert u. aus dieser Lösung durch Erhitzen auf 90° Natriumamericyl(V)-carbonat gefällt. Die Am(V)-Ausgangslsgg. wurden durch Auflösen dieses Salzes in den entsprechenden Säuren erhalten. Die Disproportionierung verläuft nach der Gleichung $3 AmO_2^+ + 4 H^+ \rightarrow 2 AmO_2^{2+} + Am^{3+} + 2 H_2O$. Bei 75,5° läßt sich die Disproportionierungsgeschw. in Perchloratlsg. der Ionenstärke 2 m darstellen durch die Gleichung: $- d[AmO_2^+]/dt = k_2[H^+]^2[AmO_2^+]^2 + k_3[H^+]^3[AmO_2^+]^2$, wobei $k_2 = 7{,}0 \cdot 10^{-4}$ $Liter^3\ Mol^{-3}\ s^{-1}$ u. $k_3 = 4{,}6 \cdot 10^{-4}$ $Liter^4\ Mol^{-4}\ s^{-1}$ ist. Eine Abschätzung der Differenz der Aktivierungsentropien für die beiden Parallelrkk., die sich nach der obigen Geschw.-Gleichung u. aus Geschw.-Messungen bei 60–85° ergeben, liefert ΔH_2^* = 16,5 kcal/Mol, ΔS_2^* = — 26 Entropieeinheiten, ΔH_3^* = 10,5 kcal/Mol, ΔS_3^* = — 44 Entropieeinheiten. Bei 75,7° sind die Geschw. in 2 n HNO_3, HCl u. H_2SO_4 4,0, 4,6 bzw. 24mal so groß wie in 2 n $HClO_4$. Bei Zimmertemp. steigt die Rk.-Geschw. beim Übergang von 3 m zu 8 m $HClO_4$ um den Faktor 450. Die Umkehrung der Disproportionierung, nämlich die Oxydation von Am(III) durch Am(VI), wurde erstmalig beobachtet. F. Weigel 225◇

0505 **Kinetische Untersuchung über die Zersetzung von Kaliumdimalonatodiaquomanganat(III) im sauren Medium.** S. Senent und S. Cuadrado. (An. Real Soc. españ. Física Quím., Ser. B **56,** 779–92, 1960; Valladolid, Univ., Sec. del Inst. „A. de G. Rocasolano" C. S. de I. C., Labor. de Quím. Fís.; span.) — Vff. untersuchten die Kinetik der Zers. von $K[Mn(C_3H_2O_4)_2(H_2O)_2] \cdot 2 H_2O$, das früher spektrophotometr. als intermediär entstehendes Rk.-Prod. bei der Rk. zwischen Malonsäure u. $KMnO_4$ nachgewiesen worden war. Die Rk. verläuft nach der 1. Ordnung; ein Mechanismus wird diskutiert. P. Kurzmann. 225◇

0506 **Mechanismen der stereospezifischen Reaktionen von sechszähnigen Kobalt(III)-Komplexen mit Äthylendiamin — ein Inversionsprozeß.** Daryle H. Busch und K. Swaminathan. (J. inorg. nuclear Chem. **23,** 150–54, 1961; Columbus, Ohio, Ohio State Univ., Evans and McPherson Chem. Labor.; engl.) — Vgl. C. **1963,** 45; **1964,** 1–0434. — Für die Rkk. $(+)$-$[Co(EDTA)]^- + 3\,en \rightarrow (+)$-$[Co(en)_3]^{3+}$ + $EDTA^{4-}$ u. $(+)$-$[Co$-$(-)$-$PDTA]^-$ + 3en $\rightarrow (-)$-$[Co(en)_3]^{3+}$ + $(-)$-$PDTA^{4-}$ (H_4EDTA = Äthylen-, H_4PDTA = Propylendiamintetraessigsäure, en = Äthylendiamin) werden Rk.-Mechanismen vorgeschlagen. Die Rk. von $[Co(PDTA)]^-$ mit en ist im pH-Bereich von 9,5–11,5 eine Rk. von scheinbar erster Ordnung, sie verläuft über eine einzige geschwindigkeitsbestimmende Stufe zu dem einzigen Rk.-Prod. $Co(en)_3^{3+}$. P. Scharner. 225◇

0507 **Kompensationseffekt und kinetische Skala des trans-Einflusses in Platinkomplexen.** B. I. Peschtschewitzki und W. P. Kasakow. (J. anorg. Chem. [UdSSR] **8,**

250—51, 1963; Inst. für anorg. Chem. der sibir. Abt. der Akad. der Wiss. der UdSSR; russ.) — An Hand von Literaturdaten wurde die lineare Beziehung log A = log a + (ν/2,303)E (E = Aktivierungsenergie) für Austauschrkk. des Typs $PtL_4XCl + A \rightarrow PtL_4XA^+ + Cl^-$ oder $PtNH_3XCl_2^- + A \rightarrow PtNH_3XACl + Cl^-$ (A = NH_3, Pyridin u. a.; X = Br, J, NO_2; L = cis-Liganden, z. B. en) aufgezeigt. Diese Beziehung wird in Analogie zu ähnlichen Effekten als Kompensationseffekt K bezeichnet. Für Serien mit gleichem k geht die Arrhenius-Gleichung über in k = a · e (ν-1/RT)E, u. für das Verhältnis k/a (trans-Effekt TE) gilt TE = E_1/E_x = ($\ln k_1 - \ln a$)/($\ln k_x - \ln a$), TE ändert sich nicht beim Übergang von einer Serie zur anderen (TE für Cl 1,00, Br 1,10—1,12, J 1,25—1,26, NO_2 1,73) u. ist ein besserer kinet. Ausdruck für TE als das Verhältnis der Geschw.-Konstanten.
G. Winkhaus. 225◇

0508 **Über die Kinetik der Austausch- und Ersatzreaktionen in Platin-Komplexen.** A. A. Grinberg, S. S. Borsakova, I. N. Kukuškin, V. E. Mironov, L. E. Nikol'skaja, D. B. Smolenskaja und G. A. Šagisultanova. (Svensk kem. Tidskr. **73**, 199—209, 1961; Leningrad, Technol. Inst. des Lensowjet u. Radiuminst. der Akad. der Wiss.; dt.) — Übersicht über frühere Arbeiten der Vff. mit 15 Literaturhinweisen.
A. Senning. 225◇

0509 **Reaktivität der Metallchelatverbindungen.** Keihei Ueno. (Chem. and chem. Ind. [Kagaku to Kogyo] **16**, 892—900, 1963; Hukuoka, Kyûsyû-Daigaku, Kôgakubu; jap.) — Übersicht. — 20 Literaturangaben.
E. Maekawa. 225◇

0510 **Über den Mechanismus der Auflösung von Magnesium in wäßriger Magnesiumchloridlösung.** 2. Mitt. E. J. Casey, R. E. Bergeron und G. D. Nagy. (Canad. J. Chem. **40**, 463—79, 1962; Ottawa, Defence Res. Chem. Labor.; engl.) — 1. vgl. C. **1950/54**, 7743 S. — Die Geschw. der Auflösung von Mg in 0,3 m bzw. 3,0 m $MgCl_2$-Lsg. in W. zeigt bei pH 2, 25° u. 0,026—2,5 atm die Druckabhängigkeit $v \propto 1/P_{H_2}^{-0,5}$ bzw. $v \propto P_{H_2}$. Die Induktionsperiode (IP) in 0,3 m $MgCl_2$-Lsg. wird zwischen 0 u. 45° verfolgt; sie war zwischen 0 u. 35° gewöhnlich linear; die Aktivierungsenergie für die Geschw. während der IP u. während der Auflösung beträgt 12,2 ± 0,6 kcal/Mol. Während der IP nimmt nicht nur der Elektrolyt, sondern auch das MgH_2 auf, u. zwar 1 ml H_2/cm³ Mg bei 27°. Nach Trocknung der Mg-Probe wird H_2 5mal rascher abgegeben als es aufgenommen worden war. Die während längerer Rk.-Zeit auf der Mg-Oberfläche abgeschiedenen festen Prodd. bestehen in 0,3 m Lsg. auf Grund von Röntgenbeugungsaufnahmen aus $Mg(OH)_2$ mit etwas metall. Mg, während in 0,3 m Lsg. neben $Mg(OH)_2$ wesentliche Mengen eines nicht identifizierten Prod. [z. T. möglicherweise Mg(OH)Cl] gebildet werden. Durch Bestrahlung mit Röntgenstrahlen wird die Geschw. der Auflösung in 0,3 m Lsg. während der Bestrahlungsdauer, in 3 m Lsg. nur bei Anwendung intensiver Strahlung, dann auch nach Beendigung der Bestrahlung erhöht. Ein Mechanismus für die Auflösung des Mg wird vorgeschlagen, bei dem einwertiges Mg intermediär auftritt. In 0,3 m Lsg. ist das Wachsen der H_2-Blasen durch die $Mg(OH)_2$-Haut, in 3,0 m Lsg. die Bldg. des Blasenkerns geschwindigkeitsbestimmend, da hierbei der Schutzfilm durch Komplex-Bldg. entfernt wird. F. Huber. 225◇

0511 **Über den Oxydationsmechanismus des metallischen Urans.** A. F. Bessonow und W. G. Wlassow. (Metallphysik u. Metallkunde [UdSSR] **12**, 403—08, 1961; Uraler polytechn. Kirow-Inst.; russ.) — Vff. untersuchen die Oxydation von U in Luft u. O_2 in Abhängigkeit vom Druck u. von der Temp. (250—760°). In Luft (250—760) u. O_2 (250—400°) gehorcht die Oxydations-Geschw. einem parabol. Gesetz. In O_2 ist sie für p > 200 Torr proportional $\sqrt{p}$, für p < 200 Torr proportional p. Die Aktivierungsenergien (A) betragen < 400° 18 (kcal/Mol) in Luft, 17 in O_2, > 400° 4,6 in Luft. Für O_2 steigt A sehr stark > 400 an. Der Geschw.-bestimmende Schritt für die Oxydation ist die Diffusion von O-Atomen durch die Mn-Oxid-Schicht (je nach Temp. UO_2, U_4O_9, U_5O_7, U_3O_8).
D. Hoene. 225◇

0512 **Einfluß der Atmosphäre auf die Reaktionsfähigkeit von Uranoxidpulvern.** Y. Carteret, M. Portnoff, J. Elston und R. Caillat. (Proc. IVth int. Sympos. Reactivity Solids, Amsterdam **1960**, 540—48; 1961; Saclay, Centre d'Études Nucléaires, Section d'Étude des Réfractaires, Commissariat à l'Energie Atomique, Dep. de Metallurgie, Serv. de Chim. des Solides; franz.) — Durch Messen der Änderung der spezif. Oberfläche von UO_2-Pulver beim Erhitzen im Vakuum, in H_2- oder Ar-Atmosphäre nach der BET-Meth. verfolgten Vff. die Rk.-Fähigkeit des Pulvers. Weiter wurde bei Temp. von 600—1200° die Dichte des Pulvers in He bestimmt u. außerdem wurden die sich bildenden Phasen röntgenograph. untersucht. Es wurde gefunden, daß in H_2 die spezif. Oberfläche bei 900° abzunehmen beginnt; die weitere Abnahme erfolgt sehr langsam. In Ar oder im Vakuum nimmt die spezif. Oberfläche eines stöchiometr. UO_2 sehr schnell zwischen 700 u. 800° ab, u. zwar um so schneller, je größer die anfängliche spezif. Oberfläche war. Wird vor den Verss. im Vakuum eine Spur O_2 in das Gefäß eingeführt, dann beginnt die Abnahme der spezif. Oberfläche bereits bei 500°. Ganz allg. besteht bei einer gegebenen Temp. eine enge Beziehung zwischen der Rk.-Fähigkeit des UO_2-Pulvers u. seiner spezif. Oberfläche, u. zwar ist die Reaktionsfähigkeit im Vakuum oder in Ar größer als in H_2 u. ferner größer für nicht stöchiometr. als für stöchiometr. UO_2. Die Ergebnisse lassen sich durch die Adsorption von H_2 an die Oberfläche des UO_2 erklären. Die Desorption ist nur progressiv in H_2-Atmosphäre; sie ist aber im Vakuum bei 700° vollständig. Es ist anzunehmen, daß die H_2-Desorption u. die O_2-Absorption die Bldg. von Gitterdefekten verursachen, die die Verminderung der Oberfläche des UO_2-Pulvers begünstigen. C. Gottfried. 225△

0513 **Beitrag zur Untersuchung des Mechanismus der Reaktion zwischen Schwefelwasserstoff und Eisenoxiden und -hydroxiden.** 2. Mitt. Zygfryd Kroll und Antoni Swinarski. (Chem. stosowana **6**, 409—23, 1962; Torun, Univ., M. Kopernikus, Katedr. Chem. Nieorg.; pol.) — 1. vgl. C. **1963**, 11941. — Die Rk. zwischen H_2S u. Goethit(**I**) u. Fe-Orthohydroxid (**II**) in Ggw. von O_2 wurde experimentell untersucht. Die Geschw. der H_2S-Oxydation ist stark abhängig von dem O_2-Geh. des Gases. Die Rk. verläuft mit **I** viel schneller als mit **II**. Im Verlauf der Rk. bildet sich zunächst Fe_2S_3, das anschließend zu Oxid zurückreagiert, das Oxid bzw. Hydroxid spielt die Rolle eines Katalysators. Der nach der Brutto-Rk. $2Fe(OH)_3 + 3H_2S + 3/2\,O_2 \rightleftharpoons 3S + 3H_2O + 2Fe \cdot (OH)_3$ entstehende Schwefel wird sehr leicht zu SO_2 oxydiert. Vff. nehmen an, daß die H_2S-Oxydation durch Fe-Oxide zunächst über SO_2 verläuft, das mit überschüssigem H_2S zu S reagiert. B. Krebs. 225◇

0514 **Ergänzende Untersuchung der Reduktion des Kobaltsulfides Co_9S_8 durch Wasserstoff.** Guy Pannetier, Guy Bugli und Pierre Courtine. (Bull. Soc. chim. France **1963**, 1146—51; Paris, Fac. des Sci., Centre d'Orsay, Labor. de Chim. Gén.; franz.) — Die kinet. Unters. der Red. von Co_9S_8 durch H_2 (vgl. Bull. Soc. chim. France **1962, 962**) wurde auf tiefere Temp. (500—600°) u. größere Korndurchmesser des Co_9S_8 (5—60 μ) ausgedehnt. Der Rk.-Verlauf läßt sich durch einen Kettenverzweigungs-Mechanismus in der von Prout u. Tompkins für autokatalyt. Zers. angegebenen mathemat. Form beschreiben. Die scheinbare Aktivierungsenergie beträgt 32 kcal/Mol. Bei höheren Temp. u. geringeren Korngrößen ist die Rk.-Ordnung in bezug auf die gasförmigen Komponenten 2/3; nach Elimination einer sek. Rk. ist die Rk. jedoch wahrscheinlich 1. Ordnung. B. Krebs. 225◇

0515 **Zersetzung von Nickelhydrid unter hohem Druck.** B. Baranowski. (Bull. Acad. polon. Sci., Ser. Sci. chim. **10**, 451—55, 1962; Warsaw, Pol. Acad. of Sci., Inst. of Phys. Chem.; engl.) — Die innerhalb eines Druckbereiches von 30—2100 atm unter dem eigenen H_2-Druck durchgeführte Zers. von Ni-H führte zu keinem Gleichgew. zwischen gasförmigem H_2 u. Ni-H. Erst innerhalb des durch äußere Druck-Einw. erzielten Bereiches von 3800—25000 atm trat ein Gleichgew. zwischen den entsprechenden H-Mengen ein. Aus der Darst. der im Vgl. zu 1 atm bei gleicher Desorptionsdauer desorbierten H_2-

Mengen in Abhängigkeit vom Druck ist zu ersehen, daß bis zu 4000 atm die Desorption ebenso schnell wie bei 1 atm vor sich geht u. daß zwischen 19000 u. 25000 atm keine Veränderung des H-Geh. auftritt. Im Zwischenbereich nimmt die Desorption stetig ab. Vf. gibt zwei Erklärungsmöglichkeiten für die beobachteten Erscheinungen, eine thermodynam. u. eine kinet., wobei aber eine Entscheidung zugunsten der einen oder anderen an Hand des derzeit vorliegenden experimentellen Materiales noch nicht möglich ist. D. Forst. 225◇

0516 **Einfluß von Gasen auf die Bildung von Nickelmolybdat im festen Zustand.** J.-Y. Trambouze und A. Silvent. (Proc. IVth. int. Sympos. Reactivity Solids, Amsterdam **1960,** 549—53, 1961; Lyon-Villeurbanne, Inst. de Rech. sur la Catalyse, Centre Nat. de la Rech. Sci.; franz.) — Vff. verfolgten analyt. die Bldg. von $NiMoO_4$ aus stöchiometr. Gemischen von Mo 0_3 u. NiO beim Erhitzen im Vakuum oder in Ggw. von *He, Ne, Kr, Luft,* O_2. *CO,* CO_2 u. *W.-Dampf.* Die beiden Oxide wurden im Vakuum bei 200° entgast, hierauf schnell auf 500° erhitzt u. bei dieser Temp. belassen. Der Gasdruck betrug 10 mm Hg. Es wurde ein deutlicher Unterschied zwischen der Wrkg. der Edelgase u. des Vakuums einerseits u. der reaktionsfähigen Gase andererseits beobachtet. Mit Ausnahme der niedrigeren Werte für He ergaben alle Edelgase prakt. die gleiche Rk.-Geschwindigkeit. Die Ausbeute von $NiMoO_4$ ist bei Ggw. der reaktionsfähigen Gase größer. Die Rk.-Geschw. nehmen in der Reihenfolge O_2, CO_2, Wasserdampf zu. C. Gottfried. 225△

0517 **Reaktionsfähigkeit der schwarzen, nicht stöchiometrischen Tonerden.** B. Arghiropoulos, J. Elston, P. Hilaire, F. Juillet und S. J. Teichner. (Proc. IVth int. Sympos. Reactivity Solids, Amsterdam **1960,** 525 bis 539, 1961; Lyon, Univ., Inst. de Rech. sur la Catalyse et Commiss. à l'Energie Atom.; franz.) — Wird amorphes hydratisiertes Al_2O_3 bei 10^{-6} mm Hg einige Std. auf etwa 500° erhitzt, so wird es erst grau u. dann schwarz u. hat die angenäherte Zus. $Al_2O_{2,96}$; in diesem Zustand ist es ein n-Halbleiter. Wird diese Form in O_2 auf 500° erhitzt, dann schlägt die Farbe wieder in Weiß um, der spezif. elektr. Widerstand steigt an u. Kristallisation beginnt, die beim Erhitzen im Vakuum oder in O_2 weiter fortschreitet. Dagegen zeigten kugelförmige, nicht poröse Teilchen von δ-Al_2O_3 (⌀ 150 Å) beim Erhitzen im Vakuum oder in O_2 keine Änderung der Farbe oder des elektr. Widerstandes; außerdem wurde beim Erhitzen im Vakuum kein O_2-Verlust beobachtet. Wird diese Form Drücken von 1—5 t/cm² ausgesetzt u. ein Vakuum auf 500° erhitzt, dann erhält man wieder schwarze Tonerde der Zus. $Al_2O_{2,95}$. Wird diese Tonerde im Vakuum auf 700—800° erhitzt, dann sublimiert ein Teil des Al u. man erhält einen p-Halbleiter. Die katalyt. Wirksamkeit des δ-Al_2O_3 wurde an Hand der Hydrierung von *Äthylen* nachgewiesen. C. Gottfried. 225△

0518 **Thermische Zersetzung von Natriumazidkristallen.** E. A. Secco. (Canad. J. Chem. **40,** 2191—93, 1962; Cambridge, Cavendish Labor., Labor. for Phys. and Chem. of Solids; engl.) — Vgl. C. **1963,** 19152. F. Huber. 225◇

0519 **Untersuchung des Ablaufs des Reaktionsprozesses in einem kristallinen Pulver bei der Reaktion Festkörper–Gas.** P. Barret. (Proc. IVth int. Sympos. Reactivity Solids, Amsterdam **1960,** 178, 1961; Dijon, Labor. de Chim. M.P.C.; franz.) — Bei endothermer Zers.-Rk. von fein verteilten festen Stoffen im Vakuum gilt das folgende Gesetz: $(-1/M_0) \cdot dM/dt) = K \cdot (M/M_0)^{2/3}$. Der Exponent $^2/_3$ weist auf 2 verschiedene Prozesse hin, die vom Vf. „chem. Stufe" u. „Diffusionsstufe" genannt werden. Er zeigt an Hand der Literatur, daß der Exponent $^2/_3$ fast in allen endothermen Zers.-Rk. auftritt. Experimentell verfolgte Vf. den Prozeß der therm. Dissoziation von $CuBr_2$. C. Gottfried. 225△

0520 **Reaktivität fein pulverisierter Substanzen.** Teruichiro Kubo. (Chem. and chem. Ind. [Kagaku to Kogyo] **16,** 901—15, 1963; Tôkyô-Kôgyô-Daigaku; jap.) —Übersicht. — 52 Literaturangaben. E. Maekawa. 225◇

0521 **Die strahlungsinduzierte Austauschreaktion von Sauerstoffatomen in Kohlendioxid.** Kozo Hirota, Hideo Terasaki und Motoyoshi Hatada. (Bull. chem. Soc. Japan **35,** 1762—65, 1962; Nakanoshima, Kita-ku, Osaka, Osaka Univ., Fac. of Sci., Dep. of Chem.; Neyagawa City, Osaka, Japanese Assoc. for Radiat. Res. on Polymers, Osaka Labor.; engl.) — Es wurde die Austauschrk. $C^{18}O_2 + C^{16}O_2 \rightarrow 2\,C^{16}O^{18}O$ untersucht. Aus der Abnahme der Menge an akt. O wurden die scheinbaren u. die totalen Werte der Austauschrk. $G_{korr.}$ ($-CO_2$*) u. $G^{Aust.}_{total}$ zu 1,7 bzw. 51 bestimmt. Der Wert für den totalen Austausch entspricht der angegebenen Rk. u. ist wesentlich größer als der von Harteck mitgeteilte Wert. D. Noack. 226◇

0522 **Elektronenstoß-Anregung eines Molekularstrahls von Wasser und seiner deuteriumsubstituierten Isotophomologen: Untersuchung der bei 77°K kondensierten Produkte durch paramagnetische Elektronenresonanz.** Rose Marx, Sydney Leach und Marcel Horani. (J. Chim. physique Physico-Chim. biol. **60,** 726—31, 1963; Orsay, Fac. des Sci., Labor. de Chim.-Phys.; franz.) — Die bei tiefer Temp. aus einem mit niederenerget. Elektronen beschossenen H_2O-Mol.-Strahl (bzw. HDO, D_2O) auskondensierten Prodd. liefern zwei ESR-Spektren A u. B, deren Verh. beim Aufwärmen der Proben untersucht wird u. die dem solvatisierten Elektron $(H_2O)_n^-$ bzw. dem Radikal HO_2 zugeordnet werden. HO-Radikale konnten in dem Syst. nicht nachgewiesen werden, obwohl sie nach emissionsspektrograph. Unterss. in der Rk.-Zone der H_2O-Moll. mit den Elektronen entstehen. Radiolyt. zersetztes polykristallines u. amorphes Eis enthält hingegen HO-Radikale. A. Blaschette. 226◇

0523 **Die Ionisierungsverteilung in mit schnellen Elektronen bestrahltem Wasser.** E. H. Cornish. (Int. J. appl. Radiat. Isotopes **14,** 81—86, 1963; Harlow, Essex, Standard Telecomm. Labor. Ltd.; engl.) — Die Verw. von Glas als Dosimeter wird mit bes. Berücksichtigung der Eichung der braunen Verfärbung gegen die aufgenommene Elektronendosis beschrieben. Diese Dosimeter in der Form von Natriumglas-Mikroskopdeckgläsern wurden verwendet, um die Tiefenverteilung der Ionisation in H_2O zu bestimmen, das mit Elektronen im Energiebereich von 1,43—200 MeV bestrahlt wurde. Ähnliche Ergebnisse wurden mit Eis bei Temp. bis zu —195° herunter gemessen, u. es wurde festgestellt, daß die Ionisationsverteilung, die schon vorher in H_2O u. leichten Metallen gefunden wurde, gleich war, jedoch trat erhöhte Rückstreuung auf, wenn das H_2O in Eis umgewandelt wurde. Diese Erhöhung war höchstwahrscheinlich mehr die Folge des Aggregatzustandswechsels als der Dichteänderung. H. Jehne. 226◇

0524 **Radiolyse von gefrorenen wäßrigen Lösungen.** W. A. Scharpaty. (Fortschr. Chem. [UdSSR] **32,** 737—53, 1963; Phys.-chem. Karpow-Inst.; russ.) — Überblick über die Unters. der Kinetik der Akkumulation von Radiolyseendprodd. des Eises u. von gefrorenen wss. Lsgg., über die Luminescenz-Unterss. der radiolyt. Effekte dieser Lsgg. sowie über die Unters. der intermediären radikal. Radiolyseprodukte. — 71 Literaturangaben. Ch. Weiske. 226◇

0525 **Über die Übertragung von Energie in radiolytischen Prozessen.** A. M. Brodsky, Yu. A. Kolbanovsky und L. S. Polak. (Int. J. appl. Radiat. Isotopes **13,** 143—54, 1962; Moscow, USSR, Acad. of Sci.; engl.) — Die Übertragung von Energie in einem radiolyt. Prozeß in Anwesenheit kleiner Mengen von die Rk. hemmenden Zusätzen (sog. Anregungsempfängern) wird untersucht. Vers.-Ergebnisse über die Verminderung der durch Strahlung induzierten Ausbeute als Funktion der Konz. des Empfängers werden zur Ableitung einer Theorie über die unmittelbare Übertragung elektromagnet. Energie von einem angeregten Mol. zu einem Mol. des Empfängers benutzt. Ein entsprechendes Gesetz wird abgeleitet u. verschiedene Zusammenhänge werden vorausgesagt u. durch vorliegendes Vers.-Material bestätigt. H. Jehne. 226◇

0526 **Radiolytische Probleme in Wasserreaktoren.** R. G. Sowden. (J. nuclear Mater. [Amsterdam] **8,** 81—101,

1963; Harwell, Didcot, Berks., A.E.R.E., Chem. Div., Res. Group; engl.) — Übersicht. — 84 Literaturangaben. H. Jehne. 226◇

0527 **Eine Gegenüberstellung von homogener und heterogener Lösungskatalyse in Redox-Systemen gleicher Zusammensetzung.** Alfons Krause (unter Mitarbeit von E. Kukielka und I. Plura). (Z. physik. Chem. [Frankfurt/M.] [N. F.] **35**, 289—94, 1962; Poznan, Polen, Univ., Inst. für anorg. Chem.; dt.) — Der H_2O_2-Zerfall u. die peroxydat. Indigocarmin-Entfärbung wurden bei 37° unter den Bedingungen homogener u. heterogener (hom. bzw. het.) Katalyse untersucht. Als Katalysatoren wurden ein bas. Mg-Carbonat [$3MgCO_3 \cdot Mg(OH)_2 \cdot 3H_2O$] u. $Mg(OH)_2$ verwendet, u. zwar wurde im het. Syst. die Katalysator-Konz. entsprechend der Löslichkeit (ca. 0,01 bzw. 0,0018%) eingestellt. Der hom. Effekt im het. Syst. fällt dabei wegen der geringen Lsg.-Geschw. nicht ins Gewicht. Es zeigte sich, daß die Geschw. des H_2O_2-Zerfalls an $Mg(OH)_2$ in hom. u. im het. Syst. nicht merklich verschieden sind, daß jedoch bei Zusatz von Co^{2+} als Promotorion bei wesentlich gesteigerter Zerfalls-Geschw. die het. Katalyse wirksamer ist. In bezug auf die peroxydat. Wirksamkeit ist der Unterschied noch erheblich größer (die Indigocarmin-Entfärbung dauert het. nur ca. 1/9 so lange wie homogen). Das gleiche gilt für die Mg-Carbonat-Katalyse. Hier wirkt UO_2^{2+} als Inhibitor, u. zwar im het. Syst. stärker als im hom., während Co^{2+} diese Wrkg. aufhebt u. sie im hom. Syst. sogar überkompensiert. — Die Rk.-Mechanismen werden auf der Grundlage einer Annahme von Mg-Peroxid-Bldg. bzw. der Bldg. von energiereichen $Mg(OH)_2 \ldots Co^{2+}$-Komplexen diskutiert. W. Betcke. 227◇

0528 **Der Einfluß von Gammabestrahlung auf die katalytische Wirkung von Zinkoxid und Chromoxid bei der Zersetzung von Methanol.** A. J. Teller, F. L. Poska und H. A. Davies. (Int. J. appl. Radiat. Isotopes **11**, 123—30, 1961; Univ. of Florida, Chem. Engng. Dep.; engl.) — Der Einfluß von γ-Strahlung auf die katalyt. Wrkg. von n- u. p-Halbleiterkatalysatoren wurde bestimmt. Die untersuchte Rk. war der Abbau von Methanol in der Dampfphase bei kontinuierlichen Durchflußbedingungen. Im Dosisbereich von 80000 bis 450000 r/h wurde eine Zunahme der katalyt. Wrkg. des n-ZnO-Katalysators u. eine Abnahme der Wrkg. des p-Cr_2O_3-Katalysators beobachtet. Der Grad der Änderung wurde in Beziehung gesetzt zu der jeweiligen Katalysatorwrkg. (bei Nichtbestrahlung). Anscheinend existiert ein „Sättigungseffekt" der Bestrahlung. Katalysatoren vom n-Typ von geringer Wirksamkeit verwandeln sich in hochwirksame n-Katalysatoren unter dem Einfl. von γ-Strahlung. Alle p-Katalysatoren erreichen den gleichen Grad der Wirksamkeit, wenn sie γ-Bestrahlung ausgesetzt werden. H. Jehne. 227◇

0529 **Verlauf und Produkte der Reduktion von $Ag_2Si_2O_5$.** Friedrich Wodtcke, Friedrich Liebau und Hans-Joachim Bunge. (Z. anorg. allg. Chem. **318**, 39—58, 1962; Berlin-Adlershof, Inst. für anorg. Chem. der Dt. Akad. der Wiss.; dt.) — $Ag_2Si_2O_5$ (I) (aus $AgNO_3$ u. $Na_2Si_2O_5$ bei 280° im Bombenrohr dargestellt) wurde bei 0 bis 80° im konst. H_2-Strom reduziert. Die aus der red. Ag-Menge bestimmten Rk.-Ordnungen steigen dabei von 0 (0°) auf 2 (80°) kontinuierlich an. Die mit steigender Temp. auftretende Rk.-Verzögerung wird auf eine zunehmende Kondens. des gebildeten $H_2Si_2O_5$ zurückgeführt. Zwischen den Kieselsäureschichten scheiden sich die Ag-Kristalle mit ihren Oktaederflächen (111) nach 2 verschiedenen Orientierungen auf der (010)-Fläche von I plättchenförmig aus. Auf diese bevorzugte Ausbldg. wird die hohe katalyt. Aktivität dieser Trägerkatalysatoren zurückgeführt. H. Bürger. 227◇

0530 **Die katalytische Aktivität von Silber-Kieselsäure-Trägerkatalysatoren bei der Methanoldehydrierung.** Friedrich Wodtcke, Karla Wencke und Friedrich Wolf. (Z. anorg. allg. Chem. **318**, 72—88, 1962; dt.) — Vgl. vorst. Referat. — Aus Na_2CO_3 u. SiO_2 in der Schmelze sowie durch Feststoff-Rk. dargestellte α-$Na_2Si_2O_5$-Präpp. wurden mit $AgNO_3$ bei 300° in $Ag_2Si_2O_5$ (I) übergeführt. Ag_4SiO_4 (II) ließ sich in einer $AgNO_3$- oder $NaNO_3$-Schmelze bei 250° aus Quarzmehl u. Ag_2O darstellen. Red. I, II u. Ag_2SiO_3 (III) sind gleich akt. Katalysatoren für die CH_3OH-Dehydrierung bei 400°, jedoch nimmt ihre Aktivität für den Ameisensäurezerfall bei 140° in der Reihenfolge II–III–I zu. Unterss. über die katalyt. Aktivität von I bei der CH_3OH-Dehydrierung bei 400° zeigten eine Abhängigkeit von der Darst. des $Na_2Si_2O_5$, u. zwar geben ungeordnete α-$Na_2Si_2O_5$-Präpp. weniger akt. Katalysatoren als aus geordneten Präpp. dargestellte. Zusätze von Fremdionen wie F^- u. Ni^{2+} erniedrigen die Aktivität. Tiefe Red.-Temp. von I erhöhen die Aktivität, da hierdurch $H_2Si_2O_5$-Schichten als Katalysator-Träger erhalten bleiben. Allg. werden die katalyt.-Eigg. durch die Art des Einbaues von Ag im Silicat-Gitter bestimmt. H. Bürger. 227◇

0531 **Anwendung des Verfahrens der Differentialthermoanalyse auf die Untersuchung von festen Katalysatoren.** S. K. Bhattacharyya und N. D. Ganguly. (Proc. nat. Inst. Sci. India, Part A **27**, 588—619, 1961; Kharagpur, Indian Inst. of Technol., Dep. of Appl. Chem.; engl.) — Übersicht über frühere Arbeiten von Bhattacharyya u. Mitarbeitern (vgl. C. **1961**, 2912 u. früher) zur Unters. oxid. Katalysatoren. — Es wird gezeigt, daß zwischen Röntgenbeugungsunterss. u. der DTA sowie zwischen den therm. Eigg. eines Katalysatorsyst. u. seiner Oberflächengröße sowie katalyt. Aktivität enge Beziehungen bestehen. C. Gottfried. 227△

0532 **Probleme der heterogenen Katalyse und Katalysatoren. Aus den Arbeiten des Instituts für anorganische Katalyseforschung seit 1952.** G. Rienäcker. (Z. Chem. **3**, 121—28, 1963; Berlin-Adlershof, Dt. Akad. der Wiss. zu Berlin, Inst. für anorg. Katalyseforsch., Forsch.-Gemeinschaft; dt.) — Übersicht. — 31 Literaturangaben. H. Jehne. 227◇

A_8. Präparative anorganische Chemie, Komplexverbindungen, Metallorganische Verbindungen

0533 **Untersuchungen über die Destillation von Wasserstoffperoxid.** Masafumi Yukawa und Takeo Ishida. (Bull. Univ. Osaka Prefect., Ser. A **9**, 65—71, 1961; Coll. of Engng., Dep. of Chem. Engng.; engl.) — Es werden optimale Bedingungen für die Gewinnung von verd. H_2O_2 durch Wasserdampfdest. einer schwefelsauren $(NH_4)_2S_2O_8$-Lsg. unter vermindertem Druck (z. T. in Ggw. von Spuren Cu^{2+}) ermittelt. A. Blaschette. 241◇

0534 **Konzentrierung einer verdünnten Wasserstoffperoxid-Lösung.** Masafumi Yukawa und Takeo Ishida. (Bull. Univ. Osaka Prefect., Ser. A **9**, 73—80, 1961; engl.) — Vgl. vorst. Referat. — Beschreibung eines Verf. zur Gewinnung von 34%ig. wss. H_2O_2 aus dem bei der vorst. untersuchten Dest. anfallenden Dampf (0,1 bis 0,5% H_2O_2). A. Blaschette. 241◇

0535 **Perchlorsäure.** A. A. Sinowjew. (Fortschr. Chem. [UdSSR] **32**, 590—616, 1963; Akad. der Wiss. der UdSSR, Kuruakow-Inst. für allg. u. anorgan. Chem.; russ.) — Übersicht (Darst., Eigg., Hydrate). Ch. Weiske. 247◇

0536 **Das Lösungsmittelsystem flüssiger Chlorwasserstoff.** 7. Mitt. **Reaktionen einiger Nichtmetallfluoride.** M. E. Peach und T. C. Waddington. (J. chem. Soc. [London] **1963**, 799—805; Cambridge, Univ., Chem. Labor.; engl.) — 6. vgl. C. **1963**, 14574. — SiF_4 löst sich in fl. HCl farblos auf. Die Titration mit $[(CH_3)_4N]Cl$ ergab keine Hinweise auf Bldg. einer Solvosäure. GeF_4 ist in HCl schwerlösl. u. bildet keine Säure. PF_3 löst sich bei —111,6° ohne Verb.-Bldg., AsF_3 u. SbF_3 sind schwerlösl. u. solvolysieren zu $AsCl_3$ bzw. $SbCl_3$. PF_5 löst sich farblos u. reagiert mit $[(CH_3)_4N]Cl$ in HCl nach $2[(CH_3)_4N]Cl + 3PF_5 \rightarrow 2[(CH_3)_4N]PF_6 + PF_3Cl_2$. In Ggw. von Pyridin entsteht *Pyridiniumhexafluorophosphat.* Aus PF_5 u. PCl_5 in HCl entsteht PCl_4PF_6 u. PF_3Cl_2. *NOCl* reagiert mit PF_5 in geringem Ausmaß, $(C_6H_5)_3P$ u. *Aceton* ergeben mit PF_5 instabile Hexafluorophosphate, ebenso reagieren *Dimethylsulfid, Dimethylsulfoxid* u. *Acetonitril.* $(C_6H_5)_3PO$ bildet mit PF_5 das Salz $[(C_6H_5)_3POH]PF_6$ (Triphenylphosphinoxidiumhexafluorophosphat), $(C_6H_5)_2PCl$ bildet mit PF_5 ein instabiles Salz, $POCl_3$ tauscht mit PF_5 allmählich

Halogen aus. AsF_5 ist in HCl ziemlich unlösl. u. bildet $AsCl_4AsF_6$ u. etwas AsF_3Cl_2. SbF_5 ist farblos löslich. P. Sartori. 247◇

0537 **Flüssiger Brom- und Jodwasserstoff als ionisierende Lösungsmittel.** T. C. Waddington und J. A. White. (J. chem. Soc. [London] **1963,** 2701–07; engl.) – Vgl. vorst. Referat. – Infolge der niedrigen DK sind in fl. HBr u. fl. HJ verhältnismäßig wenig Substanzen löslich. Die konduktometr. Verfolgung der Neutralisation liefert nur bei starken Basen u. Säuren (BBr_3 u. BJ_3) scharfe Knickpunkte. Die Acidität des BF_3 in fl. HBr nimmt gegenüber der in fl. HCl stark ab. Definierte Hydrogenbromide, die entsprechend der Dissoziation $3HBr \rightleftharpoons H_2Br^+ + HBr_2^-$ zu erwarten sind, werden nur mit großen Kationen (z. B. Tetra-n-butylammonium u. Tetraphenylarsonium) gebildet. Eine Tetramethylammoniumbromid-Lsg. in fl. HBr zerfällt oberhalb einer Konz. von 0,06 m in zwei Phasen.

Versuche: *Tetra-n-butylammoniumhydrogendibromid*, $C_{16}H_{37}Br_2N$ u. *Tetraphenylarsoniumhydrogendibromid*, $C_{24}H_{21}AsBr_2$, entstehen beim Auflösen der entsprechenden Bromide in fl. HBr u. Abziehen des Lsgm. im Vakuum. – *Tetramethylammoniumtetrabromoborat*, $C_4H_{12}BBr_4N$, bzw. *Tetraäthylammoniumtetrabromoborat*, $C_8H_{20}BBr_4N$, aus R_4NBr (R = CH_3 bzw. C_2H_5) u. BBr_3 im Verhältnis 1:1 in fl. HBr durch Verdampfen des Lsgm., fest. – *Pyridiniumtetrabromoborat*, $C_5H_6BBr_4N$, analog vorst. Verbindungen. – *Tetrabromophosphoniumtetrabromoborat*, BBr_8P, u. *Phosphoniumtetrabromoborat*, H_4BBr_4P, durch Versetzen einer Suspension von PBr_5 bzw. PH_4Br in fl. HBr mit BBr_3. – $POBr_3 \cdot BBr_3$, BBr_6OP, bei der konduktometr. Titration von $POBr_3$ mit BBr_3 nach Abdest. des Lsgm.; daneben wird auf die Existenz von $(POBr_3)_2BBr_3$ in Lsg. hingewiesen. – *Dipyridiniumhexabromostannat*, $C_{10}H_{12}Br_6N_2Sn$, aus Pyridiniumbromid u. $SnBr_4$ in fl. HBr. – *Tetramethylammoniumtetrajodoborat*, $C_4H_{12}BJ_4N$, *Tetraäthylammoniumtetrajodoborat*, $C_8H_{20}BJ_4N$, u. *Pyridiniumtetrajodoborat*, $C_5H_6BJ_4N$, aus den entsprechenden Tetraalkylammoniumjodiden bzw. Pyridin mit BJ_3 in fl. HJ. J. Simon. 249◇

0538 **Umsetzung zwischen Schwefelchloridpentafluorid bzw. Schwefeltetrafluorid und Aminen.** B. Cohen und A. G. MacDiarmid. (Angew. Chem. **75,** 207, 1963; Philadelphia, Pa., Univ. of Pennsylvania, John Harrison Labor. of Chem.; dt.) – SF_5Cl (**I**) bildet mit $(CH_3)_3N$ das weiße, feste Addukt $SF_5Cl \cdot 2(CH_3)_3N$ (**II**). **II** spaltet bei Zimmertemp. SF_4 ab u. es hinterbleibt eine feste Substanz. Offenbar reagiert **I** mit $(CH_3)_2NH$ bzw. CH_3NH_2 (**III**) zu analogen, allerdings labileren Addukten. Bei niederer Temp. entstehendes SF_4 reagiert mit überschüssigem **III**, wie sich durch Rk. mit den reinen Ausgangsmaterialien bestätigen ließ, gemäß $3CH_3NH_2 + SF_4 \rightarrow CH_3N = SF_2$ (**IV**) + $2CH_3NH_2 \cdot HF$. **IV**, F. – 128°, Kp. 16°, ist eine farblose, zur Polymerisation neigende Flüssigkeit. Mit überschüssigem **III** bildet **IV** $CH_3N = S = NCH_3$, das ebenfalls im Vakuum bei Zimmertemp. langsam polymerisiert. H. Kuckertz. 253◇

0539 **Über Strukturfragen der Peroxoschwefelsäuren.** E. Pungor, E. Schulek und J. Trompler. (Ann. Univ. Sci. Budapestinensis Rolando Eötvös Nominatae, Sect. Chim. **2,** 199–203, 1960; Inst. für Anorg. u. Analyt. Chem.; dt.) – Kurze Diskussion der Struktur von H_2SO_5 u. des Syst. H_2SO_4–H_2O an Hand früherer Unterss. der Verfasser. A. Blaschette. 253◇

0540 **Über die Flüchtigkeit einiger Poloniumverbindungen.** H. Mabuchi. (J. inorg. nuclear Chem. **25,** 657–60, 1963; Bunkyo-Ku, Tokyo, Univ., Fac. of Sci., Dep. of Chem.; engl.) – Die Verflüchtigung von Chelatverbindungen des Poloniums beim Erhitzen wird untersucht. Zur Herst. der Chelatverbindungen wird der zu prüfende Chelatbildner zu der Po-Lsg. gegeben u. die entstandenen Po-Chelate werden mit einem geeigneten organ. Lsgm. extrahiert. Die organ. Lsgg. der Po-Verbb. werden in Schälchen eingedampft u. durch Erhitzen des Rückstands wird die Verflüchtigung untersucht. Im einzelnen wurden nachst. Chelatbildner (Zus. der organ. u. wss. Phase; niedrigste beobachtete Sublimationstemp.) untersucht: *8-Hydroxychinolin* (Chlf.; HNO_3, pH 2; 140°); *Na-Diäthyldithiocarbamat* (Chlf.; HNO_3, pH 2; 110°); *TTA* (Bzl.; NH_4OH, pH 8; –); *Thioharnstoff* (Chlf.; NH_4OH, pH 8; 120°); *symm. Diphenylthioharnstoff* (Chlf.; NH_4OH, pH 8; 125°); *Thiosemicarbazid* (Chlf.; NH_4OH, pH 8; 120°); *1-Phenylthiosemicarbazid* (Chlf.; NH_4OH, pH 8; 130°); *Diphenylcarbazon* (Chlf.; HNO_3, pH 2; 95°); *Diphenylcarbazid* (Chlf.; HNO_3, pH 2; 90°); *Diphenylthiocarbazon* (CCl_4; HNO_3, pH 2; 115°); *Di-β-naphthylthiocarbazon* (CCl_4; HNO_3, pH 2; 150°); *KJ + HCl* (Isopropyläther; 0,5 m KJ, 3 m HCl; –); *KJ + HCl* (Methylisobutylketon; 0,5 m KJ, 1,5 m HCl; –). F. Weigel. 256◇

0541 **Wasserdampfdestillation der Poloniumverbindung mit Diphenylcarbazid.** H. Mabuchi. (J. inorg. nuclear Chem. **25,** 661–65, 1963; engl.) – Vgl. vorst. Referat. – Es wird gezeigt, daß sich ^{210}Po nach Zusatz von Diphenylcarbazid (**I**) aus einer Lösung durch Wasserdampfdest. abtrennen läßt. 50 ml der wss., das Po enthaltenden Lsg. werden in den Kolben einer kleinen Ganzglas-Wasserdampfdestillationsapp. gegeben. Nach Zugabe einer bestimmten Menge **I** (30–50 mg) wird die Hälfte der Lsg. mit Wasserdampf abdestilliert. Die Po-Aktivität kann nach Eindampfen des Destillats oder durch Extraktion des Destillats mit Dithizon u. Eindampfen des Dithizonextraktes im Rückstand durch α-Messung bestimmt werden. Folgende Variablen des Verfahrens wurden untersucht: **I**-Konz.; Wrkg. von Cl^-, NO_3^- u. SO_4^{2-}; pH-Wert. Eine **I**-Konz. von $0,83 \cdot 10^{-4}$ Mol/Liter genügt, um Po zu verflüchtigen. Aus Chloridlösungen wird nur für $[Cl^-] < \sim 0,07$ n das Po völlig verflüchtigt. Die Verflüchtigung ist unabhängig von der Konz. an NO_3^- u. SO_4^{2-}. Nur bei einem pH < 1 wird Po vollständig verflüchtigt. Das Verf. wird auf die Abtrennung von ^{210}Po aus einem Gemisch von ^{210}Pb, ^{210}Bi u. ^{210}Po (aus alten, abgeklungenen Radonpräpp.) angewendet. F. Weigel. 256◇

0542 **Die Herstellung dünner selbsttragender Borfilme.** A. H. F. Muggleton und F. A. Howe. (Nuclear Instruments Methods [Amsterdam] **13,** 211–14, 1961; Aldermaston, Berks., Atomic Weapons Res. Establ.; engl.) – Verf. zur Herst. von dünnen (20–100 $\mu g/cm^2$) selbsttragenden B-Filmen auf Substraten aus Borosilicatglas oder Glimmer durch Vakuumverdampfung u. Elektronenbeschuß. Tiegelmaterial ist Ta, bei Verw. von C oder W tritt Verunreinigung ein. C. Gottfried. 258△

0543 **Umwandlung von Diboran in Borane höheren Molekulargewichts in Gegenwart bestimmter heterogener Katalysatoren.** E. Dow Whitney, J. Philip Faust, Donald G. Powell und Edward J. Longosz. (Advances Chem. Ser. **1961,** Nr. 32, 168–73; Niagara Falls, N. Y., Olin Mathieson Corp., Res. and Dev. Div., High Energy Fuels Organizat.; engl.) – Mit Silicagel, aktiviertem Al_2O_3 u. Ni auf Holzkohle kann B_2H_6 (**I**) nur mit geringen Ausbeuten zu flüchtigen Boranen höheren Molgew. umgewandelt werden, da **I** mit oberflächlich gebundenem W. reagiert; auf den Katalysatoren scheiden sich gelbe Festprodd. ab. Metallboride erbrachten Umwandlungen von selten mehr als 15%. Kohle war nur in frisch entgastem Zustand aktiv; es konnten dabei hohe Umwandlungsgrade erzielt werden. F. Huber. 258◇

0544 **Das Vinyltrifluoroborat-Anion.** S. L. Stafford. (Canad. J. Chem. **41,** 807–08, 1963; Morristown, N. J., Allied Chem. Corp., Gen. Chem. Div., Res. Labor.; engl.) – $K[CH_2 = CHBF_3]$ (**I**), F. 225° (beginnende Zers.), entstand aus 27,5 mMol $KF \cdot 2H_2O$ in 3 ml W. u. 25 mMol $CH_2 = CHBF_2$ [**II**; aus $Sn(CH_2 = CH)_4$ u. BF_3 nach Brinckman u. Stone, C. **1962,** 6002] u. etwas BF_3 im Bombenrohr bei 0° in 4 Std.; Ausbeute nach Extraktion mit CH_3CN 1,84 g (55% bzgl. **II**) neben 56 ml (NPT) C_2H_4. IR- u. ^{19}F-KMR-Spektren werden numer. mitgeteilt. **I** ist hydrolyt. stabiler als **II**. Therm. Zers. bei 250° im Vakuum liefert reines **II**, mit Hg entsteht $Hg(CH_2 = CH)_2$. $K[CH_3BF_3]$ kann analog dargestellt werden. P. Sartori. 258◇

0545 **Über Methylpolysilane.** 2. Mitt. **Dodekamethylcyclohexasilan.** U. Graf zu Stolberg. (Angew. Chem.

75, 206, 1963; München, Univ., Inst. für Anorg. Chem.; dt.) — 1. vgl. C. **1963**, 6140. — $(CH_3)_{12}Si_6$ (**I**), F. 140°, entsteht a) duch Zutropfen von 138 g $(CH_3)_2SiCl$ zu einer Na/K-Suspension (**A**) in THF (Verdünnungsprinzip); Ausbeute 50 g neben 8 g unlösl., höhermol. Substanzen; b) aus $Cl(CH_3)_2SiSi(CH_3)_2Cl$ u. **A**; 31% Ausbeute. Im Autoklaven bilden Na u. $(CH_3)_2SiCl_2$ nur polymere Verbindungen. **I** krist. aus CH_3OH in langen farblosen Nadeln, die bei 74,5° einen scharfen Umwandlungspunkt aufweisen u. ab 110° sublimieren. Mit J_2 bildet **I** *1.6-Dijoddekamethylcyclohexasilan*, $C_{10}H_{30}J_2Si_6$, Kp.$_2$ 185°. Von **A** wird **I** langsam unter Bldg. lösl. Alkalimetallsilanyle gespalten; wird die klare, orangebraune Lsg. zu $(CH_3)_3SiCl$ in THF gegeben, so lassen sich gaschromatograph. neben **I** die geradkettigen Methylpolysilane $Si_n(CH_3)_{2n+2}$ ($n = 2$ bis 5) nachweisen.
H. Kuckertz. 261◇

0546 **Hexachlordisiloxan.** B. A. Grigor und C. J. Wilkins. (Inorg. Syntheses **7**, 23—28, 1963; Christchurch, N. Z., Univ. of Canterbury; engl.) — Beschreibung der Darst. von $Cl_3SiOSiCl_3$ (**I**) aus $SiCl_4$-Dampf bei 900 bis 1000° nach $4\ SiCl_4 + O_2 \rightarrow 2\ I + 2\ Cl_2$ in kleineren (25—30 g) bzw. größeren Mengen (250 g).
A. Blaschette. 261◇

0547 **Trichlorsilanthiol.** D. J. Panckhurst und C. J. Wilkins. (Inorg. Syntheses **7**, 28—30, 1963; engl.) — Vgl. vorst. Referat. — Darst. nach $SiCl_4 + H_2S \rightarrow SiCl_3SH + HCl$ bei ca. 950°; Kp.$_{759}$ 95,5—95,6°; Ausbeute 6 g/h. A. Blaschette. 261◇

0548 **Über Siliciumoxalate und ihre Alkyl-Derivate.** G. Schott und G. Henneberg. (Z. anorg. allg. Chem. **323**, 228—38, 1963; Rostock, Univ., Inst. für Anorg. Chem.; dt.) — $SiCl_4$ u. Alkylchlorsilane reagieren in Ae. bzw. Bzl. mit $H_2C_2O_4$ (**I**) zu *Oxalaten*, die bisweilen als Addukte mit Ae. kristallisieren. $(CH_3)_2SiCl_2$ reagiert nicht. Die Rk.-Prodd. aus $SiCl_4$ u. $RSiCl_3$ der Zus. $[SiC_2O_4(HC_2O_4)_2]\cdot 2Ae.$ (**II**) bzw. $[RSiC_2O_4(HC_2O_4)]\cdot Ae.$ (**A**) sind polymer, solche aus $(C_2H_5)_2SiCl_2$ u. **I** der Zus. $[(C_2H_5)_2Si(C_2O_4)]_n$ (**III**) liegen assoziiert vor mit n = 2,2 in Bzl. u. n = 1 in Campher; $R_3Si-C_2O_4-SiR_3$ (**B**; $R = CH_3$, C_2H_5) sind monomer. Freie HC_2O_4-Gruppen in **II** u. **A** addieren jeweils 1 Mol. Ae., C_2O_4-Gruppen bilden 2 kovalente u. 2 koordinative Bindungen mit Si-Atomen aus u. erhöhen dadurch die Koordinationszahl des Si auf 6. **III** weist ebenso wie **B** keine koordinativen Si–O-Bindungen mehr auf.

Versuche: *Bis-[hydrogenoxalato]-polysil-[oxal]-an-2-Äther* (**II**), weiße, mikrokristalline Substanz, aus $SiCl_4$ u. **I** unter Rühren. — *Alkyl-[hydrogenoxalato]-polysil-[oxal]-an-Äther* (**A**), aus $RSiCl_3$ u. **I**; *R* = *Methyl-*, farblose Kristalle; *Äthyl-*, perlmuttglänzende Blättchen. — *Tetraäthylcyclodisil-[oxal]-an* (**III**), F. 38°, Kp.$_{0,001}$ 53,5—54,5°, aus $(C_2H_5)_2SiCl_2$ u. **I** in Ae.; weiche, weiße, lösl. Kristallmasse. — *Hexaalkyldisil-[oxal]-an* (**B**), aus R_3SiCl u. **I**; *R* = *Methyl-*, F. 55,7°, Kp.$_{0,5}$ 77,5—79°, farblos; *Äthyl-*, Kp.$_8$ 149—151°, D.$_4^{20}$ 0,9615, n_D^{20} 1,4398.
H. Bürger. 261◇

0549 **Tris-[acetylacetonato]-siliciumchlorid-Chlorwasserstoff und einige Derivate.** Reed F. Riley, Robert West und Robert Barbarin. (Inorg. Syntheses **7**, 30—34, 1963; Brooklyn, N. Y., Polytechn. Inst.; Madison, Wis., Univ. of Wisconsin; engl.) — $[Si(C_5H_7O_2)_3]Cl\cdot HCl$ (**I**), F. 171—174° (Zers.), aus Acetylaceton ($C_5H_8O_2$) u. $SiCl_4$ in Bzl.; 97%. — $[Si(C_5H_7O_2)_3]FeCl_4$, F. 184 bis 186° (Zers.), aus **I** u. wasserfreiem $FeCl_3$ in Chlf.; 70%; grüneN adeln. — $[Si(C_5H_7O_2)_3)]ZnCl_3$, Zers. > 190°, aus **I** u. trockenem $ZnCl_2$ in Essigsäure + Acetanhydrid, Umkristallisation aus Chlf.-Ae.; 80%.
A. Blaschette. 261◇

0550 **Schwarzer Phosphor.** H. Krebs. (Inorg. Syntheses **7**, 60—62, 1963; Bonn, Univ., Chem. Inst.; engl.) — Beschreibung der Darst. von schwarzem P_x durch Erhitzen eines Gemisches von weißem P_4 u. metall. Hg auf 200—400°. A. Blaschette. 264◇

0551 **Phosphor(V)-chlorid–Borchlorid-Komplex.** R. R. Holmes. (Inorg. Syntheses **7**, 79—81, 1963; Pittsburgh, Pa., Carnegie Inst. of Technol.; engl.) — $PCl_5\cdot BCl_3$ bzw. $[PCl_4][BCl_4]$, durch Einleiten von BCl_3 in eine Lsg. von PCl_5 in CCl_4; 62% Ausbeute. A. Blaschette. 264◇

0552 **Dimethylamidophosphoryldichlorid.** E. N. Walsh und A. D. F. Toy. (Inorg. Syntheses **7**, 69—71, 1963; Chicago Heights, Ill., Victor Chem. Works; engl.) — $(CH_3)_2NPOCl_2$, Kp.$_1$ 45°, Kp.$_{18}$ 88°, Kp.$_{22}$ 90—91°, Kp.$_{760}$ 194—195°, n_D^{25} 1,4610, D.$_{15,5}^{15,5}$ 1,369, durch Einleiten von $(CH_3)_2NH$ in $POCl_3$ u. anschließendes Erhitzen auf 110—115° während 12—18 Std.; 96% Ausbeute. A. Blaschette. 264◇

0553 **Bis-[dimethylamido]-phosphorylchlorid.** E. N. Walsh und A. D. F. Toy. (Inorg. Syntheses **7**, 71—73, 1963; engl.) — Vgl. vorst. Referat. — $[(CH_3)_2N]_2POCl$, Kp.$_1$ 63°, Kp.$_4$ 97—98°, Kp.$_6$ 102°, n_D^{25} 1,4642, D.$_{15,5}^{15,5}$ 1,177, aus $(CH_3)_2NPOCl_2$ u. $(CH_3)_2NH$ in CCl_4 bei 45°; 95% Ausbeute. A. Blaschette. 264◇

0554 **Tetrakis-[dimethylamido]-diphosphorsäure.** A. D. F. Toy und E. N. Walsh. (Inorg. Syntheses **7**, 73—76, 1963; engl.) — Vgl. vorst. Referate. — $[(CH_3)_2N]_2(O)POP(O)[N(CH_3)_2]_2$, Kp.$_{0,5}$ 120—122°, Kp.$_2$ 154°, D.$_4^{25}$ 1,09, sehr giftig (DL_{50} 17 mg/kg bei intraperitonealer Injektion bei weißen Mäusen), durch Rk. von $[(CH_3)_2N]_2\cdot POCl$ mit der stöchiometr. Menge W. in Ggw. von $(C_2H_5)_3N$; 94,5% Ausbeute. A. Blaschette. 264◇

0555 **Triphenylaminophosphoniumchlorid.** Harry H. Sisler und Nathan L. Smith. (Inorg. Syntheses **7**, 67—69, 1963; Gainesville, Fla., Univ. of Florida; engl.) — $[(C_6H_5)_3PNH_2]Cl$, F. 224—227°, durch Einleiten von NH_2Cl in eine benzol. Lsg. von $(C_6H_5)_3P$ bei 15—25°; Ausbeute > 95%. Ebenso können *P.P.P-Tri-n-butyl-*, *P-Phenyl-P.P-cyclotetramethylen-* u. *P-Phenyl-P.P-cyclopentamethylenaminophosphoniumchlorid* dargestellt werden. A. Blaschette. 264◇

0556 **Trimeres und tetrameres Phosphornitridbromid.** Karl John und Therald Moeller. (Inorg. Syntheses **7**, 76—79, 1963; Urbana, Ill., Univ. of Illinois; engl.) — Darst. nach $n PBr_3 + n Br_2 + n NH_4Br \rightarrow (PNBr_2)_n + 4n HBr$ (n = 3; 4) in symm. $C_2H_2Cl_4$ (5 Tage; 142°); Ausbeute 52,5—58,0% (davon ca. 8% Tetrameres). Trennung in $(PNBr_2)_3$, F. 192°, u. $(PNBr_2)_4$, F. 202°, durch fraktionierte Kristallisation aus abs. PAe. (Kp. 90 bis 100°) oder n-Heptan. A. Blaschette. 264◇

0557 **Tetrammoniumdiphosphat.** C. Swanson und F. McCollough. (Inorg. Syntheses **7**, 65—67, 1963; Chicago Heights, Ill., Victor Chem. Works; engl.) — $(NH_4)_4P_2O_7$, durch Einleiten von NH_3 in eine alkohol. Lsg. von $H_4P_2O_7$ unterhalb 10°; 90—95% Ausbeute.
A. Blaschette. 264◇

0558 **Methylbromarsine.** Ludwig Maier. (Inorg. Syntheses **7**, 82—86, 1963; Zürich, Monsanto Res., S. A.; engl.) — Durch Rk. von CH_3Br mit As bei 370° in Ggw. von Cu-Pulver u. fraktionierte Dest. der Rk.-Prod. werden erhalten: $(CH_3)_2AsBr$, Kp.$_{42}$ 51°, Kp.$_{720}$ 128 bis 130°, n_D^{20} 1,5713, D.$_4^{23}$ 1,9053, 33,8% (Ausbeute); CH_3AsBr_2, Kp.$_{41}$ 89°, Kp.$_{720}$ 179—181°, n_D^{20} 1,6808, D.$_4^{23}$ 2,6588, 62,5%. — Analog lassen sich darstellen: CH_3AsCl_2 (80%) u. $(CH_3)_2AsCl$ (20%), aus CH_3Cl bei 350—370°; CH_3AsJ_2 u. $(CH_3)_2AsJ$, aus CH_3J bei 280°; $C_2H_5AsCl_2$ u. $(C_2H_5)_2AsCl$, aus C_2H_5Cl; $CH_2CHAsCl_2$ u. $(CH_2CH)_2AsCl$ bzw. $CH_2CHAsBr_2$ u. $(CH_2CH)_2AsBr$, aus Vinylchlorid bzw. -bromid u. einem As–Cu–Zn-Gemisch bei 400—440°; $C_6H_5AsBr_2$, aus C_6H_5Br u. As–Ag bei 500°; CH_3PCl_2, $(CH_3)_2PCl$ u. $(CH_3)_3P$, aus CH_3Cl u. rotem P in Ggw. von Cu bei 340—360°; CH_3PBr_2 (97%) u. $(CH_3)_2PBr$ (2%), bei 350° aus CH_3Br u. P–Cu; $C_2H_5PBr_2$ (95%) u. $(C_2H_5)_2PBr$ (4%), aus C_2H_5Br; $(CH_3)_2SbCl$ (10%), CH_3SbCl_2 (58%) u. $SbCl_3$ (32%), aus CH_3Cl u. Sb–Cu bei 360°; $(CH_3)_2SbBr$ (38%), $CH_3\cdot SbBr_2$ (40%) u. $SbBr_3$ (22%), aus CH_3Br u. Sb–Cu bei 350°; CH_3BiBr_2 in geringer Ausbeute aus CH_3Br u. Bi bei 250°. A. Blaschette. 265◇

0559 **Wasserfreie Metallchloride.** E. R. Epperson, S. M. Horner, K. Knox und S. Y. Tyree jun. (Inorg. Syntheses **7**, 163—69, 1963; Elon, N. C., Elon Coll.; Chapel Hill, N. C., Univ. of North Carolina; Murray Hill, N. J., Bell Telephone Labor.; engl.) — Allg. Vorschrift zur Darst. wasserfreier Metallchloride durch Rk. der Oxide mit fl. CCl_4 in einem geschlossenen Glasgefäß (Stahlmantel) bei 400°: $Me_2O_n + nCCl_4 \rightarrow 2MeCl_n$

+ n $COCl_2$ (*$FeCl_3$* aus Fe_2O_3; *$ReCl_5$* aus Re_2O_7; *$MoCl_5$* aus MoO_3; *WCl_6* aus WO_3; *$NbCl_5$* aus Nb_2O_5; *$TaCl_5$* aus Ta_2O_5; *$ZrCl_4$* aus ZrO_2, *$AlCl_3$* aus Al_2O_3).
A. Blaschette. 270◇

0560 **Lithiumhydroxid und Lithiumoxid.** Justo Bravo. (Inorg. Syntheses **7**, 1—5, 1963; Berwyn, Pa., Foote Minera Co.; engl.) — Meth. zur präparativen Darst. größerer Mengen beider Verbb. nach $LiOH \cdot H_2O \rightarrow LiOH + H_2O$ (130—150°) u. $2LiOH \rightarrow Li_2O + H_2O$ (675 ± 10°; Druck 0,5 in.). A. Blaschette. 273◇

0561 **Natriumfluorid-(^{18}F).** D. R. Stranks. (Inorg. Syntheses **7**, 150—54; 1963; Melbourne, Univ.; engl.) — Darst. von $Na^{18}F$-Lsg. unter Verw. der Rkk. $^6Li(n,\alpha)^3H$, $^{16}O(^3H,n)^{18}F$ (Bestrahlung von krist. Li_2CO_3 im Reaktor).
A. Blaschette. 274◇

0562 **Natriumhydrogensulfid.** Richard E. Eibeck. (Inorg. Syntheses **7**, 128—31, 1963; Morristown, N. J., Allied Chem. Corp., Gen. Chem. Div.; engl.) — Darst. von NaHS, F. 350°, durch Einleiten von H_2S in eine heiße alkohol. Lsg. von Na-Äthylat; quant. Ausbeute.
A. Blaschette. 274◇

0563 **Über die Reaktion von Kalium mit Wasserstoff.** W. I. Michejewa und M. M. Schkrabkina. (J. anorg. Chem. [UdSSR] **7**, 463—68, 1962; russ.) — Läßt man K mit H_2 ohne mechan. Durchmischung bei einem H_2-Druck von 1 at reagieren, so bildet sich *KH* bei ca. 400° in einer Ausbeute von 18%. Bei höheren Temp. ist das erhaltene Hydrid durch K verunreinigt. Arbeitet man im Rührautoklaven bei 200—250° u. 1—3 at H_2-Druck, so erhält man bei Zugabe von 1% Maschinenöl oder 0,5% eines Aromaten innerhalb von 2 Std. eine Ausbeute von 97—98%. *NaH* fordert unter gleichen Bedingungen längere Rk.-Zeit oder wesentlich höhere Temperaturen. Bei einer Rührgeschw. von 1500 U/min setzt sich K mit H_2 auch ohne Zusatz eines Aktivators innerhalb von 10 min um. Die Hydrierung von Na dauert unter diesen Bedingungen 20—25 min.
G. Engelhardt. 275◇

0564 **Pentacalciummonohydroxidorthophosphat (Hydroxylapatit).** Erich Hayek und Heinrich Newesely. (Inorg. Syntheses **7**, 63—65, 1963; Innsbruck, Univ., Inst. for Inorg. and Anal. Chem.; engl.) — Darst. nach $5\,Ca(NO_3)_2 + 3\,(NH_4)_3PO_4 + NH_4OH \rightarrow Ca_5(OH)(PO_4)_3 + 10NH_4NO_3$ in wss. Lsg.; Erhitzen des Nd. auf 800°.
A. Blaschette. 283◇

0565 **Herstellung von reinem Calciumphytat.** Jaroslav Kováč. (Chem. Zvesti **15**, 143—47, 1961; Bratislava, Slowak. TH, Lehrst. für org. Chem.; tschech.) — Bei der Fällung von Ca-Phytat u. Ca-Phosphat mit $Ca(OH)_2$ in Mineralsäure-Lsg., wurde festgestellt, daß Ca-Phytat bis zum pH 4,5 rein ausfällt, während das Ca-Phosphat beim pH zwischen 4,5 u. 5 vollständig, aber mit 25—30% Ca-Phytat, ausfällt. Dieser Effekt ermöglicht eine Darst. von reinem Ca-Phytat. H. Jehne. 283◇

0566 **Bariumjodat-1-Wasser.** Jack L. Lambert und Stanley K. Yasuda. (Inorg. Syntheses **7**, 13—15, 1963; Manhattan, Kans., Kansas State Univ.; engl.) — *$Ba(JO_3)_2 \cdot H_2O$* (**I**), als gut ausgebildete Kristalle in ca. 82%ig. Ausbeute auf Grund der in kaltem W. langsam ablaufenden Rk. $Ba(NO_3)_2 + 2KJO_4 + 2CH_3CH(OH) \cdot COOH$ (Milchsäure) $\rightarrow$ **I** $+ 2KNO_3 + 2CH_3CHO + 2CO_2 + H_2O$. Das Löslichkeitsprod. von **I** bei t = 20—35° ist gegeben durch $L = [2{,}24 \cdot 10^{-10}\ (t-20)] + 1{,}58 \cdot 10^{-9}$.
A. Blaschette. 285◇

0567 **Zinkpulver: Bestimmung seines Reduktionsvermögens in alkalischer Lösung.** L. Nicolas und J. Mansel. (Ind. chimique **49**, 199—208, 1962; Labor. Analytique C.F.M.C. [Vissel]; franz.) — Das Red.-Vermögen von Zn-Pulver (**I**) in alkal. Lsg. (NaOH, 36° Bé) wurde durch Messen des freiwerdenden H_2 bestimmt. Ein Zusatz von wenigstens 25% Fe zur **I**-Menge war nötig, um die theoret. Menge H_2 nach 1std. Kochen zu erhalten. Die katalyt. Wirksamkeit einer Reihe von „verunreinigenden" Substanzen wurde untersucht. Während ein Teil davon [Se, SiO_2, $Cd \cdot (CH_3COO)_2$, S, $SnCl_2$, $Pb(CH_3COO)_2$] reaktionshindernd wirkte, wurde die Rk. bei Zusatz von *As_2O_3* u. bes. von *Sb_2O_3* katalyt. beschleunigt. Bei Sb_2O_3 genügte ein Zusatz von 1/1000—1/5000 der **I**-Menge, um die theoret. Menge H_2 zu erhalten. Bzgl. der Passivität des reinen **I** wird angenommen, daß sich eine Schutzschicht von H_2 auf dem Zincat absetzt u. so die weitere Entw. des H_2 verhindert.
C. Gottfried. 288△

0568 **Beitrag zur Kenntnis des Systems CaO–Al_2O_3 bei niedrigen Temperaturen.** B. S. Brčič, L. Golič, P. Peternel, J. Šiftar und M. Žumer. (Vestnik sloven. kem. Društva **9**, 27—32, 1962; Ljubljana, Univ., Chem. Inst., Labor. für anorg. Chem.; dt.) — Die Rk.-Fähigkeit der Syst. *$Ca(OH_2)$–$Ca(NO_3)_2$* bzw. *CaO–$Ca(NO_3)_2$* mit *α-Al_2O_3*, *Bayerit* u. *Böhmit* wurde untersucht. Die Mengen der gebundenen Al-Komponente in Abhängigkeit von der Rk.-Dauer u. Temp. (400—600°) werden angegeben. Unter allen untersuchten Rk.-Bedingungen bildet sich nur die Verb. *$5CaO \cdot 3Al_2O_3$*. Im Syst. Al_2O_3 (Böhmit oder Bayerit) $+ 2{,}4Ca(OH)_2 + 0{,}6Ca(NO_3)_2$ wird bei 475 bis 575° in 2 Std. ein vollkommener Umsatz des Al_2O_3 zu $5CaO \cdot 3Al_3O_3$ erzielt. H. Jehne. 294◇

0569 **Die Darstellung von sehr reinem Gallium.** N. Goldsmith, A. Mayer und L. Vieland. (J. less-common Metals [Amsterdam] **4**, 564—71, 1962; Somerville, N. J., Radio Corp. of America, Semiconductor and Materials Div.; engl.) — Durch Zonenschmelzen von $GaCl_3$ u. Reduzieren des reinen Salzes mit H_2 in einem Quarzreaktor wurde in 85—95%ig. Ausbeute ultrareines Ga hergestellt. Messungen der elektr. Eigg. (Hall-Beweglichkeit, Überschußträger-Konz.) von Ga–As-Einkristallen, die aus dem gewonnenen Ga synthetisiert wurden, zeigen, daß dieses gut als Halbleitermaterial gebraucht werden kann. Die entwickelte App. ermöglicht die Darst. von 100 g ultrareinem Ga pro Woche G. Heller. 295◇

0570 **Gallium(III)-nitrid.** Richard C. Schoonmaker und Claudia E. Burton. (Inorg. Syntheses **7**, 16—18, 1963; Oberlin, Ohio, Oberlin Coll.; engl.) — Meth. zur Darst. von GaN durch Rk. nach $Ga_2O_3 + 2NH_3 \rightarrow 2GaN + 3H_2O$ bei 900° (NH_3-Strom; Quarzglasrohr; Al_2O_3-Schiffchen); 97% Ausbeute.
A. Blaschette. 295◇

0571 **Phosphor(V)-chlorid–Gallium(III)-chlorid-Komplex.** R. R. Holmes. (Inorg. Syntheses **7**, 81—82, 1963; Pittsburgh, Pa., Carnegie Inst. of Technol.; engl.) — $PCl_5 \cdot GaCl_3$ bzw. $[PCl_4][GaCl_4]$, F. 368—371°, durch Rk. von PCl_5 mit Ga_2Cl_6 in CCl_4 unter N_2; 94% Ausbeute.
A. Blaschette. 295◇

0572 **Indium(I)-bromid.** R. J. Clark, Ernest Griswold und Jacob Kleinberg. (Inorg. Syntheses **7**, 18—21, 1963; Ames, Iowa, Iowa State Univ.; Lawrence, Kans., Univ. of Kansas; engl.) — Darst. nach $2In + HgBr_2 \rightarrow Hg + 2InBr$ aus 0,01 Mol In u. 0,005 Mol $HgBr_2$ durch 30 Min. langes Erhitzen in einem evakuierten Pyrexrohr (350°; $10 \cdot 10^{-6}$ bis $15 \cdot 10^{-6}$ Torr); quant. Ausbeute. A. Blaschette. 296◇

0573 **Schmelzdiagramm des Systems $InCl_3$–$TlCl$.** A. P. Palkin, T. N. Wigutowa und L. I. Glotowa. (J. anorg. Chem. [UdSSR] **8**, 253—54, 1963; Woronesh, Univ., Lehrst. für anorg. Chem.; russ.) — Das Schmelzdiagramm des Syst. *$InCl_3$–$TlCl$* wurde durch DTA erhalten. Im Syst. treten die inkongruent schmelzende Verb. *$InCl_3 \cdot 2TlCl$* (F. 350°) u. die kongruent schmelzende Verb. *$InCl_3 \cdot 3TlCl$* (F. 480°) auf. Erstere Verb. zeigt polymorphe Umwandlung bei 320°. Das Syst. weist 2 Eutektika mit 48 (Mol% $InCl_3$) (F. 260°) u. 6,4 (F. 390°) auf.
G. Winkhaus. 297◇

0574 **Beobachtungen über die Schmelzpunkte zweier Hydrate des Cer(III)-nitrats.** Bernard Claudel. (Bull. Soc. chim. France **1963**, 1334—35; Villeurbanne, Rhône, Inst. de Rech. sur la Catalyse; franz.) — Die Hydrate des $Ce(NO_3)_3$ wurden thermogravimetr. untersucht. *$Ce(NO_3)_3 \cdot 6H_2O$* schmilzt kongruent bei 52°, während *$Ce(NO_3)_3 \cdot 4H_2O$* inkongruent bei 92° schmilzt. Ein schemat. Zustandsdiagramm des Syst. $Ce(NO_3)_3$–H_2O wird angegeben. B. Krebs. 304◇

0575 **Bildung von gasförmigem Titan(IV)-hydrid und Titanhydridchloriden.** Peter Breisacher und Bernard Siegel. (J. Amer. chem. Soc. **85**, 1705—06, 1963; El Segundo, Calif., Aerospace Corp., Labor. Div.; engl.) — Vff. untersuchten massenspektroskop. die durch Hg-Licht angeregte Zers. v. $TiCl_4$–H_2-Gemischen bei niedrigen Drücken. Mit abnehmendem Druck erhöht sich die Ausbeute der Kurzzeit-Rk., die für TiH_2Cl_2 u. TiH_3Cl bei 8 Torr bes. hoch ist. Bei 4 Torr treten auch Massenpeaks zwischen 49 u. 52 auf, die auf TiH_4 bzw. seine Fragmente zurückgeführt werden. Nur bei längerer Rk. von H_2 u. $TiCl_4$ bilden sich Ti-Subchloride. H. Bürger. 321◇

0576 **Untersuchungen über Chlorverbindungen der IV. Gruppe. 1. Mitt. Über ein durch Solvatation stabilisiertes Titan(IV)-oxidchlorid, Ti_2Cl_6O.** Adalbert Feltz. (Z. anorg. allg. Chem. **323**, 35—43, 1963; Jena, Friedrich-Schiller-Univ., Inst. für Anorg. Chem.; dt.) — Partielle Hydrolyse von $TiCl_4$ in CH_3CN (I) mit I–W.-Gemischen bei 100° unter Durchleiten von Ar gibt blaßgelbes, feinkrist. $Ti_2Cl_6O \cdot 4CH_3CN$ (**II**). Durch Vakuum-Einengen bei 20° bildet sich $Ti_2Cl_6O \cdot 6{,}5CH_3CN$ (**III**), das auch bei der Hydrolyse von $TiCl_4$ in **I** bei Eiskühlung entsteht. **II** zeigt in **I** geringe elektr. Leitfähigkeit, die auf $TiCl_3^+$ oder $TiCl_3O^-$ zurückgeführt wird. **II** ist hygroskop. u. bildet sich stets dann aus **III**, wenn dieses nicht mehr in Berührung mit der Mutterlauge steht. Durch Umlösen in Dioxan oder Benzonitril läßt es sich in die monomere Additionsverb. $Ti_2Cl_6O \cdot 4\,Dioxan$ bzw. $Ti_2Cl_6O \cdot 4C_6H_5CN$ überführen. Tetraäthylammoniumchlorid reagiert mit **II** u. a. zu $[N(C_2H_5)_4]_2TiCl_4O$; HCl spaltet zu $TiCl_4 \cdot 2CH_3CN$. Alle 1 : 4-Addukte zersetzen sich zwischen 102 u. 107°. Auch im Vakuum läßt sich durch therm. Abbau kein Ti_2OCl_6 fassen. Die Röntgen-Strichdiagramme der 1 : 4-Addukte werden mitgeteilt. H. Bürger. 321◇

0577 **Reaktionen von Titantetrachlorid mit Äthoxychlorsilanen.** D. C. Bradley und D. A. W. Hill. (J. chem. Soc. [London] **1963**, 2101—07; London, Birkbeck Coll., Dep. of Chem.; engl.) — Die Austausch-Rk. zwischen $TiCl_4$ (**I**) u. $SiCl_x(OC_2H_5)_{4-x}$ (x = 0 bis 3) gibt *Äthoxytitanchloride* u. Cl-reichere Äthoxychlorsilane (**A**). Solche Gemische wurden analysiert durch Fällen von **I** in Pentan-Lsg. bei —78° als Diäthyl-Ätherat bzw. Alkoholyse von **A** mit Butanol–Pyridin u. chromatograph. Trennung der Äthoxybutoxysilane. Alle Rkk. laufen bevorzugt zum $Cl_3TiOC_2H_5$, ebenso bevorzugt bildet sich $(C_2H_5O)_3SiCl$; Polyalkoxy-Ti-Verbb. entstehen nur untergeordnet. In späteren Rk.-Schritten bilden sich auch HCl, Äthylchlorid u. Äthoxychlorsilan-Polymere. Der Rk.-Ablauf wird als nucleophiler Angriff des O der Si–O–C-Gruppierung am Ti gedeutet.

Versuche: *Äthoxyisopropoxysilane*, durch Rk. der entsprechenden Äthoxychlorsilane mit Isopropanol: *Äthoxytriisopropoxy-*, Kp.$_{1,5}$ 42°; *Diäthoxydiisopropoxy-*, Kp.$_2$ 41°, *Triäthoxyisopropoxy-*, Kp.$_{1,5}$ 39°. H. Bürger. 321◇

0578 **Die Reaktionen der Alkalimetallderivate von Metallalkylen der 4. Gruppe mit Bis-[cyclopentadienyl]-titan(IV)-dichlorid.** R. S. Dickson und B. O. West. (Austral. J. Chem. **14**, 555—61, 1961; Adelaide, Univ., Dep. of Phys. and Inorg. Chem.; engl.) — In Voruntersss. wird festgestellt, daß $(C_5H_5)_2TiCl_2$ (**I**) in fl. NH_3 einen gelben Festkörper (**A**) mit Ti : N : Cl = 1 : (3,15—3,60) : 2 bildet. Obwohl **A** als Gemisch aus ammonobas. Ti-Verbb. u. NH_4Cl formuliert wird, ließ sich aus **A** mit fl. NH_3 kein NH_4Cl extrahieren. Wird $Na[Pb(C_2H_5)_3]$ in fl. NH_3 mit NH_4Cl umgesetzt, so bildet sich unter Gasentw. ein grüner Nd., der möglicherweise $PbH(C_2H_5)_3$ enthält und aus dem sich $Pb(C_2H_5)_4$ u. NaCl extrahieren läßt. **I** bildet mit $Na[Pb(C_2H_5)_3]$ in NH_3/Ae. blaugrüne Ndd. (**B**), die weder freies **I** noch ammonobas. Derivv. von **I** enthalten. Nach Entfernung des NH_3 wandelt sich **B** irreversibel in einen lederfarbenen Rückstand um, aus dem alles in **I** enthaltene Cl extrahiert werden konnte. Bei dem Vers., **I** mit Na in fl. NH_3 zu reduzieren, entsteht ein grüner Nd., wahrscheinlich das Cyclopentadienyl-Ti(III)-Deriv., das sich jedoch während des Abdampfens des NH_3 in ein gelbes, als $\{[(C_5H_5)_2TiClNH_2]NH_3 + NaCl\}$ formuliertes Prod. umwandelt. Bei der Rk. von $Li[Sn(C_2H_5)_3]$ mit **I** in Ae. entsteht ein brauner Festkörper (**C**) u. eine grüne Lsg., aus der ein gelbbrauner Feststoff (**D**) gewonnen wird. **C** und **D** enthalten Sn u. Ti u. haben den für Trialkyl-Sn-Verb. charakterist. üblen Geruch. Ein als Zwischenstufe angenommener Bimetall-Komplex $(C_5H_5)_2 \cdot TiClSn(C_2H_5)_3$ ließ sich nicht isolieren. H. Kuckertz. 321◇

0579 **Über Titanphthalocyanine.** R. Taube. (Z. Chem. **3**, 194, 1963; Greifswald, Ernst-Moritz-Arndt-Univ., Inst. für Anorg. Chem.; dt.) — Phthalocyaninatotitan(III)-chlorid (**I**; $C_{32}H_{16}ClN_8Ti$) wurde durch Umsetzung von $TiCl_3$ mit Dilithiumphthalocyanin in sd. Chinolin (**II**) unter Luft- u. Feuchtigkeitsausschluß in Form dunkelblauer Kristalle hergestellt. **I** ist in festem Zustande luftbeständig u. löst sich wenig in sd. **II**, Chlornaphthalin (**III**) oder Benzophenon mit grünblauer Farbe; die Lsgg. sind luftempfindlich. Die magnet. Susceptibilität von **I** beträgt bei 293°K $\chi_g = +(1{,}52 \pm 0{,}1) \cdot 10^{-6}$ g/cm³; effektives magnet. Moment: 1,79 ± 0,04 BM. Durch Einw. von Luft auf **I** in sd. **II** entsteht Oxophthalocyaninatotitan (**IV**) (**IV**), das durch Umkristallisation aus **III** in violetten Kristallen anfällt. **IV** ist diamagnet. mit $\chi_g = -(0{,}60 \pm 0{,}02)$ g/cm³ u. zeigt im IR-Spektrum neben den typ. Banden zwischen 700 u. 1700 cm⁻¹ eine Ti–O-Schwingungsbande bei 978 cm⁻¹. **I** u. **IV** bilden mit Lithiumbenzophenon in Tetrahydrofuran neue Verbb., die nicht näher untersucht wurden. G. Gattow. 321◇

0580 **Radiochemische trägerfreie Hafniumabscheidung.** N. G. Saitzewa und Mo-lun Tschshou. (Radiochemie [UdSSR] **4**, 738—39, 1962; russ.) — Die Abtrennung von Hf aus mit 660 MeV-Protonen bestrahltem Ta erfolgt durch Auflösung des Targets in HNO_3/HF, Mitfällung des Hf mit LaF_3/BaF_2, Auflösung des Nd. in HCl, Abtrennung des Hf von Ba, Fällung mit Lanthanhydroxid, Auflösen in HCl, nochmaliges Umfällen, Auflösen in HCl, Sorption des Gemisches Hf + Seltenerdmetalle durch Dowex 50-X 12 bei 100°. Hf wurde mit 0,1 m$H_2C_2O_4$ bei 88° eluiert. Die Seltenerdmetalle wurden mit Ammoniumlactat eluiert. 80—90% des gebildeten Hf befinden sich in 0,2 ml Eluat. Hf kann auf Pt elektrolyt. gefällt. Es kann nach dieser Meth. nicht von Zr getrennt werden, jedoch ist die Zr-Aktivität im bestrahltem Target um 3 Größenordnungen kleiner. G. Ewald. 323◇

0581 **Additionsreaktionen von Alkylhalogengermanen mit Alkenen und Alkinen.** Michel Lesbre, Jacques Satgé und Michèl Massol. (C. R. hebd. Séances Acad. Sci. **256**, 1548—50, 1963; Toulouse, Fac. des Sci.; franz.) — Dialkylchlorgermane (**A**) addieren sich bei ca. 140° ohne Katalysator an C=C- u. bei 100—120° an C≡C-Bindungen. Dabei lagert Acetylen 2, Phenylacetylen 1 Mol German an. Die Rk.-Fähigkeit der **A** ist höher als die der Trialkylgermane.

Versuche: *Dibutyl-n-octylchlorgerman*, Kp.$_{0,6}$ 134,5°, n_D^{20} 1,4661, D_4^{20} 1,0078; *Dibutyl-n-octylbromgerman*, Kp.$_{0,3}$ 123,5°, n_D^{20} 1,4789, D_4^{20} 1,1258; *Dibutyl-n-octyljodgerman*, Kp.$_{0,5}$ 143,5°, n_D^{20} 1,5002, D_4^{20} 1,2508, aus Dibutylhalogengerman u. Octen-(1); 80; 85 bzw. 90% (Ausbeute); geben mit $LiAlH_4$ *Dibutyl-n-octylgerman*, Kp.$_9$ 153°, n_D^{20} 1,4558, D_4^{20} 0,9292. — *Dibutylcyclohexylchlorgerman*, Kp.$_{13}$ 163,5°, n_D^{20} 1,4891, D_4^{20} 1,0897; aus Cyclohexen; 70%. — *Diäthyl-3-chlorpropylchlorgerman*, Kp.$_{10}$ 109°, n_D^{20} 1,4862, D_4^{20} 1,2669; aus Allylchlorid; 90%; gibt mit Äthyl-MgCl *Triäthyl-3-chlorpropylgerman*, Kp.$_{10}$ 100,5°, n_D^{20} 1,4698, D_4^{20} 1,1025. — *Dibutyl-3-chlorpropylchlorgerman*, Kp.$_8$ 148°, n_D^{20} 1,4820, D_4^{20} 1,1568; aus Allylchlorid; 90%. — *Dibutyl-2-butoxyäthylchlorgerman*, Kp.$_{10}$ 164°, n_D^{20} 1,4625, D_4^{20} 1,0489; aus Vinylbutyläther; 80%. — *Dibutyl-3-hydroxypropylchlorgerman*, Kp.$_{0,5}$ 116°, n_D^{20} 1,4828, D_4^{20} 1,1377; aus Allylalkohol; 63%. — *Dibutyl-2-cyanäthylchlorgerman*, Kp.$_{10}$ 168,5°, n_D^{20} 1,4782, D_4^{20} 1,1349; aus Acrylnitril; 70%. — *1.2-Bis-[diäthylchlorgermyl]-äthan*, Kp.$_{10}$ 163°, n_D^{20} 1,5020, D_4^{20} 1,3266; aus Acetylen; 50%. — *Dibutylstyrylchlorgerman*, Kp.$_{0,4}$ 140°, n_D^{20} 1,540, D_4^{20} 1,1293; aus Phenylacetylen; 75%. H. Bürger. 326◇

0582 **Organogermaniumphosphor-Verbindungen.** F. Glockling und K. A. Hooton. (Proc. chem. Soc. [London] **1963**, 146; Durham, Univ.; engl.) — Vff. erhielten Diphenyl-[triäthylgermyl]-phosphin (**I**), $(C_2H_5)_3 \cdot GeP(C_6H_5)_2$, Kp.$_{0,001}$ 146°, durch Rk. von Triäthylgermaniumbromid (**II**) mit Li-Diphenylphosphid (**III**) in THF. Die Hydrolyse von **I** durch einen 10fachen Überschuß von 10%ig. wss. 1.2-Dimethoxyäthan erfolgt in 5 Min. bei Raumtemp. nach $2\,I + H_2O \rightarrow [(C_2H_5)_3Ge]_2O + 2(C_6H_5)_2PH$. Oxydation durch O_2 bei Raumtemp. spaltet die Ge–P-Bindung zu $(C_2H_5)_3GeOP(O)(C_6H_5)_2$, Kp.$_{0,001}$ 160°. Bromierung in CCl_4 bei – 20° liefert 69% **II** u. 65% Diphenylbromphosphin; mit AgJ bildet sich der farblose, gut krist. Komplex $[(C_2H_5)_3GeP(C_6H_5)_2 \cdot AgJ]_4$, F. 183° (Zers.). Eine Spaltung der Ge–P-Bindung erfolgt bei 0° sofort mit Li-n-Butyl (**IV**): **I** + **IV** → $(C_2H_5)_3 \cdot (C_4H_9)Ge + LiP(C_6H_5)_2$ $[\xrightarrow{C_2H_5Br} (C_6H_5)_2PC_2H_5]$. Entsprechend reagiert Methyljodid mit **I** zu Triäthylgermaniumjodid u. Dimethyldiphenylphosphoniumjodid. Verss. zur Darst. von Tetrakis-[diphenylphosphino]-german, $[(C_6H_5)_2P]_4Ge$, schlugen bisher fehl. Aus **III** u. $GeCl_4$ entsteht Tetraphenyldiphosphin u. ein amorphes, rötlichbraunes, polymeres Prod. der ungefähren Zus. $[\{(C_6H_5)_2 \cdot P\}Ge]_3$; es ist hydrolysebeständig, wird aber an der Luft unter Bldg. von Ge–O- u. P–O-Gruppierungen oxydiert. H. Clees. 326◇

0583 **Umsetzungen von Benzylchlorid, Benzalchlorid und Benzotrichlorid mit mechanisch aktiviertem Zinn.** Hans Grohn und Romann Paudert. (Wiss. Z. Techn. Hochschule Chem. Leuna-Merseburg **3**, 203–04, 1960/61; Leuna-Merseburg, Inst. für Chem. u. Technol. der Hochpolymeren; dt.) – Durch 6std. Schwingmahlung von 40 g β-Zinn mit 65 g Benzylchlorid unter N_2 entsteht in 30–35%ig. Ausbeute *Dibenzyldichlorstannan.* Mit Benzalchlorid bzw. Benzotrichlorid werden neben $SnCl_2$, HCl u. H_2 *1.2-Dichlor-1.2-diphenyläthan* bzw. *1.1.2.2-Tetrachlor-1.2-diphenyläthan* u. *Polydichlorbenzylen* erhalten. Die Vff. nehmen an, daß es sich um echte mechanochem. Rkk. handelt u. erklären die Bldg. der Prodd. durch einen Radikalmechanismus. G. Ziebarth. 327△

0584 **Darstellung und Eigenschaften von Zinn(IV)-alkoholaten.** Jean-Claude Maire. (Ann. Chimie [13] **6**, 969–1027, 1961; Strasbourg, Fac. des Sci., Labor. de Chim. Org. Appl.; franz.) – Vgl. C. **1962**, 12587. – Zusammenfassende Übersicht über die Chemie der Zinn-(IV)-alkoholate u. krit. Sichtung bisheriger Meth. zu ihrer Darstellung. Folgende *Zinntetraalkoholate* $Sn(OR)_4$ (**A**) wurden aus $Sn(OC_2H_5)_4$, $Sn(OC_2H_5)_4 \cdot 2C_2H_5OH$ u. $Sn(O\text{-}iso\text{-}C_3H_7)_4 \cdot iso\text{-}C_3H_7OH$ u. den entsprechenden Alkoholen durch längeres Erhitzen erstmals dargestellt: *R = n-Amyl-*, Kp.$_{0,7}$ 230° (Zers.), gelbe Fl.; *Isoamyl-*, Kp.$_{2,0}$ 204°, gelbe Fl.; *1-Methylbutyl-*, Kp.$_{1,5}$ 205°, gelbe Fl.; *1-Äthylpropyl-*, Kp.$_{1,5}$ 203°, gelbe Fl.; *tert.-Amyl-*, Kp.$_{0,5}$ 170°, gelbrote Fl.; *n-Hexyl-*, Kp.$_{0,001}$ 127°, gelbe Fl.; *1-Methylpentyl-*, Kp.$_{0,001}$ 120°, blaßgelb; *Cyclohexyl-*, Fl.; *Phenyl-*, F. ca. 50°; *n-Heptyl-*, Kp.$_{0,0004}$ 130°, gelbe Fl.; *1-Äthylpentyl-*, Kp.$_{0,001}$ 135°, gelbrote Fl.; *1.1-Diäthylpropyl-*, gelbrote Fl.; *n-Octyl-*, Kp.$_{0,0003}$ 150°, gelbrot. Die verzweigten u. C_7- u. C_8-**A** sind monomer, die anderen weisen Assoziationsgrade von 1–1,5 auf. Die Hydrolyse führt zu Verbb. der Brutto-Zus. $SnO_{3/2}$ (OR) polymerer Natur. Mit Grignard-Reagentien reagieren die **A** zu Zinntetraalkylen. Acetyl- bzw. Benzoylchlorid reagiert nach $Sn(OC_2H_5)_4 + RCOCl \rightarrow RC(O)OC_2H_5 + ClSn \cdot (OC_2H_5)_3$. – 39 Literaturangaben. H. Bürger. 327◇

0585 **Die Synthese von Alkylzinnhalogeniden durch direkte Umsetzung von Zinn mit Alkylhalogeniden.** Sumio Matsuda und Haruo Matsuda. (Bull. chem. Soc. Japan **35**, 208–11, 1962; Osaka, Osaka Univ., Fac. of Engng.; engl.) – Der Einfl. von Katalysatoren wie Mg, Zn, Alkohole, Ester u. Äther auf Ausbeute u. Zus. der Rk.-Prodd. R_nSnX_{4-n} (**I**) (R = Alkyl; X = Cl, Br, J; n = 1–3) wird zusammenfassend beschrieben. Während aus Sn-Folie u. $n\text{-}C_4H_9J$ bzw. CH_3Cl fast ausschließlich $(n\text{-}C_4H_9)_2SnJ_2$ bzw. $(CH_3)_2SnCl_2$ entstehen, bilden sich mit allen anderen eingesetzten Alkylhalogeniden **I**-Gemische (n = 1–3).

Versuche: $(n\text{-}C_4H_9)_2SnJ_2$, Kp.$_3$ 143–145°, n_D^{20} 1,6054, $D._4^{20}$ 2,0198, aus 100 g Sn, 372 g $n\text{-}C_4H_9J$, 0,3 g Mg u. 11.2 g $n\text{-}C_4H_9OH$ durch 3std. Erhitzen auf 130 bis 135°, 95% (Ausbeute). – $(n\text{-}C_4H_9)_nSnBr_{4-n}$: 30 g Sn, 104 g C_4H_9Br, 0,12 g Mg, 5 g C_4H_9J u. 2,5 g $n\text{-}C_4H_9OH$, im Autoklaven 8 Std. lang auf 160° erhitzt, ergeben bei Fraktionierung $(n\text{-}C_4H_9)_3SnBr$, Kp.$_{4,5}$ 139–140°, n_D^{20} 1,5028, $D._4^{20}$ 1,3421, 26%; $(n\text{-}C_4H_9)_2SnBr_2$, 60%; $(n\text{-}C_4H_9)SnBr_3$, Kp.$_8$ 120°, n_D^{20} 1,5933, $D._4^{20}$ 2,3652, 7%. – $(C_2H_5)_nSnBr_{4-n}$: analog aus 30 g Sn u. C_2H_5Br → 34 g $(C_2H_5)_2SnBr_2$ u. 32 g eines Gemisches aus $(C_2H_5)_3 \cdot SnBr$ (30%) u. $C_2H_5SnBr_3$ (70%). – Langkettige Alkylbromide (z. B. n-Octylbromid) ließen sich mit Sn sowohl im Autoklaven als auch unter Normaldruck zur Rk. bringen. Es wird ein Sinken des Dismutationsgrads mit steigender Kettenlänge festgestellt. – Nach der Rk. von CH_3J mit Sn in Anwesenheit von Mg, CH_3OH u. $n\text{-}C_4H_9 \cdot OH$ im Autoklaven (2 Std.) wurden isoliert: $(CH_3)_3SnJ$, Kp.$_{14}$ 61–62°, n_D^{20} 1,5726, $D._4^{20}$ 2,1205, 25–30%; $(CH_3)_2SnJ_2$, 40–46%; CH_3SnJ_3, F. 86,5–88,0°, Kp.$_{5,5}$ 122–125°, 20–27%; aus C_2H_5J u. Sn unter ähnlichen Rk.-Bedingungen: $(C_2H_5)_3SnJ$, Kp.$_3$ 78–80°, n_D^{20} 1,5615, $D._4^{20}$ 1,8232, 14–18%; $(C_2H_5)_2SnJ_2$, 63–67%; $C_2H_5SnJ_3$, 3–6%. – $(CH_3)_2SnCl_2$ (**II**), F. 105–106,5°, 50–60 g CH_3Cl, 20 g Sn, katalyt. Mengen Mg, C_4H_9J u. $n\text{-}C_4H_9OH$ bzw. Tetrahydrofuran werden 6 Std. lang im Stahlautoklaven auf 190° erhitzt u. **II** wird durch Kristallisation bzw. Vakuumsublimation gereinigt, 91 bis 93%. H. Kuckertz. 327◇

0586 **Einige Organozinnverbindungen mit o-Phenoxyphenylgruppen.** R. C. Poller. (J. chem. Soc. [London] **1963**, 706–709; London, Queen Elisabeth Coll., Chem. Dep.; engl.) – Darst. u. Eigg. von *Tetra-o-phenoxyphenylzinn, Di-o-phenoxyphenylzinndijodid, Di-o-phenoxyphenylzinndichlorid* (**I**) u. *o-Phenoxyphenylzinntrichlorid* werden beschrieben. Die Darst. von Tri-o-phenoxyphenylzinnjodid gelang nicht. Hydrolyse von **I** führt zu *Bis-[hydroxo-di-o-phenoxyphenylzinn]-oxid* (**II**), das in organ. Lsgm. zur Assoziation neigt. Umsetzung von **I** mit überschüssigem 2 n NaOH ergibt mit **II** verunreinigtes *Di-o-phenoxyphenylzinndihydroxid* (**III**). **III** reagiert mit H_2S zu trimerem *Di-o-phenoxyphenylzinnsulfid.* **III** bildet beim Erhitzen **II** neben *Bis-[tri-o-phenoxyphenylzinn]-oxid.* Die Stabilität von **II** u. **III** wird auf die ster. Wrkg. der o-Phenoxyphenylgruppe zurückgeführt. Triphenylzinnhydroxid setzt sich mit Phenylisocyanat zu *Bis-[triphenylzinn]-oxid* um.

Versuche: *Tetra-o-phenoxyphenylzinn* (**IV**), $C_{48} \cdot H_{36}O_4Sn$, F. 234–235°, Diphenyläther u. n-Butyllithium in Ae. umsetzen, $SnCl_4$ in Bzl. eintropfen, 1 Std. rückflußkochen, zum Dest.-Rückstand W. geben, mit Bzl. ausschütteln, Rückstand aus Xylol umkristallisieren; 27% (Ausbeute). – *Di-o-phenoxyphenylzinndijodid*, $C_{24}H_{18}J_2O_2Sn$, α-Form F. 121–122°, β-Form F. 139–140°, aus **IV** u. J_2, 2 Std. auf 65°, 1 Std. auf 120° erhitzen, o-Joddiphenyläther im Vakuum abdest., α-Form aus Nitromethan auskristallisieren lassen, wandelt sich oberhalb 122° in β-Form um; 74%. – *Di-o-phenoxyphenylzinndichlorid* (**I**), $C_{24}H_{18}Cl_2O_2Sn$, F. 98–99°, aus **IV** u. $SnCl_4$ in Xylol durch 1std. Erhitzen am Rückfluß, Dest. bis 280°/5 mm, Rückstand in PAe. umkristallisieren; 79%. – *o-Phenoxyphenylzinntrichlorid*, $C_{12}H_9 \cdot Cl_3OSn$, Kp.$_{0,7}$ 184–186°, F. 71–72 (PAe.); $SnCl_4$ u. **IV** in Toluol 30 Min. erhitzen, über Nacht bei Raum-Temp. stehen lassen, Dest.; 36%. – *Bis-[hydroxo-di-o-phenoxyphenylzinn]-oxid* (**II**), $C_{48}H_{38}O_7Sn_2$, F. 165–166°, zu einer wss. Lsg. von 2,1 g $NaHCO_3$ unter Rühren u. Eiskühlung 6 g **I**, in Ae. gelöst, geben; abgeschiedene Kristalle aus Chlf. mit PAe. fällen; 5 g. – *Di-o-phenoxyphenylzinndihydroxid* (**III**), $C_{24}H_{20}O_4Sn$, F. 141–142° (Zers.), durch 1std. Schütteln von 2 g **I** in 30 ml Ae. u. 40 ml 2 n NaOH, nach Filtration mit W. u. A. waschen; 1,35 g. – *Bis-[tri-o-phenoxyphenylzinn]-oxid*, $C_{72}H_{54}O_7Sn_2$, F. 143–144° (Cyclohexan), durch 1std. Erhitzen von 1 g ungereinigtem **III** auf 145°/15 mm, Chromatographie an Al_2O_3; 0,17 g. – *Di-o-phenoxyphenylzinnsulfid*, $[(C_6 \cdot H_5OC_6H_4)_2SnS]_3$, F. 148–149,5°, Einleiten von H_2S in eine warme Lsg. von 1 g ungereinigtem **III** in 25 ml Aceton; glasartigen Dest.-Rückstand aus PAe. umkristallisieren; 0,57 g. – *Bis-[triphenylzinn]-oxid*, F. 121–123° (PAe.), 3 ml Phenylisocyanat u. 1 g Triphenylzinnhydroxid erhitzen auf 100°/15 mm, Rückstand in Nitromethan lösen, filtrieren, Filtrat einengen; 0,55 g. H. U. Kibbel. 327◇

0587 **3-Trifluormethyl- und 4-tert.-Butyl-Derivate von Tetraphenylzinn.** Roy G. Neville. (Canad. J. Chem. **41**, 814–16, 1963; Los Angeles, Calif., Aerospace Corp., Materials Sci. Labor.; engl.) – Durch Umsetzung der Grignard-Verbb. von *4-Brom-tert.-butylbenzol* bzw. *3-Brom-α.α.α-trifluortoluol* mit den entsprechenden Phenylzinnchloriden bzw. mit $SnCl_4$ in Ae. u. Bzl. wurden dargestellt (alle FF. unkorr.): $(C_6H_5)_3Sn[p\text{-}C_6H_4C(CH_3)_3]$, F. 130°, (Ausbeute) 42%; $(C_6H_5)_2Sn[p\text{-}C_6H_4C(CH_3)_3]_2$, F. 156°, 36%; $C_6H_5Sn[p\text{-}C_6H_4C(CH_3)_3]_3$, F. 190°, 42%; $Sn\cdot[p\text{-}C_6H_4C(CH_3)_3]_4$, F. 295°, 31%; $(C_6H_5)_3Sn[m\text{-}C_6H_4CF_3]$, F. 108°, 91%; $C_6H_5Sn(m\text{-}C_6H_4CF_3)_3$, F. 109°, 30%; $Sn(m\text{-}C_6H_4CF_3)_4$, F. 143°, 16%. Alle Verbb. sind farblos. Die IR-Absorptionen werden numer. mitgeteilt.

P. Sartori. 327◇

0588 **Phenylblei(IV)-azide — Darstellung, Eigenschaften und Infrarot-Spektren.** E. Lieber, C. N. R. Rao und F. M. Keane. (J. inorg. nuclear Chem. **25**, 631—35, 1963; Chicago, Ill., Roosevelt Univ., Dep. of Chem.; engl.) — Es wird über die ersten zwei stabilen Blei(IV)-azide, $(C_6H_5)_3PbN_3$ (**I**) u. $(C_6H_5)_2Pb(N_3)_2$ (**II**) berichtet. **I** wird in 96%ig. Ausbeute durch Zugabe einer Lsg. von HN_3 in Chlf. zu $(C_6H_5)_3PbOH$ in A. unterhalb 35° erhalten. Es krist. aus kaltem A. in Form kleiner durchscheinender Nadeln, unlösl. in W., 1,39 g lösl. in 100 ml 95%ig. A., 0,12 g in 100 ml abs. Äther. Der Brechungsindex beträgt 1,6 für die lange Kante der Kristalle, die D. 1,77 g/cm³ bei 30°. Die Substanz verliert bei 160° N_2. **II** wurde analog **I** aus Diphenylbleioxid in 97%ig. Ausbeute dargestellt; sehr kleine nadelförmige Kristalle, unlösl. in W., 95%ig. A. u. abs. Ae.; D. 1,69 g/cm³ bei 30°; kein Schmelzpunkt; Zers. unter Gasentw. bei 145°. **II** explodiert etwa bei 190—200°, **I** nicht. Beide Azide zeigen Doppelbrechung. DTA: Je ein endothermer Rk.-Peak bei 190° für **I** u. **II**, exotherme Peaks zwischen 200 u. 300° für **I**, zwischen 270 u. 330° für **II**. IR-Spektren: Charakterist. Valenzschwingungen der Azid-Gruppen bei 2040 cm⁻¹ (2120 cm⁻¹) für **I** u. 1280 cm⁻¹ für **II**. Pulverdiagramme von **I** u. **II** sind angegeben.

H. Clees. 328◇

0589 **Organobleiderivate von Styrol.** H. G. Pars, W. A. G. Graham, E. R. Atkinson und C. R. Morgan. (Chem. and Ind. **1960**, 693—94; Cambridge, Mass., Arthur D. Little Co.; engl.) — *Triphenyl-p-styrylblei* (**I**) u. *Triäthyl-p-styrylblei* (**II**) werden durch Rk. von Triphenylbleichlorid bzw. Triäthylbleichlorid mit Styrol-Grignard-Reagens in Tetrahydrofuran dargestellt: $R_3PbCl + ClMg{-}C_6H_4{-}CH{=}CH_2 \rightarrow R_3Pb{-}C_6H_4{-}CH{=}CH_2$ (**I**, R = C_6H_5; **II**, R = C_2H_5). **I** ist eine weiße krist. Substanz, F. 107—109° (aus PAe. oder Methanol). Das IR-Spektrum zeigt eine Bande bei 1060 cm⁻¹ (Phenylschwingung, hervorgerufen durch Blei) u. das UV-Spektrum λ_{max} C_2H_5OH) 248 nm (ε 30800). Die monomere Verb. ist im Gegensatz zu Tetraphenylblei in den meisten organ. Lsgm. gut löslich, Polymerisation erfolgt in Ggw. von tert.-Butylhydroperoxid. **II** konnte monomer nur durch Kurzwegdest. nach Hickman bei Raumtemp. unter sehr hohem Vakuum erhalten werden. Die Polymerisation des fl. **II** zu einem harten, transparenten Prod. geschieht durch Einw. von UV-Licht.

H. Clees. 328◇

0590 **Die Reaktion von Molybdän(III)-halogeniden mit Ammoniak und Aminen.** D. A. Edwards und G. W. A, Fowles. (J. less-common Metals [Amsterdam] **4**, 512—18. 1962; Southampton, Univ., Dep. of Chem.; engl.) — $MoBr_3$ wird bei der Rk. mit NH_3, NH_2CH_3 oder $NH\cdot(CH_3)_2$ bei Zimmer-Temp. unter Bldg. von $MoBr_2(NH_2)\cdot 3NH_3$ (**I**), $MoBr(NHCH_3)_2\cdot NH_2CH_3$ (**II**) oder $MoBr_2\cdot \{N(CH_3)_2\}\cdot NH(CH_3)_2$ (**III**) solvolysiert. **I** ist in NH_3 u. organ. Lsgm. unlösl., löst sich aber in NH_3 bei Zugabe einer konz. Lsg. von NH_4Br. Beim Erhitzen im Vakuum verliert **I** NH_3; bei 100—150° bildet sich ein Zwischen-Prod. der durchschnittlichen Zus. $MoBr_2(NH_2)\cdot 2NH_3$; bei 200° ist fast das gesamte koordinierte NH_3 abgegeben u. es tritt Zers. unter Bldg. von NH_4Br ein. **II** verliert das koordinierte NH_2CH_3 beim Erhitzen bis 100° im Vakuum; bei höherer Temp. bildet sich unter Verlust eines weiteren NH_2CH_3 das schwarze Prod. $MoBr(NCH_3)$. Das violette **III** ist in $NH(CH_3)_2$ u. organ. Lsgm. unlösl. u. verliert beim Erhitzen im Vakuum auf 200° unter Schwarzfärbung $NH(CH_3)_2$. Die niedrigen magnet. Momente von **I**—**III** (μ = 0,5—0,8 B. M.) deuten auf Wechsel-Wrkg. zwischen den Mo-Atomen. Die Reflexionsspektren im sichtbaren Gebiet u. die IR-Spektren werden mitgeteilt. $MoBr_3$ reagiert nicht mit fl. $N(CH_3)_3$, wohl aber ebenso wie $MoCl_3$ mit Pyridin (py) am Rückfluß zu den gelbbraunen Verbb. $MoCl_3\cdot 3py$ (**IV**) sowie $MoBr_3\cdot 3py$ (**V**). Die IR-Spektren zeigen, daß **IV** u. **V** koordinativ gebundenes Pyridin enthalten. **IV** u. **V** lösen sich monomer in Chll., haben magnet. Momente von 3,79 u. 3,66 B. M. u. sind daher oktaedr. koordiniert; py ist stark gebunden, denn weder fl. NH_3 noch Diphenylphosphin, Tetrahydrofuran oder Triphenylphosphin können es verdrängen.

G. Heller. 336◇

0591 **Darstellung und Eigenschaften von Americium(VI) in wäßrigen Carbonatlösungen.** J. S. Coleman, T. K. Keenan, L. H. Jones, W. T. Carnall und R. A. Penneman. (Inorg. Chem. [Washington] **2**, 58—61, 1963; Argonne, Ill., Argonne Nat. Labor.; Los Alamos, N. Mex., Univ. of California, Los Alamos Sci. Labor.; engl.) — Vgl. C. **1964**, 1—0504. — Vff. beschreiben die Darst. von Am(VI)-Lsgg. durch Oxydation von $Am(OH)_3$-Suspensionen in $NaHCO_3$ mit verschiedenen Oxydationsmitteln. 5—10 mg $Am(OH)_3$-(^{241}Am) werden in 5 ml 0,1 m $NaHCO_3$ aufgeschlämmt u. ein O_2-Strom mit 5% O_3 wird eine Std. lang eingeleitet. Bei 0—90° entsteht Am(VI). In 2 m $NaHCO_3$ entsteht Am(VI) nur bei Zimmertemp. u. darunter. Bei Temp. über 90° wird Am(VI) in 2 m $NaHCO_3$ auch bei Ggw. von O_3 in 60 Min. zu Am(V) red., wobei $Na(AmO_2)CO_3$ (**I**) ausfällt. Bei Ggw. von 0,01 m $Na_2S_2O_8$ tritt keine Red. zu Am(V) ein. **I** wird durch O_3 bei Zimmertemp. u. durch $Na_2S_2O_8$ in ≤ 1 m $NaHCO_3$ zu Am(VI) oxydiert. NaOCl oxydiert weder **I** noch $Am(OH)_3$ in 0,1 u. 1 m $NaHCO_3$ bei 90°. Gelbgrünes $Na(AmO_2)(CH_3COO)_3$ (**II**) fällt aus einer schwach sauren Lsg. von Am(VI) bei Zugabe von Na-Acetat aus. In $NaHCO_3$ oder Na_2CO_3 löst es sich zu einer intensiv rotbraunen Lösung. Die rotbraunen Am(VI)-Lsgg. in 0,1—0,2 m $NaHCO_3$ lassen sich mit Hydraziniumsulfatlsg. bis zum Verschwinden der Rotbraunfärbung titrieren, wobei **I** ausfällt. Ersatz von $NaHCO_3$ u. Na_2CO_3 durch die entsprechenden Kaliumsalze führt in keinem Fall zu Am(VI), wenn mit einem der oben genannten Oxydationsmittel oxydiert wird. $KClO_4$, zu einer Lösung von Am(VI) in 0,1 m $NaHCO_3$ gegeben, führt bei 90° zur Red. des Am(VI), wobei $K(AmO_2)CO_3$ (**III**) ausfällt. **III** kann ebenfalls durch O_3-Oxydation von $Am(OH)_3$ in 0,03 m $KHCO_3$ erhalten werden. Es ist hexagonal u. isomorph mit $Rb(AmO_2)CO_3$ u. $K(PuO_2)CO_3$. Die Absorptionsspektren verschiedener Am(VI)-Lsgg. wurden im Bereich 500—1300 nm gemessen. Die Spektren einer Lösung von **II** in 0,1 m Na_2CO_3 u. dasjenige einer Lsg., die durch O_3-Oxydation von $Am(OH)_3$ in 0,1 m $NaHCO_3$ erhalten wurde, sind nahezu ident., unterscheiden sich aber stark von Am(VI)-Spektren in saurem Medium. Eine Lsg. von Am(VI) in 0,1 m $Na_4P_2O_7$ zeigt jedoch ein Spektrum, das den Am(VI)-Spektren in saurer Lsg. entspricht. Die Stabilität von Am(VI)-Lsg. wurde gemessen. In $NaHCO_3$- oder Na_2CO_3-Lsg. wird Am(VI) durch die α-Strahlung des für die Unters. verwendeten ^{241}Am in einem Tag glatt zu Am(V) red., wobei **I** ausfällt. Durch H_2O wird Am(VI) unter den folgenden Bedingungen red.: a) bei kleinem Verhältnis von CO_3^{2-} zu Am(VI) oder HCO_3^- zu Am(VI) [40% Red. in 1 Std. bei 25° in 0,02 m Na_2CO_3 bei 0,0067 m Am(VI)]; b) bei hoher Na_2CO_3-Konz. und erhöhter Temp. [2 m Na_2CO_3, 0,0005 m Am(VI), 90°]. In 0,1 m $NaHCO_3$ wird Am(VI) nicht durch Br^- oder Cl^-, wohl aber durch NaJ, N_2H_4, NH_2OH, H_2O_2, $NaNO_2$, NH_4SCN, NaCN und $Na_2C_2O_4$ reduziert. Eine Lsg. von Am(VI) in 0,1 m $NaHCO_3$ wird an Dowex 1 (Carbonatform) mit rotbrauner Farbe absorbiert. — *Ba-Americyl(VI)-carbonat* fällt als rotbrauner Nd. aus Am(VI)-Carbonatlsg. bei Zugabe von $Ba(NO_3)_2$. *Ca-Americyl(VI)-carbonat* läßt sich auf die gleiche Weise erhalten, das entsprechende *Mg-Salz* ist jedoch leichter löslich. Bei Zugabe von 1 ml gesättigter $Na_2CO_3\cdot NaHCO_3$-Lsg. zu 0,2 Mol festem **II** fällt ein festes, tief gefärbtes *Na-Americyl(VI)-carbonat* aus, das aber nicht mit dem bekannten $Na_4UO_2(CO_3)_3$ isomorph ist. Das IR-Spektrum von Na-Americyl(VI)-carbonaten wird diskutiert. Ein Verf. zur Darst. von Am(III)-freiem Am(V) auf dem Umweg über Am(VI) in 2 m Na_2CO_3 wird beschrieben, eine Meth. zur Am/Cm-Trennung angegeben, bei dem Am in $NaHCO_3$-Lsg. mit O_3 zu lösl. Am(VI) oxydiert wird, während Cm als unlösl. Cm(III) zurückbleibt.

F. Weigel. 344◇

0592 **Die Thermolyse von Bariumpermanganat. Thermische und strukturelle Umwandlungen.** Antoine Hardy. (Ann. Chimie [13] **7,** 281—301, 1962; Bordeaux, Fac. des Sci., Labor. de Chim. Min.; franz.) — Die therm. Zers. von $Ba(MnO_4)_2$ (**I**) beginnt bei ca. 100° nach (a) **I** $\rightarrow BaMnO_4$ (**II**) $+ MnO_2 + O_2$. **II** zersetzt sich unter 400° nach (b) 2 **II** $\rightarrow$ 2 $BaMnO_3$ (**III**) $+ O_2$; MnO_2 zerfällt oberhalb 300° zu Mn_2O_3, das unterhalb 850° in Mn_3O_4 übergeht. Bei 1200° bildet sich schließlich MnO. **III** liegt unterhalb 1150° in der α-Modifikation vor u. geht oberhalb dieser Temp. irreversibel in die β-Form über, die bei ca. 1450° schmilzt. Die einzelnen Rk.-Prodd. werden röntgenograph. u. elektr. (Dipolrelaxation) untersucht. Kinet. Messungen ergeben für (a) u. (b) Aktivierungsenergien von 34 ± 1 bzw. 30 ± 1 kcal/Mol. Röntgenograph. wurden folgende Strukturparameter ermittelt: **I**, orthorhomb., Raumgruppe D_{2h}^{24}—Fddd, a = 14,71, b = 11,81, c = 7,39 Å, Z = 8, $D_{pyk.}$ 3,78 g/cm³; α-**III**, C_{6v}^4 — P 6_3mc, $BaNiO_3$-Typ, a = 5,672 ± 0,004, c = 4,71 ± 0,01 Å, Z = 2, $D_{rönt.}$ 6,01, $D_{pyk.}$ 6,06 ± 0,10 g/cm³; Ba-O_I 2,84, Ba-O_{II} 2,86, Mn-O 2,02, Mn-Mn 2,35 Å; β-**III** (auch aus $MnCO_3$ u. $BaCO_3$ bei 1300°), hexagonal, D_{6h}^4—P 6_3/mmc, a = 5,669 ± 0,003, c = 9,375 ± 0,015 Å, Z = 4, $D_{pyk.}$ 6,07 ± 0,01, $D_{rönt.}$ 6,11 g/cm³. Atomlagen sind angegeben. Durch spurenweise Substitution von Mn durch Ti ließ sich eine dritte Manganit-Modifikation mit a = 5,61 u. c = 13,8 Å, isotyp mit $BaTiO_3$, nachweisen.
H. Bürger. 350◇

0593 **Das System Fe–As–S: Phasenbeziehungen und Anwendungen.** Lloyd A. Clark. (Econ. Geol. **55,** 1631—52, 1960; Washington, D. C., Carnegie Inst. of Washington, Geophys. Labor.; engl.) — Arsenkies, in Quarzglas bei 630—650° hergestellt, hat die Zus. $FeAs_{1,1}S_{0,9}$. S-reinere Arten sind bei niedrigeren Temp. bis 400° zu gewinnen. Die Stabilität des S-reichen Arsenkies erhöht sich mit zunehmendem Druck. Die S-reichste Art hatte die Zus. $FeAs_{0,97}S_{1,06}$. Arsenkies u. Pyrit sind oberhalb 491 ± 12° nicht nebeneinander beständig. Eine beträchtliche Löslichkeit des S in Löllingit wurde festgestellt. Die Löslichkeit des Arsenkieses in Löllingit u. die Löslichkeit des Löllingits u. des Pyrits in Arsenkies können als Geothermometer dienen. Behandlung von Arsenkies bei 600—700° in Goldgefäßen unter Druck ergeben eine rasche Diffusion des Au in den Arsenkies. Die festen Lsgg. von Au in Arsenkies bei hohen Temp. haben nur eine sehr niedrige Au-Konz. Es kann angenommen werden, daß beim Abkühlen die Hauptmenge des Au aus der festen Lsg. als Freigold abgeschieden wird.
F. Ensslin. 354◇

0594 **Die Phasengleichgewichte in einem Teil des Systems „FeO"–MnO–SiO₂.** P. V. Riboud und Arnulf Muan. (Trans. metallurg. Soc. AIME **224,** 27—33, 1962; University Park, Pa., Pennsylvania State Univ.; engl.) — Die Phasen-Gleichgew.-Verhältnisse im Zus.-Bereich $2FeO \cdot SiO_2$–$FeO \cdot SiO_2$–$MnO \cdot SiO_2$–$2MnO \cdot SiO_2$ des Syst. FeO–MnO–SiO_2 werden durch die Abschrecktechnik bestimmt. Die Verss. werden zur Stabilisierung von Fe(II) u. Mn(II) bei niedrigen O-Partialdrücken durchgeführt. Vollständige Mischkristall-Reihen bestanden sowohl zwischen den Endgliedern FeO u. MnO als auch zwischen $2FeO \cdot SiO_2$ u. $2MnO \cdot SiO_2$. Im Gegensatz dazu bestand nur eine partielle Löslichkeit im festen Zustand zwischen den Endgliedern $FeO \cdot SiO_2$ u. $MnO \cdot SiO_2$, da das erste Glied in bezug auf die Phasen-Vereinigung $2FeO \cdot SiO_2 + SiO_2$ bei den Unters.-Temp. instabil ist. Schmelz-Verhältnisse wurden für Gemische innerhalb des Zus.-Bereiches $2FeO \cdot SiO_2$–$FeO \cdot SiO_2$–$MnO \cdot SiO_2$–$2MnO \cdot SiO_2$ bestimmt. Die folgenden kristallinen Phasen stehen in einem stabilen Gleichgew. mit Fll.: SiO_2 (Tridymit, SiO_2), feste Rhodonitlsg. ($MnO \cdot SiO_2$–$FeO \cdot SiO_2$) u. feste Olivinlsg. ($2MnO \cdot SiO_2$–$2FeO \cdot SiO_2$). Ein tern. invarianter Zustand besteht bei 1185 ± 5° mit den folgenden, gleichzeitig vorhandenen Phasen: Fl., SiO_2 (Tridymit), feste Olivinlsg. u. feste Rhodonitlösung. Alle Gemische im Unters.-Bereich haben Solidus-Temp. bei 1173—1251° u. alle Gemische mit Ausnahme von denen im primären Tridymitfeld besitzen Liquidus-Temp. im Bereich von 1173—1345°. SiO_2-reiche Schlacken können durch Zusätze von Fe-Oxiden bei ca. 1200° flüssig gemacht werden. Oxid-Einschlüsse mit der Zus. $x\,FeO \cdot y\,MnO \cdot z\,SiO_2$ sind bei den Walztemp. von Stahlblöcken teilweise oder vollständig geschmolzen.
H. Hochstein. 354◇

0595 **π-Allyleisencarbonylhalogenide.** H. D. Murdoch und E. Weiss. (Helv. chim. Acta **45,** 1927—53, 1962; Cologny/Genf, Cyanamid European Res. Inst.; dt.) — π-Allyleisentricarbonylhalogenide (**A**) lassen sich durch Umsetzung von Dieisenenneacarbonyl mit dem entsprechenden Allylhalogenid bereits bei mäßigen Temp. in guter Ausbeute darstellen: (1) $R_1HC{=}CR_2{-}CH_2X + Fe_2(CO)_9 \rightarrow \pi{-}R_1CH{\cdots}CR_2{\cdots}CH_2Fe(CO)_3X + Fe(CO)_5 + CO$. Bei **A** handelt es sich fast ausschließlich um gut kristallisierende, luftbeständige Verbb., die in PAe. u. Bzl. mäßig u. in polaren Lsgm. gut lösl. sind. Ihre IR-Spektren werden diskutiert. 3-Bromcyclohexen-(1) reagiert mit $Fe_2(CO)_9$ bereits bei 25° quant. unter Bldg. von $FeCl_2$; das gemäß (1) erwartete π-Cyclohexenyleisentricarbonylchlorid ließ sich jedoch nicht isolieren.

Versuche: *π-Allyleisentricarbonylbromid* (**I**), F. 86 bis 87°, aus $Fe_2(CO)_9$ (**II**) u. Allylbromid in n-Hexan bei 40°/90 Minuten. Nach dem Abfiltrieren vom $FeCl_2$ u. Entfernung des $Fe(CO)_5$ sowie des Lsgm. (Abzug) bei 20—30°/12 Torr krist. die Verb. bei 0° in gelbbraunen Prismen aus; Umkristallisation aus PAe., (Ausbeute) 38%. — In ähnlicher Weise: $(CH_2{\cdots}CH{\cdots}CH_2)Fe(CO)_3Cl$, F. 88—89°, aus Allylchlorid u. **II**, gelbe Nadeln, 25%; $(CH_2{\cdots}CH{\cdots}CH_2)Fe(CO)_3J$, F. 85—86°, aus Allyljodid u. **II**, braune Nadeln; 67%; $(CH_2{\cdots}CH{\cdots}CHCH_3) \cdot Fe(CO)_3Cl$, F. 58°, aus $CH_3CHClCH{=}CH_2$, $CH_3CH{=}CHCH_2Cl$ u. **II**, gelbe Nadeln, 9%; $(CH_2{\cdots}CH{\cdots}CHCH_3) \cdot Fe(CO)_3Br$, F. 34,5°, aus $CH_3CH{=}CHCH_2Br$ u. **II**, gelbbraune Prismen; 40%; $(CH_2{\cdots}CH{\cdots}CHCH_3)Fe(CO)_3J$, F. ca. 50—53°, aus $CH_3CH{=}CHCH_2J$ u. **II**, dunkelrotbraune, weiche Kristalle, 25%; $(CH_2{\cdots}CH{\cdots}CHCOOCH_3) \cdot Fe(CO)_3Br$, F. 65°, aus $CH_3OOCCH{=}CHCH_2Br$ u. **II**, gelbbraune Prismen, 69%; $(CH_2{\cdots}CH{\cdots}CHBr)Fe(CO)_3 \cdot Br$, F. 79—80°, aus $BrCH{=}CHCH_2Br$ u. **II**, rotbraune Nadeln, 44%; $(CH_2{\cdots}CBr{\cdots}CH_2)Fe(CO)_3Br$, F. 84—85°, aus $CH_2{=}CBrCH_2Br$ u. **II**, gelbbraune Prismen, 27%.
H. Kuckertz. 354◇

0596 **Protonierung des Tricarbonylcyclooctatetraeneisens und einiger verwandter Verbindungen.** A. Davison, W. McFarlane, L. Pratt und G. Wilkinson. (J. chem. Soc. [London] **1962,** 4821—29, Dez.; London, Imp. Coll. of Sci. and Technol., Inorg. Chem. Res. Labor.; engl.) — Spektren u. chem. Befunde zeigen, daß im Olefinliganden des Tricarbonylcyclooctatetraeneisens (**I**) ein „freies" 1.3-Diensyst. vorliegt. Bei der Protonierung mit starken Säuren addiert der Olefinligand ein Proton (bzw. D^+) u. es entsteht *Tricarbonylbicyclo-[5.1.0]-octadieniumeisen,* $[C_8H_9Fe(CO)_3]^+$ (**II**). Die bicycl. Struktur des $C_8H_9^+$ ergibt sich aus KMR-Spektren, Protonenspin-Entkopplungsmessungen u. daraus, daß sich **II** mit $NaBH_4$ zum *Tricarbonylbicyclo-[5.1.0]-octadien-(2.4)-eisen* reduzieren läßt. Mit Tetracyanäthylen bildet **I** das Diels-Alder-Addukt *Tricarbonyl-9.9.10.10-tetracyanbicyclo-[4.2.2]-decatrien-(2.4.7)-eisen.* Im Gegensatz zu **I** treten im Cyclooctatetraen-π-cyclopentadienylkobalt (**III**) bzw. -rhodium (**IV**) keine „freien" 1.3-Diensysteme auf. KMR-Unterss. an **III** u. **IV** zeigen, daß der C_8H_8-Ligand Wannenform hat u. über nichtkonjugierte Doppelbindungen gebunden ist. **III** u. **IV** sind in konz. H_2SO_4 instabil. Vff. führen dies darauf zurück, daß hier der C_8H_8-Ligand nicht wie in **I** bei der Protonierung in ein stabiles [5.1.0]-Bicyclosyst. übergeht, sondern daß das Proton in den π-Orbitalen als Cyclooctatrienium-Komplex gebunden wird. Durch Behandlung von **III** mit HBF_4 in Essigsäureanhydrid konnte der sehr instabile Komplex $[\pi\text{-}C_5H_5CoC_8H_9]BF_4$ isoliert werden. **III** u. **IV** bilden keine Diels-Alder-Addukte. Die KMR-Spektren des *Tricarbonylcycloheptadieniumeisens* u. des *Monodeuterocycloheptadieniumeisens* werden diskutiert.

Versuche: *Tricarbonylcyclooctatetraeneisen* (**I**), aus 8,4 g $Fe_3(CO)_{12}$ u. 6 ml C_8H_8 in Benzin unter N_2; 90%ig. Ausbeute neben wenig $C_8H_8Fe_2(CO)_6$; sublimiert bei 50°/0,01 Torr; aus A. umkristallisierbar. — Beim Lösen von **I** in konz. H_2SO_4 bildet sich das $[C_8H_9Fe(CO)_3]^+$-Kation (**II**). Beim sorgfältigen Verdünnen von **II**-Lsgg.

bilden sich instabile gelbe Lsgg., die langsam CO entwickeln u. aus denen mit Salzen, die große Anionen haben, z. B. $[PtCl_6]^{2-}$, **II**-Salze ausgefällt werden können. — *Tricarbonylbicyclo-[5.1.0]-octadienium-(2.4)-eisentetrafluoroborat* (**V**), aus **I** u. HBF_4 in Essigsäureanhydrid; hellgelbe, bei 150° zersetzliche Kristalle. — *Tricarbonylbicyclo-[5.1.0]-octadien-(2.4)-eisen* (**VI**), F. 36,5°, aus der Rk.-Mischung von **V** u. $NaBH_4$ in THF wird **VI** nach Zugabe von W. mit PAe. extrahiert u. aus der Lsg. durch Chromatographie von **I** abgetrennt. **VI** bildet bei der Behandlung mit Triphenylmethyltetrafluoroborat **I** zurück. — *Tricarbonyl-9.9.10.10-tetracyanbicyclo-[4.2.2]-decatrien-(2.4.7)-eisen,* aus **I** u. Tetracyanäthylen in Bzl. als diamagnet. hellgelbe Kristalle, die bei 150° dunkel werden, an der Luft stabil u. in organ. Lsgm. u. in W. unlösl. sind. H. Kuckertz. 354◇

0597 **Organoschwefelderivate von Metallcarbonylen. 2. Mitt. Die Reaktion zwischen Trieisendodekacarbonyl und bestimmten Episulfidderivaten.** R. B. King. (Inorg. Chem. [Washington] **2,** 326—27, 1963; Pittsburgh, Pa., Mellon Inst.; engl.) — 1. vgl. C. **1963,** 6148. — $Fe_3(CO)_{12}$ (**I**) bildet mit Episulfiden eine purpurfarbene, diamagnet. kristalline Verb. $Fe_3(CO)_9S_2$ (**II**), F. 114°, die nicht ident. mit einer aus $[HFe(CO)_4]^-$ u. SO_3^{2-} erhaltenen Verb. gleicher Zus. ist. **II** entsteht aus 10,8 g **I**, 9,0 ml Cyclohexensulfid u. 120 ml Bzl. durch 4 Std. langes Rückflußerhitzen unter N_2, Abkühlen auf —78° u. Sublimation der abgeschiedenen Kristalle bei 80—100°/0,1 Torr (1,03 g) sowie aus **I** u. 3-Chlorpropylensulfid (55% Ausbeute). H. Kuckertz. 354◇

0598 **Die Darstellung und Eigenschaften einiger Phosphide von Übergangsmetallen.** R. L. Ripley. (J. less-common Metals [Amsterdam] **4,** 496—503, 1962; Niagara Falls, N. Y., Union Carbide Metals Co., Div. of Union Carbide Corp., Technol. Dep.; engl.) — Durch 2std. Erhitzen von gepulvertem Ca_3P_2 mit gepulvertem Ti, V, Nb, Ta, Cr, Mo, W, Mn u. Co im Molverhältnis 3:4 in Ar auf 1200° u. Auslaugen des abgekühlten Prod. mit 0,1 n HCl wurden *TiP* (**I**), $VP_{0,95}$ (**II**), *β-NbP* (**III**), *β-TaP* (**IV**), *CrP* (**V**), *MoP* (**VI**), *WP* (**VII**), *MnP* (**VIII**) u. *CoP* mit Ausnahme von **VIII** (15%) in fast quant. Ausbeuten dargestellt. Auch durch Erhitzen von Ca_3P_2 mit wasserfreiem $CrCl_3$ (1:1) u. $MnCl_2$ (2:3) auf 800° in Ar sowie durch Sublimieren von $TaCl_5$ auf Ca_3P_2 bei 800° u. jeweils Auslaugen mit HCl wurden reines **V** u. diphosphidhaltiges **VII** bzw. **IV** gewonnen. Die pyknometr. bestimmten Dichten u. die Zers.-Temp. betragen: **I** 4,08 ($g \cdot cm^{-3}$), 1580°; **II** 4,98, 1320°; **III** 6,48, 1730°; **IV** 10,9, 1660°; **V** 5,35, 1360°; **VI** 7,33, 1480°; **VII** 12,0, 1450° u. **VIII** 5,60, 1100°. An Hand der mitgeteilten Mikrohärten ist ersichtlich, daß diese Metallphosphide nicht so hart wie die entsprechenden Carbide u. Nitride, aber etwa so hart wie gehärteter Stahl sind. Die in Ar gesinterten Metallphosphide ergeben bei 20° folgende spezif. Widerstände ($10^3 \Omega$/cm): **I** 3,4; **II** 9,7; **III** 1,7; **IV** 27; **V** 25; **VI** 0,9; **VII** 1,8; **VIII** 2,5. G. Heller. 355◇

0599 **Mechanismus der Inversionsreaktion zwischen dem d-cis-Dichloro-bis-[äthylendiamin]-kobalt(III)-Ion und Silbercarbonat.** Francis P. Dwyer, Alan M. Sargeson und Ian K. Reid. (J. Amer. chem. Soc. **85,** 1215—19, 1963; Canberra City, A. C. T., Australian Nat. Univ., John Curtin School of Med. Res.; engl.) — Die vorzugsweise Bldg. des *l-Carbonato-bis-[äthylendiamin]-kobalt (III)-Ions* bei der Rk. von d-$[Coen_2Cl_2]^+$ mit Ag_2CO_3 wird durch einen trans-Verschiebungsprozeß unter Beteiligung der OH^-- u. Ag^+-Ionen veranlaßt; anschließend erfolgt Umsetzung des gebildeten Dihydroxo-Komplexes mit den HCO_3^--Ionen. Durch Einzel-Rkk. wurde jedes Zwischen-Prod. in der Rk.-Folge erfaßt u. gefunden, daß der trans-Angriff des OH-Ions bei der Inversions-Rk. durch das Ag^+-Ion gefördert wird. Beim Ersatz des 1. Cl^--Ions durch OH^- in d-$[Co\,en_2Cl_2]^+$ entsteht 34% l-$[Co\,en_2ClOH]^+$, 14% d-$[Co\,en_2ClOH]^+$ u. 52% trans-$[Co\,en_2ClOH]^+$. Der invertierte Chlorohydroxo-Komplex reagiert unter Beibehaltung der Konfiguration über den Dihydroxo-Komplex zum Carbonato-Komplex.

Versuche: *dl-Carbonato-bis-[äthylendiamin]-kobalt(III)-chlorid* (**I**); aus $CoCl_2 \cdot 6H_2O$ in HCl u. Äthylendiamin durch Oxydation mit PbO_2 (80°, 3 Std.), Erhitzen mit Li_2CO_3 (80°, 1/2 Std.); rote Kristalle; 70%. — *d-[Co en$_2$CO$_3$]J;* aus 27,5 g **I** in W. u. 17 g d-Na[Co en. $(C_2O_4)_2] \cdot H_2O$, Zerreiben des gebildeten d-$[Co\,en_2CO_3] \cdot$ d-$[Co\,en(C_2O_4)_2] \cdot 3H_2O$ mit $NaClO_4$ in Eiswasser, Isolieren des Perchlorates u. Überführen in das Jodid durch Verreiben mit NaJ in Eiswasser; $[\alpha]_D$ + 1250°; 16,4 g. — *l-[Co en$_2$CO$_3$]J;* aus der bei der Abtrennung des vorst. Diastereomeren anfallenden Filtrat durch fraktionierte Fällung mit 20%ig. NaJ; 12,7 g. — *cis-dl-Dichloro-bis-[äthylendiamin]-kobalt(III)-chloridhydrat* (**II**), aus **I** u. HCl; purpur, 90%. — *d-[Co en$_2$Cl$_2$]J;* aus 18,2 g **II**, $AgCH_3COO$ u. d-Na$[Co\,en(C_2O_4)_2] \cdot H_2O$; Zerreiben des gebildeten Diastereomeren mit 40%ig. NaJ; $[\alpha]_D$ + 660°; 10,2 g. — *l-[Co en$_2$Cl$_2$]J,* aus dem bei der Abtrennung des vorst. Diastereomeren anfallenden Filtrat; 6 g. — *cis-Chloroaquo-bis-[äthylendiamin]-kobalt(III)-sulfat-dihydrat* (**III**), aus 30,3 g **II** in 2 n H_2SO_4 u. 31,8 g $Hg(CH_3COO)_2$ (4°, 3 min.), Zugabe von A.; 25 g. — *Chlorid,* aus **III** u. konz. HCl bei 4°; 90%. — *Bromid,* $[\alpha]_D$ + 220°. — *trans-Dichloro-bis-[äthylendiamin]-kobalt(III)-chlorid* (**IV**), aus **I** u. 10 n HCl in kaltem W., Suspendieren des grünen Festkörpers in W. u. Zugabe von $Ca(CH_3COO)_2 \cdot H_2O$ u. A.; grüne Nadeln, 70%. — *trans-Chloroaquo-bis-[äthylendiamin]-kobalt(III)-sulfat,* aus 28,5 g **IV** in H_2SO_4 u. $Hg(CH_3COO)_2$, Zugabe von A.; 16 g. — *l-cis-Diaquo-bis-[äthylendiamin]-kobalt(III)-nitrat,* aus l-$[Co\,en_2CO_3]$J u. $AgNO_3$, Zugabe von eiskaltem 3 n HNO_3 zum isolierten l-$[Co\,en_2CO_3]NO_3$; $[\alpha]_{5461}$ — 300°. — *l-[Co en$_2$(NO$_2$)$_2$]J · 0,5 H$_2$O,* Verreiben von d-$[Co\,en_2Cl_2]J \cdot H_2O$ u. $AgCH_3COO$ bei 1°, Zugabe von $AgNO_3$-Lsg., 1 n NaOH, 1 n HNO_3, $NaNO_2$ u. Harnstoff; Abfiltrieren von AgJ u. AgCl, Zugabe von Eisessig zum Filtrat, Eindampfen, Zugabe von NaJ u. fraktionierte Kristallisation; $[\alpha]_D$ — 35°; 20%; daneben *dl-[Co en$_2$(NO$_2$)$_2$]J · 0,5 H$_2$O,* 40% u. *trans-[Co en$_2$(NO$_2$)$_2$]J · 0,5 H$_2$O,* 40%. — *l-[Co en$_2$CO$_3$]ClO$_4$ · 0,5 H$_2$O,* a) aus d-$[Co\,en_2Cl_2]J \cdot H_2O$, $AgCH_3COO$, 1 n NaOH, 1 n $HClO_4$ u. $NaHCO_3$; rote Kristalle, $[\alpha]_D$ — 1300°, b) aus d-$[Co\,en_2ClH_2O]Br_2 \cdot H_2O$ u. $AgNO_3$ bei 1°, 1 n NaOH, 1 n $HClO_4$ u. $NaHCO_3$; 85%. G. Heller. 355◇

0600 **Über einige Abkömmlinge des Kobaltdicyclopentadienyls.** Claudio Furlani und Ines Collamati. (Chem. Ber. **95,** 2928—33, 1962; Rom, Univ., Inst. für Allg. Chem.; dt.) — Bei Verss., gemischte Sandwichkomplexe des Co mit C_5H_6 u. C_6H_6 darzustellen, wird bei der Rk. von wasserfreiem $CoCl_2$ in THF mit äquimolaren Mengen C_5H_5MgBr bzw. NaC_5H_5 u. C_6H_5MgBr festgestellt, daß immer $[Co^{II}(C_5H_5)_2]$ entsteht; falls ein Überschuß an $CoCl_2$ vorhanden ist, bleibt ein Teil davon unverändert. Bei Luftzutritt bildet sich ein grünes, in Acetonitril, Nitromethan u. Dimethylformamid lösliches Produkt, das von W. zersetzt wird u. dessen Bruttoformel der Verb. $[Co^{III}(C_5H_5)_2]_2\,[Co^{II}Cl_4]$ (**I**) entspricht. Falls kein Überschuß an Cl^- vorhanden ist, bildet **I** beim Umkristallisieren aus komplexbildenden Lsgm. zwei Fraktionen, die erste besteht aus **I**, hellgrüne Blättchen, die zweite aus $[Co(C_5H_5)_2]\,[CoCl_3L]$ (**II**) (L: Mol. des Lsgm., z. B. Acetonitril, H_2O). Die Rk. zwischen $Co^{II}(C_5H_5)_2$ oder $[Co^{III}(C_5H_5)_2]^+$ u. C_6H_5MgBr oder C_6H_5Li in THF unter Luftausschluß ergibt die in organ. Lsgm. lösl. Verb. *1-endo-Phenylcyclopentadiencyclopentadienylkobalt*(I) sowie dunkelrotes sublimierbares *1-Phenyldicyclopentadienylkobalt(II)* (**III**), das bei Luftoxydation in das wasserlösl., sehr beständige rotorangefarbene Kation $[Co^{III}(C_5H_5)\ (C_5H_4C_6H_5)]^+$ (**IV**) übergeht. **IV** wird als *Fluorophosphat* u. *Tetrafluoroborat* gewonnen. IR-, UV-Spektren u. polarograph. Verh. der Salze werden mitgeteilt. H. Kuckertz. 355◇

0601 **π-Allyl-π-cyclopentadienylkobalthalogenide.** R. F. Heck. (J. org. Chemistry **28,** 604, 1963; Wilmington, Del., Hercules Powder Co., Res. Center; engl.) — Allyljodid reagiert mit π-Cyclopentadienylkobaltdicarbonyl (**I**) bei 25° in THF zu gelbgrünem, in organ. Lsgm. unlösl. *π-Allyl-π-cyclopentadienylkobaltcarbonyljodid* (**II**). **II** reagiert mit KPF_6 in wss. Lsg. zu *π-Allyl-π-cyclopentadienylkobaltcarbonylhexafluorophosphat* (**III**) u. in 10%ig. Ausbeute zu dunkelrotem, nadelförmig krist. *π-Allyl-π-cyclopentadienylkobaltjodid* (**IV**); $C_8H_{10}CoJ$, F.

95,5—97° (Zers.). **IV** ist lösl. in organ. Lsgm., unlösl. in W., an der Luft leicht oxydierbar, sublimierbar im Hochvakuum bei 50—60°. Das IR-Spektrum (in CCl_4) u. KMR-Spektrum bei 60 MHz (in Deuterochloroform) sind angegeben. Im IR-Spektrum tritt keine CO-Bande auf. Allylbromid gibt mit **I** wenige % dunkelrotes, krist. *π-Allyl-π-cyclopentadienylkobaltbromid* (KMR-Spektrum angegeben) u. als Hauptprod. *π-Allyl-π-cyclopentadienylkobaltcarbonylbromid*, F. 96—98° (Zers.). Allylchlorid reagiert mit **I** nur zu hellgrünem *π-Allyl-π-cyclopentadienylkobaltcarbonylchlorid* (+ KPF_6 → **III**). H. Seyffert. 355◇

0602 **Untersuchung der Spinellbildung eines Gemisches von NiO und α-Fe_2O_3 mit der Differential-Thermoanalyse (DTA).** P. Kleinert. (Mber. dtsch. Akad. Wiss. Berlin **5**, 99—105, 1963; Berlin; dt.) — Untersucht wurde mit der DTA die Spinell-Bldg. NiO + α-Fe_2O_3 → $Fe^{3+}[Ni^{2+} \cdot Fe^{3+}]O_4$. Die Rk. beginnt bei 663° u. hat ihr Maximum bei 900°. Der Rk.-Beginn bei 663° scheint für alle Ferrite charakterist. zu sein. Tablettierte Proben zeigten die günstigsten Rk.-Bedingungen. K. Jaeger. 356◇

0603 **Zur Konstitution der Thionitrosylkomplexe der Metalle der 8. Nebengruppe. Über einige Derivate von $Ni(HN_2S_2)_2$.** Johannes Weiss und Manfred Ziegler. (Z. anorg. allg. Chem. **322**, 184—92, 1963; Heidelberg, Univ., Anorgan.-chem. Inst.; dt.) — Vom Thiohyponitritkomplex des Ni, $Ni(HN_2S_2)_2$ (**I**), wurde ein Monomethyl-Deriv., *$Ni(CH_3N_2S_2)(HN_2S_2)$* (**II**), F. = 144°, $D_{Pyk.}$ = 2,01 (g cm^{-3}), ein Dimethyl-Deriv., *$Ni(CH_3N_2S_2)_2$* (**III**), F. = 194°, $D_{Pyk.}$ = 2,13 u. ein Monoäthyl-Deriv., *$Ni(C_2H_5N_2 \cdot S_2)(HN_2S_2)$* F. = 114°, isoliert. Die Verbb. sind beständig, tiefgefärbt u. in org. Lsgm. gut löslich. **III** krist. monoklin, a = 3,93, b = 14,09, c = 8,28 Å, β = 105,7°; C_{2h}^5-$P2_1/c$, $D_{Rönt}$ = 2,04, Z = 2. Die Bindung am Ni ist wie das ganze Mol. eben. Die CH_3-Gruppen stehen in trans-Stellung. Ni–S (2,25 Å) u. Ni–N-Abstände (1,9 Å) entsprechen der Summe der Kovalenzradien. Die S–N-Abstände liegen mit im Mittel 1,66 Å zwischen Einfach- u. Doppelbindungsabstand u. sind prakt. gleich. Dieses Ergebnis u. die Übereinstimmung der Bindungsart zwischen Ni–S u. Ni–N deuten auf einen mesomeren Zustand.

Versuche: *$Ni(CH_3N_2S_2)(HN_2S_2)$* (**II**) u. *$Ni \cdot (CH_3N_2S_2)_2$* (**III**), durch langsame Zugabe einer Lsg. von $AgNO_3$ in H_2O zu **I** in Aceton (0,5%ig. an Pyridin), Absaugen des rotbraunen Nd., Waschen mit Bzl., Suspendieren in trocknem Bzl., 1std. Kochen unter Rückfluß mit CH_3J, Filtrieren u. Eindampfen des blaugrünen Filtrats im Vakuum, Extrahieren des Rückstandes mit Bzl. in der Wärme, Chromatographieren an Al_2O_3 (Merck, sauer), Eluieren mit Bzl.; nach Eluierung der organ. Verunreinigungen Gewinnung von **III** als grüne Lsg.; Herausschneiden der blauen Zone u. Lösen in Aceton ergibt **II**; Reinigung der Rohprodd. durch Chromatographie auf Al_2O_3 mit Bzl. u. Umkristallisation aus Bzl. bzw. Bzl.-Heptan. — *$Ni(C_2H_5N_2S_2)(HN_2S_2)$*, analog vorst. Verbb. durch Verw. von C_2H_5J an Stelle von CH_3J. R. Uttech. 356◇

0604 **Notiz über eine einfache Methode zur Darstellung von Niccolocen und Cobaltocen.** Johann F. Cordes. (Chem. Ber. **95**, 3084—85, 1962; Ludwigshafen, BASF, Hauptlabor.; dt.) — Nach Literaturangaben sollen Niccolocen (**I**) u. Cobaltocen (**II**) nicht wie Ferrocen aus den Alkalimetall-Cyclopentadien-Verbb. u. wasserfreiem Metallsalz in THF zugänglich sein. Vf. stellt hingegen fest, daß **I**, **II** u. Ni-Methylcyclopentadienyl in hoher Ausbeute erhalten werden, wenn im Rk.-Gemisch NH_3 anwesend ist. — *$(C_5H_5)_2Ni$* (**I**), aus 12 g Na in 400 ml THF u. frisch dest. C_5H_6 erhaltenes C_5H_5Na wird bei 30° mit 85 g $[Ni(NH_3)_6]Cl_2$ versetzt; unter langsamer Temp.-Steigerung auf 65° wird das NH_3 vollständig ausgetrieben u. der verbleibende Rückstand durch Hochvakuumsublimation gereinigt; tiefgrüne Kristalle, 90 bis 96% (Ausbeute). — *$(C_2H_5)_2Co$*, ähnlich **I** mit 75 g $[Co \cdot (NH_3)_6]Cl_2$, violettschwarze, grobe Kristalle, die beim Zermörsern an der Luft selbstentzündlich werden; 86—96%. H. Kuckertz. 356◇

0605 **Einwirkung dreiwertiger Eisenionen auf Chalkopyrit.** Masami Ichikuni. (Bull. chem. Soc. Japan **35**, 1765—68, 1962; Tokyo, Univ. Métropolit. de Tokyo, Fac. des Sci.; franz.) — Fe^{3+}-Ionen reagieren mit Chalkopyrit nach der Rk.-Gleichung $CuFeS_2 + 4Fe^{3+} \rightarrow Cu^{2+} + 5Fe^{2+} + 2S$, jedoch wird Fe^{2+} sehr viel schneller als Cu^{2+} frei, so daß sich zunächst an der Oberfläche des Minerals eine Cu-reichere Schicht bildet. Ist zusätzlich Pyrit zugegen, kann keine selektive bevorzugte Auflösung eines der beiden Minerale festgestellt werden. B. Krebs. 358◇

0606 **Umwandlung von Rhodium in Natriumhexachlororhodat(III) mit hohen Ausbeuten.** George B. Kauffman und James Hwa-San Tsai. (J. less-common Metals [Amsterdam] **4**, 519—22, 1962; Fresno, Calif., Fresno State Coll., Dep. of Chem.; engl.) — Durch ½std. Chlorierung einer mechan. geschüttelten Mischung von feinverteiltem Rh u. NaCl im Molverhältnis 1:6 in einem Verbrennungsschiffchen bei 900° kann Rh fast quant. in *$Na_3[RhCl_6]$* überführt werden. Durch Verdampfen der wss. Lsg. der Rk.-Mischung bei Zimmer-Temp. erhält man in kleiner Ausbeute das *$Na_3[RhCl_6] \cdot 12H_2O$* in Form großer roter Kristalle. Besser fällt man mit Aceton u. entwässert im Vakuum zum rosafarbenen *$Na_3[RhCl_6] \cdot 2H_2O$* mit 86,1% Ausbeute. G. Heller. 364◇

A₉. Mineralogische und geologische Chemie

0607 **Über die optische Orientierung einiger Plagioklas-Zwillinge aus Linosa.** Alfred Glaser. (Schweiz. mineralog. petrogr. Mitt. **43**, 81—90, 2 Tafeln, 1963; Basel; dt.) — Vereinzelte Zwillinge der Hochtemp.-Feldspate aus Linosa weisen eine opt. Orientierung auf, die gewisse Beziehungen zur Kristallographie nahe legen. Flächennormalen, die ähnlich gerichtet sind wie die opt. Vektoren, zeigen auffallende Symmetrieverhältnisse, die auch arithmet. im Hinblick auf die Komplikation der Flächenindizes deutbar zu sein scheinen. H. Jehne. 372◇

0608 **Bemerkungen zur sog. „Banater Verwachsung" der Plagioklase.** Conrad Burri. (Schweiz. mineralog. petrogr. Mitt. **43**, 71—80, 1963; Zürich, ETH, Inst. für Kristallogr. u. Petrogr.; dt.) — Die 1932 durch Streckeisen als „Banater Verwachsung" bezeichneten T- u. kreuzartigen Verwachsungen von Plagioklasen mit wechselseitig parallelen P (001) u. M (010) wurden erstmalig 1874 durch Tschermak am Labrador von Verespatak beschrieben. Es wird gezeigt, daß nichts gegen die durch diesen Autor vertretene Ansicht spricht, daß es sich um Baveno-Zwillinge handelt. H. Jehne. 372◇

0609 **Messung der Mikrohärte nach Vickers an opaken Mineralien und ihre Bedeutung in der Mineralogie.** G. Toubeau. (Bull. Soc. belge Géol., Paléontol. Hydrol. **71**, 242—67, 1963; Mons, Fac. Polytechn., Labor. de Minér.; franz.) — Beschreibung der Meßmethode. Die Messung geschieht mit einer Diamantspitze auf den polierten Flächen der Mineralien. Die Meßergebnisse sind in einer Tabelle dargestellt, wobei mit steigender Härte in 8 Klassen eingeteilt wird. Isotrope Mineralien ohne Spaltflächen u. anisotrope Mineralien mit Flächen senkrecht zu einer opt. Achse geben Kreise als Eindruck. Alle Mineralien zeigen in Richtung der Spaltflächen ein Minimum der Härte. Anisotrope Mineralien geben als Eindruck eine Ellipse, wenn die Fläche nicht senkrecht zur opt. Achse liegt. F. Ensslin. 372◇

0610 **Eine allgemeine Methode zur Markierung von Sand mit Radionucliden.** A. Gibert und S. Cordeiro. (Int. J. appl. Radiat. Isotopes **13**, 41—45, 1962; Lisbon, Portugal, Ministerio das Obras Publicas, Labor. Nac. de Eng. Civil; engl.) — Im Hinblick auf die Unters. der Bewegung von Meeressand mit Hilfe direkter radioakt. Markierung des Sandes wird eine Markierungsmeth. mit Hilfe von Leim beschrieben, der die radioakt. Substanz enthält, wodurch die meisten Nuclide verwendet werden können. Der Vers. wurde mit einer Tonne Sand, der mit 4 c ^{32}P markiert worden war, durchgeführt. H. Jehne. 378◇

0611 **Der Fluorgehalt einiger Standardproben.** P. G. Jeffery. (Geochim. cosmochim. Acta [London] **26**, 1355—56, 1962; Stevenage, Herts., Warren Spring Labor.; engl.) — Die F-Geh. von G-1 (629, 627 ppm), W-1 (290,

290), Shetlandgranit R 117 (614, 613) u. Carbonatit R 93 aus Kangankunde (2517, 2480) wurden photometr. bzw. titrimetr. bestimmt. J. Heinze. 378◇

0612 **Verschiedene Cäsiumwerte in G-1.** J. R. Butler und A. J. Thompson. (Geochim. cosmochim. Acta [London] **26,** 1349—50, 1962; London, Imp. Coll., Dep. of Geol., Pure Geochem. Sect.; engl.) — Vgl. C. **1963,** 9636. — Die analyt. Meth. wird beschrieben, die Werte werden mit früheren verglichen. J. Heinze. 378◇

0613 **Zink in den Standardgesteinen G-1 und W-1.** L. Greenland. (Geochim. cosmochim. Acta [London] **27,** 269—71, 1963; Canberra, Australian Nat. Univ.; engl.) — Die Zn-Best. mittels Dithizon-Extraktion ist fehlerhaft u. führt zu höheren Werten. Der wahrscheinliche Zn-Geh. für W-1 wird mit 60—70 ppm, an Stelle des empfohlenen Wertes 82 ppm, angegeben. J. Heinze. 378◇

0614 **Radiometrische Bestimmung von Thorium, Uran und Kalium in Basalten und in zwei magmatischen Differentiationsreihen.** Knut S. Heier und John J. W. Rogers. (Geochim. cosmochim. Acta [London] **27,** 137—54, 1963; Houston, Tex., Rice Univ., Dep. of Geol.; engl.) — Die Verhältnisse von Th/K, U/K u. Th/U sind innerhalb einer Größenordnung für eine weite Variabilität von Gesteinstypen konstant. Die Durchschnittswerte sind: Th/K · 10^4 = 2,8, U/K · 10^4 = 0,60, Th/U = 4,8. Bei Unterss. der intrusiven Abfolgen von Duluth u. Südkalifornien zeigte sich jedoch eine leichte Erhöhung der Verhältnisse mit der magmat. Differentiation. Das Th/U-Verhältnis ist bes. niedrig in Tholeiiten (1,6) der orogenet. aktiven japan. Gebiete u. auch in den bas. Gesteinen von Duluth u. Südkalifornien. Anscheinend werden bei der Bldg. von Magmen in orogenen Gebieten Th, K u. U vor der Intrusion oder Eruption abgetrennt. Die engen verwandtschaftlichen Verhältnisse zwischen den K-Geh. u. den Th/U-Verhältnissen in bas. Gesteinen weit voneinander entfernter Gebiete zeigen, daß die Kruste in der Zus. gleichförmig ist. Unterschiede in der Zus. prim. Magmen sind danach das Ergebnis örtlicher Vorgänge. J. Heinze. 378◇

0615 **Beiträge zur Geochemie des Kupfers.** K. H. Wedepohl. (Geol. Rdsch. **52,** 492—504, 1962; Göttingen, Univ., Mineralog.-Petrograph. Inst.; dt.) — Cu kommt in häufigen Eruptivgesteinen nicht wie Pb u. Zn größtenteils im Gitter der mineral. Hauptbestandteile, sondern als Kupferkies vor (Proportionalität zwischen Cu- u. S-Werten). Basalt. Gesteine haben wesentlich höhere Cu-Geh. (Mittel: 88 ppm bzw. g/t Cu) als Granit. (Mittel: 8 ppm Cu). Das Verh. des Cu bei der Verwitterung u. hydrothermalen Gesteinszers. u. die Begrenzung des Transports in Gewässern (durch Löslichkeit der Carbonate, Hydroxide, Sulfide u. Adsorption an Tonminerale) wird diskutiert. Kalke enthalten im Mittel 15 ppm Cu, bitumenarme Tone landnaher Ablagerungen 55 ppm Cu. Über diese Werte hinaus können organogene Rückstände, Sulfidfällung, Kalkauflsg. u. sehr langsame Sedimentbldg. im küstenfernen Tiefseebereich (Pazifiktone 400 ppm Cu) zu Cu-Anreicherungen führen. Die abnormen Cu-Geh. in bestimmten Ablagerungsgebieten des Cu-Schiefers können nicht aus normalem Meer- oder Flußwasser durch Sulfidfällung oder die oben genannten Prozesse erklärt werden. Die Aufarbeitung von Rotliegend-Sedimenten gilt als möglicher Lieferant. — 33 Literaturangaben. H. Jehne. 378◇

0616 **Beitrag zur Geochemie des Goldes auf den Sideritgängen von Spišskogemerské Rudohorie.** Zdeněk Trdlička. (Věstník ústředního Ústavu geologického **38,** 129—31, 1963; Kútná Hora, Ustav nerostných surovin; tschech., Auszug: deutsch.) — Die hydrothermalen Sideritgänge des Zips-Gömörer Erzgebirges enthalten das Au an die relativ jüngste sulfid. Vererzung, vornehmlich an Tetraedrit, in Konzz. von 10^{-2}% ist weniger gebunden. Es bildet rundliche, ovale u. teilweise idiomorphe Körner von 10^{-2} bis 10^{-3} mm Durchmesser in gediegener Form. Die größte Konz. tritt im Tetraedrit im O-, NO u. SO des Erzgebietes auf. F. Ensslin. 378◇

0617 **Die Isotopenzusammensetzung australischen Bleis 3. Mitt. Nordwestqueensland und Northern Territory — Eine Erkundung.** J. R. Richards. (Geochim. cosmochim. Acta [London] **27,** 217—40, 1963; Canberra, Austral. Nat. Univ., Dep. of Geophys.; engl.) — 2. vgl. J. geophys. Res. **67,** [1962], 869. — Die Verteilung der Pb-Isotope in 69 Proben aus dem Mount Isa-, Rum Jungle- u. Broken Hill-Gebiet wird mitgeteilt. Das Alter (t_{6-7} nach Russel u. Farquhar, 1960) wird für Broken Hill zu 1590 · 10^6, für Mount Isa zu 1570 · 10^6 u. für Rum Jungle zu 1520 · 10^6 a bestimmt. Die Dugald River -Lagerstätten sind gleichaltrig mit denen von Mount Isa. Die radiogenet. Verunreinigung im Rum Jungle-Gebiet verlief über eine große Zeitspanne durch einen nichtkatastrophenartigen Prozeß. Im Macarthur River Gebiet wurde Pb gefunden, das beträchtlich älter (Unteres Proterozoikum) ist als die Sedimente (Oberes Proterozoikum), mit denen es zusammen vorkommt. J. Heinze. 378◇

0618 **Die absolute Häufigkeit der Chrom-Isotope in einigen sekundären Mineralen.** H. J. Svec, G. D. Flesch und J. Capellen. (Geochim. cosmochim. Acta [London] **26,** 1351—53, 1962; Ames, Iowa, Iowa State Univ., Inst. f. Atomic Res. and Dep. of Chem.; engl.) — Die Cr-Isotopen-Geh. von 14 Proben aus Mineralen bzw. Meteoriten wurden massenspektrometr. bestimmt. Es läßt sich nicht unzweideutig sagen, ob Änderungen in der Isotopen-Zus. vorliegen. J. Heinze. 378◇

0619 **Eine Abschätzung der Isotopenzusammensetzung von Strontium in Gesteinen des präkambrischen Schildes Nordamerikas.** G. Faure, P. M. Hurley und H. W. Fairbairn. (J. geophys. Res. **68,** 2323—29, 1963; Cambridge, Mass., MIT, Dep. of Geol. and Geophys.; engl.) — Eine Unters. des von Süßwasser-Mollusken extrahierten Sr zeigte eine bedeutende Anreicherung von ^{87}Sr relativ zum Sr des prim. Basalts. Die durchschnittlichen ^{87}Sr/^{86}Sr-Verhältnisse der kalkigen Muschelschalen sind: Kenoran (2,5 Milliarden a) 0,721 ± 0,005; Hudsonian (1,7 Milliarden a) 0,720 ± 0,002; Greenville (1,0 Milliarden a) 0,717 ± 0,004. Die Isotopen-Zus. von Sr in kalkigen Muschelschalen aus dem Großen-Seen-Gebiet u. dem hauptsächlichen Entwässerungssyst. des St. Lawrence scheint in Korrelation mit dem Flußbettgestein des Entwässerungsbeckens zu stehen. Anzeichen für eine Fraktionierung während der Aufnahme in die Muschelschalen wurden nicht gefunden. J. Heinze. 378◇

0620 **Theoretische und technische Aspekte der Rb–Sr-Geochronologie.** G. H. Riley und W. Compston. (Geochim. cosmochim. Acta [London] **26,** 1255—81, 1962; Nedlands, Univ. of Western Australia, Dep. of Phys.; engl.) — Die für die Rb–Sr-Altersdatierung wichtigen Formeln werden analyt. u. graph. abgeleitet. Für 3 Modellfälle, die natürlichen Verhältnissen entsprechen, werden graph. Lsgg. gegeben. Der Einfl. der Verunreinigung der Proben im Labor. wird behandelt. J. Heinze. 378◇

0621 **Übersicht der ^{85}Rb/^{87}Rb-Verhältnisse in Mineralen.** W. R. Shields und E. L. Garner. (J. geophys. Res. **68,** 2331—34, 1963; Washington, D. C., Nat. Bur. of Standards; engl.) — Das ^{85}Rb/^{87}Rb-Verteilungsverhältnis wurde für eine Standardprobe von Rb_2SO_4 zu 2,5995 ± 0,0015 massenspektrometr. bestimmt. Die Verteilungsverhältnisse von 27 natürlichen Silicaten aus geograph. weit voneinander entfernten Gebieten wurden ermittelt. Die Isotopenalter dieser Proben liegen zwischen 20 u. 2600 Millionen Jahren. Das abs. Verhältnis wurde noch nicht bestimmt. J. Heinze. 378◇

0622 **Rubidium als geochemisches Leitelement bei der lagerstättenkundlichen Charakterisierung von Carnalliten und natürlichen Salzlösungen.** Robert Kühn. (Neues Jb. Mineralog., Mh. **1963,** 107—15; Hannover, Kaliforsch.-Inst.; dt.) — Von den K-Salzen ist Carnallit am Rb-reichsten; das Rb ist diadoch an Stelle von K eingebaut. Die Rb-Geh. von Carnalliten verschiedener Vorkommen u. Horizonte, bes. aus dem deutschen Zechstein, wurden mit dem Beckman-Spektralflammenphotometer bestimmt. Auf Grund von Kristallisationsverss. aus isotherm. bei 30° eindunstenden, ozean. Salzlsgg. bei Ggw. von wenig NH_4Cl, das den Rb-Einbau etwas beeinflußt, u. bei so niedrigen Rb-Konzz., wie sie den natürlichen Verhältnissen entsprechen, ist das gewichtsprozentuale Verteilungsverhältnis $Rb_{carnallit}/Rb_{mutterlauge}$ $\sim$ 17. Die gefundenen unterschiedlichen Rb-Geh. werden mit verschiedenen genet. Vorgängen erklärt, womit schon früher nach der Br-Meth. wahrscheinlich gemachte Vorstellungen bestätigt u. auch natürliche Salzlsgg. begutachtet werden können. H. Jehne. 378◇

0623 **Kalium–Argon-Altersbestimmung eines Lewis-Einschlusses.** J. A. Miller, A. J. Barber und N. H. Kempton. (Nature [London] **197**, 1095–96, 1963; Cambridge, Univ. of Cambridge, Dep. of Geodesy and Geophys.; London, Chelsea Coll. of Sci. and Technol.; engl.) — Von einem reinen Klinopyroxen eines Eklogits, der in dem Lewis-Glenelg-Einschluß vorkommt, wurde das K/Ar-Alter zu (1515 ± 104) · 10^6 Jahren bestimmt. Ernst Schulte. 378◇

0624 **Altersbestimmungen an Gesteinen des Ostbayerischen Grundgebirges und ihre geologische Deutung.** G. L. Davis und Werner Schreyer. (Geol. Rdsch. **52**, 146–69; 1962; Washington, D. C., Geophys. Labor.; Kiel, Univ., Mineralog. Inst.; dt.) — Rb/Sr-Altersbest. an Biotiten aus Gneisen u. Graniten des Moldanubikums lieferten übereinstimmende Alterswerte von 330–345 Millionen Jahren. Das Biotitalter eines vormoldanub. Granat-Disthen-Gneises ergab sich zu 440 Millionen Jahren, das eines Metagranodiorits der Münchberger Gneismasse zu 385 Millionen Jahren. Zirkone aus einem moldanub. Gneis zeigen nahezu konkordante Alter um 450 Millionen Jahre. Diese Ergebnisse deuten darauf hin, daß die Münchberger Masse sowie weitere Teile des Moldanubikums eine frühvarist. Aufheizung, wahrscheinlich im Zuge regionaler Metamorphose, erlebt haben. H. Jehne. 378◇

0625 **Probleme der Geochronologie des Präkambriums im östlichen Asien.** A. P. Vinogradov und A. I. Tugarinov. (Geochim. cosmochim. Acta [London] **26**, 1283 bis 1300, 1962; engl.) — Vgl. C. **1962,** 18047. — Für das Präkambrium des östlichen Asiens gilt dieselbe Altersfolge wie für die anderen Kontinente. Das Proterozoikum läßt sich unterteilen in Oberes (650–1100 · 10^6 Jahre) u. Unteres (1100–1900 · 10^6 Jahre) Proterozoikum. Äußerst intensiver Magmatismus aller Kontinente vor ca. 1900 · 10^6 Jahren bildet eine schroffe Zäsur zwischen dem Archaikum u. dem Proterozoikum. In einigen Gebieten des Aldan- u. chines.-korean. Schildes sind ältere Formationen (2250–2700 · 10^6 Jahre) entdeckt worden. Das älteste Liegende jedes Schildes taucht in südlicher Richtung zunehmend tiefer. Im Zusammenhang damit steigt die Bedeutung des südlichen paläomesozoischen Magmatismus. J. Heinze. 378◇

0626 **Über das Alter der granitischen Gesteine und seine Beziehung zu den strukturellen Merkmalen in Sumatra.** John A. Katili. (Nat. Acad. Sci.-Nat. Res. Council, Publ. Nr. **1085,** 116–21, 1962; Bandung, Indonesien, Inst. of Technol., Geol. Dep.; engl.) — Die meisten Granite sind post-trias. u. früh-tertiär, nur im Süden treten Granite aus der Kreidezeit auf. Das Alter der Lassi-Granite von Mittelsumatra beträgt 112 ± 24 Millionen Jahre, wonach sie u. ihre Faltung in die mittlere Kreide fallen. F. Ensslin. 378◇

0627 **Die Alluvialchronologie der Thompson-Creek-Wasserscheide, Harrison County, Iowa.** R. B. Daniels, Meyer Rubin und G. H. Simonson. (Amer. J. Sci. **261,** 473–87, 1963; Raleigh, N. C., North Carolina State Coll.; Washington, D. C., U. S. Geol. Surv.; Corvallis, Oreg., Oregon State Coll.; engl.) — Das Alluvium der Thompson-Creek-Wasserscheide wird von Tazewell bis zur Jetztzeit DeForest-Formation genannt. Es gliedert sich in das Soetmelk, Watkins, Hatcher, Mullenix u. Thurton. Aus Best. des radioaktiven C folgt, daß das Soetmelk u. Watkins zwischen 14000 u. 2000 Jahren vor der Jetztzeit abgelagert worden sind. Vor ca. 11000 Jahren trat dabei eine zeitweilige Pause ein. In den letzten 2000 Jahren haben 3 Sedimentations- u. Erosionszyklen stattgefunden. J. Heinze. 378◇

0628 **Paläomagnetische Bestätigung des neoiden Alters der hydrothermalen Mineralisierung in Krušné Hory (Erzgebirge) und Slavkovský Les (Kaiserwald).** Václav Hanuš und Miroslav Krs. (Věstník ústředního Ústavu geologického **38,** 119–22, 1963; Praha, Ustřední ústav geol.; Ústav užité geofyz.; tschech., Auszug: dt.) — Durch paläomagnet. Unterss. konnte das neoide Alter für den Flußspat-Quarzgang von Vrchoslav bei Teplitz u. den Klinges-Gneisenstock in Krásno durchquerenden Quarz-Haematitgang sichergestellt werden. Die Baryt-Flußspatmineralisierung von Vrchoslav mit ihrem tert. Alter deutet auf das tert. Alter der gesamten Roteisenstein-Baryt-Formation des Erzgebirges hin. Möglich sind auch 2 hydrothermale Phasen (oberpaläozoisch u. tertiär). F. Ensslin. 378◇

0629 **Zur Altersstellung und Entstehung der Sulfiderze vom Typus Falun.** Hans J. Koark. (Geol. Rdsch. **52,** 123–46, 1962; Uppsala, Univ., Mineralogisk — Geologiska Inst.; dt.) — Krit. Diskussionen des vorliegenden Materials. — 46 Literaturangaben. H. Jehne. 378◇

0630 **Die Entstehung der Schichtung in rhythmisch geschichteten Evaporiten.** O. Braitsch. (Geol. Rdsch. **52,** 405–17, 1962; Göttingen, Univ., Sedimentpetrograph. Inst.; dt.) — Das wesentliche Merkmal rythm. geschichteter Evaporite (z. B. der Staßfurter Salzfolge) ist der regelmäßige Wechsel von schwerer u. leichter lösl. Schichten. Er ist nur mit entsprechenden rythm. Konz.-Schwankungen, speziell in der Oberflächenlsg. erklärbar. Diese Schwankungen sind aber nicht durch Temp.-Schwankungen, sondern durch Strömungsvorgänge verursacht. Sie sind bei speziellen Annahmen über die hydrodynam. Auswrkg. des Klimas mit der Barrentheorie bei kontinuierlichem Nachfluß vereinbar. Die Jahresschichtungshypothese ist aber nur begrenzt gültig. In den Endstadien der Salzausscheidung treten gewöhnlich nur noch diskontinuierliche Überflutungen auf, so daß auch keine angenäherte Zeitbest. mehr möglich ist. H. Jehne. 378◇

0631 **Magma und magmatogene Lösungen.** Helmut Schröcke. (Geol. Rdsch. **52,** 24–37, 1962; Karlsruhe, Miner. Inst.; dt.) — Es werden die mit den im Magma gelösten flüchtigen Komponenten zusammenhängenden Erscheinungen wie Intrusion der Magmen, Bldg. von Pegmatiten, Abgabe der flüchtigen Komponenten aus dem Magma u. Bldg. von hydrothermalen Lsgg. diskutiert. H. Jehne. 378◇

0632 **Temperaturerhöhung in aufsteigendem Basalt-Magma.** P. G. Harris. (Amer. J. Sci. **260,** 783–86, 1962; Univ. of Leeds, England, Dep. of Geol.; engl.) — Das Aufsteigen von basalt. Magma durch den Erdmantel wird von einem Verlust an Gravitationsenergie begleitet, der unter bes. Bedingungen zu einem Wärmegewinn bis zu $1^1/_2$ cal/g/km führen kann. Vf. beschreibt den Mechanismus u. die therm. Verhältnisse magmat. Vorgänge. Aus dem Wärmegewinn wird die Bldg. einiger magnesiumreicher Magmen abgeleitet. I. Berger. 378◇

0633 **Ungleichgewichte zwischen mineralischen festen und flüssigen Phasen in der Petrogenese.** Georges Deicha. (Bull. Soc. géol. France [7] **4,** 157–64, 1962; franz.) — Die Einfl. der Übersättigung oder Unterkühlung zwischen mineral. Fll. u. kristallinen Bestandteilen der Gesteine werden betrachtet. Die Bedeutung des Ungleichgew. während der Entstehung der Kristallkeime, der Einfl. des kristallogenet. Ungleichgew.-Grades auf die Fazies u. Kristallgruppierung u. die verschiedenen Arten der Einlagerung von Verunreinigungen während des Wachstums der Kristalle werden diskutiert. J. Heinze. 378◇

0634 **Der geothermische Gradient im pt-Feld der metamorphen Fazies.** W. E. Tröger. (Beitr. Mineralog. Petrogr. **9,** 1–12, 1963; Freiburg i. Br., Univ., Miner. Inst.; dt.) — Unter Benutzung der neuesten Best. von Gleichgew. gesteinsbildender Silicate bei hohen Drücken u. Temp. wird ein pt-Diagramm entworfen, in dem die einzelnen metamorphen Fazies (im Sinne von Estrola u. Turner-Verhoogen) als Felder abgrenzbar sind. Im gleichen Diagramm lassen sich durch eine Kurvenschar vertikale Abfolgen der geotherm. Gradienten darstellen, die den verschiedenen Prozessen der Gebirgsbldg. entsprechen. Es werden reale Beispiele für die verschiedenen Abfolgen genannt. H. Jehne. 378◇

0635 **Chemische Zusammensetzungen paläozoischer Schiefer. 2. Mitt. Der Distrikt-Tatuno-Sioziri in der Präfektur Nagano.** Hiroshi Haramura. (J. geol. Soc. Japan, **67,** 671–75, 1961; jap., Auszug: engl.) – 1. vgl. C. **1963,** 10783. – In Tabellen werden die Zus. eines fast unmetamorphosierten Schiefers u. eines schwach metamorphosierten pelit. Gesteins, das sich aus den paläozoischen Schiefern gebildet haben soll, zusammengestellt. Die Schiefer haben im allg. einen niedrigeren CaO- u. höheren H_2O^+-Gehalt als die metamorphosierten Gesteine. H. Roschkowski. 378◇

0636 **Bedeutung der Austauschkationen bei der geochemischen Erforschung des Cheb-Beckens.** Václav Macháček. (Věstník ústředního Ústavu geologického **38,** 81–88, 1963; Praha, Ústředni ústav geol.; tschech., Auszug: dt.) – Im Cheb-(Eger-)Becken wurden 2 Horizonte durch Best. der Austauschkationen festgestellt. Der 1. hat einen geringen Geh. an austauschbarem Na, während der 2. untere Teil der Cyprisschichten einen verhältnismäßig großen Geh. an austauschbarem Na u. einen geringen Anteil an Ca aufweist. In der Schichtenfolge besteht ein Gleichgew. zwischen Gestein u. Grundwasser. Es gibt danach 2 verschiedene mineralisierte Arten von Grundwasser. F. Ensslin. 378◇

0637 **Petrographie und Genese von Bauxitlagerstätten. (Ein Überblick über die Bauxitliteratur.)** I. Valeton. (Geol. Rdsch. **52,** 448–74, 1962; Hamburg, Geolog. Staatsinst.; dt.) – Kurze Darst. der Gesetzmäßigkeiten, denen Chemismus u. Mineralverteilung in Bauxitlagerstätten unterworfen sind, u. der Ansichten über die Entstehung solcher Al-Gesteine. – 69 Literaturangaben. H. Jehne. 380◇

0638 **Petrographie der Bauxite von Mazaugues/Südfrankreich.** I. Valeton und W. Klint. (Geol. Rdsch. **52,** 475–92, 1962; dt.) – Vgl. vorst. Referat. – Bei Mazaugues/Var in Südfrankreich treten lagenförmige Bauxite über verkarsteten Carbonatgesteinen auf, die stratigraph. in die höhere Unterkreide zu stellen sind. Zwei eng benachbarte Vertikalprofile durch Bauxit u. Liegendgestein wurden auf Gefügeeigg., qual. u. quant. Mineralgeh. u. chem. Zus. untersucht. H. Jehne. 380◇

0639 **Quarzkristalle aus den kolumbianischen Anden (Südamerika).** A. Gansser. (Schweiz. mineralog. petrogr. Mitt. **43,** 91–103, 6 Tafeln, 1963; Zürich; dt.) – Bei Muzo in der Ostkordillere treten in schwarzen, unmetamorphen Schiefern der mittleren Kreide Quarzklüfte von alpinem Typus auf. Die Klüfte enthalten größere Quarzkristalle mit hexagonaler Morphologie sowie später gewachsene Kristalle mit einer ausgeprägten langgestreckten trigonalen Ausbldg., welche auffallend dem Tessiner Habitus der Quarze alpiner Klüfte der Lepontin. Kulmination gleicht. Ein gewisser Zusammenhang von H-Geh. u. Lamellenbau mit Tessiner Habitus scheint für die Quarze der Muro-Stufe möglich. H. Jehne. 380◇

0640 **Quarz in den Gesteinen der Kalinsker Gegend des südöstlichen Teiles der Apscheroner Halbinsel.** G. M. Kassumowa und E. Ch. Madatow. (Erdöl-Wirtsch. Aserbaidshan **38,** Nr. 4, 2–5, 1959; russ.) W. Pump. 380◇

0641 **Redledgeit, eine TiO_2-Einlagerungsstruktur analog Kryptomelan.** H. Strunz. (Neues Jb. Mineralog., Mh. **1963,** 116–19; Berlin, TU, Inst. für Miner.; dt.) – Redledgeit besitzt eine dem tetragonalen Kryptomelan entsprechende Gerüststruktur aus $[Ti^{4+}O_6]$-Oktaedern. Ein Teilersatz durch $[Cr^{3+}O_6]$-Oktaeder im Gerüst führt zu einem Defizit positiver Ladungen; der erforderliche Ladungsausgleich erfolgt durch Einlagerung von Mg^{2+} usw. (einschließlich H_2O) in die Kanäle parallel der c-Achse. Zellinhalt $8 \cdot (Mg, Ca, OH, H_2O)_{\leq 2}$ $[(Ti_6Cr_{1,5}Si_{0,5})_8O_{16}]$; Gitterkonst.: $a_0 \doteq 20{,}23$, $c_0 = 5{,}88$ Å, Raumgruppe: $C_{4h}^6 - I4_1/a$, Dichte: 3,72. H. Jehne. 380◇

0642 **Biogener Pyrit und Siegenit von Szechuan.** Gi-gyn Wang und Shu-kin Ye. (Scientia sinica **12,** 617–20, 1963; Min. of Geol., Acad. of Geol. Sci.; engl.) – Die in Co–Ni-führenden Pyritzonen silur.-carbonat. Sandsteine u. Kalksteine gefundenen Siegenite besitzen die Zus. S 23,94, Co 18,20, Ni 15,51, Fe 2,71%. Sie bilden sehr feine allotriomorphe Aggregate in Zwischenräumen von Pyritkörnern. Die einzelnen Körner von Siegenit u. Pyrit zeigen Formen u. Strukturen von Mikroorganismen. Bisweilen bilden die Sulfide Konzentrationen entlang peripherer Teile der ehemaligen Organismen oder zeigen oolith. Struktur. Im Zentrum der Pyrite tritt oft Tetraedrit auf. M. Hähnert. 380◇

0643 **Das Auftreten von Staßfurtit in der Hangendgruppe des Kalilagers Staßfurt in der Grube Bernburg-Gröna.** Rudolf Meier. (Geologie **12,** 312–15, 1 Tafel, 1963; Berlin; dt.) – Die statist. Verteilung von Staßfurtit in der Hangendgruppe des Kalilagers Staßfurt im Bereich des Grönaer Sattels wird aus der Grube Bernburg-Gröna beschrieben. Deutliche Häufungen sind im Liegenden der Steinsalzbänke „K" u. „L" zu erkennen. H. Jehne. 380◇

0644 **Zur Mineralogie der Topasgänge des Scherlberges (Osttransbaikalien).** Günter Tzschorn. (Geologie **12,** 283–311, 1 Tafel, 1963; Berlin; dt.) – Vf. untersuchte mineralog. Topase u. Berylle. Die Topase wurden goniometr. vermessen u. unter dem Mikroskop ihre Oberflächengestaltung beobachtet. Flächen mit verschiedenen Indices tragen unterschiedliche Figuren. Die Berylle ähneln sich in ihren physikal. u. chem. Eigg. weitgehend. Eine Abhängigkeit der Eigg. voneinander besteht offenbar nicht. H. Jehne. 380◇

0645 **Bemerkungen über die Blind River (Algoma)-Uranerze und ihre Entstehung.** Frank R. Joubin. (Econ. Geol. **55,** 1751–56, 1960; Toronto, Canada; engl.) – Theoret. Erläuterungen über die geolog. Geschichte der sedimentären Uranerze von Blind River. Uranerze u. Pyrit sind vor der Fällung vorhanden gewesen u. älter als die Diabase u. die albitreichen Intrusionen. F. Ensslin. 380◇

0646 **Unterschiede zwischen tauben und erzführenden Intrusionsporphyren.** Bronson Stringham. (Econ. Geol. **55,** 1622–30, 1960; Salt Lake City, Utah, Univ., Dep. of Miner.; engl.) – Die kretazeischen u. jüngeren hydrothermalen Au-, Ag-, Cu-, Pb-, Zn-, Mo-, Hg- u. U-Erze in der Basin u. Range Provinz sind an aphanit. u. porphyrit. Gesteine desselben Alters gebunden. Ähnliche Erzlager kommen mit Ausnahme der Pazifikküste u. des Mother Lodegebiets im ganzen Westen der USA vor. Es gibt aber auch eine Reihe Porphyre ohne Erzkörper. Sie sind meist kleiner u. liegen konkordant zum Nebengestein. Wenn sie es schneiden, treten Breccienbldg., Faltung oder Aufwölbungen auf. Sie zeigen öfter glasige Grundmasse als die erzführenden Porphyre u. keine Kontakteinw. auf die Nebengesteine. F. Ensslin. 380◇

0647 **Über die Bestimmung von polymetamorphen Mineralassoziationen und ihre Anwendung auf das Bosost-Gebiet (Zentralpyrenäen).** H. J. Zwart. (Geol. Rdsch. **52,** 38–65, 1962; Leiden, Geolog. Inst.; engl.) H. Jehne. 380◇

0648 **Untersuchungen an den Sedimenten der Tongrube von Willershausen.** Necip Güven. (Beitr. Mineralog. Petrogr. **9,** 40–64, 1963; Göttingen, Univ., Sedimentpetrograph. Inst.; dt.) – Die unteren hellen Schichten bestehen aus Sandsteinen, Sanden, tonigen Sanden u. Grobtonen, die *Quarz, Feldspate* u. *Glimmer* als Hauptminerale u. in geringen Mengen *Illit, Chlorit* u. manchmal *Montmorillonit* führen. Als Schwerminerale dieser Sande u. Sandsteine treten der Häufigkeit nach *Apatit, Zirkon, Granat, Anatas, Rutil, Turmalin* u. Opakminerale auf. Die oberen dunklen Schichten bestehen hauptsächlich aus mm-rythm. geschichteten Tonen mit Einschaltung einzelner Mergelbänke u. toniger Sandschichten. Dioktaedr. Illit ist das häufigste Tonmineral, dann folgen Chlorit u. in geringen Mengen in feinen Fraktionen Montmorillonit. Die Chlorit-Reflexe verschwinden bereits bei Erhitzung auf 450°. Chem. handelt es sich um die dem Pennin naheliegenden Diabantite. H. Jehne. 380◇

0649 **Eine Methode zur Berechnung der Mineralzusammensetzung von Gesteinen der Grünschieferfazies.** W. Narębski. (Bull. Acad. polon. Sci., Sér. Sci. géol. géogr. **10,** 191–96, 1962; Polish Acad. of Sci., Inst. of Geol. Sci., Mus. of the Earth; engl.) – Es wird ein Verf.

zur Umrechnung von chem. Analysen auf den Mineral-Geh. unter bes. Berücksichtigung der nicht-typomorphen Minerale angegeben. J. Heinze. 385◇

0650 **Die durchschnittliche Mineralzusammensetzung von Tonschiefer.** D. H. Yaalon. (Clay Minerals Bull. **5**, 31–36, 1962; Jerusalem, Hebrew Univ., Dep. of Geol.; engl.) — Die Unters. von 11 Tonschieferproben verschiedener Herkunft ergab: 59% Tonminerale, 20% Quarz u. Chalcedon, 8% Feldspate, 7% Carbonate, 3% Fe-Oxide, 1% organ. Bestandteile, sowie 2% andere Mineralien. Im Tonmineralanteil überwiegt Illit. W. Franke. 385◇

0651 **Vorschlag einer Nomenklatur tonig-sandiger Sedimentgesteine nach vorwiegend makroskopischen Kennzeichen, entwickelt unter besonderer Berücksichtigung der Gesteine des Oberen und Mittleren Siegen.** Adalbert Scherp. (Neues Jb. Geol. Paläontol., Abh. **116**, 199 bis 222, 1963; Krefeld, Geol. Landesamt Nordrhein-Westfalen; dt.) — Es wird versucht die unterschiedliche Nomenklatur der tonig-sandigen Sedimente unter Verwendung gebräuchlicher Bezeichnungen vorwiegend nach äußeren Merkmalen zu ordnen. F. Ensslin. 385◇

0652 **Einschlüsse in Granaten.** N. Rast, B. A. Sturt und A. L. Harris. (Nature [London] **195**, 274–75, 1962; Liverpool, Univ. of Liverpool, Dep. of Geol.; London, Bedford Coll., Dep. of Geol.; Aberystwyth, Univ. Coll. of Wales, c/o Dep. of Geol.; engl.) — Die Granat-Porphyroblaste der Dalradian rocks von Schottland weisen Prä- — (**I**), Syn- — (**II**), Post-porphyroblaste (**III**) genannte Einschlüsse auf. **I** kann in 2 Gruppen eingeteilt werden. 1.) stark orientierte Einschlüsse (hauptsächlich Quarz, Feldspat, Calcit u. Erze), die sich in einem Winkel zur Faltung außerhalb des Porphyroblasten neigen; 2.) schwach orientierte Einschlüsse (hauptsächlich Quarz, Feldspat u. Calcit), die parallel oder geneigt zum äußeren Bau sind. Die Korngröße der ersteren ist viel kleiner, die der letzteren etwa so groß wie die Korngröße der Mineralien außerhalb des Porphyroblasten. **II** sind Einschlüsse, die entweder im umgebenden Mutterboden des wachsenden Porphyroblasten oder auf der Oberfläche desselben gleichzeitig entstanden sind. Die ersteren enthalten Quarz, Feldspat-Erze u. Sphen, die letzteren Graphit, Erze u. Sphen. Die Gestalt der ersteren ist teils durch die fortlaufenden Deformation oder Kristallisation u. teils durch die Wachstumsgeschw. des Porphyroblasten bedingt. **III** wird in 2 Gruppen eingeteilt: in Einschlüsse, die in keiner klaren systemat. Beziehung zum Graphit stehen u. nur Spalten besetzen, u. in solche, die eine systemat. kristalline Orientierung in Beziehung zu den Granaten aufweisen u. hauptsächlich aus Glimmern u. Feldspaten bestehen, die manchmal die Granate vollständig ersetzen. Durch die Quarz-Einschlüsse mit dem Quarz des Mutterbodens konnte die bevorzugte opt. Orientierung, die in einigen Präporphyroblasten-Typen noch vorhanden ist, im umgebenden Boden nicht entdeckt werden. D. Hoene. 385□

0653 **Genese der Einsprenglinge im Granodioritporphyr von Züllsdorf (Südbrandenburg).** Wolfram Gottesmann. (Geologie **12**, 188, 1963; Berlin, Zentrales Geolog. Inst.; dt.) — Die Einsprenglinge im *Granodioritporphyr* von Züllsdorf entstammen dem umgebenden teilweise metamorphen Granodiorit. Während am *Plagioklas* u. *Biotit* keine Beeinflussung durch die magmat. Schmelze zu erkennen ist, sind die metamorphen Quarzaggregate auffällig gerundet. *Kalinatronfeldspat* wurde völlig assimiliert. Da die Einsprenglinge zum großen Teil eindeutig aus Fremdmaterial bestehen, war es notwendig, die eigentliche Zus. der magmat. Schmelze zu klären. Die Integration ergab, daß nur ca. 58 Vol.-% des Granodioritporphyrs bei seiner Intrusion wirklich schmelzfl. waren. Diese Schmelze muß im wesentlichen eine Quarz-Alkalifeldspat-Schmelze gewesen sein. H. Jehne. 385◇

0654 **Der Sizunit (Kap Sizun, Finistère) und das Problem der Entstehung der Lamprophyre.** Jean Cogné. (Bull. Soc. geol. France [7] **4**, 141–56, 1962; Strasbourg, Fac. de Sci., Labor. de Geol.; franz.) — Das Gestein besteht aus 57–62% *Mikroklin*, 18–23 *Biotit*, 3–4 *Erz*, 6–7 *Apatit* u. 8–10 verschiedenen (hauptsächlich Quarz) Mineralien. Die Ergebnisse der chem., mineralog. u. petrograph. Unters., zusammen mit einer Erklärung der Entstehung von Lamprophyren, werden vorgelegt. J. Heinze. 385◇

0655 **Beitrag zur sedimentologischen Kenntnis des Callovo-Oxfordien der Normandie und von Haut-Maine.** André Poisson. (Bull. Soc. géol. France [7] **4**, 405–12, 1962; Paris, Centre d'Orsay, Fac. des Sci., Labor. de Sedimentologie; franz.) — Die sedimentolog. Unters. ergaben, daß die Böden bei Villers klass. Meeressedimente mit vornehmlich Illit u. Kaolinit neben Vermiculit darstellen, die in einem ruhigen Medium abgeschieden wurden, lange lagerten u. sich homogenisierten. Bei Mamers wechselten diese Bedingungen mit dem Auftreten einer sandigen Küstenfazies, die von Illit u. Montmorillonit begleitet ist. Sie weist auf warmes trockenes Klima u. Sedimentation in einer Lagune hin. F. Ensslin. 385◇

0656 **Der Lindinosit (mesokrater Riebeckit-Granit) aus dem Massiv von Evisa (Korsika).** Jean-Pierre Quin. (Bull. Soc. géol. France [7] **4**, 380–83, 1962; Marseille, Fac. des Sci., Labor. de Geol. général; franz.) — Der Lindinosit kommt in Form von Einschlüssen in einem hololeukokraten Granit vor. Er besteht aus Quarz, Albit, Orthoklas, Riebeckit, Aegivin u. Flußspat (selten). Analysen. F. Ensslin. 385◇

0657 **Doleritintrusiva im Lias und Dogger von Andalusien; ihre Alkalipegmatit-Differentiation und die Aureolen der Metamorphose.** Robert Busnardo und Maurice Chenevoy. (Bull. Soc. géol. France [7] **4**, 461–70, 1962; franz.) — Die Dolerite sind wie aus der Kontaktmetamorphose hervorgeht, Intrusionen des mittleren Jura. Der Chemismus u. das petrograph. Bild ist das der nachtriass. Dolerite. Durch Differentiation sind alkali- u. titanreiche Pegmatoide entstanden, die zur Ausbldg. von Zeolithen u. Plagioklasen führten. An der Kontaktzone fand lediglich eine Rekristallisation durch Stoffaustausch statt. F. Ensslin. 385◇

0658 **Pegmatite von Ryrs, Schweden. — Beispiele zur Fluorit-Exomorphose.** E. Wm. Heinrich. (Amer. Mineralogist **47**, 924–31, 1962; Ann Arbor, Mich., Univ. of Michigan, Dep. of Geol. and Min.; engl.) — Vf. berichtet über die petrograph. Unters. von 2 Pegmatiten von Skuleboda (**I**) u. Gundlebo (**II**), die ungewöhnlich akzessor. Mineralien enthalten. In **I** wurden identifiziert *Albit, Allanit, Yttrotantalit* u. *Sphalerit*, in **II** *Cleavelandit, Lepidolith, Topas, Sphalerit* u. *Fluorit*. Die beiden Pegmatitkörper, die in einen biotit. Gneis intrudiert sind, haben eine exomorphe Umhüllung, in der sich Fluorit entwickelt hat. C. Gottfried. 385△

0659 **Beiträge zur Kenntnis der Metavulkanite vom Mátra-Gebirge.** J. Mezösi. (Acta Univ. Szegediensis, Acta mineralog.-petrogr. **15**, 29–41, 1962; Szeged, Univ., Miner.-Petrograph. Inst.; dt.) — Pyroxenandesite im mittleren Mátra werden mineralog.-petrograph. untersucht. Unter exogenen Einwirkungen vermindert sich der Na_2O- u. K_2O-Geh., während gleichzeitig der Wassergeh. bis zu 6–7% zunimmt. Gelegentlich auftretende hydrothermale Lsgg. vergrößerten den K_2O-Geh. der Metaandesite, während der Na_2O-Geh. sich vermindert, abgesehen von den Fällen, bei denen Zeolithe entstanden. J. Heinze. 385◇

0660 **Zur Mineralogie der Jadeitite des Balchasch-Gebietes.** W. N. Mosskalewa. (Schr. mineralog. Allunions-Ges. [UdSSR] [2] **91**, 38–49, 1962; Leningrad, Allunions-Geolog. Forschungsinst.; russ.) — Übersicht. — 25 Literaturangaben. O. Lebtag. 385△

0661 **Akzessorische Mineralien in den Gesteinen des Megrin-Plutons.** B. M. Melikssetjan. (Nachr. Akad. Wiss. ArmenSSR, geol. geogr. Wiss. **13**, Nr. 2, 9–30, 2 Tafeln, 1960; Akad. der Wiss. der ArmenSSR, Geol. Inst.; russ., Auszug: armen.) — Die granit. Gesteine des Megrin-Plutons werden durch das Vorhandensein einer Vielzahl von akzessor. Mineralien gekennzeichnet. Sie werden getrennt nach Zirkon-, Seltenerdmetall-, radioakt., Fremd-, Erz-, pneumatolyt. u. hypergenen Mineralien tabellar. angegeben. Einige Minerale treten als Durchläufer in allen Phasen der Intrusion u. in den nachfolgenden Gangfüllungen auf, andere sind auf einzelne

Phasen beschränkt. Ein Teil der Durchläufer zeigt Unterschiede in Häufigkeit u. Ausbildung in den einzelnen Phasen. Anhand der Akzessorien ergeben sich Parallelen zu benachbarten Intrusivgesteinen.

Horst Braun. 385◇

0662 **Stratigraphie und Vulkantätigkeit der Green-Tuff-Formationen der Halbinsel Oga in Nordost-Japan.** Kazuo Miyagi. (J. geol. Soc. Japan **69**, 51—66, 1963; jap.; Auszug: engl.) — Die vulkan. Tätigkeit kann in 8 Stadien eingeteilt werden, die Alkali-, Halbalkali- oder Kalkalkaligesteine lieferten. Im östlichen Teil der Gesteinsprovinz liegen Tholeiite u. Kalkalkaligesteine, die beide arm an Alkalien sind. In der Mitte treten Halbalkali-, Kalkalkaligesteine u. selten Tholeiite auf. Im Westen liegen Alkali- u. Halbalkaligesteine. F. Ensslin. 385◇

0663 **Mit Serpentinit vergesellschaftete saure Gesteine hoher Bildungstemperatur in Ost-Quebec.** Edward J. Olsen. (Amer. J. Sci. **259**, 329—47, 1961; Chicago, Ill., Nat. Hist. Mus.; engl.) — In serpentinisierten Peridotiten von Asbestos in Ost-Quebec werden metasomat. veränderte, linsenförmige Gabbro-Einschlüsse gefunden. Die Metasomatose führt über Biotit-Saussurit zu Mikroklin-Diopsid-Albit-Quarz-Gesteinen. Diese Paragenese zeigt die Bedingungen der Amphibolithfazies. Die Regionalmetamorphose der Umgebung erreichte das Niveau der Epidot-Amphibolitfazies. Die Metamorphose erfolgte ohne wesentliche Stoffzufuhr von außen.

Walter Franke. 385◇

0664 **Basaltmagma-Typen und ihre tektonischen Assoziationen: Pazifischer Nordwesten der Vereinigten Staaten.** Aaron C. Waters. (Nat. Acad. Sci.-Nat. Res. Council, Publ. Nr. **1035**, 158—70, 1962; Baltimore, Md., Johns Hopkins Univ., Dep. of Geol.; engl.) — Während des Miozäns bis Quartär fanden umfangreiche Eruptionen von 3 Varietäten toleiit. Basalts u. einem Al_2O_3-reichen Basalt statt, von denen jede aus einem getrennten Muttermagma stammt. Vor der Eruption drang das Magma in unterird. Hohlräume ein, wobei eine gewisse Differentiation stattfand. Der Al_2O_3-reiche Basalt des Oregon Plate aus wurde durch Spalten rasch ausgestoßen, ohne daß Zeit für eine Differentiation vorhanden war. Er enthält 17,7% Al_2O_3, die tholeiit. Basalte 13—15% Al_2O_3. F. Ensslin. 385◇

0665 **Das vermutliche Alter der Serpentinite von Kuba.** Ch. Ducloz und M. Vuagnat. (Arch. Sci. [Genève] **15 (167)**, 309—32, 1962; franz.) — Das Muttergestein der Serpentinite wurde durch Intrusion von Ultramafiten aus großer Tiefe vermutlich in ienen kristallinen Sockel in Form von Peridotiten, Duniten u. a. geliefert. Sie sind älter als die obere Kreide. Ihre Verwitterung begann auf Spalten unter Volumzunahme, die wiederum eine Erhöhung des Drucks bewirkte, wobei der entstandene Serpentinit als Gleitmittel wirkte. Unter dem Einfl. des erhöhten Drucks nahm die Geschw. der Serpentinisierung zu. F. Ensslin. 385◇

0666 **Erste Untersuchung der Tonfraktion einiger Böden von Chile.** L. Donoso. (Bull. Soc. franç. Minéralog. Cristallogr. **82**, 361—63, 1959; Paris, Muséum, Labor. de Minér.; franz.) — Unters. der Tonfraktionen von 3 Böden aus Chile (**I**, **II** u. **III**), wobei sich **I** u. **II** in trocknem Klima, **III** in feuchtem Klima gebildet hatten. Die DTA-Kurve der **I**-Fraktion zeigt 2 endotherme Effekte bei 100 u. 500°, was einem Ton von illit. Typ entspricht u. auch röntgenograph. bestätigt werden konnte. Zwischen 100 u. 600° tritt ein Gew.-Verlust von 4% ein. Die chem. Analyse einer Probe aus einer Tiefe von 50—80 cm ergab die Werte SiO_2 48,64(%); Al_2O_3 19,9; Fe_2O_3 8,8; MgO 0,07; K_2O 4,95; Na_2O; Glühverlust 16,1. Hieraus ergibt sich die Formel eines dioktaedr. *Illits* $(Si_{3,65}Al_{0,35})(Al_{1,41}, Fe^{3+}_{0,56})O_{11}Na_{0,17}K_{0,47}$. Die DTA-Kurve der **II**-Fraktion entsprach der eines *Montmorillonits*. Die chem. Analyse ergab SiO_2 42,8(%); Al_2O_3 30,9; Fe_2O_3 9,7; CaO 6,35; MgO 0,64; Glühverlust 18,77. Formel: $(Si_{3,37}Al_{0\cdot 63})(Al_{1,28}Fe^{3+}_{0,56}Mg_{0,04})O_{11}Ca_{0,52}$. Für die **III**-Probe zeigten die Pulverdiagramme u. die DTA, daß es sich um ein Gemisch von Illit u. *Vermiculit* handelt, das noch koll. Bestandteile enthält. Zwischen 180 u. 425° verliert die Substanz > 8,4% an Gewicht. Die chem. Analyse führte zu der Formel: $Si_{3,46}Al_{0,54}Al_{2,02}O_{11}MgO_{0,206}K_{0,016}Na_{0,032}$.

C. Gottfried. 385△

0667 **Petrographische Untersuchung der Lavaschichten des Pointe Guilben, nahe Paimpol (Côtes-du-Nord).** C. Alsac. (Bull. Soc. franc. Minéralog. Cirstllogr. **82**, 363—66, 1959; Paris, Fac. des Sci., Labor. de Petrographie; franz.) — Nach der petrograph. Unters. sind die Lavenschichten, die zwischen vulkan. präkambr. Auswürfen eingebettet sind, hauptsächlich aus Tieftemperaturmineralien: *Albit*, *Chlorit* u. *Epidot* zusammengesetzt u. scheinen prim. Ursprungs zu sein. Die Bldg,-Art dieser spilit. Laven wird besprochen.

C. Gottfried. 386△

0668 **Neue Daten über den Vulkanismus der Unteren Kreide im Krimgebirge.** W. I. Lebedinski und T. I. Dobrowolskaja. (Ber. Akad. Wiss. UdSSR **136**, 896—99, 1961; Inst. für Mineralvorräte der Akad. der Wiss. der UkrainSSR; russ.) — Durch die Unterss. wird die Ggw. von pyroklast. Gesteinen in allen Bereichen des Krimgebirges u. in der Tiefebene der Halbinsel Krim bestätigt. Aus dem Vgl. der mineralog. Zus. des pyroklast. Materials von Balaklawa bis zum Steppengebiet folgt eine Abnahme der Vielfältigkeit u. Mengen dieser Mineralien, woraus zu schließen ist, daß die vulkan. Zentren südlich der heutigen Küste lagen. Die Vulkanausbrüche erfolgten auf dem Kontinent. Dies ergibt sich aus der Ggw. von brauner, bes. aber von basalthaltiger Hornblende. O. Lebtag. 386△

0669 **Böden und Geologie einiger hydrothermaler Eruptionen in dem Waiotapu-Distrikt.** D. Cross. (New Zealand J. Geol. Geophysics **6**, 70—87, 1963; Ottender, Maybole, Ayrshire, Schottland; engl.) — Durch Geysire u. andere hydrothermale Quellen entstanden große Mengen hydrothermal verwitterter Böden, die sich deutlich von Bimsböden unterscheiden, obwohl das Material aus Vulkaniten u. Aschen geliefert wurde. Sie bestehen aus Ton u. Silt u. zeigen eine bedeutend größere Fruchtbarkeit als die aus Bims gebildeten Böden.

F. Ensslin. 386◇

0670 **Geochemische Untersuchung des Erdgas produzierenden Gebiets im südlichen Kantô. Über die Beziehung zwischen Gaszusammensetzung und dem Typ des Gasvorkommens.** Ryûichi Sugisaki, Taisuke Yoshimoto, Kikuo Katô und Tsutomu Sugiura. (J. geol. Soc. Japan **69**, 67—81, 1963; jap., Auszug: engl.) — 18 Gasquellen des mit Salzwasser zusammen vorkommenden Erdgases wurden untersucht. Das Gasvork. wurde im oberen Pliozän gebildet. Der He-Geh. im Gas stammt aus dem Zerfall von U- u. Th-Mineralien, während das gesamte Ar u. der größte Teil des N_2 atmosphär. Ursprungs sind. CH_4 wurde bakteriell gebildet, ebenso in kleinen Mengen H_2 u. C_2H_6. Die Gase stiegen nach oben u. sammelten sich in einem Reservoir. Das saline W. ist Seewasser mit einem hohen Geh. an Jod aus der Zers. organ. Materials. Durch Ionenaustausch in dem Gestein nahm der Geh. an Na zu, der an Mg, Ca u. K ab. F. Ensslin. 390◇

B. Allgemeine und theoretische organische Chemie

0671 **Ionisation in binären Gasgemischen durch Alpha-Teilchen.** T. D. Strickler. (J. physic. Chem. **67**, 825—30, 1963; Oak Ridge, Tenn., Health Phys. Div., Oak Ridge Nat. Labor.; Berea, Ky., Berea Coll., Dep. of Phys.; engl.) — Der mittlere Energieverlust (W) pro Ionenpaar für *α-Teilchen* wurde in den Gasen N_2, CO_2, H_2, O_2, CH_4, C_2H_4, C_2H_6, *Cyclopropan*, *Propylen*, *Propan*, *Isobutylen*, *Buten-(1)*, *Buten-(2)* u. in *Toluol*-Dampf sowie für eine große Zahl ihrer Gemische in Abhängigkeit vom Partialdruck (P) bestimmt. Für jedes Gaspaar (i, j) wurde aus den Meßergebnissen eine Konst. $f_{i,j}$ entnommen, die unter Zuhilfenahme der Gleichungen $W_{i,j} = (W_i - W_j)$

$Z''_{i,j} + W_j$ u. $Z''_{i,j} = P_j/(P_i + f_{i,j}P_j)$ die Berechnung der W-Werte bei beliebigen Partialdrucken gestattet. Die $f_{i,j}$-Werte lassen sich mit hoher Genauigkeit auch aus der Beziehung $f_{i,j} = f_j/f_i$ errechnen, wenn man als f-Werte in der obigen Reihenfolge zugrunde legt: 1; 1,8; 0,5; 1,3; 1,8; 3,4; 3,5; 4,5; —; 4,5; —; 6,3; 6,3 u. 15. Anzeichen eines Jesse-Effektes wurden nur bei N_2-Mischungen in schwachem Maße festgestellt.

T. Tamberg. B 90◇

0672 **Untersuchung des hochaufgelösten Spektrums des CBr-Radikals.** R. N. Dixon und H. W. Kroto. (Trans. Faraday Soc. **59**, 1484—89, **1963**; Sheffield, Univ., Dep. of Chem.; engl.) — Das Absorptionsspektrum von CBr-Radikalen (aus Bromoform durch Blitzlichtphotolyse) zwischen 3000 u. 3060 Å wurde mit hoher Auflösung photographiert. Danach handelt es sich um einen Übergang $^2\Delta(a) \rightarrow {}^2\Pi(a)$. Eine Rotationsanalyse einer Dublettkomponente der 0–0-Bande ergab nachst. Bindungslängen: r'_0 1,813 Å, r''_0 1,821 Å. Die zweite Dublettkomponente der 0–0-Bande ist diffus; sie liefert eine obere Grenze von 94,7 kcal/Mol für die Dissoziation im Grundzustand. Die Spin–Bahn-Kopplung bei CF, CCl u. CBr wird auf der Grundlage der Lokalisierbarkeit der teilweise aufgefüllten Mol.-Orbitale interpretiert.

Ch. Zechel. B 118◇

0673 **Ultraviolett-Absorptionsspektren von substituierten Phenylharnstoffen. 2. Mitt. Lösungsmitteleffekt und Struktur der Carbamidgruppe.** Yojiro Tsuzuki, Shinichi Motoki und Ritsuko Tanese. (Bull. chem. Soc. Japan **33**, 1335—37, 1960; Tokyo, Coll. of Sci.; engl.) — 1. vgl. C. **1962**, 1546. — Zwischen 200 u. 350 mμ wurden die UV-Absorptionsspektren von *Phenylharnstoff* (**I**), *N-Äthyl-*, *N.N'-Diäthyl-*, *N'-Äthyl-* u. *N.N'-Diäthyl-N-phenylharnstoff* (in alkohol. Lsg.), *p-Methyl-*, *p-Nitro-* (**II**), *o-*(**III**), *m-*(**IV**) u. *p-Äthoxy-* u. *o-*, *m-* u. *p-Methoxyphenylharnstoff* (in W., A. u. Ae.) untersucht. Hierbei wurde festgestellt, daß bei den N-Äthylderivaten die Absorptionsintensität sehr stark abnahm, während die N'-Äthylderivate die gleiche starke Absorption wie **I** selbst zeigten. Ferner nimmt die Absorptionsintensität der Verb. deutlich mit Abnahme der Polarität des Lösungsmittels zu. Bei allen Verbb. änderten sich die Extinktionskoeff. ε_1 u. ε_2 deutlich bei Änderung des Lösungsmittels. Die Beobachtungen lassen sich mit der Annahme erklären, daß sich in wenigen polaren Lösungsmitteln das Tautomeriegleichgewicht der Arylharnstoffe nach der Pseudoform $ArN{=}C(OH){-}NH_2$ zu verschiebt, die stärker absorbiert als die n. Form. Es wurde ferner für die Verbb., mit Ausnahme von **II**, **III** u. **IV** eine Blauverschiebung der Absorptionsbanden mit zunehmender Polarität des Lösungsmittels festgestellt. Bei der Unters. des Orientierungseffektes (o-, m- u. p-RO-) auf die bathochrome Verschiebung wurde gefunden, daß für die B-Bande das Absorptionsmaximum der Alkoxyphenylharnstoffe in A. u. Ae. in der Reihenfolge $p > o > m$ ist, während in wss. Lsg. die drei Isomeren nahezu im gleichen Wellenlängengebiet absorbieren. Die K-Bande fällt bei den m-Verbb. in wss. Lsg. in das Gebiet der längsten Wellenlänge ($m > p = o$), während in Alkohol u. äther. Lsg. die frühere Beziehung $p > o > m$ Gültigkeit besitzt. Diese Beziehungen lassen sich vielleicht mit der Annahme erklären, daß in wss. Lsg. die Carbamidgruppe hauptsächlich die Harnstofform hat, so daß sie ihre elektronenanziehende Eig. wegen der Abwesenheit von Resonanz mit der Alkoxylgruppe verliert. In nichtwss. Lsg. tritt die Carbamidgruppe wenigstens zu einem großen Teil in der Pseudoform auf, wodurch Resonanz mit der Alkoxylgruppe ermöglicht wird.

C. Gottfried. B 118△

0674 **Beitrag zur Untersuchung der Ultraviolett- und sichtbaren Absorption von orthosubstituierten Anilinen. 4. Mitt. o-Amino- und o-Acylaminobenzoylarylamine.** Panos Grammaticakis. (Bull. Soc. chim. France **1962**, 487—96; Paris, Labor. de Chim. Organ. I; franz.) — Vgl. C. **1962**, 9648. — Vf. nimmt die UV-Spektren (angegeben zwischen 2142 u. ca. 4000 Å) folgender Verb. in 95%ig. A. auf: *N-[o-Aminobenzoyl]-* ($C_{13}H_{12}N_2O$, F. 119° [Bzl.]), *-N-methyl-* ($C_{14}H_{14}N_2O$, F. 129° [Bzl.]), *-o-phenylanilin* ($C_{19}H_{16}N_2O$, F. 112° [Ae. + PAe.]), *-o-* ($C_{14}H_{14}N_2O$, F. 107—108° [Ae. + PAe.]), *-m-* ($C_{14}H_{14}N_2O$, F. 119 bis 120° [Bzl.]) u. *-p-toluidin* ($C_{14}H_{14}N_2O$, F. 150—151° [A.]), *-2.6-dimethyl-* ($C_{15}H_{16}N_2O$, F. 137—138° [Bzl.]), *-2.4.6-trimethyl-* ($C_{16}H_{18}N_2O$, F. 143—144° [Bzl.–PAe. oder Ae.-PAe.]), *-o-* ($C_{13}H_{11}ClN_2O$, F. 99—100° [Bzl.-PAe.]), *-m-* ($C_{13}H_{11}ClN_2O$, F. 137—138° [Bzl.]) u. *-p-chloranilin* ($C_{13}H_{11}ClN_2O$, F. 148—149° [Bzl.]), *-o-* ($C_{13}H_{11}BrN_2O$, F. 103—104° [Bzl.-PAe.]), *-m-* ($C_{13}H_{11}BrN_2O$, F. 151 bis 153° [abs. Bzl.]) u. *-p-bromanilin* ($C_{13}H_{11}BrN_2O$, F. 156 bis 157° [Bzl.-PAe. oder Ae.-PAe.]), *-o-* ($C_{14}H_{14}N_2O_2$, F. 109—110° [Bzl. oder Ae. + PAe.]), *-m-* ($C_{14}H_{14}N_2O_2$, F. 87—89° [Ae. + PAe.]) u. *-p-anisidin* ($C_{14}H_{14}N_2O_2$, F. 121—122° [A.]), *N-[o-Acetamidobenzoyl]-* ($C_{15}H_{14}N_2O_2$, F. 166—167° [u. 182—183° [Bzl.]), *-N-methyl-* ($C_{16}H_{16}N_2O_2$, F. 128—130° [Ae.-PAe.]), *-o-phenyl-* ($C_{21}H_{18}N_2O_2$, F. 166—167° (A.]), *-2.6-dimethyl-* ($C_{17}H_{18}N_2O_2$, F. 180° [Bzl.-Cyclohexan]), *-2.4.6-trimethylanilin* ($C_{18}H_{20}N_2O_2$, F. 207—208° [A.]), *-o-* ($C_{16}H_{16}N_2O_2$, F. 163° [Bzl.-PAe.]), *-m-* ($C_{16}H_{16}N_2O_2$, F. 178° u. 180—181° [A.]) u. *-p-toluidin* ($C_{16}H_{16}N_2O_2$, F. 193—194° [A.]), *-o-* ($C_{15}H_{13}ClN_2O_2$, F. 152—153° [Bzl.-PAe.]), *-m-* ($C_{15}H_{13}ClN_2O_2$, F. 189 bis 190° [abs. Bzl.]) u. *-p-chloranilin* ($C_{15}H_{13}ClN_2O_2$, F. 204 bis 205° [abs. Bzl.]), *-o-* ($C_{15}H_{13}BrN_2O_2$, F. 156° [Bzl.-Ae.]), *-m-* ($C_{15}H_{13}BrN_2O_2$, F. 194—195° [A.]) u. *-p-bromanilin* ($C_{15}H_{13}BrN_2O_2$, F. 207—209° [A.]), *-o-* ($C_{16}H_{16}N_2O_3$, F. 139—141° [A.]), *-m-* ($C_{16}H_{16}N_2O_3$, F. 170—172° [Ae.]) u. *-p-anisidin* ($C_{16}H_{16}N_2O_3$, F. 189—191° [A.]), *N-[o-Benzamidobenzoyl]-* ($C_{20}H_{16}N_2O_2$, F. 280 u. 283° [A.]), *-N-methyl-* ($C_{21}H_{18}N_2O_2$, F. 134 u. 137° [verd. A.]), *-2.6-dimethyl-* ($C_{22}H_{20}N_2O_2$, F. 207—208° [A.]), *-2.4.6-trimethylanilin* ($C_{23}H_{22}N_2O_2$, F. 228—229° [A.]), *-o-* ($C_{21}H_{18}N_2O_2$, F. 220—221° [A.]), *-m-* ($C_{21}H_{18}N_2O_2$, F. 224 bis 226° [A.]) u. *-p-toluidin* ($C_{21}H_{18}N_2O_2$, F. 233—234° [A.]), *-o-* ($C_{20}H_{15}ClN_2O_2$, F. 173—175° [A.]), *-m-* ($C_{20}H_{15}ClN_2O_2$, F. 244—245° [A.]) u. *-p-chloranilin* ($C_{20}H_{15}ClN_2O_2$, F. 250 u. 253° [A.]), *-o-bromanilin* ($C_{20}H_{15}BrN_2O_2$, F. 171 bis 172° [A.]), *-o-* ($C_{21}H_{18}N_2O_3$, F. 166—167° [A.]), *-m-* ($C_{21}H_{18}N_2O_3$, F. 198—199° [A.]) u. *-p-anisidin* ($C_{21}H_{18}N_2O_3$, F. 233—235° [A.]), *N-[o-(3-Phenylcarbamido)-benzoyl]-* ($C_{20}H_{17}N_3O_2$, F. 250 u. 274° [A.]), *-o-phenyl-* ($C_{26}H_{21}N_3O_2$, F. 224 u. 233° [A.]), *-N-methyl-* ($C_{21}H_{19}N_3O_2$, F. 156 bis 157° [Bzl.-Cyclohexan]), *-2.4.6-trimethylanilin* (*Halbhydrat*, $C_{23}H_{23}N_3O_3 \cdot 0{,}5H_2O$, F. 240 u. 257° [A.]), *-o-* ($C_{21}H_{19}N_3O_2$, F. 265 u. 269° [A.]), *-m-* ($C_{21}H_{19}N_3O_2$, F. 217 u. 236° [A.]) u. *-p-toluidin* ($C_{21}H_{19}N_3O_2$, F. 232 u. 249° [A.]), *-o-* ($C_{20}H_{16}ClN_3O_2$, F. 223 u. 242° [A.]) u. *-p-chloranilin* ($C_{20}H_{16}ClN_3O_2$, F. 243°, 262° u. 285° [A.]), *-o-* ($C_{21}H_{19}N_3O_3$, F. 205 u. 214° [A.]), *-m-* ($C_{21}H_{19}N_3O_3$, F. 231 u. 245° u. 295° [A.]) u. *-p-anisidin* ($C_{21}H_{19}N_3O_3$, F. 215, 225° u. 287° [Zers., A.]). Die qual. spektralen Beziehungen dieser Verbb. verhalten sich ähnlich denjenigen, die früher (l. c.) bei den entsprechenden Arylaminen u. ihren N-acylierten Derivv. ermittelt wurden. Während bei den o-Aminobenzoyltoluidinen, -mesidinen, -chlor- u. -o-bromanilinen ein anomaler Orthoeffekt im Spektrum zu verzeichnen ist, trifft dies auf die Anisidine nicht zu. Beim Übergang von den o-Acetamido- zu den o-Benzamidobenzoylarylaminen beobachtet man eine bathochrome Verschiebung der Absorption, meist ohne Veränderung der Form der Absorptionskurve. Mit Ausnahme der N- u. o-substituierten Verbb. besitzen die o-Phenylcarbamidobenzoylaniline prakt. die gleiche Absorption. — Die o-Aminobenzoylarylamine wurden durch Hydrierung der entsprechenden o-Nitrobenzoylarylamine in Ggw. v. Raney-Ni in A. oder durch Einw. v. Isatosäureanhydrid (acide anhydroisatoique, F. 250° [95%ig. A.], aus $COCl_2$ u. Anthranilsäure in Toluol) auf die Arylamine dargestellt. Die o-Aminobenzoylbromaniline u. ihre Acylderivv. sind wärmeempfindlich. Alle o-Acylamidobenzoylarylamine des Typs $RCONHC_6H_4CONHAr$ ($R = CH_3$, C_6H_5 oder C_6H_5NH) wurden durch Acylierung der o-Aminobenzoylarylamine oder auch durch Hydrolyse der 3-substituierten 3-Arylchinazolone-(4) erhalten. Die Umwandlung der o-Acylaminobenzoylarylamine in die Chinazolone gelang mit Dehydratisierungsmitteln ($SOCl_2$ oder Acetylchlorid bzw. Acetanhydrid) in der Wärme. Die Lsgg. der o-Aminobenzoylchloraniline u. -bromaniline fluorescieren unter bestimmten Bedingungen, was bei den Acylderivv. nicht zu beobachten ist.

B. Gnauck. B 118□

0675 **UV-Absorptionsspektren von Dihydroindolalkaloiden.** T. R. Govindachari und S. Rajappa. (Proc. Indian Acad. Sci., Sect. A **51**, 319—21, 1960; Madras, Presidency Coll., Dep. of Chem.; engl.) — Vff. zeigen am *Echitamin, Echitinolid* u. dessen $LiAlH_4$-Red.-Prod., *Alloechitamin* u. seinem $LiAlH_4$-Red.-Prod., *Hemitoxiferin-I* u. am *Calycanthin*, daß die Basizität des Indol-N von der Entfernung zum anderen N-Atom u. von der Substitution in der Umgebung des Indol-N-Atoms abhängt. Bei Protonisierung des Indol-N zeigt das UV-Spektrum Bzl.- statt Dihydroindolcharakter. W. Schindelhauer. B118◇

0676 **Dispersionskurven von Chloroform und Kohlenstofftetrachlorid in einem weiten Temperaturgebiet.** I. W. Obreimow und Je. F. Jamschtschikow. (Optik u. Spektroskopie [UdSSR] **6**, 517—22, 1959; russ.) — Vgl. C. **1957**, 3764. — Die Temp.-Abhängigkeit des Brechungsindexes u. der Dispersion im Wellenlängenbereich von 2800—6200 Å von CCl_4 (0—77°) u. $CHCl_3$ (— 3 bis 53°) wurde bestimmt. Die Isothermen der Dispersionskurven verlaufen parallel zueinander.
G. Pötzscher. B 119◇

0677 **Experimentelle Untersuchung der Refraktionen. Valenzrefraktionen.** Jean Grange, Guy Albiser und Henry Fousse. (Cahiers de Physique **16**, 35—44, 1962; Nancy, Fac. des Sci., Labor. de Phys. expérimentale; franz.) — Vgl. C. **1963**, 22658. — Unter Verwendung der von Mallemann (vgl. C. **1951**, II, 2572) angegebenen Valenzrefraktionen der Bindungen berechneten Vff. die Mol.-Refr. einer größeren Anzahl von Verbb. u. verglichen sie mit den bei ca. 20° experimentell bestimmten Werten. Die folgenden Verbb. wurden untersucht: *Acetylen, Pentin-(1), Hexin-(1), -(2)* u. *-(3), Heptin-(1)* u. *-(2), Octin-(1), -(2), -(3)* u. *-(4), Nonin-(1), Decin-(1)* u. *-(4), Hexadien-(1.5), -(2.4), Hexadiin-(1.5) (Dipropargyl), Aceton, Methyläthylketon, Diäthylketon, Methylisobutylketon, Dihentriakontylketon, Cyclopentanon, Cyclohexanon, α.α'-Dibenzyl-β'-methyl-β-isopropylcyclohexanon, Acetylaceton, Acetophenon, 1-Acetyl-2-phenylacetylen, 1-Propionyl-, 1-Butyryl-, 1-Isovalcryl-, 1-Caproyl-2-phenylacetylen, Ae., Äthylenoxid, Dimethyl-, Dipropyläther, Methylalkohol, A., sek.-Octylalkohol, Acetaldehyd, Butyraldehyd, Isobutyraldehyd, Heptaldehyd, Ameisen-, Essig-, Propion-, Capron-, Heptansäure, Diäthylcarbonat, Essigsäureäthylester, Weinsäurediäthylester, Acetanhydrid, Brenztraubensäure, Glykol, Glycerin, Glyoxal, Allyl-, Crotonalkohol, Acrolein, Crotonaldehyd, Acrylsäure, Vinylessigsäure, Crotonsäure, Acrylsäuremethyl-* u. *-äthylester, Crotonsäureanhydrid, Äthylpropargyläther, Propargylacetat, Butin-(2)-dial-(1.4)-bis-[diäthylacetal], Amylpropiolsäureäthylester, Hexylpropiolsäure, -äthylester, -propylester, Acetylendicarbonsäurediäthylester, Benzyl-* u. *Phenyläthylalkohol, Benzaldehyd, Zimtaldehyd, β-Phenylpropiolsäuremethyl-* u. *äthylester, Furan, 2.5-Dimethylfuran, Tetrahydrofuran, Benzofuran, W.,* H_2O_2*, Methyl-, Äthyl-, Butylfluorid, Fluorbenzol, o-, m-* u. *p-Fluortoluol, Phenylfluoroform, Methyl-, Äthyl-, Propyl-, Isopropylchlorid, Chlf.,* CCl_4*, 1.1-Di-, symm.-Tetra-, Pentachloräthan, Tri-, Tetrachloräthylen, Chlorcyclohexan, Chlorbenzol, Di-β-chloräthyläther, Methyl-, Äthyl-, Propyl-, Isobutylbromid, 1.2-Dibromäthan, Bromoform, 1.2-Dibromäthylen, Allylbromid, Bromcyclohexan, Brombenzol, Bromtoluol, Bromnaphthalin, Methyl-, Äthyl-, Isobutyljodid, Jodbenzol, HCN, Acetonitril, Propionitril, Acryl-, Malo-, Benzonitril, o-Tolunitril, Benzylcyanid, Äthylisocyanat, Cyanessigsäureäthylester, Pyridin* u. *Nicotin*. Die Übereinstimmung zwischen beobachteten u. berechneten Werten war gut.
C. Gottfried. B 119△

0678 **Infrarotspektroskopische Untersuchungen an Kohlenwasserstoffen und ihren Derivaten im Bereich der Kombinationsschwingungen bei 2,2—2,4 μm.** G. Geppert und M. Kunz. (Mber. dtsch. Akad. Wiss. Berlin **4**, 90—92, 1962; Leipzig, Dt. Akad. Wiss., Inst. für Verfahrenstechnik; dt.) — Die Banden 2,30 μm (A) u. 2,34 μm (B) haben einen nahezu konst. Frequenzabstand (73 cm^{-1}). Die Lichtabsorption von B ist proportional den CH_2-Gruppen ($E_{max} = 0{,}45$ Liter/Mol · cm). A u. B erlauben durch Koeffizientenbildung E_B/E_A die Unterscheidung von Naphthenen u. Aliphaten, Bestimmung von deren Kettenlänge sowie der Länge u. Stellung funktioneller Gruppen in Derivaten. Die Bande 2,27 μm (C) liefert Aufschluß über Verzweigungen. D. Groß/Berlin. B 120◇

0679 **Normalschwingungen und Normalfrequenzen von Vinylchlorid.** 1. Mitt. **Infrarot-Bandenkonturen von Vinylchlorid.** Gy. Varsányi, S. Szöke und T. Faragó. (Acta chim. Acad. Sci. hung. **34**, 411—38, 1962; Budapest, Techn. Univ., Inst. of Phys. Chem.; engl.) — Die Bandenkonturen der IR-Rotationsschwingungsbanden des asymm. Kreisel-Mol. *Vinylchlorid* (**I**) wird in 1. u. 2. Näherung als Übergangsfall zwischen abgeplattetem u. verlängertem symm. Kreisel unter Berücksichtigung des endlichen Auflösungsvermögens des Spektrometers berechnet u. mit experimentell erhaltenen Banden verglichen (Spektren). Erst die 2. Näherung gibt befriedigende Übereinstimmung mit dem Experiment, was durch die großen Unterschiede zwischen den Hauptträgheitsmomenten (A:B:C = 10,2:1,1:1) u. deren kleinen Absolutwerten bedingt ist. Für einige Banden von **I** fällt die Richtung des Übergangsmomentes der betreffenden Normalschwingung nicht mit einer der Hauptträgheitsachsen zusammen. Durch Vgl. mit den theoret. berecheneten Konturen dieser Hybridbanden wird der Winkel des Übergangsmomentes mit den Achsen näherungsweise bestimmt. P. Kahlow. B 120△

0680 **Über die Struktur von Citral, das aus synthetischem Geranylchlorid erhalten wurde.** A. A. Petrow, Ch. W. Baljan, Ju. I. Cheruse, Je. Ju. Schwarz und T. W. Jakowlewa. (J. allg. Chem. [UdSSR] **29(91)**, 445—50, 1959; Leningrad, Technolog. Lensowjet-Inst.; russ.) — Es wurden die IR-, Raman- u. UV-Spektren von synthet. *Citral* (**I**) untersucht. Die **I**-Präpp., die aus den Telomeren von Isopren u. 1-Chlor-3-methylbuten-(2) bzw. Isopren u. 2-Chlor-2-methylbuten-(3) erhalten wurden, sind prakt. identisch. Das synthet. **I** unterscheidet sich etwas von dem natürlichen. Dieser Unterschied ist durch den verschiedenen Geh. an *Geranial, Neral* u. Verunreinigungen bedingt. Synthet. **I** enthält nur wenig der α-Form.
Helmut Schäfer. B 120△

0681 **Die Intensität der Carbonylabsorption substituierter Äthylacetate im Infrarot-Bereich.** T. L. Brown. (Spectrochim. Acta [London] **18**, 1615—23, 1962; Urbana, Ill., Univ., Noyes Chem. Labor.; engl.) — Die Lage u. integrale Intensität der Carbonylabsorption im IR wird von *Essigsäure-, Fluor-* (**I**), *Difluor-* (**II**), *Trifluor-, Difluorchloressigsäure-, Propionsäure-, α-Brom-, α-Chlorpropionsäure-, Isobuttersäure-, α-Bromisobuttersäure-, Pivalinsäureäthylester* u. *Pivalinsäure-tert.-butylester*, von **I**, **II**, *Chlor-* (**III**), *Brom-* (**IV**) u. *Dichloressigsäureäthylester* (**V**) auch die Temp.-Abhängigkeit, in $CHCl_3$- u. CCl_4-Lsg. vermessen u. tabelliert. Die Konstellationen der Substituenten zur Carbonylgruppe bei den Mono- u. Dihalogenverbb. zeigen sich in der Aufspaltung der CO-Valenzschwingung. Es handelt sich um Gleichgewichte der Rotationsisomeren. Die Enthalpie der Gleichgewichtseinstellung zwischen den beiden Konformationen mit hoher u. tiefer Absorptionsfrequenz wird bestimmt: **I** 560 [± 100, cal/Mol], **II** 25, **III** 500, **IV** 0, **V** 0.
D. Groß/Berlin. B 120◇

0682 **Polarisierte Infrarotspektren einiger kristalliner Fettsäuren.** H. Susi und Anne M. Smith. (J. Amer. Oil Chemist's Soc. **37**, 431—35, 1960; Philadelphia, Pa., Eastern Regional Res. Labor.; engl.) — Die IR-Spektren dünner, krist. Schichten von *Heptadecansäure* (**I**) der Kristallform B' (triklin) u. C' (monoklin) u. von *Tridecansäure* (**II**) der Form A' (triklin) wurden mit polarisierter Strahlung aufgenommen (Spektren, Tabellen). Polarisationsverhalten u. Zuordnung zu den Schwingungen u. Rassen der Absorptionsbanden werden mitgeteilt. In KBr zeigen **I** u. **II** eine Bande bei 1175 cm^{-1}, die in den Spektren der reinen Kristalle fehlt.
P. Kahlow. B 120△

0683 **Über einige Diester der phosphorigen Säure.** Robert Wolf, Raymonde Mathis-Noël und Ferdinand Mathis. (Bull. Soc. chim. France **1960**, 124—29; Toulouse, Fac. des Sci., C. N. R. S.; franz.) — *Phenylmethyl-, -äthyl-, -n-propyl-, -isopropyl-* u. *-n-butylphosphit* werden durch Einw. von H_3PO_3 auf Phenyldialkylphosphite (aus $C_6H_5OPCl_2$ u. dem entsprechenden Alkohol) oder auf ein Gemisch von Triaryl- u. Trialkylphosphiten (aus dem

Alkohol u. PCl_3) dargestellt. Die Ausbeuten sind im zweiten Falle durch Bldg. von Diphenylphosphit u. dessen Zers. zu Phenol geringer. Die Phosphitstruktur der Verbb. wird auf Grund ihrer IR-Spektren (Abb. u. Diskussion) ausgeschlossen.

Versuche: *Methylphenylphosphit*, $Kp._1$ 60—70° (roh), durch 1std. Erhitzen von Phenyldimethylphosphit u. H_3PO_3 auf 120°, 2 Fraktionen $D._4^{20}$ 1,210 u. 1,218; n_D^{20} 1,5085; daneben *Dimethylphosphit*, $Kp._1 < 30°$. — *Phenyläthylphosphit*, $Kp._{1-2}$ 75—90° (roh), durch 30 min. Erhitzen eines Gemischs von Triäthylphosphit ($D._4^{20}$ 0,969) u. H_3PO_3 auf 80°, Zugabe von Triphenylphosphit (I) u. weitere 90 Min. Erhitzen auf 100—110°, $D._4^{20}$ 1,1668, n_D^{20} 1,4995; daneben *Phenol*. — *Phenyl-n-propylphosphit*, $Kp._{1-2}$ 87—102° (roh), durch 1std. Erhitzen eines äquimol. Gemisches von 0,078 Mol/g H_3PO_3 Tripropylphosphit ($D._4^{20}$ 0,934) u. **I** $D._4^{20}$ 1,135°, n_D^{20} 1,495; 5 ml (Ausbeute). — *Phenylisopropylphosphit*, $Kp._1$ 94—94,5°, durch 1std. Erhitzen eines Gemisches von 3,54 g H_3PO_3 u. 21 g Phenyldiisopropylphosphit ($D._4^{20}$ 0,909) auf 100—130°, $D._4^{20}$ 1,1255, n_D^{20} 1,4940; 3,5 ml; daneben *Diisopropylphosphit*, $Kp._1$ 35—40°, $D._4^{20}$ 1,409 bis 1,411, 9,5 ml. — *Phenyl-n-butylphosphit*, $Kp._{1-2}$ 93—110°, durch 1std. Erhitzen eines äquimol. Gemischs von 0,095 Mol/g Tri-n-butylphosphit ($D._4^{20}$ 0,927) H_3PO_3 u. **I** auf 100—130°; $D._4^{20}$ 1,0899, n_D^{19} 1,485; 21 ml (roh). J. Ruhnke. B 120□

0684 **Lösungsmitteleffekte auf die IR-Spektren organischer Phosphorverbindungen.** John R. Ferraro. (Appl. Spectroscopy **17,** 12—14, 1963; Argonne, Ill., Argonne Nat. Labor.; engl.) — Vgl. C. **1963,** 14555. — Es werden die Lsgm.-Effekte auf die P → O- u. [P—O]R- (R = Alkyl oder Aryl) Valenzschwingungen organ. P-Verbb. vom Typ $(RO)_3P \rightarrow O$, $(RO)_2R'P \rightarrow O$, $[(RO)R'PO(OH)_2]_2$, $[(RO)_2PO(OH)]_2$ u. $R_3P \rightarrow O$ beschrieben u. ihre Wirkung auf die physikal. Eigenschaften (bzgl. Verteilungskoeffizient) dieser Verbb. diskutiert. Die Polarität der P → O-Gruppe scheint zwischen der der CO- im $C_6H_5CO \cdot CH_3$ u. der SO- im $(CH_3)_2SO$ zu liegen. Für *Tri-n-butylphosphat, Tri-n-octylphosphinoxid, Bis-[2-äthylhexyl]-monohydrogenphosphat* $(RO)_2POOH$, *2-Äthylhexylphosphonsäure-mono-2-äthylhexylester* RO–RPOOH u. *n-Butylphosphonsäuredi-n-butylester* werden Phosphorylabsorptionsbanden tabellar. angegeben für Aufnahme in fl. u. festem Zustand u. in Lsg. in n-Hexan, Cyclohexan, CCl_4, Bzl., Chlf., Aceton u. CH_3OH. A. Kumm. B 120◇

0685 **UV- und IR-Spektren einiger aromatischer Sulfide und Sulfone.** Nunziata Marziano und Giorgio Montaudo. (Ric. sci., Parte II, Sez. A [2] **1,** 87—94, 1961; Catania, Univ., Ist. di Chim. org.; ital.) — Vff. untersuchten die IR-Absorptionsspektren der folgenden Verbb.: $C_6H_5 \cdot SCH_3$ ($Kp._2$ 60—61°); $C_6H_5 \cdot SO_2CH_3$ (F. 86,5°); p-$H_3CS \cdot C_6H_4 \cdot SCH_3$ (F. 85°); p-$H_3CSO_2 \cdot C_6H_4 \cdot SO_2CH_3$ (F. 258—260°); p-$C_6H_5 \cdot S \cdot C_6H_4 \cdot SCH_3$ ($Kp._6$ 187°); p-$C_6H_5 \cdot SO_2 \cdot C_6H_4 \cdot SO_2CH_3$ (F. 150—151°); p-$C_6H_5 \cdot S \cdot C_6H_4 \cdot S \cdot C_6H_5$ (F. 82°); p-$C_6H_5 \cdot SO_2 \cdot C_6H_4 \cdot SO_2 \cdot C_6H_5$, (F. 229°); p-$C_6H_5 \cdot O \cdot C_6H_4 \cdot OCH_3$ ($Kp._{32}$ 186°); p-$C_6H_5 \cdot O \cdot C_6H_4 \cdot O \cdot C_6H_5$ (F. 74—75°); p-$H_3CO \cdot C_6H_4 \cdot SCH_3$ ($Kp._{15}$ 121—122°); p-$H_3CO \cdot C_6H_4 \cdot SO_2CH_3$ (F. 118—119°); p-$C_6H_5 \cdot O \cdot C_6H_4 \cdot SCH_3$ ($Kp._{0,2}$ 121—122°); p-$C_6H_5 \cdot O \cdot C_6H_4 \cdot SO_2CH_3$ (F. 85 bis 86°); p-$C_6H_5 \cdot S \cdot C_6H_4 \cdot OCH_3$ ($Kp._{0,5}$ 131—134°); p-$C_6H_5 \cdot SO_2C_6H_4 \cdot OCH_3$ (F. 90—91°); m-$H_3CO \cdot C_6H_4 \cdot SO_2CH_3$ ($Kp._1$ 150—152°); m-$C_6H_5 \cdot S \cdot C_6H_4 \cdot OCH_3$ ($Kp._1$ 156°); m-$C_6H_5 \cdot SO_2 \cdot C_6H_4 \cdot OCH_3$ (F. 90,5°); o-$H_3CO \cdot C_6H_4 \cdot SCH_3$ ($Kp._{0,9}$ 90—93°); o-$H_3CO \cdot C_6H_4 \cdot SO_2CH_3$ (F. 91°); o-$C_6H_5 \cdot S \cdot C_6H_4 \cdot OCH_3$ ($Kp._{11}$ 196°) u. o-$C_6H_5 \cdot SO_2 \cdot C_6H_4 \cdot OCH_3$ (F. 141°). Die Spektren wurden von den reinen Fll., von Lsgg. in C_2Cl_4, oder CS_2 u. von dem festen Substanzen in KBr, Nujol u. C_4Cl_6 aufgenommen. Ferner wurden die Spektren im nahen UV aufgenommen von nachst. Verbb. in A. u. Cyclohexan: *m-Methylmercaptoanisol* ($Kp._{0,8}$ 75°), *2-* [**III,** $C_{13}H_{12}OS$, F. 88—89° (A.), aus 2-Mercaptodiphenyläther u. $(CH_3O)_2SO_2$ in 2 n NaOH], *3-Methylmercaptodiphenyläther* ($C_{13}H_{12}OS$, $Kp._{1,4}$ 140—143°, aus 3-Mercaptodiphenyläther), *2-* [(**IV**), $C_{18}H_{14}OS$, F. 43—44°, $Kp._{0,6}$ 169,5—172°, aus diazotiertem 2-Aminodiphenyläther (o-I) u. Na-Thiophenolat (**II**)], *3-Phenoxydiphenylsulfid* ($C_{18} \cdot H_{14}OS$, $Kp._1$ 184—187°, durch m-I-Zers. in Ggw. von **II** in wss. Lsg. bei 70°), *2-* ($C_{13}H_{12}O_3S$, $Kp._1$ 183—185°, durch Oxydation von **III** mit 36%ig. H_2O_2 in CH_3CO_2H), *3-Methylsulfonyldiphenyläther* ($C_{13}H_{12}O_3S$, $Kp._1$ 190—193°, wie vorst.), *2-* [$C_{18}H_{14}O_3S$, F. 112—113° (A.), H_2O_2-Oxydation von **IV**], *3-Phenoxydiphenylsulfon* [$C_{18}H_{14}O_3S$, F. 84—85° (A.), wie vorst.], *Thianthren* (F. 157°), *cis-* (F. 184°), *trans-Thianthren-5.10-dioxid* (F. 249°), *Thianthren-5.5.10.10-tetroxid* (F. 321°), *Phenoxathiin* (F. 61°), *-10-oxid* (F. 158°) u. *10.10-dioxid* (F. 148°).
C. Gottfried. B 120△

0686 **Über Wasserstoffbrücken.** 5. Mitt. **Konstellation und Wasserstoffbrücken bei Nitrohydroxydiphenylaminen.** Hans Musso. (Chem. Ber. **95,** 1711—21, 1962; Marburg, Univ., Chem. Inst.; dt.) — 4. vgl. C. **1962,** 436. — Das Auftreten aller Konstellationen, die mit verschiedenen H-Brücken möglich sind, bei *2-Hydroxydiphenylamin* wird durch die langwellige Verschiebung der OH- und NH-Valenzschwingungsbanden im IR-Spektrum gezeigt. Die Aminogruppen sind in *2.4-Dinitro-2'-hydroxy-, 5-, 6-* u. *6'-Methyl-2.4-dinitro-2'-hydroxydiphenylamin* vollständig zur o-Nitrogruppe assoziiert. Die Hydroxylgruppen sind zu den π-Elektronen des anderen, nahezu senkrecht stehenden aromatischen Rings zu über 50% assoziiert. Der ster. Einfl. der Methylgruppen auf die Häufigkeit der Konstellationen wird diskutiert. Die IR-Spektren im 3μ-Bereich von vorst. Verbb. u. von *Diphenylamin, 4-Hydroxy-, 4-Nitro-, 2-Nitro-, 4.4'-Dinitro-, 2.2'-Dinitro-, 2.4'-Dinitro-, 2.4-Dinitrodiphenylamin, 2.4-Dinitro-2'-methoxydiphenylamin, 2.4-Dinitro-2'-hydroxy-6.6'-dimethyl-* u. *-5.6'-dimethyldiphenylamin* u. *2.4-Dinitro-2'-hydroxy-N-methyldiphenylamin* sind abgebildet u. die Banden tabellar. erfaßt.

Versuche: 2.4-Dinitrodiphenylamine: *2'-Hydroxy-6-methyl-*, F. 178—180° (A.), nach Ullmann [1911], 43% (Ausbeute). — *2'-Hydroxy-6.6'-dimethyl-* (**I**), $C_{14}H_{13}N_3O_5$, F. 172—174° (Bzl.), aus 2-Chlor-3.5-dinitrotoluol u. 2-Amino-3-hydroxytoluol (**III**) in wss. A. in Ggw. von CH_3COONa unter Stickstoff 10 Std. sd., an Kieselgel chromatographiert; 18%., orange Stäbchen. — *2'-Acetoxy-6.6'-dimethyl-N-acetyl-*, $C_{18}H_{17}N_3O_7$, F. 164 bis 165° (Bzl./Cyclohexan), aus vorst. Verb. durch Kochen mit Acetanhydrid u. Natriumacetat, Chromatographie an Kieselgel mit Bzl.; 68%, hellgelbe Kristalle. — *2'-Hydroxy-5-methyl-*, $C_{13}H_{11}N_3O_5$, F. 209—210° (Bzl. u. A.), aus 5-Chlor-2.4-dinitrotoluol u. 2-Aminophenol analog **I**; 21%, orangebraune Plättchen. Daneben als in Bzl. schwer lösl. Rückstand der *2.4-Dinitro-5-methylphenyläther*, $C_{20}H_{15}N_5O_9$, F. 152° (Bzl.); 24%, orange Kristalle. — *2'-Hydroxy-6'-methyl-*, $C_{13}H_{11}N_3O_5$, F. 157—158° (Bzl.), aus 2.4-Dinitrofluorbenzol u. **III** in Ggw. von wasserfreiem Natriumacetat in A. u. wenig W. durch 4std. Erwärmen als gelber Niederschlag. Reinigung durch Extraktion mit A. u. Chromatographie an Kieselgel mit Bzl.; 67%, orange Kristalle. Daneben der *2.4-Dinitrophenyläther*, $C_{19}H_{13}N_5O_9$, F. 215° (Bzl.), als in A. schwerlösl. Rückstand, gereinigt durch Chromatographie; 20%, gelbe Rhomben. — *2'-Hydroxy-N-methyl-*, $C_{13}H_{11}N_3O_5$, F. 167—168° (Bzl.), analog **I**, Chromatographie an Kieselgel mit Bzl./Chloroform. — 2.4-Dinitro-2'-methoxydiphenylamine: durch Erhitzen von 2.4-Dinitrochlorbenzol bzw. -toluol mit 2 Mol o-Anisidin bzw. den entsprechenden Methylderivv. auf 120°, Rk.-Zeiten von wenigen Min. bis mehr als 6 Std.; die Ausbeuten sinken bei Verbb. mit größerer Rk.-Dauer. *Unsubstituiert*, $C_{13}H_{11}N_3O_5$, F. 164° (A.); 87%, orangerote Nadeln. — *5-Methyl-*, $C_{14}H_{13}N_3O_5$, F. 142,5° (Bzl./Cyclohexan), rote Stäbchen; 33%. — *6-Methyl-*, F. 134° (Bzl./Cyclohexan), rote Nadelbüschel; 15%. — *6'-Methyl-*, F. 163—165° (Bzl./Methanol), orange Nadeln; 54%. — *5.6'-Dimethyl-*, $C_{15}H_{15}N_3O_5$, F. 156—157° (Bzl./Cyclohexan), tiefgelbe Drusen; 20%. — *6.6'-Dimethyl-*, F. 158—160° (Bzl./Methanol), rotbraune Blättchen; 16%.
D. Groß/Berlin. B 120◇

0687 **Über Wasserstoffbrücken.** 6. Mitt. **Sterischer Effekt von o-Methylgruppen auf die Wasserstoffbrücken bei o-Nitrophenolen und o-Nitro-N-methylanilinen.** Hans Musso. (Chem. Ber. **95,** 1722—26, 1962; dt.) — 5. vgl. vorst. Referat. — Die OH- u. NH-Banden im IR von nachst. Verbb. wurden aufgenommen u. z. T. abgebildet: *Phenol*, Phenole: *4-*, *2-Nitro-*, *2-Nitro-3-*, *-4-* u. *-6-methyl-*, *-3.6-dimethyl-*, *2.4-Dinitro-*, *2.4-Dinitro-6-methyl-*, *N-Methylanilin*, N-Methylaniline: *2-* u. *4-Nitro-*, *2-Nitro-3-*, *-4-*, *-5-*, *-6-methyl-* u. *-3.6-dimethyl-*. Die Lage u. Intensität der Banden werden tabellar. erfaßt. Die langwellige Verschiebung u. starke Verbreiterung der OH-Banden in den IR-Spektren von o-Nitrophenolen durch o-Methylgruppen wird durch ster. Verkürzung durch Wasserstoffbrücken gedeutet. Eine zweite zur Nitrogruppe o-ständige Methylgruppe erhöht den Effekt. Bei den o-Nitro-N-methylanilinen tritt diese Erscheinung nicht auf. Der Vf. erklärt dies durch geringe Acidität u. größere Raumerfüllung der Methylaminogruppe sowie durch Verdrillung der Nitrogruppe aus der Benzolebene der die N-Methylaminogruppe nicht folgen kann.

D. Groß/Berlin. B 120◇

0688 **Spektren und Dipolmomente der p-Derivate des Dimethylanilins.** W. N. Wassiljewa, W. P. Basow und M. A. Geiderich. (J. physik. Chem. [UdSSR] **33**, 1516—19, 1959; Akad. der Wiss. der UdSSR, Karpogo-Inst. für phys. Chem.; Inst. für organ. Chem.; russ., Auszug: engl.) — Die UV-Spektren, Raman-Valenzfrequenzen der Gruppe X u. ihre integrierten Intensitäten, Exaltationen der Mol.-Refraktionen sowie die Dipolmomente μ (Werte z. T. Literatur entnommen) werden von folgenden N.N-Dimethylanilinen bzw. für die $N(CH_3)_2$-gruppenfreien Verbb. C_6H_5X untersucht: X = *p-NO*, *p-NO₂*, *p-CHO*, *p-CH₃CO*, *p-CO₂H*, *p-CH₃OCO* (μ 3,90 D), *p-CN* (μ 6,60), *p-CH₃SO₂* (μ 6,65), *p-CH₂=CH*, *H*. Ferner werden die μ-Werte (in Bzl.) von *4-Hydroxy-*(5,00), *4-Amino-*, *2.4.6-Trichlorbenzonitril* (3,70), α-(4,16) u. *β-Naphthonitril* (4,36), *2-Chlornitro-*(4,35), *2.6-Dichlornitro-*(5,10), *2.4.6-Tribromnitrobenzol*(3,17) u. *Anthron*(3,66) bestimmt. Der Einfl. der $N(CH_3)_2$-Gruppe auf die Eigg. ist nahezu einheitlich. In allen Fällen wird ein Annähern der Absorptionsbanden, ein Absinken der Schwingungsfrequenz der Doppelbindungen der Gruppe X u. eine Erhöhung der μ-Werte gegenüber den nach der Vektoraddition berechneten Werten beobachtet.

G. Pötzscher. B 120◇

0689 **Abweichung der stereoisomeren 1.4-Di-tert.-butylcyclohexane von der Auwers-Skita-Regel.** B. A. Kasanski, A. L. Liberman und N. I. Tjunkina. (Ber. Akad. Wiss. UdSSR **134**, 93—95, 1960; Akad. der Wiss. der UdSSR, Zelinsky-Inst. für org. Chem.; russ.) — Durch Hydrierung von 1.4-Di-tert.-butylbenzol werden *cis-* u. *trans-Di-tert.-butylcyclohexan* (**I**) erhalten. Die cis-Konfiguration kommt dem tiefer sd. u. schm. Isomeren zu, wie Raman-analyt. bewiesen wird.

Versuche: *1.4-Di-tert.-butylbenzol*, Ep. + 76,2° (Ae.), durch Alkylierung von Bzl. mit Isobutanol in Ggw. von H_2SO_4. — *Di-tert.-butylcyclohexan*, durch Hydrierung vorst. Verb. in n-Heptan an Raney-Ni bei 140 at/190—200°, Chromatographie an Silicagel u. Reinigung durch Dest. u. mehrfache Kristallisation; *cis-Form*, $Kp._{20}$ 120,0°, Kp. 234,9° (berechnet), F. 20,8°; $D._4^{20}$ 0,7852; n_D^{20} 1,4580, n_D^{90} 1,4300. *trans-Form*, $Kp._{20}$ 121,7 bis 122,2°, Kp. 236,9—237,5° (berechnet); n_D^{90} 1,4290; $D._4^{90}$ 0,7844.

Helmut Schäfer. B 120△

0690 **Raman-Spektrum von Tropolon.** Sunao Imanishi und Mitsuo Ito. (Bull. chem. Soc. Japan **28**, 75—76, 1955; Fukuoka, Kyushu Univ., Fac. of Sci., Chem. Labor.; engl.) — Vff. nehmen das Raman-Spektr. (Anregung mit Hg-Linie 4359 Å) von *Tropolon* auf u. vergleichen ihre Ergebnisse mit den IR-Messungen von Shimanouchi u. Mitarbeitern (vgl. Bull. chem. Soc. Japan **25**, [1952], 250) u. mit UV-Messungen. Verschiedene Zuordnungen werden getroffen.

Hubertus Zimmer. B 120◇

0691 **IR-Spektren von Methylisoxazolen im Gebiet 2800—3000 cm⁻¹.** Ss. D. Ssokolow und L. D. Aschkinadse. (J. chem. Allunions-Mendelejew-Ges. [UdSSR] **8**, 119—20, 1963; Moskau, Univ.; russ.) — In 3.5-Dimethylisoxazolen wird die Frequenz der asymm. Valenzschwingungen der CH_3-Gruppen durch die Einführung von Elektronenacceptorgruppen in 4-Stellung erhöht. Diese Erhöhung wird auf eine Polarisierung der C–H-Bindungen in der 5ständigen CH_3-Gruppe zurückgeführt. Die $\nu_{CH_3(asymm.)}$ wurden gemessen bei (in cm^{-1}): 3.5-Dimethylisoxazole: *unsubstituiert*, 2974. — *4-Chlor-*, 2974. — *4-Brom-*, 2974. — *4-Jod-*, 2970. — *4-Benzoyl-*, 2984. — *4-Carboxy-*, 2986. — *4-Nitro-*, 2994. — 3-Methyl-5-phenylisoxazole; *unsubstituiert*, 2974. — *4-Chlor-*, 2974. — *3-Methyl-4-nitro-5-styrylisoxazol*, 2962.

Helmut Schäfer. B 120△

0692 **Die Luminescenz von komplexen Molekülen in bezug auf die innere Umwandlung der Anregungsenergie.** 2. Mitt. **N-Heteroaromaten.** Robin M. Hochstrasser. (Canad. J. Chem. **38**, 233—39, 1960; Vancouver, Univ. of British Columbia, Chem. Dep.; engl.) — 1. vgl. C. **1963**, 4303; 3. vgl. C. **1963**, 12742. — Bei Zimmertemp. u. bei — 196° bestimmte Vf. die relativen Fluorescenz- bzw. Phosphorescenzausbeuten von *Chinolin*, *2-Methyl-*, *4-Methyl-*, *2-Chlor-*, *6-Chlor-*, *6-Bromchinolin*, *Isochinolin*, *3-Methyl-*, *4-Chlor-*, *4-Bromisochinolin*, *Acridin*, *9-Chlor-* u. *9-Bromacridin* in abs. alkohol. Lösung als Funktion der Wellenlänge der anregenden Strahlung (220—320 mμ). Aus den Ergebnissen wurde geschlossen, daß die Wirksamkeit der inneren Umwandlungsprozesse zwischen angeregten Singlettzuständen extrem hoch ist im Vgl. zu anderen intramolekularen Prozessen. Ausführlich wird der Einfl. der substituierten schweren Atome sowie die Fluorescenz der den Basen konjugierten Säuren besprochen.

C. Gottfried. B 120△

0693 **IR-Spektren von 2.9-Dimethyl-1.10-phenanthrolin und seiner Hydrate und Perchlorate.** E. C. M. Grigg, J. R. Hall und R. A. Plowman. (Austral. J. Chem. **15**, 425—30, 1962; Brisbane, Univ. of Queensland, Chem. Dep.; engl.) — Das IR-Spektrum von *2.9-Dimethyl-1.10-phenanthrolin* (**I**, nach O'Reilly u. Plowman, C. **1963**, 18458), des *Halbhydrates* (**I** · 0,5 H_2O, F. 161°), *Hydrates* (**I** · 2 H_2O) u. *Perchlorates* (**I** · $HClO_4$, aus **I** durch Zusatz von $HClO_4$ zur Lsg. in A.) wurden im Bereich 650—4000 cm^{-1} aufgenommen (Spektren, Tabellen). Die stärksten Absorptionsbanden liegen im Bereich 1500 bis 1600 cm^{-1} u. werden den C=C- u. C=N-Valenzschwingungen zugeordnet. Die H_2O-Moll. bilden mit den N-Atomen von **I** H-Brücken. Die Banden von **I** · $HClO_4$ sind nach kleineren Frequenzen verschoben. Die Spektren werden diskutiert.

P. Kahlow. B 120△

0694 **Änderung des Hyperfeinspektrums von mit γ-Strahlen bestrahltem, polykristallinem Glykokollpulver mit der Temperatur.** André Bottreau und Serge Nahon. (J. Physique Radium **23**, 131—32, 1962; Bordeaux, Fac. des Sci., Labor. d'Opt. Ultrahertzienne; franz.) — Vff. untersuchten das Hyperfeinspektrum (Meßfrequenz 8840 MHz) von *Glykokoll*-Pulver, das mit einer Dosis von etwa **4000000 r** bestrahlt worden war bei Tempp. zwischen + 20° u. — 172°. Es wurde von + 20° bis etwa — 80° eine Quintettstruktur beobachtet. Hieraus tritt ein Übergangsspektrum auf, wobei die 3 zentralen Komponenten unter Bldg. einer verbreiterten Bande verschmelzen, die sich dann abplattet. Bei Tempp. < — 110° schließlich erhält man eine Quartettstruktur, die bis — 170° bestehen bleibt.

C. Gottfried. B 121△

0695 **Die Konformationen substituierter Cyclopentane.** 2. Mitt. **Maximal gefaltete Briefumschlag- und Halbsesselmodelle für kondensierte Ringsysteme.** Frederick V. Brutcher jun. und William Bauer jun. (J. Amer. chem. Soc. **84**, 2233—36, 1962; Philadelphia, Pa., Univ. of Pennsylvania, Dep. of Chem.; engl.) — 1. vgl. C. **1960**, 5769. — Zur Beschreibung der Konformation hochsubstituierter bzw. kondensierter Cyclopentane wird ein maximal gefaltetes Modell einer Briefumschlag- bzw. Halbsesselform entwickelt u. für dieses Modellpaar die Bindungsdeformationsenergien, die Torsionsenergien, die Londonschen Kräfte, die C-Atomkoordinaten u. die Einheitsvektoren für tetraedr. Substituenten u. trigonale Bindung berechnet. Die Werte erklären das ähnliche Verhalten von Cyclohexan- u. Cyclopentan-Verbb. bei 4-Zentren-Rkk., da bei letzteren die Energiedifferenzen zur Erreichung der für solche Rkk. günstigen Atomlagen ausreichend klein sind, um mit dem Cyclohexanring zu konkurrieren. Die Daten erlauben die Berechnung von Kernabständen u. so Rückschlüsse auf Substituentenwechselwirkungen (van der Waalsche Abstoßungen) im Molekül. Aus den Einheitsvektoren lassen sich die Dipolmomente vom Cyclopentan-Syst. ermitteln. 16α-Brom-17-ketosteroiden wurden früher die Briefumschlag-Konformation zugeordnet, Berechnungen für *16α-Brom-5α-androstan-17-on* auf der Grundlage dieses Modells ergaben gute Übereinstimmung des berechneten (3,82 D) mit dem bei 25° in Bzl. gemessenen Moment (3,85 D). W. Schramm. B 123◇

0696 **Ausschließung eines Falles eventuell überzähliger Stereoisomerie in der Cyclohexanreihe.** Marie-Madeleine Claudon. (C. R. hebd. Séances Acad. Sci. **256,** 199–201, 1963; Nancy, Fac. des Sci.; franz.) — Die als 2.6-Dibenzylcyclohexanon-(1) (**I**) angesehene Substanz vom F. 105° ist eine Mol.-Verb. von *2.2-Dibenzylcyclohexanon-(1)* (**II**) u. einer kleinen Menge *trans-Stilben* (**III**; $C_{14}H_{12}$, F. 125°). Aufklärung erfolgte durch Chromatographie an Silica-Gel u. Al_2O_3 (neutral) u. Vgl. der IR- u. UV-Spektren, sowie durch Darst. aus **II** u. **III**. Gleichermaßen wird der durch Red. mit $LiAlH_4$ aus **I** erhaltene Alkohol vom F. 110–112° (**IV**) durch Chromatographie aufgetrennt in **III**, eine Substanz vom F. 137° (**V**) u. einen glasigen Alkohol (**VI**). **VI** entsteht aus **II** durch Red. mit $LiAlH_4$. **IV** wird aus **III** u. **VI** dargestellt. Chromatographie von krist. **IV** liefert wiederum **V**. Die Bldg. von **III** aus Benzylchlorid in Ggw. von $NaNH_2$ bzw. Na-tert.-Amylat ist bereits beschrieben. Unterss. über die Bindungskräfte in dieser Mol.-Verb. laufen noch. H. Peter. B 123◇

0697 **Einige Beobachtungen in bezug auf die Photoreduktion von Chlorophyll.** Robert Livingston und P. J. McCartin. (J. Amer. chem. Soc. **85,** 1571–73, 1963; Minneapolis, Minn., Univ. of Minnesota, Inst. of Technol., Div. of Phys. Chem.; engl.) — Der durch Blitzlicht-Photolyse angeregte Triplett-Zustand im *Chlorophyll a* wird durch Red.-Wrkg. von Ascorbinsäure in Pyridin (**Py.**) in steigendem Maße mit dem Wassergeh. des Lsgm. ausgelöscht. Die bimol. Lösch-Konst. beträgt ca. 10^4[$Mol^{-1}s^{-1}$] für trocknes **Py.**; sie steigt auf ca. $1{,}5 \cdot 10^5$ für **Py.** mit 25% W. Die Auslöschung des Triplett-Zustandes wird begleitet durch die Bldg. einer labilen Zwischenstufe mit einem Absorptionsmaximum bei 480 mμ, die nach 1. Ordnung mit einer Halbwertszeit von 10 msec zerfällt. Das Zerfalls-Prod. ist wahrscheinlich das von Krasnovsky (vgl. C. **1961,** 6910) als rosafarbenes Pigment angegebene total reduzierte Chlorophyll. H.-D. Freyer. B 125◇

0698 **Meakins Kritik an der Theorie der dielektrischen Absorption von Systemen, die gestreckte lineare Ketten enthalten.** R. A. Sack. (Trans. Faraday Soc. **59,** 1672–73, 1963; Salford, Roy. Coll. of Advanc. Technol., Dep. of Math.; engl.) — Vf. gibt unter Bezug auf Arbeiten von Meakins (Trans. Faraday Soc. **58,** [1962], 1953 u. 1962) einige Hinweise zu seiner Theorie der dielektr. Absorption von Syst., die gestreckte lineare Ketten von Ionen oder Dipolen enthalten (vgl. Sack, C. **1953,** 1441). Ch. Zechel. B 132◇

0699 **Dipolmomente und Struktur von Disulfiden.** W. N. Wassiljewa und Je. N. Gurjanowa. (J. physik. Chem. [UdSSR] **33,** 1976–81, 1959; Moskau, Karpow-Inst. für phys. Chem.; russ., Auszug: engl.) — Die Dipolmomente in Bzl. bei 25° wurden von folgenden Disulfiden (**A**) gemessen: *Di-n-propyl-* 1,98 D; *Di-n-butyl-* 1,99; *Di-n-octyl-* 1,99; *Di-n-myristyl-* 1,97; *Di-n-octadecyl-* 2,07; *Dibenzyl-* 1,90; *Diallyl-* 1,76; *Bis-[p-diphenylyl]-* 2,20; *Bis-[p-nitrophenyl]-* 4,97; *Bis-[p-methoxyphenyl]-* 3,11; *Bis-[2.4.5-trichlorphenyl]-* 1,15; *Dibenzoyl-* 1,10 (auch bei 40°). Aus dem Vgl. mit den durch Vektoraddition berechneten Werten folgt eine nicht ebene Konfiguration der **A**, wobei die Gruppierung C–S–S–C für alle **A** einheitlich ist u. sich nicht mit dem Rest R ändert. Die nichtebene, verdrehte Konfiguration der **A** u. anderer Polysulfide wird auf die gegenseitige Abstoßung der freien Elektronenpaare an den benachbarten S-Atomen zurückgeführt. G. Pötzscher. B 132◇

0700 **Synthese und Struktur von Nitrobutadien-Derivaten.** Ss. M. Kwitko, W. W. Perekalin, W. N. Wassiljewa, Ja. Ss. Bobowitsch und N. A. Slowochotowa. (Ber. Akad. Wiss. UdSSR **143,** 345–47, 1962; Physikal.-chem. Karpow-Inst.; russ.) — Es wurden die Dipolmomente μ bestimmt u. die Raman-Spektren folgender Verbb. untersucht: *α-Nitro-β-methylaminoacrolein* (μ 5,82 D in Dioxan), *α-Nitro-β-anilinoacrolein* (**I**; μ 5,0 D in Bzl. u. 5,25 D in Dioxan) u. *-anil* (**II**; μ 4,84 D in Bzl. u. 4,75 D in Dioxan), *1-Cyan-1-carbäthoxy-* (**III**; μ 4,60 D in Bzl.), *1.1-Dicyan-3-nitro-4-methylaminobutadien-(1.3)* (**IV**), *1-Cyan-1-carbäthoxy-* (**V**; μ 4,3 D in Bzl.), *1.1-Dicyan-3-nitro-4-anilinobutadien-(1.3)* (**VI**; μ 3,59 D in Bzl. u. 3,97 D in Dioxan), *1.3-Dinitro-4-anilinobutadien-(1.3)* (**VII**; μ 7,5 D in Dioxan) u. *β-Anilinoacroleinanil*. — **I** u. **II** haben eine ebene Struktur mit H-Bindung u. cis-Stellung der Nitro- u. Aminogruppe. **III–VI** haben eine nichtebene Struktur mit cis-ständiger Nitro- u. Aminogruppe. In **VII** stehen Amino- u. Nitrogruppe u. beide Nitrogruppen zueinander in cis-Stellung. Helmut Schäfer. B 132△

0701 **Die elektronenparamagnetische Resonanz von Phenylmethylen und Biphenylenmethylen; eine mit einem Grundzustandstriplett-Molekül zusammenhängende Leuchtreaktion.** A. M. Trozzolo, R. W. Murray und E. Wasserman. (J. Amer. chem. Soc. **84,** 4990–91, **1963**; Murray Hill, N. J., Bell Telephone Labor., Inc.; engl.) — Eine feste Lsg. von Phenyldiazomethan in „Fluorlube" wurde bei 77°K mit Licht eines 140 W-Hanovia-Hg-Bogens (Pyrex-Filter) bestrahlt u. das ESR-Spektrum des gebildeten *Phenylmethylens* aufgenommen. Ähnliche Behandlung von Diazofluoren gab das Spektrum von *Biphenylenmethylen*. Beide Methylene sind Triplett-Moll. im Grundzustand. Die aus den Messungen ermittelten D- u. E-Werte der Spin-Hamilton Funktion wurden mit den ebenfalls bestimmten von *Diphenylmethylen* (**I**) u. der *Perdeutero-Verb.* (durch Photolyse von Perdeuterodiphenyldiazomethan) verglichen u. erlauben eine Abschätzung des D-Wertes für *Methylen*. Beim Erwärmen der festen Lsg. von **I** in Ggw. von O_2 trat Emission eines blau-weißen Lichtes auf, das dem Phosphorescenzspektrum von Benzophenon ähnlich war. W. Schramm. B 137◇

0702 **Das absolute Vorzeichen der Spin–Spin-Kopplungskonstanten.** A. D. Buckingham und K. A. McLauchlan. (Proc. chem. Soc. [London] **1963,** **144**; Oxford, Inorg. Chem. Labor.; Teddington, Nat. Phys. Labor., Basic Phys. Div.; engl.) — Die Einw. eines elektr. Feldes auf das Magnetfeld im NMR-Spektrometer führt in Abhängigkeit vom Vorzeichen von J u. der Geometrie der Versuchsanordnung bzw. des Mol. zu einer zusätzlichen Aufspaltung. Verss. an *p-Nitrotoluol* ergaben danach, daß das absolute Vorzeichen der o-Ringkopplung positiv ist. Experimente bei elektr. Fehlstärken von 0–24 kV/cm bestätigen die theoret. Voraussage, daß die Größe der Aufspaltung vom Quadrat des elektr. Feldes abhängt. W. Schramm. B 137◇

0703 **Radikalanionen, die Schwefelatome in einem konjugierten System enthalten.** R. Gerdil und E. A. C. Lucken. (Proc. chem. Soc. [London] **1963,** 144–45; Geneva, Switzerland, Cyanamid European Res. Inst.; engl.) — Durch Behandeln von Dibenzothiophen (**I**, bei – 75°), Thianthren-α-S-oxid (F. 288,5°, bei Zimmer-Temp.) u. Diphenylsulfon (bei – 75°) mit K in Dimethoxyäthan konnten ihre Radikalanionen erzeugt u. ihre Elektronenspinresonanzspektren gemessen werden. Ähnlich wurden die Radikale von Thianthrenmono-S-oxid (wahrscheinlich das eines Spaltungs-Prod.) u. Diacenaphtho-[1.2:b; 1′2′:d]-thiophen (RRI 7122) hergestellt. Bei Thianthren wurde nur das Radikalanion von Dibenzothiophen gebildet, Spektren ausgehend von Thianthren-β-S.S-dioxid, Diphenylsulfoxid, Thiophen u. Benzothiophen konnten nicht erhalten werden, jedoch bilden diese Verbb. bei tiefen Temp. gefärbte Lsgg., deren Farbe sich bei Raumtemp. ändert, oder die einen gefärbten Nd. abscheiden. W. Schramm. B 137◇

0704 **Einfluß des Lösungsmittels auf das ESR-Spektrum eines freien Radikals.** F. W. Heineken, M. Bruin und F. Bruin. (J. chem. Physics **37,** 452–53, 1962; Beirut, Lebanon, American Univ., Dep. of Phys.; engl.) — Vff. untersuchten mit einem hochauflösenden ESR-Spektrometer bei 30°, 3300 G u. 9200 MHz die Hyperfeinstruktur des *Thioindigoradikals* gelöst in A. bzw. Aceton. Die

Differenzen der Aufspaltungs-Konst. der 4 äquivalenten Protonenpaare (in 6.6′; 4.4′; 7.7′; 5.5′-Stellung) betragen (in mGauß): 6.6′:85; 4.4′:110; 7.7′:29; 5.5′:62. Unterschiede in beiden Lsgm. scheinen mehr durch verschiedene elektr. als durch verschiedene magnet. Störungsparameter der beiden Lsgm. bedingt zu sein.

W. Haberditzl. B 137◇

0705 **Die Wirkung von Molekülkomplexbildung auf pK-Werte.** G. Cilento und M. Berenholc. (J. physic. Chem. **67,** 1159–60, 1963; São Paulo, Brazil, Univ. de São Paulo, Fac. de Fil., Ci. e Letras, Dep. de Quím.; engl.) — Nach ΔpK = log K_1/K_2 (K_1 bzw. K_2 = Assoziations-Konst. der komplexen Säure bzw. ihrer komplexen konjugierten Base) wird durch Best. der Komplex-Bldg.-Konst. von neutralem u. anion. *Riboflavin* (**I**) mit dem binegativen Anion von *3.5-Dijod-4-hydroxybenzoesäure* gezeigt, daß durch die Komplexbldg. der pK_a-Wert von **I** um 0,6 pH-Einheiten erhöht wird. Dagegen wird der pK_a-Wert von o-Dijodphenolen (untersucht an *3.5-Dijodtyrosin*) durch Assoziation mit **I** nicht beeinflußt.

W. Schramm. B 139◇

0706 **Zur Deckschichthemmung organischer Reduktionsprozesse an Festelektroden: Untersuchung mit der rotierenden Scheibe.** L. Holleck, B. Kastening und H. Vogt. (Electrochim. Acta [London] **8,** 255–63, 1963; Bamberg, Hochschule, Chem. Inst.; Hamburg, Univ., Inst. für Phys. Chem.; dt.) — Die Red.-Kinetik aromat. Nitroverbb. (*p-Nitrochlorbenzol*; *p-Nitrotoluol*) wird an Festelektroden untersucht. Der Mechanismus ist auch hier derselbe: dem reversiblen Primärvorgang schließt sich die irreversible Weiterred. an, bei der der sek. Durchtrittsvorgang die Geschw. bestimmt. Die Geschw. des letzteren ist langsamer als an inhibitorfreien Hg-Elektroden, so daß sich im Falle von Edelmetallelektroden ein Bild wie bei einer gewissen Inhibitorwrkg. ergibt; diese wird auf die hemmende Wrkg. von Deckschichten zurückgeführt. Bei einer Cr–Ni-Stahl-Elektrode wurde bereits für den sonst stets reversiblen Primärvorgang eine erhebliche Hemmung beobachtet, die offenbar auf der wirksameren Deckschicht-Struktur solcher Stahlelektroden beruht. H. Jehne. B 142◇

0707 **Untersuchungen über den Einfluß der Leitsalzionen auf die polarographische Reduktion aromatischer Nitroverbindungen in Acetonitril und Dimethylformamid.** Ludwig Holleck und Dieter Becher. (J. electroanalyt. Chem. [Amsterdam] **4,** 321–31, 1962; Hamburg, Univ., Inst. für phys. Chem.; dt.) — Die polarograph. Red. aromat. Nitroverbb. verläuft in Dimethylformamid u. Acetonitril reversibel unter Aufnahme eines Elektrons zunächst zu einem Radikalanion (**I**), welches in einem begrenzten Potentialbereich stabil ist. Der Stabilitätsbereich nimmt mit zunehmendem Ionenradius des unsolvatisierten Leitsalzkations (Leitsalze: LiCl, NaJ, $NaClO_4$, CsJ, Tetraäthylammoniumjodid) zu, gleichzeitig wird das Halbstufenpotential des Primärschrittes zu negativeren Potentialwerten verschoben. An den Primärschritt schließt sich bei Verbb. mit einem p-ständigen Substituenten 1. Ordnung oder bei m-Substituenten Red. zum Phenylhydroxylamin-Deriv. unter Anlagerung der langsam vom Lsgm. gelieferten Protonen an, während bei Verbb. mit p-ständigen Substituenten 2. Ordnung die Red. zu der durch Mesomerie stabilisierten Nitroso-Verb. verläuft. Der Einfl. des Leitsalzkations auf die Red. wird auf Ionenpaarbildung mit **I** zurückgeführt. Folgende Verbb. wurden untersucht: *m-* u. *p-Dinitrobenzol, m-* u. *p-Nitrobenzonitril, m-* u. *p-Nitrobenzaldehyd, m-* u. *p-Nitrobenzoesäuremethylester, m-* u. *p-Chlor-, m-* u. *p-Brom-, m-* u. *p-Jodnitrobenzol, m-* u. *p-Nitranilin.*

E. Moisar. B 142◇

0708 **Polarographie des Systems Fructose–Borat.** W. B. Swann, M. W. McNabb und J. F. Hazel. (Analytica chim. Acta [Amsterdam] **28,** 441–49, 1963; Philadelphia, Pa., Univ. of Pennsylvania, Dep. of Chem.; engl.) — Die polarograph. Red. der *Fructose* (**I**) wurde in Ggw. u. in Abwesenheit von Borat untersucht. Borat bildet mit der elektrolyt. nichtreduzierbaren Enolform von **I** Komplexe im Mol.-Verhältnis 1:1, wodurch die Konz. an reduzierbarer Ketoform verringert wird. Die Gleichgew.-Konst. wurde zu 13 · 10^2 (bei 30°) berechnet.

E. Moisar. B 142◇

0709 **Über die Änderung der Eigenschaften von Substanzen in verschiedenen Reihen von chemischen Verbindungen. 1. Mitt. Homologe Reihen organischer Verbindungen.** A. Je. Lutzki und Je. M. Obuchowa. (J. physik. Chem. [UdSSR] **35,** 1951–59, 1961; Charkow, Polytechn. Lenin-Inst.; russ., Auszug: engl.) — Eindeutige Beziehungen zwischen den makrophysikal. Eigg. (spezif. Gew., Viscosität, Kp., DK, Oberflächenspannung) u. der Zahl (n_c) der C-Atome in der Kette oder der Zahl der Atome, Bindungen, Gruppen u. a. der Moll. bestehen in homologen Reihen organ. Verbb. nicht. Die statist. Größe (y_i) der Regelmäßigkeit der Eigg. bei gleichen äußeren Bedingungen wird allg. durch die Dimensionen, die Masse u. die Polarisierbarkeit der Moll. bestimmt. In Diagrammen werden lineare Beziehungen von d $(v_M \cdot 10^{24})^{3/2}/M$ (v_M = Molvol., M = Molgew.), $(\varepsilon - 1) \cdot (v_M \cdot 10^{24})^{3/2}$ (ε = DK) oder $\gamma\,(v_M \cdot 10^{24})^{2/3}$ (γ = Oberflächenspannung) zur mol. Refraktion R_D für verschiedene homologe Reihen (Alkane, Bzl.-KW-Stoffe, aliphat. Nitrile, prim. Amine, Alkylhalogenide, aliphat. Carbonsäuren u. Ester, Cycloalkane, cycl. Ketone, aliphat. n-Alkohole u. n-Mercaptane) dargestellt, woraus sich Gesetzmäßigkeiten für die Änderung von y_i mit n_c usw. ableiten lassen. R. K. Müller. B 146◇

0710 **Über die Änderung der Eigenschaften von Substanzen in verschiedenen Reihen von chemischen Verbindungen. 2. Mitt. Reihen der Isogruppen-Verbindungen.** A. Je. Lutzki und Je. M. Obuchowa. (J. physik. Chem. [UdSSR] **35,** 1960–65, 1961; russ., Auszug: engl.) — 1. vgl. vorst. Referat. — Analoge Betrachtungen makrophysikal. Eigg. (Dichte, Kp., F. usw.) für die homologen Reihen: RX (X = Cl, F, Br, J), R_2X (X = O, S, Se, Te), R_3X (X = N, P, As, Sb, Bi), R_4X (X = C, Si, Ge, Sn, Pb), R_2X (X = Zn, Cd, Hg).

Wolfram Köhler. B 146□

0711 **Dampfdruck von flüssigem Methan.** W. A. Sagorutschenko. (J. physik. Chem. [UdSSR] **33,** 326–37, 1959; russ., Auszug: engl.) — Mittels bekannter experimenteller Daten wird für die Temp.-Abhängigkeit (red. Temp. $T/T_k = \tau$) des Sättigungsdampfdrucks p von CH_4 folgende empir. Gleichung abgeleitet: $\log p = 0{,}900087 - 1{,}439216\,\tau + 14{,}293182\,\tau - 14{,}668495\,\tau^2 + 5{,}456097\,\tau^3$ Die danach berechneten Werte sind für 90–190 °K tabelliert u. stimmen mit den experimentellen Werten gut überein. G. Pötzscher. B 150

0712 **Dampf–Flüssigkeits-Gleichgewichte für ein System Helium–Stickstoff–Methan.** W. J. Boone jun., Will E. De Vaney und Lowell Stroud. (U. S. Dep. Interior, Bur. Mines, Rep. Invest. **1963,** Nr. 6178, 1–19; Amarillo, Tex., Bur. of Mines, Helium Res. Center; engl.) — Die Dampf-Fl.-Gleichgew. einer Gasmischung von 53,0 (Mol-%) He, 40,8 N_2 u. 6,1 CH_4, die etwa der Zus. von rohem He entspricht, wurden im Temp.-Bereich von 76,5–130 °K unter Drücken von 200–2000 p. s. i. a. untersucht. Für die angegebenen Druck- u. Temp.-Bereiche wurden die Zus. der Phasen, der prozentuale Anteil der fl. Phase von der Gesamtmenge, die Löslichkeit von gasförmigem He in der fl. Phase u. die Gleichgew.-Verdampfungs-Koeff. bestimmt.

Wolfgang Krüger. B 150◇

0713 **Gleichgewichtsverteilung eines Bestandteils zwischen zwei flüssigen Phasen. Beziehungen zu den Grenzflächenerscheinungen.** A. Vignes. (J. Chim. physique Physico-Chim. biol. **57,** 966–79, 1960; Nancy, Fac. des Sci., École Nat. Supérieure des Ind. Chim.; franz.) — Vf. bestimmte die Verteilungskonst. m von *Essigsäure* (**I**,) *Propionsäure* (**II**), *Buttersäure* (**III**) u. *Aceton* (**IV**) zwischen W. u. organ. Lösungsmitteln. Bei **I** waren Lsgm. Heptan (**V**), CCl_4, Toluol (**VI**), Bzl., Chlf., Nitrobenzol, Isopropyläther, Butyl- (**VII**) u. Amylacetat (**VIII**), Methylisobutylketon (**X**), Methylcyclohexanon, Äthylacetat u. Isobutanol (**IX**). Bei **II** wurden dieselben Lsgm. verwendet außer **VI, VII, VIII** u. **IX**, bei **III** die gleichen wie bei **I** außer **VI, VII, VIII, X** u. **IX**, bei **IV** Hexan, **V**, CS_2, CCl_4, **VI**, Bzl., Chlf., **VIII**, **X**, Äthyl- u. Methylacetat. Zuvor wurden die Grenzflächenspannungen σ_0 zwischen

W. u. den Lsgm. gemessen. Die Funktion log m = f (σ_0) der 3 Säuren ist für $\sigma_0 > 9$ [dyn/cm] eine Gerade mit negativer Steigung; für $1,5 < \sigma_0 < 9$ eine Gerade mit positiver Steigung u. für $\sigma_0 < 1,5$ fällt log m sehr schnell auf den Wert 0. Für $\sigma_0 > 9$ lauten die Gleichungen der Geraden für **I** log m = $-0,064\,\sigma_0 + 1,25$, für **II** log m = $-0,053\,\sigma_0 + 1,75$, für **III** log m = $-0,042\,\sigma_0 + 2,20$. Für die freie Übergangsenergie (eines Mol. des Gelösten von der wss. in die organ. Phase) Λ_2 gilt $\Lambda_2 = -$ RT log m; im einzelnen gilt für **I** $\Lambda_2 = 86,5\,\sigma_0 - 1680$ [cal/Mol], für **I** $\Lambda_2 = 71,5\,\sigma_0 - 2300$, für **III** $\Lambda_2 = 56,5\,\sigma_0 - 2930$. Für das Syst. W.-**IV**-Lsgm. entspricht die Änderung von log m mit σ_0 der der Fettsäuren, das Maximum liegt bei $\sigma_0 = 10$. C. Gottfried. B 150

0714 **Die Mischungswärme von Isopropylalkohol in binären, Tetrachlorkohlenstoff, Diisopropyläther und Polypropylenoxid enthaltenden Systemen.** R. F. Blanks und J. M. Prausnitz. (J. physic. Chem. **67**, 1154—55, **1963**; Berkeley, Calif., Univ. of California, Dep. of Chem. Engng.; engl.) — Die Mischungswärmen wurden über weite Bereiche des Molenbruchs bei 25° gemessen. Die erhaltenen positiven Mischungswärmen zeigen, daß für diese 3 Syst. der Bruch der Alkohol–Alkohol-Assoziation für die Bilanz der Mischungswärme dominiert. Die 3 Kurven sind ähnlich, demnach sind alle 3 Protonenacceptoren etwa gleich fähig zum Bruch der Alkohol–Alkohol-Bindung. W. Schramm. B 156◇

0715 **Die Mischungsenthalpien der Systeme Brombenzol–Cumol, Cyclohexanol–Cyclohexanon und n-Nonan–n-Hexanol, gemessen im isothermen Diphenyloxid-Kalorimeter.** S. Neumann und U. von Weber. (J. prakt. Chem. [4] **19 (291)**, 206—11, 1963; Rostock, Univ., Inst. für Phys. Chem.; dt.) — Ein bei 26,9° arbeitendes isothermes Diphenyloxid-Calorimeter für Mischungswärmen mit 60 cal Kapazität wird beschrieben. — Gemessen wurden die Mischungswärmen der Syst. *Brombenzol/Cumol*, *Cyclohexanon/Cyclohexanol* u. *n-Nonan* (**I**) / *n-Hexanol*. In den beiden erstgenannten Syst. wurden positive u. symm. im Diagramm Molenbruch/Mischungsenthalpie (Maximalwerte 20,0 u. 383,5 cal/Mol) verlaufende Werte gefunden, während im letztgenannten Syst. die Mischungsenthalpie ebenfalls positiv, jedoch unsymm. mit einem Maximum von 157,6 cal/Mol beim Molenbruch 0,63 von **I** ist. Ch. Zechel. B 156◇

0716 **Klopffestigkeit und Antiklopfeigenschaften bei Kohlenwasserstoff-Treibstoffen.** J. Cartlidge und C. F. H. Tipper. (Combust. and Flame **5**, 87—91, 1961; Liverpool, Univ., Dep. of Inorg. and Phys. Chem., engl.) — Auf der Grundlage ihrer früheren Ergebnisse (Proc. chem. Soc. [London] **1959**, 190 u. C. **1961**, 4297) über das Vorkommen von Peroxid-Verbb. unter den Prodd. der Gasphasen-Oxydation von KW-Stoffen diskutieren Vff. die Klopffestigkeit von KW-Stoff-Treibmitteln. Sie vermuten, daß eine zunehmende Neigung zum Klopfen auf eine wachsende Tendenz zur Bldg. von Hydroperoxiden u. bes. Dihydroperoxiden während der Oxydation zurückgeführt werden kann. Der hohe Antiklopfeffekt von $Pb(C_2H_5)_4$ könnte entsprechend durch die rasche heterogene Zers. der Peroxid-Zwischenprodd. an einem Pb-Oxid Nebel im Verbrennungsraum zustandekommen (vgl. Cheaney u. Mitarbeiter, Seventh Symposium [Internat.] on Combustion, p. 183, Butterworth, London [1959]), wodurch die die Klopffestigkeit herabsetzenden Folgeprodd. der Peroxide (Aldehyde, Ketone u. deren Rk.-Prod.) nicht gebildet werden. Bes. hervorgehoben werden bei der Diskussion *Propan*, *n-Butan*, *n-Pentan*, *n-Hexan*, *n-Heptan*, *2-Methylheptan*, *Hepten-(1)*, *-(2)*, *-(3)*, *Cyclopentan*, *Cyclohexan*, *Cyclopenten*, *Cyclohexen*, *Methyl-*, *n-Propyl-*, *n-Butylcyclohexan*, *tert.-Butylcyclopentan*, *n-Butyl-*, *Isopropyl-* u. *Äthylbenzol*. Ch. Zechel. B 157◇

0717 **Nachweis von Kohlenstoffsuboxid, C_3O_2, als ein Zwischenprodukt bei den Produkten der Oxydation von Diäthyläther in einer kalten Flamme.** L. H. S. Roblee jun., J. T. Agnew und K. Wark jun. (Combust. and Flame **5**, 65—70, 1961; Lafayette, Ind., Purdue Univ.; engl.) — Die Emissionsspektren zweistufiger kalter Flammen einer Mischung von Ae. u. Luft im Verhältnis von 1:4 Äquivalenten wurden im Bereich 3,5—18,5 μ aufgenommen. Dabei wurden 4 bekannte Emissionsbanden von C_3O_2 beobachtet. Die Ggw. von C_3O_2 in den Oxydations-Prodd. einer kalten Flamme von Ae. konnte durch Kontroll-Verss. sichergestellt werden; ein Mechanismus für die Bldg. von C_3O_2 wird vorgeschlagen. Ch. Zechel. B 157◇

0718 **Röntgenographische Untersuchung der Änderungen in der Größe der Konzentrationsfluktuation im System Schwefelkohlenstoff–Methylalkohol in Abhängigkeit von der Temperatur.** N. W. Mochow und I. W. Kirsch. (J. physik. Chem. [UdSSR] **34**, 1553—55, 1960; Dnjepropetrowsk, Univ.; russ., Auszug: engl.) — Durch Best. des kleinsten Streuwinkels wurde im Gemisch *CS_2–CH_3OH* (Molverhältnis 1:5) das Ausmaß des Konz.-Fluktuation bei verschiedenen Temp. ermittelt. Mit steigender Temp. verringert es sich, der nach der Gleichung von Gudowitch (J. appl. Physics **22**, [1951], 214) berechnete Teilchenradius (Å) beträgt 107,4 (12°), 106,5 (21°), 101,5 (55°) u. 93,7 (63°). G. Pötzscher. B 171◇

0719 **Die Adsorption von Kohlenwasserstoffgasen und ihren Gemischen.** W. G. Fasstowski und A. Je. Rowinski. (J. angew. Chem. [UdSSR] **33**, 1641—53, 1960; russ.) — Die Isothermen der Adsorption von *CH_4*, *C_2H_2*, *C_2H_4*, *C_2H_6* u. *C_3H_6* bei 0—20° u. für ihre bin. Gemische u. von *C_3H_8* bei 0—80° an Aktivkohle AG-3 sowie von CH_4, C_2H_2 u. C_2H_6 bei 20° an Silicagel KMS bei Drücken $p < 760$ mm Hg werden befriedigend durch die Gleichungen der Potentialtheorie der Adsorption beschrieben. Die Werte der relativen Flüchtigkeit aus dem adsorbierten Zustand für Gemische sind im gesamten Bereich des Geh. an Komponenten konst., die Summe der relativen Adsorption der Komponenten besitzt nahezu den Wert 1. Dies erlaubt es, Gleichungen zur Berechnung der Gleichgew.-Zus. der adsorbierten Phase u. der Adsorptionsvol. der Einzelkomponenten des Gemisches aufzustellen. Die relative Flüchtigkeit der adsorbierten Phase eines C_2H_4–C_2H_6-Gemisches ist bei der Adsorption an Silicagel dreimal so groß wie an Aktivkohle. Obwohl die Leistungsfähigkeit des Silicagels merklich geringer als die der Aktivkohle ist, ist es wirksamer zur Trennung dieses u. ähnlicher Gemische. G. Pötzscher. B 176◇

0720 **Adsorption und Adsorptionswärme von n-Alkoholen an graphitiertem Ruß.** N. N. Awgul, G. I. Beresin, A. W. Kisselew und I. A. Lygina. (Nachr. Akad. Wiss. UdSSR, Abt. chem. Wiss. **1961**, 205—14; Akad. Wiss. UdSSR, Phys.-chem. Inst.; russ.) — Vgl. C. **1963**, 76. — Bestimmt wurden Adsorptionsisothermen u. differentielle Adsorptionswärmen von *H_2O*, *Methanol* (**I**), *A.*, *n-Propanol* u. *n-Butanol* an graphitiertem Ruß. Die Adsorptionswärme von Wasserdämpfen ist wesentlich geringer als die Kondens.-Wärme, bei den Alkoholen erhöht sie sich mit dem Wachsen der C-Kette. Adsorptionswärmen u. Flächen bez. auf 1 Mol. der Alkohole in der dichten Monoschicht auf der Oberfläche des Rußes weisen auf Lagerung der Alkoholmoll. parallel zur Oberfläche unter Bldg. von H-Bindungen hin. Der Zustand der adsorbierten Verbb. in der Adsorptionsschicht ist dem assoziierten Zustande in der Fl. ähnlich. Beim Übergang der Adsorption von graphitiertem Kanalruß zum Ausgangsruß u. bes. zum Silicagel mit hydratisierter Oberfläche erfolgt Erniedrigung der Beweglichkeit der **I**-Moleküle. J. v. Schroeder. B 176◇

0721 **Adsorption und Adsorptionswärme der Dämpfe von Diäthyläther, Aceton und Essigsäure an graphitiertem Ruß.** N. N. Awgul, A. W. Kisselew und I. A. Lygina. (Nachr. Akad. Wiss. UdSSR, Abt. chem. Wiss. **1961**, 2116—25; russ.) — Vgl. vorst. Referat. — Es wurden die Adsorptionsisothermen (AI) u. die Isothermen der differentiellen Adsorptionswärmen bei 20° von *Ae.*, *Aceton* (**I**) u. *Essigsäure* (**II**) an therm., bei 3000° graphitiertem Ruß mit Hilfe eines Kalorimeters mit konst. Wärmeaustausch ermittelt. Die Adsorptionsgrößen von **I** u. **II** wurden mittels Vakuum-Mikrobüretten u. die des Ae. durch Gas-Volumen-Meth. bestimmt. Die AI sind am Anfang gebogen, u. die Isothermen der differentiellen Adsorptionswärmen gehen durch ein Maximum. Die Wechselwrkg. der Adsorbat-Moll. in der Adsorptionsschicht vergrößert sich von Ae. zum **I** u. **II**. Diese Rk.

ist durch elektrokinet. u. elektrostat. Kräfte u. im Falle von **II** auch durch H-Bindungen bedingt. Für eine Oberflächenbedeckung von 0,5 betragen für Ae. die Kondens.-Wärme L 6,4, die differentielle Adsorptionswärme Q_a^0 9,7, die Gesamtenergie ΔU^0 — 3,3 u. Entropie ΔS^0 — 1,3 (alle Größen in kcal/Mol), für **I** 7,5, 8,9, — 1,4 u. 1,0. C. Kozák. B 176□

0722 **Die Anwendung optischer Beugungsmethoden auf Kristallstrukturprobleme.** H. Lipson. (Sci. Progr. **47,** 692—700, 1959; Manchester, Univ., Fac. of Technol., Dep. of Phys.; engl.) — Ausführliche Beschreibung der Methode. C. Gottfried. B 181△

0723 **Dielektrische Effekte von Kristallisationsfehlstellen bei der Wasserstoffbindung.** Vera Daniel. (Trans. Faraday Soc. **54,** 1834—45, 1958; Brit. Electr. and Allied Ind. Res. Assoc.; engl.) — Langkettige sek. Alkohole weisen nach Kristallisation aus der Schmelze (Form A) gegenüber der aus Lsgm. krist. (Form B) eine anomal hohe DK auf. Es wird gezeigt, daß die Abnahme der DK in der Schmelze nicht auf eine normale Phasenumwandlung, sondern auf eine Texturänderung zurückzuführen ist, die in der Bldg. von Kristallisationsfehlstellen („flaws") besteht. Dies ist möglicherweise durch eine Überlagerung von H-Bindungen zu erklären. IR-Spektren erlauben keine Unterscheidung zwischen A- u. B-Form. Röntgenograph. Unterss. ergeben, daß die a-Parameter der B-Form größer sind u. daß diese eine angenähert hexagonale Struktur gegenüber der ausgeprägter orthorhomb. Struktur der A-Form hat. Die b-Parameter weisen kaum Unterschiede auf. Nachst. Gitterparameter werden mitgeteilt: $(C_{13}H_{27})_2CHOH$, (Form) A: (a =) 7,8; (b =) 4,95 (Å); (Form) B: 7,9; 4,97; $C_5H_{11}CH(OH)C_{14}H_{29}$ (**I**), A: 7,80; 4,93; B: 7,99; 4,98; $C_7H_{15}CH(OH)C_{12}H_{25}$ (**II**), A: 7,92; 4,99; B: 7,96; 5,00; $C_9H_{19}CH(OH)C_{10}H_{21}$ (**III**), A: 7,98; 5,00; B: 8,06; 4,98; daneben die Werte für 50, 60, 80% gemischte *Eikosanole* + 50, 40, 20% *Eikosan* (**IV**) u. $C_{24}H_{50}$. Die A-Form von **I** hat einen um 2,7° höheren F. als die B-Form. **I** ist zwischen 0° u. seinem F. instabil. Alterungs-Verss. an **I** ergeben, daß die DK proportional dem log der Alterungszeit abnimmt. Weitere Alterungsunterss. (bis zu 2 Jahren) an **I, II** u. **III** lassen annehmen, daß die Alterung einen im Sinne einer Stabilisierung ähnlichen Einfl. wie die Kristallisation aus Lsgm. hat. Die dielektr. Eigg. orientierter u. nichtorientierter Proben von eutekt. Mischungen (ca. 1:1) aus **II** (F. ca. 55°) u. **III** (F. ca. 65°) werden untersucht (Orientierung im elektr. Feld $\geq$ 100 V/cm). Die Dipole richten sich entlang der kristallograph. b-Achse aus. Die Polarisierbarkeit der über H-Brücken gebundenen Alkoholketten wird erörtert u. das Abschreck-Verh. von **II—IV**-Mischungen untersucht. Es wird angenommen, daß die Ketten nur dann reversible Dipole darstellen, wenn sie in Fehlordnungszentren enden. P. Frenzel. B 182◇

0724 **Polymorphie bei Monobromessigsäure und das Zustandsdiagramm von Dichloressigsäure bei erhöhten Drücken.** Augustus R. Glasgow und Jean Timmermans. (Bull. Soc. chim. belges **70,** 623—41, 1961; Bruxelles, Univ. Libre; engl.) — Vff. berichten über piezometr. Messungen an *Dichloressigsäure* (**I**) bei 15°, 30°, 45° u. 60° u. Drucken bis etwa 5000 at sowie an *Bromessigsäure* (**II**) bis 15°, 30° u. 45° u. Drucken ebenfalls bis etwa 5000 at. Für **I** wurde in dem obigen Druckbereich nur eine kristalline Form gefunden. **II** dagegen tritt in 3 Formen auf mit Tripelpunkten bei etwa 50,5° u. 120 kg/cm² (fl. C I, C II) u. 53° u. 260 kg/cm² (fl., C II u. C III). Für die Übergänge C I → C II u. C II → C III wurden negative Temp.-Druckkoeff. (dT/dP) festgestellt, sie treten nur bei erhöhten Drucken auf. Es wird darauf hingewiesen, daß **II** die erste organ. Substanz ist, welche 2 aufeinanderfolgende Übergänge im festen Zustand mit negativen dT/dP-Werten hat. Für das Schmelzen von **I** wurden die Werte für ΔH u. ΔS, für **II** die ΔH- u. ΔS-Werte für die beiden Übergänge im festen Zustand u. für das Schmelzen C III → fl. berechnet. Die numer. Werte sind tabellar. zusammengestellt. C. Gottfried. B 190△

0725 **Die Struktur mesomorpher Phasen der Mischung Wasser–Natriumlinolenat. Untersuchung mit Röntgenbeugung.** Françoise Husson. (C. R. hebd. Séances Acad. Sci. **253,** 2948—49, 1961; Strasbourg, Centre de Rech. sur les Macromolécules; franz.) — Mit einer früher beschriebenen Meth. (C. **1962,** 8927) untersucht Vf. die Phasen der Mischung *W.-Na-Linolenat* bei verschiedenen Konzz. u. 22°. Dabei zeigt sich für die Konz. C = 0,23—0,54 [g Seife/g Mischung] eine Mittel- (MP) u. für 0,54 < C < 0,80 eine Intermediärzone zwischen MP u. Gel innerhalb der eine komplexe hexagonale Phase identifiziert werden konnte. Die MP zeigt eine zylinderförmige Anordnung der Seifenmoleküle. Für diese Phase werden in Abhängigkeit von der Konz. die Zylinderabstände, die Zylinderdurchmesser und die mittlere Größe der für polare Gruppen freien Oberfläche angegeben. Der Aufbau der wesentlich komplizierteren hexagonalen Phase wird gemutmaßt und die darin herrschenden Abstände werden geschätzt. S. v. Schieszl. B 190□

0726 **Über die Präkristallisation von übersättigten Saccharoselösungen.** Nicolas Tikhomiroff. (C. R. hebd. Séances Acad. Sci. **253,** 1944—46, 1961; Marseille, C. N. R. S., Inst. de Calorimetrie et de Thermogenèse; franz.) — Tropfen von übersätt. *Saccharose*(**I**)-Lsg. wurden in regelmäßigen Zeitabständen auf Chromatographiepapier gegeben. Nach 1std. Diffusion wurde zuerst mit einer Lsg. von $AgNO_3$ in Aceton u. hierauf mit einer Lsg. von NaOH in A. bespritzt. Nach dem Bespritzen erscheinen 2 konzentr. Flecken verschiedener Färbung. Der innere Fleck enthält krist. **I**, der äußere ist der diffundierten Lsg. zuzuschreiben. Die ⌀ der inneren Flecken bleiben zunächst konst., nehmen dann plötzlich bis zu einem Maximum zu, hierauf bis zu einem Minimum ab u. erreichen schließlich einen konst. Wert. Die ⌀ der äußeren Flecken gehen durch ein Minimum u. nehmen hierauf bis zu einem konst. Wert zu. Das Verhältnis des ⌀ des äußeren zu dem ⌀ des inneren Flecks nimmt vor der Kristallisation ab, im Augenblick der Kristallisation zu u. strebt einem Grenzwert zu. Die mit den gleichen Lsgg. papierchromatograph. (aufsteigende Elution) erhaltenen R_f-Werte u. die gemessenen Änderungen der opt. Dichte entsprechen den Veränderungen des ⌀ der inneren Flecken: im Augenblick der Zunahme der ⌀ u. der R_f-Werte nimmt die opt. Dichte der Lsg. ab. Als Erklärung für die Beobachtungen nimmt Vf. in Übereinstimmung mit Calvet u. Mitarbeitern (vgl. C. **1952,** 2478) an, daß sich vor Erscheinen von Kristallen in der Lsg. Mikrokeime aus Schwärmen bilden, die sich bei einem krit. Wert kondensieren. C. Gottfried. B 190△

0727 **Die Kristall- und Molekülstruktur des Natrium-α-Ketobutyrats.** S. S. Tavale, L. M. Pant und A. B. Biswas. (Acta crystallogr. [Copenhagen] **16,** 566—70, 1963; Poona, India, Nat. Chem. Labor.; engl.) — $CH_3CH_2 \cdot COCO_2Na$ krist. aus wss. Lsg. orthorhomb., a = 29,28, b = 6,045, c = 5,90 Å; Pbcn; Z = 8, D_{exp} 1,562, D_R 1,578 (g cm⁻³); Liste der Atomparameter, Bindungslängen u. -winkel nach Fourier-, Differenz-Synth. u. der Meth. der kleinsten Quadrate auf Grund zweidimensionaler Weissenberg-Multifilmdaten. Aus Bindungswinkeln u. -längen wird auf das Vorliegen der Enolform im kristallinen Zustand geschlossen. Über Na–O Bindungen werden die Mol. zu unendlich ausgedehnten Doppelschichten parallel (100) verknüpft, die mit benachbarten Doppelschichten nur durch van der Waalssche Kräfte verbunden sind. R. Uttech. B 195◇

0728 **Auf die „trial and error"-Methode der Kristallstrukturanalyse angewandte Konvolutionen.** M. Sax. (Acta crystallogr. [Copenhagen] **16,** 439—43, 1963; Pittsburgh, Pa., Univ. of Pittsburgh, Crystallography Labor.; engl.) — Zur Aufdeckung von Fehlern in einer teilweise richtigen Vers.-Struktur wird das postulierte Modell mit der Patterson-Funktion verglichen. Die dafür entwickelten Fourier-Synth. beruhen auf Konvolutionen der berechneten Elektronendichtefunktion mit der beobachteten Patterson-Funktion oder der Differenz-Patterson-Funktion. Bei Strukturen aus gleich schweren Atomen erscheinen in der Konvolution die Atome in korrekten Lagen mit stärkeren Maxima

relativ zur berechneten Elektronendichteverteilung als die Atome in irrtümlichen Lagen. Die richtigen Atomlagen werden durch neue Maxima angezeigt. Ihre Höhe hängt von der Richtigkeit des Modells ab. Die Meth. ist auf die Benutzung schneller Digitalrechner angewiesen u. wird am Beispiel der *Dihydromalvalsäure* demonstriert.
R. Uttech. B 195◇

0729 **Die Kristallstruktur des N-tert.-Butylpropylamins.** L. M. Trefonas und John Couvillion. (Acta crystallogr. [Copenhagen] **16,** 576—77, 1963; New Orleans, La., Louisiana State Univ. in New Orleans; engl.) — Vff. zeigen auf Grund einer dreidimensionalen Röntgen-Unters., daß die von Meyers [1961, Privatmitt.] als N-tert.-Butylazetidinhydrochlorid angesprochene Verb. vielmehr *N-tert.-Butylpropylaminhydrochlorid* ist; orthorhomb. a = 14,15, b = 8,90, c = 7,73 Å, Pna 2_1; Z = 4 D_{exp} 1,03, D_R 1,02 (gcm^{-3}), Liste der Atomkoordinaten nach der Schweratom-Meth. u. Verfeinerung mittels der kleinsten Quadrate; C–N 1,51 ± 0,03 Å, CNC 114°.
R. Uttech. B 195◇

0730 **Die Kristallstruktur des Triphenylens.** F. R. Ahmed und J. Trotter. (Acta crystallogr. [Copenhagen] **16,** 503—08, 1963; Ottawa, Canada, Nat. Res. Council, Div. of Pure Phys.; Vancouver, Canada, Univ. of British Columbia, Dep. of Chem.; engl.) — Auf Grund dreidimensionaler Weissenberg-Daten wurde die von Pinnok u. Mitarbeitern (C. 1957, 4065) angegebene Struktur von *Triphenylen* (F. 198,5°) verfeinert: a = 13,17; b = 16,73; c = 5,26 Å; orthorhomb. Zelle; Raumgruppe $P2_12_12_1$; Z = 4. Liste der Atomkoordinaten u. Darst. der Bindungslängen u. -winkel. Gegenüber der Ebene des zentralen Ringes weichen die Atome zweier Ringe nach der einen u. die des dritten Ringes nach der anderen Seite ab. Die Abweichung wird mit innermol. ster. Einflüssen erklärt. Die mittleren Bindungsabstände stimmen mit VB- u. MO-Berechnungen überein. Alle zwischenmol. Abstände entsprechen normaler van der Waalsscher Wechselwirkung. R. Uttech. B 195◇

0731 **Die Struktur der Methyl-1.2-benzanthrachinone.** 3. Mitt. **Die Kristall- und Molekülstruktur des 2'-Methyl-1.2-benzanthrachinons.** R. P. Ferrier und J. Iball. (Acta crystallogr. [Copenhagen] **16,** 513—19, 1963; Dundee, Scotland, Queen's Coll., Chem. Dep.; engl.) — 2. vgl. Acta crystallogr. [Copenhagen] **16,** [1963], 269. — *2'-Methyl-1.2-benzanthrachinon* krist. monoklin, a = 20,67, b = 4,06, c = 7,77 Å, β = 90,8°; $P2_1$; z = 2, D_{exp} 1,380, D_R 1,386; Liste der Atomkoordinaten, Darst. der Bindungslängen u. -winkel nach einem Schnitt durch das gewichtete reziproke Gitter, einer Patterson-Projektion u. nach anschließender dreidimensionaler Verfeinerung mittels der kleinsten Quadrate auf Grund von Weissenberg-Daten. Vff. geben eine Analyse der therm. Bewegung, beschreiben eine Abweichung des Mol. von einer ebenen Struktur u. erklären sie mit einer ster. Wechselwrkg. zwischen dem O- u. H-Atom am C(1').
R. Uttech. B 195◇

0732 **Verfeinerung nach der Methode der kleinsten Fehlerquadrate mit minimaler Anzahl von Parametern für Strukturen, die starre Atomgruppen enthalten.** C. Scheringer. (Acta crystallogr. [Copenhagen] **16,** 546—50, 1963; Bonn, Univ., Inst. für phys. Chem.; engl.) — Die Anzahl der Parameter läßt sich reduzieren, indem für jede starre Atomgruppierung nur 6 Ortsparameter u. ein isotroper bzw. 6 anisotrope therm. Parameter berücksichtigt werden. Die Konvergenz der Meth. wird diskutiert u. ihre Leistungsfähigkeit durch Vgl. mit der normalen Verfeinerungsmeth. mit Hilfe der kleinsten Fehlerquadrate an einer hypothet. Struktur in $P2_1$ an *Bis-[2-hydroxynaphthaldehyd-(1)]-äthylendiiminato-Cu(II)* u. *Phenol* demonstriert. R. Uttech. B 195◇

0733 **Die Kristallstruktur von Tetronsäure-Derivaten.** 1. Mitt. **α-Methyltetronsäure.** S. G. G. MacDonald und A. B. Alleyne. (Acta crystallogr. [Copenhagen] **16,** 520—24, 1963; Kingston, Jamaica, Univ. of the West Indies, Phys. Dep.; engl.) — *α-Methyltetronsäure* krist. monoklin, a = 4,00 ± 0,01, b = 21,57 ± 0,03, c = 6,30 ± 0,01 Å, β = 107° 36' ± 20'; $P2_1/c(C_{2h}^5)$; z = 4, D_{exp} 1,460, D_R 1,461 (gcm^{-3}), Liste der Atomkoordinaten, Darst. der Bindungslängen u. Winkel nach Fourier- u. Differenz-Synth. auf Grund dreidimensionaler Daten nach der Weissenberg-Multifilm-Methode. Das Mol ist eben (Gleichung der Ebene − 0,7830x + 0,3701 y + 0,5000 z = − 0,2023) mit Resonanz längs der OH–C=C–CO-Kette. Starke intermol. H-Brücken, O–(H)–O (2,6 Å), verknüpfen im Kristall die Moll. zu langen Ketten.
R. Uttech. B 195◇

0734 **Die Struktur des N-[p-Bromphenyl]-sydnons.** Hartmut Bärnighausen, F. Jellinek, J. Munnik und Aafje Vos. (Acta crystallogr. [Copenhagen] **16,** 471—75, 1963; Groningen, Netherlands, Rijksuniv., Labor. voor Anorg. Chem. en voor Structuurchem.; engl.) — $C_8H_5N_2O_2Br$ krist. nach Rotations- u. Weissenberg-Aufnahmen triklin, a = 12,31 ± 0,07, b = 10,17 ± 0,05, c = 3,92 ± 0,04 Å, α = 79,2 ± 0,1, β = 112,7 ± 0,2, γ = 106,3 ± 0,2°; P 1; z = 2, D_R = 1,85 (gcm^{-3}), Liste der Atom- u. Schwingungsparameter, Darstellung der Bindungslängen u. Winkel nach Patterson- u. Fourier-Projektionen u. Verfeinerung über dreidimensionale Differenz-Synthesen. Das Sydnonring-Syst. ist eben mit fast koplanarer Anordnung der N-Phenylbindung. Phenyl u. Sydnonring sind um 27,6° gegeneinander verdreht.
R. Uttech. B 195◇

0735 **Das Vorkommen von N(b)-epimeren quaternären Alkaloiden in Hunteria eburnea: Hunterburnin-α- und -β-methojodid.** C. C. Scott, G. A. Sim und J. Monteath Robertson. (Proc. chem. Soc. [London] **1962,** 355; Glasgow, Univ., Chem. Dep.; engl.) — Vff. nehmen Bezug auf eine Arbeit von Asher u. Mitarbeitern (vgl. C. **1962,** 17706), in der über die Konstitution u. Stereochemie des Jodids eines aus einer Gruppe von isomeren quaternären Alkaloiden mit der Formel $C_{20}H_{27}N_2O_2^+$, die aus Hunteria eburnea isoliert worden war, berichtet worden war u. berichten über die Strukturanalyse des Jodids eines anderen dieser Alkaloide mit F. 335°. Die Unterss. ergaben, daß es sich bei der untersuchten Verb. um das N(b)-Epimere des l. c. beschriebenen Alkaloids handelt. Vf. nennen die l. c. beschriebene Verb. Hunterburnin-β-methojodid (**I**) u. die von ihnen untersuchte Verb. Hunterburnin-α-methojodid (**II**). **II** kristallisiert rhomb. mit den Zellendimensionen a = 10,97 (Å); b = 18,75; c = 9,60; Raumgruppe ist $P2_12_12_1$; Z = 4. **II** senkt den Blutdruck in einem anästhesierten Hund stark.
C. Gottfried. B 195△

0736 **Die Konstitution von „Carvonhydrosulfid".** J. D. Lee, C. J. Timmons und S. C. Wallwork. (J. chem. Soc. [London] **1962,** 3830—31; Nottingham, Univ., Chem. Dep.; engl.) — In Auswertung der UV-, IR- u. NMR-Spektren schreiben die Vff. dem *Carvonhydrosulfid* die Struktur eines zu *Bis-[2-methyl-3-oxo-5-isopropenyl-cyclohexyl]-sulfides* zu. Für die Verb. wurden folgende Kristallstrukturdaten ermittelt: monoklin; a = 10,48 ± 0,02 Å, b = 10,06 ± 0,02 Å, c = 9,59 ± 0,02 Å, β = 95 ± 1/2; z = 2; D_{exp} 1,103 ± 0,005 gcm^{-3}; Raumgruppe $P2_1$.

Versuche: *Carvonhydrosulfid*, $C_{20}H_{30}O_2S$, F. 223 bis 225°, durch Einleiten von H_2S in eine Lsg. von (+)-*Carvon* in alkohol. NH_3; hellgelbe Nadeln.
J. Graefe. B 195◇

0737 **Bestimmung der Elastizitätskoeffizienten und der piezoelektrischen Moduln von Glykokollsulfat.** Francis Gilletta. (C. R. hebd. Séances Acad. Sci. **253,** 1556—58, 1961; Orsay, Fac. des Sci., Labor. de Phys. cristalline; franz.) — In Fortsetzung u. Ergänzung früherer Unterss. (vgl. C. R. hebd. Séances Acad. Sci. **250,** [1960], 3162) berichtet Vf. über die Herst. der adiabat. Elastizitätskoeff. (EK) u. der adiabat. piezoelektr. Moduln (PM) von *Glykokollsulfat* bei 20°. Gemessen wurden die Resonanz- u. Antiresonanzfrequenzen von geeignet orientierten Platten u. Stäben. Die Proben wurden der Wrkg. eines elektrischen Feldes ausgesetzt, damit sie möglichst nur einen Bereich enthielten. Die DK parallel zur ferroelektr. Achse, die zur Best. der PM notwendig ist, wurde nach Schwingung des Kristalls bestimmt. Es zeigt sich, daß unterhalb des Umwandlungspunktes t_0 $\varepsilon = C/3\,(t_0 - t)$ (C = Curie-Konst. bzgl. der paraelektr. Phase), d. h. die Umkehrung der Bereiche ist nicht vollständig. Ferner wurden die EK u. PM in Abhängigkeit von Temp. u. Feldstärke (0, 1000 u. 3500 V/cm) untersucht (Diagramme). C. Gottfried. B 200△

0738 **Die Dissoziationsenergie des gasförmigen Methanol-Diäthyläther-Komplexes.** Ichard G. Inskeep, Frank E. Dickson und James M. Kelliher. (J. molecular Spectroscopy **4**, 477–79, 1960; Burlington, Vt., Univ. of Vermont, Dep. of Chem.; engl.) — Mischungen aus *Ae.* (6,1 · 10^{-3} u. 1,0 · 10^{-2} Mol/Liter) u. *Methanol* (3,0 bis 8,0 · 10^{-4} Mol/Liter), die mit N_2 auf einen Gesamtdruck von 1 atm gebracht wurden, werden zwischen 3400 u. 3800 cm^{-1} bei 300, 315 u. 330°K untersucht. Die Bande der H-Brückenbindung des Komplexes liegt bei 3558 cm^{-1}. Seine Dissoziationsenergie beträgt 4,7 ± 0,7 kcal/Mol. V. Gierth. B 223◇

0739 **Komplexbildung von Alkoholen mit komplexbildenden Lösungsmitteln. Untersuchung ternärer Gemische mittels magnetischer Kernresonanz.** Claude Lussan, Bernard Lemanceau und Nicole Souty. (C. R. hebd. Séances Acad. Sci. **254**, 1980–82, 1962; Bordeaux, Fac. des Sci., Labor. de Chim. phys.; franz.) — Untersucht wurden die Syst. *tern.-Butanol* (I) — *Aceton* (II) — *CCl_4* u. I — *Dioxan* (III) — CCl_4. Für die Ausgangsmolenbrüche von III von 0,3, 0,5 u. 0,7 wurden $K'_B = K_B \cdot (\gamma_A\gamma_B/\gamma_C)$ (γ_i = Aktivitätskoeff.) für I—II Werte von 4,2—4,4 u. für I—III von 2,4—2,9 ermittelt. Aus der Konstanz der Werte innerhalb der gleichen Mischung wird erkannt, daß das Verh. der Aktivitätskoeff. im untersuchten Konz.-Bereich sich nur wenig ändert. Daraus läßt sich die chem. Verschiebung des OH-Protons der I—II- u. I—IV-Komplexe zu —2,76 u. —2,9 · 10^{-6} errechnen. E. Boye. B 223□

0740 **Von Anhydrid, Amid und Estern der 3.5-Dinitrobenzoesäure abgeleitete π-Komplexe.** N. P. Buu-Hoï, P. Jacquignon und Odette Roussel. (Recueil Trav. chim. Pays-Bas **82**, 370–74, 1963; Gif-sur-Yvette, S.-et-O., France, Centre Nat. de la Rech. Sci., Inst. de Chim. des Substances Naturelles; engl.) — 3.5-Dinitrobenzoesäureanhydrid [I, $C_{14}H_6N_4O_{11}$, F. 226° (aus Chlorbenzol), Rotfärbung bei Rk. mit N.N-Dimethyl- bzw. Diäthylanilin] konnte in guter Ausbeute durch Behandeln von 3.5-Dinitrobenzoylchlorid mit Pyridin in sd. Benzol u. anschließender Behandlung mit wss. HCl erhalten werden. Das von Adams u. Mitarbeitern [1918] erhaltene Prod. stimmt in seinem F. mit dem von 3.5-Dinitrobenzoesäuremethylester überein. I gibt stark gefärbte 1:2-π-Komplexe mit polycycl aromat. u. heterocycl. Verbb., das *Amid* (II, F. 185°) u. d. *Methylester* (III, F. 109°) 1:1-Komplexe. π-Komplexe von I mit: 3-Methoxypyren (IV), $C_{48}H_{30}N_4O_{13}$, F. 235 ([Sublimation] > 200°); 3-Hydroxypyren, $C_{46}H_{26}N_4O_{13}$, F. 261° (> 205°); Pyren (V), $C_{46}H_{26}N_4O_{11}$, F. 266° (> 145°); 1.2-Benzocarbazol (VI), $C_{46}H_{28}N_6O_{11}$, F. 237° (> 180°); 1-Naphthylamin; Bis-[naphthyl-(2)]-amin, F. 232°, Block-Temp. (Zers. über 200°); keine Komplexbildung mit 1.2-Benzacridin u. seinen Methyl-Derivaten. 1:1-π-Komplex von II mit IV $C_{24}H_{17}N_3O_6 \cdot CH_3CO_2H$, F. 188 (> 165°). 1:1-Komplexe von III mit IV, $C_{25}H_{18}N_2O_7$, F. 148°, V, $C_{24}H_{16}N_2O_6$, F. 166°, VI, $C_{24}H_{17}N_3O_6$, F. 151°; 2-p-Methoxyphenyl-3-methylindol, $C_{24}H_{21}N_3O_7$, F. 113°; 2.3-Pentamethylen-6.7-benzindol, $C_{25}H_{23}N_3O_6$, F. 155°; 4.5-Iminophenanthren, $C_{22}H_{15}N_3O_6$, F. 178°. W. Schramm. B 223◇

0741 **Phasen- und Volumenverhalten von Lösungen von Acetylen in Aceton.** D. Ss. Zikliss, A. N. Kofman und L. I. Schenderei. (J. physik. Chem. [UdSSR] **33**, 2012 bis 2016, 1959; russ., Auszug: engl.) — Die Löslichkeit von *C_2H_2* in Aceton bei — 40 bis — 80° u. Drücken bis zu 1 At. u. die Vol. v. den entstandenen Lsgg. wurden gemessen. Die Löslichkeit befolgt Gleichungen von Kritschewski u. Iljinskaja; für den Henryschen Koeff. K gilt log K = 7,82—1034/T, β(Molenbruch) beträgt 0,031 (— 40°), 0,140 (— 50°), 0,201 (— 60°), 0,336 (— 70°), 0,625 (— 80°). Die Lsg.-Wärme für unendlich verd. Lsgg. hat den Wert — 4700 cal/Mol. G. Pötzscher. B 224◇

0742 **Die Bildung fester Lösungen durch Mischungen von Sialsäuren und ihre Identifizierung durch Infrarotspektroskopie.** S. Abrahamsson, I. Fischmeister und L. Svennerholm. (Ark. Kemi **18**, Nr. 24, 435–40, 1962; Uppsala, Univ., Dep. of Med. Chem. and Inst. of Chem.; engl.) — Vff. untersuchten die Möglichkeit der Bldg. fester Lsgg. zwischen *N-Acetylneuraminsäure* (I, $C_{10}H_{19}NO_9$) u. *N-Glykolylneuraminsäure* (II, $C_{10}H_{19}NO_{10}$). Durch Kristallisation von Gemischen aus I u. II wurden feste Lsgg. der beiden Verbb. ineinander erhalten u. röntgenograph. durch IR-Spektroskopie untersucht. Die Pulveraufnahmen ergaben eine maximale gegenseitige Löslichkeit von ca. 35% einer Säure in der anderen. Eine genauere Unters. ergab eine Löslichkeitsgrenze bei 32,5% II. Beide Salze bilden demnach feste Lsgg., obwohl sie verschiedene Kristallstrukturen besitzen. Aus den erhaltenen IR-Absorptionsspektren konnte festgestellt werden, daß man mit dieser Meth. die Zus. der Mischkristalle mit einer Genauigkeit von etwa 5% bestimmen kann. C. Gottfried. B 224△

0743 **Thermische unimolekulare Isomerisierungen von substituierten Cyclobutenen.** 2. Mitt. **1.2-Dimethylcyclobuten.** H. M. Frey. (Trans. Faraday Soc. **59**, 1619–22, 1963; Southampton, Univ., Chem. Dep.; engl.) — Die therm. Isomerisierung von *1.2-Dimethylcyclobuten* (durch Bestrahlung von 2.3-Dimethylbutadien) verläuft im Temp.-Bereich 149—197° homogen u. wie eine Rk. 1. Ordnung. Sie wird durch Zusatz von NO oder Propylen nicht beeinflußt. Die Geschw.-Konst. gehorchen der Gleichung: $k = 10^{13,839} \cdot \exp(-36036/RT) s^{-1}$ u. sind im Bereich 1—100 mm vom Druck unabhängig. Die Rk. ist sehr wahrscheinlich eine echte unimol. Umwandlung. W. Schramm. B 225◇

0744 **Isomerisation von Alkylderivaten des 2-Vinyl-2.3-dihydrofurans zu Cyclopropanabkömmlingen.** Joseph Wiemann, Nguyen Thoai und Feiga Weisbuch. (C. R. hebd. Séances Acad. Sci. **256**, 178–80, 1963; Paris, Labor. de Chim. org. structurale; franz.) — Vgl. C. **1959**, 3811. — *3-Methyl-2-propenyl-2.3-dihydrofuran* (I) wird in Dampfphase in Ggw. von ZnO bei 370—395° u. 20 bis 30 Torr zu einem Gemisch stereomerer Cyclopropane isomerisiert, aus dem durch Dest. über eine Kolonne von 50 theoret. Böden außer einem acycl. Prod. [III, $C_8H_{12}O$, $Kp._{17}$ 63°, 15% des Gemisches, vermutlich 3-Methylheptadien-(4.6)-al]) folgende Verbb. erhalten wurden: 1-cis-Formyl-2-trans-methyl-3-cis-propenyl- ($Kp._{17}$ 81°), 1-trans-Formyl-2-trans-methyl-3-cis-propenyl- ($Kp._{17}$ 75 bis 80°) u. all-cis-1-Formyl-2-methyl-3-propenylcyclopropan ($Kp._{17}$ 74°). Ihre Struktur wurde durch NMR-Spektren (Abb.) identifiziert. Der Befund bestätigt den l. c. vorgeschlagenen Mechanismus: Der nicht stereospezif. Verlauf der Rk. erklärt sich aus dem Mechanismus: die Bldg. der Formylgruppe u. des Cyclopropanringes erfolgt in einer Ebene. H. Peter. B 225◇

0745 **Über Zwischenreaktionen der Ketone bei der Oxydation von Octadecan in flüssiger Phase.** I. W. Beresin und A. M. Ragimowa. (Ber. Akad. Wiss. Aserbaidshan-SSR **16**, 19–22, 1960; russ., Auszug: aserbaidshan.) — Bei der Oxydation von *Octadecan* in fl. Phase bei 130° wurde $^{14}C_{(CO)}$-Methylheptadecylketon zugesetzt u. die zeitliche Änderung der Aktivitäten der entstandenen Säuren, Ester u. des CO bestimmt. Es wurde gefunden, daß ein Teil der Ester direkt aus den Ketonen gebildet wird. B. Celms. B 225△

0746 **Zur langsamen Oxydation von Diäthyläther in der Gasphase.** André Lemay und Cyrias Ouellet. (Canad. J. Chem. **33**, 1316–27, 1955; Québec, Univ. Laval, Dép. de Chim.; franz.) — Vff. untersuchten die Oxydation von *Ae.* mit O_2 zwischen 160—175° (unterhalb der unteren Temp.-Grenze der kalten Flamme) in einem Pyrex-Behälter. Während des anfänglichen Druckabfalls erfolgt die O_2-Aufnahme nach 0. Ordnung mit einer Aktivierungsenergie von ca. 50 kcal/Mol. Hierbei entstehen W., Peroxide, Säuren u. andere Produkte. Im Anschluß an die eigentliche Oxydation steigt der Druck infolge sek. Rkk. an, hierbei ist die Ggw. von O_2 nicht erforderlich. Eine Reihe von Prozessen, die für die beiden Phasen verantwortlich sein könnten, werden untersucht. J. Richter. B 225◇

0747 **Die Reduktion, Enolatbildung und Solvolyse von Grignard-Reagentien in optisch aktiven Medien.** Norman Allentoff und George F. Wright. (Canad. J. Chem. **35**, 900–10, 1957; Toronto, Univ. of Toronto, Dep.

of Chem.; engl.) — Opt. akt. Lsgm. haben nur dann Einfl. auf den ster. Verlauf von Rkk. mit Grignard-Reagentien, wenn die Rkk. über cycl. Komplexe verlaufen. So liefert die Solvolyse des Grignard-Reagens aus 2-Phenyl-2-chlorbutan in (+)-2.3-Dimethoxybutan/Bzl. nur opt. inakt. sek.-Butylbenzol. Die Red. von *rac. Menthanon* (**I**) mit dem Grignard-Reagens aus Isopropylbromid im vorst. Lsgm. liefert 64% rac. **I**, Menthol [3,5% (+); 4% (—)], Neomenthol [2,6% (+); 3,4% (—)] u. Isomenthanon [**II**, 2,8% (+); 3,2% (—)]. Die erhaltenen 64% rac. **I** sind nicht unverändertes Ausgangsmaterial, sondern über ein $\Delta^{1,6}$-Enol entstanden, während **II** über ein $\Delta^{1,2}$-Enol gebildet wurde.

W. Schindelhauer. B 225◇

0748 **Die Chlorierung von 2.2.4-Trimethylpentan.** A. E. Fuller und W. J. Hickinbottom. (Proc. chem. Soc. [London] **1963,** 147—48; London, Queen Mary Coll., Dep. of Chem.; engl.) — Die Chlorierung von *2.2.4-Trimethylpentan* mit Cl_2 bei Bestrahlung mit UV-Licht u. durch Rk. mit SO_2Cl_2, N-Chlor-N-tert.-butylmethan-, -benzol-, -p-toluolsulfonamid u. N-Chlor-N-n-butyl-p-toluolsulfonamid in Ggw. von Benzoylperoxid bei 85° wurde untersucht. Es entstanden alle Monochlortrimethylpentane. Die Reaktivität entsprach der Folge sek.-〉 tert.-〉 prim. C-Atom. Mit Ausnahme von SO_2Cl_2 war die Prod.-Zusammensetzung sehr ähnlich, die Größe der chlorierenden Mol. hat keinen Einfl. auf das Substitutionsverhältnis. Die niedrige Reaktivität des tert.-C-Atoms ist wahrscheinlich durch gehinderte Rotation in der 3.4-C—C-Bindung zu erklären.

W. Schramm. B 225◇

0749 **Brems- und Reaktionsstöße heißer Wasserstoffatome: Isotopieeffekt am Methylfluorid.** H. Clement Jurgeleit und Richard Wolfgang. (J. Amer. chem. Soc. **85,** 1057—62, 1963; New Haven, Conn., Yale Univ., Sterling Chem. Labor.; engl.) — Die Gesamtausbeute der T-enthaltenden Rk.-Prodd. war bei der Rk. heißer H-Atome [aus ^{3}He (n, p)^{3}H] mit CD_3F um 18% kleiner als bei CH_3F. Im Energiebereich heißer Kombinations-Rkk. beeinflussen bremsende wie auch Rk.-Stöße nur kleine Teile des getroffenen Moleküls. Man schließt aus den Verss.: 1) mit steigender mittlerer Energie treten folgende Rkk. auf: H-Abspaltung < H-Austausch < F-Austausch < Austausch von 2 Atomen, 2) die Vorstellung elastischer Kugeln ist nicht anwendbar, 3) ein möglicher sek. Isotopieeffekt beim F-Austausch ist kleiner als der experimentelle Fehler, 4) der Unterschied in der Bindungsstärke C—H u. C—D kat keinen Einfluß auf die Rk., ein solcher „Bindungsenergie-Effekt" müßte kleiner als 5% pro kcal sein. W. Knoch. B 225◇

0750 **Reaktion heißer Wasserstoffatome mit Halogenkohlenwasserstoffen.** Robert A. Odum und Richard Wolfgang. (J. Amer. chem. Soc. **85,** 1050—56, 1963; New Haven, Conn., Yale Univ., Sterling Chem. Labor.; engl.) — Als Quelle heißer T-Atome dient die Kern-Rk. ^{3}He (n, p)^{3}H. Die Substitution von Halogen u. H erfolgt in Monohalogenmethan in der Reihenfolge: Br > Cl > F ≅ H unbehindert. Mit zunehmender Anzahl Halogenatome nimmt die Substitution von H pro C—H-Bindung ab, was auf ster. Behinderung durch die Halogenatome deutet. Die Anwesenheit anderer als der zu substituierenden Atome vermindert die Ausbeute der Substutitions-Rk. erheblich wegen des Beharrungsvermögens schwerer Atome. Der Trägheitsfaktor ist bei der Substitution schwerer Atome durch T von großer Bedeutung. Substitutionsrkk. heißer Wasserstoffatome können als verboten angesehen werden, wenn schwere Atome oder Gruppen bewegt werden müssen oder Relaxationsbewegungen ausführen, die langsam im Vgl. zur Kollisionsdauer sind. Als Halogenverbb. wurden CH_3F, CH_3Cl, CH_3Br, CH_2F_2, CH_2Cl_2, CHF_3, CF_4, CF_3Br u. CCl_4 sowie C_2H_5Cl, CH_3CHF_2 u. CH_3CF_3 verwendet; die Ausbeuten an Rk.-Prodd. sind tabellar. angegeben. Einen entsprechenden Einfl. eines Trägheitsfaktors diskutieren Vff. auch im Zusammenhang mit dem Angriff heißer Atome auf C—C-Bindungen, wobei Angaben von Urch u. Wolfgang (C. **1963,** 6930) über Verss. mit C_2H_6, C_3H_8, n-C_4H_{10}, *iso*-C_4H_{10}, *neo*-C_5H_{12}, n-C_5H_{12} u. n-C_6H_{14} herangezogen werden. W. Knoch. B 225◇

0751 **Die Kinetik der Reaktion zwischen Polyfluoralkylhalogeniden und dem Jodidion.** E. T. McBee, R. D. Battershell und H. P. Braendlin. (J. Amer. chem. Soc. **84,** 3157—60, 1962; Lafayette, Ind., Purdue Univ., Dep. of Chem.; engl.) — Vff. bestimmten die Geschw.-Konst. der Rkk. von *2.2.2-Trifluor-1-bromäthan* (**I**), *3.3.3-Trifluor-1-brompropan* (**II**); *2.2.3.3.4.4.4-Heptafluor-1-brombutan* (**III**); *3.3.4.4.5.5.5-Heptafluor-1-brompentan* (**IV**), *Allylchlorid* (**V**) und *trans-4.4.4-Trifluorcrotylchlorid* (**VI**) mit *KJ* oder *NaJ* in trockenem Aceton. Daraus wurden die Aktivierungsenergie (E_a), die Aktivierungsentropie (ΔS^*) u. die Frequenzfaktor log B errechnet. Für die Rk. mit KJ wurden folgende Resultate ermittelt: **I**: E_a = 22,2 [kcal/Mol]; ΔS^* = —17,3 [cal/Grad · Mol]; log B = 9,6 (B in Liter/Mol · s). **II**: 20,3; —8,4; 11,4. **III**: 23,8; —17,0; 9,7. **IV**: 19,8; —10,6; 11,0. **V**: —; —15,2; 9,9. **VI**: 19,9; —7,2; 11,7. Die Resultate werden unter sterischen und elektronentheoretischen Gesichtspunkten diskutiert. — *trans-4.4.4-Trifluorcrotylchlorid*, $C_4H_4ClF_3$, Kp. 81—81,5°, aus 4.4.4-Trifluorbuten-(2)-ol-(1) über dessen Tosylat mit konz. HCl; 29% (Ausbeute). n_D^{20} 1,3638; D_4^{20} 1,2720. M. Bülow. B 225◇

0752 **Untersuchung der Reaktionen der elektrophilen Substitution am Olefin-Kohlenstoffatom.** 1. Mitt. **Reaktion von trans-β-Chlorvinylmercurichlorid mit Jod in Gegenwart des Jodidanions in wässerigem Dioxan.** I. P. Beletzkaja, O. A. Reutow und W. I. Karpow. (Nachr. Akad. Wiss. UdSSR, Abt. chem. Wiss. **1961,** 1961—65; Moskau, Lomonossow-Univ.; russ.) — Es wurde die Kinetik der Rk. von *trans-β-Chlorvinylmercurichlorid* mit Jod in Lsg. von CdJ_2 (im Überschuß) in 85%ig. wss. Dioxan bei 15—25° untersucht. Die Rk. ist 2. Ordnung, je 1. bzgl. der Komponenten. Es wurden die Geschw.-Konst. der Rk. u. die Parameter der Arrheniusschen Gleichung bestimmt: E = 13,6 kcal/Mol, log A = 10,0 u. ΔS^* = —12,8 cal/Grad · Mol (bei 25°). Unter diesen Bedingungen verläuft die Rk. unter strenger Erhaltung der Konfiguration, es entstehen 49% trans-1-Chlor-2-jodäthylen (Kp. 110—112°, n_D^{15} 1,5702). C. Kozák. B 225□

0753 **Untersuchung der Reaktionen der elektrophilen Substitution am Olefin-Kohlenstoffatom.** 2. Mitt. **Reaktion von trans- und cis-β-Chlorvinylmercurichlorid mit Jod in Gegenwart von Cadmiumjodid in absolutem Methylalkohol.** I. P. Beletzkaja, O. A. Reutow und W. I. Karpow. (Nachr. Akad. Wiss. UdSSR, Abt. chem. Wiss. **1961,** 2125—28; russ.) — 1. vgl. vorst. Referat. — Die Kinetik der angeführten Rk. in Ggw. von CdJ_2 (im Überschuß) bei 10—30° wurde spektrophotometr. untersucht. Es wurden die Geschw.-Konst. der Rk. zweiter Ordnung bei verschiedenen Temp. bestimmt u. folgende Parameter der Arrheniusschen Gleichung berechnet: *trans*-E = 11,70 (kcal/Mol); log A = 10,40; ΔS^* —11,0 (cal/grad · Mol) bei 25°; *cis-β-Chlorvinylmercurichlorid* 11,40; 10,30; —11,6. Die Rk. verläuft in guter Übereinstimmung mit der Nessmejanow-Borissowschen Regel — unter strenger Erhaltung der geometr. Konfiguration aus der cis-Verb. entsteht cis- (Kp. 114—115,5°, n_D^{15} 1,5815, 62,8%), aus der trans-Verb., trans-1-Chlor-2-jodäthylen (Kp. 110—111°, n_D^{15} 1,5718, 61%).

C. Kozák. B 225□

0754 **Untersuchung der Reaktionen der elektrophilen Substitution am Olefin-Kohlenstoffatom.** 3. Mitt. **Reaktion von trans- und cis-β-Chlorvinylmercurichlorid mit Jod in Gegenwart von Cadmiumjodid in Dimethylformamid.** I. P. Beletzkaja, O. A. Reutow und W. I. Karpow. (Nachr. Akad. Wiss. UdSSR, Abt. chem. Wiss. **1961,** 2129—32; russ.) — 2. vgl. vorst. Referat. — Die Kinetik der Rk. von *trans*-(**I**) u. *cis-β-Chlorvinylmercurchlorid* (**II**) mit Jod in Ggw. von CdJ_2 in Dimethylformamid (DMF) bei 10—30° wurde untersucht. Es wurden die Geschw.-Konst. der Rk. zweiter Ordnung u. folgende Parameter der Arrheniusschen Gleichung bestimmt: **I**, E = 10,10 (kcal/Mol); log A 7,2; ΔS^* —25,8 (cal/Grad · Mol) bei 25°; **II**, 9,50; 6,8; —27,6. Aus dem Vgl. aller Ergebnisse folgt, daß die Rk.-Geschw. in der Lsgm.-Folge Methanol > 85%ig. Dioxan > DMF abnimmt u. wesentlich durch den Entropie-Faktor bestimmt wird. **II** reagiert stets schneller als **I**.

C. Kozák. B 225□

0755 **Abwesenheit eines sterischen Effektes bei der Bildung von Epoxiden aus 1.2-Chlorhydrinen.** P. Croisier und P. J. C. Fierens. (Bull. Soc. chim. belges **65,** 207–08, 1956; Bruxelles, Univ. Libre, Fac. des Sci., Serv. de Chim. Org.; franz.) — Vff. untersuchten die Kinetik der Rk. zwischen NaOH u. *3-Chlor-2-methylbutanol-(2)* (**I**) u. *3-Chlor-2.4.4-trimethylpentanol-(2)* (**II**) in 70%ig. CH_3OH. Die Geschw.-Konst. 2. Ordnung nehmen mit fortschreitender Rk. etwas ab. Bei 50%ig. Umsatz u. 0° betragen sie: **I** k_{50} [Liter/Mol · s] = $21 \cdot 10^{-3}$, **II** $k_{50} = 4-5 \cdot 10^{-3}$. Aus dem niedrigen Verhältnis beider Konst. folgt, daß trotz der Ggw. einer Neopentylstruktur kein ster. Effekt vorhanden ist. Die Deutung beruht auf der Tatsache, daß das angreifende Agens im intramol. S_N2-Mechanismus kovalent an das α-C-Atom gebunden ist.
J. Richter. B 225◇

0756 **Kinetik der säurekatalysierten Umwandlung von Peroxyessigsäure zu Diacetylperoxid in Essigsäure.** Yoshiro Ogata, Yoshiaki Furuya, Junji Maekawa und Kenji Okano. (J. Amer. chem. Soc. **85,** 961–62, **1963**; Furo-Cho, Chikusa-ku, Nagoga, Japan, Nagoga Univ., Fac. of Engng., Dep. of Appl. Chem.; engl.) — Papierchromatograph. wurde nachgewiesen, daß *Peressigsäure* (**I**) in Eisessig in Ggw. von H_2SO_4 reversibel in *Diacetylperoxid* (**II**) umgewandelt wird. Die Kinetik dieser Rk. wurde titrimetr. zwischen 30–50° untersucht, aus Geschw.-Konst. 1. Ordnung ergab sich die Aktivierungsenergie 16,5 kcal/Mol. logk gegen H_0 aufgetragen gab eine Gerade mit dem Anstieg – 1,04. Für die Rück-Rk., die Hydrolyse von **II** in Essigsäure in Ggw. einer geringen Menge W., wurde bei 40° $k = 3{,}17 \cdot 10^{-4}\,s^{-1}$ bei einer Aciditätsfunktion – 3,430 erhalten. Der geschw.-bestimmende Schnitt ist $CH_3C^+(OH)_2 + I \rightleftharpoons CH_3C(O)O^+H\text{-}C(OH)_2CH_3$.
W. Schramm. B 225◇

0757 **Über die Darzens-Kondensation von Nitrohydroxyphenacylbromiden.** 1. Mitt. Gy. Sipos und R. Szabó. (Acta Univ. Szegediensis, Acta physica chem. [N. S.] **8,** 84–87, 1962; Szeged, Univ., Inst. für Angew. Chem.; dt.) — Die Rk. von Benzaldehyd (**II**) u. 4-Nitrobenzaldehyd (**III**) mit 3-Nitro-4-hydroxyphenacylbromid (**I**) liefert Epoxyketone. Anisaldehyd u. 4-Hydroxybenzaldehyd reagieren nicht. Das Versagen der Rk. bei 4-Nitro-2-hydroxy- u. 5-Nitro-2-hydroxyphenacylbromiden führen Vff. auf die o-ständige Hydroxylgruppe zurück. Basenkatalyse tritt schon bei äquimol. Mengen ein. Hohe Basenkonzz. hemmen, niedere Konzz. u. längere Rk.-Zeiten erhöhen die Ausbeute. Die Ringöffnung der Epoxyketone ist nur durch Kochen mit HCl möglich.

Versuche: *1-Phenyl-2-[3-nitro-4-hydroxybenzoyl]-äthylenoxid*, $C_{15}H_{11}NO_5$, F. 134° (Benzin), aus äquimol. Mengen **I** u. **II** in Methanol-Lsg. mit 10fachen Überschuß an Na in A.; gelbliche Plättchen. — *1-[4-Nitrophenyl]-2-[3-nitro-4-hydroxybenzoyl]-äthylenoxid*, $C_{15}H_{10}NO_7$, F. 203° (Aceton), analog aus **I** mit **III**; hellgelbe Plättchen. — *1-[3-Nitro-4-hydroxyphenyl]-3-[4-nitrophenyl]-propandion-(1.2)* (?), $C_{15}H_{10}N_2O_7$, F. 178–180° (Methanol), aus vorst. Verb. mit konz. HCl, 10 Std. gekocht; zitronengelbe Nadeln.
D. Groß/Berlin. B 225◇

0758 **Untersuchung des Mechanismus der Kondensation von Aminoverbindungen mit Hilfe von ^{15}N.** B. A. Geller und L. Ss. Ssamosswat. (J. allg. Chem. [UdSSR] **30(92),** 1650–56, 1960; Pissarshewski-Inst. für phys. Chem. der Akad. der Wiss. der UkrainSSR; russ.) — Es wurde die Kondens. von ^{15}N-Anilin (**I**) mit α-Naphthylamin (**II**), p-Aminophenol (**III**), n-Butylamin, von ^{15}N-Benzamid (**IV**) mit **III** sowie von ^{15}N-**II** mit **III**, p- u. m-Chloranilin (mehrere Std. in Ggw. der Salze der Amine, evtl. im Rohr auf ca. 180–220° erhitzen) untersucht. Der Mechanismus der Kondens. hängt von der Struktur der Ausgangsverbb. ab. Bei der Kondens. von **I** oder **I**-Derivv. mit **II** wird NH_3 immer aus **II** abgespalten. Bei Aminen, die in der Basizität stark unterschiedlich sind, wird die Aminogruppe aus dem stärker bas. Amin durch nucleophile Substitution abgespalten. Bei der Kondens. von Aminen mit **IV** wird der Amidstickstoff abgespalten. Die Amine tauschen unter den Rk.-Bedingungen keinen Stickstoff mit NH_4Cl aus. Helmut Schäfer. B 225△

0759 **Reaktionsgeschwindigkeiten durch Destillation. 10. Mitt. Die Kondensation von Anilinen mit Benzoinen.** Ernest F. Pratt und Mortimer J. Kamlet. (J. org. Chemistry **28,** 1366–68, 1963; College Park, Md., Univ. of Maryland, Dep. of Chem.; engl.) — 9. vgl. C. **1962,** 15548. — Vff. untersuchten mit Hilfe der Dest.-Meth. die Geschw. sowie geschwindigkeitsbestimmende Faktoren der säurekatalysierten [p-Toluolsulfonsäure (**II**)] Kondens. von *Benzoin* (**III**) mit folgenden Anilinen: *Anilin* (**I**), *p-Methoxy-*, *3.4-Dimethyl-*, *p-* u. *m-Methyl-*, *m-Methoxy-*, *p-* u. *m-Chlor-*, *m-Nitroanilin*, *p-Aminobenzoesäureäthylester*, *β-Naphthylamin*. Dimethylanilin dient als Puffersubstanz. Bezüglich beider Komponenten u. **II** ist die Rk. erster Ordnung. Die Geschw. wächst stetig mit der Zunahme des Elektronendonatorcharakters des Substituenten in m- u. p-Stellung des **I**. Die Kondens. von **I** mit *p-Methoxy-*, *p.p'-Dimethoxy-*, *3.4; 3'.4'-Bis-[methylendioxy]-* u. *p.p'-Dichlorbenzoin* zeigte, daß Substituenten in p-Stellung an **III** mit Elektronendonatorcharakter die Geschw. verringern. Trägt man die Geschw.-Konst. gegen die Hammettschen σ-Werte für die substituierten Aniline auf, so erhält man 2 Geraden mit verschiedener Steigung, die die Aniline in 2 Gruppen teilen, gemäß ihrer Basizität. Die Geraden der stärker bas. Aniline weisen eine geringere Neigung auf. Für die Rk.-Konst. ϱ wird der Wert – 2,204 gefunden. Es wird geschlossen, daß die Aniline eher an der Carbonyl- als an der Hydroxymethylengruppe angreifen. Ein Rk.-Mechanismus mit primärer Protonen-Anlagerung an die Carbonylgruppe wird vorgeschlagen. Die Ausbeuten an Desylanilinen schwanken zwischen 71 u. 90%. — *N-Desyl-p-anisidin*, $C_{21}H_{19}NO_2$, F. 92–92,5° (Cyclohexan). — *N-Desyl-3.4-dimethylanilin*, $C_{22}H_{21}NO$, F. 120,5–121,5° (erst wss. A., dann A.-Bzl.-W.). — *N-Desyl-m-anisidin*, F. 96–96,5° (der Reihe nach: Cyclohexan, abs. A., Methanol). — *2.3-Diphenyl-6-methoxyindol*, $C_{21}H_{17}NO$, F. 212–213° (A.), aus der Mutterlauge vorst. Verb. — *N-{3.4; 3'.4'-Bis-[methylendioxy]-desyl}-anilin*, $C_{22}H_{17}NO_5$, F. 135–135,5° (A.). M. Bülow. B 225◇

0760 **Die saure Hydrolyse von Tetrahydropyranderivaten.** Elizabeth Dyer, C. P. J. Glaudemans, M. Joan Koch und R. H. Marchessault. (J. chem. Soc. [London] **1962,** 3361–64; Marcus Hook, Pa., American Viscose Corp., Res. and Developm. Div.; engl.) — Um sich einem Modell der Glycosid-Hydrolyse anzunähern, untersuchten Vff. die salzsaure Hydrolyse von *Tetrahydro-2-methoxypyran* ($k \cdot 10^2$ bei 30° u. $H_0 + 3{,}10$: 1,14 [min]), seines *6-Hydroxymethyl-* (0,37), *6-Carboxy-* (0,133) u. *6-Äthoxycarbonylderiv.* (0,018) sowie von *Tetrahydro-3-hydroxy-2-methoxypyran* ($H_0 + 0{,}40$, $k \cdot 10^2 = 0{,}52$). Mit diesen Werten wird der Einfl. der OH-Gruppen an Glycosiden auf die Hydrolyse derselben bestimmt. Für die Hydrolyse von Methyl-4-desoxy-α-D-glucosid bei $H_0 + 0{,}40$ wird eine Geschw.-Konst. von $227 \cdot 10^{-7}$ vorausgesagt.

Versuche: *3.4-Dihydro-2-äthoxycarbonyl-2H-pyran*, $C_8H_{12}O_3$, $Kp._{3,5}$ 71–76°, aus Acrolein u. Äthylacrylat nach Glaudemans (C. **1961,** 15748), oder aus dem Na-Salz der freien Säure (Amid, F. 115,5–116°) mit C_2H_5J in Dimethylformamid. — *Tetrahydro-3-hydroxy-2-methoxypyran*, $C_6H_{12}O_3$, $Kp._{0,9}$ 42–45°, aus 2.3-Dihydro-4H-pyran durch Einw. von Perbenzoesäure in feuchtem Ae. nach Barker u. Mitarbeitern (C. **1960,** 6127) u. Behandlung des Rk.-Prod. mit methanol. HCl; n_D^{22} 1,4553. — *Tetrahydro-2-methoxypyran*, $C_6H_{12}O_2$, Kp. 126–128°, n_D^{24} 1,4255. M. Bülow. B 225◇

0761 **Die Addition des freien Hydrogensulfid-Radikals an Fluoräthylene.** J. F. Harris jun. und F. W. Stacey. (J. Amer. chem. Soc. **85,** 749–54, 1963; Wilmington, Del., E. I. du Pont de Nemours & Co., Centr. Res. Dep., Exp. Stat.; engl.) — Bei Röntgenstrahl- z. T. auch UV-Radiolyse von H_2S im Gemisch mit verschiedenen Fluoräthylenen ergeben sich durch Addition des SH-Radikals fluorierte Äthanthiole. Die Additions-Richtung an unsymm. substituierte Äthylene zeigt Übereinstimmung mit früheren Unterss. (vgl. C. **1961,** 18281). Die erhaltenen Verbb. sind in Abhängigkeit von der Anzahl der F-Atome an dem C-Atom, das die SH-Gruppe trägt, unterschiedlich stabil. Sie zerfallen unter HF-Abspaltung zu Thiocarbonyl-Verbindungen. — Folgende Olefine werden mit H_2S zu den Äthanthiolen (evtl. Chlorierungs- oder Oxydations-Derivv.) umgesetzt: CF_2CF_2 ([3 Std.], [10–15000 rads/min]) → HCF_2CF_2SH, Kp. 25–27°,

60% (Ausbeute); *ClCFCF$_2$* (4 Std., 10000) → HClCFCF$_2$ · SH, Kp. 66–67°, n$_D^{25}$ 1,3791, 60%; *CF$_2$CFH* (–, 13000) → HCF$_2$CFHSH, Kp.$_{100}$ 20–22°, 24%; *CF$_2$CH$_2$* (4, 10000–12000) → HCF$_2$CH$_2$SH, Kp. 64° n$_D^{24}$ 1,3920, 62%; u. (HCF$_2$CH$_2$)$_2$S, Kp.$_{20}$ 51–54°, 19%; *BrCFCF$_2$* (3, 16000) → HBrCFCF$_2$SH, Kp.$_{150}$ 42–46°, 8%; *CH$_2$CHF* (3, 8000) → FCH$_2$CH$_2$SH, Kp.$_{206}$ 35–36°, n$_D^{25}$ 1,4284, 10%; *CH$_3$OCFCF$_2$* (0,5, 3300) → CH$_3$OCF · HCF$_2$SH, Kp.$_{17}$ 14–16°, n$_D^{25}$ 1,3733, 67%; Ferner erhaltene neue Verbb.: *1-Chlormercapto-2H-perfluor-*, C$_2$ · HClF$_4$S, Kp. 57–59°, n$_D^{25}$ 1,3610, *1-Thiono-2-chlor-1.2-difluor-*, C$_2$HClF$_2$S, Kp. 56–57°, n$_D^{25}$ 1,4182, *1-Chlormercapto-1.1.2-trifluor-2-chloräthan*, C$_2$HCl$_2$F$_3$S, Kp. 98°, n$_D^{25}$ 4153, *Bis-[2H-2-chlorperfluoräthyl]-sulfid*, C$_4$H$_2$Cl$_2$ · F$_6$S, Kp.$_{62}$ 74°, n$_D^{25}$ 1,3897 u. *-disulfid*, C$_4$H$_2$Cl$_2$F$_6$S$_2$, Kp.$_{12}$ 71–72°, n$_D^{25}$ 1,4329, *Bis-[1.1.2-trifluor-2-methoxyäthyl]-*, C$_6$H$_8$F$_6$O$_2$S, Kp.$_{1,5}$ 65–66°, n$_D^{25}$ 1,3778, *1.1.2-Trifluor-2-chloräthyl-1.1.2-trifluor-2-methoxyäthyl-*, C$_5$H$_5$ · ClF$_6$O$_5$S, Kp.$_{0,8}$ 57–60°, n$_D^{25}$ 1,3827, *1.1.2-Trifluor-2-chloräthyl-1.2.2-trifluoräthyl-*, C$_4$H$_3$ClF$_6$S, Kp.$_{34}$ 51–53°, u. *2H-Perfluoräthyl-1H.2H-perfluoräthylsulfid*, C$_4$H$_3$F$_7$S, Kp. 104–105°, n$_D^{25}$ 1,3383. H.-D. Freyer. B 225◇

0762 **Pteridinuntersuchungen.** 21. Mitt. **Die Kinetik der reversiblen Addition von Wasser und Ringöffnung bei Pteridin und seinen Methylderivaten.** Y. Inoue und D. D. Perrin. (J. chem. Soc. [London] **1963,** 2648–54; Canberra, Australian Nat. Univ., Inst. of Advanced Stud., Dep. of Med. Chem.; engl.) — 20. vgl. C. **1963,** 12035. — *Pteridin* (**I**), *2-* (**II**), *4-* (**III**) u. *7-Methylpteridin* (**IV**) addieren nach einer Rk. 1. Ordnung an der C$_{(4)}$N$_{(3)}$-Doppelbindung reversibel ein H$_2$O-Mol. unter Bldg. der entsprechenden 3.4-Dihydro-4-hydroxy-Verbindung. Die Rk. unterliegt der allg. Säuren-Basen-Katalyse. Die Geschw.-Konst. bei 20° wurden spektrophotometr. bestimmt. Die Ringöffnung (RÖ) des 3.4-Dihydro-4-hydroxypteridin-Kations u. seiner Methylderivate wird durch H$^+$-Ionen katalysiert. Folgende thermodynamische Daten wurden für die RÖ bei 20° bestimmt: **I**: $\Delta H^{\neq}$ 21,8 ± 0,3 [kcal/Mol]; $\Delta S^{\neq}$ 0,00 ± 0,06 [cal/Grad · Mol]; **II**: 22,95 ± 0,04; + 2,72 ± 0,06; **III**: 15,7 ± 0,6; – 13,25 ± 0,08; **IV**: 18,8 ± 0,7; – 7,04 ± 0,08. M. Bülow. B 225◇

0763 **Die Hochtemperatur-Pyrolyse von Acetylen bei 1400 bis 2500°K.** C. F. Aten und E. F. Greene. (Combust. and Flame **2,** 55–64, 1961; Providence, R. I., Brown Univ., Metcalf Chem. Labor.; engl.) — Die Pyrolyse von *C$_2$H$_2$/Ar*-Gemischen wurde im Temp.-Bereich von 1400–2500°K unter Verw. von Stoßwellen-Erhitzung untersucht. Emissions- u. Absorptionsspektren im Verlaufe der Rk.-Zeit, Messung der Geschw. reflektierter Stoßwellen u. die Analyse der Rk.-Prodd. wurden zur Best. der Geschw. des Abbaues von C$_2$H$_2$ herangezogen. Die mittlere Aktivierungsenergie im Temp.-Bereich 600–2500°K beträgt 39 kcal/Mol; wahrscheinlich erfolgt die Rk. in diesem Bereich nach nur einem Mechanismus. Ch. Zechel. B 225◇

0764 **Anwendung der Theorie von Slater auf die unimolekulare Zersetzung von Methylchlorid.** K. A. Holbrook. (Trans. Faraday Soc. **57,** 2151–56, 1961; Dundee, Univ. of St. Andrews, Queen's Coll., Dep. of Chem.; engl.) — Die experimentellen Ergebnisse von Schilow u. Ssabirowa (J. physik. Chem. [UdSSR] **33,** [1959], 1365) über den unimol. Zerfall von *CH$_3$Cl* werden mit den theoret. Voraussagen nach der Theorie von Slater verglichen, derzufolge die Aufspaltung einer Bindung mit der krit. Dehnung einer vorbestimmten „krit. Koordinate" im Mol. in Beziehung gesetzt wird. Für den unimol., Geschw.-bestimmenden Schritt CH$_3$Cl → CH$_3$ · + Cl · werden die Berechnungen nach Slater einmal für den Fall der C–Cl-Bindung als krit. Koordinate, zum anderen für eine weitere, aus der Kombination der C–Cl-Bindung u. einer symm. Methylgruppendeformation gewonnenen krit. Koordinate durchgeführt. Hierzu werden die Schwingungsanalysen von Meister u. Cleveland (Amer. J. Physics **14,** [1946], 13) sowie von King, Mills u. Crawford (C. **1958,** 5911) verwendet u. verglichen. Die berechneten Werte stimmen in beiden Fällen nicht mit dem bisher bekannten experimentellen Wert überein, wobei die Diskrepanz zwischen experimentellen u. theoret. Werten für die zweite krit. Koordinate um den Faktor 10 kleiner ist als für die erste; es ist möglich, daß die Wahl einer komplizierteren krit. Koordinate zu besserer Übereinstimmung führen könnte. M. Schenk. B 225◇

0765 **Die Kinetik der Pyrolyse organischer Jodide.** Sidney W. Benson. (J. chem. Physics **38,** 1945–51, **1963;** Los Angeles, Calif., Univ. of Southern California, Dep. of Chem.; engl.) — Vf. stellt an Hand von Literatur- u. z. T. eigener Daten fest, daß im Falle der Pyrolyse (**P**) organischer Jodide zwei Mechanismen die Geschw. bestimmen können: a) RJ → HJ + Olefin, b) J + RJ → J + HJ + Olefin. Da die Rk. c) RJ + HJ → RH + J$_2$ äußerst schnell verläuft, ist die HJ-Konz. fortwährend minimal u. konstant. Mechanismus a) trifft für die **P** von *iso-C$_3$H$_7$J*, *C$_2$H$_5$J*, *tert.-C$_4$H$_9$J* und *CH$_3$COJ* zu, b) für die von *n-C$_3$H$_7$J*, *iso-C$_4$H$_9$J* u. *n-C$_4$H$_9$J*. Für *sec.-C$_4$H$_9$J* u. *1.2-Dijodäthan* gelten sowohl a) u. b). Die **P** von *Benzyljodid* verläuft nach J + C$_6$H$_5$CH$_2$J ⇌ C$_6$H$_5$CH$_2$ + J$_2$ (Gleichgew.), 2C$_6$H$_5$CH$_2$ → (C$_6$H$_5$CH$_2$)$_2$ (langsam). Allyljodid (**I**): J + **I** ⇌ CH$_2$=CH–CH$_2$ + J$_2$ (Gleichgew.), CH$_2$=CH–CH$_2$ + **I** → (CH$_2$=CH–CH$_2$)$_2$ + J (langsam), 2CH$_2$=CH–CH$_2$ → (CH$_2$=CH–CH$_2$)$_2$ (langsam). J$_2$ im Rk.-Syst. ruft eine schnelle Umwandlung von (CH$_2$=CH–CH$_2$)$_2$ zu Cyclohexen hervor. Die Racemisierung von opt.-akt. sec.-C$_4$H$_9$J ist keine Waldensche Umlagerung, sondern ein einfacher reversibler Jodabzug nach: J + RJ* ⇌ R + J$_2$. Wenn möglich, werden die Arrhenius-Parameter für die einzelnen Schritte bestimmt u. auf der Basis von Daten über die Mol.-Struktur u. Bindungsenergie diskutiert. Die Rk. b) wird dadurch kompliziert, daß sie in gekoppelten Schritten abläuft, die Aktivierungsenergie ist genau äquivalent der endothermen Rk.-Wärme. Bei detaillierter Aufschlüsselung zeigt sich, daß die Rück-Rk. keine Aktivierungsenergie besitzt. Dies ist nicht der Fall bei Angriff von Radikalen auf n-C$_3$H$_7$J, anscheinend aber einmalig bei J-Angriff. Das scheint das 1. Beispiel für eine gekoppelte Rk. zu sein, die über freie Radikale verläuft. M. Bülow. B 225◇

0766 **Polare Einflüsse bei Radikal-Reaktionen.** 1. Mitt. **Die Dehydrierung substituierter Dibenzyläther durch freie Benzoyloxy- und tert.-Butoxy-Radikale.** R. L. Huang, H. H. Lee und S. H. Ong. (J. chem. Soc. [London] **1962,** 3336–40; Kuala Lumpur, Malaya, Univ.; Singapore, Malaya, Univ.; engl.) — Vff. zersetzten Dibenzoylperoxid und Di-tert.-butylperoxid bei 80–90° bzw. 110° in *Dibenzyläther* bzw. *m-* und *p-Chlor-*, *p-tert.-Butyl-*, *p-Phenyl-* und *p-Methoxydibenzyläther*, um den Einfl. von Substituenten auf die Abspaltbarkeit der H-Atome in den CH$_2$-Gruppen zu ermitteln. Die entstehenden Aldehyde wurden chromatographisch als 2.4-Dinitrophenylhydrazon isoliert. Die Rk.-Geschw. befolgt die Hammettsche σ–ϱ-Beziehung u. zeigt einen polaren Substituenteneinfl. auf die Rk. mit Benzoyloxy- (ϱ ca. – 0,6) bzw. tert.-Butoxy-Radikalen (ϱ ca. – 0,5). M. Bülow. B 225◇

0767 **Photolyse von Kohlensuboxid.** 1. Mitt. **Reaktion mit Äthylen.** Kyle D. Bayes. (J. Amer. chem. Soc. **84,** 4077–80, 1962; Los Angeles, Calif., Univ. of California at Los Angeles; engl.) — Bei UV-Bestrahlung von Kohlensuboxid in Ggw. eines Überschusses an Äthylen (C$_2$H$_4$/C$_3$O$_2$ > 100) entsteht *CO*, *Methylacetylen* (**I**) u. *Allen* (**II**), wobei das Verhältnis CO:C$_3$H$_4$ = 2:1 ist. **I** u. **II** stehen nicht im thermodynam. Gleichgewicht, das Verhältnis **I**/**II** nimmt vielmehr mit steigendem Druck ab (Diagramm). Die C-Übertragung findet über das CCO-Radikal statt, welches bei höheren C$_3$O$_2$-Konzz. mit C$_3$O$_2$ ein braunes Polymeres bildet. W. Schindelhauer. B 226◇

0768 **Reaktion von Methylradikalen mit Stickstoffmonoxid.** D. E. Hoare. (Canad. J. Chem. **40,** 2012–16, 1962; Dundee, Scotland, Univ. of St. Andrews, Chem. Dep.; engl.) — Durch Photolyse von Aceton bei 200° wurden Methylradikale dargestellt, die mit NO gemäß CH$_3$ + NO + Aceton → CH$_3$NO + Aceton reagieren. Die Rk. ist 3. Ordnung mit k = 8,8 · 10^{-31} cm^6 Mol.$^{-2}$ s^{-1}. Das gebildete CH$_3$NO reagiert weiter mit Methylradikalen

oder mit NO. Da die CO-Ausbeute durch höhere NO-Konz. vermindert wird, folgert der Vf., daß eine Rk. gemäß $CH_3CO + NO \rightarrow CH_3CONO$ stattfindet.
W. Schindelhauer. B 226◇

0769 **Reaktionen von Methylradikalen mit primären Aminen.** J. C. J. Thynne. (Proc. chem. Soc. [London] **1963,** 145—46; Leeds, Univ.; engl.) — Die Rk. von *Methylradikalen* (durch Photolyse von Azomethan) mit *D_2-Methylamin* wurde im Temp.-Bereich 125—175° untersucht. Prodd. waren CH_4, CH_3D, N_2 u. C_2H_6. Der Vgl. der Geschw.-Konst. (Mol.$^{-1}$ · s^{-1} · cm^3) bei 150° für die Rkk. $CH_3\cdot + CH_3ND_2 \rightarrow CH_4 + \cdot CH_2ND_2$ · ($10^{6,5}$); $CH_3\cdot + CH_3ND_2 \rightarrow CH_3H + CH_3ND$ · ($10^{6,0}$) u. $CH_3 + CH_3NH_2 \rightarrow CH_4 + CH_3NH$ · ($10^{6,6}$) zeigt, daß in diesem Temp.-Bereich H-Atom ähnlich leicht vom N- oder C-Atom abgespalten werden. W. Schramm. B 226◇

0770 **Blitzlicht-Photolyse von Azoäthan.** B. C. Roquitte und J. H. Futrell. (J. chem. Physics **37,** 378—81, 1962; Ohio, Aeronaut. Res. Labor.; engl.) — Die Blitzlicht-Photolyse mit einer Intensität von 10^{23} Quanten Liter^{-1} s^{-1} ergibt pro Blitz im Druckbereich 5 bis 83 mm einen mit steigendem Druck abnehmenden Umsatz von 1—3% *Azoäthan* (**I**) zu C_2H_4, C_2H_6 u. n-C_4H_{10}. Es finden nur Radikal-Disproportionierung u. -Kombination statt, aber keine Rkk. von Radikalen mit **I**.
W. Schindelhauer. B 226◇

0771 **Photochemie des Dibenzoyläthylens: Eine neue photochemische Umlagerung und Reduktion.** Gary W. Griffin und Edmond J. O'Connell. (J. Amer. chem. Soc. **84,** 4148—49, 1962; New Haven, Conn., Yale Univ., Chem. Dep.; engl.) — Wird *cis-Dibenzoyläthylen* (**I**) in Ggw. von Alkoholen [Methanol, Propanol-(2) (**II**), Benzhydrol] mit Licht bestrahlt, so erhält man als 1:1-Addukte *γ-Phenyl-γ-phenoxyvinylessigsäureester* (**III**). Die Bldg. von **III** verläuft über eine Spiro-Verb. zum entsprechenden Vinylketen, welches mit Alkohol Ester liefert. In Ggw. eines Photosensibilisators wie Benzophenon wird **I** durch **II** oder andere H-Donatoren zu Dibenzoyläthan reduziert. **II** liefert mit **I** bei 60std. Bestrahlung den entsprechenden Isopropylester (F. 53,5—54,5°) mit 55% Ausbeute.
W. Schindelhauer. B 226◇

0772 **Photoionisation und Elektronen-Einfang-Prozesse in Lösung: Die Blitzlicht-Photolyse von ätherischen Lösungen von metallischem Kalium und dem Naphthacen-Dianion.** Jorma Eloranta und Henry Linschitz. (J. chem. Physics **38,** 2214—19, 1963; Waltham, Mass., Brandeis Univ., Dep. of Chem.; engl.) — Bei Blitzlichtanregung (Energie: 100 Wsec, Blitzdauer: 5 μsec) von in Tetrahydrofuran (**THF**) oder Dimethoxyäthan gelöstem *K* werden auf Grund der Absorptionsänderungen bei 900 mμ (breites Absorptionsmaximum) eine kurz- u. eine langlebige Zwischenstufe vermutet. Dabei wird angenommen, daß die in organ. Alkalimetall-Lsgg. im Gleichgewicht mit einsamen Elektronen (e_1) vorliegenden Elektronenpaare (e_2) möglicherweise in solvatisierten K-Dimeren durch Photoanregung zu e_1 dissoziieren. Durch schnelle Rekombination kann ein Triplett-Zustand von e_2 gebildet werden, der durch langsamen Übergang (1. Ordnung mit k = 12,8 sec^{-1}) in den ursprünglichen Singlett-Zustand von e_2 zurückkehrt. Bei Blitzlichtanregung des *Naphthacendianions* (N^{2-}, Di-Na-Salz) in **THF** deuten die Absorptionsänderungen (619 mμ für N^{2-}, 824 u. 402 mμ für N^-) auf eine Aufspaltung in das Monoanion (N^-), das mit e_1 evtl. über das Metallkation (Rk. 2. Ordnung mit k = 1,5 · 10^9 Mol^{-1} sec^{-1}) wieder zu N^{2-} rekombiniert. Eine sek. Photoionisation von N^- zu einem neutralen Naphthacen wird durch einen schnellen Elektronen-Einfangprozeß (k ≈ 3 · 10^{10} Mol^{-1} sec^{-1}) aufgehoben. H.-D. Freyer. B 226◇

0773 **Über einige Strahlenreaktionen der organischen Synthese.** R. W. Dshagazpanjan und W. I. Setkin. (Chem. Wiss. Ind. [UdSSR] **4,** 761—69, 1959; russ.) — Überblick über Anwendung von γ- u. UV-Strahlen bei der Chlorierung u. Bromierung (bes. von aromat. KW-Stoffen), Sulfochlorierung u. Sulfoxydation (bes. von Paraffin-KW-Stoffen), Anlagerung von halogenierten Silanen an ungesätt. KW-Stoffe u. Halogenide, Oxydation von gesätt. u. ungesätt. KW-Stoffen u. über die Bestrahlung von Cellulose u. Derivaten.
G. Pötzscher. B 226◇

0774 **Radiolyse von Methan.** P. J. Ausloos und S. G. Lias. (J. chem. Physics **38,** 2207—14, 1963; Washington, D. C., Nat. Bur. of Stand.; engl.) — Die γ(^{60}Co-)Radiolyse von *CD_4* u. äquimol. CH_4–CD_4-Mischungen wird bei 40° in Ggw. von C_3H_8, C_4H_{10}, C_6H_6, C_2H_4, Ar, Kr u. Xe, sowie Spuren an J_2 u. NO als Radikalfänger durch massenspektrometr. u. gaschromatograph. Analyse der Rk.-Prodd. untersucht. Die Ergebnisse bei Radiolyse der CD_4–C_3H_8–J_2- u. CD_4–C_4H_{10}–J_2-Mischungen zeigen, daß nach $CD_3^+ + CD_4 \rightarrow C_2D_5^+ + D_2$ (1) Äthylionen mit $G(C_2H_5^+) \geq 1{,}0$ bzw. nach $C_2D_5^+ + CD_4 \rightarrow$ sek.-$C_3D_7^+ + D_2$ (2) sek.-Propylionen mit G(sek-$C_3H_7^+$) ≥ 0,06 gebildet werden, die sich unter H-Ablösung aus dem Zusatzstoff absättigen. Neben diesen Ionen-Rkk. liefert die Radiolyse von CD_4–CH_4-Mischungen auch eine Zers. des angeregten CH_4-(bzw. CD_4-)Mol. nach $CH_4^* \rightarrow CH_2 + H_2$ (3), da das aus der bi-mol. Ionen-Rk. nach (1) oder (2) erzeugte H_2 bei steigendem C_2H_4- oder C_6H_6-Zusatz nur bis zu dem Grenzwert $G(H_2) \approx 1$ abnimmt. Eine weitere Bestätigung der Zers. nach (3) liefert die Isotopen-Verteilung des Wasserstoffs mit H_2 u. D_2 als Hauptanteil. Die Isotopen-Verteilung der gebildeten Äthane bei Radiolyse von CH_4–CD_4-Mischungen mit u. ohne C_2H_4-Zusatz in Gas- u. fl. Phase läßt sich durch eine Bldg. von CH_2-Radikalen erklären; es kann jedoch nicht entschieden werden, ob die Bldg. ausschließlich nach (3) erfolgt. H.-D. Freyer. B 226◇

0775 **Strahlungschemie der Kohlenwasserstoffe.** 6. Mitt. **Gesättigte Produkte in Hexan.** Hans Widmer und Tino Gäumann. (Helv. chim. Acta **46,** 944—54, 1963; Zürich, ETH, Phys.-chem. Labor.; dt.) — 5. vgl. Helv. chim. Acta **46,** [1963], 365. — Die γ-(^{60}Co)-Radiolyse von *Hexan* (Dosis: 0,2—25 Mrad) wird bei Temp. von —196° bis +150° durch massenspektrometr. u. gaschromatograph. Analyse der entstehenden Prodd. untersucht. Die Prodd. werden zu Gruppen gleicher C-Zahl zusammengefaßt. Die auf die Dosis 0 Mrad extrapolierten G_0-Werte dieser Gruppen nehmen für Verbb. mit weniger als 6 oder mit 12 C-Atomen in log-Darst. nahezu linear mit der reziproken Temp. ab; die sog. intermediären Verbb. mit 7—11 C-Atomen zeigen einen umgekehrten Verlauf, dabei ist die prozentuale Verteilung der einzelnen Isomeren innerhalb der intermediären Verbb. temp.-unabhängig. Die Bestrahlungsintensität hat keinen Einfl. auf die Prod.-Verteilung. Bei Bestrahlung in festem Zustand (—196°) entsprechen die G-Werte für die niedermol. Prodd. u. die Dimeren denjenigen bei —78°, die G-Werte für die intermediären Verbb. sind dagegen um eine Zehnerpotenz kleiner als bei —78°, so daß eine genaue Messung nicht mehr möglich ist. Die G_0-Werte bei 25° u. —196° von 25 Radiolysenprodd. sind angegeben. Aus der Temp.-Abhängigkeit der Prod.-Verteilung läßt sich schließen, daß der größte Teil des Rk.-Geschehens durch Radikal-Rkk. bestimmt wird; etwas zu kleine Aktivierungsenergien deuten daneben jedoch auch auf andere Rk.-Typen. H.-D. Freyer. B 226◇

0776 **Katalytische Oxydation von Acetophenon zu Benzoesäure.** I. I. Ioffe, N. W. Klimowa und M. Ss. Brodski. (Chem. Wiss. Ind. [UdSSR] **4,** 799—800, 1959; Woroschilow-Inst. für Halbprodd. u. Farbstoffe; russ.) — Bei der Oxydation von Acetophenon (**I**) mit Luft in der Gasphase bei 200—300° an V-/Mo-Oxiden auf Silicagel oder Schamotte entstehen Benzoesäure (**II**), Maleinsäure u. CO_2; die Umwandlung zu **II** übersteigt nicht 13% bei einer Gesamtausbeute von 70%. Der Einfl. der Rk.-Bedingungen (Temp., Grenzfläche Gas-Fl., Katalysatormenge) auf die **I**-Oxydation durch Luft oder O_2 in Ggw. von Metallresinaten u. -stearaten (am besten geeignet Mn-Resinat) wurde untersucht: optimale Gesamtausbeuten (70—75%) erhält man bei 150°, einer Zugabegeschw. von 5 Liter O_2/min. u. 2 g Katalysator/Mol **I**; Ausbeute an 60—65%. Die Umwandlung von **I** u. die Bldg. von **II** sind Rkk. erster Ordnung, die entsprechenden Geschw.-Konst. betragen bei 140° (2 g Katalysator/Mol **I**; Zugabegeschw. 7 Liter O_2/min.) 6 · 10^{-3} bzw. 3,7 · 10^{-3} (min^{-1}). G. Pötzscher. B 227◇

0777 **Mechanismus der Dehydrierung von Cyclohexan an kristallinem α-Chromoxid.** A. A. Balandin und I. D. Roshdesstwenskaja. (Nachr. Akad. Wiss. UdSSR, Abt. chem. Wiss. **1961,** 1955—60; Akad. der Wiss. der UdSSR, Zelinski-Inst. für organ. Chemie; russ.) — Da der Dehydrierungsmechanismus von KW-Stoffen der Cyclohexan(I)-Reihe nicht befriedigend u. völlig aufgeklärt war, untersuchen Vff. die Dehydrierung von I an kristallinem α-Cr_2O_3bei 330—400°. Die Aktivierungsenergie E (kcal/Mol) u. E/log k_0 betragen E = 14,5 u. E/log k_0 = 2,6. Cyclohexen (II) wird unter den Prodd. nicht beobachtet; es entstehen nur Bzl. u. H_2. Die Unters. der Rk. von II an α-Cr_2O_3 ergab, daß die Katalyse irreversibel verläuft, wobei bei 210—250° Hydrierung zu I, bei 280° u. darüber Dehydrierung zu Bzl. erfolgt. Als Nebenprod. bildet sich Methylcyclopentan, dessen Menge mit steigender Temp. zunimmt. Nach diesen Ergebnissen verläuft die Rk. von I nach einem Mechanismus vom Sextett-Typus in Übereinstimmung mit dem Struktur-Prinzip der Multiplett-Theorie. C. Kozák. B 227□

0778 **Über die katalytischen Hydropolymerisationsreaktionen von Olefinen und ihre Hydrokondensation mit Kohlenoxid.** Ja. T. Eiduss. (Nachr. Akad. Wiss. UdSSR, Abt. chem. Wiss. **1961, 1336**—**42**; Akad. der Wiss. der UdSSR, Zelinsky-Inst. für org. Chem.; russ.) — Die Hydrokondens. (**HK**) von CO mit Olefinen verläuft bei hohen CO-Konzz. im Gemisch mit Olefinen u. H_2 über die stufenweise Anlagerung von CH_2-Radikalen, bei kleineren CO-Konzz. spielt daneben die Hydropolymerisation (**HP**) der Olefine eine Rolle. Unter den durch **HK** u. **HP** entstandenen, überwiegend geradkettigen höheren aliphat. KW-Stoffen sind um so mehr höhere Olefine, je niedriger das Molgew. der Ausgangsstoffe u. der H_2-Geh. im Gemisch ist. CO in kleinen Mengen kann methylierend, homologisierend u. daneben als Initiator für die **HP** der aliphat. α-Olefine wirken. Die Menge der Methylierungsprodd. nimmt mit dem Molgew. der Ausgangsolefine zu. Bei C_2H_4–H_2-Gemischen (1:1 Mol) mit 5% CO gehen 80% des C_2H_4 in fl. **HP**-Prodd. über, die 70% höhere Olefine enthalten; ihre Menge nimmt mit dem CO-Geh. zu, bezogen auf CO jedoch ab. Die **HP**-Rkk. verlaufen nach einem Kettenmechanismus. Ohne CO hängt die Richtung der **HP** von *Isobutylen* (**I**) von der H_2-Konz. ab, die Ausbeuten erhöhen sich durch CO-Zusatz. Am Beispiel der destruktiven **HP** von **I** wird die wichtige Rolle der Hydrogenolyse bei der Bldg. von akt. Formen an der Katalysatoroberfläche aufgezeigt. R. K. Müller. B 227◇

0779 **Isomere Umwandlungen von Methyl-[1-chlornaphthyl-(8)]-sulfon.** W. A. Koptjug, T. N. Gerassimowa und N. N. Woroshzow jun. (Chem. Wiss. Ind. [UdSSR] **4,** 807—08, 1959; Moskau, Mendelejew-Inst. für chem. Technol.; russ.) — Beim 1std. Erwärmen von Methyl-[1-chlornaphthyl-(8)]-sulfon (I) in Ggw. von 2 Mol $AlCl_3$ auf 125° unter gleichzeitigem Einleiten von HCl bildet sich in 50%ig. Ausbeute *Methyl-[2-chlornaphthyl-(8)]-sulfon* (F. 117—118°, A.). In Ggw. von 0,9 Mol $AlCl_3$ oder beim Erhitzen von I mit HCl allein findet keine Isomerisierung statt. In Ggw. von 0,5 Mol $FeCl_3$, das mit der SO_2-Gruppe keine Komplexe bildet, lagert sich **I** (6 Std. bei 150°) zu *Methyl-[1-chlornaphthyl-(7)]-sulfon* (F. 158,5—160°, 51%) um. Der Mechanismus der Umlagerungen wird erörtert. G. Pötzscher. B 227◇

0780 **Über die Reaktion der Bildung von Äthylencarbonat in Gegenwart von Katalysatoren.** S. Fumasoni, F. Pochetti und G. Roberti. (Rass. Chim. **12,** Nr. 6, 32—36, 1960; Roma, Univ., Ist. di Chim. Appl. ed ind.; ital.) — Vff. untersuchten die Bldg. von Äthylencarbonat durch die Rk. zwischen CO_2 u. *Äthylenoxid* bei CO_2-Drucken zwischen etwa 60 u. 100 at in Ggw. der folgenden Katalysatoren: *Chloride* von *Octyl-*, *Decyl-*, *Dodecyl-*, *Tetradecyl-* u. *Hexadecylpyridin*, *Jodide* von *Decyl-* u. *Hexadecylpyridin*. In allen Fällen wurde eine Ausbeute von 98—99% erhalten. Die Rk. beginnt nicht unterhalb 160° u. verläuft bei ansteigender Temp. sehr schnell. Verss. mit *Tetramethylammoniumbromid* als Katalysator ergaben, daß die Rk. erst bei 190—195° beginnt u. dann in kürzester Zeit beendet ist. Verss. mit Pyridin als Katalysator verliefen negativ. Dagegen wirkt *Pyridinhydrochlorid* als Katalysator; in diesem Fall beginnt die Rk. bei etwa 185°. C. Gottfried. B 227△

C. Präparative organische Chemie, Naturstoffe

0781 **Darstellung von Estern in der Kälte mit $HAlCl_4$ als Katalysator.** André G. Galinos. (Bull. Soc. chim. France **1962,** 284; Athen, École Polytechn., Labor. de Technol. Chim. Organ.; franz.) — Vf. stellte mit Hilfe von $HAlCl_4$ in der Kälte *Ester* mit besseren Ausbeuten als nach bekannten Meth. dar. Der Katalysator wurde als Komplex mit 2 Mol Ae. eingesetzt. Tert. Alkohole reagierten aus ster. Gründen etwas langsamer. Die Meth. eignet sich zur Darst. von Estern aus aliphat. u. aromat. Mono- u. Dicarbonsäuren mit aliphat. u. aromat. Mono- u. Trialkoholen. Durch Zutropfen von $HA2Cl_4 \cdot 2$Ae. zu äquimol. Mengen Alkohol + Säure unter Rühren (Erwärmung um 3—5°), weiteres Rühren, 1std. Stehen, Waschen der oberen Schicht mit W., 30%ig. Sodalsg. u. wss. $CaCl_2$-Lsg., Trocknen u. Dest. unter normalem Druck wurde folgende *Ester* erhalten (die Ausbeuten können durch $^1/_2$std. Erhitzen nach Beendigung der Katalysatorzugabe auf dem Wasserbad erhöht werden): *Essigsäure, Methylester*; 85—86% (Ausbeute). *Äthylester*; 56%. *Isopropylester*; 62%. *Butylester*; 77%. *Isoamylester*; 70%. *Benzylester*; 66%. *Glycerylester*; 42%. — *Benzoesäure, Methylester*; 83%. *Äthylester*; 40%. — *Oxalsäure*; *Dimethylester*; 38%. *Diäthylester*; 62%. — *Buttersäureäthylester*; 85%. M. Wolff. 460◇

0782 **Die Reaktion von Natriumamid mit α.β-Acetylensäuren und ihren Derivaten.** J. Cymerman Craig und M. Moyle. (Proc. chem. Soc. [London] **1962,** 283—84; San Francisco, Univ. of California, Dep. of Pharm. Chem.; engl.) — Die Rk. von $NaNH_2$ mit trans-2-Äthoxycarbonyl-1-phenylvinyldiäthylphosphat in fl. NH_3 gibt bei — 70° *Phenylpropiolsäureamid* (**I**; 72%; vgl. C. **1963,** 2053), bei — 33° jedoch *Phenylacetylen* (**II**; 75%). **I** geht bei — 33° unter denselben Bedingungen ebenfalls in **II** u. *Harnstoff* über. Zimtsäureamid bleibt bei dieser Rk. unverändert, Acetylendicarbonsäuredimethylester ergibt durch Behandlung mit Benzophenon (**III**) *1.1.4.4-Tetraphenylbutin-(2)-diol-(1.4)* (**IV**; F. 192°; 24%). Propiolsäureäthylester u. trans-1.2-Bis-[äthoxycarbonyl]-vinyldiäthylphosphat geben ebenfalls unter gleichen Rk.-Bedingungen **IV**. Auch **4.4**-Dimethylpentin-(2)-säureamid reagiert normal mit $NaNH_2$, Phenylpropiol- u. 4.4-Dimethylpentin-(2)-säure reagieren nicht. Ist in einer α.β-Acetylensäure ein γ-H-Atom vorhanden, entstehen die entsprechenden Allensäuren: aus Nonin-(2)-säure *Nonadien-(2.3)-säure* (F. 29°, $Kp._{0,5}$ 102—103°, n_D^{25} 1,4559), aus Tetrolsäure *Butadien-(2.3)-säure* (F. 64 bis 66°). W. Holland. 460◇

0783 **Fortschritte in der Chemie des Hydrazins.** R. F. Evans. (Rev. pure appl. Chem. **12,** 146—64, 1962; Canberra, Australian Nat. Univ., Inst. of Advanced Studies, Dep. of Med. Chem.; engl.) — Übersicht über die Raschig-Synth., die bas. u. sauren, nucleophilen u. reduzierenden Eigg. von Hydrazin. — 210 Literaturangaben. P. Golinske. 490◇

0784 **Darstellung von $^{13}C_1$-angereichertem Benzonitril, $^{13}C_1$-angereichertem Benzol und einem Gemisch von $^{13}C_1$-angereicherten Benzonitrilen.** Børge Bak, Jørn Johs. Christiansen, Leif Lipschitz und Jørgen Tormod Nielsen. (Acta chem. scand. **16,** 2318—20, 1962; Copenhagen, Univ., Dep. of Chem.; engl.) — Aus $^{13}C_{(1)}$-Na-Acetat (I), Äthylierung mit Triäthylphosphat u. Umsetzung des gebildeten $^{13}C_{(1)}$-*Äthylacetats* (**II**) mit Mg u. 1.5-Dibrompentan wird $^{13}C_{(1)}$-*1-Methylcyclohexanol-(1)* (**IV**) dargestellt. Dehydrierung von **IV** liefert $^{13}C_{(1)}$-*1-*

Methylbenzol (**V**), das zu $^{13}C_{(1)}$-*Benzoesäure* (**VI**) oxydiert wird. **VI** liefert mit Benzolsulfonamid $^{13}C_{(1)}$-*Benzonitril* (**VII**) u. durch Decarboxylierung $^{13}C_1$-*Benzol* (**III**), das mit Trichloracetonitril u. $AlCl_3$ ein Gemisch aus $^{13}C_1$-*Benzonitrilen* liefert.

Versuche: $^{13}C_{(1)}$-*Na-Acetat* (**I**), durch Einleiten von 145mMol $^{13}CO_2$ in eine äther. Lsg. von Methyl-MgBr (aus 240 mMol CH_3J); 130 mMol (Ausbeute). — $^{13}C_{(1)}$-*Äthylacetat* (**II**), durch langsame Dest. von **I** mit Triäthylphosphat; 110 mMol. — $^{13}C_{(1)}$-*1-Methylcyclohexanol-(1)* (**IV**), aus 9,2 g **II** nach Fields u. Mitarbeitern (J. Amer. chem. Soc. 1952, 5798); 8,95 g. — $^{13}C_{(1)}$-*1-Methylbenzol* (**V**), durch Dehydrieren von **IV** an Pt bei 310° u. Gaschromatographie; 88%; daneben 0,3% markiertes *Cyclohexan*, 1,2% *Benzol* u. 9,1% *Methylcyclohexan*. — $^{13}C_{(1)}$-*Benzoesäure* (**VI**), F. 122—123°, durch 5std. Kochen von **V** mit $KMnO_4$ unter Rühren. — $^{13}C_{(1)}$-*Benzonitril* (**VII**), durch 2std. Rk. von 1,1 g **VI** mit 2,52 g Benzolsulfonamid bei 220° unter Rühren u. 1/2 Std. bei 300°; 560 mg. — $^{13}C_1$-*Benzol* (**III**), durch Verseifen von 14,5mMol **VII** u. Decarboxylieren; 13,8 mMol. — *Gemisch aus* $^{13}C_1$-*Benzonitrilen*, durch 2tägiges Schütteln von 1,07 g **III**, 2,44 g Trichloracetonitril u. $AlCl_3$ in Chlorbenzol unter HCl-Gas, Entfernen der HCl-Atmosphäre u. 5tägiges Schütteln; 600 mg. Walter Schäfer. 480◇

0785 **Zur Kenntnis der Nitrierung von Isooctan mit Stickstoffdioxid.** G. Geiseler und A. Knauer. (Z. Chem. **2**, 311, 1962; Leipzig, Karl-Marx-Univ., Physikal.-chem. Inst.; dt.) — Die Nitrierung von Isooctan wird bei 160° u. 40 at bei einer Verweilzeit von 50 Sek. durchgeführt. Der überschüssige KW-Stoff wird abdestilliert, das Rk.-Prod. mit methanol. KOH behandelt u. aus der unlösl. Schicht *tert.-Nitroisooctan* ($Kp._5$ 56—57,5°, F. 215°, n_D^{25} 1,4336, $D._4^{25}$ 0,9349) durch Dest. gewonnen. Die in Alkali gelösten Nitro-Verbb. werden mit CO_2 abgeschieden, in Ae. aufgenommen, getrocknet u. fraktioniert. Die Best. erfolgte über die Pseudonitrole u. Nitrolsäuren. Es wurden 66,8% *tert.-Nitroisooctan*, 29,1% *sek.-Nitroisooctan* u. 4,1% *prim.-Nitroisooctan* gefunden. *2.2.4-Trimethylpentanon-(3)* läßt sich aus dem Pseudonitrol durch Einw. von H_2SO_4 in 85%ig. Ausbeute darstellen. K. Gröbe. 510◇

0786 **Desulfurierung von Thiiranen mit Jod.** G. K. Helmkamp und D. J. Pettitt. (J. org. Chemistry **27**, 2942—43, 1962; Riverside, Calif., Univ., Dep. of Chem.; engl.) — Durch Kochen von meso- bzw. DL-2.3-Dimethyläthylensulfid (**I**) mit 0,5 Mol Jod in Aceton entstehen 40—50% *Buten* (99,1 bzw. 0,4% *cis-* u. 0,9 bzw. 99,6% *trans-Form*), in Bzl. 80% *Buten* (98,2 bzw. 1,1% *cis-* u. 1,8 bzw. 98,9% *trans-Form*) u. 60% Schwefel. In kaltem CH_2Cl_2 bildet sich eine gegenüber Wärme instabile Verb., die nicht isoliert werden konnte u. in sd. Bzl. *in Buten* übergeht. — *Buten*, durch Zutropfen von 0,01 Mol **I** zu Jod (0,004 Mol) in sd. Bzl. innerhalb 1 Std. u. Auffangen in einer Trockeneis-Kühlfalle; 80% (Ausbeute). E. Schraven. 520◇

0787 **Eine bequeme Methode zur Darstellung von Vinylacetylen im Laboratoriumsmaßstab.** G. De Vries und H. G. Peer. (Recueil Trav. chim. Pays-Bas **82**, 521 bis 522, 1963; T. N. O., Central Labor., Delft; engl.) — Rk. von 1.4-Dichlorbuten-(2) oder 3.4-Dichlorbuten-(1) bzw. einem Gemisch der beiden Isomeren in Glykol mit KOH gibt *Vinylacetylen*.

Versuche: *3.4-Dichlorbuten-(1)*, $Kp._{48}$ 48,5—50,5, nach Taylor u. Morey (Ind. Engng. Chem. **40**, [1948], 432); n_D^{21} 1,4660. — *1.4-Dichlorbuten-(2)* $Kp._{35}$ 73,5 bis 74°, neben vorst. Verb.; n_D^{21} 1,4891. — *Vinylacetylen*, Kp. 3—6°, a) aus vorvorst. Verb.; 59% (Ausbeute); daneben eine Fraktion vom Kp. 59—60°, die als Hauptbestandteil *Chloropren* (**I**) enthält; b) aus vorst. Verb.; 44%; daneben eine Fraktion vom Kp. 65—67°, die als Hauptbestandteil *1-Chlorbutadien-(1.3)* enthält; c) aus einem Gemisch vorst. u. vorvorst. Verb.; 40%; daneben eine Fraktion vom Kp. 59—60°, die als Hauptbestandteil **I** enthält. L. Hoppe. 530◇

0788 **Kondensationsreaktionen mit Haloformcarbanionen in flüssigem Ammoniak.** 1. Mitt. Heinz Günter Viehe und Paul Valange. (Chem. Ber. **96**, 420—25, 1963; Brüssel, Union Carbide European Res. Associates s. a.; dt.) — Die aus den Haloformen in fl. NH_3 mit Alkaliamiden entstehenden Haloformcarbanionen werden durch Kondensationsrkk. mit Carbonylverbb. (Aceton, Cyclopentanon, Cyclohexanon, Benzaldehyd) u. α.β-ungesättigten Carbonsäurederivv. (Acrylonitril, Acrylsäuremethylester) abgefangen. Die bei —80° durchgeführte Rk. verläuft mit $CHCl_3$ bzw. $CHBr_3$ in Ausbeuten bis zu 93%, während die Stabilität fluorierter Haloformcarbanionen offenbar so gering ist, daß diese Abfangrk. nicht mehr präparativ gelingt.

Versuche: Äquimol. Mengen $CHCl_3$ u. Aceton (bzw. Carbonylverb.) läßt man möglichst schnell zu 1 Mol $NaNH_2$ in fl. NH_3 bei —80° zufließen u. zersetzt restliches $NaNH_2$ nach ca. 3 Min. mit festem NH_4Cl. *1.1.1-Trichlor-2-methylpropanol-(2)*, F. 97°, aus $CHCl_3$ u. Aceton a) mit $NaNH_2$; 35—86% (Ausbeute); b) mit $LiNH_2$ 83%; c) mit KNH_2 79%; d) mit $Ca(NH_2)_2$ 61%. — *1-Trichlormethylcyclopentanol-(1)*, $C_6H_9Cl_3O$, F. 35°, $Kp._{22}$ 116°, aus $CHCl_3$, Cyclopentanon u. $NaNH_2$; 81,5—93% (Überschuß an $CHCl_3$ erhöht die Ausbeute). — *1-Trichlormethylcyclohexanol-(1)*, $C_7H_{11}Cl_3O$, F. 65°, $Kp._2$ 88—92°, aus $CHCl_3$, Cyclohexanon u. $NaNH_2$; 21—74%. — *β-Trichlormethylpropionitril*, $C_4H_4Cl_3N$, F. 41°, $Kp._{12}$ 92—94°, aus $CHCl_3$, Acrylonitril u. $NaNH_2$; 45%. — *β-Trichlormethylpropionsäuremethylester*, $Kp._{10}$ 82—90°, aus $CHCl_3$, Acrylsäuremethylester u. $LiNH_2$; 18%. — *1.1.1-Tribrom-2-methylpropanol-(2)*, F. 169°, aus $CHBr_3$, Aceton u. $NaNH_2$; 33%. — *Trichlormethylphenylcarbinol*, F. 37°, $Kp._1$ 104—108°, aus $CHCl_3$, Benzaldehyd u. $NaNH_2$; 32%. M. Schenk. 560◇

0789 **Die Kondensation mit Haloformcarbanionen in flüssigem Ammoniak als katalytische Reaktion.** 2. Mitt. Heinz Günter Viehe, Edgard Franchimont und Paul Valange. (Chem. Ber. **96**, 426—31, 1963; dt.) — 1. vgl. vorst. Referat. — Die Kondens. von Chloroform- u. Bromoformcarbanionen mit Carbonylverbb. u. Acrylonitril mit verschiedenen Basen in fl. NH_3 verläuft katalyt., die Ausbeute hängt sehr stark von der Reaktivität des Haloformacceptors ab, vor allem von seiner ster. Behinderung am Rk. Zentrum. So entsteht *1.1.1-Trichlor-2-methylpropanol-(2)* aus Aceton u. $CHCl_3$ mit 2—10 Mol-% NaOH prakt. quant., dagegen *1.1.1-Trichlor-2-äthylbutanol-(2)* nur zu etwa 1%, weil sich die Haloformcarbanionen durch raschen Zerfall in die Carbene der Kondens. entziehen. Letztere lassen sich unter den Rk.-Bedingungen nur mit NH_3 als Partner abfangen u. liefern mit diesem Cyanidionen. Katalyt. bes. wirksam sind $NaNH_2$, NaOH, Na-tert.-Butylat, $NaOCH_3$, KOH, LiOH (Ausbeuten > 70%), mäßig wirksam (10—50% Ausbeute) sind Hexin-(1)-Na u. $Ca(OH)_2$, unwirksam Na-Phenolat, NaCN, Na_2CO_3, NH_4OH.

Versuche: Äquimol. Mengen $CHCl_3$ u. Acceptor werden rasch zu dem auf —80° gekühlten Kondensationsmittel in fl. NH_3 zugegeben, nach 15 Min. wird die Rk. durch Zugabe von festem NH_4Cl gestoppt (Meth. **A**), oder NaOH in fl. NH_3 wird zu der auf —80° gekühlten Lsg. von Haloform u. Acceptor in fl. NH_3 zugetropft (Meth. B): *1.1.1-Trichlor-2-methylpropanol-(2)*, F. 97°, aus 0,01 Mol NaOH u. je 0,1 Mol $CHCl_3$ u. Aceton nach **A**; 97% (Ausbeute). — *1.1.1-Trichlor-2-methylbutanol-(2)*, $Kp._{17}$ 87°, aus $CHCl_3$ u. Methyläthylketon nach **A**; 17%; nach **B** ca. 65%, mit $NaNH_2$ 68%. — *1.1.1-Trichlor-2-äthylbutanol-(2)*, $Kp._{19}$ 100°, aus $CHCl_3$ u. Diäthylketon nach **A**; ca. 1,5%; nach **B** ca. 5%, mit $NaNH_2$ 15%. — *1-Trichlormethylcyclopentanol-(1)*, F. 35° (PAe.), $Kp._{12}$ 100—103°, aus $CHCl_3$ u. Cyclopentanon nach **A** u. **B**; ca. 83%. — *1-Trichlormethylcyclohexanol-(1)*, F. 65° (Ae.), $Kp._{20}$ 120°, aus $CHCl_3$ u. Cyclohexanon nach **A**; ca. 40%; nach **B** ca. 53%. — *1-Trichlormethylcycloheptanol-(1)*, $C_8H_{13}Cl_3O$, F. 56° (Ae.), $Kp._3$ 102°, aus $CHCl_3$ u. Cycloheptanon nach **A**; ca. 38%; nach **B** ca. 56%, mit $NaNH_2$ ca. 67%. — *α-Trichlormethylbenzylalkohol*, F. 37° (PAe.), $Kp._1$ 104—108°, aus $CHCl_3$ u. Benzaldehyd nach **A**; ca. 37%. — *β-Trichlormethylpropionitril*, F. 41° (PAe.), $Kp._{11}$ 94°, aus $CHCl_3$ u. Acrylonitril nach **A**; ca. 61%; nach **B** ca. 26%. — *1.1.1-Tribrom-2-methylpropanol-(2)*, F. 169° (Ae.), aus $CHBr_3$ u. Aceton nach **A**; ca. 32%; nach **B** ca. 66%. — *1.1-Dibrom-1-chlor-2-methylpropanol-*

(*2*), F. 148°, aus Dibromchlormethan u. Aceton nach **B**; ca. 49%. M. Schenk. 560◇

0790 **Sexuallockstoffe von Insekten.** 2. Mitt. **Die Synthese eines hochwirksamen Schwammspinner-Lockstoffes und einiger nahestehender Verbindungen.** Martin Jacobson und William A. Jones. (J. org. Chemistry **27**, 2523–24, 1962; Beltsville, Md., U. S. Dep. of Agricult., Entomol. Res. Div.; engl.) — 1. vgl. C. **1963**, 18479. — *cis-(+)-12-Acetoxy-octadecen-(11)-ol-(1)*, (*cis*-**I**; *Gyplure*), *trans*-**I** u. *cis-(+)-14-Acetoxyeikosen-(11)-ol-(1)* werden auf Lockwirkung untersucht. Die 12-Propoxy- u. 12-Butoxyanaloga von cis-**I** sind vollständig inaktiv. Die Darst. von *cis-Dialkoxyoctadecenen-(9)* sowie ihre partielle Verseifung zu den entsprechenden *cis-Hydroxyalkoxyderivv.* werden beschrieben.

Versuche: *Ricinolalkohol* (**II**), Kp.$_{0,5}$ 175°, nach Ligthelen u. Mitarbeitern (J. chem. Soc. [London], [1950], 3187) aus Ricinolsäure; n_D^{25} 1,4704; $[\alpha]_D^{30}$ + 5,3° (c = 1,0; Chlf.); 100% (Ausbeute). — Octadecene-(9): *cis-1.12-Diacetoxy-*(**III**), $C_{22}H_{40}O_4$, Kp.$_{103}$ 180°, durch Zugeben von Acetylchlorid in Bzl. zu vorst. Verb. in Bzl./Pyridin unter Eiskühlung u. 2std. Kochen; n_D^{25} 1,4519; $[\alpha]_D^{30}$ + 8,7° (c = 1; Chlf.); 62%. — *cis-(+)-1-Hydroxy-12-acetoxy-* (*Gyplure*; **I**), $C_{20}H_{38}O_3$, Kp.$_{0,5}$ 182°, durch 1½std. Kochen von **III** mit KOH in wss. A.; n_D^{25} 1,4607; $[\alpha]_D^{30}$ + 7,4° (c = 1,0; Chlf.); 90%. — *trans*-**I**, $C_{20}H_{38}O_3$, Kp.$_{0,5}$ 178°, durch 2std. Schütteln von **I** mit 15%ig. $NaNO_2$-Lsg. in 50%ig. HNO_3, 66std. Stehen bei Raumtemp. u. Verseifen; gelbes Öl; n_D^{25} 1,4625; 28%. — *cis-1.12-Dipropoxy-*, $C_{24}H_{44}O_4$, Kp.$_{0,2}$ 184°, analog **III** aus **II** u. Propionylchlorid; 92%. — *cis-(+)-1-Hydroxy-12-propoxy-*, $C_{21}H_{40}O_3$, Kp.$_{0,25}$ 172–5°, aus vorst. Verb. analog **I**; n_D^{25} 1,4596; 50%. — *cis-1.12-Dibutoxy-*, $C_{26}H_{48}O_4$, Kp.$_{0,1}$ 187° analog **III** aus **II** u. Butyrylchlorid; schwach gelb, n_D^{25} 1,4533; 87%. — *cis-(+)-1-Hydroxy-12-butoxy-*, $C_{22}H_{42}O_3$, Kp.$_{0,25}$ 177–9°, aus vorst. Verb. analog **I**; n_D^{25} 1,4601; 68%. — *cis-(+)-14-Acetoxy-eikosen-(11)-ol-(1)*, $C_{22}H_{42}O_3$, Kp.$_{0,3}$ 185° durch Red. von Lesquerolsäure mit $LiAlH_4$, Diacetylierung u. partielle Verseifung analog **I**; 65%. P. Pfänder. 570◇

0791 **Sexuallockstoffe von Insekten.** 3. Mitt. **Die optische Aufspaltung von cis-dl-10-Acetoxyhexadecen-(7)-ol-(1).** Martin Jacobson. (J. org. Chemistry **27**, 2670–71, 1962; engl.) — 2. vgl. vorst. Referat. — Das saure Succinat von cis-dl-10-Acetoxyhexadecen-(7)-ol-(1) (dl-**I**) wird über das L-*Brucinsalz* in die opt. Antipoden gespalten.

Versuche: *cis-dl-10-Acetoxyhexadecen-(7)-ol-(1)* (dl-**I**), *saures Succinat* (**II**), orangegelbe Fl., durch 30std. Erhitzen von 500 mg dl-**I** u. Bernsteinsäureanhydrid in Pyridin im Bombenrohr bei 100°; 530 mg (Ausbeute). — **II**-L-*Brucinsalz*, F. > 220°, a) durch Zugeben von 1 g Brucin zur sd. Lsg. von **II** in Aceton; $[\alpha]_D^{27}$ − 4,7° (c = 2; Chlf.); 273 mg; gibt durch Rühren mit 15 ml 20%ig. HCl bei Raumtemp. u. 5std. Stehen (Meth. **A**) 246 mg *d*-**II**, schwachgelbes viskoses Öl; $[\alpha]_D^{27}$ + 22,4° (c = 2; Chlf.); b) aus dem Acetonfiltrat von a); $[\alpha]_D^{27}$ − 5,3°, (c = 2; Chlf.); 245 mg; gibt nach **A** 219 mg *l*-**II**; schwachgelbes, viscoses Öl; $[\alpha]_D^{27}$ − 17,6° (c = 2; Chlf.) — *cis-(+)-Form* (*d*-**I**), durch 2std. Erhitzen von 246 mg d-**II** mit 10 ml 10%ig. NaOH u. 1 ml A. auf dem Wasserbad; $[\alpha]_D^{27}$ + 7,8° (c = 2; Chlf.); 212 mg. — *cis-(−)-Form* (*l*-**I**), analog aus 219 mg l-**II**,; $[\alpha]_D^{27}$ − 7,1° (c = 2; Chlf.); 179 mg. P. Pfänder. 570◇

0792 **Untersuchungen auf dem Gebiet organischer Pyrophosphorsäurederivate.** Jan Michalski. (Bull. Soc. chim. France **1963**, 11–16; Lodz, École Polytechn.; franz.) — Übersicht. — 40 Literaturangaben. G. Ziebarth. 590△

0793 **Bis-[methylmercapto]-carben (Kohlenmonoxid-methylmercaptal) aus Bis-[methylmercapto]-diazomethan.** U. Schöllkopf und E. Wiskott. (Angew. Chem. **75**, 725, 1963; Heidelberg, Univ., Organ.-Chem. Inst.; dt.) — p-Toluolsulfonhydrazid addiert sich in alkal. Lsg. an CS_2 zu *TsNHNH-CS-S*⊖ (Ts = p-$CH_3C_6H_4SO_2$), das sich mit CH_3J zunächst zum (isolierten) *TsNHNH-CS-SCH₃* u. dann zum *S.S-Dimethyldithiokohlensäure-p-toluolsulfonylhydrazon* (F. 151°) methylieren läßt. Rührt man dieses mit NaH in aprot. Lsgm., so erhält man *TsNNaN=C·(SCH₃)₂* (**I**), das bei ca. 120° in TsNa u. *Bis-[methylmercapto]-diazomethan* zerfällt. Die letzte Verb. spaltet N_2 ab, wobei offenbar *Bis-[methylmercapto]-carben* (**II**) entsteht. **II** addiert sich nicht an Cyclohexan (in Diglyme); offenbar ist seine Elektrophilie durch die beiden S-Atome mit ihren freien Dubletts soweit herabgesetzt, daß es sich nur an bes. elektronenreiche Doppelbindungen addiert. Zersetzt man z. B. **I** in 1-Morpholino-1-phenyläthylen bzw. Ketendiäthylacetal, so erhält man *1-Morpholino-1-phenyl-2.2-bis-[methylmercapto]-cyclopropan* [F. 60°; 32% (Ausbeute)] bzw. *1.1-Diäthoxy-2.2-bis-[methylmercapto]-cyclopropan* (Kp.$_{12}$ 114–115°; 30%). Daneben entstehen noch *Tetrakis-[methylmercapto]-äthylen* u. *Methylorthothioformiat.* J. Rothe. 600◇

0794 **Kupplung von Diazoniumsalzen mit Enoläthern.** M. Seefelder und H. Eilingsfeld. (Angew. Chem. **75**, 724–25, 1963; Ludwigshafen am Rhein, BASF, Farbenforschungslabor.; dt.) — Diazoniumsalze kuppeln mit Enoläthern zu *Monoarylhydrazonen von 1.2-Dicarbonylverbb.*; diese können mit p-Nitrophenylhydrazin (**I**) in die *Osazone* übergeführt werden. — *Glyoxal-mono-p-nitrophenylhydrazon*, F. 188–190° (Zers.), aus p-Nitrophenyldiazoniumchlorid oder -fluoroborat u. $C_2H_5OCH=CH_2$ in W. bei 0–10°. — *Glyoxal-bis-[p-nitrophenylhydrazon]*, F. 310°, aus vorst. Verb. u. **I**. — Propenyläthyläther u. Isopropenyläthyläther kuppeln zu isomeren *Methylglyoxal-mono-p-nitrophenylhydrazonen*, die mit **I** das *Methylglyoxal-bis-[p-nitrophenylhydrazon]*, F. 270°, ergeben. — *2-Oxo-4-hydroxybutyraldehyd-2-p-nitrophenylhydrazon*, F. 118–120° (Zers.), aus Dihydrofuran u. p-Nitrophenyldiazoniumsalz. J. Rothe. 650◇

0795 **N-substituierte Trifluoracetamidine.** Clark S. Kamper und Henry M. Woodburn. (J. chem. Engng. Data **8**, 231–32, 1963; Buffalo, N. Y., Univ. of Buffalo, Dep. of Chem.; engl.) — Durch Rk. von prim. u. sek. Aminen mit Trifluoracetonitril (**I**) wurden die entsprechenden N-substituierten *Trifluoracetamidine* erhalten, die in den gebräuchlichen org. Lsgm. lösl. u. in W. unlösl. sind. N.N-Diisopropyl- u. N.N-Diisobutyltrifluoracetamidin wurden nicht erhalten.

Versuche: Trifluoracetamidine: *N-Isopropyl-* (**II**), $C_5H_9F_3N_2$, Kp. 122–124°, durch 20 Min. lange Zugabe von 0,103 Mol **I** zu 0,34 Mol Isopropylamin u. 1std. Rühren; n_D^{25} 1,3945; 63% (Ausbeute). *Hydrochlorid*, F. 189–191°, durch Zugabe von mit HCl gesätt. Ae. oder Einleiten von HCl-Gas in **II** in abs. Ae. bei 0°. — *N-n-Butyl-* (?), $C_6H_{11}F_3N_2$, Kp.$_{10}$ 58–58,5°; n_D^{25} 1,4048; 66%. *Hydrochlorid* unstabil. — *N-Isobutyl-* (?), $C_6H_{11}F_3N_2$, Kp.$_{31}$ 53–55°; n_D^{25} 1,4034; 75%. — *N-tert.Butyl-*, *Hydrochlorid*, F. 204–205°, 40%. — *N-n-Hexyl-*, $C_8H_{15}F_3N_2$, Kp.$_5$ 81–84°; n_D^{25} 1,4265; 60%. — *N.N-Di-n-butyl-*, $C_{10}H_{19}F_3N_2$, Kp.$_{22}$ 65–66°; n_D^{25} 1,4115; 67%. — *N.N-Di-n-hexyl-*, $C_{14}H_{27}F_3N_2$, Kp.$_1$ 70–71°; n_D^{25} 1,4300; 60%. — *N-Äthyl-*, $C_4H_7F_3N_2$, Kp.$_{46}$ 58–59°, aus **I** u. Äthylamin unter Kühlen mit Trockeneis u. Ewärmen auf Raumtemp.; n_D^{25} 1,3967; 58%. *Hydrochlorid*, F. 193–195°. *N.N-Diäthyl-*, $C_6H_{11}F_3N_2$, Kp.$_{39}$ 43–44°; n_D^{25} 1,3943; 55%. — *Hydrochlorid*, F. 225° (fällt nach mehreren Wochen auf 113°). — *N-n-Propyl-*, $C_5H_9F_3N_2$, Kp.$_{152}$ 47–50°, krist. bei schwachem Schütteln; 80%. *Hydrochlorid*, F. 141–144° (Ae./Isopropanol). — *N.N-Di-n-propyl-*, $C_8H_{15}F_3N_2$, Kp.$_{22}$ 55–57°; n_D^{25} 1,3870; 60%. W. Kuhn. 810△

0796 **Beckmannsche Umlagerung in alicyclischen Systemen.** 3. Mitt. **2.2-Dimethylcycloalkanonoxime.** Robert T. Conley und Bernard E. Nowak. (J. org. Chemistry **27**, 3196–3201, 1962; Buffalo, N. Y., Canisius Coll., Dep. of Chem.; South Orange, N. J., Seton Hall Univ., Dep. of Chem.; engl.) — 2. vgl. J. org. Chemistry **27**, [1962], 1965. — Die Beckmannsche Umlagerung von 2.2-Dimethylcyclopentanon- (**III**), -cyclohexanon-(**VI**) u. -cycloheptanonoxim (**XII**) wird untersucht. Mit PCl_5 oder $SOCl_2$ werden die Oxime zu ungesätt. *Nitrilen* umgesetzt. Durch Rk. von **VI** mit Benzolsulfochlorid oder $SOCl_2$ wird *2-Keto-7.7-dimethylhexamethylenimin* erhalten. Mit Polyphosphorsäure lagern sich die Oxime zu α.β-ungesätt. *Ketonen* um. Hierbei gibt **III** *3-Methylcyclohexen-(2)-on*, **VI** *2-Isopropylcyclopenten-(2)-on* (**VIII**) u. *2-Isopropyl-*

idencyclopentanon sowie **XII** *2-Isopropylcyclohexen-(2)-on*, *2-Isopropylidencyclohexanon* (**XIV**) u. *7-Methyloctansäureamid* (**XIII**). Die ungesätt. Nitrile cyclisieren sich mit Polyphosphorsäure zu α,β-ungesätt. *Ketonen*. IR-Spektren s. Original.

Versuche: *2.2-Dimethylcyclopentanon*, durch Pinakolinumlagerung von 1-[1'-Hydroxycyclobutyl]-dimethylcarbinol. — *2.2-Dimethylcyclohexanon*, analog vorst. Verb. aus 1-[1'-Hydroxycyclopentyl]-dimethylcarbinol. — *2.2-Dimethylcycloheptanon*, aus 1-[1'-Hydroxycyclohexyl]-dimethylcarbinol. — Nitrile: *5-Methylhexen-(4)-säure-* (**I**), $C_7H_{11}N$, Kp.$_8$ 89—91°, durch Zugabe von **III** zu PCl_5 in Ae. unter Kühlung u. 24std. Stehen; gelbes Öl; 94% (Ausbeute). — *6-Methylhepten-(5)-säure-* (**VII**), $C_8H_{13}N$, Kp.$_8$ 93—95°, analog **I** aus **VI**; 94%. — *7-Methylocten-(6)-säure-* (**IX**), $C_9H_{15}N$, Kp.$_8$ 99,5—101°, durch Zugabe von $SOCl_2$ zu **XII** in Bzl. unter Kühlung u. 24std. Stehen bei Raumtemp. (Meth. **B**); 93%. — *5-Methylhexen-(4)-säure* (**II**), $C_7H_{12}O_2$, Kp.$_5$ 98—100°, durch 16std. Kochen von **I** mit alkohol. KOH; n_D^{20} 1,4462. — *3-Methylcyclohexen-(2)-on*, $C_7H_{10}O$, Kp.$_3$ 69—73°, durch 12 Min. langes Erhitzen von **III** mit Polyphosphorsäure auf 125—130°, Gießen auf Eis, Alkalisieren mit 10%ig. NaOH (Meth. **A**); gelbes Öl; 32%. *2.4-Dinitrophenylhydrazon*, F. 180,5 bis 181,5° (Chlf./CH_3OH), a) nach dem H_2SO_4/A.-Verf.; b) nach **A** durch 20 Min. langes Erhitzen von **I** mit 2.4-Dinitrophenylhydrazin (**IV**). — *6-Methyl-hepten-(5)-säure* (**V**), $C_8H_{14}O_2$, durch Hydrolyse von **VII** analog **II**; n_D^{20} 1,4500. — *2-Keto-7.7-dimethylhexamethylenimin*, C_8H_{15}·NO, F. 90,5—91°, a) aus **VI** nach **B**; 24%; b) durch 4std. Kochen von **VI**, Benzolsulfochlorid u. NaOH in wss. Aceton; 54%; daneben 27% **VII**. — *2-Isopropylidencyclopentanon*, Kp.$_{24}$ 90—92°, a) aus **VI** nach **A**; n_D^{20} 1,4851; 52%; daneben 39% *2-Isopropylcyclopenten-(2)-on* [**VIII**; Kp.$_{24}$, 83—85°; n_D^{20} 1,4720. *2.4-Dinitrophenylhydrazon*, F. 203,5—204,5°; rote Nadeln aus Chlf./CH_3OH]; b) aus **VII** nach **A**; 51%; daneben 43% **VIII**. *2.4-Dinitrophenylhydrazon*, F. 227,5—228° (Chlf./CH_3OH). — *7-Methylocten-(6)-säure* (**XI**), $C_9H_{16}O_2$, Kp.$_8$ 100—102°, analog **II** durch Hydrolyse von **IX**; n_D^{20} 1,4519. *Säureamid* (**X**), $C_9H_{17}NO$, F. 119—120° (Essigester/PAe.). — *Aceton-2.4-dinitrophenylhydrazon*, F. 124—126°, a) durch Ozonolyse von **II** in Eisessig, Alkalisieren, Extrahieren mit Ae. u. Behandeln mit **IV**; b) analog a) aus **V**; c) analog a) aus **XI**. — *2-Isopropylcyclohexen-(2)-on*, a) aus **XII** nach **A**; n_D^{20} 1,4769; 30,2%; daneben **XIII**, **X** u. 5,7% *2-Isopropylidencyclohexanon* [**XIV**; n_D^{20} 1,4920. *2.4-Dinitrophenylhydrazon*, $C_{15}H_{18}N_4O_4$, F. 181,5—182,5° (Chlf./CH_3OH)]; b) aus **IX** nach **A**; 31,5%; daneben 4,3% **XIV**. *2.4-Dinitrophenylhydrazon*, $C_{15}H_{18}N_4O_4$, F. 186—187°; rote Nadeln aus Chlf./CH_3OH. — *2-Isopropylcyclohexanon*, *2.4-Dinitrophenylhydrazon*, F. 136,5—137° (Chlf./CH_3OH), durch Hydrieren des vorst. Ketongemisches u. Rk. mit **IV**. — Säureamide: *5-Methylhexan-*, F. 104—104,5° (Essigester/PAe.), durch 5std. Hydrieren von **II** in Ggw. von PtO_2 u. Rk. mit NH_3. — *6-Methylheptan-*, F. 115 bis 115,5°, analog aus **V**. — *7-Methyloctan-* (**XIII**), F. 106,5 bis 107° (Essigester/PAe.), durch Hydrieren von **X**.

E. Sidow. 810◇

0797 **Stereoselektive Synthese von α-substituierten α,β-ungesättigten Estern.** Herbert O. House und Hary H. Rasmusson. (J. org. Chemistry **26**, 4278—81, 1961; Cambridge, Mass., MIT., Dep. of Chem.; engl.) — Analog der Synth. von *trans-Pentadien-(2.4)-säure* durch decarboxylierende Kondens. von Acrolein (**I**) mit Malonsäure entsteht aus **I** u. dem Ylid α-Carbomethoxyäthylidentriphenylphosphin (**IV**) *trans-2-Methylpentadien-(2.4)-säuremethylester* **VII**), der sich durch Verseifung u. Veresterung nicht isomerisiert. Entsprechend ergeben Acetaldehyd u. **IV** *Tiglinsäuremethylester* (**II**) neben wenig *Angelicasäuremethylester* (**III**). Anders verhalten sich Alkyliden- u. Arylidenylide, die beide Stereoisomere ergeben. So reagiert Äthylidentriphenylphosphin (**V**) mit Brenztraubensäuremethylester (**VI**) zu einem Prod., das aus 68% **II** u. 32% **III** besteht. Bei der Rk. von **V** mit **IV** sind die intermediär gebildeten beiden Betaine reversibel, die Rk. verläuft in die Richtung, die der niedrigeren Aktivierungsenergie bedarf. Die Anwendung reaktiverer Ylide, z. B. **V** wirkt der Reversibilität der Betaine entgegen, beide Stereoisomere werden gebildet. Die Stabilität von **III** unter den Darstellungsbedingungen wird durch 4std. Kochen von **III** mit Triphenylphosphinoxid u. **IV** in CH_2Cl_2 geprüft, wobei 55% **III** erhalten bleiben. IR- u. UV-Spektren s. Original.

Versuche (FF. korr.): *trans-2-Methyl-pentadien-(2.4)-säuremethylester* (**VII**), $C_7H_{10}O_2$, Kp.$_{7-8}$ 50—50,5°, durch tropfenweise Zugabe von **I** zu **IV** in CH_2Cl_2 unter Rühren u. 2,5std. Kochen; n_D^{26} 1,4882; 60% (Ausbeute). *Freie Säure*, $C_6H_8O_2$, F. 63,8—65°, durch 2std. Kochen von **VII** mit 6%ig. methanol. NaOH unter N_2; Nadeln aus PAe.; 67%. — *Gemisch* aus *Tiglinsäuremethylester* (**II**) *u. Angelicasäuremethylester* (**III**), Kp.$_{62-65}$ 68—69°, Kp.$_{25}$ 34—36°; a) durch tropfenweise Zugabe von Acetaldehyd zu **IV** in CH_2Cl_2 unter N_2 u. Stehen über Nacht; n_D^{25} 1,4274, $n_D^{24,5}$ 1,4396—1,4405; 90%, davon 96,5% **II** (auch aus der Säure u. Diazomethan; n_D^{26} 1,4344) u. 3,2% **III** (Kp.$_{26}$ 43,5—44,5°, Kp.$_{26-28}$ 45°, analog **II**; $n_D^{26,5}$ 1,4292, n_D^{25} 1,4281; 79%); b) durch Zugabe von Phenyl-Li in Ae. zu Äthyltriphenylphosphoniumbromid in Ae. unter N_2 u. 1std. Rühren, Zutropfen dieser Lsg. zu **VI** in Ae. unter N_2 bis zur Rotfärbung, Kochen über Nacht unter Rühren, Einengen, Zugabe von Tetrahydrofuran u. 36std. Kochen unter N_2; 21%, davon 68% **II** u. 32% **III**. — *Pentadien-(2.4)-säure*, F. 71,5—72,5°, nach Muskat u. Mitarbeitern [1930] aus 118 g $KHSO_3$, 29 g **I** u. 52 g Malonsäure; gelbe Nadeln; 9,78 g. *Methylester*, Kp.$_{10}$ 36—38°, durch Rk. mit Diazomethan; n_D^{23}, 1,4833; 61%. — *α-Carbomethoxyäthylidentriphenylphosphin* (**IV**), F. 152—154,5, aus 209 g Triphenylphosphin u. α-Brompropionsäuremethylester nach Isler u. Mitarbeitern (C. **1959**, 3145); 83 g.

K. Stühmer. 810◇

0798 **Isonitrosoderivate von Malonsäuremonoarylamiden durch Nitrosierung mit Nitrosylchlorid.** C. M. Mehta und P. L. Parimoo. (Current Sci. [Bangalore] **32**, 66, 1963; Baroda, M. S. Univ. of Boroda, Fac. of Sci., Chem. Dep.; engl.) — Durch Einleiten von NOCl in eisgekühlte Chlf.-Lsgg. von Malonsäuremonoarylamiden (Aryl = Phenyl-, Tolyl-, Xylyl- u. Naphthyl-) in Ggw. äquivalenter Mengen $AlCl_3$ u. $NaNO_2$ bis zur Sättigung u. Kochen bis zur Beendigung der Gas-Entw. werden die entsprechenden *α-Oxime* gebildet.

K. Stühmer. 820◇

0799 **Die thermische Decarboxylierung von β-Alkoxycrotonsäuren. Eine neue Synthese von Isopropenyläthern.** W. J. le Noble und P. J. Crean. (J. org. Chemistry **27**, 3875—78, 1962; Stony Brook, N. Y., State Univ. of New York, Dep. of Chem.; engl.) — Eine Anzahl *Alkylisopropenyläther* wird in guter Ausbeute u. hoher Reinheit durch therm. Decarboxylierung der entsprechenden β-Alkoxycrotonsäuren erhalten. β-Allyloxy-(**I**), β-Methoxymethoxy-(**II**) u. β-[tert.-Butoxy]-crotonsäure (**III**) zersetzen sich dagegen, wobei neben den verschiedensten Zers.-Prodd. *Aceton* u. CO_2 gebildet werden.

Versuche: Crotonsäuren, durch 3std. Kochen der Lsgg. oder Suspensionen von cis- oder trans-Na-β-Chlorcrotonat mit einem doppelten Überschuß an Na-Alkoholat in dem entsprechenden Alkohol; Kristalle aus Hexan oder Methanol; 50—75% (Ausbeute): *β-Methoxy-*, F. 131—132°. — *β-Äthoxy-*, F. 139—140°. — *β-Isopropoxy-*, F. 104—105°. — *β-n-Propoxy-*, $C_7H_{12}O_3$, F. 102—103°. — *β-[p-Anisyloxy]-*, $C_{12}H_{14}O_4$, F. 150 bis 151°. — *β-Allyloxy-*(**I**), $C_7H_{10}O_3$, F. 79—81°. — *β-n-Pentoxy-*, $C_9H_{16}O_3$, F. 70—72°. — *β-Cyclohexyloxy-*, $C_{10}H_{16}O_3$, F. 97—99°. — *β-[tert.-Butoxy]-*(**III**), F. 126 bis 127° durch basenkatalyt. Rk. von tert.-Butylalkohol mit Tetrolsäure. — *β-Methoxymethoxy-*(**II**), F. 105°. — Alkyl (Cycloalkyl)isopropenyläther, durch 3std. Decarboxylierung der Alkoxycrotonsäuren bei 180° (Meth. **A**): *Methyl-*, — *Äthyl-*. — *Propyl-*. — *Isopropyl-*. — *Cyclohexyl-*. — *Hexen-(5)-on-(2)*, Kp. 131°, aus **I** nach **A** neben CO_2; n_D^{25} 1,4176. *Semicarbazon*, F. 96—98°. — *Formaldehydmethylisopropenylacetal*, analog aus **II** neben *Aceton* u. CO_2; daneben *β-Methoxymethoxycrotonsäuremethoxymethylester*, $C_8H_{14}O_5$, n_D^{25} 1,4540 u. *Verb.* $C_{20}H_{22}$·O_5, F. 74—76°, gelb. — *4-[p-Methoxyphenyl]-butanon-(2)*, $C_{11}H_{14}O_2$, F. 9,5—10°, aus β-[p-Methoxybenzyloxy]-crotonsäure nach **A**. *Semicarbazon*, F. 167—168°. — *Acetessigsäure-tert.-butylester*, $C_8H_{14}O_3$, analog aus **III**; n_D^{25} 1,4178; daneben CO_2 u. *Aceton*.

D. Onken. 850◇

0800 **Synthese von γ-Formylbuttersäureester.** Ss. D. Michno, W. M. Beresowski und N. A. Preobrashenski. (J. allg. Chem. [UdSSR] **32(94)**, 2829–31, 1962; Allunions-Vitamin-Forschungs-Inst.; russ.) — Die Rk. von β-Brompropionaldehyddiäthylacetal [**I**; aus Acrolein (**II**), A. u. HBr] mit Malonester (**III**) in Ggw. von Na-Äthylat liefert in guter Ausbeute *γ.γ-Dicarbäthoxybutyraldehyddiäthylacetat* (**IV**). Durch Hydrolyse u. Decarboxylierung von **IV** wird *γ-Formylbuttersäure* erhalten, die in den *Methylester* übergeführt wird. Direkt wird *γ.γ-Dicarbäthoxybutyraldehyd* (**V**) aus **II** u. **III** in Ggw. von Na-Methylat erhalten.

Versuche: *β-Brompropionaldehyddiäthylacetal* (**I**), $Kp._8$ 58–62°, durch Zugabe von 250 g **II** zu 1 Liter HBr-gesätt. A. u. 100 g $CaCl_2$ bei 0°, 1 Std. Rühren bei 0° u. Extrahieren mit Bzl.; 53% (Ausbeute). — *γ.γ-Dicarbäthoxybutyraldehyd* (**V**), $C_{10}H_{16}O_5$, $Kp._5$ 125–130°, durch Zugabe von 2,5 ml Na-Methylat-Lsg. (0,14 g Na) zu 50 g **III** in 280 ml CCl_4 unter Kühlung, Zugabe von 21 g **II** in 124 ml CCl_4 in 25 Min., 1$^1/_2$std. Rühren bei 30–35° u. Neutralisieren mit 10 ml 50%ig. Essigsäure; n_D^{20} 1,4391; $D._4^{20}$ 1,0986; 70%. *Diäthylacetal* (**IV**), $Kp._{100}$ 162–164°, durch Zugabe von 300 g **I** zu dem sd. Gemisch aus 27,2 g Na, 600 ml A. u. 190 g **III**, 6std. Erhitzen, Abdestillieren des A., Zugabe von 100 ml Eiswasser zum Rückstand u. Extrahieren mit Bzl.; n_D^{20} 1,0188; $D._4^{20}$ 1,4311; 50%. — *γ-Formylbuttersäure*, $C_5H_{10}O_3$, $Kp._8$ 138–140°, F. 128 bis 130° (A.), a) durch 14–16std. Erhitzen von 130 g **IV** in 50 ml W. auf 180–190° mit Autoklaven; n_D^{20} 1,4561; $D._4^{20}$ 1,1918; 60%; b) analog aus 25 g **V**; 50%. *Semicarbazon*, F. 159–161° (W.). *Methylester*, $Kp._{10}$ 90–92°, durch 6std. Erhitzen von 35 g vorst. Verb. mit 150 ml Methanol/ 5,5 ml konz. H_2SO_4; n_D^{20} 1,4250; $D._4^{20}$ 1,0432; 50%. *2.4-Dinitrophenylhydrazon*, $C_{12}H_{14}N_4O_6$, F. 105–106° (A.).
I. Schade. 860△

0801 **Synthese von α-Ketoamiden und -säuren aus Alkylidencyanessigsäureäthylestern.** Minoru Igarashi und Hiroshi Midorikawa. (Bull. chem. Soc. Japan **34**, 1543 bis 1544, 1961; Tokyo, Inst. of Phys. u. Chem. Res.; engl.) — Durch Epoxydierung von Alkylidencyanessigsäureäthylestern mit 30%ig. H_2O_2 in Ggw. von $NaWO_4 \cdot 2H_2O$ bei 70 bis 80° werden folgende α-Aminocarbonyl-α.β-epoxypropionsäureäthylester (**A**) dargestellt: *β.β-Dimethyl-*, $C_8H_{13}NO_4$, F. 101°; 61% (Ausbeute). — *β-Methyl-β-äthyl-*, $C_9H_{15}NO_4$, F. 77°; 80%. — *β-Methyl-β-isobutyl-*, $C_{11}H_{19}NO_4$, F. 69°; 71%. — *β-Methyl-β-hexyl-*, $C_{13}H_{23}NO_4$, F. 88°; 64%. — *β.β-Dipropyl-*, $C_{12}H_{21}NO_4$, F. 99°; 50%. — *β-Methyl-β-phenyl-*, $C_{13}H_{15}NO_4$, F. 91°; 70%. — *β-Cyclohexyliden-*, $C_{12}H_{17}NO_4$, F. 111°; 65%. — *β-Cyclopentyliden-*, $C_{11}H_{15}NO_4$, F. 123°; 75%. — Durch Verseifen mit alkohol. Alkali bei Raumtemp. werden aus den **A** die freien *α-Aminocarbonyl-α.β-epoxypropansäuren* (**C**) gebildet, die durch Erhitzen mit wenig W. decarboxyliert werden u. sich zu folgenden Brenztraubensäureamiden (**B**) umlagern: *β.β-Dimethyl-*, $C_5H_9 \cdot NO_2$, F. 112°; 50%. — *β-Methyl-β-äthyl-*, $C_6H_{11}NO_2$, F. 71°; 52%. — *β.β-Dipropyl-*, $C_9H_{17}NO_2$, F. 63°; 80%. — *β-Methyl-β-phenyl-*, $C_{10}H_{11}NO_2$, F. 116°; 64%. — *β-Cyclohexyliden-*, $C_9H_{13}NO_2$, F. 120°; 48%. — *β-Cyclopentyliden-*, $C_8H_{11}NO_2$, F. 144°; 40%. — Durch Behandlung der **C** oder **B** mit verd. HCl werden folgende freie Brenztraubensäuren erhalten: *β-Methyl-β-äthyl-*, F. 40°, $Kp._{18}$ 82–84°; 75%. *Oxim*, $C_6H_{11}NO_3$, F. 164°. — *β-Methyl-β-isobutyl-*, F. 89°, $Kp._7$ 140–143°; 80%. *Oxim*, $C_8H_{15}NO_3$, F. 132° (Zers.). — *β-Methyl-β-hexyl-*, $Kp._8$ 126–129°; 92%. *Oxim*, $C_{10}H_{19}NO_3$, F. 90° (Zers.). — *β.β-Dipropyl-*, $Kp._7$ 145–148°; 80%. *Oxim*, $C_9H_{17}NO_3$, F. 144° (Zers.). — *β-Methyl-β-phenyl-*, F. 53°; 90%. *Oxim*, $C_{10}H_{11}NO_3$, F. 120° (Zers.). — *β-Cyclohexyliden-*, F. 50°; 98%. *Oxim*, $C_9H_{13}NO_3$, F. 170°. — *β-Cyclopentyliden-*, F. 54°; 60%. *Oxim*, $C_8H_{11}NO_3$, F. 131° (Zers.).
E. Mirsch. 870△

0802 **Azo-Hydrazon-Umlagerung.** 1. Mitt. **Die Japp-Klingemann-Reaktion.** Hsien Cheng Yao und Paul Resnick. (J. Amer. chem. Soc. **84**, 3514–17, 1962; New York, N. Y., Interchemical Corp., Central Res. Labor.; engl.) — Unter bestimmten Bedingungen gelingt es, die in der Japp-Klingemann-Rk. auftretenden Azoverbb. (**A**) zu isolieren. Die **A** reagieren mit W., A., Essigsäure, Phenol u. Anilin zu den entsprechenden *Hydrazonen*, die z. T. vergleichsweise unabhängig synthetisiert werden.

Versuche: *α-Phenylazo-α-methylacetessigsäureäthylester* (**I**), $C_{13}H_{16}N_2O_3$, $Kp._4$ 138–140° durch Zugabe einer Benzoldiazoniumsalz-Lsg. zu α-Methylacetessigsäureäthylester in Pyridin/W. bei 0°; n_D^{22} 1,5158; 78% (Ausbeute). — *α-Phenylazocyclopentanon-2-carbonsäureäthylester* (**V**), $C_{14}H_{16}N_2O_3$, Zers. bei 120°, n_D^{22} 1,5477; 92%. — *α.α'-Dimethyl-α.α'-[biphenylen-(4.4')-bis-azo]-bis-[acetessigsäureäthylester]* (**VI**), $C_{26}H_{30}N_4O_6$, F. 81–82° (PAe.); 85%. — *α-Phenylazo-α-methylacetoacetanilid* (**III**), $C_{17}H_{17} \cdot N_3O_2$, F. 105–106° (Bzl./PAe.); 90%. — *2-Phenylazocyclopentanon-2-carbonsäureanilid* (**IV**), $C_{18}H_{17}N_3O_2$, F. 104° (Bzl./PAe.); 88%. — Phenylhydrazone: *Brenztraubensäureäthylester-*(**II**), $C_{11}H_{14}N_2O_2$, F. 118–119° (PAe.), a) durch Lösen von 4 g **I** in Dioxan, Versetzen mit W., $^1/_2$std. Kochen u. Zugeben von Phenylhydrazin, 5 g; b) durch Schütteln der Dioxan/W.-Lsg. von **I** mit 10%ig. NaOH u. Einengen im Vakuum; 75–90%; c) durch Zugabe von 70%ig. $HClO_4$ zur Dioxan/W.-Lsg. von **I**, 2std. Stehen u. Eindampfen; d) durch Lösen von **I** in Bzl., Zugabe von Anilin u. Eindampfen im Vakuum; 70–80%. *Anilid-*, $C_{15}H_{15}N_3O$, F. 172–173°, durch wss. Hydrolyse von **III**. — *α-Ketoadipinsäure-α-äthylester-*, $C_{14}H_{18}N_2O_4$, F. 127°, analog aus **V**. *α-Anilid-*, $C_{18}H_{19}N_3O_3$, F. 187°, durch wss. Hydrolyse von **IV**. *Diäthylester-*, $C_{16}H_{22}N_2O_4$, F. 77°, durch 3std. Kochen von **V** mit Äthanol. *α'-Äthylester-α-anilid-*, $C_{20}H_{23}N_3O_3$, F. 117–118°, analog aus **IV**. *α-Äthylester-α'-anilid-*, $C_{20}H_{23}N_3O_3$, F. 131–132°, aus **V** analog **II** nach d). *Dianilid-*, $C_{24}H_{24}N_4O_3$, F. 230 bis 231°, analog aus **IV**. *α-Phenylester-α'-anilid*, $C_{24}H_{23}N_3O_3$, F. 137–138°, durch Lösen von 1,5 g **IV** u. 0,5 g Phenol in Bzl. u. Zugeben von Triäthylamin; aus PAe. gelbe Kristalle. *α-Äthylester-α'-essigsäureanhydrid-*, $C_{16}H_{20}N_2O_5$, F. 80–81°, durch Stehen von 2 g **V** mit Eisessig über Nacht bei Raumtemp.; 1,2 g. *α'-Essigsäureanhydrid-α-anilid-*, F. 90–91°, analog aus 2 g **IV**; gelbe Kristalle; 0,1 g. — *α.α'-[Biphenylen-(4.4')-dihydrazono]-bis-[propionsäureäthylester]*, $C_{22}H_{26}N_4O_4$, F. 234, durch wss. Hydrolyse von **VI**. — N-Methylphenylhydrazone, durch Rk. des entsprechenden Ketons mit N-Methyl-N-phenylhydrazin: *Butandion-(2.3)-mono-*, $C_{11}H_{14}N_2O$, $Kp._5$ 128 bis 130°; n_D^{22} 1,5477. — *Brenztraubensäureäthylester-*, $C_{12}H_{16}N_2O_2$, $Kp._4$ 144–146°; n_D^{22} 1,5208. *Anilid-*, $C_{16}H_{17}N_3O$, F. 99°. — *Benzilmono-*, $C_{21}H_{18}N_2O$, F. 59 bis 60°.
W. Holland. 870◇

0803 **Darstellung ungeradzahliger höherer Fettsäuren über die 9-Ketofettsäuren.** S. Özeris. (Fette, Seifen, Anstrichmittel **63**, 805–07, Sept. 1961; Istambul, Univ., 2. Chem. Inst.; dt.) — Nach der Meth. von Blaise [1913] wird die ganze Reihe der *9-Ketofettsäuremethylester* u. der zugehörigen *9-Ketofettsäuren* von C_{10}–C_{27} dargestellt: *9-Ketodecansäuremethylester*, $C_{11}H_{20}O_3$, F. –1 bis –0,8°; n_D^{70} 1,4200. — *9-Ketoundecansäuremethylester*, $C_{12}H_{22}O_3$, F. 7–8,4°, n_D^{70} 1,4220. — *9-Ketododecansäuremethylester*, $C_{13}H_{24}O_3$, F. 14,2–15,4°, n_D^{70} 1,4238. — *9-Ketotridecansäuremethylester*, $C_{14}H_{26}O_3$, F. 20–21,4°, n_D^{70} 1,4254. — *9-Ketotetradecansäuremethylester*, $C_{15}H_{28}O_3$, F. 25,5–27°, n_D^{70} 1,4269. — *9-Ketopentadecansäuremethylester*, $C_{16}H_{30}O_3$, F. 32–33,2°, n_D^{70} 1,4283. — FF. korr.: *9-Ketohexadecansäuremethylester*, $C_{17}H_{32}O_3$, F. 37,6 bis 38,8°, n_D^{70} 1,4298. — *9-Ketoheptadecansäuremethylester*, $C_{18}H_{34}O_3$, F. 43,2–43,6°, n_D^{70} 1,4310. — *9-Ketooctadecansäuremethylester*, $C_{19}H_{36}O_3$, F. 47,5–48,8°, n_D^{70} 1,4320. — *9-Ketononadecansäuremethylester*, $C_{20}H_{38}O_3$, F. 52–53°, n_D^{20} 1,4330. — *9-Ketoeikosansäuremethylester*, $C_{21}H_{40}O_3$, F. 55,2–56,5°, n_D^{70} 1,4340. — *9-Ketoheneikosansäuremethylester*, $C_{22}H_{42}O_3$, F. 59–60°, n_D^{70} 1,4350. — *9-Ketodokosansäuremethylester*, $C_{23}H_{44}O_3$, F. 62–62,6°, n_D^{70} 1,4357. — *9-Ketotrikosansäuremethylester*, $C_{24}H_{46}O_3$, F. 63,8–65,2°, n_D^{70} 1,4363. — *9-Ketotetrakosansäuremethylester*, $C_{25}H_{48}O_3$, F. 67–68°, n_D^{70} 1,4370. — *9-Ketopentakosansäuremethylester*, $C_{26}H_{50}O_3$, F. 69,4 bis 70,5°. — *9-Ketohexakosansäuremethylester*, $C_{27}H_{52}O_3$, F. 71–72,5°. — *9-Ketoheptakosansäuremethylester*, $C_{28} \cdot H_{54}O_3$, F. 74,2–75°. — *9-Ketodecansäure*, F. 45,5–46,6°; n_D^{70} 1,4334. — *9-Ketoundecansäure*, F. 57–58,5; n_D^{70} 1,4348. — *9-Ketododecansäure*, F. 55,2–56,6°; n_D^{70}

1,4360. — *9-Ketotridecansäure*, $C_{13}H_{24}O_3$, F. 61—61,5°; n_D^{70} 1,4370. — *9-Ketotetradecansäure*, $C_{14}H_{26}O_3$, F. 65,6 bis 66,7°; n_D^{70} 1,4380. — *9-Ketopentadecansäure*, $C_{15}H_{28}\cdot O_3$, F. 69,5—70,6°. — *9-Ketohexadecansäure*, F. 74—75°. — *9-Ketoheptadecansäure*, F. 77,8—78,8. — *9-Ketooctadecansäure*, F. 81,5—82,2°. — *9-Ketononadecansäure*, $C_{19}H_{36}O_3$, F. 84,3—85,2°. — *9-Ketoeikosansäure*, $C_{20}H_{38}\cdot O_3$, F. 86,2—87,6. — *9-Ketoheneikosansäure*, $C_{21}H_{40}O_3$, F. 88,8—90,2°. — *9-Ketodokosansäure*, $C_{22}H_{42}O_3$, F. 91 bis 92,3°. — *9-Ketotrikosansäure*, $C_{23}H_{44}O_3$, F. 93,2 bis 94,5°. — *9-Ketotetrakosansäure*, $C_{24}H_{46}O_3$, F. 95,3 bis 96,4°. — *9-Ketopentakosansäure*, $C_{25}H_{48}O_3$, F. 97—98°. — *9-Ketohexakosansäure*, $C_{26}H_{50}O_3$, F. 99—100°. — *9-Ketoheptakosansäure*, $C_{27}H_{52}O_3$, F. 101—102°.

P. Gregorzewski. 870◇

0804 **Zur Frage der cis-trans-Asymmetrie organischer Verbindungen. 6. Mitt. Mono- und Diacylierung des 1.3-Diaminopropans mit stereoisomeren Säurechloriden.** Randolph Riemschneider und Albert Rook. (Mh. Chem. **92**, 1197—1200, 1961; Berlin-Dahlem, Freie Univ., Lehrstuhl für Biochem.; dt.) — 5. vgl. C. **1962**, 16261. — Die Acylierung von 1.3-Diaminopropan (**I**) mit cis-(cis-**II**) u. trans-α-Phenylzimtsäurechlorid (trans-**II**) verläuft ohne Umlagerung der geometr. Isomeren.

Versuche: *cis-α-Phenylzimtsäurechlorid* (*cis*-**II**), F. 66—67° (PAe.), durch ½std. Kochen von α-Phenylzimtsäure mit $SOCl_2$ in CH_2Cl_2; 80—83% (Ausbeute). — *cis-α-Phenylzimtsäureanilid*, F. 178°. — *3-[trans-α-Phenylcinnamoylamino]-propylamin* (*trans*-**III**), $C_{18}H_{20}N_2O$, F. 128—129° (W.), durch 8std. Zugabe von 5,3 g trans-**II** in CH_2Cl_2 zu 30 g **I** in CH_2Cl_2, 14std. Stehen, Einengen im Vakuum bis 100°, Zugabe von konz. HCl, Lösen in W. u. Fällen mit wenig KOH; 72%; daneben 1 g **IV** als nicht in W. lösl. Teil. *cis*-**III**, $C_{18}H_{20}N_2O$, F. 119—120° (Ligroin), analog trans-**III** aus cis-**II**; 77% daneben 0,5 g **V**. — *1.3-Bis-[trans-α-phenylcinnamoylamino]-propan* (**IV**), $C_{33}\cdot H_{30}N_2O_2$, F. 184—185° (Methanol), a) durch Zugabe von **I** in CH_2Cl_2 zu trans-**II** in CH_2Cl_2 in Ggw. von Triäthylamin u. Fällen mit Ligroin; 73,5%; b) analog aus trans-**III**; 91%. — *1.3-Bis-[cis-α-phenylcinnamoylamino]-propan* (**V**), $C_{33}H_{30}\cdot N_2O_2$, F. 203—204°, a) analog **IV** aus cis-**II**; 69,5%; b) aus cis-**III**; 86%. — *1.3-Bis-[cis-trans-α-phenylcinnamoylamino]-propan*, $C_{33}H_{30}N_2O_2$, F. 166—167°, a) durch Umsetzen von trans-**III** mit cis-**II**; 81%; b) aus cis-**III** u. trans-**II**; 83%.

W. Hampel. 910◇

0805 **Zur Kenntnis der cis-trans-Asymmetrie. 7. Mitt. Nachweis der optischen Aktivität des 1-cis-3-trans-Bis-[α-phenylcinnamoylamino]-2-phenylpropans.** Randolph Riemschneider und Albert Rook. (Mh. Chem. **92**, 1227—34, 1961; dt.) — 6. vgl. vorst. Referat. — Über die Umsetzung von cis-(cis-**I**) u. trans-α-Phenylzimtsäurechlorid (trans-**I**) mit 1.3-Diamino-2-phenylpropan (**II**) wird berichtet. Aus dem gewonnenen *2-Phenyl-[3-trans-α-phenylcinnamoylamino]-propylamin* (*trans*-**III**) konnten nach der Aufspaltung in Antipoden mit cis-**I** opt.-akt. *1-cis.3-trans-Bis-[α-phenylcinamoylamino]-2-phenylpropane* (*cis.trans*-**IV**) erhalten werden.

Versuche: *β-Phenylglutarsäuredihydrazid*, F. 177 bis 178°, aus Benzylidendiacetessigester (F. 155—156°) nach Jackson u. Kenner [1928]. — *1.3-Diamino-2-phenylpropan* (**II**), Kp.₇ 126—127°, durch Umsetzen des Dihydrochlorids mit verd. NaOH u. Extrahieren mit Ae.; n_D^{20} 1,5548, $D.^{20}$ 1,0236; 92% (Ausbeute). *Dihydrochlorid*, F. 249—251° (Ae./A.), durch Abbau vorst. Verb. nach Curtius; 55—59%. *Carbonat*, F. 171—172° (Zers.), durch Einleiten von CO_2 in eine äther. Lsg. von **II**. *Dipikrat*, F. 243—246° (Zers.; A.). *Dibenzoylverb.*, F. 179 bis 180° (A.). — *2-Phenyl-3-[trans-α-phenylcinnamoylamino]-propylamin* (*trans*-**III**), (+)-*Form*, durch Lösen von 6,2 g (+)-Hydrogentartrat in heißem W. u. Fällen mit konz. KOH; $[\alpha]_D^{19}$ + 10,9° (c = 31,8; Methanol); zähes Öl; 3,95 g. (—)-*Form*, aus 5,6 g (—)-Hydrogentartrat; $[\alpha]_D^{19}$ — 11,6° (c = 31,8; Methanol); zähe Masse. *Hydrogenoxalat*, $C_{26}H_{26}N_2O_5$, F. 184° (Zers.; A.), durch 10std. Zugabe von 12,2 g trans-**I** zu 75 g **II** in CH_2Cl_2, 12std. Stehen, Extrahieren mit nHCl u. Fällen durch Zugabe von konz. KOH, Lösen in abs. A. u. Fällen mit abs. äthanol. Oxalsäurelsg.; 67%; daneben *trans-trans*-**IV** (F. 149°, Methanol) als Extraktionsrückstand. *Hydrogentartrat* (opt.-inakt.), F. 110—120° durch Umsetzen von 22,5 g Hydrogentartrat in heißen W. mit konz. KOH, Abtrennen, Lösen in abs. A., Fällen mit (+)-Weinsäure u. Zugabe zu Ae.; 23,5 g. (+)-*Hydrogentartrat*, F. 174—176°, durch mehrmaliges ¼std. Extrahieren mit sd. Isopropanol, Lösen des Rückstandes in warmem Methanol, Kühlen, Einengen der Mutterlauge u. mehrmaliges Umkristallisieren aus A.; $[\alpha]_D^{20}$ + 16,5° (c = 5,557; Methanol); 6,5 g. (—)-*Hydrogentartrat*, F. 108—110° (Methanol u. A.), durch Einengen der Isopropanolmutterlaugen; $[\alpha]_D^{20}$ — 1,7° (c = 5,556; Methanol); 5,9 g. — *2-Phenyl-3-[cis-α-phenylcinnamoylamino]-propylamin* (*cis*-**III**), *Hydrogenoxalat*, $C_{26}H_{26}N_2O_5$, F. 175—176° (Zers.; abs. A.), aus 5,2 g cis-**I** u. 25 g **II** analog trans-**III** Hydrogenoxalat; 68%; daneben *cis.cis*-**IV**, F. 175° (Methanol); 1,4 g. — 1.3-Bis-[trans-α-phenylcinnamoylamino]-2-phenylpropane: *trans.trans*-**IV**, $C_{39}H_{34}N_2O_2$, F. 149—150° (Methanol), a) durch 1std. Zugabe von trans-**I** zu **II** in CH_2Cl_2 in Ggw. von Triäthylamin (**T**) u. 24 std. Stehen; 71%; b) durch Lösen von trans-**III**-Hydrogenoxalat u. **T** in warmem CH_2Cl_2, Zugabe von trans-**I** u. 12std. Stehen; 50%; c) durch Lösen von (+)-trans-**III** in CH_2Cl_2 in Ggw. von **T**, Zugabe von trans-**I**, 24std. Stehen u. Fällen mit Ligroin; 51%; d) analog c) aus (—)-trans-**III**; 53%. *cis.cis*-**IV**, $C_{39}H_{34}N_2O_2$, F. 175—176°, a) aus *cis*-**I** u. **II** analog vorst. Verb. nach a); 75%; b) aus cis-**III** u. cis-**I** analog vorst. Verb.; 63%. *cis.trans*-**IV**, $C_{39}H_{34}N_2O_2$, F. 163—164°, a) durch Lösen von trans-**III**-Hydrogenoxalat in CH_2Cl_2 in Ggw. von **T** u. Zugabe von cis-**I**; 53%; b) aus cis-**III** u. trans-**I**; 57%. (—)-*cis.trans*-**IV**, F. 161—162° (Methanol), durch Zugabe von cis-**I** zu (+)-trans-**III** in CH_2Cl_2, 12std. Stehen, Einengen im Vakuum bei 0° u. 24std. Stehen; $[\alpha]_D^{19}$ — 2,9° (c = 13,6; Chlf.); 58%. (+)-*cis.trans*-**IV**, F. 160—161°, analog vorst. Verb. aus (—)-trans-**III**; $[\alpha]_D^{21}$ + 3,3° (c = 13,6; Chlf.); 57%.

W. Hampel. 910◇

0806 **Über die N-[p-Äthoxyphenyl]-α-aminopropionsäure. Herstellung und aliphatische Derivate.** H. P. Kaufmann und P. N. Natarajan. (Arch. Pharmaz. **296**/**68**, 475—78, 1963; Münster, Univ., Inst. für Pharmazie u. Lebensmittelchem.; dt.) — Die Rkk. von Na-α-Brompropionat mit p-Phenetidin (**IV**) liefert fast quant. die zersetzliche *N-[p-Äthoxylphenyl]-α-aminopropionsäure* (**I**). Beständig u. der N-Acetylierung zugänglich ist **I**-*Methylester* (**II**), aus α-Brompropionsäuremethylester (**V**) u. **IV**; über **II** ist das *N-Acetyl-Deriv.* von **I** erhältlich. Die gleiche Verb. entsteht aus **V** mit Na-Phenacetin in Xylol u. anschließender Verseifung. Es werden einige Derivv. von **I** beschrieben.

Versuche: *N-[p-Äthoxyphenyl]-α-aminopropionsäure* (**I**), $C_{11}H_{15}NO_3$, F. 169—170°, durch Lösen von α-Brompropionsäure in 60%ig. äthanol. NaOH, Zusatz von **IV** in 60%ig. A. u. 3std. Kochen unter N_2 u. Lichtabschluß; 74% (Ausbeute). *Methylester* (**II**), $C_{12}H_{17}NO_3$, F. 71° (A.), durch 3std. Kochen von **V**, **IV** u. $NaHCO_3$ in 70%ig. A.; 82%; *N-Acetylderiv.* (**III**), $C_{14}H_{19}NO_4$, F. 42° (wss. A.), durch ¼std. Erhitzen von **II** mit Acetanhydrid, Gießen in Eiswasser u. Ae.-Extraktion; 81%. *N-Acetylderiv.*, $C_{13}H_{17}NO_4$, F. 191° (A.), durch alkal. Verseifung von **III**; 83%; *Hydrazid*, $C_{13}H_{19}N_3O_3$, F. 138 bis 139°; 73%. *Äthylester*, $C_{13}H_{19}NO_3$, F. 29—30°, wie **II** mit α-Brompropionsäureäthylester; 80%. *Amid*, $C_{11}H_{16}N_2O_2$, F. 140—141° (verd. A.), a) durch längeres Stehen von **II** in mit NH_3 gesätt. Methanol; 60%; b) durch 3std. Kochen von α-Brompropionsäureamid, **IV** u. $NaHCO_3$ in 70%ig. A., Verdünnen mit W. u. Eiskühlung; 70%. *Diäthylamid*, $C_{15}H_{24}N_2O_2$, F. 91 bis 92° (verd. A.), durch 3std. Kochen von α-Brompropionsäurediäthylamid, **IV** u. $NaHCO_3$ in 80%ig. A. u. Verdünnen mit W.; 83%. *Ureid*, $C_{12}H_{17}N_3O_2$, F. 183°, durch 4std. Kochen von α-Brompropionylureid u. **IV** in 80%ig. A., Verdünnen mit W. auf 70% u. Stehen im Kühlschrank; 64%. *Hydrazid*, $C_{11}H_{17}N_3O_2$, F. 104—105° (A./Ae.), durch 8std. Kochen von **II** u. Hydrazinhydrat in abs. Methanol, Eindampfen, Zugabe von Ae. u. Stehen im Kühlschrank; 78%. *Semicarbazid*, $C_{12}H_{18}N_4O_3$, F. 90° (A./Ae.), durch Erhitzen des Ureids mit 5 Vol. Hydrazinhydrat in abs. Methanol unter NH_3-Entw. u. Entfernen des Lsgm. im Vakuum; 74%. *Guanid*, $C_{12}H_{18}N_4O_2$, F. 214

bis 215° (Methanol), durch 4std. Kochen von α-Brompropionylguanidhydrochlorid, **IV** u. $NaHCO_3$ in 80%ig. A. u. Einengen; 68%. Hanfried Arnold. 950◇

0807 **Synthese von N$^{\delta}$-Acetylornithin und N$^{\gamma}$-Acetyldiaminobuttersäure.** Horst Robert Schütte und Wally Schütz. (Liebigs Ann. Chem. **665**, 203–04, 1963; Halle/Saale, Dt. Akad. der Wiss. zu Berlin, Inst. für Biochem. der Pflanzen; dt.) — Durch Maskierung der α-Aminogruppen als Cu-Komplex werden aus Ornithin u. α.γ-Diaminobuttersäure die entsprechenden *ω-Acetylverbb.* synthetisiert, die mit den natürlich vorkommenden ident. sind. IR-Spektren sind angegeben.

Versuche: *N$^{\delta}$-Acetylornithin*, $C_7H_{14}N_2O_3$, F. 229 bis 230° (Zers.; bei sehr langsamem Erhitzen; wss. Propanol), durch Versetzen einer wss. Lsg. von Ornithinhydrochlorid mit bas. Cu-Carbonat in der Siedehitze, Filtrieren, Einengen, Zusatz von $Ba(OH)_2$, Zutropfen von Acetanhydrid unter Eiskühlung, 1std. Stehen bei Raumtemp., Zugabe von 2 n H_2SO_4, Einleiten von H_2S, Filtrieren, Einengen, Fällen von Ba als Sulfat, Einengen u. Chromatographie an Cellulose mit n-Propanol/W. (3:1); 42% (Ausbeute). — *N$^{\gamma}$-Acetyldiaminobuttersäure*, $C_6H_{12}\cdot N_2O_3$, F. 220–222° (Zers.), analog vorst. Verb. aus α.γ-Diaminobuttersäure; 15%. Hanfried Arnold. 950◇

0808 **Untersuchungen über die Plastein-Reaktion. 4. Mitt. Synthesen weiterer plasteinaktiver Pentapeptide.** Helmut Determann, Otmar Zipp und Theodor Wieland. (Liebigs Ann. Chem. **651**, 172–84, 27/3. 1962; Frankfurt a. M., Univ., Inst. für organ. Chem.; dt.) — 3. vgl. C. **1963**, 2107. — Die Darst. von *L-Tyrosyl-L-isoleucylglycyl-L-lysyl-L-phenylalanin*, *L-Tyrosyl-L-leucylglycyl-L-glutamyl-L-phenylalanin* (**XVI**), *L-Tyrosyl-L-leucylglycyl-L-glutamyl-L-tyrosin*, *L-Tyrosyl-L-leucylglycyl-L-glutaminyl-L-tyrosin*, *L-Tyrosyl-L-leucylglycyl-L-valyl-L-phenylalanin*, *L-Tyrosyl-L-leucylglycyl-L-lysyl-L-phenylalanin*, *L-Tyrosyl-L-lysylglycyl-L-glutamyl-L-phenylalanin* u. *L-Tyrosyl-L-lysylglycyl-L-lysyl-L-phenylalanin* werden beschrieben. Das D-Glutamylanalogon von **XVI** wird analog **XVI** dargestellt. Alle diese Pentapeptide eigneten sich unter Verw. von Pepsin bzw. Chymotrypsin als Bausteine für die Plastein-Rk.; es entstanden dabei *Polypeptide* vom Molgew. 1500 bis 4000 (in einem Falle ca. 7000), die sich nach Hochspannungselektrophorese bei pH 6,5 bzw. 1,9 als einheitliche Substanzen erwiesen. Die Molgew. wurden durch opt. Endgruppen-Best. nach Dinitrophenylierung ermittelt. Durch Einbau von Lysin konnte kein säurelösl. Polymeres erhalten werden. Die Plasteine aus bas. Peptiden bilden dagegen in W. lösl. Na-Salze.

Versuche: *N$^{\alpha}$-Carbobenzoxy(Cbo)-N$^{\varepsilon}$-tosyl-L-lysyl-L-phenylalaninbenzylester* (**I**), $C_{37}H_{41}N_3O_7S$, F. 130–131°, aus N$^{\alpha}$-Cbo.-N$^{\varepsilon}$-tosyl-L-lysin (**VII**) u. 2 Val $(C_2H_5)_3N$ in abs. Tetrahydrofuran (THF) durch Zutropfen von 1 Val Chlorameisensäureäthylester in der Kälte u. Zugabe von 1 Val L-Phenylalaninbenzylesterhydrochlorid in THF/W., Eindampfen im Vakuum u. Aufarbeiten in Essigester; aus PAe./Essigester Nadeln; 70% (Ausbeute). — *N$^{\varepsilon}$-Tosyl-L-lysyl-L-phenylalaninbenzylesterhydrobromid* (**III**), $C_{29}H_{36}BrN_3O_5S$, F. 152–153° (Methanol/Ae.), aus **I** durch 20 Min. langes Schütteln mit 20%ig. HBr/Eisessig; 82%. — *N-Cbo.-L-tyrosyl-L-isoleucylglycyl-N$^{\varepsilon}$-tosyl-L-lysyl-L-phenylalaninbenzylester* (**IV**), $C_{54}H_{64}N_6O_{11}S$, F. 172 bis 175°, a) analog **I** aus N-Cbo.-L-tyrosyl-L-isoleucylglycin (**V**) u. **III**; aus Isopropanol amorph; 40%; b) aus **V** u. 1 Val $(C_2H_5)_3N$ in THF durch Zugabe von 1 Val **III** u. 1,1 Val Dicyclohexylcarbodiimid in THF bei –15°, Stehen bei –15° (1 Std.), 0° (1 Tag) u. Raumtemp. (1–2 Tage), Zusatz von Eisessig, 1std. Stehen, Filtrieren u. Aufarbeiten wie bei **I**; 50%; die Entfernung aller Schutzgruppen durch Na/fl. NH_3. — *N-Cbo.-L-tyrosyl-L-isoleucylglycyl-N$^{\varepsilon}$-Cbo.-L-lysinmethylester*, $C_{40}H_{51}N_5O_{10}$, F. 265° (THF), analog **I** aus **V** u. N$^{\varepsilon}$-Cbo.-L-lysinmethylesterhydrochlorid; 63%. — *N-Cbo.-L-tyrosin* (**VI**), F. 100°, durch gleichzeitiges Zutropfen von Carbobenzoxychlorid u. 4 n NaOH zu L-Tyrosin in 2 n NaOH bei 5–10°, Zusetzen von W., Extrahieren mit Ae., 1std. Stehen der wss. Phase nach Zugabe von 4 n NaOH bei Raumtemp., Waschen mit Ae. u. Ansäuern; 77%. — *N-Cbo.-L-leucylglycinmethylester*, $C_{17}H_{24}N_2O_5$, F. 93° (Essigester/PAe.), analog **I** aus N-Cbo.-L-leucin u. Glycinmethylesterhydrochlorid (**VIII**); 67%. — *L-Leucylglycinmethylesterhydrochlorid*, durch Hydrogenolyse vorst. Verb. in Eisessig u. Ggw. von Pd-Mohr bei 40°, Filtrieren, Einengen u. Fällen mit abs. Ae. u. Rk. mit HCl; Schaum; 97%. — *N-Cbo.-L-tyrosyl-L-leucylglycin* (**IX**), $C_{25}H_{31}H_3O_7$, F. 170° (Essigester/PAe.) durch Verseifung des Methylesters in Aceton mit 1 n NaOH, Verdünnen mit W., 1½std. Schütteln, Einengen, Waschen mit Essigester, Ansäuern mit 2 n HCl, Extrahieren mit Essigester u. Fällen mit PAe.; 75%. *Methylester*, analog **IV** nach b) aus **VI** u. vorst. Verb.; amorph; 60%. — *N$^{\alpha}$-Cbo.-N$^{\varepsilon}$-tosyl-L-lysylglycinmethylester*, $C_{24}H_{31}N_3O_7S$, F. 165° (Methanol/Ae.), analog **I** aus **VII** u. **VIII**; 70%. — *N$^{\varepsilon}$-Tosyl-L-lysylglycinmethylesterhydrobromid*, $C_{16}H_{26}BrN_3O_5S$, F. 175–176°, aus vorst. Verb. mit 20%ig. HBr/Eisessig; 75%. — *N.O-Di-Cbo.-L-tyrosyl-N$^{\varepsilon}$-tosyl-L-lysylglycinmethylester*, $C_{41}H_{46}N_4O_{11}S$, F. 153–154° (Methanol), analog **I** aus N.O-Di-Cbo.-L-tyrosin, u. vorst. Verb. in W./THF; 74%. — *N-Cbo.-L-tyrosyl-N$^{\varepsilon}$-tosyl-L-lysylglycin* (**X**), F. unscharf, durch Verseifung vorst. Verb. mit 1 n NaOH; 60%. — *γ-O-Benzyl-L-glutamyl-L-phenylalaninbenzylester* (**XI**), *p-Toluolsulfonat*, $C_{35}H_{38}N_2\cdot O_8S$, F. 151–152° (THF), durch Erhitzen von L-Glutamyl-L-phenylalanin,p-Toluolsulfonsäure (**XV**) u. Benzylalkohol (**XIV**) in Bzl. auf 100°; 85%. — *N-Tosyl-D-glutamyl-L-phenylalanin*, $C_{21}H_{24}N_2O_7S$, F. 203° (Isopropanol), aus Tosyl-D-pyrrolidoncarbonsäurechlorid (F. 85–90°; vgl. Determann u. Zipp, Makromolekulare Chem. **44/46**, [1961], 312); 65%. — *γ-O-Benzyl-L-glutamyl-L-tyrosinbenzylester* (**II**), *p-Toluolsulfonat*, F. ca. 145° (unscharf; Methanol/Ae.), aus L-Glutamyl-L-tyrosin, **XV** u. **XIV** in Bzl.; 71%. — *N-Cbo.-L-glutaminyl-L-tyrosinbenzylester*, $C_{29}H_{31}N_3O_7$, F. 174–175° (Methanol), analog **I** aus N-Cbo.-L-glutamin u. L-Tyrosinbenzylester in THF; 70%. — *L-Glutaminyl-L-tyrosinbenzylesterhydrochlorid* (**XII**), $C_{21}H_{26}ClN_3O_5$, F. 70–72° (Methanol/Ae.), durch Rk. vorst. Verb. mit 20%ig. HBr/Eisessig, Alkalisieren mit K_2CO_3-Lsg., Aufnehmen in Essigester, Eindampfen bei 30°, Extrahieren mit Chlf. u. Einleiten von HCl; 52%. — *N-Cbo.-L-valyl-L-phenylalaninmethylester* (**XIII**), $C_{23}H_{28}\cdot N_2O_5$, F. 136° (Methanol), analog **I** aus N-Cbo.-L-valin u. L-Phenylalaninmethylesterhydrochlorid; 70%. — *L-Valyl-L-phenylalaninmethylesterhydrochlorid*, $C_{15}H_{23}ClN_2O_3$, F. 196° (Methanol/Ae.), aus **XIII** durch Hydrogenolyse in 5 n methanol. HCl; 92%. — *N-Cbo.-L-tyrosyl-L-leucylglycyl-γ-O-benzyl-L-glutamyl-L-phenylalaninbenzylester*, $C_{53}\cdot H_{59}N_5O_{11}$, F. 96° (Essigester/PAe.), analog **IV** nach b) aus 3,4 g **IX** u. 4,9 g **XI** [Reinigung durch Gegenstromverteilung in Methanol/W./Chlf./CCl_4 (8:2:5:5)]; 2,3 g. Die Entfernung aller Schutzgruppen gelang durch katalyt. Hydrierung. — *N-Cbo.-L-tyrosyl-L-leucylglycyl-γ-O-benzyl-L-glutamyl-L-tyrosinbenzylester*, $C_{53}H_{59}N_5O_{12}$, F. 92° (Essigester/PAe.), analog **IV** nach b) aus **IX** u. **II**; 80%; Entfernung der Schutzgruppen durch katalyt. Hydrierung. — *N-Cbo.-L-tyrosyl-L-leucylglycyl-L-glutaminyl-L-tyrosinbenzylester*, analog **IV** nach b) aus **IX** u. **XII**; 72% (roh); Entfernung der Schutzgruppen durch katalyt. Hydrierung. — *N-Cbo.-L-tyrosyl-L-leucylglycyl-L-valyl-L-phenylalanin*, $C_{39}H_{49}N_5O_9$, F. 176–178°, (Essigester/PAe.), analog **IV** nach b) aus **IX** u. **XIII**-Hydrochlorid, u. Verseifung mit 1 n NaOH; 76%; Entfernung der Schutzgruppen durch katalyt. Hydrierung. — *N-Cbo.-L-tyrosyl-L-leucylglycyl-N$^{\varepsilon}$-tosyl-L-lysyl-L-phenylalaninbenzylester*, analog **IV** nach b) aus **IX** u. **III**; 65%; Entfernung der Schutzgruppen durch Na/fl. NH_3. — *N-Cbo.-L-tyrosyl-N$^{\varepsilon}$-tosyl-L-lysylglycyl-N$^{\varepsilon}$-tosyl-L-lysyl-L-phenylalaninbenzylester*, $C_{61}H_{71}N_7O_{13}S_2$, F. 161–162° (Methanol/Ae.), analog **IV** nach b) aus **X** u. **III**; 62%. Die Entfernung der Schutzgruppen wird nicht beschrieben. — *N-Cbo.-L-tyrosyl-N$^{\varepsilon}$-tosyl-L-lysylglycyl-γ-O-benzyl-L-glutamyl-L-phenylalaninbenzylester*, $C_{60}H_{66}N_6O_{13}S$, F. 151 bis 153° (Essigester/PAe.), aus **X** u. **XI**-p-Toluolsulfonat; 82%; Entfernung der Schutzgruppen durch Na/fl. NH_3. M. Frohne. 950◇

0809 **Die N-[2-Hydroxyaryliden]-Schutzgruppe bei der Peptidsynthese.** John C. Sheehan und Victor J. Grenda. (J. Amer. chem. Soc. **84**, 2417–20, 20/6. 1962; Cambridge, Mass., MIT, Dep. of Chem.; engl.) — *N-[5-Chlorsalicyliden]-L-valylglycinäthylester* (**I**), *-L-valyl-L-phenylalaninmethylester* (**II**), *N-[2-Hydroxymenaphthy-*

liden-(1)-L-valylglycinäthylester (**III**) u. *-L-valyl-L-phenylalaninmethylester* (**IV**) werden aus *N-[5-Chlorsalicyliden]-L-valin* (**VI**) bzw. *N-[2-Hydroxymenaphthyliden-(1)]-L-valin* mit Glycinäthylester bzw. L-Phenylalanin- methylester nach der N.N'-Dicyclohexylcarbodiimid-(**VII**)-Methode dargestellt. Bei der Darst. von **I** u. **II** werden zu 10—18% Valin abgespalten; bei **III** u. **IV** tritt keine Spaltung ein. Die Hydrolyse der N-[2-Hydroxymenaphthyliden-(1)]-Schutzgruppe bei **III** gelingt sofort mit wenig mehr als einem Mol. verd. HCl bei Raumtemperatur. **IV** wird mit 2 Mol HCl bei 40° hydrolysiert. Die Entfernung der N-[5-Chlorsalicyliden]-Schutzgruppe gelingt in wss. Dioxan im Eisbad durch Titration mit 1 Mol HCl. Racemisierung tritt nicht ein.

Versuche: *N-[2-Hydroxymenaphthyliden-(1)]-L-valin* (**V**), $C_{16}H_{17}NO_3$, F. 181,5—185° (Zers.), durch Zugabe von 2-Hydroxynaphthaldehyd-(1) zu einer Suspension von L-Valin in A. u. Methanol u. 14std. Rühren; $[\alpha]_D^{25}$ —92,4° (c = 1; A.), 92% (Ausbeute). — *L-Valinhydrochlorid*, F. >300°, aus **V** durch 1std. Rühren mit verd. HCl in 50%ig. Methanol bei pH 1,5; $[\alpha]_D^{30}$ +45,7° (c = 1; Eisessig). — *N-[2-Hydroxymenaphthyliden-(1)]-L-valylglycinäthylester* (**III**), $C_{20}H_{24}N_2O_4$, F. 183—184° (A.), aus **V** in CH_2Cl_2, **VII** u. Glycinäthylester durch 16std. Rühren bei Raumtemp.; gelbe Kristalle, $[\alpha]_D^{25}$ —38,9° (c = 1; A.); 70%. — *N-[2-Hydroxymenaphthyliden-(1)]-L-valyl-L-phenylalaninmethylester* (**IV**), $C_{26}H_{28}N_2O_4$, F. 217 bis 219° (Methanol), aus **V** in CH_2Cl_2, **VII** u. L-Phenylalaninmethylester durch 24std. Rühren bei Raumtemp.; aus CH_2Cl_2/Ae. gelbe Nadeln, $[\alpha]_D^{26}$ —25,6° (c = 1; Dioxan); 83%. — *N-[5-Chlorsalicyliden]-L-valin* (**VI**), $C_{12}H_{14}ClNO_3$, F. 145—148° (A.), aus L-Valin u. 5-Chlorsalicylaldehyd in A./Methanol durch 12std. Rühren; gelbe Nadeln; 79%. — *L-Valin* (**VIII**), F. >280°, durch Hydrolyse von **VI** in 25% Methanol/W.; $[\alpha]_D^{29}$ +45,7° (c = 1; Eisessig); 88%. — *N-[5-Chlorsalicyliden]-L-valyglycinäthylester* (**I**), $C_{16}H_{21}N_2O_4Cl$, F. 124,5—127° (CH_2Cl_2/Ae.), aus **VI** in CH_2Cl_2, **VII** u. Glycinäthylester durch 24std. Rühren bei Raumtemp.; $[\alpha]_D^{25}$ +31,8° (c = 0,6; Dioxan); 40%; daneben durch Extraktion des N.N'-Dicyclohexylharnstoffs mit heißem W. (Meth. **A**) 18% **VIII**. — *N-[5-Chlorsalicyliden]-L-valyl-L-phenylalaninmethylester* (**II**), $C_{22}H_{25}ClN_2O_4$, F. 150—151° (Methanol), aus **VI** in CH_2Cl_2, **VII** u. L-Phenylalaninmethylester, durch 15std. Stehen bei Raumtemp.; gelbe Nadeln $[\alpha]_D^{25}$ +32,4° (c = 2,4; CH_2Cl_2); 65%; daneben nach **A** 10% **VIII**. — *L-Valyl-L-phenylalaninmethylesterhydrochlorid* $C_{15}H_{23}ClN_2O_3$, 198—200° (Zers.; Methanol/Ae.), durch Erwärmen von **IV** auf 40° in 40%ig. Methanol mit 0,1 n HCl; $[\alpha]_D^{28}$ +19,3° (c = 2; W.); 87%; b) durch 2std. Zugeben von 0,1 n HCl zu **II** in 70%ig. Dioxan/W. im Eisbad; 83%. — *L-Valylglycinäthylesterhydrochlorid* (**IX**), F. 70° (CH_2Cl_2/Dioxan), a) durch 1/2std. Zugabe von 1 n HCl zu **III** in 60%ig. A. bei Raumtemp.; 85%; b) durch 2 1/2std. Zugabe von 0,1 n HCl zu **I** in 75%ig. Dioxan/W. im Eisbad; hygroskop. Platten; 90%. — *N-Formyl-L-valylglycinäthylester*, $C_{10}H_{18}N_2O_4$, F. 157—158,5° (Äthylacetat), durch 4std. Rühren von **IX** in 98%ig. Ameisensäure, Natriumformiat u. Acetanhydrid; Nadeln, $[\alpha]_D^{25}$ —61,1° (c = 1; A.); 81%. Walter Werner. 950◇

0810 **Titan-katalysierte Reduktion und Umlagerung bei Grignard-Reaktionen mit Siliciumhalogeniden.** P. D. George und J. R. Ladd. (J. org. Chemistry **27**, 340—41, 18/1. 1962; Schenectady, N. Y., General Electric Co. Res. Labor.; engl.) — $TiCl_4$ bewirkt bei Grignard-Rkk. mit Isopropyl-MgBr (**I**) u. Chlorsilanen Red. u. Umlagerung des Alkylrestes im Grignard-Reagens. Bei Grignard-Rkk. mit **I** u. Chlorsilanen in Ggw. von Hexen-(1) bewirkt $TiCl_4$ die Einführung von n-Hexylresten in das Silan.

Versuche: *Isopropyltriäthylsilan*, Kp.$_{19}$ 56,5 bis 65°, n_D^{20} 1,4310—1,4312, a) durch 14,5std. Kochen von 150 g Triäthylchlorsilan, mit einer Grignard-Lsg. aus 131 g Isopropyl-bromid u. 26 g Mg in 375 ml Ae; 7% (Ausbeute); daneben 80% *Triäthylchlorsilan* u. *Triäthylbromsilan*; b) analog a), jedoch unter Zusatz von 0,14 g $TiCl_4$; 7% einer Fraktion vom Kp.$_{19}$ 56,5—65°, davon 84% *n-Propyltriäthylsilan*; daneben *Hexaäthyldisiloxan* (Kp.$_{19}$ 104,5 bis 117,5°; n_D^{20} 1,4339—1,4341), *Triäthylsilan* Kp. 109,5 bis 110,5; n_D^{20} 1,4117—1,4122) u. *Propylen* (Kp. —48,5°) — *Dipropyldiäthylsilan*, Kp. 132,5°, durch 18std. Kochen von 140 g Diäthyldichlorsilan u. 0,1 Gew.-% $TiCl_4$ mit einer Grignard-Lsg. aus 250 g Isopropylbromid, 49 g Mg u. 750 ml Ae., Abdest. des Ae. u. 25std. Erhitzen auf 100°; n_D^{20} 1,1489—1,4190; 60% (ein Gemisch mit 54% *n-Propyl-* u. 50% *Isopropyl*-Resten); daneben 0,79 Mol *Propylen*. — *n-Hexyldiäthylsilan*, $C_{10}H_{24}Si$, Kp.$_{7,5}$ 58—70°, aus 151 g Hexen-(1), 140 g Diäthyldichlorsilan, 2 Mol Isopropyl-MgBr u. 0,1 Gew.-% $TiCl_4$; n_D^{20} 1,4323—1,4329; 9,8%; daneben 64% *Hexen-(1)*, 0,71 Mol *Propylen* u. 46% *Propyldiäthylsilan*, Kp. 128—132°; n_D^{20} 1,4183—1,4198 (ein Gemisch mit 42% *n-Propyl-* u. 57% *Isopropyldiäthylsilan*). K. Rühlmann. 980□

0811 **Silanole.** Aleksander Radecki und Romuald Szyrmulewicz. (Wiadomości chem. **14**, 23—38, 1960; Gdańsk, Akad. Med., Zakł. Chem. nieorg.; pol.) — Übersicht über Darst., Eigg. u. Verwendung. — 97 Literaturangaben. F. Urban. 980◇

0812 **Umsetzung von Nitroaromaten mit Natriumborhydrid.** Theodor Severin und Reinold Schmitz. (Chem. Ber. **95**, 1417—19, 15/6. 1962; Marburg, Univ., Inst. für Pharmazeut. Chem. u. Lebensmittelchem.; dt.) — Verschiedene substituierte Tri- u. Dinitrobenzole sowie einige mehrkernige kondensierte Nitroaromaten werden durch Rk. mit $NaBH_4$ in die entsprechenden Verbb. der hydroaromatischen Reihe übergeführt. Die Rk. von m-Dinitrobenzol mit $NaBH_4$ verursacht Schwierigkeiten, bei Zugabe von Br_2 wird jedoch in guter Ausbeute *1.3-Dibrom-1.3-dinitrocyclohexen-(4)* oder *1.5-Dibrom-1.3-dinitrocyclohexen-(3)* erhalten. Die Konstit. der erhaltenen Verbb. ergibt sich aus den UV- u. IR-Spektren.

Versuche: *1.3.5-Trinitrocyclohexan*, $C_6H_9N_3O_6$, F. 125°, durch Zutropfen von Trinitrobenzol in Tetrahydrofuran zu $NaBH_4$ in wss. Methanol unter Eiskühlung; aus Isopropanol Kristalle; 40% (Ausbeute). — *9-Nitro-9.10-dihydroanthracen*, $C_{14}H_{11}NO_2$, F. 105° (CH_2Cl_2/PAe.) durch Zutropfen von 9-Nitroanthracen in Dimethylformamid zu $NaBH_4$ u. Verrühren mit saurem Ionenaustauscher im Überschuß; 60%. — *1.8-Dinitro-1.4-dihydronaphthalin*, $C_{10}H_8N_2O_4$, F. 84° (A.), durch Zugeben von $NaBH_4$ zu 1.8-Dinitronaphthalin in Tetrahydrofuran/Methanol; 78%. — *Verb.* $C_6H_4N_3Na_3O_7$, durch Rk. von Pikrinsäure in 1%ig. NaOH mit $NaBH_4$ in W. bei ca. 20°. — *3-aci-Nitro-5-nitrocyclohexen-(1)-carbonsäure-(1)*, $C_7H_8N_2O_6$, F. ca. 145°, durch Zugeben von $NaBH_4$ in W. zur wss. NaOH-Lsg. von 3.5-Dinitrobenzoesäure; schwach gelbliche Kristalle; 60%. — *Dibromdinitrocyclohexen*, $C_6H_6Br_2N_2O_4$, Kp.$_{0,5}$ 90—100°, durch 20 Min. langes Zugeben von $NaBH_4$ zu m-Dinitrobenzol in Formamid/Methanol unter kräftigem Schütteln bei 18°; blaßgelbes Öl; 55%. G. Engelhardt. 990◇

0813 **Direkte Darstellung einiger fluoraromatischer Verbindungen.** G. M. Brooke, R. D. Chambers, J. Heyes und W. K. R. Musgrave. (Proc. chem. Soc. [London] **1963**, 94—95; Durham, Univ., Durham Coll.; engl.) — Durch Einw. von F_2 auf Hexachlorbenzol bei Raumtemp. gelingt die Darst. von *Perchlorfluorcyclohexanen*, die durch Leiten über Fe bei 330° zu *Fluorbenzolen* enthalogeniert werden: 22% *Hexafluor-*, 27% *Chlorpentafluor-*(**I**), 12,5% *Dichlortetrafluor-* u. 3% *Trichlortrifluorbenzol*. **I** bildet ein Grignard-Reagens (**II**), dessen Hydrolyse 67% *Pentafluorbenzol*, dessen Rk. mit $CH_3Hg(II)J$ 50% *Pentafluormethylmercuribenzol* u. dessen Carbonisierung *Pentafluorbenzoesäure* ergibt. U. Friese. 1010◇

0814 **Die Darstellung von einigen neuen 1-Phenyl-2-nitroäthanolderivaten.** R. A. Heacock und O. Hutzinger. (Canad. J. Chem. **41**, 543—45, 1963; Saskatoon, Saskatchewan, Univ. Hospital, Psychiat. Res. Unit.; engl.) — Durch Rk. von substituierten Benzaldehyden mit Nitromethan (**I**) bzw. Nitroäthan (**II**) werden die entsprechenden *1-[α-Hydroxy-β-nitroäthyl]-* bzw. *1-[α-Hydroxy-β-nitropropyl]-benzole* dargestellt. Verss., **II** mit 4-Benzyloxy-3.5-dimethoxybenzaldehyd zu kondensieren, blieben erfolglos, ebenso die Kondens. von 3-Benzyloxy-4-methoxy- u. 3.4-Dibenzyloxybenzaldehyd mit **I**.

Versuche: *4-Benzyloxy-3.5-dimethoxybenzaldehyd*, F. 63°, Kp.$_{0,5-1,0}$ 190°, durch 4std. Kochen von 4-Hydroxy-

3.5-dimethoxybenzaldehyd mit KOH u. Benzylchlorid in A., Gießen in W. u. Extrahieren mit Ae.; aus Bzl./PAe. Prismen. — *5-Jodveratrumaldehyd*, durch Methylierung von 5-Jodvanillin nach Dominguez u. Mitarbeitern (Ciencia [Mexico] **15**, [1955], 208). — *5-Jod-6-nitroveratrumaldehyd*, durch Nitrieren vorst. Verb. u. Reinigen über das Bisulfitderivat. — 1-[α-Hydroxy-β-nitroäthyl]-4.5-dimethoxybenzole, durch Zugabe von 10%ig. wss. NaOH zu dem entsprechendem Aldehyd u. **I** in A./Dioxan (8 : 1) unter Rühren bei 5°, Versetzen mit 2%ig. wss. Essigsäure u. 1std. Stehen bei 4° (Meth. **A**): *2-Nitro-*, $C_{10}H_{12}N_2O_7$, F. 142°; nach **A**; aus Bzl. hellgelbe Nadeln; 70% (Ausbeute). — *3-Jod-*, $C_{10}H_{12}JNO_5$, F. 120°; aus Bzl./PAe. Nadeln; 66%. — *2-Nitro-3-jod-*, $C_{10}H_{11}JN_2O_7$, F. 126—127°; aus Bzl./PAe. hellgelbe Prismen; 68%. — *1-[α-Hydroxy-β-nitroäthyl]-3.5-dimethoxy-4-benzyloxybenzol*, $C_{17}H_{19}NO_6$, F. 108°, nach **A** in A.; aus Bzl. Prismen; 74%. — 1-[α-Hydroxy-β-nitropropyl]-4.5-dimethoxybenzole, analog **A** mit **II** (Meth. **B**): *3-Methoxy-*, $C_{12}H_{17}NO_6$, F. 135°, nach **B** in A. u. 20 Min. langes Rühren mit konz. $NaHSO_3$; aus Bzl. Prismen; 29%. — *2-Nitro-*, $C_{11}H_{14}N_2O_7$, F. 141—142°, nach **B**; aus Bzl. im Licht gelbliche Nadeln; 44,5%. — *3-Jod-*, $C_{11}H_{14}JNO_5$, F. 135°, nach **B**; aus wss. A. Prismen; 63,5%. — *2-Nitro-3-jod-*, $C_{11}H_{13}JN_2O_7$, F. 162°; aus Bzl./PAe. hellgelbe Prismen; 69,5%.

E. Mirsch. 1070△

0815 **Synthese eines geminalen Dithiols unter milden Bedingungen.** Bengt Magnusson. (Acta chem. scand. **16**, 772—73, 1962; Uppsala, Univ., Chem. Inst., Dep. of Organ. Chem.; engl.) — Vgl. C. **1963**, 15401. — Die Red. von 3.3.6.6-Tetramethyl-1.2.4.5-tetrathiacyclohexan (**I**) mit Na in fl. NH_3 gibt *2.2-Dimercaptopropan* (**II**), Zugabe von Benzylchlorid zum Rk.-Gemisch gibt *2.2-Bis-[benzylmercapto]-propan*, das auch aus Aceton u. Benzylmercaptan gewonnen wird.

Versuche: *2.2-Dimercaptopropan* (**II**), $C_3H_8S_2$, F. 6—8°, aus **I** u. Na in fl. NH_3, Entfernung von NH_3 im Vakuum, Aufschlämmen des Dinatriumsalzes von **II** in kaltem Ae. u. Freisetzen von **II** duch Einleiten von HCl; Kristallschuppen nach Sublimation bei 0,1 Torr; 30% (Ausbeute). — *2.2-Bis-[benzylmercapto]-propan*, a) durch Zugabe von Benzylchlorid; 80%; b) durch Rk. von Aceton mit Benzylmercaptan. A. Rieker. 1090◇

0816 **Sulfensäuren und ihre Derivate. 41. Mitt. Sulfenylnitrate und Sulfinylradikale.** Richard M. Topping und Norman Kharasch. (J. org. Chemistry **27**, 4353—56, 1962; Los Angeles, Calif., Univ. of Southern California, Dep. of Chem.; engl.) — 40. vgl. C. **1962**, 11545. — Sulfenylchloride u. $AgNO_3$ setzen sich in trockenem Acetonitril zu *Sulfenylnitraten* (**A**) um. Die z. T. spontan u. in guten Ausbeuten verlaufende Umwandlung der **A** in *Thiosulfonsäure-S-ester* (**B**) u. NO_2 deuten Vff. als Dimerisierung intermediär entstehender freier *Sulfinylradikale*. Die Entstehung der **B** wird am Auftreten der Thiosulfonatbande bzw. am Verschwinden der Nitratbanden IR-spektroskop. verfolgt. Die Darst. von 4-Chlorbenzolsulfenylnitrat gelingt nicht, unter NO_2-Entw. wird ausschließlich der entsprechende *Thiosulfonsäure-S-ester* gebildet (C. **1963**, 18412).

Versuche: Benzolsulfenylchloride durch Spaltung der entsprechenden Disulfide mit SO_2Cl_2 in CCl_4 in Ggw. von Pyridin: *2.4-Dinitro-* (**I**), *2-Nitro-*, *2-Nitro-4-chlor-*. — Benzolsulfenylnitrate (**A**): *2.4-Dinitro-* (**II**), $C_6H_3N_3O_7S$, F. 117°, durch Zutropfen einer Lsg. von $AgNO_3$ (im Luftstrom bei 150—180° getrocknet) in trockenem Acetonitril zur Lsg. von **I** in trockenem Acetonitril im Molverhältnis 1 : 1; schwach gelbe Kristalle. — *2-Nitro-* (**III**), F. 110—114°, analog **II**. — *2-Nitro-4-chlor-* (**IV**), F. 125—132°, analog **II**. — *2.4-Dinitrobenzolthiosulfonsäure-2.4-dinitrophenylester*, $C_{12}H_6N_4O_{10}S_2$, F. 126,5—127°, a) durch Mischen von **II** mit 100%ig. A. u. Abfiltrieren des unlösl. Anteils; schwach gelbe Kristalle; 91% (Ausbeute); b) durch analoge Behandlung von **II** mit dest. W.; 94%; c) durch Rk. von **II** mit Äthylendichlorid, CH_2Cl_2 u. Aceton. — *2-Nitrobenzolthiosulfonsäure-2-nitrophenylester*, F. 145 bis 146°, durch Behandlung von **III** mit abs. A. oder dest. W.; schwach gelbe Kristalle wird; durch 1/2std. Kochen in trockenem CCl_4 nicht verändert. — *2-Nitro-4-chlorthiobenzolsulfonsäure-2-nitro-4-chlorphenylester*, F. 144—145°, aus **IV** analog vorst. Verb.; schwach gelbe Kristalle.

A. Rieker. 1090◇

0817 **Bis-[3-isocyanatophenyl]-sulfone.** William F. Hart, Martin E. McGreal und Paul E. Thurston. (J. org. Chemistry **27**, 338—40, 1962; Easton, Pa., Lafayette, Coll., Dep. of Chem.; Jamaica, N. Y., St. John's Univ., Dep. of Chem.; engl.) — Durch Red. von Bis-[3-nitrophenyl]-sulfonen mit alkohol. $SnCl_2$-Lsg. werden die entsprechenden *Bis-[3-aminophenyl]-sulfone* dargestellt, die durch Einw. von Phosgen in die *Bis-[3-isocyanatophenyl]-sulfone* übergeführt werden. Letztere werden auf ihre relative Rk.-Fähigkeit mit 2-Äthylhexanol untersucht.

Versuche: Sulfone: *Bis-[p-tolyl]-* (**VI**), F. 160° (Eisessig oder Essigester), durch mehrtägiges Kochen von Toluol mit 93%ig. H_2SO_4 unter Wasserabscheidung, Zugabe von P_2O_5 u. 5std. Kochen; 83% (Rohausbeute). — *Bis-[4-tert.-butylphenyl]-* (**VII**), $C_{20}H_{26}O_2S$, F. 213—215° (Aceton), durch Zugabe von $AlCl_3$ zu **VIII** u. tert.-Butylbenzol (**IX**) bei 70° unter Rühren, 2std. Erhitzen auf 70° u. 1 Std. auf 80°; 79%. — *p-tert.-Butylbenzolsulfochlorid* (**VIII**), F. 83—84°, a) aus **IX** u. $ClSO_3H$; 70%; b) aus **IX** u. H_2SO_4 analog **VI**, Zugabe von gesätt. NaCl-Lsg., Filtrieren u. Behandeln der *p-tert.-Butylbenzolsulfonsäure* mit PCl_5; 57%. — *Bis-[3-nitro-4-chlorphenyl]-* (**XI**), F. 201—202° (Dioxan), durch Nitrierung von Bis-[4-chlorphenyl]-sulfon nach Buehler u. Master [1939]; 97%. — *Bis-[3-nitro-4-methylphenyl]-* (**XII**), F. 160 bis 162°, aus **VI** analog **XI**; 97%. — *Bis-[3-nitro-4-tert.-butylphenyl]-* (**X**), $C_{20}H_{24}N_2O_6S$, F. 209—211° (Eisessig), aus **VII** analog **XI**; hellgelb; 85%. — *Bis-[3-amino-4-chlorphenyl]-* (**II**), F. 158—160° (Dioxan), durch Red. von **XI** mit alkohol. $SnCl_2$-Lsg., 1/2std. Kochen, Zugabe von konz. HCl u. 1 1/2std. Kochen; fleischfarben; 83%. — *Bis-[3-amino-4-methylphenyl]-* (**V**), F. 159° (Zers.; A. oder Dioxan), aus **XII** analog **II**; cremefarben; 95%. — *Bis-[3-amino-4-tert.-butylphenyl]-* (**III**), $C_{20}H_{28}N_2O_2S$, F. 232° (Dioxan), aus **X** analog **II**; fleischfarben; 80%. — *Bis-[3-isocyanatophenyl]-sulfon* (**I**), $C_{14}H_8N_2O_4S$, F. 126 bis 129° (Bzl.), durch Lösen von Bis-[3-aminophenyl]-sulfon in abs. Chlorbenzol, Sättigen mit trockenem HCl-Gas, Abkühlen auf Raumtemp., Einleiten von trockenem $COCl_2$ bei Raumtemp. bis zur Sättigung, 1/2std. Kochen unter schwachem $COCl_2$-Strom u. Durchleiten von trockenem N_2; 40—50%. — *Bis-[3-isocyanato-4-chlorphenyl]-*, $C_{14}H_6Cl_2N_2O_4S$, F. 149—150° (Bzl.), aus **II** analog **I**; 68%. — *Bis-[3-isocyanato-4-methylphenyl]-*, $C_{16}H_{12}N_2O_4S$, F. 132—134° (Bzl.), aus **V** analog **I**; 77%. — *Bis-[3-isocyanato-4-tert.-butylphenyl]-* (**IV**), $C_{22}H_{24}N_2O_4S$, F. 120° (Bzl.), aus **III** analog **I**; 73%. — *Bis-[3-carbäthoxyamino-4-tert.-butylphenyl]-*, $C_{26}H_{36}N_2O_6S$, F. 135° (CCl_4), durch Rk. von **IV** mit Äthanol.

E. Jacobs. 1090◇

0818 **Gemischte Carbonsäureanhydride in der Friedel-Crafts-Reaktion.** W. R. Edwards jun. und E. C. Sibille. (J. org. Chemistry **28**, 674—79, 1963; Baton Rouge, La., Louisiana State Univ., Coates Chem. Labor.; engl.) — 10 gemischte Acetanhydride wurden mit Bzl. u. $AlCl_3$ im Molverhältnis 1 : 1 : 3 zu einem Gemisch aus *Acetophenon* (**I**) u. dem entsprechenden höheren Keton umgesetzt, um Beziehungen zwischen der variierten Acylgruppe u. ihrer Acylierungswirksamkeit festzustellen. Zum Vgl. wurden analoge Rkk. mit Gemischen aus Acetanhydrid (**IIa**) u. dem höheren Anhydrid sowie aus Acetylchlorid (**IIb**) u. dem höheren Säurechlorid durchgeführt; mit dem Acylierungsmittel ändert sich das Verhältnis der Ketone stark. Formacetanhydrid bildet mit Bzl., Toluol, Naphthalin, Thiophen u. Furan *Methylketone*, aber keine Aldehyde.

Versuche: Essigsäureanhydride, aus der entsprechenden Carbonsäure u. einem geringen Überschuß an Keten nach Hurd u. Dull [1932]: *Propionsäure-* (**III**), $Kp._{10}$ 39—40°, n_D^{20} 1,3969; 54% (Ausbeute). — *Buttersäure-* (**IV**), $Kp._5$ 40—42°, n_D^{20} 1,4043; 41%. — *Valeriansäure-* (**V**), $Kp._6$ 56—59°, n_D^{20} 1,4092; 51%. — *Capronsäure-* (**VI**), n_D^{20} 1,4145; 53%. — *Heptansäure-* (**VII**), n_D^{20} 1,4186; 62%. — *Caprylsäure-* (**VIII**), n_D^{20}

1,4233; 48%. — *Isobuttersäure-* (**IX**), Kp.$_7$ 38,5—40,5°, n_D^{20} 1,3991; 58%. — *α-Methylbuttersäure-* (**X**), n_D^{20} 1,4063; 77%. — *β-Methylbuttersäure-* (**XI**), n_D^{20} 1,4055; 52%. — *Chloressigsäure-* (**XII**), Kp.$_{0,01}$ 27—30°, n_D^{25} 1,4301, 62—71%. — Ketone, Man tropft 0,2 Mol vorgekühltes Anhydrid (bzw. die entsprechende Menge **IIa**/Carbonsäureanhydrid oder **IIb**/Acylchlorid) zu CS_2 u. 0,6 Mol $AlCl_3$ bis 0° unter Rühren, tropft bis 0—5° 0,2 Mol Bzl. zu, gießt nach 3 Std. in Eis u. HCl u. äthert aus (Meth. **A**); Identifizierung durch Gaschromatographie u./oder fraktionierte Dest.: *Propiophenon*, aus **III**; 66,9% Gemisch mit 34,5% *Acetophenon* (**I**). — *Butyrophenon*, a) nach **A** aus **IV**; 71% Gemisch mit 27,1% **I**; b) nach **A** in $^1/_2$std. Rk.; 33,2% mit 31% **I**; c) nach **A** in $1^1/_2$ Std.; 62,1% mit 28,9% **I**; d) nach **A** in 3 Std.; 71% mit 27,1% **I**; e) nach **A** in 8 Std.; 80,4% mit 25,5% **I**; f) nach **A** bei 25°; 76,2% mit 26,5% **I**; g) nach **A** mit 0,4 Mol $AlCl_3$; 65,9% mit 44,3% **I**; h) mit je 0,1 Mol **IIa** u. Buttersäureanhydrid; 76,3% mit 36,4% **I**; mit je 0,2 Mol **IIb**, Butyrylchlorid u. 0,4 Mol $AlCl_3$; 83,7% mit 56,3% **I**. — *Valerophenon*, a) nach **A** aus **V**; 76,7% mit 19,9% **I**; b) nach **A** mit 0,4 Mol $AlCl_3$; 68,9% mit 28,6% **I**; c) mit je 0,1 Mol **IIa** u. Valeriansäureanhydrid; 73,6% mit 39,8% **I**; d) mit je 0,2 Mol **IIb**, Valerylchlorid u. 0,4 Mol $AlCl_3$; 89% mit 55,7% **I**. — *Caprophenon*, aus **VI**; 75% mit 27,9% **I**. — *Önanthophenon*, aus **VII**; 65,5% mit 24,9% **I**. — *Caprylophenon*, aus **VIII**; 64,6% mit 25,9% **I**. — *Isobutyrophenon*, aus **IX**; 61% mit 39,1% **I**. — *α-Methylbutyrophenon*, aus **X**; 56,3% mit 30,2% **I**. — *β-Methylbutyrophenon*, aus **XI**; 61,7% mit 19,3% **I**. — *α-Chloracetophenon*, aus **XII**; 77,6% mit 89,2% **I**. G. Fischer. 1160◇

0819 **Reaktion von Diazoniumtetrafluoroboraten mit Nickelcarbonyl.** J. C. Clark und R. C. Cookson. (J. chem. Soc. [London] **1962**, 686—88, Febr.; Southampton, Univ.; engl.) — Bei der Einw. von Nickeltetracarbonyl (**I**) auf Diazoniumsalze wurde keine Rk. beobachtet, während in Ggw. von A., Aceton, tert.-Butanol oder Essigsäure aromat. Säuren oder deren Ester entstehen. Bei Verw. von Ae., Dioxan oder W. findet gleichfalls keine Rk. statt. Die Rkk. werden durch Zugabe von **I** zu einer Suspension des Diazoniumsalzes im Lsgm. (Meth. **A**) oder durch Zugabe des Lsgm. zu einer Suspension in **I** (Meth. **B**) durchgeführt. Der Rk.-Mechanismus wird diskutiert.

Versuche: *Terephthalsäure* (**IV**) a) aus **III** in Essigsäure nach **A**; 23% (Ausbeute); b) analog nach **B**; 76,5%; c) aus **III** in tert.-Butanol/Dioxan (1 : 1) nach **A**; 18%; d) analog c) nach **B**; 68%. *Monoäthylester*, F. 169 bis 171°, a) aus p-Äthoxycarbonylbenzoldiazoniumtetrafluoroborat (**V**) in A. nach **B** u. Reinigen durch Chromatographie an Silicagel; 41%; daneben 21% *Benzoesäureäthylester* (**II**); b) analog a) in Essigsäure nach **B**; 52%; c) analog a) in Aceton/W. (1 : 1) nach **A**; 38%; d) analog a) in Aceton oder tert.-Butanol; 47%; e) aus p-Carboxybenzoldiazoniumtetrafluoroborat (**III**) in A. nach **B**; 39%; daneben 46% **IV** u. 3% **II**; f) analog e) nach **A**; 1,2%; daneben 85% **II**. *Diäthylester*, F. 43—45°, a) aus **V** in A. nach **A**; 37%; daneben 54% **II**; b) analog a) nach **B**; 53%; daneben 16% **II**. — *p-Methylbenzoesäure*, F. 180 bis 181°, a) aus p-Toluoldiazoniumtetrafluoroborat in A. nach **B**; 5%; daneben 16% *p-Methylbenzoesäureäthylester* u. 33% *4.4'-Dimethylbenzophenon* (F. 94—95°); b) analog a) in Essigsäure; 19%. — *p-Chlorbenzoesäure*, F. 244,5—245°, a) aus p-Chlorbenzoldiazoniumtetrafluoroborat in A. nach **B**; 4%; daneben 20% *p-Chlorbenzoesäureäthylester* u. 12% *4.4'-Dichlorbenzophenon* (F. 147—149°); b) analog a) in Essigsäure; 39%; c) analog a) in Dimethylformamid nach **A**; 20%. — *p-Methoxybenzoesäure*, F. 183—184°, a) aus p-Methoxybenzoldiazoniumtetrafluoroborat in A. nach **B**; 4%; daneben 20% *p-Methoxybenzoesäureäthylester* u. 4% *4.4'-Dimethoxybenzophenon* (F. 142—143°); b) analog a) in Essigsäure; 74%; c) analog a) in Dimethylformamid nach **A**; 31%. — *Naphthalin-1-carbonsäure*, F. 160—161°, a) aus α-Naphthalindiazoniumtetrafluoroborat in A. nach **B**; 2%; b) analog a) in Esigsäure; 4%. W. Hampel. 1200◇

0820 **Darstellung von o-Alkyl- und o-Aralkylbenzoesäuren durch katalytische Hydrierung von o-Acylbenzoesäuren.** J. Kollonitsch, Holly E. Mertel und Vincent F. Verdi. (J. org. Chemistry **27**, 3362—63, 1962; Rahway, N. J., Merck Sharp & Dohme Res. Labor., Div. of Merck & Co., Inc.; engl.) — Die Hydrierung von 2-Acetyl- (**I**) u. 2-Phenylacetylbenzoesäure (**II**) zu *2-Äthylbenzoesäure* bzw. *2-[β-Phenyläthyl]-benzoesäure* (**IV**) gelingt in guten Ausbeuten in neutralem oder schwach alkal. Medium. In saurer Lsg. bildet sich über die *2-[1-Hydroxyäthyl]-* bzw. *2-[1-Hydroxy-2-phenyläthyl]-benzoesäure* (**III**) das *Lacton*, das nicht weiter reagiert. **IV** kann auch aus **III** erhalten werden.

Versuche: *2-Äthylbenzoesäure*, $C_9H_{10}O_2$, F. 62 bis 63°, aus **I** in NaOH-Lsg. vom pH 7 u. 10%ig. Pd-Darco unter 40 lbs./sq. in. (nach Aufnahme von 0,1 Mol H_2 werden bei 80°/40 lbs./sq. in. weitere 0,1 Mol H_2 verbraucht), Filtrieren u. Ansäuern mit HCl; 83% (Ausbeute). — *2-[β-Phenyläthyl]-benzoesäure* (**IV**), F. 128 bis 130°, a) durch alkal. Verseifung von 3-Benzalphthalid zum *Na-Salz* von **II** u. Hydrieren analog vorst. Verb.; 91,6%; b) durch Verseifung von 3-Benzylphthalid mit wss. NaOH zum *Na-Salz* von **III**, Puffern mit Na_2HPO_4/H_3PO_4 (pH 8—9) u. Hydrieren; 85%. H. Dreyer. 1210◇

0821 **Synthese von Derivaten der Isophthalamidsäure als Röntgenkontrastmittel.** G. Brooke Hoey, Robert D. Rands, George DeLaMater, Douglas W. Chapman und Philip E. Wiegert. (J. med. Chem. **6**, 24—26, 1963; St. Louis, Mo., Mallinckrodt Chem. Works, Med. Div. Chem. Res. Dep.; engl.) — Die Einw. von Dimethylamin oder höheren prim. Aminen auf das aus 5-Nitroisophthalsäuremonomethylester (**I**) dargestellte *3-Carbomethoxy-5-nitrobenzoylchlorid* (**II**) u. anschließende Hydrolyse liefern *5-Nitroisophthalamidsäuren*, die bei Anwendung von NH_3 oder niederen prim. Aminen direkt aus **I** erhalten werden. Red. der Nitrogruppe u. Jodierung mit JCl oder $KJCl_2$ führt zu *5-Amino-*, deren Acylierung zu *5-Acylamino-2.4.6-trijodisophthalamidsäuren*. Die Na- u. N-Methylglucamin-Salze der niedriger substituierten Verbb. beider Reihen sind sehr gut lösl. in W. u. gehören zu den am wenigsten tox. jodierten organ. Verbb., bes. *5-Acetamido-2.4.6-trijod-N-methylisophthalamidsäure* („*Isothalamidsäure*").

Versuche (FF. korr.): *5-Nitroisophthalsäuredimethylester*, F. 120,3—122,3°, aus 5-Nitroisophthaloylchlorid u. Methanol oder aus 5-Nitroisophthalsäure nach Beyer [1882]. — *5-Nitroisophthalsäuremonomethylester* (**I**), $C_9H_7NO_6$, F. 179,5—181°, aus äquimol. Mengen vorst. Verb. in Aceton-Methanol u. wss. NaOH oder methanol. KOH; 75 bzw. 78% (Ausbeute). — *3-Carbomethoxy-5-nitrobenzoylchlorid* (**II**), $C_9H_6ClNO_5$, F. 72,4—74°, durch 17,5std. Rk. bei Raumtemp. von **I** u. PCl_5 in Toluol. — 5-Nitroisophthalamidsäuren: *N-Methyl-*, $C_9H_8N_2O_5$, F. 251—252,5° (50%ig. wss. A.), durch Lösen von **I** in 35%ig. wss. CH_3NH_2-Lsg., Eindampfen, Lösen in W. u. Ansäuern mit HCl; 89%. — *Unsubstituiert*, F. 238,6 bis 239,6°; 78%. — *N-Äthyl-*, F. 206—208°; 80%. — *N.N-Dimethyl-*, F. 211,3—213,3°, aus der erwärmten Lsg. des Esters in Methanol-W. u. Na_2CO_3 (pH 8—9); 72%. *Methylester*, F. 89,3—91,5° (Methanol), aus **II**, 25%ig. wss. CH_3NH_2 u. $NaHCO_3$ in W. bei 0—5°; 87%. — *N-Amyl-*, aus dem Ester in A.-W. u. Na_2CO_3 durch 0,5std. Erhitzen, Stehenlassen während 2 Tagen, Erhitzen der mit W. verd. Mischung, Filtrieren u. Eingießen des Filtrats in verd. HCl. *Methylester*, aus **II** in CCl_4 u. n-Amylamin in W., Aceton u. NaOH. — *5-Amino-N-methylisophthalamidsäure*, F. 227—230°, durch Hydrierung der Nitro-Verb. in Methanol an 5%ig. Pd-Kohle, Filtrieren u. Einengen unter red. Druck (die anderen Verbb. dieser Stufe wurden ohne weitere Reinigung jodiert.) — 2.4.6-Trijodphthalamidsäuren: *5-Amino-N-methyl-* (**III**), F. 266 bis 268° (Zers.), a) aus vorst. Verb. durch Lösen in HCl u. Zusatz von in konz. HCl gelöstem JCl bei 54°, nach 2 Std. bei 90° Verdünnen der Lsg., nach 3 Std. bei 90° Titration einer aliquoten Probe (50% des JCl waren verbraucht), nach 3,75 Std. Bldg. eines Nd., nach 4 Tagen bei 90° waren 96% des JCl umgesetzt, Filtrieren, Waschen mit W. u. Trocknen bei 75° unter red. Druck (Meth. **A**); 72%; b) in wss. Suspension durch Zutropfen einer $KJCl_2$-Lsg. während 30 Min., nach 3std. Rühren Zusatz von NaOH-

Lsg., Zutropfen weiterer $KJCl_2$-Lsg. während 30 Min., Kristallisation des NH_4-Salzes u. Freisetzen der Säure mit HCl (Meth. **B**); 54%. — *5-Amino-*, F. 284,1—285,1° (Zers.), nach **A**; 74,6%. — *5-Amino-N-äthyl-*, F. 242,5 bis 244,5°, nach **B**; 61%. — *5-Amino-N.N-dimethyl-*, F. 274,9 bis 275,9°, nach **A**; 74%. — *5-Acetamido-N-methyl-*, F. 285° (Zers.), aus **III** u. Acetylchlorid in Dimethylacetamid bei Raumtemp. in 1,5 Std., Zustaz von W., Einengen, Lösen als Na-Salz, Fällen mit Mineralsäure; 76%; Löslichkeit des Na-Salzes bei 25° (L.) 85 (g/100 ml Lsg.). *Äthylester*, $C_{13}H_{13}J_3N_2O_4$, F. 297,5—298° (Zers.), durch Verestern mit Diäthylsulfat in alkohol. KOH-Lsg. in 2 Std.; 48%. — *5-Acetamido-*, F. 293° (Zers.); 64%, L. 84. *Propylester*, $C_{13}H_{13}J_3N_2O_4$, F. 271,0—271,5° (50%ig. wss. Dimethylformamid), mit n-Propyljodid u. Na-Äthylat in sd. A. in 3 Std.; 34%. — *5-Acetamido-N.N-dimethyl-*, F. 296,1—297,1° (Zers.); 60%; L. 103. — *5-Propionamido-N-methyl-*, F. 300,1—301,1° (Zers.); 79%; L. 43. — *5-n-Butyramido-N-methyl-*, F. 292,6 bis 293,6° (Zers.); 32%; L. 54. — *5-n-Caproylamino-N-methyl-*, F. 275° (Zers.); 87%; L. 34. — *5-Acetamido-N-n-amyl-*, F. 291,8—292,8° (Zers.). — *5-Acetamido-N-äthyl-*, F. 294° (Zers.); 74%; L. 80. — *5-n-Butyramido-N-n-amyl-*, F. 301—303°; 34%; L. 40. — *5-Propionamido-*, F. 281,0—282,0° (Zers.); 53%; L. 50. — *5-n-Caproylamino-*, F. 271,7—272,7° (Zers.); 33%.

A. Jungblut. 1220◇

0822 **Synthese von halogenierten tuberkulostatischen Thiocarbaniliden.** D. Q. Cuong, N. P. Buu-Hoï und N. D. Xuong. (J. med. Chem. **6**, 452—55, 1963; Gif-sur-Yvette (S.-et-O.), C. N. R. S., Inst. de Chim. des Substances Naturelles; engl.) — Durch Red. von Halogennitrophenylalkyläthern mit Hydrazinhydrat in Ggw. von Raney-Ni, durch Halogenierung von Alkoxyacetaniliden mit N-Chlor- (**I**) oder N-Bromsuccinimid u. Hydrolyse oder durch Alkylierung von halogenierten Hydroxyacetaniliden mit Alkylhalogeniden in A. in Ggw. von KOH u. saure bzw. alkal. Hydrolyse dargestellte halogenierte Alkoxyaniline wurden mit *Arylisothiocyanaten* (aus symm. Thiocarbaniliden mit Acetanhydrid) zu *unsymm. Halogenalkoxythiocarbaniliden* umgesetzt; diese Rk. ist empfindlich gegen ster. Hinderung, so liefert 5-Chlor-2.4-dimethoxyphenylisothiocyanat (**II**) mit 5-Chlor-2-isoamyloxyanilin (**III**) *5.5'-Dichlor-2.4.2'.4'-tetramethoxythiocarbanilid* an Stelle des erwarteten unsymm. Produkts. Von den dargestellten Verbb. erwiesen sich bes. 2-Chlor-4.4'-diäthoxy- u. 2-Chlor-4.4'-diisoamyloxythiocarbanilid als wirksam gegen *Mycobacterium tuberculosis* var. *haminis* (Stamm H_{37}Rv).

Versuche (FF. korr.): *4-Brom-3-methoxyanilin*, F. 93°, durch portionsweises Eintragen von Raney-Ni in eine Lsg. von 2-Brom-5-nitroanisol u. 90%ig. Hydrazinhydrat in sd. A., Kochen bis zum Verschwinden der Gelbfärbung, Filtration, Einengen, Verdünnen mit W. u. Chlf.-Extraktion; 80% (Ausbeute). Ebenso gute Resultate wurden bei der Red. von 2-Brom-4-nitro- u. 4-Brom-3-nitroanisol erzielt. — *2-Chlor-4-isoamyloxyacetanilid*, $C_{13}H_{18}ClNO_2$, F. 93—94° (50%ig. A.), durch 10std. Kochen von **33** g fein gepulvertem 4-Isoamyloxyacetanilid mit 20 g **I** in CCl_4; 20 g. — *2-Chlor-4-isoamyloxyanilin*, $C_{11}H_{16}ClNO$, $Kp._{15}$ 173—174°, durch Kochen von 76 g vorst. Verb. mit verd. HCl bis zu Lsg., Alkalisieren mit 30%ig. NaOH u. Aufnehmen in Bzl.; n_D^{23} 1,5470; 47 g. — *1-[2-Chlor-4-isoamyloxyphenyl]-2.5-dimethylpyrrol*, $C_{17}H_{22}ClNO$, $Kp._{15}$ 191—192°, durch $^1/_2$std. Kochen von 5,3 g vorst. Verb. mit 5,7 g Hexandion-(2.5); blaßgelbes Öl, n_D^{20} 1,5518; 2,5 g. — *1-[2-Chlor-4-äthoxyphenyl]-2.5-dimethylpyrrol*, $C_{14}H_{16}ClNO$, $Kp._{15}$ 167—168°, analog vorst. Verb. aus 2-Chlor-4-äthoxyanilin; blaßgelbes Öl, n_D^{24} 1,5735. — *5-Chlor-2-isobutoxyacetanilid*, durch 8std. Kochen von 2-Acetamido-4-chlorphenol (F. 185°) u. Isobutyljodid in A. u. Isobutanol (1 : 1) mit konz. KOH u. Abdest. des Lsgm. im Vakuum. — *5-Chlor-2-isobutoxyanilin*, $C_{10}H_{14}ClNO$, $Kp._{20}$ 175—176°, durch Hydrolyse vorst. Rohverb. mit sd. 20%ig. HCl, Alkalisieren mit NaOH u. Bzl.-Extraktion; n_D^{24} 1,5510; 75%. — *5-Chlor-2-isoamyloxyanilin* (**III**), $C_{11}H_{16}ClNO$, $Kp._{14}$ 180 bis 182°, analog vorst. Verb.; n_D^{23} 1,5390. — Isothiocyanate, durch 10 Min. Kochen der symm. Thiocarbanilide mit 2 Val Acetanhydrid; 80—90%: *5-Chlor-2-methoxyphenyl-*, C_8H_6ClNOS, F. 57°, aus A. Nadeln. — *4-Chlor-2-methoxy-5-methylphenyl-*, C_9H_8ClNOS, F. 56° (A.). — *5-Chlor-2.4-dimethoxyphenyl-* (**II**), $C_9H_8ClNO_2S$, F. 80° (A.). — Thiocarbanilide, symm. Verbb. durch 24std. Kochen von 1 Mol Amin mit 0,5 g KOH u. 2 Mol CS_2 in A., Heißfiltration u. Kristallisation des beim Abkühlen ausgeschiedenen Prod. aus CH_3OH, A. oder (bei >200° schm. Verbb.) A. + Dimethylformamid; 40 bis 85%; asymm. Verbb. durch Erwärmen von äquimol. Mengen Amin u. Arylisothiocyanat in möglichst wenig A. auf 50—60° (einige Min. bis Std. je nach ster. Hinderung) u. Kristallisation analog den symm. Verbb.; 30 bis 95% (in einigen Fällen durch Spuren KOH erhöht): *4-Fluor-5'-chlor-2'-methoxy-*, $C_{14}H_{12}ClFN_2OS$, F. 178°. — *4-Fluor-3'-chlor-4'-methoxy-*, F. 160°. — *4-Fluor-5'-chlor-2'.4'-dimethoxy-*, $C_{15}H_{14}ClFN_2O_2S$, F. 183°. — *4-Fluor-2'-chlor-4'-äthoxy-*, $C_{15}H_{14}ClFN_2OS$, F. 140°. — *4-Fluor-5'-chlor-2'-isobutoxy-*, $C_{17}H_{18}ClFN_2OS$, F. 140°. — *4-Fluor-2'-chlor-4'-isoamyloxy-*, $C_{18}H_{20}ClFN_2OS$, F. 141°. — *4-Fluor-2'-brom-5'-methoxy-*, $C_{14}H_{12}BrFN_2OS$, F. 144°. — *4-Fluor-3'-brom-4'-methoxy-*, F. 136°. — *4-Fluor-4'-brom-3'-methoxy-*, F. 136°. — *4-Fluor-4'-brom-2'-methoxy-5'-methyl-*, $C_{15}H_{14}BrFN_2OS$, F. 155°. — *4.4'-Difluor-3-methoxy-*, $C_{14}H_{12}F_2N_2OS$, F. 138°. — *4-Fluor-3-methoxy-4'-isoamyloxy-*, $C_{19}H_{23}FN_2O_2S$, F. 115°. — *3.4'-Difluor-4-methoxy-*, $C_{14}H_{12}F_2N_2OS$, F. 160°. — *3-Fluor-4'-isoamyloxy-4-methoxy-*, $C_{19}H_{23}FN_2O_2S$, F. 127°. — *3-Fluor-4.4'-dimethoxy-*, $C_{15}H_{15}FN_2O_2S$, F. 183°. — *3-Fluor-2'-äthoxy-4-methoxy-*, $C_{16}H_{17}FN_2O_2S$, F. 138°. — *3-Fluor-4'-chlor-4.2'-dimethoxy-5'-methyl-*, $C_{16}H_{16}ClFN_2O_2S$, F. 154°. — *3-Fluor-5'-chlor-4.2'-dimethoxy-*, $C_{15}H_{15}ClFN_2O_2S$, F. 151°. — *5-Chlor-2.4'-dimethoxy-*, $C_{15}H_{15}ClN_2O_2S$, F. 177°. — *5-Chlor-2.2'.5'-trimethoxy-*, $C_{16}H_{17}ClN_2O_3S$, F. 127°. — *5.3'-Dichlor-2.4'-dimethoxy-*, $C_{15}H_{14}Cl_2N_2O_2S$, F. 157°. — *5-Chlor-4'-äthoxy-2-methoxy-*, $C_{16}H_{17}ClN_2O_2S$, F. 185°. — *5-Chlor-2'-äthoxy-2-methoxy-*, F. 148°. — *5-Chlor-4'-butoxy-2-methoxy-*, $C_{18}H_{21}ClN_2O_2S$, F. 150°. — *5-Chlor-4'-isoamyloxy-2-methoxy-*, $C_{19}H_{23}ClN_2O_2S$, F. 135°. — *5.3'-Dichlor-2-methoxy-2'-methyl-*, $C_{15}H_{14}Cl_2N_2OS$, F. 164°. — *5.4'-Dichlor-2-methoxy-*, $C_{14}H_{12}Cl_2N_2OS$, F. 167°. — *5.2'.5'-Trichlor-2-methoxy-*, $C_{14}H_{11}Cl_3N_2OS$, F. 173°. — *3-Chlor-4.4'-dimethoxy-*, $C_{15}H_{15}ClN_2O_2S$, F. 182°. — *3-Chlor-4.2'.5'-trimethoxy-*, $C_{16}H_{17}ClN_2O_3S$, F. 116°. — *3-Chlor-4'-isoamyloxy-4-methoxy-*, $C_{19}H_{23}ClN_2O_2S$, F. 114°. — *3-Chlor-4'-butoxy-4-methoxy-*, $C_{18}H_{21}ClN_2O_2S$, F. 109°. — *3.4'-Dichlor-4-methoxy-*, $C_{14}H_{12}Cl_2N_2OS$, F. 161°. — *3.3'-Dichlor-4-methoxy-*, F. 138°. — *4-Chlor-2.4'-dimethoxy-5-methyl-*, $C_{16}H_{17}ClN_2O_2S$, F. 157°. — *4-Chlor-2.2'.5'-trimethoxy-5-methyl-*, $C_{17}H_{19}ClN_2O_3S$, F. 139°. — *4.5'-Dichlor-2.2'-dimethoxy-5-methyl-*, $C_{16}H_{16}Cl_2N_2O_2S$, F. 178°. — *4.3'-Dichlor-2.4'-dimethoxy-5-methyl-*, F. 173°. — *4.3'-Dichlor-2-methoxy-5.2'-dimethyl-*, $C_{16}H_{16}Cl_2N_2OS$, F. 151°. — *4.4'-Dichlor-2-methoxy-5-methyl-*, $C_{15}H_{14}Cl_2N_2OS$, F. 150°. — *5-Chlor-2.4.4'-trimethoxy-*, $C_{16}H_{17}ClN_2O_3S$, F. 190°. — *5.5'-Dichlor-2.4.2'-trimethoxy-*, $C_{16}H_{16}Cl_2N_2O_3S$, F. 211°. — *5.3'-Dichlor-2.4.4'-trimethoxy-*, F. 180°. — *5-Chlor-4'-äthoxy-2.4-dimethoxy-*, $C_{17}H_{19}ClN_2O_3S$, F. 134°. — *5-Chlor-4'-isoamyloxy-2.4-dimethoxy-*, $C_{20}H_{25}ClN_2O_3S$, F. 189°. — *5-Chlor-4'-butoxy-2.4-dimethoxy-*, $C_{19}H_{23}ClN_2O_3S$, F. 167°. — *5.4'-Dichlor-2.4-dimethoxy-*, $C_{15}H_{14}Cl_2N_2O_2S$, F. 211°. — *2.5'-Dichlor-4-äthoxy-2'.4'-dimethoxy-*, $C_{17}H_{18}Cl_2N_2O_3S$, F. 166°. — *2-Chlor-4.4'-diäthoxy-*, $C_{17}H_{19}ClN_2O_2S$, F. 133°. — *2-Chlor-4.2'-diäthoxy-*, F. 139°. — *5.5'-Dichlor-2-äthoxy-2'.4'-dimethoxy-*, $C_{17}H_{18}Cl_2N_2O_3S$, F. 181°. — *5-Chlor-2.4'-diäthoxy-*, $C_{17}H_{19}ClN_2O_2S$, F. 185°. — *5-Chlor-4'-äthoxy-2-isobutoxy-*, $C_{19}H_{23}ClN_2O_2S$, F. 161°. — *5-Chlor-2-isobutoxy-4'-isoamyloxy-*, $C_{22}H_{29}ClN_2O_2S$, F. 146°. — *2.5'-Dichlor-4-isoamyloxy-2'.4'-dimethoxy-*, $C_{20}H_{24}Cl_2N_2O_3S$, F. 175°. — *2-Chlor-4'-äthoxy-4-isoamyloxy-*, $C_{20}H_{25}ClN_2O_2S$, F. 123°. — *2-Chlor-2'-äthoxy-4-isoamyloxy-*, F. 138°. — *2-Chlor-4.4'-diisoamyloxy-*, $C_{23}H_{31}ClN_2O_2S$, F. 113°. — *5-Chlor-2.4'-diisoamyloxy-*, F. 144°. — *3-Chlor-4.2'-dimethoxy-5-methyl-*, $C_{16}H_{17}ClN_2O_2S$, F. 133°. — *5'-Chlor-4-dodecyloxy-2'.4'-dimethoxy-*, $C_{27}H_{39}ClN_2O_3S$, F. 113°. — *5'-Chlor-2'.4'-dimethoxy-4-tetradecyloxy-*, $C_{29}H_{43}ClN_2O_3S$, F. 107°. — *5'-Chlor-2'-methoxy-4-tetradecyloxy-*, $C_{28}H_{41}ClN_2O_2S$, F. 111°. — *5'-Chlor-4-allyloxy-2'.4'-dimethoxy-*, $C_{18}H_{19}ClN_2O_3S$, F. 155°. — *5'-Chlor-4-*

allyloxy-2'-methoxy-, $C_{17}H_{17}ClN_2O_2S$, F. 160°. — *3'-Chlor-4-allyloxy-4'-methoxy-*, F. 135°. — *5'-Chlor-4-benzyloxy-2'.4'-dimethoxy-*, $C_{22}H_{21}ClN_2O_3S$, F. 160°. — *5'-Chlor-4-benzyloxy-2'-methoxy-*, $C_{21}H_{19}ClN_2O_2S$, F. 176°. — *3'-Chlor-4-benzyloxy-4'-methoxy-*, F. 160°. — *3'-Chlor-4-hydroxy-4'-methoxy-*, $C_{14}H_{13}ClN_2O_2S$, F. 186°. — *3'-Chlor-3-hydroxy-4'-methoxy-*, F. 185°. — *2-Brom-4'-äthoxy-5-methoxy-*, $C_{16}H_{17}BrN_2O_2S$, F. 164°. — *2-Brom-4'-isoamyloxy-5-methoxy-*, $C_{19}H_{23}BrN_2O_2S$, F. 128°. — *3-Brom-4.4'-dimethoxy-*, $C_{15}H_{15}BrN_2O_2S$, F. 180°. — *3-Brom-5'-chlor-4.2'-dimethoxy-*, $C_{15}H_{14}BrClN_2O_2S$, F. 156°. — *3-Brom-4'-äthoxy-4-methoxy-*, $C_{16}H_{17}BrN_2O_2S$, F. 143°. — *3-Brom-2'-äthoxy-4-methoxy-*, F. 144°. — *3-Brom-4'-isoamyloxy-4-methoxy-*, $C_{19}H_{23}BrN_2O_2S$, F. 115°. — *4-Brom-3.4'-dimethoxy-*, $C_{15}H_{15}BrN_2O_2S$, F. 141°. — *4-Brom-5'-chlor-3.2'-dimethoxy-*, $C_{15}H_{14}BrClN_2O_2S$, F. 165°. — *4-Brom-4'-äthoxy-3-methoxy-*, $C_{16}H_{17}BrN_2O_2S$, F. 143°. — *4-Brom-2'-äthoxy-3-methoxy-*, F. 142°. — *4-Brom-4'-isoamyloxy-3-methoxy-*, $C_{19}H_{23}BrN_2O_2S$, F. 135°. — *4-Brom-4'-chlor-3.2'-dimethoxy-5'-methyl-*, $C_{16}H_{16}BrClN_2O_2S$, F. 162°. — *4-Brom-5'-chlor-2.2'-dimethoxy-5-methyl-*, F. 181°. — *4-Brom-5'-chlor-2.2'.4'-trimethoxy-5-methyl-*, $C_{17}H_{18}BrClN_2O_3S$, F. 195°. — *4-Brom-4'-äthoxy-2-methoxy-5-methyl-*, $C_{17}H_{19}BrN_2O_2S$, F. 150°. — *4-Brom-4'-isoamyloxy-2-methoxy-5-methyl-*, $C_{20}H_{25}BrN_2O_2S$, F. 152°. — *4-Brom-4'-chlor-2.2'-dimethoxy-5.5'-dimethyl-*, $C_{17}H_{18}BrClN_2O_2S$, F. 162°. — *5-Brom-5'-chlor-2'-methoxy-*, $C_{14}O_{12}BrClN_2OS$, F. 172°. — *4-Brom-4'-chlor-2'-methoxy-5'-methyl-*, $C_{15}H_{14}BrClN_2OS$, F. 150°. — *4-Brom-3'-chlor-4'-methoxy-*, $C_{14}H_{12}BrClN_2OS$, F. 166°. — *3-Brom-3'-chlor-4'-methoxy-*, F. 154°. — *4-Jod-5'-chlor-2'-methoxy-*, $C_{14}H_{12}ClJN_2OS$, F. 169°. — *4-Jod-3'-chlor-4'-methoxy-*, F. 160°. — *4-Jod-4'-chlor-2'-methoxy-5'-methyl-*, $C_{15}H_{14}ClJN_2OS$, F. 156°. — *4-Jod-5'-chlor-2'.4'-dimethoxy-*, $C_{15}H_{14}ClJN_2O_2S$, F. 177°. — *5.5'-Dichlor-2.2'-dimethoxy-*, $C_{15}H_{14}Cl_2N_2O_2S$, F. 190°. — *3.3'-Dichlor-4.4'-dimethoxy-*, F. 194°. — *4.4'-Dichlor-2.2'-dimethoxy-5.5'-dimethyl-*, $C_{17}H_{18}Cl_2N_2O_2S$, F. 163°. — *2.2'-Dichlor-4.4'-diäthoxy-*, $C_{17}H_{18}Cl_2N_2O_2S$, F. 165°. — *2.2'-Dichlor-4.4'-diisoamyloxy-*, $C_{23}H_{30}Cl_2N_2O_2S$, F. 132°. — *5.5'-Dichlor-2.4.2'.4'-tetramethoxy-*, $C_{17}H_{18}Cl_2N_2O_4S$, F. 235°, aus äquimol. Mengen **II** u. **III**. — *N-[Naphthyl-(1)]-N'-[3-chlor-4-methoxyphenyl]-thioharnstoff*, $C_{18}H_{15}ClN_2OS$, F. 174° (Nadeln aus A. + Dimethylformamid), aus 3-Chlor-4-methoxyphenylisothiocyanat u. α-Naphthylamin; 95%. — *N-[5.6.7.8-Tetrahydronaphthyl-(1)]-N'-[3-chlor-4-methoxyphenyl]-thioharnstoff*, $C_{18}H_{19}ClN_2OS$, F. 163° (CH_3OH). I. Spaeth. 1280◇

0823 **Reaktionen von Diazoniumsalzen mit Phenolen und Aminen in nichtwäßrigen Medien.** W. Bradley und J. D. Thompson. (Chimia [Schweiz] **15**, 147—56, 1961; Leeds, Univ., Clothworkers Res. Labor.; engl.) — Die Diazotierung von *Alkoxyanilinen* (Alkyl = n-Heptyl-, n-Decyl- oder n-Cetyl-) ergibt in kaltem Bzl. lösl. *Diazoniumsalze*. Die Rkk. dieser Verbb. mit Phenolen u. Aminen in nichtwss. Lsgm. werden untersucht u. beschrieben. Die Rk.-Geschw. einiger Rkk. wird ermittelt.

Versuche: *1.4-Di-n-decyloxy-2-nitrobenzol* (**I**), $C_{26}H_{45}NO_4$, $Kp._{0,05}$ 212—216°, durch Erwärmen einer Suspension von 27 g p-Di-n-decyloxybenzol mit konz. HNO_3 in Essigsäure auf 40°, Verdünnen mit W. u. Extrahieren mit Bzl.; 29 g (Ausbeute). — *1.2-Di-n-decyloxy-4-nitrobenzol* (**II**), $C_{26}H_{45}NO_4$, F. 67—69°, durch ¹/₄std. Zugabe von konz. HNO_3/Essigsäure zu 19 g o-Di-n-decyloxybenzol in Essigsäure bei 24° u. Erwärmen auf 55°; aus A. hellgelbe Nadeln; 20,5 g. — *2.6-Dichlor-4-hydroxyacetanilid*, $C_8H_7Cl_2NO_2$, F. 217° (verd. Methanol), durch Rühren von 48,5 g 3.5-Dichlor-4-aminophenol mit Acetanhydrid/Eisessig; Nadeln; 45,1 g. — *2.6-Dichlor-4-n-decyloxyacetanilid* (**III**), $C_{18}H_{27}Cl_2NO_2$, F. 111—112°, durch 6std. Kochen von 22 g vorst. Verb. mit n-Decylbromid in A. in Ggw. von wss. NaOH; aus Methanol-Nadeln; 23,8 g. — *p-n-Decansulfonylacetanilid* (**IV**), $C_{18}H_{29}NO_3S$, F. 99—100°, durch 6std. Kochen von 80 g p-Acetamidobenzolsulfinsäure mit n-Decylbromid in A. in Ggw. von wss. NaOH; aus Bzl./Bzn. Nadeln; 80 g. — Aniline, durch Alkylierung von p-Hydroxyacetanilid u. Hydrolyse: *p-n-Butoxy-*, *Hydrobromid*, $C_{10}H_{16}BrNO$, F. 170°. *β-Naphthalinsulfonat*, $C_{20}H_{23}NO_4S$, F. 222°. — *p-n-Heptoxy-*, *Hydrochlorid*, $C_{13}H_{22}ClNO$, F. 242°. *p-Toluolsulfonat*, $C_{20}H_{29}NO_4S$, F. 140°. *N-Acetylderiv.*, $C_{15}H_{23}NO_2$, F. 90—91°. — *p-n-Decyloxy-* (**XVI**), *Hydrochlorid*, $C_{16}H_{28}ClNO$, F. 242°. *p-Toluolsulfonat*, $C_{23}H_{35}NO_4S$, F. 127°. *N-Acetylderiv.*, $C_{18}H_{29}NO_2$, F. 92°. — *p-Cetyloxy-*, *p-Toluolsulfonat*, $C_{29}H_{47}NO_4S$, F. 164°. *N-Acetylderiv.*, $C_{24}H_{41}NO_2$, F. 96—97°. — *p-Benzyloxy-*, *p-Toluolsulfonat*, $C_{20}H_{21}NO_4S$, F. 186°. — *o-Decyloxy-* (**XX**), *p-Toluolsulfonat*, $C_{23}H_{35}NO_4S$, F. 91—92°. *N-Acetylderiv.*, $C_{18}H_{29}NO_2$, F. 55—56°. — *3-Allyl-4-n-decyloxy-*, *Hydrochlorid*, $C_{19}H_{32}ClNO$, F. 89—91°. *N-Acetylderiv.*, $C_{21}H_{33}NO_2$, F. 104—106°. — *2.5-Bis-[n-decyloxy]-*, $C_{26}H_{47}NO_2$, F. 42—44°, durch 20std. Erwärmen von 17 g **I** in A. mit wss. Na_2S-Lsg.; 11,5 g. *Hydrochlorid* (**XVII**), $C_{26}H_{48}ClNO_2$, F. 116—118°. *p-Toluolsulfonat*, $C_{33}H_{55}NO_5S$, F. 133—134°. *N-Acetylderiv.*, $C_{28}H_{49}NO_3$, F. 64—66°. — *3.4-Bis-[n-decyloxy]-*(**XVIII**), $C_{26}H_{47}NO_2$, F. 44—45°, durch 12std. Kochen von 21,75 g **II** mit wss. Na_2S-Lsg.; 14 g. *p-Toluolsulfonat*, $C_{33}H_{55}NO_5S$, F. 143 bis 144°. *N-Acetylderiv.*, $C_{28}H_{49}NO_3$, F. 101°. — *2.6-Dichlor-4-n-decyloxy-*, *Hydrochlorid*, $C_{16}H_{26}Cl_3NO$, F. 192°, durch 4std. Kochen von 23,8 g **III** mit 10%ig. HCl/A.; 19,8 g. — *p-n-Decansulfonyl-*(**XIX**), $C_{16}H_{27}NO_2S$, F. 112°, durch 3std. Kochen von 68 g **IV** mit konz. HCl in A.; 54 g. *Hydrochlorid*, $C_{16}H_{28}ClNO_2S$, F. 221° (Zers.). — p-n-Decyloxybenzoldiazoniumsalze: *p-Toluolsulfonat* (**V**), $C_{23}H_{32}N_2O_4S$, F. 114° (Zers.), durch Diazotieren von 29,4 g **XVI**·HCl u. Fällen mit p-Toluolsulfonsäuremonohydrat; aus Bzl. Nadeln; 44 g. *Chlorid* (**VI**), Zers. bei 92°; Blättchen. *Tetrafluoroborat* (**XIII**), $C_{16}H_{25}BF_4N_2O$, Zers. bei 108°, durch Zugabe von $NaBF_4$ zu **VI** in W.; aus A. Nadeln. *Perchlorat* (**VII**), $C_{16}H_{25}ClN_2O_5$, F. 92° (Zers.); aus A. Blättchen. *Dichlorjodid*, $C_{16}H_{25}Cl_2JN_2O$, F. 118° (Zers.), a) durch Zugabe einer benzol. Lsg. von JCl_3 zu **VI** in Bzl. bei 20° u. Erwärmen auf 50°; aus Bzl. hellgelbe Platten; 99%; b) aus 0,2 g **VI** u. JCl analog a); 0,3 g. — Bis-[p-n-Decyloxybenzoldiazoniumchlorid]-doppelsalze: *$ZnCl_2$-Salz*, $C_{32}H_{50}Cl_4N_4O_2Zn$, F. 121° (Zers.); aus A. oder Aceton-Blättchen. *$SnCl_4$-Salz*, $C_{32}H_{50}Cl_6N_4O_2Sn$, F. 126° (Zers.), durch Zugabe von $SnCl_4$ zu 0,59 g **VI** in Bzl.; Nadeln; 0,25 g. — 1-Benzolazonaphthole-(2): *p-n-Decyloxy-* (**XIV**), $C_{26}H_{32}N_2O_2$, F. 78—79° (A.), a) durch Zugabe einer 40° warmen Lsg. von $AgClO_4$ in Bzl. zu 1,057 g **VI** in Bzl. bei 63°, 2std. Stehen, Absaugen u. Zugabe der benzol. Lsg. zu β-Naphthol in Ggw. von Pyridin; 1,22 g; daneben 0,61 g *Pyridiniumperchlorat* (**VIII**), F. 286°; b) durch Zugabe von **VII** zu β-Naphthol in Bzl. bei 24° in Ggw. von Pyridin u. Stehen über Nacht; 85%; daneben 88% **VIII**; c) analog b) aus **V**; 85%; daneben *Pyridinium-p-toluolsulfonat*, F. 118—120°; 80%; d) durch Diazotieren von 4,3 g **XVI**·HCl u. Kuppeln mit β-Naphthol in wss. alkal. Lsg.; 5,8 g. — *p-n-Propoxy-*, $C_{19}H_{18}N_2O_2$, F. 121°, analog d). — *p-n-Butoxy-*, $C_{20}H_{20}N_2O_2$, F. 106°. — *p-n-Heptoxy-*, $C_{23}H_{26}N_2O_2$, F. 75—76°. — *p-sek.-Octyloxy-*, $C_{24}H_{28}N_2O_2$, F. 76—78°. — *p-Benzyloxy-*, $C_{23}H_{18}N_2O_2$, F. 141°. — *2.5-Bis-[n-decyloxy]-*, $C_{36}H_{52}N_2O_3$, F. 103 bis 104°. — *2.6-Dichlor-4-n-decyloxy-*, $C_{26}H_{30}Cl_2N_2O_2$, F. 110 bis 112°. — *p-n-Decansulfonyl-*, $C_{26}H_{32}N_2O_3S$, F. 139 bis 140°. — *p-n-Decyloxydiphenyl*, $C_{22}H_{30}O$, F. 78—79° (A.); a) durch 1std. Erwärmen von 10,8 g **V** u. Anilin in Bzl. bei 62°, Absaugen des *Anilin-p-toluolsulfonats* [F. 238° (verd. A.); 3,2 g], Chromatographie an Al_2O_3 u. Eluieren mit Bzl.; 2 g; daneben *Diphenyl* (**IX**, F. 58—66°; 25 mg) u. *n-Decyloxybenzol* (**X**; $Kp._{0,01}$ 90—140°; hellgelbes Öl; 0,4 g); b) durch 30std. Rk. von 6,3 g **V** analog a); 1,15 g; daneben 0,12 g **IX**, 0,42 g **X** u. 0,25 g *4-Amino-4'-decyloxyazobenzol* (**XI**), durch weiteres Eluieren mit Bzl.; c) durch Rühren von Anilin u. 4,32 g **V** in Bzl. analog a); 150 mg; daneben Spuren **IX**, 50 mg **X**, 0,12 g **XI**, *p-n-Decyloxydiazoaminobenzol* (1,1 g) u. *Verb.* $C_{38}H_{55}N_5O_2$, [F. 118—119°, aus A. u. PAe. braune Nadeln]; d) durch Erwärmen von 3 g **VI** mit Dimethylanilin in Bzl. auf 60°; 0,4 g; daneben *4-Dimethylamino-4'-n-decycloxyazobenzol* (**XII**, F. 103°; 0,9 g) u. *Verb.* $C_{24}H_{35}N_3O$ [F. 101—103°; aus A. braungelbe Nadeln; 80 mg]; e) durch 5tägiges Stehen von 2,16 g **V** mit Dimethylanilin in Bzl. bei Raumtemp.; 15 mg; daneben 1,45 g **XII** u. 6 mg einer *Verb. vom F. 84—100°*; f) durch 1std. Stehen von 7,05 g **XIII** mit NaJ in Aceton/Bzl., Titration des ausgeschiedenen J_2

mit $Na_2S_2O_3$-Lsg. u. Chromatographie an Al_2O_3; 0,845 g; daneben **IX** u. *p-n-Decyloxyjodbenzol* (**XV**, F. 21—22,5°; 4,3 g); g) analog f) in stärkerer Verdünnung; 1,63 g; daneben 3,30 g **XV** u. 0,5 mg **IX**; h) durch Zugabe von 8,64 g **V** zu Na-β-Naphtholat in abs. Ae./Bzl. bei 60°, Stehen über Nacht u. Chromatographie; 0,4 g; daneben 0,3 g **X** u. 5,75 g **XIV**; i) aus n-Decylbromid u. p-Hydroxydiphenyl durch 4std. Erhitzen auf 73° in Ggw. von wss. NaOH; aus A. Platten. — *p-n-Decyloxydiazoaminobenzol*, $C_{22}H_{31}N_3O$, F. 69—70°, durch Umsetzen von Benzoldiazoniumchlorid mit **XVI** (aus 4,5 g **XVI**-Hydrochlorid) in verd. A. in Ggw. von Na-Acetat; aus verd. A. hellbraune Platten; 5 g. *Ag-Deriv.*, $C_{22}H_{30}AgN_3O$, F. 156° (Zers.); aus PAe. braunes Pulver. — *4-Amino-4'-n-decyloxyazobenzol* (**XI**), $C_{22}H_{31}N_3O$, F. 102—103°, durch 0,5std. Erwärmen von 1,7 g Anilin u. 0,35 g Anilinhydrochlorid auf 40° u. 8std. Erwärmen mit vorst. Verb. auf 50°; aus Methanol braune Nadeln; 0,6 g. *Acetylderiv.*, $C_{24}H_{33}N_3O_2$, F. 144°, aus A. hellgelbe Platten. — *4-n-Decyloxy-4'-dimethylaminoazobenzol* (**XII**), $C_{24}H_{35}N_3O$, F. 103°, durch Diazotieren von 5,7 g **XVI**-Hydrochlorid u. Kuppeln mit Dimethylanilin in Ggw. von konz. HCl/Na-Acetat; aus A. gelbes Pulver; 6,7 g. — *n-Decyloxybenzol* (**X**), $C_{16}H_{26}O$, Kp.$_{0,2}$ 103—104°, aus Decyljodid u. Phenol. — *p-n-Heptoxydiphenyl*, $C_{19}H_{24}O$, F. 72—73°, durch 4std. Erhitzen von p-Hydroxydiphenyl u. n-Heptylbromid in A. in Ggw. von wss. NaOH; aus A. Platten. — *p-Brom-n-decyloxybenzol*, $C_{16}H_{25}BrO$, F. 18°, Kp.$_{0,03}$ 124—126°, aus p-Bromphenol u. n-Decylbromid. — *p-n-Decyloxyjodbenzol* (**XV**), $C_{16}H_{25}JO$, F. 23,5°, aus p-Jodphenol; aus Methanol Nadeln. — *p-n-Decyloxyazobenzol*, $C_{22}H_{30}N_2O$, F. 64 bis 65°, aus p-Hydroxyazobenzol; aus A. gelbe Platten. — *p-Cetyloxyazobenzol*, $C_{28}H_{42}N_2O$, F. 77—79° (PAe./A.). — *p-n-Decyloxybenzolazonaphthalin*, $C_{26}H_{32}N_2O$, F. 65—67°, durch 4std. Kochen von p-Hydroxybenzolazonaphthalin u. n-Decylbromid in A. in Ggw. von NaOH; aus A. gelbe Platten. — *p-n-Heptoxybenzoldiazoniumfluoroborat*, $C_{13}H_{19}BF_4N_2O$, F. 70°, aus 1,2 g p-n-Heptoxyanilinhydrochlorid; aus A. bei 3° Nadeln; 1,35 g. — *2.5-Di-n-decyloxybenzoldiazoniumchlorid*, $C_{26}H_{45}ClN_2O_2$, Zers. bei 88°, durch Diazotieren von 8,1 g **XVII** in konz. HCl/verd. A.; aus Bzl. citronengelbe Prismen; 8 g. — *4-Amino-2.5.2'.5'-tetra-n-decyloxyazobenzol*, $C_{52}H_{91}N_3O_4$, F. 100—101°, analog vorst. Verb. in Ggw. von W.; aus A. braune Platten; 47%. *Hydrochlorid*, $C_{52}H_{92}ClN_3O_4$, F. 132—134°, dunkelpurpurfarbenes Pulver. — *2-Amino-4.5.3'.4'-tetra-n-decyloxyazobenzol*, $C_{52}H_{91}N_3O_4$, F. 115—116°, durch Zugabe von Amylnitrit zu 1 g **XVIII**-Hydrochlorid in A. bei 4° u. Extrahieren mit Bzl.; aus Bzl./Bzn. rote Prismen; 0,4 g. — *p-n-Decansulfonylbenzoldiazonium-p-toluolsulfonat*, $C_{23}H_{32}N_2O_5S_2$, F. 94° (Zers.), durch Zugabe von konz. HCl zu einer Lsg. von **XIX** u. $NaNO_2$ in verd. A. bei 15° u. Fällen mit p-Toluolsulfonsäuremonohydrat. — *o-n-Decyloxybenzoldiazoniumfluoroborat*, $C_{16}H_{25}BF_4N_2O$, F. 68°, aus **XX**-*Hydrochlorid*; aus Äthylacetat/Bzn. hellgelbe Prismen. W. Hampel. 1310◇

0824 **Über 2.4-Dinitrobenzoldiazoniumfluoroborat.** A. Messmer und I. Krasznay. (Acta chim. Acad. Sci. hung. **28**, 399—403, 1961; Budapest, Akad. der Wiss., Zentralforschungsinst. für Chem.; dt.) — *2.4-Dinitrobenzoldiazoniumfluoroborat* (**I**) wurde dargestellt, das sich durch starke Kupplungsfähigkeit auszeichnet. Es kuppelt mit Resorcindiäthyläther (**II**) u. eignet sich zum qual. Nachw. von Phenolen u. aromat. Aminen. **I** versetzt sich unter Bldg. von *2.4-Dinitrofluorbenzol*.

Versuche: *2.4-Dinitrobenzoldiazoniumfluoroborat* (**I**), $C_6H_3BF_4N_4O_4$, F. 156° (Zers.; Eisessig/Ae.), durch Kühlen von 2.4-Dinitroanilin in H_2SO_4 u. Eisessig auf —10°. Zufügen von Amylnitrit, Lösen der unteren Phase in Eisessig, Fällen mit Ae. u. Zugabe von 50%ig. HBF_4; 78% (Ausbeute). — *2.4-Dinitrofluorbenzol*, $C_6H_3FN_2O_4$, Kp.$_8$ 156°, durch 3std. Kochen von **I** in Aceton mit CuCl; 64,66%. — *2.4-Dinitro-2'.4'-diäthoxyazobenzol*, $C_{16}H_{16}N_2O_4$, F. 182° (Butanol), durch Kuppeln von **I** mit **II** in Eisessig; rote Nadeln; 41,5%. H. Henze. 1310◇

0825 **Die Synthese möglicher Amöbicide.** H. N. Sharma. (Agra Univ. J. Res. **11**, 253—58, 1962; Ujjain, Madhava Coll.; engl.) — Zur Unters. ihrer amöbiciden Aktivität wurden *γ-[2-Methyl-, -Äthyl-, -n-Propyl-* (**I**) u. *-n-Butyl-4.5-dimethoxyphenyl]-n-propylamin* (**II**) durch Friedel-Crafts-Acylierung (FCA) von Veratrol (**III**), nachfolgende Clemmensen-Red. zu den entsprechenden *4-Alkylveratrolen* (vgl. Kachru u. Pathak, C. **1960**, 14673), weitere FCA mit Bernsteinsäureanhydrid in Nitrobenzol, Red. der erhaltenen *Ketosäuren* nach Clemmensen, Umsetzung mit NH_3 bei 200° zu *Amiden* (**A**) u. Abbau letzterer nach Hofmann od. durch Red. der entsprechenden *Propionamide* mit $LiAlH_4$ dargestellt. *δ-[2-Methyl-, -Äthyl-, -n-Propyl-* (**IV**), u. *-n-Butyl-4.5-dimethoxyphenyl]-n-butylamin* (**V**) werden durch Red. der entsprechenden **A** mit $LiAlH_4$, *N-[γ-Amino-n-propyl]-1-[3.4-dimethoxyphenyl]-äthyl-, -n-propyl-, -n-butyl-, -n-amyl-, -n-hexyl-, -n-heptyl-, -n-octyl-* u. *-n-decylamin* (**B**) durch FCA von **III**, Red. der *Acylderivv.* über die *Oxime* zu *1-[3.4-Dimethoxyphenyl]-alkylaminen*, Kondens. mit Acrylonitril nach Michael u. Red. mit $LiAlH_4$ dargestellt. **IV** u. **V** haben eine mit Emetin vergleichbare Aktivität; **I** u. **II** waren weniger aktiv, während bei den **B** mit steigendem Molgew. eine jedoch relativ geringe Aktivitätszunahme festzustellen ist. P.-G. Dietrich. 1320△

0826 **Über die Anlagerung von Anilin an Divinyloxid.** K. D. Petrow und Ss. R. Tuljaganow. (J. allg. Chem. [UdSSR] **32** (**94**), 2929—31, 1962; Moskau, Forschungs-Inst. für plast. Massen; russ.) — Bei der Rk. von überschüssigem Anilin (**I**) mit Divinyloxid (**II**) entsteht *1-Anilinobuten-(3)-ol-(2)* (**III**), wie durch IR-Spektren u. Identität des N-Methyl-Deriv. von **III** mit der aus 1-Methylaminobuten-(3)-ol-(2) (**IV**) u. Brombenzol (**V**) dargestellten Verb. bewiesen wird. Aus **I** u. **II** im Mol.-Verhältnis 1:2 wird *N.N-Bis-[buten-(3)-ol-(2)-yl-(1)]-anilin* erhalten.

Versuche: *1-Anilinobuten-(3)-ol-(2)* (**III**), $C_{10}H_{13}NO$, Kp.$_5$ 136—138°, durch Zugabe von 1 Mol **II** zu 5 Mol **I** bei 118—124° in 2 Std. u. 2std. Rühren bei gleicher Temp.; n_D^{20} 1,5661; D_4^{20} 1,0563; 70% (Ausbeute). *N-Methylderiv.*, $C_{11}H_{15}NO$, Kp.$_{5-6}$ 135—138°, a) durch 45std. Erhitzen von 0,5 Mol **IV**, 0,75 Mol **V**, 10 ml W. u. 0,1 Mol $CuSO_4$ auf 98—100°, Neutralisieren mit Soda u. Extrahieren mit Bzl.; n_D^{20} 1,5645; D_4^{20} 1,0394; 6 g; b) durch 20std. Erhitzen von 0,2 Mol **III**, 0,24 Mol CH_3J, 28 g Na_2CO_3 u. 300 ml W. auf 50°; 10 g. *Pikrolonat, des N-Methyl-Deriv.*, $C_{21}H_{23}N_5O_6$, F. 121—122°. — *N.N-Bis-[buten-(3)-ol-(2)-yl-(1)]-anilin*, $C_{14}H_{19}NO_2$, Kp.$_8$ > 150°, durch Zugabe von 1,05 Mol **II** zu 0,5 Mol auf dem Wasserbad erhitzten **I** in 2 Std. u. 18std. Rühren; n_D^{20} 1,5698; D_4^{20} 1,0795; 94,6%. Ilse Schade. 1320△

0827 **Synthese von Organosiliciumverbindungen mit Phenylenkohlenwasserstoff-Gliedern.** N. Ss. Nametkin, N. A. Pritula, A. W. Toptschijew und T. I. Tschernyschewa. (Petrochemie [UdSSR] **2**, 632—38, 1962; Akad. der Wiss. der UdSSR, Inst. für petrochem. Synth.; russ.) — Es wurden *1.4-Bis-[diäthylsilyl]-*(**I**), *-[di-n-propylsilyl]-* (**II**), *-[methylphenylsilyl]-* u. *-[äthylphenylsilyl]-benzol*(**III**) dargestellt. Durch Anlagerung von **I**, **II** u. **III** an Trimethylvinyl-(**IV**), Triäthylvinyl-(**V**) u. Triäthylallylsilan (**VI**) wurden die entsprechenden *gesätt. Silane* erhalten.

Versuche: *1.4-Bis-[diäthylsilyl]-benzol* (**I**), $C_{14}H_{26}Si_2$, Kp.$_2$ 120—122°, durch tropfenweise Zugabe von 1,5 (Mol) Diäthylchlorsilan zu p-Phenylen-bis-MgBr (**VII**; aus 2,1 Mg u. 1,5 p-Dibrombenzol); D_4^{20} 0,8980; n_D^{20} 1,5074; 46% (Ausbeute). Daneben *p-Bromphenyldiäthylsilan*, $C_{10}H_{15}BrSi$, Kp.$_4$ 110—112°; D_4^{20} 1,2144; n_D^{20} 1,5374. — *1.4-Bis-[di-n-propylsilyl]-benzol* (**II**), $C_{18}H_{34}Si_2$, Kp.$_3$ 160—162°, aus Di-n-propylchlorsilan u. **VII**; D_4^{20} 0,8845; n_D^{20} 1,5022; 34%. — *1.4-Bis-[methylphenylsilyl]-benzol*, $C_{20}H_{22}Si_2$, Kp.$_3$ 205—207°, F. 42°, aus Methylphenylchlorsilan u. **VII**; 52%. Daneben *p-Bromphenylmethylphenylsilan*, $C_{13}H_{13}BrSi$, Kp.$_1$ 138 bis 140°; D_4^{20} 1,2841; n_D^{20} 1,5970. — *1.4-Bis-[äthylphenylsilyl]-benzol* (**III**), $C_{22}H_{26}Si_2$, Kp.$_3$ 210—213°, aus Äthylphenylchlorsilan u. **VII**; D_4^{20} 1,0117; n_D^{20} 1,5850; 35%. — *1.4-Bis-{[äthylphenyl-[β-(trimethylsilyl)-äthyl]-silyl}-benzol*, $C_{32}H_{50}Si_4$, Kp.$_2$ 275—278°, durch Zugabe von 0,18 (Mol) **III** bei < 70° zu 0,37 **IV** in Ggw. von 0,5 ml 0,1 n propanol. H_2PtCl_6 u. 2std. Erhitzen auf < 205°; D_4^{20} 0,9664;

n_D^{20} 1,5484; 64%. — Analog: *1.4-Bis-{diäthyl-[β-(triäthylsilyl)-äthyl]-silyl}-benzol*, $C_{30}H_{62}Si_4$, Kp.$_2$ 246—248°, aus I u. V (2 Std., 170°); $D._4^{20}$ 0,9041; n_D^{20} 1,5049; 55%. — *1.4-Bis-{di-n-propyl-[β-(triäthylsilyl)-äthyl]-silyl}-benzol*, $C_{34}H_{70}Si_4$, Kp.$_2$ 240—242°, F. 30°, aus II u. V (2 Std., 220°); 67%. — *1.4-Bis-{äthylphenyl-[β-(triäthylsilyl)-äthyl]-silyl}-benzol*, $C_{38}H_{62}Si_4$, Kp.$_{0,05}$ 231—233°, aus III u. V (2¹/₂ Std., 210°); $D._4^{20}$ 0,9659; n_D^{20} 1,5460; 35%. — *1.4-Bis-{diäthyl-[γ-(triäthylsilyl)-propyl]-silyl}-benzol*, $C_{32}H_{66}Si_4$, Kp.$_5$ 267—270°, aus I u. VI (3 Std., 150°; 3 Std., 180°); $D._4^{20}$ 0,9146; n_D^{20} 1,5015; 15%. — *1.4-Bis-{di-n-propyl-[γ-(triäthylsilyl)-propyl]-silyl}-benzol*, $C_{36}H_{74}Si_4$, Kp.$_1$ 244—246°, aus II u. VI; $D._4^{20}$ 0,8935; n_D^{20} 1,4973; 10%. Helmut Schäfer. 1380△

0828 **Untersuchungen in der Phosphinmethylenchemie. 5. Mitt. Die Wirkung von Phenyllithium auf Brommethyl- und Jodmethyltriphenylphosphoniumhalogenide.** Dietmar Seyferth, James K. Heeren und Samuel O. Grim. (J. org. Chemistry **26**, 4783—84, 1961; Cambridge, Mass., MIT, Dep. of Chem.; engl.) — 4. vgl. J. Amer. chem. Soc. **83**, [1961], 2055. — In früheren Unterss. wurde festgestellt, daß sich aus Chlormethyltriphenylphosphoniumbromid (I) mit Phenyl-Li (IV) lediglich *Triphenylphosphinchlormethylen* bildet. Vff. untersuchten nun die Rk. von Brommethyltriphenylphosphoniumbromid (II) u. Jodmethyltriphenylphosphoniumjodid (III) mit IV in Ae. u. erhielten jeweils ein *Gemisch* aus *Triphenylphosphinmethylen* u. dem entsprechenden *Triphenylphosphinhalogenmethylen*. Im Gegensatz zu I werden an II u. III sowohl die C–X- (X = Halogen) als auch die C–H-Bindung angegriffen. Das Rk.-Verhältnis C–X/C–H ist für III > II, was mit der relativen Reaktivität für C–X-Bindungen gegenüber Organolithium-Verbb. übereinstimmt. II mit einer äquivalenten äther. IV-Lsg. ergab eine orangefarbene Lsg., der Cyclohexan zugesetzt wurde. Weitere Behandlung des Rk.-Gemisches nach Wittig lieferte folgende Prodd.: *Benzol* [59% (Ausbeute)], *Methylencyclohexan* (18%), *Brombenzol* (40%) u. *Brommethylencyclohexan* (46%). — Aus III wurden nach gleicher Meth. erhalten: *Benzol* (28%), *Methylencyclohexan* (30%), *Jodbenzol* (70%) u. *Jodmethylencyclohexan* (26%). S. Hiller. 1380◇

0829 **Darstellung zinkorganischer Derivate von Acetylenkohlenwasserstoffen.** R. Golse und A. Liermain. (Bull. Soc. Pharmacie Bordeaux **101**, 3—6, 1962; Labor. de Chim.; franz.) — *Phenyläthinylzinkbromid* (I) entsteht durch Rk. von Allylzinkbromid (II) mit Phenylacetylen (III). Durch Umsetzung von I mit aliphat. Aldehyden u. Ketonen u. nachfolgender Hydrolyse werden sek. bzw. tert. Alkohole erhalten. Esterfunktionen stören die Rk. nicht.

Versuche: *Phenyläthinylzinkbromid* (I), durch ¹/₂std. Erwärmen auf 50° von III mit einer aus Allylbromid u. Zn in Tetrahydrofuran dargestellten Lsg. von II. — *1-Phenyläthinylbutanol* (IV), Kp.$_2$ 112°, durch Zugabe von Butyraldehyd zu I, ¹/₂std. Erwärmen bei 50°, Hydrolyse mit Eis u. HCl; 63% (Ausbeute). — Analog IV werden folgende 1-Phenyläthinylalkohole dargestellt: *-n-amylalkohol*, Kp.$_2$ 132°; 56%. — *-n-hexanol*, Kp.$_2$ 138; 57%. — *-n-heptanol*, Kp.$_2$ 144°; 60%. — *-n-buten-(2)-ol-(1)*, Kp.$_3$ 120°; 22%. — *-cyclohexanol*, Kp.$_2$ 128°; 25%. — *Phenyläthinyldimethylcarbinol*, Kp.$_1$ 96°; 8%. — *Phenyläthinylmethylpropylcarbinol*, Kp.$_{0,2}$ 111°; 5%. Jochim Schmidt/Hannover. 1470◇

0830 **Synthese von Cyclopropylhalogeniden.** W. Kirmse und B. Graf v. Wedel. (Angew. Chem. **75**, 672, 1963; Mainz, Univ., Organ.-chem. Inst.; dt.) — 1.1.3-Trihalogenalkane reagieren mit CH_3Li in Ae. bei — 20 bis — 30° zu *Cyclopropylhalogeniden*. — 1.1.3-Tribrompropan (I) → *Cyclopropylbromid* (II; 60—65% Ausbeute). — 1.1.3-Tribrombutan (III) → *cis-* u. *trans-1-Brom-2-methylcyclopropan* (IV). — 1.1-Dibrom-3-chlorpropan (V) → ausschließlich II; 1.3-Dibrom-1-chlorpropan → *Cyclopropylchlorid*; bei dem Ringschluß bleibt also 1ständiges Halogen erhalten. — Die Rk. beginnt mit einem Halogen-Metall-Austausch, dem die 1.3-Eliminierung von Li-Halogenid folgt. — Rk. von I, III oder V mit CH_3Li in Ggw. von LiJ führt zu einem Gemisch von II oder IV mit *Cyclopropyljodid* oder *cis-* u. *trans-1-Jod-2-methylcyclopropan*. Da I—V unter den angewendeten Bedingungen nicht mit LiJ reagieren, muß die Substitution an der metallorgan. Zwischenstufe stattfinden. Die Befunde der Vff. zeigen einen 2-Stufen-Mechanismus der α-Eliminierung an geminalen Dihalogeniden. J. Rothe. 1810◇

0831 **Pinakon-Reduktion von 1.2-Dibenzoyläthan. Bildung eines gespannten cyclischen Pinakons.** Gary W. Griffin und Robert B. Hager. (J. org. Chemistry **28**, 599—600, 1963; New Haven, Conn., Yale Univ., Sterling Chem. Labor.; engl.) — Mit Mg/MgJ_2 läßt sich 1.2-Dibenzoyläthan (I) in *trans-1.2-Diphenylcyclobutandiol-(1.2)* (II) überführen, dessen Struktur durch IR-, Kernresonanz-Analyse u. $Pb(CH_3CO_2)_4$-Spaltung zu I bewiesen wird. Als Nebenprod. konnte gaschromatograph. *Acetophenon* in 5%ig. Ausbeute nachgewiesen werden. Durch Pinakolinumlagerung in 20%ig. H_2SO_4 entsteht aus II *1-Phenyl-1-benzoylcyclopropan*, dessen Struktur durch IR- u. Kernresonanz-Analyse bestätigt wurde.

Versuche: *trans-1.2-Diphenylcyclobutandiol-(1.2)* (II), $C_{16}H_{16}O_2$, F. 148—150° (Methylcyclohexan), durch 3std. Erhitzen von 0,73 g Mg u. 3,84 g J_2 in abs. Tetrahydrofuran auf 80°, Zugabe von 1 g I unter N_2, 30std. Kochen, Zugabe von 15 ml W., Einengen im Vakuum u. Extrahieren mit Bzl.; 0,3 g. — *1.2-Dibenzoyläthan* (I), F. 147—148°, durch Zugabe von 0,18 g $Pb(CH_3CO_2)_4$ zu 0,1 g II u. wasserfreiem K_2CO_3 in Bzl., 2std. Kochen, Filtrieren u. Einengen im Vakuum. — *1-Phenyl-1-benzoylcyclopropan*, $C_{16}H_{14}O$, F. 71—72° (Methanol, — 50°), durch 3std. Kochen von 0,2 g II u. 5 ml 20%ig. H_2SO_4, Kühlen u. Extrahieren mit Bzl.; 0,19 g. J. Gloede. 1870△

0832 **Kondensationsprodukte von Aldehyden mit zur Aldolbildung befähigten β-Dicarbonylverbindungen.** B. D. Wilson. (J. org. Chemistry **28**, 314—20, 1963; Rochester, N. Y., Eastman Kodak Co., Res. Labor.; engl.) — Kondens. von Acetessigsäureäthylester (V) mit Formaldehyd (VI) ohne Verw. eines Katalysators nach Rabe [1904] liefert das 2:1-Kondens.-Prod., *α.α'-Diacetylglutarsäurediäthylester*, der in Ggw. von Aminen durch intramol. Aldolkondens. in *3-Hydroxy-3-methyl-4.6-bis-[äthoxycarbonyl]-cyclohexanon* übergeht. Die gleiche Kondens. von Pentandion-(2.4) (I) u. VI ergibt je nach der Meth. der Aufarbeitung entweder *3.5-Diacetylheptandion-(2.6)* (II) oder das tautomere Monoenol *3.5-Diacetyl-2-hydroxyhepten-(2)-on-(6)* (III). Das II entsprechende Dienol konnte nicht isoliert werden. III läßt sich in II umwandeln; II u. III liefern ident. Derivate. Die Struktur von II u. III wird durch Auswertung ihrer IR-Spektren gesichert. Durch Rk. von II oder III mit Piperidin (VII) wird *4.6-Diacetyl-3-hydroxy-3-methylcyclohexanon* (IV) neben einer in ihrer Struktur noch nicht aufgeklärten *Verb.* $C_{17}H_{24}O_6$ (XV) erhalten. IV, dessen IR-Banden angegeben sind, kann auch nach Knoevenagel in Ggw. von Aminen dargestellt werden. Die oben aufgeführte Kondens. nach Rabe wird außer auf V u. I auf eine Anzahl weiterer β-Diketone, β-Ketosäureester u. *β-Ketosäureamide* (A) angewendet. Sie liefert mit VI entsprechende *δ-Diketone* in guter Ausbeute während bei Verw. von Acetaldehyd (VIII) an Stelle von VI eine Verringerung der Ausbeuten beobachtet wird. Rk. von I mit VIII liefert nicht das 2:1-, sondern das 1:1-Kondens.-Prod., das *3-Acetylpenten-(3)-on-(2)*; setzt man dem Rk.-Gemisch VII zu, so wird *4.6-Diacetyl-3-hydroxy-3.5-dimethylcyclohexanon* isoliert. Propion-(X) u. Butyraldehyd (XI) reagieren ohne Katalysator weder mit V noch mit I. I bildet dagegen mit X in Ggw. von $(C_2H_5)_2NH$ *3-Acetylhexen-(4)-on-(2)* u. mit XI in Ggw. von VII *3-Acetylhepten-(4)-on-(2)*. Durch Kondens. von Chloral (XII) mit V wird eine noch nicht definierte *Verb.* (B) erhalten, in der ein *1:1 Kondens.-Prod.* vorzuliegen scheint. Kondens. von VI mit α-Methylacetessigsäureäthylester (IX) führt zu *α-Hydroxymethyl-α-methylacetessigsäureäthylester*, der durch Amine nicht verändert wird.

Versuche (FF. korr.): *Acetessigsäureamid* (XVI), $C_4H_7NO_2$, F. 54—55° (Aceton/PAe.), durch Einrühren von NH_3 in Ae. in die Lsg. von Diketen (XIII) im geringen Überschuß in Ae. bei — 35 bis — 30° u. Absaugen;

91% (Ausbeute). — Acetessigsäureamide, durch Lösen von **XIII** in Ae., Eintropfen der berechneten Menge des entsprechenden, in Ae. gelösten Amins, 1std. Kochen u. Absaugen: *Äthylamid*, $C_6H_{11}NO_2$, F. ca. 30° (Ae.), Kp.$_{0,06}$ 85—88°; n_D^{25} 1,4586; 86%. — *Butylamid*, $C_8H_{15}NO_2$, F. 41—42° (Ae.); 75,3%. — *Dimethylamid*, $C_6H_{11}NO_2$, Kp.$_6$ 86°; n_D^{25} 1,4688; 46%. — *Diäthylamid*, $C_8H_{15}NO_2$, Kp.$_{1,5}$ 92—94°; n_D^{25} 1,4775; 89,2%. — *p-Fluoranilid*, $C_{10}H_{10}FNO_2$, F. 100,5—101,5° (Bzl.); 84,8%. — *3-Trifluormethylanilid*, $C_{11}H_{10}F_3NO_2$, F. 112—113° (wss. A.); 94,2%. — *4-Sulfoanilid*, *Na-Salz*, $C_{10}H_{10}NaNO_5S$, F. > 300° (CH_3OH); 97,1%. — *4-Carboxyanilid*, $C_{11}H_{11} \cdot NO_4$, F. 194° (Zers.; W.); 90,8%. — *N-Methylanilid*, $C_{11}H_{13}NO_2$, Kp.$_{0,09}$ 94—101°; n_D^{25} 1,5481; 92,2%. — *2-Acetoacetylamino-1-methylpyridinium-p-toluolsulfonat*, $C_{17}H_{20}N_2O_5S$, F. 134,5—135,5° (Aceton), durch mehrstd. Erwärmen von 2-Acetoacetylaminopyridin mit p-Toluolsulfonsäuremethylester auf dem Wasserbad u. 24std. Aufbewahren bei Raumtemp.; 52%. — Glutarsäuren: *α.α'-Diacetyl-*, *Diäthylester*, $C_{13}H_{20}O_6$, Kp.$_{0,006}$ ca. 100°, durch 3—5tägiges Aufbewahren von 1 Mol **VI** mit 2 Mol **V** in A. bei Raumtemp., Eingießen in W., Bzl.-Extraktion u. Einengen der Bzl.-Lsg.; n_D^{25} 1,449—1,461 {identifiziert als *Bis-[5-oxo-3-methylpyrazolinyl-(4)]-methan*, F. 329—330° (Zers.) u. als *Bis-[5-oxo-3-methylisoxazolinyl-(4)]-methan*, F. 182—183° (Zers.)}. *Dimethylester*, $C_{11}H_{16}O_6$, Kp.$_{0,004}$ ca. 90°, analog vorst. Verb. aus **VI** u. Acetessigsäuremethylester; n_D^{25} 1,456—1,462. — *α.α'-Dipropionyl-*, *Diäthylester*, $C_{15}H_{24}O_6$, Kp.$_{0,04}$ 88 bis 91°, analog vorst. Verb. aus **VI** u. Propionylessigsäureäthylester; n_D^{25} 1,4518. — *α.α'-Diacetyl-β-methyl-*, *Diäthylester*, $C_{14}H_{22}O_6$, Kp.$_{0,03}$ 90—94°, analog vorst. Verb. aus 2 Mol **V** u. 1 Mol **VIII**; n_D^{25} 1,4527. — *4.6-Bis-[methoxycarbonyl]-3.7-dioxononandisäure-(1.9)*, *Dimethylester*, $C_{15}H_{20}O_{10}$, F. 157—158,5°, durch 4tägiges Stehenlassen von 2 Mol 3-Oxoglutarsäuredimethylester (**XIV**; Kp.$_7$ 114—117°; n_D^{25} 1,4510) mit 1 Mol **VI** in CH_3OH; 28%. — *4.6-Bis-[methoxycarbonyl]-3.7-dioxo-5-methylnonandisäure-(1.9)*, *Dimethylester*, $C_{16}H_{22}O_{10}$, F. 171 bis 172°, analog vorst. Verb. aus **XIV** u. **VIII**; 8,4%. — *3.5-Diacetylheptandion-(2.6)* (**II**), $C_{11}H_{16}O_4$, F. 41,5—42,5° (Ae.), durch 2—5tägiges Aufbewahren von 2 Mol **I** mit 1 Mol **VI** in A. bei Raumtemp., Einengen im Vakuum u. Abkühlen des Rk.-Prod. in Aceton-Trockeneis; 82—87%. — *3.5-Diacetyl-2-hydroxyhepten-(2)-on-(6)* (**III**; *Monoenol-Form* von **II**), $C_{11}H_{16}O_4$, F. 55—56° (Ae.), analog **II**, Dest. des nach Abdest. des Lsgm. erhaltenen Rk.-Prod. u. Abkühlen der gewonnenen 125 g Öl (Kp.$_{0,05}$ 120—125°; n_D^{25} 1,4701) in Aceton-Trockeneis; ca. 25%; **II** u. **III** liefern das gleiche *Bis-[3.5-dimethylpyrazolyl-(4)]-methan*, F. 285—287°, u. das gleiche *Bis-[3.5-dimethylisoxazolyl-(4)]-methan*, F. 142—142,5°. — *4.6-Diacetyl-3-hydroxy-3-methylcyclohexanon* (**IV**), F. 89—90° (Ae.), a) nach Knoevenagel in Ggw. von $(C_2H_5)_2NH$; 50—60% [daneben *Verb.* $C_{17}H_{24}O_6$ (**XV**), F. 176—177° (CH_3OH); 5%]; b) analog a) in Ggw. von **VII**; c) analog a) in Ggw. von $(C_2H_5)_3N$; 70%; d) analog a) in Ggw. von Amberlite IR-45; e) durch 3tägiges Erwärmen von 9 g **II** oder **III** in Ggw. von **VII** auf 45°, Absaugen von **XV** u. Impfen des Filters mit nach a)—d) erhaltenem **IV**; 0,72 g. — *4.6-Diacetyl-3-hydroxy-3-methyl-5-[pyridyl-(2)]-cyclohexanon*, F. 176—176,5°, dargestellt nach Martin u. Mitarbeitern (vgl. C. **1960**, 7461). — *4.6-Dipropionyl-3-äthyl-3-hydroxy-2-methylcyclohexanon*, $C_{15}H_{24}O_4$, F. 138—139° (A.), durch 40std. Aufbewahren von 64,1 g Heptandion-(3.5) (Kp. 171—172°; n_D^{25} 1,4533) mit **VI** in Ggw. von **VII** in A. bei —10° u. Absaugen; ca. 25 g. — *4.6-Dipropionylnonandion-(3.7)* (**XVI**), Kp.$_{0,02}$ 115—118°, neben vorst. Verb. durch Eingießen des Filtrats in W., Bzl.-Extraktion u. fraktionierte Dest. des Bzl.-Rückstands; n_D^{25} 1,4664. — *Bis-[3.5-diäthylpyrazolyl-(4)]-methan*, $C_{15}H_{24}N_4$, F. 230—231,5° (wss. $CH_3 \cdot OH$) durch 24std. Aufbewahren von **XVI** mit N_2H_4 in A. Verdünnen mit W.; 64%. — *3.5-Dibenzoylheptandion-(2.6)*, $C_{21}H_{20}O_4$, F. 80—81° (CH_3OH), durch 65std. Aufbewahren von Benzoylaceton mit **VI** in A., Eingießen in W., Bzl.-Extraktion, Eindampfen der Bzl.-Lsg. u. Stehenlassen in der Kälte; 91,5%. — *α.α'-Diacetylglutarsäurediamid*, $C_9H_{14}N_2O_4$, F. 161,5—162° (Nitromethan), durch Lösen von 2 Mol **XVI** in A., Zugabe von 1 Mol **VI**, Rühren bis zum Eintritt des Lsg., mehrtägiges Aufbewahren u. Absaugen; 76,2%. — Analog vorst. Verb. werden durch Lösen von 2 Mol des entsprechenden **A** in A., Zugabe von 1 Mol **VI**, mehrtägiges Aufbewahren u. Absaugen oder Einengen u. Dest. folgende α.α'-Diacetylglutarsäurederivv. erhalten: *Bis-[monoäthylamid]*, $C_{13}H_{22}N_2O_4$, F. 170,5—171,5° (A.); 71,3%. — *Bis-[monobutylamid]*, $C_{17}H_{30}N_2O_4$, F. 138—139° (A.); 72,4%. — *Bis-[monocyclohexylamid]*, $C_{21}H_{34}N_2O_4$, F. 207° (Zers.; A.); 84,6%. — *Bis-[monobenzylamid]*, $C_{23}H_{26}N_2O_4$, F. 170—171° (A.); 74,6%. — *Bis-[monophenäthylamid]*, $C_{25}H_{30}N_2O_4$, F. 141—143° (A.); 61%. — *Dianilid*, $C_{21}H_{22}N_2O_4$, F. 193° (Zers.; A.); 90%. — *Bis-[mono-o-toluidid]*, $C_{23}H_{26}N_2O_4$, F. 192° (Zers.; A.); 88,6%. — *Bis-[4-fluoranilid]*, $C_{21}H_{20}F_2N_2O_4$, F. 221° (Zers.; A.); 83,6%. — *Bis-[2-chloranilid]*, $C_{21}H_{20}Cl_2N_2O_4$, F. 170—171° (wss. A.); 83,9%. — *Bis-[3-trifluormethylanilid]*, $C_{23}H_{20}F_6N_2O_4$, F. 145—146° (Bzl.); 63,7%. — *Bis-[2-methoxyanilid]*, $C_{23}H_{26}N_2O_6$, F. 152,5—153,5° (A.); 72,5%. — *Bis-[4-carboxyanilid]*, $C_{23}H_{22}N_2O_8$, F. 220° (Zers.); 23%. — *Bis-[4-sulfoanilid]*, *Di-Na-Salz*, $C_{21}H_{20} \cdot Na_2N_2O_{10}S_2$, F. > 300° (wss. A.); 91,4°. — *Bis-[2.4-dimethylanilid]*, $C_{25}H_{30}N_2O_4$, F. 195° (Zers.; A.-Dimethylformamid-W.); 97,2%. — *Bis-[3.4.5-trimethoxyanilid]*, $C_{27}H_{34}N_2O_{10}$, F. 156—157° (Zers.; Nitromethan); 94%. — *Bis-[pyridyl-(2)-amid]*, $C_{19}H_{20}N_4O_4$, F. 132—133° (A.); 83,7%. — *Bis-[metho-p-toluolsulfonat]*, $C_{35}H_{40}N_4O_{10}S_2$; 87,2%. — *Bis-[dimethylamid]*, $C_{13}H_{22}N_2O_4$, Kp.$_{0,014-0,016}$ 121—132°; n_D^{25} 1,4910; 85,9%. — *Bis-[diäthylamid]*, $C_{17}H_{30}N_2O_4$, Kp.$_{0,008-0,010}$ 144—145°; n_D^{25} 1,4819; 89,8%. — *Bis-[N-methylanilid]*, $C_{23}H_{26}N_2O_4$, Kp.$_{0,009}$ ca. 114°; n_D^{25} 1,5543; ca. 57%. — *Bis-piperidid*, $C_{19}H_{30}N_2O_4$, Kp.$_{0,025}$ 130—142°; n_D^{25} 1,5062; 95,7%. — *α-Hydroxymethyl-α-methylacetessigsäureäthylester*, $C_8H_{14}O_4$, Kp.$_9$ 108—109°, durch 10tägiges Aufbewahren von 2 Mol **IX** mit 1 Mol **VI** in A., Eingießen in W. u. Extrahieren mit Bzl.; n_D^{25} 1,4411; 64%. — *3-Acetylpenten-(3)-on-(2)*, $C_7H_{10}O_2$, Kp.$_{0,04}$ 44—45°, durch 7tägiges Aufbewahren von **I** mit **VIII** u. Dest.; n_D^{25} 1,4608; 96%. — *4.6-Diacetyl-3-hydroxy-3.5-dimethylcyclohexanon*, F. 108,5—109,5°, analog vorst. Verb. jedoch in Ggw. von **VII**; 89,4%. — *3-Acetylhexen-(4)-on-(2)*, Kp.$_6$ 59—61°, durch 4tägige Rk. von **I** mit **X** in Ggw. von wenig $(C_2H_5)_2NH$ u. Einengen im Vakuum; n_D^{24} 1,4875; 43%. — *3-Acetylhepten-(4)-on-(2)*, $C_9H_{14}O_2$, Kp.$_{18}$ 90—92°, durch 5tägige Rk. von **I** mit **XI** in Ggw. von wenig **VII** u. Einengen im Vakuum; n_D^{25} 1,4809; 85%. — *Verb.* **B** [*α-Acetyl-γ.γ.γ-trichlorcrotonsäureäthylester*(?)], $C_8H_9Cl_3O_3$, Kp.$_{0,3-0,4}$ 110—118°, durch 7tägiges Aufbewahren von 65,1 g **V** mit 36,7 g **XII** in A., Eingießen in W., Ae.-Extraktion u. Einengen im Vakuum; n_D^{25} 1,4730; 3 g. H. Gleinig. 1960◇

0833 **Eine neue Synthese von Cyclopropancarbonsäuren.** Donald B. Denney, John J. Vill und Marvin J. Boskin. (J. Amer. chem. Soc. **84**, 3944—46, 1962; New Brunswick, N. J., State Univ., Rutgers, School of Chem.; engl.) — Äthoxycarbonylmethylentriphenylphosphoran (**I**) reagiert mit Cyclohexenoxid (**II**), Octen-(1)-oxid (**III**) u. Styroloxid (**IV**) zu *Norcarancarbonsäureäthylester*, *trans-2-Hexylcyclopropan-1-carbonsäureäthylester* bzw. *trans-2-Phenylcyclopropan-1-carbonsäureäthylester* (**V**). Opt.-akt. **IV** ergibt opt.-akt. **V**. Hydrochinon u. Al-Isopropylat haben geringe katalyt. Wrkg., BF_3-Ätherat hemmt die Reaktion. Benzoylmethylentriphenylphosphoran reagiert mit **III** nicht, [1-Äthoxycarbonyläthyliden]-triphenylphosphoran führt unter gleichen Bedingungen zu *Triphenylphosphinoxid* u. polymeren Stoffen. Die Rk. von **I** mit Buten-(1)-episulfid ergibt ebenfalls Polymere u. unverändertes **I**. Der Rk.-Mechanismus wird diskutiert.

Versuche: *trans-2-Hexylcyclopropan-1-carbonsäureäthylester*, $C_{12}H_{22}O_2$, Kp.$_{10}$ 120°, Kp.$_{19}$ 130°, a) durch Rk. von **III** mit Diazoessigsäuremethylester, Verseifung u. Veresterung mit A.; b) durch 8std. Erhitzen von **I** u. **III** auf 200°; 46%. (Ausbeute). *p-Bromphenacylester*, F. 90—91° (A.); 51%. — *Norcaran-7-carbonsäure*, F. 97 bis 98° (sublimiert bei 90°/25 mm), durch Verseifung des rohen Esters mit methanol. KOH; 63%. *Äthylester*, $C_{10}H_{16}O_2$, Kp.$_1$ 80—82°, durch 8std. Erhitzen von **I** u. **II** auf 200°; 56%. *Amid* (**VI**), F. 224—225° (W./A.), aus 1 g Säure mit $SOCl_2$ u. NH_4OH; 0,5 g. — *trans-2-Phenyl-*

cyclopropan-1-carbonsäure, F. 90—91° (wss. A.), durch Verseifung von **V**. *Äthylester* (**V**), Kp.$_{0,15}$ 102°, durch 24std. Erhitzen von **I** u. **IV** auf 170°; 30%; daneben *Triphenylphosphinoxyd* (F. 155—157°; 89%). *Amid*, F. 190,5 bis 192° (wss. Methanol), analog **VI**. — *l-trans-2-Phenylcyclopropan-1-carbonsäuremethylester*, Kp.$_{25}$ 90°, analog **V** aus l-**IV**, Verseifung u. Rk. mit CH_2N_2; $[\alpha]_D^{20}$ —31,3° (c = 13; Chlf.); 28%. *Amid*, F. 192—193°, $[\alpha]_D^{23}$ +8,15° (c = 2; 95%ig. A.). W. Holland. 2010◇

0834 **Beitrag zur Dien-Synthese mit halogensubstituierten Komponenten.** H. Jahn und P. Goetzky. (Z. Chem. **2**, 311, 1962; Berlin-Adlershof, Akad. der Wiss., Inst. für Kunststoffe; dt.) — Wegen der großen Polymerisationsneigung der 2- oder 2.3-halogensubstituierten Butadiene wirkt sich eine Halogensubstitution auf die Dien-Synth. ungünstig aus. Störend wirkt auch die leichte HCl-Abspaltung, die bes. dann auftritt, wem sich ein aromat. Syst. bilden kann. Unter Anwendung von $AlCl_3$ kann eine Synth. unter milden Bedingungen erreicht werden. So bilden sich: *4.5-Dichlor-Δ⁴-tetrahydrophthalsäureanhydrid*, F. 118°, aus Maleinsäureanhydrid (**I**) u. 2.3-Dichlorbutadien (**II**); 28% (Ausbeute). — *4.5-Dichlor-Δ⁴-tetrahydrophthalsäure*, F. 228°. *Dimethylester*, F. 66°. — Die Umsetzung von **II** mit *Dichlormaleinsäureanhydrid* liefert eine Substanz, die weniger Cl als für 1.2.4.5-Tetrachlor-Δ⁴-tetrahydrophthalsäureanhydrid berechnet, enthält. Aus dem Addukt läßt sich *4.5-Dichlorphthalsäure* mit NaOH oder durch Erwärmen darstellen. — Monochlormaleinsäureanhydrid u. **I** reagieren unter HCl-Abspaltung zu einem Säuregemisch. **I** bildet mit 2.3-Dibrombutadien 11% *4.5-Dibrom-Δ⁴-tetrahydrophthalsäureanhydrid*, F. 138°. *Freie Säure*, F. 245°. *Dimethylester*, F. 103°. *Diäthylester* F. 25°. — Mono- u. Dibrommaleinsäureanhydrid geben mit 2.3-Dibrombutadien kein Addukt, ebenso 1.2.3.4-Tetrachlorbutadien u. **I**. K. Gröbe. 2020◇

0835 **Derivate der Pyromellitsäure. 1.2.4.5-Tetrasubstituierte Cyclohexane.** Daniel T. Longone. (J. org. Chemistry **28**, 1770—73, 1963; Ann Arbor, Mich., Univ., Dep. of Chem.; engl.) — Katalyt. Hydrierung von Pyromellitsäure (**I**) liefert eine der 5 möglichen stereoisomeren *Cyclohexantetracarbonsäuren-(1.2.4.5)* (**II**). Diese wurde in andere 1.2.4.5-tetrasubstituierte Cyclohexane übergeführt. *1.2.4.5-Tetrakis-[jodmethyl]-cyclohexan*, Ausgangsprod. für 1.2.4.5-Tetramethylencyclohexan u. Tetramethyl-[2.2]-paracyclophan, wurde in einer Gesamtausbeute von 62%, bezogen auf **I**, erhalten.

Versuche: *Cyclohexantetracarbonsäure-(1.2.4.5)* (**II**; vermutlich trans-cis-trans-Mesoform), $C_{10}H_{12}O_8$, F. 274—275° (Zers.; 50%ig. A.), aus **I**-Na-Salz u. H_2 an Raney-Ni W-2 in W. (3 Tage bei 150° u. 3000 p.s.i.); 81—99% (Ausbeute). *Tetramethylester*, $C_{14}H_{20}O_8$, F. 223 bis 225°, aus 28,6 g **II** u. $CH_3OH/H_2SO_4/C_2H_4Cl_2$; 24,5 g. — *Cyclohexantetracarbonylchlorid-(1.2.4.5)* (**III**), $C_{10}H_8Cl_4O_4$, F. 180—181°, aus **II** u. PCl_5 in sd. Bzl. (2 Tage); 72%. — *1.2.4.5-Tetrakis-[dimethylcarbamoyl]-cyclohexan*, $C_{18}H_{32} \cdot N_4O_4$, F. 296—298° (Zers.; W.), aus **III** u. $(CH_3)_2NH$ in Bzl. (Rühren, Kühlen mit W. bis zum Ende der exothermen Rk.); 77%. — **I**-*Tetraäthylester*, F. 55—56° (Ae.), aus **I**-Dianhydrid u. $A./H_2SO_4/Bzl.$; 90%. — **II**-*Tetraäthylester*, $C_{18}H_{28}O_8$, F. 127—128°, Nadeln, a) aus **II** u. $A./H_2SO_4/Toluol$ (80%); b) aus 61,2 g vorst. Verb. u. H_2 an Raney-Ni in abs. A. bei 175° u. 3000 p.s.i. (1,5 g; daneben Öl, vermutlich Stereoisomere); c) aus **III** u. A. (100°; 86%). — *1.2.4.5-Tetrakis-[acetoxymethyl]-cyclohexan*, $C_{18}H_{28}O_8$, F. 102—103° (Ae.), aus vorst. Ester u. $LiAlH_4$ in sd. Ae. (Soxhlet-Technik), dann Zugabe von Acetanhydrid/CH_3COOH, Entfernen des Ae., 19std. Erhitzen auf 47° u. 1std. Kochen; 86%. — *1.2.4.5-Tetrakis-[hydroxymethyl]-cyclohexan*, $C_{10}H_{20}O_4$, F. 205—206° (W.), aus vorst. Verb. u. CH_3ONa in sd. CH_3OH (2 Std.); 100%. Gab mit Acetanhydrid/Pyridin vorst. Verb. zurück (88%). *Tetrakis-p-toluolsulfonat* (**IV**), $C_{38}H_{44}O_{12}S_4$, F. 195—197° (Zers.; Chlf. oder Dioxan); 95%. — *1.2.4.5-Tetrakis-[brommethyl]-cyclohexan*, $C_{10}H_{16}Br_4$, F. 207 bis 208° (CCl_4), a) aus vorst. Tetraol u. PBr_3 in CCl_4 (4%); b) aus **IV** u. LiBr in Aceton (14,5 Std. bei 110° im Autoklaven; 36%). — *1.2.4.5-Tetrakis-[jodmethyl]-cyclohexan*, $C_{10}H_{16}J_4$, F. 245—246° (Chlf.), a) aus **IV** u. NaJ in sd. Aceton (4 Std.; 95%); b) aus vorst. Verb. u. NaJ in sd. Aceton (90 Std.; 63%). J. Rothe. 2040◇

0836 **Die Synthese von Cycloheptatrien-Homologen einiger physiologisch wirksamer Verbindungen.** Kenneth Conrow und Dhirubhai Naranji Naik. (J. med. Chem. **6**, 69—72, 1963; Los Angeles, Calif., Univ.; Manhattan, Kans., State Univ., Dep. of Chem.; engl.) — Durch Rk. von Tropyl-[Cycloheptatrien-(2.4.6)-yl]-Verbb., z. B. Tropyliumperchlorat (**I**) mit Acetamido- (**II**) oder Phthalimidomalonsäurediäthylester (**III**) u. anschließende 2stufige alkal. Hydrolyse oder nach der Strecker-Synth. aus Tropylacetaldehyd u. NaCN-NH_4Cl wurden 3 *Tropylaminosäuren* dargestellt, die keine physiolog. Wirksamkeit als Antagonisten oder Ersatz für Phenylalanin bei *Lactobacillus*-Arten aufwiesen. Das aus Tropylaceton hergestellte *β-Tropylisopropylamin* u. sein *N-Methyl-Deriv.* zeigten analept. Wrkg. an mit Pentobarbital behandelten Hunden. Die Maxima der UV- u. IR-Spektren sind angegeben.

Versuche (FF. korr.): *Tropylacetamidomalonsäurediäthylester*, $C_{16}H_{21}NO_5$, F. 55,5—56,5° (A.-W.), durch 4std. Rühren von äquimol. Mengen **I** u. **II** in Pyridin, Gießen auf Eis, Ansäuern mit konz. HCl, Extrahieren mit Ae., Trocknen, Dest. (Kp.$_{0,3}$ 160—165°), Aufnehmen in wenig kaltem A., Zusatz von W. bis zur leichten Trübung u. 24std. Stehenlassen im Kühlschrank; Nadeln; 78% (Ausbeute). — *N-Acetyltropylglycin*, $C_{11}H_{13}NO_3$, F. 202° (Zers.), aus vorst. Verb. in A. u. KOH in W. durch 1,5std. Kochen, Gießen auf Eis, langsame Zugabe von konz. HCl, Erwärmen bis zur vollständigen Decarboxylierung u. Stehenlassen im Kühlschrank; aus W.-A. Plättchen; 66%. — *Tropylphthalimidomalonsäurediäthylester*, $C_{22}H_{21}NO_6$, F. 96—97° (abs. A.), durch 2std. Rühren einer Mischung äquimol. Mengen **I** u. **III** in Pyridin u. Aufarbeitung wie bei vorvorst. Verb.; 94%. — *Tropylglycin*, $C_9H_{11}NO_2$, F. 228—229,5° (Zers.; W.); a) aus vorvorst. Verb. durch 23std. Kochen mit wss. NaOH, Entfärben mit Tierkohle, Neutralisieren mit Eisessig u. Stehenlassen im Kühlschrank; 34,5%; b) aus vorst. Verb. in KOH in W. durch 3std. Kochen, Abkühlen, Ansäuern mit 6 n HCl, Stehenlassen im Kühlschrank, Suspendieren des abfiltrierten amorphen Prod. (F. 171,5—174,5°) in W., Zusatz von konz. HCl, 3std. Kochen, Entfärben mit Tierkohle, Stehenlassen im Kühlschrank, Abfiltrieren von *Phthalsäure* (F. 204—206°), Einengen der Filtrate, Lösen in wenig W. u. Zusatz von konz. NH_4OH zur gerade lackmusalkal. Rk.; 3%; Nadeln. — *β-Tropyläthylbromid*, Kp.$_{0,6-0,7}$ 65—66°, durch Zutropfenlassen von *β*-Tropyläthanol zu einer eisgekühlten Mischung aus PBr_3, Pyridin u. Bzl., Erwärmen auf Raum-Temp., Dest. bei Normal- u. dann bei red. Druck; Öl, wird braun beim Stehen; 77,5%. — *β-Tropyläthylacetamidomalonsäurediäthylester*, $C_{18}H_{25}NO_5$, F. 77,5—78,5° (W.-A.), aus vorst. Verb., **II** u. einer Lsg. von Na in abs. A. durch mehrstd. Kochen, Verdünnen mit W., Extrahieren mit Ae. u. Abdest. der nichtumgesetzten Ausgangsstoffe bei 0,3 bis 0,5 mm. — *α-Acetamido-γ-tropylbuttersäure*, $C_{13}H_{17}NO_3$, F. 152,5—154,5° (Äthylacetat-PAe.), aus vorst. Verb. in A. u. KOH in W. durch 4std. Kochen; glänzende Plättchen; 88%. — *α-Amino-γ-tropylbuttersäure*, $C_{11}H_{15}NO_2$, 292,5—294,5° (Zers.; 50%ig. A.), aus vorst. Verb. u. NaOH in W. durch 24std. Kochen; Nadeln; 40%. — *α-Amino-β-tropylpropionitril, Hydrochlorid*, $C_{10}H_{13}ClN_2$, F. 184,5—186,5° (Zers.), aus äquimol. Mengen NH_4Cl, NaCN u. Tropylacetaldehyd in W. u. A., nach Abkühlen Zugabe von konz. NH_4OH, nach 5 Tagen Extrahieren mit Ae., Einengen im Vakuum, Lösen in Ae. u. Einleiten von HCl-Gas; aus abs. A.-Äthylacetat glänzende Kristalle; 58%; *N-Benzoyl-Deriv.*, $C_{17}H_{16}N_2O$, F. 115—117° (Bzl.-PAe.), flockige Mikronadeln. — *β-Tropylalanin*, $C_{10}H_{13} \cdot NO_2$, F. 236—238,5° (Zers.), aus vorst. Hydrochlorid u. NaOH in 50%ig. A. durch 4std. Kochen (NH_3-Entw.); aus W.-Aceton; Nadeln; 50,5%. — *Tropylaceton*, Kp.$_{0,1-0,3}$ 54—56°, Kp.$_{1,5}$ 71—73°, aus äquimol. Mengen **I** u. Acetessigsäureäthylester in Pyridin in 1 Std. bei Raum-Temp., Gießen auf Eis, Ansäuern mit konz. HCl, Extrahieren mit Ae., Einengen, Kochen des Rückstands mit A. u. wss. KOH während 1 Std. u. Dest.; bewegliches Öl, n_D^{21} 1,5215; 77%; *Oxim*, $C_{10}H_{13}NO$, Kp.$_{0,5}$ 106—107°,

$Kp._{1,5}$ 123—124°, aus dem Keton in A. u. Hydroxylaminhydrochlorid in W., Zugabe von Na_2CO_3 u. 2std. Kochen; hellgelbes, sehr viscoses Öl; krist. aus PAe. bei —20°, Plättchen; 93,5%. — *β-Tropylisopropylamin*, $Kp._{0,1}$ 52—53°, $Kp._1$ 70—71°, aus vorst. Oxim u. $LiAlH_4$ in Tetrahydrofuran durch 16std. Kochen, Zugabe von W. u. wss. NaOH, Kochen während 10 Min., Abkühlen, Filtrieren, Waschen mit Ae., Zusatz von 1 n HCl zum Filtrat, Extrahieren mit Ae., Zusatz von 10%ig. NaOH, Extrahieren mit Ae., Trocknen u. Einengen; 55%; *Hydrochlorid*, $C_{10}H_{16}ClN$, F. 219,5—220,5° (Zers.), aus abs. A.-Chlf. flockige Mikrokristalle. — *N-Formyl-β-tropylisopropylamin*, aus vorst. Amin u. Formamid durch 10std. Erhitzen auf dem Dampfbad; dickes, gelbes Öl; 37,5%. — *N-Methyl-β-tropylisopropylamin, Hydrochlorid*, $C_{11}H_{18}ClN$, F. 137,5—138,5° (abs. A.-PAe.), aus vorst. Verb. u. $LiAlH_4$ in trockenem Ae. durch 3std. Kochen, Zusatz von W. u. 10%ig. NaOH, Stehenlassen, Filtrieren, Waschen mit Ae., Trocknen u. Einleiten von trockenem HCl-Gas; wollige Nadeln; 66%. — *2.2-Ditropyl-1.3-diketohydrinden*, $C_{23}H_{18}O_2$, F. 168,5—169° (abs. A.), durch Rühren einer Lsg. von 1.3-Diketohydrinden in Acetonitril mit in Mineralöl dispergiertem 51,7%ig. Natriumhydrid während 15 Min., langsame Zugabe von gepulvertem **I**, Verdünnen der tief purpurfarbenen Mischung mit W. u. Extrahieren mit Ae.; hellgelbe Prismen; 66%. A. Jungblut. 2150◇

0837 **Die Synthese von 3.6-Disilylcyclohexadienen-(1.4) durch Abfangen von Benzolanion-Radikalen.** Donald R. Weyenberg und Louis H. Toporcer. (J. Amer. chem. Soc. **84**, 2843—44, 1962; Midland, Mich., Dow Corning Corp.; engl.) — Durch Umsetzung von Bzl., Toluol (**I**) u. Anisol (**II**) mit Na in Tetrahydrofuran (THF) werden in Ggw. von Trimethylchlorsilan (**III**) oder Dimethylmethoxychlorsilan (**IV**) *3.6-Bis-[trimethylsilyl]-cyclohexadien-(1.4)* (**V**) neben *1.4-Bis-[trimethylsilyl]-benzol* (**VI**), *3.6-Bis-[dimethylmethoxysilyl]-cyclohexadien-(1.4)* (**VII**), *1-Methyl-*(**VIII**) u. *1-Methoxy-3.6-bis-[trimethylsilyl]-cyclohexadien-(1.4)* (**IX**) erhalten. **V** läßt sich durch Benzochinon in CCl_4 in 70%ig. Ausbeute, durch Pt/Kohle in A. in 73%ig. Ausbeute u. durch H_2O_2 in A. in 50%ig. Ausbeute zu **VI** dehydrieren. **VII** gibt durch Hydrolyse und anschließende Kondensat. *2.2.4.4-Tetramethyl-3-oxa-2.4-disilabicyclo-[3.2.2]-nonadien-(6.9)*. Die Struktur von **V** wird durch NMR-Spektren bestätigt. Ein Mechanismus für die Bldg. von **V** bis **IX**, die über Ionenradikale verläuft, wird vorgeschlagen.

Versuche: *3.6-Bis-[trimethylsilyl]-cyclohexadien-(1.4)* (**V**), $C_{12}H_{24}Si_2$, F. 50—51°, $Kp._{4,5}$ 90°; a) durch 2tägiges Rühren von 9 Mol Li mit 3 Mol Bzl. u. 6 Mol **III** in 750 ml THF bei 25°; 40% (Ausbeute); daneben 15% *1.4-Bis-[trimethylsilyl]-benzol* (**VI**; F. 95—96°); b) analog mit Na u. einer katalyt. Menge Li in 6tägiger Rk.; 32%; daneben 10% **VI**; c) analog mit Na_2K-Legierung; 41%; daneben 9% **VI**. — *3.6-Bis-[dimethylmethoxysilyl]-cyclohexadien-(1.4)* (**VII**), $C_{12}H_{24}O_2Si_2$, $Kp._{10}$ 121—124°, analog aus Bzl., Li u. **IV**; n_D^{25} 1,4736—46; 52%. — *2.2.4.4-Tetramethyl-3-oxa-2.4-disilabicyclo-[3.2.2]-nonadien-(6.9)*, $C_{10}H_{18}OSi_2$, F. 71—72°, durch Hydrolyse von **VII** u. Kondens.; 20%. — *1-Methyl-3.6-bis-[trimethylsilyl]-cyclohexadien-(1.4)* (**VIII**), analog **V** nach a) aus **I**; 30 bis 50%. — *1-Methoxy-3.6-bis-[trimethylsilyl]-cyclohexadien-(1.4)* (**IX**), analog aus **II**; 30—50%. K. Rühlmann. 2180◇

0838 **Isolierung, Identifizierung und Synthese von Komponenten einer „Styrol-Dimeren-Fraktion“.** R. M. Parkhurst, J. O. Rodin und R. M. Silverstein. (J. org. Chemistry **28**, 120—23, 1963; Menlo Park, Calif., Stanford Res. Inst., Organ. Res. Dep.; engl.) — Aus 1 Mol frisch dest. Styrol erhält man durch 3std. Erwärmen am Rückfluß unter N_2 in Ggw. von 0,01 Mol S 3,9 g einer Dimerenfraktion, deren Komponenten nach gaschromatograph. Reinigung auf DC 710 Silicon u. Feinreinigung auf QF 1-0065 Fluorsilicon charakterisiert werden. Durch Vgl. der Massen-, NMR-, IR- u. UV-Spektren werden folgende Verbb. identifiziert: *1.3-Diphenylpropan*, dessen Bldg. auf eine Pyrolyse während der Dest. zurückgeführt wird, *cis-* u. *trans-1.3-Diphenylbuten-(2)* u. als Hauptprod. *2.4-Diphenylbuten-(1)*.

Versuche: *1.3-Diphenylpropan*, $Kp._{0,15}$ 92°, durch Red. von 1.3-Diphenylpropanon-(2) nach Clemmensen; 80% (Ausbeute); gibt durch Oxydation mit CrO_3 in Eisessig **I**. — *1.3-Diphenylpropanol-(1)* durch Zugeben von Phenyl-MgBr in Ae. (aus 15,7 g Brombenzol u. 2,43 g Mg) zu 13,4 g Hydrozimtaldehyd u. 3std. Kochen. — *β-Phenylpropiophenon* (**I**), F. 69—71° (PAe.), durch 1std. Zugeben vorst. Verb. zu $Na_{22}CrO_7 \cdot 2H_2O$ in H_2SO_4/W. bei 40° u. 1std. Stehen bei Raumtemp.; 17 g. — *2.4-Diphenyl-2-hydroxybutan*, durch 20 Min. langes Zugeben von **I** in Ae. zur sd. Lsg. von Methyl-MgJ in Ae. u. 20 Min. langes Kochen. — *2.4-Diphenylbuten-(1)*, $C_{16}H_{16}$; a) durch $^1/_4$std. Erhitzen vorst. Verb. mit 50%ig. H_2SO_4 auf dem Wasserbad u. Chromatographie an Fluorsilicon; daneben *cis-1.3-Diphenylbuten-(2)* u. *trans-1.3-Diphenylbuten-(2)*; b) durch 2std. Rühren von Triphenylmethylphosphoniumbromid mit n-Butyl-Li in Ae. bei 25° unter N_2, Zugeben von **I**, $^1/_2$std. Rühren, Zugeben von Tetrahydrofuran, Abdest. von Ae., 4std. Kochen u. Chromatographie an Fluorsilicon; gibt durch Oxydation mit $KMnO_4$ **I** (*2.4-Dinitrophenylhydrazon*, F. 162—164,5°). L. Träger. 2210◇

0839 **Reaktionen der Halogenmetallalkoholate.** 10. Mitt. **Ein neues Verfahren zur Synthese von Monohydroxytriarylmethanen.** I. I. Lapkin und M. I. Belanowitsch. (J. allg. Chem. **31** (**93**), 3182—87, Okt. 1961; Perm, Univ.; russ.) — 9. vgl. C. **1962**, 10061. — BrMg-Diarylcarbinolate reagieren mit BrMg-Phenolaten in Ggw. von Äthylformiat (**I**) oder Diäthyloxalat (**II**) unter Bldg. von *Diarylhydroxyarylmethanen*. Wenn die p-Stellung der Ausgangsphenole frei ist, bilden sich dabei *Diaryl-p-hydroxyarylmethane*, bei besetzter p-Stellung *Diaryl-o-hydroxyarylmethane*. Phenole mit m-Substituenten liefern dagegen — wahrscheinlich aus ster. Gründen — *Diaryläther*. Die Struktur der Verbb. wurde durch Parallelsynth. bewiesen.

Versuche: *2.2'.5''-Trimethyl-2''-hydroxytriphenylmethan*, $C_{22}H_{22}O$, F. 156° (PAe.); a) man gibt zu je 0,066 Mol Di-o-tolylcarbinol u. p-Kresol im 3fachen Vol. abs. Ae. 0,132 Mol Äthyl-MgBr im 3fachen Vol. Ae. u. kocht nach Zugabe von 0,066 Mol **I** 3 Std.; 65% (Ausbeute); b) man erhitzt 0,2 Mol o-Tolyl-MgBr in Ae. mit 0,066 Mol **I** 1 Std., gibt je 0,066 Mol p-Kresol u. **I** in Ae. zu u. kocht 3 Std.; 60%; c) durch 4std. Erhitzen von **III** in Eisessig mit HBr (D. 1,48). — *2.2'.5''-Trimethyl-2''-äthoxytriphenylcarbinol*, $C_{24}H_{26}O_2$, F. 115° (PAe.), aus Di-o-tolylketon u. 5-Methyl-2-äthoxyphenyl-MgBr in Toluol (3 Std., sd. Wasserbad). — *2.2'.5''-Trimethyl-2''-äthoxytriphenylmethan* (**III**), $C_{24}H_{26}O$, F. 100° (PAe.), durch Kochen vorst. Verb. in Eisessig mit der 1,5fachen Menge Zn-Staub. — *2-Methyl-5-isopropyl-4-hydroxytriphenylmethan*, $C_{23}H_{24}O$, $Kp._6$ 220—222°, F. 137° (PAe.); a) man gibt zu je 0,066 Mol Benzhydrol u. Thymol in abs. Ae. 0,132 g Äthyl-MgBr, dann 0,066 Mol **II** u. kocht 3 Std.; 68%; b) man gibt zu Phenyl-MgBr in Ae. Benzaldehyd, dann Thymol u. **II**; 70%; c) man gibt zu Phenyl-MgBr in Ae. **I**, dann Thymol u. **I**; 72%; d) durch Erhitzen von **IV** mit HBr-Eisessig. — *2-Methyl-5-isopropyl-4-methoxytriphenylcarbinol*, $C_{24}H_{26}O_2$, F. 110° (PAe.), aus 2-Methyl-5-isopropyl-4-methoxyphenyl-Mg · Br u. Benzophenon; 70%. — *2-Methyl-5-isopropyl-4-methoxytriphenylmethan* (**IV**), $C_{24}H_{26}O$, F. 89° (Methanol), durch Red. vorst. Verb. mit Zn-Staub in Eisessig. — *2.2'-Dimethyl-4''-hydroxytriphenylmethan*, $C_{21}H_{20}O$, F. 136° (PAe.); a) aus o-Tolyl-MgBr u. **I**, dann Phenol u. **I**; 65%; b) durch Verseifen von **V** mit HBr. — *2.2'-Dimethyl-4''-äthoxytriphenylcarbinol*, $C_{23}H_{24}O_2$, F. 125° (PAe.), aus Di-o-tolylketon u. 4-Äthoxyphenyl-MgBr durch 3std. Erhitzen in Toluol; 69%. — *2.2'-Dimethyl-4''-äthoxytriphenylmethan* (**V**), $C_{23}H_{24}O$, F. 99° (PAe.), durch Red. vorst. Verb. mit Zn. — *2.2'.3''-Trimethyl-4''-hydroxytriphenylmethan*, $C_{22}H_{22}O$, F. 114° (PAe.), aus o-Tolyl-MgBr, **I** u. o-Kresol; 70%. — *2-Methyl-4-hydroxytriphenylmethan*, $C_{20}H_{18}O$, F. 142°; a) aus BrMg-Diphenylcarbinolat u. BrMg-m-Kresolat in Ggw. von **II**; 33% (daneben *m-Tolylbenzhydryläther*, $C_{20}H_{18}O$, F. 124°; 52%). — *2-Methyl-4-äthoxytriphenylcarbinol*, $C_{22}H_{22}O_2$, F. 91° (PAe.), aus Benzophenon u. 2-Methyl-4-äthoxyphenyl-MgBr; 55%. — *2-Methyl-4-äthoxytriphenylmethan*,

$C_{22}H_{22}O$, F. 73° (PAe.), durch Red. vorst. Verb. mit Zn. — *2-Methyl-4'-hydroxytriphenylmethan*, $C_{20}H_{18}O$, F. 101° (PAe.), aus Phenyl-o-tolylcarbinol, Phenol, Äthyl-MgBr u. **I**; 66%. — *2.2'-Dimethyl-5-isopropyl-4-hydroxytriphenylmethan*, $C_{24}H_{26}O$, F. 127°; a) aus o-Tolyl-MgBr, Benzaldehyd u. Thymol in Ggw. von **I**; b) aus Phenyl-o-tolylcarbinol, Thymol, Äthyl-MgBr u. **II**; 65%. — *Di-o-tolylmethyl-m-tolyläther*, $C_{22}H_{22}O$, F. 206° (PAe.); a) aus o-Tolyl-MgBr, **I** u. m-Kresol; 70%; b) aus Di-o-tolylbrommethan u. m-Kresol in Ggw. von KOH. — *[Phenyl-o-tolylmethyl]-m-tolyläther*, $C_{21}H_{20}O$, F. 144° (PAe.), aus BrMg-Phenyl-o-tolylcarbinolat u. BrMg-m-Kresolat in Ggw. von **I**; 75%. — *[2.4.6-Trimethylbenzhydryl]-phenyläther*, $C_{22}H_{22}O$, F. 139° (A.), durch 4std. Erhitzen von BrMg-Phenylmesitylcarbinolat, BrMg-Phenolat u. **I**; 45%. Helmut Schäfer. 2260

0840 **Reaktionen der Halogenmetallalkoholate.** 11. Mitt. **Ein neues Verfahren zur Synthese von Thioäthern der aromatischen Reihe.** I. I. Lapkin und N. I. Panowa. (J. allg. Chem. [UdSSR] **32 (94)**, 745—48, 1962; russ.) — 10. vgl. vorst. Referat. — Durch Einw. von Äthylformiat (**I**) oder Diäthyloxalat (**II**) auf ein äquimol. Gemisch von BrMg- oder ClZn-Arylcarbinolaten u. -thiophenolaten wurden (über die entsprechenden Arylbrommethane) *Aryl-[arylmethyl]-* u. *Aryl-[diarylmethyl]-sulfide* dargestellt. Aus **I** u. BrMg-Thiophenolat bzw. -p-Thiokresolat wurden *Trithioorthoameisensäuretriphenylester* bzw. *-tri-p-tolylester* erhalten.

Versuche: a) Man gibt 0,2 Mol Äthyl-MgBr, dann 0,1 Mol **I** bzw. **II** zu je 0,1 Mol Aryl- bzw. Diarylcarbinol u. Thiophenol (**III**) bzw. p-Thiokresol (**IV**) in abs. Ae. u. kocht 2 Std.; b) man gibt zu 0,2 Mol Aryl-MgBr 0,1 Mol des entsprechenden Aldehyds in Ae., kocht 1 Std., gibt 0,1 Mol **III** bzw. **IV** zu, kocht 5 Min., versetzt mit 0,1 Mol **I** (**II**) u. kocht 2 Std.; c) man gibt zu 0,3 Mol Aryl-MgBr in Ae. 0,1 Mol **I**, erhitzt 1 Std., gibt 0,1 Mol **III** bzw. **IV** zu kocht 5 Min. gibt noch 0,1 Mol **I** zu u. erhitzt 2 Std.; d) man kocht 0,2 Mol $ZnCl_2$ u. 0,2 Mol Äthyl-MgBr in Ae. 1 Std., versetzt mit je 0,1 Mol des Carbinols u. **III** bzw. **IV**, dann mit **I** u. kocht 2 Stunden: *Phenyl-[diphenylmethyl]-sulfid*, $C_{19}H_{16}S$, F. 79° (PAe.); a) aus Phenyl-MgBr u. Benzaldehyd, dann **III** u. **II** (2:1:1:1 Mol); 86%; b) aus Äthyl-MgBr, Benzhydrol, **III** u. **II**; 88%. — *Phenyl-[di-o-tolylmethyl]-sulfid*, $C_{21}H_{20}S$, F. 68° (PAe.), aus o-Tolyl-MgBr, **I** u. **III**; 73%. — *Phenyl-[di-p-tolylmethyl]-sulfid*, $C_{21}H_{20}S$, F. 46° (PAe.), aus p-Tolyl-MgBr, **I** u. **III**; 65%. — *Phenyl-[di-p-xylylmethyl]-sulfid*, $C_{23}H_{24}S$, F. 109° (PAe.), aus p-Xylyl-MgBr, **I**, **III**, dann **I**; 80%. — *p-Tolyl-[diphenylmethyl]-sulfid*, $C_{20}H_{18}S$, F. 66° (PAe.),; a) aus Phenyl-MgBr, **I** u. **IV**; 96%; b) aus $ZnCl_2$-Äthyl-MgBr, Benzhydrol, **IV** u. **I**; 80%. — *p-Tolyl-[di-o-tolylmethyl]-sulfid*, $C_{22}H_{22}S$, F. 88° (PAe.) aus o-Tolyl-MgBr, **I** u. **IV**; 82%. — *p-Tolyl-[di-p-tolylmethyl]-sulfid*, $C_{22}H_{22}S$, F. 59° (PAe.), aus p-Tolyl-MgBr, **I** u. **IV**; 80%. — *p-Tolyl-[di-p-xylylmethyl]-sulfid*, $C_{24}H_{26}S$, F. 116° (PAe.), aus p-Xylyl-MgBr, **I** u. **IV**; 80%. — *p-Tolyl-[phenylmesitylmethyl]-sulfid*, $C_{23}H_{24}S$, F. 92° (PAe.), aus Mesityl-MgBr, Benzaldehyd, **IV** u. **I**; 78%. — *p-Tolyl-[mesityl-α-naphthylmethyl]-sulfid*, $C_{27}H_{26}S$, F. 149° (PAe.), aus Mesityl-MgBr, α-Naphthaldehyd, **IV** u. **I**; 69%. — *Phenylbenzylsulfid*, $C_{13}H_{12}S$, F. 44° (PAe.), aus Phenyl-MgBr, Benzylalkohol, **III** u. **I**; 50%. — *Trithioorthoameisensäure, Triphenylester*, $C_{19}H_{16}S_3$, F. 42° (PAe.), durch 2std. Kochen von **III**, Äthyl-MgBr u. **I** in Äther. Analog: *Tri-p-tolylester*, $C_{22}H_{22}S_3$, F. 109°. Helmut Schäfer. 2260△

0841 **Ester und Amide der 2.2'-Diphensäure.** Roberta B. Hill, Robert L. Sublett und Howard G. Ashburn. (J. chem. Engng. Data **8**, 233—234, 1963; Cookeville, Tenn., Tennessee Polytechnic Inst., Dep. of Chem.; engl.) — Es wurden eine Reihe *Diestern* (**A**) u. *Amiden* der *2.2'-Diphensäure* dargestellt. Die **A** weisen z. T. gegenüber den von Dean u. Mitarbeitern (C. **1950/54**, **7355** S) dargestellten abweichende physikal. Eigg. auf. Tert.-Amylester konnte nicht erhalten werden.

Versuche (FF. u. Kpp. korr.): 2.2'-Diphensäuredialkylester: *-dimethyl-*, F. 72—73° (PAe.), durch 20std. Kochen von 0,10 Mol 2.2'-Diphensäure u. 2,0 Mol CH_3OH bei Ggw. von konz. H_2SO_4, Neutralisieren mit festem Na_2CO_3, Abdest. des Alkohols u. Ausäthern; 91% (Ausbeute). — *-diäthyl-*, F. 41,5—42° (PAe.); 76%. — *-di-n-propyl-*, Kp.$_4$ 201—202°; D.$_4^{20}$ 1,118; n_D^{25} 1,5441; 35%. — *-diisopropyl-*, F. 74—74,5° (PAe.); 15%. — *-di-n-butyl-*, Kp.$_{1,5}$ 192—193°; D.$_4^{20}$ 1,082; n_D^{25} 1,5339; 40%. — *-diisobutyl-*, Kp.$_2$ 191—192°; D.$_4^{20}$ 1,085; n_D^{25} 1,535; 49%. — *-di-sek.-butyl-*, F. 81 bis 82° (PAe.); 11%. — *-di-n-pentyl-*, Kp.$_1$ 201,5—202,5°; D.$_4^{20}$ 1,064; n_D^{25} 1,529; 59%. — *-diisopentyl-*, Kp.$_9$ 229,5 bis 230,5°; D.$_4^{20}$ 1,063; n_D^{25} 1,529; 89%. — *-di-sek.-pentyl-*, F. 74,5—75,5° (PAe.); 8%. — *-di-n-hexyl-*, F. 44,5 bis 45,5° (PAe.); 25%. — *-di-n-heptyl-*, Kp.$_5$ 248—249°; D.$_4^{20}$ 1,018; n_D^{25} 1,1584; 97%. — *-di-n-octyl-*, Kp.$_1$ 246 bis 247,5°; D.$_4^{20}$ 1,015; n_D^{25} 1,5143; 97%. — *-di-n-decyl-*, Kp.$_{1,5}$ 272—273°; D.$_4^{20}$ 1,013; n_D^{25} 1,5093; 50%. — *-di-tert.-butyl-*, F. 132—133° (PAe.), durch 24std. Kochen von 0,14 Mol Ag-2.2'-Diphenat (**I**; aus dem Na-Salz u. $AgNO_3$) in abs. Ae. u. 0,45 Mol tert.-Butylchlorid; 41%. — *-dicyclopentyl-*, F. 121—121,5° (PAe.), aus **I** u. Cyclopentylchlorid (?) in Ggw. von Pyridin; 49%. — *-dicyclohexyl-*, F. 51—52° (PAe.); 77%. — 2.2'-Diphensäurediamide: *N.N'-Dimethyl-*, F. 116—116,5° (A./W.), durch ¹/₄std. Kochen von 0,04 Mol 2.2'-Diphenoylchlorid u. 0,10 Mol Methylamin in Bzl.; 90%. — *N.N'-Bis-[diäthyl]-*, F. 140 bis 141,5° (A./W.); 55%. — *N.N'-Di-n-propyl-*, F. 122,5 bis 123° (A./W.); 83%. — *N.N'-Bis-[di-n-propyl]-*, F. 93,5—94° (A./W.); 75%. — *N.N'-Di-n-butyl-*, F. 76 bis 77° (A./W.); 33%. — *N.N'-Diisobutyl-*, F. 112,5 bis 113° (A./W.); 93%. — *N.N'-Di-tert.-butyl-*, F. 200—201° (A./W.); 79%. — *N.N'-Diphenyl-*, F. 231—232° (A./W.); 72%. — *N.N'-di-p-tolyl-*, F. 175,5—176,5° (A./W.); 71%. — *Unsubstituiert*, F. 209—211° (A./W.); 41%. W. Kuhn. 2420△

0842 **β.β-Dimethyl-δ.δ-diphenyl-δ-valerolacton.** Weldon G. Brown und Fred Greenberg. (J. org. Chemistry **28**, 599, 1963; Chicago, Ill., Univ. of Chicago, Dep. of Chem.; engl.) — Das von Stetter u. Krause (C. **1954**, **9271**) durch Friedel-Crafts-Rk. aus 3.3-Dimethylglutarsäurechlorid (**I**) u. Bzl. oder aus 3.3-Dimethylglutarsäureäthylester (**II**) mit Phenyl-MgBr (**III**) erhaltene Prod. ist nicht 1.3-Dibenzoyl-2.2-dimethylpropan, sondern *β.β-Dimethyl-δ.δ-diphenyl-δ-valerolacton*, das durch IR- u. Kernresonanz-Analyse u. einem positiven Hydroxansäure-Test mit nach Rk. mit H_2NOH bestätigt wird.

Versuche: *β.β-Dimethyl-δ.δ-diphenyl-δ-valerolacton*, $C_{19}H_{20}O_2$, F. 91,7—92,2° (PAe.), a) durch Zugabe von 20,8 g **I** in Bzl. zu einer Suspension von 29 g $AlCl_3$ in Bzl. bei 0°, 2std. Rühren u. Zers. mit Eis u. HCl; 5,8 g; b) aus 0,95 g **II** u. **III**; 1,02 g; gibt mit H_2NOH, HCl u. $FeCl_3$ weinrote Färbung. J. Gloede. 2450△

0843 **Einige Zwischenprodukte bei der Synthese von Galcatin: Stobbe-Kondensation von 3.4-Methylendioxy-3'.4'-dimethoxybenzophenon.** V. G. Joshi. (J. sci. ind. Res. [New Delhi], Sect. B **21**, 289—90, 1962; Bombay, Inst. of Sci.; engl.) — Stobbe-Kondens. von 3.4-Methylendioxy-3'.4'-dimethoxybenzophenon mit Bernsteinsäurediäthylester (**I**) in Ggw. von K-tert.-Butylat gibt ein Gemisch von 2 isomeren *γ-[3.4-Methylendioxyphenyl]-γ-[3.4-dimethoxyphenyl]-itaconsäuren*, das durch fraktionierte Kristallisation getrennt wird. Die IR-Maxima sind angegeben.

Versuche: *3.4-Methylendioxy-3'.4'-dimethoxybenzophenon*, $C_{16}H_{14}O_5$, F. 165—166° (W./Dioxan), durch Zugabe von Veratrol zu Piperonylsäurechlorid in CS_2 unter Kühlen, portionsweise Zugabe von wasserfreiem $AlCl_3$ u. 4¹/₂std. Kochen; 43% (Ausbeute); daneben *Piperonylsäure*, F. 287—288°. *2.4-Dinitrophenylhydrazon*, $C_{22}H_{18}N_4O_8$, F. 237—242° (Zers. Essigsäure), rot. — *γ-[3.4-Methylendioxyphenyl]-γ-[3.4-dimethoxyphenyl]-itaconsäure, Isomerengemisch*, durch Zugabe vorst. Verb. u. **I** zu K-tert.-Butylat in tert.-Butanol, 14—16std. Erhitzen unter N_2, Zugabe von 5 n HCl, Abdestillieren von tert.-Butanol, Verdünnen mit W., Extrahieren mit Ae., Reextrahieren mit gesätt. wss. $NaHCO_3$-Lsg., Neutralisieren des alkal. Extraktes, 2—3std. Stehen im Kühlschrank, Extrahieren mit Ae., Eindampfen, Lösen in 20%ig. methanol. NaOH, 25std. Kochen, Abdestillieren

von überschüssigem Methanol u. Gießen in eiskalte HCl; 73%. *Isomeres Methanolsolvat* vom *F. 117—119°*, $C_{20}H_{18}O_8 \cdot CH_3OH$, durch Animpfen der Lsg. von 15,25 g des Gemischs in Methanol u. 24std. Stehen; Nadeln; 3,5 g; daneben *Isomeres* vom *F. 195—197°* (sintert bei 189°), $C_{20}H_{18}O_8$, durch Eindampfen der methanol. Mitterlauge im Vakuum, Lösen in wss. Aceton u. 24std. Stehen; aus Essigsäureäthylester/PAe. Nadeln; 2,5 g.
E. Mirsch. 2450△

0844 **Zwischenprodukte bei der Synthese von adrenocorticotropen Hormonanaloga. trans-6-Oxo-6.7.8.9-tetrahydro-4.5-benzindan und 1.6-Dioxo-6.7.8.9-tetrahydro-4.5-benzindan.** L. E. Coles, V. S. Gandhi und D. W. Mathieson. (J. Pharmacy Pharmacol. **12**, 518—22, 1960; London, Univ., School of Pharm., Dep. of Pharmaceut. Chem.; engl.) — Die Darst. von *trans-6-Oxo-6.7.8.9-tetrahydro-4.5-benzindan* u. *1.6-Dioxo-6.7.8.9-tetrahydro-4.5-benzindan* (**III**) aus trans-2-Phenylcyclopentyl-(1)-essigsäure (**II**) bzw. 1-Oxo-3-phenylcyclopentyl-(2)-essigsäure (**I**) u. die Rkk. dieser Verbb. werden beschrieben.

Versuche: *trans-2-Phenylcyclopentyl-(1)-essigsäure* (**II**), $C_{13}H_{16}O_2$, F. 40—40,5°, durch ³/₄std. Kochen von 20 g **I** mit 50%ig. Hydrazinhydrat in Äthylenglykol in Ggw. von KOH, Dest. bis 195° u. 2std. Erhitzen; aus PAe. Nadeln; 17 g (Ausbeute). *Anilid*, $C_{19}H_{21}NO$, F. 82 bis 84°; aus Bzl./Bzn. Nadeln. *Amid*, $C_{13}H_{17}NO$, F. 80 bis 80,5°; aus Bzl./Bzn. Nadeln. — *trans-2-Carboxycyclopentyl-(1)-essigsäure*, F. 62—64° (PAe.), durch 5std. Ozonolyse von **II** in Essigsäure, Zugabe von 3%ig. H_2O_2 u. Eindampfen. — *trans-6-Oxo-6.7.8.9-tetrahydro-4.5-benzindan*, F. 88—89°, durch 10tägiges Stehen von **II** in abs. HF u. Eindampfen; aus A.-Nadeln; 90%. *Oxim*, F. 183—189°; aus A. Nadeln. *2.4-Dinitrophenylhydrazon*, F. 246—247°; aus Xylol rote Platten. — *1.6-Dioxo-6.7.8.9-tetrahydro-4.5-benzindan* (**III**), $C_{13}H_{12}O_2$, F. 107 bis 109°, durch 10tägiges Stehen von 4,2 g **I** mit abs. HF; Sublimation bei 120°/0,2 Torr; aus Bzn.-Nadeln; 2,35 g. *Dioxim*, $C_{13}H_{14}N_2O_2$, F. 171—173°; aus wss. A.-Nadeln. — *4.5-Benzindan*, durch Red. von 1,6 g **III** mit Zn-Amalgam in Xylol in Ggw. von wss. HCl, 4std. Kochen des *6.7.8.9-Tetrahydro-4.5-benzindans* (Kp.$_{0,05}$ 72°; 0,85 g) mit Pd/Kohle u. Extrahieren mit Aether. *Pikrat*, F. 107 bis 108°, orangerote Nadeln. — *1-Oxo-6-hydroxy-4.5-benzindan*. F. 289—291°, a) durch 4std. Stehen von **III** in A./5%ig. wss. KOH, Ansäuern, Chromatographie an Al_2O_3 u. Eluieren mit Bzl.; b) durch Cyclisierung von [1-Oxo-3-phenylcyclopenten-(2)-yl-(2)]-essigsäure. *Acetylderiv.*, F. 163—164°; Prismen. — *1-Oxo-3-phenylcyclohexyl-(2)-essigsäure*, $C_{14}H_{16}O_3$, F. 140—141°, durch Hydrieren von 4 g der Cyclohexenyl-Verb. an Pd/$SrCO_3$ in A.; aus Bzl./PAe. u. Essigsäure Nadeln; 3,9 g. *Semicarbazon*, F. 206—207°, aus A. Nadeln. *2.4-Dinitrophenylhydrazon*, $C_{20}H_{20}N_4O_6$, F. 242°, aus verd. Essigsäure gelbe Nadeln. — *1.9-Dioxo-1.2.3.4.9.10.11.12-oktahydrophenanthren*, $C_{14}H_{14}O_2$, F. 150—151°, durch 5tägiges Stehen von 1 g vorst. Säure mit abs. HF; Sublimation bei 100—105°/0,2 Torr; aus Methanol Nadeln. *Bis-[2.4-dinitrophenylhydrazon]*, $C_{26}H_{22}N_8O_8$, F. 290° (Zers.), aus Nitrobenzol dunkelrote Nadeln. W. Hampel. 2650◇

0845 **Über die Bromierung von p-Toluolsulfonsäureestern des β-Hydroxynaphthalins und 2.6-Dihydroxynaphthalins.** Lidia Prajer-Janczewska. (Roczniki Chem. [Ann. Soc. chim. Polonorum] **34**, 1499—1509, 1960; Wrocław, Univ., Kat. Chem. Organ.; pol.) — Durch Bromierung von β-Tosyloxynaphthalin entsteht neben einer unbekannten *Verb. vom F. 161°* (Nadeln) *1-Brom-2-tosyloxynaphthalin* (F. 121—122°, Stäbchen), das auch durch Tosylierung von 1-Brom-2-hydroxynaphthalin erhalten wird. Die Tosylierung von 1.5-Dibrom-2.6-dihydroxynaphthalin führt zu *1.5-Dibrom-2.6-ditosyloxynaphthalin* (F. 215°, Nadeln), das aber nicht durch Bromierung von 2.6-Ditosyloxynaphthalin (F. 186°) erhalten werden kann. E. Höft. 2700◇

0846 **Synthese von β-Dekalon.** D. Chakravarti und K. P. Roychaudhuri. (Sci. and Cult. **28**, 81, 1962; Calcutta, Univ. Coll. of Sci. and Technol.; engl.) — Die Behandlung von Cyclohexanon mit Acrylonitril ergibt *2-[β-Cyanäthyl]-cyclohexanon* (Kp.$_{14}$ 145—150°). Die anschließende Kondens. mit Cyanessigsäureäthylester ergibt *α-Cyan-α-[2-(β-cyanäthyl)-cyclohexyliden]-essigsäureäthylester* (Kp.$_{0,5}$ 190—200°). Hydrierung an 10%ig. Pd/Kohle ergibt *α-Cyan-α-[2-(β-cyanäthyl)-cyclohexyl]-essigsäureäthylester* (Kp.$_{0,5}$ 180—185°). Durch Verseifung u. anschließende Veresterung erhält man *β-[2-(Carbomethoxymethyl)-cyclohexyl]-propionsäuremethylester* (Kp.$_3$ 140—142°. Durch Dieckmann-Kondens. erhält man daraus den entsprechenden *β-Ketoester* (Kp.$_3$ 126—129°), der durch Säurehydrolyse in ein neutrales Prod. übergeht, aus dem *cis-β-Dekalon* als *Semicarbazon* (F. 178°) isoliert werden konnte. H. Hein. 2700◇

0847 **Eine neue Synthese von 10-Methyldekalon-(1).** D. Chakravarti und K. P. Ray Chaudhuri. (Sci. and Cult. [Calcutta] **28**, 245—246, Mai 1962; Calcutta, Univ. College of Sci. and Technol., Dep. of Chem.; engl.) — 1-Acetyl-2-methylcyclohexen-(1) ergibt mit Morpholinhydrochlorid u. Paraformaldehyd nach Downs, Gill u. Lions (J. Amer. chem. Soc. **72**, [1950], 3464) *β-N-Morpholinoäthyl-[2-methylcyclohexen-(1)-yl]-keton* (**I**). Kondens. des Methojodids von **I** mit Na-Malonsäurediäthylester in A. führt zu *4.4-Dicarbäthoxy-10-methyldekalon-(1)* (**II**; Kp.$_{0,8}$ 185—190°). Verseifung von **II** ergibt die *Dicarbonsäure*, Decarboxylierung die zähflüssige *10-Methyldekalon-(1)-carbonsäure-(4)*. Erneute Decarboxylierung liefert *10-Methyldekalon-(1)* (Kp.$_{15}$ 135—140°); durch das *Semicarbazon* (F. 207—208°, mit authent. Material keine F.-Depression) als *cis-trans-Gemisch* charakterisiert.
A. Ackermann. 2700◇

0848 **Synthesen der Eleutherolsäure.** B. P. Handford und W. B. Whalley. (J. chem. Soc. [London] **1963**, 3896—97; Liverpool, Univ., Robert Robinson Labors.; engl.) — Eine Synth. der *Eleutherolsäure* [*4-Hydroxy-5-methoxynaphthoesäure-(2)*] aus 2-Brom-5-methoxybenzaldehyd wird beschrieben.

Versuche: *2-Brom-5-methoxybenzaldehyd*, F. 76°, Nadeln (PAe.), aus 86 g m-Methoxybenzaldehyd u. Br_2 in Chlf. (6std. Kochen); 82 g. — *4-Acetoxy-8-brom-5-methoxynaphthoesäure-(2)-äthylester* (**I**), $C_{16}H_{15}BrO_5$, F. 114°, gelbe Prismen (A.), aus 33 g vorst. Verb. u. Bernsteinsäurediäthylester in Ggw. von NaH, dann Cyclisierung des erhaltenen rohen *2-Brom-5-methoxybenzylidenbernsteinsäuremonoäthylesters*; 11,7 g. — *3-Hydroxymethyl-8-methoxynaphthol-(1)* (**II**), $C_{12}H_{12}O_3$, F. 135°, Nadeln (Bzl./PAe.), aus 19 g **I** u. $LiAlH_4$ in Ae. (Soxhlet-Technik); 7,6 g. — *8-Methoxy-3-methylnaphthol-(1)*, $C_{12}H_{12}O_2$, F. 91°, Prismen (PAe.), aus 4,6 g **II** u. Raney-Ni-Leg. in 10%ig. NaOH bei 100° unter Rühren bis zum Ende der Rk.; 1,4 g. — *1-Benzyloxy-3-hydroxymethyl-8-methoxynaphthalin*, $C_{19}H_{18}O_3$, F. 140°, Nadeln (Bzl.), aus **II** u. $C_6H_5CH_2Br$ in sd. Aceton in Ggw. von K_2CO_3 (48 Std.); fast 100%. — *4-Benzyloxy-5-methoxynaphthoesäure-(2)*, $C_{19}H_{16}O_4$, F. 129°, Nadeln (CH_3COOH), aus 1 g vorst. Verb. u. $KMnO_4$ in wasserhaltigem Aceton (Rühren über Nacht); 0,6 g. — *Eleutherolsäure* [*4-Hydroxy-5-methoxynaphthoesäure-(2)*], F. 250—251° (Zers.), cremefarbene Nadeln (CH_3OH), a) aus 0,9 g vorst. Verb. u. konz. HCl/CH_3COOH (2 Std. bei 100°; 0,5 g); b) aus **I** u. H_2 an Raney-Ni in äthanol. NaOH (3 Std.), dann 12std. Kochen mit KOH (fast 100%). *Äthylester*, $C_{14}H_{14}O_4$, F. 88°, Platten (W.). J. Rothe. 2700◇

0849 **Reaktion von 9-Äthinylfluorenol-(9) mit Thionylchlorid.** Tsuneyuki Nagase. (Sci. Pap. Inst. physic. chem. Res. [Tokyo] **56**, 97—100, März 1962; Laboratory for organic Synthesis; engl.) — Durch Molgew.-Best., Vgl. des UV-Spektrums mit 3.4-Dichlor-1.2-dibenzhydrolidencyclobutan, IR-Sprektrum u. chem. Abbau zu *Fluorenon* (**IV**) u. *Bernsteinsäure* bzw. Red. zu *1.2-Difluorenyl-(9)-cyclobutan* konnte gezeigt werden, daß das von Hennion u. Fleck (vgl. C. **1956**, 4991) veröffentlichte 9-[Chlorvinyliden]-fluoren als cycl. *Dimeres* vorliegt. *3.4-Dichlor-1.2-difluorenylidencyclobutan* (**II**) wurde aus 9-Äthinylfluorenol-(9) (**I**) u. $SOCl_2$ in Ggw. von Pyridin oder aus **I** u. HCl erhalten. **I** u. HBr ergibt die entsprechende *Br-Verb.*, während **I** mit HJ zu *1.4-Difluorenyl-(9)-butadiin-(1.3)* (**III**) reagiert. UV- u. IR-Spektren s. Original.

Versuche: *9-Äthinylfluorenol-(9)* (**I**), F. 107 bis 108°, aus **IV** u. Na-Acetylid in fl. NH_3; Nadeln aus CCl_4. —

1.2-Difluorenylidencyclobutane: *3.4-Dichlor-*(II), $C_{30}H_{18}Cl_2$, F. 222—223° (Zers.); a) aus 12,9 g I u. 9 g $SOCl_2$ in abs. Ae. u. wasserfreiem Pyridin bei 25° unter 2std. Rühren; 10 g (Ausbeute), aus 10 g I u. 30 ml konz. HCl in Ae. bei Zimmertemp.; gelbe Nadeln aus Dioxan; 10,4 g. 5std. Oxydation mit $NaCr_2O_7$ in Eisessig bei 70° gibt IV (F. 83°) u. 8std. Ozonolyse in Dioxan/A., Red. mit H_2/Pd u. Behandlung mit H_2O_2 (30%) IV u. *Bernsteinsäure.* — *3.4-Dibrom-*, $C_{30}H_{18}Br_2$, F. 214—215°, aus 10 g I u. HBr (48%ig) in Ae., orangefarbene Nadeln aus Dioxan; 9 g. Oxydation mit CrO_3 in Eisessig gibt IV. — *1.2-Difluorenyl-(9)-cyclobutan*, $C_{30}H_{24}$, F. 167—168°, aus 0,30 g II durch Hydrierung in Ggw. von Pd-Tierkohle (5%) in Dioxan u. methanol. KOH bei Atmosphärendruck; hellgelbe Nadeln aus A./Bzl. (1:1); 0,25 g. — *1.4-Difluorenyl-(9)-butadiin-(1.3)* (III), $C_{30}H_{18}$, F. > 360°, durch 10 Min. lange Rk. von 10 g I u. HJ (D. 1,6) in Ae. bei Raumtemp.; rötliche Nadeln aus Dioxan; 11,7 g. — *1.4-Difluorenyl-(9)-butan*, $C_{30}H_{26}$, F. 158—159°, aus 0,20 g III durch Hydrierung in Ggw. von Pd-Tierkohle (5%) in Dioxan; Nadeln aus A.; 0,15 g.

D. Lauer. 2750◇

0850 **Struktur des durch Polyphosphorsäure katalysierte Kondensation von Acetophenon erhaltenen niedriger schmelzenden Kohlenwasserstoffs.** Harold W. Moore und H. R. Snyder. (J. org. Chemistry **28**, 535—58, 1963; Urbana, Ill., Univ. of Illinois, Noyes Chem. Labor.; engl.) — Acetophenon (VI) unterliegt in Ggw. von Polyphosphorsäure (PS) einer Selbst-Kondens. unter Bldg. von *Benzoesäure*, *Dypnon*, 2 isomerer *KW-Stoffe* der Summenformel $C_{32}H_{24}$ (A u. B; vgl. Roeske u. Mitarbeiter, J. Amer. chem. Soc. **82**, [1960], 3128) u. einer *gelben hochschm. Verbindung.* Die Konstit. von A wird durch Überführung von A in einige *Phenanthridin*-Deriv. u. Diskussion der Kernresonanzspektren zu *4a-Methyl-1.3.9-triphenyl-4aH-fluoren* bewiesen. Durch Rk. mit 48%ig. HBr in Dimethylsulfoxid (DMS) liefert A *4-Methyl-1.3.9-triphenylfluorenol-(9)* (I), dessen Rk. mit NH_3 *10-Methyl-6.7.9-triphenyl-* (IV; N = 5) u. *1-Methyl-2.4.6-triphenylphenanthridin* (II) liefert. IV u. II werden zu *10-Methyl-6.7.9-triphenyl-* (III) bzw. *1-Methyl-2.4.6-triphenyl-5.6-dihydrophneanthridin* (V) hydriert. Durch Rk. mit Br_2/Essigsäure entsteht aus III *2.4-Dibrom-10-methyl-6.7.9-triphenylphenanthridin*, während V zu II aromatisiert wird. IR-Maxima sind angegeben.

Versuche: *4a-Methyl-1.3.9-triphenyl-4aH-fluoren* (A), F. 179—181°, durch 7std. Kochen von 492 g VI mit PS in Bzl., Abtrennen der benzol. Phase (C), Gießen der Säureschicht auf Eis u. Ausschütteln mit Bzl., aus Bzl./Cyclohexan (1 : 1) gelbe Kristalle; 68 g (Ausbeute); daneben aus C ein *KW-Stoff vom F. 227—229°* (B; aus Bzl./Cyclohexan (1 : 1) gelb] u. aus der wss. Lsg. 10 g einer gelben *Verb. vom F. > 300°*. — *4-Methyl-1.3.9-triphenylfluorenol-(9)* (I), $C_{32}H_{24}O$, F. 182—183° (abs. A./abs. Bzl.; 1 : 1), durch Erwärmen von A in DMS auf 50°, Zugabe von 48%ig. HBr, 1std. Rühren bei 60°, Gießen in W., Lösen des Nd. in Bzl., Chromatographie an neutralem Al_2O_3, Eluieren mit PAe. u. Methylalkohol/Ae. (3 : 1) u. Eindampfen der Methanol/Ae.-Lsg.; 66,6%. — *4-Methyl-1.3.9-triphenylfluoren*, F. 163—165°, durch Hydrieren von 2 g I in abs. A. in Ggw. von Raney-Ni bei 100°/1000 lbs./sq. in.; aus abs. A. Nadeln; 1,9 g. — *1-Methyl-2.4.6-triphenylphenanthridin* (II), $C_{32}H_{23}N$, F. 207—208° (Chlf./abs. A., 3 : 1), durch $1^1/_2$std. Zugabe von I in Chlf. zu NaN_3/H_2SO_4 in Chlf., 1std. Rühren bei Raumtemp., Zugabe von W., $^1/_4$std. Rühren, Eindampfen der Chlf.-Phase u. Waschen des Rückstandes mit abs. A.; 63%. — *10-Methyl-6.7.9-triphenylphenanthridin* (IV), $C_{32}H_{23}N$, F. 175—177° (abs. A.), neben II durch Einengen der alkohol. Wasch-Lsg.; 25%. — *5.6-Dihydro-10-methyl-6.7.9-triphenylphenanthridin* (III), $C_{32}H_{25}N$, F. 173 bis 175° (abs. A.), durch Hydrieren von IV in Essigester in Ggw. von PtO_2 bei Raumtemp./40 lbs./sq. in.; 78%. — *5.6-Dihydro-1-methyl-2.4.6-triphenylphenanthridin* (V), $C_{32}H_{25}N$, F. 148—149° (abs. A./Chlf., 1 : 1), analog III aus II; 76%; gibt durch Rk. mit Br_2/Eisessig 90% II. — *2.4-Dibrom-10-methyl-6.7.9-triphenylphenanthridin*, $C_{32}H_{21}Br_2N$, F. 216—218° (abs. A./Chlf.; 1 : 1), durch Rk. von III mit Br_2 in Eisessig; 77%. — *6-Phenylphenanthridin*, F. 105—107°, durch Rk. von 9-Phenylfluorenol-(9) in Chlf. mit NaN_3/H_2SO_4 in Chlf., Gießen in W. u. Fällen aus der wss. Lsg. mit 10%ig. NaOH; 76%. — *2.4.6-Triphenylphenanthridin*, $C_{31}H_{21}N$, F. 214—216° (abs. A./Chlf.; 1 : 1), analog vorst. Verb. aus 1.3.9-Triphenylfluorenol-(9); 60%.

W. Mucke. 2750△

0851 **Die Bildung eines Cyclooctatriens-(1.3.6) durch Radikal-1.4-Addition an Cyclooctatetraen und seine intramolekulare Isomerisierung zu einem Bicyclo-[4.2.0]-octadien-(2.4).** John L. Kice und Thomas S. Cantrell. (J. Amer. chem. Soc. **85**, 2298—2302, 1963; Columbia, S. C., Univ.; Corvallis, Ore., State Univ.; Columbus, Ohio, State Univ., Dep. of Chem.; engl.) — Rk. von Cyclooctatetraen (I) mit α-Cyanisopropylradikalen [erhalten durch Zers. von Azo-bis-isobutyronitril (II)] liefert unter 1.4-Addition *5.8-Bis-[α-cyanisopropyl]-cyclooctatrien-(1.3.6)* (III). III isomerisiert sich beim Erhitzen in Lsg. leicht zu *3.8-Bis-[α-cyanisopropyl]-bicyclo-[4.2.0]-octadien-(2.4)* (IV), wobei wahrscheinlich zunächst eine intramol. 1.5-transanulare H-Wanderung erfolgt; diese führt zu 3.8-Bis-[α-cyanisopropyl]-cyclooctatrien-(1.3.5), das sich zu IV tautomerisiert. — IR- u. Kernresonanzspektren sind ausführlich zahlenmäßig angegeben.

Versuche: *5.8-Bis-[α-cyanisopropyl]-cyclooctatrien-(1.3.6)* (III), $C_{16}H_{20}N_2$, F. 151—152°, Platten (CH_3OH), aus I (Kp.$_{17}$ 42—43°) u. II [F. 101° (Zers.; CH_3OH)] unter N_2 (8—10 Std. bei 80°); 5,5% (Ausbeute), bezogen auf II; daneben 72% *Tetramethylbernsteinsäuredinitril.* — *3.8-Bis-[α-cyanisopropyl]-cyclooocten* (?), $C_{16}H_{24}N_2$, F. 47 bis 48°, Nadeln (CH_3OH/W.), aus 0,126 g III u. H_2 an 10%ig. Pd-Kohle in Essigester; 0,096 g. — *3.8-Bis-[α-cyanisopropyl]-bicyclo-[4.2.0]-octadien-(2.4)* (IV), $C_{16}H_{20}N_2$, F. 87—88°, Prismen (CH_3OH/W.), durch 20std. Kochen von III in Xylol unter N_2 (82%) oder in Bzl. (42%; in 75 Std. 87%). — *3.9-Bis-[α-cyanisopropyl]-tricyclo-[4.2.2.0^{2.5}]-decen-(9)-dicarbonsäure-(7.8)-anhydrid*, $C_{20}H_{22}N_2O_3$, F. 150—151°, Nadeln (Bzl./Hexan), aus IV u. Maleinsäureanhydrid in Ae. (20 Std. unter N_2 bei Raumtemp.); 54%. — Hydrierung von IV an 10%ig. Pd-Kohle in A. gab ein Öl. — *3.9-Bis-[α-cynaisopropyl]-tricyclo-[4.2.2.0^{2.6}]-decadien-(7.9)-dicarbonsäure-7.8-dimethylester*, Öl, aus IV u. Acetylendicarbonsäuredimethylester in sd. Xylol unter N_2 (6 Std.); 94%. Pyrolyse (4 Std. bei 200—210°) gab nach chromatograph. Reinigung 57% *4-[α-Cyanisopropylphthalsäuredimethylester*, Kp.$_{0,2}$ 170—180° (Badtemp.). — Cyclooctadien-(1.3) reagierte mit II, ohne daß ein krist. Prod. isoliert werden konnte.

J. Rothe. 2950◇

0852 **Brückenringsysteme.** 7. Mitt. **Arylnorbornanderivate.** 2. Mitt. **Die ungewöhnliche Darstellung eines Carbonats während einer Perameisensäureoxydation.** Donald C. Kleinfelter und Paul von R. Schleyer. (J. Amer. chem. Soc. **83**, 2329—35, 20/5. 1961; Princeton, N. J., Univ., Frick Labor.; engl.) — 6. vgl. J. org. Chemistry **26**, [1961], 3740; 5. vgl. C. **1962**, 2321. — Die Oxydation von 2-Phenylnorbornen (I) mit Perameisensäure führt nicht zum erwarteten Epoxid, sondern zu *endo-2-Phenyl-cis-exo-norbornylencarbonat* (II) als greifbares Zwischenprod. neben *1-Phenylnortricyclen* (V). Durch Verseifung von II wird *2-Phenylnorbornan-exo-diol-(cis-2.3)* (III) gebildet, das auch direkt durch Hydroxylierung von I zugänglich ist. II entsteht auch aus III mit Phosgen oder Perameisensäure. Während die Oxydation von 2-[p-Chlorphenyl]-norbornen u. 2-Phenylbicyclo-[2.2.2]-octen ebenfalls zu *Carbonaten* führt, wurden in den IR-Spektren der Oxydations-Prodd. von 1-Phenylcyclopenten bzw. -hexen (IV) keine Carbonatbanden beobachtet. Durch Verseifen des Rk.-Prod. von IV entsteht nicht das erwartete trans-, sondern nur *1-Phenylcyclohexandiol-(cis-1.2)*. Durch Pinakolin-Umlagerung von III entsteht *endo-3-Phenylnorbornanon-(2)* (VII). Die Rk.-Mechanismen werden diskutiert. Die charakterist. Banden der IR-Spektren sind angegeben.

Versuche: (FF. korr. im geschlossenen Röhrchen): *endo-2-Phenyl-cis-exo-2.3-norbornylencarbonat* (II), $C_{14}H_{14}O_3$, F. 101,3—101,6°, a) durch Zugabe von I zu 30%ig. H_2O_2/Ameisensäure bei 10° unter Rühren; 11,2% (Ausbeute); b) analog bei 35—40° u. 2,4 Mol H_2O_2;

26%; c) analog mit 3,8 Mol H_2O_2; 35%; d) mit 4,5 Mol H_2O_2; 47%; daneben *Phenol* u. 23% **V**; e) durch 10 Min. langes Sättigen einer Lsg. von **III** in Ligroin, Bzl. u. wenig Pyridin mit Phosgen; 41%; f) durch Zugabe von **III** zu HCOOH u. H_2O_2 u. 24std. Rühren; 71%. — *1-Phenylnortricyclen* (**V**), $C_{13}H_{14}$, $Kp._{13}$ 121—122,5°, $Kp._{12}$ 122—129°, durch 24std. Kochen von **VI**-Hydrazon mit HgO; n_D^{20} 49% 1,5581. — *1-Phenylnorborbanon-(2)-hydrazon*, $C_{13}H_{16}N_2$, F. 187—188°, durch Zugabe von 98%ig. Hydrazin zu 1-Phenylnorbornanon-(2) (**VI**) in A. u. Essigsäure u. 4std. Kochen; hellgelbes Salz, verunreinigt mit *1-Phenylnorbanonazin*, $C_{26}H_{28}N_2$. — *2-Phenylnorbornan-exo-diol-(cis-2.3)* (**III**), $Kp._{13}$ 195—199°, a) durch Kochen von **II** mit KOH in W. u. A.; 88%; b) durch 0,5std. Rühren von **I** u. $KMnO_4$ in Aceton bei 0—7°; hellgelbes Öl; 19%. *p-Nitrobenzyliden-Deriv.*, $C_{20}H_{19}NO_4$, F. 172—173°. — *2-[p-Chlorphenyl]-cis-exo-2.3-norbornylencarbonat*, $C_{14}H_{13}ClO_3$, F. 111,1—111,8°, aus 2-[p-Chlorphenyl]-norbornen, HCOOH u. H_2O_2; 54%. — *endo-3-Phenylnorbornanon-(2)* (**VII**), $Kp._{17}$ 166 bis 174°, durch 0,5std. Erhitzen von **III** in Dioxan u. 50%ig. H_2SO_4 auf 100°; n_D^{20} 1,5552; 55%. *2.4-Dinitrophenylhydrazon*, $C_{19}H_{18}N_4O_4$, F. 203,7—204,1°; gibt durch 1std. Kochen mit KOH in Diäthylglykol ein Gemisch aus **VII** u. **VIII**. — *exo-3-Phenylnorbornanon-(2)* (**VIII**), durch Nef-Rk. aus exo-2-Phenyl-endo-3-nitronorbornanon nach Wildman u. Hemminger (C. **1950/54**, **3200** S). *2.4-Dinitrophenylhydrazon*, F. 165—166° (Zers.). — *exo-2-Phenylnorbornan*, $Kp._{16}$ 124—126°, nach Huang-Minlon (J. Amer. chem. Soc. **71**, [1949], 3301 u. früher) aus **VII** u. Hydrazinhydrat in Äthylenglykol; n_D^{20} 1,5444; 60%. — *2-Phenylbicyclo-[2.2.2]-octen*, $C_{14}H_{16}$, $Kp._{14-15}$ 138—145°, durch Zugabe von Phenyl-MgBr zu Bicyclo-[2.2.2]-octanon; 93%. — *1-Phenylcyclohexandiol-(cis-1.2)*, F. 94,2—95,0°, a) durch Erhitzen von **IV** mit H_2O_2 u. HCOOH u. Verseifen in A.; 67%; b) durch 2std. Rühren von 0,66 g **IV** u. 0,25 g OsO_4 in A. u. Pyridin, Filtrieren, Waschen mit Ae. u. 12std. Rühren mit 2 g Mannit u. 10%ig. wss. KOH; 150 mg *Monobenzoat*, F. 158,8—159,4°. — *1-Phenylcyclopenten*, $Kp._{15}$ 109 bis 113°, durch Dehydratation von 1-Phenylcyclopentanol mit $KHSO_3$; n_D^{20} 1,5732. K. Stühmer. 2950◇

0853 **Ringerweiterungsreaktionen von Bicyclo-[2.2.1]-heptan-Derivaten.** R. R. Sauers und R. J. Tucker. (J. org. Chemistry **28**, 876—78, 1963; Rutgers, New Brunswick, N. J., State Univ., Dep. of Chem.; engl.) — Bei der Rk. von Norcampher (**I**) mit Diazomethan (**II**) im Verhältnis 1 : 1 bzw. 20 : 1 entstehen in geringer Menge *Bicyclo-[3.2.1]-octanon-(2)* (**III**) u. *-(3)* (**IV**) im Verhältnis 1 : 1,6 bzw. 2 : 1, daneben 2 *Bicyclononanone*. Acetolyse von 2-Exo- (**V**) bzw. endo-2-Hydroxymethylnorbornyl-p-toluolsulfonat (**VI**) führt zu gaschromatograph. nicht trennbaren Mischungen von *Bicyclo-[3.2.1]-octanolacetaten*, die nach Red. mit $LiAlH_4$ u. Oxydation **III** u. **IV** im Verhältnis 14 : 1 bzw. 70 : 1 liefern. Bicyclo-[3.2.1]-octen-(2) (**VII**), das ein sehr komlexes KMR-Spektrum aufweist, wird durch die Hydroborierungs-Oxydations-Meth. von Brown u. Garg (C. **1962**, 10817) in ein Gemisch aus **III** u. **IV** im Verhältnis 1 : 4 umgewandelt. Die Trennung der Prodd. erfolgt gaschromatographisch. Die Mechanismen werden diskutiert.

Versuche: Gemisch aus *Bicyclo-[3.2.1]-octanon-(2)* (**III**) u. *-(3)* (**IV**), a) im Verhältnis 1 : 1,6 durch Zutropfen von KOH in 50%ig. wss. Methanol zu 58 mMol N-Nitroso-N-methyl-p-toluolsulfonamid u. 50 mMol **I** in ca. 90%ig. wss. A. bei 10—15° während 15 Min., $^3/_4$std. Rühren, Ansäuern mit 2 n HCl, Zugabe von festem KOH, Homogenisieren mit A., 3std. Kochen, Einengen im Vakuum, Extrahieren mit PAe. u. gaschromatograph. Analyse (4,4 g); daneben 2 nicht identifizierte *Bicyclononanone*; b) im Verhältnis 2 : 1 durch Rk. von 50 mMol **I** u. 2,5 mMol **II** wie bei a) (4,6 γ Prod. mit geringerem Anteil an Nebenprodd.); c) im Verhältnis 14 : 1 durch 30std. Solvolyse von 4,9 g **V** (ölig) in Eisessig/Acetanhydrid/Na-Acetat bei 120°, Verdünnen mit W., Extrahieren mit Pentan, Eindampfen, Red. des *Acetatgemisches* (2,5 g) mit $LiAlH_4$ in Ae., 2std. Oxydation von 1 g Alkoholgemisch [etwa gleiche Teile *exo-* u. *endo-Bicyclo-[3.2.1]-octanol-(2)* (**VIII**)] mit Dichromatlsg. bei Raumtemp. nach Brown u. Garz (l. c.) u. gaschromatograph. Trennung (0,6 g Ketonmischung); d) im Verhältnis 70 : 1 durch Solvolyse von 4,9 g **VI** (F. 41,5 bis 48,5°) wie bei c) (2,2 γ Acetatgemisch; Alkoholgemisch enthält vorwiegend **VIII**); e) im Verhältnis 1 : 4 durch Zugabe von $NaBH_4$ u. $ZnCl_2$ zu **VII** in abs. Ae., Zutropfen von äther. BF_3-Ätherat, 2std. Rühren bei Raumtemp., Zers. mit W., Rühren über Nacht mit $Na_2Cr_2O_7$-Lsg., Trennen, Ausäthern u. gaschromatograph. Trennung; 70% (Mischung). **IV**-*Dibenzyliden-Deriv.*, F. 187,5—190°. — *Bicyclo-[2.2.2]-octanon-(2)* (**IX**) als Gemisch mit **III** durch Rk. von **VII** mit H_2SO_4 u. Essigsäure nach Alder u. Mitarbeitern (C. **1956**, 11425), Red. der *Acetatgemischs* mit $LiAlH_4$ in Ae. zum *Gemisch der Alkohole* (*Bicyclo-[2.2.2]-octanol-(2)*, *cis-* u. *trans-Bicyclo-[3.2.1]-octanol-(2)*) u. Oxydation mit $Na_2Cr_2O_7$-Lsg.; aus 8 g Alkoholen 5 g *Ketone* (**III** u. **IX** im Verhältnis 2,5 : 1). — *Bicyclo-[3.2.1]-octen-(2)* (**VII**), Kp. 124°, durch katalyt. Red. von exo- u. endo-2-Hydroxymethylnorbornen-(5) zu *exo-* u. *endo-2-Hydroxymethylnorbornan* u. Behandeln mit H_3PO_4. G. Fischer. 2950◇

0854 **Diensynthesen unter hohem Druck.** W. H. Jones, D. Mangold und H. Plieninger. (Tetrahedron [London] **18**, 267—72, März 1962; Rahway, N. J., Div. of Merck & Co., Inc., Res. Labor. Merck Sharp & Dohme; Heidelberg, Univ., Organ.-Chem. Inst.; dt.) — Die Rk. von Naphthalin (**I**) bzw. 1-Nitronaphthalin (**II**) mit Maleinsäureanhydrid (**III**) in Ae. bei 100° unter einem Druck von 10000 at werden beschrieben u. dabei Gemische der *endo-* u. *exo-Form* von *1.4-Endovinylentetralindicarbonsäure-(2.3)-anhydrid* (**IV**) bzw. der *5-Nitroverb.* (**V**) erhalten. Der Vers. zeigt, daß bei der Umsetzung von **I** mit **III** bei hohem Druck die gleichen Prodd. entstehen wie bei Normaldruck, jedoch in wesentlich höheren Ausbeuten. Die Maxima der IR-Spektren sind angegeben.

Versuche: 1.4-Endovinylentetralindicarbonsäure-(2.3)-anhydride: *Unsubstituiert* (**IV**), $C_{14}\cdot H_{10}O_3$, F. 138—139° (Äthylacetat), durch 17std. Erhitzen von 4,4 g u. 6,7 g **III** in Ae. auf 100° bei 9500 at; 4,20 mg (Ausbeute); daneben aus den Mutterlaugen 280 mg *Isomeres*, F. 158—159° (Äthylacetat). — *2-Nitro-*, (**V**), $C_{14}H_9NO_5$, F. 208° (Äthylacetat), durch 18std. Erhitzen von **II** u. **III** in Ae. auf 100° bei 9900 at.; 39%. — 1.4-Endovinylentetralindicarbonsäure-(2.3)- *Unsubstituiert*, $C_{14}H_{12}O_4$, F. 158—159° (Äthylacetat), durch Schütteln von **IV** mit 2 n KOH über Nacht; 78%. *Jodlacton*, $C_{14}H_{11}JO_4$, F. 210—215°, durch 20std. Rühren der Dicarbonsäure mit KJ_3-Lsg. in $NaHCO_3$-Lsg. u. Zersetzen des *Na-Salzes* mit verd. H_2SO_4; aus Ae./PAe. Nadeln; 12,5%. — *5-Nitro-*, F. 185—187° (Äthylacetat). *Jodlacton*, $C_{14}H_{10}JNO_6$, F. 230° (Ae./PAe.), analog durch Rühren über Nacht; 37%. W. Hampel. 2950□

0855 **Weitere Vereinfachung der Pentacensynthese.** V. Bruckner und J. Tomasz. (Acta chim. Acad. Sci. hung. **28**, 405—08, 1961; Budapest, L. Eötvös-Univ., Inst. für organ. Chemie; dt.) — Durch Ermittlung der optimalen Vers.-Bedingungen ließ sich die Durchführung der Red. des Pentacenchinons-(6.13) (**I**) zu *Pentacen* u. dessen Isolierung wesentlich vereinfachen. — *Pentacen*, durch 4std. Kochen von **I**, Al-Spänen, $HgCl_2$, CCl_4 u. Cyclohexanol, Verdünnen mit Eisessig u. Methanol u. Filtrieren; kristallin; 53,7% (Ausbeute). H. Henze. 2950◇

0856 **Einige Untersuchungen über Tropenylazulene.** Arthur G. Anderson jun. und Lanny L. Replogle. (J. org. Chemistry **28**, 262—65, 1963; Seattle, Wash., Univ. of Washington, Dep. of Chem.; engl.) — Bei der Rk. von Azulen (**I**) mit Tropyliumfluoborat (**II**) bilden sich *1-Tropenyl[Cycloheptatrien-(1.3.5)-yl-(7)]-* (**III**) u. *1.3-Ditropenylazulen*; letzteres überwiegt auch bei Anwendung eines **I**-Überschusses. Analog erhält man aus 1-Chlorazulen (**IV**) u. **II** *1-Tropenyl-3-chlorazulen* (**V**), das auch bei der Rk. von **III** mit N-Chlorsuccinimid (**VI**) entsteht. **V** bildet beim Hydridaustauschversuch mit Triphenylmethylfluoborat (**VII**) in geringen Mengen **II**, *Triphenylmethan* (**VIII**), *1-Triphenylmethyl-3-chlorazulen* (**IX**), das auch bei der Triphenylmethylierung von **IV** entsteht, u. einen braunen Gummi. Das erwartete [*3-Chlorazulenyl-(1)*]*-tropyliumfluoborat* (X) unterliegt offenbar teilweise elektrophilem Austausch des Tropyliumions gegen das Triphenylcarboniumion. Der braune Gummi, der als rohes **X** angesehen wird, liefert bei der Red. mit $NaBH_4$ neben **VIII** ein *grünes Öl* u. *1-Benzyl-3-chlorazulen* (**XI**), das mit dem Chlorierungsprod. von 1-Benzylazulen (**XII**) ident. ist. Der Mechanismus der Bldg. von **XI** wird diskutiert. Die Maxima der sichtbaren, UV- u. KMR-Spektren sind angegeben.

Versuche: *1-Tropenylazulen* (**III**), $C_{17}H_{14}$, F. 59 bis 60,5°, durch Zugabe von **II** zu **I** in pyridinhaltigem Methanol, 3std. Stehen bei Raumtemp., 10 Min. langes Erhitzen auf dem Dampfbad, Gießen in W., Ausäthern u. Chromatographie an bas. Al_2O_3 u. Elutieren mit PAe./CH_2Cl_2 (50:1); 19% (Ausbeute); daneben *1.3-Ditropenylazulen*, $C_{24}H_{20}$, F. 135—136° (Methylcyclohexan) dunkelblaue Blättchen; 62%. — *1-Tropenyl-3-chlorazulen* (**V**), $C_{17}H_{13}Cl$, a) durch Zugabe von **II** zu **IV** in A., $2^1/_4$std. Stehen bei Raumtemp., Gießen in verd. $NaHCO_3$-Lsg., Extraktion mit CH_2Cl_2 u. Chromatographie an aktiviertem bas. Al_2O_3; blaues Öl; 83%; b) durch 12std. Stehen von **III** u. **VI** in Dimethylformamid bei Raumtemp., Gießen in W., Ausäthern u. Chromatographie an bas. Al_2O_3 50%. — *1-Triphenylmethyl-3-chlorazulen* (**IX**), $C_{29}H_{21}Cl$, F. 204—206°, durch Zugabe von **VII** zu **IV** in Acetonitril, $^1/_2$std. Stehen bei Raumtemp., Gießen in W., Extraktion mit CH_2Cl_2 u. Chromatographie an bas. Al_2O_3; große blaue Platten aus Methanol; 76%. — [*3-Chlorazulenyl-(1)*]*-tropyliumfluoborat* (**X**), durch Dest. von Acetonitril über P_2O_5 in **V**, Zugabe von **VII**, 20std. Stehen, Eindampfen, Digerieren mit trockenem PAe., dann mit CH_2Cl_2, Dekantieren (als Rückstand wenig **II**), Eindampfen des CH_2Cl_2-Extraktes u. Digerieren mit abs. Ae. (Chromatographie der Rückstände aus den vereinigten PAe.- u. Ae.-Extrakten an bas. Al_2O_3 mit PAe., Eluieren gibt 37% **VIII**, ferner aus einer mit PAe./CH_2Cl_2 (25:1) eluierten Zone 25% **IX** u. aus einer mit PAe./CH_2Cl_2 (1:1) eluierten Zone *Triphenylcarbinol*]; brauner, gummiartiger Rückstand. — *1-Benzyl-3-chlorazulen* (**XI**), $C_{17}H_{13}Cl$, a) durch mehrstd. Stehen von **XII** u. **VI** in Dimethylformamid, mehrstd. Stehen bei 10°, Gießen in W., Ausäthern u. Chromatographie an bas. Al_2O_3; blaugrünes Öl; 73%; b) durch Darst. von **X** wie oben, Eindampfen im Rotationsverdampfer, mehrere Min. langes Evakuieren auf 0,3 Torr, Digerieren mit PAe., Ae. u. PAe. [aus den Extrakten durch Chromatographie 21% **VIII**, 61 mg **IX** u. ein *grünes Öl*], Extrahieren mit CH_2Cl_2 (als Rückstand **II**), Eindampfen, Dest. von abs. Acetonitril auf den Rückstand, mehrere Min. lange Einw. von $NaBH_4$, Gießen auf W., Extrahieren mit PAe. u. Chromatographie an bas. Al_2O_3; blaugrünes Öl; daneben 11,5 mg **VIII**. G. Fischer. 2950◇

0857 **Reduktion von Nitroverbindungen mit Triäthylphosphit: Eine neue Cyclisierungsreaktion.** J. I. G. Cadogan und M. Cameron-Wood. (Proc. chem. Soc. [London] **1962,** 361; London, King's Coll.; engl.) — Durch Red. mit der 4fachen mol. Menge Triäthylphosphit unter N_2 bei 160° entstehen in 9 Std. aus 2-Nitrobiphenyl *Carbazol* [F. 239—243°, 82,5% (Ausbeute)], aus 4-Brom-2'-nitrobiphenyl *2-Bromcarbazol* (77%), aus 2-[o-Nitrophenyl]-pyridin *Pyrido-*[*1'.2':b*]*-indazol* (F. 78—79°; 100%), aus 2-Nitrodiphenylamin *Phenazin*, aus 2.2'-Dinitrobiphenyl oder aus 3.4-Benzocinnolin *3.4-Benzocinnolin-N^1.N^2-dioxid*, aus Azoxybenzol *Azobenzol* u. aus cis- u. trans-2-Nitrostilben *2-Phenylindol* (F. 188 bis 189°). Wolfgang Schreiber. 3000◇

0858 **Polymethinfarbstoffe aus heterocyclischen Brenztraubensäure-Derivaten.** Werner Franke und Friedrich Bauriedel. (J. prakt. Chem. [4] **20,** 1—13, 1963; Frankfurt/Main, ADOX-Fotowerke D. C. Schleussner GmbH, Wiss. Labor.; dt.) — Eine Reihe von heteroxycl. substituierten *Brenztraubensäureoximen* werden als Ausgangssubstanzen für die Synth. von am $C_{(\gamma)}$ substituierten *2-*[*α-Cyanpropen-(1)-yl*]*-benzoxazolen, -benzthiazolen, -chinolinen* u. *-3-phenyl-6-chlorbenzimidazole* dargestellt. Die dargestellten Verbb. sensibilisieren photograph. Halogensilberemulsionen. IR-Spektren der Verbb. s. Original.

Versuche: *Benzselenazolyl-(2)-brenztraubensäure, Äthylester* (**I**), $C_{12}H_{11}NO_3Se$, F. 193° (A.), F. 215° (Chlf./PAe.), durch Zugabe von Oxalsäurediäthylester zu K-Äthylat in Ae./A. bei 0°, 10 Min. langes Stehen, Zugabe von 2-Methylbenzselenazol u. 24std. Stehen bei Raumtemp.; aus A. feine gelbe Nadelbüschel, aus Chlf./PAe. gelbe sechseckige Blättchen. *Äthylester-Oxim* (**II**), $C_{12}H_{12}\cdot N_2O_3Se$, F. 159—161°, durch 4std. Kochen von **I** mit Hydroxylaminhydrochlorid u. wasserfreiem K-Acetat in Methanol in Ggw. von Eisessig; aus Essigester gelbe rhomboedr. Kristalle; 46% (Ausbeute). *Oxim* (**III**), $C_{10}H_8N_2O_3Se$, F. 143—145° (Zers.), durch Zugabe von Na-Äthylat in A. zu **II** in Ae., 5 Min. langes Stehen u. Zugabe von Wasser; aus W. gelbe Nadeln; 63%. — [*1-Phenyl-5-chlorbenzimidazolyl-(2)*]*-brenztraubensäure, Äthylester*, $C_{18}H_{15}ClN_2O_3$, F. 161—164° (Essigester), analog **I** aus 1-Phenyl-5-chlor-2-methylbenzimidazol u. 4tägiges Stehen bei Raumtemp.; 63%. *Äthylesteroxim*, $C_{18}H_{16}ClN_3O_3$, F. 193—197°, analog **II**; aus Essigester Blättchen; 87%. *Oxim*, $C_{16}H_{12}ClN_3O_3$, F. 156—160° (Zers.), 92%. — Brenztraubensäureoxime: *Benzoxazolyl-(2)-, Monohydrat*, $C_{10}H_8N_2O_4\cdot H_2O$, F. 156—160° (Zers.), durch 6 Min. lange Rk. von Benzoxazolyl-(2)-brenztraubensäureäthylesteroxim in Ae. mit Na-Äthylat in A., Zugabe von W. u. $^1/_2$std. Stehen bei Raumtemp. schwachgelbe Kristalle; 73%. *Wasserfreie Verb.*, $C_{10}H_8\cdot N_2O_4$, durch Umkristallisieren aus Essigsäureäthylester u. 30std. Trocknen bei 70°. — *Benzthiazolyl-(2)-*, nach Borsche u. Doller [1939]. — *Chinolyl-(2)-*, analog vorst. Verbindung. — *3-Äthyl-2-*[*3.3-bis-benzoxazolyl-(2)-propen-(2)-yliden-(1)*]*-benzoxazolin*, $C_{26}H_{19}N_3O_3$, F. 213 bis 214° (Zers.), durch 4 Min. langes Kochen von Dibenzoxazolylmethan u. 2-[2-Acetanilidovinyl]-3-äthylbenzoxazolium-p-tosylat in Pyridin/Acetanhydrid; aus Aceton orangefarbene Nädelchen. — 2-[α-Cyanpropen-(1)-yl]-benzoxazole, durch 6 Min. langes Kochen der entsprechend substituierten Brenztraubensäureoxime mit 3-Äthyl-2-[2-phenyliminoäthyliden]-2.3-dihydrobenzthiazol, -2.3-dihydrobenzselenazol, 2-[2-Acetanilidovinyl]-3-äthylbenzoxazoliumjodid bzw. 1-Äthylchinoliniumjodid in Acetanhydrid/Pyridium u. Gießen in W.: *γ-*[*3-Äthylbenzoxazolinyliden-(2)*]-, $C_{20}H_{15}N_3O_2$, F. 224—226° (Zers.), aus Aceton gelbes Kristallpulver. — *γ-*[*3-Äthylbenzoselenazolinyliden-(2)*]-, $C_{20}H_{15}N_3OSe$, F. 267—269°, aus Aceton rotes Kristallpulver mit Goldglanz. — *γ-*[*3-Äthylbenzthiazolinyliden-(2)*]-, $C_{20}H_{15}N_3OS$, F. 236—239° (Zers.), aus Aceton rote Kristalle mit Goldglanz. — *γ-*[*1-Äthyl-1.2-dihydrochinolinyliden-(2)*]-, $C_{22}\cdot H_{17}N_3O$, F. 188—190°, aus Aceton tiefdunkelgrüne glänzende Nadeln. — 2-[α-Cyanpropen-(1)-yl]-benzthiazole: *γ-*[*3-Äthylbenzoxazolinyliden-(2)*]-, $C_{20}H_{15}N_3\cdot OS$, F. 192—194° (Zers.), aus Aceton dunkelviolett glänzende Nadeln. — *γ-*[*3-Äthylbenzothiazolinyliden-(2)*]-, $C_{20}H_{15}N_3S_2$, D. 209—211° (Zers.), aus Aceton rote Blättchen mit grünem Metallglanz. — *γ-*[*3-Äthylbenzoselenazolinyliden-*[*2*]]-, $C_{20}H_{15}N_3SSe$, F. 206—208°, aus Aceton grobe rote Blättchen mit grünem Glanz. — *γ-*[*1-Äthyl-1.2-dihydrochinolinyliden-(2)*]-, $C_{22}H_{17}N_3S$, F. 192—194°, aus Aceton dunkelgrüne glänzende Nadeln. — *γ-*[*3-(3-Sulfopropyl)-benzoxazolinyliden-(2)*]-, $C_{21}H_{17}N_3O_4S_2$, F. 317—319° (Zers.) analog aus **III** u. dem entsprechendem 2-[2-Acetylanilinovinyl]-3-[3-sulfopropyl]-benzoxazolbetain; aus Aceton orangefarbenes Kristallpulver. — 2-[α-Cyanpropen-(1)-yl]-benzoselenazole: *γ-*[*3-Äthylbenzoxazolinyliden-(2)*]-, $C_{20}H_{15}N_3OSe$, F. 196—197° (Zers.), aus Aceton dunkelrote glänzende sternförmige Kristalle. — *γ-*[*3-Äthylbenzthiazolinyliden-(2)*]-, $C_{20}H_{15}\cdot N_3SSe$, F. 217—219° (Zers.), aus Aceton tiefdunkelgrünes Kristallpulver. — *γ-*[*3-Äthylbenzoselenazolinyliden-(2)*]-, $C_{20}H_{15}N_3Se_2$, F. 213—214° (Zers.), aus Aceton dunkelrotes Kristallpulver mit grünem Metallglanz. — *γ-*[*1-Äthyl-1.2-dihydrochinolinyliden-(2)*]-, $C_{22}H_{17}N_3Se$, F. 224 bis 226° (Zers.), aus Aceton dunkelgrünes Kristallpulver mit Goldglanz. — 2-[α-Cyanpropen-(1)-yl]-chinoline: *γ-*[*3-Äthylbenzoxazolinyliden-(2)*]-, $C_{22}H_{17}N_3O$, F. 183 bis 187° (Zers.), aus Aceton dunkelrote feine Nadeln. — *γ-*[*3-Äthylbenzthiazolinyliden-(2)*]-, $C_{22}H_{17}N_3S$, F. 174 bis 176° (Zers.), aus Aceton orangerote Nadelbüschel mit grünem Glanz. — *γ-*[*3-Äthylbenzoselenazolinyliden-(2)*]-, $C_{22}H_{17}N_3Se$, F. 191—193° (Zers.), aus Aceton dunkelrote Nadeln mit grünem Glanz. — *γ-[1-Äthyl-1.2-dihydrochinolinyliden-(2)]-*, $C_{24}H_{19}N_3$, F. 181—183° (Zers.), aus Aceton dunkelgrünblaue glänzende Nadeln. — 1-Phenyl-2-[α-cyanpropen-(1)-yl]-5-chlorbenzimidazole: *γ-[3-Äthylbenzoxazolinyliden-(2)]-*, $C_{26}H_{19}\cdot ClN_4O$, F. 264—265° (Zers.), aus Aceton gelbe Nadeln. — *γ-[3-Äthylbenzthiazolinyliden-(2)]-*, $C_{26}H_{19}ClN_4S$, F. 232 bis 234° (Zers.), aus Aceton rotglänzende kleine Blättchen. — *γ-[3-Äthylbenzoselenazolinyliden-(2)]-*, $C_{26}H_{19}\cdot ClN_4Se$, F. 265—268°, aus Aceton dunkelrote glänzende Kristalle. E. Mirsch. 3000△

0859 **Aziridine.** 10. Mitt. **Cyclodecenimin und Cyclooctenimin.** Paul E. Fanta, L. J. Pandya, William R. Groskopf und Huey-Juang Su. (J. org. Chemistry **28,** 413—17, 1963; Chicago, Ill., Inst. of Technol., Dep. of Chem.; engl.) — 9. vgl. C. **1962,** 9696. — Durch Umsetzung der cis-Form von *2-Aminocyclodecylhydrogensulfat* (**II**) mit heißer wss. NaOH entstehen *Cyclodecanon* (**VII**) u. die trans-Form von *Cyclodecen-(2)-ylamin* (**III**), das durch Benzoylierung u. anschließende Hydrierung als *N-Benzoylcyclodecylamin* (**V**) charakterisiert wurde. Trans-**II** liefert unter denselben Bedingungen *11-Azabicyclo-[8.1.0]-undecan* (*Cyclodecenimin*; **VI**) neben den beiden vorst. Produkten. Cyclooctenimin (**IV**) wird in wss. $HClO_4$ bei 150° hydrolysiert u. liefert ebenso wie **VI** mit CH_3J in Bzl. die *Methojodide* von *9-Methyl-9-azabicyclo-[6.1.0]-nonan* (**I**) bzw. *11-Methyl-11-azabicyclo-[8.1.0]-undecan.* Bei der Benzoylierung wird aus **VI** *N-Benzoyl-cis-cyclodecen-(2)-ylamin* erhalten, das bei der katalyt. Hydrierung **V** lieferte. Analog entstand aus **IV** *N-Benzoyl-cis-cycloocten-(2)-ylamin,* das auch durch Ammonolyse ausgehend vom 3-Bromcycloocten (**VIII**) erhalten wurde. Aus **IV** entsteht durch Umsetzung mit 1.4-Dijodobutan *9-Azoniabicyclo-[6.1.0]-nonan-[9-spiro-1′]-pyrrolidinium jodid.* Durch Pyrolyse des Methohydroxids von **I** entstand *trans-2-Dimethylaminocyclooctanol,* dessen Methohydroxid analog *cis-Cyclooctenoxid* lieferte. Der Mechanismus des stereochem. Rk.-Verlaufs der Cyclodecanderivv. wird diskutiert.

Versuche: *2-Aminocyclodecanol, cis-Form,* F. 97—98° (PAe.), aus Sebacoinoxim in Methanol durch Hydrierung an Rh-Kohle in 1 Std. bei 100°/70 at; 52% (Ausbeute). *Phenylthiocarbamoylderiv.*, $C_{17}H_{26}N_2OS$, F. 164—165°. *trans-Form,* F. 92—94°, aus der cis-Verb. nach Sicher u. Svoboda (vgl. C. **1959,** 17103). *Hydrogensulfat* (**II**), *cis-Form,* $C_{10}H_{21}NO_4S$, F. 148—154° (Zers.). *trans-Form,* F. 270—273° (Zers.). — *Cyclodecen-(2)-ylamin* (**III**), *trans-Form,* $C_{10}H_{19}N$, a) aus 27,3 g cis-**II** in wss. NaOH durch Wasserdampfdest., Ae.-Extraktion u. nachfolgendes Waschen der äther. Lsg. mit verd. HCl; 6,8 g; daneben *Cyclodecanon* [**VII**; 5,1 g; *2.4-Dinitrophenylhydrazon,* F. 162—163°]; b) aus trans-**II** analog a) neben **VII** (12%). *Pikrat,* $C_{16}H_{22}N_4O_7$, F. 207—210°. *Phenylthiocarbamoylderiv.*, $C_{17}H_{24}N_2S$, F. 136—137°. *N-Benzoylderiv.*, $C_{17}H_{23}NO$, F. 111—112°; liefert durch Hydrierung an Pt in Methanol *N-Benzoylcyclodecylamin* [**V**, F. 147—149°]. *cis-Form, N-Benzoylderiv.*, F. 155 bis 156° (A.), aus **VI** mit Benzoylchlorid u. Triäthylamin in Bzl.; liefert durch Hydrierung an Pt in A. **V**. — *11-Azabicyclo-[8.1.0]-undecan* (*Cyclodecenimin*; **VI**), $C_{10}H_{19}N$, F. 94—95° (Hexan), aus trans-**II** neben trans-**III** nach b); 13%. *N-Phenylthiocarbamoylderiv.*, $C_{17}H_{24}N_2S$, F. 95 bis 96°. *N-Acetylderiv.*, $C_{12}H_{21}NO$, F. 38—39° (Hexan). *N-Methylderiv.*, *Methojodid,* $C_{12}H_{24}JN$, F. 222—225° (A.), aus **VI** u. CH_3J in Bzl. bei Raumtemp. in 1 Tag. — *trans-2-Aminocyclooctanol,* aus 1,25 g **IV** u. 70%ig. $HClO_4$ in W. durch 4std. Erhitzen auf 150° im Rohr; 0,84 g. *N-Benzoylderiv.*, F. 135—137°. — *9-Methyl-9-azabicyclo-[6.1.0]-nonan* (**I**), *Methojodid,* $C_{10}H_{20}JN$, F. 181° (A., Tafeln), aus 5 g **IV** u. CH_3J in Bzl. über Nacht bei Raumtemp.; 3,59 g. *Methopikrat,* $C_{16}H_{22}N_4O_7$, F. 136,6°, aus dem Methojodid in W. durch Einw. von Amberlite IRA-400 u. Zugabe von Pikrinsäure zur Lsg. des erhaltenen *Methohydroxids.* — *trans-2-Dimethylaminocyclooctanol,* durch Dest. des **I**-Methohydroxids bei 125—150°/3 mm u. anschließende Chromatographie an Al_2O_3. *Pikrat,* $C_{16}H_{24}N_4O_8$, F. 108—109°. *Methojodid,* F. 213 bis 215°. — *Cyclooctenoxid,* F. 52—54°, aus vorst. Methojodid in W. durch Einw. von Amberlite IRA-400 u. anschließende Dest.; 61%. — *Cycloocten-(2)-ylamin,* $C_8H_{15}N$, Kp.$_{2,6}$ 55°, aus **VIII** durch Erhitzen auf 95—100° mit 30%ig. NH_4OH im Rohr. *Phenylthiocarbamoylderiv.*, $C_{15}H_{20}N_2S$, F. 124—125° (A.). *cis-Form, N-Benzoylderiv.*, $C_{15}H_{19}NO$, F. 156—157° (Hexan-Bzl., Nadeln), a) durch Einw. von Benzoylchlorid in 5%ig. NaOH u. Chlf.; b) aus **IV** in 5%ig. NaOH durch 3std. Rühren mit Benzoylchlorid in $CHCl_3$. — *9-Azoniabicyclo-[6.1.0]-nonan-[9-spiro-1′]-pyrrolidiniumjodid,* $C_{12}H_{22}JN$, F. 196—198° (Methanol-Ae.), aus **IV** u. Dijodbutan durch 7std. Kochen in methanol. NaOH. L. Johannsen. 3030◇

0860 **Neue Darstellungsmethode für 2-Aryloxymethyl-2-methylpropandiole-(1.3).** Jacqueline Seyden-Penne und Anne-Marie Somny. (C. R. hebd. Séances Acad. Sci. **256,** 713—14, 1963; Paris, Fac. de Med., Inst. de Pharmacol. et C. N. R. S.; franz.) — Vff. erhalten *2-Aryloxymethyl-2-methylpropandiole-(1.3)* (**A**) in gegenüber anderen Meth. höheren Gesamtausbeuten aus 1.1.1-Tris-[hydroxymethyl]-äthan (**I**) in 4 Stufen. Das durch Veresterung von **I** mit Äthylcarbonat in Ggw. von K_2CO_3 erhaltene **I**-*Carbonat* wird durch Pyrolyse in *3-Hydroxymethyl-3-methyloxetan* umgewandelt, dessen *Methansulfonat* (F. 43°) durch Rk. mit Methansulfochlorid in Toluol in Ggw. von $(C_2H_5)_3N$ bei 0° in 75%ig. Ausbeute dargestellt wird. 4std. Einw. von Alkali-Phenolat auf das Mesylat in kochendem A. führt zu folgenden 3-Methyloxetanen (**B**): *3-Phenyloxymethyl-*, $C_{11}H_{14}O_2$, Kp.$_{12}$ 135°; 74% (Ausbeute). — *3-[o-Tolyloxymethyl]-*, $C_{12}H_{16}O_2$, Kp.$_{12}$ 143—144°; 90%. — *3-[m-Tolyloxymethyl-]*, $C_{12}H_{16}O_2$, Kp.$_{12}$ 146°; 75%. — *3-[p-Tolyloxymethyl]-*, $C_{12}H_{16}O_2$, Kp.$_{12}$ 146—147°; 65%. — *3-[o-Methoxyphenoxymethyl]-*, $C_{12}H_{16}O_3$, Kp.$_{12}$ 164°; 72%. — *3-[o-Chlorphenoxymethyl]-*, $C_{11}H_{13}ClO_2$, Kp.$_{12}$ 157—159°; 65%. — *3-[p-Chlorphenoxymethyl]-*, $C_{11}H_{13}ClO_2$, Kp.$_{12}$ 166°; 60%. — *3-[2.4-Dichlorphenyloxymethyl]-*, $C_{11}H_{12}Cl_2O_2$, Kp.$_{12}$ 181—183°; 52%. — *3-[β-Naphthoxymethyl]-*, $C_{15}H_{16}O_2$, F. 96—97°; 92%. — Durch Verw. der Tosylate an Stelle der Mesylate werden schlechtere Ausbeuten erhalten. Säurehydrolyse der **B** in wss. Dioxan führt zu den entsprechenden **A**, wobei die Dauer der Hydrolyse durch IR-Spektrophotometrie festgestellt wird. A. Jungblut. 3040◇

0861 **Über einige 3-Dialkylaminomethyl-3-aryloxymethyloxetane.** Jean Cheymol, Pierre Chabrier, Jacqueline Seyden-Penne und Guy Thibodeau. (C. R. hebd. Séances Acad. Sci. **253,** 282—84, 1961; Paris, Fac. de Méd., Inst. de Pharm.; franz.) — Eine Reihe von *3-Dialkylaminomethyl-3-aryloxymethyloxetanen* wird durch Erhitzen von 3.3-Bis-brommethyloxetan mit Alkali-Phenolaten in A. zu den entsprechenden *3-Aryloxymethyl-3-brommethyloxetanen* (als Nebenprodd. entstehen *3.3-Bis-[aryloxymethyl]*-Verbb.) u. deren Rk. mit sek. Aminen oder in schlechterer Ausbeute durch Rk. von 3-Aryloxymethyl-3-hydroxymethyloxetanen mit p-Tosylchlorid u. Umsetzen der *O-Tosyl*-Derivv. mit sek. Aminen dargestellt.

Versuche: 3-Aryloxymethyl-3-brommethyloxetane: *-Phenyl-*, Kp.$_{0,1}$ 109°. — *-o-Tolyl-*, Kp.$_{0,1}$ 87—88°. — *-o-Chlorphenyl-*, Kp.$_{0,1}$ 103—105°, F. 37°. — *-p-Chlorphenyl-*, Kp.$_{0,1}$ 120—125°, F. 61°. — *-2′.4′-Dichlorphenyl-*, Kp.$_{0,1}$ 127—130°, F. 53°. — *-p-Nitrophenyl-*, F. 110°. — 3.3-Bis-[aryloxymethyl]-oxetane: *-phenyl-*, Kp.$_{0,1}$ 143°, F. 68°. — *-o-tolyl-*, Kp.$_{0,1}$ 126—127°, F. 50°. — *-o-chlorphenyl-*, F. 50°. — *-p-chlorphenyl-*, F. 84°. — *-2′.4′-dichlorphenyl-*, F. 81°. — *-p-nitrophenyl-*, F. 178°. — 3-Phenoxymethyloxetane: *3-Dimethylaminomethyl-*, Kp.$_{13}$ 165°. *Saures Maleat,* F. 136°. *Brommethylat,* F. 166°. — *3-Diäthylaminomethyl-*, Kp.$_{0,1}$ 96—98°. *Saures Maleat,* F. 98°. *Brommethylat,* F. 170°. — *3-Pyridinomethyl-*, Kp.$_{0,1}$ 109—110°. *Saures Maleat,* F. 130°. — *3-Dimethylaminomethyl-3-[o-tolyloxymethyl]-oxetan, Saures Maleat,* F. 107°. *Brommethylat,* F. 226°. — *3-Dimethylaminomethyl-3-[p-chlorphenyloxymethyl]-oxetan,* Kp.$_{0,1}$ 105—107°. *Saures Maleat,* F. 139°. *Brommethylat,* F. 180°. — *3-Diäthylaminomethyl-3-[p-chlorphenoxymethyl]-oxetan,* Kp.$_{0,1}$ 115—117°. *Saures Maleat,* F. 109°. *Brommethylat,* F. 200°. — *3-Pyridinomethyl-3-[p-chlorphenyloxymethyl]-oxetan,* Kp.$_{0,1}$ 124 bis 127°, F. 44,5°. *Saures Maleat,* F. 140°.

G. Ziebarth. 3040△

0862 **4.5-Diphenyl-3-nitrofurfurylidenaniline durch Reaktion von 2-Nitro-3-oxobernsteinsäuremonoaldehyd-Na-Salz mit Anilinhydrochlorid und Benzaldehyd.** Daniel S. James und Paul E. Fanta. (J. org. Chemistry **28**, 390—93, 1963; Chicago, Ill., Illinois Inst. of Technol., Dep. of Chem.; engl.) — Durch Rk. von 2-Nitro-3-oxobernsteinaldehydsäure-Na-Salz-Dihydrat (**I**) mit Anilinhydrochlorid (**V**) u. Benzaldehyd (**VI**) wird *N-[4.5-Diphenyl-3-nitrofurfuryliden]-anilin* (**II**) gebildet. Red. von **II** in Ggw. von Pd/Kohle gibt *N-[4.5-Diphenyl-3-nitrofurfuryl]-anilin* (**III**). Durch saure Hydrolyse wird **II** in *2.5-Dihydroxy-4-nitro-1.2.3-triphenyl-1.2-dihydropyridin* übergeführt. Alkalisieren des Rk.-Gemisches zur Darst. von **II** u. Kühlen bis —15° gibt *N-[3-Nitro-2-oxo-4-phenylbuten-(3)-yliden-(1)-]-anilin.* Der Rk.-Mechanismus wird diskutiert. UV- u. IR-Maxima s. Original.

Versuche: *2-Nitro-3-oxobernsteinaldehydsäure-Na-Salz, Dihydrat* (**I**), nach Fanta u. Mitarbeitern (C. **1959**, 2087). — Aniline: *N-[4.5-Diphenyl-3-nitrofurfuryliden]-*, (**II**), $C_{23}H_{16}N_2O_3$, F. 233—236°, durch Zugabe von **V** zu **I** in W., Filtrieren von wenig *Nitromalondialdehydmonoanil* (**VII**), Zugabe von **VI** in A. zum Filtrat u. 4tägiges Rühren bei Raumtemp. (Meth. **A**); aus A./Essigsäureäthylester gelbe Nadeln; 46% (Ausbeute). — *N-[4.5-Bis(p-methoxyphenyl)-3-nitrofurfuryliden]-, Hemihydrat,* $C_{25}H_{20}N_2O_5 \cdot {}^1/_2HO$, F. 225—228°, nach **A** aus Anisaldehyd; aus A./Chlf, orangefarbene Nadeln. — *N-[4.5-Bis-(p-chlorphenyl)-3-nitrofurfuryliden]-*, $C_{23}H_{14}Cl_2N_2O_3$, F. 256,4—257,5° (Zers.), durch Behandeln von N-[2-Oxo-3-nitropropyliden]-anilin mit p-Chlorbenzaldehyd in A., Erwärmen u. 1tägiges Stehen; aus A./Chlf. orangefarbene Nadeln. — *N-[4.5-Diphenyl-3-nitrofurfuryl]-* (**III**), $C_{23}H_{18}N_2O_3$, F. 137,5—138,4°, durch $^1/_4$std. Hydrieren von **II** in Tetrahydrofuran in Ggw. von Pd/Kohle bei 1 at (Meth. **B**); aus A. orangefarbene Platten; 81%. *N-Benzoylderiv.*, $C_{20}H_{22}N_2O_4$, F. 158 bis 158,6°, durch Erhitzen von **III** in 5%ig. wss. NaOH mit Benzoylchlorid; aus A. hellgelbe Nadeln. *N-Benzolsulfonylderiv.*, $C_{29}H_{22}N_2O_5S$, F. 138—139°, analog mit Benzolsulfonsäurechlorid in 10%ig. wss. NaOH; aus A. hellgelbe Kristalle. *N-Methylderiv.*, $C_{24}H_{20}N_2O_3$, F. 119—120°, durch 1std. Rk. von **III** mit Diazomethan in A./Ae.; aus A. gelbe Nadeln; gibt durch $^1/_4$std. Kochen mit 47%ig. HJ **III**. — *N-[4.5-Diphenyl-3-nitrofurfuryliden]-p-chloranilin* (**IV**), $C_{23}H_{15}ClN_2O_3$, F. 266—269° (Zers.), nach **A** aus p-Chloranilin; aus A./Chlf. orangefarbene Kristalle; 37%. — *N-[4.5-Diphenyl-3-nitrofurfuryl]-p-chloranilin*, $C_{23}H_{17}ClN_2O_3$, F. 144—145°, aus **IV** nach **B**; aus A. orangefarbene Platten. — *2-Nitro-3-oxo-4-[phenylimino]-buttersäure, Na-Salz, Hemihydrat,* $C_{10}H_7N_2NaO_5 \cdot {}^1/_2H_2O$, F. 200° (Zers.; Badtemp.), durch $1^1/_2$std. Rühren von 12,3 g **I**, 14,2 g **V** u. Na-Acetat in W., Filtrieren des *Nitromalondialdehyddianil* (F. 95°) u. 24std. Rühren; aus A. gelbe Platten; 7,5 g. *S-Benzylisothiuroniumsalz, Hemihydrat,* $C_{10}H_8N_2O_5 \cdot C_8H_{10}N_2S \cdot {}^1/_2H_2O$, F. 144,5—146°, aus A. gelbe Kristalle. — *N-[2-Oxo-3-nitropropyliden]-anilin,* $C_9H_8N_2O_3$, F. 142° (Zers.), durch 3std. Stehen von 1,37 g vorst. Verb. mit konz. HCl in wss. A. im Eisbad; hellgelbe Nadeln; 0,55 g; gibt durch Rk. mit Phenylhydrazin *Nitrobrenzaldehyd-bis-[phenylhydrazon].* — *N-[3-Nitro-2-oxo-4-phenylbuten-(3)-yliden-(1)]-anilinhemihydrat,* $C_{16}H_{12}N_2O_3 \cdot {}^1/_2H_2O$, F. 143—145°, durch Zugabe von 25,9 g **V** zu 21,9 g **I** in W., Filtrieren von **VII**, Zugabe von **VI** in A. u. 30,6 g 40%ig. Trimethylbenzylammoniumhydroxid, 24std. Rühren bei Raumtemp. u. 1std. Stehen bei — 15°; gelbes Pulver; 12,2; gibt durch 5std. Stehen in A. mit **VI II**. — *Nitrobrenzaldehyd-bis-[p-bromphenylhydrazon]*, $C_{15}H_{13}Br_2N_5O_2$, F. 175,4—176,2°, durch $^1/_2$std. Kochen vorst. Verb. mit p-Bromphenylhydrazinchlorid in A. in Ggw. von Essigsäure; aus A. gelbe Kristalle. — *2.5-Dihydroxy-4-nitro-1.2.3-triphenyl-1.2-dihydropyridin*, $C_{23}H_{18}N_2O_4$, F. 225 bis 226° (Zers.), durch 5—10 Min. langes Kochen von 2 g **II** in äthanol. HCl; aus A./Essigsäureäthylester orangefarbene Kristalle; 1,46 g; daneben durch Zugabe von 2.4-Dinitrophenylhydrazin *Benzaldehyd-2.4-dinitrophenylhydrazon. Monobenzoylderiv.*, $C_{30}H_{22}N_2O_5$, F. 254—256°; aus A./Chlf. gelbe Kristalle. E. Mirsch. 3061△

0863 **Die Synthese von racemischem Tremeton.** J. I. DeGraw jun., D. M. Bowen und W. A. Bonner. (Tetrahedron [London] **19**, 19—24, 1963; Stanford, Calif., Univ., Dep. of Chem.; engl.) — *rac.-Tremeton* (**I**), das Racemat des in *Eupatorium urticaefolium* vorherrschenden tox. Ketons, wird durch Umsetzung von 2-Acetyl-2.3-dihydrobenzofuran (**II**) mit Methyl-MgJ (**III**) zu *2-[2.3-Dihydrobenzofuryl-(2)]-propanol-(2)* (**IV**), mit Trifluoracetanhydrid (**V**) katalysierte Acetylierung zu *2-[5-Acetyl-2.3-dihydrobenzofuryl-(2)]-2-acetoxypropan,* alkal. Verseifung zu *2-[5-Acetyl-2.3-dihydrobenzofuryl-(2)]-propanol-(2)* (**IX**) u. Dehydratisierung mit $POCl_3$ in Pyridin dargestellt. **II** wird durch Hydrierung des aus 2-Acetylbenzofuran (**VI**) dargestellten *Dimethylketals* zum **II**-*Dimethylketal* (**VII**) u. Verseifung dargestellt. Es bildet bei der Wittig-Rk. mit Triphenylphosphinmethylen nur 6% *2-Isopropenyl-2.3-dihydrobenzofuran* (**VIII**). **IV** kann auch aus **VI** durch Rk. mit **III** u. Hydrierung dargestellt werden. Es wird wie **IX** erst mit $POCl_3$ in Pyridin dehydratisiert u. bildet dabei ein Gemisch aus etwa gleichen Teilen *2-Isopropylbenzofuran* u. **VIII**. Die relativ hohe Stabilität der β-Aryloxyalkohole **IV** u. **IX** gegenüber der säurekatalysierten Dehydratisierung wird durch Protonierung des Äther-O erklärt. IR- u. UV-Banden sind zum Teil angegeben.

Versuche: *2-Acetylbenzofurandimethylketal*, $Kp._{0,5}$ 94—97°, durch 1std. Kochen von **VI**, Orthoameisensäuretrimethylester u. p-Toluolsulfonsäure (**X**) u. rasche Zugabe von 5%ig. methanol. Na-Methylat unter Rühren; 77,5% (Ausbeute). — *2-Acetyl-2.3-dihydrobenzofurandimethylketal* (**VII**), durch Hydrieren von 47 g vorst. Verb. in abs. A. über Raney-Ni bis 3 atü über Nacht; 47 g. — *2-Acetyl-2.3-dihydrobenzofuran* (**II**), $Kp._{0,5}$ 60 bis 62°, durch $2^1/_2$std. kräftiges Rühren von **VII** mit 1 n HCl u. Ausäthern; 77%. *Semicarbazon*, F. 173—174° (wss. A.). *Oxim*, F. 112,5—113,5° (20%ig. wss. A.). — *2-[2.3-Dihydrobenzofuryl-(2)]-propanol-(2)* (**IV**), $C_{11}H_{14}O_2$, $Kp._1$ 78—80°; a) durch $^3/_4$std. Zutropfen von **II** in abs. Ae. zu **III** in Ae. unter kräftigem Rühren; 72%; b) durch Hydrierung von 2-[Benzofuryl-(2)]-propanol-(2) in A. über Raney-Ni; 86%; wird in sd. Essigsäure oder bei langsamer Vakuum-Dest. über **X** nicht dehydratisiert. — *Gemisch aus 2-Isopropylbenzofuran u. 2-Isopropenyl-2.3-dihydrobenzofuran* (**VIII**), durch 5 Min. langes Kochen von 0,7 g **IV** in Pyridin mit $POCl_3$, Verdünnen mit W., Ausäthern u. Eindampfen im Vakuum; 0,6 g. — *2-[5-Acetyl-2.3-dihydrobenzofuryl-(2)]-2-acetoxypropan,* $C_{15}H_{18}O_4$, F. 95—96° (Hexan), durch 3std. Stehen von **IV** mit **V** u. Eisessig u. Eingießen unter Rühren in W. u. überschüssiges festes $NaHCO_3$; 47%; wird bei 240° im Vakuum nicht zu **I** pyrolysiert. — *2-[5-Acetyl-2.3-dihydrobenzofuryl-(2)]-propanol-(2)* (**IX**), $C_{13}H_{16}O_3$, F. 75,5 bis 76,5° (Hexan/Bzl., 2:3), sublimiert bei 160°/0,5 Torr, durch $^3/_4$std. Kochen vorst. Verb. in 5%ig. methanol. KOH; — *rac.-Tremeton* (**I**), durch langsame Zugabe von $POCl_3$ zu 4 g **IX** in Pyridin, 20 Min. langes Erhitzen auf 75°, Gießen auf Eis/W., Ausäthern, Eindampfen im Vakuum, Lösen des Rückstandes (2,86 g) in PAe., Kühlen ,Abfiltrieren des Nd (0,8 g *Verb. vom F. 130* bis *131°*), Eindampfen der Mutterlauge u. Chromatographie des Rückstandes; 0,32 g. *2.4-Dinitrophenylhydrazon*, F. 186—190°, dunkelrote Kristalle aus A./Essigester. G. Fischer. 3061◇

0864 **Thiophene aus Alkinen.** 2. Mitt. K. E. Schulte, J. Reisch, W. Herrmann und G. Bohn. (Arch. Pharmaz. **296/68**, 456—67, 1963; Münster, Inst. für Pharmaz. u. Lebensmittelchem.; dt.) — 1. vgl. C. **1963, 15412**. — Durch Verw. einer mit H_2S gesätt. Lsg. von C_2H_5ONa in abs. A. lassen sich auch die mit H_2S in A./W. oder Aceton/W. bei pH 8—10 (vgl. l. c.) nicht oder nur langsam reagierenden Diacetylen-Verbb. in die entsprechenden *Thiophene* (**A**) überführen. Statt H_2S können auch Alkalihydrogensulfide oder NH_4HS in W. bzw. W./A. verwendet werden. 2-Phenyl-5-[phenylbutadiinyl]-thiophen (**I**) läßt sich so mit H_2S in NaOH/A. in *5.5'-Diphenyl-2.2'-bithienyl* überführen. — *2.5-Bis-[hydroxymethyl]-thiophen* (**II**) wird mit aktivierten MnO_2 zu *Thiophen-2.5-dialdehyd* oxydiert. *2.5-Bis-[1-hydroxycyclohexyl]-thiophen* geht bei Raum-Temp. in Eisessig in *2.5-Bis-[cyclohexenyl]-thiophen* über. Die Oxydation des aus trans-Lachnophyllol dargestellten *trans-2-Propyl-5-*

[*3-hydroxypropen-(1)-yl*]-*thiophens* mit CrO_3/H_2SO_4 gibt nicht trans-3-[5-Propylthienyl-(2)]-acrylsäure, sondern *5-Propylthiophencarbonsäure-(2)*. — 2.7-Dimethylocta-diin-(3.5)-diol-(2.7) (**III**) läßt sich durch Einw. von L-Cystein (**IV**) in 0,1 n KOH bei 60—70° in *2.5-Bis-[2-hydroxypropyl-(2)]-thiophen* überführen. Die analoge Rk. mit 7-Phenylhepten-(2)-diin-(4.6)-ol-(1) (**V**) gibt dagegen nur Spuren *2-Phenyl-5-[3-hydroxypropen-(1)-yl]-thiophen* (**VI**) u. größere Mengen eines amphoteren Prod., das auch durch Kochen von **VI** mit **IV** in alkal. Lsg. entsteht u. bei dem es sich wahrscheinlich um einen durch Addition von **IV** an die Doppelbindung entstehenden Thioäther handelt. Mit Glutathion (**VII**) lassen sich **V**, trans-Lachnophyllumsäure sowie trans-Dehydromatricariasäure [**VIII**; trans-Decen-(2)-triin-(4.6.8)-säure] in 0,1 n KOH schon bei Raum-Temp. zu den entsprechenden **A** cyclisieren.

Versuche: *2-Phenylthiophen* (**IX**), F. 37°, durch Zugabe von Phenylbutadiin zu H_2S u. C_2H_5ONa in abs. A. bei Raum-Temp., $^1/_2$std. Erhitzen auf 80° u. Zusatz von W.; 56% (Ausbeute). — *1-[Thienyl-(2)]-4-phenylbutadiin*, $C_{14}H_8S$, F. 59°, durch $1^1/_2$std. Schütteln von frisch dest. 2-Äthinylthiophen, 0,725 n KOBr-Lsg., 0,82 n KOH u. 1%ig. K-Stearat-Lsg., Extraktion mit Ae., Eindampfen, Dest. unter N_2 [→ *Thienyl-(2)-äthinylbromid*, C_6H_3BrS, $Kp._2$ 54—55°, n^{20} 1,6432; 72%] u. Rk. von 1,87 g in CH_3OH mit frisch dest. Phenylacetylen bei 20°; 86%. — *5-Phenyl-2.2'-bithienyl*, F. 121°, analog **IX** aus vorst. Verb. in 2 Std. bei 80°; 66%. *5'-Chlormercuri-Deriv.*, F. 285°. — *5-Phenyl-2-acetylthiophen*, F. 116°, durch Rk. von **XI** mit aktiviertem MnO_2 in CH_2Cl_2; 69%. — *5-Phenyl-2-äthinylthiophen*, F. 62°, durch Rk. vorst. Verb. mit PCl_5 nach Vaitiekunas u. Nord (C. **1956,** 1297) u. Rk. des Prod. mit $NaNH_2$ in fl. NH_3; 43%. — *Bis-[5-phenylthienyl-(2)]-butadiin*, $C_{24}H_{14}S_2$, F. 217° (Aceton), nach D. A. S. 1015788 C. **1958,** 11952 aus vorst. Verb. in Dimethylformamid/A.; 76%. — „*1.8-Diphenyl-α-terthienyl*", F. 276° (Sublimation im Vakuum), analog **IX** aus vorst. Verb. in 2 Std. bei 80°; 40%. — *Bis-[furyl-(2)]-butadiin*, F. 47°, nach D. A. S. 1015788 (l. c.) aus 2-Äthinylfuran; 48%. — *2.5-Bis-[furyl-(2)]-thiophen*, $C_{12}H_8O_2S$, F. 66°, analog **IX** aus vorst. Verb. in 2 Std. bei 80°; 68%. — *Bis-[pyridyl-(3)]-butadiin*, $C_{14}H_8N_2$, F. 145° (wss. CH_3OH), nach D. A. S. 1015788 (l. c.) aus 3-Äthinylpyridin; 34%. — *2.5-Bis-[pyridyl-(3)]-thiophen*, $C_{14}H_{10}N_2S$, F. 97°, analog **IX** aus vorst. Verb. in 8 Std. bei 70—80°; 74%. *Dipikrat*, F. 265—267° (Zers.). — *6-Phenylhexadiin-(3.5)-ol-(2)*, $C_{12}H_{10}O$, F. 36° (PAe.), durch Rk. von Butin-(3)-ol-(2) in W./CH_3OH mit Phenyläthinylbromid (**X**) nach Chodkiewicz (C. **1961,** 1166) bei 20°; 96%. *3.5-Dinitrobenzoat*, F. 138°. — *6-Phenylhexadiin-(3.5)-on-(2)*, $C_{12}H_8O$, F. 45° (Zers. bereits bei Raum-Temp.), aus vorst. Verb. u. aktiviertem MnO_2 in CH_2Cl_2; 36%. — *5-Phenyl-2-[1-hydroxyäthyl]-thiophen* (**XI**), $C_{12}H_{12}OS$, F. 68°, analog **IX** aus vorvorst. Verb. in 2 Std. bei 80°; 74%. — *5-Phenyl-2-[2-hydroxypropyl-(2)]-thiophen*, $C_{13}H_{14}OS$, F. 59°, analog **IX** aus 6-Phenyl-2-methylhexadiin-(3.5)-ol-(2) in 2 Std. bei 80°; 33%. — *5-Methyl-2-[α-hydroxybenzyl]-thiophen* (**XII**), $C_{12}H_{12}OS$, F. 54—55°, analog **IX** aus 1-Phenylhexadiin-(2.4)-ol-(1) in $1^1/_2$ Std. bei 80°; 54%. — *2.5-Bis-[hydroxymethyl]-thiophen* (**II**), $Kp._1$ 164—168°, a) durch 10 Min. langes Erhitzen von Hexadiin-(2.4)-diol-(1.6) (**XIII**) u. NaHS in W. auf 80 bis 90° u. Ausäthern; Öl; 56%; b) durch 3std. Kochen von **XIII** in überschüssiger NH_4HS-Lsg. u. einwöchiges Perforieren mit Ae.; 64%. — *Thiophen-2.5-dialdehyd*, $C_6H_4O_2S$, F. 116—118°, a) durch 5monatiges Stehen u. gelegentliches Schütteln von **II** mit aktiviertem MnO_2 in CH_2Cl_2 bei Raum-Temp., Filtrieren, Eindampfen u. Sublimieren; aus Cyclohexan Blättchen; 36%; b) durch Zutropfen von CrO_3 in H_2SO_4/W. zu **II** in Aceton bei —10 bis 0°, Zusatz von W. nach 10 Min., Waschen mit Bzl. u. Sublimation bei 12 Torr; 11%. *Disemicarbazon*, $C_8H_{10}N_6O_2S$, F. 285° (Zers.). — *Thiophen-2.5-dicarbonsäure*, F. 325—330°, durch Zutropfen von CrO_3 in H_2SO_4/W. zu **II** in Aceton bei 10°, Verdünnen mit W. u. Ausäthern; 78% .— *2.5-Bis-[α-hydroxybenzyl]-thiophen*, $C_{18}H_{16}O_2S$, F. 138—139°, a) durch ca. 15std. Erwärmen von 1.6-Diphenylhexadiin-(2.4)-diol-(1.6) u. 2,2 Val NaHS in 75%ig. A. auf 80° u. Ausäthern; aus Cyclohexan Nadeln; 14%; b) analog a) mit 4 Val NaHS in 80%ig. A. in 13 Std. bei 90°; 7%. — *2.5-Dibenzoylthiophen*, F. 115° (A.), durch ca. 20std. Schütteln vorst. Verb. mit aktiviertem MnO_2 in CH_2Cl_2 bei Raum-Temp.; 45%. — *2.5-Bis-[2-hydroxypropyl-(2)]-thiophen*, $C_{10}H_{16}O_2S$, F. 100—101°, a) durch $3^1/_2$std. Kochen von **III** u. NaHS in 50%ig. A., Zusatz von W. u. Ausäthern; aus PAe. Blättchen; 37%; b) durch 15std. Erhitzen von **III** u. **IV** in 0,1 n KOH auf 70—80° u. Ausäthern; 25%; c) durch 3std. Erhitzen von **III** mit **VII** in 0,1 n KOH auf 100°; 35%. — *2.5-Bis-[2-hydroxybutyl-(2)]-thiophen*, $C_{12}H_{20}O_2S$, F. 64—65,5°, durch 3std. Erhitzen von 3.8-Dimethyldecadiin-(4.6)-diol-(3.8) u. NaHS in 50%ig. A. auf 90°, Zusatz von W., Ausäthern ,Eindampfen u. Übergießen mit Cyclohexan; aus Cyclohexan Nadeln; 27%. — *2.5-Bis-[1-hydroxycyclohexyl]-thiophen*, $C_{16}H_{24}O_2S$, F. 131 bis 132° (Ligroin), durch 4std. Erhitzen von Bis-[1-hydroxycyclohexyl]-butadiin u. NaHS in A./W. (2:1) auf 100°, Filtrieren über Kohle u. Zusatz von W.; 55%; geht bei Raum-Temp. in Eisessig langsam in *2.5-Bis-[cyclohexenyl]-thiophen* ($C_{16}H_{20}S$, F. 61°, aus A. Nadeln; 78%) über. — *2.5-Bis-[morpholinomethyl]-thiophen*, $C_{14}H_{22}N_2O_2S$, F. 101° (Cyclohexan), durch 2std. Kochen von 1.6-Dimorpholinohexadiin-(2.4) u. NaHS in 50%ig. A., Zusatz von W. u. Ausäthern; 32%. — *5.5'-Diphenyl-2.2'-bithienyl*, F. 245—247° (Bzl.), durch Lösen von **I** in A./1 n NaOH, Einleiten von H_2S, Kochen u. Zusatz von W.; 24%. — *trans-7-Phenylhepten-(2)-diin-(4.6)-ol-(1)*, F. 73—74° (PAe.), durch Rk. von trans-Penten-(2)-in-(4)-ol-(1) (**XIV**) mit **X** nach Chodkiewicz (l. c.); 63%. — *trans-2-Phenyl-5-[3-hydroxypropen-(1)-yl]-thiophen* (**VI**), $C_{13}H_{12}OS$, F. 107—109°, a) durch 2std. Erhitzen von **V** u. NaHS in 50%ig. A. auf 95°, Kühlen u. Zusatz von W.; aus Ligroin u. Cyclohexan gelbliche Blättchen; 60%; b) durch 14tägiges Stehen von **V** u. **VII** in A./0,1 n KOH bei 18—20°; 74%; c) durch 20 Min. langes Erhitzen von **V** u. **VII** in A./0,1 n KOH auf 90°; 72%. *Diacetat*, F. 55—56° (A./W.); 70%. — *2-Phenyl-5-[3-hydroxypropyl]-thiophen*, F. 64—65°, durch Hydrieren von **VI** in CH_3OH in Ggw. von Pd/$CaCO_3$. — *2-Phenylthiophencarbonsäure-(5)*, F. 188—189° (Ligroin u. A./W.), aus 50 mg **VI** u. $KMnO_4$ in Aceton; 10 mg. — *5-Methyl-2-benzoylthiophen*, $C_{12}H_{10}OS$, F. 24° (PAe.), a) analog **IX** aus 1-Phenylhexadiin-(2.4)-on-(1) in 2 Std. bei 60—70°; 54%; b) durch Oxydation von **XII** mit CrO_3/H_2SO_4 in Aceton; 32%. — *trans-Decen-(2)-diin-(4.6)-ol-(1)* (*Lachnophyllol*), F. 39°, aus **XIV** u. 1-Brompentin-(1) in CH_3OH/W. bei 30—40° nach Chodkiewicz (l. c.); 36%. — *trans-2-Propyl-5-[3-hydroxypropen-(1)-yl]-thiophen*, durch 12std. Rk. vorst. Verb. mit H_2S bei 80°; gelbes Öl; 69%. — *2-Propylthiophencarbonsäure-(5)*, F. 57°, durch Oxydation von 546 mg vorst. Verb. mit CrO_3/H_2SO_4 bei —10°; 80 mg. — *trans-Decen-(2)-diin-(4.6)-säure* (*trans-Lachnophyllumsäure*), F. 124,5—126°, durch Zutropfen von CrO_3/H_2SO_4 zu drittvorst. Verb. in Aceton bei 10—15°; 26%. — *trans-3-[5-Propylthienyl-(2)]-acrylsäure*, F. 109 bis 110° (W.), a) durch 12std. Erwärmen vorst. Verb. u. **VII** in 0,1 n KOH auf 35°; 26%; b) durch 8std. Stehen von vorst. Verb. mit NaHS in 0,1 n KOH bei Raum-Temp. u. Ansäuern; 36%. — *Gemisch von cis- u. trans-3-[5-Propin-(1)-ylthienyl-(2)]-acrylsäure*, F. 148—172° (wurde in der 1. Mitt. irrtümlich mit F. 146—147° statt 146—174° angegeben), a) durch 5—10 Min. langes Erhitzen von **VIII** in 0,1 n KOH mit **VII** auf 90° u. Ansäuern; 42%; b) analog a) durch 6std. Stehen bei Raumtemperatur. — UV-Maxima der **A** sind angegeben.

H. Pagel. 3071◇

0865 **Die Friedel-Crafts-Isopropylierung von Benzo-[b]-thiophen.** S. F. Bedell, Earl C. Spaeth und J. M. Bobbitt. (J. org. Chemistry **27,** 2026—31, Juni 1962; Storrs, Conn., Univ. of Connecticut, Dep. of Chem.; engl.) — Die Isopropylierung von Benzo-[b]-thiophen (**I**) mit Propen, Isopropylchlorid oder Isopropanol in Ggw. von $AlCl_3$, $AlBr_3$, BF_3-Ätherat, BF_3, 75—80%ig. H_2SO_4, 85—100%ig. H_3PO_4 oder HF als Katalysator ergibt *2-Isopropylbenzo-[b]-thiophen* (**II**), daneben das *3-Isopropylderiv.* (**V**) u. im Benzolring substituierte Monoisopropylderivv. Zu Vergleichszwecken werden die Verbb. dargestellt. Eine Reihe weiterer Verbb. werden aus **II** gewonnen u. beschrieben.

Versuche (FF. korr.): *2-Isopropylbenzo-[b]-thiophen* (**II**), $C_{11}H_{12}S$, Kp.$_{0,5}$ 71,5—72°, a) durch Hydrieren von 2-Isopropenylbenzo-[b]-thiophen (**III**) in Methanol in Ggw. von 10%ig. Pd/Kohle; n_D^{20} 1,5895, D.^{25} 1,0526; 83% (Ausbeute); b) durch Zugabe von Isopropylchlorid u. **I** zu $AlCl_3$ in CS_2 bei 0—5°, 12std. Stehen bei 25°, Verdünnen mit Eis u. Extrahieren mit Ae.; 91%; daneben 13% eines isomeren *Isopropylderiv.* (**VI**); c) durch Einleiten von Propen in eine Lsg. von **I** in CS_2 in Ggw. von $AlCl_3$ u. 1std. Rühren bei 40°; 92%; daneben 21% **VI**; d) durch Zugabe von $AlBr_3$ zu einer Lsg. von **I** u. Isopropylchlorid in CS_2 u. 0,5 std. Kochen; 91%; daneben 14% **VI**; e) analog c) in Ggw. von $AlBr_3$; 91%; daneben 17% **VI**; f) durch 1std. Rühren von **I**, Isopropylchlorid u. BF_3-Ätherat u. Erwärmen auf 60°—120°; 86%; daneben 42% **VI**; g) durch 0,5std. Rühren von **I** u. BF_3-Ätherat u. Eindrücken von Propen bei 200 lbs./sq. in. unter Erwärmen auf 120°; 86%; daneben 44% **VI**; h) durch Eindrücken von BF_3 mit 100 lbs./sq. in. in ein Gemisch aus **I** u. Isopropanol u. 1std. Erwärmen auf 150°; 85%; daneben 26% **VI**; i) durch Einleiten von Propen in eine Lsg. von BF_3 in **I** unter Erwärmen auf 80° u. 1std. Rühren; 85%; daneben 29% **VI**; j) analog g) in Ggw. von 75%ig. H_2SO_4 u. 1std. Erwärmen auf 35°; 79% daneben 56% **VI**; k) analog j) in Ggw. von 80%ig. H_2SO_4; 79%; daneben 67% **VI**; l) analog i) in Ggw. von 85%ig. H_3PO_4; 79%; daneben 22% **VI**; m) analog l) in Ggw. von 100%ig. H_3PO_4; 78%; daneben 40% **VI**; n) analog g) in Ggw. von 100%ig. H_3PO_4 u. 1std. Erwärmen auf 150°; 79%; daneben 62% **VI**; o) analog f) durch 2std. Erwärmen auf 150° in Ggw. von 100%ig. H_3PO_4; 79%; daneben 42% **VI**; p) durch Zugabe von **I** zu fl. HF bei 0°, Versetzen mit Isopropanol, 12std. langsames Erwärmen auf 25° u. 2std. Stehen bei 0°; 91%; daneben 16% **VI**; r) analog p) durch Einleiten von Propen u. 2std. Stehen bei 0°; 89%; daneben 25% **VI**; s) durch 5std. Erhitzen von **IV** mit S auf 235—245°; 85%. *2.4.7-Trinitrofluorenonderiv.*, $C_{24}H_{17}N_3O_7S$, F. 112—115°, durch Erwärmen von **II** u. 2.4.7-Trinitrofluorenon in wenig Essigsäure. — *2-Isopropenylthiophen*, Kp.$_{10}$ 55—56°, durch Zugabe von CH_3MgJ zu 2-Acetylthiophen in Ae., Hydrolyse mit NH_4Cl, Extrahieren mit Ae., Eindampfen, Dest., Dehydratisieren durch Kochen mit Bzl. u. Destillieren; n_D^{20} 1,5565; 66%. — *2-Isopropylthiophen*, Kp.$_{14}$ 48—49°, durch Hydrieren vorst. Verb. in Methanol in Ggw. von 10%ig. Pd/Kohle; n_D^{20} 1,5035; 90%. — *β-[5-Isopropylthenoyl-(2)]-propionsäure*, $C_{11}H_{14}O_3S$, F. 105 bis 106° (60%ig. A.), durch 1std. Zugabe von $SnCl_4$ zu einer Lsg. vorst. Verb. u. Bernsteinsäuremonomethylesterchlorid in Bzl., 1std. Rühren, Zers. mit 6 n HCl, Dampfdest., Extrahieren des Rückstandes mit Ae., Eindampfen, 2std. Kochen mit 10%ig. KOH in A., Einengen u. Ansäuern mit verd. HCl; 90%. — *γ-[5-Isopropylthienyl-(2)]-buttersäure*, $C_{11}H_{16}O_2S$, Kp.$_{0,25}$ 116 bis 117°, a) durch 50std. Stehen vorst. Verb. mit amalgamiertem Zn in 6 n HCl, 1,5std. Kochen u. Extrahieren mit Ae.; n_D^{20} 1,5100, D.$_4^{25}$ 1,0640; Öl; 85%; b) durch Red. vorst. Verb. nach Wolff-Kishner; 82%. *Säurechlorid* Kp.$_1$ 120°, durch 5std. Kochen der Säure mit $SOCl_2$ in Ae. in Ggw. von wenig Pyridin; 88%. — *2-Isopropyl-4-keto-4.5.6.7-tetrahydrobenzo-[b]-thiophen*, $C_{11}H_{14}OS$, Kp.$_{0,05}$ 88—89°, durch Zugabe vorst. Säurechlorids zu $SnCl_4$ in CS_2 bei 0°, 2,5std. Kochen, Zugabe von Eis, 1,5std. Rühren u. Dampfdest.; n_D^{20} 1,5582, D.$_4^{25}$ 1,1008; 85%. — *2-Isopropyl-4.5.6.7-tetrahydrobenzo-[b]-thiophen* (**IV**), $C_{11}H_{16}S$, Kp.$_{0,05}$ 55°, durch 15std. Schütteln vorst. Verb. mit Zn-Amalgam in Essigsäure/wss. HCl, Erwärmen auf 50°, Zugabe von Toluol u. 8std. Erwärmen auf 80°; n_D^{20} 1,5268, D.$_4^{25}$ 0,9926; 82%. — *2-Isopropenylbenzo-[b]-thiophen* (**III**), F. 52—56°, durch Zugabe von CH_3MgJ zu Benzo-[b]-thiophen-2-carbonsäuremethylester in Ae., 1std. Kochen, Zers. mit NH_4Cl-Lsg., Dest. u. Dehydratisieren durch 2std. Kochen mit Bzl. in Ggw. von J_2. — *Chlormethylisopropylketon*, Kp.$_{13}$ 50—52°, durch 35 Min. langes Zugeben von Isobutyrylchlorid zu CH_2N_2 in Ae. bei 0°, 1std. Stehen bei Raumtemp., Einengen, 1std. Einleiten von HCl bei 0° u. Dest.; 70%. — *Phenylmercaptomethylisopropylketon*, Kp.$_{0,4}$ 99—100°, durch Zugabe vorst. Verb. zu Thiophenol in 30%ig. NaOH bei 20° u. Extrahieren mit Ae.; n_D^{20} 1,5680, D.$_4^{25}$ 1,1071; 72%. *Hydantoinderiv.*, $C_{14}H_{16}N_2O_2S$, F. 204—205°, nach Henze u. Speer (J. Amer. chem. Soc. **64**, [1942], 522). — *3-Isopropylbenzo-[b]-thiophen* (**V**), $C_{11}H_{12}S$, Kp.$_{0,1}$ 69 bis 70°, a) durch 1std. Erhitzen vorst. Ketons mit P_2O_5 auf 180—185°, Verdünnen mit W. u. Extrahieren mit Ae.; n_D^{20} 1,5958, D.$_4^{25}$ 1,0663; 84%; b) aus Benzo-[b]-thiophen-3-carbonsäuremethylester analog **III** über *3-Isopropenylbenzo-[b]-thiophen*; 73%. *2.4.7-Trinitrofluorenonderiv.*, $C_{24}H_{17}N_3O_7S$, F. 131—133°. — *1-Phenyl-3-methylbutan*, Kp.$_{90}$ 74—75°, durch 5std. Kochen von **II** mit Raney-Ni in Methanol, Filtrieren, Eindampfen, Verdünnen mit W. u. Extrahieren mit Ae.; n_D^{16} 1,4870; 90—96%. — *2-Methyl-3-phenylbutan*, Kp.$_{13}$ 68—69°, analog vorst. Verb. aus **V**; n_D^{16} 1,4972; 90—96%.

W. Hampel. 3071◇

0866 **Hydrid-Übertragung bei Heterocyclen.** H. Plieninger, U. Lerch und J. Kurze. (Angew. Chem. **75**, 724, 1963; Heidelberg, Univ., Chem. Inst.; dt.) — Rk. von 2-Äthoxy-3.4-dimethylpyrrol (**I**) mit $ClCOOC_2H_5$ u. Pyridin lieferte *3.4-Dimethyl-2.5-bis-[pyridyl-(4)]-pyrrol* in guter Ausbeute. — **I** u. B_2H_6 gaben 70% (Ausbeute) *3.4-Dimethylpyrrol*. Da 2-Äthoxypyrrole aus α-Pyrrolonen mit $(C_2H_5)_3O^{\oplus}BF_4^{\ominus}$ dargestellt werden können, ergibt sich durch diese Rk. eine leichte Darst.-Möglichkeit für α.α'-unsubstituierte Pyrrole: 2-Äthoxy-3-[β-Carbomethoxyäthyl]-4-methylpyrrol → *3-[β-Carbomethoxyäthyl]-4-methylpyrrol* (60%). 2-Äthoxyindol + B_2H_6 → *Indol*. — Der vermutliche Rk.-Ablauf wird an Hand von Formeln dargestellt.

J. Rothe. 3081◇

0867 **Stereochemie der auf N-Methyl-2-cyclopentyläthylamin angewandten Hofmann-Freytag-Loeffler-Reaktion.** S. V. Kessar, A. L. Rampal und K. P. Mahajan. (J. chem. Soc. [London] **1962**, 4703—05; Chandigarh, India, Panjab Univ., Dep. of Chem.; engl.) — Die Hofmann-Freytag-Loeffler-Rk. führt bei N-Methyl-2-cyclopentyläthylamin (**III**) über ein radikal. Zwischen-Prod. unter Ringschluß, zu dem isomeren *cis-Perhydro-1-methylcyclopenta-[b]-pyrrol* (**IV**). Die Meth. ist daher zur Synth. von Naturprodd. (z. B. Solanidin) anwendbar. *Cyclopentylessigsäure* (**I**) wird in *N-Methylcyclopentylacetamid* (**II**) übergeführt u. dieses mit $LiAlH_4$ zu *N-Methyl-2-cyclopentyläthylamin* (**III**) reduziert. Das aus **III** mit N-Chlorsuccinimid erhaltene *N-Chlorderiv.* läßt sich therm. oder durch UV-Bestrahlung in schwefelsaurer Lsg. in **IV** umwandeln.

Versuche: *α-Cyan-α-cyclopentylidenäthylacetat*, F. 54—56°, Kp.$_{15}$ 152—153°, durch 8std. Erhitzen von Cyclopentanon, Cyanessigsäureäthylester u. Ammoniumacetat in Bzl.; farbloses Öl. — *Cyclopentylessigsäure* (**I**), Kp.$_{12}$ 118—120°, durch Hydrierung von 75 g vorst. Verb. u. anschließende Hydrolyse mit HCl; n_D^{19} 1,4527; 40 g (Ausbeute). — *N-Methylcyclopentylacetamid* (**II**), $C_8H_{15}NO$, Kp.$_{13}$ 148—150°, aus 27 g Cyclopentylacetylchlorid u. Methylamin in trockenem Ae. unter Eiskühlung; 22 g. — *N-Methyl-2-cyclopentyläthylamin* (**III**), Kp.$_8$ 60—61°, durch 8std. Red. von 18 g **II** mit $LiAlH_4$ in Ae.; n_D^{37} 1,4355; 11 g. *Pikrat*, $C_{14}H_{20}N_4O_7$, F. 121—121,5°. — *cis-Perhydro-1-methylcyclopenta-[b]-pyrrol* (**IV**), *Pikrat*, $C_{14}H_{18}N_4O_7$, F. 219—219,5°, a) durch 40 Min. langes Schütteln von 2,2 g **III** bei 20° mit 2,6 g N-Chlorsuccinimid in Ae. Versetzen mit PAe., Extrahieren des Filtrats bei 5° mit 90%ig. H_2SO_4, Erwärmen der Extrakte in Ggw. von Spuren $FeSO_4$ auf 65—75° (50 Min.), Verdünnen mit Eis, Alkalisieren mit konz. NaOH, Wasserdampf-Dest. unter Einleiten in 10%ig. HCl, Entfernen des Säureüberschusses im Vakuum, Alkalisieren des Rückstandes u. Extrahieren mit Ae., Schütteln des Eindampfrückstandes mit KOH, W. u. Benzolsulfochlorid, Ansäuern mit konz. HCl u. Extrahieren mit Ae., Alkalisieren der wss. Schicht, Aufnehmen der organ. Phase in Ae. u. Zugabe von Pikrinsäure in trockenem Ae.; gelbe Nadeln aus Bzl.; 1,15 g; b) durch 6std. Bestrahlung einer schwefelsauren Lsg. von 1 g N-Chlor-N-methyl-2-cyclopentyläthylamin mit einer Hg-Lampe u. weiter wie nach a); 0,50 g. **IV**, Kp. 162—165°, nach Booth u. Mitarbeitern (vgl. C. **1959**, 15339); gibt durch Behandlung mit HCHO u. HCOOH ein *Methyl-Deriv.* (*Pikrat*, F. 217—218°).

G. Leithäuser. 3081◇

0868 **Die Synthese und Reduktion von Indolyl-(3)-acetonitril.** B. Matkovics, L. Ferenczy und S. Földeák. (Acta Univ. Szegediensis, Acta physica chem. [N. S.] **7**, 51—54, 1961; Szeged, Univ., Inst. f. Org. Chem.; engl.) — Indolyl-(3)-acetonitril wird auf verschiedene Weise synthetisiert u. mit $LiAlH_4$ oder $NaBH_4$ in *Tryptamin* übergeführt.

Versuche: *Diäthylmethylskatylammoniummethylsulfat*, $C_{15}H_{24}N_2O_4S$, F. 156—157° (A.), aus Diäthylgramin u. $(CH_3)_2SO_4$ in Tetrahydrofuran. — *Diäthylmethylskatylammoniumjodid*, $C_{14}H_{21}JN_2$, F. 170—172° (Methanol/Ae.; 1:1), aus vorst. Verb. u. KJ in Äther. — *Indolyl-(3)-acetonitril*, $C_{10}H_8N_2$, Kp.$_{0,5}$ 165—169°, Kp.$_{0,2}$ 160—165°, a) durch 10std. Kochen vorst. Verb. in Ae. mit KCN u. Extraktion mit Ae.; daneben *Indol* (*Pikrat*, $C_{14}H_{10}N_4O_7$, F. 181°]); b) durch 6std. Erwärmen von Indol u. Diäthylaminoacetonitril unter N_2 auf 170°; daneben *Verb. vom F. 150°* (Pikrat, F. 158—159°). — *Tryptamin*, F. 116°, aus vorst. Verb. mit $LiAlH_4$ in Äther. *Hydrochlorid*, F. 246—247°. H. Henze. 3081◇

0869 **Oxydation von N-Aminodihydroisoindolen. Synthese von cis- und trans-1.2-Diphenylbenzocyclobutenen.** Louis A. Carpino. (J. Amer. chem. Soc. **84**, 2196 bis 2201, 1962; Amherst, Mass., Univ. of Massachusetts, Dep. of Chem.; Mainz, Univ., Organ.-Chem. Inst.; engl.) — Durch Oxydation von N-Aminoisoindolin (**I**) mit HgO in CH_2Cl_2 oder durch Behandlung von N-[p-Tosylamino]-isoindolin (**IX**) mit wss. KOH entsteht als Hauptprod. das Dimerisationsprod. von o-Chinondimethan, *2'-Methylentetralin-[2-spiro-1']-cyclohexadien* (**II**), das in Form von *2.2'-Bis-[brommethyl]-dibenzyl* isoliert wird. **II** selbst konnte nicht isoliert werden. *cis-* (**IVa**) u. *trans-2-Amino-1.3-diphenylisoindolin* (**IVb**) werden wie folgt dargestellt. Der durch Rk. von Phthalamidsäure (**V**) mit A. u. Methansulfochlorid in Pyridin (Py) oder durch Rk. von o-Cyanbenzamid mit NaOCl-Lsg. in Ggw. von Na-Acetat u. Veresterung der erhaltenen *o-Cyanbenzoesäure* mit A./Methansulfochlorid erhaltene *o-Cyanbenzoesäureäthylester* wird durch Rk. mit Phenyl–MgBr in *1.3-Diphenyl-3-hydroxyisoindol* (**VI**) übergeführt. Red. von **VI** mit Zn/Essigsäure analog Boyd u. Mitarbeitern [1928] gibt *cis-1.3-Diphenylisoindolin* (**VIIa**), während durch Red. mit $LiAlH_4$ die *trans-Form* (**VIIb**) erhalten wird. **VIIa** u.**VIIb** werden in die *N-Nitrosoverbb.* übergeführt u. diese mit Al-Amalgam in feuchtem Ae. zu **IVa** bzw. **IVb** reduziert. Oxydation von **IVb** mit HgO gibt 81% *trans-1.2-Diphenylbenzocyclobuten* (**VIIIb**), während **IVa** in geringer Ausbeute ein Gemisch aus **VIIIb** u. der *cis-Verb.* (**VIIIa**) gibt. Mit aktiviertem MnO_2 gibt **IVa** 27% **VIIIa**. **VIIIa** wird mit Chromsäure/Eisessig in *o-Dibenzoylbenzol*, durch Red. mit H_2/Pd-Kohle in *o-Dibenzylbenzol* u. durch 14std. Kochen in CCl_4 in **VIIIb** übergeführt.

Versuche: *2.2'-Bis-[brommethyl]-dibenzyl*, F. 138 bis 139,5°, a) durch Oxydation von **I** in CH_2Cl_2 mit HgO bei Raumtemp. u. Umsetzung mit Br_2; cremefarbene Kristalle; 17% (Ausbeute); b) durch Rk. von **IX** mit wss. KOH. — *1.2-Di-oc-tolyläthan*, F. 65—66°, durch Red. vorst. Verb. mit $LiAlH_4$; 80%. — *o-Cyanbenzoesäure*, F. 178 bis 183 bzw. F. 229—230°, durch 1 Min. langes Erwärmen von o-Cyanbenzamid mit NaOCl/Na-Acetat-Lsg. auf 60° u. Ansäuern mit HCl; ca. 55—61%. — *Phthalamidsäure* (**V**), F. 140—143°, durch 8std. Rühren von Phthalsäureanhydrid mit NH_4OH bei Raumtemp.; 56%. — *o-Cyanbenzoesäureäthylester*, Kp.$_{0,1}$ 103—105°, F. 64,5—66° (Ligroin/Bzl.), durch 2std. Zutropfen von Methansulfochlorid zu **V** in Py/A. bei 8—15°; 64%. *Methylester*, F. 49,5—51,5°, a) analog vorst. Verb. mit Methanol; 71%; b) durch Rk. von o-Cyanbenzoesäure mit Methanol in Py. *tert.-Butylester* (**III**), $C_{12}H_{13}NO_2$, Kp.$_{0,05}$ 83—84°, durch 1std. Zutropfen von Benzolsulfochlorid zu **V** u. tert.-Butanol in Py bei 35—40°. — *1.3-Diphenyl-3-hydroxyisoindol* (**VI**), F. 190—192°, a) durch 1½std. Kochen von **III** mit Phenyl–MgBr in Bzl.; 31%; b) analog aus o-Cyanbenzoesäuremethyl- oder -äthylester; ca. 3—10%. — trans-1.3-Diphenylisoindoline: *Unsubstituiert* (**VIIb**), $C_{20}H_{17}N$, F. 126—127,5°, durch 17std. Kochen von **VI** mit $LiAlH_4/AlCl_3$ in Ae. u. Zers. mit W. u. wss. NaOH; aus A. gelbe Nadeln; 64,8%. — *2-Benzoyl-*, $C_{27}H_{21}NO$, F. 146—148°, durch Rk. von **VIIb** mit Benzoylchlorid in Dimethylformamid in Ggw. von Triäthylamin. — *2-Nitroso-*, $C_{20}H_{16}N_2O$, F. 133—134°, durch Rk. von **VIIb** mit $NaNO_2$ in Essigsäure; aus A. gelbliche Flocken; 73,5%. — *2-Amino-* (**IVb**), $C_{20}H_{18}N_2$, F. 104—106, aus vorst. Verb. durch 5½std. Kochen mit Al-Amalgam in Ae. unter allmählicher Zugabe von kleinen Mengen W.; gelbliche Kristalle aus Bzl./Ligroin; 56%. *2-Benzalderiv.*, $C_{27}H_{22}N_2$, F. 188—189,5° (A. Nitromethan/Dimethylformamid). — *o-Dibenzoylbenzol*, F. 146—147,5°, durch Oxydation von **VIIb** mit Chromsäure/Eisessig. — *trans-1.2-Diphenylbenzocyclobuten-(3)* (**VIIIb**), F. 94—94,5° (Nadeln aus A.), durch Rk. von **IVb** mit HgO in CH_2Cl_2; 62,1%. — cis-1.3-Diphenylisoindoline: *Unsubstituiert* (**VIIa**), F. 104—105° (A. oder Ligroin), durch Red. von **VI** mit verkupfertem Zn-Staub in Essigsäure bei 24—26°; 80%. — *2-Nitroso-*, F. 175—177°, aus **VIIa** analog der trans-Form; 70%. — *2-Amino-* (**IVa**), $C_{20}H_{18}N_2$, F. 140—142,5° (Nitromethan), aus vorst. Verb. analog der trans-Form; 32,5%. — *2-Benzalamino*, $C_{27}H_{22}N_2$, F. 186—186,5 (A./Dimethylformamid). — *cis-1.2-Diphenylbenzocyclobuten-(3)* (**VIIIa**), $C_{20}H_{16}$, F. 85,5—87,5°, aus durch Oxydation von **IVa** mit MnO_2 in CH_2Cl_2, Nadeln aus Methanol; 26,8%; gibt durch 14std. Kochen in CCl_4, 50% **VIIIb**. — *o-Dibenzylbenzol*, F. 76,5—78° (A.), a) durch Red. von **VIIIa** mit H_2/Pd/Kohle in A. bei Raumtemp.; 49%; b) analog aus **VIIIb**. Hans Gross. 3081◇

0870 **Fluorbromester.** A. K. Bose, K. G. Das und T. M. Jacob. (Chem. and Ind. **1963**, 452; Hoboken, N. J., Stevens Inst. of Technol., Dep. of Chem. and Chem. Engng.; engl.) — Durch 48std. Behandlung von β-Fluor-α-brompropionsäuremethylester (**I**) mit K-Phthalimid (**II**) in N.N-Dimethylformamid bei Raumtemp. oder 1std. Erhitzen auf 70° wurde in 60—70%ig. Ausbeute *β-Phthalimido-α-brompropionsäuremethylester* erhalten. *β-Phenyl-β-fluor-α-brompropionsäureäthylester* (**III**), dargestellt aus Zimtsäureäthylester durch Rk. mit Bromacetamid u. wasserfreiem HF, setzt sich mit **II** zu *α-Bromzimtsäureäthylester* um; als Nebenprod. entstehen Spuren von *β-Phenyl-β-phthalimido-α-brompropionsäureäthylester*. Die Abspaltung von HF aus **III** erfolgt auch durch Erhitzen im Bombenrohr auf 150°. Die fluorbromierten Malein- u. Fumarsäurediäthylester regagieren hauptsächlich unter Abspaltung von HF. Die bevorzugte Spaltung der C–F-Bindung steht im Gegensatz zu dem auf Grund der Dissoziationsenergie erwarteter Rk.-Verlauf. Der von Henne u. Fox (C. **1954**, 4591) dargestellte Fluorbrompropionsäuremethylester wird als **I** identifiziert. G. Engler. 3081△

0871 **Eine Synthese von 2-Aminocarbazol aus 1-Morpholinocyclohexen.** K. S. Murthy, R. Srinivasan und K. Venkataraman. (J. sci. ind. Res. [New Delhi], Sect. B **21**, 290—91, 1962; Poona, Nat. Chem. Labor.; engl.) — Aus 1-Morpholinocyclohexen (**I**) u. 2.4-Dinitrofluorbenzol (**II**) wird *2-[2.4-Dinitrophenyl]-cyclohexanon* dargestellt, das durch Red. mit Raney-Ni u. Rk. mit Acetanhydrid (**IV**) *7-Acetamido-1.2.3.4-tetrahydrocarbazol* gibt. Letzteres wird durch Kochen mit Pd/Kohle in *2-Acetamidocarbazol* übergeführt, das durch Kochen mit methanol. HCl zu *2-Aminocarbazol* (**III**) hydrolysiert wird. Diazotiertes **III** läßt sich durch Kochen mit H_2SO_4 in *2-Hydroxycarbazol* überführen u. kuppelt mit β-Naphthol (**V**). UV- u. IR-Maxima s. Original.

Versuche: *2-[2.4-Dinitrophenyl]-cyclohexanon*, $C_{12}H_{12}N_2O_5$, F. 99—100°, a) durch 24std. Rk. von 9 g **I**, 9 g **II** in Dimethylformamid bei Raumtemp., 3std. Erhitzen auf 100°, Zugabe von Eisessig, Na-Acetat u. W. u. 3std. Erhitzen; aus Methanol citronengelbe Prismen; 7,3 g (Ausbeute); b) durch 18std. Erhitzen von 8,5 g **I**, 10,5 g 2.4-Dinitrochlorbenzol u. Trimethylamin in Dioxan, Zugabe von konz. HCl u. 2std. Erhitzen; 5 g. *2.4-Dinitrophenylhydrazon*, $C_{18}H_{16}N_6O_8$, F. 199° (Zers.), aus Bzl./Hexan gelbe Nadeln. — *7-Acetamido-1.2.3.4-tetrahydrocarbazol*, $C_{14}H_{16}N_2O$, F. 196—197°, durch Red. vorst. Verb. mit Raney-Ni in Methanol u. Rk. mit **IV**; aus Methanol Prismen; 63%. — *2-Acetamidocarbazol*, $C_{14}H_{12} \cdot N_2O$, F. 242—244°, durch 2std. Kochen vorst. Verb. mit der Hälfte ihres Gewichts 10%ig. Pd/Kohle in p-Cymol; Nadeln; 72%. — *2-Aminocarbazol* (**III**), $C_{12}H_{10}N_2$, F. 238

bis 239°, durch Hydrolyse vorst. Verb. mit methanol. HCl. — *Carbazol-⟨2-azo-1⟩-β-naphthol*, $C_{22}H_{15}N_3O$, F. 273°, durch Diazotieren von **III** u. Kuppeln mit **V**; aus Bzl. dunkelrote Nadeln. — *2-Hydroxycarbazol*, $C_{12}H_9NO$, F. 270—272°, a) durch 1/4std. Kochen von diazotiertem **III** mit 5%ig. H_2SO_4; aus W./Bzl. Platten; 38%; b) durch Hydrolyse von 2-Hydroxycarbazol-3-carbonsäure-p-chloranilid, Erhitzen mit Cu-Bronze auf 290° im Vakuum u. Sublimation. E. Mirsch. 3081△

0872 **Bromierung der Δ^2-Pyrazoline.** José Elguero und Robert Jacquier. (C. R. hebd. Séances Acad. Sci. **256**, 720—22, 1963; Montpellier, Fac. des Sci., Labor. de Chim. M. P. C.; franz.) — Die Bromierung der am N nicht substituierten Δ^2-Pyrazoline führt über die *Δ^2-N-Brompyrazoline* zu *Pyrazolen*. Im Falle des Δ^2.3.5.5-Trimethylpyrazolins (**I**) konnte das *N-Brom-Deriv.* isoliert werden. Die Struktur wird durch NMR-Spektren bewiesen.

Versuche: *Δ^2-1-Brom-3-methylpyrazolin*, aus Δ^2-5-Methylpyrazolin (**II**) u. 1 Mol Br_2 in Chlf.; instabiles, HBr-abgebendes, rotes Öl. — *3(5)-Methylpyrazol* aus vorst. Verb., die sich unter starker HBr-Entw. in eine gelbliche Masse verwandelt. *Hydrobromid*, stark hygroskopisch. — *3(5)-Methyl-4-brompyrazolhydrobromid*, F. 185—187°, aus **II** u. 2 Mol Br_2. — *N-Brom-3.5.5-trimethylpyrazolin* (**III**), F. 16°, $Kp._{0,5}$ 58°, aus **I** u. Br_2; 83%; daneben *3.5.5-Trimethyl-Δ^2-pyrazolinhydrobromid*, F. 170°, durch Bromierung von **III** in sd. Essigsäure; schwarzer, fester Körper. — *3.4.5-Trimethylpyrazolhydrobromid*, F. 257°, durch Einw. von Na-Methylat auf das N-Bromderiv. in Methanol. — *1.3.4.5-Tetramethylpyrazol*, $Kp._{25}$ 61°, durch Bomierung von 1.3.5.5-Tetramethyl-Δ^2-pyrazolin, in sd. Essigsäure; 20%. *Pikrat*, F. 192°. A. Jungblut. 3122◇

0873 **Sulfonierung von Arylpyrazolen. 1. Mitt. Monosulfonierungsprodukte von 3-Methyl-1.5-diphenylpyrazol.** W. J. Barry. (J. chem. Soc. [London] **1961**, 3851—53; London, Northern Polytechnic; engl.) — Vgl. C. **1958**, 12383. — Bei der Monosulfonierung von 3-Methyl-1.5-diphenylpyrazol (**I**) entsteht bei 35° neben *3-Methyl-1.5-diphenylpyrazol-4-sulfonsäure* (**II**) *3-Methyl-1-phenyl-5-[p-sulfonphenyl]-pyrazol* (**III**), während 3-Methyl-5-phenyl-1-[p-sulfophenyl]-pyrazol (**IV**) nicht festgestellt werden konnte. Die Strukturen von **II** u. **III** werden durch Überführung dieser Verbb. in ihre Phenole u. Vgl. mit den aus den entsprechenden Aminen synthetisierten Hydroxyphenylpyrazolen bestimmt. Die p-Stellung der Sulfogruppe in **III** wird durch Synth. dieser Verb. aus dem *Pentandion-(2.4)-Cu-Komplex* u. p-Sulfobenzoesäure über *p-[1.3-Dioxobutyl]-benzolsulfonsäure* (**V**) u. deren Kondens. mit Phenylhydrazin bewiesen. **II** ist schwach sauer u. ihre Sulfogruppe ist aus dem Mol. leicht herauszuspalten.

Versuche: *3-Methyl-1-phenyl-5-[p-sulfophenyl]-pyrazol* (**III**), $C_{16}H_{14}N_2O_3S$, a) durch Zugabe von 20%ig. Oleum zu **I** in konz. H_2SO_4 u. 1std. Rk. bei 35°; nach Mischen mit Eis weißer Nd.; 43% (Ausbeute); b) aus nachst. Verb. durch Hydrolyse zu **V** u. nachfolgendes 2std. Erhitzen mit Phenylhydrazin. — *p-[2-Acetyl-1.3-dioxobutyl]-benzolsulfonsäurechlorid*, $C_{12}H_{11}ClO_5S$, F. 97 bis 99° (PAe.), aus dem Pentan-dion-(2.4)-Cu-Komplex u. HCl in Chlf. unter Feuchtigkeitsausschluß; 60%. — *3-Methyl-1.5-diphenylpyrazol-4-sulfonsäure* (**II**), a) als Nebenprod. bei der Synth. von **III** nach a) durch Fällen als Ba-Salz aus der Mutterlauge u. Ansäuern; 55%; b) durch 0,5 std. Rk. von 4-Chlorsulfonyl-3-methyl-1.5-diphenylpyrazol (**VI**) mit 20%ig. methanol. KOH, Einengen u. Ansäuern. — Sulfonsäurechloride: *p-[4-Chlor-3-methyl-5-phenylpyrazolyl-(1)]-benzol-*, $C_{16}H_{12}Cl_2N_2 \cdot O_2S$, F. 154—156° (PAe.), durch Erhitzen von **IV** oder dessen K- oder Ba-Salz mit PCl_5; 93%. — *p-[4-Chlor-3-methyl-1-phenylpyrazolyl-(5)-]-benzol-*, $C_{16}H_{12}Cl_2N_2O_2S$, F. 167—167,5°, a) analog vorst. Verb.; 98%; b) durch Sulfonierung von 4-Chlor-3-methyl-1.5-diphenylpyrazol bei 30—35°, Neutralisieren mit K_2CO_3 u. Rk. des getrockneten Salzes mit $SOCl_2$; 56% (a!s K-Salz). — *3-Methyl-1.5-diphenylpyrazol-4-*(**VI**), $C_{16}H_{13}ClN_2O_2S$, F. 127 bis 128° (Aceton), a) aus **II** wie vorst. Verb. unter a); 60%; b) aus nachst. Verb. in Essigsäure u. Sättigen mit Cl_2 bei 0° sowie Fällen durch allmähliches Verdünnen mit W.; 80%. — *4-Benzylmercapto-3-methyl-1.5-diphenylpyrazol*, aus dem entsprechenden Disulfid durch Red. mit Zn-Staub in sd. 6%ig. alkohol. KOH. — *1-[p-Hydroxyphenyl]-3-methyl-5-phenylpyrazol*, $C_{16}H_{14}N_2O$, F. 208° (A./W.), aus **IV** oder dessen K- bzw. Ba-Salz durch Schmelzen in KOH bei 300°, Lösen in W. u. Ansäuern; 90%; b) durch Gießen des diazotierten 1-[p-Aminophenyl]-3-methyl-5-phenylpyrazols in H_2SO_4/Na_2SO_4 bei 140°, Lösen der ausgefallenen Phenolkomponente in sd. 2 n NaOH u. Ansäuern. — *5-[p-Hydroxyphenyl]-3-methyl-1-phenylpyrazol*, $C_{16}H_{14}N_2O$ F. 201° (A./W.; nach Erweichen Rekristallisation bei 190°), a) aus **III** durch Alkalischmelze bei 270—300°; 90%; b) durch Zers. der diazotierten Aminoverb. in H_2SO_4/Na_2SO_4 bei 140°. — *3-Methyl-1.5-diphenylpyrazol* (**I**), F. 60—62° (Bzn.), a) durch Alkalischmelze von **II**; b) durch 3std. Kochen von **II** in 2,5 mol. HCl, Zugabe von NH_4OH zur kalten Lsg. u. Extraktion mit Äther. *Pikrat*, F. 126—127°. — *3-Methyl-1.5-diphenyl-4-[toluol-ω-sulfonyl]-pyrazol*, F. 162°, durch 4std. Kochen von 0,5 g **VI** mit 5%ig. Na-Amalgam in A., Einengen, 3std. Erwärmen mit alkoh. Benzylchloridlsg. in 10%ig. Sodalsg. bei 100° u. Ausfällen mit W.; 0,15 g. — *Bis-[3-methyl-1.5-diphenylpyrazolyl-(4)]-disulfid*, F. 202°, durch Zugabe von Zn zu 1 g **VI** in sd. HCl-haltiger Essigsäure u. Versetzen des Filtrates mit wasserfreiem $FeCl_3$; gelbe Kristalle; 0,1 g. — *4-Brom-3-methyl-1.5-diphenylpyrazol*, F. 75° (A.), durch Zugabe von Bromwasser zu **II**, Extraktion mit Ae. u. Waschen mit Sodalsg.; Kristalle. G. Engler. 3122△

0874 **Addukte 1:1 und 1:2 aus Diazoketonen und Cyanallen.** W. Ried und H. Mengler. (Angew. Chem. **75**, 723, 1963; Frankfurt am Main, Univ., Inst. für organ. Chem.; dt.) — Rk. von Diazoketonen mit 1 Mol Cyanallen (**I**) führte zu folgenden 5-Cyan-4-methylpyrazolen (**A**): *3-Acetyl-*, F. 122,5°. — *3-Propionyl-*, F. 106°. — *3-Stearoyl-*, F. 92°. — *3-[p-Methoxybenzoyl]-*, F. 147°. — Unter 1.3-dipolarer Addition des Diazoketons an **I** bildet sich über ein Exomethylenpyrazolin das energiereiche, aromat. Pyrazolsystem. — Der Iminwasserstoff der **A** kann sich an ein weiteres Mol **I** anlagern, wobei 5-Cyan-4-methyl-1-[1-cyanpropen-(1)-yl-(2)]-pyrazole (**B**) erhalten wurden: *3-Acetyl-*, F. 86—87°. — *3-Stearoyl-*, F. 45°. — *3-Benzoyl-*, F. 158,5°. — *3-[p-Methoxybenzoyl-]-*, F. 165°. — *3-[β-Naphthoyl]-*, F. 147°. — *Thiophendicarbonyl-(2.5)-bis-{5-cyan-4-methyl-1-[1-cyanpropen-(1)-yl-(2)]-pyrazolyl-(3)}*, F. 241°, aus *2.5-Bis-[diazoacetyl]-thiophen*, F. 193° (Zers.), das aus Thiophendicarbonsäure-(2.5) erhalten wurde. — Diazoalkane reagieren mit **I** ebenfalls; die IR-Spektren der Prodd. machen eine Analogie zu **A** u. **B** sehr wahrscheinlich: *5-Cyan-4-methylpyrazol* (?), F. 130°, aus 1 Mol **I** u. CH_2N_2. — *5-Cyan-4-methyl-1-[1-cyanpropen-(1)-yl-(2)]-pyrazol* (?), F. 114°, aus 2 Mol **I** u. CH_2N_2. — *3-Carbäthoxy-5-cyan-4-methylpyrazol* (?), F. 77—78°, aus **I** u. Diazoessigsäureäthylester. J. Rothe. 3122◇

0875 **N-Trifluoracetyl- und N-Trichloracetylimidazol.** Heinz A. Staab und Gerhard Walther. (Chem. Ber. **95**, 2070—72, 1962; Heidelberg, Organ.-Chem.-Inst.; dt.) — *N-Trifluoracetylimidazol* (**I**) u. *N-Trichloracetylimidazol* (**II**) wurden aus den entsprechenden Carbonsäuren u. N.N'-Carbonyldiimidazol (**IV**) dargestellt. **I** u. **II** lassen sich auch aus den Anhydriden u. Imidazol in Tetrahydrofuran (THF) oder Bzl. erhalten. **I** u. **II** acylieren Amino- u. Hydroxylgruppen in guten Ausbeuten. **I** u. **II** dienen zur Darst. symm. *Carbonsäureanhydride* aus Carbonsäuren.

Versuche: Imidazole: *N-Trifluoracetyl-* (**I**), $C_5H_3F_3N_2O$, $Kp._{14}$ 45—46°, a) durch Eintropfen von 28,8 g Trifluoressigsäure in THF in 20,5 g **IV** in abs. THF, mehrstd. Stehen u. Dest. in Vakuum; 70% (Ausbeute); daneben *Imidazoliumtrifluoracetat* (**III**), $C_3H_4N_2 \cdot C_2HF_3 \cdot O_2$, F. 136—137°; b) durch Zutropfen von 380 mMol Imidazol (**V**) in THF zu 190 mMol Trifluoracetanhydrid in THF unter Eiskühlung, Abtrennen des ausgefallenen **III** u. Isolierung von **I** analog a); 80%. — *N-Trichloracetyl* (**II**), $C_5H_3Cl_3N_2O$, F. 38,5—40°, $Kp._{0,001}$ 60—62°, a) aus 39,1 g Trichloressigsäure u. 19,5 g **IV** in Bzl. analog **I**; 72,5%; daneben *Imidazoliumtrichloracetat*, $C_3H_4N_2 \cdot C_2H \cdot Cl_3O_2$, F. 93—94,5° (Zers.); b) durch Zutropfen von 101 mMol Trichloracetanhydrid zu 203 mMol **V** in Bzl.; 82%; c) aus 130 mMol Trichloracetylchlorid u. 260 mMol

V in Bzl., Abtrennen von *Imidazoliumhydrochlorid*; 77%. — Trifluoressigsäureester, durch Rk. von **I** mit den entsprechenden Alkoholen in THF oder Ae. bei Raumtemp.: — *Cyclohexylester*, $C_8H_{11}F_3O_2$, Kp. 148 bis 149°; n_D^{20} 1,3839; 73%. — *-isoamylester*, Kp. 119—120°; n_D^{20} 1,3513; 74%. — *-tert.-butylester*, Kp. 83°; n_D^{25} 1,3302; 73%. — *-phenylester*, $Kp._{18}$ 48—49°; n_D^{25} 1,4187; 75%. — Trichloressigsäureester, durch Rk. von **II** mit den entsprechenden Alkoholen in THF oder Ae. bei Raumtemp.: *-cyclohexylester*, $C_8H_{11}Cl_3O_2$, $Kp._{14}$ 122,5 bis 123,5°; n_D^{20} 1,4805; 81%. — *-isoamylester*, $Kp._{15}$ 97,5 bis 98°; n_D^{20} 1,4520; 84%. — *-tert.-butylester* F. 25—26°; 78%. — *-phenylester*, $Kp._{14}$ 124,5—125°; n_D^{20} 1,5253; 79%. — Trifluoressigsäureamide, durch die Rk. von **I** u. Aminen in THF oder Ae. bei Raumtemp. unter Kühlung: *-diäthylamid*, Kp. 157—158°; n_D^{24} 1,3784; 74%. — *-anilid*, F. 89—90°; 83%. — *-β-naphthylamid*, F. 146—147,5°; 83%. — *-p-nitranilid*, F. 151—153°; 84%. — *-carbäthoxymethylamid*, F. 51°; 51%. — Trichloressigsäureamide, durch die Rk. von **II** u. Aminen in THF oder Ae. bei Raumtemp. unter Kühlung: *-diäthylamid*, F. 26—27°; 82%. — *-anilid*, F. 94,5—95,5°; 90%. — *-N-methylanilid*, F. 72—72,5°; 87%. — *N-Trifluoracetyl-p-aminobenzoesäure*, FF. 284—285° u. 350°, durch Umsetzung von p-Aminobenzoesäure u. **I** in Ae.; 77,5%. P. Molnár. 3122◇

0876 **Synthese von Carbonsäureanhydriden nach der Imidazolidmethode.** Heinz A. Staab, Gerhard Walther und Wolfgang Rohr. (Chem. Ber. **95**, 2073—75, 1962; Heidelberg, Organ.-Chem. Inst.; dt.) — Vgl. vorst. Referat. — *Carbonsäureanhydride* werden aus Carbonsäureimidazoliden u. Carbonsäuren erhalten. Carbonsäuren bilden mit Imidazol in Ae., Bzl. u. Tetrahydrofuran (THF) unlösl. Salze. Die Rk. von Trifluoressigsäure mit N-Trifluoracetylimidazol (**I**) führt zu *Trifluoracetanhydrid*, aus Maleinsäure u. Phthalsäure bilden sich über *Monoamidazolide Anhydride*, wenn das Verhältnis Säure: N.N'-Carbonyldiimidazol (**III**) 3:1 ist. Die Rk. von **I** oder N-Trichloracetylimidazol (**II**) mit Carbonsäuren im Verhältnis 1:2 führt zu symm. *Anhydriden*. Es entstehen keine in Bzl., Ae. oder THF unlösl. Salze. So sind symm., aliphat. u. aromat. *Anhydride* erhältlich. Die Synth. versagt bei Carbonsäuren, die selbst ein unlösl. Trifluor- bzw. Trichloracetat bilden.

Versuche: *Trifluoressigsäureanhydrid*, Kp. 39 bis 40°, durch Eintropfen von 97,4 mMol Trifluoressigsäure in Bzl. in 48,7 mMol **I** in Bzl. bei Raumtemp., 3std. Stehen u. Dest.; 60% (Ausbeute). — *Maleinsäureanhydrid*, F. 52—54°, a) aus 100 mMol **III** in THF u. 300 mMol Maleinsäure in THF u. Reinigen durch Sublimation bei 13 Torr; 88%; daneben durch Umkristallisation des Nd. aus THF/CH_3OH (2:1) das *Monoimidazoliumsalz der Maleinsäure*, $C_4H_4O_4 \cdot C_3H_4N_2$, F. 133—134° (Zers.); b) durch Eintropfen von 15 mMol **I** in Bzl. in 15 mMol Maleinsäure in Bzl., 3std. Rühren, Abtrennen des Imidazoliumsalzes durch Sublimation im Vakuum; 7,9%; c) analog b) aus 24,4mMol Maleinsäure u. 24,4 mMol **II**; 80%. — *Phthalsäureanhydrid*, F. 131,5—133°, a) aus 150 mMol Phthalsäure u. 50 mMol **III** in THF; 88%; daneben *Monoimidaziliumsalz der Phthalsäure* F. 147,5 bis 148,5°; b) durch Eintropfen von 31,7 mMol **I** in Ae. in 31,7 mMol Phthalsäure in Ae., 6std. Rühren, Abtrennen von *Imidazoliumtrifluoracetat* u. Einengen im Vakuum; 89%; c) analog b) aus 25,8 mMol **II** u. 25,8 mMol Phthalsäure; 89%. — *Benzoesäureanhydrid*, F, 42° (Ae./PAe.), a) aus 50 mMol Benzoesäure in Bzl. u. 25 mMol **I** in Bzl., Abtrennen des *Imidazoliumtrifluoracetates*; 78%; b) analog a) aus 15,5 mMol **II** u. 31,0 mMol Benzoesäure; 81%. — *Palmitinsäureanhydrid*, F. 62—63°, a) aus 9,2 mMol **I** u. 18,4 mMol Palmitinsäure in Bzl.; 54%; b) aus 22,6 mMol Palmitinsäure u. 11,3 mMol **II**; 50%. — *Zimtsäureimidazolid, Trichloracetat*, $C_{12}H_{10}N_2O \cdot C_2HCl_3O_2$, F. 102—103° (Zers., Chlf.), aus 14,6 mMol **II** in Ae. u. 14,6 mMol Zimtsäure in Ae.; 95%. P. Molnár. 3122◇

0877 **Aminonitrile.** 4. Mitt. **Darstellung und Umlagerung 3-substituierter 4-Imino-5.5-dimethylimidazolidinthione-(2).** A. F. McKay, C. Podesva und M.-E. Kreling. (J. org. Chemistry **27**, 2884—88, 7/8. 1962; La Salle, Quebec, Monsanto Canada Ltd., L. G. Ryan Res. Labor.; engl.) — **3.** vgl. C. **1964,** 1—0905. — Die Rk. von Phenyl-, Benzyl- u. 3.4-Dichlorbenzylisothiocyanat mit α-Aminoisobutyronitril (**I**) in Ae. führt zu 3-substituierten 4-Imino-5.5-dimethylimidazolidinthionen-(2) (**IA**), was durch Hydrolyse von 3-Phenyl-4-imino-5.5-dimethylimidazolidinthion-(2) (**II**) zu *3-Phenyl-5.5-dimethyl-2-thiohydantoin* bzw. nach Rk. mit Ag_2O zu *3-Phenyl-5.5-dimethylhydantoin* bewiesen wird. **II** wird durch Hitze in *4-Phenylimino-5.5-dimethylimidazolidinthion-(2)* (**V**) umgelagert, was durch Hydrolyse in *5.5-Dimethyl-2-thiohydantoin* bewiesen wird. Methylieren von **IA** führt zu den 3-substituierten *2-Methylmercapto-4-imino-5.5-dimethylimidazolinhydrojodiden* (**IB**) u. Methylieren von **V** gibt *2-Methylmercapto-4-phenylamino-5.5-dimethylimidazolhydrojodid* (**IX**). **IX** u. 2-Methylmercapto-3-phenyl-4-imino-5.5-dimethyl-Δ_1-imidazolidinhydrojodid (**VIII**) liefern mit Alkali die *freie Base* von **IX**. Durch Erhitzen der isomeren **IB** bzw. 2-Methylmercapto-4-arylamino-5.5-dimethylimidazolhydrojodide mit primären Aminen werden *2.4-Diimino-5.5-dimethylimidazolidine*, in denen keine Iminogruppen substituiert sind, dargestellt. Hydrolyse von 2-Benzylimino-4-phenylimino-5.5-dimethylimidazolidin gibt *2-Benzylimino-5.5-dimethylimidazolidon-(4)* u. von 2-Phenylimino-4-benzylimino-5.5-dimethylimidazolidin, *2-Phenylimino-5.5-dimethylimidazolidon-(4)*. Kondensation von **II** mit 3.4-Dichlorbenzylamin bzw. α-Menaphthylamin gibt unter H_2S-Entw. *2.4-Bis-[3.4-dichlorbenzylimino]*- bzw. *2.4-Bis-[α-naphthylmethylimino]-5.5-dimethylimidazolidin*. IR-Spektren s. Original.

Versuche: *α-Aminoisobutyronitril* (**I**), $Kp._{28}$ 62°, nach Jacobson, J. Amer. chem. Soc., [1946], 2628; 64,4% (Ausbeute). — 5.5-Dimethylimidazolidinthione-(2): *3-Phenyl-4-imino-* (**II**), $C_{11}H_{13}N_3S$, F. 173° (Na-äthylat/A.), aus Phenylisothiocyanat u. **I** durch 6std. Erhitzen in abs. Ae. 75,3% (Ausbeute). *Pikrat*, $C_{17}H_{16}N_6O_7S$, F. 203—205° (Zers.); 53,3%. — *3-Benzyl-4-imino-* (**IV**), $C_{12}H_{15}N_3S$, F. 148—149° (Methanol), durch 10std. Erhitzen von Benzylisothiocyanat mit **I** in abs. Ae. u. 48std. Stehen bei Zimmertemp.; 62,5%. — *3-[3.4-Dichlorbenzyl]-4-imino-* (**III**), $C_{12}H_{13}Cl_2N_3S$, F. 145—146° (Aceton/PAe.) analog aus 3.4-Dichlorbenzylisothiocyanat in 25 Std.; 78%. *Pikrat*, $C_{18}H_{16}Cl_2N_6O_7S$, F. 206—207°; 64,8%. — *4-Phenylimino-* (**V**), $C_{11}H_{13}N_3S$, F. 226—227° (wss. A.) aus **II** durch 2std. Erhitzen auf 220°; 89%. — *4-[3.4-Dichlorbenzylimino]-* (**VII**), $C_{12}H_{13}Cl_2N_3S$, F. 235 bis 235,2° (A.), aus **III** durch $^1/_4$std. Erhitzen auf 170°; 97,5%. — *4-Benzylimino-* (**VI**), $C_{12}H_{15}N_3S$, F. 241—242°, (Methanol), aus **IV** durch $1^1/_2$std. Erhitzen auf 160—200° bei 5 mm Druck; 72,5%. — 2-Methylmercapto-5.5-dimethylimidazole: *4-Phenylamino-, Hydrojodid* (**IX**), $C_{12}H_{16}JN_3S$, F. 205—206°. (Methanol/Ae.), durch 2,5std. Erhitzen von **V** mit Methyljodid in Methanol, Verdünnen mit Ae. bis zur Trübung u. Stehen über Nacht bei Zimmertemp.; 96%. *Pikrat*, $C_{18}H_{18}N_6O_7S$, F. 224°; 97%, *Freie Base*, $C_{12}H_{15}N_3S$, F. 230°, a) durch Rk. des Hydrojodids in wss. Methanol mit Alkali; 96%; b) analog aus **VIII**; 100%. — *3-Phenyl-4-iminodihydro-, Hydrojodid*, (**VIII**), $C_{12}H_{16}JN_3S$, F. 212—213°, (Methanol/Ae.), durch $1^1/_2$std. Erhitzen von **II** mit Methyljodid in Methanol, Verdünnen mit Ae. u. Stehen über Nacht, Kristalle; 61%. *Pikrat*, $C_{18}H_{18}N_6O_7S$, F. 196°; 95,5%. — *4-Benzylamino-* $C_{13}H_{17}N_3S$, F. 166°, analog vorst. Verb. aus **VI** in 2 Std.; 91%. — *4-[3.4-Dichlorbenzylamino]-, Hydrojodid*, $C_{13}H_{16} \cdot Cl_2JN_3S$, F. 82—83° (A.), aus **VII** in 1 Std.; 81%. *Pikrat*, $C_{19}H_{18}Cl_2N_6O_7S$, F. 187,8—188,2°; 100%. — *3-[3.4-dichlorbenzyl]-4-iminodihydro-, Hydrojodid*, $C_{13}H_{16}Cl_2JN_3S$, F. 174—175° (Methanol/Ae.), aus **III** in 2 Std.; 52%. *Pikrat*, $C_{19}H_{18}Cl_2 \cdot N_6O_7S$, F. 216,5—218°; 89,7%. — *5.5-Dimethyl-2-thiohydantoin*, F. 179,6—180° (Aceton/n-Hexan), durch 25 Min. langes Erhitzen von **V** in 30%ig. HCl; 56,6%. — 5.5-Dimethylimidazolidine: *2-Benzylimino-4-phenylimino-*, $C_{18}H_{20}N_4$, F. 132° u. 163°, a) durch 48std. Erhitzen von **VIII** mit Benzylamin in A.; 86%; b) analog aus **IX** in 16 Stunden. *Hydrojodid*, $C_{18}H_{21}JN_4$, F. 212°; 83,4%. *Pikrat*, $C_{24}H_{23}N_7O_7$, F. 212°. — *2-Phenylimino-4-benzylimino-*, $C_{18}H_{20}N_4$, F. 210°, analog vorst. Verb. nach b); 46,6%. *Pikrat*, $C_{24}H_{23}N_7O_7$, F. 205°. — *2-[2-Cyanäthylimino]-4-phenylimino-, Hydrojodid*, $C_{14}H_{18}$

JN_5, F. 221,4°; 87,3%. *Pikrat*, $C_{20}H_{20}N_8O_7$, F. 233,4 bis 234°; 99,6%. — *2-Benzylimino-4-[3.4-dichlorbenzylimino]-, Hydrojodid*, $C_{19}H_{21}Cl_2JN_4$, F. 182,5—183,5°; 72,8%. *Pikrat*, $C_{25}H_{23}Cl_2N_7O_7$, F. 228°; 100%. — *2-Phenylimino-4-[3.4-dichlorbenzylimino]-, Hydrojodid*, $C_{18}H_{19}Cl_2JN_4$, F. 188—188,5°; 100%. *Pikrat*, $C_{24}H_{21}Cl_2N_7O_7$, F. 216 bis 217°; 95,1%. — *2-[3.4-Dichlorbenzylimino]-4-phenylimino-, Hydrojodid*, $C_{18}H_{19}Cl_2JN_4$, F. 177—178°; 80,7%. *Pikrat*, $C_{24}H_{21}Cl_2N_7O_7$, F. 211,5—212,5°; 100%. — *2.4-Bis-[3.4-dichlorbenzylimino]-, Hydrojodid*, $C_{19}H_{19}Cl_4JN_4$, F. 168—169°; 77,5%. *Pikrat*, $C_{25}H_{21}Cl_4N_7O_7$, F. 207,5 bis 208°. a) 76%; b) durch 50 Min. langes Erhitzen von **II** mit 3.4-Dichlorbenzylamin auf 225° u. Zugeben von Pikrinsäure in A.; 13,3%. — *2.4-Bis-[α-naphthylmethylimino]-, Pikrat*, $C_{33}H_{29}N_7O_7$, F. 205,5—206,5, analog vorst. Verb. nach b) aus **II** u. α-Menaphthylamin; 25,5%. — *2-Benzylimino-5.5-dimethylimidazolidon-(4)*, $C_{12}H_{15}N_3O$, F. 244—245° (Äthylacetat), durch ½std. Erhitzen von 2-Benzylimino-4-phenylimino-5.5-dimethylimidazolidin in 30%ig. HCl ; 90,49%. — *2-Phenylimino-5.5-dimethylimidazolidon-(4)*, $C_{11}H_{13}N_3O$, F. 284° (Äthylacetat/Methanol), analog aus 2-Phenylimino-4-benzylimino-5.5-dimethylimidazolidin; 88%. — *3-Phenyl-5.5-dimethyl-2-thiohydantoin*, $C_{11}H_{12}N_2OS$, F. 174—175° (W.), analog aus **II**; 95,5%. — *3-Phenyl-5.5-dimethylhydantoin*, $C_{11}H_{12}N_2O_2$, F. 164—165° (Methanol), a) durch 1½std. Erhitzen von **II** in abs. A. mit frisch gefälltem feuchten Ag_2O u. Filtrieren durch Pelite; 68,8%; b) aus vorst. Verb. u. feuchtem Ag_2O in Äthanol. W. Riedle. 3122◇

0878 **Synthese des DL-Imidazolylglycins und einiger Derivate.** Friedhelm Schneider. (Hoppe-Seyler's Z. physiol. Chem. **324**, 206—10, 21/6. 1961; Tübingen, Univ., Physiolog.-Chem. Inst.; dt.) — Imidazol-4-aldehyd wird in *5-[Imidazolyl-(4)]-hydantoin* umgewandelt u. dieses durch Hydrolyse in *DL-Imidazolyl-(4)-glycin* (**I**) übergeführt.

Versuche: *Imidazol-4-aldehyd*, F. 170—172°, nach Turner u. Mitarbeitern (J. Amer. chem. Soc. **71**, [1949], 2801). *Semicarbazon*, F. 223—225°. *Thiosemicarbazon*, F. 202—203°. *Oxim*, F. 182—183°. — *5-[Imidazolyl-(4)]-hydantoin*, $C_6H_6N_4O_2$, F. 262° (ab 253° Zers. unter Braunfärbung), durch 8std. Erhitzen vorst. Aldehyds, KCN u. $(NH_4)_2CO_3$ in wss. 50%ig. A. auf 58—60°; 50% (Ausbeute). — *DL-Imidazolyl-(4)-glycin* (**I**), $C_5H_7N_3O_2$, F. 225° (W./A.), durch 26std. Erhitzen vorst. Verb. in 60%ig. H_2SO_4 auf 120°. *Methylesterdihydrochlorid, Methanolsolvat*, $C_6H_9N_3O_2 \cdot 2HCl \cdot CH_3OH$, F. 152—154° (Methanol/Ae.), durch Einleiten von HCl-Gas in eine methanol. Lsg. von **I**. *N-Acetyl*-Deriv., $C_7H_9N_3O_3$, F. 139 bis 141° (Zers., A.), durch Einleiten von Keten in eine wss. Lsg. von **I**. *Pikrolonat*, $C_5H_7N_3O_2 \cdot C_{10}H_8N_4O_5$ F. 238° (W.). P. Gregorzewski. 3122◇

0879 **Die Spaltung von Histidylpeptiden durch bromierende Agentien.** Sh. Shaltiel und A. Patchornick. (Bull. Res. Council Israel, Sect. A **10 A**, 48—49, 1961; Rehovoth, Weizmann Inst. of Sci., Dep. of Biophys.; engl.) — Durch Einw. von Br_2, N-Bromsuccinimid (**III**) oder N-Bromacetamid auf Peptide vom Typ Carbobenzoxy-L-histidylglycin (**I**) oder Dicarbobenzoxy-L-histidylglycinäthylester (**II**) wird eine maximale Spaltung von 30% erreicht, wenn in Eisessig/W. 1 Mol Peptid mit 3 bzw. 2 Mol Reagens reagieren. Durch Bamberger-Spaltung vorbehandeltes Histidylpeptid wird in 20 bis 25%ig. Ausbeute durch 1 Mol **III** gespalten. Dabei entsteht *2.5-Dibenzamido-4-hydroxypenten-(4)-säurelacton*. P. Gregorzewski. 3122□

0880 **Benzimidazole.** 1. Mitt. **2-Heterocyclisch substituierte Benzimidazole.** Roy C. De Selms. (J. org. Chemistry **27**, 2163—65, 1962; Rochester, N. Y., Eastman Kodak Co., Kodak Res. Labor.; engl.) — o-Phenylendiamin (**I**) u. α-Furoylchlorid (**II**) geben in Pyridin *N.N'-Bis-[furoyl-(2)]-o-phenylendiamin*. Aus o-Nitroanilin entsteht mit **II** *N-[Furoyl-(2)]-o-nitroanilin*, das zu *N-[Furoyl-(2)]-o-phenylendiamin* red. wird, welches nicht zu *2-[Furyl-(2)]-benzimidazol* (**III**) cyclisiert werden konnte. Dagegen wird **III** in Ggw. von Oxydationsmitteln (Luft, Cu(II)-Salze) aus Furfurol u. **I** erhalten. Unter bes. schonenden Bedingungen wird **III** aus Furan-2-carbonsäureimidoäthylesterhydrochlorid (**IV**) u. **I** hergestellt. Derivv. von **III** lassen sich aus den entsprechenden Substitutionsprodd. von **I** erhalten. 4-Chlor- u. 4-Nitro-o-phenylendiamin sowie 2.3-Diaminopyridin gehen diese Kondens. nicht ein.

Versuche: (FF. korr.): *2-[Furyl-(2)]-benzimidazol* (**III**), F. 290—292° (unkorr.; wss. A.); a) durch 2std. Kochen von **I** u. **II** mit Cu-(II)-Acetat in wss. Methanol, Stehen bei Zimmertemp. über Nacht, Suspendieren des Cu-Salzes in wss. A., Einleiten von H_2S, Kochen, Abfiltrieren des CuS u. Aufarbeiten des Filtrates; 25% (Ausbeute); b) durch Zugabe von **IV** zu **I** in abs. A. unter Rühren, 1std. Rühren u. Zugabe von W.; 80%. — Analog nachst. Benzimidazole: *6-Methyl-2-[furyl-(2)]-*, F. 196 bis 197° (Cyclohexan); nach a) 86,5%, nach b) 63%. — *5.6-Dimethyl-2-[furyl-(2)]-*, F. 224—225° (Bzl.), nach b); 62,5%. — *6-Chlor-2-[furyl-(2)]-*, F. 178,5—179° (verd. A.), nach a); 76,3%. — *6-Nitro-2-[furyl-(2)]-*, F. 227—227,5° (verd. A. oder Toluol), nach a); 87%. — *2-[Tetrahydrofuryl-(2)]-*, F. 212,5—214,5° (verd. A.), nach a); 66%. — *2-[Tetrahydropyranyl-(2)]-*, F. 263—265,5° (unkorr.; verd. A.), nach a); 18%. — *2-[Thienyl-(2)]-*, Zers. > 290° (Eisessig; Vakuumsublimation), a) aus **I** u. dem Säurechlorid; 10%; b) nach b); 80%. — *2-[Pyrrolyl-(2)]-*, F. 278—280,5°, (unkorr.; verd. A.; Vakuumsublimation), nach a); 50%. — *2-[Furyl-(2)]-4-aza-*, F. 237° (Toluol; Vakuumsublimation), nach a) aus 2.3-Diaminopyridin u. **II**; 37%. — *N.N'-Bis-[furoyl-(2)]-o-phenylendiamin*, $C_{16}H_{12}N_2O_4$, F. 221,5° (unkorr.; wss. A.; Blättchen), durch Eintropfen von **II** in eine gerührte Lsg. von **I** in Bzl.-Pyridin, 1std. Rühren u. Zugabe von W.; 62%. — *N-[Furoyl-(2)]-o-nitroanilin*, $C_{11}H_8N_2O_4$, F. 115—117° (Bzl.-PAe.; gelbe Nadeln), analog vorst. Verb. aus o-Nitroanilin u. **II**; 55,3%. — *N-[Furoyl-(2)]-o-phenylendiamin*, $C_{11}H_{10}N_2O_2$, F. 91,5—92° (Cyclohexan; Nadeln), durch 0,5std. Hydrieren vorst. Verb. an Raney-Ni in A. bei Zimmertemp. u. 4,2 atm.; 44,5%. E. Koßmehl. 3122◇

0881 **Über die Umsetzung von 1-Anilinobuten-(3)-ol-(2) mit Aldehyden.** K. D. Petrow und Ss. R. Tuljaganow. (J. allg. Chem. [UdSSR] **32(94)**, 2932—35, 1962; Moskau, Forschungs-Inst. für plast. Massen; russ.) — Vgl. C. **1964**, 1—0826. — Bei Rk. von 1-Anilinobuten-(3)-ol-(2) (**I**) mit Form-(**II**), Acet-(**III**), Butyr-(**IV**), Benzaldehyd (**V**) u. Furfurol (**VI**) werden *3-Phenyl-5-vinyloxazolidin* (**VII**) bzw. die entsprechenden in 2-Stellung substituierten Derivv. von **VII** erhalten. Die erneute Rk. von **VII** mit **II** in Ggw. von HCl liefert *3-Phenyl-5-[1.3-dioxanyl-(4)]-oxazolidin*, das mit einem weiteren Mol **II** unter Bldg. von *4.4'-Bis-{5-[1.3-dioxanyl-(4)]-oxazolidinyl-(3)}-diphenylmethan* reagiert.

Versuche: 3-Phenyl-5-vinyloxazolidine: *Unsubstituiert* (**VII**), $C_{11}H_{13}NO$, Kp.$_5$ 128—130°, durch langsame Zugabe von 18,4 g **II** zu 32,6 g **I** in Bzl.; n_D^{20} 1,5680; $D._4^{20}$ 1,0692; 85,7% (Ausbeute). — *2-Methyl-*, $C_{12}H_{15}NO$, Kp.$_5$ 124—127°, aus 7,9 g **III** u. 27,0 g **I**; n_D^{20} 1,5560; $D._4^{20}$ 1,0399; 86,9%. — *2-Propyl-*, $C_{14}H_{19}NO$, Kp.$_8$ 150—152°, aus 8,65 g **IV** u. 16,3 g **I**; n_D^{20} 1,5424; $D._4^{20}$ 1,007; 82,9%. — *2-Phenyl-*, $C_{17}H_{17}NO$, Kp.$_5$ 187 bis 190°, aus 23,3 g **V** u. 32,6 g **I**; n_D^{20} 1,6004; $D._4^{20}$ 1,0539; 80,0%. — *2-α-Furyl-*, $C_{15}H_{15}NO_2$, Kp.$_5$ 176—179°, aus 21,1 g **VI** u. 32,6 g **I**; n_D^{20} 1,5755; $D._4^{20}$ 1,1228; 79,2%. — *3-Phenyl-5-[1.3-dioxanyl-(4)]-oxazolidin*, $C_{13}H_{17}NO_3$, durch 9std. Rühren von 0,2 Mol **VII**, 40 g 36%ig. Formalin u. 2 ml HCl (D. 1,18) bei Zimmertemp., Neutralisieren mit Soda u. Extrahieren mit Bzl.; zersetzt sich bei der Dest., n_D^{25} 1,6020; 70%. — *4.4'-Bis-{5-[1.3-dioxanyl-(4)]-oxazolidinyl-(3)}-diphenylmethan*, $C_{27}H_{34}N_2O_6$, a) aus 0,05 Mol vorst. Verb., 2,45 g Formalin, 0,5 ml HCl u. 30 ml Butanol; zähe Masse mit Tropfpunkt 87° (Ubbelohde); b) durch langsame Zugabe von 0,2 mol **I** zu 66,6 g Formalin, 4std. Rühren, Zugabe von 60 ml Butanol u. 2 ml HCl u. 12std. Rühren. Ilse Schade. 3132△

0882 **Synthese von einigen 2-Bromthiazolen.** J. S. Bhalla, N. K. Ralhan und K. S. Narang. (J. sci. ind. Res. [New Delhi], Sect. B **21**, 291—92, 1962; Chandigarh, Panjab Univ., Chem. Dep.; engl.) — α-Thiocyanketone werden durch Einleiten von HBr in der Kälte zu den entsprechenden *2-Brom-1.3-thiazolen* cyclisiert.

Versuche: 2-Brom-1.3-thiazole: *4-[p-Bromphenyl]-5-methyl-*, $C_{10}H_7Br_2NS$, Kp.$_{4-5}$ 160°, durch 2std. Einleiten von HBr in eine gekühlte Suspension von α-Thiocyanato-p-brompropiophenon in abs. Ae., 1std. Stehen, Alkalisieren des Nd. mit wss. $NaHCO_3$ u. Extrahieren mit Ae.; 46,2% (Ausbeute); daneben aus dem Ae.-Filtrat *α-[Aminobrommethylmercapto]-4-brompropiophenon*, [C_{10}·$H_{11}Br_2NOS$, F. 110° (wss. Essigsäure); 20,8%]. — *4-[2.5-Dimethoxyphenyl]-*, $C_{11}H_{10}BrNO_2S$, F. 142° (wss. Essigsäure); 56%. — *4-[3-Methyl-4-methoxyphenyl]-*, $C_{11}H_{10}$ Br·NOS, F. 75° (wss. A.); 75%. — *4-[4-Acetamidophenyl]-*, $C_{11}H_9BrN_2OS$, F. 113° (PAe.); 46%. — *4-[2-Methyl-5-methoxyphenyl]-*, $C_{11}H_{10}BrNOS$, F. 98° (wss. Essigsäure); 56%. — *4-[3.4-Dimethoxyphenyl]-*, $C_{11}H_{10}BrNO_2S$, F. 77° (wss. Essigsäure); 60%. — *4-[4-Chlorphenyl]-5-methyl-*, $C_{10}H_7BrClNS$, Kp.$_{6-8}$ 175°; 70%. — *4-[4-Methylphenyl]-5-methyl-*, $C_{11}H_{10}BrNS$, Kp.$_{4-5}$ 165°; 74%. — *4-[4-Äthylphenyl]-5-methyl-*, $C_{12}H_{12}BrNS$, Kp.$_{5-6}$ 145°; 64%. — *4-Äthyl-*, C_5H_6BrNS, Kp.$_{6-7}$ 70°; 59%. — *4.5-Dimethyl-*, C_5H_6BrNS, Kp.$_{6-7}$ 80°; 65%. E. Mirsch. 3142△

0882a **Verbessertes Verfahren zur Darstellung von 2-Acetylaminothiazol.** B. G. Jassnitzki, Je. B. Dolberg und G. I. Kowalenko. (Med. Ind. UdSSR **15**, Nr. 6, 42—43, 1961; Charkow, Inst. für pharmazeut. Chem.; russ.) — Durch Rk. von N-Acetylthioharnstoff (**I**) mit Chloracetaldehydsemihydrat (**II**) wird *2-Acetylaminothiazol* (**III**) in sehr guter Ausbeute erhalten. Die analoge Rk. in wss. Lsg. liefert erst bei hohen Konzz. an **II** (> 60%) gute Ausbeuten. Die Acetylierung von Thioharnstoff (**IV**) u. die Rk. mit **II** lassen sich ohne Ausbeuteverlust nacheinander (ohne Isolierung von **I**) durchführen.

Versuche: *2-Acetylaminothiazol* (**III**), F. 203 bis 205°, a) durch langsames Erhitzen eines Gemisches von 108 g **I** [aus 120 g Acetanhydrid (**V**) u. 76 g **IV**] mit 79,7 g **II** (stark exotherme Rk.), 1std. Erhitzen auf 95°, Neutralisieren mit 10%ig. NaOH u. Filtrieren; 96,5% (Ausbeute); b) durch 1std. Erhitzen von 15,2 g **IV** mit 24 g **V**, Zugabe von 18 g **II** bei 75—80°, 30 Min. langes Erhitzen auf 100 bis 110° u. Neutralisieren mit 10%ig. NaOH; 87,4%. Ilse Schade. 3142△

0883 **Benzthiazolylalkylcarbonsäuren und ihre Derivate. 3. Mitt. Einige [Benzthiazolyl-(2)]-hydroxyalkyl- und -ketoalkylcarbonsäuren.** F. Ss. Babitschew, L. N. Mokrowa und L. W. Ryshewa. (J. allg. Chem. [UdSSR] **32(94)**, 506—10, 1962; Kiew, Univ.; russ.) — 2. vgl. C. **1960**, **14691**. — Die Kondens. von o-Aminothiophenol (**I**) mit O.O-Diacetylweinsäure-(**II**), β-Acetoxyglutarsäure-(**III**) u. Acetondicarbonsäureanhydrid (**IV**) liefert *β-[Benzthiazolyl-(2)]-O.O-diacetylglycerinsäure*, *β-Acetoxy-γ-[benzthiazolyl-(2)]-buttersäure* (**V**) bzw. *γ-[Benzthiazolyl-(2)]-acetessigsäure* (**VI**). Beim Erhitzen von **V** enstehen *γ-[Benzthiazolyl-(2)]-vinylessigsäure* (**VII**) u. *2-Propenylbenzthiazol*. **VII** gibt bei der Hydrierung *γ-[Benzthiazolyl-(2)]-buttersäure*. Bei der Decarboxylierung von **VI** entsteht *2-Acetonylbenzthiazol*, das durch Behandeln mit Dimethylsulfat (**VIII**) in *3-Methyl-2-acetylmethylenbenzthiazolin* übergeführt wird.

Versuche: *β-[Benzthiazolyl-(2)]-O.O-diacetylglycerinsäure*, $C_{14}H_{13}NO_6S$, F. 168° (Zers.; A.), durch Zugabe von 6,3 g **I** in 5 ml Bzl. zu 10 g **II** in 10 ml Bzl. u. 10 Min. langes Kochen; 89% (Ausbeute). *Methylester*, $C_{15}H_{15}NO_6S$, F. 85° (A.), durch Methylierung mit CH_2N_2; Nadeln; 92%. — *β-Acetoxy-γ-[benzthiazolyl-(2)]-buttersäure* (**V**), C_{13}·$H_{13}NO_4S$, F. 135—136° (A.), durch Rk. von **I** mit **III** in Ae.; Nadeln; 77,9%. — *γ-[benzthiazolyl-(2)]-vinylessigsäure* (**VII**), $C_{11}H_9NO_2S$, F. 163—164° (A.), durch 1 Min. langes Erhitzen von **V** auf 135—140°; Nadeln; 44,8%. — *2-Propenylbenzthiazol*, $C_{10}H_9NS$, F. 35° (W.-Methanol 1:1), durch 10 Min. langes Erhitzen von **V** auf 160—165°; Nadeln; 82,3%. *Pikrat*, $C_{10}H_9NS \cdot C_6H_3N_3O_7$, F. 153° (A.); gelbe Nadeln. *Jodmethylat*, $C_{11}H_{12}JNS$, F. 167—173° (Zers.; Methanol-Ae.), durch 3std. Erhitzen von je 0,3 g der Base u. Methyljodid im Rohr auf dem Wasserbad; gelbes Pulver; 0,45 g. — *γ-[Benzthiazolyl-(2)]-buttersäure*, F. 145—146° (A.-W.), durch Hydrierung von **VII** in 5%ig. NaOH an PtO_2 oder durch Kondens. von **I** mit Glutarsäureanhydrid, — *γ-[Benzthiazolyl-(2)]-acetessigsäure* (**VI**), $C_{11}H_9NO_3S$. F. 152° (A.), durch Zugabe von 15 g **I** in 50 ml Methylacetat zu 15 g **IV** in 50 ml Methylacetat unter Kühlen u. 40std. Stehenlassen bei 20°; 68,8%. — *2-Acetonylbenzthiazol*, $C_{10}H_9NOS$, F. 118° (A.), durch 1 Min. langes Erhitzen von 3 g **VI** auf 170°; glänzende Plättchen; 2,37 g. — *3-Methyl-2-acetylmethylenbenzthiazolin*, F. 159° (W.-A.), durch 3/4std. Erhitzen von 0,25 g vorst. Verb. u. 0,40 g **VIII** auf dem Wasserbad; 0,11 g. Helmut Schäfer. 3142△

0884 **Benzthiazolylalkylcarbonsäuren und ihre Derivate. 4. Mitt. Benzthiazolyl-(2)-alkylcarbinole.** F. Ss. Babitschew und W. M. Nepljujew. (J. allg. Chem. [UdSSR] **32(94)**, 857—59, 1962; Kiew, Univ.; russ.) — 3. vgl. vorst. Referat. — Es wurden *1-[Benzthiazolyl-(2)]-propanol-(3)*, *-butanol-(4)*, *-pentanol-(5)* u. *o-[Benzthiazolyl-(2)]-benzylalkohol* dargestellt.

Versuche: Man gibt zu 0,16 Mol $LiAlH_4$ in 300 ml abs. Ae. bei — 55° tropfenweise 2½ Std. unter Einleiten von N_2 0,10 Mol ω-[Benzthiazolyl-(2)]-propion-, -n-butter-, -n-valerian- oder o-[Benzthiazolyl-(2)]-benzoesäuremethylester, rührt 1 Std., behandelt bei — 25° mit 150 ml feuchtem Ae. u. bei — 10° mit 6 g NaOH in 35 ml W. u. dampft das Filtrat ein. Die 3.5-Dinitrobenzoate werden durch 20 Min. langes Erhitzen mit 3.5-Dinitrobenzoylchlorid (1:1 Mol) auf 60°, die Jodmethylate durch 1—1½std. Erhitzen mit überschüssigem Methyljodid im Rohr auf 100° erhalten. — *1-[Benzthiazolyl-(2)]-propanol-(3)*, $C_{10}H_{11}NOS$, Kp.$_1$ 162—164°, F. 12°; n_D^{18} 1,6122; 63% (Ausbeute). *3.5-Dinitrobenzoat*, $C_{17}H_{13}N_3O_6S$, F. 107° (A.). *Phenylurethan*, $C_{17}H_{16}N_2O_2S$, F. 90° (CCl_4). — *1-[Benzthiazolyl-(2)]-butanol-(4)*, $C_{11}H_{13}NOS$, Kp.$_2$ 170—172°; n_D^{18} 1,6008; 60%. *3.5-Dinitrobenzoat*, $C_{18}H_{15}N_3O_6S$, F. 112° (Heptan). *Phenylurethan*, $C_{18}H_{18}N_2O_2S$, F. 134°. *Jodmethylat*, $C_{12}H_{16}JNOS$, F. 161—162°. — *1-[Benzthiazolyl-(2)]-pentanol-(5)*, $C_{12}H_{15}NOS$, Kp.$_2$ 176—177°; n_D^{20} 1,5918; 75%. *3.5-Dinitrobenzoat*, $C_{19}H_{17}N_3O_6S$, F. 97° (Heptan). *Jodmethylat*, $C_{13}H_{18}JNOS$, F. 148 bis 149°. — *o-[Benzthiazolyl-(2)]-benzylalkohol*, $C_{14}H_{11}NOS$, F. 90° (Bzl.-Heptan 1:3); 78%. *Jodmethylat*, $C_{15}H_{14}JNOS$, F. 212°. Helmut Schäfer. 3142△

0885 **Benzthiazolylalkylcarbonsäuren und ihre Derivate. 5. Mitt. 2.3-Polymethylenbenzthiazoliumsalze.** F. S. Babitschew und W. M. Nepljujew. (J. allg. Chem. [UdSSR] **32(94)**, 860—64, 1962; russ.). — 4. vgl. vorst. Referat. — Durch Cyclisierung von ω-[Benzthiazolyl-(2)]-n-propyl-, -n-butyl- u. -n-amylbromid wurden *2.3-Trimethylen-*, *2.3-Tetramethylen-* bzw. *2.3-Pentamethylenbenzthiazoliumbromid* dargestellt. Durch Kondens. von 2-Methylbenzthiazol (**I**) mit 1.3-Dibrompropan (**II**) wurden *3.3'-Trimethylen-bis-[2-methylbenzthiazolium]-dibromid* u. *-diperchlorat* (**III**), daneben *2-Methyl-3-[γ-brompropyl]-benzthiazoliumperchlorat*, erhalten. Die Kondens. von **III** mit p-Dimethylaminobenzaldehyd (**IV**) lieferte *3.3'-Trimethylen-bis-[2-(p-dimethylaminostyryl)-benzthiazolium]-diperchlorat*.

Versuche: *2.3-Trimethylenbenzthiazoliumbromid*, $C_{10}H_{10}BrNS$, F. 245° (A.-Ae., Propanol); a) man erhitzt 8,5 g 3-[Benzthiazolyl-(2)]-propanol-(1) (**V**) u. 40 ml HBr (D. 1,78) im Rohr 14 Std. auf 100°, versetzt unter Eiskühlung mit NaOH bis zur alkal. Rk. (→ *ω-[Benzthiazolyl-(2)]-n-propylbromid*; Öl; 99% Ausbeute) u. erhitzt das Öl in 45 ml Xylol 1 Std. auf 135—140°; 74%; b) durch tropfenweise Zugabe von 2,4 g PBr_3 bei — 10° zu 2 g **V** in 4 ml CCl_4, ¼std. Erwärmen, Verdünnen mit 20 ml W., Extrahieren mit Ae., Eindampfen u. 1std. Erhitzen in 15 ml Xylol auf 135—140°; 79%. *Perchlorat*, $C_{10}H_{10}$·$ClNO_4S$, F. 151° (W.); 93%. — Analog nach a) *2.3-Tetramethylenbenzthiazoliumbromid*, $C_{11}H_{12}BrNS$, F. 228°; 72%. *Perchlorat*, $C_{11}H_{12}ClNO_4S$, F. 179—180°; 93%. — *2.3-Pentamethylenbenzthiazoliumbromid*, $C_{12}H_{14}BrNS$, F. 216—217°; 35%. *Perchlorat*, $C_{12}H_{14}ClNO_4S$, F. 166—167°; 90%. — *ω-[Benzthiazolyl-(2)]-n-butylbromid*, *Pikrat*, $C_{11}H_{12}BrNS \cdot C_6H_3N_3O_7$, F. 141° (A.); gelbe Nadeln. — *ω-[Benzthiazolyl-(2)]-n-amylbromid*, *Pikrat*, $C_{12}H_{14}BrNS \cdot C_6H_3N_3O_7$, F. 88° (A.). — *3.3'-Trimethylen-bis-[2-methylbenzthiazolium]-dibromid*, *Hydrat*, $C_{19}H_{20}Br_2N_2S_2 \cdot H_2O$, F. 256° (A.), durch 6std. Erhitzen von 15,0 g **I** u. 22 g **II** auf 160—170°; 2,7 g. *Diperchlorat* (**III**), $C_{19}H_{20}Cl_2N_2$·O_8S_2, F. 213—214° (W.); Nadeln. — *2-Methyl-3-[γ-brompropyl]-benzthiazoliumperchlorat*, $C_{11}H_{13}BrClNO_4S$, F. 167° (W.), durch Behandeln der alkohol. Mutterlauge vorst. Dibromids mit $HClO_4$; Nadeln. — *3.3'-Trimethylen-bis-[2-(p-dimethylaminostyryl)-benzthiazolium]-diperchlorat,* $C_{37}H_{38}Cl_2N_4O_8S_2$, durch 10 Min. langes Kochen von 0,2 g **III** u. 0,21 g **IV** in 5 ml Acetanhydrid; λ_{max} 525 m (A.). Helmut Schäfer. 3142△

0886 **Über die Synthese und Reaktivität der Azidoverbindungen. 1. Mitt. Die Reaktion der Alkyl-, Aralkyl- und Arylazide mit Phenylacetylen.** A. Messmer und I. Pintér. (Acta chim. Acad. Sci. hung. **28,** 389—97, 1961; Budapest, Akad. der Wiss., Zentralforschungsinst. für Chem.; dt.) — Phenylacetylen (**I**) reagiert mit Phenylazid (**II**), Benzylazid (**III**), 2.4.6-Trimethylbenzylazid (**IV**), 2.4.6-Tribrombenzylazid (**V**), β-Phenyläthylazid (**VI**), γ-Phenylpropylazid (**VII**) u. n-Butylazid (**VIII**) unter Bldg. von *1.2.3-Triazolen.* Substituierte Azide wie **IV** u. **V** stören die Additions-Rk. nicht, sterische Hinderung wird nicht beobachtet. UV-Spektren sind angegeben.

Versuche: *2.4.6-Trimethylbenzylazid* (**IV**), $C_{10}H_{13}N_3$, Kp.$_2$ 88—90°, durch 10std. Kochen von 2.4.6-Trimethylbenzylchlorid mit AgN_3 in Bzl. n_D^{20} 1,5335; 42% (Ausbeute). — *2.4.6-Tribrombenzylazid* (**V**), $C_7H_4Br_3N_3$, F. 50—51° (A.), aus 2.4.6-Tribrombenzylbromid u. NaN_3 in A.; 91%. — *γ-Phenylpropylazid* (**VII**), $C_9H_{11}N_3$, Kp.$_5$ 89,5—90,5°, aus γ-Phenylpropylbromid u. NaN_3 in Methylcellosolve; n_D^{20} 1,5249; 53%. — 1.2.3-Triazole: *1-Benzyl-4-phenyl-*, $C_{15}H_{13}N_3$, F. 128—130° (A.); a) durch 15std. Stehen von **I** u.**III** bei 90°; 35%; daneben aus der Mutterlauge *1-Benzyl-5-phenyl-*, $C_{15}H_{13}N_3$, F. 69—70° (Ae.); 37%; b) analog a) bei 150—160°; 37%. — *1.4-Diphenyl-*, $C_{14}H_{11}N_3$, F. 189—190° (Äthylacetat), aus **I** u. **II** in 1,5 Std. bei 100°; Blätter; 27%; daneben aus der Mutterlauge *1.5-Diphenyl-*, $C_{14}H_{11}N_3$, F. 112—114° (A.); 34%. — *1-[2.4.6-Trimethylbenzyl]-4-phenyl-*, $C_{18}H_{19}N_3$, F. 152—153° (A.), aus **I** u. **IV** in 3 Std. bei 90°; 25%; daneben 14% *1-[2.4.6-Trimethylbenzyl]-5-phenyl-*, $C_{18}H_{19}N_3$, F. 122—123° (Ae.); 14%. — *1-[2.4.6-Tribrombenzyl]-4-phenyl-*, $C_{15}H_{10}Br_3N_3$, F. 170—171° (Bzl.), durch 5,5std. Erwärmen von **I** u. **V** auf 90° u. Extrahieren mit A.; 15%. — *1-[2.4.6-Tribrombenzyl]-5-phenyl-*, $C_{15}H_{10}Br_3N_3$, F. 124—127° (A.), durch Einengen der Mutterlaugen vorst. Verb. u. Extraktion mit heißem PAe.; 11%. — *1-[β-Phenyläthyl]-4-phenyl-*, $C_{16}H_{15}N_3$, F. 142 bis 143° (A.), aus **I** u. **VI** in 1 Std. bei 150°; 38%; daneben *1-[β-Phenyläthyl]-5-phenyl-*, $C_{16}H_{15}N_3$, Kp.$_6$ 210—212°, n_D^{20} 1,5941; 24%. — *1-[γ-Phenylpropyl]-4-phenyl-*, $C_{17}H_{17}N_3$, F. 82—83° (A.), aus **I** u. **VII** in 30 Std. bei 90°; 42%; daneben *1-[γ-Phenylpropyl]-5-phenyl-*, $C_{17}H_{17}N_3$, F. 69—71° (Ae.); 15%. — *1-[n-Butyl]-5-phenyl-*, $C_{12}H_{15}N_3$, Kp.$_5$ 164—166°, aus **I** u. **VIII** in 15 Std. bei 100°; gelbes Öl; n_D^{20} 1,5551; 36%; daneben *1-[n-Butyl]-4-phenyl-*, $C_{12}H_{15}N_3$, F. 48—49° (PAe.); 28%. H. Henze. 3153◇

0887 **Ringöffnungen der Azole. 4. Mitt. Die Synthese von 1.2.4-Triazolen aus 5-substituierten Tetrazolen und Carbonsäureimidchloriden.** Rolf Huisgen, Jürgen Sauer und Michael Seidel. (Chem. Ber. **93,** 2885—91, 2/12. 1960; München, Univ., Inst. für Org. Chem.; dt.) — 3. vgl. C. **1961,** 9342; vgl. auch C. **1960,** 16395. — 5-substituierte Tetrazole reagieren mit aromat. Carbonsäureimidchloriden unter Aufsprengung des Tetrazolringes. Die auftretende zwitterionische, hypothet. Zwischenstufe stabilisiert sich unter Ausbildung des 1.2.4-Triazolringes. Die Rk. ist allg. anwendbar zur Synthese von 3.4.5-substituierten *1.2.4-Triazolen.* 5-Phenyltetrazol läßt sich auch mit Benzoesäurephenylimidbenzolsulfonat zu *3.4.5-Triphenyl-1.2.4-triazol* umsetzen.

Versuche: Benzoesäurearyl(alkyl)-imidchloride: *-p-nitrophenyl,* F. 114—116°, durch 6std. Kochen von Benzoesäure-p-nitroanilid mit 2 Val $SOCl_2$; Nadeln aus PAe.; 88% (Ausbeute). *-p-chlorphenyl-*, nach Ley [1898] in 2 Std.; 82%. — *-phenyl-*, nach Braun u. Pinkernelle [1934] in 1 Std.; 88%. — *-methyl-*, analog; 76%. — Arylcarbonsäurephenylimidchloride: *p-Chlorphenyl-*, nach Shah (J. Indian chem. Soc. **27,** [1950], 111) in 2 Std.; 62%. — *p-Nitrophenyl-*, nach Shah u. Chaubral [1932] in 5 Std.; 97%. — 1.2.4-Triazole: *3.4.5-Triphenyl-*(**I**), $C_{20}H_{15}N_3$, F. 296—297° (A.); a) durch langsames Erwärmen des entsprechenden Imidchlorids mit 5-Phenyl-1.2.3.4-tetrazol in Pyridin; 81%; b) durch Zutropfen von Benzolsulfochlorid zu Benzophenonoxim in Pyridin bei —10°, 1std. Stehen u. Eingießen in eine auf ca. 100° erwärmte Lsg. von 5-Phenyl-1.2.3.4-tetrazol in Pyridin. — *3.4-Diphenyl-5-[p-chlorphenyl]-*, $C_{20}H_{14}ClN_3$, F. 256—258°, Nadeln aus Essigester/Methanol (E/M); 87%. — *3.4-Diphenyl-5-methyl-*, $C_{15}H_{13}N_3$, F. 237—240°, Nadeln aus E/M; 32%. — *3.5-Diphenyl-4-[p-chlorphenyl]-*, $C_{20}H_{14}ClN_3$, F. 242—244°, Nadeln aus E/M; 77%. — *3.5-Diphenyl-4-[p-nitrophenyl]-*, $C_{20}H_{14}N_4O_2$, F. 268—270°, Nadeln aus E/M; 81%. — *3-[p-Tolyl]-4.5-diphenyl-*, $C_{21}H_{17}N_3$, F. 258—260°, Nadeln aus A.; 90%. — *3-[p-Tolyl]-4-phenyl-5-[p-chlorphenyl]-*, $C_{21}H_{16}ClN_3$, F. 217—218°, Nadeln aus E/M; 79%. — *3-[p-Tolyl]-4-[p-chlorphenyl]-5-phenyl-*, $C_{21}H_{16}ClN_3$, F. 264—266°, Nadeln aus E/M; 79%. — *3-[p-Tolyl]-4-[p-nitrophenyl]-5-phenyl-*, $C_{21}H_{16}N_4O_2$, F. 224—225°, Nadeln aus E/M; 75%. — *3-[p-Methoxyphenyl]-4.5-diphenyl-*, $C_{21}H_{17}N_3O$, F. 251—253°, Nadeln aus Essigsäure/W.; 98—99%. — *3-[p-Methoxyphenyl]-4-phenyl-5-[p-chlorphenyl]-*, $C_{21}H_{16}ClN_3O$, F. 169—171°, Nadeln aus E/M; 74%. — *3-[p-Methoxyphenyl]-4-[p-chlorphenyl]-5-phenyl-*, $C_{21}H_{16}ClN_3O$, F. 230—232°, Nadeln aus E/M; 76%. — *3-[p-Methoxyphenyl]-4-[p-nitrophenyl]-5-phenyl-*, $C_{21}H_{16}N_4O_3$, F. 222 bis 225°, gelbe Nadeln aus E/M; 74%. — *3-[p-Dimethylaminophenyl]-4-phenyl-5-[p-nitrophenyl]-*, $C_{22}H_{19}N_5O_2$, F. 260—262°, orangefarbene Nadeln aus E/M; 92%. — *3-[p-Dimethylaminophenyl]-4-[p-nitrophenyl]-5-phenyl-*, $C_{22}H_{19}N_5O_2$, F. 234—236°, ziegelrote Nadeln aus E/M; 78%. — *3-[p-Nitrophenyl]-4.5-diphenyl-*, $C_{20}H_{14}N_4O_2$, F. 267—268°, Nadeln aus A.; 68%. — *3-Isopropyl-4-[p-chlorphenyl]-5-phenyl-*, $C_{17}H_{16}ClN_3$, F. 171—173°, Nadeln aus Benzol/Cyclohexan; 61%. — 3-[*4-(2-Phenyl-1.3.4-oxdiazolyl-(5))-phenyl]-4.5-diphenyl-*, $C_{28}H_{19}N_5O$, F. 266°, analog nach a) aus 2-Phenyl-5-[4-tetrazolyl-(5)-phenyl]-1.3.4-oxdiazol; Blättchen aus Dimethylformamid; 80%. — *1.4-Bis-[3.4-diphenyl-1.2.4-triazolyl-(5)]-benzol,* $C_{34}H_{24}N_6$, F. 414,5—415,5°, analog **I** nach a) aus 1.4-Bis-[tetrazolyl-(5)]-benzol u. Benzoesäurephenylimidchlorid; Kristalle aus Nitrobenzol; 84%. L. Heinisch. 3153□

0888 **1.5-Diaryl-1.2.4-triazolaldehyde.** E. J. Browne und J. B. Polya. (Chem. and Ind. **1960,** 1085—86; Hobart, Australia, Univ. of Jasmania, Chem. Dep.; engl.) — Durch Red. von 3-Carbomethoxy-1.5-diaryl-1.2.4-triazolen (**A**) mit $LiAlH_4$ zu den Alkoholen u. deren Oxydation mit $Pb(OCOCH_3)_4$ in kochendem, abs. Bzl. oder durch Umwandlung der **A** in die Hydrazide nach Kalb u. Gross [1926] u. Behandlung mit $K_3[Fe(CN)_6]$ u. NH_4OH in wss. A. werden folgende 1-Aryl-5-phenyl-1.2.4-triazol-3-aldehyde in 10—70%ig. bzw. 10 bis 35%ig. Ausbeute synthetisiert: *1-Phenyl-*, $C_{15}H_{11}N_3O$, F. 145°. — *1-[o-Tolyl]-*, $C_{16}H_{13}N_3O$, F. 82°. — *1-[m-Tolyl]-*, F. 100°. — *1-[p-Tolyl]-*, F. 93°. — *1-[p-Bromphenyl]-*, $C_{15}H_{10}BrN_3O$, F. 129°. — *1-[p-Methoxyphenyl]-*, $C_{16}H_{13}N_3O_2$, F. 90°. Durch Döbner-Rk. werden folgende β-[1-Aryl-5-phenyl-1.2.4-triazolyl)-(3)]-acrylsäuren dargestellt: *1-Phenyl-*, $C_{17}H_{13}N_3O_2$, F. 202°. — *1-[p-Tolyl]-*, F. 203°. — *1-[p-Methoxyphenyl]-*, F. 187°.

E. Schraven. 3153◇

0889 **Umlagerung von 4-Arylazo-2-phenyloxazolinon-(5)-Verbindungen in Derivate von 1H-1.2.4-Triazolen.** E. J. Browne und J. B. Polya. (Chem. and Ind. **1960,** 1086—87; Hobart, Australia, Univ. of Tasmania, Chem. Dep.; engl.) — Folgende *4-Arylazo-2-phenyloxazolinone-(5)* werden nach Sawdey (C. **1957,** 9352) synthetisiert: *4-Phenylazo-*, *4-[p-Nitrophenylazo]-*, *4-[p-Tolylazo]-*, *4-[o-Tolylazo]-* (F. 162°), *4-[m-Tolylazo]-* (F. 191°), *4-[p-Bromphenylazo-* (F. 248°), *4-[Naphthyl-(2)-azo]-* (F. 230°) u. *4-[p-Methoxyphenylazo]-* (F. 203°). Mit bas. Reagentien tritt Umlagerung über ein acycl. Zwischenprod., das in einigen Fällen isoliert werden kann, zu 1-Aryl-5-Phenyl-1.2.4-triazol-3-carbonsäuren ein, u. a. entstehen in wss., saurem Methanol folgende Säuren: *1-[o-Tolyl]-* (F. 172°), *1-[m-Tolyl]-* (F. 183°), *1-[p-Tolyl]-* (F. 178°), *1-[Naphthyl-(2)]-* (F. 194°), *1-[p-Bromphenyl]-* (F. 180°) u. *1-[p-Methoxyphenyl]-* [F. 176°, *Azid,* F. 108° (Zers.); *1.5-Diphenyl-1.2.4-triazol-3-carbonsäureazid,* F. 125° (Zers.); mit NH_4OH oder Hydrazin in Methanol entstehen die *Amide* bzw. die *Hydrazide* u. mit wss. Methanol (alkal. gegen Lackmus) die *Ester,* die mit $LiAlH_4$ in Ae. zu fol-

genden *1-Aryl-3-hydroxymethyl-5-phenyl-1.2.4-triazolen* reduziert werden: *1-[o-Tolyl]-* (F. 138°), *1-[m-Tolyl]-* (F. 159°), *1-[p-Tolyl]-* (F. 152°), *1-[p-Bromphenyl]-* (F. 168°), *1-[p-Methoxyphenyl]-* (F. 153°) u. *1-Phenyl-* ($C_{15}H_{13}N_3O$, *α-Form*, F. 154°, stabil. *β-Form*, F. 133°, instabil. *Acetyl-Deriv.*, $C_{17}H_{15}N_3O_2$, F. 111°).
E. Schraven. 3153◇

0890 **Eine neue Methode zur Synthese von Pyryliumsalzen.** G. N. Dorofejenko und Ss. W. Kriwun. (J. allg. Chem. [UdSSR] **32(94)**, 2386—87, 1962; Akad. der Wiss. der UkrainSSR, Abt. Donez, Inst. für organ. Chem.; russ.) — Durch 1½—2std. Erhitzen von Acetophenon mit Benzaldehyd, p-Nitro- u. p-Dimethylaminobenzaldehyd sowie von p-Methoxyacetophenon mit m-Nitrobenzaldehyd (2 : 1 Mol) in Toluol in Ggw. von 70%ig. $HClO_4$ auf 100—110° werden *4-Phenyl-* [50—60% (Ausbeute)], *4-[p-Nitrophenyl]-* (26—30%), *4-[p-Dimethylaminophenyl]-2.6-diphenylpyryliumperchlorat* (33%) bzw. *4-[m-Nitrophenyl]-2.6-bis-[p-methoxyphenyl]-pyryliumperchlorat* (25—30%) dargestellt.
Helmut Schäfer. 3211△

0891 **Darstellung von α-Aminotetrahydropyran-Verbindungen und von Polyalkylolaminen.** Charles Glacet und Jean-Claude Couturier. (C. R. hebd. Séances Acad. Sci. **252**, 1624—26, 13/3. 1961; Lille, Fac. de Sci., Labor. de Chim. générale et organ.; franz.) — Durch Rk. von Aminen mit α-Hydroxytetrahydropyran (Meth. **A**) bzw. durch Aminolyse von α-Dimethylaminotetrahydropyran (Meth. **B**) werden eine Reihe von *α-(ω-Hydroxyalkyl)-aminotetrahydropyranen* dargestellt, die sich an Raney-Ni katalyt. zu den entspr. alkylol-substituierten *Aminopentanol-(1)*-Verbb. hydrieren lassen.

Versuche: Tetrahydropyrane: *α-[2-Hydroxyäthylamino]-*, $C_7H_{15}NO_2$ (**I**), $Kp._{0,6}$ 87—87,5°, nach **A**; n_D^{18} 1,4806; $D._4^{18}$ 1,059; 84% (Ausbeute). — *α-[Bis-(2-hydroxyäthyl)-amino]-*, $C_9H_{19}NO_3$ (**II**), nach **B**; nicht destillierbar; 96%. — *α-(Morpholino)-*, $C_9H_{17}NO_2$ (**III**), $Kp._{12}$ 111,5°, a) nach **B**; n_D^{20} 1,4809; $D._4^{20}$ 1,052; 97%; b) nach **A**, enthält 9% *Tetrahydropyranyloxid*; 61%. — *α-[5-Hydroxyamylamino]-*, $C_{10}H_{21}NO_2$ (**IV**), F. 41,5 bis 41,8°, nach **A**; 76%. — *α-[Bis-(5-hydroxyamyl)-amino]-*, $C_{15}H_{31}NO_3$ (**V**), nach **B**; unrein; 96%. — *α-[o-Hydroxyphenylamino]-*, $C_{11}H_{15}NO_2$, F. 118,5° (Zers.), nach **B**; 90%. — *α-[p-Hydroxyphenylamino]-*, $C_{11}H_{15}NO_2$, F. 146° (Zers.), nach **B**; 70%. — *2-Hydroxyäthyl-5'-hydroxyamylamin*, F. 27°, durch katalyt. Hydrierung von **I** an Raney-Ni. — *Bis-[2-hydroxyäthyl]-5'-hydroxyamylamin*, $C_9H_{21}NO_3$, $Kp._{0,6}$ 173,5—174°, analog aus **II**; n_D^{23} 1,4862; $D._4^{23}$ 1,060; 80%. — *5-Morpholinopentanol-(1)*, $C_9H_{19}NO_2$, $Kp._{10}$ 151°, analog aus **III**; n_D^{19} 1,4780; $D._4^{19}$ 1,012. *Pikrat*, F. 87° (Zers.). — *Bis-[5-hydroxyamyl]-amin*, analog aus **IV**; 72%. — *Tris-[5-hydroxyamyl]-amin*, $C_{15}H_{33}NO_3$, $Kp._{0,6}$ 197—198°, analog aus **V**; n_D^{23} 1,4864; $D._4^{23}$ 0,994; 67%.
G. Ziebarth. 3211△

0892 **Bildung eines Cumarinderivates durch Friessche Verschiebung.** C. M. Christian und G. C. Amin. (J. sci. ind. Res. [New Delhi], Sect. B **19**, 175, 1960; Ahmedabad, Gujarat Coll., M. R. Sci. Inst.; Visnagar, N. G., M. N. Coll.; engl.) — *3.4-Dihydro-4-phenylcumarin* ($C_{15}H_{12}O_2$, F. 84 bis 85°; aus A.-Nadeln; 0,4 g Ausbeute) entsteht durch Zugabe von 3 g Zimtsäurephenylester zu $AlCl_3$ in symm. Tetrachloräthan, 1,5std. Erwärmen auf 60—70°, Kühlen, Zers. mit wss. HCl, Abdest. des Lsgm. mit Dampf u. Extrahieren des Rückstandes mit Äthylacetat.
W. Hampel. 3211◇

0893 **Synthese von 4.5-Dihydroxycumarin: Eine seltene Beobachtung totaler γ-Substitution an Resorcin.** K. N. Trivedi. (Current Sci. **30**, 54—55, Febr. 1961; Baroda, Fac. of Sci., Chem. Dep.; engl.) — *3-Benzyl-4.5-dihydroxycumarin*, $C_{16}H_{12}O_4$, F. 259—260°, aus Resorcin u. Benzylmalonsäurediäthylester in sd. Diphenyläther (vgl. Mentzer u. Vallet, C. **1960**, 10225). — *4.5-Dihydroxycumarin*, F. 221°, aus vorst. Verb. durch ¼std. Erhitzen mit $AlCl_3$ auf 200°.
U. Schüßler. 3211□

0894 **Synthese von Isoflavanonen und Isoflavonen.** D. Chakravarti, S. Chakraborty, N. Chakravarti und N. Roy. (Sci. and Cult. [Calcutta] **28**, 242—43, Mai 1962; Calcutta, Univ. College of Science, Dep. of Chem.; engl.) — Vgl. Sci. and Cult. [Calcutta] **27**, [1961], 407. — Durch Friedel-Crafts-Rk. von Benzyl-[2.4-dihydroxy-5-chlor- (bzw. 5-brom-)phenyl]-keton (F. 120° bzw. 112°) entstehen *6-Chlor-* bzw. *6-Brom-7-hydroxyisoflavanon* (F. 229—230° bzw. 225°). Nach Venkataraman u. Joshi [1934] werden in sehr guten Ausbeuten aus den Ketonen *6-Chlor-* bzw. *6-Brom-7-hydroxyisoflavon* (F. 270—271° bzw. 290°) erhalten. Es wurde versucht, Pseudobaptigenin, Formononetin, Daidzein u. a. Naturstoffe nach diesem Verf. zu synthetisieren. A. Ackermann. 3211◇

0895 **Die Reduktion von Isoflavonen mit Natriumborhydrid.** L. Ramachandra Row, A. S. R. Anjaneyulu und C. Sri Krishna. (Current Sci. [Bangalore] **32**, 67—69, 1963; Waltair, Andhra Univ., Dep. of Chem.; engl.) — Bei der Red. von 7-Methoxy- bzw. 7.4'-Dimethoxyisoflavon oder 7-Methoxy- bzw. 7.4'-Dimethoxyisoflavanon mit $NaBH_4$ in A. bei Raumtemp. werden *7-Methoxyisoflavanol-(4)* [$C_{16}H_{16}O_3$, F. 138—140°; 80—85% (Ausbeute), *Acetyl-Deriv.*, $C_{18}H_{18}O_4$, F. 116—118°] bzw. *7.4'-Dimethoxyisoflavanol-(4)* ($C_{17}H_{18}O_4$, F. 141—143°, *Acetyl-Deriv.*, $C_{19}H_{20}O_5$, F. 121—123°) gebildet. Die Dehydratisierung mit $POCl_3$, Pyridin oder Eisessig/HCl führt zu *7-Methoxyisoflaven-(3)* ($C_{16}H_{14}O_2$, F. 105—107°) bzw. *7.4'-Dimethoxyisoflaven-(3)* ($C_{17}H_{16}O_3$, F. 160—161°). Während die Red. von 7-Methoxyflavon ergebnislos verlief, führt die Red. von 7-Methoxy- bzw. 7.4'-Dimethoxy-2-methylisoflavon bei 80° zu fl. Prodd., die keine kristallinen Acetyl- u. Benzoyl-Derivv. ergaben. Die ster. Konfiguration der *Isoflavanole* wird diskutiert.
K. Stühmer. 3211◇

0896 **Orientierung bei Isoflavonen.** W. Rahman und Kh. Takrimullah Nasim. (Tetrahedron Letters [London] **1961**, Nr. 18, 628—31, Nov.; Aligarh, India, Muslim Univ., Chem. Dep.; engl.) — Nach früheren Befunden von Farooq u. Mitarbeitern (vgl. C. **1962**, 18111) bilden sich bei der Umsetzung von 3-substituierten 2.4.6-Trihydroxydesoxybenzoinen mit Oxalsäuremonoäthylesterchlorid (**I**) durch Rk. der 2- bzw. der 6-ständigen OH-Gruppe 2 isomere *Isoflavone*. Die Nachprüfung der dem widersprechenden Angaben von Mehta u. Seshadri (C. **1956**, 2746) ergab, daß das aus 2.4.6-Trihydroxy-3-methyl-4'-methoxydesoxybenzoin erhaltene, als 5.7-Dihydroxy-4'-methoxy-6-methylisoflavon-2-carbonsäureäthylester (**II**) bezeichnete Prod. vom F. 176—178° nicht einheitlich ist. Sorgfältige fraktionierte Kristallisation aus Bzl./Methanol ergibt *5.7-Dihydroxy-4'-methoxy-8-methylisoflavon-2-carbonsäureäthylester* (**III**) vom F. 199—201° u. **II** vom F. 201—203°. **III** wird durch Hydrolyse in die *freie Säure* (F. 280—281°) übergeführt. Decarboxylierung gibt *5.7-Dihydroxy-4'-methoxy-8-methylisoflavon* (F. 235—236°) u. Methylierung *5.7.4'-Trimethoxy-8-methylisoflavon* (F. 180°). **II** wird analog in die *Carbonsäure* (F. 288—291°), *5.7-Dihydroxy-4'-methoxy-6-methylisoflavon* (F. 260—263°) u. *5.7.4'-Trimethoxy-6-methylisoflavon* (F. 169°) umgewandelt. Auf analoge Weise werden aus 2.4.6-Trihydroxy-3-methyl-2'-methoxydesoxybenzoin u. **I** 2 isomere Isoflavone erhalten. G. Fischer. 3211◇

0897 **Über die Darstellung von 3-Nitro-2-methylpyridin-6-aldehyd aus 2.6-Dimethyl-3-nitropyridin.** Z. Skrowaczewska und H. Ban. (Bull. Acad. polon. Sci., Sér. Sci. chim. **9**, 213—15, 1961; Wroclaw, TH, Inst. für Organ. Chem. I; dt.) — Zur Darst. contebenähnlicher Substanzen wird als eventuelles Zwischenprod. durch Oxydation von 2.6-Dimethyl-3-nitropyridin mit SeO_2 in Dioxan bei ca. 100° *2-Methyl-3-nitropyridin-6-aldehyd* (**I**; F. 62—63°, $Kp._3$ 110—112°) in ca. 40%ig. Ausbeute erhalten. *Äthylalkoholhemiacetal*, F. 82°. *Thiosemicarbazon*, F. 213°; gelb. *Guanylhydrazon*, F. 211°. *2.4-Dinitrophenylhydrazon*, F. 201°; gelb. *1.2-Dianilinoäthankondensat*, F. 114°. — Durch Kochen von **I** mit HNO_3 (D. 1,4) entsteht *2-Methyl-3-nitropyridin-6-carbonsäure* (F. 122—124°) u. daraus durch Erhitzen auf 200—250° *2-Methyl-3-nitropyridin*, F. 25°, $Kp._3$ 80,5—81°. Red. dieser Verb. mit Sn/HCl gibt *3-Amino-2-methylpyridin*, F. 113—114°. Damit ist die Konstit. von **I** bewiesen. **I** gibt durch Red. mit $FeSO_4$ in NH_4OH *2-Methyl-3-aminopyridin-6-aldehyd*, hellgelbe Kristalle. *Phenylhydrazon*, F. 196°, bräunliche Kristalle. *Guanylhydrazon*, F. 218—220°. M. Mirsch. 3231◇

0898 **Acylierung von Dilithium-β-diketonen mit aliphatischen Estern unter Bildung von 1.3.5-Triketonen. Cyclisation zu Pyronen-(4) und Pyridonen-(4).** Stewart D. Work und Charles R. Hauser. (J. org. Chemistry **28,** 725–30, 1963; Durham, N. C., Duke Univ., Dep. of Chem.; engl.) — Durch Rk. von Benzoyl-(**I**) bzw. Acetylaceton (**IV**) mit aliphat. Carbonsäureestern in Ggw. von Li-Amid entstehen die entsprechenden *1.3.5-Triketone,* die durch Einw. von konz. H_2SO_4 in der Kälte zu *Pyronen-(4)* u. durch Einw. von fl. NH_3 in A. zu *Pyridonen-(4)* cyclisiert werden. IR- u. UV-Maxima s. Original.

Versuche: *1-Phenylhexantrion-(1.3.5)* (**III**), F. 105 bis 107° (Isopropanol), a) durch Zugabe von **I** in wasserfreiem Ae. zu Li-Amid in fl. NH_3 unter Rühren u. Zugabe von Essigsäureäthylester (**II**) in abs. Ae. innerhalb von 5 Min.; 45% (Ausbeute); b) analog durch 1 std. Zugabe von **II**; 40%. — *1-Phenylheptantrion-(1.3.5)* (**V**), $C_{13}H_{14}O_3$, F. 35,5–37,5°, Kp.$_{0,08}$ 115°, Kp.$_{0,1}$ 117–119°, a) analog **III** nach a) aus **I** u. Propionsäuremethylester (**XI**); gelbe Nadeln; 42%; b) analog **III** nach b); 45%; c) analog **III** aus Propionylaceton, $^1/_2$std. Rühren, Zugabe von Benzoesäuremethylester in wasserfreiem Ae. u. $^1/_2$std. Rühren; 37%. — *1-Phenyl-6-methylheptantrion-(1.3.5)* (**VI**), $C_{14}H_{16}O_3$, Kp.$_{0,2}$ 129°, a) analog **III** nach a) aus **I** u. Isobuttersäuremethylester; gelb; 43%; b) analog **III** nach b); 35%; daneben 6% *Diisobutyramid* [$C_8H_{15}NO_2$, F. 175–176° (A./Hexan)]. — *1-Phenyltetradecantrion-(1.3.5)* (**VII**), $C_{20}H_{28}O_3$, 58–58,5° (Methanol), analog **III** nach b) aus **I** u. Decansäuremethylester; hellgelbe Kristalle; 40%; daneben 27% *Decansäureamid* [$C_{10}H_{21}NO$, F. 98–98,5° (Hexan)]. — *Heptantrion-(2.4.6)* (**VIII**), Kp.$_6$ 85–89°, analog **III** nach a) aus **II** u. **IV**; 45%. — *Octantrion-(2.4.6)* (**IX**), $C_8H_{12}O_3$, Kp.$_{1,5}$ 70°, analog **VIII** aus **IV** u. **XI**; 50%; daneben ca. 1–2% *Dipropionylamin* [$C_6H_{11}\cdot NO_2$, F. 155–155,5° (A./Hexan)]. — *1-[2-Oxocyclohexyl]-butandion-(1.3)* (**X**), $C_{10}H_{14}O_3$, F. 115,5–116° (Aceton), analog **III** nach b) aus 2-Acetylcyclohexanon u. **II**; 24%. — Pyrone-(4): *2-Methyl-6-phenyl-*, F. 84–85° (n-Hexan), durch Rk. von **III** mit 10 ml konz. H_2SO_4 bei 0°, 10 Min. langes Rühren bei 0° u. Gießen in Eiswasser; 86%. — *2-Äthyl-6-phenyl-*, $C_{13}H_{12}O_2$, F. 58–58,5° (n-Hexan), analog vorst. Verb. aus **V**; 46%. — *2-Propyl-(2)-6-phenyl-*, $C_{14}H_{14}O_2$, F. 49–50° (n-Hexan), analog aus **VI**; 81%. — *2-n-Nonyl-6-phenyl-*, $C_{20}H_{26}O_2$, F. 51,5 bis 52°, analog aus **VII**; 93%. — *2.6-Dimethyl-*, F. 132 bis 134° (n-Hexan), analog aus **VIII**; 34%. — *Cyclohexeno-[b]-6-methyl-*, $C_{10}H_{12}O_2$, F. 96–96,5°, analog aus **X**; 80%. — 1H-Pyridone-(4): *2-Methyl-6-phenyl-*, F. 174–176° (Aceton), durch Zugabe von fl. NH_3 zu **III** in abs. A.; 99%. — *2-Äthyl-6-phenyl-*, $C_{13}H_{13}NO$, F. 154–155° (Aceton), analog vorst. Verb. aus **V**; 72%. — *2-Propyl-(2)-6-phenyl-*, $C_{14}H_{15}NO$, F. 117–118° (Ae.), analog aus **VI**; 84%. — *2-n-Nonyl-6-phenyl-*, $C_{20}H_{27}NO$, F. 88–89° (Aceton/W.), analog aus **VII**; 72%. — *2.6-Dimethyl-*, F. 231–232° (A./Aceton), analog aus **VIII**; 99%. — *2-Äthyl-6-methyl-*, $C_8H_{11}NO$, F. 118–119° (Aceton), analog aus **IX**; 81%. — *Cyclohexeno-[b]-6-methyl-*, $C_{10}H_{13}NO$, F. 241–243° (Zers.; Dioxan), analog aus **X**; 99%. E. Mirsch. 3231△

0899 **Darstellung des Amids der β-Pyridincarbonsäure (Nicotinsäure).** Je. Ss. Shdanowitsch, I. B. Tschekmarewa, T. Ss. Nowopokrowskaja und N. A. Preobrashenski. (J. allg. Chem. [UdSSR] **32** (**94**), 2828–29, 1962; Allunions-Forschungs-Inst. für Vitamine; russ.) — *Nicotinsäureamid* wird durch direkte Rk. von Nicotinsäure (**I**) mit NH_3 bei erhöhter Temp. erhalten.

Versuche: *Nicotinsäureamid,* $C_6H_6N_2O$, F. 130,2 bis 130,5°, durch Zugabe von 180 ml 25%ig. NH_4OH zu 150 g **I**, Abdestillieren des überschüssigen W. (150 ml) u. 30std. Durchleiten von NH_3 bei 180–185°; 75,6% Ausbeute. I. Schade. 3231△

0900 **Synthese und pharmakologische Wirkung einiger 4-substituierter 1-Arylamino- und 1-[Pyridyl-(2)-amino]-glutarimide.** J. Büchi, H. Mühle, H. Braunschweiger und P. Fabiani. (Helv. chim. Acta **45,** 449–56, 15/3. 1962; Zürich, ETH, Pharmazeut. Inst.; dt.) — Einige neue 4-substituierte *1-Phenylamino-* u. *1-[Pyridyl-(2)-amino]-glutarimide* werden hergestellt. Als 1- (d. h. N[1]-) Substituenten wurden eine Benzylgruppe u. Acylreste (Acetyl-, Benzoyl- u. Piperidinoacetyl-) u. als 4-Substituenten Methyl-, Äthyl-, Phenyl- u. spirocycl. Gruppen eingeführt. Einige dieser neuen Verbb. besitzen gewisse hypnot. Eigg., kommen aber für eine therapeut. Verw. nicht in Betracht.

Versuche: *Glutarsäuremonophenylhydrazid* (**I**), F. 121–123° (60%ig. A.), durch Zugabe von Phenylhydrazin zu Glutarsäureanhydrid in Bzl.; 90% (Ausbeute). — Glutarimide: *1-Phenylamino-*, (**III**), $C_{11}H_{12}N_2O_2$, F. 144–145°, durch 15 Min. langes Erhitzen von **I** auf 140–180°; aus A. Prismen; 35%; daneben *Glutarsäure-bis-phenylhydrazid,* F. 216–217°; 40%. — *1-Phenylamino-4.4-dimethyl-*, (**IV**), $C_{13}H_{16}N_2O_2$, F. 114–115° (75%ig. A.); 50–60%. — *1-Phenylamino-4-methyl-4-äthyl-*, $C_{14}H_{18}N_2O_2$, F. 99–101° (60%ig. A.); 50–60%. — *1-Phenylamino-4.4-tetramethylen-*, $C_{15}H_{18}N_2O_2$, F. 131 bis 132° (A.); 50–60%. — *1-Phenylamino-4-phenyl-*, $C_{17}H_{16}\cdot N_2O_2$, F. 137–138° (A.); 50–60%. — *β.β-Dimethylglutarsäuremonopyridyl-(2)-hydrazid* (**II**), F. 144–149°, durch Zugabe von Pyridyl-(2)-hydrazin zu β.β-Dimethylglutarsäureanhydrid in Bzl.; 77% (roh). — 1-[Pyridyl-(2)-amino]-glutarimide: *4.4-Dimethyl-*, $C_{12}H_{15}N_3O_2$, F. 196° (A.), durch 20 Min. langes Erhitzen von **II** auf 150–210°; 71%. — *4-Methyl-4-äthyl-*, $C_{13}H_{17}N_3O_2$, F. 137 bis 138° (Bzl./PAe.); 65–70%. — *4.4-Tetramethylen-*, $C_{14}H_{17}N_3O_2$, F. 172–173° (80%ig. A.); 65–70%. — *4-Phenyl-*, $C_{16}H_{15}N_3O_2$, F. 201–203° (70%ig. A.); 65 bis 70%. — Glutarimide: *1-[N-Acetyl-N-phenylamino]-*, $C_{13}H_{14}N_2O_3$, F. 130–131° (70%ig. A.), a) durch 8–10std. Kochen von **III** mit Acetylchlorid in Bzl.; 65%; b) durch 5 Min. langes Stehen von **I** mit Acetylchlorid u. $^3/_4$std. Kochen; 75%. — *1-[N-Benzoyl-N-phenylamino]-*, $C_{18}H_{16}\cdot N_2O_3$, F. 183–184° (A.). — *1-[N-Benzoyl-N-phenylamino]-4.4-dimethyl-*, $C_{20}H_{20}N_2O_3$, F. 166–167° (80%ig. A.). — *β.β-Dimethylglutarsäuremono-[N²-benzyl-N²-phenylhydrazid]*, F. 84–87°, durch Zugabe von β.β-Dimethylglutarsäureanhydrid zu N¹-Benzylphenylhydrazin; 72%. — Glutarimide: *1-[N-Benzyl-N-phenylamino]-4.4-dimethyl-*, $C_{20}H_{22}N_2O_2$, F. 165–166° (80%ig. A.), a) durch 20 Min. langes Erhitzen vorst. Verb. auf 220–230°; 75%; b) durch $^1/_4$std. Kochen vorst. Verb. mit überschüssigem Acetylchlorid. — *1-[N-Chloracetyl-N-phenylamino]-4.4-dimethyl-*, $C_{15}H_{17}ClN_2O_3$, F. 137–138° (Bzl./PAe.), durch 8std. Kochen von **IV** mit Chloracetylchlorid in Bzl.; 75%. — *1-[N-Phenyl-N-piperidinoacetylamino]-4.4-dimethyl-*, durch 20 Min. langes Stehen vorst. Verb. u. Piperidin in abs. Bzl., Abtrennen des Piperidinhydrochlorides u. $^1/_2$std. Kochen; zähfl. Öl. *Hydrochlorid,* $C_{20}H_{28}\cdot ClN_3O_3$, F. 210–213° (Aceton/Ae./A.; Zers.); 71%. — 1-[N-Phenyl-N-piperidinoacetylamino]-glutarimidhydrochloride: *Unsubstituierte Verb.*, $C_{18}H_{24}\cdot ClN_3O_3$, F. 214–216° (Aceton/Ae./A.; Zers.). — *4-Methyl-4-äthyl-*, $C_{21}H_{30}ClN_3O_3$, F. 193–195° (Aceton/Ae.). — *4.4-Tetramethylen-*, $C_{22}H_{30}ClN_3O_3$, F. 220–221° (A./Ae.; Zers.). W. Hampel. 3231□

0901 **Über die Synthese des 2.2′-Dichinolyls aus 2.2′-Dicinchoninsäure.** Tadeusz Mazoński und Władysław Karmiński. (Zeszyty naukowe Politechn. Śląskiej, Chem. **1961,** Nr. 5, 149–55; Gliwice, Politechn. Śląska, Kat. Technol. chem. organ.; pol.) — Isomerenfreies 2.2′-Dichinolyl wurde durch Decarboxylierung von 2.2′-Dicinchoninsäure (**I**) in sd. Chinolin erhalten. Die Synth. von **I** aus Isatin u. Acetoin wird zur Verbesserung der Ausbeute modifiziert.

Versuche: *2.2′-Dicinchoninsäure* (**I**), $C_{20}H_{12}N_2O_4$, F. 365°, durch Erhitzen von 150 g 30%ig. KOH u. 29,5 g Isatin auf 100°, Zutropfen von 8,8 g Acetoin < 103 bis 105°, 3–4std. Erhitzen auf 95–100°, Abkühlen, Umfällen des erhaltenen K-Salzes aus heißer 30%ig. KOH u. Zers. des Nd. mit Essigsäure; 76,8% (Ausbeute). — *2.2′-Dichinolyl,* $C_{18}H_{12}N_2$, F. 194–195°, durch 3–4std. Erhitzen von 10,3 g **I** in 200 ml frisch dest. Chinolin, Kühlen u. Waschen des Nd. mit kaltem A.; Blättchen aus A.; 82%. F. Urban. 3231◇

0902 **Über die Synthese von „o′-Methylpapaverin“ und „o′-Methylpapaveraldin“.** Cs. Szántay und K. Steczek. (Acta chim. Acad. Sci. hung. **25,** 79–83, 1960; Budapest, Techn. Univ., Inst. für Organ. Chem.; dt.) — Ausgehend vom 2-Methyl-4.5-dimethoxybenzylalkohol wird über

2-Methyl-4.5-dimethoxybenzylcyanid, 2'-Methyl-4'.5'-dimethoxyphenylessigsäure, N-[2'-Methyl-4'.5'-dimethoxyphenylacetyl]-β-[3.4-dimethoxyphenyl]-äthylamin u. *1-[2-Methyl-4.5-dimethoxybenzyl]-3.4-dihydro-6.7-dimethoxyisochinolin* (I) *1-[2-Methyl-4.5-dimethoxybenzyl]-6.7-dimethoxyisochinolin* dargestellt.

Versuche: *2-Methyl-4.5-dimethoxybenzylalkohol*, $C_{10}H_{14}O_3$, F. 67° (Bzl./PAe.), durch Hydrieren von 2-Methyl-4.5-dimethoxybenzaldehyd in Ggw. von Pd/Kohle; 94% (Ausbeute). — *2-Methyl-4.5-dimethoxybenzylcyanid*, $C_{11}H_{13}NO_2$, F. 93° (A.), a) durch 1std. Einleiten von HCl in ein Gemisch aus Homoveratrol, Formaldehyd, W. u. Bzl. bei 0°, Abtrennen der benzol. Phase, Zugeben von NaCN in W. u. Kochen auf dem Wasserbad unter Rühren; 56%; b) durch 1std. Stehen von 0,3 g vorst. Verb. in Ae. mit SO_2Cl_2, Abdest. des Ae. u. ½std. Kochen mit 0,5 g NaCN u. Bzl.; 0,2 g. — *2'-Methyl-4.'5'-dimethoxyphenylessigsäure*, $C_{11}H_{14}O_4$, F. 102° (Bzl./PAe.), durch 4std. Kochen vorst. Verb. in A. mit wss. KOH; 99%. — *N-[2'-Methyl-4'.5'-dimethoxyphenylacetyl]-β-[3.4-dimethoxyphenyl]-äthylamin*, $C_{21}H_{27}NO_5$, F. 102° (Toluol), durch 1std. Abdest. von W. u. Tetralin im Wasserstoffstrom von vorst. Verb. u. β-[3.4-Dimethoxyphenyl]-äthylamin in Tetralin; 92%. — *1-[2-Methyl-4.5-dimethoxybenzyl]-6.7-dimethoxy-3.4-dihydroisochinolin* (I), durch Zutropfen vorst. Verb. in Chlf. zu PCl_3 in Chlf. bei 45° unter Rühren, 1std. Rühren, Abdest. von Chlf., Zugeben von W. u. Einleiten von CO_2 bei 80°; 86,5%. *Pikrat*, $C_{27}H_{28}N_4O_{11}$, F. 165—168°. — *1-[2-Methyl-4.5-dimethoxybenzyl]-6.7-dimethoxyisochinolin, Hydrochlorid*, F. 223—224°, durch Extrahieren einer sodaalkal. Lsg. von I-Hydrochlorid in wss. $Na_2S_2O_4$ mit Tetralin u. 3std. Kochen des Extraktes mit Pd/Kohle; 74%. *Freie Base*, $C_{21}H_{23}NO_4$, F. 149—150°. *Pikrat*, F. 128—129°. M. Mirsch. 3231◇

0903 **Naphthochinonchemie. 6H.11H-Benzo-[f]-pyrido-[a]-benzimidazoldion-(6.11).** William L. Mosby. (J. org. Chemistry **26**, 1316—18, 1961; Bound Brook, N. J., Amer. Cyanamid Co., Org. Chem. Div., Bound Brook Labors.; engl.) — Durch Rk. von 2-Hydroxy- (I), 2-Äthoxy- (II) bzw. 2-Acetoxy-3-chlornaphthochinon-(1.4) (III) mit 2-Aminopyridin (IV) entsteht in sd. Äthylenglykoldimethyläther *6.11-Dihydro-6.11-dioxobenzo-[f]-pyrido-[a]-benzimidazol* (V). 2.3-Bismethylmercapto-, 2-Acetamido-3-methoxy- oder 2-Brom-1.4-naphthochinon geben diese Rk. nicht. Unter Verw. von 2-Aminopyrimidin u. 2-Aminopyrazin an Stelle von IV bilden sich keine Azahomologe von V. Bei milderer Temp. in sd. Äthylacetat setzt sich nur 2-Chlor-3-acetoxy-(III) oder 2-Chlor-3-hydroxynaphthochinon-(1.4) (I) zum *2-Aminopyridiniumsalz von* I um, das in sd. Äthylenglykoldimethyläther zu V cyclisiert. Durch Red. von V u. anschließende Luftoxydation entsteht *1.2.3.4.6.11-Hexahydro-6.11-dioxobenzo-[f]-pyrido-[a]-benzimidazol* (VI). Die Rk. zu V verläuft wahrscheinlich über eine Additionsverb. von IV u. I, II oder III in der $C_{(2)}$-Stellung mit nachfolgender Kondens. zum *2-[Pyridyl-(2)-amino]-3-chlornaphthochinon-(1.4)*. Das UV-Spektrum von V ist angegeben.

Versuche: *6.11-Dihydro-6.11-dioxobenzo-[f]-pyrido-[a]-benzimidazol* (V), $C_{15}H_8N_2O_2$, F. 297—298°, a) aus II u. IV in abs. Äthylenglykoldimethyläther durch 20std. Kochen, Verdünnen mit W., Lösen in Essigsäure, Fällen mit W. u. Vakuumsublimation; aus Chlorbenzol gelbbraune Nadeln; 34,3% (Ausbeute); b) analog aus III; c) analog aus I. — *1.2.3.4.6.11-Hexahydro-6.11-dioxobenzo-[f]-pyrido-[a]-benzimidazol* (VI), F. 251—252°, durch Hydrieren von V in A. in Ggw. von Adams-Katalysator u. Luftoxydation des erhaltenen *Hydrochinons*; aus Acetonitril gelbe Nadeln. — *2-Chlor-3-hydroxy-naphthochinon-(1.4)* (I), *2-Aminopyridiniumsalz*, $C_{15}H_{11}ClN_2O_3$, F. 178,4 bis 179,4°, aus I u. IV in Äthylacetat durch ¼std. Kochen; rote Kriställchen; 100%. G. Engler. 3231△

0904 **Derivate von trans-3.7-Diazatricyclo-[4.2.2.2²·⁵]-dodecan.** Leo A. Paquette und George Slomp. (J. Amer. chem. Soc. **85**, 765—69, 1963; Kalamazoo, Mich., Upjohn Comp., Res. Labors.; engl.) — Bei der Photodimerisierung von verschieden substituierten Pyridonen-(2) entstehen *trans-3.7-Diazatricyclo-[4.2.2.2²·⁵]-dodecadien-(9.11)-dione-(4.8)*. Ihre katalyt. u. chem. Red. führt zu den entsprechenden *Stammdiaminen*. Die kernmagnet. Resonanzspektren werden diskutiert u. sind z. T. abgebildet.

Versuche: *1-[p-Methoxybenzyl]-pyridon-(2)* (I), $C_{13}H_{13}NO_2$, F. 84,5—86°, durch 24std. Rühren von Anisylchlorid u. 2-Äthoxypyridin bei 135°, Chromatographie an Florisil, Waschen mit Hexan u. Eluieren mit Ae.; aus Bzl.-Hexan Nadeln; 100% (Ausbeute). — trans-3.7-Diazatricyclo-[4.2.2.2²·⁵]-dodecadien-(9.11)-dione-(4.8): *Unsubstituiert* (II), F. 224,5—226,5° (Essigsäure), a) durch 6std. Bestrahlung von Pyridon-(2) in W. u. Filtrieren (Meth. A); 13,1%. — *3.7-Dimethyl-* (III), F. 222,5° (A.-Ae.), durch 48std. Bestrahlung von 1-Methylpyridon-(2) in W., Extraktion mit Chlf. oder Methylenchlorid, Einengen, Behandeln mit Bzl.-Hexan u. Kühlen (Meth. B); 43,2%. — *3.7-Diäthyl-*, F. 208—209° (Bzl.-Hexan), aus 1-Äthylpyridon-(2) nach B; 41,5%. — *3.7-Di-n-propyl-*(IV), F. 198—199° (A.-Ae.), aus 1-n-Propylpyridon-(2) nach A in 40 Std.; 12,3%. — *3.7-Diallyl-*, F. 198° (A-Ae.), aus 1-Allylpyridon-(2) nach A in 32 Std.; 13%. — *3.7-Diisopropyl-* (V), F. 228—229° (Bzl.-A.-Hexan), aus 1-Isopropylpyridon-(2) nach B in 96 Std. 24%. — *1.3.5.7-Tetramethyl-*, F. 191° (A.-Ae.), aus 1.3-Dimethylpyridon-(2) nach A bzw. B in 16 Std.; 14,4%. — *3.7.10.12-Tetramethyl-*, F. 240—241° (wss. A.-Ae.), aus 1.5-Dimethylpyridon-(2) nach A bzw. B in 16 Std.; 58,3%. — *3.7.9.11-Tetramethyl-*, F. 241° (wss. A.-Ae.), aus 1.4-Dimethylpyridon-(2) nach A bzw. B in 16 Std.; 19%. — *3.7-Bis-[2-hydroxyäthyl]-* (VI), F. 229° (W.), aus 1-[2-Hydroxyäthyl]-pyridon-(2) nach A in 16 Std.; 18,6%. — *3.7-Bis-[2-diäthylaminoäthyl]-* (VII), F. 196—197° (Bzl.-Hexan), aus 1-[2-Diäthylaminoäthyl]-pyridon-(2) nach A in 16 Std.; 11,7%. *Bis-methojodid*, F. 235—236° (wss. A.-Ae.), durch 1 std. Kochen von VII in A. mit Methyljodid (VIII); 99,8%. — *3.7-Bis-[p-methoxybenzyl]-*, F. 232° (Dimethylformamid), aus I nach A in 20 Std.; 7,25%. — trans-3.7-Diazatricyclo-[4.2.2.2²·⁵]-dodecandione-(4.8): *Unsubstituiert*, $C_{10}H_{14}N_2O_2$, F. 398—400° (Essigsäure), durch Hydrierung von II in Essigsäure in Ggw. von PtO_2 bei 100° u. 50 lbs./sq. in.; 89%. — *3.7-Dimethyl-* (IX), F. 284—285°, durch Hydrierung von III in A. in Ggw. von PtO_2 bei 100° u. 50 lbs./sq. in. (Meth. C); 94,7%. — *3.7-Di-n-propyl-*, $C_{16}H_{26}N_2O_2$, F. 210—211° (A.-Ae.), aus IV nach C; 97%. — *3.7-Diisopropyl-*, $C_{16}H_{26}N_2O_2$, F. 247—249° (A.-Ae.), aus V nach C; 99%. — *3.7-Bis-[2-hydroxyäthyl]-*, $C_{14}H_{22}N_2O_4$, F. 230—231,5° (W.), durch Hydrieren von VI in W.; 100%. — *3.7-Bis-[2-diäthylaminoäthyl]-* (X), $C_{22}H_{40}N_4O_2$, F. 183—184,5° (Bzl.-Hexan), aus VII nach C; 100%. *Bis-methojodid*, $C_{24}H_{46}J_2 \cdot N_4O_2$, F. 268° (Zers.; A.-Ae.), durch 1std. Kochen von X in abs. A. mit VIII; 99,2%. — *3.7-Dimethyl-3.7-diazatricyclo-[4.2.2.2²·⁵]-dodecan* (XI), $C_{12}H_{22}N_2$, F. 48—48,5°, aus dem Hydrochlorid in W. mit konz. NH_4OH, Filtrieren u. Extraktion des Nd. mit CH_2Cl_2; aus Hexan Prismen; 94%. *Dihydrochlorid*, $C_{12}H_{24}Cl_2N_2$, F. 274° (Zers.), durch 2std. Kochen von IX in abs. Tetrahydrofuran (THF) mit $LiAlH_4$ unter Rühren, mehrstd. Stehen bei Raum-Temp., Kühlen unter Rühren, Zers. mit W., 25%ig. NaOH u. W., Filtrieren, Extrahieren des Nd. mit Ae. u. CH_2Cl_2, Einengen u. Überführen ins Dihydrochlorid; aus A.-Ae. Blättchen; 98,5%. — *3.7-Bis-[2-diäthylaminoäthyl]-3.7-diazatricyclo-[4.2.2.2²·⁵]-dodecan, Tetrahydrochlorid*, $C_{22}H_{48} \cdot Cl_4N_4$, F. 274° (Zers.; A.-Ae.), durch Zutropfen von X in abs. THF. zu $LiAlH_4$ in THF unter Rühren, 2std. Kochen, Zers. analog vorst. Verb. u. Umsetzen mit äther. HCl; 99%. — *3.3.7-Trimethyl-7-aza-3-azoniatricyclo-[4.2.2.2²·⁵]-dodecanjodid*, $C_{13}H_{25}JN_2$, F. 214—215° (Zers.; A.), durch 3std. Kochen von XI in A. mit VIII, Zufügen von Ae., Kühlen u. Filtrieren; 97,7%. — *3.3.7.7-Tetramethyl-3.7-diazoniatricyclo-[4.2.2.2²·⁵]-dodecandijodid*, $C_{14}H_{28}J_2N_2$, F. 212° (Zers.; 75%ig. A.), durch 8std. Erhitzen vorst. Verb. mit VIII im Autoklaven auf 120 bis 130°; 53,5%. D. Jahnke. 3231△

0905 **Aminonitrile.** 3. Mitt. **Reaktion von Aminonitrilen mit Isothioharnstoffsalzen.** M.-E. Kreling und A. F. McKay. (Canad. J. Chem. **40**, 143—50, Jan. 1962; La Salle, Quebec, Monsanto Canada Ltd., L. G. Ryan Res. Labor.; engl.) — 2. vgl. C. **1963**, 3959. — Verschiedene 1-substituierte *3-[2-Cyanäthyl]-thioharnstoffe* werden durch Kondens. von 3-Aminopropionitril mit den entsprechenden N-substituierten Isothiocyanaten in Bzl. bei 20—30° erhalten u. durch Erhitzen mit Methyljodid in Methanol in die 1-substituierten *3-[2-Cyanäthyl]-S-methylisothiuroniumjodide* (**AS**) umgewandelt. Durch Erhitzen der **AS** mit 3-Aminopropionitril in abs. A. werden unter Entw. von Methylmercaptan die N^2-substituierten *$N^1.N^3$-Bis-[2-cyanäthyl]-guanidine* (**G**) als *Hydrojodide* erhalten. Umwandlung der **G**-Hydrojodide in die Hydrochloride und freien Basen erfolgt durch Ionenaustauscher. Verss., die **G** durch Erhitzen in abs. A. zu cyclisieren, ergeben nicht die erwarteten bicycl. Verbb., sondern die unveränderten Ausgangsprodukte. Erhitzen von **G** in äthanol. HCl führt unter Abspaltung von Acrylonitril u. Ringschluß zu den monocycl. 3-substituierten *2-Imino-4-ketohexahydropyrimidinen* neben N-substituierten *N'-[2-carbäthoxyäthyl]-guanidinen.* Die *Hexahydropyrimidine* werden auch durch Behandeln der **AS** mit NH_3 in Ggw. von W. neben *Guanidinen*, wie z. B. *N-[3.4-Dichlorbenzyl]-N'-[2-cyanäthyl]-guanidinhydrojodid*, erhalten. *2.4-Diimino-3-phenylhexahydropyrimidinhydrojodid* wird durch Erhitzen von 1-Phenyl-3-[2-cyanäthyl]-S-methylisothiuroniumjodid (**IV**) mit NH_3 in A. oder mit α-Aminoisobutyronitril erhalten, jedoch nur bei vollständigem Wasserausschluß. Bei Feuchtigkeitszutritt erfolgt Umwandlung zu *2-Imino-3-phenyl-4-ketohexahydropyrimidin.* 1-Methyl-3-[2-cyanäthyl]-S-methylisothiuroniumjodid (**VI**) gibt beim Erhitzen mit NH_3 gesätt. A. nicht das entsprechende 2.4-Diiminohexahydropyrimidin, sondern *N-Methyl-N'-[2-cyanäthyl]-guanidinhydrojodid. 2.4-Diketo-3-[3.4-dichlorbenzyl]-hexahydropyrimidin* wird durch Erhitzen von 3-[2-Cyanäthyl]-1-[3.4-dichlorbenzyl]-harnstoff (**VIII**) in äthanol. HCl neben *1-[3.4-Dichlorbenzyl]-3-[2-carbäthoxyäthyl]-harnstoff* erhalten. Die cycl. Form der dargestellten Pyrimidine wird durch IR-Spektren bewiesen.

Versuche: 1-Alkyl(Aryl)-3-[2-cyanäthyl]-thioharnstoffe: *1-Methyl-* (**I**), $C_5H_9N_3S$, F. 115,5 bis 125° (A.), durch 1std. Rühren von Methylisothiocyanat u. 3-Aminopropionitril in Bzl. bei 20—30°; 93% (Ausbeute). — *1-Phenyl-* (**II**), F. 123,5—125°, analog **I**; 95%. — *1-[3.4-Dichlorphenyl]-* $C_{10}H_9Cl_2N_3S$, F. 174,5 bis 175,5°; 91,2%. — *1-[3.4-Dichlorbenzyl]-* (**III**), $C_{11}H_{11}Cl_2 \cdot N_3S$, F. 122—122,5°; 89,7%. — 1-Alkyl(Aryl)-3-[2-cyanäthyl]-S-methylisothiuroniumjodide (**AS**): *1-Phenyl-* (**IV**), $C_{11}H_{14}JN_3S$, F. 165—167° (A.), durch Zugeben von Methyljodid zu **II** in abs. Methanol in 5 Min. u. 3std. Kochen; 92,6%. *Pikrat*, $C_{17}H_{16}N_6O_7S$, F. 139—141°; 92%. — *1-Methyl-* (**VI**), $C_6H_{12}JN_3S$, F. 116—117°, analog vorst. Verb. u. 1std. Kochen; 30,2%. — *1-[3.4-Dichlorphenyl]-*(**VII**), analog; semikristallines Prod.; 99,5%. — *1-[3.4-Dichlorbenzyl]-* (**V**), $C_{12}H_{14}Cl_2JN_3S$, F. 127—128°, aus **III** u. Methyljodid in abs. Methanol, 1std. Rühren bei Raumtemp. u. 1/4 Std. bei 45°; 57,5%. *Pikrat*, $C_{18}H_{16}Cl_2N_6O_7S$, F. 122,5—123,5°. — N^2-Aryl-$N^1.N^3$-bis-[2-cyanäthyl]-guanidine (**G**), durch 3std. Kochen von 3-Aminopropionitril mit dem entsprechenden **AS** bis zum Aufhören der Methylmercaptanentwicklung: *N^2-Phenyl-* (**IX**), *Hydrojodid*, $C_{13}H_{16}JN_5$, F. 208—209°; 59,6%. *Pikrat*, $C_{19}H_{18}N_8O_7$, F. 200,5—202°; 63,8%. — *N^2-[3.4-Dichlorphenyl]-, Hydrojodid*, $C_{13}H_{14} \cdot Cl_2JN_5$, F. 187—188°; 90,2%. *Pikrat*, $C_{19}H_{16}Cl_2N_8O_7$, F. 218,5—219°; 79,8%. *Hydrochlorid*, $C_{13}H_{14}Cl_3N_5$, F. 228 bis 229°, a) durch Ionenaustausch des entsprechenden **G**-Salzes am Harz IRA 400 (Chloridform) (Meth. **A**); 80%: b) durch Behandeln von **G**-Salz in abs. A. mit 4%ig. wss. NaOH bei 0° u. 1/4std. Stehen bei Raumtemp. u. Behandeln mit HCl; 76,9%. *Freie Base*, nach **A** (Hydroxidform); 79,3%. — *N^2-[3.4-Dichlorbenzyl]-, Pikrat*, $C_{20}H_{18}Cl_2N_8O_7$, F. 156—157°; 67,1%. — *1-[3.4-Dichlorbenzyl]-3-[2-cyanäthyl]-harnstoff* (**VIII**), $C_{11}H_{11}Cl_2N_3O$, F. 133,6—134,2° (A.), durch Zugeben von 3.4-Dichlorbenzylisocyanat in Ae. zu gekühlter Lsg. von 3-Aminopropionitril in Ae. u. 2std. Stehen bei Zimmertemp.; 94,5%. — *1-[3.4-Dichlorbenzyl]-3-[2-carbäthoxyäthyl]-harnstoff*, $C_{13}H_{16}Cl_2N_2O_3$, F. 110,5—111° (A./Ae.), aus **VIII** durch 3,5std. Erhitzen mit äthanol. HCl in A.; 83%; daneben 11,9% *2.4-Diketo-3-[3.4-dichlorbenzyl]-hexahydropyrimidin* ($C_{11}H_{10}Cl_2N_2O_2$, F. 183,5—185° (A.), durch 2,3std. Erhitzen von **VIII** in äthanol. HCl; 65%). — Hexahydropyrimidine: *2.4-Diimino-3-phenyl-, Hydrojodid*, F. 162—163° u. 192° (Doppelschmelzpunkt; A./Ae.), durch 12½std. Erhitzen von **IV** mit wasserfreiem NH_3 gesätt. abs. A.; 73,8%. *Pikrat*, $C_{16}H_{15}N_7O_7$, F. 229—231°. *Hydrochlorid*, $C_{10}H_{13}ClN_4$, F. 217—218°, durch 7std. Erhitzen von **IV** mit 2-Aminoisobutyronitril in abs. A., Lösen des nicht krist. Hydrojodids in A. u. Behandeln nach **A**; 51,7%. — *Bis-[2-imino-3-(3.4-dichlorbenzyl)-4-keto-], Hydrojodid*, $C_{22}H_{23}Cl_4JN_6O_2$, F. 267,8—268,6° (wss. A.), analog vorst. Verb. aus **V** in 10 Std.; 8,6%; daneben durch Zugeben von Ae. 10,6% *N-[3.4-Dichlorbenzyl]-N'-[2-cyanäthyl]-guanidinhydrojodid*, $C_{11}H_{13}Cl_2JN_4$, F. 163,2 bis 163,8° (A./Ae.). [*Pikrat*, $C_{17}H_{15}Cl_2N_7O_7$, F. 198—198,5°; 80%.] — *2-Imino-3-[3.4-dichlorbenzyl]-4-keto-, Pikrat*, $C_{17}H_{14}Cl_2N_6O_8$, F. 206—207°; 98%. — *2-Imino-3-[3.4-dichlorphenyl]-4-keto-*, $C_{10}H_9Cl_2N_3O$, F. 247° (wss. A.), durch 6¼std. Erhitzen von **VII** mit überschüssigem konz. NH_4OH; 60,6%. — *2-Imino-3-phenyl-4-keto-, Hydrochlorid*, $C_{10}H_{12}ClN_3O$, F. 292,4—292,8° (A.), durch 2std. Erhitzen von **IX**-Hydrochlorid in HCl-haltigem A.; 54,8%; b) analog mit weniger HCl; 42%. *Pikrat*, $C_{16}H_{14} \cdot N_6O_8$, F. 242—244°; 41%. — *1-Phenyl-3-[2-carbäthoxyäthyl]-guanidin, Pikrat*, $C_{18}H_{20}N_6O_9$, F. 134,4—134,8°, neben vorst. Verb. nach a) durch Zugeben von wss. Pikrinsäure; 38,7%. — *N-Methyl-N'-[2-cyanäthyl]-guanidinhydrojodid*, $C_5H_{11}JN_4$, F. 160° u. 173—173,8° (Doppelschmelzpunkt; A./Ae.), durch 21std. Erhitzen von **VI** in mit NH_3 gesätt. A.; 93,7%.

W. Riedle. 3272◇

0906 **2-Aminopyrimidin-5-sulfonamide.** William T. Caldwell, Walter Fiddler und Norman J. Santora. (J. med. Chem. **6**, 58—59, 1963; Philadelphia, Pa., Temple Univ., Coll. of Liberal Arts, Dep. of Chem.; engl.) — Vgl. C. **1960, 6841**. — Die Rk. von 2-Aminopyrimidin mit Chlorsulfonsäure u. Einw. von PCl_5 auf das Na-Salz der entstandenen *2-Aminopyrimidin-5-sulfonsäure* führt zu *N-[5-Chlorsulfonylpyrimidyl-(2)]-amidophosphorsäuredichlorid* (**I**). Durch 10std. Kochen von **I** mit NH_3 oder Aminen u. anschließende Säurehydrolyse wurden 16 *2-Aminopyrimidin-5-sulfonamide* erhalten. Die Maxima des IR-Spektrums von **I** sind angegeben.

Versuche: *2-Aminopyrimidin-5-sulfonsäure*, F. 326—328° (Zers.; W.), durch 8std. Kochen von 2-Aminopyrimidin mit Chlorsulfonsäure, Abdest. des $ClSO_3H$-Überschusses u. Gießen des Rückstands auf Eis; 58% (Ausbeute). — *N-[5-Chlorsulfonylpyrimidyl-(2)]-amidophosphorsäuredichlorid* (**I**), $C_4H_3Cl_3N_3O_3PS$, F. 202—203° (Bzl.-Ligroin), durch 1,5std. Erhitzen vorst. Verb. mit PCl_5 auf 150°, Gießen auf Eis, Waschen mit W. u. Trocknen bei Raumtemp.; 70,8%. — 2-Aminopyrimidin-5-sulfonamide: *-anilid*, $C_{10}H_{10}N_4O_2S$, F. 224° (A.-W.), durch 10std. Erhitzen von 9,6 mMol **I** mit 69 mMol Anilin in W. auf dem Dampfbad, Abkühlen, Ansäuern mit konz. HCl auf pH 2, Erhitzen während 20 Min., Filtrieren u. Neutralisieren mit NH_4OH; 30%. — *-amid*, F. 283—284°. — *-dimethylamid*, $C_6H_{10}N_4O_2S$, F. 240—241° (Methanol); 46%. — *-diäthylamid*, $C_8H_{14} \cdot N_4O_2S$, F. 174—175° (Isopropanol); 71%. — *-diäthanolamid*, $C_8H_{14}N_4O_4S$, F. 188—189° (W.); 47%. — *-äthylamid*, $C_6H_{10}N_4O_2S$, F. 226—228° (A.); 59%. — *-n-propylamid*, $C_7H_{12}N_4O_2S$, F. 235—236° (A.-W.); 61%. — *-n-butylamid*, $C_8H_{14}N_4O_2S$, F. 239—241° (A.-W.); 51%. — *-äthanolamid*, $C_6H_{10}N_4O_3S$, F. 210—212° (W.); 57%. — *-tert.-butylamid*, $C_8H_{14}N_4O_2S$, F. 186—187° (W.); 53%. — *-allylamid*, $C_7H_{10}N_4O_2S$, F. 225—226° (Isopropanol); 76%. — *-cyclohexylamid*, $C_{10}H_{16}N_4O_2S$, F. 205—206° (A.-W.); 32%. — *-benzylamid*, $C_{11}H_{12}N_4O_2S$, F. 255—257° (A.); 35%. — *-p-toluidid*, $C_{11}H_{12}N_4O_2S$, F. 247—249° (W.); 15%. — *-pyridyl-(3)-amid*, $C_9H_9N_5O_2S$, F. 281° (A.-W.); 35%. — *-piperidid*, $C_9H_{14}N_4O_2S$, F. 249—250° (A.-W.), durch 12std. Kochen von **I** u. Piperidin in trockenem Ae.; 47%.

A. Jungblut. 3272◇

0907 **Notiz über eine einfache Synthese von 2.3-substituierten Chinazolon-(4)-Derivaten.** Josef Klosa. (J. prakt. Chem. [4] **20**, 283—84, 1963; Berlin-Zehlendorf, Privat-Labor; dt.) — Die Synth. von *2.3-disubstituierten Chinazolonen-(4)* (**A**) aus N-Acylanthranilsäuren u. prim. Aminen (vgl. C. **1963, 14311**) wird durch die Verw. von Polyphosphorsäure statt $POCl_3$ verbessert. Nitroaniline wie 2-Nitro-4-methoxyanilin geben allerdings bei dieser Rk. nur dunkle Harze, aus denen keine **A** isoliert werden konnten. Auch durch Rk. von Anthranilsäure (**I**) mit Carbonsäuren u. Anilin-Derivv. in Ggw. von Polyphosphorsäure lassen sich **A**, allerdings in geringerer Ausbeute, darstellen.

Versuche: *2-Methyl-3-[2-chlorphenyl]-chinazolon-(4)*, F. 126—128°, (CH_3OH), durch Verreiben von N-Acetylanthranilsäure u. o-Chloranilin, Zugabe von Polyphosphorsäure, langsames Erhitzen unter Rühren auf 180—200°, 20—25 Min. langes Erhitzen auf 180—200°, Kühlen, Gießen in W. u. Neutralisieren mit 20%ig. Soda-Lsg.; 95% (Ausbeute). *Hydrochlorid*, $C_{15}H_{11}ClN_2O \cdot HCl$, F. 238—240°. — *2-Methyl-3-[o-tolyl]-chinazolon-(4)*, $C_{16} \cdot H_{14}N_2O$, F. 113—115° (CH_3OH/W.), durch Zugeben von Polyphosphorsäure zu **I**, o-Toluidin u. Eisessig, langsames Erhitzen auf 140—160°, 10 Min. langes Erhitzen auf 180°, Gießen in W., Neutralisieren mit 20%ig. Soda-Lsg., Abfiltrieren, Lösen in CH_3OH u. Zusatz von W. bis zur Trübung; 55%. H. Pagel. 3272◇

0908 **Darstellung einiger Puryl-6-Derivate.** Hans Lettré, Hubert Ballweg, Hans Maurer und Dieter Rehberger. (Naturwissenschaften **50**, 224—25, 1963; Heidelberg, Univ., Inst. für exp. Krebsforschung; dt.) — Vff. untersuchen das Verhalten des 6-Chlorpurins (**I**) gegenüber metallorgan. Verbb.; mit Grignard- u. Na-Verbb. findet keine Umsetzung statt. **I** bildet mit Li-Phenyl *6-Phenylpurin*. Um Neben-Rkk. auszuschließen, wird das H-Atom von **I** am C_9 durch die Benzyl- oder Methoxymethylgruppe ersetzt. Die Benzylgruppe läßt sich leicht durch Hydrogenolyse u. die Methoxymethylgruppe durch saure Hydrolyse gegen H austauschen. 9-[Tetrahydropyranyl-(2)]-6-chlorpurin läßt sich mit Na-Verbb. des Malonsäurediäthylesters umsetzen zu *6-Bis-[äthoxycarbonyl]-methyl-9-tetrahydropyranyl-(2)-purin*, das durch hydrolyt. Abspaltung des Tetrahydropyranylrestes, Verseifung der Estergruppen u. zweifache Decarboxylierung 71% *6-Methylpurin* gibt. M. Mirsch. 3272◇

0909 **Synthesen in der heterocyclischen Reihe. 3. Mitt. Synthesen von Pyrido-[2.3:d]-pyrimidinen.** Hellmut Bredereck, Franz Effenberger, Erika Henseleit und Ernst H. Schweizer. (Chem. Ber. **96**, 1868—72, 1963; Stuttgart, TH, Inst. für Organ. Chem. u. Organ.-Chem. Technol.; dt.) — 2. vgl. C. **1963**, 8547. — 4-Amino-5-carbäthoxypyrimidin (**I**) läßt sich mit einigen Estern in Ggw. von Na zu *6-Alkyl-* bzw. *-Aryl-5.7-dihydroxypyrido-[2.3:d]-pyrimidinen* umsetzen. Die Rk. mit Essigsäureäthylester (**II**) führt zu einem Gemisch schwerlösl. Verbb., aus dem eine blau fluorescierende, auf Grund des IR-Spektrums u. der langsamen Hydrolyse in warmer 10%ig. NaOH zu *4-Aminopyrimidincarbonsäure-(5)* (**III**) als *5.11-Dihydroxydipyrimido-[4.5:b; 4'.5':f]-[1.5]-diazocin* (**IV**) betrachtete Verb. isoliert wurde; in abs. A. werden dagegen bei der Rk. mit **II** hauptsächlich **III** u. vermutlich *5.7-Dihydroxypyrido-[2.3:d]-pyrimidinhydrat* gebildet. Die Struktur von **IV** wird aus seinem IR-Spektrum u. dessen Vgl. mit den Spektren von 6.12-Dihydroxydibenzo-[b;f]-[1.5]-diazocin (**V**) u. Anhydroanthranoylanthranilsäure (**VI**; „Dianthranilid") gefolgert. — Mit Phenylacetonitril (**VII**) reagiert **I** analog zu *7-Amino-5-hydroxy-6-phenylpyrido-[2.3:d]-pyrimidin* (**VIII**). Bei der Rk. mit CH_3CN wird dagegen ein Gemisch erhalten, das **III**, **IV** u. eine weitere Verb., wahrscheinlich *7-Amino-5-hydroxypyrido-[2.3:d]-pyrimidinhydrat* (**IX**), enthielt. **IX**, das bei der Durchführung der Rk. in Butanol in höherer Ausbeute entsteht, konnte nicht entwässert werden. Analoge Verss. mit p-Nitro- bzw. p-Aminophenylacetonitril führten zu Zers.-Produkten. — Mit Phenylacetamid (**X**) reagiert **I** wie mit Phenylessigsäureäthylester (**XI**) zu *5.7-Dihydroxy-6-phenylpyrido-[2.3:d]-pyrimidin* (**XII**). Die Rk. von **I** mit Acetophenon (**XIII**) führt zu *5-Hydroxy-7-phenylpyrido-[2.3:d]-pyrimidin* (**XIV**), die Rk. mit Malonsäureäthylesterchlorid (**XV**) zu *5.7-Dihydroxy-6-carbäthoxypyrido-[2.3:d]-pyrimidin*(**XVI**). Verss. mit Malonsäurediäthylester gaben nur Zers.-Produkte.

Versuche: Pyrido-[2.3:d]-pyrimidine: *5.7-Dihydroxy-6-methyl-*, $C_8H_7N_3O_2$, schm. nicht bis 360° (Dimethylformamid), durch langsames Erhitzen von **I**, Propionsäureäthylester u. Na auf 110°, 1½std. Rk. bei 110°, Absaugen, Waschen mit Ae., Lösen in warmem W. u. Neutralisieren mit 10%ig. CH_3COOH; 45% (Ausbeute). — *5.7-Dihydroxy-6-phenyl-* (**XII**), $C_{13}H_9N_3O_2$ (verd. CH_3COOH), schm. nicht bis 360°, a) analog vorst. Verb. aus **I** u. **XI**; 75%; b) durch Zugeben von C_2H_5ONa in abs. A. zu **I** u. **X**, 3std. Rk. bei 105°, Absaugen, Waschen mit Ae., Lösen in W., Fällen mit verd. CH_3COOH, Waschen mit W. u. Waschen mit sd. CH_3OH. — *5.7-Dihydroxy-6-äthyl-*, $C_9H_9N_3O_2$, F. 317° (Butanol), analog vorvorst. Verb. aus **I** u. Buttersäurebutylester; 38%. — *5.7-Dihydroxy-*, *Hydrat*, $C_7H_5N_3O_2 \cdot H_2O$, schm. nicht bis 340°, analog **XII** nach b) aus **I** u. **II**; aus Eisessig/Kohle u. dann aus 0,1%ig. CH_3COOH blaßgelb; 8,5%; daneben *4-Aminopyrimidincarbonsäure-(5)* (**III**), F. 274° (Zers.), aus der Mutterlauge u. der methanol. Wasch-Fl.; 57%. — *7-Amino-5-hydroxy-6-phenyl-* (**VIII**), $C_{13}H_{10}N_4O$, schm. nicht bis 340°, analog **XII** aus **I** u. **VII** (Aufarbeiten durch Waschen mit sd. CH_3OH, Suspendieren in warmem W., Zugabe von NaOH bis zur Lsg., 10 Min. langes Stehen mit Kohle, Filtrieren u. Gießen in heiße verd. CH_3COOH); 63%. — *7-Amino-5-hydroxy-*, *Hydrat* (**IX**), $C_7H_6N_4O \cdot H_2O$, schm. nicht bis 340° (Eisessig/Kohle, dann verd. CH_3COOH), analog **XII** aus **I** u. CH_3CN (Aufarbeiten durch Waschen mit sd. CH_3OH); 7%. — *5-Hydroxy-7-phenyl-* (**XIV**), $C_{13}H_9N_3O$, F. 294°, analog **XII** aus **I** u. **XIII** in 2 Std. (Aufarbeiten durch 2tägiges Trocknen im Vakuum bei 50° über P_2O_5, Zers. mit verd. CH_3COOH u. Absaugen); aus CH_3OH/Kohle Nadeln; 11%. — *5.7-Dihydroxy-6-carbäthoxy-* (**XVI**), $C_{10}H_9N_3O_4$, F. 246—248° (bei raschem Erhitzen; schm. bei langsamem Erhitzen nicht bis 340°), durch Zutropfen von **XV** zu **I** in abs. Toluol, Zutropfen von $(C_2H_5)_3N$, 2std. Rühren bei 50°, Absaugen, Extraktion des Filtrats mit 1 n NaOH, Ansäuern mit verd. CH_3COOH bis pH 4 u. 12std. Stehen im Kühlschrank; aus 90%ig. A. Nadeln; 62%. — *5.11-Dihydroxydipyrimido-[4.5:b; 4'.5':f]-[1.5]-diazocin* (**IV**), schm. nicht bis 340° (verd. NaOH/verd. CH_3COOH), durch 3std. Erhitzen von 3,34 g **I**, **II** u. Na auf 105°, Absaugen, Waschen des Nd. mit A., Lösen in W., Fällen mit verd. CH_3COOH, Absaugen u. Waschen mit sd. CH_3OH u. dann mit sd. Eisessig; 23%; daneben 0,4 g **III** durch Einengen der Mutterlauge. — IR-Maxima von **IV**, **V**, **VI**, **VIII**, **IX**, **XIV** u. **XVI** sind tabellar aufgeführt. H. Pagel. 3272◇

0910 **Mono-1.3-benzoxazine aus Hydrochinon.** W. J. Burke, Carl Weatherbee, Howard Lau, George Van Lear und Garold Goken. (J. org. Chemistry **28**, 1098—1100, 1963; Salt Lake City, Utah, Univ.; Honolulu, Hawaii, Univ.; Decatur, Ill., Millikin Univ., Dep. of Chem.; engl.) — Durch Mannich-Rk. äquimol. Mengen Hydrochinon, Cyclohexylamin (**V**) u. CH_2O wird *2-Cyclohexylaminomethylhydrochinon* (**I**) dargestellt, das mit CH_2O zu *3.4-Dihydro-3-cyclohexyl-6-hydroxy-1.3.2H-benzoxazin* (**II**) kondensiert u. weiter in *2.3.4.7.8.9-Hexahydro-3.8-dicyclohexylbenzo-[1.2:e; 4.5:e']-bis-1.3-oxazin* übergeführt wird. Analoge Rkk. mit Isopropyl-, tert.-Butyl-, α-Methylbenzyl- u. sek.-Butylamin führen zu den entsprechenden Mannich-Basen u. *Monobenzoxazinen*. Die Anwendung auf Benzylamin gelang nicht. Die Rk. von **V** mit CH_2O u. p-Benzyloxyphenol (**VI**) liefert *3.4-Dihydro-3-cyclohexyl-6-benzyloxy-1.3-2H-benzoxazin* (**III**), aus dem jedoch mit alkohol. HCl unter Spaltung des Oxazinrings *4-Benzyloxy-2-cyclohexylaminomethylphenol* (**IV**)-*Hydrochlorid* erhalten wird. **IV** wird auch unmittelbar aus äquimol. Mengen **VI**, CH_2O u. **V** erhalten. Die Benzylgruppe läßt sich aus **IV** mit HCl abspalten. **I** kann aus **III** durch Erhitzen mit HCl in Ggw. von Phenylhydrazin gewonnen werden. Durch Säurehydrolyse von *3.4-Dihydro-3-benzyl-6-benzyloxy-1.3-2H-benzoxazin* erfolgt ebenfalls selektive Spaltung des Oxazinrings. Das durch Spaltung der Benzyloxygruppe erhaltene *2-Benzylaminomethylhydrochinon* wird mit CH_2O in *3.4-Dihydro-3-benzyl-6-hydroxy-1.3-2H-benzoxazin* übergeführt.

Versuche: Hydrochinone: *2-Cyclohexylaminomethyl-* (**I**), $C_{13}H_{19}NO_2$, F. 172—173° (1.4-Dioxan-A.), a) durch Zutropfen von 37%ig. CH_2O zu **V** in Methanol,

Zusetzen von Hydrochinon in Methanol u. 24std. Stehen bei Raumtemp., Einengen im Vakuum, Behandeln mit wss. HCl, Waschen mit Ae. (→ *Hydrochinon*, F. 170–171°) u. Behandeln der wss. Auszüge mit 2-Aminoäthanol; 88% (Ausbeute); b) durch 3std. Kochen von **IV**-Hydrochlorid mit konz. HCl, Lösen des mit Ae. gewaschenen festen Prod. in heißem W. u. Zusatz von 2-Aminoäthanol; 68%; c) durch 5std. Erhitzen von **III** u. Phenylhydrazin in wss. HCl auf 75°, Extrahieren des Filtrats mit Ae. (→ *Benzylchlorid*, $Kp._{754}$ 179–181°), Zutropfen von 2-Aminoäthanol bei 0° zur wss. Lsg. u. Ausäthern; 61%. — *2-Isopropylaminomethyl-*, $C_{10}H_{15}NO_2$, F. 160–162° (Methanol), analog **I** nach a); 77%. — *2-sek.-Butylaminomethyl-*, $C_{11}H_{17}NO_2$, F. 115–116° (Chlf.), analog **I** nach a); 2%. — *2-α-Methylbenzylaminomethyl-*, $C_{15}H_{17}NO_2$, F. 153–153,5° (Toluol), analog I nach a); 33%. — *2-tert.-Octylaminomethyl-*, $C_{15}H_{25}NO_2$, F. 125–126° (Bzl.), analog I nach a); 67%. *Hydrochlorid*, $C_{15}H_{26}ClNO_2$, F. 242–244° (Essigester-A.); 35%. — *2-Benzylaminomethyl-*, $C_{14}H_{15} \cdot NO_2$, F. 120–121° (Bzl.), analog **I** nach c); 75%. *Hydrochlorid*, $C_{14}H_{16}ClNO_2$, F. 176–177° (Essigester-A.); 75% — *2-tert.-Butylaminomethyl-*, *Hydrochlorid*, $C_{11}H_{18} \cdot ClNO_2$, F. 213–214° (Essigester), analog **I** nach b); 61%. — 4-Benzyloxyphenole: *2-Cyclohexylaminomethyl-* (**IV**), $C_{20}H_{25}NO_2$, F. 85–86° (tert.-Butanol), durch Erwärmen von **III** in A. mit konz. HCl auf dem Wasserbad, Schütteln des Hydrochlorids in W. mit 2-Aminoäthanol, Extrahieren mit Ae. u. Einengen; 81%. *Hydrochlorid*, $C_{20}H_{26}ClNO_2$, F. 203–205° (A.); 98%. — *2-tert.-Butylaminomethyl-*, $C_{18}H_{23}NO_2$, F. 70–71° (Methanol); 77%. *Hydrochlorid*, $C_{18}H_{24}ClNO_2$, F. 233–234° (A.); 25%. — *2-Benzylaminomethyl-*, $C_{21}H_{21}NO_2$, F. 90–91° (Methanol); 90%. *Hydrochlorid*, $C_{21}H_{22}ClNO_2$, F. 170 bis 171° (Methanol); 90%. — 3.4-Dihydro-2H-1.3-benzoxazine: *3-Cyclohexyl-6-hydroxy-* (**II**), $C_{14}H_{19}NO_2$, F. 133–134° (Essigester), durch 20 Min. Schütteln von **I** u. 37%ig. CH_2O in Methanol, 48std. Stehen u. Einengen im Vakuum; 81%. — *3-Isopropyl-6-hydroxy-*, $C_{11}H_{15}NO_2$, F. 145–146° (A.); 34%. — *3-α-Methylbenzyl-6-hydroxy-*, $C_{16}H_{17}NO_2$, F. 143–144° (Chlf.); 53%. — *3-sek.-Butyl-6-hydroxy-*, $C_{12}H_{17}NO_2$, F. 64–65° (tert.-Butanol); 12%. — *3-tert.-Butyl-6-hydroxy-*, $C_{12}H_{17}NO_2$, F. 127 bis 128° (Bzl.); 51%. — *3-Benzyl-6-hydroxy-*, $C_{15}H_{15}NO_2$, F. 105–106° (CCl_4); 92%. — *3-Cyclohexyl-6-benzyloxy-* (**III**), $C_{21}H_{25}NO_2$, F. 69–70° (A.), durch Zutropfen von **V** zu 37%ig. CH_2O in Methanol bei 15–18°, Zusatz von **VI**, 24std. Stehen bei Raumtemp., Einengen, Behandeln mit Ae. u. wss. NaOH, Extrahieren der wss. Schicht mit Ae. (Ansäuern der wss. Schicht → **VI**, F. 119–121°), Eindampfen der Ae.-Lsg. u. Lösen des Rückstands in heißem A.; 82%. — *3-tert.-Butyl-6-benzyloxy-*, $C_{19}H_{23}NO_2$, F. 59–60° (Methanol); 59%. — *3-Benzyl-6-benzyloxy-*, $C_{22}H_{21}NO_2$, F. 86–87° (Methanol-A.); 61%. — *3.8-Dicyclohexyl-2.3.4.7.8.9-hexahydrobenzo-[1.2:e; 4.5:e']-bis-1.3-oxazin*, F. 161–162° (Essigester), durch Zutropfen von **V** in Methanol zu 37%ig. CH_2O in Methanol, Zusatz von **II** in Methanol, einige Min. Schütteln, 24std. Stehen bei Raumtemp., Einengen im Vakuum u. Lösen des Rückstands in heißem A.; 83%. H. Gleinig. 3282◇

0911 **Derivate des 3.5-Dihydroxy-1.2.4-triazins (6-Azauracils) mit mutmaßlicher cytostatischer Wirkung.** C. Cristescu und J. Marcus. (Pharmazie **16,** 135–137, März 1961; Bukarest, Chem.-Pharmaz. Forsch.-Inst.; dt.) — *3.5-Dihydroxy-1.2.4-triazin* (**I**) wird aus Glyoxylsäuresemicarbazon in Ggw. von Na-Äthylat dargestellt u. durch Bromierung leicht in das 6-Bromderiv. von **I** überführt, aus dem durch Rk. mit prim. u. sek. Aminen die entsprechenden *6-Aminoderivv.*, mit Thiophenolen *Thioäther* u. mit Thioharnstoff das *Isothioharnstoffderiv.*, das in alkal. Lsg. in das *Na-Salz des 6-Mercaptoderiv.* von **I** übergeht, erhalten.

Versuche: *Glyoxylsäuresemicarbazon*, F. 200 bis 203°, durch kurzes Aufkochen von Semicarbazidhydrochlorid u. Chloralhydrat in W.; gelblich-weiße Kristalle; 88% (Ausbeute). — *3.5-Dihydroxy-1.2.4-triazine*: *Unsubstituiert* (**I**), $C_3H_3N_3O_2$, F. 270–272° (W.), aus vorst. Verb. u. Na-Äthylat durch 24std. Kochen in Äthylenglykol; 72%. — *6-Brom-* (**II**), $C_3H_2BrN_3O_2$, F. 232–234° (W.), aus vorst. Verb. u. Br_2 in W. durch 24std. Rühren bei Zimmertemp.; 95%. — *6-Dimethylamino-*, $C_5H_8N_4O_2$, F. 202–204° (W.), aus vorst. Verb. u. 33%ig. wss. Dimethylamin-Lsg. durch 3std. Erhitzen auf 140° im Bombenrohr; 70%. — *6-Morpholino*, $C_7H_{10}N_4O_3$, F. 263 bis 265° (W.), analog aus Morpholin u. **II**; 70%. — *6-Hydrazino-*, $C_3H_5N_5O_2$, F. 248–250° (Zers.), analog aus **II** u. Hydrazinhydrat in A.; aus W. schwach gelbliche Kristalle; 94%. — *6-[2-(p-Nitrobenzal)-hydrazino]-*, $C_{10}H_8N_6O_4$, F. 332–333° (Zers.), aus vorst. Verb. u. p-Nitrobenzaldehyd in W. durch kurzes Kochen; aus W. gelbliche Nadeln. — *6-Guanylmercapto-*, *Hydrobromid*, $C_4H_6BrN_5O_2S$, F. 234–236° (Zers.), aus **II** u. Thioharnstoff durch 16std. Kochen in A.; aus W./Essigsäure schwach gelbliche Kristalle; 97%. — *6-Mercapto-*, *Di-Na-Salzhydrat*, $C_3HN_3Na_2O_2S \cdot H_2O$, F. 327–329° (Zers.), aus vorst. Verb. u. n-NaOH durch 2std. Erwärmen auf 100° u. Neutralisation; aus W./A. gelbe Kristalle; 80%. — *6-Phenylmercapto-*, $C_9H_7N_3O_2S$, F. 278–279°, aus 5,76 g **II** u. 4,63 g Thiophenol in n-NaOH durch 1std. Rühren bei 100° u. Ansäuern auf pH 3; aus A. Nadeln; 3,67 g (Ausbeute). — *6-Allylmercapto-*, $C_6H_7N_3O_2S$, F. 201–203°, aus vorvorst. Verb. u. Allylbromid durch 1std. Rühren bei 100° u. Stehen über Nacht bei 0°; aus W. Nadeln; 70%. — *6-[2-Amino-1.3.4-thiodiazolyl-(5)]-mercapto-*, $C_5H_4N_6O_2S_2$, F. 260–262°, aus **II** u. 2-Acetylamino-5-mercapto-1.3.4-thiodiazol in NaOH durch 3std. Rühren bei 100°; aus W. gelbes kristallines Pulver; 72%. — *6-[2-Acetylamino-1.3.4-thiodiazolyl-(5)]-mercapto-*, $C_7H_6N_6O_3S_2$, F. 290–291°, aus vorst. Verb. u. Essigsäureanhydrid; Nadeln; 92%. B. Schobess. 3313□

0912 **Synthese von disubstituierten 6.7-Dihydroimidazo-[1.2:a]-1.3.5-triazinen.** R. Hinkens, R. Promel und R. H. Martin. (Helv. chim. Acta **44,** 299–309, 1961; Bruxelles, Univ. Libre de Bruxelles, Fac. des Sci., Serv. de Chim. Organ.; franz.) — Die durch Behandlung von 2.4-Dichlor-6-[2-hydroxyäthylamino]-1.3.5-triazin (**I**) mit Na-Methylat entstehende *2.4-Dimethoxyverb.* (**II**) cyclisiert sich beim Kochen mit $SOCl_2$ unter Verseifung der CH_3O-Gruppen zu *6.7-Dihydro-2.4-dihydroxyimidazo-[1.2:a]-1.3.5-triazin*. **II** gibt mit p-Toluolsulfochlorid (**VI**) in Pyridin über das *2-p-Toluolsulfonat* nach anschließender Cyclisierung in sd. Dioxan *2.4-Dimethoxy-6.7-dihydroimidazo-[1.2:a]-1.3.5-triazin-p-toluolsulfonat*. Mit NH_3 geht **I** in die entsprechende *2.4-Diaminoverb.* (**III**) bzw. mit NaSH in die *2.4-Dimercaptoverb.* (**IV**) über. **III** u. **IV** werden wie **II** cyclisiert. Aus den p-Toluolsulfonaten werden mit Dowex 2 oder Na_2CO_3 die freien Basen erhalten; dabei tritt bei der 2.4-Bismethylmercaptoverb. teilweise Hydrolyse zur OH-Gruppe ein. **IV** gibt mit CH_3J, dann mit $SOCl_2$ das *4.6-Bis-methylmercapto-2-[2-chloräthylamino]-1.3.5-triazin*, das sich nicht cyclisieren ließ. UV-Spektren s. Original. Die IR-Spektren der p-Toluolsulfonate bzw. ihrer Ester werden verglichen.

Versuche: *2.4-Dichlor-6-[2-hydroxyäthylamino]-1.3.5-triazin* (**I**), $C_5H_6Cl_2N_4O$, F. 119–120° (Bzl.; korr.), durch Zutropfen von Äthanolamin in Chlf. zu Cyanurchlorid in Chlf. bei −10° u. Extraktion des Rohprod. mit sd. abs. Bzl.; 75% (Ausbeute). — *2.4-Dimethoxy-6-[2-hydroxyäthylamino]-1.3.5-triazin* (**II**), $C_7H_{12}N_4O_3$, F. 124 bis 124,5° (Bzl.; korr.), durch 1std. Kochen von **I** mit Na-Methylat in abs. Methanol, Neutralisation mit HCl, Eindampfen u. Extraktion des Rückstandes mit Bzl.; 95%. — *2.4-Dihydroxy-6.7-dihydroimidazo-[1.2:a]-1.3.5-triazin*, $C_5H_6N_4O_2$, F. 330° (Zers.; W.), durch 10 Min. langes Kochen von **II** mit $SOCl_2$, Eindampfen, Waschen des Rückstandes mit Bzl., 3std. Kochen in abs. A., Behandlung des erhaltenen *Hydrochlorids* mit wss. $NaHCO_3$ (pH 6); 58%. — *2.4-Dimethoxy-6-[2-p-toluolsulfonyloxyäthylamino]-1.3.5-triazin*, $C_{14}H_{18}N_4O_5S$, F. 100 bis 100,4° (korr.), durch Zufügen von **II** zu **VI** in Pyridin bei mehrstd. Stehen bei 0°, Gießen auf Eis u. Fällen aus Chlf. mit PAe.; 84%. — *2.4-Dimethoxy-6.7-dihydroimidazo-[1.2:a]-1.3.5-triazin*, *p-Toluolsulfonat* (**V**), $C_{14}H_{18}N_4O_5S$, F. 178–186° (Zers.; Dioxan), durch 1std. Kochen vorst. Verb. in Dioxan; 90%. *Freie Base*, $C_7H_{10}N_4O_2$, F. 173–174° (korr.), a) durch Behandlung von **V** mit Dowex 2 (OH^--Form); aus Chlf.-PAe. Nadeln; 70%; b) aus **V** u. Na_2CO_3 u. Sublimation bei 100–110/10^{-3} Torr; 70%. — *2-Amino-4-chlor-6-[2-hydroxyäthylamino]-*

1.3.5-triazin, $C_5H_8ClN_5O$, F. 195—196° (W.; korr.), durch Lösen von **I** in mit NH_3 gesätt. abs. A. u. 1std. Rk. bei Raum-Temp.; 80%. — *2.4-Diamino-6-[2-hydroxyäthyl-amino]-1.3.5-triazin*, $C_5H_{10}N_6O$, F. 227—229° (W.; korr.), durch 4std. Erhitzen vorst. Verb. mit NH_3/A. auf 120° im Bombenrohr; 95%. — *2.4-Diamino-6.7-dihydroimidazo-[1.2:a]-1.3.5-triazin* (**III**), *p-Toluolsulfonat*, $C_{12}H_{16}N_6O_3S$, F. 335—342° (Zers.; W./A.; 3:1), durch Mischen vorst. Verb. mit **VI** in Pyridin bei —10°, mehrstd. Rühren u. Stehen bei 0° u. Verdünnen mit W.; 51%. *Freie Base, Monohydrat*, $C_5H_8N_6 \cdot H_2O$, F. 314—316° (Zers.; W./A.; 1:1), durch Behandlung des Sulfonats mit wss. 40%ig. Na_2CO_3; 68%. — *4.6-Dimercapto-2-[2-hydroxyäthyl-amino]-1.3.5-triazin* (**IV**), $C_5H_8N_4OS_2$, F. 264° (Zers.; W.), durch 1std. Kochen u. Rühren von **I** mit abs. methanol. NaSH; 80%. — *4.6-Dimethylmercapto-2-[2-hydroxy-äthylamino]-1.3.5-triazin* (**VII**), $C_7H_{12}N_4OS_2$, F. 112—114° (Chlf./PAe.; korr.), durch Behandlung vorst. Verb. in Ggw. von Na_2CO_3 mit CH_3J; 96%. — *4.6-Bis-methyl-mercapto-2-[2-chloräthylamino]-1.3.5-triazin*, $C_7H_{11}ClN_4S_2$, F. 139—140° (Methanol), durch 10 Min. langes Kochen von (**VII**) mit $SOCl_2$. — *2.4-Bis-methylmercapto-6-[2-p-toluolsulfonyloxyäthylamino]-1.3.5-triazin*, $C_{14}H_{18}N_4O_3S_3$, F. 119,5—120° (korr.), aus **VII** u. **VI** in Pyridin bei —10°; 80%. — *2.4-Bis-methylmercapto-6.7-dihydroimidazo-[1.2:a]-1.3.5-triazin-p-Toluolsulfonat*, $C_{14}H_{18}N_4O_3S_3$, F. 167 bis 177° Zers.; (Dioxan/A.; **3**:1), aus vorst. Verb. analog **V**; 90%. — *2(4)-Methylmercapto-4(2)-hydroxy-6.7-dihydroimidazo-[1.2:a]-1.3.5-triazin*, $C_6H_8N_4OS$, F. > 250°, aus vorst. Verb. mit Dowex in W./A. (1:1); 44%.

P.-G. Dietrich. 3313△

0913 **Über ein neues, Schwefel enthaltendes sechsgliedriges Ringsystem.** Margot Becke-Goehring und Heinz-Albert Schlotter. (Naturwissenschaften **50**, 353, 1963; Heidelberg, Univ., Anorgan.-chem. Inst.; dt.) — Durch Rk. von Imido-bis-schwefelsäurechlorid mit Dimethylharnstoff wird *5-Oxo-4.6-dimethylhexahydro-1.3-dithia-2.4.6-triazin-1.1.3.3-tetroxid* [F. 157° (Zers.)] dargestellt, das sich in das gut krist. *5-Oxo-2.4.6-trimethylhexahydro-1.3-dithia-2.4.6-triazin-1.1.3.3-tetroxid* (F. 150,5°) überführen läßt. M. Mirsch. 3354◇

0914 **Sulfamoylchinoxaline, 1.2.4.5-Benzothiatriazepine und 1.2.5-Benzothiadiazepine.** Calvert W. Whitehead und John J. Traverso. (J. org. Chemistry **28**, 743—45, 1963; Indianapolis, Ind., Lilly Res. Labors., Organ. Chem. Div.; engl.) — *Aminosulfonylchinoxaline* werden durch Kondens. von 3.4-Diaminobenzolsulfonamiden mit 1.2-Dicarbonylverbb. dargestellt. *6.7-Benzo-1.2.4.5-thiatriazepine* werden aus 2.4-Bis-[aminosulfonyl]-phenylhydrazinen (**B**) durch Erhitzen mit Harnstoff (**V**) erhalten. Mit Orthoameisensäuretriäthylester (**IV**) geben die **B** *Benzo-1.2.4-thiadiazine*. Durch Behandeln der entsprechenden 2.4-Bis-[aminosulfonyl]-N-[β.β-dialkoxy-äthyl]-aniline mit alkohol. HCl werden *6.7-Benzo-1.2.5-thiadiazepine* (**C**) gebildet, deren Struktur mittels der KMR-Spektren bewiesen wird. KMR-Spektren der **C** s. Original.

Versuche: 6-Chlor-7-aminosulfonylchinoxaline: *Unsubstituiert*, $C_8H_6ClN_3O_2S$, F. 254° (verd. A.), durch 3std. Kochen von 6-Chlor-3.4-diaminobenzolsulfamid (**I**) mit 30%ig. wss. Glyoxal in Ggw. von $NaHSO_3$ in A.; 62% (Ausbeute). — *2.3-Dimethyl-*, $C_{10}H_{10}ClN_3O_2S$, F. 260° (verd. A.), durch 2std. Kochen von **I** mit Butandion-(2.3) in A.; 11%. — *2-Phenyl-3-hydroxy-*, $C_{14}H_{10} \cdot ClN_3O_3S$, F. 270° (verd. A.), durch 4std. Kochen von **I** mit Phenylglyoxylsäureäthylester in A.; 89%. — *5-Chlor-2.4-bis-[aminosulfonyl]-phenylhydrazin* (**II**), $C_6H_9 \cdot ClN_4O_4S_2$, F. 230° (Zers.); 86%. — N²-[2'.4'-Bis-(aminosulfonyl)-phenyl]-hydrazine (**B**), durch 5std. Kochen von **II** bzw. 5-Methyl-2.4-bis-[aminosulfonyl]-phenylhydrazin mit dem entsprechenden Carbonsäureanhydrid in Dioxan bzw. mit überschüssiger Ameisensäure u. Kristallisation aus verd. A.: *5'-Chlor-N¹-formyl-*, $C_7H_9ClN_4O_5S_2$, F. 260° (Zers.); 91%. — *5'-Chlor-N¹-acetyl-*, $C_8H_{11}ClN_4O_5S_2$, F. 275° (Zers.); 88%. — *5'-Methyl-N¹-formyl-*, $C_8H_{12}N_4O_5S_2$, F. 251° (Zers.); 90%. — *5'-Methyl-N¹-acetyl-*, $C_9H_{14}N_4O_5S_2$, F. 265° (Zers.); 85%. — *5'-Chlor-N¹-[ω-carboxypropionyl]-*, $C_{10}H_{13}ClN_4O_7S_2$, F. 225° (Zers.); 32%. — *5'-Methyl-N¹-propionyl-*, $C_{10}H_{16}N_4O_5S_2$, F. 285° (Zers.); 80%. — *5'-Methyl-N¹-cyclohexylacetyl-*, $C_{15}H_{24}N_4O_5S_2$, F. 215°; 80%. — 2.4-Bis-[aminosulfonyl]-aniline, durch 6std. Kochen des entsprechenden β.β-Dialkoxyäthylamins u. Triäthylamin mit 5-Chlor- bzw. 5-Methyl-2.4-bis-[aminosulfonyl]-fluorbenzol in A./Dioxan u. Kristallisation aus verd. A.: *5-Chlor-N-[β.β-diäthoxyäthyl]-*, $C_{12}H_{20}ClN_3O_6S_2$, F. 170°; 50%. — *5-Chlor-N-[β.β-dimethoxyäthyl]-N-methyl-*, $C_{11}H_{18}ClN_3O_6S_2$, F. 200°; 41%. — *5-Methyl-N-[β.β-dimethoxyäthyl]-N-methyl-*, $C_{12}H_{21}N_3O_6S_2$, F. 192°; 50%. — *5-Chlor-N-[β.β-dimethoxyäthyl]-N-propyl-*, $C_{13}H_{22}ClN_3O_6S_2$, F. 176°; 55%. — *5-Chlor-N-[β.β-diäthoxyäthyl]-N-benzyl-*(**III**), $C_{19} \cdot H_{26}ClN_3O_6S_2$, F. 192° (Zers.); 32%. — *7-Chlor-3-keto-8-aminosulfonyl-2.3.4.5-tetrahydro-6.7-benzo-1.2.4.5-thiatriazepin-1.1-dioxid*, $C_7H_7ClN_4O_5S$, F. 260° (Zers.), durch 3std. Erhitzen von **II** mit **V** auf 190—195° (Bad) u. Extrahieren mit heißem verd. A.; 86%. — 7-Äthoxymethylenaminosulfonyl-4-äthoxymethylen-aminobenzo-1.2.4-thiadiazin-1.1-dioxide: *6-Chlor-*, $C_{13}H_{15}ClN_4O_6S_2$, F. 220° (A.), durch 4std. Kochen von **II** in überschüssigem frisch destilliertem **IV**; 21%. — *6-Methyl-*, $C_{14}H_{18}N_4O_6S_2$, F. 225°, analog aus 5-Methyl-2.4-bis-[aminosulfonyl]-phenylhydrazin; 28,5%. — 7-Chlor-3-äthoxy-8-aminosulfonyl-2.3.4.5-tetrahydro-6.7-benzo-1.2.5-thiadiazepin-1.1-dioxide (**C**): *5-Methyl-*, $C_{11}H_{16}ClN_3O_5S_2$, F. 205° (verd. A.), durch Kochen von 5-Chlor-2.4-bis-[aminosulfonyl]-N-[β.β-diäthoxyäthyl]-N-methylanilin in A./6 n HCl; 91%. — *5-Benzyl-*, $C_{17}H_{20}ClN_3O_5S_2$, F. 198°, analog aus **III**; 86%. E. Mirsch. 3370△

0915 **Über Synthesen einiger N-haltiger Heterocyclen.** George de Stevens, Marylou Dughi, Halina Lukaszewski und Herbert Blatter. (Österr. Chemiker-Ztg. **63**, 177—82, 1962; Summit, N. J., CIBA Pharmac. Prod. Inc., Chem. Res. Div.; dt.) — Übersicht über die Darst. von *1.2.4.5-Tetrahydro-1.3-benzodiazepin* u. seinem *4-Ketoderiv.* durch Mannich-Rk. u. über die Synth. einiger *tetracycl. Indole*, die im Ring D andere Heteroatome als N_b besitzen. In Ausdehnung dieser Arbeit wird eine Synth. zur Darst. *aromat. Nitrile* beschrieben. — 20 Literaturangaben. P. Golinske. 3370◇

0916 **Über die Synthese neuer Zuckerderivate mit potentieller cytostatischer Wirksamkeit. 7. Mitt. 2-Chlor-2-desoxy-D-arabinose und -D-ribose. Eine neue Darstellungsweise der 2-Desoxy-D-ribose.** László Vargha und János Kuszmann. (Chem. Ber. **96**, 411—19, 1963; Budapest, Forschungs-Inst. für die pharmaz. Ind.; dt.) — *3.4-Diacetyl-D-arabinal* (**I**) wird aus α- oder β-Tetra-O-acetyl-D-arabinose (**II**) über die *Acetobrom-Verb.* synthetisiert. Durch Addition von Cl_2 an **I** erhält man ein *Gemisch aus 1.2-Dichlor-3.4-di-O-acetyl-1.2-didesoxy-D-arabopyranose* u. *-D-ribopyranose* (**III**). Durch Ersatz des 1-ständigen Cl-Atoms gegen Acetoxy-, Hydroxy- u. alkohol. Gruppen werden die entsprechenden acetylierten *2-Chlorpentosen* u. *-pentoside* dargestellt, u. a. *Methyl-2-chlor-3.4-di-O-acetyl-2-desoxy-α-D-arabopyranosid* (**IV**). Durch Hydrierung von **IV** mit Raney-Ni entstehen *Methyl-2-desoxy-D-ribopyranosid* u. daneben *Methyl-2.3-anhydro-D-ribosid* (**V**), das nach weiterer Hydrierung *Methyl-3-desoxy-D-ribosid* liefert. Analog werden die *Brom-Verbb.* synthetisiert.

Versuche: *3.4-Di-O-acetyl-D-arabinal* (**I**), $Kp._{0,05}$ 76—78°, durch Zutropfen von Br_2 zu **II** u. rotem P in Eisessig/Acetanhydrid bei 5—10°, Versetzen mit W. in 30 Min., 1std. Rühren, Zugeben eines bei 0° mit Zn-Staub u. $CuSO_4$ in W. versetzten Gemisches aus Na-Acetat in W. u. Eisessig innerhalb 20 Min. bei —10 bis —5°, 2std. Rühren bei 0°, Filtrieren, Verdünnen mit Eiswasser, Extrahieren mit Chlf. u. Eindampfen; $[\alpha]_D^{20}$ + 265° (c = 2,0; Chlf.); 70% (Ausbeute). — *Gemisch aus 1.2-Dichlor-3.4-di-O-acetyl-1.2-didesoxy-D-arabopyranose u. -D-ribopyranose* (**III**), $C_9H_{12}Cl_2O_5$, durch Sättigen einer Lsg. von **I** in CCl_4 mit Cl_2 unter Eiskühlung; Sirup; $[\alpha]_D^{20}$ —126° (c = 2,0; Chlf.); 100%. — *Gemisch aus 2-Chlor-1.3.4-tri-O-acetyl-2-desoxy-D-arabopyranose* u. *-D-ribopyranose*, $C_{11}H_{15}ClO_7$, $Kp._{0,3}$ 142—143°, durch 1—1½std. Rk. von **III** mit Ag-Acetat in Eisessig bei 100°; $[\alpha]_D^{20}$ —101,2° (c = 2,0; Chlf.); 85%. — *Gemisch aus 2-Chlor-3.4-di-O-acetyl-2-desoxy-D-arabopyranose u. -D-ribopyranose*, $C_9H_{13}ClO_6$, durch Versetzen von **III** in CCl_4 mit Ag_2CO_3

u. W. u. $^1/_2$std. Rk. bei 100°; Sirup; $[\alpha]_D^{20}$ − 95,0° (c = 2,0; Chlf.). — *2-Chlor-2-desoxy-D-arabinose*, $C_5H_9ClO_4$, F. 135°, a) durch Lösen vorst. oder vorvorst. Gemisches in n/10 HCl, $^1/_2$std. Kochen, Neutralisieren mit Ag_2CO_3, Einleiten von H_2S, Behandeln mit Kohle, Eindampfen (70%) u. fraktionierte Krist. aus Dioxan; (70%); b) aus nachst. Verb.; $[\alpha]_D^{20}$ − 126,0° (c = 2,0; W.); daneben *2-Chlor-2-desoxy-D-ribose*, $C_5H_9ClO_4$, F. 152°; $[\alpha]_D^{20}$ − 14,0° (c = 2,0; W.). — *Methyl-2-chlor-2-desoxy-3.4-di-O-acetyl-α-D-arabopyranosid* (**IV**), $C_{10}H_{15}ClO_6$, F. 99 bis 100° (A.), durch Rk. von **III** mit $^2/_3$ Gewichts-Tl. Ag_2CO_3 in abs. Methanol, ca. 2std. Erhitzen bei 100° u. Dest. bei 103−105°/0,05 Torr ergibt *Gemisch aus Arabo- u. Ribopyranosid* {$[\alpha]_D^{20}$ − 84,0° (c = 2,0; Chlf.); 90%}, das teilweise krist.; $[\alpha]_D^{20}$ − 59,6° (c = 2,0; Chlf.); 50%. — *Methyl-2.3-anhydro-α-D-ribopyranosid* (**V**), $C_6H_{10}O_4$, F. 84−86° (Bzl.), durch 3tägige Rk. von **IV** mit n methanol. Na-Methylat, Neutralisieren mit CH_3COOH, Eindampfen u. Aufnehmen in Essigester; $[\alpha]_D^{20}$ + 164,5° (c = 2,0; Chlf.); 80%. — *Gemisch aus 1.2-Dibrom-3.4-di-O-acetyl-1.2-didesoxy-D-arabopyranose u. -D-ribopyranose* (**VI**), $C_9H_{12}Br_2O_5$, durch Zutropfen von Br_2 in CCl_4 zu **I** in CCl_4 unter Eiskühlung; $[\alpha]_D^{20}$ − 138° (Chlf.). — *Gemisch aus 2-Brom-1.3.4-tri-O-acetyl-2-desoxy-D-arabopyranose u. -D-ribopyranose*, $C_{11}H_{15}BrO_7$, Kp.$_{0,8}$ 160 bis 162°, durch $^1/_2$std. Rk. von **VI** mit Ag-Acetat in Eisessig bei 100°; gelblicher Sirup; $[\alpha]_D^{20}$ − 46,0° (c = 2,0; Chlf.); 76%. — *Gemisch aus 2-Brom-2-desoxy-D-arabinose u. -D-ribose*, $C_5H_9BrO_4$, durch Hydrolyse vorst. Gemisches mit n/10 HCl; blaßgelber Sirup; $[\alpha]_D^{20}$ − 82,0° (c = 2,0; W.); 85%. — *Methyl-2-brom-3.4-di-O-acetyl-2-desoxy-α-D-arabopyranosid*, $C_{10}H_{15}BrO_6$, F. 108−110° (Bzl./PAe.), durch Rk. von **VI** (aus 25 g **I**) mit Ag_2CO_3 in CCl_4/Methanol auf dem Wasserbad; Dest. bei 140 bis 142°/0,4 Torr ergibt ein *Gemisch aus Arabo- u. Ribopyranosid* {$[\alpha]_D^{20}$ − 58,0° (c = 1,0; Chlf.); 32 g}, Lösen in A. u. Versetzen mit W. bis zur Trübung; $[\alpha]_D^{20}$ − 58,5° (c = 1,0; Chlf.); 3 g. — *2-Chlor-3.4-di-O-acetyl-D-arabinal* (**VII**), Kp.$_{0,4}$ 95°, durch Lösen von Na u. Phenol in abs. A., Eindampfen, Abdampfen mit Bzl., Suspendieren in Bzl., Versetzen mit **III** in Bzl., 8std. Rk. bei 100°, Behandeln mit Kohle u. fraktionierte Dest.; $[\alpha]_D^{20}$ + 196,5° (c = 2,0; Chlf.); 50,5%; daneben *Gemisch aus Phenyl-2-chlor-3.4-di-O-acetyl-2-desoxy-D-arabo- u. -D-ribopyranosid* (**VIII**), $C_{15}H_{17}ClO_6$, Kp.$_{0,4}$ 160−165° $[\alpha]_D^{20}$ − 16 bis − 28° (Chlf.); 40,0%. — *1.2.2-Trichlor-3.4-di-O-acetyl-1.2-didesoxy-D-arabopyranose*, $C_9H_{11}Cl_3O_5$, durch Sättigen einer Lsg. von **VII** in Chlf. mit Cl_2 bei 0°; $[\alpha]_D^{20}$ − 50,0° (c = 2,0; Chlf.). — *2.2-Dichlor-1.3.4-tri-O-acetyl-2-desoxy-D-arabopyranose*, $C_{11}H_{14}Cl_2O_7$, F. 127 bis 130° (Methanol), durch 8std. Rk. von 5 g vorst. Verb. mit Ag-Acetat in Eisessig bei 100°, Zugeben von Ag-Acetat, 8std. Rk., Eindampfen u. Lösen in Ae.; $[\alpha]_D^{20}$ − 25,4° (c = 2,0; Chlf.); 2,5 g. — *Phenyl-2-chlor-2-desoxy-D-arabopyranosid*, $C_{11}H_{13}ClO_4$, F. 129−130° (W.), durch 12std. Rk. von **VIII** mit 0,25%ig. methanol. Na-Methylat bei 20°; $[\alpha]_D^{20}$ 0° (W.); 45%. — *Methyl-2-desoxy-α-D-ribopyranosid*, $C_6H_{12}O_4$, F. 90−93° (Essigester), durch Zugeben von **IV** in A. zu einer mit H_2 gesätt. Suspension von Raney-Ni in A./4 n NaOH, 4std. Schütteln bei 20° unter weiterer Zugabe von 4 n NaOH, 2std. Schütteln, 12std. Stehen, Neutralisieren mit n HCl gegen Phenolphthalein, Eindampfen, Trocknen mit A. u. Aufnehmen in Aceton; $[\alpha]_D^{20}$ + 30,3° (c = 2,0; W.); 90−95%. — *2-Desoxy-D-ribose*, F. 80−85° (abs. Essigester), durch $^1/_2$std. Kochen vorst. Roh-Prod. mit Benzoesäure in W., Extrahieren mit Ae., Eindampfen des wss. Phase u. Trocknen mit A.; $[\alpha]_D^{20}$ − 57,0° (c = 1,0; W.); 70%. *Anilid*, F. 168−170°, durch Eindampfen vorst. Mutterlaugen, 4std. Kochen mit Anilin in abs. A. u. Einengen. — *Methyl-3-desoxy-α-D-ribopyranosid*, $C_6H_{12}O_4$, Kp.$_{0,5}$ 115−120° (Bad-Temp.), durch Hydrieren von **V** mit Raney-Ni in A./n NaOH u. Neutralisieren mit n/10 HCl; $[\alpha]_D^{20}$ + 125,0° (c = 1; W.); 95%. *p-Nitrophenylosazon*, F. 253−254° (Zers.).

E. Schraven. 3400◇

0917 **5-Acetamido-5-desoxy-L-arabinose: Ein Zuckerderivat mit Stickstoff als Ring-Heteroatom.** J. K. N. Jones und J. C. Turner. (J. chem. Soc. [London] **1962**, 4699−4703, Mai; Kingston, Ontario, Queen's Univ.; engl.) — Rk. von 1.2-O-Isopropyliden-5-O-p-toluolsulfonyl-L-arabinose mit CH_3OH/NH_3 u. anschließende N-Acetylierung führt zu *5-Acetamido-5-desoxy-1.2-O-isopropyliden-L-arabinose*, deren Hydrolyse ein Gemisch von *5-Acetamido-5-desoxy-L-arabinofuranose* (**I**) u. *1-Acetyl-L-gluco-(manno)-2.3.4.5-tetrahydroxypiperidin* (**II**) liefert. Die Trennung von **I** u. **II** erfolgte durch Chromatographie an einer Cellulosesäule. Die Konstit. von **I** u. **II** folgen aus der Perjodatspaltung u. einigen anderen Rkk. sowie aus den IR-Spektren. Verss., **I** mit methanol. HCl umzusetzen, ergaben mindestens 2 Verbb., die nicht getrennt werden konnten. Beim Erhitzen der wss. Lsgg. von **I** oder **II** oder nach Zugabe von NH_4OH oder Essigsäure bei Raumtemp. stellt sich ein Gleichgew. zwischen **I** u. **II** ein, in dem **I** überwiegt.

Versuche: ($[\alpha] = [\alpha]_D^{23 \pm 3}$): *1.2-O-Isopropyliden-5-O-p-toluolsulfonyl-L-arabinose*, F. 125−127°, aus Methyl-α-L-arabinofuranosid nach Hirst u. Mitarbeitern (J. chem. Soc. [London] **1947**, 1062); aus Methanol Nadeln; 23% (Ausbeute). — *5-Acetamido-5-desoxy-1.2-O-isopropyliden-L-arabinose*, $C_{10}H_{17}NO_5$, F. 143−144°, durch Sättigen einer abs.-methanol. Lsg. vorst. Verb. mit NH_3 bei 0°, 16std. Erhitzen im Autoklaven auf 120°, Kochen mit Kohle, Filtrieren über Amberlite IRA 400 (OH-Form), Eindampfen u. Rk. mit wss. Acetanhydrid; aus Methanol/Ae. Nadeln; $[\alpha]$ − 45° (c = 2; CH_3OH); 43%. — *5-Acetamido-5-desoxy-L-arabinofuranose* (**I**), $C_7H_{13}NO_5$, durch $1^1/_2$std. Erhitzen von 8,6 g vorst. Verb. in 50%ig. Essigsäure auf 95°, Eindampfen u. Chromatographie an Cellulose mit n-Butanol; hellgelber Sirup; $[\alpha]$ 0° (c = 3; W.); 3,5 g (*1.2.3-Triacetat*, $C_{13}H_{19}NO_8$; Sirup; $[\alpha]$ + 5° (c = 2,62; Chlf.); 82%) daneben *1-Acetyl-L-gluco(manno)-2.3.4.5-tetrahydroxypiperidin* (**II**), F. 135 bis 138°; aus Ae./A. amorphes Pulver; $[\alpha]$ + 19,4° (c = 2,65; W.), + 35,7° (c = 2; CH_3OH); 1,9 g. *2.3.4.5-Tetraacetat*, $C_{15}H_{21}NO_9$, F. 181−182°, Prismen aus Methanol; 75%. *2.3.4.5-Tetrabenzoat*, $C_{35}H_{29}NO_9$, F. 178−179°, mikrokrist. Pulver; $[\alpha]$ 219° (c = 1; Chlf.); 63%. — *5-Acetamido-5-desoxy-L-erythro-pentosephenylosazon*, F. 179 bis 181° (Zers.), a) aus **I**; gelbe Nadeln; b) aus **II**; c) aus 5-Acetamido-5-desoxyketo-L-erythropentulose. — *1-Acetamido-1-desoxy-L-lyxit*, $C_7H_{15}NO_5$, F. 126−127,5°, a) durch Red. von **I** mit $NaBH_4$ bei 0°; aus A./Ae. Nadeln; 55%; $[\alpha]$ − 11° (c = 1,2; W.); b) analog aus **II**; aus Ae./A. Nadeln; 60%. — *1-Acetyl-L-gluco(manno)-3.4.5-trihydroxy-2-methoxypiperidin*, $C_8H_{15}NO_5$, durch 10 Min. langes Stehen von **II** in 1%ig. methanol. HCl bei Raumtemp., Neutralisieren mit Ag_2CO_3, Filtrieren u. Einengen; Sirup; $[\alpha]$ + 52° (c = 2,28; CH_3OH); 75%. — *Gleichgewichtsgemisch* aus **I** u. **II**, a) durch 2std. Erhitzen einer 2%ig. wss. Lsg. von **I** oder **II** auf 90°; $[\alpha]$ + 4°; b) analog a) bei Raumtemp. in Ggw. von konz. NH_4OH in 5 Min.; $[\alpha]$ + 6,7°; mit CH_3COOH statt NH_4OH war der Gleichgew.-Zustand nach 24 Std. noch nicht erreicht.

K. Schoene. 3400◇

0918 **Eine chemische Synthese von 4-O-Methyl-D-glucuronsäure.** W. D. S. Bowering und T. E. Timell. (Canad. J. Chem. **38**, 311−12, 1960; Montreal, Quebec, McGill Univ., Pulp and Paper Res. Inst. of Canada; engl.) — *4-O-Methyl-D-glucuronsäure* wird aus Methyl-α-D-glucopyranosid über *Methyl-4-O-methyl-α-D-glucosid* (**I**), Oxydation mit $NaNO_2$ u. H_3PO_4 u. Hydrolyse synthetisiert.

Versuche: *Methyl-2.3-di-O-benzyl-4-O-methyl-6-O-trityl-α-D-glucosid*, $C_{41}H_{42}O_6$, durch Umwandlung von Methyl-2.3-di-O-benzyl-6-O-trityl-α-D-glucopyranosid [$[\alpha]_D^{21}$ + 14° (c = 4,6; Chlf.)] nach Kuhn u. Mitarbeitern (C. **1957**, 2745); $[\alpha]_D^{20}$ + 30° (c = 1,6 Chlf.). — *Methyl-4-O-methyl-α-D-glucosid* (**I**), $C_8H_{16}O_6$, durch Enttritylieren vorst. Verb. mit wss. CH_3COOH u. reduktive Entbenzylierung; $[\alpha]_D^{20}$ + 145° (c = 4,2; A.); 18,5% (Ausbeute). — *4-O-Methyl-D-glucuronsäure*, $C_7H_{12}O_7$, durch 17std. Rk. vorst. Verb. mit $NaNO_2$ in H_3PO_4 bei 20°, Zugeben von W., Eindampfen i. Vak., 5std. Kochen in 0,5 n H_2SO_4, Neutralisieren mit $BaCO_3$, Eindampfen u. Trennen an Dowex (Acetat-Form) mit W. u. 2 n CH_3COOH; $[\alpha]_D^{18}$ + 35° (c = 1,3; W.); 1,3%. — *4-O-Methyl-D-glucose*, $C_7H_{14}O_6$, a) durch Verestern von 73 mg vorst. Verb. zum Methylester, Red. mit $LiAlH_4$ in abs. Tetrahydrofuran u.

Hydrolysieren; $[\alpha]_D^{19}$ + 50° (c = 1,2; W.); 40 mg; b) durch Hydrolyse von **I**. *Osazon*, F. 159—160° (korr.).
E. Schraven. 3400◇

0919 **Aminozuckersynthesen.** 25. Mitt. **Über die Epimerisierung N-substituierter 2-Amino-2-desoxyhexonsäurenitrile.** Richard Kuhn und Johannes C. Jochims. (Chem. Ber. **96,** 983—89, 1963; Heidelberg, MPI für med. Forsch., Inst. f. Chem.; dt.) — 25. vgl. C. **1963,** **13938.** — Durch argentometr. Best. von CN⊖ in einem durch Erwärmen von (—)-2-[4-Phenylanilino]-2.4.8-trimethylnonansäurenitril hergestellten Epimerisierungsgemisch wird gezeigt, daß die Epimerisierung von N-substituierten 2-Amino-2-desoxyhexonsäurenitrilen [vgl. Kuhn u. Jochims (C. **1960,** 10578)] beim Erwärmen in Alkoholen auf reversibler Abspaltung von HCN beruht, wobei eine Schiffsche Base (Pentosimin) als Zwischenprod. auftritt. Das durch Einw. von 1%ig. methanol. KOH auf N-Diphenylmethyl-D-galaktosaminsäurenitril (**II**) erhältliche *N-Diphenylmethyl-D-galaktosaminiminosäure-γ-lacton* wird in heißem Isopropanol nicht in das Prod. der Epimerisierung von **II**, sondern wahrscheinlich in das 2.3-Anhydro-Deriv. übergeführt u. ist deshalb auch nicht Zwischen-Prod. der Epimerisierung. Analog werden 2-Benzylamino-2-desoxy-3.4-isopropylidenthreonsäurenitril u. a. α-Aminonitrile aus (+)-Dihydrocitronellal (**I**) bzw. (+)-4.8-Dimethylnonanon-(2), Aminen u. HCN epimerisiert.

Versuche: *1-Imino-2-desoxy-2-diphenylmethylamino-D-galaktonsäurelacton-(1.4)*, $C_{19}H_{22}N_2O_4$, F. 136 bis 137°, durch Lösen von 2 g N-Diphenylmethyl-D-lyxohexosaminsäurenitril-Gemisch (vgl. Kuhn u. Jochims, l.c.) in abs. CH_3OH bei 25°, Filtrieren, 24std. Stehen mit Ae./Bzn. bei —10° [0,85 g *N-Diphenylmethyl-D-galaktosaminsäurenitril*(**II**), $[\alpha]_D^{22}$ + 43° (c = 0,9; Pyridin)], Einw. von methanol. KOH auf 1 g **II** u. 3std. Stehen bei —25°; aus Pyridin/Ae. Nadeln; $[\alpha]_D^{19}$ — 66° (c = 1; Pyridin); 0,75 g (Ausbeute). — (+)-*Dihydrocitronellal* (**I**), $C_{10}H_{20}O$, Kp.$_{13}$ 79—82°, durch Hydrierung von (+)-Citronellal in 95%ig. A. in Ggw. von Pd/$BaSO_4$; $[\alpha]_D^{20}$ + 9,0°; 81%. — (—)-*1-[Fluorenyl-(9)-imino]-3.7-dimethyloctan*, $C_{23}H_{29}N$, F. 67 bis 68°, durch Rk. von 20 g **I** u. 23,5 g 9-Aminofluoren in sd. Ae.; aus Pentan Nadeln; $[\alpha]_D^{22}$ — 2° (c = 2,3; Pyridin); 20 g. — (—)-*2-[Fluorenyl-(9)-amino]-4.8-dimethylnonansäurenitril*, $C_{24}H_{30}N_2$, F. 64—66°, durch Zusetzen von wasserfreiem HCN zu 15 g vorst. Verb. in abs. A., 24std. Stehen bei —78° [→ *Diastereomerengemisch*, aus Pentan; $[\alpha]_D^{20}$ — 6° (c = 1, Pyridin); 76%], Lösen von 9,2 g in Octanol-(2) u. 24std. Stehen bei —15°; aus Pentan Nadeln; $[\alpha]_D^{20}$ — 55° (c = 1,1; Pyridin); 0,26 g; die Racematspaltung war nicht reproduzierbar. — (+)-*2-Anilino-4.8-dimethylnonansäurenitril*, $C_{17}H_{26}N_2$, F. 62—64°, durch kurzes Kochen von 10 g **I** u. Anilin in abs. A., Kühlen auf —10°, Zugabe von wasserfreiem HCN u. 24std. Stehen bei —10°. Aus Pentan lange Nadeln; $[\alpha]_D^{22}$ + 157° (c = 1,0; CH_3OH); $[\alpha]_D^{20}$ + 164° (c = 1,5; Pyridin); 1,07 g. — (—)-*2-Benzylamino-4.8-dimethylnonansäurenitrilhydrochlorid*, $C_{18}H_{28}N_2$ · HCl, F. 123—128°, aus **I**, Benzylamin u. wasserfreiem HCN in A. durch 24std. Stehen bei —10°, Einengen, Lösen in Ae. u. Einleiten von HCl. Aus n-Propanol Prismen; $[\alpha]_D^{20}$ — 16° (c = 1,1; CH_3OH), + 62° (c = 2,0; Pyridin); 88% (roh). — (+)-*4.8-Dimethylnonanon-(2)*, Kp.$_{12-14}$ 89—93°, $C_{11}H_{22}O$, durch Rk. von **I** mit CH_3MgJ in Ae., Dehydrierung des *4.8-Dimethylnonanols-(2)* (Kp.$_{13}$ 102 bis 106°; 86%) mit $K_2Cr_2O_7$ in H_2SO_4, Ae.-Extraktion u. fraktionierte Dest.; $[\alpha]_D^{20}$ + 3,02°; 89%. — (—)-*2-[4-Phenylanilino]-2.4.8-trimethylnonansäurenitril*, $C_{24}H_{32}N_2$, F. 98—100°, durch 10std. Rk. vorst. Verb. mit 4-Aminobiphenyl u. KCN bei 10° in wss. CH_3COOH; aus Pentan/Hexahydrotoluol u. n-Heptan/Hexahydrotoluol (2:3) sowie Chlf./Pentan Nadeln; $[\alpha]_D^{20}$ — 41° (c = 1,7; Pyridin); 82%.
K. Schoene. 3400◇

0920 **Synthese von Aminozuckern durch Reduktion von Hydrazinderivaten. 5-Amino-3.6-anhydro-5-desoxy-L-idosederivate.** M. L. Wolfrom, J. Bernsmann und D. Horton. (J. org. Chemistry **27,** 4505—09, 1962; Columbus, Ohio, Ohio State Univ., Dep. of Chem.; engl.) — Der Ersatz der sek. p-Tolylsulfonyloxy-Gruppe durch Hydrazin (**III**) u. Na-Azid (**IV**) wird an 3.6-Anhydro-1.2-O-isopropyliden-5-O-p-tolylsulfonyl-α-D-glucofuranose (**I**) u. an 1.2;5.6-Di-O-isopropyliden-3-O-p-tolylsulfonyl-α-D-glucofuranose (**II**) untersucht. **I** reagiert mit beiden Reagentien gleich gut, **II** dagegen weit besser mit **III** als mit **IV**.

Versuche: *3.6-Anhydro-1.2-O-isopropyliden-5-O-p-tolylsulfonyl-α-D-glucofuranose* (**I**), aus 1.2-O-Isopropyliden-5.6-di-O-p-tolylsulfonyl-α-D-glucofuranose nach Ohle u. Mitarbeitern [1928]; 100% (Ausbeute). — *3.6-Anhydro-5-desoxy-5-hydrazino-1.2-O-isopropyliden-β-L-idofuranose* (**V**), $C_9H_{16}N_2O_4$, F. 99—101°, durch 36std. Kochen von **I** in wasserfreiem **III** unter N_2, Extraktion mit Ae. u. Einengen; Nadeln aus Ae.; $[\alpha]_D^{20}$ + 30° (c = 0,5; Methanol); 80%. — *3.6-Anhydro-5-desoxy-5-[2-hydroxynaphthyl-(1)-methylenhydrazino]-1.2-isopropyliden-β-L-idofuranose*, $C_{20}H_{22}N_2O_5$, F. 185—187°, durch 3std. Rk. von **V** mit 2-Hydroxy-1-naphthaldehyd (**VIII**) in Methanol; gelbe Prismen aus Methanol; $[\alpha]_D^{20}$ + 22° (c = 0,5; Chlf.); 42%. — *3.6-Anhydro-5-desoxy-5-azido-1.2-O-isopropyliden-β-L-idofuranose* (**VI**), $C_9H_{13}N_3O_4$, F. 48—49°, durch 36std. Rk. von **I** in Dimethylformamid mit **IV** u. Harnstoff in W. bei 115° unter N_2, Eindampfen, Lösen in Dichloräthan, Waschen mit W. u. Eindampfen; Prismen aus Hexan; $[\alpha]_D^{20}$ + 42° (c = 0,5; Chlf.); 83%. — *5-Amino-3.6-anhydro-5-desoxy-1.2-O-isopropyliden-β-L-idofuranose* (**VII**), $C_9H_{15}NO_4$, F. 113—114° (Ae.), a) durch 48std. Rk. von **V** mit Raney-Ni in Methanol; 100%; b) aus **VI**; 92%; $[\alpha]_D^{20}$ + 18,5° (c = 0,5; Chlf.); gibt durch Hydrolyse mit HCl vermutlich *5-Amino-3.6-anhydro-5-desoxy-L-idosehydrochlorid* (**IX**). — *3.6-Anhydro-5-desoxy-1.2-O-isopropyliden-5-salicylidenamino-β-L-idofuranose*, $C_{16}H_{19}NO_5$, F. 174—175°, durch 12std. Rk. von **VII** mit Salicylaldehyd in Methanol bei 20°; gelbe Nadeln; $[\alpha]_D^{20}$ + 123° (c = 0,5; Chlf.); 47%. — *3.6-Anhydro-5-desoxy-5-[2-hydroxynaphthyl-(1)-methylenamino]-1.2-O-isopropyliden-β-L-idofuranose*, $C_{20}H_{21}NO_5$, F. 196°, durch 24std. Rk. von **VII** mit **VIII** in Methanol bei 20°; gelbe Kristalle; $[\alpha]_D^{20}$ + 82° (c = 0,5; Chlf.); 68%. — *5-Acetamido-3.6-anhydro-5-desoxy-1.2-O-isopropyliden-β-L-idofuranose*, $C_{11}H_{17}NO_5$, F. 84°, durch 1std. Rk. von **VII** mit Acetanhydrid in Methanol bei 20°, Versetzen mit W. u. Behandeln mit Dowex-1 (CO_3^{2-}); Prismen nach 3 Monate langem Stehen; $[\alpha]_D^{20}$ — 6° (c = 0,5; Chlf.); 22%; gibt durch saure Hydrolyse vermutlich **IX**. — *5-Acetamido-3.6-anhydro-5-desoxy-L-idosediäthylmercaptal*, $C_{12}H_{23}NO_4 \cdot S_2$, F. 108°, durch 24std. Schütteln vorst. Verb. u. Äthylmercaptan in konz. HCl bei 0°, Verdünnen mit Methanol, Neutralisieren mit $PbCO_3$, Filtrieren u. Eindampfen; Nadeln aus Essigester; $[\alpha]_D^{20}$ + 2° (c = 0,5; Chlf.); 70%. — *5-Acetamido-2.4-di-O-acetyl-3.6-anhydro-5-desoxy-L-idosediäthylmercaptal*, $C_{16}H_{27}NO_6S_2$, F. 70°, durch 24std. Rk. vorst. Verb. mit Acetanhydrid in Pyridin bei 5°, Gießen auf Eis, Extrahieren mit Dichloräthan, Waschen mit W., Schütteln mit $CdCl_2$, Filtrieren u. Eindampfen der organ. Phase; Prismen aus Ae./Hexan, $[\alpha]_D^{20}$ + 17° (c = 0,5; Chlf.); 69%.
E. Schraven. 3400

0921 **Die Reaktivität von 1.2-Diaminozuckern bei der Osazon- und Chinoxalinbildung in der Zuckerreihe.** Shozaburo Kitaoka und Konoshin Onodera. (J. org. Chemistry **28,** 231—32, 1963; Kyoto, Japan, Univ. Coll. of Agriculture, Biochem. Lab.; engl.) — Die Umlagerung der 1.2-Diaminozucker in 1.2-Endiaminozucker u. deren starkes Red.-Vermögen charakterisieren die Bldg. der Osazone. Die Bldg. 2-substituierter Chinoxaline aus reduzierenden Zuckern verläuft bei der Umsetzung mit o-Phenylendiamin nach einem ähnlichen Mechanismus über N.N'-Diglykosyl-o-phenylendiamin, 1-[N-o-Phenylendiamino]-1-desoxyketose u. deren Kondens.-Produkte. Der Wasserstoffacceptor ist Luft oder besser Hydrazin. Im Gegensatz zu *o-Phenylendiamin* ergibt eine Rk.-Mischung von *3.4-Diaminotoluol* u. *D-Glucose* kein Chinoxalin [1887].

Versuche: *N.N'-Di-D-glucosyl-3.4-diaminotoluol*, $C_{19}H_{30}N_2O_{10}$, F. 142—143°, durch $^1/_2$std. Kochen eines Gemisches aus D-Glucose, 3.4-Diaminotoluol u. NH_4Cl in Methanol; $[\alpha]_D^{16}$ — 41° (c = 0,5; Pyridin); 70,4% (Ausbeute). — *2-D-arabino-Tetrahydroxybutyl-6-methylchinoxalin*, $C_{13}H_{16}N_2O_4$, F. 177—178°, durch 30 min. Kochen vorst. Verb. in 10%ig. Essigsäure in Ggw. von O_2

(7,8%) oder Hydrazin (18,2%); $[\alpha]_D^{16}$ − 200° (c = 0,8; Pyridin). L. Holzhey. 3400◇

0922 **Stickstoffhaltige Kohlenhydratderivate. 1. Mitt. Methyl-4.6-O-benzyliden-3-desoxy-3-phenylazo-α-D-glucosid.** R. D. Guthrie und LeRoy F. Johnson. (J. chem. Soc. [London] **1961**, 4166–72, Sept.; Manchester, Shirley Inst.; Palo Alto, Cal. Varian Associates; engl.) — Durch Rk. von Phenylhydrazin mit dem durch Oxydation von Methyl-4.6-benzyliden-α-D-glucosid mit Perjodat entstandenen 7.9-Dihydroxy-6α-methoxy-2-phenyl-trans-m-dioxano-[5.4:e]-dioxepan (I vgl. C. **1963**, 6986) wird *Methyl-4.6-O-benzyliden-3-desoxy-3-phenylazo-α-D-glucosid* (**II**) gewonnen. II sowie seine 2-O-Benzoyl-, 2-O-Acetyl- u. 2-O-Methylderivv. reduzieren Fehlingsche Lsg. u. bilden kein Formazan. Die Analyse des protonenmagnet. Resonanz-, des UV- u. IR-Spektrums wird für den Strukturbeweis herangezogen. Der Mechanimus der Cyclisierung wird diskutiert. Die Hydrierung von **II** führt zu *Methyl-3-amino-3-desoxy-4.6-O-benzyliden-α-D-glucosid* (**III**), so daß die Rk. einen neuen Weg zur Darst. von *3-Amino-3-desoxy-D-glucose* bildet.

Versuche: *Methyl-4.6-O-benzyliden-3-desoxy-3-phenylazo-α-D-glucosid* (**II**), $C_{20}H_{22}N_2O_5$, F. 182–183° (Butylalkohol), aus Phenylhydrazin u. I (vgl. C. **1963**, 6985); $[\alpha]_D^{20}$ + 8,6° (c = 1,81; Chlf.); 60% (Ausbeute). *2-O-Benzoylderiv.*, $C_{27}H_{26}N_2O_6$, F. 123–124°; $[\alpha]_D^{21}$ + 158° (c = 1,2; Chlf.). *2-O-Methylderiv.*, $C_{21}H_{24}N_2O_5$, F. 123–124°; $[\alpha]_D^{16}$ + 72,8° (c = 1,2; Chlf.). *2-O-Acetylderiv.*, $C_{22}H_{24}N_2O_6$, F. 165–166°; $[\alpha]_D^{20}$ + 80° (c = 1,8; Chlf.). — *Glyoxal-bis-phenylhydrazon*, F. 162 bis 164°, durch 6std. Hydrolyse von **II**; 74%. — *Methyl-3-amino-4.6-O-benzyliden-3-desoxy-α-D-glucosid* (**III**), $C_{14}H_{19}$·NO_5, F. 184,5–186° (Zers.; Chlf. oder PAe./A.), durch Hydrieren von **II** in Ggw. von Raney-Ni; $[\alpha]_D^{20}$ + 102° (c = 1,5; Chlf.); 70%; gibt durch Rk. mit $NaJO_4$ *I-Hydrat*. *N-[2.4-Dinitrophenyl]-Deriv.*, $C_{20}H_{21}N_3O_9$, F. 188 bis 190° (wss. A.), durch 1std. Kochen von **III** mit 1-Chlor-2.4-dinitrobenzol; $[\alpha]_D^{16}$ + 89,6° (c = 1,0; Chlf.). *N-Acetylderiv.*, $C_{16}H_{21}NO_6$, F. 286–288° (Zers.; A.), durch 5 Min. lange Rk. von **III** mit Essigsäureanhydrid u. Pyridin; 70%. *2-O-Acetyl-N-acetylderiv.*, $C_{18}H_{23}NO_7$, F. 274–276° (Zers., A.), durch 48std. Rk. von **III** mit Essigsäureanhydrid, Pyridin u. Dimethylformamid; $[\alpha]_D^{20}$ + 42° (c = 1,0; Chlf.); 62%. *N-Acetyl-2-O-[p-tosyl]-deriv.*, $C_{23}H_{27}NO_8S$, F. 202–203° (wss. A.), durch 36std. Rühren einer Suspension von **III**-N-Acetylderiv. in Pyridin mit p-Tosylchlorid. — *Methyl-2.4.6-tri-O-acetyl-3-acetamido-3-desoxy-α-D-glucosid*, F. 176–178° (Prismen am A.), durch ½std. Hydrolyse von **III**-N-Acetylderiv. mit 50%ig. Essigsäure bei 100° u. Acetylieren des amorphen *Methyl-3-acetamido-3-desoxy-α-D-glucosids* mit Essigsäureanhydrid u. Pyridin; $[\alpha]_D^{20}$ + 109° (c = 1,0; Chlf.). H. Rossow. 3400□

0923 **1.3.6.2'.3'.4'.6'-Heptaacetyl-α-D-cellobiose.** Burckhardt Helferich und Joachim Zirner. (Chem. Ber. **96**, 385–87, 1963; Bonn, Univ., Chem. Inst.; dt.) — *1.3.6.2'.3'.4'.6'-Heptaacetyl-α-D-cellobiose* wird aus α-Octaacetylcellobiose (**I**) synthetisiert. Durch Mesylierung wird die Struktur gesichert.

Versuche: *1.3.6.2'.3'.4'.6'-Heptaacetyl-α-D-cellobiose*, $C_{26}H_{36}O_{18}$, F. 210–211° (auf Quarz), F. 185–190° (auf Glas); durch Lösen von I in HBr/Eisessig, 2std. Stehen bei Raumtemp., 2maliges Zugeben einer 30° warmen Lsg. von Na-Acetat in W., 1std. Stehen bei 45–50°, Gießen auf Eis, Extrahieren mit Chlf., Waschen u. Eindampfen; Nadeln auf Chlf./Ae.; $[\alpha]_D^{22}$ + 36,1° (c = 2; Chlf.); + 39,8° (c = 1; Aceton/W. 9:1); + 33,1° (nach 2 Min.) → + 26,8° (nach 6 Min.) → + 24,1° (nach 15 Min.) → + 23,4° (nach 40 Min.; konst.; c = 1,5; Chlf. mit einer Spur Triäthylamin); 28% (Ausbeute). — *1.3.6.2'.3'.4'.6'-Heptaacetyl-2-mesyl-α-D-cellobiose*, $C_{27}H_{38}$·$O_{20}S$, F. 174–175° (Chlf./Ae.); durch 12std. Rk. vorst. Verb. mit Mesylchlorid in abs. Pyridin bei −12°; $[\alpha]_D^{20}$ + 58,8° (c = 1; Chlf.); 65%. E. Schraven. 3400◇

0924 **Formylierung in der Colchicinreihe.** Georges Muller und Dan Branceni. (C. R. hebd. Séances Acad. Sci. **255**, 2983–84, 1962; franz.) — Durch Einw. von α.α-Dichlordimethyläther auf Colchicin (**I**) in Ggw. von $SnCl_4$ entsteht *1-Formylcolchicin* [**II**; F. 249°; $[\alpha]_D$ + 5° (c = 0,5; Chlf.)], das sich in *1-Hydroxymethylcolchicin* [F. 260°; $[\alpha]_D$ − 100° (c = 0,5; Chlf.)] reduzieren läßt. Bei **II** ist im Vgl. zu **I** die antimitot. Wrkg. erhöht. G. Ziebarth. 3500△

0925 **Die Struktur von Alangin A, ein Alkaloid aus Alangium lamarckii Thwaits.** D. S. Bhakuni, M. M. Dhar und M. L. Dhar. (J. sci. ind Res. [New Delhi], Sect. B **19**, 8–10, Jan. 1960; Lucknow, Central Drug Res. Inst.; engl.) — Aus *Alangium lamarckii* Thwaits (**A**) wurden die Alkaloide *Alangin A* (**I**) und *Alangin B* isoliert. Zn-Staub-Dest. von **I** liefert *n-Propylbenzol* u. *Pyridin*, während bei der Oxydation mit HNO_3 *p-Anissäure* u. *Oxalsäure* entstehen. **I** reagiert nicht mit H_2 in Ggw. von Pt- oder Pd-Katalysator, Dimedon u. $NaBH_4$ u. besitzt keine C–CH_3- u. N–CH_3-Gruppen. Die Jodoform-Rk. ist positiv. **I** wird daher als *3-[p-Methoxyphenyl]-2-piperidino-n-propanol* angesehen. Vff. vermuten, daß p-Hydroxphenylbrenztraubensäure eine biogenet. Vorstufe von **I** ist. IR- u. UV-Maxima sind angegeben.

Versuche: *Alangin A* (**I**), $C_{15}H_{23}NO_2$, F. 85° (Ae./Hexan); aus 5 kg **A**-Wurzelrinde durch Extrahieren mit 2% NH_3 in Ae./A. (9:1), Einleiten von HCl-Gas, Eindampfen, Lösen der gesamten Hydrochloride in W., Freisetzen der Basen mit 1%ig. Na_2CO_3, Extrahieren mit Chlf. u. Aufnehmen in 5%ig. Oxalsäure, Zusatz von 3%ig. NH_4OH zur sauren Lsg., Extrahieren mit Ae., Einengen u. Fällen mit PAe., Lösen der Gesamtbasen (12 g) in Bzl., Chromatographie an Al_2O_3 u. Eluieren mit Bzl.; $[\alpha]_D$ − 41,3° (c = 0,9; Chlf.); pK_a 8,07 (50%ig. A.); R_F 0,73 [n-Butanol/Essigsäure (86:14)]; R_F 0,54 [n-Butanol/n HCl (70:30)]; 2,5 g (Ausbeute). *Hydrochlorid*, $C_{15}H_{24}ClNO_2$, F. 250° (A./Ae.). *Pikrat*, $C_{21}H_{26}N_4O_9$, F. 138° (A.). *Hexachloroplatinat*, F. 208–209°. *Methojodid*, $C_{16}H_{26}JNO_2$, F. 184° (Aceton/Ae.). *Acetylderiv.*, $C_{17}H_{25}NO_3$, F. 70° (A./Ae.); daneben *Alangin B* [$C_{14}H_{18}$·NO_2, F. 107–108° (Ae./Hexan); durch weiteres Eluieren mit Bzl./Methanol (98:2); $[\alpha]_D$ − 22,8° (c = 1,0; Chlf.); 1,4 g]. — *n-Propylbenzol*, C_9H_{12}, durch Zn-Staub-Dest. von **I** u. Chromatographie in Hexan an Al_2O_3. *Pikrat*, $C_{15}H_{15}N_3O_7$, F. 104°; daneben *Pyridin* aus der bei der Dest. vorgelegten 10%ig. HCl. [*Hexachloroplatinat*, F. 240°]. — *p-Anissäure*, F. 179° (A.); durch ½std. Einw. von HNO_3 (D. 1,39) bei 0°, Verd. mit W., Eindampfen, Verteilen zwischen Ae./W. u. Eindampfen der Ae.-Schicht; daneben *Oxalsäure* (F. 100°; aus der wss. Phase). B. Mehlis. 3500△

0926 **Neues Verfahren zur Umwandlung von Thebain in Kodein.** Michihiro Yamada. (Chem. pharmac. Bull. [Tokyo] **10**, 871–72, 1962; Sankyo Co. Ltd., Takamine Labor.; engl.) — Das Verf. verläuft, ausgehend vom *Thebain* (**I**), über die Zwischenstufen *14-Bromkodeinon* u. *Kodeinon*.

Versuche: *14-Bromkodeinon*, **I** wird in Acetonwasser (2:1) nach Conroy (vgl. C. **1956**, 8630) mit N-Bromsuccinimid umgesetzt; gelbe Krist.; 71,8% (Ausbeute). — *Kodeinon*, $C_{18}H_{19}NO_3$, F. 181–182° (Äthylacetat), durch Zugabe von durch HCl aktivierten Zn-Staub zu einer Lsg. von vorst. Verb. in Essigsäure bei 15–17°, 3,5std. Rühren bei Raum-Temp. u. Gießen in Eiswasser; 30,0%. — *Kodein*, F. 154–156° (Bzl.), durch Red. vorst. Verb. mit $NaBH_4$ in alkal. Methanol; 91,8%. K. Gröbe. 3500◇

0927 **Neue Untersuchungen an Kopsin, einem Indolin-Alkaloid aus Kopsia pruniformis, Reichb. f. etzoll. ex. Bakh. f.** A. Chatterjee und A. Deb. (Sci. and Cult. [Calcutta] **28**, 195–96, April 1962; Calcutta, Univ. College of Science, Dep. of Chem.; engl.) — Die Struktur von Kopsin (**I**) wird diskutiert. Die früher für **I** angenommene Zus. $C_{22}H_{26}N_2O_4$ wurde durch Massenspektrometrie u. IR-Spektren im $C_{22}H_{24}N_2O_4$ berichtigt. Durch Chromatographie an Al_2O_3 bei pH 8,5 wird **I** unter Decarbomethoxylierung in *Kopsidin* [$C_{20}H_{22}N_2O_2$, F. 232° (Zers.)] übergeführt. Durch Red. mit $NaBH_4$ entsteht aus **I** *Dihydrokopsin* [$C_{22}H_{26}N_2O_4$], die Wolff-Kishner-Red. von **I** liefert *Kopsidan*. **I** enthält einen N-Carbomethoxyindolin-Chromophor u. besitzt, wie sich durch Oxydation mit H_5JO_6 nachweisen läßt, eine α-Ketol-Gruppierung. R. Strufe. 3500△

0928 **Neue Alkaloide aus Vinca minor L.** D. Zachystalová, O. Štrouf und J. Trojánek. (Chem. and Ind. **1963**, 610—11; Prague, Czechoslovakia, Res. Inst. for Natural Drugs; engl.) — Aus Vinca minor L. wurden neben den bekannten Alkaloiden *Vincaminorin, Vincaminorein* u. *Minovin* zwei neue Alkaloide, *Minoricin* (**I**) u. *Minoricein* (**II**) isoliert. Aus den UV- u. IR-Spektren folgt das Vorliegen eines Carbomethoxy-α-methylen-indolin-Chromophors. Möglicherweise ist **II** Methoxy-I.

Versuche: *Vincaminorein* u. *Vincaminorin*, durch Lösen der methanol. Mutterlauge der „Vincamin-Fraktion" (vgl. Trojánek u. Mitarbeiter, C. **1959**, 15768) in Citrat-Phosphat-Puffer pH 2,2, Trennen durch Bzl. in Extrakt (**A**) u. Raffinat, Eindampfen von **A**, Aufnahmen in Ae., Perkolieren durch Al_2O_3-Kolonne, Lösen in PAe. u. Chromatographie an Al_2O_3, Trennung durch Verteilen zwischen Puffer pH 1,5 u. Bzl. — *Minovin*, $C_{22}H_{28}N_2O_2$, F. 80—82°, (Methanol), durch weiteres Eluieren mit PAe.-Bzl. (4:1). — *Minoricin* (**I**), $C_{21}H_{24}N_2 \cdot O_3$, durch weiteres Eluieren mit Bzl., amorph; $[\alpha]_D$ — 534° (Methanol). *Pikrat*, $C_{27}H_{27}N_5O_{10}$, F. 213—216° (Zers.). — *β-Sitosterin* (**III**), F. 136—137° (Methanol), aus den Rückständen der Aufarbeitung von **I** durch Kristallisation aus Methanol. — *Minoricein* (**II**), $C_{22}H_{26}N_2O_4$, F. 141 bis 142°, durch Aufarbeiten der Mutterlaugen von **III**; $[\alpha]_D$ — 554° (Methanol). K. Gröbe. 3500◇

0929 **Chemische Untersuchung von Rauwolfia micrantha Hook. f.** P. P. Pillay, D. S. Rao und S. B. Rao. (J. sci. ind. Res. [New Delhi], Sect. B **19**, 135—37, April 1960; Trivandrum, Kerala, Univ., Appl. Chem. Dep.; engl.) — Vff. isolierten aus *Rauwolfia micrantha* Hook. f. (**R**) neben *Reserpin* (**I**), *Ajmalin* (**II**) u. *Reserpilin* (**III**) die neuen Alkaloide *Raunamin* (**IV**) u. *Neosarpagin* (**V**). Dem IR-Spektrum u. der Analyse entsprechend enthält **IV** die Gruppen -OH, -$COOCH_3$, C—CH_3 u. 1 -OCH_3 u. 4 akt. H-Atome. Die Keller-Rk. von **IV** deutet auf β-Carbolin-Struktur. Für **V** wird auf Grund des IR-Spektrums u. der negativen C—CH_3-Rk. angenommen, daß es sich vom Sarpagin nur durch Austausch der Äthylidengegen eine Vinylgruppe unterscheidet. Die IR-Spektren von **IV** u. **V** u. die UV-Absorption sind angegeben.

Versuche: *Raunamin* (**IV**), $C_{23}H_{30}N_2O_4$, F. 206 bis 207°; aus **R**-Wurzelrinde nach Abtrennung von **I, II** u. **III** aus der Mutterlauge durch Aufnehmen in 5%ig. Essigsäure, Filtrieren, Zusetzen von gesätt. Na_2SO_4-Lsg. zum Filtrat, Aufnehmen des Sulfat-Nd. (lösl. in heißem abs. A.) in heißem W., Zusetzen von Na_2CO_3-Lsg., Abfiltrieren, Waschen u. Trocknen des Nd., Chromatographie an Al_2O_3, Eluieren mit Bzl. u. 2% Methanol in Bzl.; aus A. Nadeln; $[\alpha]_D^{17}$ 60,1° (c = 0,189; A.); 9 · 10^{-4}% (Ausbeute); R_F 0,79 [n-Butanol/HCl/W. (100:4:30); Gemisch **A**]; R_F 0,49 [2 n Essigsäure/Äthylacetat (1:1); **B**]; R_F 0,27 [1%ig. NH_3/Dioxan/PAe. (1:1:1) **C**]; Blaufärbung mit Keller-Reagens, Gelbfärbung mit Erdmann-Reagens oder konz. HNO_3; violettblaue UV-Fluorescenz. *Hydrochlorid*, F. 236—238°; aus A. Nadeln. *Pikrat*, F. 190—192° (Zers.); aus verd. A. gelbe Nädelchen; daneben *Neosarpagin* [**V**, $C_{19}H_{22}N_2O_2$, F. 390° (Zers.; A.); durch weiteres Eluieren mit 10% Methanol in Ae.; 1,5 · 10^{-3}%; R_F 0,81 mit **A**; R_F 0,7 mit **B** u. R_F 0,083 mit **C**. *Hydrochlorid*, $C_{19}H_{22}N_2O_2 \cdot HCl$, F. 287 bis 289° (Zers.); sternförmige Nadeln. *Sulfat*, Zers. bei 310 bis 400°; Nädelchen. B. Mehlis. 3500△

0930 **Chemische Untersuchungen über einige Pflanzenpigmente.** Martin Nilsson. (Svensk kem. Tidskr. **73**, 447—64, 1961; Stockholm, Kungl. TH, Organ.-kem. inst.; engl.) — Übersicht über die Synth. von mit Muscarin verwandten Verbb., Synth. von *p-Terphenylen*, die Ullmann-Rk. u. Nebenrkk., Umwandlungen u. Eigg. von p-Terphenylderivv., Diskussionen über Pigmente von Farnen, spektroskop. Unterss. an Enolen. — 56 Literaturangaben. P. Golinske. 3550◇

0931 **Synthetische, mit Chlorobium Chlorophyllen verwandte Porphyrine.** J. L. Archibald, S. F. MacDonald und K. B. Shaw. (J. Amer. chem. Soc. **85**, 644, 1963; Ottawa, Canada, Nat. Res. Council, Div. of pure Chem.; engl.) — Über die Pyrromethene aus 2-Formyl-3-brom-4-äthylpyrrol-5-carbonsäure u. 2-Methyl- oder 2-Äthyl-3-methylpyrrol-4-propionsäure wurde *1.3.8-Trimethyl-2.4.5-triäthylporphin-7-propionsäuremethylester* (**I**, $C_{33}H_{38}N_4O_2$) u. dessen *δ-Methyl-Deriv.* (**II**, $C_{34}H_{40} \cdot N_4O_2$) dargestellt. Die Identität des Methylesters von Chlorobium-Pyrroporphyrin u. **I** wurde durch Vgl. der Röntgenspektren der *Kupferkomplexe* (F. 220—226°) wahrscheinlich gemacht. Der Methylester des aus Chlorobium Phaeophorbid (660) erhaltene δ-Phylloporphyrin-homologen ist mit **II** (*Cu-Komplex?*, F. 214—215,5°) identisch. Außerdem wurden synthetisiert: Porphyrine mit 4-n-Propyl- u. 4-n-Isobutylsubstituenten u. *4-n-Propyl-4-desäthyldesoxophylloerythrinmethylester* ($C_{35}H_{40} \cdot N_4O_2$, F. 236—238°, *Cu-Komplex*, 244—246°). W. Mucke. 3550△

0932 **Oxydation von L-Dihydrocarveol und seinem Acetat mit Selendioxid.** Yoshitsugu Sakuda. (Bull. chem. Soc. Japan **34**, 514—18, April 1961; Kochi, Kochi Women's Univ.; engl.) — L-Dihydrocarveol (**I**) u. dessen Acetat (**II**) werden mit einer tert.-butanol. Lsg. von SeO_2 bei 15—50° oxydiert, wobei im Falle von **I** die Oxydation besonders an der akt. CH_3-Gruppe in 9-Stellung erfolgt. Als Rk.-Prodd. werden dabei *Dihydrocarvon* (**III**), *$\Delta^{8,9}$-p-Menthendiol-(2.10)* u. *$\Delta^{8,9}$-p-Menthenol-(2)-al-(10)* (**IV**) erhalten. Bei Oxydation von **II** erfolgt der Angriff an der akt. Methylidingruppe in 4-Stellung, wobei *trans-$\Delta^{8,9}$-p-Menthendiol-(2.4)*, dessen *Monoacetat*, *$\Delta^{8,9}$-p-Menthenol-(2)-al-(10)-acetat* u. *$\Delta^{3.8,9}$-p-Menthadienol-(2)* (**V**) gebildet werden. Die IR-Spektren zahlreicher Verbb. werden angegeben.

Versuche: *L-Dihydrocarveol* (**I**), Kp.$_6$ 95—97°, durch Red. von l-Carvon mit Na in A. u. Reinigen durch Wasserdampfdest. des Benzoylderiv.; n_D^{25} 1,4783, $D._4^{25}$ 0,9296. *2.5-Dinitrobenzoylderiv.*, F. 122°; $[\alpha]_D$ — 55° (Chlf.). *Acetylderiv.* (**II**), $C_{12}H_{20}O_2$, Kp.$_5$ 95—97°, durch Kochen von **I** mit Acetanhydrid in Ggw. von Na-Acetat; n_D^{25} 1,4611, $D._4^{25}$ 0,9490, $[\alpha]_D$ — 67,1°. — *Dihydrocarvon* (**III**) Kp.$_3$ 73—78°, a) durch 15std. Oxydation von 26 g **I** in Acetanhydrid/Essigsäure mit SeO_2 in tert.-Butanol/Bzl. bei 20°, Eindampfen im Vakuum, Fraktionieren, Chromatographie an Silicagel u. Eluieren mit PAe./Äthylacetat; n_D^{25} 1,4780, $D._4^{25}$ 0,9274; gelbes Öl; 0,5 g (Ausbeute). *Semicarbazon*, $C_{11}H_{19}N_3O$, F. 188—189°; $[\alpha]_D$ — 14,6° (Chlf.); b) analog a) durch 4std. Oxydation bei 40—43° u. 20std. Stehen bei Raumtemp.; 9%. — *$\Delta^{8,9}$-p-Menthenol-(2)-al-(10)* (**IV**), Kp.$_3$ 85—119°, neben **III** nach a) oder b) u. Chromatographie. *Semicarbazon*, $C_{11}H_{19}N_3O_2$, F. 201—202°. *2.4-Dinitrophenylhydrazon*, $C_{16}H_{20}N_4O_5$, F. 188°. — *2-Hydroxy-$\Delta^{8,9}$-p-menthen-10-carbonsäure*, durch 0,5std. Rühren von 0,13 g vorst. Verb. mit Ag_2O in A., Verdünnen mit HCl u. Extrahieren mit Ae.; 0,05 g. *p-Bromphenacylester*, F. 99—100°. — *$\Delta^{8,9}$-p-Methendiol-(2.10)*, $C_{10}H_{18}O_2$, F. 66°, neben **IV** bei der Darst. von **III** in den letzten Eluaten; aus PAe./Äthylacetat Nadeln. — *$\Delta^{3.8,9}$-p-Menthadienol-(2)* (**V**), $C_{10}H_{16}O$, F. 190—191°, Kp.$_2$ 98 bis 130°, a) durch 4std. Oxydation von 39 g **II** bei 45 bis 47° analog **III** nach b); aus 50%ig. Methanol Nadeln; b) analog a) durch 8std. Oxydation bei 48—50°; daneben *trans-$\Delta^{8,9}$-p-Menthendiol-(2.4)* [$C_{10}H_{18}O_2$, F. 128°, durch Verseifen des Rückstandes der fraktionierten Dest. mit 10%ig. NaOH, Chromatographie an Silicagel u. Eluieren mit PAe./Äthylacetat (55:45); aus Äthylacetat Nadeln. *Monoacetat*, $C_{12}H_{20}O_3$, F. 78°, neben **V** in den Endluaten] u. **IV**. — *$\Delta^{8,9}$-p-Menthenol-(2)-al-(10)-acetat*, neben **V** aus den letzten Eluaten. *2.4-Dinitrophenylhydrazon*, $C_{18}H_{22} \cdot N_4O_6$, F. 183°; gelbe Nadeln. W. Hampel. 3600◇

0933 **Reaktionen des Bicyclo-[2.2.1]-heptansystems. 10. Mitt. Die Zusammensetzung von Norbornenoxid und der Verlauf seiner Hydrogenolyse mit verschiedenen Reagentien.** Harold Kwart und T. Takeshita. (J. org. Chemistry **28**, 670—73, 1963; Newark, Del., Univ. of Delaware, Dep. of Chem.; engl.) — Auf verschiedene Weise wird bewiesen, daß Norbornenoxid (**I**) eine Mischung aus ca. 94% *exo-2.3-* (**Ia**) u. ca. 6% *endo-2.3-Norbornenoxid* (**Ib**) darstellt. Das 2.7-Oxid läßt sich durch direkte Epoxidierung von Norbornen nicht darstellen. Red. von **Ia** mit $LiAlH_4$ führt zu einem *Gemisch aus 2-exo-* (**II**) *u. 7-Norborneol* (**III**); der Anteil von **III** hängt vom Lsgm. u. der Temp. ab. Der Mechanismus dieser u. verwandter Umlagerungen wird diskutiert.

Versuche: *2-exo-Norbornyl-p-toluolsulfonat*, $C_{14}H_{18}O_3S$, F. 54,5—55,5° (n-Pentan), a) analog der endo-Verb. nach Winstein u. Trifan [1949, 1952]; 92% (Ausbeute); b) durch Zugabe von Na zur warmen alkohol. Lsg. von 10 g **I** unter kräftigem Rühren, Zugabe von W., Extraktion mit n-Pentan u. Tosylierung von 770 mg des Prod. [1,9 g]; 1,37 g (Ausbeute). — *3-Deuterio-2-exo-norbornyl-p-toluolsulfonat* (**IV**), durch Red. von **I** mit $LiAlD_4$ nach Kwart u. Vosburgh zu *3-Deuterio-2-exo-norborneol* [wird von $KMnO_4$ zu einer D-freien 2basigen Säure oxydiert] u. Tosylierung analog vorst. Verbindung. — *3-Deuterio-2-exo-norbornylformiat* (**V**), $Kp._{120}$ 71—73°, durch 70std. Stehenlassen von **IV** mit 99 bis 100%ig. HCOOH bei 25—26°, Zugabe von Eiswasser, Extraktion mit n-Hexan u. Dest.; 61,4%; daneben durch Zugabe von n-Hexan zum Dest.-Rückstand, Kühlen, Umkristallisieren des Nd. aus n-Hexan/Ae. (1:1), 48std. Kochen mit HCOOH u. Aufarbeitung 12% *7-Norbornyl-p-toluolsulfonat* [F. 56,5—57,3°; entsteht auch durch Toxylierung von **III**]. — *cis-Cyclopentan-1.3-dicarbonsäure*, F. 121° [Bzl., W., Vakuumsublimation], a) durch 6std. Oxydation von 0,8 g **II** (aus **V** durch Verseifung) mit $K_2Cr_2O_7$ in H_2SO_4 bei Raumtemp. unter Rühren, 4std. Kochen des erhaltenem *Norcamphers* (0,5 g) mit SeO_2 in Xylol, Filtrieren, 2std. Behandeln mit 30%ig. H_2O_2 u. katalyt. Mengen $NaHCO_3$ bei 20—25°; 320 mg; b) durch 5std. magnet. Rühren von 1 g **II** in Pentan mit $KMnO_4$ in 20%ig. KOH in einer Druckflasche < —5°, Zugabe von $NaHSO_3$ < 0°, Ansäuern u. kontinuierliche Ae.-Extraktion; 510 mg. — *7-Norborneol* (**III**), *p-Nitrobenzoat*, F. 106—107° (A.), a) aus 230 mg **III** u. p-Nitrobenzoylchlorid (**VI**) in Pyridin; 450 mg; b) durch Eindampfen der Mutterlauge des Prod. der $LiAlH_4$-Red. von **I** u. Umsetzung mit **VI**. *3.5-Dinitrobenzoat*, F. 130—131°. — *endo-2-Norborneol*, durch präparative Gaschromatographie (s. Original) von **I** [enthält nach gaschromatograph. Analyse 94% **Ia** u. 6% **Ib**] u. Red. der kleineren Fraktion mit $LiAlH_4$ in N-Äthylmorpholin. *p-Nitrobenzoat*, F. 79—80°. *3.5-Dinitrobenzoat*, F. 116—117°, glänzende Platten aus Acetonitril. — *exo-2-Norborneol* (**II**), *p-Nitrobenzoat*, F. 85,5—86,5°. *3.5-Dinitrobenzoat*, F. 103,5—104,5°. — *7-anti-2-exo-Norbornandiol*, aus 96,2 g **I** nach Kwart u. Vosburgh (l. c.) durch Abtrennung der *7-syn-Verb.* nach Krieger (C. **1962**, 13776); 39 g. *Mono-p-toluolsulfonat*, bildet kein 2.7-Epoxid. G. Fischer. 3600◇

0934 **Die Stereochemie von Santonin und der Desmotroposantonine.** John W. Huffman. (J. org. Chemistry **28**, 601, 1963; Clemson, S. C., Clemson Coll., Dep. of Chem. and Geology; engl.) — Zur Klärung der Konfigurationsverhältnisse am $C_{(11)}$ von Santonin (**I**), l-α-Desmotroposantonin (**IIa**) u. d-β-Desmotroposantonin (**IIb**) wird *Isohyposantonindiazoniumfluorborat* mit $NaBH_4$ zu *Isohyposantonin* reduziert. Damit ist bewiesen, daß die Konfiguration am $C_{(11)}$ von **IIa** die gleiche ist wie die von **I**. Gleichgewichtsmessungen von **IIa** oder **IIb** mit K-tert.-Butylat in sd. tert.-Butanol gaben ein Verhältnis von **IIa** zu **IIb** wie 8,7 ± 1:1, das bedeutet eine Freie Energiedifferenz von 1,8 ± 0,1 kcal/Mol bei 83°. Die Umwandlung von **IIa** in **IIb** mit K_2CO_3 in sd. Xylol wird durch die Unlöslichkeit von **IIb** in Xylol hervorgerufen u. ebenso die säure-katalysierende Umwandlung von **I** oder **IIa** zu **IIb** durch die Unlöslichkeit von **IIb** in verd. H_2SO_4 verursacht.

Versuche: *Hyposantonin*, F. 152—154°, aus 22 g Santoninoxim nach Sumi u. Mitarb. (C. **1959**, 13176); 6,37 g. — *Isohyposantonin*, F. 165—168° (A.), a) durch Kochen vorst. Verb. in A. mit 10%ig. wss. KOH, Konzentrieren u. Ansäuern; $[\alpha]_D^{27}$ —72° (c = 1,12; Bzl.); 95% (Ausbeute); b) durch Zugabe von $NaNO_2$ zu einer gekühlten Lsg. von Aminoisohyposantonin in 50%ig. Fluoborsäure u. W. (1:1), Suspendieren des braunen Nd. in Methanol, Zugabe von $NaBH_4$, $^1/_2$std. Stehen, Gießen in W. u. Ansäuern; 28%. J. Gloede. 3600△

0935 **Ein neuer Blattgummi-Bestandteil: Labdan-8α.15-diol.** A. J. Baker, G. Eglinton, A. G. Gonzalez, R. J. Hamilton und R. A. Raphael. (J. chem. Soc. [London] **1962**, 4705—09; Univ. Glasgow; Univ. de la Laguna, Tenerife; engl.) — Aus dem Pflanzengummi, der sich auf den Blättern von *Aeonium lindleyi* (Crassulaceae) abscheidet wurde ein Diterpendiol isoliert u. nach eingehenden Struktur-Unters. (Hydrierung, Überführung in *Labdan-8α.15.20-triol*, UV- u. IR-Spektren, Messung der magnet. Kernresonanz als *Labdan-8α.15-diol* erkannt. —

Versuche: *Labdan-8α.15-diol*, $C_{20}H_{38}O_2$, F. 83 bis 84° (PAe.; amorph), Blätter von *Aeonium lindleyi* werden mit A. extrahiert, die Lsg. filtriert, eingedampft, der Rückstand in Ae. aufgenommen, mit NaOH u. W. gewaschen, der Eindampfrückstand an Al_2O_3 chromatographiert u. der schwach gelbe Gummi mit Ae./Methanol (3:2) eluiert, Trocknen bei 0,1 mm; α_D^{20} —10° (c = 1,7). — *$\Delta^{8,20}$-15-Acetoxylabden*, $C_{22}H_{38}O_2$, Sirup, aus 15-Acetoxylabdan-8α-ol nach Cocker u. Halsall (vgl. C. **1957**, **9379**) u. $POCl_3$ in trockenem Pyridin durch $^3/_4$std. Erwärmen u. Chromatographie des Rk.-Prod. in Bzl. an Al_2O_3; $[\alpha]_D^{20}$ +44° (c = 0,98). — *15-Acetoxylabdan*, $C_{22}H_{40}O_2$, aus vorst. Verb. durch Hydrierung; farbloser Sirup; $[\alpha]_D$ +38° (c = 0,84). — *Labdan-8α.15.20-triol*, $C_{20}H_{38}O_3$, F. 126—127° (PAe./Bzl.), aus $\Delta^{8,20}$-Labdenol-(15) nach Cocker u. Halsall; α_D —21° (c = 0,86). G. Leithäuser. 3600◇

0936 **Die Einwirkung von N-Bromsuccinimid auf Friedelin und verwandte Verbindungen.** V. V. Kane und R. Stevenson. (Chem. and Ind. **1960**, 1243—44; Waltham, Mass., Brandeis Univ., Dep. of Chem.; engl.) — Von 1 Mol N-Bromsuccinimid (NBS) wird Friedelin (**I**) zu *4α-Bromfriedelin* (**III**) bromiert, 2α-Bromfriedelin dagegen in *2α-Brom-Δ^{18}-friedelen-3-on* (**IV**, $C_{30}H_{47}BrO$, F. 207—208°; $[\alpha]_D$ —139°) umgewandelt. Eine Friedelin-Alnusenon-Umlagerung läßt sich ausschließen, da **IV** von Zn zu *Δ^{18}-Friedelen-3-on* (**V**, $C_{30}H_{48}O$, F. 266—269°; $[\alpha]_D$ —28°) debromiert wird, das auch durch Rk. von **III** mit NBS zu *4α-Brom-Δ^{18}-friedelen-3-on* (**VI**, $C_{30}H_{47}BrO$, F. 185—186°; $[\alpha]_D$ +87°) u. Debromierung mit Zn entsteht u. von NBS zu **VI** bromiert wird. **V** wird von $LiAlH_4$ in *Δ^{18}-Friedelen-3β-ol* ($C_{30}H_{50}O$, F. 277—279°; $[\alpha]_D$ +25°. *Acetat*, $C_{32}H_{52}O_2$, F. 281—282°; $[\alpha]_D$ +30°) red.; die 3β-Konfiguration wird analog zur entsprechenden Red. von **I** zugeordnet. Red. nach Huang-Minlon führt **V** in *Δ^{18}-Friedelen* (**II**, $C_{30}H_{50}$, F. 242—244°; $[\alpha]_D$ +17°) über. Die mit Tetranitromethan nachweisbare $C_{(18)}$-Doppelbindung ist stark behindert; **II** läßt sich nicht katalyt. hydrieren oder osmylieren, jedoch mit Perbenzoesäure zu *18.19-Epoxyfriedelan* ($C_{30}H_{50}O$, F. 260 bis 261°; $[\alpha]_D$ +34°) oxydieren. **VI** wird von Ag-Acetat zu einer *Verb. $C_{30}H_{46}O$* (F. 233—235°; $[\alpha]_D$ —42,5°) dehydrobromiert. **II** bildet sich bei der Einw. von NBS auf Friedelan. UV-, IR- u. KMR-Spektren werden zum Beweis der Lage der $C_{(18)}$-Doppelbindung diskutiert. G. Fischer. 3600◇

0937 **Die Bildung von Podototarin durch unmittelbare Oxydation von Totarol.** C. P. Falshaw, A. W. Johnson und T. J. King. (Chem. and Ind. **1963**, 451; Nottingham, Univ., Dep. of Chem.; engl.) — Ein Kernholzbestandteil der *Podocarpus totara*, *Podototarin* (vgl. Cambie u. Mitarbeiter, Chem. and Ind., **1962**, 1757) **I**; $C_{40}H_{58}O_2$. *Äthanolsolvat*, F. 220—223° (A.). *Diacetat*, F. 236—238°) wird in 43%ig. Ausbeute aus Totarol durch Oxydation mit $K_3[Fe(CN)_6]$ im alkal. Medium gewonnen. Vermutlich verläuft die Biosynth. von **I** analog dieser Oxydation. G. Engler. 3600△

0938 **Hypocholesterinämische Agentien.** 2. Mitt. **2β-Halogen-5α-androstanderivate.** P. D. Klimstra und R. E. Counsell. (J. med. pharmac. Chem. **5**, 1216—24, 1962; Chicago, Ill., G. D. Searle & Co., Div. of Chem. Res.; engl.) — 1. vgl. J. med. pharmac. Chem. **5**, [1962], 720. — Ausgehend von 2α.3α-Epoxy-5α-androstan-17-on (**I**) synthetisierten Vff. *2β-Fluor-* (**II**), *2β-Chlor-* (**III**), *2β-Brom-* (**IV**) u. *2-β-Jod-3α-hydroxy-5α-androstan-17-on* (**V**). Der Vers., **II** aus **I** durch Rk. mit BF_3-Ätherat in Bzl./Ae. zu erhalten, führte hauptsächlich zu *2-O-[2α-Fluor-17-oxo-5-β-androstan-3β-yl]-2β.3α-dihydroxy-5β-androstan-17-on* ($C_{38}H_{57}FO_4$, F. 267—269°; $[\alpha]_D^{24}$ —91°). Durch Red. mit Al-tert.-Butylat. LiH ergaben **II**–**V** die entsprechenden *2β-Halogen-5α-androstan-3α.17β-diole*; Red.-Vers. mit $NaBH_4$ führten bei **III** zu *2-β-Chlor-5α-androstan-3α.17β-diol*, bei **IV** jedoch zu *2α.3α-Epoxy-5α-androstan-17β-ol*. Weiterhin wurden *2β-Fluor-5α-androstan-3α.17β-diol-17-acetat* (**VI**), *2β-Fluor-androstan-17β-ol-3-onacetat* (**VII**), *2β-Fluor-5α-androstan-3.17-dion* (**IX**) sowie *2-Fluor-Δ¹-5α-androsten-3.17-dion* u. *2-Fluor-Δ¹-5α-androsten-17β-ol-3-onacetat* hergestellt. Die axiale Orientierung des Fluors in **VI** u. **VII** wird durch UV- u. NMR-Spektrum, sowie durch Messungen der opt. Rotations-Dispersion u. des Dipolmoments gesichert. Die Prüfung der dargestellten Verbb. auf hypocholesterinäm. Aktivität erfolgte in Anlehnung an Garattini u Mitarbeiter (Arch. int. Pharmacodynam. Thérap. **109**, [1957], 400). Bei intraperitonaler Verabfolgung besitzen **V** u. **III** 200 bzw. 75% der Aktivität von Diphenyläthylessigsäure (Liosol) u. rufen eine ausgeprägte Hemmung der Tritoninduzierten Hypocholesterinämie bei erwachsenen männlichen Ratten hervor. Bei subkutaner Indikation zeigen **III** sowie **II**-Acetat geringe Aktivität gegen durch 0,2%ig. Propylthiouracil hervorgerufene Hypocholesterinämie, bei oraler Verabfolgung sind alle geprüften Verbb. inaktiv. **VII** u. das entsprechende 2α-Fluor-Isomere (**VIII**) zeigen antiöstrogene Aktivität; **VIII** besitzt außerdem anabol. Aktivität bei infantilen Ratten. Die UV-Maxima einiger Verbb. sind angegeben.

Versuche: 5α-Androstan-3α-ol-17-one: *2β-Fluor*-(**II**), $C_{19}H_{29}FO_2$, F. 184—185°, durch 2¹/₂std. Zutropfen von **I** in Chlf. unter Rühren zur mit festem CO_2-Isopropanol gekühlten Lsg. von wasserfreiem HF in Tetrahydrofuran (THF)/Chlf. (19:7), 1¹/₂std. Stehen in der Kälte, Erwärmen auf Raumtemp., Gießen in 15%ig. wss. K_2CO_3-Lsg., Eindampfen der Chlf.-Lsg., Lösen in Bzl., Adsorption an Silicagel u. Eluieren mit Bzl./Essigester (7:1); $[\alpha]_D^{26}$ + 97° (Chlf.); 51,5% (Ausbeute). *Acetat*, $C_{21}H_{31}FO_3$, F. 123—125° (Methanol/W.), durch 3¹/₂std. Rühren von **II** in Acetanhydrid/Pyridin (1:2) bei Raumtemp., Gießen in Eiswasser u. Extraktion mit Ae. (Meth. **A**); $[\alpha]_D^{26}$ + 113,5° (Chlf.); 70,5%. — *2β-Chlor*-(**III**), $C_{19}H_{29}ClO_2$, F. 204—205° (Zers.; A.) durch 20 Min. langes Schütteln von **I** mit konz. HCl u. Chlf., Abtrennen der organ. Schicht u. Abdampfen des Lsgm. im Vakuum (Meth. **B**); $[\alpha]_D^{26}$ + 92° (Chlf.); 60%. *Acetat*, $C_{21}H_{31}ClO_3$, F. 161—164° (CH_3OH) nach **A** aus **III**; $[\alpha]_D^{26}$ + 96,5° (Chlf.); 73,4%. — *2β-Brom*-(**IV**), $C_{19}H_{29}BrO_2$, F. 186—186,5° (Zers.; CH_3OH), nach **B** aus **I** mit HBr; $[\alpha]_D^{26}$ + 93° (Chlf.(; 62,6%. — *2β-Jod*- (**V**), $C_{19}H_{29}JO_2$, F. 139,5° (Zers.; CH_3OH/W.), nach **B** aus **I** mit HJ; $[\alpha]_D^{26}$ + 102° (Chlf.); 55,5%. *Acetat*, $C_{21}H_{31}JO_3$, F. 135 bis 136° (CH_3OH), nach **A** aus **V**; $[\alpha]_D^{26}$ + 144° (Chlf.); 77%. — Androstan-3α.17β-diole: *2β-Fluor*-, $C_{19}H_{31}\cdot FO_2$, F. 242—244° (A./W.), durch Versetzen der eisgekühlten Lsg. von **II** in THF mit der Lsg. von Al-tert.-Butylat. LiH in THF, 3std. Rühren u. Gießen in Eiswasser/Eisessig (10:1); 79,4%. — *2-β-Chlor*-, $C_{19}H_{31}ClO_2$, F. 249,5° (Zers.; Aceton), analog aus **III**; $[\alpha]_D^{26}$ + 34° (Dioxan); 80,7%. — *2β-Brom*-, $C_{19}H_{31}BrO_2$, F. 220—221° (Zers.; Aceton/CH_3OH), analog aus **IV**; $[\alpha]_D^{26}$ + 44° (Dioxan); 83,5%. — *2β-Jod*-, $C_{19}H_{31}JO_2$, F. 141—142° (Zers.; Aceton), durch Schütteln (20 Min.) von 2α.3α-Epoxy-5α-androstan-17β-ol, 47%ig. wss. HJ u. Chlf. bei Raumtemp., $[\alpha]_D^{26}$ + 54° (Dioxan); 59,6%. — *2β-Fluor-5α-androstan-3.17-dion* (**IX**), $C_{19}H_{27}FO_2$, F. 142—143° (CH_3OH/W.), durch Zutropfen einer CrO_3-Lsg. nach Bowden u. Mitarbeitern (J. chem. Soc. [London] **1946**, 39) in die Lsg. von 0,5 g **II** in Aceton bis zur Farbbeständigkeit, Zers. von überschüssigem CrO_3 durch Zutropfen von Isopropanol u. Dekantieren der organ. Schicht in Eiswasser; $[\alpha]_D^{27}$ + 123° (Chlf.); 320 mg. — *2α-Fluor-5α-androstan-3.17-dion* (**X**), F. 203—205° (Zers.), durch 20std. Stehen eines Gemisches aus **IX**, Eisessig u. 48%ig. wss. HBr bei Raumtemp. u. Gießen in Eiswasser; $[\alpha]_D^{27}$ + 138° (Chlf.). — *2-Fluor-Δ¹-5α-androsten-3.17-dion*, $C_{19}H_{25}FO_2$, F. 188—190° (Aceton/Hexan), durch ¹/₂std. Zutropfen von Br_2 u. Na-Acetat in Eisessig unter Rühren zur Lsg. von 3,0 g in Eisessig 48%ig. wss. HBr bei 10 bis 15°, 2 Std. Rühren, Gießen in Na-Acetat haltiges Eiswasser, 2¹/₂std. Kochen des Nd. in Dimethylformamid mit LiCl u. Li_2CO_3 unter N_2, Zugabe von Ae., Gießen in kaltes W., Ae.-Extraktion, Eindampfen, Lösen in Bzl., Chromatographie an Silicagel u. Eluieren mit Bzl./Essigester (19:1); $[\alpha]_D^{27}$ + 122° (Chlf.); 0,3 g. — *2β-Fluor-5α-androstan-3α.17β-diol-17-acetat* (**VI**), $C_{21}H_{33}FO_3$, F. 204,5—205,5°, durch Rk. von 5,6 g 2α.3α-Epoxy-5α-androstan-17β-olacetat mit HF analog **II**; $[\alpha]_D^{25}$ + 12° (Chlf.); 2,8 g. — *2β-Fluor-5α-androstan-17β-ol-3-onaceat* (**VII**), $C_{21}H_{31}FO_3$, F. 153—154°, durch Oxydation von 1,0 g vorst. Verb. mit CrO_3 analog **IX**; $[\alpha]_D^{25}$ + 38° (Chlf.); 0,4 g. — *2α-Fluor-5α-androstan-17β-ol-3-onacetat* (**VIII**), F. 192—194°, durch Epimerisierung von 100 mg **VII** analog **X**; $[\alpha]_D^{26}$ + 46,5° (Chlf.); 70 mg. — *2-Fluor-Δ¹-5α-androsten-17β-ol-3-onacetat*, $C_{21}H_{29}FO_3$, F. 172—175° (Aceton/Hexan), durch 20 Min. lange Zugabe von 4,0 g 1α.2α-Epoxy-17β-acetoxy-5α-androstan-3-on in Eisessig zu einer Lsg. von wasserfreiem HF in Eisessig unter Rühren, Erwärmen auf 40°, 17std. Stehen bei Raumtemp., Gießen in Eiswasser, Extraktion mit Ae. u. Abdampfen des Lsgm. im Vakuum; $[\alpha]_D^{28}$ + 59° (Chlf.); 2,05 g.

H.-J. Jahns. 3700△

0939 **Hypocholesterinämische Agentien. 3. Mitt. N-Methyl-N-[dialkylaminoalkyl]-17β-amino-Δ⁵-androsten-3β-ol-Derivate.** R. E. Counsell, P. D. Klimstra und R. E. Ranney. (J. med. pharmac. Chem. **5**, 1224—33, 1962; engl.) — 2. vgl. vorst. Referat. — Die reduktive Aminierung von 3β-Hydroxy-Δ⁵-androsten-17-on (**I**) mit prim. Aminen nach Leuckardt (LR) ergibt die entsprechenden *17β-Amino-Verbb.*, während sek. Amine infolge ster. Hinderung durch die anguläre CH_3-Gruppe am $C_{(18)}$ nicht mit **I** reagieren. Die LR von **I** mit N-Methylformamid (**VIII**) u. Ameisensäure (**II**) ergab *N-Methyl-17β-formamido-Δ⁵-androsten-3β-olformiat* (**III**), daneben entsteht *N-Methyl-17β-amino-Δ⁵-androsten-3β-ol*, das auch aus **III** durch Säurehydrolyse erhalten wird. Die β-Orientierung der eingeführten Aminofunktion ergibt sich aus der Identität der aus **III** durch Red. mit $LiAlH_4$ erhaltenen Verb. mit dem aus 17β-Amino-Δ⁵-androsten-3β-ol durch Methylierung erhaltenen *N.N-Dimethyl-17β-amino-Δ⁵-androsten-3β-ol*. Die LR von **I** mit N.N.-Dialkylaminoalkylaminen u. **II** ergab *N-[Dialkylaminoalkyl]-17β-formylamino-Δ⁵-androsten-3β-ole*, deren Red. zu *N-[Dialkylaminoalkyl]-17β-methylamino-Δ⁵-androsten-3β-olen* (ΔAs) führte. Die katalyt. Red. dieser Verbb. ergab die entsprechenden *5α-Androstan-Derivate*. Die ΔAs können auch durch Kondens. von 17-Ketosteroiden mit prim. Aminen in Ggw. von p-Toluolsulfonsäure (**IX**) zu den entsprechenden Imino-Verbb. u. deren Red. mit $LiAlH_4$ erhalten werden. Auf diese Weise wurde *N-[3-Dimethylaminopropyl]-17β-methylaminoΔ⁵-androsten-3β-ol* (**IV**) aus 3β-Acetoxy-Δ⁵-androsten-17-on (**X**) u. 3-[Dimethylamino]-propylamin (**V**) gewonnen. Verbb. mit 5,6-Doppelbindung, tert. N-Funktion am $C_{(17)}$, deren N-Alkylrest ≤ 3 C-Atome enthält u. die eine endständige Dimethylaminogruppe aufweisen sind gegen durch 6-Propylthiouracil hervorgerufene Hypercholesterinämie bei Ratten bei oraler Verabfolgung gut wirksam. **IV** ist 15mal wirksamer als Triparanol. IR-Maxima s. Original.

Versuche: *N-Methyl-17β-formamido-Δ⁵-androsten-3β-olformiat* (**III**), $C_{22}H_{33}NO_3$, F. 190,5—193° (A.), durch 20std. Kochen von 10 g **I** in **VIII** u. 98—100%ig. **II** (Badtemp. 170—180°), Gießen in Eiswasser, Neutralisieren mit 20%ig. NaOH u. Extraktion mit CH_2Cl_2; $[\alpha]_D^{25}$ — 84,5° (Chlf.); 62,5% (Ausbeute); daneben 18,6% nachstehende Verbindung. — *N-Methyl-17β-amino-Δ⁵-androsten-3β-ol*, $C_{20}H_{33}NO$, F. 213—214° (A.), a) durch Lösen von 1 g des beim Waschen des CH_2Cl_2-Extraktes von **III** mit 1 n HCl anfallenden Nd. (2,2 g) in CH_3OH/W. (3:2), Versetzen mit wss. K_2CO_3-Lsg. u. Verdünnen mit W.; 0,83 g; b) durch Kochen von 1 g **III** in CH_3OH/konz. HCl (4:1) u. Alkalisieren des *Hydrochlorids*; 0,43 g. — *N-Methyl-17β-formamido-Δ⁵-androsten-3β-ol*, $C_{21}H_{33}NO_2$, F. 218—220° (CH_3OH/W.), durch 1std. Rühren eines Gemisches aus 1,0 g **III** u. wasserfreiem K_2CO_3 in 90%ig. CH_3OH bei Raumtemp. u. Wasserzusatz; $[\alpha]_D^{25}$ — 81° (Chlf.); 0,9 g. — 17β-Formamido-Δ⁵-androsten-3β-ole: *N-[3-Dimethylaminopropyl]*- (**VI**), $C_{25}H_{42}N_2O_2$, F. 116—118° (Essigester), durch Zugabe von **II** unter Kühlen u. Rühren zur Lsg. von **I** in **V**, 8std. Erhitzen auf 170—180° (Bad), Verdünnen mit W., Gießen in 15%ig. NaOH/Eis u. Aufnehmen des Nd. in Chlf./wenig Isopropanol (Meth. **A**); $[\alpha]_D^{25}$ — 67,5° (Chlf.); 72%. — *N-[2-Dimethylaminoäthyl]*-, *Acetonsolvat*, $C_{24}H_{40}N_2O_2\cdot C_3H_6O$, F. 158—159° (Aceton), nach **A**; $[\alpha]_D^{25}$ — 76° (Chlf.); 63%. — *N-[4-Dimethylaminobutyl]*-, $C_{26}H_{44}N_2O_2$, F. 181—184°

(CH_3OH/W.), nach **A**; $[\alpha]_D^{25}$ − 57° (Chlf.); 66,5%. — *N-[3-Diäthylaminopropyl]-*, $C_{27}H_{46}N_2O_2$, F. 124—126° (Hexan/Aceton), nach **A**; $[\alpha]_D^{25}$ − 61° (Chlf.); 82,4%. — *N-[3-Pyrrolidinopropyl]-*, $C_{27}H_{44}N_2O_2$, F. 135—138° (Aceton/W.), nach **A**; $[\alpha]_D^{25}$ − 62° (Chlf.); 57%. — *N-[3-Piperidinopropyl]-*, $C_{28}H_{46}N_2O_2$, F. 131—133° (Aceton), nach **A** $[\alpha]_D^{25}$ − 63,5° (Chlf.); 60%. — *N-[3-Morpholinopropyl]-*, *Hemiessigsäureäthylestersolvat*, $C_{27}H_{44}N_2O_3 \cdot {}^1/_2\, C_4H_8O_2$, F. 130,5—132,5° (Essigester), nach **A**; $[\alpha]_D^{25}$ − 62° (Chlf.); 80%. — *N-[3-(N'-Methylpiperazino)-propyl]-*, $C_{28}H_{47}N_3O_2$, F. 174—177° (Aceton), nach **A**; $[\alpha]_D^{25}$ − 56,5° (Chlf.); 56,8%. — *17β-Dimethylamino-Δ^5-androsten-3β-ol*, $C_{21}H_{35}NO$, F. 211—212,5° (A.), durch Zugabe von **III** in heißem Dioxan (**VII**) zu $LiAlH_4$ in sd. **VII**, 16std. Kochen, Zutropfen von wss. **VII** (1:19), 20%ig. NaOH u. W., Filtrieren, Eindampfen des Filtrates zur Trockne im Vakuum, Lösen in CH_3OH, Zugabe von abs. Ae. u. HCl in Isopropanol, Lösen des Nd. in CH_3OH/W. (3:2), Versetzen mit wss. K_2CO_3-Lsg. u. Verdünnen mit W.; $[\alpha]_D^{25}$ − 77° (Chlf.); 61%. — 17β-Methylamino-Δ^5-androsten-3β-ole: *N-[3-Dimethylaminopropyl]-* (**IV**), $C_{25}H_{44}N_2O$, F. 146—148° (Aceton/CH_3OH), a) durch Zugabe von **VI** in **VII** zu $LiAlH_4$ in sd. **VII**, 18std. Kochen, Zutropfen von wss. **VII** (1:9), 20%ig. NaOH u. W., Heißfiltration u. Eindampfen zur Trockene (Meth. **B**); 78%; b) durch 20std. Erhitzen von 17β-[3-Dimethylaminopropylamino]-Δ^5-androsten-3β-ol mit **II** u. Formalin auf 100°, Lösen in CH_3OH, Alkalisieren mit 25%ig. NaOH, 5 Min. langes Kochen, Gießen in Eiswasser u. Extraktion mit Chlf.; $[\alpha]_D^{25}$ − 54,5° (Chlf.); ergibt beim Versetzen der Lsg. in abs. Ae./Isopropanol mit HCl in Isopropanol das *Dihydrochlorid*. — *N-[2-Dimethylaminoäthyl]-*, $C_{24}H_{42}N_2O$, F. 125—128° (Aceton), nach **B**; $[\alpha]_D^{25}$ − 64° (Chlf.); 58,2%. — *N-[4-Dimethylaminobutyl]-*, $C_{26}H_{46}N_2O$, F. 107 bis 110° (Aceton), nach **B**; $[\alpha]_D^{25}$ − 56,5° (Chlf.); 87%. — *N-[3-Diäthylaminopropyl]-*, $C_{27}H_{48}N_2O$, F. 90—91,5° (Aceton), nach **B**; $[\alpha]_D^{25}$ − 52,5° (Chlf.); 67,3%. — *N-[3-Pyrrolidinopropyl]-*, $C_{27}H_{46}N_2O$, F. 158—160° (CH_3OH/Aceton), nach **B**; $[\alpha]_D^{25}$ − 52° (Chlf.); 72,5%. — *N-[3-Piperidinopropyl]-*, $C_{28}H_{48}N_2O$, F. 136—136,5° (Aceton), nach **B**; $[\alpha]_D^{25}$ − 54° (Chlf.); 55%. — *N-[3-Morpholinopropyl]-*, $C_{27}H_{46}N_2O_2$, F. 169—171° (CH_3OH/Aceton), nach **B**; $[\alpha]_D^{25}$ − 49,5 (Chlf.); 74%. — *N-[3-(N'-Methylpiperazino)-propyl]-*, $C_{28}H_{49}N_3O$, F. 148—149° (Aceton), nach **B**; $[\alpha]_D^{25}$ − 44° (Chlf.); 61,7%. — 17β-Methylamino-5α-androstan-3β-ole: *N-[3-Dimethylaminopropyl]-*, $C_{25}H_{46}N_2O$, F. 134,5—135,5° (CH_3OH/Aceton), a) durch Hydrierung von **IV** in 95%ig. A./konz. HCl (500:3) bei 25° in Ggw. vom PtO_2, Eindampfen , Lösen des erhaltenen *Dihydrochlorids* [$C_{25}H_{46}N_2O \cdot 2\,HCl$; $[\alpha]_D^{27}$ + 9° (80%ig. A.)] in W./CH_3OH (30:3), Zugabe von 10%ig. wss. K_2CO_3 unter Rühren u. Verdünnen mit W. (Meth. **C**); 84%; b) durch $LiAlH_4$-Red. von aus 3β-Hydroxy-5α-androstan-17-on, **V** u. **II** nach **A** erhaltenem *N-[3-Dimethylaminopropyl]-17β-formamido-5α-androstan-3β-ol*, [$C_{25}H_{44}N_2O_2$, F. 148—150°; $[\alpha]_D^{26}$ − 5,5° (Chlf.); 56%] nach **B**; $[\alpha]_D^{24}$ + 17° (Chlf.); 73%. — *N-[3-Diäthylaminopropyl]-*, $C_{27}H_{50}N_2O$, F. 91,5—93° (Aceton), nach **C**; $[\alpha]_D^{25}$ + 9,5° (Chlf); 83,4%. — *N-[3-Pyrrolidinopropyl]-*, $C_{27}H_{48}N_2O$, F. 143,5—145° (CH_3OH/Aceton), nach **C**; $[\alpha]_D^{25}$ + 5° (Chlf.); 92%. — *N-[3-Piperidinopropyl]-*, $C_{28}H_{50}N_2O$, F. 134° (Aceton), nach **C**; $[\alpha]_D^{25}$ + 9° (Chlf.); 80,5%. — *N-[Morpholinopropyl]-*, $C_{27}H_{48}N_2O_2$, F. 164 bis 166° (CH_3OH/Aceton), nach **C**; $[\alpha]_D^{25}$ + 4,5° (Chlf.); 79,5%. — *N-[3-(N'-Methylpiperazino)-propyl]-*, $C_{28}H_{51}N_3O$, F. 126—128° (Aceton), nach **C**; $[\alpha]_D^{25}$ + 9° (Chlf.); 87,5%. — *3β-Acetoxy-17-[3-dimethylaminopropylimino]-Δ^5-androsten*, $C_{26}H_{42}N_2O_2$, F. 86,5—88,5° (Hexan), durch 2std. Kochen von **X**, **V** u. **IX** in Bzl. am Wasserabscheider; $[\alpha]_D^{26}$ − 37° (Chlf.); 90,5%. — *17β-[3-Dimethylaminopropylamino]-Δ^5-androsten-3β-ol*, $C_{24}H_{42}N_2O$, F. 159 bis 161° (CH_3OH/Aceton), aus vorst. Verb. nach **B**; $[\alpha]_D^{26}$ − 39,5° (Chlf.); 79%; Methylierung mit **II** u. Formalin liefert **IV**. H. J. Jahns. 3700△

0940 **Die Photolyse organischer Nitrite.** 2. Mitt. **Synthese von Steroidhydroxamsäuren.** C. H. Robinson, O. Gnoj, A. Mitchell, R. Wayne, E. Townley, P. Kabasakalian, E. P. Oliveto und D. H. R. Barton. (J. Amer. chem. Soc. **83,** 1771—72, 5/4. 1961; Bloomfield, N. J., Schering Corp.; Cambridge, Mass., Res. Inst. for Med. and Chem.; engl.) — Dargestellt wird eine neue Klasse von *N-haltigen Steroiden* durch photolyt. Umlagerung der entsprechenden 17β-Nitrite. Die IR- bzw. UV-Maxima der Verbb. sind angegeben. Durch Rk. von 5α-Androstan-3α.17β-diol-3-acetat in Pyridin mit Nitrosylchlorid entsteht das entsprechende *17-Nitrit* [F. 177—180°; $[\alpha]_D$ − 33° (Dioxan)], welches in Bzl. durch Photolyse *17a-Aza-D-homo-5α-androstan-17-on-3α.17a-diol-3-acetat* [**I**; F. 229—233°; $[\alpha]_D$ − 2° (Dioxan). *17a-Acetat*, F. 173—176°; $[\alpha]_D$ + 16° (Dioxan)] bildet. Durch Zn/Essigsäure wird **I** zu *17a-Aza-D-homo-5α-androstan-17-on-3α-ol-3-acetat* [**II**; F. 280—284°; $[\alpha]_D$ + 18° (Dioxan)], durch Hydrazin in Äthylenglykol zu *17a-Aza-D-homo-5α-androsten-3α-ol-17-on* [**III**; F. 341—346°; $[\alpha]_D$ + 25° (Methanol)] reduziert. **II** wird unabhängig aus 17-Hydroximino-5α-androstan-3α-ol-3-acetat durch Beckmann-Umlagerung in Dioxan mittels Thionylchlorids dargestellt u. durch methanol. KOH zu **III** hydrolysiert. Testosteron-17β-nitrit [F. ca. 100° (Zers.); $[\alpha]_D$ + 69° (Dioxan) u. 19-Nortestosteron-17β-nitrit [F. 83—87° (Zers.); $[\alpha]_D$ + 9° (Dioxan)] gaben durch Photolyse in Bzl. *17a-Aza-D-homo-Δ^4-androsten-17a-ol-3.17-dion* [**IV**; F. 220—223°; $[\alpha]_D$ + 67° (Dioxan). *17a-Acetat*, F. 172—174°; $[\alpha]_D$ + 80° (Dioxan)] bzw. das *19-Noranalogon* [F. 227—235°; $[\alpha]_D$ + 21° (Dioxan). *17a-Acetat*, F. 185—188°; $[\alpha]_D$ + 39° (Dioxan)]. Die Red. von **IV** gibt *17a-Aza-D-homo-Δ^4-androsten-3.17-dion*. Die Photolyse von Östradiol-3-benzoat-17β-nitrit [**V**; F. 165 bis 167° (Zers.); $[\alpha]_D$ + 8° (Dioxan)] u. Östradiol-17β-nitrit-3-methyläther [**VI**; F. 143—145° (Zers.); $[\alpha]_D$ − 11° (Dioxan)] in Bzl. führt zu *17a-Hydroxy-17a-aza-D-homoöstron-3-benzoat* [**VII**; F. 227—232° (Zers.); $[\alpha]_D$ + 62° (Dioxan)] bzw. *17a-Hydroxy-17a-aza-D-homoöstron-3-methyläther* [**VIII**; F. 186—191°; $[\alpha]_D$ + 80° (Dioxan)]. Durch Red. von **VII** u. **VIII** wird *17a-Aza-D-homoöstron-3-benzoat* bzw. *-3-methyläther* gebildet. Bei der photochem. Darst. von **VII** wird eine isomere *Hydroxamsäure vom F. 205—210° (Zers.)*, $[\alpha]_D$ − 3° (Dioxan), u. bei der Darst. von **VIII** eine *isomere Hydroxamsäure vom F. 205—207°*, $[\alpha]$ 0°, gebildet. Die Photolyse der Nitritester verläuft über die C_{13}-Nitroso-Verbindungen. G. Engler. 3700△

0941 **16β-Fluor- u. 16β-Methoxycorticosteroide.** W. T. Moreland, R. G. Berg, D. P. Cameron, C. E. Maxwell III, J. S. Buckley und G. D. Laubach. (Chem. and Ind. **1960,** 1084—85; Groton, Conn.; Chas. Pfizer & Co., Inc.; Res. Div.; engl.) — *16β-Fluorcortisol* {**I**; F. 162 bis 163° (Zers.); $[\alpha]_D^{26}$ + 126° (Dioxan)} wird aus 16β-Fluorcortexolon durch Hydroxylierung mit C. lunata (NRRL-2380) synthetisiert. Aus **I** entsteht nach Acetylierung u. Behandlung mit Methansulfonylchlorid *16β-Fluor-17α.21-dihydroxy-$\Delta^{4.9,11}$-pregnadien-3.20-dion-21-acetat* {**II**; F. 171—172° (Zers.); $[\alpha]_D^{26}$ + 62° (Dioxan)}. **II** wird in das *9α-Bromcortisol-Deriv.* übergeführt u. aus diesem durch Behandlung mit kochendem, Triäthylamin u. Essigsäure enthaltendem Aceton u. mit wasserfreier HF *9α.16β-Difluor-21-acetylcortisol* {**III**, F. 199—200° Zers.); $[\alpha]_D^{27}$ + 82° (Dioxan)} dargestellt. Aus **III** erhält man durch Rk. mit SeO_2 u. Hydrolyse *9α.16β-Difluorprednisolon* {F. 263° (Zers.); $[\alpha]_D^{27}$ + 61° (Dioxan)}. *16β-Fluor-11β-hydroxy-Δ^4-androsten-3.17-dion* {F. 173—175°; $[\alpha]_D^{27}$ + 180° (Dioxan)} wird aus **I** durch Spaltung mit Na-Wismutat synthetisiert. Aus **III** entsteht durch Oxydation mit CrO_3 *9α.16β-Difluor-21-acetylcortison* {F. 264° (Zers.); $[\alpha]_D^{27}$ + 103° (Dioxan)}. Das 16β-Brom-Analogon von **II** wird nach Hydrolyse in die *17α,20; 20,21-Bismethylendioxy-Verb.* {**V**, F. 190° (Zers.); $[\alpha]_D$ − 39,1° (Chlf.)} umgewandelt, die durch Rk. mit $AgClO_4$ in Methanol das *16β-Methoxy-Deriv.* von **V** {F. 204—207° (Zers.); $[\alpha]_D^{27}$ + 5,6° (Chlf.)} liefert. Hydrolyse dieser Verb. ergibt *16β-Methoxy-17α.21-dihydroxy-$\Delta^{4.9,11}$-pregnadien-3.20-dion* {F. 187—189°; $[\alpha]_D^{26}$ + 113° (Chlf.); *21-Acetyl-Verb.* (**IV**), F. 140—142°, $[\alpha]_D^{27}$ + 72° (Chlf.)}. **IV** wird in *9α-Fluor-16β-methoxy-21-acetylcortisol* {F. 184 186°; $[\alpha]_D^{28}$ + 110° (Chlf.)} u. *9α-Fluor-16β-methoxyprednisolon* {F. 226—228°; $[\alpha]_D^{27}$ + 74° (Chlf.)} umgewandelt. E. Schraven. 3750◇

0942 **Einige chemische Probleme der Tetracyclin-Antibiotica.** Mirosława Piechowska. (Wiadomości chem. **14,** 779—94, 1960; Warszawa, Inst. Antibiot., Zakł. Techn.; pol.) — Übersicht über die Strukturaufklärung

von Tetracyclinen, über ihre Derivv., die gelenkte Biosynth. u. Isolierungsmethoden. — 68 Literaturangaben.
F. Urban. 3900◇

0943 **Die Totalsynthese von 6-Desmethyl-6-desoxytetracyclin.** L. H. Conover, K. Butler, J. D. Johnston, J. J. Korst und R. B. Woodward. (J. Amer. chem. Soc. **84**, 3222—24, 1962; Groton, Conn., Chas. Pfizer and Co. Inc., Med. Res. Labor.; Cambridge, Mass., Harvard Univ., Converse Memorial Labor.; engl.) — Das UV-Spektrum u. papierchromatograph. Verh. von vollsynthet. *6-Desmethyl-6-deshydroxytetracyclin* stimmen mit natürlichem Material vollkommen überein. Es ist jedoch opt. inaktiv u. hat gegenüber K. pneumoniae nur 50% der Aktivität des natürlichen.

Versuche: *α-[3-Methoxybenzoyl]-bernsteinsäuredimethylester*, $Kp._{0,5}$ 160—163°, durch Kondens. von Bernsteinsäuredimethylester u. 3-Methoxybenzoesäuremethylester in Ggw. von NaH; n_D^{25} 1,5220. — *β-Carbomethoxy-β-[3-methoxybenzoyl]-adipinsäuredimethylester*, aus vorst. Verb., Acrylsäuremethylester u. Triton B. — *β-[3-Methoxybenzoyl]-adipinsäure*, F. 109—110°, aus vorst. Verb. u. heißer H_2SO_4. — *β-[3-Methoxybenzyl]-adipinsäure*, aus vorst. Verb. an Pd-Kohle in Eisessig. *Dimethylester*, $Kp._{0,5}$ 165—168°; n_D^{25} 1,5045. — *β-[2-Chlor-5-methoxybenzyl]-adipinsäure*, aus vorst. Verb. u. Cl_2 in Eisessig. — *5-Chlor-8-methoxytetralon-(1)-propionsäure-(3)*, F. 181 bis 182°, aus vorst. Verb. in fl. HF bei 15°. *Methylester*, F. 102—103°. — *8-Chlor-1.2.3.9.9a.10-hexahydro-4-hydroxy-5-methoxy-3.10-dioxoanthracen-2-carbonsäuremethylester*, F. 201—203° (Zers.), aus vorst. Verb. u. Oxalsäuredimethylester im Methanol u. Dimethylformamid (DMF). — *8-Chlor-1.2.3.9.9a.10-hexahydro-4-hydroxy-5-methoxy-3.10-dioxoanthracen*, F. 173—175° (Zers.), aus vorst. Verb. durch Verseifen u. Decarboxylieren. — *8-Chlor-1.2.3.9.9a.10-hexahydro-4-hydroxy-5-methoxy-3.10-dioxoanthryliden-(2)-essigsäure-n-butylester* (im Original irrtümlich ...-3.9.9a.10-tetrahydro... Der Referent) F. 127,5—128° (Zers.), aus vorst. Verb. u. Glyoxylsäure-n-butylester in Toluol. — *8-Chlor-1.2.3.9.9a.10-hexahydro-4-hydroxy-5-methoxy-3.10-dioxoanthracen-2-[α-dimethylaminoessigsäure-n-butylester]*, aus vorst. Verb. mit Dimethylamin. *3-Hydroxy-Deriv., Hydrochlorid*, F. 190 bis 192° (Zers.), durch Red. vorst. Verb. mit $NaBH_4$. — *8-Chlor-1.2.3.9.9a.10-hexahydro-3.4-dihydroxy-5-methoxy-10-oxoanthracen-2-[α-dimethylaminoessigsäure-γ-lacton]*, durch Verseifung vorst. Verb. mit p-Toluolsulfonsäure in Toluol. — *8-Chlor-1.2.3.9.9a.10-hexahydro-4-hydroxy-5-methoxy-10-oxoanthracen-2-[α-dimethylaminoessigsäure]*, F. 235—237° (Zers.), aus vorst. Verb. mit Zn-Staub in 97%ig. Ameisensäure. — *1.2.3.9.9a.10-Hexahydro-4-hydroxy-5-methoxy-10-oxoanthracen-2-[α-dimethylaminoessigsäure]*, F. 210—211° (Zers.), aus vorst. Verb. durch Hydrierung an Pd-Kohle in Ggw. von Triäthylamin. *Isobuttersäureanhydrid*, F. 132° (Zers.), bildet mit dem Mg-Deriv. von N-tert.-Butylmalonsäureäthylesteramid in Acetonitril *1.2.3.9.9a.10-Hexahydro-4-hydroxy-5-methoxy-10-oxoanthracen-2-[α-dimethylaminoacetyl-malonsäureäthylester-N-tert.-butylamid]*. — *2-[N-tert.-Butylcarbamoyl]-4-dimethylamino-4.4a.5.5a.6.11-hexahydro-1.3.12-trihydroxy-10-methoxy-11-oxonaphthacen*, F. 215—216° (Zers.), aus vorst. Verb. u. NaH in DMF. — *4-Dimethylamino-4.4a.5.5a.6.11-hexahydro-1.3.10.12-tetrahydroxy-11-oxonaphthacen-2-carbonsäureamid*, F. 223—224° (Zers.), aus vorst. Verb. durch Hydrolyse mit 48% HBr. — *6-Desmethyl-6-deshydroxytetracyclin*, F. 225—226° (Zers.), aus vorst. Verb. u. Glykokol/NaOH in Ggw. von Cerchlorid u. O_2 bei pH 5 in Dimethylformamid/Methanol.
K.-W. Glombitza. 3900◇

0944 **Erythromycin.** 1. Mitt. **Chemische Struktur.** Mirosława Piechowska. (Wiadomości chem. **15**, 619 bis 636, 1961; Warszawa, Inst. Antibiot.; pol.) — Übersicht über die Strukturaufklärung u. die Eigg. von Erythromycin. — 16 Literaturangaben.
F. Urban. 3900◇

0945 **Die Chemie von Bluensomycin.** 2. Mitt. **Die Struktur von Bluensomycin.** B. Bannister und A. D. Argoudelis. (J. Amer. chem. Soc. **85**, 234—35, 1963; Kalamazoo, Mich., Upjohn Comp., Res. Labors.; engl.) — 1. vgl. J. Amer. chem. Soc. **85**, [1963], 119. — Die bei der Spaltung von Bluensomycin (**I**) mit CH_3OH neben Bluensidin erhaltene Verb. ist *α-Methyldihydrostreptobiosaminid* [**II**, $C_{14}H_{27}NO_9$, F. 108—111°; $[\alpha]_D^{25}$ −147° (c = 1; W.); aus CH_3OH/Ae. Prismen. *Pentaacetyl-Deriv.*, F. 197 bis 198,5°; $[\alpha]_D^{25}$ −120° (c = 1; Chlf.); prismat. Nadeln], wie durch Vgl. mit der aus Dihydrostreptomycin (**III**)-trihydrochlorid durch Rk. mit CH_3OH gewonnenen Verb. u. ihrem Pentaacetyl-Deriv. sowie durch Zers. mit konz. HCl u. Acetylierung zu *Pentaacetyl-N-methyl-α-L-glucosamin* [F. 161—162°; $[\alpha]_D^{25}$ −101° (c = 1; Chlf.)] bewiesen wird. Die Struktur von **II** wurde außerdem durch Rk. von **I** mit Äthylmercaptan zu *Äthylpentaacetylthiodihydrostreptobiosaminid* [F. 115,5—116,5°; $[\alpha]_D^{25}$ −170° (c = 1; Chlf.)] gesichert, das auch aus **II** erhalten wurde. Ein Vgl. der bei der HJO_4-Oxydation sowie der Spaltung mit 1 n HCl von **I** u. **III** erhaltenen Ergebnisse zeigt, daß **I** die Struktur eines *β-L-Bluensidin-α-L-dihydrostreptobiosaminids* zukommt.
H.-J. Jahns. 3900△

0946 **Untersuchungen über Inhaltsstoffe des Holzes.** Jarl Runeberg. (Svensk kem. Tidskr. **73**, 465—81, 1961; Stockholm, Kungl. TH, Organ.-kem. inst.; engl.) — Übersicht über die Inhaltsstoffe von Wacholder u. die daraus gewonnenen Monoterpene, Sesquiterpene, Oxide, Oxoverbb., Alkohole, Säuren, Tropolone, C_{20}-Verbb., Lignane u. C_{30}-Verbb. sowie die Synth. von Magnolol. — 70 Literaturangaben. P. Golinske. 3950◇

D. Makromolekulare Chemie

0947 **Röntgenkleinwinkelstreuung an fadenförmigen Makromolekülen. Der Einfluß des Fadenquerschnitts.** R. Kirste. (Z. physik. Chem. [Frankfurt/M.] [N. F.] **36**, 265—79, 1963; Mainz, Univ., Inst. für phys. Chemie; dt.) — Bei der Berechnung der Kurven der Streuung von Röntgenstrahlen an fadenförmigen Makro-Moll. darf die Störmöglichkeit durch den, in den bisherigen Überlegungen als punktförmig angenommenen, endlichen Querschnitt des Fadens nicht übersehen werden. Der Einfl. eines endlichen Querschnitts auf die Streukurven wird mathemat. untersucht; Rechnungen, in 3 Näherungen, für Fadendicken gleich der ganzen oder halben Persistenzlänge ermöglichen eine Fehlerabschätzung.
M. Hagedorn. 4000◇

0948 **Adhäsion von organischen Polymeren an Silicatglas.** 1. Mitt. **Mittel zur Erhöhung der Adhäsion ungesättigter Polyesterharze an optischen Gläsern.** A. Baigoshin und L. W. Ssergejew. (Hochmolekulare Verbind. [UdSSR] **4**, 972—76, 1962; russ., Auszug: engl.) — Die Adhäsion von ungesätt. *Polyesterharzen* an opt. Gläsern läßt sich um das 3—4fache erhöhen, wenn die Glasoberfläche vor dem Auftragen der Harze mit *Na-Vinylsiliconat, Vinyl-* oder *Allyltrichlorsilan* behandelt wird (1/2 Std., 120°). Ohne Wrkg. ist eine Vorbehandlung mit Trichlorsilan, während die Adhäsion durch Vorbehandlung mit Dimethyldichlorsilan sogar vermindert wird.
Helmut Schäfer. 4000△

0949 **Adhäsion von organischen Polymeren an Silicatglas.** 2. Mitt. **Bildung von molekularen Organosiloxanfilmen und ihre Wechselwirkung mit der Oberfläche von optischen Gläsern.** L. W. Ssergejew, A. Baigoshin und Ss. G. Fattachow. (Hochmolekulare Verbind. [UdSSR] **4**, 977—81, 1962; russ., Auszug: engl.) — 1. vgl. vorst. Referat. — Beim Behandeln von opt. Gläsern mit Trichlor- u. Vinyltrichlorsilan bilden sich auf der Oberfläche $-\overset{|}{\underset{|}{Si}}-H$- bzw. $-\overset{|}{\underset{|}{Si}}-CH{=}CH_2$-Gruppierungen, die pro Mol. eine Fläche von 16 bzw. 32 Å² einnehmen. Auf der Oberfläche adsorbiertes W. führt zur Bldg. von Organosiloxanfilmen. Diese lassen sich, wenn die Glasoberfläche frei von OH-Gruppen ist, abziehen oder durch Lsgm. ablösen.
Helmut Schäfer. 4000△

0950 **Effektive Diffusionskonstante in einer Elektrolytlösung.** Julius L. Jackson und Sam R. Coriell. (J. chem. Physics **38**, 959—68, 1963; Washington, D. C., Nat. Bureau of Stand.; engl.) — Es wird eine allg. Theorie zur effektiven Diffusions-Konst. von Ionen in einem period. elektr. Feld entwickelt; aufgrund dieser Theorie berechnete Werte werden mit den von Huizenga, Grieger u. Wall (J. Amer. chem. Soc. **72**, [1960], 4228) bei Unterss. der Diffusion mit markiertem Na in einer *NaOH-Polyacrylsäure*-Lsg. erhaltenen Werten verglichen. Qual. Übereinstimmung wurde erzielt. H. Schroeder. 4000◇

0951 **Eine Bemerkung zu Crank's Korrespondenzprinzip der Diffusion mit einem variablen Diffusionskoeffizienten.** F. Helfferich. (J. Polymer Sci., Part B **1**, 87—91, 1963; Emeryville, Calif., Shell Dev. Co.; engl.) — Die von Crank („The Mathematics of Diffusion", Oxford, 1956) angegebene Rechenmeth. wird auf den 2- u. 3-dimensionalen Fall erweitert. Für verschiedene Beziehungen zwischen dem Diffusionskoeff. D u. der Konz. c des Sorptionsvorganges werden die entsprechenden Gleichungen für D(c) des Desorptionsvorganges angegeben. O. Fuchs. 4000◇

0952 **Über die Bestimmung von ungestörten Dimensionen aus Intrinsicviscositäten.** W. H. Stockmayer und Marshall Fixman. (J. Polymer Sci., Part C **1963**, 137—41; Hanover, N. H., Dartmouth Coll., Dep. of Chem.; Eugene, Oreg., Univ., Inst. of theoretical Sci.; engl.) — Auf Grund neuerer theoret. Betrachtungen über die Größe des Expansionsfaktors α eines Makromol.-Knäuels in Lsg. erhalten Vff. die Beziehung $[\eta] = KM^{1/2} + 0{,}51\ \Phi_0 BM$, wo M = Molgew., $\Phi_0 = 2{,}8 \cdot 10^{23}$ cgs = universelle Viscositätskonst. für Kettenpolymere in Θ-Lsgm., B = Parameter für die Wechselwrkg. zwischen Makromol. u. Lösungsmittel. Aus der Messung von $[\eta]$ u. M erhält man K u. B u. daraus nach der Theorie von Flory schließlich α. O. Fuchs. 4000◇

0953 **Mitteilung über Molekulargewichtsverteilung und Dichteverteilung in einem der Dichtegradient-Zentrifugierung unterworfenen Polymeren.** J. J. Hermans. (J. chem. Physics **38**, 597—600, 1963; Durham, N. C., Chemstrand Res. Center, Inc.; engl.) — Gleichungen, die eine Beziehung zwischen der Größe der Fluktuationen der Molgew. u. dem scheinbaren partiellen spez. Vol. einerseits u. bestimmten Integralen über das Polymerenband, das sich bei einer Zentrifugierung mit Dichtegradient einstellt, andererseits herstellen, werden abgeleitet. H. Schroeder. 4000◇

0954 **Der Einfluß der chemischen Oberflächengestaltung auf den Mechanismus der heterogenen Polymerisation sowie Ableitung der Molgewichtsverteilung nach Tung und Wesslau.** Manfred Gordon und Ryong-Joon Roe. (Polymer [London] **2**, 41—59, 1961; Inveresk, Midlothian, Arthur D. Little Res. Inst.; engl.) — Vff. nehmen für die Gestalt des Polymeren eine geknäuelte Konfiguration auf der Oberfläche des Katalysators an. Von dieser Konfiguration ausgehend wird eine Formel für die Kettenabbruchskonstante in Abhängigkeit von der Kettenlänge x entwickelt: $K_t = B/[x^{1/2}(x^{1/2} + A)]$, u. daraus für die Molgew.-Verteilung die Formel: $p(x) \propto 1/[x^{1/2}(x^{1/2} + A)^{G+1}]$, wobei $G = 2B/K_p$ u. K_p die Kettenfortpflanzungskonstante ist. Diese Verteilung wurde mit den experimentellen Ergebnissen übereinstimmend gefunden. Die Beziehung zwischen den einstellbaren Parametern G u. A, wie sie sich aus Daten der Literatur ergibt, wird mittels vorliegenden Modells erklärt. S. Neue. 4000◇

0955 **Über eine Beziehung zwischen Stereoregularität und Teilchengrößeverbreiterung.** R. L. McCullough und R. L. Miller. (J. Polymer Sci., Part B **1**, 77—78, 1963; Durham, N. C., Chemstrand Res. Center, Inc.; engl.) — Auf mathemat. Wege wird gezeigt, daß die integrale Breite β eines Beugungsbildes von isotakt. oder syndyotakt. Makromoll. stärker vom Gewichtsmittel der Kristallitlängen abhängt als vom Zahlenmittel. In Verbindung mit den von Miller früher (vgl. J. Polymer Sci. **56**, [1962], 375) erhaltenen Ergebnissen folgt daraus weiter, daß β vom F. am Gleichgew. bestimmt wird. O. Fuchs. 4000◇

0956 **Allgemeine Lösung des Problems der Beeinflussung benachbarter Gruppen in Polymerreaktionen.** C. B. Arends. (J. chem. Physics **38**, 322—24, 1963; Midland, Mich., Dow Chem. Co., Polymer Res. Labor.; engl.) — Eine analyt. Lsg. des Problems der Rk.-Kinetik polymerer Ketten wurde mit folgenden Einschränkungen abgeleitet: 1. nur Wechselwrkg. der nächsten Nachbarn werden berücksichtigt, 2. im Ausgangszustand haben noch keinerlei Rkk. stattgefunden. H. Schroeder. 4000◇

0957 **Ein allgemeines kinetisches Schema für Ziegler-Polymerisation.** Leo Reich und S. S. Stivala. (J. Polymer Sci., Part A. **1**, 203—16, 1963; Hoboken, N. F., Stevens Inst. of Techn., Dep. of Chem. and Chem. Engng.; engl.) — Durch das Schema wird eine qual. oder quant. Erklärung der Geschw.-Abhängigkeit von der Monomer-, Alkyl- u. Metallhalogenid-Konz. u. vom Katalysatorverhältnis zu geben versucht. Molgew., Temp.-Einflüsse, die Annahme dualer, akt. Stellen, welche die Monomermoll. adsorbieren u. stereospezif. orientieren können, werden diskutiert. H. Hutten. 4000◇

0958 **Vermeidung der Verwendung der zeitlichen Ableitung bei Reaktionsgeschwindigkeitsstudien: Eine vereinfachte Ableitung der Tobolskyschen Gleichung der abgebrochenen radikalischen Polymerisation.** Norman Indictor. (J. Polymer Sci., Part B **1**, 83—86, 1963; Princeton, N. J., Petro-Tex Chem. Corp., FMC Res. & Dev. Center.; engl.) — Die von Tobolsky (vgl. C. **1959**, 12564) angegebene Beziehung wird durch Verw. einer anderen mathemat. Meth. in einfacher Weise abgeleitet. Die Meth. wird auf weitere Syst. (Rkk. zwischen A + B, zwischen 2A + B u. zwischen A + B + C) angewandt. O. Fuchs. 4000◇

0959 **Direkte Untersuchung des Abbaues von Polymeren durch Gaschromatographie.** 1. Mitt. **Anwendung auf die Analyse und Charakterisierung von Polymeren.** A. Barlow, R. S. Lehrle und J. C. Robb. (Polymer [London] **2**, 27—40, 1961; Edgbaston, Birmingham, Univ., Chem. Dep.; engl.) — Durch die Zers. von Polymerenfasern bei Temp. bis 1000° u. Analyse der Zers.-Prodd. mittels Gaschromatographie gelingt eine einwandfreie Charakterisierung der Polymeren. Bei Copolymeren u. Polymerengemischen gelingt die Best. der Zus. durch quant. Ermittlung der Zers.-Prodd. mit einer Genauigkeit von 2%. S. Neue. 4000◇

0960 **Doppelkettenpolymere und nichtstatistische Vernetzung.** John F. Brown jun. (J. Polymer Sci., Part C **1963**, 83—97; Schenectady, N. Y., Gen. Electr. Res. Labor.; engl.) — Vf. unterscheidet 4 Typen von Netzwerkpolymeren mit einer bestimmten Ordnung der Vernetzungen: begrenzte käfigförmige Makromoll.; lineare Makromoll. mit einer Doppelkette oder mit zylindr. Gestalt; 2-dimensionale blättchenförmige Makromoll.; 3-dimensionale kristalline Gitter. Zum Unterschied von diesen Typen sind die aus mehrfunktionellen Monomeren erhältlichen vernetzten Prodd. im allg. statist. vernetzt, weisen also keine bestimmte Ordnung auf. Polymere mit nichtstatist. Vernetzung können entstehen, wenn bei einem netzwerkbildenden Prozeß eine Stereoselektivität vorliegt. Beispiele: Vorliegen von nichtstatist. Netzwerken über H-Brücken bei *Desoxyribonucleinsäure*, *Polypeptiden*, *Stärke-J-Komplex*, *syndyotakt. Polyvinylalkohol*, *Proteinen*; organ. Doppelketten enthalten z. B. therm. umgelagertes *Polyacrylonitril*, *Paracyan* oder das *Polyadditionsprod.* aus *2-Vinylbutadien* u. *p-Benzochinon*, entsprechend anorgan. Doppelketten sind vorhanden in SiS_2, β-Sb_2O_3, polymeren Al-Seifen u. Asbest. Ausführlicher geht Vf. auf das Polymerisationsverh. des *Phenylsilsesquioxan*-Syst. ein. Bei Phenylsiliconen können die trifunktionellen Monomereinheiten entweder käfigartige Strukturen oder lineare Gebilde mit cis-syndyotakt. Doppelkettenstruktur bilden. Trotz des sehr hohen Molgew. sind solche Polymeren noch lösl. u. zeichnen sich durch hohe mechan. Festigkeit u. chem. Stabilität aus. O. Fuchs. 4000◇

0961 **Kernmagnetische Messungen an einem linearen Polyäthylen.** 1. Mitt. **Spin-Gitter-Relaxationszeit T_1 und**

Linienform. U. Haeberlen, R. Hausser und F. Noack. (Z. Naturforsch. **18a**, 689–700, 1963; Stuttgart, TH, I. Phys. Inst.; dt.) — An dem linearen *Polyäthylen Marlex 50, Typ 15* wurden mit einer Impulsapp. bei 28 MHz bei −150 bis +180° Messungen der Spin-Gitter-Relaxationszeit T_1 u. der Form des Kernresonanzsignals der Protonen durchgeführt. T_1 zeigte Maxima u. Minima in Abhängigkeit von der Temp. (1/T) u. lag zwischen 0,4 u. 5 s. Es wird angenommen, daß mit steigender Temp. verschiedene Bewegungsformen angeregt werden. M. Wiedemann. 4010◇

0962 **Interferenzmikroskopie von in Lösung gewachsenen Polyäthyleneinkristallen.** B. Wunderlich und P. Sullivan. (Polymer [London] **3**, 247–50, 1962; Ithaca, N. Y., Cornell Univ., Dep. of Chem.; engl.) — Aus einer 0,1%ig. Lsg. von linearem *Polyäthylen* in Chlorbenzol (**I**), das mit Toluol überschichtet war, kristallierten isotherm an der Grenzfläche bei 89,7° Nadeln aus, die ähnlich aussahen, wie die von Rhodes u. Mitarbeitern [1927] beobachteten Paraffin-Nadeln, bei denen es sich um aufgewellte Plättchen handelte. Unter dem Polarisationsmkr. zeigten die Nadeln an beiden Enden eine schwache Doppelbrechung, nicht dagegen in der Mitte der Nadeln. Die Doppelbrechung ist in der Größenordnung vom 10^{-2}-Typ. Dimensionen der Nadeln waren $10-20 \cdot 10^{-4}$ cm lang, $0,5-2 \cdot 10^{-4}$ cm breit u. in der Mitte $0,1-0,5 \cdot 10^{-4}$ cm dick. Sechsendige, sternähnl. Einkristalle wurden bei langsamer Kristallisation einer 0,052%ig. Lsg. in Toluol bei 129° unter einem Druck von 2600 at erhalten. Bei 2300 at Druck u. etwas niedrigerer Temp. bilden sich n. rhomb. Einkristalle mit 4 (110)-Wachstumsflächen. Bei einem Druck von 3000 at oder mehr u. bei 129° bilden sich sechsendige Dendriten. Aus einer 0,1%ig. Lsg. in **I**, die mit Toluol überschichtet war, bildete sich bei 89,7° von einem Impfzentrum aus ein Haufwerk rechtwinkliger Kristalle, die Wachstumsspiralen erkennen ließen. C. Gottfried. 4010△

0963 **Schnellbestimmung des Molekulargewichts bei linearem Polyäthylen.** A. V. Tobolsky, A. Eisenberg und D. Katz. (J. appl. Polymer Sci. **7**, 309–14, 1963; Princeton, N. J., Princeton Univ., Frick Chem. Lab.; engl.) — Für *lineare Polyäthylene* (Molgew. $> 10^5$) wird als zwar nicht abs. aber schnelle u. bequeme Meth. zur Ermittlung des Molgew. die Messung des 10-Sekunden-Gehmann-Moduls bei 150° vorgeschlagen. M. Hagedorn. 4010◇

0964 **Lokale sterische Hinderungen und Konfigurationen von linearen Makromolekülen in Lösung.** 4. Mitt. **Nicht-Gauss'scher Charakter von reellen Polymerketten.** Kazuo Nagai. (J. chem. Physics **38**, 924–33, 1963; Oyodoku, Osaka, Japan, Government Ind. Res. Inst.; engl.) — 3. vgl. C. **1963**, 10497. — Rein theoret. Arbeit, in der zunächst gezeigt wird, daß die Verteilungsfunktion des Kettenendenvektors einer Polymerkette im freien Zustand u. die Teilungsfunktion einer einer äußeren Kraft unterworfenen Polymerkette durch die geraden Momente der Kettenendenabstände im freien Zustand ausgedrückt werden kann. Die Größen, die den nicht -Gauss'schen Charakter einer Kette beschreiben, hängen von diesen geraden Momenten ab. Die Meth. zur Berechnung der Momente, speziell des 4. Momentes, wird unter Berücksichtigung der innermol. Rotation näher beschrieben. Die Ergebnisse werden speziell auf *Polyäthylen* angewandt. O. Fuchs. 4010◇

0965 **Orientierte Verwachsung von Polyäthylen mit Polyoxymethylen.** J. Willems. (Naturwissenschaften **50**, 92, 1963; Krefeld; dt.) — Die erste orientierte Verwachsung zweier hochmol. Stoffe wird beobachtet. Beim Aufbringen einer heißen 0,2%ig. Lsg. von *Polyäthylen* (*Marlex*, Molgew. 105000) (**I**) in p-Xylol auf ein ca. 120° heißes Scheibchen aus *Polyoxymethylen* (*Delrin*) kristallisiert **I** nadelförmig bzw. in Fibrillen u. häufig gekrümmt aus. Die Nadellängsachsen sind in einer Richtung orientiert. Verss. mit einseitig gerecktem Delrin als Unterlage ergaben — aus Analogieschlüssen mit Beobachtungen an Pentachlorphenol/I-Verwachsungen —, daß die **I**-Kristallite senkrecht zur Streck- u. Molekularachsenrichtung von Delrin liegen. Die auf Delrin aufgewachsenen I-„Nadeln" ähneln Kristalliten, wie sie bei mit (100) von NaCl orientiert verwachsenen **I**-Kristalliten bekannt sind. M. Hagedorn. 4010◇

0966 **Instabiles Fließen geschmolzener Polymerer: ein zweiter Entstehungsort für Schmelzstörungen.** J. P. Tordella. (J. appl. Polymer Sci. **7**, 215–29, 1963; Wilmington, Del., E. I. du Pont de Nemours & Co., Plastics Dep., Experimental Station; engl.) — Außer der beim Fließen von geschmolzenen Polymeren bekannten Störung beim Eintritt in die Kapillare wird für *lineares Polyäthylen* u. für *Copolymere* aus *Tetrafluoräthylen* u. *Hexafluorpropylen* ein weiterer Entstehungsort für Schmelzunregelmäßigkeiten beobachtet. Sie entstehen im Kapillareninneren u. führen zu feiner Oberflächenrauheit des Fadens u. später zu Schlupf- u. Pfropfenbildung. Es wird versucht, für beide Arten von Schmelzflußinstabilitäten eine Erklärung auf Grund von Messungen des kapillaren Fließens, der Strömungsdoppelbrechung u. der Rotationsviscosität zu geben. M. Hagedorn. 4010◇

0967 **Copolymerisationsstudien.** 3. Mitt. **Reaktivitätsverhältnisse von Modell-Äthylen-Copolymerisationen und deren Verwendung zur Q-e-Berechnung.** R. D. Burkhart und N. L. Zutty. (J. Polymer. Sci., Part A **1**, 1137–45, 1963; South Charleston, W. Va., Union Carbide Chem. Co., Res. and Dev. Dep.; engl.) — 1. vgl. C. **1960**, 14040; 2. vgl. J. Polymer Sci. **57**, [1962], 793. — Unter Verw. von Azo-bis-[isobutyronitril] (**I**) wurde die Copolymerisation von *Äthylen* (**II**) mit *n-Butylacrylat* (**III**) bei 70° bzw. mit *Vinylchlorid* (**IV**) bei 90° bzw. mit *Vinylacetat* (**V**) bei 90° bzw. mit *Vinylfluorid* (**VI**, Verw. von Di-tert.-butylperoxid anstelle von I) bei 160°, je bei einem **II**-Druck von 1000 atü untersucht; die Polymerisation wurde nach einem Umsatz $< 10\%$ abgebrochen. Die r_1- u. r_2-Werte ergeben sich daraus zu 11,9 u. 0,03 (**III**), 3,6 u. 0,24 (**IV**), 1,08 u. 1,07 (**V**), 0,16 u. 4,39 (**VI**). Die Q- u. e-Werte von **II** berechnen sich daraus unter Zugrundelegung von Q = 1,0 u. e = −0,8 für Styrol zu 0,03 u. −0,43. Unter der Annahme, daß die Q- u. e-Werte von **II** 1,0 bzw. 0 betragen, berechnen sich folgende Q- u. e-Werte für die Comonomeren: 33,3 u. 1,02 (**III**), 4,2 u. 0,37 (**IV**), 0,93 u. 0 (**V**), 0,25 u. 0,6 (**VI**). Der für die **II**–**V**-Copolymerisation genannte r_2-Wert stimmt mit dem aus dem Verhältnis der Geschw.-Konst. der Addition eines Äthylradikals an **II** u. **V** berechneten Wert (Literaturdaten) gut überein. O. Fuchs. 4010◇

0968 **Der Einfluß der Molekulargewichtsverteilung auf die Kinetik der primären Kristallisation von isotaktischem Polypropylen.** Paolo Parrini und Guglielmo Corrieri. (Makromolekulare Chem. **62**, 83–96, 1963; Terni, Italy, Ist. Ric. Soc. Polymer; engl.) — Die Heterogenität des Molgew. beeinflußt die Kristallisationskinetik entscheidend. Homogene Proben mit enger Molgew.-Verteilung kristallisieren bei gleicher Schmelzdauer langsamer als polydisperse Proben, wenn die vorher in heterogenen Polymeren vorhandenen kristallinen Ordnungen durch die Schmelztemp. nicht vollständig zerstört worden sind. Unterhalb einer Kristallisationstemp. von 150° ist die Keimbldg. athermisch. Die Sphärolite wachsen radial. Über 150° kommt es zu therm. Keimbldg., wenn die bereits vorhandenen Keime zum größten Teil durch die Schmelztemp. zerstört worden sind. Die Wachstumsart ändert sich nicht. Die therm. Keimbildungsbedingungen werden leichter bei fraktionierten Produkten mit enger Molgew.-Verteilung erreicht. H. Pracht. 4010◇

0969 **Viscositäts-Molekulargewichtsbeziehungen bei einem isotaktischen Polybuten-(1).** S. S. Stivala, R. J. Valles und D. W. Levi. (J. appl. Polymer Sci. **7**, 97 bis 102, 1963; Dover, N. J., Picatinny Arsenal, Polymer Res. Section.; engl.) — Ein kristallines *isotakt. Polybuten-(1)* wird bei 115° aus Cyclohexanon-Lsg. mit Cyclohexanol/Glykol (3:1 Vol.-Teile) fraktioniert gefällt; F., Viscosität u. Lichtstreuung der Fraktionen werden bestimmt. Die Parameter der Mark-Houwink-Gleichung betragen: in Heptan bei 35° $[\eta] = 4,73 \cdot 19^{-5} M_w^{0,80}$, in Heptan bei 60° $[\eta] = 1,50 \cdot 10^{-4} M_w^{0,69}$, in Dekalin bei 115° $[\eta] = 9,49 \cdot 10^{-5} M_w^{0,73}$. Die Molgew. lagen zwischen $0,45 \cdot 10^5$ u. $0,9 \cdot 10^6$. M. Hagedorn. 4010◇

0970 **Ursprung der Normalspannung in Kapillarstrahlen von Newton'schen und viscoelastischen Flüssigkeiten.** J. Gavis und S. Middleman. (J. appl. Polymer Sci. **7**, 493—506, 1963; Baltimore, Md., Johns Hopkins Univ., Dep. of Chem. Engng.; engl.) — Im Anschluß an die von den Vff. früher (Phys. Fluids **4**, [1961], 355, 575, 963, 1450; vgl. auch C. **1962**, 17773) mitgeteilten Expansions-Kontraktions-Verss. werden die einzelnen Beiträge zu der beobachteten Normalzugspannung in Kapillarstrahlen von Newton'schen u. viscoelast. Fll. diskutiert. Der Beitrag des Oberflächenzuges berechnet sich zu $2\chi(\sigma/d_0)$ ($\chi = d_s/d_0$, d_s bzw. d_0 = Durchmesser des Strahles bzw. der Düse, σ = Oberflächenspannung). Der Beitrag der Relaxation des Geschwindigkeitsprofiles läßt sich für Newton'sche Fll. empir. bestimmen (vgl. l. c.); für den viscoelast. Strahl ist nur eine Abschätzung möglich. Ferner werden die Größen der inneren u. äußeren Normalspannung T_i bzw. T_a, die sich innerhalb der Kapillare bzw. nach dem Austritt aus der Düse bilden, näherungsweise berechnet. Hiernach sollten bei hoher Ausstoßgeschw. die Profilrelaxation u. T_a von stark viscoelast. Fll. kleiner als T_i sein. Auf die Schwierigkeit einer exakten Auswertung der Verss. wird bes. hingewiesen. Die Verss. werden an *Polyisobutylen* in Dekalin u. an *Carboxymethylcellulose* in W. vorgenommen. O. Fuchs. 4010◇

0971 **Extrapolationsmethode zur Abschätzung der stationären Viscosität und der stationären Erweichung aus Kriech-Versuchen.** Kazuhiko Ninomiya. (J. physic. Chem. **67**, 1152, 1963; Madison, Wis., Univ. of Wisconsin, Dep. of Chem.; Yokkaichi, Japan, Synthetic Rubber Co; engl.) — Es wird gezeigt, wie durch Extrapolation aus den Kriech-Experimenten die Werte für die Viscosität η u. für die Erweichung J (in cm^2/dyn) extrapoliert werden können. Für *Polyisobutylen*-Proben wird das Verf. durchgeführt. M. Wiedemann. 4010◇

0972 **Kinetik der stereospezifischen Polymerisation von Butadien-(1.3).** A. Mazzei, M. Araldi, W. Marconi und M. De Malde. (J. Polymer Sci., Part B **1**, 79—81, 1963; S. Donato, Milan, Italy, Labor. Riuniti Studi e Ricerche; engl.) — Unter Verw. der von den Vff. an anderer Stelle (Ital. Appl. 419/62) beschriebenen Katalysatoren wurde *Butadien-(1.3)* in Toluol bei Temp. t zwischen —6 u. 21° unter Variation der Katalysatormengen Kat. polymerisiert. Die Ergebnisse lassen sich darstellen durch $-dM/dt = K[M]^\alpha[Kat]^\beta$. Das erhaltene *Polybutadien* enthält 96% cis-Struktur. Aus der t-Abhängigkeit von K ergibt sich die Aktivierungsenergie zu 9 kcal · Mol^{-1}. O. Fuchs. 4010◇

0973 **Intrinsicviscosität-Molekulargewicht-Beziehung für cis-1.4-Polyisopren.** W. H. Beattie und C. Booth. (J. appl. Polymer Sci. **7**, 507—14, 1963; Torrance, Calif., Shell Oil Co., Shell Chem.Co., Synth. Rubber Div.; engl.) — *cis-1.4-Polyisopren* (**I**, cis-Geh. 85—91%) wurde unter Verw. von C_4H_9Li als Starter hergestellt. Von den **I**-Fraktionen wurden in Toluol bei 30° die Intrinsicviscosität [η] u. in einer Mischung aus 78 Vol.-% n-Heptan u. 22 Vol.-% n-Propanol die M_w-Werte (Lichtstreuung) gemessen. Die Ergebnisse lassen sich darstellen durch $[\eta] = 2{,}00 \cdot 10^{-4}.\ M_w^{0{,}728}$ dl/g. Es besteht Übereinstimmung mit Literaturdaten. O. Fuchs. 4010◇

0974 **Polymerisation unter Einfluß katalytischer Systeme, die Kobalt- oder Wolframcarbonyle und Diäthylaluminiumhalogenid enthalten.** Je. I. Tinjakowa, B. A. Dolgoplossk und T. N. Kurengina. (Hochmolekulare Verbind. [UdSSR] **4**, 828—34, 1962; Akad. der Wiss. der UdSSR, Inst. für hochmol. Verbb.; russ., Auszug: engl.) — $Co(CO)_4$ reagiert mit Diäthylaluminiumchlorid (**I**) (1:5—20 Mol) in Bzl. unter Bldg. eines Nd., dessen Zus. vom Verhältnis der Ausgangskomponenten abhängt. Dieser sowie das homogene Syst. aus $W(CO)_6$ u. **I** katalysieren die Polymerisation von *Isopren, Butadien, Styrol* u. *α-Methylstyrol*. Das an beiden Katalysatoren dargestellte *Polybutadien* enthält ca. 85% cis-1.4-, 8% trans-1.4- u. 6% 1.2-, das *Polyisopren* 62% cis-1.4, 22% trans-1.4- u. 15% 3.4-Struktureinheiten.
Helmut Schäfer. 4010△

0975 **Über den thermischen Abbau von Polyvinylchlorid. 1. Mitt. Experimentelle Methoden für die kinetische Untersuchung.** Alain Guyot und Jean-Paul Benevise. (J. appl. Polymer Sci. **6**, 98—102, 1962; Lyon, Inst. de Recherches sur la Catalyse; franz.) — Vff. beschreiben eine App., die den isothermen Abbau von *PVC* unter Schutzgas oder Sauerstoff durch die gleichzeitige Messung des Gewichtsverlustes der Probe u. die des sich bildenden HCl zu verfolgen gestattet. A. Gude. 4010◇

0976 **Über den thermischen Abbau von Polyvinylchlorid. 2. Mitt. Kinetische Untersuchungen unter Schutzgas.** Alain Guyot, Jean-Paul Benevise und Yves Trambouze. (J. appl. Polymer Sci. **6**, 103—110, 1962; franz.) — 1. vgl. vorst. Referat. — Vff. untersuchen den therm. Abbau von Suspensions-*PVC* unter N_2 isotherm bei Temp. zwischen 150 u. 250°. Bis 200° ist HCl das einzige Zers.-Produkt. Die Rk. ist 0. Ordnung u. hat eine Aktivierungsenergie von 20 kcal/Mol HCl. Die Zers. scheint vorwiegend an den ungesätt. Kettenenden abzulaufen. Die Rk. wird durch eine die Vernetzung bewirkende Rekombination von Radikalen abgebrochen. Über 200° übersteigt der Gew.-Verlust der Probe die Menge des abgespaltenen HCl. Die Rk. ist autokatalyt. beschleunigt u. kann als verzweigte Kettenreaktion bezeichnet werden. Die Rk. beginnt wahrscheinlich an schon vorhandenen oder bei der Rk. gebildeten unregelmäßigen aktivierten Zentren. Einige dieser Zentren sind schon bei Temp. unterhalb ihrer Bldg.-Temp. aktiv. Jedes dieser Zentren unterschiedlicher Struktur ist der Ausgangspunkt einer radikal. Kettenreaktion mit der Rk.-Ordnung 0, aber unterschiedlicher Aktivierungsenergie. A. Gude. 4010◇

0977 **Anionisch-koordinierte Polymerisation von Cyclobuten.** G. Dall'Asta, G. Mazzanti, G. Natta und L. Porri. (Makromolekulare Chem. **56**, 224—27, 1962; Milano, Politecnico, Ist. di Chim. Ind., Labor. Ricerche Settore Idrocarburi Soc. Montecatini; engl.) — Die Polymerisation von *Cyclobuten* (**I**) mit komplexen Katalysatoren aus VCl_4 u. Trihexylaluminium (Mol-Verhältnis 1:2,5) bzw. Vanadyltris-acetylacetonat u. $(C_2H_5)_2AlCl$ (1:5) ergibt bei —50° in n-Heptan (**II**) kristalline Hochpolymere mit aufgereihten Cyclobutanringen [Polycyclobutylen-amere-(2)]. Mit $TiCl_4$ u. Triäthylaluminium (**III**) (1:3) bildet sich bei —50° in **II** ein amorphes Hochpolymeres, mit δ-$TiCl_3$ u. **III** (1:3) in **II** bei +45° ein kristallines. In beiden Fällen wird der Ring von **I** aufgespalten, das amorphe Prod. besteht überwiegend aus *cis-1.4-Polybutadien*, das kristalline Prod. überwiegend aus *trans-1.4-Polybutadien*. W. Walter. 4010◇

0978 **Über die Copolymerisation von Benzol.** George A. Mortimer und Lloyd C. Arnold. (J. Amer. chem. Soc. **84**, 4986—87, 1962; Texas City, Tex., Monsanto Chem. Co., Plastics Div.; engl.) — *Äthylen* wurde bei 130° u. 1400 at mit Di-tert.-butylperoxid in Ggw. von ^{14}C-Bzl., das durch Gaschromatographie gereinigt war, polymerisiert. Bzl. wurde nur in so geringer Menge eingebaut, daß keine Copolymerisation vorliegen kann, sondern eine Kettenübertragung mit der Übertragungskonstanten $(9 \cdot 4 \pm 0{,}8) \cdot 10^{-4}$. Mit Deuterobenzol fällt die Übertragungskonstante auf $(5{,}6 \pm 1{,}1) \cdot 10^{-4}$, woraus Vff. auf folgende Rk. schließen: $R\cdot + C_6H_6 \rightarrow RH + C_6H_5$. W. Walter. 4010◇

0979 **Dichtegradientenzentrifugierung einer polymerhomologen Mischung.** J. J. Hermans und H. A. Ende. (J. Polymer Sci., Part C **1963**, 161—77; Durham, N. C., Chemstrand Res. Center Inc., Res. Triangle Park; engl.) — Zunächst bringen Vff. die Theorie des Verh. einer Lsg. einer polymerhomologen Mischung in einer Dichtegradientenzentrifuge unter spezieller Berücksichtigung des Einfl. der Konz. c. Hiernach wird die Stelle r_0, an der sich das Polymere beim Zentrifugieren in einem Lsgm.-Gemisch ansammelt, durch sein scheinbares spez. Vol. v bestimmt, wobei v von der selektiven Adsorption eines der beiden Lsgm. abhängt. Bei Vorliegen einer polymerhomologen Mischung verteilt sich das Polymere über einen Bereich $r-r_0$. Gleichungen über den Zusammenhang zwischen $r-r_0$, den Momenten der Molgew.-Verteilung u. c werden angegeben. Auch die Auswertungsmeth. wird diskutiert. Beim Arbeiten unter Θ-Bedingungen können so M_w u. M_n bestimmt werden. Zur Prüfung der Theorie wurden Messungen an *Polystyrol* (I) in Gemischen aus

Bzl. u. $CHBr_3$ bei 25° ausgeführt (42000 U/min). Für eine nach Braun (vgl. C. **1960,** 13383) hergestellte **I**-Probe wurde so der viel zu niedrige M_w/M_n-Wert 0,64—0,70 (statt 1,5—2) erhalten; für eine stereoreguläre **I**-Probe ergab sich M_w/M_n zu 0,7—1,2, während ein wesentlich höherer Wert zu erwarten war. Für eine weitere **I**-Probe wurde M_w/M_n in einem Gemisch aus Cyclohexanol u. CCl_4 (0,875 g CCl_4 in 1 cm^3 Gemisch) bei 8° (= Θ-Temp.) zu 1,4 bestimmt, in Übereinstimmung mit anderen Daten. Aus den Verss. folgt weiter, daß die scheinbare Dichte von **I** in einem Gemisch aus gutem u. schlechtem Lsgm. sehr stark von der selektiven Adsorption des ersteren an **I** abhängt. O. Fuchs. 4010◇

0980 **Dichtegradientenzentrifugierung in einer Mischung von Polymeren, die sich im Molekulargewicht und spezifischen Volumen unterscheiden.** J. J. Hermans. (J. Polymer Sci., Part C **1963,** 179—85; Durham, N. C., Chemstrand Res. Center Inc., Res. Triangle Park; engl.) — Vgl. vorst. Referat. — Die l. c. genannten theoret. Betrachtungen werden für den Fall, daß die gelösten Makromoll. sich im Molgew. **M** u. im spezif. Vol. v unter scheiden, erweitert. Wird eine solche Lsg. in einem Dichtegradienten zentrifugiert, so versucht jede Polymerart sich gemäß ihrem v an einer betsimmten Stelle zu sammeln. Im Gleichgewicht liegt eine Gauß-Verteilung um diese Stelle vor, deren Breite umgekehrt proportional M ist. Unter der Annahme, daß sich v nur wenig vom mittleren v unterscheidet, wird ein allg. Ausdruck für den Brechungsindex bzw. die Lichtabsorption abgeleitet. Daraus erhält man Aussagen über die M-Verteilung u. v. Für M_w/M_n kann kein allg. gültiger Ausdruck abgeleitet werden. Bei Polymeren, deren Makromoll. verschiedene chem. Zus. besitzen, ist eine Berechnung für die l. c. genannten Θ-Bedingungen unmöglich, da die Θ-Temp. für jede Polymerart verschieden ist. O. Fuchs. 4010◇

0981 **Streulichtmessungen am System Polystyrol-Benzol-Methyläthylketon.** Heinz Lange. (Makromolekulare Chem. **63,** 209—13, 1963; Darmstadt, D. Kunstst.-Inst.; dt.) — Mit Hilfe von Streulicht- u. Viscositätsmessungen wird die Solvatation von „*Living*"-*Polystyrol* ($M_w \sim$ 460000 g/Mol) in Bzl.-Methyläthylketon (MÄK)-Gemischen untersucht. Es wurde gefunden, daß das scheinbare Molgew. beim Molenbruch $0{,}4_{MÄK}$ mit +25% das Maximum der Abweichung vom wirklichen Molgew. zeigt. Ferner werden die Solvationskonst. α, das mittlere Abstandsquadrat der Endpunkte der gelösten Styrolmoll. u. der zweite Virialkoeff. des osmot. Druckes als Funktion der Lsgm.-Zus. aufgezeigt. Zwischen 20 u. 70° konnte allen angeführten Größen keine Temp.-Abhängigkeit festgestellt werden. H. Eberhardt. 4010◇

0982 **Über die Stabilität der Konfiguration von taktischen Polystyrolen.** Dietrich Braun, Hans Hintz und Werner Kern. (Makromolekulare Chem. **62,** 108—19, 1963; Mainz, Univ.; Darmstadt, Kunststoff-Inst.; dt.) — *Isotakt. Polystyrol* (**I**) wurde racemisierenden Maßnahmen unterworfen. Mehrtägiges Mahlen in der Kugelmühle bewirkt nur Kettenabbau; nach 4std. Kochen in n-Heptan findet Rekristallisation statt. Es wurden 0,5 g **I** in 50 ml Bzl. mit 0,5 g $AlCl_3$ 1 Std. erhitzt; die Kristallinität blieb bei fallendem Molgew. unverändert. Der relative Molgew.-Abbau ist dem Molgew. proportional. *Poly-α-kaliumstyrol* (**II**), nach Morton u. Taylor mit K/Na_2O hergestellt (vgl. C. **1960,** 8887), wurde in Methanol hydrolysiert; das eingesetzte **I** wurde ohne Racemisierung zurückgebildet. Suspensionen von *isotakt.* **II** in Bzl. wurden mit Ae. bzw. Tetrahydrofuran am Rückfluß erhitzt. Nach der Rückgewinnung wurde wieder **I** erhalten. R. Aust. 4010◇

0983 **Vinylpolymerisation.** 60. Mitt. **Inhibierende Wirkung von Äthern u. Thioäthern auf die kation. Polymerisation von Styrol, die durch Bortrifluorid-Diäthylätherat katalysiert wird.** Minoru Imoto und Shuzo Aoki. (Makromolekulare Chem. **63,** 141—46, 1963; Osaka, City Univ., Inst. of Polytechn.; engl.) — 59. vgl. C. **1963,** 12441. — Ae., Tetrahydrofuran, β-Chlordiäthyläther u. Diäthylsulfid inhibieren die Polymerisation von *Styrol* in Bzl. bei Verw. von Bortrifluorid-Diäthylätherat (**I**) als Katalysator. Die Polymerisation wurde bei 30° im Dilatometer untersucht. Mit steigender Konz. der Äther u. Thioäther sinkt die Polymerisationsgeschw. u. die Induktionsperiode nimmt zu, wobei durch Diäthylsulfid Polymerisationsgeschw. u. Induktionsperiode in weit stärkerem Maße u. in einem anderen Verhältnis beeinflußt werden. Der Polymerisationsgrad ist unabhängig vom Zusatz von Äther. Vff. ziehen daraus den Schluß, daß Äther nur eine Inhibierung der Startreaktion bewirken, während Diäthylsulfid darüberhinaus auch den weiteren Polymerisationsverlauf beeinflußt. Es wird ein Mechanismus für die Polymerisation durch **I** in Anwesenheit von Äthern oder Thioäthern angegeben. G. Wiegand. 4010◇

0984 **Die kationische Polymerisation von Styrol und p-Bromstyrol in flüssigem Schwefeldioxid.** Niichiro Tokura, Minoru Matsuda und Masashi Iino. (Bull. chem. Soc. Japan **36,** 278—81, 1963; Katahiracho, Sendai, Tohoku Univ., Chem. Res. Inst. of Non-Aqueous Solutions; engl.) — Die Copolymerisation von *Styrol* u. *p-Bromstyrol* mit BF_3-Ätherat verläuft in fl. SO_2 am schnellsten. Bei Zusatz anderer Lsgm. wird die Polymerisationsgeschw. stark herabgedrückt, wobei verschiedene Lsgm. gleicher DK unterschiedlich wirken. Die Copolymerisationsparameter wurden in fl. SO_2 u. in Mischungen von fl. SO_2 mit $C_6H_5NO_2$, Bzl. u. CCl_4 zu r_1 = 0,8, r_2 = 0,4 bestimmt; Temp. u. Katalysatormenge haben hierauf keinen Einfluß. In reinem $C_6H_5NO_2$, Bzl., CCl_4 u. $CH_2Cl \cdot CH_2Cl$ sind ihre Werte jedoch anders: r_1 = 1,8 u. r_2 = 0,3. U. Müller. 4010◇

0985 **Viscoelastische Eigenschaften weichgemachter Polymerer.** Arthur V. Tobolsky, D. Carlson und N. Indictor. (J. appl. Polymer Sci. **7,** 393—97, 1963; Princeton, N. J., Princeton Univ., Frick Chem. Labor.; engl.) — Für *Polystyrol*, *Polymethylmethacrylat* u. *Polyvinylchlorid* (PVC), die mit Dioctylphthalat (20 Teile auf 100 Teile Polymeres) weichgemacht wurden, werden Spannungs-Relaxationszeit-Einheitskurven aufgenommen. Die Kurve für PVC unterscheidet sich in ihrem flacheren Verlauf deutlich von den beiden anderen; es wird dies auf Grenzlinienkristallinität zurückgeführt. M. Hagedorn. 4010◇

0986 **Beziehungen für den korrespondierenden Zustand der Viscosität von mäßig konzentrierten Polymerlösungen.** L. Utracki und Robert Simha. (J. Polymer Sci., Part A **1,** 1089—98, 1963; Los Angeles, Calif., Univ. of Southern Calif., Dep. of Chem.; engl.) — Fortführung der früher (vgl. C. **1962,** 11946; **1963,** 2098) angestellten Betrachtungen über die Konz.-Abhängigkeit der Viscosität von Polymerlösungen. Anhand von Literaturdaten wird für *Polystyrol* (**I**), *Polymethylmethacrylat* (**II**) u. ein *Copolymeres* (**III**) 1:1 aus *Styrol* u. *Methylmethacrylat* gezeigt, daß bei der graph. Darst. der Ergebnisse mit den reduzierenden Variablen $\eta_{sp}/(c[\eta])$ u. c/γ über einen größeren Molgew.-Bereich einheitliche Kurven, die für ein gegebenes Polymer-Lsgm.-Syst. charakterist. sind, erhalten werden; als Lsgm. dienten Toluol (**IV**) u. Cyclohexan (**V**) bei **I**, **IV** u. Heptanon-(4) (Θ-Lsgm. bei 31,8°) bei **II** u. 43,5 Vol.-% n-Heptan u. 56,5% Methylisopropylketon (Θ-Lsgm. bei 25°) bei **III**. Für γ von **I** in **IV** gilt $\gamma = 19{,}55 \cdot 10^2 \cdot M_n^{-0{,}64}$ (unabhängig von der Temp.) u. von **I** in **V** $\gamma = 2{,}596 \cdot 10^2 \cdot M_n^{-0{,}47}$. γ von **I** in **V** ist proportional der Konz. der Phasentrennung. Für die Koeff. der Potenzreihenentwickl. von $\eta_{sp}(c[\eta])$ nach c werden in expliziter Form Beziehungen angegeben. Auf den Einfl. der Polydispersität auf γ wird hingewiesen. O. Fuchs. 4010◇

0987 **Normalschwingungen der Polymermoleküle mit Schraubenkonfiguration.** 3. Mitt. **Polyoxymethylen und D_2-Polyoxymethylen.** Hiroyuki Tadokoro, Masamichi Kobayashi, Yôichi Kawaguchi, Akira Kobayashi und Shunsuke Murahashi. (J. chem. Physics **38,** 703—21, 1963; Nakanoshima, Osaka, Japan, Univ., Fac. of Sci., Dep. of Polymer Sci.; engl.) — 2. vgl. C. **1962,** 7915). — Die polarisierten IR-Spektren von *Polyoxymethylen* (**I**) u. von *deuteriertem* **I**, $-(CD_2O)_n-$ (**II**), wurden zwischen 100 u. 4000 cm^{-1} bei 25° gemessen; **I** wurde auch bei 150 u. 170° untersucht. Unter Verw. der l. c. abgeleiteten Beziehungen werden die Normalschwingungen von **I** u. **II** für die Raman-akt. A_1-Symmetriearten, die IR-akt. A_2-Arten u. die Raman- u. IR-akt. E_1-Arten mit Hilfe der GF-Matrix berechnet. Es ergibt sich so eine brauchbare Übereinstimmung zwischen gemessenen u. berechneten Frequenzen. Die Banden können bestimmten Schwingungen zugeordnet werden. Vgl. auch C. **1961**, 9808; zur experimentellen Meth. vgl. C. **1961**, 508. O. Fuchs. 4010◇

0988 **Die Untersuchung des Verhaltens einiger Polysulfonate in konzentrierten wäßrigen Lösungen.** O. D. Bonner und James R. Overton. (J. physic. Chem. **67**, 1035—39, 1963; Columbia, S. C., Univ. of South Carolina, Dep. of Chem.; engl.) — Osmot. Koeff. u. Aktivitäts-Koeff. für 2 Reihen polymerer Verbb., die als Grundeinheiten *Toluolsulfonat* bzw. *Äthylbenzolsulfonat* hatten, wurden durch isopiest. Vgl. von Lsgg. dieser Komponenten mit LiCl-Lsg. bestimmt. Es zeigte sich, daß die osmot. Koeff. in der Weise vom KW-Stoff-Geh. des Sulfonats abhängig sind, daß der Koeff. für Moll. mit größerem Äquivalent-Gew. kleiner wird. Die Wasseraktivität der Lsg. ist innerhalb einer Polymerenreihe primär eine Funktion der Konz. der Ionengruppe u. nicht der Ionenkonzentration. Die osmot. Koeff. schwach vernetzter *Polystyrolsulfonate* sind höher als die der linearen Verbindungen. Die Ergebnisse sind tabelliert. H. Schroeder. 4010◇

0989 **Zweistufen-Blockcopolymerisation von Acetaldehyd mit Propylenoxid. Eine Synthese von Blockcopolymeren.** Hiroyasu Fujii, Tadayasu Fujii, Takeo Saegusa und Junji Furukawa. (Makromolekulare Chem. **63**, 147—52, 1963; Kyoto, Univ., Dep. of Synth. Chem.; engl.) — *Blockcopolymere* aus *Acetaldehyd* u. *Propylenoxid* wurden mit Hilfe des Katalysatorsyst. Triäthyl-Al–W. (1:1) in einer Lsg. von n-Hexan hergestellt. In der ersten Stufe wurde Propylenoxid allein bei Zimmer-Temp. während 1,5 Min. polymerisiert; dann wurde bei — 78° in der zweiten Stufe Acetaldehyd anpolymerisiert. Das erhaltene Polymerisat (22,7—24,3% Ausbeute) wurde in einen methanollösl. (**A**, 14,7—15,2%), einen methanolunlösl., Chlf.-lösl. (**B**) (8,0—8,1%) u. einen Chlf.-unlösl. Teil (0—1,6%) fraktioniert. Durch Hydrolyse der lösl. Polymerfraktionen **A** u. **B** mit HCl, IR-Analyse u. Molgew.-Best. der unlösl. Hydrolyseprodd. wurde festgestellt, daß **B** fast ausschließlich aus dem Blockpolymeren besteht. **A** kann sowohl Propylenoxid u. amorphes *Polyacetaldehyd* als auch Blockcopolymere enthalten. Die lösl. Fraktionen **A** u. **B** besitzen eine bessere Thermostabilität als Homopolyacetaldehyd. G. Wiegand. 4010◇

0990 **Seitliche Ordnung von naß versponnenen Polyacrylonitrilfasern.** L. G. Wallner und K. Riggert. (J. Polymer Sci., Part B **1**, 111—14, 1963; Frankfurt/M., Hans J. Zimmer Verfahrenstechnik; engl.) — *Acrylonitril* wurde in Dimethylsulfoxid (**I**) mit einem Redoxsyst. bis zu einem Umsatz von 60% polymerisiert. Aus einer 17%ig. Lsg. des *Polyacrylonitrils* in **I** wurden unter Verw. einer Mischung **I** + W. 65:35 als Fällbad Fäden hergestellt; die Fäden wurden zuerst in heißem W. im Verhältnis 1:5,6 verstreckt, getrocknet u. schließl. bei 170° nochmals im Verhältnis 1:15 verstreckt. Das Röntgendiagramm dieser Fasern zeigt schwache u. diffuse Äquatorreflexionen, die bei einer Nachbehandlung der Fasern in Glycerin bei 200° oder nach 30std. Einw. einer 30%ig. wss. Lsg. von **I** oder Dimethylformamid schärfer u. intensiver werden; der Effekt der Nachbehandlung wird durch period. Strecken u. Schrumpfen der Fasern noch verstärkt. Die charakterist. Werte von 11 so beobachteten Reflexionen werden angegeben. O. Fuchs. 4010◇

0991 **Nachweis von strukturellen Unterschieden in Polymeren durch Dichtegradientenultrazentrifugierung.** 2. Mitt. **Nachweis von Mikrogel.** Rolf Buchdahl, Herbert A. Ende und Leighton H. Peebles. (J. Polymer Sci., Part C **1963**, 143—52; Durham, N. C., Chemstrand Res. Center, Inc., Res. Triangle Park.; engl.) — 1. vgl. C. **1962**, 3835. — Ausführliche Mitteilung zu der l. c. ref. Arbeit. Zu ergänzen ist: Die 3 Fraktionen des *Acrylonitril-Vinylacetat-Copolymeren* besitzen die Molgew. 0,5 · 10^6, 25 · 10^6 u. 75 · 10^6; erstere besitzt lineare Struktur. Bei den anderen Fraktionen wird die quant. Auswertung durch die Ggw. von Mikrogel gestört. O. Fuchs. 4010◇

0992 **Nachweis von strukturellen Unterschieden in Polymeren durch Dichtegradientenultrazentrifugierung.** 3. Mitt. **Taktizität.** Rolf Buchdahl, Herbert A. Ende und Leighton H. Peebles. (J. Polymer Sci., Part C **1963**, 153—59; engl.) — 2. vgl. vorst. Referat. — Unter Verw. eines Gemisches aus Bzl. u. $CHBr_3$ als Lsgm. konnte in der Ultrazentrifuge mit Dichtegradient eine Trennung zwischen *atakt.* (**Ia**) u. *stereoregulärem Polystyrol* (**Ib**) nachgewiesen werden. Das spezif. Vol. von **Ia** ist um 0,025 $cm^3 \cdot g^{-1}$ größer als das von **Ib**; der Unterschied ist größer als der von Krigbaum u. Mitarbb. (vgl. C. **1960**, 1871) gefundene. Diese verschied. Ergebnisse werden auf die verschieden starke selektive Adsorption in **Ia** u. **Ib** zurückgeführt. Das Vorliegen von Stereoblockpolymerem konnte nicht nachgewiesen werden. Vgl. auch C. **1962**, 3835. O. Fuchs. 4010◇

0993 **Das Elektronenresonanzspektrum von γ-bestrahltem Polymethylmethacrylat mit deuterierten Methylengruppen.** P. Kouřím und K. Vacek. (Tetrahedron Letters [London] **1962**, Nr. 23, 1051—53; Řež bei Prag, Czechoslovak Acad. of Sci., Nucl. Res. Inst.; engl.) — Es wurde das Elektronenresonanzspektrum (ERS) der freien Radikale von γ-bestrahltem, polymerisiertem *Methacrylsäuremethylester*, dessen Methylengruppen deuteriert waren, aufgenommen u. mit dem von normalem *Polymethylmethacrylat* (**I**) verglichen. Das ERS von deuteriertem **I** zeigt außer etwas verbreiterten Linien die gleiche Quartettstruktur wie normales **I**. Das bestätigt die von Ingram u. a. (vgl. C. **1960**, 2895) u. Abraham (vgl. C. **1959**, 9596) angenommene Struktur für das entstandene Makroradikal, $-C(CH_3)(COOCH_3)-CH_2-\dot{C}\cdot(CH_3)COOCH_3$, u. deren Auffassung, daß das freie Elektron nur mit den Protonen der Methyl-, nicht aber mit denen der Methylengruppe in Wechselwirkung tritt. B. Kahlow. 4010△

0994 **Thermodynamische Eigenschaften von Polymethylmethacrylat und Methylmethacrylat.** R. W. Warfield und M. C. Petree. (J. Polymer Sci., Part A **1**, 1701—08, 1963; Silver Spring, Md., U. S. Naval Ordnance Labor. White Oak; engl.) — Auf Grund bekannter Daten werden von *Polymethylmethacrylat* (**I**) u. *Methylmethacrylat* (**II**) die Entropie, Enthalpie u. die Gibbssche freie Energie im Temp.-Bereich 0—260°K für **I** u. 0—210°K für **II** berechnet. Die Polymerisationsentropie bei 210°K ergibt sich zu 9,63 cal · Mol^{-1} · $Grad^{-1}$ u. die freie Polymerisationsenergie zu — 11,8 kcal Mol^{-1}. C_p/T von **I** geht zwischen 70 u. 100°K durch ein Maximum. Die Zahl der klass. Oszillatoren pro **I**-Einheit ergibt sich zu 6,38 bei 260°K u. C_p-C_v berechnet sich zu 0,014 cal · g^{-1} · $Grad^{-1}$. O. Fuchs. 4010◇

0995 **Experimentelle Daten über verdünnte Polymerlösungen.** 1. Mitt. **Hydrodynamische Eigenschaften und Dimensionen des statistischen Knäuels von Poly-n-butylmethacrylat.** R. van Leemput und R. Stein. (J. Polymer Sci., Part A **1**, 985—92, 1963; Brussels, Univ. Libre de Bruxelles, Labor. de Chem. Generale.; engl.) — Von mehreren Fraktionen von *Poly-n-butylmethacrylat* (M_w = 117000—666000) wurden in Butanon (**II**) u. Aceton (**I**) die Intrinsicviscosität [η], M_w (Lichtstreuung) u. M_n (Osmose) bei 25° gemessen. Aus dem Verhältnis M_w/M_n folgt, daß die Fraktionen sehr einheitlich sind. Es gelten die Beziehungen $[\eta] = 0{,}97 \cdot M^{0{,}68}$ in **II** u. $1{,}84\ M^{0{,}62}$ in **I** ([η] in $cm^3\ g^{-1}$), ferner $A_2 = 0{,}025 \cdot M_w^{-0{,}36}$ in **II** u. $0{,}04 \cdot M_w^{-0{,}41}$ in **I**. Für den aus der Lichtstreuung bestimmten mittleren Knäuelträgheitsradius ergibt sich: $\overline{S^2} = 1{,}90 \cdot 10^{-2} \cdot M_w^{1{,}14}$ (in **II** u. **I**). Die Φ-Werte der Flory-Fox-Gleichung betragen 2,3 · 10^{23} in **II** u. 2,1 · 10^{23} in **I**. Die Abhängigkeit von [η] von $\overline{S^2}$ ist kleiner, als nach der Floryschen Theorie zu erwarten ist. O. Fuchs. 4010◇

0996 **Die Bildung von Keimen in kristallisierenden Polymeren.** A. Sharples. (Polymer [London] **3**, 250—52, 1962; Inveresk, Musselburgh, Midlothian, Arthur D. Little Res. Inst.; engl.) — Eine geringe Menge *Polydekamethylenterephthalat* wurde bei verschiedenen Temp. oberhalb des F. (197,5°) zwischen 2 Deckgläschen gepreßt, wobei etwa 10 μ dicke Filme erhalten werden. Mkr. mit gekreuzten Nicols wurde nun die Anzahl gebildeter Keime als Funktion der Zeit bei Temp. zwischen

125 u. 120° gemessen. Trägt man die Beobachtungsergebnisse graph. auf, dann ist aus den Kurven ersichtlich, daß zunächst die Anzahl gebildeter Keime mit konstanter Geschwindigkeit zunimmt; diese Zunahme endet dann scharf nach einer bestimmten Zeit, die charakterist. für die Kristallisationstemp. ist, wobei die Anzahl der Keime konstant bleibt. Aus den Beobachtungen wurde geschlossen, daß „vorherbestimmte" Keimbldg. scheinbar wirksam ist, wenn die Zeit, bei der die Keime aufhören gebildet zu werden, kurz ist im Vgl. zu der Gesamtheit der Kristallisation. „Sporadische" Keimbldg. tritt dann ein, wenn die Kristallisation beendet ist, bevor der Punkt erreicht ist, bei dem die Keime aufhören sich zu bilden. Manchmal scheint sich die Keimbldg. während der Kristallisation von „sporadisch" in „vorherbestimmt" zu ändern, so daß demnach die Kinetik des Keimbildungsprozesses komplizierter ist als bisher angenommen wurde. Ähnliche Beobachtungen wurden an *Polyäthylenoxid, Polyoxymethylen, Polypropylen* u. *Polyäthylen* gemacht. C. Gottfried. 4010△

0997 **Über Polyester mit ungleichartiger Kette.** 35. Mitt. **Untersuchung einiger Gesetzmäßigkeiten der an der Phasengrenze verlaufenden Polyveresterung.** W. W. Korschak, Ss. W. Winogradowa und A. Ss. Lebedewa. (Hochmolekulare Verbind. [UdSSR] **4,** 968–71, 1962; russ.; Auszug: engl.) — **34.** vgl. C. **1963,** 21961. — Stabilisatoren (Gelatine, Stärke, Polyvinylalkohol, Casein) erhöhen Ausbeute u. Molgew. der *Polyester* bei der Zwischenphasenkondens. von *Isophthalsäure* mit *Dian.* Bei Gelatine liegt das Optimum, bezogen auf die Summe der Ausgangsprodd., bei 5%. NaCl ist ohne Einfluß. Polyester mit dem höchsten Molgew. werden bei einem Konz.-Verhältnis Isophthalsäurechlorid: Dian = 0,125 Mol/Liter: 0,1 Mol/Liter erhalten. J. v. Schroeder. 4010◇

0998 **Über Polyester mit ungleichartiger Kette.** 36. Mitt. **Polykondensation des Dichlorids von Bis-[p-carboxyphenyl]-methylphosphinoxid mit 4.4'-Dihydroxydiphenylpropan an der Phasengrenze.** W. W. Korschak, Ss. W. Winogradowa und U. Ban-Juan. (Hochmolekulare Verbind. [UdSSR] **4,** 982–86, 1962; russ., Auszug: engl.) — 35. vgl. vorst. Referat. — Durch Zwischenphasen-Kondens. werden aus dem *Dichlorid* (**I**) von *Bis-[p-carboxyphenyl]-methylphosphinoxid* u. *2.2-Bis-[p-hydroxyphenyl]-propan* (**II**) *Polyester* mit einer Erweichungstemp. von 225–235° u. einem Molgew. von 10000–21000 erhalten. Polyester mit dem höchsten Molgew. werden bei Anwendung eines äquimol. Verhältnisses **I**:**II** oder bei geringem **I**-Überschuß erhalten. Als beste Lsgm. hinsichtlich der Erzielung von Polyestern mit hohem Molgew. erwiesen sich CCl_4 u. m-Xylol. J. v. Schroeder. 4010◇

0999 **Über Polyester mit ungleichartiger Kette.** 37. Mitt. **Gemischte Polyarylate aus Terephthalsäure, Dihydroxydiphenylpropan und aliphatischen mehrwertigen Alkoholen.** W. W. Korschak, Ss. W. Winogradowa und P. M. Waletzki. (Hochmolekulare Verbind. [UdSSR] **4,** 987–94, 1962; russ., Auszug: engl.) — 36. vgl. vorst. Referat. — Aus *Terephthalsäure, Dian* u. mehrwertigen Alkoholen (*Glycerin, Trimethylolpropan* u. *Pentaerythrit*) wurden *Polyester* mit freien Hydroxylgruppen dargestellt. Diese Polyester haben hohe Erweichungstempp. u. lassen sich in dreidimensionale, unschmelzbare u. unlösl. Polymere überführen. J. v. Schroeder. 4010◇

1000 **Beitrag zur Deutung des Infrarotspektrums von Nylon 6.6.** Gerhard Heidemann und Helmut Zahn. (Makromolekulare Chem. **62,** 123–33, 1963; Aachen, TH, Dt. Wollforsch.-Inst.; dt.) — Die IR-Spektren von *normalen* (**I**), *N-vicinal* (**II**) u. *CO-vicinal* (**III**) *deuterierten Nylon 6.6* wurden im Bereich 3–15 μ (**I** u. **III** mit polarisierter IR-Strahlung) aufgenommen. Banden bei 1474 u. 1179 cm^{-1} werden der Deformations- bzw. Drillschwingung der N-vicinalen CH_2-Gruppen u. 1416 u. 1198 cm^{-1} den gleichen Schwingungen der CO-vicinalen CH_2-Gruppen zugeordnet. Die im Gegensatz zur Erwartung höhere Frequenz der δ-CH_2(N)-Gruppe wird mit der Wechselwrkg. der H-Atome dieser Gruppe mit dem π-Elektronensyst. der Amidgruppe erklärt. Die Frequenz dieser Schwingung ist daher konformationsabhängig u. wird auch bei den niederen *cycl. Oligomeren* vom *Nylon 6.6*-Typ, wo die ideale trans-Konfiguration der CH_2-Gruppen gestört ist, erniedrigt gefunden.

Versuche: *N-vicinal deuteriertes Nylon 6.6*, durch Grenzflächenpolykondens. aus $D_{8(N.N.N'.N'1.1.6.6)}$-Hexamethylendiamin u. Adipinsäuredichlorid. — *CO-vicinal deuteriertes Nylon 6.6*, aus Hexamethylendiamin u. $D_{4(2.2.5.5)}$-Adipinsäuredichlorid. P. Kahlow. 4010△

1001 **Einkristalle aus Polyamidschmelzen.** J. H. Magill und P. H. Harris. (Polymer [London] **3,** 252–56, 1962; Pontypool, British Nylon Spinners Ltd., Res. Dep.; engl.) — Vff. nehmen Bezug auf Unterss. von Magill (vgl. Chem. and Ind. **1962,** 33), bei denen gefunden worden war, daß man aus Polyamidschmelzen Einkristalle erhält, wenn die Kristallisation isotherm in dünnen Filmen bei geringen Unterkühlungsgraden während längerer Zeit durchgeführt wird, u. berichten über mkr. Unterss. solcher Filme. Dünne Filme von *Nylon 5.6* u. *5.7* zeigten zwischen gekreuzten Nicols beim Drehen des Präp. eine gleichmäßige Ausbildung der einzelnen Plättchen. Elektronenbeugungsdiagramme an ausgewählten Bereichen dieser dünnen Filme bestätigen den Einkristallcharakter der Plättchen. Durch den einfallenden Elektronenstrahl wird die kristalline Struktur schnell zerstört u. man erhält diffuse Beugungsdiagramme. Die Interferenzpunkte sind pseudohexagonal angeordnet. Ähnliche, gleichmäßig auslöschende Plättchen wurden in *Nylon 5.5, 6.6, 8* u. *10.10* gefunden. C. Gottfried. 4010△

1002 **Über die Reaktivität der Endgruppen im Oligomerenbereich und die Bildung cyclischer Verbindungen bei der Darstellung von Polyätherurethanen.** K. J. Rauterkus und W. Kern. (Chimia [Aarau, Schweiz] **16,** 114, 1962; Mainz, Univ., Org.-Chem. Inst.; dt.) — Durch Phosgenierung der endständigen OH-Gruppen von techn. *Polyäthylenglykolen* (Diole 200, 300 u. 400) u. Umsetzung der entstandenen Chlorkohlensäureester mit n-Butylamin werden die entsprechenden *Diurethane* erhalten. Die dünnschichtchromatographische Auftrennung der Rk.-Prodd. u. Vgl. der Dünnschichtchromatogramme mit denen von reinen *Bis-N-n-butylurethanen* des *Äthylenglykols, Di-, Tri-, Tetra-, Penta-* u. *Hexaäthylenglykols* ergibt, daß in allen untersuchten techn. Polyäthylenglykolen Oligoäthylenglykole vom Äthylenglykol bis zum Pentaäthylenglykol enthalten sind. Alle diese Verbb. haben bei der Rk. mit Phenylisocyanat in Ggw. von Triäthylamin als Katalysator, einer Rk. 2. Ordnung, die gleiche Geschw.-Konstante. Bei der nicht katalysierten Rk. mit p-Nitrophenylisocyanat zeigen sich jedoch bei diesen niedrigmolekularen Verbb. kleine Unterschiede. — Zum Nachweis von *Cyclourethanen* in techn. Polyätherurethan-Voraddukten wurden zunächst einige *cycl. Oligoätherurethane* durch Umsetzung der *Bis-chlorcarbonate* der *Oligoäthylenglykole* $ClCOO-(CH_2-CH_2-O)_n-COCl$ ($n = 1-6$) mit *Hexamethylendiamin* (**I**), *p-Phenylendiamin* bzw. *2.4-Toluylendiamin* (**II**), jeweils im Molverhältnis 1:2 im verdünnten Syst., synthetisiert. Dazu wurden die beiden Komponenten (0,1 bzw. 0,05 Mol) in je 500 ml Lsgm. (Bzl. u. Dioxan) gelöst u. gleichzeitig während 9 Std. unter gutem Rühren zu 500 ml Lsgm. zugetropft. Charakterisierung der Verbb. durch Elementaranalyse, Mol.-Gew.-Best., Dünnschichtchromatographie u. IR-Spektroskopie, wobei sich die IR-Spektren der Cyclourethane (**A**) deutlich von denen linearer Oligo- u. Polyurethane unterscheiden. Durch Umsetzung von **I** bzw. **II** mit *Diol 400* in äquivalenten Mengen (je 0,06 Mol) in 50 ml Dioxan (2,5 Std. bei 120°, sodann anschließend weitere 30 Min. mit einem Überschuß von 2–3% des Diols) konnten im Rk.-Prod. nach Abdestillieren des Lsgm., Extraktion des Rk.-Prod. mit 500 ml W., Eindampfen der wss. Lsg. u. Filtration mit Hilfe dünnschichtchromatograph. Vergleichsunterss. mit den synthetisierten **A** nur geringe Mengen von Cyclodiurethanen nachgewiesen werden. Ihre Gesamtmenge dürfte nach Ansicht der Vff. 1–2% nicht wesentlich übersteigen. J. Sickfeld. 4010◇

1003 **Über die Reaktion von Polymeren und Copolymeren des 2-Methyl-5-vinylpyridins mit aromatischen Nitroverbindungen.** A. W. Toptschijew, N. N. Kapzow,

G. D. Kaljushnaja, A. I. Mitjajewa und I. Je. Balitzkaja. (Ber. Akad. Wiss. [UdSSR] **143**, 621–24, 1962; Akad. der Wiss. der UdSSR, Inst. für petrochem. Synth.; russ.) — *Poly-2-methyl-5-vinylpyridin* (**I**) reagiert mit Dinitrotoluol u. -xylol (Gemischen) unter starker Erhöhung der Viscosität. Es wird eine Vernetzung der polymeren Ketten von **I** durch Rk. der Nitro- mit den Aminogruppen angenommen. Der Effekt ist noch stärker bei der Rk. von **I** mit 2.4.6-Trinitrotoluol. Mit m-Dinitrobenzol reagiert **I** dagegen nicht. In Nitrotoluol als Lsgm. wird die Viscosität von **I** nicht oder nur sehr wenig erhöht.
Helmut Schäfer. 4010△

1004 **Darstellung von Dimethyldichlorzinn und Untersuchung seiner Reaktion mit Dinatriumsalzen von Dimethylsiloxanen.** K. A. Andrianow, T. W. Wassiljewa, S. N. Nudelman, L. M. Chananschwili, A. Ss. Kotschetkowa und A. G. Tscherednikowa. (J. allg. Chem. [UdSSR] **32(94)**, 2307–11, 1962; russ.) — Beim Überleiten von 300–500 g Methylchlorid (I; 0,4–0,5 g/Min.) bei 250° (350°) über ein Gemisch aus 300 g SnO u. 15 g Cu-Schwamm wird ein Gemisch aus 98 (75)% *Dimethyldichlorzinn* (**II**; F. 107°) u. 2 (25)% *Methyltrichlorzinn* (F. 46°) erhalten, das durch Kristallisation aus Toluol getrennt wird. Die Gesamtausbeute beträgt bei 250° (350°) 38,5 (58)%, bezogen auf SnO, bzw. 79 (39)%, bezogen auf I. Die Kondens. von **II** oder Diäthyldichlorzinn mit den Di-Na-Salzen von $\alpha.\omega$-Dihydroxytetramethyldisiloxan, -hexamethyltrisiloxan, -eikosamethyldekasiloxan u. -tetrakontamethyleikosasiloxan (1:1 Mol in Bzl. bei 44° 4 Std. rühren) liefert *Polydimethylstannodimethylsiloxane* bzw. *Polydiäthylstannodimethylsiloxane* der Struktur $\{-Sn(R)_2-O-[Si(CH_3)_2-O]_n\}_x$ (R = $-CH_3$, $-C_2H_5$; n = 2, 3, 10 u. 20). Die Polymeren sind fest u. elast., haben ein Molgew. von 2340–2680 u. eine von der Zus. unabhängige Glastemp. von ca. — 100°.
Helmut Schäfer. 4010△

1005 **Telomerisation von Organocyclosiloxanen mit Titantetrachlorid.** K. A. Andrianow, T. W. Wassiljewa und Ss. Ch. Korotkewitsch. (J. allg. Chem. [UdSSR] **32(94)**, 2311–14, 1962; Moskau, Inst. für chem. Feintechnol.; russ.) — Die Rk. von $TiCl_4$ mit Oktamethylcyclotetrasiloxan (I) (7,42 g $TiCl_4$ u. 23,25 g **I** 6 Std. auf 170° erhitzen) liefert *[ω-Chloroktamethyltetrasiloxanyl]-trichlortitan* [Kp.$_1$ 127–128°; 8,05 g (Ausbeute)] u. *Bis-[ω-chloroktamethyltetrasiloxanyl]-dichlortitan* [**II**; $C_{16}H_{48} \cdot Cl_4O_8Si_8Ti$, Kp.$_{0,014}$ 133–135°; 2,5 g]. Beim Kochen von **II** entstehen wieder *$TiCl_4$* u. **I**. Beim Erhitzen von $TiCl_4$ mit symm.-Trimethyltriphenylcyclotrisiloxan (1:1 Mol, 2$^1/_2$ bis 4 Std. auf 170°) wird *Polytitanomethylphenylsiloxan* der Zus. $C_{63}H_{72}Cl_4O_{10,5}Si_9Ti$ als elast. Polymeres erhalten. Bei 150° entsteht dagegen nur *Polymethylphenylsiloxan*.
Helmut Schäfer. 4010△

1006 **Experimentelle Prüfung der Beziehungen zwischen mechanischen Konstanten von Gelen für Dehnung bei konstantem Quellungsgrade einerseits, bei konstantem Partialdruck des Quellungsmittels andererseits.** W. Kuhn, S. Müller, H. J. Kuhn und A. Eisenberg. (Makromolekulare Chem. **62**, 40–48, 1963; Basel, Univ., Phys.-chem. Inst.; dt.) — In Bzl. gequollene *Kautschuk*-Folien wurden unter 2 verschiedenen Bedingungen elast. verformt: 1. Dehnung bei konst. Zus., bes. bei konst. Geh. des Gelfadens an Quellungsmittel; 2. Streckung bei konst. Partialdruck des Quellungsmittels. Eine bereits früher abgeleitete quant. Beziehung (C. **1962**, 3828) zwischen den Elastizitätsmoduln E u. E′ u. den Poissonschen Zahlen μ u. μ' für diese Bedingungen wurde damit für die untersuchten Kautschukfolien experimentell sichergestellt.
I. Solf. 4030◇

1007 **Der Einfluß der Molekulargewichtsverteilung auf die Löslichkeitsanalyse von bestrahltem Gummi.** D. T. Turner. (J. Polymer Sci., Part B **1**, 93–95, 1963; Durham, N. C., Camille Dreyfus Labor., Res. Triangle Inst.; engl.) — Für strahlenvernetzten *Naturgummi* (**I**) mit $M_v/M_n = 3{,}1$ besteht keine Linearität zwischen $s + s^{1/2}$ u. R^{-1} (s = lösl. Fraktion, R = Strahlendosis), wie sie von der Theorie von Charlesby u. Pinner (vgl. C. **1960**, 7866) gefordert wird. Wird **I** aber zuvor durch therm. Oxydation in Ggw. von Azo-bis-isobutyronitril bis $M_w/M_n = 2{,}5$ abgebaut u. dann erst durch Bestrahlung vernetzt, so wird für höhere R-Werte Übereinstimmung mit der Theorie gefunden. Das Ergebnis steht auch im Einklang mit dem nach anderen Meth. erhaltenen Wert für das Verhältnis p/q (p bzw. q = Wahrscheinlichkeiten für die Spaltung bzw. Vernetzung einer mol. Einheit bei der Bestrahlung für R = 1).
O. Fuchs. 4030◇

1008 **Kubische Gitter-Modell-Kette.** W. R. Krigbaum und M. Kaneko. (J. chem. Physics **36**, 99–109, 1962; Durham, N. C., Duke Univ., Dep. of Chem.; engl.) — Vff. leiten die Verteilungsfunktionen für eine dreidimensionale, aus kub. Gittern bestehende Modellkette unter den Bedingungen einer konstanten Kraft Z_f oder einer festen Verschiebungslänge Z_r ab, wobei zwei mögliche Lagen unterschiedlicher Energie für jedes Glied existieren. Das Problem läßt sich auf den Fall einer eindimensionalen Markow-Kette reduzieren, so daß Z_f in geschlossener Form darstellbar ist. Mit Hilfe der Netzwerk-Behandlung von Wang u. Guth für nichtgaußförmige Ketten wird die Verteilungsfunktion für ein Netzwerk kub. Gitter-Ketten abgeleitet. Ein qual. Vgl. mit dem Experiment zeigt, daß die meisten Abweichungen vom Gaußschen Verh., die bei verkettetem *Naturgummi* bei geringen relativen Elongationen beobachtet werden, Effekten der innermolekularen Rotationsenergie zuzuschreiben sind.
D. Jörchel. 4030□

1009 **Spezifische Geschwindigkeitskonstante für die Urethanspaltung.** A. V. Tobolsky und E. Peterson. (J. physic. Chem. **67**, 930–31, 1963; Princeton, Univ., Dep. of Chem.; engl.) — Aus den Relaxationsunterss. an *Urethan-Kautschuk* im Bereich 100–140° läßt sich die Geschw.-Konstante der Urethanspaltung zu $2{,}5 \cdot 10^{10}$ exp (— 27700/RT) ableiten, unabhängig vom Molgew. des ursprünglichen Polyesters. Dieser Gummi war durch Behandlung des *Polyesters* aus *Äthylenpropylenadipat* (mit endständigen Hydroxylgruppen) mit *Triphenylmethantriisocyanat* erhalten worden. Eine ähnliche Konst. wurde bei dem durch Behandlung des vorst. *Polyesters* mit *Toluol-2.4-diisocyanat* erhaltenen *Kautschuk* für die Urethanspaltung ermittelt.
M. Wiedemann 4030◇

1010 **Polykondensation und Copolymerisation von N-substituiertem Borazol mit bifunktionellen Verbindungen.** W. W. Korschak, W. A. Samjatina und R. M. Oganessjan. (Hochmolekulare Verbind. [UdSSR] **4**, 615–16, 1962; russ., Auszug: engl.) — Die Polykondens. von *N.N′.N″-Triphenylborazol* (I) mit *Eikosandiol-(1.20)* liefert unter H_2-Abspaltung ein bei 20° kautschukartiges *Polymeres* der Zus. $[C_{48}H_{75}B_3N_3O_3]_n$. Bei der Polykondens. bzw. Copolymerisation von **I** mit *Hexamethylendiisocyanat* bzw. *Divinylbenzol* werden *Polymere* der Zus. $[C_{30}H_{36}B_3N_6O_3]_n$ (Glastemp. 145°) bzw. $[C_{33}H_{33}B_3N_3]_n$ (Glastemp. 105°) erhalten. Die Polymeren haben bis 350° hochelast. Eigenschaften.
Helmut Schäfer. 4030△

1011 **Chlorierung von Dimethylsiloxankautschuk.** G. W. Motzarew. (Hochmolekulare Verbind. [UdSSR] **4**, 1084–87, 1962; russ., Auszug: engl.) — Bei der Chlorierung von *Dimethylsiloxan-Kautschuk* in CCl_4 bei 50° in Ggw. von Azodiisobutyronitril finden bereits in den Anfangsstadien der Chlorierung Abbau- u. Strukturierungsvorgänge statt, die von einer Spaltung der Si–O–Si-Bindungen u. der Bldg. schwer lösl. Polymerer mit niedrigem Molgew. begleitet werden. Bei der Hydrolyse der chlorierten Polymeren (2 n butanol. KOH) wird ein Gemisch aus *Methyl-*, *Methylenchlorid* u. *Chlf.* erhalten.
Helmut Schäfer. 4030△

1012 **Photooxydation von Cellulose.** O. B. Sapolski. (Hochmolekulare Verbind. [UdSSR] **5**, 68–70, 1963; Beloruss. Lenin-Univ.; russ., Auszug: engl.) — *Cellulose* gibt nach 20std. Bestrahlung an der Luft mit einer Hg-Lampe ein verändertes Absorptionsspektrum im UV, wobei bes. das Auftreten einer intensiven Bande bei 1738 cm^{-1} auffällt. Diese entspricht der Bindung C–O, die an den Stellen der Spaltung von Glucosidbindungen u. weiterhin bei der Oxydation von Alkoholgruppen auftritt. Die Bande bei 1162 cm^{-1} darf nicht den Schwingungen der Brückenbindung C–O–C zugeschrieben werden. Die Wrkg. des Lichtes wirkt sich in erster Linie in der Oxydation der prim. alkohol. Gruppen aus.
M. Ulmann. 4050◇

1013 **Langlebige Radikale, die bei der γ-Bestrahlung von Cellulose auftreten.** W. N. Makatun, A. K. Potapowitsch und I. N. Jermolenko. (Hochmolekulare Verbind. [UdSSR] **5**, 467–68, 1963; russ., Auszug: engl.) — *Cellulose* (**I**) gibt nach Einw. von γ-Strahlung ein intensives paramagnet. Elektronen-Resonanzspektrum, das eine intensive zentrale Linie zeigt, die von 2 schwächeren flankiert wird. 45 Tage lange Lagerung des bestrahlten Prod. bedingt einen Signalabfall von 3:1. Aus Bestrahlungsverss. unter verschiedenen Bedingungen schließen Vff., daß die vorliegenden langlebigen Radikale von mindestens zweierlei Art Rk.-Prodd. der **I** selbst sind u. nicht von anderen Rkk. stammen. Die Radiolyse der **I** verursacht mehrere, parallel verlaufende u. aufeinander folgende Reaktionen. M. Ulmann. 4050◇

1014 **Das dielektrische Relaxationszeitspektrum und das entsprechende Cole-Cole-Diagramm für Methylcellulose in Wasser.** W. Kuhn und P. Moser. (J. Polymer Sci., Part A **1**, 151–58, 1963; Basel, Univ., Inst. of Phys. Chem.; engl.) — Es wird gezeigt, daß sich aus der Messung des dielektr. Inkrementes $\delta\varepsilon/\delta c$ (ε = DK, c = Konz.) u. der Frequenzabhängigkeit von $\delta\varepsilon/\delta c$ der wss. Lsg. von *Methylcellulose* (**I**) das dielektr. Relaxationszeitspektrum von **I** bestimmen läßt; es erstreckt sich von 10^{-7}–10^{-4} s (nach Auswertung von experimentellen Literaturdaten). Der Verlauf des Spektrums wird durch die 3 Parameter τ_{or} (= Orientierungsrelaxationszeit, charakterist. für das steife statist. Knäuel), ϱ_{Ah} (= erforderliche Zeit für die Verschiebung eines statist. Kettenelementes der Länge A um den Betrag $h\sqrt{2}$ durch Diffusion, wobei h = Kettenendenabstand) u. Θ_q (= Zeit für Übergang einer Kette von einem Minimum der potentiellen Energie zum benachbarten durch Rotation) bestimmt. Diese 3 Größen werden zu $0{,}78 \cdot 10^{-4}$ bzw. $2{,}3 \cdot 10^{-5}$ bzw. $1{,}1 \cdot 10^{-7}$ s berechnet. Aus der Kenntnis des Relaxationszeitspektrums läßt sich das Cole-Cole-Diagramm aufstellen; es zeigt einen stark unsymmetr. Verlauf (Abweichung von der Kreisform). Der in der Literatur wiederholt beschriebene kreisförmige Verlauf der Cole-Cole-Kurve entspricht daher keiner allg. gültigen Gesetzmäßigkeit. O. Fuchs. 4050◇

1015 **Über die Struktur von Acetylcelluloselösungen.** Ss. A. Glikman, W. M. Awerjanowa und L. I. Chomutow. (Hochmolekulare Verbind. [UdSSR] **5**, 598 bis 604, 1963; Saratow, Tschernyschewski-Univ.; russ., Auszug: engl.) — Durch viscosimetr. Messungen an Lsgg. von *sek. Acetylcellulose* in *Benzylalkohol* (**I**) u. *Aceton* (**II**) zeigen Vff., daß es sich in beiden Fällen um ungleichmäßige, thixotrope Systeme handelt. Während **I**-Lsgg. eine kontinuierliche Gelstruktur besitzen, liegt bei **II**-Lsgg. eine diskrete Struktur von Gelteilchen vor. Bei Temp. über 60° gehen beide Systeme in den Zustand wahrer Lsgg. über; bei Abkühlung bilden sich ihre Struktur u. die damit zusammenhängenden rheolog. Eigg. langsam zurück. M. Ulmann. 4050◇

1016 **Synthese stereoisomerer Cellulosederivate.** S. A. Rogowin und A. I. Poljakow. (Hochmolekulare Verbind. [UdSSR] **4**, 629, 1963; russ., Auszug: engl.) — Bei der Rk. des Ditosylesters der Cellulose mit Na-Acetat oder Na-Oleat in Dimethylformamid bei 145° (3 Std.) werden gemischte *Ester* der *Acetyl-* u. *Oleyltosylcellulose* erhalten. Werden die nicht ausgetauschten Tosylgruppen durch Pyrrolidinreste ersetzt, die gewonnenen *Acetate* u. *Oleate* des *Pyrrolidinodesoxypolysaccharides* hydrolysiert u. das vorliegende Zuckergemisch papierchromatograph. untersucht, so werden als Hauptprodd. *3-Desoxy-3-pyrrolidino-D-allose* u. *Mannose* gefunden. Vff. schließen daraus, daß eine Waldensche Umkehr stattgefunden haben muß, was neue Wege zur Synth. stereoisomerer Cellulosederivv. weist. M. Ulmann. 4050◇

1017 **Lichtstreuungsuntersuchungen an Zuckerrübenarabanen.** Yoshio Tomimatsu und K. J. Palmer. (J. Polymer Sci., Part A **1**, 1005–14, 1963; Albany, Calif., Western Regional Res. Labor.; engl.) — Vgl. C. **1961**, 17223. — Von Fraktionen von *Araban* (**I**, aus der Zuckerrübe gewonnen, Reinigung über das Acetat) wurden in den wss. Lsgg. von NaCl (2 m) bzw. Dimethylformamid (**II**, 1%) die Molgew. M_w (Lichtstreuung) gemessen. M_w ist im 2. Lsgm. wesentlich kleiner als im ersteren. Die l.c. gegebene Deutung für die Unterschiede wird zurückgezogen. Vielmehr liegt ein Ladungseffekt in wss. **II** vor. Die Gesamtladung ergibt sich aus der Titration u. der Na-Analyse zu 20 pro **I**-Mol., während aus der Lichtstreuung eine effektive Ladung von 10 folgt. Im Debye-Diagramm der Lichtstreuungsdaten tritt in einer wss. Veronal-Pufferlsg. eine Krümmung auf, die sich aber nicht nach der von Stigter u. Hill (vgl. C. **1959**, 15916) entwickelten Theorie deuten läßt. Ferner wurden M_w-Best. an *Arabanacetat* (**III**) in Methyläthylketon ausgeführt. Aus dem Vgl. mit M_w von **I** folgt, daß bei der Entacetylierung von **III** ein starker Mol.-Abbau stattfindet (nicht bei der Acetylierung von **I**). M_w von **I** in situ muß daher wesentlich größer sein als das des gereinigten. O. Fuchs. 4050◇

1018 **Die Kohlensäure-katalysierte Kettenabbruchreaktion bei der Synthese des Poly-γ-benzylglutamats.** B. Hargitay, A. J. Hubert und R. Buyle. (Makromolekulare Chem. **56**, 104–112, 1962; Brüssel, Union Carbide Res. Associates; dt.) — Als Modell-Rk. für einen neuen Kettenabbruchstyp bei der Polymerisation des Leuchsschen *Anhydrids* von *γ-Benzylglutamat* (**I**) wurde das Verh. von L-Glutaminsäurediestern (**A**) in Dioxan untersucht, worin diese in reinem Zustand stabil sind, in Ggw. von CO_2 jedoch unter Abspaltung von Alkohol *Pyroglutaminsäureester* bilden, also eine intramol. Aminolyse erleiden. Die Rk. verläuft nach folgendem Zeitgesetz: $-$ d[NH_2]dt = K[NH_2]$_t^2 \cdot p^n_{CO_2}$ ([NH_2]$_t$ = Konz. der potentiometr. titrierten freien Aminogruppen); sie ist also bzgl. der **I**-Konz. von 2. Ordnung. Es wurden folgende Werte für K gefunden: *Glutaminsäuredibenzylester* (**III**) 0,845 [1 Mol^{-1} Std^{-1}at^{-1}], *Glutaminsäuredimethylester* (**IV**) 0,633, *Glutaminsäurediäthylester* 0,295, *Glutaminsäuredipropylester* 0,274, *Glutaminsäurediisopropylester* 0,040, *Glutaminsäure-α-methyl-γ-benzylester* (**V**) 0,845, *Glutaminsäure-α-benzyl-γ-methylester* (**II**) 0,633. Aus den K-Werten für **II** bis **V** geht hervor, daß sie von der Natur der γ-Alkoxygruppe des Esters abhängen. Durch Zusatz von Aminen, die Carbaminsäuren bilden können, wird die Rk.-Ordnung der **A**-Konz. eins. Hieraus u. aus weiteren Verss. schließen Vff., daß der Katalysator des Syst. eine aus **A** u. CO_2 gebildete undissoziierte Carbonsäure ist. Die kinet. Beobachtungen werden mit einem Mehrzentren- „push-pull"-Mechanismus gedeutet; es wird gezeigt, daß sie sich auch auf die Polymerisation des Leuchsschen Anhydrids von **I** anwenden lassen. Die Bedeutung dieser Abbruch-Rk., die als bimol. Rk. nur bei einer der beiden Ketten zum Kettenabbruch führt, wird für die prakt. Polymerisation des Leuchsschen Anhydrids von **I** diskutiert.

Versuche: Darst. der **A** durch Verestern mit dem betreffenden Alkohol u. HCl; Ausbeuten 70–80%: *Glutaminsäuredimethylester* (**IV**), $C_7H_{13}NO_4$, Kp.$_{0,1}$ 94–98°. *Hydrochlorid*, F. 88–90°. — *Glutaminsäurediäthylester*, $C_9H_{17}NO_4$, Kp.$_{0,03}$ 91–93°. *Hydrochlorid*, F. 78–80°. — *Glutaminsäuredi-n-propylester*, $C_{11}H_{21}NO_4$, Kp.$_{0,03}$ 98–100°. *Hydrochlorid*, F. 81°. — *Glutaminsäurediisopropylester*, $C_{11}H_{21}NO_4$, Kp.$_{0,1}$ 102–104°. *Hydrochlorid*, F. 88–90°. — *Glutaminsäuredibenzylester* (**III**) · HCl, $C_{19}H_{22}ClNO_4$, F. 94–95° (A./Ae.); 30% Ausbeute. — *Glutaminsäure-α-methyl-γ-benzylester* (**V**) · HCl, $C_{13}H_{18}$ · $ClNO_4$, F. 130°, aus Glutaminsäure-γ-benzylester-N-carbonsäureanhydrid u. Methanol in Dioxan u. Triäthylamin; 55%. — *Glutaminsäure-α-benzyl-γ-methylester* (**II**) · HCl, $C_{13}H_{18}ClNO_4$, F. 74–75°, aus Glutaminsäure-γ-methylester-N-carbonsäureanhydrid u. Benzylalkohol wie vorst.; 15%. W. Walter. 4070◇

1019 **Eine neue Methode zur Gewinnung von Proteinfraktionen nach der Papierelektrophorese.** Robert Shaw. (Lab. Pract. **12**, 367–68, 1963; Sheffield, Univ., Dep. of Biochem.; engl.) — Zur Isolierung von papierelektrophoret. getrennten *Protein*-Fraktionen werden die proteinhaltigen Papierzonen in bes. Einsätzen zentrifugiert, die es ermöglichen, daß sich die einzelne Fraktion in einem Tropfen des kon. Zentrifugenglases befindet. Die Meth. wird bei der Trennung von *Peptidase A* u. *B* aus *Penicillium janthinellum* geprüft. H. Struck. 4070◇

1020 **Analyse der Faktoren, welche den Helix-Knäuel-Übergang bei den Globularproteinen beeinflussen.** Ss. Ja.

Frenkel und W. P. Kuschner. (Biochemie [UdSSR] **28,** 535—39, 1963; Leningrad, Inst. für Cytol. der Akad. der Wiss. der UdSSR; Inst. für hochmol. Verbb.; russ., Auszug: engl.) — Aus den Werten für die Schraubenstruktur (ermittelt aus dem Inkrement der spezif. opt. Drehung), F. u. Denaturierungswärme ΔH geht hervor, daß bei *Eialbumin* (I) u. *γ-Globulin* (II) ΔH vom pH u. von der Zus. des Lsgm. abhängig ist. Wo die tert. Struktur abgeschwächt ist, nehmen F. u. ΔH bei geringem pH u. in Ggw. eines hydrophoben Lsgm. ab. Bei *Serumalbumin* (III) ist ΔH unabhängig vom pH, bedingt durch die Ggw. eines gut ausgebildeten Gerüstes aus S–S-Bindungen. Bei I u. II liegt ein zusätzlicher Kooperationseffekt vor, bedingt durch die tert. Struktur. Dieser Effekt ist abhängig von der Packungsdichte der α-Helixbereiche innerhalb eines Globulums. In Proteinen, wie III, welche ein ausreichend dichtes Netz von S–S-Bindungen besitzen, fehlt der Kooperationseffekt. O. Lebtag. 4070△

1021 **Kinetische Untersuchung der Vernetzung von Gelatine durch Formaldehyd und Glyoxal.** P. Davis und B. E. Tabor. (J. Polymer Sci., Part A **1,** 799—815, 1963; Wealdstone, Harrow, Middlesex, Kodak Ltd., Res. Labor.; engl.) — *Gelatine* (**I,** aus Schweinehaut hergestellt) wurde bei 40° in wss. Pufferlsg. mit Formaldehyd (**II**) bzw. Glyoxal (**III**) vernetzt. Die dabei stattfindende Molgew.-Zunahme wurde viscosimetr. gemessen. Die Konzz. von II u. III sowie pH der Lsg. wurden in weiten Grenzen variiert; die Konz. von I wurde nur zwischen 7 u. 14 variiert, da die Ergebnisse bei kleinerer Konz. schlecht reproduzierbar waren. Die Vernetzungsgeschw. v ergibt sich daraus zu $v = K\,[I]^2[II]^2/[H^+]$ für II bzw. $K'[I]^2[III]/[H^+]$ für III; diese Gleichungen gelten nicht für hohe [II] (0,1—3,0 m. Lsgg.) u. für III bei hohem pH (7,5—9,4). Die Werte von K u. K' hängen von der Vorgeschichte u. Natur der I ab; v steigt in der Reihenfolge I aus Kalbshaut, alkal. vorbehandelte I aus Schweinehaut, sauer behandelte I (= **Ia**) an; I, deren COOH-Gruppen methyliert waren, verhält sich wie **Ia**. Werden die NH_2-Gruppen in I acetyliert (Essigsäureanhydrid) oder mit O-Methylisoharnstoff umgesetzt oder wird I mit HNO_2 desaminiert, so fällt v sehr stark ab (gilt für II u. III). Zur Deutung der Ergebnisse nehmen Vff. an, daß sich primär mit II eine I-Methylolverb. (I-CH_2OH) bildet. Vernetzung erfolgt durch Rk. zwischen I-CH_2OH u. der I-Aminomethylolverb. I-NH–CH_2OH; vermutlich entstehen dabei Methylenäther-Bindungen der Art –CH_2–O–CH_2-. Bei III wird ebenfalls die Bldg. einer I-Methylolverb. als Primärschritt angenommen; die Vernetzung kommt über 2 Seitenketten-NH_2-Gruppen zustande, wobei geladene Netzwerke entstehen, z. B. der Struktur I-NHCH(OH)–CH(OH)–NH_2–I. O. Fuchs. 4070◇

1022 **Untersuchungen über die Bindung von Ferrihäm an Poly-L-lysin.** G. Blauer und A. Ehrenberg. (Acta chem. scand. **17,** 8—12, 1963; Rehovoth, Israel, Weizmann Inst. of Sci.; Stockholm, Sweden, Nobel Med. Inst. Biochem. Dep.; engl.) — Vff. untersuchten die paramagnet. Susceptibilität der beiden Komplexe aus *Ferrihäm* (I) (Ferriprotoporphyrin IX-Hämin) u. *Poly-L-lysin* (II). Es wurden die folgenden paramagnet. Susceptibilitäten gefunden ($\chi_{Fe} \cdot 10^6$ cgs-Einheiten): *Roter Komplex* von I u. II bei pH 11 = 2100 (± 400), [μ_{eff} 2,2 Bohrsche Magnetonen]; *grüner Komplex* aus I u. II bei pH 8 = 3100 (± 300), [2,7]. *Alkal.* I ($6 \cdot 10^{-4}$ m) 13500 (± 100) [5,7]. *Ferrimyoglobin* ($2{,}0 \cdot 10^{-4}$ m in 0,1 m Phosphat bei pH 6,5) 15000 (± 1000), [5,9]. Die paramagnet. Susceptibilität des roten Komplexes ähnelt der des *Ferricytochroms c* u. wird daher in Übereinstimmung mit seinem Absorptionsspektrum als *Ferrihämochrom* von geringem Spinmoment mit einem ungepaarten Elektron klassifiziert. Der grüne Komplex wird in die gleiche Klasse eingeordnet; die höhere paramagnet. Susceptibilität wird auf geringe Anteile an ungebundenem I zurückgeführt. Die Komplexe geben bei der Temp. des fl. N_2 keine Elektronenspin-Resonanzabsorption. An Hand von Mol.-Modellen wird die Struktur der Komplexe diskutiert. W. Walter. 4070◇

1023 **Reversible Blockierung von Aminogruppen in Proteinen durch die Acetimidoyl-Gruppe.** Martha L. Ludwig und Raymond Byrne. (J. Amer. chem. Soc. **84,** 4160—62, 1962; Cambridge, Mass., MIT, Dep. of Biology; Harvard Univ., Dep. of Chem.; engl.) — Durch Umsetzung mit Acetiminomethyläther werden in *Insulin* (I) die ε-Aminogruppen der Lysinreste (LR) in die Acetimidoylgruppe umgewandelt, wodurch der Angriff von Trypsin auf Peptidbindungen, an denen LR beteiligt sind, verhindert wird. Durch konz. NH_3, das durch Eisessig auf einen scheinbaren pH-Wert von 11,3 gebracht wurde, kann die Blockierung nach 8 Std. bei Raumtemp. wieder aufgehoben werden, wobei keine Neben-Rkk. auftreten. Bei Abspaltung der Acetimidoylgruppen aus I mit NH_3 bei 100° treten Neben-Rkk. auf; dabei wird die B-Kette von I vollständig in eine Verb. von größerer elektrophoret. Beweglichkeit umgewandelt. Bei Verw. von 0,1—1,2 m Hydrazin, das durch Eisessig auf pH 9 gebracht wurde, konnten nach 24 Std. bei Zimmertemp. Neben-Rkk. nicht ausgeschlossen werden. W. Walter. 4070◇

1024 **Vorläufige Röntgendaten zweier kristallisierter Formen des Diisopropylphosphoryltrypsins.** Lois M. Kay. (Acta crystallogr. [Copenhagen] **16,** 226, 1963; Pasadena, Calif., Calif. Inst. of Technol.; engl.) — *Diisopropylphosphoryltrypsin* wurde bei pH 5 kristallin in Blättchen erhalten; trigonal, a = 55, c = 109 Å, $P3_121$, z = 6. Bei pH 8 wurden orthorhomb. Nadeln isoliert, a = 55, b = 59, c = 67 Å; $P2_12_12_1$; z = 4. R. Uttech. 4070◇

1025 **Wirkung von Sauerstoff auf die optischen und elektrischen Eigenschaften von Nucleinsäuren.** R. S. Snart. (Trans. Faraday Soc. **59,** 754—60, 1963; Bloomington, Ind., Indiana Univ., Chem. Labor.; engl.) — Die Leitfähigkeit von festen Gelen von *Thymus-Desoxyribonucleinsäure* wurde bei 27—75° im Gleichstrom gemessen; das Gel verhielt sich wie ein Halbleiter mit einer Aktivierungsenergie von 2,44 eV u. $\sigma_0 = 6{,}3 \cdot 10^2$ Ohm^{-1} cm^{-1}. Luft oder Sauerstoff senkte beide Werte, nach 2tägigem Erhitzen in Sauerstoff stiegen sie jedoch wieder etwas an. Sauerstoff-Behandlung erhöhte die Hypochromizität der Probe. Ferner konnte durch Belichtung mit 300 mμ eine Phosphorescenz bei 470 mμ hervorgerufen werden. M. Wiedemann. 4090◇

E. Biologische Chemie, Physiologie, Medizin

E_1. Allgemeine Biologie und Biochemie

1026 **Chromatographische Trennung von Makromolekülen und Zellpartikeln der Größe nach auf Agarosesuspensionssäulen.** Stellan Hjertén. (Arch. Biochem. Biophysics **99,** 466—75, 1962; Uppsala, Univ. of Uppsala, Inst. of Biochem.; engl.) — Vgl. C. **1963,** 417. — Suspensionen von *Agarose* (I) u. Agar können als Säulenmaterial für die Chromatographie von subcellulären Partikeln u. *Proteinen* (II) oder zur Trennung ganzer Zellen von Ribosomen, II, Farbstoffen, Salzen etc. benützt werden. Die R_F-Werte sind eine Funktion des Partikel- oder Mol.-Gew., der I-Konz. u. manchmal auch der Fließgeschwindigkeit. K. Zingraf. 4100◇

1027 **Eine Methode zur Unterscheidung zwischen α- und β-Glykosiden mittels Hämagglutininen (Lectine).** O. Mäkelä. (Nature [London] **184,** 111—13, 11/7. 1959; Helsinki, Univ., Dep. of Serol. and Bact.; engl.) — *Pisum sativum-Hämagglutinin* (*Lectin*) (wss. Samenextrakt) wird von D-Glucose, D-Mannose, D-Fructose stark, von L-Sorbose schwach, von α-Glucosiden, wie Maltose, Saccharose, Turanose, Trehalose, D-Glucosamin, N-Acetyl-D-glucosamin stark, von β-Glucosiden, wie Cellobiose, Gentiobiose, nicht gehemmt. Die Agglutination durch *Cytisus sessilifolius* (L.)-Extrakt wird von β-Glucosiden, wie Cellobiose, Gentiobiose (schwach) blockiert. Mit anderen Lectinen (*Bandeiraea simplicifolia* Benth., *Crotalaria juncea* L.) scheinen Einblicke in den Typ der D-

Galaktosidbindung, vielleicht auch in den der D-Fucosid-, L-Arabinosid-, usw. -Bindung möglich zu sein. Die Best. sind mit 0,01—1 mg Zucker durchführbar, wobei zahlreiche Aminosäuren u. andere Zucker nicht stören. Die Substituenten an $C_{(3)}$ u. $C_{(4)}$ scheinen für die Fähigkeit von Monosacchariden, Lectine zu hemmen bes. wichtig zu sein. K. Maier. 4100□

1028 **Episom-vermittelte Übertragung von Resistenz gegen Therapeutica in Enterobacteriaceen. 3. Mitt. Übertragung von Resistenzfaktoren.** Tsutomu Watanabe und Toshio Fukasawa. (J. Bacteriol. **82,** 202—09, Aug. 1961; Tokyo, Keio Univ. School of Med., Dep. of Bact.; engl.) — 2. vgl. C. **1963,** 12081. — Übertragbare multiple Resistenz von *Enterobacteriaceen* gegen Chemotherapeutica, einschließlich gegen *Streptomycin, Chloramphenicol, Tetracyclin* u. *Sulfonamid* wurde gefunden in den Syst. von *Salmonella typhimurium Stamm LT-2* mit *Phagen P-22* u. *Escherichia coli Stamm K-12* mit *Phagen Pikc.* H. Aman. 4130◇

1029 **Beitrag zur Anfärbung gebundener (maskierter) Lip(o)ide mit Sudanschwarz B.** Herbert J. Schott. (Histochemie **3,** 138—49, 1962; Marburg, Univ., Anatom. Inst.; dt.) — *Sudanschwarz B* ergibt verschiedene Farbtöne, ferner weisen chromatograph. Unterss. darauf hin, daß es verschiedene Fraktionen umfaßt. Um *Lipoide* anzufärben u. keine Artefakte zu erhalten, müssen frische koll. Lsgg. verwandt werden, die nicht sauer sein dürfen. M. Wiedemann. 4150◇

1030 **Beschleunigung von Zellveränderungen in Gewebekulturen durch Äthylendiamintetraessigsäure.** Toshiko Takaoka und Hajim Katsuta. (Jap. J. exp. Med. **32,** 65—75, 1962; Tokyo, Univ. of Tokyo, Inst. for Infectious Dis.; engl.) — *Äthylendiamintetraessigsäure* (EDTA) scheint weitgehend für die Veränderung der Morphologie von Zellen von fiboblast. zu epitheloidem Charakter, sowie vermutlich für direkte oder indirekte Induktion von Zellmutation verantwortlich zu sein. Bei Anlegung von EDTA-Subkulturen des JTC-4-Zellstammes von Rattenherzfibroblasten verändern sich die Zellen im obigen Sinne, während ohne EDTA die Morphologie erhalten bleibt; unter EDTA-Einfl. geht die Fähigkeit zur Kollagen-Bldg. verloren. U. Tausendfreund. 4150◇

1031 **Der Einfluß von pH und Ionen auf den Einbau von Leucin in Thymuskerne.** Ailene Herranen und Willa Brunkhorst. (Biochim. biophysica Acta [Amsterdam] **65,** 523—26, 1962; Shrewsbury, Mass., Worcester Found. for Experiment. Biology; engl.) — Zellkerne aus der Thymusdrüse des Kalbes bauen bei pH 6,7 in Ggw. von *Na*-Ionen etwa die doppelte Menge *$^{14}C_{(1)}$-DL-Leucin* (**I**) ein als in Ggw. von K^+. Wird pH auf 7,3 erhöht, so steigt die Menge des eingebauten **I** auf jeweils den doppelten Wert des bei pH 6,7 erhaltenen. Zellkerne des Kaninchenthymus zeigen ein etwas anderes Verh.: Zunächst haben sie eine höhere spezif. Aktivität im Vgl. mit Kalbsthymus. Bei pH 6,7 verursacht der Ersatz von Na^+ durch K^+ im Brutmedium ebenfalls, wenn auch nicht so stark, einen Abfall der Aktivität, die eingebauten radioaktiven I-Mengen verhalten sich etwa wie 3:2. Bei pH 7,3 steigern K-Ionen etwas den Einbau der Aminosäure, die spezif. Aktivität des Proteins wird bei pH 7,3 nicht erhöht wie bei den Kalbsthymus-Kernen. Die spezif. Aktivitäten beider Zellkerne sind stark abhängig von der Zeit, die zwischen der Tötung des Tieres u. der Isolierung der Drüsen-Zellkerne verstreicht. Werden die Drüsen nur 15 Min. nach Tötung des Tieres verarbeitet, so fällt die spezif. Aktivität bereits um 50%. F. Zeidler. 4150◇

1032 **Eine allgemeine Methode zur Isolierung von Desoxyribonucleinsäure komplementärer Ribonucleinsäure.** E. T. Bolton und B. J. McCarthy. (Proc. nat. Acad. Sci. USA **48,** 1390—97, 1962; Washington, Carnegie Inst., Dep. of Terrestrial Magnetism; engl.) — Ein Verf. zur Gewinnung von Celluloseacetat- oder Agargelen, welche einsträngige *Desoxyribonucleinsäure* (DNS) enthalten, wird beschrieben. Da die DNS-komplementäre *Ribonucleinsäure* (RNS) mit den DNS-Moll. Hybride zu bilden vermag, gelingt es, eine spezif. RNS zu isolieren. Spezifitäten der Hybridisierungs-Rkk. werden untersucht. Ch. Zimmer. 4150◇

1033 **Untersuchungen über Desoxyribonucleinsäure in Leukoyten und verwandten Zellen von Säugetieren. 1. Mitt. Über mikrospektrophotometrische Irrtümer und statistische Modelle.** Alfredo Mariano Garcia. (Histochemie **3,** 170—77, 1962; New York, Columbia Univ., Dep. of Zool.; engl.) — Für die mikrospektrophotometr. Feulgen-Best. der *Desoxyribonucleinsäure* (DNS) in peripheren Leukocyten des Menschen u. des Kaninchen wird ein statist. Modell entwickelt u. die Fehler erörtert. M. Wiedemann. 4150◇

1034 **Untersuchungen über Desoxyribonucleinsäuren in Leukocyten und verwandten Zellen von Säugetieren. 2. Mitt. Über die Feulgen-Reaktionen und die Mikrospektrophotometrie bei zwei Wellenlängen.** Alfredo Mariano Garcia. (Histochemie **3,** 178—94, 1962; engl.) — 1. vgl. vorst. Referat. — Die Meth. der Messung bei zwei Wellenlängen, die Darst. der Proben, das Mikrospektrophotometer, die Ausmessung des Felds werden beschrieben u. einige Ergebnisse mitgeteilt. M. Wiedemann. 4150◇

1035 **Die Inhibitorwirkung der Desoxyribonucleinsäure von Salmonella typhimurium auf die Protoplasten von S. gallinarum.** D. G. Kudlai. (J. Mikrobiol., Epidemiol. Immunobiol. [UdSSR] **33,** Nr. 3, 62—64, März 1962; Gamaleja-Inst. für Epidemiol. u. Mikrobiol. der Akad. der Wiss. der UdSSR; russ.; Auszug: engl.) — Die Wrkg. von *Desoxyribonucleinsäure* (**I**) aus Streptomycin-resistenten Stämmen von *S. typhimurium* auf Protoplasten anderer Salmonellaarten wurde untersucht. Es wurde eine hemmende Wrkg. von **I** heterogener Bakterien auf das Wachstum u. die Fermentaktivität beobachtet. Ch. Zimmer. 4150◇

1036 **Verteilung von Desoxyribonucleinsäure im Kern von Uromastix aeanthinurus.** A. Stolk. (Proc., Kon. nederl. Akad. Wetensch., Ser. C **65,** 181—85, 1962; engl.) — Unterss. über die Verteilung von *Desoxyribonucleinsäure* im Darmepithel von *Uromastix aeanthinurus* vermögen die Feststellungen von Iversen (Acta Anat. **41,** [1960], 160 u. Nature [London] **187,** [1960], 86) mit Paraffinschnitten, die in Susa-Mischung, nicht gepuffertem Formol, Zenker-, Carnoy- oder Itive-Lsg. fixiert worden sind, nicht zu bestätigen, wenn die Präpp. nicht in abs. Methanol oder Formalin bei pH 4,0 fixiert oder sehr rasch in A. entwässert werden. W. Wesly. 4150◇

1037 **Vergleich des Desoxyribonucleinsäuregehaltes im Genus Mycobacterium.** Michio Tsukamura. (Jap. J. Microbiol. **5,** 255—60, Juli 1961; Obu, Aichi, Obuso Nat. Sanatorium; engl.) — Der Geh. an *Ribonucleinsäure* (**I**) schwankt bei den beiden untersuchten Genera *Mycobacterium* u. *Scotochromogen* von Stamm zu Stamm, ist jedoch innerhalb des einzelnen Stammes weitgehend konst. auch bei Verw. nicht gleicher Kulturmedien. Bei *M. avium* Jucho zeigten die in bezug auf Streptomycinresistenz mutierten Stämme den gleichen I-Geh. wie die Elternstämme. Die I-Geh. lagen bei *Mycobacterium* zwischen 3,28 u. 9,06 μg/mg Frischgew. der Zellen u. bei *Scotochromogen* zwischen 3,00 u. 6,78. W. Hiller. 4150◇

1038 **Wirkungen von Produkten der Desoxyribonucleinsäure auf die Desoxyribonucleinsäure-Synthese von virulenten und avirulenten Pneumokokken.** W. Firshein. (J. Bacteriol. **82,** 169—80, Aug. 1961; Middletown, Conn., Wesleyan Univ., Dep. of Biol.; engl.) — Zellsuspensionen von virulenten Pneumokokken synthetisieren eine größere Menge *Desoxyribonucleinsäure* (**I**) pro Zelle in Ggw. von **I** + *Desoxyribonuclease* + Gemischen aus *Desoxynucleosiden* (*Desoxyadenosin, Desoxyguanosin, Desoxycytidin* u. *Thymidin*) u. *Desoxynucleotiden* als Suspensionen ohne diesen Zusatz. Unter gleichen Bedingungen reagieren avirulente u. schwach virulente Pneumokokken nicht auf diese Spaltprodd. von **I**. *Glucose* u. *Casiton* müssen zur Erreichung maximaler Wrkg. anwesend sein. Ein I-Umsatz findet in virulenten Zellen statt. Dies wird durch Abnahme der spezif. Aktivität von ^{3}H-I bewiesen. H. Aman. 4150◇

1039 **Wirkungen von Produkten der Desoxaribonucleinsäure auf die Atmung von virulenten und avirulenten Pneumokokken.** W. Firshein. (J. Bacteriol. **82,** 181—86,

Aug. 1961; Middletown, Conn., Wesleyan Univ., Dep. of Biol.; engl.) — Vgl. vorst. Referat. — Es wurde eine signifikante Steigerung der Oxydation von *Glucose* (**I**) in S-Zellen vom Typ I, II u. III in Ggw. von Supplement 1 [*Desoxyribonucleinsäure* (**II**) + *Desoxyribonuclease* + Mischungen von *Desoxynucleosiden* u. *Desoxynucleotiden*] beobachtet. Dagegen unterdrückt dieses Supplement entweder die O_2-Aufnahme oder ist wirkungslos, wenn schwach virulente Pneumokokken anwesend sind. In Abwesenheit von **I** sind S-Zellen unfähig, Supplement 1 ausgedehnt zu oxydieren, während R-Zellen in dieser Beziehung eine deutliche Aktivität ausüben. Der selektive Vorteil von **II**-Prodd. in S-Zellen konnte nicht durch den *N*-Geh. erklärt werden, da eine Substanz mit einem 2mal so großen *N*-Geh. als der von Supplement 1 die O_2-Aufnahme nicht so steigert, wie Supplement 1. H. Aman. 4150◇

1040 **Über die Rolle der Nucleinsäuren bei der Synthese von Zellproteinen.** P. W. Makarow. (Arch. Anatom., Histol. Embryol. [UdSSR] **40**, Nr. 5, 3—17, Mai 1961; Leningrad, Univ., Abt. für Anat. u. Histol.; russ., Auszug: engl.) — Mit Hilfe autoradiograph. u. cytochem. Analyse wird gezeigt, daß eine wechselseitige Abhängigkeit zwischen der Synth. der sauren Kernproteine u. dem *Desoxyribonucleinsäure*-Histon-Verbrauch besteht. Ch. Zimmer. 4150□

1041 **Zum Wirkungsmechanismus krebserzeugender Faktoren.** H. Dannenberg. (Dtsch. med. Wschr. **88**, 605—16, 1963; München, Max-Planck-Inst. für Biochemie; dt.) — Übersicht unter dem Gesichtspunkt der Mutationstheorien über physikal., chem. u. virusbedingte Faktoren, die zur Krebserzeugung führen. — 71 Literaturhinweise. W. Damerau. 4160◇

1042 **Experimentelle Untersuchungen über Metallcarcinogenese. Chrom, Nickel, Eisen, Arsen.** W. C. Hueper und W. W. Payne. (Arch. environmental Health **5**, 445—62, Nov. 1962; Bethesda, Md., Nat. Cancer Inst.; engl.) — Hexavalentes u. trivalentes *Cr* übt carcinogene Wrkg. (aus Ratten); wichtig ist häufiger Kontakt mit dem Gewebe in niedrigen Konzentrationen. Die hochakt. Ca-, Zn- u. Sr-Chromate führen allerdings bei intratrachealer Instillation nur zu geringer Tumor(Sarkom)-Ausbeute. Cr-Protein-Komplexe können Cr-spezif. Antikörper hervorrufen. Ni-Staub, welches nach intrapleuraler Implantation Carcinom-Bldg. auslöst, führte nach intrapulmonaler Deponierung ebenfalls nur bei 1 von 34 Tieren zur Tumor(Sarkom)-Bildung. Kombination von Ni-Staub mit SO_2 ließ bei Ratten u. Hamstern keine Tumoren entstehen. Intrapleurale Implantation von *Fe*-Staub oder Verfütterung von As_2O_3 (in Trinkwasser oder 12% A.-Lsg.) führte nicht zur Tumorentstehung in den Depotorganen (Lunge, Mediastinum bzw. Haut, Lunge, Leber). U. Tausendfreund. 4160◇

1043 **Cancerogene Substanzen in Wasser und Boden.** 11. Mitt. **Polycyclische, aromatische Kohlenwasserstoffe in Walderde.** J. Borneff und R. Fischer. (Arch. Hyg. Bakteriol. **146**, 430—37, Nov. 1962; Mainz, Univ., Hygiene Inst.; dt.) — 10. vgl. C. **1963**, 12446. — Vff. fanden in Erdproben stärker cancerogen wirksame KW-Stoffe in Mengen zwischen 30 u. 110 μg/kg Erde. Die Menge der polycycl., aromat. KW-Stoffe betrug 300 μg/kg. Gefunden wurden *Fluoranthen*, *11.12-Benzfluoranthen*, *1.12-Benzperylen* u. die cancerogenen Verbb. *11.12*- u. *3.4-Benzfluoranthen*. *3.4-Benzpyren* u. *Indeno-(1.2.3:c.d)-pyren*. Da die Erdproben nicht in Industriegegenden u. entfernt von menschlichen Siedlungen genommen wurden (Waldböden), nehmen Vff. an, daß die Pflanzen an deren Entstehung mitbeteiligt sind (verunglückte Synthesen). W. Hiller. 4160◇

1044 **Cancerogene Substanzen in Wasser und Boden.** 12. Mitt. **Polycyclische, aromatische Kohlenwasserstoffe in Oberflächenwasser.** J. Borneff und R. Fischer. (Arch. Hyg. Bakteriol. **146**, 572—85, 1963; Mainz, Univ., Hygiene Inst.; dt.) — 11. vgl. vorst. Referat. — Vff. zentrifugieren Rhein-Wasser u. extrahieren den Nd. (62 g von 2,7 m^3) mit Bzl., desgleichen auch Filterschlamm eines Sandschnellfilters vom Bodensee. Nachstehende Verbb. werden gefunden: *Fluoranthen* 1,0 (mg/kg Trockensubstanz, Bodenseefilterschlamm); 2,0 (Rheinwasserzentrifugat); *Pyren* 0,2; 1,2; *1,2-Benzanthracen* 0,2; 1,2; *10.11-Benzfluoranthen* + *3.4-Benzfluoranthen* 1,8; 1,3; *Chrysen* 0,5; —; *3.4-Benzpyren* 0,2; 0,3; *1.12-Benzperylen* 1,3; 1,6; *11.12-Benzfluoranthen* 0,5; 0,6 u. *Indeno-[1.2.3:c.d]-pyren* 0,5; 0,6. 15 weitere Stoffe konnten nicht erfaßt werden. Die Filterschlammprobe enthält ca. 6 mg u. das Rheinwasserzentrifugat ca. 8 mg polycycl., aromat. KW-Stoffe pro kg Trockensubstanz. $^1/_2$—$^1/_3$ sind cancerogen. W. Hiller. 4160◇

1045 **Die Induktion eines Schuppencarcinoms in einem mit einem Carcinogen vorbehandelten Bett in der Subcutis.** V. Ann King und J. W. Orr. (Unio int. Cancrum, Acta [Louvain] **15**, 168—72, 1959; Birmingham, Univ., Dep. of Path., Cancer Res. Labor.; engl.) — Vff. implantierten Mäusen *Methylcholanthren*-Pillen (**I**) — 2% in Paraffinwachs — subkutan. Nach 2, 4, 7 bzw. 12 Wochen wurden diese entfernt u. an Stelle von **I** Thiersch-Hautgewebe eingeführt. An insgesamt 45 behandelten Tieren konnte in 33 Fällen ein Sarkom u. in 11 Fällen ein Carcinom festgestellt werden. Es wird eine histolog. Charakteristik gegeben. H. Ackermann. 4160◇

1046 **Der Einfluß von Tetrachlorkohlenstoff und Thiouracil auf die Tumorbildung nach Implantieren von Ovariengewebe in die Milz von Ratten.** B. Korpássy, M. A. Dávid, A. Jakobovits und K. Kovács. (Unio int. Cancrum, Acta [Louvain] **15**, 173—76, 1059; Szeged, Univ., Med. School, Dep. of Path.; engl.) — Weibl. Ratten wurden in 5 Gruppen unterteilt; die Tiere der Gruppen 1—3 wurden kastriert, anschließend wurde Ovariengewebe in die Milz autotransplantiert. Gruppe 2 erhielt zusätzlich jeden 4. Tag 0,1 ml CCl_4 (**I**) s. c., Gruppe 3 10 mg *Thiouracil* (**II**) p. o. Die Tiere der Gruppen 4 u. 5 erhielten nur **I** bzw. **II**. Durch **I** wird die Tumorbldg. gehemmt, es tritt jedoch eine grobkörnige Lebercirrhose auf. Die Hemmung wird auf die mangelnde Fähigkeit des Östrogen-Abbaues durch die **I**-geschädigte Leber zurückgeführt. **II** hat keinen Einfl. auf die Tumorbildung. H. Ackermann. 4160◇

1047 **Ein experimenteller Beitrag zur Tabakrauchcancerogenese.** E. L. Wynder und D. Hoffmann. (Dtsch. med. Wschr. **88**, 623—28, 1963; New York, N. Y., Sloan-Kettering-Inst. für Krebsforschung, Abt. für Prävent. Med.; dt.) — Zigarettenrauch übte eine stark bewegungshemmende Wrkg. auf das Flimmerepithel von Süßwassermuschelkiemen aus. Die ciliostat. Wrkg. war bei den sauren u. phenol. Fraktionen des Rauchkondensats am größten. Radikale schienen eine besonders starke Wrkg. zu besitzen. — Übersicht über frühere Arbeiten der Vff. zur Unters. der Rauch-Zus. u. zur Verhinderung der cancerogenen Wrkg. von Tabakrauch. W. Damerau. 4160◇

1048 **Zur Technik der „Triasfärbung" nach Papierelektrophorese und deren Brauchbarkeit in der internen Tumordiagnostik.** R. Toussaint und G. Zerlett. (Mitteilungsdienst Ges. Bekämpf. Krebskrankh. Nordrhein-Westfalen **2**, Nr. 2 83—88, 1960; Köln, Medizinische Univ.-Klinik; dt.) — Es wird über die Anwendung der „Triasfärbung" für die Differentialdiagnose bösartiger Erkrankungen berichtet. Zur elektrophoret. Unters. gelangten 135 Seren von Krebskranken, davon 82 mit Bronchial-Carcinom (B. C.). Beim B. C. ist die α_2-Globulin- u. α_2-Glucoproteidfraktion erhöht, die α-Lipoproteidfraktion erniedrigt. Letztere ist bei Sarcomen nicht vorhanden. Die Vgl. wurden mit Seren von 100 gesunden Personen vorgenommen. Die Anfärbung der elektrophoret. aufgetrennten Proteine erfolgt mit Amidoschwarz, der Lipoproteide mit Sudanschwarz u. der Glucoproteide mit Toluidinblau. Die Technik der Kohlenhydratelektrophorese wird eingehend beschrieben. H. Ackermann. 4160◇

1049 **Malignolipin in der Krebsdiagnose.** J. H. Hill. (Cancer [Philadelphia] **16**, 542—44, 1963; Kansas, Univ. of Kansas Med. Center, Dep. of Pathol. and Oncol.; engl.) — Das spezif. Vork. eines Phospholipoids in malignen Tumoren, wie es von Kôsaki u. Mitarbeitern (vgl. C. **1960**, 8545) ermittelt u. als *Malignolipin* bezeichnet worden ist, konnte in klin. Verss. nicht bestätigt werden. M. Arnold. 4160◇

1050 **Cytochemische Analyse der Bindung zwischen der Ribonucleinsäure und den Proteinen in den Zellen normaler Gewebe und bösartiger Geschwülste.** G. I. Rosskin und Je. Ss. Kirpitschnikowa. (Arch. Anatom., Histol. Embryol. [UdSSR] **40**, Nr. 5, 27—33, Mai 1961; Moskau, Univ., Labor. für Exp. Cytol. u. Cytochem. der Krebszelle u. Lehrstuhl für Histol.; russ., Auszug: engl.) — Durch Fraktionierung der *Ribonucleinsäure* (**I**) mit 5 m NaCl-Lsg. oder anderen Salzen wurde die Bindungsfestigkeit zwischen **I** u. Protein-Zellkomponenten (**II**) untersucht. Die Bindung in **II** normaler Nucleoli ist gegenüber Nucleoli von Tumoren viel weniger fest. Vff. glauben, daß die Stärke der in malignen Tumoren gebundenen **II** beim Menschen sich von derjenigen bei Tumoren von Laborversuchstieren unterscheidet. Ch. Zimmer. 4160□

1051 **Untersuchung der 17-Hydroxycorticosteroide im Plasma bei 52 Fällen von Mammacarcinom.** H. Bénard, J. S. Bourdin, R. T. Saracino und A. Seeman. (Ann. d'Endocrinol. **23**, 15—22, Jan.-Febr. 1962; Paris, Acad. Nat. de Méd., Labor. de Rech.; Saint-Cloud, S.-et-O., Centre René Huguenin; franz.) — Vgl. C. **1963**, 9342. — Der statist. Mittelwert des Geh. der *17-Hydroxycorticosteroide* im Plasma von 52 Patientinnen mit Mammacarcinom war höher als im Plasma von gesunden Frauen; in Einzelfällen wurden jedoch bei den Patientinnen auch niedrigere Werte beobachtet. K. Zingraf. 4160◇

1052 **Enzymatische Wirkungen des menschlichen Prostataadenoms.** S. David, J. Neveu, P. Bastide und G. Dastugue. (Ann. Biol. clin. **18**, 303—06, Mai/Juni 1960; Clermont-Ferrand, Fac. de Méd. et de Pharmacie, Labor. de Chimie Biol. et de Pharmacodynamie; franz.) — Die Aktivitäten einer Anzahl Enzyme (*Aldolase*, *Aspirinesterase*, *Katalase*, *β-Glucuronidase*, *Lipase*, *saure* u. *alkal. Phosphatase*, *Glutaminsäure–Oxalessigsäure-Transaminase*, *Glutaminsäure–Brenztraubensäure-Transaminase*) des menschlichen Prostataadenoms wurden bestimmt u. mit denjenigen anderer Gewebe u. der Prostata von Tieren verglichen. K. F. Müller. 4160◇

1053 **N^1-Methylnicotinamid und Xanthurensäure als Kennzeichen einer Versorgung mit Vitamin B_6 bei Krebskranken während der Strahlenbehandlung.** L. Ssiile. (Nachr. Akad. Wiss. LettSSR **1960**, Nr. 3, 161—68; Inst. für exper. Med. der Akad. der Wiss. der LettSSR; russ., Auszug: lett.) — Die Beobachtungen an 64 Frauen mit Gebärmutterkrebs ergaben bei deren Behandlung mit hohen Röntgendosen (17000—18000 r) eine erhöhte Ausscheidung von *Xanthurensäure* (**I**) mit dem Harn u. eine verminderte Ausscheidung von *N^1-Methylnicotinamid* (**II**). Durch tägliche Zufuhr von je 10 mg *Vitamin B_1* (**III**) u. *Vitamin B_2* (**IV**) sowie je 15 mg *Vitamin B_6* (**V**) mit der Nahrung wird der **V**-Umsatz im Organismus der bestrahlten Kranken normalisiert. Diese Wrkg. beobachtet man nicht bei täglicher Verabreichung von je 25 mg **III** u. **IV** sowie 50 mg **V**. Bei einmaliger Röntgenbestrahlung von 54 weißen Ratten mit 400 r wird die **II**-Ausscheidung mit dem Harn zunächst erhöht, doch zum Ende des Vers. (21 Tage) gesenkt. Die Ausscheidung von **I** mit dem Harn ist in den meisten Fällen vermindert. Im Ratten-Vers. ist der **II**-Geh. im Blut nach der Röntgenbestrahlung geringer als in der Kontrolle. O. Lebtag. 4160△

1054 **Brenzcatechinamin-Stoffwechsel in Neuro-Tumoren der Kindheit: eine kürzlich indentifizierte Gruppe funktionierender endokriner Neoplasmen.** Lytt I. Gardner, Robert E. Greenberg und Mary L. Voorhess. (Acta endocrinol. [Copenhagen], Suppl. Nr. **51**, 1041, 1960; Syracuse, N. Y., State Univ. of New York, Upstate Med. Center, Dep. of Pediatrics; engl.) H. Herper. 4160□

1055 **Hormon-aktive Tumoren der Nebennierenrinde.** E. I. Tarakanov und T. A. Schitkova. (Acta endocrinol. [Copenhagen], Suppl. Nr. **51**, 379, 1960; Moscow, Union Inst. of Experim. Endocrinol.; engl. — C. **1960**, 1234.) H. Herper. 4160□

1056 **Die Wirkung von Cortison auf die Dauer des experimentellen Deciduoms bei Kaninchen.** R. Kehl und F. Larra. (C. R. Séances Soc. Biol. Filiales **152**, 1241—45, 1958; herausgeg. 10/1. 1959; Alger, Fac. de Méd., Chaire d'Histol. et Embr.; franz.) — Vgl. C. **1961**, 12531. — Bei Kaninchen mit artifizieller Gelbkörperphase oder mit Pseudogravidität wird das experimentelle Deciduom durch *Cortison* in Gesamtdosen von 40—220 mg nicht wesentlich beeinflußt. F. Krusen. 4160◇

1057 **Vergleichende Untersuchung von 9α-Brom-11β ketoprogesteron und Prednisolon bei der Behandlung von fortgeschrittenem Carcinom der weiblichen Brust.** Jacob Colsky, Bruce Shnider, Ralph Jones jun., Hans B. Nevinny-Stickel, Thomas Hall, William Regelson, Oleg S. Selawry, Albert Owens jun., Clyde O. Brindley, Emil Frei III und Yuksel Uzer. (Cancer [Philadelphia] **16**, 502—05, 1963; Washington, D. C., Georgetown Univ. Med. Div., Eastern Cooperative Group for Solid Tumor Chemotherapy; engl.) — Im Rahmen einer vergleichenden Unters. wurden 32 Patienten mit *9α-Brom-11β-ketoprogesteron* (**I**) u. 23 mit *Prednisolon* (**II**) behandelt. Von den mit **I** behandelten Patienten konnte in keinem Fall eine objektive Remission beobachtet werden, während dies bei den mit **II** behandelten einmal der Fall war. M. Arnold. 4160◇

1058 **Wirkung von Progesteron auf die in die Milz verpflanzten Ovarialtumoren.** E. Fels. (C. R. Séances Soc. Biol. Filiales **152**, 1828, 1958; herausgeg. 31/3. 1959; Buenos Aires, Inst. de Maternité; franz.) — Die Behandlung der in die Milz von Ratten verpflanzten Ovarialtumoren mit *Progesteron* modifiziert die Tumoren nicht; *Östrogene* u. *Androgene* bewirken einen Rückgang. W. Wesly. 4160◇

1059 **Vergleich von 2.17-Dimethyltestosteron und Fluoxymesteron beim metastasierenden Brustkrebs.** R. W. Talley, M. J. Brennan, V. K. Vaitkevicius und V. L. Beckett. (Cancer [Philadelphia] **16**, 440—43, 1963; Detroit, Mich., Henry Ford Hospital, Div. of Oncol.; engl.) — Ein Vgl. von *2.17-Dimethyltestosteron* (*17β-Hydroxy-2α.17-dimethyl-Δ^4-androsten-3-on*, **I**) u. *Fluoxymesteron* (*9-Fluor-11β.17β-dihydroxy-17-methyl-Δ^4-androsten-3-on*, **II**) zeigt, daß **II** in der Behandlung dem **I** überlegen ist. **II** gibt ähnliche Resultate, wie sie hinsichtlich der objektiven Regressionen von *Testosteronpropionat* (**III**) berichtet werden. Die Regressionen sind bei Patienten mit visceralen Metastasen häufiger als bei Knochenmetastasen u. lokalen Rezidiven. Schwache androgene Wrkgg. treten in geringerem Maße in Erscheinung als bei Anwendung von **III**. M. Arnold. 4160◇

1060 **Die Wirkung von 5-Hydroxytryptamin und von einem Aminoxydasehemmer auf experimentelle Deciduome bei Mäusen.** D. Lindsay, E. Poulson und J. M. Robson. (J. Endocrinology **23**, 209—15, Okt. 1961; London, Guy's Hospital Med. School, Dep. of Pharmacology; engl.) — An Mäusen, bei denen experimentell eine Decidua-Rk. erzeugt wurde, wurde der Mechanismus untersucht, durch den *5-Hydroxytryptamin* (**I**) u. der Monaminoxydasehemmer *HP 1325* [*2.2'-(p-Phenylendioxy)-diäthylhydraziniumchlorid*; **II**] auf die Schwangerschaft wirken. Nach den Befunden richtet sich die Wrkg. von **I** u. **II** gegen die endokrine Aktivität des Ovars, besonders auf das Corpus luteum, da ihre tox. Effekte auf Deciduome durch *Progesteron* umgekehrt werden. **I** hat auch eine direkte Wrkg. auf das Deciduagewebe. K. Böhm. 4160◇

1061 **Die Wirkung ausgewählter Vitamin B_{12}-Antagonisten und anderer Verbindungen auf den C_{1300}-Mäusetumor.** Samuel S. Epstein und Geoffrey M. Timmis. (Biochem. Pharmacol. **11**, 743—46, Aug. 1962; London, Hosp. for Sick Children, und Chester Beatty Cancer Res. Inst.; engl.) — Um den Einfl. von *Vitamin B_{12}* (**I**)-Antagonisten auf das Wachstum von Tumoren festzustellen, wurden bei Mäusen (♂, CAF_1/JAX) je 5 mg C_{1300}-Tumormaterial subkutan implantiert u. die Wrkg. intraperitoneal (i. p.) verabreichter, nichttox. Dosen von *N-2-Chloräthyl-β-naphthylaminoäthyl-3-carbonamidopyridiniumchlorid*, *4-Mercaptopteridin*, *4-Methylmercaptopteridin*, *1.3-Dimethyl-7-methylmercapto-2.4-dioxo-1.2.3.4-tetrahydro-6-azapteridin* (**II**), *6-Mercaptopurin* (**III**), *9-Furfuryl-8-azaadenin* u. *2-Diäthylamino-6-p-dimethyl-*

amino-phenyläthylpurin (IV) untersucht. Neben diesen Verbb., die als I-Antagonisten bekannt sind, wurden synthet. I-Analoge (*Benzimidazol-*, *5.6-Dichlorbenzimidazol-*, *5-Methoxybenzimidazol-* u. *Äthylamid-Analoges*), *1-Methyl-2-chlormethyl-6-chlorbenzimidazol* (V), *9-Chloräthyladenin* (VI), *1.3-Dimethylalloxan-5-β-methylthiocarbonylhydrazon* (VII), *N-[S-Methylisothioureido]-1.3-dimethylalloxan-5-imid*, *N-[S-Methyl-N-methylisothioureido]-1.3-dimethylalloxan-5-imid* u. *N-[S-Äthyl-N-methylisothioureido]-1.3-dimethylalloxan-5-imid* getestet. Geringe Hemm-Wrkg. (25—50%) zeigten II (200 mg kg/Tag), V (50 mg kg/Tag) u. VII (25 mg kg/Tag). VI (100 mg kg/Tag) zeigte 50—75% Tumorhemmung, während bei III (25 mg kg/Tag) 75—100% Wrkg. festgestellt wurde. IV (200 mg kg/Tag) erhöhte dagegen das Tumorwachstum auf das Doppelte. Die übrigen Verbb. ließen keine Tumorbeeinflussung erkennen. Da gleichzeitige subkutane Injektion von 5 μg I (gelöst in dest. W.) die Hemm-Wrkg. von i. p. injiziertem III nicht beeinträchtigte, nehmen Vff. an, daß die Wrkg. von III nicht mit dessen I-Antagonismus zusammenhängt.

W. Damerau. 4160◇

1062 **Isolierung und Antitumorwirkung eines Antibioticums aus Streptomyces Sp.** F. Arcamone, A. di Marco, M. Gaetani und T. Scotti. (Giorn. Microbiol. **9,** 83—90, April-Juni 1961; Milano, Univ., Ist. di Microbiol.; ital.) — Es wurde die Antitumorwrkg. von *ungereinigten* (I) u. *gereinigten* (II) Produkten, die aus Streptomycinkulturen des Stammes 1683 gewonnen wurden, untersucht. Die Extraktionsverfahren, sowie einige chem. u. physikal. Eigg. dieses Stoffes werden beschrieben. Ehrlich-Ascites-Tumorzellen konnten durch 5tägige intraperitoneale I-Applikation in Höhe von 200 mg/kg/d ohne Änderung der Überlebenszeit der Tiere deutlich gehemmt werden. Die gleiche Wrkg. wurde gegen Ehrlich-Carcinom u. Sarcom 180 durch II-Fraktionen in Dosen von 0,25 mg/kg/d erzielt.

B. Franz. 4160□

1063 **Untersuchung der kombinierten Wirkung des Antibioticums 6270 und einiger anderer Präparate mit Antiblastomeigenschaften auf das Wachstum von experimentellen Geschwülsten.** O. K. Rossolimo, M. Ss. Stanisslawskaja und G. N. Lepeschkina. (Antibiotika [UdSSR] **6,** 479—84, 1961; Inst. für Auffindung neuer Antibiotica der Akad. der med. Wiss. der UdSSR, Labor. für exper. Erforschung der pharm. Eigg. der Antibiotica; russ., Auszug: engl.) — Untersucht wurde die Wrkg. von *Cortison* (I), *Myelosan* (II), *Dopan* (III) u. *6-Mercaptopurin* (IV) in Kombination mit *Antibioticum 6270* (V) auf das Mäuselymphosarkom (MS) u. Krocker-Sarkom (KS). Es zeigte sich, daß die Kombinationen von V mit I, II, III oder IV wirksamer sind als jedes Präp. allein. Die stärkste Heil-Wrkg. zeigt sich bei der Behandlung des MS mit V + III, V + IV u. V + II. Bei KS beobachtet man die beste Wrkg. mit V + III u. V + II. Gleichzeitig mit der verstärkten Heil-Wrkg. bei Anwendung einer Kombination von V mit I, II, III oder IV tritt eine verstärkte Abnahme des Körpergewichtes ein.

O. Lebtag. 4160△

1064 **Untersuchungen über die Antitumorwirkung der bakteriellen Lipidkomponente, Lipid A. 1. Mitt. Über einige physikochemische Eigenschaften und Antitumor-Aktivität der Lipid-A-Fraktion.** Nobuhiko Kasai, Yoshio Aoki, Tadashi Watanabe, Takeshi Odaka und Tadashi Yamamoto. (Jap. J. Microbiol. **5,** 347—66, Juli 1961; Tokyo, Univ., Inst. of Infectious Diseases, 3. Bacteriol. Dep. u. Dep. of Oncol.; engl.) — Vff. stellten aus *Escherichia coli* die *Lipid-A-Fraktion* (I) nach der Meth. von Westphal u. Lüderitz, C. **1950/54,** 9149 S her. I enthielten etwa 60% in Ae. lösl. Material, 2,2% *N* u. 2,2% *P*, *Fettsäuren*, *Glucosamin*, unbekannte *Aminozucker* u. mehr als 8 Ninhydrin-positive Substanzen. I zeigte, i. p. injiziert, bei Mäusen eine Hemmung des Ehrlich-Ascitestumors. Die Wrkg. von I wurde durch wiederholte Injektionen nicht verstärkt. Auch auf die feste Form von Sarcom 37 wurde durch I Hemmung ausgeübt. DL_{50} des gereinigten Lipopolysaccharids von *E. coli*, von dem I abstammt, war bei Mäusen 4,4 mg/kg Körpergew. bei i. v. Injektion. W. Hiller. 4160◇

1065 **Wachstum des Ascitestumors der Maus bei Aminoacetonitril-Lathyrismus.** A. Ruiz-Torres. (Z. ges. exp. Med. **136,** 532—34, 1963; Berlin, FU., I. Med. Klin.; Med. Kliniken, Isotopenabt.; dt.) — Durch *Aminoacetonitril* (I) kann nur dann eine Hemmung des Ehrlich-Ascitestumor-Wachstums bei der Maus erzielt werden, wenn die Dosierung zur Hervorrufung von Lathyrismussymptomen, gemessen an der Hemmung des Körperwachstums, ausreicht (ab 15 mg I/Tag peroral). Die Auffassung, daß der primäre Angriffspunkt der lathyrogenen Substanzen im Bindegewebsstoffwechsel liegt, muß demnach dahingehend korrigiert werden, daß I nicht nur eine einseitige kollagenspezif. Wrkg. ausübt.

U. Tausendfreund. 4160◇

1066 **Die Wirkung der o,p'-DDD-Therapie auf das Plasmacholesterin bei Nebennierencarzinom.** George D. Molnar, Stewart L. Nunn und W. Newlon Tauxe. (Proc. Staff Meetings Mayo Clin. **36,** 618—20, 22/11. 1961; Rochester, Minn., Mayo Clinic, Section of Med. u. Clin. Pathol.; engl.) — Bei 4 von 7 Patienten mit Nebennierencarcinomen wurde während der Behandlung mit *o,p'-DDD* (*2-[2'-Chlorphenyl]-2-[4''-chlorphenyl]-1.1-dichloräthan*) eine Erhöhung des *Plasmacholesterins* festgestellt. Die Patienten, bei denen eine Hypercholesterinämie auftrat, waren gegen die DDD-Therapie resistent. Verss. mit ^{14}C-Acetat bei diesen Patienten zeigten, daß bei der ersteren Gruppe vermehrt ^{14}C-Cholesterin im Plasma zu finden war, bei den anderen nicht. G. Kimmerle. 4160△

1067 **Die Anwendung von Tris- und Bis-äthyleniminobenzochinonen bei Hämoblastosen.** Norbert Gerlich. (Mitteilungsdienst Ges. Bekämpf. Krebskrankh. Nordrhein-Westfalen **2,** Nr. 2, 41—69, Dez. 1960; Bielefeld, Städtische Krankenanstalten; dt.) — Die Chemotherapie mit *Bis* (I)- u. *Tris-äthyleniminobenzochinon* (II) ließ bei Hämoblastosen nach i. v. Injektion keine wesentlichen Wrkg.-Unterschiede erkennen. Für die perorale Intervallbehandlung ist I jedoch nicht geeignet. Günstige Wrkg. wurde bei chron. lymphat. u. myelo. Leukämien sowie bei Lymphogranulomatose erzielt, mit Resistenzerscheinungen muß jedoch immer gerechnet werden. Ohne Wrkg. blieben I u. II bei der Behandlung der terminalen Phasen. Für die Wrkg.-Beurteilung wurden Leukocytenzahl, Differentialblutbild, Rückbldg. von Milztumoren, Lymphknotenschwellungen sowie der subjektive Allgemeinzustand der Patienten herangezogen.

H. Ackermann. 4160◇

1068 **Mechanismus der chemischen Mutagenese. 4. Mitt. Reaktion zwischen Triäthylenmelamin und Bestandteilen der Nucleinsäure.** Z. Lorkiewicz und Waclaw Szybalski. (J. Bacteriol. **82,** 195—201, Aug. 1961; Madison, Wis., Univ. of Wisconsin, McArdle, Mem. Labor.; engl.) — *Triäthylenmelamin* (I) zeigt zuerst eine Zwischen-Wrkg. mit phosphorylierten *Desoxyribonucleinsäure* (II)-Vorläufern in der Zelle u. nicht mit II. Durch chem. u. chromatograph. Unters. wurde gefunden, daß nur Pyrimidin-Vorläufer von Nucleinsäuren durch I angegriffen werden. Im Verlaufe der I-Desoxycytidin-Rk. geht die Mutagenizität des Rk.-Gemisches verloren, aber die der I-*Thymidin*-Rk.-Prodd. nimmt signifikant zu. Es werden einige Schritte vorausgesetzt, um den Mechanismus der durch I eingeleiteten mutagenen Rk. zu erklären: Rk. 1, semireversible Aufnahme von I; Rk. 2, chem. Zwischenwrkg. zwischen I u. intrazellulärem *Thymidinmono-* oder *-triphosphat* mit Produktion eines funktionellen Homologen; Inkorporation dieses Homologen in die neugebildete II. H. Aman. 4160◇

1069 **Antigeschwulstaktivität des Phosphasins.** W. A. Tschernow, A. A. Gruschina und L. G. Lytkina. (Pharmakol. u. Toxikol. [UdSSR] **26,** 102—08, 1963; Allunions Chem.-Pharm. Ordshonikidse-Inst., Labor. für experim. Chemotherapie der Geschwülste; russ., Auszug: engl.) — Die Toxizität des *Phosphasins* [I; N.N'-(Diäthylen)-phosphoramid-2-aminopyrimidin] ist im Mäuse-Vers. 2—3mal geringer als die von Thiophosphamid u. fast gleich der von Dipin. Bei der Behandlung von Ratten, Mäusen u. Kaninchen zeigt I eine starke Antigeschwulstaktivität. In der maximal verträglichen Dosis hemmt I die Blutbldg.: starke Leukopenie im peripheren Blut u. mäßige Anämie. O. Lebtag. 4160△

E_2. Enzymologie, Gärung

1070 **Neue Ansichten auf dem Gebiet der Enzyme. 2. Mitt. Funktion der Enzyme.** A. Rossi Fanelli. (Farmaco [Pavia], Ediz. sci. **17**, 183—209, 1962; Roma, Univ., Ist. di Chim. Biol.; Consiglio Naz. delle Ric., Centro di Enzimol.; ital.) — 1. vgl. Farmaco [Pavia], Ediz. Sci. **17**, [1962], 107. — Übersicht über die neueren Erkenntnisse bei einigen Enzymen, der akt. Gruppe u. Wechselbeziehungen zu den Proteinen. — 66 Literaturangaben. W. Holland. 4200◇

1071 **Cytochromoxydase in strahlenempfindlichen und strahlenresistenten Amoeben.** John F. Thomson und Edward W. Daniels. (Proc. Soc. exp. Biol. Med. **107**, 916—19, Aug.-Sept. 1961; Argonne, Ill., Argonne Nat. Labor., Div. of Biol. and Med. Res.; engl.) — *Cytochrom-c-Oxydase* (**I**)-Aktivität wurde in 2 Arten der Riesenamoebe *Pelomyxa* bestimmt, von denen die eine strahlenresistent u. die andere strahlenempfindlich ist. Die beobachteten Unterschiede an **I** schienen nicht ausreichend zu sein, um Rechenschaft abzulegen für die 10fache Verschiedenheit in der Strahlenempfindlichkeit der lebenden Organismen. Der Geh. an **I**-Aktivität ist ca. $^1/_{40}$ des der Säugetierleber; sie ist sehr labil bei Raumtemperatur. Die **I**-Aktivität der strahlenresistenten *Amoeba proteus* wurde ebenfalls untersucht, es wurden jedoch nur unbedeutende Mengen gefunden. H. Aman. 4210◇

1072 **Cytochromoxydase des Seidenspinners Bombyx mori L. 2. Mitt. Wechsel der Cytochromoxydase-Aktivität während des ovarialen Wachstums und des diapausierten und nicht diapausierten Eies.** Kinji Ueda. (J. sericult. Sci. Japan **28**, 313—18, Aug. 1961; Anjo (Japan), Univ. de Nagoya, Fac. d'Agric.; jap., Auszug: franz.) — Die spektrophotometr. Messung der Aktivität der *Cytochromoxydase* (**I**) während des ovarialen Wachstums u. in den Eiern der Seidenraupe (*Bombyx mori L.*) ergab bei einer Verdünnung von ca. 1 : 1000, daß sich 1. die **I** im Ovarium der Chrysalide (Puppe), die diapausierte oder nicht-diapausierte Eier legen, im Verlaufe des Entwicklungsstadiums (Nymphose) vermindert, daß 2. die **I** im Ruhezustand der Entw. (Diapause) sehr schwach ist und 3. daß sich die **I** während der Entw. diapausierter Eier nach dem Ruhezustand oder nach HCl-Behandlung nicht-diapausierter Eier anreichert. L. Macher. 4210◇

1073 **Cytochromoxydase des Seidenspinners Bombyx mori L. 3. Mitt. Wechsel der Cytochromoxydase-Aktivität und der Cytochrom-Komponenten im Larveneingeweide während des fünften Wachstumsstadiums.** Kinji Ueda. (J. sericult. Sci. Japan **28**, 319—24, Aug. 1961; Anjo, Japan, Univ. de Nagoya, Fac. d'Agric.; jap., Auszug: franz.) — 2. vgl. vorst. Referat. — Die spektrophotometr. Messung der *Cytochromoxydase*-Aktivität (**I**) in mg N ausgedrückt in den Eingeweiden von Seidenspinnern des fünften Wachstumsstadiums zeigte, daß die **I** am 3. Tag am höchsten ist, bis zum 6. Tag, d. h. bis zum Vortag der Reife um etwa $^1/_3$ abnimmt, u. in der Periode der Verpuppung sich weiter um $^1/_6$ vermindert. Durch die Meth. der differentiellen Spektren konnten in den Larveneingeweiden Absorptionswerte für *Cytochrom* $a + a_3$, *c*, *Flavoprotein* u. für *Cytochrom* in der Höhe von 425 bis 430, 525—530 u. 555—556 mμ festgestellt werden. L. Macher. 4210◇

1074 **Über den enzymatischen Cutin-Abbau.** 5. Mitt. **Die Lyse von Peroxid-Brücken im Cutin durch eine Peroxydase aus Penicillium spinulosum Thom.** Wolfgang Heinen. (Acta bot. neerl. **12**, 51—57, 1963; Nijmegen, Holland, Univ., Botan. Inst.; dt.) — 2. vgl. C. **1962**, 7940. — Durch 20%ige Sättigung eines Extraktes von *Penicillium spinulosum* mit $(NH_4)_2SO_4$ wurde eine *Peroxydase* angereichert, die aus Carboxy-Cutin O_2 freisetzt. Die Substratspezifität wurde durch Zers. der Peroxide von Linol- u. Linolensäure nachgewiesen. Diskussion eines möglichen Rk.-Mechanismus. K. Grade. 4210◇

1075 **Prüfung des Harnkatalasetestes bei hypertensiver Gefäßerkrankung.** Spero E. Moutsos, Herbert Stein und Alvin P. Shapiro. (J. Lab. clin. Med. **59**, 847—51, Mai 1962; Pittsburgh, Pa., Univ. of Pittsburgh, School of Med., Hypertension-Renal Clin. and Dep. of Med.; engl.) — Eine Prüfung des *Katalase*-Testes im Harn hypertensiver Patienten zeigt, daß Hypertension für sich den Test nicht positiv ausfallen läßt. Positivität ist bei Hämaturie u. bestehender oder früherer Pyelonephritis zu beobachten; Hämaturie kann durch Benzidin-Test oder mkr. Harnunters. ausgeschaltet werden, weshalb mit dem Katalase-Test das Vorhandensein einer pyelonephrit. Komplikation erkennbar ist. U. Tausendfreund. 4210◇

1076 **Die Milchsäuredehydrogenasewirkung der Placenta, des Blutes der Mutter und des Neugeborenen.** P. Bastide, J. Baudon, C. Dastugue und J. P. Rebière. (Ann. Biol. clin. **18**, 307—11, Mai/Juni 1960; Clermond-Ferrand, Fac. de Méd. et de Pharmacie, Clin. Obstétricale; C.N.R.S.; franz.) — Die *Milchsäuredehydrasen*-Wrkg. von Placentahomogenat, des Blutes der Mutter u. des Neugeborenen wurde nach Berger u. Broida durch Photometrie bei 525 mμ bestimmt. Das vom Blut befreite Placentagewebe hat die ca. 40—50fache Enzymwrkg. des Plasmas, jedoch eine 1,5—2mal kleinere Wrkg. als die Blutkörperchen. Die enzymat. Wrkg. des foetalen Blutes ist höher als die des Mutterblutes. Die Placenta des Schafes enthält ca. doppelt so viel Enzym wie die menschliche Placenta. K. F. Müller. 4210◇

1077 **Vergleichende cytochemische Untersuchung der Aktivität von Succindehydrogenase und alkalischer Phosphatase in den Zellen der primär explantierten und transplantablen Gewebskulturen.** W. G. Sasslawski. (Bul. exp. Biol. Med. [UdSSR] **51 (26)**, Nr. 2, 107—10. 1961; russ., Auszug: engl.) — Untersucht wurden die Aktivitäten von *Succindehydrogenase* (**I**) u. *alkal. Phosphatase* (**II**) in den überimpfbaren Stämmen HEp-2 des Rhesusaffen, im amniot. Epithel des Menschen, in der 1. Generation des Amnions u. in der 2. Generation des Lebergewebes des Rhesusaffen. Im Gegensatz zu den prim. explantierten Kulturen ist in allen überimpfbaren Kulturen die **II**-Aktivität sehr hoch. Die **I**-Aktivität ist in den amniot. humanen Zellen zunächst sehr gering, nimmt bis zum 6.—7. Tag zu, stabilisiert sich u. nimmt nach 10—11 Tagen ab. In den Zellen der überimpfbaren Kulturen ist die **I**-Aktivität von Anfang hoch. Das Lebergewebe nimmt eine Zwischenstellung zwischen prim. explantierter u. überimpfbarer Kultur ein: die endogene Aktivität von **I** u. **II** ist relativ hoch u. erinnert hierin an die prim. explantierte Kultur; andererseits ist hier keine starke Abnahme der Aktivität von **I** u. **II** zu beobachten. O. Lebtag. 4210△

1078 **Wirkung der Verabreichung von Vanadium auf den Coenzym-Q-Stoffwechsel in Ratten.** A. S. Aiyar und A. Sreenivasan. (Proc. Soc. exp. Biol. Med. **107**, 914 bis 916, Aug./Sept. 1961; Mysore, India, Central Food Technol. Res. Inst.; engl.) — Verabreichung von *V* bewirkt in Rattenlebern eine Abnahme von *Coenzym A*, *Coenzym Q* u. der *Bernsteinsäureoxydase*-Aktivität. Ein deutlicher Schutz gegen diese Veränderungen wird erreicht durch gleichzeitige Verabreichung von *Ca-Pantothenat*, *l-Cysteinhydrochlorid* u. *Dinatriumadenosintriphosphat.* H. Aman. 4210◇

1079 **Polyol-Dehydrogenasen von Azotobacter agilis.** Leon Marcus und Allen G. Marr. (J. Bacteriol. **82**, 224—32, Aug. 1961; Davis, Calif., Univ. of California, Dep. of Bact.; engl.) — Zwei lösl. an DPN-gebundene *Polyol-Dehydrogenasen* wurden durch *Azotobacter agilis* (*A. vinelandii*) gebildet. Die eine, *D-Mannit-Dehydrogenase* (**I**), wird induziert durch *D-Mannit* (**II**) u. alle Pentite, ausgenommen *L-Arabit*. *Ribit* (**VI**) ist ein vortrefflicher Induktor von **I**, obgleich sie ihn nicht abbaut. Von den untersuchten Polyolen oxydiert **I II**, *D-Arabit*, *D-Rhamnit* u. *Perseit*, ein Beweis für ihren Bedarf an einem Substrat mit *D-Manno*-Konfiguration. Die entsprechenden **II**-Ketosen, *D-Fructose* (**VII**), *D-Xylulose* (**VIII**) u. vermutlich *D-Rhamnulose* u. *Perseulose* wurden reduziert. Das zweite Enzym, *L-Idit-Dehydrogenase* (**III**), wird nur durch Polyole mit der *D-Xylo*-Konfiguration induziert, wie *Sorbit* (**IV**) u. *Xylit* (**V**). **III** oxydiert *D-Xylo*-Polyole 7mal schneller als *D-Ribo*-Polyole. Die oxydierten Substrate enthielten *L-Idit*, **IV**, **V** u. **VI**. Die entsprechenden **II**-Ketosen, *L-Sorbose*, **VII**, **VIII** u. *D-Ribulose*, wurden reduziert. **I** u. **III** wurden getrennt

u. chromatograph. mittels eines modifizierten Cellulose-Ionenaustauschers gereinigt. H. Aman. 4210◇

1080 **Eine Untersuchung von Personen mit Erythrocyten-Glucose-6-phosphatdehydrogenasemangel. 2. Mitt. Untersuchung der Leukocytenenzyme.** Bracha Ramot, Sharon Fisher, Aryeh Szeinberg, Avinoam Adam, Chaim Sheba und Dora Gafni. (J. clin. Invest. **38,** 2234—37, Dez. 1059; Israel, Tel Hashomer Hosp.; engl.) — 1. vgl. C. **1960, 5517.** — Bei Personen, deren Erythrocyten einen *Glucose-6-phosphatdehydrogenase* (**I**)-Mangel aufwiesen, konnte auch ein **I**-Mangel in den Leukocyten nachgewiesen werden. Die ebenfalls untersuchte *6-Phosphogluconsäuredehydrogenase*-Aktivität der Leukocyten war normal. U. Tausendfreund. 4210◇

1081 **Untersuchungen auf Uterus-Phenol-aktivierte Oxydase.** Vincent P. Hollander, Stanley Temple und Nina Hollander. (Acta endocrinol. [Copenhagen], Suppl. Nr. **51,** 983, 1960; Charlottesville, Va., Univ. of Virginia School of Med.; engl.) — H. Herper. 4210□

1082 **Die L-Aminosäurenoxydase der Truthahnleber.** L. D'Andrea. (Arch. Scienze biol. **43,** 361—67, Okt./Nov./Dez. **1959;** Napoli, Univ., Ist. di Fisiol. umana; ital.) — Die *L-Aminosäurenoxydase*-Aktivität in Homogenaten oder pulverisierten Acetonextrakten der Truthahnleber liegt in Ggw. von L-Diaminomonocarbonsäuren u. von L-Monoaminomonocarbonsäuren in der gleichen Größenordnung. Die D-Aminosäuren reagieren mit den genannten Präpp. nicht u. es besteht zwischen ihnen u. den L-Aminosäuren keine adsorptive Verdrängung. K. Zingraf. 4210◇

1083 **Über die Glutathionreduktase im Serum des Menschen. Ein Beitrag zur Differentialdiagnose der Lebererkrankungen.** H.-D. Horn, K. Mainzer und D. Langrehr. (Klin. Wschr. **40,** 985—95, 1/10. 1962; Düsseldorf, Med. Akad., I. Med. Klin.; Frauenklin.; Marburg, Univ., Med. Klin.; dt.) — Die *DPNH* (red. Nicotinamid-adenindinucleotid)-*Glutathionreduktase* (**I**)-Aktivität im Serum des Menschen ist bei vielen Krankheiten verändert; **I** bietet daher keine diagnost. Spezifität. Die **I**-Aktivität kann durch Stoffe der Mucopolysaccharidklasse zeitweilig gehemmt werden. Für die Differentialdiagnose von Leber- u. Oberbaucherkrankungen wird die Best. der **I**-Aktivität neben der der *Transaminasen* u. der *Lactatdehydrogenase* empfohlen; die **I**-Aktivität im Serum ist erhöht bei Hepatitis, metastasierenden Carcinomen u. verschiedenen Blutkrankheiten, sie kann erhöht sein bei Lebercirrhose u. Cholangitis. Verschlußikterus u. Cholecystopathien zeigen Werte im Bereich der Norm. K. Zingraf. 4210◇

1084 **Charakterisierung der bei der Oxydation von Linoleat durch Lipoxydase gebildeten Ketodiene.** E. Vioque und R. T. Holman. (Arch. Biochem. Biophysics **99,** 522—28, 1962; Austin, Minn., Univ. of Minnesota, Hormel. Inst. engl.) — Die bei der Oxydation von *Äthyllinoleat* durch *Lipoxydase* entstehenden Prodd. wurden mit Säulen- u. Dünnschichtchromatographie isoliert. Das Chromophor ist ein Gemisch von *9-Keto-11.13-oktadekadienoat* u. *13-Keto-9.11-oktadekadienoat*. Red. zu den OH-Verbb. u. anschließender Wasserentzug lieferte *Oktadekatrienoat*. K. Zingraf. 4210◇

1085 **Ionenempfindlichkeit der durch Enzympräparate von Photobacterium phosphoreum katalysierten Lichtreaktion.** Willemke Terpstra und H. G. van Eijk. (Biochim. biophysica Acta [Amsterdam] **51,** 473—81, 19/8. 1961; Utrecht, Physical Inst. of the State Univ., Biophysic. Res. Group; engl.) — Kationen, bes. zweiwertige, erhöhen die Intensität der Lichtrk., welche man durch Zufügen von *red. Flavinmononucleotid* (**I**) zu *Palmital* enthaltenden *Luciferase*(**II**)-Präpp. enthält. Außerdem verursachen sie rascheres Verschwinden der Lichtreaktion. Vermutlich ist die Wrkg. auf die Hemmung einer von der Lichtrk. unabhängigen Oxydation von **I** durch eine oxydierende Substanz zurückzuführen. Diese Substanz kann freies u. an **II** gebundenes **I** oxydieren; ein Einfl. auf die eigentliche Lichtrk. wurde nicht gefunden. Die Verss. lassen vermuten, daß **I** nicht über die Phosphatgruppe an **II** gebunden ist. H. Aman. 4210◇

1086 **Altersunterschied bei der Nicotinsäureamidmononucleotidsynthese durch menschliche Erythrocyten.** V. Habermann und S. Habermannova. (Folia haematol. [Leipzig] **78,** 690—93, 1962; Plzeň, Charles Univ., Inst. of Med. Chem.; engl.) — Vortrag. Die Synth. von *Nicotinsäureamidmononucleotid* (**I**) geht beim Menschen offenbar ohne Desamidierung von *Nicotinsäureamid* (**II**) vor sich; vermutlich wird **I** durch direkte Phosphoribosidierung von **II** gebildet. Die Aktivität einer gegebenen *Synthease* läßt sich in menschlichen Erythrocyten beim Beginn des 5. Lebensmonats nachweisen; zu dieser Zeit kommt es zum maximalen Spiegel, der dann fast unverändert beibehalten wird. Die Bedeutung dieser enzymat. Rk. sowie die Rolle von **I** in den Säugetiererythrocyten ist noch unbekannt. Bemerkenswert ist, daß diejenigen Säugererythrocyten, welche kein **I** synthetisieren, einen hohen Geh. an *Pyridinnucleotiden* aufweisen; der Pyridinnucleotid-Geh. des menschlichen Säuglingserythrocyten ist jedoch niedriger als beim Erwachsenen. Der Geh. an *Pyridincoenzymen* ist im Erythrocyten sehr konstant. U. Tausendfreund. 4210◇

1087 **Wirkung von Enzymen in Gegenwart gewisser Hormone. 1. Mitt. Urin-Ribonucleasen.** Anwar A. Hakim und Joan M. Pappas. (Clin. chim. Acta [Amsterdam] **4,** 184—91, 1959; Miami, Fla, Nat. Children's Card. Hosp., Med. Res. Dep.; engl.) — Saure u. alkal. *Ribonucleasen* (**I**) finden sich in Auszügen von getrocknetem Urin mit 0,5 n-H_2SO_4. Es wurde die Wrkg. von Mg^{2+} u. Wärme auf die Aktivität der **I** untersucht, ermittelt durch spektroskop. Messung der Menge der aus Ribonucleinsäure abspaltbaren säurelösl. P-Verbb. bei pH 4,5 bzw. 7,8. Mg^{2+} hemmt teilweise die saure **I** u. aktiviert schwach die alkal. **I**. Die Total-**I**-Aktivität war am höchsten zwischen dem 11. u. 23. Tag des Menstruationscyclus, am niedrigsten während der ersten u. letzten Tage des Cyclus. Die erhaltenen Werte entsprachen etwa den Urin-Östrogen-Werten des Cyclus. B. Görlich. 4210◇

1088 **Die Glucosylierung von Desoxyribonucleinsäure. 3. Mitt. α- und β-Glucosyltransferasen aus T 4-infizierten Escherichia coli-Bakterien.** John Josse und Arthur Kornberg. (J. biol. Chemistry **237,** 1968—76, Juni 1962; Palo Alto, Calif., Stanford Univ., School of Med., Dep. of Biochem.; engl.) — 2. vgl. C. **1963, 6266.** — 2 nach Infektion von *E. coli* mit Bakteriophagen T 4 induzierte Enzyme wurden gereinigt. Sie katalysieren die Glucoseübertragung von *Uridindiphosphatglucose* (UDP-Glucose) auf *5-Hydroxymethylcytosin*(**I**)-Reste in *Desoxyribonucleinsäure* (**II**). Die gebildete Glucosyl-**I**-Bindung ist bei einem Enzym (*T 4α-Transferase, T 4-I-α-Glucosyltransferase,* **III**) α, beim anderen (*T 4β-Transferase,* **IV**) β. **III** ähnelt im physikal. wie katalyt. Verh. den in T 2- u. T 6-infizierten Zellen induzierten α-Glucosyltransferasen, sind aber von diesen unterscheidbar. T 4-**II**, aus der enzymat. einige β-Glucosylreste entfernt worden sind, kann an deren Stelle α-Glucosylgruppen aufnehmen. Analog glucosyliert **IV** **I**-Gruppen, die in natürlicher **II** α-Glucosylreste enthalten. Das feste 70 : 30-Verhältnis der α : β-Bindungen in T 4-**II** ist anscheinend nicht von der Spezifität der Transferasen für die Basensequenzen in der **II**-Kette bestimmt. Ein Polymeres (**V**), das Stränge der Homopolymeren aus Polydesoxyguanylat u. Poly-5-hydroxymethyldesoxycytidylat enthielt, wurde durch enzymat. Synth. mittels *E. coli-II-Polymerase* erhalten. Als Primer diente Polydesoxyguanylat mit H-Bindung an Polydesoxycytidylat. **V** wurde beschränkt von den verschiedenen Monoglucosyltransferasen (T 2α-, T 4α-, T 4β-, T 6α-Transferase) glucosyliert. Karl Maier. 4210□

1089 **Die Dephosphorylierung der (2′)3′-Ribonucleotide in den parenchymatosen Organen von Tieren.** Ja. L. Germanjuk. (Ukrain. biochem. J. **35,** 227—33, 1963; Lwow, Zooveterinär-Inst., Lehrstuhl für Biochemie; ukrain., Auszug: engl.) — Untersucht wurde die Aktivität der *(2′)3′-Ribonucleotidasen* (**I**) in Leber, Niere, Milz, Pankreas, Lunge, Milchdrüse, Herz, Skelettmuskel, Gehirn u. Lymphknoten von Kälbern u. 3 bzw. 5 Monate alten Embryonen u. die Beeinflussung der **I**-Aktivitäten durch $MgCl_2$. Die Dephosphorylierung der *(2′)3′-Ribo-*

nucleotide (**II**) erfolgt danach in den Organen verschieden stark: am stärksten in Niere, Milchdrüse u. Lunge, weniger stark in Leber, Gehirn, Lymphknoten, Pankreas u. Milz, am schwächsten im Herz- u. Skelettmuskel. In der Leber fehlen die *Purinnucleotidasen*. Lymphknoten u. Herz- u. Skelettmuskel enthalten wenig oder keine *(2')3'-Guanosinribonucleotidase*. In fast allen Organen sind die *Pyrimidinnucleotidasen* aktiver als die Purinnucleotidasen, nur in der Niere sind sie annähernd gleich. Durch $MgCl_2$ werden die Purinnucleotidasen stärker aktiviert als die Pyrimidinnucleotidasen. Durch Ribonucleinsäure, die Prodd. ihrer alkal. u. enzymat. Spaltung u. durch Ribonuclease wird die Dephosphorylierung der **II** gehemmt. O. Lebtag. 4210△

1090 **Flavokinase-Aktivität von Rattengeweben und Maskierungseffekt von Phosphatasen.** Donald B. McCormick. (Proc. Soc. exp. Biol. Med. **107,** 784—86, Aug./Sept. 1961; Ithaca, N. Y., Cornell Univ., Graduate School of Nutr.; engl.) — *Flavokinase* (**I**) ist in Extrakten verschiedener Rattengewebe anwesend mit einer Aktivität in Leber > Nieren > Gehirn > Milz > Herz. *Phosphatasen* mit einer maximalen Aktivität bei pH 5 maskieren z. T. die **I**-Aktivität in diesen Extrakten. Es wird angenommen, daß die Synth. von *Flavinmononucleotid* (FMN) in verschiedenen Organen eher stattfindet als im Darm allein. H. Aman. 4210◇

1091 **Acetat-Bildung in Clostridium acidi-urici: Acetokinase.** Richard D. Sagers, Moshe Benziman und I. C. Gunsalus. (J. Bacteriol. **82,** 233—38. Aug. 1961; Urbana, Ill., Univ. of Ill., Dep. of Chem. and Chem. Engin.; engl.) — Bei der Vergärung von *Purinen* (**III**) durch *Costridium acidi-urici* wurde nach Protamin- u. Ammonsulfat-Fraktionierung roher Extrakte eine achtfach gereinigte *Acetokinase* (**I**) erhalten. Die **I**-Aktivität wurde bestimmt durch Messung des Verschwindens von *Acetylphosphat* (**II**) unter Benützung von Adenosindiphosphat (ADP) als Phosphatacceptor oder durch Verfolgen der Bldg. von **II** aus *Adenosintriphosphat* + *Acetat*. pH-Optimum der Rk. = 7,4; K_m-Werte für **II**, ADP u. Mg^{2+} $2{,}1 \cdot 10^{-3}$ m, bzw. $3{,}2 \cdot 10^{-3}$ m, bzw. $2{,}4 \cdot 10^{-3}$ m. Die **I**-Rk. stellt wahrscheinlich die Hauptenergiequelle während der Vergärung von **III** durch *Clostridium acidi-urici* dar. H. Aman. 4210◇

1092 **Erhöhung der Serumaktivität der sauren Glycerophosphatase bei Thrombocytose.** Marjorie B. Zucker und Helen Q. Woodard. (J. Lab. clin. Med. **59,** 760 bis 770, Mai 1962; New York, N. Y., Sloan-Kettering Inst. for Cancer Res., Div. of Exper. Surg. and Physiol.; engl.) — Bei Thrombocytopenie u. Thrombocytose ist das normale Verhältnis zwischen der Aktivität der *sauren Phosphatase* (**I**) des Serums von plättchenarmem Plasma u. dem **I**-Geh. der Plättchen selbst verändert: bei Thrombocytopenie ist in den Zellen kein **I** nachweisbar, bei Thrombocytose jedoch der Geh. der Thrombocyten an **I**-Aktivität bis 5mal so hoch. Dadurch kann es bei Thrombocytose zu Serum-**I**-Werten weit über der Norm kommen, so daß diagnost. falsche Schlüsse (Prostatacarcinom) gezogen werden können. Eine Unterscheidung der durch Thrombocytose bedingten hohen **I**-Werte von echter **I**-Erhöhung kann durch **I**-Best. im plättchenarmen Plasma erfolgen. U. Tausendfreund. 4210◇

1093 **Untersuchungen über Habu-Schlangengift.** 5. Mitt. **Durch Phospholipase A des Habu-Schlangengiftes hervorgerufene Myolyse.** Hiroo Maeno, Susumu Mitsuhashi, Takashi Okonogi, Shoji Hoshi und Manabu Homma. (Jap. J. exp. Med. **32,** 55—64, 1962; Maebashi, Univ. of Gumma, School of Med., Dep. of Microbiol.; Dep. of Pathol.; engl.) — 4. vgl. J. Biochemistry [Tokyo] **50,** [1961], 434. — Die durch Habu-Schlangengift (*Trimeresurus flavoviridis*) ausgelöste Myolyse wird durch einen hitzestabilen Faktor verursacht. 20mal gereinigte *Phospholipase A* des Giftes führt bei Injektion von 1 μg zu einer derartigen Myolyse, jedoch ohne Hämorrhagie (die möglicherweise durch freigesetztes Lysolecithin hervorgerufen wird); die kleinste zu Myolyse führende Giftdosis beträgt 2,5 μg. Andere erhitzte Fraktionen sind unwirksam. Die **I**-Aktivität ist bei neutralem pH optimal, wird aktiviert durch $CaCl_2$ u. gehemmt durch Äthylendiamintetraacetat. Der Myolyse geht Mitochondrienschädigung voraus. U. Tausendfreund. 4210◇

1094 **Carboanhydrase im Zahngewebe und die Wirkung von Nebenschilddrüsenhormon und Fluorid auf die Aktivität.** Kenichi Kondo und Kaname Kuriaki. (J. Dental Res. **40,** 971—74, Sept./Okt. 1961; Bunkyo-ku, Tokyo, Nippon Med. School, Dep. of Pharmacol.; engl.) — In den Schneidezähnen der Ratte konnte (ebenso wie im Femur der Ratte) *Carboanhydrase*(**I**)-Aktivität nachgewiesen werden. In den Schneidezähnen des Menschen war keine **I**-Aktivität festzustellen (manometr. Messung). Zur Hemmung der **I**-Aktivität in Rattenschneidezähnen erwiesen sich *Acetazolamid* u. *NaF* als gleichwertig; sie hemmten die **I**-Aktivität stärker als die Aktivität der *alkal. Phosphatase* (**II**) (spektrophotometr. bestimmt). Nach Parathyreoidektomie sank die **I**-Aktivität in den Schneidezähnen stark ab u. erholte sich nach Verabreichung von Nebenschilddrüsenextrakt etwas. Durch Parathyreoidektomie kam es auch zur Abnahme der **II**-Aktivität im Knochen u. zu einer — nicht signifikanten — Verminderung der **II**-Aktivität in den Schneidezähnen; nach Nebenschilddrüsenextrakt stieg die Aktivität über die Norm an. U. Tausendfreund. 4210◇

1095 **Leberphosphorylaseaktivität während der Gravidität.** Richard L. Burt und Robert P. Pulliam. (Amer. J. Obstetr. Gynecol. **84,** 764—66, 15/9. 1962; Winston-Salem, N. C., Wake Forest Coll., Bowman Gray School of Med., Dep. of Obstetr. and Gyn.; engl.) — Bei vergleichbaren Gruppen von Ratten ließ sich keine signifikante Veränderung der *spezif. Phosphorylase*-Aktivität der Leber während der Trächtigkeit erkennen. Die bei trächtigen Tieren etwas höher liegende *Gesamt-Phosphorylase*-Aktivität hängt mit der etwas größeren Leber der trächtigen Tiere zusammen u. dürfte nur die *Glucose*-Lagerung u. -Freigabe beeinflussen. Die Tendenz zur Erhöhung der *Glykogen*-Konz. in der Leber der trächtigen Tiere dürfte mit der verminderten *spezif. Glucose-6-phosphatase*-Aktivität zusammenhängen. U. Tausendfreund. 4210◇

1096 **Untersuchungen über den Einfluß der Adaptationstemperatur auf die Hitzeresistenz und Aktivität der Hexokinase von Hefezellen.** J. Christophersen. (Arch. Mikrobiol. **45,** 58—64, 1963; Kiel, Bundesforschungsanstalt für Milchwirtschaft, Bakteriol. Inst.; dt.) — *Candida pseudotropicalis* wurde bei 20° u. 37 °C in einer synthet. Nährlsg. unter kontinuierlichen Bedingungen kultiviert. Die *Hexokinase*-Aktivität der an 20° adaptierten Zellen ist größer als die Aktivität der an 37° gewöhnten Zellen. Zwischen den verschieden adaptierten Hefen besteht kein signifikanter Unterschied im Temp.-Koeff., der Arrhenius-Konst. u. der Michaelis-Menten-Konst. der Hexokinase-Reaktion. Die Hitzeinaktivierung des Enzyms ist bei der 37°-Hefe geringer als bei der 20°-Hefe. Die Hexokinase wird mit Anpassung der Zellen an die höhere Temp. um 2° resistenter. M. Lorenz. 4210◇

1097 **Die Aktivierung der Muskelhexokinase durch 2-wertige Metallionen.** Eva Walaas und Otto Walaas. (Acta chem. scand. **16,** 1682—94, 1962; Oslo, Univ. of Oslo, Inst. of Med. Biochem.; engl.) — Aus Rattenmuskel gewonnene *Hexokinase* (**I**) kann durch Äthylendiamintetraacetat u. Pyrophosphat in Lsg. stabilisiert werden. Von den 2wertigen Ionen der Metalle *Mg, Ca, Co, Mn, Zn, Cu* wird **I** am stärksten aktiviert durch Mg^{2+}, u. zwar in äquimolarer Menge mit Adenosintriphosphat (ATP), durch die anderen Ionen in schwächerem Maße. **I** wird durch Pyrophosphat durch Bldg. eines Mg-Pyrophosphat-Komplexes gehemmt, woraus Vff. schließen, daß das eigentliche Substrat von **I** ein Mg-ATP-Komplex ist. ATP ist im Gegensatz zur pflanzlichen **I** nicht durch Inosintriphosphat, Guanosintriphosphat u. Uridintriphosphat ersetzbar. Der postulierte Enzym-Substrat-Übergangskomplex wird diskutiert. H.-G. Trüper. 4210◇

1098 **Über den Kohlenhydratstoffwechsel in neutrophilen Granulocyten.** G. Perona und M. Zatti. (Arch. Scienze biol. **43,** 307—15. Juli/Aug./Sept. 1959; Padova, Univ., Ist. di Patol.; ital.) — Der O_2-Verbrauch mehrkerniger Leukocyten des Menschen u. des Kaninchens war in Ringer-Bicarbonat-Lsg. (I) + CO_2 höher als in Ringer-Phosphat-Lösung (II). In beiden Medien trat ein Crabtree-Effekt auf. Bei Inkubation der Zellen mit *Glucose* (III) nahm ihr Glykogen-Geh. nicht ab; bei Inkubation in I war der O_2-Verbrauch der II-Konz. in einem bestimmten Bereich umgekehrt proportional. Bei Inkubation in II hemmt III den O_2-Verbrauch in jeder Konzentration. Arsenit hemmt den O_2-Verbrauch bei Inkubation in I stärker als in II. K. Zingraf. 4210◇

1099 **Invertase in den Zellwänden von Pflanzengewebekulturen.** Jacob Straus. (Plant Physiol. **37**, 342–48, Mai 1962; Eugene, Univ. of Oregon, Dep. of Biology; engl.) — Zellwandfraktionen aus Gewebekulturen von Stengeln der Rose, Ephedra, Tabak, vom Endosperm des Maises, vom Blütenkelch von Pyrus und von Zapfen von Cupressus und Libocedrus wurden auf ihre *Invertase*-Aktivität hin geprüft. Es wurden ganz unterschiedliche Aktivitäten festgestellt. Empfindlichkeit gegen Uranyl-Ionen und Unempfindlichkeit gegen Calcium-Ionen u. Äthyldiamintetraessigsäure sowie die Fähigkeit, Raffinose zu Melibiose und Fructose zu hydrolysieren, wurde als zusätzliches Kriterium angesehen, daß die Sucrose-Hydrolyse-Kapazität der Zellwände auf die Invertase zurückzuführen ist und nicht auf die Wrkg. gebundener Wasserstoff-Ionen. Allerdings konnten keine Zusammenhänge zwischen Invertase-Aktivität, Wachstumsrate oder Stickstoffgeh. der Zellwände festgestellt werden. Daraus wird geschlossen, daß der Invertasegeh. der Gewebekulturen mehr zufällig ist und keine bestimmte Funktionen erfüllt.
H. H. Schmiedeknecht. 4210◇

1100 **Über das Vorkommen mit β-Galaktosidase verwandter Proteine bei einigen Escherichia coli-Mutanten.** David Perrin, Alain Bussard und Jacques Monod. (C. R. hebd. Séances Acad. Sci. **249**, 778–80, 1959.) — Verschiedene das Gen z von *E. coli* beeinflussende Mutationen äußern sich in der Synth. inakt., aber im antigenen Verh. *β-Galaktosidase* nahestehender Proteine.
K. Maier. 4210◇

1101 **Der Stoffwechsel von Ribose-5-phosphat durch zellfreie Extrakte von Lactarius torminosus.** H. P. Meloche, jun. (Biochim. biophysica Acta [Amsterdam] **51**, 586–88, 19/8. 1961; Peoria, Ill., Dep. of Agric., Agric. Res. Serv., Northern Reg. Res. Labor.; engl.) — Da die Bldg. von *Ribulose-5-phosphat*, *Xylulose-5-phosphat*, *Glyceraldehyd-5-phosphat*, *Sedoheptulose-7-phosphat*, *Fructose-6-phosphat* u. *Glucose-6-phosphat* aus *Ribose-5-phosphat* nachgewiesen wurde u. da alle diese Verbb. Zwischenprodd. des Pentosephosphatweges sind, stützen die Resultate die frühere Ansicht des Vf., daß Extrakte des *Lactarius torminosus Glucose* über den Pentosephosphatweg abbauen. H. Aman. 4210◇

1102 **Amylase in Fischmuskeln.** A. K. Andreev. (C. R. Acad. bulg. Sci. **12**, 435–38, 1959; Varna, Inst. für Nationalökonomie; engl.) — Im Muskelgewebe (MG) von 12 Fischarten (FA; See- u. Süß-W.-Fische) wurde die Ggw. einer hochakt. *Amylase* (I) festgestellt. Das Ferment wird durch Chloride u. bes. durch NaCl aktiviert. Ein Best.-Verf. von I im Fisch-MG ist eingehend beschrieben. Die amylolyt. Aktivität des MG war bei allen untersuchten FA prakt. identisch.
S. Baryschnikow. 4210△

1103 **Die α- und β-amylolytische Aktivität der Samen von Canavalia ensiformis während der Keimung.** T. de Leo und L. Foti. (Arch. Scienze biol. **43**, 368–83, Okt./Nov./Dez. 1959; Napoli, Univ., Ist. di Fisiol. Generale; ital.) — Bei der Keimung der Samen von *Canavalia ensiformis* nimmt die α-amylolyt. Aktivität zunächst während der Quellung des Keimes ab, verändert sich dann aber in der Weise, daß die Werte nach 8 Tagen viel höher liegen als die Ausgangswerte. Dabei besteht keine konst. Beziehung zwischen dieser Aktivität u. dem Wassergeh. des Keims. Die β-amylolyt. Aktivität ist immer gering, nimmt aber vom Beginn der Keimung an stetig zu. K. Zingraf. 4210◇

1104 **Die Verteilung der amylolytischen Aktivitäten auf die verschiedenen Teile des Samens und des Keimlings von Canavalia ensiformis während der Keimung.** T. de Leo und L. Foti. (Arch. Scienze biol. **43**, 384–95, Okt./Nov./Dez. 1959; ital.) — Vgl. vorst. Ref. — Bei der Keimung der Samen von *Canavalia ensiformis* nimmt die α-amylolyt. Aktivität während des Stadiums der vorläufigen Quellung in den Kotyledonen u. im Komplex Keimwurzel-Keimknospe (KKK) ab. Sie zeigt dann in beiden eine Zunahme, die jedoch im KKK bald wieder von einer Abnahme bis auf Null gefolgt ist. Die α-amylolyt. Aktivität u. die Wasseraufnahme zeigen bei den Kotyledonen in der Periode der Quellung (nicht jedoch später) u. bei KKK während des ganzen Keimungsverlaufes ein entgegengesetztes Verhalten. Die β-amylolyt. Aktivität der Kotyledonen ist niedrig, die von KKK etwas höher; sie nimmt während der Keimung zu.
K. Zingraf. 4210◇

1105 **Der Tricarbonsäurecyclus bei den aktiven und wenig aktiven Kulturen von Saccharomaces cerevisiae.** M. K. Karpenko und A. A. Burakowa. (Mikrobiol. J. [UdSSR] **25**, Nr. 2, 21–26, 1963; Mikrobiol. Inst. der Akad. der Wiss. der Ukrain. SSR; ukrain., Auszug: engl.) — In Ggw. aller untersuchten Substrate des Tricarboncyclus (TCC) beobachtet man bei den akt. Kulturen von *Saccharomyces cerevisiae* einen intensiven O_2-Verbrauch; bei den wenig akt. Kulturen ist der O_2-Verbrauch sehr schwach oder er fehlt völlig. In Ggw. von *Oxalsäure* (I), *Fumarsäure* (II) u. *Glykolsäure* (III) tritt eine CO_2-Ausscheidung statt der Atmung ein. In Ggw. von *Bernsteinsäure* (IV) u. *Citronensäure* (V) wird der O_2-Verbrauch durch die Zellen aller untersuchten Kulturen durch Malonat unterdrückt. Dies beobachtet man bei den akt. Kulturen nicht in Ggw. von Essigsäure. Bei den wenig akt. Kulturen wird der O_2-Verbrauch durch Malonat verstärkt. Das Malonat wird, ebenso wie die übrigen Säuren des TCC, durch die Hefe oxydiert. Beim Wachstum der akt. u. wenig akt. Kulturen auf synthet. Nährboden mit 1% Glucose in Ggw. von II, IV, V oder *Brenztraubensäure* treten verschiedene Carbonsäuren auf. Das Vorhandensein der Atmung bei den akt. Kulturen in Ggw. von I, II, III, IV u. V u. das teilweise Fehlen der Atmung bei den wenig akt. Kulturen beweist, daß die Endstufen der Oxydationsprozesse verschieden verlaufen. O. Lebtag. 4210△

1106 **Die Carboxylierung von Pyruvat in neutrophilen Granulocyten.** M. Zatti und G. Perona. (Arch. Scienze biol. **43**, 316–20, Juli/Aug./Sept. 1959; Padova, Univ., Ist. di Patol. Generale; ital.) — Bei der Inkubation von Homogenaten der neutrophilen Granulocyten von Meerschweinchen in einem Malonat-haltigen, CO_2-freien Tris-[hydroxymethyl]-aminomethan- oder Phosphatmedium mit Glucose oder Pyruvat-Acetat als Substrat tritt keine *Succinat*(I)-Bldg. auf; dagegen erfolgt I-Bldg. in einem Bicarbonat-Medium mit 5% CO_2. K. Zingraf. 4210◇

1107 **Verteilung von Cholinesterase im Nervensystem von Iguana iguana.** A. Stolk. (Proc., Kon. nederl. Akad. Wetensch., Ser. C **65**, 186–93, 1962; Amsterdam, Free Univ., Dep. of Histol.; engl.) — Unterss. über die Verteilung von *Cholinesterase* (I) im Nervensyst. von *Iguana iguana* zeigen, daß alle Nervenzellen des Hirns, Rückenmarks u. der Sinnesganglien ein Übermaß an I enthalten; die Schwankungen des Geh. stehen in Beziehung zur Größe der Neuronen. In den Neuronen des Rückenmarks kann die I-Wirksamkeit beträchtlich sein.
W. Wesly. 4210◇

1108 **Eine verbesserte Methode zur Bestimmung der Cholinesterase-Aktivität im Serum.** F. Rappaport, J. Fischl und N. Pinto. (Clin. chim. Acta [Amsterdam] **4**, 227–30, 1959; Zrifin, Israel, Beilinson Hospital, Petah Tikva and Government Hospital „Assaf Harofe"; engl.) — Vff. modifizierten die Meth. von Caraway (Amer. J. Clin. Pathol. **26**, [1956], 945) zur Best. der *Cholinesterase* (I)-Aktivität durch Anwendung von *m-Nitrophenol* (II) anstelle von Phenolrot als Indicator. Letzteres wird selektiv an Proteine gebunden, wodurch eine Verschiebung der λ verursacht wird. II, das diese Nachteile nicht aufweist, liefert daher zuverlässigere Ergebnisse. Die I-Werte im Serum von normalen Kindern lagen bei 40–80 I. E., bei unterernährten Kindern mit 30–40% Untergew. bei 31, mit 40–50% Untergew. bei 18.
B. Görlich. 4210◇

1109 **Glutaminase-I-Aktivität des Rattengehirns.** S. R. Guha und J. J. Ghosh. (Ann. Biochem. exp. Med. [Calcutta] **19**, 163—68, Juli 1959; Calcutta, Univ., Coll. of Sci. and Techn., Dep. of Appl. Chem.; Indian Inst. for Biochem. and Exper. Med.; engl.) — *Glutaminase I* ist am stärksten konzentriert in den Nuclear- und Mitochondrienfraktionen. *dl-Glutamat* u. *N-Äthylmaleinimid* wirken stark hemmend. Eine Änderung der Glutaminase-I-Aktivität wurde in Homogenaten und subcellularen Fraktionen des Rattengehirns nicht erreicht, in denen Konvulsionen durch Strychnin und Picrotoxin erzeugt worden sind. P. Nachtwey. 4210□

1110 **Aktivität der Glutaminase in der Hirnrinde von Ratten verschiedenen Alters und Einfluß des Cysteins auf die Glutaminase des Gehirns alter Tiere.** S. Oeriu, G. Costescu und O. Teodorescu. (Ukrain. biochem. J. **35**, 163—67, 1963; Bukarest, Med. u. Pharm. Inst., Labor für Biochemie; russ., Auszug: franz.) — In Verss. an 400 Ratten ist die Aktivität der *Glutaminase* (**I**) abhängig vom Alter der Tiere: bei jungen Tieren (2—3 Monate) werden durch **I** 95 mg-% NH_3 freigesetzt, bei erwachsenen Tieren (10—12 Monate) 264 mg-%, bei alten Tieren 355 mg-%. Durch Zufuhr von 0,03 g/kg *Cystein* (**II**) täglich oder 0,03 g **II**/kg u. 0,05 mg/kg Folsäure täglich 21 Tage lang wird die **I**-Aktivität bei den alten Tieren annähernd auf den Wert der jungen Tiere herabgesetzt. O. Lebtag. 4210△

1111 **Die Bedeutung der Bestimmung von Glutaminoxalessigsäuretransaminase für die Diagnostik und Differentialdiagnostik des akuten Myocardinfarktes.** Ja. Ju. Bagrow. (Sowjet-Med. **25**, Nr. 10, 3—11, 1961; Leningrad, Sanitärhygien. med. Inst., therapeut. Fakultätsklinik; russ., Auszug: engl.) — Die Aktivität der *Oxalessigsäuretransaminase* (**I**; normal 0—50 E.) im Blutserum war bei 98,9% der Kranken mit akutem Myocardinfarkt (M) mit elektrocardiograph. Veränderungen schon in den 1. Std., maximal am 2. u. 3. Tag nach dem Anfall bei nur klin. Symptomen des M in geringerem Maße erhöht, bei Stenocardie ohne klin. Symptome des M normal. Starke Schmerzsymptome, akute Störung der Atmung u. des Herzrhythmus führten nicht zur Erhöhung der **I**. I. v. Kloch-Kornitz. 4210◇

1112 **Über den differential-diagnostischen Wert der Transaminasebestimmung im Blut von Kranken mit Stenocardie und mit Mikrofokalnekrosen des Myocards.** W. G. Usspenskaja und W. I. Petrowski. (Cardiologie [UdSSR] **1**, Nr. 6, 90—91, Nov./Dez. 1961; Leningrad, Kirow-Inst. für ärztl. Fortbldg., III. therapeut. Lehrst.; russ.) — Bei Fällen von Stenocardie, überwiegend mit Coronaratherosklerose, blieb bei leichteren stenocard. Anfällen die *Transaminase*-Aktivität (TA) in ca. 50% normal. Veränderungen im weißen Blutbild u. die Beschleunigung der Blutsenkung blieben ebenfalls aus. Auch die Fibrinogenmenge blieb normal. Bei den Fällen mit schwereren stenocard. Erscheinungen traten regelmäßig u. wiederholt unbedeutende Erhöhungen der TA auf (bis zu 70 E), u. zwar auch bei solchen Kranken, bei denen sowohl im Elektrocardiogramm wie im Blutbild keine Veränderungen festgestellt werden konnten. Die TA kann daher eine diagnost. Entscheidung bei Mikroinfarkten des Myocards bringen. F. du Mans. 4210◇

1113 **Klinische Bedeutung der Aminopherasebestimmung im Blutserum bei Coronarinsuffizienz.** M. I. Ssidorenkow. (Sowjet-Med. **25**, Nr. 8, 63—66, Aug. 1961; Kuibyschew, Med. Inst., Therapeut. Fakultäts-Klinik; russ., Auszug: engl.) — Die Aktivität der *Oxalessigsäure-* (**I**) u. *Brenztraubensäure-Aminopherase* (**II**) im Blutserum, die kolorimetr. nach der Meth. von Umbreit u. Rahway bestimmt wurde u. normal 13—25 E. **I** oder **II** betrug, war bei Kranken mit Atherosklerose, Hypertonie u. Rheumatismus normal, bei Myocard-Infarkt bis auf 172 bzw. 126 E., bei Botkinscher Erkrankung bis auf 248 bzw. 500 E. erhöht. Gleichzeitige Erhöhung von **I** u. **II** galt als schlechte Prognose. I. v. Kloch-Konitz. 4210◇

1114 **Die Synthese von Methionin durch enzymatische Transmethylierung.** 4. Mitt. **Lichtzerstreuungsuntersuchungen der Depolymerisation von Thetin-Homocystein-Methylpherase.** 18. Mitt. **Enzymatische Mechanismen der Transmethylierung.** J. Durell und R. F. Steiner. (Biochim. biophysica Acta [Amsterdam] **39**, 248—52, 8/4. 1960; Bethesda, Md., Nat. Inst. of Health, Nat. Inst. of Mental Health, Labor. of Celluar Pharmacol.; Nat. Naval Med. Center, Naval Med. Res. Inst.; engl.) — 3. vgl. C. **1961, 879**. — Vff. untersuchten die Faktoren, die den Polymerisationszustand der *Pferdeleber-Thetin-Homocystein-Methylpherase* (**I**) bestimmen, durch Messung der Lichtstreuung. Keinen Einfl. auf die **I**-Polymerisation haben pH-Wert, Temp., **I**-Konz. u. Metallkomplex-bildende Agentien (Versene, 8-Hydroxychinolin). Die Wirksamkeit verschiedener S–S-Gruppen-spaltender Verbb. (Na_2SO_3, Glutathion, L-Homocystein, Cystein, β-Mercaptoäthylamin) auf die Depolymerisation von **I** geht der Säurestärke ihrer SH-Gruppen prakt. parallel. Unter den für kinet. Messungen günstigen Versuchsbedingungen verläuft die Depolymerisation verhältnismäßig langsam u. scheint vor Erreichung des Endzustands zum Stillstand zu kommen. Das Mol.-Gew. der monomeren Form von **I** beträgt nach Messungen der Sedimentation u. Diffusion bzw. der Lichtstreuung 180000 ± 10%. E. Schwerdtfeger. 4210□

1115 **Die Synthese von Methionin durch enzymatische Transmethylierung.** 5. Mitt. **Chromatographische Analyse von Thetin-Homocystein-Methylpherase an modifizierten Cellulosesäulen.** 21. Mitt. **Enzymatische Mechanismen der Transmethylierung.** Werner A. Klee. (Biochim. biophysica Acta [Amsterdam) **45**, 537—44, 18/12. 1960; Bethesda, Md., Nat. Inst. of Mental Health, Labor. of Cellular Pharmacol.; engl.) — 4. vgl. vorst. Referat. — Die Unters. des chromatograph. Verh. von *Thetin-Homocystein-Methylpherase* (**I**) (aus Pferdeleber) an DEAE- u. CM-Cellulosesäulen zeigte, daß **I** von *DEAE-Cellulose* (**II**) nicht adsorbiert wird, sich aber als Endreinigungsstufe eignet. Nach **II**-Behandlung verhält sich **I** bei der Chromatographie an CM-Cellulose als einheitliche Komponente. Monomere u. polymere Form von **I** verhalten sich chromatograph. gleichartig. Chromatograph. war die Bldg. einer Anzahl *gemischter Disulfide* (**III**) aus **I** u. verschiedenen niedermol. Thiolen, wie Thioglykolat (Puffer), Glutathion, Mercaptoäthanol, nach Protein-S-S-Protein + RSH → Protein-S-S-R + Protein-SH; Protein-S-S-R + TSH → Protein-S-S-T + RSH, nachweisbar. **III** zeigen häufig ein erheblich verändertes chromatograph. Verhalten. K. Maier. 4210□

1116 **Die Synthese von Methionin durch enzymatische Transmethylierung.** 6. Mitt. **Untersuchungen über Homogenität, Formeigenschaften und Funktionsfähigkeit des Monomeren von Thetin-Homocystein-Methylpherase.** Werner A. Klee und G. L. Cantoni. (Biochim. biophysica Acta [Amsterdam] **45**, 545—53, 18/12. 1960; engl.) — 5. vgl. vorst. Referat. — Unterss. in der Ultrazentrifuge nach der Theorie von Yphantis u. Waugh (J. physic. Chem. **60**, [1956], 623, 630) ergaben, daß die Sedimentationskoeff. der enzymat. Aktivität von *Thetin-Homocystein-Methylpherase* (**I**) u. Gesamtprotein des Syst. innerhalb eines weiten Bereichs von Polymerisationsgraden gleich waren. Hydrodynam. Unterss. an monomeren u. polymeren **I**-Präpp. zeigten, daß die Form der einzelnen Komponenten polymerer **I**-Präpp. der Monomeren sehr nahe kommt. Direkte elektronenmkr. Beobachtung bestätigte diese Anwendung der statist. Theorie der Polymerisation von Stockmayer auf das **I**-Syst. u. ergab, daß jeder Monomerenrest 3 funktionelle Gruppen besitzt, die intermol. Disulfidbindungen bei der Polymerisationsrk. bilden können, u. demnach die polymeren Moll. 3-dimensionale Aggregate sind. K. Maier. 4210□

1117 **Die Synthese von Methionin durch enzymatische Transmethylierung.** 7. Mitt. **Vorkommen zweier verschiedener Homocysteinmethylpherasen in Säugerleber.** Werner A. Klee, Henry H. Richards und G. L. Cantoni. (Biochim. biophysica Acta [Amsterdam] **54**, 157—64, 1961; Bethesda, Md., Nat. Inst. of Mental Health, Labor. of Cellular Pharmacol.; engl.) — 6. vgl. vorst. Referat. — Ratten- u. Pferdeleber enthalten neben *Thetin-Homocystein-Methylpherase* (**I**) mindestens noch ein 2. Enzym, das die Methylierung von *Homocystein* (**II**) zu Methionin katalysiert u. sich von I durch die Substratspezifität (Bevorzugung des natürlich vorkommenden CH_3-Donators Betain), das Verh. gegen $Ca_3(SO_4)_2$, $Al(OH)_3$-Gel u. Sephadex G-75, die intrazellulare Verteilung u. der Konz. in neonataler u. regenerierender Rattenleber unterscheidet. Beide Enzyme können sich reversibel, unter Bldg. von HS–S-Bindung zwischen monomeren Einheiten, polymerisieren. K. Maier. 4210◇

1118 **Adaptive Enzyme im Verlaufe der Tryptophan-Synthese in Escherichia coli.** Władysław J. H. Kunicki-Goldfinger. (Acta microbiol. polon. **10,** 129–33, 1961; Wrocław, Univ., Dep. of Microbiol.; engl.) — Es wird über Verss. berichtet, in welchen an Hand des Wachstums von Bakterien die induzierbare Natur von an der Synth. von *Tryptophan* (I) beteiligten Enzymen nachgeprüft wurde. Die Ergebnisse scheinen mit der Annahme übereinzustimmen, daß Zwischenprodukte der I-Synth. sich als spezif. Enzyminduktoren betätigen. Es scheint eine enge Beziehung zu bestehen zwischen der Geschw. der ersten Zellteilung u. der Zahl von induzierbaren, enzymat, Stufen. H. Aman. 4210◇

1119 **Über Kollagenasewirkung auf die intakte Muskelfascie der Ratte in vivo.** H. H. Gruenagel und A. Gruenagel. (Z. ges. exp. Med. **136,** 517–31, 1963; Freiburg/Br., Univ., Anatom. Inst.; Chirurg. Klin.; dt.) — Als Beitrag zum Problem der Durchbrechung oder Entfernung bindegewebiger Kapseln bei mittels breitflächiger Verwachsungen erzeugten Anastomosen des Gefäßsyst. parenchymatöser Organe wird über die Fascienauflösung (Fascie des Musculus tensor fasciae latae der Ratte) in vivo durch *Kollagenase* aus Kulturmedien von *Clostridium histolyticum* u. *Welchii* berichtet. 200 γ Kollagenasepulver je Fascientasche führen zu optimaler Fascienauflösung; bei 100 γ kommt es nur zur Verquellung der Fascienzüge; 300 γ führen zu hämorrhag.-sulziger Durchtränkung des subcutanen Gewebes. U. Tausendfreund. 4210◇

1120 **Der Trypsininhibitor von Kunitz, ein Inhibitor des Fibrinolysins.** E. G. Vairel und M. Thely. (Ann. Biol. clin. **18,** 363–66, Mai/Juni 1960; Centre d'Etudes et de Recherches Choay.; franz.) — Es wird gezeigt, daß der von Kunitz u. Northrop [1963] aus dem Pankreas von Säugetieren isolierte Trypsininhibitor die Wrkg. des Fibrinolysins *in vitro* u. *in vivo* aufhält. Die fibrinolyt. Wrkg. des Plasmas wird unter den Versuchsbedingungen beim normalen Kaninchen durch 75000 I. E./kg (ca. 2 mg) aufgehoben. Diese Wrkg. ist jedoch nicht anhaltend (ca. $1^1/_2$ Std.). K. F. Müller. 4210◇

1121 **Polarographische Untersuchung der Metallkomplexe von Desoxyribonucleinsäure und Proteinase von B. subtilis.** I. D. Iwanow und Je. Je. Rachlejewa. (Ukrain. biochem. J. **35,** 207–19, 1963; Moskau, Bach-Inst. für Biochemie der Akad. der Wiss. der UdSSR; russ., Auszug: engl.) — In Ggw. von *Desoxyribonucleinsäure* (I), *Proteinase* (II) von *B. subtilis* oder I + II erfolgt in Ggw. von Co^{2+} eine Komplexbildung. Die Co^{2+}-Bindung durch II im NH_3-Puffer erfolgt bei 50–55°. In Ggw. von I u. I + II erfolgt sie bei 45–50°. Inkubation von I in Ggw. von Co^{2+} führt zur Bldg. eines polarograph. akt. Komplexes. Die Denaturierung des Co-II-Komplexes tritt bei 50–55° ein. Die Bldg. des I – II-Komplexes erfolgt über die Co-Komplexe. Die Denaturierung der I in Abwesenheit von Co erfolgt früher (40°) als in Ggw. von Co^{2+}. Nach vorheriger Denaturierung von I u. II wird bei 50° zugesetztes Co^{2+} nicht gebunden. Die katalyt. Aktivität der II nimmt in Ggw. von I ab. Die Temp. der Inaktivierung von II im Gemisch mit I ist um 5–10° niedriger als ohne I. Die Komplexe vom Typ Co-I–Co-II sind empfindlicher gegen die Temp. der Denaturierung als die Komponenten. Die polarograph. u. katalyt. Zentren der II aus B. subtilis sind danach verschieden voneinander. O. Lebtag. 4210△

1122 **Zur fermentativen Aktivität von Lysozym.** Je. D. Kawersnewa, N. A. Krawtschenko und G. W. Kleopina. (Nachr. Akad. Wiss. UdSSR, Abt. chem. Wiss., **1961,** 729, April; Zelinsky-Inst. für org. Chem. der Akad. der Wiss. der UdSSR; russ.) — Bei der Rk. von nativem *Lysozym* (I) mit Jodessigsäure (pH 5,5, 40°, 6 Std.) wird der Histidinanteil carboxymethyliert. Die Trennung von I u. *Carboxymethyl*-I erfolgte durch Chromatographieren an Amberlit SG-50, von dem I zuerst eluiert wird. Die Analyse des modifizierten I auf Aminosäuren zeigte, daß Carboxymethyl-I kein Histidin mehr enthält, dafür aber 1(3)-Carboxymethylhistidin. Die fermentative Aktivität von I gegenüber *Micrococcus lysodeikticus* erhöht dich durch die Carboxymethylierung um 12–13%, so daß in I enthaltenes Histidin nicht zum fermentativen Zentrum des I-Mol. gehört. Helmut Schäfer. 4210□

1123 **Ein durch Adenosintriphosphat aktiviertes hämolytisches System.** 3. Mitt. **Wirkung des hämolytischen Faktors aus Kaninchen auf die Membranpermeabilität menschlicher roter Blutkörperchen.** Blanche Ann Borek, Stephen F. Zaffuto und Max Bovarnick. (J. gen. Physiol. **43,** 913–26, 1960; Brooklyn, New York, Veterans Administration Hospital; State Univ. of New York, College of Med., Dep. of Med.; engl.) — 2. vgl. C. **1960,** 12056. — Aus Hämolysaten von Kaninchen-Blutkörperchen kann ein Enzym gewonnen werden, das menschliche Blutkörperchen lysiert, u. diese Lysis wird durch menschliches Stroma gehemmt. Beide Rkk. sind von Mg^{2+} u. Adenosintriphosphat (ATP) abhängig. Ferner werden Na^+ oder K^+ benötigt, maßgebend ist ihre äußere Konzentration. Der hämolyt. Faktor aus Kaninchen verstärkt in den überlebenden Zellen Ein- u. Ausfluß von $^{22}NaCl$ u. ^{42}KCl, ferner auch von ^{14}C-Glucose. Glykolyse u. Herzglykoside sind ohne Wirkung. Vff. schließen, daß nicht verstärkter akt. Transport, sondern eine Rk. des Kaninchenfaktors mit einer Membrankomponente, die die Permeabilität u. Diffusion erhöht, die Erscheinungen bewirkt. M. Wiedemann. 4210◇

1124 **Zur Bestimmung der Serumlipase.** 1. Mitt. **Bestimmung mit Phenyllaurat als Substrat.** H. J. Raderecht, unter Mitarbeit von H. Moskau. (Clin. chim. Acta [Amsterdam] **4,** 221–26, 1959; (Berlin, Humboldt-Univ., Physiol.-Chem. Inst.; dt.) — Vff. beschreiben eine exakte u. spezif. Meth. zur Best. der *Serumlipase* (I) mit *Phenyllaurat* als Substrat, das in Ggw. von *Na-Cholat* (II) spezif. durch I gespalten wird. Das proportional zur Enzymmenge freigesetzte Phenol bildet mit Folin-Reagens in alkal. Lsg. Wolframblau, das bei 650–700 nm (Rotfilter RG 2) im Lange-Photometer gemessen wird. Das pH-Optimum der I des Menschen liegt bei Verw. von Acetat-Puffer nach Michaelis bei 7,4. Zusatz von 100 mg II/0,2 ml Plasma oder Serum steigert die I-Aktivität um 300%. Die Fehlergrenze der Meth. liegt zwischen 0,6–1,2%. B. Görlich. 4210◇

1125 **Mit Noradrenalin-N-Methyltransferase konkurrierende Enzymreaktionen.** W. H. Harrison. (Biochim. biophysica Acta [Amsterdam] **50,** 202–04, 10/6. 1961; New York, N. Y., Columbia Univ., Coll. of Physicians and Surgeons, Deps. of Neurol. and Biochem.; engl.) — Die Best. der Aktivität von *Methionin-Aktivierungsenzym, Pyrophosphatase* u. *Adenosintriphosphatase* (I) im Überstand von Rindernebennierenmarkgewebe ergab 1,5 bis 5,0 μ-Mol aktiviertes *Methionin* (II)/15 Min/g Frischgewebe, 95 μ-Mol *hydrolysiertes Pyrophosphat*/30 Min./g u. 145 μ-Mol freigesetztes *anorg. Phosphat*/30 Min./g, so daß die geringe II-Aktivierung u. Verwertung sehr wahrscheinlich durch die konkurrierende I-Aktivität bedingt ist. Die Unters. der *Noradrenalin-N-Methyltransferase* in Rindernebennierenmarküberstand ergab unter aeroben Bedingungen Ggw. einer konkurrierenden, für *Adrenalin* (III) spezif. *Oxydase*-Aktivität. Der früher gefundene Bedarf an *S-Adenosylmethionin* für die III-Bldg. wurde bestätigt, jedoch war eine *Mg^{2+}*- oder *Glutathion*-Aktivierung nicht nachweisbar. Die N-Methylierung von III u. Noradrenalin erfolgt wahrscheinlich durch 2 verschiedene Enzyme. K. Maier. 4210□

1126 **Cholesterin-Synthese im Rattenhirn: Unterschiedlicher Einbau von $^{14}C_{(2)}$-Mevalonolacton und $^{14}C_{(2)}$-Kaliummevalonat.** R. Fumagalli, E. Grossi, M. Poggi, P. Paoletti und S. Garattini. (Arch. Biochem. Biophysics **99,** 529–33, 1962; Milan, Italy, Univ. of Milan, Dep. of Pharmacol.; engl.) — In Hirnschnitten oder Hirnhomogenaten, nicht jedoch in der Leber von Ratten wird *Kaliummevalonat* in größerem Ausmaß in das unverseifbare u. das durch Digitonin ausfällbare Material eingebaut als *Mevalonolacton.* K. Zingraf. 4210◇

1127 **Sterinesterbildung durch Rattenleberzellfraktionen.** Leon Swell und C. R. Treadwell. (Proc. Soc. exp. Biol. Med. **110,** 55—57, Mai 1962; Martinsburg, W. Va., Vet. Admin. Center; Washington, D. C., George Washington Univ., School of Med., Dep. of Biochem.; engl.) — Bei der Ratte besitzen verschiedene Teile der Leberzelle die Fähigkeit zur *Sterinester*-Bildung. So wurde $^{14}C_{(4)}$-*Cholesterin* im Gesamt-Leberhomogenat verestert, ferner in der Mitochondrienfraktion plus lösl. Fraktion, sowie in der Mikrosomenfraktion plus lösl. Fraktion u. in den lösl. Fraktionen allein. Nach Erhitzung der lösl. Fraktion ließ deren Ggw. keine Veresterung zustandekommen. *Diphosphopyridinnucleotid* wirkte stimulierend auf die Esterbildung. U. Tausendfreund. 4210◇

1128 **Mikrobiologischer Abbau von Quercitrin.** D. W. S. Westlake. (Canad. J. Microbiol. **9,** 211—20, 1963; Saskatoon, Saskatchewan, Prairie Regional Labor., Nat. Res. Council of Canada; engl.) — Eine Anzahl von Schimmelpilzen u. Bakterien wurden ausgewählt nach ihrer Fähigkeit, *Quercitrin* (I) abzubauen. Die Schimmelpilze, aber nicht die Bakterien, waren teilweise aktiv u. produzierten CO. Der Abbau von I hängt von der Synth. von induzierbarer *Glykosidase* (*Quercitrinase*) (II) ab. Das Enzym wird nur von wenigen Vertretern der Aspergillus flavus-Gruppe synthetisiert. Eine maximale Produktion von II wurde mit organ. Stickstoffquellen wie Hefeextrakt oder Phyton erreicht. II wird induziert durch Flavonole u. Flavonol-Glykoside. II ist stark spezif. für die Freisetzung der Rhamnose aus der 3-Position von I u. *Myricitrin* und der 7-Position von *Robinin.* Das Aglykon I wird anschließend zu CO u. dem Depsid von *Phloroglucincarbonsäure* u. *Protocatechusäure* metabolisiert. Der Beweis für einen anderen Stoffwechselweg für den Stoffwechsel der Flavonolkerne wird erbracht. D. Pöhland. 4210◇

1129 **Staphylokokken-Penicillinase.** 1. Mitt. **Hemmung und Stimulierung der Aktivität.** Arthur K. Saz, Dolores L. Lowery und Leah J. Jackson. (J. Bacteriol. **82,** 298—304, Aug. 1961; Bethesda, Md., Nat. Inst. of Allergy and Infect. Dis.; engl.) — Die aus einem penicillinresistenten Stamm von *Staphylococcus aureus* extrahierte *Penicillinase* (I) wurde bis zu 70% gehemmt durch verschiedene *Dipeptide* (II) u. bes. durch *D-Valyl-D-valin.* Es ist von Interesse, daß der Kern von *Penicillin* *D-Valin* enthält. Verschiedene, durch Kondens. von *Aminosäuren* (III) u. metallbindende Verbb. gebildete II, wie *Benzidin* u. *Biphenyl,* hemmen I in beträchtlich niedriger Konz. als nur aus III zusammengesetzte II. Dagegen stimulieren verschiedene Alkohole, bes. *n-Propanol,* die Aktivität von I merklich in ganzen Zellen und in zellfreien Extrakten. Ferner wurde bewiesen, daß I mit der Partikelfraktion der Zelle verbunden ist, und es wird angenommen, daß die Alkohole dadurch stimulieren, daß sie das unlösl. Enzym u. das Substrat in eine engere Anlagerung bringen. Gestützt auf die Fraktionierung von rohem Enzym mittels einer Diäthylaminoäthylcellulosesäule wird die Möglichkeit gezeigt, daß verschiedene Arten von I in *St. aureus* existieren. H. Aman. 4210◇

1130 **Bemerkungen über die Biosynthese der Penicillinase und Herstellung von Antipenicillinase-Serum.** Gr. Teodorovici und S. Zingher. (Rev. Chim. [Bucureşti] **10,** 101—03, Febr. 1959; rum.) — Vff. bestimmen einige für die Biosynth. von *Penicillinase* aus B. subtilis geeignete Mittel. H. Guischard. 4210□

1131 **Klinische Biochemie.** 3. Mitt. E. J. King. (Lab. Pract. **9,** 779—85, 1960; London, Brit. Postgraduate Med. School; engl.) — 2. vgl. C. **1963,** 1750. — Übersicht. Enzymunterss. (alkal. Phosphatase, saure Phosphatase, glykolyt. Enzyme, Transaminasen, Galaktosämie), Ionenaustauschharze, Probenentnahme. — 20 Literaturangaben. K. Maier. 4210◇

1132 **Cytologische und enzymcytochemische Untersuchungen über die Zelloberfläche an in vitro gezüchteten Zellen.** A. Gropp und H. R. Hellweg. (Z. Zellforsch. mikroskop. Anatom. **50,** 315—31, 1959; Bonn, Univ. Pathol. Inst.) — Vff. versuchten, an Zelloberflächen von Zellstämmen die vorhandenen Enzyme zu lokalisieren. Bei der Best. der unspezif. *Esterase* (II) wurde als Substrat α-Naphthylacetat, als Kupplungskomponente *diazotiertes o-Dianisidin* (I) verwendet u. das Rk.-Medium bei pH 7,4 gehalten. Der Rk.-Verlauf wurde unter dem Phasenkontrastmikroskop beobachtet. Nach Erreichen genügend starker Rk. wurde mit einer Lsg. aus 20 ml 40%igem Formalin, 20 ml 10%iger $CdCl_2$-Lsg., 20 ml 10%iger $CaCl_2$-Lsg., 140 ml dest. W. u. 800 ml physiolog. Salzlsg. nach Pannet-Compton fixiert. Zur Best. der *alkal. Phosphatase* (III) wurde als Substrat α-Naphthylphosphat, als Diazoniumsalz I u. diazotiertes 4-Benzoylamino-2.5-dimethoxyanilin verwendet u. die Rk. bei pH 9,2 u. 18—20° ausgeführt. Auch hier wurde unter dem Phasenkontrastmikroskop beobachtet u. anschließend fixiert. II wurde durch 2 Min. langes Einwirken von 90° warmem W. völlig inaktiviert, auch Fixierung mit oben angegebener Lsg. führte zu einer langsamen Inaktivierung. Quaternäre Ammoniumbasen wie Zephiran u. Phemerol führten schon in Konzz. von 10^{-4} Mol/Liter zu einer starken bis totalen Hemmung der II-Wrkg., auch Diisopropylfluorphosphat hemmte in dieser Konz. sehr stark. NaF (3.10^{-3}—1.10^{-2} Mol/Liter) hemmte nur wenig, Na-Arsanilat (10^{-2} Mol/Liter) höchstens sehr wenig, Physostigminsulfat (10^{-4} Mol/Liter) u. KCN (10^{-2} Mol/Liter) zeigten keine Wirkung. Die Hemmung der III-Wrkg. durch obige Fixierlsg. war wesentlich geringer als die der II-Wrkg., L-Cystein (10^{-3} Mol/Liter) u. KCN (10^{-2} Mol/Liter) zeigten ebenfalls Hemmwirkung. G. Seltmann. 4210◇

E_3. Mikrobiologie, Bakteriologie, Immunologie

1133 **Untersuchungen über die langfristige Konservierung von Hyphomyceten und Bakterien.** 2. Mitt. Zoichi Narita und Yoko Tomita. (Annu. Rep. ITSUU Lab. **10,** 16—17, Juli 1959; ITSUU Labor., S. 53—55; jap., Übersetzung: engl.) — 1. vgl. Annu. Rep. ITSUU Labor. **9,** [1958], 75. — *Gluconobacter 2-ketogluconicus, Eremothecium ashbyii, Pseudomonas putidica, Bacillus mesentericus, Bacillus subtilis, Bacterium ascendens* u. *Saccharomyces*-Species werden auf ihre langfristige Konservierbarkeit untersucht. P. Becker. 4300

1134 **Stoffwechsel von mit Mycoplasma infizierten tierischen Zellen.** Dorothy M. Powelson. (J. Bacteriol. **82,** 288—97, Aug. 1961; Menlo Park, Calif., Stanford Res. Inst., Life Sci. Div.; engl.) — Pleuropneumonieähnliche Organismen (PPLO) verändern den Aminosäurestoffwechsel tier. Zellen. Verschiedene Arten tier. Zellen zeigten verschiedene Rkk. gegenüber einem *PPLO*-Stamm u. umgekehrt. Der veränderte Stoffwechsel infizierter Gewebskulturen scheint eine wahre Wirt-Parasit-Wechselwrkg. widerzuspiegeln. H. Aman. 4300◇

1135 **Untersuchungen über die Ernährung von Schimmelpilzen. Der Einfluß verschiedener Vitamine auf das Wachstum von Cercospora beticola Sacc.** K. S. Thind und S. R. Sharma. (Proc. nat. Acad. Sci., India **30,** 109—14, 1960; Amritsar, Punjab Univ., Botany Dep.; engl.) — Von infizierten Blättern der *Beta vulgaris* Linn. var. *bengalensis* wurden Monosporen von *Cercospora beticola Sacc.* isoliert u. Kulturen mit verschiedenen Vitaminzusätzen angelegt. Als geeignet für die weiteren Unterss. wurde der Stamm CB 7 ausgewählt; dieser zeigte partielle Mangelerscheinungen sowohl für *Thiamin* als auch für *Cholin.* B. Franz. 4310◇

1136 **Der Bedarf an Vitamin B_{12}, Cytosindesoxyribosid, und Cytosindesoxyribotid bei Achromobacter terrestris N. SP.** C. Spalla, G. Biffi und E. Rocca. (Giorn. Microbiol. **9,** 130—34, April-Juni 1961; Milano, Farmitalia, Labor. Ricerche Microbiol. e Chemotherap.; ital.) — Der neue Stamm *Achromobacter terrestris* n. sp. ist im Wachstum von *Vitamin B_{12}* abhängig. B_{12} kann durch Desoxyribonucleinsäurehydrolysat, *Cytosindesoxyribosid* oder *Cytosindesoxyribotid* ersetzt werden; *Desoxyribose* kann dagegen B_{12} nicht ersetzen. Die Funktion von B_{12} besteht wahrscheinlich in der Reduktion der Ribose zu Desoxyribose, diese im Nucleosid- oder Nucleotidzustand. B. Franz. 4310□

1137 **Wirkung von Steroiden auf das Wachstum von Mikroben.** Norman N. Durham und Margie D. Perry. (Proc. Oklahoma Acad. Sci. **37**, 36—39, 1959; Stillwater, Okla., Okla. State Univ. Coll., Dep. of Bact.; engl.) — *Stilböstrol* (I), *Cholesterin*, *Progesteron* (II), *Östradiol* (III), *Östron* u. *Testosteron* wurden auf ihre Fähigkeit geprüft, das Wachstum von *Aerobacter aerogenes* zu beeinflussen in Ggw. verschiedener Kohlenhydrate als C- u. Energiequelle. Keine Wrkg. wurde beobachtet, wenn *Glucose*, *Maltose* oder *Raffinose* als C-Quelle benutzt wurden. Dagegen stimulierten **II**, **I** u. **III** das Wachstum, wenn Stärke als Energiequelle diente. Der Grad der Stimulierung durch **I** scheint von der Konz. abhängig zu sein. Verss. zeigten auch, daß *A. aerogenes* nicht befähigt war, irgendeine der Steroid-Verbb. als alleinige Energiequelle für Wachstum u. Fortpflanzung zu nutzen. H. Aman. 4310◇

1138 **Stoffwechsel der Hefesporulation.** 5. Mitt. **Stimulation und Hemmung der Sporenbildung und des Wachstums durch Stickstoffverbindungen.** J. J. Miller. (Canad. J. Microbiol. **9**, 259—76, 1963; Hamilton, Ontario, McMaster Univ., Hamilton College, Dep. of Biol.; engl.) — 3. vgl. C. **1960**, 8229. — Die Wrkg. einer Anzahl von Stickstoff-Verb., in der Hauptsache Aminosäuren, auf die Ascus-Bldg. durch *Saccharomyces cerevisiae* im Sporulationsmedium, das verschiedene Kohlenstoffquellen enthielt, wurden verglichen. Mit *Acetat*, *Glucose*, *A.*, *Pyruvat* u. *Lactat* hemmten alle Aminosäuren (0,01 m) u. die meisten anderen Stickstoff-Verbb. die Sporen-Bildung. Mit *Dihydroxyaceton* (**I**) hemmten weniger Stickstoff-Verbb., u. *Alanin*, *Phenylalanin*, *Glycin* u. *Lysin* steigerten die Sporen-Bldg. sogar bei niedrigen Konzz. (0,0001 m). Die Sporen-Bldg. in Puffer ähnelte der auf **I** in der Rk. auf Aminosäuren. Für die stärkste Hemmung der Sporen-Bldg. war die gleichzeitige Anwesenheit von Kohlenstoff- u. Stickstoffquellen notwendig. Mit **I** als Kohlenstoffquelle steigerte *Glutaminsäure* (**II**) die durchschnittliche Anzahl von Sporen pro Ascus, ließ sie aber mit allen anderen Kohlenstoffquellen abnehmen. Es wurden keine Beziehungen festgestellt zwischen den Wrkg. der Aminosäuren auf die Sporen-Bldg. u. ihren Wert als Stickstoffquelle für das Wachstum oder mit Änderungen in der Sauerstoffaufnahme der Zellen in ihrer Gegenwart. **I** förderte das Wachstum nicht, wenn $(NH_4)_2SO_4$ (**III**) als Stickstoffquelle verwendet wurde. Das Wachstum war dagegen gering, wenn **III** durch **II** oder Caseinhydrolysat ersetzt wurde. Ein Sporulationsmedium wird empfohlen, das in Wasser oder Puffer Agar, 0,02 m **I** u. 0,01 m Lysin enthält.
D. Pöhland. 4310◇

1139 **Untersuchungen über den Einfluß kleiner Mengen Fettsäuren in bakteriologischen Kulturmedien auf das Wachstum von Bakterien.** 1. Mitt. **Wachstumsfördernde Wirkung von Spuren von Fettsäuren in vitaminfreien Casein-Säurehydrolysaten auf Streptococcus haemolyticus Stamm S-8.** Taketoshi Arai und Shogo Kuwahara. (Jap. J. Microbiol. **5**, 327—35, Juli 1961; Tokyo, Showa Pharmaceut. Coll., Dep. of Microbiol.; Toho Univ., School of Med., Dep. of Microbiol.; engl.) — Das Wachstum wurde gehemmt, wenn das vitaminfreie Casein mit Ae. extrahiert wurde. Die Hemmung wurde durch Zusatz dieses Ae.-Extraktes wieder aufgehoben. Vff. vermuten, daß die in dem Casein zu 0,01—0,001% enthaltende *Stearinsäure* die wachstumsfördernde Wrkg. besitzt. Zusätze von *Palmitin*-(**I**)-, *Stearin*-(**II**)-, *Arachidon*-(**III**)-, *Olein*-, *Linolein*- u. *Linolensäure* zum mit Ae. extrahierten Medium ergaben, daß **II** die stärkste Wrkg. verursacht, **I** u. **III** wirkten schwächer. Weiter zeigte sich, daß die gesätt. Fettsäuren in Konzz. von 0,1—0,0002 γ/ml fördernd auf das Wachstum wirken, in Konzz. von 10—50 γ/ml hingegen hemmend. Die ungesätt. Fettsäuren zeigten keine fördernde Wrkg., in Konzz. von 2—5 γ/ml jedoch Hemmung. *Escherichia*, *Vibrio*, *Brucella*, *Staphylococcus*, *Diplococcus u. Salmonella* reagierten teilweise anders als der untersuchte *Streptococcus*-Stamm.
W. Hiller. 4310◇

1140 **Trennung und teilweise Charakterisierung eines durch eine Hefemutante produzierten Lysinvorläufers.** James R. Mattoon, Terry A. Moshier und Thomas H. Kreiser. (Biochim. biophysica Acta [Amsterdam] **51**, 615—17, 19/8. 1961; Lincoln, Nebr., Univ. of Nebraska, Avery Labor. of Chem.; engl.) — Bei einer lysinfreien Mutante von *Saccharomyces cerevisiae* wurde in Fraktion **I** ein Deriv. von *α-Aminoadipat* aufgefunden. Die Fraktion besaß ein Absorptionsmaximum bei 260 mμ, bildet mit $KBiJ_4$ ein rötlich-gelbes Salz, gibt mit Chlor u. MnO_4^- eine rosa Farbe, eine für Adeninverbb. spezif. Reaktion. H. Aman. 4315◇

1141 **Über die Isolierung von Dipicolinsäure aus Sporen von Sarcina urea.** R. S. Thompson und E. R. Leadbetter. (Arch. Mikrobiol. **54**, 27—32, 1963; Amherst, Mass., Amherst College, Dep. of Biol.; engl.) — Aus Sporen, nicht aber aus den vegetativen Zellen, von *Sarcina urea* konnte eine Verb. isoliert werden, die auf Grund ihres UV-Absorptions-Spektrums u. des Verhaltens bei der Papierchromatographie als *Dipicolinsäure* idenfiziert werden konnte (4—7% des Trockengew. der Sporen). M. Lorenz. 4315◇

1142 **Einige Bakterienpigmente (Phenazine).** F. G. Holliman. (South African ind. Chemist **15**, 233—38, 1961; Univ. of Cape Town, Dep. of Chem.; engl.) — Übersicht. — 22 Literaturangaben. P. Gregorzewski. 4315◇

1143 **Endogene Respiration von Bacillus cereus.** C. E. Clifton und J. M. Sobek. (J. Bacteriol. **82**, 252—56, Aug. 1961; Stanford, Calif., Stanford Univ. School of Med., Dep. of Med. Microbiol.; engl.) — Die endogene Respiration gewaschener Zellen von *Bacillus cereus* ist verschieden, je nach Art des Wachstumsmediums u. der Zeit. Die Ergebnisse zeigten, daß die Hauptmenge der endogenen Substrate chem. komplexer Natur u. mindestens z. T. stickstoffhaltig sind. H. Aman. 4320◇

1144 **Stickstoffbindende Mikroorganismen in Paddyböden.** 4. Mitt. **Stickstoffbindung durch photosynthetische Bakterien (Spezies Rhodopseudomonas capsulatus) unter verschiedenen Bedingungen.** Azuma Okuda, Masuro Yamaguchi und Michiharu Kobayashi. (Soil Plant Food [Tokyo] **5**, 73—76, Sept. 1959; Kyoto Univ., Fac. of Agricult.; engl.) — 2. vgl. C. **1960**, 5618. — Unterss. der N-Bindung durch Kulturen von *Rhodopseudomonas capsulatus* in einer N-freien Nähr-Lsg. mit Na-Butyrat unter den Bedingungen „aerob", „anaerob", „Licht" u. „Dunklheit" ergaben, daß die bei weitem höchste N-Bindung in der Kombination „anaerob" u. „Licht" erfolgte. Im Licht wurde viel mehr N gebunden als im Dunkeln. Unter den ungünstigsten Bedingungen „dunkel" u. zugleich „anaerob" konnten Entw. der Bakterien u. N-Bindung verbessert werden, wenn Brenztraubensäure als Substrat verwendet wurde. In Ggw. der niederen Fettsäuren Essigsäure, Propionsäure oder Buttersäure als Substrate, die gewöhnlich auch im Boden vorkommen, kann sich R. capsulatus entwickeln u. mol. N, proportional dem Geh. an niederen Fettsäuren, binden.
W. Knöbel. 4320◇

1145 **Wirkung der UV-Bestrahlung auf den Stoffwechsel von glykogenähnlichen Polysacchariden in Salmonella typhimurium und Echerichia coli mit Bedarf an Thymin, Uracil und Arginin.** Tamara A. Hudnick-Plevnik. (Bull. Inst. nuclear Sci. „Boris Kidrich" **9**, 165—171, März 1959; engl.) — Durch UV-Bestrahlung von *Salmonella typhimurium* (S. t.) u. *Escherichia coli 15 T-A-U* (E. c.) werden das Wachstum von S. t. u. die *Glykogen*-Bldg. von S. t. u. E. c. unter aeroben u. anaeroben Bedingungen gehemmt. Da die Hemmung erst 60 Min. nach der Bestrahlung auftritt, nehmen Vff. an, daß es sich um einen sek. Hemmeffekt handelt. Die Ergebnisse werden im Zusammenhang mit einer verringerten *Ribonucleinsäure*- u. *Protein*-Synth. bzw. der Veränderung des *Adenosintriphosphat*-Stoffwechsels diskutiert.
H. Ackermann. 4320◇

1146 **Rolle von H_2O_2 bei der photooxydativen Tötung blaugrüner Mutanten von Rhodopseudomonas spheroides.** Roderick K. Clayton. (J. Bacteriol. **82**, 314—15, Aug. 1961; Oak Ridge, Tenn., Oak-Ridge Nat. Labor., Biol. Div.; engl.) — Starkes Licht (Wolfram-Lampe) in Verb. mit Spuren von O_2 ruft bei *Rhodopseudomonas spheroides* eine durch H_2O_2 vermittelte tödliche Wrkg. hervor, die blockiert wird entweder durch *Katalase* (**II**) oder durch

Carotinoide (I). In Ggw. von Luft wird diese Wrkg. überschattet durch einen tödlichen Effekt, wahrscheinlich ohne Einbeziehung von H_2O_2; letztere Wrkg. wird aufgehoben durch I. Wenn dabei H_2O_2 einbezogen wäre, so würde dies an einer für II unzugänglichen Stelle erfolgen. Infrarotes, nur durch das Bakterienchlorophyll in *R. sph.* absorbiertes Licht ist genau so akt. wie weißes Licht. H. Aman. 4320◇

1147 **Beziehungen zwischen Tod durch Thyminmangel und UV-Inaktivierung in Escherichia coli.** J. Gallant und S. R. Suskind. (J. Bacteriol. **81,** 187–94, Aug. 1961; Baltimore, Md., Johns Hopkins Univ., McCollum-Pratt Inst.; engl.) — Kulturen von *Escherichia coli, Stamm B 3,* wachsend in Abwesenheit von *Thymin* (I), erleiden ein unausgeglichenes Wachstum u. einen I-Mangeltod. I-Mangeltod tritt auch auf bei 37° u. 2 µg *Chloramphenicol* pro ml, trotz völliger Hemmung von Zellwachstum u. Proteinsynthese. I-Mangelkulturen zeigen bei 25° unausgeglichene Synth. von *Ribonucleinsäure* u. *Protein* ohne Letalität. Die Prüfung der Kinetik der UV-Inaktivierung von Zellen, die unter diesen Bedingungen gewachsen waren, zeigt, daß die durchschnittliche letale Dosis der UV-Bestrahlung abnimmt mit unausgeglichener *Protein*-Synth., ob ein I-Mangeltod auftritt oder nicht, während der letztere spezif. in Beziehung steht zu einem Übergang von der Vieltreffer-Inaktivierungs-Kinetik zur Eintreffer-Inaktivierungs-Kinetik. Der Zeitverlauf dieses Übergangs steht in guter Beziehung zu dem des I-Mangeltodes u. vorbestrahlte Zellen zeigen eine kürzere Verzögerungsperiode vor dessen Beginn. Diese Ergebnisse lassen vermuten, daß der I-Mangeltod zurückzuführen ist auf eine Inaktivierung solcher Zelleinheiten, welche gegen UV-Bestrahlung empfindlich sind, vermutlich Nuclei oder eine nucleare Funktion. H. Aman. 4320◇

1148 **Der Einfluß von Histidin und seinen Stoffwechselprodukten auf die Purinbiosynthese durch Escherichia coli B 3. Mitt. Die Wirkungsweise von Histidin auf die Biosynthese von 5(4)-Amino-4(5)-imidazolcarboxamid.** Jens Hedegaard, Françoise Beau-Thomé, Nguyen-van Thoai und Jean Roche. (C. R. Séances Soc. Biol. Filiales **152,** 1712–16, 1958; herausgeg. 31/3. 1959; Paris, Coll. de France, Labor. de Biochim. générale et comparée; franz.) — 2. vgl. C. **1963,** 18130. — Zur Ermittlung des Mechanismus, nach dem *Histidin* (I) u. seine Stoffwechselprodd. die Neusynth. von *5(4)-Amino-4(5)-imidazolcarbonsäureamid* (II) bei *E. coli* aktivieren, wurde die Beziehung zwischen II-Biosynth. u. I-Stoffwechsel untersucht. Die II-Bldg. geht der Abnahme von Imidazolderivv. während des Wachstums parallel. Beide Vorgänge kommen bei Beendigung der Zellvermehrung zum Stillstand, d. h. das Bakterium verwertet zuerst für Synthesezwecke dem Nähremedium zugesetzte *Imidazolverbb.* (III), wobei das mol. Verhältnis der verschwundenen III zu gebildetem II für I ca. 1,7–1,8, für *Urocaninsäure* (IV) ca. 2 beträgt. Verss. mit Sulfadiazin-gehemmten Kulturen, die I (oder I-Metabolite) u. ein *Glycin*(V)-Deriv. (mögliche Purinvorstufe) enthielten, zeigten, daß I, IV u. *Formamidinoglutarsäure* (VI) ihr Aktivierungsvermögen bezüglich der II-*Ribosid*-Bldg. auch dann beibehalten, wenn das Medium ein V-Deriv., z. B. *Formylglycinamid,* enthält. Das Imidazolderiv. greift offensichtlich nach der Transformylierungsrk.: Glycinamidribotid → Formylglycinamidribotid ein. *Formamidinoessigsäure* ist etwas weniger wirksam als V. Die Wrkg. von I oder dessen Metaboliten auf die II-*Ribosid*-Bldg. scheint nicht auf einer Transforminierungs zwischen VI u. V zu beruhen. K. Maier. 4320◇

1149 **Untersuchungen über die Maltose- und Glucose vergärung bei homozygoten Hefestämmen mit verschiedenen Genomzahlen.** Ragnhild Scheda. (Arch. Mikrobiol. **45,** 65–100, 1963; Berlin, Mikrobiol. Abteilung des Inst. für Gärungsgewerbe; dt.) — An haploiden, di-, tri- u. tetraploiden Stämmen von *Saccharomyces* wurde die CO_2-Abgabe bei der Vergärung von *Glucose* u. *Maltose* gemessen u. dabei charakterist. Unterschiede im Verh. der einzelnen Genomstufen festgestellt.
M. Lorenz. 4320◇

1150 **Respirationsstoffwechsel von Trichomonas vaginalis.** Tohru Tsukahara. (Jap. J. Microbiol. **5,** 157–69, April 1961; Niigata, Niigata Univ. School of Med., Dep. of Bacteriol.; engl.) — *Glucose* wird durch *Trichomonas vaginalis* Stamm Tv 49–1099 rasch oxydiert. Das pH-Optimum ist relativ breit u. liegt zwischen 6,47 und 6,98. Maximale Oxydation geschieht bei Kulturen, die 24 Std. alt sind. Bei Kulturen, die älter als 36 Std. sind, fällt die Oxydation rasch ab. Von *T. vaginalis* werden an Monosacchariden außer Glucose noch *Fructose, Mannose* u. *Galaktose,* jedoch nicht *Arabinose* u. *Xylose* oxydiert u. an Disacchariden *Maltose* u. *Saccharose,* aber nicht *Lactose.* Die Glucoseoxydation wird durch *Monojodessigsäure, Na-Arsenit, NaCN,* $CuSO_4$, $AgNO_3$ u. *Malonsäure* vollständig gehemmt. Die meisten Intermediärprodd. des Citronensäurecyclus werden nicht metabolisiert. Der Stoffwechsel von Brenztraubensäure wird durch *Adenosintriphosphat* u. Mg^{2+} stimuliert. Von den geprüften Amino- u. Fettsäuren wurden nur *L-Arginin, L-Prolin, L-Tyrosin, D-Glutaminsäure, Ameisen-, Essig-, Capron-, Myristin-* u. *Stearinsäure* zum Teil oxydiert.
W. Hiller. 4320◇

1151 **Assimilation von Raffinose durch Hefen.** György Vörös-Felkai und E. K. Novák. (Acta microbiol. Acad. Sci. hung. **8,** 333–37, 1961; Budapest, State Inst. of Hyg.; engl.) — Es wurde die Assimilation von *Raffinose* (I) an *Hefe*stämmen aus 268 Proben von patholog. Material untersucht. I-Assimilation wurde in 41 Species festgestellt. Alle 17 Stämme von *Candida tropicalis* konnte I nicht vergären oder assimilieren. Die untersuchten, farbigen Hefen konnten sämtliche I assimilieren. Im untersuchten Material war die Assimilation von I immer mit der Assimilation von *Saccharose* verbunden.
H. Aman. 4320◇

1152 **Untersuchungen über die mikrobiologische Ausnutzung von D-Glucuronsäurederivaten. 2. Mitt. Einfluß der Adaption gegenüber D-Glucuronsäure auf den Zuckerstoffwechsel.** Hiroshi Oya. (Jap. J. Microbiol. **5,** 177 bis 182, April 1961; Tokyo, Chugai Pharm. Co., Ltd., Res. Labor.; engl.) — Adaptierte Zellen von *Aerobacter aerogenes* u. *Escherichia coli* sind in der Lage, *D-Glucuronsäure, D-Glucuronolacton* u. *Äthyl-D-glucuronat,* nicht aber *D-Glucuronamid* abzubauen. Die an *D-Glucuronsäurederivv.* adaptierten Zellen zeigen auch eine verstärkte Glucoseoxydation. Gegenüber *l-Glutaminsäure* sind zwischen adaptierten u. nicht adaptierten Zellen keine Unterschiede festzustellen. *Staphylococcus albus* zeigt diese Wrkg. auf eine Adaptation nicht. W. Hiller. 4320◇

1153 **Herstellung von Calciumgluconat durch biochemische Oxydation von Glucose.** I. Vasilescu und M. Vociu. (Rev. Chim. [Bucureşti] **10,** 89–91, Febr. 1959; rum.) — Vff. berichten über die Gewinnung von *Calciumgluconat* durch Oxydation von Sorbose bei einer *Aspergillus niger*-Kultur. H. Guischard. 4320 □

1154 **Stoffwechselleistung und Enzymaktivität bei Chlamydobotrys (Volvocales).** W. Wiessner. (Arch. Mikrobiol. **45,** 33–45, 1963; Göttingen, Univ., Pflanzenphysiol. Inst.; dt.) — In Ggw. von *Acetat* (I) findet durch Chlamydobotrys nur eine geringe Photofixierung von CO_2 statt. Erst nach Verbrauch von I steigt die CO_2-Assimilation an, was sich auch an der Aktivitätszunahme der für die CO_2-Fixierung notwendigen Enzyme zeigt. Maximale Enzym-Bldg. ist aber nur dann festzustellen, wenn eine N-Quelle zur Synth. der Enzymproteine bereitgestellt wird. M. Lorenz. 4320◇

1155 **Kohlenstoff–Stickstoff-Stoffwechsel von Bodenpilzen. 5. Mitt. Die Rolle von Cyanid, Nitrit und Schwefel.** S. Natarajan. (Proc. Indian Acad. Sci., Sect. B **48,** 28–32, 1958; Tambaram, Indien, Madras Christian Coll. Dep. of Chem.; engl.) —2. vgl. C. **1960,** 10637; 4. vgl. Proc. Indian Acad. Sci., Sect. B, **47,** [1958], 338. — Die Bodenpilze *Fusarium vasinfectum* u. *F. udum* bilden bei Wachstum auf verschiedenen Zuckern mit Nitrat als C-Quelle geringe Mengen Nitrit sowie NH_4^+. Da KCN das Wachstum u. die N-Aufnahme nicht hemmt, wird Anwesenheit einer KCN-unempfindlichen *Nitratreduktase* angenommen. Nitrit bewirkte eine Wachstumshemmung. Durch Zugabe von elementarem Schwefel konnte das Wachstum verbessert werden. Die Kulturen entwickelten

H_2S. Es wird angenommen, daß das Fehlen der Nitritbildung in Gegenwart von Schwefel durch Rk. des NO_2^- mit H_2S bewirkt wird. H.-G. Trüper. 4320◇

1156 **Beiträge zur Kenntnis des Abbaues der Aminosäuren durch Essigsäurebakterien.** Alexander Janke, R. G. Janke und Stephan Perczel. (Arch. Mikrobiol. **45**, 7–26, 1963; Wien, Techn. Hochschule, Inst. für Biochem. Technol. u. Mikrobiol.; dt.) — Anhand der NH_3-Bldg. wurde die Desaminierung von *DL-Alanin* (I), *L-Glutaminsäure* (II) u. *L-Asparaginsäure* (III) durch ruhende Zellen von *Acetobacter aceti Beijerinck* (A), *A. racens* (R) NRRL B 65, *A. suboxydans* 1 (S) u. *Gluconobacter liquifaciens* G-1(L) untersucht. Bei R ist der Abbau von I am stärksten. S u. A vermögen nur I abzubauen. R u. S greifen außer der D-Form von I auch die L-Form an. Die beim Abbau von I durch S entstehende Brenztraubensäure wird nicht angereichert, sondern weiter umgesetzt. Alle drei Aminosäuren werden durch I nur in geringem Umfang desaminiert. — Im Gegensatz zu anderen Autoren sind Vff. der Meinung, daß die Fähigkeit zur Desaminierung von Aminosäuren kein Kriterium für die Essigsäurebakterien-Systematik abgibt. M. Lorenz. 4320◇

1157 **Wirkung von L-Cystin auf die Einleitung anaeroben Wachstums von Escherichia coli und Aerobacter aerogenes.** Luigi Gorini. (J. Bacteriol. **82**, 305–12, Aug. 1961; Boston, Mass., Harvard Med. School, Dep. of Bact. and Immunol.; engl.) — *Escherichia coli* u. *Aerobacter aerogenes* unter anaeroben Bedingungen in einer Dichte von 10^6 Bakterien pro ml in ein Mineral-Citrat-Glucose-Medium geimpft, zeigen eine lange Verzögerung oder überhaupt keinen Beginn des Wachstums. Das Wachstum wird rasch eingeleitet, wenn das Medium durch *SH-* oder *SS-* Verbb. ergänzt wird; am wirkungsvollsten ist *L-Cystin* (I), schon vollakt. in einer Konz. von 1–2 μMol. Der anaerobe Bedarf an I wird noch ausgesprochener in Ggw. von Cu^{2+} in Konzz., viel niedriger als die unter aeroben Bedingungen zur Hemmung erforderlichen. Während es möglich ist, daß I durch Komplexbildung mit dem tox. Metallion wirkt, erscheint es wahrscheinlicher, daß I ein wichtiger, unter anaeroben Bedingungen dürftig produzierter Metabolit ist u. daß die merkliche Toxizität von Cu^{2+} unter anaeroben Bedingungen abhängt von seiner Komplexbldg. mit I. H. Aman. 4320◇

1158 **Faktoren, die die freie Acidität des Fettes von Penicillium spinulosum in Oberflächenkulturen beeinflussen.** Ibrahim R. Shimi. (J. Sci. Food Agric. **10**, 244–48, 1959; Cairo, Ain Shams Univ., Botany Dep.; engl.) — Der Geh. an *freien Fettsäuren* im Fett des vorgezogenen Mycels von *P. spinulosum* steigt stark bei der Zugabe von $CaCO_3$ u. in Ggw. von $Na_2S_2O_3$ an. *Glycerin*-Zugabe u. *pH-Werte* von *3,2–8,7* beeinflussen den Säuregeh. kaum, erst bei einem *pH*-Wert von *1,56* steigt er ein wenig an. Bei rascher Sterilisation der Pilzdecke in dest. W. enthält das Fett weniger Säure als bei langsam ansteigenden Temp. oder einer Sterilisation in der Kulturbrühe. K.-W. Glombitza. 4320◇

1159 **Mikrobielle Produktion von Δ 1.4-Androstadiendion aus Steroiden verschiedener Struktur. Die Zwischenwirkung der Steroide.** G. Wix und K. Albrecht. (Acta microbiol. Acad. Sci. hung. **8**, 339–56, 1961; Budapest, Res. Inst. of the Pharmaceut. Ind.; engl.) — *Fusarium caucasicum* ist in der Lage, Steroide verschiedener Struktur in *Δ 1.4-Androstadiendion* (I) umzuwandeln. Die beste Ausbeute wurde erhalten mit *Δ 4-Androstendion* (II). Die Zahl der zur Umwandlung notwendigen Enzyme steht im direkten Verhältnis, die Ausbeute im umgekehrten Verhältnis zur strukturellen Abweichung des Substrates von II. Anders verhält es sich, wenn gesätt. Steroide der *allo*-Serien umgewandelt werden. Diese Verbb. hemmen, während sie in I umgewandelt werden die Aktivität des Enzyms, welches I abbaut u. die gleichzeitige Zugabe von z. B. *allo-Pregnandion* u. *Δ 4.3-Ketosteroiden* führt zur Anhäufung von I in der Kultur. Der Mechanismus der Hemmung ist nicht kompetitiv. H. Aman. 4320◇

1160 **Unterdrückung und Hemmung der Indol-synthetisierenden Aktivität in Neurospora crassa.** Gabriel Lester. (J. Bacteriol. **82**, 215–23, Aug. 1961; Shrewsbury, Mass., Worcester Found. for Exp. Biol.; engl.) — Es wurde die Möglichkeit einer Unterdrückung u. Rückkopplungshemmung als regulierender Mechanismus für die Synth. von *Tryptophan* (I) durch *Neurospora crassa* untersucht an einem I-Auxotrophen, welcher *Indol* (II) u. II-*Glycerin* anreichert. Die II-synthetisierende Aktivität wurde mit keimenden Konidien in einem I-Mangelmedium bestimmt. Sie fehlte fast bei allen in einem Keimmedium gewachsenen Zellen, das mehr als 1,0 μ Mol. *L*-I/ml enthielt u. nahm mit sinkenden Konzz. von *L*-I zu. Eine ähnliche Depression der Bldg. der II-synthetisierenden Aktivität wurde verursacht durch *6-Methyl*-u. *D*-I, weniger wirksam *5-Methyl*-I; *4-Methyl*-I wirkte schwach stimulierend. Vorgebildete Aktivität wurde gehemmt durch *L*-I, während *D*-I in dieser Hinsicht ohne Einfl. war. Die Hemmung vorgebildeter Aktivität wurde z. T. aufgehoben durch *Anthranilsäure* (III), einem Vorläufer von II. III jedoch steigert nicht die II-Synth. durch Zellen, worin die Bldg. der II-synthetisierenden Aktivität unterdrückt wurde durch Kultur in Ggw. hoher Konzz. von *L*- oder *D*-I. H. Aman. 4320◇

1161 **Einfluß der Erhitzung und einiger chemischer Substanzen auf die optische Dichte der Mikrobensuspensionen.** B. W. Karalnik. (Mikrobiol. J. [UdSSR] **25**, Nr. 2, 15–21, 1963; Ushgorod, Inst. für Epidemiol., Mikrobiol. u. Hygiene; ukrain., Auszug: engl.) — Aus den Unterss. über den Einfl. von hoher Temp., *A.*, *Methylalkohol* (I), *NaOH* u. Ae. auf die opt. Dichte der Suspensionen von 20 Mikroorganismenarten geht hervor, daß bei allen Arten der Mikrobenschädigung die opt. Dichte abnimmt. Am stärksten ist diese Abnahme bei der Einw. von NaOH, am geringsten nach A. u. I. In der Suspension von grampositiven Bakterien ist die Wrkg. von Ae., noch mehr die von NaOH schwächer als in der Suspension von gramnegativen Bakterien. Die Wrkg. von A. ist gleich der von I. Bei den gramnegativen Mikroben wird die Wrkg. des Ae. auf die opt. Dichte durch vorheriges Erhitzen der Suspension vermindert. O. Lebtag. 4330△

1162 **Über die antibakterielle und antimycotische Wirkung von Oleum melissae.** I. Schaulow, P. Peitschew und G. Aposstolow. (Hygiene [Sofia] **6**, Nr. 2, 54, 1963; bulg.) — Es wird die antibakterielle u. antimycot. Wrkg. des Melissenöls, das durch W.-Dampfdest. von *Mellissea officinalis* L gewonnen wird, untersucht. Es zeigt sich, daß es das Wachstum von *Streptococcus haemolyticus*, *Staphylococcus albus*, Sh. flexneri, *Achorion quinkeanum*, *Epidermophyton interdigitale Kaufmann-Wolf*, *Microsporon canosum*, *Acromoniella species* u. *Scopolariopsis species* hemmt. G. Wesirow. 4330△

1163 **Versuche zur Biosynthese einiger neuer Penicillintypen von Sulfonamidphenoxyessigsäuren und deren Amiden als Vorläufern.** Gh. Botez, S. Niţescu, Gr. Teodorovici, M. Cruceanu und M. Dogaru. (Rev. Chim. [Bucureşti] **10**, 92–94, Febr. 1959; rum.) — Vff. untersuchen die Biosynth. einiger neuer *Penicilline* (I) bei Verw. von *4-Aminosulfonyl-* u. *2-Methyl-4-aminosulfonylphenoxyessigsäure* u. ihren Amiden als Vorläufer. Das antibakterielle Potential u. die Spektralwirkung der neuen I ist größer als das bei den I V u. G. der Fall ist. H. Guischard. 4340□

1164 **Vergleichende spektrographische Untersuchungen von penicillinresistenten Staphylokokken.** K. I. Markov und G. Dimov. (C. R. Acad. bulg. Sci. **12**, 585–87, 1959; Sofia, Med. Hochschule, Lehrstuhl für Mikrobiolog. u. Lehrstuhl für med. Physik; dt.) — Die UV-Absorptionsspektra von *Staphylokokken* Stamm 209, 190, 635 u. ihre gegenüber *Penicillin* (I) resistenten Varianten zeigten während der Adaptation an I je nach dem Grade der Resistenz eine Verschiebung der Lichtdurchlässigkeitsgrenze, beim Stamm 209 P nach 580 Passagen von 2522 auf 2894 Å. Das Auftreten der Elektronenschwingungsmaxima von I (A: 2918; B: 2929; C: 2933 Å) in I-resistenten Stämmen führte zu der Annahme, daß bestimmte chem. I-Komplexe von der Bakterienzelle aufgenommen werden u. lange in ihr erhalten bleiben. I. v. Kloch-Kornitz. 4340◇

1165 **Wirkung von Streptomycin auf den Einbau von ^{35}S-Sulfat in Streptomycin-sensitive, Streptomycin-resi-**

stente und Streptomycin-indifferente Zellen eines Mycobacteriums. Michio Tsukamura. (Japan. J. Microbiol. **5,** 133—40, April 1961; Aichi-ken (Japan), Obu, Chita, Obuso Nat. Sanatorium; engl.) — 10 μg *Streptomycin* (**I**)/ml hemmen den Einbau von ^{35}S-Sulfat in die Proteinfraktion, nicht aber in die säurelösl. Fraktion von I-empfindlichen Zellen von *Mycobacterium avium.* Der Einbau in Ggw. von 10 μg **I** in **I**-resistente u. **I**-indifferente Zellen wird nicht gehemmt, wohl aber in Ggw. von 1000 μg **I**/ml. Der Einbau von Sulfat erfolgt am langsamsten in **I**-resistente Zellen. 10 μg **I** hemmen den $^{32}PO_4$-Einbau in die säurelösl. Nucleinsäure- u. Proteinfraktion bei **I**-sensitiven Zellen; im Gegensatz dazu hemmen 1000 μg den Einbau in indifferente u. resistente Zellen nicht. W. Hiller. 4340◇

1166 **Sensitivität von Shigella und pathogenen Escherichia coli gegenüber Dextromycin.** Toyoshige Araki. (Annu. Rep. Takeda Res. Lab. **17,** 66—70, 1958; jap., Auszug: engl.) — Es wird die Empfindlichkeit von 40 Dysenteriebacillus-Stämmen gegenüber *Dextromycin* (**I**) geprüft. 2—8 μg/ml hemmen sämtliche Stämme. Areomycinresistenz beeinträchtigt die Empfindlichkeit gegenüber **I** nicht. P. Gregorzewski. 4340◇

1167 **Zur Wirkungsweise von Mitomycin C.** 1. Mitt. **Einfluß von Mitomycin C auf den Desoxyribonucleinsäure-Abbau in ruhenden Bakterien.** H. Kersten. (Hoppe-Seylers Z. physiol. Chem. **329,** 31—39, 6/9. 1962; Münster, Univ., Physiol.-Chem. Inst.; dt.) — *Mitomycin C* (**I**), ein neues Antibioticum noch unbekannter Struktur aus *Streptomyces caespitosus*, bewirkt in ruhenden Zellen von *Escherichia coli* eine Depolymerisation von *Desoxyribonucleinsäure* (DNS). Die DNS-Spaltung verläuft in Ggw. von **I** bei pH 6,2 optimal, findet aber nur statt, wenn sich die Bakterienzellen im eigenen Kulturmedium mit allen Stoffwechselprodd. befinden. Zu den Kulturen zugesetzte hochmol. *Thymonucleinsäure* wird von den *E. coli*-Zellen selbst abgebaut, in Ggw. von **I** jedoch beschleunigt. Als Wrkg.-Mechanismus wird die Aktivitätssteigerung eines DNS-abbauenden Enzyms durch **I** diskutiert. Winfried Krüger. 4340◇

1168 **Untersuchungen mit einem neuen von Streptomyces Sp. A-59 produzierten Antibioticum.** Shin-Ichi Kondō, Eiichi Akita, Jean Marie J. Sakamoto, Masao Ogasawara, Taro Niida und Tsutomu Hatakeyama. (J. Antibiotics [Tokyo], Ser. A **14,** 194—98, Juli 1961; Meiji Seika Co., Ltd., Res. Labor.; engl.) — Aus Kulturfiltrat u. Mycelium von *Streptomyces Sp. A-59* wurde ein neues, kristallisiertes, schwefelhaltiges Antibioticum, *A-59* (**I**) isoliert. Weiße Prismen, F. 248—255° unter Zers. C 49,57%, H 5,62%, N 13,95%, S 10,21%; Molgew. ca. 2000; R_F (Wassergesätt. n-Butanol) 0,88; $[\alpha]_D^{22}$ —92° (c = 1, Dioxan) u. $[\alpha]_D^{27}$ —93° (c = 2, Dimethylformamid); UV-Absorption in A.-Lsg. 240 bis 250 mμ, keine Maxima, sondern Schultern; in der Aminosäure-Zus. unterscheidet sich **I** von *Bryamycin* u. *Thiostrepton*; es ist sehr aktiv gegen grampositive Bakterien u. Mycobakterien. Außer **I** wurde eine geringere Menge einer *A-59* B-Substanz, weiße Nadeln, isoliert mit schwächerer antimikrobieller Aktivität. H. Aman. 4340◇

1169 **Ein durch Streptomyces No. 14420 produziertes neues Antibioticum, Flavucidin.** Motoo Shibata, Kôiti Nakazawa, Akira Miyake, Michitaka Inoue, Jiro Terumichi und Hiroshi Kawashima. (Annu. Rep. Takeda Res. Lab. **17,** 16—18, 1958; engl.) — Aus dem Kulturmedium wird ein S- u. Halogen-freies neues Antibioticum, *Flavucidin* (**I**), $C_{34}H_{55-59}NO_9$, F. 144—145°, isoliert. **I** hemmt das Wachstum von *M. flavus* u. *S. lutea* stark, nicht aber das von gramnegativen Bakterien u. Tuberkeln. Die DL beträgt bei Mäusen 15,6—31,25 mg/kg (intraperitoneal). P. Gregorzewski. 4340◇

1170 **Ein durch Streptomyces No. 10400 produziertes neues Antibioticum, Lustericin.** Motoo Shibata, Kôiti Nakazawa, Michitaka Inoue, Jiro Terumichi und Akira Miyake. (Annu. Rep. Takeda Res. Lab. **17,** 19—22, 1958; engl.) — Aus dem Kulturmedium wird ein gegen gramnegative Bakterien aktives Antibioticum, *Lustericin*, $C_{40}H_{64}O_{13}$, F. 130, isoliert. Die DL beträgt bei Mäusen 125—150 mg/kg (intraperitoneal). P. Gregorzewski. 4340◇

1171 **Über die Methoden der Screening-Tests für die von Streptomyceten produzierten antituberculösen Antibioticis.** 4. Mitt. **Halbfeste-Agar-Methode und Streichkulturmethode.** Toshihiko Tsuchiya, Kanji Tsuchiya und Toyoshige Araki. (Annu. Rep. Takeda Res. Lab. **17,** 41—45, 1958; jap., Auszug: engl.) — 3. vgl. C. **1959, 6848.** — Es wird festgestellt, daß das Basalmedium nach Kirchner (halbfestes Agarmedium) für Screening-Tests am besten geeignet ist, da es einfach zu handhaben u. nach 3 Tagen auszuwerten ist. P. Gregorzewski. 4340◇

1172 **Über die Methoden der Screening-Tests für die von Streptomyceten produzierten antituberculösen Antibioticis.** 5. Mitt. **Einflüsse von antituberculösen Arzneimitteln auf in Meerschweinchen-Monocyten und HeLa-Zellen wachsende Tuberkelbacillen.** Akihiro Imai, Kanji Tsuchiya und Toyoshige Araki. (Annu. Rep. Takeda Res. Lab. **17,** 46—52, 1958; jap., Auszug: engl.) — 4. vgl. vorst. Referat. — Zwischen den Ergebnissen im Monocytentest (a) u. dem Überlebenstest an Mäusen bestehen gewisse Korrelationen. a kann als Vorstadium im Tiervers. verwendet werden. Bei Behandlung infizierter HeLa-Zellen treten Unterschiede in Abhängigkeit von der Zellart auf. P. Gregorzewski. 4340◇

1173 **Über die Methoden der Screening-Tests für die von Streptomyceten produzierten antituberculösen Antibioticis.** 6. Mitt. **Histopathologische Untersuchungen in Beziehung zu „Überlebenstests bei Mäusen" zur Untersuchung antituberculöser Arzneimittel.** Yuushi Oka, Kanji Tuchiya und Toyoshige Araki. (Annu. Rep. Takeda Res. Lab. **17,** 53—64, 1958; jap., Auszug: engl.) — 5. vgl. vorst. Referat. — Vff. zeigen, daß es möglich ist, die therapeut. Wrkg. von *Streptomycin* (**I**), *Isoniazid* (**II**) u. *p-Aminosalicylsäure* (**III**) histopatholog. im Lungengewebe nachzuweisen. Die minimale effektive Dosis bei 9—12tägiger Behandlung beträgt für **I** 0,4 mg/Tag/Maus am 9. Tag bzw. 0,8 mg am 12. Tag, für **II** 2,5 γ bzw. 5 γ u. für **III** 2,5 mg bzw. 1,25 mg. P. Gregorzewski. 4340◇

1174 **Die Mittelspektrum-Antibiotica Erythromycin, Oleandomycin, Novobiocin und Spiramycin unter experimentellen Bedingungen.** H. Sous, W. Krüpe, G. Osterloh und H. Mückter. (Arzneimittel-Forsch. **8,** 386—90, 1958; Stolberg, Chemie-Grünenthal GmbH, Forsch-Labor.; dt.) — *Erythromycin* (**I**), *Oleandomycin* (**II**), *Novobiocin* (**III**) u. *Spiramycin* (**IV**) hemmen in Dosen von 0,01—6,25 μg (max. bis 100)/ml grampositive Bakterien oder aerobe Sporenbildner. Gegen Pilze sind alle u. gegen *Mycobacterium tuberculosis* var. hom. alle bis auf **III** (3—100 μg/ml) unwirksam. Unter den gramnegativen Bakterien wird nur *Klebsiella pneumoniae* von **I—III** (3—25 μg/ml) gehemmt. Bei pH 2 wird **I** in 1 Std. zu 100% inaktiviert; nach 5 Std. haben **III** 10%, **II** 20%, **IV** 35% ihrer Aktivität verloren. Alle sind hitzelabil. **I, II, IV** werden nur bis zu 10% an Serum gebunden. **III** büßt seine biolog. Aktivität bereits bei 20% Serum ganz ein. Alle 4 wirken auch in hohen Dosen nur bakteriostat. u. nicht bakterizid. Der Staph.-Stamm SG 511 ist nach 3 Passagen gegen > 50 μg **III**/ml u. nach 9—14 Passagen gegen > 50 μg/ml **I, II** u. **IV** resistent. Eine Kreuzresistenz ist nur zwischen **I, II** u. **IV** auffindbar aber nicht obligat. Streptokokken-, Staphylokokken- u. Rotlaufinfektionen der Maus lassen sich gut mit subkutanen weniger gut mit peroralen Gaben aller 4 Antibiotica bekämpfen. Während Pneumokokken-Infektionen nur auf **IV** ansprechen. **III** ist i. v., subkutan oder peroral für Maus u. Ratte am toxischsten, **II** am ungiftigsten. K. W. Glombitza. 4340◇

1175 **Beziehung zwischen Lipidstoffwechsel und antibiotischer Sensibilität.** 1. Mitt. **Die Lipidzusammensetzung von antibiotisch sensitiven und resistenten Staphylococcus aureus Stämmen.** L. Váczi und L. Farkas. (Acta microbiol. Acad. Sci. hung. **8,** 205—13, 1961; Debrecen, Univ. Med. School, Inst. of Microbiol.; engl.) — Der Geh. an extrahierbaren *Lipiden* betrug bei dem sensitiven *Staphylococcus aureus* Stamm 100 (a), dem

resistenten Stamm 53 (b) u. bei *Streptococcus haemolyticus* T/25 (hochsensitiv) 3,1; 4,4; 2,4%, der Geh. an stark gebundenen Lipiden 0,5; 0,9; 0,1%. b enthielt die doppelte Menge an Phosphatiden (*Lecithin, Kephalin*) im Vgl. zu a, *Str. haemolyticus* dagegen nur die Hälfte von a. In bezug auf *Fettsäuren* waren keine Unterschiede zwischen resistenten u. sensitiven Stämmen. An Fettsäuren wurden *Arachin-, Stearin-, Palmitin-, Myristinsäure* u. eine nicht identifizierte C_{19}-Säure in der festen Fraktion gefunden. In der fl. Fraktion der Fettsäuren wurden 5 Fraktionen gefunden, die alle gesätt. Charakter zeigten.
W. Hiller. 4340◇

1176 **Beziehung zwischen Lipidstoffwechsel und antibiotischer Sensitivität. 2. Mitt. Der Einfluß von Esterase-inhibitoren auf die antibiotische Sensibilität von Staphylococcus aureus Stämmen.** L. Váczi, M. Fodor und L. Farkas. (Acta microbiol. Acad. Sci. hung **8**, 215—21, 1961; engl.) — 1. vgl. vorst. Referat. — Untersucht wurden folgende *Staphylococcus aureus* Stämme: 100 u. 102 sensitiv gegen Antibiotica (Gruppe a); 1 resistent nur gegen *Penicillin* (Gruppe b); 50, 52, 53 resistent gegen Penicillin, *Streptomycin, Tetramycin, Chloramphenicol* u. *Erythromycin* (Gruppe c). Die lipolyt. Aktivität war bei c nur halb so groß wie bei a u. b. Die Esterase-inhibitoren *Paraoxon, Methylparathiooxon* (I) u. *Na-Oleat* erhöhen in Konzz. von 0,5 mg/100 ml die Sensibilität von b u. c gegenüber Penicillin u. in geringem Maße die gegenüber Terramycin. I hemmte in geringem Maße die Aktivität der *Penicillinase* u. unterband die Bldg. des Enzyms fast völlig. Der Geh. an *Lipiden* (*neutrale Lipide, Lecithin, Kephalin*) war bei c höher als bei a. Wurde zum Kulturmedium I gegeben, so nahm der Geh. an Lipiden stark ab. W. Hiller. 4340◇

1177 **Benzylrhodanid — ein Stimulierungsagens in der Biosynthese der Tetracycline.** S. Niţescu, T. Gheorghiu, Al. Krupenschi und M. Dogaru. (Rev. Chim. [Bucureşti] **10**, 97—99, Febr. 1959; rum.) — Die stimulierende Wrkg. von *Benzylrhodanid* auf die *Chlortetracyclin-* u. die *Tetracyclin*-Synth. sowie die Wirkungslosigkeit auf die Bldg. von Oxytetracyclin wird nachgewiesen. In Verss. wird die regulierende Wrkg. dieser Substanz bei anomalen Gärungsprozessen gezeigt.
H. Guischard. 4340□

1178 **Wirkung des Nupharins auf die phytopathogenen Bakterien in vitro und in vivo.** K. G. Beltjukowa und L. T. Passtuschenko. (Mikrobiol. J. [UdSSR] **25**, Nr. 2, 36—42, 1963; Mikrobiol. Inst. der Akad. der Wiss. der UkrainSSR; ukrain., Auszug: engl.) — Die Unters. der antibakteriellen Aktivität von *Nupharin* (I; aus *Nuphar luteum*) gegenüber 45 Stämmen von 23 phytopathogenen Bakterienarten ergab, daß die I-Wrkg. gegenüber Corynebacterium am stärksten, weniger stark gegenüber Xanthomonas, am geringsten gegenüber Pseudomonas, Erwinia u. Bacterium ist. Gegenüber dem Saatgut von Tomate u. Gurke zeigt I eine starke Toxizität, so daß für die Saatgutbehandlung nur I-Lsgg. in der Verdünnung 1 : 50000 u. mehr verwendet werden können. Durch solche I-Lsgg. wird die Keimfähigkeit von Gurken- u. Tomatensamen um 4,1—8,1% erhöht, der Bakteriosebefall fast um 50% vermindert. Durch Behandlung der Kartoffelknolle mit der I-Lsg. 1 : 5000 wird der Nematodenbefall um das 2,5fache vermindert, der Ertrag um 8,1% erhöht. Gegenüber der Gallusnematode der Tomate ist I unwirksam. O. Lebtag. 4340△

1179 **Über den Wirkungsmechanismus von Etruscomycin, einem neuen polyenischen Antibioticum.** M. Ghione, A. Sanfilippo, R. Mazzoleni und A. Migliacci. (Giorn. Microbiol. **9**, 73—82, April-Juni 1961; Milano, Farmitalia, Labor. Ricerche Microbiol. é Chemioterapia; ital.) — *Etruscomycin* (I) ist wirksam gegen *Schimmelpilze* u. *Hefen*, jedoch nicht gegen *Schizomyceten*. Die Wrkg. gegen *Candida albicans* wird durch *Sterine* (II) mit mehr als 26 C-Atomen zunichte gemacht. Ein nicht kompetitiver Antagonismus wird durch *Na-Acetat, Mevalonsäure, Na-Dehydrocholat, Cholesterin u. Sitosterin* ausgeübt. Die antagonist. II tragen an $C_{(3)}$ eine OH-Gruppe. Wahrscheinlich unterbindet I wie die übrigen polyen. Antibiotica die Synth. oder die Verwertung von II.
B. Franz. 4340□

1180 **In vitro-Aktivität eines neuen antifungalen Antibioticums, Humidin.** Hiroichi Yamamoto, Kôiti Nakazawa. (Annu. Rep. Takeda Res. Lab. **17**, 31—35, 1958; jap., Auszug: engl.) — *Humidin* zeigt stark hemmende Wrkg. auf das Mycelwachstum von *Hypochnus sasaki* bei extrem niedriger Konz. u. bei noch geringeren Konz. verursacht es morpholog. Anomalien.
P. Gregorzewski. 4340◇

1181 **Hemmung von Algen durch Nystatin.** J. O. Lampen und Peter Arnow. (J. Bacteriol. **82**, 247—51, Aug. 1961; New Brunswick, N. J., State Univ., Rutgers, Inst. of Microbiol.; engl.) — Das polyene Antibioticum *Nystatin* (I) hemmt eine große Reihe von Algen in Konzz. von 1—30 µg/ml. I bewirkt K^+-Mangel, hindert aber nicht die Atmung im Dunkeln oder die photosynthet. Bldg. von O_2. Die Wrkg. von I auf Algen scheint der auf Hefe ähnlich zu sein. H. Aman. 4340◇

1182 **Die antibiotische Aktivität einiger Meeresalgen von Puerto Rico.** Paul R. Burkholder, Lillian M. Burkholder u. Luis R. Almodóvar. (Bot. Marina [Hamburg] **2**, 149—156, Okt. 1960; Brooklin, N. Y., Brooklin Botan. Garden; engl.) — Von 150 getesteten marinen Algen aus den Gewässern um Puerto Rico zeigten 66 antibiot. Aktivität gegen *Staphyl. aureus, E. coli, Candida albicans* u. *Mycobact. smegmatis* sowie verschiedene Meeresbakterien (Agarplattendiffusionstest). Besonders wirksam waren *Chondria littoralis, Falkenbergia, Hillebrandii, Murravella periclados* u. *Wrangelia. Goniaulax tamarensis* u. a. konnten Mischpopulationen mariner Bakterien hemmen oder auch fördern.
K.-W. Glombitza. 4340

1183 **Taxonomisch signifikante Farbreaktionen von Brevibacterium linens.** Nicholas Grecz und Gail M. Dack. (J. Bacteriol. **82**, 241—46, Aug. 1961; Chicago, Ill., Univ. of Chicago, Foot Res. Inst.; engl.) — *Brevibacterium linens* gibt mit bestimmten chem. Reagentien Farbrkk., die zur Identifizierung bes. schwach pigmentierter Stämme u. zur Unterscheidung von anderen Organismen dienen können, die ein gelborangenes Pigment bilden. H. Aman. 4350◇

1184 **Das Vorkommen und die Bedeutung von Phosphatase in Darmbakterien.** S. Vörös, T. Angyal, V. Németh und T. Kontrohr. (Acta microbiol. Acad. Sci. hung. **8**, 405—09, 1961; Pécs, Univ. Med. School, Inst. of Microbiol.; engl.) — Es wurde die *Phosphatase*(I)-Aktivität von **929** *Enterobacteriaceen*-Stämmen untersucht. Die Verteilung derselben, entsprechend ihrer I-Produktion war folgende: von 67 *Providencia*-Stämmen 12+, 55—; von 140 *Proteus hauseri*-Stämmen 139+, 1—; von 125 *Proteus morganii*-Stämmen 4+, 121—; von 38 *Proteus rettgeri*-Stämmen 8+, 30—. Keine I-Aktivität wurde in anderen Darmbakterien beobachtet (150 *E. coli*, 153 *Klebsiella*, 115 *Shigella*, 45 *Salmonella*, 72 *Citrobacter*, 23 *Arizona*, 2 *Cloaca cloacae* u. 1 *Hafnia*-Kultur). Die gleichmäßige positive I-Rk. mit *Proteus hauseri*-Stämmen zeigt die Beziehung zwischen *Proteus vulgaris* u. *mirabilis* an. Die relative Häufigkeit der positiven Rk. innerhalb der *Providencia*-Stämme scheint die Annahme zu bestätigen, daß diese Art zum Geschlecht der *Proteae* gehört. Keine antigene Beziehung wurde gesehen zwischen *Proteus hauseri* u. anderen I-positiven *Proteae*-Stämmen.
H. Aman. 4350◇

1185 **Untersuchungen an Staphylokokken, im besonderen an Stämmen aus Kuheutern.** 1. Mitt. **Biochemische Wirkungen.** B. S. Malik und C. M. Singh. (Proc. nat. Acad. Sci., India **30**, 101—08, 1960; Mathura, U. P. College of Veterinary Science and Animal Husbandry, Dep. of Phathol. and Bacteriol.; engl.) — Es wurden 178 Staphylokokkenstämme (St.) aus normalen u. anomalen Kuh- u. Ziegenmilchproben aus verschiedenen Gegenden Indiens isoliert u. auf Differenzierungsmerkmale zwischen pathogenen u. nichtpathogenen St. untersucht. 53 St. waren goldgelb, 10 farblos, 87 weiß, 28 zitronengelb. Bei 20 untersuchten Zuckerarten wurden *Rhamnose, Dulcit* u. *Abdonit* von keinem der St. fermentiert; *Arabinose, Xylose, Raffinose, Inosit* u. *Salicin* von einigen St.; *Glucose, Fructose, Galaktose, Mannose, Lactose, Saccharose, Inulin, Mannit* u. *Maltose* von fast allen Stämmen. Die Korrelation goldfarbiger St. mit Mannit-

u. Lactosevergärung belief sich auf 88,7% respektive 96,2%; jedoch bleibt die Eignung dieser Zucker zur Differenzierung zwischen pathogenen u. nichtpathogenen St. zweifelhaft. Ebenso gaben der Phosphatasetest u. die Gelatineverflüssigung keine eindeutigen Ergebnisse. Eine Korrelation besteht zwischen Methylrot- u. Voges-Proskauer-Testen. *H_2S*-Erzeugung war bei farblosen St. höher als bei goldfarbigen. B. Franz. 4350◇

1186 **Vergleichsuntersuchung der direkten qualitativen Anilin-Cyanogenbromid- und o-Tolidin-Cyanogenbromid-Mikro-Niacin-Bestimmungen zur Unterscheidung menschlicher Tuberkelbacillen von anderen Mycobakterien. 2. Mitt. Ergebnisse mit aufbewahrten Kulturen verschiedenen Alters.** Maurice S. Tarshis. (Acta Tubercul. scand. **41**, 47—52, 1961; Alexandria, La., Veterans Administr. Hosp., Med. Res. Labor.; engl.) — Es wurden Vergleichsunterss. durchgeführt mit 2 Mikro-*Niacin*-Best. unter Benützung von Kulturen verschiedener Arten von Mycobakterien, welche bei 5° 2 Wochen bis 2 Jahre aufbewahrt waren. Menschliche Tuberkelbacillen gaben mit beiden Meth. schwach bis stark positive Resultate unabhängig von der Aufbewahrungszeit oder Trockenheit der Kulturen. Mit 4 Ausnahmen lieferten alle anderen Mycobakterien entweder negative oder zweifelhafte Resultate. Alle Rindertuberkelbazillen zeigten mit beiden Meth. schwach positive Reaktionen. H. Aman. 4350◇

1187 **Phylogenie von Phosphomannan produzierenden Hefen.** 1. Mitt. **Die Arten.** Lynferd J. Wickerham und Kermit A. Burton. (J. Bacteriol. **82**, 265—68, Aug. 1961; Peoria, Ill., Northern Regional Res. Labor.; engl.) — Einfache Hefen der Arten *Hansenula, Pichia* u. *Pachysolen* produzieren extracelluläre phosphorylierte Mannane. Die *Phosphomannane* (I) bewirken das Anhaften der Zellen an den Borkenkäfer, der die Hefen vom saftführenden Gewebe eines Baumes zum anderen transportiert. Zwei Hefen, die **I** am reichlichsten produzierten, waren *Hansenula holstii* u. *H. capsulata*. H. Aman. 4350◇

1188 **Phylogenie von Phosphomannan produzierenden Hefen.** 2. Mitt. **Eigenschaften und taxonomische Beziehungen der Phosphomannane.** M. E. Slodki, Lynferd J. Wickerham und M. C. Cadmus. (J. Bacteriol. **82**, 269—74, Aug. 1961; Peoria, Ill., Northern Regional Res. Labor.; engl.) — 1. vgl. vorst. Referat. — Einfache Species von Hefen der Art *Hansenula* u. nahe verwandter Arten produzieren extracelluläre phosphorylierte *Mannane* aus *Glucose*. Diese, *Phosphomannane* (I) genannten *Polysaccharide* enthalten *Mannose* u. *Mannose-6-phosphat* als alleinige KW-Stoffbestandteile. Stämme der gleichen Species bilden gleiche **I**. Es wurde eine umgekehrte Beziehung festgestellt zwischen dem Entw.-Zustand der Organismen u. dem Grad der Phosphorylierung ihrer **I**. H. Aman. 4350◇

1189 **Untersuchungen opportunistischer Pilze.** 1. Mitt. **Hemmung von Rhizopus oryzae durch menschliches Serum.** Glen R. Gale und Ann Marie Welch. (Amer. J. med. Sci. **241**, 604—12, 1961; Durham, N. C., U. S. Vet. Admin. Hosp.; Duke Univ. Med. Center, Dep. of Physiol. and Pharmacol; engl.) — Das Wachstum von *Rhizopus oryzae* wurde durch menschliches Serum deutlich gehemmt; dabei spielten die klass. Antikörpermechanismen offenbar keine Rolle. Das Serum von Patienten mit Mucormykose hatte eine deutlich verringerte Hemmwirkung. K. Zingraf. 4370◇

1190 **Wachstumshemmung von Cryptococcus neoformans durch zellfreies menschliches Serum.** Gerald L. Baum und Dorothy Artis. (Amer. J. med. Sci. **241**, 613—16, 1961; Cincinnati, Ohio, Vet. Admin. Hosp., Mycol. Labor., Res. Sect.; Univ. of Cincinnati, Coll. of Med., Dep. of Med.; engl.) — Das Wachstum von *Cryptococcus neoformans* wurde durch menschliches Serum (auch nach Hitzeinaktivierung) gehemmt. K. Zingraf. 4370◇

1191 **Wirkung von Endotoxin auf Bakterien und ihre Empfänglichkeit gegenüber der tödlichen Wirkung von normalem Serum.** J. Gabriel Michael und Maurice Landy. (J. Bacteriol. **82**, 257—64, Aug. 1961; Bethesda, Md., Nat. Cancer Inst., Labor. of Chem. Pharmacol.; engl.) — Kurze Einw., die bei *Escherichia coli* u. *Shigella dysenteriae* zur Bindung oder Inkorporation von geringen Mengen typhoiden Endotoxins führte, erhöhte die tödliche Wrkg. des Serums, während lange Einw.-Zeiten u. Aufnahme größerer Mengen die Bakterien relativ resistent machten. H. Aman. 4370◇

1192 **Über den Glykoproteinhemmer der Virus-Hämagglutination aus menschlichen Erythrocyten.** Ralph H. Kathan, Clarence A. Johnson und Richard J. Winzler. (Acta Soc. med. Upsaliensis [N. S.] **64**, 290—97, 1959; Chicago, Ill., Univ., Coll. of Med. Dep. of Biol. Chem.; engl.) — Vgl. C. **1962**, 2042. — Es wird die Isolierung einer Substanz mit hoher Hemmaktivität (H. A.) auf die Agglutination des Influenza-Virus aus dem Bindegewebe der Erythrocyten beschrieben. Das UV-Spektrum des *Hemmers* (I) weist bei 272 mμ ein Absorptionsmax., bei 246 mμ ein Minimum auf. Die Analyse zeigte N, P, Glucose, Sialinsäure, Glucosamin, Rhamnose u. Protein an. Eine unvollständige chromatograph. Best. der Aminosäuren nach Hydrolyse des **I** ergab die Anwesenheit von Lysin, Glycin, Alanin, Valin, Phenylalanin, Prolin u. wahrscheinlich Arginin. Durch Einw. von Perjodat, Trypsin u. Pankreaslipase sowie durch Erhitzen wird die H. A. aufgehoben. Nach den Unterss. ist **I** ein Glykoprotein, welches mit dem Virusreceptor auf der Oberfläche intakter Erythrocyten ident. zu sein scheint. H. Ackermann. 4370◇

1193 **Theoretische Überlegungen zur Inaktivierung von Viren durch chemische Mittel.** Sven Gard. (Ann. New York Acad. Sci. **83**, 638—48, 1960; Stockholm, Karolinska Inst. Med. School.; engl.) — Struktur der Viruspartikel, Kinetik der Inaktivierung, Inaktivierung in Ggw. von organ. Nichtvirusmaterial. — 12 Literaturangaben. K. Maier. 4374◇

1194 **Chemische Inaktivierung des Maul- und Klauenseuchevirus.** O. N. Fellowes. (Ann. New. York Acad. Sci. **83**, 595—608, 1960; Greenport, N. Y., Agric. Res. Service; Animal Disease and Parasite Res. Div., Plum Island Animal Disease Labor.; engl.) — Übersicht. Anorg. u. org. Inaktivierungsmittel. — 39 Literaturangaben. K. Maier. 4374◇

1195 **Die Wechselwirkung zwischen hochgereinigtem Poliovirus und Formaldehyd.** Frederick L. Schaffer. (Ann. New. York Acad. Sci. **83**, 564—77, 1960; Berkeley, Calif., Univ. of California, Virol. Labor.; engl.) — Die Inaktivierung von hochgereinigtem *Poliovirus* (Mahoney-, MEF-1-, Saukett-Stamm) (10^9—10^{10} Plaquebldg.-E./ml) durch *Formaldehyd* (**I**, 3 millimol) verlief nicht nach 1. Ordnung, sondern die Inaktivierungsgeschw. sank mit der Zeit ab. Die Unters. des chem. Bindungmittels ^{14}C-**I** in Phosphatpuffer, pH 7,0, ergab gleichfalls ein komplexes kinet. Bild, wobei sich einer schnellen Anfangsaufnahme eine längere Zeit sich erstreckende Zunahme anschloß. Die **I**-Bindung durch Poliovirusspartikel erfolgt wahrscheinlich durch 2 oder mehr Mechanismen oder Bindungsstellen. K. Maier. 4374◇

1196 **Eine Übersicht theoretischer, experimenteller und praktischer Überlegungen bei der Verwendung von Formaldehyd zur Inaktivierung von Poliovirus.** Jonas E. Salk und John B. Gori. (Ann. New York Acad. Sci. **83**, 609—37, 1960; Pittsburgh, Pa., Univ. of Pittsburgh, School of Med., Virus Res. Labor.; engl.) — Virusinaktivierung mit Formaldehyd (**I**) bei 37°, Vaccine für Versuchszwecke, Filtration zur wirksamen Inaktivierung durch Abtrennung in Zellen oder Gewebereste eingeschlossener Viruspartikel, Dynamik der **I**-Inaktivierung von Poliovirus, Einfl. der Temp. auf den Verlauf der Inaktivierungskurve, Art der Inaktivierungsreaktion. — 20 Literaturangaben. K. Maier. 4374◇

1197 **Inaktivierung konzentrierter gereinigter Poliovirussuspensionen.** Jesse Charney, W. P. M. Fischer, Jerome F. Sagin und Alfred A. Tytell. (Ann. New York Acad. Sci. **83**, 649—53, 1960; West Point, Pa., Merck Sharp & Dohme Res. Labor.; engl.) — Die Unters. der Inaktivierung von *Poliovirus* (Typ I: Parker, Typ II: MEF-I, Typ III: Saukett). Durch *Formaldehyd* (**I**) (100 μg Virus/ml, 1%ig. Phosphatpuffer, pH 7,0,

92,5 μg I/ml, 37°) ergab, daß die Best. der Restinfektiosität durch den cytopathogenen Effekt geringfügig empfindlicher als der Stoffwechselhemmungstest (Farbrk.) ist, während die Plaquezählung beim Nachw. von I-behandelten, in den beiden genannten Testen aktivem Virus versagt (Verzögerung der Plaquebldg.!). Ein Teil der Viruspopulation wird relativ rasch inaktiviert, der verbleibende langsamer u. nach einer Rk. 1. Ordnung.
K. Maier. 4374◇

1198 **Untersuchungen über die Verwendung von β-Propiolacton zur Virusaktivierung.** Gerald A. LoGrippo. (Ann. New York Acad. Sci. **83**, 578—94, 1960; Detroit, Mich., Henry Ford Hospital, Div. of Microbiol.; engl.) — *β-Propiolacton* (I) inaktiviert alle bisher geprüften Viren, wirkt bactericid u. fungicid. Zur Sterilisierung biolog. Materials (Blut, Plasma, Virusvaccine usw.) muß mindestens 99%ig. I verwendet werden, während gewöhnliche Handelspräpp., ca. 82%ig. sind u. 18%, Verunreinigung (Acrylsäure, Acetanhydrid, Polymere) enthalten. Mittels I sterilisiertes biolog. Material gibt bei i. v. Zufuhr keine tox. oder allerg. Rkk., da I beim Zeitpunkt der klin. Anwendung völlig abgebaut ist, u. die Hydrolyseprodd. in den verwendeten Konzz. nicht tox. wirken. *β-Hydroxypropionsäure* u. deren Salze, die 80% der I-Abbauprodd. ausmachen, stellen physiolog. Prodd. des Fettstoffwechsels dar. Die Kombination von I mit UV-Bestrahlung ist vorteilhaft, da ein größerer %-Satz der physiolog. Komponenten des behandelten Materials erhalten bleibt, die zur Sterilisation erforderliche I-Menge abnimmt, Ausschaltung des „tailing"-Effekts (Inaktivierung der Hauptmenge eines Virus durch relativ kleine I-Konzz., während die von Rest- u. Spurenmengen aktiven Viren unverhältnismäßig viel I erfordern) u. erhebliche Zunahme der Sicherheitsspanne zwischen Sterilisierungskonz. u. der Höchstkonz., die die Plasmaproteine nicht merklich verändert. I wurde zur Sterilisierung von Transfusionsplasma (1844), Rinder-Plättchenfaktor 3 (12 Patienten), Arterien (268)-, Knochen (117)- u. Knorpel (15)-Transplantaten erfolgreich angewendet. Virus infizierte Erythrocyten sind in vitro ohne Hämolyse (z. B. 4000 mg I/Liter, 4°) sterilisierbar, wenn sie vor der Halbwertszeit von I entfernt werden. Die Virusinaktivierung durch I ist irreversibel.
K. Maier. 4374◇

1199 **Inaktivierung des Influenza-A-Virus (PR 8-Stamm) durch p-Chlormercuribenzoat (PCMB).** Yasuo Yamada. (Virus [Kyoto] **10**, 154—56, 1960; Nagoya, Univ., School of Med., Dep. of Bacteriol.; jap., Auszug: engl. S. 227) — *p-Chlormercuribenzoat* (I) zerstört die Infektionsfähigkeit des Influenza-A-Virus ohne die Hämagglutinationskapazität anzugreifen (Inkubation 24 Std., 37° in 0,1 m Phosphatpuffer pH 7). Das I-behandelte Virus kann noch innerhalb 30 Min. nach Beginn der Inaktivierung durch *Cystein* oder *Na-Thioglykolat* reaktiviert werden. Vf. schließt daraus, daß die SH-Gruppen des Virusproteins für die Infektionsfähigkeit erforderlich sind.
H. Ackermann. 4374◇

1200 **Untersuchungen über die Hemmaktivität von 5.6-Dichlor-1-β-D-ribofuranosylbenzimidazol und Proflavin auf den Sproßwachstumscyclus des Mäusepockenvirus (Ectromelia virus) in L-Zellen.** Nobuko Ikegami. (Virus [Kyoto] **10**, 161—73, 1960; jap., Auszug: engl. S. 228). — Unterss. über Beziehungen zwischen Virusvermehrung u. Stoffwechsel der Wirtszellen wurden mit *5.6-Dichlor-1-β-D-ribofuranosylbenzimidazol* (I) u. *Proflavin* (II) als Stoffwechselhemmer durchgeführt. Durch Verabreichung von I vor der Infektion wird der Ribonucleinsäurestoffwechsel der Wirtszelle gestört, die Folge ist eine Hemmung der Virus-Desoxyribonucleinsäure- u. Virus-Proteinsynth. u. damit des Viruswachstums. Ähnliche Wrkg. weist die Ribonucleinase auf. Mehr als 2,5 γ II/ml verhindern das Zellwachstum; gleichzeitig wird die Infektionsanfälligkeit merklich herabgesetzt. Die „B"-Typ-Inklusionen sind klein u. kompakt. Es wird angenommen, daß II entweder über einen hypothet. Bindungsmechanismus oder über die Synth. bis jetzt noch unbekannter Virusbestandteile wirkt.
H. Ackermann. 4374◇

1201 **Inaktivierung des Escherichia coli-Bakteriophagen T 2 durch Poly-L-lysin.** 1. Mitt. **Art des Inaktivierungsprozesses.** Channa Shalitin, David Danon und Ephraim Katchalski. (Arch. Biochem. Biophysics **99**, 494—507, 1962; Rehovoth, Israel, Weizmann Inst. of Sci., Dep. of Biophys. and of Polymer, Res.; engl.) — In Ggw. von *Poly-L-lysin* (I) wurden 80—90% des *Escherichia coli*-Bakteriophagen T 2 bei 0—37° innerhalb von 1 Min. inaktiviert. Die Wechselwrkg. ist weitgehend durch die elektrostat. Anziehung zwischen I u. dem Phagen bedingt. Die Hemmung durch I wird durch Inkubation mit *Trypsin* oder *Polyasparaginsäure* teilweise aufgehoben.
K. Zingraf. 4374◇

1202 **Inaktivierung des Escherichia coli-Bakteriophagen T 2 durch Poly-L-lysin.** 2. Mitt. **Eigenschaften des irreversibel inaktivierten Phagen.** Channa Shalitin und Ephraim Katchalski. (Arch. Biochem. Biophysics **99**, 508—16, 1962; Rehovoth, Israel, Weizmann Inst. of Sci., Dep. of Biophys.; engl.) — 1. vgl. vorst. Referat. — Durch längere Inkubation mit bas. *Poly-L-lysin* bei 37° u. anschließende Verdauung mit *Trypsin* wird der *Escherichia coli*-Bakteriophage T 2 irreversibel inaktiviert. Solche Phagen werden normalerweise an *Escherichia coli B* adsorbiert u. injizieren ihre *Desoxyribonucleinsäure* in die Wirtszelle; dabei geht die Wirtszelle nicht zugrunde, u. es kann in ihr Biosynth. von *β-Galaktosidase* eingeleitet werden.
K. Zingraf. 4374◇

1203 **Verhalten der Nucleinsäuren der normalen Epithelzellen im Laufe der Infektion mit Kuhpockenvirus.** Gabrielle Horvath. (Med. exp. [Basel] **8**, 141—50, 1963; Lausanne, Clin. Méd. Univ.; Centre de Rech. sur les Lymphomes Malins; franz.) — Kuhpockenviren dringen in Epithelzellen ein u. hemmen in gleicher Weise wie Phagen die Synth. der *Nucleinsäuren*, jedoch nimmt nach 2 Std. der Abbau u. die Synth. der *Desoxyribonucleinsäure* (I) rasch zu, so daß ihr Geh. höher ist als in den Kontrollen. Die Synth. der *Phospholipide* ist vom Beginn der Infektion an gesteigert u. nimmt im Laufe der Infektion noch fortwährend zu. Die Vermehrung von I u. *Ribonucleinsäure* im Gewebe ist nicht auf die freien *Nucleotide* (III) der Zellen, sondern auf die des Mediums zurückzuführen. 48 Std. nach Beginn der Infektion erreichten I, II u. die freien III der Zellen ein Maximum, während die freien III des Mediums fast verschwunden sind.
K. Zingraf. 4374◇

1204 **Entwicklung eines Stammes von Psittacosis-Virus mit teilweiser Resistenz gegen 5-Fluoruracil in einem Gewebekultur-System.** Yoh Tanami und Morris Pollard. (Proc. Soc. exp. Biol. Med. **107**, 648—51, Juli 1961; Galveston, Texas, Univ. of Texas, Med. Branch.; engl.) — Ein Stamm von Psittacosis-Virus entwickelte Resistenz gegen *5-Fluoruracil* (I) nach einigen Passagen des I-empfindlichen Originalvirus in Gewebekulturzellen mit niedriger Konz. von I im Medium. Der dann I-resistente Stamm vermehrte sich u. produzierte mehr als 10^5 infektive Einheiten pro ml in Ggw. von 2 μ g I/ml, bei welcher Konz. I den Originalwildtypvirus vollständig unterdrückt. Umkehr von der I-Resistenz zur I-Empfindlichkeit nach einigen Passagen in I-freiem Medium wurde nicht beobachtet. Dies läßt vermuten, daß die Erlangung von I-Resistenz eher auf bestimmte Gen-Mutationen als auf Enzymadaption zurückzuführen ist.
H. Aman. 4374◇

1205 **Einige physikalische Eigenschaften einer aus Tabakmosaikvirus isolierten infektiösen Ribonucleinsäure.** Helga Boedtker. (Biochim. biophysica Acta [Amsterdam] **32**, 519—31, April 1959; Cambridge, Mass., Harvard Univ., Dep. of Chem., Gibbs Labor.;) — Die Ribonucleinsäure (I) wird durch Erhitzen verd. Salzlsgg. des Virus auf 90° gewonnen. Die Sedimentationskonst. der I liegen sehr dicht beieinander. Durch Messung der Lichtstreuung u. der Sedimentationsviscosität wurde ein Molgew. von $[1{,}94 \pm 0{,}16] \cdot 10^6$ bestimmt. Extreme Empfindlichkeit gegen Temperaturänderungen u. Ionenstärke zeigen, daß die Polynucleotidketten flexibel sind.
L. Heinisch. 4374◇

1206 **Die Wirkung der Mengovirus-Infektion auf die Aktivität der Desoxyribonucleinsäure-abhängigen Ribonucleinsäure-Polymerase von L-Zellen.** D. Baltimore und R. M. Franklin. (Proc. nat. Acad. Sci. USA **48**,

1383—90, 1962; Rockefeller Inst.; engl.) — Vff. untersuchen die Hemmung der Kern-*Ribonucleinsäure* (RNS)-Synth. hinsichtlich ihrer Enzym-Verhältnisse durch Markierung u. Inhibierung mittels *Actinomycin*. Es wurde ein Abfall der Desoxyribonucleinsäure-abhängigen RNS-*Polymerase* der infizierten Zellkerne gefunden. Die Hemmung der Kern-RNS-Synth. hängt mit der Protein-Synth. zusammen u. beide greifen eventuell so ineinander, daß der Zelltod nach Infektion eintritt. Ch. Zimmer. 4374◇

1207 **Biochemische Untersuchungen über die Reproduktion von Bakteriophagen. 3. Einfluß von Chloramphenicol auf die durch Bakteriophagen-Infektion hervorgerufene Synthese von Ribonucleinsäure.** Yukio Kiho. (Virus [Kyoto] **10,** 156—60, 1960; Tokyo, Univ., Inst. of Sci. u. Techn.; jap., Auszug: engl. S. 227) — 2. vgl. C. **1962,** 14919. — Durch Verabreichung von *Chloramphenicol* vor der T 2-Infektion von *Escherichia coli*-Kulturen wird die Protein- u. *Desoxyribonucleinsäure*-Synth. gehemmt, während die Ribonucleinsäure-Synth. offenbar stimuliert wird. H. Ackermann. 4374◇

E$_4$. Pflanzenchemie, Pflanzenphysiologie, Pflanzenpathologie

1208 **Der Einfluß von künstlichem Licht auf die chemische Zusammensetzung der Tomaten.** K. Gütmanis. (Nachr. Akad. Wiss. LettSSR **1959,** Nr. 11, 129—32, lett., Auszug: russ.) — Durch die Beleuchtung von Tomatenpflanzen (TPfl) mit Glühlampenlicht wird der Geh. der Tomaten an Trockensubstanz erhöht. Die Einw. der Beleuchtung von TPfl mit kombiniertem Glühlampen- u. Neonlicht auf die Aktivität der an der Anreicherung der Früchte mit *Ascorbinsäure* beteiligten *Ascorbinoxydase, Polyphenoloxydase* u. *Peroxydase* wird erörtert. S. Baryschnikow. 4404△

1209 **Wirkung der ionisierenden Strahlen und Ultraviolettstrahlen auf die Saatguteigenschaften des Maiskorns.** I. D. Ssidorenko. (Wiss. Hochschulber. [Moskau], biol. Wiss. **1960,** Nr. 1, 152—57; Kamenetz-Podolsk, Landw. Inst. Lehrstuhl für Botanik u. Pflanzenphysiol.; russ.) — Bei der Behandlung von trockenem Saatgut verschiedener Maissorten mit Röntgenstrahlen (RS), γ-Strahlen (^{60}Co) u. UV-Strahlen wurden auf die Keimung neutral, stimulierend u. unterdrückend wirkende Dosen ermittelt. Gut stimulierend wirken Dosen von 500—1000 r von RS, 1000—3000 r von γ-Strahlen u. 120—240 Min. von UV-Strahlen. Verschiedene, auch genet. nahe stehende Maissorten reagieren auf die gleichen Dosen recht unterschiedlich. UV wirkt hauptsächlich auf das Oberflächengewebe der Körner; dabei wird die Stimulierung durch Ansammlung von Vitamin C hervorgerufen. M. Gordienko. 4404◇

1210 **Wirkung von Sulfonamiden und Antibiotica auf die Vernalisation gewisser indischer Kulturpflanzen.** S. C. Chakravarti. (Proc. nat. Acad. Sci., India, Sect. B **29,** 225—29, 1959; Mhow (M. P.), Government Degree College; Bhopal, Government Hamidia Coll.; engl.) — Samen von Rübsen, Linsen, Flachs u. Kichererbsen wurden in Prä- u. Postvernalisation 8 Std. bei 30° in Petrischalen mit dest. W. gequollen, dem 9 Sulfonamide (*Cibazol, Elkosin, Irgafen, Sulfadiazin, Sulfaguanidin, Sulfamethazin, Sulfanilamid, Sulfapyridin* u. *Sulfathalidin*) in Konzz. von 5000, 1000, 100 u. 10 ppm u. 7 Antibiotica (*Achromycin, Aureomycin, Chloromycetin* (**I**), *Dihydrostreptomycin, Erythromycin* (**II**), *Procain-Penicillin, Terramycin* (**III**)) in Konzz. von 100, 10 u. 1 ppm zugesetzt worden waren. **I, II** u. **III** zerstörten das Chlorophyll der Kotyledonen von Rübsen, **III** auch das einiger Blätter von Linsen. Sulfonamide inhibieren den Blühprozeß von Kichererbsen. Prävernalisation mit Cibazol, Irgafen, Sulfadiazin, Achromycin u. Dihydrostreptomycin hoben bei Linsen die Wrkg. niederer Temp. auf. H. G. W. Gleiß. 4404□

1211 **Mineralstoffgehalt von Pinus silvestris L.-Anpflanzungen.** J. D. Ovington. (Ann. Botany [N. S.], **23,** 75—88, Jan. 1959; Minneapolis, Minn., Univ., Dep. of Bot.; engl.) — Von 9 Anpflanzungen (Alter 7, 11, 14, 17, 20, 23, 31, 35 u. 55 Jahre) wurden Nadeln, Zapfen, Zweige, Stamm- u. Wurzelproben auf den prozentualen Geh. an Na, K, Ca, Mg, P u. N untersucht. H. Ackermann. 4410

1212 **Isolierung der Zucker mit Cystein.** 1. Mitt. **Mannose aus den Wurzeln von Amorphophalus konjac.** Jun Mizuguchi und Fujio Takahashi. (J. chem. Soc. Japan, ind. Chem. Sect. [Kōgyō Kagaku Zassi] **66,** 86—88, 1963; Tôkyô-Kôgyô-Daigaku, Sigen-Kagaku Kenkyûzyo; jap., Auszug: engl. S. A 7) — *Mannose* (**I**) bildet mit *Cystein* (**II**) in W. leicht *Mannosecystein* (**III**), das in heißem W. **I** u. **II** zurückbildet. Die Bldg. von **III** erfolgt viel schneller als die von Glucosecystein. Die fein gepulverten Wurzeln (50 g; Wassergeh. 12,6%) von *Amorphophalus konjac* werden 24 Std. mit 500 ml 5%ig. HCl erhitzt, das Gemisch mit Aktivkohle behandelt u. filtriert. Das Filtrat (534 ml; reduzierende Zucker 30,3 g, **I** 17,7 g) wird mit 12,0 g *Cystin* (**IV**) versetzt u. elektrolyt. reduziert, die kathod. Lsg. mit dem Kationenaustauscher IRC 12 OH behandelt, eingeengt u. der Rückstand unter Zusatz des Impfkristalls von **III** stehengelassen, wobei 15,5 g **III** als *Monohydrat* (**V**) ausfallen, $C_9H_{17}NO_7S$, Zers.-Punkt 171—172°. 10 g **V** werden in 100 ml Heißwasser gelöst, die Lsg. mit 5 ml 30%ig. H_2O_2 stehengelassen, das Gemisch nach 3 Tagen filtriert, wobei 3,47 g **V** als Nd. zurückgewonnen werden, das Filtrat nach dem Behandeln mit Aktivkohle u. mit den Ionenaustauschern IRA 401 (OH) u. IRC 12 OH eingeengt u. der Rückstand mit dem Impfkristall von **I** u. mit A. stehengelassen; es fallen 2,2 g [F. 129—131°, $[\alpha]_D^{32}$ + 14,5°] aus. E. Maekawa. 4420◇

1213 **Legumin, Vicilin und ähnliche Proteine in den Samen von einigen Arten der Familie Viciaceae (eine vergleichende serologische Studie).** Josef Kloz und Vêra Turková. (Biol. Plantarum [Praha] **5,** 29—40, 1963; Praha, Czechoslov. Acad. Sci., Inst. Exp. Bot.; engl.) — Immunoelektrophoret. wurde eine Ähnlichkeit der Globuline *Legumin* (**I**) u. *Vicilin* (**II**) aus Erbsensamen festgestellt; die Albuminfraktion ist physikal. u. immunochem. verschieden. Das Vorhandensein von **I** u. **II** wurde bei Vertretern niedriger systemat. Gruppen (Tribe) der Familie *Viciaceae* untersucht; dem Auftreten des mehr verbreiteten u. phylogenet. älteren **II** nach wurden Schlüsse über die phylogenet. Beziehungen der angeführten systemat. Gruppen gezogen. Z. Šesták. 4420◇

1214 **Proteinzusammensetzung der Blütenblätter von gelben Narzissen in Beziehung zum Alter.** Mary Bryant und L. Fowden. (Ann. Botany [N. S.] **23,** 65—74, Jan. 1959; Harpenden, Herts., Rothamsted Exp. Stat., Inst. of Plant Physiol.; engl.) — Es wurde die Aminosäurezusammensetzung nach Hydrolyse der Proteine in verschiedenen Alterszonen der Blütenblätter im Vorblüte- u. Blütestadium ermittelt. Wesentliche Unterschiede wurden nicht gefunden. Gegenüber den Zwiebelschuppen ist der Geh. in den Blütenblättern erhöht, einige freie Aminosäuren werden mit zunehmenden Alter der Blütenblätter erniedrigt. H. Ackermann. 4420◇

1215 **Chemische Untersuchung von Matthiola incana (rote Abart).** 2. Mitt. **Untersuchung des Öls.** B. C. Joshi und D. S. Bhakuni. (Proc. nat. Acad. Sci. India, Sect. A **28,** 190—94, 1959; Allahabad, Univ. of Allahabad, Chem. Labor.; engl.) — 1. vgl. C. **1960,** 7035; **1961,** 3031. — Vff. isolieren das Öl aus Samen von *Matthiola incana* (rote Abart) u. finden nach erfolgter Hydrolyse folgende Zus.: *Erucasäure* 41,4%; *Linolsäure* 26,2%, *Ölsäure* 20,8%, *Linolensäure* 5,2%; *Palmitinsäure* 4,7% u. *Stearinsäure* 1,6%. W. Hiller. 4420◇

1216 **Die Zusammensetzung der Paraffinwachsfraktion aus Tabakblättern und Tabakrauch.** W. Carruthers und R. A. W. Johnstone. (Nature [London] **184,** 1131—32, 10/10. 1959; Exeter, Univ., Med. Res. Council, Carcinog. Subst. Res. Group.) — Aus grünen u. fermentierten Tabakblättern wie aus Zigarettenrauch werden *n*- u. *Isoalkanwachse* massenspektroskop. u. gaschromatograph. nachgewiesen. Mengenmäßig überwiegen die C_{31}-KW-Stoffe neben solchen mit C_{29} u. C_{33}. Bei den aus Tabak isolierten Fettsäuren handelt es sich vorwiegend um C_{16}- u. C_{18}-Säuren. Hauptbestandteile sind *Palmitin*- u. *Linolensäure*. B. v. Kerékjártó. 4420□

1217 **Chemische Inhaltsstoffe von Plumieria alba L.** S. Rangaswami und E. Venkata Rao. (Proc. Indian

Acad. Sci., Sect. A **52**, 173—81, Okt. 1960; Waltair, Andhra Univ., Dep. of Pharmacy; engl.) — Aus der Rinde von *Plumieria alba* L. wird ein Gemisch von α- u. *β-Amyrinacetat*, α- u. *β-Amyrin*, *β-Sitosterin*, *Scopoletin*, *Plumierid* sowie 4 in geringer Menge vorkommende, nicht identifizierte Verbb. isoliert.

Versuche: *Amyrinacetate*, $C_{32}H_{52}O_2$, F. 210 bis 215°, durch Extrahieren von 2 kg gepulverter Rinde mit PAe. u. Chromatographie an Al_2O_3 u. Eluieren mit PAe.; $[\alpha]_D^{29}$ + 78,1 ± 3° (c = 1,012; Bzl.); aus Äthylacetat Nadeln; 0,3 g (Ausbeute). — *α-Amyrin*, $C_{30}H_{50}O$, F. 182—184°, neben *Anissäure* (F. 183°) durch Verseifen von 1 g Anisoyl-Deriv. mit KOH in A./Bzl. $[\alpha]_D^{29}$ + 89,8 ± 2° (c = 1,026; Bzl.); aus A. Nadeln; 0,7 g. *β-Amyrin*, $C_{30}H_{50}O$, F. 194—196°, durch Verseifen von 0,3 g Anisoyl-Deriv.; $[\alpha]_D^{29}$ + 97,8 ± 3° (c = 0,926; Bzl.); aus A. Nadeln; 0,18 g. Amyrinanisate, durch Rk. von 3,3 g des neben dem Acetatgemisch durch weiteres Eluieren mit Bzl./PAe. (1:9) sowie durch Verseifen der Mutterlaugen des Acetatgemisches erhaltenen α-, β-Amyrin-Gemisches (6,02 bzw. 44,9 g) mit Anisoylchlorid/Pyridin, Chromatographie an Al_2O_3 u. fraktionierte Kristallisation aus Aceton; *α-Amyrin-*, $C_{38}H_{56}O_3$, F. 192—194°, $[\alpha]_D^{29}$ +101,6 ± 2° (c = 1,215; Bzl.); aus Chlf./A. Nadeln; 2,9 g. — *β-Amyrin-*, $C_{38}H_{56}O_3$, F. 248 bis 250° (Aceton), $[\alpha]_D^{31}$ + 95,7 ± 2° (c = 1,213; Bzl.); 0,6 g. — *β-Sitosterin*, $C_{29}H_{50}O$, F. 138—140°, neben vorst. Verbb. durch Eluieren mit Bzl.; $[\alpha]_D^{30}$ — 31,8 ± 2° (c = 1,101; Chlf.); aus PAe. Nadeln; 0,62 g. *Acetat*, $C_{31}H_{52}O_2$, F. 128—130°; $[\alpha]_D^{31}$ — 37,9 ± 2° (c = 1,108; Chlf.); aus A. Nadeln. — *Verb. vom F. 208—210°*, neben vorst. Verb. durch Eluieren mit Bzl./Chlf. (9:1); aus PAe. Nadeln; ca. 10 mg. — *Verb.* $C_{29}H_{50}O$ (?), F. 166 bis 168°, durch Extrahieren der Rinde mit Ae. u. fraktionierte Verteilung zwischen PAe. u. W./CH_3OH; $[\alpha]_D^{31}$ — 2,7 ± 2° (c = 0,912; Chlf.), aus A. Nadeln; 0,2 g. Acetat, $C_{31}H_{52}O_2$, F. 127—129°; $[\alpha]_D^{28}$ — 9,9 ± 3° (c = 0,718; Chlf.); aus A. Platten. — *Verb.* $C_{30}H_{52}O_6$ (?), F. 280—284° (Zers.), neben vorst. Verb.; $[\alpha]_D^{30}$ + 21,2 ± 3° (c = 0,926; Pyridin); aus A. Körner; 0,2 g. — *Verb.* $C_{15}H_{14}O_6$ (?), F. 195—200°, neben vorst. Verb.; aus A. blaßgelbe Nadeln; 10 mg. — *Plumierid*, $C_{21}H_{26}O_{12}$, F. 219—222°, aus dem alkohol. Rindenextrakt; $[\alpha]_D^{29}$ — 104,7 ± 2° (c = 0,841; W.); aus CH_3OH/Bzl. Prismen; 13,5 g (Hydrat vom F. 152—156°). — *Scopoletin*, $C_{10}H_8O_4$, F. 204—206°, neben vorst. Verb.; aus A. Platten; 130 mg. *Methyläther*, $C_{11}H_{10}O_4$, F. 144—145°, aus A. gelbe Nadeln. — *Acetyl-Verb.* $C_{17}H_{14}O_7$ (?) F. 210 bis 214°, durch Rk. des Rückstandes der Mutterlaugen vorst. Verb. mit Na-Acetat u. Acetanhydrid u. Anreiben mit A. u. Ae.; aus A. Platten; 45 mg.

F. Heller. 4420◇

1218 **Beitrag zur Kenntnis der Solanaceen. Die Biosynthese der Alkaloide von Datura tatula var. inermis.** 2. Mitt. R. Van Severen. (J. Pharmac. Belgique [N. S.] **16 (43)**, 223—25, Mai/Juni 1961; Gand, Univ., Inst. de Pharmacie, Labor. de Pharmacognosie et de Pharmacie galénique.) — Vgl. C. **1962**, 1653 u. C. **1961**, 6546. — Aus verschiedenen Organen von unter $^{14}CO_2$ kultivierter *Datura tatula* var. *inermis* werden Proben entnommen u. die Beziehungen zwischen der Zeit der $^{14}CO_2$-Einwirkung u. der Radioaktivität (RA in Impulse/Min./mg) festgestellt. Die RA des *Hyoscyamins* (I) in Stengeln u. Blättern erreicht nach ca. 6 Std. ein schwaches Maximum (9 bzw. 71), nach ca. 9 Std. wird ein Minimum (RA 9) erreicht, dann steigt die RA proportional der Zeit an u. erreicht nach 72 Std. Werte von 270 bzw. 285. In den Wurzeln steigt die RA des I zunächst langsam auf 150 (nach 15 Std.), dann schneller auf 1864 (nach 48 Std.) u. dann wieder langsamer auf 2057 (nach 72 Std.). Die RA des *Scopolamins* (II) in den Blättern wird erst nach 15 Std. merklich (16) u. steigt nach 72 Std. bis auf 231; in den anderen Organen wird kein radioakt. II gefunden. Die Ergebnisse stützen die Annahme, daß II in den Blättern aus I gebildet wird. F. Heller. 4420◇

1219 **Einfluß der Adenosintriphosphorsäure auf den Eintritt der Assimilate in das Leitsystem der Zuckerrübe.** A. L. Kurssanow und M. I. Browtschenko. (Pflanzenphysiologie [UdSSR] **8**, 270—78, 1961; Moskau, Akad. der Wiss. der UdSSR, Timirjasew-Inst. für Pflanzenphysiol.; russ., Auszug: engl.) — Bei Anreicherung der *Adenosintriphosphorsäure* (I) in den Blattplättchen der Zuckerrübe wird die Bldg. von Hexose- u. Triosephosphaten verstärkt u. der Abfluß der Assimilate beschleunigt, der im Normalfall am intensivsten im Alter von 80—90 Tagen verläuft, unter der Einw. von I aber schon bei 50tägigen Pflanzen aktiviert wird, in deren Wurzeln sich noch keine *Saccharose* (II) angereichert hat. Bei der Verstärkung des Zuckerabflusses durch I nimmt in den Leitwegen bes. der Geh. an Monosacchariden zu, weniger der an II. Vff. nehmen an, daß der Austritt von Zuckern aus dem Mesophyll in das Phloem nach ihrer Phosphorylierung erfolgt, daß aber phosphorylierte Zucker beim Eintritt in das Leitsyst. wieder rasch II bilden können.

R. K. Müller. 4450□

1220 **Einfluß der Bodenbakterien auf den Gehalt an freien Aminosäuren in Leguminosen.** I. W. Assejewa und N. F. Kirillowa. (Wiss. Hochschulber. [Moskau], biol. Wiss. **1960**, Nr. 1, 139—44; Moskau, Lomonossow-Univ., Lehrstuhl für Biologie; russ.) — Die mit verschiedenen Kulturen (*Rhizobium phaseoli*, *Rhiz. meliloti*, *Rhiz. lupini*, *Pseudomonas fluorescens*, *Azotobacter chroococcum*) bakterisierten Schneidebohnen- bzw. Luzernepflanzen enthielten fast ausnahmslos höhere Mengen von Gesamt-N u. von freien Aminosäuren als die nichtbakterisierten. Die Zahl von Aminosäuren in den Pflanzen erhöhte sich durch die Bakterisierung von 16 auf 17 bzw. 18. In den Wurzeln der bakterisierten Pflanzen erschienen neben den 14 Aminosäuren der nichtbakterisierten *Histidin* u. *Methionin*, der Geh. an *Asparaginsäure* in den erstgenannten Pflanzen erhöhte sich um das 2—3-fache. M. Gordienko. 4450◇

1221 **Desoxyribonucleinsäuresynthese als ein Erfordernis für die Stimulierung der Blüte bei Pharbitis nil.** Jan A. D. Zeevaart. (Plant Physiol. **37**, 296—304, Mai 1962; Pasadena, California Inst. of Technol., Div. of Biol.; engl.) — *5-Fluoruracil* (I) und *5-Fluordesoxyuridin* (II) wurden neben Nucleinsäure-Vorläufern Setzlingen von Kurztagpflanzen von *Pharbitis nil* appliziert. *Thymidin*, *Thymidylsäure*, *Desoxyuridin*, *Desoxycytidin* und *5-Methyldesoxycytidin* konnten dabei die Inhibierung der Blühfähigkeit durch I und II aufheben. Die Wrkg. von I ist streng temperaturabhängig und wurde erst bei ca. 27° beobachtet. Mkr. Unterss. an Pflanzenschnitten zeigten, daß II die Zellteilung in der Spitze und der subapicialen Region blockiert. *Aminopterin* u. *Colchicin* ergeben dieselbe Wrkg. wie I und II. Der Transport von I in der Pflanze wurde durch ^{14}C-I festgelegt. Es scheint daher so, daß die Gene für die Blühfähigkeit nur aktiviert werden können, während Desoxyribonucleinsäure synthetisiert wird. H. H. Schmiedeknecht. 4450◇

1222 **Stimulationsversuche an Zwiebeln, Gerste und Erbsen durch Vorbehandlung mit Uranylacetat.** M. D. Popow. (Bull. Methodi Popoff Inst. Biol. [Sofia] **10**, 297—304, 1960; bulg., Auszug: dt.) — Anquellen der Samen von *Allium cepa*, Gerste oder Erbsen in *Uranylacetat*-Lsg. (Konzz. 1:1000—1:1000000; optimal 100000; Lsg./Samen-Verh. 1:1) hatte stimulierende Wrkg. auf die Entw. der Pflanzen, die sich auf die Wurzeln stärker auswirkte als auf den oberird. Teil u. die Biomasse u. war bei den verschiedenen Pflanzen gleichartig.

I. v. Kloch-Kornitz. 4455◇

1223 **Assimilation von Ammonium durch Rettichwurzelscheiben.** A. E. Younis. (Acta biol. Acad. Sci. hung. **12**, 147—52, 1961; Cairo, Univ., Faculty of Science, Botany Dep.; engl.) — Bei Wurzelscheiben von *Raphanus sativus var. Egyptiacus* wurden nach Inkubation mit *NH_4Cl*-Lsg. die Veränderungen in den N-Fraktionen untersucht. NH_4^+ kann aufgenommen, gespeichert u. verbraucht werden, dabei steigt der Geh. an Amino- u. Amid-N aber nicht an. Eine Zunahme des Amid-N wurde nur bei gleichzeitiger Applikation von *Glutaminsäure* beobachtet. Nach Behandlung mit NH_4Cl nimmt der NO_3^--Geh. ab, aber nicht im selben Maße, wie Peptid- u. Protein-N zunehmen, so daß mit einem Einbau von NH_4-N in die Proteinfraktion gerechnet werden muß. In Anwesenheit von NH_4Cl wird die Atmung der Wurzelscheiben stark gefördert. U. Mothes. 4460◇

1224 **Einfluß des Welkens auf die Umwandlung der Kohlenhydrate.** N. W. Ssubbotina. (Pflanzenphysiologie [UdSSR] **8,** 279—83, 1961; Kischinew, Forsch.-Inst. für Gartenbau, Weinbau u. Weinbereitung; russ., Auszug: engl.) — An Blättern von Tabak, Mohn, Gurke, Bohne u. Hirse (teils von der Pflanze abgetrennt, teils in vivo) wird eine Zunahme der Summe der *lösl. Zucker* (I) festgestellt, außer bei der Gurke, bei der sie infolge rascheren Welkens mit hohem Energieverbrauch abnimmt. Die Gesamtmenge der Kohlenhydrate nimmt beim Welken ab. Die Eh- u. rH-Werte nehmen trotz der Zunahme der I nicht ab; die Eh-Abnahme des Redoxsyst. ist also nicht von einer Verschiebung der Redoxbedingungen in den Zellen nach der Seite der Red. begleitet. Die Photosynth. bewirkt die Bldg. u. Anreicherung von akt. I mit Abnahme von Eh u. rH. Die durch die Hydrolyse der Stärke sich anreichernden I sind nicht akt. u. bilden kein Redoxsyst. mit niedrigem Eh, wodurch die Zunahme von Eh u. rH des Zellinhaltes beim Welken der Blätter zu erklären ist. R. K. Müller. 4460□

1225 **Über den anaeroben Stoffwechsel der Vegetationskegel des Weizens.** L. Teltscherová und M. Dvořák. (Biol. Plantarum [Praha] **5,** 19—28, 1963; Prag Ruzyně, Tschechoslowak. Akad. der Landwirtschaftswiss., Forschungsinst. f. Pflanzenbau, Abt. für Pflanzenphysiol.; Prag, Karlsuniv., Nat. Fak., Lehrstuhl für Pflanzenphysiol. u. Bodenbiol.; dt.) — Vegetationskegel des Winterweizens aus verschiedenen Etappen der Organogenese wurden unter aeroben oder anaeroben Bedingungen in Puffern in Ggw. verschiedener Zuckersubstrate inkubiert. Papierchromatograph. wurden dann die Veränderungen im *Zucker-* u. *Aminosäure*-Geh. u. dem Geh. an *organ. Säuren* festgestellt, histochem. wurden der Geh. an *Acetaldehyd* und die Aktivität der *Alkoholdehydrogenase* untersucht. In jüngeren Vegetationskegeln überwiegt die aerobe Gärung, in älteren Vegetationskegeln sind die aeroben Oxydasensyst. hochaktiv. In den Vegetationskegeln werden die zur Eiweißsynth. nötigen Aminosäuren nicht synthetisiert, sondern sie werden aus den Blättern zugeleitet. Z. Šesták. 4460◇

1226 **Untersuchungen über den Aminosäure-Einbau in die Blatteiweiße des Tabaks.** Benno Parthier. (Flora Jena **151,** 368—97, 30/12. 1961; Halle, Martin-Luther-Univ., Inst. f. allg. Botanik; dt.) — Unter Anwendung von $^{14}C_{(1)}$-*Glycin*, $^{14}C_{(1)}$-*Tyrosin*, $^{14}C_{(1)}$-*Methionin*, $^{14}C_{(1)}$-*Lysin*, $^{14}C_{(2)}$-*Phenylalanin*, $^{14}C_{(2)}$-*Glutaminsäure* u. $^{14}C_{(5)}$-*Methionin* wurden die Eiweißsynth. u. der Aminosäureumsatz an Tabakblättern untersucht: Junge Blätter sind synthet. aktiver als ältere, wenngleich auch alte, noch chlorophyllhaltige Gewebe ^{14}C in ihre Eiweißfraktion inkorporieren. Prämortale Blattorgane entbehren der Synthesekraft. Weiße Blätter von Stickstoffmangelpflanzen bauen beträchtliche Mengen Aminosäuren in ihre Proteine ein, bleiben aber, besonders bei Licht, hinter den chlorophyllhaltigen Geweben zurück. Durch Licht wird der Aminosäureeinbau in die Proteine gefördert. $^{14}C_{(1)}$-Glycin ist für Eiweißsyntheseunterss. wenig geeignet. 60—80% des aufgenommenen Glycins verlieren sehr schnell ihre Carboxylgruppe. Ein beträchtlicher Teil der Glycin-Radioaktivität erscheint in Serin. Tyrosin, Methionin u. Lysin werden nur zu ca. 20% decarboxyliert, 70—80% werden unabhängig, ob bei Licht oder Dunkelheit, direkt in die Proteinfraktion eingebaut. Die Inkorporation von $^{14}C_{(2)}$-Glutaminsäure erfolgt im Licht nur zu 60% u. Phenylalanin zu 85% in die Proteinfraktion, in Dunkelheit hingegen findet ein nahezu 100%iger Einbau in die Eiweiße statt. Von $^{14}C_{(5)}$-Methionin wird durch Licht die Abspaltung der Methylgruppe nicht beeinflußt. Rudolf Müller. 4460◇

1227 **Synthese von Indolverbindungen bei Diplodia natalensis.** Gordon B. Bailey und Arthur C. Gentile. (Plant Physiol. **37,** 439—445, Mai 1962; Amherst, Univers. of Massachusetts, Dep. of Botan.; engl.) — *Diplodia natalensis* wurde aerob synthet. Substraten in Ggw. oder Abwesenheit von *Tryptophan* oder *Tryptamin* ausgesetzt. Chromatograph. und spektrometr. sowie mit Hilfe markierten Tryptophans konnte *Indolylessigsäure* als Produkt des Stoffwechsels gefunden werden. Als weitere Komponente wurde *Tryptophol* wahrscheinlich gemacht. Schließlich scheint auch *Indol* ein Produkt des Tryptamin- oder Tryptophanstoffwechsels zu sein. H. Schmiedeknecht. 4460◇

1228 **Der Einfluß des Lichts auf den Phosphatstoffwechsel in Lattich-Samen: Die Spektralreaktion der Rot-Infrarot-Wechselwirkung.** Kenneth Surrey und Solon A. Gordon. (Plant Physiol. **37,** 327—32, Mai 1962; Argonne, Ill., Arg. Nat. Labor., Div. of Biol. a. Med. Res.; engl.) — Es wurde die Spektralrk. der Phosphataufnahme u. Veresterung in Lattich-Samen durch Vgl. unbelichteten, mit Rot von 550—650 mμ behandelten u. im Infrarot (700—750 mμ) u. Blau (450 mμ) inhibierten Materials untersucht. Bei kontinuierlicher Beleuchtung fördert Rotlicht u. hemmt Infrarot den Phosphatstoffwechsel. H. H. Schmiedeknecht. 4460◇

1229 **Der Stoffwechsel von Brenztraubensäure bei Kümmerzellen von Chlorella elipsoida.** Ann Oaks. (Plant Physiol. **37,** 310—16, Mai 1962; Weihenstephan, Post Freising, Bact. Inst. d. südd. Molkerei-Forschungs- u. Exp. Stat.; engl.) — *Brenztraubensäure* (I) wird rasch von Kümmerzellen von *Chlorella* metabolisiert. Die anfänglichen Produkte des Einbaues sind die Säuren des Tricarbonsäurecyclus, Alanin, Glutamin u. Asparaginsäure. Der Beitrag des Kohlenstoffs 1, 2 u. 3 zu CO_2 u. zum Algen-Rest weist auf den vollen Tricarbonsäurecyclus hin. Nach 2 Std. ist Saccharose das hauptsächlichste Produkt. Seine Synth. scheint über den Äpfelsäure-Seitenweg zu Phosphobrenztraubensäure zu gehen. Die Abbaugeschw. von I im Medium läuft parallel zur Geschw. der Synthesereaktion. I kann dabei nicht als Vorläufer für Protein angesehen werden. Dieser Mangel wird durch Licht oder Glucose teilweise behoben. H. Schmiedeknecht. 4460◇

1230 **Die Rolle der Aldolase bei der Photosynthese. 1. Mitt. Enzymuntersuchungen mit photosynthetischen Organismen, speziell Blau-Grün-Algen.** Charles A. Fewson, Myra Al-Hafidh und Martin Gibbs. (Plant Physiol. **37,** 402—06, Mai 1962; Ithaca, N. Y., Cornell Univ. Dep. of Biochem.; engl.) — Verschiedene Enzyme des Kohlenhydratstoffwechsels wurden aus den Extrakten von blau-grünen, grünen, roten u. goldbraunen Algen u. dem Photosynthese-Bakterium *Rhodospirillum rubrum* untersucht. *Aldolase* war außer in den blau-grünen Algen in allen Organismen vorhanden. *Glucose-6-phosphat* u. *Gluconat-6-phosphatdehydrogenase* sind speziell im Blau-Grün-Organismus aktiv. Vff. nehmen daher an, daß in diesen Pflanzen die Hexosedissimilation hauptsächlich auf dem Pentosephosphatweg erfolgt. In der Rot-Alge *Chondrus crispus* ist diese Hydrogenase kaum vorhanden. Hier wird vielmehr eine nichtspezif. *Glucoseoxydase* wirksam. Es ist möglich, daß die Abwesenheit von Aldolase in einigen photoautotrophen Organismen darauf hinweist, daß die Bldg. von Hexosen bei der Photosynth. nicht notwendigerweise durch die Kondensation von zwei Molekülen Triosephosphat zustande kommt. H. H. Schmiedeknecht. 4460◇

1231 **Wirkung der Temperatur auf die Photosynthese von drei unicellulären Grünalgen-Stämmen.** L. J. M. Felföldy. (Acta biol. Acad. Sci. hung. **12,** 153—59, 1961; Tihany, Hungarian Academy of Sciences, Biol. Res. Inst.; engl.) — In Hinblick auf vorteilhafte Massenkultivierung wurde die Photosyntheseaktivität verschiedener Grünalgen bei Temp. von 10—40° untersucht. *Coelastrum microporum* u. *Scenedesmus obtusiusculus* haben ihr Optimum bei 30—35°, während *Ankistrodesmus falcatus* bei optimaler Leistung nur 25° verträgt. U. Mothes. 4460◇

1232 **Untersuchungen über den Einfluß von Brenztraubensäure auf Atmung und Zuckergehalt grüner Blätter.** U. N. Chatterji. (Proc. nat. Acad. Sci., India **31,** 57—66, 1961; Gorakhur, Univ., Botany Dep.; engl.) — Injektionen von 0,5—2,0, bes. 1,0%ig. Lsgg. von *Brenztraubensäure* steigern die Atmung von Blättern von *Eugenia jambelana* u. den Geh. an *Di-* u. *Monosaccharide*n (I). In Blättern von *Allium tuberosum* erhöht sich nur der I-Gehalt. W. Wesly. 4460◇

1233 **Ölbildungsprozeß und Atmung der Pflanzen.** I. M. Tolmatschow und O. O. Jassnikowa. (Ber. ukrain.

Akad. Landwirtsch. Wiss. **2**, Nr. 3, 17–19, 1959; Ukrain. Akad. der Landw. Wiss.; ukrain., Auszug: russ.) — Die Atmungsintensität bei Pflanzen ist im Norden eine andere als im Süden; mit den Veränderungen der Atmung treten auch Veränderungen in der Öl-Bldg. bei Pflanzen ein. Bei intensiver Atmung werden von den Pflanzen größere Mengen von akt. H verbraucht, wodurch für die Öl-Bldg. gewisse Einschränkungen in bezug auf H eintreten, u. in der Pflanze bilden sich mehr ungesätt. Fettsäuren. Umgekehrt liegen die Verhältnisse bei weniger intensiver Atmung, denn hierbei erhöhen sich die Möglichkeiten zur Verwertung von H bei der Öl-Bldg., u. in der Pflanze entstehen mehr gesätt. Fettsäuren. Beim Nachreifen der Walnüsse in O_2 erhält man Fettsäuren mit höherer JZ. als beim Nachreifen in normaler Atmosphäre. M. Gordienko. 4462◇

1234 **Der Einfluß wäßriger Extrakte aus der Wurzel der Roten Rübe auf Salzaufnahme und Respiration von Rübenwurzelschnitten.** J. E. Dale und J. F. Sutcliffe. (Ann. Botany [N. S.] **23**, 1–21, Jan. 1959; London, King's Coll., Dep. of Bot.; engl.) — Es wird über den Einfl. wss. Extrakte aus der Wurzel der Roten Rübe auf die K-, Na-, Mn-, Citrat- u. Chloridaufnahme u. die Atmung (At) von Gewebeschnitten der Rübenwurzel berichtet. Wss. Extrakte stimulieren die *K*-Aufnahme nur kurz gewaschener u. inhibieren die K-Aufnahme längere Zeit gewaschener Rübenscheiben. Die Extrakte enthalten bes. Citronen- u. Apfelsäure, die sowohl die Stoffwechselphase der K-Aufnahme als auch die Gewebeatmung beeinflussen. H. Ackermann. 4462◇

1235 **Die Änderung des Kohlenhydrat- und Eiweißumsatzes in den Zwiebeln der Tulpen und Narzissen unter dem Einfluß der Düngung.** Je. S. Mantrowa und W. I. Sdassjuk. (Wiss. Hochschulber. [Moskau], biol. Wiss. **1960**, Nr. 1, 123–28; Moskau, Bot. Garten der Lomonossow-Univ.; russ.) — Den größten Teil der Trockensubstanz in den Zwiebeln der Tulpen u. Narzissen bildet die Stärke. N-Gaben vermindern den Geh. an *Stärke*, NPK-Gaben fördern ihre Ansammlung. Bei Tulpen beginnt die Erhöhung des Stärkegeh. in der Phase der Knospenbildung u. dauert bis zum Ende der Blüte. Mit der Steigerung des Stärkegeh. sinkt der Zuckergehalt. In der Reifungsperiode erreicht das Verhältnis Stärke : Zucker sein Maximum. Die besten Resultate in bezug auf die Größe der Zwiebeln u. schmückende Eigg. der Tulpen erzielte man bei 2maliger Kopfdüngung mit NPK, wenn vor der Anpflanzung ebenso mit NPK gedüngt wurde bzw. bei 4maliger differenzierter Kopfdüngung. Bei Narzissen erwies sich das erste Düngungsverf. als nachteilig, das zweite als gut. M. Gordienko. 4470◇

1236 **Untersuchungen über die physiologische Rolle von Phosphor in höheren Pflanzen.** 1. Mitt. **Wirkung auf die Wechselbeziehung zwischen Stickstoff, Eisen, Mangan und Phosphor auf Wachstum und Erträge von Reispflanzen.** Akio Fujiwara und Kōji Ohira. (J. Sci. Soil Manure, Japan [Nippon Dojohiryogaku Zasshi] **30**, 162–70, Juli 1959; jap.) H. Franzen. 4470◇

1237 **Untersuchungen über die physiologische Rolle von Phosphor in den höheren Pflanzen, Reis.** 2. Mitt. **Wirkungen der Wechselbeziehung zwischen Stickstoff, Eisen, Mangan und Phosphor auf das Verhalten von stickstoffhaltigen Verbindungen.** Akio Fujiwara und Kōji Ohira. (J. Sci. Soil Manure, Japan [Nippon Dojohiryogaku Zasshi] **30**, 230–36, Aug. 1959; jap.) — 1. vgl. vorst. Referat. H. Franzen. 4470

1238 **Untersuchungen über die physiologische Rolle von Phosphor in den höheren Pflanzen.** 3. Mitt. **Wirkungen auf die Wechselbeziehung zwischen Stickstoff, Eisen, Mangan und Phosphor in der Reispflanze.** Akio Fujiwara, Kōji Ohira und Makoto Kurosawa. (J. Sci. Soil Manure, Japan [Nippon Dojohiryogaku Zasshi] **30**, 269–77, Sept. 1959; jap.) — 2. vgl. vorst. Referat. H. Franzen. 4470◇

1239 **Über die physiologische Rolle des Bors.** 3. Mitt. **Über die Ursachen der besonderen Rolle des Bors bei der Bildung der Reproduktionsorgane und bei der Fruchtbildung.** M. Ja. Schkolnik und Je. A. Ssolowjewa-Troitzkaja. (Bot. J. [UdSSR] **47**, 1414–25, 1962; Leningrad, Akad. der Wiss. der UdSSR, Botan. Komarow-Inst.; russ., Auszug: engl.) — 2. vgl. C. **1962**, 18156. — Bei den Unterss. der bes. Rolle des *B* in den Formierungsprozessen, der Befruchtung u. der Frucht-Bldg. wurde nach einer literar. Übersicht die Entw.-Hemmung u. die Sterilität des Weizens u. Hafers, die in Wasserkulturen ohne Geh. an B auftrat, durch Zugabe von 0,1 g freier *Ribonucleinsäure*/Liter (in 1 Liter NaOH jeden 3.–4. Tag zur Nährfl. weitgehend beseitigt. I. v. Kloch-Kornitz. 4470◇

1240 **Der Borbedarf von Sommerweizen und Gerste in der Ontogenese.** Ss. N. Drosdow und A. A. Kutusow. (Wiss. Hochschulber. [Moskau], biol. Wiss. **1960**, Nr. 1, 129–31; Leningrad, Landw. Inst., Lehrstuhl für Pflanzenphysiol., russ.) — Verss. mit Sommerweizen u. Gerste zeigten, daß *B* für ihre Ernährung im Verlauf der gesamten Vegetationsperiode unentbehrlich ist. In Abwesenheit von B sank der Ertrag an vegetativer Masse u. die Ähren waren steril. Die krit. Periode in bezug auf B tritt für die beiden Kulturen bei der Bldg. der ersten Staubgefäße ein. M. Gordienko. 4470◇

1241 **Einfluß der Spurenelemente auf den Kohlenhydrat-Protein-Umsatz der Futterpflanzen.** M. R. Russtambekow und G. A. Rsajew. (Nachr. Akad. Wiss. Aserbaidshan SSR, Ser. biol. med. Wiss. **1961**, Nr. 9, 17 bis 23; aserbaidshan., Auszug: russ.) — In Vegetationsverss. mit schmalblättriger (**I**) u. aschgrauer Wicke (Wildform, **II**) wurde durch Gaben von *B* u. *Mn* eine mengenmäßige Erhöhung von wasserlösl. Kohlenhydraten in allen Pflanzenteilen, bes. aber in den Blättern hervorgerufen. In der Variante mit einem Wassergeh. im Boden von 40% der vollen Wasserkapazität war die Erhöhung der Kohlenhydratmenge größer als in der mit 60% der Wasserkapazität. Die Annahme liegt nahe, daß B u. Mn die Widerstandsfähigkeit der Pflanzen gegen die Trockenheit erhöhen. Weiterhin stieg unter dem Einfl. von B u. Mn der Geh. an N-Verbb. in der Pflanze, vor allem in der Variante mit geringeren Wassermengen. In den Wurzeln der Wicke war die N-Ansammlung höher als in den oberird. Pflanzenteilen, was sich durch die Steigerung der Aktivität der N-fixierenden Bakterien im Boden unter dem Einfl. von B u. Mn erklärt. **II** ist an N-Verbb. reicher als **I**. M. Gordienko. 4470◇

1242 **Die Spurenelemente in der Stickstoffernährung der Pflanzen.** M. G. Abutalybow, D. A. Alijew und A. Ssamedowa. (Nachr. Akad. Wiss. AserbaidshanSSR, Ser. biol. med. Wiss. **1962**, Nr. 4, 31–42; aserbaidshan., Auszug: russ.) — *B*, *Mn*, *Mo* u. *Co* erhöhten den Geh. an Gesamt-N in den Blättern der Baumwollpflanzen. Dies äußert sich noch stärker, wenn N-Dünger gegeben wurde. *Cu* zeigte keine positive Wrkg. auf die N-Aufnahme der Pflanzen, *Zn* verminderte diese etwas. Weiter bewirkten Spurenelemente eine bedeutende Steigerung der Synth. von Amiden in den Blättern der Pflanzen. Am stärksten wirkte in dieser Hinsicht Mo, dem B u. Mn nachstanden. Zn, Co, Cu wirken viel schwächer. Eine Erhöhung des Geh. an Amid-N unter dem Einfl. der Spurenelemente findet auch in der Rinde der Baumwollpflanze statt. Schon bei Gaben von N-Dünger stieg der Geh. an Aminosäuren in den Blättern beträchtlich an, durch Zugabe von Spurenelementen stieg er noch erheblich. Mo steht auch in dieser Hinsicht an erster Stelle. B u. Mn beeinflußten den Geh. an Aminosäuren in den Blättern in keiner Weise. Weiterhin wurde durch N-Gaben die Proteinsynth. gefördert; durch Zugabe von Zn, Mo, Co erreichte die Steigerung ein noch größeres Ausmaß. M. Gordienko. 4470◇

1243 **Wachstum und Entwicklung von Mais unter dem Einfluß von Spurenelementen bei verschiedenen Temperaturbedingungen.** B. S. Gusseinow und S. Ju. Mamedowa. (Nachr. Akad. Wiss. AserbaidshanSSR, Ser. biol. med. Wiss. **1962**, Nr. 4, 11–21; aserbaidshan., Auszug.: russ.) — Erhöhte Lufttemp. stimuliert das Wachstum der oberird. Teile der Maispflanze, unterdrückt aber die Entw. ihrer generativen Teile u. des Wurzelsystems. Durch Gaben von *B* wird die Depression in der Entw. der generativen Teile u. der Wurzeln beseitigt. Bei optimaler Temp. wird das Wachstum der assimilierenden Pflanzen-

teile durch *Mn* u. *Mo* günstig beeinflußt, B wirkt in diesem Sinne bei erhöhter Temperatur. Auf das Wurzelsyst. wirken bei optimaler Temp. fördernd Mn u. Mo.
M. Gordienko. 4470◇

1244 **Beitrag zur Kenntnis des Magnesiummangels bei Reben.** W. Gärtel. (Landwirtsch. Forsch., Sonderh. Nr. **13**, 45—58, 1959; Bernkastel-Knes/Mosel, Biolog. Bundesanst. für Land- u. Forstwirtschaft, Inst. für Rebenkrankheiten; dt.) — Vf. beschreibt die verschiedenen Erscheinungsformen des *Mg*-Mangels bei Reben. An jungen, noch wachsenden Blättern entstehen verschieden gemusterte Nekrosen, die wahrscheinlich den meristemat. Zonen der Spreite entspringen. Bei Blättern mit abgeschlossenem Wachstum treten keilförmige intercostale Vergilbungen auf. Auf stark sauren Böden tritt häufig gleichzeitiger Mg- u. P-Mangel auf, meist als „Säureschaden" bezeichnet. Hierbei sind als Symptome zu beobachten, aufgehellter Rand mit braunen Punkten; braune unregelmäßige intercostale Streifen; starke Randnekrosen. Zunehmender Mg-Mangel ist begleitet von abnehmenden Mg- u. P-Geh. sowie leicht ansteigendem K-Geh. in den Spreiten. Das K : Mg-Verhältnis wird weiter. Der Mg- u. P-Geh. der Blattstiele ist höher als in den Spreiten. Bei Mg-Mangel nimmt der *Chlorophyll* (**I**)-Geh. der Spreiten ab u. das Verhältnis **I**a: **I**b verschiebt sich von 3 : 1 auf 1 : 1 in den vergilbten Stellen. Der Anteil des **I**-Mg am Gesamt-Mg ist in den vergilbten Teilen höher als im gesunden Gewebe. Er schwankt zwischen 4 u. 30 sp. Wilfried Werner. 4470□

1245 **Die Wirkung einer hohen Magnesiumdosis auf die Aluminiumresorption und auf das Wachstum von Maispflanzen in Nährlösung.** R. Dios Vidal und T. C. Broyer. (An. Edafol. Agrobiol. **21**, 13—30, Jan. 1962; Berkeley, Calif., Univ. of California, Dep. of Soils and Plant Nutrit.; span.) — *Al* in Konzz. von 4—17 ppm in der Nährlsg. ruft keine tox. Erscheinungen an Maispflanzen hervor, wenn die Nährlsg. 10 mm an *Mg* ist. Bei niedrigen Mg Konzz. (0,1 mm) verursacht Al schwere tox. Erscheinungen. Auch hohe *Ca*-Gaben können die tox. Wrkg. von Al mildern bzw. beseitigen. Hohe Ca-Konzz. in der Nährlsg. bewirken einen hohen Mg-Spiegel in der Pflanze, senken jedoch den P-Gehalt. W. Hiller. 4470◇

1246 **Wirkung gewisser Chemikalien auf das Wachstum von Sämlingen des „Sal"-Baumes.** N. K. Jain. (Proc. nat. Acad. Sci., India, Sect. B **29**, 293—97, 1959; Bilaspur, S. B. R. Coll., Dep. of Botany; engl.) — 7 Gruppen von Sämlingen der *Dipterocarpacee Shorea robusta GAERTN.*, des wichtigsten Nutzholzbaumes der Wälder Indiens, wurden 2 Wochen nach Keimung in Petrischalen in Töpfe mit sterilem, alluvialem Sandboden überpflanzt u. unter den klimat. Bedingungen von Jabalpur von Juni—September 1958 täglich einmal mit folgenden Nährlsgg. begossen: Gruppe 1: Normale Lsg. aus 2,84 g $CaCl_2$, 0,71 g K_2HPO_4, 0,71 g $MgCl_2$, 0,71 g $NaNO_3$ u. Spuren von Eisen-3-ammoniumsulfat; Gruppe 2: Normale Lsg. mit Zusatz einer 0,001%ig. wss. Lsg. von Indolylessigsäure; Gruppe 3—7: Normale Lsgg., in denen jeweils eine der 5 Komponenten fehlte. K, Mg, $-PO_4$, Ca, Fe, S, N u. Cl erwiesen sich für normales Gedeihen als notwendig, Na als inhibitorisch.
H. G. W. Gleiß. 4470□

1247 **Zink, Wachstum und Respiration bei Euglena.** C. A. Price und Elnora Millar. (Plant Physiol. **37**, 423—27, Mai 1962; New Brunswick, N. J., Rutgers-The State University, New Jersey Agric. Exp. Stat., Dep. of Plant Physiol.; engl.) — Es wurde die Hypothese überprüft, ob das Wachstum der Alge *Euglena gracilis* (Klebs) bei *Zn*-Mangel durch die Respirationrate begrenzt ist. Es wurden deshalb Zinkmangelzellen mit Substraten zusammengebracht, die A., Acetat, Lactat u. Octanoat als Kohlenstoffquelle enthielten. Gemessen wurde die Oxydationsgeschw., u. es ergab sich, daß die Wachstumsbegrenzung nicht direkt mit den Oxydationsvorgängen in Verbindung gebracht werden kann.
H. Schmiedeknecht. 4470◇

1248 **Einfluß der Nickeldüngung auf einige physiologisch-biochemische Eigenschaften der Weintraube.** O. K. Dobroljubski und A. W. Slawwo. (Pflanzenphysiologie [UdSSR] **8**, 355—57, 1961; Odessa, Landwirtsch. Inst.; russ.) — Vgl. C. **1959**, 4195. — Weinstöcke werden mit 2 Liter wss. Lsg. von 0,05 g $NiSO_4$ je Stock in 4 Jahren gedüngt. Dabei nimmt das Durchschnitts-Gew. von 100 Beeren von 96—130 auf 129—157 g u. der Ertrag um 8,5—22,3 Zentner/ha zu; die Reifung wird beschleunigt, Zucker-Geh. u. titrierte Acidität ändern sich wenig oder nicht, der Fructose-Geh. nimmt stärker als der Glucose-Geh. zu; der pH-Wert der Blätter nimmt etwas ab, derjenige der Beeren etwas zu. Die Aktivität der Invertase, der Ascorbinoxydase, teilweise auch der Polyphenoloxydase u. der Peroxydase in den Blättern sowie der Katalase (um das 5—7fache) in Blättern u. Beeren nimmt zu; die Ascorbinsäure der Blätter nimmt von 12,1 auf 2,6 mg% ab. R. K. Müller. 4470□

1249 **Bekämpfung von Baru (Sorghum halepense).** R. D. Verma und R. B. L. Bhardwaj. (Sci. and Cult. **24**, 425—26, März 1959; New Delhi, Indian Agric. Res. Inst., Div. of Agron; engl.) — Zur Bekämpfung von *Sorghum halepense* zeigt, das Na-Salz von *Trichloressigsäure* (**I**) bei gleichzeitigem Anbau von Kulturpflanzen einen hohen Wrkg.-Grad, wenn auch keine völlige Vernichtung des Unkrautes. Diese wird erreicht, wenn man 30 oder 60 lb. **I**/acre am Ende von 6 Bebauungen in etwa halbmonatlichen Intervallen anwendet. W. Wesly. 4485□

1250 **Die Wirkung einer Behandlung von Weizensamen mit 2.4-Dichlorphenoxyessigsäure.** 2. Mitt. C. B. Divekar. (J. Karnatak Univ., Sci. [Dharwar, India] **5**, 101—09, 1960; Dharwar, Coll. of Agricult.; engl.) — 1. vgl. Mysore Agricultural Juornal, **35**, [1960], 146—57. — Vf. behandelt Weizensamen 0,2—20 Std. mit 0—100000 ppm *2.4-Dichlorphenoxyessigsäure* (**I**) u. bestimmt die Höhe der 45 Tage alten Pflanzen, das Gew. von Stroh u. Korn u. das Gesamttrockengewicht. Durch die I-Behandlung wird nur das Strohgew. erhöht. Die maximale Erhöhung (22%) findet bei einer Behandlung mit 0,001 ppm **I** für 20 Std. statt. W. Hiller. 4485◇

1251 **Die Reaktion von Oxydation und gekuppelter Phosphorylierung auf 2.4-Dichlorphenoxyessigsäure in Pflanzenmitrochondrien.** Randolph T. Wedding und M. Kay Black. (Plant Physiol. **37**, 364—70, Mai 1962; Riverside, Univ. of California, Dep. of Biochem.; engl.) — *2.4-Dichlorphenoxyessigsäure* (**I**) entkoppelt die Phosphorylierung, welche mit der Oxydation von Äpfel-, Citronen- u. Bernsteinsäure verbunden ist. Dieser Entkopplungseffekt kann als Gegenwrkg. gelten. Indolylessigsäure zeigt keine Wrkg. im Sinne von **I**. *Dinitrophenol* wirkt dagegen 20 mal stärker.
H. H. Schmiedeknecht. 4485◇

1252 **Untersuchungen über das Längenwachstum von Koleoptilteilstücken.** 2. Mitt. **Die Wirkung hoher β-Indolylessigsäure-Konzentrationen auf das Teilstückwachstum.** C. R. Hancock. (Ann. Botany [N. S.] **23**, 107—19, Jan. 1959; London, Res. Inst. of Plant Physiol.; engl.) — Das Längenwachstum von Koleoptilteilstücken (K) durch Einw. unterschiedlicher *Indolylessigsäure*(**I**)-Konzz. wird stark durch die Vorbehandlung der K beeinflußt. Es wurden K sofort nach dem Schneiden, nach Lagerung in feuchten Petrischalen bzw. 3std. Einlegen in W. in I-Lsg. verschiedener Konz. gestellt u. die prozentuale Längenzunahme bis zu 40 Std. bestimmt.
H. Ackermann. 4485◇

1253 **Untersuchungen über Vorläufer der Indolylessigsäure.** 2. Mitt. **Über die Aktivität und Selektivität von Tryptamin und Indolylacetonitril.** L. Ferenczy und B. Matkovics. (Acta biol. Acad. Sci. hung. **12**, 107—19, 1961; Szeged, Univ., Dep. of Plant Physiol. u. Dep. of Organ. Chem.; engl.) — Bei Keimpflanzen aus 10 verschiedenen Familien wurde die Wrkg. von *Tryptamin* (**I**) u. *Indolylacetonitril* (**II**) (Konz.: 10^{-8}—10^{-4} m) auf Wurzel- u. Sproßwachstum getestet u. mit *Indolylessigsäure* (**III**) verglichen. Durch **I** u. **II** wird das Wurzelwachstum gehemmt, jedoch weniger, als durch **III**. Einzige Ausnahme ist *Medicago sativa*, wo eine deutliche Hemmung nur bei **III** auftritt, nicht bei **I** oder **II**. Die Elongation von Haferkoleoptilen wird durch **I** weniger, durch **II** mehr stimuliert, als durch **III**. Bei den anderen Vers.-Pflanzen (alles Dicotyledonen) wird die Hypocotyl-Elongation durch **III** am meisten gefördert, vor allem bei

niedriger Konzentration. Bei $10^{-4}-10^{-5}$ m liegen die Wachstumswerte von **I** u. **II** zuweilen über dem von **III**.
U. Mothes. 4485◇

1254 **Der Einfluß von Gibberellin und Auxin auf den Wuchs des ersten Blattes und die Wurzelbildung bei Stecklingen von Mais.** K. S. Gamburg. (Ber. Akad. Wiss. UdSSR **145**, 941—44, 1962; russ.) — Der Grund für die unterschiedliche Wrkg. des *Gibberellins* (**I**) auf das Wachstum der Pflanze u. der isolierten Wurzeln ist, daß **I** das Verhältnis zwischen dem Wachstum des Teils über der Erde u. dem Wurzelsyst. zugunsten des ersten verändert, aber keinen Einfl. auf den Wuchs der Wurzeln u. ihre Bldg. hat. Die Wurzelbldg. bei Stecklingen wird ohne Behandlung mit **I** durch das wachsende Blatt aufgehalten, u. bei der Behandlung mit **I** wird sie in großem Maße infolge der Verstärkung des Blattwuchses unterdrückt. Die Wrkg. von **I** u. von Auxin ist entgegengesetzt.
E. König. 4485△

1255 **Anwendung der 2.3.5-Trijodbenzoesäure in Untersuchungen über die Wachstumskorrelationsunterschiede bei epi- und hypogeischen Sämlingen (Linum und Pisum).** Rudolf Dostál. (Biol. Plantarum [Praha] **5**, 68—76, 1963; Brno, Coll. Agric., Dep. Botany; engl.) — Die morphogenet. Wrkg. einer Lanolinpaste mit 0,5% bis 1% *2.3.5-Trijodbenzoesäure* (**I**) auf decapitierte Flachs- u. Erbsenkeimlinge (Beeinflussung der Epikotylstümpfe, Aktivierung der Knospen, Wachstum der Sprosse) wurde untersucht. Zwischen der Wrkg. von **I** u. der *Indolylessigsäure* besteht eine antagonist. Beziehung.
Z. Šesták. 4485◇

1256 **Laubfall bei der Baumwolle.** 2. Mitt. **Der Einfluß des Alters und den Laubfall fördernder Stoffe auf die chemische Zusammensetzung der Blätter und Pulvinoide.** C. L. Leinweber und Wayne C. Hall. (Bot. Gaz. **120**, 183—86, März 1959; Stillwater, Okla., Univ., Agricult. Res. Serv., USDA, Field Crops Res. Branch; Texas A. and M. Coll. Syst., Dep. of Plant Physiol. and Pathol., Coll. Station.; engl.) — 3. vgl. C. **1961**, 188. — Unbehandelte Baumwollblätter u. solche, die mit *3-Amino-1.2.4-triazol* (**I**) u. *Dinatrium-3.6-endoxahexahydrophthalat* (**II**) behandelt waren, akkumulieren mit zunehmendem Alter K, Ca u. Mg; der Phosphatspiegel nimmt in jungen Blättern zu u. während des Alterns wieder ab. Von **I** u. **II** werden vorwiegend der Kohlenhydrat- u. N-Geh. der Blätter beeinflußt. Mit zunehmendem Alter werden in den Pulvinoidregionen vorwiegend lösl. N-Verbb. angehäuft.
W. Schenk. 4485◇

1257 **Aminotriazolylalanin: Ein Stoffwechselprodukt des Aminotriazols der Pflanzen.** P. Massini. (Acta bot. neerl. **12**, 64—72, 1963; Eindhoven, Netherlands, N. V. Philips' Gloeilampenfabrieken, Philips, Res. Labors.; engl.) — Nach einwöchiger Einw. einer 0,5%ig. wss. Lsg. von *3-Amino-1.2.4-triazol* (**I**) auf Sämlinge französ. Zwergbohnen u. anschließender Homogenisierung u. Extraktion der Pflanzen mit sd. A. u. W. wurde über Kationenaustauscher Typ Amberlite CG 20, Ammoniumformiat-Syst., *β-[3-Amino-1.2.4-triazolyl-(1)]-α-alanin* (**II**) als Metabolit isoliert. Seine Reinigung erfolgte über ein $AgNO_3$-Addukt. Zur Identifizierung dienten papierchromatograph. Unters. auf Papier Whatman Nr. 1, aufsteigend, mit verschiedenen Lsgm.-Systemen. Anfärbung der Flecken mit dem H-Säure-Reagens nach Racusen (rot) u. Ninhydrin (purpur). Unterss. mit ^{14}C-**I** an Tomatenblättern zeigen, daß sich die meiste Aktivität in **II** wiederfindet, ein kleiner Teil in **I** u. wechselnde Mengen in einer weiteren unbekannten Verbindung. Wird ^{14}C-**I** dagegen über die Wurzeln aufgenommen, so verbleibt die meiste Aktivität in **I**. Inkubiert man Homogenate mit **I**, dann wird kein **II** gebildet. Werden Bohnen mit **I** + *^{14}C-Serin* behandelt, finden sich 20% der Aktivität in **II** wieder. **II** wird von den Pflanzen langsamer als **I** aufgenommen u. wandert auch langsamer zu den Wachstumszonen. Die Umwandlung von **I** in **II** ist irreversibel, Abbau zu CO_2 erfolgt nicht.
K. Grade. 4460◇

1258 **Untersuchung des Einflusses von Penicillin auf das Wachstum von Bohne und Reis bei sterilem Wachstum.** M. D. Popow und I. Grigorow. (Bull. Methodi Popoff Inst. Biol. (Sofia) **10**, 227—45, 1960; Bulgarien, Akad. der Wiss., Inst. für Mikrobiolog. u. Popoff-Inst. für Biolog.; bulg., Auszug: dt.) — Das Anquellen von gebeiztem u. ungebeiztem Samen des Phaseolus vulgaris oder der Oryza sativa in *Penicillin*-Lsg. (10000—100000 E./Liter, 20°, 3 Std. bzw. 9375—300000, 22—24°, 24 Std.) erhöhte bei steriler Aufzucht auf festem Fleischpeptonagar oder Saccharose-Nitratagar nach Capek-Dox die Keimenergie, Keimfähigkeit sowie die Wurzel- u. Stengellänge, ohne die Entw. der phytopathogenen Mikroorganismen (Mucor, Penicillium, Bacterium phaseoli) zu hemmen. Auch durch Beizen wurde geringer stimulierender Einfl. hervorgerufen.
I. v. Kloch-Kornitz. 4490◇

1259 **Die Wirkung von Fluorid auf Glucoseabbau in Pflanzenblättern.** Cleon W. Ross, Herman H. Wiebe und Gene W. Miller. (Plant Physiol. **37**, 305—09, Mai 1962; Logan, Utah State Univ., Dep. of Botan.; engl.) — Bei *Polygonum orientale* L. u. *Chenopodium murale* L. wurde der Einfl. von *Fluorid* auf den Glucoseabbau untersucht durch die Best. des Verhältnisses $C_{(6)}/C_{(1)}$ von intakten u. geschädigten Blättern. Ein abnehmendes Verhältnis wurde bei geschädigten Blättern beobachtet u. zwar durch ein relatives Ansteigen des Einfl. auf den Pentosephosphat-Weg. Derartige Veränderungen sind sowohl in Blättern, die durch KF geschädigt wurden, festzustellen als auch in solchen, die Pflanzen entstammen, die einer HF-Atmosphäre ausgesetzt waren, u. sie beruhen auf einer Hemmung der Glykolyse wahrscheinlich durch *Enolase*.
H. Schmiedeknecht. 4495◇

1260 **Cytologische und genetische Einwirkungen des Insektizids Systox auf Vicia faba L. und Arabidopsis thaliana L. (Heynh.).** Jiří Velemínský und Tomáš Gichner. (Biol. Plantarum [Praha] **5**, 41—52, 1963; Praha, Czech. Acad. Sci., Inst. Exp. Bot.; engl.) — Eine 0,02%ige, die Isomere *O.O-Diäthyl-O-(2-äthylmercaptoäthyl)-thiophosphat* (**I**) u. *O.O-Diäthyl-S-(2-äthylmercaptoäthyl)-thiophosphat* (**II**) enthaltende Lsg. von *Systox*, ruft nach 3,6 u. 9 Std. Einw. keine Mitoseninhibition bei *Vicia faba*-Wurzeln hervor, sie hemmt aber die Bldg. der Kernspindel u. erhöht das Vork. von Chromosomaberrationen (hauptsächlich bei Anwendung von älteren Lsgg., welche mehr **II** enthalten). Eine 6,48 u. 72std. Einw. einer 0,2% u. 1%ig. Lsg. von **I** + **II** rief keine Chlorophyll- oder andere Mutationen bei *Arabidopsis thaliana* hervor.
Z. Šesták. 4495◇

1261 **Die Solvatation des Protons in Huminsäuren.** D. Schwartz und L. Asfeld. (Nature [London] **197**, 177—78, 1963; Fargo, North Dakota State Univ., Coll. of Chem. Technol.; engl.) — Vff. präparieren *Huminsäuren* u. trocknen sie bei 105° für 12 Stunden. Danach werden sie 65 Std. auf 150° erhitzt im Stickstoffstrom u. es wird das abgegebene W. u. CO_2 im heraustretenden N_2-Strom bestimmt. Danach werden die dehydratisierten u. decarboxylierten Huminsäuren analysiert auf H, C, N, O, S u. Wasser. Das molare Verhältnis von entwickeltem W. zu CO_2 beträgt ca. 4. Das gebundene W. scheint in den Huminsäuren mit der Carboxylgruppe assoziiert zu sein, da stets das Verhältnis 4:1 gewahrt ist. Vff. schließen daraus, daß H_3O^+ als ein trihydratisiertes Hydroniumion $[H_3O^+(H_2O)_3]$ in den Huminsäuren im festen Zustand vorliegt.
W. Hiller. 4499◇

E₅. Tierchemie, Tierphysiologie, Tierpathologie

1262 **Untersuchungen über die anorganische Kohlendioxidkomponente des menschlichen Schmelzes.** 2. Mitt. **Die Wirkung der Säure auf das Schmelz-CO_2.** Marguerite F. Little. (J. Dental Res. **40**, 903—14, Sept.-Okt. 1961; Rochester, N. Y., Eastman Dent. Dispensary; engl.) — 1. vgl. C. **1961**, 16153. — Die Unterss. an gemahlenen Schmelzproben mit verschiedenen Partikelgrößen u. verschiedenen Puffer-Lsgg. zeigen, daß *CO_2* im Schmelz vermutlich in einer statist. gleichmäßigen Verteilung in der Apatitgittereinheit vorliegt. Entfernt werden kann nur ersetzbares oder labiles CO_2 durch H_3O^+, P oder Na von der Oberfläche der Einheit. Der Ersatz stellt eine Funktion des Quotienten Oberfläche/Gesamtvol. dar.
U. Tausendfreund. 4510◇

1263 **Untersuchungen über die anorganische Kohlendioxidkomponente des menschlichen Schmelzes.** 3. Mitt.

Die Wirkung von neutralem und saurem Fluorid. Marguerite F. Little und Janet Rowley. (J. Dental Res. **40,** 915–20, Sept./Okt. 1961; engl.) — *NaF* kann in 1 ppm-Konzz. u. darüber, allein oder in sauren Puffern, große Mengen von CO_2 aus dem Schmelz entfernen; die CO_2-Mengen, die durch NaF in Säure herausgelöst werden, übersteigen die durch NaF oder Säure allein gelösten Mengen. Saures Fluorid dringt vermutlich unter die exponierte Oberfläche, um das tiefergelegene CO_2 zu lösen; trotz Bldg. von CaF_2 werden ca. 20% des im unveränderten Schmelz befindlichen CO_2 herausgelöst.
U. Tausendfreund. 4510◇

1264 **Über das Herkommen des Phosphorgehaltes der Arca novae L. und über die physiologische Bedeutung von Arcain in einigen Invertebraten.** Y. Robin, L. A. Pradel, N.-v. Thoai und J. Roche. (C. R. Séances Soc. Biol. Filiales **153,** 21–24, 30/1959; (Naples, Station Zool. und Concarneau, Finistère Labor. de Biol. marine.; franz.) — *Arcain* (*1.4-Diguanidinbutan*; **I**) wurde von den Vff. in *Audouinia tentaculata* u. in *Hirudo medicinalis L.* festgestellt, ohne daß es bisher möglich war, die physiolog. Bedeutung dieser Base zu kennzeichnen. Ihr Vork. in sehr geringen Mengen in Hirudo u. ihre Lokalisierung im Verdauungstraktus von Audouinia machen ihren Anteil an der Konstit. einer P-Verb. bei diesen Tieren sehr wahrscheinlich. Vff. stellten fest, daß die Guanidin-Derivv. aus dem Gewebe der *Arca novae* fast vollkommen aus *Arginin* (**II**) aufgebaut sind, neben dem sich Spuren von **I**, von *Agmatin* (**III**) u. zweier monosubstituierter Guanidine fanden. Die P-Verb. der *Arca novae* wurde papierchromatograph. als **II**-Phosphat bestimmt. Die Verteilung von **I** in der Natur u. seine Lokalisierung im Verdauungstraktus von Audouinia läßt die bakterielle Bldg. dieser Base u. auch die des begleitenden **III** vermuten.
P. Nachtwey. 4520◇

1265 **Über die chemische Zusammensetzung einiger Fische.** I. D. Golowatzki, B. Ss. Awdossjew und S. P. Nasarkewitsch. (Ukrain. biochem. J. **35,** 234–38, 1963; Lwow, Forschungsstation für Fischzucht; ukrain., Auszug: engl.) — Die Unterss. über den Geh. an *Glucose* (**I**), *Fructose* (**II**), *Pentosen* (**III**), *Phosphaten* (**IV**), *Milchsäure* (**IV**) u. *Ketokörpern* (**VI**) im Blutplasma u. in den Erythrocyten von Karpfen (2 Arten) ergaben, daß der Geh. an **I**, **II**, **III** u. **IV** wesentlich höher ist als bei Warmblütern. Im Geh. an **VI** bestehen keine großen Unterschiede. Am zahlreichsten unter den Monosacchariden kommt **I** vor, u. zwar im Blutplasma. Es folgen die **III**, welche in den Erythrocyten u. teilweise im Plasma vorkommen. **II** ist in den Erythrocyten u. im Plasma vorhanden. Der leicht hydrolysierbare P der *Adenosintriphosphorsäure* (**VII**) u. die Hauptmenge der anorgan. **IV** liegen in den Erythrocyten vor. **V** ist im Plasma vorherrschend; die **VI** sind fast gleichmäßig auf Erythrocyten u. Plasma verteilt. Bei 2 Jahre alten Fischen ist der Geh. an **VII** höher, der Geh. an anorgan. **IV** geringer als im Alter von 3 Jahren.
O. Lebtag. 4520△

1266 **Das Vorkommen der Hyaluronsäure in Walfischknorpeln.** Nobuko Seno und Kimiko Anno. (Biochim. biophysica Acta [Amsterdam] **49,** 407–08, 13/5. 1961; Tokyo, Bunkyo-ku, Ochanomizu Univ., Dep. of Chem.; engl.) — Rohes *Chondroitinsulfat* (**I**) aus Walnasenknorpeln wurde durch Ionenelektrophorese auf *Celite* bei pH 7,0 in zwei Uronsäure-haltige Zonen zerlegt (Mengenverh. 1:13), von denen die erste *Glucosamin* enthielt u. *Hyaluronsäure* darstellt ($[\alpha]_D = -77°$), die zweite dagegen gereingtes **I**A. Zwischen beiden konnte eine 3. Fraktion mit der Anthron-Rk. sichtbar gemacht werden, die wahrscheinlich *Keratosulfat* darstellt.
M. Gibian. 4520◇

1267 **Über den Gehalt an freien Aminosäuren in den großen Hemisphären des Gehirns.** N. Ss. Nilowa. (Ukrain. biochem. J. **35,** 220–26, 1963; Leningrad, Pawlow-Inst. für Physiol. der Akad. der Wiss. der UdSSR; russ., Auszug: engl.) — Die Best. des Geh. an freien *Aminosäuren* (**I**) in den großen Hemisphären des Rattenhirns im Zustand der physiolog. Ruhe u. des natürlichen Schlafes ergab für die meisten freien **I** im Schlaf keine Abweichungen von der Norm. Nur der Geh. an *Glutamin* ist um 21,3% vermindert, der Geh. an *Tyrosin* um 37,5% erhöht. Die *γ-Aminobuttersäure* zeigt eine Tendenz zur Erhöhung.
O. Lebtag. 4520△

1268 **Die konjugierten Plasma-Proteine der Amerikanischen Schabe. 1. Mitt. Der normale Zustand.** A. N. Siakotos. (J. gen. Physiol. **43,** 999–1013, 1960; Ithaca, New York, Cornell Univ., Dep. of Entomology; engl.) — Im Plasma von Amerikan. Schaben (*Periplaneta americana L.*) konnten durch Papierelektrophorese 5 Proteinfraktionen nachgewiesen werden, von denen es sich bei einigen um konjugierte Proteine handelt. Ihr Geh. an Phospholipiden, Kohlenhydraten, Neutralem Lipid u. Sterin wurde ermittelt, ferner die elektrophoret. Eigenschaften. Auch geschlechtsspezif. Unterschiede wurden gefunden.
M. Wiedemann. 4520◇

1269 **Die konjugierten Plasma-Proteine der Amerikanischen Schabe.** 2. Mitt. **Änderungen während des Häutungs- und Verpuppungsprozesses.** A. N. Siakotos. (J. gen. Physiol. **43,** 1015–30, 1960; engl.) — 1. vgl. vorst. Referat. — Die Änderungen in den Plasma-Proteinen der Schabe wurden elektrophoret. untersucht u. die Abhängigkeit vom physiolog. Zustand geprüft.
M. Wiedemann. 4520◇

1270 **Ein giftiger (Histamin freisetzender) Bestandteil der Tentakeln von Cyanea capillata (der Brennqualle).** Börje Uvnäs. (J. med. pharmac. Chem. **4,** 511–15, 1691; Stockholm, Karolinska Inst., Farmakol. Inst.; engl.) — Der *Wirkstoff* (**I**) aus den Tentakeln von *Cyanea capillata* wird durch alkohol. Extraktion gewonnen. Er setzt *Histamin* aus isolierten Zellen frei; dies ist vom pH abhängig u. tritt oberhalb 43° nicht mehr ein. Durch Enzym- u. Stoffwechselblocker wird die Wrkg. von **I** ebenfalls unterbunden. Bei der Hydrolyse von **I** werden zahlreiche Aminosäuren erhalten.
W. Holland 4520◇

1271 **Untersuchung der Zusammensetzung und der Eigenschaften von Zymosan.** Je. L. Rosenfeld, A. A. Posnanskaja und N. K. Rudakowa. (Ber. Akad. Wiss. UdSSR **125,** 928–30, 1959; Akad. der Wiss. der UdSSR, Zentral-Inst. für Hämatolog. u. Bluttransfusionen, Labor. für physiolog. Chemie; russ.) — Vgl. C. **1960,** **4565.** — *Zymosan Nr. 1* wurde nach Hydrolyse des Eiweißes durch 3std. Kochen mit 30% KOH u. nachfolgender A.-Ausfällung in je eine in W. lösl. (a) u. unlösl. (b) Fraktion geteilt. Der Geh. an N betrug im Ausgangs-Präp., in a bzw. b 1,7, 0,47 bzw. 0,15%. Elektrophoret. u. chromatograph. Unterss. zeigten in a 2 *Glucose-Mannose*-Fraktionen im Verhältnis 1:6 u. 1,5:1. b erwies sich als *Glucan*, das entweder mindestens 2 Arten von *Glucosid*-Verbb. mit *Glucosid*-Resten oder ein Gemisch verschiedener *Glucan*-Verbb. darstellt.
I. v. Kloch-Kornitz. 4551◇

1272 **Die Gewinnung und die Eigenschaften des Polysaccharides Zymosan, das gegenüber dem Properdin-System aktiv ist.** R. A. Rutberg. (Ber. Akad. Wiss. UdSSR **125,** 931–34, 1959; Zentralinst. für Hämatolog. u. Bluttransfusionen; russ.) — Durch Modifizierung der Hydrolyse u. Entwässerung (physiolog. Lsg. an Stelle von *Phosphat*-Puffer sowie A., 100° u. Vakuum-Trocknung) wurde die Produktivität von *Zymosan* gegenüber der Meth. nach Pillemer um das 10fache gesteigert (Ausfällung von *Properdin* aus 2,5 bzw. 25 Liter Serum/kg Hefe), wobei sich der Geh. an Fe, Cu, Co, Sr, Zn, Mn, Sn u. bes. Mg verringerte u. der Geh. an N vermehrte.
I. v. Kloch-Kornitz. 4551◇

1273 **Antigenmischungen oder determinante Gruppen?** E. Musso und R. Brun. (Dermatologica [Basel] **122,** 186–89, März/April 1961; Genf, Clinique Univ. de Dermatol.; franz.) — Meerschweinchen wurden mit an Meerschweinchenserum gekuppeltem diazotiertem *Sulfanilamid*, *Elkosin* (**I**) bzw. *Madribon* (**II**, *2.4-Dimethoxy-6-sulfanilamidopyrimidin*) vorbehandelt. Die Meerschweinchen konnten dabei mit allen 3 Azoproteinen sensibilisiert werden. Einzelne Tiere zeigten Kreuzreaktionen. Bei einzelnen Meerschweinchen, die mit **I** bzw. **II** vorbehandelt waren, konnte mit **II** bzw. **I** eine Rk. ausgelöst werden.
G. Kimmerle. 4551△

1274 **Die Zusammensetzung der Schweinemilch: Veränderungen des Gehalts an einigen Elementen (P, Ca, K, Na, Mg).** Léon Gueguen und Emmanuel Salmon-Legagneur. (C. R. hebd. Séances Acad. Sci. **249,** 784 bis 786, 1959; Jouy-en-Josas, Seine-et-Oise, C. N. R. J.,

Inst. Nat. de la Rech. Agronom.; franz.) — Die Milch der Sauen unterscheidet sich erheblich von der anderer Haustiere. Der hohe *Ca*- u. *P*-Geh. nimmt regelmäßig mit der Lactationsdauer zu. Der von *K*, *Na* u. *Mg* schwankt wenig. Schweinecolostrum ist Ca- u. P-ärmer als die normale Milch. Das Ca/P-Verhältnis, das im Colostrum < 1 ist, steigt im Lactationsverlauf progressiv an. Normale Milch besitzt einen geringeren C- u. Na-Geh. als Colostrum. K. Maier. 4555◇

1275 **A-Vitamine und androgene Steroide.** René Grangaud, Thérèse Conquy und Marc Nicol. (Arch. Sci. physiol. **15**, 263—75, 1961; Alger, Fac. de Méd. et Pharmacie, Labor. de Chim. biol.; franz.) — Nach Verss. an Ratten spielt *Vitamin A* (**I**) offensichtlich, mittelbar oder unmittelbar, nicht nur bei der Umwandlung von *Pregnenolon* in *Progesteron* sondern auch von *Transdehydroandrosteron* (**II**) in *Androstendion* in vivo eine Rolle. **I** ist anscheinend für die Katalyse beider Rkk. unentbehrlich. Die **II**-Wrkg. auf den Proteinaufbau ist in Abwesenheit von **I** aufgehoben. K. Maier. 4558◇

1276 **Untersuchungen über die Biosynthese von Östrogenen durch Mikrosomen der menschlichen Placenta.** M. Hayano, J. Longchamp, W. Kelly, C. Gual und R. I. Dorfman. (Acta endocrinol. [Copenhagen], Suppl. Nr. **51**, 699—700, 1960; Shrewsbury, Mass., Worcester Foundation for Experimental Biol.; engl.) H. Herper. 4559□

1277 **Die Aktivität einer Anzahl an kastrierten Mutterschafen getesteter Östrogene.** T. J. Robinson und T. F. Reardon. (J. Endocrinology **23**, 97—107, Okt. 1961; Sydney, Univ. Dep. of Animal Husbandry; engl.) — An kastrierten mit *Progesteron* (20 mg je Tier/jeden 2. Tag/ insges. 6 i. m. Injektionen) vorbehandelten Mutterschafen wurden *β-Östradiol* (**I**), *Östron* (**II**), *Östriol* (**III**), **I**-*benzoat* (**IV**), **II**-*Benzoat* (**V**), *Stilböstrol* (**VI**), *Hexöstrol* (**VII**) u. *Dienöstrol* (**VIII**) auf ihren Einfl. auf Oestrus u. die charakterist. Vaginalrk. untersucht. Bestimmt wurde mittlere Effektivdosis (MED), die auf **IV** auf der Grundlage von 3 Testen zu verschiedenen Jahreszeiten als Standard bezogen wurde. Für die östrogene Aktivität ergab sich nach der Dosis/Wirkungskurve die Reihenfolge **IV, I, VI, VII, VIII, II, V** u. **III**, für die Vaginalrk. **I, VI, IV, VII, V, VIII, II** u. **III**. Bei den Vaginalveränderungen konnten keine klaren Unterschiede bei der jahreszeitlich bedingten Änderung der Reaktionsempfindlichkeit der Mutterschafe festgestellt werden. **I** u. **VIII** waren wirksamer, wenn die Dosis auf 3 Gaben verteilt wurde, als wenn nur 1 Injektion verabreicht wurde. **II** war in geteilter Dosis weniger wirksam. Bei den anderen Östrogen hatte die Frequenz der Injektionen keinen Einfl., nur bei **VI** stieg nach geteilter Dosis die Reaktionskurve an. K. Böhm. 4559◇

1278 **Vergleich der biologischen Aktivität von Östron, 16α-Hydroxyöstron und Östriol.** Ph. Genet, R. Henry, S. Vandel, B. Desfosses und M. F. Jayle. (Ann. d'Endocrinol. **23**, 693—704, Nov./Dez. 1962; Paris, Univ., Fac. de Méd., Labor. de Biochim. Méd.; franz.) — *16α-Hydroxyöstron* (**I**) u. *Östriol* (**II**) wirken viel schwächer auf den Uterus unreifer Mäuse als *Östron* (**III**) oder *Östradiol*, dagegen besitzt **I** eine genau so starke Wrkg. auf die Keratinisierung der Vagina wie **III** (20mal stärker als **II**). **II** u. **III** besitzen eine starke Wrkg. auf die Hypophyse (Hemmung der Sekretion von Follikelreifungshormon in niedrigen Dosen, luteotrope Wrkg. in höheren Dosen), dagegen ist die Wrkg. von **I** auf die Hypophyse sehr schwach. K. Zingraf. 4559◇

1279 **Der Einfluß von Östrogen und Progesteron auf Harnnatrium- und -Aldosteronausscheidung.** A. G. Gornall, M. E. Robertson und J. C. Laidlaw. (Acta endocrinol. [Copenhagen], Suppl. Nr. **51**, 157, 1960; Toronto, Univ. of Toronto; engl.) H. Herper. 4559□

1280 **Invitro-Untersuchungen mit $^{14}C_{(6)}$-Östron: Umwandlung in Östradiol durch rote Blutzellen des Menschen.** Claude J. Migeon, Ono L. Lescure und James B. Sidbury jun. (Acta endocrinol. [Copenhagen], Suppl. Nr. **51**, 731, 1960; Baltimore, Md., Johns Hopkins Univ.; School of Med., Dep. of Pediatrics and Johns Hopkins Hospital, Harriet Lane Home; engl.) — Vgl. C. **1960**, 12052, 17501; **1961**, 9852, 10248. H. Herper. 4559□

1281 **Schicksal der Steroid-Östrogene in Erfolgsgeweben.** Elwood V. Jensen. (Acta endocrinol. [Copenhagen], Suppl. Nr. **51**, 733, 1960; Chicago, Ill., Univ. of Chicago, Ben May Labor.; engl.) H. Herper. 4559□

1282 **Die Antigenwirkung von Östron-Protein-Konjugaten.** L. Goodfriend und A. H. Sehon. (Acta endocrinol. [Copenhagen], Suppl. Nr. **51**, 899, 1960; Montreal, McGill Univ., Dep. of Biochem. and Chem.; engl. — C. **1961**, 1256.) H. Herper. 4559□

1283 **Ausscheidung von Steroiden im Laufe des Haar-Virilismus mit wahrscheinlicher ovarieller Ätiologie.** M. F. Jayle, P. Mauvais, R. Scholler und S. Metay. (Acta endocrinol. [Copenhagen], Suppl. Nr. **51**, 619—20, 1960; Paris, Faculté de Méd., Labor de Chim. Méd.; franz.) H. Herper. 4559□

1284 **Leberzellpermeabilität unter dem Einfluß von Prednisolon.** Helmut Baier. (Klin. Wschr. **37**, 1127—29, 1/11. 1959; Mainz, Univ., Med. Klinik; dt.) — Zur Klärung des Wirkungsmechanismus von Glucocorticoiden (*Prednison* u. *Prednisolon*) bei der Behandlung schwerer Verlaufsformen von Hepatitis oder der Lebercirrhose untersucht Vf. die Frage, ob diese Schäden durch Herabsetzung der Zellwandpermeabilität hervorgerufen werden. Leberschnitte der Ratte wurden in Blutplasma, ferner in Ca-freier Krebs-Ringer-Phosphat-Lsg. bei pH 7, 8 u. 9 mit 300 mg % Glucose u. mit 15, 50 oder 100 μg Prednisolon (**I**)/ml versetzt. Nach 5 Min. langer Inkubation bei 37° wurde die erste Probe, weitere sechs im Abstand von jeweils 10 Min. entnommen. Bestimmt wurde die enzymat. Aktivität von *Glutaminsäure-Oxalessigsäure-Transaminase* (GOT), *Glutaminsäure-Pyruvat-Transaminase* (GPT), *Äpfelsäuredehydrogenase* (ADH) u. *Milchsäuredehydrogenase* (MDH). Die Aktivität dieser Enzyme zeigte mit u. ohne Zusatz von **I** zunächst einen steilen Anstieg infolge des Austritts von **I** aus den zerstörten Zellen. Die Werte mit u. ohne Zusatz von **I** sind prakt. ident.; eine Änderung der Permeabilität der Zellwände tritt auf **I**-Zusatz nicht ein. Ein Abfall der Serum-Aktivität mit Steroiden muß deshalb als sekundäre Folge eines primären Eingreifens in den Zellstoffwechsel erklärt werden. Dafür spricht auch die 24 bis 48 Std. dauernde Latenzzeit zwischen der Anwendung von **I** u. dem Wirkungseintritt, der im Falle der Herabsetzung der Permeabilität wesentlich früher erfolgen müßte. P. Nachtwey. 4559◇

1285 **Einfluß des Palmitinketons auf den östralen Cyclus und die Schwangerschaft.** Je. Ss. Detjuk und W. Ss. Baranow. (Pädiatrie, Geburtshilfe Gynäkol. (Kiew) 1961, Nr. **6**, 58—60; Lwow, Med. Inst., Lehrstuhl für Histolog. u. Embryolog.; ukrain.) — Bei Mäusen rief einmalige Gabe von *Palmiton* (**I**) Abschwächung des östralen Cyclus-Rhythmus u. Überführung ins Ruhestadium hervor. Während der Schwangerschaft hatte einmalige Gabe von **I** keinen Einfl. auf die Implantation u. die Embryogenese, wiederholte Gaben von 100 mg **I**/100 g peroral führten bei 7 von 18 Tieren zu Schwangerschaftsunterbrechung im frühen Stadium. I. v. Kloch-Kornitz. 4559□

1286 **Eintritt des Östruscyclus beim Meerschweinchen nach Eosinophilie.** R. Deschiens und J. Bénex. (C. R. Séances Soc. Biol. Filiales **153**, 27—28, 30/4. 1959; Paris, Inst. Pasteur, Service de Parasitologie; franz.) — Zur Aufklärung der einzelnen Phasen des Östruscyclus bestimmten Vff. an Meerschweinchen die Änderungen des %-Geh. der Eosinophilen (E.), ferner deren Zahl sowie die der Leukocyten (L.) im mm³ Blut. Der Geh. des Blutes an E. ändert sich im Verlauf des Cyclus von $\sim 600/mm^3$ ($\sim 5{,}5\%$) am 1. Tage auf $\sim 1600/mm^3$ ($\sim 12\%$) am 15. Tage, um dann auf $\sim 800/mm^3$ ($\sim 6\%$) am 20. Tage zu fallen. Die L. halten sich dagegen im Durchschnitt der 20 Tage mit geringen Steigerungen u. Senkungen bei ~ 12000 bis $14000/mm^3$. Vff. nehmen für die Wrkg. der *Östrogene* einen zweifachen Mechanismus an. Während der 1. Phase des Cyclus wächst das Graafsche Follikel, parallel dazu vermehrt sich die Zahl der Eosinophilen. In der 2. Phase tritt wahrscheinlich unter

dem Einfl. des *Progesterons* u. mit Aufhören der Sekretion des Hypophysenhormons der Abfall von E. ein.
P. Nachtwey. 4559◇

1287 **Die Reaktion normaler u. kranker menschlicher Haut auf längere örtliche Behandlung mit weiblichen Hormonen.** Herbert J. Spoor. (Proc. sci. Sect. Toilet Goods Assoc. **1961,** Nr. 36, 20–24; Cornell-Univ. Coll. of Med.; engl.) — Hormone (H) führen bei ständiger örtlicher Verw. zu gewissen Hautveränderungen. H. sind durchaus pharmazeut. aktiv; die Festlegung der Mengen-Wrkg. im techn. u. klin. Verh. verlangt umfassendere, genauere Grundlagenforschung. Künftige Unterss. müssen bes. auf Kollagen u. Grundsubstanz, Fasergewebe u. den Status der cuticularen Blutgefäße gerichtet sein. Veränderungen in Epidermalzellen geben zusätzliche Informationen, sind aber nicht völlig spezif. für H. u. können oft nur ungenau von einfachen Reizphänomen unterschieden werden.
Harri Findeisen. 4559

1288 **Langfristige Progestin-Gaben.** C. R. Garcia und John Rock. (Acta endocrinol. [Copenhagen], Suppl. Nr. **51,** 603, 1960; Brookline, Mass., Free Hospital for Women, Reproductive Study Center; engl.)
H. Herper. 4559□

1289 **Die Wirkung von Relaxin auf das Schilddrüsengewicht von Versuchstieren.** E. R. Plunkett, B. P. Squires und S. J. Richardson. (J. Endocrinology **21,** 241 bis 246, Nov. 1960; London, Ontario, Univ. of Western Ontario, Collip Med. Res. Labor. and Dep. of Obstet. and Gyn; engl.) — *Relaxin* (1–2 mg/Tag) bewirkt bei Ratten u. Meerschweinchen in Ggw. von Ovarien (oder *Östrogen*) einen Anstieg des Schilddrüsengew.; vermutlich kommt die Wrkg. durch Erhöhung der *Thyreotropin*-Bldg. zustande (Hypophysen müssen vorhanden sein). *Testosteron* unterbindet die Wrkg. von Relaxin.
U. Tausendfreund. 4559◇

1290 **Androgene und verwandte Verbindungen im Blut der Vena spermatica von Haustieren.** 1. Mitt. **Neutrale, durch Bullen-Testes ausgeschiedene Steroide.** H. R. Lindner. (J. Endocrinology **23,** 139–59, Okt. 1961; Cambridge, Univ. A. R. C. Unit of Reproduct. Physiol. and Biochem., Dep. of Veterin. Clin. Studies; engl.) — Vgl. C. **1961,** 9092. — Bei Bullen wurden im Blut der Vena spermatica *Testosteron* (**I**), *Androstendion* (**II**) u. *17α-Hydroxyprogesteron* (**III**) als Sekretionsprodd. der Testes nachgewiesen. 3–6 Monate alte Stiere sezernieren **I** in Mengen von 14–231 μg/Std./Testis. Bei Tieren mit einem Körpergew. über 125 kg enthält das Venenblut mehr **II** als **I**, während bei einem Gew. über 175 kg u. bei reifen Bullen das **II**/**I**-Verhältnis unter 1:10 liegt. Auf i. m. Injektion von menschlichem *Choriongonadotropin* (**IV**) (2000 I. E./48 Std./7 Wochen lang) ändert sich das **II**/**I**-Verhältnis, das bei jungen Stieren vorkommt, nicht. I. v. Injektion von 2–5 I. E. **IV**/kg bewirkt innerhalb von 20 Min. bei reifen Bullen einen steigenden Ausstoß von **I** im Blut der V. spermatica. Zwischen dem **I**-Geh. der Testes u. der Größe der **I**-Abgabe in das Blut der V. spermatica besteht eine signifikant positive Korrelation. **III** macht mehr als 3% der α,β-ungesättigten 3-Ketosteroide aus, die durch die Testes freigesetzt werden. Bei unbehandelten Bullen kommt im Venenblut *Progesteron* < 1,5 μg% vor; *Dehydroepiandrosteron* konnte im Venenblut nicht nachgewiesen werden. K. Böhm. 4559◇

1291 **Androgene und verwandte Verbindungen im Blut der Vena spermatica von Haustieren.** 2. Mitt. **Speciesbedingte Unterschiede im Stoffwechsel von Androstendion im Blut.** H. R. Lindner. (J. Endocrinology **23,** 161–66, Okt. 1961; engl.) — 1. vgl. vorst. Referat. — Ochsen- u. Schafblut reduzieren in Ggw. von O_2 *Androsten-3.17-dion* zu *Δ^4 17α-Hydroxyandrosten-3-on* (*Epitestosteron*; **II**) u. geringen Mengen *Testosteron* (**I**), während Blut vom Schwein, Hengst u. vom Menschen unter gleichen Bedingungen nur kleine Mengen **I**, aber kein 17α-Epimeres bilden. Die neutrale *17α-Hydroxysteroid-Dehydrogenase*-Aktivität im Wiederkäuerblut ist nicht geschlechtsspezif. u. kommt in der Zellfraktion des Blutes vor. Die Wrkg. des Enzyms im Ochsenblut ist reversibel, im Vollblut dagegen schreitet der oxydative Vorgang sehr langsam vorwärts. Das Vorkommen von **II** im Blut der V. spermatica von jungen Stieren hängt mit der Wrkg. des Blutes auf Androstendion, das durch die Testes sezerniert wird, zusammen. K. Böhm. 4559◇

1292 **Androgene und verwandte Verbindungen im Blut der Vena spermatica von Haustieren.** 3. Mitt. **Die Wirkung von einseitiger Orchidektomie auf die Größe der Androgensekretion durch den verbleibenden Hoden in unreifen Kälbern.** H. R. Lindner und L. E. A. Rowson. (J. Endocrinology **23,** 167–70, Okt. 1961; Cambridge, Univ. A. R. C. Unit of Reproduct. Physiol. and Biochem., Dep. of Veterin. Clin. Studies and A. R. C. Animal Res. Station; engl.) — 2. vgl. vorst. Referat. — Bei ♂ Kälbern wurde im Alter von $1^1/_2$ Monaten ein Hoden entfernt. Im Alter von 5 Monaten überstieg die Größe der *Androgen*-Sekretion des verbleibenden Hodens dieser Halbkastraten signifikant die Gesamtandrogenabgabe der Hoden bei den intakten Kontrolltieren.
K. Böhm. 4559◇

1293 **Androgene und verwandte Verbindungen im Blut der Vena spermatica von Haustieren.** 4. Mitt. **Testikel-Androgene beim Eber, Widder und Hengst.** H. R. Lindner. (J. Endocrinology **23,** 171–78, Okt. 1961; Cambridge, Univ., A. R. C. Unit of Reproduct. Physiol. and Biochem., Dep. of Veterin. Clin. Studies; engl.) — 3. vgl. vorst. Referat. — Beim Eber, Widder u. Hengst konnten im Blut der Vena spermatica *Testosteron* (**I**) u. *Androstendion* (**II**) nachgewiesen werden. Beide Androgene finden sich aber nicht im arteriellen oder im peripheren Venenblut. Bei jungen etwa $3^1/_2$ Monate alten Ebern u. Widdern wurden nur geringe Mengen **I** (14–20 μg/Std.) sezerniert; bei reifen Ebern betrug die Menge dagegen 184–716 μg/Std. Danach scheint **I** beim Eber das Hauptandrogen des Testis zu sein. K. Böhm. 4559◇

1294 **Die Ausscheidung individueller 17-Ketosteroide beim Cushing-Syndrom.** V. H. T. James. (J. Endocrinology **23,** 119–27, Okt. 1961; London, St. Mary's Hospital Med. School, Dep. of Chem. Pathol.; engl.) — Bei 8 Patienten mit Cushing-Syndrom (CS) wurden die Urin-Werte der *17-Ketosteroide* quant. bestimmt u. unter Verw. dieser Werte die ungefähre Ausscheidungsgröße von *Cortisol* (**I**) u. *11β-Hydroxyandrostendion* (**II**) errechnet, die über Normalwerten lag. Der Wert für 11-Desoxy-17-ketosteroide war bei verschiedenen Patienten sehr veränderlich, u. zwar hoch normal, erniedrigt u. erhöht. Bei Hyperplasie u. Carcinom (CS) der Nebenniere konnten keine charakterist. Unterschiede in den Ausscheidungsmustern gefunden werden. Bei Patienten mit Nebennierenadenom scheint der Tumor fast ausschließlich **I** zu sezernieren. Die meisten Patienten scheiden *Aetiocholanolon* u. *Androsteron* in einem anomal hohen Verhältnis aus. Dies ist auch der Fall nach Gaben von Δ^4-Androsten-3.17-dion u. läßt daher vermuten, daß beim CS die Leberenzyme bevorzugt die Nebennierenandrogene zu Metaboliten mit 5β-Konfiguration reduzieren.
K. Böhm. 4559◇

1295 **Untersuchung der Ausscheidung von Steroiden im Harn bei Anovulation.** J. Varangot, L. Cedard und C. Tchobroutsky. (Ann. d'Endocrinol. **23,** 45–64, Jan.-Febr. 1962; Paris, Maternité de Port-Royal; franz.) — Bei 11 von 26 Patientinnen ohne Ovulation u. mit normaler Gonadotropinausscheidung im Harn wurde nach Stimulierung mit *Adrenocorticotropem Hormon* ein anomal hoher Geh. von *17-Ketosteroiden* u. bes. von *Dehydroisoandrosteron* im Harn beobachtet; der Geh. von *Pregnandiol, Pregnantriol* u. von *Östrogenen* im Harn war gewöhnlich normal, stieg aber nach dieser Stimulierung ebenfalls an. Ein Beweis für einen adrenalen oder ovariellen Ursprung der Störungen konnte nicht erbracht werden. Einige Patientinnen sprachen auf synthet. Corticoide an. K. Zingraf. 4559◇

1296 **Das neue anabolisch wirkende 17-Hydroxy-17β-methyl-2-oxaandrostanon-(3) bei der Behandlung von Osteoporose und Osteoporomalacie.** L. Isemein und R.-L. Tabau. (Presse méd. **71,** 1319–20, 1963; Marseille, Hôp. de la Conception, Centre de Rhumatol., Labor. d'Explor.; franz.) — 10 Patienten mit rarefizierenden Knochenkrankheiten erhielten 26–65 Tage lang täglich 15–20 mg *17-Hydroxy-17β-methyl-2-oxaandrostanon-(3)* (8075 CB). Die Verträglichkeit war gut. Der Allgemeinzustand u. die Knochenschmerzen sowie die Beweglichkeit der Gelenke u. der Wirbelsäule zeigten Besserung. Der *Ca*-Geh. im Harn ging um 41% zurück; auch die Menge des unmittelbar austauschbaren Ca wurde verringert. K. Zingraf. 4550◇

1297 **Der Einfluß von Hormonen, die mit der Hypophysen-Nebennieren- und der Sexualcyclus-Aktivität in Verbindung stehen, auf das Handschwitzen.** P. C. B. Mackinnon und J. Harrison. (J. Endocrinology **23,** 217—25, Okt. 1961; London, Roy. Free Hospital School of Med., Dep. of Anatomy; engl.) — An Männern u. Frauen im Alter von 20—41 Jahren wurden von 9³⁰ vormittags bis 18⁰⁰ nachmittags alle 30 Min. plast. Abdrücke der akt. Schweißdrüsen von der Fingerkuppe abgenommen. Als Index der Handschweißaktivität (IS) wurde die Zahl der akt. Drüsen in 4 mm² der Kuppe des rechten Mittelfingers über dem zentralen Wirbel genommen. Nach der 2. Abnahme wurden Placebo bzw. adrenocorticotropes Hormon (ACTH), *Progesteron* (**I**), *Choriongonadotropin* (**II**), *Cortison* (**III**), *Desoxycorticosteronacetat* (**IV**), *Corticosteron* (**V**), *11-Dehydrocorticosteron* (**VI**), *17-Hydroxy-11-desoxycorticosteron* (**VII**), *epi-Dehydroandrosteron* (**VIII**) u. *Äthinylöstradiol* (**IX**) verabfolgt u. deren Einfl. auf den IS untersucht. Der IS war signifikant herabgesetzt ab 15³⁰ nach ACTH u. ab 13⁰⁰ nach **I**. **II**—**IX** hatten keinen Einfl. auf den IS. Bei 2 Frauen mit Addisonscher Krankheit, die regelmäßig menstruierten, war auch ACTH ohne Wirkung. Wahrscheinlich senkt ACTH den IS über seine stimulierende Wrkg. auf die Nebennierenrinde u. die nachfolgende Produktion von **I**. K. Böhm. 4559◇

1298 **Glycyrrhetinsäure, ein Triterpen mit antiöstrogener und entzündungswidriger Aktivität.** Shirley D. Kraus. (J. Pharmac. Pharmacol. **12,** 300—06, 1960; Brooklyn, N. Y., Long Island Univ., Brooklyn Coll. of Pharmacy, Res. Inst.; engl.) — An CFN-Ratten wurde die Wrkg. von *Glycyrrhetinsäure* (**I**) mit den Effekten von *Östradiolbenzoat* (**II**) u. *Testosteron* (**III**) verglichen u. die entzündungswidrige Aktivität des **I** bei Fehlen der Nebennieren untersucht. **I** ähnelt den Δ^4-3-Ketosteroiden in seiner antagonisierenden Wrkg. auf die Uteruswachstumsrk. bei exogener Östrogenzufuhr in Dosen, die nicht das somat. Wachstum oder den östrogenen Effekt auf die troph. Hypophysenhormone beeinflussen. **I** ist ein mächtiger Östrogen-Antagonist, 1,2—6 mg **I** bewirken eine 23—33%ige Verringerung des Uterusgewichtsanstiegs nach 30 μg **II**. **I** hat keinen Einfl. auf den unreifen Uterus bei Abwesenheit von exogenem Östrogen. Es besitzt auch keine androgenen Eigg. bei unreifen Ratten u. beeinflußt nicht die prolifierende Rk. der Samenblase auf 1,2 mg **III**-*propionat*. In Dosen von 4—8 mg setzen **I** u. β-**I** die Bldg. von Granulationsgewebe bei der doppelseitig adrenalektomierten Ratte signifikant herab. K. Böhm. 4559◇

1299 **Experimentelle Gesichtspunkte bei der Prüfung synthetischer Gestagene.** K. Junkmann. (Dtsch. med. Wschr. **88,** 629—38, 1963; Berlin-Dahlem; dt.) — Übersicht über die gestagenen u. Nebenwrkg. von 24 *Pregnen*- u. *Androsten*-Derivv. im Vgl. zum *Progesteron*. — 114 Literaturangaben. W. Damerau. 4559◇

1300 **Harnausscheidung von Pregnantriol und Pregnan-3α.17α-diol-20-on bei verschiedenen endokrinen Erkrankungen.** M. S. Kandráč und L. Starká. (Acta endocrinol. [Copenhagen], Suppl. Nr. **51,** 389, 1960; Praha, Charles Univ., Res. Labor for Endocrinol. and Res. Inst. for Endocrinol.; engl.) H. Herper. 4559□

1301 **Gel-Filtration gebundener Urin-Östrogene und ihre Anwendung bei klinischen Versuchen.** Carl Gustaf Beling. (Acta endocrinol. [Copenhagen], Suppl. Nr. **79,** 1963, 9—96; Stockholm, Karolinska Sjukhuset, Dep. of Women's diseases, Hormone Labor.; engl.) — Vf. beschreibt eine klin. Routine-Meth. zur Best. von *Östriol* in Schwangeren-Urin, bei der die Gel-Filtration an Sephadex G 25 mit einer standardisierten enzymat. Hydrolyse kombiniert wird: 2—6 ml des 24-Std.-Urins werden auf 1 × 50 cm Sephadex-Säulen filtriert, Die Zonen mit den reinen, gebundenen Östrogenen werden von den Säulen eluiert, in Proberöhrchen gesammelt u. der enzymat. Hydrolyse unterworfen. Nach anschließender Ätherextraktion des Inkubats, Verdampfung des Äthers u. Benzol/Petroläther: W.-Ausschüttelung wird Östriol quant. nach einer Kober-Reaktion bestimmt. In zahlreichen Verss. wird die Meth. auf Genauigkeit, Empfindlichkeit u. Spezifität untersucht u. ihre Anwendung bei der Urinöstrogenbest. bei normaler u. pathogener Schwangerschaft beschrieben. — 110 Literaturangaben. U. Drehmann. 4559◇

1302 **Isolierung und Charakterisierung von menschlichem Choriongonadotropin.** René Got und Roland Bourrillon. (Acta endocrinol. [Copenhagen], Suppl. Nr. **51,** 1091, 1960; Paris, Fac. de Méd., Labor. de Chim. Biol.; franz.) H. Herper. 4560□

1303 **Wirkung von Oxytocin auf die freien Fettsäuren des Plasmas bei nichtdiabetischen und diabetischen Hunden.** I. Arthur Mirsky. (Proc. Soc. exp. Biol. Med. **110,** 42—44, Mai 1962; Pittsburgh, Pa., Univ. of Pittsburgh, School of Med., Dep. of Clin. Sci.; engl.) — Nach i. v. Injektion von 1 E. *Oxytocin*/kg kommt es bei nichtdiabet. u. alloxandiabet. Hunden zu einer Verminderung der Konz. an *freien Fettsäuren* im Plasma. U. Tausendfreund. 4560◇

1304 **Wasserresorption durch die Krötenblase.** Julia Uranga und G. Quintana. (C. R. Séances Soc. Biol. Filiales **152,** 1826—27, 1958, herausgeg. 31/3. 1959; Buenos Aires, Inst. de Biol. et de Méd. Exp.; franz.) — Die Krötenblase resorbiert W., bes., wenn das Tier entwässert ist. *Vasopressin* erhöht die Resorption in Dosen, die gleich groß sind wie die die W.-Resorption durch die Haut erhöhenden Mengen. Sie sind aber viel größer als die Dosen, die die W.-Resorption der Niere u. die Verminderung der Diurese bewirken. W. Wesly. 4560◇

1305 **Neurohypophysenhormone von Nichtsäugetiervertebraten.** H. Heller und B. T. Pickering. (J. Physiology **155,** 98—113, 1961; Bristol, Univ., Dep. of Pharmacology; engl.) — Die Papierchromatographie (Fließmittel: Butanol-Essigsäure-W.) von Neurohypophysenextrakten von Teleostiern, Amphibien, Reptilien u. Vögeln zeigte die Anwesenheit von mindestens 2 oxytoc. Substanzen. Die schneller wandernde Substanz ähnelte in einigen biolog. u. chromatograph. Eigg. dem Oxytocin der Säugetiere. Die vasopressor. u. antidiuret. Wrkg. der Extrakte war hauptsächlich mit der langsamer wandernden Substanz verknüpft. Die langsamer wandernde Substanz wurde aus Hypophysenextrakten des Teleostiers *Pollachius virens* durch Ionenaustauschchromatographie isoliert u. erwies sich als *Arginin⁸-oxytocin* (Vasopressin). Die Papierchromatographie der Hypophysenextrakte von Elasmobranchiern zeigte die Anwesenheit eines oxytocinähnlichen Peptids u. eines weiteren oxytoc. Prinzips, das sich von allen anderen bisher identifizierten Neurohypophysenpeptiden unterscheidet. K.-F. Müller. 4560◇

1306 **Arginin und neurosekretorische Stoffe in der Neurohypophyse von Astronotus ocellatus (Spix).** A. Stolk. (Proc., Kon. nederl. Akad. Wetensch., Ser. C **65,** 170—80, 1962; Amsterdam, Free Univ., Dep. of Histol.; engl.) — Die neurosekretor. Stoffe der Neurohypophyse von *Astronotus ocellatus* zeigen eine negative Rk. gegenüber *Arginin* (**I**). Daraus wird gefolgert, daß **I** nicht oder nur in sehr geringer Konz. in der Neurohypophyse enthalten ist. W. Wesly. 4560◇

1307 **Prüfung der Hormonpräparate an Ratten, die einer kurzen Einwirkung von Methylthiouracil ausgesetzt wurden.** N. K. Demokidowa. (Probleme Endokrinol. Hormontherap. [UdSSR] **8,** Nr. 5, 51—56, 1962; russ., Auszug: engl.) — Im Verlaufe von 6 Tagen beobachtete man an Ratten die Wrkg. qual. ungenügender Nahrung u. des *Methylthiouracils* (**I**) auf das Wachstum von Knorpelplatten. Durch eine maximale Dosis Hypophysenpräp. erzielte man an Tieren, die **I** erhalten hatten, ein Wachstum des Knorpels um 100 μ oder 200%, bei normalen Tieren nur 13—106μ. G. Wesirow. 4560△

1308 **Das Ausbleiben einer Hemmung der Hormonsynthese in der Schilddrüse durch Thioharnstoff bei mit Thyreotropin behandelten Personen und Tieren.** Marvin L. Mitchell, José A. Sanchez-Martin, Anne B. Harden und Mary E. O'Rourke. (J. clin. Endocrinol.

Metabolism **21,** 157–64, Febr. 1961; Boston, Mass., Lemuel Shattuck Hosp., Dep. of Med. and Radioisotope Unit.; Commonwealth of Mass., Dep. of Public Health and Tufts Univ., School of Med.; engl.) — Vff. untersuchten die Wrkg. von *Thyreotropin* (I) auf die mit *Thioharnstoff* (II) gehemmte Schilddrüse an Mensch u. Meerschweinchen. Eine einzige orale 500 mg I-Dosis unterdrückte die thyroidale Aufnahme von ^{131}J bei 23 Patienten. Die Behandlung der gleichen Personen mit 30 Einheiten I vor Verabreichung von 500–700 mg II resultierte in einer 3 bis 6fachen Nutzung in der ^{131}J-Aufnahme. Die durch I induzierte Nutzung der thyroidalen Radioaktivität in Verbindung mit großen II-Dosen war nicht groß. 70 mg II an Meerschweinchen injiziert, vor Verabreichung von ^{131}J, verhinderten die Bldg. von endogenem ^{131}J-*Thyroxin*. Bei vorheriger Verabreichung von 6–9 Einheiten I jedoch vor der II-Dosis konnten Vff. keine Verminderung der Thyroxin-Synth. feststellen. G. Bratfisch. 4560□

1309 **Beziehung zwischen Hypothalamus und der Sekretion von Thyreotropem Hormon durch den Hypophysenvorderlappen.** R. L. W. Averill, H. D. Purves und N. E. Sirett. (Endocrinology **69,** 735–45, 1961; Dunedin, New Zealand, Univ. of Otago Med. School, Endocrinolog. Dep.; engl.) — Vff. beschreiben Verss., in denen die Hypothalami ♀ Wistar-Ratten therm. beschädigt werden u. bei denen der Ort der Läsion sich histolog. schnell bestimmen läßt. Die Läsionen, die die stimulierende Wirkung des Hypophysenvorderlappens auf die Schilddrüsenaktivität modifizieren, werden zur Aufklärung der Funktion des Hypothalamus durchgeführt. — Die bilaterale therm. Läsion der ventralen Hypophyse führte zu einer wesentlichen u. permanenten Verringerung der Schilddrüsensekretion, wie aus der Abnahme des zuvor akkumulierten ^{131}J hervorgeht. Solche Ratten wiesen noch nach 40 Wochen nach der Operation eine beträchtlich kleinere Freisetzung von eingebautem ^{131}J aus der Schilddrüse u. eine wesentlich geringere Aufnahme von ^{131}J innerhalb von 24 Std. auf als Kontrollen. Sie benötigten außerdem nur 1 μg *Na-l-Thyroxin* pro 100 g Körpergew. pro Tag, um die Sekretion des Thyreotropen Hormons durch die Hypophyse zu unterdrücken; bei Kontrollen sind dagegen 3,0–4,0 μg erforderlich. — Aus den Ergebnissen folgt, daß die Unterdrückung der Sekretions-Geschw. nach der Läsion auf die erhöhte Sensitivität des Hypophysenvorderlappens gegenüber injiziertem Thyroxin zurückzuführen ist. Der genaue Mechanismus dieser Wrkg. ist jedoch aus diesen Verss. nicht zu ersehen. H. Köditz. 4560◇

1310 **Beitrag zur Titrationsmethodik des Melanophoren-stimulierenden Hormones [MSH].** B. Stojan und J. Jezdinský. (Českoslov. Farmac. **11,** 135–38, 1962; Olomouc, Palacký-Univ., Inst. für patholog. Physiol. u. Pharmakol. Inst.; tschech.) — Die Meth. beruht auf der photometr. Best. der Extinktionsänderung frischer Häute von *Rana esculenta* in *Ringer*-Lsg. auf Zusatz von *Melanophoren stimulierendem Hormon.* Schwermetallionen stören. P. Gregorzewski. 4560◇

1311 **Citratgehalt der Niere und Calciumausscheidung im Urin — der Einfluß von Wuchshormon in Gegenüberstellung mit Natriumfluoracetat.** J. Karam, M. T. Harrison, M. Hartog und Russel Fraser. (Clin. Sci. **21,** 265–72, 1961; London, Postgraduate Med. School.; engl.) — Der *Citrat*-(I)-Geh. der Nierentubuli scheint einen entscheidenden Einfl. auf die *Ca*-(II)-Ausscheidung auszuüben. Vff. fanden bei hypophysektomierten Ratten (h. e. R.) eine Erhöhung des I-Geh. in Plasma, (Pl.), Niere (N.) u. Muskelgewebe (M.) gegenüber normalen Tieren. Durch Zugabe von *Hammelwuchshormon* (III) wird I bei h. e. R. in N. u. M. herabgesetzt, im Pl. bleibt es unverändert (Unters.-Dauer 12 bzw. 24 Std.); gleichzeitig steigt die II-Ausscheidung an. Die Citratausscheidung steigt teilweise an. *Natriumfluoracetat* (2,5 mg/kg) bewirkt im Gegensatz zu III bei h. e. R. eine Erhöhung des I-Geh. in Pl. u. N, sowie im Urin, während die II-Ausscheidung herabgesetzt wird. Citrat scheint die Resorption des Ca aus der Niere zu erleichtern. H. Ackermann. 4560◇

1312 **Stoffwechseluntersuchungen mit dem menschlichen Wachstumshormon bei Zwergenwuchs und Acromegalie.** Mortimer B. Lipsett, Delbert M. Bergenstal und Frederick G. Dhyse. (J. clin. Endocrinol. Metabolism **21,** 119–27, Febr. 1961; Bethesda, Md., National Inst. of Health, National Cancer Inst., Endocrinol. Branch; engl.) — Das menschliche *Wachstumshormon* (I) war bei 4 primordialen Zwergen nicht in der Lage, N_2-Retention hervorzurufen. Bei 3 von 4 anderen Kindern konnte ein kleines aber bestimmtes positives N_2-Gleichgewicht festgestellt werden. Die primordialen Zwerge waren nicht völlig resistent gegen I. I rief einen Anstieg der nicht veresterten Fettsäuren im Plasma u. einen Anstieg der Harn-Ca-Exkretion hervor. Bei 4 erwachsenen Patienten mit Acromegalie war I wie ein Anabolicum unwirksam. Die Harn-Ca-Exkretion war gleichfalls verstärkt. Die Verabreichung von *Androgen* hatte N_2-Retention zur Folge. G. Bratfisch. 4560□

1313 **Der Einfluß von Wachstumshormonen und Corticosteroiden auf die ^{35}S-Fixierung im Knorpelgewebe.** Charles W. Denko und Delbert M. Bergenstal. (Endocrinology **69,** 769–77, 1961; Chicago. Ill., Argonne Cancer Res. Hosp. U.S. Atomic Energy Comm. u. Univ. of Chicago, Dep. of Med.; engl.) — In Fortsetzung früherer Arbeiten (Endocrinology **57,** [1955], 76) untersuchen Vff. den Einfl. von *Wachstumshormon* (I) auf den Zeitpunkt, an dem die ^{35}S-Bindung beginnt, die Dauer des maximalen Einfl. einer subkutan u. intraperitoneal injizierten Dosis I (100 μg/Tag) u. die Zeitspanne der Wrkg. nach der Injektion auf die Fixierung von ^{35}S im Rippenknorpelgewebe hypophysektomierter ♀ Ratten. Als Kontrollen dienen ♂ Ratten desselben Wurfs. Als I wird *Amour, Lot 411032R,* als Steroide werden *Hydrocortisonacetat, Cortisonacetat* u. *Tetrahydrocortison* verwendet. — Erst nach 2tägiger Behandlung wird die Fixierung von ^{35}S stimuliert; nach 4tägiger Behandlungsdauer werden optimale Werte erhalten. Während der Behandlung mit I nahmen die Ratten durchschnittlich 2 g/Tag zu, die Kontrollen dagegen weniger als 1 g. Die effektive biolog. Lebensdauer der I-Präpp. beträgt nur 24–48 Stunden. Die Kurve der Abnahmegeschw. von ^{35}S im Knorpelgewebe von mit I behandelten Ratten entspricht der von unbehandelten Tieren u. der von Kontrollen. Die Art der Injektion (subkutan oder intraperitoneal) übt keinen Einfl. aus. Die Verw. von Menschenplasma als Träger des I ändert dessen Wrkg. ebenfalls nicht, während eine 10%ig. Gelatine-Lsg. als Träger eine geringe Erhöhung der Fixierung von ^{35}S bedingt. Hydrocortison inhibiert teilweise die Fixierung von ^{35}S u. die stimulierende Wrkg. des I. *Cortison* u. *9-Fluorhydrocortison* verhalten sich ähnlich, während *Hydrocortisonhemisuccinat* u. Tetrahydrocortison keinen merklichen Einfl. erkennen lassen. H. Köditz. 4560◇

1314 **Umwandlung von $^{14}C_5$-Prolin in markiertes Hydroxyprolin durch Rattenknorpel in vitro: Wirkungen von Hypophysektomie, Wachstumshormon und Cortisol.** William H. Daughaday und Ida Kozak Mariz. (J. Lab. clin. Med. **59,** 741–52, Mai 1962; St. Louis, Mo., Washington Univ., School of Med., Dep. of Med., Metabol. Div.; engl.) — Es wurde die *Kollagen*-Synth. unter endokrinem Einfl. durch Best. des Einbaus von *$^{14}C_5$-Prolin* in *Hydroxyprolin* (I) in vitro untersucht. Bei hypophysektomierten Ratten war die in vitro-Bldg. von I im Knorpel stark herabgesetzt. Durch Behandlung mit *Wachstumshormon* (II) konnte in Knorpel der hypophysektomierten Tiere die I-Bldg.-Geschw. teilweise wiederhergestellt werden; bei in vitro-Zufügung war II jedoch unwirksam. Zufügung von normalem *Rattenserum* in vitro regte die I-Bldg. durch Knorpel hypophysektomierter Tiere an. *Cortisol*(III)-Behandlung normaler Ratten hemmt die Fähigkeit isolierten Knorpels zur I-Bldg. nicht, 0,9 μg III/ml hemmen in vitro jedoch die Bldg. von I. U. Tausendfreund. 4560◇

1315 **Untersuchungen über die Somatotropin-Produktion menschlicher Hypophysenvorderlappenzellen in Gewebekultur.** F. Reusser, Charles G. Smith und Charlton L. Smith. (Proc. Soc. exp. Biol. Med. **109,** 375–78, 1962; Kalamazoo, Mich., Upjohn Co.; engl.) — In vitro-Kulturen menschlicher Hypophysenvorderlappenzellen bilden kein Wachstumshormon. P. Gregorzewski. 4560◇

1316 **Reinigung und Eigenschaften eines hypoglykämisch wirkenden Peptides aus Ochsen-Wachstumshormon.** A. K. Huggins und J. H. Ottaway. (J. Endocrinology **23,** 193—207, Okt. 1961; London Univ. Coll., Biochem. Dep.; engl.) — Aus krist. *Ochsenwachstumshormon* (I), das die Glucoseaufnahme des isolierten Rattenzwerchfells stimuliert, wenn es mit ihm in Konzz. von 0,01 μg/ml inkubiert wird, wurde ein *Peptid* (II) isoliert. II hat ein Mol.-Gew. von 5000—10000, einen isoelektr. Punkt von ungefähr pH 6 u. ein N-endständiges Methionin. Sonst fehlen bas. Aminosäuren vollkommen. II bewirkt eine leichte aber dauernde Hypoglykämie bei nüchternen Mäusen u. Kaninchen. Der Anstieg der Glucoseaufnahme durch das Zwerchfell ist nicht von einer steigenden Glucosesynth. begleitet. Sehr hohe Konzz. (10 μ g II/ml) hemmen die Glucoseaufnahme, wenn II mit normalem Rattenzwerchfell in Abwesenheit von Acetat inkubiert wird. Es wird vermutet , daß I, frei von II, die Glykogensynth. durch die Muskulatur steigern kann, ohne die Glucoseaufnahme ansteigen zu lassen. Auf den Fettstoffwechsel scheint II nur prakt. zu vernachlässigende Wrkg. zu haben. K. Böhm. 4560◇

1317 **Immunchemische Beobachtungen an Antiseren gegen gereinigtes menschliches Wachstumshormon.** Melvin M. Grumbach und Selna L. Kaplan. (Acta endocrinol. [Copenhagen], Suppl. Nr. **51,** 1101, 1960; New York City, N. Y., Columbia Univ. and Babies Hosp., Coll. of Physicians & Surgeons, Dep. of Pediatrics; engl.) — Vgl. C. **1960,** 15457. H. Herper. 4560□

1318 **Einfluß von Wachstumshormon auf Adrenocorticotropes Hormon, Thyreotropin und follikelstimulierendes Hormon bei der hypophysektomierten Ratte.** Christopher Longcope und Joseph W. Jailer. (Proc. Soc. exp. Biol. Med. **110,** 44—48, Mai 1962; New York, N. Y., Columbia Univ., Coll. of Phys. and Surg., Dep. of Med., Dep. of Obstet. and Gyn.; engl.) — Bei der hypophysektomierten Ratte potenziert *Wachstumshormon* (I) die Wrkg. von *adrenocorticotropem Hormon* (ACTH) auf das Nebennierengew., führt jedoch nicht zur Steigerung der steroidbildenden Rk. der Nebennieren auf ACTH. Durch I wird die Wrkg. von *Thyreotropin* auf das Schilddrüsengew. oder die J-Aufnahme nicht gesteigert. Ebenso übt I keinen Einfl. auf die durch *Stutenserum* auf das Ovar ausgeübte Wrkg. aus. U. Tausendfreund. 4560◇

1319 **Wirkungen von corticotropem Hormon und von Vasopressin auf die Nebennierensekretion der Ratte in vitro.** C. Mialhe-Voloss und B. Koch. (Ann. d'Endocrinol. **23,** 737—40, Nov./Dez. 1962; Strasbourg, Univ., Fac. des Sci., Labor. de Physiol. générale; franz.) — Der Mechanismus der corticotropen Wrkg. von *Adrenocorticotropem Hormon* (I) u. *Vasopressin* (II) in physiolog. Dosen in vitro ist verschieden. II wirkt vor allem auf die Sekretion u. nicht auf die Synth. von *Corticosteron* u. seine Wrkg. ist nicht dosisabhängig. In hohen Dosen nimmt die corticotrope Wrkg. von II ab u. II hemmt die Wrkg. von I. K. Zingraf. 4560◇

1320 **Zustand des Adrenalcyclus der die unterschiedlichen Corticosteronreaktionen von C-Mäusen auf unspezifische Reizung und adrenocorticotropes Hormon bestimmt.** Erhard Haus und Franz Halberg. (Acta endocrinol. [Copenhagen], Suppl. Nr. **51,** 219, 1960; Cambridge, Minn., Cambridge State School and Hospital and Univ. of Minn., Med. School, Div. of Cancer Biol.; engl.) H. Herper. 4560□

1321 **Corticotropin bei der Behandlung von Hyperthyreosen.** D. S. Djurić, J. V. Mičić, M. Jančić und J. Ljaljević. (Acta endocrinol. [Copenhagen], Suppl. Nr. **51,** 1177—78, 1960; Beograd, Med. Fac., Internal Clinic A; engl.) H. Herper. 4560□

1322 **Einige neue Daten über die Rolle des Cortisons in der Pathogenese der Entzündung.** W. B. Rosen. (Probleme Endokrinol. Hormontherap. [UdSSR] **8,** Nr. 5, 94 bis 101, 1962; russ., Auszug: engl.) — Weißen Ratten mit experimentell hervorgerufenem entzündlichem Prozeß injizierte man i. m. *Cortisonacetat.* Aus den Beobachtungen konnte man schließen, daß Cortison proentzündliche u. auch antientzündliche Eigg. hat. Das Niveau der Stoffwechselprozesse u. der Zustand der nervalen Regulation standen in Abhängigkeit von der Dosierung. G. Wesirow. 4561△

1323 **Untersuchungen über die Harnsteroide bei der tierischen Fortpflanzung. 4. Mitt. Die Ausscheidung von 17-Ketosteroiden und Corticosteroiden im Harn beim Vieh.** Junji Masaki, Kazumasa Hiroe und Tsuneo Tomizuka. (Bull. nat. Inst. agric. Sci. [Chiba, Japan], Ser. G **1959,** Nr. 18, 57—63, Nov.; jap., Auszug: engl.) — 2. vgl. C. **1962,** 12727; 3. vgl. Bull. nat. Inst. agric. Sci. [Chiba, Japan] Ser. G **1959,** Nr. 16, 31; 5. vgl. C. **1963,** **1746.** — Zur Unters. des Zusammenhangs zwischen der Nebennierenrindenfunktion des Viehs u. der Fortpflanzung wurden bei 25 Kühen u. 2 Bullen (Holsteinrasse) die Harn-*17-Ketosteroide* (I) u. *-Corticosteroide* (II) bestimmt. Während des Cyclus zeigten I u. II außer in einigen Fällen wo höhere Werte auftraten, geringfügige Schwankung. Vor u. nach dem Kalben erfolgte bei den meisten Kühen eine deutliche Zunahme der I- u. II-Ausscheidung. Bei Stieren neigte während des Frühsommers die I- u. II-Ausscheidung zu einer Zunahme, während im Winter die von I geringfügig anstieg. K. Maier. 4561◇

1324 **Die Stimulierbarkeit der Nebennierenrinde nach Corticosteroid-Therapie.** Andreas Goth. (Acta endocrinol. [Copenhagen], Suppl. Nr. **51,** 789, 1960; Budapest, János-Hospital, II. Med. Dep.; dt.) H. Herper. 4561□

1325 **Veresterung von Östron mit Schwefelsäure in vitro durch Rindernebennierengewebe.** A. Sneddon und G. F. Marrian. (Biochem. J. **86,** 385—88, 1963; London, Imp. Cancer Res. Fund, Div. of Chem. and Biochem.; engl.) — Aerobe Inkubation von *$^{14}C_{(16)}$-Östron* (I) mit Rindernebennierenrindenbrei gab wechselnde Ausbeuten an *Östronsulfat.* K. Maier. 4561◇

1326 **Cortisolstoffwechsel beim Menschen: Beobachtungen über Abbauwege, Metabolitpoolgrößen und Metabolitbildungsgeschwindigkeiten.** Norman I. Gold, Louis L. Smith und Francis D. Moore. (J. clin. Invest. **38,** 2238—52, Dez. 1959; Boston, Mass., Children's Hosp., Dep. of Pediatr.; Harvard Med. School, Labor. for Surg. Res.; engl.) — Nach rascher i. v. Injektion von *$^{14}C_{(4)}$-Cortisol* konnten bei normalen Erwachsenen in Plasma u. Harn *Cortolon* [I; *3α.11β.17α.20α(oder β)21-Pentahydroxy-5β-pregnan*], *Tetrahydrocortisol* (II), *Allotetrahydrocortisol* (III; *3α.11β.17α.21-Tetrahydroxy-5α-pregnan-20-on*) u. *Tetrahydrocortison* (IV) nachgewiesen werden. Zwischen III u. IV kommt es zu nur geringem Austausch; die spezif. Aktivität von III wird durch unmarkiertes II, IV oder *β*-I nicht verändert. II u. III sind in gewissem Grade Vorläufersubstanzen für I. — Es wird die Metabolitpoolgröße ermittelt u. die Bldg.-Geschw. der Metaboliten besprochen. U. Tausendfreund. 4561◇

1327 **Austauschbares Natrium und Kalium bei primärem Aldosteronismus.** M. G. Crane, J. J. Harris und J. E. Holloway. (J. Lab. clin. Med. **61,** 51—66, 1963; Los Angeles, Calif., Loma Linda Univ., Deps. of Int. Med. and Pathol.; engl.) — Der Quotient zwischen austauschbarem *Na* u. *K* betrug bei normalen Kontrollpersonen 1,01 ± 0,12, bei Patient mit primärer Hypertension ohne Komplikationen 1,10 ± 0,14, bei Patienten mit Hypertension u. Hypokalämie 1,29 ± 0,09 u. bei Personen mit primärem Aldosteronismus 1,59 ± 0,59. (austauschbares Na 51,0 ± 4,1 mVal/kg, austauschbares K 32,3 ± 4,0 mVal/kg.) K. Zingraf. 4561◇

1328 **Die Wirkung von sehr geringen und von ansteigenden Aldosterondosen mit Salzbelastung an jungen und älteren Mäusen. Ein Nachweis für kleine Aldosteronmengen.** Donald B. Cheek und A. B. Holt. (Clin. Sci. **20,** 233—42, April 1961; Melbourne, Royal Children's Hosp. engl.) — Best. von 0,0001; 0,001; 0,01 u. 0,1 μg *Aldosteron* durch W. u. Elektrolytverlust bei 54 u. 150 Tage alten Mäusen. Es wurden altersbedingte Unterschiede gefunden. U. Drehmann. 4561◇

1329 **Pharmakologie eines neuen Steroids, welches die Salzaktivität von Aldosteron und Desoxycorticosteron blockiert.** C. M. Kagawa, F. M. Sturtevant und C. G. van Arman. (J. Pharmacol. exp. Therapeut. **126,** 123—30, Juni 1959; Chicago, Ill., G. D. Searle & Co., Div. of Biol. Res.; engl.) — Vgl. C. **1959,** 16061 u. C **1960,**

6210. — *3-[3-Oxo-17β-hydroxy-4-androsten-17α-yl]-propionsäure-γ-lacton* (*SC-5233*; **I**) blockiert die Wrkg. von *Desoxycorticosteronacetat* (**II**) auf *Na*-(Retention) u. *K*-(Verlust mit dem Harn); es kommt zur Umkehr der **II**-Wrkg., wobei eine reversible Kompetition auf Receptorbasis mitzuspielen scheint. I blockiert auch die Harnwrkg. von *Aldosteron, Hydrocortison, 21-Desoxy-9α-fluorocortison* u. *19-Nor*-**II**. Außerdem hemmt **I** die Entw. der **II**-Hypertension bei Ratten u. vermindert den Blutdruck bei metacorticoidhypertensiven Ratten. **I** besitzt keine cortisonähnlichen, androgenen, anabolen oder östrogenen Eigg. u. blockiert auch die Wrkg. des Standardsteroids in diesen Testen nicht. U. Tausendfreund. 4561◇

1330 **Einfluß eines Hemmstoffes und eines Antagonisten von Aldosteron auf die Natriumkonzentration im Schweiß. Extrarenale Wirkung der Spirolactone.** P. Siegenthaler, R. de Haller, R. Veyrat und A.-F. Muller. (Helv. med. Acta **29**, 550—55, 1962; Genève, Policlin. univ. de Méd.; Clin. univ. de Thérap.; Hôp. cantonal, Labor. Central; franz.) — Bei strikt salzloser Ernährung tritt bei Normalpersonen regelmäßig eine gleichzeitige Verringerung des Na-Geh. im Harn u. im Schweiß ein, die auf eine erhöhte Aldosteron-Prod. zurückgeführt wird. Diese Verringerung tritt bei Verabreichung eines Hemmstoffes (*Ro-1-8307*) oder eines Antagonisten (*Aldactone*) von I nicht auf. K. Zingraf. 4561◇

1331 **Vergleich der Wirkungen von Testosteron und Desoxycorticosteronacetat auf die zentralnervöse Erregbarkeit der Ratte.** A. Soulairac, V. Bloch, Cl. Gottesmann und M.-J. Thangapregassam. (Ann. d'Endocrinol. **23**, 714—18, Nov./Dez. 1962; Paris, Univ., Fac. de Sci., Labor. de Psychophysiol.; franz.) — Bei Ratten erhöhte *Desoxycorticosteronacetat* immer die Empfindlichkeit der reticulären Formation gegen elektr. Reizung; *Testosteron* wirkte in hohen Dosen in gleicher Weise, setzte aber in niedriger Dosierung die Empfindlichkeit der reticulären Formation herab. K. Zingraf. 4561◇

1332 **Über den Einfluß intravenöser Injektionen von Glucocorticoiden auf das Elektrocardiogramm. Eine experimentelle Untersuchung.** Ignacy Pines, Eva Salazar und Teresa Lopez. (Arch. int. Pharmacodynam. Thérap. **122**, 1—14, 1959; Caracas, Venezuela, Cardio-Vascular Drugs, Res. Labor.; engl.) — I. v. oder intracardiale Injektionen von *Prednisolonphosphat* (**I**) in Dosen über 15 mg/kg bewirkten bei anästhetisierten Hunden (Pentobarbital-Na, Somnifen) im rechten Ventrikel entstehende Ventrikelextrasystolen (VES) u. ventrikuläre Bigemie. 40 mg *Chlorothiazide*, 20 mg *Hydroxyzinhydrochlorid* oder *Digitalis* (entsprechend 0,02 g Pulver/kg) verhindern oder unterdrücken diese ektop. VES. **I** wirkt selten auf die Reizleitung u. wenn, dann wahrscheinlich negativ. VES nach **I** gehören zum 1. Typ oder zu den nicht digitalisähnlichen VES u. werden offenbar durch direkte Erregung ektop. Zentren ausgelöst. Bei Patienten, die zu ventrikulären Arrhythmien neigen (z. B. nach Myocardinfarkt), sind **I**-Injektionen nur vorsichtig anzuwenden. Die Störungen in der intraventrikulären Leitung bei den Verss. konnte nicht geklärt werden. K. Böhm. 4561◇

1333 **Ultrafiltrationsuntersuchungen über die Steroid-Protein-Bindung.** P. S. Chen jun., I. H. Mills und F. C. Bartter. (J. Endocrinology **23**, 129—37, Okt. 1961; Bethesda, Md., Nat. Inst. of Health, Nat. Heart Inst., Sect. of Clin. Endocrinol.; engl.) — Markierte *Steroide* (ST) wurden mit heparinisiertem Plasma (Pl.) oder *Albumin* (Alb.) gemischt u. durch Zentrifugieren ultrafiltriert. Aus dem Ultrafiltrat wurden die St. mit 10 Vol. Dichlormethan extrahiert u. die Radioaktivität bestimmt. Untersucht wurden $^{14}C_{(4)}$-*Cortisol* (**I**), Δ^4-*11-Hydroxy-testosteron* (**VI**), Δ^4-*11-Hydroxy-corticosteron*, Δ^4-*11-Hydroxy-androsten-3.7-dion*, Δ^4-*11-Hydroxy-pregnan-3.11.20-trion*, Δ^4-*11-Hydroxy-cortison* (**II**), ^{14}C-Δ^4-*Androsten-3.17-dion* sowie mit ^3H markiertes *Prednisolon, Corticosteron, Aldosteron* (**IV**), *Cortisol, Progesteron* (**V**), *Testosteron*, Δ^4-*Androsten-3.17-dion, Dehydroisoandrosteron, Androsteron 11-Desoxycorticosteron, Cortison* u. *17-Hydroxy-11-desoxycorticosteron* (**III**). Die mit den ^{14}C-markierten St. erhaltenen Ergebnisse unterschieden sich nicht signifikant von denen mit ^3H markierter Verbb. Wurde die Menge des Ultrafiltrates gegen die dem Pl. zugesetzte St.-Menge aufgetragen, so ergibt sich bei **I**, **II**, **III** u. Δ^1-*Cortisol* eine S-förmige Kurve, die das Vorhandensein eines Corticosteroid-bindenden Proteins mit größerer Affinität für diese St. als sie das Alb. besitzt, angibt. Die Bindung von **VI**, **V** u. *17-Ketosteroiden* kommt im gleichen Ausmaß im Pl. wie in 5% Alb. vor. Die ultrafiltrierbare Fraktion dieser St. im Pl. war über eine weite Strecke der Gesamtsteroidkonz. konstant. Die Bindung von **VI** war größer mit Pl. als mit Alb. u. nahm durch Zugabe größerer Mengen von **VI** nicht ab. K. Böhm. 4561◇

1334 **Untersuchungen an Patienten mit Nebennierenrinden-Überfunktion.** 3. Mitt. **In vitro Sekretion von Steroiden durch menschliche Nebennieren.** Inge Dyrenfurth, O. J. Lucis, J. C. Beck und Eleanor H. Venning. (J. clin. Endocrinol. Metabolism, **20**, 765—79, Mai 1960; Montreal, McGill Univ., Royal Victoria Hosp. and Dep. of Investigative Med.; engl.) — 2. vgl. J. clin. Endocrinol. Metabolism **20**, [1960], 751. — Aus dem Inkubationsmedium menschlicher Nebennieren werden 5 Steroide isoliert, die sezernierte Menge beträgt in der 1. Stunde 9,2—67,57 μg/g u. nimmt in der folgenden Std. ab. Die Steroid-Prod. besteht bei Cushing-Syndrom zu 62,8—85,1% aus *Hydrocortison*, zu 4,2—12,0% aus *Corticosteron.* P. Gregorzewski. 4561◇

1335 **Bestimmung der Aldosteron-Ausscheidungsgeschwindigkeit beim Menschen durch die Anwendung eines Metaboliten.** C. L. Cope, G. Nicolis und B. Fraser. (Clin. Sci. **21**, 367—80, 1961; London, Postgraduate Med. School, Dep. of Med.; engl.) — Die *Aldosteron*-(**I**)-Ausscheidung im Harn wurde nach i. v. Injektion von ^3H-d-I nach Hydrolyse mittels Glucuronidase u. Acetylierung (^{14}C-Essigsäureanhydrid) über das Tetrahydro-I-triacetat ermittelt. Die Meth. wird ausführlich beschrieben. Die Unterss. wurden an Normalpersonen (normale Ernährung, hohe u. geringe Na-Aufnahme), bei Lebercirrhose mit Ascites u. bei congestivem Herzfehler durchgeführt. Die nach dieser Meth. gewonnenen Ergebnisse werden denen anderer Autoren gegenübergestellt. H. Ackermann. 4561◇

1336 **Untersuchungen über 17-Hydroxycorticosteroide in Plasma und Urin in freier und veresterter Form bei Patienten mit hydropischer Herzinsuffizienz.** H. J. Karl. (Klin. Wschr. **37**, 1124—27, 1/11. 1959; München, Univ., I. Med. Klinik; dt.) — An 22 Herzkranken u. an 26 gesunden Personen wurde untersucht, ob der Plasmageh. u. die Urinausscheidung von *17-Hydroxycorticosteroiden in freier* (**I**) u. *mit Glucuronsäure veresterter Form* (**II**) bei der Herzinsuffizienz vermindert sind. Im Urin wurden bei den gesunden Versuchspersonen im Mittel (i. M.) 338 μg **I**/Tag, u. 7,2 mg **II**/Tag ausgeschieden. Das Verhältnis von **I**:**II** ergab sich zu 1:21,5. Bei hydrop. Herzkranken wurden i. M. 94 μg **I**/Tag u. 1,3 mg **II**/Tag im Urin ausgeschieden; das Verhältnis betrug 1:13,8. Im Plasma wurden bei Gesunden i. M. 11,5 μg % **I** u. 12,6 μg % **II** festgestellt, bei den dekompensierten Herzkranken i. M. 6,0 μg % **I** u. 8,1 μg % **II** gefunden. Die Gesamtverminderung des **I**-Gehaltes im Plasma u. im Urin weist darauf hin, daß die Produktion von Cortisol — im Gegensatz zu Aldosteron — bei hydropischer Herzinsuffizienz herabgesetzt ist. P. Nachtwey. 4561◇

1337 **Analyse der Nebennierensteroide im Blut durch Gegenstromverteilung.** Hans Carstensen. (Methods biochem. Analysis **9**, 127—92, 1962; Uppsala, Univ.; engl.) — Übersicht: Meth. der quant. Best., Trennung durch Gegenstromverteilung (theoret. Fragen, App., Lsgm.-Syst.), Extraktion u. vorläufige Reinigung der Extrakte, Fraktionierung der Steroide im Blut der Nebennierenvene durch Gegenstromverteilung (Trennung von Cortisol u. Corticosteron, Isolierung der 11-Desoxycorticosteronfraktion, Trennung von Cortisol u. Steroiden, die polarer als Cortisol sind, u. von Steroiden, die weniger polar als Cortisol sind, Aldosteron, Isolierung von 17-Hydroxy-progesteron u. 17α-Hydroxy-Δ^5-pregnen-3β-ol-20-on, Plasmaspiegel des Nebennierenrindenvenenblutes u. Sekretionsgeschw. einer Nebenniere. — 102 Literaturzitate. W. Hiller. 4561◇

1338 **Einfluß des Extraktionsmilieus auf die biologische Aktivität von Adrenalin und Noradrenalin in Extrakten der Nebennieren der Ratte.** Jeanne Fugazza. (C. R. Séances Soc. Biol. Filiales **153,** 24—27, 30/4. 1959; Paris, Univ., Faculté des Sci., Laborat. de Physiol. générale; franz.) — Die colorimetr. Best. von *Adrenalin* (**I**) u. *Noradrenalin* (**II**) aus den Nebennierenextrakten der Ratte ergab höhere Werte als die biolog. Best., weil im Verlauf der Extraktion Amine partiell biolog. inaktiviert werden. Vf. vergleicht zwei von Euler vorgeschlagene Extraktionsverfahren: 1. Extraktion mit angesäuertem A. (V 1), 2. die mit Trichloressigsäure (V 2), ferner die von Euler u. Hamberg (1949) vorgeschlagene colorimetr. Best.-Meth. (V 3) u. 4. eine biolog. Best.-Meth. (V 4). Ergebnis: V 1 u. V 2 verursachen eine partielle Inaktivierung von **I** u. **II** in den Nebennierenextrakten der Ratte. Diese Inaktivierung ist bei V 2 sehr schwach, immerhin ändert sich auch bei diesem Verfahren die Inaktivierung von Fall zu Fall u. macht die Festlegung eines Faktors zur Korrektur der biolog. Best. schwierig; trotzdem sei V 2 den anderen Best.-Meth. gegenüber vorzuziehen. P. Nachtwey. 4561◇

1339 **Zur Frage der physiologischen Wirkung von β-Jonon (Wirkung von β-Jonon auf die Adrenalinhyperglykämie).** Ss. D. Balachowski und I. W. Kusnetzowa. (Ber. Akad. Wiss. UdSSR **127,** 696—98; 1959; Akad. der Wiss. der UdSSR, Bach-Inst. für Biochemie; russ.) — An Kaninchen wurde durch subkutane Injektion von *Adrenalin* (**I**) (40 μg/kg Körpergew.) eine Hyperglykämie ausgelöst. Wurde 60 Min. vor der **I**-Injektion *β-Jonon* (**II**) gespritzt (100 mg/kg i. m.), so konnte eine Verminderung der **I**-Wrkg. um 50—80% beobachtet werden. **II** allein hatte keinen Einfl. auf die Glucosekonz. des Blutes. Der Mechanismus der **II**-Wrkg. wird in einer Hemmung der **I**-Glykogenolyse vermutet. E. Göres. 4561◇

1340 **Adrenalin-Umkehr in der glatten Darmmuskulatur.** Taizo Suzuki, Akinori Nishiyama und Kazuo Shishido. (Tohoku J. exp. Med. **77,** 334—39, 1962; Sendai, Tohoku Univ. School of Med., Dep. of Appl. Physiol.; engl.) — Unter Normalbedingungen bewirkte *Adrenalin* (**I**) eine Erschlaffung glatter Muskelstreifen des Kaninchendarms; wenn die K-Konz. in der Krebsschen Lsg. erhöht wurde, so wurde diese Erschlaffung geringer u. schließlich trat eine Wrkg.-Umkehr von **I** ein (in einem engen K-Konz.-Bereich). Wenn die K-Konz. weiter erhöht wurde, bewirkte **I** wieder Erschlaffung. Eine ähnliche stimulierende **I**-Wrkg. wurde bei Darmstreifen nach Eintauchen in NaBr-, Tetraäthylammoniumchlorid-, LiCl- oder Cholin-Krebs-Lösungen beobachtet. K. Zingraf. 4561◇

1341 **Vergleich zwischen einigen Herz- und Gefäßwirkungen von Adrenalin und Arterenol.** P. Crepax und A. Volta. (Arch. Scienze biol. **46,** 370—82, 1962; Urbino, Univ., Ist. di Fisiol Generale; ital.) — Die Zunahme der Amplitude der Kontraktionen des Herzmuskels nach gleichen Dosen von *l-Adrenalin* (**I**) u. *l-Arterenol* (**II**) beim Hund ist fast gleich. Die erschlaffende Wrkg. von **I** auf die Muskulatur der Arteria coronaria cardiaca ist wesentlich stärker als die von **II**; dagegen übertrifft die verengernde Wrkg. von **II** auf die Arteria coronaria stomachica die von **I**. K. Zingraf. 4561◇

1342 **Wirkung von Metanephrin auf die Nieren des Hundes.** G. Barac. (Arch. int. Pharmacodynam. Thérap. **139,** 92—98, Sept. 1962; Liège, Univ., Labor. de Pathol. et de Thérap. générales; Labor. de Rech., pour la Protect. des Popul. Civ.; franz.) — Vgl. C. **1963,** 1353. — Beim chloralosierten Hund erhöht *Metanephrin* (**I**) in Dosen von mehr als 0,1 mg/kg i. v. den Blutdruck; es setzt die Diurese herab u. bewirkt eine Constriction der Nierengefäße (direkte Wrkg. auf die Niere). Die Vasoconstriction kann in den ersten Min. durch Durchströmung mit normalem Blut rasch aufgehoben werden. Intensität u. Dauer der Wrkg. von **I** hängen von seiner Anfangskonz. im Blut, von seiner Speicherung in den Nieren u. von der Nierendurchblutung ab. K. Zingraf. 4561◇

1343 **Identifizierung von Vanillinsäure als Abbauprodukt des Noradrenalinstoffwechsels beim Menschen.** Lawrence Rosen und McC. Goodall. (Proc. Soc. exp. Biol. Med. **110,** 767—69, Aug./Sept. 1962; Knoxville, Univ. of Tennessee, Memor. Res. Center and Hosp.; engl.) — *Vanillinsäure* (**I**) wurde im Harn des Menschen als Abbauprod. des *Noradrenalin*(**II**)-Stoffwechsels nachgewiesen. Innerhalb von 24 Std. nach Infusion von $^{14}C_{(2)}$-dl-**II** entsprach die im Harn vorkommende **I** 2,6% des wiedergewonnenen ^{14}C. K. Zingraf. 4561◇

1344 **Radio-pharmakologische Untersuchungen über den Wirkungsmechanismus sympathischer α- und β-Receptoren im Cardiagebiet des Kaninchens.** H. J. Böhmig, F. v. Brücke und Th. Hornykiewytsch. (Z. ges. exp. Med. **136,** 432—55, 1963; Wien, Univ., Pharmakol. Inst.; Gießen, Univ., Med. Klin., Strahlenabt.; dt.) — Es läßt sich röntgenolog. nachweisen, daß *Adrenalin* (Wrkg. auf α-Receptor) den Cardiospasmus (beim Kaninchen nach Vagusdurchschneidung) durch Erschlaffung löst, während *Isopropylnoradrenalin* (Wrkg. auf β-Receptor) ein rhythm. Spiel von Öffnung u. Verschluß der Cardia wie beim intakten Tier auslöst. *Prostigmin* u. *Curare* beeinflussen den receptorspezif. Wrkg.-Mechanismus nicht wesentlich. U. Tausendfreund. 4561◇

1345 **Über die Lokalisierung des Renins in den Nieren von gesunden Menschen und Tieren.** A. M. Wichert und Ju. A. Sserebrowskaja. (Kardiologie (UdSSR] **2,** Nr. 4, 10—17, 1962; Inst. für Therapie der Akad. der med. Wiss. der UdSSR; russ., Auszug: engl.) — Nach der Meth. von Bing werden verschiedene Strukturelemente aus der Niere von Tieren extrahiert. In den Kanälchen der Nierenrinde war kein *Renin* enthalten. Die Lokalisierung des Renins in der Niere ist topograph. mit der Lokalisation der Granula im juxtaglomerulären App. verbunden. G. Wesirow. 4561△

1346 **Der Hemmungstest mit L- 3.5.3'-Trijodthyronin in der Schilddrüsenpathologie. Vergleichende Untersuchung der Kurve der Bindung von Radiojod und von Proteingebundenem ^{131}J in der Schilddrüse.** T. Brakier und G. Merchie. (Ann. d'Endocrinol. **23,** 668—77, Nov./Dez. 1962; Liège, Univ., Inst. de Méd., Dép. de Clin. et de Propéd. Méd.; franz.) — Patienten mit gleicher ^{131}J-Bindung in der Schilddrüse wurden auf Grund klin. Gegebenheiten in 3 Gruppen (leichte Schilddrüsenüberfunktionen, auf Überfunktion Verdächtige, nichttox. Jodhunger-Kröpfe) eingeteilt u. einem Schilddrüsenhemmungstest mit *L-3.5.3'-Trijodthyronin* unterzogen, der eine genaue Unterscheidung der Gruppen ermöglichte. Die gleichzeitige Beobachtung des Geh. von Proteingebundenem ^{131}J im Blut während des ersten Testes läßt das Ergebnis des Hemmungstestes voraussehen. K. Zingraf. 4562◇

1347 **Quantitative Beobachtungen der Schilddrüsenfunktion mit dem Trijodthyronin-Unterdrückungstest.** I. B. Hales, J. Myhill, T. H. Oddie und M. Croydon. (J. clin. Endocrinol. Metabolism **21,** 189—95, Febr. 1961; Sydney, Australia, Royal North Shore Hosp. of Sydney, Unit of Clin. Invest.; engl.) — Vff. bestimmten den thyroidalen ^{131}J-Aufnahmegrad vor u. während der Verabreichung von 40—50 μg *L-Trijodthyronin* (**I**) alle 8 Std. über 7 Tage an 50 thyrotox. u. 109 euthyroiden Patienten. Der thyroidale Aufnahmegrad wird als k_1 ausgedrückt. Auf Grund der Ergebnisse ziehen Vff. den Schluß, daß die diagnost. Grenzlinien durch das Verhältnis: k_1 vor **I**-Verabreichung/k_1 während der **I**-Verabreichung gegeben ist: Ist das Verhältnis < 1.16, so ist der Patient thyrotox., ist das Verhältnis > 1.42, so ist der Patient euthyroid. Vergleichbare Ergebnisse erhielten Vff. mit *Thyroxin*. G. Bratfisch. 4562□

1348 **In vitro Stoffwechsel von Jod, Dijodtyrosin und Thyroxin durch menschliche Placenta.** E. Yamazaki, A. Noguchi und D. W. Slingerland. (J. clin. Endocrinol. Metabolism **20,** 794—97, Mai 1960; Beppo, Japan, Noguchi Clin.; Boston, Mass., Veterans Administration Hosp.; Tufts Univ. School of Med.; engl.) — Bei der Inkubation von Placentaschnitten wird keinerlei Stoffwechsel von J_2, Dijodtyrosin oder Thyroxin festgestellt. P. Gregorzewski. 4562◇

1349 **Untersuchungen über das Eindringen markierten Thyroxins in die Hypophyse des Frosches (Rana esculenta). Beobachtung von Helldunkelveränderungen.** Georges Čehović. (C. R. hebd. Séances Acad. Sci. **249,** 772—74,

1959.) — 4 Std. nach Injektion von ^{131}*J-Thyroxin* wird dieses in der Froschhypophyse, besonders im Zwischenlappen gebunden, u. zwar 7fach stärker als im Gehirn. Es wurde eine jahreszeitliche sowie eine Helldunkelabhängigkeit dieser Aufnahme beobachtet. K. Maier. 4562◇

1350 **Untersuchung der Wirkung aktivierten Thyroxins auf die aerobe Glykolyse von Rattenleberschnitten in vollständiger Nährlösung (Le Page). Wirkungsmechanismus des Hormons.** Éliane le Breton, Arlette Jacob, Le Van Hung und Teresa Remolina. (C. R. hebd. Séances Acad. Sci. **249,** 769—71, 1959; Villejuif, C. N. R. S., Centre de Recherches de Physiol. et Biochim. cellulaires.) — In einem Coenzyme [Nicotinamidadenindinucleotid (NAD), Adenosintriphosphat (ATP) u. Substrate (Pyruvat, Hexosediphosphat [III]) enthaltenden Nährmedium vom Typ Le Page (J. biol. Chem. **176,** [1948], 1009) ist die Mischung *Thyroxin* (I) + *Coenzym A* (II) ohne Einfl. auf die Glykolyse von Lebergewebe, da diese bereits einen maximalen Wert hat. I- + II-Zusatz zu Tyrodelsg. steigert dagegen die Glykolyse sehr stark. NAD-Entzug aus Le Page-Lsg. senkt die Glykolyse um 70%, in Ggw. von I + II nur um 21%, Entzug von III um 87%, wobei I + II diese Abnahme verringern. K. Maier. 4562◇

1351 **Konzentrationen von Pyridoxin und Pyridoxalphosphat in Leber und Herz von mit Thyroxin behandelten Tieren.** E. Mascitelli-Coriandoli und R. Boldrini. (Experientia [Basel] **15,** 229—30, 1959; Mailand, Farmavigor S. p. A.; engl.) — Bei Ratten, die täglich 0,1—0,2 mg *Thyroxin* je kg Körpergew. injiziert erhalten, kommt es in der Leber u. in geringerem Umfang auch im Herzen zu einer Abnahme der Konzz. an *Pyridoxin* (I) u. an *Pyridoxalphosphat* (II). Wird den Versuchstieren I zusätzlich verabreicht, so ist die I-Abnahme in Leber u. Herz stark vermindert, während die II-Abnahme unbeeinflußt bleibt. Umgekehrt führt eine zusätzliche Zufuhr von *Adenosintriphosphat* zu einer verminderten II-Abnahme, während der I-Rückgang unverändert bleibt. F. Krusen. 4562◇

1352 **Der Einfluß des Propylthiouracils auf den Thyroxin-Thyrotropin-Übergang.** Georgiana M. Jagiello und J. M. McKenzie. (Endocrinology **67,** 451—56, 1960; Boston, Mass., Pratt Clinic-New England Center Hosp., Tufts Univ. School of Med., Dep. of Med.; engl.) — Normalen und schilddrüsenlosen Ratten wurde *Propylthiouracil* (I; 0,03—0,1% zur Diät) verabreicht u. täglich *L-Thyroxin* (II; 1—3 μg täglich) subkutan injiziert. Bei gesunden Tieren erzeugten 2 μg II pro Tag Kropf, *Thyrotropin* (III)-Zunahme u. erhöhten Geh. von *proteingebundenem Jod* (IV) im Serum. Entfernung der Schilddrüse ergab mit gleicher II-Dosis normale III- sowie IV-Konzz., während bei gleichzeitiger I-Behandlung III normal, IV jedoch verdoppelt gefunden wurde. Wolfgang Herrmann/Bln. 4562◇

1353 **Die Aufnahme von ^{131}J-Trijodthyronin durch rote Blutkörperchen in Beziehung zur Bindung des Thyroidhormons durch Plasmaproteine.** C. Osorio, Dorothy J. Jackson, June M. Gartside und A. W. G. Goolden. (Clin. Sci. **21,** 355—65, 1961; London, Hammersmith Hospital, Med. Res. Counc., Exp. Radiopath. Res. Unit. and Radiotherap. Res. Unit, Hampstead, New End Hospital, Dep. of Endocrinol.; engl.) — Die ^{131}*J-Trijodthyronin*(I)-Aufnahme durch rote Blutkörperchen in vitro ist ein Schilddrüsenfunktionstest. Bei normalen Personen (n. P.), bei Thyrotoxicosis (Tt.), Hypothyroidismus (Ht.) u. bei Schwangeren (S.) wurden proteingebundenes Jod, die Thyroxin(II)-Anlagerung, die Gesamtkapazität der II-Bindung an Protein bei pH 8,6, die freie I-bindende Proteinkapazität bei pH 7,6, die Präalbuminbindungskapazität sowie die Verteilung des I zwischen den Plasmaproteinen bestimmt. Die I-Aufnahme ist bei n. P. am größten u. sinkt in der Reihenfolge Tt., Ht., S. ab, die II-Bindung an Protein bei pH 8,6 steigt an. Durch Zugabe von II wird die I-Aufnahme unabhängig vom Thyroid-Zustand erhöht. II ist an II-bindendes Protein u. an Albumin, I an II-bindendes Protein u. an α-2- u. β-Proteine gebunden. H. Ackermann. 4562◇

1354 **Wirkung der Schilddrüseninsuffizienz auf die Ausscheidung von Wasser, Natrium und Kalium im Harn der Ratte nach Entfernung der Nebenniere.** F. Stephan, H. Jahn und B. Metz. (C. R. Séances Soc. Biol. Filiales **153,** 463, 30/6. 1959; Strasbourg, Univ., Fac. de Méd., Chaire de Patholog. gén. et exp., Labor. de la Clin. méd. B.; franz.) — Vff. verwenden zu den Verss. 4 Reihen von ♀ Wistarraten, die in 2 · 4 Gruppen: F/E, L_1/H_1 (Kontrollgruppe), L_2/H_2 u. L_3/H_3 gegliedert wurden. Den Gruppen F, L_1, L_2 u. L_3 wurden die Schilddrüsen belassen; an den Gruppen E, H_1, H_2 u. H_3 wurde Hypothyreoidismus durch totale Thyreoidektomie oder durch längere Verabfolgung (182 Tage) von Propylthiouracil (10 mg/ 100 g Futter) erzeugt. Allen Ratten wurden die Nebennieren ektomiert. Die Schilddrüseninsuffizienz bewirkt bei den surrenalektomierten Ratten eine deutliche Erhöhung der *W.*- u. *Na*-Ausscheidung. Die hypothyreoiden Ratten verloren mehr an Gew. als die euthyreoiden, weil die Verluste an W. u. Na auf Grund der Schilddrüseninsuffizienz sich um die sekundären Verluste auf Grund des surrenalen Hypocorticismus erhöhen. Die Wrkg. der Schilddrüseninsuffizienz auf die Ausscheidung von *K* bei der surrenalektomierten Ratte sind weniger deutlich als bei den Ratten mit unversehrten Nebennieren, weil die Zurückhaltung von K die sekundär auf Grund des Hypothyreoidismus eintretenden Verluste ausgleichen kann. Die Schilddrüseninsuffizienz bringt auch die Regulierung des Wasseraustausches in Unordnung. — Schilddrüseninsuffizienz verschlimmert die Wrkg. der Nebenniereninsuffizienz; diese Tiere können die Wasser- u. Salzverluste, die sie auf Grund der corticosurrenalen u. thyreoiden Insuffizienz erleiden, nicht durch eine Autoregulation kompensieren. P. Nachtwey. 4562◇

1355 **Retention des Radiojods durch die Speicheldrüsen.** M. Negri und E. E. Pochin. (Clin. Sci. **21,** 289—93, 1961; London, W. C. 1, Univ. Coll. Hospital Med. School, Med. Res. Counc., Dep. of Clin. Res.; engl.) — Vff. unters. die Hemmung der ^{131}*J-Ausscheidung* im Speichel nach Verabreichung von $KClO_4$ (I). Die relative Aktivität in den Speicheldrüsen wird durch I nicht, die Ausscheidung mit dem Speichel merklich herabgesetzt. Die Ausscheidungsrate des ^{131}J ist ohne I über die Speicheldrüsen u. den Urin annähernd gleich. H. Ackermann. 4562◇

1356 **Potenzierung der Wirkung von Insulin durch Hyaluronidase.** P. Riet Correa und E. Magalhaes. (Ann. d'Endocrinol. **23,** 23—28, 1962; Pôrto Alegre, Brésil. Fac. de Méd., Inst. de Physiol. Expérim.; franz.) — Bei Hunden trat nach i. v. Injektion von *Insulin* (I) + *Hyaluronidase* eine stärkere Verringerung des Blutzuckers ein als nach I allein; der Unterschied war erst nach 10 u. 20 Min. statist. signifikant. K. Zingraf. 4564◇

1357 **Einfluß der Hypothermie und des Adrenocorticotropen Hormons auf den Verlauf des Alloxandiabetes und auf den Insularapparat des Pankreas.** A. Je Rabkina. (Probleme Endokrinol. Hormontherap. [UdSSR] **8,** Nr. 5, 28—35, 1962; russ.) — Um den Einfl. der Hypothermie auf den verborgenen u. sichtbaren *Diabetes* zu beobachten, wurden Verss. an Ratten durchgeführt. 3—7 Tage nach tägl. 4std. Unterkühlung auf 0—1° beobachtete man bei 50% der Ratten mit sichtbarem Diabetes eine Blutzuckersenkung; nach 1$^1/_2$std. Unterkühlung auf —14 bis —18° beobachtete man diese bei 100% der Tiere. Die histolog. Unters. zeigte regenerator. Prozesse im Pankreas nach der Unterkühlung. G. Wesirow. 4564△

1358 **Wirkung von Phenäthylbiguanid auf die Glykämie (bei Nüchternheit) und auf die Glucose-Assimilation der normalen Ratte bei akuter Behandlung.** E. Balasse und V. Conard. (Rev. franc. Études clin. biol. **6,** 803—06, 1961; Bruxelles, Univ. Libre, Labor. de Méd. Expérimentale; franz.) — Vff. zeigen, daß *Phenäthylbiguanid* (I, U. S. Vitamin et Pharmaceutical Corp.; Winthrop à Bruxelles) nach intragastricaler Verabreichung bei der normalen Ratte nicht hypoglykäm. wirkt u. eine Erhöhung der *Glucose*(II)-Assimilation in den Geweben hervorruft. Das Fehlen eines hypoglykäm. Effektes von I bei der gesunden Ratte steht im Widerspruch zu den Ergebnissen von Ungar u. Mitarb., nach denen I bei

normalen Ratten Glykämie bewirkt (vgl. C. **1958**, 5135), sowie zu Ergebnissen der Vff., nach denen nach Verabreichung von *N.N-Dimethylbiguanid* bei der Ratte innerhalb von 30 Min. eine deutliche Hypoglykämie ohne Veränderung der **II**-Assimilation nachweisbar ist.
B. Görlich. 4564□

1359 **Durch Dinatriumäthylendiamintetraessigsäure induzierte Hypoglykämie.** Lawrence E. Meltzer, Florentino P. Palmon und J. Roderick Kitchell. (Lancet **1961** (**II**), 637–38, 16/9. 1961; Philadelphia, Presbyterian Hosp.; engl.) — *Äthylendiamintetraessigsäure* (**I**) setzt bei Insulin-bedürftigen Diabetikern u. nur bei diesen den *Insulin*-Bedarf bedeutend herab. Auffällig ist als Folge der **I**-Behandlung eine Zinkurie.
P. Gregorzewski. 4564◇

1360 **Untersuchungen über die Wirkung der ALU-Präparate und ALU-Serotoninpräparate auf die Capillarpermeabilität.** I. Manta und D. Bedeleanu. (Farmacia [București] **7**, 61–68, Jan./Febr. 1959; Cluj, Inst. medicofarmac., Catedra de biochimie; rum.) — Die durch i. v. Injektion von Trypanblau-Lsg. in die Abdominalgegend von Kaninchen verursachte Gewebepermeabilität wird mit dem Lokalanästheticum *N-Methyl-3-benzoyl-4-hydroxyphenylpiperidin* (**I**) allein oder mit *Novocain* oder $KClO_3$ vermindert. *Serotonin* allein oder in Verb. mit **I** setzt die Zellpermeabilität stark herab u. kann zur Potenzierung der Anästhesie u. Vermeidung von Blutungen bei Operationen verwendet werden.
J. Lehmberg. 4569□

1361 **Wirkung von 5-Hydroxytryptamin auf die Milz des Hundes.** E. Riva Sanseverino und A. Urbano. (Arch. Scienze biol. **46**, 419–31, 1962; Catania, Univ., Ist. di Fisiol. umana; ital.) — *5-Hydroxytryptamin* bewirkt an der Milz des Hundes in vivo u. in vitro eine Kontraktion (kontrahierende Wrkg. auf die Milzgefäße u. erregende Wrkg. auf die glatten Muskelfasern der Milzkapsel).
K. Zingraf. 4569◇

1362 **Die Wirkung von Serotonin auf die Darmmotilität unter besonderer Berücksichtigung des Darmschleimhaut-Intrinsic-Reflexes.** Takesi Hukuhara, Sosogu Nakayama und Ryozi Nanba. (Jap. J. Physiol. **10**, 420–26, 15/8. 1960; Okayama, Univ., Dep. of Physiol.; engl.) — *Serotonin* stimuliert die peripheren Nervenendigungen in der die Krypten umgebenden *Tunica propria* des Darmes u. unterscheidet sich damit von HCl u. mechan. Reizen, die ihren Angriffspunkt an den Darmzotten haben.
Joachim Schmidt. 4569□

1363 **Struktur-Wirksamkeits-Beziehung untersucht am isolierten einzelnen Elektroplax.** Eva Bartels. (Biochim. biophysica Acta [Amsterdam] **63**, 365–73, 8/10. 1962; New York, N. Y., Columbia Univ., Coll. of Physicians and Surg., Dep. of Neurol.; engl.) — Am isolierten einzelnen Elektroplax wurde nachgewiesen, daß die blockierende Wrkg. von *Acetylcholin* (**I**) auf die elektr. Aktivität von seiner depolarisierenden Wrkg. nicht getrennt werden kann. Beseitigung einer CH_3-Gruppe vom N verringert die Wrkg. auf den 200. Teil, aber qual. ist die Wrkg. die gleiche wie die von **I**. Beseitigung der 2. CH_3-Gruppe bringt noch einmal eine Wrkg.-Abnahme auf den 25. Teil, dabei ist jedoch die Depolarisierung gering oder fehlt ganz. Ersatz von N durch S verringert die Wrkg. von **I** auf den 10. Teil, Ersatz durch As auf den 25., bei gleicher Wrkg.-Qualität. Ersatz der 3 CH_3-Gruppen am N durch C_2H_5-Gruppen verringert die Wirksamkeit auf weniger als den 2000. Teil. Die Ähnlichkeit des Wrkg.-Mechanismus von **I** u. *Dimethylaminoäthylacetat* ergab sich auch aus der Gleichartigkeit der adsorptiven Verdrängungsrk. mit *Curare* u. *Tetracain* u. der Wrkg. von *Muschelgift*.
K. Zingraf. 4569◇

1364 **Aminosäureverteilung in biologisch wirksamen Peptiden.** 2. Mitt. **Dipeptide mit niedriger statistischer Signifikanz.** Saul B. Needleman. (Canad. J. Chem. **39**, 1732–33, 1961; Chicago, Ill., Nalco Chem. Co., Res. Labor.; Northwestern Univ., Dep. of Chem.; engl.) — 1. vgl. Canad. J. Chem. **38**, [1960], 477. — In biolog. akt. Proteinen war die statist. Signifikanz für das Auftreten der folgenden Dipeptid-Folgen sehr gering: Ala-Phe, Asp-Gly, Asp-Lys, Cys-Ser, Glu-Gly, Glu-Thr, Leu-Asp, Pro-Asp, Pro-Tyr, Tyr-Val, Asp-Ser, Asp-Phe, Cys-Leu, Cys-Lys, Cys-Pro, Gly-Phe, Leu-Cys, Lys-Cys, Lys-Thr, Phe-Asp, Phe-Tyr, Ser-Asp, Ser-Gly, Ser-Val, Thr-Lys, Tyr-Phe, Val-Ala.
K. Zingraf. 4569◇

1365 **Eine neue Anwendung der Dialyse zur Bestimmung der Ammoniämie.** Emile Assous, Claude Dreux und Maurice Girard. (Ann. Biol. clin. **18**, 319–30, Mai/Juni 1960; Paris, Fac. de Pharmacie, Pharmacie de l'Hôpital Lariboisière; Labor. Central de Biochimie; franz.) — Zur Best. des NH_4^+ im Blut eignet sich nach den Erfahrungen der Vff. am besten eine Meth., die auf der Dialyse des Gesamtblutes beruht. Diese Anwendung der Dialyse wurde durch Verwendung des Autoanalysators „Technicon" (Abb.) ermöglicht, wobei die verschiedenen Operationen (Dialyse, Zusatz der Reagentien u. die photometr. Ablesung) automat. ablaufen. Die colorimetr. Best. der NH_4^+ erfolgt auf der Grundlage der Rk. von Berthelot. Mit Hilfe der Meth. konnten bei normalen Versuchspersonen $0{,}3 \pm 0{,}2$ mg NH_4^+/Liter Blut bestimmt werden.
K. F. Müller. 4572◇

1366 **Die Aminosäurenzusammensetzung des Blutes der Wirtsschnecken von Schistosomen.** G. A. T. Targett. (Ann. trop. Med. Parasitol. **56**, 61–66, April 1962; Med. Res. Council, Bilharzia Res. Unit.; engl.) — In 4 *Hämoglobinen* u. einem *Hämocyanin* von Schnecken, die Schistosomen als Wirte dienen, wurden *Phenylalanin* (**I**), *Isoleucin* (**II**), *Leucin* (**III**), *Methionin*, *Valin* (**IV**), *Tyrosin* (**V**), *Prolin*, *Alanin* (**VI**), *Threonin* (**VII**), *Glutaminsäure* (**VIII**), *Serin* (**IX**), *Glycin* (**X**), *Asparaginsäure* (**XI**), *Arginin*, *Histidin*, *Lysin* (**XII**) u. *Cystin* (**XIII**) nachgewiesen, jedoch zeigten **VI**, **VIII**, **XI** u. **XII** quant. Unterschiede. Niedrige Konzz. von **I**, **II**, **III**, **IV**, **V**, **VI**, **VII**, **VIII**, **IX**, **X**, **XI**, **XII** u. **XIII** wurden in freier Form im Blut nachgewiesen.
K. Zingraf. 4572□

1367 **Beziehung der Isohämagglutininspiegel zu γ-Globulinveränderungen bei entsprechender Erkrankung.** Jane Shohl, Eleanor G. Morrison, John L. Fahey und Paul J. Schmidt. (J. Lab. clin. Med. **59**, 753–59, Mai 1962; Bethesda, Md., Nat. Cancer Inst., Div. of Biol. Standards and Metabol. Serv.; engl.) — Bei Hyper- u. Hypo-γ-Globulinämien lassen sich Werte für *Anti-A-* u. *Anti-B-Isoagglutinine*, welche hauptsächlich 18-*S*-γ-Globuline darstellen, nachweisen, die in Beziehung zu den Gesamt-γ-*Globulin*-Werten sowie zu den durch Elektrophorese u. Ultrazentrifugierung erhältlichen 6,6*S*- u. 18*S*-Globulin-Bestimmungen stehen. Da jedoch auch Abweichungen vorkommen, muß an das Vorhandensein weiterer Faktoren bei der Kontrolle der Isohämagglutinine gedacht werden. Bei Eiweiß-Verlust sind häufig niedrige Isoagglutinin-Spiegel zu beobachten, ebenso bei Plasmazelltumor, multiplem Myelom, Makroglobulinämie-Waldenström, chron. Lymphocytenleukämie.
U. Tausendfreund. 4572◇

1368 **Das menschliche Hämoglobin. — Entwicklung auf dem Grenzgebiet der Biochemie und der Genetik.** H. Lehmann. (Folia haematol. [Leipzig] **78**, 577–87, 1962; London, St. Bartholomews Hosp.; dt.) — Vortrag. Betrachtungen über biochem. u. genet. Probleme der menschlichen *Hämoglobin*-Typen. — 44 Literaturangaben
U. Tausendfreund. 4572◇

1369 **Chronische Hypoxie und heterozygote S-Hämoglobinopathie.** William C. Levin, Richard H. Thurm, Faruk L. Ozer und William DeGroot. (J. Lab. clin. Med. **59**, 792–98, Mai 1962; Galveston, Tex., Univ. of Texas, Med. Branch, Dep. of Med., Hematol. Res. Labor.; engl.) — In vivo-Unterss. mit Zufuhr homologer, *Hämoglobin-S*-enthaltender Erythrocyten (verminderte Überlebenszeit, vermehrte Sequestrierung bei Patienten mit Hypoxie infolge Herz- oder Lungenerkrankungen) zeigten, daß die Entw. chron. Hypoxie bei Patienten mit heterozygoter S-Hämoglobinopathie von der Entw. einer Überlebenszeitverkürzung der Erythrocyten u. daraus folgenden hämodynam. Veränderungen begleitet sein kann.
U. Tausendfreund. 4572◇

1370 **Zur Methämoglobinrückbildung in vivo beim Menschen.** L. Lachhein und W. Thal. (Folia haematol. [Leipzig] **78**, 608–12, 1962; Magdeburg, Med. Akad., Pharmakol. Inst. und Kinderklin.; dt.) — Vortrag mit Diskussion. Bei Unters. der Rückbildungsgeschw. von

Methämoglobin (I) beim Menschen wurden am Modell der Brunnenwasser(Nitrit)-Methämoglobinämie Spontanrückbildungen von ca. 0,2—0,3 g I/10 g Gesamtfarbstoff/Std. beobachtet. Durch i. v. Injektion von Redox-Farbstoffen, wie *Methylenblau* (II) u. *Thionin* (1—2 mg/kg) kann die Rückbildung beschleunigt werden; 4—7 g I/10 g/Std. nach II-Injektion. Bei 1 Säugling wurde die Wrkg. von *Ascorbinsäure* in vivo untersucht: durch 200 mg/kg verdoppelte sich die spontane I-Rückbildungsgeschw. lediglich, während sie nach II auf das 20fache anstieg. U. Tausendfreund. 4572◇

1371 **Vergleichende Untersuchungen über die Methämoglobinreduktion in kernhaltigen und kernlosen Erythrocyten.** E. Malz. (Folia haematol. [Leipzig] **78**, 510—15, **1962**; Berlin, Humboldt-Univ., Inst. für Pharmakol. und Toxikol.; dt.) — Vortrag. Auch Erythrocyten von Karpfen, Frosch, Schildkröte, Huhn, Taube, Ente sind durch zelleigenes, nicht auswaschbares Substrat zur *Methämoglobin*-Red. fähig (Spontan-Reduktion). Der Vorgang ist durch Monojodessigsäure hemmbar. Die Red.-Geschw. kann durch Zusatz von Glucose u. Lactat (10^{-3} m) u. Methylenblau (10^{-4} m) in unterschiedlichem Maße beeinflußt werden. Es wurde der Einfl. der Temp. untersucht. Die unterschiedliche Aktivität der einzelnen Erythrocytentypen bei der Red. kann auf einem unterschiedlichen Fermentgeh. beruhen, dessen Verminderung unabhängig von der phylogenet. Entw. erfolgt ist.
U. Tausendfreund. 4572◇

1372 **Gegenwärtige Kenntnisse über die Biosynthese der Porphyrine und die Porphyrien.** A. Gajdos. (Presse méd. **71**, 1229—32, **1963**; Paris; franz.) — Übersicht.
K. Zingraf. 4572◇

1373 **Hemmung der Inkorporierung von Eisen in Protoporphyrin durch Plasma.** A. Mazanowska, A. M. Dancewicz und E. Kowalski. (Folia haematol. [Leipzig] **78**, 682—89, **1962**; Warszawa, Inst. für Kernforschung, Radiobiol. Abt.; dt.) — Vortrag mit Diskussion. Es konnte festgestellt werden, daß Plasma u. Serum von verschiedenen Tierarten eine Hemmwrkg. gegenüber dem Fe-inkorporierenden Enzym *Chelatase* aufweisen. Die Hemmwrkg. weist quant. Unterschiede bei den einzelnen Tierarten auf. Sie scheint an Eiweiße, vorwiegend an Albumine, gebunden zu sein. Sie ist nicht dialysierbar. U. Tausendfreund. 4572◇

1374 **Untersuchungen über den Mechanismus der Erythropoietinbildung.** 1. Mitt. **Wirkung einseitiger Unterbindung der Nierenarterie.** Fumimaro Takaku, Kunitake Hirashima und Kiku Nakao. (J. Lab. clin. Med. **59**, 815—20, Mai **1962**; Tokyo, Univ. of Tokyo, School of Med., 3. Dep. of Int. Med.; Maebashi-shi, Gunma-ken, Univ. of Gunma, School of Med., 2. Dep. of Int. Med.; engl.) — Möglicherweise wird die Bldg. von *Erythropoietin* (I) durch Veränderungen des O_2-Partialdrucks im Nierengewebe, in Verbindung mit dem Nierenblutstrom, reguliert. So sind Erythropoiese u. der Plasma-I-Spiegel bei Ratten mit einseitiger Nierenarterienunterbindung deutlich gesteigert; bei beidseitig nephrektomierten Ratten ist nach einer Blutung der I-Spiegel im Plasma an der oberen Grenze der Norm zu finden. U. Tausendfreund. 4573◇

1375 **Untersuchungen über den Mechanismus der Erythropoietinbildung.** 2. Mitt. **Wirkung beidseitiger Durchschneidung der Splanchnicus-Nerven,** Fumimaro Takaku, Kunitake Hirashima und Shigeo Okinaka. (J. Lab. clin. Med. **59**, 821—25, Mai **1962**; engl.) — 1. vgl. vorst. Referat. — Bei Ratten wird durch Durchschneidung der Splanchnicus-Nerven die Reticulocytose u. Steigerung des Plasma-*Erythropoietin*(I)-Spiegels nach einer Blutung deutlich gehemmt; da durch die beidseitige Nervendurchschneidung die Verringerung der Nierenblutströmung nach einer Blutung vermieden wird, wäre das eine erneute Bestätigung dafür, daß vermutlich die Verringerung der Nierenblutströmung nach Blutverlust die I-Bldg. stimuliert; die Splanchnicus-Nerven würden dabei die I-Bldg. über eine Regulierung der Nierenblutströmung beeinflussen.
U. Tausendfreund. 4573◇

1376 **Ein Vergleich von Erythropoetinbioversuchen.** Richard L. DeGowin, Diana Hofstra und Clifford W. Gurney. (Proc. Soc. exp. Biol. Med. **110**, 48—51, Mai **1962**; Chicago, Ill., Univ. of Chicago, Dep. of Med.; Argonne Cancer Res. Hosp.; engl.) — Beim Nachweis von *Erythropoetin* ist die durch Transfusion plethor. gemachte Maus empfindlicher als die gefastete Ratte; es können auf diese Weise 0,05 E. (gemessen durch die ^{59}Fe-Verabreichung $2^1/_2$ Tage nach der Hormongabe) nachgewiesen werden. Die Beziehung zwischen dem Dosis-Log u. dem ^{59}Fe-Einbau in die Erythrocyten des zirkulierenden Blutes läßt sich durch eine s-förmige Kurve darstellen. U. Tausendfreund. 4573◇

1377 **Wirkung von Erythropoietin auf die Aufnahme von tritiiertem Thymidin durch die Rattenmilz.** Efstratios S. Kurtides, Walter A. Rambach, Howard L. Alt und John C. Wurster. (J. Lab. clin. Med. **61**, 23—33, **1963**; Chicago, Ill., Northwestern Univ., Med. School, Dep. of Med.; engl.) — Die Best. der Aufnahme von ^{3}*H-Thymidin* ist eine einfache, empfindliche Meth. zur Ermittlung der Mitose-Aktivität von Geweben. Mit dieser Meth. wurde erneut nachgewiesen, daß *Erythropoietin* (I) die Erythropoiese in der Milz der Ratte anregt. Die Erythropoiese kommt nicht durch eine Zunahme der Mitoseaktivität in den Stammzellen zustande, sondern I bewirkt eine Differenzierung von Reticuloendothelialzellen in Erythrocytenelementen.
K. Zingraf. 4573◇

1378 **Die Wirkungsweise und Natur eines hitzebeständigen erythropoietischen Plasmafaktors.** Walter A. Rambach, Howard L. Alt und John A. D. Cooper. (Blood **12**, 1101—13, Dez. **1957**; Chicago, Ill., Northwestern Univ. Med. School, Dep. of Med. and Biochem.) — Zur Gewinnung eines „anäm." Plasmafaktors (I) wurden männl. Kaninchen 10 Tage durch subkutane Injektionen von insgesamt 6,0 ml 2,5%iger Phenylhydrazin-Lsg. anäm. gemacht, dann wurde das aus dem Aortenblut abgetrennte Plasma 10 Min. bei pH 5,5 gekocht und das Filtrat lyophilisiert, durch $(NH_4)_2SO_4$-Fällung fraktioniert und elektrophoret. gereinigt. I erwies sich als ein α_2-Globulin, das nicht durch Perchlorsäure oder Kochen gefällt werden konnte, kein Fett, aber Kohlenhydrate u. Stickstoff enthielt u. höchstwahrscheinlich ein Mucoprotein darstellt. I war nicht dialysierbar, wurde durch 75%ige Sättigung mit $(NH_4)_2SO_4$ gefällt, war bei 5° in Lsg. 1 Jahr, im lyophilisierten Zustand bei Raumtemp. 6 Monate beständig. Nach der Gefriertrocknung konnte I nicht durch Ae. extrahiert werden. Bei Ratten verursachte I eine Zunahme der Teilungs- u. Reifungsgeschw. roter Zellen und eine Beschleunigung der Freigabe dieser Zellen aus dem Knochenmark u. den accessor. Organen der Hämopoese. In gekochten Filtraten von Suspens onen von Leber, Milz, Darm oder Knochenmark konnte keine I-Aktivität nachgewiesen werden. Der Aktivitätsnachw. erfolgte im Tier-Vers., indem weiße Ratten 7 Tage tgl. subkutane Injektionen von 3,0 mg I in 2,0 ml W. erhielten. Am 7. Tag wurden ca. 0,5 μc ^{59}Fe als Eisencitrat in 0,5 ml Lsg. intracardial injiziert. Die I-Aktivität wurde erwiesen auf Grund der Zunahme der Reticulocytenzahl, Erhöhung der Hämatokrit- u. Hämoglobinwerte u. der Aufnahme u. Verteilung von ^{59}Fe im Knochenmark u. in den zirkulierenden Erythrocyten (Maximum in 6—8 Std.), in der Leber (Maximum in 24 Std.) u. Milz (minimal) bzw. von ^{32}P in der Desoxyribonucleinsäure im Knochenmark u. Milz. H. Carls. 4573◇

1379 **Günstige Wirkung von Orotsäure auf den Galaktose-Stoffwechsel von Erythrocyten bei angeborener Galaktosämie.** Keiya Tada, Jinzo Akabane und Masaru Yokoyama. (Tohoku J. exp. Med. **77**, 400—07, **1962**; Sendai, Tohoku Univ., Fac. of Med., Dep. of Pediatr.; engl.) — Bei anaerober Inkubation von Erythrocyten, die von Patienten mit angeborener Galaktosämie stammten, mit Galaktose wurde eine verringerte Milchsäurebldg., eine beträchtliche Zunahme von *Hexosephosphat* (I) u. eine Anreicherung von ^{32}P in der I-Fraktion beobachtet. Diese anomalen Befunde konnten durch Zusatz von *Orotsäure* oder *Uridin* zum Inkubationsgemisch korrigiert werden. K. Zingraf. 4573◇

1380 **Glykolyse und Gehalt an reduziertem Glutathion in Erythrocyten bei methämoglobinbildenden Stoffen in**

vitro. J. Wagner, A. David und J. Srbová. (Folia haematol. [Leipzig] **78**, 661—68, 1962; Prag, Karls-Univ., Med. Fak., I. Inst. für Med. und Gerichtl. Chem. und Klinik für Berufskrankheiten; dt.) — Vortrag. Es wurde geprüft, ob die Enzyme, die die *Methämoglobin*(I)-Rückbildung beeinflussen, dabei auch die Enzyme der Glykolyse, unter Einw. von Stoffen, die I u. Heinz-Körperchen bilden, geschädigt sind. Bei Ggw. von *Glucose* (II) erweist sich die glykolyt. Aktivität der Blutzellen bei Zusatz von *Na-Nitrit, Phenylhydrazin* (III) oder *Hydroxylamin* (IV) u. die Bldg. von I als nicht begrenzt; auch *red. Glutathion* (V) wird nicht vermindert; die Stoffwechselaktivität bleibt erhalten. Ohne II fällt V ab; I wird nicht mehr red. u. steigt sogar bei III-Zusatz an. Die Wrkg. von III u. IV scheint anfangs eine direkte zu sein, die SH-Enzyme werden durch II geschützt; ohne II ist die Regeneration von Hämoglobin u. V unmöglich, die Glykolyse läuft aber normal ab (keine Hemmung der *Hexokinase*, sondern der *Glucose-6-phosphatdehydrogenase*, ggf. auch der I- oder *Glutathionreduktase*). U. Tausendfreund. 4573◇

1381 **Identifizierung von Phospholipiden in menschlichen Thrombocyten und Erythrocyten.** Rolf Blomstrand, Fumio Nakayama und Inga M. Nilsson. (J. Lab. clin. Med. **59**, 771—78, Mai 1962; Lund, Swedish Med. Res. Council, Unit for Biochem. Res. (Atherosclerosis); Univ., Allmänna Sjukhuset, Dep. of Int. Med.; engl.) — Mit Hilfe Neutronenaktivierungs-Papierchromatographie lassen sich die Phospholipide menschlicher Erythrocyten u. Thrombocyten erfolgreich identifizieren u. quant. bestimmen. In Thrombocyten fanden sich *Lecithin, Phosphatidyläthanolamin, Phosphatidylserin* (I), *Phosphoinositid, Cholinplasmalogen, Äthanolaminplasmalogen* (II) u. *Sphingomyelin*; außer II sind alle auch in Erythrocyten vertreten, jedoch mehr I als in Thrombocyten. U. Tausendfreund. 4573◇

1382 **Versuche zum Abbauweg des Glycins und der CO_2-Bildung aus Aminosäuren in Reticulocyten.** H. Urbahn, I. Bierbaum und S. Rapoport. (Folia haematol. [Leipzig] **78**, 572—76, 1962; Berlin, Humboldt-Univ., Physiol.-Chem. Inst.; dt.) — Vortrag. Es wurde der Mechanismus der CO_2-Bldg. aus *Glycin* (I) untersucht u. geprüft, in welchem Maße andere Aminosäuren an der CO_2-Bldg. beteiligt sind. Außer bei I konnte bei *Tyrosin* (II), *Alanin* u. *Valin* eine CO_2-Bldg. nachgewiesen werden; bei I ist sie am höchsten; bei II kann sie durch Zusatz von *Ascorbinsäure* erhöht werden. Der Citronensäurecyclus erwies sich für die CO_2-Bldg. aus I als erforderlich. Der Hauptabbauweg von I in den Erythrocyten verläuft über den Succinat-I-Cyclus; die CO_2-Bldg. aus I u. sein Einbau in Porphyrin stellen 2 verschiedene Stufen derselben Rk.-Kette dar. *Glutamat* u. *Glutamin* bewirken eine geringe Senkung der CO_2-Bldg. aus I (Übergang in α-Ketoglutarat, welches die CO_2-Bldg. vermindert), ebenso inakt. *Acetat*.
U. Tausendfreund. 4573◇

1383 **Untersuchungen über die Rolle des Glutathions bei der Heinz-Körper-Bildung in vivo.** L. Schneiderat-Shahab. (Folia haematol. [Leipzig] **78**, 669—71, 1962; Berlin, Humboldt-Univ., Inst. für Pharmakol. und Toxicol.; dt.) — Vortrag. Seiner zentralen Rolle für die Aktivität der SH-Enzyme wegen wurde das *Glutathion* (I) der Erythrocyten im Verlauf von Vergiftungsvorgängen mit Methämoglobin- u. Heinz-Körperchen-bildenden Verbb. untersucht (*Na-Nitrit, Phenylhydroxylamin, Nitrosobenzol, Anilin, Nitrobenzol* an Katzen u. teilweise an Kaninchen). Es läßt sich danach eine Beziehung zwischen den Veränderungen des I-Geh. u. der Heinz-Körperchen-Bldg. nicht leugnen, wenn auch nicht eindeutig formulieren. Es ist anzunehmen, daß durch Veränderungen des I-Geh. der Erythrocyten komplexe Prozesse eingeleitet werden, die zur Heinz-Körperchen-Bldg. führen. U. Tausendfreund. 4573◇

1384 **Das Verhalten des reduzierten Glutathions in Erythrocyten bei der Heinz-Körper-Bildung.** A. K. Hänel. (Folia haematol. [Leipzig] **78**, 676—81, 1962; Berlin, Humboldt-Univ., Inst. für Pharmakol. und Toxikol.; dt.) — Vortrag mit Diskussion. Bei Katzen kommt es zwar bei Methylenblau-Vergiftung (40 mg/kg) gleichzeitig zu Heinz-Körperchen-Bldg. u. Senkung des Geh. der Erythrocyten an *red. Glutathion* (I), trotzdem erscheint es nicht möglich, aus diesem zeitlichen Nebeneinander auf einen kausalen Zusammenhang zu schließen. Bei Kaninchen konnte mit 20—80 mg/kg nur geringe u. kurzdauernde Heinz-Körperchen-Bldg. induziert werden, ohne daß es zu Senkung des I-Spiegels kam. Rapoport stellt eine Erklärungsmöglichkeit für einen Zusammenhang zwischen I-Syst. u. Heinz-Körperchen-Bldg. zur Diskussion. U. Tausendfreund. 4573◇

1385 **Über den Calciumgehalt des Blutes bei Atherosklerose.** D. M. Aronow. (Kardiologie [UdSSR] **2**, Nr. 4, 42—45, 1962; Inst. für Therapie der Akad. der med. Wiss. der UdSSR; russ., Auszug: engl.) — Mit Hilfe der flammenphotometr. Meth. wird bei 104 Kranken mit Arteriosklerose der *Ca*-Spiegel im Blut bestimmt. Es wird festgestellt, daß der Gesamt-Ca-Geh. im Blutplasma nicht verändert ist.
G. Wesirow. 4574△

1386 **Plasmaeisen und Plasma-Eisen-Bindungskapazität bei männlichen Afrikanern mit Siderose.** Michael Hathorn, Theodore Gillman, P. A. S. Canham und N. M. Lamont. (Clin. Sci. **19**, 35—43, 1960; Durban, South Africa, Univ. of Natal, Fac. of Med., Dep. of Physiol; King Edward VIII Hospital; engl.) — Im Gegensatz zu Europäern mit idiopath. Siderose oder Transfusionsiderose, ist bei Afrikanern unter diesen Bedingungen der Plasma-Eisenspiegel und die Plasma-Eisenbindungskapazität erhöht. Es wird der therapeut. Nutzen dieser Besonderheit hervorgehoben.
P. Lange. 4574◇

1387 **Die freien Aminosäuren im Blutplasma von Kindern mit Kwashiorkor und Marasmus.** Guillermo Arroyave, Dorothy Wilson, Carlota de Funes und Moisés Béhar. (Amer. J. clin. Nutrit. **11**, 517—24, Nov. 1962; Guatemala, Inst. of Nutr. Central America and Panama; engl.) — Das Plasma von Kindern mit Kwashiorkor oder Marasmus enthielt nur ca. halb so viel freie *α-Aminosäuren* (I) wie das Blut normaler Kinder. Am stärksten waren von der Verringerung die essentiellen I mit Ausnahme von *Lysin* u. *Phenylalanin* betroffen. K. Zingraf. 4574◇

1388 **Bestimmung von acht Serumproteinen durch Geldiffusion-Präcipitin-Technik.** J. F. Soothill. (J. Lab. clin. Med. **59**, 859—70, Mai 1962; Birmingham, Univ., Med. School, Dep. of Exper. Pathol.; engl.) — Bericht über die zur Geldiffusion-Präcipitin-Technik (vgl. Gell, J. Clin. Path. **10**, [1957], 67) erforderliche Bereitung von Antiseren u. Best.-Meth. in Serum, Harn, Cerebrospinal-Fl. etc., sowie über Verss. zur Ermittlung der Fehlerbreite u. der Empfindlichkeit bei der Best. von 8 Serumproteinen [*Albumin, Siderophilin, γ-Globulin, Ceruloplasmin, hochmolekulares α_2-Glykoprotein, β-Lipoprotein*, eine *Komplementkomponente, Iota* (S 19-Komponente von γ-Globulin u. β_2-M)]. Die Variationskoeff. bei der Best. jedes dieser Proteine erwiesen sich als konstant.
U. Tausendfreund. 4574◇

1389 **Albumin-Verschleppung bei der Protein-Papier-Elektrophorese.** W. B. Yeoman. (Clin. chim. Acta [Amsterdam] **4**, 246—51, 1959; Bristol, Frenchay Hosp.; engl.) — Vf. untersuchte die verschiedenen Faktoren, die bei der Papierelektrophorese zu einem Trail (Verschleppung) der *Albumine* (I) führen, z. B. Ionenstärke, Zus. des Puffers, pH, Papierstärke, Konz. der Proteine, Dauer der Elektrophorese u. a.; bei Anwendung von Whatman Nr. 1-Papier u. 0,01 ml Serum betrug der Trail 9—14% des Total-I. Bei Einsatz geringerer Serummengen oder von Sera mit geringerem I-Geh. stiegen die Trail-Werte bis 49%. Auf dickem Papier lagen sie noch höher, bes. bei rascher Auftrennung der Proteine sowie bei höheren Stromstärken bzw. stärkeren Pufferlösungen. Die niedrigsten Werte wurden auf Celluloseacetatstreifen erzielt. Vf. beschreibt eine graph. Meth. zur genaueren Schätzung der I-Trailwerte bzw. zur Ermittlung des wahren I-Geh. u. des Geh. an Globulinfraktionen. B. Görlich. 4574◇

1390 **Ultrazentrifugen-Merkmale und Kohlenhydratgehalt von makromolekularen γ-Globulinen.** H. J. Mül-

ler-Eberhard und Henry G. Kunkel. (Clin. chim. Acta [Amsterdam] **4**, 252—58, 1959; New York, Rockefeller Inst. for Med. Res.; engl.) — Vgl. C. **1957**, 10538, 13405, 1698. — 6 gereinigte Makroglobuline, die aus patholog. menschlichem Serum durch präparative Zonenelektrophorese auf Polyvinylchlorid gewonnen wurden, wurden auf ihr Verh. in der Ultrazentrifuge sowie auf ihren Geh. an Kohlenhydraten (KH) untersucht. 4 Makroglobuline zeigten in der Ultrazentrifuge gleiches Verh. u. enthielten eine Haupt- u. 2 Nebenkomponenten mit den Sedimentationskonst. 19 bzw. 29 u. 38*S* im Verhältnis 76:17:5,5%. Hinsichtlich des KH-Geh. zeigten die 3 Komponenten keine nennenswerten Unterschiede. Bei 5 Makroglobulinen wurden folgende KH-Geh. gefunden: (mg KH/mg Protein $\times 10^{-3}$): *Hexose* 51,7—59,2, *Hexosamin* 28,6—31,9, *Fucose* (I) 6,3—7,5, *Sialsäure* 17,7 bis 20,7. Die entsprechenden Werte für normales 19S-γ_1-Globulin betrugen: 61,6; 33,1; 7,4 u. 20,1. Der Gesamt-KH-Geh. der abnormalen Makroglobuline war etwa viermal so hoch wie der von normalem 7S-γ-Globulin. Das Verhältnis Hexosamin : Hexose betrug etwa 0,5. Bei 2 Makroglobulinen wurde die relative Konz. der I, *Galaktose* u. *Mannose* mit etwa 15, 20 u. 65% ermittelt.
B. Görlich. 4574◇

1391 **Die Rolle der basischen Fraktion des γ-Globulins bei den Flockungs-Testen.** Edward C. Franklin. (Clin. chim. Acta [Amsterdam] **4**, 259—64, 1959; New York, The Rockefeller Inst. for Med. Res.; engl.) — Subfraktionen von *γ-Globulin* (I) wurden aus normalen u. patholog. menschl. Sera durch Elektrophorese (Stärke, pH 8,6) isoliert u. auf ihre Reaktivität beim Thymol-Trübungstest (TT), Cephalin-Ausflockungstest (KT) u. $ZnSO_4$-Trübungstest (ZT) untersucht. Die meisten langsamer wandernden bas. Fraktionen reagierten beim TT u. KT sehr stark, während Fraktionen mit mittlerer Geschw. sich beim ZT aktiver erwiesen. Sera mit abnormalen Flockungstesten zeigten einige Beziehungen zu den Werten der bas. Fraktionen u. der positiven KT u. TT. Ausnahmen wurden beobachtet bei Seren von Patienten mit infektiöser Hepatitis u. multiplen Myeloma. Die ZT-Werte zeigten Beziehungen zu dem Gesamt-I. Bei diesen Rkk. spielen auch Lipide eine Rolle.
B. Görlich. 4574◇

1392 **Untersuchung der Serumproteine während des Menstruationscyclus.** Thomas G. Ferris, George W. Calver und Richard E. Budd. (Amer. J. Obstetr. Gynecol. **84**, 706—09, 15/9. 1962; Bethesda, Md., Naval Med. Center, US-Naval Med. School, Rear Admiral George W. Calver's Phys. Chem. Res. Labor.; engl.) — Bei einer gesunden reifen Frau konnten zur Zeit der Ovulation im Zusammenklang mit den Veränderungen der Basaltemp. u. dem Sevag-Colton-Test (ausgedrückt in Klett-Einheiten), folgende Veränderungen der Serumproteinwerte konstatiert werden: Verminderung des *Gesamt-Protein*-Geh. z. Zt. des Temp.-Minimums, nachfolgender mehr oder weniger stark ausgeprägter Anstieg der Gesamt-Protein-Werte; etwa konform damit laufend Verminderung u. rascher Wiederanstieg der *Albumin*- u. *γ-Globulin*-Werte; α_2- u. *β-Globuline* weisen einen früheren Abfall mit allmählichem Wiederanstieg auf; α_1-*Globuline* weitgehend unverändert.
U. Tausendfreund. 4574◇

1393 **Veränderung der Blutserumproteine im elektrophoretischen Profil bei akuter Nephritis von Kindern.** W. I. Werbitzki. (Sowjet-Med. **25**, Nr. 8, 66—71, Aug. 1961; Moskau, 2. Med. Pirogow. Inst., Lehrstuhl für Hospital-Pädiatrie; russ., Auszug: engl.) — Bei Kindern im Alter von 2,5—14 Jahren mit akuter Nephritis zeigten elektrophoret. Unterss. des Blutserums frühzeitig Dysproteinämie, deren Ausmaß vom Charakter u. der Schwere des Krankheitsverlaufs abhängig war: bei normalem Krankheitsverlauf starke Verringerung des Geh. an *Albumin* (I), geringe Vermehrung der α_1-*Globuline* (II), starke Vermehrung der α_2- u. γ-**II**, normaler Geh. an *Gesamt-Eiweiß* (**III**); bei schwerem Krankheitsverlauf bes. starke Erhöhung der α_2-**II** analog der Proteinurie u. den Nierenfunktionsstörungen, bei nephrot. Syndrom Verminderung des Geh. an **III** (4,5%), umgekehrte Korrelation zwischen **I** (bis auf 4,5%) u. α_2-**II** (bis auf 80%), Verringerung der γ-**II** (bis auf 3,5% u. mehr), Erhöhung der β-**II** (bis auf 25,9%). Im Elektropherogramm des Urins waren **I** bis zu 70% u. bei schlechter Prognose α-, β- u. γ-**II** proportional der Permeabilität der Glomeruli-Membranen enthalten.
I. v. Kloch-Kornitz. 4574◇

1394 **Das Eiweißspektrum des Blutplasmas in der Klinik der Hepatocholecystiden von Kindern.** L. G. Glowinska. (Pädiatrie, Geburtshilfe, Gynäkol. [Kiew] **1961**, Nr. 6, 18—21, Kiew, Inst. für Ärztefortbldg., Lehrstuhl für Pädiatrie; ukrain.) — Bei Kindern mit Hepatocholecystiden verschiedener Art war analog der Schwere des Krankheitsverlaufes der Geh. an *Gesamt-Eiweiß* normal, *Albumin* bis zu 2,0 vermindert, *Gesamt-Globulin* bis zu 6,7 u. *γ-Globulin* bis zu 2,1 (normal 4,0, 3,6 bzw. 1,0%) u. *Fibrinogen* im Blutserum vermehrt u. normalisierten sich bei komplexer Therapie mit fortschreitender Heilung später als die klin. Symptome.
I. v. Kloch-Kornitz. 4574□

1395 **Elektrophoretische Untersuchung der Proteine und Lipoproteide des Blutserums bei Dysenterie.** Ss. D. Poloshenzew. (Sowjet-Med. **25**, Nr. 8, 71—76, Aug. 1961; Kirow-Akad., Militär-med. Lenin-Abt., 2. Lehrstuhl für Hospital-Therapie; russ., Auszug: engl.) — In elektrophoret. Unterss. bei Kranken mit akuter, leichter akuter oder chron. Dysenterie waren der Geh. an *Gesamt-Eiweiß* (I) im Mittel auf 7,7 (g%), 7,6 bzw. 7,9, α_1-*Globulin* (**II**) auf 5,1 (%), 4,9 bzw. 5,1, α_2-**II** auf 9,0, 8,4 bzw. 8,4, β-**II** auf 10,4, 10,6 bzw. 10,0, γ-**II** auf 18,9, 17,5 bzw. 18,1, *β-Lipoproteide* (**III**) auf 81,6, 80,6 bzw. 82,6 [normal im Mittel 7,4 g%, 3,5 (%), 7,4, 9,3, 16,1, 76,0] erhöht, der Geh. an *Albumin* (**IV**) im Mittel auf 56,6, 58,6 bzw. 58,2, α-**III** auf 18,4, 19,4 bzw. 17,4 (normal 64,2 bzw. 24,6) erniedrigt. Die Dysproteinämie normalisierte sich oft später als die klin. Symptome u. die bakteriolog. Unters.-Ergebnisse. Bei Enterocolitis waren **I**—**IV** normal.
I. v. Kloch-Kornitz. 4574◇

1396 **Die Eiweißfraktionen des nativen und erhitzten Blutserums von Kranken mit Geschwülsten und chronischen Entzündungserkrankungen des Nervensystems.** A. Ju. Makarow. (Fragen med. Chem. [UdSSR] **5**, 367—72, 1959; Leningrad, Forsch.-Inst. für Begutachtung der Arbeitsfähigk. u. Organisation der Invalidenarb.; russ., Auszug: engl.) — Vgl. C. **1962**, 18168. — Blutseren von 29 Menschen mit verschiedenen Erkrankungen des Zentralnervensyst. (ZNS) wurden in nativem Zustand u. nach Erhitzen auf 56° für 30 Min. papierelektrophoret. untersucht. Die bei beiden Verff. gewonnenen Ergebnisse werden als „Differenzkurven" gegenübergestellt. Sie ergaben in jedem Fall eine Verminderung des *Albumin*-Gehaltes. Dieser war bei Kranken mit bösartigen Tumoren des ZNS am größten (10%), am kleinsten bei entzündlichen Erkrankungen (4%). Bei Gesunden zeigt die Differenzkurve eine Zunahme der α_2- (2,4%) u. *β-Globulin*-Fraktion (7,6%). α_1 u. *γ-Globulin* werden unbedeutend beeinflußt. Gleichsinnig, jedoch mit geringen quant. Unterschieden, verhalten sich die Kurven der Seren von Menschen mit gutartigen Tumoren des Nervensystems. Bei Kranken mit bösartigen Tumoren oder entzündlichen Veränderungen ist die α_2-Globulin-Fraktion in der Differenzkurve am stärksten erhöht (ca. 7,5%). E. Göres. 4574◇

1397 **Untersuchungen an menschlichen Plasmaglykoproteinen. 1. Mitt. Methode für die Isolierung der Glykoproteine von Cohns Fraktion VI und deren Bestimmung bei Patienten mit primär chronischer Polyarthritis.** Willy Bürgi und Vera Gfeller. (Z. ges. exp. Med. **136**, 419 bis 431, 1963; Zürich, Univ., Pathol. Inst.; dt.) — Um aus menschlichem Plasma die Cohn-Fraktion VI u. deren Komponenten in reinem u. nativem Zustand zu isolieren, wird eine Kombination von Plasmafraktionierung u. Zonenelektrophorese empfohlen. Das abgekürzte Verf. nach der Meth. 10 von Cohn erlaubt eine quant. Abtrennung der Fraktion VI vom Hauptteil der Plasmaeiweißkörper in einem Arbeitsgang; die einzelnen Komponenten der Fraktion lassen sich durch Elektrophorese bei pH 8,6 u. danach bei pH 5,0 voneinander trennen. Als Basis für die quant. Best. von *Orosomucoid* (bzw. α_1-*acid. Glykoprotein*), *Zn-α_2-Glykoprotein* u. *Ba-α_2-Glykoprotein* dient das Gesamtgew. der Fraktion VI (Biuret)

u. die relative Verteilung ihrer Proteine. Diese Glykoproteine sind in den meisten Seren von Fällen mit primär chron. Polyarthritis erhöht, wobei es sich um unspezif. Veränderungen zu handeln scheint.
U. Tausendfreund. 4574◇

1398 **Elektrophoretische Untersuchung des Plasminogens.** N. Je. Plotnikowa und W. A. Mantjew. (Fragen med. Chem. [UdSSR] **5,** 343–47, 1959; Moskau, Akad. der med. Wiss., Inst. für biol. u. med. Chem.; russ., Auszug: engl.) — Aus einer bei der γ-Globulin-Isolierung aus menschlichem Placentarblut anfallenden Nebenfraktion wurde *Plasminogen* isoliert. Die proteolyt. Wirksamkeit dieses Präp. mit Casein als Substrat u. Aktivierung durch *Streptokinase* ergab 8 E./50 mg. Die Elektrophorese in der Tiselius-App. (Veronalpuffer pH 8,6) führte nach 2 Std. zu einer Zerlegung in mehrere Komponenten, die eine unterschiedliche proteolyt. Aktivität hatten. Bei pH 4,5 (Acetatpuffer) erfolgte die Zerlegung schon nach einer Stunde. Die Papierelektrophorese in 1 n HCl ergab keine Zerlegung des Produktes. E. Göres. 4574◇

1399 **Untersuchungen über die Wirkung von Protaminsulfat auf das menschliche Serum in vivo.** J. L. de Gennes und Ph. Laudat. (Clin. chim. Acta [Amsterdam] **4,** 231–41, 1959; Paris, Hôpital Broussais, Clin. Propéd. et Clin. Méd.; franz.) — *Protaminsulfat* (**I**) verursacht bei i. v. Applikation ein Absinken der Total-Serum-Lipide (TSL) u. des Blut-*Cholesterins* (**II**). Vff. untersuchten an 11 Patienten, deren klare Sera eine permanente Hypercholesterinämie zeigten, die sich auch durch Diät nicht beeinflussen ließ, die Wrkg. von **I**. Nach Injektion von 10 ml 1%ig. **I** zeigte sich ein Abfallen des Serum-**II** um 20%, eine Abnahme der TSL um 25% u. ein gleichzeitiges Fallen der Werte beim Kunkel-Phenol-Test. Die Serum-Lipide sanken besonders stark während der ersten 24 Std., erreichten am 3. Tag die niedrigsten Werte u. stiegen dann langsam wieder an. Während 3 verschiedene **I**:Präpp. das gleiche Ergebnis zeigten, erwies sich ein amerikan. **I**-Präp. (Lilly) als inaktiv. Den Widerspruch der eigenen Befunde gegenüber den Literaturbefunden erklären Vff. damit, daß bei letzteren die Lipidwerte nach wesentlich kürzeren Intervallen (nach der **I**-Injektion) ermittelt wurden. B. Görlich. 4574◇

1400 **Die Fettsäurenzusammensetzung des menschlichen Serums in gesundem Zustand.** T. D. V. Lawrie, S. G. McAlpine, R. Pirrie und B. M. Rifkind. (Clin. Sci. **20,** 255–61, April 1961; Glasgow, Royal Infirmary, Cardiology Dep.; engl.) — Die Zus. der Serumfettsäuren von $C_{12} \cdots C_{20}$ konnte durch Chromatographie an Polyäthylenglykol dargestellt werden, wenn das Serum vorher in die drei Hauptgruppen Cholesterinester, Triglyceride u. Phospholipide an Kieselgel getrennt worden war.
U. Drehmann. 4574◇

1401 **Wirkungsmechanismus von ungesättigtem Fett bei der Reduktion von Serumcholesterin.** B. Lewis, T. R. E. Pilkington und K. A. Hodd. (Clin. Sci. **20,** 249–54, April 1961; St. George's Hosp. Med. School; engl.) — Von Spenderratten abgegebene Plasma-Lipoproteine mit ^{14}C-Cholesterin wurden anderen Ratten injiziert. Die Gallensäure- u. Sterinausscheidung stieg, wenn die Spendertiere ungesätt. Fett mit dem Futter erhielten u. war kaum verändert, wenn die Empfängertiere bei solcher Diät gehalten wurden. U. Drehmann. 4574◇

1402 **Über den Blutgehalt an Cholesterin und Cholesterinestern bei der Bevölkerung Äthiopiens.** A. Ss. Loginow. (Kardiologie [UdSSR] **2,** Nr. 4, 84–85, 1962; Addis Abeba, Sowjet. Krankenhaus d. Roten Kreuzes; russ., Auszug: engl.) — Es wird der Blut-Geh. an *Cholesterin* u. *Cholesterinestern* bei der Bevölkerung Äthiopiens untersucht. Dabei wird beobachtet, daß die Bevölkerung, die eine fettarme Nahrung aufnimmt, einen geringen Blut-Geh. an Cholesterin u. Cholesterinestern zeigt. Durch Reihenunters. wurde eine Verbreitung von Atherosklerose der Aorta festgestellt. Myocardinfarkt wurde sehr selten beobachtet. G. Wesirow. 4574△

1403 **Neues Mikroverfahren zur direkten Bestimmung von freiem und Gesamt-Cholesterin im Blutserum.** Emile F. Assous und Maurice L. Girard. (Ann. Biol. Clin. **20,** 973–86, 1962; Paris, Hôp. Lariboisière, Labor. Centr. de Biochem.; franz.) — Vgl. C. **1962,** 9044. — Das im einzelnen beschriebene Verf. beruht auf Färbung, die ein Gemisch von $FeCl_3$, Essigsäure u. H_2SO_4 mit freiem u. Gesamtcholesterin gibt. W. Wesly. 4574◇

1404 **Gefäßwirkungen von Heparin, Dextransulfat und 5-Hydroxytryptamin.** H. P. Lambert. (Clin. Sci. **17,** 621–28, 1958; London, Univ. Coll. Hosp.; engl.) — *Heparin* (**I**) u. *Dextransulfat* (**II**) haben bei Gesunden keinen Einfl. auf die Durchblutung des Unterarmes, weder bei Kälte (Vasoconstriction) noch bei Wärme (**I** führt gelegentlich zu vorübergehender Durchströmungssteigerung). Auch unter **I**- u. **II**-Einfl. ist eine normale Venenconstriction nach intradermaler Injektion von *5-Hydroxytryptamin* (**III**) zu beobachten; die durch intraarterielles **III** bewirkte Durchblutungsverminderung kommt auch nach **I**-Behandlung zustande. Ein direkter Antagonismus zwischen **I** u. **III** scheint nicht zu bestehen, wenn auch durch **I** (infolge Verhütung weiterer Thromben-Bldg.) möglicherweise die **III**-Abgabe an denKreislauf vermindert wird. U. Tausendfreund. 4574◇

1405 **Die Antiheparin-, Antikoagulans- und hypotensiven Eigenschaften von Hexadimethrine und Protamin.** W. S. Egerton und C. L. N. Robinson. (Lancet **1961** (II), 635–37, 16/9. 1961; Saskatoon, Univ. Hosp.; engl.) — 0,5 mg *Hexadimethrine* [Polybrene]/kg u. *Protamin* zeigen beim Hundevers. eine kurzdauernde antikoagulierende Wirkung. Beide neutralisieren vorher verabreichtes *Heparin*. Bei schneller Injektion bewirken beide Substanzen einen Abfall des system. u. einen schwachen Anstieg des Druckes in der Pulmonararterie. Beide Veränderungen sind nach 7 Min. wieder behoben.
P. Gregorzewski. 4574◇

1406 **Totale nichtdialysierbare Festkörper in menschlichem Urin.** 11. Mitt. **Chemische Analyse von gereinigtem normalen Uromucoid.** J. Stanton King jun., Marvel L. Fielden und William H. Boyce. (Arch. Biochem. Biophysics **25,** 424–27, 1961; Winston-Salem, N. C., Wake Forest Coll., Bowman Gray School of Med., Dep. of Biochem. and Urol.; engl.) — 10. vgl. Arch. Biochem. Biophysics **95,** [1961], 310. — Nach der analyt. Meth. von King u. Boyce (J. clin. Invest. **38,** [1959], 1927) wird nach dem Verf. von Boyce, King u. Fileden (J. clin. Invest. **40,** [1961], 1453) menschliches normales *Uromucoid* (**I**) gereinigt u. analysiert. Das IR-Spektrum von **I** wird festgelegt. In **I** finden sich nicht veresterte Fettsäuren, aber keine Glyceride. *Sialsäure* ist zu 2%, *Glucosamin* 8,4%, *Galaktose* 5,43%, *Mannose* 4,37%, *Glucose* 2,99%, *Fucose* 1,3%, *Rhamnose* 0,52% u. *Ribose* 0,62% vorhanden. Die Aminosäuren betragen 58,7%, im einzelnen: *Lysin* 2,508%, *Histidin* 1,932%, *Arginin* 3,948%, *Asparaginsäure* 6,582%, *Threonin* 4,132%, *Serin* 3,792%, *Glutaminsäure* 6,161%, *Prolin* 2,526%, *Glycin* 2,762%, *Alanin* 3,041%, 1/2 *Cystin* 3,326%, *Valin* 3,730%, *Methionin* 1,524%, *Isoleucin* 1,972%, *Leucin* 4,966%, *Tyrosin* 3,159%, *Phenylalanin* 2,675%. Die Identität von **I** u. dem Harnmucoprotein von Tamm u. Horsfall wird somit bewiesen. G. Kimmerle. 4577△

1407 **Pseudouridinstoffwechsel.** 2. Mitt. **Harnausscheidung bei Gicht, Psoriasis, Leukämie und heterozygoter Orotsäureurie.** Sherman Weissman, Arthur Z. Eisen u. Myron Karon. (J. Lab. clin. Med. **59,** 852–58, Mai 1962; Bethesda, Md., Nat. Cancer Inst., Dermatol. and Med. Branch, Metabol. Serv.; engl.) — 1. vgl. C. **1963,** 17386. — Die Pyrimidinkomponente von Ribonucleinsäure, *Pseudouridin* (*5-Ribosyluracil*; **I**), welche durch *Orotsäure* (**II**) synthetisiert wird, wird von Gesunden bei einer purinfreien Kost mit 70 g Eiweiß in Mengen von durchschnittlich 42 mg/24 Std. mit dem Harn ausgeschieden. In der Familie eines Kindes mit congenitaler **II**-Ausscheidung fand sich normale **I**-Ausscheidung. Bei Leukämie kann die Ausscheidung von **I**, unter Überschneidung mit Normwerten, bis zu 235 mg/Tag ansteigen. Bei Gicht werden größere **I**-Mengen als normal ausgeschieden; eine Beziehung zwischen **I**- u. *Harnsäure*(**III**)-Ausscheidung besteht dabei nicht. Bei Psoriasis ist die **I**-Ausscheidung ebenfalls erhöht, es besteht jedoch eine positive Korrelation zwischen **I**- u. **III**-Ausscheidung u. der prozentualen Befallenheit der Haut. U. Tausendfreund. 4577◇

1408 **Ausscheidung von Glykoproteinen im Urin während der Schwangerschaft.** G. Marcotte-Boy und F. Le Brun. (Ann. Biol. clin. **20,** 997—1002, 1962; Paris, Fac. de Méd., Labor. de Chim. Biol.; franz.) — Die Ausscheidung von *Glykoproteinen* (I) im Urin nimmt vom Beginn bis zum 8. Monat der Schwangerschaft zu u. entspricht im 9. Monat der des 8. Monats. Der geringe Anstieg zu Beginn der Schwangerschaft reicht nicht zur Schwangerschaftsdiagnose aus. Der Anstieg des Choriongonadotropins in den ersten 3 Monaten geht mit der geringen I-Erhöhung einher. Der starke Anstieg im 6.—8. Monat hängt mit der Placenta-Aktivität zusammen. W. Wesly. 4577◇

1409 **Quantitative Bestimmung der einzelnen und gesamten freien Aminosäuren im Harn. Schnellmethode unter Verwendung von Hochspannungspapierelektrophorese und direkter Densimetrie und ihre Anwendung auf die Aminosäureausscheidung im Harn von Normalpersonen.** C. Charlton Mabry und Willis R. Todd. (J. Lab. clin. Med. **61,** 146—57, 1963; Lexington, Ky., Univ. of Kentucky, School of Med., Dep. of Pediatr.; engl.) — Beschreibung einer neuen Meth. zur Best. von *Aminosäuren* im Harn. Die Meth. ist genauer als die übliche Papierchromatographie, einfacher als die Säulenchromatographie (in der Genauigkeit jedoch dieser vergleichbar) u. rascher als beide. K. Zingraf. 4577◇

1410 **Die Konzentration von 5-Hydroxyindolylessigsäure und Indolyl-(3)-essigsäure im Harn der Kuh in Beziehung zur Ernährung und zum Graviditätszustand.** D. Spisni, T. L. Frateschi und E. Ghelardoni. (Arch. Scienze biol. **46,** 412—18, 1962; Pisa, Univ., Ist. di Fisiol. generale e spec. degli Animali domest. e Chim. biol.; ital.) — Der Geh. von *5-Hydroxyindolylessigsäure* im Harn war am 20. Tag nach dem Decken bei trächtigen Kühen höher als bei nicht trächtigen. Fütterung der Tiere mit Grün- oder Trockenfutter bewirkte keine Unterschiede. Der Geh. von *Indolyl-(3)-essigsäure* im Harn zeigte bei den verschiedenen Tiergruppen keine signifikanten Unterschiede. K. Zingraf. 4577◇

1411 **Neuraminsäure und Hexosen in Proteinen einiger Körperflüssigkeiten.** J. Dżułyńska, Z. Piekarska und R. Gajzler. (Bull. Acad. polon. Sci., Sér. Sci. biol. **9,** 315—18, 1961; Warsaw, Polish Acad. of Sci., Inst. of Biochem. and Biophys.; Inst. of Antibiotics; engl.) — Untersucht wird der Geh. an *Neuraminsäure* (I) u. *Hexosen* (II) in Pleura-, Synovial-, Bullaefl. u. Ascites. Das Verhältnis II/I beträgt bei allen Proben ungefähr 2. P. Gregorzewski. 4578◇

1412 **Untersuchungen über die Sialsäure (Neuraminsäure) im Cerebrospinalliquor. 5. Mitt. Protein-gebundene Sialsäure im Cerebrospinalliquor bei Geisteskrankheiten.** Akira Mukai und Tatsunori Ejima. (Tohoku J. exp. Med. **77,** 343—51, 1962; Sendai, Tohoku Univ. School of Med., Dep. of Neuropsychiatr.; Ichinoseki, Iwate Pref. Nanko Mental Hosp.; engl.) — 4. vgl. C. **1963,** 15176. — Der Geh. an Protein-gebundener *Sialsäure* im Cerebrospinalliquor betrug bei Normalpersonen 0,218 ± 0,048 mg%. Er war bei Schizophrenie, Depression, Manie u. bes. bei chron. Alkoholismus deutlich erhöht. K. Zingraf. 4578◇

1413 **Koproporphyringehalt der Amnionflüssigkeit bei normalen und erkrankten Kindern.** Robert C. Goodlin und Samuel Schwartz. (Amer. J. Obstetr. Gynecol. **84,** 808—11, 15/9. 1962; Minneapolis, Minn., Univ. of Minnesota, Med. School, Dep. of Obstetr. and Gyn. and Dep. of Med.; engl.) — Die Unters. der Amnion-Fl. auf *Koproporphyrin* (I)-Geh. in 191 Fällen (207 Proben) führte zu folgenden Ergebnissen: weniger als 3 μg/100 ml bei normalen Kindern (Entnahmemöglichkeit der Amnion-Fl. vor der Entbindung, 36 Fälle, Durchschnitt 1,9 μg%; während der Entbindung, 39, 2,8 μg%); meist erhöht (bis 68 μg%) bei Kindern mit Erythroblastose (53 Fälle), dabei dann niedriger *Hämoglobin*-Geh. im Nabelschnurblut; ebenfalls erhöhte Werte bei Fruchttod (12); normale Werte bei mütterlichem Diabetes (21), bei Toxämie während der Gravidität (10) u. übertragenen Kindern (8); erhöhte Werte bei mütterlicher Hepatitis (2) u. meist auch bei Placentalösung (4). U. Tausendfreund. 4583◇

1414 **Über den Kohlenhydratumsatz in einigen Muskeln der Hühnerembryonen.** O. Ju. Nikitina. (Ukrain. biochem. J. **35,** 188—94, 1963; Borki, Ukrain. Forschungs-Inst. für Geflügelzucht; ukrain., Auszug: engl.) — Die Beobachtungen an 10—22 Tage alten Hühnerembryonen ergaben bis zum 19. Tag eine Zunahme des Geh. an *Glykogen* (I) u. *Glucose* (II) in den Brust- u. Beinmuskeln, danach eine Abnahme, bedingt durch den erhöhten Energieverbrauch beim Schlüpfen. Im letzten Stadium der embryonalen Entw. enthalten die Beinmuskeln wesentlich mehr I u. II als die Brustmuskeln. Die Beinmuskeln verwerten bei der anaeroben Glykolyse sowohl I wie II; bes. stark ist die II-Verwertung im Frühstadium der Entwicklung. Bei Zusatz von Stärke tritt eine starke II-Zunahme ein, bedingt durch die Wrkg. der Muskelamylase. O. Lebtag. 4583△

1415 **Die Polysaccharide des Epithels der Hornhaut und der Schleimhaut des Auges in der Embryogenese.** W. A. Wassiljewa. (Arch. Anatom. Histol. Embryol. [UdSSR] **41,** Nr. 12, 30—33, 1961; Leningrad, Sanitär-hygien. Med. Inst., Lehrstuhl für Histolog. u. Embryolog.; russ., Auszug: engl.) — Unterss. der Hornhautepithelien u. der Augenschleimhaut von Hühnerembryonen oder 1,5 Tage alten Küken nach 4—20tägiger Inkubation nach der Perjodat-Schiff-Rk. nach Hotchkiss zeigten während der Histogenese bes. in den zukünftigen Spezialzellen mit stärkerem Stoffwechsel zunehmende Vermehrung des Geh. an *Polysacchariden.* I. v. Kloch-Kornitz. 4583◇

1416 **Einbau von Aminosäuren in die Proteine von isolierten Zellen und Gesamthomogenaten von Seeigelembryonen.** Giovanni Giudice. (Arch. Biochem. Biophysics **99,** 447—50, 1962; Palermo, Univ., Labor. of Comp. Anat.; engl.) — In isolierten Zellen von Seeigelembryonen in verschiedenen Entw.-Stadien war der Einbau von ^{14}*C-L-Leucin* in die Proteine am höchsten, wenn als Medium künstl. Ca-freies Meerwasser benutzt wurde. Bei Zusatz eines Energie-liefernden Syst. wurde der Einbau etwas gehemmt; dagegen erfolgt in Homogenaten der Einbau nur in Ggw. eines solchen Systems. K. Zingraf. 4583◇

1417 **Der Einfluß verschiedener Zinksulfat-Zulagen auf die Retention von Mengen- und Spurenelementen bei wachsenden Schweinen.** M. Kirchgessner und W. Oelschläger. (Arch. Tierernähr. **11,** 310—20, 1/3. 1962; Hohenheim, Landw. Hochschule, Inst. für Tierernährung; Weihenstephan, Techn. Hochschule München, Inst. für Tierernährung; dt.) — Schweine erhalten in 3 Gruppen während der Anfangs-, Mittel- u. Endmast zum Futter 88 mg (Gruppe 2) u. 176 mg (Gruppe 3) $ZnSO_4 \cdot 7 H_2O$/kg Futter. Hinsichtlich Gew.-Zunahme, Futterverbrauch, Futterverwertung u. Eiweißansatz ist die Ggw. von Zn ohne Einfluß. Dagegen wird die Zn-Retention erhöht, wobei sich dieser Befund auf die Anfangsmast konzentriert. Aus der erhöhten Ca, Mg u. P-Ausscheidung über die Faeces manifestiert sich eine verminderte Retention dieser Elemente. Hingegen wird über den Harn weniger Ca u. Mg ausgeschieden. Von den weiter geprüften Elementen wie Si, Na, K, Cl, S, Fe, Al, Cu, Ni, Co, Cr u. Mn zeigt sich nur beim zuletztgenannten Element ein Einfl. verminderter Retention. A. Täufel. 4585◇

1418 **Einfluß des Kobalts auf den Stickstoffumsatz beim Geflügel.** F. M. Gadshijew. (Nachr. Akad. Wiss. AserbaidshanSSR, Ser. biol. med. Wiss. **1961,** Nr. 9, 117—20; russ., Auszug: aserbaidshan.) — In den ersten Tagen bewirkte die Fütterung des Geflügels mit *Co*-haltigem Futter eine Verminderung der Assimilation der N-haltigen Stoffe. Zu dieser Zeit wurde eine Erhöhung des Rest-N im Geflügelblut ermittelt. Gleichzeitig beobachtete man auch eine Erhöhung der Globulinfraktionen im Blut, was auf gesteigerte immunobiolog. Rk. des Geflügelkörpers in dieser Periode hinweist. Dabei verminderte sich der Albumin-Globulinkoeff. von seiner Norm auf 1 : 0,84—1 : 0,75. In den nachfolgenden Tagen stieg im Geflügelblut der Geh. an Gesamt-N u. Eiweiß u. es verminderte sich der Rest-N, was auf eine Verbesserung der Assimilation der N-haltigen Stoffe vom Futter hinweist. Es verminderten sich die Globulin- u. es stiegen

die Albuminfraktionen von Eiweiß. Dies erklärt sich durch Gewöhnung des Geflügels an das Futter mit Co.
M. Gordienko. 4585◇

1419 **Proteinarme Ernährung und Störungen der endokrinen Drüsen: Biochemische Veränderungen.** Carey R. C. Heard und R. J. C. Stewart. (Acta endocrinol. [Copenhagen], Suppl. Nr. **51,** 1277, 1960; London, Nat. Inst. for Med. Res., Human Nutrition Res. Unit.; engl.)
H. Herper. 4585□

1420 **Die Verwertung reiner Nährstoffe.** 1. Mitt. **Versuche mit Kaninchen und Ratten.** K. Nehring, W. Jentsch und R. Schiemann. (Arch. Tierernähr. **11,** 233–64, 1/3. 1962; Rostock, Oskar Kellner Inst. für Tierernährung; dt.) — Es werden Fütterungsverss. an Kaninchen (K.) u. Ratten (R) mit reinen Nährstoffen (Erdnußöl, Dorschmehlprotein, Stärke, Saccharose, Lactose, Glucose, Fructose u. Galaktose) vorgenommen u. in Gesamtstoffwechselverss. die Fettproduktionswerte gemessen. Dabei wird zur Best. des energet. Ansatzwertes isolierter Nährstoffe nach dem vollständigen Differenzverf. der Anordnung Grundfutter-/Zulage-/Grundfutterperiode gearbeitet. In der Zulageperiode erhalten die Vers.-Tiere zum Grundfutter die reinen Nährstoffe; bei K. schwanken die Mengen zwischen 15–24 g/Tag, bei R zwischen 1,5–2,5 g/Tag. Nach der vorausgegangenen Unters. der Verdaulichkeit, des Einfl. der reinen Nährstoffe auf Harnausscheidung u. Gaswechsel werden die Verwertungskoeff. ermittelt. Bei K. liegen sie zwischen 60,8 (Dorschmehlprotein) u. 92,8 (Erdnußöl), bei R zwischen 63,6 u. 83,1. Es wird danach bei Dorschmehlprotein eine niedrige Verwertung festgestellt. Die Stärke- u. Saccharidwerte liegen dazwischen u. weisen keine signifikanten Unterschiede auf. Es werden Unterschiede im Erhaltungsstoffwechsel, nicht jedoch im Fettstoffwechsel nachgewiesen. Nach den Angaben der Vff. ist die Differenzmeth. unter bestimmten Voraussetzungen anwendbar, wenn Grund- u. Zulageperiode eng beieinanderliegen. Die fehlerkrit. Auswertung der Best. ergibt eine ausreichende apparative u. analyt. Genauigkeit.
A. Täufel. 4585◇

1421 **Die Verwertung reiner Nährstoffe.** 2. Mitt. **Versuche mit Schweinen.** R. Schiemann, L. Hoffmann und K. Nehring. (Arch. Tierernähr. **11,** 265–83, 1/3. 1962; dt.) — 1. vgl. vorst. Referat. — An den Vers.-Tieren werden signifikante Differenzen im Erhaltungsstoffwechsel festgestellt, während sich im Fettstoffwechsel keine Unterschiede ergeben. Nach vorausgegangener Best. der Verdaulichkeit, des Einfl. der reinen Nährstoffe auf Harnausscheidung u. Gaswechsel werden die Verwertungskoeff. ermittelt. Sie betragen für Erdnußöl 85,9, für Dorschmehlprotein 65,5, für Weizenkleberprotein 59,1, für Kartoffelstärke 75,7 u. für Saccharose 74,6. Danach wird Erdnußöl hoch verwertet. Die Verss. stehen mit Ergebnissen an Ratten u. Kaninchen im Einklang. A. Täufel. 4585◇

1422 **Die Fettsäurezusammensetzung der Eigelblipide in Beziehung zu den Nahrungsfetten.** J. H. Skellon und D. A. Windsor. (J. Sci. Food Agric. **13,** 300–03, Mai 1962; London, Acton, Brunel Coll. of Technol., Chem. Dep.; engl.) — Bei Verfütterung bis zu 15% Sonnenblumen- oder Maisöl steigt der *Linolsäure*-Geh. im Eidotterlipid nicht über 35% der Gesamtfettsäuren. Der Gesamtgeh. ungesätt. Fettsäuren erhöht sich von 36% auf 72%. Ebenfalls erhöht ist der Geh. an *Stearinsäure*. Die Ggw. von *Clupanodonsäure, Margarin-* u. *Isopalmitinsäure* kann nicht bestätigt werden. Der *Arachidonsäure-* u. *Linolensäure*-Geh. sind ebenfalls erhöht. 5- u. 6fach ungesätt. Fettsäuren können nicht nachgewiesen werden. P. Gregorzewski. 4585◇

1423 **Sowjetische Untersuchungen über Ernährung und höhere Nerventätigkeit.** Josef Brožek. (Ann. New York Acad. Sci. **93,** 667–714, 12/9. 1962; Bethlehem, Pa., Lehigh Univ., Dep. of Psychol.; engl.) — Übersicht über russ. Arbeiten über die Einw. von Calorienverringerung u. Einschränkung einzelner Nahrungsstoffe, Halbfasten u. Fasten, Vitamine, Eiweißkörper u. Aminosäuren sowie anderer Ernährungsfaktoren auf die höhere Nerventätigkeit. — 96 Literaturangaben. K. Zingraf. 4585◇

1424 **Zum Wirkungsmechanismus von Vitamin B$_1$: Reindarstellung und enzymatische Reaktionen von „aktivem Acetaldehyd" (2-[α-Hydroxyäthyl]-thiaminpyrophosphat).** Heinz Werner Goedde. (Int. Z. Vitaminforsch. [Bern] **33,** 18–40, 1963; Freiburg i. Br., Univ., Physiol. -Chem. Inst.; dt.) — Vf. berichtet über Unterss. zur Oxydation u. Decarboxylierung der *Brenztraubensäure*. Es wird die enzymat. u. chem. Darst. von *2-(α-Hydroxyäthyl)-thiaminpyrophosphat* (*HETPP*), seine quant. Best. u. Charakterisierung, sowie enzymat. Umsetzungen u. zentrale Stellung im Stoffwechsel beschrieben u. diskutiert. H. Ackermann. 4587◇

1425 **Ein Vergleich der hypotensiven Effekte von Thiaminmonophosphorsäureester und Thiaminhydrochlorid.** Nathan Watzman, John J. DeFeo und Joseph P. Buckley. (J. Amer. pharmac. Assoc., sci. Edit. **48,** 404–06, 1959; Pittsburgh, Pa., Univ. of Pittsburgh, School of Pharmacy; engl.) — I. v. injiziertes *Thiaminhydrochlorid* (**I**) bewirkt Blutdruckabfall und da *Thiaminmonophosphorsäureester* (*Ro 1-4788*; **II**) bei Tieren mit Vitamin B$_1$-Mangelzuständen ebenso wirksam war wie **I**, wurde an Ratten u. Hunden vergleichend der Einfl. von **I** u. **II** auf den Blutdruck untersucht. Anästhetisierte Wistar-Ratten (Urethan 1,2 g/kg intraperitoneal) erhielten 20 mg **I**/kg bzw. die äquimolare Dosis **II** (23,6 mg/kg) i. v. und anästhetisierte Mongrel-Hunde (Pentobarbital-Na 35 mg/kg i. v.) erhielten 10 mg **I**/kg bzw. 11,8 mg **II**/kg intravenös. Die hypotensive Wrkg. von **I** war 40,8% größer als die von **II** bei den Rattenverss. u. 42,8% größer bei den normotensiven Hunden. Zwischen den Wrkg. auf die peripheren Gefäße besteht zwischen **I** u. **II** kein Unterschied. K. Böhm. 4587◇

1426 **Der Umsatz von Vitamin B$_1$ bei Kindern mit tuberkulöser Meningitis.** T. O. Motus. (Pädiatrie, Geburtshilfe Gynäkol. (Kiew) **1961,** Nr. 6, 12–15; Kiew, Med. Bogomolez-Inst., Lehrstuhl für Hospitalpädiatrie, Wiss. med. Inst., biochem. Labor.; ukrain.) — Kinder mit tuberkulöser Meningitis zeigten analog der Schwere des Krankheitsverlaufes Verringerung der *Thiamin* (**I**)-Ausscheidung im Harn, Vermehrung der *Brenztraubensäure* im Harn u. Blut. Vermehrung der **I** u. Verminderung der **II** gilt als gute, Verminderung der **I** u. Vermehrung der **II** während des Krankheitsverlaufes als schlechte Prognose. Injektion von 10–25 mg **I** intralumbal hatte besseren klin. u. biochem. therapeut. Erfolg als i. m. oder perorale Zufuhr von 15–30 mg.
I. v. Kloch-Kornitz. 4587□

1427 **Chronische Toxizität von Thiamin-β-hydroxyäthyldisulfid.** Ichiro Ishikawa, Motoi Ishidate, Kyo Kajiwara, Shigeo Fujita, Minoru Komatsu und Yoshitomo Aramaki. (Annu. Rep. Takeda Res. Lab. **17,** 83–91, 1958; jap., Auszug: engl.) — Ratten wurden 6 Monate lang mit einer Diät gefüttert, die 0, 40, 200 u. 1000 ppm *Thiamin-β-hydroxyäthyldisulfid* (*2-Methyl-5-{N-formyl-N-[3-(β-hydroxyäthyldisulfido)-5-hydroxypenten-(2)-yl-(2)]-aminomethyl}-6-aminopyrimidin*) enthält. Es werden auch bei der höchsten Dosis keine tox. Wrkg. festgestellt. P. Gregorzewski. 4587◇

1428 **Bestimmung von O.S-Dibenzoylthiamin und Thiamin-2-hydroxyäthyldisulfid.** Makoto Hoshino und Masamichi Kuriyama. (Annu. Rep. Takeda Res. Lab. **17,** 105–10, 1958; jap., Auszug: engl.) — Vgl. C. **1959,** 6871. — *O.S-Dibenzoylthiamin* (**I**) oder *Thiamin-2-hydroxyäthyldisulfid* (**II**; [*2-{N-(2-Methyl-4-aminopyrimidyl-(5)-methyl)-formamido}-5-hydroxypenten-(2)-yl-(3)]-β-hydroxyäthyldisulfid*) werden mit ihren sie gewöhnlich begleitenden Verunreinigungen (O-Benzoylthiamin u. *Thiamin* (**III**) bzw. Thiamindisulfid u. **III**) vermischt u. 3 Std. der Papierelektrophorese (300 V/40 cm) u. 30%ig. Essigsäure unterworfen. Die Flecke werden unter UV-Beleuchtung ausgeschnitten, mit 0,01 bzw. 0,1 n HCl eluiert u. **I** bei 237 u. 265 mμ u. **II** bei 243 mμ gemessen.
P. Gregorzewski. 4587◇

1429 **Untersuchungen über Standardlösungen.** 1. Mitt. **Untersuchungen über Standardlösungen von Vitamin B$_1$.** Hiroshi Fujiwara und Tomizo Nakata. (Annu. Rep. Takeda Res. Lab. **17,** 7–12, 1958; jap., Auszug: engl.)
P. Gregorzewski. 4587◇

1430 **Untersuchungen über Standardlösungen.** 2. Mitt. **Untersuchungen von Standardlösungen von Vitamin B_2.** Hiroshi Fujiwara. (Annu. Rep. Takeda Res. Lab. **17,** 13—15, 1958; jap., Auszug: engl.) — 1. vgl. vorst. Referat. — Kommerzielles *Vitamin B_2* ist nach Waschen mit Chlf. zur Herst. von Lsgg. geeignet.
P. Gregorzewski. 4587◇

1431 **Zur Standardisierung der Vitamin-B_1-Bestimmung in Getreide und Getreideprodukten.** B. Gaßmann, J. Janicki und E. Kaminski. (Int. Z. Vitaminforsch. [Bern] **33,** 1—17, 1963; Potsdam-Rehbrücke, Inst. für Ernährung u. Poznán, Polen, Landwirtschaftl. Hochschule, Inst. für Lebensmitteltechnol.; dt.) — Eine internationale Gemeinschaftsunters. wurde zur Standardisierung der chem. *Vitamin-B_1*-Best. für Getreideprodd. an Weizen- u. Weizenmehlproben durchgeführt. Zur Anwendung gelangte die Thiochrommeth. mit folgenden Modifikationen: 1. mit externem Standard u. fermentativer Nachbehandlung des Extraktes mit *Clarase* (Takamine Labor., Clifton, N. Y.), 2. mit externem Standard ohne *Clarase* u. 3. mit internem Standard. Durch statist. Auswertungen konnten keine signifikanten Abweichungen der Analysenergebnisse von der Art des zur Meßkorrektur verwendeten Blindwertes festgestellt werden. Das Verfahren 1 hat sich jedoch als am günstigsten erwiesen. Ferner wird für die Abtrennung des *Thiamins* die Verw. von *Decalso* (ein Zeolith, Fisher Scintific Co., Pittburgh, Pa.) vorgeschlagen.
H. Ackermann. 4587◇

1432 **Untersuchungen über die Trennung von drei Riboflavinformen nach der Methode von Crammer.** Kazuo Hotta, Isao Ishiguro und Zyunko Naito. (Vitamins [Kyoto] **22,** 271—76, 1961; Nagoya, Univ., Fac. of Med., u. Gifu, Coll. of Pharm.; jap., Auszug: engl.) — Die papierchromatograph. Trennung von *freiem Riboflavin, Flavinmononucleotid* u. *Flavinadenindinucleotid* gelingt in Ggw. von Ammoniumsulfat; Phenol hat auf diese Trennung keinen Einfluß. K. F. Müller. 4587□

1433 **Wirkung von Riboflavin, Cholin, Pantothensäure und Vitamin A auf die Natriumausscheidung im Harn von Ratten.** Tatsuo Koyanagi und Shinichi Hareyama. (Tohoku J. exp. Med. **77,** 390—93, 1962; Sendai, Tohoku Univ., Fac. of Agr., Labor. of Nutr.; Morioka, Iwate Univ., Dep. of Agr.; engl.) — Die Ausscheidung von Na im Harn u. die Konz. von *Pantothensäure* (I) in der Leber von Ratten wurde durch Zusatz von *Riboflavin, Cholin,* I u. *Vitamin A* zum Futter erhöht.
K. Zingraf. 4587◇

1434 **Coenzym- Q-Stoffwechsel bei Pantothensäure-Mangel.** A. S. Aiyar und A. Sreenivasan. (Proc. Soc. exp. Biol. Med. **107,** 911—14, Aug.-Sept. 1961; Mysore, India, Central Food Technol. Res. Inst.; engl.) — *Pantothensäure*(I)-Mangel bewirkt Abnahme an *Coenzym Q* (II) u. *Bernsteinsäureoxydase*-Aktivität in der Leber. Verabreichung von I an Mangeltiere ruft Wiederherstellung der Normalität nach 24 Std. hervor. Die Mangeltiere zeigen eine verminderte Inkorporation von markiertem *Acetat* u. *Mevalonat* in das II der Leber, was eine verminderte Synth. von II als die mögliche Ursache der erniedrigten Leberspiegel von II bei I-Mangel anzeigt.
H. Aman. 4587◇

1435 **Die Rolle von reduzierenden Substanzen, den Nebennieren und der Hypophyse bei der Umwandlung von Folsäure in Citrovorum-Faktor.** V. M. Doctor. (Endocrinology **67,** 90—96, 1960; Houston, Tex., Univ. M. D. Anderson Hosp. and Tumor Inst., Dep. of Med.; engl.) — Bei Ratten wird der im Urin ausgeschiedene *Citrovorum-Faktor* (CF) nach Folsäuregabe (I) durch einen weiteren Faktor, *N^{10}-Formyltetrahydrofolsäure* (II), ergänzt, der hitze- u. alkalilabil ist. Im Autoklaven läßt sich II zusammen mit *Ascorbinsäure* (III) in CF überführen. Vff. stellen fest, daß III bei Ratten sowohl oral, als auch in den Sammelurin gegeben den Anteil von II erhöht. In gleicher Weise schützen *Glutathion* u. *Homocystein* II in vitro vor der Zersetzung; *Cystein* ist nur schwach wirksam. Nach der Entfernung der Nebennieren ist die Ausscheidung von CF, nicht aber von II, eingeschränkt. Die Entfernung der Hypophyse vermindert die Ausscheidung beider Teile der Gesamt-CF-Aktivität; Gabe von Wachstumshormon von Rindern steigert die verminderte Ausscheidung wieder. Adrenocoticotropes oder Thyreotropes Hormon hat keinen Einfl. auf die CF-Ausscheidung. P. Lange. 4587◇

1436 **Polarographische Bestimmung von Pteroylglutaminsäure und anderen Pteridinen.** Yutaka Asahi. (Annu. Rep. Takeda Res. Lab. **17,** 1—6, 1958; jap., Auszug: engl.) — Es wird eine Beschreibung des polarograph. Verhaltens verschiedener Pteridine u. der *Pteroylglutaminsäure* (I) gegeben. Während sich die erste Red.-Welle infolge Überlappung nur zur Best. der Gesamt-Pteridine eignet, können mit der zweiten Welle I u. *Pteroinsäure* u. mit der dritten Welle I bestimmt werden.
P. Gregorzewski. 4587◇

1437 **Untersuchungen über die Stabilisierung von Vitamin B_{12} und Folsäure in injizierbaren Leberextrakten.** V. G. Pradhan, J. D. Jukar und K. A. Hamied. (J. sci. ind. Res. [New Delhi], Sect. D **20,** 245—46, 1961; Bombay, Cipla Labor. Ltd., Dep. of Biochem.; engl.) — Der Geh. an *Vitamin B_{12}* u. *Folsäure* (I) in injizierbaren Leberextrakten nimmt bei der Lagerung merkbar ab. Als Stabilisatoren wurden (1 mg/ml Leberextrakt) untersucht: *$FeCl_3$, $Na_2S_2O_4$, $Na_2S_2O_5$, $NaNO_2$* (II), *$(NH_4)_2SO_4$* (III), *Ammoniummolybdat* (IV), *Ascorbinsäure, Niacinamid, Thioharnstoff* u. *NaS_2O_3*. II, III u. IV sind die besten Stabilisatoren für *Vitamin B_{12}*, sie verhindern am besten die Oxydation des Cyanocobalamins. I kann nur durch IV ausreichend stabilisiert werden. Nach einer Lagerdauer von 2 Monaten bei 45° betrug der Geh. bei Verwendung von IV als Stabilisator an *Vitamin B_{12}* 100 u. an I 96,1%. K. Böhm. 4587◇

1438 **Einzelbestimmung von radioaktivem Vitamin B_{12} im Plasma als Test für perniciöse Anämie.** Wil B. Nelp, John G. McAfee und Henry N. Wagner jun. (J. Lab. clin. Med. **61,** 158—65, 1963; Baltimore, Md., Johns Hopkins Hosp., Diagnost. Radioisotope Labor.; engl.) — Die Best. von *Vitamin B_{12}* (I) in einer einzelnen Plasmaprobe 8 Std. nach einer oralen Dosis von ^{57}Co-I war ein geeigneter Test für die Diagnose der perniciösen Anämie u. der Resorptionsstörung von I infolge von Darmkrankheiten. Der Test ist einfacher als der Schilling-Test u. von der Nierenfunktion unabhängig.
K. Zingraf. 4587◇

1439 **Vitamin-B_{12}-Stoffwechsel bei Polycythaemia vera.** I. W. Delamore. (Clin. Sci. **20,** 177—84, April 1961; Edinburgh, Univ. Dep. of Med.; Royal Infirmary; engl.) — Unters. der Magenfunktion, der *B_{12}*-Resorption (mit ^{58}Co als Tracer) u. des Serum-Vitamin-B_{12}-Geh. an 20 Polycythaemia vera-Patienten.
U. Drehmann. 4587◇

1440 **Wirkung von D-Sorbit auf die Resorption und den Transport von Nährstoffen von der Mutter zum Fötus.** Bufronio O. Carrasco, Francisco R. Jose, Gregorio D. Samson, Erlinda Germar und Beatrice Padilla. (Amer. J. clin. Nutrit. **11,** 533—36, Nov. 1962; Manila, Univ. of The Philippines, Inst. of Hyg.; engl.) — *D-Sorbit* (I) besaß keinen Einfl. auf die Resorption von *Vitamin C, Vitamin B_6* oder *Fe* durch die Mutter oder den Transport derselben zum Fötus. Die Resorption von *Vitamin B_{12}* scheint durch I etwas gesteigert zu werden, jedoch in einem Maß, das klin. nicht von Bedeutung ist.
K. Zingraf. 4587◇

1441 **Identifizierung und Bestimmung der Ascorbinsäure (Vitamin C) mit Janusgrün und ihre Lokalisierung in den Mitochondrien.** J. Ferreira-Marques und S. C. Gomez. (Int. Z. Vitaminforsch. [Bern] **33,** 40—48, 1963; Mendoza, Argentina, Fac. de Ciencias Med., Dep. of Dermatol., Res. Labor.; engl.) — Durch *Ascorbinsäure* (I) wird *Janusgrün* (II) zu *Äthylsafranin* red.; die Red. ist temp.-abhängig. Bei pH 6 beträgt die Nachw.-Grenze 1:50000 u. steigt nach Ansäuern mit Eisessig (pH 3) auf 1:100000. Die Red. des II durch I erfolgt auch in pflanzlichen u. tier. Geweben. Es wurde mit II der Beweis erbracht, daß I in den Mitochondrien enthalten ist. Durch Behandlung der Gewebe mit Methanol wird I extrahiert u. die Gewebe verlieren die Fähigkeit II zu reduzieren. Bei der I-Best. mit II im Harn werden gleiche Resultate wie mit den üblichen Meth. erhalten. H. Ackermann. 4587◇

1442 **Beziehungen zwischen dem Vitamin-A-, Tocopherol- und Cholesteringehalt im Serum älterer Menschen.** B. S. Simić, S. Šibalić, M. Naumović, A. Simić, R. Marković und V. Raković (unter Mitarb. v. P. Todorović). (Int. Z. Vitaminforsch. [Bern] **33**, 48—56, 1963; Belgrade, Federal Inst. of Public Health; Univ., Med. Fac., Inst. of Hyg., Inst. of Hyg. of the People's Republic of Serbia; engl.) — Eine Gruppe älterer Leute erhielt über 5 Mon. tgl. 2500 I. E. *Vitamin A* (**I**), 10 mg *Tocopherol* (**II**) u. 50 mg *Vitamin C*. Zu Vers.-Beginn u. -Ende wurden der **I**-, *Carotinoid*-, **II**- u. *Gesamtcholesteringeh.* (**III**) im Serum, sowie der *systol.* u. *diastol. Blutdruck* bestimmt. Es wurden lineare Beziehungen zwischen **I**, **II** u. **III** sowie dem Blutdruck gefunden. **II** scheint vor allem als Antioxydans auf **I** zu wirken u. indirekt die endogene *Cholesterin*-Bldg. zu hemmen.

H. Ackermann. 4587◇

1443 **Einfluß von Vitamin D und verschiedenen Fettmengen in der Kost auf den Gehalt an Calcium und Phosphor in den Knochen wachsender weißer Ratten.** K. K. Golikow. (Ukrain. biochem. J. **35**, 264—73, 1963; Moskau, Ernähr.-Inst. der Akad. der Wiss. der UdSSR; russ.; Auszug: engl.) — In Verss. mit verschieden alten Ratten ist bei Diät mit normalem Geh. an Eiweiß (**I**) u. mineral. Stoffen (**II**), normalem Verhältnis *Ca/P* u. erhöhtem, vermindertem oder normalem *Fett*-Geh. bei Mangel an *Vitamin D* (**III**) röntgenolog. keine Rachitis zu beobachten. Bei normalem Fett-Geh. u. ausreichendem **III**-Geh. der Diät ist die Ca- u. P-Ablagerung in den Knochen normal. Bei **III**-Mangel in der Diät mit normalem Fett-Geh. ist diese Ablagerung bei 24 Tage alten Tieren vermindert, das Verhältnis Ca/P erhöht. Bei erhöhtem Fett-Geh. u. ausreichenden **III**-Mengen sind Ca- u. P-Geh. sowie Ca/P fast normal. **III**-Mangel in der vorgenannten Diät verursacht erhöhte Ca-Ablagerung in den Knochen. Geringer Fett-Geh. u. ausreichender **III**-Geh. führt bei 24 Tage alten Tieren zu den niedrigsten Werten für Körpergewicht, Gew. der Knochen u. Knochengeh. an **II**. Bei 30 Tage alten Tieren sind diese Werte normal. Bei verschiedenem Fett-Geh. der Diät mit immer gleichen **I**-Mengen (20% nach dem Calorienwert) zeigt **III** demnach eine verschiedene Wrkg. auf das Wachstum der Tiere u. die **II**-Ablagerung in den Knochen.

O. Lebtag. 4587△

1444 **Chemische Stimulierung und Modifizierung des Glucosestoffwechsels im Gehirn.** F. C. G. Hoskin. (Arch. Biochem. Biophysics **91**, 43—46, 1960; New York, N. Y., Columbia Univ., Coll. of Physicians and Surgeons, Dep. of Neurology; engl.) — Untersucht wurde der Einfl. von *Vitamin-K_3-Diphosphat* (**I**) u. von *Vitamin K_3* (**II**) auf die Stimulierung der Aktivität des Pentosephosphatcyclus in Gehirn (vgl. a. C. **1963**, 8241). **I** u. **II** wirken am stärksten bei 10^{-4} bzw. 10^{-6} m Konzentration. Die Stimulierung beruht nicht auf oxydativer Phosphorylierung. Der Einfl. von **I** sowie KCl u. ihre gegenseitige Beziehung zeigen, daß KCl-Stimulierung des Gehirnstoffwechsels auf der Permeabilitätsänderung in subcellularen Membranen beruhen kann. A. Hesse. 4587◇

1445 **Stoffwechselbeeinflussung durch hohe Magnesiumaufnahme.** F. W. Heaton und F. M. Parsons. (Clin. Sci. **21**, 273—84, 1961; Leeds, General Infirmary, Med. Res. Counc. Unit for Metabolic Disturbances in Surgery; engl.) — Die Unterss. wurden an 3 gesunden Personen u. einer Patientin mit unilateraler Nephrocalcinosis durchgeführt. Bestimmt wurden die Ausscheidung von *Mg*, *Ca*, *Na*, *K*, *Cl* u. *N* in Urin u. Faeces; die Aufnahme war während den einzelnen Versuchsabschnitten (Vor-, Mg-Zulage- u. Nachperiode) für jede Einzelperson konstant. Während der Mg-Zulage erhielten alle Personen tgl. 500 mg Mg. Dadurch wird die Mg-Absorption u. die Mg-Ausscheidung im Urin erhöht, die Mg-Bilanz ist positiv. Die Ca-Ausscheidung war bei 3 Personen erhöht, 2 davon wiesen trotzdem eine positive Ca-Bilanz auf. Die N-Ausscheidung wird im Urin, die K-Ausscheidung in den Faeces durch hohe Mg-Gaben herabgesetzt. Der Na- u. Cl-Stoffwechsel wird nicht beeinflußt.

H. Ackermann. 4596◇

1446 **Untersuchungen des Calciumstoffwechsels durch ^{45}Ca bei normalcalcämischer Tetanie und bei Hypoparathyreodismus.** G. Milhaud, J. P. Aubert, J. Bourrichon und H. P. Klotz. (Acta endocrinol. [Copenhagen], Suppl. Nr. **51**, 479, 1960; Paris, Inst. Pasteur, Labor. des Isotopes; Hôpital Bichat, Collège de Méd.; franz.) — Vgl. C. **1961**, 7290. H. Herper. 4596□

1447 **Untersuchungen über den Eisen- und Zinkstoffwechsel bei Hautkrankheiten unter besonderer Berücksichtigung der Pigmentkrankheiten.** Ryuzo Hasegawa. (Jap. J. Dermatol. **71**, 1307—19, Dez. 1961; Fukushima, Med. Coll. ,Dep. of Dermatol. and Urology; jap., Auszug: engl. S. 1317—19.) — Der Serum-*Fe*-Geh. betrug bei ♂ 119 u. bei ♀ 94 μg/dl. Bei allen untersuchten Hautkrankheiten wurde eine Abnahme des Fe im Serum beobachtet. Der *Zn*-Geh. des Serums betrug 118 μg/dl u. war bei ♂ u. ♀ gleich. Bei Riehls Melanosis stieg der Zn-Geh. an, bei Chloasma zeigten sich keine Veränderungen. Bei allen anderen untersuchten Hautkrankheiten war eine Abnahme zu verzeichnen. Der mittlere Zn-Geh. der Epidermis lag bei 66, der des Coriums bei 23 μg/g Trockengewebe. Zwischen *Melanin*-Geh. der Haut u. dem Zn-Geh. des Gewebes bestand keine Korrelation.

W. Hiller. 4596□

1448 **Brenztraubensäure-Stoffwechsel bei der Wilsonschen Krankheit.** J. M. Walshe. (Clin. Sci. **20**, 197—203, April 1961; Cambridge, Univ., Dep. of Exp. Med.; engl.) — Unters. des *Pyruvat*-Stoffwechsels bei z. T. vorbehandelten Patienten mit Berücksichtigung der Rolle von *Cu* bei der Pathogenese der Wilsonschen Krankheit.

U. Drehmann. 4596◇

1449 **Gravidität und Kohlenhydratstoffwechsel.** Robert S. Radding. (Amer. J. Obstetr. Gynecol. **84**, 767—69, 15/9. 1962; Houston, Tex.; engl.) — *Glucose*(**I**)-Toleranzteste (modifiziert, Probemahlzeit mit 50 g **I**, nach 1 Std. 50 g **I** in W., nach 1 Std. Blutzuckerprobe) an 54 graviden Frauen zeigten das Vorliegen eines prädiabet. Zustandes bei 9 Frauen (mehr als 130 mg% **I** im Blut). Außerdem konnte eine vom 1.-3. Vierteljahr fortschreitende Verminderung der Kohlenhydrat-Toleranz konstatiert werden (u. a. durch gesteigerte Corticosteroid-Sekretion), welche bei höherem Lebensalter stärker ausgeprägt war. U. Tausendfreund. 4596◇

1450 **Einfluß des Alters auf den Glycin- und Purin-Stoffwechsel.** M. Earl Balis und Kumud Samarth. (Arch. Biochem. Biophysics **99**, 517—21, 1962; Rye, N. Y., Sloan-Kettering Inst. for Cancer Res., Div. of Nucleoprotein Chem.; Cornell Univ. Med. Coll., Sloan Kettering Div.; engl.) — Die Konz. des nicht in Proteine eingebauten *Glycins* (**I**) im Gesamtkörper u. in verschiedenen Geweben ist bei jungen u. alten Hamstern gleich. Dagegen scheint die Speichermenge von **I** bei jungen Tieren viel rascher erneuert zu werden u. die Gesamtmenge des freien **I** ist bei jungen Tieren höher als bei alten. Dadurch kann wohl der anscheinend geringe Einbau von **I** in das *Adenin* der *Ribonucleinsäure* bei jungen Tieren erklärt werden. K. Zingraf. 4596◇

1451 **Die ^{35}S-Methioninverteilung in den Organen und Geweben von Karpfen bei verschiedenen Lebensbedingungen.** K. F. Ssorwatschew und G. P. Nowgorodowa. [Nachr. Moskauer Univ., Ser. Biol., Bodenkunde, Geol., Geogr.] **14**, Nr. 4, 17—23, 1959; Moskau, Univ., Lehrstuhl f. Biochemie der Tiere, Isotopenlabor.; russ.) — Fische vermögen aus dem W. *^{35}S-Methionin* aufzunehmen u. in allen Organen und Geweben schnell anzureichern. Die größten Mengen an markiertem S werden in Galle u. Darm angelagert. Aus gut belüftetem W. ist die Methionin-Anreicherung schlechter als aus O_2-ärmerem. Bei Temp.-Erniedrigung des W. auf 5° nimmt die Anreicherung der Aminosäuren stark ab.

H.-D. Bock. 4596◇

1452 **Histochemie und morphologischer Stoffwechsel der Lipide in den Geweben und Organen von Tier und Mensch.** A. I. Hadjioloff. (S.-B. dtsch. Akad. Wiss. Berlin, Kl. Med. **1961**, 1—21, 30/11.; dt.) — An Hand im wesentlichen eigener Unterss. werden in zusammenfassender Weise unter eingehender Definition der herangezogenen Fachausdrücke behandelt: die Stoffgruppe der biolog.-physikochem. erläuterten Lipide, ihr morpholog. Zustand in den Geweben u. Organsyst., die Bedeutung der

morpholog.-histochem. Unters. für ihre Resorption unter normalen, patholog. bzw. experimentellen Bedingungen, ihr morpholog. Zustand in der Lunge u. im Zentralnervensyst., die Rolle des hydrotropen Zustandes der Lipide im Organismus. — 44 Literaturangaben.
K. Täufel. 4596◇

1453 **Der Gasumsatz bei experimenteller hypothalamischer Verfettung.** Ja. M. Kabak, Ss. M. Leitess und W. P. Alchimenjuk. (Bull. exp. Biol. Med. [UdSSR] **51(26)**, Nr. 2, 14—20, 1961; Moskau, Lomonossow-Univ., Labor. für Endokrinol.; Moskau, Allunions Inst. für exper. Endokrinol., Abt. Pathophysiol.; russ., Auszug: engl.) — Nach den Vers.-Ergebnissen ist bei Ratten mit experimenteller hypothalam. Verfettung der O_2-Verbrauch je 1 cm^2 Körperoberfläche vermindert, der abs. Wert jedoch erhöht. Während der Gew.-Zunahme ist der Atmungs-Koeff. größer als 1. Dasselbe beobachtet man nach der Zufuhr von Glucose. Dies ist ein Hinweis darauf, daß die Fettablagerung bei der hypothalam. Verfettung mit dem verstärkten Übergang der Kohlenhydrate in die Fette zusammenhängt. Im Gegensatz zur Norm bewirkt die Cystein-Zufuhr bei hypothalam. Verfettung keine spezif. Veränderungen.
O. Lebtag. 4596△

1454 **Abnormaler Lipid-Stoffwechsel bei Fettsucht.** Edgar S. Gordon. (Acta endocrinol. [Copenhagen], Suppl. Nr. **51**, 233, 1960; Madison, Wis., Univ. of Wisconsin, Med. School; engl.) H. Herper. 4596□

1455 **Elaidinsäure: Wirkung bei der experimentellen Atherosklerose.** B. I. Weigensberg, G. C. McMillan und A. C. Ritchie. (A. M. A. Arch. Pathol. **72**, 358—66, Sept. 1961; Montreal, Mc Gill Univ., Pathol. Inst.; engl.) — Erhielten Kaninchen täglich 1 g *Cholesterin* (I) u. 6 g *Elaidinsäure* (II) für 84 Tage, so hatten sie eine stärkere Lipämie u. eine größere Konz. von freiem u. gebundenem I im Serum als Ratten, die täglich 1 g I u. 6 g *Ölsäure* während der gleichen Zeit erhalten hatten. Trotzdem war in beiden Gruppen die Aortenatherosklerose bei Beendigung der Fütterung ungefähr gleich stark. Wurden Kaninchen während 84 Tagen täglich mit 1 g I u. 6 g *Maisöl* gefüttert, so waren Lipämie, Hypercholesterinämie u. Atherosklerose der Aorta geringer als bei den Tieren, die I oder II erhalten hatten. Es wird vermutet, daß diese Unterschiede durch das Vorhandensein von Doppelbindungen in der Transkonfiguration bei II zurückzuführen sind.
G. Kimmerle. 4596△

1456 **Bedeutung der ungenügenden Aktivität der lipolytischen Fermente des Gewebes für die Pathogenese der Atherosklerose.** F. L. Leitess. (Kardiologie [UdSSR] **2**, Nr. 4, 35—40, 1962; Zentralinst. für Balneol. u. Physiotherapie; russ., Auszug: engl.) — Mit histochem. Meth. wird die Aktivität der *lipolyt. Fermente* des Gewebes bei experimentellen Störungen des Lipidumsatzes bei weißen Ratten untersucht. Unter der Bedingung der experimentellen Hyperthyreose erhöht sich der Cholesterinspiegel im Blut, entsteht eine Lipoidose in den inneren Organen u. senkt sich die Aktivität der lipolyt. Fermente des Gewebes wesentlich. G. Wesirow. 4596△

1457 **Über den Fettumsatz in verschiedenen Phasen der Atherosklerose.** M. N. Ssolun. (Kardiologie [UdSSR] **2**, Nr. 4, 46—51, 1962; Saratow, Med. Inst.; russ., Auszug: engl.) — Von allen 75 untersuchten Kranken mit *Hypertonie* u. *Atherosklerose* zeigen 66 Kranke einen gestörten Fettumsatz. Am häufigsten sind die Fraktionen des Neutralfettes u. der Fettsäuren erhöht u. die Ketonkörper vermindert. G. Wesirow. 4596△

1458 **Über den Lipoid- und Eiweißumsatz bei Atherosklerosekranken.** W. N. Koslowski. (Sowjet-Med. [UdSSR] **26**, Nr. 10, 10—14, 1962; russ., Auszug: engl.) — Bei Atherosklerosekranken wurde eine Vergrößerung der Fraktion der Lipoproteide, Senkung des Lecithincholesterinindex, Hypercholesterinämie u. Erhöhung der Fraktionen der α_1-, α_2- u. γ-Globuline beobachtet. Am häufigsten ist die Erhöhung des Geh. der Fraktion der β-Lipoproteide im Blut. Die Best. der Lipoproteide im Blutserum kann in der Diagnostik der Atherosklerosekranken angewendet werden. E. König. 4596△

1459 **Cholesterinstoffwechsel bei der Springmaus.** Henry G. Roscoe und Marvin J. Fahrenbach. (Proc. Soc. exp. Biol. Med. **110**, 51—55, Mai 1962; Pearl River, N. Y., Amer. Cyanamid Co., Lederle Labor. Div., Biochem. Res. Sect., Biochem. Res. Dep.; engl.) — Bei der Springmaus ist eine langsamere Umsatz-Geschw. von *^{14}C-Cholesterin* (I) als bei der Ratte zu beobachten; 50% der verabreichten Radioaktivität sind erst nach 8—9 Tagen ausgeschieden, 60% nach 14 Tagen, davon 90% mit dem Stuhl (vorwiegend Gallensäurenfraktion), 10% mit dem Harn (Umwandlung in Steroidhormone scheint eine größere Rolle als bei der Ratte zu spielen); der langsamere Umsatz ist möglicherweise eine Folge gesteigerter gastrointestinaler Resorption. — Es wird auch über die Verteilung von I in den übrigen Organen berichtet.
U. Tausendfreund. 4596◇

1460 **Einbau von radioaktivem Glycin in die α- und β-Komponente des Prokollagens.** W. I. Masurow und W. N. Orechowitsch. (Ber. Akad. Wiss. [UdSSR] **125**, 408—10, 11/3. 1959; Inst. f. Genetik der Akad. d. Wiss. d. UdSSR; Inst. für biolog. u. med. Chem. der Akad. der med. Wiss. der UdSSR; russ.) — Es wird die Einbaugeschw. von mit $^{14}C_{(COOH)}$-*Glycin* (I) in die α- u. β-Komponente des *Prokollagens* der Haut während seiner Entw. im Organismus weißer Ratten untersucht, ebenso die Zeitabhängigkeit der Aktivität nach intraperitonealer Zufuhr von I. Ein Teil des isolierten, mit Harnstofflsg. versetzten Prokollagens wird in die α- u. β-Komponente gespalten, der andere wird als Gemisch durch gesätt. $(NH_4)_2SO_4$-Lsg. bei Raumtemp. gefällt. Es konnte gezeigt werden, daß der Einbau von I in die α-Komponente ca. dreimal größer als der in die β-Komponente ist [447 bzw. 137 (Impulse/min)]; der Wert für das Gemisch beträgt 265.
G. Nikolajewski. 4597◇

1461 **Untersuchungen über Myoglobin.** 3. Mitt. **Vergleichende Eigenschaften der Myoglobine von Pferd, Rind, Schaf und Schwein.** S. Bernard, R. Havez, M. Dautrevaux und G. Biserte. (Bull. Soc. Chim. biol. **43**, 1281—87, 1961, herausgeg. 1962; Lille, Faculté de Méd. et de Pharmacie, Labor. de Chimie Biologique; franz.) — 1. vgl. C. **1960**, 12758; 2. vgl. Bull. Soc. Chim. biol. **43**, [1961], 533. — Die CO-Verbb. von *Myoglobinen* (I) verschiedener Species wurden aus Herzmuskulatur gewonnen u. lyophylisiert. Mittels der klass. Dinitrophenol-Meth. von Sanger wurden die freien terminalen α-Aminogruppen beim Pferd u. Rind dem *Glykokoll*, beim Schwein u. Schaf dem *Valin* zugehörig ermittelt. Im Stärkegel weisen die verschiedenen I-Arten eine elektrophoret. Uneinheitlichkeit auf, neben einer Hauptkomponente sind mehrere (meist 2) kleinere Nebenkomponenten mittels Amidoschwarz- bzw. Benzidinfärbung nachweisbar. W. Scheler. 4597◇

1462 **Untersuchungen über Myoglobin.** 4. Mitt. **Enzymatische Hydrolyse der Myoglobine von Pferd, Rind, Schaf und Schwein.** S. Bernard, Y. Boulanger, M. Dautrevaux und G. Biserte. (Bull. Soc. Chim. biol. **43**, 1289—98, 1961, herausgeg. 1962; Lille, Faculté de Méd. et de Pharmacie, Labor. de Chimie Biologique; franz.) — 3. vgl. vorst. Referat. — Die *Myoglobine* (I) von Pferd, Rind, Schaf u. Schwein werden trypt. bzw. chymotrypt. abgebaut u. ihre Hydrolysate einem „fingerprint"-Verf. unterworfen (kombinierte Elektrophorese u. Chromatographie). Dabei können für die 4 I-Arten in beiden Hydrolyse-Verff. zahlreiche gemeinsame Peptide erhalten werden, was auf gewisse gemeinsame Strukturen der 4 Polypeptidketten hinweist. Für die Peptide K_3, I_2, D_3, C_2, B_1, E_3, D_2 des Trypsinhydrolysates von Pferde-I werden Partialstrukturen vorgeschlagen.
W. Scheler. 4597◇

1463 **Umsatz der γ-Aminobuttersäure in den großen Hemisphären des Gehirns bei Muskeltätigkeit verschiedener Dauer.** N. N. Jakowlew. (Ukrain. biochem. J. **35**, 175—87, 1963; Leningrad, Forschungs-Inst. für Körperkultur; russ., Auszug: engl.) — In Verss. mit Ratten, die bei 28—30° 5—750 Min. lang im W. schwimmen, nimmt der Geh. an *γ-Aminobuttersäure* (I) in den großen Hemisphären des Gehirns zu Beginn der intensiven Muskeltätigkeit zunächst ab, normalisiert sich u. nimmt mit fortschreitender Ermüdung zu. Der I-Geh. zeigt eine direkte Abhängigkeit von der Aktivität der Glutaminsäuredecarboxylase (**II**) u. eine umgekehrte Abhängigkeit von der Intensität der aeroben **I**-Entfernung. Die **II**-Aktivität u. die Intensität der **I**-Beseitigung sind ihrerseits direkt abhängig von der Aktivität der Phosphopyridoxalkinase. Die Abnahme der **II**-Aktivität zu Beginn der Muskeltätigkeit hängt mit einem Mangel an Adenosintriphosphorsäure zusammen. Aus den Ergebnissen ist zu schließen, daß **I** für die Entw. von Hemmprozessen im Zentralnerven-Syst. von Bedeutung ist.

O. Lebtag. 4598△

1464 **Einige Besonderheiten der proteolytischen Prozesse in den Muskeln bei Ischämie.** W. M. Okunew. (Ukrain. biochem. J. **35**, 168—74, 1963; ukrain., Auszug: engl.) — Bei Störung des Arterienkreislaufs nimmt in den Muskeln des Kaninchens der Geh. an *Nichteiweiß-N* (**I**) ab. Durch Inkubation im Warburg-App. wird der **I**-Geh. erhöht. Bei Abschnürung der Vene nimmt der **I**-Geh. mit fortschreitender Hämostase zu. Bei Inkubation der Muskeln mit kurzzeitiger Hämostase nimmt der **I**-Geh. etwas ab. Bei langer Hämostase nimmt der **I**-Geh. bei der Inkubation in O_2 etwas zu. Bei vollständiger Unterbindung des Blutkreislaufs nimmt der **I**-Geh. in den geschädigten Muskeln zu. O. Lebtag. 4597△

1465 **Nutzung von Lipiden durch Fische.** 1. Mitt. **Fettsäureoxydation durch Muskelschnitte des dunklen und weißen Muskels der Regenbogenforelle (Salmo gairdnerii).** E. Bilinski. (Canad. J. Biochem. Physiol. **41**, 107—12, 1963; Vancouver, Technol. Stat., Fisheries Res. Board of Canada; engl.) — Es wurde die Geschw. der Oxydation von $^{14}C_{(1)}$-*Natriumhexanoat*, $^{14}C_{(1)}$-*Kaliumoctanoat* (**I**) u. $^{14}C_{(1)}$-*Myristat* durch Muskelschnitte des dunklen Seitenmuskels u. des weißen Rückenmuskels bei 25° durch Messung der Bildung von $^{14}CO_2$ in der Warburg-App. bestimmt. Diese Umformung kann im weißen u. dunklen Muskel nachgewiesen werden, quant. besteht aber ein sehr deutlicher Unterschied zwischen den beiden Muskeln, indem der dunkle Muskel aktiver ist (ca. 50mal mit **I** als Substrat). H. Aman. 4597◇

1466 **Über den Einfluß des Kohlenhydrat-Phosphor-Umsatzes auf die Herztätigkeit.** A. A. Idlis. (Physiol. J. [UdSSR] **9**, 235—39, 1963; Kiew, Inst. für Gerontol. u. experim. Pathol. der Akad. der Wiss. der Ukrain. SSR; ukrain.) — Bei derPerfusion des isolierten Froschherzens mit *Monojodacetat* (**I**) u. *NaF* ist die Wrkg. von der Funktion des Herzens abhängig. Nach **I** beobachtet man am Herzen mit Sinusautomatismus zunächst eine Hemmung des Kontraktionsvermögens des Ventrikelmyocards: 10—30 Min. nach der **I**-Zufuhr tritt ein völliger Stillstand ein. Danach wird der Sinusrhythmus verzögert. Nach eingetretenem Ventrikelstillstand zeigen die Vorhöfe noch Kontraktionen, die immer seltener werden u. schließlich zum Stillstand kommen. Am atrioventrikulären Herzen zeigen sich nach **I** die Rhythmusstörungen sofort. Nach 1—2 Min. erfolgt Ventrikelstillstand. Die Wrkg. von NaF ist ähnlich. Nach NaF tritt nach der anfänglichen Hemmung der Kontraktionsfunktion bald eine allmähliche Normalisierung ein.

O. Lebtag. 4597△

1467 **Über die Hydrolyse von Acetylaneurin durch tierische Organe.** M. D. Azevedo. (C. R. Séances Soc. Biol. Filiales **155**, 1739—41, 1961, herausgeg. 5/2. 1962; Lisbonne, Inst. Rocha Cabral; franz.) — *Acetylaneurin* wurde durch Suspensionen von Homogenaten von Schildkrötenherzen u. Kaninchenduodenum hydrolysiert, jedoch schwächer als *Acetylcholin*. *Eserin* wirkte antagonist. jedoch ebenfalls schwächer. K. Zingraf. 4597◇

1468 **Die Wirkung der Verdünnung auf die titrierbare Säure in Urin und angesäuerten Phosphatpufferlösungen und die Korrekturen dieses Effektes bei der Bestimmung der Wasserstoffionen-Eliminierungsrate aus dem Körper durch die Nierenkanälchen.** D. M. Nutbourne. (Clin. Sci. **20**, 263—78, April 1961; London, Dep. of Med., St. Thomas's Hosp.; Cambridge, Univ. Med. Res. Council, Dep. of Exp. Med.; engl.) — Theoret. u. experimentelle Unters. der H-Ionen-Eliminierungswirkung der Nierenkanälchen in Abhängigkeit von der Phosphatkonzentration. U. Drehmann. 4597◇

1469 **Untersuchungen mit ^{3}H-markierten Aminosäuren zur Proteinsynthese in der regenerierenden Rattenleber.** W. Busanny-Caspari und M. Deimel. (Z. ges. exp. Med. **136**, 456—65, 1963; Köln, Univ., Inst. für Med. Isotopenforsch.; dt.) — Unters. des Aminosäureneinbaus in die regenerierende Rattenleber nach Teilhepatektomie (unter Verw. von ^{3}*H-l-Phenylalanin* u. ^{3}*H-dl-Lysin*) zeigt, daß der Phase des eigentlichen regenerativen Leberwachstums eine Phase erhöhter Protein-Synth. in den ersten Std. nach Teilhepatektomie vorausgeht, ohne daß es zu einem Anstieg der Eiweißmenge in der Restleber kommt. Vermutlich handelt es sich um eine Bereitstellung der für das regenerative Leberwachstum notwendigen biosynthet. Enzyme. U. Tausendfreund. 4597◇

1470 **Einfluß einiger biologisch aktiver Stoffe auf die Aktivität der Fermente des regenerierenden Gewebes.** L. I. Palladina, A. M. Gudina und L. M. Prilutzka. (Ukrain. biochem. J. **35**, 282—93, 1963; Kiew, Biochem. Inst. der Akad. der Wiss. der Ukrain. SSR; ukrain., Auszug: engl.) — Im Ratten-Vers. bewirkt die subkutane Zufuhr von *Adenosintriphosphorsäure, Adenylsäure* u. *Adenin* eine Aktivierung der *glykolyt. Fermente* (GF), der *Phosphorylase* (**I**), *Phosphoglucomutase* (**II**) u. *Aldolase* (**III**) in der regenerierenden Leber. *Glutaminsäure* erhöht die Aktivität von **II** u. ist ohne Einfl. auf die GF, **I** u. **III**. *Arginin* erhöht die Aktivität der GF sowie von **I** u. **II** u. ist ohne Einfl. auf **III**. Die Ergebnisse werden in ihrer Bedeutung für die Erzielung günstiger Bedingungen für die Geweberegeneration diskutiert. O. Lebtag. 4597△

1471 **Tryptophan- und Nicotinsäurestoffwechsel bei Patienten mit Lebercirrhose.** George J. Gabuzda und Charles S. Davidson. (Amer. J. clin. Nutrit. **11**, 502 bis 508, Nov. 1962; Boston, Mass., Boston City Hosp., 2nd and 4th [Harvard] Med. Serv., Thorndike Memor. Labor.; Harvard Med. School, Dep. of Med.; engl.) — Patienten mit alkohol. Lebercirrhose schieden ca. 2,5mal soviel *N-Methylnicotinamid* (**I**) im Harn aus wie Kontrollpersonen mit ähnlicher Ernährung. Im Vgl. zu Unterernährten schieden Patienten mit Lebercirrhose mehr **I** u. *Nicotinsäure* (**II**) im Harn aus. Die Ausscheidung von **II** wurde durch orale Zufuhr von *Tryptophan* (**III**) oder *Niacinamid* (**IV**) nicht verändert, während die Ausscheidung von **I** weiter zunahm. Gabe von **III** oder **IV** veränderte die N-Ausscheidung im Harn bei beiden Gruppen nicht. K. Zingraf. 4597◇

1472 **Angeborene Lebersteatose: Biochemischer Klärungsversuch ihrer Pathogenese.** Keiya Tada, Noriko Katsushima, Haruko Hirono und Tsuneo Arakawa. (Tohoku J. exp. Med. **77**, 317—33, 1962; Sendai, Tohoku Univ. Fac. of Med., Dep. of Pediatr.; engl.) — In der Leber eines Patienten mit angeborener Lebersteatose wurde eine erhöhte *Milchsäuredehydrogenase*- u. *Glucose-6-posphatdehydrogenase*-Aktivität nachgewiesen. Daneben bestand wie bei der Gierkeschen Glykogenspeicherungskrankheit eine deutlich verringerte *Glucose-6-phosphatase*-Aktivität. Eine erhöhte Fettbldg. aus Kohlenhydrat, vielleicht durch Aktivitätszunahme des Pentosephosphatabbaus, scheint eine Rolle in der Pathogenese der angeborenen Lebersteatose zu spielen.

K. Zingraf. 4597◇

1473 **Bromsulphthalein-Überführung vom Plasma zur Galle des Menschen.** G. Barber-Riley, A. E. Goetzee, T. G. Richards und J. Y. Thomson. (Clin. Sci. **20**, 149—59, April 1961; Liverpool, Univ., Dep. of Physiol. and Applied Mathematics; engl.) — Experimentelle Ableitung der Beziehung zwischen Extraktion von *Bromsulphthalein* (BSP) aus dem Plasma u. der Durchflußgeschwindigkeit. Das Verschwinden von BSP wird durch Exponentialkurven ausgedrückt. Der Überführungsprozeß von BSP aus dem Plasma zur Galle des Menschen ist qual. mit dem beim Hund zu vergleichen.

U. Drehmann. 4597◇

1474 **Hexosamin-Synthese im Nervengewebe.** N. Canal und L. Frattola. (Med. exp. [Basel] **8**, 129—34, 1963; Milan, Univ. Clin. of Nerv. and Ment. Dis.; engl.) — Die Umwandlung von *Hexose-6-phosphat* u. *Glutamin* zu *Hexosamin* (**I**) ist bes. in der grauen Materie der Hirnrinde u. im Kleinhirn lokalisiert, die Synth.-Aktivität in den Basalganglien u. in der weißen Substanz der beiden Hemisphären ist gering. Der enzymat. Prozeß ist beim Fötus kurz vor der Geburt am stärksten u. nimmt mit zunehmendem Alter ab. In menschlichen Hirntumoren wird I rascher synthetisiert als im benachbarten gesunden Gewebe. K. Zingraf. 4598◇

E_6. Pharmakologie, Therapie, Toxikologie, Hygiene

1475 **Intermediärer Stoffwechsel von Pharmaka auf Grund von Toxizitätsprüfungen an partiell hepatektomierten Ratten.** A. Fischer, L. Takásc und S. Varga. (Med. exp. [Basel] 8, 151—55, 1963; Budapest, II. Med. Univ.-Klin.; dt.) — *Phenobarbital, Urethan, Chloralose, Pentobarbital, Penthotal, Chlorpromazin, Insulin, Coffein* u. *Theophyllin* zeigten bei hepatektomierten Ratten eine höhere Toxizität als bei den splenektomierten Kontrollen, d. h. die Leber spielt bei ihrem Abbau oder ihrer Ausscheidung eine wichtige Rolle. Keine solchen Unterschiede wurden beobachtet bei *Barbital, Butobarbital, Hexobarbital, Thialbarbiton, Codein, Perparin, Dolantin* oder *Cardiazol.* K. Zingraf. 4600◇

1476 **Der hämolytische Effekt ionisierender Bestrahlungen und seine Beziehung zur haemorrhagischen Phase der Strahlungsschädigung.** Frederick Stohlman, jr., George Brecher, Marvin Schneiderman und Eugene P. Cronkite. (Blood **12,** 1061—1085, 1957; Bethesda, Maryland, U. S. Dep. of Health, Educ. and Walfare, Publ. Health Serv., Nat. Inst. of Arthritis and Metabol. Diseases, — Nat. Cancer. Inst. — Naval Med. Res. Inst.; engl.) — Es wurde gezeigt, daß ionisierende Strahlen zusätzlich zu dem bekannten Verlust durch Haemorrhagie indirekt u. progressiv intravasculär Erythrozytenschädigung hervorrufen, die nach 24—72 Std. nachweisbar ist. Die „Elution" von ^{51}Cr wird hierbei verändert. H. Carls. 4601◇

1477 **Eine histochemische Untersuchung über den Einfluß der Röntgenbestrahlung auf die alkalische Phosphatase in Milz und Niere von C57 Mäusen.** S. Hajduković und D. Rašković. (Bull. Inst. Nuclear Sci. „Boris Kidrich" **9,** 173—79, März 1959; engl.) — C57 Mäuse wurden mit 1000 r, 700 r, 500 r bzw. 300 r bestrahlt (DL_{100} für Mäuse 700 r). In Gewebeschnitten von Milz u. Niere wurde nach der Bestrahlung histochem. (Meth. von Gomeri bzw. Michel et al.) eine Erhöhung der *alkal. Phosphatase*-Aktivität festgestellt. Die histochem. Best. der *sauren Phosphatase* mit der Meth. nach Gomeri war nicht möglich. H. Ackermann. 4601◇

1478 **Reticulocytenreaktion von Mäusen unter Einwirkung direkter Bestrahlung und von Serum bestrahlter Tiere.** S. Hajduković und Lj. Stošić. (Bull. Inst. Nuclear Sci. „Boris Kidrich" **9,** 181—87, März 1959; franz.) — Die direkte Bestrahlung von C 57 Black-Mäusen (♂ u. ♀) ergab eine Reticulocytenkrise mit einem Maximum nach 6 Std. Eine Reticulocytenrk. tritt nach 4 Std. auf, wenn Mäusen ein Serum von bestrahlten Ratten (Alter 10 Tage) i. p. injiziert wird; der prozentuale Anteil an Reticulocyten steigt mit der injizierten Serummenge. Das Serum von jungen bestrahlten Mäusen bewirkt ebenfalls einen Reticulocytenreiz bei unbestrahlten Mäusen. Die Rk. ist bei 10 g Tieren stärker als bei 20 g (erwachsenen) Tieren. H. Ackermann. 4601◇

1479 **Blutamylase- und -lipasegehalt bei Röntgenbestrahlung der Pankreasgegend (Tierexperimentelle Untersuchungen).** Klaus Heinkel und Bernharde Bergenthal. (Strahlentherapie **121,** 154—59, 1963; Erlangen-Nürnberg, Univ., Med. Klinik u. Poliklin.; dt.) — Albinoratten wurden im Pankreasbereich röntgenbestrahlt, teils mit 3000—6000 r in Halbtiefentherapie (120 kV, FHA 28 cm, Filter 3 mm Al), teils in Form einer Nachbestrahlung nach Chaoul mit ca. 15000 bis 30000 r (60 kV, FHA 1,5 cm). An entnommenen Blutproben wurde kolorimetr. die *Amylase*-Aktivität, titrimetr. die *Lipase*-Aktivität bestimmt, außerdem wurde in der Gewebeaufschwemmung für Pankreas u. Leber bei *Trasylol*[Kallikrein- u. Trypsininhibitor der Fa. Bayer, Leverkusen]-Zusatz die Ferment-Konz. ermittelt. Die Unterss. ergaben, daß die Bestrahlung keine für Pankreatitis typ. Fermententgleisung verursacht. Wiederholt applizierte Dosen bewirken eine Verminderung der Serumlipaseaktivität. W. Reusse. 4601◇

1480 **Der Stoffwechsel von Spaltprodukten bei Milchkühen.** Helen M. Squire, L. J. Middleton, B. F. Sansom und R. C. Coid. (Progr. nuclear Energy, Ser. VI **3,** 69—90, 1961; Compton, Berks., ARC Field Station u. Womtage, Berks., ARC Radiobiol. Labor.; engl.) — Milchkühe erhielten Gaben von Spalt-Prodd. aus dem Fallout einer Kernwaffenexplosion. Danach wurden Milch, Urin u. Faeces auf ihren Geh. an radioaktiven Stoffen untersucht. Dabei ergab sich, daß der Geh. von Milch u. Urin vorwiegend aus *J*-Isotopen besteht, daneben traten ^{140}Ba, ^{89}Sr u. ^{132}Te auf. Maximale Konz. findet sich etwa 1 Tag nach der Applikation. Das wird auch bei Versuchstieren festgestellt, die tägliche Gaben von Fallout während 7 Tagen nach der Detonation erhielten, hier trat jedoch der Akt.-Abfall wesentlich langsamer ein. Es wird ferner über post-mortem-Untersuchungen der Aktivität von Darm, verschiedenen weichen Geweben (Schilddrüse, Leber, Nieren, Milz, Muskel), Blut u. Knochen berichtet. Allg. wird gefunden, daß sich der Stoffwechsel der Nuclide aus dem Fallout von Kernwaffendetonationen u. der von Kernreaktor-Spaltprodukten nicht meßbar unterscheidet. W. Reusse. 4601◇

1481 **Radioaktive Strahlenschäden. Über ihre Entstehung, Symptomatologie, Prophylaxe und Therapie.** R. Dolder. (Pharmac. Acta Helvetiae **38,** 1—14, 1963; Beilage zu: Schweiz. Apotheker-Ztg.; Zürich 6, Kantonsapotheke; dt.) — Übersichtsarbeit über Wesen u. Wrkg. der radioakt. Strahlungen u. über Prophylaxe u. Therapie der Strahlenschäden. U. Drehmann. 4601◇

1482 **Pathologisch-physiologische Untersuchung einiger Besonderheiten der Strahlenschäden und des chemischen Schutzes bei intakten und sympathektomierten Tieren.** S. J. Arbussow, A. M. Staschkow und W. P. Korotkowa. (Strahlentherapie **120,** 87—97, 1963; Moskau, Akad. der Med. Wiss., Inst. für Experim. Med., Abt. für Radiobiol.; dt.) — Bei Kaninchen wurden die oberen sympath. Halsganglien exstirpiert u. die Tiere 10—60 Tage danach mit 1000 r röntgenbestrahlt. Bei einem Teil der Tiere wurden vorher Elektroden in die Hirnrinde u. den Hypothalamus eingeheilt. Beobachtung der bioelektr. Aktivität u. der Überlebenszeit zeigte, daß die Aktionsströme nach der Bestrahlung verstärkte Depression aufweisen u. die Strahlenempfindlichkeit bei den sympathektomierten Tieren größer ist als bei den normalen. Bestrahlt man erst 30—60 Tage nach der Sympathektomie, dann wirkt sie bzgl. der Strahlenschädigung nicht mehr verstärkend, gelegentlich findet sich sogar erhöhte Strahlenresistenz. Die Strahlenschutz-Wrkg. von *β-Mercaptoäthylamin* u. *Unithiol* ist kurz nach der Sympathektomie vermindert, nach Verlauf von 3 Wochen stellt sie sich wieder ein. W. Reusse. 4601◇

1483 **Zur Frage einer Beeinflussung der Strahlenempfindlichkeit beim Säugetier.** Hans-Joachim Melching. (Strahlentherapie **120,** 34—73, 1963; Freiburg, Univ., Radiol. Inst.; dt.) — In einer Übersicht werden die bekannt gewordenen experimentellen Unterss. zur Möglichkeit einer Steigerung der Strahlenresistenz beim Säugetier besprochen u. ihre Bedeutung für den Strahlenschutz wie auch für die Aufklärung des Mechanismus der Strahlen-Wrkg. im biolog. Objekt herausgestellt. Die bes. Bedeutung des *Pyridoxal-5-phosphats* als Coenzym der *Decarboxylase* u. des *Cystein* sowie der biogenen Amine wird erörtert. W. Reusse. 4601◇

1484 **Untersuchungen über einen biologischen Strahlenschutz.** 49. Mitt. **Die Wirkung chemischer Strahlenschutzstoffe bei in-vitro-Bestrahlung von Rinderserumalbuminlösungen.** Ruprecht Koch und Fritz Stähler. (Strahlentherapie **121,** 129—40, 1963; Freiburg/Br., Univ., Radiol. Inst.; dt.) — 48. vgl. Strahlentherapie **120,** [1963], 269. — Polykristallines *Serumalbumin* vom Rind wurde mit $1-6 \cdot 10^6$ r röntgenbestrahlt. Der 1%igen Lsg. wurden 10 Min. vor der Bestrahlung die Hydrochloride der folgenden Stoffe zugesetzt: *Cystein, Na-Salz der 2.3-Dimercaptopropansulfonsäure, Thio-*

äpfelsäure, Thioglykol, 5-Mercaptopyridoxin, Thioharnstoff, 5-Mercaptomethylpyridin, Adrenalin, Histamin, Tyramin, Nicotinsäureamid, Tryptophan, Tryptamin, Synkavit u. *Serotonin.* Unters. der Substanzen nach der Bestrahlung mittels Ultrazentrifugendiagramm ergab, daß sämtliche Stoffe gegenüber dem Albumin Strahlenschutz-Wrkg. ausüben u. daß unabhängig vom verwendeten Schutzmittel 15—23 Mole notwendig sind, um 1 Mol Albumin zu schützen. Der Schutzmechanismus u. die Rolle der SS- u. SH-Gruppen werden diskutiert.
W. Reusse. 4601◇

1485 **Über den Einfluß einiger Präparate der Nicotinsäure auf die Phagocytose der bestrahlten Tiere.** Je. M. Tschukitschew. (Pharmakol. u. Toxikol. [UdSSR] **26,** 80—84, 1963; Perm, Med. Inst., Lehrstuhl für Pharmakol.; russ., Auszug: engl.) — In Verss. an Katzen, bei denen durch einmalige Röntgenbestrahlung mit 800 r Strahlenschäden verursacht wurden, führt die Behandlung mit 5 mg *Na-Nicotinat* (**I**)/kg oder 10 mg *Nicotinsäure-4-antipyrilamid* (**II**)/kg zu einer Aktivierung der Phagocytose u. zu einer Normalisierung der Leukocytenzahl im peripheren Blut. **I** u. **II** beeinflussen die Überlebensrate u. die Makroskopie der inneren Organe nur wenig, haben jedoch einen günstigen Einfl. auf das Befinden der Tiere. O. Lebtag. 4601△

1486 **Lokaler Schutz durch Makromoleküle gegen den Haarausfall infolge von Röntgenbestrahlung.** Z. M. Bacq. (Arch. int. Pharmacodynam. Thérap. **139,** 85—91, Sept. 1962; Liège, Univ., Labor. de Pathol. et Thérap. générales; Labor. de Rech. pour la Protect. des Popul. Civ.; franz.) — Neugeborene Mäuse, welchen wenige Min. vor Röntgenbestrahlung 10^{-4} m $Na_2S_2O_3$ s. c. injiziert wurden, zeigten später an der Injektionsstelle keinen Haarausfall. *Synovia, Thiogel* u. *Heparin*-Komplex schützten ebenfalls gegen den Haarausfall u. beschleunigen darüber hinaus bei Anwendung nach der Bestrahlung die lokale Regeneration. K. Zingraf. 4601◇

1487 **Der Schutz von Pseudomonas sp. gegen Gammastrahlung durch Dimethylsulfoxid.** B. A. Bridges. (Int. J. Radiat. Biol. **5,** 101—04, 1962; Wantage, Berks., Res. Labor., Isotope Res. Div.; engl.) — Pseudomonas-Kulturen wurden in Phosphatpuffer suspendiert u. γ-bestrahlt. Anderen Suspensionen wurde vor der Bestrahlung *Dimethylsulfoxid* (**I**) beigemischt u. diese mit u. ohne Ggw. von O_2 ebenfalls bestrahlt. Beobachtung der Überlebensrate ergab einen Strahlenschutzeffekt, wenn 1 Mol **I** zeitlich 6—60 Min. vor der Bestrahlung gegeben wird. Verabreichung nach der Bestrahlung bleibt ohne Einfl. auf die Überlebensrate. Der Strahlenschutzeffekt zeigt exponentielle Abhängigkeit von der **I**-Konz. Die tox. Grenze für **I** liegt bei 5 molar.
W. Reusse. 4601◇

1488 **Prüfung der Strahlenschutzwirkung verschiedener Substanzen mit Hilfe enzymatischer und histochemischer Untersuchungen.** Karl-Heinz Kärcher. (Strahlentherapie **121,** 83—96, 1963; Heidelberg, Univ., Czerny-Krankenhaus für Strahlenbehandlung; dt.) — Weiße Ratten wurden mit 800 r einer 200 kV Röntgenstrahlung bestrahlt (Filter 0,5 mm Cu, FHA 50 cm). Vor der Bestrahlung sowie 6 Tage nach der Bestrahlung erhielten die Tiere Injektionen mit je 2 cm³ *Trioxyaethylrutin* (*Venoruton,* **I**) bzw. 2000 i. E. *Trasylol* (**II**) bzw. 0,5 cm³ *Torantil* (*Histaminase,* **III**). Unters. des Verh. der *Malatdehydrogenase* in Serum u. Gewebshomogenaten u. der *Leucinaminopeptidase* in Serum, Urin u. Gewebshomogenaten sowie histochem. Unterss. an Leber, Dünndarm u. Nieren ergaben, daß **I** u. **II** an Leber u. Darm Strahlenschutz-Wrkg. ausüben, die sich auf das Verh. der Fermentaktivitäten auswirkt. **III** wirkt dagegen verstärkend auf die Wrkg. der Strahlen. W. Reusse. 4601◇

1489 **Biloptin. Ein neues orales Kontrastmittel für Cholecystographie. Bericht über vorläufigen Versuch.** C. G. Whiteside. (Brit. J. Radiol. **33,** 124—26, Febr. 1960; London, Middlesex Hosp., Radiodiagnostic Dep.; engl.) — *Biloptin(Na-β-[3-Dimethylaminomethylenamino-2.4.6-trijodphenyl]-propionat;* Schering AG) erwies sich bei 60 Fällen, peroral 6 Kapseln abends, 6 Kapseln morgens (1 Fall davon mit der Schnellmeth., 12 Kapseln morgens), als sicheres u. wirksames Mittel zur Darst. der Gallenblase. Es wird durch die Leber genügend stark konz., um im Ductus communis sichtbar zu werden u. füllt auch die nichtkonzentrierende Gallenblase, falls der Ductus durchgängig ist. Es wird gut vertragen u. hinterläßt kaum Rückstände im Colon.
U. Tausendfreund. 4601◇

1490 **Prüfung von Nitrit auf chronisch toxische Wirkung an Ratten.** H. Druckrey, D. Steinhoff, H. Beuthner, H. Schneider und P. Klärner. (Arzneimittel-Forsch. **13,** 320—23, 1963; Freiburg i. Br., Labor. der Chirurg. Univ. Klin.; dt.) — Vff untersuchen $NaNO_2$ toxikolog. auf die Verw. als Lebensmittelzusatz. Die Größe der DL_{50} hängt vom Alter der Ratten u. bei oraler Gabe von der Nahrungsaufnahme ab. Die $NaNO_2$-Wrkg. ist nach wenigen Std. reversibel (Hämoglobin-Bldg.). Gaben von täglich 100 mg/kg an Ratten über 3 Generationen ergaben keine Anhaltspunkte für chron. tox. Schädigungen. Auch kombinierte Gaben von täglich 100 mg $NaNO_2$/kg + 500 mg *Diäthylaminhydrochlorid*/kg (mögliche Entstehung carcinogener Nitrosamine) zeigt keine erkennbaren Schädigungen. Vff. finden keine carcinogene u. teratogene Wirkung. Vff. halten die Verw. von $NaNO_2$ als Lebensmittelzusatz in den vorgeschriebenen Grenzen für unbedenklich. W. Hiller. 4606◇

1491 **Untersuchungen über experimentelle Blei-Anämie.** 6. Mitt. **Veränderungen im Ascorbinsäure-Stoffwechsel während Blei-Anämie und die Rolle verschiedener hämatopoetischer Substanzen.** D. C. Dhar und S. Ghatak. (J. sci. ind. Res. [New Delhi] Sect. B. **19 B,** 259—63, 1960; Lucknow, Central Drug. Res. Inst.; engl.) — 4. vgl. C. **1960,** 10298; 5. vgl. J. sci. ind. Res. [New Delhi] Sect. C. **16,** [1957], 123. — ♂-Albinoratten erhielten eine i. v. Einzeldosis (6 mg/100 g) *Bleiacetat,* die eine Anämie bewirkt. Es kommt zu einem Abfall der *Ascorbinsäure*-Werte im Blut, Urin, Nebennieren, Leber, Milz, Testes, Niere, Herz u. Muskeln, nicht jedoch in Hirn u. Lunge. Durch Gaben von *Na-foliat* (200 γ Folsäure/100 g Körpergew.), *Leucoverin* (200 γ/100 g), *Vitamin B_{12}* (2 γ/100 g), *Leberextrakt* (1,5 USP-E/100 g) konnte dieser Abfall vollständig bzw. teilweise aufgehalten werden. K. Böhm. 4606◇

1492 **Exposition gegenüber anorganischem Quecksilber und Koproporphyrinausscheidung mit dem Harn.** Tsuguyoshi Suzuki. (Jap. J. exp. Med. **32,** 45—53, 1962; Tokyo, Univ. of Tokyo, Fac. of Med., Dep. of Public Health; engl.) — Es konnte ein Zusammenhang zwischen Einatmung von *Hg*-Dämpfen bei Arbeitern bzw. s. c. Injektion von $HgCl_2$ bei Ratten u. Kaninchen u. einer Steigerung der Ausscheidung von *Koproprophyrin* (**I**) mit dem Harn nachgewiesen werden. Bei der Einatmung der Hg-Dämpfe bestand eine Relation zwischen der Hg-Konz. in der Luft u. der Größe der **I**-Ausscheidung. Die vermehrte **I**-Ausscheidung hängt vermutlich mit Leberstörungen zusammen (keine hämatopoet. Störungen).
U. Tausendfreund. 4606◇

1493 **Serumenzyme als Indicatoren der experimentellen CCl_4-Leberschädigung und ihrer therapeutischen Beeinflussung.** Friedrich H. Bruns und Jürgen Wollenweber. (Klin. Wschr. **40,** 995—1001, 1/10. 1962; Düsseldorf, Med. Akad., Inst. f. Physiol. Chem.; dt.) — Bei der CCl_4-Vergiftung der Maus strömt Enzymprotein aus der Leber ins Plasma ein (Maximum der Enzymaktivität im Blut ca. 20 Std. nach i. p. Anwendung von CCl_4). Wenn Leberschutzstoffe wirksam werden, ist die Aktivitätszunahme im Serum geringer. Als Indicatoren für die pharmakolog. Testung von Leberschutzstoffen eignen sich die *Aldolase, Phosphoglucoseisomerase, Sorbitdehydrogenase, Lactatdehydrogenase, Malatdehydrogenase, Isocitratdehydrogenase, Glutaminat-Oxalacetat-Transaminase* u. *Glutaminat-Pyruvat-Transaminase.* Eine Leberschutzwrkg. zeigten *L-Cystein, N-Acetyl-DL-homocysteinthiolakton* u. *5-(2'-Methylbenzolsulfonamido)-3-methyl-1.2.4-thiodiazol. Fructose* u. *Glucose* allein waren unwirksam.
K. Zingraf. 4607◇

1494 **Die Wirkungen einiger chemischer Substanzen auf den Zahnhals.** Mamoru Yamada und Sanya Sakada. (J. Dental Res. **40,** 975—87, Sept.-Okt. 1961; Yonago, Tottori, Tottori Univ., School of Med., Dep. of Physiol.; engl.) — Zur Erzielung grundsätzlicher Erkenntnisse über die Ätiologie des überempfindlichen *Dentin* wurde die Funktion afferenter Fasern des Pulpazweiges des Nervus alveolaris mandibularis nach Reizung mit chem. Substanzen bei narkotisierten Hunden untersucht. Nach 50–60%ig. *Glucose*- u. *Saccharose*-Lsg., 10^{-3} m *HCl*, 10^{-2} m *NaOH* u. 12%ig. Lsg. von *NaCl* konnten elektr. Entladungen registriert werden; durch chem. Reizung des Zahnhalses wurden langdauernde Entladungen ausgelöst. U. Tausendfreund. 4607◇

1495 **Wirkung von Äthanol auf die freien Fettsäuren des Plasmas beim Menschen.** C. S. Lieber, C. M. Leevy, S. W. Stein, W. S. George, G. R. Cherrick, W. H. Abelmann und C. S. Davidson. (J. Lab. clin. Med. **59,** 826–32, Mai 1962; Boston, Mass., Harvard Med. School, 2. and 4. (Harvard) Med. Serv., Thorndike Mem. Labor., Dep. of Med.; Jersey City, N. J., Jersey City Med. Center, Seton Hall Coll. of Med., Div. of Hepatic Metabol. and Nutrit.; engl.) — Durch i. v.-Infusion von *A.* (15 Vol.%, 10 ml/Min./100 kg) kam es bei nüchternen Lebergesunden zu einer Verminderung des Plasmageh. an *freien Fettsäuren* (I) im arteriellen Blut; innerhalb 30 Min. ging die I-Konz. um 30% zurück, danach trotz weiterer A.-Infusion wieder I-Anstieg. Gleichzeitig kommt es zum Anstieg des Lactat (II)-Geh. im Blut (keine Glucose-Veränderung), vergleichbare II-Infusion beeinflußt die I-Konz. jedoch nicht. In 2 von 6 Fällen verminderte A. die vorher positive venös-arterielle Differenz für I im Unterarm u. kehrte sie in 4 Fällen um; die I-Verminderung dürfte daher wenigstens teilweise durch verminderte Freisetzung oder gesteigerte Aufnahme von I in peripheren Geweben bedingt sein. Eine durch A. bedingte I-Mobilisierung in den Extremitäten wurde nicht beobachtet. U. Tausendfreund. 4607◇

1496 **Die Wirkung von Äthylalkohol auf die Stickstoff-Ausscheidung bei der Ratte.** Gerald Klatskin. (Yale J. Biol. Med. **34,** 124–43, Okt. 1961; Yale, Yale Univ. School of Med., Dep. of Internal Med.; engl.) — An Ratten, die eine ad libitum Nahrung + 15% A. bekamen, sowie an paarweise gefütterten Tiere, die mit gleichcalor. Mengen von *Sucrose* anstelle von A. gefüttert wurden u. als Kontrollen dienten, u. an Sonden-gefütterten Tieren, die Futter allein oder mit A. gemischt abwechselnd erhielten, wurde der Einfl. von A. auf die N-Ausscheidung untersucht. A.-Gaben sparen N durch Verringerung des N-Verlustes im Urin, besonders als Harnstoff ein, wenn der A. bei Sonden-gefütterten Tieren zusammen mit dem Futter gegeben wurde, sie steigern aber die N-Ausscheidung im Urin, wenn der A. u. Futter abwechselnd u. getrennt verabreicht wurden. A. anstelle von Sucrose im Futter hat keine Wrkg. bei positiver N-Bilanz, steigert aber den N-Verlust bei negativer Bilanz. A. tendiert dazu, den Verlust an N über die Faeces zu verringern. Die Wrkgg. von A. auf die motor. Aktivität u. die Coprophagie sind 2 weitere komplizierende Faktoren, die bisher nicht untersucht wurden. K. Böhm. 4607◇

1497 **Vorl. Mitt. über die experimentelle Untersuchung einiger Salze der DL-Asparaginsäure.** H. Laborit, B. Weber, P. Niaussat, J. M. Jouany, G. Guiot, J. Zawadowski und C. Baron. (Anesthésie, Analgésie, Réanimat. **15,** 480–94, Juni-Juli-Aug. 1958; Paris, Labor. de physiol. du Travail et Marine Nat. Lab. d'Entomol., Sect. de Recherches physico-biol.; Hôpital Boucicaut.) — Es wird über Unterss. mit K^+, Mg^{2+} u. Fe^{3+}-Salzen der *Asparaginsäure*, unter besonderer Berücksichtigung deren Wrkg. bei Myocardinfarkt, Ermüdung, Hypercapnie u. Hyperammoniämie des hämorrhag. Schocks, berichtet. Biolog. Wrkg.-Mechanismen werden diskutiert. Bei großen Salzdosen vermindert sich bei Ratte u. Hund der O_2-Verbrauch. Die gleichen Salze schützen gegen die durch NH_4Cl-Intoxikation bei Ratten hervorgerufenen Störungen des Nervensyst. u. vermindern bei schweren Verbrennungen die starke Hyperammoniämie unter Besserung des Allgemeinzustands. K. Maier. 4607◇

1498 **Wirkung von Pyribenzamin auf die Eosinophilen von Meerschweinchenblut.** J. L. Scaro, E. Sleibe und H. Chiodi. (C. R. Séances Soc. Biol. Filiales **152,** 1829, 1958, herausgeg. 31/3. 1959; Tucuman, Argentinien, Univ. Nat., Inst. de Biol. de l'Altitude; franz.) — *Pyribenzamin* bewirkt bei Meerschweinchen u. Ratten Eosinopenie, nicht aber nach Entfernung der Schilddrüse. W. Wesly. 4607◇

1499 **Chronische Toxizität von 4-[2.4.6-Triaminopyrimidinyl-(5)-azo]-benzolsulfonsäure bei Kaninchen.** Yoshitomo Aramaki, Hajime Yokotani, Motoi Ishidate, Junmei Watanabe und Kyo Kajiwara. (Annu. Rep. Takeda Res. Lab. **17,** 71–82, 1958; jap., Auszug: engl.) — Im 20–30 Tage-Vers. haben 10–50 mg *4-[2.4.6-Triaminopyrimidinyl-(5)-azo]-benzolsulfonsäure* (I)/kg/Tag (i. v.) keinen u. 100–300 mg nur geringe depressive Wrkg. auf das Wachstum von Kaninchen. Während das hämatopoet. Syst. nicht beeinflußt wird treten aber geringfügige Nierenvergrößerungen u. I-Ablagerungen in den Nieren u. leichte reversible Leberstörungen auf. P. Gregorzewski. 4607◇

1500 **Verlaufsformen der Aminonucleosidnephrose bei der Ratte.** Rolf Bucher. (Z. ges. exp. Med. **136,** 466–85, 1963; St. Gallen, Kantonsspital, Pathol. Inst.; dt.) — Subcutane Injektionen von 1,5 mg *Puromycinaminonucleosid* (6-Dimethylamino-9-[3'-amino-D-ribosido]-purin)/100 g/Tag führen bei Ratten zu akuter, zuerst rein degenerativer Glomerulonephrose, der sich sek. herdförmig eine reaktive Glomerulitis aufpfropft. Innerhalb eines halben Jahres kommt es zu narbigen Glomerulumveränderungen wie bei kindlicher Lipoidnephrose. U. Tausendfreund. 4607◇

1501 **Beobachtungen über die Empfindlichkeit von 6 Anophelesarten gegenüber organischen Phosphorinsecticiden.** A. Mohan Rao. (Ann. trop. Med. Parasitol. **56,** 92–100, April 1962; Kurunegala, Ceylon, World Health Organ.; engl.) — *O.O-Diäthyl-O-[2-isopropyl-4-methyl-pyrimidyl-(6)]-thionophosphat* (*Diazinon*) hatte bei *Anopheles saccharovi* eine stärker tox. Wrkg. als *O.O-Dimethyl-O-[4-(methylmercapto)-3-methylphenyl]-thionophosphat* (*Baytex*; I) oder *O.O-Dimethyl-S-[1.2-di-(äthoxycarbonyl)-äthyl]-dithiophosphat* (*Malathion*; II). I war am stärksten tox. gegenüber ausgewachsenen *A. superpictus*. Ausgewachsene Tiere von *A. gambiae*, welche gegen *DDT* (III) u. *Dieldrin* (IV) empfindlich waren, waren etwas empfindlicher gegen II als IV-resistente Tiere. Bei den Larven waren dagegen die IV-resistenten empfindlicher gegen II. III-resistente Tiere von *A. sundaicus* u. *A. Stephansi* sowie Larven von *A. sundaicus* waren empfindlicher gegen II als die entsprechenden III-empfindlichen Tiere. K. Zingraf. 4607□

1502 **Einfluß von Armin und Pyrophos auf die Aktivität der Cholinesterase verschiedener Gewebe weißer Mäuse.** L. W. Donskaja und R. A. Chaunina. (Pharmakol. u. Toxikol. [UdSSR] **26,** 45–47, 1963; Leningrad, Sanit.-Hygien. Med. Inst., Lehrstuhl für normale Physiol.; russ., Auszug: engl.) — In Verss. in vitro wird die Aktivität der *Cholinesterase* (I) durch *Armin* (II; *Äthylphosphinsäureäthyl-p-nitrophenylester*) u. *Pyrophos* (III; *Tetraäthylmonothiopyrophosphat*) im Gehirn bei geringerer II- u. III-Konz. herabgesetzt als im Blut u. im Muskel. In vivo wird die I-Aktivität im Blut schon bei Anwendung von 0,1 (mg/kg) II oder 0,2 III unterdrückt, im Gehirn u. Rückenmark erst bei 0,2 II u. 0,3 III, im Muskel bei 0,3 II u. 0,4 III. Auf Grund der I-Aktivitäten wird der II- u. III-Geh. in den Geweben ermittelt. O. Lebtag. 4607△

1503 **Der Einfluß von β-Aminopropionitril (Lathyrus-Faktor) auf freies Hydroxyprolin, Prolin und Glycin im Hühnerembryo.** John L. Decker, Charles I. Levene und Jerome Gross. (Proc. Soc. exp. Biol. Med. **101,** 472–74, 1959; Boston, Mass., Harvard Med. School, Dep. of Med.; Mass. Gen. Hosp.; engl.) — Am 3. Bebrütungstag werden Hühnerembryos mit DL_{50} *β-Aminopropionitril* injiziert. Nach weiteren 13 Tagen, nicht aber nach 6 Tagen, ist der Geh. an extrahierbarem *Prolin* im Gehirn u. im übrigen Körper verringert, der von *Hydroxyprolin* u. *Glycin* erhöht. P. Gregorzewski. 4608◇

1504 **Die Wirkungen von Nicotin auf mono- und polysynaptische Reflexe der tiefspinalen Katze.** W. Koll und R. M. Schütz. (Arch. int. Pharmacodynam. Thérap. **129,** 343–63, 31/12. 1960; Göttingen, Med. Forschungsanstalt der Max-Planck-Gesellschaft, Pharmakol. Abt.; dt.) — An decerebrierten u. tiefspinalisierten (L_1) Katzen wurde der Einfl. von *Nicotin* (I) auf verschiedene mono- u. polysynapt. Reflexsyst. nach elektr. Reizung untersucht. I-*bitartrat* wurde in 0,9%ig. NaCl-Lsg. gelöst i. v. in die V. jugularis injiziert. In Dosen von 40 γ/kg bis 4 mg/kg setzt es alle untersuchten Reflex-Entladungen (RE) herab. Eine Steigerung der Reflex-Antwort wurde nie beobachtet. Monosynapt. RE werden stärker verringert als polysynaptische. Auch die polysynapt. nociceptiven RE, die durch Stimulation der afferenten post-δ- u. C-Fasern erregt wurden, wurden nur herabgesetzt. Ebenso wurde der myograph. registrierte Patellarsehnenreflex u. der homolaterale Flexot-Reflex niemals durch I gesteigert, sondern regelmäßig gedämpft. Die Wrkg. von I an den untersuchten Reflexsyst. ist demnach eine depressive. Alle Reflexe, die durch I abgeschwächt werden, wurden aber durch Anticholinesterasehemmer (Eserin, Paraxon, Parathion, DFP, Tabun, Sarin, Prostigmin), also durch Anstieg der Acetylcholinkonz. an den cholinerg. Synapsen, gesteigert. Es ist also nicht möglich, allg. von einer „nicotinähnlichen" Wrkg. im Zentralnervensystem zu sprechen. Der Ausdruck „nicotinähnlich" für die Wrkg. von Acetylcholin im Zentralnervensystem ist nach den Befunden von Eccles u. Mitarb. für die Renshar-Interneuronen gültig, da I u. Acetylcholin an diesen Zellen gleiche Wrkgg. haben. K. Böhm. 4608◇

1505 **Einfluß des Nivalins auf die phagocytäre Aktivität der Leukocyten des Blutes.** B. D. Stantschew und Z. Takewa. (Pharmakol. u. Toxikol. [UdSSR] **26,** 72—75, 1963; russ., Auszug: engl.) — Im Kaninchen-Vers. führt die Zufuhr von *Nivalin* (Alkaloid aus Galanthus nivalis) zu einer Stimulierung der Phagocytose, entsprechend der angewandten Dosis. Dosen von 0,5, 1,0 bzw. 2,0 mg/kg erhöhen die Intensität der Phagocytose auf das 3,4 bzw. 6fache. O. Lebtag. 4608△

1506 **Pharmakologische Untersuchungen über die Alkaloide von Lycoris radiata Herb. 3. Mitt. Über den Mechanismus der antipyretischen Wirkung von Lycorin.** 1. Mitt. Seiki Matsui. (Folia pharmacol. japon. **58,** 296—308, 1962; Osaka, Osaka Univ., Fac. of Pharm., Dep. of Pharmacol.; jap., Auszug: engl. S. 15*) — Durch *Aminopyrin* induzierte Hypothermie wird durch *Lycorin* (I) verstärkt, nicht aber die durch *Chlorpromazin* verursachte. Der mit *Antipyrin* verursachte Abfall der Körpertemp. der Tiere wird durch I noch intensiver; mit Barbital tritt diese Erscheinung nicht ein. Durch Dinitrophenol, Pepton u. Coffein verursachtes Fieber wird durch I aufgehoben. Die I-Hypothermie wird durch adrenerg. Blocker nicht beeinflußt, jedoch leicht unterdrückt durch autonome Ganglienblocker oder cholinerg. Blocker. W. Hiller. 4608◇

1507 **Pharmakologische Untersuchungen über die Alkaloide von Lycosis radiata Herb. 4. Mitt. Über den Mechanismus der antipyretischen Wirkung von Lycorin.** 2. Mitt. Seiki Matsui. (Folia pharmacol. japon. **58,** 309—21, 1962; jap., Auszug: engl. S. 15*) — 3. vgl. vorst. Referat. — Die durch *Lycorin* (I) verursachte Hypothermie wird nicht beeinflußt durch Verabreichung von Glucose, Pyruvat u. Ascorbinsäure; *Insulin* beschleunigt die Aufhebung der Hypothermie. Die Zunahme des O_2-Verbrauchs durch Dinitrophenol wird in Ggw. von I bei Gewebeschnitten gehemmt. Die Hemmung der oxydativen Phosphorylierung durch Dinitrophenol wird durch I-Zusatz beseitigt. Die Zunahme der O_2-Aufnahme durch Tetrahydro-β-naphthylamin bei einem Succinatsubstrat wird nicht durch I beeinflußt. Vf. vermutet, daß der Mechanismus der peripheren antipyret. Wrkg. von I mit einer teilweisen Wiederherstellung einer nicht gekoppelten oxydativen Phosphorylierung zusammenfällt. W. Hiller. 4608◇

1508 **Biologisch aktive Peptide im Physalia-Toxin.** Charles E. Lane, Bradner W. Coursen und Kenneth Hines. (Proc. Soc. exp. Biol. Med. **107,** 670—72, Juli 1961; Miami, Fla., Univ. of Miami, Inst. of Marine Sci.; engl.) — Vgl. C. **1962,** 16400. — Das rohe Toxin von Nematocysten von *Physalia* übersteht Lyophilisierung ohne signifikanten Verlust an Toxizität. Es kann durch eindimensionale Chromatographie in 80%ig. wss. n-Propanol (Whatmanpapier Nr. 1, 18 Std., Raumtemp.) in Peptid-Komponenten getrennt werden, von denen jede mehr als 2 Aminosäuren enthält u. noch beträchtliche Toxizität gegen die Krabbe *Uca pugilator* behält. Rohes Toxin hat keine Wrkg. auf das Wachstum von Meereshefen oder -Bakterien. Toxin-Präpp. zeigten sich ohne signifikanten Einfl. auf Wachstum oder Fortpflanzung der Wimpernprotozoen, *Paramecium caudatum* u. *Tetrahymena gellii.* H. Aman. 4609◇

1509 **Die Pharmakologie der aus Senso (Ch'an Su), dem getrockneten Gift der chinesischen Kröte, isolierten Stoffe. 4. Mitt. Vergleich der Wirkung von Bufalin, Resibufogenin und verwandter Verbindungen auf die Atmung, den Blutdruck und das Herz.** Masahiro Okada, Toshiro Suga, Heiichiro Takabori, Teruya Ishihara und Hideaki Ogura. (Annu. Rep. ITSUU Lab. **10,** 27—31, Juli 1959; Tokyo, Tokyo Med. and Dental Univ., Dep. of Pharm.; jap., Übersetzung: engl. S. 67 bis 73.) — 3. vgl. Annu. Rep. ITSUU Lab. **9,** [1958], 91. — Die Wrkg. von *Resifugenin, Acetylresibufogenin, g-Strophanthidin (Ouabagenin), Bufalin, Acetylbufalin, Digitoxigenin, Cinobufagin, Acetylcinobufagin, Cinobufotalin, Gammabufotalin,* Δ^{14}-*Anhydrogamabufotalin,* $\Delta^{8,14}$-*Anhydrogamabufotalin, 4 H*-$\Delta^{8,14}$-*Anhydrogamabufotalin* auf die Atmung, den Blutdruck u. die Herztätigkeit wurde untersucht. P. Becker. 4609

1510 **Einfluß des Dibazols auf Tiere bei akutem Sauerstoffmangel.** R. O. Amirow. (Pharmakol. u. Toxikolog. [UdSSR] **26,** 91—97, 1963; Onkolog. Inst. der Akad. der med. Wiss. der UdSSR, Labor. für experim. Onkol.; russ., Auszug: engl.) — Durch einmalige oder wiederholte Zufuhr von 1 oder 10 mg *Dibazol* (I)/kg wird im Mäuse-Vers. die Überlebensrate nach akutem O_2-Mangel (30 Sek. langes Eintauchen in W. oder Aufenthalt in einem engen geschlossenen Gefäß) vermindert. Im Ratten-Vers. werden die Atmungsprozesse im Hirngewebe nach 7 Tage langer Zufuhr von je 10 mg I/kg intensiviert. Im Kaninchen-Vers. beobachtet man 1—2 Min. nach Beginn der Asphyxie eine starke Zunahme der *Cholinesterase* (II)-Aktivität des Blutes, sodann eine starke Abnahme. Bei täglicher Zufuhr von je 10 mg/kg 7 Tage lang nimmt die II-Aktivität ständig ab u. ist nach 4—5 Min. geringer als ohne I. Im Mäuse-Vers. verursacht die I-Zufuhr bei Asphyxie im Hirn- bzw. Leberextrakt eine Senkung der II-Aktivität (Kontrolle 100%) auf 69 bzw. 86%. O. Lebtag. 4610△

1511 **Analyse der therapeutischen Wirkung von Dihydrostreptomycin und Tetracyclin gegen eine experimentelle Tularämieinfektion bei Mäusen.** Akio Kobayasi. (Jap. J. Microbiol. **5,** 305—25, Juli 1961; Chiba (Japan), Chiba Univ. School of Med., 1. Dep. of Med., Dep. of Bacteriol.; engl.) — *Dihydrostreptomycin* (I) u. *Tetracyclin* (II) erwiesen sich als wirksam gegen Tularämie, *Chloramphenicol, Kanamycin* u. *Erythromycin* waren unwirksam. Der Plasmaspiegel war bei gleichen verabreichten Dosen bei I 10mal höher als bei II. I erwies sich in vitro gegen *Bacterium tularense* als bactericid, im Blutstrom dagegen nur als bakteriostat., II war in beiden Fällen bakteriostatisch. Wird I in frühen Stadien der Tularämie gegeben, so wird die Entw. einer Immunität nicht beeinflußt. W. Hiller. 4611◇

1512 **Chemotherapeutische Wirksamkeit des Monomycins bei experimenteller Hautleishmaniose.** G. N. Perschin und N. Ju. Mosskalenko. (Pharmakol. u. Toxikol. [UdSSR] **26,** 97—101, 1963; Allunions Chem.-Pharm. Ordshonikidse-Forschungs-Inst.; russ., Auszug: engl.) — Bei der Behandlung der Hautleishmaniose weißer Mäuse mit *Monomycin* (I) tritt sowohl prophylakt. wie therapeut. Wrkg. ein. Die Wrkg. des I ist stärker als die von Aminochinol. I-Dosen von 25—75 mg/kg sind bei subcutaner Zufuhr 20 Tage lang wirksam. O. Lebtag. 4611△

1513 **Die Wirkung der Verabreichung von Tetracyclin auf die Entwicklung der Zähne.** Gerrit Bevelander, Gloria K. Rolle und Sidney Q. Cohlan. (J. Dental Res. **40,** 1020—24, Sept./Okt. 1961; New York, N. Y., New York Univ., Coll. of Dent., Dep. of Histol.; Med. Center, Dep. of Pediatr.; engl.) — Verabreichung von

Tetracyclin (5 mg/Tag) an junge Ratten führt zum Einbau u. zur Retention einer fluorescierenden Substanz in Dentin u. Schmelz von Schneidezähnen u. Molarzähnen mit begleitender partieller Hemmung der Mineralisierung der während der Vers.-Periode gebildeten Inkremente.
U. Tausendfreund. 4611◇

1514 **Unterschiede in der Toxizität von verschiedenen optischen Formen des Chloramphenicols.** Václav Trčka und Zdena Horáková. (Českoslov. Farmac. **7**, 113—18, April 1958; Praha, Výzkumný ústav pro farmac. i biochem.; tschech.) — Während die DL_{50} von D-*Chloramphenicol* (I) u. DL-*Chloramphenicol* (II) für Ratten etwa gleich war, war I für Mäuse toxischer als II. Katzen u. Hunde sind am empfindlichsten gegen I, II u. L-*Chloramphenicol* (III). I führte bei allen Versuchstieren zu allg. Hemmung, II u. noch mehr III riefen Zittern, Paresen u. ton.-klon. Krämpfe hervor. I u. II waren für junge Tiere toxischer als für erwachsene.
K. Rintelen. 4611□

1515 **Das D-, DL- und L-Chloramphenicol. Beeinflussung des Nervensystems und Studie über andere Wirkungsbereiche.** V. Trčka, Z. Horáková und M. Vaněček. (Českoslov. Farmac. **7**, 119—24, April 1958; Praha, Výzkumný ústav pro farmac. i biochem.; tschech.) — L-*Chloramphenicol* (I) wurde durch *Pentazol* in seiner krampferregenden Wrkg. gesteigert. *Psychoton* u. *Parpanit* hatten keinen Einfl. auf die Toxizität von D-, DL- u. L-I, *Triantoin* (3-Methyl-5-Äthyl-5-Phenylhydantoin) steigerte sie etwas, die Barbiturate *Thiopental* u. *Narcamon* (5-Isopropyl-5-[β-bromallyl]-1-methylbarbitursäure) verhinderten das Auftreten von Krämpfen, bei wiederholter Gabe den letalen Ausgang nach entsprechenden Dosen der 3 opt. I-Formen. Die I-Wrkg. auf das autonome Nervensyst. (Mydriasis, Mecholyl-Speichel- u. -Tränenfluß, Darmperistaltik) waren bei der L-Form am schwächsten bei der D-Form am deutlichsten. Entgegen den Angaben in der Literatur war keine Beeinfl. der Muskeltätigkeit feststellbar, ebensowenig eine Blutdruckveränderung.
K. Rintelen. 4611□

1516 **Pharmakologische Untersuchungen über Acidomycin.** Yoshitomo Aramaki, Ichiro Ishikawa, Rajime Yokotani, Minoru Kawashima, Yoshio Hamada und Minoru Komatsu. (Annu. Rep. Takeda Res. Lab. **17**, 92—100, 1958; jap., Auszug: engl.) — Die DL_{50} von *Acidomycin* (I) beträgt für Mäuse i. v. 3150 mg/kg. 5000 mg I/kg (intraperitoneal) u. 10000 mg I/kg (oral) werden von der Maus, 5000 (s. c.) von der Ratte u. 500 von Kaninchen u. Katzen toleriert. S. c. Injektion von 40—60% der DL_{50} täglich einen Monat lang verringert bei Mäusen die Gewichtszunahme, der *Biotin*-Geh. in der Leber wird durch diese Behandlung nicht verändert.
P. Gregorszewski. 4611◇

1517 **Pharmakologische Untersuchungen über ein antifungales Antibioticum, Moldcitin B.** Harue Aratani, Akira Nakagawa und Hideki Tateishi. (J. Antibiotics [Tokyo], Ser. A **14**, 199—204, Juli 1961; Hiroshima Univ., School of Med., Dep. of Pharmacol.; engl.) — *Moldcidin B* (I) in höheren Konzz. u. in breiter Dosis unterdrückt den Herzschlag, beschleunigt die Darmbewegung, kontrahiert die Blutgefäße, red. den Blutdruck u. verursacht eine bemerkenswerte Dyspnoe. Außerdem besitzt es eine schwach senkende Wrkg. auf die Funktion der Nebennierenrinde. Die stimulierende Wrkg. scheint zentral zu sein, während die Dyspnoe u. die Blutdrucksenkung von I seiner Hemmwrkg. auf das Herz zuzuschreiben sind. Bei Mäusen betrug die DL_{50} von I mehr als 2000 mg/kg oral, mehr als 100 mg/kg s. c. u. rund 14—20 mg/kg intraperitoneal.
H. Aman. 4611◇

1518 **Anwendung von Mycerin bei der Pneumoniebehandlung der Kleinkinder.** W. M. Martschenko. (Sowjet-Med. **25**, Nr. 10, 92—95, 1961; Iwanow, Med. Inst., Lehrstuhl für Fakultäts- u. Hospital-Pädiatrie; russ., Auszug: engl.) — Bei Kindern im Alter bis zu 2 Jahren mit Pneumonie mittleren oder schwereren Grades führte Therapie mit *Mycerin* (4000 E./kg 2mal täglich, 7—10 Tage bei gleichzeitiger Zufuhr von *Vitamin C*, B_1 u. B_2) auch bei Resistenz gegen andere Präpp. in sehr schweren Fällen in Kombination mit anderen Antibioticis oder Sulfonamid-Präpp. zur klin. Besserung. Neben-Rkk. traten nicht auf.
I. v. Kloch-Kornitz. 4611◇

1519 **Wirkung der sympathomimetischen Amine auf den Neuro-Muskel-Apparat der Krabbe und des Flußkrebses.** M. Ja. Kunzowa. (Ssetschenow-J. Physiol. UdSSR **49**, 370—78, 1963; Leningrad, Ssetschenow-Inst. Evolut.-Physiol. der Akad. der Wiss. der UdSSR; russ., Auszug: engl.) — Die Unters. des Einfl. von $1 \cdot 10^{-10}$—$1 \cdot 10^{-4}$ g *Noradrenalin* (I), *Pedrolon* (II), *Adrenalin* oder *Euspiran*/ml auf die bioelektr. u. mechan. Aktivität des Scherenschließmuskels von *Pachygrapsus marmoratus*, *Carcinus maenas*, *Eriphia spinifrons*, *Astacus astacus* u. *A. leptodactylis* ergab bei allen untersuchten Verbb. sowohl eine hemmende wie eine stimulierende Wirkung. Bei I war die hemmende, bei II die stimulierende Wrkg. vorherrschend. Durch $1 \cdot 10^{-6}$—$1 \cdot 10^{-3}$ g *Sympatolytin*, *Ergotoxin* oder *Aminazin*/ml wurde die Wrkg. der untersuchten Verbb. blockiert. Der periphere Neuro-Muskel-App. der Krebstiere verfügt demnach über ein spezif. adrenreakt. System.
O. Lebtag. 4620△

1520 **Die Wirkung von Chlorpromazin auf die Hypophysen-Nebennieren-Funktion beim Hund.** William F. Ganong und Donna Betz. (Acta endocrinol. [Copenhagen], Suppl. Nr. **51**, 45, 1960; San Francisco, Calif., Univ., Med. Center, Dep. of Physiol. and Anatomy.)
H. Herper. 4620□

1521 **Meperidin und Promethazinhydrochlorid für geistig gestörte Patienten.** Manuel M. Album. (J. Dental Res. **40**, 1036—41, Sept./Okt. 1961; Jenkintown, Pa., Med. Arts Building; engl.) — Durch entsprechend große Dosen von *Promethazin* (I) plus *Meperidin* (II; je 25 bis 50 mg) als Prämedikation kann bei schwachsinnigen Kindern eine Beruhigung erzielt werden, wie sie zur Vornahme zahnärztlicher Verrichtungen erwünscht ist. Die Größe der Dosis ist direkt vom Grad des Schwachsinns abhängig. Auch II allein ist wirksam, jedoch kann durch I die Hälfte der II-Dosis (auf Gewichtsbasis) ersetzt werden, wodurch die Wirksamkeit noch gesteigert u. die Gefahr der Atemdepression verringert wird. Nebenwrkg. sind nur bei Epileptikern unter Behandlung ein Problem, da bei diesen Hypotension auftreten kann. Das Gemisch ist auch bei normalen Patienten anwendbar.
U. Tausendfreund. 4620◇

1522 **Synthese von Arzneimitteln aus der Phenothiazinreihe.** N. Wassermann, M. Ionescu, L. Cuiban, T. Panaitescu, M. Gheorghiu und C. Arhip. (Rev. Chim. [Bucureşti] **10**, 81—85, Febr. 1959; rum.) — Vff. beschreiben die Synth. einiger Arzneimittel in der Phenothiazinreihe wie folgt: 1. Substitution von Phenothiazin durch Dialkylaminoacyl-Radikale (Acylantin) 2. Substitution mit Dialkylaminoalkyl-Radikalen (Alergan). 3. Substitution mit Cl oder Dialkylaminoalkyl-Radikalen (Chlordelasin). Die Rk.-Bedingungen werden untersucht.
H. Guischard. 4620□

1523 **Zur Chemie und Pharmakologie eines neuen Ganglienblockers PLEGAROL und des mit Rescinnamin abgestimmten Hypotensors RAUPYROL.** D. Schäufele und F. S. Nohara. (Praxis [Bern] **47**, 268—70, 1958; Schweizerhall, Chem. Fabrik, Pharmazeut. Abt.; dt.) — Die Kombination von *Plegarol* (I, *S 108*, *β-N-Diäthylamino-β'-pyrrolidinodiäthylätherdimethojodid*) mit Rescinnamin (II) führte zu einem neuen peroralen blutdrucksenkenden Mittel *Raupyrol*. I weist als Ganglienblocker eine größere therapeut. Breite auf als z. B. Hexamethonium. II besitzt als Reinsubstanz von Rauwolfia komplexe hypotensive Eigg. wie Reserpin, wirkt jedoch 6—10fach geringer sedativ.
U. Tausendfreund. 4620◇

1524 **Der Einfluß von Tetamon-J auf die Resorption der Glucose aus dem Darm.** Ju. A. Tkatschow. (Physiol. J. [UdSSR] **9**, 259—60, 1963; Lugansk, Med. Inst., Lehrstuhl für normale Physiol.; ukrain.) — Die intramuskuläre Zufuhr von 6 mg *Tetamon-J* (*Tetraäthylammoniumjodid*, Ganglienblocker; I; als 10%ige Lsg.)/kg erhöht im Vers. am isolierten Dünndarm des Hundes die Resorption der *Glucose* von 0,250—0,320 g (in 15 Min.) auf 0,506—0,652 g. Eine Parallele zwischen der Menge der aufgenommenen Fl. u. der resorbierten Glucose besteht nicht. I bewirkt in der angewandten Dosis eine Blockade der Nervenimpulse vorwiegend in den sympath. Knoten, wodurch das Resorptionsvermögen der Darmschleimhaut erhöht wird. O. Lebtag. 4620△

1525 **Pharmakologische Untersuchungen von Halluzinogenen. 1. Mitt. Teil 1. Untersuchungen der Einflüsse von Mezcalin auf das Zentralnervensystem unter besonderer Berücksichtigung der psychischen Faktoren.** Hideo Hoshikawa. (Folia pharmacol. japon. **58**, 241–60, 1962; Tokyo, Tokyo Med. Coll., Dep. of Pharmacol.; jap., Auszug: engl. S. 13*c.) – Wird *Mezcalin* an Affen verabreicht, so treten Katatonie u. Halluzinationen auf. Bei Ratten beschleunigt es das Auftreten eines vakanten Zustandes u. wirkt als Antagonist gegen das Auftreten dieses Zustandes bei tranquilisierten Ratten. Mezcalin antagonisiert in geringem Maße die Wrkg. von *Bulbocapnin* u. verstärkt die von *Hasmin.* W. Hiller. 4620◇

1526 **Pharmakologische Untersuchungen von Hallucinogenen.** 1. Mitt. Teil 2. **Untersuchungen der allgemeinen pharmakologischen Wirkungen von Mezcalin.** Hideo Hoshikawa. (Folia pharmacol. japon. **58**, 261–74, 20/5. 1962; Auszug: engl. S. 14*, jap.) – Teil 1 vgl. vorst. Referat. – Die DL_{50} von *Mezcalin* beträgt bei Ratten 157 mg/kg bei i. v. Verabreichung u. 534 mg/kg bei subcutaner Verabreichung. Es verursacht Hypokinesis, Akinesis, muskulare Steifheit, Hypothermie, Blutgefäßkonstriktion. Der Blutdruck steigt nach anfänglichem Abfall an u. die Atmung wird stimuliert. Der Tonus der Intestinis wird erhöht. In bezug auf Hypokinese wirkt Mezcalin synergist. mit *Bulbocapnin* u. in bezug auf Motilität u. Tremor antagonist. mit *Harmin.* W. Hiller. 4620◇

1527 **Stoffwechsel von Mescalin.** J. Ratcliffe und P. Smith. (Chem. and Ind. **1959**, 925, 18/7.; Farnborough, Hants., R. A. F. Inst. Aviation Med.; engl.) – Die Aufarbeitung eines 4 Std. Sammelurins vom Menschen nach Verabreichung von 400 mg *Mescalin* (**I**) führte zum Nachw. von *3-Hydroxy-4.5-dimethoxyphenyläthylamin* (**II**). Nach Säurehydrolyse des Urins war die nachweisbare **II**-Menge beträchtlich erhöht u. zudem *4-Hydroxy-3.5-dimethoxyphenyläthylamin* nachweisbar. Kontrollexperimente zeigen jedoch, daß dies zum Teil auch auf Säure-Demethylierung von **I** zurückgeführt werden kann. Joachim Schmidt. 4620◇

1528 **Die psychotropen Substanzen.** C. Stainier. (Farmaco [Pavia], Ediz. Sci. **16**, 847–67, 1961; Liège, Univ.; ital.) – Übersicht. – 10 Literaturangaben. K. Zingraf 4620◇

1529 **Zur Chemie und Pharmakologie von in 10-Stellung basisch substituierten 5H-Dibenzo-[b.e]-1.4-diazepin-Derivaten.** 1. Mitt. **Über siebengliedrige Heterocyclen.** F. Hunziker, H. Lauener und J. Schmutz. (Arzneimittel-Forsch. **13**, 324–28, 1963; Bern, Dr. A. Wander A. G.; dt.) – Vff. berichten über die Synth. von in 10-Stellung bas. substituierten *5H-Dibenzo-[b.e]-1.4-diazepinen* u. über deren pharmakolog. Eigenschaften. Einige dieser Verbb. zeigen histaminolyt. u. antianaphylakt. Wirkung. Zwischen pharmakolog. Wrkg. u. chem. Konstit. besteht folgende Beziehung: Eine heterocycl. Brücke in 5-Stellung ist für die pharmakolog. Wrkg. unerläßlich. Eine unsubstituierte NH-Gruppe in 5-Stellung wirkt sich günstiger aus als eine $N-CH_3$-Gruppe, sie ist auch den anderen Brückenatomen wie $> SO_2$, $> S$ u. $> O$ überlegen. Verbb. mit Substituenten in 7-Stellung sind wirksamer als unsubstituierte Verbindungen. Für die Wirksamkeit ist eine Carbonylgruppe in M-Stellung erforderlich. Die pharmakolog. Wrkg. zeigt folgende Werte: 10-β-Dimethylaminoäthyl-10.11-dihydro-11-oxo-5H-dibenzo-[b. e]-1.4-diazepine: *Unsubstituiert,* F. 112–114°, 705 (DL_{50} mg/kg per os, Maus), 8,0 (in vitro Spasmolyse am Meerschweinchendarm = negativer log. der spasmolyt. Konz. der Prüfsubstanz in g/ml, bei welcher eine Erschlaffung des Darmstückes auf 90–100% der ursprünglichen Spannung eintritt; Spasmus mit 0,01 γ/ml Histamindiphosphat), 5,6 (desgl., Spasmus mit Acetylcholinchlorid), 4,4 (DP_{50} = prophylakt. Dosis, die nach 60 u. 90 Min. 2 von 4 Tieren während mindestens 10 Min. vor asphykt. Krämpfen schützt, bei Meerschweinchen in vivo in mg/kg per os). – *5-Methyl-*, F. 116–117°. *Hydrochlorid,* F. 234–240°, 215, 8,0, 5,6, 14,0. – *2-Chlor-*, F. 172 bis 173°, 175, 8,9, 5,6, 9,0. – *5-Methyl-2-methoxy –, Hydrochlorid,* F. 205–210°, 900, 6,8, 5,0 >30,0. – *3-Chlor-*, F. 159–160°, 305, 7,4, 5,6, 2,8. – *3-Methoxy-*, F. 141 bis 143°, 150, 7,7, 5,3, >30,0. – *6-Chlor-*, F. 122–123°, 260, 7,4, 5,9, 13,0. – *7-Chlor-*, F. 165–166°, – *Hydrochlorid,* F. 225–233°, 330, 9,0, 6,8, 0,17. – *5-Methyl-7-chlor- Hydrochlorid,* F. 247–253°, 500, 8,0, 6,8, 0,55. – *7-Methoxy-*, F. 152–153°, 220, 8,6, 5,0, 1,0. – *7-Methylmercapto-*, F. 126–129°, 345, 9,2, 5,0, 1,45. – *5-Methyl-7-methylmercapto-Hydrochlorid.* F. 205–207°, 520, 9,8, 5,0, 145. – *8-Chlor-*, F. 140–145°, –, 7,0, 6,0, 20,0. – *5-Methyl-8-chlor – Hydrochlorid,* F. 240–245°, 500, 7,0, 5,0, 8,8. – *8-Methoxy-*, F. 126–127°, 220, 8,3, 5,6, 25,0. – *8-Trifluormethyl-*, F. 115–118°, 150, 7,7, 5,9, 17,0. – *5-Methyl-8-trifluormethyl-Hydrochlorid,* F. 222–226°, 240, 6,5, 5,6, 15,5. – *8-Methyl-*, F. 137–138°, 127, 8,6, 6,5, 4,0. – *5.8-Dimethyl-Hydrochlorid,* F. 214 bis 217°, 100, 7,1, 6,2, 2,9. – 7-Chlor-10.11-dihydro-11-oxo-5H-dibenzo-[b.e]-1.4-diazepine: *10-β-Pyrrolidinoäthyl-*, F. 159–160°, 700, 8,9, 6,5, 0,6. – *β-Piperidinoäthyl-*, F. 187–189, 700, 8,0, 5,9, 4,6. – *β-Morpholinoäthyl-*, F. 220–222°, >2500, 6,8, 5,6, –. *2-[Dimethylamino]-propyl-*, F. 197–199°, 320, 7,7, 7,1, 0,2. – *3-[Dimethylamino]-propyl-*, F. 137–139°, 1000, 8,3, 5,9, 3,5. – 10-β-Dimethylaminoäthyl-10.11-dihydro-5H-dibenzo-[b.e]-1.4-diazepine: *Unsubstituiert-Maleat,* F. 100°, 600, 7,4, 5,0, >16. – *5-Methyl-Maleat,* F. 149–151°, 760, 7,7, 5,9 >16. – *7-Chlor-*, F. 87–89°, 275, 7,4, 6,5, >30. – *7-Chlor-10-β-dimethylaminoäthyl-10.11-dihydro-11-oxodibenzo-[b. f]-1.4-thiazepin-Hydrochlorid,* F. 268–271°, 870, 8,9, 6,8, 2,6. – *7-Chlor-10-β-dimethylaminoäthyl-10.11-dihydro-11-oxodibenzo-[b.f]-1.4-thiazepin-5.5-dioxid,* F. 113–123°, 620, 6,8, 6,8, 1,4. – *7-Chlor-10-β-dimethylaminoäthyl-10.11-dihydro-11-oxodibenzo-[b.f]-1.4-oxazepin-Hydrochlorid,* F. 230–233°, 500, 7,7, 5,6, 8,0. – *Mepyramin-maleat,* –, 338, 8,3, 6,5, 13,0. – *d.l.-Chlorpheniramin,* –, 121, 8,7, 6,2, 0,80. –

Versuche: Die nachstehenden Nitrodiphenylamincarbonsäuren u. deren Ester werden durch die Ullmannsche Synth. aus o-Halogennitrobenzolen u. Anthranilsäurederivv. gewonnen. *N-Methyl-2-nitro-5-methylmercaptodiphenylamin-2'-carbonsäuremethylester,* $C_{16}H_{16}N_2O_4S$, F. 102–103, durch Zutropfen einer Lsg. von 40,3 g *N-Methyl-2-nitro-5-chlordiphenylamin-2'-carbonsäuremethylester,* F. 92–93° zu einer gekühlten Lsg. von 5,9 g K in 110 ml tert. Butanol u. 12 g Methylmercaptan in 300 ml Dimethylformamid. (96% Ausbeute). – Analog dargestellt werden folgende 2-Nitrodiphenylamin-2'-carbonsäuren: *4-Methyl-*, F. 213–215°. – *4-Chlor-*, F. 245–238°. – *4-Trifluormethyl-*, F. 225–226°. – *4-Methoxy-*, F. 228–230°. – *5'-Methoxy-*, F. 235 bis 237°. – *4'-Chlor-*, F. 232–235°. – *4'-Methoxy-*, F. ca. 240°. – N-Methyl-2-nitrodiphenylamin-2'-carbonsäuren: *4-Methyl-*, F. 140–141°. – *4-Chlor-*, F. 139–142°. – *4-Trifluormethyl-*, F. 154–156°. – *4-Methoxy-*, F. 164–166°. – *5-Chlor-*, F. ca. 160°. – *4'-Methoxy-*, F. 168–172°. – 2-Nitrodiphenylamin-2'-carbonsäureäthylester: *4-Methyl-*, F. 99–100°. – *4-Chlor-*, F. 134–136°. – *4-Methoxy-*, F. 104°. – *5-Chlor-*, F. 127–128°. – *5-Methylmercapto-*, F. 187 bis 188°. – *5'-Chlor-*, F. 106–107°. – 2-Nitrodiphenylamin-2'-carbonsäuremethylester: *4-Trifluormethyl-*, F. 147–148°. – *5-Chlor-*, F. 157–158°. – *5-Methoxy-*, F. 149°. – *6-Chlor-*, F. 119–120°. – *4'-Chlor-*, F. 138°. – Bei der Darst. der nachfolgenden Aminodiphenylamincarbonsäuren brachte die Red. der oben genannten Nitrosäuren mit $FeSO_4$ in ammoniakal. Lsg. keine befriedigenden Ergebnisse. Am besten bewährte sich die katalyt. Hydrierung der Salze der Nitrosäuren in wss. Lsg. oder deren Ester im entsprechenden Alkohol mit Pd. Bei Anwesenheit von gegen Hydrogenolyse empfindlichen Stoffen führte die Red. der Nitrosäuren mit *Na-Dithionat* zum Erfolg. – *2-Amino-5-chlordiphenylamin-2'-carbonsäure* (**I**), $C_{13}H_{11}ClN_2O_2$, F. 205–208° (Zers.), durch Aufschlämmen von 135,6 g *2-*

Nitro-5-chlordiphenylamin-2'-carbonsäure in 1,8 Liter 2 n NH_3-Lsg. u. Zugeben von 266 g Na-Dithionit im Verlauf von 2 Std. u. Erhitzen auf 80°. Durch Ansäuern mit Essigsäure werden 121,3 g rohe Aminocarbonsäure erhalten. Analog dargestellt werden folgende 2-Amino-diphenylamin-2'-carbonsäuren: *4-Methyl-*, F. 213 bis 215°. — *4-Chlor-*, F. 200—205°. — *4-Trifluormethyl-*, F. 214—215°. — *4-Methoxy-*, F. ca. 200°. — *5-Chlor-Methylester* (**II**), F. 117—118°. — *5-Methoxy-*, F. 178 bis 179°. — *5-Methylmercapto-*, F. 170—172°. — *6-Chlor-Methylester*, F. 135—139°. — *5'-Chlor-*, F. 175—177°. — *5'-Methoxy-*, F. 182—184°. — *4'-Chlor-*, F. 197—198°. Analog dargestellt werden auch folgende N-Methyl-2-aminodiphenylamin-2'-carbonsäuren: *4-Methyl-*, F. 144—146°. — *4-Chlor-*, F. ca. 155°. — *4-Trifluormethyl-*, F. 160°. — *4-Methoxy-*, F. 132—134°. — *5-Chlor-*, F. ca. 155°. — Die im folgenden angeführten 10.11-Dihydro-11-oxodibenzo-5H-[b.e]-1.4-diazepine (Lactame) wurden durch therm. Cyclisierung der oben angeführten Aminosäuren in sd. Xylol erhalten. Für die Cyclisierung der Ester sind drastischere Bedingungen nötig. *7-Chlor-10.11-dihydro-11-oxo-5H-dibenzo-[b.e]-1.4-diazepin* (**III**), $C_{13}H_9ClN_2O$, F. 253—254° aus **I** (121,3 g) durch Erhitzen in 31 Xylol für 40 Std. am Rückfluß, Abdest. des Xylols u. Alkalischmelzen des Rückstandes mit NH_3 u. Abnutschen des Nd., 71,3 g (Ausbeute); oder aus **II** durch Erhitzen von 2,5 g dieses Esters mit 0,39 g Na-Amid in abs. Dioxan unter Rückfluß. Nach Verdünnen mit W. wird der Nd. abgenutscht, 1,85 g. Analog wie vorst. Verb. werden folgende dargestellt: 10.11-Dihydro-11-oxo-5H-dibenzo-[b.e]-diazepine: *2-Chlor-*, F. 259—260°. — *2-Methoxy-*, F. 220 bis 221°. — *2-Methoxy-5-methyl-*, F. 220—221°. — *3-Chlor-*, F. 271°. — *3-Methoxy-*, F. 232—233°. — *3-Methyl-*, F. 267—269°. — *6-Chlor-*, F. 244—246°. — *7-Chlor-5-methyl-*, F. 226—227°. — *7-Methoxy-*, F. 239—240°. — *7-Methylmercapto-*, F. 211—212°. — *7-Methylmercapto-5-methyl-*, F. 225—226°. — *8-Chlor-*, F. 231—232°. — *8-Chlor-5-methyl-*, F. 214—215°. — *8-Methyl-*, F. 194 bis 195°. — *5.8-Dimethyl-*, F. 228—229°. — *8-Trifluormethyl-*, F. 176—177°. — *8-Trifluormethyl-5-methyl-*, F. 239—240°. — *8-Methoxy-*, F. 174—176°. — *8-Methoxy-5-methyl-*, F. 221—223°. *7-Chlor-10-β-dimethylaminoäthyl-10.11-dihydro-11-oxo-5H-dibenzo-[b.e]-1.4-diazepin* (**IV**), $C_{17}H_{18}ClN_3O$, F. 165—166° a) durch Erhitzen von 52,2 g **III** in 350 ml abs. Dioxan mit 9,2 g Na-Amid unter Rückfluß, Versetzen mit 29 g β-Dimethylaminoäthylchlorid in 50 ml Bzl. u. weiteres Erhitzen für 16 Std., Einengen im Vakuum, Ausschütteln der bas. Anteile mit verd. HCl, Alkalischmachen der salzsauren Auszüge mit konz. NH_3 u. Ausschütteln der Base mit Chlf.; 50,8 g. *Hydrochlorid*, $C_{17}H_{19}Cl_2N_3O$, F. 225—233° (Kristallumwandlung bei 180°); b) durch Erhitzen von 11,4 g **II** mit 1,8 g Na-Amid in 90 ml abs. Dioxan für 90 Min. unter Rückfluß, versetzen mit 6 g β-Dimethylaminoäthylchlorid in 20 ml Bzl. u. weiteres Erhitzen für 15 Std.; 7,2 g. — *7-Chlor-10-β-dimethylaminoäthyl-10.11-dihydro-5H-dibenzo-[b.e]-1.4-diazepin*, $C_{17}H_{20}ClN_3$, F. 87—89°, durch Rk. von 7,2 g **IV** in 70 ml abs. Tetrahydrofuran mit 3,0 g $LiAlH_4$ in 30 ml abs. Tetrahydrofuran. Erhitzen unter Rückfluß, Zersetzen des überschüssigen $LiAlH_4$ mit Essigester u. Eindampfen im Vakuum zur Trockne; 5,2 g. Analog aus den entsprechenden Lactamen wurden die beiden folgenden Verbb. hergestellt: *10.11-Dihydro-5H-dibenzo-[b.e]-1.4-diazepin*, $C_{13}H_{12}N_2$, F. 204—209° u. *5-Methyl-10.11-dihydro-5H-dibenzo-[b.e]-1.4-diazepin*, $C_{14}H_{14}N_2$, F. 118—120°. — *N-Methyl-N-phenyl-N'-[β-dimethylaminoäthyl]-o-phenylendiamin*, $C_{17}H_{23}N_3$, Kp.$_{0,07}$ 130—138°, durch Spaltung von 5-Methyl-10-β-dimethylaminoäthyl-10.11-dihydro-11-oxo-5H-dibenzo-[b.e]-1.4-diazepin mit konz. HCl. *N-Acetylverb.*, $C_{19}H_{25}N_3O$, F. 109 bis 110°. *N-Methyl-N-phenyl-N'-acetyl-N'-[β-dimethylaminoäthyl]-o-phenylendiamin*, $C_{19}H_{25}N_3O$, F. 110—111°, durch Rk. von 31 g o-Acetylamino-N-methyldiphenylamin in 150 ml abs. Dioxan mit 4 g Na-Amid u. 5,5 g β-Dimethylaminoäthylchlorid. — *5-β-Dimethylaminoäthylphenanthridon*, $C_{17}H_{18}ClN_2O$, F. 268—270°, durch Erhitzen von 11,7 g Phenanthridon mit 2,95 Na-Amid in 120 ml abs. Dioxan u. Zutropfen einer Lsg. von 7 g β-Dimethylaminoäthylchlorid in 50 ml abs. Dioxan. W. Hiller. 4625◇

1530 **Der Einfluß von Phenolen und Alkoholen abgeleiteter Aminoäther auf die Dauer der experimentellen Narkose. Beziehungen zwischen chemischer Konstitution und zentraler Wirkung.** Laïa Buchel und Jeanne Lévy. (Anesthésie, Analgésie, Réanimat. **15**, 451—73, Juni/Juli/Aug. 1958; Paris, Fac. de Méd.) — Die Unters. der hypnot. Wrkg. u. der Verstärkung derjenigen von *Chloral*, *Hexobarbital* u. *Tetrabarbital* von 15 *Aminoäthern* (**I**), X–O–$(CH_2)_n$–N(R)(R'), ergab einen starken Einfl. des Restes X. **I** wirken direkt auf das Zentralnervensystem. Geprüfte Verbb. (Hydrochloride): *1-[β-Diäthylaminoäthoxy]-2-isopropyl-5-methylbenzol*, *8-[β-Piperidinoäthoxy]-chinolin*, *1-[β-Dimethylaminoäthyl]-bicyclohexyläther*, *1-[β-Diäthylaminoäthyl]-*, *1-[β-Piperidinoäthyl]-*, *1-[γ-Piperidinopropyl]-*, *1-[β-Dimethylaminoäthoxy]-1-phenylcyclohexan*, *1-[β-Diäthylaminoäthoxy]-*, *1-[β-Piperidinoäthoxy]-*, *1-[γ-Piperidinopropoxy]-*, *[β-Diäthylaminoäthoxy]-cyclohexan*, *[β-Piperidinoäthoxy]-dicyclohexylmethan*, *[β-Piperidinoäthoxy]-cyclohexylphenylmethan*, *[δ-Piperidinobutoxy]-cyclohexylphenylmethan*, *[β-Diäthylaminoäthoxy]-[bicyclohexyl-(1)]-methan*. K. Maier. 4627◇

1531 **Über den Einfluß der β-Alkoxyäthoxysubstitution auf die lokalanästhetische Wirkung.** R. Pavliček, A. Sekera und C. Vrba. (Pharmazie **13**, 748—52, Dez. 1958; Rajhrad-Brünn, Malinovského c. 226) — Es wurden 5 Alkoxyäthoxyphenylcarbaminsäure-β-diäthylaminoäthylester u. 2.2-Alkoxyäthoxycinchoninsäure-β-diäthylaminoäthylamide dargestellt. Die Prüfung der Verbb. auf Oberflächenanaesthesie, Infiltrationsanaesthesie, sowie Toxizität zeigte, daß sie gegenüber den alkoxysubstituierten Verbb. weniger vorteilhaft waren.

Versuche: Acetanilide (**I**), dargestellt durch Rk. der Alkoxyäthyljodide mit Na-Acetaminophenolaten: *2-[β-Methoxyäthoxy]-*, Kp.$_{0,08}$ 124°, 66% (Ausbeute); *3-[β-Methoxyäthoxy]-*, Kp.$_{0,05}$ 158°, 35%; *2-[β-Äthoxyäthoxy]-*, Kp.$_{0,10}$ 138°, 64%; *3-[β-Äthoxyäthoxy]-*, F. 54,5, Kp.$_{0,75}$ 187°, 71%; *4-[β-Äthoxyäthoxy]-*, F. 72°, Kp.$_{0,22}$ 172°, 83%. Aniline (**II**), dargestellt durch Verseifen von **I** mit 18%ig. HCl: *2-[β-Methoxyäthoxy]-*, Kp.$_{0,16}$ 100°, 78%; *3-[β-Methoxyäthoxy]-*, Kp.$_{0,11}$ 112°; 71%; *2-[β-Äthoxyäthoxy]-*, Kp.$_{0,05}$ 93°, 72%; *3-[β-Äthoxyäthoxy]-*, Kp.$_{0,05}$ 111°, 59%; *4-[β-Äthoxyäthoxy]-*, Kp.$_{0,07}$ 101°, 63%. Phenylisocyanate (**III**), dargestellt aus **II** u. Phosgen in Toluol: *2-[β-Methoxyäthoxy]-*, Kp.$_{0,07}$ 82°, 65%; *3-[β-Methoxyäthoxy]-*, Kp.$_{0,11}$ 91°, 82%; *2-[β-Äthoxyäthoxy]-*, Kp.$_{0,21}$ 90°, 71%; *3-[β-Äthoxyäthoxy]-*, Kp.$_{0,06}$ 123°, 81%; *4-[β-Äthoxyäthoxy]-*, Kp.$_{0,10}$ 96°, 86%. Phenylcarbaminsäure-β-diäthylaminoäthylester, dargestellt durch Erhitzen von **III** in Toluol mit Diäthylaminoäthanol: 2-*[β-Methoxyäthoxy]-*, 13% (Ausbeute), *Pikrat*, F. 113°; *3-[β-Methoxyäthoxy]-*, 13%; *Pikrat*, F. 99°; *2-[β-Äthoxyäthoxy]-*, 22%; *Pikrat*, F. 83°; *3-[β-Äthoxyäthoxy]-*, 48%; *Hydrochlorid*, F. 94°; 4-*[β-Äthoxyäthoxy]-*, 52%; *Hydrochlorid*, F. 119°. Cinchoninsäure-β-diäthylaminoäthylamide: 0,55 g Na wurden in 50 ml des Alkoxyäthanols gelöst u. mit 7 g 2-Chlorcinchoninsäure-β-diäthylaminoäthylamid 2,5 Std. am Rückfluß gekocht. *2-[β-Methoxyäthoxy]-*, F. 79,0°, 82%, *Hydrochlorid*, F. 94°; *2-[β-Äthoxyäthoxy]-*, F. 83,5°, 81%, *Hydrochlorid*, F. 95°. E. Carstens. 4627□

1532 **Beziehungen zwischen den physikalisch-chemischen Eigenschaften und der Wirkung von Lokalanästheticis.** 15. Mitt. J. Büchi und X. Perlia. (Arzneimittel-Forsch. **12**, 519—25, 1962; Zürich, Eidgenöss. Techn. Hochschule, Pharmazeut. Inst.; dt.) — Es wird in dieser Mitt. über die hämolyt. Eigg. der *Cinchocain*-(**I**)-Homologen berichtet. In vitro wurden die Hämolysekurven an Rindererythrocyten der *Propoxy*-**I**- (**II**), *Butoxy*-**I**- (**III**) u. *Amyl*-**I**- (**IV**)-Derivv. bestimmt. Die minimale hämolyt. Konz. nahm von **II** nach **IV** zu, während **III** die größte lokalanästhet. Wrkg. zeigte. Es ergab sich also kein Zusammenhang zwischen der hämolyt. u. lokalanästhet. Wirkung. 91 Literaturangaben.

G. Kimmerle. 4627△

1533 **Pharmakologie des Narcotins.** Chikako Tanaka. (Folia pharmacol. japon. **58,** 225—34, 1962; Kyoto, Kyoto Univ., Fac. of Med., Dep. of Pharmacol.; jap., Auszug: engl.) — Vgl. C. **1963,** 12506. — Bei Spinalkatzen u. urethanisierten Kaninchen wird die Pressorwrkg. von *Adrenalin* (**I**) durch *Narcotin* (**II**) verstärkt, nicht aber die von *Noradrenalin* (**III**) u. *Tyramin.* **II** verstärkt die **I**-induzierte Kontraktion der Nickhaut bei Katzen, **II** hat jedoch keine Wrkg. auf die mit **III** vorbehandelte Nickhaut. **II** hemmt die chronotropen u. inotropen Wrkgg. des isolierten Kaninchenatriums u. Meerschweinchenatriums in ihrer spontanen Bewegung. Auch am isolierten Meerschweinchenatrium hemmt **II** die durch **I**, **III** u. *Isoproterenol* verursachten positiven chronotropen Wirkungen. Die positiven inotropen Wrkgg. werden in geringerem Ausmaß gehemmt. Vf. nimmt an, daß der Wrkg.-Ort von **II** mit dem von Isoproterenol u. *Dichlorizoproterenol* übereinstimmt. W. Hiller. 4627◇

1534 **Äthinylcyclohexanol und seine Derivate mit hypnotischer Wirkung.** F. Cuiban und St. Cilianu. (Rev. Chim. [Bucureşti] **10,** 76—78, Febr. 1959; rum.) — Das Verf. zur Gewinnung u. Reinigung von *Äthinylcyclohexanol* wird krit. untersucht. Bromäthinylcyclohexanol wurde durch Bromierung mit einer Mischung von Na-Hypochlorit u. NaBr gewonnen. Außerdem wird eine Meth. zur Gewinnung von *Äthinylcyclohexylcarbamat* beschrieben. H. Guischard. 4627□

1535 **Anwendung des neuen Ataracticum Andaxin in der Geburtshilfe und Gynäkologie.** M. Ss. Bakschejew, L. W. Timoschenko, O. T. Michailenko und O. Ss. Ljawinetz. (Pädiatrie, Geburtshilfe Gynäkol. (Kiew) **1961,** Nr. **6,** 35—39; Kiew, Med. Bogomolez-Inst. Lehrstuhl für Geburtshilfe u. Gynäkolog.; ukrain.) — Ataracticum *Andaxin* ist nicht tox. u. wurde zur schmerzlosen Geburt u. im vor- u. postoperativen Stadium gynäkolog. Operationen in Dosen von 10—80 mg/kg per os als Sedativum u. in Kombination mit Narcoticis mit gutem therapeut. Erfolg angewandt.
I. v. Kloch-Kornitz. 4627□

1536 **Über die Interferenz einer Papaverinwirkung auf die Kontraktion der glatten Muskulatur nach Acetylcholin und Histamin und über die auf den Tonus der gestreiften Muskulatur nach dem Test von Straub.** E. Frommel und C. Fleury. (C. R. Séances Soc. Biol. Filiales **153,** 18—20, 30/4. 1959; Genève, Univ., Fac. de Méd., Inst. de Thérapeut. exp.; franz.) — *Papaverin* (**I**) bewirkt in vitro am isolierten Intestinum ileum des Meerschweinchens eine Herabsetzung der Muskelkontraktion, die durch *Acetylcholin* (**II**), *Histamin* (**III**) u. *$BaCl_2$-Lsgg.* (**IV**) ausgelöst worden ist. Dagegen konnte in vivo kein Beweis weder für eine *Atropin* (**V**)- noch für eine Anti-**III**-Wrkg. von **I** erbracht werden. Die Hemm-Wrkg. von **I** auf die durch **II** hervorgerufene Kontraktion beträgt größenordnungsmäßig nur etwa 1/100 der mit **IV** bewirkten. Trotzdem ist es sicher, daß **I** eine anticholinerg. Wrkg. ausübt. Das gleiche gilt für die **II**-Kontraktion, für die **I** annähernd doppelt so stark wirkt. — *Scopolamin* (**VI**) u. **V** neutralisieren die durch *Morpholin* (**VII**) an der Maus (20 m/kg) hervorgerufene Hypertonie. Um die Hemmwrkg. von **I** nach dem Test von Straub festzustellen, wurden an Gruppen von je 5 Mäusen verschieden große Dosen von **I** 30, 60 u. 120 Min. vor der **VII**-Injektion per os verabfolgt. Diese Kontroll-Verss. verdoppeln die Erfahrungen, die mit **VII** allein oder in Verbindung mit **V**, **VI** oder mit *Meprobamat* (**VIII**) gesammelt wurden. **I** hemmt die durch **VII** ausgelöste Hypertonie des Schwanzes der Maus in gleicher Weise wie **V**. P. Nachtwey. 4627◇

1537 **Konvulsive Eigenschaften von oral gegebenen Pentylentetrazol-Mixturen.** Eugene A. Conrad, J. Maxwell Little und George H. Armstrong. (J. Amer. pharmac. Assoc., sci. Edit. **48,** 254—55, 1959; Winston-Salem, N. C., Wake Forest Coll., The Bowman Gray School of Med.; engl.) — ♀ Albinomäuse erhielten 3 Tage lang oral *Pentylentetrazol* (**I**), *Reserpin* (**II**) u. *Niacin* (**III**) allein oder in Kombination. Am 4. Tag mußten die Tiere 3 Std. fasten u. erhielten dann verschieden große orale Gaben von **I**. Alle Mäuse wurden 30 Min. lang beobachtet u. die Zahl der klon. (CD_{50}) u. ton. (TD_{50}) Konvulsionen festgestellt. 20 mg **III**/kg/Tag u. 50 mg **I**/kg/Tag veränderten die CD_{50} u. TD_{50} nicht signifikant. 8 mg **II**/kg/Tag verringern die CD_{50} u. senken signifikant die TD_{50}. Diätbegrenzung führt zu ähnlichen Ergebnissen. Die Verabreichung einer Mischung, die die genannten Konzz. an **I** u. **III** u. 0,5 mg **II**/kg/Tag enthielt, veränderte die CD_{50} u. TD_{50} nach **I**-Belastung nicht. K. Böhm. 4628◇

1538 **Vergleich der Wirkung einiger Präparate aus der Gruppe der organischen Nitrate auf das Herz-Gefäß-System unter Versuchsbedingungen.** W. N. Dsjak, I. T. Furs und B. N. Besborodko. (Pharmakol. u. Toxikol. [UdSSR] **26,** 47—52, **1963;** Dnepropetrowsk, Med. Inst.; russ., Auszug: engl.) — In der Verd. 1:10000 u. 1:100000 bewirkt *Nitranol* (**I**; Triäthanolamintrinitratbiphosphat) am isolierten normalen u. geschwächten Froschherz eine Abnahme der Amplitude der Herzkontraktionen u. eine Verlängerung des Herzrhythmus. Im Vers. am Kaninchenohr bewirkt **I** in der gleichen Verd. eine Gefäßerweiterung. Im Hunde-Vers. beobachtet man nach Zufuhr von 0,0002 g **I**/kg eine 5,5—120%ige Erhöhung des coronaren Blutkreislaufs u. eine 14,8—80,0%ige Erhöhung des Arteriendruckes im Vgl. zu den Werten nach Zufuhr von Pituitrin (**II**). *Nitrosorbid* (**III**; 1.4:3.6-Dianhydrosorbit-2.5-dinitrat) unterdrückt in der Verd. 1:1000 oder 1:10000 die Herztätigkeit; in der Verd. 1:50000 erhöht **III** die Herzamplitude. Ähnlich dem **I** bewirkt **III** im Kaninchen-Vers. eine Gefäßerweiterung. Am stärksten ist die spasmolyt. **III**-Wrkg. in der Verd. 1:1000. *Erynit* (**IV**; Pentaerythritoltetranitrat) zeigt nach **II**-Spasmen einen gefäßerweiternden Effekt. Eine eindeutige Beziehung zwischen der Änderung des Arteriendruckes u. des Bluttransportes aus den Coronargefäßen nach **IV**-Einw. ist nicht festzustellen. Nach der gefäßerweiternden Wrkg. ist **IV** stärker als **I** u. **III**.
O. Lebtag. 4630△

1539 **Behandlung der Angina pectoris und des intermittierenden Hinkens mit Catron (JB-516).** A. Sanabria, F. Bravo und A. Recagno de Rousse. (Cardiologia [Basel] **40,** 370—77, 1962; Caracas, Univ. Central de Venezuela, Med. Clin.; engl.) — *Catron* (Lakeside Labor. Inc.; *JB-516*; *β-Phenylisopropylhydrazinhydrochlorid*) bewirkte in Dosen von initial 12 mg/Tag, zurückgehend auf 6—9 mg, in 9 von 12 Angina pectoris-Fällen (unter üblicher Medikation stehend) eine schmerzstillende Wrkg. bei unverändertem Elektrocardiogramm; es wird deshalb eine alleinige Beeinflussung der Schmerzelemente bei Angina pectoris vermutet; es wurden auch Erfolge bei vorher therapieresistentem Status anginosus erzielt. Zur Schmerzfreiheit kam es in 3 von 4 Fällen mit intermittierendem Hinken (Claudicatio intermittens) u. in 1 Falle von ischäm. Ruheschmerz infolge diabet. Arteriopathie. Im Gegensatz zu anderen Monoaminooxydasehemmstoffen nur geringe Nebenwrkg. (Nervosität, Schlaflosigkeit). U. Tausendfreund. 4630◇

1540 **Die Ausscheidung der 5-Hydroxyindolylessigsäure im Harn des Kaninchens nach Cardiazolkonvulsionen.** U. Serra und G. Sacchetti. (Farmaco [Pavia], Ediz. Sci. **16,** 836—40, 1961; Pavia, Univ., Clin. Pediatr.; ital.) — Innerhalb von 12 Std. nach *Cardiazol*-Schock war die Ausscheidung der *5-Hydroxyindolylessigsäure* (**I**) im Harn von Kaninchen deutlich verringert. In den darauffolgenden Std. erfolgte ein Anstieg mit schließlicher Rückkehr zur Norm. Da die Diurese diesem Verh. parallel verlief, war die Konz. von **I** im Harn prakt. unverändert. K. Zingraf. 4630◇

1541 **Beseitigung einiger Komplikationen, die bei Hypotonie durch Arfonad auftreten.** M. W. Komendantowa und B. Ss. Uteschew. (Pharmakol. u. Toxikol. [UdSSR] **26,** 52—58, 1963; Moskau, 2. Med. Pirogow-Inst., Lehrstuhl für Pharmakol.; russ., Auszug: engl.) — Die nach Zufuhr von *Arfonad* (**I**) im Herz-Gefäß-Syst. auftretenden Komplikationen können im Katzen-Vers. durch verschiedene pharmakolog. Mittel gemildert werden. Am wirksamsten sind *Ephedrin*, *Mesaton* u. *Noradrenalin*. *Corazol* u. *Cordiamin* sind nicht immer wirksam. Von kurzer positiver Wrkg. auf den Blutdruck ist *$CaCl_2$*. *Cytiton* verbessert kurzzeitig die Atmung. Die hypotensive Wrkg. des **I** beruht neben der Blockade der Ganglien auf der Einw. auf die Gefäßwand.
O. Lebtag. 4630△

1542 **Einfluß der Rauwolfia-Alkaloide auf die Nieren bei Hypertonie.** P. I. Mischtschenko. (Kardiologie [UdSSR] **2**, Nr. 4, 80—81, 1962; Moskau, 2. Med. Pirogow-Inst., Pädiatr. Fak.; russ., Auszug: engl.) — Es wird der Einfl. der *Rauwolfia-Präpp.* auf die Nieren an 120 Hypertonikern im 1., 2. u. 3. Stadium studiert. Es zeigt sich, daß die Präpp. *Reserpin* (*Serpasil*), *Raupin* u. *Gendon* positiv auf die Nierenfunktion wirken. Der effektive Blutstrom der Niere normalisiert sich bei Hypertonie 1. Grades u. bessert sich bei Hypertonie 2. u. 3. Grades durch die Behandlung. G. Wesirow. 4630△

1543 **Einige Wirkungen von Reserpin bei Normal- und Leukämie-Mäusen.** Stefan Kruger, W. C. Standeffer und F. W. Schueler. (Arch. int. Pharmacodynam. Thérap. **129**, 395—400, 1960; New Orleans, La., Tulane Univ. School of Med., Dep. of Pharmacol.; engl.) — An DBA/2- oder Schweizer-Mäusen, von denen eine Gruppe mit L 1210-Leukämie inoculiert worden war, wurden die Wrkg. von intraperitoneal verabreichtem *Reserpin* (**I**; 5 mg/kg), *JB 516* (Lakeside Labors., 10 mg/kg), *Chlorpromazin* (**II**; 50 mg/kg), *6-Mercaptopurin* (**III**; 30 mg/kg) u. *adrenocorticotropem Hormon* (ACTH; 0,5 E/Maus) auf die Organgew. von Nebenniere Thymus u. Milz untersucht. **I** bewirkte einen leichten aber signifikanten Anstieg der Nebennierengew. bei Normal- u. Leukämie-Mäusen, der durch einen Abfall auf oder unter Normalwerte unterbrochen wird. Diese Senkung scheint auf einen Rückkopplungsmechanismus in der Nebennieren-Hypophysen-Achse zu beruhen, da er nach ACTH nicht auftritt. Durch Kombination von JB 516 + **I** werden die meisten durch **I** bewirkten Veränderungen blockiert. Bei Normalmäusen kommt es am 4. Tage zu einem Abfall unter die Norm, genau so wie nach **II**. Am Thymus bewirkte **I** bei Normal- u. Leukämie-Mäusen eine hochsignifikante Involution, die durch JB 516 blockiert wird. Die Milzgew. verhalten sich verschieden. Bei nicht behandelten Leukämie-Mäusen kam es zur Milzvergrößerung. Nach **I** nahmen die Gew. bei Normal- u. Leukämie-Mäusen leicht ab. Zugabe von JB 516 hat keinen weiteren Einfl. auf die Gewichtskurve. **III** bewirkte Anstieg des Nebennierengew. mit begleitender Involution des Thymus. K. Böhm. 4630◇

1544 **Über die Dynamik der Uropepsinausscheidung.** A. A. Krylow und N. P. Dobrik. (Kardiologie [UdSSR] **2**, Nr. 4, 82—83, 1962; Militärmed. Kirow-Akad.; russ. Auszug: engl.) — Es wird die Veränderung der Sekretion des *Uropepsins* bei 52 Kranken mit Hypertonie im 2. u. 3. Stadium, welche *Reserpin* erhalten, beobachtet. Es wird eine wesentliche Verminderung der Exkretion an Uropepsin während der Behandlung beobachtet. Eine Normalisierung tritt nach 3—4 Wochen ein. G. Wesirow. 4630△

1545 **Verringerung des Produktes der Neurohypophysen-Hypothalamus-Sekretion nach Injektion von Reserpin.** H. Tuchmann-Duplessis, M. Gabe und L. Mercier-Parot. (Ann. d'Endocrinol. **23**, 65—77, Jan.-Febr. 1962; Paris, Univ., Fac. de. Méd., Labor. d'Embryol.; Labor. d'Évol. des Êtres Organisés; franz.) — *Reserpin*-Injektionen bewirkten bei Ratten eine Abnahme des Prod. der Neurosekretion der Neurohypophyse, auch wenn die Osmoregulation der Tiere stimuliert wurde. Diese Verringerung scheint nicht mit einer Veränderung des Wasser- u. Mineralhaushaltes in Zusammenhang zu stehen. K. Zingraf. 4630◇

1546 **Einfluß des Strophanthins auf das Herz bei der Einwirkung von Inhibitoren des Kohlenhydratumsatzes.** G. N. Tschetwerikow. (Pharmakol. u. Toxikol. [UdSSR] **26**, 58—63, 1963; Kalinin, Med. Inst., Lehrstuhl für Pharmakol.; russ., Auszug: engl.) — Im Vers. am isolierten Herzen von Rana temporaria beschleunigt *Strophanthin* (**I**) die Normalisierung der Herztätigkeit nach Vergiftung durch *Dinitrophenol*, Na_2SO_3, *Chloralhydrat* oder *NaF*. Unabhängig von der Natur des Inhibitors erfolgt die Wiederherst. der Herztätigkeit durch **I** rascher als durch Ringer-Lösung. Bei Anwendung des **I** im Gemisch mit dem Inhibitor oder vor der Vergiftung wird die tox. Wrkg. des Inhibitors, unabhängig von dessen Natur, beschleunigt. O. Lebtag. 4630△

1547 **Über die Umkehrbarkeit der Strophanthinwirkung im Limbus der rechten Herzkammer der Ratte.** L. Molinengo. (Arch. Scienze biol. **46**, 383—96, 1962; Torino, Univ., Ist. di Farmacol. e Terap. sperim.; ital.) — Das Auftreten des positiv inotropen Effektes von *g-Strophanthin* im Limbus der isolierten rechten Herzkammer folgt den kinet. Gesetzen einer Rk. erster Ordnung; ihm geht eine Latenzzeit voraus. Diese wird mit zunehmender Konz. verringert, während die kinet. Konst. keine merkliche Veränderung mit der Erhöhung der Konz. erleidet. Die Intensität der Wrkg. ändert sich bei wiederholter Anwendung nicht. K. Zingraf. 4630◇

1548 **Behandlung von Hypertension mit ganglienblockierenden Mitteln: Oxyditon und Ansolysen.** Johs. Prytz Clausen. (Ugeskr. Laeger **119**, 1310—13, 3/10. 1957; Sonderburg, Staatshospital.) — Hypertensionsbeschwerden wurden erfolgreich mit *Oxaditon* (*N.N.N.N'-Tetraäthyl-N'.N'-dimethyl-3-oxapentylen-(1.5)-diammoniumditartrat*) u. *Ansolysen*, (*N.N'-Dimethylpentylen-(1.5)-pyrrolidiniumditartrat*) bekämpft. Nebenwrkgg. (Schwindel, Obstipation, selten auch leichte Ödemneigung u. a.) traten nur in wenigen Fällen auf. Th. Marsson. 4630□

1549 **Dynamik und Energetik des Herzens bei Anwendung von neuroplegischen und Antihistaminpräparaten.** 1. Mitt. G. Ja. Gebel. (Kardiologie [UdSSR] **2**, Nr. 4, 18—26, 1962; Moskau, 1. Med. Ssetschenow-Inst., hospit. chirurg. Klinik; russ., Auszug: engl.) — Es wird das Ergebnis aus 130 Verss. an Hunden zwecks Aufklärung der Wrkg. der Präpp. *Amasin*, *Diprassin* u. *Pipolphen* mitgeteilt. Bei Verabreichung von Amasin erweitern sich die Coronargefäße u. der O_2-Bedarf im Herzen erhöht sich. G. Wesirow. 4630△

1550 **Die Wirkung von peroralem Hydralazin auf das Kreislauf-Cholesterin beim Menschen.** H. Mitchell Perry jun. und Edgar J. Mills. (Amer. J. med. Sci. **243**, Nr. 5, 564—73, Mai 1962; St. Louis, Mo., Washington Univ. School of Med., Dep. of Int. Med., Hypertension Div.; Barnes Hosp.; engl.) — 160 Patienten, deren diastol. Blutdruckerhöhung durch *Hydralazin* (**I**; 100 bis 1600 mg/Tag) u. Ganglienblockade (Hexamethoniumchlorid oder Pentoliniumtartrat) verringert worden war, wiesen durchschnittliche Senkungen von 25 mg *Cholesterin* (**II**)/100 ml Plasma auf; diese Plasma-**II**-Senkung hielt 1 Monat bis 10 Jahre an; sie war am stärksten ausgeprägt bei initial hoher **II**-Konz. u. bei Männern. Bei 10 normotensiven, hypercholesterinäm. Frauen führte Einnahme von mehr als 400 mg **I**/Tag zu durchschnittlicher Senkung des Plasma-**II**-Spiegels um 38 mg/100 ml. Der Mechanismus, durch welchen **I** die **II**-Senkung bewirkt, ist unbekannt. U. Tausendfreund. 4630◇

1551 **Gerinnungshemmende und Kreislaufwirkungen von Calophyllolid, einem einheimischen komplexen Cumarin.** R. B. Arora, C. N. Mathur und S. D. S. Seth. (Arch. int. Pharmacodynam. Thérap. **139**, 75—84, Sept. 1962; New Delhi, All-India Inst. of Med. Sci., Dep. of Pharmacol.; engl.) — Die gerinnungshemmende Wrkg. von *Calophyllolid*, (4-Phenyl-7-methoxy-8-tiglinoyl-2'.2'-dimethylpyrano-[6'.5':5.6]-cumarin, F. 158—160°) lag zwischen der von *Dicumarol* u. *Tromexan*. Seine antiarrhythm. Wrkg. war so stark wie die von *Chinidin*. Daneben verringerte es die Herzfrequenz, erhöhte den Blutdruck u. erweiterte die Coronargefäße. K. Zingraf. 4630◇

1552 **Wirkung des Neodicumarins auf den coronaren Blutkreislauf.** K. M. Lakin. (Pharmakol. u. Toxikol. [UdSSR] **26**, 66—72, 1963; Moskau, 2. Med. Pirogow-Inst., Lehrstuhl für Pharmakol.; russ., Auszug: engl.) — Durch Zufuhr von 10 mg *Neodicumarin* (**I**; Pelentan)/kg wird die Geschw. des coronaren Kreislaufs des Hundes um 25—45% erhöht. Die Wrkg. bleibt 15—25 Min. erhalten. Nach 1maliger **I**-Zufuhr steigt die O_2-Aufnahme durch den Herzmuskel um 20—40%. Die Anwendung von **I** bei Petuitrin (**II**)-Spasmen der Kranzgefäße hebt die Spasmen auf u. bewirkt eine weitere Gefäßerweiterung. Die durch **II** verursachten Veränderungen des Elektrocardiogramms werden durch **I** abgeschwächt. O. Lebtag. 4630△

1553 **Untersuchungen über die Beziehung zwischen Choleretica und Santonin bei der anthelmintischen Wir-**

kung auf Ascaris. 3. Mitt. Über die molekulare Verbindung des Choleretica–Santonin Systems. Kaoru Serita. (Folia pharmacol. japon. **58**, 289–95, 1962; Sappow, Hokkaido Univ., School of Med., Fac. of Pharm.; jap., Auszug: engl. S. 15*) — *Santonin* bildet Mol.-Verbb. mit *Benzoesäure* im mol. Verhältnis 1:2 (**I**) u. 1:3 (**II**). Die minimale Hemmkonz. auf Muskelpräpp. des Regenwurmes beträgt bei **I** 36 · 10^{-4}, **II** 50 · 10^{-4}, Santonin 30 · 10^{-4} u. Santonin Na 20 · 10^{-4}. Verss. mit Benzoesäure allein zeigen folgende Ergebnisse: Die Krampfaktivität erscheint in Muskelpräpp. von Regenwürmern bei einer Konz. von 15 · 10^{-4}; Anästhesie bei 8 · 10^{-4}. W. Hiller. 4649◇

1554 **Prüfung von Antioxydantien gegen experimentelle Caries bei Ratten.** H. V. Jordan, A. E. Bowler und N. D. Berger. (J. Dental Res. **40**, 878–83, Sept.-Okt. 1961; Bethesda, Md., US-Dep. of Health, Educ. and Welf., Public Health Serv., Nat. Inst. of Health, Nat. Inst. of Dental Res.; engl.) — Von den geprüften Antioxydantien bewiesen bei einer Zufütterung in Höhe von 5% zur Normalkost nur *Propylgallat* (**I**) u. *1.2-Dihydro-6-äthoxy-2.2.4-trimethylchinolin* (**II**) eine 50%ig. Hemmwrkg. gegenüber der Entstehung von Fissurencaries bei Ratten. Alle anderen Substanzen, *α-Tocopherol, Ascorbinsäure, Isoascorbinsäure, butyliertes Hydroxyanisol, Äthylhydrocoffeinat* (**III**), *Rutin, Hesperidin* (**IV**), *butyliertes Hydroxytoluol, Nordihydroguaiaretsäure* (**V**) u. *Antioxydanssalz* (Diamond Crystal Salt Co.), hemmten die Cariesentw. nicht; im Gegenteil förderten manche die Caries sogar, bes. signifikant **IV**. Das Wachstum ausgewählter Mundhöhlenbakterien wurde nur durch **I**, **II**, **III** u. **V** gehemmt. U. Tausendfreund. 4655◇

1555 **Anwendung einiger Quecksilberverbindungen als antifungale Mittel.** Takio Iwamoto, Yusho Miura und Hajime Fujimura. (Folia pharmacol. japon. **58**, 235–40, 1962; Hokkaido, Hokkaido Univ. School of Med., Fac. of Pharmaceut. Sciences and Dep. of Dermatol. and Kyoto Univ., Takatsuki, Inst. for Chem. Res.; jap., Auszug: engl. S. 13*) — Vff. untersuchen folgende 6 Verbb.: *Furfurolyl-(5)-quecksilberchlorid, O-Äthylmercuriphosphorsäure* (**I**), *O.O'-Bis-[äthylmercuri]-phosphorsäure* (**II**), *n-Butylmercurichlorid, S.S'-Mercuri-bis-[mercaptoessigsäure]*. Die stärkste Aktivität zeigt **I** u. **II** in vitro. Im Tierexperiment gibt **II** die besten Ergebnisse. DL_{50} (Maus) von **II** beträgt 15,0 mg/kg intraperitoneal u. 56,0 mg/kg oral. Bei Hautanwendung wird keine chron. Toxizität beobachtet, wenn **II** 32 Tage angewandt wird. W. Hiller. 4661◇

1556 **Anwendung eines Phosphonsäureesters bei der Behandlung der experimentellen Trichophytie von Tieren.** I. D. Neklessowa, S. Sch. Minjuschewa und M. A. Kudrina. (Pathol. Physiol. exp. Therap. [UdSSR] **5**, Nr. 5, 75–79, Sept./Okt. 1961; Kasan, Zweigstelle der Akad. der Wiss. der UdSSR, Chem. Inst. u. Lehrst. für Haut- u. vener. Krankh.; russ., Auszug: engl.) — Bei experimenteller Trichophytie an Tieren wurde *α-Acetoxy-β.β.β-trichloräthylphosphonsäuredimethylester* (**I**) untersucht. **I** ist eine farblose, nach Essigsäure riechende Fl., die in organ. Lsgm. leicht-, in W. schwerlösl. ist. In einer Verdünnung 1:500 hemmt **I** das Wachstum der Pilze aus 3 verschiedenen Gattungen (Microsporum, Trichophyton u. Achorion). In Tierverss. an weißen Mäusen, Kaninchen u. Meerschweinchen war **I** sowohl bei einmaliger subcutaner als auch bei längerer percutaner Einführung wenig toxisch. Bei der Trichophytie der Versuchstiere zeigte **I** eine gute therapeut. Wirkung. In Form einer 4%ig. Salbe auf Grundlage von Schweinefett war **I** für die Versuchstiere völlig unschädlich. F. du Mans. 4661□

1557 **Ekzembehandlung mit einem Präparat, das Vitamine des B-Komplexes, Dimedrol und Novocain (VDN-6) enthält.** W. A. Dobrotworzew. (Sowjet-Med. **25**, Nr. 8, 113–18, Aug. 1961; russ., Auszug: engl.) — Der *Novocain-Dimedrol-Vitamin B*-Komplex mit *Thiamin, Nicotinsäure* u. *Riboflavin* wurde in Dosen von 5 cm^3 mit 500 bis 1000 γ *Vitamin* B_{12} täglich bzw. jeden 2. Tag (bis zu 14 Tagen) Kranken mit Ekzem i. m. injiziert. Er hatte exsudat-, schmerz- u. entzündungsverringernde, antiallerg., desensibilisierende, antitol. sowie schlaffördernde u. verlängernde Wrkg. u. führte zur Besserung der Blut-Zus. u. Beschleunigung der Heilung. Der Komplex wird für die ambulante Therapie empfohlen. I. v. Kloch-Kornitz. 4661◇

1558 **Ein Ausbruch einer paralytischen Krankheit in Malda, die dem klinischen Bild einer Trikresylphosphat-Vergiftung ähnelt.** R. N. Chaudhuri, R. N. Chakravarti, S. M. Ghosh, J. K. Sarkar und R. N. Adhya. (Sci. and Cult. [Calcutta] **28**, 334–36, 1962; Calcutta, School of Tropical Med.; engl.) — Im ind. Distrikt Malda erkrankten über 400 Personen (Männer, Frauen u. Kinder, aber keine Kleinkinder) mit typ. Symptomen einer *Trikresylphosphat*-(**I**)-Vergiftung. Mit **I** verunreinigtes Mehl verursachte diese Vergiftungen. Auch bei Geflügel, Schweinen, Ziegen u. Hunden, die von dem daraus gebackenem Brot gefressen hatten, zeigten sich paralyt. Erscheinungen. Aus dem Mehl konnte ein öliges Prod. gewonnen werden, das ca. 15% **I** enthielt. G. Kimmerle. 4675△

1559 **Zur Frage der Verbreitung von Bleivergiftungen im Lande.** Wl. Bojadshijew, W. Gertschew, St. Stantschew, Schischkowa, St. Mutafow, G. Michow, Al. Pentschew und L. Boshinowa. (Hygiene [Sofia] **6**, Nr. 2, 5–13, 1963; Sofia, WMI, Lehrstuhl für Hyg.; bulg.) — Das Ziel der Unters. ist die Anfertigung einer Karte über die Verbreitung der *Pb*-Vergiftung. Es wird die Konz. von Pb in der Luft, auf der Kleidung u. auf Gegenständen festgestellt. Es werden prophylakt. Reihenunterss. angestellt. Es zeigt sich, daß die erhöhte Konz. von Pb in der Luft im Zusammenhang mit dem festgestellten Pb-Staub auf Gegenständen in Arbeitsräumen u. auf der Kleidung der Arbeiter steht. Die festgestellte Pb-Konz. in der Luft lag 10mal über der zulässigen. G. Wesirow. 4681△

F. Pharmazeutische Chemie, Desinfektion

1560 **Eine Studie über Granulate als Zwischenprodukte bei der Tablettenfabrikation.** Jarmila Simaljakova. (Pharmaz. Rdsch. **4**, Nr. 4, 61–69, 1962; Bratislava, Pharm. Fak., Kath. pharmaz. Betriebstechnik; dt.) — Inhaltlich ident. mit der C. **1962**, 10925 referierten Arbeit. S. Erbe. 4766◇

1561 **Absorptionsuntersuchungen an einer Tablette mit verzögerter Wirkstoffabgabe.** John Sjögren und Ivan Östholm. (J. Pharmacy Pharmacol. **13**, 496–503, 1961; Gothenburg/Schweden, A. B. Hässle; engl.) — Die verwendete Depotform besitzt eine Umhüllung aus porösem Plast-Material, die nur ein allmähliches Herauslösen des Wirkstoffs gestattet. Bei Resorptions-Unterss. am Menschen mit radioakt. NH_4Br, Kreatinin (**I**), Penicillin-V-saurem K (**II**) u. Dihydromorphinon · HCl wurde bestätigt, daß die Resorption aus der Depotform langsamer erfolgt als aus normalen Tabletten. Die Nebenwrkg. waren bei Depotpräpp. geringer als bei den normalen Präpp., bei **I** u. **II** in Depotform wurde nicht die erwartete volle Resorption gefunden. Dies wird mit einer starken Resorptionsverringerung der betreffenden Substanzen in den unteren Abschnitten des Magen-Darm-Kanals erklärt. Eine Übereinstimmung zwischen in-vitro- u. in-vivo-Unterss. scheint gegeben zu sein. S. Erbe. 4766◇

1562 **Vergleichende Resorptionsversuche mit Oleum Cacao und Adeps solidus.** F. Neuwald, J. Kuhne und K. Soehring. (Pharmaz. Ztg. verein. Apotheker-Ztg. **107**, 25–29, 1962; Hamburg, Univ.; dt.) — Die rektale Resorption von verschiedenen Arzneimitteln aus den Suppositoriengrundmassen *Kakaobutter* (K.), *Witepsol H* (W. H.) u. *Stadimol* (St.) wurde an Kaninchen untersucht. *Tolbutamid* (**I**) wird aus allen Grundmassen schlechter resorbiert als **I**-Na (Best. von **I**-Blutspiegel u. Blutzucker-Geh.). Die Resorption aus K. erfolgt bei **I** u. **I**-Na langsamer als aus W. H. u. St.; *Thiopental* (**II**), *Hexobarbital*

(**III**) u. *Phenobarbital* (**IV**) werden aus allen Grundlagen langsamer (im Verlauf mehrerer Std.!) resorbiert als die leicht wasserlösl. **II**-Na, **III**-Na u. **IV**-Na (in wenigen Min.!). Unter den Grundmassen zeigte St. (mit der höchsten OH-Zahl) die schnellste Resorption bei den Barbituraten. Bei *Atropin* (**V**) u. **V**-Sulfat wurden Suppositorien mit 20 mg Wirkstoff verwendet. Signifikante Unterschiede zwischen **V** u. **V**-Sulfat konnten nicht ermittelt werden. Eine Deutung dieser von den übrigen Resultaten abweichenden Ergebnisse konnte nicht gegeben werden. Die Resorption von **V**-Sulfat ist bei der Masse St. am besten.
S. Erbe. 4766◇

1563 **Die Verwendung von Mangosamenfett als Suppositoriengrundmasse.** M. L. Schroff und P. P. Thampi. (Indian J. Pharmacy **24,** 213—15, 1962; Saugar, Univ., Dep. of Pharm.; engl.) — Proben von Mangosamenfett (**I**) (PAe.-Extraktion) zeigen folgende Eigg.: F. 34,5 bis 34,7°; n_D^{40} 1,4602—1,4603; VZ. 168,15—170,85; JZ. 43,8—46,8; SZ. 4,56—4,8; Unverseifbarer Anteil 2,06 bis 2,45%. Behandlung mit 5%ig. $NaHCO_3$-Lsg. vermindert die SZ. auf 1,25—1,52. Zusätze von Walrat (**II**) u. Bienenwachs (**III**) erhöhen den F. bei 9% **II** auf 38—39,5, bei 8% **III** auf 36—38,5. **I** ist compatibel mit den wichtigsten Arzneistoffen u. zeigt als Suppositoriengrundmasse, beim Menschen angewendet, keine Unverträglichkeit. Kongorot wird bei 37,5° im Wasserbad nach 15 Min. zu 45,9% herausgelöst.
E. Hieke. 4766◇

1564 **Untersuchungen über den Einfluß unterschiedlicher Wasserversorgung auf Erträge, Gehalte an ätherischem Öl, Transpirationsquotienten, Blattgrößen und relative Öldrüsendichten bei einigen Arten aus der Familie der Labiaten.** 1. Mitt. **Literaturübersicht und Problemstellung, Versuchsmethodik, Drogenerträge und Gehalte an ätherischem Öl.** H. Schröder. (Pharmazie **18,** 47—58, 1963; Bernburg/Saale, Hochsch. f. Landwirtschaft, Inst. f. Gartenbau u. Leipzig, Univ., Inst. f. Sonderkulturen; dt.) — In Gefäß-Verss. wurde der Einfl. der Wassersättigung des Bodens auf die Krauterträge u. Geh. an äther. Öl der Blätter bei Majoran, Pfefferminze, Salbei u. Bohnenkraut geprüft. Majoran, Salbei u. Bohnenkraut erreichten die maximale Ertragsleistung bei 60%ig. u. Pfefferminze bei 80—90%ig. Sättigung der Wasserkapazität des Bodens. Die Geh. an äther. Öl werden durch Wassermangel u. Wasserüberschuß vermindert. Mittlere Bodenfeuchtigkeit beeinflußt den Geh. an äther. Öl positiv.
M. Luckner. 4782◇

1565 **Untersuchungen über den Einfluß unterschiedlicher Wasserversorgung auf Erträge, Gehalte an ätherischem Öl, Transpirationsquotienten, Blattgrößen und relative Öldrüsendichten bei einigen Arten aus der Familie der Labiaten.** 2. Mitt. **Trockenmasseerträge, Transpirationsquotienten, Wechselbeziehungen zwischen Transpiration und Gehalten an ätherischem Öl.** H. Schröder. (Pharmazie **18,** 150—58, 1963; dt.) — 1. vgl. vorst. Referat.
M. Luckner. 4782◇

1566 **Untersuchungen über den Einfluß unterschiedlicher Wasserversorgung auf Erträge, Gehalte an ätherischem Öl, Transpirationsquotienten, Blattgrößen und relative Öldrüsendichten bei einigen Arten aus der Familie der Labiaten.** 3. Mitt. **Blattgrößen, relative Öldrüsendichten, Anzahl am Haupttrieb inserierter Blattpaare und Internodienlängen.** H. Schröder. (Pharmazie **18,** 241—45, 1963; dt.) — 2. vgl. vorst. Referat. — Bei Majoran, Salbei u. Pfefferminze werden die größten Blätter bei den höchsten Erträgen an Pflanzenmasse beobachtet. Eine gesicherte negative Korrelation besteht zwischen Blattgröße u. Öldrüsendichte. Beide Merkmale lassen keine eindeutige Beziehung zum Geh. an äther. Öl erkennen. Eine statist. nicht gesicherte positive Korrelation wurde zwischen Nodienzahl, Internodienlänge u. dem Geh. an äther. Öl festgestellt.
B. Tschiersch. 4782◇

1567 **Polygonum aviculare L. — Der Vogelknöterich. Eine botanisch-chemisch-pharmazeutische Bearbeitung.** F. Haverland. (Pharmazie **18,** 59—87, 1963; Hamburg-Jenfeld; dt.) — Druch experimentelle Unterss. über die Inhaltsstoffe von *Polygonum aviculare L.* konnten bisher als vorhanden angegebene Fette, Wachse, äther. Öl, Alkaloide, Anthrachinonderivv., Saponinsubstanzen u. Ascorbinsäure nicht nachgewiesen werden. Vorhanden sind aber wasserdampfflüchtige Stoffe, *d-Catechin* (**I**), *Tannin, Hyperosid* (**II**), *Quercitrin* (**III**), wahrscheinlich *Avicularin*, ein weiteres Flavonglykosid (Fl. G.), *Gallus-, Kaffee-, Chlorogen-, p-Cumar-, Oxal-* u. *Kieselsäure*, kalt u. heiß lösl. Schleim, *Glucose, Laevulose* u. *Saccharose*. Wie Unterss. im Verlauf der Vegetationsperiode (Vp.) zeigen, werden **II** u. **III** bereits in der jungen Pflanze gebildet. Pharmakolog. wird die diuret. Wirksamkeit des Infuses sowie von **I**, **II** u. **III** geprüft. — 143 Literaturangaben.
K. Winkler. 4782◇

1568 **Über Trockenpräparate aus hochdisperser, kolloidaler Kieselsäure und deren pharmazeutische Verwendung.** W. Horsch und F. Rossner. (Pharmazie, **18,** Nr. 1, Beil.: Pharmaz. Prax. 5—10, 1963; Leipzig, Univ., Pharmazeut. Inst.; dt.) — Vff. stellen vergleichende Betrachtungen über den Einsatz von *Aerosil* (**I**) u. *Kirusol* (**II**) (Hersteller VEB Farbenfabrik Wolfen) als Hilfsstoffe in der pharmazeut. Technik an. **II** ersetzt **I** in den aufgeführten Rezepturen, wenn es in etwas höherer Konz. eingesetzt wird.
H. Preisler. 4786◇

1569 **Kongorot.** 2. Mitt. F. C. Bedaux, P. J. O. Kerssemakers und C. A. M. Meijers. (Pharmac. Weekbl. **98,** 189—205, 1963; Eindhoven, R. K. Ziekenhuizen, Apotheek.; niederl.) — 1. vgl. C. **1963,** 17035. — Die Herst. von *Kongorot* (**I**) zur Verw. in **I**-Injektionen wird erörtert. Zur papierchromatograph. Best. wird als mobile Phase ein Gemisch von n-Butanol-A.-W. (2:1:1) verwendet, wobei Na-Naphthionat als häufigste Verunreinigung im UV-Licht noch in Mengen von 0,02 μg sichtbar ist. Die Extinktion einer 1%ig. **I**-Lsg. in 1/15 m Phosphatpuffer-Lsg. (pH ~ 7,3) wird bei 488 mμ bestimmt. Bei der Micellen-Bldg. in **I**-Lsgg. liegt die krit. Micellen-Konz. bei ca. $1{,}10^{-4}$ g-Äquivalent/Liter. — 18 Literaturangaben.
W. Wesly. 4786◇

1570 **Über die Eignung von Spumasin als Entschäumer bei der Bestimmung des ätherischen Öls in Drogen.** K. Hentrich. (Pharmazie **18,** Nr. 2, Beil.: Pharmaz. Prax. 31—33, 1963; Magdeburg; dt.) — *Spumasin* wird auf Eignung als Entschäumer bei der Best. des äther. Öles in Drogen geprüft. Es ergibt bei der Wasserdampf-Dest. im App. nach Unger u. nach DAB 6 4—5% wasserdampfflüchtige Bestandteile. Da bei Geh.-Best. von äther. Öl nur 1—2 Tropfen angewandt werden, ist diese Fehlerquelle prakt. unbedeutend.
G. Zessin. 4786◇

1571 **Fortschrittsbericht auf dem Gebiet der Galenik (1959 bis 1961).** M. Chalabala, J. Maly und H. Začek. (Pharmazie **18,** 177—204, 1963; Bratislava (CSSR), Komensky-Univ., Inst. f. Galen. Pharm.; dt.) — Übersicht über Herst.-App. u. Verff., Arzneiformen u. Zubereitungen, Inkompatibilitäten, Verpackung u. Verpackungstechnik. — 919 Literaturangaben.
H. Moldenhauer. 4790◇

1572 **Strukturrheologische Charakteristik aus einheimischen Rohstoffen zubereiteter Emulsionssalbengrundlagen.** 2. Mitt. K. Christoff. (Pharmazie **18,** 223—32, 1963; Sofia, Kath. Technol. der Arzneiformen u. der Galen. Präpp.; dt.) — 1. vgl. C. **1962,** 17489. — In Fortsetzung der Unterss. der strukturheolog. Eigg. (**I**) der bereits beschriebenen Emulsionssalbengrundlage (EG) ermittelt Vf. nach der Meth. der Hysteresisflächen-Bldg. den thixotropen Charakter der EG. Unterss. der Kinetik der Struktur-Bldg. (**II**) an Hand der Best. der Dynamik der krit. Schubspannung (Fließpunkt) der EG nach mechan. Zerstörung der Gelstruktur in Abhängigkeit von der Zeit lassen erkennen, daß der Prozeß der **II** verhältnismäßig langsam verläuft. Durch Zugabe unterschiedlicher Mengen Paraffin. liqu., Vaselin, Lanolin. anhydric. usw. zu der EG werden Salbengrundlagen mit verschiedenen **I** erhalten, die sich auch in den Fähigkeiten, Arzneistoffe aufzunehmen u. wieder abzugeben, unterscheiden. Daß ferner die DK als Kennzeichen beim Standardisieren von Salben dienen kann, ist aus den Unterss. der EG einer Ungt. Zinci u. einer Ungt. Ichthyoli zu entnehmen. In Zusammenfassung der Unters.-Ergebnisse wird vorgeschlagen, die krit. Schubspannung, plast. Viscosität, Konsistenz bzw. Plastizität u. die DK in die Pharmakopöe-Anforderungen an Salben einzubeziehen. — 45 Literaturangaben.
G. Mews. 4792◇

1573 **Synthetische Arzneimittel und Naturstoffe als Arzneimittel (Fortschritte im Jahre 1961).** V. Hach. (Pharmazie **18,** 1—19, 1963; Prag-Branik; dt.) — Übersicht. — 449 Literaturangaben. B. Schobess. 4800◇

1574 **Technisch analytische Bemerkungen über Hydroxocobalamin.** I. Rolovich, G. Fabrizio und L. Casilli. (Farmaco [Pavia], Ediz. prat. **17,** 553—65, 1962; Capua, Pierrel S. p. A., Labor. Ric.; ital.) — Übersicht über physikal.-chem. u. mikrobiolog. Eigg. von *Hydroxocobalamin* (**I**). Eigene Unterss. der Vff. über die Stabilität von **I** ergaben, daß **I**-Base u. -Salze in Konzz. von 1000 μg/cm³ in wss. Lsg. bei normalem pH für eine Dauer von < 1 Jahr haltbar sind. Zusatz von Stabilisatoren bewirkt Denaturierung. **I** ist nicht haltbar bei Temp. $> 60°$. Sterilisation kann nur durch Filtrieren erfolgen.
K. Zingraf. 4808◇

1575 **Stabilität von wäßrigen Hydroxocobalamin-Lösungen.** 1. Mitt. **Einfluß der Sterilisationswärme auf die Stabilität wäßriger Lösungen von Hydroxocobalamin und Vergleich mit Lösungen von Cyanocobalamin in Gegenwart von anderen Vitaminen der B-Gruppe und von Glycin.** S. Casadio, G. Sekules und E. Cappa. (Farmaco [Pavia], Ediz. prat. **17,** 593—602, 1962; Milano, Ist. De Angeli, Labor. Ric.; ital.) — Bei optimalem pH treten in wss. Lsgg. von *Hydroxocobalamin* (**I**) bei Wärmeeinw. von 60° oder mehr starke Verluste ein, die durch Autoklavenbehandlung noch gesteigert werden. Zu Verlusten führt auch Ggw. von *Nicotinamid* (**II**) oder *Glycin*. Inkompatibilität besteht zwischen **I** u. Kombinationen von **II** u. *Thiamin* (**III**) bzw. von **III** u. *Pyridoxin*.
K. Zingraf. 4808◇

1576 **Stabilität von wäßrigen Hydroxocobalamin-Lösungen.** 2. Mitt. **Haltbarkeitsdauer von wäßrigen Hydroxocobalamin-Lösungen bei verschiedenen Temperaturen und im Vergleich mit Cyanocobalamin-Lösungen in Gegenwart von anderen Vitaminen der B-Gruppe und von Glycin.** S. Casadio, G. Sekules und E. Cappa. (Farmaco [Pavia], Ediz. prat. **17,** 603—10, 1962; ital.) — 1. vgl. vorst. Referat. — Die Haltbarkeitsdauer u. Thermostabilität von *Hydroxocobalamin* (**I**) in wss. Lsg. ist immer geringer als die von *Cyanocobalamin* (**II**). Die Ggw. von anderen Vitaminen der B-Gruppe wie *Thiamin, Pyridoxin* u. *Nicotinamid* (**III**) verringert den Vitamintiter noch weiter; bes. **III** bewirkt in kurzer Zeit eine vollständige Zerstörung von **I**. *Glycin* bildet mit **I** einen charakterist. Komplex u. besitzt einen negativen Einfl. auf **I** u. **II**, der bei **II** größer ist. K. Zingraf. 4808◇

1577 **Stabilität von wäßrigen Hydroxocobalamin-Lösungen.** 3. Mitt. **Haltbarkeitsdauer von Zucker- und Sorbitlösungen von Hydroxocobalamin bei verschiedenen Temperaturen und im Vergleich zu analogen Lösungen von Cyanocobalamin in Gegenwart anderer Vitamine der B-Gruppe, von Glycin und Leberextrakt.** S. Casadio, G. Sekules und E. Cappa. (Farmaco [Pavia], Ediz. prat. **17,** 611—19, 1962; ital.) — 2. vgl. vorst. Referat. — Die Haltbarkeit von *Hydroxocobalamin* (**I**) ist generell geringer als die von *Cyanocobalamin* (**II**), da **I** mit bas. Stoffen leicht Komplexe bildet, mit Red.-Mitteln in kompatibel ist u. durch höhere Temp. leicht zerstört wird. *Zucker*(**III**)- u. *Sorbit*-Lsg. von **I** bilden gegenüber wss. Lsg. keinen Vorteil; **III**-Lsgg. sind sogar deutlich von Nachteil. Leberextrakt zerstört **I** in kürzester Zeit, besitzt aber nur geringe Wrkg. auf **II**.
K. Zingraf. 4808◇

1578 **Untersuchungen über die Eignung verschiedener Maisquellwasserchargen für mikrobiologische Produktionsprozesse.** J. Huber, W. Schacknies und I. Rückbeil. (Pharmazie **18,** 37—42, 1963; Jena, VEB Jenapharm, Wiss. Labor.; dt.) — Die Maisquellwässer besitzen als Nährbodenbestandteile in den Fermentations-Lsgg. für die biolog. Produktion von Antibiotica u. Vitamin B_{12} eine große Bedeutung. Die unterschiedliche Zus. der einzelnen Maisquellwasserchargen (**I**) wirkt sich jedoch oft nachteilig auf die Produktionsergebnisse aus. Deshalb werteten Vff. eine Vielzahl chem. Unters.-Daten u. biolog. Teste aus, die in ihrer Gesamtheit weitgehende Rückschlüsse auf die Qualität u. den Verw.-Grad der **I** für diese Zwecke zulassen. — 29 Literaturangaben. G. Mews. 4810◇

1579 **Eine Penetormetermethode zur Bestimmung des Schmelzpunktes von Suppositorien.** Ole Weis-Fogh. (Arch. Pharmac. og Chem. **68** (**118**), 949—59, 1961; Copenhagen, Danmarks Apotekerforening, Labor.; engl.) — Nach einer kurzen Beschreibung der bisher üblichen Meth. der Best. von Suppositorien-Schmelzpunkten (S. F.) wird ein neuer App. zur S. F.-Best. empfohlen. Eine 1,8 g schwere, 2 mm starke u. 70 mm lange Messingnadel läßt man in einer Glasrohrführung entweder von der Spitze oder vom flachen Ende des Zäpfchens her bei sehr langsamer allmählicher Temp.-Erhöhung in das Zäpfchen eindringen. Am Beispiel von Kakaobutter, Witepsol H u. 4 Carbowaxgrundlagen sowie an Belladonna-Extrakt-, Diprophyllin-, Aminophyllin-, Chlorbutanol-Coffein- u. Benzocainsuppositorien wird die Reproduzierbarkeit der empfohlenen Meth. demonstriert. Allerdings dauert eine Best. einschließlich Temperierzeit $1^1/_2$ Stunden. S. Erbe. 4880◇

1580 **Bestimmung geringer Hg^{++}-Mengen in Gegenwart organisch gebundenen Quecksilbers.** Georg Kedvessy. (Pharmaz. Zentralhalle Deutschland **100,** 109—11; 1961; Szeged, Ungarn; dt.) — Vf. überprüft die Brauchbarkeit des von Stock [1926] ausgearbeiteten Verf. zur Best. kleinster Hg^{2+}-Mengen mittels einer gesätt., alkohol. Diphenylcarbazid-Lsg. zur Kontrolle der Stabilität etwa 0,1%ig. Merfen (**I**)-Lsgg. u. verfolgte auf Grund des Erscheinens von Hg^{2+} die Zers. des Phenylmercuriborats. Das Verf. erbrachte befriedigende Werte, sofern folgende Bedingungen eingehalten wurden: Hg^{2+}-Konz. der zu untersuchenden Lsg. zwischen 10 u. 80 μg bei einem auf 3—4 eingestellten pH-Wert; das Farbmaximum wird 3—5 Min. nach der Reagenszugabe erreicht u. bleibt etwa 15 Min. konst., die colorimetr. Messung muß also in diesem Zeitraum erfolgen. Cl^--Ionen stören die Farbrk. u. müssen daher entfernt werden. Das Verf. erwies sich bei Anwesenheit von organ. gebundenem Hg zur Best. geringer Hg^{2+}-Mengen geeignet. Das **I** war in wss. Lsg. stabil. Eine 9 Monate gelagerte **I**-Lsg. enthielt nur Spuren Hg^{2+}. Erhitzen im Autoklaven steigerte die Zers. nicht. Wilfried Werner. 4880◇

1581 **Zur photometrischen Bestimmung des Stickstoffs in organischen Verbindungen nach der Rubazonsäure-Methode.** H. Kala. (Pharmazie **18,** 29—34, 1963; Halle (S.), Pharmaz. Inst.; dt.) — Stickstoffhaltige organ. Substanzen werden nach einer modifizierten Meth. von Kasagi u. Ito mit Hg-Oxid-K-Sulfat-Se-Katalysator in konz. Schwefelsäure innerhalb 20 Min. mineralisiert. 10 ml des auf 1000 ml verd. Mineralisats werden mit Na-Acetatpuffer auf pH 4,1 eingestellt, mit Chloramin T u. einem Pyridin-Pyrazolon-Reagens behandelt, wobei sich ein rotvioletter Farbstoff bildet (Rubazonsäure). Der Farbstoff wird mit $Na_2S_2O_3$ stabilisiert u. direkt bei 550 nm im Pulfrich-Photometer gemessen. An Hand einer Eichkurve kann der N-Geh. colorimetr. bestimmt werden. Rk.-Verlauf: NH_2Cl, das aus Chloramin T u. Ammoniumsalzen entstanden ist, reagiert im alkal. Medium mit Pyrazolon zu 4-Aminopyrazolon, das durch unterchlorige Säure teilweise zu 4-Ketopyrazolon u. Hydroxylamin oxydiert wird. 4-Amino- u. 4-Ketopyrazolon kondensieren zur Rubazonsäure. Der Analysenfehler wird mit $\pm 1\%$ angegeben.
H. Moldenhauer. 4880◇

1582 **Photometrische Bestimmung der Sympathomimetica und Weckamine im ultravioletten Spektralbereich bei 2537 Å.** H. Thies und Z. Özbilici. (Arch. Pharmaz. **294/67,** 715—18, 1962; München, Univ., Inst. für Pharm. u. Lebensmittelchem.; dt.) — Vff. untersuchen die photometr. Best. bei 2537 Å von Sympathomimetica u. Weckaminen u. geben tabellar. die Standardabweichungen der Extinktionsmessungen, die molaren Extinktionskoeff., die spezif. Extinktionen, die Extinktionskorrekturen u. ihre Signifikanzprüfung sowie photometr. bestimmbare Mengen für die Prodd. *Regitin* (bestimmbare Mengen 0,1—0,8 mg/25 ml), *Asthma-Tropon* (0,4 bis 3,2), *Dilatol* (1,6—12,8), *Adrianol* (1,2—9,6), *Effortil* (1,3—10,4), *Vasculat* (1,7—13,6), *Sympatol* (1,1—8,8), *Aludrin* (2,0—16), *Adrenalin* (1,3—10,4), *Noradrenalin* (1,2—9,6), *Suprifen* (1,7—13,6), *Tyramin* (1,5—12). *Veritol* (1,8—14,4), *Dihydroxyephedrin* (1,8—14,4), *Pre-*

ludin (2,7—21,6), *Benzedrin* (3,5—28), *Pervitin* (3,5 bis 28), *Norephedrin* (2,8—22,6) u. *Ephedrinhydrochlorid* (4,0 bis 30) wieder. J. Weiner. 4880◇

1583 **Die direkte fluorometrische Bestimmung der Digitalisglykoside am Papierchromatogramm.** 1. Mitt. L. Kny. (Pharmazie **18**, 211—21, 1963; Berlin-Weißensee, Staatl. Inst. f. Arzneimittelprüfung; dt.) — Vf. beschreibt ein neues papierchromatograph. Verf. zur Best. der *Digitalisglykoside* u. derer Galenica, das auf der Direktfluorometrie der getrennten Glykoside beruht. Als Lsgm. werden verwendet für die Primärstufe Tetrahydrofuran-Chlf.-Formamid (50:50:6,5) u. für die Sekundärstufe Xylol-Methyläthylketon (1:1)-formamidgesätt., Xylol-Methyläthylketon (3:1)-formamidgesätt., Chlf.-Methyläthylketon-Formamid (20:10:1,5). Die Papierstreifen von 28 · 6 cm (Schleicher u. Schüll 2043b mgl) müssen vor der Chromatographie imprägniert werden durch fünfminütiges Einlegen in eine 20%ig. Lsg. von Formamid in Aceton. Als Lsgm. für die Substanzen bzw. Extraktionsrückstände der Galenica dient Methanol-Chlf.-Formamid (2:2:1). Das Auftragen von ca. 20 μl dieser Lsg. erfolgt auf einer 1,2 cm langen Startlinie. Als Chromatographiergefäße dienen Glaszylinder von 44 oder 48 cm Höhe u. 13,5 oder 17,5 cm Innendurchmesser, die temperaturkonst. gehalten werden müssen. Nach der Chromatographie werden die Chromatogramme restlos vom Imprägnierungsmittel befreit durch $^1/_2$std. Erhitzen auf 80—90° im Trockenschrank mit Luftumwälzung. Sichtbarmachung erfolgt mit dem modifizierten Reagens nach Jensen [1953]: 25%ig. Trichloressigsäure-Lsg. in Chlf. 2%ig. wss. Chloramin-Lsg. (30:1). Nach Verdunsten des Chlf. werden die Chromatogramme 10 Min. auf 90° erhitzt u. dann im UV-Licht betrachtet. Zur quant. Best. mit Hilfe dieser Fluorescenz-Meth. ist die Einhaltung einiger Rk.-Bedingungen, die ausführlich beschrieben werden, unbedingt notwendig. Die Messung der Fluorescenzen erfolgt mit einem *Spezial-Fluorometer* von Zeiss, Jena. Die Auswertung der Meßergebnisse erfolgt durch Berechnung der von den Fluorescenzkurven eingeschlossenen Flächen. L. Harnisch. 4880◇

1584 **Dünnschichtchromatographie ohne Bindemittel in der Arzneimittelanalyse.** 2. Mitt. **Qualitative Bestimmung von Arzneimittelmischungen mit antipyretischer und analgetischer Wirkung.** M. Sarsunova und V. Schwarz. (Pharmazie **18**, 34—36, 1963; Prag, Forschungsinst. f. Naturarzneimittel; dt.) — 1. vgl. C. **1963**, 8644. — Durch Chromatographie auf dünnen Al_2O_3-Schichten ohne Bindemittel (Aktivitätsstufe III, pH 8,6) werden *Acetylsalicylsäure, Amidopyrin* (**I**), *Phenazon, Kodein, Coffein, Chinin, Papaverin* (**II**), *Phenacetin* in Arzneimittelgemischen identifiziert. Als Fließmittel dienen Bzl. + 5% A. u. Chlf. + 2% n-Butanol; die Sichtbarmachung erfolgt mit Stickoxiden (*Phenazon, Phenacetin,* **II**) mit KJ/J_2-Lsg. (übrige untersuchte Verbb.) u. mit Dragendorff-Reagens (bes. für **I** u. **II**). Der *Coffein*-Nachw. wird durch **I** gestört u. erfolgt durch die Murexid-Reaktion. G. Zessin. 4880◇

1585 **Einige Möglichkeiten der Ausnutzung der Dünnschichtchromatographie ohne Bindemittel in der Arzneimittelanalyse.** 3. Mitt. **Der qualitative Nachweis der in der Rezeptur verwendeten Purine und Barbiturate.** M. Sarsunova und V. Schwarz. (Pharmazie **18**, 207—209, 1963; Bratislava, Kreisgesundheitsinst. Kreiskontroll-Labor.; dt.) — 2. vgl. vorst. Referat. — Auf dünnen Al_2O_3-Schichten ohne Bindemittel (pH 8,6) werden arzneilich wichtige Purine u. Barbiturate getrennt. Als Fließmittel dienen Bzl./A. (80:20) zur Trennung der Purine u. dieses sowie Bzl./A. (70:30) zur Trennung der Barbiturate. Keine Trennung wird bei *Coffein* (**I**) u. *Methylcoffein* (**II**) sowie *Theophyllin* (**III**) u. *Aminophyllin* (**IV**) erreicht. Die Sichtbarmachung von **I**, **I**-*Na-Benzoat* u. **II** erfolgt mit angesäuerter KJ/J_2-Lsg., von **III**, **IV** *Theobromin, Theobromin-Na-Salicylat* sowie der geprüften Barbiturate mit 1%ig. wss. Lsg. von $HgNO_3$. — 22 Literaturangaben. G. Zessin. 4880◇

1586 **Isolierung von Basen durch umgekehrtes Ausschütteln.** 1. Mitt. **Bestimmung von Alkaloiden.** László Vida. (Acta pharmac. hung. **33**, 3—8, 1963; Budapest, Staatl. Inst. Hyg.; ung.) — Es wird über die Best. von Äthylmorphin-HCl, Codein-HCl, Codeinphosphat, Chinin-HCl u. Chininsulfat berichtet. Die Salze werden in organ. Lsgm. gelöst oder suspendiert, mit alkal. W. geschüttelt, die freigesetzten Alkaloide aus der Lsg. entfernt, so daß deren Best. schnell u. genau ausgeführt werden kann. Die Meth. wurde zur Isolierung der Basenanteile von Alkaloidsalzen aus Pulvergemischen angewendet, die außer Alkaloiden Coffein u. Salze, Phenacetin, Aspirin, Sb_2S_5, Zucker, Salicylsaures-Ca u. Na, Luminal, Veronal oder deren Gemische enthielten. G. Ligeti. 4880△

1587 **Chromatographische Trennung von Alkaloiden in pharmazeutischen Zubereitungen.** D. D. Datta, H. L. Bami und D. Ghosh. (Indian J. Pharmacy **24,** 215 bis 217, **1962**; Calcutta, Central Drugs Labors; engl.) — Vff. analysierten Alkaloide in pharmazeut. Präpp. durch aufsteigende (Fließmittel: 100 (Teile) mit W. gesätt. n-Butanol, 4 Eisessig) oder absteigende (Fließmittel: 120 n-Butanol, 50 W., 30 Eisessig) Chromatographie der vorgereinigten (Extraktion) Proben auf Whatman Nr. 1-Papier. Die Sichtbarmachung erfolgte mit modifiziertem Dragendorff-Reagens oder im UV-Licht. Die Proben enthielten ein oder mehrere Alkaloide aus folgender Zusammenstellung: Codein, Ephedrin, Lobelin, Emetin, Hyoscyamin, Hyoscin, Atropin, Strychnin, Aconitin, Berberin, Hydrastin, Chinin, Vasak-, Strychnos-, Coscinium-, Hydrastis-, Withania- u. Berberisalkaloide. E. Hieke. 4880◇

1588 **Nichtwäßrige Perchlorsäuretitration von Nitratsalzen, mit besonderer Rücksicht auf die Bestimmung des Strychninnitrats.** Edit Posgay und István Bayer. (Acta pharmac. hung. **33**, 9—14, 1963; Budapest, Staatl. pharmaz. Inst.; ung.) — Durch vorhergehende Red. mit Ascorbinsäure u. Entfernen der NO_2-Dämpfe wurde die störende Wrkg. des NO_3 ausgeschlossen. Die Titration erfolgte nach der Red. in einem Gemisch von Essigsäureanhydrid-Essigsäure 2:1 mit 0,1 n Perchlorsäure u. Gentianaviolett als Indicator. Das Verf. wurde zur Best. von $NaNO_3$- Strychninnitrat u. Atropinmethylnitrat angewendet. G. Ligeti. 4880△

1589 **Methode zur quantitativen Bestimmung von Strychnin und Brucin in nux vomica-Samen mit Hilfe der Papierelektrophorese.** D. K. Bardhan und Diptish Chakravarty. (J. pharmacy Pharmacol. **13**, 504—06, 1961; Calcutta/Indien, Smith Stanistreet & Co. Ltd., Res. and Analyt. Div.; engl.) — Zur Best. von *Strychnin* (**I**) u. *Brucin* (**II**) werden die Strychnos-Samen mit einer Mischung von Ae., Chlf. u. NH_4OH perkoliert, das Perkolat wird dann mit 1 n H_2SO_4 extrahiert. Eine 50 bis 100 μg entsprechende Extraktmenge wird auf Watman-Papier No. 1 aufgetragen, mit Puffer pH 3,10 besprüht u. gegen Vgl.-Substanzen **I** u. **II** mit 250 V bei 5—10 mA laufengelassen. Der Streifen mit den Reinalkaloiden dient zur Identifizierung der fraglichen Zonen, die dann ausgeschnitten u. mit 0,01 n H_2SO_4 eluiert werden. **I** u. **II** werden gegen entsprechende Blindwerte bei 252 nm bzw. bei 262 nm gemessen. Die elektrophoret. u. die chem. gefundenen Werte stimmen bis auf einige geringfügige Abweichungen gut überein. S. Erbe. 4880◇

1590 **Bestimmung von Codein in pharmazeutischen Zubereitungen.** P. C. Bose, R. K. Singh, G. K. Ray und B. Mukerji. (J. sci. ind. Res. [New Delhi], Sect. D **21,** 386—87, **1962**; Lucknow, Central Drug Res. Inst.; engl.) — Zur Best. von Codein (**I**) im Gemisch mit anderen Arzneimitteln dient ein näher beschriebenes colorimetr. Verf., das auf der linearen Beziehung zwischen der **I**-Konz. u. der Farbstärke der in Chlf. lösl. Komplex-Verb. mit Bromkresolgrün-Lsg. bei pH 6,0 beruht. Das rasch ausführbare, genaue Verf. ist im Konz.-Bereich 100—1000 μg **I** anwendbar. W. Wesly. 4880◇

1591 Dr. E. Holdermann Söhne, Inhaber Richard Holdermann, Baden-Baden, **Gewinnung von Hamamelistannin** (**I**) durch Aufarbeiten von Extrakten der Rinde von *hamamelis virginiana,* dad. gek., daß man den Rückstand des zur Trockne gebrachten Rindenextraktes durch Übergießen mit W. unter Rühren in wss. Lsg. überführt, diese bis zur Ausflockung der Wachs- u.

Chlorophyllanteile bei 0 bis 5° hält, worauf nach Abtrennung dieser lipophilen Anteile auf eine 30—35%ig. Lsg. konz. wird, die man anschließend zur Krist. des **I** mehrmals abwechselnd bei einer Temp. von 8—10° u. bei Raumtemp. hält. (**D. A. S. 1149856** Kl. 30h vom 25/8. 1961, ausg. 6/6. 1963.) K. Koebke. 4791

1592 VEB Farbenfabrik Wolfen (Erfinder: Manfred Möhring), Bitterfeld, **Herstellung injizierbarer oder instillierbarer Sulfonamid (I)-Suspensionen,** dad. gek., daß das I in der heißen Lsg. eines Alkali-, Erdalkali- oder Aminsalzes von Sulfonamidsulfonsäure-Derivv. gelöst, heiß filtriert u. durch Abkühlen zur Auskristallisation gebracht wird. Durch Variieren des Abkühlungszeitraums kann die Korngröße beeinflußt werden. (**D. A. S. 1149494** Kl. 30h vom 16/9. 1961, ausg. 30/5. 1963. **Zusatz zu D. A. S. 1128598; C. 1963, 993.**) K. Koebke. 4791

1593 E. I. du Pont de Nemours & Co., Wilmington, Del., V. St. A., **Herstellung von inhalationsanästhetisch wirksamen 3-Brom-1.1.2.2-tetrafluorpropan** ($Kp._{760}$ 74°; $D._4^{20}$ 1,81; n_D^{25} 1,3558), dad gek., daß man den p-Toluolsulfonsäureester des 1-Hydroxy-2.2.3.3-tetrafluorpropans (F. 14—16°, $Kp._3$ 131°; n_D^{20} 1,4600) mit KBr, zweckmäßig in Diäthylenglykol, bei etwa 190° umsetzt. Das Prod. bewirkt beim Menschen eine für Operationen ausreichende Muskelerschlaffung ohne Hypotensionen, die zum Herzstillstand führen. (**D. A. S. 1138026** Kl. 12o vom 28/6. 1960, ausg. 18/10. 1962. A. Prior. 20/8. 1959 u. 18/2. 1960.) W. Gräger. 4807

1594 Unilever N. V., Rotterdam (Erfinder: David Adriaan van Dorp, Vlaardingen, und Daniel van der Steen, Leiden), Niederlande, **Herstellung acetylenisch ungesättigter Alkohole** der allg. Formel H–(C≡C–$CH_2)_n$–OH (n = > 1, bes. 2 oder 3), dad. gek., daß man ein Propargylhalogenid mit einem Metallderiv. der allg. Formel M–(C≡C–$CH_2)_{n-1}$ (M = Grignardmetall-(bes. Mg)–monohalogenidgruppe oder Alkali- oder Erdalkalimetall, wie K, Ca, bes. Li oder Na, R=H, M oder eine schützende Gruppe, bes. Tetrahydropyranylgruppe) in einem inerten Lsgm. (Ae., Bzl., Tetrahydrofuran, deren Gemische oder fl. NH_3), das peroxid- u. wasserfrei sein soll, u. in einer prakt. O_2- u. wasserdampffreien, inerten Atmosphäre (N_2) ggf. in Ggw. eines Katalysators (CuCl, CuBr, CoCl, CoBr) umsetzt u. wenn R nicht = H, das Rk.-Prod. in den entsprechenden Alkohol überführt. So erhält man über *2-Propin-(2')-yl-(1')-oxy-tetrahydropyran,* $Kp._{13}$ 70—72°, n_D^{20} 1,4571, → *2-Hexadiin-(2',5')-yl-(1')-oxy-tetrahydropyran,* $Kp._{0,18}$ 75,5—76,5°, n_D^{20} 1,4871, → *Hexadiin-(2,5)-ol-(1),* $Kp._{0,65}$ 49—52°, n_D^{20} 1,5052. Analog wird *Nonatriin-(2.5.8)-ol-(1)* hergestellt. Verw. als *Hypnotia* u. als Zwischenprodd. für Synth. höherer mehrfach ungesätt. Verbindungen. (**D. A. S. 1146488** Kl. 12o vom 27/4. 1961, ausg. 4/4. 1963. E. Prior. 27/4. 1960.) W. Gräger. 4807

1595 Laboratorium Rotenburg, Hamburg, **9-Heptadecinsäure, 9-Pentadecinsäure und deren Salze mit physiolog. verträglichen Basen** erhält man dadurch, daß man eine Verb. der allg. Formel CH_3–$(CH_2)_n$–C≡C–$(CH_2)_7$–R (**I**, n = 4 oder 6; R = ein in die Gruppe COOX überführbarer Rest; X = H oder Kation einer physiolog. verträglichen Base) in üblicher Weise in die entsprechende freie Carbonsäure oder in deren Salz überführt. **I** erhält man durch Rk. eines Metallsalzes oder einer Grignard-Verb. des Heptins oder Nonins mit einer Verb. der allg. Formel Hal-$(CH_2)_7$-R (Hal = J, Cl, Br) oder eines Metallsalzes oder einer Grignard-Verb. einer Acetylenverb. der allg. Formel HC≡C–$(CH_2)_7$–R mit einem 1-Jod-, -Chlor- oder -Brompentan oder -heptan. R kann sein: Cl, Br, J, CN, Carbonsäureester- u. Carbonsäureamidgruppe. — Aus 55 g $CH_3(CH_2)_6C$≡CH u. 140 g Chlorjodheptan in fl. NH_3 in Ggw. von $NaNH_2$, dann bei Raumtemp., Zusatz von W. u. Extraktion mit Ae. → 1-Chlor-8-hexadecin, $C_{16}H_{29}Cl$, $Kp._{1,2}$ 139—141°; Ausbeute 53%; aus 0,15 Mol davon u. 0,33 Mol NaCN in 25 ccm W. u. 115 ccm A. unter Rückfluß → 35 g *9-Heptadecinsäure,* $C_{17}H_{30}O_2$, breite prismat. Nadeln, F. 42,8—43,5°; unlösl. in W.; gut lösl. in wss. Laugen, PAe., Ae., Bzl., Chlf., CCl_4, A. u. Methanol; beim Hydrieren in Ggw. von Pd → *Margarinsäure,* F. 62,5—63°. *Li-Salz,* aus wasserfreiem A. sternförmig angeordnete, rhomb. Tafeln, F. 225—240° (Zers. u. Braunfärbung, Gelbfärbung bei 205°); in 100 ccm wasserfreiem sd. A. lösen sich 2,1 g, bei Raumtemp. 0,56 mg; *Na-Salz,* zu Drusen vereinigte Nadeln, F. 209 bis 213° unter Gelbfärbung, in 100 ccm sd. A. lösen sich 2 g, bei Raumtemp. 0,7 g; *K-Salz,* fächerförmige Plättchen bzw. fiederförmige Nadeln je nach Kristallisationsgeschw.; F. der Plättchen 77,8—79°; der Nadeln 210 bis 220°; in 100 ccm sd. A. lösen sich 10 g, bei Raumtemp. 3,5 g; *Procainsalz,* farbloses Öl; lösl. in Methanol, A., Propanol, Aceton, Chlf., Äthylenchlorid, Ae., Dioxan; in W. schwach; *Salz* der *p-Aminosalicylsäure,* F. 60—64°, schäumt bei 160—175° unter Gasbldg.; leicht lösl. in Methanol, A., Propanol; gut lösl. in Aceton; mäßig in Chlf., Ae., W., Methylen- u. Äthylenchlorid. — Heptin-Li + 1.7-Jodchlorheptan → 1-Chlor-8-tetradecin + NaCN → *9-Pentadecinsäure,* $C_{15}H_{26}O_2$, breite, prismat. Nadeln, unlösl. in W.; gut lösl. in wss. Laugen, PAe., Ae., Bzl., Chlf., CCl_4, A. u. Methanol; F. 34,9—35,7°. *Salze* sind noch herstellbar mit: *Ca, Mg, Al, Äthanolamin, Äthylendiamin, Morpholin, Streptomycin* u. *Dihydrostreptomycin.* — Die Verbb. wirken *entzündungs-* u. *ödemhemmend;* Tierverss. an der Ratte vgl. Tabelle. Die Verw. erfolgt in Form von isoton. Lsgg., die i. v. oder i. m. eingespritzt werden. (**D. A. S. 1136326** Kl. 12o vom 11/11. 1959, ausg. 13/9. 1962.) G. Krauß. 4807

1596 A/S Apothekernes Laboratorium for Specialpräparater, Sköyen (Erfinder: Aage Petersen, Lilleaker, Ruth Gjermundsen, Bestum, und Erik Hoff, Lambertseter), Norwegen, **Herstellung von therapeutisch wirksamen Salpetersäureestern** der allg. Formel O_2NO–CH_2–$C(R_1)(R_2)$–CH_2–ONO_2 (R_1 u. R_2 = Alkylgruppen mit insgesamt 3—10 C-Atomen), dad. gek., daß entsprechende Propandiole-(1.3) oder ihre Ester mit einem Nitriermittel in bekannter Weise umgesetzt werden. — *2-Methyl-2-[n-propyl]-propandiol-(1.3)-dinitrat,* $C_7H_{14}N_2 \cdot O_6$, $Kp._{0,4}$ 78°. — *2-Äthyl-2-[n-butyl]-propandiol-(1.3)-dinitrat,* $Kp_{0,6}$ 98,5°. — *2.2-Diäthylpropandiol-(1.3)-dinitrat,* $C_7H_{14}N_2O_6$, $Kp._{0,4}$ 78°. — *Arzneimittel* zur prophylakt. Behandlung von Angina pectoris. (**D. A. S. 1139108** Kl. 12o vom 17/2. 1961, ausg. 8/11. 1962. Norw. Prior. 14/3. 1960.) G. König. 4807

1597 Farbenfabriken Bayer Akt.-Ges., Leverkusen (Erfinder: Hartmund Wollweber, Rudolf Hiltmann, Wolfgang Wirth, Horst Kreiskott, Wuppertal und Georg Kimmerle, Blankenstein), **Herstellung basisch substituierter Ester der α-Phenyl-α-isopropylglykolsäure und deren Salzen** durch Umsetzung von α-Phenyl-α-isopropylglykolsäure bzw. ihrer Salze oder funktionellen Deriv. mit tert. Aminoalkoholen der allg. Formel HO–X–N(R_2), worin X einen Alkylenrest mit 1—6 C-Atomen in gerader oder verzweigter Kette u. R Methyl oder Äthyl bedeutet. — Beispiele: *α-Phenyl-α-isopropylglykolsäure-2-(N,N-dimethylamino)-äthylester,* $Kp._{0,3}$ 120°, *Hydrochlorid,* F. 183—184°; *α-Phenyl-α-isopropylglykolsäure-2-(N,N-diäthylamino)-äthylester,* $Kp._{0,3}$ 128°, *Citrat,* F. 106—107°; *α-Phenyl-α-isopropylglykolsäure-2-(N,N-dimethylamino)-2-methylpropylester,* $Kp._{0,7}$ 112°, *Hydrochlorid,* F. 127—129°; *α-Phenyl-α-isopropylglykolsäure-2-(N,N-dimethylamino)-propylester,* $Kp._{0,5}$ 120° *Hydrochlorid,* F. 150—151°; *α-Phenyl-α-isopropylglykolsäure-2,2-dimethylpropylester,* $Kp._{0,4}$ 134°, *Hydrochlorid,* F. 138—139°, *α-Phenyl-α-isopropyl-glykolsäure-2-(N,N-dimethylamino)-2-methyl-propylester,* $Kp._{0,7}$ 112°, *Hydrochlorid,* F. 128—129°; *α-Phenyl-α-isopropylglykolsäure-3-(N,N-dimethylamino)-propylester, Hydrochlorid,* F. 135 bis 135°; *α-Phenyl-α-isopropyl-α-acetoxyessigsäure-2-(N,N-diäthylamino)-äthylester,* $Kp._{0,5}$ 130—132°, *Hydrochlorid,* F. 82°; *α-(m-Chlorphenyl)-α-isopropylglykolsäure-2-(N,N-diäthylamino)-äthylester,* $Kp._{0,45}$ 172°, *Hydrochlorid,* F. 159—161°, *α-(m-Chlorphenyl)-α-isopropylglykolsäure-3-(N,N-dimethylamino)-propylester,* $Kp._{0,5}$ 156°, *Hydrochlorid,* F. 143—145°; *α-(m-Trifluormethylphenyl)-α-isopropylglykolsäure-2-(N,N-diäthylamino)-äthylester,* $Kp._{0,5}$ 132—134°, *Hydrochlorid,* F. 154—155°; *α-(m-Trifluormethylphenyl]-α-isopropylglykolsäure-3-(N,N-dimethylamino)-propylester,* $Kp._{0,5}$ 136°, *Hydrochlorid,* F. 138—140°; *α-(p-Methoxyphenyl)-α-isopropylglykolsäure-3-(N,N-dimethylamino)-propylester,* $Kp._{0,1}$ 162°, *Hydrochlorid,* F. 163 bis

164°; *α-(p-Methoxyphenyl)-α-isopropylglykolsäure-2-(N,N-diäthylamino)-äthylester*, $Kp._{0,1}$ 144°, *Hydrochlorid*, F. 162°; *α-(p-Methylphenyl)-α-isopropylglykolsäure-2-(N,N-diäthylamino)-äthylester*, $Kp_{0,1}$ 110—112°; Ausgangsstoffe: *α-Phenyl-α-isopropylglykolsäureäthylester*, $Kp._{0,8}$ 84—86°, *Säure*, F. 146—147°; *2-(Dimethylamino)-2-methyl-propylchlorid*, $Kp._{40}$ 47°; *2-Dimethylamino-2-methylpropanol*, $Kp._{13}$ 58—60°; *α-(m-Chlorphenyl)-α-isopropylglykolsäureäthylester*, $Kp._{1}$ 120—130°, *Säure*, F. 105—107°; *α-(m-Trifluormethylphenyl)-α-isopropylglykolsäureäthylester* $Kp._{0,5}$ 88—90°; *α-(p-Methoxyphenyl)-α-isopropylglykolsäure*, F. 137°, *Äthylester*, Kp. 116—120°. — *Antiparkinsonmittel*. (**D. A. S. 1135007** Kl. 12q vom 4/2. 1960, ausg. 23/8. 1962.) R. Bauereis. 4807

1598 Farbwerke Hoechst Akt.-Ges. vormals Meister Lucius & Brüning (Erfinder: Gerhard Korger, Frankfurt/M., Heinrich Ruschig, Bad Soden, Hans Wagner, Frankfurt/M., und Walter Aumüller, Kelkheim-Münster), **Herstellung von Sulfonylharnstoffen** der allg. Formel $R{-}SO_2{-}NH{-}CO{-}NH{-}R$, worin R einen Naphthalin-(2)- oder einen 5,6,7,8-Tetrahydro-naphthalin-2-rest u. R_1 einen aliphat. oder cycloaliphat., gesätt. oder ungesätt. KW-Stoffrest, bzw. einen ungesätt. oder gesätt., offenkettigen oder ringförmigen, durch O u. bzw. oder S unterbrochenen KW-Stoffrest bedeutet. Die Verbb. werden auf bekannte Weise aus den Isocyanaten u. entsprechenden Sulfonsäureamiden erhalten. Beispiele für folgende Harnstoffe: *N-(Naphthalin-2-sulfonyl)-N'-isobutyl-*, F. 180—182°; *N-(Naphthalin-2-sulfonyl)-N'-n-butyl-*, F. 151—152°; *N-(Naphthalin-2-sulfonyl)-N'-cyclohexyl-*, F. 180—182°; *N-(5,6,7,8-Tetrahydro-naphthalin-2-sulfonyl)-N'-isobutyl-*, F. 138—140°, *N-(5,6,7,8-Tetrahydro-naphthalin-2-sulfonyl)-cyclohexyl-*, F. 178—180°; *N-(5,6,7,8-Tetrahydro-naphthalin-2-sulfonyl)-N'-allyl-*, F. 139—141°, *N-(5,6,7,8-Tetrahydro-naphthalin-2-sulfonyl)-N'-(3'-methoxy-propyl)-*, F. 98—100°; *N-(Naphthalin-2-sulfonyl)-N'-(2'-äthylmercaptoäthyl)-*, F. 122 bis 124°; *N-(Naphthalin-2-sulfonyl)-N'-n-propyl-*, F. 152 bis 153°; *N-(Naphthalin-2-sulfonyl)-N'-n-hexyl-*, F. 128 bis 129°; *N-(Naphthalin-2-sulfonyl)-N'-(3'-methoxypropyl)-*, F. 113—115°. *Antidiabetica*. (**D. A. S. 1144259** Kl. 12o vom 29/5. 1956, ausg. 28/2. 1963.) R. Bauereis. 4807

1599 Farbwerke Hoechst Akt.-Ges. vormals Meister Lucius & Brüning, Frankfurt/M. (Erfinder: Walter Aumüller, Kelkheim, und Heinz Herr, Frankfurt/M.), **Herstellung von p-Toluolsulfonylharnstoffen** der allg. Formel $CH_3{-}C_6H_4{-}SO_2{-}NH{-}CO{-}NH{-}R_1$, worin R_1 einen gesätt. oder ungesätt. aliphat. KW-Stoffrest mit 2—8 C-Atomen oder einen alicycl. KW-Stoffrest mit 5—8 C-Atomen bedeutet, durch Umsetzung von p-Toluolsulfonylharnstoff mit prim. Aminen der Formel $R_1{-}NH_2$ in Ggw. eines Benzol-KW-Stoffs oder eines -KW-Stoff-Gemisches, dad. gek., daß man 1,0—1,2 Mol des prim. Amins verwendet u. das Rk.-Gemisch in Ggw. von 1,0 bis 1,2 Mol einer niederen aliphat. Fettsäure der Formel R_2-COOH, worin R_2 einen Alkylrest mit bis zu 5 C-Atomen bedeutet, unter Rühren auf Temp. zwischen 80 u. 120° erhitzt. — Beispiel: 21,4 (g) N-(4-Methylbenzolsulfonyl)-harnstoff werden unter Rühren in einer Mischung von 200 ml Toluol, 8 n-Butylamin u. 6,6 Eisessig 120 Min. zum Sieden erhitzt. Nach Abkühlung wird mit 1% Ammoniak ausgeschüttelt, filtriert u. mit verd. Salzsäure angesäuert, *N-(4-Methylbenzolsulfonyl)-N'-n-butylharnstoff*, F. 125,5—127,5. — *Antidiabeticum*. (**D. A. S. 1143805** Kl. 12o vom 2/7. 1960, ausg. 21/2. 1963.) R. Bauereis. 4807

1600 Farbwerke Hoechst Akt.-Ges. vormals Meister Lucius & Brüning, Frankfurt/M. (Erfinder: Ingeborg Hennig, Kelkheim, und Ernst Lindner, Frankfurt/M.), **Herstellung von Phenylalkylaminen** der allg. Formel I,

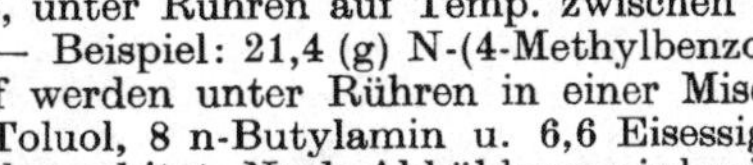

I

worin R einen ggf. durch eine niedere Alkyl- oder Alkoxygruppe substituierten Phenylrest oder einen Benzylrest bedeutet, A) durch Red. von Phenylaceton in Ggw. von entsprechenden Aminen, B) durch Umsetzung von entsprechenden Aminen mit 1-Phenyl-2-halogenpropanen bzw. -propenen, ggf. in Ggw. von halogenwasserstoffbindenden Mitteln u. ggf. Hydrieren einer vorhandenen Doppelbindung. C) durch Umsetzung von entsprechenden Halogenkohlenwasserstoffen mit 1-Phenyl-2-aminopropan, D) durch Red. von entsprechenden Aldehyden in Ggw. von 1-Phenyl-2-aminopropan, E) durch Red. von entsprechenden Carbonsäureamiden. — Beispiele: *1-Phenyl-2-[1'-phenyl-2'.2'-diäthyl-propyl-(3')-amino]-propan-Hydrochlorid*, F. 148—150°; *1-Phenyl-2-[2'-äthyl-2'-phenylbutyl-(1')-amino]-propan-Hydrochlorid*, F. 191—192°; *1-Phenyl-2-[2'-äthyl-2'-m-methoxyphenyl-butyl-(1')-amino]-propan-Hydrochlorid*, F. 143°; *1-Phenyl-2-[2'-äthyl-2'-p-tolyl-butyl-(1')-amino]-propan-Maleinat*, F. 165°; *1-Phenyl-2-[2'-äthyl-2'-(3''.5''-dimethoxyphenyl)-butyl-(1')-amino]-propan*, ölige Fl.; *1-Phenyl-2-[2'-äthyl-2'-m-methoxyphenyl-butyl-(1')-amino]-propan-Hydrochlorid*, F. 142—143°; *1-Phenyl-2-[2'-äthyl-2'-phenylbutyl-(1')-amino]-propan-Hydrochlorid*, F. 191°. — *Herz- u. Kreislaufmittel*. (**D. A. S. 1133395** Kl. 12q vom 12/11. 1960, ausg. 19/7. 1962.) R. Bauereis. 4807

1601 F. Hoffmann-La Roche & Co. Akt.-Ges. (Erfinder: André Grüssner, Otto Schnider und Felix Alfred Steiner), Basel, Schweiz, **Herstellung von 1-[Biphenyl-(4)]-2-aminopropan** u. dessen Salzen durch katalyt. Hydrierung von 1-[Biphenyl-(4)]-2-oxopropan oder dessen Oxim in Ggw. von NH_3 u. ggf. Überführung des Rk.-Prod. in ein Salz. — Beispiel: 61 (g) 1-[Biphenyl-(4)]-2-oxopropan, 15 Raney-Ni u. 70 ml Methanol werden im Autoklav mit 85 Ammoniak (100%ig.) versetzt u. der Druck durch N_2 auf 20 atü gebracht. Nach 2 Std. Erwärmen auf 90—95° wird der Druck durch Einleiten von H_2 auf 100 atü erhöht u. 25 Std. geschüttelt. Nach Abkühlung wird filtriert u. im Vakuum dest.: *1-[Biphenylyl-(4)]-2-amino-propan*, $Kp._{0,005}$ 124°; *Hydrochlorid*, F. 243—246°. Das Ausgangsmaterial erhält man wie folgt: 145 NaCN, 565 ml Dimethylformamid u. 11,3 ml W. werden unter Rühren erwärmt u. mit einer Lsg. von 555 4-Phenylbenzylchlorid in 565 ml Dimethylformamid versetzt, so daß die Temp. 70° nicht übersteigt. Nach 4 Std. Rühren bei 70° wird filtriert, mit 2000 ml W. versetzt u. das Rk.-Prod. mit Bzl. extrahiert *4-Phenylbenzylcyanid*, $Kp._{0,03}$ 146—150°, F. 92—94°. 460 des Nitrils in 390 ml Essigester werden zu 74 Na in 1600 ml A. gegeben u. unter Rückfluß 7 Std. gekocht. Das abfiltrierte Na-Salz wird mit Essigsäure in das freie *4-Phenyl-α-acetylbenzylcyanid*, F. 148—150°, überführt. 575 der Acetyl-Verb. werden in 1700 ml Eisessig u. 4900 ml konz. Salzsäure 38 Std. gekocht. Nach Zugabe von W. wird das *1-[Biphenylyl-(4)]-2-oxopropan*, $Kp._{0,03}$ 150 bis 152°, mit Methylenchlorid extrahiert. — *Appetithemmende Mittel*. (**D. A. S. 1131221** Kl. 12q vom 14/3. 1961, ausg. 14/6. 1962. Schwz. Prior. 24/3. 1960.) R. Bauereis. 4807

1602 J. R. Geigy Akt.-Ges., Basel (Erfinder: Walter Schindler, Rolf Bader, Riehen, und Heinrich Urwyler, Basel), Schweiz, **Herstellung von 5-[α-Dimethylaminomethyläthyl]-iminodibenzyl (I)**, dad. gek., daß man 5-[α-Aminomethyläthyl]-iminodibenzyl (**II**) mit mindestens der doppelten mol. Menge CH_2O in einem organ. Lsgm. mit katalyt. aktiviertem H_2 behandelt. Man kann dabei von einer Lsg. aus **II** u. **I** ausgehen, die durch Hydrieren von 5-[α-Cyanoäthyl]-iminodibenzyl in einem wasserhaltigen organ. Lsgm. in Ggw. von Di- oder Trimethylamin erhalten wurde. F. des **I** 184—186°, des **I**-*Hydrochlorids* 185,5—187°. — *Heilmittel*. (**D. A. S. 1146063** Kl. 12p vom 21/12. 1960, ausg. 28/3. 1963. Schwz. Prior. 22/12. 1959. **Zusatz zu D. A. S. 1113935; C. 1963, 15147.**) C. Lüttgen. 4807

1603 Farbenfabriken Bayer Akt.-Ges., Wuppertal, übert. von: Walter Gauss, Siegfried Petersen, Leverkusen, und Gerhard Domagk, Wuppertal, **Herstellung von 4-Aziridino-1.2-naphthochinonen.** Zu einer Mischung von 138 (g) K-1,2-Naphthochinon-4-sulfonat, 63 $NaHCO_3$ u. 2500 W. werden bei 15° 39 cm^3 Aziridin gegeben. Nach 5 Min. starkem Rühren wird filtriert u. der Filterrückstand gereinigt → 53,7 *4-Aziridino-1.2-naphthochinon* (**I**), F. 173—175° (Zers.). — Analog:

α-Methyl-I, F. 143—144° (Zers.), u. *α'.α'-Dimethyl-I*, F. 147—148° (Zers.). — *Mittel gegen Amöbenruhr.* (**A. P. 2964522** vom 26/8. 1958, ausg. 13/12. 1960.) C. Lüttgen. 4807

1604 Imperial Chemical Industries Ltd., London (Erfinder: Thomas Leigh, Macclesfield, Cheshire), England, **Mono- und Diacylferrocene.** Zu E. P. 819108; C. **1961,** 3410, ist nachzutragen: *Hexahydrobenzoylferrocen*, F. 79° (aus PAe.). (**D. A. S. 1150077** Kl. 12o vom 12/8. 1958, ausg. 12/6. 1963. E. Prior. 12/8. 1957.) A. Debo. 4807

1605 Ciba Pharmaceutical Products, Inc., Summit, N. J., V. St. A., bzw. Ciba Akt.-Ges. (Erfinder: Cyril Grob), Basel, Schweiz, **Herstellung von Phenylchinuclidinverbindungen.** 31 (g) Chinuclidon (**III**) werden in Ae. tropfenweise unter Kühlung zu einer Grignard-Verb. aus 120 Brombenzol u. 19,2 Mg in Ae. gegeben, 14 Std. wird bei 25° gerührt u. 5 Std. gekocht, worauf das Rk.-Gemisch unter Kühlen mit W. zersetzt, mit konz. HCl angesäuert, die Ae.-Schicht abgetrennt u. die wss. Lsg. mit Ae. ausgeschüttelt wird. Man macht die wss. Lsg. mit konz. wss. K_2CO_3-Lsg. alkal., filtriert $MgCO_3$ ab, das mit Chlf. ausgewaschen u. im Soxleth-App. 15 Std. mit Chlf. extrahiert wird. Das Filtrat wird sechsmal mit Chlf. extrahiert, worauf sämtliche Extrakte aufgearbeitet werden: 41 *3-Hydroxy-3-phenylchinuclidin* (I), F. 166 bis 168°. *Methojodid*, F. 230—231°. 10 **I** werden portionsweise unter Kühlung in 150 $SOCl_2$ gelöst, 15 Std. wird gekocht u. durch Abdest. im Vakuum vom $SOCl_2$ befreit. Der krist. Rückstand wird in wenig W. gelöst, mit gesätt. K_2CO_3-Lsg. alkal. gemacht, die Lsg. dreimal mit Ae. extrahiert u. der Extrakt aufgearbeitet: 8,55 *2-Dehydro-3-phenylchinuclidin* (**II**), $Kp._{12}$ 150—153°, F. 55—57° (Aceton-Pentan). *Pikrat*, F. 157—158°. *Methoperchlorat*, F. 169—170. — 2,85 **II**-Perchlorat werden in CH_3OH mit H_2 in Ggw. eines Pd-Katalysators hydriert: 2,55 *3-Phenylchinuclidin*, F. 152°. *Pikrat*, F. 143—145°. — In ähnlicher Weise aus **III** u. p-Dimethylaminophenyl-Li *3-Hydroxy-3-[p-dimethylaminophenyl]-chinuclidin* (**IV**), F. 122 bis 123°. *Pikrat*, F. 122—123° (Zers.), danach Wiedererstarren u. F. 201—204°. Aus **IV** durch Erhitzen mit Oxalsäure unter Vakuum *2-Dehydro-3-[p-dimethylaminophenyl]-chinuclidin*, F. 76—78°. *Pikrat*, F. 205—206°. *Methojodid*, F. 237°. *Hydroperchlorat*, F. 234—236°, aus dem durch Hydrieren in Eisessig *3-[p-Dimethylaminophenyl]-chinuclidin*, F. 65—67°, erhältlich ist. — *Pharmazeutica.* (**A. P. 2917515** vom 9/9. 1957, ausg. 15/12. 1959. **E. PP. 865973** u. **865974** vom 19/9. 1957, ausg. 26/4. 1961. **D. A. SS. 1105421** u. **1105422** Kl. 12p vom 14/9. 1957, ausg. 27/4. 1961. Alle Schwz. Prior. 20/9. 1956. **Schwz. PP. 351970** vom 20/9. 1956, ausg. 30/3. 1961, **352675** vom 20/9. 1956, ausg. 28/4. 1961 u. **353366** vom 20/9. 1956, ausg. 31/5. 1961.) C. Lüttgen. 4807

1606 Farbenfabriken Bayer Akt.-Ges., Leverkusen (Erfinder: Klaus Heinz Risse, Solingen, und Gert Lothar Haberland, Wuppertal), **Basisch substituierte Phenylthiocarbamidsäure-S-alkylester** der allg. Formel X–NH–CO–S–A–N(R_1)–R_2 (X = ggf. durch Halogen, einen Alkyl- oder Alkoxyrest substituierter Phenylrest; A = aliphat. C-Kette, ggf. verzweigt; R_1 u. R_2 = Alkyl- oder Cycloalkylrest oder Alkylenketten, die ggf. verzweigt u. gemeinsam oder mit einem C-Atom von A zusammen Teile eines, ggf. substituierten, 5-, 6- oder 7-gliedrigen heterocycl. Restes sein können) u. deren Säureadditions- u. quart. Salze man a) durch Rk. von Isocyanaten der allg. Formel X–N=C=O mit bas. substituierter oder b) in Stufen durch Rk. der vorst. Isocyanate mit Thioalkoholen, die an Stelle der tert. Aminogruppe eine OH-, eine ggf. geschützte Amino-, eine Nitril- oder Carbonamidgruppe oder ein Halogenatom besitzen u. Überführung der Substituenten in die tert. Aminogruppe oder c) durch Rk. von Aminen der X–NH_2 mit einer Verb. der allg. Formel Halogen–CO–S–A–N·(R_1)–R_2, ggf. in Ggw. eines Kondens.-Mittels, oder d) in Stufen durch Umsetzung der vorst. Amine, ggf. in Ggw. des Kondens.-Mittels, mit solchen Halogenameisensäureestern, die an Stelle der tert. Aminogruppe die unter b) genannten Substituenten besitzen usw. wie unter b) oder e) durch Umsetzung von Carbonamidthiosäuren der allg. Formel X–NH–C(=O)–SH mit reaktionsfähigen Estern von bas. Alkoholen der allg. Formel HO–A–N(R_1)–R_2 oder f) in Stufen durch Rk. der carbonamidthiosauren Salze mit Estern aus Alkoholen, die an Stelle der tert. Aminogruppen Substituenten wie unter b) u. d) besitzen usw. wie unter b) bzw. d) u. ggf. Überführung der nach a) bis f) erhaltenen Prodd. in quart. Salze. — Man kocht z. B. 32 (g) Phenylisocyanat mit 40 Diäthylaminoäthylthiol in 300 ml Toluol 5 Std. unter Rückfluß, kühlt, saugt ab, wäscht mit 3 x 100 ml W., dampft ein, nimmt den Rückstand in Ae. auf u. fällt mit äther. HCl → 48 *Phenylcarbamidsäure-[2-diäthylaminoäthyl]-thioester*(**I**)*-hydrochlorid*, F. 166°. Man erhält **I** auch aus einer Lsg. von 15,4 Diäthylaminoäthylthiol in 70 ml Chlf. durch Rk. mit mit HCl bei 0—5° (stark kongosauer), 2—3std. Einleiten von $COCl_2$ bei —10°, 3std. Stehen bei 5°, 12std. Stehen bei Raum-Temp., Eindampfen im Vakuum bei 50°, 70std. Kochen des chloroformfeuchten Rückstands (30 g) mit 6,1 Anilin in 130 ml Chlf., Entfernen des Lsgm., Teilen des Rückstands zwischen verd. HCl u. Ae. Ausäthern der alkalisierten wss. Lsg., Eindampfen der Ae.-Lsg. u. Dest. des Rückstands → **I**, $Kp._{0,5}$ 135°, oder durch 3std. Kochen von 14 Anilin u. 8 $NaNH_2$ in 200 Dioxan, $^1/_2$std. Einleiten von trockenem COS in die sd. Lsg., Zutropfen von 22 Diäthylaminochlorid in 50 ml Dioxan, 3—4std. Weiterkochen, Kühlen, Absaugen, Aufnehmen des Rückstands aus dem eingedampften Filtrat in Ae., Reinigen über Essigsäure-Lsg., Lösen in Ae. u. Dest. der äther. Lösung. Ferner erhält man nach Meth. a) folgende Thioesterhydrochloride: *m-Chlorphenylcarbamidsäure-[2-diäthylaminoäthyl]-*, F. 155°; *Phenylcarbamidsäure-[2-(N-methylpiperazinyl)-N'-propyl]-*, F. 231°; *p-Äthoxyphenylcarbamidsäure-[2-(N-methylpiperazinyl)-N'-propyl]-*, F. 142°; *m-Chlorphenylcarbamidsäure-[2-(N-methylpiperazinyl)-N'-propyl]-*, F. 201°, *freie Base*, F. 98°; *p-Äthoxyphenylcarbamidsäure-[2-diäthylaminoäthyl]-*, F. 152°; daraus mit CH_3J → *quart. Verb.*, F. 172°; *o-Chlorphenylcarbamidsäure-[2-(N-methylpiperazinyl)-N'-propyl]-*, F. 223°; *m-Tolylcarbamidsäure-[2-(N-methylpiperazinyl)-N'-propyl]-*, F. 195°; *2.5-Dichlorphenylcarbamidsäure-[2-(N-methylpiperazinyl)-N'-propyl]-*, F. 208° bzw. die entsprechende *2.4-Dichlorphenyl-Verbb.*, F. 204°; *3-Chlorphenylcarbamidsäure-2-[N-methylpiperazinyl]-N'-butyl-*, daraus *freie Base*, F. 105°; *3-Chlorphenylcarbamidsäure-[2-piperidinopropyl]-*, F. 135°; *3-Chlorphenylcarbamidsäure-[2-morpholinopropyl]-*, F. 175° u. *3.4.6-Trichlorphenylcarbamidsäure-2-[N-methylpiperazinyl]-N'-propyl-*, F. 211°. — *Entzündungshemmende Substanzen*, Antirheumatica. (**D. A. S. 1149709** Kl. 12o vom 7/4. 1960, ausg. 6/6. 1963.) G. Vogel. 4807

1607 Hoffmann-La Roche, Inc., Nutley, N. J., V. St. A., übert. von: Elisabeth Becher, Stockstadt/M., Konrad Bernhauer und Georg Wilharm, Aschaffenburg/M., **Erzeugung von Vitamin B_{12} durch Gärung,** dad. gek., daß man eine den Faktor III u. 5.6-Dimethylbenzimidazol (**I**) enthaltende Nähr-Lsg. anaerob mit *Propionibacterium shermanii* vergärt. Beispiele. (**A. P. 2976220** vom 4/2. 1959, ausg. 21/3. 1961. D. Prior. 19/2. 1958.) G. Vogel. 4809

1608 Syntex Soc. An., übert. von: Franz Sondheimer, Jesus Romo und George Rosenkranz, Mexico, Mexico, und Carl Djerassi, Birmingham, Mich., V. St. A., **Herstellung von Steroiden.** Inhaltlich ident. mit A. P. 2911403; C. **1961,** 3411. (**A. P. 3014031** vom 23/3. 1953, ausg. 19/12. 1961.) U. Sievers. 4809

1609 Roussel-Uclaf, Paris (Erfinder: Gérard Nominé, Noisy-le-Sec, und Daniel Bertin, Montrouge), Frankreich, **$\Delta^{8,9}$-3-Methyl-7-keto-8-[3''-ketobutyl]-3.4-[3'-benzoyloxy-cyclopentano-(2'.1')]-oktahydronaphthalin** (**I**), F. 117°; $[\alpha]_D$ 43°, erhält man durch Rk. von $\Delta^{9,10}$-3-Methyl-7-keto-8-[3''-chlor-2''-butenyl]-3.4-[3'-benzoyloxycyclopentano-(2'.1')]-oktahydronaphthalin mit äther. HCl u. chromatograph. Aufarbeitung → *$\Delta^{8,9}$-3-Methyl-7-keto-8-[3''-chlor-2''-butenyl]-3.4-[3'-benzoyloxy-cyclopentano-(2'.1')]-oktahydronaphthalin*, welches sich durch Hydrolyse mit konz. H_2SO_4 überführen läßt → **I**, (optisch aktive Form). — *Zwischenprodd.* zur Herstellung von *Heilmitteln*. (**D. A. S. 1145609** Kl. 12o vom 28/9.

1960, ausg. 21/3. 1963. E. Prior. 15/10. 1959. **Zusatz zu D. A. S. 1142603; C. 1963, 15158.**) U. Sievers. 4809

1610 Merck & Co., Inc., Rahway (Erfinder: Glen Edward Arth, Cranford, N. J., David Johnston, New York, N. Y., und Lewis Hastings Sarett, Princeton, N. J.), V. St. A., **Herstellung von 16α-Methylpregnan-3α-ol-11.20-dion-3-acetat bzw. dessen 3-Alkohol.** Im wesentlichen ident. mit E. P. 877085; C. **1963**, 7093. Zu ergänzen: *16α-Methylpregnan-3α-ol-11.20-dion-3-acetat*, F. 157—158°; *freier Alkohol*, F. 157,5—158°. (**D. A. S. 1148547** Kl. 12o vom 22/2. 1958, ausg. 16/5. 1963. A. Prior. 27/2. 1957.) U. Sievers. 4809

1611 Merck & Co., Inc., Rahway (Erfinder: Meyer Sletzinger und Donald Floyd Reinhold, North Plainfield), N. J., V. St. A., **5.6-Dichlor-3.17α-dihydroxy-16β-methyl-allopregnan-20-on bzw. dessen 3-Acylate.** Man setzt z. B. 5.6-Dichlor-3-acetoxy-16.17-oxido-16β-methylallopregnan-20-on mit $HClO_4$ in Dioxan bei Raumtemp. um → *5.6-Dichlor-3.17α-dihydroxy-16-methyl-15(16)-allopregnen-20-on* u. *5.6-Dichlor-3.17α-dihydroxy-16-methylenallopregnan-20-on* (im Gemisch), F. 194 bis 198° (Zers.); $[\alpha]_D$ —114°, welches sich katalyt. mit H_2/PtO in Dioxan hydrieren läßt → *5.6-Dichlor-3.17α-dihydroxy-16β-methyl-allopregnan-20-on*, F. 198—202°; $[\alpha]_D^{25}$ 69°. — *Zwischenprodd.* zur Herst. von *Heilmitteln.* (**D. A. S. 1147580** Kl. 12o vom 28/9. 1959, ausg. 25/4. 1963. A. Prior. 1/10. 1958.) U. Sievers. 4809

1612 Schering Akt.-Ges. (Erfinder: Alfred Popper und Martin Schenck), Berlin, **4.6-[3'.1'-Cyclopenteno]-Δ^4-pregnen- bzw. -androstenverbindungen** erhält man durch Dehydratisierung einer entsprechenden 5α-Hydroxy-6β-äthinylverb., welche in 2-Stellung eine Methylengruppe enthält (herstellbar nach dem Verf. der D. A. S. 1136332) mit trockenem HCl in einem abs. organ. Lsgm. bei ca. 0°. — Man setzt z. B. 6-Äthinyl-5α.17α-dihydroxyallopregnan-3.20-dion-3.20-bisäthylenketal in Chlf. bei 0° mit HCl (Gas) um, arbeitet auf, u. behandelt das amorphe Rohprod. mit methanol. HCl unter N_2 am Rückfluß → *4.6-[3'.1'-Cyclopenteno]-Δ^4-pregnen-17α-ol-3.20-dion*, F. 247—249°; *17-Acetat*, F. 146,5—147°. — Analog: *4.6-[3'.1'-Cyclopenteno]-Δ^4-androsten-17β-ol-3-on*, F. 192—192,5°. — *Ausgangsprodd.* für die Herst. gestagen u. antiandrogen wirksamer *Heilmittel.* (**D. A. S. 1144723** Kl. 12o vom 3/10. 1959, ausg. 7/3. 1963.) U. Sievers. 4809

1613 Farbwerke Hoechst Akt.-Ges. vormals Meister Lucius & Brüning, Frankfurt/M. (Erfinder: Werner Fritsch, Neuenhain, und Erhard Daase, Kelkheim), **21-Hydroxy-3.11-20-triketo- und 11.21-Dihydroxy-3.20-diketo-Δ^4-pregnen-21-acylate.** Man setzt z. B. Δ^4-Pregnen-3.11.20-trion mit 2.2-Dimethyl-1.3-propandiol in Bzl. u. in Ggw. von p-Toluolsulfonsäure unter Entfernung des Rk.-W. um → *3-(2.2-Dimethyl-1.3-propandioxy)-Δ^5-pregnen-11.20-dion*, F. 193—198°, welches sich durch Rk. mit Oxalsäurediäthylester in Ggw. von Na-Methylat, Umsetzung des erhaltenen Na-Salzes des 21-Oxalsäureesters mit J_2, Säurespaltung des Jodierungsprod. mit Na-Methylat u. Acetoxylierung mit K-Acetat in Eisessig-Aceton überführen läßt → *3-(2.2-Dimethyl-1.3-propandioxy)-21-acetoxy-Δ^5-pregnen-11.20-dion*, F. 165°; daraus durch Ketalspaltung mit p-Toluolsulfonsäure in Aceton → *21-Acetoxy-Δ^4-pregnen-3.11.20-trion*, F. 181°. — Analog: *3-(2.2-Dimethyl-1.3-propandioxy)-Δ^5-pregnen-11α-ol-20-on*, F. 225°; *3-(2.2-Dimethyl-1.3-propandioxy)-21-acetoxy-Δ^5-pregnen-11α-ol-20-on*, Öl; *Δ^4-Pregnen-11α.21-diol-3.20-dion-21-acetat*, F. 163°. — *Heilmittel* sowie Zwischenprodd. zu deren Herstellung. (**D. A. S. 1148546** Kl. 12o vom 24/6. 1960, ausg. 16/5. 1963.) U. Sievers. 4809

1614 E. Merck Akt.-Ges. (Erfinder: Klaus Brückner, Klaus Irmscher und Ulrich Jahn), Darmstadt, **Schiffsche Basen von Ketosteroiden der Androstan- und 19-Norandrostanreihe** erhält man durch Rk. eines entsprechenden 3- oder 17-Keto- oder 3.17-Diketoderiv. mit β-Hydroxyläthylamin (**I**) bei erhöhter Temperatur. — Man setzt z. B. 5-Dehydroepiandrosteron mit **I** bei 80° um → *17-[β-Hydroxyäthylimino]-Δ^5-androsten-3β-ol*, F. 213°. — Analog: (β-Hydroxyäthylimino = **H**): *3.17-Bis-*(**H**)*-$\Delta^{1.4}$-androstadien*, F. 158°. — *3-*(**H**)*-17α-methyl-Δ^4-androsten-17β-ol*, F. 155°; $[\alpha]_D^{25}$ 106,5°. — *3.17-Bis-*(**H**)*-$\Delta^{1.4}$-androstadien-11-on*, F. 157°; $[\alpha]_D^{25}$ 204°. — *3-*(**H**)*-Δ^4-androsten*, F. 135—136°; $[\alpha]_D^{25}$ 132°. — *3-*(**H**)*-Δ^4-androsten-17β-ol*, F. 146—148°; $[\alpha]_D^{24}$ 128°. — *3.17-Bis-*(**H**)*-Δ^4-androsten*, F. 118—120°; $[\alpha]_D^{25}$ 101°. — *3-*(**H**)*-17α-methyl-$\Delta^{4.6}$-androstadien-17β-ol*, F. 197—200°. — *3-*(**H**)*-$\Delta^{1.4}$-androstadien-17β-ol*, F. 190°. — *3-*(**H**)*-16-methylen-17α-methyl-$\Delta^{1.4}$-androstadien-17β-ol*, F. 73°. — *3-*(**H**)*-17α-methyl-$\Delta^{1.4}$-androstadien-17β-ol*, F. 64°. — *3-*(**H**)*-androstan-4-on-17β-ol-17-propionat*, F. 163°. — *3.17-Bis-*(**H**)*-9α-fluor-$\Delta^{1.4}$-androstadien-11β-ol*, F. 181°. — *3-*(**H**)*-9α-fluor-Δ^4-androsten-11β.17β-diol*, F. 200—206°. — *3-*(**H**)*-androstan-4-on-17β-ol*, F. 72°. — *3.17-Bis-*(**H**)*-9α-fluor-Δ^4-androsten-11β-ol*, F. 188°. — *3-*(**H**)*-17α-äthyl-19-nor-Δ^4-androsten-17β-ol*, F. 87° (Zers.); $[\alpha]_D^{24}$ 14°. — *3-*(**H**)*-19-nor-Δ^4-androsten-17β-ol-acetat*, F. 108°; $[\alpha]_D^{24}$ 4°. — *3-*(**H**)*-9α-fluor-17α-methyl-Δ^4-androsten-11β.17β-diol*, F. 167°. — *3-*(**H**)*-17α-methyl-Δ^4-androsten-17β-ol*, F. 140°; $[\alpha]_D^{24}$ —2°. — *3-*(**H**)*-androstan-4-on-17β-ol-17-(β-cyclohexyl)-propionat*, F. 123°; $[\alpha]_D^{24}$ 57°. — *Heilmittel.* (**D. A. S. 1143810** Kl. 12o vom 23/7. 1960, ausg. 21/2. 1963.) U. Sievers. 4809

1615 Merck & Co., Inc., Rahway (Erfinder: Harry Lovell Slates, Florham Park, und Norman Lord Wendler, Summit), N. J., V. St. A., **21-Acyloxy-16-methyl-$\Delta^{4.16}$-pregnadien-3.20-dione** erhält man durch Rk. einer entsprechenden Δ^{16}-ungesätt. Verb. mit Diazomethan (**I**) u. anschließende therm. Spaltung der erhaltenen Methylenazoverbindung. — Man setzt z. B. 21-Hydroxy-$\Delta^{4.16}$-pregnadien-3.11.20-trion-21-acetat in Tetrahydrofuran mit **I** um → *21-Hydroxy-Δ^4-pregnen-16α.17α-methylenazo-3.11.20-trion-21-acetat*, F. 175 bis 176° (Zers.), welches sich durch Erhitzen auf 180 bis 185° im Vakuum spalten läßt → *21-Hydroxy-16-methyl-$\Delta^{4.16}$-pregnadien-3.11.20-trion-21-acetat*, F. 171—173°. — Analog: *9α-Fluor-11β.21-dihydroxy-Δ^4-pregnen-16α.17α-methylenazo-3.20-dion-21-acetat*, F. 186—187° (Zers.); *9α-Fluor-11β.21-dihydroxy-16-methyl-$\Delta^{4.16}$-pregnadien-3.20-dion-21-acetat*, F. 179—181°. — *Heilmittel.* (**D. A. S. 1128425** Kl. 12o vom 24/10. 1958, ausg. 26/4. 1962. **Belg. P. 572383** vom 25/10. 1958, ausg. 15/6. 1962. **E. PP. 900021** u. **900022** vom 24/10. 1958, ausg. 4/7. 1962. Alle A. Prior. 7/11. 1957.) U. Sievers. 4809

1616 Chinoin Gyógyszer és Vegyészeti Termékek Gyára R. T. (Erfinder: György Wix und Károly Albrecht), Budapest, Ungarn, **$\Delta^{1.4}$-Androstadien-3.17-dion (Ia)** erhält man durch biolog. Seitenkettenabbau insbes. von Progesteron (**I**) mit einer Kultur von Fusarium caucasicum unter üblichen submersen u. aeroben Bedingungen, jedoch in Ggw. von der Überoxydation zu 1-Dehydrotestololacton hemmenden Stoffen. Hierfür werden eingesetzt: Naphthalin oder dessen Derivv., Chinolin, 8-Hydroxychinolin, Pyrogallol, Hydrochinon, Thymol, Phenanthren, Anthracen, 2-Methyl-1.4-naphthochinon, Methyläthylketon oder Stilböstrol. Die Hemmstoffkonz. beträgt 2,5—100% der Menge des **I**. — In ähnlicher Weise lassen sich Androstendion, Androstandion, Desoxycorticosteron, Dehydroepiandrosteron, Pregnenolon oder Pregnandienolon in **Ia** überführen. — Zahlreiche Diagramme. (**D. A. S. 1135455** Kl. 12o vom 27/2. 1960, ausg. 30/8. 1962. Ung. Prior. 27/2. u. 12/8. 1959. **F. P. 1267992** vom 27/6. 1960, ausg. 1/12. 1961. Ung. Prior. 12/8. 1959.) U. Sievers. 4809

1617 Syntex Soc. An. (Erfinder: Howard J. Ringold, John A. Zderic und Carl Djerassi), Mexico, Mexico, **[3.2:b]-Thiazolderivate von Androstanverbindungen** erhält man durch Rk. einer entsprechenden 2-Hydroxymethylenverb. mit Br_2, Erhitzen der erhaltenen 2-Brom-2-aldehydoverb. mit methanol. Na-Methylat u. Kondens. der erhaltenen 2-Bromverb. mit einem Thioformamid. Falls die Ausgangsverb. keine bromierbaren Doppelbindungen enthält, kann die Bromierung zur 2-Bromverb. direkt erfolgen. — Man setzt z. B. Dihydroallotestosteron in Essigsäure mit HBr–Na-Acetat um u. behandelt das erhaltene *2α-Bromdihydroallotestosteron* in A. 8 Std. unter Rückfluß mit Thioformamid → *17β-Hydroxyandrostan-[3.2:b]-thiazol*, F. 245—246°, $[\alpha]_D$ 91°. — Analog: ([3.2:b]-thiazol = **T**): *17α-Methyl-*

17β-hydroxyandrostan-**T**, F. 192—193°, $[\alpha]_D$ 36°; *17α-Methyl-17β-acetoxy-19-norandrostan*-**T**, F. 188—191°; *17β-Hydroxyandrostan-2'-methyl*-**T**, F. 226—229°, $[\alpha]_D$ 64°; *17α-Methyl-17β-hydroxyandrostan-2'-methyl*-**T**, F. 212 bis 215°, $[\alpha]_D$ 47°; *17α-Äthyl-17β-hydroxyandrostan*-**T**, F. 227 bis 229°, $[\alpha]_D$ 37°; *17β-Hydroxy-19-norandrostan*-**T**, F. 207 bis 209°; *17α-Methyl-17β-hydroxy-19-norandrostan*-**T**, F. 201—203°; *17α-Methyl-17β-hydroxy-19-nor-androstan-2'-methyl*-**T**, F. 222—224°. — *Heilmittel*. (**D. A. S. 1148545** Kl. 12o vom 20/8. 1960, ausg. 16/5. 1963. Mexican. Prior. 24/8. 1959.) U. Sievers. 4809

1618 Chinoin Gyógyszer és Vegyészeti Termékek Gyára R. T. (Erfinder: György Wix und Károly Albrecht), Budapest, Ungarn, **11α-Hydroxylierung von Progesteron (I).** Man läßt die O_2 u. **I** enthaltende Fermentationsfl. durch eine perlenförmig vorgezüchtete ortsgebundene Kultur von Rhizopus nigricans strömen u. trennt das Hydroxylierungsprod. ab. So werden ca. 80 bis 90% des eingesetzten **I** in *11α-Hydroxyprogesteron*, das im wesentlichen frei ist von der 6.11α-Dihydroxyverb., übergeführt. (**D. A. S. 1137436** Kl. 12o vom 4/6. 1959, ausg. 4/10. 1962. **F. P. 1227602** vom 3/6. 1959, ausg. 22/8. 1960. Beide Ung. Prior. 5/6. 1958.) U. Sievers. 4809

1619 Thomas Ludvig Martin Vermehren und Carl Emil Vermehren, Dragör, Dänemark, **Komplexe Tricorticoidphosphate** erhält man durch Rk. von 1/3 Mol Phosphorylierungsmittel je Mol Corticoid unter üblichen Veresterungsbedingungen u. ggf. Umwandlung der erhaltenen Ester in ihre Alkalisalze. — Man setzt z. B. 10 g Hydrocortison in 3,7 ml Pyridin u. 180 ml Bzl. mit 1,32 ml $POCl_3$ bei Zimmertemp. um: *Komplexverb.*, die 3 Moll. Hydrocortison je Mol. Phosphorsäure enthält, F. 220—225°. — Analog: *Komplexes Triprednisolonphosphat*, F. 190—220°. — *Heilmittel* mit schnell einsetzender Wirkung. (**D. A. S. 1138769** Kl. 12o vom 22/6. 1960, ausg. 31/10. 1962. Dän. Prior. 29/10. 1959.) U. Sievers. 4809

1620 Syntex Soc. An. (Erfinder: John S. Mills, Howard J. Ringold und Carl Djerassi), Mexico, Mexico, **17β-Acetylsteroide.** Man setzt z. B. 17α-Acetylöstradioldiacetat in abs. Dioxan mit Ca in fl. NH_3 um → *17β-Acetyl-$\Delta^{1.3.5}$-östratrien-3-ol*, F. 247—249°; $[\alpha]_D$ 164°. — Analog: 17α-Acetylöstradiol-3-methyläther → *19-Norprogesteron*, F. 141—144°; $[\alpha]_D$ 154,5° (nach CrO_3-Oxydation des Red.-Prod.). — 17β-Acetoxyisoprogesteron-äthylenoläther → *Progesteron*. — *Heilmittel* sowie Zwischenprodd. zu deren Herstellung. (**D. A. S. 1144271** Kl. 12o vom 3/6. 1959, ausg. 28/2. 1963. Mexican. Prior. 6/6. u. 13/6. 1958.) U. Sievers. 4809

1621 Olin Mathieson Chemical Corp., New York, N. Y., übert. von: Richard W. Thoma, Somerville, und Frank L. Weisenborn, Middlebush, N. J., V. St. A., **11α-Hydroxy-A-norprogesteron,** F. 183—184°; $[\alpha]_D$ 93°, erhält man durch Bebrütung von A-Norprogesteron mit einer Kultur von *Aspergillus nidulans* (*ATCC 11267*) unter üblichen aeroben u. submersen Bedingungen. — *Heilmittel* u. Zwischenprod. zur Herst. von Heilmitteln. (**A. P. 3005028** vom 28/7. 1959, ausg. 17/10. 1961.) U. Sievers. 4809

1622 N. V. Organon, Oss (Erfinder: Karl Heinz Schönemann, Nijmwegen, und Hendrik Paul de Jongh, Oss), Niederlande, **Herstellung neuer anabolisch und progestativ wirksamer Δ^4-3-Keto-6-methyl-19-norsteroide.** Inhaltlich im wesentlichen ident. mit Niederl. P. 94386; C. **1961**, 9133. — Zu ergänzen sind als Zwischenprodukte im Rahmen der Herst. des 6-Methyl-19-nortestosterons (**I**): *3β.5α.17β-Trihydroxy-6-methyl-19-nor-androstan*, F. 198—199°; *Δ^4-3.17-Diketo-6-methyl-19-nor-androsten*, F. 138—139°; *3-Enoläther* (**II**), F. 110—113°. — **I**-*17-Undecylenat*, Öl, $[\alpha]_D$ 8,9°. — **II** + Allylmagnesiumbromid in Ae. → *6-Methyl-17α-allyl-19-nortestosteron*. — Analog: *17α-Äthinyl-6-methyl-19-nortestosteron*, F. 163 bis 164°; daraus durch katalyt. Hydrierung mit H_2/Pd-Kohle → *17-Äthyl-6-methyl-19-nortestosteron*, F. 141 bis 142°. — (**D. A. S. 1144270** Kl. 12o vom 18/9. 1959, ausg. 28/2. 1963. Niederl. Prior. 20/9. 1958 u. 9/2. 1959. **A. P. 3047592** vom 14/9. 1959, ausg. 31/7. 1962. Niederl. Prior. 20/9. 1958.) U. Sievers. 4809

1623 Gyógyszeripari Kutató Intézet (Erfinder: György Wix, György Fekete und Frau István Dömök), Budapest, Ungarn, **Herstellung von Corticosteroidpräparaten erhöhter Aktivität** durch Zugabe von Mitteln, die die inaktivierende Wrkg. von Enzymen auf die Steroide (Hydrocortison, Prednisolon, 9α-Fluor-16α-methylprednisolon) verhindern, z. B. von 10—50% 2-Methyl-4-aminonaphthol-(1). (**Ung. P. 150242** vom 27/4. 1961, ausg. 20/9. 1962.) F. Landsberger. 4809

1624 Gyógyszeripari Kutató Intézet (Erfinder: Gábor Ambrus, József Gyimesi, Béla Kasszán und Endre Tömörkény), Budapest, Ungarn, **Trennung des Δ^1-Dehydro-17α-methyltestosterons von 17α-Methyltestosteron,** gewonnen durch Biooxydation aus Fermentbrühen. Das Rohprod. wird in Chlf. gewaschen u. kristallisiert. Der aus der mit 17α-Methyltestosteron angereicherten Mutterlauge gewonnene Anteil wird mit Pyrrolidin behandelt, das entstehende 17α-Methyltestosteronenamin in Form des HCl-Salzes isoliert u. die unveränderte Dehydroverb. aus der Lsg. gewonnen. (**Ung. P. 150243** vom 18/7. 1961, ausg. 20/9. 1962.) F. Landsberger. 4809

1625 Gyógyszeripari Kutató Intézet (Erfinder: Antal Mizsei und Antal Szabó), Budapest, Ungarn, **Gewinnung von optimalen Mengen Δ^4-3-Ketosteroiden (I)** durch mikrobiolog. Dehydrierung, indem der Fermentbrühe öfters entnommene Proben mit organ. Lsgm. extrahiert werden. Die Extrakte werden eingedampft, der Rückstand in aliphat. Alkohol gelöst u. mit Thiosemicarbazid versetzt. Durch Messung der Extinktion des Rk.-Gemisches wird die Konz. von **I** oder die von **I** u. $\Delta^{1.4}$-3-Ketosteroid bestimmt. (**Ung. P. 150244** vom 16/8. 1961, ausg. 20/9. 1962.) F. Landsberger. 4809

1626 Gyógyszeripari Kutató Intézet (Erfinder: György Wix, Erzsébet Weisz, Károly Albrecht, Frau Béla Varga, Béla Kasszán und Bálint Dóczi), Budapest, Ungarn, **Herstellung von Hydrocortison oder Prednisolon aus Reichstein-Verbindung S** durch Fermentation mit Absidia orchidis (Dep. D. K. J. Nr. 611020/1 in Budapest) auf Glucose, Maisquellwasser u. $(NH_4)_2SO_4$ enthaltendem Nährboden. Nach der Umwandlung wird das Mycel abgesondert, Hydrocortison aus der Brühe gewonnen. Das Mycel wird in sterilem W. suspendiert u. erneut zur Umwandlung verwendet. (**Ung. P. 150245** vom 21/10. 1961, ausg. 20/9.1962.) F. Landsberger. 4809

1627 Kurt Bodendorf, Karlsruhe, **Herstellung von gegebenenfalls substituierten 1-Phenyl-2-amino-propandiolen-(1.3),** dad. gek., daß man ein ggf. substituiertes Phenylglyoxalarylhydrazon hydroxymethyliert u. das dabei entstehende Prod. in an sich bekannter Weise hydriert. — Beispiel: 22,4 (g) Paraformaldehyd werden in 100 ml Methanol mit 3 K_2CO_3 gekocht, filtriert u. mit 22,4 Phenylglyoxalphenylhydrazon gelöst in 300 ml Methanol versetzt. Nach 8 Min. Erwärmen auf 60° gießt man auf Eis, filtriert u. krist. nach Waschen mit W. aus Bzl. um. 1-Phenyl-3-hydroxy-1.2-diketopropan-2-phenylhydrazon, F. 126—127°. 8,48 dieses Prod. werden mit 0,2 hydriertem Platinoxid in Eisessig hydriert u. die filtrierte Lsg. im Vakuum eingedampft. Nach Extraktion mit Essigester wird der Rückstand aus Isopropanol umkristallisiert. Durch Alkalisieren der wss. Lsg. u. Extraktion mit Chlf. wird die freie *erythro-1-Phenyl-2-amino-propandiol-(1.3)-Base*, F. 105—106°, gewonnen. (**D. A. S. 1145181** Kl. 12q vom 17/4. 1959, ausg. 14/3. 1963.) R. Bauereis. 4811

1628 C. F. Boehringer & Soehne G. m. b. H., Mannheim (Erfinder: Rudi Gall, Mannheim, und Erich Haack, Heidelberg), **Herstellung von Chloramphenicol-O_3-monosuccinat** durch Veresterung von D-(—)-threo-2-Dichlormethyl-4-oxymethyl-5-(p-nitrophenyl)-Δ^2-oxazolin mit Bernsteinsäure bzw. ihren funktionellen Derivv. in üblicher Weise, selektive Hydrolyse des Veresterungsprod. mit W. ohne Wärme u. Ausfällung durch Ansäuern. — Beispiel: 10 (g) D-(—)-threo-2-Dichlormethyl-4-oxymethyl-5-(p-nitrophenyl)-Δ^2-oxazolin u. 3,6 Bernsteinsäureanhydrid, gelöst in 180 ml Methylenchlorid, werden unter Rühren bei Raumtemp. mit einer aequimol. Menge Trimethylamingas behandelt. Nach 1 Std. wird im Vakuum eingeengt, der Rückstand in W. gelöst u. durch Zugabe von verd. Salzsäure der Bernsteinsäurehalbester des Chloramphenicols ausgefällt, F. 127–129°. — *Zur parenteralen Verabreichung.* (**D. A. S. 1134390** Kl. 12q vom 27/5. 1960, ausg. 9/8. 1962.) R. Bauereis. 4811

1629 Farbenfabriken Bayer Akt.-Ges., Leverkusen (Erfinder: Werner Meiser, Wuppertal), **Herstellung von N-acylierten p-Nitrophenylserinolen** durch Red. von N-acylierten p-Nitrobenzylserinestern oder der daraus durch Wasseraustritt erhältlichen 2-Alkyl- oder 2-Aryl-5-p-nitrophenyloxazolin-4-carbonsäureester mit Na- oder K-Borhydrid in einem niederen Alkohol und Zers. der Borkomplex-Verbb. durch Säuren. — Beispiel: 17 g D.L-threo-N-Dichloracetyl-p-nitrophenylserinäthylester, gelöst in 350 ml abs. A., werden mit 2 g $NaBH_4$ in 120 ml abs. A. versetzt u. 48 Std. gerührt. Nach Abdampfen des A. im Vakuum wird der Rückstand mit 50 ml 5n Salzsäure u. 150 g Eiswasser zersetzt. *D.L-threo-1-p-Nitrophenyl-2-dichloracetylaminopropan-1.3-diol*, F. 149°. Nach weiteren Beispielen: *D.L-threo-1-p-Nitrophenyl-2-trichloracetacetylamino-propan-1.3-diol*, F. 147°; *D.L-threo-1-p-Nitrophenyl-2-benzoylaminopropan-1.3-diol*, F. 155°; *D.L-threo-1-p-Nitrophenyl-2-azidoacetylaminopropan-1.3-diol*, F. 123°. (**D. A. S. 1134684** Kl. 12q vom 8/6. 1956, ausg. 16/8. 1962.) R. Bauereis. 4811

1630 George Newbolt Rolinson, Newdigate, Merfyn Richards, Betchworth, und Frank Ralph Batchelor, Ockley, England, **Erzeugung von *6*-Aminopenicillansäure** der Formel **I** (Z = NH_2) durch Gärung,

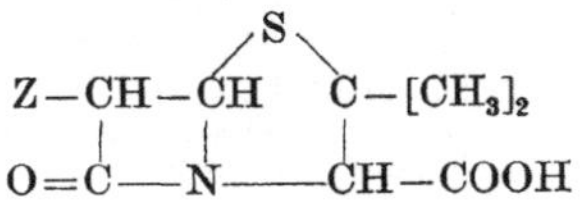

I

dad. gek., daß man eine Kultur von Streptomyces lavendulae (oder Botrytis cinerea) 2–6 Tage in einer Nähr-Lsg. wachsen läßt, das Mycel entfernt, der Rest-Fl. eine Penicillin-Verb. der allg. Formel **I**, Z = NH–C(=O)–R (R = Alkyl mit 1–10 oder Alkenyl mit 3–10 C-Atomen), bes. n-Heptylpenicillin (**II**), zusetzt u. das Rk.-Gemisch ca. 2–24 Std. bei ca. 25–60° u. pH ca. 6–11 gären läßt. — Man züchtet z. B. nach A. P. 3014845 Streptomyces, ATCC Nr. 13664 in einer 3(%) fl. Glucose, 2,5 Sojamehl, 0,5 Hefeextrakt, 0,5 NaCl u. 0,2 $CaCO_3$ enthaltenden, auf 20 g Feststoffe/Liter verd. wss. Lsg. unter Lüften 30 Std. bei 27°, überträgt 7 (Teile) des Ansatzes auf 100 frische Nähr-Lsg., gärt 96 Std. bei 26–28°, entfernt das Mycel, setzt der Fl. $(NH_4)_2SO_4$ bis zu 90%ig. Sättigung zu, löst den Nd. in wenig W., gewinnt aus der Lsg. durch Dialyse gegen W. u. Gefriertrocknung bei – 20° lagerfähige Penicillinamidase, mischt 700 ml der erhaltenen Amidase mit einer Lsg. von 15 g **II** in 50 ml W., erwärmt den Ansatz auf 34°, stellt das pH mit NaOH auf 8,7, nach 9std. Rk. mit H_3PO_4 auf 2 ein, zentrifugiert den Nd., extrahiert die Fl. mit dem halben Vol. Butylacetat (Entfernung von **II** u. n-Heptansäure), neutralisiert mit verd. NaOH, perkoliert die Lsg. durch einen starkbas. Polystyrol-Anionenaustauscher in der Chloridform (mit quatern. NH_4-Gruppen), eluiert, konz. u. krist. das Prod., **I** (Z = NH_2). Nach A. P. 3014846 erhält man das Prod. analog durch Zusatz einer Verb. der Formel **I**, Z = –NH–C(=O)–CH_2–X–R (X = S oder O; R = Alkyl mit 2–6, Alkenyl mit 3–6 C-Atomen oder Phenylrest, der ggf. durch Cl, Br, J, F, NO_2, Alkyl mit 1–6, Alkenyl mit 3–6 oder Alkoxy mit 1–6 C-Atomen monosubstituiert ist), bes. Phenoxymethylpenicillin. — Mengenbeispiele, auch im Vgl. zu anderen Zusätzen, wie n-Butyl-, 2-Pentyl-, n-Amyl- u. 3-Pentenylpenicillin. (**A. PP. 3014845** u. **3014846** vom 25/1. 1960, ausg. 26/12. 1961.) G. Vogel. 4811

1631 Československá Socialistická Republika (Erfinder: Václav Matouš, Valdimír Procházka, Stanislav Ulbert, Prag, Slavomil Hejdánek, Roztoky, und Luděk Harvánek, Prag), Tschechoslowakei, **Isolierung des Tetracyclins und des Hydroxytetracyclins aus vergorenen Nährböden.** Nach Ansäuern u. Abfiltrieren vom Mycel werden die Antibiotica (**I**) in Form unlösl. Komplexe (**II**) mit Erdalkalimetallen u. quart. Ammoniumsalzen abgeschieden. Aus dem **II** werden Ballaststoffe durch Extraktion mit halogenierten aliphat. KW-Stoffen ($CHCl_3$) bei Ggw. von Chelaten (2–3% Äthylendiamintetraessigsäure) entfernt, worauf durch NaCl + aliphat. Alkohol (n-Butanol) bei pH 6–7 die **I** in unlösl. Form in die Butanolschicht gelangen, bei pH 1,5–2,2 wieder lösl. werden u. nach Zusatz von 40–50 Vol.-%ig. CH_3OH oder 40–50 Vol.%ig. Aceton, W. u. konz. HCl als Hydrochloride auskristallisieren. (**Tschech. P. 99130** vom 7/7. 1959, ausg. 15/3. 1961.) L. Macher. 4811

1632 Československá Socialistická Republika (Erfinder: Miloš Herold, Prag, Josef Hoffman, Roztoky, und Jiřina Capková, Prag), Tschechoslowakei, **Herstellung von Streptomycin, Dihydrostreptomycin und/oder Neomycin enthaltenden Arzneimitteln** mit verminderter Möglichkeit zur Bldg. resistenter Mikrobenstämme, dad. gek., daß man die genannten Antibiotica in Form ihrer Basen mit Sorbinsäure in evtl. Überschuß reagieren läßt. — Beispiel: 14,5 (g) Neomycinsulfat löst man in 20 ml dest. W., vermischt mit überschüssigem $BaCO_3$, filtriert das $BaSO_4$ ab u. neutralisiert das Filtrat mit pulverförmiger Sorbinsäure. Die Lsg. des Neomycinsorbates sterilisiert man durch Filtrieren über ein Entkeimungsfilter und lyophilisiert steril. Man erhält ein weißes, wasserlösl. Pulver. (**Tschech. P. 98493** vom 3/6. 1959, ausg. 15/2. 1961.) L. Macher. 4811

1633 Lepetit S. p. A., Mailand, Italien, übert. von: Pinhas Margalith, Pardess-Chana, Israel, und Piero Sensi, Mailand, Italien, **Fermentative Herstellung von Rifomycin B** unter üblichen Bedingungen mittels Streptomyces mediterranei erfolgt unter Zusatz von Barbitursäurederivv. der allg. Formel **I** zum Nährmedium. Es bedeuten R u. R' niederes Alkyl, niederes Alkenyl, H oder carbocycl. Arylreste mit einem Benzolkern u. X = O, S oder deren Alkalisalze. Genannt sind z. B.

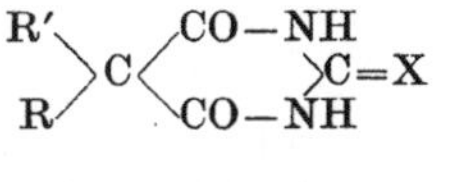

I

Na-Barbiturat, Na-Diäthylbarbiturat, Na-Phenylbarbiturat, 5.5-Diäthyl-, 5-Phenyl-5-äthyl- u. 5-Äthyl-5-methylbarbitursäure in Mengen von 0,01–5,0%. Unter Ausschalten der Bldg. anderer Komponenten wird die Bldg. von Rifomycin B, $[\alpha]_D^{20}$ – 11° (c = 1 in Methanol), Zers. ca. 160°, kein F. < 300°, stark gefördert. (**A. P. 2988490** vom 8/12. 1959, ausg. 13/6. 1961. E. Prior. 20/7. 1959.) H. Schindler. 4811

1634 Ciba Ltd., Basel, Schweiz, **Gewinnung eines neuen Antibioticums „Spinathricin"** durch aerobe Kultur eines Streptomyces-Stammes „A 18897" in üblichem Nährmedium. Beschreibung der Eigg. u. Wirkung. (**Ind. P. 67507** vom 28/4. 1959, ausg. 10/10. 1961.) C. Lüttgen. 4811

1635 VEB Serum-Werk Bernburg, Bernburg (Erfinder: Ulrich Behrens, Manfred Ringpfeil und Anton Gabert, Leipzig), **Herstellung von Dextranphosphat** durch Veresterung von Dextranen mit $POCl_3$ in Ggw. eines HCl-bindenden Mittels, dad. gek., daß als solches Mittel wss. Alkali bei 0, bes. um 10°, verwendet wird. — Man löst z. B. 100 g Dextran (Molgew. 30000) in 375 ml 40%ig. NaOH, kühlt auf 5° u. läßt eine Lsg. von 230 g $POCl_3$ in 100 ml n-Hexan unter Rühren zutropfen, läßt die Lsg. zu einer Gallerte erstarren u. fällt mit CH_3OH. Ausbeute 160 g. (**D. A. S. 1149702** Kl. 12o vom 21/1. 1960, ausg. 6/6. 1963.) G. Vogel. 4813

1636 Joh. A. Benckiser G. m. b. H., Chemische Fabrik, Ludwigshafen/Rh., **Herstellung von therapeutisch verwendbaren Calcium-Glucosamin-Citraten,** dad. gek., daß man die Carboxylgruppen der Citronensäure nach an sich bekannten Meth. mit Ca u. Glucosamin ganz oder teilweise absättigt. — Man setzt z. B. einer Lsg. von

21 (g) Citronensäure · H_2O in wenig W. langsam 10 $CaCO_3$ zu, verreibt die Masse, setzt 17,9 Glucosamin in 20 W. zu, homogenisiert weiter u. trocknet über P_2O_5 im Vakuum. *Präpp.* gegen *Kalkmangel* in Knochen u. Zähnen bei Mensch u. Tier (durch Rattenfütterungs-Verss. mit ^{45}Ca-markiertem Ca-Glucosamincitrat bestätigt). (**D. A. S. 1148989** Kl. 12o vom 11/6. 1958, ausg. 22/5. 1963.)
G. Vogel. 4815

1637 Biochemisches Laboratorium Hubertus Schmidt, Falken Gesäss/Odenw. (Erfinder: Willi Dörr, Hachenburg, und Hubertus Schmidt, Frankenthal), **Herstellung eines gegen Erkrankungen der Mundhöhle, insbesondere gegen Aphthen wirkenden Mittels,** dad. gek., daß man die bei Paradentose, Gingivitis, Stomatitis u. Aphthen vorhandenen Mundbakterien bei pH 5 bis 7 in einem pulverisierten Rohkaffee, Kohlenhydrate u. N-Quellen enthaltenden Nährmedium unter nichtsterilen Bedingungen durch Oberflächen- oder Submerskultur fermentiert, das Kulturmedium filtriert u. das Filtrat u. ggf. auch das Mycel aufarbeitet. (**D. A. S. 1149857** Kl. 30h vom 20/6. 1961, ausg 6/6. 1963.)
K. Koebke. 4815

1638 Behringwerke Akt.-Ges. (Erfinder: Kurt Dräger und Othmar Ackermann), Marburg/Lahn, **Herstellung eines Impfstoffes** zur gleichzeitigen Immunisierung von Hunden oder Füchsen gegen *Staupe* u. *Hepatitis contagiosa canis*, dad. gek., daß man als Staupevirusanteil eine Suspension von Staupeviren verwendet, die durch wenigstens 50 aufeinanderfolgende Passagen in einem Kulturgewebe unter Verw. einer gepufferten Nähr-Fl. bei einem pH-Wert zwischen 7,0 u. 8,0 modifiziert wurden. (**D. A. S. 1149495** Kl. 30h vom 21/6. 1961, ausg. 30/5. 1963. **Zusatz zu D. A. S. 1076892; C. 1961, 944.**)
K. Koebke. 4817

1639 Chemische Fabrik Budenheim, Rudolf A. Oetker, Budenheim/Rh. (Erfinder: Otto Pfrengle, Wiesbaden, und Christel Pietruck, Budenheim/Rh.), **Zahnsteinlösende Zahnputzmittel** mit einem Geh. an wasserlösl. Diglykolaten (**I**), dad. gek., daß sie als Putzkörper in W. schwer lösl. kondensierte Phosphate enthalten, die in den in Zahnpasten üblichen Konz.-Bereichen weniger als 25 (Mol) CaO auf 100 **I** abgeben, bes. Hochtemp.-Form des Maddrellschen Salzes u./oder $Ca_2P_2O_7$. (**D. A. S. 1149138** Kl. 30h vom 21/4. 1962, ausg. 22/5. 1963.)
C. Lüttgen. 4823

1640 Farbwerke Hoechst Akt.-Ges. vormals Meister Lucius & Brüning, Frankfurt/M. (Erfinder: Reinhard Mohr, Offenbach/M.), **Herstellung von Derivaten der 4-Benzoyl-1-hydroxynaphthalin-2-carbonsäure** durch Umsetzung von 4-Benzoyl-1-hydroxynaphthalin-2-carbonsäure, deren Alkalisalzen oder Halogeniden mit Ammoniak, aliphat., cycloaliph., araliphat., aromat. oder heterocycl. Hydroxy- oder Aminoverbindungen. — 4-Benzoly-1-hydroxynaphthalin-2-carbonsäure: Methylester, F. 150—52°; Äthylester, F. 108—10°, 2′-Chlorphenylester, F. 144—46°; Amid, F. 209—11°; -N-methyl-N-phenylamid, F. 174—76°; Phenylamid, F. 230 bis 232°; -2′-methoxyphenylamid, F. 196—98°; Hexadecylester, F. 126—28°; β-Methoxyäthylester, F. 88—91°; Benzylester, F. 99—101°; -octadecylester, F. 156—58°; β-Hydroxyäthylamid, F. 152—54°; p-Äthylphenylamid, F. 206—07°; 2′-Äthoxyphenylamid, F. 142—46°; 2′-Diäthylamino-5′-chlorphenylamid, F. 151—52°; n-Butylamid, F. 135—37°; Isopropylester, F. 98—100°; n-Butylester, F. 99—100°; Phenylester, F. 188—91°; Methylamid, F. 178—80°; N.N-Pentamethylenamid, F. 155 bis 157°; N.N-Dimethyl-amid, F. 199—200°; N.N-Diäthylamid, F. 175—77°; Äthylamid, F. 170—73°; N-Methyl-N-β-Oxyäthylamid, F. 173—75°; N.N-Bis-(β-hydroxyäthyl)-amid, F. 200—201°; o-Toluylester, F. 137—40°; m-Toluylester, F. 133—35°; p-Chlorphenylester, F. 138 bis 149°; α-Naphthylester, F. 158—61°; o-Chlorphenylamid, F. 188—90°; o-Toluidid, F. 176—78°; n-Methoxyphenylamid, F. 173—76°; 2′.5′-Dichlorphenylamid, F. 183 bis 185°; 2.4.6-Trichlorphenylamid, F. 184—86°; N-Methyl-N-[o-chlorphenyl]-amid, F. 200—01°; n-Toluidid, F. 222—24°; 2′-Dimethylamino-5′-chlorphenylamid, F. 180—82°; n-Octylester, F. 116—20°. **Lichtschutzmittel** (**D. A. S. 1134389** Kl. 12q vom 4/2. 1959, ausg. 9/8. 1962.)
R. Bauereis. 4829

1641 Farbenfabriken Bayer Akt.-Ges. (Erfinder: Siegfried Petersen, Leverkusen, und Max Pestemer, Opladen), **Herstellung von N-Alkoxycarbonyl-carbonylaminoaryl-o-carbonsäure-acylhydraziden,** dad. gek., daß man Anhydro-(N-alkoxalyl-2-aminoarylcarbonsäuren) mit Monoacylhydrazinen umsetzt. — 219 (Teile) Anhydro-(N-äthoxalyl-anthranilsäure) (F. 130°) werden in 850 Eisessig suspendiert u. 104 Hydrazinmonocarbonsäureäthylester (**I**) zugegeben, nach 5 Std. Nd. abgesaugt u. mit A. gewaschen. Man erhält 210 *2-Äthoxalylaminobenzoesäurehydrazid-ω-carbonsäure*(**II**)*-äthylester*, F. 152° (A.). — Die gleiche Verb. erhält man durch 1std. Erwärmen der Rk.-Teilnehmer in Glykolmonmethyläther-acetat auf 90°. — Ersetzt man **I** durch 120 des entsprechenden Hydroxyäthylesters, erhält man 150—180 **II**-*Hydroxyäthylester*, F. 151—152°. — *2-Äthoxalylamino-5-chlorbenzoesäurehydrazid-ω-carbonsäuremethylester. N-(2-Äthoxyalylaminobenzoyl)-N′-lauroylhydrazin*, F. 137—139°. — *5-Chlorbenzoyl*-Verb., F. 156—157°. — Die Verbb. dienen als *Schutzmittel gegen UV-Licht* u. für photograph. Zwecke, z. B. zur Verbesserung der Lichtechtheit von Buntkopien. (**D. A. S. 1150391** Kl. 129, vom 19/4. 1962, ausg. 20/6. 1963.)
O. Müller-Meiningen. 4829

1642 Knoll Akt.-Ges., Chemische Fabriken, Ludwigshafen/Rh. (Erfinder: Wilfrid Klavehn, Schwetzingen, Horst Neumann, Ludwigshafen/Rh.), **Herstellung von antimikrobiell wirksamen Derivaten des Glycinamids** der allg. Formel **I** R–NH–CH_2–CO–N–(R) (R_1) bzw. deren Salzen (R = gleiche oder verschiedene, gesätt. oder ungesätt., verzweigte oder unverzweigte Alkylreste mit 5—14 C-Atomen oder gesätt. bzw. ungesätt. ggf. niedermol. alkylierte Cycloalkyl- bzw. Bicycloalkylreste mit 5—8 C-Atomen, welche entweder direkt oder über ggf. verzweigte 1—4 C-Atome enthaltende Alkylengruppen mit dem N-Atom verbunden sind, R_1 = gleiche oder verschiedene, gesätt. oder ungesättigte, verzweigte oder unverzweigte Alkylreste mit 3—12 C-Atomen), dad. gek., daß man a) Halogenessigsäureamide der Formel **II** Hal–CH_2CO–N(R) (R_1) (Hal = Cl, Br oder J) mit einem Amin der Formel R · NH_2 umsetzt, b) Halogenessigsäurederivv. der Formel Hal–CH_2–CO · Y (Y = niedrigmol. Alkoxygruppe oder ein Halogenatom) zunächst mit mindestens 1 Mol eines Amins der Formel HN–(R) (R_1) u. anschließend mit mindestens 1 Mol eines Amins der Formel RNH_2 umsetzt, c) Aminoessigsäurederivv. der Formel NH_2–CH_2–CO–Z [Z = niedermol. Alkoxygruppe oder –N(R) (R_1)] durch Einw. von KW-Stoffhalogeniden der Formel Hal–R in Verbb. mit sek. Aminogruppe überführt u. im Falle der Ester die Verf.-Prodd. anschließend mit Aminen der Formel HN–(R) (R_1) umsetzt, oder d) Aminoessigsäurederivv. der Formel NH_2–CH_2–CO–Z mit entsprechenden Aldehyden oder Ketonen durch reduktive Kondens. in Ggw. von naszierendem oder katalyt. erregtem H in Verbb. mit sek. Aminogruppe überführt u. im Falle der Ester die Verf.-Prodd. anschließend mit Aminen der Formel HN′(R) (R_1) umsetzt u. Verf.-Prodd. mit ungesätt. Alkyl-, Cycloalkyl- oder Bicycloalkylresten im Anschluß an die Haupt-Rk. ggf. zu den entsprechenden gesätt. Verbb. hydriert. Die Glycinamide sind neue Verbb., fl. Basen die unzersetzt destillierbar sind, in W. wenig, in organ. Lsgm. leichtlöslich. In Form ihrer Salze, bes. mit organ. Säuren, besitzen die Verbb. oberflächenakt. Eigg. u. schäumen in wss. Lösung. Einige Salze anorgan. Säuren sind in nichtpolaren Lsgm. beschränkt löslich. — 6-Amino-2-methyl-2-hepten u. Chloressigsäure-[2-methyl-2-heptenyl-(6)]-(isopropyl)-amid reagieren exotherm., wobei die Temp. des Rk.-Mediums auf 80—90° steigt. Man erhitzt weiter 2 Std. auf 180—190° u. setzt nach dem Abkühlen 2 n NaOH zu. Man äthert die Rk.-Mischung mit Ae. aus, trocknet die Lsg. über K_2CO_3 u. engt sie auf dem Wasserbad ein. Man erhält bei der fraktionierten Dest. [*2-Methyl-2-heptenyl-(6)*]*-aminoessigsäuremethyl-*[*2-heptenyl-(6)*]*-(isopropyl)-amid*, $Kp._2$ 183°, F. des sauren *Oxalats* (**IV**) 117°, des sauren *Tartrats* 89°. — Auf analoge Weise erhält man folgende -amide (**III**): Isoamylamin u. Chloressigsäurediisoamylamid → *Isoamylaminoessigsäure-diisoamyl*-**III**, $Kp._3$ 153—155°, F. des sauren *Oxalats* 208° (Zers.); 8-Amino-2.6-dimethyl-2-octen u. Chloressigsäure-[2.6-dimethyl-2-octenyl-(8)]-

amid → [*2.6-Dimethyl-2-octenyl-(8)*]*-aminoessigsäure-bis-*[*2.6-dimethyl-2-octenyl-(8)*]-**III**, $Kp._{0,06}$ 228—232°. — 6-Amino-2-methylheptan u. Chloressigsäure-[2-methylheptyl-(6)]-(isoamyl)-amid → [*2-Methylheptyl-(6)*]*-aminoessigsäure-*[*2-methylheptyl-(6)*]*-(isoamyl)*-**III**, $Kp._{0,2}$ 188 bis 192°, F. **IV** 95°; 6-Amino-2-methyl-2-hepten u. Chloressigsäure-[2-methyl-2-heptenyl-(6)]-(isobutyl)-amid →[*2-Methyl-2-heptenyl-(6)*]*-aminoessigsäure-*[*2-methyl-2-heptenyl-(6)*]*-(isobutyl)*-**III**, $Kp._{3}$ 192—195°, F. **IV** 151—152°; 6-Amino-2-methyl-2-hepten u. Chloressigsäure-(cyclohexyl)-(heptyl)-amid → [*2-Methyl-2-heptenyl-(6)*]*-amino-(cyclohexyl)-(heptyl)*-**III**, $Kp._{0,3}$ 200—202°, F. **IV** 89°; 8-Amino-2.6-dimethyloctan u. Chloressigsäure-(3-cyclohexenyl-1-methyl)-(isobutyl-amid → [*2.6-Dimethyloctyl-(8)*]*-aminoessigsäure-(3-cyclohexenyl-1-methyl)-(isobutyl)*-**III**, $Kp._{0,3}$ 200—202°, F. **IV** 168°. Mit Chloressigsäure-(5-dehydronorbornylmethyl)-[2.6-dimethyloctyl-(8)]-amid → [*2.6-Dimethyloctyl-(8)*]*-aminoessigsäure-(5-dehydronorbornylmethyl)-*[*2.6-dimethyloctyl-(8)*]-**III**, $Kp._{0,3}$ 215—217°; mit 5-Dehydronorbornylmethylamin → *(5′-Dehydronorbornylmethyl)-aminoessigsäure-(5-dehydronorbornylmethyl)-*[*2.6-di-methyloctyl-(8)*]-**III**, $Kp._{0,1}$ 218—220°; 6-Amino-2-methyl-2-hepten u. Chloressigsäure-bis-[2-methyl-2-heptenyl-(6)]-amid → [*2-Methyl-2-heptenyl-*[*6*]]*-aminoessigsäure-bis-*[*2-methyl-2-heptenyl-(6)*]-**III**, $Kp._{2}$ 215—218°, F. **IV** 141—142°; Hexylamin u. Chloressigsäure-(norbornylmethyl)-(heptyl)-amid → *Hexylaminoessigsäure-(norbornylmethyl)-(heptyl)*-**III**, $Kp._{0,1}$ 211—213°, F. **IV** 162°; [*2.6-Dimethyl-octyl-(8)*]*-aminoessigsäure-(norbornylmethyl)-(heptyl)*-**III**, ($C_{27}H_{52}N_2O$), $Kp._{0,2}$ 231—233°, F. **IV** 142°; [*2.6-Dimethyloctyl-(8)*]*-aminoessigsäure-(5-dehydronorbornylmethyl)-N-(isopropyl)*-**III**, $Kp._{0,6}$ 209—211°, F. **IV** 142° ($C_{23}H_{42}N_2O$); [*2-Methyl-2-heptenyl-(6)*]*-aminoessigsäure-*[*2-norbornyläthyl-(1)*]*-(isobutyl)*-**III**, $Kp._{0,2}$ 182 bis 183°, F. **IV** 94°, ($C_{23}H_{42}N_2O$); *Isoamylaminoessigsäure-*{[*7-isopropyl-6-methylbicyclo-(2.2.2)-octyl-(3)*]*-methyl*}*-N-(isobutyl)*-**III**, $Kp._{0,3}$ 181°, F. **IV** 161° ($C_{24}H_{50}N_2O$); [*2-Methyl-2-heptenyl-(6)*]*-aminoessigsäure-*[*2-methyl-(6)*]*-(isoamyl)*-**III**, $Kp._{4}$ 200—203°, F. **IV** 78°, ($C_{23}H_{46}N_2O$) u. *n-Octylaminoessigsäure-*[*2-methylheptyl-(6)*]*-(isoamyl)*-**III**, $Kp._{0,1}$ 202—205°. *Chemotherapeutica, Desinfektionsmittel,* die antimikrobielle Wirksamkeit ist bes. gegen grampositive Keime, wie Staphylococcus aureus, bes. groß. (**D. A. S. 1136698** Kl. 12o vom 23/8. 1960, ausg. 20/9. 1962.) G. König. 4807

1643 **Temmler Werke Vereinigte Chemische Fabriken,** Marburg/Lahn (Erfinder: **Jandrik Schütte,** Hamburg), *Herstellung physiologisch wirksamer Propiophenone.* (**Schwz. P. 368193** vom 15/4. 1958, ausg. 15/5. 1963. Belg. Prior. 17/4. 1957. — C. **1963,** 9412 [Aust. P. 232031].)

1644 **Schenley Industries, Inc.,** übert. von: **Walter Gauss,** Leverkusen, und **Gerhard Domagk,** Wuppertal, *Herstellung von 2.3.6-Tris-*[*äthylenimino*]*-benzochinon-(1.4).* (**A. P. 2976279** vom 11/3. 1958, ausg. 21/3. 1961. D. Prior. 14/3. 1957. — C. **1960,** 6925 [D. A. S. 1044816].)

1645 **Farbwerke Hoechst Akt.-Ges., vormals Meister Lucius & Brüning,** Frankfurt/M., *Herstellung von N-Benzolsulfonyl-N′-benzylharnstoffen.* (**Ind. P. 66218** vom 23/12. 1958, ausg. 4/11. 1961. Zusatz zu Ind. P. 64270; C. 1963, 15525. — C. **1962,** 18202 [F. P. 1227267].)

1646 **F. Hoffmann-La Roche & Co. Akt.-Ges.,** Basel, Schweiz, *Herstellung von Sulfonsäurehydraziden.* (**Ind. P. 70046** vom 14/12. 1959. — C. **1963,** 6328 [E. P. 867985].)

1647 **Eprova Ltd.,** übert. von: **Hans Suter** und **Hans Zutter,** Schaffhausen, Schweiz, *Basische Amide.* (**A. P. 3051706** vom 3/6. 1960, ausg. 28/8. 1962. Schwz. Prior. 11/6. 1959. — C. **1963,** 11744 [D. A. S. 1125434].)

1648 **Ciba Akt.-Ges.,** Basel (Erfinder: **Jean Druey,** Riehen, **Kurt Eichenberger,** Basel, **Paul Schmidt,** Therwil, und **Alberto Rossi,** Basel), Schweiz, *Aminoalkoxyverbindungen.* (**Schwz. P. 368169** vom 11/11. 1957, ausg. 15/5. 1963. — C. **1962,** 8720 [F. P. 1217007].)

1649 **May & Baker Ltd.,** Dagenham, England, *Hypotensives Arzneimittel.* (**Ind. P. 65072** vom 27/8. 1958, ausg. 27/12. 1961. E. Prior. 27/8. 1957. — C. **1962,** 9442 [Aust. P. 229807].)

1650 **F. Hoffmann-La Roche & Co. Akt.-Ges.,** Basel, Schweiz, *Herstellung von Dibenzocycloheptanderivaten.* (**Ind. P. 67070** vom 17/3. 1958, ausg. 16/11. 1961. — C. **1962,** 11290 [D. A. S. 1109166].)

1651 **J. F. Macfarlan & Co. Ltd.,** Boreham Wood, Hertfordshire, England, übert. von: **Edward S. Stern** und **Ronald J. Anderson,** Edinburgh, Schottland, *Norpethidin-Derivate.* (**Can. P. 569275** vom 7/2. 1955, ausg. 20/1. 1959. E. Prior. 23/2. 1954. — C. **1959, 1553** [F. P. 1128938].)

1652 **Ciba Ltd.,** Basel, Schweiz, *Herstellung von 2-Thioparabansäurederivaten.* (**E. P. 875841** vom 13/2. 1959, ausg. 23/8. 1961. A. Prior. 13/2. u. 28/11. 1958. — C. **1961, 2370** [D. A. S. 1088501].)

1653 **Haco, Akt.-Ges.,** Gümligen, Schweiz, *Herstellung von substituierten 3.5-Dioxo-isoxazolidinen.* (**Ind. P. 68232** vom 30/6. 1959, ausg. 17/9. 1961. — C. **1963,** 14048 [D. A. S. 1142611].)

1654 **Dr. Karl Thomae G.m.b.H.** (Erfinder: **Ernst Seeger**), Biberach/Riß, *Bis-*[*4-Hydroxyphenyl*]*-pyridylmethan.* (**Schwz. P. 368172** vom 18/7. 1958, ausg. 15/5. 1963. D. Prior. 2/8. 1957. — **C. 1960,** 17542 [D. A. S. 1068714].)

1655 **T. J. Smith & Nephew Ltd.,** Hull, Yorkshire, England (Erfinder: **David John Drain** und **Haydn Windsor Richard Williams**), *Blutdrucksenkend und beruhigend wirkende 1-*[*3-Hydroxy-4-methoxybenzyl*]*-piperidine und deren 3.4.5-Trimethoxybenzosäureester.* (**E. PP. 801791** u. **801792** vom 18/8. 1955, ausg. 24/9. 1958. — C. **1961,** 4095 [A. P. 2819273].)

1656 **Chugai Seiyaku Kabushiki Kaisha** (Erfinder: **Hajime Sano** und **Yasuo Nakajima**), Tokio, Japan, *N_1-Glucuronosido-N_2-isonicotinoylhydrazin-alkali- und -erdalkalisalze.* (**Schwz. P. 368170** vom 29/11. 1957, ausg. 15/5. 1963. — C. **1962,** 10566 [Ind. P. 62394].)

1657 **Wellcome Foundation Ltd.** (Erfinder: **Leslie Percy Walls**), London, England, *Chinolinverbindungen.* (**Schwz. P. 368173** vom 19/3. 1958, ausg. 15/5. 1963. E. Prior. 22/3. 1957. — C. **1962,** 3553 [E. P. 834300].)

1658 **Farbenfabriken Bayer, Akt.-Ges.,** Leverkusen, übert. von: **Hans Albert Offe** und **Manfred Federmann,** Wuppertal, *Piperazinsalze des Laevulinsäurecyanacethydrazons.* (**A. P. 3057866** vom 26/10. 1960, ausg. 9/10. 1962. D. Prior. 28/10. 1959. — C. **1962,** 18935 [D. A. S. 1104961].)

1659 **Abbott Laboratories,** North Chicago, Ill., V. St. A., *N-*[*o-Alkoxyphenyl*]*-N′-alkoxyalkylpiperazine.* (**Ind. P. 66927** vom 4/3. 1959, ausg. 9/11. 1961. — C. **1961,** 3087 [A. P. 2891063].)

1660 **Aktieselskabet Grindstedvaerket,** Aarhus, Dänemark, *Herstellung von Sulfanilamid und Sulfanilyl-4-amino-2.6-dimethylpyrimidin.* (**Dän. P. 90520** vom 28/2. 1951, ausg. 29/5. 1961. — C. **1955,** 7976 [Norw. P. 82687].)

1661 **Dr. Karl Thomae G.m.b.H.** (Erfinder: **Gerhard Ohnacker**), Biberach /Riß, *4-Oxo-2-*[*halogenalkyl*]*-2.3-dihydrobenz-1.3-oxazine.* (**Schwz. P. 359139** vom 21/11. 1956, ausg. 15/2. 1962. D. Prior. 7/12. 1955 u. 14/11. 1956. — C. **1958,** 12775 [D. A. S. 1021848] u. C. **1959,** 3582 [D. A. S. 1034635].)

1662 **Knud Abildgaard** und **Løvens Kemiske Fabrik ved A. Kongsted,** Ballerup, Dänemark, *Herstellung von 6-Trifluormethyl-7-sulfamyl-3.4-dihydro-1.2.4-benzothiazindioxiden.* (**Ind. P. 74569** vom 17/12. 1960. — C. **1962,** 14619 [Ung. P. 149612].)

1663 **Gyógyszeripari Kutató Intézet** (Erfinder: **László Vargha** und **Boris Dumbovich**), Budapest, Ungarn, *Herstellung von β-Halogenäthylaminoderivaten von Zuckern oder Zuckeralkoholen.* (**D. A. S. 1151514** Kl. 12q vom 27/8. 1955, ausg. 18/7. 1963. Ung. Prior. 20/12. 1954. — C. **1960,** 7609 [E. P. 811510].)

1664 **Takeda Pharmaceutical Industries Ltd.** (Erfinder: **Matazo Abe,** Hygogo, **Togo Yamano,** Nara, **Yoshiharu Kozu,** Kyoto, und **Mitsugi Kusumoto**), Osaka, Japan, *Gewinnung eines Mutterkornalkaloidgemisches.* (**D. B. P. 975919** Kl. 30h vom 1/11. 1952, ausg. 21/3. 1963. Anmeldung bekanntgemacht 31/12. 1953. Jap. Prior. 2/11. 1951, 13/3. u. 24/9. 1952. — C. **1958,** 6340 [Schwz. P. 318634].)

1665 **Olin Mathieson Chemical Corp.,** New York, N. Y. (Erfinder: **Helen Anne Kroll,** New Brunswick, **Joseph Frank Pagano,** Bound Brook, und **Richard William Thoma,** Somerville, N. J.), V. St. A., *Herstellung von Steroiden.* (**Schwz. P. 367495** vom 6/12. 1957, ausg. 11/4. 1963. A. Prior. 7/12. 1956. — C. **1959,** 5239 [A. P. 2822318].)

1666 **Olin Mathieson Chemical Corp.,** New York, N. Y., V. St. A., *Herstellung von Steroiden.* (**E. P. 889766** vom 25/2. 1959, ausg. 21/2. 1962. A. Prior. 4/3. 1958. — C. **1963,** 18568 [Aust. P. 231361].)

1667 **Scherico Ltd.** (Erfinder: **Richard Rausser** und **Eugene P. Oliveto**), *16-Alkylsubstituierte Steroide.* (**Aust. P. 238085** vom 15/7. 1958, ausg. 12/4. 1962. A. Prior. 22/7. 1957 u. 8/5. 1958. — C. **1962, 5773** [Schwz. P. 349981].)

1668 **Gyógyszeripari Kutató Intézet** (Erfinder: **Andor Hajos,** Budapest, und **Oszkar Fuchs,** Dunakeszi), Ungarn, *Herstellung von 3-Hydroxysteroiden.* (**Schwz. P. 367498** vom 20/5. 1958, ausg. 11/4. 1963. Ung. Prior. 22/5. 1957. — C. **1960,** 11036 [D. A. S. 1069622].)

1669 **Schering Akt.-Ges.** (Erfinder: **Helmer Richter** und **Martin Schenck**), Berlin, *Herstellung der Aminoacetate von gesättigten und ungesättigten 21-Hydroxypregnanen.* (**Schwz. P. 367496** vom 20/2. 1958, ausg. 11/4. 1963. D. Prior. 4/4. 1957. — C. **1960,** 17314 [D. A. S. 1037451].)

1670 **Laboratoires Français de Chimiothérapie** (Erfinder: **Gaston Amiard** und **René Heymes**), Frankreich, *Herstellung von 18-Norverbindungen der Pregnanreihe.* (**F. P. 1280589** vom 24/12. 1959, ausg. 9/5. 1962. — C. **1963,** 18567 [A. P. 3018293].)

1671 **Soc. Farmaceutici Italia** (Erfinder: **Bruno Camerino, Bianca Patelli** und **Dominico Cattapan**), *$\Delta^{1.4}$-Pregnadien-17-α-21-diol-3.20-dion.* (**Aust. P. 238092** vom 17/3. 1959, ausg. 12/4. 1962. E. Prior. 21/3. 1958. — C. **1962,** 226 [D. A. S. 1100628].)

1672 **British Drug Houses Ltd.** (Erfinder: **Bernard Ellis, Betty Eunice Hill, Vladimir Petrow** und **David Morton Williamson**), London, England, *Herstellung von 6-Methyl-3-oxo-$\Delta^{4.6}$-steroiden.* (**Schwz. P. 367493** vom 19/8. 1958, ausg. 11/4. 1963. E. Prior. 19/8. 1957 u. 11/8. 1958. — C. **1961,** 13653 [D. A. S. 1079038].)

1673 **British Drug Houses Ltd.** (Erfinder: **Vladimir Petrow, George Cooley** und **Bernard Ellis**), London, England, *Herstellung von 6β.21-Dimethyl-17α-Δ^{20}-pregnin-3β.5α.17β-triol.* (**Schwz. P. 367491** vom 8/7. 1958, ausg. 11/4. 1963. E. Prior. 18/7. 1957 u. 27/6. 1958. — C. **1962,** 4265 [Niederl. P. 96106].)

1674 **G. D. Searle & Co.,** Skokie (Erfinder: **Frank B. Colton,** Chicago), Ill., V. St. A., *Herstellung von 17α-Alkyl-19-nortestosteronen.* (**Schwz. P. 367168** vom 10/9. 1955, ausg. 29/3. 1963. A. Prior. 13/9. 1954. — C. **1960,** 8353 [Niederl. P. 91009].)

1675 **British Drug Houses Ltd.** (Erfinder: **David Neville Kirk** und **Vladimir Petrow**), London, England, *Herstellung von 3β-Acyloxy-6-methyl-25D-Δ^{5}-*

spirostenen. (**Schwz. P. 367490** vom 9/10. 1958, ausg. 11/4. 1963. E. Prior. 9/10. 1957 u. 25/9. 1958. — C. **1962,** 4266 [E. P. 843664].)

1676 **N. V. Organon** (Erfinder: **Stefan Antoni Szpilfogel** und **Cornelius Maurits Siegmann**), Oss, Niederlande, *Herstellung biologisch aktiver $\Delta^{5,10}$-Östrene.* (**Schwz. P. 367492** vom 5/8. 1958, ausg. 11/4. 1963. Niederl. Prior. 6/8. 1957 u. 7/1. 1958. — C. **1961,** 12188 [Niederl. P. 95252].)

1677 **N. V. Organon** (Erfinder: **Stefan Antoni Szpilfogel** und **Cornelius Maurits Siegmann**), Oss, Niederlande, *Herstellung aktiver $\Delta^{5,10}$-Östrene.* (**Schwz. P. 367494** vom 5/8. 1958, ausg. 11/4. 1963. Niederl. Prior. 6/8. 1957 u. 7/1. 1958. — C. **1960,** 14121 [D. A. S. 1070178].)

1678 **Novo Terapeutisk Laboratorium A/S,** Kopenhagen, Dänemark (Erfinder: **Jørgen Schlichtkrull**), *Herstellung schnellwirkender Insulinpräparate.* (**Norw. P.** 98158 vom 16/7. 1958, ausg. 12/6. 1961. Dän. Prior. 3/8. 1957. — C. **1962,** 6145 [Aust. P. 227160].)

1679 **Japan Antibiotics Research Association** und **Nippon Kayaku Kabushiki Kaisha,** Tokio, Japan, *Gewinnung des Antibioticums Variotin.* (**Ind. P. 69555** vom 2/11. 1959. — C. **1961,** 9134 [D. A. S. 1089123].)

1680 **Gaba Akt.-Ges.,** Basel (Erfinder: **Hans Schmid,** Muttenz), Schweiz, *Zahnpflegemittel.* (**D. A. S. 1151097** Kl. 30h vom 25/9. 1957, ausg. 4/7. 1963. Schwz. Prior. 3/10. 1956. — C. **1962, 15337** [E. P. 848235].)

G. Analyse, Laboratorium

1681 **Modifizierung des Bondschen Gerätes zum Ausmahlen von Kugeln zur Verwendung bei sehr harten Materialien.** R. F. Giese jun. (Rev. sci. Instruments **34,** 185, 1963; Niagara Falls, N. Y., Carborundum Basic Res. Brand; engl.) — Bei weichen Materialien genügt es, den Innenraum des Mahlzylinders mit Sandpapier oder ähnlichem Material auszukleiden. Überzieht man die Innenfläche mit einer dünnen Schicht eines Epoxidzementes, dem eine kleine Menge Diamantpulver zugesetzt ist, so lassen sich auch bes. harte Stoffe, z. B. SiC, bearbeiten. H. Kuchenbecker. 5012◇

1682 **Halbleiterdioden und Transistoren als Thermometer.** A. G. McNamara. (Rev. sci. Instruments **33,** 330—33, 1962; Ottawa, Canada, Nat. Res. Council, Radio and Electr. Eng. Div.; engl.) — Es werden Vorrichtungen angegeben, Temp.-Messungen im Bereich — 40 bis + 100° mit einfachsten Mitteln auszuführen. Als Temp.-Fühler dienen Halbleiterdioden (*Ge* u. *Si*) u. Transistoren (p-n-p-Ge u. n-p-n-Si). K. Jaeger. 5016◇

1683 **Eichungsausrüstung für Oberflächenpyrometer und Röhrenthermometer.** T. D. Bansal. (J. sci. Instruments **39,** 232—33, 1962; New Delhi, India, Nat. Phys. Labor.; engl.) H. Moschkowski. 5016◇

1684 **Nachweisgrenzen für Strahlung und optische Pyrometrie.** D. R. Lovejoy. (J. opt. Soc. America **52,** 1387 bis 1398, 1962; Ottawa, Ontario, Nat. Res. Council, Div. of Appl. Phys.; engl.) — Die Temp.-Auflösung in opt. u. Strahlungspyrometern, die mit photoelektr. Detektoren arbeiten, wird diskutiert. u. für zwei Fälle analysiert, bei denen die Auflösung durch die Rauschgrenze des Detektors u. durch die grundsätzlichen Schwankungen des auf den Detektor treffenden Strahlungsstroms begrenzt wird. Die Konstruktion der Verstärker wird kurz diskutiert. Daten werden für die Berechnung der Nachweisgrenzen für jeden der beiden Fälle für Breitbandenspektralpyrometer mit verschiedener Begrenzung des langwelligen Bereichs u. für Schmalbandenpyrometer bei verschiedenen Wellenlängen graph. angegeben. Eine Analyse zur Best. der optimalen spektralen Bandenbreite, die für die maximale Genauigkeit einer Temp.-Skala nötig ist, wird durchgeführt. Es wird gezeigt, daß die Realisierung der internationalen prakt. Temp.-Skala mit einer Genauigkeit von ca. 0,01° bei 1063° u. 0,1° bei 1769° unter Verw. eines Trialkaliphotomultipliers oder einer Si-Photodiode bei einer Wellenlänge von 1,0 μ möglich sein sollte. Die Genauigkeit einer Strahlungsskala für Temp. unter 1063° wird diskutiert. H. J. Altmann. 5016◇

1685 **Mikrobestimmung der Siedetemperatur.** W. E. Cerveňanský. (Mikrochim. Acta [Wien] **1963,** 412—15; Montevideo, Uruguay, Fac. de Quím., Inst. de Invest. Libre y Aseoriamiento; engl.) — Die Eignung der Meth. von Siwoloboff (1886) zur Best. des Kp. nicht ganz reiner Substanzen, der charakterist. Siede-Temp. von Fl.-Gemischen u. deren Siedebereichen wurde untersucht. Die Kp.-Best. nach Emich gibt eine bessere Konstanz der Werte. H. Kuchenbecker. 5020◇

1686 **Verbesserungen der Quecksilber-Fallpumpe.** Parviz Khodadad. (Bull. Soc. chim. France **1963,** 1083; Paris, Fac. de Pharm., Labor. de Chim. Minérale; franz.) — Beschreibung einer verbesserten Hg-Pumpe. W. Wesly. 5026◇

1687 **Ionenpumpe mit Magnetfeld.** C. Kiliszek und W. Czarycki. (Československ. Časopis Fysiku **12,** 646—47, 1962; Warszawa, Przem. Inst. Elektroniki; tschech.) — Die Pumpgeschw. einer Ionenpumpe nimmt mit der Feldstärke des angelegten Magnetfeldes (1000—2000 Gauss) zu. Bei einem Magnetfeld von 1000 Gauss ist eine Anodenlänge von 16 mm optimal. Als Anodenmaterial eignen sich am besten Zr u. Ti. Mit einer Ionenpumpe mit Anodenspannung 5 kV, Magnetfeld von 1500 Gauss, Pumpgeschw. 1,5 Liter/s wird ein Druck von $2 \cdot 10^{-10}$ Torr erreicht. R. K. Müller. 5026◇

1688 **Miniatur-Ionensorptionspumpe.** W. Czarycki, W. Cyrański und C. Kiliszek. (Československ. Časopis Fysiku **12,** 647—49, 1962; Warszawa, Przem. Inst. Elektroniki; tschech.) — Die Änderungen der physikal. Größen bei der Verkleinerung einer Ionenpumpe werden erörtert u. die mit einer Miniaturpumpe erzielten Ergebnisse graph. dargestellt. R. K. Müller. 5026◇

1689 **Die zweckmäßige Gestaltung der Bauelemente zur Labor- und Versuchsdestillation.** L. Gemmeker und H. Stage. (Glas-Instrumenten-Techn. **6,** 69—78, 1962; Köln, Fa. Destillationstechn. Dr. H. Stage, Labor.; dt.) — Übersicht über Kolonnenbauteile unter bes. Berücksichtigung des Einsatzbereiches im Gebiet der Hochvakuum- u. Druck-Dest., der Dest. bei sehr tiefen u. hohen Temp. sowie der Dest. verschieden großer Mengen. Mit einem Mindestaufwand an Bauelementen werden alle Druck-, Temp.- u. Mengenbereiche erfaßt. K. Scheffler. 5038◇

1690 **Die Regelung von Destillationskolonnen durch Gas-Chromatographie.** Jürgen Fischer. (Abh. dtsch. Akad. Wiss, Berlin, Kl. Chem. Geol. Biol. **1962,** Nr. 1, 95—108; Böhlen, VEB Kombinat „Otto Grotewohl"; dt.) — Es wird über die Funktionsprüfung eines automat. Gaschromatographen für die Prozeßkontrolle u. speziell für die Regelung von Destillationskolonnen berichtet. W. Luchsinger. 5038◇

1691 **Verwendung eines Vielkanalanalysengerätes für Mikroanalysen mit der Elektronensonde.** L. S. Birks und A. P. Batt. (Analytic. Chem. **35,** 778—82, 1963; Washington, D. C., U. S. Naval Res. Labor.; engl.) — Vff. verwendeten zusammen mit der Mikroelektronensonde ein transistorisiertes Analysengerät mit 400 Kanälen u. erhöhten so die Verwendbarkeit des Gerätes u. verringerten die Analysenzeiten in vielen Fällen. Drei Anwendungsarten werden angeführt: Das Vielkanalanalysengerät ersetzt ein registrierendes Kristallspektrometer zur schnellen Erkennung u. halbquant. Best. von Bestandteilen. Quant. Best. durch mathemat. Analyse der Energiespektren werden durch die schnelle Datenspeicherung von Standard- u. unbekannten Spektren durchgeführt; nach dieser Meth. erhaltene Werte weichen um < 4 Rel.-% von den mit dem Kristallspektrometer erhaltenen ab. Durch Speichern der in bestimmten aufeinanderfolgenden Zeitabschnitten gemessenen Impulse an einer bestimmten Stelle des Spektrums in den 400 Kanälen wird eine zweidimensionale topograph. Übersicht erhalten. P. Kurzmann. 5050◇

1692 **Untersuchung der Schnellanalyse durch Radioaktivierung.** 1. Mitt. **Einfaches Verfahren der graphischen Bestimmung durch Neutronenbestrahlung induzierter Radioaktivität.** Minoru Okada. (Rep. Government chem. ind. Res. Inst., Tokyo **58,** 1—6, 1963; jap., Auszug: engl.) — Ein einfaches Verf. zur Best. der durch Neutronenbestrahlung induzierten Radioaktivität besteht darin, eine Kurve in ein Diagramm auf doppelt

logarithm. Papier einzuzeichnen, wobei das Diagramm den therm. Neutronenaktivierungsquerschnitt je Masseneinheit natürlich vorkommender Elemente in Abhängigkeit von der Halbwertzeit der Nuclide anzeigt.
W. Wesly. 5052◇

1693 **Aktivierungsanalyse der Metalle.** László Pöcze. (Kohászati Lapok [Ung. Z. Hüttenwes.] **96**, 179–83, 1963; Budapest, Csepel Eisen- u. Metallwerke; ung.) — Grundprinzipien u. Ausführungsmeth., Beispiele zur Best. von Spurenverunreinigungen einiger Metalle.
L. Zombory. 5052△

1694 **Coulometrie.** H. L. Kies. (J. electroanalyt. Chem. [Amsterdam] **4**, 257–86, 1962; Delft, TU, Labor. for Instr. Analysis; engl.) — Übersicht über potentiostat., amperostat. u. kontinuierliche Verf. der Coulometrie. — 267 Literaturangaben. E. Moisar. 5054◇

1695 **Untersuchungen über kontinuierliche coulometrische Titration. 1. Mitt. Grundprinzipien einer automatischen coulometrischen Titrationsvorrichtung.** Takeo Takahashi, Eiji Niki und Hiroshi Sakurai. (J. electroanalyt. Chem. [Amsterdam] **3**, 373–80, 1962; Tokyo, Univ., Inst. of Ind. Sci.; engl.) — Es wird eine Vorr. zur kontinuierlichen Best. reduzierender Verbb. beschrieben. Die App. besteht aus einer von einer KBr-Lsg. durchströmten Generatorzelle, in der das Titrationsmittel Br_2 anod. erzeugt wird. Die KBr/Br_2-Lsg. reagiert im nachfolgenden Titriergefäß mit der gleichfalls in dieses geleiteten, zu untersuchenden Lsg.; entsprechend dem hier vorliegenden Br_2-Überschuß stellt sich an den Indicatorelektroden des Titriergefäßes eine Potentialdifferenz ein, die durch eine elektron. Regelvorr. die Stromstärke in der Br_2-Generatorzelle steuert.
E. Moisar. 5054◇

1696 **Untersuchungen über kontinuierliche coulometrische Titration. 2. Mitt. Arbeitsbedingungen für die automatische coulometrische Titrationsvorrichtung.** Takeo Takahashi und Hiroshi Sakurai. (J. electroanalyt. Chem. [Amsterdam] **3**, 381–89, 1962; engl.) — 1. vgl. vorst. Referat. — Die prakt. Anwendbarkeit des l. c. beschriebenen automat. Titriergerätes wurde unter Verw. von As_2O_3-Lsgg. als zu titrierender Verb. in Abhängigkeit von den Vers.-Bedingungen (Lage von Bezugs- u. Äquivalenzpotential, Strömungsgeschw. der Generatorlsg. usw.) untersucht. E. Moisar. 5054◇

1697 **Das Problem der Stromintegration in der Coulometrie. Beschreibung eines Integrators.** Claude Schoedler. (J. electroanalyt. Chem. [Amsterdam] **3**, 390–401, 1962; Paris, Ecole Sup. de Phys. et de Chim., Labor. de Chim. Analyt.; franz.) — Bei dem beschriebenen neuartigen Verf. zur Integration des coulometr. Stromes (i) steuert dieser den zeitlichen Abstand zweier period. aufeinanderfolgender Signale, die ihrerseits die Durchlaßzeit eines Diodenkreises für die Impulse eines 10 kHz-Generators regeln. Die Zahl der durchgelassenen Impulse (Durchlaßzeit proportional dem jeweiligen Wert von i) wird in einem Zählwerk registriert; sie entspricht dem Stromintegral. E. Moisar. 5054◇

1698 **Zonenelektrophorese: Die Anwendung einiger, neuer, schneller Trennungsverfahren.** H. Bloemendal. (Chem. Weekbl. **59**, 281–87, 1963; Amsterdam, Niederl. Kanker-Inst., Biochem. Afd.; niederl.) — Beschreibung der Anwendung der Block-, Gel- u. Säulenelektrophorese. — 17 Literaturangaben. W. Wesly. 5062◇

1699 **Die Elektrophorese in Stärkegel.** Čestmír Altaner. (Chem. Listy **56**, 334–54, 1962; Bratislava, Výzk. ústav onkolog.; tschech.) — Übersicht über die Technik u. Anwendungen der Elektrophorese in Stärkegel, bes. zur Unters. von Eiweißstoffen. — 163 Literaturangaben bis zur Mitte 1961. Vl. Tomášek. 5062△

1700 **Eine einfache Pipette zum Gebrauch für Proben bei der Agar-Gel-Elektrophorese.** H. H. Kreutzer. (Clin. chim. Acta [Amsterdam] **8**, 167–68, 1963; Hilversum, Labor. Ziekenverpleging; engl.) — Beschreibung einer Capillarmikropipette (5–20 μl).
W. Betcke. 5062◇

1701 **Untersuchungen mit Hilfe der Dünnschicht-Elektrophorese.** G. Pastuska und Helga Trinks. (Chemiker-Ztg. **86**, 135–38, 1962; Berlin, Bundesanst. für Materialprüfung; dt.) — Vgl. C. **1963**, 12544. — Vff. untersuchten den Einfl. verschiedener Vers.-Bedingungen auf den Verlauf der Dünnschichtelektrophorese. Trennwrkg. u. M_G-Werte erwiesen sich als relativ unabhängig z. B. von pH-Schwankungen des Elektrolyten, von der Trägerfeuchtigkeit u. von der Vers.-Dauer. Die Trennung folgender Gemische auf Kieselgur wird beschrieben: a) *Phenol, Brenzkatechin, Resorcin, Hydrochinon, Chinon, Phloroglucin* u. *m-Hydroxybenzoesäure*; b) *α-* u. *β-Naphthol, 1.3-Dihydroxynaphthalin, 4-Nitrobenzol-(1-azo-4)-naphthol-(1)* (Magneson II), *Na-α-naphthol-5-sulfonat* u. *1.8-Dihydroxynaphthalin-3.6-disulfonsäure*; c) *Methyl-, Äthyl-, n-Butyl-* u. *Äthanolamin, Äthylendiamin* u. *Triäthanolamin*; d) *Glykokoll, β-Alanin, DL-Lysinmonohydrochlorid, L(–)-Cystin, DL-Methionin, DL-Phenylalanin, DL-Tryptophan* u. *L-Histidinmonohydrochlorid*; e) *Methylorange, Methylrot, Dimethylgelb, Kongorot, Eriochromschwarz-T, Kristallponceau, Phenolphthalein, Thymolphthalein, Bromphenolblau, Fluorescein, Rhodamin-B, Alizarin-S* u. *Neocarmin-W*. Zus. der Elektrolyt-Lsgg. für a) u. b): 80 ml A., 30 ml W., 4 g H_3BO_3 u. 2 g Na-Acetat sowie Essigsäure bis pH 4,5. — c) u. d): 80 ml A., 30 ml W., 2 g Na-Acetat, NaOH bis pH 12. — e): saurer Elektrolyt wie a) oder bas. Elektrolyt wie c). E. Moisar. 5062◇

1702 **Ein neues Gerät für die Dünnschichtchromatographie.** Nils Nybom. (Nature [London] **198**, 1229–30, 1963; Fjälkestad, Sweden, Balsgard Fruit Breeding Inst.; engl.) — Vff. beschreibt ein leicht zu handhabendes Streichgerät, mit dem Photoplatten (12 × 16 cm), die in der Dicke nur wenig variieren u. daher gut für die Dünnschichtchromatographie geeignet sind, mit der Sorptionsmasse beschichtet werden.
H. J. Altmann. 5062◇

1703 **Einfluß der Schichtbereitungsweise auf die Reproduzierbarkeit der R_F in der Dünnschichtchromatographie.** 1. Mitt. György Pataki und József Kelemen. (J. Chromatogr. [Amsterdam] **11**, 50–54, 1963; Basel, Univ., Inst. für org. Chem. u. Inst. für Farbenchem.; dt.) — 2. vgl. C. **1963**, 21659. — Vff. bereiten Kieselgel G-Schichten mit Hilfe der Stahlschen Streichgerätes u. durch Aufgießen der Sorptionsmittelanschlämmung auf die Platten, wobei durch Rütteln eine gleichmäßige Schicht erzielt wird. An diesen Platten wird Indophenol, Sudanrot G u. Buttergelb chromatographiert u. für jede Art der Schichtbereitung die Reproduzierbarkeit der R_F-Werte untersucht. Aus den Standardabweichungen ergibt sich für manuell hergestellte Schichten eine wesentlich schlechtere Reproduzierbarkeit. Außerdem werden die R_F-Werte folgender Verbb. an beiden Schichtarten verglichen: Bis-[4-(2.6-diisopropylpyrylo)]-trimethincyanin-, Bis-[4-(2.6-di-tert.-butylpyrylo)]-trimethincyanin-, Bis-[4-(2.6-diphenylpyrylo)]-trimethincyanin- u. Bis-[2-(1.3.3-trimethylindol)]-trimethincyaninperchlorat in Nitromethan als Laufmittel u. Carbobenzoxyglycin, -alanin, -norleucin u. -norvalin in A./W. (7:3). H. J. Altmann. 5062◇

1704 **Eine einfache Methode zum Abtasten von Dünnschichtchromatogrammen.** A. Saari Csallany und H. H. Draper. (Analyt. Biochem. [New York] **4**, 418–20, 1962; Urbana, Ill., Univ. of Illinois, Div. of Animal Nutrition; engl.) — Das Dünnschichtchromatogramm (**A**) radioakt. Substanzen wird mit einer Polyvinylpropionat-Dispersion (**I**, Neatan) besprüht, als Film von der Glasplatte abgezogen, mit Hilfe eines Föns getrocknet u. nun auch auf der Unterseite mit **I** behandelt. Das im Kunststoffilm eingeschlossene **A** kann wie ein Papierchromatogramm zerschnitten u. mit einem Radiopapierchromatographen ausgewertet werden.
W. Kupfer. 5062◇

1705 **Einfluß des Auflösungsvermögens auf die Nachweisempfindlichkeit in der Spektralanalyse.** Rainer Gerbatsch und Horst Scholze. (Jenaer Rdsch. **8**, 89–94, 1963; Dresden, Dt. Akad. Wiss., Inst. für angew. Phys.; dt.) — Am Beispiel der Ge- u. Sb-Best. in $BaCl_2$ mit Gleichstrombogenanregung u. Aufnahme im mittleren Quarzspektrographen Q 24 u. im 2-m-Plangitterspektrographen PGS 2 (Zeiss, Jena) wird gezeigt,

daß die kleinste nachweisbare Konz. — wie auch theoret. zu erwarten — dem Auflösungsvermögen des Spektrographen umgekehrt proportional ist. Schlußfolgerungen für die Reinststoffanalyse werden gezogen.
R. Gerbatsch. 5063◇

1706 **Verbesserte Einrichtung eines Beckman-Spektrophotometers Modell DU zur Benutzung mit Mikroliter-Absorptionszellen.** David Glick und Leonard J. Greenberg. (Analytic. Chem. **32,** 736, 1960; Minneapolis, Minn., Univ. of Minnesota, Dep. of Physiol. Chem.; engl.) — Anweisungen für den Einsatz von Capillar-Mikrozellen u. geeignete Nadellochblenden in den Küvettenhalter des Beckman-DU-Spektrophotometers.
W. Betcke. 5063◇

1707 **Neue Zusatzeinrichtungen zum Universalspektrophotometer VSU 1.** Wolfgang Falta und Kurt Hohmann. (Jenaer Rdsch. **8,** 95—97, 1963; Jena, VEB C. Zeiss, Labor. für opt. Meßgeräte; dt.) — Beschreibung von Zusätzen für Remissionsmessungen bei 45° Lichteinfall u. Messung in der Flächennormale sowie bei normalem Lichteinfall u. Messung im Winkelbereich von 35—55° u. für Fluorescenzmessungen bei Monochromatisierung entweder der einfallenden Strahlung oder des Fluorescenzlichtes.
R. Gerbatsch. 5063◇

1708 **Spektralphotometer mit Schreiber für Aufzeichnungen im ultravioletten und im sichtbaren Bereich.** Anonym. (Chem. Rdsch. [Solothurn] **16,** 336, 1963; dt.) — Das Spektralphotometer Modell 137 UV der Perkin-Elmer Ltd. wird beschrieben. Das Gerät ist mit einem 60°-Prisma aus geschmolzener Kieselerde ausgestattet u. arbeitet in dem Wellenlängenbereich von 190—750 nm, dabei ist die Auflösung bei 250 nm besser als 0,2 nm. Die Energiequelle besteht aus einer D-Lampe für den UV-Bereich u. einer W-Lampe für den sichtbaren Bereich. Zwischen den Bereichen schalten die Lampen automat. um. Mit dem Schreiber läßt sich jeder der beiden Bereiche jeweils in 2 oder 8 Min. abtasten.
H. Kuchenbecker. 5063◇

1709 **Ein photometrischer Standard für Spektralphotometer im ultravioletten und sichtbaren Bereich.** Walter Slavin. (J. opt. Soc. America **52,** 1399—1401, 1962; Norwalk, Conn., Perkin-Elmer Corp.; engl.) — Vf. berichtet über ein Glasfilter als photometr. Standard für registrierende Spektralphotometer u. ein Densitometer für zwei handelsübliche Spektralphotometer zur Eichung dieser Standards. Unter Verw. des Densitometers werden die Extinktions-Koeff. der Standards mit einer Varianz von angenähert 0,1% gemessen.
H. J. Altmann. 5063◇

1710 **Die photometrische Meßgenauigkeit der Spektralphotometer.** H. Bückert und I. Raffaele. (Chem. Rdsch. [Solothurn] **16,** 323—25, 1963; Milano, Optica S. p. A.; dt.) — Faktoren, die die photometr. Meßgenauigkeit eines Spektralphotometers beeinflussen, werden erörtert u. die Ergebnisse von Vgl.-Messungen mit 0,006006%ig. $K_2Cr_2O_7$-Lsg. in 0,01 n H_2SO_4 bei 235, 257, 313 u. 350 nm für die Spektralphotometer Optica CF 4, CF 4 R u. CF 4 DR mitgeteilt. Die mit den verschiedenen Modellen erhaltenen Werte stimmen untereinander sowie mit Literaturwerten von Spektralphotometern anderer Herkunft gut überein.
Gerhard Schulze. 5063◇

1711 **Verbesserte Methode zur Fehlerberechnung von quantitativen spektrophotometrischen Messungen.** G. Svehla, A. Páll und L. Erdey. (Talanta [London] **10,** 719—26, 1963; Budapest, TU, Inst. for General Chem.; engl.) — Bei der Fehlerberechnung photometr. Messungen sind außer dem Fehler in der Ablesung der Durchlässigkeit auch die durch die Ungenauigkeiten von Achsenabschnitt u. Neigung der Eichkurve bedingten Fehler zu berücksichtigen. Auf dieser Grundlage lassen sich Fehlergleichungen für klass. u. differentielle photometr. Best. ableiten. Aus den abgeleiteten Fehlergleichungen werden allg. Schlußfolgerungen gezogen u. Beispiele für die Berechnung mitgeteilt.
Gerhard Schulze. 5063◇

1712 **Quantitative Analysen durch Leitfähigkeitsmessungen.** Friedrich Oehme. (J. electroanalyt. Chem. [Amsterdam] **5,** 317—44, 1963; Zürich, Polymetron AG.; dt.) — Überblick über Grundlagen, Meß-Meth. u. analyt. Anwendungen der Konduktometrie. — 67 Literaturhinweise.
P. Kurzmann. 5066◇

1713 **Hochfrequenzapparatur für die Konduktometrie und Titration.** A. W. Mai und N. Ja. Parlaschkewitsch. (Plast. Massen [UdSSR] **1961,** Nr. 5, 52—55; russ.) — Es werden die Schaltung u. Anwendung einer App. für *Hochfrequenztitration* u. *Konduktometrie* beschrieben.
Helmut Schäfer. 5066△

1714 **Wechselstrommethoden in der Chemie mit besonderer Berücksichtigung der Hochfrequenztitration.** K. Cruse. (Chimia [Aarau, Schweiz] **14,** 97—106, 1960; Clausthal-Zellerfeld, Bergakad., Phys.-Chem. Inst.; dt.) — Übersicht über Grundlagen, Meß-Meth. u. Anwendungen der Unters.-Verff. mit Wechselstrom, bes. der Hochfrequenztitration. — 75 Literaturangaben.
Gerhard Schulze. 5066◇

1715 **Grundlagen zur Analyse mit Hochfrequenz nach dem Ausschlagverfahren.** H. Cruse und H.-B. Ricke. (Z. analyt. Chem. **186,** 214, 1962; Clausthal-Zellerfeld, Bergakad., Phys.-chem. Inst.; dt.) — Zusammenfassung der C. **1962,** 12778 referierten Arbeiten.
Gerhard Schulze. 5066□

1716 **Verwendung eines Hochfrequenzoscillographen zur Bestimmung von Kationen mit Phosphaten als Fällungsreagentien.** A. N. Kumar und R. P. Singh. (J. Indian chem. Soc. **40,** 265—68, 1963; Delhi, Univ. of Delhi, Chem. Dep.; engl.) — Hochfrequenztitrimetr. Best. von Al, Cd, Zn, Mn u. Mg in wss. u. äthanol.-wss. Medium wurden durchgeführt. Titriert wurde beim Mg mit Na_2HPO_4-Lsg., bei allen anderen Metallen mit $(NH_4)_2 \cdot HPO_4$-Lösung. Auf genaue Einhaltung der vorgeschriebenen pH-Werte ist zu achten, um Mitfällung der entsprechenden Metallhydroxide zu verhindern.
H. Kuchenbecker. 5066◇

1717 **Anwendung von Unithiol in der Analyse.** 1. Mitt. **Konstanten der Säuredissoziation und zeitliche Beständigkeit von Unithiol.** A. T. Pilipenko und A. P. Kosstyschina. (Hochschulnachr. [Iwanowo], Chem. u. chem. Technol. **5,** 502—03, 1962; Kiew, Schewtschenko-Univ., Analyt. Inst.; russ.) — Die Beständigkeit von 0,01, 0,05 u. 0,1 m wäßr. Lsgg. von Unithiol [$CH_2(HS)$–$CH(HS)$–CH_2SO_3Na, **I**] wurde untersucht. In saurer Lsg. ist **I** ausreichend beständig, in alkal. Lsg. findet Oxydation durch Luft-O_2 statt. Die Konst. der Säuredissoziation von **I** betragen: $K_2 = (1{,}8 \pm 0{,}5) \cdot 10^{-9}$ u. $K_3 = (6{,}7 \pm 0{,}1) \cdot 10^{-12}$.
Albert Krause. 5072◇

1718 **Thermoelektrische Eichung eines Mikrocalorimeters von Typ E. Calvet.** Pierre Boivinet, Jean-Pierre Bros und Edouard Calvet. (J. Chim. physique Physico-Chim. biol. **59,** 805—07, 1962; Marseille, Inst. de Microcalorimétrie et de Thermogénèse du C. N. R. S.; franz.) — Beschreibung der Eichung des therm. Fluxmeters unter Ausnutzung des Peltiereffekts.
K. Roß. 5084◇

1719 **Bestimmung von Sauerstoffspuren in Gasen.** Karel Novák und Vladimír Slavík. (Chem. Průmysl **12** (**37**), 193—95, 1962; Brno, Výzkumný ústav makromol. chem.; tschech.) — Beschreibung eines einfachen Analysengerätes für die Best. von 1—500 ppm O_2. Bei der Messung werden die Depolarisationseigg. von O_2 ausgenützt.
J. Schneider. 5086□

1720 **Automatischer Kohlenmonoxidanzeiger.** Anonym. (Nature-Sci. Progr. [Paris] **1963,** 179—80; franz.) — Es wird ein verbesserter automat. CO-Anzeiger der Fa. Cambridge Instrument Company Ltd beschrieben, der darauf beruht, daß CO an Hopcalit verbrannt wird u. die Verbrennungswärme als Maß für den CO-Gehalt dient. Anwendungsbereich: 0—400 ppm CO, Anzeigegenauigkeit: besser als 8 ppm, Ansprechzeit: 5 min, Luftbedarf 4 l/min.
W. Luchsinger. 5086◇

1721 **Kontinuierliche Methode zur Bestimmung von Kohlensäure in geringen Konzentrationen.** J. P. Ehrenburg und G. B. Smit. (Analytica chim. Acta [Amsterdam] **29,** 1—9, 1963; Arnheim, Labor. N. V. tot Keuring van Elektrotechn. Materialien; franz.) — Es wird eine App. beschrieben, mit der CO_2 in indifferenten Gasen in der Größenordnung von 0,0001% dadurch bestimmt

wird, daß man das Gas durch kontinuierlich umlaufendes W. strömen läßt u. dessen Leitfähigkeit mißt. Auch der CO_2-Geh. von W. (1 ppb) kann damit gemessen werden, wenn ein Gasstrom im geschlossenen umlaufenden System durch das zu prüfende W. geleitet wird.
W. Luchsinger. 5086◇

1722 **Polarographische Bestimmung des Titans in der Luft.** M. D. Babina. (Betriebs-Lab. [UdSSR] **28**, 549, 1962; Hygiene- u. Prophylaxe-Inst. der Akad. der med. Wiss. der UdSSR; russ.) — Hydrolyseprodukte des $TiCl_4$ werden in 8 ml 0,5 M H_2SO_4, Ti und TiO_2 in einem Perchlorvinyl-Filter absorbiert. Das Filter wird bei 300—600° in einer K-Disulfat-Schmelze aufgeschlossen. Die Schmelze wird in 8 ml 0,5 M H_2SO_4 gelöst, 1 ml M K-Oxalat zugefügt, mit 50% KOH auf pH = 3—3,5 gebracht, auf 10 ml mit 0,5 M H_2SO_4 verdünnt, wieder auf pH = 3—3,5 gebracht und polarographiert. Fehler ± 6%. Von Fe, V, Cr, Al, Mg, Ca und Si stören nur Fe über 50 μg/l und V über 1 μg/l. W. Pötsch. 5088◇

1723 **Bestimmung des Tetramethylthiuramdisulfides in der Luft und im Getreide.** I. N. Schulga und M. A. Trotzenko. (Hyg. u. Sanitätswes. [UdSSR] **28**, Nr. 2, 65—66, 1962; Ukrain. Forsch.-Inst. für Ernährung; Kiew, Inst. für Arbeitshygiene u. Berufskrankheiten; russ.) — Die Meth. beruht auf der Red. von Tetramethylthiuramdisulfid (**I**) zu H_2S durch nascierendes H (HCl + Zn). Nach der Absorption des entstandenen H_2S mit Na-Arsenit Lsg. wird das entstandene NH_4-Thioarsenat durch Zugabe von $AgNO_3$ in Ag_2S (koll. Ag_2S-Lsg.) überführt; die dargestellte Lsg. wird colorimetriert. Die prakt. Durchführung der **I**-Best. in der Luft u. im Getreide nach der Meth. wird erörtert; die dazu erforderliche App. wird beschrieben. S. Baryschnikow. 5088△

1724 **Die Bestimmung von Chlorbenzol in der Luft und im Wasser.** W. M. Kissarow. (Hyg. u. Sanitätswes. [UdSSR] **27**, Nr. 12, 49—50, 1962; russ.) — Zur spektrophotometr. Best. von Chlorbenzol (**I**) in 0,011—0,103 mg/Liter **I** enthaltender Luft werden 1—2 Liter Luft mit einer Geschw. von 6 Liter/h durch 10 ml A. geleitet. Die Best. der logarithm. Dichte der Lsg. erfolgt bei $\lambda = 220$ nm u. l = 0,5 cm am Spektrophotometer SF-4. Die Fehlergrenze der Best. beträgt — 5,5 bis + 7,3%. Die spektrophotometr. Best. von **I** im W. erfolgt unter Verw. einer 5 cm langen Küvette u. ermöglicht es, **I**-Konzz. von $\geqq 3 \cdot 10^{-5}$% mit einer Fehlergrenze von — 7,8 bis + 8,0% zu ermitteln. S. Baryschnikow. 5088△

a) Elemente und anorganische Verbindungen

1725 **Schnellverbrennungsmethode zur Stickstoff-Bestimmung mit Hilfe der Gaschromatographie.** M. L. Parsons, S. N. Pennington und J. M. Walker. (Analytic. Chem. **35**, 842—44, 1963; Pittsburg, Kans., Kansas State Cool. of Pittsburg, Dep. of chem.; engl.) — Die Probe wird in einem Hochfrequenz-Induktionsofen in einer He-Atmosphäre rasch verbrannt. Die entstandenen N-Oxide werden in N_2 umgewandelt; die restlichen Gase werden vor Erreichen der Trennsäule (Molekularsieb 5-A) absorbiert. Als Detektor dient eine Wärmeleitfähigkeitszelle mit Streifenblattschreiber. Durch Verw. einer Doppel-O-Ringdichtung wird der Bau der App. ganz aus Metall ermöglicht; dadurch ergibt sich eine größere Anwendbarkeit der Meth. zur Analyse der verschiedensten Verbb., wie Acetanilid-Derivv., Anilin-Derivv., heterocycl. Verbb. von Pyridin, Coffein u. Triazol, Nitro-Verbb., Amine, NH_4NO_3 u. $Na_2[Fe(CN)_5NO] \cdot 2H_2O$ sowie von Blut. C, H, O, S, Na u. Fe stören nicht. Die Probenmenge bei Verbb. beträgt 1—10 mg, bei Blut 10—20 mg. Die Reproduzierbarkeit beträgt 0,1% absolut. In 8 Std. lassen sich ca. 30 Analysen ausführen.
J. Peters. G 243◇

1726 **Polarographische Bestimmung von Ammoniumionen.** Ja. I. Turjan und B. P. Shantalai. (Betriebs-Lab. [UdSSR] **28**, 1431—34, 1962; Lisitschansk, Filiale Staatl. Inst. der Stickstoff-Ind.; russ.) — NH_3 reagiert mit Formaldehyd zu $CH_2{=}NH$ bzw. $CH_2OH{-}NH_2$. Das Halbstufenpotential dieser Verb. ist pH-abhängig u. liegt zw. — 0,80 (2,5) u. — 1,05 V (7,7). Ebenfalls pH-abhängig ist die Stufenhöhe, welche ein Maximum durchschreitet. Der pH-Wert des Max. wird von der Formalin-Konz. bestimmt (5% Formalin, pH = 5,0—5,3). Bei konst. pH u. Formalin-Konz. ist der Diffusionsstrom proportional der Konzentration. W. Pötsch. G 243◇

1727 **Überprüfung der polarographischen Methode zur Bestimmung von Ammoniumionen.** P. Ja. Jakowlew und R. D. Malinina. (Betriebs-Lab. [UdSSR] **28**, 1434 bis 35, 1962; Zentr. wiss. Forschungs-Inst. Schwarzmetallurgie „I. P. Bardina"; russ.) — Die Überprüfung der Methode von Turjan u. Shantalai (vgl. vorst. Ref.) zeigte die Möglichkeit der Anwendung dieser Meth. zur Best. von NH_4^+ in HNO_3. W. Pötsch. G 243◇

1728 **Bestimmung von Halogenidionen (Cl^-, Br^-, J^-) in Halogenidgemischen. Polarisationsspannungstitrationen mit $AgNO_3$-Lösung.** H.-J. Schmidt. (Z. analyt. Chem. **196**, 95—102, 1963; Köln-Kalk, Chem. Fabrik Kalk G.m.b.H., Forsch.-Abt.; dt.) — Durch Polarisationsspannungstitration kann man genaue volumetr. Best. von Halogenidionen ausführen, bes. auch dann, wenn die Unterschiede in den Konzz. groß sind. Als Titrations-Lsg. wird eine 0,05 n $AgNO_3$-Lsg. verwendet, als Elektrode dient eine amalgamierte Ag-Doppelelektrode. Die außer den Halogenidionen mit Ag^+ reagierenden Anionen stören, Ggw. von stark komplexbildenden Ionen macht die Amalgamelektroden inaktiv. Die Mitfällung von AgCl in einem Halogenidgemisch ist die wichtigste Fehlerquelle, sie läßt sich auf ein Minimum reduzieren. Man erhält scharf ausgeprägte Titrationsendpunkte in der Reihenfolge der Schwerlöslichkeit der Ag-Halogenide. Die Meth. eignet sich für Serienanalysen anorgan. Halogenidgemische, für die Best. von CN^- u. SCN^- u. für die Analyse organ. Halogen-Verbb. im Makro- u. Halbmikromaßstab nach deren Aufschluß.
R. John-Bilal. G 245

1729 **Methode zur indirekten volumetrischen Bestimmung von Phosphaten.** R. Socolovschi. (Rev. Chim. [București] **13**, 306, 1962; rum.) — In einem Becherglas wird ein aliquoter Teil der Lsg. von Phosphaten mit 2%ig. HNO_3 auf pH = 0,7—1 eingestellt (Indicatorpapier), zum Sieden erhitzt u. tropfenweise unter Rühren in die sd. Lsg. eine gemessene Menge einer 2% freie HNO_3 enthaltende Lsg. von $Bi(NO_3)_3$ (3 mg/ml) zugesetzt. Dabei scheidet sich $BiPO_4$ als weißes Pulver aus u. wird durch Blaubandfilter abfiltriert u. 3mal mit 2%ig. HNO_3 gewaschen. Das Filtrat wird mit 3 Tropfen 0,1%ig. Brenzcatechinviolettlsg. (Indicator) versetzt, dann $NH_4 \cdot OH$ (1:3) bis zur Blaufärbung (pH = 2—3) zugegeben u. der Bi-Überschuß mit 0,05 m Lsg. von Komplexon III auf Hellgelbfärbung titriert. Wenn in einem Blindvers. mit der gleichen Menge $Bi(NO_3)_3$-Lsg. n_1, für den Vers. n_2 ml Komplexonlsg. verbraucht werden, enthält die Probe $(n_1 - n_2) \cdot 3{,}459$ mg P_2O_5.
Rudolf K. Müller. G 264◇

1730 **Spektrophotometrische Bestimmung von Arsen mit Quercetin.** Takashi Tanaka und Kazuo Hiiro. (Japan Analyst **11**, 1180—84, 1962; Osaka, Governm. Ind. Res. Inst.; jap., Auszug: engl.) — Zur spektrophotometr. Best. von As (V) verdampft man die Probe in Ggw. von Quercetin zur Trockne, löst den Abdampfrückstand in A. u. ermittelt die Extinktion der gelb gefärbten Lsg. bei 398 mμ. Das Beersche Gesetz hat im Bereich von 0,0—2,0 ppm As (V) Gültigkeit. Die mittlere Abweichung der Extinktion bei 10 reproduzierbaren As-Best. betrug 0,01024 für je 1,0 ppm As. Der Fehler des Verf. beträgt 6,2%, der mol. Extinktionsindex 25000.
W. Wesly. G 265◇

1731 **Anwendung der Uranylsalz-Methode auf die Bestimmung von Arsen durch Verbrennung im Sauerstoffkolben.** A. D. Wilson und D. T. Lewis. (Analyst **88**, 510—15, 1963; London, Labor. of the Government Chem., Dep. of Sci and Ind. Res.; engl.) — Vff. beschreiben eine modifizierte Verbrennungs-Meth. im O_2-Kolben zur Best. von As in organ. Substanzen. Der Pt-Halter wird durch eine Al-Spirale oder durch Stahlgaze ersetzt, die während der heftigen Verbrennung durch As nicht angegriffen werden. Das gebildete As_2O_3 wird mit Bromwasser zu AsO_4^{3-} oxydiert, quant. als $NH_4UO_2AsO_4 \cdot nH_2O$ gefällt u. mit Filterpapier zu U_3O_8 verglüht. PO_4^{3-} u. Vanadat stören durch Bldg. ähnlicher Ammoniumuranylsalze. J. Peters. G 265◇

1732 **Der Einfluß des Äthanols auf die chromatographische Trennung der Alkalimetalle durch Ionenaustauscher.** V. Nevoral. (Z. analyt. Chem. **195,** 332—37, 1963; Mariánské, Lázně ČSSR, Forschungsinst. für Physiatrie, Balneol. u. Klimatol.; dt.) — Es wird der Einfl. von A. im Elutionsmittel bei der Trennung der Alkalimetalle durch Ionenaustauscher untersucht. Auf Grund der erhaltenen Elutionskurven werden Arbeitsvorschriften zur Li/Na/K-, Na/K- u. Li/Na-Trennung angegeben. Der relative Fehler bei den Probeanalysen beträgt ca. 0,5%. Dieter Heinrich. G 272◇

1733 **Flammenphotometrische Methode zur Bestimmung von Mikromengen an Lithium.** G. I. Kssandopulo und T. W. Gurkina. (Betriebs-Lab. [UdSSR] **28,** 560—61, 1962; Geolog. Verwalt. Südkasachstan, Chem. Zentrallabor.; russ.) — Die Einwaage (0,01 g) wird im Pt-Tiegel mit 2 ml konz. H_2SO_4 u. 4 ml HF bis zur Entfernung des letzteren langsam erhitzt, dann stärker bis zur Trockene. Nach Auflösen des Rückstandes in 2 ml HCl (1:1) u. 10 ml W. wird mit 100—150 ml W. verdünnt, 2—3 Tropfen Methylorange zugesetzt u. mit 10%ig. $(NH_4)_2CO_3$-Lsg. neutralisiert. Der gebildete Nd wird abfiltriert u. 5—6mal mit heißem W. gewaschen. Das Filtrat wird bis zur neutralen Rk. angesäuert, mit einem Überschuß von HCl (1 ml, 1:1) versetzt u. eingedampft. Nach Zusatz von 10 ml Al-Sulfat-Lsg. (2 mg/ml, ber. auf Al_2O_3) wird in einen 100 ml fassenden Meßkolben überführt, mit W. aufgefüllt u. im Flammenphotometer analysiert. Empfindlichkeit der Best. 10^{-3}%. Durch Erhöhung der Einwaage (bis auf 1 g) ist die Li-Best. in Halbleitern u. ähnlichen Materialien mit einer Empfindlichkeit von 10^{-5} bis 10^{-6}% möglich. R. Wittwer. G 273◇

1734 **Die Verwendung der natürlichen Radioaktivität des Kaliums für die Bestimmung des Kaliums in Gesteinen mit Hilfe der γ-Spektrometrie.** B. Jouve, A. Lansiart, R. Létolle und J.-C. Morucci. (Bull. Soc. géol. France [7] **3,** 533—43, 1962; Saclay, Centre d'Etudes nucl.; Paris, Fac. de Sci., Labor. de Géol. dynam.; franz.) — Die Theorie der Spektrographie mit γ-Strahlen u. eine Beschreibung der Technik werden vorgelegt. Es können K u. a. radioaktive Elemente in Gesteinen bestimmt werden. Die Genauigkeit ist größer als die anderer Methoden. Es werden die Werte (0,53—3,94% K) von 5 Analysen verschiedener Gesteine angegeben. J. Heinze. G 275◇

1735 **Gravimetrische Bestimmung von Beryllium mit Benzoylaceton.** Shao-Lin Liu und Tian-Chen Yin. (Acta chim. sinica 28, 20—24, 1962; Chengchow Univ., Dep. of Chem.; chin., Auszug: engl.) — Zur gravimetr. Be-Best. versetzt man die zu untersuchende Lsg. mit EDTA (Komplex-Bldg. von Cu^{2+}, Ni^{2+}, Ca^{2+}, Mg^{2+}, Mn^{2+} u. geringer Mengen Fe^{3+} u. Al^{3+}), $(NH_4)_2CO_3$ u. (bei pH 8,8—10,5) mit einer 3%ig. Lsg. von Benzoylaceton in Aceton, erhitzt 10 Min. lang auf 90—100°, kühlt ab, filtriert u. trocknet den Nd. $[Be(C_{10}H_9O_2)_2]$ bei 110—120°. W. Wesly. G 281◇

1736 **Spektrochemische Bestimmung von Beryllium in den Aufbereitungsprodukten von Mineralien.** M. J. Peterson und J. B. Zink. (U. S. Dep. Interior, Bur. Mines, Rep. Invest. **1962,** Nr. 6132, 1—19; College Park, Md., Bur. of Mines, Coll. Park Metallurgy Res. Center; engl.) — Vff. geben zwei spektrochem. Meth. zur Best. von 0,0015—4,0% Be in den Aufbereitungs-Prodd. von Silicatmineralien an. Bei der ersten Meth. wird die Probe mit $Li_2B_4O_7$ u. V_2O_5 geschmolzen. Der zerkleinerte Schmelzkuchen wird mit Graphitpulver vermengt u. nach dem Brikettieren im Hochspannungsfunken spektrograph. analysiert. Bei der zweiten Meth. wird die Probe mit Ge, Graphit u. V_2O_5 vermischt u. mit Hilfe einer Bechergraphitelektrode im ungedämpften Wechselstrombogen analysiert. V dient als innerer Standard. Die Abweichungen der so gefundenen Be-Geh. von naßchem. bestimmten liegen bei ca. 5 bzw. 8%. Die Bogen-Meth. erfordert einen wesentlich geringeren Zeitaufwand als die Funkenmethode. P. Kurzmann. G 281◇

1737 **Ein optisches Hilfsmittel zur Endpunktsbestimmung der Calcium-EDTA-Titration.** R. J. Toft, H. W. Eastman und D. B. McKenney. (Chem. and Ind. **1963,** 1030—31; Brunsvick, Maine, Bowdoin Coll., Dep. of Biol.; engl.) — Die Meth. beruht auf der Erscheinung, daß eine Lsg. des Ca–Calcein-Komplexes bei Bestrahlung mit weißem Licht Fluorescenz zeigt im Gegensatz zu einer Lsg., die den Ca–EDTA-Komplex enthält. Der Endpunkt einer Ca–EDTA-Titration kann also am Verschwinden der Fluorescenz erkannt werden. — Es wird ein zu diesem Zweck entwickeltes Fluorometer beschrieben. H. Schroth. G 283◇

1738 **Metallchromo-Indicatoren.** 10. Mitt. **Ein neuer Mischindicator zur chelatometrischen Bestimmung von Calcium.** V. Svoboda, V. Chromý, J. Körbl und L. Dorazil. (Talanta [London] **8,** 249—52, 1961; Brno [ČSSR], VEB Spolana, Betrieb Lachema, Central Res. Inst.; Prague [ČSSR], Research Inst. for Pharm. and Biochem.; engl.) — 9. vgl. C. **1961,** 4106. — Zu einer bes. genauen chelatometr. Ca-Best. wird ein aus *Fluoresceinkomplexon* (I) (Fluorexon, Calcein) u. *Phenolphthaleinkomplexon* (II) zusammengesetzter Mischindicator (MI) vorgeschlagen. Gegenüber **I** allein wird die Schärfe seiner Fluorescenzlöschung im Äquivalenzpunkt dadurch erhöht, daß im stark alkal. Medium (pH $\geqq$ 13) die verbleibende, bes. in Ggw. größerer Mengen Na^+ ziemlich starke Fluorescenz des freien **I** durch die intensiv purpurrote Farbe von freiem **II** maskiert wird. Umgekehrt verschwindet auch die hellgelbe Farbe des Ca-**II**-Komplexes vor dem Äquivalenzpunkt, indem sie mit der starken grünen Fluorescenz des Ca-**I**-Komplexes überdeckt wird. In dieser Weise werden die Mängel von **I** u. **II** im MI gegenseitig kompensiert. Das optimale Gew.-Verhältnis beider Komponenten beträgt **4 I : 1 II.** Zum Vgl. der Eigg. des MI mit denen von **I** allein bei der komplexometr. Titration von Ca^{2+} wurden 100 ml Lsg. mit einem Geh. von 5—50 mg Ca^{2+} u. 2 ml 5 n KOH unter Zugabe des betreffenden Indicators (festes Gemisch mit KCl 1:100) gegen 0,025 m Komplexon III-Lsg. titriert; in einigen Fällen wurde die zu titrierende, 10 mg Ca^{2+} enthaltende Lsg. mit NaCl bis zum Geh. von 200 bzw. 500 mg Na^+ versetzt. Bei der Verw. von **I** nimmt die Schärfe der Endpunktanzeige mit zunehmender Ca^{2+}-Konz. ab; zugleich wächst die Standardabweichung (s) der Titration an, so daß sie bei einer Ca^{2+}-Konz. von ca. 50 mg/100 ml $\pm$ 0,056 mg beträgt. Die Titration ist mit vorwiegend negativen Fehlern behaftet. In Ggw. von überschüssigem Na^+ überwiegen positive Fehler, u. die Titrationsgenauigkeit wird weiterhin herabgesetzt; bei 50fachem Gew.-Überschuß an Na^+ steigt s auf $\pm$ 0,073 mg an. Bei Verw. des MI bleibt hingegen der *s*-Wert selbst bei hohen Ca^{2+}-Konzz. (bis zu 50 mg/100 ml) prakt. konst. u. liegt vorwiegend innerhalb der Grenzen von ca. $\pm$ 0,02—0,03 mg. Auch bei einem bis 50fachen Na^+-Überschuß bleibt der *s*-Wert prakt. unberührt; immerhin weisen die Ergebnisse in diesem Fall ebenfalls eine schwache Tendenz zu positiven Fehlern auf. Die komplexometr. Ca-Best. mit dem MI gehört zu den genauesten Methoden. Wegen der durch die Ggw. zahlreicher Kationen hervorgerufenen Störungen ist jedoch MI ebenso wie **I** bzw. **II** nur für Titrationen sehr reiner Ca^{2+}-Lsgg. geeignet. K. Kámen/Prag G 283△

1739 **Hochfrequenztitration zur Bestimmung des Calciumgehaltes von Bauxiten.** Otto N. Klug, Giovanni D'Amore und Athos Bellomo. (Atti Soc. Peloritana Sci. fisiche, mat, natur. 8, 419—29, 1962; Budapest, Ist. di Ric. per i metalli non ferrosi; Messina, Univ., Ist. di Chim. Analit. e Chim. Generale; engl.) — Die Meth. eignet sich zur Best. von CaO-Geh. > 4%, wobei der relative Fehler ca. $\pm$ 2% beträgt. Bei CaO-Geh. zwischen 1 und 4% kann der Fehler bis zu $\pm$ 5% ansteigen. Titriert wird bei pH 6 mit Ammoniumoxalat-Lsg. in einem Vol. von 100 bzw. 200 ml. Der Ca-Geh. soll möglichst zwischen 5 u. 15 mg liegen. Al, Fe(II) sowie größere Mengen Mg stören. H. Kuchenbecker. G 283◇

1740 **Papierchromatographische Methode für Trennung und Nachweis von Cadmium und Zink.** M. R. Verma und P. K. Gupta. (Current Sci. [Bangalore] **31,** 10—11, 1962; New Delhi, Nat. Physic. Labor.; engl.) — Bei aufsteigender Entw. mit n-Butanol–wss. NH_3–Pyridin bzw. n-Amylaklohol–wss. NH_3–Pyridin (80:10:20) wandert Cd ca. doppelt so schnell wie Zn, wenn am Startpunkt 1 Trop-

fen 44%ig. KSCN-Lsg. zugesetzt wird. Der Nachw. erfolgt durch Besprühen mit $Co[Hg(SCN)_4]$- bzw. H_2S-Lsg. unter gleichzeitigem Abdecken der jeweils anderen Zone.
F.-M. Friedrich-Anderseck. G 289◇

1741 **Indiumbestimmung in hochreinem Zink.** Naim Košarić. (Kem. u Ind. [Zagreb] **10,** 110, 1961; Maglaj, Natron; kroat.) — Zur In-Best. (Mikromengen) in Zn wird das Verf. von Kosta u. Hoste (C. **1957,** 5372) empfohlen, wobei die Aktivität von ^{116}In gemessen wird.
R. K. Müller. G 296◇

1742 **Spektrochemische Bestimmung von hochreinem Indium.** H. Căldăraru. (Rev. Chim. [Bucureşti] **14,** 39 bis 41, 1963; rum.) — Mit einer 4—5 m HBr-Lsg. kann bei anschließendem Auszug mit Ae. In quant. entfernt werden. In der wss. Lsg. bleiben: Cu, Ag, Zn, Cd, Al, Pb, Bi, Cr, Mn u. Ni. Die Best. wird aus der Lsg. ausgeführt, die auf den Spektralelektroden verdampft wird. Die Fehlergrenzen liegen zwischen 9 u. 27%.
P. W. Kittner. G 296◇

1743 **Bestimmung kleiner Mengen Thallium nach der Isotopenverdünnungsmethode.** Jerzy Minczewski und Cezary Różycki. (Chem. analit. [Warszawa] **8,** 63—70, 1963; Warszawa, Politechn., Dep. of Analyt. Chem.; pol.) — Man fügt zur Analysen-Lsg. ^{204}Tl bekannter Aktivität, versetzt mit NaOH, KCN u. KNa-Tartrat u. extrahiert mit einer Lsg. von Dithizon in $CHCl_3$. Aus der organ. Phase wird Tl mit W. herausgewaschen u. abermals als Tl-Dithizonat extrahiert. Man zersetzt mit Essigsäure u. bestimmt die Aktivität der essigsauren Lösung. Die Dithizon-Lsg. wird colorimetr. bestimmt. Die Best. ist in Ggw. von Pb^{2+}, Cd^{2+}, Zn^{2+}, Fe^{3+}, Co^{2+}, Ni^{2+}, Hg^{2+}, Bi^{3+}, Ag^+ u. Cu^{2+} durchführbar.
H. Kuchenbecker. G 297◇

1744 **Photometrische Scandiumbestimmung mit Glyoxal-bis-[2-hydroxyanil].** A. Okáč und M. Vrchlabský. (Z. analyt. Chem. **195,** 338—42, 1963; Brno, Univ., Lehrst. für analyt. Chem.; dt.) — Sc^{3+} bildet bei 80° in Dimethylformamid (**I**) mit Glyoxal-bis-[2-hydroxyanil] (**II**) rotviolette Komplexe (λ_{max} bei 560 nm). Das Beersche Gesetz gilt im pH-Bereich von 4,5—5,5 für 0,4—6,2 μg Sc/ml. Die Gleichgewichtszustände, Stabilität, Komplex-Zus. u. molaren Extinktions-Koeff. wurden mit Hilfe der logarithm. Analyse bestimmt, ein photometr. Best.-Verf. wurde ausgearbeitet. Es beruht auf der Bldg. eines 1:2-Komplexes bei 150—200fachem **II**-Überschuß. Man versetzt die wss. Probe-Lsg. mit 0,6—7 μg Sc/ml mit 2,5 ml 1 m NH_4NO_3-Lsg., etwas W., 10 ml A. u. 0,5 bis 2 ml einer 0,1 m **II**-Lsg. in **I**, erwärmt ca 5 Min. lang auf 80°, füllt mit A. auf 25 ml auf u. photometriert bei 560 nm. Die Meth. ist bei Ggw. von Nd^{3+}, Y^{3+} u. La^{3+} anwendbar, wird aber von UO_2^{2+}, Cu^{2+}, Ce^{3+}, Ti^{4+}, Ce^{4+} u. Tl^{3+} gestört. Bei Ggw. von Al^{3+} muß ein 500facher **II**-Überschuß verwendet werden.
Dieter Heinrich. G 299◇

1745 **Gemeinsame Bestimmung von Äthylendiamintetraessigsäure und seltenen Erden.** G. Ss. Tereschin und I. W. Tananajew. (J. analyt. Chem. [UdSSR] **17,** 526—27, 1962; Moskau, Kurnakow-Inst. für allg. u. anorg. Chem. der Akad. der Wiss. der UdSSR; russ., Auszug: engl.) — EDTA (**I**) u. seltene Erden können in der gleichen Probe bestimmt werden, wenn man bei pH 2 (60—70°) u. Sulfosalicylsäure als Indicator zunächst **I** mit 0,04 m $FeCl_3$ titriert, danach mit NH_3 auf pH 4 neutralisiert, eine genau abgemessene, kleine Menge Komplexon III (**II**) zugibt u. mit Urotropin einen pH von 4,5—6,0 einstellt. Nun können mit **II** u. Xylenolorange als Indicator die Seltenen Erden bestimmt werden. Bei der Y-Best. betrug der relative Fehler weniger als 0,7%. Hubert Hoffmann. G 303◇

1746 **Oxydimetrische Bestimmung von Cer(III)-Salzen mit Perjodat.** J. Doležal, S. Rössler und J. Zýka. (Collect. czechoslov. chem. Commun. **27,** 1031—33, 1962; Prag, Karls-Univ., Inst. für analyt. Chem.; dt.) — Zur oxydimetr. Best. von *Ce(III)-Salzen* hat sich die potentiometr. Titration gegen KJO_4 (**I**)-Lsg. im alkal., mit $KHCO_3 + K_2CO_3$ gepufferten Medium bewährt. Die Ce(III)-Oxydation verläuft nach der Gleichung: $2\,Ce^{3+} + JO_4^- + H_2O = 2\,Ce^{4+} + JO_3^- + 2\,OH^-$. Der Titer der **I**-Maß-Lsg. wurd durch potentiometr. Titration gegen *Hydrazinsulfat*-Lsg. im $NaHCO_3$-Medium eingestellt. Die Titrationen werden in N_2 durchgeführt, die von Spuren O_2 durch Waschen mit Cr(II)-Salz-Lsg. befreit wurde; auch die CO_3^{2-}-Puffer-Lsg. muß O_2-frei sein. Die optimale CO_3^{2-}-Konz. in der zu titrierenden Lsg. ist 2 m, der optimale pH-Wert 9,8. Es werden die Pt- u. die gesätt. Kalomelelektrode verwendet. Unter diesen Bedingungen stellt sich das Potential bei der Titration von ca. 45 ml Ce^{3+}-Lsg. gegen 0,01 m **I**-Lsg. augenblicklich, in unmittelbarer Nähe des Äquivalenzpunktes in 15—30 Sek. ein. Der Wendepunkt der Titrierkurve liegt bei ca. 0,10 V u. ist durch einen Potentialsprung von 170 mV/0,02 ml Maß-Lsg. gekennzeichnet. Bei Best. von 1—10 mg Ce beträgt die mittlere Abweichung ± 1,8%, von 10—50 mg Ce ± 1,0%. Die meisten üblichen Metalle stören bis zum Geh. von 1% (bezogen auf den Ce-Geh.) nicht. In Konzz. > 1% stören Bi, Co, Cr, Cu, Fe, Ni u. Zn, vorwiegend durch Bldg. unlösl. Perjodate. Hingegen kann noch 1% Ce in Th bzw. 0,5% Ce in U bestimmt werden. Auch Metalle der seltenen Erden, z. B. 20% La, 30% Er u. 60% Y beeinflussen die Ce-Best. nicht. Die Beseitigung des störenden Einfl. einiger Elemente durch Maskierung mit Komplexbildnern gelingt wegen der teilweisen Oxydation der letzteren durch **I** nicht. Die vorgeschlagene Meth. ist gegenüber der analogen Titration von Ce(III) gegen $K_3Fe(CN)_6$-Lsg. einfacher u. schneller. K. Kámen/Prag. G 304△

1747 **Photometrische Bestimmung von Cer (IV) mit Diphenylamin.** Edith Mayaud. (Chemist-Analyst **51,** 36 bis 37, 1962; Lancaster, Pa., Radio Corp. of America, Electron Tube Div., Chem. and Phys. Labor.; engl.) — Ce(IV) wird in stark saurer Lsg. durch Oxydation von Diphenylamin (**I**) zu einem violetten Oxydations-Prod. photometr. bestimmt. Zur Best. des Gesamt-Ce wird vorher mit $S_2O_8^{2-}$ oxydiert. Das Lambert-Beersche Gesetz ist im Bereich von 0,5—15 ppm Ce(IV) erfüllt. Die Empfindlichkeit beträgt 0,015 μg Ce(IV)/cm², die Fortentwicklung ist reproduzierbar mit einer Genauigkeit von ± 1%. Die Messungen erfolgen bei 575 nm nach genau 5 Min. nach **I**-Zusatz. F. Sarfert. G 304◇

1748 **Spektrographische Analyse von Cer durch eine Trägerdestillationsmethode.** A. B. Whitehead und Howard H. Heady. (U. S. Dep. Interior, Bur. Mines, Rep. Invest. **1962,** Nr. 6091, 1—24; engl.) — Vff. beschreiben eine Meth. zur Best. von Al, Si, Ba, Ca, Cr, Mo, Co, Fe, Mn, Ni, Cu, Mg, As, Cd, Pb, Zn, Sb u. Sn in Ce. Unter In_2O_3, Zn, $PbCl_2$, $PbSO_4$, PbF_2, Cu_2Cl_2, KCl, AgCl, $BaCl_2$, NaF, Ga_2O_3 u. BaF_2 erwies sich AgCl als geeignetster Träger. Die zu den Oxiden verglühten Proben werden mit AgCl u. GeO_2 als innerer Standard vermischt u. im 20 A-Gleichstrombogen angeregt. Nachdem sich der Träger verflüchtigt hat, wird noch eine Aufnahme zur Best. der schwer flüchtigen Elemente gemacht. In diesem Falle dient Ce selbst als innerer Standard. Die Standardabweichung liegt im 20- bzw. 200 ppm-Bereich bei ca. 25 bzw. 15 Rel.-%. Der mittlere relative Fehler beträgt im 10—1000 ppm-Bereich ca. 20 Rel.-%.
P. Kurzmann. G 304◇

1749 **Das Verhalten des Europium-Ions in Carbonatlösung und dessen polarographische Bestimmung.** Seizo Misumi und Yoshitaka Masuda. (Analytica chim. Acta [Amsterdam] **28,** 188—96, Febr. 1963; Kyushu Univ., Japan, Fac. of Sci., Inorgan. Chem. Labor.; engl.) — Untersucht wird der Einfl. des pH-Wertes u. der Carbonat-Konz. auf die polarograph. Red.-Stufe u. die Elektroden-Rk. der komplexen Eu-Carbonate. In einer irreversiblen Elektroden-Rk. findet ein Ein-Elektronen-Übergang statt. Aus der Beziehung $d(E_{1/2})/d\log(CO_3^{2-})$ wird die Koordinationszahl 1 für den Eu(III)-Carbonato-Komplex abgeleitet. Für eine polarograph. Meth. zur Best. von Mikromengen Eu in Ggw. anderer Ionen, einschließlich der Lanthaniden, werden als optimale Arbeitsbedingungen angegeben: $1{,}05 \cdot 10^{-3}$ m Eu^{3+}, 1,0—1,8 m Carbonat-Hydrogencarbonat-Puffer (2 m K_2CO_3, 2 m $KHCO_3$), pH 10,1. Nach O_2-Entfernung durch N_2 wird das Halbstufenpotential $E_{1/2}$ bei — 1,730 V (SCE) gefunden. Der Analysenfehler beträgt 3%. Be, Zn, Al, Tl(I), Cu(II), Y, Sc sowie die Lanthaniden außer Ce(IV) stören nicht, jedoch ist in Ggw. von Ce(III) die

Eu-Best. möglich, falls die Ce(III)-Konz. nach O_2-Entfernung $9 \cdot 10^{-3}$ m nicht überschreitet. Störung durch UO_2^{++} (Verringerung der Eu-Stufe), Th(IV), Pb(II), MO_4^{--} (Unterdrückung der Eu-Stufe), VO_3^- (Verschiebung von $E_{1/2}$ u. Verringerung der Eu-Stufe) u. Fe(III) (Koinzidenz). E. Beyerle. G 309◇

1750 **Arsenatmethode der jodometrischen Bestimmung von Zirkonium.** G. B. Schachtachtinski und A. Ss. Ssarkissjan. (Ber. Akad. Wiss. AserbaidshanSSR **18,** Nr. 10, 31–34, 1962; Chem. Inst.; russ.) — Zr wird als Arsenat gefällt, wobei zur quant. Fällung der Nd. 1 Std. lang gekocht werden muß. Der Geh. der Lsg. an freier H_2SO_4 muß etwa 10% betragen, der Überschuß an Arsenat 40fach. Ausgewaschen wird der Nd. mit heißer 2%ig. NH_4Cl-Lsg. Die Fällung kann ohne Beeinträchtigung der Genauigkeit auch in salzsaurer oder salpetersaurer Lsg. vorgenommen werden. Die Arsenat-Lsg. wird der Zr-haltigen Lsg. erst nach getrenntem Erhitzen bis zum Sieden zugesetzt, wobei bis zum Beginn einer Trübung der Zusatz in kleinen Portionen erfolgt. Der ausgewaschene Nd. wird mit dem Filter in verd. H_2SO_4 (2:5) unter Kochen gelöst, die erhaltene Lsg. mit Bzl. u. KJ versetzt u. das ausgeschiedene J_2 mit $Na_2S_2O_3$ titriert. R. Wittwer. G 322◇

1751 **Spektrophotometrische Bestimmung von Zirkonium und andere Farbreaktionen mit Galangin.** Mohan Katyal und R. P. Singh. (Proc. Indian Acad. Sci., Sect. A **57,** 259–65, 1963; Delhi, Univ., Dep. of Chem.; engl.) — Galangin (3.5.7-Trihydroxyflavon) bildet mit Zr in 40%ig. alkohol. Lsg. im Aciditätsbereich von 0,5 n HCl bis pH 4,5 einen gelben 1:1-Komplex, dessen maximale Extinktion bei 410 nm liegt. Das Beersche Gesetz ist im Bereich 1–6 ppm Zr erfüllt. UO_2^{2+}, Th^{4+}, Cu^{2+}, Ni^{2+}, Co^{2+}, Ce^{4+}, TeO_4^{2-} u. Bernsteinsäure in angegebenen Mengen stören nicht, Malon- u. Citronensäure stören etwas, während WO_4^{2-} erhebliche Störungen hervorruft. Die Rkk. von Galangin mit Cu^{2+}, Pb^{2+}, Cd^{2+}, Hg^{2+}, Mg^{2+}, Zn^{2+}, Mn^{2+}, Co^{2+}, Ni^{2+}, WO_4^{2-}, MoO_4^{2-}, Ba^{2+}, Ce^{4+}, Fe^{2+}, Fe^{3+}, Na^+, K^+, VO^{2+} u. TiO^{2+} wurden qual. untersucht. P. Kurzmann. G 322◇

1752 **β-SNADNS-6 als chelatochromer Indicator für Thorium.** Sachindra Kumar Datta. (Z. analyt. Chem. **195,** 22–27, 1963; Coochbehar, India, Victoria Governm. Coll.; engl.) — Vgl. C. **1963,** 16475. — Vf. beschreibt ein Verf. zur direkten Titration von Th mit EDTA gegen β-SNADNS-6 [3-(Sulfo-2-naphthylazo)-4.5-dihydroxynaphthalin-2.7-disulfonsäure], das mit Th einen blauen 1:1-Komplex bildet, der wesentlich instabiler als der Th-EDTA-Komplex ist. Der Farbumschlag erfolgt von Blau nach Rosafarben. 1–50 mg Th/50 ml können im pH-Bereich 2,5–3 ebenso genau wie bei der Verw. von Xylenolorange als Indicator bestimmt werden. Das isomere α-SNADNS-6 [3-(6-Sulfo-1-naphthylazo)-4.5-dihydroxynaphthalin-2.7-disulfonsäure] eignet sich wegen des etwas schleichenden Umschlages weniger gut. Na, K, Li, Hg(II), Cd, Ag, Ca, Ba, Sr, Mg, Zn, Fe(II), NO_3^-, Cl^-, Br^- u. ClO_4^- stören nicht, Co, Ni, Mn u. Ce(III) stören nur sehr leicht, während Be, Al, Fe(III), U, Zr, PO_4^{3-}, F^-, MoO_4^{2-}, Citrat, Oxalat u. Tartrat stark stören. Die Seltenerdmetalle stören prakt. nicht. Die Störung durch Fe(III) kann durch Red. mit Ascorbinsäure oder Hydrochinon beseitigt werden, wenn Fe(III) mit Th im Gew.-Verhältnis bis zu 1:2 vorliegt. P. Kurzmann. G 324◇

1753 **Abtrennung von Blei durch Kationenaustausch.** James S. Fritz und Richard G. Greene. (Analytic. Chem. **35,** 810–14, 1963; Ames, Iowa, Iowa State Univ., Inst. for Atomic Res. and Dep. of Chem.; engl.) — Pb(II) läßt sich von sehr vielen Metallkationen durch Elution von einem Kationenaustauscher (H^+-Form) mit 0,6 n HBr-Lsg. abtrennen. Um ein Ausfallen von $PbBr_2$ zu verhindern, wird mit einer auf 50–65° erhitzten Säule gearbeitet. Störungen durch Bi(III) u. Cd(II) werden durch vorherige Elution mit verd. HCl ausgeschaltet. Sn(IV), das ebenfalls stört, kann durch Elution mit verd. HF oder durch Verflüchtigung aus $HCl–HClO_4$-haltiger Lsg. entfernt werden. H. Kuchenbecker. G 328◇

1754 **Amperometrische Bestimmung von Blei mit Diphenylthioviolursäure.** N. R. Banerjee und R. P. Singh. (J. Indian chem. Soc. **40,** 175–76, 1963; Delhi, Univ. of Delhi, Dep. of Chem.; engl.) — In einer Leitelektrolytlsg., die 2% NH_4-Acetat u. 0,02% Gelatine als Maximumdämpfer enthielt, bildet das NH_4-Salz der *Diphenylthioviolursäure* (**I**) bei pH 6,5 eine gut definierte Stufe mit dem Halbstufenpotential —0,495 V (SCE) aus, deren Höhe der I-Konz. proportional ist. Pb wird amperometr. bei —0,7 V mit einem mittleren Fehler von 2,5% bestimmt. Die Zus. des Nd. am Äquivalenzpunkt entspricht $Pb(\mathbf{I})_2$. E. Beyerle. G 328◇

1755 **Titration von Blei(II) mit Äthylendinitrilotetraessigsäure in Ggw. von Orthophosphat und Erdalkalimetallen.** Franklin H. Blood und William H. Nebergall. (Analytic. Chem. **35,** 1089–90, 1963; Bloomington, Ind., Indiana Univ., Dep. of Chem.; engl.) — Ein Probe Blei(II)-phosphat, die wenigstens 25 mg Pb enthalten soll, löst man in einigen ml 6 n HNO_3, fügt ca. 50 ml H_2O zu u. neutralisiert mit 1 n NaOH-Lösung. Man setzt 5–10 ml Acetat-Puffer-Lsg. (pH 5) zu u. titriert die Probe mit EDTA-Lsg. bis kein Nd. zurückbleibt. Dann fügt man 50 ml A. u. 10 Tropfen PAN-Indicator-Lsg. zu u. titriert mit Cu(II)-Lsg. bis zum Farbumschlag von Gelb nach Violett zurück. Cu(II), Ni, Hg(II), Fe(III), Cd, Zn u. Al stören R. John-Bilal. G 328◇

1756 **Untersuchung der Schnellanalyse durch Radioaktivierung.** 2. Mitt. **Gleichzeitige Bestimmung von Vanadin und Aluminium in Graphit.** Minoru Okada. (Rep. Government chem. ind. Res. Inst., Tokyo **58,** 7–10, 1963; jap., Auszug: engl.) — 1. vgl. C. **1964,** 1–1692. — Man bestrahlt die Probe 3 Min. lang im Kernreaktor mit Neutronen ($3 \cdot 10^{11}$ Neutronen/$cm^2 \cdot s$) u. zählt die Aktivität 2 Min. lang mit einem 2 m dicken, mit einem 256-Kanal-Impulshöhenanalysator verbundenen NaJ-Kristall-Zählrohr. Die von ^{52}V u. ^{28}Al verursachten Photopeaks werden bestimmt. Die Erfassungsgrenze beträgt 10^{-1} ppm, die Schwankung ca. 10% für 0,1 ppm V u. ca. 20% für 0,2 ppm Al. W. Wesly. G 330◇

1757 **Untersuchung der Schnellanalyse durch Radioaktivierung.** 3. Mitt. **Bestimmung von Selen durch ^{77m}Selen (17 s).** Minoru Okada. (Rep. Government chem. ind. Res. Inst., Tokyo **58,** 11–15, 1963; jap., Auszug: engl.) — 2. vgl. vorst. Referat. — Man bestrahlt die Probe 20 Sek. lang im Kernreaktor mit $3 \cdot 10^{11}$ Neutronen/$cm^2 \cdot s$ u. mißt die induzierte Aktivität mit dem 256-Kanal-Scintillations-Spektrometer. Bei dem aus 2 Teilen bestehenden Zählvorgang von je 20 Sek. Dauer benutzt man je die Hälfte der Kanäle u. bestimmt Se aus dem Photopeak des γ-Spektrogramms. Die Schwankungen betragen ca. 10% bei Se-Mengen von 10^2 bis 10^{-2} ppm. W. Wesly. G 254◇

1758 **Colorimetrische Untersuchungen über die Reaktion von Vanadin(V) mit organischen Säuren.** R. K. Mittal und R. C. Mehrotra. (Z. analyt. Chem. **196,** 92–95, 1963; Jaipur, India, Rajasthan Univ., Chem. Labor.; engl.) — Erhitzt man eine NH_4VO_3-Lsg. mit der wss. Lsg. von Essig-, Bernstein-, Malon-, Benzoe- oder Phthalsäure einige Min. lang zum Sieden, so erhält man eine intensive Gelbfärbung, deren Extinktion bei 410 nm dem Beerschen Gesetz gehorcht. Die Farbe ist über 24 Std. lang stabil. Die Gelbfärbung kann man durch Zusatz von Oxal- oder Citronensäure schwächen, wodurch sich indirekte photometr. Meth. zur Best. dieser Säuren ergeben. R. John-Bilal. G 330

1759 **Analyse von Niob und Nioblegierungen.** W. T. Elwell und D. F. Wood. (Metallurgia [Manchester] **65,** 308–10, 1962; engl.) — Überblick. — 13 Literaturangaben. F. Vier. G 331◇

1760 **Oscillographische Bestimmung von Wismut und Chloridionen.** Dalibor Weiss. (J. electronalyt. Chem. [Amsterdam] **5,** 62–67, 1963; Prag, Inst. für Erzforsch.; dt.) — Der selektive Depolarisationseffekt von Cl^--Ionen in Ggw. von Bi^{3+}-Ionen wurde in 1 m $HClO_4$ oscillographisch untersucht. Dabei fand mit wachsender Cl^--Konz. allmählich Übergang von irreversibler zu reversibler Depolarisation statt. Gleichzeitig war bei konst. Bi-Konz. die Größe des kathod. Bi-Einschnitts der Cl^--Konz. proportional. Umgekehrt war bei konst. Cl^--Konz. die Größe des Bi-Einschnitts der Bi-Konz. proportional. Die Best. von Bi in 1 m $HClO_4$ u. 0,2 m NH_4Cl(NaCl) sowie die Best. von Cl^- (Konz. Bereich: $10^{-3}-10^{-1}$ m) in 1 m $HClO_4$ u. $1{,}0 \cdot 10^{-4}$ m Bi^{3+} werden durch Cu u. As gestört. Zn^{2+}, Sb^{3+}, Sn^{4+}, Cd^{2+}, Fe^{3+} u. Pb^{2+} stören, sobald ihre Konz. die des Bi übersteigt; bei geringen Konzz. dieser Kationen Bi- bzw. Cl^--Best. nur mit Hilfe einer vergleichenden Titration z. B. mit zwei synchronisierten Elektroden durchführbar. Von den Anionen stören Br^-, J^-, S^{--} u. SO_3^{--}. Die Meth. ist bes. geeignet zur Best. von Bi u. Cl^- in Mineralwasser, Nitraten, Sulfaten, Chloraten, Perchloraten u. biolog. Material. Analysenfehler beträgt 6—7%. Bi-Best. in mineral. Erzen ist nur nach Abtrennung des Bi möglich, am besten durch Extraktion mit Diäthyldithiocarbamat (I). Arbeitsvorschrift: 3—5 g Erzprobe in 30 ml Königswasser lösen, abdampfen bis zur Trockne, mit 10 ml konz. HCl aufnehmen u. mit 30 ml H_2O in der Hitze digerieren. Nach Filtration die Lsg. zu 80 ml gesätt. EDTA-Lsg. geben, mit konz. NH_4OH bis zur Rotfärbung neutralisieren, 25 ml 50%ig. wss. Triäthanolamin-Lsg., 10 ml 20%ig. K-Na-Tartrat-Lsg., 20 ml 10%ig. KCN-Lsg., 0,25 g **I** u. 15 ml CCl_4 zufügen u. mehrmals extrahieren. Eindampfen der gesammelten Extrakte zur Trockne. Nach Aufnehmen des Rückstands mit 5 ml $HClO_4/HNO_3$ (3:2) abrauchen, Rückstand in 2 ml $HClO_4$ u. 5 ml H_2O lösen, in 25 ml Meßkolben überführen, 1 ml 5 m NH_4Cl-Lsg. zugeben u. oscillographieren.

E. Beyerle. G 334◇

1761 **Verwendung von Diammonium-5.5'-indigodisulfonat zur Bestimmung von Wismut.** B. D. Jain und J. J. Singh. (Z. analyt. Chem. **196,** 189—92, 1963; Delhi, Univ. of Delhi, Dep. of Chem.; engl.) — Bi fällt quant. im Bereich von pH 1,5—3,0 bei Zugabe einer wss. Diammonium-5.5'-indigodisulfonatlösung. Der Komplex wird zu Bi_2O_3 verglüht u. ausgewogen. Die Best. wird durch die 10fache Menge an Be, Al, Fe(III), Ti(IV) u. U(VI) sowie nach Zusatz von Glycin durch die 5fache Menge an Cu, Cd, Zn, Co u. Ni nicht beeinträchtigt.

L. Hoppe. G 334◇

1762 **Anwendung von Phosphorsäure-Butanolestern in der Chemie des Molybdäns. 2. Mitt. Trennung von Mo(VI) mit Di-n-butylphosphat.** András Kiss. (Magyar Kémiai Folyóirat [Ung. Z. Chem.] **69,** 131—35, 1963; Budapest, Verein. Glühlampen u. Elektr. A.G.; ung.) — 1. vgl. C. **1963,** 6505. — Vf. untersuchte die Trennungsmöglichkeiten von Mo(VI) durch Extraktion mit Di-n-butylphosphat in 0,5 n HCl bzw. 10 n HNO_3. Die Trennung ist nicht selektiv, kann durch Zugabe von Komplexbildnern verbessert werden, aber es verbleiben U, Ti, Th, Sn, In u. Ga neben Mo in der organ. Phase. Spezif. wird die Trennung, wenn nach der Extraktion die organ. Phase mit einer 0,5 n HCl u. 1,5% H_2O_2 enthaltenden Lsg. geschüttelt wird, wobei Mo als Peroxid in die wss. Phase übergeht, u. die übrigen Ionen in der organ. Lsg. verbleiben. Die Trennung ist aus 10 n HNO_3 weniger spezifisch. J. Plank. G 336△

1763 **Die chelatometrische Bestimmung von Wolfram.** Yü-Lung Pan. (Acta chim. sinica **28,** 341—43, 1962; Kwongtung, Hsin-Hui-Distr., Analyt. Labor.; chin., Auszug: engl.) — Zur chelatometr. Best. von W(VI) versetzt man die leicht saure WO_4^{2-}-Lsg. mit 0,05 m Pb-Acetat-Lsg., wäscht den entstandenen Nd. mit 2%ig. NH_4-Acetat-Lsg. (mit Essigsäure leicht angesäuert) aus, löst den Nd. mit einer 4% NaOH u. 10% Weinsäure enthaltenden Lsg., stellt auf pH 4 ein, versetzt mit Puffer-Lsg. (pH 10). Eriochromschwarz T u. einer bestimmten Menge 0,02 m EDTA-Lsg. u. titriert mit $ZnCl_2$-Lsg. zurück. Das Verf. ist auf Proben mit 12—150 mg WO_3 anwendbar. W. Wesly. G 337◇

1764 **Anreicherung geringer Mengen von Uran an Ionenaustauscherharzen mit seiner anschließenden spektrographischen Bestimmung.** T. M. Moroschkina. (J. analyt. Chem. [UdSSR] **17,** 963—65, 1962; Leningrad, Shdanow-Univ.; russ., Auszug: engl.) — Vf. beschreibt eine spektralanalyt. Meth. zur Best. geringer Mengen von U in Zr-haltigen Erzen. Die Anreicherung des U u. Abtrennung vom Zr erfolgt an dem starksauren Sulfokationiten KU-2 (H^+-Form). Mit dem Verf. können noch 10^{-5} g (0,005%) U bis zu einem U/Zr-Verhältnis von 1/250 bestimmt werden. Die Genauigkeit der Meth. beträgt 8—10%. H.-P. Pietsch. G 339◇

1765 **Bestimmung von Uran in Spuren durch Neutronenaktivierungsanalyse.** Dirk Decat, Benjamin van Zanten und George Leliaert. (Analytic. Chem. **35,** 845 bis 47, 1963; Mol, Belgium, Centre d'Etude de l'Energie Nucl., Chem. Dep., engl.) — Die Meth. zur Best. von U-Spuren in Klee, menschlichem Harn, Al u. Reinst-Al beruht auf der Rk. $^{238}U(n, \gamma)^{239}U$ u. Messung der 74 keV-Linie von ^{239}U. Die Probe wird bei einem therm. Neutronenfluß von ca. $10^{12}\,n \cdot cm^{-2} \cdot s^{-1}$ 20 Min. lang bestrahlt. Die chem. Abtrennung des ^{239}U muß wegen seiner kurzen Halbwertszeit von 23 Min. schnell erfolgen; es bewährte sich die einigermaßen selektive Extraktion des U mit eines Lsg. von 2,5 Vol.-% Tri-n-octylamin in Kerosin aus schwefelsaurem Medium. Die Erfassungsgrenze für eine Abtrennungszeit von 20—30 Min. wurde zu ca. $5 \cdot 10^{-11}$ g berechnet. Der Fehler beträgt dann ca. 30 Rel.-%, während er bei U-Mengen von ca. $5 \cdot 10^{-3}$ μg 5 Rel.-% beträgt. P. Kurzmann. G 339◇

1766 **Die Anwendung der Methode der amperometrischen Titration mit zwei Indicatorelektroden auf die Uranbestimmung.** N. I. Udalzowa. (J. analyt. Chem. [UdSSR] **17,** 476—80, 1962; Moskau, Vernodsky-Inst. für Geochem. u. anal. Chem. der Akad. der Wiss. d. UdSSR; russ., Auszug: engl.) — Die dead-stop-Meth. erlaubt die U-Best. mit einer Genauigkeit von $\pm 1{,}5\%$ bis hinab zu Konz. von 1,5—2 mg/ml.

Versuche: Mit Bi bzw. Cd zu U(IV) red. Uranylsulfat (4,32—0,173 mg) werden in 50—60 ml mit 0,0045 oder 0,00045 n $Ce(SO_4)_2$, NH_4VO_3, $NH_4Fe(SO_4)_2$, $K_2Cr_2O_7$ bzw. $KMnO_4$ titriert bei einem Elektrodenpotential von 0,1—0,3 V u. einem pH von 1,0—1,5. Bei Ggw. von Tartrat u. einem pH von 0,7—1,5 stören auch Fe u. V nicht; die Resultate sind allerdings wenig erhöht. Geringe Mengen U(VI) (1,16 mg/50 ml) können in 1 n KCl bei einem Potential von 0,4 V mit 0,004 m $K_4[Fe(CN)_6]$ tirtiert werden.

Hubert Hoffmann. G 339◇

1767 **Coulometrische Bestimmung von Uran(VI) in Uran-Nioblegierungen bei kontrolliertem Potential.** W. D. Shults und Louise B. Dunlap. (Analytic. Chem. **35,** 921—23, 1963; Oak Ridge, Tenn., Oak Ridge Nat. Labor., Analytic. Chem. Div.; engl.) — Ist das Gew.-Verhältnis Nb : U $\leqq$ 3 : 1, so kann die Best. des U-Geh. in Ggw. von Nb vorgenommen werden. Die Probe, die ca. 5 mg U enthalten soll, wird zur Entfernung von NO_3^- u. F^- mit konz. H_2SO_4 abgeraucht, zur Maskierung von Nb mit Oxalsäure-Lsg. versetzt u. mit H_2SO_4 verdünnt. Nach Entlüftung der Lsg. mit He u. Vor-Red. bei + 0,075 V wird an einer Hg-Kathode bei — 0,325 V (gegen Standardkalomelelektrode) U(VI) zu U(IV) coulometr. reduziert. Bei einem Gew.-Verhältnis Nb : U > 3 : 1 muß Nb abgetrennt werden. Hierzu extrahiert man mit Tri-n-octylphosphinoxid in Cyclohexan, wäscht das Nb mit Milchsäure-Lsg. aus der organ. Phase heraus u. bestimmt nach Rückextraktion des U mit $(NH_4)_2SO_4$-Lsg. den U-Geh. wie oben. Die relative Standardabweichung beträgt für beide Meth. $\pm 0{,}1$ bis $\pm 0{,}2\%$.

H. Kuchenbecker. G 339◇

1768 **Röntgenemissionsanalyse von Gemischen aus Plutonium- und Uranverbindungen.** Oscar Menis, E. K. Haltman und E. E. Garcia. (Analytic. Chem. **35,** 1049—52, 1963; Apollo, Pa., Nucl. Materials and Equipment Corp., Advanced Materials Center; engl.) — Vff. beschreiben eine Meth. zur Analyse von Pu u. U nebeneinander in schwer aufschließbaren Oxidgemischen u. geschmolzenen Legierungen. Die Oxide werden mit $K_2S_2O_7$ aufgeschlossen. Zur Umgehung des zeitraubenden Brikettierens wurde eine bes. Gieß-Meth. entwickelt. Für Proben mit gleichbleibender Zus. können Eichkurven u. Pu : U-Intenstiätsverhältnisse zur Auswertung herangezogen werden. Die Standardabweichung ist in diesen Fällen < 0,4 Rel.-%. Bei Gemischen mit einem hohen Geh. an andern Elementen wird Th als innerer Standard zugesetzt. Gemessen werden die Lα1-Linien. Die fehlende Linearität bei den Pu/Th- u. U/Th-Verhältnissen wird mit der Selbstanregung bei U u. den Transuranen erklärt. P. Kurzmann. G 343◇

1769 **Die Bestimmung von Plutonium durch Titration mit Äthylendiamintetraessigsäure.** W. B. Brown, D. R. Rogers, E. A. Mershad und W. R. Amos. (Analytic. Chem. **35**, 1000—02, 1963; Miamisburg, Ohio, Monsanto Res. Corp., Mound Labor.; engl.) — Vff. beschreiben eine direkte (**I**) u. eine indirekte (**II**) Titrationsmeth. mit EDTA. Bei Pu-Mengen im Bereich von 8—40 mg beträgt die Genauigkeit der Meth. **I** $\pm$ < 0,1 mg, diejenige der Meth. **II** $\pm$ 0,2 mg. Die Standardabweichung wurde zu $\pm$ 0,08 gefunden. Bei Meth. **I** wird die Pu-Lsg. mit H_2SO_4 (1 : 1) u. HNO_3 (konz.) abgeraucht, mit Eisessig versetzt, mit Na-Acetat auf pH 2,5—3,0 eingestellt u. mit einer 0,002 m EDTA-Lsg. gegen den Endpunkt einer Cu-1-(2-pyridylazo)-2-naphthol-Lsg. (Cu-PAN) titriert. Bei Meth. **II** wird zu der nach Meth. **I** titrierten Pu-Lsg. eine auf pH 3 gepufferte NH_4F-Lsg. gegeben, wodurch der Pu-EDTA-Komplex aufgespalten u. EDTA freigesetzt wird. EDTA wird dann mit einer 0,0200 m $Cu(NO_3)_2$-Lsg. bis zum rosafarbenen Endpunkt des Cu-PAN-Komplexes zurücktitriert. Kationen, die mit EDTA ganz oder teilweise im pH-Bereich 2,5—3,0 titrierbar sind, stören. F. Weigel. G 343◇

1770 **Das Technetium und seine analytischen Eigenschaften.** Suzanne Tribalat. (Chim. analytique **44**, 523—26; 1962, franz.) — Übersicht über die Eigg. u. Anwendungsmöglichkeiten des Tc sowie über die Verff. zur Abtrennung u. Best. derselben. — 12 Literaturangaben. E. Klever. G 351◇

1771 **Polarographische und coulometrische Bestimmung von Technetium.** G. B. S. Salaria, Charles L. Rulfs und Philip J. Elving. (Analytic. Chem. **35**, 979—82, 1963; Ann Arbor, Mich., Univ. of Michigan; engl.) — Vff. untersuchten die polarograph. u. coulometr. Best. von Tc(VII). Bei pH 2 (Leitelektrolyt: 0,5 m KCl + HCl, auf pH 2 eingestellt) liefert Tc(VII) drei diffusionsbedingte Stufen mit den Halbstufenpotentialen $E_{1/2}$ = —0,14, —0,91 u. —1,12 V. Für die Stufe mit —0,14 V ergibt sich im Bereich 0,01—0,2 mMol für die Diffusionsstromkonst. der Wert 11,9 $\pm$ 0,1, so daß Tc in Konzz. bis zu 0,01 mMol mit einer Genauigkeit von 0,8% bestimmbar ist. — Bei pH 13 (Leitelektrolyt: 0,25 m K_2SO_4 + KOH, auf pH 13 eingestellt) liefert Tc(VII) eine diffusionsbedingte Stufe mit $E_{1/2}$ = —0,81 V, eine absorptionsbedingte mit $E_{1/2}$ = —1,02 V u. eine katalyt. bedingte mit $E_{1/2}$ = —1,60 V. Für die Stufe mit $E_{1/2}$ = 0,81 V beträgt die Diffusionsstromkonst. 6,32 $\pm$ 0,13, für die mit $E_{1/2}$ = —1,02 V 3,50 $\pm$ 0,03. Beide Stufen sind für die polarograph. Best. verwertbar. Tc(VII) ist neben Re(VII) bei pH 2 bestimmbar. Eine Simultanbest. beider Elemente in 2 m HCl ist möglich. F. Weigel. G 351◇

1772 **Anwendung der flüssigen Ionenaustauscherharze in der Analyse.** 1. Mitt. **Reaktion von Eisen.** H. Green. [Metallurgia [Manchester] **65**, 305—07, 1962; British East Iron Res. Assoc.; engl.) — Mit dem fl. Anionenaustauscher Amberlite L. A. 1 (**I**) läßt sich Fe aus mineralsauren Lsgg. ($HClO_4$, H_2SO_4, HNO_3, HCl) nicht quant. extrahieren. Die höchste Extraktion ergab sich aus 90%ig. HCl mit 43% der vorgelegten Fe-Menge in der Austauscherphase nach zweimaligen Extrahieren. Die bessere Äther- oder Esterextraktion bei der geringe Fe-Mengen in der wss. Phase verbleiben, läßt sich jedoch durch nachfolgende Extraktion mit **I** vervollständigen. Durch 10%ig. H_2SO_4, 5%ig. $HClO_4$ oder 5%ig. HCl läßt sich andererseits Fe aus dem fl. Austauscher auswaschen. F. Vier. G 354◇

1773 **Coulometrische Bestimmung kleiner Eisen(II)-Mengen durch innere Elektrolyse.** Chrissto Scheitanow. (Annu. Inst. chim.-technol. [Sofia] **6**, Nr. 2, 29—32, 1959, herausgeg. 1961; bulg., Auszug: dt.) — Die App. besteht aus einem Mikrocoulometer von Proszt u. Poos u. einer Zelle für innere Oxydationselektrolyse (Arbeitselektrode aus Pt-Netz, sowie mit Brei aus Bleidioxid u. H_2SO_4 getränkter Graphitelektrode; Trennungsmembran). Als Elektrolyt wird 0,1 n H_2SO_4 benutzt. Die abs. Genauigkeit der Meth. beträgt 0,7 γ bei der Analyse von 4—20 γ Fe(II)-Ionen. Ch. Weiske. G 354◇

1774 **Coulometrische Bestimmung von Eisen(II)-Ionen durch innere Elektrolyse nach ihrer Vorreduktion in einer Säule mit elementarem Silber.** Chr. Scheitanow, N. Todorowa und D. Boikowa. (Annu. Inst. chim.-technol. [Sofia] **6**, Nr. 2, 35—40, 1959, herausgeg. 1961; bulg., Auszug: dt.) — Die Meth. ermöglicht die Best. von 160—1600 γ Fe(III) nach Red. von Fe(III) zu Fe(II). Der mittlere abs. Fehler beträgt $\pm$ 5 γ. Ch. Weiske. G 354◇

1775 **Die Anwendung überwachter Atmosphären zur Ausschaltung interelementarer Einflüsse auf die spektrographische Analyse mit besonderer Berücksichtigung der Analyse stark legierter Stähle.** S. Muir, A. D. Ambrose und D. W. Swingler. (Metallurgia [Manchester] **67**, 251—57, **1963**; Stewarts and Lloyds, Ltd.; engl.) — Die spektrograph. Analyse stark legierter Stähle durch direkte Erregung der festen Probe führt infolge intraelementarer Störungen zu unrichtigen Werten. Die Störungen werden durch lange Vorfunkenzeit vermindert, wodurch die Dauer der Unters. erhöht wird. Daher wird die Erregung in einer N_2-Atmosphäre empfohlen, wozu ein näher beschriebenes Gerät dient. W. Wesly. G 354◇

1776 **Kohlenwasserstoffe in Gasen, die bei der Vakuumextraktion bei 600° von Stahl entwickelt werden.** K. Sachs und M. Odgers. (Nature [London] **197**, 373—78, 1963; Lanesfield, Wolverhampton, Keen and Nettlefolds Group Res. Labor.; engl.) — Bei der Best. von *H* in Stahl durch Vakuumextraktion wurde gefunden, daß sich KW-Stoffe bilden können u. daher Vorsorge getroffen werden muß, um die KW-Stoffe vollständig zu zersetzen. Anderenfalls ergibt die H-Best. zu niedrige Werte. Ernst Schulte. G 354◇

1777 **Über die quantitative Bestimmung von interstitiell gelöstem N und C durch innere Reibung.** Kôichi Aoki, Shôzô Sekino und Toshiyuki Fujishima. (Nippon Kinzoku Gakkai-Si [J. Japan Inst. Metals] **26**, 47—51, 1962; Yawata Iron and Steel Co.; jap., Auzsug: engl.) — Interstitiell in Fe gelöstes N u. C können mit Hilfe transversaler (600 Hz) oder von Torsionsschwingungen quant. bestimmt werden. Es gilt prakt.: Gew.-% N bzw. C = 0,0043 · T · Q^{-1}_{max}, wobei T die Temp. u. Q^{-1}_{max} die Höhe des Snoek-Maximums bedeuten. Die Höhe des Snoek-Maximums ist der Temp. des Maximums zwischen 100 u. einigen Tausend Hz proportional. W. Wesly. G 354◇

1778 **Die Bestimmung kleinster Borgehalte unlegierter und legierter Stähle.** Karl-Friedrich Lüdemann und Reiner Zimmermann. (Neue Hütte **8**, 21—26, 1963; Freiberg i. Sa., Berg-Akademie, Eisenhütten-Inst.; dt.) — Beschreibung eines Verf. zur B-Best. in Stählen, die in H_2SO_4 lösl. sind. Es eignen sich hierzu die Dest.-Meth. zur Abtrennung u. das Dianthrimidverf. zur Best. des Endpunktes am besten. Die verschiedenen Einfl. u. Störungen des Verf. werden beschrieben. H. Hochstein. G 354◇

1779 **Komplexometrische Bestimmung von Schwefel in Eisen und niedrig legiertem Stahl.** S. Turina und V. Marjanović-Krajovan. (Z. analyt. Chem. **196**, 32, 1963; Zagreb, Technol. Fak. Zagreb, Inst. für analyt. Chem.; dt.) — Die Meth. zur Best. von S in Gußeisen u. Stahl durch Entw. von H_2S wurde dahin abgeändert, daß das H_2S nicht jodometr., sondern aus der Differenz der komplexometr. Best. von Cd in einer $Cd(CH_3COO)_2$-Lsg. vor u. nach dem Einleiten bestimmt wird. Man titriert mit ÄDTA-Lsg. in einer mit NH_4OH/NH_4Cl gepufferten Lsg. unter Verw. von Eriochromschwarz T als Indicator bis zum Umschlag von Rot nach Grün. Bei einer Einwaage von 1 g soll der S-Geh. möglichst zwischen 0,1 u. 0,15% liegen. H. Kuchenbecker. G 354◇

1780 **Die komplexometrische Schwefelbestimmung nach dem Entwicklungsverfahren.** Sigmar Spauszus und Claus Schwarz. (Neue Hütte **8**, 40—41, 1963; Magdeburg, Dt. Amt für Material- u. Warenprüfung, Prüfdienststelle Metallchem.; dt.) — Die komplexometr. Best. des S-Geh. in unlegierten Stählen u. Roheisen nach dem Entw.-Verf. unter Verw. einer Cd-Acetat-Lsg. zur Einleitung des H_2S erwies sich als rasch, bequem u. zuverlässig. H. Hochstein. G 354◇

1781 **Ein neuartiges Verbrennungsverfahren zur genauen Schwefelbestimmung in Gießereiroheisen.** Hans Horn und Eberhard Kendler. (Neue Hütte **8**, 31—35, 1963; Calbe/Saale; dt.) — Als Voraussetzungen für eine genaue S-Best. nach dem Verbrennungsverf. wurden ein möglichst kurzer Weg vom Verbrennungsraum zum Absorptionsgefäß sowie Verhinderung der SO_3-Bldg. u. der S-Absorption durch Ausschaltung von Fe(III)-Oxidstaubbldg. ermittelt. Die erste Voraussetzung wurde apparativ gelöst u. die zweite durch Verw. von Luft anstelle von O_2 zur Verbrennung. Es wird angenommen, daß bei dem Luftabsaug-Verbrennungsverf. nur Fe_3O_4 im Gegensatz zu dem sonst entstehenden Fe_2O_3 gebildet wird. Das neue Verf. erwies sich dem bisherigen Entw.-Verf. als ebenbürtig. H. Hochstein. G 354◇

1782 **Untersuchungen über Extraktion und Bestimmung von Metallsalzen mit Methylisobutylketon.** 5. Mitt. **Photometrische Bestimmung von Mikromengen Kobalt in Eisen und Stahl.** Michiko Namiki, Yachiyo Kakita und Hidehiro Gotô. (Sci. Rep. Res. Inst. Tôhoku Univ., Ser. A **14**, 300—08, 1963; Res. Inst. for Iron, Steel and Other Metals; engl.) — 4. vgl. Sci. Rep. Res. Inst. Tôhoku Univ., Ser. A **14**, [1962], 239. — Zur photometr. Best. von Mikromengen Co in Fe u. Stahl wird der größte Fe^{3+}-Teil aus HCl-Lsg. mit Methylisobutylketon (I) abgetrennt. Das in der wss. Phase verbleibende Fe^{3+} wird mit $SnCl_2$-Lsg. red., der SCN-Komplex von Co mit I extrahiert u. photometr. (Absorptionsmaximum bei 630 nm) bestimmt. Erfassungsgrenze: ca. 0,001% Co. W. Wesly. G 354

1783 **Bedingungen für die polarographische Bestimmung von Kupfer und Eisen in Gegenwart eines großen Überschusses Zink.** Wiktor Kemula, Stanisław Rubel und Gabriela Zakrzewska. (Chem. analit. [Warszawa] **8**, 51—58, 1963; Warszawa, Univ., Dep. of Inorg. Chem.; pol.) — Polarograph. Best. von Cu u. Fe in $4 \cdot 10^{-5}$ bis $2 \cdot 10^{-4}$ m Lsgg. mit einem bis zu 10fachen Überschuß an Zn wurden durchgeführt. Als Grundelektrolyt diente Triäthanolamin in alkal. Medium. Das Zn wurde mit einem Überschuß an NaOH in Lsg. gehalten. Unter den gegebenen Bedingungen kommt es jedoch leicht zur Bldg. eines Nd. von kristallinem $Zn(OH)_2$, bes. bei Ggw. von SO_4^{2-} u. NO_3^-, wodurch die Reproduzierbarkeit stark beeinträchtigt wird. Durch zusätzliche Komplexierung des Zn mit Äthylendiamin konnte der relative Fehler für den Cu-Geh. auf $\pm 1{,}5\%$ u. für den Fe-Geh. auf $\pm 4\%$ begrenzt werden. H. Kuchenbecker. G 358◇

1784 **Volumetrische Bestimmungen mit dead stop-Indication.** 6. Mitt. **Titration von Silberionen und Quecksilberionen nebeneinander.** Sándor A. Kiss. (Z. analyt. Chem. **195**, 249—51, 1963; Kazincbarcika, Ungarn, Borsodi Vegyi Kombinát; dt.) — 5. vgl. C. **1963**, 15917. — Ag^+-Ionen können mit einer KJ-Maß-Lsg. in Ggw. von $K_2Cr_2O_7$ unter Verw. der Dead stop-Indication titriert werden. Im Endpunkt der Titration wächst die Stromstärke durch das freigesetzte J_2 sprunghaft an. In Ggw. von Hg^{2+} kann nach dieser Meth. die Summe $Ag^+ + Hg^{2+}$ bestimmt werden. Die Hg^{2+}-Konz. kann durch Titration mit Thiosulfat ermittelt werden. Die Meth. eignetsich zur Analyse von Ag-Amalgamen. P. Kurzmann. G 359◇

1785 **Polarographische Bestimmung von Rhodium als Komplexonat.** N. A. Jeserskaja und W. N. Filimonowa. (J. analyt. Chem. [UdSSR] **17**, 972—78, 1962; Moskau, Akad. Wiss. UdSSR, Kurnakow-Inst. für allg. anorg. Chem.; russ., Auszug: engl.) — Im pH-Bereich 4 bis 8 bildet Rh 2 Verbb. mit EDTA (Komplexon III). Das Polarogramm zeigt 2 Stufen (1. Rh(III), irreversibel, 2. katalyt. Wasserstoffwelle). Die polarograph. Best. wird mit einer 10—20fachen Komplexon-Menge günstig bei pH = 6—7 vorgenommen. Das Halbstufenpotential ist abhängig von der NaCl-Konz. des Leitelektrolyten (0,1 mM/l NaCl 0,91 V, 2 M/l 0,885 V), dem pH und der Höhe des Hg-Niveaus. Es können Rh-Mengen zwischen $3 \cdot 10^{-2}$—1 mM/l bestimmt werden. Andere Metalle stören bis zu folgenden Rh–Me-Verhältnissen nicht: Ir 1 : 10, Pt 10 : 1, Ru 3 : 1, Pd 1 : 3, Cu 1 : 4, Fe 1 : 10, Ni 1 : > 10, Co 1 : > 10, Pb 1 : > 10, Se 6 : 1, Te 12 : 1, Ba 1 : 40 und Hg 1 : 5. W. Pötsch. G 364◇

1786 **Bestimmung von Rhodium in Rhodium-Uranlegierungen durch Fällung mit Schwefelwasserstoff.** E. June Maienthal. (Analytic. Chem. **35**, 1094—95, 1963; Washington, D. C., Nat. Bur. of Standards; engl.) — Man löst die Probe bei Rh-Geh. < 35% in konz. HCl unter tropfenweisem Zusatz von H_2O_2; bei höherem Rh-Geh. verwendet man 15 ml konz. HCl u. 0,3 ml konz. $HClO_4$ u. löst im abgeschmolzenen Rohr bei 300°. Die Lsg. dampft man auf 10 ml ein, verd. auf 100 ml mit W. u. filtriert. Zum Filtrat setzt man 10 ml konz. HCl zu, füllt mit W. auf 400 ml auf, erhitzt zum Sieden u. leitet in der Siedehitze 1 Std. lang u. während des Abkühlens eine weitere $^1/_2$ Std. lang H_2S ein. Die Lsg. bleibt über Nacht stehen. Dann wird der Nd. abfiltriert, mit H_2S-gesätt. 2 n HCl gewaschen, bei 600° geglüht u. in der Wärme mit H_2 reduziert. Um mitgefälltes U zu entfernen, behandelt man den Rückstand $^1/_2$ Std. lang mit 5 ml 50%ig. HNO_3 bei 80°, fügt 5 ml 20%ig. HNO_3 zu, filtriert, wäscht mit 1%ig. HNO_3, glüht u. red. wie beschrieben. R. John-Bilal. G 364◇

1787 **Direkte spektrographische Bestimmung von Spurenverunreinigungen in hoch gereinigtem Platin.** A. J. Lincoln und J. C. Kohler. (Engelhard Ind., Inc., techn. Bull. **3**, 53—60, 1962; Newark, N. J., Engelhard Ind., Res. and Developm. Div.; engl. — C. **1963**, 8282.) A.-M. Fretzdorff. G 368◇

b) Organische Verbindungen

1788 **Über die Adsorption der Stickoxide bei der C–H-Bestimmung. Verwendung von Bleidioxid zur Innenabsorption.** Gerald Kainz und Josef Mayer. (Mikrochim. ichnoanalyt. Acta [Wien] **1963**, 481—94, Wien, Univ., Analyt. Inst.; dt.) — Bei der Unters. der Absorption der N-Oxide an PbO_2 wurde festgestellt, daß die Absorptionsleistung sowohl von den Einsatzbedingungen, wie Temp. u. Länge der PbO_2-Schicht, Geschw. des Spülgases u. bereits absorbierte NO_2-Menge, als auch von der Herst. des Präp. (Oberfläche) abhängt. Die Einfl. dieser Faktoren werden im einzelnen dargestellt u. Verff. sowie App. zur Best. des Absorptionswertes, der Absorptionskapazität u. der Durchbruchskapazität neuer PbO_2-Präpp. mitgeteilt. J. Peters. 5352◇

1789 **Zur Außenabsorption der Stickoxide bei der C–H-Bestimmung. Die Retentionswirkung verschiedener Präparate gegenüber Kohlendioxid.** Gerald Kainz und Josef Mayer. (Microchim. ichnoanalyt. Acta [Wien] **1963**, 542—51, dt.) — Vgl. vorst. Referat. — Vff. untersuchten die CO_2-Retention von Präpp., die zur Außenabsorption der Stickoxide verwendet werden, (gefälltes MnO_2 u. PbO_2). Bei allen Präpp. tritt eine Retention auf, wenn sie bei höheren Temp. vorgetrocknet werden. Auch bei 20° tritt eine sehr geringe CO_2-Retention auf, wenn (wie bei der C–H-Analyse) ein trockenes Spülgas darübergeleitet wird. Die CO_2-Sorption ist vermeidbar, wenn die Sorptionsstellen hinreichend durch gelegentliches Überleiten von feuchtem O_2 mit W. abgesättigt sind. Die Ursachen der CO_2-Retention werden diskutiert. Die Retention erfolgt z. T. an den OH-Gruppen, die in gefällten Präpp. vorhanden sind, z. T. ist die Sorption durch Gitterfehlstellen bedingt. J. Peters. 5352◇

1790 **Bestimmung von Wasser unter 10 ppm in Benzol und ähnlichen Lösungsmitteln mit coulometrisch erzeugtem Jod.** R. F. Swensen und D. A. Keyworth. (Analytic. Chem. **35**, 863—67, 1963; Des Plaines, Ill., Universal Oil Prod. Co.; engl.) — Aus KJ in einem aus Pyridin, Formamid u. SO_2 enthaltenden Lsgm. coulometr. erzeugtes J_2 kann zur Best. von < 10 ppm W. in Bzl. u. ähnlichen Lsgm. nach einem der Karl-Fischer-Meth. ähnlichen Verf. herangezogen werden. Das Formamid erfüllt die Funktion des Methanols beim Karl-Fischer-Verf., es kann jedoch nicht wie Methanol mit Carbonsäuren oder Carbonyl-Verbb. unter Bldg. von W. reagieren. Der Endpunkt wird nach der Dead-stop-Meth. ermittelt. Eine bes. Zelle u. ein Gerät zum Überführen der Proben werden beschrieben (Abb.). Die Meth.

erwies sich gegenüber der Glykol-Extraktions-Meth. bei diesen Wassergeh. als überlegen.

P. Kurzmann. 5356◇

1791 **Ein schnelles, genaues Verfahren für die quantitative Bestimmung der Ungesättigtheit in organischen Verbindungen über die Hydrierung.** Herbert C. Brown, K. Sivasankaran und Charles A. Brown. (J. org. Chemistry **28,** 214–15, 1963; Lafayette, India, Purdue Univ., Dep. of Chem.; engl.) — In einer geschlossenen, im Original skizzierten App. werden ungesättigte Verbb. mit nascierendem H_2, der im Rk.-Kolben aus einer $NaBH_4$ Maß-Lsg. u. HCl dargestellt wird, hydriert. Die Rk. wird von mit Hilfe von $HClO_4$ u. $NaBH_4$ stets frisch aktiviertem Pt so beschleunigt, daß die Einzel-Best. bei Einsatz von 0,5–20 Millimol nur 1–2 Min. benötigt. An Hydrierungen von 1 Octen, 4 Methylcyclohexen, 1.5.9-Cyclododecatrien, Ölsäuremethylester u. Gemischen dieser Verbb. wird die Zuverlässigkeit der Meth. belegt.

W. Kupfer. 5364◇

1792 **Trennung einiger niedermolekularer Fluorkohlenstoffe durch Gaschromatographie.** Stanley A. Greene und Francis M. Wachi. (Analytic. Chem. **35,** 928–29, 1963; Los Angeles, Calif., Aerospace Corp., Materials Sci. Labor.; engl.) — Zur Analyse von Gemischen aus CF_4,C_2F_6, C_2F_4, C_2F_2, C_3F_8, cyclo-C_3F_6, n-C_3F_6, cyclo-C_4F_8, cis- u. trans-C_4F_8-(2), C_4F_8-(1) u. Iso-C_4F_8 werden zwei Trennsäulen vorgeschlagen: A. 20 foot Cu-Spirale von $^1/_4$ inch ⌀, gefüllt mit 30 g $CH_2 = CHCO_2CH_2 \cdot (CF_2CF_2)_3H$ auf 70 g Chromosorb W, bei 0° u. 95 ml He/min; B. 10 foot Cu-Säule von $^1/_4$ inch ⌀ mit Silicagel 50/80 mesh bei 25° bis 180° (2,5°/min). An A werden CF_4 u. Luft sowie cyclo-C_3F_6 u. n-C_3F_6, an B cis- u. trans-C_4F_2-(2) nicht voneinander getrennt. G. Bock. G 500◇

1793 **Bestimmung von Methanol neben Formaldehyd.** László Légrádi. (Magyar Kémiai Folyóirat [Ung. Z. Chem.] **69,** 117–20, 1963; Füzfögyártelep, Medicolor chem. Fabr.; ung.) — 1–2 ml der höchstens 0,1 g Methanol (**I**) u. 0,07 g Formaldehyd (**II**) enthaltenden Lsg. werden in einer Eprouvette mit 3 ml n NaOH-Lsg. u. 0,3–0,4 g H_2O_2 versetzt. Nach Aufhören der heftigen Gasentw. wird die Eprouvette zugeschmolzen u. für 1 Std. in ein sd. Wasserbad gelegt. Die Lsg. wird hernach auf eine Ionenaustauschersäule gegeben, die je zur Hälfte mit saurem bzw. alkal. Harz gefüllt ist, innerhalb von 15 Min. abgelassen u. der Austauscher mit heißem W. so lange nachgewaschen, bis ein 100-ml-Meßkolben gefüllt ist. 20 ml des Eluates werden mit 25 ml 0,36 n $K_2Cr_2O_7$-Lsg. u. 40 ml 65%ig. H_2SO_4 versetzt, auf dem Wasserbad 30 Min. lang erwärmt u. nach Zugabe von KJ mit $Na_2S_2O_3$ titriert. Maximaler Fehler $< 2\%$. J. Plank. G 560△

1794 **Cerimetrie in nichtwäßrigen Medien. Oxydation von Oxalsäure durch intermediäre Bildung von Cer(IV)-oxalat.** G. Prabhakar Rao und A. R. Vasudeva Murthy. (Z. analyt. Chem. **195,** 406–11, 1963; Bangalore, Indian Inst. of Sci., Dep. of Inorg. and Phys. Chem.; engl.) — Bei der Oxydation von Oxalsäure mit Ammoniumhexanitratocerat(IV) in Acetonitril oder einem Gemisch von Acetonitril u. Essigsäure tritt Ce(IV)-Oxalat als Zwischenprod. auf, das sich dann zu CO_2 u. Ce(III)-Oxalat zersetzt. Bei der Best. von Oxalsäure in nichtwss. Lsgm. gibt man einen 10–40%ig. Überschuß an Ce-Reagens zu, der mit Hydrochinon-Lsg. gegen Diphenylamin zurücktitriert wird. Der Indicatorumschlag erfolgt von Violett nach Gelb. L. Hoppe. G 820◇

1795 **Der Nachweis von Guanidinverbindungen auf Papierchromatogrammen.** A. S. Jones und T. W. Thompson. (J. Chromatogr. [Amsterdam] **10,** 248, 1963; Birmingham, Univ., Chem. Dep.; engl.) — Die trockenen Chromatogramme werden mit 0,25%ig. alkohol. Ninhydrin-Lsg. u. nach erneutem Trocknen mit 2%ig. alkohol. NaOH-Lsg. besprüht. Unter UV-Licht erscheinen als grünfluorescierende Flecken: Guanidin (**I**), **I**-Hydrochlorid, **I**-Nitrat, Creatin, Creatinin, Glykocyamin u. Arginin. Streptidin u. Diphenyl-**I** sind nicht nachweisbar. F. M. Friedrich-Anderseck. G 880◇

1796 **Bestimmung primärer und sekundärer aliphatischer Amine durch Spektrophotometrie im nahen Infrarot.** Fred H. Lohman und William E. Norteman jun. (Analytic. Chem. **35,** 707–11, 1963; Cincinnati, Ohio, Procter & Gamble Co., Miami Valley Labor., Res. and Developm. Dep.; engl.) — Vff. beschreiben eine spektrophotometr. Meth. zur Best. prim. u. sek. Amine in Ggw. tert. aliphat. Amine im nahen IR-Gebiet. Zur Best. der prim. Amine wird die charakterist. Kombinationsschwingung bei 2023 nm der sek. die erste Oberschwingung der ν (NH)| bei 1538 nm nach Korrektur der Absorption durch prim. Amine ausgenutzt. Molare Extinktionskoeff. in Chlf. werden für Decyl-, Dodecyl-, Tetradecyl- (**I**), Hexadecyl-, Octadecyl-, Butyl-, Isobutyl-, 2-Äthylhexylamin, 3-Amino-1-propanol, n-Amylmethyl- (**IV**), Dodecylmethyl, Hexadecylmethyl- (**II**), Di-n-hexyl-, Di-n-dodecyl u. Diisopropanolamin angegeben. Untersucht werden Gemische aus **I, II** u. Hexadecyldimethylamin (**III**; $Kp._{0,4}$ 116–121°), C_{10}-C_{18}-Alkylaminen, **II** u. **III**, C_{10}-C_{18}-Alkylaminen, **II** u. C_{10}-C_{18}-Alkyldimethylaminen u. C_{10}-C_{18}-Alkylaminen, **IV** u. Kokosnuß-dimethylamin. Der mittlere abs. Fehler beträgt für die prim. $-0,03\%$ u. für die sek. Amine $-0,35\%$ in einem Bereich von 1–25%. Vff. führten ferner die Best. in Ggw. von Dodecylnitril, Palmitinsäuremethylester, Dodecanamid, Tetradecanol u. Undecylaldehyd durch. Bis zu einer Konz. von 10% stören Amide, Nitrile, Alkohole u. Ester die Best. nicht, während aliphat. Aldehyde sowohl mit prim. als auch mit sek. Aminen reagieren. Der Einfl. der Lsgm. Chlf., CCl_4, Bzl., Hexan (**V**) u. 25% Chlf. in **V** auf die Spektren wird untersucht u. diskutiert. J. Weiner. G 910◇

1797 **Schnellbestimmung von Aminosäuren.** B. Orchard. (Nature [London] **198,** 688, 1963; Harpenden, Herts., Rothamsted Exp. Stat.; engl.) — Vff. erhitzen die Aminosäuren mit einer bekannten Ninhydrinmenge in Phosphatpuffer vom pH 7 in einem Wasserbad zum Sieden u. messen die Zeit bis zum Auftreten der ersten sichtbaren Verfärbung. Das reziproke Produkt der Konzz. der Aminosäuren u. des Ninhydrins ist eine lineare Funktion dieser Zeit. Eine Eichgerade erlaubt die Best. von ca. 0,05–0,25 mg/ml Glycin. H. J. Altmann. G 950◇

1798 **Radiopapierchromatographische Analyse der bei der Oxydation von Cystin mit Wasserstoffperoxid entstehenden Verbindungen.** E. Nischwitz. (Z. analyt. Chem. **193,** 190–92, 1963; Aachen, TH, Dt. Wollforsch.-Inst.; dt.) — Radiopapierchromatograph. wird nachgewiesen, daß bei Oxydation von Cystin mit H_2O_2 neben Cysteinsäure (67%) u. SO_4^{2-} (13%) auch Cysteinsulfinsäure (20%) entsteht. Wegen ihrer hohen R_F-Werte stören diese Prodd. die papierchromatograph. Analyse [Entw. mit der Oberphase von n-Butanol–W.–Eisessig (4:5:1)] von Lanthionin nicht.

F. M. Friedrich-Anderseck. G 950◇

1799 **Zur Bestimmung von Cystin als Cysteinsäure.** Stanford Moore. (J. biol. Chemistry **238,** 235–37, 1963; New York, N. Y., Rockefeller Inst.; engl.) — Die Genauigkeit der Cystin- (**I**) u. Cystein-Best. in Proteinhydrolysaten wird durch Verw. von HBr zur Red. der überschüssigen Perameisensäure (**II**) erhöht. Ebenso wird die Best. von Methionin (**III**) verbessert. Die Unterss. wurden an gereinigten Proteinen u. an Gemischen mit Kohlenhydraten bis zu 94% vorgenommen. — Test-Lsg.: 20 mg **I**, 30 mg **III**, 20 mg Alanin in 2 ml 1 n NaOH-Lsg. auf 10 ml mit W. aufgefüllt. — 0,1 ml der Test-Lsg. mit 2 ml **II** 4 Std. lang bei 0° oxydieren, mit 0,3 ml 48%ig HBr unter Kühlen versetzen. Lsg. bei 40° Badtemp. im Vakuum einfdampen. Rückstand mit 3 ml 6 n HCl bei 110° 18 Std. lang hydrolysieren. Nach Abdampfen der HCl in 5 ml Pufferlsg. (pH 2), lösen u. 2 ml der Lsg. auf Amberlite IR 120 chromatographieren. Die Ausbeute an Methioninsulfon beträgt $100 \pm 2\%$; an Cysteinsäure $94 \pm 2\%$. K. Heyns. G 950◇

1800 **Schnelle Trennung der Xylole und Aethylbenzol durch Gaschromatographie unter Benutzung gefüllter Säulen.** Samuel F. Spencer. (Analytic. Chem. **35,** 592, 1963; Avondale, Pa., F & M Scient. Corp.; engl.) — *Aethylbenzol, p-, m-* u. *o-Xylol* können in 12 Min. unter folgenden Bedingungen getrennt werden: 6 foot $\times$ $^3/_{16}$ inch Stahlsäule, gefült mit je 5% Bentone 34 u. Diisodecylphthalat auf Chromosorb W 60/80 mesh, 75° u. 100 ml He/min. G. Bock. G 1010◇

1801 **Bestimmung von Mikromengen Brenzcatechin durch eine Filterpapierimprägnierungsmethode.** Władysław Kiełczewski und Irena Miłoszewska-Podolak. (Chem. analit. [Warszawa] 8, 95—98, 1963; Poznań, School of Agricult., Dep. of General Chem.; pol.) — Filterpapierstreifen werden mit $Fe(OH)_3$ imprägniert u. mit einer kleinen Menge der Probe-Lsg. versetzt. Die Größe der entstehenden Flecken ist der Brenzcatechinmenge proportional. Bei Ggw. von Resorcin fügt man zur Probe-Lsg. einen Überschuß an Hydrochinon. Phenol sowie Hydrochinon stören nicht. Nach dieser Meth. wurde Brenzcatechin im Bereich zwischen 1,78 u. 5,34 μg bestimmt. H. Kuchenbecker. G 1060◇

1802 **Spektrophotometrische Bestimmung der drei isomeren Toluolsulfonsäuren im Überschuß von wäßriger Schwefelsäure im UV-Bereich.** Hans Cerfontain, Herman G. J. Duin und Leo Vollbracht. (Analytic. Chem. **35**, 1005—07, 1963; Amsterdam, Univ., Labor. for Org. Chem.; engl.) — Das Gemisch der drei isomeren Toluolsulfonsäuren wird quant. durch spektrophotometr. Mehrkomponenten-Analyse im UV-Bereich bestimmt, indem die Extinktion der Probe-Lsg. bei 39 Wellenlängen zwischen 243 u. 281 nm in äquidistanten Punkten gemessen wird u. die Meßwerte nach der Meth. der kleinsten Quadrate mit Hilfe einer elektron. Rechenmaschine ausgewertet werden. Im Überschuß von konz. H_2SO_4 ist die p-Verb. sehr genau zu bestimmen. Die Best. der m- u. o-Isomeren erfolgt weniger genau, da die Spektren beider Verbb. sich sehr ähneln. Mit Hilfe von Oleum führt man die o- u. p-Verbb. in die Toluol-2.4-disulfonsäure über. Aus der Absorptionskurve kann man auf die Summe der Mengen der o- u. p-Isomeren schließen. Die m-Verb. bildet mit Oleum ein Gemisch aus Toluol-2.5- u. Toluol-3.5-disulfonsäure, dessen Extinktionen bei 40 verschiedenen Wellenlängen zwischen 260 u. 299 nm gemessen u. in gleicher Weise ausgewertet werden. I. Seibel. G 1090◇

1803 **Bestimmung von p-Phenylendiamin mit Vanadin (V).** T. P. Sastry. (Z. analyt. Chem. **196**, 349—51, 1963; Warangat, India, Regional Engng. Coll., Dep. of Chem.; engl.) — Durch Zusatz von Na-Vanadat-Lsg. im Überschuß zu einer sauren p-Phenylendiamin (**I**)-Lsg. u. Rücktitration des unverbrauchten V(V) mit $FeSO_4$-Lsg. läßt sich **I** bestimmen. Selbst in Lsgg., die nur 1 n an H_2SO_4 sind erfolgt die Oxydation des **I** innerhalb 5 Min. vollständig. Gerhard Schulze. G 1310◇

1804 **Polarographische Bestimmung von Cyclohexen-2-on-(1) in Cyclohexanon und Cyclohexanol.** T. Ss. Iwtscher, Je. M. Perepletschikowa und Je. N. Silberman. (J. analyt. Chem. [UdSSR] **17**, 1005—08, 1962; russ., Auszug: engl.) — Cyclohexen-2-on-(1) gibt bei der Polarographie Stufen mit $E_{1/2} = -1{,}72$ V in 0,1 M LiCl in 40% Isopropanol (**I**) u. zwischen $-1{,}28$ (pH = 2,7) u. $-1{,}74$ (pH = 10,7) in Citrat-Phosphat- bzw. Borat-Puffer in 40% **I** ($\Delta E_{1/2}/\Delta$ pH = 60 mV). Die Stufenhöhe ist konz.-proportional, wird aber durch steigende Konz. von **I** erniedrigt u. auch durch Cyclohexanol u. Cyclohexanon beeinflußt. Vergleichsanalysen von Gemischen ergaben einen mittleren Fehler von $\pm$ 5%. Empfindlichkeit $2 \cdot 10^{-5}$ M. W. Pötsch. G 1860◇

1805 **Neue polarographische Methode der Carbazolbestimmung.** M. Matrka und Fr. Navrátil. (Chem. Průmysl **12(37)**, 309—11, 1962; Pardubice-Rybitví, Výzkumný ústav organ. syntéz.; tschech.) — Das Prinzip der Meth. liegt in der Rk. von Carbazol mit $NaNO_2$ in CH_3COOH bei 80° zu N-Nitrosocarbazol, das in wss. Pyridin-Lsg. polarographiert wird. Der Fehler der Best. beträgt $\pm$ 1,5%. J. Schneider. G 3081□

1806 **Eine neue quantitative Anwendung der Dünnschichtchromatographie: Bestimmung von Tryptamin.** J. N. Eble und R. M. Brooker. (Experientia [Basel] **18**, 524—25, 1962; Indianapolis, Ind., Div. of Dow Chem. Co. Pitman-Moore Co., Res. Labor.; engl.) — Vff. chromatographieren Tryptamin auf Kieselgel-G in Aceton/W. (99:1) u. messen die Länge der Flecken aus. Vgl. mit Flecken bekannten Geh. ermöglichen die Best. von 0,025—1,6 μg Tryptamin. Sprühreagentien sind $FeCl_3$-Lsg. u. $K_3[Fe(CN)_6]$-Lsg. (beide 1%ig.). H. J. Altmann. G 3081◇

1807 **Infrarotbestimmung von Chinolin und Tetrahydrochinolin in sauren wäßrigen Medien.** Harvey Pobiner. (Appl. Spectroscopy **17**, 79, 1963; Linden, N. J., Esso Res. and Engng. Co., Analyt. Res. Div.; engl.) — Zur IR-photometr. Best. von Chinolin (**I**) u. Tetrahydrochinolin (**II**) in Säuren werden 10 ml der Probe mit 25 ml 40%ig. NaOH-Lsg. versetzt, die freigesetzten Basen dreimal mit je 25 ml CCl_4 extrahiert u. die Extrakte bei 10,66 μ (zur Best. von **I**) bzw. 9,15 μ (**II**) photometriert. Die mit W. gesätt. CCl_4-Phase greift die NaCl-Fenster der Küvetten nicht an. Für beide Verbb. beträgt der Konz.-Bereich 0,5—20,0 Gew.-% bei einer Richtigkeit von 0,5% absolut. Gerhard Schulze. G 3231◇

1808 **Dünnschichtchromatographie von Zuckern und Zuckeralkoholen.** L. Wassermann und H. Hanus. (Naturwissenschaften **50**, 351, 1963; Ulm/Donau, Labor. der Firma Ulmer Spatz; dt.) — Auf Kieselgur/Kieselgel G (60:40) werden mit Isopropanol/Essigsäureäthylester/W. (27:3,5:1) als Laufmittel folgenden Verbb. chromatographiert: Glucose (**I**), Maltose, Saccharose, Lactose, Mannose (**II**), Sorbose (**III**), Xylose (**IV**), Arabinose, Sorbit (**V**), Mannit (**VI**), Xylit (**VII**) u. Glycerin. Die auf Glucose bezogenen R_x-Werte werden angegeben. Als Sprühreagens dient Bleitetraacetat in Eisessig. Gut trennbar sind **V** von **VI**, **V** u. **VI** von **I**, **VI** von **II**, **V** von **III** u. **VII** von **IV**. H. J. Altmann. G 3400◇

1809 **Bestimmung von reduzierenden Zuckern durch Oxydation mit alkalischer Hexacyanoferrat(III)-Lösung.** Theodore E. Friedemann, Charles W. Weber und Norman F. Witt. (Analyt. Biochem. [New York] **4**, 358—77, 1962; Boulder, Colo., Univ. of Colorado, Dep. of Chem.; engl.) — Die seit über 100 Jahren bekannte stöchiometr. Rk. zwischen $K_3[Fe(CN)_6]$ (**I**) u. Zuckern (**II**) wird bisher nicht als offizielle Meth. anerkannt, obwohl sie der Oxydation mit dem Cu-Tartrat-Komplex gegenüber einige wesentliche Vorzüge aufweist: Das Oxydationsmittel besteht aus einer einheitlichen anorgan. Substanz, aus der schnell titerkonst. (bei Lichtabschluß) Maßlsgg. zu bereiten sind. Die Red. von **I** ist bei vielen **II** streng stöchiometr., man bedarf also keiner empir. Umrechnungsfaktoren. $K_4[(Fe(CN)_6]$ (**III**) ist viel weniger luftempfindlich als Cu_2O, u. schließlich gibt es für die Best. von **I** u. **III** zahlreiche oxydimetr., jodometr., photometr., gasometr. u. potentiometr. Best.-Methoden. Folgendes Verf. wird vorgeschlagen: 0,3—13 mg **II** werden in 5 ml wss. Lsg. mit 5—15 ml 0,04 m **I**-Lsg. in 5%ig. Na_2CO_3-Lsg. 30 Min. lang auf 80° erhitzt. Der **I**-Überschuß wird spektrophotometr. bei 418 nm oder in Ggw. von $ZnSO_4$ jodometr. bestimmt. Entscheidende Faktoren sind: die **I**-Konz., Abwesenheit von $NaHCO_3$ u. das Verhältnis von Na_2CO_3:**I** (es soll größer als 10:1 sein). W. Kupfer. G 3400◇

1810 **Colorimetrie der Osen und der 17-Hydroxy-17-ketolsteroide mit Hilfe von Benzothiazolderivaten.** Jaroslav Bartos. (Ann. pharmac. franç. **20**, 650—53, 1962; Paris, Centre de Rech., Roussel-Uclaf.; franz.) — 2-Hydrazinobenzothiazol (**I**) u. das Hydrazon des 3-Methylbenzothiazolinons-(2) (**II**) reagieren mit Aldosen u. Ketosen zu charakterist. gefärbten Verbindungen. Mit 17-Ketolsteroiden reagieren **I** u. **II** nur, wenn an 17 gleichzeitig eine Hydroxylgruppe vorhanden ist. Zur Best. werden 1. 4—20 μg Aldose oder Ketose oder 15 bis 20 μg Steroid in 1 ml H_2O gelöst, mit 0,5 ml Reagens-Lsg. (0,4% freie Base **I** in 0,025 n HCl) u. 0,5 ml 0,1 n NaOH-Lsg. versetzt, 10 Min. auf siedendem Wasserbad erhitzt. Nach dem Abkühlen werden 2 ml 2,5 Vol%ig. H_2O_2 u. 2 ml A. zugegeben u. nach 5 Min. bei 580 mμ gemessen. Oder 2. 1—6 μg Aldose oder Ketose oder ca. 20 μg Steroid werden in 1 ml H_2O gelöst, mit 0,5 ml Reagens-Lsg. (0,0415 g Chlorid von **II** in 2,3 ml 0,1 n HCl lösen u. auf 10 ml auffüllen) u. 0,5 ml 0,1 n NaOH-Lsg. versetzt. Dann 10 Min. auf siedendem Wasserbad erhitzen, abkühlen, 0,5 ml 1 n HCl u. 2 ml einer 0,25%ig. Lsg. von $FeCl_3 6H_2O$ in W. zugeben. Aldosen u. Ketosen werden nach 1 Std. bei 630 mμ bestimmt. Das Beersche Gesetz ist bei den angegebenen Konzz. erfüllt. Chlf. verhindert die Rk. mit **I** u. **II**. K. Ross. G 3750◇

1811 **Die Elektroneneinfang-Spektrometrie von Halogenacetaten: Ein Mittel zum Nachweis von Ultramikro-**

mengen von Steroiden durch Gaschromatographie. R. A. Landowne und S. R. Lipsky. (Analytic. Chem. **35**, 532—35, 1963; New Haven; Conn., Yale Univ., School of Med., Dep. of Internal Med.; engl.) — Hydroxylgruppen enthaltenden Steroide (Cholesterin) können nach Veresterung mit Halogenacetanhydriden mit dem Elektroneneinfangdetektor bis 1000 mal empfindlicher nachgewiesen werden als mit gewöhnlichen Ionisationsdetektoren. Die Empfindlichkeit nimmt in der Reihenfolge Monochlor-(I), Dichlor-, Monobrom-, Trichlor- u. Trifluoressigsäureester ab, was mit gewissen Wechsel-Wrkg. zwischen Halogen u. der Carbonylgruppe erklärt wird. Für I wird eine Empfindlichkeit von $1{,}25 \cdot 10^{-15}$ Mol/sec angegeben, der Linearitätsbereich der Anzeige reicht bis $5 \cdot 10^{-12}$ Mol/sec. Die Unterss. wurden in einem Barber-Colman-Modell 10 mit einer 3 foot · $^1/_8$ inch Glassäule mit 2% XE 60 (β-Cyanoäthylmethylsilikon Polymer) auf Anakrom ABS bei 220° u. 170 ml Ar/min durchgeführt. G. Bock. G 3750◇

1812 **Gaschromatographischer Nachweis von Aldosteron und Cortison.** C. J. Miras und C. C. Contaxis. (Chim. Chron. [Athen] **27**, 43—44, 1962; Athens, Univ., Dep. of Clin. Therapeut.; engl.) — Mit Hilfe der fl. Phase QF-1 (Dow Corning Fluoralkylsilicopolymer) 1% auf Mikroglaskugeln (80—120 mesh) konnten bei einer Säulentemp. von 228° (Säulenlänge 120 · 0,4 cm) im Pye Argon Chromatograph Aldosteron u. Cortison ohne Zers. bestimmt werden. H.-P. Angelé. G 3750◇

1813 **Chromatographie von Nucleotiden auf einem neuen Anionenaustauscherpapier.** Kurt Randerath. (J. Chromatogr. [Amsterdam] **10**, 235—36, 1963; Darmstadt, TH, Org.-chem. Inst.; engl.) — Auf Papier, das mit Polyäthylenimin (I) imprägniert ist, werden die Mono-, Di- u. Triphosphate von Adenosin, Guanosin, Cytidin u. Uridin durch 25—30 Min. lange Entw. mit 1 m NaCl getrennt. Zur Imprägnierung werden 100 g 50%ig. wss. I-Lsg. mit 500 ml W. verd. u., nach Neutralisation mit konz. HCl, auf 2 Liter aufgefüllt. Anschließend wird das Papier getrocknet u. mehrfach mit W. gewaschen. F.-M. Friedrich-Anderseck. G 3950◇

1814 **Eine Farbreaktion zwischen reduzierten Pyridinnukleotiden und o-Aminobenzaldehyd mit möglicher analytischer Bedeutung.** R. L. Larson und H. P. Broquist. (Analyt. Biochem. [New York] **5**, 255—58, 1963; Urbana, Ill., Univ., Dep. of Dairy Sci.; engl.) — Vf. gibt eine Farb-Rk. von TPNH oder DPNH mit o-Aminobenzaldehyd (I) in saurer Lsg. an. Das Addukt zeigte ein Maximum bei 450 mμ, wurde nur mit der red. Form der Pyridinnukleotide (II) erhalten u. war proportional der II-Konzentration. Eine konventionelle spektralphotometr. Best. von Glucose-6-phosphat-dehydrogenase wird mit einer mit I durchgeführten Best. verglichen. H. Althoff. G 3950◇

c) Bestandteile von Pflanzen und Tieren

1815 **Die Anreicherung und Trennung von Spurenelementen in Pflanzenstoffen und deren Analyse unter Verwendung des horizontalen Lichtbogen-Verfahrens.** A. Strasheim und H. R. van der Walt. (J. South African chem. Inst. **15**, 1—10, 1962; Pretoria, Tans Navorsings-Dep.; afrikaans.) — Zur Trennung der Spurenelemente Cu, Mn, Zn, Co, Ni, Mo in Pflanzenstoffen von den Erdalkalien wird Na-Pyrrolidin-N-dithiocarbonat u. zu ihrer Trennung von Fe ein Kationenaustauscher empfohlen. Beim Erregen gibt das Konzentrat ein zur Best. der Spurenelemente geeignetes Spektrum. Das horizontale Lichtbogen-Verf. erfordert mindestens 20 bis 40 g Substanz u. ist zeitraubend; seine Genauigkeit beträgt ± 15%. Die Ergebnisse stimmen befriedigend mit den mit anderen spektrograph. Verff. erhaltenen Werten überein. W. Wesly. 5664◇

1816 **Über phenolische Pflanzeninhaltsstoffe.** 4. Mitt. **Spektrophotometrische Bestimmungsmethode für Chlorogensäuren und ihre Anwendung auf pflanzliche Extrakte.** M. Häusermann und H. Brandenberger. (Z. Lebensmittel-Unters. u. -Forsch. **115**, 516—27, 1961; Vevey, Schweiz, Labor. für Nestle-Prodd.; dt.) — 3. vgl. C. **1963**, 4180. — Zur spektrophotometr. Best. des Geh. von Chlorogensäure (I), Iso-I (II) u. Neo-I (III) in pflanzlichen Extrakten benutzen Vff. die auf der Komplexbldg. der Verbb. mit Borsäure (IV) beruhende bathochrome Verschiebung ihrer Absorptionsmaxima im UV. Die Pflanzenteile werden mit heißem W. extrahiert u. 2 aliquote Teile des Extraktes mit Phosphatpuffer pH 7 u. IV-haltigem Phosphatpuffer pH 7 gleichstark verdünnt; aus der Differenz der Extinktionen (ΔE) bei 357 nm wird der Gesamtgeh. I + II + III bestimmt. In einem dritten Aliquot wird bei pH 4,35 (Phosphatpuffer) II durch Extraktion mit Butylacetat entfernt, in der verbleibenden wss. Lsg. werden I + III wieder durch den Bathochromieeffekt bestimmt. Aus der Differenz zur ersten Best. ergibt sich der II-Gehalt. Die Summen werden mit ± 1,0%, II mit ± 6,75% Fehler erfaßt. Mit steigender IV-Konz. streben die ΔE-Werte einem Maximum zu, sie fallen ab mit steigender Phosphatkonz. im Puffer. M. Finke. 5666◇

1817 **Vergleich einiger Methoden zur Isolierung von Alkaloiden aus biologischem Material.** W. P. Kramarenko. (Pharmaz. J. [Kiew] **17**, Nr. 22, 23—28, 1962; Lwow, Med. Inst., Lehrstuhl für forens. u. anal. Chem.; ukrain., Auszug: russ.) — Das Verf. zur Isolierung der *Alkaloide* (I) aus biolog. Material beruht auf Behandlung des Materials mit H_2SO_4 bis zum pH 2,5 angesäuerten W. Um Verunreinigungen aus dem I-Auszug zu entfernen, wird $(NH_4)_2SO_4$ zugesetzt u. mit Ae. extrahiert. Statt Filtration zur Entfernung der Verunreinigungen wird Zentrifugieren empfohlen. Das Verf. ist besser als die I-Isolierung nach Stas (1852) u. Otto (1856). O. Lebtag. 5666△

d) Medizinische und toxikologische Analyse

1818 **Standard-Hydrogencarbonatgehalte von Vollblut.** J. P. Payne und C. M. Conway. (Nature [London] **194**, 480, 1962; London, Postgraduate Med. School, Dep. of Anaesthetics; Hammersmith Hosp.; engl.) — Der Standard-HCO_3^--Geh. (bei O_2-Zutritt u. 38°, äquilibriert bei einem CO_2-Druck von 40 Torr) beträgt nach Messungen der Vff. 18,89 ± 1,79 mVal/Liter bei Vollblut; bei wirklichem Plasma (äquilibriert bei 40 Torr CO_2 vor der Trennung vom Blut) 19,44 ± 1,37 mVal/Liter; bei getrenntem Plasma (äquilibriert nach der Trennung vom Blut) 23,14 ± 2,24 mVal/Liter. M. Blaschette-Huttinger. 5727◇

1819 **Die chromatographische Trennung von Estern und freiem Cholesterin in Blut.** D. Webster. (Clin. chim. Acta [Amsterdam] **8**, 19—25, 1963; Sunderland, Great Britain, General Hosp., Dep. of Ger. Med., Res. Labor.; engl.) — Der cholesterinhaltige Extrakt wird zur Trockne eingedampft, der Rückstand in einem kleinen Vol. (0,5 ml) PAe aufgenommen u. in eine Al_2O_3-Säule überführt. Die Cholesterinester werden mit ca. 20 ml Petroläther eluiert, das freie Cholesterin anschließend mit einer Ae.-PAe.-Mischung (30:70). Die Eluate werden zur Trockne eingedampft, der Rückstand wird in Eisessig/$FeCl_3$ aufgenommen u. mit H_2SO_4 versetzt. Die Extinktion der Lsg. wird colorimetr. bestimmt. W. Betcke. 5727◇

1820 **Quantitative Glaspapier-Chromatographie: Eine Mikrobestimmung von Plasma-Cholesterin.** Joseph R. Swartwout, Julius W. Dieckert, O. Neal Miller und James G. Hamilton. (J. Lipid Res. **1**, 281—85, 1960; New Orleans, La., Tulane Univ. School of Med., Dep. of Obstetrics and Gynecol., Dep. of Biochem. and Nutrit. and Metabolism Res. Labor. of Dep. of Med.; engl.) — Hinweis auf die Anwendung von Glasfaserpapier zur chromatograph. Differenzierung von Lipiden usw. mit nachfolgendem Nachw. durch Verkohlung der organ. Substanz mit H_2SO_4 unter Erwärmen. Eingehende Angaben über die Vorbehandlung des Glasfaserpapiers (Prod. Nr. X-934 AH; Reeve Angel and Co., Clifton, N. J.) durch Erhitzen auf 600° (30 Min.) zur Entfernung organ. Substanz u. durch anschließende Behandlung mit 2%ig. wss. Lsg. von Na-Silicat, Angaben über die Gewinnung der Extrakte aus dem Serum nach Sobel-Mayer (J. biol. Chemistry **157**, [1945], 255), über die chromatograph. Arbeitsweise u. Verkohlung, über die densitometr. Messung der abgeschiedenen Kohle mittels eines Densitometers eigner Konstruktion sowie über die absorptiometr. Auswertung; Angabe von Eichkurven für eine Reihe von Sterinen, Testosteron, Androsteron, Cholsäuren usw., deren Reproduzierbarkeit sichergestellt wird. Die auf Sterine allg. anwendbare Arbeitsweise liefert bei Cholesterin unter Heranziehung von 10 μl Plasma Ergebnisse, die mit denen nach der Meth. Sobel-Mayer in Einklang stehen. K. Täufel. 5728□

1821 **Quantitative Bestimmung von 3.7.12-Triketocholansäure in biologischen Flüssigkeiten durch Gas-Flüssigkeits-Chromatographie.** Robert I. Ellin, Albert I. Mendeloff und David A. Turner. (Analyt. Biochem. [New York] **4,** 198—203, 1962; Baltimore, Md., Sinai Hospital, Dep. of Med., Biochem. Res. Div.; engl.) — Die Best. der *3.7.12-Triketocholansäure* (**I**) in Plasma (**II**) erfolgt durch Verdünnen von 1 ml **II** mit 1 ml dest. W., Zugeben von 8 n HCl zum pH 1, 3fache Extraktion mit 8 ml wassergesätt. Ae., Zugeben eines Überschusses Diazomethan in Ae. bis zur leicht gelben Farbe, 30 Min. langes Stehen, Eindampfen zur Trockne unter N_2, Extraktion des Rückstandes mit dreimal 0,5 ml Aceton u. Einspritzen eines aliquoten Teiles (1—2 μl) in eine Gas-Fl.-Chromatographiersäule, die mit einem mit 0,5% aus 50 Mol% Methyl-β-cyanoäthylsilicon u. 50 Mol% Dimethyl-β-siloxan hergestellten Polysiloxan bedeckten Gas-Chrom P-Träger gefüllt ist. Die Best. von **I** in Galle erfolgt analog. Die Meth. erfaßt noch 0,075 μg **I** in **II** u. besitzt einen großen linearen Bereich. Sie ermöglicht eine saubere Trennung von **I** von anderen Steroiden, die ähnliche Retentionszeiten besitzen. Der maximale Fehler wird mit ± 5% angegeben. G. Seltmann. 5728◇

1822 **Fluorimetrische Methode zur Bestimmung von Phenylalanin im Serum.** Marilyn W. McCaman und Eli Robins. (J. Lab. clin. Med. **59,** 885—90, 1962; Indianapolis, Ind., Indiana Univ., Med. Center, Inst. of Psychiat. Res. and Dep. of Neurol.; St. Louis, Mo., Washington Univ., Med. School, Dep. of Psychiat. and Neurol.; engl.) — Zur quant. Best. von Phenylalanin (**I**), bis zu Endkonzz. von 10^{-7} m, auch bei Ggw. anderer Aminosäuren, wird die Erhöhung der Fluorescenz eines **I**-Ninhydrin-Rk.-Prod. durch Leucylalanin vor der fluorimetr. Best. empfohlen. Es sind dabei nur 5 μl normalen Serums erforderlich. Die Werte stimmen gut mit denen anderer Meth. überein. U. Tausendfreund. 5728◇

1823 **Eine Farbmethode zur Bestimmung von Quecksilber im Harn.** Morris B. Jacobs und Ana Singerman. (J. Lab. clin. Med. **59,** 871—77, 1962; New York, N. Y., Columbia Univ., School of Public Health and Admin. Med.; Buenos Aires, Univ., Dep. of Toxicol.; engl.) — Es wird eine einfache Dithizon-Meth. zur Best. von Hg im Harn vorgeschlagen. Nach Versetzen mit konz. H_2SO_4 u. 6%ig. $KMnO_4$-Lsg. in der Kälte folgt Abtrennung von Hg mit Dithizon als Hg-Dithizonat u. Extraktion des überschüssigen Dithizon mit NH_3-Lsg. (1:1) in einem einzigen Extraktionsgefäß, die Best. des Hg-Dithizonat erfolgt spektrophotometr. bei 490 nm. Bei Verw. von 25—50 ml Harn lassen sich 0,02 μg Hg/ml nachweisen. U. Tausendfreund. 5732◇

1824 **Der Verlust von Natrium und Kalium während der Trockenveraschung von tierischem Gewebe.** E. L. Grove, Rose Ann Jones und Weldon Mathews. (Analyt. Biochem. [New York] **2,** 221—30, 1961; Univ. of Alabama, School of Chem.; engl.) — Die maximale Temp., bei der Gewebe innerhalb 24 Std. ohne Verlust an Na u. K verascht werden kann, ist 550°. Für Proben von 1—5 g ist C innerhalb von 24 Std. bei 450—500° fast ganz von der Asche verbrannt. Die Meth. wurde an Milch, Rinderserum, Blut, Hirn, Lunge u. Leber erprobt. A. Gabert. 5750◇

1825 **Colorimetrische Bestimmung von Mikrogramm-Mengen Calcium im Gewebe mit Murexid.** Edwards S. Reynolds und Richard E. Linde. (Analyt. Biochem. [New York] **5,** 246—54, 1963; Washington, D. C., Armed Forces Inst. of Pathol.; engl.) — Die beschriebene colorimetr. Meth. zur Best. von Ca^{2+} im Gewebe erlaubt die Erfassung von 0,05 μg Ca^{2+}; Mg^{2+} u. andere im Gewebe vorkommende Metall-Ionen stören nicht. Gewebeproben mit < 6 μg Ca^{2+} werden mit HNO_3–$HClO_4$ (2:1) aufgeschlossen u. zur Entfernung von PO_4^{3-} mit einer 2%ig. Lsg. von $SnCl_4$ in A. behandelt. Nach Abtrennen des Nd. wird die überstehende Fl. mit 1 n–NaOH, die 2,5% KCN enthält, auf einen pH-Wert von 12,0±0,2 eingestellt, mit 0,5 m Piperidinpuffer pH 12,0 u. 0,5 ml 5 · 10^{-4} min Murexid (**I**)-Lsg. versetzt. Nach 5 Min. kann die Messung bei 495 mμ durchgeführt werden, der Wellenlänge, bei der die Unterschiede zwischen den m-Extinktions-Koeff. von **I** u. Ca^{2+}-**I** ihr Maximum aufweisen. Für **I** ist λ_{max} 545 mμ u. für Ca^{2+}-**I** 515 mμ. Der durchschnittliche Ca^{2+}-Geh. u. die Standardabweichung beträgt für frische Rattenleber 21,8 ± 3,3 u. für die Skelettmuskulatur der Maus 99,4 ± 10,4 μg Ca/g Gewebe. H. Althoff. 5750◇

1826 **Mikromethode zum Nachweis von 3-APAD** (*3-***Acetylpyridin-Adeninnukleotid) in tierischen Geweben.** V. Neuhoff und H. Herken. (Naturwissenschaften, **49,** 519, 1962; Berlin-Dahlem, FU, Pharmakol. Inst.; dt.) — Fluorescenzspektrophot. Best., die durch 3-Acetylpyridin nicht gestört wird. Erfassungsgrenze 1 · 10^{-12}mol 3-APAD in einem Gesamtvol. von 0,1 ml. W. Kupfer. 5750◇

1827 **Eine Methode für die colorimetrische Bestimmung von Glykogen mit Jod.** Clara R. Krisman. (Analyt. Biochem. [New York] **4,** 17—23, 1962; Buenos Aires, Argentina, Obligado 2490, Fac. de Cienc. Exact. y Naturales; Inst. de Invest. Bioquim. „Fundación Campomar"; engl.) — Vf. untersucht den Einfl. von Salzen auf die Farbtiefe bei der Rk. von J mit Glykogen (**I**). Der Einfl. sinkt in der Reihe $(NH_4)_2SO_4$, Na-Citrat, $CaCl_2$, (NH_4) · H_2PO_4, $(NH_4)_2HPO_4$, NaCl, Ba-Acetat, NH_4Cl. Mit steigender Salzkonz. erfolgt Farbvertiefung. Steigende Mengen J_2 zu einer **I**, $CaCl_2$ u. KJ enthaltenden Lsg. führen bis zu einem Gew.-Verhältnis **I**:J_2 von ungefähr 1 zu einem starken, dann zu einem ziemlich geringen Anstieg der Absorption. Eine Abhängigkeit der Farbtiefe von der zugesetzten KJ-Menge konnte nicht festgestellt werden. Das Absorptionsmaximum liegt bei Ggw. von $CaCl_2$ bei 460 nm. — Zur colorimetr. **I**-Best. wird das zu untersuchende Gewebehomogenat (0,1 ml) bzw. das frisch gewonnene Gewebe (ca. 100 mg) mit 0,9 ml 33%ig. KOH-Lsg. versetzt, 20 Min. lang auf 100° erhitzt, zentrifugiert, 1,3 ml 96%ig. A. hinzugegeben, kurz aufgekocht u. im Eisbad gekühlt. Nach 15 Min. langer Zentrifugation bei 3000 U/min wird der Überstand möglichst vollständig entfernt. 0,2 ml gesätt. NH_4Cl-Lsg. werden zugegeben, u. die Lsg. wird gut durchgemischt. Dann wird 5 Min. lang auf 100° erhitzt, 0,2 ml dest. W. u. 2,6 ml Jodreagens (bestehend aus 130 ml einer gesätt. $CaCl_2$-Lsg. u. 0,5 ml einer Lsg., die 0,26 g J_2 u. 2,6 g KJ pro 10 ml enthält) zugegeben u. in der klaren, braunen Lsg. die Extinktion bei 460 nm gemessen. Die Fehlerbreite der Meth. beträgt ±5%, **I**-Mengen von 0,02 mg können noch erfaßt werden. Lösl. Stärke gibt unter gleichen Bedingungen eine violett-braune Farbe λ_{max} 520 nm Amylopektin λ_{max} 520—540 nm (ohne $CaCl_2$ bei 560 nm) u. Amylose λ_{max} 690 nm mit u. ohne $CaCl_2$. Dextran, Inulin u. Mannan geben keine Färbung. G. Seltmann. 5750◇

1828 **Analytische Methoden in der Toxikologie der Organophosphorgifte.** K. Weber. (Arhiv Hig. Rada Toksikol. **12,** 169—77, 1961; Zagreb, Med. fak., Zavod za sudsku med. i kriminalistiku; kroat.) — Übersicht über die wichtigsten Meth. mit bes. Berücksichtigung der physikal.-chem. Meth. (Chemilumineszenz von Luminol, Fluorescenz der Oxydationsprodd. von Indol). Tabelle der letalen Dosen. R. K. Müller. 5764◇

1829 **Der dünnschichtchromatographische Nachweis von Schlafmitteln als Reinsubstanzen und nach Körperpassage.** H. Eberhardt, K. J. Freundt und J. W. Langbein. (Arzneimittel-Forsch. **12,** 1087—89, Nov. 1962; Tübingen, Univ., Inst. für Toxikol.; dt.) — Von 12 Schlafmitteln werden die R_F-Werte bei der Dünnschichtchromatographie auf mit Eosin imprägniertem Kieselgel sowie die Fluorescenz bzw. die Fluorescenzlöschung ermittelt. Aus Harn lassen sich ebenfalls die Substanzen bzw. ihre

Stoffwechsel-Prodd. nachweisen. Die Unters. ist in $2^1/_2$ Std. durchzuführen. W. Holland. 5764◇

1830 **Der Nachweis verschiedener Suchtmittel mit der Rundfilterchromatographie.** W. Paulus, U. Janitzki und W. Hoch. (Arzneimittel-Forsch. **12**, 1086—87, 1962; Bonn, Univ., Inst. für Gerichtl. Med.; dt.) — Mit der Rundfilterchromatographie lassen sich in 5 Lsgm.-Syst. 20 Suchtmittel auffinden. Ein spezieller Trennungsgang wird angegeben. Das Verf. ist auch zur Untersuchung von Urinextrakten geeignet. W. Holland. 5764◇

H. Angewandte Chemie

H_1. Allgemeine chemische Technologie

1831 **Anwendungsmöglichkeiten von Rechenmaschinen für die Verfahrensregelung.** J. F. Roth. (Chem. Process Engng. incorp. Atomic Wld. **42**, 437—41, 497—500, 1961; engl.) — Kurze Beschreibung der Digital- u. Analogrechner, ihre Vor- u. Nachteile bei deren Verw. für Überwachung u. Regelung. Erläuterung des „on-line"-Verfahrens (Regelung auf Grund von Momentanwerten) u. der „off-line"-Methode (Regelung mit Zwischenspeicherung der Daten). M. Grenacher. 5800◇

1832 **Analogrechner mit Speicher hoher Geschwindigkeit.** Stanley H. Jury und Jack M. Andrews. (Ind. Engng. Chem., int. Edit. **53**, 883—88, 1961; Knoxville, Tenn., Univ., Dep. of Chem. and Metallurg. Engng.; engl.) — Bes. geeignete Beispiele für die Anwendung der neu entwickelten Analogrechner mit Speichermöglichkeit höchster Geschw. sind Wärmeleitprobleme in Stäben u. Kontaktschichten für katalyt. Prozesse, für Vorgänge in Gegenstromaustauschern bei Dest.-Prozessen, für Gastrennungen nach dem Diffusionsverf. (Isotopentrennung). M. Grenacher. 5800◇

1833 **Zum Einsatz von Elektronenrechnern in Anlagen der Chemie und Erdölindustrie.** C. H. Kuck. (Regelungstechnik **10**, 402—03, 1962; dt.) — Für die nächste Zukunft werden lediglich den Datenverarbeitungsgeräten Einsatzmöglichkeiten vorausgesagt. Elektr. Großrechner für die automat. Steuerung einer chem. Großanlage beanspruchen noch immer einen Kostenaufwand von 1,5 Mio DM, verlangen somit bei einer 5jährigen Amortisation eine jährliche Einsparung von 30 Mio DM. Die elektr. Bauelemente sind der korrodierenden Atmosphäre in der chem. Industrie zudem noch nicht gewachsen. Erst nach 2—3 Jahren werden die bis dahin gesammelten Daten für die Aufstellung von Programmen verwendbar u. eine schrittweise Automatisierung realisierbar sein. M. Grenacher. 5800◇

1834 **Menge und Verhalten der Zwischenraumflüssigkeit in körnigen Stoffen.** W. Batel. (Chemie-Ing.-Techn. **33**, 541—47, 1961; Braunschweig, Inst. für Landtechn. Grundlagen-Forsch.; dt.) — Für die Verteilung der Rest-Fl. in körnigen Stoffen unter dem Einfl. von mechan. Kräften (Zentrifugieren, Filtern) wird eine Gleichung abgeleitet, die verschiedene Einfl.-Größen ermittelt u. der zeitliche Verlauf von Kapillar- u. Filmströmungen untersucht. Die Möglichkeiten, die Restfeuchtigkeit durch Modell-Verss. zu beschreiben, werden erörtert. W. Wesly. 5800◇

1835 **Die Temperaturabhängigkeit der elektrostatischen Aufladbarkeit von Sand gegen einige Metalle zwischen 20 und 600°C.** Heinz Haase. (Chemie-Ing.-Techn. **34**, 632—35, 1962; Hamburg. Techn.-Physikal. Labor. Dr. Haase; dt.) — Beschreibung der Meßmeth. u. App. zwecks Klärung der Zusammenhänge zwischen der Aufladbarkeit körnigen Gutes u. den Temp. der beteiligten Oberflächen, wobei die Verss. sowohl bei Atmosphärendruck als auch bei Unterdruck durchgeführt wurden. Die Polarität wechselt mit dem Feuchtigkeitsgeh. des Sandes, so daß ein eindeutiger Zusammenhang zwischen Aufladbarkeit u. Leitfähigkeit nicht zu erkennen ist. A. Knickenberg. 5800◇

1836 **Das Plasma in der Industrie.** F. Dennery. (Rev. gén. Thermique **1**, Nr. 9, 33—35, 1962; franz.) — Der Wert des Plasmas als einzigem elektr. Leiter, der bei hohen Temp. stabil ist, wird beeinträchtigt durch seine Empfindlichkeit gegenüber Einfl. von Strahlung, elektr. u. magnet. Feldern, Druck, Wärme u. die physikal.-chem. Beschaffenheit. Da je nach angewandtem Gas noch ein entsprechend hoher Kostenaufwand dazukommt, sind die Anwendungsmöglichkeiten des Plasmas begrenzt. Weniger ionisierte Gase sind bis zu Werten von etwa 10000° u. 100 kW ökonom., stark ionisierte sind industriell bereits unökonomisch. Sie werden nur zur Erzeugung extrem hoher Temp. beim Studium der Bedingungen der Kernspaltung verwendet. J. Martins. 5800◇

1837 **Grundlegende Betrachtungen über die ionisierten Gase und das Plasma.** J. L. Delcroix. (Rev. gén. Thermique **1**, Nr. 9, 29—32, 1962; Paris, Faculté des Sci.; franz.) J. Martins. 5800◇

1838 **Die Anwendung des Plasmabrenners in der Chemie.** Robert Collongues. (Rev. gén. Thermique **1**, Nr. 9, 36—42, 1962; Paris, Faculté des Sci.; franz.) — Plasmabrenner finden in der Chemie für Rkk. bei einigen Tausend Grad Verwendung. Zwei Typen von Brennern stehen zur Verfügung. Sie unterscheiden sich durch die Erzeugung des Plasmas: entweder wird es im elektr. Lichtbogen gewonnen oder mit Hilfe eines Hochfrequenzgenerators (5—10 kW; 5—15 MHz). Aufbau, Verw., Vor- u. Nachteile der App. werden beschrieben. J. Martins. 5800◇

1839 **Methoden der Verwendung von Mikrowellen-Energie in industriellen Verfahren.** B. O. M. Gall und R. A. La Plante. (Nat Acad. Sci. — nat. Res. Council, Conf. Freezing Drying Foods **1962**, 133—46; Eindhoven, Netherlands, N. V. Philips u. Hicksville, N. Y., La Plante Amperex Electronic Corp.; engl.) — Übersicht über die Meth. der Anwendung der Hochfrequenzstrahlung u. über die verschiedenen techn. Grundprinzipien. E. Lück. 5800◇

1840 **Reaktionsrohr mit Cellarströmung und seine Verweilzeit-Eigenschaften.** J. Pawlowski. (Chemie-Ing.-Techn. **34**, 628—31, 1962; Leverkusen, Farbenfabriken Bayer A. G., Ing. Abt. Angewandte Physik.; dt.) — Verss. mit einem neuartigen Gitterrührer (Cellarreaktor) in einem Rohr ergaben eine Strömung mit gehemmter Axialdispersion u. guter Quervermischung. Beschreibung der Verss. u. Aufstellung einer mathem. Theorie zur Kennzeichnung des Cellarreaktors. Seine Verweilzeit-Eigg. sind abhängig von den Strömungsverhältnissen, der Geometrie der App. u. den Stoff- u. Betriebsdaten. Besprechung von Anwendungsmöglichkeiten bei physik.-chem. Vorgängen. A. Knickenberg. 5802◇

1841 **Edelstähle und ihre Verwendung in der chemischen Industrie.** Heinz Anders. (Chemiker-Ztg. — Chem. Apparatur **86**, 85—86, 1962; Ludwigshafen (Rhein); dt.) — Übersicht. W. Wesly. 5804◇

1842 **Thermoplaste in der chemischen Industrie und im Bauwesen.** S. Slaney. (Trans. Instn. chem. Engr. **40**, A 79—85, 1962; Manchester, Shell Chemical Co., Ltd., Plastics and Rubber Div.; engl.) — Übersicht über die in der chem. Industrie u. im Bauwesen verwendeten Thermoplaste (PVC, Polyolefine, Polyamide, Polymethylmethacrylat, Polystyrol, Polycarbonat, Polyformaldehyd). — Diskussion. W. Wesly. 5804◇

1843 **Der Weltraum, eine neue Umgebung für Werkstoffe.** W. H. Colner. (Mater. Res. Standards **2**, 656—60, 1962; Culver City, Calif., Hughes Aircraft Co.; engl.) — Unterss. über das Verh. bes. von *Mg*(-Legg.) u. *Polytetrafluoräthylen* bei extrem hohem Vakuum u. unter elektromagnet. Strahlung u. Bombardement durch Elementarteilchen. W. Wesly. 5804□

1844 **Gleichungen für den reversiblen Wärmeübergang bei Flüssigkeiten, die durch einen konzentrischen Ringspalt strömen.** O. E. Dwyer. (Nuclear Sci. Engng. **15**, 52—57, 1963; Upton, N. Y., Brookhaven Nat. Labor.;

engl.) — Für folgende Fälle wurden theoret. Beziehungen zur Berechnung des Wärmeübergangskoeff. abgeleitet: (A) konst. u. gleicher Wärmefluß von beiden Wänden, (B) konst., aber verschiedene Wärmeflüsse von den Wänden; die Wände haben an einer bestimmten Stelle in axialer Richtung des ringförmigen Kanals gleiche Temperatur. In den Ableitungen wird angenommen, daß die Geschw.- u. Temp.-Profile voll ausgebildet u. die physikal. Eigg. von Temp.-Änderungen entlang des Kanals unabhängig sind. Der einzige Parameter dieses allg. Falles, das Verhältnis der Radien, r_2/r_1, wurde bei den Verss. zwischen 1,0 u. 10,0 verändert.
W. Knoch. 5816◇

1845 **Einseitiger Wärmeübergang bei flüssigen, durch Ringspalte strömenden Metallen.** O. E. Dwyer und P. S. Tu. (Nuclear Sci. Engng. **15**, 58—68, 1963; Upton, N. Y., Brookhaven Nat. Labor.; engl.) — Theoret. Nusselt-Zahlen wurden für konst. Wärmefluß u. voll ausgebildete turbulente Strömung berechnet. Zwei Fälle werden behandelt: (A) Wärmeübergang nur von der äußeren Wand, (B) Wärmeübergang nur von der inneren Wand. Die vorgeschlagenen halbempir. Gleichungen werden mit anderen Beziehungen verglichen; sie stimmen mit denen für turbulente Strömung fl. Metalle in Rohren u. zwischen parallelen Platten überein.
W. Knoch. 5816◇

1846 **Binder-Schmidt-Verfahren für nichtstationäre Wärmequellenprobleme.** Günter Lück. (Chemie-Ing.-Techn. **33**, 547—50, 1961; Ludwigshafen (Rhein), Bad. Anilin- u. Sodafabrik AG.; dt.) — Das Binder-Schmidt-Verf. wird auf nichtstationäre Wärmequellen ausgedehnt u. an Beispielen (Plattenkontaktöfen, Schweißen von Kunststoff-Folien mit Hochfrequenz, Bestrahlen strahlungsdurchlässiger Körper) erläutert. W. Wesly. 5816◇

1847 **Die Verwendung von wärmeübertragenden Mitteln in der Industrie.** J. Szymkowiak. (Metalurgia y Electr. **26**, 134—39, 1962; Leverkusen, Farbenfabriken Bayer AG., Sec. Ingenieres AP; span.) — Beschreibung der Eigg. von Diphyl, sowie einer App. für Diphyldampf zum Wärmetransport. K. Huste. 5816◇

1848 **Über einen besonderen Fall von Übergang stationärer Wärme bei Querstrom der Wärmemittel.** G. D. Rabinovich. (Int. J. Heat Mass Transfer **5**, 409—12, 1962; Minsk, USSR, Acad. of Sci. of the B. S. S. R. Inst. of Energ.; engl.) — Für den Wärmeübergang eines Mediums, das nach Durchlauf des Wärmeüberträgers umgelenkt u. wiederum im Querstrom durch den Wärmeüberträger geleitet wird, wird eine Gleichung abgeleitet.
W. Wesly. 5816◇

1849 **Die graphische Behandlung des verfahrenstechnischen Prinzips der Gegenstromschaltung.** Günther Adolphi. (Chem. Techn. **14**, 712—19, 1962; Leuna-Merseburg, TH für Chemie, Inst. für Verfahrenstechnik; dt.) — Fortsetzung der C. **1963**, 8292 ref. Arbeit. — Es wird versucht, die Austauschervorgänge mit Hilfe graph. Meth. systemat. zu analysieren. Die Verfahrenstechn. Operationen werden unter dem generellen Gesichtspunkt der Gegenstromschaltung zusammengefaßt.
H. Hoffmann. 5816◇

1850 **Burnout am excentrischen Stab bei 1000 lbf/in² mit Reindampferzeugung.** S. Levy, E. E. Polomik, C. L. Swan und A. W. McKinney. (Int. J. Heat Mass Transfer **5**, 595—614, 1962; San José, Calif., General Electr. Comp., Atom. Power Equipm. Dep.; engl.) — An einem gleichmäßig beheizten Stab ($\varnothing$ = 0,040 in; Länge 8,5 ft), der in einem zylindr. Rohr ($\varnothing$ = 0,875 in) angeordnet ist, werden in einer konzentr. u. 3 exzentr. Stabanordnung Burnout- u. Druckverlustunterss. durchgeführt. Bei einem Dampfgeh. beim Austritt von 9 bis 66 Gew.-%, Durchsätzen von 0,25—1,34 · 10^6 lb/h · ft^2 u. einem Druck von 1000 lbf/in² im Syst. wurden die folgenden Ergebnisse erhalten: Die Wärmestromdichten für Burnout bei Reindampferzeugung sind für den konzentr. Ringraum von 0,1675 in u. bei Exzentrizität für eine minimale Spaltbreite von 0,096 u. 0,061 in die gleichen. Bei Verkleinerung der Minimalspaltbreite auf 0,033 in nehmen die Burnout-Werte um 15—36% ab. Die Druckverluste bleiben mit zunehmender Exzentrizität bei Zweiphasenströmung relativ unverändert, bei Einphasenströmung nimmt die Reibungszahl ab. An Hand eines analyt. Modells zeigen Vff., daß sich die Quervermischung gut über die halbe Strömungszone erstreckt.
J. Martins. 5816◇

1851 **Kontinuierliches Lösen von Salzen im Gegenstrom.** Helmut Schäfer. (Chemie-Ing.-Techn. **33**, 551—54, 1961; Frankfurt (Main)-Höchst, Farbwerke Hoechst AG.; dt.) — Unterss. über den Stoffübergang beim Einwerfen von KCl u. $(NH_4)_2SO_4$ in aufströmendes W. in einem senkrechten Rohr zeigen, daß die Gegenstromführung im senkrechten Rohr großtechn. ungeeignet sind. Die Vers.-Ergebnisse werden mittels der räumlichen Stoffübergangszahl, der Grenzschichtdicke u. dimensionsloser Kennzahlen dargestellt. Diese Größen dienen als Berechnungsgrundlage für Salzlöse-Apparate. W. Wesly. 5818◇

1852 **Mischen mit Hilfe eines elektrostatischen Feldes.** W. P. Cropper und H. S. Seelig. (Ind. Engng. Chem., Fundamentals **1**, 48—52, 1962; engl.) — Experimentelle Anordnungen u. Ergebnisse des Mischens von KW-Stoffen mit nichtwäßrigen Lsgg. mit Hilfe elektrostat. Felder werden mitgeteilt. In einer Tabelle wird der Mischeffekt verschiedener Fll., wie Anilin, Nitrobenzol, Methanol u. a. in Isooktan angegeben. Vorteile des Verf. ergeben sich beim Mischen in Hochdruckgefäßen.
M. Grenacher. 5822◇

1853 **Mischen und Entmischen von festen Partikeln.** 2. Mitt. **Einfluß der Veränderung der Arbeitsbedingungen eines Horizontal-Trommelmischers.** B. Roseman und M. B. Donald. (Brit. chem. Engng. **7**, 823—27, 1962; London, Univ. College, Hemel Hempstead, Herts, Dexion Ltd.; engl.) — Es werden die unter verschiedenen Arbeitsbedingungen, wie Misch-Geschw., Länge des Mischers, Füllungsgrad, Form u. Unterschiede der Teilchen, Dichteunterschiede, Mengenverhältnisse, Zahl der Komponenten, Beschaffenheit der Mischerflächen, erhaltenen Ergebnisse an Hand der Geschw.-Gradienten des Mischens u. Entmischens erklärt. Bes. Berücksichtigung finden Entmischungserscheinungen. I. Noack. 5822◇

1854 **Zusammenhang zwischen den rheologischen Eigenschaften der Suspension eines Pulvers und der Absorption der Flüssigkeit.** Teruo Matsumura. (J. chem. Soc. Japan, ind. Chem. Sect. [Kogyo Kagaku Zasshi] **66**, 1—3, 1963; Tôkyô-Sumitaku, Raion-Yusi KK.; jap., Auszug: engl. S. A1.) — Vgl. C. **1963**, 5736. — Der Zusammenhang zwischen der Viscosität η der Suspension eines Pulvers in einem Gemisch aus Glycerin u. W. (42,5%:57,5%) u. dem Geh. ϱ (in Vol.-%) an Pulver besteht die Arrheniussche Gleichung $\eta = Ae^{k\varphi}$; die Konst. k ist jedoch oberhalb einer krit. Konz. viel größer als unterhalb dieser krit. Konzentration. Derselbe Zusammenhang wird auch bei Suspensionen gemischter Pulver beobachtet. Zwischen der krit. Konz. der Suspension u. der Menge desselben Fl.-Gemisches, die zur Bldg. der Paste aus dem Pulver eben nötig ist, wird eine Korrelation beobachtet. Die krit. Konz. nimmt durch Zusatz einer dispergierenden grenzflächen-akt. Substanz zu, während der Zusatz einer nichtdispergierenden grenzflächen-akt. Substanz keinen Einfl. auf die krit. Konz. zeigt. E. Maekawa. 5824◇

1855 **Absitzeigenschaften primärer Schlämme.** Tsunemasa Imaizumi. (J. Mining metallurg. Inst. Japan **78**, 913—27, 1962; jap.) — Die Korngrößenverteilung von Schlämmen wird durch eine Gleichung ausgedrückt. Der Grad der natürlichen Flockung wird für jeden der untersuchten Schlämme unter Berücksichtigung der zur Erzielung vollständiger Dispersion erforderlichen Menge Dispergiermittel bestimmt. Die Korngrößenverteilung der feinen Schlammteilchen bei vollständiger Dispersion entspricht der Rosin-Rammler-Funktion. Zwischen dem Grad der natürlichen Flockung u. den im prim. Schlamm gelösten Mengen Al^{3+}, Zn^{2+} u. SO_4^{2-} besteht eine positive Wechselbeziehung. Zur Behandlung prim. Schlämme in Mineralaufbereitungen werden Verbesserungen vorgeschlagen. W. Wesly. 5824◇

1856 **Untersuchungen über die Charakteristik des Kationenaustauschers MK-3.** Michalina Sierocka und Alina Witkiewicz. (Przemysł chem. **40**, 336—39, 1961; Toruń, Uniw. M. Kopernika, Kat. Chem. fiz.; pol.)

— Aus der Titrationskurve des Kationenaustauschers MK-3 poln. Produktion folgt, daß der Austauscher 2 Arten von sauren Gruppen enthält: Bei pH 2,44—7,81 werden stark saure, bei 7,81—11,43 schwach saure Gruppen abgesättigt. Die Austauschkapazität hängt von der Korngröße des Austauschers ab. Das Austauschvol. nimmt mit der Konz. der Regenerierfl. (HCl, NaCl) zu.
F. Urban. 5826◇

1857 **Zur Ermittlung der Betriebseigenschaften eines mechanisch arbeitenden Klassiergerätes.** P. Moiset. (Silicates ind. **27**, 232—42, 1962; Mons, Labor. de Prép. Mécan. des Minerais; franz.) — Theoret. Erörterungen über die Korngrößen-Analyse u. Verteilungskurve eines Stoffgemisches in Abhängigkeit von der Maschenzahl eines mechan. betriebenen Klassiersiebes; sein Wirksamkeitsgrad bei bestimmter Kornscheide. Nachfolgend eine vergleichende Unters. über die Parameter einer Windsichtapp. u. ihrer Berechnung unter Berücksichtigung des Fehlers durch Deklassierung. K. Kaiser. 5828◇

1858 **Über die Felder und die Dauermagnete in magnetischen Rollen und Scheidern.** Erkki Laurila. (Acta polytechn. scand., Physics includ. Nucleonics Ser. Nr. 16, **1962**, 1—26; Helsinki, Univ., Dep. of Phys.; engl.) — An Dauermagnet-Scheidern u. -Scheiderrollen, z. B. für die Erzaufbereitung, werden die Magnetfelder in Abhängigkeit vom Abstand über den Polen berechnet. Dabei werden Betrachtungen angestellt, wie man zweckmäßig die Magnetsysteme aus Dauermagneten u. Eisenleitstücken auslegt, um bestimmte ebene oder zylindr. period. Magnetfelder in den Scheideräumen zu erhalten. Für Syst. mit geringen Polabständen werden Dauermagnet-Werkstoffe mit möglichst großen $(B \cdot H)_{max}$-Gütewerten empfohlen. Bei zylindr. Scheiderrollen mit zirkularen Polen sind dagegen anisotrope Bariumferrit-Werkstoffe von größerem Vorteil. Die Anziehungskräfte dieser Dauermagnetscheider sind mit denen von Elektromagnetscheidern vergleichbar.
H. Fahlenbrach. 5828◇

1859 **Über die Flotation von Chrysokoll.** T. G. Gutzaljuk, M. A. Ssokolow und M. P. Korablina. (Nachr. Akad. Wiss. KasachSSR, Ser. Metallurgie, Erzaufbereit. **1961**, Nr. 1, 3—7; russ., Auszug: kasach.) — Wrkg. u. Einfl. von Zusätzen auf die Flotationsgeschw. u. den Anreicherungsgrad werden von Vff. am *Chrysokoll* bestimmter Korngrößengruppen von 0—140 μ untersucht. Es lassen sich enge Bereiche zwischen pH 6—7 angeben, in denen mit Hilfe von Diäthylbutylphenylammoniumbromid, Alkylphenylsulfonat u. OPSM 6 bei Mengen von 50—100 g/t u. Flotationszeiten bis 10 Min. effektive Anreicherungsgrade zwischen 30 u. 90% erzielt werden.
W.-D. Heußner. 5828□

1860 **Poröse Materialien in der chemischen Industrie.** T. M. B. Eiloart. (Brit. chem. Engng. **7**, 837—39, 1962; Cambridge, Cambridge Consultants Ltd.; engl.) — Es werden Anwendungsmöglichkeiten als Filter, zur Gas- u. Flüssigkeitsverteilung u. Gasreinigung für poröse Stoffe aus Metall, Keramik u. Kunststoffen gegeben. Eigg. der Materialien, wie Porosität, Korrosionsbeständigkeit, mechan. u. therm. Eigg. u. Herst.-Verff., werden beschrieben. Beziehungen zwischen Porengröße u. Permeabilität, sowie Bedeutung der Teilchengröße u. -form werden besprochen. J. Noack. 5830◇

1861 **Raumluftfilter.** P. Vogel. (Mitt. Inst. Chem.- u. Kälteausrüst. VVB Chem.- u. Klimaanlagen **2**, 262—74, 1962; dt.) — Vf. gibt einen kurzen Überblick über die derzeit gebräuchlichsten Filtertypen, deren Anwendungsmöglichkeiten u. Anwendungsgrenzen. Ferner ergaben eigene Unterss. an ölbenetzten Metallfiltern zur Grobstaub-Filterung eine sehr gute Eignung der Streckmetallfilter gegenüber profilierten Blechpacks; letztere weisen einen zu rasch abfallenden Abscheide-Gradienten auf. L. Mógele. 5830◇

1862 **Filtration von Phosphorsäurelösungen.** B. Bigot und J. F. Gielly. (Brit. chem. Engng. **7**, 828—32, 1962; Saint Gobain, Produits Chimiques Pechiney, Bd. Stalingrad, Grand-Quevilly (S. M.); engl.) — Unter bes. Berücksichtigung der Filtration konz. H_3PO_4-Lsgg. (P_2O_5-Geh. 30%) wird die Anwendbarkeit verschiedener Filtertypen u. -Tücher untersucht. Der Einfl. verschiedener Filterdaten, wie Filtriergeschw., Dicke des Filterkuchens, Verdünnung beim Filtriervorgang, Waschvorgang werden diskutiert u. Korrosions- u. Wartungsfragen behandelt.
I. Noack. 5830◇

1863 **Propellerpumpwirkung und Fließen fester Körper in Rührbehältern.** Joseph V. Porcelli, jun. und George R. Marr, jun. (Ind. Engng. Chem. Fundamentals **1**, 172—79, 1962; New York, N. Y., Columbia Univ.; engl.) — Für die Pumpwrkg. des Propellers, das Mitreißen der Fl. u. das Fließen fester Körper in Rührbehältern werden Gleichungen angegeben. W. Wesly. 5840□

1864 **Automatisierte Apparatur zur gravimetrischen Messung der Gassorption, insbesondere für die Bestimmung der spezifischen Oberfläche und der Porengröße.** G. Sandstede und E. Robens. (Chemie-Ing.-Techn. **34**, 708—13, 1962; Frankfurt (Main), Batelle Inst.; dt.) — Beschreibung einer App. zur gravimetr. Messung der Sorption von Gasen u. Dämpfen an Feststoffen. Messung der Sorption im Druckbereich von 10^{-5} bis 760 Torr u. im Temp.-Bereich von — 200° bis 1000°. Angaben über die Anwendungsmöglichkeiten in der Praxis.
A. Knickenberg. 5848◇

1865 **Isokinetisches Sammelgerät für staubbeladene Gase.** P. A. Toynbee und W. J. S. Parkes. (Air Water Pollut. **6**, 113—20, 1962; engl.) — Beschreibung eines isokinet. Sammelgerätes (Abb.) für staubbeladene Gase bei Durchsatz-Geschw. von 10—40 ft./Sek. u. Temp. von 50—500 °F.
W. Wesly. 5850◇

1866 **Agglomerisierung überfeiner Flugasche in Gasströmen hoher Geschwindigkeit.** E. R. Mitchell und G. K. Lee. (Canad. Mining metallurg. Bull. **55**, 768—72, 1962; Ottawa, Dep. of Min. and Techn. Surveys, Mines Branch.; engl.) — Für die Agglomerisierung von Ascheteilchen ($\leqq 97\ \mu$) in den Abgasen von öl- bzw. kohlegefeuerten Dampfkesseln werden Theorien aufgestellt.
W. Wesly. 5850◇

1867 **Elektrochemische Messung von Stoffübergangszahlen.** P. Grassmann und J. Trüb. (Chemie-Ing.-Techn. 33, 529—33, 1961; Zürich, ETH, Inst. für kalor. App. u. Kältetechn.; dt.) — Bei der Redox-Elektrolyse des Syst. $K_4[Fe(CN)_6]/K_3[Fe(CN)_6]$ mit Leitelektrolyt ist der Grenzstrom proportional der Stoffübergangszahl β. In der verwendeten App. werden Grenzstrom u. β am quergeströmten Zylinder bei Reynolds-Zahlen von 120—12000 u. einer Schmidt-Zahl von 2780 gemessen. Durch Isolieren eines Längsstreifens wird die Stoffübergangsverteilung über den Zylinderumfang bestimmt; am vorderen Staupunkt zeigt sich ein Minimum. Die zeitliche Aufzeichnung des Grenzstromes gibt Aufschluß über die Turbulenz in Sondennähe. Die Genauigkeit des Meß-Verf. beträgt $\pm$ 2%. W. Wesly. 5860◇

1868 **Zum Stofftransportmechanismus bei Auslaugeprozessen.** E. Peters und J. Skrivanek. (Canad. J. chem. Engng. **40**, 1—5, 1962; Vancouver, Univ., Dep. of Metallurgy; Usti nad Labem, CSSR, Res. Inst. of Inorgan. Chem.; engl.) — Ein Modell wird vorgeschlagen u. getestet, aus dem eine theoret. Auslaugekurve für die Extraktion der wertvollen Bestandteile aus fein gemahlenen Erzen entwickelt wird. Vff. gehen von der Voraussetzung aus, daß die kleinen Teilchen dem Verlauf der Wirbelströmungen im Rührreaktor folgen u. sich verhalten, als wären sie von einem starren Medium umgeben. Die Form der Kurve setzt sich zusammen aus den Anteilen der Diffusion, des in bestimmter Zeit herausgewaschenen Anteils u. der Korngrößenverteilung. Die Theorie wird durch die Experimente gut bestätigt. Auf die techn. Anwendungsmöglichkeiten wird hingewiesen.
J. Martins. 5860◇

1869 **Ein neuer Kolonnentyp für die Uran-Extraktion.** L. Ziehl und F. Plöger. (Chemie-Ing.-Techn. **33**, 533—35, 1961; Wolfgang bei Hanau, Nukem, Nuklear-Chemie u. -Metallurgie GmbH.; dt.) — Für die techn. U-Reinigung durch fl.-fl.-Extraktion wird eine Kolonne mit bewegten Mischern entwickelt, die sich für Extraktion, Waschung u. Re-Extraktion eignet. Bau u. Arbeitsweise der Kolonne werden beschrieben.
W. Wesly. 5862◇

1870 **Destillation als Verfahrenstechnik.** Michael G. Royston. (Chem. Products Acrosol News **25,** 395—96, 450—51, 499—500, 566—69, 571; **26,** 17—19, 21, 1962; engl.) — Übersicht. W. Wesly. 5864◇

1871 **Berechnung der Verdampfung von binären Flüssigkeitstropfen mit Hilfe einer Rechenanlage.** Norman E. Rawson, John S. Chinn und William F. Stevens. (A. I. Ch. E. Journal **7,** 448—52, 1961; Evanston, Ill., Northwestern Univ.; engl.) — An einem mathemat. Modell werden die Kennwerte von fallenden Flüssigkeitstropfen von 50 μm bis 400 μm ⌀ in einer Luftatmosphäre von 600°F errechnet. Ursprüngliche Zus. der Tropfen: 37 Gew.-% Tetrachloräthylen, Rest o-Dichlorbenzol. Der Temp.-Verlauf der Tropfen, die Zus. der Tropfen, die Abnahme der Masse der Tropfen, die Geschw. sowie die Tropfenbahn, jeweils in Abhängigkeit von der Zeit, sind in Kurven u. die Abhängigkeit der relativen Tropfengröße von der Zeit in einer Formel wiedergegeben. M. Grenacher. 5864◇

1872 **Schnelle Abschätzung der Fraktionierungssysteme und der optimalen Rückflußverhältnisse.** G. M. Rowel. (Génie chim. **88,** 181—89, 1962; franz.) — Um die Berechnung der Böden u. Rückflußverhältnisse von Dest.-Kolonnen zu verbessern, ändert Vf. die Gilliland-Beziehung ab. Daraus folgt ein Gleichungssyst., welches das optimale Rückflußverhältnis zu berechnen gestattet. W. Renker. 5864◇

1873 **Rektifizierung bei der Molekulardestillation.** Heinrich Ratte. (Erdöl Kohle-Erdgas-Petrochem. **15,** 179 bis 181, 1962; Oberhausen-Holten; dt.)— Es wird gezeigt, daß das McCabe-Thiele-Diagramm zur Berechnung der Trennung bei der Dest. auch für die Ermittlung der Anreicherung durch Molekular-Dest. in einer Fraktionieranlage verwendet werden kann. Hierbei muß die Konz. X* des einen Verdampfer verlassenden Rückstandes zu der Konz. Y* des den zugehörigen Kondensator verlassenden Destillates in eine Pseudo-Gleichgewichtsbeziehung gebracht werden. K. Triems. 5864◇

1874 **Allgemeine Beziehung zwischen der Wirkung des Mitreißens und der Wirksamkeit der Böden in Destillationskolonnen.** D. E. Danly. (Ind. Engng. Chem., Fundamentals **1,** 218—19, 1962; Pensacola, Fla., Chemstrand Corp.; engl.) — Ableitung einer Gleichung zur Korrektur des Mitreißens bei der Berechnung der Wirksamkeit von Böden W. Wesly. 5864□

1875 **Destillation ternärer Mischungen. 1. Mitt. Bestimmung der Bedingungen in Fraktioniersäulen und Strippern.** K. L. Butcher. (Brit. chem. Engng. **7,** 816 bis 822, 1962; Leeds, Univ.; engl.) — Es werden für Fraktioniersäulen mit nicht begrenzter Bodenzahl für die Dest. tern. Gemische graph. Lösungen gegeben. I. Noack. 5864◇

1876 **Einfluß der Oberflächenspannung auf den Stoffaustausch zwischen Dampfblasen und Flüssigkeit.** G. Anderès. (Chemie-Ing.-Techn. **34,** 597—602, 1962; Zürich, Eidg. Techn. Hochschule, Inst. für Kalor. App. u. Kältetechnik.; dt.) — Es wird die Abhängigkeit des Stoffaustausches von der Austauschrichtung untersucht, wobei neben der üblichen Richtung (Rektifikation) auch Dampf der leichtflüchtigen Komponente mit der schwerer flüchtigen Komponente als Fl. in Kontakt gebracht wird. Die Abhängigkeit des Stoffaustausches von der Austauschrichtung zwischen Dampfblase u. Fl. wird an 7 binären Syst. untersucht. Bei kleineren Stoffübergangszahlen wird die Oberflächenspannung erniedrigt, bei größeren aber erhöht. Bei 2 untersuchten Gemischen (CH_3OH/C_2H_5OH u. CCl_4/C_6H_6) ist die Austauschrichtung ohne Einfl.; die Oberflächenspannung bleibt unverändert. A. Knickenberg. 5864◇

1877 **Impulsaustausch in Blasensäulen.** W. Siemens und E. Borchers. (Chemie-Ing.-Techn. **34,** 593—97, 1962; Berlin, Pintsch Bamag AG.; dt.) — Vff. definieren eine Blasensäule ähnlich wie eine Wirbelschicht als Scheinkontinuum. Für das fluide Mischsyst. einer Blasensäule wird an Stelle des Diffusionskoeff. die Bezeichnung Durchmischungskoeff. u. für die scheinbare Viscosität der Begriff Impulsaustauschkoeff. gewählt, wobei unter Viscosität die entspr. Eig. der homogenen Fl. verstanden wird, welche die eine Phase der Säule bildet. Der Impulsaustauschkoeff. wird mit der Kugelfallmeth. bestimmt. Die Ergebnisse können nur als Richtwerte angesehen werden, der Impulsaustauschkoeff. beträgt ein Vielfaches der Flüssigkeitsviscosität. A. Knickenberg. 5864◇

1878 **Einfluß der Oberflächenspannung auf den Wirkungsgrad einer Oldershaw-Säule.** S. R. M. Ellis und R. J. Legg. (Canad. J. chem. Engng. **40,** 6—11, 1962; Birmingham, Univ., Dep. of Chem. Engng.; engl.) — Eine Oldershaw-Säule wird mit zwei negativen Syst. getestet, mit Äthylendichlorid (**I**)/Toluol (**II**) u. **I**/2.2.4-Trimethylpentan (**III**). Die Differenz der Oberflächenspannungen zwischen **I** u. **II** beträgt bei 90° etwa $^1/_7$ der zwischen **I** u. **III**. Diese Differenz übt jedoch keinen merklichen Einfl. auf die Leistung einer Siebbodenkolonne aus, die Schaumstruktur zeigt keine offensichtlichen Veränderungen. Das Dampf/Fl.-Gleichgewichtsdiagramm von **I**/**III** bei 750 mm Hg wird aufgenommen. Es ergibt sich ein azeotroper Punkt für **I** = 77,0 Mol-%. J. Martins. 5864◇

1879 **Ultraschallvorgänge und -meßverfahren. Eine Bibliographie.** C. A. Komar und J. Pasini III. (U. S. Dep. Interior, Bur. Mines, Inform. Circ. **1963,** Nr. 8146, 1—31; Morgantown, W. Va., Bur. of Mines, Petroleum Res. Labor.; engl.) — Übersicht. — 261 Literaturangaben. W. Wesly. 5878◇

1880 **Industrielle Viskositätsmessung mit dem H & B-Rotations-Viskosimeter.** Karl Hartmann. (Erdöl Kohle-Erdgas-Petroleum. **15,** 199—201, 1962; Frankfurt/M., Hartmann & Braun AG.; dt.) — Es wird ein explosionsgeschütztes Rotationsviskosimeter zur kontinuierlichen Messung der Viskosität u. seine Anwendungsmöglichkeiten in den verschiedenen Industriezweigen beschrieben. Nach einer theoret. Einführung werden die einzelnen Bausteine dieses Gerätes eingehend besprochen u. Meßbereiche sowie Ratschläge für den Betrieb angegeben. K. Triems. 5886◇

1881 **Ein Totgewicht-Druckmesser mit geneigtem Kolben.** D. R. Douslin und J. P. McCullough. (U. S. Dep. Interior, Bur. Mines, Rep. Invest. **1963,** Nr. 6149, 1—11; Bartlesville, Okla., Bur. of Mines, Petroleum Res. Center; engl.) — Beschreibung eines Dampfdruckmessers (Abb.) für Drücke von 0,01—40 mm Hg. W. Wesly. 5886◇

1882 **Anwendung von Radioelementen in der chemischen Verfahrenstechnik.** J. Guizerix. (Génie chim. **88,** 198—200, 1962; franz.) — Die Anwendungen können sich auf die Meß- u. Regeltechnik beziehen oder in Form von Spurenelementen erfolgen. Über verschiedene Fälle der Praxis wird berichtet. W. Renker. 5888◇

1883 **Automatische Regelgeräte auf der Basis von Radioelementen für die chemische Industrie.** S. Margolinas. (Énergie nucléaire **4,** 40—42, 1962; Soc. d'Applications Industr. de la Phys.; franz.) — Kurze Beschreibung von Füllstandsreglern u. Dichtemeßgeräten auf der Basis einer γ-Absorptionsanzeige, ferner der Messung des S-Geh. in KW-Stoffen (Erdölen) mit ^{109}Cd als Strahlenquelle. Erörterung von Strahlenschutzfragen in Verbindung mit dem industriellen Einsatz. W. Reusse. 5888◇

1884 **Quasi-stetiger Proportional-Regler für höhere Temperaturen.** F. E. Wittig und W. Schilling. (Chemie-Ing.-Techn. **33,** 554—56, 1961; München, Univ., Physikal.-Chem. Inst.; dt.) — Die früher (C. **1961,** 4103) beschriebenen Modulationsregler erzeugen bei einem Zweipunktregler Ein-aus-Impulse, deren zeitliches Verhältnis von der augenblicklichen Abweichung vom Sollwert abhängt. Die gleiche Wrkg. wird erzielt, wenn die Ein-aus-Impulse abwechselnd von 2 Kippkreisen verursacht werden, deren Auflade-Geschw. über Photozellen u. Pentoden durch die Lage des Lichtzeigers gesteuert wird. W. Wesly. 5888◇

1885 **Ein einfaches Durchflußrefraktometer zur kontinuierlichen Betriebsüberwachung.** H. Hummel. (Arch. techn. Messen ind. Meßtechn. **1962,** R 141—47; Frankfurt/M., Höchst, Farbwerke Hoechst AG.; dt.) — Beschreibung eines Betriebsrefraktometers (Abb.), das

durch Verw. eines Rundprismas (zur Vermeidung von Winkeljustierungen) gek. ist u. seiner Anwendung.
W. Wesly. 5888◇

1886 **Kontinuierliche Flüssigkeits-Mengenzählung unter Berücksichtigung der Meßstoff-Temperatur.** H. Reppisch. (Erdöl-Z. Bohr- u. Fördertechn. **78**, 606—09, 1962; dt.) — Neben Beispielen für eine prakt. Anwendung werden die Prinzipien der mengenproportionalen Temp.-Registrierung u. der automat. Temp.-Kompensation der Mengenanzeige bei Ovalradzählern erklärt.
W. Herfurt. 5888◇

1887 **Berechnung der Durchflußmengen und Druckabfälle in Rohrleitungsnetzen mit einer elektronischen Digitalrechenmaschine.** S. Pilz und G. Schlegel. (Chem. Techn. **14**, 753, 1962; Leipzig, VEB KIB Chemie, Wiss. Bereich; dt.) — Es wird ein Programm für eine Digitalrechenmaschine aufgestellt, das gestattet, die langwierigen Berechnungen erheblich zu verkürzen.
H. Hoffmann. 5888◇

1888 **Einige Bemerkungen zum Leistungsverbrauch und zum Druckverlust im adiabatischen vertikalen Zweiphasenfluß.** I. Casagrande und L. Cravarolo. (Energia nucleare **9**, 36—39, 1962; Segrate, Labor. CISE; engl.) — In Verbindung mit dem Problem der Kühlung von Reaktoren mit Fl.-Gas-Gemischen werden, ausgehend von einem Modellkühlkreis, rechner. die Beziehung zwischen Reibungs- u. Scherkräften an der Wand der Leitungen u. die Unterschiede zwischen horizontalem u. vertikalem Fluß behandelt. W. Reusse. 5894◇

1889 **Undichtigkeit mit Kohlendioxyd gekühlter Kernreaktoren.** D. G. Stewart. (Nuclear Power **7**, Nr. 75, 53—56, 1962; Engl. Electric Co. Ltd., Atomic Power Div.; engl.) — Beschreibung von Dichtungen für Kernreaktoren. W. Wesly. 5894◇

1890 **Die Kontrolle der Kernreaktoren.** Andre Baude. (Metalurgia y Electr. **26**, 159, 1962; Paris, Co. des Compteurs; span.) — Allgemeine Vorschriften.
K. Huste. 5894◇

1891 **Brennelemente mit erhöhtem Wirkungsgrad.** Marcel Englander, Jeanne Lehmann, Henri Ollièr, Jacques Stohr und Marc Salesse. (C. R. hebd. Séances Acad. Sci. **254**, 1635—36, 1962; franz.) — Uranbrennelemente (Uranstäbe) mit 1 Gew.-% Mo werden in dem Reaktor EL 3 von Saclay bestrahlt u. mit reinen Uranstäben verglichen. Die U-Mo-Leg. zeichnet sich durch höhere Bruchbelastung, Elastizitätsgrenze u. Kerbzähigkeit aus. Das Gefüge ist feinkörniger (40 bis 100 μm) als das heterogene U-Gefüge ($\sim$ 200 μm bis einige mm). Ohne bemerkenswerte Deformation wird, mit U—Mo-Elementen eine Leistung von 10000 MWJ/t erhalten. I. Zoll. 5894◇

1892 **Das Uranoxid, ein Kernbrennstoff.** R. Hauser. (Metalurgia y Electr. **26**, 166, 1962; C. J. C. A. F.; span.) — Aufzählung der Meth. zur Darst. von Uranoxidbrennstoffelementen. K. Huste. 5894◇

1893 **Untersuchungen über die Herstellung von Urankarbid und seine Verarbeitung zu Brennelementen.** P. Himmelstein, B. Liebmann und L. Schäfer. (4. Planseeseminar „De Re metallica", Pulvermetallurgie in der Atomkerntechn. **1962**, 294—303; Wolfgang bei Hanau, Nukem; dt.) — Bei der Herst. von UC mit 4,8 ± 0,1% C aus Pulvergemischen von UO_2 u. Graphit lassen sich diese Grenzen einhalten, wenn der überstöchiometr. O-Geh. von UO_2 bei der Einwaage gemäß der Gleichung $UO_{2+x} + (3+x)C \rightarrow UC + (2+x)CO$ berücksichtigt wird. Das Pulvergemisch setzt sich in festem Zustand bei 1600° im Vakuum oder beim Schmelzen im Lichtbogen unter Ar zu UC um. Die Dichte des in festem Zustand gewonnenen UC beträgt 8 g/cm³. Für die Verarbeitung zum Brennelement wird erschmolzenes UC gemahlen, in V2A-Stahlrohre gestampft u. durch Hämmern auf 50% Querschnitt vermindert; die Pulverdichte beträgt nach dem Hämmern 90% der theoret. Dichte. W. Wesly. 5894◇

1894 **Strahlungsleistung und Fortschritte in der Herstellung von Dispersionskernbrennstoffelementen auf Aluminiumgrundlage.** G. M. Adamson jun., R. J. Beaver und J. E. Cunningham. (4. Planseeseminar „De Re metallica", Pulvermetallurgie in der Atomkerntechn. **1962**, 433—66; Oak, Ridge, Tenn., Nat. Labor., Metallurgy Div.; engl.) — Fortschrittsbericht.
W. Wesly. 5894◇

1895 **Die Eigenschaften von undurchlässigem Kohlenstoff der General Electric Corp.** H. W. Davidson. (Nuclear Engng. **7**, 159—61, 1962; General Electric Co. Ltd.; engl.) — Beschreibung der Eigg. von Graphit mit sehr geringer Gasdurchlässigkeit, hergestellt durch Verkohlung von Cellulose. W. Wesly. 5894△

1896 **Kettenlängenverteilung der Alkylketten bei der kontinuierlichen metallorganischen Aufbaureaktion als Beispiel für die Berechnung einer Reaktion im Kaskadenreaktors.** Hermann Wesslau. (Chemie-Ing.-Techn. **33**, 556—58, 1961; Mülheim/Ruhr, Max-Planck-Inst. für Kohle-Forsch.; dt.) — Der Einfl. der kontinuierlichen Rk.-Führung auf die Größenverteilung monoton wachsender Teilchen wird untersucht. Am Beispiel der metallorgan. Aufbau-Rk. wird die Größenverteilung der Alkylketten als Funktion des Unterteilungsgrades eines Kaskadenreaktors abgeleitet. W. Wesly. 5896◇

1897 **Der Gas-Flüssigkeits-Transport mit chemischer Reaktion in einem bei Turbulenz arbeitenden Reaktor.** J.-P. Delgrange. (Génie chim. **88**, 173—80, 1962; Pechiney–Saint Gobain Soc. Prod. Chim.; franz.) — Der Prozeß wird unterteilt in: Bldg. einer Grenzfläche Gas-Fl., Stofftransport nach dieser Grenzfläche u. chem. Reaktion. Die einzelnen Stufen werden theoret. behandelt u. Vgl. mit experimentellen Ergebnissen durchgeführt. Dadurch wird bewiesen, daß die vorgenommene Unterteilung hier statthaft ist. Die gewonnenen Erkenntnisse ermöglichen es, im kleinen Maßstab die günstigsten Vers.-Bedingungen zu ermitteln u. sie auf großtechn. App. zu extrapolieren. W. Renker. 5896◇

1898 **Über den Einfluß von Änderungen des Inertgasgehaltes im Frischgas von Syntheseanlagen auf den gesamten Synthesekreislauf.** Giuseppe Toselli. (Chim. e Ind. Milano **44**, 1374—79, 1962; Roma, Univ., Fac. di Inggn., Ist. di Chim. appl. e ind.; ital.) — Die Inertgase werden aus dem Synth.-Kreislauf entweder mit dem Prod. oder durch Entspannung von Kreislaufgas entfernt. Jede Veränderung des Inertgasgeh. im Frischgas wird sich auf die Zus. des Kreislaufgases in den verschiedenen Stellen des Kreislaufes auswirken. In mehreren Rechnungen wird das Problem allg. u. für verschied. Sonderfälle behandelt. W. Renker. 5896◇

1899 **Untersuchungen über den Feststofftransport in mehrstufigen Wirbelschichtanlagen.** Klaus Rose, Heinz Viehweg und Gerhard Winterstein. (Chem. Techn. **14**, 719—23, 1962; Leipzig, VEB KIB Chemie; dt.) — Es wird auf theoret. Probleme wie Durchsatz, Förderung nach oben u. unten, die in einer mehrstufigen Wirbelschichtanlage auftreten, eingegangen. An Hand einer fünfstufigen Vers.-App. aus Glas werden diese Erkenntnisse überprüft u. die Vers.-Ergebnisse diskutiert. H. Hoffmann. 5904◇

1900 **Der Einfluß von statischer Elektrizität auf die Bewegung in einem Fließbett.** Janusz Ciborowski und Andrzej Włodarski. (Chem. stosowana **6**, 555—66, 1962; Warschau, Fak. für Chem.-Ing.-Wesen der Pol. Akad. der Wiss.; pol.) — Von allg. Bedeutung für die Bewegung in Fließbetten ist die Beachtung von elektrostat. Effekten, die sich unter bes. Verhältnissen durch wesentliche Einfl. auf die Benetzbarkeit äußern. Der Einfl. starker elektrostat. Ladungen läßt sich am abnormalen Verhalten der fluidisierten Phasen erkennen.
W.-D. Heußner. 5904◇

1901 Aluminum Co. of America, V. St. A. (Erfinder: David George Vandenburch), **Korrosionsfeste Gefäße besonders für heißes Wasser** bestehen aus einer *Al*-Legierung mit 0,5—1,5 (%) *Mn*, Rest Al, die mit einer Al-Leg. mit 0,5—6 *Zn*, mit nicht mehr als 0,15 Verunreinigungen, Rest Al, ummantelt ist. Die Ummantelung kann 2—20 der Stärke des Gefäßes ausmachen. (**F. P. 1257899** vom 12/4. 1960, ausg. 21/7. 1961. A. Prior. 13/4. 1959.) C. Götze. 5805

1902 Allied Materials Corp. (Erfinder: Frederick Parker Horning), **Dichtungsmasse,** die hohen Temp. widersteht, bestehend aus Kohlenteer (**I**) u. mindestens 10% eines fl. Polysulfidpolymeren $HS(R-S-S-)_nRSH$ (R gleich $-C_2H_4OCH_2OC_2H_4-$, n gleich 3—100 oder mehr), einem Polymerisationsbeschleuniger, wie Pb (**IV**)-Oxid (**II**), Benzoylperoxid u. dgl. sowie den üblichen Füllmitteln. — Man stellt z. B. ein Gemisch her aus 1. 51,7 (%) **I**, 43,08 Tonerde (**III**), 3,98 **II** u. 1,24 Lecithin (**IV**) u. 2. 26,51 **I**, 37,78 eines fl. Polysulfidpolymeren (Mol.-Gew. 4000), 34,47 **III** u. 1,24 **IV** u. verrührt die beiden Gemische schnell für Dichtungszwecke, ehe die Masse zu viscos wird. (**Aust. P. 231404** vom 18/9. 1958, ausg. 12/1. 1961.) O. Roick. 5811

1903 Gulf Research & Development Co., Pittsburgh, Pa., übert. von: Paul D. Foote, Washington, D. C., und Malcolm R. J. Wyllie, Indiana Township, Pa., V. St. A., **Herstellen von verstärkten heterogenen Ionenaustausch-Membranen.** Eine Mehrzahl von unter Zugspannung stehenden Verstärkungselementen, wie Glasfasern, wird mit einer zusammenhängenden, elektrolyt. leitenden plast. Masse, z. B. einem warmhärtbaren Aldehydharz-Polymerisat, umgeben, worin das Ionenaustausch-Material enthalten ist, wie ein harzartiges Polymerisat, das eine Mehrzahl von Gruppen, wie $-SO_3H$, $-COOH$, $-NH_2$, $-N(R_1)(R_2)$, $-N(R_1)(R_2)(R_3)OH$ enthält. R_1 ist ein niedrigmol. KW-Stoff-Rest, z. B. eine Alkyl-Gruppe, R_2 u. R_3 sind H oder Gruppen wie R_1. Abbildungen. (**A. P. 3009578** vom 15/4. 1958, ausg. 21/11. 1961.) F. Markhoff. 5827

1904 Tokuyama Sôda Kabushiki Kaisha (Erfinder: Yukio Mizutani und Ariaki Izumi), Tokuyama, Japan, **Herstellung von Ionenaustauschermembranen.** Man imprägniert Filme aus plast. Massen (Polyvinylchlorid) mit einer Mischung aus Methylvinylketon, Styrol u. Divinylbenzol oder einem fl. Niedrigpolymeren dieser Stoffe, polymerisiert dann die Imprägnierungsfl. durch Erwärmen, behandelt die so erhaltenen gepfropften Filme z. B. mit Methylaminhydrochlorid, Formalin, Dioxan u. W.-Mischung nach u. erhält so die *Austauscherfolien.* (**Jap. A. S. 5390/1961** vom 17/2. 1959, ausg. 23/5. 1961.) M. Pankow. 5827

1905 Farbenfabriken Bayer Akt.-Ges., Leverkusen (Erfinder: Herbert Corte, Leverkusen, und Otto Netz, Köln), **Herstellung von Anionenaustauscherharz.** (Nachtrag zu D.A.S. 1054715; C. **1960,** 17234). Man kann statt der Phthalimide allg. Verbb. der Formel **I** (R = Alkylengruppe; X = 2-wertige organ. Gruppe) als Rk.-Komponente verwenden. — Man löst in 450 ml

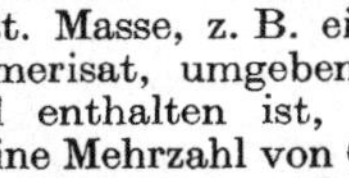

I

40%ig. HCHO 500 g Diglykolsäureimid (F. 142 bis 143°; durch Dest. von neutralem diglykolsaurem NH_4) unter Erwärmen, konz. bei 40—45° u. Unterdruck u. erhält beim Abkühlen *Hydroxymethyldiglykolsäureimid,* 83—84°, 175 g davon werden in 400 ml Äthylenchlorid suspendiert u. mit 150 g $SOCl_2$ unter Rühren u. Erwärmen in das Chlormethylderiv. umgewandelt u. nach Entfernung von überschüssigem $SOCl_2$ zu der Lsg. 100 g Styrolharz [90 (Gew.-Teile) Styrol, 4 Äthylstyrol, 6 Divinylbenzol] u. 20 g $SnCl_4$ zugesetzt; bis zum Ende der HCl-Entw. wird kondensiert. Das erhaltene Harz wird mit verd. NaOH u. dann mit verd. HCl behandelt. (**Jap. A. S. 4746/1961** vom 17/3. 1959, ausg. 13/5. 1961.) M. Pankow. 5827

1906 Johns Manville Corp., New York, N. Y., übert. von: Raymond G. Riede, Martinsville, N. J., V. St. A., **Herstellung calcinierter Diatomeenerde** dad. gek., daß man feinverteilte Diatomeenerde zunächst agglomeriert, indem man sie durchmischt, ohne die Struktur zu zerstören, u. zu der bewegten Masse feinverteilte Fl. in solcher Menge zugibt, daß die Masse unter gleichmäßiger Verteilung der Fl. darin plast. wird. Die so agglomerierte Diatomeenerde wird dann bei 1700—2050°F calciniert. (**A. P. 3013981** vom 21/10. 1957, ausg. 19/12. 1961.) R. Zimmermann. 5849

1907 Imperial Chemical Industries Ltd., London, England, **Abscheiden nebelförmiger Teilchen aus Gasen oder Dämpfen** unter Benutzung eines „nichtbenetzbaren" Filters (**I**), an dem sich die Teilchen in Tröpfchenform u. nicht als Film niederschlagen. Das **I** besteht aus Glasfasern, auf denen man einen Siliconfilm durch Teilhydrolyse u. Kondens. eines hauptsächlich Dimethylchlorsilan enthaltenden Methylchlorsilangemisches erzeugt hat. Anstelle der Glasfasern können auch Polyesterfasern verwendet werden. (**Ind. P. 67096** vom 19/3. 1959, ausg. 7/4. 1961.) C. Lüttgen. 5851

1908 Rolls-Royce Ltd., Derby, England (Erfinder: Stefan George Bauer), **Thermisches Isoliermaterial.** Man schäumt Kunststoff, z. B. Polystyrol, auf, so daß er viele kleine geschlossene Zellen mit dünnen Wänden besitzt, formt den Schaum, schließt ihn in eine gasdichte Hülle ein, evakuiert den Schaumkörper, z. B. auf 1 mm Hg, preßt dann ein kondensierbares Gas (**I**) hinein, das bei der Temp., bei der der Isolierkörper verwendet wird, kondensiert ist, z. B. Wasserdampf u./oder CO_2, wiederholt dieses Evakuieren u. Hineinpressen so oft, bis die Zellen im wesentlichen von dem **I** erfüllt sind, u. schließt die Hülle. Man kann den Kunststoff auch gleich mit dem **I** aufschäumen, formen u. mit gasdichter Hülle umgeben. — *Verwendung für Isoliergefäße,* bes. für fl. H, O oder CH_4. (**E. P. 865391** vom 26/7. 1956, ausg. 19/4. 1961.) K. Sarre. 5859

1909 United Kingdom Atomic Energy Authority (Erfinder: Leslie Reginald Blake), **Messen von geringen Veränderungen des elektrischen Widerstandes von flüssigen Metallen,** z. B. Na, infolge der Anwesenheit von Metalloxid, Verunreinigungen oder Gasblasen im Schmelzfluß durch vergleichende elektr. Messungen an einem fl. Metall, das einen festgesetzten Gehalt an Oxid, Verunreinigungen oder Gasblasen aufweist. — Vorr., Zeichnungen. (**Aust. P. 233245** vom 28/5. 1959, ausg. 27/4. 1961. E. Prior. 3/6. 1958.) K. Demmler. 5887

1910 Texaco, Inc., übert. von: Walter J. Weiss, Sugar Land, Clarence O. Walker und John S. Brukner, Houston, Tex., V. St. A., **Wässerige Bohrflüssigkeit,** die an $Ca(OH)_2$ gesätt. ist u. von der ein Teil in der Bohrung als Packerflüssigkeit verbleibt. Die Fl. enthält ein wasserlösl. Metallsalz (z. B. $MgCO_3$, MgF_2, AlF_3, NiF_2), das mit dem gelösten u. ungelöstem $Ca(OH)_2$ wasserunlösl. Metallhydroxide bildet, die dann im Bohrloch abdichtend wirken. (**A. P. 2975127** vom 6/12. 1957, ausg. 14/3. 1961.) W. Hauswald. 5893

1911 General Dynamics Corp., New York, N. Y. (Erfinder: Harvey Prescott Sleeper jun., Solana Beach, Calif.), V. St. A., **Kernreaktor** mit zentralem Reaktorkern, einem diesen umgebenden Reflektor u. einer beide umschließenden Abschirmhülle, ferner mit Regelvorr., die sich durch die Abschirmhülle u. den Reflektor in den Kern erstreckten u. dessen Reaktivität regeln, sowie mit 2 zueinander senkrechten therm. Säulen aus neutronenbremsendem Material, von denen eine sich außerhalb des Reflektors etwa radial nach innen erstreckt. Ein Hohlraum in dieser liegt in einem solchen Abstand vom Reaktorkern, daß prakt. alle Neutronen, die aus dem Reaktorkern in ihn fließen, therm. sind. Die 2. Säule erstreckt sich von dem Hohlraum aus etwa quer zur Richtung der ersten. (**D. A. S. 1116833** Kl. 21g vom 29/9. 1958, ausg. 9/11. 1961.) H. Kessel. 5895

1912 General Dynamics Corp., New York, N. Y. (Erfinder: Stanley Lee Koutz, San Diego, Robert Brokaw Duffield, La Jolla, Robert Bernard Minogue, Solana Beach, Robert Gus Fischer, Chatsworth, William Alva Compton, San Diego, John Edward Larsen, La Jolla, Harvey Prescott Sleeper jun., Solana Beach, Melvin Frankel, Los Angeles, und Harriett Riddell Lynch Joyce, El Cajon, Calif.), V. St. A., **Neutronenreaktor für Bestrahlungszwecke.** In einer Ausnehmung in dem den Reaktor umgebenden Reflektor ist ein bewegliches Glied für die Abstützung einer Mehrzahl im Abstand voneinander liegender zu bestrahlender Proben angeordnet. Eine Vorr. entnimmt die Proben aus einer bestimmten Entnahmelage in der Ausnehmung. Das Abstützglied kann so bewegt werden, daß jede Probe in die Entnahmelage gebracht werden kann. (**D. A. S. 1097580** Kl. 21g vom 25/6. 1959, ausg. 19/1. 1961. A. Prior. 25/6. 1958.) H. Kessel. 5895

1913 Union Carbide Corp., New York, N. Y., übert. von: Richard M. Poorman, George P. Hawley, Speedway, und Herbert B. Sargent, Indianapolis, Ind., V. St. A., **Ausführung chemischer Reaktionen, wie Oxydation, Reduktion, Carburierung,** durch Einw. von Explosionswellen auf feste Rohstoffe, wobei durch die Wahl des Mischungsverhältnisses von Öl: O_2 in der Zündzone optimale Flammengeschw. u. Temp. erreicht werden, die Explosionsatm. aber für die Rk. nicht optimal ist, dad. gek., daß man in eine anschließende Rk.-Zone ein Rk.-fähiges (oxydierendes, reduzierendes usw.) Gas einführt. Man führt z. B. 3,02 „cubic feet"/Min. Acetylen u. 2,94 O_2 (Verhältnis von O:C = 0,97:1) in den Brenner u. in einem Acetylenstrom 0,4 pulvriges W ein (O:Gesamt-C = 0,86:1), zündet 4 mal/Sek. mit N_2-Zwischenstößen u. erhält aus W (Partikel mit 0 bis 10 μ ∅) mit 16% Co (0,4 μ ∅) als Bindemittel einen harten, mahlbaren u. widerstandsfähigen Überzug aus W_2C. Man führt 2,75 O_2 u. 1 Propan (O:C = 1,8:1) u. 10 g Fe_2O_3-Pulver/Min. in einem absteigenden Propanstrom von 0,61 zusammen (O:Gesamt-C = 1:1) u. zündet 4 mal/Sekunde. Das Prod. enthält 74,3 (%) Fe, 19,1 O_2 u. 19,1 O_2 u. 1,92 C. Weitere Beispiele für die Red. von Fe_3O_4 u. die Carburierung von Mo (Prod. mit 82,2 Mo, 4,66 Gesamt-C u. 0,19 freiem C). Das Verf. ist auch für Fll. u. Gase geeignet. Man kann z. B. fl. oder gasförmiges $SiCl_4$ zu Si-Metall reduzieren. Als Trägerfll. sind noch Äthylen, Äthan, Methan u. Butan genannt. — Zeichnung. (**A. P. 3004822** vom 31/1. 1958, ausg. 17/10. 1961.) G. Vogel. 5901

H_2. Betriebsschutz, Feuerschutz

1914 **Mit der Lagerung von geschmolzenem Schwefel verknüpfte Gasexplosionsgefahren.** Aldo L. Furno, George H. Martindill und Michael G. Zabetakis. (U. S. Dep. Interior, Bur. Mines, Rep. Invest. **1963,** Nr. 6185, 1—11; Pittsburgh, Pa., Bur. of Mines, Explosives Res. Labor.; engl.) — Die aus geschmolzenem J entweichenden, brennbaren Gase u. H_2S u. CS_2. Die untere Entzündbarkeitsgrenze in Luft bei Zimmertemp. beträgt für H_2S 4,3 u. für CS_2 1,25 Vol.-%. Die Ggw. von genügend CS_2 kann eine spontane Entzündung von Luft–Gas-Gemischen, die in Berührung mit erhitzten Oberflächen von geschmolzenem J in Lagerbehältern stehen, erfolgen. W. Wesly. 5930◇

1915 **Quecksilbervergiftung.** Jaroslav Šejbl und Svatava Šejblová. (Sklář a Keram. **13,** 17—19, 1963; Pardubice-Rybitví, Východočeské chemické závody; tschech.) — Die Vff. beschreiben die Wrkg. des Hg u. seiner Verbb. auf den Organismus u. informieren über die Grundsätze der ersten Hilfe u. über die techn. Vorkehrungen. J. Schneider. 5932◇

1916 **Anlagen und Geräte zur kontinuierlichen Direktmessung von Radioaktivität an der Erdoberfläche.** Ulrich O. Schanze. (Städtehygiene **13,** 207—12, 1962; Wuppertal-Barmen; dt.) — Übersicht. W. Wesly. 5932◇

1917 **Bestimmung der täglichen Bestrahlung von Bergleuten im Uranbergbau unter Tage durch die Luft geförderten Radonzerfallsprodukten.** R. C. Bates und R. L. Rock. (U.S. Dep. Interior, Bur. Mines, Rep. Invest. **1962,** 1—22; Denver, Colo., Bur. of Mines, Health and Safety Distr. H.; engl.) — Zur Best. der täglichen Bestrahlung von Bergleuten, die durch Ru-Zerfallsprodd. bestrahlt werden, werden je Schicht nur 1—4 Probeträger statt 12—36 gesammelt. Das genügt, wenn die Konz. der Zerfallsprodukte infolge gleichmäßiger Belüftung konst. ist. W. Wesly. 5932◇

1918 **Strahlenschutz durch Bitumen.** G. Ziehmann. (Bitumen **24,** 260—62, 1962; Hamburg, ESSO A. G., Asphaltlab.; dt.) — Die Beständigkeit von Bitumen gegenüber starker γ-Strahlung ($1 \cdot 10^9$ rad) ist gut. Es tritt nur Erhärtung auf. Die Halbwertsdicke (HWD) von $BaSO_4$-Bitumengemischen beträgt für: 0% $BaSO_4$) 17 cm, 20% 11 cm, 40% 8 cm, 60% 6,4 cm. K. Strenge. 5932◇

1919 **Schwedische Untersuchungen über die Gesundheitsgefährdung bei Anwendung von Trichloräthylen als Reinigungsmittel.** Hanns Benninghoff. (Ind.-Lackier-Betr. **30,** 239—45, 1962; dt.) I. Koschitzki. 5936

1920 **Sicherheitsvorkehrungen bei der Lagerung von Lösungsmitteln.** 3. Mitt. **Feuerschutzanlagen bei Brandgefahren durch elektrische Leitungen.** W. Leighton und W. R. Niehaus. (Paint Varnish Product. **52,** Nr. 10, 45—47, 1962; N. Y., Tarrytown, Union Carbide Chem. Comp., Techn. Service Labor.; engl.) — 2. vgl. C. **1963,** 10992. — Da beim Umfüllen, Rühren usw. der meisten Lsgm. Reibungselektrizität entsteht, müssen Vorsichtsmaßnahmen ergriffen werden, um Brände durch Funkenbldg. zu verhindern. Die stationären Vorratsbehälter müssen ebenso gesichert werden (durch leitende Verbindung untereinander u. gemeinsame Erdung) wie Tankwagen beim Füllen u. Entladen brennbarer Fl. (durch Erdung des Tanks u. der Fülleitung). Die verschiedenen Möglichkeiten der elektr. Sicherung werden beschrieben u. Hinweise für ihre Überwachung u. Pflege gegeben. I. Koschitzki. 5936

1921 **Kühlung, Ventilation und Air-conditioning. Heizung in Werkstätten und Fabriken.** Andres Baro Planchon. (Metalurgia y Electr. **26,** 206—15, Dez. 1962; span.) — Allgemeine Ausführungen. K. Huste. 5940◇

1922 **Abgasüberwachung von Industrieanlagen mit einem Betriebsphotometer.** Heinz Hummel und Jürgen Ebert. (Chemie-Ing.-Techn. **34,** 704—08, 1962; Frankfurt/M.-Höchst, Farbwerke Hoechst A. G.; dt.) — Für die Überwachung der Abgase NO_2, ClO_2 u. SO_2 hat sich das Photometer „Okometer" bewährt, mit dem die Emissions-Konz. gemessen werden kann. Die Messungen beruhen darauf, daß die genannten Gase eine starke Strahlungsabsorption aufweisen, die von der Gas-Konz. abhängig ist. Beschreibung des Gerätes u. der speziellen Ausrüstung, sowie Angaben über die Meßgenauigkeit u. die Störeinflüsse. A. Knickenberg. 5948

1923 **Ein Verfahren zur Bestimmung von Schornsteinmindesthöhen.** F. Wippermann und W. Klug. (Air Water Pollut. **6,** 27—48, 1962; Darmstadt, TH, Meteorol. Inst.; dt.) — Ableitung von Gleichungen u. Nomogrammen zur Best. der Mindesthöhe von Schornsteinen, so daß eine vorgegebene, zulässige Konz. an Luftverunreinigungen am Boden nicht überschritten wird. W. Wesly. 5948◇

1924 **SO_2- und Staubmeßergebnisse und ihre Bedeutung für lufthygienische Gutachten über Schornsteinmindesthöhen.** Kurt Gräfe. (Städtehygiene **13,** 204—07, 1962; Hamburg; dt.) — Aus den in der Hamburger Innenstadt ermittelten Geh. der Luft an SO_2 u. Staub werden nach dem Verf. von Wippermann u. Klug (vgl. vorst. Ref.) die Schornsteinmindesthöhen berechnet. W. Wesly. 5948◇

H_3. Elektrotechnik

1925 **Glasisolierter Mikrodraht für die Elektrotechnik.** R. G. S. Clarke. (Draht-Welt **48,** 343—44, 1962; London; dt.) — Überblick über die elektr. u. mechan. Eigg. von glasisolierten Mikrodrähten, über die zukünftige Entw. u. Anwendungsgebiete. I. Köditz. 5956

1926 **Flache Preßprobe für dielektrische Messungen.** K. M. Beazley und L. E. Cook. (Trans. Proc. Instn. Rubber Ind., Trans. **38,** 196—207, 1962; St. Austell, Cornwall, Engl. Clays, Lovering, Pochin & Co. Ltd.; engl.) — Am Beispiel des Butylkautschuks mit Mineralfüllstoffen (bes. Ton) wird die Durchführung dielektr. Messungen an Flachproben statt an Kabelummantelungen gezeigt. R. Schäff. 5956◇

1927 **Fortschritte der Halbleitertechnik.** Hans-Friedrich Hadamovsky. (Bergakademie [Freiberg] **13,** 678—86, 741—49, 1961; Kleinmachnow bei Berlin; dt.) R. Grundmann. 5952◇

1928 **Elektrische Eigenschaften dünner organischer Filme.** Arthur Bradley und John P. Hammes. (J. electrochem. Soc. **110,** 15—22, 1963; Westbury, N. Y.,

Radiation Res. Corp.; engl.) — Dünne organ. Polymerfilme auf Al-bedampften Quarzobjektträgern werden durch Polymerisation mit Hilfe des Glimmentladungs-Verf. hergestellt. Einzlheiten des Verf., Eigg. der Filme, Abscheidungsausbeuten u. Leitfähigkeitswerte werden mitgeteilt u. die Polymerisationsmechanismen, Beziehungen zwischen Struktur u. Leitfähigkeit sowie therm. Effekte erörtert. Einige Filme würden sich als (organ.) Halbleiter eignen. Als „Monomere" wurden verwendet: Tetraäthylorthotitanat, Ferrocen, Phenanthren, Naphthalin, Dicyclopentadienyltitandichlorid, Pentamethylbenzol, Vinylferrocen, Äthylendithiocyanat, Triphenylmethan, C_2H_2, Cyclopentadien, Hexamethylbenzol, Methoxynaphthalin, Chinolin, Styrol, p-Nitrotoluol, p-Xylol, Acrylonitril, Diphenylselenid, Picolin, Malonitril, N.N-Dimethyl-p-toluidin, Anilin, Dicyanoketenäthylacetal, „Cyamelurine", Diphenylquecksilber, N-Nitrosodiphenylamin, Thioharnstoff, 1-Nitrosopiperidin, Triphenylarsin, Tetracyanoäthylen, N-Nitrosodiäthylamin, Hexa-n-butyl-dizinn, Thianthren, Tetraisopropylorthotitanat, Thioacetamid, Thiophen, Selenophenol, 1.2.4- u. 1.3.5-Trichlorbenzol, C_2F_4, C_2H_6, Thioacetamid, Methylmercaptan, CCl_4, Hexachlorbenzol, NH_3, Äthylenoxid, p-Toluidin u. Triphenylzinnchlorid. P. Frenzel. 5952◇

1929 **Gitteremission und die Kristallstruktur von Kernnickel für oxidübergezogene Kathoden.** Yoshihiko Tachihara, Takiuya Hata und Takeaki Hanada. (Nippon Kinzoku Gakkai-Si [Japan Inst. Metals] **26,** 5—8, 1962; Osaka, Mitsubishi Electric Mfg. Co., Res. Labor.; jap., Auszug: engl.) — Eine der Ursachen der Gitteremission von Empfangsröhren mit Kathoden mit BaO-Überzug ist die Kristallstruktur des Kern-Ni. Durch Rk zwischen BaO u. Kern-Ni entstandenes Ba wird an den Korngrenzen des Kern-Ni absorbiert. Je mehr Ni-Korngrenzen in der Kernoberfläche vorliegen, um so geringer wird die Gitteremission. W. Wesly. 5952◇

1930 **Die Anwendung der Funkenentladung für die Erzeugung von intensiven Lichtblitzen von 10^{-7}—10^{-8} s Dauer.** 2. Mitt. **Untersuchung der optimalen Verhältnisse zwischen der Energie der Funkenentladung in Luft und der Dauer der Lichtblitze.** Ss. I. Andrejew und M. P. Wanjukow. (J. techn. Physik [UdSSR] **32,** 738—45, 1962; russ.) — Die Lichtblitze werden mit einem SEV registriert. Bei einer „harten" Entladung werden während der 1. Halbperiode 85—95% der Kondensatorenergie frei. Die in der 1. Halbperiode frei werdende Energie wird nur durch die „Entladungshärte" $\psi = (U/L)(di/dt)_{max}$ (L = Induktivität) bestimmt. Bei Erhöhung der Entladungsenergie durch Vergrößerung der Arbeitsspannung wird der elektr. Prozeß verkürzt, während die Dauer des Lichtblitzes mit Vergrößerung der Energie größer wird. Bei konst. Energie wird die Dauer mit Verringerung der Kapazität verkürzt. Im harten Bereich beträgt die Länge der Vorderfront von Blitzen mit der Energie von 0,01—1 J 5—10 ns. Eine Vergrößerung der Entladungsenergie bei konst. Dauer kann nur durch Vergrößerung des Entladungsabstandes erreicht werden. Es wurde eine aperiod. Funkenentladung bei einer Entladungsenergie von 0,13 J erhalten, die Dauer des elektr. Impulses betrug 20 ns. Bei dieser Entladung erhält man Blitze von 40—45 ns Dauer. Bei gegebenem Entladungsabstand existiert ein bestimmtes Verhältnis zwischen der Blitzdauer u. der maximalen Energie im Entladungskreis. Bei 1 cm Länge u. bei einer Entladungsenergie von 1; 0,6 u. 0,1 J haben die Blitze eine Dauer von 150; 70 u. 40 ns. G. Ewald. 5972◇

1931 **Ein einfacher Plasmaoscillator.** G. C. McCullagh. (J. sci. Instruments **38,** 164, 1961; Belfast, Queen's Univ., Phys. Dep.; engl.) — Der Oscillator besteht aus einer zylindersymm. Diode mit einer W-Fadenkathode. Die abgegebene Leistung ist in der Größenordnung von μW. Der Oscillator ist durch Änderung der Anodenspannung über einen großen Bereich (z. B. 40—55 cm) abstimmbar. H. Liepack. 5974◇

1932 **Das technische Siliciumcarbid als Material für Dioden mit Punktkontakt.** L. G. Babak, Ss. A. Botschek, Ss. M. Genkina, Ss. O. Dobrolesh, W. A. Shidkow und W. K. Smuschkewitsch. (Ukrain. physik. J. **6,** 541—48, 1961; Kiew, Inst. für Metallkeramik u. Sonderlegg. der Akad. der Wiss. der Ukrain. SSR; ukrain., Auszug: engl.) — Die bei verschiedenen Tempp. aufgenommenen Kurven Spannung [V]/Stromstärke [A] für verschiedene Kristalle des techn. SIC zeigen, daß die grünen Kristalle vom Werk Saporoshje bei Zimmertemp. den Gleichricht-Koeff. K = 10^4—10^5 besitzen, der mit steigender Temp. rasch abnimmt. Die schwarzen SIC-Kristalle vom Werk Taschkent besitzen bei Zimmertemp. einen Wert von 10^2—10^3, der mit steigender Temp. um so mehr zunimmt, je größer der spezif. Widerstand des Kristalls ist. Als geeignetstes Material für die Herst. von Dioden mit Punktkontakt sind diese schwarzen Kristalle vom spezif. Widerstand 3 $\Omega \cdot$ cm anzusehen. Sie können für die Gleichrichtung im Bereich der Radiofrequenzen bei Spannungen von 1—5 V u. Temp. bis zu 500° verwendet werden. O. Lebtag. 5976△

1933 **Untersuchung des elektrochemischen Verhaltens von Titan und einigen anderen Metallen bei der Elektrolyse von Chloridlösungen.** L. M. Jakimenko, G. N. Kochanow, I. Je. Wesselowskaja und R. W. Dshagatzpanjan. (Chem. Ind. [UdSSR] **1962,** 43—47; russ.) — Das elektrochem. Verh. von *Ti*, seinen Legg. u. Verbb., sowie von Zr, Nb, Ta, Mo u. W in konz. NaCl-Lsg. wird bei 70—80° untersucht. Zr u. Mo werden ohne Cl_2-Entw. aufgelöst. Auf Ta u. Nb bildet sich eine „Sperrschicht" (SS), die Stromdichte D_a fällt rasch ab, das anod. Potential E_c stellt sich auf einen konst. Wert ein, der von der angelegten Spannung abhängt. Auf Ti u. W bildet sich die SS viel langsamer, die Kurve E_c/Zeit ist unregelmäßig, bei 1,6 bis 2,0 V tritt Cl_2-Entw. mit Überspannung ein. Das Verh. der Ti-Legg. hängt von den Leg.-Elementen u. ihrer Konz. ab. Ti–Al-Legg. (5—40% Al) lösen sich mit einer Geschw., die mit der Al-Konz. zunimmt. Ähnlich verhalten sich Ti–V-Legg., wobei jedoch bei kleinen V-Konzz. u. hohen D_a Passivierung eintritt. Das Verh. von Ti–W-Legg. ist bei 4,5—25% W von der W-Konz. unabhängig, Cl_2-Entw. beginnt bei 0,4 mA/cm² u. bei 2 mA/cm² nimmt E_c infolge Passivierung weiter ab. Ti-Carbid u. -Borid lösen sich rasch anod. auf. Nitrierte Ti-Oberflächen verhalten sich ähnlich wie Ti. Durch Kontakt mit geschmolzenem S auf Ti, Nb, Ta u. W gebildete Sulfidschichten lösen sich rasch. Ti, Ta u. Nb eignen sich zwar nicht als Anoden für die NaCl-Elektrolyse, können aber als Leiter zu C- oder Pt-Anoden verwendet werden. R. K. Müller. 5992◇

1934 Siemens-Schuckertwerke Akt.-Ges., Berlin und Erlangen (Erfinder: Otto-Gert Folberth, Böblingen), **Halbleiterkörper** ist ein Mischkristall aus einer $A^{IV}B^{VI}$- u. einer $A^{I}B^{V}C_2^{IV}$-Verbindung. (**D. A. S. 1121736** Kl. 21g vom 17/8. 1959, ausg. 11/1. 1962.) H. Kessel. 5953

1935 Telefunken Patentverwertungsgesellschaft m.b.H., Ulm/Donau (Erfinder: Heinz Beneking, Aachen), **Halbleiterkörper.** Beim Auflegieren von Leg.-Material mit einer Leg.-Form aus Glimmer wird diese mit mehr als 1 kp/cm² auf die Halbleiteroberfläche gepreßt. (**D. A. S. 1125084** Kl. 21g vom 31/1. 1961, ausg. 8/3. 1962.) H. Kessel. 5953

1936 Siemens-Schuckertwerke Akt.-Ges., Berlin und Erlangen (Erfinder: Ottomar Jäntsch, München, und Barbara Patalong, Ebermannstadt), **Halbleiteranordnung.** Zur Herst. eines Überzugs, der beim Aufbringen elektropositiv wirksam wird, wird ein Kombinationsstoff aus Siliconharz u. entweder einem Terephthalsäureesterharz oder einem Harz auf Phenolbasis in einer Mischung organ. Lsgm. gelöst u. auf den Halbleiterkörper aufgebracht. (**D. A. S. 1126516** Kl. 21g vom 30/4. 1960, ausg. 29/3. 1962.) H. Kessel. 5953

1937 Siemens-Schuckertwerke Akt.-Ges., Berlin und Erlangen (Erfinder: Hans Schering, Berlin, und Reimer Emeis, Pretzfeld), **Halbleiteranordnung.** Bei der Herst. nach dem Haupt-Pat. wird die Cu-Auflage vor der Verbindung mit dem Halbleiterelement mindestens an ihrem freiliegenden Oberflächenteil mit einem Material überzogen, das einen niedrigeren Dampfdruck oder in dem Halbleiterkristall eine geringere Diffusionsgeschwindigkeit u./oder Löslichkeit aufweist als Cu. (**D. A. S. 1125555** Kl. 21g vom 30/5. 1960, ausg. 15/3. 1962.) H. Kessel. 5953

1938 Siemens & Halske Akt.-Ges., Berlin und München (Erfinder: Heinrich Kniepkamp), München, **Halbleiteranordnung.** Zur Dotierung wird ein gasförmiges Halogenid aus einem Vorratsgefäß in die von einem Trägergas durchströmte Zuleitung zum Halbleiterkristall durch eine Düse geführt, deren Öffnung so eng ist, daß sich bei hinreichendem Dampfdruck des Halogenids im Vorratsgefäß der gewünschte niedrige Dampfdruck des Halogenids in der Zuleitung u. am Halbleiterkristall ergibt. (**D. A. S. 1130078** Kl. 21g vom 10/8. 1956, ausg. 24/5. 1962.) H. Kessel. 5953

1939 Deutsche Akademie der Wissenschaften zu Berlin (Erfinder: Karl-Wolfgang Böer), Berlin, **Halbleiteranordnung.** Zur Herst. eines sperrschichtfreien Kontaktes auf einem Kristall aus einer halbleitenden Verb. zwischen einem Element der 2. u. einem Element der 6. Hauptgruppe des Period. Syst. wird der Kristall auf mindestens 150° erwärmt u. dann Al im Vakuum aufgedampft. (**D. A. S. 1128047** Kl. 21g vom 30/11. 1959, ausg. 19/4. 1962.) H. Kessel. 5953

1940 Siemens-Schuckertwerke Akt.-Ges., Berlin und Erlangen (Erfinder: Wolfgang Keller, Pretzfeld), **Halbleiteranordnung.** Zu p- bzw. n-Dotierung von Si wird Dotierungsmaterial enthaltendes Glas auf die Oberfläche eines Si-Stabes aufgeschmolzen u. dieser dem tiegelfreien Zonenschmelzprozeß so unterworfen, daß das Dotierungsmaterial aus dem Glas in den Si-Stab eindringt u. die Bestandteile des Glases red. werden u. verdampfen. — Statt Glas kann eine glasig schmelzende Verb. verwendet werden, z. B. B_2O_3. (**D. A. S. 1128048** Kl. 21g vom 14/6. 1958, ausg. 19/4. 1962 u. **1132663** Kl. 21g [Zusatz-Anmeldung] vom 31/3. 1960, ausg. 5/7. 1962.) H. Kessel. 5953

1941 Siemens-Schuckertwerke Akt.-Ges., Berlin und Erlangen (Erfinder: Alfred Siemens, Erlangen), **Halbleiteranordnung.** Zwischen dem Halbleiterkörper u. seinem Träger liegt eine metall. Sinterplatte, deren Zus. sich in Richtung Träger so ändert, daß sie an der dem Halbleiterkörper zugekehrten Seite aus einem Metall mit einem dem des Halbleiterkörpers ähnlichen Ausdehnungs-Koeff. u. an der dem Träger zugekehrten Seite aus einem Metall mit einem dem des Trägers ähnlichen Ausdehnungs-Koeff. besteht. (**D. A. S. 1121226** Kl. 21g vom 23/6. 1960, ausg. 4/1. 1962.) H. Kessel. 5953

1942 Siemens-Schuckertwerke Akt.-Ges., Berlin und Erlangen (Erfinder: Erich Waldkötter, Karl-Heinz Geyer und Horst Irmler, Berlin), **Halbleiteranordnung** mit einlegierten Übergängen zwischen Bereichen verschiedener Leitfähigkeit oder verschiedenen Leitungstyps. Bei der Herst. wird das Störstellenmaterial feinverteilt unter Druck auf die Kristalloberfläche gespritzt. (**D. A. S. 1121735** Kl. 21g vom 10/9. 1958, ausg. 11/1. 1962.) H. Kessel. 5953

1943 Siemens-Schuckertwerke Akt.-Ges., Berlin und Erlangen (Erfinder: Horst Schreiner, Nürnberg), **Halbleiteranordnung.** Der mit mindestens einem galvan. aufgebrachten Cu- oder Cu–Ni- u. einem Edelmetallüberzug versehene Kontaktkörper besteht aus einem W–Ni-, Mo–Ni- oder W–Mo–Ni-Sinterkörper. (**D. A. S. 1143588** Kl. 21g vom 22/9. 1960, ausg. 14/2. 1963.) H. Kessel. 5953

1944 Telefunken Patentverwertungsgesellschaft m.b.H. (Erfinder: Friedrich Wilhelm Dehmelt), Ulm/Donau, **Halbleiteranordnung.** Zur galvanoplast. Herst. von Kontakten wird ein mit Photoresistlack bezogenes geätztes Halbleiterplättchen an den Kontaktstellen freigelegt u. dort in einem galvan. Bad anod. zunächst bis zu einer gewissen Tiefe geätzt. Dann wird kathod. in demselben Bad Metall abgeschieden u. dieses durch Erhitzen in das Halbleitermaterial einlegiert. (**D. A. S. 1122635** Kl. 21g vom 3/10. 1959, ausg. 25/1. 1962.) H. Kessel. 5953

1945 Telefunken Patentverwertungsgesellschaft m.b.H., Ulm/Donau (Erfinder: Walter Klossika, Heilbronn), **Transistor** mit n-leitendem Halbleiterkörper. Zum Anbringen einer ohm. Basiselektrode wird ein Elektrodenmaterial einlegiert, daß außer einem oder mehreren Donatoren auch In enthält. Das Konz.-Verhältnis wird so gewählt, daß kein pn-Übergang entsteht. (**D. A. S. 1146592** Kl. 21g vom 28/7. 1961, ausg. 4/4. 1963.) H. Kessel. 5953

1946 Telefunken Patentverwertungsgesellschaft m.b.H. (Erfinder: Friedrich Wilhelm Dehmelt), Ulm/Donau, **nipin-Transistor.** Zur Herst. wird in eine durch Diffusion hergestellte p-leitende Zone eines n-leitenden Halbleiterplättchens eine mit n-Störstellen dotierte Leg.-Pille bis zu einer geringeren Tiefe als die der Diffusionsschicht einlegiert u. der Verteilungs-Koeff. der n-Störstellen klein gegen den der p-Störstellen gewählt. Die als Kollektor dienende anfänglich vorhandene n-Zone wird an der der Emitter-Leg.-Pille gegenüberliegenden Seite sperrschichtfrei kontaktiert. (**D. A. S. 1124155** Kl. 21g vom 4/7. 1959, ausg. 22/2. 1962.) H. Kessel. 5953

1947 Standard Elektrik Lorenz Akt.-Ges. (Erfinder: Michael Michelitsch), Stuttgart, **Tunneldiode.** Zur Herst. wird in eine hochdotierte Schicht ein Umdotierungsstoff einlegiert, der durch die hochdotierte Schicht hindurchlegiert wird, so daß der pn-Übergang an den Durchbrechungsflächen des Umdotierungsstoffes durch die hochdotierte Schicht entsteht. (**D. A. S. 1126998** Kl. 21g vom 25/5. 1960, ausg. 5/4. 1962.) H. Kessel. 5953

1948 Telefunken Patentverwertungsgesellschaft m.b.H. (Erfinder: Friedrich Wilhelm Dehmelt, Hans Meyer und Gerhard Grust), Ulm/Donau, **Kapazitätsarme Tunneldiode.** Zur Herst. wird in einen Halbleiterkörper mit einem Störstellen-Geh. von ca. $5 \cdot 10^{15}/cm^2$ eine Oberflächenschicht so eindiffundiert, daß sich ein oberflächlicher Störstellen-Geh. von $5 \cdot 10^{19}/cm^2$ u. ein abnehmender Störstellengradient von 10 auf je 2 μ Tiefe ergibt. Eine gleichrichtende Elektrode mit einer vorgelagerten Zone entgegengesetzten Leistungstyps wird so einlegiert, daß der pn-Übergang an Schichten des Halbleiterkörpers mit abnehmendem Störstellen-Geh. grenzt. (**D. A. S. 1129627** Kl. 21g vom 10/6. 1960, ausg. 17/5. 1962.) H. Kessel. 5953

1949 Intermetall Gesellschaft für Metallurgie und Elektronik m.b.H. (Erfinder: Egon Schulz), Freiburg i. Breisgau, **Zener-Diode.** Zur Herst. wird in einem Halbleiterkörper zunächst ein von außen nach innen verlaufender Dichtegradient des Verunreinigungsmaterials durch Diffusion erzeugt, dann die Oberfläche so lange abgeätzt, bis dort eine der gewünschten Zener-Spannung entsprechende Verunreinigungs-Konz. erreicht ist, u. schließlich auf der Oberfläche eine Elektrode mit vorgelagertem pn-Übergang angebracht. (**D. A. S. 1126514** Kl. 21g vom 29/1. 1960, ausg. 29/3. 1962.) H. Kessel. 5953

1950 Deutsche Gold- und Silber-Scheideanstalt vormals Roessler, Frankfurt/M. (Erfinder: André Étienne de Rudnay, Lausanne, Schweiz), **Elektrode für Elektrolytkondensatoren.** besteht aus parallel ausgerichteten, eng gebündelten u. durch Löten, Schweißen oder Metallisieren miteinander verbundenen, mit einem Ventilmetall umhüllten Fasern oder Fäden. (**D. A. S. 1128923** Kl. 21g vom 10/9. 1960, ausg. 3/5. 1962.) H. Kessel. 5983

1951 Siemens-Schuckertwerke Akt.-Ges., Berlin und Erlangen (Erfinder: Jost Lemmerich, Berlin), **Kabelmantel** aus Al trägt eine Korrosionsschutzschicht aus aufgebranntem Email, bes. mit einem hohen Geh. an PbO, SiO_2 u. B_2O_3. (**D. A. S. 1145245** Kl. 21c vom 29/12. 1960, ausg. 14/3. 1963.) H. Kessel. 5953

1952 Licentia Patent-Verwaltungs-G.m.b.H., Frankfurt/M. (Erfinder: Paul Nowak und Manfred Saure, Kassel), **Leiterisolation.** Mit einem Epoxidharz-Bindemittel ist eine Glimmerschicht auf einen Trägerkörper aufgebracht, der aus einem durch Rk. mit Epoxid-Verbb. teilweise verätherten Cellulosematerial besteht. (**D. A. S. 1144803** Kl. 21c vom 24/8. 1961, ausg. 7/3. 1963.) H. Kessel. 5957

1953 Wacker-Chemie G.m.b.H., München (Erfinder: Joseph Heckmaier, Hans Bauer und Anton Möschle, Burghausen), **Blockpolymerisation von Vinylchlorid (I)** oder solchen Mischungen aus **I** u. damit copolymerisierbaren Monomeren u. einem Anteil an I von $\geqq$ 80 Gew.-%, in denen die daraus erzeugten Polymeren unlösl. sind, unter Verw. von bewegten Autoklaven, die frei beweglich indifferente Körper, bes. Kugeln oder Stäbe, enthalten, ggf. unter Zusatz einer geringen Menge eines Verdünnungsmittels (II), das mindestens teilweise mit den Monomeren mischbar ist, das Polymere jedoch weder löst noch anquillt, dad. gek., daß man die Polymerisation in Ggw. von 0,01—5 Gew.-%, bezogen auf das oder die Monomeren, von bei der Rk.-Temp. festen Oxiden bzw. Hydroxiden von Elementen der II., III. oder IV. Gruppe des Period. Syst. durchführt. In den Mengenbeispielen werden CaO, MgO, $Al(OH)_3$ u. pyrogen in der Gasphase gewonnenes SiO_2 mit mittleren Teilchengrößen von nicht $> 150\ \mu$, z. B. 0,015—120 μ, verwendet. Die Endprodd. zeigen verbesserte elektr. Eigg. u. eignen sich bes. zur Herst. von *Isolierstoffen für elektr. Leiter*. (**D. A. S. 1132337** Kl. 39c vom 28/7. 1960, ausg. 28/6. 1962.) H. Schindler. 5957

1954 Max Baermann, Bensberg-Wulfshof, **Dauermagnet.** Zur Herst. wird ein gummiart. flexibler Dauermagnetwerkstoff (z. B. aus BaO $6Fe_2O_3$-Pulver u. Kunst- oder Naturkautschuk) mit einem hellfarbenen Metallpulver verarbeitet, bes. mit Al in Schuppenform. (**D. A. S. 1109282** Kl. 21g vom 24/12. 1959, ausg. 22/6. 1961.) H. Kessel. 5959

1955 Beteiligungs- und Patentverwaltungsgesellschaft m.b.H. (Erfinder: Hermann Fahlenbrach), Essen, **Haftmagnet.** Der ∅ der Fe-Leitstücke ist bei isotropem Magnet $^1/_8$—$^1/_{10}$, bei anisotropem Magnet $^1/_5$—$^1/_7$ des ∅ des aus BaO · $6Fe_2O_3$ bestehenden Dauermagneten. (**D. A. S. 1127509** Kl. 21g vom 25/6. 1957, ausg. 12/4. 1962.) H. Kessel. 5959

1956 Vogt & Co. K.G. (Erfinder: Karlheinz Weilnböck), Erlau, **Magnetspulen-Abgleichkern.** Zur Herst. einer als Spulenausgleich- u. Bremsschicht dienenden porös-elast. Kunststoffschicht wird eine Paste aus einem durch einen hochpolymeren Weichmacher mit geringer Migrationsneigung, z. B. Propylenadipat, weich eingestellten Polyvinylchlorid mit einem zur Herst. von Schaumgummi gebräuchlichen Porenbildner auf den Kern oder die Bohrung aufgeschäumt u. so ausgeliert, daß die porös-elast. Schicht von einer elast. Haut aus geschlossenen Schaumstoffporen überspannt ist. (**D. A. S. 1134774** Kl. 21g vom 13/4. 1957, ausg. 16/8. 1962.) H. Kessel. 5959

1957 Neosid Pemetzrieder G.m.b.H., Halver/Westf. (Erfinder: Heinrich Lange, Köln, und Helmut Maetz, Düsseldorf), **Ferromagnetische Legierung,** die aus *Al, C, Mn* u. ggf. *Fe* besteht, dad. gek., daß die Zus. sich wenigstens annähernd bestimmt nach der Formel $(M)_3AlC$, wobei (M) Mn oder beliebige Mischungsverhältnisse von Mn u. Fe mit mehr als 10(%) Mn bedeutet, der Anteil an C auch geringer sein kann als dem stöchiometr. Verhältnis entspricht, d. h. zwischen 6 u. 2 liegen kann, u. deren Zus. hinsichtlich Mn, Fe, u. Al in den beigefügten Zustandsdiagramm wiedergegeben ist. Der C kann bis zu 50 durch N_2 u. Mn bis zu 50 durch *Co* ohne Cr ersetzt sein. (**D. A. S. 1143031** Kl. 40b vom 11/3. 1954, ausg. 31/1. 1963. **Zusatz zu D. A. S. 1046339; C. 1960, 5636.**) C. Götze. 5959

1958 Siemens & Halske Akt.-Ges., Berlin und München (Erfinder: Herbert Gawehn, München), **Ferromagnetisches Bauelement,** z. B. für parametr. Verstärker oder als Speicherelement, wie Twistor, Matrixplatte u. dgl., mit einer ferromagnet. Schicht u. elektr. gutleitenden Bahnen, Schichten oder dgl. als Stromleiter. Die Isolierschicht zwischen Ferromagnetikum u. Stromleiter besteht aus Oxiden, Nitriden oder anderen Verbb. des metall. Stromleiters. (**D. A. S. 1141393** Kl. 21g vom 11/1. 1961, ausg. 20/12. 1962.) H. Kessel. 5959

1959 Varta Akt.-Ges., Hagen (Erfinder: Günther Ryhiner, Neu-Isenburg, und Joachim Euler, Frankfurt/M.), **Akkumulator mit einer Silberelektrode** u. einer zwischen dieser u. einer weiteren, vorzugsweise metall. Elektrode angeordneten Schicht aus gequollenem Kunststoff mit polaren Gruppen, der ein halogenionenhaltiges Salz beigemischt ist, gek. durch eine zumindest in dem der Ag-Elektrode benachbarten Randgebiet der Kunststoffschicht erfolgte Zugabe von Stoffen, die Ag-Halogenide in komplexer Form zu lösen vermögen. (**D. A. S. 1145679** Kl. 21b vom 22/7. 1961, ausg. 21/3. 1963.) F. Laaß. 5971

1960 Varta Akt.-Ges., Hagen (Erfinder: Günther Ryhiner, Neu-Isenburg, und Joachim Euler, Frankfurt/M.), **Akkumulator mit einer Silberelektrode** u. einer zwischen dieser u. einer weiteren, vorzugsweise metall. Elektrode angeordneten Schicht aus gequollenem Kunststoff mit polaren Gruppen, der ein halogenionenhaltiges Salz beigemischt ist, gek. durch eine zwischen der Ag-Elektrode u. der Kunststoffschicht angeordnete Lage aus porösem, saugfähigem Material, die mit Quellmitteln u./oder Elektrolytlsg. getränkt ist. (**D. A. S. 1145680** Kl. 21b vom 26/7. 1961, ausg. 21/3. 1963.) F. Laaß. 5971

1961 Varta Akt.-Ges., Hagen (Erfinder: Joachim Euler und Paul Scholz, Frankfurt/M.), **Elektrischer Akkumulator** mit metall. Elektroden u. einer zwischen ihnen angeordneten, ionenleitenden Kunststoffschicht, dad. gek., daß die positive Elektrode aus Feinsilber, die negative Elektrode aus Feinzink u. die Kunststoffschicht aus einer Paste oder einem gewalzten Fell aus einem Copolymeren von Acrylnitril u. einem Methacrylat unter Zusatz von Methylcellulose, Salzen u. Lsgm. besteht. (**D. A. S. 1146151** Kl. 21b vom 17/8. 1961, ausg. 28/3. 1963.) F. Laaß. 5971

1962 Varta Akt.-Ges., Hagen (Erfinder: Günther Ryhiner, Neu-Isenburg, und Ernst Rieder, Frankfurt/M.), **Elektrischer Akkumulator mit einer positiven Elektrode aus Silber** u. einer überwiegend aus organ. Stoffen bestehenden, den Elektrolyten enthaltenden Zwischenschicht, dad. gek., daß die positive Elektrode auf ihrer Oberfläche eine Hilfsschicht (I) hat, die Ag-Verbb. u. Polyelektrolyte enthält. I enthält außer Ag-Verbb. u. gelierten Polyelektrolyten andere Elektrolyte, vorzugsweise Salze, bes. $ZnCl_2$, u. Lsgm. von hoher DK, vorzugsweise Säureamide u. Wasser. (**D. A. S. 1143550** Kl. 21b vom 13/9. 1961, ausg. 14/2. 1963.) F. Laaß. 5971

1963 Elektrotechnische Fabrik Kasimir Baumgarten G. m. b. H. (Erfinder: Bruno Siller), Dischingen/Württ., **Herstellung von Depolarisatorplatten** für großflächige galvan., gepreßte Plattenzellen von Leclanché-Typ, die aus einem mit einer Leitfolie aus leitendem Kunststoff bedeckten Metallblech, bes. Zinkblech, einer ein Bindemittel enthaltenden Depolarisatormasse aus Braunstein, Ruß u. Salmiak bestehen, dad. gek., daß die Depolarisatormischung ohne Zusatz von Elektrolyt mit einer Lsg. von Polyisobutylen oder Kautschuk in organ. Lsgm., wie Benzin oder CCl_4 vermischt, zu Platten verpreßt u. diese nach dem Verdunsten des Lsgm. mit Elektrolyt getränkt werden. (**D. A. S. 1143549** Kl. 21b vom 4/6. 1958, ausg. 14/2. 1963.) F. Laaß. 5971

1964 Demag-Elektrometallurgie G. m. b. H., Duisburg (Erfinder: Werner Schulz), **Als Elektrodenträger dienendes Diaphragma für elektrolytische Zellen,** dad. gek., daß ein aus Faserpappe oder Gewebe bestehendes Diaphragma beiderseits in dünner Schicht metallisiert u. durch federnde oder bewegliche Leiterelemente mit den Hauptelektroden in Kontakt gebracht wird. (**D. A. S. 1145144** Kl. 12h vom 20/6. 1961, ausg. 14/3. 1963.) F. Laaß. 5971

1965 Siemens-Schuckertwerke Akt.-Ges., Berlin und Erlangen, und Varta Akt.-Ges., Hagen, Westf., (Erfinder: Eduard Justi und August Winsel, Braunschweig), **Betrieb einer Brennstoffbatterie,** deren Elemente mit gleichartigen Gasdiffusionselektroden für das jeweils umzusetzende inertgashaltige Gas ausgerüstet sind u. deren Brennstoffelektroden u./oder Elektroden für das oxydierende Gas mehrerer oder aller einzelnen Elemente derart verbunden werden, daß das Gas deren Elektrodenräume nacheinander durchströmt, wobei der ersten Elektrode der Serie Frischgas zugeführt wird, während jede folgende Elektrode das Gas aus dem Gasraum der vorhergehenden empfängt, dad. gek., daß die sich im Gasraum der letzten Elektrode ansammelnden Inertgaspolster durch Messung der Polarisation dieser

Elektrode kontrolliert u. bei Erreichen bestimmter vorgegebener stromabhängiger Polarisationswerte aus dem Gasraum der letzten Elektrode der Serie kontinuierlich oder diskontinuierlich abgeführt werden. (**D. A. S. 1146563** Kl. 21b vom 21/7. 1960, ausg. 4/4. 1963.) F. Laaß. 5971

1966 Siemens-Schuckertwerke Akt.-Ges., Berlin und Erlangen, und Varta Akt.-Ges., Hagen (Erfinder: Gerhard Grüneberg, Margarete Jung und Herbert Spengler, Oberhausen), **Umsetzung kohlenstoffhaltiger Brennstoffe in Brennstoffelementen** mit im Gleichgew. befindlichem alkal. hydrolysierten Alkalicarbonat u. Alkalihydrogencarbonat enthaltenden wss. Elektrolyten, dad. gek., daß man bei oder wenig unterhalb des Kp. des Elektrolyten arbeitet, dabei solche kohlenstoffhaltigen fl. u./oder gasförmigen Brennstoffe verwendet, die an der im Brennstoffelement eingesetzten Katalysatorelektrode quantitativ bis zu CO oxydiert werden, u. daß man die Brennstoffe am Katalysator der Brennstoffelektrode basenkatalyt. dehydriert u. den hierbei entstehenden H, der vom Katalysator „chemisorbiert" wird, an der Zweiphasengrenze Katalysator-Elektrolyt elektrochem. umsetzt. (**D. A. S. 1146562** Kl. 21b vom 18/1. 1958, ausg. 4/4. 1963.) F. Laaß. 5971

1967 Siemens & Halske Akt.-Ges., Berlin und München (Erfinder: Günther Elias, Traunreut), **Elektronenröhre** trägt eine metall. Umhüllung mit einem Emailleüberzug. (**D. A. S. 1112590** Kl. 21g vom 21/11. 1960, ausg. 10/8. 1961.) H. Kessel. 5975

1968 Telefunken Patentverwertungsgesellschaft m. b. H. (Erfinder: Berthold Ballhausen und Herbert Kallweit), Ulm/Donau, **Elektrische Entladungsröhre.** Zur Herst. eines Brenners wird der Heizdraht mit Al_2O_3 überzogen, das einen die Sinter-Temp. herabsetzenden Zusatz enthält (z. B. Silicate); dann wird gesintert. (**D. A. S. 1134766** Kl. 21g vom 6/8. 1960, ausg. 16/8. 1962.) H. Kessel. 5975

1969 Telefunken Patentverwertungsgesellschaft m. b. H. (Erfinder: Werner Düsing), Ulm/Donau, **Elektrische Entladungsröhre** mit langer Lebensdauer. Der C-Geh. aller Einbauwerkstoffe ist $< 0{,}01$, der Geh. an sonstigen Verunreinigungen $\geq 0{,}01$ Gew.-%. (**D. A. S. 1141728** Kl. 21g vom 18/5. 1957, ausg. 27/12. 1962.) H. Kessel. 5975

1970 Siemens & Halske Akt.-Ges., Berlin und München (Erfinder: Helmut Katz, München), **Kathode für elektrische Entladungsgefäße,** bei der im Betrieb Emissionssubstanzen aus einem Vorrat durch Poren eines diesen bedeckenden porösen Mantels aus hochschmelzendem Metall, z. B. W, zur Kathodenoberfläche gelangen. Der im Betrieb Ba abgebende Vorrat besteht aus Ba-Ca-Aluminat, das mit einem hochschmelzenden Metallpulver, z. B. W-Pulver, zusammengepreßt ist u. etwas BaO enthält, z. B. in Form eines Körnchens. (**D. A. S. 1138870** Kl. 21g vom 21/9. 1960, ausg. 31/10. 1962.) H. Kessel. 5975

1971 Telefunken Patentverwertungsgesellschaft m. b. H., Ulm/Donau (Erfinder: Bruno Masuch und Wolfgang Schmidt, Berlin), **Indirekt geheizte Kathode für elektrische Entladungsröhren.** Bei der Herst. wird auf dem Heizelement über einem Al_2O_3-Überzug zur Erhöhung der Wärmeabstrahlung eine Al-Wolframatschicht aufgebrannt. (**D. A. S. 1133835** Kl. 21g vom 16/12. 1961, ausg. 26/7. 1962.) H. Kessel. 5975

1972 Standard Elektrik Lorenz Akt.-Ges., Stuttgart (Erfinder: Heinz Fendt, Zell/Neckar), **Indirekt geheizte Kathode für elektrische Entladungsröhren.** Der Isolierüberzug des Heizers trägt über einer gesinterten hochisolierenden Oxidschicht (z. B. aus Al_2O_3) eine z. B. durch Erhitzen von $UO_2(NO_3)_2$ gewonnene UO_2-Schicht. (**D. A. S. 1146594** Kl. 21g vom 31/10. 1961, ausg. 4/4. 1963.) H. Kessel. 5975

1973 N. V. Philips' Gloeilampenfabrieken (Erfinder: Hendrikus Johannes Lemmens, Albertus Venema und Pieter Zalm), Eindhoven, Niederlande, **Oxidkathode.** Zur Herst. wird auf einen Träger aus Ni eine Erdalkalicarbonatschicht aufgebracht, die 1% Ag_2CO_3 enthält. (**D. A. S. 1110767** Kl. 21g vom 2/8. 1960, ausg. 13/7. 1961. **Oe. P. 221187** vom 3/8. 1960, ausg. 10/5. 1962. Beide Niederl. Prior. 6/8. 1959.) H. Kessel. 5975

1974 Siemens & Halske Akt.-Ges., Berlin und München (Erfinder: Georg Eckert, Wolfram Mürköster und Viktor Wenkowitsch, München), **Oxidkathode für elektrische Entladungsröhren.** Auf der Kathodenhülse aus Si enthaltendem Ni ist unter der eigentlichen Erdalkalicarbonatschicht eine sehr dünne, freies oder gebundenes W enthaltende Schicht nach Art eines Schleiers angebracht, z. B. aus W-Pulver, Ba-Wolframat oder W-Pulver enthaltendem (Ca, Sr, Ba) CO_3. (**D. A. S. 1120605** Kl. 21g vom 21/9. 1960, ausg. 28/12. 1961.) H. Kessel. 5975

1975 Siemens & Halske Akt.-Ges., Berlin und München (Erfinder: Robert Lauter, München), **Oxidkathode für elektrische Entladungsröhren.** Zur Herst. wird eine die Emissionsmasse enthaltende Paste mit einer ohne Bldg. störender Rückstände oder Gase therm. zersetzbaren dünnen Trägerfolie (prakt. aus Dinitrocellulose) auf den Kathodenträger aufgeklebt. (**D. A. S. 1131813** Kl. 21g vom 16/5. 1961, ausg. 20/6. 1962.) H. Kessel. 5975

1976 Egyesült Izzólámpa és Villamossági R. T. (Erfinder: Ernö Winter, Andor Budincsevits und Eva Biró), Budapest, Ungarn, **Oxidkathode für elektrische Entladungsröhren.** Der emittierende Überzug enthält in homogener Phase ca. 18—20 (%) SrO u. ca. 20 bis 40 CaO, Rest BaO. (**D. A. S. 1133478** Kl. 21g vom 16/9. 1958, ausg. 19/7. 1962. **Oe. P. 204656** vom 3/5. 1958, ausg. 10/8. 1959. Beide Ung. Prior. 17/10. 1957.) H. Kessel. 5975

1977 Telefunken Patentverwertungsgesellschaft m. b. H. (Erfinder: Waltraud Wegner), Ulm/Donau, **Oxidkathode für Entladungsröhren.** Zur Herst. wird auf den Kathodenträger vor dem Andrücken oder Anrollen einer Erdalkalicarbonate enthaltenden Folie ein nichttrocknender Kunststoffklebfilm aufgebracht. (**D. A. S. 1136019** Kl. 21g vom 28/6. 1961, ausg. 6/9. 1962.) H. Kessel. 5975

1978 Siemens & Halske Akt.-Ges., Berlin und München (Erfinder: Paul Kahl und Jürgen Hein, München), **Vakuumdichter Isolierkörper für elektrische Entladungsröhren.** Zur Herst. wird ein Isolierpulver (z. B. MgO, Al_2O_3, BeO) elektr. aufgeladen in < 20 Gew.-% Fl., bes. W.; suspendiert. Die Suspension wird im Vakuum in eine Form gefüllt, bes. unter Vibrationswirkung. Nach dem Verdampfen der Fl. wird das Isolierpulver gesintert. (**D. A. S. 1128051** Kl. 21g vom 24/2. 1961, ausg. 19/4. 1962.) H. Kessel. 5975

1979 Associated Electrical Industries Ltd., London (Erfinder: George Frederick Berridge und Clayton Arbuthnot Lane, Enfield), England, **Rahmengitterelektrode für elektrische Entladungsröhren.** Zum Befestigen der Gitterdrähte dient eine pulverisierte entglasbare Fritte, die in einem durch Erwärmen austreibbaren Bindemittel suspendiert ist u. nach 20—30 Min. Erwärmung auf ca. 450° eine zusammenhängende glasartige Masse bildet, die dann ohne zu schmelzen wesentlich höher aufgeheizt werden kann. (**D. A. S. 1116322** Kl. 21g vom 11/2. 1960, ausg. 2/11. 1961. **F. P. 1247284** vom 8/2. 1960, ausg. 20/2. 1961. Beide E. Prior. 12/2. 1959. **E. P. 865258** vom 12/2. 1959, ausg. 12/4. 1961.) H. Kessel. 5975

1980 Philips Patentverwaltung G. m. b. H. (Erfinder: Karl Sevecke und Gerhard Klose), Hamburg, **Spanngitterrahmen für elektrische Entladungsröhren.** Die Querverbindungen sind aus Mo, die Holme aus einer Fe–Ni–Co-Leg. mit prakt. demselben therm. Ausdehnungskoeffizienten. (**D. A. S 1121227** Kl. 21g vom 2/3. 1960, ausg. 4/1. 1962.) H. Kessel. 5975

1981 TESLA, Národní Podnik, Prag (Erfinder: Bedrich Rous und Josef Balik, Roznov pod Radhostem), Tschechoslowakei, **Gitterdraht für Elektronenröhren** ist mit einer Leg. überzogen, die 30—60 (%) Edelmetall (Au, Ag oder Pt) u. 70—40 Cu, Ni, Fe oder Co enthält. (**D. A. S. 1111301** Kl. 21g vom 23/11. 1959, ausg. 20/7. 1961. **E. P. 871260** vom 27/11. 1959, ausg. 21/6. 1961. Beide Tschech. Prior. 28/11. 1958.) H. Kessel. 5975

1982 Thorn Electrical Industries Ltd. (Erfinder: Peter Whitten Ranby und David Richard Palowkar), London, England, **Herstellung von Leuchtstoffen aus einer Grundmasse aus Magnesiumborat** durch Erhitzen eines Gemisches der Ausgangsstoffe, dad. gek., daß das Gemisch zusammen mit Ce oder Ce u. Mn in Ggw. eines Halogenids, bes. Chlorids oder Fluorids, auf eine Temp. < des F. erhitzt wird. Als Ausgangsstoffe werden z. B. 1,25—7, bes. 1,5—5 (Mol.) H_3BO_3, 0,1—5, bes. 0,25—3 NH_4Cl u. 1 MgF_2 verwendet; die Menge an Ce beträgt bes. 0,001—0,5 Atome Ce/1 Atom Mg. — Kurvenbilder. (**D. A. S. 1147343** Kl. 22f vom 18/6. 1959, ausg. 18/4. 1963. E. Prior. 18/6. 1958.) K. Demmler. 5975

1983 Robert Bosch G. m. b. H. (Erfinder: Gotthold Zielasek), Stuttgart, **Leistungsgleichrichter** für hohe Temp. mit einem **Halbleiterkörper** aus mit Sb dotiertem n-Ge, in den zur Bldg. eines pn-Übergangs Cu-haltiges In einlegiert ist. Das n-Ge hat eine Sb-Konz. von $2 \cdot 10^{-7}$ bis 10^{-5}%, das In einen Reinheitsgrad von 99,999% u. einen Cu-Geh. von 10^{-6}—10^{-2}%. (**D. A. S. 1127481** Kl. 21g vom 4/9. 1959, ausg. 12/4. 1962.) H. Kessel. 5977

1984 Licentia Patent-Verwaltungs-G. m. b. H., Frankfurt/M. (Erfinder: Walter Kreft, Belecke/Möhne, Walter Hackel, Warstein, Wolfgang Nestler, München, und Wolfgang Kuche, Sichtigvor bei Soest), **Selen-Gleichrichter.** Zur Herst. wird auf eine Trägerelektrode eine 1. Se-Schicht von üblicher Stärke aufgebracht u. einer Kristallite bildenden Wärmebehandlung unterzogen; eine 1. Schicht einer Tl-Verb. zur Bldg. einer TlSe-Schicht aufgebracht; eine 2. Se-Schicht von ca. 3—6 μ aufgebracht u. ebenfalls einer Kristallite bildenden Wärmebehandlung unterzogen; eine 2. Schicht einer Tl-Verb. zur Bldg. einer TlSe-Schicht aufgebracht; eine Gegenelektrode aufgebracht; eine abschließende Wärmebehandlung bei einer höheren Temp. als der der vorhergehenden Wärmebehandlungen vorgenommen. (**D. A. S. 1125079** Kl. 21g vom 26/3. 1959, ausg. 8/3. 1962.) H. Kessel. 5977

1985 Licentia Patent-Verwaltungs-G. m. b. H., Frankfurt/M. (Erfinder: Wolfgang Kuche, Sichtigvor bei Soest, und Fritz König, Wuppertal), **Selen-Trockengleichrichter.** Bei der Herst. durch Aufbringen einer Se-Schicht auf eine mit einer Bi-oder Ni-Schicht versehene Trägerelektrode wird zuvor ein in einem leicht verdampfbaren Lsgm. gelöstes Metallhalogenid aufgebracht (ca. 10^{13}—10^{15} Mol./cm²), dessen Zerfalls-Temp. unter der Temp. der Wärmebehandlung der Se-Schicht liegt, ausgenommen jedoch Halogenide von Metallen, wie Tl, Ga oder In, die die Bldg. einer Sperrschicht fördern würden. (**D. A. S. 1125080** Kl. 21g vom 2/5. 1960, ausg. 8/3. 1962.) H. Kessel. 5977

1986 Siemens & Halske Akt.-Ges., Berlin und München (Erfinder: Kurt Knoblauch, Heidenheim/Brenz), **Elektrolytkondensator.** Zur Herst. einer Ti-Elektrode wird mindestens 99,9%ig. reines Ti aus einem mit Ti nicht legierenden Verdampfer (z. B. aus W) im Vakuum verdampft. Dann wird in verd. Citronensäure formiert. (**D. A. S. 1121733** Kl. 21g vom 23/7. 1956, ausg. 11/1. 1962.) H. Kessel. 5983

1987 Siemens & Halske Akt.-Ges., Berlin und München (Erfinder: Hans-Joachim Weithäuser, Heidenheim/Brenz), **Elektrolytkondensator.** Bei der Herst. wird eine Al-Folie nach dem Rauhen auf 550° erhitzt u. dann formiert. Vor dem Tempern unter Luftabschluß oder in einem Schutzgas wird nicht formiert. (**D. A. S. 1127479** Kl. 21g vom 28/10. 1960, ausg. 12/4. 1962.) H. Kessel. 5983

1988 Ernst Roederstein, Spezialfabrik für Kondensatoren G. m. b. H. (Erfinder: Paul J. Petrik), Landshut, **Elektrolytkondensator,** bes. Ta-Kondensator. Der Elektrolyt enthält als Depolarisator $CuCl_2$ in Cl^--haltiger Lösung. (**D. A. S. 1123400** Kl. 21g vom 10/5. 1958, ausg. 8/2. 1962.) H. Kessel. 5983

1989 Karl von Glós und Josef Pataky (Erfinder: Karl von Glós), Krefeld, **Elektrolytkondensator.** Der Elektrolyt besteht aus Äthern des Diäthylenglykols u. organ. oder anorgan. Säuren oder deren Salzen. Den Hauptteil der Ionogene bildet Salicylsäure, auch mit Zusätzen von Glycerintriacetat u. Äthylenglykol. (**D. A. S. 1130930** Kl. 21g vom 11/8. 1958, ausg. 7/6. 1962.) H. Kessel. 5983

1990 Siemens & Halske Akt.-Ges., Berlin und München (Erfinder: Hermann Ziener, Stuttgart), **Elektrolytkondensator.** Der prakt. aus B_2O_3 u. Glykol bestehende Elektrolyt enthält einen Zusatz von Gluconsäurelacton. (**D. A. S. 1121222** Kl. 21g vom 25/2. 1960, ausg. 4/1. 1962.) H. Kessel. 5983

1991 Siemens & Halske Akt.-Ges., Berlin und München (Erfinder: Siegfried Raether, Hofheim, und Hermann Ziener, Stuttgart), **Elektrolytkondensator.** Bei der Herst. wird eine mit einer formierten Al_2O_3-Schicht versehene Al-Elektrode mehrmals abwechselnd in sd. dest. W. behandelt u. geglüht oder mit einer W. entziehenden Fl. von höherem Kp. als W. behandelt. Der Elektrolyt besteht bes. aus einem Elektronenleiter, z. B. einer Mischung von Paraffin, Graphit u. MnO_2. (**D. A. S. 1116822** Kl. 21g vom 9/8. 1957, ausg. 9/11. 1961.) H. Kessel. 5983

1992 Siemens & Halske Akt.-Ges., Berlin und München (Erfinder: Günter Lochmann, Heidenheim/Brenz), **Elektrolytkondensator** für tiefe Betriebstemperaturen. Der Elektrolyt enthält 1 Mol. eines Esters von HBO_2 mit einem niedrigen einwertigen Alkohol, 1,2 bis 20 Moll. des gleichen oder eines anderen niedrigen einwertigen Alkohols u. 0,18—0,8 (Mol.) NH_3 sowie bis 0,6 W., auch bis 0,4 Glykol. (**D. A. S. 1117772** Kl. 21g vom 18/12. 1957, ausg. 23/11. 1961.) H. Kessel. 5983

1993 International Standard Electric Corp., New York, N. Y., V. St. A. (Erfinder: Alan William Stirling und Leonard Robert Lovelock, London, England), **Elektrolytkondensator.** Als Verdickungsmittel für den Elektrolyten dient ein Salz von sulfoniertem Polystyrol mit einem Molgew. > 10000, auch mit einem Zusatz von Äthylenglykol. (**D. A. S. 1109269** Kl. 21g vom 24/6. 1959, ausg. 22/6. 1961. E. Prior. 27/6. 1958.) H. Kessel. 5983

1994 General Electric Co., Schenectady (Erfinder: Robert Lee Myers und Millerd Fred Gill, Hudson Falls), N. Y., V. St. A., **Elektrolytkondensator.** Zur Herst. wird der Kondensatorformkörper mit einer sauren wss. Lsg. von Polyvinylalkohol, ionogenen Stoffen u. einem Vernetzungsmittel, bes. HBO_2 oder Boraten, getränkt u. dann mit Dämpfen von NH_3 oder flüchtigen Basen bis zur Verfestigung oder Gel-Bldg. des Elektrolyten behandelt. (**D. A. S. 1115835** Kl. 21g vom 23/4. 1958, ausg. 26/10. 1961. A. Prior. 24/4. 1957.) H. Kessel. 5983

1995 N. V. Philips' Gloeilampenfabrieken (Erfinder: Richardus Jozephus Maria Keblusek, Peter Winkel und Sjerp Anne Troelstra), Eindhoven, Niederlande, **Elektrolytkondensator** mit wenigstens einer mit einer dielektr. Oxidschicht versehenen Elektrode aus Ta oder Nb u. einem pastenartigen Elektrolyten. Dieser enthält außer den üblichen gelösten Ionen suspendiertes SnO_2. (**D. A. S. 1107829** Kl. 21g vom 29/3. 1958, ausg. 31/5. 1961. Niederl. Prior. 3/4. 1957.) H. Kessel. 5983

1996 Western Electric Co., Inc., New York, N. Y. (Erfinder: David Alexander McLean, Chatham, N. J.), V. St. A., **Elektrolytkondensator.** Zur Herst. wird eine anod. behandelte Elektrode in einem nicht wss., Ionen wenigstens eines Halogens enthaltenden Elektrolyten anod. geätzt u. dann erneut anod. oxydiert u. mit einer 2. Elektrode zusammengebaut. (**D. A. S. 1111738** Kl. 21g vom 29/8. 1960, ausg. 27/7. 1961. A. Prior. 21/9. 1959.) H. Kessel. 5983

1997 Siemens & Halske Akt.-Ges., Berlin und München (Erfinder: Günter Lochmann, Heidenheim, und Hermann Ziener, Stuttgart), **Elektrolytkondensator,** bes. mit Al-Elektroden. Der Elektrolyt besteht aus einem Al-Alkoholat, einem oder mehreren Alkoholen u. aus Kationenbildnern. (**D. A. S. 1116823** Kl. 21g vom 10/12. 1957, ausg. 9/11. 1961. **F. P. 1210555** vom 10/12. 1958, ausg. 9/3. 1960. D. Prior. 10/12. u. 18/12. 1957.) H. Kessel. 5983

1998 Deutsche Gold- und Silber-Scheideanstalt vormals Roessler, Frankfurt/M. (Erfinder: Otto Loebich und Egon Klausnitzer, Hanau), **Elektrolytkondensator.** Zur Herst. dient eine Leg. aus Ti u. 10—25 Atom-% Zr mit einem Geh. von < 0,6 Hf u. < 0,2 (Fe + Mn + Al + Mg + Si + C + andere Metalloide). (**D. A. S. 1133830** Kl. 21g vom 12/5. 1961, ausg. 26/7. 1962.) H. Kessel. 5983

1999 Deutsche Gold- und Silber-Scheideanstalt vormals Roessler, Frankfurt/M. (Erfinder: André Étienne de Rudnay, Lausanne, Schweiz), **Elektrolytkondensator.** Zur Herst. von Ti-Elektroden wird bes. elektrolyt. abgeschiedenes Ti mit einem C-Geh. $< 10^{-2}$% so lange erhitzt, bis der Geh. an Verunreinigungen, wie Halogenen u. S, $< 5 \cdot 10^{-2}$% beträgt. (**D. A. S. 1126033** Kl. 21g vom 30/4. 1959, ausg. 22/3. 1962.) H. Kessel. 5983

2000 Siemens & Halske Akt.-Ges., Berlin und München (Erfinder: Hermann Ziener, Stuttgart, und Anneliese Wendt, Heidenheim/Brenz), **Elektrolytkondensator** mit einer oder mehreren elektrolytgetränkten Zwischenlagen aus cellulosehaltigem Faserstoff, bes. aus Papier, zwischen der Stromzuführung zum Elektrolyten u. der mit einer Oxidschicht versehenen Anode. Bei der Herst. wird durch eine chem. Behandlung der Zwischenlagen vor ihrer Verw. zum Aufbau des Kondensatorkörpers mindestens ein Teil der OH-Gruppen der Cellulose im Faserstoff in sauer reagierende Gruppen umgewandelt, bes. durch teilweise Veresterung mit mehrwertigen organ. Säuren oder durch Oxydation mit HNO_3 oder nitrosen Gasen. (**D. A. S. 1125550** Kl. 21g vom 20/8. 1959, ausg. 15/3. 1962.) H. Kessel. 5983

2001 Siemens & Halske Akt.-Ges., Berlin und München (Erfinder: Werner Cirkler und Harald Löbl, München), **Elektrolytkondensator.** Die Anode besteht aus einer halbleitenden Keramik mit hoher DK u. Red.-Halbleiter-Eigg., bes. aus einer halbleitend gemachten Keramik mit Perowskit- oder Ilmenitstruktur. (**D. A. S. 1127478** Kl. 21g vom 23/8. 1960, ausg. 12/4. 1962.) H. Kessel. 5983

2002 Thomas Galli, Günther Hahn, Freiberg, und Paul Werner, Berlin-Pankow, **Aufbringen eines festen Elektrolyts bzw. Leitstoffes auf die mit einer oxydierten Oberfläche versehene Anode eines elektrischen Kondensators.** Auf die aus einem Ventilmetall, z. B. einem Ta- bzw. Al-Sinterkörper, mit einer zu einem Dielektrikum oxydierten Oberfläche bestehende Anode eines elektr. Kondensators wird der feste Leitstoff. z. B. ein Amalgam, Graphit, Ni-Oxid oder MnO_2, der in einer Korngröße von $< 2\,\mu$ in koll. Form der Arbeits-Fl. zugesetzt ist, kataphoret. aufgebracht. (**D. P. [DDR] 24831** Kl. 21g vom 27/9. 1960, ausg. 6/3. 1963 [Wirtschaftspatent].) W. Wittholz. 5983

2003 **James D. Hedges,** Havanna (Erfinder: **Rodolfo Rodriguez Balaguer,** Matanzas), Kuba, *Herstellung gebrannter Kohlenstoffgegenstände.* (**D. A. S. 1146424** Kl. 80b vom 16/11. 1955, ausg. 28/3. 1963. A. Prior. 19/11. 1954. — C. **1962,** 13899 [Oe. P. 210865].)

2004 **Dr. Beck & Co. G.m.b.H.,** Hamburg, *Herstellung von Lacken.* (**Niederl. P. 102992** vom 28/5. 1956, ausg. 15/11. 1962. D. Prior. 7/7. 1955. — C. **1961,** 3438 [D. A. S. 1077816].)

2005 **Kábel-és Müanyaggyár,** Budapest (Erfinder: **István Csordás, Béla Lányi, Lászlo Visy,** Budapest, und **Zoltan Veres,** Karcag-Berekfürdö), Ungarn, *Herstellung von keramischen Körpern, insbesondere von Werkzeugteilen, durch Sinterung von Korundpulver.* (**Schwz. P. 366231** vom 30/7. 1957, ausg. 31/1. 1963. — C. **1962,** 4305 [A. P. 2947056].)

2006 **Svenska Ackumulator A/B Jungner,** Stockholm (Erfinder: **Erik Jönsson** und **Sven Uno Falk,** Oskarshamn), Schweden, *Alkalischer Silber-Zink-Akkumulator.* (**D. A. S. 1143876** Kl. 21b vom 10/3. 1956, ausg. 21/2. 1963. Schwed. Prior. 11/3. 1955. — C. **1960,** 4482 [E. P. 824524].)

2007 **N. V. Philips' Gloeilampenfabrieken** (Erfinder: **William Lambertus Wanmaker, Cornelis Bakker** und **Johannes Wilhelmus Maria Arents**), *Gasentladungsröhre.* (**Aust. P. 236876** vom 6/8. 1959, ausg. 25/1. 1962. Niederl. Prior. 9/8. 1958. — C. **1961,** 17337 [D. A. S. 1085966].)

2008 **N. V. Philips' Gloeilampenfabrieken,** Eindhoven, Niederlande, *Herstellung einer Elektrode.* (**Niederl. P. 102980** vom 1/2. 1956, ausg. 15/11. 1962. — C. **1958,** 12796 [D. A. S.1021502].)

2009 **Patent-Treuhand-Gesellschaft für elektrische Glühlampen m.b.H.,** München, *Elektroden für Entladungsröhren.* (**Niederl. P. 103239** vom 17/2. 1955, ausg. 17/12. 1962. D. Prior. 26/2. 1954. — C. **1957,** 10845 [D. B. P. 960561].)

2010 **Westinghouse Electric Corp.,** East Pittsburgh, Pa., V. St. A., *Elektroluminescenz-Zelle.* (**Niederl. P. 102967** vom 28/9. 1955, ausg. 15/11. 1962. A. Prior. 1/11. 1954. — C. **1957,** 11121 [D. B. P. 967357].)

2011 **N. V. Philips' Gloeilampenfabrieken** (Erfinder: **Age Hylke Hoekstra, Hendrik Anne Klasens** und **Anna Petronella Maria Cox**), Eindhoven, Niederlande, *Herstellung ultraviolettlumineszierender Erdalkalisilicate.* (**D. A. S. 1145287** Kl. 22f vom 20/12. 1955, ausg. 14/3. 1963. Niederl. Prior. 23/12. 1954. — C. **1960,** 604 [Aust. P. 206507].)

2012 **General Electric Co.,** Schenectady, N. Y., V. St. A., *Herstellung eines elektrolytischen Kondensators.* (**Niederl. P. 102386** vom 11/4. 1956, ausg. 17/9. 1962. A. Prior. 13/4. 1955. — C. **1960,** 6953 [Aust. P. 211330].)

H_4. Wasser, Abwasser

2013 **Blasenbelüftung von Wasser in Gegenwart einiger organischer Verbindungen.** Stefan A. Zieminski und Rodney L. Hill. (J. chem. Engng. Data **7,** 51—54, 1962; Orono, Univ. of Maine. Dep. of Chem.-Engng.; engl.) — An verd. Lsgg. von Isoamylalkohol (**I**), 4-Methyl-2-pentanol (**II**), n-Heptylalkohol (**III**), 2-Äthyl-1-hexanol (**IV**) u. n-Octylalkohol (**V**) ausgeführte Unterss. zeigen, daß diese Verbb. bei Konzz. von 1—30 ppm die Größe durchgeleiteter Luftblasen beträchtlich vermindern. Bei **I, II** u. **III** bewirkt eine Konz.-Steigerung eine Steigerung der Absorptions-Geschw. bis zur Erreichung eines Höchstwertes, wobei Wert u. Konz. der Höchst-Wrkg. mit steigendem Molgew. der Verb. abnehmen. Ähnlich verhalten sich Isopropyl-, Isobutyl-, Isoamyl-, Methylamyl- u. Äthylacetat sowie Capryl- u. Capronsäure. **IV** u. **V** zeigen eine schwächere Wrkg. als **I, II** u. **III.** Mit steigender Konz. steigt die Absorptions-Geschw. bis zu einem Höchstwert u. erreicht bei noch höherer Konz. einen Mindestwert. W. Wesly. 6026◇

2014 **Entfernung des Phosphors aus dem häuslichen Abwasser durch Sandfilter.** E. G. Srinath, C. A. Sastry und S. C. Pillai. (J. Sci. ind. Res. [New Delhi], Sect. C **21 C,** 220—22, 1962; Bangalore; Ind. Inst. of Sci., Dep. of Biochem.; engl.) — Vff. zeigen, daß bei Behandlung von häuslichem Abwasser auf Sandfiltern P während der Einarbeitung sehr schnell entfernt wird, u. zwar als Folge einer Rk. mit dem im Filter enthaltenden Fe u. Al. Dieser Effekt läßt naturgemäß bald nach, wodurch die Phosphatelimination ein Minimum durchläuft, um dann nach Aufbau einer entsprechenden Mikroflora wieder anzusteigen. Filter mit starker *Vorticellen*-Besiedlung zeigten bes. gute Wirkung. Die Ergebnisse werden im Hinblick auf die Vermeidung von Algenblüten u. auf die ungünstige Wrkg. des hohen Eisengeh. im Boden um Bangalore auf die Pflanzenernährung (Phosphatfixierung) diskutiert. H.-H. Thiele. 6040◇

2015 **Anwendung des Verhältnisses Abwasser/Produkt (waste-to-product) in der Fermentationsindustrie.** Russell K. Blaine und J. M. van Lanen. (Biotechnol. and Bioengng. **4,** 129—38, 1962; Peoria, Ill., Hiram Walker u. Sons, Techn. Div.; engl.) — Hiram Walker konnte in den letzten 10 Jahren eine ständige Steigerung der Reinheit der abfließenden Wässer erreichen, die vollständig der Verbesserung der Anlagen zuzuschreiben u. nicht auf Grund der sog. konventionellen Behandlung entstanden ist. Das Verhältnis von Abwasser/Produkt gestattet einen unbedingten Vgl. der Gesamtleistung verschiedener Anlagen, ganz gleich, welche Produktionskapazität sie besitzen. Die von Hiram Walker durchgeführten Dest. u. Wiedergewinnungsprozesse werden dargestellt. G. Kampf. 6040◇

2016 **Über die Totalkläranlage des Instituts für Siedlungswasserwirtschaft der Technischen Hochschule Hannover.** Dietrich Kehr. (Gas- u. Wasserfach, Ausg. Wasser—Abwasser **104,** 285—88, 1963; Hannover, Techn. Hochsch., Inst. für Siedlungswasserwirtschaft; dt.) — Vf. beschreibt eine kleine biolog. Kläranlage mit Schlammmineralisation. Sie besteht aus Rechen, Sandfang, Belebungsbecken mit Schlammtasche u. einem Schlammsammelraum, in dem eine Emscherrinne angeordnet ist. Die Reinigungsarbeit erfolgt im Belebungsbecken in der Schlammtasche durch Denitrifikation. Der Überschußschlamm zieht mit dem überlaufenden Reinwasser in den Schlammsammelraum ab. Die Erprobung ergab einen BSB_5-Abbau von 92%, N-Verbb. wurden zu 67% abgebaut. Der Schlamm besitzt eine sehr gute Entwässerbarkeit. R. Wolter. 6044◇

2017 **Abwasserfragen in der Textilveredlungsindustrie.** M. Kehren. (Melliand Textilber. **43,** 1217–22, 1962; dt.) — Es werden die Erfahrungen mit folgenden Verff. mitgeteilt: 1. Kombinierte mechan.-biolog. Klärung nach dem Tropfkörper-Verf., 2. kombinierte mechan.-biolog. Klärung nach dem Belebtschlamm-Verf., 3. kombinierte mechan.-chem. biolog.- Klärung nach dem Niers-Verf., 4. Schwimmaufbereitung mit nachfolgender Filtration über Kies u. einen Kunstharzschwamm ohne mechan. Vorklärung u. biolog. Nachreinigung (Schweizer. *Turicit*-Verf.). R. Worbis. 6044◇

2018 **Untersuchungen an einer Versuchsanlage zur Behandlung von Ablaugen einer Sulfatzellstoff-Fabrik mit aktiviertem Schlamm.** J. Gańczarczyk, K. Zaleńska und J. Suschka. (Przegląd papierniczy **18,** 374–77, 1962; pol.) — In der Vers.-Anlage, einem Lüftungsbassin von 40 m^3 u. einem zweiten Absitzbecken von 10 m^3 Inhalt, wird die Behandlung verd. Sulfatlaugen mit Belebtschlamm untersucht. In einer ersten Vers.-Serie werden konst. 3 m^3 Abwasser je m^3 Belüftungsbassin/Tag u. bis zu Konzz. von 750 mg/Liter BSB$_5$ durchgesetzt. In der 2. Verss.-Serie wird die Belastung auf 12,5 m^3/m^3 · d bei konst. Konz. von 200 mg/Liter BSB$_5$ gesteigert. Bei der 1. Serie nimmt der BSB$_5$ um 80 bis 90% ab, bei der 2. Serie erreicht man optimal bei einer Belastung von 2000 g BSB$_5$/m^3 · d eine Abnahme um 77,5% des BSB$_5$, bei 2500 g BSB$_5$/m^3 · d Belastung eine Abnahme um 67,4%. Die Farbintensität der Abwässer nimmt bei niedriger Belastung ab, bei höherer zu. Bei Belastungen $>$ 670 mg/Liter BSB$_5$ wird die Schaum-Bldg. sehr lästig. F. Zeidler. 6044◇

2019 **Laborteste von pharmazeutischen Abwässern zur biologischen Kontrolle.** R. Otto, W. Barker, D. Schwarz und B. Tjarksen. (Biotechnol. and Bioengng. **4,** 139–45, 1962; Chicago, Res. Div., Abbott Labor.; engl.) — Zur biolog. Behandlung von neuen oder modifizierten Abwässern werden ein Test in Schüttelkolben u. eine Tischanlage für Belebtschlamm vorgeschlagen. Der erste wurde zunächst diskontinuierlich, später aber auch semikontinuierlich durchgeführt, die zweite wurde für länger dauernde Verss. verwendet. G. Kampf. 6044◇

2020 **Biologische Behandlung von pharmazeutischen Abwässern.** W. Wesley Eckenfelder jun. und Edwin L. Barnhart. (Biotechnol. and Bioengng. **4,** 171 bis 180, 1962; New York, Manhattan Coll.; engl.) — Durch Behandlung mit Belebtschlamm wird eine Senkung des BSB der Abwässer um 90% erreicht. Die Arbeitsweise u. die Charakteristik derartiger Anlagen werden beschrieben. Die Berechnung eines Beispiels ist angeschlossen. G. Kampf. 6044◇

2021 **Vollständige biologische Behandlung von Abwässern aus der Antibioticaproduktion.** Robert H. L. Howe. (Biotechnol. and Bioengng. **4,** 161–70, 1962; Lafayette, Ind., Tippecanoe Labor. Eli Lilly and Co. engl.) — Die vorgeschlagene biolog. Reinigung von Antibiotica-Abwässern läuft über 3 Stufen: 1. Nach Vorneutralisation erfolgt ein zweistufiger Belüftungsprozeß bei pH 7,5 bis 8,5 unter ständiger Rückführung des Schlammes, 2. Die Fl. durchläuft ein Klärfiltersyst. einschließlich Rieselfiltern, 3. die Endstufe besteht aus einen Syst. von Klärungs- u. Belüftungsbecken. Vor dem Eintritt der Abwässer in den Fluß ist eine Kaskade zwischengeschaltet. Die BSB-Abnahme beträgt 90–95%, die antibiot. Aktivität wird vollkommen beseitigt. G. Kampf. 6044◇

2022 **Behandlung von Antibiotica-Abwässern durch vollständige Mischung mit Belebtschlamm.** Ross E. McKinney. (Biotechnol. and Bioengng. **4,** 181–95, 1962; Lawrence, Univ. of Kansas, Dep. of Civil Engng.; engl.) — Die Behandlung von Fermentationsabwässern aus der Penicillinprod. nach der Meth. der vollständigen Durchmischung mit Belebtschlamm ist eine Modifikation des üblichen Belebtschlammverf. u. besteht in einem ständigen Durchmischen der Abwässer mit der gesamten Mikroorganismenmasse im Belüftungstank. G. Kampf. 6044◇

2023 **Behandlung von pharmazeutischen Abwässern mit Tropfkörper, Belebtschlamm und Kompostierung.** A. H. Molof. (Biotechnol. and Bioengng. **4,** 197–209, 1962; Pearl River, N. Y., Amer. Cyanamid Co., Lederle Labor., Ind. Waste Dep.; engl.) — Eine Belebtschlammanlage u. ein Tropfkörper werden beschrieben, die zur Testung neuer Prodd. u. neuer Prozesse eingesetzt werden, lange bevor die eigentliche Produktion beginnt. Damit wird vermieden, daß die fehlende Abwasserreinigung zu einer schwachen Stelle im Produktionsprozeß wird. G. Kampf. 6044◇

2024 **Flotation von Escherichia coli mit Natriumchlorid.** A. M. Gaudin, Norman S. Davis und Sonia E. Bangs. (Biotechnol. and Bioengng. **4,** 211–22, 1962; Cambridge, Massachusetts Inst. of Technol. Dep. of Metallurgy; engl.) — Zellen von *E. coli* wurden in Ggw. von NaCl rasch aus Kulturmedium u. Wassersuspensionen durch Schaumflotation konzentriert. Ohne Salzzugabe konnte keine Akkumulation der Zellen im Schaum erreicht werden. Bei 2% NaCl in der Suspension wurden 85% der Bakterien auf ein Sechstel des Ausgangsvol. konzentriert. Die Wiedergewinnung der Zellen war bei Flotation in Medium ergiebiger als in Wasser. Bei 3–5% Salz wurden fast 100% der Zellen im Schaum konzentriert. G. Kampf. 6044◇

2025 **Flotation von Escherichia coli mit einigen anorganischen Salzen.** A. M. Gaudin, Norman S. Davis und Sonia E. Bangs. (Biotechnol. and Bioengng. **4,** 223–30, 1062; Cambridge, Massachusetts Inst. of Technol., Dep. of Metallurgy; engl.) — Vgl. vorst. Referat. — Da sich NaCl für eine erfolgreiche Flotation von E. coli als günstig erwiesen hatte, wurden andere Salze als Flotationsreagenzien eingesetzt. Phosphate waren wirksam, gute Ergebnisse wurden auch mit Phosphit erzielt: So konnte zwischen der Wrkg. von Na_2HPO_4 u. Na_2HPO_3 kaum ein Unterschied festgestellt werden. Carbonat zeigte ebenfalls eine gute Flotationswrkg., während Bicarbonat, Sulfat, Nitrat, Bromid u. Jodid die Flotation nicht förderten, NH_4^- unterdrückte sie sogar. Die Flotationswrkg. einiger Kationen stand teilweise zu ihrer Wertigkeit u. ihrem Atomgew. in einer gewissen Beziehung. G. Kampf. 6044◇

2026 **Reinigung und Verwertung industrieller Abwässer.** Alfred Rieche, Günter Hilgetag, Annelise Martini, Helmuth Seeboth und Martin Lorenz. (S.-B. dtsch. Akad. Wiss. Berlin, Kl. Chem., Geol. Biol. **1962,** 1–55, Berlin, dtsch. Akad. Wiss., Inst. organ. Chem.; dt.) — Vff. beschreiben Verss. u. Verff. zur Reinigung u. Verwertung von Industrieabwässern. 1. Kultivierung von Mikroorganismen auf dünnen, z. T. unphysiolog. Substraten: Pentosenverhefung, Raum–Zeit-Ausbeute bei der kontinuierlichen Hefegewinnung, Verss. zur Zellsubstanz-Synth. mit dem Mycelpilz *Oidium lactis*, techn. Belüftungs-App., Futterhefegewinnung aus Kokereidünnwasser, Gewinnung von Wuchshefen aus Abwässern einer Paraffinoxydationsanlage, Verhefung von Abwasser der Acetylcellulosefabrikation, Verhefung von Melasse unter Filtratrückführung. 2. Reinigung von Dünnwässern der braunkohleveredelnden Industrie: Unterss. an Modellsgg. u. Originaldünnwässern, Entphenolung mittels Asche u. Luft u. mit Austauscherharzen, Best. der Adsorptions- u. Oxydations-Wrkg. von Aschen u. Kohlenstäuben bei phenolhaltigen Wässern, Entammonisierung mit Austauschern. — 27 Literaturzitate. U. Radlbeck. 6050◇

2027 **Beseitigung pharmazeutischer Abwässer durch Injektion in den Boden.** Richard R. Melcher. (Biotechnol. and Bioengng. **4,** 147–51, 1962; Detroit, Mich., Parke Davis & Co., Eng. Div.; engl.) — Bei geeigneten Bodenverhältnissen bietet die Beseitigung der Abwässer durch Injektion in den Boden folgende Vorteile: niedrige Installations- u. Erhaltungskosten sowie vollkommene Beseitigung schwer zu reinigender Abwässer. Wichtig ist dabei, daß andere Unternehmen nicht durch diese Handhabung geschädigt werden. G. Kampf. 6050◇

2028 **Terrestrische Beseitigung pharmazeutischer Abwässer.** George C. Colovos und Nelson Tinklenberg. (Biotechnol. and Bioengng. **4,** 153–60, 1962;

Kalamazoo, Mich., The Upjohn Co., Dep. of Chem. Engng.; engl.) — Für bierartige Fermentationsbrühen wird zur Beseitigung die Sprührieselmeth. empfohlen. Hohe BSB-Werte wurden auf diese Weise zufriedenstellend gesenkt. Durch Eisbldg. auf der besprühten Fläche während der Wintermonate entstanden keinerlei Probleme. G. Kampf. 6050◇

2029 **Bestimmung der Aktivität der α-Strahlung fester Rückstände im Wasser und Boden.** W. F. Shewershewa. (Hyg. u. Sanitätswes. [UdSSR] **26,** Nr. 7, 69—74, **1961**; Ssyssin-Inst. für allg. u. Kommunalhygiene der Akad. der Med. Wiss. der UdSSR; russ.) — Allg. Ausführungen über die Best.-Meth. der Aktivität der α-Strahlung in festen Rückständen des W. u. im Boden. S. Baryschnikow. 6054△

2030 **Schnellverfahren zur Bestimmung des Gesamt-Kohlendioxidgehaltes in Wässern.** L. Maros, M. Pinter-Szakacs, I. Molnar-Perl und E. Schulek. (Acta chim. Acad. Sci. hung. **33,** 59—65, 1962; Budapest, Eötvös Univ., Inst. für Anorg. u. Analyt. Chem.; dt.) — Das von Maros u. Mitarbeitern (C. **1962,** 8008) beschriebene Verf. (Dest. von CO_2 in einem näher beschriebenen Gerät u. Absorption in $Ba(OH)_2$, das durch übergeschichtetes Pentan vor Luft-CO_2 geschützt ist) wird zur CO_2-Best. in natürlichen Wässern (5—10 ml Probe), ausführbar in 25—30 Min., verwendet. Bei 0,01—0,05% CO_2 beträgt die Fehlergrenze $\leq 1\%$. W. Wesly. 6060◇

2031 **Über die gemeinsame Fällung einiger Mikrokomponenten von Naturwässern mit Calciumcarbonat.** T. P. Popowa. (Geochemie [UdSSR] **1961,** 1125—28; Moskau, Allunions Forsch.-Inst. für Hydrogeol. u. techn. Geol.; russ.) — In natürlichen W. treten Pb, Zn, Cu, Co, Cd, Ni als Kationen von Mikrokomponenten auf; die Löslichkeit ihrer Carbonate beträgt $2{,}5 \cdot 10^{-14}$ — $1{,}4 \cdot 10^{-7}$ Mol/Liter. Es wurde eine Vers.-Serie zwecks vollständiger gemeinsamer Ausfällung dieser Elemente mit $CaCO_3$ durchgeführt; die Ergebnisse sind tabelliert. Der Analysengang ist angegeben. H. Noack. 6060△

2032 **Die Rolle von ABS bei der Wasserverschmutzung.** W. K. Griesinger. (Soap chem. Specialties **39,** Nr. 4, 43—45, 1963; Philadelphia, Atlantic Refining W.; engl.) — Unterss. des letzten Jahres über die Rolle des Alkylbenzolsulfonats (ABS) bei der Wasserverseuchung ergaben, daß ABS in Konzz. von 0,1—5,0 ppm den Geruch u. Geschmack von W., das H_2S, Trimethylamin, Lebertran oder Chlorphenole enthält, nicht verstärkte. Hunde (Durchschnitts-Gew. 10 kg), die über einen Zeitraum von 2 Jahren maximal 130 g ABS mit der Nahrung zu sich nahmen, zeigten keine Gesundheitsschäden. Unterss. über die Schaumbldg. auf Gewässern, die biolog. Abbaubarkeit von Detergentien (mit stark verzweigtem ABS, geradkettigem ABS u. einem Fettalkoholsulfat als Testsubstanz) sowie über die Rolle der in den Waschmitteln enthaltenden Phosphate im Abwasser werden in den USA fortgesetzt. Inge Ohme. 6068◇

H_5. Anorganische Industrie

2033 **Trennung von stabilen Isotopen. 1. Mitt. Allgemeine Prinzipien und Methoden.** C. U. Linderstrøm-Lang. (Dansk Kemi **43,** 118—24, 1962; dän.) — In der Technik sind die stabilen Isotope D, T, ^{7}Li, ^{10}B, ^{15}N, ^{18}O u. ^{235}U von Bedeutung. Elementare Größen, wie Anreicherungsfaktor, Trennarbeit u. deren Temp.-Abhängigkeit werden für verschiedene Trennmeth. erläutert. W. Knoch. 6070◇

2034 **Trennung von stabilen Isotopen. 2. Mitt. Herstellungsverfahren.** C. U. Linderstrøm-Lang. (Dansk Kemi **43,** 165—71, 1962; dän.) — 1. vgl. vorst. Referat. — Heiß-Kalt-Verff. für den Austausch H_2S/H_2O, H_2/H_2O u. NH_3/H_2, sowie die einfache H_2/H_2O-Austauschmeth. werden beschrieben. Die techn. Daten verschiedener Verff. für die Herst. von Tritium, ^{6}Li, ^{7}Li, ^{10}B, ^{15}N, ^{13}C, ^{18}O, ^{37}Cl u. ^{235}U werden verglichen. Gasdiffusion u. Ultrazentrifuge für die Abtrennung von ^{235}U werden gegenübergestellt. — 43 Zitate. W. Knoch. 6070◇

2035 **Zum gegenwärtigen Stand der Erkenntnisse in der Salzflotation.** 2. Mitt. **Mineralöslichkeit, Sammler- und Mineralstruktur bei der selektiven Flotation.** Arno Singewald. (Chemie-Ing.-Techn. **33,** 558—72, 1961; Neuhof, Kreis Fulda, Wintershall AG., Kaliwerk Neuhof-Ellers; dt.) — 1. vgl. C. **1962,** 11314. — Übersicht. W. Wesly. 6076◇

2036 **Zum gegenwärtigen Stand der Erkenntnisse der Salzflotation.** 3. Mitt. **Einfluß von pH-Wert, Lösungs-Ionen und Grenzflächenpotentialen auf den Flotationsvorgang.** Arno Singewald. (Chemie-Ing.-Techn. **33,** 676—89, 1961; dt.) — 2. vgl. vorst. Referat. — Übersicht über den Einfl. der sich in der Löslichkeit u. auf die Aktivierung auswirkenden pH-Wertes auf den Flotationsvorgang, den Einfl. des Oberflächen- u. Grenzflächenpotentiale an Sammler u. Mineralien u. die selektive Depression. — 141 Schrifttumhinweise. W. Wesly. 6076□

2037 **Anreicherung von Deuterium bei der Ammoniakdestillation.** Gerald T. Petersen und Manson Benedict. (Nuclear Sci. Engng. **15,** 90—97, 1963; Dep. of Nucl. Engng., Mass. Inst. Technol., Cambridge, Mass.; engl.) — Die relative Flüchtigkeit oder der Trennfaktor für die Anreicherung von D_2 bei der NH_3-Dest. wurde bei Drücken von 250, 375, 500 u. 760 mm Hg u. D_2-Konzz. von 0,10, 0,24, 0,42 u. 0,58 (Molenbruch) gemessen: $\ln(\alpha) = (0{,}0395 \pm 0{,}0004) - (0{,}0128 \pm 0{,}0029)\,(x - 0{,}424) - (0{,}01246 \pm 0{,}00065)\,(\ln \pi/760 \text{ mm Hg}) \cdot \alpha, \pi$ u. x bedeuten Trennfaktor, Druck in mm Hg u. Molenbruch D_2. Eine Temp.-Abhängigkeit wurde beobachtet. Größe u. Druckabhängigkeit des Trennfaktors stimmen überein mit den Voraussagen aus dem Verhältnis der Dampfdrücke ($\alpha = 1{,}042$ bei 1 atm). Verff. zur D_2-Anreicherung werden erst bei $\alpha = 1{,}062$ wirtschaftlich. W. Knoch. H 238

2038 **Grundlegende Gesichtspunkte für die Wahl des Betriebsdruckes von Ammoniaksyntheseanlagen.** Wolfgang Renker. (Chem. Techn. **14,** 723—28, 1962; Leuna, VEB Leuna-Werke „Walter Ulbricht"; dt.) — Um das Problem der Wahl des Synth.-Druckes zu kennzeichnen, gibt der Vf. einen Überblick über die NH_3-Synth. u. deren Energiebedarf. Der Synth.-Druck einer Anlage, ist abhängig von der Weiterverarbeitung des NH_3, von der Zus. des Synth.-Gases, von dem Katalysator, der Ofenkonstruktion sowie von den klimat. Bedingungen. Die Vor- u. Nachteile der jeweils verwendeten Drücke werden diskutiert. H. Hoffmann. H 243◇

2039 **Die Reinigung von Abfallsalzsäure — ein Beispiel für die Wasserdampfdestillation von Spurenkomponenten.** Reiner Viehweg. (Chem. Techn. **14,** 728—32, 1962; Leipzig, VEB KIB Chemie; dt.) — Auf der Grundlage der Gesetzmäßigkeiten für verd. Lsg. werden Beziehungen abgeleitet, die Zusammenhänge zwischen Partialdruck der Verunreinigung (V) in der Gasphase u. Konz. in der Flüssigphase, sowie zwischen zur Reinigung eingesetzter Gas- bzw. Dampfmenge u. erreichbarer Endkonz. von V wiedergegeben. Hierfür ist die Kenntnis der Dampfdruckkurven des als V auftretenden einen Stoffes, sowie seine Löslichkeit in HCl in Abhängigkeit von der Temp. nötig. H. Hoffmann. H 247◇

2040 **Schwefel und Pyrit.** Fredrik Qvale. (Tidsskr. Kjemi, Bergves. Metallurgi **22,** 152—57, 1962; A/S Sulitjelma Gruber, Oslo; norw.) — Vf. betont wirtschaftliche Gesichtspunkte bei der Herst., Verarbeitung u. dem Verbrauch S-haltiger Produkte. Extraktions- u. andere Trennungsverff. für S u. Pyrit werden unter bes. Berücksichtigung der Verhältnisse in Norwegen verglichen. Die wirtschaftlichen Entw.-Möglichkeiten der S-Industrie werden als beschränkt angesehen. W. Knoch. H 253◇

2041 **Verfahren zur Gewinnung von Schwefel aus Stoffen sekundärer Quellen.** B. K. Shibler und M. W. Hovey. (U. S. Dep. Interior, Bur. Mines, Inform. Circ. **1962,** Nr. 8076, 1—62; Salt Lake City, Utah, Bur. of Mines, Metallurgy Res. Center; engl.) — Übersicht über die Verff. zur Gewinnung von S u. S-Verbb. aus Nicht-Frashschen Quellen. — 561 Literaturangaben. W. Wesly. H 253◇

2042 **Wiedergewinnung von verkäuflichen Schwefel aus Abgasen.** E. Wallis. (Brit. chem. Engng. **7,** 833—36, 1962; London, Res. and Dev. Dep. of the Central Elec-

tricity Generating Board; engl.) — Es wird das Fulham-Simon-Carves-Verf. zur Beseitigung von SO_2 aus den Abgasen von Wärmekraftwerken beschrieben u. der Aufbau einer Pilotanlage gegeben. Techn. Daten: S-Geh. der Kohle bis 3%, tägliche Abgasmenge 56000 cfm, erwarteter Anfall an $(NH_4)_2SO_4$ 11 to u. 2000 lbs. S/Tag. Die künftige Anwendung des Verf. wird unter Berücksichtigung ökonom. Gründe diskutiert.
J. Noack. H 253◇

2043 **Über die Reinheit und Kristallinität von Bor, hergestellt durch Reduktion von BCl_3 mit Zink.** Hisashi Ito, Tsutomu Yanagase und Kei Higashi. (J. Mining metallurg. Inst. Japan **78,** 667—72, 1962; engl.) — Bei der Red. von BCl_3 mit Zn in Quarzrohren soll die Temp. $< 800°$ betragen, um die Rk. von SiO_2 mit BCl_3 (Bldg. von Si, das das gewonnene B verunreinigt) zurückzudrängen. Man red. BCl_3 mit Zn bei 750° u. erhitzt das Rk.-Prod. 2 Std. im Vakuum auf 1100° (Verdampfen von Zn). Das gewonnene B hat eine Reinheit von 99,2%. In der Dampfphase ist das B amorph; beim Erhitzen auf 1000—1250° findet Kristallisation statt.
W. Wesly. H 258◇

2044 **Phosphorofenbetrieb in Abhängigkeit von verschiedenen Arten der Phosphatbeschickungen.** J. C. Barber und E. C. Marks. (J. Metals **14,** 902—06, 1962; Wilson Dam, Ala. Tennessee Valley Authority; engl.) — Die Ergebnisse von P-Ofen-Verss. mit unterschiedlichen Phosphatbeschickungen zeigen, daß solche Öfen mit Rohphosphaten betriebssicher betrieben werden können. Jedoch verbessert eine Kalzinierung der Phosphate die Betriebskennwerte des Ofens u. verringert den elektr. Energiebedarf. Wenn die Phosphate beträchtliche Tonmengen als Verunreinigung enthalten, sind Agglomeration u. Verfärbung der Agglomerate für einen erfolgreichen P-Ofen-Betrieb wesentlich. Die Verw. von gleichmäßig großen Phosphaten, von Kohle u. SiO_2 verringert die Anfälligkeit von Segregation innerhalb des Ofens u. erhöht die Ofenhaltbarkeit.
H. Hochstein. H 264◇

2045 **Brasilianisches Phosphat. Die Jacupiranga-Apatitmine.** Harry J. Wolf. (Mines Mag. **52,** 18—23, 1962; engl.) — Beschreibung eines Phosphat-Vork., seiner Zus. u. seines geplanten Abbaus. W. Wesly. H 264◇

2046 **Gebräuchliche Aufbereitungsverfahren für Pebblephosphat in Florida.** W. M. Houston und W. A. LaVenue. (Mining Engng. **14,** 45—49, 1962; Bartow, Fla., Frank M. Murphy and Assoc.; engl.) — Beschreibung der Aufbereitung (Fließbilder) von Pebblephosphat (Zerkleinerung, Beseitigung von Tonschlamm, Abtrennung des groben Phosphats, Anreicherung u. Trennung des feinen Abriebs von Gangart durch Flotation).
W. Wesly. H 264◇

2047 **Oxydation von Calciumchlorid mit Salpetersäure in wäßriger Lösung.** Antoni Justat und Zbigniew Gorzka. (Chem. stosowana **6,** 567—75, 1962; Lodz, Polytechnikum, Fak. für anorg.-chem. Technol.; pol.) — In einer Reihe von Unterss. bestimmen Vff. die Oxydation von $CaCl_2$ durch HNO_3 in wss. Lsgg. nach $3CaCl_2 + 8HNO_3 \rightarrow 3Ca(NO_3)_2 + 2Cl_2 + 2NOCl + 4H_2O$. Der Einfl. von HNO_3-Konz. (40—80%) u. Temp. (20—90°) auf die Oxydations-Geschw. wird untersucht.
W.-D. Heußner. H 283◇

2048 **Die Oxydation von Zinksulfidkugeln in einem Luftstrom.** K. G. Denbigh und G. S. G. Beveridge. (Trans. Instn. chem. Engr. **40,** 23—34, 1962; Edinburgh, Univ., Chem. Engng. Labor. and Heriot-Watt College; engl.) — In den Verss. wurden aus ZnS u. wenig W. eine Paste hergestellt u. aus ihr Kügelchen mit 1,58, 1,22 u. 0,95 cm ⌀ geformt, die hierauf 3—5 Std. bei 140° getrocknet wurden. In die Kugeln wurde vor dem Trocknen ein Mullitstab gesteckt. An diesen Kugeln wurde bei Temp. von 500—1440° die Oxydation in einem stömenden Luftstrom verfolgt. Im genauen Verlauf der Oxydationsgeschw. wurden die Kugeln vor den Oxydationsverss. 30 Sek. bei 1150° in N_2 gesintert. Bis zu Temp. um 950° war die gebildete Oxidschicht ähnlich der, die Cannon u. Denbigh (vgl. C. **1962,** 4840) gefunden hatte; die Schicht haftete fest auf der darunterliegenden Sulfidschicht, war porös u. ihre Dicke nahm mit der Oxydationszeit zu, wobei die Rk.-Schicht in das Innere wanderte. Oberhalb 950° bildeten sich geschichtete Oxidlagen, die weniger porös waren. Die Eigg. dieses Oxids, die Dauer der Oxydation u. die Temp. bestimmter Messungen an dem gebildeten ZnO zeigten, daß bis 1150° die Dichte allmählich um 2,0 auf 4,8 zunahm, wobei der letzte Wert nahe der wahren Dichte des ZnO mit 5,4 lag. Oberhalb 1150° bildete sich außerhalb der Hauptschicht flockiges ZnO, was durch Verdampfen des ZnS u. Oxydation in der Dampfphase zu erklären ist. Oberhalb 1200° war dieser Dampfphasenprozeß der bestimmende Oxydationsprozeß; er war genügend schnell, um zu verhindern, daß O_2 die feste Oberfläche erreichte. In diesem Fall bildete sich das Oxid nicht mehr auf der Oberfläche des Sulfids, sondern in einem gewissen Abstand von ihr als eine konzentrische kugelförmige Schale. Bei den höchsten Temp., bei denen eine Schale gebildet wurde, wurden Lücken von mehreren mm zwischen dem Sulfid u. dem Oxid beobachtet. Bei den tieferen Oxydationstemp. schreitet die Rk. durch einen Oberflächenmechanismus fort, bei den höheren Oxydationstemp. durch einen Dampfphasenmechanismus.
C. Gottfried. H 288△

2049 **Trennung seltener Erden.** K. N. Kartha und H. V. Bhaskar Rao. (Current Sci. **30,** 221—22, 1961; Jamshedpur, India, Nat. Met. Lab.; engl.) — Vff. wollen durch Anwendung verschiedener Lsg.-Mittel komplexe Silicate seltener Erden in ihre Einzelkomponenten trennen. Die Verbb. erhält man durch Zusammenschmelzen von Seltenerdchloriden, CaO u. $CaCl_2$ bei 1000° im Quarzrohr. R. Mattes. H 303◇

2050 **Bestimmung des Wolfram-Sauerstoff-Diagrammes.** M. F. Marion und C. Choain-Maurin. (Chim. et Ind. **88,** 483—86, 1962; franz.) — Die Oxide des W werden zwischen 600 u. 1100° untersucht. Die Unters. erfolgt durch chem. Analyse der Wolframoxide, die im Gleichgewicht mit einer H_2–H_2O-Mischung bekannter Konz. stehen. Lage u. Umfang der Stabilitätsgebiete der α-, β-, γ- u. δ-Phasen werden bestimmt.
W. Renker. H 337◇

2051 Hercules Powder Co., Wilmington, übert. von: William T. Bishop, Wilmington, Del., V. St. A., **Flotation von Nichterzen oder oxydischen Erzen,** wie Phosphaten, Baryt, Flußspat u. Eisenerzen, Ilmenit u. dgl. Diese Ausgangstoffe werden der Schaumflotation in Ggw. eines in W. dispergierten verseiften *Tallölpeches* unterworfen. Dieser Sammler wird durch Rk. von Tallölpech mit Alkali bei 150—180° u. bei einem 30—45 lbs./sq. itn liegendem Druck gewonnen. Es werden 0,1 bis 5 lbs./A. Erz des verseiften Peches benötigt, vorzugsweise 0,3—1,0. (**A. P. 2987188** vom 3/2. 1959, ausg. 6/6. 1961.) W. Hauswald. 6077

2052 American Metal Climax, Inc., New York, N. Y., übert. von: Edward A. Godat jun. und Joaquin B. Quintanilla, Monterrey, Nuevo Leon, Mexico, **Gewinnung eines Selenkonzentrates aus metallurgischen Stäuben** mit einem *Se*-Geh. von weniger als 5%. Die Stäube werden zunächst geröstet u. das hierbei erhaltene dichte Röstprod. gemahlen u. mit W. gelaugt. Der Rückstand wird aufgeschlämmt u. bis einem pH-Wert von 5,0—6,8 angesäuert u. nach Zusatz entsprechender Reagentien zu einem mit *Se* angereicherten Prod. flotiert. Abbildung. (**A. P. 3008806** vom 15/4. 1959, ausg. 14/11. 1961.) M. Neckermann. H 254

2053 Bergwerksverband G.m.b.H., Essen (Erfinder: Otto Grosskinsky, Georg Huck und Joachim Karweil, Dortmund), **Herstellung eines im wesentlichen aus Kohlenstoff bestehenden Produktes** mit großer chem. u. physikal. Reaktionsfähigkeit aus fossilen oder rezenten Brennstoffen durch oxydierende Behandlung mit Luft u. anschließende Entgasung u./oder Behandlung mit vergasenden u./oder wasserentziehenden Mitteln, wobei man ein Ausgangsmaterial verwendet, das dad. gewonnen wird, daß man die genannten Brennstoffe bei erhöhter Temp., jedoch unterhalb des Zündpunktes, höchstens etwa 12 Std. derart mit Luft oder ähnlichen Oxydationsgasen vorbehandelt, daß in den Abgasen

30% u. mehr des mit dem Oxydationsgas eingeführten O_2 abgeführt werden. Als Ausgangsmaterial wird Steinkohle verwendet, deren Korngröße von Natur aus < 0,5 mm, bes. < 0,2 mm, ist. (**D. B. P. 974632** Kl. 12 i vom 12/4. 1950, ausg. 9/3. 1961. Anmeldung bekanntgemacht 14/8. 1952. **Zusatz zu D. B. P. 970782; C. 1959, 13596.**) E. Miessgang. H 260

2054 Tennessee Valley Authority, übert. von: Marcus M. Striplin jun., David McKnight, Florence, und Ellis C. Marks, Sheffield, Ala., V. St. A., **Herstellung von konzentrierter Phosphorsäure.** Man verbrennt Phosphor mit Luft u. leitet das gasförmige P_2O_5 in eine senkrechte Hydratations-Zone ein, in die kalte verd. Phosphorsäure u. oberhalb des Eintritts dieser Säure W. in solchen Mengen eingesprüht wird, daß eine Phosphorsäure von 72—79% P_2O_5-Gehalt am unteren Ende der Hydratationszone abgezogen werden kann. Die heißen Gase, die am oberen Ende dieser Zone entweichen, werden kondensiert u. die dabei anfallende verd. Phosphorsäure wird der Hydratationszone zugeführt. (**A. P. 2999010** vom 25/3. 1957, ausg. 5/9. 1961.) R. Zimmermann. H 264

2055 Gulf Research & Development Co., Pittsburgh, Pa., übert. von: Oran L. Culberson, Indiana Township, Allegheny County, und William A. Pardee, Fox Chapel, Pa., V. St. A., **Herstellung von Aluminiumoxid und Phosphor** aus den Rückständen, die bei der Hydrolyse eines Alkylchlorid-$AlCl_3$-Phosphorchlorid-Komplexes entstehen, indem diese Rückstände zunächst auf 500 bis 1000°F erhitzt werden, um die leichter flüchtigen Bestandteile zu entfernen. Das gebildete trockne Prod. wird bei 1600 bis 1800°F calciniert u. dann in Ggw. von Koks bei 1600 bis 2300°F mit einem Luftstrom behandelt, um den P elementar abzutreiben. Nach dem Abbrennen des Kokses verbleibt als Rückstand reines Al_2O_3. (**A. P. 3014781** vom 20/3. 1953, ausg. 26/12. 1961.) R. Zimmermann. H 294

2056 Gulf Research & Development Co., Pittsburgh, Pa., übert. von: Oran L. Culberson, Indiana Township, Allegheny County, und William A. Pardee, Fox Chapel, Pa., V. St. A., **Herstellung eines Aluminiumchlorid-Phosphorchlorid-Komplexes** aus den Rückständen, die bei der Hydrolyse eines Alkylchlorid–$AlCl_3$–Phosphorchlorid-Komplexes anfallen, indem diese Rückstände zunächst auf 500 bis 1000°F erhitzt werden, um die leichter flüchtigen Bestandteile zu entfernen. Das gebildete trockene Prod. wird bei 1600 bis 1800°F calciniert u. dann unter reduzierenden Bedingungen mit einem Chlorierungsmittel bei 1600 bis 2000°F behandelt. Aus dem sich bildenden Gasgemisch wird der $AlCl_3$–Phosphorchlorid-Komplex kondensiert. (**A. P. 3014778** vom 20/3. 1953, ausg. 26/12. 1961.) R. Zimmermann. H 294

2057 Karl Ziegler, übert. von: Günther Wilke, Mülheim/Ruhr, **Addukte aus Aluminiumkohlenwasserstoffen und Acetylenen.** Zu F. P. 1152113; C. **1959,** 2282 ist nachzutragen: Es werden umgesetzt: Al-Verbb. der allg. Formel $(R)_2Al–R'$ mit Acetylenen der allg. Formel $R'–C{\equiv}C–R''$ bei Raumtemp. bis 60° [R, R' u. R'' = KW-Stoffrest; R' u. R'' auch H; R'' auch $–Al(R)_2$]. Es werden hergestellt: $(C_4H_9)_2Al–CH{=}CHC_6H_5$; $(C_4H_9)_2AlCH{=}CHC_4H_9$; $(C_4H_9)_2AlCH(C_2H_5){=}CHC_2H_5$; $(C_4H_9)_2AlCH{=}CH_2$. Durch weitere Rk. dieser vorst. Verbb. mit Dialkyl-AlH entstehen gesätt. Verbb. $([C_4H_9]_2Al)_2CHCH_2C_4H_9$; $(C_4H_9)_2AlCH_2CH(C_4H_9)Al \cdot (C_4H_9)_2$. Das ungesätt. Addukt gibt durch weitere Anlagerung von 1 Mol eines Acetylens: $(C_4H_9)_2AlC(C_2H_5){=}C(C_2H_5)–C(C_2H_5){=}CHC_2H_5$. — Vgl. auch D. A. S. 1052987; C. **1960,** 9035. (**A. P. 2967875** vom 15/2.1956, ausg. 10/1. 1961. D. Prior. 15/2. 1955.) G. Krauß. H 294

2058 Ethyl Corp., New York, N. Y., übert. von: Sidney M. Blitzer und Tillmon H. Pearson, Baton Rouge, La., V. St. A., **Aluminiumtrialkyle** erhält man durch Rk. von Aluminiumhydrid mit einem Olefin bei 100—300° u. H_2 von einem Druck zwischen 100—700 at in Ggw. von Lösungs- oder Suspensionsmitteln, wie KW-Stoffe u. Aether. — Auf eine Lsg. von 30 (Teilen) AlH_3 in 200 Hexan werden 60 Äthylen bis zu einem Druck von 10 at u. H_2 bis zu einem Druck von 400 at bei 180° aufgepreßt. Nach 4std. Rk. bei 180° erhält man nach der Aufarbeitung Triäthylaluminium. (**A. P. 3013042** vom 6/5. 1958, ausg. 12/12. 1961.) J. Mühleisen. H 294

H_6. Silicatchemie, Baustoffe

2059 **Die Glasbildung im System $Li_2O–SiO_2$.** Gerald E. Blair und Sigmund Urnes. (Glastechn. Ber. **34,** 391 bis 397, 1961; University Park, Pa., Pennsylvania State Univ., Dep. of Ceram. Technol.; dt.) — Der Bereich der Glas-Bldg. im Syst. $Li_2O–SiO_2$ liegt unter konst. Bedingungen zwischen 27 u. 37 Mol-% Li_2O. Es wird angenommen, daß die Opaleszenz (SiO_2-Ausscheidung) im kieselsäurereichen Gebiet u. die umgekehrt „S"-förmige Liquiduskurve in diesem Gebiet Beweise für eine nichthomogene Struktur der Schmelze sind. Demnach liegen in ihr Bereiche von prakt. reinem SiO_2 mit einer wohlgeordneten Struktur vor, die Keimbildungszentren für Cristobalit bilden. Im Li-reichen Teil des Syst. entglast Li-Metasilicat, wobei die einzelnen Kristalle mit dem bloßen Auge sichtbar sind. J. Heinze. 6168◇

2060 **Kontrolle der Zusammensetzung von Glasrohmischungen und Untersuchung der Homogenität mit mathematisch-statistischen Methoden.** Ernő Barta. (Épitőanyag [Baumaterial] **15,** 67—69, 1963; ung.) — Auf Grund von technolog. Überlegungen ist die Best. der wichtigsten Komponente ausreichend. Die Unters. der Homogenität kann mit Hilfe von eingemischten farbigen Bestandteilen (z. B. gefärbter Dolomit oder Kalkstein) geschehen. Die farbigen Körnchen (1,2—1,5 mm ⌀) werden in den Rohstoffmischer gebracht, von der Mischung werden 30 Proben genommen, auf einem Sieb mit 1 mm Lochweite gesiebt u. die farbigen Körnchen im Siebrückstand gezählt. Die erhaltenen Ergebnisse werden mit mathemat.-statist. Meth. ausgewertet. Wird bei der Unters. ein Fehler wahrgenommen, so muß man mehrere neue Unterss. durchführen oder die Einwaage kontrollieren. Man kann auch chem. oder physikal. Kontrollen heranziehen u. zu deren Auswertung die mathemat.-statist. Meth. anwenden. Obiges Verf. ist zur Unters. der Streuung geeignet. I. Náray-Szábo. 6170△

2061 **Abkühlung von Glaswannenöfen.** Antonín Štěrba. (Silikaty [Praha] **5,** 99—113, 1961; Teplice, Výzk. úst. mechanis. prům. skla; tschech.) — Für eine Verminderung des Verschleißes der feuerfesten Steine eines Glaswannenofes ist eine an Al_2O_3 angereicherte Schutzschicht zweckmäßig. Für die Berechnung der Innenwandtemp. wird eine Gleichung angegeben. Die durch einen Angriff der Glasmasse bes. gefährdeten Stellen sind stets zu kühlen. Probleme der Luftkühlung mit Axial- u. Zentrifugalgebläsen, ihrer Einsatzstellen u. ihrer prakt. Durchführung werden erörtert. R. K. Müller. 6172◇

2062 **Die Flüchtigkeit von Fluor–Titan–Flint.** L. I. Demkina, L. N. Urussowskaja und A. Ss. Tschischowa. (Glas u. Keramik [UdSSR] **18,** Nr. 12, 4—6, 1961; russ.) — Während des Schmelzprozesses verflüchtigen sich aus dem Glasgemenge die Fluoride aller vorhandenen Elemente. Die Stärke der Verflüchtigung hängt vom Gesamtgeh. ab und verringert sich mit fortschreitender Schmelzdauer. Im Sublimat eines F–Ti-Flintes verhielten sich F : K : Si : Ti : Al : B wie 1,0 zu 0,33 : 0,079 : 0,027 : 0,035 : 0,045. Das entspricht, wenn man ausschließlich die Ggw. von Fluoriden voraussetzt: 52% KF, 22,3% SiF_4, 9,1% TiF_4, 8,0% AlF_3, 8,3% BF_3 u. 0,3% freiem F. Der Einfl. von PbO, K_2O u. B_2O_3 auf die Verflüchtigung wird untersucht. Mit wachsendem Geh. an F, B_2O_3 u. K wächst die sich verflüchtigende Menge F. Gleichzeitig ist der B-Verlust vom Gesamtgeh. an B_2O_3 abhängig. I. Berger. 6174◇

2063 **Bildung und Wachstum von Blasen im Glasschmelzprozeß.** Tetsuro Izumitani und Ryohei Terai. (J. ceram. Assoc. Japan [Yogyo Kyokai Shi] **70,** 203—09, 1962; Osaka, Government Ind. Res. Inst.; jap., Auszug: engl.) — Sowohl für die Bldg. von Gasblasen in der Glasschmelze als auch für ihre Vergrößerung durch Diffusion wurde je eine Formel entwickelt, in der als

Exponentialglieder Aktivierungs-, Diffusions- u. Oberflächenenergien mit den Korrekturgliedern Gas-Konz., Luftdruck u. Gasfilmdicke auftreten. An Vgl.-Lsgg. wie Glycerin-W.-CO_2 konnte die Eignung der Formeln geprüft u. an einem BK 7-Glas bestätigt werden.
R. Kaiser. 6174◇

2064 **Durch Selen u. Cadmiumsulfid unter verschiedenen Schmelzbedingungen erzielte Farbe im Glas.** F. G. West-Oram. (Centr. Glass ceram. Res. Inst., Bull. [Calcutta] **8**, 131–34, 1961; Northwich, Imp. Chem. Ind. Ltd., Alkali Div.; engl.) — In schwach reduzierender Atmosphäre wurde bei Natron-Kalk-Gläsern eine Rubinfarbe erzeugt, die in schwach oxydierender Atmosphäre zu gelb-rosa überging. Bei Ersatz von Na durch K in schwach reduzierender Atmosphäre trat eine rosa Farbe auf.
H. Noack. 6176

2065 **Über die Farbe von Silber und Titan enthaltenden Gläsern.** Teruo Sakaino und Taro Moriya. (J. ceram. Assoc., Japan [Yogyo Kyokai Shi] **70**, Nr. 794, 33–36, 1962; Tokio, Inst. of Technol.; jap., Auszug: engl.)—. Vff. untersuchten den wechselseitigen Einfl. von Ti- u. Ag-Oxiden auf die Färbungen von Silicat-, Borosilicat-, Borat- u. Phosphatgläser. Die schnelle Ausscheidung des für die Färbung verantwortlichen Ag^0 führen Vff. auf die Rkk. $Ti^{3+} \rightleftharpoons Ti^{4+}$, die therm. nach links verschoben ist, u. $Ti^{3+} + Ag^+ \rightarrow Ag^0 + Ti^{4+}$ zurück. Die Änderung des Absorptionsspektrums gegenüber den nur Ag enthaltenden Gläsern wird durch die Ausscheidung von TiO_2 an den Ag-Mischkristallen erklärt.
Albert Krause. 6176◇

2066 **Über die Entstehung der Farbe in Kupfer-Rubingläsern.** 2. Mitt. **Untersuchung der kolloidalen Kupferoxidlösung.** Atma Ram, S. N. Prasad, A. Sarker und K. P. Srivastava. (Centr. Glass ceram. Res. Inst., Bull. [Calcutta] **8**, 99–108, 1961; Calcutta, Central Glass and Ceram. Res. Inst.; engl.) — 1. vgl. C. **1963**, 22463. — Durch Red. von Fehlingscher Lsg. mit Traubenzucker in Ggw. von Gelatine wurde koll. Cu_2O hergestellt u. durch Dialyse u. Elektrophorese gereinigt. Die Koll.-Teilchen bestehen aus Cu_2O u. geringen Mengen von metall. Cu. Im mehrtägigen Kontakt mit Gelatine u. einer überschüssigen Menge Traubenzucker wird Cu_2O zu metall. Cu reduziert, wobei sich die Farbe der Lsg. von rot (Cu_2O) zu bernsteinfarben (Cu) verändert. Spektrophotometr. Messungen an Cu_2O-haltigen koll. Lsgg. u. Cu-Rubingläsern zeigten, daß 1. in beiden Fällen die Farbe sowie die Durchlässigkeitskurve gleich sind, 2. die durch eine dünne Schicht von festem Cu_2O verursachte Absorptionsspitze bis 500–850 mμ in der koll. Lsg. u. in Cu-Rubinglas vorhanden ist u. 3. der spezif. Auslöschungskoeff. für Lsg. u. Glas gleich ist. Die Farbzentren in den Cu-Rubingläsern bestehen wahrscheinlich aus koll. Cu_2O.
H. Noack. 6176

2067 **Eine thermo-viscosoelastische Beschreibung der Temperung des Glases.** H. D. Weymann. (J. Amer. ceram. Soc. **45**, 517–22, 1962; Rochester, N. Y., Univ. of Rochester, Dep. of Mechan. Engineer.; engl.) — Dreidimensionale Gleichungen für einen Maxwell- u. Kelvin-Körper werden abgeleitet u. vervollständigt, so daß sie therm. Effekte mit einschließen. Die Beziehungen für den therm. Maxwell-Körper werden danach auf das Tempern von unendlich großen Glasplatten angewendet. Eine exakte Lösung der resultierenden Differentialgleichung wird in der Form einer Serienausdehnung gegeben. Für prakt. Zwecke werden zwei leicht zu handhabende Lösungen der Temperungs-Differentialgleichung in der Form von Näherungen vorgelegt u. im Einzelnen diskutiert.
J. Heinze. 6180◇

2068 **Katalytisch bewirkte Kristallisation von Glas. Theorie und Praxis.** S. D. Stookey und R. D. Maurer. (Progr. Ceram. Sci. **2**, 78–101, 1962; engl.) — Übersicht. — 35 Literaturangaben.
W. Wesly. 6200◇

2069 **Strukturelle Erklärung der Schmelzpunkterniedrigung im Natrium–Borat-System.** J. Krogh-Moe. (Physics Chem. Glasses **3**, 101–11, 1962; Göteborg, Schwed. Inst. für Silikat-Forsch.; engl.) — Durch Berechnung von partiellen Mischungsentropien u. Vgl. mit experimentellen Daten aus der Liquidus-Kurve wurde zusammen mit kalorimetr. Werten im Syst. Boroxid–Natriumoxid ein detailliertes u. zusammenhängendes Bild über die Struktur von geschmolzenem Natriumborat im Bereich von 5–33 Mol-% Natriumoxid erhalten. In diesem Bereich besteht die Schmelze aus einem dreidimensionalen Gerüst von drei Arten von Borat-Gruppierungen: $B_3O_{4,5}$, $B_8O_{13}^{2-}$ u. $B_4O_7^{2-}$. Diese Gruppen haben gemeinsame Eckensauerstoffatome, so daß sich das Gerüst unbegrenzt nach allen Richtungen ausdehnt. Diese Beschreibung der Schmelze ist auch gut für die Struktur von Natriumborat-Gläsern anwendbar.
Albert Krause. 6200◇

2070 **Die Eigenschaften von Soda-Aluminosilicat-Gläsern.** 1. Mitt. **Brechungsindex, Dichte, Molekularrefraktion und IR-Spektrum.** Delbert E. Day und Guy E. Rindone. (J. Amer. ceram. Soc. **45**, 489–96, 1962; University Park, Pa., Pennsylvania State Univ., Dep. of Ceram. Technol.; engl.) — Die Veränderungen der Eigg. von Soda-Aluminosilicat-Gläsern lassen sich in Übereinstimmung mit bestehenden Theorien erklären. Danach bilden Al-Ionen nur AlO_4-Tetraeder, wenn das Verhältnis Al/Na im Glas $\leqq 1$ ist. Bei einem Verhältnis > 1 liegen die Al-Ionen in 6er u. 4er Koordination vor.
J. Heinze. 6200◇

2071 **Die Eigenschaften von Soda-Aluminosilicat-Gläsern.** 2. Mitt. **Die innere Reibung.** Delbert E. Day und Guy E. Rindone. (J. Amer. ceram. Soc. **45**, 496–504, 1962; engl.) — 1. vgl. vorst. Referat. — Die Maxima der inneren Reibung bei niederen u. mittleren Temp. sind mit den Bewegungen des Na- u. des nicht brückenbildenden O-Ions korreliert. Eine enge Beziehung zwischen der Temp.-Verschiebung des endothermen Effekts bei ca. 100° u. Aktivierungsenergie für die elektr. Leitung wurde gefunden. Die Größe dieses Effekts hängt mehr von der strukturellen Umgebung der Na-Ionen als vom Na-Geh. ab. Die Veränderungen eines 2. endothermen Effekts bei ca. 300–400° werden mit Hilfe des Strukturmodells dieses Glases erklärt.
J. Heinze. 6200◇

2072 **Die Eigenschaften von Soda-Aluminosilicat-Gläsern.** 3. Mitt. **Die Koordination der Aluminium-Ionen.** Delbert E. Day und Guy E. Rindone. (J. Amer. ceram. Soc. **45**, 579–81, 1962; engl.) — 2. vgl. vorst. Referat. — Aus Röntgenfluorescenz-Messungen wurde die Existenz von 4er u. 6er Koordinationen des Al in Na-Aluminosilicat-Glas nachgewiesen.
J. Heinze. 6200◇

2073 **Dielektrische Eigenschaften von Wismutboratgläsern.** Chikara Hirayama und E. C. Subbarao. (Physics Chem. Glasses **3**, 111–15, 1962; Pittsburgh, Pa., Westinghouse Cent. Labor.; engl.) — DK u. tan δ (10^2–10^{10} c/s) bei Raumtemp. u. die Temp.-Abhängigkeit des Gleichstromwiderstandes von Bi-Boratgläsern im gesamten Bereich homogener Glasbldg. werden gemessen. Die Ähnlichkeit im Verh. von Bi^{3+}- u. Pb^{2+}-Ionen in Gläsern kann durch ihre analoge Elektronenkonfiguration (zwei 6s-Elektronen) u. vergleichbare Ionengröße erklärt werden.
Albert Krause. 6200◇

2074 **Grundlagen der Glas-Metall-Verschmelzung.** 8. Mitt. **Die Art des Benetzens und der Haftfestigkeit.** Joseph A. Pask und Richard M. Fulrath. (J. Amer. ceram. Soc. **45**, 592–96, 1962; Berkeley, Calif., Univ. of California, Dep. of Miner. Technol., Ceram. Labor.; engl.) — 7. vgl. C. **1962**, 18970. — Eine Theorie wird vorgelegt, wonach die chem. Bindung von der Bldg. eines Gleichgew. der Bindungsenergien über die Metall-Glas-Grenzfläche abhängt. Die Dupre-Gleichung wird modifiziert, um einen Beanspruchungsfaktor u. einen Kontakt-Koeff. berücksichtigen zu können. Die Verschmelzung zwischen geschmolzenem $Na_2Si_2O_5$ u. Pt, Au, Fe u. oxydiertem Fe unter verschiedenen Gasen wird diskutiert.
J. Heinze. 6200◇

2075 **Grundlegende physikalisch-chemische Prozesse der gegenwärtigen Verfahren der Glasversilberung.** I. I. Borissowa und W. A. Rjabow. (Glas u. Keramik [UdSSR] **18**, Nr. 12, 8–12, 1961; russ.) — Vff. erläutern den Einfl. verschiedener Elemente u. Salze auf Versilberungsgeschw., Ag-Verbrauch u. Qualität der Metallschicht. Optimale Eigg. bringt die Rk. $4[Ag(NH_3)_2]NO_3 + N_2H_2 \rightarrow 4NH_4NO_3 + 4NH_3 + N_2 + 4Ag$. Elektrochem. u.

koll.-chem. Grundlagen des Ag-Nd. werden beschrieben. I. Berger. 6202◇

2076 **Entwicklungstendenzen der Aufbereitungstechnik in der grobkeramischen Industrie.** Hans B. Ries. (Interceram. [Freiburg i. Br.] Nr. 2, 97—102, 1962; Hardheim; engl.) — Die 3 wichtigsten Tendenzen (Automatisierung, Umstellung auf Feinzerkleinerung, Übergang von der volumetr. zur gravimetr. Dosierung) werden besprochen. J. Heinze. 6206◇

2077 **Zentrifugen in der keramischen Industrie.** Oppermann. (Keram. Z. **14**, 607—08, 1962; Lahr; dt.) — Beschreibung von 3 Zentrifugentypen (Schleuder mit Filtersack, Schnellzentrifuge bis 20000 UpM, Laborzentrifuge mit 45000 UpM). Auf die Verw.-Möglichkeit der Laborzentrifuge für die Ermittlung der grob- u. feinkoll. Korngrößenklassen von Mineralien wird hingewiesen. J. Noack. 6206◇

2078 **Das Membranfilter, ein Hilfsmittel in der Keramik.** E. A. Scheuermann und K. Voggel. (Keram. Z. **14**, 604—07, 1962; Göttingen; dt.) — Bericht über Erfahrungen mit Membranfiltern bei der Aufbereitung von Tonen bzw. Kieselsäuren für die Mineralanalyse unter bes. Berücksichtigung geeigneter Geräte u. Beschreibung der Arbeitsmethode. 34 Literaturzitate. J. Noack. 6206◇

2079 **Japan-Berichte. Japanische Rohstoffe, Massen und Glasuren.** Herwarth Metzel. (Keram. Z. **14**, 146—57, 218—21, 361—63, 584—603, 665—67, 1962; Arzberg/Ofr.; dt.) — Es werden chem. Analysen von Massen u. Glasurrohstoffen vorgelegt. Typ. für japan. Massen sind ein verhältnismäßig geringer Ton- u. ziemlich hoher Feldspatgehalt. Aus den Unterss.-Ergebnissen folgt, daß die japan. Keramik sich mehr u. mehr der europ. nähert. J. Heinze. 6206

2080 **Nachwort zu der Arbeit „Japanische Rohstoffe, Massen und Glasuren".** Sakae Honjho. (Keram. Z. **14**, 667—69, 1962; Nagoya; dt.) J. Heinze. 6206

2081 **Nordkap-Nephelinsyenit, ein neuer Rohstoff für die Glas-, Emaille- und keramische Industrie.** Anonym. (Interceram. [Freiburg i. Br.] Nr. 2, 108, 1962; Frankfurt/Main, DEGUSSA, Abt. keram. Farben; engl.) — Es werden die Zus. u. die Aufbereitung beschrieben. Der Syenit ist ein bas., quarzfreies Gestein auf Stjernöy, das in seinen Hauptbestandteilen aus Nephelin u. Orthoklas-Perthit besteht. Daneben treten Magnetit u. Biotit auf, die sich verhältnismäßig leicht durch geeignete Magnetscheider abtrennen lassen. Über Größe u. Art der Lagerstätte sowie die Mengen der abgebauten u. aufbereiteten Prodd. werden Zahlen gegeben. J. Heinze. 6208◇

2082 **Die Verwertungsmöglichkeiten der Serpentine des Süd-Banats durch mechanische Aufbereitung.** L. Dobrescu und S. Dima. (Rev. Minelor **12**, 304—11, 1961; rum.) — Die Gesteinsmerkmale u. die Aufbereitungsmeth. werden beschrieben. Die erzielten Ergebnisse sind in 15 Tafeln u. 5 Bildern zusammengestellt. R. Grundmann. 6208◇

2083 **Thermische Eigenschaften von Artik-Tuff.** M. I. Rogowoi. (Baumaterialien [UdSSR] **8**, Nr. 12, 30—33, 1962; russ.) — Auf Grund seiner therm. u. mechan. Eigg. kann Artik-Tuff als Auskleidung in Einrichtungen mit einer Betriebstemp. bis 1050° (Öfen, Kessel, keram. Material) verwendet werden. Tuff mit einem Vol.-Gew. von 1500 kg/m³ hat gleiche Hitzebeständigkeit wie Schamottestein. Der Vorzug des Tuffs liegt in seiner Festigkeit. Bei einem Vol.-Gew. von 1300 beträgt sie 100 (kg/cm²) bei Schamottestein mit gleichem Vol.-Gew. 35. G. Winkhaus. 6208◇

2084 **Über den Einfluß einiger Zusätze auf das feuchte Pressen keramischer Massen.** Alois Kubový und Zdeněk Pospíšil. (Silikáty [Praha] **5**, 135—41, 1961; Hradec Králové, Výzk. úst. elektrotechn. keram.; tschech.) — Beim Feuchtpressen von keram. Massen setzt ein Ölzusatz die Fließgrenze der Masse herab. Am zweckmäßigsten ist ein Zusatz von Na_2CO_3, der eine Regelung der Fließgrenze unabhängig vom Wassergeh. der Masse ermöglicht. Auf diesem Wege wird eine Annäherung an die „krit. Werte" des Feuchtpressens erreicht, bei denen die beste Stabilisierung des Vol.-Gew. des Preßkörpers erfolgt. R. K. Müller. 6208◇

2085 **Einfacher Ofen für die Untersuchung der Sauerstoff-Nichtstöchiometrie von Titanaten.** Hanuš Arend und Pavla Coufová. (Silikáty [Praha] **5**, 159—62, 1961; Praha, ČSAV, Fysik. ústav; tschech.) — Vgl. C. **1962**, 2136. — In einem Pyrolanrohr, das nach außen durch eine größere Schicht Schamottemehl in Al-Mantel isoliert ist, befindet sich ein elektr. beheiztes Korundrohr (Länge 200, beite 3,5 mm), durch das Gase mit verschiedenen O_2-Partialdruck P geleitet werden können. In Verss. mit $BaTiO_3$ wird untersucht, wie sich dessen Zus. ($BaTiO_{3-x}$) mit P ändert. — 1 Tafel. R. K. Müller. 6210◇

2086 **Trocknen von Porzellanemail mit Infrarotenergie.** F. M. Dougherty. (Int. Enamelist **11**, Nr. 3, 22—24, 1961; Cleveland/Ohio, Ferro Corp.; engl.) — Die zum Trocknen von Porzellanemail erforderliche Energie, bes. IR-Energie, wird berechnet; IR-Trockengeräte u. ihre Anwendung werden beschrieben. W. Wesly. 6212◇

2087 **Porzellanemaillieren von Magnesium.** H. K. De-Long. (Int. Enamelist **11**, Nr. 3, 12—13, 21, 1961; Dow Metal Products Co.; engl.) — Das Aufbringen von Porzellanemail auf Mg-Legg. wird beschrieben (Mahlen der Fritte, Säuberung u. Beizen der Leg.-Oberfläche, Vorbrennen bei 524—533°, Aufbringen der Grundschicht, Einbrennen bei 524—533°, Aufbringen der Deckschicht, Einbrennen bei 524—533°). W. Wesly. 6212◇

2088 **Der Einfluß der Korngrößenverteilung von Emaillesuspensionen auf die Eigenschaften verschiedener Grundemaillen für Gußeisen bei Anwendung des Naßverfahrens.** P. Paukss und J. Eiduk. (Nachr. Akad. Wiss. LettSSR **1961**, Nr. 3, 77—84, Chem. Inst. der Akad. der Wiss. der LettSSR; russ., Auszug: dt.) — Die Eigg. verschiedener Grundemaillen werden von der chem. Zus. u. Korngrößenverteilung sowie durch das Korngrößenverhältnis von Fritten- u. feuerfesten Zusätzen zum Schlicker merklich beeinflußt. Ein tabellar. Vgl. von Emaillen weist eine Borax-Sand-Feldspatemaille mit besten therm. Eigg. aus. Zur Hebung der Emaillebeschaffenheit wird der Aufbereitungsprozeß der Emaillesuspension untersucht. Dazu ist die Mahlfeinheit der Fritte zu steigern. W.-D. Heussner. 6212□

2089 **Untersuchung einiger Faktoren, welche die Haftung zwischen Emaille und Aluminium beeinflussen.** M. A. Besbarodaw, E. E. Maso und W. Ss. Kaminskaja. (Nachr. Akad. Wiss. BelorussSSR, Ser. physik.-techn. Wiss. **1962**, Nr. 3, 54—57; beloruss.) — Durch Unters. der Syst. $PbO–B_2O_3$, $K_2O–Na_2O–PbO–SiO_2$ u. $Li_2O–Na_2O–K_2O–TiO_2–SiO_2$ auf ihre Viscosität, therm. Ausdehnungskoeff., Benetzungsvermögen u. Haftung an Al wird festgestellt, daß der Wert des therm. Ausdehnungskoeff. nicht allein das Haftvermögen bestimmt. Es werden Verschlechterungen der Haftung bei abnehmender Differenz zwischen den Koeff. beobachtet. Bes. wichtig für die Haftung zwischen Emaille u. Al ist die Viscosität im Erweichungsgebiet. Mit abnehmender Viscosität in diesem Gebiet wird das Haftvermögen erhöht. Den größten Einfl. auf diese Viscosität hat das PbO, B_2O_3, Na_2O, K_2O u. Li_2O erhöhen die Viscosität, wenn sie an Stelle von PbO zugesetzt werden. In PbO-freien Emaillen hat Li_2O den größten positiven Einfluß. O. Lebtag. 6212△

2090 **Der Austritt von Gasen bei der Reaktion von Phosphatemails mit Aluminium.** P. P. Budnikow, K. P. Asarow, W. A. Ljutzedarski, A. Ss. Migonadshijew und L. N. Omeltschuk. (Glas u. Keramik [UdSSR] **18**, Nr. 12, 23—24, 1961; russ.) — Phosphatemails scheiden auf Grund stärkerer Blähneigung beim Aufschmelzen auf Al bedeutend mehr Gas ab als Pb-Emails. Fluoride u. Li_2O verstärken die Gasabspaltung. Durch Einführung von Metalloxiden, die in der Spannungsreihe rechts vom Al stehen, d. h. sich auf der Metalloberfläche abscheiden können, werden die Rkk. zwischen Metall u. Email gehemmt. I. Berger. 6212◇

2091 **Einfluß des Beizens auf die Haftfestigkeit von direkt aufgetragenen Decküberzügen.** H. N. Rahn, E. H. Mayer und J. W. Frame. (Int. Enamelist **11**, Nr. 4, 9—10, 18, 1961; engl.) — Unterss. über das Emaillieren von Stahl im Direktauftrag zeigen, daß Beizen mit

Säure u. ein Ni-Überzug vor Aufbringen des Emailschlichters zur Erzielung guter Haftfestigkeit erforderlich sind. Mit zunehmendem Beiz-Gew.-Verlust steigt die Beiz-Geschw. u. die Haftfestigkeit. Eine Abtragung von 2 g/sq.ft. gewährleistet eine Haftfähigkeit von > 80%. Die Konzz. von Oberflächenelementen ändern sich mit der durch das Beizen bedingten Metallabtragung; der Mn-Spiegel fällt, der Cu-Geh. steigt mit zunehmender Annäherung an das Blechinnere. W. Wesly. 6212◇

2092 **Ersetzung des Quarzes in Stückform für die Porzellanerzeugung durch Quarzit.** Ljuboš Wendler. (Silikáty [Praha] **5,** 149–53, 1961; Karlovy Vary, Úst. technol. hrubé keram. a úpravn. keram. surovin; tschech.) — In dem verwendeten Quarzit (I) mit SiO_2-reichem, aber Al_2O_3-armem Bindemittel wird durch DTA die Ggw. von Tridymit nachgewiesen, aber durch Röntgenunters. nicht bestätigt. I kann statt des bisher verwendeten Aderquarzes bei der Porzellangewinnung eingesetzt werden. Voraussetzung ist ein niedriger R_2O_3-Geh. (≦ 2,3%), bes. ≦ 0,3% Fe_2O_3 u. ≦ 0,25% TiO_2. R. K. Müller 6214◇

2093 **Bericht über die Tone, die in der Lignit-Ablagerung von Neyveli, South Ascot districts, Madras, vorkommen.** J. C. Banerjee, N. B. Chatterjee, O. P. Mullick und Sudhir Sen. (Centr. Glass ceram. Res. Inst., Bull. [Calcutta] **8,** 119–30, 1961; Calcutta, Central Glass and Ceram. Res. Inst.; engl.) — Weißer Ton, Bentonit u. feuerfester Ton aus dem Lignit-führenden Gebiet von Neyveli wurden hinsichtlich ihrer Eignung zur Herst. von keram. Erzeugnissen untersucht. Aus dem weißen Ton können elfenbein- bis weißfarbige Töpferware, Hoch- u. Niederspannungsisolatoren, hochwertiges Steinzeug, aus Bentonit salzglasiertes Geschirr, Hoch- u. Niederspannungsisolatoren, Steinzeug u. glasiertes Geschirr, bei dem die Brennfarbe ohne Bedeutung ist, aus dem feuerfesten Ton mittel- u. hochwertige Schamottesteine hergestellt werden. H. Noack. 6216

2094 **Die quantitative Bewertung der Empfindlichkeit von Tonen beim Trocknen.** M. Ss. Belopolski. (Glas u. Keramik [UdSSR] **18,** Nr. 12, 12–17, 1961; russ.) — Die Trockenempfindlichkeit von Tonen bzw. keram. Massen wird durch 2 Koeff. K′ u. K″ charakterisiert. Mit Hilfe des ersten Koeff. wird die Neigung zur Bldg. von Oberflächenrissen während der Schwindungsperiode, mit Hilfe des zweiten die Neigung zur Bldg. von inneren Rissen nach der Schwindung beschrieben. Die Koeff. gestatten die vgl. Einschätzung der Trocknungsgeschw. gleichartiger Prodd. aus verschiedenen Rohstoffen. I. Berger. 6216◇

2095 **Über einen Zusammenhang der Viscosität mit physikalisch-chemischen Prozessen, welche beim Brand von feuerfesten Tonen auftreten.** W. F. Pawlow. (Feuerfeste Mater. [UdSSR] **27,** 235–38, 1962; Forschungsinst. für Baukeramik; russ.) — Unterss. werden mit 2 Sorten Ton vorgenommen. Die Kurven der Abhängigkeit der Viscosität von der Temp. zeigen bei 975–1030° u. 1150–1250° Abweichungen, die mit exothermen Erscheinungen übereinstimmen u. durch Kristallisation der amorphen Tonerde zu γ-Al_2O_3 oder Bldg. von Sillimanit u. Mullit bzw. Cristobalit u. Mullit erklärt werden. Die Temp. beim Minimum der Kurve zeigt den Beginn, beim Maximum das Ende der Kristallisationsperiode an. Feuerfeste Tone neigen zum Aufblähen, das im Temperaturbereich nach den Anomalien der Viscositätskurve auftritt u. umso intensiver ist, je mehr sich im Verlauf des Sinterungsprozesses die Poren schließen. J. Lehmberg. 6216△

2096 **Umwandlung der granulometrischen Zusammensetzung des Kaolins von Korthpule unter dem Einfluß der Zersetzung von Natriumcarbonat.** Viron Kola. (Bul. Univ. Shtetëror Tiranës, Ser. Shkencat Natyrore [Bull. Inst. Sci. Tirana, Sér. Sci. natur.] **15,** Nr. 1, 121–29, 1961; alb.) — Bei der Zers. des untersuchten Kaolins (I) tritt ein leichter Zerfall gröberer Körner in kleinere ein. Bei der Zers. von zerkleinertem I unter Zusatz von Na_2CO_3 ist der Anteil an zerfallenen Fraktionen höher als bei nicht-zerkleinertem I. Das Optimum der Na_2CO_3-Konz. beträgt im ersten Falle 0,6–0,8, im zweiten Falle 2 bis 2,5%. R. K. Müller. 6216◇

2097 **Über einige Fragen des Kationenaustausches beim Kaolinit.** László Hodány. (Építőanyag [Baumaterial] **15,** 11–18, 1963; Budapest, Forsch.-Inst. techn. Chemie; ung.) — Nach kurzer Erörterung der Theorien des Basenaustausches am Kaolinit werden die Gesetzmäßigkeiten des Basenaustausches, der Mechanismus des Kationenaustausches, die Hydratation u. Dehydratation der austauschbaren Kationen u. die negative Adsorption („salzfreie Wasserhaut") besprochen. Auf Grund der Adsorptionsstufentheorie von Imre wird das hydratisierte Kation an einen freien Punkt der Oberfläche adsorbiert (1. Stufe) u. zugleich ein anderes Ion an einem anderen Punkt der Oberfläche desorbiert. Ein Teil der adsorbierten Kationen ist hydratisiert, ein anderer Teil nicht hydratisiert; beide müssen im Gleichgew. stehen; andererseits muß ein Gleichgew. zwischen den hydratisierten u. den in der Lsg. vorhandenen Ionen bestehen. Die Ausscheidung des hydratisierten Ions geschieht augenblicklich, die Dehydratation (2. Stufe) mit meßbarer Geschw., gleichzeitig gelangt ein dehydratisiertes Ion an einem anderen Punkt der Oberfläche u. hydratisiert in die erste Stufe. I. Náray-Szabó. 6216△

2098 **Hochwertige Schamottesteine.** J. C. Banerjee und N. B. Chatterjee. (Centr. Glass ceram. Res. Inst., Bull. [Calcutta] **8,** 109–18; 1961, Calcutta, Central Glass u. Ceram. Res. Inst.; engl.) — Feuerfeste Steine u. Formsteine aus hochtonerdehaltigem unplast. Ton aus Bindubasal wurden mit oder ohne Zusatz von plast. Ton aus Jabalpur hergestellt u. untersucht. Bei richtiger Einhaltung der Formgebungs- u. Brenntechnik können diese Rohstoffe zur Herst. hochwertiger Schamottesteine dienen. H. Noack. 6218

2099 **Feuerfestmaterial aus Siliciumdioxid — eine Übersicht.** M. M. Gupta und D. N. Nandi. (Centr. Glass ceram. Res. Inst., Bull. [Calcutta] **9,** 115–136, 1962; Calcutta, Central Glass and Ceram. Res. Inst.; engl.) — Übersicht über Rohstoffe, Mineralisatoren, Bindemittel, Steinversatz, Formgebung, Trocknung, Brennen, chem. gebundene Steine, Verw. u. Super-Duty-Steine. — 179 Literaturzitate. J. Heinze. 6218◇

2100 **Das Deformationsverhalten von polykristallinem Aluminiumoxid.** Stanley I. Warshaw und Frederick H. Norton. (J. Amer. ceram. Soc. **45,** 479–86, 1962; Cambridge, Mass., Massachusetts Inst. of Technol., Ceramics Div.; engl.) — Das Minimalkriechen (staedy-state creep) wurde zwischen 1600 u. 1800° u. Drücken von 100 bis 2000 lbs./sq. in. bestimmt. Feinkörniges Al_2O_3 (3–13 μ) verhält sich viscos. Der Beanspruchungsgrad ist umgekehrt proportional dem Quadrat der Korngröße. Das Kriech-Verh. kann mit dem Nabarro-Herring-Modell beschrieben werden, obgleich die Diffusions-Koeff. nicht mit denen der O-Diffusion im Saphir übereinstimmen. Bei groben Körnern (50–100 μ) trifft dieses Modell nicht zu; dieses Al_2O_3 verhält sich bei der Deformation plastisch. Dieses plast. Fließen ist mit Versetzungsbewegungen oder einem Gleitvorgang verknüpft. J. Heinze. 6220◇

2101 **Der Einfluß des Druckes auf die Umwandlung monoklin-tetragonal bei Zirkondioxid; Thermodynamik.** E. Dow Whitney. (J. Amer. ceram. Soc. **45,** 612–13, 1962; Niagara Falls, N. Y., Carborundum Co., Res. and Dev. Div., Bas. Res. Branch; engl.) — Das Phasendiagramm, das der Unters. der ZrO_2-Umwandlung in keram. Materialien dient, wurde für den Bereich 0 bis ca. 1500 °K u. 0 bis 35 kbar berechnet. Der Wert dT/dP beträgt $-3{,}02 \cdot 10^{-2}$ Grad pro bar. J. Heinze. 6220◇

2102 **Die Rolle der Oberflächenenergie beim Sintern reiner Oxide.** R. Pampuch. (Prace Inst. Hutniczych **13,** 105–15, 1961; Kraków, Akad. Górn.-Hutn.; Inst. Mat. Ogniotrwałych; pol.) — Es wird eine Hypothese aufgestellt, nach der das Sintern von Oxiden um so leichter verläuft, je niedriger ihre Oberflächenenergie ist. Die thermodynam. Behandlung der Anfangsphase des Sinterns zeigt, daß die Verkleinerung der Oberfläche des Syst. mit der Erniedrigung der freien Oberflächenenergie die Hauptursache für das Sintern ist. — 40 Literaturhinweise. R. Pampuch. 6220◇

2103 **Zur Frage der Sinterung von Berylliumoxid.** P. P. Budnikow und A. A. Swjagilski. (Feuerfeste Mater.

[UdSSR] **26,** 525—30, 1961; russ.) — Vff. diskutieren Einfl., die beim Sintern von *BeO* auftreten u. die Eigg. der Sinterprodd. verändern. In Abhängigkeit von der Glühtemp. des Materials werden mineralog. u. physikal.-chem. Eigg. von $Be(OH)_2$ mit 98,7%ig. BeO bei 900 bis 1700° untersucht. Hohe Sintertemp., führen zu Umordnungsprozessen, die Veränderungen der physikal.-chem. Eigg. des BeO verursachen. Aus Form u. Abmessungen der Kristalle, sowie aus einer Materialverdichtung schließen Vff. auf Rekristallisationsvorgänge während des Glühens. Durch Messung der Geschw. des allg. Gew.-Verlustes u. einer Änderung des Spezif. Gew. der Proben werden für $Be(OH)_2$ die Verluste im Vgl. zu denen des BeO bestimmt. W.-D. Heußner. 6220□

2104 **Sinterung von Calciumfluorid.** Michel Lacroix. (Ind. céram. **1962,** 50—62, 97—105, Nr. 538; Sèvres, L'École Nat. Sup. de Céram. ind.; franz.) — Verss. an naturreinem CaF_2 des Typs „Fluorure de Calcium Nucléaire" über den Einfl. der Mahlfeinheit u. des Sinterungsgrades auf die Dichte, Porosität u. Bruchfestigkeit von mit 2% Campher als Bindemittel u. 1500 kg Preßdruck hergestellten Scheibchen u. Stäbchen ergaben, daß bei 96std. Vermahlung u. 3std. Erhitzung auf 980° bei Temp.-Steigerung von 150°/h eine optimale Druckfestigkeit von 4 kg/mm² u. eine scheinbare Dichte von 3,0 erzielbar sind. Die Verss. sind eingehend beschrieben, die Ergebnisse mit Diagrammen u. Mikrophotos belegt. R. Kaiser. 6220□

2105 **Die Wärmeleitfähigkeit von keramischen, dielektrischen Stoffen.** W. D. Kingery. (Progr. Ceram. Sci. **2,** 182—235, 1962; Massachusetts Inst. of Technol.; engl.) — Übersicht über die Wärmeleitfähigkeit zahlreicher einphasiger, polykrist. u. mehrphasiger, keram. dielektr. Stoffe sowie deren Best. u. Beeinflussung durch mehrere Variabeln. — 135 Literaturangaben. W. Wesly. 6220◇

2106 **Fortschritte auf dem Gebiet der Chemie des Portlandzementes (1887—1960).** Harold H. Steinour. (Cemento-Hormigón [2] **27(29),** 398, 403—15, 1961; span. — C. **1963,** 1032.) H. Grundmann. 6222◇

2107 **Untersuchungen auf dem Gebiet der Zementchemie an der Brüsseler Universität.** W. de Keyser. (Cement-Wapno-Gips **16(26),** 193—203; 1961; Brüssel, Univ.; pol.) — Übersicht über die Rkk. in festem Zustand: $CaO + Al_2O_3$, $CaO + SiO_2$, $CaO + SiO_2 + Al_2O_3$, $CaO + Fe_2O_3$, $CaO + SiO_2 + Al_2O_3 + Fe_2O_3$, über die Rkk. beim Brennen des Zementklinkers sowie über die Hydratisierungs-Rkk. der Komponenten. F. Urban. 6222◇

2108 **Der Einfluß von Na_2O auf Bildung und Kristallstruktur von Tricalciumsilicat als feste Lösung im System $CaO–SiO_2–Al_2O_3–Fe_2O_3$.** Goro Yamaguchi, Hiroshi Uchikawa und Shigeo Kawamura. (J. ceram. Assoc. Japan [Yogyo Kyokai Shi] **70,** 209—20, 1962; Hongo, Tokyo, Univ. Tok., Appl. Chem., Fac. Engng., u. Toyoso, Tokyo, Onoda Cement Co. Ltd., Centr. Res. Labor.; jap., Auszug: engl.) — In einer Schmelze der Zus. $6\,CaO \cdot x\,Al_2O_3 \cdot y\,Fe_2O_3$ $(x + y = 3)$ wurde durch Zugabe reiner Reagentien das Dicalcium- bzw. Tricalciumsilikat (C_2S bzw. C_3S) zur Kristallisation gebracht, initiiert durch Na_2O, formiert durch Ionendiffusion. Zusätze bis 0,3% Na_2O ermöglichten den Einbau von Trioxiden in das C_3S-Gitter, wobei die trikline Kristallform in die monokline wechselte. Höhere Na_2O-Konz. verzögerte die C_3S-Bildung. R. Kaiser. 6222◇

2109 **Die industrielle Verwendung von Flugaschen und die Grundlagenforschung.** M. A. Jarrige. (Chim. et Ind. **89,** 185—89, 1963; franz.) — Die früher als wertlos angesehene Flugasche wird in zunehmendem Maße für die Zementindustrie, den Straßenbau u. die Herst. von Gußbeton verwendet. Die chem., geometr. u. physikal. Eigg. der Flugaschen werden behandelt, Probleme ihrer weiteren Verw. werden diskutiert. W. Renker. 6222◇

2110 **Der Einfluß von Natriumsulfit auf die Fließfähigkeit von Klinkerschlamm.** Anatol Szygocki und Zofia Stark. (Cement-Wapno-Gips **16(26),** 237—42, 1961; Sosnowiec; pol.) — Durch Zusatz geringer Mengen Na_2SO_3 (0,2—0,5%) zu den gemahlenen Rohstoffen des Portlandzements kann die zum Verflüssigen benötigte Menge W. bis um 14% verringert werden. Die Fließfähigkeit des Schlammes wird also durch Na_2SO_3 erhöht. F. Urban. 6222◇

2111 **Reaktionen zwischen der Kohlenasche und dem Portlandzementklinker beim Brennen.** T. Heilmann. (Cement-Wapno-Gips **16(26),** 208—11, 1961; Kopenhagen, pol.) — Beim Brennen des Portlandzementklinkers mit Brennstoffen von hohem Aschegeh. reagiert die Asche mit dem Klinker unter Bldg. scharf abgegrenzter Zonen. Die geschmolzene Asche hat die Fähigkeit, auf der Klinkeroberfläche zu kriechen. An der Rk. nehmen Silicate der Asche u. CaO des Klinkers teil. CaO stammt dabei aus freiem CaO oder aus $3\,CaO \cdot SiO_2$, das in $2\,CaO \cdot SiO_2$ übergeht. F. Urban. 6222◇

2112 **Die Grenzsättigung des Portlandzementklinkers mit Kalk.** J. M. Butt und W. W. Timaszew. (Cement-Wapno-Gips **16(26),** 211—17, 1961; Moskau; pol.) — Die maximale Sättigung von Portlandzementklinker mit CaO, wie sie nach Dahl u. Kind berechnet wird, weicht von den in der Praxis gefundenen Werten ab, da im gebrannten Klinker nicht nur die Verbb. $3\,CaO \cdot SiO_2$ (**I**), $3\,CaO \cdot Al_2O_3$ u. $4\,CaO \cdot Al_2O_3 \cdot Fe_2O_3$ (**II**) vorkommen. Tatsächlich ist **II** mit CaO nicht gesättigt. Je nach dem Geh. des Klinkers an Flußmitteln u. dem Al_2O_3-Modul bilden sich $6\,CaO \cdot 2\,Al_2O_3 \cdot Fe_2O_3$ bis $8\,CaO \cdot 3\,Al_2O_3 \cdot Fe_2O_3$. Bei ungenügender Konz. an CaO werden diese Verbb. auf Kosten von **I**, das dabei in $2\,CaO \cdot SiO_2$ übergeht, gebildet. Petrograph. Unterss. zeigen, daß Klinker mit einem Al_2O_3-Modul von 0,64—1,28 u. mit $< 10\%$ Flußmittel stets aus Alit (68—78%) u. einer Zwischenphase bestehen. Erst bei weniger Flußmittel ($< 5\%$) erscheint im Klinker freies CaO. F. Urban. 6222◇

2113 **Über den Abbindevorgang von Magnesiazementen.** E. Benkel. (Fraunhofer-Ges. Förder. angew. Forsch. E.V., Beispiele angew. Forsch. **1961,** 95—98; Bonn, Inst. für Steinholzforsch.; dt.) — Optimale Eigg. von erhärtetem Magnesiazementmörteln sind entsprechend der Vers.-Durchführung bei einer $MgCl_2$-Konz. von ca. 28° Bé vorhanden. Werden in der stöchiometr. Formel $5\,MgO \cdot MgCl_2 \cdot 13\,H_2O$ die Molgew. eingesetzt, müßte die Konz. 31° Bé betragen. Die Differenz entsteht durch Verdunsten des W. während der Reaktion. Aus der Abhängigkeit der Abbindemaximaltemp. von der Konz. der $MgCl_2$-Lsg. bei Verw. von Purmörtelproben ist zu entnehmen, daß sich das Maximum der Erwärmung mit steigenden $MgCl_2$-Konz. erniedrigt, somit eine Vol.-Kontraktion stattfindet u. das W. als Hydratwasser gebunden ist. H. Schumann. 6222◇

2114 **Anwendung von Gips-Kalk-Gemischen zwecks Erzielung eines sich ausdehnenden Zementes.** W. W. Manshurnet, O. O. Paschtschenko, A. I. Gajewska und W. Ja. Kruglitzka. (Ber. Akad. Wiss. UkrainSSR **1962,** 628—30; Kiew, Polytechn. Inst.; ukrain., Auszug: engl.) — Die Verss. ergaben, daß bei Zusatz eines bei 1400° gebrannten Gemisches aus 25% Gipsstein u. 75% gebranntem Kalk zu Portlandzement ein beim Erhärten sich ausdehnender Zement erhalten wird. Optimal sind 3% vom Gewicht des Zementes. Die Druckfestigkeit wird durch den Zusatz etwas herabgesetzt. O. Lebtag. 6222△

2115 **Die puzzolanhaltigen Hüttenzemente.** M. Guillaume. (Chim. et Ind. **88,** 487—89, 1962; franz.) — Vf. behandelt Eigg. u. Vorzüge der puzzolanhaltigen Hüttenzemente. Diese bestehen aus Portlandklinkern, Hochofenschlacken u. puzzolan. Flugaschen, die keine Abbinde- u. Härtungsbeschleuniger besitzen. Sie besitzen ausgezeichnete mechan. Eigg., große chem. Beständigkeit u. niedrige Hydratationswärme. Für diese Eigg. wird die puzzolan. Beschaffenheit der Flugaschen verantwortlich gemacht. W. Renker. 6222◇

2116 **Instandsetzung von Ingenieurbauten mit neuartigen Zementinjektionen.** Wolfgang Jores und Gunther Brux. (Bitumen, Teere, Asphalte, Peche verwandte Stoffe **14,** 71—75, 1963; Kassel u. Minden; dt.) — Die Injektions-Meth. nach „*Colcrete*" gestattet es, techn. Eigg. von überalterten bzw. beschädigten Bauwerken so zu verbessern, daß sie noch ca. 20 Jahre allen Anforderungen genügen. Die Besonderheit des *Colcrete*-Verf. besteht darin, daß es auf Grund seiner speziellen Aufschluß-Meth. in Sondermischern auch für grobe Gesteins- u. Betongefüge zur Anwendung kommen kann. Das Injektionsgut besteht je nach vorhandenem Hohlraumgeh. des Bauwerkes aus einer bestimmten Menge W. u. Zement, dem in verschiedenen Fällen Feinsand u. Gesteinsmehl mit ⌀ = 0,02 mm zugemischt wird. Die verwendeten Zemente zeichnen sich durch eine lange Abbindezeit u. große Mahlfeinheit (Größtkorn 100 μ) aus, was mit entscheidend für die gewünschte langsame Sedimentation ist. Prakt. wird so vorgegangen, daß erst einmal durch Spülen aller hindernden Bestandteile, wie z. B. zersetzter Mörtel, aus dem beschädigten Mauerwerk entfernt werden. Anschließend wird das Injektionsgut in die vorbereiteten Bohrlöcher gepreßt. Die Vff. beschreiben dann an Hand einiger Beispiele die Wirksamkeit der Methode. D. Meyer. 6222◇

2117 **Zementfarben.** Nikola Juričič. (Kem. u Ind. [Zagreb], **10,** 239—44, 1961; kroat.) H. Völz. 6222◇

2118 **Ein Vierteljahrhundert Grundlagenforschung über Beton.** T. C. Powers. (Cement-Wapno-Gips **16(26),** 186 bis 193, 1961; Skokie, Ill.; pol.) — Übersicht. F. Urban. 6224◇

2119 **Die komplexe Ausnutzung der Abgänge von erzanreichernden Kombinaten.** I. I. Buschtedt. (Baumaterialien [UdSSR] **8,** Nr. 12, 15—16, 1962; russ.) — Die Möglichkeiten der Ausnutzung der klein- u. grobkörnigen Abfälle der Fe-Erzanreicherung in der Bauindustrie, z. B. als Sandersatz, zur Herst. von Zementen, Schlackensteinen u. Asphaltbeton, als Ballast im Eisenbahnunterbau u. a., werden aufgezeigt. G. Winkhaus. 6226◇

2120 **Die Verbesserung der Technik eröffnet neue Reserven der Gipsindustrie.** E. M. Jampolski. (Baumaterialien [UdSSR] **8,** Nr. 12, 20—23, 1962; Neumoskau, Gipskombinat; russ.) — Verbesserungen der Technologie der Herst. von Gipsbindemitteln. G. Winkhaus. 6226◇

2121 **Die Geschwindigkeit der Dehydratation von Gips.** Július Kazimír. (Silikáty [Praha] **5,** 127—34, 1961; Bratislava, Výsk. úst. stavebníctva; slowak.) — Für die Geschw. der Dehydratation von Gips im stationären Zustand bei Wärmeabgabe durch Konvektion u. Strömung werden Gleichungen abgeleitet u. auf die Best. von Korrekturfaktoren (Temp., Viscosotät, Durchsatz) angewandt. R. K. Müller. 6226◇

2122 **Neue bindende Materialien aus Gips und Möglichkeiten ihrer Verwendung in der Bautechnik.** Włodzimierz Skalmowski und Edward Szymański. (Cement-Wapno-Gips **16(26),** 221—24, 1961; Warszawa, Politechn.; pol.) — Um das Abbinden von Gips zu erreichen, kann er entweder gebrannt oder mit CaO ohne Brennen gemischt werden. Das Kalk–Gips-Bindemittel benötigt aber relativ viel CaO u. hat eine zu geringe Festigkeit. Günstiger erscheint die Verw. von $CaSO_4 \cdot 2H_2O$ allein, wobei das Abbinden durch Rekristallisation geschieht. Die Rekristallisation wird durch Zugabe von wenig CaO beschleunigt. Die Herst. erfolgt durch gemeisames Vermahlen von 85% Gips u. 15% CaO. Dabei bildet sich nicht $CaSO_4 \cdot 0{,}5H_2O$. Das mit W. gesätt. Bindemittel hat die Druckfestigkeit 60—90, das trockene 150—200 kg/cm². F. Urban. 6226◇

2123 **Gipszementbindemittel auf Grundlage örtlicher Zemente.** A. A. Morowa, Ju. A. Spessiwzew und W. Ss. Rasskopin. (Baumaterialien [UdSSR] **8,** Nr. 12, 25—26, 1962; russ.) — Ein kombiniertes Bindemittel aus 70% Gips u. 30% örtlichem Zement wird zur Verw. für wasserbeständige Gegenstände vorgeschlagen. Der örtliche Zement stellt ein Elektrofiltrat einer Zementfabrik dar u. besteht aus 47,5(%) Staub, 47,5 Hochofenschlacke u. 5 Gips; der Staub enthält bis zu 40 $CaCO_3$, ca. 30 C_2S, 6—8 C_4AF, 1—1,5 C_3S und bis zu 10 amorphes Al_2O_3. Als Füllmittel bei Verw. des Zementes wird granulierte Phosphatschlacke empfohlen. G. Winkhaus. 6226◇

2124 **Der Einfluß des „Barium-Bindemittel" auf die Eigenschaften von Magnesit-Produkten.** F. Nadachowski. (Prace Inst. Hutniczych **13,** 117—22, 1961; Inst. Mat. Ogniotrwałych; pol.) — Verbb. des Typs $2RO \cdot SiO_2$ (R = Ba, Ca, Mg) erhalten eine höhere Feuerfestigkeit, wenn Ba einen Teil des Ca u. Mg ersetzt. Die höchste Feuerfestigkeit im Syst. $2BaO \cdot SiO_2 - 2CaO \cdot SiO - 2MgO \cdot SiO_2$ wird in der Nähe der Verb. $5BaO \cdot 3CaO \cdot 4SiO_2$ u. entlang der Verbindungslinie $2BaO \cdot SiO_2 - BaO \cdot MgO \cdot SiO_2$ erreicht. Das Maximum hat die Verb. $BaO \cdot CaO \cdot SiO_2$ mit 1700°. Verbb. dieses Typs benötigen keine Stabilisierung wie z. B. $2CaO \cdot SiO_2$. Zusatz von $BaO \cdot Al_2O_3$ zu den Typen $2RO \cdot SiO_2$ bringt keine Verbesserung der Feuerfestigkeit, erhöht aber die Beständigkeit gegen Wärmeschock. F. Urban. 6226◇

2125 **Untersuchung des Hydratationsprozesses von Kalk-Aschebindemitteln unter Verwendung von künstlichem Aluminium-Silicatglas.** G. W. Gemmerling und B. Ss. Bobrow. (Baumaterialien [UdSSR] **8,** Nr. 3, 30—32, 1962; russ.) — Das Al-Silicatglas $2SiO_2\ Al_2O_3$ wird in Gemischen mit Kalk [80(%) Glas + 20CaO] u. Kalk u. Gips (80 Glas + 20 CaO + 3 $CaSO_4$) untersucht. Diese Gemische liegen in Form von Kuben plast. Konsistenz, Suspensionen (fl. Phase : feste Phase = 10 : 1) u. Mikropräpp. vor. Als Resultat der Hydratation der Kuben bei 20° bilden sich Hydro- u. Sulfoaluminate, bei 100° u. 175° im Autoklaven Hydrogranate, was zum Sinken der Festigkeitswerte der Proben führt. Bei der Hydratation bei 20° von wss. Mikropräpp. u. Suspensionen entsteht $2CaO \cdot Al_2O_3 \cdot SiO_2 \cdot nH_2O$ u. wahrscheinlich Ca-Hydrosilicat, bei Zusatz von Gips außerdem noch $3CaO \cdot Al_2O_3 \cdot CaSO_4 \cdot 12H_2O$. Der Entstehung dieser Stoffe geht die Bldg. von Ca-Hydroaluminat voraus. Bei 100 u. 175° bilden sich neben gelartigen Prodd. (wahrscheinlich Hydrosilicaten), Hydrogranate. Mit der Erhöhung der Hydratationstemp. steigt die Menge des im Hydrogranat gebundenen SiO_2. Vff. beweisen, daß sich am Anfang der Hydratation bei 100 u. 175° die gleichen Stoffe bilden wie bei der Hydratation der Gemische bei 20°. R. Thätner. 6226□

2126 **Untersuchung der Eigenschaften von in der Wirbelschicht gewonnenem Kalk.** W. M. Dementjew und Ju. P. Nechlebajew. (Baumaterialien [UdSSR] **8,** Nr. 12, 35, 1962; russ.) — Durch Verss. wurde gezeigt, daß die Kalkausbeute bei 923° optimal (60—70%) ist. Die Löschdauer von Kalk nimmt mit wachsender Temp. zu u. beträgt für einen Brand bei 923° 3 Min., für einen Brand bei 1100° 10 Minuten. Die Ausbeute an Kalkschlamm wächst mit $1/T^2$. G. Winkhaus. 6226◇

2127 **Vergleich der Ergiebigkeit von Fettkalk aus Branntkalk und aus Kalkhydrat.** Teodor Karaim. (Cement-Wapno-Gips **16(26),** 231—36, 1961; Piechcin; pol.) — Die Ergiebigkeit von Baukalk wird durch seinen Geh. an freiem CaO bestimmt. Die Ergiebigkeit von Trockenlöschkalk erreicht nur dann die von Fettkalk, wenn sein Schüttgew. mindestens 0,5 kg/Liter beträgt. Es werden empir. Formeln zur Berechnung des CaO-Geh. im Kalk abgeleitet. F. Urban. 6226◇

2128 **Keramische Mauerungen als Korrosionsschutz in der Industrie.** Eero Hänninen. (Teknillisen Kemian Aikakauslehti **18,** 621—27, 1961; finn.) — Überblick über die Eigg. u. die Verw. korrosionsbeständiger keram. Baustoffe. S. Beckmann. 6228◇

2129 **Verwendungsmöglichkeiten von Kunststoffen in der Bautechnik.** Raili Komi. (Teknillisen Kemian Aikakauslehti **18,** 609—19, 1961; finn.) — Überblick über die Verw. von Kunststoffen zur Wärmedämmung, Feuchtigkeitsisolierung, als Wand- u. Bodenbelag, zur Herst. von Zwischenwänden, Dächern, Türen, Fenstern u. ähnlichen Zwecken. S. Beckmann. 6228◇

2130 **Synopal — ein hochwertiges, helles Gesteinsmaterial auf synthetischer Basis.** Paul Wichert. (Bitumen, Teere, Asphalte, Peche verwandte Stoffe **14,** 69—70, 1963; Dortmund; dt.) — Vf. beschreibt ein in Dänemark entwickeltes helles, synthet. Gesteinsmaterial, dessen Herst. durch Erhitzen von Sand, Kreide u. Dolomit in einem 70 m langen Drehrohrofen erfolgt. Durch anschließendes schroffes Abkühlen granuliert die Schmelze, krist. schließlich nach weiteren Arbeitsgängen u. kommt dann als Splitt in den gewünschten Kornfraktionen zur Auslieferung. Dieses gleichmäßig kubisch gebrochene Material zeichnet sich durch große Härte u. Zähigkeit u. durch eine rauhe u. griffige Oberfläche aus.

Bes. durch seine helle Farbe und seine hohe Griffigkeit eignet es sich vorzüglich zum Bau von Asphaltdecken. Hierzu wird es einfach dem Natursplitt zugemischt u. dann mit dem Bitumen in bekannter Weise eingebaut. Bei Landstraßen erscheint ein Synopalanteil bis zu maximal 30%, bezogen auf den Splittanteil der Mischung, geeignet, bei Stadtstraßen mit vertikaler Beleuchtung ein solcher bis zu 50%. D. Meyer. 6230◇

2131 **Die Eigenschaften von Synopal-Splitt.** Paul Wichert. (Bitumen, Teere, Asphalte, Peche verwandte Stoffe **14**, 196—97, 1963; Dortmund; dt.) — Sämtliche Daten über die Materialeigg. dieses synthet. Gesteinsmaterials wurden vorgelegt. Zum Bitumen hat es eine sehr geringe Affinität, was sich aber nicht nachteilig auf die Qualität der Straßendecken auswirkt, da durch die rauhe u. narbige Oberflächenstruktur eine ausreichende Haftung gegeben ist. Diese geringe Affinität bringt aber den Vorteil mit sich, daß durch eine schnelle Abschleifung der Bitumenhaut durch den Verkehr die günstigen Eigg. noch besser zur Geltung kommen. Ein weiterer Vorteil des *Synopals* ist der, daß Ölreste nicht in das Material eindringen können, was sich in einer größeren Verkehrssicherheit auf den Straßen bemerkbar macht. D. Meyer. 6230◇

2132 **Spritzasbest als Feuerschutz- und Thermalisolierung für Stahlkonstruktionen.** P. Wagner. (Brennstoff-Chem. **44**, W 25—W 26, 1963; Frankfurt/M.; dt.) — Die beschriebene Spritzasbest-Isolierung verwendet reine Asbestfasern, für Feuerschutz- u. Thermalisolierungen eine blaue Krokydolithfaser, für Schall- u. Schwitzwasserisolierungen eine weiße Amositfaser, die nach einem bes. Verf. mit einem anorgan. Bindemittel gemischt auf die zu isolierenden Oberflächen gespritzt werden. Das Spritzasbest-Material wird gebrauchsfertig gemischt aus England eingeführt. Am Verw.-Ort wird die mit dem Bindemittel versehene Faser in eine Spritzmaschine gefüllt, verteilt u. über ein Nadelförderband zu einer Bürstenwalze transportiert, welche die Faser nochmals aufbereitet bzw. in Längsrichtung streckt. Von hier wird die Faser mit Druckluft trocken durch einen Schlauch zur Spritzpistole befördert u. erst nach dem Austritt aus dem Pistolenmundstück mit feinzerstäubtem Wasser befeuchtet, welches aus seitlichen Spritzdüsen austritt. Die so behandelte Asbestfaser wird auf den zu isolierenden Untergrund aufgespritzt u. bildet auf ihm eine fugenlose verfilzte Isolierschicht. Schwierigste Konturen u. Formen werden lückenlos ohne Luftpolster isoliert. Die Isolierschicht ist in den ersten 2 Stunden plast. u. nach ca. 8 Stunden fest. S. Gipp. 6234◇

2133 **Einige Anwendungsmöglichkeiten der DTA bei niedrigen Temperaturen.** Vladimír Šiške und Ivo Proks. (Silikáty [Praha] **5**, 142—48, 1961; Bratislava, SAV, Úst. anorg. chem. u. SVŠT; slowak.) — Der die Probe u. eine Standardsubstanz enthaltende Block ist in einem Metallrohr beweglich angeordnet, dessen unterer Teil gekühlt u. dessen oberer Teil beheizt ist. Durch die Regelung der Geschw. des Blocks wird die günstigste Temp.-Regelung (3°/Min.) erreicht. Als Anwendungsbeispiele werden DTA-Unterss. zur Entwässerung von Bentonit, akt. Kohle u. Al_2O_3 u. zur Hydratation von MgO mitgeteilt u. in Diagrammen dargestellt. R. K. Müller. 6240◇

2134 **Einfluß der Aufheizungsgeschwindigkeit auf die für die Auswertung der DTA-Kurven wichtigen Größen.** Ivo Proks. (Silikáty [Praha] **5**, 114—26, 1961; SVA, Úst anorg. Chem., Odd. silikátové chem.; tschech.) — Aus der Aufheizungsgeschw. werden durch Gleichungen die wichtigsten Werte für die DTA berechnet. Bei der quant. Best. einer unbekannten Substanz aus den DTA-Effekten wird als Grundlage zweckmäßig eine ΔT/Zeit-Kurve verwendet. Bei der Best. der Temp., bei denen Umwandlungen eintreten, dient die Kurve der Temp.-Abhängigkeit von ΔT als Grundlage. R. K. Müller. 6240◇

2135 **Ein Apparat zur Bestimmung des „Penetrationspunktes"** Ladislav Šašek und Wolfgang Ginzel. (Silikáty [Praha] **5**, 163—70, 1961; Praha, VŠChT, Kat. technol. silikátů; tschech.) — Bei automat. Temp.-Regelung (Abb.) wird die Viscosität von Glas durch Best. der Temp. gemessen, bei der ein Stab aus PtRh (80 : 20) mit 0,5 mm ⌀ u. 0,746 (0,902) g Gew. in 2 Min. bzw. 72,8 Sek. (1 Min.) 2 cm tief in das Glas einsinkt. Diese Viscosität entspricht ca. 10^4 P. Die Einzelheiten des Geräts u. seiner Handhabung werden mitgeteilt. — 1 Tafel. R. K. Müller. 6242◇

2136 **Die elastische Beanspruchung der ebenen Oberfläche eines semi-infiniten elastischen Körpers durch einen elastischen kugeligen Stempel.** Eugene W. Sucov. (J. Amer. ceram. Soc. **45**, 575—79, 1962; Pittsburgh, Pa., Pittsburgh Plate Glass Co., Glass Res. Center; engl.) — Zusätzlich zu üblichen Beanspruchungsmeß-Verff. wird ein elast. Stempel eingeführt. Die mathemat. Ableitung dieser Meth. wird vorgelegt, u. die Dehnung für Umrisse der Form $u_z(r) = A_0 + A_2r^2 + A_4r^4$ berechnet. Die interferrometr. Messung der Umrisse wird beschrieben. Im speziellen Fall der Einbeulung einer Glasplatte durch eine Stahlkugel mit mittlerer Belastung trifft die einfache Hertz-Theorie zu. J. Heinze. 6242◇

2137 **Thermische und mechanische Untersuchungen an Alkaliboratglas.** Karl-Heinz Karsch und Ernst Jenckel. (Glastechn. Ber. **34**, 397—408, 1961; Aachen, Techn. Hochsch., Inst. f. Gesteinshüttenkd.; Inst. f. Phys. Chem.; dt.) — Die bin. Alkaliboratgläser zeigen zwischen 50 u. 200° ein Maximum der mechan. Dämpfung. Dieses Maximum ist in seiner Größe u. Temp. vom Alkali-Geh. u. von der Art des Alkaliions abhängig. In der Nähe der Temp. des Maximums tritt in der Vol.-Temp.-Kurve ein Knickpunkt auf. Maximum u. Knickpunkt werden auf dieselben mol. Vorgänge im Glas zurückgeführt. Unterhalb 0° findet man je nach Vers.-Bedingungen ein weiteres Maximum u. einen weiteren Knickpunkt. J. Heinze. 6242◇

2138 **Untersuchung der plastischen Tone Indiens in Hinsicht auf ihre Eignung als Ersatz für ausländische Bentonit-Tone.** S. N. Ghosh, S. K. Guha, B. K. Sen, K. Sen Gupta und Sudhir Sen. (Centr. Glass ceram. Res. Inst. Bull. [Calcutta] **9**, 82—114, 1962; Calcutta, Central Glass and Ceram. Res. Inst.; engl.) — Von 17 Tonen wurden DTA u. chem. Analysen angefertigt u. die Korngrößenverteilung, das Basenaustauschvermögen, die plast. Eigg. u. das Brenn-Verh. nach Versatz mit 50% Quarz bestimmt. Durch Abtrennen der freien Kieselsäure u. der Schwerminerale konnten die Eigg. verbessert werden. Einige von ihnen (Ton von Ellore, Bikaner, Bilaspur, Punyakshetra, Bagagala) ähneln im physikal. Verh. den nicht ind. Tonen. J. Heinze. 6248◇

2139 **Ein adiabatisches Kalorimeter zur Bestimmung der Wärmeentwicklung im Beton.** O. Eisenmann. (Zement-Kalk-Gips **15** (**51**), 454, 1962; Mühlheim/Ruhr; dt.) — Vgl. (Basalle) C. **1963**, 5999. — In einer Stellungnahme wird zu dem von Basalle beschriebenen adiabat. Kalorimeter festgestellt, daß die Temp.-Verteilung in beliebig geformten Betonquerschnitten sich nicht mit großer Genauigkeit errechnen läßt, da die Anfangstemp. im Körper, konst. Außentemp. u. konst. Wärmeleitfähigkeiten fehlen. Nur zahlreiche Messungen können Aufschluß über die Temp.-Verteilung u. ihre zeitliche Änderung im gesamten Bauwerk geben. H. Schumann. 6252◇

2140 **Untersuchungen an Aluminatzement.** 5. Mitt. **Untersuchungen über die hydraulische Erhärtung von Aluminatzement; die Voraussage über die mechanische Festigkeit von langsam abbindenden Mörteln.** Shigeaki Koide. (J. ceram. Assoc. Japan [Yogyo Kyokai Shi] **70**, 220—24, 1962; Tokyo, Res. Labor. of the Asahi Glass Co.; jap., Auszug: engl.) — Es wird eine Prüf-Meth. zur Festigkeits-Best. von Tonerdezementmörteln bei künstlich stark verkürzter Abbindezeit (10 Tage = 1 Jahr natürliche Abbindung) wiedergegeben. Sie besteht darin, daß die Vers.-Würfel in stündlichem Wechsel je 8 Min. einer Bogenlichtbestrahlung u. einer Feuchtigkeits-Atmosphäre mit 40% relativem H_2O-Geh. bei 35° ausgesetzt werden. Schemat. u. photograph. Wiedergabe des Prüfgeräts im Original. R. Kaiser. 6252◇

2141 **Komplexometrische Schnellanalysenmethode für Portlandzement und Hochofenschlacke.** Maria Lucco Borlera. (Ind. ital. Cemento **32**, 713—19, 1962; Torino,

Ist. Chim. Appl. del Politecn.; ital.) — Auf Grund neuester Literaturangaben u. eigener Kontroll-Unterss. wird das folgende Schnell-Verf. angegeben: Aufschluß von 0,5 g einer Probe durch Schmelzen mit 0,3 g $NaKCO_3$ u. Auflösen der Kationen mit Essigsäureanhydrid, Rückstand = SiO_2; in einem aliquoten Lsg.-Anteil (I) wird nach Oxydation mit HNO_3 u. Zusatz von Urotropin als Puffer Fe_2O_3 bei pH = 2 mit ÄDTA-Lsg. u. *Chromazurol S Geigy* als Indicator titriert; in derselben Lsg. wird nach Erhöhung des pH auf den Wert 4 u. kurzes Erhitzen auf 90 bis 100° eine bestimmte Menge ÄDTA-Lsg. im Überschuß zum vermutlichen Al-Geh. zugesetzt, ohne jedoch den pH-Wert auf über 5 kommen zu lassen, u. der Überschuß an ÄDTA mit 0,01 n Al^{3+}-Lsg. zurücktitriert. Zur Best. von Ca wird ein zweiter I-Teil mit Triäthanolamin u. 0,5 n KOH-Lsg. bis zum pH = 12 alkal. gemacht u. mit ÄDTA titriert (Indicator *Murexid*). In einem dritten I-Teil wird unter starker Pufferung die Summe von Ca + Mg nach Pribil bestimmt (*Magnesia-Komplexon-Lsg.* u. *Eriochromschwarz T*). Die Ausführung der Analyse dieser 5 Hauptbestandteile eines Klinkers oder einer Hochofenschlacke ist hiernach in 20 Min. ausführbar bei einer Genauigkeit, die den italien. Normen für Annahme u. Abgabe von Baustoffen entspricht. — 17 Literaturangaben. R. Kaiser. 6252◇

2142 **Bestimmte Merkmale der hydrothermalen Reaktionen im System $CaO-SiO_2-H_2O$.** N. A. Toropow und A. I. Bojkowa. (Cement-Wapno-Gips **16 (26)**. 203—08, 1961; Leningrad, Inst. für Silicatchem.; pol.) — Das Syst. $CaO-SiO_2-H_2O$ wurde chem., röntgenograph. u. mit Hilfe der DTA untersucht. Bei 170° bildet sich hydratisiertes $2CaO \cdot SiO_2$, in dem das Verhältnis $CaO : SiO_2 < 2$ ist. Erst nach längerem Erhitzen entstehen die bekannten Hydrate des Ca_2SiO_4, deren Kristallform sehr unterschiedlich sein kann. F. Urban. 6254◇

2143 **Vergleichsuntersuchungen zur Bestimmung des Mischungsverhältnisses von Mörteln.** K. Alberti. (Zement-Kalk-Gips **15 (51)**, 433—36, 1962; Köln; dt.) — Den Vgl.-Werten ist zu entnehmen, daß bei genauer Einhaltung der für die nachträgliche Best. des Mischungsverhältnisses von Mörtel aufgestellten Richtlinien der Probenahme, Probenvorbereitung u. Durchführung der Analysen Ergebnisse mit für die Praxis genügender Genauigkeit erzielt werden können. H. Schumann. 6254◇

2144 **Elektronenmikroskopische Untersuchungen der Form und der inneren Struktur von aus übersättigten Lösungen ausgefälltem $Ca(OH)_2$.** M. I. Strelkow und S. P. Tschumak. (Baumaterialien (UdSSR] **8**, Nr. 12, 36 bis 38, 1962; russ.) — Elektronenmkr. Unterss. zeigten, daß in erhärtenden Baumörteln u. Betonen als 1. Strukturelement amorphe, kugelförmige Teilchen auftreten, die sek. Strukturen unterschiedlichen Aussehens bilden. Die Beständigkeit des amorphen Zustandes hängt von verschiedenen Faktoren ab u. kann zwischen einigen Sek. u. mehreren Jahren variieren. G. Winkhaus. 6254◇

2145 **Eine Schnellmethode zur Bestimmung des Gehaltes an staubförmigen und tonhaltigen Teilchen in Schotter und Kies.** M. L. Nissnewitsch und T. W. Kalaschnikowa. (Baumaterialien [UdSSR] **8**, Nr. 12, 13—15, 1962; russ.) — Die beschriebene Schnellmeth. erlaubt die Unters. einer Probe in 20—30 Min. gegenüber 10—12 Std. nach Standardmethoden. Die Probe wird in W. aufgeschlämmt u. der Teilchengeh. nach Absitzen der Suspensionen durch Eindampfen eines abpipettierten Fl.-Vol. u. Auswägen oder ohne Eindampfen aus der Dichte der abpipettierten Fl. ermittelt. G. Winkhaus. 6254◇

2146 **Über die Messung des Widerstandsfähigkeitsgrades von Baustoffen gegenüber Eisbildung.** H. Breyer. (Zement-Kalk-Gips **15 (51)**, 451—53, 1962; Kassel; dt.) — Zur Messung des Widerstandsfähigkeitsgrades von Baustoffen gegenüber Eis-Bldg. kommt nach Ansicht des Vf. nur die Messung des Wassersättigungsgrades für eine exakte Materialprüfung in Frage. H. Schumann. 6256◇

2147 **Über die Messung der Dielektrizitätskonstante und des dielektrischen Verlustes durch die Pulvermethode; die Anwendung auf synthetischen Glimmer.** Toru Matsushita und Tomokuni Ishikawa. (J. ceram. Assoc., Japan [Yogyo Kyokai Shi] **70**, Nr. **794**, **41—49**, 1962; Tokio, Shibaura Electric Co.; jap., Auszug: engl.) — Vff. entwickeln eine Pulvermeth., nach der die DK einer Probe, die mit einer bekannten Menge Paraffin gemischt wurde, gemessen wird u. der Wert für die reine Probe unter Verw. einer Formel erhalten wird. Der dielektr. Verlust der zusammengesetzten Probe wird durch eine Gleichung ersten Grades dargestellt, die jedoch die Neigung hat, etwas höhere Werte zu ergeben. Albert Krause. 6260◇

2148 **Eine Schnellmethode zur Bestimmung des Gehaltes an Chrommagnesitziegelbruch in dessen Mischung mit Chromitpulver.** Ss. T. Baljuk. (Feuerfeste Mater. [UdSSR] **26**, 535—36, 1961; Ukrain. Forsch. Inst. für feuerfeste Mater.; russ.) — Durch Auflsg. von 1 g fein gemahlenem Analysengut in 50 ml 1 n HCl u. Verdünnen der Lsg. auf 250 ml läßt sich der MgO-Geh. im Bruch u. damit der Bruchgeh. selbst bei Rücktitration mit 1 n NaOH gegen Phenolphthalein rasch ermitteln. W.-D. Heußner. 6260□

2149 Soc. des Usines Chimiques Rhône-Poulenc, Paris, übert. von: Emile C. Cottet, Lyon, Henri Rhety, Vénissieux, und Aimé L. Rocher, Ste. Colombe-les-Vienne, Rhône, Frankreich, **Herstellung von Sicherheitsglas** durch beidseitiges Überziehen einer Glasscheibe mit einem Polyvinylbutyralfilm, der 2,5 Gew.-% eines nichtflüchtigen u. nicht verdampfbaren Kieselsäureesters einer organ. Hydroxy-Verb. mit > 3 C-Atomen enthält, u. Erhitzen. (**Can. P. 634493** vom 6/3. 1961, ausg. 19/1. 1062. F. Prior. 31/3. 1960.) Eberhard Riedel. 6201

2150 Ceramic Development Corp., übert. von: Earl E. Baldauf und James A. Baldauf, Lake Wales, Fla., V. St. A., **Glasur auf Keramikkörpern.** Zur Herst. voll ausgeschmolzener, glatter Glasuren mit gefleckter Oberfläche wird zunächst ein Schlicker, der einen gefleckten Stoff u. eine glasurbildende Masse enthält, gleichmäßig u. darüber ein zweiter Schlicker, der als glasurbildende Substanz SiO_2 u. darauf berechnet 23—45 Gew.-% Ca-, Ba- u./oder Zn-Titanat enthält, in nicht gleichmäßigem Überzug, sondern nur fleckenweise aufgebracht u. dann gebrannt. Der zweite Schlicker besteht z. B. aus 40—60 (Gew.-Teilen) Feldspat, 2—10 Flint, 4—10 ZrO_2 u. 2—10 $CaTiO_3$. (**A. P. 3035937** vom 16/9. 1959, ausg. 22/5. 1962.) G. Frikell. 6213

2151 E. I. du Pont de Nemours & Co., Wilmington, Del. V. St. A. (Erfinder: James Benjamin D'Andrea), **Emailüberzugsmasse für Keramik** mit dielektr. Eig. zur Herst. von elektr. Widerständen. Zur Erzielung reproduzierbarer Werte für den elektr. Widerstand wird ein mit einem organ. Lsgm. angerührtes Gemisch, das 8—27 (%) Pd-Pulver, u. 92—73 einer Email-Masse, die z. B. aus 30—95 Bi_2O_3 oder PbO u. 70—75 einer Glasfritte besteht, aufgebracht u. nach dem Trocknen gebrannt. Das Pd kann bis auf einen Rest von 4 durch Ag ersetzt werden. (**E. P. 874157** von 28/10. 1959, ausg. 2/8. 1961.) G. Frikell. 6213

2152 Eagle-Picher Co., Cincinnati, Ohio, übert. von: Harry J. Van Dolah, Wheaton, und Otto C. Linhart, Cicero, Ill., V. St. A., **Weißes Porzellan-Email,** das auch bei Schwankungen der Brenn-Temp. keine Verfärbung zeigt, wird hergestellt durch Aufbrennen einer Fritte folgender Zus. während 1,5—6 Min. bei 1300 bis 1550°: 20—25 (Gew.-%) SiO_2, 8—24 TiO_2, 5—15 Be_2O_3, 0—25 Na_2O, 0—25 K_2O, 0—5 Li_2O, 0—5 ZnO, 0—4 Al_2O_2, 0—3 MgO, 0—5 P_2O_5, 0—20 F, 0—10 ZrO_2, 0,01—0,20 CuO u. 0,0002—0,006 Au. (**A. P. 3017279** vom 13/2. 1961, ausg. 16/1. 1962.) G. Frikell. 6213

2153 Paul Jolly, Saarbrücken, **Gegen radioaktive Strahlen und Hitze widerstandsfähige Masse.** Ein Gemisch aus 2 (Teilen) naturreinem Anhydrit u. 3 Asbestabfällen mit 5—10 (Gew.-%) Metallsulfat, 5—10 Na-Silicat, 3—6 HCl u. ggf. 3—6 $CaCl_2$ wird mit alkalifreiem W. zu einer Paste angerührt, verformt u. getrocknet. (**D. A. S. 1136261** Kl. 80b vom 1/7. 1959, ausg. 6/9. 1962.) G. Frikell. 6219

2154 Pennsalt Chemicals Corp., Philadelphia, übert. von: William M. Lee, Ambler, Pa., V. St. A., **Kiesel-**

säuresol als Bindemittel. Formkörper hoher Festigkeit auch bei erhöhten Temp. werden hergestellt aus Füllstoffen, wie Quarz, Sand u. Ton, u. bezogen auf deren Gew. mindestens 10% eines wss. SiO_2-Sols (mit mindestens 20% SiO_2 Anteilen) u. 0,2–15 eines organ. bas. Silikates, das wegen seiner langsamen Lösefähigkeit in W. nur als langsames Füllungsmittel dient, wie Tetramethylammoniumsilicat. Die Härtung kann bei Raumtemp. oder zur Erzielung höherer Festigkeit bei 700° erfolgen. (**A. P. 3024125** vom 13/2. 1959, ausg. 6/3. 1962.) G. Frikell. 6227

2155 Chemieprodukte G. m. b. H., Leverkusen (Erfinder: Heinz Müller, Köln), **Faserverstärktes Baumaterial aus Zement, Wasser, Sand, und schaumerzeugenden und schaumstabilisierenden Stoffen.** Eine bes. gute Verbindung zwischen den Mineralfasern u. dem in der D. A. S. 1124415 beschriebenen Mischung zur Herst. von Leichtbeton wird erzielt, wenn auf den evtl. mit Säure vorbehandelten Fasern aus einer wss. Lsg. von Alkalisilicaten mittels Säuren, wie HCl oder CO_2, ein Nd. von SiO_2 erzeugt wird. (**D. A. S. 1141932** Kl. 80b vom 1/8. 1959, ausg. 27/12. 1962. **Zusatz zu D. A. S. 1124415; C. 1962, 13537.**) G. Frikell. 6229

2156 Dolomitwerke G. m. b. H., Wülfrath (Erfinder: Walter Gruschka, München, Josef Gruschka, Josef Wuhrer, Wülfrath, und Friedrich Bischoff, Hagen), **Leichtformkörper** werden hergestellt unter Verw. von 0,5–20, bes. 3–10 Gew.-% Blähgraphit als porenbildender Bestandteil unter Anwendung von stabilisiertem Sinterdolomit, Portland-, Tonerde- oder Magnesit-Zement, Wasserglas, Teer oder Bitumen als Bindemittel u. Schamotte, Korund oder Silica als Grundmasse. (**D. A. S. 1141933** Kl. 80b vom 19/8. 1960, ausg. 27/12. 1962.) G. Frikell. 6229

2157 VEB Farbenfabrik Wolfen, Wolfen, Kr. Bitterfeld (Erfinder: Friedrich Wolf, Leipzig, und Joachim Hille, Dessau-Ziebigk), **Herabsetzung der Dehnung von Zementformkörpern bei der Behandlung mit Wasserdampf.** Eine Überschreitung der bei der Autoklavbehandlung zulässigen Dehnung wird vermieden durch Zusatz von bis zu 5%, bes. 1–3% Sulfiden, z. B. CaS, zum Zement oder dessen Gemisch mit Füllstoffen. In der D. A. S. 1142539 wird für den gleichen Zweck der Zusatz von bis zu 3%, bes. 0,5–1% der Zementmenge von $CaSO_3$ u./oder CaS_2O_3 empfohlen. (**D. A. SS. 1142538** Kl. 80b vom 9/4. 1961 u. **1142539** Kl. 80b vom 5/8. 1960, beide ausg. 17/1. 1963.) G. Frikell. 6229

2158 Carborundum Co. (Erfinder: Carl von Dönhoff), Niagara Falls, N. Y., V. St. A., **Polyepoxid-Formmassen** zur Herst. von *Schleifkörpern* enthalten Gemische aus Vinylcyclohexendioxid u. Pyromellitsäuredianhydrid im Verhältnis von 0,15:1 bis 0,33:1. (**D. A. S. 1135168** Kl. 39b vom 30/1. 1960, ausg. 23/8. 1962. A. Prior. 19/2. 1959.) F. Koch. 6239

H₇. Agrikulturchemie, Schädlingsbekämpfung

2159 **Über die Sodaversalzung der Böden des unteren Ili.** A. A. Litwinowa. (Nachr. Akad. Wiss. KasachSSR, Ser. Bot. Bodenkunde **1961,** Nr. 2, 56–63; russ., Auszug: kasach.) — In den Böden am Unterlauf des Ili dominieren meist Chloride u. Sulfate über Carbonate bzw. es dominieren Sulfate über Chloride. Na_2CO_3 ist für den Boden sehr schädlich, auch ist ein mit Na_2CO_3 versalzter Boden schwer zu meliorieren. Bei Bewässerung kann in einem solchen Boden Solonetz-Bldg. stattfinden. Auch auf die Pflanzen wirkt Na_2CO_3 schädlich, in höheren Konzz. sogar stark toxisch. In Proben vom Grundwasser des Gebietes erreicht der Geh. an Alkalien etwa die Hälfte vom Gesamtgeh. an Salzen, der Geh. an HCO_3 erreicht 1–2 g/Liter. M. Gordienko. 6304□

2160 **Die Verteilung des Kupfers in typischen Bodenprofilen von Gujarat.** V. Neelkantan und B. V. Mehta. (Indian J. agric. Sci. **32,** 39–46, 1962; Amand, Inst. of Agric.; engl.) — Vff. ermittelten die Verteilung des *Gesamt-Cu* (**a**) und des *pflanzenverfügbaren Cu* (**b**) in 6 typ. Bodenprofilen von Gujarat (1 Goradu-Boden, 2 Schwarzerden, 1 brauner Boden, 2 graue Böden). Beim Goradu-Boden u. bei den kalkhaltigen Böden bestanden keine signifikanten Korrelationen zwischen den **a**- u. **b**-Werten einserseits u. dem pH der Böden sowie deren Geh. an Schluff u. Ton andererseits. Bei den Schwarzerden hingegen bestanden signifikante positive Korrelationen zwischen **a** u. **b**, zwischen dem Schluff- u. Ton-Geh. u. **a** sowie zwischen dem Schluff- u. Tongeh. u. **b**. W. Wesly. 6304◇

2161 **Zur Untersuchung der Auslaugung und Wanderung von Radium im Boden.** G. W. Russanowa. (Bodenkunde [UdSSR] **1962,** Nr. 9, 85–87; russ., Auszug: engl.) — In Böden mit erhöhtem Geh. an *Ra* ist ein kleiner Teil desselben in W. bzw. verd. Säure (n HCl) löslich. Von den untersuchten Böden [Grasnarbe-Wiesenboden (**a**), Grasnarbe-Podsolboden, Grasnarbe-Gleyboden (**b**), stark podsolierter Gleyboden (**c**)] enthielten **b** u. **c** die größten Mengen an beweglichem Ra. Am stärksten war Ra im **a** gebunden, der sich durch höheren Geh. an Ca u. Mg auszeichnete. Bei Unterss. der Ra-Auslaugung aus dem Boden zeigte sich, daß bei erhöhtem Geh. an Basen Ra im Boden fester gebunden wird. Das Lysimeterwasser der untersuchten Böden enthielt Ra, woraus folgt, daß es ausgelaugt wird. Das Ausmaß der Auslaugung von Ra war jedoch recht unterschiedlich, es war am niedrigsten bei **a**. M. Gordienko. 6304◇

2162 **Der Magnetismus von Eisenoxid in Böden von Hawai.** Yoshito Matsusaka und G. Donald Sherman. (Soil Sci. **91,** 239–45, 1961; Univ. of Hawaii, Agricult. Exp. Stat.; engl.) — Bei einer Anzahl Böden von Hawai wurden der Gesamt-*Fe-Oxid*-Geh., der Geh. an *FeO* u. die magnet. Eigg. bestimmt. Die magnet. Eigg. der Böden nehmen mit dem FeO-Geh. zu. Koll. Suspensionen sind nach Lufttrocknung nicht, nach Erhitzen jedoch stark magnetisch. Die magnet. Eigg. stiegen von 300°–600° an, erreichten bei ca. 600° ihr Maximum u. waren bei Temp. von 900–1000° nicht mehr wahrzunehmen. Vff. bringen viele Angaben von therm. Analysen reiner Minerale u. von Böden. Einige Ergebnisse einer Röntgenstrukturanalyse werden mitgeteilt. W. Hiller. 6304□

2163 **Reaktionen anorganischer Schwefelverbindungen im Erdboden.** Kjeld Rasmussen. (Dansk Kemi **44,** 9–11, 1963; dän.) — Tiefere Erdschichten enthalten oft Eisensulfide. In Ggw. von Sauerstoff sind diese instabil u. werden bei Luftzutritt unter Säurebldg. oxydiert. Die Oxydation bis zum S ist eine rein chem. Rk., während die Bldg. von H_2SO_4 durch Bakterien erheblich beschleunigt wird. Erdschichten mit hohem Pyritgeh. haben nach der Oxydation Kationenaustauschereigg. mit Kapazitäten bis zu 30 m Valäquiv./100 g, sie absorbieren H-Ionen, so daß die Erdschichten sauer (pH < 2) sind. $Fe_2(SO_4)_3$ wird leicht lösl. u. führt zu Verunreinigungen der Wasserläufe. W. Knoch. 6304◇

2164 **Die Bestimmung von Purinen und Pyrimidinen in Bodenhumussäure.** G. Anderson. (Soil Sci. **91,** 156–61, 1961; Macaulay Inst. for Soil Res.; engl.) — Vf. beschreibt eine chromatograph. Meth. zur Ermittlung des Geh. an Purin- u. Pyrimidinbasen in Bodenhumussäure. Derselbe beträgt 14–21 μMol/100 g Boden. In den größten Mengen kam *Cytosin* vor (5–23 μMol), dann folgten *Guanin* (4–16 μMol), *Thymin* (2–11 μMol) u. *Adenin* (2–10μMol). Die Basen sind in Form von Polynucleotiden vorhanden, die von der Desoxyribonucleinsäure der Bakterien stammt. Das Verhältnis der Purine zu den Pyrimidinen schwankte in den verschiedenen Böden von 0,35 bis 0,92. Die Basen enthielten 0,06–0,88% des Gesamt-N, bis zu 0,14% des C u. 0,6–1,4% des organ. P des Bodens. W. Hiller. 6304□

2165 **Wirkung von Phosphatdüngern auf Wasserreis auf vulkanischen Ascheböden unter den Bedingungen des gemäßigten Klimas.** Hidenori Hashimoto, Mitsugu Tanno und Kakuni Midorikawa. (J. Sci. Soil Manure, Japan [Nippon Dojohiryogaku Zasshi] **33,** 448, 1962; jap.) R. Grundmann. 6304◇

2166 **Das Ansprechen von Kartoffeln auf verschiedene Mengen von Stickstoff, Phosphorsäure und Kali bei kontinuierlichem Anbau und im Wechsel mit Weißem Straußgras.** T. E. Odland und J. E. Sheehan. (Amer. Potato

J. **38**, 33–42, 1961; Kingston, R. I., Rhode Island Agricult. Exp. Stat.; engl.) — Das spezif. Gew. der Kartoffeln wurde durch die Düngergaben unterschiedlich beeinflußt. Eine Steigerung der *N*-Düngung von 130 auf 190 lb./acre hatte keine gleichbleibende Auswirkung. Durch erhöhte *P*-Gaben wurde das spezif. Gew. im positiven, durch gesteigerte *K*-Gaben im negativen Sinne beeinflußt. Bei kontinuierlichem Anbau der Kartoffeln konnte durch Mengen eines 8-12-12 N-P-K-Düngers über 1500 lb./acre keine weitere Ertragssteigerung erzielt werden. Wurden die Kartoffeln hingegen abwechselnd mit Weißem Straußgras angebaut, so bewirkten 1750 lb./acre des gleichen N-P-K-Düngers ein weiteres Ansteigen des Ertrages. W. Kölling. 6304□

2167 **Boden- und Blattdüngung mit Harnstoff und Superphosphat.** G. K. Barat und N. B. Das. (Indian J. agric. Sci. **32**, 25–34, 1962; New Delhi, Indian Agric. Res. Inst.; engl.) — Bei Verss. mit Mais zeigte sich, daß bei Blattdüngung mit *Harnstoff* (**I**) u. *Superphosphat* (**II**) mehr N bzw. P durch die Pflanzen aufgenommen wird als bei Bodendüngung. Jedoch wurden durch die Blattdüngung mit **I** u. **II** keine höheren Erträge bewirkt als durch die Bodendüngung. W. Wesly. 6304◇

2168 **Die Mineralstoff-Zusammensetzung von Weidegras unter dem Einfluß verschiedener Arten starker Stickstoffdüngungen.** G. N. Havre und I. W. Dishington. (Acta Agric. scand. **12**, 298–308, 1962; Oslo, Veterinary Coll. of Norway, Dep. of Biochem.; engl.) — Unterss. über den Einfl. der Düngung von Weidegras mit NH_4NO_3 + $CaCO_3$ + KCl + $CaHPO_4$ (a) bzw. $(NH_4)_2SO_4$ + $K_2 \cdot SO_4$ + $CaHPO_4$ (b) (bei Anwendung äquivalenter Mengen N, K u. P) auf die Zus. des Grases zeigen, daß **a** höhere Geh. an Ca u. Mo, **b** höhere Geh. an S u. Mn bewirken. Die übrigen chem. u. botan. Zus. werden erörtert. W. Wesly. 6304◇

2169 **Vergleich der Wirkung von Stall- und Kunstdünger in Saatwechsel-Düngungsversuchen. 2. Mitt. Die Wirkung von Stall- und Kunstdünger auf die Zusammensetzung der Nährstoffe (N, P, K) der Pflanzen.** A. Balla. (Agrokémia és Talajtan [Agrochem. u. Bodenkunde] **11**, 89–96, 1962; ung.) — 1. vgl. C. **1963**, 7140. — Es wurde festgestellt, daß sich die Düngung wesentlich stärker auf die chem. Zus. (*N*, *P*, *K*) der vegetativen Pflanzenteile auswirkt als auf die der Frucht. Kunstdünger erhöhte den N-Geh. der Pflanzen (Mais, Winterweizen) stärker als Stalldung. G. Csajághy. 6304

2170 **Zur Anwendung von organomineral. Düngergemisch zu Faserflachs.** R. I. Jaroschowetz. (Flachs u. Hanf [UdSSR] **6** (**23**), Nr. 4, 30–31, 1961; Shitomir, Landw. Vers.-Stat.; russ.) — Durch organomineral. Düngergemisch konnte bei Faserflachs eine Ertragssteigerung bewirkt werden. A. v. Wilpert. 6304□

2171 **Weiterer Beweis der Bedeutung der übrigbleibenden Blattproteinkomplexe für die Zersetzung der Streu und die Versorgung der Pflanzen mit Stickstoff.** W. R. C. Handley. (Plant and Soil [The Hague] **15**, 37–73, 1961; Univ. of Oxford, Imp. Forestry Inst., Dep. of Forestry; engl.) — Als Kriterium für die Widerstandsfähigkeit von in vitro hergestellten Komplexen von Casein mit den wasserlösl. Komponenten der Blätter von Calluna vulgaris, Chamaenerion angustifolium u. Circaea lutetiana gegen Zers. im Boden wurde die N-Aufnahme von Birkensämlingen aus ihnen (Sandkultur) benutzt. Es zeigte sich, daß die Widerstandsfähigkeit der Komplexe in der vorst. Reihenfolge abnahm. Die möglichen Ursachen dieses unterschiedlichen Verh. werden ausführlich diskutiert. — 43 Literaturangaben. W. Hiller. 6304□

2172 **Der Einfluß des Feuchtigkeitsgehalts auf die Cellulose-Zersetzung in einigen ungarischen Böden.** József Szegi. (Agrokémia és Talajtan [Agrochem. u. Bodenkunde] **11**, 105–14, 1962; Budapest, Forsch.-Inst. für Bodenkunde u. Agrochemie; ung.) — Lufttrockene Proben eines Tschernosems u. eines braunen Waldbodens wurden mit 2 Gew.-% *Cellulose* (**I**, gemahlenes Filtrierpapier) u. W. vermischt. Die zugesetzten W.-Mengen entsprachen jeweils 20, 40, 60 oder 80% der maximalen Wasserkapazität der Böden. Die **I**-Zers. in den Böden wurde während 140 Tagen verfolgt. Die intensivste **I**-Zers. erfolgte in den Bodenproben, die durch Wasserzusatz auf 80% ihrer maximalen Wasserkapazität gebracht worden waren. In Bodenproben mit einem 60 oder 80% ihrer maximalen Wasserkapazität entsprechenden Feuchtigkeitsgeh. wurde zwar **I** völlig zersetzt, doch wurden nur 18–30% derselben als CO_2 wiedergefunden. Der Rest diente wahrscheinlich zur Bldg. von Humus oder als Nahrung für Mikroorganismen. Durch **I**-Zusatz wurde der Geh. der Böden an Azotobacter entweder leicht (aber nicht signifikant) erhöht (brauner Waldboden) oder sogar vermindert (Tschernosem). . G. Csajághy. 6304

2173 **Eigenschaften von Chelaten und ihre Verwendung bei der Gewinnung von Ernteprodukten.** J. C. Brown und L. O. Tiffin. (J. agric. Food Chem. **10**, 192–95, 1962; Beltsville, Md., USDA; engl.) — Allg. Ausführungen. — 32 Literaturangaben. W. Wesly. 6304□

2174 **Versuche mit Eisenchelat zur Bekämpfung der Chlorose der Reben.** J. Lafon, P. Couillaud und F. Gay-Bellile. (Progr. agric. viticole **79**, 222–26, 1962; franz.) — Bei Verss. zur Bekämpfung der Chlorose der Reben auf stark kalkhaltigen Böden der Charente (Frankreich) erwies sich *Fe-EDDHA* als noch wirksamer als $FeSO_4$. M. Winiker. 6304◇

2175 **Die Wirksamkeit der Spurenelemente bei verschiedener Bewässerung.** W. I. Alijewa. (Nachr. Akad. Wiss. AserbaidshanSSR, Ser. biol. med. Wiss. **1962**, Nr. 4, 43–51; aserbaidshan., Auszug: russ.) — Spurenelemente wurden vor der Aussaat in Mengen von 1–3 kg/ha in den Boden eingebracht bzw. auf die Pflanzen (Baumwolle) in Form von Lsgg. gespritzt. Sie beeinflußten den Kohlenhydratstoffwechsel der Pflanzen u. erhöhten ihre Widerstandsfähigkeit gegen den Wassermangel im Boden. Die Erhöhung der Kohlenhydrate in den Blättern der Baumwollpflanze vollzieht sich hauptsächlich auf Kosten von Zuckern, z. T. von Stärke. Eine beträchtliche Erhöhung des Geh. an Kohlenhydraten in den Blättern wird beim Wassermangel im Boden beobachtet. Am stärksten beeinflussen den Kohlenhydratstoffwechsel in den Pflanzen *Cu*, *Mn*, *B*, *Co*. Maximale Ertragssteigerung (6,1+6,8 dz/ha) bewirkten Mn u. Co bei drei Bewässerungen im Laufe der Vegetationsperiode. Als Kopfdüngung gegeben, bewirkte $MnSO_4$ eine Ertragssteigerung von 3,9 dz/ha, $CoSO_4$ von 4,2 dz/ha. Die übrigen Spurenelemente wirkten schwächer. M. Gordienko. 6304◇

2176 **Der Einfluß der Bodenbearbeitung auf die mikrobielle Entaminierung und auf den Stickstoffverbrauch bei einigen Aminosäuren.** Maria Vágner. (Sborník československ. Akad. zemědělských Věd, rostlinna Výroba **8** (**38**), 803–10, 1962; Brno, vys. škol. zeměd., kat. bot. a mikrobiol.; tschech.) — Es konnte gezeigt werden, daß sich jeder agrotechn. Eingriff auf die Fähigkeit der Mikroorganismen des Bodens, *Aminosäuren* (**I**) zu mineralisieren u. zu verbrauchen, auswirkt. Auf die Reihenfolge, in der die verschiedenen **I** von den Mikroorganismen verbraucht werden, hatte die Jahreszeit einen relativ stärkeren Einfl. als die agrotechn. Maßnahmen. E. Vevera. 6306

2177 **Chemische Bekämpfung von Fadengrünalgen.** L. S. Jordan, B. E. Day und R. T. Hendrixson. (Hilgardia **32**, 433–41, 1962; Riverside, Calif., Univ. of Calif., Citrus Res. Center and Agric. Exp. Stat.; engl.) — Vff. geben einen ausführlichen Bericht über Verss. zur Bekämpfung von Fadengrünalgen, bes. Cladophora sp., mit *Simazin*, *Atrazin*, *Atratone* (*2-Methoxy-4-äthylamino-6-isopropylamino-symm.-triazin*), *Prometone* [*2-Methoxy-4.6-bis-(isopropylamino)-symm.-triazin*], *Acrolein* (**I**), *O 6 K* (**II**, *2-Amino-3-chlor-1.4-naphthochinon*), *Monuron*, *Diuron* (**III**), $CuSO_4$ (**IV**), *Dichlone*, *2.4-D-butoxyäthylester* u. *Endothal*. Als aussichtsreich erwiesen sich **IV** sowie **I**, **II** u. **III**. W. Wesly. 6312□

2178 **Der Einfluß von Mikrocid auf Rhizobien in Reinkulturen und in Symbiose mit Pflanzen.** Eva Hamatová. (Sborník českoslov. Akad. zemědělských Věd, rostlinna Výroba **8** (**38**), 811–24, 1962; Ruzyne, vyzk ust. rostl. vyr., mikrobiol. odd.; tschech.) — Die Anwendung des Antibioticums *Mikrocid* (**I**) zum Beizen von Leguminosensaatgut schließt die anschließende Bakterisierung desselben mit einem Knöllchenbakterien enthaltenden Präp.

nicht aus. Durch die Verw. geeigneter Rhizobienstämme u. Meth. der **I**-Anwendung kann nicht nur die Vernichtung phytopathogener Bakterien, sondern auch eine Steigerung der Knöllchenzahl an den bakterisierten Pflanzenwurzeln sowie eine erhöhte N-Speicherung in den Pflanzen u. eine Steigerung der Erträge erzielt werden. E. Vevera. 6312

2179 **Untersuchungen über die Biologie und die Bekämpfung der Kohleule (Mamestra brassicae L.).** Maria Ionescu. (Comun. Acad. Republ. Populare romîne **11,** 73—79, 1961; rum.) — Bei Verss. zur Bekämpfung der Kohleule bewährten sich *Detox* [enthaltend 5% *DDT* (**I**)], *Lindatox* [enthaltend 1,5% *Lindan* (**II**)] u. *Duplitox* (enthaltend 3,5% **I** u. 1,5% **II**). R. Grundmann. 6312◇

2180 **Ergebnisse der Prüfung von „Efiranen" gegen saugende Tabakschädlinge.** K. B. Ragimow. (Tabak [UdSSR] **23,** Nr. 1, 46—47, 1962; Aserbaidshan. landw. Forsch.-Inst.; russ.) — Vf. berichtet über Erfahrungen, die bei der Bekämpfung von Myzodes persicae Sulz. u. Thrips tabaci Lindl. mit *Efiran-3*, *Efiran-79* u. *Efiran-103* gemacht wurden. S. Baryschnikow. 6312

2181 **Die Einwirkung von Sonnenlicht auf das Verschwinden von Parathion-Rückständen.** Pekka Koivistoinen. (Acta. Agric. scand. **12,** 285—97, 1962; Helsinki, Univ. Dep. of Nutrit. Chem.; engl.) — Unterss. über die Einw. von Sonnenlicht auf das Verschwinden von *Parathion*(**I**)-Rückständen von Bohnen u. Spinat (unter Kunststoff-Folien mit Durchlässigkeiten bis 4500 Å) zeigen, daß völlige Dunkelheit die Geschw. des Verschwindens von **I** von den Blättern vermindert, nicht aber von den Bohnenschoten. Bei jungen Pflanzen beginnt die Verminderung 4—6, bei ausgewachsenen Pflanzen 2 Tage nach der Verdunklung. Die UV-Fraktion des Sonnenlichtes (2000—3000 Å) beschleunigt das Verschwinden von **I** u. bei Spinat das Verschwinden von Paraoxon. Temp.-Unterschiede von 9° (mittlere Temp. 10,7 u. 19,7°) bewirken nur sehr geringe Schwankungen der Geschw. des Verschwindens von **I** bei Blättern u. Schoten der Bohnen. Die Ergebnisse werden erörtert. W. Wesly. 6312◇

2182 **Über die Methode zur Bestimmung des pflanzenverfügbaren Phosphors in den hellen kastanienfarbigen Carbonatböden des Gebiets Wolgograd.** N. I. Shmakina. (Bodenkunde [UdSSR] **1962,** Nr. 7, 107—109; Wolgograd, Landwirtsch. Inst.; russ.) — Die Best. des pflanzenverfügbaren P in kastanienfarbigen Carbonatböden des Gebietes Wolgograd erfolgt nach der Meth. von Matschigin. S. Baryschnikow. 6324

2183 **Ein Vergleich verschiedener Laboratoriumsverfahren zur Bestimmung des Phosphatzustandes von Böden.** A. J. Andersen und Th. Morgensen. (Acta Agric. scand. **12,** 315—24, 1962; Roskilde, Danish Atomic Energy Commiss., Agric. Res. Dep.; engl.) — Bei 34 Böden mit stark unterschiedlichen physikal. u. chem. Eigg. wurde gute Übereinstimmung zwischen *L-Wert* [= der Teil des im Boden vorhandenen *Phosphats* (**I**), das in gleicher Weise pflanzenverfügbar ist, wie das **I** eines beliebig gewählten **I**-Düngers] u. Ausbeute an Trockensubstanz gefunden. Die P-Aufnahme aus nicht mit **I** gedüngten Böden u. die Ertragssteigerung infolge **I**-Anwendung stimmten gut mit den L-Werten überein. Zwischen den L-Werten u. dem austauschbaren **I** besteht eine enge Korrelation. Die Übereinstimmung zwischen L-Wert u. den durch Extraktionen erhaltenen **I**-Indices nahm in der Reihenfolge 0,5 m $NaHCO_3$-Lsg., *Na-Zeolith*, *AL*(NH_4-*Lactat*+*Essigsäure*)-Lsg., $KH_2{}^{32}PO_4$-Lsg., 0,2 n H_2SO_4, 0,01 m $CaCl_2$-Lsg. ab. W. Wesly. 6324◇

2184 **Bestimmung des im Boden adsorbierten Calciums und Magnesiums nach der Methode von Schmuck unter Anwendung von Trilon B.** U. M. Ssultanbajewa und M. D. Subrilina. (Nachr. Akad. Wiss. KasachSSR, Ser. Bot. Bodenkunde **1962,** Nr. 2, 70—72; russ.) — Vff. verwendeten die Meth. von Schmuck sowie von Stanjukel u. Jakimetz zur Titration von *Ca* u. *Mg* mit Trilon in der gleichen Probe, wobei von ihnen einige Veränderungen der Meth. vorgenommen wurden. Die Bodenprobe wird fein zerrieben u. gesiebt, Einwaagen von 1 u. 2 g werden in zwei Kolben gebracht. Bei carbonatarmen Böden gibt man 0,2 g $CaCO_3$, danach 200 ml 14 n NaCl-Lsg. zu; nach Schütteln läßt man die Lsg. über Nacht stehen. Am nächsten Tage filtriert man (nach Schütteln!), gibt 50 ml von der Lsg. in einen 300 ml-Kolben u. versetzt tropfenweise mit HCl bis zum Eintritt von Fliederfarbe. Nach Sieden wird der Säureüberschuß mit 2 n NaOH neutralisiert (Kongopapier rot), wonach man 2,5 ml 2 n NaOH, nach 3—4 Min. 7—8 Tropfen Chromdunkelblau zugibt, dann mit 0,05 n Trilon bis zur Fliederfarbe titriert. Die verwendete Trilonmenge ist dem Ca in der Probe äquivalent. Im weiteren gibt man 2,5 ml 2 n HCl, dann 5 ml NH_3-Pufferlsg. zu u. titriert mit Trilon zur Mg-Bestimmung. M. Gordienko. 6324◇

2185 **Die Auswirkung des Alterns auf die Fixierung von Strontium 90 durch Böden.** R. K. Schulz und H. H. Riedel. (Soil Sci. **91,** 262—64, 1961; Berkeley, Univ. of Calif.; engl.) — Die Leichtigkeit, mit der ^{90}Sr aus Böden extrahiert werden kann, fällt mit der Einw.-Zeit des ^{90}Sr auf den Boden. Weiterhin ist sie vom Extraktionsmittel u. von der Bodenart abhängig. Die Fixierung von ^{90}Sr findet in erster Linie durch Einbau in $CaCO_3$-Kristalle oder Ca- u. Sr-Phosphate statt. W. Hiller. 6324□

2186 **Über die Bedingungen der Bodenschmelzung mit Ammoniumchlorid und Calciumcarbonat bei der Bestimmung des Gesamtkaliums.** P. G. Grabarow und B. Ja. Kwitko. (Nachr. Akad. Wiss. KasachSSR, Ser. Bot. Bodenkunde **1962,** Nr. 2, 62—65; russ., Auszug: kasach.) — Die Unterss. bezweckten, optimale Bedingungen für die Bodenschmelzung mit NH_4Cl u. $CaCO_3$ in Muffel- bzw. Tiegelöfen zu ermitteln. Schmelzung bei Temp. von unter 725° vermag es nicht, eine vollständige Zerlegung des Bodens zu bewirken. Bei Best. von Gesamt-K im Boden nach der Meth. von Smit muß die Schmelzung bei Temp. von 725—825°, am besten bei 750° vorgenommen werden. Nach Erreichen von 750° dauert die Bodenschmelzung etwa 30 Minuten. Bei über 825° treten K-Verluste auf. M. Gordienko. 6324◇

2187 **Neue Verhältnisse zwischen Ammoniumchlorid und Calciumcarbonat beim Schmelzen des Bodens zwecks Bestimmung des Gesamtkaliums.** N. B. Scharoschkina. (Nachr. Akad. Wiss. KasachSSR, Ser. Bot. Bodenkunde **1963,** Nr. 2, 97—99; russ., Auszug: kasach.) — Beim Schmelzen des Bodens bei Temp. von 725—825° [nach Grabarow u. Kwitko, (vgl. vorst. Ref.) optimal bei 750°] zur Best. seines Gesamtgeh. an K müssen die zur Analyse benutzten Pt-Tiegel durch Glühen in einem Gemisch von K- u. Na-Carbonaten oft gereinigt werden, was mit größerem Zeitaufwand verbunden ist. In Verss. mit verschiedenen Böden bzw. Schlammteilchenfraktionen wurde das optimale Verhältnis von NH_4Cl u. $CaCO_3$ bei der Bodenschmelzung ermittelt, bei welchem sich ein vollständiger Übergang von K des Bodens in die lösl. Form vollzieht, wobei keine Reinigung der Pt-Tiegel erforderlich wird. Unter diesen Bedingungen genügt es, diese von Zeit zu Zeit mit HCl auszukochen. M. Gordienko. 6324◇

2188 **Untersuchungen über den Suspensionseffekt mit einer Natriumelektrode.** C. A. Bower. (Proc. Soil Sci. America **25,** 18—21, 1961; Riverside, Calif., U. S. Salinity Labor.; engl.) — Der Suspensionseffekt (SE) Na^+-haltiger Ton- u. Bodensuspensionen (S) Δ EMK = EMK_S — EMK_E (E = Gleichgew.-Elektrolyt) wird mit einer Kalomel-Elektrode mit KCl-Brücke (B) u. einer für Na^+ selektiven Glaselektrode gemessen. SE kann aus den elektr. Leitfähigkeiten der S u. des E mittels einer Näherungsgleichung von Overbeek für die Donnan-EMK, die Verw. einer gesätt. B vorausgesetzt, errechnet werden. Die potentiometr. u. die aus Leitfähigkeitsmessungen ermittelten Werte für den SE stimmen gut überein. Der SE nimmt proportional dem Prozentgeh. der S an austauschbaren Na^+-Ionen u. der Konz. des E zu u. ist abhängig von der KCl-Konz. der Brücke. Eine Erweiterung der Theorie von Overbeek zur Erklärung des letztgenannten Effektes wird vorgeschlagen. P. Olschinka. 6324◇

2189 **Kationenaustausch im Boden durch Bewässerungswasser verschiedener Qualität.** Katalin Darab. (Agrokémia és Talajtan [Agrochem. u. Bodenkunde] **11,** 29—40, 1962; Budapest, Wasserwirtschaftswiss. Forsch.-Inst.;

ung.) — Mit Hilfe der Gleichung von Gapon konstruierte Vf. ein Diagramm, welches anzeigt, bei welcher Salzkonz. u. welchem Alkalisierungskoeff. der Bodenlsg. Bewässerungs-W. verschiedener Anionenzus. im Gleichgew. bleibt. G. Csajághy. 6324

2190 **Bestimmung von Rückständen von Naphthylessigsäure und ihres Methylesters in Kartoffeln mittels einer Kombination von Gaschromatographie und Ultraviolett-Spektrophotometrie.** Gunter Zweig, T. E. Archer und Daniel Raz. (J. agric. Food Chem. **10**, 199 bis 203, 1962; Davis, Calif., Univ. of Calif.; engl.) — Zur Best. von *Naphthylessigsäure* (**I**) bzw. ihres *Methylesters* (**II**) in Kartoffeln werden letztere zunächst mit Chlf. extrahiert. Aus dem Chlf.-Extrakt wird **II** (bei Vorliegen von **I** muß zunächst mit Diazomethan verestert werden) durch Gas-Fl.-Chromatographie (bei 220°) abgetrennt. Sodann wird mittels eines UV-Spektrophotometers die Absorption der hierbei erhaltenen Fraktionen bei 281 oder 224 mμ gemessen. Die Abnahme des **II**-Geh. von Kartoffeln bei der Lagerung (90 Tage) folgt einer logarithm. Kurve. W. Wesly. 6328□

2191 **Über die Verbesserung der Prüfung von Repellentien gegen Ixodes persulcatus im Laboratorium.** L. I. Shukowa. (Med. Parasitol. parasit. Krankh. [UdSSR] **31(40)**, 436—38, Juli/Aug. 1962; Marzinowski-Inst. für med. Parasitol. u. trop. Medizin; Entomolog. Abt.; russ.) — Als wirksame Repellentien (R) gegen Ixodes persulcatus bezeichnet man solche, die beim Auftragen auf einen Stoff (20—30 ml/m² Präp.) eine heftige abschreckende, 25—30 Min. anhaltende Wrkg. auf die Zecke ausüben. Die Zecke soll dabei $\leq$ 1 Min. auf dem imprägnierten Stoffe verbleiben, nur wenige cm vorrücken u. spontan abfallen. Die Konstruktion u. Arbeitsweise einer App. zur Durchführung der auf Grundlage der vorst. Erörterungen angestellten Verss. wird beschrieben. S. Baryschnikow. 6328△

2192 **Papierchromatographische Untersuchungen über die Einwirkung von ultraviolettem Licht auf Parathion und seine Derivate.** Pekka Koivistoinen und Matti Meriläinen. (Acta Agric. scand. **12**, 267—76, 1962; Helsinki, Univ., Dep. of Nutrit. Chem.; engl.) — Unterss. über die Einw. der UV-Bestrahlung auf *Parathion* (**I**), dessen CH_3-Verb., S-Äthyl-, S-Phenyl-Isomeres, *Paraoxon* (**II**) u. CH_3-**II** zeigen, daß Sonnen- u. künstliches UV-Licht **I** in mehrere, Cholinesterase inhibierende Verbb. umwandeln, die durch ihre R_F-Werte als S-Äthyl- u. S-Phenylisomere von **I** identifiziert werden. Beim Bestrahlen dieser Isomere u. von **II** entstehen mehr oder weniger polare Verbb., die sich aber nicht papierchromatograph. in verschiedene Flecken trennen lassen. W. Wesly. 6328◇

2193 **Untersuchungen über die scheinbare Geschwindigkeit der Wirksamkeit von Insekticiden. 1. Mitt. Über die Messung und die Kennzeichnung der scheinbaren Geschwindigkeit der Wirksamkeit verschiedener organischer Insekticide.** Hiromichi Matsubara. (Botyu-Kagaku [Sci. Insect Control] **27**, 100—08, 1962; Gifu Univ., Fac. of Agric., Dep. of Agric. Chem.; jap., Auszug: engl.) — Zur Best. der relativen Toxizität von Insekticiden im Vgl. zu der von *p.p'DDT* (**I**) wurden Moskitolarven verwendet, wobei die scheinbare Geschwindigkeit der Wirksamkeit von **I** gleich 1 gesetzt wurde. Die ermittelten Werte waren: *Pyrethrine* 27,2, *Allethrin* 20,5, *Dimethrin* 8,63, *Lindan* 4,69, *Barthrin* 4,61, *Sevin* 4,49, *TEPP* 2,88, *Nicotin* 2,86, *DDVP* 1,73, *Methylparathion* 1,14, *Malathion* 1,10, *Diazinon* 0,80, *EPN* 0,71, *Sumithion* 0,70, *Endrin* 0,68, *Dieldrin* 0,56, *Dipterex* 0,51, *Äthylparathion* 0,48, *Rotenon* 0,33, *Aldrin* 0,21. Insekticide mit Werten > 15 werden als sehr rasch, solche mit Werten von 14—15 als rasch, solche mit Werten von 4—3 als mittelmäßig, solche mit Werten von 2—0,5 als langsam u. solche mit Werten < 0,4 als sehr langsam wirkend bezeichnet. W. Wesly. 6328◇

2194 **Zur Methodik der Prüfung von Repellentien gegen Ixodes persulcatus P. Sch. im Laboratorium.** Je. Ch. Solotarew und Ju. A. Jelisarow. (Med. Parasitol. parasit. Krankh. [UdSSR] **31 (40)**, 434—36, Juli/Aug. 1962; russ., Auszug: engl.) — Eine Meth. zur Best. der Wirksamkeit von Repellentien (R) gegen Ixodes persulcatus P. Sch., die auf der Beobachtung des Vorrückens einer ♀ Zecke auf einem Papierstreifen, der mit R-haltigen Querstreifen (QS) versehen ist (verschiedene R-Geh. in den QS), wird erörtert. S. Baryschnikow. 6328△

2195 **Methodik der orientierenden Prüfung von Repellentien im Laboratorium an Flöhen.** Je. Ch. Solotarew. (Med. Parasitol. parasit. Krankh. [UdSSR] **30 (39)**, 738—39, 1961; Moskau, Lomonossow-Univ., Fak. für Bodenbiologie; russ.) — Beschreibung einer Meth. zur Prüfung von Repellentien im Bioversuch.
J. v. Kloch-Kornitz. 6238□

2196 **Zur Methodik der Prüfung von Insektenrepellentien an verschiedenen Insekten im Laboratorium.** M. L. Fedder. (Med. Parasitol. parasit. Krankh. [UdSSR] **30 (39)**, 730—34, 1961; Ministerium für Gesundheitswesen der UdSSR, Zentr. Forsch.-Inst. für Desinfektion; russ.) — Für die Prüfung von Repellentien im Biovers. werden Flöhe als Testtiere empfohlen.
J. v. Kloch-Kornitz. 6238□

2197 Esso Research and Engineering Co., übert. von: Jeffrey H. Bartlett, New Providence, und Isidor Kirshenbaum, Westfield, N. J., V. St. A., **Entblätterung von Pflanzen.** Zur Entblätterung von Baumwoll-, Kartoffel-, Bohnen-, Hopfen-, Flachs- u. Saatgutgewinnungspflanzen werden wss. Emulsionen aus nicht tox. mineral. Spritzölen, öllösl. Emulgiermitteln u. einer *Trialkylessigsäure* mit 8—13 C-Atomen als Wirkstoff verwendet. Die Trialkylessigsäuren entsprechen der allg. Formel R · C(R') (R'') · CO · OH, in der R, R' u. R'' Alkylgruppen bedeuten. Die Verbb. werden in Mengen von 5—40 Gallonen/4050 m² u. in Konzz. von 5—50% auf das Blattwerk der Pflanzen aufgesprüht. (**A. P. 2988440** vom 2/9. 1958, ausg. 13/6. 1961.) H. Karst. 6313

2198 Monsanto Chemical Co., St. Louis, Mo., übert. von: Marion W. Harman, Nitro, und John J. D'Amico, Charleston, W. Va., V. St. A., **Herbicide Mittel** enthalten in tox. Konz. einen phytotox. Ester der Formel $R(-CO-S-R')_n$ (R = über N an die Carbonyl-Gruppe gebundener organ. Aminorest, bes. Morpholino-, Piperazino-, p-Phenylpiperazino-Rest oder disubstituierter Aminorest mit N-gebundenen Alkyl-, Alkenyl-, halogensubstituierten Alkenyl-, gesätt. alicycl. Resten, Cyclohexenyl-, Phenyl-, Benzyl-, Furfuryl-, Tetrahydrofurfuryl- oder durch Cyan-, Alkoxy-, Phenoxy- u. Benzyloxy-Gruppen substituierte Alkylreste, wobei der eine Rest eine < 5 C-Atome enthaltende acycl. KW-Stoffgruppe sein soll, wenn der andere ein cycl. Rest oder ein Rest mit > 5 C-Atomen ist; R' = Mono-α-olefin. Rest mit > 2 Halogensubstituenten, die sich in 2- u. 3-Stellung befinden, wenn R einen Phenylrest enthält; n entspricht der Wertigkeit von R). (**Can. P. 634042** vom 13/2. 1960, ausg. 2/1. 1962. Schwed. Prior. 6/5. 1959. A. Prior. 19/11. 1959.) Eberhard Riedel. 6313

2199 Farbenfabriken Bayer Akt.-Ges., Leverkusen, **Herstellung von fluorierten 1.3.5-Triazinen.** Cyanurchlorid, -jodid oder -bromid wird in wasserfreiem Medium mit HF, einem neutralen oder sauren Alkali- oder Erdalkalifluorid, mit NH_4F oder einem Salz der Fluorsulfinsäure umgesetzt, wobei je nach den Rk.-Bedingungen 1.3.5-Triazine (**I**) mit 1, 2 oder 3 F-Atomen als Hauptprodd. entstehen. Aus 1 (Mol) Cyanurchlorid (**II**) + 3,3 KHF_2 erhält man z. B. quant. 2.4.6-Trifluor-**I**; aus 1 **II** + 1,5 KF entsteht ein Gemisch aus gleichen Teilen von 2.4-Difluor-6-chlor-**I** u. 2-Fluor-4.6-dichlor-**I**, das durch Fraktionierung leicht getrennt werden kann. Als Katalysatoren werden hierbei geringe Mengen Sb_2O_3 oder $SbCl_3$ verwendet. Beispiele: *2.4.6-Trifluor*-**I**, $C_3N_3F_3$, Kp.72,5°; *2.4-Difluor-6-chlor*-**I**, $C_3N_3ClF_2$, Kp. 113°; *2-Fluor-4.6-dichlor*,-**I** $C_3N_3Cl_2F$, Kp. 153°; *2.4-Difluor-6-brom*-**I**, $C_3N_3BrF_2$, F. 56°, Kp. 134°; *2-Fluor-4.6-dibrom*-**I**, F. 74°, Kp. 197°, $C_3N_3Br_2F$; Verw.: als *Insekticide*. (**E. P. 873251** vom 22/4. 1958, ausg. 19/7. 1961. D. Prior. 24/4. 1957.) A. Kalix. 6313

2200 E. I. du Pont de Nemours & Co., übert. von: Raymond W. Luckenbaugh, Wilmington, Del., V. St. A., **Bekämpfung von Nematoden.** Die mit Nematoden

verseuchten Kulturböden werden in einer Tiefe von ca. 10—15 cm mit 2,25—45 kg/4050 m^2 *Dithiooxamid* im Gemisch mit pulverigen, inerten Verdünnungsmitteln u. oberflächenakt. Stoffen behandelt. In Konzz. von ca. 10% werden die Mittel auf den Boden aufgestäubt oder als wss. Dispersion aufgesprüht u. in den Boden eingearbeitet. Die Mittel enthalten 50—80 (%) des Wirkstoffes, 17—49,5 Attapulgitton, Kieselgur, Talkum, Silicagel, Calciumsilicat, oder dgl. u. 0,5—3,0 Sulfonate, Laurylsulfate, Oleate oder Sulfosuccinate. Sie sind bes. zur Vernichtung von *Meloidogyne hapla, Pratylenchus sp., Radopholus similis, Gottholdsteineria buxophila, Tylenchorenchusclaytoni* u. *Ditylenchus dipsaci* geeignet. (**A. P. 3010870** vom 23/3. 1960, ausg. 28/11. 1961.)
H. Karst. 6313

2201 Shell Internationale Research Mij. N. V., Den Haag, Niederlande (Erfinder: George Whitenack Pearce und James William Miles), **Pesticides Mittel,** enthaltend als akt. Wirkstoff *Dimethyl-dichlorvinylphosphat* im Gemisch mit bes. Montanwachs, einem ggf. hydrierten vegetabil. oder tier. Öl, bes. hydrierten Baumwollsaatöl, u. einem höheren Alkohol, bes. Äthylalkohol, als Verdünnungsmittel. (**E. P. 903159** vom 23/1. 1961, ausg. 15/8. 1962.) W. Heyer. 6313

2202 Diamond Alkali Co., Cleveland, Ohio, übert. von: Arthur L. Galloway, Richmond, Va., V. St. A., **Schädlingsbekämpfungsmittel,** enthaltend als Wirkstoff z. B. 1.1.1-Trichlor-2.2'-di-(p-chlorphenyl)-äthan; O,O-Diäthyl-O-p-nitrophenylphosphorthioat; S-(1.2-Dicarbäthoxyäthyl)-O,O-dimethylphosphordithioat; 1.2.3.4.10.10-Hexachlor-exo-6.7-epoxy-1.4.4a.5.6.7.8.8a-oktahydro-1.4.5.8-endoendodimethannaphthalin; 1.2.3.4.10.10-Hexachlor-exo-6.7-epoxy-1.4.4a.5.6.7.8.8a-oktahydro-1.4-endo-exo-5.8-dimethannaphthalin; Dimethyldichlorvinylphosphat; 4-Chlorphenyl-4-chlorbenzolsulfonat; Benzolhexachlorid u. einen Stabilisator, bestehend aus einem in W. unlösl. halogenierten Paraffinwachs mit 18—36 C-Atomen u. 40—80 Gew.% chem. gebundenem Halogen. (**A. P. 2996426** vom 28/4. 1958, ausg. 15/8. 1961.)
R. Bauereis. 6313

2203 **Comp. de Saint-Gobain,** Neuilly-sur-Seine (Erfinder: **Bernard Bigot,** Grand-Quevilly), Frankreich, *Komplexdüngemittel.* (**Oe. P. 220643** vom 29/5. 1959, ausg. 10/4. 1962. F. Prior. 10/6.1958. — C. **1962,** 14294 [D. A. S. 1121081].)
2204 **Imperial Chemical Industries Ltd.,** London (Erfinder: **George Henry Francis Walker** und **Frank Raymond Bradbury,** Widnes, Lancs.), England, *N-substituierte Halogenmaleinimide.* (**Schwz. P. 365726** vom 16/12. 1957, ausg. 15/1. 1963. E. Prior. 19/12. 1956. — C. **1962,** 630 [D. A. S. 1108224].)
2205 **N. V. de Bataafsche Petroleum Mij.,** Den Haag, Niederlande (Erfinder: **Richard Roy Whetstone** und **Alan Ramm Stiles**), *Herstellung insekticider Phosphorverbindungen.* (**Ind. P. 68856** vom 25/8. 1959. **Aust. P. 233568** vom 19/12. 1958, ausg. 25/5. 1961. A. Prior. 23/12. 1957. — C. **1962,** 9490 [F. P. 1217334].)
2206 **Farbenfabriken Bayer Akt.-Ges.,** Leverkusen, *Herstellung von ungesättigten Estern der Thiophosphorsäuren.* (**E. P. 879087** vom 16/7. 1959, ausg. 4/10. 1961. D. Prior. 13/8. 1958. — C. **1962,** 5819 [D. A. S. 1102138].)
2207 **Schering Akt.-Ges.** (Erfinder: **Horst Werres** und **Ernst Albrecht Pierch**), *Schädlingsbekämpfungsmittel.* (**Aust. P. 234449** vom 9/3. 1959, ausg. 27/7. 1961. D. Prior. 29/3. 1958. — C. **1961,** 7728 [D. A. S. 1098280].)
2208 **Montecatini Soc. Gen. per l'Industria Mineraria e Chimica,** übert. von: **Raffaello Fusco, Giuseppe Losco** und **Giorgio Rossi,** Mailand, Italien, *Schädlingsbekämpfungsmittel.* (**A. P. 3013940** vom 27/5. 1958, ausg. 19/12. 1961. It. Prior. 3/6. 1957. — C. **1962,** 3606 [F. P. 1208244].)

H_8. Metallurgie, Korrosion

2209 **Induzierte Polarisation und ihre Rolle bei der Untersuchung von Lagerstätten.** H. O. Seigel. (Canad. Mining metallurg. Bull. **55,** 242—49, 1962; engl.) — Überblick über die physikal. Grundlagen u. die Durchführung der Messungen. — 20 Literaturangaben. F. Vier. 6354◇

2210 **Elektromagnetische, magnetische und radiometrische Untersuchung der Erzlagerstätten Coronation, Saskatchewan, durch Hubschrauber.** Arthur R. Rattew. (Canad. Mining metallurg. Bull. **55,** 234—41, 1962; engl.) — Bericht über die Ergebnisse. F. Vier. 6354◇

2211 **Manganerz in Brasilien. Eigenbedarf und Ausfuhr.** Mário da Silva Pinto. (Bol. Geol. Metalurg. **16,** 7—91, 1 Tafel, 1961; port.) — Übersicht über das Vork. von Mn-Erzen in Brasilien u. die Verw. der Erze. — 36 Literaturangaben. R. K. Müller. 6354◇

2212 **Die Versuchsanlage der Abteilung für Bergbau der Provinz Quebec.** P. E. Pelletier, B. J. Walsh und J. P. Bolduc. (Canad. Mining metallurg. Bull. **55,** 224—27, 1962; engl.) — Beschreibung der Einrichtungen.
F. Vier. 6360◇

2213 **Die Auslaugung von Manganerzen durch Bakterien.** E. C. Perkins und Frank Novielli. (U. S. Dep. Interior, Bur. Mines, Rep. Invest. **1962,** Nr. 6102, 1—11, Boulder City, Nev., Bur. Mines; engl.) — Es wird über vorläufige Unterss. zur Aufarbeitung von geringhaltigen Mn-Erzen mit Hilfe der Auslaugung u. Konzentrierung durch Bakterien berichtet. Verwandt wurden reine Kulturen, wobei die Spezies nicht bestimmt werden konnte. Aus Erzen mit Mn-Geh. zwischen 2,0—32,7% wurden 71,7—92,5% extrahiert; die Prodd. enthielten > 48% Mn. Die Nährbedingungen u. die Auslaugungszeit wurden bestimmt. Wenn der Auslaugungsvorgang bis jetzt auch noch nicht verstanden werden konnte, ist er doch verschieden von dem, der bei der Auslaugung von Cu in Ggw. von Sulfidmineralen abläuft. — 31 Literaturangaben. J. Heinze. 6360◇

2214 **Schwefeldioxid als Ersatz für Natriumsulfit bei der Sulfid-Flotation.** F. W. Matthews und D. Raicevic. (Canad. Mining metallurg. Bull. **55,** 256—58, 1962; McMasterville Quebec., Canadian Industries Ltd.; engl.) — Am Beispiel der Trennung von *Cu* u. *Zn* beim Geco-Erz durch Flotation wird gezeigt, das ein äquivalenter Betrag von SO_2 u. Na_2CO_3 Na_2SO_3 ersetzen kann.
F. Vier. 6362◇

2215 **Wärmebild des Hochofenganges.** Jean Comte. (Métallurgie Construct. mécan. **94,** 211—29, 335—45, 1962; Nancy, École Nat. Sup. de la Métallurgie et de l'Ind. des Mines; franz.) — Berechnungen u. Aufstellungen von Wärmebilanzen für den laufenden Hochofenbetrieb von den in verschiedenen Ofenzonen ablaufenden Prozessen. Aufstellung von graph. Darstellungen.
H. Hochstein. 6370◇

2216 **Verwendung von geschmolzener Abfallschlacke zur Erhöhung der Haltbarkeit der feuerfesten Auskleidung von Gießpfannen.** Alfred D. Gate. (Electr. Furnace Conf. Iron Steel Divis., metallurg. Soc. Amer. Inst. Mining, metallurg., Petroleum Engr., Proc. 1961 **19,** 463—70, 1962; Beverly, O., Interlake Iron Corp.; engl.)
F. Hochstein. 6370◇

2217 **Eine Untersuchung über das Einblasen von Koksofengas in einen amerikanischen Hochofen.** Leo Walter. (Gas & Coke **25,** 78—79, 1963; engl.) — Steigerung der Roheisengewinnung um 9,5% unter gleichzeitiger Verminderung des Koksverbrauches um 12,4%. Von den insgesamt in den Hochofen eingeblasenen Gasen machte das Koksofengas etwa 4% aus unter Aufrechterhaltung einer Temp. von 1500 °F. Der im Koksofengas enthaltene H_2 wird zu 40% zur Red. des Erzes ausgenutzt.
F. Rosendahl. 6370△

2218 **Natur und Wirkungen der flüchtigen Bestandteile der in den Hochöfen von Monlevade verwendeten Pflanzenkohle.** Joaquim Burrel und Janusz Wscieklica. (Bol. Assoc. brasil. Metais **17,** 645—66, 1961; Monlevade, Minas Gerais, Comp. Siderúrg. Belgo-Mineira; port.) — Von den aus dem Hochofen austretenden Gasen entstammen im Mittel 4,8% den flüchtigen Bestandteilen der im Hochofen verwendeten Holzkohle mit 9,5 (%) CO_2, 16,3 CO, 67,0 H_2 u. 7,2 KW-Stoffen. Sie sind prakt. ohne Einfl. auf die Wärmebilanz. — Diskussion.
R. K. Müller. 6370◇

2219 **Erfahrungen mit Erdgas, besonders beim Mischen mit Hochofen-Gichtgas und Generator-Kaltgas.** Alois Vacek. (Stahl u. Eisen **83,** 25—30, 1963; Donawitz; dt.) — Die Umstellung einer Hüttenwerksbrennstoffversorgung durch Verwertung von Erdgas wird erörtert u. es wird von den Betriebszahlen eines Hüttenwerkes bei Verw. von Niederdruck-Erdgas u. von Mischgas (Erdgas-Generatorgas mit 1900 kcal/Nm^3; Erdgas-Hochofengichtgas mit 1200 kcal/Nm^3) berichtet.
H. Hochstein. 6370◇

2220 **Brennöleinspritzung bei Margam.** K. C. Sharp. (Iron Steel Inst., spec. Rep. **1962,** Nr. 72, 31—37 ,Diskussion 72—86; Port Talbot, Steel Co. of Wales; engl.) — Öleinspritzverss. am Hochofen Nr. 1 auf dem Hochofenwerk Margam werden zusammen mit den hierbei erreichten Betriebsergebnissen beschrieben. Die Einspritzvorr. wird erläutert. Es zeigt sich, daß ohne Beeinträchtigung des Ofenganges 25—28 gal/t Roheisen eingespritzt werden können, wodurch bis zu 2 cwt/t Roheisen-Koks ohne merkliche Erhöhung der Windtemp. ersetzt werden. H. Hochstein. 6370◇

2221 **Einfluß einiger Faktoren auf die Intensität des Sinterns von Hämatitfeingut.** Tharcisio D. de Souza Santos und Juan Figueroa Vera. (Bol. Assoc. brasil. Metais **17,** 989—1015, 1961; São Paulo, Univ., Esc. Politécn; port.) — Vgl. C. **1963,** 13731. — Beim Sintern von gepulvertem Hämatit mit Kohlenstaub (**I**) bei Zusatz von 20% Vorsinter wird ein Maximum des spezif. Vol. des Prod. bei einem bestimmten Wassergeh. festgestellt, das um so höher ist u. bei um so größerem Wassergeh. auftritt, je höher der **I**-Anteil ist (4 bis 14% **I**). Die Sinterausbeute nimmt mit der **I**-Menge zu, bei Verarbeitung von Hämatit ohne Vorsinterzusatz langsamer; sie erreicht ein Maximum von 84% bei 9% bzw. von 79% bei 10% **I**. Wenn ein Ausgangsgemisch mit p% Feingut $< 4{,}7$ mm verarbeitet wird, ist die Sinterintensität durch einen Index $I = 100-2\,(p-5)$ gekennzeichnet. Diskussion. R. K. Müller. 6378◇

2222 **Kinetik der Vakuum-Induktion-Feinungstheorie.** E. S. Machlin. (Trans. metallurg. Soc. AIME **218,** 314 bis 326, 1960, herausgeg. 1961; New York, N. Y., Columbia Univers.; engl.) — Die Kinetik der Vakuum-Destillation, der Vakuumschmelz-Oberflächenrkk., der Tiegelschmelz-Oberflächenrkk. u. des Kochens wird analyt. untersucht. Bei Verw. eines Strömungs-Modells zwecks experimenteller Ermittlung des Verh. der Schmelze in der Nähe der Rk.-Oberflächen werden im Vgl. zu den theoret. Folgerungen keine wesentlichen Abweichungen erhalten. H. Hochstein. 6380◇

2223 **Extraktionsmetallurgie.** K. W. Downes. (Chem. in Canada **14,** Nr. 10, 40—42, 1962; Ottawa, Dep. of Mines and Techn. Surveys, Mines Branch, Extract. Metallurgy Div.; engl.) — Mehrere Verff. der Extraktionsmetallurgie werden beschrieben. (Fällung von Nb_2O_5, Herst. von *Cs* u. Unterss. der Metallsulfate.) W. Wesly. 6380◇

2224 **Die Gewinnung von Schwermetallen, insbesondere von Uran, aus armen Erzen mit Hilfe von Chlorgas.** 1. Mitt. Walther Kangro. (Z. Erzbergbau Metallhüttenwes. **16,** 107—12, 1963; Braunschweig, T. H.; dt.) — Nach Erörterung der allgemeinen Bedingungen, unter denen Metalloxide mit Cl_2-Gas allein unter Bldg. von Cl-Verbb. verflüchtigt werden können, werden die Gleichgewichte von *U-Oxiden* mit Cl_2 bei höheren Temp. behandelt u. Messungen dieser Gleichgewichte beschrieben. Danach kann die Chlorierung von U-Oxiden erst über 1000° mit brauchbaren Geschw. u. Ausbeuten durchgeführt werden. Die von außen zuzuführende Rk.- u. Verdampfungswärme von UO_2Cl_2 beträgt etwa 92 kcal/kg U aus Mischoxiden. Die Weiterverabeitung der Metallchloride u. die Rückgewinnung von Cl_2 werden kurz besprochen. Die Chlorier-Verff. ermöglichen es, alle im Erz befindlichen Metalle, einschließlich *Fe* aufzuschließen u. so auch metallarme Erze rentabel aufzuarbeiten. F. Vier. 6380◇

2225 **Anreicherung armer- und Quarzsande mittels Formton und Vorteile dieses Verfahrens.** Jan Cichy und Zdzisław Wertz. (Przegląd Odlewnictwa **11,** 257—62, 1961; pol.) — Magersand kann durch Zusatz von 2—4% Formton (als wss. Suspension) verbessert werden u. ist dann auch zum Gießen großer Gußstücke geeignet. Quarzsand benötigt mehr (8%) Formton u. erhält damit die Eigg. einer synthet. Formmasse. F. Urban 6382◇

2226 **Erfahrungen in der Entwicklung der Technologie einiger Präzisionsgußstücke.** Károly Karácsony. (Kohászati Lapok [Ung. Z. Hüttenwes.] **96,** Nr. 1, Öntöde **14,** 8—15, 1963; ung.) — Im Rahmen einer allg. Besprechung der Gießtechnologie gibt Vf. einige Beispiele aus der Betriebspraxis, um die Entw.-Meth., die vorkommenden Fehler u. Vermeidung letzterer zu erklären. Beschreibung des Pressens der Wachsmodelle, Glühen der Formen u. die wichtige Rolle der Ausschußanalyse. L. Zombory. 6382△

2227 **Schleudergußverfahren.** J. Cumberland. (Brit. Foundryman **56,** 26—46, 1963; Suthon-in-Ashfield, Sheepbridge Alloy Castings Ltd.; engl.) — Überblick über Entw. u. den derzeitigen Stand der Schleudergießtechnik. 15 Literaturangaben. H. Hochstein. 6382◇

2228 **Heizelemente für höhere Temperaturen.** D. M. Dovey. (Alloy Metals Rev. **10,** Nr. 105, 2—12, 1962; EFCO Furnaces Ltd.; engl.) — Die Eigg. von *Nb, Mo, Graphit, Ta* u. *W* u. ihre Verw.-Möglichkeiten als Heizleiter in elektr. Öfen werden erörtert. 13 Literaturangaben. F. Vier. 6388◇

2229 **Experimentelle Untersuchung der Reduktion von Eisenerz-Agglomeraten durch ein Gas im Gegenstromverfahren.** G. Bonnivard und A. Rist. (Rev. Métallurgie **59,** 401—15, 1962; Maizières-les-Metz u. St.-Germain-en-Laye, IRSID; franz.) — Entwickelt wird eine Vers.-App., in der ein Gegenstrom von Fe-Oxiden u. von reduzierendem Gas bei 900° zwecks Unters. der sich im Dauerbetrieb einstellenden Red. von Fe-Erzen bewirkt werden kann. Durch Regelung der Vers.-Bedingungen kann in dieser-App. der Red.-Verlauf in einem Schacht von industriellen Abmessungen ident. reproduziert werden. Die an reichen u. armen Agglomeraten ausgeführten Verss. werden miteinander verglichen, u. es erscheint möglich, mittels analoger Verss. mit Genauigkeit die Reduzierbarkeit eines Erzes für einen gegebenen Verwendungszweck zu bestimmen u. dabei den Einfl. der Hauptfaktoren der indirekten Red. zu ermitteln. H. Hochstein. 6390◇

2230 **Untersuchung über die Bildung braunroter Dämpfe durch Auftreffen eines Sauerstoff-Strahles auf die Oberfläche eines schmelzflüssigen Metalls.** G. Urbain. (Rev. Métallurgie **59,** 725—32, 1962; St.-Germain-en-Laye, IRSID; franz.) — Die Bldg. der braunroten Dämpfe beim Auftreffen eines O_2-Strahles auf die Oberfläche von geschmolzenem *Fe* wird durch Verdampfung von Fe bei 2000—2300° u. anschließende Oxydation der verdichteten Fe-Dämpfe erklärt. 21 Literaturangaben. H. Hochstein. 6390◇

2231 **Beitrag zur Untersuchung der basischen Siemens-Martin-Schlacken. Basengrad und Oxydationsvermögen.** G. Husson. (Rev. Métallurgie **59,** 603—30, Juli/Aug. 1962; IRSID; franz.) — Die Löslichkeitsgrenze von *CaO* in bas. Siemens-Martin-Schlacken wird bestimmt u. Angaben über Schwankungen des Oxydationsvermögens solcher Schlacken in Abhängigkeit von der Schlackenzus. gemacht. Die Schlackenbldg. im Verlauf einer Schmelzung im Siemens-Martin-Ofen wird erörtert u. Beschaffenheit u. Desoxydation der Endschlacke behandelt. Nach dem Abschlacken kann der Oxydationszustand der Frischschlacke durch einfaches Zusetzen von *CaO* auf sein Minimum zurückgebracht werden. Die Auswrkg. des *FeO*-Geh. in der Schlacke auf das Oxydationsvermögen wird erörtert. 19 Literaturangaben. H. Hochstein. 6390◇

2232 **Einsatz von Dolomit bei der Erzeugung von Stahlroheisen und seine Auswirkung auf die Verwendbarkeit der Stahlroheisenschlacke als Straßenbaustoff.** Otto Steinhauer und Wolfgang Schaefers (Stahl u. Eisen **83,** 17—25, 1963; Duisburg-Huckingen, Mannesmann AG; dt.) — Der Einfl. des höheren MgO-Geh. auf metallurg. Kennzahlen u. mechan. Eigg. der Schlacke wird bei stufenweisem Ersatz von *Kalkstein* durch *Rohdolomit* bis zu 70% des Flußmitteleinsatzes bis zum vollständigen Ersatz von Kalkstein untersucht. Der Ersatz von kalkbas. Sinter (Kalksinter) durch dolomit. bas. Sinter (Dolomitsinter) u. die Änderung von Hochofenbetriebszahlen u. der Einfl. des Ersatzes auf die Entschwefelung werden festgestellt. Das Fließvermögen u. die chem. Zus. der erhaltenen Hochofenschlacken werden mitgeteilt u. die mechan. Eigg. der Hochofenschlacken ermittelt. H. Hochstein. 6400◇

2233 **Thermische Schnellanalyse als Mittel zur Überwachung der Gußeisenqualität.** R. Jelley und J. G. Humphreys. (Brit. Foundryman **55,** 1—7, 1962; Wellingborough, Morris Motors Ltd., Nuffield Foundry; engl.) — Die Liquidustemp. dient als Kennzeichen für das C-Äquivalent ($\%\,C_{ges} + {}^1/_4\%\,Si + {}^1/_2\%\,P$) in untereutekt. Gußeisen. Die Liquidustemp. wird nach dem

Verf. der therm. Analyse an Gußeisen aus dem Kupol- u. dem Induktionsofen ermittelt. Die aus der Liquidustemp. ermittelte Zus. wird mit den Analysenergebnissen verglichen. Der Einfl. von Pfannenzusätzen auf die Menge der eutekt. Zellen u. die Weißerstarrung wird festgestellt. H. Hochstein. 6402

2234 **Entschwefelung von Gußeisen.** N. Volianik. (Rev. Métallurgie **59,** 739—50, 1962; Paris, Centre techn. des Ind. de la Fonderie; franz.) — Übereutekt. Gußeisen mit S-Geh. bis zu 0,005% u. hohen Festigkeitseigg. wird durch eine besondere Entschwefelungsbehandlung in einer Pfanne erzielt, bei der schmelzfl. Gußeisen unter Hindurchperlenlassen eines Gases, z. B. Luft oder N_2, mit CaC_2 reagiert. Hierbei wird das Gefüge des Gußeisens entscheidend beeinflußt; die perlit. Grundmasse verschwindet u. macht einer ferrit. Grundmasse Platz. Dabei wird der lamellare Graphit vom Typ A in einen solchen vom Typ D umgewandelt. Nach der Entschwefelung werden im Gußeisen eine Zunahme des *N*-Geh. u. eine Verbesserung der Zug- u. Schlag-Festigkeit festgestellt. H. Hochstein. 6402◇

2235 **Beitrag zur Entwicklung eines hochfesten unlegierten Gußeisens.** Kurt Bandow und Karl Wagner. (Gießerei **48,** 368—76, 28/6. 1962; Eßlingen (Neckar), Maschinenfabrik Eßlingen; dt.) — Mitgeteilt wird der Gattierungsaufbau bei der Herst. von unlegiertem Sondergußeisen, das eine Verbesserung der bisherigen Gußeisenqualitäten hinsichtlich Erhöhung der Zugfestigkeit um 20—30%, Gleichmäßigkeit der Festigkeitswerte in verschiedenen Wanddicken, eines aus feinstreifigem Perlit bestehenden Gefüges, hauptsächlich mit A-Graphitausbldg., einer in geringerem Maße wanddickenabhängigen Brinellhärte, eines höheren Reifegrades, einer niedrigeren relativen Härte sowie einer besseren Bearbeitbarkeit darstellt. Außerdem sind alle Gußstücke feinkörnig u. dicht. Das Eisen kann mit u. ohne Nachimpfung vergossen werden. H. Hochstein. 6402□

2236 **Erfahrungen in der Herstellung von Sondergußeisen in verschiedenen Schmelzöfen.** T. I. Jones. (Brit. Foundryman **55,** 13—28, 1962; Ferranti Ltd.; engl.) — Die Betriebserfahrungen mit dem Erschmelzen von üblichem u. beispielsweise nichtmagnetisierbaren hochlegierten Gußeisen mit lamellarem u. mit Kugel-Graphit durch *Ce*-Behandlung in verschiedenen Schmelzöfen, so z. B. im Kupolofen mit Zuführung von mit an O_2 angereichertem Wind, werden mitgeteilt u. Angaben über die Zugfestigkeitseigg. u. die Kerbschlagzähigkeit des Sondergußeisens gemacht. 21 Literaturangaben. H. Hochstein. 6404◇

2237 **Verbesserung des Verfahrens zur Erzeugung von Kugelgraphitgußeisen.** Mieczysław Pachowski. (Przegląd Odlewnictwa **11,** 262—68, 1961; pol.) — Durch Eingießen des geschmolzenen Fe direkt aus dem Kupolofen in einen abgedichteten Trommelkonverter, in dem Mg vorgelegt ist, kann die Ausnutzung des Mg von 16 auf 48% verbessert werden. Die Rk. von Mg mit Fe verläuft unter diesen Umständen nicht so heftig. F. Urban. 6404◇

2238 **Entwicklungsarbeiten im Jahre 1962 auf dem Gebiete der Stahlerschmelzung.** Wolfgang Küntscher, Rolf Peters und Karl Ludwig Kiesel. (Neue Hütte **8,** 333—39, 1963; Hennigsdorf bei Berlin; Eisenforschungsinst.; dt.) M. Gehlen-Keller. 6408◇

2239 **Untersuchung der Veränderungen des Wasserstoffgehaltes von Stahl während seiner Herstellung nach dem Duplex-Verfahren in einem sauren Konverter und im basischen Elektroofen.** A. Isaia, A. Ricci und G. Timo. (Rev. Métallurgie **59,** 733—38, 1962; Aoste, Nazionale Cogne; franz.) — Die bei dem in einem sauren Bessemer-Konverter u. anschließend im bas. Elektroofen durchgeführten Duplex-Verf. im Stahl auftretenden H-Geh. werden, getrennt nach den einzelnen Verf.-Stufen, wie Umwandlung im Bessemer-Konverter, Voroxydations- u. Oxydationsstufe, Desoxydationsstufe, Abkühlung in der Blockkokille, in graph. Aufzeichnung mitgeteilt u. die Faktoren, die den End-H-Geh. im Stahl beeinflussen, werden besprochen. H. Hochstein. 6408◇

2240 **Thermodynamische Untersuchung des Systems FeO–MnO–SiO_2 und seine Anwendung auf die Desoxydation.** R. Scimar. (Rev. univ. Mines, Métallurgie, Mécan., Trav. publ., Sci. Arts appl. Ind. [9] **18** (**105**), 602 bis 611, 1962; C. N. R. M.; franz.) — Unter Anwendung der Gesetze der Thermodynamik auf experimentell gefundene Angaben aus der Literatur werden Form u. Lage der Isoaktivitätslinien von *FeO, MnO* u. SiO_2 in diesem tern. Syst. bestimmt. Darauf wird gezeigt, daß es bei Anwendung der hierbei gewonnenen Erkenntnisse über das Gleichgew. zwischen fl. Stahl u. den Desoxydationsschlacken möglich ist, quantitative Voraussagen über den Einfl. von *Mn*- u. *Si*-Zusätzen auf die Stahlzus. zu machen. 19 Literaturangaben. H. Hochstein. 6408◇

2241 **Bestimmung von Stickstoff und Identifizierung von Aluminiumnitrid in Stahlformguß.** Vsevolod Kuhn und Pierre Detrez. (Mém. sci. Rev. Métallurgie **59,** 405—15, 1962; Paris, Centre techn. des Ind. de la Fonderie; franz.) — Vgl. C. **1963,** 12193. — Da der Stahlformguß meistens mit Al beruhigt wird, ist in ihm *AlN* nach der Meth. von Beeghly bestimmt u. mittels der Röntgenbeugungsmeth. sowie der elektron. Mikrosonde-Meth. von Castaing identifiziert worden. Außerdem wurde in handelsüblichen Stählen die *Al*-Verteilung bestimmt. Der Einfl. von AlN auf das Wachsen des austenit. Kornes wurde überprüft u. dabei festgestellt, daß das Wachstum des Austenitkornes von Stahlformguß vom *N*-Geh. unterhalb von 1000° nicht abzuhängen scheint, jedoch oberhalb von 1000° von der Ggw. von AlN abhängt. H. Hochstein. 6408◇

2242 **Einfluß von Schwefel auf das Korn von extra weichem Stahlguß nach einer Desoxydation mit Aluminium.** M. Dimitri Papazoglou. (Fonderie **1962,** 174—84, Mai; Soc. des Automobiles Peugeot; franz.) — Es wird nachzuweisen versucht, in welchem Maß die verschiedenen üblichen Desoxydationsmittel u. die Veränderungen der S-Geh. im Stahl einen Einfl. auf die Korntextur von Stahlguß haben. In gewissen Fällen tritt der Bruch auf einem durchgehenden *MnS*-Gitter auf. Mkr. zeigt sich, daß der Bruch an den während der Erstarrung gebildeten Austenitkorngrenzen auftritt u. sein Aussehen darauf schließen läßt, daß er von der Erstarrung einer an S- u. *Mn*-reichen eutekt. Fl. herrührt. Es scheint nicht, daß *Al* oder verschiedene andere Desoxydationsmittel (*Silicocalcium-Aluminium, Silicocalcium, Ferrosilico–Titan–Bor, Ferroaluminium* u. *Mischmetall*) für den Abfall der Kerbschlagzähigkeit infolge der Bldg. von Sulfiden verantwortlich sind. Sobald der O-Geh. der Schmelze unter einen bestimmten Wert fällt, wird die Erstarrung der Sulfide verändert. Ein Stahl mit einem sehr niedrigen S-Geh. behält selbst nach einer vollständigen Desoxydation einen sehr formbaren Bruch bei. Es wird zur Qualitätsverbesserung empfohlen, eine wirksame Entschwefelungsbehandlung bereits in der ersten Stufe vorzunehmen. H. Hochstein. 6408◇

2243 **Untersuchung der Gußstruktur eines stark konischen 49 t-Schmiedeblocks.** K. Skuin, K. L. Kiesel, W. Pabst, O. Liebscher und K. Rockstroh. (Neue Hütte **7,** 408—11, Juli 1962; Hennigsdorf bei Berlin, Eisen-Forsch-Inst. u. Gröditz, VEB Stahl- u. Walzwerk; dt.) — Bei der Unters. des neuen Schmiedeblocks aus Stahl *40 Mn 4* mit einer Konizität von 12% u. einer größeren Haube (21% der Gesamtblockmasse) ergaben sich im Vgl. zu 45 t-Blöcken mit 6,55% Konizität u. einer kleineren Haube (15% der Gesamtblockmasse) folgende Vorteile: Die *Λ*-Seigerungen lagen im Nutzblock weiter außen u. Sekundärlunker fehlten. Die Schwindungsrisse waren sehr fein. H. Hochstein. 6408◇

2244 **Einige Aspekte des Problems der Einschlüsse in Stählen.** Jorge do Amaral Cintra. (Bol. Assoc. brasil. Metais **17,** 935—45, 1961; São Paulo, Esc.Politécn.; port.) — Übersicht über Ursprung, Nachw. u. Analyse von nichtmetall. Einschlüssen in Stahl, ihre Verteilung, ihren Einfl. auf die Dauerfestigkeit u. ihre Klassifizierung. — 13 Literaturangaben. R. K. Müller. 6408◇

2245 **Metallurgische Einflüsse auf das Härtungsverhalten von Stahl.** H. J. Spies. (Technik **17,** Nr. 6, Stahlberatungs-

stelle, Mitt. Nr. **30**, 1—12, Juni 1962; Eisenforsch.-Inst. WTZ VVB Stahl- u. Walzwerke Freiberg/Sa.; dt.) — Die während der Erzeugung u. Verarbeitung von Stahl wirksam werdenden u. jeder Schmelze eine arteigene Härtbarkeit verleihenden Einfl. sind bes. von der Desoxydation abhängig. Diese arteigene Härtbarkeit kann durch das Ausgangsgefüge u. die Vorgänge bei der Härtung in bestimmten Grenzen verändert werden, dabei ist der Einfl. vom Ausgangsgefüge stark vom legierungsbedingten Umwandlungsverh. der einzelnen Stähle abhängig. Das zur Gewährleistung einer guten Verarbeitbarkeit geforderte gleichmäßige Härtungsverh. wird nicht allein durch eine Gleichmäßigkeit in der chem. Zus., sondern auch durch andere Faktoren, wie garantierte Korngröße, Gewährleistung eines bestimmten Härtbarkeitsstreubandes, kontrollierte Austenitkorngröße erreicht. Eine weitere Möglichkeit zur Verbesserung der Gleichmäßigkeit im Härtungsverh. besteht in einer Schmelzenauswahl in Verbindung mit der Schmelzenvorprüfung. — 17 Literaturangaben.
H. Hochstein. 6408□

2246 **Vorarbeiten zur Entwicklung des hochfesten Baustahls St 80/100.** Stefan Kronmarck. (Neue Hütte **7**, 403—07, Juli 1962; Hennigsdorf bei Berlin, Eisen-Forsch.-Inst.; dt.) — Zur Entw. eines schweißbaren, möglichst niedrig legierten Baustahls (0,16—0,22[%] *C*, 1,25—1,40 *Cr*, 0,25—0,40 *Mo*, 0,10—0,15 *V*, 1,00—1,20 *Si*, 1,40—1,60 *Mn*) mit einer Mindeststreckgrenze von 80 kg/mm^2 werden im 25 kg-Vakuum-Induktionsofen Vers.-Schmelzen hergestellt, die zu Flachstahl ausgewalzt wurden. Die Auswertung ergab eine Richtanalyse für zu erschmelzende Großchargen. Neben der günstigsten chem. Zus. ist auch die Ermittlung der optimalen Walzendtemp. von Bedeutung. — 15 Literaturangaben.
H. Hochstein. 6408◇

2247 **Untersuchung des Einflusses der Zusatzelemente auf die magnetischen Eigenschaften der Schmiedestähle.** M. Toitot, C. Roques und P. Bastien. (Rev. Métallurgie **59**, 631—37, Juli/Aug. 1962; Soc. des Forges et Ateliers du Creusot; franz.) — Auf Grund von Unters.-Ergebnissen über den Einfl. der Zusatzelemente (*C, S, Mn, Ni, Cr, Mo*) in geschmiedeten *Cr–Mo-*, *Ni–Mo* u. *Ni–Cr–Mo*-Stahllegg. wird zur Verbesserung der magnet. Eigg. der Stähle eine Herabsetzung der Geh. an C u. Mn u. eine Erhöhung des Ni-Geh. bis auf 4% ohne Veränderung der Si- u. Mo-Geh. empfohlen. Cr übt in dieser Hinsicht einen ungünstigen Einfl. aus; sein Zusatz dient in vielen Fällen jedoch der Verbesserung der Festigkeitseigenschaften. Jedoch kann anstelle von Cr auch ein *V*-Zusatz die gleiche festigkeitsverbessernde Wrkg. ausüben.
H. Hochstein. 6410◇

2248 · **Einfluß der chemischen Zusammensetzung der gehärteten und niedrig angelassenen Stähle auf die Temperatur der extremen Werte der Streckgrenze und Kerbschlagzähigkeit.** Roman Šejnoha und Frantisek Pavelka. (Bergakademie [Freiberg] **14**, 631—36, 1962; Ostrau; dt.) — Durch Unters. des Zusammenhanges zwischen der Temp., bei der die Streckgrenze ihren höchsten, u. der Temp., bei der die Kerbschlagzähigkeit ihren niedrigsten Wert erreicht, ferner durch die Unters. u. die mathemat.-statist. Analyse der Wrkg. von einzelnen Elementen auf diese Temp. wird festgestellt, daß die Temp. der höchsten Streckgrenze im Bereich der sinkenden Kerbschlazähigkeit (ca. 50° über der Temp. höchster Kerbschlagzähigkeit) liegt. Zwischen der Temp. der höchsten Streckgrenze u. der Temp. der niedrigsten Kerbschlagzähigkeit wird eine statist. sehr bedeutende Korrelation festgestellt. Die Elemente, deren Einfl. untersucht wurde, ändern das Verhältnis zwischen den beiden Temp. prakt. nicht; sie erniedrigen (*C*) bzw. erhöhen (am deutlichsten *Si*, dann *Mn, Co, Ni* u. wahrscheinlich auch *Mo*) beide Temp. in ähnlicher Weise. Da die Änderungen der Anlaßtemp. höchster Streckgrenze u. die der Anlaßtemp. niedrigster Kerbschlagzähigkeit so eng miteinander verbunden sind, wird vorausgesetzt, daß im Bereich höchster Streckgrenze dieselben Faktoren einen überwiegenden Einfl. auf die Änderungen der Streckgrenzen haben, die in der dritten Anlaßstufe die Kerbschlagzähigkeit beeinflussen. Unter üblichen Umständen ist das Anlassen auf die höchste Streckgrenze ungeeignet, weil ein solches Anlassen eine Verschlechterung der Kerbschlagzähigkeit bewirkt.
H. Hochstein. 6410◇

2249 **Untersuchung über das Hochtemperatur-Verhalten von Stählen.** 1. Mitt. **Der Einfluß von Al auf die Eigenschaften von kohlenstoffreichem Chromstahl.** Kunio Kusaka, Kunihiro Tsurumi und Makoto Osawa. (Nippon Kinzoku Gakkai-Si [J. Japan Inst. Metals] **26**, 647—51, 1962; Tokyo, Tokushu Seiko Co., Ltd. Labor.; jap., Auszug: engl.) — Unterss. über den Einfl. von *Al* auf die Eigg. von Stählen mit 1(%) *C* u. 1,4 *Cr* zeigen, daß der krit. Punkt mit dem Al- u. *Si*-Geh. steigt. Eine Härte von 65 Rockwell-C ergibt sich bei Ölabschrekkung von Stahl mit 1 Al bei 840° u. von Stahl mit 1 Al u. 1 Si bei 870°. Die Geschw. der Erweichung mit der Temperungstemp. fällt bei 200—350° u. hängt vom Al-Geh. ab. Die Temp., bei der Kontraktion auftritt, steigt mit dem Geh. an Al oder Si. Die Arbeitstemp. kann durch Steigerung des Al-Geh. von 0,02 auf 1,0% um ca. 50—100° erhöht werden.
W. Wesly. 6410◇

2250 **Einfluß eines Umschmelzens im Vakuum-Lichtbogenofen auf die Eigenschaften hochfester Baustähle für die Flugzeugindustrie.** Heinz-Günther Brandt, Bertil Reichmann und Franz Sperner. (Stahl u. Eisen **83**, 30—36, 1963; Witten, Gußstahlwerk Witten AG. u. Hanau, W. C. Heraens; dt.) — Die Eigg. an Luft erschmolzener u. im Vakuum-Lichtbogenofen umgeschmolzener hochfester Stähle für den Flugzeugbau werden miteinander verglichen. Die Stähle hatten folgende chem. Zus.: 1. 0,3(%) C, 2 Cr, **0,35 Mo** u. **1,9** Ni; **2.** 0,35 C, 0,8 Cr, 0,45 Mo, 1,85 Ni u. 0,25 V u. **3.** 0,4 C, 1,25 Cr, 1 Mo, 1,65 Ni u. 0,3 V. Das Umschmelzen im Vakuum bewirkt einen hohen Reinheitsgrad der Stähle. Oxid. Einschlüsse u. die O- u. N-Geh. werden wesentlich verringert, während der Geh. an sulfid. Einschlüssen nicht in gleichem Maße abnimmt. Bei Querproben werden Bruchdehnung u. Brucheinschnürung wesentlich besser. Auch bei der Kerbschlagzähigkeit ober- u. unterhalb der Raumtemp. wird ein günstiger Einfl. des Umschmelzens im Vakuum beobachtet. Größere Unterschiede ergeben sich für die Biegewechselfestigkeit, bes. bei der Unters. glatter u. gekerbter Querproben. Es werden Angaben über die Zunahme der Biegewechselfestigkeit mit steigender Vergütungsfestigkeit der im Vakuum erschmolzenen Stähle an Quer- u. Längsproben gemacht. Diskussion.
H. Hochstein. 6410◇

2251 **Untersuchungen zur Gewinnung von Zink durch Schmelzflußelektrolyse.** Roland Kammel. (Z. Erzbergbau Metallhüttenwes. **16**, 113—22, 1963; Aachen, TH; dt.) — Überblick. Es zeigt sich, daß die Verarbeitung von $ZnCl_2$-Abfällen u. sulfid. Zn-Konzentraten wirtschaftlich vorteilhaft ist. — 44 Literaturangaben.
F. Vier. 6426◇

2252 **Thermodynamische Untersuchung der bei der Entzinkung von Blei durch Chlorgas stattfindenden Vorgänge.** Z. Horváth und J. Wéber. (Acta techn. Acad. Sci. hung. **33**, 27—52, 1961; Miskolc, Hungary, Univ. for Heavy Ind., Dep. for Non-Ferrous Metallurgy; engl.) — Für die beim Entzinken von Pb mit Cl_2 nach dem Betterton-Verf. bei 320—440° ablaufenden Rkk. Zn (fl., gelöst in Pb) + Cl_2 (gasförmig) → $ZnCl_2$ (fl., gelöst in $PbCl_2$), Pb (fl., mit Zn-Geh.) + Cl_2 (gasförmig) → $PbCl_2$ (fl., gelöst in $ZnCl_2$) u. Zn (fl., gelöst in Pb) + $PbCl_2$ (fl., gelöst in $ZnCl_2$) → Pb (fl., mit Zn-Geh.) + $ZnCl_2$ (fl., gelöst in $PbCl_2$) wurden die thermodynam. Normalpotentiale, die Aktivitäten des Zn für verschiedene Konzz. von Zn im Bleibad sowie das Verhältnis der Aktivitäten von $ZnCl_2$ u. $PbCl_2$ in der aus je 50 Mol-% $ZnCl_2$ u. $PbCl_2$ bestehenden Chloridschlacke berechnet. Unter der Voraussetzung des idealen Verh. in der Chloridschlacke wurden die thermodynam. Potentiale der Rkk. bei einem Cl_2-Partialdruck von 0,15 atm u. aus deren Änderung mit log X_{Zn} die Zus. des zum Anlaufen der Chlorierung gehörenden Gleichgew.-Bleibades bestimmt. Aus den Unterss. geht hervor, daß der Betterton-Prozeß bei der tiefsten möglichen Temp. am günstigsten abläuft.
Wolfgang Krüger. 6430◇

2253 **Korngrenzenwanderung von sehr reinem Blei während des Kriechens und des Kornwachstums.** R. C.

Gifkins. (Trans. metallurg. Soc. AIME **218**, 1119—20, 1960, herausgeg. 1961; engl.) — Diskussion zu der C. **1963**, 1048 referierten Arbeit. M. Gehlen-Keller. 6430◇

2254 **Über das kupferseitige Phasendiagramm und die Ausscheidungshärte-Eigenschaften von Cu–Co_2Si-Legierungen.** Hisasuke Takeuchi und Tadatoshi Toda. (Nippon Kinzoku Gakkai-Si [J. Japan Inst. Metals] **26**, 570—75, 1962; Hitachi, Hitachi Res. Labor., Ltd.; jap., Auszug: engl.) — Das Phasendiagramm von *Cu–Co_2Si*-Legg. (aus vakuumgeschmolzener Co_2Si-Leg. u. Elektrolyt-Cu) zeigt, daß die Legg. weniger als 5% Co_2Si als feste Lsg. enthalten. Die feste Löslichkeit von Co_2Si in Cu beträgt 2,3(%) bei 1050° 1,2 bei 1000° u. 1,0 bei 850°. Höchste mechan. Festigkeit erhält man durch 1std. Lösungsbehandlung bei 1000—1050° u. 1std. Alterung bei 500—550°. Die Konfiguration zugesetzter Elemente der 4% Co_2Si enthaltenden Leg. wird untersucht; gegossene u. gealterte Proben enthalten eine Co_2Si-Phase. W. Wesly. 6432◇

2255 **Der elektrische Widerstand bei hoher Temperatur, die kritische Abkühlungsgeschwindigkeit nach Lösungsbehandlung und die Vickers-Härte bei hoher Temperatur von Cu–Co_2Si-Legierungen.** Hisasuke Takeuchi und Tadatoshi Toda. (Nippon Kinzoku Gakkai-Si [J. Japan Inst. Metals] **26**, 576—79, 1962; jap., Auszug: engl.) — Vgl. vorst. Referat. — Unterss. über *Cu–Co_2Si*-Legg. zeigen, daß der elektr. Widerstand bei Temp. bis 600° keine diskontinuierliche Änderung aufweist; fließende Änderungen beruhen auf kontinuierlichen Ausscheidungen. Zur Ermittlung der krit. Abkühlungs-Geschw. bei Lösungsbehandlung der 4% Co_2Si enthaltenden Leg. werden die C-Kurven (isotherm. Behandlung u. Alterung) bestimmt. Die Spitze der C-Kurve liegt bei ca. 950°. Die Legg. mit 2,8 u. 3,6% Co_2Si zeigen die höchste Härte bei ca. 95°. W. Wesly. 6432◇

2256 **Betriebserfahrungen mit Quarzit-Stampfmassen in Induktionsöfen.** H. Töpfer. (Metall **17**, 321—23, 1963; Osnabrück, Osnabrücker Kupfer- und Drahtwerk; dt.) — Schmelzbetrieb eines NE-Metallhalbzeugwerkes mit Induktions-Rinnenöfen zum Schmelzen von *Cu* u. *Cu*-Legg. unter bes. Behandlung des Leg.-Wechsels. F. Vier. 6432◇

2257 **Regenerierung im Autoklaven von Ni- und Co-Hydroxid durch Wasserstoff.** G. N. Dobrochotow, N. I. Onutschkina und S. L. Ratner. (Nichteisenmetalle [UdSSR] **35**, Nr. 8, 44—47, 1962; russ.) — Die günstigsten Bedingungen der Red. von *Ni-* u. *Co-Hydroxiden* durch H_2 in Autoklaven sind eine Temp. von 200—250°, ein H_2-Partialdruck von 20—30 atü u. eine Behandlungsdauer von 1,0—1,5 Stunden. Die dabei erhaltenen Pulver sind feinkörnig. Sie besitzen eine hohe katalyt. u. eine niedrige zementierende Aktivität. Diese Eigg. hängen offenbar mit einer Veränderung der Kristallgitter-Parameter der Metalle zusammen. H. Hochstein. 6434◇

2258 **Die Bedeutung des Nickels als Legierungselement.** K. E. Volk. (Metall **17**, 124—31, 1963; Düsseldorf, Nickel Informationsbüro G. m. b. H.; dt.) — Die Rolle des Ni als Leg.-Element wird erörtert u. die wichtigsten Leg.-Syst. des Ni (*Fe–Ni, Cr–Ni* u. *Cu–Ni*) in ihrem Gefügeaufbau u. Eigg. behandelt. Ferner werden noch andere Ni-haltige Werkstoffgruppen (*Ni–Mo, Ni-Hard, Ni-Resist*, die nichtrostenden *Co–Ni-Stähle, Neusilber*) betrachtet, die von bes. techn. Bedeutung sind. H. Hochstein. 6434◇

2259 **Das Beryllium und seine Legierungen.** A. V. Fancis. (Métallurgie Construct. mécan. **95**, 529—31, 533, 535, 537, 539, 541, 543, 1963; franz.) — Überblick über Vork., Herst., Eigg. u. Verwendung. Legg. u. *Beryllide*. M. Gehlen-Keller. 6442◇

2260 **Einfluß geringer Kupfer- und Magnesiumzusätze auf die Rekristallisation von nach dem Schmelzzonenverfahren gereinigtem Aluminium.** C. Frois und O. Dimitrov. (Mém. sci. Rev. Métallurgie **59**, 643—48, 1962; Vitry-sur-Seine, Centre d'Études de Chimie Métallurg.; franz.) — Durch Verss. wird gezeigt, wie Verunreinigungen in fester Lsg. auf die Rekristallisation von Al einwirken. Zu diesem Zweck wurde ein nach dem Schmelzzonenverf. gereinigtes *Al* verwendet, dem kleine, bekannte Mengen an *Cu* u. *Mg* als Fremdelemente zugesetzt werden, die nur die Rekristallisation oberhalb einer bestimmten krit. Konz. beeinflussen u. deren Wert von der Natur des zugesetzten Elementes abhängt. Bei Konzz. oberhalb dieser krit. Grenze tritt eine Rekristallisation mit sehr unterschiedlichen Kennwerten auf. Andererseits entwickeln sich in der Nähe der krit. Konz.-Zone einzelne, eine bes. Orientierung zur Grundmasse aufweisende Kristalle mit derselben Wachstumsgeschw., wie sie in sehr reinem Al auftritt. Durch eine die Rk. zwischen den Fremdatomen u. der Rekristallisationszwischenfläche berücksichtigende einfache Theorie werden die Vers.-Ergebnisse erklärt. Diskussion. H. Hochstein. 6446◇

2261 **Vergleich des Wirkungsgrades von Chlor, Stickstoff und Chlor–Stickstoff-Gemischen bei der Entgasung einer Aluminium–Kupfer–Magnesium-Legierung.** G. D. Denyer. (Rev. Métallurgie **59**, 857—62, 1962; Banbury, Oxon, England, Aluminium Labor. Ltd.; franz.) — Aus Schmelzbehandlungsverss. bei der Herst. einer Al-Leg. mit 4,30(%) Cu, 0,75 Mg, 0,40 Fe, 0,80 Si, über 0,05 Zn, über 0,03 Pb + Bi über 0,05 Sn + Sb ergibt sich, daß Cl_2 eindeutig wirksamer als N_2 bei der Entgasung der Schmelze ist. Der Verlust an Mg im Verlauf der Entgasung ist von dem Geh. an Cl_2 in einem N_2–Cl_2-Gemisch sowie von der Badtemp. abhängig. H. Hochstein. 6446

2262 **Untersuchungen über die Hartflecken der Seigerung in Aluminium-Spritzgußlegierungen.** 2. Mitt. **Härtemessung und Analyse der chemischen Elemente der Hartflecken.** Torazo Uehara. (Light Metals [Tokyo] **12**, 195—201, 1962; Furuka wachuzo Co., Ltd.; jap., Auszug: engl.) — 1. vgl. C. **1963**, 8328. — Die Härte von Seigerungs-Hartflecken in *Al*-Spitzguß beträgt 110—220 Vickers-Härte, entsprechend dem 1,14 bis 1,67fachen der Härte der Grundmasse. Die Hartflecken enthalten 3,7—6,5(%) *Cu* u. 8,5—12,3 Si bzw. das 1,23—1,86fache des Cu-, 1,10—1,46-fache des Si-, 0,86—1,60fache des *Fe-*, 1,43fache des *Mg-* u. 1,09—1,27fache des *Zn*-Geh. der Grundmasse. W. Wesly. 6446◇

2263 **Differential-Thermoanalyse der Aluminiumlegierungen.** K. Wefers. (Aluminium **39**, 42—47, 1963; Bonn, Vereinigte Aluminium-Werke AG.; dt.) — Die Vorteile der DTA gegenüber der klass. Thermoanalyse werden erörtert. Eine App. zur Durchführung DTA kombiniert mit der therm. Analyse zur Unters. von *Al*-Legg., Rohstoffen u. Vorstoffen der Al-Herst. wird beschrieben u. eine Reihe von Anwendungsbeispielen gebracht. F. Vier. 6446◇

2264 **Die Untersuchung der Dichte, Zähigkeit und elektrischen Leitfähigkeit des Systems $TiCl_3$–$TiCl_2$–NaCl.** B. G. Korschunow und W. I. Ionow. (Hochschulnachr., Nichteisenmetallurgie [UdSSR] **4**, 102—06, 1961; Moskau, Inst. für chem. Feintechnol.; russ.) — Untersucht wurden die physikal.-chem. Eigg. der Schmelzen von Ti- u. Na-Chloriden, die als Elektrolyten bei der Raffination von *Ti* Verw. finden. Die Dichte u. elektr. Leitfähigkeit wurden bei verschiedenen Temp. zwischen 820° u. 1050° für verschiedene % von Ti bzw. $TiCl_3$, $TiCl_2$, NaCl ermittelt. W. Kundorf. 6448◇

2265 **Untersuchung über abschmelzelektrodelichtbogengeschmolzenes Timken-16-25-6.** Hidetake Kusamichi, Yoshiro Yagi und Syunji Yamamoto. (Nippon Kinzoku Gakkai-Si [J. Japan Inst. Metals] **26**, 635—39, 1962; Kobe, Steel Works, Ltd.; jap., Auszug: engl.) — Abschmelzelektrode-lichtbogengeschmolzene *Timken-16-25-6*-Barren werden unter *Ar* erzeugt. Die Schmiedeproben werden bei 700—1200° mit W. abgeschreckt u. zeigen nach Wärmebehandlung bei 800° maximale Härte u. bei 1100° völlige Erweichung. Luftgeschmolzene Proben haben eine gleichförmigere Ausscheidungsverteilung als lichtbogengeschmolzene Proben bei 15% Warmkaltbearbeitung bei 850°. Nach Lösungsbehandlung bei 1150° u. 24std. Alterung bei 700° besteht zwischen den Proben kein Unterschied mehr. Lichtbogengeschmolzene Proben haben größere Zug- u. Knickfestigkeit nach den beiden Behandlungen u. nach Warmkaltbehandlung größere Dehnung, Oberflächenverminderung u. Bruchzeit (bei Knickbruchprüfungen). W. Wesly. 6448◇

2266 **Untersuchungen über die Gewinnung von Tantal durch Elektrolyse geschmolzener Salze.** 2. Mitt. **Über die**

Ionenform und das Gleichgewicht des geschmolzenen Salzes. Toshiaki Iuchi und Kenji Ono. (Sci. Rep. Res. Inst. Tohoku Univ., Ser. A, **14,** 42—49, 1962; Res. Inst. of Miner. Dressing and Metallurgy; engl. — C. **1962,** 637.) P. Frenzel. 6448◇

2267 **Entwicklung eines Verfahrens zur vollständigen Extraktion von Germanium aus Rußproben von Wärmekraftwerken.** George Soares de Moraes. (Bol. Assoc. brasil. Metais **17,** 625—44, 1961; São José dos Campos, C. T. A., Inst. de Pesqu. e Desenvolv; port.) — Um Kraftwerkruß als Ge-Quelle zu verwenden, werden Proben mit Ge-Geh. der Größenordnung 0,13% mit Zusätzen von *CaO* u. SiO_2 vermischt u. das Gemisch auf 1350° erhitzt. Neben Schlacken bildet sich dabei ein Fe-Regulus mit ca. 1,5% Ge. Daraus kann Ge als $GeCl_4$ isoliert werden. — Diskussion. R. K. Müller. 6448◇

2268 **Über einige aktuelle Probleme der Pulvermetallurgie.** Friedrich Eisenkolb. (Forsch. u. Fortschr. **36,** 353—57, 1962; Dresden; dt.) — Bes. behandelt werden die *Fe-* u. *Stahl*pulvergewinnung, die Sinterwerkstoffe auf *Al*-Basis u. die Filterwerkstoffe. A. Blaschette. 6474◇

2269 **Die Untersuchungen von gesinterten Legierungen auf der Grundlage der Metallverbindung NiAl.** Ss. M. Asstrachanzew, Je. I. Mosshuchin und Ja. Ss. Umanski. (Hochschulnachr., Nichteisenmetallurgie [UdSSR] **4,** 110—15, 1961; Moskau, Stahl-Inst.; russ.) — Es wurden neue Technologien zur Herst. von *NiAl*-Leg. nach der Meth. der Pulvermetallurgie ausgearbeitet u. die mechan. Eigg. der erhaltenen Legg. untersucht. Die Biegefestigkeit einphasiger NiAl-Legg. bei Raumtemp. steigt mit dem Ni-Gehalt. Die maximale Festigkeit wird an der Grenze zwischen den Einphasen- u. Zweiphasen-Gebieten (NiAl + Ni_3Al) erreicht. Die geringste Festigkeit bei hohen Temp. weisen Legg. auf, die in der Nähe des Einphasengebietes sowohl für Ni als auch für Al liegen. W. Kundorf. 6474◇

2270 **Zur Frage der künstlerischen Metallkeramik sowie über eine freiere Formgestaltung synthetischer Metallkörper überhaupt.** F. Sauerwald. (Planseeber. Pulvermetallurgie **11,** 14—17, 1963; Halle/Saale; dt.) M. Gehlen-Keller. 6474◇

2271 **Segregationstheoretische Betrachtungen zum Begriff „Ausscheidungshärte" und „Warmfestigkeit".** H. Klemm. (Metall **17,** 113—23, 1963; Pirna; dt.) — Ausscheidungshärte u. Warmfestigkeit setzen eine Segregation voraus, deren Phasen aus Fremdatomen aufgebaut sind u. thermostabil sein müssen. Je unterschiedlicher der fremdartige Charakter dieser Segregatphasen zum Mutterkristall (Wirtsgitter) ist, um so intensiver sind die Effekte der durch die Segregation ausgelösten Werkstoffeigenschaften. Ausgehend von dem äußerst feinen Netzwerk einer idealen Fremdphase, z. B. Al_2O_3 beim Sinterwerkstoff „S.A.P.", über das feinmaschige Mehrstoffeutektikum in einer warmfesten Leichtmetallspritzgußleg., werden für die Ausscheidungshärte sowie Warmfestigkeit maßgebliche Segregatanordnungen behandelt. Während bei einer idealen Intrasegregation durch eine ausgesprochene Fremdphase (z. B. Sondercarbide als Segregatphasen in einem hochwarmfesten Stahl) das warmfeste Verh. durch einfache Wärmebehandlung (Lösungsglühen u. Auslagern) ausgelöst wird, ist eine separate Segregation durch eine Wärmezwischenbehandlung bei den *Nimonic*-Legg. notwendig. Die hierbei in Frage kommenden Phasen, γ' u. Cr_7C_3, segregieren nach einfacher Wärmebehandlung für die Ausscheidungshärtung intra. Das warmfeste Verh. wird dagegen nach spezieller Wärmebehandlung durch das Cr-Carbid in Form als Abkühlungsintersegregat hervorgerufen. Hierauf erfolgt durch Anlassen erst die γ'-Intrasegregation. Die Hauptlast für die Warmfestigkeit trägt das Cr_7C_3-Abkühlungs-Intersegregat, während der Grundmischkristall mit dem γ'-Anlaß-Intrasegregat mehr oder weniger für den Spannungsabbau verantwortlich ist. Ursache zum Rißbeginn sowie bruchkinet. Betrachtungen werden erörtert u. bei den *Nimonic*-Legg. wird die Wrkg. von Zusätzen (*B* u. *Zr*) behandelt, die anscheinend zugunsten der Warmfestigkeit die Anzahl u. Dispersion der Intersegregatphasen erhöhen. — 9 Literaturstellen. H. Hochstein. 6480◇

2272 **Über die Beibehaltung der Kaltverfestigung.** R. Leguet, D. Whitwham und J. Hérenguel. (Mém. sci. Rev. Métallurgie **59,** 649—71, 1962; Le Havre, Soc. Tréfileries et Laminoirs; franz.) — An *Al* mit einem Reinheitsgrad von 99,99%, an *OFHC-Cu* u. an *70/30 Messing* wird durch Verss. festgestellt, ob die beiden Prozesse der Kaltverfestigung u. der Entfestigung voneinander zu trennen sind. Dabei werden die in Abhängigkeit von der Verformungstemp. erhaltenen Verfestigungsgrade ermittelt, wobei jede Entfestigung über diese Verformung hinaus vermieden wird. Es zeigt sich, daß Entfestigungsvorgänge während u. nach der Warmverformung zur Schaffung verringerter mechan. Eigg. der Metalle beitragen. Die nach einem Warmwalzen beobachtete Entfestigung rührt im Vgl. zu den gleichen Abnahmegraden einer Kaltverformung von einer Entfestigung der während der Verformung verfestigten Grundmasse her, die sich in kennzeichnenden mikrograph. Änderungen u. in einer Härteabnahme äußert. Ferner kommt sie von einer mehr oder weniger vorgeschrittenen, während der Erkaltung auftretenden Rekristallisation her. Diese strukturelle Entw. ist bes. für das OFHC-Cu u. etwas weniger für das untersuchte Messing von Bedeutung. Für Al ist sie prakt. infolge der großen Stabilität des während der Verformung auftretenden erholten Zustandes gleich Null. H. Hochstein. 6480◇

2273 **Einige Beobachtungen über den Einfluß der Oxydation auf das Kriechen eines kohlenstoffarmen Stahles.** O. Paar, J. Moreau und J. Manenc. (Mém. sci. Rev. Métallurgie **59,** 629—42, 1962; IRSDD; franz.) — Kriechverss. an C-armem Stahl in einer oxydierenden Atmosphäre zeigen, daß bei 800° unter einer Belastung von 0,6 kg/mm² u. bei 600° unter 6 kg/mm² die Kriechgeschw. erhöht u. zu einem schnelleren Bruch als in einer nichtoxydierenden Atmosphäre führt. Die Oxydation bewirkt entweder eine Spannungserhöhung oder eine Rißbildung. Bei 800° u. einer Belastung von 0,6 kg/mm² ist der Bruch des Oxides zu Beginn einer Oxydation schneller; bei 600° unter einer Belastung von 6 kg/mm² löst die örtliche Rißbldg. des anhaftenden Oxids eine Art Kerbwrkg. aus. H. Hochstein. 6480◇

2274 **Die Biegewechselfestigkeit verschiedener Stahlqualitäten bei gleicher Festigkeit.** Bruno Finnern. (Industrieblatt **62,** 537—41, 1962; Frankfurt/M. DEGUSSA; dt.) — Die Wechselfestigkeit von *25 CrMo 4-* u. *42 CrMoO 4*-Stahl ist bei glatten Bauteilen direkt abhängig von der Festigkeit in der Randzone bis 5 mm Tiefe. Bei gleicher Randfestigkeit ist die Wechselfestigkeit nicht abhängig von der Gefügeausbildung. Im Gebiet der Zeitfestigkeit sind die Festigkeitsunterschiede wesentlich entscheidender als im Gebiet der Dauerfestigkeit. W. Wesly. 6480◇

2275 **Biegewechselfestigkeitsprüfungen langer Zeitdauer an Leichtlegierungen.** L. Mori und P. Dettin. (Alluminio **32,** 3—6, 1963; Novara, Ist. sper. Metalli legg., Div. Ric.; ital.) — Extrem bis $> 5 \cdot 10^{-9}$ Zyklen verlängerte Biegewechselfestigkeitsprüfungen stranggepreßter vergüteter *Avional-* u. *Ergal*proben erwiesen, daß mit den üblichen Meth. die Ermüdungsgrenzen nicht bestimmbar sind. — 12 Literaturhinweise. A. Sander. 6480◇

2276 **Eine Untersuchung über Bruchentwicklung und Werkstoffeigenschaften von PVRC-Gefäßen 1 und 2.** E. A. Lange und E. P. Klier. (Welding J. **41,** Nr. 2, Suppl.: Welding Res. 53s—61s, Febr. 1962; Washington, D. C., U. S. Naval Res.; Labor. engl.) — Unterss. an großen Druckgefäßen des PVRC (Pressure Vessel Res. Committee) zeigen, daß Ermüdungsbrüche sich abseits von Stellen maximaler Spannungs-Konz. entwickeln u. Risse unter der Oberfläche auftreten können. — Diskussion. W. Wesly. 6480◇

2277 **Temperatur- und Geschwindigkeitseinfluß auf die Formänderungseigenschaften des Reintitans und der Titanlegierung TiAl 6 V 4.** K. Wellinger und H.-J. Wittwer. (Metall **17,** 97—107, 1963; Stuttgart, Staatl. Materialprüfungsamt; dt.) — Durch stat. Zugverss.

wurden die Festigkeits- u. Verformungswerte von − 193° bis 600° ermittelt. Dabei wird zwischen 250° u. 400° ein Bereich mit abnehmender Verformbarkeit beobachtet. In diesem Temp.-Bereich erniedrigt eine vorausgegangene Kaltverformung die Brucheinschnürung u. -dehnung bes. stark. Dieses Verh. wird sowohl bei Reintitan als auch bei der Ti-Leg. *TiAl 6 V 4* nachgewiesen. Eine ausgeprägte Fließgrenze tritt nicht auf. Mit einem Umlaufschlagwerk wird für tiefe Temp. der Geschw.-Einfl. auf das Formänderungsverh. der Leg. in verschiedenen Gefügezuständen untersucht. Es zeigt sich dabei, daß die Brucheinschnürung von der Korngröße abhängt. Die Bruchdehnung dagegen ist vom Gefüge unabhängig. Das Formänderungsverh. ändert sich nicht, wenn die Schlaggeschw. von 25 auf 58 m/s erhöht wird, jedoch ist der Unterschied zwischen stat. u. dynam. Belastung deutlich zu erkennen. Bei kleinen Formänderungsgeschw. besteht eine deutliche Geschw.-Abhängigkeit der Verformungsgrößen. Die Kerbschlagzähigkeit-Temp.-Kurve zeigt bei 40° u. 260° Unstetigkeiten. Trennbruch wurde nicht beobachtet. Die Duktilität scheint bis zu den tiefsten Temp. erhalten zu bleiben. Metallograph. Unterss. zeigen, daß die Ti-Leg. auch bei tiefen Temp. zur Bldg. von Hohlräumen innerhalb der Einschnürzone neigt, was auf nichtmetall. Einschlüsse zurückgeführt wird. In der Wärme wird die Bldg. von Hohlräumen in erhöhtem Maße beobachtet, eine Erscheinung, die auch bei Reintitan zu finden ist. — 45 Literaturangaben.
H. Hochstein. 6480◇

2278 **Kritischer Vergleich zwischen der Charpy-V-Kerb-Übergangstemperatur, der Robertson Wärmestufungs- und der Isothermen Test Arrest-Temperatur.** H. M. Schnadt. (Schweißtechnik [Wien] **17,** 49—52, 1963; Zug, Schweiz, Internationales Inst. für Schweißtechnik; dt.)
F. Vier. 6480◇

2279 **Eine registrierende Prüfanlage für Ronden aus hochschmelzenden Metallen.** A. Pohler und H. Stöllner. (Planseeber. Pulvermetallurgie **11,** 18—19, 1963; Reutte/Tirol, Metallwerk Plansee A. G.; dt.) — Aufbau u. Funktion einer nach dem Ultraschall-Echoverf. arbeitenden Prüfeinrichtung. Ein Abtastmechanismus erlaubt zerstörungsfrei Fehlstellen zu lokalisieren u. kontinuierlich zu registrieren. M. Gehlen-Keller. 6480◇

2280 **Neue metallographische Arbeitsweisen, angewandt besonders auf die Untersuchung von Aluminium.** J. T. N. Atkinson und C. A. Godden. (Canad. Mining metallurg. Bull. **55,** 587—90, 1962; Dartmouth, N. S., Naval Res. Establ.; engl.) — Erörterung der neueren, metallograph. Arbeitsweisen, bes. zur Unters. von Al.
W. Wesly. 6482◇

2281 **Anwendung von Abdrucken bei metallographischen Untersuchungen.** Alberto Albuquerque Arantes und Esther Barros. (Bol. Assoc. brasil. Metais **17,** 975—88, 1961; São Paulo, Univ., Esc. Politécn. u. C.N. E.A.; port.) — Ein Vgl. der verschiedenen Abdrucktechniken zeigt, daß die besten Ergebnisse mit *Zaponlack* erhalten werden. Diese Abdrucke eignen sich zur mkr. Unters.; für die photograph. u. elektronenmkr. Unters. werden Gegenabdrucke auf Kohle hergestellt. — Diskussion. R. K. Müller. 6482◇

2282 **Röntgen-Mikroradiographien von technischen Objekten.** E. Zehender. (Kerntechn., Isotopentechn. u. chem. **4,** 290, Juli 1962; Stuttgart, Robert Bosch GmbH.; dt.) — Überblick u. Beispiele zur Kontaktradiographie.
H. Liepack. 6484◇

2283 **Erkennbarkeit von Gußfehlern mittels radiographischen Verfahren.** Maciej Radwan und Zbigniew Godlewski. (Przegląd Odlewnictwa **11,** 360—65, 1961; pol.) — Die Erkennung von Fehlern in Gußstücken bei radiograph. Unterss. ist von der angewandten Strahlung u. der Dicke der Probe abhängig. Es werden Diagramme zur Best. der unteren Grenze der Erkennbarkeit von Fehlstellen in *Fe* bei Anwendung von Röntgenstrahlen u. γ-Strahlen aus radioakt. Präpp. angegeben.
F. Urban. 6484◇

2284 **Untersuchung der Bildqualität von bei der Gammagraphie von Stahl verwendeten Emulsionen.** J. Kalbfleisch und A. Nouvet. (Soudage Techn. connexes **16,** 466—74, 1962; franz.) — Die Qualität radiograph. Bilder von Filmen für die zerstörungsfreie Prüfung von Stahl mit γ-Strahlen wird in Abhängigkeit von den bei verschiedenen Filmsorten verwendeten Emulsionen geprüft.
H. Hochstein. 6484◇

2285 **Die Magnet-Impuls-Verformung (Magnetic-Pulse-Forming) ein neues Verfahren der spanlosen Formgebung.** J. Michel und K. Schorr. (Metall **17,** 299—300, 1963; Saarbrücken, Univ. des Saarlandes; dt.) — Beschreibung der physikal. Grundlagen u. von Einrichtungen zur Durchführung des Verfahrens. F. Vier. 6490◇

2286 **Dynamik einer aus einer Druckverformung und einer in mehreren Richtungen ablaufenden Streckverformung bestehenden Tiefung dünner Bleche.** J. Guyot. (Rev. Métallurgie **59,** 765—75, 1962; Co. des Forges de Chatillon, Commentry et Neuves-Maisons (Montlucon); franz.) H. Hochstein. 6490◇

2287 **Untersuchung eines Modells eines Stempels in der Form einer Kugelkalotte für das umgekehrte Strangpressen von Titan. Vergleich mit konischen Stempeln.** R. J. Fiorentino und J. W. Spretnak. (Rev. Métallurgie **59,** 871—79, 1962; Columbus, O., Battelle Mem. Inst.; franz.) — Der bessere Kugelkalottenstempel entspricht für 50% Abnahme einem Halbwinkel von 70°; der Kaltpreßdruck beträgt 24250 kg/cm². Zwischen einem solchen Stempel u. einen kon. Stempel besteht Ähnlichkeit der Preßkurven in Abhängigkeit vom Halbwinkel der Kalotte oder des Kegels. H. Hochstein. 6490◇

2288 **Grundzüge der Ziehbarkeit von Stahlblech.** J. W. Frame, R. L. Whiteley und D. J. Blickwede. (Int. Enamelist **11,** Nr. 3, 15, 17, 32, 1961; engl.) — Übersicht über Tiefziehformen für Stahlblech u. Grenzen des Tiefzieh-Verfahrens. W. Wesly. 6490◇

2289 **Wirkung der Korngröße auf die Zugcharakteristiken einiger Kupfer–Zink-Legierungen.** D. R. Mear und D. A. Ford. (Sheet Metal Ind. **40,** 87—93, 1963; Imperial Metal Industries (Kynoch) Ltd.; engl.) — Die Zugcharakteristiken für 2 verschiedene Korngrößen der CuZn-Legg. *85/15, 70/30* u. *64/36* wurden miteinander verglichen. Kleinere Korngrößen sind günstiger, wo es hauptsächlich auf Zugverformung ankommt, weniger beim Reckverformen. Sind Recken u. Ziehen in gleicher Weise an der Verformung beteiligt, besteht kein Unterschied in der Wrkg. der Korngröße. Legg. mit kleinerer Korngröße haben höhere Zugfestigkeiten, sie ergeben eine glattere Oberfläche, haben aber eine höhere Zipfelbildung.
F. Vier. 6490◇

2290 **Hochgeschwindigkeitsbearbeitung.** 1. Mitt. **Umformung von Blech durch Druckwellen.** W. Ecker und F. Müller-Axt. (Werkstatt u. Betrieb **96,** 163—77, 1963; Hannover; dt.) — Umformung von Blech durch Druckwellen von Explosivstoffen. — 47 Literaturangaben.
M. Gehlen-Keller. 6490◇

2291 **Hochgeschwindigkeitsbearbeitung.** 2. Mitt. **Umformung von Blech durch Druckwellen.** G. Weimar. (Werkstatt u. Betrieb **96,** 297—305, 1963; Hannover; dt.) — Umformung von Blech durch Druckwellen durch Funkenentladung u. Drahtexplosion in fl. Medien. — 49 Literaturangaben. M. Gehlen-Keller. 6490◇

2292 **Homogenisierungsbehandlung von Knüppeln aus Aluminium-Magnesium-Silicium-Legierungen zum Strangpressen.** R. Meillat und M. Croutzeilles. (Rev. Métallurgie **59,** 849—55, 1962; Chambéry, Frankreich, Co. Pechiney, Centre de Rech. Métallurg.; franz.) — Die Homogenisierungsbehandlung verbessert das Aussehen u. die mechan. Eigg. von drei *Al–Mg–Si*-Legg. mit 1. 0,50(%) Mg, 0,40 Si; 2. 0,65 Mg, 0,50 Si u. 3. 0,80 Mg, 0,60 Si u. ermöglicht eine Beschleunigung der Strangpreßgeschw. der Leg. bei ihrer Verarbeitung.
H. Hochstein. 6490◇

2293 **Beitrag zur Untersuchung des Mechanismus der Walz- und Zieh-Texturbildung von Beryllium.** P. Pointu, P. Azou und P. Bastien. (Mém. sci. Rev. Métallurgie **59,** 321—42, 1962; Paris, École Centrale des Arts et Manufactures; franz.) — Die gleichzeitige Unters. der plast. Verformung von vielkristallinem Be u. von Be-Einkristallen für unterschiedliche Anfangs-Vorzugsorientierungen sowie bei verschiedenen Temp. ermöglicht einen Einblick in die Vorgänge der verschiedenen aufeinanderfolgenden Stufen einer Walz- u. Zieh-Texturbildung. Es werden Angaben über die bevorzugten Gleitebenen u. Gleichrichtungen bei den beiden Verformungsarten von Be gemacht. H. Hochstein. 6490◇

2294 **Metallkleben — eine neues Verbindungsverfahren für Aluminiumwerkstoffe.** Hans Nix. (Mitt. verein. Metallwerke Ranshofen-Berndorf A. G. [Braunau/Inn] **9,** 8—16, 1961; Linz; dt.) — Übersicht über Grundlagen, Werkstoffe, Ausführung u. Anwendung des Metall-Klebens von Al-Legg. u. die Festigkeit der Klebverbindungen. — 12 Literaturangaben. W. Wesly. 6490◇

2295 **Begriffsbestimmung und Anwendungen der isothermischen Härtung.** D. Brossard. (Métallurgie Construct. mécan. **94,** 1019—27, Nov. 1962; franz.) — Die Zwischenstufenvergütung von Stählen wird erörtert u. Angaben über die ZTU-Schaubilder gemacht. Bes. werden die bei dieser isotherm. Härtung auftretenden Umwandlungen von *Sonderstählen* besprochen u. der Einfl. der einzelnen Elemente *Ni, Cr, Mn, Mo, V, N* u. *B* wird mitgeteilt. Die martensit. Ar'''-Umwandlungsrk. wird erörtert, wobei eine Berechnung der MS- u. MF-Temp. in Abhängigkeit von der Stahlzus. durchgeführt wird. Die Meth. mit kontinuierlicher Abkühlung zur Erzielung von *Bainit* werden besprochen u. Angaben über das Warmbadhärten, die bainit. Härtung u. das isotherm. Glühen gemacht. H. Hochstein. 6492◇

2296 **Dauer der Wärmebehandlung von Härtegut.** W. Ordinanz. (Werkstatt u. Betrieb **95,** 257—59, 1962; Bat Yam; dt.) — Zusammenstellung von Zahlen u. Leitertafeln für Anwärm-, Halte- u. Abschreckdauer. M. Gehlen-Keller. 6492◇

2297 **Untersuchung des Einflusses der Anlaßdauer auf die Härte eines bei verschiedenen Temperaturen behandelten Stahles vom Typ RCC.** Antonio Fischer dos Santos und Waldir Garlipp. (Bol. Assoc. brasil. Metais **17,** 763—76, 1961; São Carlos, Esc. de Eng.; port.) — An einem Stahl mit 84,68(%) Fe, 2,03 C, 12,80 Cr, 0,20 Si, 0,41 Mn, 0,029 P u. 0,053 S wird die Änderung der Vickers-Härte y mit der Anlaßzeit bei einer Temp. X untersucht. Bei 180 Min. ergibt sich $y = 889{,}7 - 0{,}620$ X, bei 300 Min. ist $y = 896{,}7 - 0{,}733$ X. In einer anderen Vers.-Reihe nimmt y von $y = 753{,}8 - 0{,}65$ X nach 10 Min. auf $y = 702{,}6 - 0{,}83$ X bei 300 Min. ab. R. K. Müller. 6492◇

2298 **Einfluß von Zugspannung auf die Diffusionsumwandlung beim Abkühlen von Stählen.** Shogo Kanazawa. (Nippon Kinzoku Gakkai-Si [J. Japan Inst. Metals] **26,** 562—66, 1962; Kanagawa, Fuji Iron and Steel Co., Centr. Labor.; jap., Auszug: engl.) — An Stählen mit 0,55—1,00(%) *C*, 0,37—0,43 *Si*, 0,21—0,56 *Mn*, 0,026 bis 0,046 *P*, 0,022—0,038 *S*, 0—1,56 *Cr* ausgeführte Unterss. zeigen, daß bei Anwendung von Zugspannungen beim Abkühlen die obere krit. Abkühlungs-Geschw. beim Härten annähernd proportional dem Quadrat der Spannung steigt. Isotherm. angewandte Zugspannungen verschieben Beginn u. Ende der isotherm. Umwandlung im Diagramm nach links. Die Abschreckhärte wird durch Zugspannungen beträchtlich beeinflußt (infolge Förderung der Ar'-Umwandlung.) W. Wesly. 6490◇

2299 **Einflüsse von Zug- und Druckspannung auf die Restaustenitmenge in isotherm gehaltenen Stählen.** Shogo Kanazawa. (Nippon Kinzoku Gakkai-Si [J. Japan Inst. Metals] **26,** 557—61, 1962; Kanagawa, Fuji Iron and Steel Co., Centr. Labor.; jap., Auszug: engl.) — Unterss. über das Verh. von Stählen mit 0,07—5,01(%) *Ni* u. 2,81—0,04 *Cr* bei isotherm. Behandlung im Temp.-Bereich von unstabilem Austenit (I) unter Zug- oder Druckbeanspruchung zeigen, daß sich die I-Menge während der Inkubationszeit nicht ändert, gleichgültig, wie hoch Haltetemp. u. mechan. Beanspruchung sind. Im Bainit-Temp.-Bereich wird die Inkubationszeit als Folge von Schubspannung verkürzt. Bei Zimmertemp. wird die I-Menge durch Zugspannung erhöht u. durch Druckspannung vermindert. W. Wesly. 6492◇

2300 **Über die „mother cooling"-Kurve von Härtungsstählen.** Imao Tamura und Masayoshi Tagaya. (Nippon Kinzoku Gakkai-Si [J. Japan Inst. Metals] **26,** 651—56, 1962; Osaka, Univ., Inst. of Sci. and Ind.-Res.; jap., Auszug: engl.) — Die Abkühlungskurve abgeschreckter Stähle hängt nicht nur von den Kühleigg. des Abschreckmittels, sondern, auch von Wärme-Konst., Größe u. Form der Probe ab. Diese Einfl. der Probe werden ermittelt, so daß für mehrere Abschreckmittel (Trinkwasser, Rapssamen-, Spindel-, Dynamoöl) eine Kurve entwickelt werden kann, die nur die Kühleigg. des Abschreckmittels wiedergibt, die sog. „mother cooling"-Kurve. Ihre Ableitung u. Auswertung werden beschrieben. W. Wesly. 6492◇

2301 **Formänderung bei der Wärmebehandlung von Werkzeugstählen.** Dieter Böcher. (Industrieblatt **63,** 150—54, 1963; Kaarst über Neuß; dt.) — Überblick. M. Gehlen-Keller. 6492◇

2302 **Neue Erkenntnisse auf den Gebieten der Sonderschweißverfahren und des Schneidens.** K. L. Zeyen. (Werkstatt u. Betrieb **96,** 311—14, 1963; Zürich; dt.) — Sammelreferat (Berichtszeit Mitte 1960—Mitte 1961). — 48 Literaturangaben. M. Gehlen-Keller. 6502◇

2303 **Schutzgasschweißen, neue Erkenntnisse über Durchführung und schweißmetallurgische Fragen.** K. L. Zeyen. (Werkstatt u. Betrieb **96,** 44—48, 1963; Zürich; dt.) — Sammelreferat. (Berichtszeit Mitte 1960—Mitte 1961). — 37 Literaturangaben. M. Gehlen-Keller. 6506.◇

2304 **CO_2-Schweißverfahren.** Byron C. Motl. (Welding Engr. **48,** Nr. 6, 5—20, 1963; Milwaukee, A. O. Smith Corp.; engl.) — Übersicht über Grundzüge, Zubehör, Ausführung u. Anwendung der CO_2-Schweißverfahren. W. Wesly. 6506◇

2305 **Neue Erkenntnisse über Unterpulverschweißen und Elektroschlackeschweißen und Vergleich zwischen Hand- und Automaten-Schweißverfahren.** K. L. Zeyen. (Werkstatt u. Betrieb **96,** 105—08, 1963; Zürich; dt.) — Sammelreferat (Berichtszeit Mitte 1960—Mitte 1961). — 35 Literaturangaben. M. Gehlen-Keller. 6506◇

2306 **Neue Erkenntnisse zum Thermitschweißen, Widerstandsschweißen und einigen weiteren Schweißverfahren.** K. L. Zeyen. (Werkstatt u. Betrieb **96,** 242—47, 1963; Zürich; dt.) — Übersicht. — 70 Literaturangaben. M. Gehlen-Keller. 6506◇

2307 **Das Explosionsschweißen — ein neues Schweißverfahren.** Herbert Zürn. (Werkstatt u. Betrieb **95,** 103—04, 1962; Stuttgart; TH, Staatl. Materialprüfungsanst.; dt.) M. Gehlen-Keller. 6506◇

2308 **Voraussage der Eigenschaften von Schweißen nichtähnlicher Metalle.** Coyle W. Case. (Welding Engr. **48,** Nr. 1, 42—45, 1963; Huntington, W. Va. Internat. Nickel Co., Inc.; engl.) — Beim Verschweißen nichtähnlicher Metalle sind eine Reihe von Punkten zu beachten, die im einzelnen erörtert werden. W. Wesly. 6506◇

2309 **Eigenschaften von reibungsgeschweißten, unlegierten Kohlenstoff- und schwach legierten Stählen.** Thomas H. Hazlett. (Welding J. **41,** Nr. 2, Suppl.: Welding Res. 49s—52s, Febr. 1962; Berkeley, Calif., Univ. of California, Dep. of Ind. Engng.; engl.) — *SAE 1020-* u. *AISI 4130*-Stähle lassen sich mit einem Wrkg.-Grad von 100% durch Reibung schweißen. W. Wesly. 6506◇

2310 **Schweißversuche an 13%igem Chrom-Stahlguß.** K. Gut und A. Werner. (Z. Schweißtechnik [Zürich] **51,** 203—11, 1961; Schaffhausen, Georg Fischer Akt.-Ges.; dt. u. franz.) — Voraussetzung für gute Ergebnisse beim Schweißen von Stahlguß mit 13% Cr ist das Vorwärmen auf 200—400°, um eine rißfreie Schweißung zu erhalten. Nachfolgendes Anlassen bei 680°, 12 Std. an Luft ist überall da nötig, wo eine Herabsetzung der Schweißspannungen angebracht ist, z. B. bei Reparaturen in hochbeanspruchten Zonen von Laufrädern. Ferner muß die Schweißung sauber verschliffen werden, um mögliche Kerben zu beseitigen. F. Vier. 6506◇

2311 **Hochfeste Titanbefestigung durch Erhitzen mit dem Brenner.** Karl M. Weigert. (Welding J. **41,** Nr. 2, Suppl.: Welding Res. 84s—88s, Febr. 1962; University Park, Pa., Pennsylvania State Univ.; engl.) — Zur Aneinanderfügung von Ti an (rostfreie) Stähle u. an Ti wird unter zahlreichen Ag-Legg. bes. das Syst. *Ag–Cd–Zn* untersucht. Sein Zustandsdiagramm u. die therm. u.

mechan. Eigg. werden angegeben. — 40 Literaturangaben. W. Wesly. 6506◇

2312 **Prüfung von Schweißen und Werkstoffen im Betrieb.** Dwight J. Evans. (Welding J. **41,** 135—39, Febr. 1962; Tulsa, Okla., Engineering Test Serv., Inc.; engl.) — Übersicht über die Prüfung der im Betrieb befindlichen Schweißen u. Werkstoffe mittels verschiedener *Ultraschallmethoden.* W. Wesly. 6506◇

3213 **Beitrag zur radiographischen Untersuchung von Schweißen auf Aluminium und seinen Legierungen.** Y. Le Penven. (Soudage Techn. connexes **17,** 61—77, 1963; Inst. de Soudure; franz.) — An Beispielen wird die radiograph. Unters. von Schweißen auf Al u. seinen Legg. erläutert. F. Vier. 6506◇

2314 **Vergleich der mit Kalk und der mit Titanoxid überzogenen Elektroden aus rostfreiem Stahl.** B. S. Payne jun., G. J. Dormer und L. R. Haslip. (Welding J. **41,** 115—27, Febr. 1962; Rochester, N. Y., Pfaudler Permutit Inc.; engl.) — Schweißelektroden aus rostfreiem Stahl mit TiO_2-Überzug sind Elektroden, die einen $CaCO_3$–CaF_2-Überzug tragen, in ihren mechan. Eigg. u. ihrer Korrosionsfestigkeit gleichwertig oder überlegen, wie eingehende Unterss. der Vff. zeigen. — 25 Literaturangaben. Diskussion. W. Wesly. 6506◇

2315 **Schweißen von Feinblechen aus nichtrostendem 18-8-Stahl zur Umhüllung von Brennstoffelementen für Kernreaktoren.** C. Bridoux und G. Fischer. (Rev. Métallurgie **59,** 639—50, Juli/Aug. 1962; Saclay, Centre d'Études Nucl.; franz.) — Bei der Herst. von Kernreaktor-Brennstoffelementen, die aus in einer durch zwei Stöpsel geschlossenen Scheide aus nichtrostendem, austenit. 18/8-Cr–Ni-Stahlblech eingehüllten UO-Stäben bestehen, wird der Zusammenbau dieser Stöpsel leicht u. rasch durch Rollennahtschweißen auf einer halbautomat. Schweißmaschine durchgeführt. Die so erhaltenen Schweißverbindungen sind dicht u. korrosionsbeständig. H. Hochstein. 6506◇

2316 **Die Verminderung der Schweißrissigkeit einiger Aluminiumlegierungen durch Zusatzelemente.** Zoltan Buray. (Schweißtechnik **12,** 157—63, April 1962; Budapest, Forsch.-Inst. für NE-Metalle; dt.) — Untersucht wurde die Rißempfindlichkeit von genormten *AlMgSi-, AlMg 3, AlMg 5* u. *AlCuMg*-Legg., die mit verschieden zusammengesetzten Zusatzdrähten verschweißt wurden. Die am meisten gefährdete AlMgSi-Leg. hat eine der quasibin. Scheidelinie $AlMg_2Si$ entsprechende Zus. mit einem Mg_2Si-Geh. von 0,5—1,5%, also sehr nahe der genormten AlMgSi-Legierung. Durch Verw. von Zusatzwerkstoffen mit höheren *Mg-* u. *Si*-Geh. kann die Rißneigung verringert werden. Bei Lichtbogenschweißen unter Ar sind die AlMg- u. die AlMgZn-Legg. mittlerer Festigkeit rißfrei. Durch solche Zusätze, die auf den Grundwerkstoff kornfeinend wirken, zu dem Zusatzdraht kann die Rißneigung verringert werden. Die Rißneigung von AlCuMg-Legg. wird durch Si mehr, durch Mg weniger verringert. F. Vier. 6506□

2317 **Vergleichende Untersuchungen über mechanisch-chemisches Entgraten, Schleifen und Glätten in Trommeln und Vibratoren.** H. Nann und G. Heger. (Galvanotechnik **54,** 19—26, 1963; Frankfurt/M., Metallgesellschaft Akt.-Ges.; dt.) — Nach den Unterss. ist der Metallabtrag im Vibrator wesentlich höher als in Trommeln oder Glocken. Jedoch ist darauf hinzuweisen, daß in gewissen Fällen die Bearbeitung in Trommeln oder Glocken zweckmäßig ist. F. Vier. 6508◇

2318 **Beitrag zur Beseitigung der Sprödigkeit von Transformatorenblechen.** Theodor Brüggemann und Erwin Kuntz. (Neue Hütte **7,** 411—16, Juli 1962; Thale/Harz; dt.) — Die Sprödigkeit der Transformatorenbleche rühren von einem zu hohen *Si*-Geh., Verbrennungen am Material, extrem grobkörnigem Material, Ausscheidungen an den Korngrenzen u. Beizversprödung her. Durch Beiz- u. Alterungsverss. wird festgestellt, daß entweder kein *H* in das Material einwandert oder das Material durch H Dauerschäden aufweist. Beizen kann die Sprödigkeit wesentlich erhöhen. Eine Zugabe von 30 g *NaCl* je Liter H_2SO_4-Beize vermindert die Beizversprödung. Beim Beizen ohne Zusatz werden die Biegezahlen um 67% herabgesetzt, mit dem NaCl-Zusatz aber nur um 29%. Die Ummagnetisierungsverluste werden durch den Beizzusatz geringer. H. Hochstein. 6512◇

2319 **Die Wirkung von Wechselstrom auf Elektrodenprozesse. 13. Mitt. Die Wirkung des Wechselstromes auf die Verteilung von einigen elektrolytischen Überzügen.** Tibor Erdey-Gruz und József Dévay. (Magyar Kémiai Folyóirat [Ung. Z. Chem.] **69,** 87—92, 1963; Budapest, L. Eötvös Univ., Lehrst. phys. chem. u. Radiologie; ung.) — 12. vgl. C. **1963,** 11914. — Es wurde mit Modell- bzw. Galvanisierungsverss. bewiesen, daß in Galvanisierbädern angegebener Zus. die Verteilung von elektrolyt. Überzügen aus *Cu, Ni, Zn* u. *Ag* durch überlagerten Wechselstrom beeinflußbar ist. Man kann dadurch eine gleichmäßigere Verteilung des Überzuges erreichen. Der Wechselstrom verändert nämlich das Potential der Kathode von der lokalen Stromdichte abhängig u. somit ändert sich die Verteilung des Gleichstromes u. des Überzuges. I. Náray-Szabó. 6514△

2320 **Neuerung für Galvanik-Abwässer. Ein Gerät zum Dosieren von aggressiven Gasen.** Vladimir Bahensky und Jiri Chalupa. (Galvanotechnik **54,** 10—11, 1963; Prag, Staatl. Forsch.-Inst. für Materialschutz; dt.) F. Vier. 6514◇

2321 **Metallspritztechnik im Holzmodellbau.** Kazimierz Hess und Tadeusz Olszowski. (Przegląd Odlewnictwa **11,** 354—60, 1961; pol.) — Auf Holzmodellen aufgespritzte Metallschichten (0,3 mm) haften nur dann, wenn die Holzoberfläche sauber u. aufgerauht wurde. Die Metallüberzüge können durch Polieren oder Bürsten geglättet werden. Ihre Porosität hängt von den Spritzbedingungen ab. Zum Abdichten sind Wachse, Paraffin, Emaille oder Kunstharze geeignet. F. Urban. 6516◇

2322 **Halbtechnische Untersuchung verschiedener Verfahren der Reinigung von Zinkelektrolyten von Kobalt.** Ju. Ss. Press und S. I. Matwejewa. (Nichteisenmetalle [UdSSR] **34,** Nr. 11, 29—35, 1961; russ.) — Die Zementationsmeth. für die Reinigung eines Zn-Elektrolyten von Co unter Verw. von TeO_2 u. Hg_2SO_4 als Aktivierungszusätze ermöglicht gleichzeitig mit der Co-Ausscheidung eine Reinigung des Elektrolyten von *Ni* bis auf einen Geh. eines jeden der beiden Elemente unter 1 mg/Liter. Die *Nitrosonaphthol*-Meth. mit Verw. von Teer der Marke *AN-1* u. zerkleinerter Aktivkohle Marke *KDA* als Ionen-Austauscher führt zur Erreichung eines Zn-Elektrolyten, wie er sich zur Führung der Zn-Elektrolyte nach der Normmeth. eignet. Die Verw. von Aktivkohle zur Adsorption der Xanthogenat-Rückstände wirkt auf die Elektrolyse der von Co nach der Xanthogenat-Meth. gereinigten Lsg. günstig. Die wirtschaftlichste Meth. ist das *Nitrosonaphthol*-Verf. mit Verw. von Aktivkohle als Adsorptionsmittel. H. Hochstein. 6522◇

2323 **Eine kontinuierliche zweistufige Reinigung einer Zinksulfat-Lösung von Beimengungen.** N. A. Popow. (Nichteisenmetalle [UdSSR] **34,** Nr. 2, 81—82, 1961; russ.) — Die kontinuierlich verlaufende zweistufige Reinigung einer $ZnSO_4$-Lsg. von Beimengungen erfolgt durch Zusatz von *Zn*-Staub in Ggw. von *Sb*-Ionen, wobei Sb in die zu reinigende Lsg. durch *Na-Antimonat* eingebracht wird. Durch diese Behandlung wird die Güte der Lsgg. wesentlich verbessert, so daß die Elektrolyse bei einer Acidität des Elektrolyten von 160—170 g/Liter, einer Elektrolyt-Temp. in den Bädern von 36—38° bei einer Stromdichte von 540—560 A/m² unter wesentlicher Leistungssteigerung geführt werden kann. H. Hochstein. 6522◇

2324 **Beitrag zu den Wachstumsvorgängen von Oxidschichten auf Aluminium.** Anonym. (Aluminium **39,** 33—41, 1963; Bonn, Vereinigte Aluminium-Werke A. G.; dt.) — Unterss. von W. Kaden (Diss.) an Al-Proben verschiedener Herkunft ergaben, daß auch die Wachstumsvorgänge von Oxidschichten am besten an *Erftal* (Al 99,9%) verfolgen lassen, da sich hier die Schichten störungsfrei aufbauen. Es wurde festgestellt, daß die Grundschichtdicke über die Kapazität der Proben gemessen werden kann, unabhängig von der eventuellen Ggw. einer Deckschicht. Nach den Unterss. muß die

Deckschicht im Gegensatz zu der von Keller u. Hunter u. Robinson vorgeschlagenen Struktur an ihrem Grunde überall elektr. leitend sein. Formierungs-Verss. an mit verschiedenartigen Oxidschichten bedeckten Proben ergaben, daß die Grundschicht an ihrer der Metalloberfläche abgewandten Seite durch Wanderung von Al-Ionen wächst, während die Deckschicht an der dem Metall zugewandten Seite wächst, was am Querschliff gezeigt werden konnte. Der elektr. Widerstand der Grundschicht bestimmt die Wachstumsgeschwindigkeit der Eloxalschichten. Aus der Durchführung einer Energiebilanz konnte gefolgert werden, daß die Temp. in der Oxidschicht durch die Wachstumsvorgänge nicht erhöht wird. Grundsätzlich gehen bei der chem. Oxydation die gleichen Vorgänge einher wie bei der anod., jedoch wird die Wachstumsgeschwindigkeit hier durch die Diffusion von Wachstum bildenden Stoffen durch die Deckschicht bestimmt. — 21 Literaturangaben. F. Vier. 6530◇

2325 **Neue morphologische Oxidform bei der Hochtemperatur-Oxydation von Eisen-Mangan-Legierungen.** David Fuller Brain und Félix von Dessaur Grisar. (Bol. Assoc. brasil. Metais **17**, 613—24, 1961; Concepción, Chile, Univ., Labor. de Metalurgia; port.) — Auf Grund der Spektren (*MnO* 4,445 Å, *FeO* 4,311 Å) werden die bei der Luftoxydation von Fe–Mn-Legg. mit 14,00 u. 4,25% Mn bei 600—1200° erhaltenen Prodd. untersucht. Es wird ein Oxid in Form einer festen Lsg. mit 90,05(%) FeO u. 9,95 MnO u. der Spektrallinie 4,335 Å (gegenüber einem additiven Wert 4,324) gefunden. Vff. nehmen an, daß Fehlstellen in FeO durch MnO besetzt sind. Die Annahme wird dadurch bestätigt, daß auf 10^{2+}-Ion 1,042 Kationen vorliegen. R. K. Müller. 6530◇

2326 **Morphologie des Rostes.** K. A. van Oeteren. (Dtsch. Farben.-Z. **17**, 168—70, 1963; Mühlheim/Ruhr; dt.) — Als Zwischenstufe des Rostes ist $FeO(OH)$, als Endstufe Fe_3O_4 anzusprechen. Die Isomorphie ist wegen Verschiedenheit der Kristallgitter so gering, daß eine gesetzmäßige Aufwachsung beider Kristallarten eben noch erkannt werden kann. Die als Schikorr-Rk. bezeichnete Umwandlung von $Fe(OH)_2$ zur Endstufe Fe_3O_4 verläuft bei 100° bereits mit meßbarer Geschw., oberhalb 200° existiert prakt. kein $Fe(OH)_2$ mehr. Schemat. Darstellung der Korrosionsprodd. u. deren Umwandlung. R. Zeisberger. 6530◇

2327 **Kristalline Phosphatierung, amorphe Phosphatierung.** A. Bayon. (Corrosion et Anticorrosion **7**, 110—13, 1959; Compagnie Franç. de Prod. Ind., Serv. Métallurgie.) — Die krist. Phosphatierung gibt einen ca. 50 μm starken Krist.-Überzug u. eine Gew.-Vermehrung des Werkstückes. Der Überzug besteht hauptsächlich aus H_3PO_4, prim. Phosphaten 2wertiger Metalle, bes. *Zn* u. *Mn* u. Beschleunigern; er besteht zunächst aus *Fe-Phosphaten*, die rasch in Zn- oder Mn-Phosphate umgewandelt werden. Die amorphe Phosphatierung oder Passivierung bewirkt eine Oberflächenumwandlung u. einer dünnen (0,5 μm) Schicht ohne merkliche Gewichtsvermehrung. Die dazu verwendeten Lsgg. bestehen aus $NH_4H_2PO_4$ oder NaH_2PO_4. Die beim Phosphatieren aufeinander folgenden Rkk. werden angegeben. W. Wesly. 6532◇

2328 **Die verschiedenen Korrosionserscheinungen.** L. H. Seabright und Robert J. Fabian. (Materials Design Engng. **57**, 85—91, 1963; Amphenol-Borg Electronic Corp.; engl.) — 13 verschiedene Korrosionstypen u. ihre Verhinderung werden erörtert. F. Vier. 6538◇

2329 **Zum Korrosionsverhalten von Titan.** Klaus Rüdiger. (Österr. Chemiker-Ztg. **64**, 7—14, 1963; Krefeld; dt.) — Überblick über das Verh. von Ti u. Ti-Legg. in reinen Substanzen u. unter betrieblichen Bedingungen sowie Verw. bes. als Elektrodenwerkstoff. F. Vier. 6538◇

2330 **Verhalten von Verbindungselementen bei galvanischer Korrosion.** F. L. La Que und W. D. Mogerman. (Nickel-Ber. **21**, 3—6, 1963; New York; dt.) — Über das galvan. Verh. verschiedenartiger Metalle auf Grund der galvan. Spannungsreihe u. von Erfahrungen in Einzelfällen wird berichtet. F. Vier. 6538◇

2331 **Experimentaluntersuchungen über Reibungskorrosion in Drahtseilbahn-Seilen.** Giorgio Paolini. (Metallurgia ital. **54**, Nr. 9, Atti Notizie **17**, 179—80, 1962; Mailand, Politecnico, Ist. Costruz. Macchine; ital.) — Nach Unterss. an Drahtseilproben aus dem Fahrbetrieb von Bergbahnen wurden die an den inneren Drähten der Seile gefundenen Korrosionen durch gegenseitige Reibung der Drähte unter Druck verursacht. Bei Abwesenheit von Reibung tritt keine Schädigung des Werkstoffs auf. Ist der gegenseitige Druck der Drähte nur gering, so läßt sich mit den üblichen Mitteln eine Grübchenkorrosion nicht wahrnehmen. Der Nachweis von Reibungskorrosionen an Einzeldrähten im Betrieb befindlicher Drahtseile ist von größter prakt. Bedeutung, da bisher die Meinung bestand, daß Reibungsschäden wegen der festen u. starren Wicklung geschlossener Drahtseile prakt. nicht auftreten könnten. A. Sander. 6538◇

2332 **Korrosion von Spundwandeisen. in Böden.** Melvin Romanoff. (J. Res. nat. Bur. Standards, C. **66**, 223—44, 1962; engl.) — Unterss. über die Korrosion von Spundwandeisen nach vierzigjähriger Verw. in verschiedenen Böden (Dämme, Flutdeiche, Schotten usw.) zeigen, daß die Spundwandeisen im allg. in ungestörten Böden unter dem Wasserspiegel keine nennenswerte Korrosion erleiden, gleichgültig, um welche Bodenart u. Boden-Eigg. es sich handelt. Oberhalb des Wasserspiegels u. in aufgefüllten Böden ist die Korrosion verschieden, aber nicht besorgniserregend. — 16 Literaturangaben. W. Wesly. 6538◇

2333 **Zwei Fälle von Korrosion von Messingen.** 1. Mitt. **Korrosion von in Meerwasser gekühlten Kondensatorrohren.** Gunter Joseph und Juan Figueroa. (Bol. Assoc. brasil. Metais **17**, 597—605, 1961; port.) — Kühlrohre aus Messing, die 10 Monate lang von Meerwasser (2,52 m/s) als Kühlmittel durchflossen waren, zeigen tiefe Löcher, teilweise Perforationen. Die Unters. ergibt, daß stoßartige Fl.-Erosion vorliegt. Am Boden der Löcher wird plast. Verformung festgestellt. Der mechan. Erosion ist eine allg. chem. Korrosion überlagert. Die Korrosion wird durch mangelnde Rekristallisation der Rohre, ihren P-Geh., die Natur, Geschw. u. Temp. des Kühlmittels u. darin enthaltene Feststoffe gefördert. R. K. Müller. 6538◇

2334 **Zwei Fälle von Korrosion von Messingen.** 2. Mitt. **Korrosion einer Messingscheibe im Saugteil einer Tiefbrunnenpumpe.** Gunter Joseph und Juan Figueroa. (Bol. Assoc. brasil. Metais **17**, 606—12, 1961; port.) — 1. vgl. vorst. Referat. — Von 3 *Cu–Zn*-Legg., die im Saugteil einer Brunnenpumpe für W. von hohem Cl^--Geh. (349,5 ppm) verwendet wurden, weist eine mit der Zus. 78,02(%) Cu — 16,20 Zn Veränderungen der Oberfläche (Zapfen) auf, eine mit 66,12 Cu — 33,62 Zn zeigt Zn-Verlust bis auf 1,59%, die dritte mit 84,71 Cu — 15,08 Zn ist an der Oberfläche unverändert, im Inneren fast Zn-frei (0,11%). Die Korrosion wird durch den intermittierenden Betrieb der Pumpe begünstigt. Die Bldg. von Lokalelementen erscheint möglich. R. K. Müller. 6538◇

2335 **Korrosionsverhütung bei Metallen von Aerosolbehältern.** K. Klausner. (Amer. Perfumer **77**, Nr. 10, Sect. 2, 61—64, 1962; Allied Chem. Corp.; engl.) — Vgl. C. **1963**, **14118**. — Überblick über verschiedene Theorien der Korrosionsverhütung von Metallen durch Erhöhung der anod. u./oder kathod. Polarisation unter Anführung von für Aerosolbehälter geeigneten organ. u. anorgan. Inhibitoren. — 11 Literaturangaben. H. Sontag. 6538◇

2336 **Grübchenkorrosion durch Überflutungssolen.** P. J. Raifsnider und A. Wachter. (Corrosion [Houston] **17**, 325t—28t, 1961; Emeryville, Calif., Shell Dev. Co.; engl.) — In Ölfeldern aufgetretene Grübchenkorrosionen führten zu Unterss. über den Angriff von Überflutungssolen auf Stahl. Für den Angriff ist *O* verantwortlich. Die Korrosion wird durch ein O-Bindemittel (Na_2SO_3) verhütet. Nach Beseitigung des O empfiehlt sich die Verw. eines Inhibitors (*Imidazolin, cycl. Amine*). W. Wesly. 6538◇

2337 **Untersuchung der Strom- und Potentialforderungen des kathodischen Schutzes auf Grund der Pourbaix-Diagramme.** József Horváth, Mihály Novák und József Hires. (Magyar Kémiai Folyóirat [Ung. Z.

Chem.] **69,** 75—81, 1963; ung.) — Auf Grund der Potential-pH-Gleichgew.-Diagramme wurden die Syst. *Fe–H₂O*, *Fe–S–H₂O* u. *Fe–H₂CO₃–H₂O* untersucht. In wss. Lsgg. die keine komplexbildenden Agentien u. solch Anionen, die mit dem zu schützenden Metall unlösl. Salze bilden, enthalten, ist das Schutzpotential — 0,85 V gegen die Cu/$CuSO_4$-Bezugselektrode genügend. Dieses Schutzpotential benötigt in Medien, die *Ca-* u. *Mg-Hydrogencarbonate* enthalten nur geringen Schutzstrom, da sich natürliche Schutzschichten ausbilden. In sulfatreduzierende *Bakterien* oder H_2S enthaltenden Böden muß man die Oberfläche von Fe u. Stahlkonstruktionen auf mindestens — 0,95 V (gegen die Cu/$CuSO_4$ Bezugselektrode) polarisieren u. in mit H_2S gesätt. Lsgg. ist das erforderliche Schutzpotential noch negativer. In solchen Fällen muß daher der kathod. Schutz mit künstlichen Oberflächenschutzschichten zusammen angewandt werden. I. Náray-Szabó. 6540△

2338 **Korrosionsgeschwindigkeit von Eisenlegierungen (Fe–Cr und Fe–Cr–Si). Messung durch Polarisation.** W. I. Schwerdtfeger. (J. Res. nat. Bur. Standards, C **66,** 245—54, 1962; engl.) — Unterss. über die Korrosion von Fe-Legg. mit 0—18,3(%) Cr, < 0,1—0,4 Al, < 0,1—1,0 Al u. mit 0—18,2 Cr, 2,1—3,9 Si, < 0,1—0,4 Al bei 2—3-monatiger Einw. von Leitungswasser mit 3 Gew.-% NaCl-Zusatz ergeben, daß die Korrosions-Geschw. aus den Kurven der anod. u. kathod. Polarisation berechnet werden können, auch wenn die Korrosions-Rk. anod. bestimmt wird, wie bei Stählen mit 14—18% Cr. W. Wesly. 6540◇

2339 **Bewertung von Werkstoffen hinsichtlich ihrer Korrosionsbeständigkeit.** F. L. La Que. (Materials Design Engng. **57,** 92—98, 1963; International Nickel Co. Inc.; engl.) — Überblick über Korrosionsteste. F. Vier. 6540◇

2340 **Korrosionsprüfungen an Baustoffen, die bei der Essigsäure-Synthese aus Methanol und Kohlenoxid verwendet werden. 1. Mitt. Untersuchungen in Essigsäurelösungen bei erhöhter Temperatur.** Hideo Togano, Kazuo Osato und Hayata Shigeno. (Rep. Government chem. ind. Res. Inst., Tokyo **57,** 342—50, Juni 1962; jap., Auszug: engl.) — Unterss. über das Verh. zahlreicher Metalle u. Legg. gegen 50—77%ig. Essigsäure-Legg. bei 200—300° zeigen, daß die meisten Metalle, bes. in Ggw. der Synth.-Katalysatoren Co-Acetat u. KJ, starke Korrosionen erleiden. Nur *Ti*, *Zr* u. *Ta* zeigen gute Korrosionsfestigkeit. Ti erweist sich auch in geschweißtem u. U-förmig gebogenem Zustand als korrosionsfest. Gegen reine Essigsäure-Lsgg. ist neben Ti auch *Hastelloy B* korrosionsfest. W. Wesly. 6540◇

2341 **Ein neues Verfahren auf dem Gebiet der Verschleißkorrosion.** I. De Villemeur. (Metallurgia ital. **54,** Nr. 9, Atti Notizie **17,** 181—93, 1962; Rueil-Malmaison, Labor. Partiot; ital.) — Übersicht über Verw., Ausführung u. Korrosionsschutz-Wrkg. des Sulfinuz-Verf. bei metall. Werkstoffen an Hand zahlreicher Diagramme, Tabellen u. Mikroabb. von Stahlstrukturen. A. Sander. 6540◇

2342 **Untersuchungen über den Abrieb und die Entwicklung einiger Verfahren zur Erhöhung der Verschleißfestigkeit.** R. Cazaud. (Metallurgia ital. **54,** 403—11, 1962; Paris, Univ.; ital.) — Übersicht über den Stand der französ. Verschleißforschung u. techn. Entw. zur Verbesserung der Verschleißfestigkeit metall. Werkstoffe. A. Sander. 6546◇

2343 **Mechanische Verschleißvorgänge und ihre experimentelle Behandlung.** L. Locati. (Metallurgia ital. **54,** 412—16, 1962; Turin, FIAT-Labor.; ital.) — Erörterung des Auftretens u. der prakt. Bedeutung mechan. Verschleißvorgänge sowie der verschiedenen Untersuchungs-Meth. u. Prüfgeräte. A. Sander. 6546◇

2344 **Verschleißminderung im Braunkohlenbergbau — eine dringende Aufgabe.** E. Schaffhirt. (Bergbautechnik **11,** 6—19, 1961; Leipzig; dt.) — Überblick. Beispiele. Diskussion. M. Gehlen-Keller. 6546◇

2345 **Verminderung des Verschleißes durch Korrosionsschutz.** Fr. Jilek. (Bergbautechnik **11,** 20—27, 1961; Böhlen; dt.) — Überblick. Diskussion. M. Gehlen-Keller. 6546◇

2346 **Verschleißminderung durch geeignete Werkstoffpaarung und Wärmebehandlung von Stählen.** K. Junghans. (Bergbautechnik **11,** 28—33, 1961; Leipzig; dt.) M. Gehlen-Keller. 6546◇

2347 **Verschleißminderung durch Auftragsschweißung.** Karl Müller. (Bergbautechnik **11,** 40—49, 1961; Leipzig; dt.) — M. Gehlen-Keller. 6546◇

2348 Régie Nationale des Usines Renault, Frankreich, Zum **Schlichten von Kokillen** werden Pulver oder Pulvergemische bestehend aus Metall, Metall-Legg. oder Cermets verwendet. Das Pulver wird mit Hilfe eines Brenners erhitzt u. in Form von Tröpfchen auf der Formfläche der Kokille niedergeschlagen. (**F. P. 74784** vom 8/1. 1959, ausg. 1/6. 1961. **Zusatz zu F. P. 1157203; C. 1960, 8334.**) W. Schwarzmaier. 6383

2349 Régie Nationale des Usines Renault, Frankreich, **Herstellung von Dauerformen oder Kokillen zum Gießen insbesondere von Eisen und Stahl.** Die Formen werden aus *Cermet* gefrittet, wodurch durchlässige Formen bestimmter Leitfähigkeit erhalten werden. Beispiel: Eine Cermetmischung aus 45—75 (%) *Fe*, 3—20 *Cr*, 0—12 *Al*, 5—40 Al_2O_3 oder *Bauxit* wird mit 5—50 kg/mm² in Form gepreßt, der Formkörper sodann bei 1200—1450° in reduzierender Atmosphäre gefrittet. Man erhält einen Formkörper mit 3—25% Porosität. (**F. P. 1258926** vom 8/3. 1960, ausg. 2/8. 1961.) W. Schwarzmaier. 6383

2350 Régie Nationale des Usines Renault, Frankreich, **Herstellung von Kokillen zum Vergießen insbesondere von Eisen und Stahl.** Mit einer Metallspritzpistole werden auf dem Modell eine oder mehrere Schichten gleicher oder verschiedener Zus. aufgetragen. Die genügend dicke Schalenform wird sodann vom Modell abgehoben u. durch Hinterfüllen mit *Metallgranalien*, *Sand*, *Zement* o. dgl. gießfertig gemacht. Für eine Schalenform aus einer einheitlichen Schicht wird ein *Cermet Cr–Al₂O₃* mit einem Al_2O_3 Geh. von 10—70 (Vol.%) empfohlen. Bei mehrschichtigen Schalenformen besteht die erste Schicht aus einem Cermet *Fe–Cr* mit 5—30 *Cr* u. 10—60 *Bauxit*, die zweite Schicht aus einer *Cr–Mo*-Leg. mit 50—90 Cr, die dritte Schicht aus einer Fe–Cr-Leg. mit 5—30 Cr. Um den Angriff des Gießgutes zu verhindern, werden die Formschalen oxydiert. (**F. P. 1257063** vom 13/2. 1960, ausg. 12/7. 1961.) W. Schwarzmaier. 6383

2351 Régie Nationale des Usines Renault, Frankreich, **Kokillenschlichten mit Aluminiumpulver.** Das *Al-Pulver* wird von einem Trägergas im Inneren eines reduzierend eingestellten Flammenkegels zugeführt, beim Durchgang durch diesen aufgeheizt u. sodann, ohne wesentlich oxydiert zu werden, in plast. Zustand auf die Formfläche geschleudert. Einmaliges Schlichten erlaubt 10—15 Güsse, wobei die Gießform zudem therm. wesentlich weniger beansprucht wird als bei geschwärzten Kokillen. (**F. P. 1266562** vom 31/5. 1960, ausg. 13/11. 1961.) W. Schwarzmaier. 6383

2352 Sumitomo Kinzoku Kogyo Kabushiki Kaisha, Osaka, Japan (Erfinder: Kazuro Suzuki und Osamu Hiraiwa), **Modellmasse für Präzisionsgießverfahren** besteht aus einer Mischung eines organ. Alkalimetallsalzes (60—80 Gew.%) u. einem Alkalimetallcarbonat (20—40), z. B. 70 krist. *Na-Acetat* u. 30 Na_2CO_3. Die Masse schmilzt bei 50°, weist eine Viskosität von 65 nach Redwood u. eine therm. Expansion von 0,25% zwischen 15 u. 55° auf u. ist in 10%ig. HCl leicht löslich. (**E. P. 886777** vom 17/3. 1960, ausg. 10/1. 1962.) W. Schwarzmaier. 6383

2353 Shaw Processes Ltd., England, **Bindemittel für Gießereiformen** besteht aus einer Mischung zweier Silicasol-Lsgg., einer angesäuerten, wss. *Alkalisilicat-Lsg.* mit einem Geh. eines *niederen aliphat. Alkohols* geringer als der Wassergeh., einer angesäuerten alkohol. Lsg. eines *niederen Alcylsilicates* u. werden in einem Verhältnis gemischt, daß der beim Abbinden der Form freiwerdende Alkohol noch abgebrannt werden kann. (**F. P. 1282261** vom 11/1. 1961, ausg. 1/6. 1962. E. Prior. 11/1. 1960.) W. Schwarzmaier. 6383

2354 Régie Nationale des Usines Renault, Frankreich, **Entfernung von Zink aus Kupfer-Legierungen.** In einem Cu-Bad wird mit einem oxydierenden Gas (Luft, O_2) ein Wirbel in Ggw. einer Schlacke erzeugt, die aus 50—70 (%) SiO_2, 15—30 CaO, 8—18 Al_2O_3, 0—10 FeO, TiO_2, MgO besteht. Das entstandene *ZnO* wird von der Schlacke absorbiert. (**F. P. 1248642** vom 27/10. 1959, ausg. 9/3. 1961.) C. Götze. 6433

2355 International Nickel Co. (Mond) Ltd., London, England, **Hitzebeständige und dauerstandsfeste Nickel-Chromlegierungen,** bes. für Gußstücke, enthalten 15—22 (%) Cr, bis 15 *Co*, 7—9 *W*, 3,5—4,5 *Al*, 1,5 bis 4,5 *Ti*, 0,01—0,20 *C*, 0,005—0,15 *B*, 0,3—0,7 *Zr*, bis 0,5 *Si*, bis 0,5 *Mn*, bis 0,5 *Fe*, Rest Ni. Die Geh. an Ti, Co u. Cr sind solche, daß f(TiCoCr) > 0 ist, wobei f(TiCo · Cr) = —0,8 · % Ti · % Co · % Cr + 10,4 · % Ti · % Co + 1,13 · % Ti · % Cr + 1,75 · % Co · % Cr — 19,2 · % Co — 11 · % Cr + 8,4 · % Ti + 123. Beispiel: Leg. aus 20 Cr, 10 Co, 8 W, 2 Ti, 4 Al, 0,1 C, 0,05 B, 0,5 Zr, Rest Ni. (**Oe. P. 219286** vom 24/5. 1960, ausg. 25/1. 1962. E. Prior. 27/5. 1959. **E. P. 884753** vom 27/5. 1959, ausg. 13/12. 1961.) H. Baur. 6435

2356 International Nickel Co. (Mond) Ltd., London (Erfinder: Frank Grenville Haynes, Birmingham), England, **Chrom-Nickel-Gußlegierung** besteht aus 13—20 (%) Cr, 3—7 Co, 3—7 Mo, 1—2,8 *Ti*, 4,5—7,5 *Al*, 0,05—0,25 *C*, 0,003—0,03 *B*, 0,02—0,07 *Zr*, Rest *Ni* u. übliche Verunreinigungen, mit der Maßgabe, daß das Verhältnis des Ti-Geh. zum Al-Geh. ≤ 0,5. Die Leg. besitzt im gegossenen Zustand Dauerstandseigg., die sowohl bei 815—1020° eine hohe Gleichmäßigkeit aufweisen, als auch in befriedigender Weise reproduzierbar sind; bedingt durch das Ti-Al-Verhältnis. — 2 Kurvendiagramme. (**Oe. P. 220835** vom 8/6. 1960, ausg. 25/4. 1962. E. Prior. 8/6. 1959.) C. F. Gross. 6435

2357 International Nickel Co. (Mond) Ltd., London, England, **Hitzebeständige Nickel-Chrom-Kobaltlegierung** mit *Ti*- u. *Al*-Gehalten. Bei einem Verhältnis des Ti- zu dem Al-Geh. zwischen 0,7 u. 1,0 soll die Summe der Ti- u. Al-Gehh. x nicht überschreiten u. nicht geringer als y sein, wobei x = % Mo (0,15 Cr—2,7) + (25,6 bis 0,9 Cr), y = % Mo (0,15 Cr—2,7) + (23,5—0,9 Cr), (in Gew.-%) u. die Summe aus dem Mo-, dem zweifachen Al- u. dem vierfachen Ti-Geh. > 22 ist. Die Leg. enthält neben Ti u. Al 11—16 Cr, 0,1—0,2 *C*, 1,5—7 *Mo*, 10 bis 20 *Co*, 0,01—0,10 *Zr* u. 0,005—0,05 *B*, Rest Ni, von Verunreinigungen abgesehen. (**Oe. P. 219287** vom 22/6. 1960, ausg. 25/1. 1962. E. Prior. 23/6. 1959.) H. Baur. 6435

2358 Závody V. I. Lenina, Pilsen, Tschechoslowakei, **Hitzebeständige Legierung** für *Turbinen* u. *Motoren* besteht aus 60 bis 70 Gew.-% Ni, Rest von Verunreinigungen abgesehen, *Fe* u. *Cr* im Verhältnis Fe:Cr = 1:1,3. *Mo*, *W*, *Ti* u. *Al* können zugesetzt werden, in Mengen von insgesamt 5,5%, bezogen auf das Gesamt-Gew. von Ni, Cr u. Fe zusammen u. im folgenden annähernden Verhältnis: a) Geh. (W + Mo) = 4%, wobei W:Mo = 1:1; b) Geh. Ti = $^1/_4$ der Summe (Mo + W); c) Geh. Al = $^1/_2$ des Ti-Geh., i. e. $^1/_8$ des Geh. (W + Mo). B, Co, Ta, Nb, Ca u./oder Ce können jedes in Mengen von 0 bis 1,5%, insgesamt aber nicht mehr als 1,5%, bezogen auf die Menge Ni, Cr u. Fe, zugesetzt werden. (**E. P. 889120** vom 30/7. 1958, ausg. 7/2. 1962. Tschech. Prior. 30/7. 1957.) H. Baur. 6435

2359 Institut Dr. Ing. Reinhard Straumann Akt.-Ges., Waldenburg, Schweiz, **Legierung für Kugeln und Rollen von Wälzlagern.** Sie besteht aus 10—20 (%) *Cr*, 3—15 *Fe*, 16—27 *Ni*, 6—5 *Mo*, 0—5 *W*, 0—1 *Be*, 0—2 *Ti*, 0,5—1 *Mn*, 0,2—1 *Si*, 0,01—0,1 *C*, insgesamt 50—60 dieser Bestandteile, Rest *Co*. Mindestens einer der beiden Bestandteile Be u. Ti sind enthalten, u. zwar Be in Mengen von mindestens 0,05 u. Ti in Mengen von 0,1. Rollen aus 18 Cr, 5 Fe, 21 Ni, 4 Mo, 4 W, 0,3 Be, 1 Ti, 1 Mn, 0,6 Si, 0,03 C, Rest Co, werden mindestens 1 Std. auf 1100° angelassen, abgeschreckt, kalt gewalzt bis zu einer Querschnittsverminderung auf 70—95% u. zuletzt 4 Std. bei 480° geglüht. (**E. P. 891318** vom 23/9. 1960, ausg. 14/3. 1962. Schwz. Prior. 25/9. 1959.) H. Baur. 6435

2360 General Electric Co., Schenectady, N. Y., V. St. A., **Herstellung eines gesinterten Metallkörpers im Breigießverfahren.** Mo, W, Ta, Nb u. ä. Metalle werden feinzerteilt (mindestens 90% der Korngröße < 10 μ) u. mit Hilfe eines fl. Trägermediums mit für das Gießen günstiger Viskosität (*Polyvinylalkohol*, *Methylcellulose*, *Na-Alginat*) zu einem Brei angerührt, der einen pH-Wert zwischen 3,0 u. 9,0 haben soll. Dem Brei werden ein Antischaummittel (*Amylalkohol*, ein *Silikon*) u. ein Netzmittel (*Dioctylnatriumsulfosuccinat* in Mengen von 0,01—0,5 g/100 cm^3 Metallpulver) zugesetzt. Nach dem Vergießen wird gesintert. (**Oe. P. 219285** vom 23/7. 1959, ausg. 25/1. 1962. A. Prior. 30/7. 1958.) H. Baur. 6475

2361 Western Alloy Products Co., Denver, übert. von: Charles H. Dyer, Grand Junction, Colo., V. St. A., **Gesinterte Wolframcarbidlegierung** für *Tiefbohrwerkzeuge* aus 30—100 (%) einer Leg. aus W_2C mit 1—3 *Co* u. 0—70 *WC* u. als Bindemittel 5—30 eines niedriger schmelzenden Metalls (*Co*, *Fe*, *Ni* u. Legg. derselben). Die Teilchengröße des WC ist < 10 μ, die der W_2C-Co-Leg. zwischen 30 u. 40 μ. (**A. P. 3000087** vom 1/5. 1959, ausg. 19/9. 1961.) H. Baur. 6477

2362 Engelhard Industries, Inc., Newark, übert. von: James S. Hill, Cranford, N. J., V. St. A., **Mehrfachmetall aus Platinmetallen.** Die äußere Schicht des Gegenstandes auf Pt besteht aus festem Pt-Metall u. der innere Kern aus Pt-Sintermetall. Auf diese Weise wird das Kornwachstum während der Erwärmung verhindert u. die Lebensdauer, bes. von *Thermoelementen* u. von *Tiegeln für Glasschmelzen* erhöht. (**A. P. 2984894** vom 30/11. 1956, ausg. 23/5. 1961.) F. Vier. 6479

2363 Samuel L. Cohn und Charles C. Cohn, im Auftrag von Colonial Alloys Co., Philadelphia, Pa., übert. von: Charles C. Cohn, Atlantic City, N. J., und Samuel L. Cohn, Philadelphia, Pa., V. St. A., **Chemisches Polieren von Aluminium und seinen Legierungen.** Die Werkstücke werden kontinuierlich durch 2 Bäder geführt, deren erstes aus H_3PO_4, HNO_3 u. *W.* zum Polieren, deren zweites aus einer wss. Lsg. von HNO_3 zum Abbrechen der Wrkg. des ersten Bades besteht. Dazwischen werden die Werkstücke gespült, um ein Abtropfen der Lsg. des ersten Bades in das zweite zu verhindern. Abbildung. (**A. P. 2971826** vom 3/11. 1954, ausg. 14/2. 1961.) H. Baur. 6513

2364 United Aircraft Corp., East Hartford, übert. von: Vincent J. Capuano, Hamden, Conn., V. St. A., **Beizen von Titan und seinen Legierungen** zur Entfernung von Zunder u. Oxidablagerungen von den Oberflächen durch Eintauchen in einen Elektrolyten, der im wesentlichen aus einer wss. Lsg. besteht aus ca. 5,25—8,4 Vol.-% HNO_3, ca. 0,48—0,60 Vol.-% *HF*, ca. 7—13 Gew.-% *Sulfaminsäure* u. 2—3,5 Gew.-% eines *Metallsulfats* eines Metalls der Gruppe II des Period. Syst. (*Ca*, *Cd*, *Zn*). Der in den Elektrolyten eingetauchte Gegenstand wird als Anode mit einer Kathode verbunden (Anodenspannung ca. 6—30 V). (**A. P. 3006827** vom 6/1. 1959, ausg. 31/10. 1961.) H. Baur. 6513

2365 Westinghouse Electric Corp., East Pittsburgh, Pa., übert. von: Kenneth L. Rohrer und John B. Diffenderfer, Horseheads, N. Y., V. St. A., **Elektropolierbad für Titan- und Titanlegierungen** besteht aus 324 (Gew.-Teile) H_2SO_4, 19—49 *HF* u. 4—30 *Fluorborsäure* (48—50%ig.). Zum Beispiel: 324 (Gew.-Teile) H_2SO_4 (96%ig.), 34,8 HF (52%ig.), 8,4 Fluorborsäure (50%ig.) u. 1 H_2SiO_3. Bei mechan. Rühren u. einer Temp. von 30° wird mit einer Stromdichte von 34 A/sq.ft. bei 7 V während 10 Min. behandelt. (**A. P. 2997429** vom 26/2. 1959, ausg. 22/8. 1961.) H. Hänle. 6513

2366 United Aircraft Corp., East Hartford, übert. von: Walter L. Acker, Wethersfield, und Lloyd H. Curkin, Manchester, Conn., V. St. A., **Ätzbad für Titan und seine Legierungen** besteht im wesentlichen aus einer wss. Lsg. von 4,2—6,8 (Gew.-%) *HF*, 9,27—12,53 HNO_3 u. 0,0015—0,08 Netzmittel (*Na-Alkylsulfate* oder *sulfatierte Fettalkohole*). (**A. P. 2981609** vom 20/11. 1956, ausg. 25/4. 1961.) H. Baur. 6513

2367 United States Atomic Energy Commission, übert. von: Russell D. Baybarz, Knoxville, Tenn.,

V. St. A., **Entfernung von Oxiden von Stahloberflächen** durch Behandlung mit einer $CrSO_4$ (0,1—1,0 molar) enthaltenden verd. wss. H_2SO_4-Lsg. (0,1—1,5 m.) bei 20—90° in inerter Atmosphäre. (**A. P. 2981643** vom 19/2. 1958, ausg. 25/4. 1961.) H. Baur. 6513

2368 Rohr Aircraft Corp., Chula Vista, übert. von: Earl W. Kendall, San Diego, Calif., V. St. A., **Entfernung von Metalloxiden auf aluminiumreichen Legierungen** durch Tauchen in eine wss. Lsg. aus 22(%) HNO_3, 0,5 CrO_3 u. 77,5 *W.* 3 Min. lang bei 70—90°F, Spülen mit W. u. Behandlung mit einer wss. Lsg. aus ca. 1 gal. W., 1—3 oz. *Citronensäure* u. ca. 0,1—0,5 oz. NH_4HF_2 1—5 Min. lang bei 70—90°F. Nach Spülung kann die erste Behandlung wiederholt werden. Um den elektr. Widerstand der Oberfläche unter 5 Mikroohm herabzusetzen, wird sie mit einer kalten wss. Lsg. aus 2—30 (Gew.-Teilen Citronensäure u. 1 lediglich NH_4HF_2 enthaltendem Ätzmittel behandelt. (**A. P. 3003896** vom 17/1. 1958, ausg. 10/10. 1961.) H. Baur. 6513

2369 Kearfott Co., Inc., Little Falls, übert. von: Lynn J. Brady, Butler, N. J., V. St. A., **Entfernung von Oxidüberzügen auf Manganferriten** aus MnO_2, ZnO u. Fe_2O_3. Die Ferrite werden auf ca. 1 Std. in eine saure Lsg. aus konz. *HCl*, vorzugsweise aus ca. 2 (Vol.) konz. HCl, u. 1 konz. HNO_3, von Raumtemp. verbracht. (**A. P. 3003967** vom 23/9. 1959, ausg. 10/10. 1961.) H. Baur. 6513

2370 Pennsalt Chemicals Corp., übert. von: Robert Houston Elliott jun., Oreland, Pa., V. St. A., **Ätzen von Aluminium und seinen Legierungen** in einer heißen (120—212°F) wss. Ätzalkalilsg. mit 1—20 (Gew.-%) Ätzalkali (*NaOH*) u. mindestens 0,2 eines Metallions, u. zwar des 6wert. Mo (als Na_2MoO_4), des 2wertigen Ni (als $NiSO_4 \cdot 7H_2O$) oder des 2- oder 3wertigen Fe (als $FeCl_3$ oder $FeSO_4$), der noch zur Verhinderung der Steinbildung 1—5 *Sorbitol, Glucamin* oder *Gluconat* zugesetzt werden können. Mit einer solchen Lsg. werden beträchtliche Mengen Al verhältnismäßig rasch gelöst. (**A. P. 2975039** vom 2/11. 1955, ausg. 14/3. 1961.) H. Baur. 6513

2371 Pennsalt Chemicals Corp., übert. von: Robert Houston Elliott jun., Oreland, Pa., V. St. A., **Ätzen einer Aluminiumlegierung** mit mindestens 0,1% *Cu* in einer heißen (120°—200°F) wss. Ätzalkalilsg. mit 1—20 (Gew.-%) Ätzalkali (*NaOH*) u. 0,2 eines Co-Ions (als $CoCl_2 \cdot 6H_2O$, $CoSO_4 \cdot 7H_2O$), der noch zur Verhinderung der Steinbildung 1—5 *Sorbitol, Glutamin* oder *Gluconat* zugesetzt werden können. Mit einer solchen Lsg. werden beträchtliche Mengen der Al-Cu-Leg. verhältnismäßig rasch gelöst. (**A. P. 2975040** vom 2/11. 1955, ausg. 14/3. 1961.) H. Baur. 6513

2372 Conversion Chemical Co., Rockville, Conn., übert. von: Kenneth P. Bellinger, Wilbraham, Mass., V. St. A., **Glänzen von Aluminium** in einem Bad, das keine Gase bzw. Dämpfe abgibt, bei 190—230°F. Es besteht im wesentlichen aus ca. 85,0 (Gew.-%) H_3PO_4, ca. 2,0—5,0 HNO_3, W. u. zur Verhinderung des Gasens 0,05—3,0 *Harnstoff, Dicyandiamid* oder *2.4.6-Triamino-5-triazin* oder Mischungen derselben. (**A. P. 3009849** vom 4/6. 1958, ausg. 21/11. 1961.) H. Baur. 6513

2373 Union Carbide Corp., V. St. A. (Erfinder: Claude Rothwell Bishop und Milton Stern), **Verhindern des Auftretens von Wasserstoffbrüchigkeit bei Metallen,** die wss. Elektrolyten ausgesetzt sind, z. B. *Ta, Nb, V, Ti, Mn-Legg* u. *rostfreien Stählen.* Die Teile werden mit *Ru, Rh, Pd, Os, Ir, Pt, Au* oder *Re* in Kontakt gebracht, z. B. durch Überziehen oder Aufschweißen. (**F. P. 1248339** vom 15/2. 1960, ausg. 3/3. 1961. A. Prior. 18/2. 1959.) F. Vier. 6517

2374 Incar, Inc., übert. von: Marilyn K. Sanicky, Cleveland, Ohio, V. St. A., **Glanznickelelektrolyt** enthält neben dem Glanzmittel aus *Arylsulfonamid, Arylsulfinimid, Arylsulfinsäure* oder *Arylsulfonsulfonat* als Zusatz ein total hydroxyalkyliertes Alkylenpolyamin mit 3—5 N-Atomen, z. B. *Pentahydroxyäthyldiäthylentriamin.* Auf diese Weise läßt sich die Bldg. dunkler Ni-Schichten vermeiden. (**A. P. 2980595** vom 11/8. 1958, ausg. 18/4. 1961.) F. Vier. 6521

2375 General American Transportation Corp., Chicago, Ill., übert. von: Pranas Budininkas, Gary, Ind., V. St. A., **Stromloses Vernickeln von Magnesium und seinen Legierungen.** Nach Reinigung werden die Gegenstände zur Passivierung ihrer Oberfläche mit einer wss. H_3PO_4 oder CrO_3 enthaltenden Lsg. behandelt. Dabei bildet sich ein Schutzfilm gegen den korrodierenden Angriff von W. aus. Danach wird zur Bldg. eines Fluorid-Films mit einer wss. Lsg. eines Fluorides, z. B. H_2F_2, behandelt u. danach mit der Lsg. eines Pyrophosphats, z. B. $Na_4P_2O_7$. Dann wird durch Behandeln mit einer *Ni-* u. *Hypophosphit*-Ionen enthaltenden wss. Lsg. der Ni-Überzug aufgebracht. Der so behandelte Gegenstand kann bei 400°F wärmebehandelt werden. Auf diese Weise werden festhaftende, gleichmäßige u. glänzende Ni-Überzüge auf Mg erhalten (**A. P. 2983634** vom 13/5. 1958, ausg. 9/5. 1961.) F. Vier. 6521

2376 General Electric Co., New York, übert. von: Gordon D. Oxx jun., Scotia, N. Y., V. St. A., **Zusatz von Kohle zu Nickelüberzügen auf Molybdän.** Hierdurch wird die Diffusion von Ni in Mo u. damit die Herabsetzung der Rekristallisations-Temp. in dieser Zone verhindert. Es tritt somit keine brüchige Zone auf. Anstelle von C können auch *N, B* oder *O*, anstelle von Ni andere Metalle, die mit den Nichtmetallen C, N, B oder O stärker reagieren als Mo, verwendet werden. Der C-Geh. der Ni-Schicht soll 0,3% betragen. (**A. P. 2983035** vom 1/8. 1958, ausg. 9/5. 1961.) F. Vier. 6521

2377 George A. Sandoz, Washington, D. C., und Raymond L. Newbegin, Forestville, Md., V. St. A., **Verhinderung der Oxydation schwer schmelzbarer Metalle.** *Nb* u. seine mehr als 50 Gew.-% Nb enthaltenden Legg. werden mit *Zn* überzogen u. erhitzt auf eine Temp., die nur wenig unter dem Kp. des Zn liegt, solange bis die auf der Nb-Oberfläche festhaftende, Zn u. Nb enthaltende Leg. entsteht, vorzugsweise bei ca. 1600°F. (**A. P. 2991197** vom 30/10. 1959, ausg. 4/7. 1961.) H. Baur. 6523

2378 Chem-Metals, Inc., übert. von: John E. Logan, Pittsburgh, Pa., V. St. A., **Herstellung eines Schutzüberzuges auf verzinkten Blechen,** um die Bldg. von Weißrost zwischen nassen Blechen zu verhindern bzw. stark zu verzögern. Wenn die Bleche aus dem Verzinkungsbad herauskommen, werden sie bei über 400°F mit einer wss. Lsg. (5 bis 15%ig.) mindestens einer Phosphorsäure (Ortho-, Meta- u./oder Pyrophosphorsäure) bespritzt, wobei durch die Hitze in wenigen Min. das W. der Lsg. verdampft u. sich ein gut schützender u. visuell nicht bemerkbarer Phosphatfilm bildet. 50% der Säure kann als Ammoniaksalz derselben vorhanden sein. Zur Anwendung kommt 1 gal. 10%iger Säure auf 10000 bis 2000 sq.ft. Oberfläche. (**A. P. 2984592** vom 19/3. 1958, ausg. 16/5. 1961.) H. Baur. 6523

2379 Automatic Telephone & Electric Co. (Erfinder: Robert Wilson Beattie), **Plattieren von Metallen mit Edelmetallen.** Man bringt das Metall, z. B. *Cu*, vor dem Plattieren mit dem Edelmetall, z. B. *Au*, in Berührung mit einem weiteren Metall, das elektrochem. weniger edel als das zu plattierende Metall ist, bes. mit einer *Sn/Pb*-Leg., z. B. durch ein Verzinnungsverfahren. (**Aust. P. 234390** vom 15/9. 1959, ausg. 27/7. 1961. E. Prior. 24/9. 1958.) K. Demmler. 6527

2380 Union Carbide Corp., übert. von: Paul J. Gareis und Paul H. Mohr, Tonawanda, N. Y., V. St. A., **Abscheiden von β-Siliciumcarbid** auf anorgan. Materialien, wie Stahl, Saphir oder Quarz. Zur Abscheidung eines dünnen festhaftenden Filmes wird das zu überziehende, auf 750—1400° erhitzte Material mit einem unter einem Druck von 0,1—2 mm Hg stehenden Gas, wie $(CH_3)_4Si$, evtl. unter Zusatz von CH_4 oder H_4Si u. CH_4, behandelt. (**A. P. 3011912** vom 22/12. 1959, ausg. 5/12. 1961.) G. Frikell. 6529

2381 Burroughs Corp., übert. von: Joseph A. Poch, Detroit, Mich., V. St. A., **Herstellen eines Korrosionsschutzüberzuges und eines elektrisch leitenden Anschlusses an Oberflächen von Aluminiumteilen** durch

Bldg. eines elektr. leitenden Metall-Oxidmischüberzuges mittels einer eine 6wertige *Cr*-Verb. enthaltenden wss. Lsg. mit einem pH-Wert zwischen 0,8 u. 2 auf der ganzen Oberfläche. Dann wird der Teil der Oberfläche, an dem die elektr. Verbindung hergestellt werden soll, mit einer gegen Alkali u. Säure widerstandsfähigen Masse abgedeckt; hinterher wird der unabgedeckte Flächenteil in *NaOH* eingetaucht, um den hier freiliegenden Metalloxidüberzug zu entfernen, u. anod. oxydiert. Die Deckschicht wird zum Schluß entfernt. (**A. P. 2993847** vom 4/4. 1958, ausg. 25/7. 1961.) H. Baur. 6531

2382 Canadian Industries Ltd., Montreal, übert. von: John Arthur Sharp, Beloeil Station, Quebec, Canada, **Mittel zum gleichzeitigen Entfetten und Phosphatieren von Metallen** besteht im wesentlichen aus einem chlorierten KW-Stoff (*Trichloräthylen, Metallchloroform*), ist wasserfrei u. enthält ca. 1—10 (Gew.-%) mindestens eines Sorbitanmonoesters einer aliphat. Säure mit 12 bis 18 C-Atomen im Molekül (*Sorbitanmonolaurat, -monopalmitat, -monostearat*) u. 1—6 Mol H_3PO_4 auf 1 Mol Sorbitanmonoester, ggf. noch 0,1 bis 1 eines anion. oberflächenaktiven Mittels, das im KW-Stoff lösl. u. mit H_3PO_4 verträglich ist (Alkylbenzolsulfonsäure). (**A. P. 2986482** vom 1/7. 1960, ausg. 30/5. 1961. Can. Prior. 4/7. 1959.) H. Baur. 6533

2383 Aluminum Co. of America, Pittsburgh, übert. von: William C. Cochran, New Kensington, Pa., V. St. A., **Färben von Aluminiumgegenständen mit oxydierter Oberfläche.** Nach Oxydation der Oberfläche u. Spülen mit HNO_3 wird diese durch Eintauchen in eine wss., mindestens ein Chromisalz (*$CrCl_3$, Cr(III)-Oxalat* oder *-Formiat*, ca. 5—30 g Cr(III)-Ionen/Liter) enthaltende Lsg. von einer Temp. über 150°F u. einem pH-Wert zwischen 3,5 u. 7,5 $^1/_4$ bis 45 Min. lang imprägniert. (**A. P. 2987417** vom 23/6. 1958, ausg. 6/6. 1961.) H. Baur. 6535

2384 Armco Steel Corp., V. St. A. (Erfinder: George Rupert Hoover), **Verhinderung des Weißrostens und Verbesserung der Anstreichbarkeit mit Aluminium legierter Zinküberzüge** auf Eisen durch einer wss. Lsg. bei ca. 70° aus 0,5—10 (Gew.-%) *H_3PO_4* u. 0,25—5 *CrO_3*, in welcher die Menge von H_3PO_4 mindestens ebenso groß ist wie die an CrO_3, vorzugsweise doppelt so groß. (**F. P. 1281079** vom 17/2. 1961, ausg. 16/5. 1962. A. Prior. 22/3. 1960.) H. Baur. 6539

2385 Nalco Chemical Co., übert. von: Aaron Sterlin, Chicago, Ill., V. St. A., **Schutz von Eisen gegen den Angriff wasserhaltiger Kohlenwasserstoffe,** wie Dieselöl, Brennöl oder Gasolin durch Zusatz eines Inhibitors. Er besteht aus einem Salz aus einer aliphat. Dicarbonsäure mit mindestens 10 C-Atomen mit Glyoxalidin, in dem das C-Atom in der 2-Stellung an eine höher aliphat. KW-Stoffgruppe mit mindestens 8 C-Atomen gebunden ist, das C-Atom in der 4-Stellung an H oder an eine niedere aliphat. KW-Stoffgruppe mit nicht mehr als 6 C-Atomen, das C-Atom in der 5-Stellung an H oder an eine niedere aliphat. KW-Stoffgruppe mit nicht mehr als 6-C Atomen, wobei mindestens eines der beiden eben genannten C-Atome (der 4- u. 5-Stellung) an ein H gebunden ist, u. das N-Atom in 1-Stellung an H oder eine niedere aliphat. Gruppe mit nicht mehr als 6 C-Atomen, welche aus H, C, N u. O Atomen besteht. Beispiel: Salz aus *Sebacinsäure* oder einer *polymerisierten Fettsäure mit 1-(2-hydroxymethyl-2-heptadecanylglyoxalidin.* (**A. P. 2994596** vom 24/10. 1956, ausg. 1/8. 1961.) H. Baur. 6539

2386 Keystone Shipping Co., Philadelphia, Pa., übert. von: Peter C. Heidt, Masonville, N. J., V. St. A., **Verhinderung der Korrosion von Eisenteilen in Wasserspeicheranlagen,** ebenso in Schiffstanks, die abwechselnd organ. Fll. (Petroleum-Prodd.) u. W. enthalten, dadurch daß in den Fll. eine zur Korrosionsverhinderung ausreichende Menge *Mg*-Metall in fein verteilter Form dispergiert wird, mit einer durchschnittlichen Teilchengröße, die ein Sieb mit einer Maschenzahl 20 passieren kann. (**A. P. 3002909** vom 10/7. 1959, ausg. 3/10. 1961.) H. Baur. 6539

H_9. Organische Industrie

2387 **Die Druckabhängigkeit des Wärmeleitvermögens organischer Flüssigkeiten.** H. Tautz und H. Lippmann. (Plaste u. Kautschuk **9,** 595—98, 1962; Leipzig, DAdW zu Berlin, Inst. für Phys. u. phys. Chem. der Hochpolymeren; dt.) — Die *Wärmeleitfähigkeit* von *organ. Fll.* (gebräuchliche Druckübertragungssubstanzen für Hochdruck-Unterss., Lsgm. für Plaste, Siliconöl) u. einiger Polystyrol-Lsgg. wird von 1 bis ca. 3000 at experimentell bestimmt. Es wird eine Zylinderspalt-Meßanordnung verwendet. Die erhaltenen Ergebnisse werden mit Messungen von Bridgman verglichen, u. der Zusammenhang mit der Schallgeschw. u. ihrer Druckabhängigkeit wird untersucht. D. Kunath. 6556

2388 **Stabilität von Acetylen.** Donald W. Breck, Harold R. Gallisdorfer und Robert F. Hamlen. (J. chem. Engng. Data **7,** 281—84, 1962; Tonawanda, N. Y. Linde Co.; engl.) — Die Energie zur Entzündung von fl. C_2H_2 (**I**) durch Funken zwischen Tauchelektroden bei —30° schwankt ähnlich wie die für explosive Gasgemische erforderliche Energie. Die Mindestentzündungsenergie (ME) u. die Löschfunkenstrecke nehmen mit fallender Temp. zu. Die ME für **I**-Dampf ist bei —30° geringer als für fl. **I**. Die Bewegung von fl. **I** führt zu einer geringeren Entzündungsenergie, Drucksteigerung (durch inerte Gase) erhöht sie. Die Ergebnisse werden erörtert. W. Wesly. H 530◇

2389 **Katalytische dehydrierende Kondensation von Äthanol.** 1. Mitt. Katsukiyo Eto. (J. Soc. org. synth. Chem., Japan, **21,** 61—67, 1963; Ibaragiken-Hitati, Ibaragi-Daigaku, Kôgakubu; jap., Auszug: engl.) — Die katalyt. Darst. von *n-Butylalkohol* (**I**) aus *A.* wird untersucht. A. gibt in der Gasphase in Ggw. von ZnO komplizierte Gemische aus verschiedenen Aldehyden; die Ausbeute an **I** beträgt höchstens 1,7%. In Ggw. von Cu-Katalysator bildet sich ein Gemisch aus Estern als Haupt-Prod.; dabei konnte **I** nicht nachgewiesen werden. In Ggw. von MgO gibt A. bei 450° **I** in einer Ausbeute von 10,9%. Gemische aus MgO u. Cu sind schlechtere Katalysatoren als MgO selbst. E. Maekawa. H 560

2390 **Beiträge zur Synthese von Isobutanol aus Kohlenoxid und Wasserstoff.** 5. Mitt. Toshihide Gotoh. (J. Fuel Soc. Japan [Nenryôkyôkai-si] **40,** 33—37, 1961; jap., Auszug: engl.) — 4. vgl. C. **1963,** 22491. — Die *Isobutanol*(**I**)*-Synth.* unter Verw. von Cu-Katalysatoren wird untersucht, die ähnlich wie Zn–Cr-Katalysator bei der CH_3OH-Synth. eingesetzt werden. Von ihnen ist der Cu–Cr-Katalysator wegen der geringen Ausbeute an fl. Prodd. u. **I** u. der kurzen Lebensdauer nicht von Bedeutung. Demgegenüber weist der Cu–Zn-Katalysator etwas bessere Eigg. auf; seine Lebensdauer ist jedoch ebenfalls kurz. Beim Zusatz einer gewissen Menge Al zum Cu–Zn-Katalysator, wird die Menge des entstandenen W. verringert u. die katalyt. Wrkg. verlängert. Der Zusatz von Mo zu diesen Katalysatoren hat keinen Zweck, während es beim Zusatz zu Zn–Cr–K_2CO_3-Katalysatoren günstig wirkt. E. Maekawa. H 560□

2391 **Untersuchungen über Oxoreaktionen.** 4. Mitt. **Die Oxoreaktion von Äthylen.** Kōzō Kurokawa, Hazime Ino, Reizi Aizawa und Tōzō Amemiya. (J. Fuel Soc. Japan **41,** 860—63, 1962; Fujinagata Shipbuilding & Engng. Co., Resources Res. Inst.; jap., Auszug: engl.) — 3. vgl. C. **1963,** 10669. — *Äthylen* wird in Ggw. von Co-Naphthenat als Katalysator u. Pd-Zeolith als Beschleuniger bereits bei 90° *hydroformyliert.* Je niedriger die Temp., desto geringer ist der Anteil an höhersd. Fraktionen. W. Holland. H 670◇

2392 **Extraktion gemischter, gelöster Stoffe. Trennung von Propion- und Schwefelsäure.** R. D. Harris und C. J. Geankoplis. (J. chem. Engng. Data **7,** 218—23, 1962; Columbus, Ohio, Ohio State Chim.; engl.) — Die *Gleichgew.* des quatern. Syst. Propionsäure(**I**)–H_2SO_4(**II**)–Methylisobutylketon–W. bei 25° u. die Verteilungs-Koeff. von **I** u. **II** werden bestimmt. Die erhaltenen Werte werden mit den Werten des Syst. CH_3COOH-**II** verglichen. W. Wesly. H 810◇

2393 **Extraktion von Benzol mit Di- und Triäthylenglykol.** Harold L. Graham. (J. chem. Engng. Data **7**, 214—17, 1962; Nashville, Tenn., Vanderbilt Univ., Chem. Engng. Dep.; engl.) — Die *Gleichgew.-Werte* für die *Extraktion* von *Bzl.* aus Gemischen mit n-Heptan mit Diäthylenglykol bzw. Triäthylenglykol mit 2 verschiedenen W.-Konzz. werden für Temp. von 250 u. 300 °F ermittelt. Die Ergebnisse werden erörtert.
W. Wesly. H 1010◇

2394 International Minerals & Chemical Corp., übert. von: Ira M. Le Baron, Evanston, Ill., und Gene L. Samsel, Mulberry, Fla., V. St. A., **Trennung isomerer organischer Verbindungen** erfolgt dadurch, daß man das Isomerengemisch bes. in Form von Kristallen mit trockener Oberfläche, mit elektr. Strom behandelt, wodurch die Kristalle verschieden elektr. aufgeladen werden. Diese werden dann in einem elektrostat. Feld zwischen zwei Elektroden, bes. im freien Fall (Vorr., vgl. A. P. 2738875.), in die einzelnen Isomeren getrennt. Getrennt werden Mischungen: aus *m-* u. *p-Nitrophenol*, aus orthorhomb. *D-* u. monoklin. *L-Glutaminsäure*, aus *L-* u. *D*-monoklin. *NH_4-Glutamat*, *D-* u. *L-Glutaminsäurehydrochlorid*, aus *1.2.3-* u. *1.3.5-Trichlorbenzol*, *o-* u. *p-Dichlorbenzol*, *o-*, *m-* u. *p-Xylol*, Tetramethyl-, Trimethoxy-, Tetrachlorbenzolen, Dichloräthanen, Hexachlorcyclohexanen, o-, m- u. p-Isopropyltoluolen, (Cymolen), Chlorphenolen, Chlortoluolen, 1.1.1-Trichlor-2.2-bis-(chlorphenyl)-äthanen, Propylbenzolen, Monomethylnaphthalinen, Kresolen, Chlornitrobenzolen, Xylenolen, Phenolen, Chloranilinen, Dioxanen, Amylalkoholen, Chinolinen, Nicotinsäuren, Phthalsäuren, Mischungen aus Malein- u. Fumarsäure, Chinin u. Chinidin, o- u. p-Chinonen u. Hydrochinonen, aus Anthracen u. Phenanthren, aus opt. Isomeren der DL-α-Hydroxyglutar-, -α-Chlorglutar-, -Weinsäure, DL-Histidin, dessen Hydrochlorid, DL-Mandel-, -Pimar-, -α-Chlorphenylessig-, -Äpfel-, -Milch-, -α-Brombutter- u. -α-Hydroxybuttersäure u. deren Salzen. Flüssige Isomerenmischungen werden durch Abkühlen in die feste Form übergeführt. (**A. P. 2992728** vom 19/1. 1959, ausg. 18/7. 1961.) G. Krauß. 6599

2395 Texaco, Inc., übert. von: Eugene E. Sensel, Beacon, N. Y., V. St. A., **Abtrennen von geradkettigen Kohlenwasserstoffen.** Das KW-Stoffgemisch wird in der Dampfphase durch einen krist. Zeolithen geführt. Die geradkettigen KW-Stoffe werden adsorbiert u. anschließend desorbiert. Der Zeolith A weist 0,3—0,95% austauschbare Cd-Ionen auf. Die Zeit für eine 80—95%ig. Absättigung des Zeolithen mit geradkettigen KW-Stoffen beträgt 1—4 Minuten. — Zeichnungen. (**A. P. 2988577** vom 11/4. 1957, ausg. 13/6. 1961.) E. Kahles. H 500

2396 Esso Research and Engineering Co. (Erfinder: Robert B. Long, Wanamassa, und John P. Longwell, Westfield, N. J.), V. St. A., **Alkylierung von Paraffin-Kohlenwasserstoffen durch Bestrahlung,** dad. gek., daß man ein KW-Stoffgemisch, das Paraffin-KW-Stoffe mit 2—12 C-Atomen je Mol. u. Olefin-KW-Stoffe mit 3—12 C-Atomen je Mol. in einem Mengenverhältnis von 2—30 Mol Paraffin-KW-Stoff je Mol Olefin enthält, bei 38—538° u. 10—100 at so lange einer Ionisierungsstrahlung hoher Energie aussetzt, bis die Beschickung eine Strahlungsmenge von insgesamt 10^3 r bis 10^6 Mr absorbiert hat. (**D. A. S. 1140917** Kl. 12o vom 29/4. 1958, ausg. 13/12. 1962. A. Prior. 29/4. 1957 u. 21/3. 1958.)
E. Kahles. H 510

2397 Standard Oil Co., Chicago, Ill., übert. von: Robert C. Binning, Texas City, Tex., V. St. A., **Abtrennen von Dimethylbutan von Methylpentan.** Das Gemisch u. Dichlormethan werden destilliert. Überkopf geht ein azeotropes Gemisch Dichlormethan u. Dimethylbutan über; während in der Bodenfraktion das Methylpentan verbleibt. (**A. P. 3007985** vom 26/2. 1958, ausg. 7/11. 1961.) E. Kahles. H 510

2398 Dow Chemical Co. (Erfinder: Robert P. Ruh, Robert A. Stowe und Ralph A. Davis), Midland, Mich., V. St. A., **3.3.3-Trifluorpropen,** Kp. ca. —25°, erhält man durch Rk. von HF mit einem Halogenpropan, das 3—4 H- u. 3—4 Halogenatome außer J enthält, von denen höchstens 2 F sein sollen u. ein endständiges C-Atom soll kein H-Atom tragen, im Gaszustand u. im Mol-Verhältnis von mindestens 3:1, bes. 7—18 bzw. 10 bis 12:1 u. einer Verweilzeit von mindestens 0,5, bes. mindestens 3 bzw. 5—6 Sek. bei über 150, bes. 225—600 bzw. 300—400° u. in Ggw. von Cr-Oxyfluorid als Katalysator, das durch Behandeln von Cr-Fluorid mit O_2 bei 500° nach A. P. 2745886; C. **1957, 3391**, gewonnen wurde. — Aus 371,8 Mol HF u. 22,2 Mol 1.1.1.3-Tetrachlorpropan im Verhältnis 16,7:1 bei 350° u. 4,9 Sek. Verweilzeit → *3.3.3-Trifluorpropen*, Ausbeute 99,5%. — Weitere Ausgangsstoffe sind: 3.3.3-Trichlor-, 3.3.3-Tribrom-, 3.3-Dichlor-3-brom-, 3.3-Dichlor-3-fluor-, 3.3-Dibrom-3-fluor-, 3-Brom-3.3-difluor-, 3-Chlor-3.3-difluor-, 1.1.3-Trichlor-1-, 1.1-Dichlor-3-brom-1-propen, 1.1.1.3-Tetrabrom-, 1.3-Dichlor-1.1-difluor-, 1.1.1-Trichlor-3-brom- u. 3.3.3-Trichlorpropan. (**D. A. S. 1140928** Kl. 12o vom 19/5. 1959, ausg. 13/12. 1962.) G. Krauß. H 520

2399 Montecatini Soc. Gen. per l'Industria Mineraria e Chimica (Erfinder: Walter Billi), Mailand, Italien, **Herstellung von Acetylen** durch partielle Oxydation gasförmiger KW-Stoffe, indem die aus O_2 u. KW-Stoff bestehende Gasmischung über eine Mischkammer u. eine Verteilungseinrichtung in den Verbrennungsofen geführt wird. Im Verteiler ist ein Hohlkörper angebracht zur Aufnahme der Kühl-Fl., die die Temp. des Hohlkörpers 100° unter der Temp. des Gasgemisches hält. Die Verbrennungskammer besteht aus Mischzone, Verbrennungszone u., zwischen beiden, einer Verteilungseinrichtung, welche die verbindende Leitungskonstruktion enthält. Letztere besteht aus 2 koaxial angeordneten Leitungen mit einem ringförmig gebildeten Endstück zum Zuleiten des Gases u. zentral angebrachtem Hohlkörper zum Drosseln der Strömung. — Zeichnung. (**Ung. P. 150501** vom 26/8. 1961, ausg. 20/11. 1962. It. Prior. 30/8. 1960.) F. Landsberger. H 530

2400 Esso Research and Engineering Co., Elizabeth (Erfinder: Isidor Kirshenbaum, Westfield, Theodore Lemiszka, Rahway, Stanley B. Mirviss, Westfield, und John F. Johnson, Highland Park), N. J., V. St. A., **Herstellung von Alkoholen** durch Oxydation von Al-Trialkylen u. anschließende Hydrolyse der gebildeten Al-Alkoholate, dad. gek., daß man ein Gemisch, bestehend aus mindestens 80 Gew.-% eines inerten, halogenierten KW-Stoffes als Lsgm. verwendet. Vgl. A. P. 2863895; C. **1961,** 1728. (**D. A. S. 1141271** Kl. 12o vom 7/6. 1957, ausg. 20/12. 1962. A. Prior. 12/6. 1956.)
G. König. H 560

2401 Union Oil Co. of California, Los Angeles, übert. von: Thomas F. Doumani, Whittier, Calif., V. St. A., **Alkylmercaptane** mit 1—6 C-Atomen werden hergestellt aus den entsprechenden Alkoholen u. H_2S bei 400—1200° F in Ggw. von NaOH, KOH, Alkalioxiden, -sulfiden, -carbonaten oder -phosphaten, ggf. auf Al_2O_3. — 7 Beispiele für CH_3SH, auch mit organ. Base an Stelle von Alkali. (**A. P. 3006966** vom 20/4. 1953, ausg. 31/10. 1961.)
A. Debo. H 600

2402 J. R. Geigy Akt.-Ges., Basel (Erfinder: Enrico Knüsli, Riehen, und Hans Gysin, Basel), Schweiz, **Thiodiphosphorsäure-O.O.O.O-tetraalkylester** werden hergestellt durch Rk. von O-Salzen der entsprechenden Thiophosphorsäure-O.O-dialkylester mit Cyanurchlorid. — Zu 65 Teilen $(C_2H_5O)_2PSOK$, suspendiert in 200 Vol.-Teilen Xylol, gibt man unter Rühren 18,5 Teile Cyanurchlorid in 100 Vol.-Teilen Xylol u. kocht 8 Std. unter Rückfluß. Man filtriert vom Nd., zieht das Lsgm. ab u. dest. → *Thiodiphosphorsäure-O.O.O.O-tetraäthylester*, $Kp._{0,005}$ 93°. — Insekticide, Cholinesteraseinhibitoren. (**Schwz. P. 358787** vom 28/8. 1957, ausg. 31/1. 1962.)
A. Debo. H 600

2403 Consortium für elektrochemische Industrie G. m. b. H., München (Erfinder: Walter Hafner und Egon Heiligensetzer, München), **Entfernung von α-Chlorcarbonylverbindungen aus Abwässern oder Destillaten,** die bei der *Olefinoxydation* mit Cu-Chlorid–Pd-Chlorid-Katalysatoren anfallen, durch Rk. dieser Abwässer oder Destillate mit H_2 in Ggw. von Hydrierungskatalysatoren unter den für Hydrierungen bekannten Bedingungen, bes. in Ggw. von Pt-Metallen oder *Raney-*

Ni, in Ggw. von W., bes. bei pH 0–4. Die hydrierende Cl-Abspaltung zu den Cl-freien Carbonylverbb. bzw. Alkoholen verläuft quantitativ. (**D. A. S. 1141631** Kl. 12o vom 29/4. 1961, ausg. 27/12. 1962.) A. Jahn. H 650

2404 Farbenfabriken Bayer Akt.-Ges., Leverkusen (Erfinder: Walter Müller und Hermann Schnell, Krefeld), **Oxime** erhält man durch Rk. von Salzen oder der freien Aciform aliphat. oder cycloaliphat. Nitroverbb. mit ca. äquimol. Mengen anorgan. oder organ. Säurehalogenide in Ggw. mindestens äquimol. Mengen SO_2, ggf. überschüssigem, fl. SO_2 u./oder unter Zusatz eines inerten Lsgm. (Aceton, CCl_4) unterhalb 10, bes. unterhalb 0° bei normalem Druck oder bei höheren Tempp. unter entsprechend höherem Druck. Die Rk.-Prodd. werden, ggf. nach dem Verdampfen des überschüssigen SO_2 bzw. Lsgm., mit W. behandelt. $R{-}C(R'){=}N(O)OH + SO_2 + XAc \rightarrow R{-}C(R'){=}N{-}OAc + SO_2 + HX \xrightarrow{+H_2O} R{-}C(R'){=}NOH + HOAc$ (R u. R' = Alkyl, bzw. Reste eines cycloaliphat. Ringes; X = Halogen; Ac = anorgan. oder organ. Säurerest). — Aus 11,9 (Teilen) $SOCl_2$ in 64 SO_2 u. 23,5 Na-Salz des Nitrocyclododecans bei −20° bis −40°, anschließendem Verdampfen des SO_2 u. Zusatz von wenig W. → *Cyclododecanoxim*, aus PAe. oder Cyclohexan F. 131°; Ausbeute 96%; auch erhältlich mit PCl_5, SO_2Cl_2, $COCl_2$ oder Acetylchlorid. — Nitrocyclohexan → *Cyclohexanonoxim*, Ausbeute 79%. — Nitroäthan → *Acetaldehydoxim*. — 2-Nitropropan → *Acetonoxim*. — Ferner sind in das Oxim noch überführbar: Nitromethan, 1-Nitropropan, 1- bzw. 2-Nitrobutan, Phenylnitromethan, Nitrocyclopentan u. 3-Nitro-1-methylcyclohexan. (**D. A. S. 1140567** Kl. 12o vom 27/2. 1961, ausg. 6/12. 1962.) G. Krauß. H 650

2405 Magyar Ásványolaj és Földgáz Kisérleti Intézet (Erfinder: László Markó, Pál Szabó und György Bor), Veszprem, Ungarn, **Herstellung von Aldehyden** der allg. Formel $RCH_2{-}CHO$ (R = H, aliphat., cycloaliphat., aromat. Gruppe) aus Halogenverbb. RCH_2X (X = Cl, Br, J) durch Rk. mit CO u. H_2 in Ggw. von Co-Carbonylverbb. oder deren Derivv. (Tetracarbonylcobalt) u. eines wasserlösl. organ. polaren Lsgm. (Ketonalkohol). (**Ung. P. 150412** vom 30/1. 1962, ausg. 20/11. 1962.) F. Landsberger. H 670

2406 Farbenfabriken Bayer Akt.-Ges. (Erfinder: Kuno Wagner), Leverkusen, **Hochgereinigten Formaldehyd** erhält man, indem man die W. u. a. Verunreinigungen enthaltenden HCHO-Dämpfe unter Einhaltung von Verweilzeiten von > 5 Min. durch Kammern strömen läßt, deren Verhältnis Kontaktfläche : Rauminhalt < 0,6 cm^{-1}, bes. < 0,25 cm^{-1} beträgt, wobei die Dämpfe wiederholt Zonen mit Temp.-Gefälle durchlaufen, deren Temp.-Bereich zwischen −20 u. +100° liegt. Die Dämpfe können das Temp.-Gefälle entweder in einer einzigen Kammer oder in mehreren Kammern, die gegeneinander ein Temp.-Gefälle besitzen, durchlaufen. Die Strömungsgeschw. betragen bes. mindestens 500 mm/sek. Die Begrenzungswände der Kammern sind quadrat., rechteckig oder kugelförmig. Hierbei scheidet sich in den Kammern wesentlich weniger Vorpolymerisat ab, als bei den bekannten Verff.; außerdem wird ein reinerer *HCHO* erhalten mit einem Geh. von < 0,018% W., < 0,004% HCOOH u. < 0,002% CH_3OH. — 2 Zeichnungen. (**D. A. S. 1140921** Kl. 12o vom 2/6. 1960, ausg. 13/12. 1962.) A. Jahn. H 670

2407 VEB Chemische Werke Buna, Schkopau über Merseburg (Erfinder: Theodor Fischer, Schkopau über Merseburg), **Acetaldehyd (I)** erhält man durch Rk. von Acetylen (**II**) mit heißen, Hg-Verbb. enthaltenden Säure-Lsgg. u. inniges Vermischen der Rk.-Teilnehmer durch eine Düse, indem man die Umsetzung ohne einen Überschuß an **II** durchführt u. **I** ausschließlich durch den bei der Rk. freiwerdenden Wasserdampf austreibt. Dadurch wird eine Erhöhung der Absorption von **I** im Rk.-Turm erreicht, die Anreicherung von Verunreinigungen des **I** verhindert u. die Bldg. von Nebenprodd. vermieden, da bereits mit verd. Kontaktsäuren (spez. Gew. 1,24–1,26 anstelle von 1,3–1,32) gearbeitet werden kann. — Zeichnung. (**D. A. S. 1141360** Kl. 12o vom 15/8. 1958, ausg. 27/12. 1962.) A. Jahn. H 670

2408 Farbwerke Hoechst Akt.-Ges. vormals Meister Lucius & Brüning, Frankfurt/M. (Erfinder: Hans-Jürgen Bestmann, München), **α-Ketoaldehyde** erhält man durch Rk. von α-Ketotriphenylphosphazinen oder deren Hydrolyse-Prodd., den α-Ketoaldehyd-al-hydrazonen mit HNO_2 oder deren Estern im sauren Medium bei Normaltemp. bis etwa 50° nach den Gleichungen: $R{-}CO{-}CH{=}N{-}N{=}P(C_6H_5)_3$ (**I**) + HNO_2 oder $ON{-}OR' \rightarrow R{-}CO{-}CHO$(**II**) + $(C_6H_5)_3PO$(**III**); **I** + $H_2O \rightarrow R{-}CO{-}CH{=}N{-}NH_2$ (**IV**); **IV** + HNO_2 oder $ON{-}OR' \rightarrow$ **II** + **III**. Eine Suspension von 20 g Phenylglyoxaltriphenylphosphazin in 200 ml Aceton wird mit 8 g $NaNO_2$ in 50 ml W. versetzt, unter Rühren u. Kühlen 30 ml halbkonz. HCl zugesetzt u. dann das Rk.-Gemisch 30–60 Min. stehengelassen. Nach dem Aufarbeiten erhält man *Phenylglyoxal*, gelbes Öl, $Kp._{1,2}$ 70–80°. Analog erhält man *p-Nitrophenylglyoxal*, F. 176–178° (Aceton), rotbraune Kristalle, *α-Naphthylglyoxal*, farblose Kristalle, F. 180 bis 181° (Toluol/Methanol). (**D. A. S. 1141278** Kl. 12o vom 5/11. 1959, ausg. 20/12. 1962.) A. Jahn. H 740

2409 Armstrong Cork Co., Lancaster, übert. von: Irving I. Bezman, Pittsburgh, Pa., V. St. A., **Carbonsäurenitrile** erhält man durch Rk. eines Phosphonitrilchlorids der allg. Formel $(PNCl_2)_n$ (n = 1–7) mit dem Alkalisalz einer gesätt. Carbonsäure der allg. Formel $C_mH_{2m+1}COOH$ (m = 1–17) oder Benzoesäure, die im Ring substituiert sein kann, unter Ausschluß von Feuchtigkeit bei 100–200, bes. 110–150° z. B. nach dem Rk.-Schema: $(PNCl_2)_3 + 9RCOOMe \rightarrow 3RCN + 3(RCO)_2O + 3MePO_3 + 6MeCl$ (R = KW-Stoffrest; Me = Alkalimetall). — Aus 0,1318 Mol bei 120–130° getrocknetem Na-Acetat u. 0,02 Mol $(PNCl_2)_3$, F. 114°, unter Erhitzen auf 114°, dann Selbsterhitzung auf 150° → Acetonitril. — Na-Laurat → Lauronitril. — Anissaures Na → Anissäurenitril. — Na-p-Chlorbenzoat → p-Chlorbenzonitril. — Na-Benzoat → Benzonitril, Ausbeute 70%. (**A. P. 3012059** vom 18/5. 1959, ausg. 5/12. 1961.) G. Krauß. H 800

2410 General Electric Co., New York, übert. von: Allan S. Hay, Watervliet, N. Y., V. St. A., **Olefincarbonsäuren, deren Ester, Anhydride und Ketone**, die wenigstens die Gruppe $\gt C{=}\overset{|}{C}{-}CO{-}$ enthalten, entstehen durch Oxydation von Olefinen der allg. Formel $R{-}(CR'_2)_x{-}CH(Y){-}C(A){=}C(B){-}(CR'_2)_x{-}R$ (x = 0 oder 1–10; R' u. Y = H, Alkyl, Cycloalkyl, Aryl; A u. B = R' oder Cl, Br, F; R = R', Carbonsäure-, Ester-, Alkohol-, Ätherrest, Carbonylrest), die bes. wenigstens eine der Gruppen $\gt C{=}\overset{|}{C}{-}CH_3$, $\gt C{=}\overset{|}{C}{-}CH_2{-}$ oder $\gt C{=}\overset{|}{C}{-}\overset{|}{C}H{-}$ enthalten, in Ggw. eines Co-Salzes, Br_2 u. einer Carbonsäure, wobei das Atomverhältnis von Br:Co = 0,008–1,9:1 ist, u. eines Lsgm., das höchstens 5% W. enthält, bei z. B. Raumtemp. bis 160°, bes. 110–115°. Br kann auch in Form von Bromcarbonsäuren (Bromessig-, -propion-, -buttersäure, α-Bromcyclohexancarbonsäure), $CHBr_3$, HBr, $CoBr_2$ zugegeben werden. — Aus 72 (Teilen) 1-Octen u. 425 Essigsäure in Ggw. von Co-Acetat u. $CoBr_2 \cdot 6H_2O$ unter Einleiten von O_2 bei 25–36° → *1-Octen-3-on*. — 2.4.4-Trimethyl-2-penten → *β-tert.-Butylmethacrylsäure*, $(CH_3)_3CCH{=}CH(CH_3)COOH$. — 2-Hepten → *2-Hepten-4-on*. — 2-Octen → *2-Octen-4-on*. — 1-Phenyl-2-buten → *Crotonophenon*. — Cyclohexen → *1-Cyclohexen-3-on*. — β-Butyryl-acrylsäure u. 2-Heptensäure — Propylen → *Acrylsäure*. — 1-Butylen → *1-Buten-3-on*. — 1-Pentylen → *1-Penten-3-on*. — 1-Methylcyclohexen → *1-Methylcyclohexen-3-on*. — Allylbenzol → *Acrylophenon*. — Allyl-p-brombenzol → *p-Bromacrylophenon*. — Allylnaphthalin → *Vinylnaphthylketon*. — 4-Hexensäure → *4-Hexen-3-onsäure*. — p-Allylbenzoesäure oder deren Ester → *p-Propenoylbenzoesäure* u. deren *Ester*. — Methylallyläther → *Acrylsäuremethylester*. — Allylalkohol → *Acrylsäure*. Die Verbb. lassen sich polymerisieren u. mischpolymerisieren. (**A. P. 2992272** vom 25/2. 1957, ausg. 11/7. 1961.) G. Krauß. H 810

2411 VEB Chemische Werke Buna (Erfinder: Albert May und Heino John), Schkopau über Merse-

burg, **Maleinsäure** erhält man durch Oxydation von Crotonaldehyd mit Luft im Dampfzustand bei erhöhter Temp., z. B. 350°, in Ggw. von Metalloxiden, bes. des V, Mo u. Ti, die auf Si oder FeSi in Stücken oder pulverförmiges, mit Wasserglas behandeltes Si oder FeSi aufgebracht wurden. — 16 g V_2O_5 werden in eine heiße Lsg. von 30 g Oxalsäure in 500 g W. eingetragen, dann werden nach dem Erhitzen 55 g NH_4-Molybdat u. 15 g NH_4Cl u. 30 g TiO_2 zugesetzt. Nach dem Erhitzen gibt man 500 ccm FeSi-Körner, Teilchengröße 4—7 mm, zu, dampft die Mischung ein u. erhitzt den Katalysator im Luftstrom auf 350°. Man kann das FeSi-Pulver auch vorher mit Wasserglas behandeln. Mit diesem Katalysator beträgt die Ausbeute 60—65%. Das 80—90%ig. FeSi wird nach dem Mahlen bes. mit 10%ig. HCl zur Entfernung P-haltiger Verbb. behandelt. (**D. A. S. 1139489** Kl. 12 o vom 11/10. 1956, ausg. 15/11. 1962.)
G. Krauß. H 820

2412 Henkel & Cie. G.m.b.H. (Erfinder: Bruno Blaser und Hubert Schirp), Düsseldorf, **Herstellung von Butan-1.2.4-tricarbonsäure** (F. 120°) erfolgt durch Rk. von 4-Ketohexahydrobenzoesäure u. Hexahydro-p-hydroxybenzoesäure u. ihren niedermol. Alkylestern mit $KMnO_4$ bei — 5° bis Raumtemp., Behandeln des nicht umgesetzten $KMnO_4$ mit A., Abfiltrieren von MnO_2 u. Ansäuren des Filtrats. Vgl. D. B. P. 957940; C. **1957,** 10334. (**A. P. 3013070** vom 11/4. 1955, ausg. 12/12. 1961. D. Prior. 14/4. 1954.)
O. Müller-Meiningen. H 830

2413 Egyesült Gyógyszer és Tápszergyár (Erfinder: Jenö Körösi), Budapest, Ungarn, **Völliges oder teilweises Carbamoylieren zweiwertiger Alkohole** oder deren O-substituierter Derivv. (O-Acyl, O-Alkylderivv.) durch Rk. mit überschüssigen Carbamidsalzen in Ggw. von Dimethylformamid bei Atmosphärendruck u. 130 bis 135°. (**Ung. P. 150469** vom 8/3. 1962, ausg. 27/12. 1962.)
F. Landsberger. H 880

2414 Mobay Chemical Co., Pittsburgh, Pa. (Erfinder: Eugene L. Powers, New Martinsville, W. Va.), V. St. A., **Entfernung von hydrolysierbarem Chlor aus organischen Isocyanaten unter gleichzeitiger Verringerung des Säuregehalts** erfolgt durch Behandeln der Isocyanate (I) mit $FeCl_2$, $FeCl_3$, $SnCl_4$, $BiCl_3$, $ZnCl_2$, $CdCl_2$, $AlCl_3$ oder Ferribenzoat, ggf. in Ggw. eines Lsgm., bes. unter Ausschluß von W. u. bei ca. 50—210°. Das I kann sogar durch gleichzeitige Dest. abgetrennt werden, während der Rückstand das hydrolysierbare Cl enthält. Durch Zusatz von hydrolysierbarem Cl kann der gewünschte Geh. im I eingestellt werden. Der Geh. an hydrolysierbarem Cl wird durch Extraktion mit einer Mischung aus W. u. Methanol oder durch Hydrolyse mit W. u. Titrieren mit $AgNO_3$ u. der Säuregeh. durch Titrieren mit verd. Lauge bestimmt. Zur Behandlung von z. B. 2.4-Toluylendiisocyanat mit 0,06% hydrolysierbarem Cl werden z. B. 0,11—0,019 Mol-% $FeCl_3$ bei 1—4std. Erhitzen auf 110—150° verwendet, wodurch der Geh. an hydrolysierbarem Cl auf < 0,001% herabgesetzt wird, vgl. Tabellen. Ferner können behandelt werden: Hexyl-, Octyl-, Dodecyl-, Octadecyl-, Äthylendi-, Propylendi-, Tetramethylendi-, Pentamethylendi-, Octamethylendi-, Undecamethylendi-, Dodecamethylendi-, Cyclohexyl-, Tetrahydro-α-naphthyl-, Tetrahydro-β-naphthyl-, Cyclopentylen-1.3-di-, Cyclohexylen-1.4-di-, Toluyl-, p-Äthylphenyl-, 2.6-Toluylendi-, Xylylen-1.4-di-, Xylylen-1.3-di-, 4.4′-Diphenylmethandi-, 4.4′-Diphenylpropandi-, Benzyl-, Phenyläthyl-, p-Isocyanatobenzyl-, Phenyl-, Chlorphenyl-, p-Cetylphenyl-, p-Dodecylphenyl-, 4-Dodecyl-2-methylphenyl-, 3-Nitro-4-dodecylphenyl-, p-Cetyloxyphenyl-m-phenylendi-, p-Phenylendi-, Naphthylen-1.4-di-, Naphthylen-1.5-di-, 1.2.4-Benzoltri-, Furfuryl-, Tetrahydrofurfuryl-, Furfurylidendi-, p.p′.p″-Triphenylmethantri-, Diphenyl-4.6.4′-triisocyanat u. 3.3′-Diisocyanatodipropyläther. (**D. A. S. 1138040** Kl. 12 o vom 3/3. 1961, ausg. 18/10. 1962. A. Prior. 30/3. 1960.)
G. Krauß. H 890

2415 Farbenfabriken Bayer Akt.-Ges., Leverkusen (Erfinder: Hans Holtschmidt, Köln), **Chlormethylisocyaniddichloride** der allg. Formel $R_5-CCl(R_6)-N{=}CCl_2$ (R_5 u. R_6 = H, Cl) erhält man durch Behandeln von Carbamidsäurehalogeniden der allg. Formel $R-CH(R_1)-N(COX)-C(R_2R_3R_4)$ (R, R_1-R_4 = Cl, H; X = Br, Cl) mit Cl_2 bei 160—250, bes. 190—210°. Die als Ausgangsstoffe dienenden Carbamidsäurehalogenide entstehen durch Chlorieren von Dimethylcarbamidsäurehalogenid bei 20—150° mit Cl_2 in Ggw. von UV-Licht oder mit SO_2Cl_2 oder PCl_5, die ohne Abtrennung weiter chloriert werden können. — Aus 10 Mol Dimethylcarbamidsäurechlorid unter Bestrahlung mit UV-Licht u. Einleiten von soviel Cl_2, daß die Temp. nicht über 120—140° steigt → Bis-chlormethylcarbamidsäurechlorid, $Kp._{12}$ 85—89°, daraus mit Cl_2 bei > 185° unter $COCl_2$-Abspaltung → *Chlormethylisocyaniddichlorid*, $Kp._{12}$ 36—37°; n_D^{20} 1,4984. Als Rückstand wird Tetrachlormethyl-, Trichlormethyl- u. unverändertes Bis-chlormethylcarbamidsäurechlorid (I) erhalten, der sich zur völligen Durchchlorierung zum Trichlormethylisocyamiddichlorid (II) einsetzen läßt. Aus I mit Cl_2 bei 190—200° II, $Kp._{120}$ 55—57°, Ausbeute 92% u. Bis-(dichlormethyl)-carbamidsäurechlorid, $Kp._{17}$ 110—112°. — *Zwischenprodd.* zur Herst. von *Schädlingsbekämpfungsmitteln* u. *Kunststoffen.* (**D. A. S. 1141278** Kl. 12 o vom 10/5. 1961, ausg. 20/12. 1962.)
G. Krauß. H 890

2416 Kali-Chemie Akt.-Ges. (Erfinder: Herbert Jenkner), Hannover, **Alkylborwasserstoffe** werden hergestellt durch Rk. von Bortrihalogeniden mit NaH u. Bortrialkylen bzw. Dialkylborhydriden im Molverhältnis 1:3:2 oder 1:3:3 in einem Suspensionsmittel bzw. Lsgm. bei Temp. bis 120°. — Zu 12 (Gew.-Teilen) NaH in 200 Octan gibt man 65 $B(C_2H_5)_3$, leitet 21,5 BCl_3 ein u. trennt vom NaCl: 261 eines Gemisches von $B(C_2H_5)_3$, *HB* · $(C_2H_5)_2$ u. Octan; Ausbeute 95% $HB(C_2H_5)_2$. — Analog erhält man *Äthylborsesquihydrid*, $Kp._{760}$ 114—120°. — *Zwischenprodd., Treibstoffe, Polymerisationskatalysatoren.* (**D. A. S. 1140934** Kl. 12 o vom 6/2. 1959, ausg. 13/12. 1962.)
A. Debo. H 980

2417 Wacker-Chemie G.m.b.H., München (Erfinder: Siegfried Nitzsche und Paul Buchheit, Burghausen/Obb.), **Cyanäthylierung von Monoorganosilanen** $HSi(R)X_2$ (R = KW-Stoff-Rest; X = Halogen, hydrolysierbare, ggf. halogenierte Alkoxy- oder Aryloxyreste) durch Rk. mit Acrylnitril bei 40—350° in Ggw. von Katalysatoren u. zwar Kombinationen von Pt mit heterocycl. Aminen, Verbb. der allg. Formel $p-R'_2N-C_6H_4-CN$ (R′ = H, Alkylrest mit 1—6 C-Atomen, ggf. mit CN-Gruppen), Dialkylcyanamiden, cyanäthylierten Aminen oder Säureamiden, Diarylaminen, gehinderten Phenolen oder chinoiden Farbstoffen. — 1150(g) CH_3SiH · Cl_2 u. 265 Acrylnitril verrührt man mit 50 $p-H_2N-C_6H_4-CN$ (I), 5 Aktivkohle u. 0,125 $H_2PtCl_6 \cdot 6H_2O$ in 5 ml Isopropanol. Die Mischung erhitzt man 12 Std. im Rührautoklav auf 225—235° u. dest. 332 *β-Cyanäthylmethyldichlorsilan* (II), $Kp._{0,1-0,3}$ 75—85°; 45,5% (Ausbeute), ohne Pt/Kohle 15,3%. — Analog erhält man durch Verw. folgender Cokatalysatoren anstelle von I nachst. Ausbeuten an II: Dimethylcyanamid 25,1%; Diäthylcyanamid 20,6%; Pyridin 40,7%; 2.6-Di-[tert.-butyl]-4-methylphenol (III) 11,9%; III u. Hexamethylpararosanilin · HCl 30,5%; $p-NC \cdot C_6H_4N(CH_2CH_2CN)_2$ 29,3%; $HCON(CH_2CH_2CN)_2$ 26%; III u. Indulinbase N 25,8%; Indulinbase N · HCl 30,2%; Indanthrengelb G 28,9%; III u. Indanthren Dunkelblau BOA 31,5%; Permanentviolett RL 23,1%; Isoviolanthron 32,7%; Methylenblau 29,8%; Zaponechtblau 3 G 29%; III u. Methylenblau 33,4%. (**D. A. S. 1140577** Kl. 12 o vom 14/11. 1960, ausg. 6/12. 1962.)
A. Debo. H 980

2418 Universal Oil Products Co., Des Plaines, übert. von: Louis Schmerling, Riverside, Ill., V. St. A., **Alkylieren von aromatischen Kohlenwasserstoffen mit Äthylen.** Hierzu wird ein Katalysator verwendet, der aus Ti-Polyhalogenid, wobei das Halogen das Atomgew. 35—80 hat, u. einem Metall wie Al, B, Fe oder Zr, besteht. (**A. P. 3009003** vom 27/7. 1956, ausg. 14/11. 1961.)
E. Kahles. H 1010

2419 VEB Leuna-Werke „Walter Ulbricht“ (Erfinder: Rudolf Bemmann), **Entfernen von Neutralölen aus Phenolatflüssigkeiten** durch Dampfbehandlung, indem man die aus der Dampfbehandlung stammenden Dämpfe mit einer 10%ig. ggf. erhitzten Lsg. eines Alkalihydroxides wäscht, wobei die Verluste an Carbolsäure z. B. auf ca. 0,02% verringert werden. (**Aust. P. 234477** vom 19/6. 1959, ausg. 27/7. 1961.) K. Demmler. H 1060

2420 Chemische Werke Witten G.m.b.H. (Erfinder: Ewald Katzschmann), Witten, **Aromatische Polycarbonsäuren** oder deren Ester erhält man durch Oxydation von Alkylaromaten mit O_2 in fl. Phase bei erhöhter Temp., ggf. unter Druck u. bes. in Ggw. von Katalysatoren, wobei man die bei der Oxydation auftretenden Zwischenprodd. in ihre Amide, Anhydride oder Bleisalze u. die bei der Oxydation von anderen Alkylaromaten als Xylolen auftretenden Zwischenprodd. in ihre Ester überführt u. diese für sich oder zusammen mit dem Ausgangsmaterial u. bzw. oder mit dem Gemisch, in dem sie während der Oxydation aufgetreten sind, weiter oxydiert u. die Oxydationsprodd. nach bekannten Verf. aufarbeitet. (**D. B. P. 975712** Kl. 12 o vom 7/8. 1951, ausg. 5/7. 1962. Anmeldung bekanntgemacht 16/4. 1953.) L. Stadelmann. H 1200

2421 Chemon Corp., New York, N. Y. (Erfinder: Robert W. Harris, Hillsborough Township, N. J.), V. St. A., **Abtrennung von Benzoesäure** aus dem Gemisch, das durch katalyt. Oxydation von Toluol erhalten wurde. Man unterwirft das Gemisch der Dest. bis der Rückstand einen F. von 90—100° hat u. extrahiert die Benzoesäure aus dem Dest.-Rückstand mit W. von 90—100° oder mit Wasserdampf im Gegenstrom. (**Schwz. P. 360381** vom 23/1. 1957, ausg. 14/4. 1962.) L. Stadelmann. H 1210

2422 Pennsalt Chemicals Corp., Philadelphia, übert. von: Murray Hauptschein, Glenside, Pa., V. St. A., **Nitrile** der allg Formel **I** worin R für Cl, NH_2 oder OH steht sind Pesticide, Zwischenprodd. für Farbstoffe, Rodenticide u. werden aus den entsprechenden

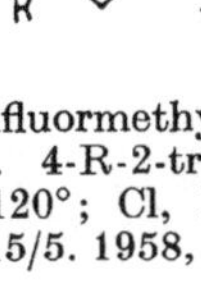

I

4-substituierten 2-Trifluormethylanilinen durch Sandmeyer-Rk. erhalten. 4-R-2-trifluormethylbenzonitrile: (R, F.): OH, 119—120°; Cl, Kp.$_{30}$ 109°; NH_2, 142°. (**A. P. 3012058** vom 15/5. 1958, ausg. 5/12. 1961.) R. Bauereis. H 1210

2423 Koppers Co., Inc., Pittsburgh (Erfinder: Leslie Winfield Royer, Beaver, und Robert Harold Wainwright, Beaver Falls), Pa., V. St. A., **Herstellung von Phthalsäureanhydrid.** Man leitet ein Naphthalin-Luft-Gemisch bei 300—450° über ein mit 5—25% V_2O_5 imprägniertes, pulverisiertes Kieselgel, das unter Zusatz von etwa 5—25% Polyvinylalkohol verformt u. hierauf bei 260—350° calciniert wurde. — Diagramme. (**D. A. S. 1140923** Kl. 12 o vom 6/5. 1960, ausg. 13/12. 1962. A. Prior. 6/5. 1959.) L. Stadelmann. H 1220

2424 FMC Corp., New York, N. Y. (Erfinder: Hugo Stange, Princeton, N. J., William Bruce Tuemmler, Catonsville, Md., und James Forrest Allen, Pennington, N. J.), V. St. A., **Phthalsäurediallylester** erhält man durch einstufige Rk. von 1 Mol einer Phthalsäure oder deren Anhydrid mit 2 Mol eines ggf. alkylsubstituierten Allylhalogenids (Halogen = Cl, Br, J, auch im Überschuß anwendbar als Lsgm.) in Ggw. von 1 Mol Na_2CO_3 u. geringer Mengen, z. B. 2%, eines tert. Amins (Trialkylamin) oder eines quatern. Ammoniumsalzes (Allyltrialkylammoniumhalogenid) als Katalysator möglichst unter Ausschluß von W., das höchstens in Spuren vorhanden sein kann, bei 75—150°. — Aus 37 g Phthalsäureanhydrid, 100 g Allylchlorid, 29,2 g Na_2CO_3 u. 2,7 g Cetylbenzyldimethylammoniumchlorid bei 130° nach 4 Std. → *Phthalsäurediallylester*, Kp.$_{0,5-1}$ 120—130°; (Ausbeute) 97%. — Methallylchlorid → *Phthalsäuredimethallylester*, Kp.$_{0,2}$ 133—149°; 86%. — Isophthalsäure → *Isophthalsäurediallylester*, Kp.$_{0,9}$ 158°; 55%. — Ferner kann noch umgesetzt werden: Terephthalsäure mit Allyl-, Methallyl-, Crotyl- oder 2-Octenylhalogenid. (**D. A. S. 1141276** Kl. 12 o vom 29/3. 1961, ausg. 20/12. 1962. A. Prior. (2x) 30/3. 1960.) G. Krauß. H 1220

2425 Chemstrand Corp. (Erfinder: Cilton Watson Tate), Decatur, Ala., V. St. A., **Herstellung reiner Terephthalsäure oder Isophthalsäure.** Man bringt die durch Oxydation von Dialkylbenzolen in fl. Phase erhaltenen Säuren in wss.-alkal. Lsg. mit K- oder Na-Dichromat bzw. -Permanganat, bes. bei 25—50°, in Berührung, läßt die mit Aktivkohle behandelte alkal. Lsg. zur wss. Lsg. einer Säure, bes. HCl, H_2SO_4, H_2SO_3 oder CH_3COOH, fließen, trennt die ausgefallene Säure ab u. wäscht mit W. aus. Die erhaltenen Säuren sind geeignet zur Polymerisation mit Äthylenglykol. (**D. A. S. 1140922** Kl. 12o vom 5/4. 1960, ausg. 13/12. 1962. A. Prior. 6/4. 1959.) L. Stadelmann. H 1220

2426 Dow Chemical Co., übert. von: George G. Roller, Midland, Mich., V. St. A., **Herstellung von β-Resorcylsäuren.** β-Resorcylsäure wird mit Benzoylchlorid in 1.3.4-Trichlorbenzol in Ggw. von $AlCl_3$ bei 130° zur 3.5-Dibenzoylresorcylsäure, F. 234,8—236,0°, umgesetzt u. diese mit 85 gew.-%ig. H_2SO_4 1 Std. auf 95° erhitzt. Nach Abkühlung wird das Prod. auf Eis gegossen, der feste Rückstand mit heißem W. gewaschen. *5-Benzoyl-β-resorcylsäure*, F. 232—235 °C. (**A. P. 3014068** vom 4/5. 1959, ausg. 19/12. 1961.) R. Bauereis. H 1250

2427 Szerves Vegyipari Kutató Intézet (Erfinder: Ferenc Nyiri und Géza Hoszáng), Budapest, Ungarn, **Herstellung von N-alkylierten Aminocarbonsäuren** der allg. Formel **I** (R_1 = Alkylgruppe mit 12 bis

I

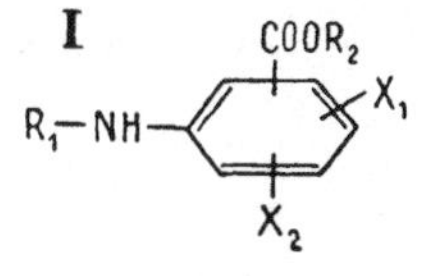

18 C-Atomen; X_1 u. X_2 = H, Halogen, NO_2-, Alkoxy-, Aryloxy-, COOH-, veresterte COOH-Gruppe; R_2 = H, Alkyl, Aryl) durch Rk. des N-Alkalisalzes einer Arylsulfanilidcarbonsäure mit einem 12—18 C-Atome enthaltenden Arylsulfonsäurealkylester in Ggw. eines über 120° sd. Lsgm. u. Hydrolyse des erhaltenen Prod. mit H_2SO_4. (**Ung. P. 150430** vom 11/12. 1961, ausg. 20/11. 1962.) F. Landsberger. H 1350

2428 Chemstrand Corp., übert. von: Clarence Irwin Johnson und Carlyle John Stehman, Decatur, Ala., V. St. A., **Cyclohexanol und Cyclohexanon** erhält man durch übliche Oxydation von Cyclohexan mit O_2 oder einem O_2-haltigen Gas (Luft) bei 75—200°, bes. 120—165°, u. 50—500 lbs./sq.in., bes. 50—250 lbs./sq.in., in Ggw. von 0,1—0,5% eines KW-Stoff-lösl. Metallsalzes, wie Co-Naphthenat, oder Verbb. von Cu, Al, Cr, Mn, jedoch in Ggw. von 1—30% eines Trockenmittels (niedermol. Alkansäureanhydride, wie Essigsäureanhydrid, P_2O_5, Kieselsäuregel, wasserfreies Na_2SO_4 oder $CuSO_4$, P_2O_3, PBr_3, Alkali- u. Erdalkalioxide). — Der Vorteil des Verf. liegt darin, daß die Induktionsperiode prakt. 0 ist, während sie bei sonst gleicher Arbeitsweise, jedoch Abwesenheit des Trockenmittels, mindestens 40 Min., meistens jedoch > 100 Min. beträgt. (**A. P. 2994717** vom 26/2. 1959, ausg. 1/8. 1961. **D. A. S. 1120445** Kl. 12o vom 22/2. 1960, ausg. 28/12. 1961. **E. P. 894735** vom 22/2. 1960, ausg. 26/4. 1962. Beide A. Prior. 26/2. 1959.) R. Hauß. H 1800

2429 Wellcome Foundation Ltd. (Erfinder: Paul Anthony Barrett und David Edmund Bays), London, England, **Herstellung von α-Bis-thiosemicarbazonen** der allg. Formel **I** (R_3 = H, gerade oder verzweigte Alkylgruppe mit 1—6 C-Atomen, die am Kettenende COOH enthalten kann, oder Benzylgruppe; R_4 = R_3 oder

$$\begin{array}{c} N-NH-CS-NH_2 \\ \| \\ R_3-C-C-R_4 \\ \| \\ N-NH-CS-NH_2 \end{array} \qquad \mathbf{I}$$

Phenyl bzw. durch Alkyl-, Alkoxy-, NH_2-, Alkylamino-, Dialkylamino-, Pyrrolidino-, Morpholino-, Alkoxycarbonylgruppen substituierte Phenylgruppe; R_3–C–C–R_4 auch = Cyclopentan-, Cyclohexan-, Cycloheptanring) durch Rk. von 1 Mol der entsprechenden Dicarbonylverb. oder des α-Isonitrosoketons oder α-Dioxims in neutralem oder saurem Medium mit 2 Mol Semicarbazid oder von 1 Mol α-Ketomonothiosemicarbazon oder α-Isonitrosomonothiosemicarbazon mit 1 Mol Semicarbazid. (**Ung. P. 150451** vom 12/9. 1960, ausg. 20/11. 1962. E. Prior. 15/9. 1959.) F. Landsberger. H 1970

2430 Gulf Research & Development Co., Pittsburgh, Pa., übert. von: Raymond C. Odioso, Glenshaw, Pa., und Kenneth J. Frech, Kent, Ohio, V. St. A., **Herstellung von Diarylen.** Substituierte Aromaten, wie Alkyl- oder Aminoaromaten, werden in Ggw. einer Verb., die freie Radikale bilden kann, u. eines Paraffins auf mindestens 60°F bei einem Druck erhitzt, der ausreicht, um das Ganze fl. zu halten. (**A. P. 3009970** vom 17/12. 1958, ausg. 21/11. 1961.) E. Kahles. H 2200

2431 Merck & Co., Inc., Rahway, übert. von: Bruce O. Linn, Plainfield, und Clifford H. Shunk, Westfield, N. J., V. St. A., **5-Hydroxy-3-methyl-2-pentensäurelacton** (I), $C_6H_8O_2$, Kp.$_{1,6 \text{ bzw. } 2}$ 88–89° bzw. 92°, erhält man durch Behandeln eines 3-Hydroxy-3-methyl-5-acyloxypentansäurealkylesters der allg. Formel R–$COOCH_2$·$CH_2C(CH_3)(OH)CH_2COOR'$ (R u. R' = Alkyl, bes. mit 1–6 C-Atomen) mit verseifend u. gleichzeitig wasserabspaltend wirkenden Mitteln (z. B. 20%ig. H_2SO_4, H_3PO_4, HCl, HBr, Ameisen-, Essig-, Oxalsäure, Alkyl- u. Arylsulfonsäuren) bei Raumtemp. bis > 100, bes. 65°; Ausbeute 80 bzw. 94%. Durch Behandeln von I mit 80%ig. H_2SO_4 bei 5–10° → *Mevalonsäure* (II), daraus

I 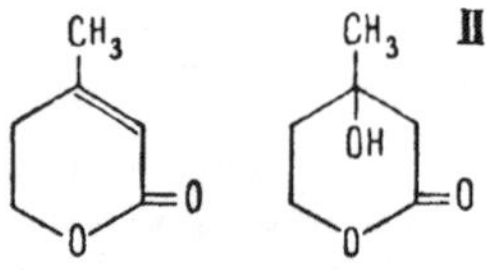 II

mit N.N'-Dibenzyläthylendiamin in Methanol bei Raumtemp. → *N.N'-Dibenzyläthylendiammonium-bis-(DL-mevalonat)*, aus Methanol-Ae., F. 125–127°; daraus durch Behandeln mit „Amberlite IR-120" → reine II. – Zwischenprodukt. (**A. P. 3014925** vom 29/5. 1958, ausg. 26/12. 1961.) G. Krauß. H 3061

2432 Badische Anilin- & Soda-Fabrik Akt.-Ges. (Erfinder: Franz Reicheneder und Karl Dury), Ludwigshafen/Rh., **Herstellung von Pyrazolon-(5)-carbonsäuren-(4) und deren funktionellen Derivaten** der allg. Formel I (R = ggf. substituierter Alkyl-, Cyclo-

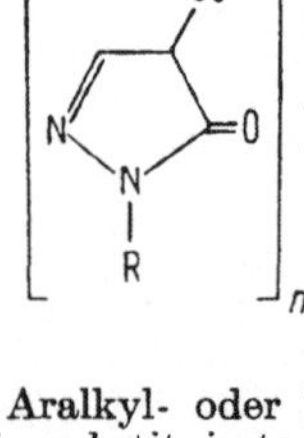 I 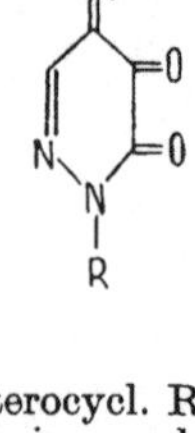 II

alkyl-, Aryl-, Aralkyl- oder heterocycl. Rest, X = OH-, Alkoxy-, ggf. substituierte Amino- oder Hydrazinogruppe; n = 1 oder, wenn X = Hydrazino-, 1 oder 2) durch Umlagerung von 4-Diazo-5-oxo-4.5-dihydropyridazonen-(6) der allg. Formel II (R wie oben) in Ggw. von XH (X wie oben) u. ggf. eines Katalysators u. ggf. unter Belichtung bei 0–110°, bes. 40–90° unter N_2-Abspaltung. – Aus 1-Phenyl-4-diazo-5-oxo-4.5-dihydropyridazon-(6) durch Erhitzen in CH_3OH, ggf. in Ggw. von Ni, → *1-Phenylpyrazolon-(5)-carbonsäure*[= *1-Phenyl-A*]*-methylester-(4)*, F. 163°; analog: *-äthylester*, F. 114–115°; *1-(p-Tolyl)-A-methylester-(4)*, F. 181–182°; – *1-Cyclohexyl-A-äthylester-(4)*, hellgelb, F. 84°, – *N.N'-Di-*[*1-phenylpyrazolon-(5)-carbonyl-(4)*]*-hydrazin*, F. 220–222°; – *1-Phenylpyrazolon-(5)-carbonsäureanilid-(4)*, F. 200 bis 201°; – *Zwischenprod. für Arzneimittel u. Farbstoffe.* (**D. A. S. 1133383** Kl. 12p vom 9/12. 1960, ausg. 19/7. 1962.) H. Roos. H 3122

2433 C. F. Boehringer & Soehne G.m.b.H., Mannheim (Erfinder: Karl Lauer, Schrießheim a. d. Bergstraße), **Herstellung von 1-Phenyl-3-methoxy-5-aminopyrazol** durch Behandlung von Cyanessigsäurephenylhydrazid oder des hieraus durch Cyclisierung erhältlichen 1-Phenyl-3-hydroxy-5-aminopyrazols, bzw. seiner Salze mit CH_3OH u. einem H-Ionentauscher. – F. 63–65°; – Hydrochlorid, F. 165–168°, – *Zwischenprodukt.* (**D. A. S. 1135475** Kl. 12p vom 29/3. 1960, ausg. 30/8. 1962.) H. Roos. H 3122

2434 Rhône-Poulenc Soc. An., Paris (Erfinder: Jean Preud'homme, Paris, Bernard Vuillemin, Budé a Yerres, und Yvan Charpentie, Paris), Frankreich, **Gewinnung von 6-Aminopenicillansäure** (I) aus verd. wss. Lsgg. durch Behandlung mit einem Aldehyd; das gebildete Imin wird mit einem in W. nicht lösl. Lsgm. extrahiert, abgetrennt u. durch Rk. mit Säure zu I gespalten. (**Ung. P. 150517** vom 15/1. 1962, ausg. 27/12. 1962. F. Prior. 18/1. 1961.) F. Landsberger. H 3142

2435 Phillips Petroleum Co., übert. von: Billy D. Simpson, Anton M. Schnitzer und Raymond L. Cobb, Bartlesville, Okla., V. St. A., **Herstellung von Pyridin- oder Chinolinverbindungen,** dad. gek., daß man ein Nitril der allg. Formel I, worin R = H, eine Alkyl-

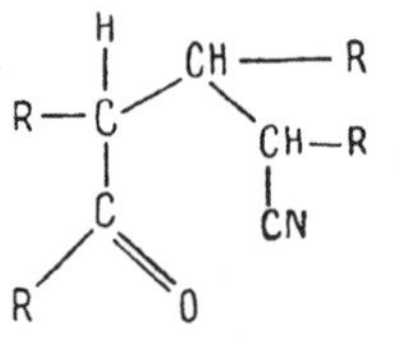 I

oder Arylgruppe mit 1–10 C-Atomen, oder mit benachbarten C-Atomen einen 5- bzw. 6-gliedrigen carbocycl. Ring bedeutet, in Ggw. von Ti, V, Ta, Cr, Mo, Fe, Co, Ni, Pd oder Pt als Katalysator bei 100–750° reduziert. – Aus 4-Methyl-5-oxoheptannitril → *2-Äthyl-3-methylpyridin, Pikrat*, F. 138–139°; aus 2-(Cyanäthyl)-cyclohexanon → *Chinolin, Pikrat*, F. 202–204°. – *Zwischenprod.* u. *Lösungsmittel.* (**A. P. 3007931** vom 9/3. 1959, ausg. 7/11. 1961.) W. Heyer. H 3231

2436 Union Carbide Corp., New York, N. Y., übert. von: John W. Lynn, Charleston, W. Va., V. St. A., **Herstellung von Pyridylacrylaten** der allg. Formel I,

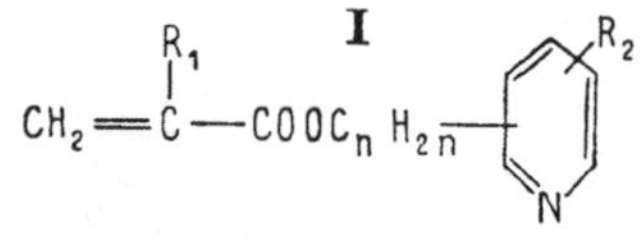

worin R_1 u. R_2 = H, ein monovalenter KW-Stoffrest, Halogen oder die Cyangruppe ist, u. n = 1–18, bes. 8, bedeutet, dad. gek., daß man ein Gemisch aus Alkylacrylat u. Hydroxyalkylpyridin in Ggw. eines Polymerisationsinhibitors u. eines Esteraustauschkatalysators am Rückfluß erhitzt. – Aus Äthylacrylat u. 5-Äthyl-2-(2'-hydroxyäthyl)-pyridin unter Zusatz von Phenyl-β-naphthylamin als Polymerisationsinhibitor u. Titantetrabutylat bei 76–88° → *2-(5'-Äthylpyrid-2'-yl)-äthylacrylat*, Kp.$_{0,03}$ 110°; analog das entsprechende *-äthylmethacrylat*, Kp.$_{0,01}$ 109°. *3-(Pyrid-2'-yl)-propylcyanoacrylat*; *2-(Pyrid-2'-yl)-äthylmethacrylat.* Zur Herst. von Copolymeren, *Überzugsmaterial, Fäden.* (**A. P. 3004957** vom 12/3. 1959, ausg. 17/10. 1961.) W. Heyer. H 3231

2437 Gyógyszeripari Kutató Intézet (Erfinder: Oszkár Fuchs, Vladimir Senkariuk, András Nemes, Arpád Lázár und Tibor Somogyi), Budapest, Ungarn, **Herstellung von 5-Cyanpyridonen-(6),** die in 2-Stellung durch eine Äthyl-, höhermol. Alkyl-, eine Aryl- oder Aralkylgruppe u. in 4-Stellung durch eine

Carbalkoxy- oder Alkoxygruppe substituiert sind, durch Kondens. von entsprechenden Ketonen (Benzylmethylketon), Dialkyloxalat oder Alkyloxyessigsäurealkylester mit Cyanacetamid (I) in Ggw. von Na-Alkoholat (0,8 bis 1 Mol) bei 30—35°; das entstehende Zwischenprod. läßt man unmittelbar mit 60—90% der äquivalenten Menge I bei 40—60° weiterreagieren. (**Ung. P. 150475** vom 19/7. 1961, ausg. 20/11. 1962.) F. Landsberger. H 3231

2438 Sandoz Akt.-Ges. (Erfinder: Ernst Jucker, Erwin Rissi, Rudolf Suess, Arnold Vogel und Eberhard Wolff), **Herstellung von 1-Methylpiperidyl-4-hydrazinderivaten.** Man löst 1-Methylpiperidyl-4-hydrazin in Aceton, kocht $^1/_2$ Std. u. dampft im Vakuum ein. Man erhält ω-(1-Methylpiperidyl-4-)-ω'-isopropylidenhydrazin, $Kp._{0,3}$ 68—70°, in quantitativer Ausbeute, löst es in CH_2Cl_2 (I), versetzt die Lsg. tropfenweise bei 0—10° mit einer Lsg. von Chlorameisensäurephenylester in I, rührt 2 Std. bei 18—20°, schüttelt mit einer —10° kalten NaOH-Lsg., die mit NaCl gesätt. ist, aus, trocknet die I-Lsg. u. dest. im Vakuum. ω-(1-Methylpiperidyl-4)-ω-carbophenoxy-ω'-isopropylidenhydrazin, $Kp._{0,2}$ 132 bis 139°. Man löst dieses in 90%ig. A., leitet HCl bis zur kongosauren Rk. ein, läßt 1 Std. stehen u. konz. bei 40° im Vakuum. Der Rückstand wird in Chlf. gelöst, die Lsg. mit —10° kalter, mit NaCl gesätt., 20%ig. NaOH ausgeschüttelt u. die Chlf.-Lsg. im Vakuum zur Trockene gebracht. *ω-(1-Methylpiperidyl-4)-ω-carbophenoxyhydrazin*, F. 79—80°. Analog: *ω-(1-Methylpiperidyl-4)-ω- benzoyl-*, F. 146—148°, u. *-benzylsalicoylhydrazin*, Kp. 270°. (**Aust. P. 233993** vom 28/10. 1958, ausg. 29/6. 1961. Schwz. Prior. 9/6. 1958. **Zusatz zu Aust. P. 230442; C. 1963, 7174.**) C. Lüttgen. H 3231

2439 Sandoz Akt.-Ges. (Erfinder: Ernst Jucker und Erwin Rissi), **Herstellung von (N-Alkylpiperidon)-isonicotinoylhydrazonen** durch Kondens. von N-Alkyl-4-piperidon mit Isonicotinsäurehydrazid, z. B. durch Erwärmen in Äthylacetat auf 60°. — Beispiele für *N-(Äthyl-*, F. 129,5—130°, u. *N-(Isopropyl-4-piperidon)-isonicotinoylhydrazon*, F. 140,2—140,6°. (**Aust. P. 234723** vom 22/4. 1959, ausg. 17/8. 1961. Schwz. Prior. 4/6. 1958. **Zusatz zu Aust. P. 229282; C. 1962, 16138.**) C. Lüttgen. H 3231

2440 Chinoin Gyógyszer és Vegyészeti Termékek Gyára (Erfinder: Zoltán Mészáros, Zoltán Jánossy, Irén Czibula und Erzsébet Papp), Budapest, Ungarn, **Herstellung von 6.7.3'.4'-Tetraäthoxy-1-benzylisochinolin,** durch katalyt. Dehydrieren von 6.7.3'.4'-Tetraäthoxy-1-benzyldihydroisochinolin in Ggw. von Raney-Ni in Tetralin oder Dekalin bei $\leq 175°$; Dauer maximal $1^1/_2$ Std. (**Ung. P. 150372** vom 28/8. 1961, ausg. 20/11. 1962.) F. Landsberger. H 3231

2441 Dow Chemical Co. (Erfinder: David Baker Kellom), Midland, Mich., V. St. A., **Herstellung von an trans-2.5-Dimethylpiperazin angereicherten Isomerengemischen aus cis- und trans-2.5-Dimethylpiperazin (I),** dad. gek., daß man cis-I oder ein Gemisch aus cis- u. trans-I, das >30% cis-Verb. enthält, in Ggw. von H_2 u. eines metall. Hydrierungskatalysators oder von Cu-Chromit unter Druck, bes. in Ggw. von W., auf 90—300° erhitzt. (**D. A. S. 1140938** Kl. 12p vom 15/2. 1955, ausg. 13/12. 1962. A. Prior. 15/2. 1954.) F. Obermeier. H 3272

2442 Süddeutsche Kalkstickstoff-Werke Akt.-Ges. (Erfinder: Lothar Strassberger und Gerhard Wendlberger), Trostberg/Obb., **Herstellung von 2.4-Diamino-6-substituierten 1.3.5-Triazinen (Guanaminen).** Mit organ. Säureresten substituierte Cyanamidsalze werden mit Guanidinsalzen bei 140—240° zusammengeschmolzen, wobei unter Abspaltung von W. u. Salz-Bldg. aus der Base u. dem Säurerest Ringbldg. eintritt. Die Rkk. können durch Zusatz von wasserentziehenden Mitteln, Anwendung von red. Druck, Durchleiten von Inertgasen usw. gefördert werden. Die Rk.-Komponenten werden so ausgewählt, daß ein wasserlösl. u. ein wasserunlösl. Prod. nebeneinander entstehen, die durch Auslaugen voneinander getrennt werden. — Beispiele: Aus Ca-Benzoylcyanamid u. Guanidinnitrat erhält man *Benzguanamin*, F. 223 bis 225°; in analoger Weise werden hergestellt: *Acetoguanamin*, F. 271—272°; *Phthalodiguanamin*, F.356 bis 359°; *m-Nitrobenzguanamin*, F. 241—244°; *Adipodiguanamin*, F. 297—300°. — Herst. der Cyanamidsalze, Verw. nicht angegeben. (**D. A. S. 1123333** Kl. 12p vom 12/11. 1959, ausg. 8/2. 1962.) A. Kalix. H 3313

2443 F. Hoffmann-La Roche & Co. Akt.-Ges., Basel, Schweiz (Erfinder: Oscar Keller, Norbert Steiger, Nutley, und Leo Henryk Sternbach, Upper Montclair, N. J., V. St. A.), **Herstellung von Benzo-1.4-diazepinderivaten** der allg. Formel **I** [B = $-C(R_2) = N(O)-$,

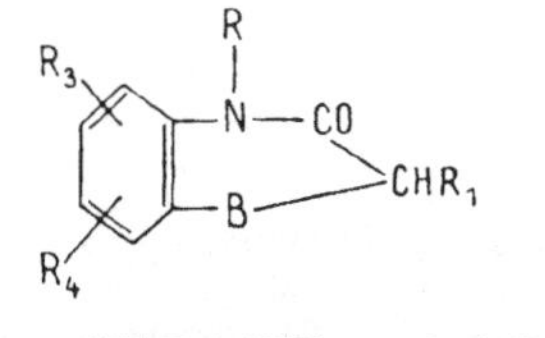

$-CR_2$ = N- bzw, $-CH(R_2)-NH-$, wobei R = niedriger Alkylrest; R_1 = H, niedrige Alkylgruppe; R_2 = Phenyl; R_3 = niedrige Alkylmercapto-, Hydroxyalkylmercapto-, Alkylsulfonyl- oder Alkylsulfinylgruppe; R_4 = H, Halogen, bes. Cl oder Br], durch Behandlung von Verbb. I mit R = H mit Alkylierungsmitteln in Ggw. von Ae., Bzl., A., Dioxan oder Dimethylformamid. (**Ung. P. 150395** vom 9/12. 1960, ausg. 20/10. 1962. A. Prior. 26/4. 1960.) F. Landsberger. H 3370

2444 Alkaloida Vegyészeti Gyár (Erfinder: László Szlávik, János Varga, Frau Gyula Valovics, Frau László Szlávik und Zoltán Kaskötö), Tiszavasvári, Ungarn, **Herstellung von Steroidalkaloiden aus Rohextrakten, die deren Glykoside enthalten,** indem die Pflanzenextrakte ohne vorherige Reinigung in heterogener Phase mit wss. 2,5—3,5 n Säure in der Wärme hydrolysiert u. nachher alkalisiert werden. Die Aglykonbasen werden durch Alkohole, aromat. oder chlorierte KW-Stoffe extrahiert. (**Ung. P. 150458** vom 3/8. 1961, ausg. 20/11. 1962.) F. Landsberger. H 3500

2445 Commercial Solvents Corp., New York, N. Y., übert. von: Guido M. Miescher, Terre Haute, Ind., V. St. A., **Erzeugung von β-Carotin** durch Züchten der entgegengesetzten Paarungstypen (+ u. —) von *Choanephora trispora* aerob u. submers in fl. Medium mit üblicher Zus., dad. gek., daß man der Nähr-Lsg. ca. 0,05—0,3 Vol.-% β-Jonon (I) u. ca. 0,1—1 Gew-.% Acetat-Äquivalente in Form von Essigsäure, Glycin oder deren NH_4-, Alkali- oder Erdalkalisalz zusetzt. Genannt sind noch *Choanephora cucurbitarum, C. conjuncta, Blakeslea circinans, Phykomyces blakesleeanus* u. *Mucor hiemalis*. Man setzt der Nähr-Lsg. z. B. 0,6% NH_4-Acetat, beide Stämme von *C. trispora* NRRL 2456 (+) u. NRRL 2457 (—) u. nach 48std. Rühren bei 28° 0,13% (der Kultur) **I** zu u. setzt die Gärung 48 Std. bis zu pH 7,7 fort. Die Ausbeute (mg β-Carotin auf 1 g Mycel) betrug beim Blind-Vers. bzw. mit **I** als alleinigem Zusatz 0,5, mit Acetat 1,5, mit Acetat u. **I** 8, bei ähnlichen Verss. mit Glycin u. **I** 4,5 bzw. mit Essigsäure u. **I** 3,9 mg. Vgl. Belg. P. 564918; C. **1961,** 15595. — Mengenbeispiele, bes. für Nährlösungen. (**A. P. 3001912** vom 17/11. 1958, ausg. 26/9. 1961.) G. Vogel. H 3550

2446 Takeda Pharmaceutical Industries Ltd., Osaka (Erfinder: Einosuke Omura, Toyonaka, Koicho Ogata, Minoo, Yukio Sugino, Osaka, Seizi Igarasi, Ashiya, Masahiko Yoneda, Kobe, Yoshio Nakao, Osaka, und Ikuo Suhara, Nishinomiya), Japan, **5'-Nucleotide, Nucleoside oder deren Gemische** erhält man durch Hydrolyse von Ribonucleinsäuren, Oligoribonucleotiden oder deren Gemischen auf biolog. Wege dad., daß man die Rohstoffe mit einem vom Mikroorganismus erzeugten Enzym-Syst. (von *Streptomyces-, Bacillus-, Helminthosporium-, Giomastix-, Verticillium-* oder *Fusarium*-Arten u. bes. in Ggw. eines Phosphormonoesteraseinhibitors, wie Phosphaten, Arsenaten, Aminosäuren, Äthylendiamintetraessigsäure oder Metallionen) hydrolysiert u. die Hydrolysate ggf. in die Komponenten zerlegt. Man züchtet *Streptomyces albogriseolus* Bene-

dict, Shotwell u. Pridham (Stamm NRRL Nr. B-1305) 24 Std. bei 28° in einer wss. Lsg. (pH 7) der Zus.: 5(%) lösl. Stärke, 3 Maiskeimextrakt, 0,1 $(NH_4)_2SO_4$, 0,05 wss. $MgSO_4$, 0,05 Pepton u. 0,2 $CaCO_3$, sät 500 ml dieser Kultur in 100 Litern vorst. Nähr-Lsg. aus, läßt den Ansatz 30 Std. bei 28° stehen, filtriert, gibt 100 Liter des Filtrats zu einer Suspension aus 1 kg Ribonucleinsäure in 200 Litern W. (mit NaOH auf pH 7,8 eingestellt), setzt Na_3AsO_4 bis zu einer Konz. von 10 mMol/l zu, stellt pH 8 ein, setzt 500 g Toluol zu, hydrolysiert 16 Std. bei 37° (pH 7,5—8), filtriert in Ggw. von Filtermasse, senkt pH auf 2,5, absorbiert das Prod. an Aktivkohle, eluiert mit 1,5%ig. wss. NH_3, trennt die Nucleotide im Eluat mit einem Ionenaustauscher ab, fängt die das 5'-Adenosinmonophosphat enthaltende Fraktion auf u. desaminiert sie mit $NaNO_2$ → 100 g *Inosinmonophosphat.* Die anderen Fraktionen liefern analog *5'-Guanosin-*, *5'-Uridin-* bzw. *5'-Cytidinmonophosphat* in Ausbeuten von 55 bzw. 70 bzw. 78 g. Analog verwendet man die *Streptomyces*-Stämme *aureus* (Waksman u. Curtis) Waksman u. Henrici (ATCC-13357), *viridochromogenes* (Krainsky) Waksman u. Henrici, *purpurescens* Lindenbein (NRRL-B-1454) u. *coelicolor* (Müller) Waksman u. Henrici (ATCC-13358), die Stämme *Helminthosporium sigmoideum var. irregulare* Cralley u. Tullis (ATCC-13359), *Bacillus brevis* Migula *emend.* Ford (ATCC-8185) u. *Bacillus subtilis* Cohn *emend.* Prazmowski (ATCC-13360). — Herst. von Würzen für Lebensmittel, Heilmitteln u. deren Zwischenprodukten. (**D. A. S. 1130785** Kl. 6b vom 17/3. 1959, ausg. 7/6. 1962. Jap. Prior. 21/3. u. 12/12. 1958.)
G. Vogel. H 3950

2447 Research Corp., New York, N. Y., übert. von: Reinhold Benesch und Ruth E. Benesch, Falmouth, N. Y., V.St.A., **Einführen von SH-Gruppen in NH_2-haltige Kohlenhydrate,** wie Cellulose, Stärke, erfolgt bei der Rk. der Kohlenhydrate mit cycl. Thioestern, bes. Thiolactonen, von denen die N-Acylhomocysteinthiolactone sich vorteilhaft eignen. Die Rk. wird durch Ionen von Ag, Cu, Hg u. Pb beschleunigt. Die Metalle werden aus der Rk.-Lsg. mittels Thioharnstoff in saurem Medium entfernt. Als Acylgruppe des Homocysteins kommt die Benzoyl- u. eine niedrigmol. aliphat. Acylgruppe, wie Acetyl, in Frage. — 0,25 g aminierte Baumwolle, enthaltend 5% N, wird in W., welches 50 mg N-Acetylhomocysteinthiolacton u. 0,315 ml 1 n-$AgNO_3$- u. 0,55 ml 0,5 n-NaOH-Lsg. enthält, suspendiert. Die Mischung wird mit 1,2 ml 0,85 n-HNO_3 angesäuert u. anschließend mit Thioharnstoff das Ag entfernt. Man wäscht die geschwefelte Baumwolle mit Thioharnstoff u. dann mit W. u. trocknet. Verw. als *Red.-Mittel,* unlösl. Elektronen austauschender Stoff, zur Bindung von Schwermetallen. (**A. P. 3007918** vom 14/5. 1959, ausg. 7/11. 1961.) G. König. H 4050

2448 National Starch and Chemical Corp., übert. von: Morton W. Rutenberg, North Plainfield, und Joseph L. Volpe, New Brunswick, N. J., V. St. A., **Schwefeläther der Stärke** der allg. Formel $[X–O–R_1–S \cdot (R_2)(R_3)]^+ \cdot [Y]^-$, erhält man bei der Rk. von Stärke im alkal. Medium mit β-halogenierten Alkylsulfoniumsalzen unter ständigem Rühren während etwa 16—20 Std. bei mäßigen Temperaturen. Anschließend wird mit W. verd. u. mit einer Mineralsäure auf pH 3—3,5 eingestellt. Das Rk.-Prod. wird, wenn es nicht gelatiniert ist, filtriert u. getrocknet. Man kann auch in Abwesenheit von zusätzlichem W. die Verätherung durchführen; man verwendet dann ein inertes Lsgm., z. B. Isopropanol. Zu beachten ist, daß erhöhte Mengen an Alkalien im wss. Medium zur Gelatinierung der Äther führt. Die Gelatinierung kann man durch die Zugabe von Verhinderungsmitteln, z. B. Na_2SO_4, unterbinden. In der Formel bedeuten: X = Stärkerest, R_1 = Alkylen-, Hydroxyalkylen-, Aralkylen-, Cycloalkylen- oder Phenylen-Rest, R_2 u. R_3 = Alkyl-, Aryl-, Aralkyl-, Cycloalkyl- oder S-Alkylen-Rest. Die Reste R_2 u. R_3 können -O-Brücken o. Aminogruppen enthalten. Y = ein Anion. Verw. als *Klebemittel* für Papier, als Versteifungsmittel für Textilien. (**A. P. 2989520** vom 22/4. 1959, ausg. 20/6. 1961.) G. König. H 4050

2449 **Standard Oil Co.,** Chicago, Ill., V. St. A., *Behandlung von Kohlenwasserstoffen.* (**Niederl. P. 102649** vom 28/12. 1955, ausg. 15/10. 1962. A. Prior. 31/1. 1955. — C. **1958.** 8470 [A. P. 2768983].)

2450 **Edeleanu G.m.b.H.,** Frankfurt/M., *Entparaffinierung von Öl.* (**Niederl. P. 102665** vom 26/5. 1956, ausg. 15/10. 1962. D. Prior. 28/5. u. 18/11. 1955. — C. **1961,** 298 [D. B. P. 973805] u. C. **1961,** 9591 [D. B. P. 973948].)

2451 **Badische Anilin- & Soda-Fabrik Akt.-Ges.,** Ludwigshafen/Rh., übert. von: **Adolf Steinhofer,** Ludwigshafen/Rh., **Ernst Bartholome,** Heidelberg, **Otto Frey** und **Helmut Nonnenmacher,** Ludwigshafen/Rh., *Gasförmige Olefine durch Spalten von Kohlenwasserstoffölen.* (**A. P. 3019272** vom 2/8. 1957, ausg. 30/1. 1962. D. Prior. 2/8. 1956. — C. **1962,** 8782 [D. A. S. 1066576].)

2452 **Farbwerke Hoechst Akt.-Ges. vormals Meister Lucius & Brüning,** Frankfurt/M., *Herstellung von Fluoräthylenen.* (**E. P. 902682** vom 4/2. 1959, ausg. 9/8. 1962. D. Prior. 6/2. 1958. — C. **1960,** 8007 [D. A. S. 1068695].)

2453 **E. I. du Pont de Nemours & Co.,** Wilmington, Del., V. St. A., *Herstellung von Perfluorolefinen durch Isomerisieren oder Polymerisation.* (**E. P. 910371** vom 26/2. 1959, ausg. 14/11. 1962. A. Prior. 27/2. 1958. — C. **1961,** 18870 [A. P. 2918501].)

2454 **Montrose Chemical Co.,** Newark, N. J., V. St. A., *Herstellung von Alkylphosphiten.* (**E. P. 894169** vom 19/8. 1960, ausg. 18/4. 1962. A. Prior. 20/10. 1959. — C. **1962,** 12831 [A. P. 2970166].)

2455 **Standard Oil Co.,** Cleveland, Ohio, V. St. A., *Herstellung ungesättigter Aldehyde und Ketone.* (**Niederl. P. 102489** vom 10/6. 1958, ausg. 17/9. 1962. A. Prior. 10/6. 1957. — C. **1962,** 3980 [F. P. 1208397].)

2456 **Montecatini Soc. Gen. per l'Industria Mineraria e Chimica,** Mailand, Italien, *Herstellung von Acrolein und Methacrolein.* (**Niederl. P. 102522** vom 29/10. 1958, ausg. 17/9. 1962. It. Prior. 31/10. 1957. — C. **1962,** 4341 [F. P. 1213816].)

2457 **Distillers Co. Ltd.,** Edinburgh, Schottland, *Entfernung von Cyanwasserstoff aus einer verdünnten wäßrigen Acrylnitrillösung.* (**Niederl. P. 102518** vom 1/10. 1958, ausg. 17/9. 1962. E. Prior. 10/10. 1957. — C. **1962,** 13944 [E. P. 835962].)

2458 **Ciba Ltd.,** Basel, übert. von: **Daniel Porret,** Monthey, und **Arthur Maeder,** Basel, Schweiz, *Sprühtrocknung von Acrylsäureamidlösungen.* (**A. P. 3028426** vom 31/1. 1955, ausg. 3/4. 1962. Schwz. Prior. 2/2. 1954. — C. **1958,** 9613 [F. P. 1118380] u. C. **1959,** 8386 [D. A. S. 1020328].)

2459 **Montecatini Soc. Gen. per l'Industria Mineraria e Chimica** (Erfinder: **Gian Paolo Chiusoli**), Mailand, Italien, *Herstellung von Itaconsäure.* (**Oe. P. 216488** vom 3/7. 1959, ausg. 25/7. 1961. It. Prior. 4/7. u. 17/12. 1958. — C. **1962,** 16842 [F. P. 1229161].)

2460 **Stamicarbon N. V.,** Heerlen, Niederlande, *Harnstoffherstellung.* (**E. P. 889046** vom 6/5. 1959, ausg. 7/2. 1962. Niederl. Prior. 7/5. 1958. — C. **1962,** 5471 [D. A. S. 1097974].)

2461 **Stamicarbon N. V.,** Heerlen, Niederlande, *Harnstoffherstellung.* (**Niederl. P. 102507** vom 8/8. 1958, ausg. 17/9. 1962. — C. **1962,** 5096 [E. P. 853220].)

2462 **Ajinomoto Co., Inc.,** Tokio, übert. von: **Shinichi Motozaki, Mei Ohno,** Tokio, und **Kotaro Fujiwara,** Kamakura-shi, Japan, *Trennung von Glutaminsäure aus vergorenen Lösungen.* (**A. P. 3029280** vom 15/9. 1959, ausg. 10/4. 1962. Jap. Prior. 27/5. 1959. — C. **1963,** 685 [E. P. 870031].)

2463 **Ajinomoto Co., Inc.,** Tokio, übert. von: **Shinichi Motozaki, Mei Ohno,** Tokio, und **Kotaro Fujiwara,** Kamakura-shi, Japan, *Erzeugung von Glutaminsäure durch Gärung.* (**A. P. 3029281** vom 15/9. 1959, ausg. 10/4. 1962. Jap. Prior. 18/3. 1959. — C. **1962,** 16843 [E. P. 869948].)

2464 **California Research Corp.,** San Francisco, Calif., V. St. A., *Herstellung von p-Xylol.* (**Niederl. P. 102631** vom 2/5. 1955, ausg. 15/10. 1962. A. Prior. 3/5. 1954. — C. **1958,** 12532 [E. P. 787084].)

2465 **Olin Mathieson Chemical Corp.,** East Alton, Ill., V. St. A., *Herstellung von aromatischen Carbonsäuren.* (**Niederl. P. 102681** vom 21/7. 1956, ausg. 15/10. 1962. A. Prior. 22/7. 1955. — C. **1959,** 7295 [E. P. 797475].)

2466 **Chemische Werke Witten G. m. b. H.,** Witten/Ruhr (Erfinder: **Ewald Katzschmann,** Dortmund), *Herstellung von p-[Chlormethyl]-benzoesäure.* (**Oe. P. 216498** vom 13/6. 1960, ausg. 25/7. 1961. D. Prior. 28/10. 1959. — C. **1962,** 11371 [D. A. S. 1112507].)

2467 **Kali-Chemie Akt.-Ges.,** Hannover (Erfinder: **Herbert Jenkner,** Hannover), *Herstellung organischer Borverbindungen.* (**E. P. 901622** vom 9/11. 1960, ausg. 18/7. 1962. D. Prior. 13/11. 1959. — C. **1962,** 7329 [D. A. S. 1115250].)

2468 **Badische Anilin- & Soda-Fabrik Akt.-Ges.,** Ludwigshafen/Rh. (Erfinder: **Walter Stilz,** Heidelberg, und **Horst Pommer,** Ludwigshafen/Rh.), *Symmetrisch substituierte Hexatriene mit konjugierten Doppelbindungen und deren vinylogen Verbindungen.* (**E. P. 887686** vom 1/10. 1959, ausg. 24/1. 1962. D. Prior. 2/10. 1958. — C. **1961,** 8836 [D. A. S. 1092472].)

2469 **Merck & Co., Inc.,** Rahway, N. J., V. St. A., *Bis-Tetrahydrofuranyläther.* (**E. P. 888568** vom 28/7. 1958, ausg. 31/1. 1962. A. Prior. 9/8. 1957. — C. **1962,** 13951 [D. A. S. 1121063].)

2470 **Nordmark-Werke G. m. b. H.,** Hamburg, *Herstellung von 2-Aminooxazolen.* (**E. P. 905369** vom 16/9. 1960, ausg. 5/9. 1962. D. Prior. 1/2. u. 19/5. 1960. — C. **1962,** 13209 [Port. P. 38036].)

2471 **Hoffmann-La Roche, Inc.,** Nutley, N. J., V. St. A., übert. von: **Andor Fürst,** Basel, und **Emilio Kyburz,** Riehen, Schweiz, *Herstellung von Isoxazolidonen.* (**A. P. 3021335** vom 9/4. 1959, ausg. 13/2. 1962. Schwz. Prior. 26/4. 1958. — C. **1962,** 9520 [F. P. 1221499].)

2472 **Farbwerke Hoechst Akt.-Ges. vormals Meister Lucius & Brüning,** Frankfurt/M.-Hoechst., *Herstellung von 2-[2'-Aminoaryl]-4.5-arylen-1.2.3-triazol-1-oxiden.* (**Oe. P. 216506** vom 10/3. 1960, ausg. 10/8. 1961. D. Prior. 12/3. 1959. — C. **1962,** 307 [D. A. S. 1088060].)

2473 **Henkel & Cie. G. m. b. H.,** Düsseldorf, *Sultone.* (**E. P. 908317** vom 9/2. 1961, ausg. 17/10. 1962. D. Prior. 21/5. 1960. — C. **1962,** 308 [D. A. S. 1107221].)

H_{10}. Färberei, Organische Farbstoffe

2474 **Untersuchungen über das Färben von Polyacrylonitrilfasern.** 5. Mitt. **Zersetzung von sauren Monoazofarbstoffen bei der Cu^I-Ionen-Methode.** Yoshimi Takase. (J. Soc. Textile Cellulose Ind. Japan **17**, 162—67, 1961; Naka-Machi, Gifu-Univ., Fac. of Eng.; jap., Auszug: engl. S. 162.) — 4. vgl. C. **1963**, 11037. — 7 *saure Monoazofarbstoffe* vom Säurerot-Typ werden in sd. NH_2OH-Sulfat (**I**)-haltiger Lsg., wie sie zum *Färben* von *Polyacrylonitrilfasern* nach der *Cu^I-Ionen-Meth.* verwendet werden, reduziert. Dabei wird bzgl. der dabei auftretenden Bldg. aromat. Amine eine starke Abhängigkeit dieser Rk. von der Temp. u. von Anzahl u. Stellung der HO_3S-Gruppen im Farbstoffmol. beobachtet. Ferner wird erkannt, daß die **I**-Konz. die *Zers.* des Farbstoffs beeinflußt, während sich der pH-Wert der Lsg. nur wenig auf die Rk.-Geschw. auswirkt. H. Sontag. 7002◇

2475 **Untersuchungen über das Färben von Polyacrylonitrilfasern.** 6. Mitt. **Die Wirkung oberflächenaktiver Stoffe auf das Aufziehen saurer Farbstoffe.** Yoshimi Takase und Yoshiaki Kojima. (J. Soc. Textile Cellulose Ind. Japan **17**, 167—71, 1961; jap., Auszug: engl. S. 162—63.) — 5. vgl. vorst. Referat. — Die Unterss. zeigen, daß *anionakt. Stoffe* das Aufziehen des Farbstoffs auf die *Polyacrylonitrilfaser* (**A**) verzögern, färbetechn. also ein gutes Hilfsmittel zur Erzielung einer gleichmäßigen Färbung darstellen. Nichtion. Stoffe erhöhen bei Zusatz in Mengen von $< 1\%$ die Aufziehgeschw., während Zusätze von 2,5 u. 5% die Geschw. herabsetzen. In allen Fällen reagiert also offensichtlich die oberflächenakt. Verb. mit der positiv geladenen Faser, wie sie beim Färben von **A** nach der Cu^I-Meth. vorliegt. Die Aufziehgeschw.-Kurven von *Brillantblau G* bei 90° u. 100° werden gezeigt u. diffusionstheoret. interpretiert. Dabei wird bei Anw. der Diffusionsgleichung sowohl nach Hill [1928] als auch nach Crank (J. Soc. Dyers Colourists **66**, [1950], 360) die annähernd gleiche Diffusionskonst. gefunden. H. Sontag. 7002

2476 **Untersuchungen über das Färben von Polyacrylonitrilfasern.** 7. Mitt. **Die quantitative Bestimmung der Nitrilgruppen in Polyacrylonitril.** 8. Mitt. **Verschiedene Methoden zur Darstellung von Cu^I-Ionen.** Yoshimi Takase. (J. Soc. Textile Cellulose Ind., Japan [Sen-i Gakkaishi] **17**, 421—27, 1961; jap., Auszug: engl.) — 6. vgl. vorst. Referat. — Die *Best.* wird an einer Anzahl von *Polyacrylonitrilcopolymeren* u. Gemischen von Acrylpolymeren mit PVC sowohl nach der Kjehldahl-Meth. als auch durch saure Verseifung durchgeführt. Nach der Kjehldahl-Meth. werden im allg. zuverlässige Ergebnisse erhalten, wie ein Vgl. mit den nach der Cl-Best.-Meth. von Carius erhaltenen Ergebnissen zeigt. Die Genauigkeit kann bei dieser Meth. dadurch erhöht werden, daß die Proben vor der Kjehldahl-Behandlung langsam durch eine 1%ig. H_2O_2-Lsg. zersetzt werden. Die Meth. der sauren Verseifung beruht auf der Rk. zwischen NC-Gruppe u. Säure u. eignet sich daher auch zur Unters. solcher Acrylpolymerer, die außer in der NC-Gruppe noch weiteres N im Mol enthalten. Die Meth. hat den Nachteil, daß die Verseifung langsam verläuft u. die Rk. durch Copolymer- oder Mischungskomponenten beeinflußt wird. Die energet. Verhältnisse bei der Rk. der *Bldg.* von *Cu^I-Ion* durch Red. von $CuSO_4$ in saurer Lsg. (pH 3,0—5,0) mit Zn, $C_6H_4(OH)_2$ u. $FeSO_4$ werden auf Grund der Redoxpotentiale dieser Rkk. erörtert. Die Farbtiefe der nach der Cu^I-Meth. unter Verw. dieser Red.-Mittel mit verschiedenen Farbstoffen erhaltenen Färbungen (*C. I. Säurerot 138*, *C. I. Säureblau 90* u. *C. I. Säuregrün 25*) wird durch Reflexionsmessungen bestimmt. Sie ist in allen Fällen geringer als die nach der gleichen Meth. unter Verw. von NH_2OH-Sulfat als Red.-Mittel erzielte. Die untersuchten Red.-Mittel eignen sich somit bes. gut zur Färbung nach der Cu^I-Ionen-Meth. in helleren Tönen.
H. Sontag. 7002◇

2477 **Untersuchungen über das Färben von Polyacrylonitrilfasern.** 9. Mitt. **Über Reinigung und Qualitätsbewertung von Säurefarbstoffen.** Yoshimi Takase. (J. Soc. Textile Cellulose Ind. Japan [Sen-i Gakkaishi] **17**, 527 bis 532, 1961; jap., Auszug: engl. S. 526.) — 8. vgl. vorst. Referat. — 43 *saure Azo-* u. *Nitrofarbstoffe* werden durch Aussalzen der Farbstoffe mit CH_3COONa aus ihren wss. Lsgg. u. durch Verw. schwachbas. *Ionenaustauschharze* gereinigt. Die Ergebnisse werden nach dem Verf. der Red. mit $TiCl_3$-Lsg. kontrolliert. Dabei wird festgestellt, daß das Aussalzen mit CH_3COONa zufriedenstellende Ergebnisse erbrachte u. der so erzielte *Reinheitsgrad* der Farbstoffe durch mehrmaliges Wiederholen des Verf. weiter verbessert werden kann. Allerdings tritt bei in A. lösl. Farbstoffen während dieses Reinigungsverf. ein die Ausbeute herabsetzender Verlust ein.
H. Sontag. 7002◇

2478 **Untersuchungen über das Färben von Polyacrylonitrilfasern.** 10. Mitt. **Bedingungen beim Aufbringen der Kupplungskomponenten von Azofarbstoffen auf Polyacrylonitrilfasern.** Yoshimi Takase und Toshihiko Ogawa. (J. Soc. Textile Cellulose Ind. Japan [Sen-i Gakkaishi] **17**, 532—36, 1961; jap., Auszug: engl. S. 526 bis 527.) — 9. vgl. vorst. Referat. — Als *Kupplungskomponenten* (**A**) gelangen *β-Naphthol* (**I**), *2-Hydroxynaphthoesäure-(3)* (**II**), *Naphthol AS* (**III**) u. *Naphthol AS-BO* (**IV**) zur Untersuchung. Da diese Verbb. in alkal. Lsg. im Bereich von 320—400 mμ stark absorbieren, kann die Menge der durch die Faser aufgenommenen **A** durch Best. der Extinktion der nicht in die Faser eingedrungenen Fl. bei bestimmten Wellenlängen ermittelt werden. Nach diesem Unters.-Verf. werden folgende Ergebnisse erzielt: niedermol. **I** u. **II** diffundieren rascher in die Faser als höhermol. **III** u. **IV**. Die Eindring-Geschw. von **A** in die Faser nimmt mit steigendem pH des Bades ab. Als optimal für die Aufnahme von **I** u. **II** durch die Polyacrylonitrilfaser werden folgende Bedingungen angegeben: Temp. 98°, Flottenverhältnis 1:50, pH $< 3-4$, Dauer 60—90 Minuten. H. Sontag. 7002◇

2479 **Das Färben mit Primazin-Farbstoffen.** Schwab und G. Barts. (Fibre e Colori **12**, 400—06, 1962; Ludwigshafen am Rhein, BASF, Labor. tecn. tess.; ital. — C. **1963**, 1854.) A. Sander. 7020◇

2480 **Bewertung der Mittel für den Ausgleich der Affinitäts-Ungleichmäßigkeit von Polyamidfasern.** Jaroslav Janoušek und Pavel Grüner. (Textil [Praha] **17**, 460 bis 462, 1962; Dvůr Králové nad Labem, Výzk. ústav zušlechtovakí; tschech.) — Zur Verhinderung des „Barré-Effektes" von Heißluft- u. Heißwasser-fixiertem Polyamid werden 10 *Hilfsmittel* beim *Färben* mit Direkt- u. Säure-Farbstoffen eingesetzt. Die Wrkg. wird durch Remissionsmessung, colorimetr. Messung des aufgezogenen Farbstoffes nach Lösen der Faser in Phenol/Monochlorbenzol, u. der Restfarbstoffe im Färbebad u. durch visuelle Betrachtung festgestellt. W. Bernard. 7086◇

2481 **Bestimmung der Dispersionsfarbstoffe des Anthrachinon Typs auf Wolle.** Jaroslav Odvárka, Jiři Kryštůfek und Jiří Rais. (Textil [Praha] **17**, 462—64, 1962; Liberec, Vys. škola strojná a textilní; tschech.) — Um die Anschmutzung von Wolle beim Färben von Polyester-Wollmischungen zu messen, wurde die Wolle mit Anthrachinon-Dispersion-Farbstoffen angefärbt, in verd. kochender NaOH gelöst u. der Farbstoff colorimetr. gemessen. W. Bernard. 7086◇

2482 **Die Bestimmung der relativen Geschwindigkeit der Reduktion von Küpenfarbstoffen in Druckfarben auf mikroskopischem Wege.** L. M. Golomb und G. W. Schalimowa. (Textil-Ind. [UdSSR] **22**, Nr. 9, 25—29, 1962; Rubeshnoje, Zweigstelle des Woroschilow-Forsch.-Inst. für organ. Zwischenprodukte u. Farbstoffe; russ.) — Ausarbeitung eines mkr. Verf. für die qual. Best. des Einfl. des Dispersionsgrades von Thioindigofarbstoffen, der Hilfsstoffe, der Laugenkonz. des Reduktionsmittels u. a. auf die Vollkommenheit u. Geschw. der Red. von Küpenfarbstoffen in Druckfarben. Dieses Verf. gibt die Möglichkeit, die erforderlichen Komponenten der Druckpasten u. Druckfarben schnell zusammenzustellen.
P. Scheer. 7086◇

2483 **Die quantitative Bestimmung der reaktionsfähigen und der hydrolysierten Form in technischen Reaktivfarbstoffen.** F. I. Ssadow und G. Je. Kritschewski. (Textil-Ind. [UdSSR] **22**, Nr. 9, 29—31, 1962; Moskau,

Textil-Ind.; russ.) — Die Verss. dienen der Best. der wirklichen Aktivität von 5 Remazolfarbstoffen. Die Trennung der reaktionsfähigen von der hydrolisierten Form erfolgt durch aufsteigende Papierchromatographie. Der untere, am intensivsten gefärbte Fleck entspricht der Esterform, die beiden höheren der Vinylsulfon- u. der hydrolisierten Form. Die Aktivität ergibt sich aus der Summe der Ester- u. Vinylsulfonform im Verhältnis zur Gesamtmenge der Farbe. P. Scheer. 7086◇

2484 Ciba Akt.-Ges., Basel, Schweiz, **Färben von Polyamidfasern** mit Farbstoffen, welche von SO_3H- u. nicht komplex gebundenen Carbonsäuregruppen frei sind u. in welchen 2 Moll. eines Monoazofarbstoffes komplex an ein Atom Cr oder Co gebunden sind. Die komplexbildende Gruppe der Farbstoffe kann z. B. eine o-Hydroxy-o'-amino-, eine o-Hydroxy-o'-carboxyazogruppierung oder bes. eine o.o'-Dihydroxyazogruppierung sein. Die Fasern werden mit diesen Farbstoffen bei 100° übersteigenden Tempp. in Ggw. von Polyglykolverbb. der Formel $H-(O-CH_2-CH_2)_p-N(R)-(CH_2-CH_2-O)_q-H$ gefärbt (R = aliphat. KW-Stoff-Rest mit 16—22 C-Atomen; p u. q = ganze Zahlen, p + q = 20—40). Zum Beispiel werden Verbb. verwendet, welche ca. 30 $-CH_2-$

I

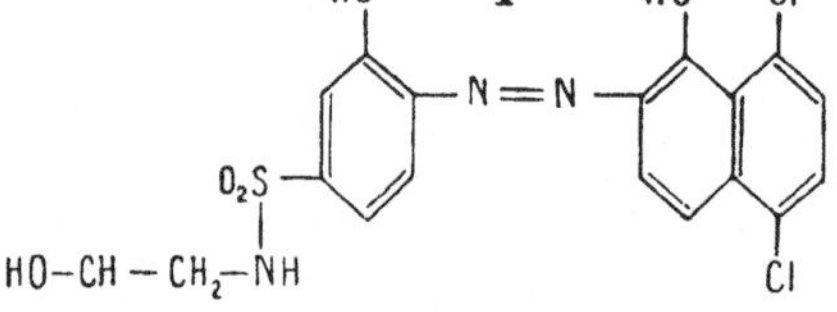

CH_2-O-Gruppen enthalten; Färbetemp. 120—140°. Geeignete Polyglykolverbb. werden z. B. erhalten, wenn Äthylenoxid im Mol-Verhältnis 30:1 cm ein Gemisch aus ca. 30 (%) Palmitylamin, 40 Stearylamin, 20 Arachidylamin u. 10 Behenylamin angelagert wird. — 100 (Teile) Polyamidstapelfasern aus ε-Caprolactam oder aus Adipinsäure u. Hexamethylendiamin werden bei 50° in ein Färbebad eingetragen, das in 4000 W. 1 Teil einer Chromverb., die 2 Mol. Farbstoff **I** enthält, 6 einer 50%ig., mit Essigsäure neutralisierten Lsg. des Umsetzungsprod. von ca. 30 Mol. Äthylenoxid u. 1 Mol eines Amingemisches aus 10 (%) Stearylamin, 55 Arachidylamin u. 35 Behenylamin, sowie 4 $(NH_4)_2SO_4$ enthält. Die Temp. wird 45 Min. bei 130° gehalten. Nach dem

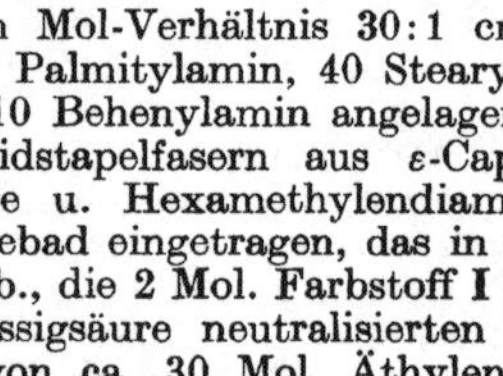

II

Abkühlen < 100° wird das Fasermaterial aus dem Bad genommen, gespült u. getrocknet. — Anstelle der komplexen Chromverb. kann z. B. auch die Co-Verb. verwendet werden, welche 2 Moll. des Farbstoffs **II** an 1 Atom Co komplex gebunden enthält. (**Oe. P. 223575** vom 7/9. 1960, ausg. 25/9. 1962. **F. P. 1266800** vom 2/9. 1960, ausg. 16/11. 1961. Beide Schwz. Prior. 8/9. 1959.) M. F. Müller. 7021

2485 Ciba Akt.-Ges., Basel (Erfinder: Karl Menzi, Fritz Oesterlein, Basel, und Bernhard Rütimeyer, Neuallschwil), Schweiz, **Herstellung von metallhaltigen Monoazofarbstoffen.** 2.4.6-Trihalogen-1.3.5-triazin wird einerseits mit metallhaltigen Monoazofarbstoffen, die im metallfreien Zustand mindestens 2 saure, wasserlösl. machende Gruppen aufweisen u. eine prim. oder sek. Aminogruppe enthalten u. andererseits mit NH_4OH oder einem organ. Amin oder mit einer Mercapto- oder Hydroxyl-Verb. umgesetzt. Die erhaltenen Farbstoffe eignen sich zum Färben u. Bedrucken bes. von polyhydroxylierten Materialien. — Der Farbstoff *1-Hydroxy-2-aminobenzol-4.6-disulfonsäure* → *2-Amino-5-hydroxynaphthalin-7-sulfonsäure* (**I**) wird gekupfert u. dann mit Cyanurchlorid kondensiert. Durch Behandlung mit NH_4OH wird das zweite Cl-Atom des Cyanurchlorids durch NH_2 ersetzt. Der erhaltene Farbstoff färbt Cellulosefasern (**II**) rubinrot u. sehr gut licht- u. waschecht. Der Farbstoff *1-Hydroxy-2-aminobenzol-4-sulfonsäure* → **I** wird gekupfert u. mit 2.4-Dichlor-6-methoxytriazin kondensiert. Der erhaltene Farbstoff färbt **II** rubinrot u. sehr gut licht- u. waschecht. (**Schwz. PP. 354187** vom 17/10. 1956, ausg. 30/6. 1961 u. **361068** [Zusatz-Pat.] vom 17/10. 1956, ausg. 15/5. 1962.) F. Rath. 7053

2486 Ciba Akt.-Ges. (Erfinder: Armin Caliezi), Basel, Schweiz, **Färben von hochmolekulare, organische Verbindungen enthaltenden Massen mit Pigmentfarbstoffen.** Als Pigmentfarbstoffe verwendet man die bisher lediglich als Küpenfarbstoffe bekannten Verbb. der allg. Formel I (X = S oder NH-Gruppe, die nach Schwz.

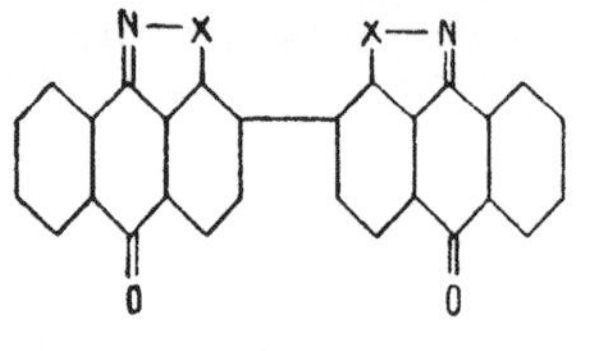

I

P. 360369 u. Belg. P. 571735 auch acyliert sein kann). Hiermit färbt man z. B. plastifiziertes *Polyvinylchlorid*, *Al-Folienlack*, *Acetatseiden-* u. *Viscosespinnmassen*, Textildruckpasten u. Papier. (**Schwz. P. 360369** vom 4/10. 1957, ausg. 14/4. 1962. **E. P. 880575** vom 2/10. 1958, ausg. 25/10. 1961. **Belg. P. 571735** vom 3/10. 1958, ausg. 23/3. 1962. Beide Schwz. Prior. 4/10. 1957.) F. Böhm. 7021

2487 Sandoz Akt.-Ges., Basel (Erfinder: Jacques Gunthard, Binningen, und Wolfgang Frey, Münchenstein), Schweiz, **Anthrachinonfarbstoffe** der allg. Formel **I** (R_1 = H oder CH_3, X = H, Halogen, niedrigmol. Alkyl oder Alkoxy, J = H oder SO_3H, Z = H, Halogen oder SO_3H, Q = $-COOR_2$, worin R_2 = Halogenalkyl, Alkoxyalkyl, Cycloalkyl, Aralkyl oder Aryl, w = H oder Halogen in einer der Stellungen 6 oder 7; die Gruppe $-N(R_1)Q$ steht in einer der Stellungen 3' oder 4', die Wolle, Seide, Leder, Polyamide oder Fasern aus natürlicher oder regenerierter Cellulose in gut licht- u. naßechten blauen bis rotstichigblauen Tönen färben, erhält man durch Acylierung von Anthrachinonabkömmlingen der Formel I (Q = H) mit Halogenameisensäureestern der allg.

I

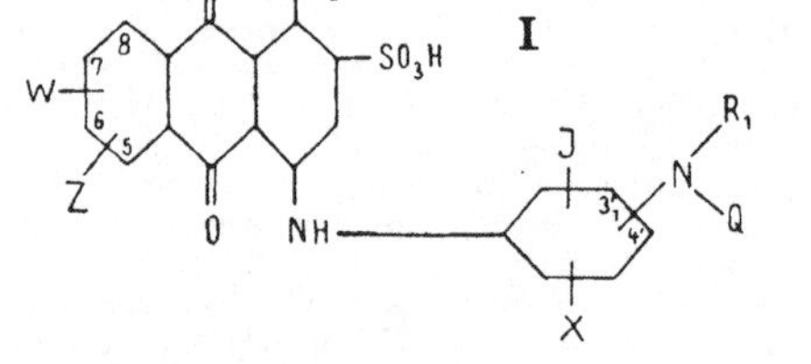

Formel $A-COO-R_2$ (A = Cl oder Br; R_2 = wie vorst.). — In 600 (Gew.-Teilen) W. u. 10,7 30%ig. Natronlauge löst man 20 1-Amino-4-(4'-amino)-phenylaminoanthrachinon-2.6-disulfonsäure, gibt bei 20—40° in ca. 30 Min. unter Aufrechterhaltung von pH 6,5—8 durch Zutropfen von 30%ig. NaOH unter Rühren 7 Chlorameisensäurephenylester (**II**) hinzu u. fällt den Farbstoff mit 58 30%ig. HCl. Er färbt in blauen Tönen. Analog erhält man einen Farbstoff aus 1-Amino-4-(4'-amino)-phenylaminoanthrachinon-2.2'-disulfonsäure. — Aufzählung weiterer blau u. rotstichigblau färbender Farbstoffe in einer Tabelle. (**Schwz. P. 360746** vom 6/9. 1957, ausg. 30/4. 1962.) O. Roick. 7059

2488 Badische Anilin- & Soda-Fabrik Akt.-Ges., Ludwigshafen/Rh. (Erfinder: Max Bertl, Ludwigshafen/Rh., und Willy Braun, Heidelberg), **Farbstoff.** Durch Kondens. von Perylen-3.4.9.10-tetracarbonsäure oder deren Anhydrid mit 4-Aminofluorbenzol in An- oder Ab-

I

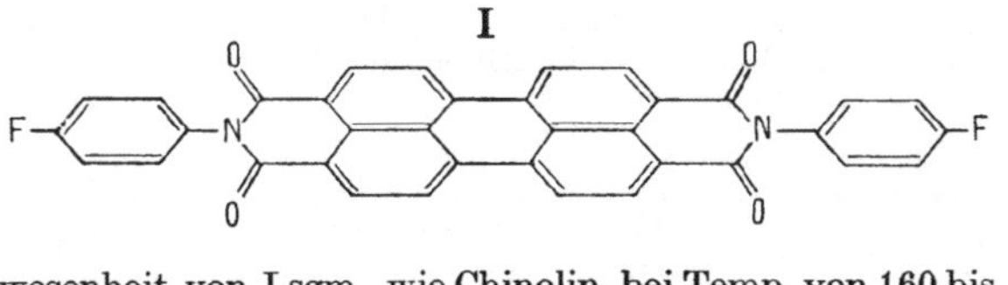

wesenheit von Lsgm., wie Chinolin, bei Temp. von 160 bis 210°, vorteilhaft 175—210°, erhält man in ca. 6—8 Std. den Farbstoff der Zus. **I**. Gut licht- u. weichmacherechter rosa Pigmentfarbstoff, bes. geeignet zum Färben von weichmacherhaltigem Polyvinylchlorid oder von Polystyrol. Auch ist der Farbstoff für die Herst. von Nitrolacken u. Druckfarben von techn. Interesse. (**D. A. S. 1141740** Kl. 22 e vom 9/1. 1962, ausg. 27/12. 1962.) O. Roick. 7059

2489 American Cyanamid Co., New York, N. Y., übert. von: William L. Berry, Neshanic, und William L. Mosby, North Plainfield, N. J., V. St. A., **Anthrachinonoxadiazine** der allg. Formel **I** (R = Phenyl, Chlor-, Brom-, Alkoxy-, Nitro-, Amino- oder Acylaminophenyl,

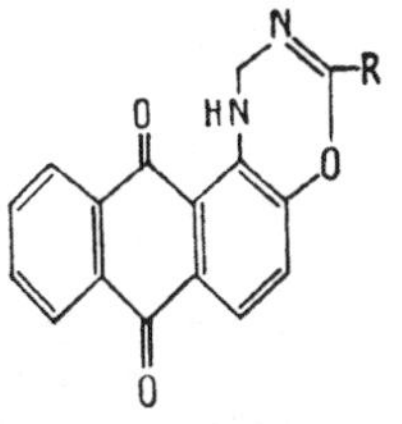

Tolyl, Naphthyl, 2-Anthrachinonyl oder 1-Amino-2-anthrachinonyl), Küpen- u. Pigmentfarbstoffe, erhält man durch Rk. von 1-Chlor-2-nitroanthrachinon (**II**) mit einem Aroylhydrazid der Formel $R{-}CO{-}NH{-}NH_2$ u. Ringschluß der erhaltenen Verbb. mit alkal. Mitteln. — Durch Erhitzen von **II** u. Benzhydrazid in Amylalkohol unter Rückfluß erhält man eine Verb., die in KOH enthaltendem 2-Methoxyäthanol bei 80° verrührt ein tiefrotes Prod. ergibt, das aus Essigsäure umkrist., zu einem purpurroten Farbstoff der Formel **I** (R = Phenyl) führt. — Analog erhält man aus **II** u. 1-Aminoanthrachinon-2-carbonsäurehydrazid einen Farbstoff der Formel **I** (R = 1-Amino-2-anthrachinonyl), der Baumwolle aus gelbbrauner Küpe rotstichigschwarz u. Polyvinylchlorid in denselben Tönen färbt. Wird **II** mit Nitrobenzhydrazid zum Oxadiazin umgesetzt u. die NO_2- zur NH_2-Gruppe mit einer Na_2S-Lsg. red., so kann das erhaltene Aminooxadiazin noch mit organ. Carbonsäurechloriden acyliert werden. — Färbebeispiel. (**A. P. 3012031** vom 12/10. 1959, ausg. 5/12. 1961.) O. Roick. 7063

2490 Sandoz Ltd., Basel, übert. von: Georg Geiger, Binningen, Schweiz, **Umwandlung von rohem Kupferphthalocyanin der α-Form in eine hochdisperse β-Form.** Das Roh-Prod. wird in Ggw. von W. ohne Anwendung weiterer Mahlhilfsmittel bei erhöhter Temp., bes 80—110°, in einer Kugelmühle vermahlen. (**A. P. 2999862** vom 14/8. 1959, ausg. 12/9. 1961. Schwz. Prior. 15/8. 1958.) F. Böhm. 7073

2491 Frederick L. Thomas, Madison, Wis., V. St. A., **Citrazinsäure-Amin-Farbstoffe,** geeignet als Wasserfarbstoffe, für Tinten, Farbpigmente, Lacke, opt. Bleichmittel, analyt. Reagentien u. auch bacteriostat. wirksam, erhält man durch Rk. von Citrazinsäure (**I**) mit prim., sek. oder tert. Aminen in Ggw. einer wss. 0,01 bis 30%ig., vorteilhaft 0,1—3%ig. H_2O_2-Lsg. bei 50—100°. Die Farbstoffe färben vorwiegend in blauen, grünen u. violetten Tönen, bei Verw. von Diäthylentriamin rotorange. In den der Rk. unterworfenen Aminen soll der KW-Stoffrest bei den prim. Aminen höchstens 18 u. jeder der KW-Stoffreste bei den sek. Aminen höchstens 12 u. bei den tert. Aminen höchstens 8 C-Atome enthalten. — So verrührt man z. B. 23 (Teile) einer 40%ig Monomethylamin-Lsg., 15,5 **I** u. 10 einer 3%ig. H_2O_2-Lsg. bei 70° mit 10 dest. W. u. erhält nach 5 Min. einen blauen Farbstoff, der auch zum Färben von Nylon, Seide u. Wolle geeignet ist. — Weitere Beispiele. (**A. P. 3000897** vom 23/10. 1958, ausg. 19/9. 1961.) O. Roick. 7077

2492 Interchemical Corp., New York, N. Y., übert. von: Charles A. Kumins, Tuckahoe, Paul A. Scardaville, South Ozone Park, und Rudolf G. Frieser, Long Island City, N. Y., V. St. A., **Pigmentfarbstoff.** Man erhält den Farbstoff der Zus. **I** der Kunstharze u. plast. Massen, z. B. aus Nitrocellulose oder Polyvinylchlorid, in rotstichiggoldenen transparenten Tönen färbt, wenn man 1 (Mol) β-Naphthol (**II**) in wss. Medium mit 1,1—2,25 Chlf., 0,5—1 eines 2-wertigen Ni-Salzes,

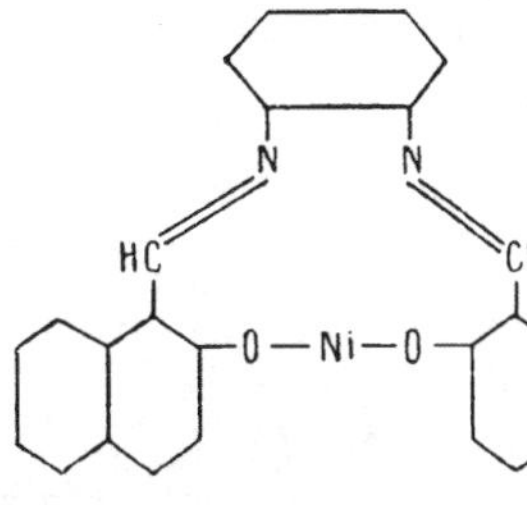

I

0,3—0,5 o-Phenylendiamin u. der halben bis zweifachen theoret. Menge eines Alkalihydroxids, die erforderlich ist, um mit allen Umsetzungsteilnehmern zu reagieren, umsetzt, wobei nicht mehr als 1,2 l W. pro g **II** als Rk.-Fl. dient u. die Rk. so lange durchgeführt wird, bis das Rk.-Gemisch eine dem Eisenoxid ähnliche rote Farbe annimmt. (**A. P. 2993065** vom 24/10. 1956, ausg. 18/7. 1961.) O. Roick. 7081

2493 **Aziende Colori Nazionali Affini A. C. N. A. S. p. A.** (Erfinder: **Corrado Fuortes, Amerigo Wildermuth** und **Enrico Ferraris**), Mailand, Italien, *Anfärben von synthetischen Materialien.* (**Oe. P. 223825** vom 6/5. 1960, ausg. 10/10. 1962. It. Prior. 8/5. 1959. — C. **1963,** 2629 [Ung. P. 149479].)

2494 **Ciba Ltd.,** Basel, übert. von: **Arthur Buehler,** Rheinfelden, und **Richard Casty,** Kaiseraugst, Schweiz, *Färben von stickstoffhaltigen Fasern.* (**Can. P. 634044** vom 31/3. 1960, ausg. 2/1. 1962. Schwz. Prior. 10/4. u. 16/7. 1959. — C. **1963,** 11825 [E. PP. 893466 u. 894616].)

2495 **J. R. Geigy Soc. An.,** Schweiz, *Färben und Bedrucken von cellulosehaltigen Textilien.* (**F. P. 1283569** vom 10/3. 1961, ausg. 25/6. 1962. Schwz. Prior. 11/3. 1960. — C. **1963,** 7516 [D. A. S. 1132539].)

2496 **Badische Anilin- & Soda-Fabrik Akt.-Ges.** (Erfinder: **Karl Maier** und **Hans Nienburg**), Deutschland, *Färben und Bedrucken von Gegenständen aus linearen Polyamiden.* (**F. P. 1285699** vom 5/4. 1961, ausg. 13/7. 1962. D. Prior. 5/4. 1960. — C. **1962,** 15044 [D. A. S. 1115215].)

2497 **Ciba Ltd.,** Basel, Schweiz, *Herstellung von Polyglykolätherderivaten aliphatischer primärer Monoamine.* (**Niederl. P. 102695** vom 27/11. 1956, ausg. 15/10. 1962. Schwz. Prior. 28/11. 1955. — C. **1962,** 2179 [Schwz. P. 346225].)

2498 **Badische Anilin- & Soda-Fabrik Akt.-Ges.,** Ludwigshafen/Rh. (Erfinder: **Willy Braun,** Heidelberg, und **Manfred Ruske,** Ludwigshafen/Rh.), *Herstellung von 1.4-Diaminoanthrachinon-2.3-dinitril.* (**E. P. 901059** vom 23/6. 1960, ausg. 11/7. 1962. D. Prior. 25/6. 1959. — C. **1962,** 2915 [D. A. S. 1108704].)

2499 **Farbwerke Hoechst Akt.-Ges. vormals Meister Lucius & Brüning,** Frankfurt/M., *Herstellung wasserunlöslicher Monoazofarbstoffe.* (**Niederl. P. 102550** vom 17/4. 1959, ausg. 17/9. 1962. D. Prior. 24/4. 1958. — C. **1962,** 10288 [D. A. S. 1088632].)

2500 **Farbwerke Hoechst Akt.-Ges. vormals Meister Lucius & Brüning,** Frankfurt/M., *Herstellung von Monoazofarbstoffen.* (**Niederl. P. 102563** vom 14/8. 1959, ausg. 17/9. 1962. D. Prior. 22/8. 1958. — C. **1962,** 17937 [F. P. 1234449].)

2501 **Farbwerke Hoechst Akt.-Ges. vormals Meister Lucius & Brüning,** Frankfurt/M., *Wasserunlösliche Disazofarbstoffe.* (**E. P. 893166** vom 4/7. 1958, ausg. 4/4. 1962. D. Prior. 6/7. 1957. Zusatz zu E. P. 860995; C. 1963, 6794. — C. **1963,** 12982 [D. A. S. 1078715].)

2502 **Farbwerke Hoechst Akt-Ges. vormals Meister Lucius & Brüning,** Frankfurt/M., *Wasserunlösliche Disazofarbstoffe.* (**E. P. 896112** vom 17/10. 1958, ausg. 9/5. 1962. Zusatz zu E. P. 860995; C. 1963, 6794. **F. P. 75027** vom 17/10. 1958, ausg. 7/7. 1961. Zusatz zu F. P. 1186233; C. 1963, 6794. Beide D. Prior. 19/10. 1957. — C. **1963,** 13372 [D. A. S. 1104643].)

2503 **Ciba Ltd.,** Basel, Schweiz, *Anthrachinonküpenfarbstoffe.* (**E. P. 887753** vom 24/12. 1959, ausg. 24/1. 1962. Schwz. Prior. 24/12. 1958. — C. **1963,** 1866 [F. P. 1242048].)

2504 **Farbenfabriken Bayer Akt.-Ges.,** Leverkusen, *Farbstoffe der Phthaloyl-isoindolenin-Reihe.* (**E. P. 899709** vom 19/11. 1958, ausg. 27/6. 1962. D. Prior. 19/11. 1957 u. 6/2. 1958. — C. **1960,** 12511 [D. A. S. 1073131] u. C. **1960,** 14191 [D. A. S. 1073661].)

2505 **Soc. l'Oréal,** Paris, Frankreich, *Färben von Haaren und anderen keratinhaltigen Fasern.* (**Niederl. P. 102557** vom 20/6. 1959, ausg. 17/9. 1962. F. Prior. 23/4. 1959. — C. **1962,** 2182 [Schwz. P. 351357] u. C. **1962,** 18669 [Schwz. P. 359242].)

2506 **Farbwerke Hoechst Akt.-Ges. vormals Meister Lucius & Brüning,** Frankfurt/M., *Farbstoff der Perylentetracarbonsäurereihe.* (**E. P. 897707** vom 14/12. 1959, ausg. 30/5. 1962. D. Prior. 13/12. 1958. Zusatz zu E. P. 837326; C. 1959, 17496. — C. **1962,** 8073 [Schwz. P. 351061].)

H_{11a}. Farben, Anstriche, Lacke, Naturharze

2507 **Pigmentdispergierung in synthetischen Bindemitteln.** R. I. Ensminger. (Off. Digest Federat. Soc. Paint Technol. **35,** 71–82, 1963; New York, Titanium Pigment Corporation; engl.) — Ausgehend von 3 Grenzzuständen einer Dispersion, der deflokulierten, der flokulierten u. agglomerierten Phase, kommt Vf. nach Eingehen auf die 3 neueren Dispergiertechniken, der Kugelmahlung mit geringem Farbstoffgeh., der Sandmahlung u. der hochtourigen Mischwerke zu dem Ergebnis, daß die modernen Dispergiertechniken zusammen mit den Verbesserungen beim Rohmaterial weitgehend die Unterschiede eliminiert haben, die früher bei Pigmenten u. Bindemitteln bestanden.
R. Zeisberger. 7092◇

2508 **Eigenschaften und Anwendung der Bentone-Geliermittel.** G. Sachs. (Dtsch. Farben-Z. **17,** 12–21, 1963; Leverkusen, Titan. GmbH.; dt.) — Die Herst. beruht auf einer Ionen-Austausch-Rk. zwischen Na^+ bestimmter Montmorillonit-Typen u. Alkylammoniumbasen, wobei eine Umsetzung zu Bentone (**I**) u. NaCl erfolgt. Die **I** besitzen hydrophoben organophilen Charakter, der mit wachsender Kette der Amino-KW-Stoffe u. zunehmender Oberflächenbedeckung größer wird. Einen optimalen Geliereffekt erreicht man bei ca. 100% Äquivalenten des Verhältnisses Ammoniumsalz zu Mineral. Beim Bentone 34 (einem Dimethyldioctadecylammoniumbentonit) liegen 2 Montmorillonitschichten v. 9,6 Å Dicke vor, voneinander getrennt durch die 9,0 Å breite Aminkette, über die die Solvatation verläuft u. Quellung bewirkt wird. Der Gelierungseffekt ist von der Polarität des Lsgm. abhängig. Die Typen Bentone 34, 38 u. 27 tragen den verschieden polaren Fll. Rechnung. Die Einarbeitung der **I** erfolgt zweckmäßig über eine Stammpaste. 5–25 Teile Bentone werden mit 75–95 Teilen Testbenzin, Terpentinöl mit Hilfe eines Rührers dispergiert oder mit einer Kugelmühle bei 7,5% Konz. eingemahlen. Auch andere bewährte Dispergiermeth. sind anwendbar. Vf. bespricht die Vorteile des Einsatzes von **I** in der Lackindustrie.
R. Zeisberger. 7096◇

2509 **Treibmittel für Aerosolfarben.** John J. Sciarra. (Paint Varnish Product. **53,** Nr. 3, 47–48, 1963; Jamaica, N. Y., St. John's Univ., Coll. of Pharmacy; engl.) — Der Anteil des Treibmittels (**Tr.**) in einer Aerosolfarbe beträgt 45–55%. Für die Verw. der **Tr.** sind u. a. die Sicherheit des Umgangs (Dampfdruck), Entflammbarkeit u. Lsg.-Vermögen, Dispergiervermögen u. Preis entscheidend. Prakt. verwendet werden: CF_2Cl_2, $CFCl_3$; C_3H_8, Butan u. Isobutan; $(CH_3)_2O$. Die für Tr-Mischungen z. B. aus $CF_2Cl_2 + CFCl_3 + (CH_3)_2O$, maßgebenden Gesichtspunkte u. Anforderungen wie Dampfdruck, Kp. u. deren Einfl. auf die Explosionsgrenzen des **Tr.**-Gemisches bei der allmählichen Leerung des Behälters sowie Verträglichkeit mit den verschiedenen Lacksyst. werden besprochen. Es folgen Hinweise auf die Kontrolle der **Tr.**-Zus. durch Dichte- u. Dampfdruckmessungen u. die Vorteile von **Tr.**-Gemischen gegenüber reinen **Tr.**
M. Hagedorn. 7096◇

2510 **Über Isomerisierung und Polymerisation von Sulfatterpentinölen.** Kurt Blaettner. (Dtsch. Farben-Z. **17,** 34–38, 1963; Frankfurt a. M., Farbwerke Hoechst AG.; dt.) — Nach einem Überblick über die bisherigen Kenntnisse berichtet Vf. über eigene Verss. zur Überführung von billigen Sulfatterpentinöl (**I**) u. Polymerisation des Isomerisats in wertvolles, hochschm. Harz. Während eine versuchte Isomerisierung mit Säuren nicht zur Gewinnung des für die weitere Polymerisation zu hochschm. Harzen notwendigen Menge an Dipenten führte, hat die therm. Isomerisierung bei Temp. zwischen 300° u. 500° mit Katalysatoren wie V_2O_5 auf Al_2O_3, stückiger Tonerde, H_3PO_4 auf Bimsstein u. Silicagel Erfolg. Als Hauptfraktion werden 75–80% des eingesetzten **I** in Form eines von 165–175°/725 mm Hg siedenden monocycl. Terpengemisches erhalten. Das in nordischen **I** in großer Menge enthaltene Δ^3-Caren erfordert zur Isomerisierung Temp. bis 500°. Die Polymerisation wird in aromat. KW-Stoffen mit 2–6% $AlCl_3$ bei – 5° bis + 15° durchgeführt. Die erzeugten Polyterpenharze sind löslich in Benzin, aromat. KW-Stoffen, Chlorkohlenwasserstoff, höheren Alkoholen, Estern u. Ketonen, unlösl. jedoch in niederen Alkoholen, Estern u. Ketonen. — 34 Literaturangaben. R. Zeisberger. 7096◇

2511 **Die Autoxydation des Linolsäuremethylesters bis zu großen Oxydationsgraden.** L. Dulog und K. H. Burg. (Dtsch. Farben-Z. **17,** 21–25, 1963; Mainz, Organ.-chem. Inst. der Univ.; dt.) — Vff. beschreiben zunächst die Autoxydation (**AO**) des Linolsäuremethylesterhydroperoxids (**I**). Die dabei auftretenden Hydro- u. Dialkylperoxide werden durch den Umsatz mit tert. Phosphinen (Meth. nach Horner u. Jurgeleit) analyt. erfaßt. **AO** des **I** verläuft nicht autokatalyt. beschleunigt, es wird ein Mol O_2 aufgenommen, außerdem mit sehr geringer Geschw. O_2 für die Oxydation der Folgeprodukte. Während der O_2-Aufnahme verschwindet das konjugierte Doppelbindungssystem. IR-Spektren zeigen nur noch einfache Doppelbindungen an. Die Zerfallskonst. des Dialkylperoxids ist 4–5mal größer als die des Hydroperoxids. **AO** des Linolsäuremethylesters bis zu 1,9 Mol O_2/Mol Ester führt zu doppelt so hohen Molgew. wie beim eingestellten **I,** wobei u. a. eine radikal. Kombinationsrk. angenommen wird. R. Zeisberger. 7096◇

2512 **Theorie der Löslichkeit.** A. J. Staverman. (Verfkroniek **35,** 284–90, 1962; Centr. Labor., T. N. O.; niederl.) — Übersicht. W. Wesly. 7100◇

2513 **Der Einfluß von Feuchtigkeit auf Holz und Anstriche.** 2. Mitt. J. van Loon. (Verfkroniek **35,** 191–94, 1962; Verfinst., T. N. O.; niederl.) — 1. vgl. C. **1960,** 3388. — In Anstrichen auf Holz erfolgt Relief-Bldg., wenn Feuchtigkeitsänderungen im Holz auftreten. Blasen entstehen, wenn sich so viel Wasserdampf kondensiert, daß die Quellung des Anstriches eine starke Vol.-Vergrößerung bewirkt. Zur Verhütung von Relief- u. Blasen-Bldg. an Giebelholzwerk müssen die Anstrich-Syst. an der Innenseite weniger wasserdampfdurchlässig als an der Außenseite sein. Das Holz soll mit einem den Umständen entsprechenden Feuchtigkeitsgrad eingebaut werden. Feuchtigkeitsänderungen in gut angestrichenem Holz beruhen nicht oder kaum auf dem Eindringen von fl. W., sondern rühren von eingedrungenem, kondensierendem Wasserdampf her. W. Wesly. 7106◇

2514 **Der Einfluß von Feuchtigkeit auf Holz und Anstriche.** 3. Mitt. J. van Loon. (Verfkroniek **35,** 295–300, 1962; niederl.) — 2. vgl. vorst. Referat. — In angestrichenem Holz, das an einer Seite A mit feuchterer Luft in Berührung kommt als die andere Seite B, verschiebt sich die Feuchtigkeit von A nach B. Wenn an B eine tiefere Temp. als an A herrscht, kondensiert sich Wasserdampf an B nach Erreichen des Taupunktes. Ob Kondensation eintritt oder nicht, hängt vom „Wasserdampfdurchgangswiderstand" eines Anstrich-Syst. an A im Vgl. mit dem Widerstand an B ab. Durch richtige Abstimmung beider Widerstände läßt sich das Naßwerden des Holzes vermindern oder verhüten.
W. Wesly. 7106◇

2515 **Der Einfluß von Feuchtigkeit auf Holz und Anstriche.** 4. Mitt. J. van Loon. (Verfkroniek **35,** 330–33, 1962; niederl.) — 3. vgl. vorst. Referat. — Mehrere mit dem „Blasenschrank" ausgeführte Unterss. bestätigen die früheren Ergebnisse u. zeigen den Einfl. einiger Anstrichmittel auf den Feuchtigkeitsabschluß. Wenn ein Holzelement an einer Seite einer größeren Feuchtigkeit als an der anderen Seite ausgesetzt wird, kann man durch Einstellung des Widerstandes gegen Feuchtigkeitszutritt eines an der „feuchten" Seite angebrachten Anstrichsyst. auf den Widerstand des Anstrichsyst. der anderen Seite gegen Feuchtigkeitsdurchtritt die Feuchtigkeitsverlagerung durch das Holz regeln. Pigmente u. Bindemittel können zu der Regelung beitragen. Ein Siliconpräp. vermochte den Zutritt von W., nicht aber von Wasserdampf zu vermindern. Ähnlich verhielt sich ein Konservierungsmittel auf Pentachlorphenol-Grundlage. W. Wesly. 7106□

2516 **Wasserlösliche Kunstharze für Industrielacke.** D. A. Heijungs. (Chem. Rdsch. [Solothurn] **16,** 128–29, 1963; Kunstharsfabriek Synthese, Holland; dt.) — Vorteile, Schwierigkeiten u. Grenzen der Verw. von W. als Lsgm. für Industrielacke werden besprochen u. wasserlösl. Harze der Firma „Synthese", die nach dem Einbrennen in W. unlösl. sind, als Beispiele angeführt. M. Hagedorn. 7106◇

2517 **Eine neue Klasse synthetischer Harze.** P. Castan und Cl. Gandillon. (Paint Technol. **27,** Nr. 1, 29—33, 1963; engl.) — Die durch Kondens. von Phenolalkoholen mit Epichlorhydrin oder α.α-Dichlorhydrin entstehenden „Glycerin-Benzylharze" enthalten keine phenol. u. epoxid. Gruppen, sondern substituierte aromat. u. sek. aliphat. Alkoholgruppen. Diese Auffassung wird begründet. In Ggw. saurer Katalysatoren härten sie unter Austritt von W. zwischen den benzylalkohol. Gruppen. Die Veresterung mit den Fettsäuren trocknender oder halbtrocknender Öle geht bei erheblich unter den Verkochungs-Temp. der Alkyd- oder Epoxidharz-Fabrikation liegenden Temp. vor sich. Dabei werden die Fettsäuren mit den benzylalkohol. Gruppen verestert; durch Austritt von W. zwischen Benzylalkoholgruppen bilden sich unverseifbare Ätherbrücken aus. Die Veresterungs-Prodd. sind völlig in aliphat. KW-Stoffen lösl.; die Trocknungs-Geschw. ist ähnlich der von Epoxidharzen, die Alkalibeständigkeit der Lackfilme erheblich höher als die von Alkydharzfilmen. M. Hagedorn. 7106◇

2518 **Deutsche Forschung über Polyurethansysteme.** Walter B. Maass. (Paint Ind. Mag. **78,** 14—16, 1963; engl.) — Übersicht über Arbeiten der Farbenfabriken Bayer A. G. auf dem Polyurethananstrichgebiet. M. Hagedorn. 7106◇

2519 **Urethanüberzüge.** G. C. Toone. (Paint Technol. **27,** Nr. 1, 38—43, 1963; engl.) — Übersicht über den Chemismus der Diisocyanatharze, Reaktivität der Komponenten, die Katalysatoren u. Inhibitoren, Polymerisation u. Vernetzung sowie einige Urethanlack-Typen des Handels. M. Hagedorn. 7106◇

2520 **Über die Harzsäuren des Rohharzes von Pinus sibirica R. Mayr.** N. K. Kaschtanowa und W. A. Pentegowa. (Nachr. sibir. Abt. Akad. Wiss. UdSSR **1962,** Nr. 3, 121—23; Nowosibirsk, Sibir. Abt. der Akad. der Wiss. der UdSSR, Chem.-metallurg. Inst.; russ.) — Nach Entfernung des größten Teiles der *Abietinsäure* (I) aus dem Rohharz durch Auskristallisieren bei —5° u. Entfernung neutraler Stoffe erfolgt eine chromatograph. Auftrennung der Harzsäuren entweder direkt mit Hilfe einer Al_2O_3-Säule oder nach Red. mit $LiAlH_4$ zu Diterpenalkoholen auf einer alkal. Al_2O_3-Säule. Nachweisen ließen sich **I,** *Dextropimarsäure, Isodextropimarsäure* u. eine unbekannte Säure, deren UV-Spektrum ein Maximum bei $\lambda = 233$ mμ zeigte. M. Ulmann. 7140◇

2521 **Anwendungen der Infrarot-Spektroskopie auf die Untersuchung des Trocknens und Vergilbens von Ölfilmen.** L. A. O'Neil. (Paint Technol. **27,** Nr. 1, 44—47, 1963; Teddington, Paint Res. Station; engl.) — Die Autoxydation von Leinöl beim Trocknen wird IR-spektrograph. verfolgt. Ergebnis: die sich bildenden Hydroperoxidgruppen (2.92 μ) werden allmählich durch Hydroxylgruppen (2.88 μ) ersetzt; es entstehen Carboxyl- u. Carbonylgruppen (5,82 μ); die trans-Ungesättigtheit (10,33 μ) wächst, die cis-Ungesättigtheit (13,86 μ) geht zurück. Die Vergilbung von Leinöl- u. Tabaksamenöl wird IR-spektrograph. untersucht durch Vgl. zwischen dem in sauberer Atmosphäre getrockneten Lackfilm, dem anschließend in NH_3-Atmosphäre vergilbten u. dann im Sonnenlicht wiedergebleichten Lackfilm. Die Vergilbung ist keine einfache Oxydationserscheinung, sondern durch N_2-haltige Luftverunreinigungen bedingt; diese können sehr klein sein, da die Vergilbung eine Oberflächen-Rk. ist. Alle trocknenden, vergilbenden Ölfilme nehmen unter natürlichen Bedingungen 0,4% N_2 u. in NH_3 > 2% N_2 auf; es kann sich um die Bldg. von Pyrrolkernen handeln. Bei Oxydation in reiner Luft tritt prakt. keine, beim Aufbewahren in verschlossenen Gefäßen eine sehr verzögerte Vergilbung auf. M. Hagedorn. 7154◇

2522 **Untersuchungen über das Haften organischer Überzüge.** Samuel Gusman. (Paint Technol. **27,** Nr. 1, 17—26, 1963; Philadelphia, Pa.; Rohm & Haas Co., Res. Div.; engl.) — Vgl. C. **1963,** 12614. — Nach dem Spritz-Verf. auf Walzblech aufgetragene 0,9—1,1 mil starke Filme des Copolymeren aus Methylmethacrylat u. n-Butylmethacrylat, die teilweise auch mit TiO_2 pigmentiert sind, werden verschieden lange auf 150—350°F erhitzt. Der Einfl. von Resten von Monomeren u. Katalysatoren auf die Haftung ist nur gering. Das Maximum oder das Gleich-Gew. der erreichbaren Haftung u. die Zeit zum Erreichen dieses Punktes hängen dagegen vom Erhitzungsschema, vom Molgew. des Polymeren u. vom Pigment ab. Die innere Zugspannung im Überzug; für deren Best. eine Meß-Meth. beschrieben wird, beeinflußt das Haften nicht. Die wahrscheinliche Bedeutung der mittleren Viscosität des Polymeren für das Haften wird erörtert. M. Hagedorn. 7158◇

2523 Ciba Soc. An., Basel (Erfinder: Christoph Frey, Basel, Karl Ronco, Muttenz, und Max Schmid, Riehen), Schweiz, **Pigmentfarbstoffe** der allg. Formel A–N(R)–CONH–B–NHCO–N(R)–A (A = Reste von organ. Farbstoffen; R = H oder Alkyl u. B = organ. Rest). Als organ. Farbstoffe werden Azo- u. Anthrachinonfarbstoffe genannt. Die Farbstoffe eignen sich zum Färben von Lacken, plast. Massen, wie Polyvinylchlorid (I), u. für Spinnfärbung von Kunstfasern. 2(Mol) des Farbstoffs *1-Amino-2-methoxy-5-chlorbenzol* → *2-Aminonaphthalin* werden mit 1 Napthalin-1.5-diisocyanat in Pyridin umgesetzt. Der Farbstoff in **I** eingewalzt, färbt rötlichgelb u. gut licht- u. migrationsecht. 2 *1-Amino-2-methoxy-4-chlor-5-methylbenzol* → *1-Aminonaphthalin* werden mit 1 1.1'-Azobenzol-4.4'-diisocyanat umgesetzt, in **I** eingewalzt resultiert eine gelbe Färbung (**F. P. 1229748** vom 21/1. 1959, ausg. 9/9. 1960. **E. P. 891231** vom 13/1. 1959, ausg. 14/3. 1962. **A. P. 2988544** vom 19/1. 1959, ausg. 13/6. 1961. Alle Schwz. Prior. 27/1. 1958.) F. Rath. 7093

2524 Polycell Products Ltd., London, und Salomon Neumann, London, England. **In granulierter Form vorliegende Trockenfarbe.** Man verrührt ein wasserunlösl. Pigment mit einer wss. Lsg. eines Celluloseesters oder Celluloseäthers u. unterwirft den Brei, ggf. nach Zusatz von Ölen, Wachsen oder Harzen, dem Trockensprühverfahren. Zur Beschleunigung der Auflösung des Bindemittels in W. bei der späteren Anwendung der Farbe kann man dem Brei vor dem Versprühen noch oberflächenakt. Stoffe zusetzen. (**E. P. 891932** vom 7/5. 1958, ausg. 21/3. 1962.) P. Krug. 7107

2525 British Celanese Ltd., London, England (Erfinder: Francis George Peach, Harold Bates und Philip Richard Hawtin), **Thixotrope Emulsionsfarben.** Zur Einstellung der Thixotropie wird die Emulsionsfarbe, welche Polyvinylacetat als Bindemittel u. einen Celluloseäther als Verdickungsmittel enthält, in einem geschlossenen Kessel während mindestens 2 Tagen auf einer Temp. von 45—65° gehalten. Der Emulsionsfarbe kann man noch z. B. Tributyl-Sn-Acetat als Fungicid oder p-Chlor-m-kresol als Baktericid zusetzen. (**E. P. 888969** vom 2/4. 1959, ausg. 7/2. 1962.) P. Krug. 7107

2526 Comp. Générale d'Électro-Céramique, Paris, Frankreich, **Aufbringen von Schutzschichten mittels Flammspritzpistolen.** Als Überzugsmaterial, das in Form eines Drahtes zur Anwendung gelangt, verwendet man eine Mischung aus einem Metalloxid (I), das mit H_3PO_4 oder deren sauren Salzen in der Hitze ein Bindemittel zu bilden vermag, H_3PO_4 oder ein saures Salz dieser Säure, sowie ein organ. Bindemittel. Das entstehende anorg. Bindemittel ersetzt dann das organ., wenn dieses verbrannt ist, bis die Masse völlig geschmolzen ist. Als **I** werden beispielsweise genannt die Oxide von Al, Cr, Si, Zr, Mg u. Erdalkalimetallen. Eine geeignete Zus. besteht z. B. aus 69(%) Al_2O_3, 25 Aralditharz u. 6 H_3PO_4. (**Niederl. P. 101355** vom 16/7. 1958, ausg. 15/5. 1962. F. Prior. 16/7. 1957.) F. Böhm. 7107

2527 Lamson & Sessions Co., Cleveland, Ohio, V. St. A. (Erfinder: Raymond Winfield James und Richard Ellsworth Merill), **Überzugsmittel.** Das für das Überziehen von mit Gewinde versehenen Teilen, wie Schrauben, Muttern u. Bolzen, geeignete Mittel besteht aus einer Mischung von 100 (Gew.-Teilen) eines Terpolymerisats (I) u. 5—35 eines fl. Epoxidharzes mit einem Mol.-Gew. von 200—500. Bis zur Hälfte der Epoxidharzmenge kann man ein härtbares, Hexamethylentetramin oder Formaldehyd im Überschuß enthaltendes Phenol-, Melamin- oder Harnstoff-Formaldehydharz mitverwenden. Bei **I** handelt es sich um Polymere aus 85—90 Vinylchlorid, 10—15 Vinylacetat u. 0,5—2 Maleinsäure. (**E. P. 887921** vom 16/4. 1959, ausg. 24/1. 1962.) P. Krug. 7107

2528 Pierre Michel, Chatelineau, Belgien, **Überzugsmassen.** Diese enthalten neben polymerisierbaren Substanzen (**I**) inerte Füllstoffe (z. B. koll. SiO_2), kugelförmige Füllstoffe, wie Glasperlen, sowie Pigmente. Als **I** verwendet man dreidimensional vernetzende Stoffe, z. B. Mischungen aus ungesätt. Polyestern oder Epoxidharzen, Vernetzungsmitteln u. Katalysatoren. (**E. P. 889113** vom 26/2. 1958, ausg. 7/2. 1962. Belg. Prior. 14/3. 1957.) P. Krug. 7107

2529 E. I. du Pont de Nemours & Co., Wilmington, Del., V. St. A., **Überzüge aus Lösungen von Polymethacrylsäuremethylester** werden dad. verbessert, daß man solche Polymere verwendet, die in der Kette den Rest der Formel $-CH_2C(CH_3)-COOCH_2CH(R) \cdot CH_2R$ enthalten, worin ein R = OH oder O u. das andere eine Aminogruppe ist. Zweckmäßig kombiniert man die Polymeren mit bis (50%) eines modifizierten Alkydharzes u. bis 35 Celluloseacetobutyrat. (**Belg. P. 571220** vom 15/9. 1958, ausg. 12/1. 1962.) P. Krug. 7107

2530 American Cyanamid Co., New York, N. Y., V. St. A., **Transparente, leicht wieder entfernbare Überzüge bildende Mischungen,** enthalten 60—15 (Gew.-%) eines Celluloseesters (OH-Geh. 0,5—2,5%, Acetylgeh. 6—32% u. 15—50% eines aliphat. Acylrestes mit 3—18 C-Atomen) sowie 40—85 eines Glycerids der allg. Formel $R_1-O-CH_2-CH(OR_2)-CH_2-O-R_3$, worin R_1 u. R_2 neben H Acylreste von ein- oder mehrbas. Carbonsäuren mit bis zu 6 C-Atomen u. R_3 einen langkettigen Acylrest (10—30 C-Atome) mit einer ungesätt. Doppelbindung bedeuten. Mann kann auch die Gemische von Glyceriden der obigen Formel einsetzen. (**E. P. 886987** vom 8/1. 1960, ausg. 10/1. 1962. A. Prior. 8/1. 1959.) P. Krug. 7107

2531 Polymer Corp., Reading, Pa., V. St. A., **In Form eines freifließenden Pulvers vorliegende Überzugsmasse.** Die durch Aufschmelzen (Wirbelsintern) zu verarbeitenden Massen bestehen aus Mischungen von feinteiligen, thermoplast., filmbildenden Stoffen (**I**) sowie feinteiligen, unschmelzbaren Füllstoffen (**II**) in einer Menge von 0,1—4 Gew.-%, bezogen auf I. **I** hat eine Teilchengröße von 25—600 μ, **II** von 3—20 μ. Der Ölabsorptionswert von **II**, z. B. SiO_2, Ca-Silicat oder Ruß, beträgt mindestens 75 lbs. Geeignete **I** sind z. B. teilweise gehärtete Epoxidharze, Phenolharze u. Siliconharze. (**E. P. 888207** vom 17/12. 1958, ausg. 31/1. 1962. A. Prior. 26/12. 1957.) P. Krug. 7107

2532 Lord Mfg. Co., übert. von: David M. Jenkins und William M. De Crease, Erie, Pa., V. St. A., **Überzugsmasse und Klebemittel,** enthaltend in wss.-alkohol. Lsg. 5 (Gew.-Teile) eines Vinyltriäthoxysilan u. 1 eines γ-Aminopropyltriäthoxysilans. Die Mittel sind z. B. zum Überziehen von Metallen oder zum Verkleben von Siliconkautschuk mit Metallen geeignet. (**A. P. 3022196** vom 4/12. 1957, ausg. 20/2. 1962.) P. Krug. 7107

2533 Pyrene Co. Ltd., Brentford, England (Erfinder: Ernest Percy Bell), **Schutzüberzüge auf Metallen.** In weiterer Ausbildung des E. P. 845259; C. **1961,** 16276 enthalten die wss. Überzugslsgg. mit 0,25—6 Gew.-% einer 6-wertigen Cr-Verb. an Stelle von Polyacrylsäure nun Polyacrylamid als Bindemittel. (**E. P. 889183** vom 13/5. 1960, ausg. 7/2. 1962.) P. Krug. 7107

2534 Dearborn Chemical Co., übert. von: Alphonse Raymond Wallen, Chicago, Ill., V. St. A., **Gegen Korrosion schützende Überzugsmittel,** bestehend aus einer thixotropen Mischung eines fl. KW-Stoff-Trägers u. eines Rk.-Prod. aus ZnO mit einer Tallölfraktion (**I**), wobei der Mischung noch 1—10 Teile Pigment zugesetzt werden können. Bei **I** handelt es sich um Prodd., die einen Ep. zwischen 75—120°F aufweisen u. aus ca. 10—30 (Gew.-%) gesätt. Fettsäuren, 40—80 ungesätt. Fettsäuren, weniger als 2 Harzsäuren u. 10—55 unverseifbaren Bestandteilen bestehen. (**A. P. 3019118** vom 29/6. 1959, ausg. 30/1. 1962.) P. Krug. 7107

2535 William Warren Triggs, London, England, **Thixotrope Überzugsmischung zur Herstellung von stromleitenden, korrosionsbeständigen Schichten auf Eisen.** Die Mittel enthalten in der Lsg. des Filmbildners (**I**) u. eines Polyamids (**II**) in einem KW-Stoff-Lsgm. noch Zn-Staub, bes. in Mengen von 65—85 Gew.-%. Geeignete **I** sind ungesätt. Glyceridöle, wie Leinöl oder Sojaöl, mit Rizinus- oder Sojaölfettsäuren modifizierte Alkydharze, harzmodifizierte Phenol-Formaldehyd-Kondensationsprodd. oder Kolophoniumester von Fettsäureglyceriden. **II** wird gewonnen durch Rk. einer polymerisierten Fettsäure mit einem Alkylenpolyamin, z. B. dimerisierter Leinölfettsäure mit Äthylendiamin. (**E. P. 889562** vom 14/9. 1959, ausg. 14/2. 1962.) P. Krug. 7107

2536 Imperial Chemical Industries Ltd., London, England (Erfinder: Edwin Degge Eccleston), **Versiegeln von anodisch oxydiertem Aluminium und Aluminiumlegierungen.** Die säurefrei gemachte Al_2O_3-Schicht wird mit einer wss. Emulsion eines Organopolysiloxans, wie *Octamethylcyclotetrasiloxan*, behandelt, wobei die Poren mit der Behandlungsfl. gefüllt werden u. diese verschließen. (**E. P. 890465** vom 8/7. 1959, ausg. 28/2. 1962.) F. Markhoff. 7107

H_{11b}. Plaste (Kunstharze, Plastische Massen)

2537 **Anwendung von Kunststoffen in der Gas-Industrie.** A. Renauldon und J. Morlet. (Ind. Plast. mod. **14,** Nr. 9, 13—20, 1962; franz.) — Einige Thermoplaste, wie Hart-PVC, Polyäthylen, Celluloseacetobutyrat u. ABS-Copolymere können für Niederdruck-Gasleitungsrohre eingesetzt werden. Kunststoffe können auch als innerer u. äußerer Korrosionsschutz für Metallrohre dienen. H.-G. Moslé. 7170◇

2538 **Wie die Harzstruktur die Strangpreßeigenschaften beeinflußt. Die Molekülvariablen sind wichtige Faktoren bei der Bestimmung des Verhaltens in einer Strangpresse.** R. F. Heitmiller. (Mod. Plastics **40,** 140, 144, 146, 149, 1963; Billerica, (Mass., Cabot Corp.; engl.) — Es werden die folgenden Parameter in Abhängigkeit von den Strangpreß-Eigg. betrachtet: Chem. Struktur, Kristallinität, Molgew. u. Molgew.-Verteilung u. daraus Schlüsse für die Verarbeitung gezogen. K. Gröbe. 7170◇

2539 **Das Problem ungiftiger Hilfsstoffe auf dem Kunststoffgebiet.** Edmond Leclerc. (Ind. Plast. mod. **14,** Nr. 10, 37—41, 1962; Liège, Univ.; franz.) — Vf. bespricht die tox. Eigg. der Kunststoffe u. der Hilfsstoffe, wie Weichmacher, Stabilisatoren, Pigmente, Alterungsschutz- u. Schmiermittel, Katalysatoren, flammhemmende Stoffe u. Fungizide. Die Makromoleküle sind nicht tox.; bei der Auswahl der oben angegebenen Hilfs- bzw. Zusatzstoffe müssen die jeweiligen Eigg. in Hinsicht auf den Einsatz, z. B. in Wasserversorgungsleitungen, Lebensmittelverpackung, als Prothese, oder chirurg. Hilfsmittel, abgestimmt werden. H.-G. Moslé. 7170◇

2540 **Methoden für die Herstellung des Polyäthylens.** Vasile Mos. (Ind. uşoară 8, 218—27, 1961; rum.) — Vf. beschreibt die Meth. der Polyäthylen-Synth., sowie die physikal.-mechan. Eigg. des Polyäthylens unter hohem, mittlerem u. niedrigem Druck. Erörtert werden weiterhin der Alterungsprozeß, die Ursachen dafür u. die Meth. der Stabilisierung während der Verarbeitung. H. Herper. 7172◇

2541 **Technologische Gesichtspunkte bei der Verarbeitung von Polypropylen.** G. W. van Raamsdonk. (Kunststoffe **51,** 269—76, 1961; Delft; dt.) — Vf. gibt einen Überblick über den Einfl. verschiedener Eigg. von Polypropylen, wie z. B. Grad des isotakt. Verh., Mol.-Gew., therm. Stabilität, Streckgrenze, Elastizitätsmodul, Grenzviskosität sowie der therm. Vorbehandlung auf die Verarbeitung. Unter deren Berücksichtigung behandelt er den Einfl. der Betriebsveränderlichen bei der Herst. von Folien, dem Extrudieren von Rohren, dem Vakuumformen u. dem Spritzgießen auf die Eigg. von Fertigteilen aus Polypropylen. I. Koschitzki. 7172

2542 **Kennzeichnung von handelsüblichem Polyvinylchlorid.** R. de Broutelles. (Ind. Plast. mod. **14,** Nr. 10, 15—18, 1962; Assoc. Française des Ingénieurs du Ca-

outschouc et des Materières Plastiques; franz.) — Vf. berichtet über die Verss., PVC-Granulat bzw. Pulver zu normen. Folgende Eigg. sollen zur Charakterisierung von PVC dienen: Herst.-Art, Polymerisationsgrad, scheinbares Vol., granulometr. Zus., Verh. gegenüber Plastifizierungsmitteln, Flüchtigkeit, Verh. in der Wärme, u. die Möglichkeit, trocknes Pulver zu ergeben.
H.-G. Moslé. 7172◇

2543 **Kriechverhalten von chlorierten Polyäthern.** M. G. Sharma und L. Gesinski. (Mod. Plastics **40,** 164—166, 170, 1963; Pennsylvania State Univ., Pa., Dep. of Engng. Mechanics; engl.) — Verss. ergeben, daß chlorierte Polyäther (z. B. Penton) ein nichtlineares, viscoelast. Verh. zeigen. K. Gröbe. 7176◇

2544 **Wasserlösliche Produkte durch Einwirkung von Chlor auf Polyaminharze.** Giancarlo Maura. (Chim. e Ind. Milano **44,** 1398, 1962; Roma, Univ., Fac. Ingng., Ist. chim. appl. ed. ind.; ital.) — Kurzer Bericht über einige wasserlösl. Harze, die durch Einw. von Halogenen auf verschiedene Typen von unlösl. Polyamiden hergestellt wurden. W. Renker. 7180◇

2545 **Starre Urethan-Schaumstoffe. Neue Arbeitsweisen, Werkstoffe und Ansätze.** J. M. Buist. (Rubber Plastics Weekly **144,** 164—70, 1963; I. C. I., Dyestuffs Div.; engl.) — Fortschrittsbericht. — 16 Literaturangaben. W. Wesly. 7180◇

2546 **Zum Alterungsverhalten glasfaserverstärkter Kunststoffe.** A. Matting und H. Haferkamp. (Kunststoffe **52,** 722—31, 1962; Hannover, T. H., Inst. für Werkstoffkunde; dt.) — Vf. führen Alterungs-Unterss. unter den verschiedensten Bedingungen unter Verw. von *Methylenblau* zur Sichtbarmachung von Spannungsrissen durch. K. Gröbe. 7204◇

2547 **Methacrylatharze und ihre Anwendung zur Herstellung glasfaserverstärkter Formteile.** E. Bäder. (Kunststoffe **52,** 731—36, 1962; Wolfgang bei Hanau; dt.) — Es werden Gießharze auf der Basis *Methylmethacrylat* entwickelt. Als Polymerisationsstarter werden hierbei vorteilhaft *Sulfoncarbinole* $R \cdot SO_2CH_2OH$ und *Sulfonamine* $(R \cdot SO_2CH_2)_2NR'$ eingesetzt. Sie werden zusammen mit Schwermetall-Spuren oder einem Halogenid und einem Peroxid (bes. günstig *Lauroylperoxid*) verwendet. Die Polymerisation führt zu farblosen, wetterbeständigen Produkten. Physikal. Eigg., Alterung- u. Verh. gegenüber Feuer werden untersucht. K. Gröbe. 7204◇

2548 **Neuere Erfahrungen über Eigenschaften, Verarbeitung und Anwendung von Polyester-Prepregs.** Kurt Scholtis. (Kunststoffe **52,** 758—62, 1962; Wuppertal; dt.) — Zur Rationalisierung der Serienproduktion glasfaserverstärkter Polyester-Formteile wird die Verw. von lagerfähigen Trägerbahnen, sog. „prepregs", vorgeschlagen, die mit fließfähigem oder nicht fließfähigem Trägermaterial vorimprägniert sind. Diese können nach Zuschneiden in Formen unter Druck u. Wärme ausgehärtet werden. Verarbeitung, Eigg. u. Anwendung in der Elektrotechnik, dem Maschinenbau u. für Oberflächenbeschichtungen werden besprochen. K. Gröbe. 7204◇

2549 **Untersuchungen an Schichtstoffen aus Polyesterharz mit Verstärkung durch Glas- und Synthesefasern.** E. Freier. (Kunststoffe **52,** 737—41, 1962; Schwelm, Westfalen; dt.) — Die kombinierte Verstärkung mit Glas- u. Synth.-Fasern bedingt in vielen Fällen eine verbesserte chem. u. physikal. Resistenz, bes. wird die Abriebfestigkeit erhöht. K. Gröbe. 7204◇

2550 **Synthesefaser-Vliese für die Oberflächenvergütung von glasfaserverstärkten Polyester-Laminaten.** W. Heling. (Kunststoffe **52,** 742—47, 1962; Weinheim/ Bergstr.; dt.) — Synth.-Faser-Vliese (*Polyester-*, *PAN-*, *Dynel-*, *Polypropylen-* u. *Polyvinylchlorid*-Faser) bewirken eine beträchtliche Oberflächenvergütung, bes. werden die Abriebfestigkeit u. die Beständigkeit gegenüber Säuren, Laugen u. aggressiven Wässern verbessert. Verarbeitung u. Prüfungsergebnisse werden besprochen.
K. Gröbe. 7204◇

2551 **Verstärkung von Polytetrafluoräthylen durch Mikrofasern.** V. G. Fitz Simmons und W. A. Zisman. (Mod. Plastics **40,** 151, 152, 154, 158, 160, 162, 238—41, 1963; Washington (D. C.), US Naval Res. Labor.; engl.) — Orientierter faseriger Böhmit (Faserlänge 100 m, ⌀ 5 m) verstärkt *Polytetrafluoräthylen* (TFE)-Bauteile oder -Beschichtungen. Dies wird auf die elektrostat. Anziehung zwischen Böhmit u. den TFE-Partikeln zurückgeführt. Härte u. Dehnungsfestigkeit werden hierdurch erhöht, die Schmierfähigkeit von TFE-Beschichtungen in der Dauerhaftigkeit sowie die Lagerbeständigkeit verbessert u. das Aufsprühen von wss. Finish erleichtert.
K. Gröbe. 7204◇

2552 **Glasfaserverstärkte Plaste und Sandwichkonstruktionen.** H. Schwarz. (Technik **17,** 581—87, 1962; Halle (Saale), Zentralinst. für Schweißtechnik der DDR; dt.) — Den Vorzügen glasfaserverstärkter Plaste (GP), wie z. B. geringe Dichte, hohe Zug-, Biege-, Schlag- u. Kerbschlagfestigkeit, gute Korrosionsbeständigkeit, hohes elektr. Isoliervermögen, prakt. unbeschränkte Formgebung, Variation der Eigg., stehen als Nachteile geringe Knickfestigkeit u. nicht exakte Reproduzierbarkeit der optimalen Werkstoff-Eigg. gegenüber. Die physikal.-mechan. Eigg. hängen weitgehend vom Glasanteil u. der Form der Verstärkung ab. Der Einsatz von GP ist immer dann vertretbar, wenn die hohen Materialkosten durch einfachere Verarbeitung u. techn. Überlegenheit gegenüber anderen Werkstoffen, wie z. B. Metallen, aufgewogen werden. GP haben vielseitige Verw., z. B. im Bauwesen, Maschinen- u. App.-Bau, Fahrzeug- u. Flugzeugbau usw. gefunden. In Form von Sandwichkonstruktionen (schubsteifer Stützkern, beidseitig mit festen Dedeschichten verklebt) eignen sie sich bes. für die Leichtbauweise, wenn eine hohe Steifigkeit verlangt wird. Hier müssen jedoch die bes. empfindlichen Kanten der Sandwichplatten durch Randleisten aus GP, Holz od. Al geschützt werden. I. Koschitzki. 7204

2553 **Xeroradiographie als Verfahren zur Untersuchung von Kunst- und anderen leichten Stoffen.** A. Nemet, A. D. Black und W. F. Cox. (Plast. Inst., Trans. and J. **30,** 192—98, 1962; North Wembley (Middx.), Watson & Sons, Ltd., Ind. Div.; engl.) — Die Xeroradiographie unter Verw. einer geladenen Se-Platte als empfindlichem Material anstelle eines Röntgenfilms vermag das Verf. der Radiographie zur Unters. von Gegenständen auf Materialfehler sehr stark zu beschleunigen (aller 30 Sek. eine Probe). Vf. wägt Vor- u. Nachteile des Verf. gegeneinander ab. K. Gröbe. 7210◇

2554 **Zur Verwendung von statistischen Kontrollmethoden.** D. Allan. (Plast. Inst. Trans. and J. **30,** 210—18, 1962; Weybridge, Airscrew-Weyroc Ltd.; engl.) — Arten u. Vorteile der verschiedenen Fehlerberechnungsarten auf Grund streuender Werte werden behandelt.
K. Gröbe. 7210◇

2555 **Voraussagen über das Verhalten von Kunststoffen bei längerer statischer Belastung.** W. N. Findley. (Plast. Inst., Trans. and J. **30,** 138—51, 1962; Providence (R. I.), Brown Univ.; engl.) — Vf. behandelt folgende Probleme: Meth. zur Ermittlung des Verh. unter Langzeitbelastung; App. u. Meßinstrumente; Einfl. von Zeit, Druck, Temp., Alterung, Kristallinität auf das Kriechverh.; das unelast. u. das Kriechen unter Druck; den Mechanismus der Kriechprozesse; den Einfl. von W. auf die Schlagbiegefestigkeit. K. Gröbe. 7210◇

2556 **Über die lang anhaltende statische Belastung von Rohren.** D. A. Gill. (Plast. Inst., Trans. and J. **30,** 151—57, 1962; Water Res. Ass.; engl.) — Es werden an PVC- u. Polyäthylenrohren Belastungs-Verss. bei erhöhter Temp. durchgeführt, deren Resultate Aussagen über die Beständigkeit von Wasserrohren bei normalen Bedingungen machen sollen. K. Gröbe. 7210◇

2557 **Untersuchungen über das Sprödbruchverhalten.** P. I. Vincent. (Plast. Inst., Trans. and J. **30,** 157—64, 1962; Welwyn, Hertfordshire, ICI Ltd., Plast. Div.; engl.) — Vf. weist darauf hin, daß die Best. der Sprödigkeit nach nur einem Verf. Fehler mit sich bringt. Er zeigt, daß der Übergang vom zähen zum spröden Zustand mit einem starken Abfall der Schlagfestigkeit verbunden ist. K. Gröbe. 7210◇

2558 **Stoßprüfungen an Kunststoffen.** R. A. Horsley. (Plast. Inst., Trans. and J. **30,** 164—71, 1962; Shell Chem. Co., Ltd.; engl.) — Übersicht. — 25 Literaturangaben. K. Gröbe. 7210◇

2559 **Beziehungen zwischen den Ergebnissen der zerstörungsfreien elastischen Prüfungen und denen der Schlagfestigkeitsprüfungen bei einigen kautschukverstärkten Polystyrolsorten.** G. C. Karas und B. Warburton. (Plast. Inst., Trans. and J. **30,** 198–210, 1962; Brit. Resins Prod. Ltd.; Distillers Co. Ltd.; engl.) — Vff. verweisen auf den Vorteil der zerstörungsfreien Prüfung, die wiederholt werden kann, gegenüber einem Test bei dem die Probe verlorengeht. K. Gröbe. 7210◇

2560 **Neue Methode zur Klärung des Mechanismus der Diffusion bei Kunststoffen.** 1. Mitt. **Messung der Dicke bzw. der Ungleichmäßigkeit.** Magda Kelemen-Szilas, Lászlóné Széchényi und Károly Kaffka. (Élelmezési Ipar [Verpflegungs-Ind.] **16,** 330–38, 1962; Budapest, Zentralforsch.-Inst. der Lebensmittelind.; ung.) — Das neue Verf. beruht auf der Verw. von Isotopen. Diese orientierende Schnellmeth. bewährt sich gut bei der Beurteilung der Dampfdurchlässigkeit, welche mit der Dicke im umgekehrten Verhältnis steht. Die Ergebnisse können automat. registriert werden. K. Gärtner. 7210△

2561 **Der Kochversuch an Kunstharz-Preßstoffen.** H. Wallhäußer. (Kunststoffe **52,** 553–55, 1962; Groß-Umstadt/Oder, H. Römmler GmbH, Physikal. Abt.; dt.) — Vf. empfiehlt auf Grund seiner Kochverss., daß der Norm-Entwurf DIN 53499 bald als Norm verabschiedet wird, da er eine einfache u. schnell durchzuführende Prüf.-Meth. enthält, um die Qualität von Preßteilen zu beurteilen. I. Koschitzki. 7210

2562 **Analyse von Polyesterharzen durch Gaschromatographie.** D. F. Percival. (Analytic. Chem. **35,** 236–38, 1963; Richmond, Calif., California Res. Corp.; engl.) — 10 g des unges. Polyesterharzes in einem Lsgm. oder in überschüssigem Monomeren werden in 100 ml Petroläther (**I**) eingerührt u. das ausgefällte Polymere mit Aceton u. **I** umgefällt. Die Fällung wird im Vakuum bei 50° getrocknet u. in Ggw. von $NaOCH_3$ 18–42 Std. mit CH_3OH umgeestert. 20–30 μl des Umesterungsgemisches werden gaschromatograph. getrennt, identifiziert u. halbquant. bestimmt. Vorteilhaft, aber nicht unbedingt erforderlich, ist die Verw. eines Gaschromatographen (G. C.) mit Temp.-Programm. Vom Vf. wurde ein Wilkins Aerograph A 350 G. C. benutzt mit He als Trägergas, einem Temp.-Gradienten von 8°/Min. für Temp. zwischen 110 u. 180°. Die Fluoropak 80-Säulen waren mit 20 Gew.% GE Silicon SF 96 beladen. W. Kupfer. 7210◇

2563 **Prüfung mechanischer Eigenschaften glasfaserverstärkter Kunststoffe.** Merker. (Technik **17,** 574–80, 1962; Berlin, Dt. Akad. Wiss., Inst. für Kunststoffe; dt.) — Vf. erörtert die Prüf-Meth., die sich in 1. Kurzzeit- u. 2. Langzeitprüfungen unterteilen lassen. Zu 1. gehören stat. (Zug-, Biege-, Scher-, Druck-Verss. u. Härteprüfung) u. dynam. Unterss. (Schlagbiege-Vers.), zu 2. Unterss. der Umwelteinfl. (Wasser-, Klima-Beständigkeit) u. die stat. u. dynam. Ermüdungsprüfung. Die komplexe Beanspruchung in der Praxis ist bei der Prüfung nicht rekonstruierbar, zur Berechnung notwendige Angaben müssen durch Einzelunterss. ermittelt werden. Bes. Bedeutung kommt dabei den Langzeitprüfprogrammen zu. I. Koschitzki. 7210

2564 Coalite and Chemical Products Ltd., Bolsover, Chesterfield, Derbyshire, England, **Herstellung von als Weichmacher dienenden nichttoxischen Tri-[alkylaryl]-phosphaten** durch Rk. von $POCl_3$ mit o-Kresol-, o-äthylphenol- u. o-propylphenol-freiem Kresol, Xylenol- (Kp. 219–233°) oder Kohlenteerfraktionen. (**E. P. 890642** vom 14/3. 1957, ausg. 7/3. 1962.) O. Müller-Meiningen. 7171

2565 Aziende Colori Nazionali Affini A.C.N.A.S. p. A. (Erfinder: Enrico Ferraris), Mailand, Italien, **Antioxydantien.** Polypropylenharze, synthet. Kautschuk, Styrol-Acrylnitril- oder Butadien-Acrylnitril-Copolymeren enthalten als Antioxydantien 0,002–5 Gew.-% Kondens.-Prodd. aus p-Kresol u. 2.6-Dimethylol-p-Kresol oder bei 50–80° schm. Harze, die aus den Kondens.-Prodd. durch Bzl.-Extraktion gewonnen werden. (**Ung. P. 150364** vom 6/12. 1960, ausg. 20/11. 1962. It. Prior. 9/12. 1959.) F. Landsberger. 7171

2566 Dunlop Rubber Co. Ltd., London, übert. von: Wilfrid Cooper, Birmingham, und Margaret Fielden, Sutton Coldfield, County of Warwick, England, **Photopolymerisation** von ungesätt. polymerisierbaren organ. Verbb. durch intermittierende Belichtung des Rk.-Gemisches mit einem Licht von 2000–7000 Å Wellenlänge mit Dunkelzeiten $\geqq$ 0,2 Sek. u. Bestrahlungszeiten, die kürzer als die Dunkelzeiten sind. (**Can. P. 635451** vom 4/7. 1957, ausg. 30/1. 1962.) Eberhard Riedel. 7171

2567 Shawinigan Chemicals Ltd., Montreal, übert. von: Leo M. Germain, Shawinigan, Quebec, Canada, **Copolymere.** Ein Gemisch von Vinylacetat (**I**) u. einem Polyoxyalkylen, bes. Polyoxyalkylenglykolen, deren Monoestern mit gesätt. Alkancarbonsäuren oder deren Alkylmonoäthern mit wenigstens 4 Oxyalkyleneinheiten im Verhältnis 10:1 bis 1:10 u. 0,1–16% (bezogen auf **I**) Benzoylperoxid, wird im Temp.-Bereich von 60° bis zum Kp. der Mischung copolymerisiert. (**Can. P. 635597** vom 13/12. 1958, ausg. 30/1. 1962. A. Prior. 3/1. 1958.) Eberhard Riedel. 7171

2568 Hercules Powder Co. (Erfinder: Albert S. Matlack), Wilmington, Del., V. St. A., **Polymerisieren von 1-Olefinen** mit feinpulvrigen Metallen der Gruppe 4a u. 5a des Period. Syst. mit frischer Oberfläche in Ggw. von Halogen, Halogenwasserstoff oder Tri- oder Tetrahalogeniden dieser Metalle oder aber mit Hydriden von Metallen der Gruppe 4a in Ggw. von Halogenwasserstoff. Man verwendet z. B. in Heptan unter N_2 u. trocknen Bedingungen in der Kugelmühle mehrere Std. gemahlenes Ti oder V zusammen mit HCl, J, $TiCl_3$, TiF_4 oder VCl_3. (**Jap. A. S. 3386/1961** vom 26/5. 1958, ausg. 18/4. 1961. A. Prior. 27/5. 1957.) M. Pankow. 7173

2569 Polymer Corp. Ltd., Sarnia, Ontario, Canada, **Stabilisierung von Polyolefinen,** die mit metallorgan. Mischkatalysatoren hergestellt wurden, durch Hydrazine. Man versetzt das Polyolefin mit Hydrazin oder Hydrazinverbb., wobei hellfarbige, katalyt. inakt. Metallverbb. entstehen, die im Polymerisat als inerte Füllstoffe verbleiben können. (**E. P. 897098** vom 5/9. 1960, ausg. 23/5. 1962. Can. Prior. 16/9. 1959.) L. Stadelmann. 7173

2570 Shell Internationale Research Mij. N. V., Den Haag, Niederlande, **Vulkanisieren von elastomeren Mischpolymerisaten** aus Mono-α-Olefinen, von denen jedes bis zu 6 C-Atomen besitzt, u. das Polymerisat keine Doppelbindungen aufweist. Zum Vulkanisieren wird ein organ. Peroxid, wie Dicumylperoxid, zusammen mit Mono- oder Dichlorbenzochinon oder dem entsprechenden Hydrochinon oder Chinhydron, wie Dichloro-1.4-benzochinon, verwendet. — Diagramme. (**E. P. 876083** vom 23/5. 1960, ausg. 30/8. 1961. A. Prior. 25/5. 1959 u. 15/2. 1960.) F. Markhoff. 7173

2571 Standard Oil Co., Chicago, Ill., übert. von: Edwin F. Peters, Lansing, und Bernard L. Evering, Chicago, Ill., V. St. A., **Polymerisation von 1-Alkenen.** Als Katalysator verwendet man die Mischung aus einer Al-KW-Stoffverb. u. einer Metalloxidmischung, die aus V_2O_5 u. 1–20 Mol-% eines Oxids von Cr, Fe, Co, Ni oder Zr besteht u. bei etwa 500° in Ggw. von Luft 2–5 Std. calciniert wurde. Polymerisationstemp. 0–230°. Man erhält hochmol. krist. Polyäthylen u. Polypropylen. (**A. P. 3033844** vom 28/7. 1958, ausg. 8/5. 1962.) L. Stadelmann. 7173

2572 E. I. du Pont de Nemours & Co., Wilmington, Del., V. St. A. (Erfinder: Donald Drake Coffman), **Polymerisation äthylenisch ungesättigter Verbindungen.** Als Katalysator verwendet man ein Perfluorazoalkan der allg. Formel $R{-}CF_2{-}N{=}N{-}CF_2{-}R$, worin R für F, einen Perfluorkohlenstoffrest oder einen ω-Hydroperfluorkohlenstoffrest steht. Man polymerisiert bei 50–300° oder unter Bestrahlung mit Licht von 1800–7000 Å bei −50 bis 100°. — Beispiele: Polymerisation von *Tetrafluoräthylen, Hexafluorpropylen, Acrylnitril, Vinylidenfluorid, Vinylacetat, Äthylen.* (**E. P. 894649** vom 3/3. 1960, ausg. 26/4. 1962.) L. Stadelmann. 7173

2573 Union Carbide Corp., New York, N. Y. (Erfinder: Eugene Frederic Bonner, N. J.), V. St. A.,

Kontinuierliche Äthylenpolymerisation in inakt. organ. Lsgm. mit organ. Verbb. der Metalle der Gruppe IIb, IVb u. Vb des Period. Syst. unter kontinuierlichem Zusatz von $(Halogen)_3Al$ u. wenigstens Spuren von V-Verbb., Abziehen eines Teiles der Rk.-Mischung, mechan. Abtrennung von Feststoffen daraus in inakt. Gasstrom u. ohne Reinigung der fl. Phase Rückgabe in das Syst., wonach soviel organ. Metallverb. wieder zugegeben wird, daß es zur Beschleunigung der Polymerisation ausreicht. — Man füllt ein Rohr von 19 mm ⌀ u. 60 cm Länge abwechselnd mit insgesamt 50 g körnigem $(C_6H_5)_4$·Sn (I) u. Glaswolle, gibt in das Rk.-Gefäß 8 Liter Cyclohexan u. läßt es bei 37—45° durch das mit I gefüllte Rohr strömen, so daß es ca. 2 g I pro Liter enthält. Man gibt Äthylen mit 3 Liter/Min., 0,9 g $AlCl_3$ u. 10 mg VCl_4 pro Liter Lsg. in Cyclohexan (1 Liter pro Std.) zu. Nach Zusatz von 100 cm³ der Katalysatorlsg. leichter Temp.-Anstieg. Man zieht in kurzen Abständen einen Teil der Polymerisatbreies ab, entfernt das Polymere, leitet die Fl. durch das I enthaltende Rohr u. von da in das Rk.-Gefäß zurück. Nach 14 Std. beendet man die Polymerisation. (**Jap. A. S. 1287/1961** vom 18/8. 1959, ausg. 11/3. 1961. A. Prior. 29/8. 1958.) M. Pankow. 7173

2574 National Lead Co., New York, N. Y., übert. von: Daniel Kaufman, Metuchen, und Bryce H. McMullen, Matawan, N. J., V. St. A., **Polymerisation von Äthylen und Propylen.** Als Katalysator verwendet man eine Mischung aus einer wasserfreien Ti-Verb., die durch Erhitzen von Al-Pulver mit $TiCl_4$ in einem inerten organ. Lsgm. auf 80—220° erhalten wurde, u. einer Grignard-Verb., wobei das Molverhältnis der Grignard-Verb. zur Ti-Verb. 1—6:1 beträgt. Man polymerisiert in einem inerten organ. Lsgm. bei 10—70° u. normalem oder erhöhtem Druck. Der Katalysator ist unempfindlich gegen W., S-Verbb. u. O_2. (**A. P. 3031440** vom 6/5. 1958, ausg. 24/4. 1962.) L. Stadelmann. 7173

2575 National Petro-Chemicals Corp. (Erfinder: William Henry Rader), **Herstellung von Polyäthylen mit einer Dichte über 0,93** durch Polymerisieren von C_2H_4 in einer 1. Zone bei > 10000 lbs./sq. in. in Ggw. eines Vernetzungsmittels, bes. Cyclohexan, u. eines Katalysators, bes. Isopropylperoxydicarbonat bei Temp. < 150°, bes. 20—120°, u. durch Polymerisieren des in der 1. Zone erhaltenen Rk.-Prod. in einer 2. Zone bei > 150°, bes. 170—250°, in Ggw. von Cyclohexan u. Lauroylperoxid als Katalysator, wobei die Katalysatoren in beiden Zonen in Mengen von 5—100 (Gew.-Teile) pro Million C_2H_4 angewendet werden. (**Aust. P. 233273** vom 24/6. 1958, ausg. 27/4. 1961. A. Prior. 1/7. 1957.) K. Demmler. 7173

2576 Kabushiki Kaisha Hitachi Seisakujo (Erfinder: Toshiharu Kawamatsu und Masatoshi Miura), Tôkyô, Japan, **Polyäthylenbehandlung.** Polyäthylen (I) wird in der Wärme oxydierend behandelt, dann mit einem in Ggw. freier Radikale polymerisierbaren Monomeren zusammengebracht u. letzteres pfropfpolymerisiert. — I, das bei 130° 0,22% O absorbiert hat, wird zu 0,07 mm dicken Folien gepreßt, die 3 Std. bei 80° u. 1 Std. bei 90° in dest. Acrylnitril in O_2-Abwesenheit gehalten werden. Eine 0,015 g schwere Ausgangsfolie ist danach 0,028 g schwer u. härter. (**Jap. A. S. 3387/1961** vom 13/11. 1958, ausg. 18/4. 1961.) M. Pankow. 7173

2577 Expanded Rubber Co. Ltd., Croydon, England (Erfinder: Alfred Cooper), **Herstellung von Polyäthylen mit zelliger Schwammstruktur.** Man bestrahlt Polyäthylen mit Strahlen hoher Energie oder erhitzt es in Ggw. eines organ. Peroxids, erhitzt dann das so modifizierte Polyäthylen unter N_2-Druck auf eine Temp. über dem Erweichungspunkt des Polyäthylens u. läßt dann das Polymere bei niedrigerem Druck expandieren. Man erhält feinzellige Produkte. (**E. P. 899389** vom 5/2. 1960, ausg. 20/6. 1962.) L. Stadelmann. 7173

2578 Philips Petroleum Co. (Erfinder: Donald Reinhold Witt), **Herstellung von Äthylenmischpolymerisaten** durch Polymerisation eines größeren Teils von C_2H_4 u. eines kleineren Teils eines Gemisches von C_2H_4 u. einem 3—8 C-Atom pro Mol. aufweisenden aliphat. Olefin, z. B. Propylen oder Buten-(1), bei 100—325°F in Ggw. eines Katalysators aus einem SiO_2–Al_2O_3-Träger mit Cr-Oxid, das wenigstens z. T. im 6wertigem Zustand vorliegen soll, u. wenigstens einem zusätzlichen Oxid des Mn, Co oder Ni. (**Aust. P. 233360** vom 19/12. 1958, ausg. 4/5. 1961. A. Prior. 13/1. 1958.) K. Demmler. 7173

2579 E. I. du Pont de Nemours Co., Wilmington, Del., übert. von: Howard William Strauss, Groves, Tex., V. St. A., **Mischpolymerisate aus Äthylen und Vinylalkyläther** erhält man durch Polymerisation der Monomerenmischung bei 12000—30000 lbs./sq. in. u. 150—240° in Ggw. von 0,01—1% eines freie Radikale bildenden Katalysators, bes. tert. Butylperoxyisobutyrat. Als Telogen kann ein paraffin. KW-Stoff, bes. Propan, zugesetzt werden. — Beispiele: *Äthylen-Vinylmethyläther*-Mischpolymerisate. — *Transparente Filme.* (**A. P. 3033840** vom 20/11. 1959, ausg. 8/5. 1962.) L. Stadelmann. 7173

2580 E. I. du Pont de Nemours & Co., Wilmington, Del., übert. von: John Walter Scott, Beaumont, Tex., V. St. A., **Chlorierung von Polyäthylen.** Man suspendiert Polyäthylen in feinverteilter Form in einem Cl_2-Strom, mischt der Suspension H_2 oder aliphat. gasförmige KW-Stoffe, z. B. Erdgas, zu, wobei die Chlorierungs-Rk. einsetzt u. bei 150—250° abläuft. Man erhält chloriertes Polyäthylen mit 15—60% gebundenem Cl. (**A. P. 3033845** vom 7/4. 1960, ausg. 8/5. 1962.) L. Stadelmann. 7173

2581 E. I. du Pont de Nemours & Co., übert. von: Manville Isager Bro und Ralph Courtenay Schreyer, Wilmington, Del., V. St. A., **Herstellung von Polymerisaten des Tetrafluoräthylens.** Man polymerisiert das Monomere, ggf. mit anderen fluorierten Monomeren, bei —40 bis 30° in einem wss. sauren Medium, das mindestens 10% Ameisensäure oder H_2SO_4 u. einen Redox-Katalysator, bes. das Chlorat-Bisulfit-Syst., enthält. — Hochmol. Polymerisate. (**A. P. 3032543** vom 4/2. 1959, ausg. 1/5. 1962.) L. Stadelmann. 7173

2582 Union Carbide Corp., New York, N. Y., übert. von: Robert D. Lundberg, St. Albans, und Frederick E. Bailey jun., Charleston, W. Va., V. St. A., **Herstellung von kristallinem Polypropylen.** Man polymerisiert Propylen in Ggw. eines Katalysators aus einer organ. Al-Verb., bes. Al-Trialkyl, $TiCl_3$ u. $CdCl_2$. Das Katalysator-Syst. enthält vorzugsweise 25—85 Mol-% $CdCl_2$. (**A. P. 3035036** vom 13/4. 1960, ausg. 15/5. 1962.) L. Stadelmann. 7173

2583 Giuliana C. Tesoro, Dobbs Ferry, N. Y., V. St. A., **Derivate von Polyvinylalkohol** erhält man durch Rk. von Polyvinylalkohol in Substanz oder in wss. Lsg. mit einem Vinylsulfon der allg. Formel $CH_2{=}CHSO_2R$, worin R eine Vinylgruppe oder ein Alkyl-, Alkenyl-, Aryl- oder Alkarylrest ist, bei normaler Temp. in Ggw. eines bas. Katalysators, bes. NaOH. Die Rk.-Prodd. sind in W. unlösl. u. unquellbar. (**A. P. 3031435** vom 5/10. 1960, ausg. 24/4. 1962.) L. Stadelmann. 7173

2584 Farbwerke Hoechst Akt.-Ges., vormals Meister Lucius & Brüning, Frankfurt/M., **Herstellen von stabilen Polyvinylacetaldispersionen.** Eine Mischung aus Polyvinylacetal, W., einem anionenakt. Emulgator u. einem oder mehreren Hilfsdispersionsmitteln wird erhitzt, um eine viskose u. knetbare Masse zu bilden. Dann wird dieser Masse beim Kneten u. Abkühlen W. zugesetzt, bis eine Harz-in-W.-Dispersion entstanden ist. Die zugesetzten Dispersionshilfsmittel sollen bei Zimmertemp. quellbar sein u. sind z. B. ein Ester einer aliphat. Monocarbonsäure von 1 bis 6 C-Atomen mit einem aliphat. einwertigen Alkohol von 1 bis 6 C-Atomen, ein aliphat. Acetal, das wenig lösl. bis unlösl. in W. ist, oder ein Halogenderiv. eines acycl. KW-Stoffes mit 1 bis 6 C-Atomen, das wenig oder unlösl. in W. ist. Beispielsweise besteht das Hilfsmittel aus CCl_4, Chlf. oder dgl. (**E. P. 894855** vom 27/2. 1959, ausg. 26/4. 1962. D. Prior. 5/4. 1958.) F. Markhoff. 7173

2585 Asahi Dow Kabushiki Kaisha, Tôkyô (Erfinder: Yûji Kobayashi, Itsuho Aishima und Kuniô Satake, Nobeoka), Japan, **Lichtpolymerisation von Vinylchlorid** bei Temp. < 20° unter Verw. von O.O'-Dichlorbenzoylperoxid als Lichtsensibilisator, auch in

Ggw. von Lsgm., wie Alkoholen, Ketonen, aliphat. Estern, aromat. KW-Stoffen u. cycl. Äthern. (**Jap. A. S. 3891/1961** vom 4/2. 1959, ausg. 24/4. 1961.)
M. Pankow. 7173

2586 Detrex Corp., übert. von: Charles E. Kircher jun., Robert J. Jones und Robert F. Kirz, Detroit, Mich., V. St. A., **Herstellung von feinverteiltem Polyvinylchlorid.** Zunächst wird auf mechan. Wege eine Suspension von Vinylchlorid, u. Lauroylperoxid in einer wss. Lsg. von Polyvinylalkohol hergestellt, worin letzterer zu 1,14 bis 1,5 Gew.-% des Monomeren enthalten ist, die Teilchengröße soll derart sein, daß 100% durch ein Standard-100-Maschensieb u. $\gtreqless$ 50% durch ein 200-Maschensieb gehen. Die Polymerisation erfolgt in 2 Stufen unter ständiger Entnahme des Polyvinylchlorids u. Aufarbeitung der Dispersion in üblicher Weise. Beschreibung u. Zeichnung der Apparatur. (**A. P. 3004013** vom 28/4. 1954, ausg. 10/10. 1961.) H. Schindler. 7173

2587 Borden Co., übert. von: Lester H. Arond, Leominster, William J. Salem, Worcester, Harry Wechsler und Samuel Makower, Leominster, Mass., V. St. A., **Herstellung von Terpolymerisaten des Vinylchlorids.** Man polymerisiert 100 (Teile) Vinylchlorid mit 10—100 eines Alkoxyalkylacrylats, z. B. 2-Äthoxyäthylacrylat oder Cellosolvacrylat, u. 10—100 Vinylacetat, Vinylbutyrat, Vinyl-2-äthylhexanoat oder C_2–C_{12}-Alkylester der Acryl-, Methacryl-, Malein-, Fumar-, Citracon-, Croton- oder Itaconsäure in Lsg., Emulsion oder Suspension. Die Terpolymerisate quellen nicht in aliphat. KW-Stoffen. — Überzugsmittel, Formartikel. (**A. P. 3017396** vom 29/4. 1958, ausg. 16/1. 1962.)
L. Stadelmann. 7173

2588 BTR Industries Ltd., London, und Richard Tudor, Burton-on-Trent, England, **Polyvinylchloridmasse oder sein Mischpolymerisat mit Vinylidenchlorid mit antistatischen Eigenschaften** enthält ein oder mehrere organ. quatern. NH_4-Salze der allg. Formel $[(R)(R_1)(R_2)\cdot(R_3)N]^+[C_2H_5SO_4]^-$. In dieser ist R eine lange Alkylkette u. R_1, R_2 u. R_3 können sein Alkyl-, Aralkyl oder Arylgruppen, wie Methyl-, Äthyl- oder Benzylgruppen. Eine solche Verb. ist z. B. Lauryldimethyläthylammoniumäthylsulfat. Zusatzmenge: 2—5 (Gew.-Teile) NH_4-Salz auf 100 Polymerisat. Neben diesem Zusatz wird zweckmäßig noch ein nicht ionisierendes oberflächenakt. Mittel, wie „Polyäthylenglykol-200"-laurat verwendet. (**E. P. 889022** vom 22/8. 1957, ausg. 7/2. 1962.)
F. Markhoff. 7173

2589 Nobel-Bozel Soc. An., Paris, übert. von: Léon Adanym, Champigny-sur-Marne, Frankreich, **Herstellung von Mischpolymerisaten.** Zunächst wird mindestens ein Vinylmonomeres bei 50° mit einem paraffin. KW-Stoffgemisch, das mindestens einen KW-Stoff der Formel C_nH_{2n-2} enthält, der nicht > 20% ungesätt. KW-Stoffe enthält, einen Kp. > 300° u. F. < 70° aufweist, gemischt. Nach Abkühlen auf 20° wird die Masse mit einer Totaldosis von 1500000 r bestrahlt. In den Mengenbeispielen wird Paraffin obiger Daten mit Styrol, Methylmethacrylat oder Vinylacetat mischpolymerisiert. Die Endprodd. sind vor allem alkali- u. säurebeständig. Tabelle (**A. P. 2984608** vom 31/3. 1958, ausg. 16/5. 1961.) H. Schindler. 7173

2590 Standard Oil Co., Chicago, Ill., übert. von: Edward A. Swakon, Hammond, Ind., V. St. A., **Dialkylester von 5-tert.-Butylisophthalsäure** erhält man durch Rk. von 5-tert.-Butylbenzol-1.3-dicarbonsäure mit dem Alkohol, bes. Isooctyl-, Isononyl- oder Isotridecylalkohol in toluol. Lsg. bei Siedetemp. in Ggw. von 1% p-Toluolsulfonsäure als Katalysator. — *Plastikatoren* für synthet. Harze, bes. PVC. (**A. P. 3021357** vom 15/4. 1959, ausg. 13/2. 1962.) L. Stadelmann. 7173

2591 Dow Chemical Co., Midland, Mich., V. St. A., **Masse zur Herstellung von Schaumkörpern,** bestehend aus einem innigen Gemisch eines festen thermoplast. Vinylpolymerisat (I) u. einem flüchtigen organ. Lsgm. (II), bes. gesätt. oder perchlorfluorierten KW-Stoff, Kp. $\leqq$ 95°, Molgew. $\geqq$ 58. Die Schaumbldg. der Masse setzt erst später beim Verformen u. Erhitzen ein. Die Herst. erfolgt in der Weise, daß man das **I**, z. B. Polystyrol, Polyvinyltoluol oder Mischpolymerisate, unter Druck, z. B. 1200 lbs./sq. in. bei 160—280° mit dem **II** verknetet, durch eine gekühlte Strangpresse auf 90—130° kühlt u. beim Austritt aus dem Mundstück sofort mit einer inerten Fl. z. B. W., auf < 50° abkühlt. — Zeichnung. (**Ind. P. 65973** vom 29/11. 1958, ausg. 10/4. 1961.)
C. Lüttgen. 7173

2592 Simoniz Co., Chicago, Ill., V. St. A., **Verbesserung der hydrophilen Eigenschaften von Schwämmen.** Man taucht sie in eine wss. Lsg. mit mindestens 0,1 Gew.-% eines Netzmittels (anion., kation., nichtion.) u. hält bei 20—85°, bis der Schwamm $\geqq$ 1% Netzmittel adsorbiert hat. — 99% einer Lsg. von 95% W. u. 5% CH_3OH erreicht man mit 1% eines oberflächenakt. Stoffes (aus 1 Mol C_{12}–C_{16}-Alkylphenol u. 4—5 Mol Äthylenoxid), imprägniert damit bei 55—60° 10 Min. Polyvinylchloridschwamm u. trocknet 16 Std. bei 130°F. (**Jap. A. S. 2034/1961** vom 27/6. 1959, ausg. 24/3. 1961. A. Prior. 1/8. 1958.) M. Pankow. 7173

2593 Résines et Vernis Artificiels, Paris, Frankreich, **Kontinuierliche Massepolymerisation von Styrol und Acrylnitril** im Gew.-Verhältnis von 95—65 (Teilen) zu 5—35 erfolgt bei ca. 130—180° während 15 Min. bis 3 Std., bes. ca. 1 Std., in einer näher beschriebenen Vorr., in der das Monomerengemisch zwischen erhitzten Wänden, von denen eine ein festlegender Cylinder, die andere eine darin rotierende unendliche Schraube darstellt, u. die beide einen Abstand von 0,2—3,2 cm haben. Durch Variation des Abstandes, der Temp. u. der Zus. des Gemisches erhält man Mischpolymerisate mit einem K-Wert von 50—80, die durch Erhitzen in eine anschließende Stufe auf z. B. 220° bei 30 mm Hg von den Monomeren befreit werden. Die Endprodd. eignen sich bes. zur Herst. von *chemikalienresistenten Harzen.* (**E. P. 871686** vom 13/5. 1959, ausg. 28/6. 1961. F. Prior. 16/5. 1958.)
H. Schindler. 7173

2594 Monsanto Chemical Co., St. Louis, Mo., übert. von: Roland J. Kern, Dayton, Ohio, V. St. A., **Polymerisate und Mischpolymerisate des Styrols** erhält man durch Polymerisation der Monomeren in Ggw. von 0,01—10% n-Alkyl-Li, bes. n-Butyl-Li, in Ggw. oder Abwesenheit von Lsgm., bei 20—130°. Als Mischpolymerisationskomponente wird in den Beispielen *Acrylnitril* verwendet. (**A. P. 3031432** vom 29/2. 1960, ausg. 24/4. 1962.) L. Stadelmann. 7173

2595 Farbwerke Hoechst Akt.-Ges. vormals Meister Lucius & Brüning, Frankfurt/M. (Erfinder: Guido von Rosenberg und Walter Brotz, Gersthofen), **Zusatz zur Viscositätserniedrigung von Polyvinylacetat-Schmelzen** besteht aus Octadecandiolen in Mengen von 10—50 Gew.-%, bezogen auf das Gesamtgemisch. (**D. A. S. 1137205** Kl. 39b vom 27/7. 1957, ausg. 27/9. 1962.) F. Markhoff. 7173

2596 Shell Oil Co., New York, N. Y., V. St. A., übert. von: Robert N. Haward, Bowdon, und Geoffrey J. Nichols, Sale, Cheshire, England, **Polymerzusammensetzung** aus > 80% eines linearen Polymeren eines Mono-α-olefins, bes. von Propylen, zu 5—20% eines Elastomeren mit > 50% Gelgehalt. (**Can. P. 634403** vom 31/8. 1959, ausg. 9/1. 1962. E. Prior. 1/9. 1958.)
Eberhard Riedel. 7173

2597 Fenland Investments Ltd., London, England (Erfinder: Herman Francis Mark), **Polymerisation von Acrylsäureverbindungen,** bes. Acrylsäureester u. Methacrylnitril. Man polymerisiert in Lsg. durch ion. Katalyse (mit Metallen der I.—III. Gruppe des Period. Syst. oder deren organ. Verbb.) in Abwesenheit von O_2 u. W. bei einer Temp. unter 40°, bes. bei —20 bis —100°. Nach Abtrennung amorpher Prodd. durch Lsgm.-Extraktion erhält man krist. Polymerisate vom Molgew. > 20000 u. F. > 120°. (**E. P. 900973** vom 21/8. 1957, ausg. 11/7. 1962.) L. Stadelmann. 7173

2598 American Cyanamid Co., New York, N. Y., übert. von: Witold R. Kocay, Stamford, Conn., und Marvin Wishman, White Plains, N. Y., V. St. A., **Herstellung von Polymerisaten mit gesteuertem, einheitlichem mittlerem Molekulargewicht** durch Polymerisation von äthylen. ungesätt. Monomeren, bes. Acrylnitril, bei pH höchstens 4 in Ggw. eines Redoxkatalysators, der Chlorat- u. Sulfoxyionen enthält. Das Molgew. wird durch

Variation des Molverhältnisses von Chlorat- u. Sulfoxyionen zu dem Monomeren gesteuert. Man erhält z. B. *Polyacrylnitril* mit verbesserter Farbe u. Farbstabilität. (**A. P. 3028372** vom 26/5. 1961, ausg. 3/4. 1962.)
L. Stadelmann. 7173

2599 FMC Corp., New York, N. Y., V. St. A. (Erfinder: Paul Edwin Willard), **Herstellung von trocknen, freifließenden, schmelzbaren Polymerisaten von Polyallylestern einer Polycarbonsäure.** Das im Monomeren als Lsgm. mittels anorgan. oder organ. Perverbb. als Katalysatoren hergestellte u. gelöste Polymerisat wird kurz vor der Gelbldg. z. B. in eine Koll.-Mühle geleitet u. hier eine inerte Fl. zugeführt, da als Lsgm. für das nur zu 25—40 Gew.-% umgesetzte Monomere dient, gleichzeitig aber das Polymerisat fällt. Anschließend wird der Nd. abgetrennt u. nach Waschen u. Trocknen des Endprod. erhalten. — Als Monomere werden in den Beispielen *Diallylphthalat* (u. *Triallylcyanurat*), *Dimethallylisophthalat* u. *Diallylbicyclo-(2.2.1)-5-hepten-2.3-dicarboxylat* verwendet. Als Lsgm. bzw. Fällungsmittel dienen niedermol. aliphat. Alkohole, z. B. Isopropanol. Die Endprodd. sind thermoplast., lösl. in niedermol. Keton u. aromat. KW-Stoffen, unlösl. in W., Alkoholen u. Lsgm. auf Petroleumbasis. Unter Zusatz von z. B. tert. Butylperbenzoat u. Erhitzen auf 175° erhält man klare, nichtschmelzende, unlösl. Prodd. mit großer Härte. (**E. P. 894239** vom 4/5. 1960, ausg. 18/4. 1962. **A. P. 3030341** vom 6/5. 1959, ausg. 17/4. 1962.)
H. Schindler. 7173

2600 Comp. Française de Raffinage, Paris, Frankreich, **Polymerisation konjugierter Diolefine.** Man setzt die Lsg. der Diolefine in einem polaren Lsgm., bes. CH_2Cl_2 oder Dichloräthan, bei einer Temp. unter 0°, bes. unter —40°, einer energiereichen Strahlung aus, wobei man Polymerisate von hohem Mol.-Gew. erhält. — Beispiele: Polymerisation von Butadien-(1.3) u. Isopren. (**E. P. 894756** vom 2/8. 1960, ausg. 26/4. 1962. F. Prior. 3/8. 1959.) L. Stadelmann. 7173

2601 Montecatini Soc. Gen. per l'Industria Mineraria e Chimica, Mailand, übert. von: Carlo Longiave und Renato Castelli, Novara, Gian Francesco Croce, Gaudenzio Croce und Teresa Romerio Bonazzi, Arona, Italien, **cis-1.4-Polybutadien** erhält man durch Polymerisation von Butadien-(1.3) bei 0—40° in Ggw. eines Katalysators, bestehend aus einer Mischung von metall., feinverteiltem Co oder Ni, bzw. deren Legierungen, mit einem Dialkyl-Al-Monohalogenid, dessen Alkylgruppe 1—5 C-Atome enthält. (**A. P. 3032544** vom 15/5. 1959, ausg. 1/5. 1962. It. Prior. 18/6. 1958.) L. Stadelmann. 7173

2602 United States Rubber Co., New York, N. Y., übert. von: Homer P. Smith, Little Falls, N. J., V. St. A., und Geoffrey Wilkinson, London, England, **Trans-1.4-Polybutadien** erhält man durch Polymerisation von 1.3-Butadien in wss. Emulsion in Ggw. eines freie Radikale bildenden Katalysators u. von 0,1 bis 20 (Teilen) $RhCl_3$ auf 100 Butadien bei —40 bis +80°. Die Polymerisate haben bis zu 97% trans-Struktur. (**A. P. 3025286** vom 12/6. 1959, ausg. 13/3. 1962.)
L. Stadelmann. 7173

2603 Phillips Petroleum Co., übert. von: Richard N. Cooper jun., Borger, Tex., V. St. A., **Herstellung von Blockmischpolymerisaten.** Man polymerisiert eine Mischung aus einem konjugierten Dien u. einem vinylaromat. KW-Stoff in Ggw. eines Li-KW-Stoffs in einem KW-Stoff-Lsgm. zunächst bei 70—100°F., bis mindestens 85% des Diens polymerisiert sind u. polymerisiert dann die restlichen Monomeren bei 115—140°. — Beispiele: *Butadien–Styrol*-Blockmischpolymerisate. (**A. P. 3030346** vom 18/3. 1960, ausg. 17/4. 1962.)
L. Stadelmann. 7173

2604 Pennsylvania Industrial Chemical Corp., Pa., übert. von: Martin E. Epstein, Ashbourne Hills, Del., und Nicholas C. Gangemi, West Chester, Pa., V. St. A., **Dicyclopentadienpolymerisate,** die aromat. KW-Stoffe in der Kette gebunden enthalten, erhält man durch Zugeben von Dicyclopentadien zu einer Mischung aus einem aromat. KW-Stoff, der keine olefin. ungesätt. Gruppen enthält, bes. Xylol, u. einem Friedel-Crafts-Katalysator, bes. $AlCl_3$, bei 30—35°. Man erhält thermoplast. lösl. gelfreie Polymerisate, die gegen Farbänderungen u. Oxydation beständig sind, Molgew. ca. 500. (**A. P. 3023200** vom 6/2. 1959, ausg. 27/2. 1962.)
L. Stadelmann. 7173

2605 E. I. du Pont de Nemours & Co., Wilmington, Del., übert. von: William Jeremiah McGraw, Matawan, N. J., V. St. A., **Durch Lichteinwirkung polymerisierbare Mischung** besteht aus 1.) mindestens 40 (Gew.-%) eines lösl. elastomeren Homopolymerisats eines Poly-[2-chlor-butadien-(1.3)], 2.) mindestens 10 einer nicht gasförmigen durch Addition polymerisierbaren, äthylen. ungesätt. Verb., die 1—2 äthylen. Endgruppen enthält, einen Kp. von über 100° u. ein Molgew. von 100 bis 1500 aufweist u. fähig ist hochmol. Polymerisate zu bilden, u. 3.) 0,001—10 eines Polymerisationsinitiators, der bei aktin. Licht akt. u. bei Temp. unter 85° inakt. ist. — Z. B. besteht die Mischung aus 1.) Polychloropren, 2.) Triäthylenglykoldiacrylat u. 3.) Anthrachinon, der noch p-Methoxyphenol u. Mucochlorsäure zugesetzt sein können. (**A. P. 3024180** vom 17/8. 1959, ausg. 6/3. 1962.)
F. Markhoff. 7173

2606 United States Borax & Chemical Corp., Los Angeles, übert. von: George W. Willcockson, Anaheim, Calif., V. St. A., **Äthinylborverbindungen** der allg. Formel $HC \vdots CY$ [$Y = B(OR)_3M$, $B(OR)_2$; R = Alkyl; M = Li, Na, K, MgCl, MgBr] werden hergestellt durch Rk. in einem inerten Lsgm. von $HC \vdots CM$ mit $B(OR)_3$ u. ggf. einem Bor- oder Acylhalogenid. — 12 (g) Na-Acetylid gibt man bei —70° zu 32,2 $B(OCH_3)_3$ in 250 ml Diglym, bringt auf Raumtemp., filtriert unter N_2, wäscht, trocknet u. erhitzt 16 Std. bei 0,3 Torr auf 110° → *$Na[B(COH_3)_3 C \vdots CH]$*. — Analog: *$Na[B(OC_3H_7\text{-}iso)_3C \vdots CH]$*, $C_{11}H_{22}BNaO_3$. — NaC_2H u. $B(OCH_3)_3$ erhitzt man 45 Min. unter Rühren auf 90—105°, kühlt u. gibt bei 5—10° fl. BCl_3 zu, rührt nach, filtriert u. dest. das Filtrat unter N_2 → *Äthinylborsäuredimethylester*, $C_4H_7BO_2$, $Kp._{262}$ 59—62°. — *Zwischenprodd.* für Polymere. (**A. P. 3036111** vom 23/4. 1959, ausg. 22/5. 1962.)
A. Debo. 7173

2607 Minnesota Mining and Mfg. Co., St. Paul, Minn., übert. von: Elizabeth Shen Lo, Fords, N. J., V. St. A., **Herstellung von Mischpolymerisaten aus Hexafluorpropen und Vinylidenfluorid.** Man polymerisiert die 5—95% Hexafluorpropen u. 95—5% Vinylidenfluorid enthaltende Monomerenmischung im wss. Medium, das 2—30 Teile (auf 100 Monomere) von Adsorptions-Silica enthält, die durch einen gesätt. aliphat. C_2—C_{18}-Alkohol modifiziert wurde u. eine Teilchengröße $< 20\,\mu$ hat. Die Mischpolymerisate haben erhöhte Zugfestigkeit. — Formartikel. (**A. P. 3023187** vom 2/4. 1958, ausg. 27/2. 1962.) L. Stadelmann. 7173

2608 Imperial Chemical Industries Ltd., England, **Polymerisieren von Diisopropenylbenzol,** wie m- u. p-Diisopropenylbenzol, mit Friedel-Crafts-Katalysatoren, zweckmäßig > 80°, zu Polymeren vom F. > 240°. — Man leitet BF_3 in eine unter Rückfluß sd. Lsg. von 11 (Gew.-Teilen) p-Diisopropenylbenzol in 100 $C_2H_2Cl_4$. Das Polymere hat nach 85 Std. F. 280—297°. (**F. P. 75931** vom 20/6. 1959, ausg. 29/12. 1961. E. Prior. 20/6. 1958. **Zusatz zu F. P. 1172725; C. 1962, 8090.**)
M. Pankow. 7173

2609 Sun Oil Co., Philadelphia, übert. von: Ivor W. Mills, Glenolden, und Peter B. Murray, Swarthmore, Pa., V. St. A., **Formaldehydharze.** Ein Gemisch aus 1—2 (Mol) eines mehrkernigen aromat. KW-Stoffs u. 1—2 CH_2O werden in Ggw. von Orthophosphorsäure als Katalysator, die 15—20% P_2O_5 enthält u. auf einem Silicatträger niedergeschlagen ist, auf 300—500°F erhitzt, worauf das entstandene Harz abgetrennt wird. (**A. P. 2992208** von 17/8. 1959, ausg. 11/7. 1961.)
W. Overbeck. 7177

2610 Farbenfabriken Bayer Akt.-Ges., übert. von: Kuno Wagner, Leverkusen, **Formaldehyd-Polymerisation.** Polyoxymethylen wird dadurch hergestellt, daß man wasserfreien CH_2O bei —80 bis +70° mit Al, Al_2O_3 oder $Al(OH)_3$ als Katalysator polymerisiert. (**A. P. 3005799** vom 18/5. 1959, ausg. 24/10. 1961.)
W. Overbeck. 7177

2611 E. I. du Pont de Nemours & Co., übert. von: Dennis Light Funck und Otto Franz Leopold Vogl, Wilmington, Del., V. St. A., **Polyacetaldehyd-Elastomere.** Acetaldehyd wird in Lsg. polymerisiert, indem man ihn in einem KW-Stoff-Lsgm. bei $-50°$ löst, als Katalysator BF_3-Ätherat zusetzt, bei $-50°$ unter Rühren polymerisiert u. mit Trialkylamin unterbricht. Man erhält einen elastomeren amorphen Polyacetaldehyd vom Molgew. $1 \cdot 10^5 - 3 \cdot 10^6$. (**A. P. 3001966** vom 18/8. 1958, ausg. 26/9. 1961.) W. Overbeck. 7177

2612 American Potash and Chemical Corp., New York, N. Y., übert. von: Charles P. West, Metuchen, und Howard H. Leiner, New Brunswick, N. J., V. St. A., **Phenolharze.** Man kondensiert 1—1,5 Mol Phenol (I) mit 1 Mol CH_2O (II) in Ggw. eines Katalysators aus seltenen Erden, z. B. von handelsüblichen Gemischen aus 50% Ce, 25% La u. einem Rest, der bes. aus Nd u. Pr besteht, in Form ihrer Carbonate, Acetate (III) oder 2-Äthylcapronate. — Z. B. erhitzt man 517 (g) I u. 370,2 II in Ggw. von 11,4 III bei einem pH von 5,0 1 Std. am Rückfluß, entwässert erst bei normalem Druck, dann im Vakuum u. erhält ein Harz, das nach Zugabe von Härtungsmitteln bes. schnell härtet u. Preßkörper von bes. guten mechan. Eigg. ergibt. (**A. P. 3006893** vom 26/3. 1959, ausg. 31/10. 1961.) K. Sarre. 7177

2613 Sumitomo Bakelite Kabushiki Kaisha, Tôkyô (Erfinder: Akimizu Takahashi und Seiji Seto, Ôsaka, Shirô Yoshioka, Ikeda, und Keiji Ôshima, Toyonaka), Japan, **Herstellung von Novolakharzen** durch Rk. von Phenolen u. Hexamethylentetramin in Ggw. von Na-, K-, Ca-, Sr-, Ba-, Mg-, Zn-, Cd- oder Se-Verbb. als Katalysatoren: Stabile, schnell härtende Harze. — 300 (kg) Phenol, 36 Hexamethylentetramin werden in der offenen Form mit $^2/_{100}$ Mol (des Phenols) NaOH bis 200° erhitzt, bis keine Phenoldämpfe mehr beobachtet werden. Man gießt warm auf eine Metallfläche u. kühlt ab. Das Harz enthält nach dem IR-Spektrum 77,9% o- u. 22,1% p-Bindung. (**Jap. A. S. 2195/1961** vom 25/4. 1958, ausg. 28/3. 1961.) M. Pankow. 7177

2614 Nippon Gaishi Kabushiki Kaisha, Nagoya (Erfinder: Yoshikazu Hachihama, Nara, und Toshiyuki Shôno, Suita), Japan, **Herstellung von Anfangskondensationsprodukten niedriger Viscosität und höherem Molekulargewicht aus Furfurylalkohol (I),** die dimeren I, nämlich 5'-Furfurylfurfurylalkohol, enthalten. Man erwärmt I in Bzl., Toluol oder Xylol mit $MgSO_4$-Katalysator u. entfernt entstehendes Wasser. — 200 g I in 150 cm³ Bzl. läßt man mit 80 g $MgSO_4$ sieden, kondensiert das entweichende W.–Bzl.-Gemisch u. gibt Bzl. in das Rk.-Syst. zurück, filtriert nach 9 Std. $MgSO_4$ ab, entfernt Bzl. u. nicht umgesetzten I. Das erhaltene Harz zeigt geringere Schrumpfung beim Härten. (**Jap. A. S. 3395/1961** vom 21/12. 1957, ausg. 18/4. 1961.) M. Pankow. 7177

2615 Sherwin-Williams Co., Cleveland, Ohio, V. St. A., übert. von: Frank Armitage, Chingford, London, und Leslie George Trace, Leigh-on-Sea, England, **Ein Alkydharz,** das in W. dispergierbar ist u. dessen Emulsion ohne Emulgator stabil ist, wird bei 350—600 °F hergestellt aus einer Mischung einer trocknenden Ölfettsäure oder von deren Glyceriden, einem mehrwertigen Alkohol u. einer Dicarbonsäure. Die Bestandteile der Mischung liegen in stöchiometr. Mengen vor u. die Kondens. wird bis zu einer OH-Zahl zwischen 60 u. 10 u. einer SZ zwischen 75 u. 5 durchgeführt. — Die Mengenverhältnisse sind z. B. 496 (Gew.-Teile) Phthalsäureanhydrid, 292 Pentaerythrit, 180 Polyäthylenglykol (Mol.-Gew. ca. 600), 642 Leinölfettsäure, 450 über Alkali raffiniertes Leinöl. (**A. P. 3001961** vom 12/7. 1956, ausg. 26/9. 1961. E. Prior. 15/7. 1955.) F. Koch. 7177

2616 Zaidan Hôjin Nippon Kagaku Seni Kenkyûjo, Kyôto (Erfinder: Junji Furukawa, Teiji Tsuruta und Takeo Saigusa, Kyôto, und Ryôzô Sakata, Kakogawa), Japan, **Polymerisieren von Alkylenoxid** mit dem Rk.-Prod. aus $Zn(Alkyl)_2$ u. W. als Katalysator. Das Rk.-Prod. aus $Zn(C_2H_5)_2$ u. $p + 1 H_2O$ entspricht der Formel $C_2H_5ZnO(ZnO)_pZn(C_2H_5)$. — Zu 3,5 (cm³) n Hexan u. 3,5 Propylenoxid gibt man 0,046 W. u. unter N_2 1,31 g $Zn(C_2H_5)_2$: Bldg. von C_2H_6-Schaum u. geringen Mengen eines Nd.; die Mischung wird beim Stehen allmählich fest. Nach 24 Std. löst man in 1 Liter 3 CH_3OH enthaltenden Bzl., Zentrifugiert, entfernt das Lsgm. bei 50° u. Unterdruck, löst das Polymer in Aceton u. fällt mit W.: Festes, nicht klebendes *Polymeres,* gut lösl. in Chlf.-Bzl., heißem Aceton, etwas lösl. in CH_3OH u. kaltem Aceton. (**Jap. A. S. 3394/1961** vom 24/11. 1958, ausg. 18/4. 1961.) M. Pankow. 7177

2617 E. I. du Pont de Nemours & Co., Wilmington, übert. von: Donald M. Simons, Christiana Hundred, Del., V. St. A., **Bifunktionelle Polypropylenätherglykole** (I). Monoallyläther (II) von Polypropylenätherglykolen werden in Ggw. von 1—3 Gew.-% KOH in Abwesenheit von O mindestens 30 Min. auf 120—160° erhitzt, wobei sich die Propenyläther-Derivv. bilden, die bei der Hydrolyse mit H_2SO_4, HCl u. H_3PO_4 bei einem pH-Wert von nicht >3 unter Abspaltung von Propionaldehyd die I ergeben. Die II von I entstehen stets in geringer Menge bei der Herst. von I u. beeinträchtigen deren Verw. als Ausgangsstoffe für Polyurethane. (**A. P. 2996550** vom 23/5. 1960, ausg. 15/8. 1961.) J. Mühleisen. 7177

2618 Dow Chemical Co., Midland, Mich., V. St. A., **Wärmepolymerisation von aromatischen Kondensationsprodukten.** Man erhitzt am Ring halomethylierte (chlor- oder brommethylierte) aromat. Äther, ggf. in Ggw. von Friedel-Crafts-Katalysatoren, bei Halogenwasserstoff abspaltenden Temp., auch in Ggw. von Füllstoffen, wie fadenförmigem Glas, MgO, Glimmer. Vermutlich verläuft die Rk. nach dem Schema $C_6H_5OC_6H_4CH_2X \rightarrow$ -$(-C_6H_4OC_6H_4CH_2-)_n$- $+ nHX$. — Man erhitzt Monochlormethyldiphenyloxid u. 0,2 Gew.-% $ZnCl_2$ bei 15 mm, wobei bei 83° HCl-Abspaltung beginnt u. die Temp. auf 101° steigt. Man hält bei 160°, bis die HCl-Entw. beendet ist: Nach Abkühlen thermoplast. Harz, das bei 60—100° erweicht u. zu streckbaren *Fäden* geformt werden kann. — Man kann das Ausgangsmaterial auch mit Glimmer mischen u. erhält in 30 Min. bei 125—135° ein feuerfestes, ziegelartiges Material. (**Jap. A. S. 4249/1961** vom 1/9. 1959, ausg. 27/4. 1961. A. Prior. 31/12. 1958.) M. Pankow. 7177

2619 Ciba Ltd., Basel (Erfinder: Willy Fisch, Paul Zuppinger und Hans Brueschweiler), **Härtbares Präparat.** (Nachtrag zu Aust. P. 229601; C. **1963,** 323.) Die hier verwendeten cycl. Äther haben die Formeln I—III, z. B. I–$(R^4)_{n-1}$–II, wobei A^3 u. A^4 die gleichen

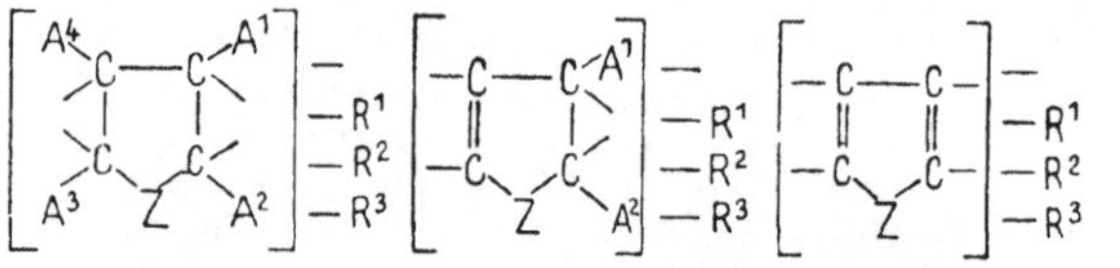

I II III

Gruppen wie A^1 u. A^2 bedeuten, R^4 = 2wertiger aliphat., cycloaliphat., araliphat. oder aromat. Rest u. n = 1 oder 2. (**Jap. A. S. 2942/1961** vom 3/4. 1959, ausg. 11/4. 1961. Schwz. Prior. 3/4. 1958 u. 19/2. 1959.) M. Pankow. 7177

2620 Union Carbide Corp., übert. von: Edward J. Mills jun., Charleston, und Donald G. Leis, St. Albans, W. Va., V. St. A., **Kontinuierliche Herstellung von Polyoxyalkylenverbindungen** durch Rk. eines 1.2-Alkylenoxyds (I) mit W., ein- oder mehrwertigen Alkoholen in einer ringförmigen Reaktionszone (II) mit einer Länge von mindestens 4000 feet. Man leitet das Gemisch der OH-Verbb. mit einem alkal. Katalysator bei 120—180 durch die II, wobei an mehreren Stellen der II das I eingeführt wird; die Menge des I und die Zuführstellen werden dabei so gewählt, daß an den Zugabestellen die Konz. von nicht umgesetztem I im wesentlichen dieselbe ist. Man erhält so Prodd. mit verbesserter Reinheit. — Vorrichtung. (**A. P. 2988572** vom 7/3. 1958, ausg. 13/6. 1961.) J. Mühleisen. 7177

2621 Farbenfabriken Bayer Akt.-Ges., Deutschland (Erfinder: Kuno Wagner), **Acylierungen von**

Polyoxymethylenen. Inhaltlich ident. mit E. P. 868356; C. **1963,** 1887. (**F. P. 1250392** vom 10/3. 1960, ausg. 31/3. 1961. D. Prior. 11/3. 1959.) M. Pankow. 7177

2622 Farbenfabriken Bayer Akt.-Ges., Leverkusen (Erfinder: H. Kritzler und K. Wagner), **Polymerisieren von Formaldehyd.** Inhaltlich ident. mit Oe. P. 216218; C. **1962,** 16151. (**Belg. P. 588018** vom 25/2. 1960. D. Prior. 28/2. 1959.) M. Pankow. 7177

2623 Farbenfabriken Bayer Akt.-Ges., Leverkusen (Erfinder: Kuno Wagner, Hans Scheurlen, Leverkusen, und Helmuth Kritzler, Köln), **Stabilisierung von acylierten und/oder alkylierten hochmolekularen Polyoxymethylenen** mittels folgender Verbb.: 1) Amine u. Hydrazine der Formel $XN(R^1)R^2$ u. $X(R^1)N \cdot N(R^2)R^3$ (X = mindestens ein über Si an das N-Atom gebundener organ. Rest oder mindestens eine über einen aliphat. Rest an das N-Atom gebundene funktionelle Gruppe, wie Ester-, Äther-, Thioäther-, Carbonamid-, Urethan-, Acetal-, Nitrilgruppe; R^1, R^2, R^3 = aliphat., cycloaliphat., araliphat. Reste, wobei X u. 2 von ihnen auch Glieder eines beliebigen Ringes sein können); 2) Amine u. Hydrazine der Formel $R^1N(R^2)R^3$ u. $R^1(R^2)N\ N(R^3) \cdot R^4$ (R^1-R^4 = aliphat., cycloaliphat. oder araliphat. Reste, wobei im Fall der Amine 2 von ihnen gemeinsam Kettenglieder eines oder mehrerer Ringsyst. sein können u. die Summe der R^1-R^4-C-Atome > 12 ist); 3) Salze aus anorgan. oder organ. Basen u. Dithiocarbaminsäuren; 4) aromat. u. cycloaliphat. prim. u. tert. Diamine, die in o-Stellung zur Aminogruppe alkyliert sind; 5) 1.6-tetrasubstituierte Hydrazodicarbonamide, -carbonsäureester, 1-substituierte Hydrazodicarbonsäureester, Semi- oder Thiosemicarbazidcarbonsäureester, 1.4-substituierte Semi- oder Thiosemicarbazide, monosubstituierte Urethane oder Thiourethane, Allophansäureester, Biuretderivv., NH-Gruppen enthaltende substituierte Melamine, substituierte Guanidine, Formamidine, Amidine oder deren funktionelle Derivv., wie Acetale, Azine, Hydrazone, Oxime, Semicarbazone, Schiffsche Basen. — Acetyliertes Polyoxymethylen (durch Polymerisation von HCHO mit Tetramethylharnstoff nach Belg. P. 588018; vorst. Ref. u. Acetylierung nach F. P. 1250392, s. vorvorst. Ref., hergestellt) wird mit 0,4% Bienenwachs vermischt u. mit je 2% folgender Stoffe stabilisiert: Triäthanolamintriacetat, N-Methyldiäthanolamindiacetat, N-Methyl-N-stearylaminopropionitril, Kieselsäure-Iminoäther; 6) Aldehyde tert. aromat. Amine oder tetra-[β-(N-dibutylamino)-äthyl]-ester, Dimethylsilyl-bis-[N-dibutylamin], Phosphorsäuretris-[β-(N-dibutylamino)-äthyl]-ester, N.N.'-Dibutyl-N.N'-di-[β-acetoxyäthyl]-hydrazin, 1.4-Diphenylthiosemicarbazid, 3.3'.5.5'-Tetraisopropyl-4.4'-diaminodiphenylmethan. (**Oe. P. 218252** vom 3/6. 1960, ausg. 27/11. 1961. D. Prior. 6/6. 1959.) M. Pankow. 7177

2624 E. I. du Pont de Nemours & Co., Wilmington, Del., übert. von: Stephen Dal Nogare, West Chester, Pa., und John Oliver Punderson, Wilmington, Del., V. St. A., **Wärmestabilisierung von Polyoxymethylencarboxylat (II).** Ein Rk.-Gemisch aus einem Polyoxymethylen(I) von Mol.-Gew. ≥ 15000 mit 1—2 endständigen OH-Gruppen, 0,1—20 (Gew.-Teilen je 1 Teil **I**) eines Carbonsäureanhydrids u. 1—100 Mol-% (auf das Anhydrid) eines tert. Amins wird auf 50—200° so lange erhitzt, bis alle OH-Gruppen verestert sind. Man erhält ein **II** vom Mol.-Gew. > 15000 mit einer therm. Rk.-Konst. < 1% je Min. bis zu 222°. (**A. P. 2998409** vom 30/8. 1957, ausg. 29/8. 1961.) W. Overbeck. 7177

2625 Kunoshima Kagaku Kôgyô Kabushiki Kaisha (Erfinder: Mikio Matsugane und Jirô Yamamoto), Mihara, Japan, **Herstellung von Polycarbonaten** aus Diarylcarbonaten u. 4.4'-Dihydroxydiarylalkanen in Ggw. von Mn-Salzen oder deren Mol.-Verbb. mit anderen Verbb. als Katalysatoren. — 45,6 (Teile) 2.2-Bis-[4-Hydroxyphenyl]-propen, 47 Diphenylcarbonat u. 0,08 Mn-Acetat werden unter N_2 u. 50 mm auf 185° u. nach Beginn der Phenoldest. auf 205° bei Druckred. auf 15 mm erhitzt. Nach $3^1/_2$ Std. hält man bei 1 mm u. erhitzt $^1/_2$ Std. auf 225°, 2 Std. auf 255° u. 1 Std. auf 285°; Hartes, leicht gelbes Rk.-Produkt. (**F. P. 1240745** vom 26/9. 1959, ausg. 20/12. 1960. Jap. Prior. 29/9. 1958. **Jap. A. S. 4541/1961** vom 29/9. 1958, ausg. 10/5. 1961.) M. Pankow. 7177

2626 Kumoshima Kagaku Kôgyô Kabushiki Kaisha (Erfinder: Kazuhiko Tanaka und Jirô Yamamoto), Mihara, Japan, **Herstellung von Polykohlensäureestern** durch Polykondens. von Bis-[hydroxyaryl]-alkan-bis-aryl- oder -alkylkohlensäureestern u. Bis-[hydroxyaryl]-alkanen in Ggw. von organ. u./oder anorgan. Mn-Salzen. — Man erhitzt eine Mischung von 46,8 (Teilen) 2.2-Bis-[4-hydroxyphenyl]-propan-bis-phenylkohlensäureester 22,8 2.2-Bis-[4-hydroxyphenyl]-propan u. 0,1 Mn-Acetat unter N_2 allmählich auf 180—190°, dest. bei 50 mm entstehendes Phenol ab, ändert die Temp. langsam auf 220° u. das Vakuum auf 15 mm u. nach 2 Std. auf 250—290° u. 1 mm u. hält 3 Std. Schwachgelbes Rk.-Produkt. (**Jap. A. S. 4543/1961** vom 13/12. 1958, ausg. 10/5. 1961.) M. Pankow. 7177

2627 Kunoshima Kagaku Kogyo Kabushiki Kaisha, En-ichi-cho, Mihara-shi, Hiroshima-ken, Japan, **Polycarbonate** entstehen durch Umesterung von einem oder von mehreren *4.4'-Dihydroxydi-(einkern)-arylalkanen* oder *-cycloalkanen* u. einem oder mehreren *Diarylcarbonaten* in Ggw. von Mn-Salzen oder von Säuren als Katalysatoren. (**E. P. 882540** vom 17/9. 1959, ausg. 15/11. 1961. Jap. Prior. 29/9. 1958.) F. Koch. 7177

2628 General Electric Co., Schenectady, N. Y. (Erfinder: Kenneth B. Goldblum, Pittsfield, Mass.), V. St. A., **Herstellung von Polycarbonatharzen** durch Rk. von 2wertigen Phenolen mit Carbonatvorprodd. (z. B. p-Kresol-Alkalimetallsalz + $COCl_2$) oder Diarylcarbonat u. Erhitzen des erhaltenen Prod. (**I**) mit Hexamethylentetramin (**II**) oder Paraform auf 100—300° zwecks Vernetzung. — 68,4 (g) Bisphenol A u. 64,2 Diphenylcarbonat werden bei Unterdruck unter N_2 auf dem Ölbad von 185—190° erhitzt, wobei Phenol abdestilliert. Man steigert langsam auf 290° u. hält bei 9—1,2 mm 4,5 Std., gibt zu 0,5 des Polycarbonats 0,1 **II** auf einer heißen Platte u. härtet in 30 Sek. zu einem gelben, gummiartigen, umschmelzbaren Prod., das beim Abkühlen spröde wird u. in Dioxan unlösl. ist. — Man kann **I** auch mit 5—100 Gew.-% (auf das Polycarbonat-Gew. berechnet) Novolakharz bei 100—250° vernetzen. — 553 (g) Bisphenol A u. 345 Diphenylcarbonat werden 6 Std. 20 Min. auf 200—250° bei 5—15 mm unter Phenoldest. erhitzt. 0,5 des Polycarbonatharzes werden mit 0,2 mit H_2SO_4-Katalysator erhaltenem Novolakharz bei 180° zu einem in Dioxan unlösl. Prod. gehärtet. — Verw. für *Filme, Überzüge, elektr. Isoliermaterial, Borsten* u. *Klebstoffe.* — Vgl. A. P. 2950266; C. **1962,** 323. (**Jap. A. SS. 2845/1961** vom 13/8. 1958 u. **2846/1961** vom 12/8. 1958, beide ausg. 10/4. 1961. Beide A. Prior. 22/8. 1957.) M. Pankow. 7177

2629 General Electric Co., Schenectady, N. Y., V. St. A., **Formmassen aus Polycarbonaten.** Sie enthalten solche **I**, welche die CO_3-Gruppen unmittelbar an einem Kern-C-Atom gebunden enthalten u. mit Hexamethylentetramin (als Formaldehyd-Verdünnungsmittel) in der Hitze gehärtet werden. (**E. P. 883619** vom 21/7. 1958, ausg. 6/12. 1961. A. Prior. 22/8. 1957.) F. Koch. 7177

2630 Kunoshima Kagaku Kôgyô Kabushiki Kaisha (Erfinder: Mutsuhiko Okamura und Junji Tanaka), Mihara, Japan, **Wasserfreie Lösung von gereinigtem Polycarbonat (I).** Eine wss. Lsg. von **I** oder Verunreinigungen enthaltendem rohem **I** wird < 0° abgekühlt, man läßt W. oder W. u. Verunreinigungen ausfrieren u. filtriert kalt. — Zu den Polykondensationsprod. aus 53,9 (Teilen) 2.2-Bis-[4-hydroxyphenyl]-propan u. $CoCl_2$ vom Molgew. > 40000 gibt man CH_2Cl_2 u. erhält 600 einer 10%ig. Lsg., beseitigt abgetrenntes W., kühlt die Lsg. auf — 10° u. filtriert bei dieser Temp. durch mehrere Lagen Metall- oder Flanelltuch. — Verw. der Lsg. zur Herst. von *Filmen.* (**Jap. A. S. 4542/1961** vom 15/11. 1958, ausg. 10/5. 1961.) M. Pankow. 7177

2631 Kunoshima Kagaku Kôgyô Kabushiki Kaisha (Erfinder: Muneyasu Kikuchi und Mikio Matsugane), Mihara, Japan, **Stabilisierung von Poly-**

carbonaten durch Zusatz von 0,01–2% H_3PO_3 oder Triarylphosphiten, wie Triphenylphosphit. (**Jap. A. S. 3596/1961** vom 7/8. 1958, ausg. 20/4. 1961.)
M. Pankow. 7177

2632 Fuji Shashin Film Kabushiki Kaisha, Kanagawa (Erfinder: Hiroshi Okuyama, Kanagawa, und Haruo Takenaka, Odawara), Japan, **Herstellung von Polycarbonatharzfolien.** Polycarbonatharz mit 2.2-Bis-[4-hydroxyphenyl]-propaneinheiten wird im Spritz- oder Gießverf. zu Folien geformt, die bei 100–170° in einer oder 2 zueinander senkrechten Richtungen auf das 1,3–1,5fache gereckt u. unter Spannung auf 145–170° erhitzt werden. Die Wärmenachbehandlung gibt erhöhte Zugfestigkeit u. geringe Schrumpfung. (**Jap. A. S. 4533/1961** vom 5/9. 1958, ausg. 10/5. 1961.)
M. Pankow. 7177

2633 American-Marietta Co., Chicago, Ill., V. St. A., **Polyester.** Er wird hergestellt aus dem Anhydrid einer gesätt. aromat. oder aliphat. Dicarbonsäure u. dem Ester aus einer aromat. Monocarbonsäure (Benzoesäure) mit einem Diglycidyläther eines 2wertigen Phenols (Bisphenol A). (**E. P. 883244** vom 1/1. 1960, ausg. 29/11. 1961. A. Prior. 8/1. 1959.)
F. Koch. 7177

2634 Swift & Co., Chicago, Ill., übert. von: Thomas W. Findley, La Grange, Ill., John L. Ohlson, Bedford, Mass., und Frank E. Kuester, La Grange, Ill., V. St. A., **Polyester** entstehen aus epixodierten fetten Ölen mit mehr als 2 Epoxidgruppen (bes. Sojabohnen-, Leinöl) u. anorgan. oder organ. zwei- oder dreibas. Säuren; u. a. werden genannt: Bor-, Schwefel-, Phosphor-, Malein-, Phthal-, Tetrachlorphthal-, Tetrahydrophthalsäure; bes. geeignet scheint Trimethoxyboroxin zu sein. (**A. P. 3006936** vom 10/4. 1957, ausg. 31/10. 1961.)
F. Koch. 7177

2635 C. F. Roser G.m.b.H., übert. von: Hans Batzer, Stuttgart, **Polyester** werden wie üblich hergestellt. Dabei ist ein Teil der üblichen zweibas. Säuren durch Δ^4-Tetrahydrophthalsäure ersetzt. (**A. P. 3004003** vom 27/1. 1956, ausg. 10/10. 1961. D. Prior. 29/1. 1955.)
F. Koch. 7177

2636 Teikoku Jinzo Kenshi Kabushiki Kaisha, Ôsaka (Erfinder: Kiyoshi Kazama, Shigemitsu Tsunawaki und Yatarô Ishikawa, Iwakuni), Japan, **Herstellung von Polyestern** durch Kondens. von Terephthalsäure (I), auch zusammen mit anderen 2bas. Säuren, u. Glykolen unter Zusatz von Wasser. – 120 (Teile) I, 58 Äthylenglykol, 65 W. u. 0,06 Ca-Acetat werden in inakt. Gas im Autoklaven mit Dest.-Turm erhitzt. Nachdem der sich entwickelnde Dampf den Innenraum ausgefüllt hat, schließt man das in den Dest.-Turm führende Ventil u. erhitzt bei 230°, wobei der Druck auf 28 kg/cm² steigt. Nach 1 Std. öffnet man das Ventil u. dest. zugesetztes u. Rk.-W. ab, wobei man die Temp. bei 240° u. den Druck bei 2,2 kg/cm² hält. 20 Min. nach Beendigung der W.-Entfernung beendet man die Rk. (Gesamtdauer 150 Min.); setzt 0,042 Sb_2O_3 u. 0,036 Triphenylphosphit zu u. erhitzt 30 Min. bei normalem Druck, 30 Min. bei 20 mm, 90 Min. bei 0,1 mm auf 270°; Polymeres mit Erreichungspunkt 262,2°, kalt streckbar. (**Jap. A. S. 3840/1961** vom 22/10. 1958, ausg. 24/4. 1961.)
M. Pankow. 7177

2637 Nisshin Bôseki Kabushiki Kaisha (Erfinder: Kaneyoshi Ashida und Kei Hata), Tokyo, Japan, **Herstellung von Polyestern.** Polymere ungesätt. Fettsäuren mit ≦ 1% Monomeren, 35–40% Trimeren, Rest Dimeren, werden mit Glykolen u. Triolen im Verhältnis G + T = 3N u. G/T = 3–7 (G = Glykolmolzahl; T = Triolmolzahl; N = Äquivalent an polymerer Säure), u. zwar zunächst mit Glykol bei gewöhnlichem Druck verestert; wenn der Säurewert $^1/_2$–$^1/_3$ der Gesamt-OH-Menge des verwendeten Triols erreicht, wird Triol zugesetzt u. bei gewöhnlichem Druck u. unter W.-Abspaltung weiter bis zur SZ. ≦ 3 verestert. – 608 (g) polymere Säure (0,5% Monomeres, 60% Dimeres, 39,5% Trimeres) u. 127 Diäthylenglykol werden unter N_2 1 Std. auf 150° erhitzt; die Temp. wird in 6 Std. allmählich auf 200° gesteigert u. bis zur SZ. 35–30 gehalten. Man gibt 40 Trimethylolpropan zu u. verestert noch 18 Std. bei 200°, hält bei Unterdruck u. erhält einen Polyester der SZ. 1,2, OH-Zahl 52 u. Viscosität 8000 cP (65°). (**Jap. A. S. 2349/1961** vom 5/2. 1959, ausg. 30/3. 1961.)
M. Pankow. 7177

2638 Riken Gosei Jushi Kabushiki Kaisha (Erfinder: Shin Ôishi), Tôkyô, Japan, **Stabilisieren von ungesättigten Polyesterharzen** durch Zusatz von Verbb. der Formel I (R^2 = Alkyl; R^1 = R^2 oder Aralkyl; R^3 = R^2 oder H), auch zusammen mit bekannten Polymeri-

I 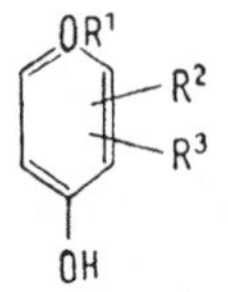

sationsverhinderungsmitteln bei der Herst. oder Formung der Harze. Solche Verbb. sind folgende 4-Hydroxyanisole: *2-Methyl-*, *2-* oder *3-[tert. Butyl]-*, *2-* oder *3-Dodecyl-*, *2.5-* oder *2.6-Di-[tert.-butyl]-*, sowie *3-[tert. Butyl]-4-benzyloxyphenol.* (**Jap. A. S. 3835/1961** vom 5/12. 1958, ausg. 24/4. 1961.)
M. Pankow. 7177

2639 Nippon Reichhold Kagaku Kôgyô Kabushiki Kaisha, Tôkyô (Erfinder: Hideo Suzuki, Tôkyô, Akira Hirayama, Ôsaka, Hiroshi Maeda, Amagasaki, und Shôzaburô Nomura, Nishinomiya), Japan, **Feuersicheres ungesättigtes Polyesterharzpräparat.**

I

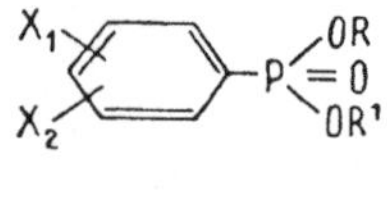

Bei der üblichen Herst. ungesätt. Alkydharze gibt man zu dem Ausgangsmaterial oder setzt während der Rk. Benzolphosphonsäurederivv. (I) (R u. R^1 [gleich oder verschieden) = H, C_{1-5}-Alkyl oder Halogenalkyl; X_1 u. X_2 (gleich oder verschieden) = H oder Cl] zu u. löst das P-haltige Alkydharz wie üblich in polymerisierbarem Monomeren (Styrol); solche P-Verbb. sind Benzolphosphonsäure oder Diäthylbenzolphosphonat. (**Jap. A. S. 3696/1961** vom 25/2. 1958, ausg. 21/4. 1961.)
M. Pankow. 7177

2640 Farbwerke Hoechst Akt.-Ges. vormals Meister Lucius & Brüning, Frankfurt/M., **Herstellung gefärbter Polyester.** Man verteilt den Farbstoff (Ruß) in einem Glykol als Dispersionsfl., die 0,05–5, bes. 0,05–0,7 Gew.-% eines in alkal. Medium erhaltenen Kondensationsprod. aus einer aromat. OH-Verb. u. aromat. ω-Sulfomethanverb. u./oder aus Naphthalinsulfonsäure u. HCHO als Dispersionsmittel enthält, trennt grobkörniges Material z. B. mittels Zentrifugieren ab u. verarbeitet das Glykol zu Polyestern. (**Jap. A. S. 3383/1961** vom 27/12. 1958, ausg. 18/4. 1961. D. Prior. 27/12. 1957.)
M. Pankow. 7177

2641 Chemstrand Corp. (Erfinder: William Allen Hooper Huffman und William Sherwood Wagner), **Färbbare modifizierte Polyester,** bestehend aus dem Rk.-Prod. aus 1. wenigstens einer aromat. Dicarbonsäure oder Alkylestern dieser Säuren, 2. wenigstens einem aliphat. Glykol mit 2–10 C-Atomen u. 3. einer aromat. Verb. der allg. Formel Z–A(Y)–X (A = aromat. Kern; Y = H oder Z; Z = COOH, COOR, worin R ein Alkylrest mit 1–5 C-Atomen ist, R'OH, worin R' ein Alkylenrest mit 1–10 C-Atomen ist, R'OR'', worin R' ein Alkylenrest mit 1–10 C-Atomen u. R'' ein Acylrest mit 1–5 C-Atomen ist, $O[(CH_2)_mO]_z(CH_2)_nOH$, worin m u. n Zahlen von 2–22 sind u. z eine Zahl von 1–100 ist, u. Ester davon $O[(CH_2)_mO]_z(CH_2)_nOR''$, worin R'' ein Acylrest mit 1–5 C-Atomen ist; X = SO_2OH, Salze davon oder SO_2NH_2), werden hergestellt durch Erhitzen der Komponenten auf 65–325, bes. 150–325°. – Zum B. ist die 1. Komponente des Rk.-Prod. Dimethylterephthalat, die 2. Äthylenglykol u. die 3. ein Alkalisalz der 3.5-Dicarbomethoxybenzolsulfonsäure in einer Menge von 0,1–2 Mol.-% der 1. Komponente. (**Aust. P. 235077** vom 21/10. 1958, ausg. 14/9. 1961. A. Prior. 4/11. 1957.) K. Demmler. 7177

2642 Eastman Kodak Co., Rochester, N. Y., übert. von: Frederick B. Joyner und Harry W. Coover jun., Kingsport, Tenn., V. St. A., **Herstellen von stabilen, gleichmäßigen und leicht färbbaren Gemischen aus linearen Polyestern u. einem Acrylamidpolymerisat.** 69–96 (Gew.-Teile) Polyester werden in einer N_2-Atmosphäre auf 250–300° erhitzt. Der Schmelze werden unter Umrühren 31–4 Acrylamidpolymerisat zugefügt. Als Polyester werden verwendet: 1) Polyäthylenterephthalat, ein linearer Polyester aus äquimol. Mengen 4.4'-Sulfonyldibenzoesäure u. einem gradkettigen gesätt. Alkandiol mit 5–12 C-Atomen. Anstelle der Benzoesäure können teilweise auch eine gradkettige gesätt. zweibas. Fettsäure mit 2–20 C-Atomen oder Terephthalsäure treten; 2) ein linearer Polyester aus äquimol. Mengen Terephthalsäure u. 1.4-Cyclohexandimethanol, wobei anstelle dieser Säure teilweise auch ein gesätt. gradkettige zweibas. Fettsäure mit 2–20 C-Atomen oder Isophthalsäure treten kann. Als Acrylamidpolymerisat werden z. B. verwendet: 1) eine Verb. der Formel $CH_2{=}CH \cdot CO \cdot N(R)_2$, R bedeutet H, eine Alkylgruppe mit 1–12 C-Atomen, eine Cyclohexyl- oder eine Benzyl-Gruppe; 2) ein Mischpolymerisat, das zu mindestens 60% aus der oben gekennzeichneten Verb. u. der Rest aus verschiedenen polymerisierbaren Verbb., wie Acrylnitril u. Styrol besteht. (**A. P. 2996475** vom 27/5. 1957, ausg. 15/8. 1961.) F. Markhoff. 7177

2643 Shell Oil Co., übert. von: Carl G. Schwarzer, Walnut Creek, und Paul H. Williams, Orinda, Calif., V. St. A., **Neue Epoxidharze.** Mehrkernige, mehrwertige Phenole, die durch Kondens. eines Phenols mit einer epoxysubstituierten oder einer chlorhydrinsubstituierten Carbonyl-Verb. u. deren Überführung in das Epoxy-Deriv. erhältlich sind, werden mit Epichlorhydrin (I) in einer Menge von 2–10 Mol pro phenol. OH-Gruppe des Phenols in alkal. Medium umgesetzt. Durch Rk. von 3,06 (Mol) Glycidaldehyd in wss. Lsg. mit 3,6 Phenol erhält man 1,2-Epoxy-3.3-bis-(hydroxyphenyl)-propan (**II**) als festen Stoff u. durch Rk. von 3,06 (Mol) 1-Hydroxy-2-chlorpropanol mit 3,6 Phenol in wss. Lsg. Chlorhydroxy-3.3-bis-(hydroxyphenyl)-propan. – Eine Lsg. von **II** in 7fachem Überschuß von **I**, die 2,3% W. enthält, wird mit einer wss. Lsg. von NaOH (2 mol. Überschuß) auf Rückfluß unter Entfernung von W. erhitzt. Nach Filtrieren u. Entfernen des überschüssigen **I** bei 150 bis 170° u. 1–2 mm Hg erhält man eine weiche, wachsartige Masse mit einem Epoxywert von 0,541 Äquivalent auf 100 g, die durch Erhitzen mit m-Phenylendiamin gehärtet werden kann. *Überzugs-, Klebemittel* und *Gußmassen.* (**A. P. 3014892** vom 21/7. 1958, ausg. 26/12. 1961.) J. Mühleisen. 7177

2644 Narmco Industries, Inc., übert. von: Harold H. Levine, San Diego, Calif., V. St. A., **Polyepoxid-Formmassen.** Sie enthalten 6–40 Gew.-% Carbonsäurehydrazide als Härter. Die Härtung erfolgt bei über 300°F. (**A. P. 3014009** vom 20/7. 1959, ausg. 19/12. 1961.) F. Koch. 7177

2645 Anchor Chemical Co. Ltd., Manchester, England (Erfinder: Vincent Oakes und David Lehmann Voss), **Epoxyharz-Formmassen** enthalten den Komplex aus BF_3 u. Benzylamin (I) oder ein I, das mit Cl oder einer Alkoxygruppe am Kern substituiert ist. (**E. P. 885749** vom 3/4. 1959, ausg. 28/12. 1961.) F. Koch. 7177

2646 Monsanto Chemical Co. (Erfinder: Joseph Anthony Cannon und Aubert Yarcher Coran), **Epoxyharzgemische,** bestehend aus einem Glycidylpolyäther, z. B. eines dihydr. Phenols oder eines Bis-(4-hydroxyphenyl)-2.2-propans u. einem Phosphit der allg. Formel $(R_1O)(R_2O)(R_3O)P$, worin R_1, R_2 u. R_3 von acetylen. Bindungen freie organ. Reste mit bis zu – 18-C-Atomen bedeuten. – Beispiel: Aus einem Gemisch von 125 (Teilen) Triphenylphosphit, 100 Epoxyharz (Epoxidäquivalent 870–1025), 200 Methyläthylketon u. 8 Tetraäthylenpentamin wird nach Erhitzen auf 100° ein biegsamer, unschmelzbarer Film erhalten. (**Aust. P. 233306** vom 19/11. 1958, ausg. 4/5. 1961.) K. Demmler. 7177

2647 Monsanto Canada Ltd. (Erfinder: Felix Karpfen), **Stabile, wäßrige Lösungen von härtbaren Melamin-Formaldehyd-Kondensaten** erhält man, wenn an Stelle von Melamin (I) ein Gemisch aus **I** mit Benzoguanamin z. B. im mol. Verhältnis 9 : 1 mit dem CH_2O kondensiert wird. (**Aust. P. 234742** vom 26/6. 1959, ausg. 17/8. 1961. A. Prior. 18/5. 1959.) C. Lüttgen. 7181

2648 American Cyanamid Co., New York, N. Y., V. St. A., **Gegen Lichteinwirkung stabilisierte Aminoplaste** erhält man durch Rk. von Aldehyden (CH_2O oder solchen abgebende Verbb., Acet-, Butyraldehyd, Acrolein, Croton-, Benzaldehyd oder Furfurol) mit NH_2- oder NH-Gruppen aufweisenden Verbb. (Harnstoff, Melamin, Benzoguanamin, Melam, Melem, Melom, Amelin, Amelid, Aminothiazine, Biguanid, Thioharnstoff, Dicyandiamid oder Guanazol), Ansäuern mit UV-Absorbern der allg.

I

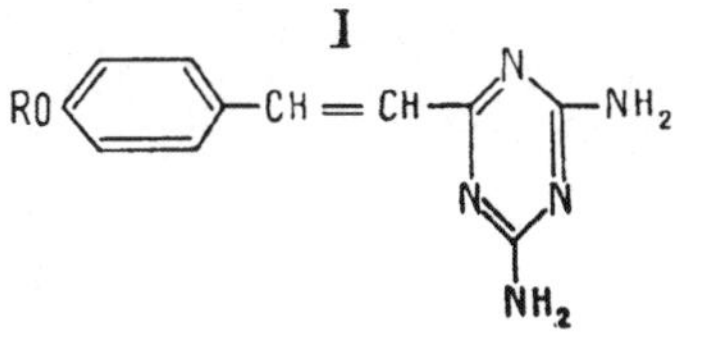

Formel **I**, R = Alkylrest mit höchstens 4 C-Atomen, Pigmente (TiO_2), Gleitmittel (Zn-Stearat), Härter (Phthalsäureanhydrid, Benzoylperoxid u. a.) oder Weichmacher können mitverwendet werden. Herst. von Schichtstoffen, Deckfolien. (**E. P. 876939** vom 18/9. 1959, ausg. 6/9. 1961. A. Prior. 26/9. 1958.) E. Dörfel. 7181

2649 American Cyanamid Co., New York, N. Y., übert. von: John C. Petropoulos, Norwalk, Conn., V. St. A., **Polyesterurethane** erhält man durch Rk. von Polyisocyanaten u. Polyestern (I) aus Glykolen, Pinakol, Glycerin, Trimethylalkan, 5- u. 6wertigen Alkoholen u.

I

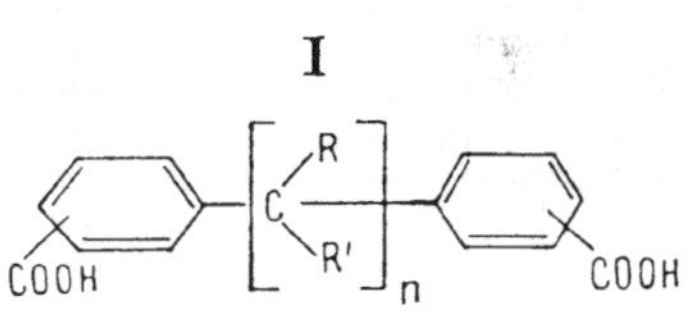

einer mehrwertigen Carbonsäure der allg. Formel **I**, R = R' = Alkylrest mit 1–4 C-Atomen, n = 1 oder 2 (verschiedene Alkylidendibenzoesäuren) unter Zusatz von Fettsäuren, Fetten oder Ölen bzw. Monoglyceriden, anderen gesätt. oder ungesätt. Dicarbonsäuren nicht benzoider Struktur. Die Rk. kann durch tert. Amine katalysiert werden (0,01–0,5% von der Alkylidendibenzoesäuremenge) unter Mitverwendung von Vernetzern (prim. u. sek. Amine, Alkohole mit mindestens 2 OH-Gruppen u. Alkanolamine). (**A. P. 2998399** vom 11/2. 1957, ausg. 29/8. 1961.) E. Dörfel. 7181

2650 E. I. du Pont de Nemours & Co. (Erfinder: August Henry Frazer), Wilmington, Del., V. St. A., **Herstellung Hochmolekularer mit Oxadiazolgruppen in der Kette.** Man erhitzt Polyhydrazide oder mischpolymere Polyhydrazide mit den wiederkehrenden Einheiten $-[RCONHNHCO]-$ (R = 2wertiger organ. inakt. Rest) auf > 200° u. bildet dabei unter Ringschließung die wiederkehrenden Einheiten **I**. Die erhaltenen Polymeren sind stabil u. eignen sich zur Herst. von *Folien* u. *Fasern.*

I

Die polymeren Hydrazide erhält man aus äquimol. Mengen Dihydrazid u. Diacylchlorid. — In eine eisgekühlte Mischung aus 48,5 (g) Isophthalsäuredihydrazid u. 15 LiCl in 325 ml N-Methylpyrrolidon rührt man 50,75 Isophthaloylchlorid u. gießt nach 12std. Rühren in W.: Polyhydrazid, F. 370°. Man erhitzt es 8 Std. bei 1 mm auf 283° u. erhält das Poly-[oxadiazol-1.3.4] mit F. > 400°. (**Jap. A. S. 3899/1961** vom 18/3. 1960, ausg. 24/4. 1961. **F. P. 1259570** vom 18/3. 1960, ausg. 9/8. 1961. Beide A. Prior. 19/3. 1959.) M. Pankow. 7181

2651 American Cyanamid Co., New York, N. Y., übert. von: Earl Kaplan, North Plainfield, und Joseph C. Morath, Bound Brook, N. J., V. St. A., **Homopolykondensate von 1.3-Bis-(hydroxymethyl)-2-imidazolidonen und -imidazolithionen,** dad. gek., daß sie die allg.

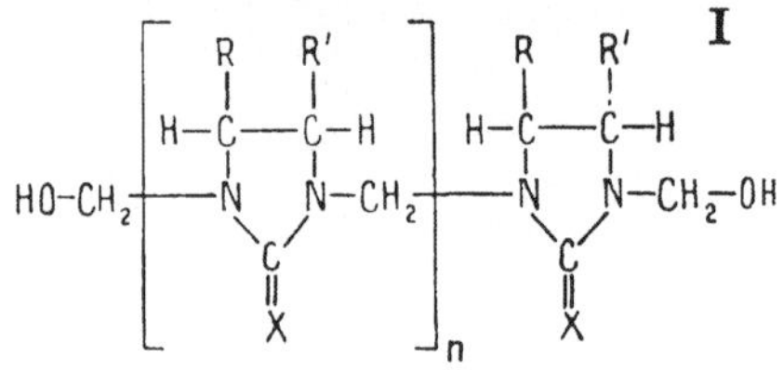
I

Formel **I** besitzen, in der R und R' für H oder niedere Alkyle, X für O oder S u. n für eine ganze Zahl > 1 stehen. Zur Herst. dieser Prodd. erhitzt man 1.3-Bis-(oxymethyl)-2-imidazolidone oder -imidazolithione bei 25—100 in Ggw. eines wss. sauren Katalysators bei pH 1—6,5. — Zum Beispiel erhitzt man ein Gemisch von 10 (Teilen) N.N'-Bis-(oxymethyl)-äthylenthioharnstoff, 25 W. u. 0,5 Toluolsulfonsäure bei 65 °2 Std., trocknet das Prod., suspendiert es in A. u. trocknet es wieder. Verwendung als Verdünnungs- u. Verteilungsmittel, um in hochkonz. Dispersionen Thixotropie zu verhindern. (**A. P. 3004002** vom 26/5. 1958, ausg. 10/10. 1961.) K. Sarre. 7181

2652 Kunoshima Kagaku Kôgyô Kabushiki Kaisha (Erfinder: Toshihisa Tachikawa und Yûichi Ueno), Mihara, Japan, **Polymerisatlösung** zur Herst. von *Fäden, Filmen, plast. Massen, Lacken* aus hochmol. Amiden der Formel I (n = 0,1 oder 2) u. H_2SO_4, H_3PO_4,

I

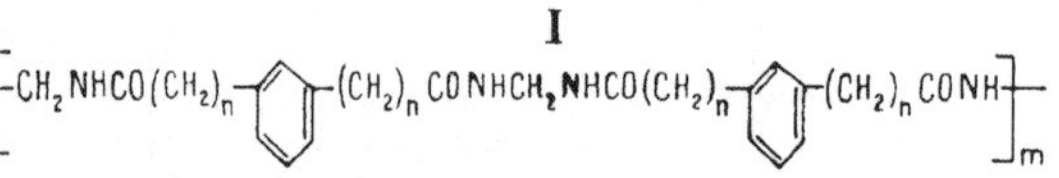

Phenol oder RS(O)R' (R u. R' = Alkyl, Aryl, Aralkyl), ggf. zusammen mit Wasser. Man erhält die Polymeren aus 1.3-$[NC(CH_2)_n]_2C_6H_4$ u. HCHO oder dessen Polymeren in Ggw. von Säuren, wie H_2SO_4 oder H_3PO_4. — Das hochmol. Amid **II** erhält man aus 113 (Teilen) Iso-

II

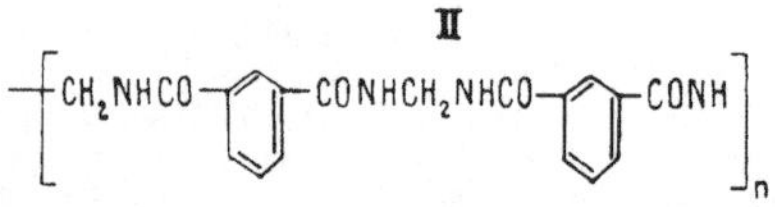

phthalonitril, 27,4 Paraformaldehyd u. 920 95%ig. H_2SO_4; man gibt zu 100 des Rk.-Prod. 900 90%ig. H_2SO_4, rührt durch u. läßt 24 Std. stehen: Viscose, durchsichtige Lösung. (**Jap. A. S. 782/1961** vom 24/2. 1958, ausg. 17/2. 1961.) M. Pankow. 7181

2653 United States Borax & Chemical Corp., Los Angeles, Calif., V. St. A., **Borstickstoffpolymere,** welche therm. stabil sind, werden hergestellt durch Erhitzen eines Borazols der Formel I in einem geschlossenen Gefäß auf 350—600° ohne Katalysatoren. In der Formel I

I

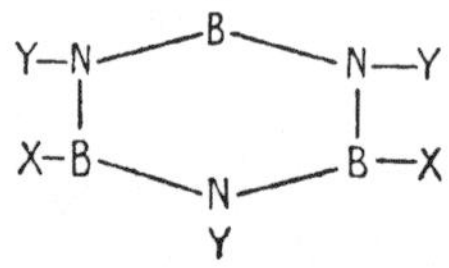

steht X für unsubstituierte gesätt. aliphat. KW-Stoffreste, unsubstit. aromat. Reste, substituierte aromat. Reste, die ein oder mehr unsubstituierte gesätt. aliphat. KW-Stoffreste tragen, substituierte heteroaromat. Reste, die einen oder mehr unsubstituierte gesätt. aliphat. KW-Stoffreste tragen, oder sek. Aminoreste, Y = H, unsubstituierte aliphat. KW-Stoffrest, unsubstituierter aromat. KW-Stoffrest oder substituierter aromat. KW-Stoffrest. Das Erhitzen kann aber auch in Ggw. von prim. oder sek. Aminen oder deren Hydrochloriden, $NaNH_2$, Grignard-Reagentien, ZnBr, K_2O, Trifluoressigsäure oder eines Friedel-Crafts-Katalysators vorgenommen werden. — 1 g β-Triphenyl-N-trimethylborazol wurde im geschlossenen Gefäß unter N_2 72 Std.auf 450—485° erhitzt. Man erhält ein hartes glänzendes schwarzes Polymer, das lediglich von konz. H_2SO_4 angegriffen wird. *Verw. für Formkörper u. Überzüge.* (**E. P. 877324** vom 5/7. 1960, ausg. 13/9. 1961. A. Prior. 3/8. 1959.) A. Dandl. 7181

2654 Union Carbide Corp., übert. von: James O. Koehler, Parma, Ohio, und Headlee Lamprey, Lewiston, N. Y., V. St. A., **Geformte Harze.** Um bei Kunstharzen die Viscosität u. Oberflächenspannung zu erniedrigen u. dadurch schnellere Verformung bei niedrigen u. dadurch schnellere Verformung bei niedrigeren Drucken u. Temp. zu ermöglichen, setzt man den Harzen 0,01—3,5 Gew.-% Metallcarboxylate der Formel **I**

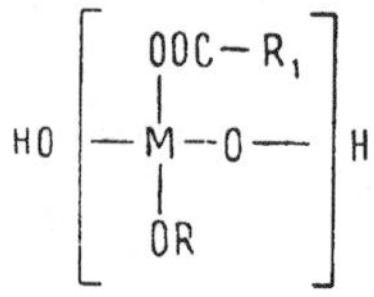
I

oder Metallaminoalkohole der Formel $(RO)_xM[OC_2H_4 \cdot N(R^1)_2]_{4-x} \cdot (HO_2C\text{–}R^2)_y$ (**II**) oder Metallsalze mehrwertiger Alkohole der Formel $(RO)_xM[O\text{–}CH_2\text{–}C(R^1)(R^2)(OH)]_{4-x}$ (**III**) zu. M bedeutet in **I** Si, Sn oder Pb, in **II** u. **III** die gleichen Metalle u. noch Zr; R, einen Aryl-, Alkaryl-, Aralkyl-, Alkyl- oder substituierten Alkylrest mit 1 bis 18 C-Atomen, R^1 in **I** die genannten Reste mit 10 bis 18 C-Atomen, R^1 in **II** H oder die genannten Reste mit 1—4 C-Atomen, R^2 in **II** einen Alkyl- oder substituierten Alkylrest mit 10—18 C-Atomen, in **III** R^1 = H, OH oder ein Alkyl- oder substituierter Alkylrest, R^2 = H oder ein Alkyl- oder substituierter Alkylrest, R^3 = Alkylenrest, x in **I** eine kleine ganze Zahl, in **II** 0—3, in **III** 1—3 u. y in **II** ≦ (4 — x). (Zum Beispiel verwendet man bei **I** Isopropoxy-Zr-Stearat, bei **II** Diäthoxydi-(triäthanolamin)-silicat-N-oleat u. bei **III** Diäthoxydi-(2-äthylhexandiol-1.3)-silicat. (**A. P. 2985604** vom 5/3. 1957, ausg. 23/5. 1961.) K. Sarre. 7205

2655 **Montecatini Soc. Gen. per l'Industria Mineraria e Chimica** (Erfinder: **Giovanni di Drusco** und **Franco Pace**), Mailand, Italien, *Regelung exothermer Reaktionen.* (**Oe. P. 220810** vom 30/7. 1959, ausg. 25/4. 1962. It. Prior. 31/7. 1958. — C. **1962,** 18654 [F. P. 1237351].)

2656 **American Cyanamid Co.,** New York, N. Y., übert. von: **Erhart K. Drechsel,** Springdale, Conn., V. St. A., *N-Vinyloxazolidon-(2)-Polymere.* (**Can. P. 635392** vom 22/4. 1955, ausg. 30/1. 1962. A. Prior. 18/5. 1954. — C. **1959,** 7976 [A. P. 2818399].)

2657 **Polyplastic,** Paris, übert. von: **Yvan Landler,** Sceaux, und **Pierre Lebel,** Asnières, Seine, Frankreich. *Verbesserung von Polymeren.* (**Can. P. 635486** vom 24/1. 1958, ausg. 30/1. 1962. F. Prior. 2/2. 1957. — C. **1962,** 19026 [Oe. P. 212570].)

2658 **Farbenfabriken Bayer Akt.-Ges.,** Leverkusen (Erfinder: **Hugo Streib, Hermann Schnell, Wilhelm Hechelhammer** und **Heinrich Krimm,** Krefeld), *Erhöhung der Viscosität von Polykondensatschmelzen.* (**Niederl. P. 102411** vom 28/12. 1956, ausg. 17/9. 1962. D. Prior. 17/1. 1956. — C. **1959,** 15516 [D. A. S. 1058729].)

2659 **Siemens-Schuckertwerke Akt.-Ges.**, Berlin und Erlangen, *Verbesserung der Farbhaftung an Kunststoffoberflächen.* (**Belg. P. 572189** vom 20/10. 1958, ausg. 18/5. 1962. D. Prior. 21/12. 1957. — C. **1962,** 16861 [D. A. S. 1089154].)

2660 **E. I. du Pont de Nemours & Co.**, Wilmington, Del., V. St. A., *Herstellung pigmentierter thermoplastischer Massen.* (**Niederl. P. 101897** vom 25/3. 1958, ausg. 16/7. 1962. A. Prior. 29/3. 1957. — C. **1962,** 4739 [E. P. 835363].)

2661 **Union Carbide Corp.**, übert. von: **Milton L. Dunham jun.** und **Francis M. O'Connor,** Kenmore, N. Y., V. St. A., *Vulkanisation mit Molekularsieben.* (**A. P. 3036980** vom 31/12. 1956, ausg. 29/5. 1962. — C. **1962,** 10660 [Oe. P. 209567 u. F. P. 1192484].)

2662 **E. I. du Pont de Nemours & Co.** (Erfinder: **Charles Spencer Cleaver**), Wilmington, Del., V. St. A., *Polymerisation.* (**Jap. A. S. 5893/1961** vom 5/8. 1959, ausg. 26/5. 1961. A. Prior. 6/8. 1958 u. 8/5. 1959. — C. **1962, 3644** [D. A. S. 1093993].)

2663 **Soc. An. Nobel-Bozel,** übert. von: **Pierre Talet,** Paris, Frankreich, *Bestrahlungspolymerisation.* (**A. P. 3008885** vom 16/4. 1958, ausg. 14/11. 1961. — C. **1962,** 5494 [F. P. 1171806].)

2664 **American Cyanamid Co.**, New York, N. Y., übert. von: **Witold R. Kocay,** Stamford, Conn., und **Marvin Wishman,** White Plains, N. Y., V. St. A., *Herstellung von Polymerisaten.* (**A. PP. 3012997** u. **3012998** vom 27/1. 1958, ausg. 12/12. 1961. — C. **1962,** 10294 [D. A. SS. 1093990 u. 1100953].)

2665 **Phillips Petroleum Co.**, übert. von: **Edward L. Czenkusch,** Bartlesville, Okla., V. St. A., *Herstellung eines festen Polymeren.* (**A. P. 3014019** vom 2/7. 1956, ausg. 19/12. 1961. — C. **1962,** 6989 [Aust. P. 223826].)

2666 **Montecatini Soc. Gen. per l'Industria Mineraria e Chimica,** übert. von: **Domenico Maragliano,** Terni, und **Enzo Di Giulio,** Ferrara, Italien, *Linearpolymere mit verbesserten mechanischen und Verarbeitungs-Eigenschaften.* (**A. P. 3013003** vom 6/12. 1956, ausg. 12/12. 1961. It. Prior. 6/12. 1955. — C. **1959,** 318 [Oe. P. 197079].)

2667 **Montecatini Soc. Gen. per l'Industria Mineraria e Chimica,** übert. von: **Giulio Natta, Piero Pino** und **Giorgio Mazzanti,** Mailand, Italien, *Herstellung von kristallinen Hochpolymeren aus ungesättigten Kohlenwasserstoffen.* (**A. P. 3014016** vom 25/9. 1956, ausg. 19/12. 1961. It. Prior. 26/9. 1955. — C. **1959,** 12067 [F. P. 1163071].)

2668 **Montecatini Soc. Gen. per l'Industria Mineraria e Chimica,** Mailand, Italien, und **Karl Ziegler,** Mülheim/Ruhr (Erfinder: **Giulio Natta, Giorgio Mazzanti, Umberto Giannini** und **Sebastiano Cesca,** Mailand, Italien), *Herstellung kristallisierbarer organometallischer Komplexe.* (**Oe. P. 215428** vom 11/1. 1960, ausg. 12/6. 1961. It. Prior. 13/1. 1959. — C. **1961,** 18523, [D. A. S. 1105416].)

2669 **Montecatini Soc. Gen. per l'Industria Mineraria e Chimica,** Mailand, Italien, und **Karl Ziegler,** Mülheim/Ruhr (Erfinder: **Piero Pino** und **Giorgio Mazzanti,** Mailand, Italien), *Polymerisieren ungesättigter Kohlenwasserstoffe.* (**Jap. A. S. 18384/1960** vom 13/6. 1958, ausg. 19/12. 1960. **Oe. P. 213410** vom 13/6. 1958, ausg. 27/2. 1961. Beide It. Prior. 14/6. 1957. — C. **1963,** 5283 [F. P. 1207066].)

2670 **Montecatini Soc. Gen. per l'Industria Mineraria e Chimica** (Erfinder: **Gerlando Marullo, Alessandro Baroni** und **Umberto Maffezzoni**), Mailand, Italien, *Polymerisieren ungesättigter Kohlenwasserstoffe.* (**Jap. A. S. 5389/1961** vom 22/12. 1958, ausg. 23/5. 1961. It. Prior. 23/12. 1957. **UdSSR. P. 126423** vom 13/3. 1959. — C. **1962,** 19028 [F. P. 1223391].)

2671 **Hercules Powder Co.,** Wilmington, Del., V. St. A., *Vernetzen von Mischpolymerisaten.* (**Jap. A. S. 4241/1961** vom 16/5. 1958, ausg. 27/4. 1961. A. Prior. 20/5. 1957. — C. **1962,** 19030 [E. P. 838963].)

2672 **N. V. de Bataafsche Petroleum Mij.,** Den Haag, Niederlande, *Polymerisieren von Olefinen.* (**Jap. A. S. 3997/1961** vom 29/5. 1958, ausg. 25/4. 1961. **F. P. 1207027** vom 29/5. 1958, ausg. 12/2. 1960. Beide E. Prior. 31/5. 1957. — C. **1963,** 3784 [E. P. 837711].)

2673 **L'Air Liquide Soc. An. pour l'Étude et l'Exploitation des Procédés Georges Claude,** Seine, Frankreich (Erfinder: **Étienne Szarvasi**), *Olefinpolymerisation.* (**F. P. 73657** vom 30/5. 1958, ausg. 13/1. 1961. Zusatz zu F. P. 1184303; C. 1962, 2923. — C. **1963,** 6802 [Niederl. P. 100536].)

2674 **Union Carbide Corp.,** New York, N. Y. (Erfinder: **Guido Bartolomeo Stampa** und **Alford Galley Farnham,** N. J.), V. St. A., *Polymerisieren von Olefinen.* (**Jap . A. S. 6689/1961** vom 6/6. 1958, ausg. 3/6. 1961. A. Prior. 26/6. u. 19/7. 1957. — C. **1963,** 2645 [Oe. P. 214637].)

2675 **Union Carbide Corp.,** New York, N. Y. (Erfinder: **James Morgan Davison** und **William Wilbur McGaughy, W. Va.**), V. St. A., *Herstellung von gereinigten Polyolefinen.* (**Jap. A. S. 6193/1961** vom 27/11. 1957, ausg. 29/5. 1961. A. Prior. 27/11. 1956. — C. **1963,** 1458 [Aust. P. 225777].)

2676 **Goodrich-Gulf Chemicals, Inc.,** Cleveland, Ohio (Erfinder: **William Irwin Gilbert,** Oakmont, **Bernard Henry Gwynn,** Tarentum, **Russel Gordon Hay,** Fox Chapel, und **John Gaylord McNulty,** Glenshaw, Pa.), V. St. A., *Olefinpolymerisation.* (**Jap. A. S. 6194/1961** vom 9/1. 1958, ausg. 29/5. 1961. A. Prior. 10/1. 1957. — C. **1962,** 10662 [D. A. S. 1116407].)

2677 **N. V. de Bataafsche Petroleum Mij.** (Erfinder: **Willem Frederick Engel**), *Polymerisation von Olefinen.* (**Aust. P. 235402** vom 2/12. 1958, ausg. 12/10. 1961. Niederl. Prior. 4/12. 1957. — C. **1962,** 19027 [Oe. P. 211544].)

2678 **Phillips Petroleum Co.,** Del., übert. von: **Harold M. Hawkins,** Bartlesville, Okla., V. St. A., *Olefinpolymerisation.* (**A. P. 3004016** vom 28/6. 1957, ausg. 10/10. 1961. — C. **1963,** 1456 [E. P. 853324].)

2679 **E. I. du Pont de Nemours & Co.,** übert. von: **John William McFarland,** Wilmington, Del., V. St. A., *Polymerisation von Alphaolefinen zu Hochpolymeren.* (**A. P. 3012996** vom 2/4. 1958, ausg. 12/12. 1961. — C. **1962,** 7345 [E. P. 851063].)

2680 **Montecatini Soc. Gen. per l'Industria Mineraria e Chimica,** übert. von: **Giulio Natta, Piero Pino** und **Giorgio Mazzanti,** Mailand, Italien, *Polymerisation von Alphaolefinen.* (**A. P. 3014018** vom 25/2. 1958, ausg. 19/12. 1961. It. Prior. 28/2. 1957. — C. **1962,** 13222 [F. P. 1199465].)

2681 **Montecatini Soc. Gen. per l'Industria Mineraria e Chimica** (Erfinder: **Giulio Natta, Giovanni Crespi** und **Mario Bruzzone**), Mailand, Italien, *Herstellung vernetzter α-Olefinpolymerer.* (**Jap. A. S. 6195/1961** vom 31/7. 1958, ausg. 29/5. 1961. It. Prior. 1/8. 1957. — C. **1961,** 2458 [Oe. P. 208072].)

2682 **Phillips Petroleum Co.** (Erfinder: **John Ernest Cottle** und **Martin Richard Cines**), Bartlesville, Okla., V. St. A., *Abscheidung festen Polyolefins aus seiner Lösung.* (**Jap. A. S. 6688/1961** vom 3/11. 1955, ausg. 3/6. 1961. A. Prior. 24/3. 1955. — C. **1960,** 11485 [F. P. 1139665].)

2683 **Montecatini Soc. Gen. per l'Industria Mineraria e Chimica,** Italien (Erfinder: **Giulio Natta, Enrico Beati** und **Febo Severini**), *Peroxydieren von α-Olefinpolymeren.* (**F. P. 1261116** vom 28/6. 1960, ausg. 6/9. 1961. It. Prior. 2/7. 1599. — C. **1963,** 3034 [E. P. 878443].)

2684 **Montecatini Soc. Gen. per l'Industria Mineraria e Chimica,** Italien (Erfinder: **Giulio Natta, Giovanni Crespi** und **Mario Bruzzone**), *Vulkanisieren von Polyolefinen.* (**F. P. 1268280** vom 26/9. 1960, ausg. 1/12. 1961. It. Prior. 30/9. 1959. — C. **1963,** 7534 [Ung. P. 149967].)

2685 **Montecatini Soc. Gen. per l'Industria Mineraria e Chimica,** Mailand, Italien, *Vulkanisieren von sulfochlorierten α-Olefinen.* (**E. P. 883763** vom 15/9. 1958, ausg. 6/12. 1961. It. Prior. 18/9. 1957. — C. **1963,** 12991 [Aust. P. 230774].)

2686 **Hercules Powder Co.,** Wilmington, Del. (Erfinder: **John Sanda Tinsley,** New Brunswick, N. J.), V. St. A., *Chlorieren von Polyolefinen.* (**F. P. 1244289** vom 7/1. 1960, ausg. 23/1. 1961. **Jap. A. S. 4745/1961** vom 12/2. 1960, ausg. 13/5. 1961. Beide A. Prior. 12/2. 1959. — C. **1962,** 2192 [A. P. 2926159].)

2687 **N. V. de Bataafsche Petroleum Mij.,** Den Haag (Erfinder: **Franciscus Johannes Fredericus van der Plas** und **Adrianus de Keizer,** Amsterdam), Niederlande, *Kontinuierliche Herstellung von Katalysatoren für die Olefinpolymerisation.* (**Jap. A. S. 6654/1961** vom 18/6. 1957, ausg. 3/6. 1961. E. Prior. 20/6. 1956 u. 30/5. 1957. — C. **1961,** 3832 [E. P. 816234].)

2688 **Imperial Chemical Industries Ltd.,** London (Erfinder: **Percy Arthur Small,** Welwyn Garden City, Hertfordshire, und **Hugh Wilma Boulton Reed,** Norton on Tees, Durham), England, *Herstellung von Olefin- und Vinylchloridpolymerisationskatalysatoren.* (**Jap. A. S. 5710/1961** vom 27/2. 1958, ausg. 25/5. 1961. E. Prior. 27/2. 1957. — C. **1962,** 13591 [D. A. S. 1123473].)

2689 **Montecatini Soc. Gen. per l'Industria Mineraria e Chimica,** Italien, und **Karl Ziegler,** Deutschland (Erfinder: **Alfredo Bariosco**), *Stabilisieren von Polyolefinen.* (**F. P. 1256816** vom 11/5. 1960, ausg. 5/7. 1961. It. Prior. 13/5. 1959. — C. **1963,** 3035 [E. P. 876762].)

2690 **Montecatini Soc. Gen. per l'Industria Mineraria e Chimica,** Mailand, Italien, und **Karl Ziegler,** Mülheim/Ruhr, *Herstellung von Folien aus α-Olefinpolymerisaten.* (**Ind. P. 67506** vom 28/4. 1959, ausg. 25/4. 1961. — C. **1963,** 12991 [E. P. 879595].)

2691 **Union Carbide Corp.,** New York, N. Y. (Erfinder: **Stephen Gates,** South Charleston, W. Va.), V. St. A., *Polymerisieren von Äthylen.* (**Jap. A. S. 6690/1961** vom 28/11. 1958, ausg. 3/6. 1961. A. Prior. 2/12. 1957. — C. **1962,** 8805 [E. P. 843160].)

2692 **Distillers Co. Ltd.,** Edinburgh, Schottland (Erfinder: **Alaric Louis Jeffrey Raum,** Middlesex, England), *Äthylenpolymerisation.* (**Jap. A. S. 5894/1961** vom 20/3. 1958, ausg. 26/5. 1961. E. Prior. 22/3. u. 3/5. 1957. — C. **1963,** 1459 [D. A. S. 1131015].)

2693 **Karl Ziegler** (Erfinder: **Karl Ziegler** und **Heinz Breil**), Mülheim/Ruhr, *Herstellung von hochmolekularem Polyäthylen.* (**Jap. A. S. 2696/1961** vom 27/12. 1955, ausg. 6/4. 1961. D. Prior. 27/12. 1954. — C. **1959,** 3660 [Oe. P. 194608].)

2694 **Montecatini Soc. Gen. per l'Industria Mineraria e Chimica,** Italien, und **Karl Ziegler,** Deutschland (Erfinder: **Luciano Luciani, Giovanni Bucci** und **Silvio Bianchi**), *Herstellung von Mischpolymeren aus Äthylen und α-Olefinen.* (**F. P. 1261037** vom 24/6. 1960, ausg. 6/9. 1961. It. Prior. 26/6. 1959. — C. **1962,** 7347 [Ung. P. 149331].)

2695 **Montecatini Soc. Gen. per l'Industria Mineraria e Chimica,** Italien, und **Karl Ziegler,** Deutschland (Erfinder: **Ettore Giachetti** und **Francesco Scalari**), *Regelung des Molekulargewichts von Äthylen-Propylen- und Äthylen-Buten-Mischpolymerisaten.* (**F. P. 1263668** vom 29/7. 1960, ausg. 9/10. 1961. It. Prior. 31/7. 1959. — C. **1962,** 12853 [Port. P. 37436].)

2696 **Union Carbide Corp.,** New York, N. Y. (Erfinder: **Alford Galley Farnham** und **Guido Bartolomeo Stampa,** N. J.), V. St. A., *Katalysator für die Äthylenpolymerisation.* (**Jap. A. S. 6655/1961** vom 30/4. 1959, ausg. 3/6. 1961. A. Prior. 30/4. 1958. — C. **1963,** 7536 [E. P. 876532].)

2697 **Montecatini Soc. Gen. per l'Industria Mineraria e Chimica** und **Karl Ziegler** (Erfinder: **Aldo Flor** und **Luciano Lucchetti**), *Undurchlässigmachen der Oberfläche von kristallinen Polypropylenen.* (**Aust. P. 236168** vom 29/4. 1959, ausg. 23/11. 1961. It. Prior. 2/5. 1958. — C. **1963,** 12991 [E. P. 879595].)

2698 **Montecatini Soc. Gen. per l'Industria Mineraria e Chimica** (Erfinder: **Alceste Burri**), Mailand, Italien, *Pfropfpolymerisieren auf hochmolekularen Polypropylengegenständen.* (**Jap. A. S. 4837/1961** vom 20/3. 1958, ausg. 15/5. 1961. It. Prior. 22/3. 1957. — C. **1960,** 6338 [Oe. P. 203461].)

2699 **Imperial Chemical Industries Ltd.,** London (Erfinder: **Arthur William Charles Taylor,** Norton), England, *Propylen- und Buten-(1)-Polymerisation.* (**Jap. A. S. 6686/1961** vom 29/11. 1957, ausg. 3/6. 1961. E. Prior. 29/11. 1956 u. 22/11. 1957. — C. **1962,** 9917 [Aust. P. 223847].)

2700 **Montecatini Soc. Gen. per l'Industria Mineraria e Chimica** (Erfinder: **Carlo Longiave** und **Renato Castelli**), Mailand, Italien, und **Karl Ziegler,** Mülheim/Ruhr, *Herstellung überwiegend amorpher α-Butenpolymerer.* (**Jap. A. S. 3888/1961** vom 24/5. 1957, ausg. 24/4. 1961. It. Prior. 28/5. 1956. — C. **1960,** 7700 [F. P. 1176194].)

2701 **Union Carbide Corp.,** New York, N. Y. (Erfinder: **Jack Coil Wright,** Hinsdale, Ill., und **Robert Cornell Robinson,** La Marque, Tex.), V. St. A., *Kontinuierliche Suspensionspolymerisation von Vinylverbindungen.* (**D. A. S. 1116410** Kl. 39c vom 19/1. 1959, ausg. 2/11. 1961. A. Prior. 21/1. 1958. — C. **1963,** 1468 [E. P. 863055].)

2702 **Montecatini Soc. Gen. per l'Industria Mineraria e Chimica** (Erfinder: **Giulio Natta, Giorgio Mazzanti** und **Umberto Giannini**), Mailand, Italien, *Polymerisieren von Vinyläthern.* (**Jap. A. S. 6197/1961** vom 15/12. 1958, ausg. 29/5. 1961. It. Prior. 19/12. 1957. — C. **1961,** 8495 [Oe. P. 208589].)

2703 **Deutsche Advance Production G. m. b. H.,** Köln (Erfinder: **Walther Kuehne,** Mannheim, **Heinz Pohlemann,** Ludwigshafen/Rh. und **Hans Krzikalla,** Heidelberg), *Stabilisieren von polymeren halogenhaltigen Vinylderivaten.* (**Jap. A. S. 6791/1961** vom 19/6. 1957, ausg. 5/6. 1961. — C. **1963,** 3797 [A. P. 2954363].)

2704 **Koppers Co., Inc.** (Erfinder: **Kenneth Worley Doak**), Pittsburgh, Pa., V. St. A., *Styrolpolymerisation.* (**F. P. 1220192** vom 3/2. 1959, ausg. 23/5. 1960, **Jap. A. S. 5391/1961** vom 3/2. 1959, ausg. 23/5. 1961. Beide A. Prior. 3/2. 1958. — C. **1961,** 6327 [A. P. 2907756].)

2705 **Montecatini Soc. Gen. per l'Industria Mineraria e Chimica,** Italien, und **Karl Ziegler,** Deutschland (Erfinder: **Giulio Natta** und **Dario Sianesi**), *Polymerisieren von Styrolfluoriden.* (**F. P. 75381** vom 23/3. 1959, ausg. 11/10. 1961. It. Prior. 25/3. 1958. Zusatz zu F. P. 1166379; C. 1961, 15947. — C. **1963,** 2652 [Oe. P. 213053].)

2706 **American Cyanamid Co.**, New York, N. Y. (Erfinder: **Edwin Ralph Kolodny** und **Robert Ben Booth**, Stamford, Conn.), V. St. A., *Herstellung von Polyacrylamid*. (**F. P. 1237969** vom 13/8. 1959, ausg. 28/11. 1960. **Jap. A. S. 444/1961** vom 18/8. 1959, ausg. 28/1. 1961. Beide A. Prior. 18/8. u. 22/8. 1958. – C. **1963,** 7542 [E. P. 870711].)

2707 **Deutsche Gold- und Silber-Scheideanstalt vormals Roessler**, Frankfurt/M. (Erfinder: **Werner Kern, Rolf Schulz** und **Harald Cherdron,** Mainz), *Herstellung wäßriger Schwefeldioxidlösungen von Acroleinmischpolymeren.* (**Jap. A. S. 3884/1961** vom 8/7. 1959, ausg. 24/4. 1961. D. Prior. 8/7. 1958. – C. **1963,** 5981 [F. P. 1228657].)

2708 **Montecatini Soc. Gen. per l'Industria Mineraria e Chimica** (Erfinder: **Gerlando Marullo, Carlo Longiave, Renato Castelli** und **Mario Ferraris**), Mailand, Italien, *Polymerisieren von Butadien-(1.3)*. (**Jap. A. S. 4747/1961** vom 25/11. 1959, ausg. 13/5. 1961. It. Prior. 26/11. 1958. – C. **1963,** 2647 [F. P. 1241011].)

2709 **Phillips Petroleum Co.,** Bartlesville, Okla., V. St. A. (Erfinder: **Floyd Edmond Naylor** und **John Robert Hooton**), *Polymerisieren von Butadien-(1.3)*. (**F. P. 1231983** vom 27/7. 1959, ausg. 4/10. 1960. **Jap. A. S. 4540/1961** vom 10/8. 1959, ausg. 10/5. 1961. Beide A. Prior. 11/8. 1958. – C. **1962,** 11027 [E. P. 865337].)

H_{12}. Kautschuk

2710 **Löslichkeit und Beweglichkeit des Schwefels in den Äthylen-Propylen- und Äthylen-Buten-(1)-Copolymeren.** L. Baldi und R. Zannetti. (Chim. e Ind. Milano **44,** 1350–53, 1962; Ferrara, Soc. Montecatini, Ist. Ric. Idrocarburi; ital.) – Unter Verw. der Meth. von Auerbach u. Gehman wurde der Einfl. der Temp. u. der Zus. des Copolymers auf die Beweglichkeit u. die Löslichkeit des S ermittelt. Die durch die Wanderung des S zur Oberfläche des vulkanisierten Prod. hervorgerufenen Wrkg. wurden untersucht. Die Ergebnisse wurden in Hinblick auf das angewendete Vulkanisierverf. diskutiert.
W. Renker. 7228◇

2711 Esso Research and Engineering Co., Del., übert. von: Duane Wood Pugh, Baton Rouge, La., und Sydney Lipton, Bayonne, N. J., V. St. A., **Entfernen von Lösungsmitteln aus Latexlösungen.** Eine Latexlsg. wird einem Turmabscheider oben zugeführt, um über eine Reihe von Prallblechen nach unten zu fließen, wobei die Lsg. durch einen zweiten ebenfalls oben zugeführten schon konz., warmen Latexstrom erwärmt u. das fl. Lsgm. verdampft wird. Durch diese Erwärmungsart wird eine Koagulation des Latex auf den Prallblechen vermieden. Die erwärmte Latexlsg. wird auf 150 bis 200°F gehalten. – Vorr., Abbildungen. (**A. P. 3003930** vom 21/7. 1958, ausg. 10/10. 1961.)
F. Markhoff. 7221

2712 Esso Research and Engineering Co., Del., übert. von: Bruce R. Tegge, Madison, N. J., V. St. A., **Kontinuierliche Herstellung und Wiedergewinnung von hochmolekularen, kautschukartigen Polymerisaten von C_4- bis C_8-Isoolefinen oder deren Mischpolymerisaten mit einem vinylaromatischen Kohlenwasserstoff.** Der bei der Polymerisation von Friedel-Crafts zunächst anfallende Schlamm, dispergiert in fl. Alkylhalogenid,wird bei einer Temp. über dem Kp. des Alkylhalogenids mit einem fl. C_5- bis C_{10}-KW-Stoff, der ein Lsgm. für das Polymerisat ist, in Berührung gebracht, wobei dieses einen Kp. besitzt, der über dem des Alkylhalogenids liegt. Ein solches Lsgm. ist z. B. n-Hexan. Die Lsg. wird auf 130°F gehalten, wobei das Alkylchlorid verdampft. Gleichzeitig werden der Lsg. Asphalt, Paraffin, Wachs, mineral. Schmieröl oder Mischungen dieser Stoffe zugesetzt. Diese Lsg. wird nun mit einer das Polymerisat nicht lösenden Fl. in Berührung gebracht u. so hoch erhitzt, daß das KW-Stoff-Lsgm., wie n-Hexan, verdampft. Der zurückbleibende Schlamm enthält das modifizierte Polymerisat. – Abbildung. (**A. P. 2988527** vom 22/3. 1957, ausg. 13/6. 1961.)
F. Markhoff. 7225

2713 Tôkuyama Soda Kabushiki Kaisha (Erfinder: Kazuo Machida, Kumpei Takahashi, Takeshi Isobe und Yoshio Morita), Tokuyama, Japan, **Polymerisieren von Propylen oder Propylen-Äthylenmischungen** mit einem Katalysator, den man erhält, wenn man mittels Funkenentladung in Ggw. von reduzierenden Metallen u. $TiCl_4$ u./oder $TiCl_3$ Mischkristalle aus Al-Halogenid u. Ti-Halogenid niedrigerer Valenz entstehen läßt, mit den Mischkristallen Organo-Al-Verbb. reagieren läßt u. diese Rk.-Prodd. als Katalysator verwendet. – 80 (g) $TiCl_4$ u. 4 Al-Pulver (40 Maschen) werden unter N_2 in verschlossenem Gefäß zwischen W-Elektroden unter 8000 V gehalten. Nach 10 Min. wird die Entladung schwieriger. Man entfernt nicht umgesetztes $TiCl_4$ durch Dest. u. erhitzt das Rk.-Prod. > F. des $AlCl_3$; wobei Nebenprodd. aus $AlCl_3$ entweichen. Man erhält Mischkristalle mit 22,6% Ti, 6,83% Al u. 70,5% Cl. In 2 des Prod. mischt man in 25 cm^3 Hexan 1 $(C_2H_5)_3Al$, erhitzt 1 Std. auf 50°; gibt nach Alterung in das Polymerisationsgefäß, setzt 400 cm^3 Hexan zu u. leitet bei 60° eine Mischung aus 75% Propylen u. 25% Äthylen mit 5 kg/cm^2 4 Std. ein: *Kautschukartiges Polymeres* mit Molgew. 160000. (**Jap. A. S. 4838/1961** vom 27/11. 1958, ausg. 15/5. 1961.)
M. Pankow. 7225

2714 Esso Research and Engineering Co., übert. von: Leon Sherwood Minckler jun., Metuchen, Augustus B. Small, Westfield, Clifford W. Muessig, Roselle, und Samuel B. Lippincott, Springfield, N. J., V. St. A., **Ozonfester Butylkautschuk** durch Zusatz von 0,1–20 Gew.-Teilen Cyclododecatrien-(1.5.9.) (**A. P. 3005805** vom 29/5. 1959, ausg. 24/10. 1961.)
W. Overbeck. 7225

2715 Esso Research and Engineering Co., übert. von: Edward Allan Hunter, Baton Rouge, La., und Augustus B. Small, Westfield, N. J., V. St. A., **Entfernen von Lösungsmitteln aus wäßrigen Butylkautschukdispersionen.** In einem Behälter, in dem sich als obere Schicht die zu behandelnde Dispersion u. als untere Schicht eine fl. Metall-Legierung oder ein fl. Metall befindet, z. B. Wood'sches Metall, Hg oder Ga, wird in die untere Schicht Dampf, N_2, CO_2, CH_4, C_2H_6 oder C_3H_8 eingeblasen, bis das Lsgm. aus der Oberschicht entfernt ist. (**A. P. 3007852** vom 17/4. 1958, ausg. 7/11. 1961.)
W. Overbeck. 7225

2716 General Tire & Rubber Co., Akron, Ohio, V. St. A., **Starre, gegen Stoß widerstandsfähige thermoplastische Mischung** besteht aus 1. einer Gummikomponente. Diese kann sein A) ein normalerweise elast. Gummi-Mischpolymerisat aus 35–80 (Gew.-%) eines zur Mischpolymerisatbldg. geeigneten konjugierten Diolefins mit weniger als 7 aliphat. C-Atomen u. 65–20 eines ungesätt. Ketons der allg. Formel $R–CO–R_1$, in der R eine monoolefin. Gruppe mit weniger als 5 aliphat. C-Atomen ist, welche eine End-Methylengruppe aufweist mit der olefin. Bindung an dem Carbonylrest. R^1 ist eine Methyl-, Äthyl-, Propyl- oder Isopropylgruppe; B) ein normalerweise elast. Gummi-Terpolymerisat aus 35–80 eines konjugierten Diolefins mit weniger als 7 aliphat. C-Atomen, mindestens 10 eines ungesätt. Ketons gemäß vorst. Formel u. bis zu 55 eines Acrilnitrils oder Methacrylnitrils; C) besteht wie A) u. B) aus 35–80 des unter A) gek. Diolefins u. 65–20 des unter A) gek. Ketons in Gemisch mit einem Mischpolymerisat aus 35–80 eines konjugierten Diolefins mit weniger als 7 aliphat. C-Atomen u. im übrigen aus Acrylnitril oder Methacrylnitril, wobei das Gemisch mindestens 10% Keton enthält. Die 2. Komponente der thermoplast. Mischung besteht aus einem normalerweise harten Mischpolymerisat aus 60–85 einer Phenyl-monoolefin. Verb. u. 40–15 Acrylnitril oder Methacryl. 1. ist in dem Gemisch in einer Menge von 20–40 u. 2. in einer Menge von 80–60 enthalten. (**E. P. 878749** vom 4/12. 1958, ausg. 4/10. 1961. A. Prior. 26/12. 1957.)
F. Markhoff. 7225

2717 Imperial Chemical Industries Ltd. (Erfinder: Hugh Leithead Roberts), **Füllstoffe für Kautschuk,** bestehend aus gefälltem $CaCO_3$, das ein oder mehrere Salze anorgan. Hydroxysäuren der Elemente aus der 3-, 4-, 5- u. 6A-Gruppe des Period. Syst. (N ausgenommen), bes. Silicate, Aluminate, Phosphate u. Borate des Ca, in Mengen von 1–10, bes. 3–7 Gew.-% enthält, wobei das $CaCO_3$ durch Fällen mit CO_2 aus die Salze enthaltender Kalkmilch erhalten wird. (**Aust. P. 233113** vom 18/11. 1958, ausg. 27/4. 1961.)
K. Demmler. 7227

2718 Phillips Petroleum Co., Del., übert. von: William B. Reynolds und Peter J. Canterino,

Bartlesville, Okla., V. St. A., **Chlorsulfonieren von Polyäthylen (I)**, das eine Kristallinität von > 80% bei Raumtemp. u. D = ≧ 0,96 hat, durch Druckerhitzung auf 110—130° in $C_2H_2Cl_4$, Abtrennen des koagulierten, chlorierten I vom Tetrachloräthan, Wiederlösen in CCl_4 bei 25—60° u. Einleiten von Cl u. SO_2, bis das Endprod. 10—40 (Gew.-%) Cl u. 0,3—4 S hat. Die in den Mengenbeispielen verwendeten I haben Mol.-Gew. 37600—48100 u. FF. 236—246°F u. sind zu > 90% kristallin. Als Katalysator dient UV-Bestrahlung. Die physikal. Eigg. der Endprodd. im Vgl. zu üblichen Handelsprodd. sind tabellar. aufgezeigt. Sie eignen sich bes. zum *Vulkanisieren* u. sind O_3-beständig. (**A. P. 2972604** vom 10/9. 1956, ausg. 21/2. 1961.) H. Schindler. 7227

2719 Ôuchi Shinkô Kagaku Kôgyô Kabushiki Kaisha, Tôkyô (Erfinder: Junji Furukawa, Shinzô Yamashita, Kyôto, und Takazô Yamamoto, Toyonaka), Japan, **Verhinderung der Vorvulkanisierung von Kautschuk** durch Zusatz von 0,1—0,5 Gew.-% Thiocarbonylperchlorid (Cl_3CSCl; hergestellt nach $2CS_2 + 5Cl_2 \rightarrow 2Cl_3C5Cl + S_2Cl_2$). (**Jap. A. S. 5296/1961** vom 12/1. 1959, ausg. 20/5. 1961.) M. Pankow. 7227

2720 Imperial Chemical Industries Ltd., London, England (Erfinder: Vincent Kerrigan, Arthur Lambert und Boris Nicholas Leyland), **Herstellung von 4-Alkylamino-4'-alkyldiphenylaminen.** 33 (Teile) 4-Nitro-4'-methyldiphenylamin, 200 Aceton (I) u. 1 Katalysator (Holzkohle mit 5% Pd) werden unter 50 at H_2 3 Std. bei 80° u. unter 100 at H_2 6 Std. bei 140° gerührt, worauf man das Rk.-Gemisch filtriert, das überschüssige I abdest. u. bei 13 mm Hg auf 100° erhitzt. Der Rückstand wird aus PAe. umkrist. → *4-Isopropylamino-4'-methyldiphenylamin* F. 87—90°. — *Kautschukstabilisatoren.* (**Ind. P. 67807** vom 26/5. 1959, ausg. 11/1. 1961. **Aust. P. 234386** vom 26/5. 1959, ausg. 27/7. 1961. Beide E. Prior. 25/6. 1958.) C. Lüttgen. 7227

2721 E. I. du Pont de Nemours & Co. (Erfinder: Ernest Csendes), Wilmington, Del., V. St. A., **Alterungsschutz für Elastomere,** wie Natur- oder synthet. Kautschuk. Man gibt zu dem Elastomeren eine stabilisierende Menge eines phenol. Antioxydans u. ein nicht polymeres Polyol mit wenigstens 3 alkohol. OH-Gruppen als alleinige Substituenten. — Man mischt 100 (Teile) Crepe-Kautschuk mit 5 ZnO, 13 TiO_2, 67 $CaCO_3$, 1 Stearinsäure, 1 2.2'-Dithio-bis-benzothiazol, 0,1 2-Mercaptobenzothiazol, 2 S u. je 1 2.2'-Methylen-bis-[6-(tert. butyl)-4-methylphenol] u. Sorbit (bzw. Mannit, Galaktit, Talit, Idit, Allit, Altrit, Gulit, Arabit, Ribit, Xylit, Lylit) u. vulkanisiert $^1/_2$ Std. bei 142°. (**F. P. 1243679** vom 23/12. 1959, ausg. 18/1. 1961. **Jap. A. S. 4736/1961** vom 24/12. 1959, ausg. 13/5. 1961. Beide A. Prior. 24/12. 1958.) M. Pankow. 7227

2722 Esso Research and Engineering Co., Elizabeth, N. J., V. St. A. (Erfinder: Albert Murray Gessler), **Verbesserte Butylkautschukmischungen** werden dadurch erhalten, daß man den Butylkautschuk mit einem O_2-haltigen Ruß mischt, die Mischung einige Zeit auf 250—450°F (= ca. 120—230°C) erhitzt u. dann 0,5—50% (auf Polymerisat) Weichmacher zusetzt. — 4 Diagramme. (**E. P. 879694** vom 12/11. 1958, ausg. 11/10. 1961.) W. Overbeck. 7229

2723 Esso Research and Engineering Co., übert. von: James V. Fusco, Westfield, und Samuel B. Robison, Roselle, N. J., V. St. A., **Butylkautschuk-Vulkanisation.** 100 (Gew.-Teile) Butylkautschuk, 0,1 bis 20 eines Halogenmelamins u. als Füllstoff Ruß oder ein Mineralfüllstoff werden 10 Sek. bis 30 Min. auf 100—400°F (= ca. 40—250°C) erhitzt. Dann werden 1—20 Dimethylol-p-alkylphenol mit 3—20 C-Atomen im Alkylrest zugemischt u. auf 250—400°F (= ca. 120—250°C) bis zur Ausvulkanisation erhitzt. (**A. P. 2999079** vom 29/11. 1957, ausg. 5/9. 1961.) W. Overbeck. 7229

2724 Esso Research and Engineering Co., übert. von: Winthrope C. Smith, Westfield, N. J., V. St. A., **Butylkautschuk-Vulkanisation.** 100 (Gew.-Teile) Butylkautschuk, 2—50 bromierter Butylkautschuk, der ≧ 0,5 gebundenes Br enthält, u. 5—20 eines wärmehärtbaren öllösl. 2.6-Dimethylol-4-alkylphenol-Harzes mit 3—20 C-Atomen im Alkylrest werden vermischt u. bei 250 bis 400°F (= ca. 120—205°C) vulkanisiert. — 5 Zeichnungen. (**A. P. 3007889** vom 8/8. 1956, ausg. 7/11. 1961.) W. Overbeck. 7229

2725 Esso Research and Engineering Co., übert. von: George E. Serniuk, Roselle, Irving Kuntz, Roselle Park, und Francis P. Baldwin, Colonia, N. J., V. St. A., **Schichtkörper** aus Kautschukvulkanisaten u. halogeniertem Butylkautschuk (I) werden hergestellt aus einem I, der erst chloriert u. dann bromiert wurde, wobei ≧ 0,5 Gew.-% sowohl Cl als auch Br angelagert wurden, u. wobei die Menge der angelagerten Halogene ≦ 1 (Atom) Cl u. ≦ 2 Br je Doppelbindung beträgt. (**A. P. 3009904** vom 11/4. 1958, ausg. 21/11. 1961.) W. Overbeck. 7229

2726 Dasher Rubber & Chemical Co., Fairport Harbour, Painesville, Ohio, V. St. A. (Erfinder: Paul James Dasher), **Schaumkautschuk-Aufarbeitung.** Feuchte rohe u. anvulkanisierte Schaumkautschuk-Abfälle werden unter mechan. Druck einer so intensiven Zerkleinerung unterworfen, daß ≧ 0,7 hp/lb. (= ca. 115 kg · m/sec · kg) für eine Zeit von 2—10 Min. verbraucht werden, wobei nur soviel Erwärmung zugelassen wird, daß zwar das W. verdampft, aber keine Klumpen-Bldg. eintritt. (**E. P. 871924** vom 19/11. 1957, ausg. 5/7. 1961.) W. Overbeck. 7229

2727 Farbenfabriken Bayer Akt.-Ges., Leverkusen, und Carl Freudenberg K. G. a. A., Weinheim/Bergstraße, übert. von: Wilhelm Graulich, Leverkusen, Gustav Sinn, Bergisch-Neukirchen, und Carl-Ludwig Nottebohm und Robert Schabert, Weinheim/Bergstraße, **Imprägnierte Faserbahnen.** Faservliese, Textilien oder Papier werden mit einer wss. Dispersion eines konjugierten Diolefin-Polymerisates oder eines Copolymerisates aus 90—40 (Teilen) eines konjugierten Diolefins u. 10—60 eines Monoolefins behandelt, das ein Vulkanisiermittel und ein Aldehyd-Kondens.-Resinoid enthält u. einen Defo-Wert ≧ 5000 hat, nicht klebend u. hoch elast. ist. Die imprägnierte Bahn wird durch Erhitzen vulkanisiert bzw. gehärtet. — 1 Blatt Zeichnungen. (**A. P. 2999773** vom 2/10. 1956, ausg. 12/9. 1961.) W. Overbeck. 7231

2728 Shigeru Fujita, Chiba, Japan, **Herstellung von Kautschukschwamm.** Zu 100 (Gew.-Teilen) mäßig plastifiziertem Kautschuk gibt man 10—200 gekräuselte Kunstfäden (Nylon, Polyester), die zu 95% eine Länge von 3—50 mm u. eine elast. Erholung von 2% aufweisen u. a. Mischungsbestandteile u. setzt zuletzt das Vulkanisiermittel zu. Man erhöht die Temp., wobei die Schrumpfungskraft der weitgehend gedehnten Faser infolge der abnehmenden Viscosität der Kautschukmischung größer wird als die Kautschukspannung u. vulkanisiert. — In 100 auf der Walze bei 40—70° mastizierten Kautschuk gibt man 100 10 mm lange Nylonfasern, 1,5 DM, 0,05 TMT, 1 Stearinsäure, 5 ZnO u. nach Durchmischung 3 S, läßt 1 Tag stehen u. vulkanisiert 60 Min. bei 130°: 256% Val.-Vergrößerung. (**Jap. A. S. 5297/1961** vom 17/12. 1958, ausg. 20/5. 1961.) M. Pankow. 7231

2729 Chûô Kôryô Kabushiki Kaisha (Erfinder: Takesaburô Okada und Masao Takahashi), Tôkyô, Japan, **Wohlriechende Kautschukwaren,** wie Schwämme oder Fäden. Man mischt alkal. Kautschukmilch (Buna S-, Neopren-Latex), die eine Zn-Verb. enthält, mit einem sauren Pulver eines Aromastoffes (I), das mit > 30% Casein überzogen ist, formt, koaguliert u. vulkanisiert die Mischung. — So sprühtrocknet man eine Mischung aus W. u. I, die pro 100 (Teilen) I 30—50 Casein enthält, imprägniert das trockne Pulver mit HCl vom pH 4,4 bis 4,6 u. gibt zu 160 60%ig. Kautschukmilch, die 2,5 ZnO, 1,5 NH_4NO_3, 2,5 S u. 1 Zn-Diäthyldithiocarbamat enthält, hält die Mischung 10 Min. bei 85° in der Form, trocknet bei 40—50° u. vulkanisiert 30 Min. bei 100°. (**Jap. A. S. 4832/1961** vom 6/12. 1958, ausg. 15/5. 1961.) M. Pankow. 7231

2730 Bandô Chôtai Gomu Kabushiki Kaisha (Erfinder: Yoshio Tanaka), Kôbe, Japan, **Verhinderung des Platzens von Reifen oder Luftschläuchen.** Man bringt auf der Innenseite der Reifendecke oder auf der ihr anliegenden Seite des Luftschlauchs eine das Platzen verhindernde Schicht an, die aus einer Mischung aus 100 (Gew.-Teilen) Butylkautschuk, 41—50 Polybuten vom Molgew. ca. 1200, 5—20 Weichmacheröl u. a. Weichmachern, 1—20 Alkylphenolformalinkondensationsprod. (Amberol St. 137-X), sowie geeigneten Vulkanisationsmitteln, -beschleunigern u. -hilfsstoffen besteht u. überzieht sie mit einer noch unvulkanisierten Kautschukplatte, so daß bei der Vulkanisation die Verhinderungsschicht nur unbedeutend vulkanisiert wird. — Zeichnung. (**Jap. A. S. 5384/1961** vom 10/9. 1958, ausg. 23/5. 1961.) M. Pankow. 7231

2731 Bandô Chôtai Gomu Kabushiki Kaisha (Erfinder: Yoshio Tanaka), Kôbe, Japan, **Schutzschicht bei Reifen gegen Nagelverletzung** aus einer Mischung aus Kautschuk oder synthet. Kautschuk als Hauptbestandteil, Polybuten (Molgew. 1200), Weichmacheröl, tert.-Butylphenol-Acetylen-Kondensationsprod. (I), Stearinsäure, ZnO, p-Chinondioxim als Vulkanisiermittel u. Vulkanisationsbeschleuniger, wobei man z. B. auf 100 (Teile) Butylkautschuk 41—50 Polybuten, 5—20 Weichmacher, 1—20 **I** u. die übrigen Anteile in üblicher Menge anwendet. (**Jap. A. S. 4737/1961** vom 2/9. 1958, ausg. 13/5. 1961.) M. Pankow. 7231

H_{13}. Ätherische Öle, Parfümerie, Kosmetik

2732 **Die stereochemische Theorie der Geruchsempfindung. 1. Mitt. Identifizierung der 7 primären Gerüche.** John E. Amoore. (Proc. sci. Sect. Toilet Goods Assoc. **1962,** Nr. 37, 1—12; Edinbourgh, Scotland, Univ., Dep. of Botany; engl.) — Vf. diskutiert die Moncrieff-Theorie, wonach eine Substanz, um eine Geruchsempfindung auszulösen, eine Mol.-Konfiguration aufweisen muß, die zu bestimmten Punkten des olfaktor. Rezeptor-Syst. komplementär sein muß. Es werden Listen von Substanzen zusammengestellt, die einen ähnlichen Geruch aufweisen; die chem. Struktur dieser Verbb. wird erörtert. Schließlich werden 7 Grundgeruchsarten festgelegt, auf die alle Gerüche zurückgeführt werden können: campherartig, scharf (stechend), ätherisch, blütenartig, pfefferminz- u. moschusähnlich u. faulig. — 16 Literaturangaben. H. P. Fiedler. 7276◇

2733 **Die stereochemische Theorie der Geruchsempfindung. 2. Mitt. Erläuterung der stereochemischen Eigenschaften der olfaktorischen Rezeptorstellen.** John E. Amoore. (Proc. sci. Sect. Toilet Goods Assoc. **1962,** Nr. 37, 13—23; engl.) — 1 vgl. vorst. Referat. — Alle Verbb., die auf einen Grundgeruch zurückgeführt werden können, haben eine ähnliche Mol.-Struktur. Die Mol.-Gestalt der verschiedenen Grundgerüche wird beschrieben u. diskutiert. — 29 Literaturangaben. H. P. Fiedler. 7276◇

2734 **Die stereochemische Theorie der Geruchsempfindung. 3. Mitt. Struktur und Geruch: 1.4-Cyclohexanlactone und verwandte Verbindungen.** Martin Rubin, David Apotheker und Robert Lutmer. (Proc. sci. Sect. Toilet Goods Assoc. **1962,** Nr. 37, 24—33; Washington, D. C., Georgetown Med. School, Dep. of Biochem.; engl.) — 2. vgl. vorst. Referat. — Vff. beschreiben Herst. u. Eigg. einer Reihe alkylsubstituierter 1.4-Cyclohexancarbonsäurelactone. Die Gerüche dieser Verbb. werden an Hand der von Amoore entwickelten Theorie über die Abhängigkeit des Geruches von der Mol.-Struktur vorausgesagt. Die feststellbaren Eigg. stimmen mit den Voraussagen weitgehend überein.

Versuche. *4-Carbomethoxy-4-methylpimelinsäuremethylester* (**I**), $C_{12}H_{20}O_6$, Kp.$_{0,8}$ 134—140° aus 4-Carboxy-4-methylpimelinsäure, Na-Methylat u. Methyljodid. — *1-Methyl-3-carbomethoxy-4-ketocyclohexancarbonsäuremethylester* (**II**), $C_{11}H_{16}O_5$, Kp.$_{0,8}$ 105—110°, n_D^{22} 1,480, aus **I** u. Na in Toluol; 83,5% (Ausbeute). — *4-Carboxy-4-methylcyclohexanon* (**III**), F. 75°, aus **II** durch saure Hydrolyse u. Decarboxylierung; 41,8%. — *2.4-Dicarboxy-4-methylcyclohexanon*, $C_9H_{12}O_5$, aus Äthylacetat-PAe. F. 127—129°, durch Verseifung von **II** mit 2 n-NaOH-Lsg.; aus dem Rk.-Gemisch wird durch Kochen mit konz. HCl **III** erhalten, F. 73—75°; 83%. — *Lacton* der *1.4-Dimethyl-4-hydroxycyclohexancarbonsäure*, aus PAe. F. 47,5—48°, durch Grignardierung von **III**; 33,1%. In analoger Weise *Lacton* der *1-Methyl-4-äthyl-4-hydroxycyclohexancarbonsäure*, Kp.$_{0,12}$ 64°, n_D^{20} 1,489, 63,4%; *Lacton* der *1-Methyl-4-butyl-4-hydroxycyclohexancarbonsäure*, Kp.$_{0,04}$ 70—75°, n_D^{20} 1,47, 04,6%; *Lacton* der *1-Methyl-4-octyl-4-hydroxycyclohexancarbonsäure*, Kp.$_{0,1}$ 125—127°, n_D^{20} 1,450, 39,1%; *Lacton* der *4-Methyl-4-hydroxycyclohexancarbonsäure*, F. 69—70°, Kp.$_{0,02}$ 61°, n_D^{20} 1,461, 34,5%; *Lacton* der *4-Äthyl-4-hydroxycyclohexancarbonsäure*, Kp.$_{0,05}$ 92—94°, n_D^{20} 1,478, 24,8%; *Lacton* der *4-Butyl-4-hydroxycyclohexancarbonsäure*, Kp.$_{0,04}$ 90—92°, n_D^{20} 1,475, 38,4% u. *Lacton* der *4-Octyl-4-hydroxycyclohexancarbonsäure*, Kp.$_{0,1}$ 129°, n_D^{20} 1,432, 35,3%. — *2.4-Dicarbomethoxy-2.4-dimethylcyclohexanon*, Kp.$_{0,8}$ 120°, durch Kochen von **II** mit Na in Toluol u. Zugabe von CH_3J; 74,4%. — *4-Carboxy-2.4-dimethylcyclohexanon*, $C_9H_{14}O_3$, F. aus Ligroin 87—89°, durch Kochen vorst. Verb. mit Eisessig u. konz. HCl; 52%. — *4-Carboxy-2.4-dimethylcyclohexanol*, $C_9H_{16}O_3$, F. aus Nitromethan 149—151°, durch Red. der vorst. Verb. in Eisessig mit Pt-Oxid; 73,5%. Das *Lacton* der vorst. Verb. wurde durch Kochen der vorst. Verb. mit Essigsäureanhydrid erhalten. — *4-Carboxy-4-methylcyclohexanol*, $C_8H_{14}O_3$, F. 159—161°, durch Red. von **III** in Eisessig mit Pt-Oxid; *Lacton* des *4-Carboxy-4-methylcyclohexanols*, $C_8H_{12}O_2$, aus PAe. F. 59—61°, durch Behandlung der vorst. Verb. mit Essigsäureanhydrid. — *4-Carbomethoxy-4-methylcyclohexanol*, $C_9H_{16}O_3$, Kp.$_{0,2}$ 85—100°, durch Zugabe von Diazomethan in Ae. zu 4-Carboxy-4-methylcyclohexanol in Ae. u. Zugabe von HCl. — *4-Carbomethoxy-4-methylcyclohexylbromid*, $C_9H_{15}O_2Br$, Kp.$_{0,2}$ 83—86°, n_D^{22} 1,485, durch Behandlung der vorst. Verb. mit PBr_3. — *4-Carbomethoxy-4-methylcyclohexen*, $C_9H_{14}O_2$, Kp.$_{0,4}$ 60—80°, n_D^{22} 1,470, durch Dehydrohalogenierung der vorst. Verb.; 54%. — *4-Dimethylcarbinol-4-methylcyclohexen*, $C_{10}H_{18}O$, Kp.$_{20}$ 80—88°, n_D^{22} 1,480—1,487. Durch Grignardierung der vorst. Verbindung. — *1-Methyl-1-carboxycyclohexan*, F. 37—40°, durch Red. von **III** mit amalgamiertem Zn; 78%. — *1-Methyl-1-cyclohexylcarboxychlorid*, aus vorst. Verb. u. Thionylchlorid. — *1-Methyl-1-acetylcyclohexan*, Kp.$_{20}$ 65—68°, aus vorst. Verb. in Bzl. mit Grignard-Reagens u. $CdCl_2$; *2.4-Dinitrophenylhydrazon*, F. aus A. 128—133°, *Semicarbazon*, F 172—178°. — *1-Methyl-4-ketocyclohexancarbonsäuremethylester*, Kp.$_{0,8-10}$ 75,5°, aus **III**, Na in Methanol u. CH_3J; 60%. — *1-Methyl-4-dimethylcarbinol-4-methylcyclohexanol*, $C_{11}H_{22}O_2$, aus CCl_4 F. 75—78°, aus 4-Carbomethoxy-4-methylcyclohexanon u. Grignard-Reagens u. Zers. mit NH_4Cl-Lsg; aus den CCl_4-Mutterlaugen *4-Methylterpin*, $C_{11}H_{22}O_2$, aus CCl_4 F. 81—83°. — *1-Methyl-4-isopropanol-4-methylcyclohexanol*, F. 75—77°. Durch Grignardierung von 4-Carbäthoxy-4-methylcyclohexanon. Das hierbei gleichzeitig anfallende Öl liefert ferner *1-Methyl-4-carbäthoxy-4-methylcyclohexanol*, $C_{11}H_{20}O_3$, aus n-Amylalkohol F. 62—64°. — *trans-1-Methyl-4-carboxy-4-methylcyclohexanol*, $C_9H_{16}O_3$, aus Nitromethan F. 158—161°, durch Kochen der aus den beiden vorst. Verbb. übrig gebliebenen Öle mit 5%ig. KOH. — *cis-1-Methyl-4-carboxy-4-methylcyclohexanol*, F. aus Nitromethan 136—138°, aus **III** u. Grignard-Reagens nach Abtrennung von *5-Carboxy-1.4-dimethylcyclohexanol*, F. aus Nitromethan 160—163° u. Aufarbeitung des verbleibenden Öles. — *cis-4-Methylterpin*, F. aus PAe. 101—103°, durch Grignardierung des Lactons der 1.4-Dimethyl-4-hydroxycyclohexancarbonsäure. — *4-Acetyl-4-methylcyclohexanon*, $C_{21}H_{22}O_8N_8$, Kp.$_{0,25}$ 75—80°, durch Erhitzen von 4-Acetyl-4-methylpimelinsäure (**IV**) u. $Ba(OH)_2$ auf 400—450°; 11,7%. — *4-Acetyl-4-methylpimelinsäureanhydrid*, $C_{10}H_{14}O_4$, F. aus Bzl. 130—133°, durch Erhitzen von **IV** mit Essigsäureanhydrid. — *4-Acetyl-4-methylpimelinsäuremethylester*, $C_{12}H_{20}O_5$, Kp.$_{0,3}$ 125—130°, n_D^{22} 1,452, durch Erhitzen von **IV**, Methanol, Toluol u. konz. H_2SO_4. Die Dieckmann-Cyclisierung von vorst. Verb. zu einer Verb. der Formel **A** wurde a) in

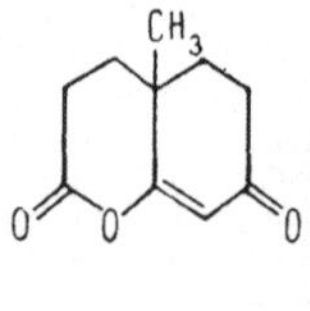

A

Toluol vorgenommen: $C_{10}H_{12}O_3$, F. aus Ae. 139—142°, b) in Abwesenheit eines Lsgm., F. aus Ae. 132—137°, c) mit Na-Methylat: F. 133—138°. — 25 Literaturangaben. H. P. Fiedler. 7276◇

2735 **Die stereochemische Theorie der Geruchsempfindung.** 4. Mitt. **Die Berechtigung, den Moschusgeruch als Grundgeruch anzusehen.** James W. Johnston und Armando Sandoval. (Proc. sci. Sect. Toilet Goods Assoc. **1962,** Nr. 37, 34—45; Washington, D. C., Georgetown Univ., Schools of Med. u. Dentistry, Dep. of Physiol. u. Biophys.; engl.) — 3. vgl. vorst. Referat. — Getestet wurden verschiedene Moschusgeruchstypen, u. zwar Pentadecanolid, Cyclopentadecanon, 3 aromat. Nitro-Verbb. (2.4-Dinitro-3-methyl-6-tert.-butylanisol, 3-Nitro-4-methoxy-5-tert.-butylbenzaldehyd u. 2.4-Dinitro-6-tert.-butylanisol) u. 1.1.4.4-Tetramethyl-6-äthyl-7-acetyl-1.2.3.4-tetrahydronaphthalin, deren chem. Identität durch Analyse über einen Argan-Chromatographen sichergestellt wurde u. die über ein näher beschriebenes, konst. arbeitendes Olfaktometer verschiedenen Testpersonen zum Riechen vorgelegt wurden. Obwohl die Testpersonen ausreichend trainiert worden waren, konnten die genannten Geruchsstoffe nicht näher identifiziert bzw. voneinander unterschieden werden. Es wird deshalb gefolgert, daß der Moschusgeruch ein Grundgeruch ist. H. P. Fiedler. 7276◇

2736 **Die stereochemische Theorie der Geruchsempfindung.** 5. Mitt. **Einige Geruchsbeobachtungen im Sinne der AMOORE-Theorie.** H. C. Saunders. (Proc. sci. Sect. Toilet Goods Assoc. **1962,** Nr. 37, 46—47; Givaudan Corp., Res. Perfumer; engl.) — 4. vgl. vorst. Referat. — Die Testung verschiedener, von Amoore nocht nicht erfaßter Substanzen ergab eine gute Übereinstimmung zwischen Mol.-Struktur u. Grundgeruch, wodurch die Berechtigung der Amoore-Theorie bestätigt wird, die in gewisser Hinsicht auch die Geruchsmaskierung bzw. die Ermüdungs-Rk. der Nasenschleimhautriechzellen gegenüber bestimmten Geruchstypen zu erklären vermag. Inwieweit die Theorie auch zur Geruchsvoraussage bei Vorliegen verschiedener Gemische geeignet ist, muß noch geprüft werden. H. P. Fiedler. 7276◇

2737 Givaudan Corp., New York, N. Y., übert. von: Thomas F. Wood, Wayne, N. J., V. St. A., **p-Methoxyzimtsäurealkoxyalkylester** der allg. Formel $CH_3O{-}C_6H_4{-}CH{=}CH{-}COOC_mH_{2m}OC_nH_{2n+1}$ (m + n soll mindestens 4 sein) erhält man durch Umestern von p-Methoxyzimtsäureestern mit dem entsprechenden Alkoxyalkanol bei 30—150, bes. 90—125° in Ggw. eines Umesterungskatalysators (Na-Methylat, Al-Isopropylat) unter Abdestillieren des Alkohols, ggf. in Ggw. eines Schleppmittels (KW-Stoffe). Man kann auch die Säure mit dem entsprechenden Alkanol in Ggw. einer Mineralsäure verestern oder Anisaldehyd mit Alkoxyalkanolacetaten in Ggw. von Na oder dessen Alkoholaten umsetzen. — Aus 1 Mol p-Methoxyzimtsäureäthylester u. 125 g Äthylenglykolmonoäthyläther in Ggw. von 300 g Toluol u. 4 g gepulvertem Na-Methylat unter Abdestillieren des azeotropen Gemisches aus Toluol u. A. (Kp. 76—78°, A.-Geh. 78%) → 219,5 g *p-Methoxyzimtsäure-2-äthoxyäthylester,* $Kp._2$ 184—187°; n_D^{20} 1,5670; $D._{25}^{25}$ 1,10; VZ. 225,5 — 3-Methoxy-1-butanol → *3-Methoxybutylester,* $Kp._2$ 184 bis 191°; n_D^{20} 1,5585; in üblichen Lsgm. leicht löslich. — 1-Methoxy-2-propanol → *1-Methoxy-2-propylester,* $Kp._2$ 170—177°; n_D^{20} 1,5655. — Butylcellosolve (= 2-Butoxyäthanol) → *2-n-Butoxyäthylester,* $Kp._{2,5}$ 201—204°; n_D^{20} 1,5520. Die Verbb. *absorbieren UV-Licht* von 290 bis 320, bes. 308 mμ. — *Sonnenschutzmittel.* (**A. P. 3002992** vom 10/10. 1958, ausg. 3/10. 1961.) G. Krauß. 7285

2738 Ciba Akt.-Ges., Basel, Schweiz, **Schutzmittel gegen ultraviolette Strahlung.** Man verwendet *2-Phenylbenzazole* nebenst. allg. Formel, in der R_1 = Benzolrest,

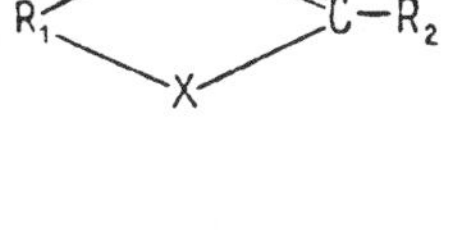

in welchem 2 benachbarte Ring-C-Atome gleichzeitig Glieder des Azolringes sind, R_2 = Phenylrest u. X = O-, S- oder N-Atom, das außer den beiden Ringbindungen noch eine Bindung an ein H-Atom oder einen Substituenten aufweist, wobei das Mol. als Substituenten mindestens eine verzweigte Alkylgruppe besitzt, nämlich *2-Phenylbenzoxazole, -thiazole* u. *-imidazole,* als wirksame Komponenten in Schutzmitteln gegen UV-Strahlung oder als Zusätze zu vor UV-Strahlung zu schützenden Substraten, wie Textilfaserstoffen aus Wolle, Seide, Baumwolle, Hanf, Flachs, Leinen, Jute, Ramie, Kunstseide, Viscose, Zellwolle, Polyacrylnitril, Polyestern oder Polyamiden, Federn, Haaren, Fellen, Beschichtungs- u. Appreturmitteln für Textilstoffe u. Papier, Häuten, Leder, Stroh, Holz, Papier, Pappe, Lacken, Filmen, Natur- oder Kunstharzen, Kerzen, Bohnerwachs, Holzbeizen, Möbelpolituren, Natur- oder Kunstkautschuken oder Filterschichten für photograph. Zwecke; bes. aber eignen sich die neuen Verbb. als *Schutzmittel für die Haut* gegen UV-(Sonnen-)Strahlung in *kosmet. Präpp.* in Form von Lsgg., Salben, Pasten, Cremes, Ölen oder Emulsionen, die z. B. auch noch Hautpflegemittel, Insektenabwehrmittel, Desodorantien, Riechstoffe oder Farbstoffe enthalten können. — Beispiele. (**Oe. P. 222810** vom 22/9. 1960, ausg. 10/8. 1962. Schwz. Prior. 23/9. 1959.) W. Raetz. 7285

H_{14}. Zucker, Kohlenhydrate, Stärke

2739 **Schutz der Zuckerrübensaat durch Torf, Borax, Hexachloran und V–K-Kalk.** Štefan Ďurina. (Pol'nohospodárstvo **8,** 377—84, 1961; Bratislava, Vys. škola ekonom.; slowak.) — Die Einw. von Torf, Borax, Hexachloran u. V–K-Kalk wurde auf die Wachstumsgeschw., den Ertrag u. den Zuckergeh. der Rüben untersucht. Torf bewirkt eine um 80% höhere Rübenernte u. ein Ansteigen des Zuckergeh. um 0,3% u. wirkt hauptsächlich in der ersten Hälfte der Vegetationsperiode. Borax beeinflußt die Chlorophyllsynth., erhöht den Rübenertrag um 12% u. verringert den Zuckergeh. um 0,9%. Hexachloran beschleunigt das Keimen u. ist am wirksamsten gemeinsam mit Torf. Der Ertrag steigt um 26%, der Zuckergeh. um 0,5%. V–K-Kalk bewirkt nur einen Anstieg des Ertrags um 16% u. des Zuckers um 0,3%. Trockene Jahre fördern die Zuckerbldg., aber nicht den Ertrag. — 38 Literaturangaben. G. Lange. 7406◇

2740 **Untersuchungen über die Wirkungen der Bodenaggregatgrößen auf das Auflaufen und Wachstum der Rübe (Beta vulgaris L.).** 2. Mitt. **Blattentwicklung.** John L. Hammerton. (J. agric. Sci. **56,** 417—29, 1961; Aberystwyth, Univ. Coll. of Wales, Dep. of Agric.; engl.) — 1. vgl. C. **1962, 4373.** — Auf der feineren Aggregat-Fraktion eines Bodens bildeten die Keimpflanzen verschiedener Beta-Species mehr u. größere Blätter aus als auf einem Substrat aus den gröberen Partikeln desselben Bodens. In erster Linie wird der höhere Geh. der feinen Aggregate an verfügbarem W. für dieses bessere Blattwachstum verantwortlich gemacht. Wilfried Werner. 7406◇

2741 **Wertbestimmung einer De-Smet-Diffusionseinheit.** F. Schneider, E. Reinefeld und H. P. Hoffmann-Walbeck. (Int. Sugar J. **63,** 233—36, 265 bis 267, 1961; Braunschweig, Techn. Hochsch., Zuckerinst.; engl.) — Vff. stellten eine Unters. des De-Smet-Diffuseurs an u. untersuchten hierbei die Diffusionswirksamkeit u. Durchfluß, die Verweilzeit, die Extraktion, die Rübenqualität u. die mikrobiolog. Bedingungen in der Fabrik. An drei verschiedenen Tagen wurden Tests bezüglich der Diffusionsverluste u. des Rohsaftzugs durchgeführt. R. Walcker. 7412◇

2742 **Struktur von koagulierten Kolloiden von Zuckerrübensaft.** 2. Mitt. **Struktur von Schlammaggregaten bei sofortiger und bei progressiver Vorscheidung.** Rudolf Kohn und Zora Kohnová. (Int. Sugar J. **63,** 170—73, 204—07, 1961; Bratislava, ČSSR, Acad. of Sci., Chem. Inst.; engl.) — 1. vgl. Int. Sugar J. **63,** [1961], 79. — Das Gesamtvol. der prim. hydratisierten Schlammteilchen u. ihre durch den Faktor X charakterisierte Gestalt sind nicht von der sofort oder fortschreitend vorgenommenen

Art der Vorscheidung abhängig. Die grundsätzliche Verschiedenheit der nach beiden Verff. gebildeten Teilchen beruht vor allem auf ihrer unterschiedlichen Raumanordnung in den Schlammaggregaten, in denen sie vor allem mechan. miteinander verbunden sind. Die Bindung durch Adhäsion spielt jedoch bei sofort vorgeschiedenem Saft u. bei höherer Temp. eine größere Rolle. W. Willenberg. 7412◇

2743 **Adsorption durch Knochenkohle unter Verwendung eines kontinuierlichen Adsorptionsprozesses (CAP).** Willard Marcy. (Int. Sugar J. **63**, 340–43, 368–71, 1961; The American Sugar Refining Comp.; engl.) W. Willenberg. 7412◇

2744 **Die Beziehung zwischen Filtrierbarkeit und filtrationshindernden Verunreinigungen.** R. I. Nicholson, Peter Hidi und Gwynneth McIntyre. (Int. Sugar J. **63**, 173–76, 201–04, 1961; Sydney, Colonial Sugar Refining Comp. Ltd., Res. Dep.; engl.) — Die Größen log (F/100) bzw. 10/F (F = prozentuale Filtrationsgeschw. in bezug auf Reinzucker) wurden in Abhängigkeit vom Geh. an Verunreinigungen untersucht. Während bei natürlich vorkommenden Verunreinigungen die Abhängigkeit von log (F/100) linear war, war bei einigen künstlichen Zusätzen, wie $CaCO_3$ u. a., die Abhängigkeit von 10/F linear. Aus der Gleichung — log (F/100) = A (A = filtrationshemmende Aktivität) läßt sich die Filtrierbarkeit von Zuckerlsgg. berechnen. W. Willenberg. 7412◇

2745 **Beitrag zur Bedeutung wasserlöslicher hochmolekularer Kohlenhydrate für die Verkleisterung von Stärke.** G. Rehfeld und S. Kraus. (Ernährungsforschung **7**, 708–12, 1963; Potsdam-Rehbrücke, Inst. für Ernährung; dt.) — Das Wasser-Aufnahmevermögen von *Kartoffelstärke* wird im Verlaufe der Verkleisterung durch verschiedene Polymere in Konkurrenz gehemmt: *Roggenschleimstoff* < *Tylose KN 2000* < *Gelatine* < *Tylose KN 25* < *Tylose SL 25* (alle Stoffe in 1%ig. wss. Lsg.). Durch die Konkurrenzwasserbindung während des Backprozesses dürfte bei Gebäcken aus schleimstoffreichen Mehlen eine stark verlängerte Backzeit resultieren, die die Wirtschaftlichkeit des Backverf. ungünstig beeinflußt. Zu kurze Backzeiten wiederum beeinflussen die Qualität des Gebäckes negativ. M. Uhlmann. 7448◇

2746 **Formel zur Berechnung der Viscosität im Bereich von 0 und 100 °C.** G. Pidoux. (Zucker **14**, 523–32, 1961; Marseille, Raffinerie de Sucre de St. Louis; dt.) — Die Formel ist hinreichend genau zur Berechnung der Viscosität für Standard-Saccharose-Lsgg. u. Melassen. Wiedergabe ausführlicher Tabellen, die zur Eichung von Viscosimetern dienen können. W. Willenberg. 7470◇

2747 Braunschweigische Maschinenbauanstalt Akt.-Ges. (Erfinder: Willy Käther), Braunschweig, **Kontinuierliche Saturation von Zuckersäften,** gek. durch die Verw. eines Saturationsgefäßes mit feststehenden Umlaufrohr, das an der unteren Gasaustrittsstelle zahnkranzförmig ausgebildet ist, wobei diese gezackte Gasaustrittsstelle aus elast. Material, bes. aus elast. Blechen, besteht. — 2 Zeichnungen. (**D. A. S. 1136290** Kl. 89c vom 10/8. 1959, ausg. 6/9. 1962.) A. Gradl. 7413

2748 Union Starch & Refining Co., Inc., Columbus, Ind. (Erfinder: James F. Lenney, St. Louis, Mo., und Lyman R. Shively, Edwardsville, Ill.), V. St. A., **Herstellung von Glucoselösungen** mit einem Dextrosewert von ≧ 98,5 durch zweistufige enzymat. Hydrolyse von Stärke, dad. gek., daß mit α-Amylase bis zu einem Dextrosewert von 25–35% hydrolysiert wird, worauf man die Hydrolyse bei ca. 35–55° mit einem aus einer Art der Rhizopusgattung gewonnenen Enzympräp. zu Ende führt. (**D. A. S. 1135389** Kl. 89i vom 18/12. 1959, ausg. 23/8. 1962.) A. Gradl. 7443

2749 Corn Products Co., New York, N. Y. (Erfinder: Frederick C. Armbruster, La Grange, Ill.), V. St. A., **Stärkehydrolyse mit Pilzfermenten.** Aus Aspergillus niger („CPC M 370") wird mittels UV-Bestrahlung eine Mutante Aspergillus niger-Mutante „Armbruster C-14" gezüchtet, die 2mal mehr *Glucamylase* u. nicht mehr *Transglucosidase* produziert als Aspergillus niger „NRRL 330" oder „NRRL 337". (**E. P. 904423** vom 25/5. 1960, ausg. 29/8. 1962. A. Prior. 25/5. 1959.) K. Koebke. 7449

H_{15}. Gärungsindustrie

2750 **Der Fettstoffwechsel keimender Gerste.** 2. Mitt. **Gerstenlipase.** Anna M. MacLeod und H. B. White. (J. Inst. Brewing **68** [N. S.] **59**), 487–95, 1962; Edinburgh, Heriot-Watt-Coll.; engl.) — 1. vgl. C. **1963**, **11067**. — Die Lipaseaktivität gemahlener Gerste wurde auf Grund der Hydrolyse von Triolein oder Tributyrin, das leichter angegriffen wird, bestimmt. Es können nicht mehr als 15% der Lipase aus Gerste oder Malz extrahiert werden. Die Enzympräpp. wurden durch wss. Extraktion von Gerste, die in einer Hammermühle langsam bei nicht mehr als 18° gemahlen worden war, u. Fällung durch Ammonsulfat u. Aceton hergestellt. Über $^2/_3$ des Gesamtlipase-Geh. wird im Keimling gefunden, vom Rest das meiste in der Aleuronschicht. Die Aktivität der Gesamt- u. der extrahierbaren Lipase nimmt beim Weichen ab u. beim Keimen wieder zu. Der lösl. Lipaseanteil hat ein deutliches Maximum bei pH 6,8 u. ist sehr hitzeempfindlich. Gerstenlipase scheint ein Protein von sehr hohem Molgew. zu sein, sie hat geringe Spezifität u. ändert sich qual. nicht beim Mälzen. H. G. Schultze-Berndt. 7540◇

2751 **Konservierungsmittel für Apfelmost.** D. Robert Davis. (Proc. annu. Meeting Ohio State horticult. Soc. **1962**, 163–68; Ohio, Landwirtschaftl. Versuchsstation; engl.) — Von den möglichen Konservierungsmitteln (schweflige Säure u. SO_2-haltige Verbb., Salicylsäure, Ameisensäure, Senfverbb. u. Na-Benzoat) wird allein K-Sorbat (**I**) empfohlen u. ausführlich besprochen. Bei Zimmertemp. ist **I** selbst bei Konz. von 0,1% unwirksam gegen Hefen u. Bakterien, verhindert aber Schimmelpilzwachstum. Ungeschulte Koster fanden keinen Geschmacksunterschied bei 0,1% **I** gegenüber unbehandeltem Apfelmost. Da Sorbat zu CO_2 u. W. zerfällt, ist die Anwendung gesetzlich in unbegrenzter Menge erlaubt; empfohlen werden 0,05–0,075% **I**. Für die Zukunft erscheinen als Konservierungsmittel möglich: Dehydroacetsäure, Diäthylester der Pyrokohlensäure, Propionsäure u. ihre Salze, Monohalogencarbonsäuren, Antibiotica (z. B. Kombination von Mycosubtilin u. Actidion gegen Schimmelpilze u. Hefen u. Nisin gegen Bakterien) sowie das meistversprechende Vitamin K_5. H. G. Schultze-Berndt. 7552◇

2752 **Zur Kenntnis der Eiweißstoffe des Weines.** 6. Mitt. **Die Aminosäuren des „löslichen" Traubenproteins der Sorten Riesling und Müller-Thurgau.** W. Diemair, J. Koch und E. Sajak. (Z. Lebensmittel-Unters. u. -Forsch. **116**, 209–15, 1962; Frankfurt a. M., Univ., Inst. f. Lebensmittelchemie, u. Mainz, Inst. f. Getränkeforsch. G.m.b.H.; dt.) — 5. vgl. C. **1963**, 6051. — Das „lösl." Traubenprotein der Sorten Riesling u. Müller-Thurgau setzt sich aus 18 Aminosäuren (AS) zusammen; Tryptamin entsteht wahrscheinlich sekundär bei der Hydrolyse. Die gleichen AS lassen sich in den Hauptfraktionen beider Rebsorten nachweisen, daneben findet sich noch Glucosamin. Das „lösl." Traubenprotein baut sich aus den gleichen AS auf wie das wärmelabile Eiweiß u. die Voitfällung des Mostes oder Weines. Das unterschiedliche Verh. der Fraktionen bei der Wärmedenaturierung muß auf quant. Unterschiede der AS in den einzelnen Fraktionen zurückgeführt werden. Ornithin entsteht wahrscheinlich bei der Hydrolyse der Voitfällung. Da diese nur sauer hydrolysiert wird, kann Tryptophan nicht gefunden werden, seine Ggw. in der Voitfällung wie auch im Eiweißtrub des Weines ist aber anzunehmen. F. Zeidler. 7554◇

2753 **Zur Kenntnis der Eiweißstoffe des Weines.** 7. Mitt. **Zuckerkomponente des Riesling-Proteins.** W. Diemair, J. Koch und E. Sajak. (Z. Lebensmittel-Unters. u. -Forsch. **116**, 216–19, 1962; dt.) — 6. vgl. vorst. Referat. — Im „lösl." Traubenprotein der Sorte Riesling werden nach der Hydrolyse 7 Zucker nachgewiesen: Galaktose, Glucose, Mannose, Arabinose, Xylose, Fucose, Rhamnose. Aus dem Red.-Wert ergibt sich ein Zucker-Geh. von 4,5 bis 5%. F. Zeidler. 7554◇

2754 **Zur Bestimmung des Fuselöls in Gärungsprodukten.** H. Burmeister. (Z. Lebensmittel-Unters. u. -Forsch. **118**, 233—44, 1962; Berlin, Labor. der Hermann Meyer & Co. KG.; dt.) — Die nach der Fuselöl-Best.-Meth. von v. Fellenberg-Komarowsky mit Salicylaldehyd (**I**) erhaltenen Ergebnisse wurden denen mit p-Dimethylaminobenzaldehyd (**II**) als Farbreagens erzielten vergleichsweise gegenübergestellt. In beiden Fällen ermittelte man die Absorptionskurven der hauptsächlich im Fuselöl vertretenen beiden höheren Alkohole, Isobutyl-(**III**) u. Isoamylalkohol (**IV**), sowie die entsprechenden Eichkurven. Von den in geringen Mengen noch vorhandenen höheren Alkoholen kann lediglich n-Butylalkohol einen gewissen Einfl. auf den Fuselölwert haben. Beim Brennen von Wein zeigte sich, daß der Fuselölwert bes. durch Aldehyd als Begleitstoff der alkohol. Gärung stark beeinflußt wird. Er lag bei der Best. mit **I** zehnmal höher als bei der mit **II**. Da zur Entfernung störender Begleitstoffe die Vorbehandlung der Unters.-Fl. mit alkal. $AgNO_3$-Lsg. oder m-Phenylendiaminhydrochlorid nicht befriedigte, wurde eine neue Meth., bes. zur Beseitigung störender Aldehyde, erprobt. Sie beruht auf der Anlagerung der Aldehyde an H_2SO_3 u. anschließendem Ionenaustausch. Nach der Behandlung mit dem Ionenaustauscher Permutit ES enthält die Probe weder Aldehyd noch Säure. Die Arbeitsmeth. zur Fuselölbest. mit **II** sowie die Vorbehandlung mit H_2SO_3 u. nachfolgendem Ionenaustausch werden eingehend beschrieben. — 21 Literaturangaben. W. Kreipe. 7596◇

2755 **Über die Störung einer Weinsäurebestimmungsmethode bei Anwesenheit von Metaweinsäure.** K. Wucherpfennig und G. Bretthauer. (Z. Lebensmittel-Unters. u. -Forsch. **116**, 219—24, 1962; Geisenheim/Rhg., Hess. Lehr- u. Forsch.-Anst. f. Wein-, Obst- u. Gartenbau; dt.) — Die zur Verhütung des Weinsteinausfalls ausländ. Weinen zugesetzte Metaweinsäure (MW) verzögert wohl die Weinsteinausscheidung in Most u. Wein, jedoch auch die Abscheidung der Weinsäure (WS) im Analysengang mit KCl, Eisessig u. K-Acetat, wodurch eine vollständige Geh.-Best. an WS nicht möglich ist. Das Ausmaß der Störung hängt von der Herst.-Art der MW u. ihrer Menge ab. Der A.- u. Zucker-Geh. beeinflußt ebenfalls die WS-Best. in Ggw. von MW. Die Weinsteinausscheidung wird durch die Ggw. von Zucker u. A. zunächst gefördert, mit steigendem A.-Geh. tritt eine geringe Verzögerung ein. F. Zeidler. 7606◇

2756 Fermco Laboratories, Inc., übert. von: Don Scott, Chicago, Ill., V. St. A., **Stabilisieren eines Glucoseoxydase–Katalase-Systems** gegen feuchte Hitze, dad. gek., daß man das Präp. bei $<45°$ bis zu konst. Gew. trocknet u. mit einer aus einer in kaltem W. lösl. Methylcellulose hergestellten Schicht überzieht, die bei Temp. oberhalb der Deaktivierungstemp. der Enzyme für wss. Medien nicht durchlässig ist. Man kann ein Gemisch aus der Enzymlsg. u. Methylcellulose trocknen. Man mischt z. B. eine wss. Lsg. der Enzymmischung kalt mit 1,1 Vol. Aceton, filtriert den Nd., trocknet ihn an der Luft, um das Lsgm. zu entfernen, trocknet die pulverige Masse im Vakuumexsikkator bei ca. 30° zu einem Prod. mit ca. 4000 Oxydase- u. ca. 2000 Katalaseeinheiten pro 25 g, preßt aus der Masse Tabletten mit 170 mg mit 600 Einheiten Oxydase, taucht die Tabletten in Mineralöl u. nach Abtropfen in eine 5%ig. Methylcelluloselsg. (Viscosität 15 cP.), trocknet an der Luft u. im Ofen bei 30°, besprüht die Tabletten mit einer Lsg. von Stearinsäure in Ligroin u. trocknet das Prod. (Tabletten mit 300 mg; Dicke des Überzugs 6 „mils" = 0,006 in.). Man kann auch Tyrosinase, Phosphatase, Xanthinoxydase, Alkoholdehydrogenase u. andere hitzeempfindliche Enzyme stabilisieren. Erzeugung von sterilisierfähigen Lebensmitteln u. Getränken, wie Spargel u. Bohnen in Dosen, Apfelwein usw. — Tabelle für die Funktion Lagerzeit: Enzymgehalt. (**A. P. 3006815** vom 24/8. 1956, ausg. 31/10. 1961.) G. Vogel. 7509

2757 Northwestern University, übert. von: John A. D. Cooper, Evanston, Ill., V. St. A., **Oxydase zur selektiven Oxydation von Galaktose** (**I**) mit mol. O_2 ohne Wrkg. auf Glucose erhält man aus konz. Dialysaten von Extrakten aus *Polyporus circinatus Fr.* Man züchtet den Pilz auf Agar, impft mit der Reinzucht eine sterilisierte Lsg. (pH 6,8) aus 2 Litern W., 30 (g) **I**, 32,6 NaH_2PO_4, 3,2 Na_2HPO_4, 4 $(NH_4)_2SO_4$, 2 NH_4NO_3, 1 $MgSO_4$, 3 KCl, 1 NaCl, 0,2 $CaCl_2$, 1,7 Na_2MoO_4, 0,3 CuCl, 3,6 $Fe(NO_3)_3$, 1,7 $ZnSO_4$ u. 1,3 $MnSO_4$ bei Raumtemp., läßt den Pilz 1 Tag auf u. unter der Oberfläche der Fl. wachsen, schüttelt die Kultur dann 4—5 Tage bei 200 U/min, filtriert das Mycel ab, dialysiert die Fl. in Rohren aus regenerierter Cellulose über Nacht gegen 500 ml kalte 0,001 m-Phosphatpufferlsg. (pH 7,5), setzt die Dialyse gegen frische Pufferlsg. 12—24 Std. fort, klärt die Enzymlsg. durch Zentrifugieren, reinigt sie im Durchlauf durch eine N.N-Diäthylaminoäthylcellulose-Säule mit pH 7,5, dialysiert sie gegen dest. W. u. entfernt aus der 0,05 bis 0,01 mg/ml Protein enthaltenden Lsg. das W. durch Lyophilisieren. Das erhaltene weiße Enzympulver ist bei — 5° monatelang haltbar. Verw. des Prod. zur Oxydation von **I** zu Galaktonsäure, Herst. von Reagenspapier (das Prod., Peroxydase u. o-Toluidin oder o-Dianisidin enthaltend u. z. B. in **I** enthaltenden Zuckerlsgg. von gelb nach blau umschlagend) zur qual. u. quant. Best. von **I**, bes. in Körper-Fll., wie Urin, bei schwangeren, stillenden oder (galaktose-)zuckerkranken Personen, Entfernung von **I** aus Lebensmitteln, bes. Milch, deren Lactose enzymat. gespalten wurde, Zusatz zu Gemüsekonserven zwecks Zerstörung von H_2O_2. Kurven für O_2-Absorption bei verschiedenen **I**-Konzentrationen. (**A. P. 3005714** vom 26/8. 1959, ausg. 24/10. 1961.) G. Vogel. 7509

2758 Pineapple Research Institute of Hawaii, übert. von: Ralph M. Heinicke, Honolulu, Hawaii, V. St. A., **Gewinnung von Bromelin aus Ananasstengeln,** dad. gek., daß man die Stengel (ohne Wurzeln, Blätter, Rinde) unter Druck u. Einw. von Scherkräften entsaftet, den Saft, bes. nach Zusatz von H_2S-Gas, kühlt, auf pH ca. 3,5—5,5 einstellt, erst die Verunreinigungen u. dann die Enzyme fällt. Man entsaftet z. B. in einer Walzenmühle u. erhält 36% Lsg. (ohne Berücksichtigung des Waschwassers) mit 0,33 (lbs.) Protein auf 100 Stengel u. 24000 Proteaseeinheiten auf 1 Stengel. Man mischt 1 Liter des geklärten Saftes bei 34°F u. pH 5 mit 375 ml kaltem Aceton (**I**), verwirft den Nd. u. setzt dem Filtrat 630 ml kaltes **I** zu → 9,5 g weißes Pulver mit 4500 Proteaseeinheiten/g; aus 1 Liter geklärtem Saft u. festem $(NH_4)_2SO_4$ (**II**) bis zu D. 1,185 der Lsg. Fällung des gesamten Proteins, Lösen des Nd. in W., Dialysieren der wss. Lsg. gegen W. u. Gefriertrocknung → 6,5 g Präp. mit 4700 Proteaseeinheiten/g; aus 1 Liter Saft u. 210 g **II** bei pH 4 u. 40°F nach Entfernen des Nd., Fällung mit 150 g **II**, Lösen des Nd. in W., Dialysieren der Lsg. gegen W. → Prod. mit 28520 Proteaseeinheiten; aus 1 Liter Saft durch Dialyse gegen W. bei 3° (2 Tage) u. gegen 5 Gallonen W. (1 Tag) u. Gefriertrocknung → 9,6 g Prod. mit 4200 Proteaseeinheiten/g; aus 1 Liter des wie vorst. dialysierten Saftes durch Zusatz von **II** bis D. 1,090, Filtrieren u. nochmals **II**-Zusatz bis D. 1,160, Dialysieren u. Gefriertrocknung → 6 g Prod. mit 4600 Proteaseeinheiten/g. Der Saft wird durch Zusatz von Red.-Mitteln (Cyaniden, Sulfiten, Hydroxylamin, bes. Sulfiden oder H_2S-Gas) bei pH <5 konserviert. — Tabellen für Preßwrkg., Enzymausbeuten, auch für Phosphatase, Peroxydase, Digitalase, Tyrosinase usw., Koagulation von Milcheiweiß u. Gelatineverflüssigung im Vgl. zu Ananasfruchtsaft, Papain u. Ficin. (**A. P. 3002891** vom 12/12. 1958, ausg. 3/10. 1961.) G. Vogel. 7509

2759 United States of America, Secretary of Agriculture, übert. von: James C. Lewis, Berkeley, Calif., V. St. A., **Erzeugung von Chlorogenicase,** dad. gek., daß man *Aureobasidium pullulans* in einem Nährmedium züchtet, das p-Hydroxybenzoesäure (**I**) oder 3.4-Dimethoxybenzaldehyd (**II**) enthält. Man beimpft z. B. 10 Liter einer wss. Nährlsg., die im Liter 5 (g) Glucose, 3 Fleischextrakt, 5 Pepton u. 0,3 **I** enthält, bei pH 6 mit vorst. Kultur (Stamm NRRL Y-2580), belüftet unter Rühren 24 Std. bei 28° mit 3 Litern Luft/Min., zentrifugiert, bedeckt den Pilzkuchen mit Toluol, läßt 2 Tage bei Raumtemp. stehen, suspendiert die autolysierten Zellen in

500 ml W., zentrifugiert u. erhält in der Fl. das Enzym. 1 ml des Autolysats oder der zentrifugierten Lsg. spalten pro Tag 8 mg Chlorogensäure ab, die chromatograph. bestimmt wird. Beispiel für **II** (Aktivität 5). (**A. P. 3005757** vom 14/11. 1960, ausg. 24/10. 1961.) G. Vogel. 7509

2760 Patentauswertung Vogelbusch G. m. b. H., übert. von: Gustav Mautner Markhof, Wien, Österreich, **Regeln des aeroben Wachstums von Gärhefen,** dad. gek., daß man Luft durch die Hefewürze leitet, einen Teil der A. enthaltenden Abluft abzweigt u. mit O_2 verbrennt, die Verbrennungswärme (Wärmedifferenz) in elektr. Impulse umwandelt u. durch diese Impulse den Zulauf der Nährlsg. zum Hefebottich regelt. Man gärt z. B. bei 30°, drückt 2 Liter/Min. der Abluft (mit W. gesätt.) in die Verbrennungszone, führt 400 cal/Min. Wärme zu, um die 0,2 mg A./Liter enthaltende Abluft von 30 auf 700° zu erhitzen u. zu verbrennen, so daß 0,4 mg A./Min. verbrennen u. 2,933 cal (= 7332 cal/g A.) erzeugt werden. Die Verw. von Oxydationskatalysatoren ermöglicht Verbrennungstemp. von 180°, die Anwendung genauerer Thermometer u. geringere Fehlergrenzen. — Vorr., Zeichnung. (**A. P. 3010881** vom 1/12. 1960, ausg. 28/11. 1961. Oe. Prior. 14/12. 1959.) G. Vogel. 7511

2761 Ernst Komm, München, **Herstellung eines für die Erzeugung von Bier zu verwendenden ungedarrten Grünmalzproduktes,** dad. gek., daß nasses Grünmalz durch indirektes Erhitzen, 30—60 Min. im Bereich der Temp. gespannten Wasserdampfes von 3—10 at in dünner Schicht unter Wasserentfernung, bis zum Erhalt eines Trockenprod. von ca. 5—15% Wassergeh. aufgeschlossen wird. (**Oe. P. 215386** vom 25/5. 1954, ausg. 25/5. 1961. D. Prior. 25/9. 1953.) T. Oppermann 7541

2762 United States of America, Secretary of Agriculture, übert. von: Allene R. Jeanes, Peoria, und James H. Sloneker, Minier, Ill., V. St. A., **Herstellung eines deacetylierten Polysaccharids,** dad. gek., daß man eine Kultur von *Xanthomonas campestris* NRRL B-1459 72—96 Std. aerob gären läßt, 0,67 (Teile) des dabei erzeugten nativen Polysaccharids (Polymerisats aus Mannose, Glucose u. K-Salz der Glucuronsäure im Verhältnis 2 : 1 : 1) in der Form des Acetylesters unter N_2 in 100 luftfreiem, 1,35 KCl enthaltendem W. löst, in die Lsg. 34 wss. 0,2n KOH einrührt, das Gemisch unter N_2 2 Std. bei 25° hält u. auf pH 7 einstellt, das deacetylierte Polysaccharid mit Methanol (**I**) fällt, so daß die Masse 44% **I** enthält u. das Prod. isoliert. Man impft z. B. 150 (Gallonen) einer sterilisierten Nährlsg. (pH 7,0), die 3% Dextrose, 0,5% Brennereirückstände, 0,5% K_2HPO_4 u. 0,01% $MgSO_4 \cdot 7H_2O$ enthält, mit 7,5 der vorst. Kultur, rührt u. belüftet die Masse 96 Std. bei 82°F, bis der Glucosegeh. auf ca. 4%, pH auf ca. 6 gefallen u. die Viscosität der Mischung auf ca. 15000 cps. gestiegen ist, verd. mit 150 W., stellt pH 5,6 ein, setzt 124 **I** zu (**I**-Geh. der Masse 24,7%), zentrifugiert die Zellen ab, setzt 50 lbs. KCl bis zu einer KCl-Konz. von 2% u. dann 330 **I** bis zu einer **I**-Konz. von 56% zu, zentrifugiert die gebildeten gelatinösen Flocken, löst sie in W., fällt nochmals mit KCl u. **I** u. wäscht den Nd. mit **I** → 19,5 lbs. hellbraunes Polysaccharid mit 4,7% Acetylgruppen, löst von diesem Rohprod. 15 g in 2250 ml W. (luftfrei), rührt 30 g KCl ein, setzt 750 ml wss. 0,2n KOH zu, so daß die Lsg. 0,5% Polysaccharid, 1% KCl u. 0,05n KOH enthält, führt 2 Std. bei 25° kontinuierlich N_2 ein, neutralisiert mit 0,25n HCl, rührt **I** bis zu einer **I**-Konz. von 44% ein, stellt aus dem Nd. eine 1%ig. wss. Lsg. mit pH 7 her, setzt der Lsg. **I** bis zu einer **I**-Konz. von 42—44% zu, wäscht den Nd., entwässert ihn mit **I** u. trocknet im Vakuum → hellbraunes Prod. mit 0,3% Acetylgruppen, das bei Ggw. von anorgan. Salzen eine erhöhte Viscosität besitzt. Herst. von Filmen, Verdickern für Lebensmittel, Kosmetica, Pharmazeutica u. Bohrschlämme, Emulgier-, Stabilisier- u. Klebmitteln. Starke Herabsetzung des biolog. O_2-Bedarfs von Zellstoff-, Schlachthof-, Molkerei- u. Mühlenabwässern durch Komplexbldg. des Prod. mit Proteinen. — Tabellen für Viscosität der Masse u. Festigkeitseigg. der Filme. (**A. P. 3000790** vom 30/12. 1959, ausg. 19/9. 1961.) G. Vogel. 7579

H_{16}. Nahrungs-, Genuß- und Futtermittel

2763 **Sieben mit Schallwellen in der Landwirtschafts- und Ernährungsindustrie.** Pierre Korda. (Ind. aliment. agric. **79,** 855—61, 1962; franz.) — Übersicht über Grundzüge des Siebens mit Schallwellen u. die dazu dienenden Geräte. W. Wesly. 7630◇

2764 **Entwicklung und Anwendung eines Gerätes zur laufenden Messung der Muskeldehnbarkeit und -elastizität vor und während der Totenstarre.** E. J. Briskey, R. N. Sayre und R. G. Cassens. (J. Food Sci. **27,** 560—66, 1962; Madison, Univ. of Wisconsin; engl.) — Beschreibung des Rigorometers (Abb.) zur laufenden Messung der Dehnbarkeit u. Elastizität von Muskelfasern vor u. während der Totenstarre. Die Dauer der Totenstarre wird durch Belastungs- u. Entspannungsintervall u. Größe des Muskels nicht beeinflußt; durch Temp.-Senkung wird sie verlängert. Weiße Muskelfasern haben eine längere Verzögerungsphase als rote. Die Beziehungen zwischen Dauer der Totenstarre u. den spezif. Muskel-Eigg. werden erörtert. W. Wesly. 7632◇

2765 **Das Vakuumgefriertrocknen von Lebensmitteln.** M. Scharnbeck. (Lebensmittelind. **10,** 69—71, 1963; Magdeburg, Forschungsinst. f. die Kühl- u. Gefrierwirtschaft; dt.) — Allgemeine Übersicht. E. Lück. 7636◇

2766 **Moderne Verfahren zum Auftauen gefrorener Lebensmittel.** J. Pound. (Kälte **15,** 604—05, 1962; Cambridge, Pye Heating; dt.) — Übersicht. W. Wesly. 7636◇

2767 **Lackiertes Cellophan.** L. I. Speranski. (Chemiefasern [UdSSR] **1961,** 33—36; Kiew, Kunstfaserwerk; russ.) — Beschreibung der Betriebsanlage für Lackieren von Verpackungscellophan für die Lebensmittelindustrie. Als Überzug wird Nitrocellulose oder ein Copolymeres von Vinylidenchlorid u. Vinylchlorid (40 : 60), als Lsgm. ein Gemisch aus Äthylacetat, Butylacetat, Toluol (60 : 10 : 30) verwendet. Das lackierte Cellophan kann für die Verpackung von Lebensmitteln mit einem Feuchtigkeits-Geh. unter 15% benutzt werden. T. Lukanoff. 7640□

2768 **Bioversuch mit chemischen Schutzmitteln und Oberflächenbehandlung zur Bekämpfung von Insekten in gelagerter Körnerhirse.** D. R. King, E. O. Morrison und J. A. Sundman. (J. econ. Entomol. **55,** 506—10, 1962; Coll. Stat. Tex., Texas Agric. Exp. Stat.; engl.) — Zumischung von *Malathion* (**I**), *Ronnel* oder *Silicaaerogel* (**II**) war wirksam gegen schädliche Käfer, *Methoxychlor, Pyrethrum* + *Piperonylbutoxid* (**III**), *Ruelene* u. *Sevin* (**IV**) fielen dagegen ab. **I** tötete jedoch *Sitophilus oryzae L.* (a) nicht ab. In Hirse mit einem Wassergeh. von 14% u. darüber blieben keine genügenden Mengen **I** zurück. 0,05%ig. **II**-Zusatz schützte jedoch gegen a. Oberflächenbehandlung mit **I**, **I** + *Öl* (**V**) oder **IV** wirkte gut gegen Lagerschädlinge, **II**, **III** u. **V** allein aber nur ungenügend. Fritz Müller/Ludwigshafen. 7664◇

2769 **Zur Klassifizierung der Mühlennachprodukte.** R. Seibold. (Landwirtsch. Forsch. **15,** 160—68, 1962; Stuttgart-Hohenheim, Württ. Landesversuchsanst. für landw. Chemie; dt.) — In Abänderung des Vorschlags von Kummer empfiehlt Vf. eine Klassifizierung der Weizennachprodukte in nur 3 Gruppen, nämlich *Kleie* (< 20% Stärke), *Futtermehle* (20—35% Stärke) u. *Nachmehle* (> 35% Stärke). M. Winiker. 7670◇

2770 **Das Problem der Verschmutzung in Nahrungsmitteln auf Getreidebasis.** D. Bollaerts. (Rev. Fermentat. Ind. aliment. **16,** 199—209, 1961; Gembloux, Station d'Entomol. de l'Etat; franz.) — Übersicht über die Verschmutzung („filth“) von Getreide-Prodd., ihre Arten, Ursachen u. Erscheinungsformen u. die Bekämpfungsmaßnahmen (in der Mühle, Konservierung u. Desinfektion der Körner u. Reinhaltung des Mehles). W. Wesly. 7670◇

2771 **Kältekonservierung von Backhalbfabrikaten aus Teig mit Zusatz von Öl und Zucker.** I. Bucătaru. (Lucrările Inst. Cercetări aliment. [Arb. Nahrungsforsch.-Inst.] **5,** 27—34, 1961; rum.) — Bei *Backwaren* mit Öl- u. Zuckerzusatz kann der Gärprozeß durch Kühlung auf + 2—7° für 16—18 Std. unterbrochen werden, so daß am Abend hergestellter Teig am frühen Morgen zu

Gebäck verarbeitet werden kann, das in der Qualität sogar solchem aus frischbereitetem Teig überlegen ist. R. K. Müller. 7674◇

2772 **Zur Problematik der kontinuierlichen Backhefezüchtung.** E. Bergander. (Lebensmittelind. **10,** 72—73, 1963; Berlin, Humboldt-Univ., Inst. f. Gärungschemie u. -technologie; dt.) — Kurze Übersicht. E. Lück. 7674◇

2773 **Die Verwendbarkeit und Eignung von Maismehl für den menschlichen Verzehr.** Pauline M. Davey. (Trop. Sci. **3,** 163—73, 1961; Agric. Res. Council, Pest Infestat. Labor.; engl.) — Symptome von Pellagra zeigen sich oft bei Menschen, deren Ernährung hauptsächlich aus *Maismehl* (I) besteht. An Ratten u. Ferkeln mit Maismehl (mit u. ohne Insektenbefall) ausgeführte Fütterungs-Verss. zeigen den geringen Nährwert von I u. rufen Mangelerscheinungen hervor. Bei den Ratten war kein Unterschied der Nährwerte von I mit u. ohne Insektenbefall festzustellen. W. Wesly. 7686◇

2774 **Zur Frage der Lagerung von Äpfeln bei tiefen Temperaturen.** N. A. Golowkin, K. K. Strachowitsch und A. I. Zwetkow. (Kälte-Techn. [UdSSR] **39,** Nr. 2, 32—33, 1962; Leningrad, Technol. Inst. der Kälte-Ind.; russ.) — Bei Verss. mit der Apfelsorte Champagner-Renette betrug die Lagertemp. der beiden Vers.-Reihen 0° ± 1° u. — 4° ± 2°. Die bei — 4° gelagerten Äpfel wurden 3 Wochen auf 0° vorgekühlt. Die relative Luftfeuchtigkeit betrug 85%, die Gesamtlagerzeit 8 Monate. Der physiolog. Zustand der Äpfel bestimmt die Intensität der Respiration nach der Lagerung. Für monatliche Kontrollunters. diente folgende Anordnung: 1 kg Äpfel wird allmählich bis 20° erwärmt u. sofort danach die Intensität der Atmung bestimmt. Die Temp. des Vers.-Gefäß wird konst. gehalten, 6 Std. CO_2-freie Luft mit der Geschw. 2 Liter/h hindurchgesaugt, die Atmungsluft in eine bestimmte Menge 50%ig. KOH geleitet u. so deren Geh. an CO_2 bestimmt. Äpfel, gelagert bei 0°, haben 3 Tage nach der Erwärmung ein Atmungsmaximum, bei — 4° gelagerte Äpfel haben sofort nach dem Auftauen die höchste Intensität der Atmung. 11—12 Tage danach beträgt die Atmungsintensität 17,5—21 mg CO_2/h. Die gleiche Atmungsintensität haben bei 0° gelagerte Äpfel 9—10 Tage nach dem Auftauen. Frostverlust an W. trat nicht auf. Nach 6monatiger Lagerung bei — 4° waren die organolept. Eigg. gut. E. Hollstein. 7688◇

2775 **Verbesserung der Qualität von Kompotten durch Verwendung von Ascorbinsäure.** V. Ciupercescu und I. Marinescu. (Lucrările Inst. Cercetări aliment. [Arb. Nahrungsforsch.-Inst.] **5,** 179—86, 1961; rum.) — Bei Kirschen-, Sauerkirschen- u. Aprikosenkompott wird die Qualität durch einen Zusatz von *Ascorbinsäure* (optimal 350 mg/kg) erhöht, außer Farbe, Geschmack u. Textur wird auch der Nährwert verbessert: 250 g Kompott genügen, um den Tagesbedarf an Vitamin C zu liefern. R. K. Müller. 7688◇

2776 **Eine Methode zur Produktion von hochwertigem Apfelkompott.** P. Russkoff und D. Koleff. (Lebensmittelind. **10,** 89—91, 1963; Plovdiv, Bulgarien; dt.) — Apfelstücke wurden in Gläsern mit 80—85° heißer Zuckerlsg. übergossen u. 5 Min. lang im Vakuum bei 600—650 mm Hg-Säule gehalten. Durch die Vakuumbehandl. wird ein Blanchieren eingespart, die Verderbsquote verringert u. ein qual. besseres Produkt erhalten. E. Lück. 7688◇

2777 **Bekämpfung des Oberflächenschrumpfens von Granny-Smith-Äpfeln mit Diphenylamin.** E. G. Hall, K. J. Scott und G. G. Coote. (Austral. J. agric. Res. **12,** 834—53, 1961; Homebush, Neusüdwales, C. S. I. R. O. Div. of Food Preserv.; engl.) — Durch Behandlung von Granny-Smith-Äpfeln (Kaltlagerung an der Luft, in überwachten Atmosphären oder in Behältern mit Polyäthylen-Auskleidung) mit *Diphenylamin* (I) wird das Schrumpfen verhütet. Die Anwendung von I erfolgt durch Imprägnierung mittels Papierhüllen, durch Eintauchen nach der Ernte u. Besprühen vor der Ernte. Zwischen dem Grad der Schrumpfung u. der zu ihrer Bekämpfung erforderlichen I-Menge besteht eine quant. Beziehung. Nach der Kühllagerung der Äpfel sind die I-Rückstände bei jeder Anwendungsart von I gering. Die Pflanzengiftigkeit von I ist bei Verw. als Spray vor der Ernte hinreichend gering. W. Wesly. 7688◇

2778 **Versuche zur Herstellung von Konserven für Kinder.** Fl. Tălpășeanu. (Lucrările Inst. Cercetări aliment. [Arb. Nahrungsforsch.-Inst.] **5,** 187—92, 1961; rum.) — Vorschriften für die Herst. von Breikonserven aus Möhren, Erbsen, Äpfeln, Spinat, Kürbis, Aprikosen, Pflaumen u. Pfirsichen mit Angabe der Sterilisierdauer bei 105° u. der refraktometr. Werte für den Zuckergehalt. R. K. Müller. 7688◇

2779 **Orientierende Versuche über die qualitativen Vorteile der Gefriertrocknung von Gemüsen.** Paul Görling. (Ind. Obst- u. Gemüseverwert. **47,** 60—62, 1962; München, Inst. f. Lebensmitteltechnol. u. Verpackung; dt.) — Kurze Übersicht über die Qualität von gefriergetrockneten Karotten, Weißkohl, Rosenkohl, Porree, Erbsen, Paprikaschoten u. Spargel. Die Eignung der einzelnen *Gemüsesorten* für die Konservierung durch Gefriertrocknung ist unterschiedlich. Bei Karotten sowie Weiß- u. Grünkohl bietet das Verf. keine bes. Vorteile gegenüber herkömmlichen Trocknungsverfahren. Die Lagerstabilität gefriergetrockneter Gemüse ist im allgemeinen etwas größer als die auf andere Weise getrockneter Ware. Bei Karotten wurde eine besonders hohe Empfindlichkeit gegenüber dem O_2 der Lageratmosphäre beobachtet. E. Lück. 7690◇

2780 **Untersuchungen über die Gewinnung von Pektin für Ernährungs- und pharmazeutische Zwecke aus Apfelmark.** N. Satinover und I. P. Marinescu. (Lucrările Inst. Cercetări aliment. [Arb. Nahrungsforsch.-Inst.] **5,** 193—206, 1961; rum.) — Ein für Einkochzwecke als Geliermittel geeignetes *Pektin* (I) wird aus Preßrückständen von Äpfeln durch Zerkleinerung, Extraktion mit der 5fachen Menge W. (pH 3,0, 95—98°, 2 Std.) bzw. 10:1, auf Trockensubstanz bezogen, Abkühlung des Extraktes auf 40—45°, Klärung durch Zentrifugieren, Vakuumverdampfung u. Zusatz von chem. Konservierungsmitteln gewonnen. I für pharmazeut. Zwecke wird in ähnlicher Weise, aber mit Einschaltung einer Fällung mit angesäuertem A. (pH = 2,5) u. Filtration bei 60° in ca. 80% Reinheit erhalten. R. K. Müller. 7702◇

2781 **Die Verwendung von Milchsäure bei der Herstellung von Fruchtsirupen und kohlensäurehaltigen Fruchtgetränken.** E. Olthof. (Rev. Agroquím. Tecnol. Alimentos **1,** Nr. 1, 31—39, 1961; span.) — Vergleichende Unterss. über die Anwendung von *Citronen-* oder *Milchsäure* bei Sirupen u. CO_2-haltigen Fruchtgetränken ließen keine Unterschiede ihrer Anwendungsmöglichkeiten erkennen. K. Kappeller. 7706□

2782 **Konservierung von Muskateller-Traubensäften mit Natriumbisulfit, Natriumbenzoat und Kaliumsorbat bei Schwellenkonzentrationen.** B. Lafuente, E. Hernández, P. Cuñat und E. Primo. (Rev. Agroquím. Tecnol. Alimentos **1,** Nr. 1, 22—30, 1961; span.) — Durch Verw. von $NaHSO_3$ (I) u. *Kaliumsorbat* (II) wurden gute, durch gemeinsame Verw. von **I, II** u. *Na-Benzoat* wurden die besten Konservierungsergebnisse ohne Erzeugung eines Fremdgeschmackes erhalten. K. Kappeller. 7706□

2783 **Qualitative Kennwerte von fermentierten rumänischen Tabaken der Ernte 1959.** A. Gheiking und M. Bercaru. (Lucrările Inst. Cercetări aliment. [Arb. Nahrungsforsch.-Inst.] **5,** 279—92, 1961; rum.) — Vergleichende Unterss. über die physikal. Struktur, die chem. Komponenten (lösl. Kohlenhydrate, Gesamt-N, Eiweißstoffe, Nicotin usw.), Brennbarkeit, Geschmack u. Aroma verschiedener Tabaksorten verschiedener Anbaugebiete. — 2 Tafeln. R. K. Müller. 7734◇

2784 **Erhaltung der Feuchtigkeit des Tabaks von Zigaretten durch Verwendung entsprechender Verpackungsmaterialien.** I. Trifu. (Lucrările Inst. Cercetări aliment. [Arb. Nahrungsforsch.-Inst.] **5,** 293—303, 1961; rum.) — Von den bisher für die Verpackung von Zigaretten verwendeten Materialien ist nur Al-Folie für Wasserdampf undurchlässig, zusätzliche Verw. von Seidenpapier oder Cellophan (I) ändert nichts. Auch I allein oder mit Karton ist für Wasserdampf durchlässig.

Undurchlässig ist Polyäthylenfolie, die mit Al-Folie oder Papier kombiniert werden kann. R. K. Müller. 7734◇

2785 **Ionisierende Strahlen und Lebensmittel tierischer Herkunft.** L. Kotter und W. Kreuzer. (Arch. Lebensmittelhyg. **12,** 246–52, 1961; Beil. zu: Dtsch. tierärztl. Wschr. München, Inst. für Nahrungsmittelkunde der Tierärztl. Fakultät der Univ.; dt.) — Übersicht über Strahlenerzeugung und Folgen ihrer Einwirkung auf tierische Lebensmittel. — 105 Literaturangaben. G. Heder. 7746◇

2786 **Veränderung der Eigenschaften von gefrorenem Fleisch in Blöcken bei langer Lagerung.** W. P. Boiko und A. K. Fomin. (Kälte-Techn. [UdSSR] **39,** Nr. 2, 30–32, 1962; russ.) — Untersucht wurde Hammel-, Rind- u. Schweinefleisch in Blöcken von 380 × 380 × 150 mm. Die Lagerung wurde in Kühlräumen bei Temp. von — 18° u. bei relativer Luftfeuchtigkeit von 94–98% vorgenommen. Als geeignetes Verpackungsmaterial erwies sich Pergament u. Pappkarton. Die organolept. Eigg. waren von Hammel- u. Rindfleisch nach 18monatiger Lagerung unverändert. Bei Schweinefleisch färbte sich nach 13 Monaten das Fett gelb u. nach 15monatiger Lagerung hatte es einen unangenehmen Beigeschmack. Der Geh. des aus Aminen gebildeten Ammoniakstickstoffes steigt bei allen untersuchten Fleischsorten nach 18 Monaten Lagerung um 21–41 mg%. In gleicher Zeit steigt der Geh. an flüchtigen Fettsäuren bei Schweine- u. Hammelfleisch auf das 2- bis 2,8fache. Die SZ. nimmt bei allen Sorten um das 2,5–3,8fache u. die Peroxidzahl um das 9–14fache zu. Mögliche Lagerzeiten bei — 18° u. 95% relativer Luftfeuchtigkeit sind für Rind- u. Hammelfleisch 18 Monate, für Schweinefleisch 12 Monate. E. Hollstein. 7750◇

2787 **Methode zur Beschleunigung des Einsalzens von zur Herstellung von Fleischwaren bestimmtem Fleisch.** Nadejda Ciobanu. (Lucrările Inst. Cercetări aliment. [Arb. Nahrungsforsch.-Inst.] **5,** 245–55, 1961; rum.) — Die für das Einsalzen von Schinken benötigte Zeit (10–12 Tage) kann verkürzt werden, wenn die NaCl-Lake im Kreislauf geführt wird. Geschieht dies mit 50° warmer Lake, dann genügen 8–12 Std.; dabei muß jedoch die für die Entw. von Mikroorganismen günstige Temp. 37° durchlaufen werden. Bei einer Lake von + 10° mit 18–20% (16%) NaCl ist das Einsalzen in 4 (5) Tagen beendet. Das vorteilhafteste Verhältnis Fleisch/Lake ist bei einer Kreislaufgeschw. von 24 Liter/Std. 1:1. R. K. Müller. 7750◇

2788 **Zartheit von Rindfleisch.** 4. Mitt. **Beziehungen von Scherkraft und Faserdehnbarkeit zu Saftigkeit und 6 Zartheitsbestandteilen.** Sylvia Cover, Robert L. Hostetler und S. J. Ritchey. (J. Food Sci. **27,** 527 bis 36, 1962; College Station, Tex., Texas Agr. Exper. Station; engl.) — 3. vgl. J. Food Sci. **27** [1962], 483. — Die Scherkraft von *Longissimus dorsi* (LD)-Schnitten ist bei 80° höher als bei 61°, aber nur wenig höher in *Biceps femoris* (BF)-Schnitten. Kein Muskel zeigt signifikante Scherkraftunterschiede bei 80 u. 100°. Innerhalb des LD sind die Wechselbeziehungs-Koeff. zwischen Scherkraft u. Zartheitseigg. bei allen Temp. hoch, im BF nur bei 80 u. 100°. Die Scherkraft eines Muskels vermag nicht genügend über die Zartheit anderer Muskeln des gleichen Fleisches auszusagen. Die Dehnbarkeit der Muskelfasern ist bei 100° größer als bei 61° u. steht in enger Beziehung zur Scherkraft bei 80 u. 100° in LD u. bei 100° in BF. W. Wesly. 7750◇

2789 **Probleme und Fortschritte bei der Erhaltung der Fischqualität durch Kühlung.** L. Cutting. (Kälte **15,** 601–04, 1962; Leatherhead, Brit. Food. Mfg. Ind. Res. Assoc.; dt.) — Übersicht über die Temp.-Empfindlichkeit von Frischfisch, die handelsüblichen Temp. für frische Fischfänge u. gefrorene Fische. W. Wesly. 7752◇

2790 **Neue, bei der Zersetzung von Muskeleiweiß von gefrorenem Kabeljau mitwirkende Faktoren.** R. Malcolm Love. (J. Food Sci. **27,** 544–50, 1962; Aberdeen, Torry Res. Station; engl.) — Unterss. über das Verh. der Muskeln von Kabeljau, der vor Auftreten der Totenstarre eingefroren, bei — 29° im Vakuum getrocknet, in Paraffin eingebettet u. histolog. seziert worden war, zeigen, daß der Fisch weniger Eis als nach der Totenstarre behandelte Fische bildet u. geringere Zers. als diese erleidet. Die Geschw. der Zers. nimmt mit Annäherung an den F. nicht mehr zu u. beginnt oberhalb einer bestimmten Temp. infolge Abnahme der Eismenge, Zunahme der Wassermenge u. Verdünnung der Gewebesalze abzunehmen. Die Verw. von Glycerin vermindert die Eismenge im Gewebe. Ultraschnelles Einfrieren vermeidet die Eisbildung. W. Wesly. 7752◇

2791 **Untersuchungen an getrocknetem Harpodon Nehereus.** 1. Mitt. **Eiweißabbau und Gewebeveränderungen während der Trocknung.** P. L. Sawant und N. G. Magar. (J. Sci. Food Agric. **12,** 298–302, 1961; Davis, Dep. of Food Sci. and Technol., Univ. of California; engl.) — Unabhängig von einer Vorbehandlung durch Kochen, mit Dampf oder im Autoklaven nimmt die Proteinlöslichkeit (PL) in 5%iger NaCl-Lsg. nach dem Trocknen von *Harpodon Nehereus* ab, wobei eine Vakuumtrocknung bei ca. 737 mm Hg die PL weniger beeinträchtigt als eine Trocknung ohne Vakuum bei 50° für 6 Stunden. Die Veränderungen erstrecken sich auch auf die Sarcoplasma-Proteine. Im gleichen Sinne — ebenfalls von der Vorbehandlung unabhängig — wird die *Apyrase*-Aktivität reduziert. Die Wasseraufnahme des unter Vakuum getrockneten Produktes ist nach einer Std. etwa doppelt so hoch wie die bei dem unter normalen Druck behandeltem Produkt. In *Harnstoff*-(**I**)-Lsgg. steigt die PL mit steigender Konz. an **I** für das im Vakuum getrocknete Produkt stärker an. Zusätze von *Cystein* und *Thioglykolat* erhöhen in jedem Fall die PL in den **I**-Lösungen. G. Heder. 7752◇

2792 **Untersuchungen an getrocknetem Harpodon Nehereus.** 2. Mitt. **Während der Behandlung ablaufende Veränderungen des Nährwertes.** P. L. Sawant und N. G. Magar. (J. Sci. Food Agric. **12,** 302–05, 1961; Davis, Dep. of Food Sci. and Technol., Univ. of California; engl.) — 1. vgl. vorst. Referat. — Durch Kochen, Dampf- u. Autoklavenbehandlung wird der Anteil der durch Pepsin freisetzbaren essentiellen Aminosäuren (EAS) erhöht. Anschließende Vakuumtrocknung nach vorhergehender Dampfbehandlung ergibt die größten EAS-Werte. Für die Erhaltung der im frischen Fisch vorhandenen EAS ist gleichfalls eine Vakuumtrocknung vorteilhaft, während hierfür die Art der Vorbehandlung ohne Einfluß ist. G. Heder. 7752◇

2793 **Untersuchungen über die Konservierung von Eiern durch Kühlung.** A. Ciobanu und S. Cristea. (Lucrările Inst. Cercetări aliment. [Arb. Nahrungsforsch.-Inst.] **5,** 269–77, 1961; rum.) — Die Lebensdauer von Eiern wird wesentlich erhöht, wenn man sie bei der Kältekonservierung nicht bei 0°, sondern bei — 1,5° lagert u. rasch auf diese Temp. abkühlt. Schimmelbldg. kann auch durch mit $K_2S_2O_5$ versetztes Verpackungsmaterial bekämpft werden. R. K. Müller. 7754◇

2794 **Ein neues Verfahren zur Bakterienzählung in gefrorenen Eiern unter besonderer Berücksichtigung der Übertragung von Borrelia anserina.** Milo Don Appleman, Allison Rubenstein und Rankin W. McIntyre. (J. Food Sci. **27,** 617, 1962; Los Angeles, Univ. of South California, Dep. of Bacteriol.; engl.) — Zur Bakterienzählung in gefrorenen *Eiern* gibt man die Probe auf einen Objektträger, trocknet, entfettet mit Xylol, färbt mit Methylenblau an u. zählt aus. In einem gefrorenen Dotter wurden > 50 *Borrelia anserina* je Feld gefunden. W. Wesly. 7754◇

2795 **Die Beeinflussung von Qualität und Haltbarkeit pasteurisierter Trinkmilch durch den Keimgehalt und insbesondere durch Proteolyten.** H. Kraus. (Arch. Lebensmittelhyg. **12,** 68–70, 76–84, 1961; Hannover, Inst. für tierärztliche Lebensmittelkunde und Milchhygiene der Tierärztl. Hochschule; dt.) — Die Haltbarkeit von Trinkmilch ist nach schonender Pasteurisierung (71,5° für 40 Sek.) höher als nach Erhitzen auf 74° und 87,5°. Bei der niederen Temp. wird in gewissem Umfang eine Milchsäurebakterienflora erhalten, die als Antagonist gegenüber proteolyt. Mikroorganismen wirkt, während bei höheren Temp. die Sporen der Proteolyten überleben und Milchsäurebakterien weitgehend inaktiviert werden.

Die Keimzahl als Beurteilungsgrundlage für pasteurisierte Milch führt zu Fehlerergebnissen, wenn die Keimart unberücksichtigt bleibt. G. Heder. 7756◇

2796 **Die Bedeutung der Mikrokokken in Molkereiprodukten.** Ir. E. E. Van de Gehuchte. (Rev. Fermentat. Ind. aliment. **16,** 191—98, 1961; **17,** 7—10, 1962; Gent, Rijkshoger Techn. School voor Landbouw en Landbouwnijverh.; franz.) — Vergleichende Übersicht über die Verff. zur Isolierung u. Kennzeichnung der Mikrokokken in Molkereiprodukten. — 40 Literaturangaben. W. Wesly. 7756◇

2797 **Versuche zur Reduzierung der Keimzahl auf der Euterhaut durch Euterwaschungen.** Walter F. Rehm. (Arch. Lebensmittelhyg. **12,** 257—60, 1961; Beil. zu: Dtsch. tierärztl. Wschr.; Kiel, Inst. für Milchhygiene der Bundesforschungsanst. für Milchwirtschaft; dt.) — Für die Euterhygiene erweisen sich sowohl hinsichtlich der keimreduzierenden Wrkg. als auch ihrer Unschädlichkeit *chlorierte Biphenole* gegenüber *Aktivchlor*- und *Phenol*-Präpp. als vorteilhafter. G. Heder. 7756◇

2798 **Bestimmung der physikochemischen Eigenschaften der Butter.** D. Katscheraußkiss. (Milch-Ind. [UdSSR] **23,** Nr. 5, 6—8, 1962; Litauische Zweigstelle des Zentr. Forsch.-Inst. für Molkereiwesen; russ.) — Zur Best. der physikomechan. Kennziffern der *Butter* (a) werden kon. Körper in die (a) versenkt (Wolarowitsch-Rehbinder-Meth.), die Biegung eines a-Stranges (Meth. von Kasanski), die dilatometr. Eigg. von Milchfett (%-Geh. an festen Glyceriden), die Festigkeit der (a) (Anwendung des Härtemessers von Kaminski) u. die Menge des ausfließenden Milchfettes nach Mohr u. Baur ermittelt. Der Geh. der Prodd. an festen Glyceriden, ihre JZ., Festigkeit, Grenzschubspannung, Bruchfestigkeit u. Bindigkeit sowie der %-Geh. des ausfließenden Fettes werden erörtert. S. Baryschnikow. 7758

2799 **Beobachtungen über die Feststellung des spezifischen Verbrauchs und der Gewichtsverluste von Telemeakäse aus Kuhmilch auf dem Lande (Fabrikationszentrum Roşiorii de Vede).** Gh. Chintescu, A. Căciularu und M. Alexandrescu. (Lucrările Inst. Cercetări aliment. [Arb. Nahrungsforsch.-Inst.] **5,** 231—43, 1961; rum.) — In einer Sommer- u. einer Winterperiode werden die Verluste an Trockensubstanz u. Fett, die chem. Zus. bei der Einlagerung, die Ausbeute vor der Gärung u. die Veränderungen bei verschiedenen Lagerbedingungen bei der Herst. von Telemeakäse aus pasteurisierter u. aus nicht pasteurisierter Milch verglichen. R. K. Müller. 7760◇

2800 **Verbesserung des technologischen Prozesses der Herstellung von Weichquarkkäse (Typ Penteleu).** C. Toma und E. Meleghi. (Lucrările Inst. Cercetări aliment. [Arb. Nahrungsforsch.-Inst.] **5,** 207—19, 1961; rum.) — Bei der Herst. von *Weichquarkkäse* werden die geringsten Verluste an Trockensubstanz erzielt, wenn beim Einarbeiten von heißem W. ein pH-Wert 5,0—4,8 eingehalten u. ein Rohkäse mit einem Reifegrad von 220 bis 240°T bei Kuhmilch u. 200—220°T bei Schafmilch verwendet wird. Bei der Lagerung werden Verluste dadurch vermieden, daß die Käseoberfläche mit einer undurchlässigen Schicht aus Paraffin mit 10% Petroleum oder Polyisobutylen überzogen wird; in 90 Tagen betragen dann die Verluste ca. 3,6%. R. K. Müller. 7760◇

2801 **Derzeitiger Stand der Verwendung von fetthaltigen Stoffen in Viehfutter: Technologische Gesichtspunkte.** A. Uzzan. (Rev. franç. Corps gras **8,** 700—08, 1961; Paris, ITERG; franz.) — Beschreibung der Herst., Zus., Konservierung u. Anwendung fetthaltiger *Futtermittel* für Schlachtgeflügel u. Kälber. W. Wesly. 7780◇

2802 **Verwertung von Nebenprodukten der Sojabohnenöl-Industrie als Geflügelfutter.** Simon Bornstein. (Bull. Res. Council Israel, Sect. C **9C,** 163—66, 1961; Beit-Dagan, Agric. Res. Station; engl.) — Zusätze von Speiseöl, rohem Sojaöl, angesäuertem Soapstock, Lecithin (I) oder Gemischen von angesäuertem Soapstock u. I zum *Geflügelfutter* in Höhe von 3 bzw. 6% ergeben eine Verbesserung der Futterverwertung von 5—6 bzw. 9—10% u. eine leichte Steigerung der Wachstumsgeschwindigkeit. Die techn. Gesichtspunkte des Zusatzes werden erörtert. W. Wesly. 7786◇

2803 **Extraktion von Proteinen aus grünen Blättern.** G. N. Festenstein. (J. Sci. Food Agric. **12,** 305—12, 1961; engl.) — Zur Freisetzung von N-haltigem Material aus Blättern verschiedener Pflanzen ist eine wss. Vorextraktion (VE) mit anschließender schwach alkal. Extraktion (pH 8—9) geeignet. Die extrahierbaren Mengen variieren je nach Vorbehandlung der Blattfaser. Besonders vorteilhaft erweist sich nach der VE eine Extraktion unter Zusatz von Detergentien. G. Heder. 7788◇

2804 **Methoden zur Beurteilung der Konsistenz von Lebensmittelpasten.** C. Janer del Valle. (Grasas y Aceites **13,** 216—21, 1962; Sevilla; Instit. de la Grasa y sus Derivados, Dep. Indust.; span.) — Die gebräuchlichen Konsistenzmessungen einiger wichtiger Nahrungsmittel werden besprochen u. die Notwendigkeit betont, exakte Unterss. der rheolog. Eigg. an die Stelle der empir. Meth. zu setzen. M. Hagedorn. 7788◇

2805 **Über die Beständigkeit von Acrolein gegen Photooxydation im ultraviolettnahen Bereich.** A. D. Osborne, J. N. Pitts jun. und E. F. Darley. (Air Water Pollut. **6,** 1—3, 1962; Riverside, Calif., Univ. of Calif., Citrus Exper. Station; engl.) — Unterss. über die Photolyse von *Acrolein* bei 30° u. 3130 Å in Ggw. u. Abwesenheit von O_2 zeigen, daß nur 0,015(%) Äthylen u. 0,005 CO_2 entstehen. Unter gleichen Bedingungen liefert Acetaldehyd beträchtliche Mengen CO_2, Methanol u. Peressigsäure. Die Ergebnisse werden diskutiert. W. Wesly. 7788◇

2806 **Die Charakterisierung von Weizenprodukten.** E. Galter. (Gordian **62,** Nr. 1487, 21—22, 1962; dt.) — Übersicht über die Verff. zur Charakterisierung von Weizen-Prodd., bes. Back-, Mahl- u. Wasserzusatz-Verss. u. Best. der Viscosität von Teig. W. Wesly. 7796◇

2807 **Beitrag zur Bestimmung von DDT-Rückständen in Mehl.** Edith Glofke. (Pflanzenschutzberichte [Wien] **29,** 1—9, 1962; Wien, Bundesanstalt für Pflanzenschutz; dt.) — Zur Best. von *DDT*-Rückständen in Mehl wird eine 4std. Extraktion mit PAe. mit anschließender säulenchromatograph. Abtrennung von Begleitstoffen mittels standardisierter Säulen mit Al_2O_3, das 5% W. enthält, empfohlen. Nach Entfernung des PAe. wird der Rückstand mit Nitriersäure behandelt. Das nitrierte Produkt wird mit Ae. extrahiert und gibt mit Na-Methylat eine colorimetr. auswertbare Blaufärbung. In 100 g Mehl sind 5 μg DDT gut nachweisbar. G. Heder. 7798◇

2808 **Analytische Untersuchungen an unterschiedlich gesäuerten Broten.** E. Drews. (Brot u. Gebäck **15,** 33—35, 1961; Detmold, Bundesforsch.-Anst. für Getreideverarbeitung; dt.) — Beim Einsatz variierender Saueranteile (SA) ist die Säuerung bei niedrigem SA relativ verstärkt, der Anteil an lösl. Kohlenhydraten nimmt bei erhöhtem SA ab. Mehrstufige Sauerführungsarten zeigen verstärkte Säuerung, während dieselbe beim Salzsauerverf. am geringsten ist. Die unter Verw. von Trockensauer hergestellten Brote enthalten nur sehr geringe Mengen an Essig- bzw. Milchsäure, sofern der Gehalt der Präparate an diesen Säuren selbst gering ist. Das biolog. bedingte Verhältnis Milchsäure : Essigsäure wird bei kombinierter Sauerführung durch verschiedene Präparate nur unwesentlich beeinflußt. G. Heder. 7800◇

2809 **Aminosäuren in gegorenem Brotteig.** Robert J. Horvat, Hawkins Ng und James Pence. (J. Food Sci. **27,** 583—86, 1962; Albany, Calif., West. Reg. Res. Labor.; engl.) — In der dialysierbaren Fraktion von gegorenem Brotteig werden nachgewiesen: *Alanin, Arginin, Asparaginsäure, Cystin, Cysteinsäure, Glutaminsäure, Glutamin, Glycin, Histidin, Isoleucin, Leucin, Lysin, Methionin, Phenylalanin, Prolin, Serin, Threonin, Tryptophan, Tyrosin* u. *Valin*. Peptide sind in den dialysierbaren Extrakten nicht u. vermutlich im Teig, wenn überhaupt, in sehr geringen Mengen enthalten. Der größte Teil des Amino-N von gegorenem Teig verbleibt in der nicht dialysierbaren Fraktion. Die Aminosäuren-Fraktion, die Fraktion des lösl. Eiweißes u. die flüchtigen N-Verbb. machen nur einen geringen Anteil des Gesamt-Amino-Geh. aus. W. Wesly. 7800◇

2810 **Schwankungen der Gehalte von Birnenfruchtgewebe an wasserlöslichem Calcium und Magnesium während des Reifens in Beziehung zu Schwankungen der Pektinstoffe.** Paul Esau, M. A. Joslyn und L. L. Claypool. (J. Food Sci. **27**, 509—26, 1962; Berkeley, Calif., Univ. of California, Dep. of Pomol. and Food Sci. and Technol.; engl.) — Reifende *Birnen* enthalten ca. 48(%) des Ca u. 65 des Mg in wasserlösl. Form. Beim Reifen nehmen beide Kationen ab. Das Mg : Ca-Verhältnis schwankt mit den Wachstumsbedingungen. Das Verhältnis von lösl. Ca u. Mg zur Fruchtfestigkeit ist in gepflückten Birnen ganz anders als in den am Baum hängenden Früchten. Die Geh. an Pektin, wasserlösl. Ca u. Mg werden mit der Festigkeit in Wechselbeziehung gebracht. Gebundenes Ca u. Mg sind in viel höherer Konz. als die verfügbaren COOH-Gruppen der Pektine vorhanden. Der Protopektin-Geh. steht in keiner Beziehung zu den an Ca oder Mg gebundenen Pektinsäureketten.
W. Wesly. 7808◇

2811 **Reticulataxanthin und Tangeraxanthin, 2 Carbonyl-Carotinoide aus Tangerinenschalen.** A. Laurence Curl. (J. Food Sci. **27**, 537—43, 1962; Albany, Calif., West. Reg. Res. Labor.; engl.) — *Reticulataxanthin* (**I**) u. *Tangeraxanthin* (**II**) werden aus Tangerinenschalen in der Diolfraktion gewonnen u. chromatograph. in der Säule über *Zeaxanthin* als violett-rote bzw. violette Banden nachgewiesen. **I** u. **II** enthalten eine CO-Gruppe als Teil eines konjugierten Doppelbindungs-Systems. **I** unterscheidet sich von *Capsanthin, Hydroxycanthaxanthin* u. *Citraurin*. **I** u. **II** enthalten vermutlich 34 oder 35 C-Atome. W. Wesly. 7808◇

2812 **Dunkelwerden von roten Rüben (Beta vulgaris).** L. Boscan, W. D. Powrie und O. Fennema. (J. Food Sci. **27**, 574—82, 1962; Madison, Univ. of Wisconsin, Dep. of Dairy and Food Ind.; engl.) — Für das Dunkelwerden von Rübengewebe ist die Autoxydation u. enzymkatalysierte Oxydation der braunen *Pigment-Vorverbb.* verantwortlich. Histochem. Unterss. über die Lokalisierung der *Phenolase* (**I**) in roten Rüben zeigen, daß das Gefäßgewebe der Hauptsitz der Enzymaktivität ist. In Rübenextrakt u. gewaschenen Rübenschnitzeln wird starke **I**-Aktivität beobachtet. Zur Extraktion der **I** aus Rübenschnitzeln eignet sich eine 2(%) Na_2CO_3 u. 5 NaCl enthaltende Lsg., aus der mindestens 4 Phenol-Verbb. (R_f-Werte 0,10, 0,25, 0,46, 0,55) papierchromatograph. abgetrennt werden. W. Wesly. 7810◇

2813 **Die Wärmeinaktivierung und Teilreaktivierung von Peroxydase, die durch Ionenaustausch-Chromatographie gereinigt worden ist, beeinflussende Faktoren.** C. J. Wilder. (J. Food Sci. **27**, 567—73, 1962; Corvallis, Oregon State Univ., Dep. of Food Sci. and Technol.; engl.) — Unterss. über das Verh. von *Meerrettich-Peroxydase* (**I**) (gereinigt durch Ionenaustausch-Chromatographie unter Verw. von Diäthylaminoäthylcellulose) zeigen, daß die Wirksamkeit einer Hauptfraktion, gemessen am H_2O_2-Verbrauch zur Bldg. von *Tetraguajacol* aus *Guajacol*, einen Höchstwert bei pH 7 hat. Mit der Ionenstärke der Puffer-Lsg., in der die **I** erhitzt wird, steigt ihre Inaktivierung. Gereinigte, 30 Sek. auf 280°F erhitzte u. 24 Std. bei 72°F gelagerte **I** vermindert nach 3maliger Wiederholung von Erhitzen u. Lagern ihre Aktivität als Rk. 1. Ordnung. Die Lagerungstemp. der inaktivierten **I** beeinflußt Geschw. u. Grad der Reaktivierung.
W. Wesly. 7810◇

2814 **Zum Nachweis von Sorbinsäure in Süßwaren.** Erich Lück. (Süßwaren **5**, 870—72, 1961; Frankfurt a. M.-Höchst, Farbwerke Hoechst AG; dt.) — Die von Schmidt (C. **1960**, 8977) beschriebene Meth. der *Sorbinsäure* (**I**)-Best. ist bei Süßwaren (a) nicht zuverlässig, bes. bei **I**-Geh. unter 0,03%. Bei der **I**-Best. in a nach der erwähnten Meth. treten gelegentlich schmutzigrote u. braune Färbungen auf, die nicht für einen Geh. an **I** beweisend sein müssen. E. Lück. 7816◇

2815 **Über die Gegenwart von Hydroxymethylfurfurol in gewissen Traubensäften.** M. Flanzy und Yvonne Collon. (Ann. Technol. agric. **11**, 227—33, 1962; Narbonne [Aude], Station Centr. de Technol. des Prod. végétaux.; franz.) — In mehreren Proben *Traubensaft* wird der Geh. an *Hydroxymethylfurfurol* (**I**) nach verschiedenen Verff. bestimmt. In Proben, die geschwefelt u. wieder entschwefelt worden waren, finden sich nach 3jähriger Lagerung < 10 mg/Liter **I**. Andere, marktgängige Proben enthalten viel mehr **I**, was auf techn. Mängel zurückgeführt wird. W. Wesly. 7818◇

2816 **Eine vereinfachte Methode für die Bestimmung der Gesamtcarotinoide und der Carotine in nativem und mit Carotin angereichertem Orangensaft.** William K. Higby. (Fruchtsaft-Ind. **7**, 186—95, 1962; Ontario, Calif., Sunkist Growers Res. and Developm. Dep.; dt. — C. **1963**, 7575.) E. Lück. 7818□

2817 **Die biologische Bestimmung von Pimaricin und sein Bindungseinfluß in Orangensaft.** Richard J. Shirk, Alvin R. Whitehill und Walter L. Clark. (J. Food. Sci. **27**, 605—08, 1962; Princeton, N. J., Amer. Cyanamid Co., Food Sci. Labor.; engl.) — Die Stabilität geringer Mengen *Pimaricin* (**I**) eines Fungicids, in Orangensaft wird durch einen Agar-Agar-Platten-Vers. unter Verw. von *Saccharomyces cerevisiae* (Empfindlichkeit 0,6 μg/ml) verfolgt. **I** ist in gekühltem, im Dunkeln aufbewahrtem Orangensaft stabil u. wird von der Saftsuspension adsorbiert oder gebunden. W. Wesly. 7818◇

2818 **Die Bestimmung von freiem Schwefeldioxid in alkoholfreien Getränken durch eine Desorptions- und Auffangmethode.** W. J. W. Lloyd und B. C. Cowle. (Analyst **88**, 394—98, 1963; Brentford, Middlesex, Beecham Food and Drink Division Limited; engl.) — Vff. beschreiben eine Meth. zur SO_2-Best. in Fruchtsäften u. Konzentraten, bei der bei Raumtemp. u. pH 1—2 das SO_2 mit O_2-freiem N_2 desorbiert wird. Bei SO_2-Geh. von 50 ppm oder mehr wird das SO_2 in alkal. Glycerin-Lsg. aufgefangen u. jodometr. bestimmt. Eine geeignete App. wird beschrieben. Bei kleineren SO_2-Geh. benutzt man zum Auffangen eine $Na_2[HgCl_4]$-Lsg. u. bestimmt das SO_2 photometrisch. J. Weiner. 7818◇

2819 **Vergleichende Untersuchungen über die Bestimmung von ätherischen Ölen in Gewürzen.** H. Hadorn. (Mitt. Gebiete Lebensmittelunters. Hyg. [Bern] **53**, 43—50, 1962; Zürich, ETH, Pharmaz. Inst.; Basel, Kantonales Labor.; Lugano, Kantonales Labor.; Basel, Labor. des Verbandes Schweizer Konsumvereine; dt.) — Öle aus schwarzem Pfeffer u. Nelken werden unter Heranziehung der Diffusionsmeth. nach Hadorn (C. **1950/54**, 5768 S) (DI) u. der Destillationsmeth. nach Flück [1949] (DE) bestimmt. Bei Pfeffer betragen die relativen Standardabweichungen der DI etwa $\pm 4{,}7-8{,}2$, bei Nelken $\pm 2{,}9-7{,}2\%$. Bei der DE werden geringere Streuungen nachgewiesen. Die relativen Standardabweichungen betragen bei Pfeffer $\pm 1{,}2-4{,}2$, bei Nelken $1{,}2-4{,}7\%$. Danach werden mit der DE bessere Resultate geliefert; die DI erfordert eine gewisse Einarbeitung.
A. Täufel. 7826◇

2820 **Nachweis und Bestimmung von Glycerin in Tabak. Die Verwendung der Papier- und Cellulosesäulenchromatographie zur Bestimmung von Glycerin in Gegenwart von Zuckern.** Stella J. Patterson. (Analyst **88**, 387—93, 1963; London, Labor. of the Gov. Chem., Dep. of Sci. and Ind. Res.; engl.) — Zum Nachw. von *Glycerin* (**I**) u. *Propylenglykol* im Tabak beschreibt Vf. ein einfaches Extraktions-Verf. mit nachfolgender papierchromatograph. Trennung. Zur quant. Best. von **I** wird über eine Cellulose-Säule, in deren oberen Teil sich Aktivkohle zur Adsorption anderer Tabakprodd. befindet, getrennt, mit einem Lsgm.-Gemisch aus 2 Vol. Ae. u. 1 Vol. 95%ig. A. eluiert, mit KJO_4 oxydiert u. mit einer 0,05n $Na_2S_2O_3$-Lsg. titriert. J. Weiner. 7836◇

2821 **Zur Prüfung auf beginnende Fleischfäulnis unter besonderer Berücksichtigung des Ammoniaknachweises mit Neßler-Reagens.** F. Schönberg. (Arch. Lebensmittelhyg. **12**, 92—93, 1961; Hannover, Inst. für tierärztl. Lebensmittelkunde und Milchhygiene der Tierärztl. Hochschule; dt.) — Während frisches Fleisch mit Neßlers Reagens keine Farb-Rk. zeigt, reagiert der mit fortschreitender Fäulnis gebildete NH_3. Neben bakteriolog. und organolept. Unterss. sind auch auf diese Weise gewisse Aussagen über den Frischezustand von Fleisch möglich.
G. Heder. 7850◇

2822 **Inhibierung und Förderung der post-mortem-Lipidhydrolyse in Fischfleisch.** J. A. Lovern und June Olley. (J. Food Sci. **27**, 551—59, 1962; Aberdeen, Torry Res. Station; engl.) — Im Fleisch gewisser *Fische* kann die autolyt. Hydrolyse mancher Lipide inhibiert, in anderen Fällen beschleunigt werden. Partielle, anfängliche Inhibierung zeigt bei 0° gehaltenes Kabeljaufleisch; sie wird vermieden durch sehr rasches oder sehr langsames Einfrieren u. anschließendes Auftauen. Dieser Verzug unterbleibt bei Fischfleisch, das in gefrorenem Zustand beliebiger Temp. verbleibt. In nicht gefrorenem oder bei $\leqq -7°$ gehaltenem Kabeljau zeigt sich bei ca. 75% Hydrolyse der Gesamt-Phospholipide (I) eine Endinhibierung mit nachfolgender, sehr langsamer Zersetzung. Bei —2,5 bis —4,7° wird die „schnelle" Phase beendet. Die Hydrolyse der I wird durch Verhinderung des Anfangsverzuges u. Steigerung der Rk.-Geschw. gefördert. Diese zeigt einen Höchstwert bei ca. —4°; bei —7° ist sie größer als bei 0°. W. Wesly. 7852◇

2823 **Sevinrückstände in der Milch besprühter und bestäubter Kühe.** James F. Eheart, E. C. Turner und Jean Dickinson. (J. econ. Entomol. **55**, 504—05, 1962; Blacksburg, Va., Virginia Agric. Exp. Stat.; engl.) — Zur Bekämpfung von *Hamatobia irritans L.* war *Sevin*-(I) Staub in 50%ig. Konz. 15 Tage lang genügend wirksam, 5%ig. I reichte nur wenige Tage. Nach 50%ig. I-Stäubung oder 0,5%ig. Sprühung konnten in der Milch nur 1 Stunde nach der Behandlung geringe Mengen I festgestellt werden, nach 15 u. mehr Stunden war die Milch I-frei. Fritz Müller/Ludwigshafen. 7856◇

2824 **Über die Nitratreduktase einiger in der Rohwurst vorkommender Mikroorganismen.** J. Schormüller und M. Schilling. (Nahrung **5**, 18—40, 1961; Berlin, Inst. für Lebensmittelchemie und Lebensmitteltechnol. der Techn. Univ.; dt.) — Mittels der analyt. Erfassung von NO_2' (I) durch die Brucin-Meth. wird an *Lactobacillus leichmanii 313* und *Lactobazillus plantarum 10 S* eine adaptierbare *Nitratreduktase*-(II)-Aktivität beobachtet. Aus *Micrococcus caseolyticus* läßt sich ein trockenes, bei —20° für mehrere Monate haltbares Enzympräparat mit Nitratreduktase-Aktivität gewinnen. Das Temp.-Optimum des mikrobiellen Enzyms liegt bei 30°, das pH-Optimum bei 7. — Unterss. mit Inhibitoren und Aktivatoren legen für das Enzym einen sulfhydrylhaltigen Schwermetall-Komplex nahe. Von den Hilfsstoffen der Fleischverarbeitung sind NaCl, I u. *Ascorbinsäure* (III) ohne Einfluß auf die II, während *Lactat, Tartrat, Citrat* und *Acetat* bei Konzz. von 10^{-2} Mol/Liter die Enzymaktivität um das 3—4fache erhöhen. In gleicher Weise wirkt *Glutaminsäure* aktivierend. I wird in beträchtlichem Umfang durch III zu NO red., wodurch ihre Bedeutung bei der Umrötung von Fleisch verständlich wird. G. Heder. 7856◇

2825 **Der mikroskopische Nachweis von Hefe in Mischfuttermitteln nach dem abgewandelten Verfahren von Kupka.** W. Huss. (Landwirtsch. Forsch. **15**, 154—60, 1962; Stuttgart-Hohenheim, Württ. Landesversuchsanst. für landw. Chemie; dt.) — Vf. schlägt einige Abänderungen des Verf. von Kupka vor. M. Winiker. 7868◇

2826 Soc. Industrielle de la Cellulose „Sidac" Soc. An., St. Gilles-Brüssel, Belgien, **Klarsichtiges, nicht starres Heißsiegelprodukt für Verpackungszwecke für Lebensmittel** aus einem Schichtmaterial aus einer Schicht, die Polyäthylen, Regeneratcellulose u. Vinylidenacrylnitril-Mischpolymerisat (I) enthält, u. einer zweiten Schicht aus Regeneratcellulose, die beiderseits mit einem wasserdampf- u. gasabweisenden Lack, z. B. aus I, überzogen ist. Beide Schichten können miteinander verbunden sein, z. B. mittels eines mikrokrist. Wachses. (**Oe. P. 221024** vom 10/12. 1960, ausg. 25/4. 1962.) M. Pankow. 7641

2827 C. C. D. Processes Ltd. (Erfinder: Israel Harris Chayen), **Herstellung eines Eiweiß-Lipoid-Komplexes für die Ernährung.** Rohe, eiweißhaltige Vegetabilien, z. B. geschälte Erdnüsse, Alfalfa, Zuckerrüben, Rye-Gras, werden mit W. in einer schnell laufenden Hammermühle (> 4000 Fuß/Min.) $^2/_3$—10 Sek. behandelt, um die Zellstruktur zu zerstören, worauf das Gemisch alkal. gemacht wird, z. B. mit $NaHCO_3$, mechan. von den Festbestandteilen befreit u. mit HCl bis zu einem pH-Wert von ca. 4—5 angesäuert wird. Der ausgefallene Eiweiß-Lipoid-Komplex wird abgetrennt u. getrocknet. (**Aust. P. 233707** vom 2/4. 1959, ausg. 1/6. 1961.) C. Lüttgen. 7647

2828 Olin Mathieson Chemical Corp., New York, übert. von: Homer L. Robson, Lewiston, N. Y., V. St. A., **Bleichen von Mehl** durch Behandeln mit 0,2—5% H_2O_2 u. 0,1—10% Chlordioxid. (**Can. P. 635257** vom 21/8. 1959, ausg. 23/1. 1962. A. Prior. 6/10. 1958.) Eberhard Riedel 7671

2829 Zsigmond Kende und Ferenc Ketting, Budapest, Ungarn, **Herstellung von kohlenhydratarmem, eiweißreichem Brot, Gebäck und Mehlspeisen,** indem dem Mehl 20—120 Gew.-% zum Speisen geeignetes Casein, sowie Zutaten, wie sauer oder bas. reagierende anorgan. Verbb., organ. Säuren oder Puffersalze, die den pH-Wert derart beeinflussen, daß dieser im Gemisch 5,1—5,6 beträgt, zugemischt werden. Das Casein kann nach dem Zufügen der Zutaten feucht bei 70° gequellt werden, oder die Zutaten können vor dem Quellen des Caseins zum Mehl gemischt werden, u. das Quellen erfolgt während des Backens. Gesalzt wird das Gemisch mit teilweise mit KCl vermengtem NaCl. (**Ung. P. 150545** vom 6/2. 1961, ausg. 27/12. 1962.) F. Landsberger. 7675

2830 Stauffer Chemical Co., New York, N. Y., übert. von: James W. Tucker, Park Forest, Ill., V. St. A., **Backpulverpräparat.** Als Säurekomponente dient $Na_2H_2P_2O_7$, dem als Stabilisierungsmittel 0,1—2% eines genußfähigen Ca-Salzes mit einem pH-Wert von 4,1 bis 10,0, z. B. Tricalciumphosphat, Ca-Stearat, -lactat, -gluconat, -sulfat, Di-Calciumphosphat oder Ca-Tripolyphosphat, zugesetzt ist. (**A. P. 3034899** vom 8/3. 1960, ausg. 15/5. 1962.) W. Kranz. 7675

2831 Ivan Effront, Genf, Schweiz, **Gewinnung von Bäckerhefe** aus kohlenhydrathaltiger Maische in 2 Verf.-Stufen, wobei in der 1. Stufe unter Belüftung u. Hefevermehrung eine alkoholhaltige Würze resultiert, die in der 2. Stufe nach dem Zulaufverf. weitervergoren wird, dad. gek., daß in der 1. Stufe die Vergärung der Kohlenhydrate bis zu einem Alkoholgeh. von 3—5 Vol.-% in der Würze vorgenommen wird u. in der 2. Stufe im Zulaufverf. die Hefegärung fortgesetzt wird, bis der A. prakt. vollständig aufgebraucht ist. (**Oe. P. 218451** vom 29/12. 1953, ausg. 11/12. 1961. Aust. Prior. 22/1. 1941.) T. Oppermann. 7675

2832 E. I. du Pont de Nemours & Co., übert. von: Archibald M. Hyson und Maurice R. Stahler jun., Wilmington, Del., V. St. A., **Reifen von Bananen und Citrusfrüchten.** Man bringt sie mit einem 6—14 C-Atome enthaltenden Alkylalkohol, wie Laurylalkohol, in Berührung. (**A. P. 3030212** vom 1/6. 1961, ausg. 17/4. 1962.) H. Maaß. 7689

2833 Brogdex Co., übert. von: Charles D. Cothran, Pomona, Calif., V. St. A., **Entgrünen und Immunisieren von frischen Früchten,** wie Orangen, um so eine tiefe u. gleichmäßige Farbcharakteristik einer normal reifen Frucht zu erreichen u. gleichzeitig ein auf Pilzwachstum beruhendes Verderben zu verhindern, ohne daß die Frucht verbrennt oder entfärbt u. mit widerlich schmekkenden oder tox. wirkenden Stoffen überzogen wird. Man setzt die frischen Orangen in einer Vorratskammer der Einw. von Dämpfen eines fl. Gemisches aus, das im wesentlichen aus gleichen Vol.-Teilen von 1.1.1-Trichloräthan u. Methylchlorid besteht u. in einer Konz. von 2—3ccm/cu. ft. Vorratsraum bei höchstens 80°F nicht < 48 Std., ggf. in Ggw. von Dämpfen aus 5—6 ccm/cu.ft. Äthylen, angewendet wird. Das Gemisch zeichnet sich durch hohe Flüchtigkeit u. hohen Dampfdruck aus, ist nicht entflammbar u. bei normaler Temp. nicht brennbar u. wirkt nicht tox. auf Menschen bei einer Konz. von > 400 p.p.m. (**A. P. 3034903** vom 31/5. 1960, ausg. 15/5. 1962.) H. Maaß. 7689

2834 General Foods Corp., White Plains, N. Y., übert. von: Leon Kremzner, Upper Saddle River, und William A. Mitchell, Lincoln Park, N. J., V. St. A., **Herstellung von kohlensäurehaltigen Feststoffen.** Zunächst wird der Feststoff, bes. eine Zuckerart, wie Saccharose, Fructose, Lactose, Sorbit usw., ggf. unter Wasserzusatz u. Einmischen von Dextrin, Stärke, Gelatine usw., zum Schmelzen gebracht u. dann CO_2, N_2 oder Luft unter 50—1000 lbs./sq. in. Druck eingeleitet. Nach Aufnahme von 0,5—15 ml Gas je g Substanz wird unter Druck schnell abgekühlt. Die Prodd. können mit Farb- u. Geschmacksstoffen versetzt sein u. dienen z. B. als *Karbonisiermittel von Getränken* oder als *Backhilfsmittel*, weil sie das Gas verhältnismäßig langsam abgeben. (**A. P. 3012893** vom 6/1. 1959, ausg. 12/12. 1961.) H. Schindler. 7705

2835 General Foods Corp., White Plains, N. Y., übert. von: Stanley P. Raffensperger, Palos Park, und Thomas T. Takashima, La Grange, Ill., V. St. A., **Fruchtsaftgetränkepulver** aus 20—90 (Teilen) eines mit krist. Zucker in kaltem W. lösbar gemachtem Adipinsäure(**I**)-Prod., 0,25—1,75 Fruchtgeschmackstoffen, 0,10 bis 1,25 Farbstoff u. Dextrosehydrat zur Auffüllung auf 100. — In kaltem W. leicht lösl. **I** wird durch Überziehen von feinteiligem **I**-Pulver mit einem langkettigen Fettsäureester eines Polyoxyäthylen-Deriv. eines Hexitanhydrids gewonnen. (**Can. PP. 635335** vom 28/9. 1960, ausg. 23/1. 1962. A. Prior. 28/9. 1959 u. **635336** vom 3/10. 1960, ausg. 23/1. 1962.) Eberhard Riedel. 7707

2836 General Foods Corp., White Plains, N. Y., übert. von: Harry W. Block, Orange, N. J., Paul B. Touher, Hastings-on-Hudson, N. Y., Stanley P. Raffensperger, Palos Park, und Thomas T. Takashima, La Grange, Ill., V. St. A., **Ein Fumarsäureprodukt,** das in kaltem W. leicht lösl. ist, wird hergestellt durch Vermischen von pulverförmiger Fumarsäure in feuchtem Zustand mit einem Chlorid, bes. NaCl oder NH_4Cl, bzw. mit einem krist. Zucker u. Trocknen des Gemisches. (**Can. PP. 635270** vom 18/9. 1959, ausg. 23/1. 1962. A. Prior. 27/1. 1959 u. **635273** vom 24/9. 1959, ausg. 23/1. 1962. A. Prior. 9/2. 1959.) Eberhard Riedel. 7707

2837 E. F. Drew & Co., Inc., New York, N. Y., V. St. A., **Veredelung von Schokolade und Überzugsstoffen für Süßwaren,** die Hartfette enthalten. Zwecks Erhaltung des Glanzes der Schokoladenoberfläche wird der Masse ein Glycerinmischester der Milchsäure u. einer Fettsäure mit 10—24, bes. 16—18, C-Atomen, z. B. Öl-, Palmitin- oder Stearinsäure, in Mengen von 0,5—10, bes. 1—5%, berechnet auf den Hartfettanteil, in Form einer Suspension oder geschmolzen zugesetzt. (**E. P. 896363** vom 24/6. 1960, ausg. 16/5. 1962. A. Prior. 2/7. 1959.) W. Kranz. 7727

2838 International Cigar Machinery Co., Inc., N. J., übert. von: Eric Bell Hotelling und Thomas Edward Kelly, Westport, Conn., V. St. A., **Herstellung von Tabakfolien** aus Tabakpulver mit einem in organ. Lsgm. gelösten wasserunlösl. Bindemittel (Cellulose, Stärke, Celluloseacetat, Celluloseacetatpropionat, Celluloseacetatbutyrat, Methylcellulose, Äthylcellulose, Äthylstärke) u. einem Polyester mit 2—3 Mol einer Dicarbonsäure (Glutar-, Adipin-, Sebacin-, Pimelin-, Suberin-, Azelainsäure, deren höhere Homologe u. Substitutionsprodd. mit niedermol. Alkylgruppen, auch Gemische) u. 1 Mol eines aliphat. Triols (Glycerin, 1.2.6-Hexantriol). Die Folien besitzen gute Farbe, Brenn-Eig. u. mechan. Festigkeit. — Vgl. A. P. 2957478; C. **1962,** 5512. (**A. P. 2984244** vom 30/9. 1959, ausg. 16/5. 1961.) K. Koebke. 7735

2839 **Bordon Co.** (Erfinder: **James Frank Hale, Ralph Arthur Klein** und **Elizabeth Marguerite Bradway**), *Küchenfertige Kartoffelzubereitung*. (**Aust. P. 236300** vom 14/7. 1959, ausg. 30/11. 1961. A. Prior. 16/7. 1958. — C. **1962,** 18314 [F. P. 1229196].)

2840 **Imperial Tobacco Co. (of Great Britain and Ireland) Ltd.** (**Erfinder: Alfred Charles Davis**), *Tabakprodukt*. (**Aust. P. 234610** vom 18/11. 1959, ausg. 3/8. 1961. E. Prior. 19/11. 1958. — C. **1962,** 5888. [D. A. S. 1114421].)

2841 **General Mills, Inc.,** Minneapolis (Erfinder: **Robert Wen-Hua Chang,** St. Paul, und **Norval Glen Barker,** Robbinsdale), V. St. A., *Herstellung von l-Arginin-l-glutamat.* (**Schwz. P. 366286** vom 19/5. 1958, ausg. 15/2. 1963. A. Prior. 20/5. 1957. — C. **1960,** 7035 [A. P. 2851482].)

2842 **Herman Budding,** Den Haag, übert. von: **Arjen Sjollema,** Leeuwarden, Niederlande, *Herstellung von Milchpulver.* (**Can. P. 633964** vom 20/2. 1959, ausg. 2/1. 1962. Niederl. Prior. 11/3. 1958. — C. **1963,** 7202 [Oe. P. 215773].)

H_{17}. Fette, Seifen, Wasch- und Reinigungsmittel usw.

2843 **Neue Fortschritte auf dem Gebiet der Fettchemie.** C. Paquot. (Riv. ital. Sostanze grasse **38,** 518—31 1961; Bellevue, Labor. de Lipochim. C. N. R. S.; ital.) — Übersicht über die zahlreichen Verw.-Möglichkeiten der Fettsubstanzen u. Fettsäuren im Ernährungssektor u. auf anderen Gebieten, wie Herst. v. Seifen u. Lackprodukten. — 88 Literaturangaben. G. Platzer. 7870□

2844 **Über die stöchiometrische Umesterung von Glyceriden mit Methanol. Darstellung von Methylestern für die Gaschromatographie.** Franco de Francesco und Carmelo Maglitto. (Riv. ital. Sostanze grasse **39,** 245—48, 1962; San Michele all'Adige/Trento, Staz. sperim. agrar.; ital.) — Um Methylester der Fettsäuren (FS) auf schnellem Wege für die gaschromatograph. Analyse unter Vermeidung von Verlusten an Säuren niedrigen Molgew. u. gleichzeitig ein von störenden Substanzen freies Gemisch von Estern zu erhalten, wurde die stöchiometr. Umesterung (UE), die nur auf Glyceride (**I**) mit geringem Säure-Geh. ($<$ 0,5%) anwendbar ist, in einem Weithalskolben unter Verw. von CH_3OH u. CH_2ONa ausgeführt. Aus diesem Grunde ist eine Vorentsäuerung notwendig, die mit H_2SO_4 oder $ZnCl_2$ + Zn-Staub als Katalysatoren die stöchiometr. UE von **I** jeden Geh. an freien FS im Kolben ermöglicht. Die Rückstände der Reagentien u. sek. Rk.-Prodd. stören die gaschromatograph. Analyse nicht. G. Platzer. 7888□

2845 **Der Einfluß flüssiger Stickstoffdünger auf Ertrag und Qualität der Erdnuß.** D. Lachover, E. Goldin, A. Beresky. (Oléagineux **17,** 107—111, 1962; Rehovoth, Israel; Inst. National et Universitaire d'Agriculture; franz.) — Es werden die Ergebnisse von 1959 u. 1960 durchgeführten, vergleichenden Düngungen mit NH_3-Lsg., NH_4NO_3-Lsg., einer je 12,5% N_2 u. P_2O_5 enthaltenden Lsg. u. festem $(NH_4)_2SO_4$ mitgeteilt. Die günstigen Resultate mit NH_3- u. NH_4NO_3-Lsg. müssen noch bestätigt u. ausgebaut werden. — 26 Literaturangaben. M. Hagedorn. 7894□

2846 **Neue Fortschritte bei der Raffination von pflanzlichen Ölen. Die entsäuernde Dämpfung.** A. Pringuet. (Seifen-Öle-Fette-Wachse **88,** 191—95, 1962; dt.) — Nach kurzem Hinweis auf die theoret. Grundlagen der Dampf-Dest. (DD) von Ölen u. Fetten im Vakuum wird über die Entw. von Kolonnen für die kontinuierliche DD bis zum neuesten Stand berichtet, mit gleichzeitiger Desodorisierung u. Entsäuerung, so daß die alkal. Raffination der Öle u. Fette weitgehend überflüssig wird. W. Rittler. 7894□

2847 **Universal-Sprühnebel-Mischer zur Herstellung von pulverförmigen Wasch-, Spül- und Reinigungsmitteln.** A. Faulhaber. (Seifen-Öle-Fette-Wachse **87,** 785—89, 1961; dt.) — Vf. beschreibt ausführlich den von der Firma Spangenberg/Mannheim, für die Waschmittel-Ind., hergestellten Universal-Sprühnebel-Mischer mit seinen Einsatzmöglichkeiten, sowie die Verf.-Technik bei der Herst. von pulverförmigen, gut rieselnden Wasch-, Spül- u. Reinigungsmitteln. H. Franzen. 7912□

2848 **Universal-Sprühnebel-Mischer zur Herstellung von pulverförmigen Wasch-, Spül- und Reinigungsmitteln.** Hans E. Tschakert und A. Faulhaber. (Seifen-Öle-Fette-Wachse **87,** 789—94, 22/11. 1961; Marl, Chem. Werke Hüls; Mannheim, Maschinenfabrik, G. Spangenberg; dt.) — Vgl. vorst. Referat. — Diskussionsbeitrag zur vorst. Arbeit über den Spangenberg-Universal-Sprühnebel-Mischer mit Vers.-Ergebnissen. H. Franzen. 7912□

2849 **Kombinationen aus Seife und Detergentien.** R. L. Mayhew und L. W. Burnette. (Soap chem. Specialties **38,** Nr. 8, 55—57, 1962; New York, Anthra Chemicals, Div. of General & Film Corp.; engl.) — Synthet. Detergentien vermögen die sich in hartem W. bildenden Kalkseifen zu dispergieren. Das Kalkseifendispersionsvermögen (KS) für Nonylphenoxypolyoxyäthyläthanol, Na–N-Lauroyl-, Na–N-Oleoyl-, Na–N-Talgfettsäure-N-methyltaurat, Cocosfettsäureester u. Ölsäureester von Na-Isäthionat, Na-Laurylsulfat, Na-Dodecylbenzolsulfonat, Na-Dibutylnaphthalinsulfonat u. Na-Sulfodioctylsuccinat wird angegeben. Es wird gezeigt, wie sich KS bei Na-

Acylisäthionat mit der Wasserhärte ändert. Kombinationen aus Seifen u. synthet. Detergentien werden in Toilettenseifen, fl. Allzweckreinigungsmitteln u. Grobwaschmitteln verwandt. Am brauchbarsten erweisen sich Waschmittel vom Igepon T-43- u. Igepon AC-78-Typ, Monoglyceridschwefelsäureester u. Fettalkoholsulfate.
I. Ohme. 7912□

2850 **Ein Extraktionsmittel für Mikromengen anionischer oberflächenaktiver Stoffe, die an große Mengen Proteine gebunden sind, mit anschließender spektrophotometrischer Bestimmung.** Edith Gould. (Analytic. Chem. **34,** 567—71, 1962; Boston, Mass., Harvard Med. School General Hospital; engl.) — Vf. beschreibt die Extraktion von an größere Mengen Proteine gebundene oberflächenakt. anion. Verbb. u. ihre quant. Bestimmung. Eine Probe wird mit 20 ml Extraktionsmittel (2 g $MgSO_4 \cdot 7 H_2O$ gelöst in 360 ml dest. W., dazu 40 ml 0,1 n NaOH u. mit Aceton auf 1 Liter auffüllen) geschüttelt, 18 bis 24 Std. stehen gelassen u. zentrifugiert. 10 ml der Lsg. werden mit 10 ml Puffer-Lsg. u. 2 ml Methylgrün-Lsg. versetzt, mit 40 ml Bzl. 1 Min. geschüttelt, getrennt, die Bzl.-Lsg. mit 15 ml gepuffertem W. 25 Sek. geschüttelt u. bis zur Klärung stehen gelassen. Von der Bzl.-Lsg. wird bei 615 mμ die Extinktion bestimmt. Die Meth. gestattet 0,01 bis 1,74 μ Mol. oberflächenakt. Verbb. zu bestimmen.
J. Weiner. 7942□

2851 **Über die quantitative Bestimmung von Äthylenoxid-Addukten.** Edwin Thamm. (Parfümerie u. Kosmet. **43,** 285—88, 1962; Darmstadt, Ondal GmbH, Spezialforschungs- u. analyt. Labor.; dt.) — Nach einer Übersicht über Analysenverff. zur quant. Best. von Äthylenoxid(ÄO)-Addukten wurde die Meth. von Siggia u. Mitarbeitern (C. **1959,** 13899) zur Best. von Cocosfettsäure-2 ÄO, Cocosfettsäure-10 ÄO, Cocosfettsäure-25 ÄO, Stearinsäure-10 ÄO, Cocosfettalkohol-5 ÄO, Cocosfettalkohol-25 ÄO, Ölsäure-10 ÄO, Oleylalkohol-12 ÄO, Nonylphenol-10 ÄO, Isooctylphenol-20 ÄO, Laurylsulfat, Caprinylsulfat u. Cetylsulfat verwendet. Die Abweichung von den berechneten Werten beträgt bei den äthoxylierten Fettsäuren u. -alkoholen 1—2%. Da Fettalkohole hohen Äthylenoxid-Geh. vortäuschen, dürfen sie bei den Best. nicht anwesend sein.
H. Brämer. 7942□

2852 Renato Raffaetá, Mailand, Italien, **Kontinuierliche Reinigung und Entfärbung von Speiseölen und -fetten.** Man läßt in einer Füllkörperkolonne ein Gemisch aus Öl u. Bleicherde, bes. mit Zusatz von $ZnCl_2$ herabfließen, wobei er in der Mitte der Kolonne mit einem 140—220° heißem Gemisch der gleichen Zus., das im Kreislauf geführt wird, zusammentrifft. Die Kolonne steht unter Druck u. wird mit überhitztem Wasserdampf im Gegenstrom zum Öl durchblasen. Die Füllkörper sollen aus Al bestehen. — Vorrichtung. (**A. P. 2980717** vom 6/2. 1957, ausg. 18/4. 1961. It. Prior. 16/2. 1956.)
C. Lüttgen. 7901

2853 Atlas Chemical Industries, Inc., übert. von: George E. Woods, Wilmington, Del., V. St. A., **Herstellung genießbarer Fettemulgatoren** erfolgt durch Teil-Veresterung von 1 (Mol) Glycerin mit 0,75—1,5 einer Fettsäure $C_{10}—C_{18}$, bes. Palmitinsäure, u. 0,5—1,5 Milchsäure u. anschließende teilweise Dest. des Rk.-Prod. bei 180—245° u. nicht > 30 min/Hg. (**A. P. 3012047** vom 24/12. 1958, ausg. 5/12. 1961.)
O. Müller-Meiningen. 7901

2854 Colgate-Palmolive Co., New York, N. Y., V. St. A., **Toiletteseife** mit gutem Kalkseife-Dispergiervermögen, bestehend aus 35—50(%) Seife (**II**), die ganz oder größtenteils aus C_{12}–C_{18}-Fettsäuren (**I**) hergestellt ist, von denen 40—60 gesätt. C_{16}–C_{18}–**I**, 10—35 gesätt. C_{12}–C_{14}–**I** u. 5—37 ungesätt. **I** sein sollen, 22—40 Na-Salz von hauptsächlich gesätt. höheren **I**-glyceridschwefelsäureverbb., 3–13 Na–C_{10}–C_{18}-Alkylbenzolsulfonsäuren, 6—15 W. u. 2 bis 10 Alkalisulfaten u. -chloriden, wobei der Geh. des Sulfats ≤ 5 u. der des Chlorids 2—7 betragen soll, z. B. 28 Na-Salz des Fettsäuremonoglyceridsulfats aus hydrierten Cocosölsäuren, 8 Na-Dodecylbenzolsulfonat, 15 Na–**II** aus gehärteten Talg–**I**, 27 Na-**II** aus Cocosöl u. Talg (1:1), 2 Na_2SO_4 5 NaCl, 9 W. u. 6 Parfum, Farbstoff usw. (**E. P. 885332** vom 5/8. 1959, ausg. 28/12. 1961. A. Prior. 26/8. 1958.)
C. Lüttgen. 7911

2855 Unilever N. V., Rotterdam, Niederlande (Erfinder: Edgar Elwood Ruff, Bergenfield, N. J., V. St. A.), **Herstellung eines pulverförmigen Reinigungsmittels,** dad. gek., daß man aus 5—15 (Teilen) eines Polyäthers der allg. Formel $HO(C_2H_4O)_a(C_3H_6O)_b(C_2H_4O)_cH$ [b = 26—30, a + c = solche ganze Zahl, daß das Mol. 40 bis 50% Äthylenoxid (I) aufweist] u. eines Alkylphenolpolyglykoläthers, dessen Alkylrest durchschnittlich 14 C-Atome aufweist u. der durchschnittlich 9 **I**-Gruppen enthält, 20—50 $Na_5P_3O_{10}$, 5—15 Na-Silicat, 10—20 anderen anorgan. Salzen u. 0,2—2 Seife eine Suspension in W. herstellt u. den Ansatz in üblicher Weise sprühtrocknet. (**Schwz. P. 361877** vom 31/5. 1956, ausg. 30/6. 1962.)
C. Lüttgen. 7913

2856 Lever Brothers Co., übert. von: Irving Reich, New York, N. Y., und Hans R. Dallenbach, Coytesville, N. J., V. St. A., **Flüssiges Grobwaschmittel** in stabiler u. konz. Form, bestehend aus einer wss. Lsg., die enthält: 1. 7—10(%) K-Alkylarylsulfonat der Formel $R_xC_6H_4SO_3K$ (R = C_1–C_{15}-Alkylrest, mindestens ein R = C_8–C_{18}-Alkyrest, x = 1—5), 2. 5—8 Toluolsulfonat (**I**), Tetralinsulfonat, Äthylbenzolsulfonat (**II**), Isopropylbenzolsulfonat (**III**), o-Xylolsulfonat (**IV**), m-Xylolsulfonat (**V**) oder Gemischen aus 80 **I** u. 20 **II**, 61 **IV** u. 39 **III**, 15 **IV**, 70 **V** u. 15 p-Xylolsulfonat (**VI**), 47 **I** u. 53 eines Gemisches aus 15 **IV**, 70 **V** u. 15 **VI** oder aus 22 **IV**, 53 **V**, 5 **VI**, 18 **II** u. 2 **I**, oder 1—10 **I** u. 99—90 eines Gemisches von 22 **IV**, 53 **V**, 5 **VI**, 18 **II** u. 2 **I**, 3. 27—10 $K_4P_2O_7$ u./oder $K_5P_3O_{10}$, 4. 4—7 Lauroylisopropanolamid, -diäthanolamid, Cocosölsäuremonoäthanolamid, Caproyldiäthanolamid, Talgfettsäurediäthanolamid Monoäthanolamid von Caprin-Caprylsäuregemischen, Kondens.-Prodd. von 1 Mol Äthylenoxid mit 1 Mol Lauroylmonoäthanolamid oder -isopropanolamid u. 5. 0,1—3 eines Gemisches von Celluloseäthern, von denen der eine ein „Netzwerk" von Teilchen bildet, die in dem anderen suspendiert sind, z. B. ein Gemisch aus 9,5 Na-Carboxymethylhydroxyäthylcellulose mit 0,91 Mol Carboxymethyl u. 0,5 Mol Hydroxyäthylgruppen pro Anhydroglucoseeinheit (**VII**) u. 90,5 Na-Carboxymethylmethylcellulose mit 0,15—0,2 Mol Carboxymethylgruppen pro **VII** u. 14—22 Methoxylgruppen pro Cellulosemolekül. (**A. P. 2994665** vom 15/4. 1959, ausg. 1/8. 1961.)
C. Lüttgen. 7913

2857 Henkel & Cie. G. m. b. H., Düsseldorf, **Flüssige Waschmittel,** gek. durch den Geh. an einem peroxidhaltigen Glykol (**I**), das durch Kondens. einer Verb. der allg. Formel R–O–O–H (R = organ. Rest mit 1—30 C-Atomen) mit einem Alkylenoxid, bes. mit 2—10 C-Atomen, erhalten wird, u. dessen organ. Rest über ein nichtaromat. C-Atom mit dem Peroxidrest verbunden ist. — Man erhitzt 9,1(g) 96%ig. tert. Butylhydroperoxid mit 0,1 Bortrifluoridätherat auf 50° u. leitet 1$^1/_2$ Std. lang. Äthylenoxid ein. Man kann das Rk.-Prod. als solches verwenden oder durch fraktionierte Dest. in Prodd. mit verschieden hohem O-Geh. zerlegen. (**E. P. 889652** vom 27/2. 1958, ausg. 21/2. 1962. D. Prior. 7/3. 1957.)
C. Lüttgen. 7913

2858 Loba Chemie Dr. Paul Löw-Beer & Co., Wien, Österreich, **Flüssiges Reinigungsmittel,** enthaltend ein oberflächenakt. Salz einer C_{10}–C_{18}-Alkylbenzolsulfonsäure u. ein wasserlösl. Salz von sulfoniertem Ricinusöl. (**E. P. 893129** vom 2/10. 1958, ausg. 4/4. 1962. Oe. Prior. 3/10. 1957.)
C. Lüttgen. 7913

2859 W. R. Grace & Co., New York, N. Y., übert. von: Richard P. Germann, Ellicott City, Md., V. St. A., **Waschmittel,** bestehend aus einem nichtionogenen Waschrohstoff u. anorgan. Gerüststoffen, gek. durch dem Zusatz von etwa 3% Hydraziniumsalz der allg. Formel (RR'R'' · NNH_2)A (R = C_{16}–C_{24}-Alkyl-, Alkenyl- oder Alkadienylrest, R' u. R'' = C_1–C_{24}-Alkyl-, C_2–C_{24}-Alkenyl- oder C_4–C_{24}-Alkadienylreste, A = Anion), bes. Dimethyloctadecylhydraziniumchlorid. Der Zusatz bewirkt, daß die Wäsche einen weichen Griff erhält. (**A. P. 2995523** vom 17/2. 1958, ausg. 8/8. 1961. **E. P. 895456** vom 21/4. 1960, ausg. 2/5. 1962.)
C. Lüttgen. 7913

2860 Wyandotte Chemicals Corp., übert. von: Donald R. Jackson, Wyandotte, und Lester G. Lundsted, Grosse Ile, Mich., V. St. A., **Oberflächenaktive Polyoxyäthylen-polyoxypropylenverbindungen.** Man kondensiert Äthylenoxid (I) mit aliphat. mehrwertigen Alkoholen, Alkylaminen, Alkylenpolyaminen, cycl. Aminen, Amiden oder Polycarbonsäuren mit nicht > 6 C-Atomen u. 2—6 reaktionsfähigen H-Atomen im Mol, worauf das erhaltene Polyoxyäthylenpolyol mit soviel Propylenoxid (II) weiterkondensiert wird, daß das dem **II** zuzuschreibende Molgew. der Verbb. 900—25000 beträgt, wobei die Oxyäthylengruppen 20—90% der Verbb. ausmachen sollen. *Detergentien.* (**A. P. 3036118** vom 11/9. 1957, ausg. 22/5. 1962.) J. Mühleisen. 7913

2861 Corn Products Co., New York, N. Y. (Erfinder: Walter J. Katzbeck und William H. Hach, Oak Park, Ill.), V. St. A., **Waschen von Textilien.** Um den abgelösten Schmutz in Suspension zu halten, setzt man der Waschflotte bei der Getreideverarbeitung anfallende Neben-Prodd., bes. „corn steepwater", zu. Diese sind wirksamer als die zu diesem Zweck üblicherweise eingesetzte Carboxymethylcellulose. (**E. P. 889041** vom 24/2. 1959, ausg. 7/2. 1962. A. Prior. 7/8. 1958.) F. Böhm. 7913

2862 Gourmet & Co. Ltd. und James Grieve King, London, England, **Fleckentferner,** bestehend aus einer Paste aus einem Lsgm. für Fette u. $\leqq$ 5% hochdispersem SiO_2, bes. Aerosil, u. ggf. einem inerten Füller. (**E. P. 890084** vom 17/11. 1958, ausg. 28/2. 1962.) C. Lüttgen. 7915

2863 Leo P. Curtin, Cranbury, N. J., V. St. A., **Pulverförmiges Reinigungsmittel,** enthaltend 18—88% gepulverte C_{12}–C_{18}-Fettsäuren (I) u./oder Monoester von C_2–C_4-Dicarbonsäuren u. C_{12}–C_{17}-Alkoholen u. auf 2 (Mol) **I** $\geqq$ 1 wasserfreie Soda (**II**) in Pulverform. Beispiel: 56(%) Laurinsäure, 30 **II**, 12 $Na_4P_2O_7$, 2 äthylendiamintetraessigsaures Na oder 20 Mono-n-dodecylmaleat, 5 **II**, 58 wasserfreies Na_2SO_4, 15 $Na_5P_3O_{10}$, 2 Na-Carboxymethylcellulose. Die Pulver sollen nicht zusammenbacken u. sich in W. sofort unter Seifenbldg. auflösen. (**A. P. 2992992** vom 15/8. 1957, ausg. 18/7. 1961.) C. Lüttgen. 7917

2864 Saltängens Tekniska Fabriks A/B, Norrköping, Schweden (Erfinder: G. Wittmann), **Reinigungsmittel zum Imprägnieren von Putzlappen bzw. -tüchern,** bestehend aus einer Lsg. von 35—60 (Teilen) Seife oder synthet. Waschmittel, 10—25 Scheuermittel, 0,1—1 Desinfektionsmittel, 10—20 einer Emulsion von Polyvinylchlorid oder dgl., 40—100 W. oder Lösungsmittel. Derartig imprägnierte Lappen oder Tücher eignen sich bes. für Reinigungszwecke bei sportlichen oder militär. Übungen unter primitiven Bedingungen. (**Schwed. P. 174602** vom 16/4. 1955, ausg. 14/3. 1961.) K. H. Kähler. 7917

2865 Villis Michaels, Selby, Yorkshire, England, **Mit Seife oder einem synthetischen Reinigungsmittel imprägnierter Schwamm.** Man injiziert mittels hohler Nadeln, oder Röhren in ein natürliches oder künstliches Schwammstück durch Erhitzen verflüssigte Seife oder Detergentien u. läßt erkalten. Ein geeignetes Reinigungsmittelgemisch besteht z. B. aus 85 (Gew.-%) Alkylarylsulfonat, 10 Na-Alkylsulfat u. 5 Paraffinwachs. (**E. P. 907867** vom 27/8. 1957, ausg. 10/10. 1962.) K. Demmler. 7917

H_{18a}. Holz, Cellulose, Zellstoff, Papier, Papierdruck, Celluloid, Linoleum

2866 **Die Programmierung forstlicher Untersuchungs- und Schätzungsdaten für einen I. M. B.-1620-Computer.** M. J. Hall. (APPITA — J. Austral. Pulp Paper Ind. **16,** 107—18, 1963; engl.) — Um Wiederholungen von Berechnungen *forstlicher Daten* auszuschalten u. Mittel u. Werte nach Gebrauchsklassen je acre zu erhalten, wird ein Verf. entwickelt. F. Zeidler. 7952◇

2867 **Feuchtigkeitswanderung in Holz unter dem Einfluß eines Temperaturgefälles.** D. Narayanamurti. (Norsk Skogind. **16,** 577—79, 1962; Dehra Dun, India, Forest Res. Inst.; engl.) — Die axiale *Feuchtigkeitswanderung* in *Holz* unterhalb des Faser-Sättigungspunktes bei einem Temp.-Unterschied von 55° zwischen den beiden Hälften eines Prüfstücks, das bei verschiedenen relativen Feuchtigkeits-Geh. (52,72 u. 95% relativer Feuchtigkeit) konditioniert ist, wird bestimmt. Es werden 21 ind. Holzarten, deren Dichte im Bereich von 0,425—0,869 g/cm³ liegt, untersucht. Die Diffusion bei einem Feuchtigkeits-Geh. von 20% ist im Durchschnitt 2,5 mal so hoch als bei 10% Feuchtigkeit. Dieses Ergebnis wird bei der Spezies „Haldu", (D. 0,636 g/cm³), erhalten; bei Buxus sempervirens D. 0,791 g/cm³) beträgt dieser Faktor 1,4, bei Teak (D. 0,605 g/cm³) 3,92. F. Zeidler. 7952◇

2868 **Sorption von Xylanen an Baumwollfasern.** Nils Hartler und Asbjörn Lund. (Svensk Papperstidn. **23,** 951—55, 1962; Stockholm, Sweden, Swed. Cellulose Ind. (CCL), Centr. Labor.; engl.) — *Xylan* (**A**) sowie A-Modifikationen aus *Birkenholz* werden auf ihre *Adsorptionsfähigkeit* an *Baumwolle* untersucht. Durch höhere Temp. oder durch niedrigeren Uronsäuregeh. wird die Adsorption begünstigt. Einige Erscheinungen des Adsorptionsverlaufes lassen vermuten, daß die Sorptionsneigung durch den Hydratationsgrad von **A** mitbestimmt wird. H. Meyer. 7952◇

2869 **Laboratoriumsprüfung von Holz und Holzschutzmitteln mit der südasiatischen Termite Heterotermes indicola Wasmann.** Günther Becker. (Holz Roh- u. Werkstoff **20,** 476—86, 1962; Berlin-Dahlem, Bundesanst. für Materialprfg., Fachgruppe „Biol. Materialprfg., Holzschutz u. Holztechnol.; dt.) — Vgl. C. **1962,** 1838. — Aussehen u. Lebensweise der südasiat. *Termite Heterotermes indicola* Wasmann (**A**), sowie ihr Verh. in Abhängigkeit von *Temp.* u. *Feuchtigkeit* werden beschrieben. Über Erfahrungen bei der Haltung u. Züchtung von **A** wird berichtet u. die Ausführung von Prüfungen der natürlichen Widerstandsfähigkeit von *Holzarten* u. der Wirksamkeit von *Holzschutzmitteln* mit Hilfe von **A** geschildert. S. Blumberg. 7952◇

2870 **Bericht über das Rundgespräch für Cellulosechemiker über die Struktur der Cellulose in faserförmigen und flächigen Fällungsprodukten.** Josef Schurz. (Papier **16,** 713—32, 1962; dt.) — Die Probleme der *Struktur* regenerierter *Cellulosehydrat-Fasern* u. regenerierter *Cellulosehydrat-Folien* (nach Viscose- bzw. Cu-Verf.) werden dargelegt, bes. auch neue Ansichten über Kettenfaltung in Cellulosemicellen. Die Diskussion läßt die Mannigfaltigkeit der Ansichten je nach dem mehr chem., physikal. oder morpholog. Standpunkt erkennen. F. Zeidler. 7954◇

2871 **Intramicellare Vorgänge bei der Mercerisation der Cellulose.** Heinz Ruck (unter Mitarbeit von H. H. Tetzel u. I. Treubel.) (Papier **16,** 703—12, 1962; Wuppertal, J. P. Bemberg AG., Wuppertal; dt.) — *Level-off-DP-Best.* an *nativen* u. *regenerierten Cellulosen* (**A**) vor u. nach der *Mercerisierung* lassen erkennen, daß die für die meridialen Kleinwinkelreflexe verantwortlichen Lockerstellen durch intramicellare Quellungen unter Erhaltung der Faserstruktur verschoben werden können. Die Ergebnisse schließen ein strenges Einphasenmodell ebenso aus, wie Kleinwinkelzusatzabsorption u. Kristallinitätsmessungen das Zweiphasenmodell (Fransenmicelle) revidiert haben. Ferner wird gezeigt, daß aus feinstrukturellen Gründen die Unterschiede zwischen den **A** (Linters, Zellstoff) nach einer Mercerisation weitgehend verschwinden. Die Unterss. zeigen, daß die Kettenfaltung für die Cellulose generell nicht zutreffen kann u. die Ursachen für schnell spaltende Lockerstellen physikal. Natur sein müssen. F. Zeidler. 7954◇

2872 **Der Mechanismus der Filmbildung aus Viscose.** M. Miller und V. C. Haskell. (J. appl. Polymer Sci. **5,** 627—34, 1961; Richmond, Va., E. I. du Pont de Nemours u. Co., Inc. Cellophane Res. and Dev. Labor., Film Dep.; engl.) — Als wesentliche Bedingungen für die Bldg. eines haltbaren *Cellulose*(**A**)-Films werden geringe Orientierung, geringe seitliche Ordnung, niedrige Gelquellung u. hoher mittlerer Polymerisationsgrad von **A** genannt. Außerdem wird gezeigt, daß therm. u. osmot.

Vorgänge von geringerer Bedeutung sind als die Pufferungs- u. Neutralisationskapazität des Bades. W. Schmieder. 7954◇

2873 **Rohrreibungsverluste bei Eukalyptus-Sodazellstoff.** G. A. Kennedy. (APPITA — J. Austral. Pulp Paper Ind. **16**, 95—106, 1963; engl.) — Für die Planung von *Leitungen* zum *Transport* von Zellstoff werden in Rohren von 4¹/₂, 6¹/₂, 8¹/₂ u. 10¹/₂ in. äußerem ⌀ die Rohrreibungsverluste mit *Zellstoffsuspensionen* u. W. bei maximaler Ausnützung der Pumpenleistung u. bis 2000 gal./min. bei niedrigen Stoffdichten bestimmt. Kurven aus Druckhöheverlust u. Geschw. sind gewöhnlich stetig, ähnlich den von Brecht u. Heller [1935] ermittelten, jedoch liegen die Maxima des Druckhöheverlustes höher u. treten bei höheren Geschw. auf. Die Beziehungen zwischen Stoffdichte u. Reibungsverlust bei konst. Geschw. sind nicht gut; ein zuverlässiger Maßstab für die Pumpbarkeit von Zellstoff müßte gefunden werden. F. Zeidler. 7956◇

2874 **Die Reaktion zwischen Thiosulfat und Holz während der Sulfitkochung.** 2. Mitt. Nils-Herman Schöön. (Svensk Papperstidn. **23**, 965—77, 1962; Göteborg, Sweden, Chalmers Tekn. Högsk. Dep. of Engng. Chem.; engl.) — 1. vgl. C. **1962, 5146**. — Die Bldg. von *Thiosulfat* (**A**) u. organ. Überschuß-S, sowie die Bldg. von Sulfat (**E**) über Polythionatverbb. (**B**) beim sauren *Sulfitaufschluß* wird untersucht. In jedem Falle wird **A** im Verlauf der Kochung über Aldose (**D**) u. Bisulfit (**C**) gebildet. Gegen Ende der Kochung nimmt die **A**-Bldg. über **B** u. **C** zu; die Rk. zwischen **D** u. **C** wird viel langsamer. Auch mit steigender **A**-Anfangskonz. in der Kochsäure gewinnt die **A**-Bldg. über **B** u. **C** an Bedeutung. Bei der Rk. zwischen **A** u. den Bestandteilen des Holzes werden E-Ionen gebildet. Diese **E**-Bldg. stimmt mit der **A**-Abnahme überein. Daraus folgt, daß bei Rk. zwischen Holz u. **A** Sulfidgruppen gebildet werden. F. Lang. 7962◇

2875 **Halbsaure Natriumbisulfitkochung von Laubhölzern und deren Gemischen mit Fichtenholz.** Ján Jánči, Ján Fellegi und Rudolf Zemánek. (Papír a Celulosa **17**, 145—48, 1962; Bratislava, Výskumný ústav papieru a celulózy; slowak.) — *$NaHSO_3$-Kochung* in Anwesenheit von freiem SO_2 ist für den Aufschluß von *Laubhölzern* (**A**), bes. jedoch für **A**- u. *Nadelholz* (**B**)-Gemische geeignet. Bei der halbsauren Kochung geht die Entlignifizierung schneller u. gleichmäßiger als bei der Monosulfitkochung. Dabei sind jedoch die Festigkeitswerte der *Zellstoffe* (**C**) etwas geringer. Die Festigkeit von **C** aus gemischten Kochungen ist dagegen sehr hoch. **A** werden bei geringerem Chemikalienverbrauch schneller gekocht als **B**. R. Grundmann. 7962◇

2876 **Untersuchungen von Rohlignin, einem Nebenprodukt bei der Hydrolyse von Sulfatseifen.** Kazimierz Sarnecki. (Przegląd papierniczy **18**, 369—73, 1962; Inst. Celulozowo-Papierniczy; pol.) — Die Verw.-Möglichkeit von *Lignin* (**A**), bes. *Alkali*-**A** in der Gummiindustrie wird angegeben. Roh-**A**, das während der Hydrolyse von *Sulfatschäumen* von *Schwarzlauge*, die nicht völlig geklärt war, anfällt, wird untersucht. Verss. in kommerziellem Ausmaß zur Isolierung von **A** aus den Hydrolysaten u. seine Reinigung durch Auskochen mit W. werden angegeben. In Labor.-Verss. werden *Tallöl* (**B**) u. **A** durch Bzl.-Extraktion getrennt, **A** durch Abpressen von Lsgm. befreit u. durch Behandeln mit HCl entascht. Grundsätze für die Errichtung einer Vers.-Anlage zur Raffinierung von **A** werden angegeben. Eine Abschätzung der Möglichkeiten, techn. **A** u. zusätzliche Mengen **B** in der poln. Sulfatzellstoff-Industrie zu erhalten, wird vorgenommen. F. Zeidler. 7966◇

2877 **Das Trockengießen von Viscosefilm.** C. R. Price und V. C. Haskell. (J. appl. Polymer Sci. **5**, 635—40, 1961; Richmond, Va., E. I. du Pont de Nemours u. Co., Inc.; Cellophane Res. and Dev. Labor., Film Dep.; engl.) — Wenn ein *Viscose*film durch Trocknen auf einem erhitzten Träger, Regenerieren in alkohol. HCl, heißem Glycerin oder heißem O_2-freiem Gas, Waschen mit W. u. nochmaliges Trocknen hergestellt wird, so werden die Bedingungen für einen haltbaren Film besser erfüllt als bei Anwendung des üblichen Naßgießverfahrens. Die Filme zeichnen sich durch bessere physikal. Eigg., wie hohe Haltbarkeit bei niedriger Temp. u. Feuchtigkeit auch ohne Weichmacher u. durch gute Formbeständigkeit bei Temp. u. Feuchtigkeits-Wechselbelastung aus. W. Schmieder. 7970◇

2878 **Aktuelle Fragen der Laubholzverarbeitung.** Paul Lengyel. (Zellstoff u. Papier **11**, 465—70, 1962; Budapest, Forsch.-Inst. für die Papierind.; dt.) — Die papiertechn. Verw. von *Laubholz* (**A**) in Europa hat sich in steigendem Maß durchgesetzt. Gut verwendbar ist *Pappelholz*, als Hart-**A** hat die *Hainbuche* günstige Eigg. u. kann in Sulfitverf. wie auch zu *Kaltnatron-Halbzellstoff* u. chem. *Holzschliff* verarbeitet werden. Die Festigkeits-Eigg. des *Sulfat-Pappelzellstoffs* lassen sich durch Erhöhung des Hydromoduls verbessern, wobei sich die maximale Festigkeit in Richtung der größeren Ausbeute verschiebt. Wirtschaftliche Faktoren bedingen in erster Linie die prakt. Verwendbarkeit des größeren Hydromoduls. F. Zeidler. 7974◇

2879 **Herstellung von Papier auf trockenem Wege.** Miroslav Koleček und Věra Harvanová. (Papír a Celulosa **17**, 150—54, 1962; Praha, pracoviště, Výzkumný ústav papíru a celulosy; tschech.) — Übersicht über die Literatur zur *Herst.* von *Papier* im *trockenen Verfahren*. 2 sowjet. u. 1 amerikan. Verf. werden bes. verglichen; ihre Fertigungs-Geschw. sind mit denen älterer Papiermaschinen vergleichbar. Die Wirtschaftlichkeit beider Verf. wird verglichen, wobei das amerikan. Verf. für die Praxis weniger versprechend zu sein scheint. — 30 Literatur- u. 35 Patentangaben. R. Grundmann. 7974◇

2880 **Studium der zweistufigen kontinuierlichen Mahlung bei der Herstellung von Sackpapieren.** Edward Szwarcsztajn, Stanislaw Grell und Zygmunt Krupski. (Zellstoff u. Papier **11**, 459—64, 1962; Lodz, Techn. Hochsch.; Lodz, Inst. für Zellstoff u. Papier; dt.) — Die optimale Stoffdichte (SD.) bei der prim. Stoffverarbeitung in Hydrafinern beträgt 5% in der zykl. u. ca. 4—4,5% in der kontinuierlichen *Mahlung* mit Rezirkulation. Der Einfl. der SD. auf die Endergebnisse der Verarbeitung ist im kontinuierlichen Mahlungs-Syst. geringer als im zyklischen. Der optimale spezif. Mahlarbeitsbedarf (MAB.) zur Erreichung maximaler Durchreißfestigkeit beträgt 170 kWh/t. Optimale Mahleffekte werden im zykl. Syst. bei niedrigerem spezif. MAB. als im kontinuierlichen Syst. erhalten. Die Mahlung in Jordan-Mühlen sollte bei einer SD. von 3% durchgeführt werden. Optimale Festigkeits-Eigg. werden im zykl. Syst. bei einem spezif. Energieaufwand von 430 kWh/t, beim Syst. mit Rückführung mit 405 kWh/t erreicht; bei beiden Syst. entfallen 60% des Energieaufwandes auf die Hydrafiner. Zur Erreichung hoher Reißlängen muß der gesamte Energieaufwand auf $>$370 kWh/t gesteigert werden, was durch Erhöhung des Mahlarbeitsaufwandes durch die Refiner erzielt wird. Durch Herabsetzung der SD. im Auflauf der Papiermaschine von 0,36 auf 0,28% ist eine bedeutende Erhöhung der Festigkeits-Eigg. zu beobachten, jedoch eine Verschlechterung der Isotropie. Durch Erhöhung der Schüttelamplitude in der 2. Zone der Siebschüttlung u. Erhöhung der Frequenz werden diese Nachteile vermieden. F. Zeidler. 7976◇

2881 **Adhäsion von Textrylen an Teflon.** R. E. Foster und E. B. Winn. (Adhäsion **6**, 614—17, 1962; Wilmington; dt.) — Bei der Herst. von *Textrylen* (**A**) macht sich beim Kalandrieren an einer mit *Teflon* (**B**) überzogenen Walze nach einigen Std. Laufzeit störende Adhäsion bemerkbar. Es zeigt sich, daß Aufrauhung der **B**-Oberfläche durch das Eindrücken der harten Fasern von **A** sowie physikal. Verunreinigungen wie Pigmente die Ursachen sind. Durch kontinuierliches Reinigen u. Glätten der Walzenoberfläche mittels einer **B**-Rakel wird die Störung beseitigt. E. Schaaf. 7986◇

2882 **Kritischer Vergleich einiger Bestimmungsverfahren der Holzfeuchtigkeit.** Franz Kollmann und Günther Höckele. (Holz Roh- u. Werkstoff. **20**, 461—73, 1962; München, Univ., Inst. für Holzforsch. u. Holztechn.; dt.) — Als universell anwendbares, einwandfrei reproduzierbare Ergebnisse lieferndes Verf.

wird die Meth. von Fischer empfohlen, die nur noch von der apparativ aufwendigeren Hochvakuumtrocknung in Verbindung mit der Titration nach Fischer übertroffen wird. Die Verff. der Darrtrocknung u. der Hochvakuumtrocknung eignen sich für Hölzer, die außer W. keine flüchtigen Verbb. enthalten. Die schnell durchführbaren *Best.* der *Holzfeuchtigkeit* mit elektr. Widerstands-Meßgeräten kommen infolge geringer Genauigkeit nur für Schnellmeth. in Frage. Von den Dest.-Verf. sind nur die unter Verw. von Xylol, Toluol u. $Cl_2C = CHCl$ mit Vorbehalten anwendbar.
S. Blumberg. 8004◇

2883 **Zum Studium der Pyrolyse des Holzes und seiner Komponenten.** Radislav Domanský und František Rendoš. (Holz Roh- u. Werkstoff **20**, 473–76, 1962; Bratislava, Slowak. Akad. der Wiss., Inst. für Holz, Cellulose u. Chemiefasern; dt.) – Die Pyrolyse verschiedener Holzarten u. Zellstoffe, sowie von Hemicellulose- u. Ligninpräparaten wird mit Hilfe der DTA untersucht. S. Blumberg. 8004◇

2884 Ignicel Soc. An., Paris, übert. von: Jean Jacques Franck, Neuilly-sur-Seine, und Basile Sandor, Paris, Frankreich, **Feuerfestes Cellulose- und Lignocellulose-Material** wird erhalten, indem zunächst durch Behandeln des Materials mit einer 5%ig. NH_3-Lsg. die Kanäle u. Zellen der Fasern zum Ausdehnen u. Weiten gebracht werden u. dann mit einer wss. Lsg. (**I**) von $PO_4(NH_4)_mH_n$ (m u. n = 1–2, m + n = 3) (pH-Wert 3–7) imprägniert wird. Beim Trocknen bildet sich innerhalb des Materials gleichmäßig verteiltes $PO_4(NH_4)_3$. Um das Material gleichzeitig gegen W. fest zu machen, kann **I** einer wss. Emulsion von mikrokristallinem Wachs hinzugefügt werden. (**A. P. 2994620** vom 6/11. 1957, ausg. 1/8. 1961. F. Prior. 6/11. 1956.) F. Laaß. 7951

2885 Johannes Sommer, Haan/Rhld., **Herstellung einer elastischen Holzschutzbandage.** Eine Imprägnierungsmittelpaste wird auf einen elast. Kunststoffträger aufgebracht u. der Auftrag anschließend bei Zimmertemp. verfestigt, dad. gek., daß man eine aus dem Imprägniermittel u. Latex oder kaltvulkanisierbaren Kunststoffen sowie Vulkanisationsbeschleunigern bestehende Paste auf einen nicht saugfähigen Kunststoff kalt aufträgt u. anschließend den Pastenauftrag sich durch Kaltvulkanisation verfestigen läßt. (**D. A. S. 1141074** Kl. 38h vom 8/6. 1959, ausg. 13/12. 1962.) F. Laaß. 7953

2886 Canadian International Paper Co., Montreal, übert. von: John H. E. Herbst, L'Orignal, und Hans A. Krässig, Hawkesbury, Canada, **Bleichkatalysator** für Hypochlorit-Bleichlaugen der Zellstoffbleicherei, bestehend aus Br, HBr, HOBr oder deren Salzen in Mengen von 0,001–0,10%, bezogen auf den Stoffbrei. (**A. P. 2989519** vom 23/4. 1959, ausg. 20/6. 1961.) A. Gradl. 7957

2887 Charles Ernest William Bryant (Erfinder: Francis E. Getchell und Harry S. Getchell), **Gewinnung von α-Cellulose** aus *Palmen* oder anderen markhaltigen Bäumen, dad. gek., daß man das rindenhaltige Holz in einer Hammermühle zerkleinert, mit einem Windsichter Mark- u. Staubteilchen entfernt, in einem Wasserbehälter die niedersinkenden markfreien Fasern (**I**) von den schwimmenden Mark trennt u. die **I** mit 2–15%ig. NaOH bei 180° u. 35–85 lbs/sq. in aufschließt. Man erhält eine baumwollähnliche Masse mit einem Geh. an etwa 90% α-Cellulose. (**Aust. P. 233702** vom 5/3. 1959, ausg. 1/6. 1961.) C. Lüttgen. 7959

2888 Rayonier, Inc., übert. von: Ben T. Briggs, Shelton, Wash., V. St. A., **Herstellung von α-Cellulose** mit niedrigem Pentosan-Gehalt aus Holz durch Vordämpfung u. alkal. Aufschluß, dad. gek., daß die Vordämpfung mit direktem Dampf von 160–200° mit 500 bis 2000 lbs. Dampf pro Tonne trockener Späne bewirkt wird. (**A. P. 3013933** vom 28/1. 1953, ausg. 19/12. 1961.) A. Gradl. 7965

2889 Canadian International Paper Co., Montreal, übert. von: John H. E. Herbst, L'Orignal, Warren B. Beazley und Hans A. Krässig, Hawkesbury, Canada, **Herabsetzung des Polymerisationsgrades und der Viscosität von cellulosehaltigem Material,** dad. gek., daß das cellulosehaltige Material in einem wss. Medium bei pH < 7 mit $NaClO_3$ u. SO_2 zur Rk. gebracht wird. (**A. P. 3000875** vom 23/4. 1959, ausg. 19/9. 1961.) A. Gradl. 7971

2890 Hercules Powder Co. (Erfinder: John Arthur Harpham und Harry Willison Turner), **Herstellung von Papier,** durch Entwässern einer wss. Suspension von Cellulosefasern u. Trocknen des gebildeten Fließes, dad. gek., daß Alkalicellulose, die durch Behandeln mit einer polyfunktionellen Verb., bes. Polyhalogeniden, -epoxiden oder -aldehyden wie CH_2O, Epichlorhydrin, Glyoxal, 1,3-Dichloraceton, einer Vernetzungs-Rk. unterworfen wurde, verwendet wird. – 600 g mechan. gereinigte Baumwollinter werden 20 Min. in 8%ig. NaOH getaucht, zentrifugiert, mit 93 g Epichlorhydrin besprüht u. 70 Std. im Vakuum umgewälzt. Anschließend wird das Material in üblicher Weise zu Papier verarbeitet. Dieses zeigt eine erhöhte Porosität u. Absorption. (**Aust. P. 233705** vom 17/3. 1959, ausg. 1/6. 1961 A. Prior. 31/3. 1958.) C. Lüttgen. 7975

2891 Patent and Licensing Corp., New York, N. Y., übert. von: Richard H. Cubberley, Morristown, und William Thomas, South River, N. J., V. St. A., **Emulsion** zum Wasserdampfdichtmachen von Papier, gek. durch ein Gemisch einer Asphalt-Ton-Emulsion mit einer Emulsion aus W., mineral. Wachs u. einem festen Polymeren der Gruppe homopolymerer Isobutene, copolymerer Isobutene mit 2,5% Isopren, Polyäthylen u. Mischungen davon. – Beispiel: 96,5 (Teile) Polyisobuten, 289,5 mikrokristallines Wachs, 0,2 Alkylamin, Tonaufschlämmung (77,1 Kaolin u. 154,2 W.), 223 W. u. 0,25 Ligninsulfonat pro 1 H_2O. (**A. P. 3007825** vom 12/10. 1956, ausg. 7/11. 1961.) A. Gradl. 7987

2892 Continental Oil Co., übert. von: Francis J. Higgins, Ponca City, Okla., V. St. A., **Nichtschäumende Wachsmasse.** Man setzt Paraffin, das geschmolzen bes. zum *Überziehen von Papier* dienen soll, ein Gemisch von Polyvinylester, bes. Polyvinylcapronat (**I**) u. Stearinsäure zu, u. zwar im Verhältnis von 0,5 zu 99,5 bis 50 zu 50% des Gemisches, wobei die Menge des **I** 1–25 p.p.m. der Wachsmasse beträgt. (**A. P. 3001963** vom 22/6. 1959, ausg. 26/9. 1961.) K. Sarre. 7987

2893 Kalle Akt.-Ges., Wiesbaden, **Flachdruckformen,** bei denen als Trägermaterial für die Kopierschichten Al-Metall dient, das mit einer Böhmit-Schicht ($Al_2O_3 \cdot 1 H_2O$) überzogen ist. Die damit hergestellten Druckplatten liefern Druckbilder von hoher Schärfe u. hohe Auflagen von Druckbildern in prakt. gleichbleibender Güte. (**Oe. P. 223628** vom 29/12. 1960, ausg. 10/10. 1962. D. Prior. 30/12. 1959.) M. F. Müller. 7989

2894 Kalle Akt.-Ges., Wiesbaden, **Lack für Druckplatten** aus einem Carboxylgruppen enthaltenden Vinylchlorid-Mischpolymerisat mit Zusätzen von einem oder mehreren Farbstoffen u. ggf. einem oder mehreren Weichmachern u. aus mindestens einem organ. Lösungsmittel. – Man mischt 35 (Gew.-Teile) Amylacetat, 41 Methylglykolacetat, 15 Cyclohexanon, 7,5 eines Carboxylgruppen enthaltenden Mischpolymerisat, 0,3 Rhodamin B u. 0,5 Phthalsäurediäthylester. (**Oe. P. 223631** vom 17/8. 1961, ausg. 10/10. 1962, D. Prior. 20/8. 1960.) M. F. Müller. 7989

2895 Burroughs Corp., Detroit, Mich., übert. von: Earl J. Gosnell, Irondequoit, und Curtis W. Ingalls, Fairport, N. Y., V. St. A., **Leuchtdruckfarbe.** Das Leuchtfarbenpigment ist in einem Bindemittel dispergiert, das durch Polymerisieren von 2-Methylpropen, 1-Buten, 2-Buten, 2-Methyl-1-buten, 2-Methyl-2-buten oder 2-Penten zu einem fl. Polymerisat mit einer Viscosität von 2,5–1000 Poises u. einem Molgew. von 400–1300 erhalten wird. (**A. P. 3011978** vom 16/7. 1959, ausg. 5/12. 1961.) C. Kittler. 7991

2896 **Chemische Werke Albert** (Erfinder: **Johannes Reese**), Wiesbaden, *Nichtspritzende Druckfarbe auf der Basis von Chlorkautschuk.* (**Oe. P. 221540** vom 27/1. 1961, ausg. 12/6. 1962. D. Prior. 21/5. 1960. – C. **1962**, 13251 [D. A. S. 1122556].)

2897 **Kalle Akt-Ges.**, Deutschland (Erfinder: **John V. Harrington** und **Henning H. Borchers**), *Lackemulsion für Druckpasten.* (**F. P. 1281627** vom 13/2. 1961, ausg. 25/5. 1962. A. Prior. 15/2. 1960. — C. **1963**, 4917 [Oe. P. 221120].)

2898 **Rohm & Haas Co.**, Philadelphia, Pa., V. St. A. (Erfinder: **Arthur David Jordan jun.** und **Walter Weiyoung Toy**), *Überzugspräparat.* (**Jap. A. S. 5885/1961** vom 10/12. 1958, ausg. 26/5. 1961. A. Prior. 12/12. 1957. — C. **1962**, 2213 [F. P. 1215333].)

2899 **Pennsylvania Industrial Chemical Corp.**, übert. von: **Paul O. Powers**, Clairton, Pa., V. St. A., *Harzbindemittel.* (**Can. P. 635448** vom 21/6. 1957, ausg. 30/1. 1962. A. Prior. 6/8. 1956. — C. **1963**, 7982 [E. P. 849086].)

H_{18b}. Textilfasern

2900 **Herstellung von Bauschfäden.** Ju. A. Masow. (Chemiefasern [UdSSR] **1961**, 47—52; Unions-Forsch.-Inst. für Chemiefasern; russ.) — Literaturübersicht. T. Lukanoff. 8024□

2901 **Bildung der Faserstruktur.** Hiroshi Sobue. (J. Soc. Textile Cellulose Ind., Japan [Sen-i Gakkaishi] **19**, 152—58, 1963; jap.) R. Grundmann. 8040◇

2902 **Ermüdung in Textilfasern.** 1. Mitt. **Allgemeine Betrachtungen; Ermüdung bei cyclischer Dehnung: Apparate und Ermüdungsdauer.** W. James Lyons. (Textile Res. J. **32**, 448—59, 1962; Princeton, N. J., Text. Res. Inst.; engl.) — Ein App. wird beschrieben, auf dem 6 Faserproben gleichzeitig unter *cycl. Dehnung* bei gemeinsamer Dehnungsamplitude ermüdet werden. Aus Verss. mit 2 *Viscose-* u. einer *Acrylfaser* geht hervor, daß das Wachstum, das während der Ermüdung eintritt, 2 Phasen aufzeigt; in beiden ist die Dehnungszunahme linear zum log der Zeit. Der Grad der Dehnung (pro log Zeiteinheit) im Anfangsstadium ist mindestens zweimal so groß als im späteren Stadium. Bei einer Viscosefaser hoher Kristallinität, bei der Dehnungszunahme u. Bruchdehnung niedrig sind, verschwindet prakt. der Unterschied zwischen beiden Phasen. Der Ermüdungswiderstand der Acrylfaser stimmt anscheinend nach Eintragung der Widerstände der einzelnen Proben auf Wahrscheinlichkeitspapier besser mit einer logarithm. Normalverteilung als mit einer normalen überein. L. Jentgen. 8040◇

2903 **Die Behandlung von Baumwolle mit Formaldehyd in Calciumchloridlösungen.** Leon H. Chance, Ethel K. Leonard und Wilson A. Reeves. (Textile Res. J. **32**, 481—88, 1962; New Orleans, La., V. S. Dep. of Agric., Agric. Res. Serv., South Utilizat. Res. and Dev. Div., South. Reg. Res. Labor.; engl.) — 2 *Baumwollgewebe* (print cloth u. broadcloth) werden durch Eintauchen in wss. Lsgg. von $CaCl_2$ (**III**), *HCl* (**II**) u. *HCHO* (**I**) vernetzt. Verschiedene **III**-Konzz. werden benutzt, um zu untersuchen, welche Wrkg. sie auf den Geh. des Gewebes an gebundenem **I** u. auf seine *Trocken-* u. *Naßknitterwinkelerholung* ausüben. Auffallende Unterschiede werden bei 10 bis 50% beobachtet. Am besten wirkt eine 35%ig. Lösung. Ein typ. Labor.-Verf. zur Behandlung eines Gewebes wird beschrieben. Auch der Einfl. von Zeit, Temp., **II**- u. **I**-Konz. auf den **I**-Geh. des Gewebes u. seine physikal. Eigg. wird untersucht. Reiß- u. Bruchfestigkeit bleiben von 50—70% erhalten. L. Jentgen. 8044◇

2904 **Die Rolle der Vernetzung bei der Erhöhung der Naßknittererholung von Cellulosegeweben.** Giulana C. Tesoro. (J. appl. Polymer Sci. **5**, 721—33, 1961; Garfield, N. J., J. P. Stevens u. Co., Inc., Centr. Res. Lab.; engl.) — Um zu prüfen, ob die *Naßknittererholung* schon durch Substitution oder erst durch Vernetzung verbessert wird, werden *Cellulose*-Fasern mit den folgenden vergleichbaren mono- u. -bifunktionellen Vinylsulfonderivaten behandelt: CH_3–CH_2–SO_2–CH_2–CH_2–$ClNC_5H_5$ (**I**), C_5H_5NCl–CH_2–CH_2–SO_2–CH_2–CH_2–$ClNC_5H_5$ (**II**), CH_3–CH_2–SO_2–CH_2–CH_2–SSO_3Na (**III**), NaO_3SSCH_2–CH_2–SO_2–CH_2–CH_2–SSO_3Na (**IV**), CH_3–CH_2–SO_2–CH_2–CH_2–SO_2–CH_2–CH_2–$ClNC_5H_5$ (**V**), C_5H_5NCl–CH_2–CH_2–SO_2–CH_2–CH_2–SO_2–CH_2–CH_2–$ClNC_5H_5$ (**VI**), CH_3–CH_2–SO_2–CH_2–CH_2–SO_2–CH_2–CH_2–OSO_3NH_4 (**VII**) u. H_4NO_3–SO–CH_2–CH_2–SO_2–CH_2–CH_2–SO_2–CH_2–CH_2–OSO_3NH_4 (**VIII**). Es wird gezeigt, daß die monofunktionellen Verbb. (**I, III, V, VII**) keine, die bifunktionellen (**II, IV, VI, VIII**) eine gute Wrkg. haben, die verbesserte Naßknittererholung also auf Vernetzung zurückzuführen ist. W. Schmieder. 8044◇

2905 **Vernetzung von Baumwollcellulose mit Diglycidyläther.** Eugene W. Jones und James A. Rayburn. (J. appl. Polymer Sci. **5**, 714—20, 1961; Greensboro, N. C., Cone Mills Corp., Res. and Dev. Div.; engl.) — Die Behandlung von *Cellulose* mit *Diglycidyläther* wird trocken u. naß unter Einw. von NaOH, Na_2CO_3 u. Zn $[BF_4]_2$ als Katalysatoren bei verschiedenen Temp. untersucht. Es werden gute Werte der Knitterfestigkeit u. Knittererholung gefunden. W. Schmieder. 8044◇

2906 **Hydrolysebeständigkeit von vernetzenden Ausrüstungen für Baumwolle.** B. A. Kottes Andrews, Richard L. Arceneaux, J. G. Frick jun. und J. David Reid. (Textile Res. J. **32**, 489—96, 1962; New Orleans, La., U. S. Dep. of Agric., Agric. Res. Serv., South Utilizat. Res. and Dev. Div., South Reg. Res. Labor.; engl.) — Die *Beständigkeiten* verschiedener *N-haltiger Ausrüstungen* gegen saure u. alkal. *Hydrolyse* werden verglichen. Die Wrkg., die die am –CO– gebundenen Gruppen u. die Substituenten am Amido-N auf die Elektronendichte der Amidogruppe ausüben, wird zur Säure- u. Alkalibeständigkeit in Beziehung gebracht. Im allg. erhöhen die Gruppen, die eine starke Elektronenanziehung auf die Amidogruppe ausüben, die Säurebeständigkeit, u. die Gruppen, die starke Elektronenspender sind, die Alkalibeständigkeit u. umgekehrt. L. Jentgen. 8044◇

2907 **Eigenschaften von Garnen und Geweben aus mit vernetzenden Harzen behandelter Baumwolle und deren Verhalten bei der Verarbeitung.** George F. Ruppenicker jun., John J. Brown und Milton J. Hoffmann. (Textile Res. J. **32**, 516—21, 1962; New Orleans, La., U. S. Dep. of Agric., Agric. Res. Serv., South Utilizat. Res. and Dev. Div., South Reg. Res. Labor.; engl.) — Bei der Verarbeitung von *Baumwolle*, die einen großen Prozentsatz mit *Harz* (A) behandelter Fasern enthält, treten hauptsächlich infolge ungleichmäßigen Verzugs u. der Bldg. stat. Aufladungen auf der Krempel u. der Strecke Schwierigkeiten auf. Außerdem sind die Garne mit steigendem Prozentgeh. an mit **A** behandelten Fasern zunehmend schwächer, ungleichmäßiger u. schlechter im Aussehen. Gewebe mit Schußgarnen, die 50% u. mehr harzbehandelte Fasern enthalten, sind vor u. nach dem Waschen bedeutend dichter u. besitzen weniger Bausch als solche aus unbehandelten Kontrollgarnen, während die Wärmehaltigkeit besser ist. Es wird gefolgert, daß bei dem gegenwärtigen Stand der Kenntnisse eine Produktion auf handelsmäßiger Grundlage schwieriger ist. L. Jentgen. 8044◇

2908 **Ersatzfasern für Jutegewebe.** C. M. Watson. (Textile Manufacturer **88**, 514—19, 1962; Dundee Techn. Coll., Text. Dep.; engl.) — *Kenaf* hat auf Grund seiner guten Eigg. Aussichten mit *Jute* zu konkurrieren. H.-A. Wannow. 8048◇

2909 **Beiträge zur systematischen Untersuchung des Schlichtens.** 11. Mitt. **Einführung zur Untersuchung des Schlichtens von Jute.** R. Schutz und P. Exbrayat. (Bull. Inst. Textile France **1961**, Nr. 96, 49—57; franz.) 10. vgl. C. **1961**, 7447. — Der 1. Teil des Programms beschäftigt sich mit der Zweckmäßigkeit u. Rentabilität einer solchen Untersuchung. Zu diesem Zweck werden in verschiedenen Fabriken die Zahl der Fadenbrüche, die auf das *Schlichten* zurückzuführen sind, u. die prozentuale Arbeitszeit zu ihrer Behebung festgestellt. Außerdem werden die üblichen Arbeitsbedingungen bei der Vorbereitung u. beim Weben von *Jute* (**A**), die *Schlichtrezepte* u. *-herst.* u. die prozentuale Schlichteablage auf den **A**-Fäden untersucht. Da **A**-Fäden selten entschlichtet werden, dient die Schlichte gleicherweise als Appretur. L. Jentgen. 8052□

2910 **Beiträge zur systematischen Untersuchung des Schlichtens.** 12. Mitt. **Beitrag zur Untersuchung des Schlichtens von Jute. Analyse eines häufigen Fehlers auf Juteleinwand.** R. Schutz und P. Exbrayat. (Bull. Inst. Textile France **1961**, Nr. 96, 59—63; franz.) — 11. vgl. vorst. Referat. — Dieser häufig auf Rundgeweben auftretende *Fehler* wird an Hand von Mustern analysiert, u. es wird gefunden, daß er auf einem flottierenden Faden des Kettgarns beruht, der aber nicht auf ungenügendes oder ungleichmäßiges Schlichten oder Entschlichten zu-

rückzuführen ist. Alle flottierenden Fäden sollten beim Spulen durch wirksame Fadenreiniger entfernt werden.
L. Jentgen. 8052□

2911 **Beiträge zur systematischen Untersuchung des Schlichtens. 13. Mitt. Beitrag zur Untersuchung des Schlichtens von Jute. Wirkungen der beim Schlichten angewandten Spannungen.** R. Schutz und P. Exbrayat. (Bull. Inst. Textile France **1961**, Nr. 96, 65—70; franz.) — Die Erscheinungen bei Jute sind die gleichen, wie bei anderen Textilmaterialien. Damit das *Dehnungsvermögen* der Fäden nicht leidet, sollten die beim Schlichten angewandten *Spannungen* 60 g/Faden nicht überschreiten.
L. Jentgen. 8052□

2912 **Durch Behandlung mit Natriumhydroxidlösungen erzeugte Kräuselung in Jutefasern.** A. C. Chakravarty. (Textile Res. J. **32**, 525—26, 1962; Calcutta 40, India, Indian Centr. Jute Committee, Technol. Res. Labor., Dep. of Phys.; engl.) — Die Rk. mit *NaOH-Lsg.* ist prakt. in 10—15 Min. beendet; unabhängig von der Temp. tritt eine *Kräuselung* erst bei 8% NaOH ein u. nimmt bis 17,5% zu; die Temp. hat nur bei niedrigen Konzz. einen Einfl., u. zwar nimmt dann die Kräuselung mit abnehmender Temp. zu. Die Entstehung der Kräuselung beruht augenscheinlich auf inneren Spannungen als Ergebnis einer ungleichmäßigen Querstellung längs der einzelnen *Jutefäden.* L. Jentgen. 8052◇

2913 **Untersuchungen des Vergilbens von Wolle. 3. Mitt. Die Vergilbung durch Sonnenlicht.** Brian Milligan und Daryl J. Tucker. (Textile Res. J. **32**, 634—40, 1962; Melbourne, Victoria, Australia C. S. I. R. O., Wool Res. Labor., Div. of Protein Chem.; engl.) — 2. vgl. C. **1962**, **349**. — Die *Vergilbung* (V.) von *Wollgeweben* (**A**), die dem *Sonnenlicht* ausgesetzt sind, unterscheidet sich von der durch künstliche Lichtquellen hervorgerufenen. pH 4—10 von **A** hat geringen Einfl. auf die Verfärbung, milde Alkalibehandlung von vergilbten **A** verstärkt den Effekt. Differenzen zwischen trockenem u. nassem **A** in bezug auf V. treten nicht auf. Der pH-Wert der vergilbten Proben ist deutlich abgesunken. Bleiche, schrumpffeste Ausrüstung u. andere Chemikalienbehandlung von **A** verstärken die Wrkg. des Lichts auf V.
H. Schmiedeknecht. 8060◇

2914 **Eine kritische Untersuchung der Wollcarbonisierung.** Louis R. Mizell, A. Eleanor Davis und Edward C. Oliva. (Textile Res. J. **32**, 497—505, 1962; Washington, D. C., Harris Res. Labor., Inc.; engl.) — 3 Hauptfaktoren bestimmen beim H_2SO_4-*Carbonisierverf.* den Grad des Festigkeitsverlustes von *Wolle* (**A**): der *Säuregeh.* von **A** beim Eintritt in den Trockner, der *Feuchtigkeitsgeh.* von säurehaltigem **A** beim Eintritt in den Trockner u. die *Lufttemp.* beim Vortrocknen von extrahiertem säurehaltigem **A**. Auf Grund von Unterss. werden die krit. Grenzen für jeden Faktor angegeben. Es wird festgestellt, daß bei geeigneten Bedingungen eine vollkommene Verkohlung der Kletten ohne meßbaren Festigkeitsverlust von **A** erreicht werden kann: Es werden prakt. Vorschläge für ein handelsmäßiges Carbonisieren gemacht. L. Jentgen. 8060◇

2915 **Doppelbrechung supergeschrumpfter und gewaschener Wollfasern.** A. R. Haly. (Textile Res. J. **32**, 526—27, 1962; Ryde, Sydney, Australia, C. S. I. R. O. Wool Res. Labors. Div. of Text. Phys.; engl.) — An *Wollfasern,* die vor der Rk. mit LiBr-Lsg. bei Zimmertemp. u. höher teilweise reduziert werden, werden, vor und nach dem *Waschen,* Messungen der *Doppelbrechung* vorgenommen. Es wird gezeigt, daß eine annähernd lineare Beziehung zwischen Doppelbrechung u. dem Grad der *Superschrumpfung* besteht. Durch Extrapolation der erhaltenen Werte wird festgestellt, daß die Doppelbrechung bei ca. 45%ig. Schrumpfung verschwindet. Wenn der Paracortex von diesen Fasern durch Scheuern entfernt wird, schrumpft der zurückbleibende Orthocortex um 45%, woraus geschlossen wird, daß sich ein großer Teil der Anisotropie der untersuchten Fasern im Orthocortex befindet. L. Jentgen. 8060◇

2916 **Die polynosische Faser und ihre Modifizierung. 1. Mitt. Die gewöhnliche polynosische Faser.** T. Mikami und Ø. Ellefsen. (Norsk Skogind. **16**, 563—68, 1962; Oslo, Norway, Norweg. Pulp and Paper Res. Inst.; engl.) — Ein Verf., um den niedrigen *Naßmodul* gewöhnlicher *Viscose* (**A**)-*Kunstseide* u. ihre geringe Beständigkeit gegen Alkali, die eine Verw. als Mischfaser mit Baumwolle unmöglich macht, zu erhöhen wird angegeben. In *polynos.* **A** werden der Einfl. der Zellstoff (**B**)-Qualität, Zerfaserungsbedingungen u. Zus. von **A** untersucht. Sulfat-**B** mit hohem Geh. an α-Cellulose schneidet im Vgl. mit gewöhnlichem **B** bzgl. seiner **A**-Qualität in diesem Fall nicht bes. gut ab. Der Einfl. der Zerfaserungsbedingungen zeigt begründete Ergebnisse. Die Beziehungen zwischen **A**-Zus. (Alkali/Cellulose-9/10) u. den log der Viscosität, Filtrierfähigkeit u. Reifungszeit für γ-Wert 60 sind in allen Fällen positiv u. linear. Der Einfl. der **B**-Qualität u. des Alkali-Geh. von **A** auf den Naßmodul ist nicht bes. ausgeprägt. Beim Spinnprozeß ist der ⌀ der Spinndüse von bemerkenswertem Einfl.; ein ⌀ von 0,06 mm ist besser als 0,07 mm. Die polynos. Faser zeigt hohen Naßmodul u. ist gegen W. u. Alkali-Lsgg. sehr widerstandsfähig. F. Zeidler. 8074◇

2917 **Nichtwäßrige Flüssig-Xanthogenierung von Alkalicellulose.** D. E. McDermott. (J. appl. Polymer Sci. **5**, 624—26, 1961; Richmond, Va., E. I. du Pont de Nemours u. Co., Inc., Cellophane Res. and Dev. Labor., Film Dep.; engl.) — *Alkalicellulose* kann durch Aufschlämmen in einem CS_2-haltigen, mit W. nicht mischbaren Lsgm. wie z. B. n-Hexan oder n-Heptan *xanthogeniert* werden. Infolge der guten CS_2-Verteilung während der Rk. wird auch bei niedrigen Substitutionsgrad eine filtrierbare *Viscose* erhalten. W. Schmieder. 8074◇

2918 **Einfluß von Polyäthylenglykolen auf den Spinnprozeß der Viscosefasern.** A. Ss. Schewtschenko, A. A. Konkin und A. T. Sserkow. (Chemiefasern [UdSSR] **1961**, 29—33, Unions-Forsch.-Inst. für Chemiefasern; russ.) — Polyäthylenglykole (**I**) mit einem Polymerisationsgrad zwischen 5 u. 68 wurden hinsichtlich ihrer modifizierenden Wrkg. beim Verspinnen von Viscosefasern (**II**) untersucht. Die Zunahme des Polymerisationsgrades von **I** führte zur Abnahme der Zers.-Geschw. des Cellulosexanthogenats u. der Neutralisations-Geschw. des Cellulosexanthogenatgels, wodurch die strukturelle Einheitlichkeit von **II** erhöht u. ihre Quellung in W. stark herabgesetzt wurden. Gleichzeitig bewirken **I** eine Diffusionsbeschleunigung von Zn^{++}-Ionen u. Diffusionsverzögerung von H^+-Ionen durch die Hydratcellulosefolie u. eine Abnahme der Ausfluß-Geschw. der Viscose ins Spinnbad, die durch Bldg. einer Grenzfolie aus dem Modifikator an der Phasengrenze zwischen der Viscose u. dem Spinnbad erklärt wird. Unter betrieblichen Bedingungen des Supercordspinnverf. an einer Continuemaschine erwies sich als bester Modifikator **I** mit einem Polymerisationsgrad von 30—35.
T. Lukanoff. 8074□

2919 **Wärmefestigkeit und Ermüdungswiderstand von Viscose-Cordfasern.** A. B. Pakschwer und N. A. Ssegalewitsch. (Chemiefasern [UdSSR] **1961**, 37—40, Unions-Forsch. Inst. für Glasfasern; russ.) — Viscosecordfasern normaler u. erhöhter Reißfestigkeit u. Supercord unterscheiden sich nicht in bezug auf ihre Wärmebeständigkeit. Eine Nachbehandlung mit bifunktionellen Verbb.: Formaldehyd, Diäthylamido-bis-[äthylenimido]-phosphorsäure (Phosphoron), Dimethylolharnstoff (Carbamol), Dimethylolcycloäthylenharnstoff (Carbamol CEM) u. Adipinsäuredimethylolamid änderte die Wärmefestigkeit nicht, wogegen eine starke Abnahme des Ermüdungswiderstandes u. der Quellung in W. festgestellt wurde, die proportional der Zahl der gebildeten Querverbindungen war. Die Behandlung des hochfesten Cordes mit W. bei normaler u. erhöhter Temp. ruft wesentlich geringere Verschlechterung des Ermüdungswiderstandes hervor als das beim normalen Cord der Fall ist. T. Lukanoff. 8074□

2920 **Dauerfestigkeit von Reifencord gegenüber mehrfach wiederholter Deformation in Abhängigkeit von Struktur, Zwirnen und Faserherstellungstechnologie.** W. A. Ussenko, D. I. Kalandarow und S. M. Kosyrewa. (Chemiefasern **1961**, 53—56; Moskau, Textilinstitut, Forsch.-Inst. für Reifenind.; russ.) — Mit Erhöhung der Feinheit des Kapillarfadens von Viscosecord unter Beibehaltung der Gesamtnummer der Cordfaser werden alle Kennwerte der Dauerfestigkeit (Biegezahl, Dauerzugfestigkeit, Schlagfestigkeit u. Festigkeitsverlust nach mehrfach wiederholter Dehnung–Druck-Deformation) verbessert. Dieselbe Wrkg. haben die Zunahme der Plastifikationsverstreckung u. des Schrumpfens im Spinnrohr, wogegen beim Zwirnen eine optimale Zahl der Zwirnungen besteht, die bei Viscosecord bei 480/480 liegt. T. Lukanoff. 8074□

2921 **Abhängigkeit der physiko-mechanischen Eigenschaften der Viscosefäden von der Spannung bei der Verarbeitung.** M. N. Belitzin. (Chemiefasern [UdSSR] **1961,** 57–61; Klin, Kunstfaserkombinat; russ.) — An Hand der Best. der Fadenspannung während der Verarbeitung der Viscosefäden werden Gleichungen abgeleitet u. Kurven aufgestellt, die es gestatten, die für die Erreichung der notwendigen Dehnung erforderliche Fadenbelastung zu ermitteln. Auf die sich für die Praxis ergebenden Schlußfolgerungen wird hingewiesen. T. Lukanoff. 8074□

2922 **Entsulfatierung der Abschlagschicht von keramischen Ringen beim Kontaktverdampfen.** L. M. Slobodkina. (Chemiefasern [UdSSR] **1961,** 71–72; Kalinin, Chemiefaserkombinat,; russ.) — Eine vollständige Entsulfatierung der ersten Ringreihe der Abschlagschicht im Kontaktverdampfer für Regenerierung des Viscosespinnbades wird durch eine starke Berieslung mit heißem W. gewährleistet. T. Lukanoff. 8074□

2923 **Wirksamkeit der Anwendung von Chemiefasern bei der Herstellung von technischen Erzeugnissen.** I. Je. Kritschewski und N. P. Fedorenko. (Chemiefasern [UdSSR] **1961,** 65–71; Moskau, Lomonossow-Inst. für chem. Feintechnologie; russ.) — An Hand wirtschaftlicher Vgl. wird empfohlen, die Naturfasern bei der Reifen- u. Förderbanderzeugung durch Chemiefasern, bes. durch Synthesefasern völlig zu ersetzen. Als weiteres Verwendungsgebiet für Synthesefasern im techn. Sektor wird die Produktion von Netzen u. Tauen genannt. T. Lukanoff. 8080□

2924 **Modifizierung der Eigenschaften der Propylenfaser durch die Pfropfung.** L. Odor und F. Geleii. (Chemiefasern [UdSSR] **1961,** 18–22; Budapest, Forsch.-Inst. für Kunststoffind.; russ.) — Die Pfropfung von Polypropylenstapelfasern (**I**) mit verschiedenen Vinylmonomeren erfolgte durch die Erhitzung von den mit γ-Strahlen (^{60}Co, 60 c) vorbestrahlten **I** mit diesen Monomeren bei Temp. zwischen 50 u. 90°. Die Gew.-Zunahme bei der Pfropfung mit Acrylsäure (**II**) stieg bei der Erhöhung der Strahlungsdosis u. Konz. von **II** in wss. Lsg. stark an, wogegen die Rk.-Temp. u. Dauer einen geringen Einfl. hatten. Außer **II** gelang es, durch die Veränderung der Rk-Bedingungen Methylmethacrylat, Vinylacetat, Vinylpyridin u. Acrylamid an **I** anzupfropfen (Gew.-Zunahme 2–13%). Die gepropften **I** wiesen eine höhere Feuchtigkeitsaufnahme, Anfärbbarkeit mit bas., sauren u. dispersen Farbstoffen u. niedrigere Reißdehnung als die unbehandelten **I** auf. T. Lukanoff. 8080□

2925 **Charakterisierung der Acrylfaserstruktur.** J. P. Craig, J. P. Knudsen und V. F. Holland. (Textile Res. J. **32,** 435–48, 1962; Durham, N. C., Chemstrand Res. Center, Inc.; engl.) — Die *Feinstruktur* der *Acrylfaser* (**A**) wird unter Verw. von Verff., die auf *Gasadsorption, Dichte, Elektronen-* u. *Lichtmikroskopie* beruhen, bestimmt. Die Verff. ergänzen sich u. werden auf **A** angewandt, die unter den üblichen handelsmäßigen Bedingungen hergestellt sind. Es wird festgestellt, daß naß gesponnene Fasern den Strukturtyp: Fibrillen-Hohlräume aufweisen mit Fibrillen u. Hohlräumen von 200 Å ⌀. Diese Struktur entsteht während der Koagulation, auf die Strecken u. Erschlaffen folgen. Trocken gesponnene Fasern entwickeln eine ähnliche Struktur, die nach der Orientierung in Erscheinung tritt. L. Jentgen. 8080◇

2926 **Neue faserbildende Polymere.** G. I. Kudrjawzew und A. A. Konkin. (Chemiefasern [UdSSR] **1961,** 3–12; Unions-Forsch.-Inst. für Chemiefaser, Moskau, Textilinst.; russ.) — Literaturübersicht über neue Unterss. auf dem Gebiet der faserbildenden Heterokettenpolymeren. Besprochen werden: Polyamide, Polyharnstoffe, Polyester, Polyäther u. Polyanhydride. — 58 Literaturhinweise. T. Lukanoff. 8080□

2927 **Plastifikationsverstreckung der Faser „Lawsan".** N. W. Michailow, W. O. Gorbatschewa und E. S. Fainberg. (Chemiefasern [UdSSR] **1961,** 13–15; Unions-Forsch.-Inst. für Chemiefaser; russ.) — Mit Hilfe einer Plastifikationsverstreckung in wss. Lsgg. von Dimethylformamid (1–20%) bei Temp., die wesentlich niedriger als Übergangstemp. II. Ordnung liegen, konnte die Reißfestigkeit der Polyesterfasern „*Lawsan*" wesentlich erhöht werden. Da derart verstreckte Fäden amorph bleiben, besitzen sie höhere Dehnung u. geringere Sprödigkeit als heißverstreckte. Ähnliche Behandlung bereits heißverstreckter Fäden in Dimethylformamidlsg. rief eine Zunahme der Reißfestigkeit u. Abnahme der Dehnung (um etwa 25% in beiden Fällen) hervor. Die nur in Dimethylformamid verstreckten Fäden können anschließend durch Verstreckung in Glycerin bei 105° kristallisiert werden, wodurch ihre Festigkeit zweimal höher, die Dehnung dagegen dreimal niedriger wird. Die Meth. wird zur Herst. von hochfesten, elast. Fäden empfohlen (evtl. für Reifencord). T. Lukanoff. 8080□

2928 **Einige Richtlinien zur Auswahl von in der Textilindustrie anwendbaren radioaktiven Isotopen.** Béla Faragó. (Magyar Textiltechn. [Ung. Textiltechn.] **14,** 529–36, 1962; ung.) — Theoret. Grundlagen für die Konstruktion von Geräten zum Messen in der Textilindustrie (z. B. Dicke, Dichte der Gewebe); Gefahren bei offenen u. geschlossenen Strahlenquellen, Strahlenschutz. J. Plank. 8096△

2929 **Aufgaben eines Baumwolltestlaboratoriums.** 2. Mitt. W. F. Du Bois. (Melliand Textilber. **43,** 1153–54, 1962; Nijverdal, Niederlande; dt.) — 1. vgl. C. **1963,** 9159. — Die *Faserfestigkeitsprüfung* mit Hilfe des Pressley-Gerätes wird ausführlich besprochen. I. Beßer. 8102◇

2930 **Röntgenstrahlenmessungen der Kristallinität und Kristallitgröße in gequollenen und hydrolysierten Baumwollen.** N. B. Patil, N. E. Dweltz und T. Radhakrishnan. (Textile Res. J. **32,** 450–71, 1962; Ahmedabad-9, India, Ahmedabad Text. Ind. Res. Assoc.; engl.) — An einer Reihe von *Baumwollfasern*, die entweder vor oder nach dem Quellen hydrolysiert werden, werden unter Verw. der *Röntgenstrahlenbeugung* u. eines Geiger Zähler-Registrierspektrometers *Kristallinität* u. *Kristallitgröße* bestimmt. Die Analysenmeth. u. die App. werden beschrieben. Die Ergebnisse lassen annehmen, daß zwischen Kristallinität u. Kristallitvol. eine enge Beziehung besteht u. daß zunehmende Kristallinität ein Maß für zunehmendes Kristallitvol. ist. Dagegen hat sich für alle untersuchten Behandlungen keine einzige Beziehung zwischen Kristallinität u. irgendeiner Kristallitdimension ergeben. L. Jentgen. 8102◇

2931 **Umfang der Hydrolyse von mit Formaldehyd behandelter Baumwolle.** Richard L. Arceneaux und Reginald A. Fujimoto. (Textile Res. J. **32,** 521–22, 1962; New Orleans 19, La., ARS, U. S. Dep. of Agric., South Utilization. Res. and Dev. Div., South. Reg. Res. Labor.; engl.) — Um die Vollständigketit der *Hydrolyse* bei der *quant. Best.* des vom Gewebe gebundenen HCHO (**I**) festzustellen, wird eine Meth. beschrieben, die radioakt. **I** verwendet. Es wird festgestellt, daß, wenn auch die Hydrolyse mit 12n-H_2SO_4 nicht quant. ist, die Ergebnisse dieser verhältnismäßig einfachen Meth. ebenso gut sind wie bei einer Hydrolyse, die ein Dest.-Verf. zur Wiedergewinnung von I verwendet. L. Jentgen. 8102◇

2932 **Eine Bemerkung über den Einfluß der Ausrüstung auf die Biege-Scheuerfestigkeit von Baumwollsatin.** Louis I. Weiner. (Textile Res. J. **32,** 524, 1962; Natick, Mass., Quartermaster Res. and Engng. Command, Clothing and Org. Mater. Div.; engl.) — An Hand einer *Analyse* eines *Baumwollsatins* wird gezeigt, daß selbst nichtausgerüstete Gewebe *Textilhilfsmittel* enthalten können, die die *Biegescheuerfestigkeit* beeinflussen. Deshalb müssen derartige Mittel entfernt werden, bevor das verschiedene Verh. von Geweben auf strukturelle Unterschiede zurückgeführt wird. L. Jentgen. 8102◇

2933 **Untersuchung des Einflusses einiger Faktoren auf die Knitterfestigkeit von Viscose-Stapelfasern.** Ss. Ss. Palladow und W. P. Skljannikow. (Chemiefasern [UdSSR] **1961,** 61–64; Moskau, Plechanow-Inst. für

Volkswirtschaft; russ.) — Die Knitterfestigkeit von Viscosestapelfasern (I) wurde mit Hilfe eines speziell konstruierten Gerätes direkt in Faserform ermittelt, wobei als Maß für die Knitterfestigkeit die Erholungswinkel sofort nach der Entlastung (α_1) u. nach 3 Min. (α_2) dienten. Eine Verbesserung der Knitterfestigkeit wird bei der Zunahme der Feinheit der Kapillarfäden u. Stapellänge beobachtet, wogegen der Verstreckungsgrad ohne Einfl. ist. Bes. große Differenzen der Erholungswinkel werden durch die unterschiedlich lange Lagerung der Stapelfasern nach der Herst. verursacht (Verbesserung der Elastizität infolge einer Relaxation). Ein Vgl. der Knitterfestkennwerte ist daher nur nach der Einhaltung der vorgeschriebenen Lagerungsdauer möglich.
T. Lukanoff. 8112□

2934 **Strukturviskosität der Lösungen von Hochpolymeren in Dimethylformamid.** W. K. Pschedetzkaja und B. E. Geller. (Chemiefasern [UdSSR] **1961**, 15—18; Taschkent, Textilinst.; russ.) — Mit Hilfe der Kugelfallmeth. wurde die Strukturviscosität von 10, 15 u. 20%ig. Lsgg. von *Polyacrylnitril* (**I**), *Celluloseacetat* (**II**) u. chlor. *Polyvinylchlorid* (**III**) in Dimethylformamid bei Temp. von 25, 50 u. 75° untersucht. Eine Abnahme der Strukturviscosität wird schon bei relativ niedrigen Schubspannungen τ von 40—50 dyn/cm² beobachtet, wobei diese Strukturänderung in folgender Reihenfolge zunahm: **II** < **III** < **I**. Die an Hand des Temp.-Koeff. der Viscosität nach der Gleichung $d \ln \eta / d(1/T) = \Delta E_v/R$ errechnete Aktivierungsenergie des viscosen Fließens ΔEv steigt folgendermaßen an: **III** < **I** < **II**. T. Lukanoff. 8116□

2935 **Vergleichsbewertung der Festigkeit von Glasfasern mit den übrigen Fasermaterialien.** Ludvík Surý. (Textil [Praha] **17**, 468—69, 1962; Výzk. pracoviště VHJ Vertex; tschech.) — Die *Reißfestigkeiten* von *Polyamiden Seide, Wolle, Jute, Leinen, Viscose-Reyon, Baumwolle* u. *Glasfasern* werden in bezug auf g/den, Reiß-km u. spezif. Festigkeit in kg/mm² miteinander verglichen.
W. Bernard. 8118◇

2936 Hubert Grunow, Bagneux, Seine, Frankreich, und Bertil Mellbin, Göteborg, Schweden, **Aktivieren wäßriger Alkalichlorit-Lösungen** durch Zufügen niedermol. Alkanolamine, bes. Mono-, Di-, Triäthanolamin, deren Salze mit anorgan. oder organ. Säuren oder deren Verbb. die durch Hydrolyse Alkanolamine abspalten. (**D. P.** [**DDR**] **24145** Kl. 8i vom 9/12. 1957, ausg. 23/10. 1962. [Ausschließungspatent]. F. Prior. 11/12. 1956.)
W. Wittholz. 8027

2937 Deering Milliken Research Corp. (Erfinder: Donald James Gale), Spartanburg, S. C., V. St. A., **Cellulosetextilien mit verbessertem Formerinnerungsvermögen im feuchten Zustand.** Man behandelt das Gut mit einer wss. Alkalilsg. u. einer Verb. $X(CHR'-CHR''-O-SO_3Y)_2$ oder $O_nS = (CHR'-CHR''-O)_2 = SO_2$, wobei R' u. R'' = H oder C_1- bis C_3-Alkylreste, Y = H, Metallion oder bas. N-Verb., X = $-SO_2-$, $-O_2S-R-SO_2-$, –SO- oder –OS–R–SO-, n = Zahl 1 oder 2 u. R = C_1- bis C_{10}-Alkylrest oder C_4- bis C_7-Cycloalkylrest oder C_1- bis C_3-alkyliertes m- oder p-Phenylen ist. R kann auch (Thio)-Äther- oder Sulfonsäure- oder Carboxylgruppen mit bis 4 O- oder bis 2 S-Atomen enthalten. — Die Verbb. wirken vernetzend auf die Cellulose; geeignet sind z. B. *Di-Na-Salz von Bis-(2-sulfato-[prop-2.3-ylen])-sulfon* oder von *Bis-(2-sulfato-[but-2.3-ylen])-sulfon* oder von *Bis-(4-sulfato-[pent-4.5-ylen]-sulfon,* oder von *Phenylen-bis-(sulfonäthylensulfonsäure),* ferner von *Sulfatodiäthylensulfon, 3.3'-Sulfatodi-(but-3.4.3'.4'-ylen)-sulfon.* — Baumwollgewebe wird bei 70% Flottenaufnahme mit einer 28%ig. wss. Lsg. von *Napht-1.5-ylen-bis-(sulfonäthylensulfonsäure)* imprägniert, an der Luft getrocknet u. 15 Sek. in eine wss. 2%ig. NaOH-Lsg. getaucht, worauf mit heißem, waschmittelhaltigem W. mehrmals gewaschen, gespült u. getrocknet wird. — Bei der Ausrüstung können Aminoplastbildner u. bzw. oder härtbare Epoxyverb. mitverwendet werden. (**D. A. S. 1138733** Kl. 8k vom 29/12. **1960**, ausg. 31/10. 1962. A. Prior. 31/12. 1959.)
H. Möllering. 8033

2938 E. I. du Pont de Nemours & Co., Wilmington, übert. von: William W. Prichard, Claymont, Del., V. St. A., **Ausrüstung von gegen Senfgas dichte Schutzkleidung.** Die bekanntlich zur Imprägnierung verwendeten tert. N-Chlorharnstoffe zeigen bei Lagerung des imprägnierten Gutes keine Cl-Verluste u. Textilschwächung, wenn dem Imprägnieransatz noch Oxide von Metallen der Atom-Nr. 24—30, deren *Hydroxide* oder deren andere Salze mit Diss.-Konstante unter $1{,}5 \times 10^{-2}$ zugefügt sind. — Wirksam ist z. B. ein Gemisch aus 8,5 (Teile) N.N'-Di-(2.4.6-trichlorphenyl)-N.N'-dichlorharnstoff, 6,5 Chlorparaffin, 83 Tetrachloräthan u. 1,7 ZnO. (**A. P. 3003971** vom 6/4. 1944, ausg. 10/10. 1961.)
H. Möllering. 8033

2939 Deutsche Gold- und Silber-Scheideanstalt vormals Roessler (Erfinder: Karl Dithmar und Peter Koblischek), Frankfurt/M., **Scheuerfeste Textilien** erhält man durch deren Imprägnierung mit wss. Dispersionen von (durch Gasphasen-Hydrolyse oder -Oxydation erhaltenes) SiO_2, TiO_2, Al_2O_3 oder ZrO_2, wobei erfindungsgemäß die Dispersion noch ein Polyalkylen, bes. *Polyäthylen* (**I**), enthält. — Geeignet ist eine wss. Dispersion mit einem Geh. an 66,6 (g) niederschmelzendem Polyäthylen („AC-Polyäthylen 629"), 8,3 äthoxyliertem Fettalkohol, 8,3 Morpholin u. 28,0 SiO_2 („Aerosil"). (**D. A. S. 1127861** Kl. 8k vom 6/11. 1959, ausg. 19/4. 1962.) H. Möllering. 8037

2940 Shri Ram Institute for Industrial Research (Erfinder: Jayant Apparao Masurguppi und Vasant Bhimrao Chipalkatti), Delhi, Indien, **Behandlung von Garn, Gewebe oder anderem Gut im Fließbett.** Das imprägnierte Gut durchläuft feucht in 1 bis 3 Sek. ein Fließbett fester Teilchen bei 120—170°, deren Korngröße 1600—160 μ beträgt, u. anschließend in 10—60 Sek. eine Gasbehandlungskammer bei 80—105°, wodurch der Feuchtigkeitsgeh. des Gutes von 100—150% auf 30% vermindert wird. Die Teilchen des Fließbettes bestehen aus Sand, Porzellan- oder Glaskügelchen, Perlen u. dgl. u. werden durch Luft oder Dampf im Fließzustand gehalten. — Anwendung zum *Färben, Bleichen, Schrumpffestmachen* oder zu anderer *Textilveredlung.* — Vorrichtung. (**D. P. [DDR] 24154** Kl. 8k vom 24/5. 1958, ausg. 1/11. 1962 [Ausschließungspatent].) W. Wittholz. 8039

2941 Jitka Menčíková und Rostislav Vilím, Brünn, Tschechoslowakei, **Herstellung von niedrigem molekularem, für die Faserherstellung geeignetem Polypropylen** mit $TiCl_3$ (rein oder als Mischkristalle mit anderen Metallen) u. niederen Alkylderivv. des Al in Ggw. von Lsgm. u. einem wasserfreien Salz von Zn, Cd, Hg, Mg, Ca (0,01—1 Mol pro Mol Al-Alkyl); bei Anwendung von $HgCl_2$ sinkt der krist. Anteil des Polymeren mit der Konz. des Salzes. — 32,2 ml n-Heptan, 13,3 (mg) $ZnCl_2$, 39,5 $TiCl_3$, 150 $(C_2H_5)_3Al$ u. 4800 Propylen werden 220 Min. bei 45° gerührt. Das Polymere hat den Viscositätswert 213 (nach $1/c \ln r/r_0$, wobei c die Konz. des Polymeren in g/mol, r die Durchflußdauer im Viscosimeter u. r_0 die Durchflußgeschw. des reinen Lsgm., Tetralin bei 135°, bedeutet). (**Oe. P. 220812** vom 9/1. 1960, ausg. 25/4. 1962. Tschech. Prior. 12/1. 1959.) M. Pankow. 8081

2942 E. I. du Pont de Nemours & Co., Wilmington, Del., übert. von: Evan Franklin Evans, West Chester, Pa., und Lester David Grandine jun., Wilmington, Del., V. St. A., **Polymerisation von faserbildenden Vinylidenmonomeren** der allg. Formeln $CH_2 = C(CN)Z$ oder $CH_2 = C(X)Y$, worin X = —(C(O)-niederes Alkyl oder –CHO, Y = H, niederes Alkyl oder Phenyl u. Z = H oder Phenyl, durch Behandeln bei — 100 bis + 10° mit der Lsg. eines der folgenden Salze: Alkali- oder Erdalkalicyanid, -sulfid, -hydrosulfid, Alkaliphenoxid, -phthalimid, -hydroxid, -mercaptid, -thiophenoxid-, succinimid, -dimercaptid, -diphenoxid oder organ. quatern. Ammoniumhydroxid. Das Lsgm. soll prakt. wasserfrei, frei von Verbb. mit akt. H u. zum Lösen des gebildeten Polymerisats befähigt sein, z. B. Dimethylformamid oder -acetamid oder -sulfoxid. Selbst 0,001%ig. Lsgg. der als Initiatoren wirkenden Salze dienen der Polymerisation. Mengenbeispiele mit Acrylnitril als Monomerem. Weiter sind genannt Methacrolein u. Methylvinylketon, hohe Ausbeuten bei prakt. ungefärbten Produkten. Bes. geeignet zur Herst. von *Fäden* u. *Fasern.* **A. P. 3006894** vom 12/7. 1957, ausg. 31/10. 1961.) H. Schindler. 8081

2943 Courtaulds Ltd., London, England, **Herstellung von Fasern** aus acetonlösl. Copolymeren von Acrylnitril u. Vinylidenchlorid durch Trockenspinnen aus Acetonlsg., Streckung der frisch gesponnenen Fasern in trockener Form bei 15—40° um 75—300% u. danach erneute Streckung bei höherer Temp., bes. in gesätt. Wasserdampf, bei höherem Druck. Durch die Kaltstreckung werden die Fäden weniger kautschukartig u. klebend. Nach der Heißstreckung sind die Fäden sehr schrumpffest. (**Oe. P. 221217** vom 9/3. 1960, ausg. 10/5. 1962. E. Prior. 9/3. 1959.) M. Pankow. 8081

2944 E. I. du Pont de Nemours & Co., Wilmington (Erfinder: Eugene Edward Magat, Mt. Cuba, David Tanner und Henning Waldemar Jacobson, Wilmington), Del., V. St. A., **Rückführbar verformte textile Gebilde, z. B. Gewebe.** Auf das Gut aus Amidgruppen enthaltenden Polymerisaten, z. B. *Polyamid, Polyurethan, Polyharnstoff* oder *Polysulfonamide*, werden ungesätt. Säureamide aufgepfropft, dann wird in die gewünschte Form (z. B. Plissée) gelegt u. mit W. bei 100—180° so behandelt, daß kein wesentlicher hydrolyt. Abbau erfolgt, worauf zur Fixierung getrocknet u. gekühlt wird. Zur Aufhebung der Formlegung wird mit trockener Hitze behandelt u. nach textiler Verarbeitung zur Rückbildung der Formlegung spannungslos mit sd. W. behandelt. — Polyamidgarn wird mit einer *N-Vinylpyrrolidon*-Lsg. getränkt, energiereich bestrahlt (Aufpfropfung 12,2%) im ungedrehten Zustand 2 Std. bei 130° gedämpft, dann kreppverzwirnt (hälftig Rechts- u. Linksdrall) u. als Schußgarn für übliche Nylonkette verwendet. Auf 2 Schüsse Rechtsdrallgarn folgen 2 Schüsse Linksdrallgarn. Das Gewebe wird im Seifenbad entschlichtet u. 10 Min. gekocht. Man erhält ein Kreppgewebe mit 50,5% Krepp in Schußrichtung. (**D. A. S. 1139469** Kl. 8k vom 31/10. 1958, ausg. 15/11. 1962. A. Prior. 31/10. 1957 u. 13/10. 1958.) H. Möllering. 8081

2945 **Ciba Akt.-Ges.**, Basel, Schweiz, *Herstellung von Thiophenderivaten.* (**Oe. P. 214914** vom 1/9. 1959, ausg. 10/5. 1961. Schwz. Prior. 2/9. 1958 u. 22/4. 1959. — C. **1963,** 4925 [A. P. 2995564].)

2946 **Böhme Fettchemie G. m. b. H.**, Düsseldorf, *Appretierung von Textilien.* (**Niederl. P. 102619** vom 4/11. 1954, ausg. 15/10. 1962. D. Prior. 16/11. 1953. — C. **1958,** 5256 [E. P. 765208].)

2947 **Farbwerke Hoechst Akt.-Ges. vormals Meister Lucius & Brüning,** Frankfurt/M., *Hydrophobierung von Textilien.* (**Niederl. P. 102608** vom 9/4. 1953, ausg. 15/10. 1962. D. Prior. 9/4. 1952. — C. **1956,** 5994 [F. P. 1078673].)

2948 **Böhme Fettchemie G. m. b. H.**, Düsseldorf, *Behandlung von Faserstoffen.* (**Niederl. P. 102617** vom 1/7. 1954, ausg. 15/10. 1962. D. Prior. 6/7. 1953. — C. **1957,** 10092 [D. A. S. 1006115].)

2949 **J. R. Geigy Akt.-Ges.**, Basel, Schweiz, *Keratinschutzmittel.* (**E. P. 902631** vom 25/8. 1959, ausg. 1/8. 1962. Schwz. Prior. 26/8. 1958. — C. **1961,** 10030 [Schwz. P. 347037].)

2950 **Hickson & Welch Ltd.**, England, *Optische Bleichmittel.* (**F. P. 1246145** vom 1/10. 1957, ausg. 3/2. 1961. E. Prior. 2/10. 1956. — C **1962,** 11779. [Niederl. P. 97720].)

2951 **Ciba Akt.-Ges.**, Basel, Schweiz, *Textil-Antistatica.* (**E. P. 911227** vom 21/1. 1959, ausg. 21/11. 1962. Schwz. Prior. 21/1. 1958. — C. **1962,** 3681 [F. P. 1221833].)

2952 **Montecatini Soc. Gen. per l'Industria Mineraria e Chimica,** Italien (Erfinder: **Piero Giustiniani, Giulio Natta, Giorgio Mazzanti** und **Giovanni Crespi**), *Gut färbbare Polyolefine.* (**F. P. 1266082** vom 2/8. 1960, ausg. 8/11. 1961. It. Prior. 3/8. 1959. — C. **1962,** 19061 [Ung. P. 149500].)

2953 **Montecatini Soc. Gen. per l'Industria Mineraria e Chimica** (Erfinder: **Giulio Natta, Gino Dall'Asta** und **Nino Oddo**), Mailand, Italien, *Polymerisation von Vinyläthern.* (**Jap. A. S. 6693/1961** vom 18/6. 1959, ausg. 3/6. 1961. It. Prior. 19/6. 1958. — C. **1961,** 7086 [Oe. P. 210139].)

2954 **Chemstrand Corp.**, Decatur, Ala., V. St. A. (Erfinder: **Edward Vernon Burnthall** und **Julian Jehuda Hirshfeld**), *Antistatische Polyacrylfasern.* (**E. P. 901202** vom 21/5. 1958, ausg. 18/7. 1962. — C. **1963,** 4569 [F. P. 1224696].)

2955 **Farbwerke Hoechst Akt.-Ges. vormals Meister Lucius & Brüning,** Frankfurt/M., *Textilausrüstung mit Kunstharzen.* (**E. P. 909600** vom 1/6. 1959, ausg. 31/10. 1962. D. Prior. 31/5. 1958. — C. **1963,** 4570 [F. P. 1226160].)

H_{19}. Brennstoffe, Erdöl, Mineralöle

2956 **Infrarot-Spektren von Kohle: Die Absorptionsbande bei 1600-cm^{-1}.** Shuya Fujii. (Fuel **42,** 17—23, 1963; Tokyo, Japan, Waseda-Univ., Dep. of Appl. Chem.; engl.) — Um festzustellen, worauf die starke Absorptionsbande in der Nähe von 1600 cm^{-1} beruht, wurde die Kohle mit Dimethylsulfat u. CH_2N_2 methyliert bzw. mit $LiAlH_4$ red., um den an einer CO-Gruppe sitzenden H zu entfernen. Werden nun das IR-Spektrum u. der Methoxygeh. oder der CO-Geh. der red. u. der Originalkohle miteinander verglichen u. dazu noch o-Hydroxyacetophenon red. u. zum Vgl. herangezogen, so kann festgestellt werden, daß der an eine CO-Gruppe gebundene H für die starke Absorption verantwortlich zu machen ist, doch liegt die Höhe des Beitrags zur totalen Absorption höchstens bei 10—30%. Die Red. der Kohle ließ sich in n-Butyläther nur schwer durchführen, Dioxan war ein besseres Lösungsmittel. F. Rosendahl. 8126△

2957 **Das Reflexionsvermögen von in der Wärme umgewandelten Kohlen.** D. Chandra. (Fuel **42,** 69—74, 1963; Sheffield, Nat. coal Bard, Sci. Dep. (Coal Survey; engl.) — Das Reflexionsvermögen therm. umgewandelter Vitrinite (**A**) steht in Beziehung zur chem. Zusammensetzung. Die maximalen u. minimalen Werte der **A** normaler Kohlen zeigen erhebliche Unterschiede, was auf einen unterschiedlichen C-Geh. zurückgeführt wird. Mit Hilfe der gefundenen Werte ist es möglich, die Natur u. den Wirkungsgrad des Agens zu erkennen, das die Umwandlung der Kohle hervorruft. F. Rosendahl. 8126△

2958 **Die Verteilung des Wasserstoffs in den Mazeralen.** W. R. Ladner und A. E. Stacey. (Fuel **42,** 75—83, 1963; Leatherhead, Surrey, Brit. Coal Utislisat. Res. Assoc.; engl.) — Bei den Vitriniten (**A**) ist die Verteilung von H gemäß dem Verhältnis (H_{CH_3} + H_{CH}): H_{CH}, wie 1:4, während bei Exiniten (**B**) diese Werte 0,7:1 lauten, woraus geschlossen wird, daß eine beträchtliche Menge H an tert. C-Atomen! gebunden ist. Das Vorliegen von aliphat. CH-Gruppen in **A** u. **B** ist ein Beweis dafür, daß das aliphat. Material in Form von Hydroaromaten vorhanden ist. Die Aromatizität von Fusiniten u. Semifusiniten liegt bei 0,88—0,92. F. Rosendahl. 8126△

2959 **Bestimmung der Oberfläche von Kohlen und Koksen durch Xenon-Adsorption unter Druck bei 0°.** K. A. Kini. (Fuel, **42,** 103—04, 1963; Chatswood, N. S. W., Australia; C. S. I. R. O., Div. of Coal Res.; engl.) — Die Best. der Oberfläche mit Xe bei 0° ist genauer u. ohne Fehlermöglichkeiten gegenüber der Verw. von Ar oder N_2 bei der Temp. von fl. N_2. F. Rosendahl. 8126△

2960 **Statistische Untersuchungen von Kohlen auf der Grundlage ihrer analytischen Daten.** 6. Mitt. **Die Beziehungen zwischen den Werten der Elementaranalyse und den Heizwerten.** Tomijiro Murata. (J. Fuel Soc. Japan **41,** 840—59, 1962; Mitsui Chem. Ind. Co., Ltd.; jap., Auszug: engl.) — 5. vgl. C. **1962, 4394.** — Das hervorstechendste Merkmal der Unterss. ist die Berücksichtigung des Verhältnisses sowohl der *Geh.* an *H, O, N* u. *S* als auch der *Heizwerte* zu *100 Atomen C*, wodurch gleichzeitig auch der Kohlestruktur Rechnung getragen wird. Im einzelnen ergeben sich folgende Resultate: 1. Eine Verringerung der O- u. H-Geh. kann als getrennter Vorgang in dem Teil der Kohle mit relativ hohem O-Geh. angesehen werden; 2. Bei einem bestimmten Alter der Kohle geht der negative Koeff. von O in der Formel für die Heizwertberechnung gegen Null, da der O-Geh. immer kleiner wird. Bei älteren Kohlen wird der Koeff. positiv. Der H-Koeff. geht bei einem bestimmten Kohlealter auf ein Minimum u. nimmt bei älteren Kohlen wieder zu. Der Grund für den Wiederanstieg der Koeff. liegt darin, daß der sich ändernde O-Geh. in diesen älteren Kohlen im Vgl. zum H-Geh. sehr gering ist. An Hand der Ergebnisse wird eine Formel entwickelt, die die Beziehung zwischen der Elementaranalyse u. dem Heizwert ausdrückt. Ihre Übereinstimmung mit Analysendaten ist besser als die anderer Berechnungen. Sie kann jedoch bei gewissen Kohlen, z. B. austral. *Diassic*-Kohlen, einem Teil von chines. *Mainland*-Kohlen u. a. nicht angewandt werden. H. Schöberl. 8126◇

2961 **Die Wirkung von Kobalt-60-Gammastrahlung auf Kohlen.** 1. Mitt. **Analyse der Zersetzungsgase.** K. Ōuchi, Y. Kawana, T. Masuda, N. Yūki, S. Toyoda, Y. Sanada, K. Yamaguchi, Y. Yoshida und H. Honda. (Fuel **42,** 55—61, 1963; Kawaguchi, Saitama, Japan, Shigengijutsu Shikenjo, Resources Res. Inst.; engl.) — Die Beziehungen zwischen der *Bestrahlungszeit* u. dem *Vol.* der freigemachten Gase sind nicht proportional. So sind die Kurven für H_2, C_2H_4 u. C_3H_6 aufwärts-konkav, dagegen die für CH_4, C_2H_6, C_3H_8 usw. konvex, so daß angenommen werden muß, daß die Gasbldg. nicht eine einfache Rk. ist, sondern daß ein sek. Prozeß vorliegt. Der Verlauf der Kurven stimmt mit der sek. Rk. überein: $C_nH_{2n+2} \rightarrow C_nH_{2n} + H_2$. CH_4 wird als ein prim. Rk.-Prod. betrachtet. O_2 wurde nicht gefunden; es wird angenommen, daß O_2 bei der Oxydation der Proben infolge der Bestrahlung verbraucht wird. Der H_2-Geh. des Zers.-Gases beträgt ca. 90%, der für KW-Stoffe, auch für CH_4, liegt bei < 1%, während bei den als Grubengas aus der Kohle entweichenden Gasen CH_4 überwiegt u. nur Spuren an H_2 vorhanden sind. Wird die Inkohlung unter dem Einfl. von einer ^{60}Co-Bestrahlung vorgenommen, so wird auch mehr H_2 in den erhaltenen Gasen vorhanden sein. Aus *Yubari-Kohle* (**A**) entsteht weniger H_2 als aus *Takamatsa-Kohle* (**B**), was auf den mehr aromat. Aufbau von **A** zurückgeführt wird, denn Aromaten sind widerstandsfähig gegen eine ^{60}Co-Bestrahlung. Die Menge an CH_4 ist bei **A** größer als bei **B**, was auf einen hohen Geh. an CH_3- bzw. CH_2-Gruppen bei **A** zurückgeführt wird. Der Geh. an C_2H_6 u. C_2H_4 ist bei **A** geringer als bei **B**, während der Vol.-Anteil der anderen KW-Stoffe bei **A** größer ist. Die Verhältnisse für CO u. CO_2 liegen umgekehrt, was auf einen höheren Geh. an O_2 bei **B** zurückgeführt wird. F. Rosendahl. 8126△

2962 **Die Wirkung von Kobalt-60-Gammstrahlung auf Kohlen. 2. Mitt. Veränderungen in den physikalischen und chemischen Eigenschaften.** K. Ōuchi, Y. Kawana, T. Masuda, N. Yūki, S. Toyoda, Y. Sanada, K. Yamaguchi, Y. Yoshida und H. Honda. (Fuel **42**, 105—12, 1963; engl.) — 1. vgl. vorst. Referat. — Bei der Einw. der Strahlen auf Kohlen (**A**) treten Veränderungen ein, die sich durch Analyse, Gieseler-Plastometer u. dgl. nicht so ohne weiteres nachweisen lassen. Bei der Bldg. von Tieftemp.-Teer u. W. treten jedoch deutliche Veränderungen ein. So ist bei 300 bis 400° zunächst ein Maximum festzustellen, dann geht die Ausbeute allmählich wieder zurück, durchläuft bei 400 bis 500° ein Minimum, um dann wieder anzusteigen. Maximum u. Minimum stellen sich bei *Takamatsu*-**A** nach 3std. Bestrahlen u. bei *Yubari*-**A** nach 5std. Bestrahlen ein. Es ist anzunehmen, daß zuerst ein Abbau von **A** eintritt u. dann eine Polymerisation erfolgt, wodurch der Teer einen höheren Kp. aufweist. Durch diese Veränderung der Teer-Eigg. werden auch die Verkokungseigg. günstig beeinflußt, bes. bei Yubari-**A**. Nach 50std. Bestrahlen nimmt auch der Bzl.-Extrakt zu, ebenso die Bldg. von W., was auf eine zusätzliche Bldg. von OH-Gruppen aus umgewandelten Ätherbrücken zurückgeführt wird. F. Rosendahl. 8126△

2963 **Untersuchung des Einflusses physikalischer und chemischer Faktoren auf die Verbrennung flüssiger Brennstoffe unter erhöhtem Sauerstoffdruck.** Carl Kröger, Heinz Meier zu Köcker und Richard Meltzow. (Forsch.-Ber. Landes Nordrhein-Westfalen Nr. **1085**, 3—62, 1962; Aachen, TH, Inst. für Brennstoffchemie; dt.) — Der Ablauf einer *1-dimensionalen, unstetigen stationären Verbrennung* von *fl. KW-Stoffen*, N- u. O-haltigen Verbb. wird untersucht. Die dabei auftretenden Drücke wurden registriert u. die Flammentemp. nach dem Linienumkehrverf. bestimmt. Die Verss. werden in einer modifizierten Calorimeterbombe durchgeführt. Parameter der Messungen sind der O_2-Druck, die Brennstoffoberfläche u. die Art u. Struktur der Brennstoffe. K. Strenge. 8128◇

2964 **Über die Einflüsse von Durchsatz und Drehzahl auf Feinheit und Arbeitsbedarf bei der Zerkleinerung von Rohbraunkohle in Hammermühlen.** Erich Rammler und Joachim Michel. (Freiberger Forsch.-H., Reihe A Heft **253**, 121—59, 1962; Freiberg; dt.) — Der *Mühlendurchsatz* wird in t gekörnter Rohbraunkohle je m^2 Querschnitt des Mühlenrotors u. Std. als spezif. Rotordurchsatz u. die Drehzahl als Umlaufgeschw. des Rotors angegeben. Es werden sieblose u. Siebkammermühlen verwendet. Die *Korngröße* des Mahlgutes wächst mit dem spez. Rotordurchsatz, um in der Nähe des Grenzdurchsatzes wieder abzufallen. Bei Erreichen des Grenzdurchsatzes nehmen die Mühlen kein Gut mehr auf. Der Grenzdurchsatz von sieblosen Mühlen beträgt das 2,5fache desjenigen von Siebhammermühlen, in denen dagegen höhere Feinheit erzielt wird. Die gleichen Beziehungen ergeben sich aus dem Mahlrückstand. Mit steigender Rotorgeschw. nehmen Korngröße u. Rückstand ab. Der Leerlauf- u. Zusatzleistungsbedarf steigt linear mit der Umlaufgeschw., beide sind als Verlust, nicht als Mahlarbeit anzusehen. Charakteristik der Hammermühlen. W. Rauchenberger. 8134◇

2965 **Verkokungseigenschaften brasilianischer Kohlen. Vorläufige Untersuchung der Plastizität und der Entgasung einer Kohle von Santa Catarina.** Helena Leister. (Bol. Assoc. brasil. Metais **17**, 925—34, 1961; Pôrto Alegre, Univ. do Rio Grande do Sul, Esc. de Engenharia; port.) — Die *Entgasung* von *Kohlen* der Grube Uruçanga wird dilatometr. u. auf Grund der Gew.-Verluste bei 300—500° verfolgt. R. K. Müller. 8140◇

2966 **Adsorption von Wasserdampf und Sauerstoff durch Braunkohlenkoks an der Luft.** J. G. Breen und D. G. Evans. (Fuel **42**, 100—02, 1963; Parkville, Victoria, Austral., Univ. of Melbourne, Brown Coal Res. Labor.; engl.) — Wird Koks bei 20° einem mit Wasserdampf gesätt. Luftstrom ausgesetzt, so wird der Dampf zuerst stürm. aufgenommen, um dann in langsamer Weise einem Sättigungspunkt zuzustreben. Die Desorption ist bei 900° vollständig. Auch O_2 wird in ähnlicher Weise aufgenommen, doch bei der Desorption wird er nur als CO oder CO_2 erhalten, was auf eine Chemisorption in Form eines O_2-Kohlenoberflächen-Komplexes hinweist. Bei der Desorption wird CO_2 bei 300° gebildet, CO jedoch erst bei 700°. F. Rosendahl. 8144△

2967 **Die Vergasung der Steinkohle von Rio Grande do Sul.** Bernardo Geisel. (Bol. Assoc. brasil. Metais **17**, 905—24, 1962; Pôrto Alegre, Univ. do Rio Grande do Sul.; port.) — Übersicht über *brasilian. Kohlevork.* u. das Verh. dieser Kohlen bei der *Vergasung*. R. K. Müller. 8148◇

2968 **Über die Rußbildung von Kohlenwasserstoffen in Koksofengas oder ähnlichen Brenngasen und eine Möglichkeit ihrer Beeinflussung.** Günther Herbst. (Brennstoff-Chem. **44**, 1—5, 1963; Essen, Ruhrgas AG., Chem. Labor.; dt.) — *KW-Stoffe* (**A**) können als Bestandteile in *brennbaren Gasen* bei der *Verbrennung* zur *Ruß*(**B**)-Bldg. führen. Um die **B**-Bldg. von Gasgemischen, die sowohl **A** als auch Nicht-**A** enthalten, näher zu untersuchen, werden 2 Meth. — eine gravimetr. u. eine photometr. — verwandt. Es wird gezeigt, daß der Feuchtigkeits-Geh. des Gases von wesentlichem Einfl. ist u. daß bei Zusatz von H_2, N_2, CO, CO_2, Luft oder O_2 zu trockenem Koksofengas die **A**-Bldg. über das Maß der Verdünnung hinaus verringert wird. K. Triems. 8156◇

2969 **Untersuchung der Umwandlung von Naturgas in der Wirbelschicht bei erhöhtem Druck.** Ja. R. Katzobaschwili, A. R. Brun-Zechowoi, I. R. Sladkowskaja und A. P. Isstomin. (Petrochemie [UdSSR] **1**, 823—27, 1961; Inst. für petrochem. Synth. der Akad. der Wiss. der UdSSR; russ.) — Naturgas läßt sich bei 750 bis 820°/5—20 at bei Verdünnung mit 4—8 Vol Wasserdampf in der Wirbelschicht eines Ni-Alumokatalysators vollständig oder prakt. vollständig (bis auf einen Restgeh. von rd. 0,5% CH_4) konvertieren. Die Kontaktgase bestehen z. B. bei 800°/10 at in Ggw. von 8 Teilen W. im Ausgangsgemisch aus 13,2(%) CO_2, 8,3 CO, 78,0 H_2 u. 0,5 CH_4. Der Ni-Alumokatalysator wird dabei auch bei großem Wasserüberschuß nicht oxydiert. Während des Prozesses wandelt sich γ-Al_2O_3 in α-Al_2O_3 um, wobei sich die spezif. Oberfläche auf ca. $^1/_3$ der ursprünglichen verkleinert. Die Aktivität des Katalysators wird dadurch nicht beeinträchtigt. Helmut Schäfer. 8186

2970 **Thermodynamische Eigenschaften von natürlichen Gasen im Ideal-Gaszustand.** A. A. Wasserman und W. A. Sagorutschenko. (Hochschulnachr., Erdöl, Gas [UdSSR] **4**, Nr. 4, 69—72, 1961; Odessa, Inst. für Marineingenieure; russ.) — Für 3 wichtigste, nicht namentlich benannte Erdgas-Vork. werden Werte für c_{p_0}, $c_{v\infty}$, Enthalpie i_0 u. Entropie s_0 für Temp.-Bereich 100° bis 300° in je 25° Abständen tabellar. angegeben. Die Vol.-Zus. der Erdgase (CH_4 bis C_5H_{12}, N_2 u. CO_2) wird angegeben u. daraus nach $\mu c_{p^0} = a + bT + cT^2 + dT^3$ u. $\mu c_{p^0} = \Sigma \mu c_{p0i}\, r_i$ (r_i = Vol.-Anteil der einzelnen

Komponenten) der jeweilige Wert bei gegebener Temp. für jedes Erdgas berechnet. Die Konst. a, b, c,d für die einzelnen Komponenten werden angeführt. Die Berechnung von i_0 u. s_0^T erfolgt nach $i_0 = \int c_{p^\circ} \, dT + const$ u. $s_0^T = \int c_{p}^{\circ}/T \cdot dT + const$ bei $t = -100°$, $i_0 = 0$ u. $s_0^T = 0$.

W. Füner. 8186◇

2971 **Die Verwendung von Sulfolan in Udex-Anlagen.** F. S. Beardmore und W. C. G. Kosters. (J. Inst. Petroleum **49,** 1—7, 1963; Shell Refining Co.; Bataafse Internat. Petroleum Mantschappij. N. V.; engl.) — Eine 1000 Tato *Udex*-Anlage (Extraktion von Aromaten mit Glykolen) wird auf den Betrieb mit *Sulfolan* [*Thiacyclopentan-1.1-dioxid* (I), F. 27,6°; Kp. 285°; $D.^{30}$: 1,261; Viscosität bei 30°: 8,2 c St.; spezif. Wärme: 0,3—0,4; n^{30}: 1,481] umgestellt. Die Kapazität der Anlage steigt um 25—50%. Der Dampfverbrauch sinkt um 50—75%. — Diskussion. K. Strenge. 8194◇

2972 **Untersuchung des Einflusses des Katalysators auf die Zusammensetzung der Kohlenwasserstoffe der Benzine des katalytischen Crackens.** G. M. Pantschenkow, W. W. Basilewitsch, R. Ss. Bojewa, W. N. Slottschenko und N. I. Nikolow. (Hochschulnachr. [Baku], Erdöl, Gas **4,** Nr. 4, 57—62; Moskau, Gubkin-Inst. f. Erdölchem. u. Gasind.; russ.) — Eine Fraktion (300 bis 400°) aus Romaschkino-Erdöl wird bei 475° mit Vol-Geschw. von 0,7 ml/Std. u. 1 Std. Dauer katalyt. gecrackt. Als Katalysatoren dienen ein techn. Katalysator (I) mit 12,8(%) Al_2O_3, 85,1 SiO_2, 0,2 Fe_2O_3 u. 0,05 Cr_2O_3 u. ein synthet. Katalysator (**II**) mit 30 Al_2O_3 u. 70 SiO_2. Genaue Unterss. der KW-Stoffe von bis 150° sd. entbutanisierten Crack-Bzn. zeigen, daß über **II** mit mehr Al_2O_3 stärker isomerisiertes Bzn. erhalten wird, wobei in jedem Bzn. Isoparaffine mit einer Methyl-Gruppe vorherrschen. **II** wirkt auch stärker dehydrierend, wobei ungesätt. KW-Stoffe vorwiegend in trans-Form u. mit Doppelbindung in β-Stellung auftreten. **I** wirkt stärker cyclisierend; dieses Bzn. enthält mehr Aromaten u. Naphthene. In beiden Bzn. bestehen Naphthene aus Sechsringen. Die Bzn. enthalten wenig unsubstituierte Ringsysteme. W. Füner. 8200◇

2973 **Verbesserung der Motorcharakteristiken von normalem Undecan und Dodecan.** N. G. Bekauri, N. I. Schuikin und T. Ss. Schakaraschwili. (Mitt. Akad. Wiss. GrusinSSR **25,** 525—31, 1961; Tbilissi, Melikischwili-Inst. der Akad. der Wiss. der GrusinSSR, Moskau, Zelinsky-Inst. für organ. Chem. der Akad. der Wiss. der UdSSR; russ.) — Untersucht wird die Umwandlung bei 450° u. 30 atm H_2-Druck von n-$C_{11}H_{24}$ u. n-$C_{12}H_{26}$ in Ggw. von aktiviertem Gumbrin (I) u. Al_2O_3 (II). Ausgangsstoff ist eine Ssokolowogorsker u. Mirsaansker Kerosin-Gasöl-Fraktion; als Katalysatoren werden 0,5 (%) Pt + **II**, 0,5 Pt + **I**, 0,5 Pd + **I** u. 0,5 Pd + **II** verwendet. Die Kennzahlen der Ausgangsstoffe u. der fl. Katalysate bei normaler u. erhöhter Temp. sind gegenübergestellt, sowie die einzelnen Fraktionen bis 100° aufgeführt. Im Aromatengemisch aus dem Rückstand werden Toluol u. Xylol festgestellt, deren Menge in den Katalysaten, die in Ggw. von **II** erhalten werden, 2—5%, in denen, die in Ggw. von **I** erhalten werden, aber 5—9% betragen. Die katalyt. Aktivität von **I** ist daher größer als von **II**. Die Koksablagerung in Ggw. von **I** ist kleiner als in Ggw. von **II**, die Aromatenmenge dagegen in Ggw. von **I** größer als in Ggw. von **II**. Durch den Umwandlungsprozeß der n-Alkane steigt ihr Heizwert um 60—900 kcal/kg bei gleichzeitiger Erniedrigung des Ep. um 17—48,5°. Am Beispiel der Umwandlung von n-$C_{11}H_{24}$ u. n-$C_{12}H_{26}$ wird der Bildungsmechanismus von Aromaten erklärt. J. Lehmberg. 8204△

2974 **Neuere Versuchsergebnisse mit schwefelhaltigen Dieselkraftstoffen.** Otto Neumeister und Friedrich Reichelt. (Freiberger Forsch.-H., Reihe A Heft **251,** 3. Symposium 199—205, 1962; Rostock, Univ., Schiffbautechn. Fak., Inst. für Verbrennungskraftmaschinen; dt.) — In einem Einzylinder-Viertakt-Tauchkolben-Dieselmotor wird der Einfl. eines 1,27—1,44% *S* enthaltenden *Dieselkraftstoffes* auf die *Schmieröle* Ventura 62, Castrol C R 30, 01 HD Mot 15 u. 91 HD Mot 12 mit alkal. Zusätzen untersucht. Die Wertigkeiten des Kolbenbildes im Bereich der Ölringzone u. des Kolbenmantels liegen bei den Mot-Ölen niedriger als bei den anderen Ölen. Der Einsatz alkal. Zusätze wird empfohlen. O. Henning. 8204◇

2975 **Überblick über die Forschungen auf dem Gebiet der thermischen Stabilität von Erdöl-Düsentreibstoffen.** F. G. Schwartz und B. H. Eccleston. (U. S. Dep. Interior, Bur. Mines, Inform. Circ. **1962,** Nr. 8140, 1—102; Bartlesville, Okla., Bureau of Mines, Bartlesville Petroleum Res. Centre; engl.) — Für Fluggeschw. bis 3 Mach genügen die Eigg. des z. Zt. verwendeten *Düsentreibstoffes JP-6* (Kerosin, Kp. 121°) den Ansprüchen. Bei > 3 Mach werden jedoch therm. hochstabile Treibstoffe benötigt. In einer krit. Lit.-Übersicht werden alle Arbeiten auf diesem Gebiet zusammengestellt. K. Strenge. 8204◇

2976 **Reaktionen vor der Zündung bei Zündkerzenmaschinen: der Einfluß von Tetraäthylblei und anderen Antiklopfmitteln.** D. Downs, S. T. Griffiths und R. W. Wheeler. (J. Inst. Petroleum **49,** 8—25, 1963; Ricardo u. Co. Engineers Ltd., Assoc. Octel Co. Ltd.; engl.) — $(C_2H_5)_4Pb$ (I), Ferrocen (**II**), CH_3NH_2 (**III**), Fe- (**IV**) u. Ni-Carbonyl (**V**) werden auf ihre Eigg. als *Antiklopfmittel* untersucht. **I** u. **II** red. die Intensität der „kalten Flamme" ohne die Flammgrenze zu beeinflussen. **III** u. **IV** erhöhen die Flammgrenzen der „kalten" u. „heißen" Flamme. Die Gase aus dem Verbrennungsraum werden zur Analyse zu verschiedenen Zeiträumen entnommen u. der Geh. an Peroxid, HCHO u. CH_3OH bestimmt. In prakt. Prüfstandverss. erweist sich **I** als bestes Antiklopfmittel, da der Peroxidgeh. stark erniedrigt wird. K. Strenge. 8208◇

2977 **Die Gestaltung und Schmierung von Lagerungen zur Erfüllung erschwerter Betriebsbedingungen.** Gerd Fleischer. (Freiberger Forsch.-H., Reihe A Heft **251,** 3. Symposium 39—52, 1962; Markleeberg; dt.) — Nach allg. Betrachtungen über die Gleitlagerung als Stoff/Form-, die Betriebsbedingungen als Energie/Stoff- u. das Reibungsgeschehen als Energie/Stoff/Form-Komplex werden Beispiele der *Gestaltung* u. *Schmierung* von *Lagerungen* zur Erfüllung *erschwerter Betriebsbedingungen* angeführt. Die Reibwerte von Fetten auf Ca- u. ZnO-Basis, Erdöldest.-Rückstand, Stearin-, Öl- u. Caprinsäure, MoS_2, Ag_2SO_4, WS_2, PbJ_2, NaOH, Bor, Graphit u. Glimmer bei spezif. Pressungen bis 30000 kp/cm² werden angegeben. O. Henning. 8220◇

2978 **Die Verwendung von Ölemulsionen im Eisenbahnwesen und in der Industrie. (Ein Beitrag über Laborversuche und praktische Erprobung.)** Julian Solik und Eugen Trybuła. (Freiberger Forsch.-H., Reihe A, Heft **251,** 3. Symposium 53—62, 1962; Warszawa; dt.) — Die optimale Zus. von *Ölemulsionen* aus Öl, W. u. Emulgator wird im Hinblick auf ihre *Stabilität*, ihre Neigung zur *Korrosion* auf Stahl u. Buntmetallen u. ihre *Schmier-Eigg.* festgestellt. Als Emulgator werden Na-Seifen von Fett- u. Harzsäuren mit Alkaliüberschuß, Kondens.-Prodd. von Äthylenoxid mit Alkylphenol, -kresol, Oleinalkohol u. Ölbrotol sowie Na-, K-, Ca- u. Ba-Naphthenat untersucht. Für die techn. Einsetzbarkeit der Ölemulsionen werden Beispiele angegeben. Die Emulsionen sind außerdem beständig gegenüber Druckschwankungen bis 300 at, indifferent gegenüber Dichtungsmaterialien, resistent gegenüber Bakterien u. zeigen keine Schaumneigung. O. Henning. 8220◇

2979 **Versuche über die Möglichkeit der Verlängerung der Ölwechselfristen bei Otto- und Dieselmotoren für Kraftfahrzeuge und Traktoren.** Vasile Cerchez, Teodor Săndulescu und Nicolae Săndulescu. (Freiberger Forsch.-H., Reihe A Heft **251,** 3. Symposium 179—88, 1962; Bukarest, Petrochim Ploiesti; dt.) — Durch Kontrollverss. an ca. 1000 Traktoren u. 12 Dieselmotoren u. Best. der Kraftabnahme, des Kraftstoff- u. Ölverbrauchs, der Änderung der physikal.-chem. Kennzahlen, der Filterablagerungen, des Aussehens der Ablagerungen auf Zylinder, Kolben u. Kolbenringen u. des Verschleißes wird festgestellt, daß nach ca. 2200 Betriebsstunden die *Ölwechselfrist* von 50 auf 200 Std. heraufgesetzt werden kann. Für Pobeda-Wagen mit Molotov-Motoren M-20 werden als Ölwechselfrist 5000 km festgelegt. O. Henning. 8220◇

2980 **Die Bestimmung der Anwendungsgrenze der Schmierstoffe.** Nicolae Bruda, Theodor Săndulescu und Pavel Pătrascoiu. (Freiberger Forsch.-H., Reihe A Heft **251,** 3. Symposium 189—92, 1962; Bukarest; dt.) — Die Unterss. verfolgen den *Verschleiß* der Molotov-Motoren von 7 Kraftwagen des Typs GAZ-51 in Abhängigkeit von der *Alterung* des Motorenöls 312, wobei unterschieden wird zwischen dem Verschleiß bei dauernder Verw. von Frischöl u. dem „Überverschleiß", der durch die Verschlechterung der *Ölqualität* im Betriebe hervorgerufen wird. Zur Berechnung des totalen Verschleißes, aus dem die *Ölwechselfrist* abgeleitet wird, wird eine Formel angegeben. O. Henning. 8220◇

2981 **Der Einsatz von MoS_2 im Braunkohlenbergbau.** Erich Schaffhirt. (Freiberger Forsch.-H., Reihe A, Heft **251,** 3. Symposium 225—32, 1962; Leipzig; dt.) — Prakt. Erfahrungen beim Einsatz von *MoS_2* in *Maschinen* des *Braunkohlenbergbaus* werden mitgeteilt u. sein Einsatz in Abstützungen an Baggern, Absetzern u. Förderbrücken, Drehstützlagern der Förderbrücken, Mittel- u. Seitenlagern der Brikettpressen, Lagern der Röhrentrockner, Kugelpfannen der Drehgestelle für Großraumwagen, Turaslagern von Baggern u. Absetzern u. Tatzenlagern von E-Loks empfohlen. O. Henning. 8220◇

2982 **Die Hochdruck-Schmiereigenschaften einiger Schwefelverbindungen in Mineralöl und der Einfluß von gelöstem Sauerstoff.** Mitsuru Toyoguchi und Yoshiro Takai. (Bull. Japan Petroleum Inst. **3,** 63—68, 1961; Kawasaki, Jap., Mitsubishi Oil Co., Res. Labor.; engl.) — Die *Schmierwrkg.* von *Monosulfiden* (**I**), *Disulfiden* (**II**) u. *Mercaptanen* (**III**) in Paraffinöl werden bei hoher Belastung im 4-Kugel-App. getestet. Bei geringen Gleitgeschw. existieren für **I** u. **II** optimale Konzz. (0,05 bis 0,1%). Bei hohen Gleitgeschw. eignen sich bes. **II** als *Hochdruckschmiermittel.* Die Entfernung von *gelöstem O_2* hat bei geringen Gleitgeschw. größeren Einfl. auf die Schmierung als bei hohen. K. Strenge. 8220◇

2983 **Über den Mikrobenbefall technischer Emulsionen.** Erich Herwig Kadmer. (Mineraloel-Techn. **8,** 1—16, 1963; Hannover/München; dt.) — *Öl/W.-Emulsionen* zur *Metallbearbeitung* werden häufig von *Coli*bazillen u. anaeroben, sulfatreduzierenden Bakterien angegriffen. Als Ursache werden das Industriewasser u. die unsaubere Handhabung der Emulsionen angesehen. Verschiedene Zusätze werden diskutiert, die baktericid wirken, ohne die Emulsionsstabilität zu beeinflussen.
K. Strenge. 8220◇

2984 **Strukturprobleme auf dem Schmierfettgebiet.** Heinz Dunken. (Freiberger Forsch.-H., Reihe A, Heft **251,** 3. Symposium 7—25, 1962; Jena, Univ., Inst. für Phys. Chem.; dt.) — Zusammenhänge zwischen jenen den Dreistoffcharakter von *Schmierfetten* (**D**) bildenden Komponenten *Öl* (**A**), *Seife* (**B**) u. *Zusatz* werden aufgezeigt (Dreieckskoordinaten), wobei von den reinen Komponenten u. den Wechselwrkg. bei Komponentenpaaren ausgegangen wird. Wesentlich für die Eignung carbonsaurer Salze als Eindickmittel für Öle sind die haupt- u. nebenvalenzmäßigen Bindungsunterschiede der beiden Teilgitter von **B** (Paraffin- u. Ionengitter), dargelegt am K-Caprat. Die meisten Zusätze, welche die Gelierung von **B**/**A**-Syst. fördern, sind H-Brückenbildner, z. B. W., niedermol. Alkohole, langkettige Fettsäuren (**C**), Salze kurzkettiger **C** u. Metallhydroxide, wie quant. durch rheolog. Messungen festgestellt wird. IR-spektroskop. werden die Gitterveränderungen von Stearinsäure, Li- u. Na-Stearat in Abhängigkeit von der Temp. sowie von Na-Montanat bei Zusatz von $Al(OH)_3$ verfolgt. Ebullioskop. Molmasse-Best. an Li-Stearat in Tetralin bei 207° beweisen 4-zählige Assoziate (keine Koll.). Ultraschallmessungen zeigen im System 3 Mol Na-Stearat/1 Mol Stearinsäure/Dekalin ein Absorptionsmaximum. Röntgenograph. wird **B** in **D** in kristalliner Form nachgewiesen. O. Henning. 8222◇

2985 **Ultraschalluntersuchungen an Seifen-Kohlenwasserstoff-Gelen. Beitrag zur Strukturaufklärung von Schmierfetten.** Kurt Augsten. (Freiberger Forsch.-H., Reihe A, Heft **251,** 3. Symposium 133—41, 1962; Jena, Friedrich-Schiller-Univ., Inst. für Phys. Chem. u. Phys. Inst.; dt.) — Die Absorption von *Ultraschall* (9,5 MHz) in *Gelen* aus 0,02 m *Na-Stearat* (**III**) u. *Petroleum* (**A**) oder *Dekalin* (**II**) unter Zusatz von 0,001 bis 0,02 m Stearinsäure (**I**) wird gemessen. In **A**-Gelen nimmt die Absorption von 0—0,002 m **I** zu, bleibt von da bis 0,01 m konst. u. nimmt danach weiter bis 0,02 m zu; in **II**-Gelen tritt bei 0,006 m **I**-Zusatz ein Maximum der Absorption auf. Bei dieser Zusatzmenge (**III**:**I** = 10:3) zeigt das Gel maximale Festigkeit. Die Größe der Gel-Gerüstbausteine beträgt 14 μ. Da als Schall-Geschw. in den Gelen 1300—1450 m/s gemessen werden, können nur Van der Waalssche Kräfte zwischen den Gerüstbausteinen wirksam sein. O. Henning. 8222◇

2986 **Bitumen aus Romaschkinsker Erdöl.** Rainer Klimke, Jochen Mothes und Gerhard Kohlstrung. (Chem. Techn. **14,** 735—38, 1962; Böhlen, VEB Kombinat „Otto Grotewohl", Forsch.-Stelle; dt.) — Rückstände aus *Romaschkino-Erdöl* werden in 2 verschiedenen App. (kontinuierlich 10 kg/h bzw. 3 t/h Vakuumdest.) zu *Bitumen* (**A**) verblasen. Die Vers.-Ergebnisse, der Aufbau der App. u. die Eigg. der erhaltenen **A** werden mitgeteilt. H. Hoffmann. 8224◇

2987 **Untersuchung der Stoffgruppen eines Romaschkinsker Topp-Rückstandes.** Heinz Prinzler, Rainer Klimke und Norwin Dorn. (Chem. Techn. **14,** 739 bis 41, 1962; Leuna-Merseburg, TH für Chem., Inst. für Petrolchem., Böhlen, VEB Kombinat „Otto Grotewohl", Forsch.-Stelle; dt.) — Die *Rückstände* (**A**) werden säulenchromatograph. durch verschiedene Eluiermittel in 4 Stoffgruppen zerlegt. Zus. von **A** ist *P* + *N* 35%, *Ölharze* 43%, *Asphaltharze* 12% u. *Asphaltene* (**B**) 6,5%. Die *Paraffine* werden quant. durch PAe. eluiert. S-Verb. verteilen sich gleichmäßig auf alle Fraktionen, *N-Verb.* hingegen erscheinen erst in den **B**.
H. Hoffmann. 8224◇

2988 **Vaselinen und ihre Verwendung.** Heinrich Lindemann. (Adhäsion **6,** 329—32, 1962; Hamburg, Ernst Schliemann's Export-Ceresin-Fabr.; Labor.; dt.) — Überblick über die verschiedenen Kennzahlen u. *Verw.-Zwecke* von *Vaselinen.* K. Strenge. 8226◇

2989 **Extraktion und Peptisation von Steinkohle als direkte Methode für die Pechgewinnung.** Andrzej Ihnatowicz und Emanuel Rusin. (Prace Głównego Inst. Górnictwa, Komunikat **1962,** Nr. 302, 3—24; pol.) — Bei Extraktion von Steinkohlen (**A**) mit Tetralin (**I**) wird ein Extrakt mit Eigg. ähnlich dem Koksofenpech gewonnen. Die Ausbeuten liegen bei Gasflammkohlen bes. hoch. Im Autoklav werden für die Extraktion folgende optimale Bedingungen ermittelt: 12—14 kp/cm², 380°, 1,5 h, Gew.-Verhältnis **A**/**I** = 1:3, Korngröße 0—2 mm. Die Einw. von **I** erfolgt durch partielle Hydrierung. Optimale Rk.-Bedingungen für die Peptisation von **A** in Anthracenöl (**B**) sind: 18 kp/cm², 400°, 1,5 h, Gew.-Verhältnis **A**/**B** = 1:7, Korngröße 0—3 mm. 50% von **B** gelangen in das Pech, sein Preis ist daher von entscheidender Bedeutung. I. Bramer. 8228◇

2990 **Automatische Bereichsumschaltung in der Gaschromatographie.** H. Hachenberg, M. Junghanns und H. Reininger. (Brennstoff-Chem. **44,** 6—8, 1963; Frankfurt a. M.-Höchst, Farbwerke Hoechst AG. vormals Meister Lucius & Brüning; dt.) — Über Prinzip u. Anwendung einer Anordnung zur *vollautomat. Bereichsumschaltung* bei *gaschromatograph. Analysen* unter Beibehaltung der Auswertbarkeit nach der Peakfläche wird berichtet. Außer der Beschreibung des Gerätes wird ein Anwendungsbeispiel gegeben. K. Triems. 8242◇

2991 **Zur Kenntnis der chemischen Zusammensetzung von Torfen aus Vorkommen in der Deutschen Demokratischen Republik.** 2. Mitt. **Organische Stoffgruppen der Torfe.** Günter Schlungbaum und Wolfgang Fischer. (Freiberger Forsch.-H., Reihe A, **1962,** Nr. 254, 65—86; Rostock, Torfinst.; dt.) — 1. vgl. C. **1963,** 2296. — 5 Hochmoor-, 12 *Niedermoor-* u. 5 *Übergangsmoorproben* sowie 2 *Braunkohlenproben* als Vgl.-Substanzen werden nach Souci [1938] auf organ. Stoffgruppen untersucht. Bestimmt werden die *Geh.* an *Hymatomelansäure* (**I**), *Humussäure* (**II**), *Huminsäuren* (**III**), *Huminen* (**IV**), *Lignin* (**V**), *Bitumen* (**VI**) u. hydrolysierbaren Bestandteilen [*Pektine, Hemicellulose* (**VII**), *Cellulose* (**VIII**)]. Die Kohleproben enthielten keine **VII**, dafür im Gegensatz zu den meisten Torfproben **VIII**. Anhand graph. Darst. werden Zusammenhänge diskutiert zwischen den Geh. an: **VI** u. **I**, **III** u. **I**, **IV** u. **I**, **IV** u. **III**, Ca u. den einzelnen Humusfraktionen, pH-Wert u. den einzelnen Humusfraktionen, N u. **III**, N u. **IV**. K. Strenge. 8244◇

2992 **Die Entwicklung der optischen Methoden zur Beurteilung von Braunkohlen.** Oldřich Malán. (Freiberger Forsch.-H. Reihe A, Heft **253**, 5—20, 1962; Prag; dt.) — Die *mkr. Unters.* von *Braunkohlen* in *normalem* u. *UV-Licht* u. die quant. u. qual. Auswertung werden besprochen. Die Bedingungen u. Ergebnisse für eine Reihe von Kohlentypen in durch- u. auffallendem Licht (normal, polarisiert, UV) werden tabellar. dargestellt u. die Grenzen der Meth. erörtert. W. Rauchenberger. 8244◇

2993 **Photometrische Zinkbestimmung in Kohlen und deren Verarbeitungsprodukten.** W. Thürauf und H. Assenmacher. (Brennstoff-Chem. **44**, 21—22, 1963; Essen-Kray, Bergbau-Forsch. GmbH.; dt.) — Eine photometr. Meth. wird vorgeschlagen, die geeignet ist, *Zn* in kohlenstoffreichen Substanzen zu bestimmen. Die Abtrennung von *Zn* vom kohlenstoffhaltigen Material wird beschrieben. Empfindlichkeit u. Genauigkeit der Meth. werden angegeben. K. Triems. 8246◇

2994 **Über Versuche zur Bestimmung des Siliciumgehaltes in Kohlenaschen.** Horst Laske. (Wiss. Z. Martin-Luther-Univ. Halle-Wittenberg, math.-naturwiss. R. **11**, 873—78, 1962; Halle, Martin-Luther-Univ., Inst. für Techn. Chemie; dt.) — 2 *Analysenverf.* für SiO_2 (Eindampfen mit HCl u. Fällung mit Gelatinelsg.) werden auf ihre Brauchbarkeit zur *Best.* des *Si-Geh.* in Kohlenaschen untersucht. K. Strenge. 8246◇

2995 **Untersuchungen der Benzin-Extrakte von Yubarikohle.** 1. Mitt. **Chromatographische Fraktionen der petroläther-methanol-löslichen Anteile und Ultraviolett- und Infrarotspektren der Fraktionen.** K. Ouchi und K. Imuta. (Fuel **42**, 25—35; 1963; Kawaguchi, Saitama, Japan, Shigengijutsu Shikenjoi Resources Res. Inst.; engl.) — Die UV- u. IR-Spektren des chromatograph. aufgearbeiteten Anteils des petroläther-methanol-lösl. Anteils eines Bzn.-Extraktes einer Yubari-Kohle (ca. 0,4% der Kohle) ergab die Ggw. von aliphat. Verbb. u. von Bzl.-, Naphthalin-, Phenanthren-, Chrysen- u. Picenalkylderivaten. *4.11-Dimethylpicen* u. *Dimethylchrysen* konnten rein kristallin erhalten werden. F. Rosendahl. 8246△

2996 **Schnelltitriermethode zur Bestimmung des Carbonat-Kohlendioxids in Kohlen.** W. J. S. Pringle. (Fuel **42**, 63—68, 1963; Edgbaston, Birmingham, Nat. Coal Board; engl.) — Als Carbonat in der Kohle vorliegendes CO_2 wird durch Behandlung mit HCl frei gemacht u. in einer Benzylaminlsg. absorbiert. Das absorbierte CO_2 wird mit $KOCH_3$ titrimetr. bestimmt; Indicator Thymolblau. Ein geeigneter App. wird beschrieben. F. Rosendahl. 8246△

2997 **Abhängigkeit des Heizwertes und der Zusammensetzung des Gases aus unterirdischer Kohlevergasung vom Feuchtigkeitsgehalt des Gases.** Jerzy Rauk. (Prace Głównego Inst. Górnictwa, Komunikat **1962**, Nr. 303, 3—24; Kattowice, Główny Inst. Górnictwa, Zakł. Zyazowanie Podziemnego; pol.) — Als optimale Werte im Verhältnis von *Heizwert* u. *H_2-Geh.* zum *Feuchtigkeits-Geh.* werden 700—900 kcal/Nm^3, 11—12,2% H_2 u. 25—85 g H_2O/Nm^3 gefunden. Vorwärmen der Luft für die Vergasung erhöht den Heizwert. Weiter wird der Einfl. der Wasserdampfzers. u. der H_2-Verbrennung auf Heizwert u. Gas-Temp. untersucht. W. Holland. 8250◇

2998 **Bewertung reiner Kohlenwasserstoffe als Brennstoff für Düsentriebwerke.** M. H. Gollis, L. I. Belenyessy, B. J. Gudzinowicz, S. D. Koch, J. O. Smith und R. J. Wineman. (J. chem. Engng. Data **7**, 311—16, 1862; Everett, Mass., Monsanto Res. Corp. Boston Labor.; engl.) — Molwärme, Temp. der therm. Zers., Wärmeleitfähigkeit, Verbrennungswärme, Viscosität u. Erstarrungspunkt von 38 KW-Stoffen werden ermittelt. W. Wesly. 8250◇

2999 **Über die Zusammensetzung der C_9-Aromaten in L-Forming-Produkten.** Karl Smeykal, Hermann G. Hauthal und Willy Engler. (Chem. Techn. **14**, 732 bis 735, 1962; VEB Leuna-Werke „Walter Ulbricht", Zentr. Vers.-Labor.; dt.) — Über die Abtrennung von *C_9-Aromaten* aus dem Reformat der Leunaer *L-Forminganlage* in einer diskontinuierlichen Technikumsapp. wird berichtet. Die analyt. Trennung des Gemisches mittels Säulen- u. Gaschromatographie wird ausführlich besprochen. H. Hoffmann. 8254◇

3000 **Die Schwefelbestimmung in Benzinen in der Größenordnung von Mikrogrammen.** I. S. Péter. (Chem. Techn. **14**, 755—56, 1962; Budapest, Hochdruckvers.-Inst.; dt.) — Diese modifizierte *Best.-Meth.* mit Raney-Ni hat gegenüber den üblichen Meth. den Vorteil der Schnelligkeit u. Einfachheit. Der *S-Geh.* kann sogar in leichtflüchtigen Aromaten exakt bestimmt werden. Die Meth. beruht auf der Tatsache, daß Raney-Ni von S-Verb. zu NiS reduziert wird. Sie wird ausführlich, mit Beispielen belegt, beschrieben. H. Hoffmann. 8254◇

3001 **Identifizierung von Kohlenwasserstoffen durch thermisches Cracken.** A. I. M. Keulemans und S. G. Perry. (IVth int. Gas Chromatogr. Sympos., Hamburg **1962**, **103**—14; Eindhoven, Niederlande, Techn. Hochsch.; Abingdon, Berkshire, Esso Research Ldt.; engl.) — *KW-Stoffe* können bei 500° an Quarz therm. zu 10—90% gecrackt u. gaschromatograph. identifiziert werden. 22 KW-Stoffe u. 11 Aromaten geben unterschiedliche Crackprodukte. Erhöhte Probenvol. führen unter Umständen zu störenden „Rekombinationspeaks". Die Standardabweichung der Bergflächen liegt bei 8—11%. Die relative Bindungsstärke im Mol. kann aus der Konz. der Bruchstücke ermittelt werden. G. von Waldeyer-Hartz. 8254◇

3002 **Emissionsspektroskopische Bestimmunng metallischer Bestandteile in legierten Motorenölen.** G. Pforr, W. Mikkeleit und G. Hauptmann. (Chem. Techn. **14**, 754—55, 1962; Jena, Friedrich-Schiller-Univ., Inst. für Phys. Chem.; dt.) — Eine Meth. für die routinemäßige *Best.* von *Zn* u. *Ca* in *legierten Motorenölen* wird ausgearbeitet. Dieses *spektrochem. Verf.* vermeidet den Umweg über die Veraschung durch unmittelbare Anregung des Öles im kondensierten Hochspannungsfunken nach der Meth. der rotierenden Kohleelektrode. H. Hoffmann. 8258◇

3003 **Motorentest-Methode zur Untersuchung von Motoren-Schmierölen unter Verwendung eines 4-Takt-1-Zylinder-Serienmotors polnischer Produktion.** M. Dichter, Ł. Kiszakiewicz und H. Maczel. (Freiberger Forsch.-H., Reihe A Heft **251**, 3. Symposium 27—37, 1962; Warszawa, Centrala Produktów Naftowych, Zentral-Labor.; dt.) — Die Meth. eignet sich zur Best. der *Detergent-, Antirost-* u. *Alterungs-Eigg.* von Otto-*Motorenölen*, wobei die Oxydationsstabilität, die Wrkg. von Zusatzstoffen u. die Abnutzungsneigung bewertet werden. Nach jeweils 7std. Beanspruchung in einem 298 cm^3-Motor M-20 werden Viscosität bei 50 u. 100°, Conradson-Zahl, Neutralisationszahl, Aschegeh., Fe-Geh., Benzinunlösliches u. Hartasphaltgeh. bestimmt. Die Ölbewertung erfolgt nach der Freund-Pallay-Meth. z. B. an Hand von Meßergebnissen an Kresol-raffiniertem Sokolowogorsk- u. poln. Rohöl u. an Furfurol-raffiniertem Matzner u. Romaschkino-Rohöl mit u. ohne Heavy-Duty-Zusätzen. O. Henning. 8258◇

3004 **Über einige Einflußfaktoren auf die „Festigkeit" dünner Ölfilme.** Heinz Hofmann. (Freiberger Forsch.-H., Reihe A Heft **251**, 3. Symposium 99—111, 1962; Karl-Marx-Stadt, Hochsch. für Maschinenbau, Inst. für Maschinenkunde; dt.) — Der Einfl. der Werkstoffpaarung, der Vorlast, der Viscosität des Öls, der Luftfeuchte u. der Temp. auf die Messung der Haft-Zerreißfestigkeit von Schmierölschichten zwischen metall. Platten nach einer früher beschriebenen Meth. (C. **1961**, 15255) wird untersucht. O. Henning. 8258◇

3005 **Methodik und Ergebnisse bei IR-spektroskopischen und röntgenographischen Untersuchungen an Komplexschmierfetten.** Heinz Dunken und Gerhard Bottner. (Freiberger Forsch.-H., Reihe A Heft **251**, 3. Symposium 113—24, 1962; Jena, Univ., Inst. für Phys. Chem.; dt.) — *Na-Montanat, Al-Dimontanat, Montansäure, $Al(OH)_3$* u. *Lützkendorfer Hydraulikül* 6,5°E/50° sowie aus ihnen hergestellte Metallhydroxid-Komplexschmierfette wechselnden Mol-Verhältnisses Na : Al werden *röntgenograph.* u. *IR-spektralphotometr.* unter Verw. einer Quetschküvette nach Fischer vermessen. Die Banden bei 478, 614 u. 800 cm^{-1} werden dem $Al(OH)_3$ im Schmierfett zugeordnet. Auf Grund der nichtstöchiometr. Zus. der $Al(OH)_3$ enthaltenden Na-Montanatfette u. der Änderungen der Netzebenenabstände wird ein Einbau von $Al(OH)_3$ in das Seifengitter zwischen den Carboxylatschichten angenommen. O. Henning. 8258◇

3006 **Mechanisch-dynamische Schmierfettprüfung bei tiefen Temperaturen.** Wilhelm Ulms. (Freiberger Forsch.-H., Reihe A Heft **251,** 3. Symposium 161–69, 1962; Holzhausen u. Leipzig, Inst. für Wälzlager u. Normteile; dt.) — Beschreibung einer der Spengler-Maschine ähnlichen *Prüfeinrichtung* u. der Durchführung der *Prüfung* von 10 *Wälzlagerschmierfetten* bei 150 kp Axiallast u. 1500 min^{-1} Drehzahl, wobei die unteren u. oberen Temp.-Einsatzgrenzen der Öle bestimmt werden. Die Ergebnisse werden als Reibmoment/Temp.-Verlauf-Kurven angegeben. O. Henning. 8258◇

3007 **Konsistenzverhalten und Saugbarkeit von Schmierfetten.** Rudolf Herold. (Freiberger Forsch.-H., Reihe A Heft **251,** 3. Symposium 171–78, 1962; Leipzig, Inst. für Wälzlager u. Normteile; dt.) — Beschreibung der Erprobung der Verwendbarkeit von *8 Schmierfetten* in einem *Abschmiergerät* (Spriomat) u. Messung der *Konsistenz* nach Boeck unter Verw. eines elektr. angetriebenen Walkapparates. O. Henning. 8258◇

3008 **Die ungarische Methode der Altölbewertung und ihre Anwendung zur Bestimmung des Motorenölwechsels.** Desider Haag. (Freiberger Forsch.-H., Reihe A Heft **251,** 3. Symposium 193–97, 1962; Budapest; dt.) — Ein *Öltupftest* wird beschrieben, der die Feststellung der Conradson-Zahl gestattet, die für die *Ölwechselfrist* als entscheidend angesehen wird. Mit dem Gerät (*Chromatoskop*) wird photometr. die Schwächung des Lichtes einer Glühlampe durch einen auf Filtrierpapier aufgetragenen Öltropfen bestimmt, wobei die obere Grenze (Zeitpunkt des Ölwechsels) durch einen Etalon gegeben wird. O. Henning. 8258◇

3009 **Untersuchungen von Hochdruckzusätzen für rumänische Schmieröle.** Vasile Cherchez, Maria Ilea, Emil Damian und Sanda Barbul. (Freiberger Forsch.-H., Reihe A Heft **251,** 3. Symposium 207–23, 1962; Bukarest, Petrochim Ploiesti; dt.) — Im Vierkugel-App. u. in der IMA-2-Maschine (Tracer-Meth.) werden als Zusätze in 4 Grundölen mit 48,4, 38,4, 50,0 u. 3,08° E/50° untersucht: *Chlorparaffin* mit 39% Cl-Gehalt (I), *Zn-Dialkylaryldithiophosphat* mit 3–3,5% S-, 1,7% P- u. 1,6–1,8% Zn-Gehalt, *sulfuriertes Öl* mit 8–9% S-Gehalt, MoS_2 in 4–5 Teilen Öl u. *Montogeas B*, wobei I das beste Verh. zeigt. Der MoS_2-Film ist beim IMA-2-Test nach 2 Std. Laufzeit ausgebildet. O. Henning. 8258◇

3010 **Das Adsorptionsverhalten von Detergentien bei der Schmieröl-Chromatographie.** Minoru Fujita und Yukio Aoki. (Bull. Japan Petroleum Inst. **3,** 46–55, 1961; Showa Oil Co., Shinagawa, Res. Labor.; engl.) — Die Adsorption von *Ca-Phenolaten* u. *Ca-Sulfonaten* in *Mineralöllsgg.* an Silicagel u. Al_2O_3 verschiedener Porenweite wird untersucht. Mit Hilfe der angegebenen Technik ist es möglich, stark *alkal. Detergentien* in *Schmiermitteln* sowie die Art des Grundöls zu analysieren. K. Strenge. 8258◇

3011 VEB Leuna-Werke „Walter Ulbricht", Leuna, **Entfernung von Kohlendioxid aus Synthesegasen** durch Gegenstrombehandlung mit W. unter erhöhtem Druck u. anschließende Wasserregeneration mit einer mehrstufigen Entspannung des W. bei gleichzeitiger Rückgewinnung der bei der Entspannung freiwerdenden H_2-haltigen Inertgase, dad. gek., daß die Entspannungsgase der 1. Stufe der Wasserregeneration verdichtet u. bei tiefer Temp. in eine H_2-haltige Fraktion u. reines CO_2 zerlegt werden, wobei das erhaltene reine CO_2 ganz oder teilweise unter Arbeitsleistung entspannt wird, während in der 2. Stufe der Wasserentspannung das W. vom restlichen, vorwiegend aus CO_2 bestehenden Gas befreit u. hierauf in die Gegenstromwäsche zurückgeführt wird. — Schema der Anlage. (**Oe. P. 219008** vom 11/7. 1960, ausg. 10/1. 1962.) W. Wittholz. 8165

3012 Nehézvegyipari Kutató Intézet, Veszprém (Erfinder: Albert Horváth, Veszprém, György Korányi, Budapest, Miklós Nádasy, Béla Ráskai u. Pál Takács, Veszprém), Ungarn, **Gewinnung von Germanium und Diphenolen,** bes. Brenzcatechin, u. ggf. *Ga* aus fl. Kohlenprodd., bes. Teeren u. Teerölen, dad. gek., daß man die fl. Prodd. mit einer schwach alkal. wss. Lsg., bes. mit $(NH_4)_2CO_3$-Lsg., extrahiert, den erhaltenen wss. Extrakt einengt, mit mit W. nicht mischbaren organ. Lsgm., bes. Butylacetat oder Ae., behandelt u. den erhaltenen Extrakt auf Brenzcatechin u. ggf. Ga u. ggf. Ge aufarbeitet, während die alkal.-wss. Lsg. nach der Extraktion zur Trockne verdampft, der Rückstand verbrannt u. aus der erhaltenen Asche nach bekannten Verff. *Ge* u. ggf. *Ga* isoliert werden. — Z. B. werden aus 1000 kg Braunkohlenteer mit 10 g GeO_2 9 kg rohes *Diphenol*gemisch u. 8 g GeO_2 gewonnen. (**D. A. S. 1141269** Kl. 12n vom 8/3. 1960, ausg. 20/12. 1962. Ung. Prior. 21/3. 1959.) K. Demmler. 8179

3013 Esso Research and Engineering Co., übert. von: Fred H. Kant, Cranford, N. J., V. St. A., **Extrahieren von Erdölfraktionen.** Als Extraktionsmittel werden Phenol u. 1–25 Gew.-% Nitrophenol, wie o-Nitrophenol, p-Nitrophenol, 2.4-Dinitrophenole, 2.6-Dinitrophenol u. 2.4.6-Trinitrophenol verwendet. — Zeichnung. (**A. P. 3004915** vom 30/12. 1959, ausg. 17/10. 1961.) E. Kahles. 8195

Redaktionsschluß: 11. Oktober 1963

Herausgeber: Prof. Dr. Heinrich Bertsch, Berlin, u. Prof. Dr. Dr. h. c. Wilhelm Klemm, Münster.
Chefredakteure und verantwortlich für den Inhalt: Dr. Eugen Klever, 1 Berlin 30, Geisbergstraße 39, Fernsprecher: 249541 und Prof. Dr.-Ing. Eberhard Leibnitz, Berlin N 4, Schiffbauerdamm 19, Fernsprecher: 425571.

Verlag: Akademie-Verlag GmbH, Berlin W 8, Leipziger Str. 3–4 (Fernsprecher: 220441, Telex-Nr. 011773, Postscheckkonto Berlin 35021), und Verlag Chemie, GmbH, Weinheim/Bergstr. (Fernsprecher: Weinheim 3635 [Sammelnummer]; Fernschreiber: 0465516 chemieverlwhn; Postscheckkonten: Frankfurt/M. 145314 u. Berlin[West] 7430). Bestellnummer: 1007/135. Das Chemische Zentralblatt erscheint wöchentlich. Preis des Jahrganges einschl. Autoren-, Patent-, Sach- u. Formelregister: DM 1800,–; einseitig bedruckte Ausgabe: DM 2200,–. Abgabe der Zeitschrift nur mit sämtlichen Registern. Abbestellungen nur bis spätestens 6 Wochen vor Ablauf des Kalenderjahres.

Satz u. Druck: VEB Druckhaus „Maxim Gorki", Altenburg u. VEB Leipziger Druckhaus, Leipzig, III/18/203. VIII. 63.
Veröffentlicht unter der Lizenznummer 1273 des Presseamtes beim Vorsitzenden des Ministerrates
Printed in Germany.

FSC
www.fsc.org
MIX
Papier | Fördert gute Waldnutzung
FSC® C083411

Kolibri 360 GmbH
Ferdinand-Jühlke-Straße 7
99095 Erfurt, Deutschland
produktsicherheit@kolibri360.de